U0260326

中国大豆产业技术丛书

# 中国大豆
## 育成品种系谱与种质基础

The Pedigrees and Germplasm Bases of
Soybean Cultivars Released in China

## （1923—2005）

盖钧镒　熊冬金　赵团结　编著

中国农业出版社

# 内容提要

本书在简述中国大豆育种进展的基础上，汇集整理了 1923—2005 年中国育成的 1 300 个大豆品种的地理来源、特征特性及其系谱；追溯了其祖先亲本的地理来源、特征特性及由其衍生品种的系谱树；分析了中国大豆育成品种的系谱特点、细胞核和细胞质家族、遗传基础、直接亲本类型及其地理来源与组配方式。在此基础上，进一步分析了中国大豆育成品种中不同地理来源祖先亲本的细胞核与细胞质遗传贡献，旨在为大豆育种工作者回顾历史经验、选配优良亲本、拓宽品种遗传基础提供必要的参考。品种基本资料包括品种名称、曾用名、育种方法、育成年份、来源省份、育成单位以及分布地区；品种特征与特性资料包括播种季节类型、生育日数、花色、茸毛色、种皮色、种脐色、子叶色、粒型、结荚习性、叶型、百粒重、蛋白质含量、油脂含量、株高、主茎节数、裂荚性、每荚粒数、抗病虫性、利用类型。品种系谱资料均追溯至其祖先亲本，即地方品种、国外引种，以及少数遗传基础未知的材料。由育成品种的系谱计算出其祖先亲本的细胞核遗传贡献的组成。鉴于分子标记在作物育种中广泛应用，本书还介绍了我国大豆 10 个主要祖先亲本家族育成品种间的亲本系数和 SSR 标记遗传相似系数分析，并对产量和品质性状做了优异等位变异在系谱中传承情况的分析。本书图示了 1 300 个育成品种的亲本组成及其亲缘关系；图示了由 670 个祖先亲本衍生的大豆品种及其亲缘关系；图示了 1 300 个育成品种的细胞质来源，将他们归为 344 个细胞质家族。本书文字不多，属资料性的，可供大豆资源、育种和遗传研究者查考。

# "中国大豆产业技术丛书"
# 编辑委员会

我国是世界公认的大豆起源地和原产国。大豆作为高蛋白粮食作物，几千年来在我国各族人民的膳食营养中起着不可替代的作用，而今大豆又成为全球主要的植物蛋白和油脂来源，种植区域遍布五大洲，发展前景更加广阔。

众所周知，自春秋战国以来，在我国各个历史时期的古籍和农书中，都不乏关于菽（大豆）的特征特性、栽培技术和应用价值的记述。战国末年秦国《吕氏春秋·审时篇》在谈到播种期时写道"得时之菽，长茎而短足，其英二七以为族（簇），多枝数节，竞叶蕃实"，指出播种过早或过迟均可能造成减产。西汉的《氾胜之书》对大豆"区种"栽培技术作过详细的记载。后魏的《齐民要术》在论及大豆与地力的关系时，明确告诫说，"地过熟者，苗茂而实少"。以上数例表明，在距今 1 500～2 200 多年前，古人对大豆的观察和认识已经相当深入，并用文字记载下来。

我国以现代科学方法从事大豆研究，始于 100 多年前。当时中国人李煜瀛撰写的中文版《大豆》和法文版 *Le Soja* 专著出版，并转译成英、德、意等文本发行。20 世纪三四十年代，我国涌现出一批大豆专家，他们在区划、栽培、遗传、育种、生理等方面进行了开拓性的研究，以不同形式发表了论文和著作，为各个领域的研究奠定了基础。近几十年来，我国大豆科学研究的广度和深度都有明显拓展，有大批研究论文和著作问世，令人欣慰。

国家大豆产业技术体系组建以来，全国各地区各专业的老、中、青大豆科技工作者聚集在一起，多方协作，共同考察，磋商解决大豆科技和生产上存在的各种问题。近日欣悉，该体系拟编纂"中国大豆产业技术丛书"，记载我国大豆科技各领域的成就，这是一件大好事。我曾经提倡的"一手出品种，一手出论文"，广而言之，就是一边要在实践中做出成果，一边又要把它上升为理论，用文字记录下来，这是十分必要的。

2012年8月23日,王金陵先生(时年96岁)在哈尔滨家中听取本丛书编辑委员会主任韩天富研究员(右)对"中国大豆产业技术丛书"编写工作的介绍,并欣然作序

　　一个时代应有一个时代的代表著作。我衷心地预祝这套既能反映我国当代研究水平,又无愧于大豆原产国地位的"中国大豆产业技术丛书"早日问世。

2012年8月23日

## 一、宗旨与内容

西方植物育种科学传到中国，促进了中国大豆育种的创建和发展。1923 年在南京金陵大学和吉林公主岭农事试验场分别育出了中国最早的大豆育成品种金大 332 和黄宝珠，从此开启了中国大豆科学育种的纪元。但在新中国成立之前，大豆育种的规模和进展都是相对薄弱的，有记录的育成品种仅 17 个。新中国成立后大豆育种有了较大发展，至 1980 年全国共育成大豆新品种 246 个。大豆育种加快发展时期是"六五"至"八五"（1981—1995）的 15 年，全国共育成 388 个大豆新品种，"九五"至"十五"（1996—2005）的 10 年中，出品种的速度更快，全国共育成 649 个品种。近年来因商业化育种的发展又有大批品种育成推广。1950 年以前的大豆育种方法主要是自然变异选择育种，以后杂交育种逐步发展，尽管 20 世纪 80 年代以来辐射诱变育种很有成效，但迄今大豆育种的最主要方法还是杂交育种（或重组育种）。近年来育种工作者习惯于将自然变异选择育种与杂交育种统称为常规育种，以区别于诱变育种、杂种优势利用育种、生物技术育种等。当然，"常规"是相对于时代而言的，随着育种科学的发展，常规的概念和内容也在不断地调整、发展。对于常规育种来说，事实上也对于其他各种育种途径来说，成功育种的关键之一是选用原材料或亲本材料。在已有大量新品种育成的今天，回顾并总结以往原材料或亲本材料选用的历史和经验是十分必要的。美国大豆育种家和其他作物育种家一样，很早便注意到通过一个历史时期育成品种的系谱分析，以总结出亲本材料选用及杂交组配的经验。Bernard 等（1988）和 Nelson 等美国大豆种质库的负责人很早便着手大豆育成品种的系谱分析工作。Allen 和 Bhardwaj（1987）及 Carter 等（1993）分别研究了美国大豆育成品种相互间的亲缘关系（亲本系数或共祖先度）。

Carter 认为，美国大豆育成品种亲本分析对育种家选用原材料及杂交亲本有很重要的参考价值，因而建议在大豆的故乡——中国也开展类似的回顾分析工作，并就此与南京农业大学大豆研究所进行合作。南京农业大学大豆研究所的研究人员按合作计划赴美国北卡罗来纳州立大学学习美国的分析方法并搜集有关计算机软件。课题组在国内搜集中国大豆育成品种的系谱及有关特征、特性等资料，然后进行分析编纂工作，出版了《中国大豆育成品种及其系谱分析（1923—1995）》（崔章林等，1998）。该书出版后，受到了大豆资源、育种和遗传研究工作者的欢迎。鉴于 1996—2005 年育成的品种几乎是以前 73 年的 1 倍，育种工作者亟须了解新育成品种的系谱信息及其与老品种间的遗传关系，本课题组决定编写《中国大豆育成品种系谱与种质基础（1923—2005）》一书。

编写本书的宗旨在于：①系统归纳中国各大豆产区 1923—2005 年育成的品种及其主要特征、特性；②系统分析 1923—2005 年中国大豆育成品种的系谱，追溯其祖先亲本，揭示其在中国大豆育成品种种质构成中的重要性；③系谱分析（亲本系数）结合分子标记相似性分析共同说明育成品种的遗传基础。

据此，本书所包含的主要内容为：①介绍中国大豆育种概况，从而说明中国大豆育成品种的遗传背景；②归纳分析中国大豆育成品种的地理来源、主要特征和特性；③逐个分析中国大豆育成品种的系谱；④归纳分析中国大豆育成品种祖先亲本所衍生的系谱树，细胞核家族与细胞质家族以及其在中国育成品种中的核质遗传贡献；⑤对我国 10 个重要祖先亲本家族育成品种的亲本系数和 SSR 标记遗传相似系数做比较，通过关联分析对产量和品质性状进行优异等位变异在系谱中传承和共享分析。本书内容具有很重的资料性质，可供大豆遗传育种工作者选用原材料及杂交亲本时查考，因而实际上不仅是一本大豆育种史料书，还是一本大豆育种工具书。

## 二、编写说明

1. 编入本书的品种为 1923—2005 年期间中国育成的 1 300 个大豆品种，包括：①正规育成审定推广的品种；②虽未经正规程序但选育后农民接受并在生产上广泛应用多年的品种；③个别虽然未在生产上广泛应用，但在育种上具有重要地位的品种。在搜集育成品种资料过程中，作者注意力求齐全，但遗漏仍难避免，只能说已基本上齐全。本书出版后，请各地大豆科学同仁，提供宝贵意见及线索，待再版时补全。

2. 收编的资料以《中国大豆育成品种及其系谱分析（1923—1995）》（崔章林等，1998）为基础。该书资料来源于《中国大豆品种志》（张子金主编，1985）、《中国大豆品种志（1978—1992）》（胡明祥、田佩占主编，1993）、《中国大豆品种资源目录》（王国勋主编，1982）、《中国大豆品种资源目录（续编一）》（常汝镇、孙建英主编，1991）等。部分资料由多位专家、学者提供。先后共有 55 位专家学者对系谱资料进行了核对、补充和更正。特别对与现有出版物上报道不一致的系谱资料，专门请有关育种家作了核查与考证。本版中 1996—2005 年的系谱资料来自各育种单位有关专家及各刊物、杂志上发表的选育报告，且系谱资料已经相关专家核对与更正。追溯中国 1923—2005 年育成的 1 300 个大豆育成品种的系谱，直至其祖先亲本（指终极的地方品种或无法再进一步追溯其遗传来源的育种品系、品种或材料），涉及的美国品种参考 Bernard 等编 *Origins and pedigrees of public soybean varieties in the United States and Canada* 系谱资料及美国 USDA 大豆种质库负责人 Nelson 提供的系谱资料（Bernard 等，1988），其他国外引种不再追溯其系谱而视作为祖先亲本。

3. 编入本书的育成品种及祖先亲本均给予编号，其中《中国大豆育成品种及其系谱分析（1923—1995）》介绍的 651 个品种冠以"C"，其后新增的 649 个品种冠以"D"，祖先亲本"A"。为便于计算机操作，育成品种的排序方法是，先按来源省份的汉语拼音排序，再按品种名称的汉语拼音排序。来源省份的次序如下：①安徽，②北京，③福建，④广东，⑤广西，⑥贵州，⑦河北，⑧河南，⑨黑龙江，⑩湖北，⑪湖南，⑫吉林，⑬江苏，⑭江西，⑮辽宁，⑯内蒙古，⑰宁夏，⑱山东，⑲陕西，⑳山西，㉑四川，㉒天津，㉓新疆，㉔云南，㉕浙江。祖先亲本的排序方法是，先按来源国家的英文简称排序，再按祖先亲本的汉语拼音或英文名称排序。来源国家的次序如下：①中国（China），②加拿大（Canada），③英国（England），④日本（Japan），⑤俄罗斯（Russia），⑥瑞典（Sweden），⑦土耳其（Turkey），⑧美国（USA），中国排在最前面。

4. 品种名称的书写规范按胡明祥等（1993），即：凡用数字编号的品种名称，其数字用阿拉伯数字表示。10 号以内的数字后跟"号"字，如豫豆 2 号、鲁豆 4 号、跃进 5 号、开育 10 号等；10 号以上者不再跟"号"字，如泗豆 11、吉林 20、合丰 25、诱变 30 等。

5. 本书用大量篇幅汇集品种的地理来源与分布、特征与特性，以及系谱的文字描述和图解。为方便读者查阅，将大量篇幅资料性的图表单独用罗马数字编号（Ⅰ、Ⅱ、Ⅲ……），集中以附录的形式排列于本书的后部。品种基本资料包括品种名称、曾用名、育种方法、育成年份、来源省份、育成单位及分布地区（图表Ⅰ）。品种特征与特性资料包括播种季节类型、生育日数、花色、茸毛色、种皮色、子叶色、粒型、结荚习性、叶型、百粒重、蛋白质含量、油脂含量、株高、主茎节数、裂荚性、每荚粒数、抗病虫性、利用类型（图表Ⅱ）。品种系谱资料均追溯至其祖先亲本，即地方品种或国外引种或少数遗传基础不详材料（图表Ⅲ）。本书采用大豆育种工作者最常用的方法描述系谱，即 A×B 表示单交组合，A 为母本，B 为父本。（A×B）×C 表示三交，A×B 为母本，C 为父本；A×（B×C）为另一种三交，A 为母本，B×C 为父本。（A×B）×（C×D）表示四亲本复交，A×B 为母本，C×D 为父本。［（A×B）×（C×D）］×E 表示五亲本复交，（A×B）×（C×D）为母本，E 为父本。A×（B+C）表示单交，A 为母本，B 和 C 的混合花粉为父本。A×（B+C+D）表示单交，A 为母本，B、C 和 D 的混合花粉为父本。A（n）×B 表示以 A 为轮回亲本（母本）的回交，回交次数为 n−1 次。A×B（n）表示以 B 为轮回亲本（父本）的回交，回交次数为n−1次。图表Ⅰ中国大豆育成品种来源与分布、图表Ⅱ中国大豆育成品种特征与特性和图表Ⅲ中国大豆育成品种系谱中品种的排列次序一致，均按来源省份和品种名称汉语拼音排序。图表Ⅳ为祖先亲本的来源和特征特性。为便于进一步追溯国外引种的血缘，图表Ⅴ提供了部分国外引种的来源与系谱。根据中国大豆育成品种的系谱资料（图表Ⅲ），图表Ⅵ展示了中国大豆育成品种的亲本及其亲缘关系，图表Ⅶ从相反的方向展示了由 670 个祖先亲本衍生的大豆品种及其亲缘关系。1 300 个育成品种的细胞质来源、其各祖先亲本的细胞核遗传贡献值组成列于图表Ⅷ和图表Ⅸ。我国 10 个重要祖先亲本家族育成品种的亲本系数和 SSR 标记遗传相似系数做比较的结果列于图表Ⅹ（用于亲本系数与 SSR 标记相似系数分析的 179 个大豆品种）、图表Ⅺ（10 个重要家族共 179 个大豆育成品种亲本系数与 SSR 标记遗传相似系数矩阵）和图表Ⅻ（10 个重要家族共 179 个大豆育成品种 SSR 标记条带组成）。

6. 本书所用县或县以上的地名，均以 1985 年《中华人民共和国行政区划简册》为标准。育成品种的选育单位一般用当时的机构名称，在少数不引起误解的情况下也用现机构名称。为编写方便，本书涉及的机构名称一律用简称，如农业科学院简称为农科院，农业科学研究所简称为农科所，大豆研究所简称为大豆所，农业科学试验场（站）简称为农试场（站）等。

7. 本书的度量衡单位按国家标准，且用符号表示。高度和长度用 km、m 和 cm；百粒重用 g；面积用 $hm^2$；产量用 kg 和 t。

8. 性状及其分级参照胡明祥等（1993），本书图表Ⅱ、图表Ⅲ及有关内容中所描述的性状及其分级简述如下：

（1）播种季节类型

春——春大豆，春季播种的大豆；

夏——夏大豆，夏季播种的大豆；

秋——秋大豆，秋季播种的大豆；

冬——冬大豆，冬季播种的大豆。

（2）生育日数（d）　播种的次日算起，至成熟（95％的荚成熟）当日为止的日数。图表Ⅱ中凡标有＊者为出苗的次日算起，至成熟（95％的荚成熟）当日为止的日数。

<h3 style="text-align:center">中国大豆生育期分组</h3>

（胡明祥等，1993）

| 生育期分组 | 出苗至成熟天数（d） | 播种至成熟天数（d） | | | |
| --- | --- | --- | --- | --- | --- |
| | 东北春豆 | 黄淮海夏豆 | 南方春豆 | 南方夏豆 | 南方秋豆 |
| 极早熟 | <100 | <91 | <91 | | |
| 早熟 | 101～110 | 91～100 | 91～100 | <121 | <101 |
| 中早熟 | 111～120 | | | | |
| 中熟 | 121～130 | 101～110 | 101～110 | 121～130 | 101～110 |
| 中晚熟 | 131～140 | | | | |
| 晚熟 | 141～150 | 111～120 | 111～120 | 131～140 | 121～130 |
| 极晚熟 | >150 | >120 | >120 | >140 | >130 |

（3）花色　白、紫。

（4）茸毛色　灰、棕、无（指无茸毛）。

（5）种皮色　黄（淡黄、黄、浓黄）、绿（淡绿、绿、浓绿）、褐（淡褐、褐、深褐、红褐）、黑（淡黑、黑、乌黑）、双色（虎斑、鞍挂）。

（6）种脐色　白、淡黄、黄、蓝、绿、淡褐、褐、深褐、淡黑、黑。

（7）子叶色　黄、绿。

（8）粒型　球、近球、扁球、椭（球）、扁椭（球）、长椭（球）、扁长（椭球）、肾形。

（9）结荚习性或茎顶特性

有——有限结荚习性或有限型；

无——无限结荚习性或无限型；

亚——亚有限结荚习性或亚有限型。

（10）叶型　圆、椭（圆）、长椭（圆）、卵、长卵、披针（尖）。

（11）百粒重（g）　随机抽取 100 粒完整正常风干种子的克数。

（12）蛋白质含量（%）　烘干种子的粗蛋白含量。

（13）油脂含量（%）　烘干种子的粗脂肪含量。

（14）株高（cm）　在田间调查时，从地面到主茎顶端生长点的高度；室内考种时，自子叶节至主茎顶端生长点的高度。

（15）主茎节数　从子叶节算起至主茎顶端的实际节数。

（16）裂荚性　于成熟期（R8）后的晴天 5d 左右，在田间目测分级。

1——不裂荚；

2——轻度裂荚（1%～10%的荚炸裂）；

3——中等裂荚（11%～25%的荚炸裂）；

4——较易裂荚（25%～50%的荚炸裂）；

5——裂荚（50%以上的荚炸裂）。

（17）每荚粒数　10 株总粒数除以总荚数。

（18）抗病虫性

食心虫（*Leguminivora glycinivorella* Mats.）

豆秆黑潜蝇（*Melanagromyza sojae* Zehntner）

食叶性害虫，包括大造桥虫［*Ascotis selenarria*（Schiffemuller et Denis）］、斜纹夜蛾（*Prodenia litura* Fabricius）、豆卷叶螟［*Hedylepta indica*（Fabricius）］等

豆荚螟（*Etiella zinckenella* Treitschke）

蚜虫（*Aphis glycines* Mats.）

大豆孢囊线虫病（SCN，*Heterodera glycines* Ichinohe）

大豆花叶病毒（SMV，*Soybean mosaic virus*）

灰斑病（*Cercospora sojina* Hara）

锈病（*Phakopsora pachyrhizi* Sydow）

霜霉病［*Peronospora manschurica*（Naoum.）Sydow］

紫斑病（*Cercospora kikuchii* Matsum. et Tomoy.）

根腐病［*Macrophomina phaseolina*（Tassi）Goid.］

疫霉根腐病（*Phytophthora sojae* Kaufmann & Gerdemann）

（19）利用类型

豆豉——豆豉加工专用大豆；

饲草——牲畜草料专用大豆；

一般——以干种子作商品豆，可作多种用途；

药用——具有药理价值的大豆，一般为黑色种皮；

纳豆——纳豆加工专用大豆；

豆酱——豆酱加工专用大豆；

豆腐——豆腐加工专用大豆；

菜用——俗称菜豆或毛豆一类的大豆，一般为有色种皮，尤其绿色种皮。

（20）图表Ⅱ和图表Ⅲ中的空格或问号表示不详。

## 三、致谢

本书在前版《中国大豆育成品种及其系谱分析（1923—1995）》（崔章林等，1998）基础上扩增，前版中所列品种的代号和图表的格式等在本书中均保持不变。前版资料主要来源于《中国大豆品种志》（张子金主编，1985）、《中国大豆品种志（1978—1992）》（胡明祥、田佩占主编，1993）等，部分资料由以下专家、学者提供或（和）校审：王彬如、翁秀英（黑龙江农科院大豆所），赫世韬（黑龙江农科院克山小麦所），杨庆凯（东北农业大学农学系），胡明祥、孟祥勋（吉林农科院大豆所），王荣昌、李光发（吉林通化市农科所），李生学（吉林长春市农科所），金伦范（延边农学院），张仁双、杨伯玉（辽宁农科院原子能所），单维奎（辽宁铁岭市农科所），谭利华（内蒙古农科院原子能所），吴晓华（内蒙古农科院作物所），常汝镇（中国农科院品资所），郝耕、康小湖（中国农科院作物所），张性坦（中国科学院遗传所），张孟臣（河北农科院粮油作物所），李廷泉、王宏兵（山西农科院作物所），李莹（山西农科院品资所），赵经荣、郝欣先、李星华（山东农科院作物所），杨淑英（山东潍坊农科所），薛应离、贺春林、李卫东（河南农科院经作所），郭修广、郝瑞莲（河南商丘地区农科所），郗恩虎、戴勇民（陕西农科院作物所），祝其昌、顾和平（江苏农科院经作所），李长贤、刘佑斌、吉东风（南京农业大学大豆所），戴瓯和（安徽农科院豆类所），李磊（安徽阜阳地区农科所），袁锦瑶（安徽农业大学农学系），王国勋、周新安（中国农科院油料所），舒荣春（湖北天池山农科所），赵政文（湖南农科院作物所），姜治华、王小波（四川农科院作物所），乐光锐（贵州农科院油料所），朱文英（浙江农科院作物所），王家楠（江西农科院旱作所），徐树传（福建农科院耕作所），罗英（福建三明市农科所），刘迪章（广东农科院旱作所），王玉兰（云南农科院粮作所）等55位专家，还有若干位专家提供了资料信息，由于来信中未曾落款，难以一一列出。上版编纂过程中还得到吉东风、彭伯为、任珍静、束翠红、钱德州等的协助与支持。本书比前版新增649个品种及其相应的系谱信息，除来自各刊物、杂志上发表的选育报告外，大量数据由以下专家、学者提供或校审：张磊（安徽农科院作物所），林国强（福建农科院作物所），陈怀珠（广西农科院经作所），张孟臣（河北农林院粮油所），肖付明（河北邯郸农科院），卢为国（河南农科院经作所），杨彩云（河南濮阳农科所），郝瑞莲（河南商丘农林所），苑保军（河南周口农科所），李文滨（东北农业大学农学系），刘发、吴纪安、闫洪睿（黑龙江农科院黑河分院），朱洪德（黑龙江八一农垦大学农学院），任秀荣（河南驻马店农科所），刘忠堂、杜维广、王守义（黑龙江农科院），胡喜平（黑龙江农垦院），王德亮（黑龙江农垦院作物所），宋豫红（黑龙江农垦总局北安农科所），于凤瑶（黑龙江农垦总局红兴隆农科所），郭泰（黑龙江农科院佳木斯分院），陈维元、姜成喜（黑龙江农科院绥化分院），张万海（内蒙古呼伦贝尔农科所），朱知远（内蒙古兴安盟农所），李小红（湖南农科院作物所），张红（湖南衡阳农科所），姜春石（吉林延边农科院），顾广霞（吉林白城农科院），彭杰（吉林市农科院），田佩占（吉林大学），赵福林（吉林长春农科院），王振民（吉林农业大学农学院），王曙明（吉林农科院大豆所），盖翠香（山东济宁农科院），杨加银（江苏徐淮地区淮阴农科院），王宗标（江苏徐州农科院），陈新（江苏农科院经作所），王瑞珍（江西农科院作物所），武丽石（辽宁农科院作物所），傅连舜

（辽宁铁岭农科院），刘永涛（辽宁丹东农科院），宋晓燕（辽宁锦州农科院），杨宏宝（辽宁辽阳农技推广中心），邱家训（南京农业大学国家大豆改良中心），王秋玲（山东菏泽农科院），徐冉（山东农科院作物所），李贵全（山西农业大学农学院），张海生（山西农科院作物所），王海英（沈阳农业大学），佘跃辉（四川农业大学），杨华伟（四川农科院作物所），张明荣（四川南充农科所），战勇（新疆农垦科学院作物所），许艳丽（中科院东北地理与农业生态所），蔡淑平（中国农科院油料所），邵桂花、王连铮（中国农科院作物所），朱保葛（中科院遗传与发育生物学所），朱申龙（浙江省农科院核作所），王惠芳、陈润兴（浙江衢州农科所），王玉兰（云南农科院粮作所）。

　　南京农业大学博士后王吴彬参加了本书第四章的修改，在此一并致谢。

　　本书编者谨向上述著作的编者和上述各位专家、学者表示诚挚的感谢。

　　本书内容涉及面广，在搜集资料与编写过程中难免有所疏漏及错误，恳请读者批评指正，以便再版时更正。

# 第一章

# 中国大豆育种

## 第一节 中国大豆生产

### 一、中国和世界大豆生产

栽培大豆 [*Glycine max* (L.) Merrill]，通常称为大豆，属于豆科（Leguminosae）、蝶形花亚科（Papilionoideae）、大豆属（*Glycine*）。大豆富含脂肪（20%左右）和蛋白质（40%左右），是植物油脂和蛋白的重要原料。近年来，随着对大豆蛋白质、脂肪营养价值的深入了解，对大豆异黄酮、低聚糖、卵磷脂等成分保健功能的逐步发现，大豆综合加工利用程度不断提高。大豆产业是与种养殖业、食品工业、饲料工业、蛋白质工业等紧密相关的重要产业。

栽培大豆起源于中国，大豆在中国的种植历史估计已有 5 000 多年，有书可考的约有 3 000 多年。在纪元前传播至邻国及东亚部分国家。18 世纪欧洲传教士从中国将大豆引入欧洲（Hymowitz and Newell，1981）。Hymowitz and Harlan（1983）考证了 1765 年 Samuel Bowen 首次将大豆从中国引入美国以及 1770 年 Benjamin Franklin 将大豆引入美国的经过。以后大豆又扩展到拉丁美洲。

历史上中国的大豆生产一直居世界首位，至 1953 年美国跃居首位，由此美国的大豆生产一直领先。这与以往中国强调自给而美国强调世界贸易的政策有关。20 世纪 70 年代巴西大豆生产超过中国居第二，90 年代阿根廷超过中国居第三，中国退居第四。90 年代印度迅速发展大豆，现居世界第五（表 1 - 1）。近 60 年来世界大豆种植面积和总产量均呈快速增长趋势，特别是 20 世纪 90 年代后，世界大豆种植面积和总产增幅更大（图 1 - 1）。2010 年世界大豆产量占油料作物总产的 58%。

表 1 - 1　1961—2010 年世界 5 个主产国大豆生产情况

（数据来自 http://faostat.fao.org）

| 项目 | 国家 | 1961 年 | 1970 年 | 1980 年 | 1990 年 | 1995 年 | 2000 年 | 2005 年 | 2006 年 | 2007 年 | 2008 年 | 2009 年 | 2010 年 |
|---|---|---|---|---|---|---|---|---|---|---|---|---|---|
| 总产 | 中国 | 626.4 | 877.5 | 796.6 | 1 100.8 | 1 351.1 | 1 541.1 | 1 635.0 | 1 550.0 | 1 272.5 | 1 554.2 | 1 498.1 | 1 508.3 |
| （万 t） | 美国 | 1 846.8 | 3 067.5 | 4 892.2 | 5 241.6 | 5 917.4 | 7 505.4 | 8 350.5 | 8 699.9 | 7 285.8 | 8 074.9 | 9 141.7 | 9 060.6 |
| | 巴西 | 27.1 | 150.9 | 1 515.6 | 1 989.8 | 2 568.3 | 3 273.5 | 5 118.2 | 5 246.5 | 5 785.7 | 5 983.3 | 5 734.5 | 6 875.6 |
| | 阿根廷 | 0.1 | 2.7 | 350.0 | 1 070.0 | 1 213.3 | 2 013.6 | 3 829.0 | 4 053.7 | 4 748.3 | 4 623.8 | 3 099.0 | 5 267.6 |
| | 印度 | 0.5 | 1.4 | 44.2 | 260.2 | 509.6 | 527.6 | 827.4 | 885.7 | 1 096.8 | 990.5 | 996.5 | 1 273.6 |
| | 全世界 | 2 688.3 | 4 369.7 | 8 104.0 | 10 845.6 | 12 695.0 | 16 129.0 | 21 448.4 | 22 191.9 | 21 967.7 | 23 121.2 | 22 328.9 | 26 499.2 |
| 种植 | 中国 | 1 000.7 | 802.0 | 723.4 | 756.4 | 813.1 | 930.7 | 959.4 | 930.4 | 875.4 | 912.7 | 919.0 | 851.6 |
| 面积 | 美国 | 1 092.8 | 1 709.7 | 2 744.3 | 2 286.9 | 2 490.6 | 2 930.3 | 2 883.5 | 3 019.1 | 2 595.9 | 3 022.3 | 3 090.7 | 3 100.3 |
| （万 hm²） | 巴西 | 24.1 | 131.9 | 877.4 | 1 148.7 | 1 167.5 | 1 364.0 | 2 294.9 | 2 204.7 | 2 056.5 | 2 124.6 | 2 175.1 | 2 332.7 |
| | 阿根廷 | 0.1 | 2.6 | 203.0 | 496.2 | 593.4 | 863.8 | 1 403.2 | 1 513.0 | 1 598.1 | 1 638.1 | 1 677.1 | 1 813.1 |
| | 印度 | 1.1 | 3.2 | 60.8 | 256.4 | 503.5 | 641.7 | 770.8 | 833.4 | 888.0 | 951.0 | 973.0 | 955.0 |
| | 全世界 | 2 381.9 | 2 952.5 | 5 064.7 | 5 716.5 | 6 251.0 | 7 436.4 | 9 251.6 | 9 527.5 | 9 012.8 | 9 643.7 | 9 926.6 | 10 255.6 |

（续）

| 项目 | 国家 | 1961 年 | 1970 年 | 1980 年 | 1990 年 | 1995 年 | 2000 年 | 2005 年 | 2006 年 | 2007 年 | 2008 年 | 2009 年 | 2010 年 |
|---|---|---|---|---|---|---|---|---|---|---|---|---|---|
| 单产 | 中国 | 626.0 | 1 094.2 | 1 101.1 | 1 455.4 | 1 661.7 | 1 655.9 | 1 704.3 | 1 665.9 | 1 453.7 | 1 702.8 | 1 630.1 | 1 771.1 |
| (kg/hm²) | 美国 | 1 690.0 | 1 794.2 | 1 782.7 | 2 292.0 | 2 375.9 | 2 561.3 | 2 896.0 | 2 881.6 | 2 806.6 | 2 671.8 | 2 957.8 | 2 922.4 |
| | 巴西 | 1 126.9 | 1 143.9 | 1 727.4 | 1 732.2 | 2 199.8 | 2 399.9 | 2 230.3 | 2 379.6 | 2 813.3 | 2 816.2 | 2 636.5 | 2 947.5 |
| | 阿根廷 | 976.5 | 1 032.0 | 1 724.1 | 2 156.6 | 2 044.6 | 2 331.2 | 2 728.7 | 2 679.3 | 2 971.1 | 2 821.6 | 1 847.8 | 2 905.3 |
| | 印度 | 454.5 | 437.5 | 727.0 | 1 014.5 | 1 012.1 | 822.2 | 1 073.4 | 1 062.8 | 1 235.1 | 1 041.5 | 1 024.2 | 1 333.6 |
| | 全世界 | 1 128.6 | 1 480.0 | 1 600.1 | 1 897.3 | 2 030.9 | 2 168.9 | 2 318.3 | 2 329.3 | 2 437.4 | 2 397.6 | 2 249.4 | 2 583.9 |

目前美洲是世界大豆的主产地，美国是最大的大豆生产和出口国，2010 年大豆种植面积达 3 100 多万 hm²，总产 9 060 万 t，其中出口 4 330 万 t，占世界大豆贸易量的 44％。美国大豆主要产于中西部，2010 年衣阿华、伊利诺伊、明尼苏达、内布拉斯加、印第安纳、俄亥俄、密苏里 7 个州的产量均在 500 万 t 以上，总产约占全国的 68％。加拿大 2010 年产量为 435 万 t。南美洲近年来大豆生产发展迅速，2003 年巴西和阿根廷大豆总产已超过美国；巴拉圭、乌拉圭、玻利维亚 2010 年大豆产量分别达 746 万 t、192 万 t 和 182 万 t。印度的大豆产量增幅较快，2010 年大豆产量为 1 273 万 t。乌克兰、俄罗斯 2010 年产量也均在 100 万 t 以上。

目前美洲地区种植的多数是转基因大豆，主要是抗除草剂草甘膦品种。据统计，2010 年世界大豆种植面积的 81％是转基因品种。2011 年阿根廷超过 99％、美国 94％的大豆是转基因类型。在国际贸易中，90％以上的大豆是转基因品种。种植转基因大豆也使相应的栽培技术发生变化，以少免耕为主。

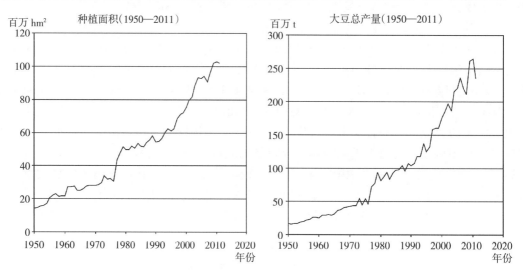

图 1-1　世界大豆种植面积与总产情况

（摘自 www.earth-policy.org）

大豆是数千年来我国人民植物蛋白和植物油脂来源的重要作物。中国大豆主要生产区域大致可分为北方春大豆区、黄淮海流域春夏大豆区和南方多播期类型大豆区。东北地区是农作物一熟区，大豆一般是与玉米、春小麦等作物进行轮作。大豆是该地区最主要的农作物，规模化和商品化程度高，种植面积和产量均占全国的半壁江山。近年来，玉米、水稻种植面积逐步增长，春小麦、蔬菜、薯类、高粱、向日葵等农作物与大豆也有竞争关系，大豆种植面积呈下降趋势。黄淮海地区一般是一年两熟制，主要农作物有小麦、玉米、蔬菜、花生、棉花、薯类、大豆等，主要种植制度是小麦—玉米或大豆/花生/棉花/薯类/蔬菜等。玉米、花生是大豆最主要的竞争作物（刘爱民等，2005）。该地区以夏播大豆为主，种植面积和产量占全国 1/3 以上。秦岭淮河线以南广大地区气候适宜，大豆播期类型复杂，有春、夏、秋、冬等不同播期类型，以春、夏大豆为主。该地区包括长江中下游地区、西南高原地区、华南热带亚热带地区等。除少量清种外，南方大豆多与其他作物间作套种，如西南山区的小麦/玉米/大豆模式，华南地区的大豆与甘蔗、木薯、幼龄茶（果）树间套作模式，江汉平原地区的大豆/棉花套种模式等。在耕作制度方面，南方地区发展了麦—豆—油—豆、油—豆—稻、豆—稻、稻—豆等多熟种植方式。此外，田埂豆也很普及（周新安等，2010）。近年来，鲜食大豆发展迅速。从目前我国土地资源配置和粮食生产种植需求看，南方大豆生产潜力巨大。在一定资源条件下，大豆生产成本和收益仍是影响主产区大豆种植规模的主要因素（刘爱民等，2005）。与玉米、水稻等作物相比，目前种植大豆的效益低下，大豆种植面积和总产逐年下滑，大豆生产仍需得到政策和科技的有力支撑。

## 二、中国大豆品种的熟期组分类

栽培大豆品种的生育期长度与地理纬度、种植季节密切相关，生育期长短对品种分类具有重要意义。我国以往品种生育期分类是相对于地区而定的，各地区都有早、中、晚的划分，但全国并无统一的划分标准，不便于相互比较和交流。一些研究人员在全国大豆生态试验基础上对我国代表性品种进行生育期组划分，但未能形成统一的分类方法。郝耕等（1992）将96份材料依据全国生态试验春播全生育期长短等间距地划分为12个生育期组。任全兴等在全国大豆生态试验基础上，依据全国72个代表品种对春、夏、秋分季播种的反应，将全国大豆品种归为9组18种生育期生态类型。汪越胜等按任全兴等的方法，根据121个南方代表品种的生育期长短，进一步将南方大豆品种生育期生态类型扩展为8组21类。美国发展了一套大豆品种熟期组的划分方法，目前共归为000到X共13组，每组品种在其适应地区早晚相差10～15d。北美品种熟期组的划分逐渐为世界各国所采纳，成为国际通用方法，尤其适用于一熟制大豆的地区。我国由于轮作复种制度复杂，品种生育期长短不但与纬度有关，还受播种季节类型影响，以往并未直接采纳北美的熟期组制，但随着国际资源交流的加强，愈益需要一套既与国际方法衔接，又能反映中国特点的大豆品种熟期组划分方法。

盖钧镒等（2001）以美国大豆熟期组对照品种在南京春播自然光照及18h光照条件下的表现为依据，将供试的256份中国各地代表性品种的全生育期与之相比较，设定凡大豆品种在南京春播自然光照下全生育期为78～107d的可归入MG 000、MG 00、MG 0、MG I 4组，其进一步的相互区分，可根据南京春播18h光照条件下的全生育期决定，80～90d为MG 000组，91～105d为MG 00组，106～120d为MG 0组，121～132d为MG I组。MG II～MG IX组南京春播自然光照条件下的全生育期分别为108～120d至209～220d等，详见表1-2。大致各组间的距离和变幅在10～15d，极早的000、极晚的IX组，变幅稍小。目前已将我国大豆划分为MG 000、00、$0_1$、$0_2$、$I_1$、$I_2$、$II_1$、$II_2$、$III_1$、$III_2$、IV、V、VI、VII、VIII、IX共16个熟期组类型，与国际通用的大豆熟期组制相衔接，同时将我国大豆光温反应划分为10个量化等级、5个光温反应类型，即钝感、较钝感、中等、较敏感、敏感。

表1-2 南京直播条件下中国大豆品种熟期组 MG 000～MG IX 划分的临界值

（引自盖钧镒等，2001）

| 性状 | 处理 | 统计量 | 000 | 00 | $0_1$ | $0_2$ | $I_1$ | $I_2$ | $II_1$ | $II_2$ | $III_1$ | $III_2$ | IV | V | VI | VII | VIII | IX |
|---|---|---|---|---|---|---|---|---|---|---|---|---|---|---|---|---|---|---|
| 全生育期 | 自然光 | 最小值 | 78 | 78 | 78 | 78 | 78 | 78 | 108 | 108 | 121 | 121 | 136 | 151 | 166 | 181 | 194 | 209 |
| | | 最大值 | 107 | 107 | 107 | 107 | 107 | 107 | 120 | 120 | 135 | 135 | 150 | 165 | 180 | 193 | 208 | 220 |
| | 18h长光 | 最小值 | 80 | 91 | 106 | 106 | 121 | 121 | | | | | | | | | | |
| | （加光） | 最大值 | 91 | 105 | 120 | 120 | 132 | 132 | | | | | | | | | | |
| 生育前期 | 自然光 | 最小值 | 32 | 39 | 33 | 48 | 32 | 51 | 34 | 56 | | | | | | | | |
| | | 最大值 | 38 | 50 | 47 | 62 | 50 | 69 | 55 | 70 | | | | | | | | |

注：表中 000＝MG 000；00＝MG 00；……；IX＝MG IX。

根据供试256个品种的生育期表现，将其分别归入各个熟期组，并提出各组中最早、中等、最晚的代表品种（表1-3）。这些品种可供各地用作检测本地待测品种熟期组的对照品种。

**表 1-3　中国大豆品种的熟期组归类表**

| 熟期组 MG | 代表材料名称（来源省份） |
|---|---|
| MG 000 | 东农 36（黑） |
| MG 00 | 黑河 12（黑）[a]、黑河 3 号（黑）[b]、东农 41（黑）、黑河 8 号（黑）[c] |
| MG 0₁ | 绥农 8 号（黑）、垦农 4 号（黑）[a]、绥农 14（黑）[b]、黑农 39（黑）、绥农 12（黑）、黑农 33（黑）、合丰 33（黑）、黑河 7 号（黑）、红丰 2 号（黑）、绥农 10 号（黑）、合丰 35（黑）、黑农 38（黑）、吉林 20（吉）[c]、九农 21（吉）、水里站（吉）、黄脐（吉）、铁荚四粒青（吉）、黄宝珠（吉）、黄宝珠（辽） |
| MG 0₂ | 泰兴黑豆（苏）[b]、无锡红花六月枯（苏）[a]、涪陵早春豆（川）[c]、益阳五月紫皮豆（湘） |
| MG Ⅰ₁ | 吉林 37（吉）、吉林 29（吉）、吉林 27（吉）、长农 7 号（吉）、吉林 16（吉）、吉林 30（吉）[a]、横生青（吉）、沈豆 4 号（辽）[b]、八月忙（辽）、辽豆 9 号（辽）、黄豆（辽）、沈豆 2 号（辽）[c]、平顶香（辽）、早熟黄（冀）、平顶黄（冀）、应县大黄豆（晋） |
| MG Ⅰ₂ | 灌云六十日（苏）、洪湖六月爆（鄂）、武昌六月爆（鄂）[a]、乐至白毛六月黄（川）[b]、都昌乌（赣）、宾阳小青豆（桂）[c] |
| MG Ⅱ₁ | 长农 8 号（吉）、大白眉（吉）、辽豆 7 号（辽）、沈豆 3 号（辽）[a]、大白眉（辽）[b]、大乌豆（冀）[c]、小金元黄豆（冀）、黄豆（冀）、四角齐（冀）、一粒传（冀）、扁黑豆（晋）、晋豆 8 号（晋）、晋豆 19（晋）、大黄豆（晋）、东解 1 号（鲁） |
| MG Ⅱ₂ | 中黄 8 号（京）、东至六月爆（皖）、永川米汪黑豆（川）、杭州五月拔（浙）[a]、新昌六月黄（浙）、义乌六月黄（浙）[b]、仙居小毛豆（浙）、龙山六月爆（湘）、龙陵黑早豆（云）、紫花豆（闽）、新丰本地红（粤）[c] |
| MG Ⅲ₁ | 辽豆 11（辽）、大金元（辽）、铁丰 26（辽）、八十荚（辽）、铁荚青（辽）、耐阴黑豆（冀）[a]、易县黑豆（冀）、牛毛黄（冀）、晋北小黑豆（晋）、晋北大黑豆（晋）、春豆（晋）、园黑豆（晋）、晋豆 16（晋）、晋大 57（晋）、晋大 53（晋）[b]、大青豆（晋）、汾豆 51（晋）、小黑豆（晋）、齐河小老鼠眼（鲁）、黄河大豆（豫）、石城故乡油豆（豫）、邳县红毛油（苏）、肥西黑豆（皖）、徐豆 2 号（苏）[c]、六丰（苏） |
| MG Ⅲ₂ | 大玉豆（辽）、杨柳青黄豆（冀）、齐黄 10 号（鲁）[c]、通州豆（苏）、岳西黄皮豆（皖）、松滋牛毛黄（鄂）、大邑六月黄（川）、筠连白毛豆（川）、叙永小黄豆（川）、峨边黑豆（川）、兴文七十早（川）、宁南黑豆子（川）、兰溪白角豆（浙）、定南乌豆（赣）、城步六月黄（湘）[b]、邵阳花山黄豆（湘）、福泉七月黄（贵）、仁怀绿色豆（贵）、习水六月黄（贵）[a]、紫云八月豆（贵）、大青仁（闽）、鸡蛋豆（桂） |
| MG Ⅳ | 丹豆 1 号（辽）、宁强老鼠眼（陕）、苍山小黑豆（鲁）、菏泽平顶豆（鲁）、夏邑太平紫花豆（豫）、襄城双庙大粒黄（豫）、正阳白毛平顶豆（豫）、栾川城关小黑豆（豫）、许昌白花糙（豫）、光山文殊天鹅蛋（豫）、灵宝猪咬脐黑豆（豫）、滨海红茶豆（苏）[b]、沛县大白角（苏）、五河齐黄豆（皖）、阜阳 143（皖）、寿县小茧壳（皖）、滁县农家无名（皖）、中豆 19（鄂）、通山七月黄（鄂）、眉山豆子（川）、犍为潜水豆（川）、余千早乌豆（赣）、永新六月黄（赣）[a]、自治州褰衣豆（湘）、兴义中子黄（贵）、沿河青皮豆（贵）、毕节白黄豆（贵）、普定捎捎豆（贵）[c]、保山猴子王（云）、镇沅勐大细白豆（云）、文山州黄豆（云）、勐腊小黄豆（云）、高要五月黄（粤）、陆丰乌豆（粤）、博罗四月白豆（粤）、靖西早黄豆（桂） |
| MG Ⅴ | 汶山滚龙珠（鲁）、招远秋豆（鲁）、汝南平顶豆（豫）、开封郭庄青豆（豫）[a]、西峡小粒黄（豫）、沁阳小豆（豫）、邳县无顶荚（苏）、NJ90L21（苏）、南农 88248（苏）、涡阳黑豆（皖）[b]、繁昌青阳早黄豆（皖）、南漳扇子白（鄂）、谷城一树猴（鄂）、西昌透心绿（川）、平塘八月黄（贵）、修义绿兰豆（贵）、遵义小黑豆（贵）、铜仁油粒豆（贵）、黔西七月黄（贵）[c]、水城黄豆（贵）、矮仔人（粤）、田林西平小黄豆（桂）、玉林大黄豆（桂） |
| MG Ⅵ | 镇巴小白黄豆（陕）、南郑早日黄豆（陕）、汉中八月黄（陕）、汉中黄豆（陕）、略阳药黑豆（陕）、旬阳黄豆（陕）[b]、蚂蚁蛋（陕）、东海白果（苏）、NJ8722322（苏）、香水豆（苏）、宝应粉皮青豆（苏）、六合小叶青（苏）[c]、舒城去荚黄豆（皖）、云梦黑黄豆（鄂）、远安青黄豆（鄂）、黄皮扇子白（鄂）、兴山大豆（鄂）、旺苍八月豆（川）、横丰桂子兰（赣）[a]、铜鼓夏至豆（赣）、桃园赵家无名（湘）、盐津黄豆（云）、云县黑豆（云）、蒙自大青豆（云）、思茅牛虱子豆（云）、建阳秋大豆（闽）、仁化八月黄（粤）、保亭黄豆（琼）、环江八月黄（桂） |
| MG Ⅶ | 安康八月黄（陕）、松江等西风雨（苏）、南通桩车黄荚（苏）[b]、溧阳毛荚豆（苏）、宿松白花甲（皖）[a]、宁国大青豆（皖）、麻城猴子毛（鄂）、南漳大豆（鄂）、绵阳河边酱色豆（川）、安吉青豆（浙）[c]、务川六月早（贵）、玉溪黄豆（云）、永胜虎皮黄豆（云）、龙岩秋乌豆（闽）、古田山豆子（闽）、清远小黑豆（粤） |
| MG Ⅷ | 恩施早黄豆（鄂）、泸定黑豆子（川）、达县八月黄（川）、桐庐青皮豆（浙）、云和蜂窝豆（浙）、武义金黄豆（浙）、丰城大青豆（赣）[a]、吉水大粒茶豆（赣）、汨罗斗半斤（湘）、衡山红豆（湘）、冷水滩牛角豆（湘）、南华黑皮豆（云）、双江棕皮豆（云）[b]、光泽黄荚豆（闽）、三明矮脚青（闽）、龙川缄城冬豆（粤）、琼山下望乌豆（琼）、灵川十月黄（桂）、邕宁三景黄豆（桂）、悟州四月豆（桂）、巴马九月黄（桂）[c] |
| MG Ⅸ | 万县白冬豆（川）、自贡冬豆（川）[b]、广安小冬豆（川）[c]、衡南药豆（湘）、隆安黄豆（桂） |

注：a、b、c 分别表示该组中最早、中等、最晚的代表品种。

### 三、中国大豆品种的生态区域与品种类型

为了方便对大豆资源的利用，人们根据温度、水分及日长等气候条件、耕作制度及播种季节等不同的标准对中国大豆进行了生态区划分。根据我国大豆产区特点、习惯等将我国大豆产区划分为北方春大豆栽培区、黄淮海流域夏大豆栽培区和南方大豆栽培区（卜慕华和潘铁夫，1987）。大豆栽培区域的自然和栽培条件形成了品种的生态特性，大豆栽培区域的划分必然有相应的品种类型出现，因而大豆栽培区域和大豆品种生态区域是一致的（王金陵，1991）。

近年来，中国的复种制度已有很大改变，这一区域划分方法已不适用于目前的状况。盖钧镒和汪越胜（2001）根据我国各地 256 份代表性大豆地方品种在南京分期播种、延长或缩短光照长度处理条件下的生育期表现，结合供试材料来源地的地理与气候条件、播种季节类型、熟期组类型及光温反应特性等因素以及代表性品种生态类型特点分析，将我国大豆品种生态区划分为：北方一熟制春作大豆品种生态区（Ⅰ）；黄淮海二熟制春夏作大豆品种生态区（Ⅱ）；长江中下游二熟制春夏作大豆品种生态区（Ⅲ）；中南多熟制春夏秋作大豆品种生态区（Ⅳ）；西南高原二熟制春夏作大豆品种生态区（Ⅴ）；华南热带多熟制四季大豆品种生态区（Ⅵ）等六大区，并在其中 3 个区内进一步划分为 7 个亚区（图 1-2）。

 Ⅰ. 北方一熟制春作大豆品种生态区（简称北方春豆生态区，下同）
  Ⅰ-1. 东北春豆品种生态亚区（东北亚区）
  Ⅰ-2. 华北高原春豆品种生态亚区（华北高原亚区）
  Ⅰ-3. 西北春豆品种生态亚区（西北亚区）
 Ⅱ. 黄淮海二熟制春夏作大豆品种生态区（黄淮海春夏豆生态区）
  Ⅱ-1. 海汾流域春夏豆品种生态亚区（海汾亚区）
  Ⅱ-2. 黄淮流域春夏豆品种生态亚区（黄淮亚区）
 Ⅲ. 长江中下游二熟制春夏作大豆品种生态区（长江中下游春夏豆生态区）
 Ⅳ. 中南多熟制春夏秋作大豆品种生态区（中南春夏秋豆生态区）
  Ⅳ-1. 中南东部春夏秋豆品种生态亚区（中南东部亚区）
  Ⅳ-2. 中南西部春夏秋豆品种生态亚区（中南西部亚区）
 Ⅴ. 西南高原二熟制春夏作大豆品种生态区（西南高原春夏豆生态区）
 Ⅵ. 华南热带多熟制四季大豆品种生态区（华南热带四季大豆生态区）

中国各大豆品种生态区域的范围及其所包含的大豆品种生育期类型分述如下：

Ⅰ. 北方一熟制春作大豆品种生态区：全区包括东北三省、内蒙古、宁夏及河北、山西、陕西、甘肃、新疆 5 省、自治区北部地区。此区显著特点是地处中温带，主体纬度 40°～50°N，是我国气候寒冷地区，全年无霜期短，一年一熟春播秋（冬）收，仅辽宁南部地区试用麦茬豆一年两熟制。

Ⅰ-1. 东北春豆品种生态亚区：包括黑龙江、吉林、辽宁 3 省及内蒙古东部接壤地区。大豆品种归属 MG 000～MG Ⅳ熟期组，其中 MG 000 及 MG 00 组为该亚区所特有，由北向南品种熟期组推迟，$MG0_1$、MG Ⅰ$_1$组在黑龙江，MG Ⅰ$_1$、MG Ⅱ$_1$组在吉林，MG Ⅱ$_1$、MG Ⅲ$_1$组在辽宁，均为主要类型，MG Ⅳ组品种仅在辽宁南部出现。品种生育期光温综合反应以钝感、较钝感型为主。参试代表品种有东农 36（黑）、黑河 12（黑）、绥农 8 号（黑）、垦农 4 号（黑）、合丰 35（黑）、黑农 38（黑）、吉林 20（吉）、九农 21（吉）、吉林 37（吉）、长农 7 号（吉）、长农 8 号（吉）、辽豆 7 号（辽）、辽豆 11（辽）、铁丰 26（辽）、丹豆 1 号（辽）。

Ⅰ-2. 华北高原春豆品种生态亚区：包括河北长城以北、山西、陕西北部、内蒙古高原与河套地区、宁夏及甘肃与宁夏、陕西接壤地区等。此亚区海拔较高，1000m 左右，气候寒冷，大豆品种归属 MG Ⅰ$_1$、MG Ⅱ$_1$、MG Ⅲ$_1$等熟期组，光温综合反应以较钝感类型为主。参试的代表品种有早熟

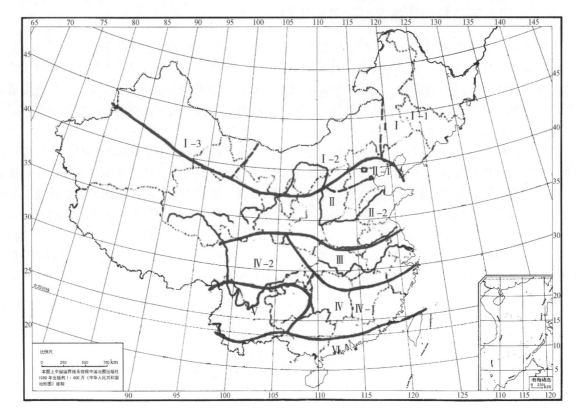

图1-2　中国大豆品种生态区域

（盖钧镒和汪越胜，2001）

黄（冀）、平顶黄（冀）、应县大黄豆（冀）、晋北小黑豆（晋）、大乌豆（冀）、晋北大黑豆（晋）等。

Ⅰ-3. 西北春豆品种生态亚区：包括新疆北部及甘肃河西走廊等地。此区为大豆新产区，灌溉农业，春播，一年一熟。严格地说，此处尚未形成特殊的品种生态类型，一般东北春豆亚区的品种可在此应用。近年来刚开始适生大豆新品种选育，目前已审定了新大豆1号和石大豆1号两个当地育成的品种，大致属 MG Ⅰ$_1$ 或 MG Ⅱ$_1$ 熟期组。

Ⅱ. 黄淮海二熟制春夏作大豆品种生态区：全区包括长城以南、秦岭淮河线以北，东起黄海、西至六盘山的广大地区，即包括北京、天津、河北、山西、陕西长城以南，山东、河南全省，安徽淮北、江苏淮北以及甘肃南部等地。主体纬度在 34°～40°N。历史上有二年三熟制春豆和一年两熟制夏豆，现春豆面积缩减，夏豆面积增大，但遗留下来的品种仍包括春夏豆品种生态类型。

Ⅱ-1. 海汾流域春夏豆品种生态亚区：主要为海河、滹沱河和汾河流域，包括河北长城以南、石家庄、天津线以北，山西中部和东南部等地区。此亚区春、夏豆都有，但现以夏豆为主。春豆品种熟期组有 MG Ⅰ$_1$、MG Ⅱ$_1$、MG Ⅲ$_1$；生育期光温综合反应以较钝感类型为主。夏豆品种熟期组有 MG Ⅱ$_1$、MG Ⅲ$_1$ 等。生育期光温综合反应为较钝感和中等反应类型。供试春豆代表品种有平顶黄（冀）、耐阴黑豆（冀）、小金元黄豆（冀）、大黄豆（晋）、春豆（晋）等；夏豆代表品种有易县黑豆（冀）、杨柳青黄豆（冀）、一粒传（冀）等。

Ⅱ-2. 黄淮流域春夏豆品种生态亚区：包括海汾流域以南、秦岭淮河线以北地区，即包括河北石家庄、天津线以南，山东全部，河南大部，江苏灌溉总渠的安徽沿淮河两岸以北、山西西南、陕西关中和甘肃天水、武都地区。一年两熟为主，有春、夏豆两种类型，夏豆为主。春豆熟期组为 MG Ⅱ$_1$、MG Ⅲ$_1$；生育期光温综合反应属较钝感和中等反应类型；供试代表性品种有晋大57（晋）、晋豆18（晋）、邳县红毛油（苏）、灌云六十日（苏）等。夏豆熟期组为 MG Ⅱ$_1$、MG Ⅲ$_1$、MG Ⅳ、

MG Ⅴ等，范围较广；全生育期光温综合反应有较钝感、中等、较敏感等类型；供试代表性品种有四角齐（冀）、齐黄10号（鲁）、菏泽平顶豆（鲁）、开封郭庄青豆（豫）、正阳白毛平顶豆（豫）、邳县无顶荚（苏）、徐豆2号（苏）等。

Ⅲ. 长江中下游二熟制春夏作大豆品种生态区：包括秦岭、淮河线以南，新安江—鄱阳湖—洞庭湖线以北，东起沿海，西至大巴山的长江中下游流域，即包括江苏、安徽的淮河以南、湖北、陕西汉中盆地、浙江新安江以北、江西鄱阳湖以北、湖南洞庭湖以北、四川东北盆周山地等，主体纬度在29°～33°N，历史上春、夏豆并存，以夏豆为主。春豆熟期组有 MG 0$_2$、MG Ⅰ$_2$、MG Ⅱ$_2$及 MG Ⅳ；生育期光温综合反应以钝感、较钝感类型为主，供试代表性品种有泰兴黑豆（苏）、东至六月爆（皖）、洪湖六月爆（鄂）、杭州五月拔（浙）、矮脚早（鄂）等。夏豆熟期组有 MG Ⅲ$_2$、MG Ⅳ～MG Ⅷ，范围较广；生育期光温综合反应有中等、较敏感、敏感等类型；供试代表品性有溧阳毛荚荚（苏）、肥西黑豆（皖）、松兹牛毛黄（鄂）、安吉青豆（浙）、宁强老鼠眼（陕）、南农88‐48（苏）、麻城猴子毛（鄂）等。

Ⅳ. 中南多熟制春夏秋作大豆品种生态区：包括浙江新安江以南、江西鄱阳湖以南、湖南洞庭湖以南、福建福州以北、广东、广西南岭区域以及四川盆地。主体纬度25°～29°N，丘陵山地相间分布，一年三熟或二年五熟，春、夏、秋豆搭配种植，但以春、秋豆为多数。

Ⅳ‐1. 中南东部春夏秋豆品种生态亚区：包括浙江新安江以南、江西鄱阳湖以南、湖南洞庭湖以南、福建泉州以北以及广东、广西的南岭区域，一般海拔1 000m左右。春豆品种熟期组为 MG Ⅱ～MG Ⅳ；生育期光温综合反应较钝感或中等；供试代表性品种有义乌六月黄（浙）、定南乌豆（赣）、龙山六月爆（湘）、新丰本地红（粤）等。夏豆熟期组为 MG Ⅵ～MG Ⅷ；生育期光温综合反应在较钝感、中等、较敏感范围内变化；供试代表性品种有云和蜂窝豆（浙）、铜鼓夏至豆（赣）、仁化八月黄（粤）、环江八月黄（桂）等。秋豆熟期组为 MG Ⅵ～MG Ⅸ；生育期光温综合反应属敏感类型。

Ⅳ‐2. 中南西部春夏秋豆品种生态亚区：主要为四川盆地，一般海拔600～800m。春豆品种熟期组为 MG 0$_2$、MG Ⅰ$_2$、MG Ⅱ$_2$及 MG Ⅳ；生育期光温反应较钝感；供试代表性品种有涪陵早春豆（川）、犍为潜水豆（川）、乐至白毛六月黄（川）、梅山豆子（川）等。夏豆熟期组为 MG Ⅵ～MG Ⅷ；生育期光温综合反应为较敏感、敏感类型；供试代表品种有旺苍八月豆（川）、达县八月黄（川）、泸定黑豆子（川）、绵阳河边酱色豆（川）等。秋豆熟期组均为 MG Ⅸ；生育期光温综合反应敏感；供试代表品种有万县白冬豆（川）、广安小冬豆（川）、自贡冬豆（川）等。

Ⅴ. 西南高原二熟制春夏作大豆品种生态区：包括四川西南盆周山地、川西高原、广西西北及湖南西部高原和云贵高原，纬度大致为25°～29°N。大豆一般分布在海拔1 500m以上，春播大豆为主，也有夏播大豆。春豆品种熟期组 MG Ⅱ$_2$、MG Ⅲ$_2$、MG Ⅳ及 MG Ⅴ；生育期光温综合反应为较钝感、中等、较敏感类型；此区春豆比其他各区春豆的熟期晚；供试代表性品种有兴文七十早（川）、习水六月黄（贵）、紫云八月豆（贵）、龙陵黑早豆（云）。夏豆熟期组为 MG Ⅳ～MG Ⅷ；生育期光温综合反应为中等、较敏感、敏感；供试代表性品种有务川六月早（贵）、文山州黄豆（云）、保山猴子王（云）、云县黑豆（云）、西昌透心绿（川）等。

Ⅵ. 华南热带多熟制四季大豆品种生态区：包括福建省福州以南、广东、广西南岭以南、云南省南部等地，主体纬度19°～23.5°N。此处特点是地处南亚热带，无霜期长，有些地区终年无霜，四季可种大豆。春豆品种熟期组归属 MG Ⅰ$_2$、MG Ⅱ$_2$、MG Ⅲ$_2$、MG Ⅳ组；全生育期光温综合反应较钝感、中等；供试代表性品种有宾阳小青豆（桂）、紫花豆（闽）、大青仁（闽）、鸡蛋豆（桂）、高要五月黄（粤）、陆丰乌豆（粤）、博罗四月白豆（粤）等。夏豆品种熟期组归属 MG Ⅳ～MG Ⅸ；全生育期光温综合反应中等、较敏感、敏感类型；供试代表品种有文山州黄豆（云）、勐腊小黄豆（云）、田林西平小黄豆（桂）、邑宁三景黄豆（桂）、玉林大黄豆（桂）、清远小黑豆（粤）、琼山下望乌豆（琼）等。此区秋豆、冬豆属熟期组 MG Ⅷ～MG Ⅸ（可能没有 MG Ⅹ），全生育期光温综合反应敏感，供试代表品种为龙川滨城冬豆（粤）等。

所根据的要素有两类：其一是地方品种生态类型，包括播种季节类型、熟期组类型与光温反应类型。北方春豆区大豆品种为春豆类型，熟期组归属 MG 000～MG Ⅳ组。黄淮海春夏豆区，以夏豆为主，熟期组归属 MG Ⅱ～MG Ⅵ组，间有春豆，熟期组归属 MG Ⅰ～MG Ⅲ组。长江中下游春夏豆区，以夏豆为主，熟期组归属 MG Ⅲ～MG Ⅷ组，间有春豆，熟期组归属 MG 0～MG Ⅳ组。中南春夏秋豆区，以春豆与秋豆为主，间有夏豆，春豆、夏豆与秋豆熟期组分别归属 MG 0～MG Ⅳ组、MG Ⅵ～MG Ⅷ组、MG Ⅵ～MG Ⅸ组。西南高原春夏豆区以春豆为主，间有夏豆，春豆、夏豆熟期组分别归属 MG Ⅱ～MG Ⅴ组、MG Ⅳ～MG Ⅷ组。华南热带四季大豆区以春豆与夏豆为主，也存在秋、冬季播种类型，春豆与夏豆熟期组分别归属 MG Ⅰ～MG Ⅳ组、MG Ⅳ～MG Ⅸ组。另一划分依据是大豆地方品种生态条件，包括地理、气候条件等。北方春豆区、黄淮海春夏豆区、长江中下游春夏豆区、中南春夏秋豆区、西南高原春夏豆区、华南热带四季大豆区的主体纬度跨度，分别为 $40°～50°N$、$32°～40°N$、$29°～32°N$、$25°～29°N$、$25°～29°N$、$19°～25°N$，所处气候带分别为中温带、南温带、北亚热带、中亚热带、南亚热带。重要生态因子如光照、温度、水分等，在自然界存在随纬度、海拔、气候带变化的梯度系列变化。

# 第二节　中国大豆育种目标与育种计划

## 一、中国大豆育种目标与目标性状

大豆育种目标与其生产、利用的需求相一致。随着加工利用方向的拓展，大豆品质性状要求日趋多样化。目前，油用、蛋白与饲料用、豆腐用、菜用是国内外的主要应用类型，各有对应的品质育种目标性状，其产量、抗性等也必须达到增产、增收的要求。目前我国大豆产需差异悬殊，进口量约为生产量的 5 倍，进口大豆主要用于榨油，豆粕用于加工饲料；国产大豆首先必须满足豆腐加工、蛋白加工、菜用、豆芽用的需求。从长远看，我国大豆应力争基本自给，育种目标应是全方位的，随着大豆加工工业的发展，应育成适于加工行业需求的各种类型专用品种。

油用大豆目标性状包括油脂含量和品质两方面。目前我国强调高油脂含量大豆新品种的选育，一般品种，如北方春大豆区要求油脂含量 20% 以上，高油脂品种则要求在 21.5% 以上，蛋白质含量不低于 37.5%。目前我国已育成油脂含量超过 24% 的品种如冀黄 13、吉育 202。为兼顾豆粕加工效益，较理想高油品种的大豆蛋白质含量不能过低。油脂品质也越来越受到人们重视。美国提出了改进大豆油脂品质的计划，主要目标包括三方面：降低饱和脂肪酸（硬脂酸、棕榈酸）含量、消除氢化过程中的反式脂肪酸、提高油酸含量以提高油脂氧化的稳定性（Cober 等，2009）。高油酸大豆的营养和加工品质较好，是重要育种方向，目前高油酸大豆品种已在美国商业化利用。亚麻酸含量现有资源为 5%～12%，降到 2% 以下可解决豆油氧化变味问题；另一途径是选育无脂肪氧化酶（lox1、lox2、lox3）的品种。此外，一些脂肪酸成分具有特殊加工用途，如高饱和脂肪酸大豆油适合做人造黄油，高亚麻酸适于加工油墨和干性油脂，因此高棕榈酸、高亚麻酸也是特殊的大豆育种目标性状。

蛋白与饲料用大豆希望有高的蛋白质含量。一般品种，黄淮海地区要求蛋白质含量 42% 以上，南方多熟制地区 43% 以上。高蛋白品种要求 45% 或以上。蛋白质与油脂双高型品种要求蛋白质和油脂总含量在 63% 以上。蛋白质品质方面，大豆蛋白质的氨基酸组成较齐全，但与牛奶等相比含硫氨基酸（蛋氨酸与胱氨酸）的含量偏低，仅 2.5% 左右，希望能提高至 4% 或以上。另一方面，降低大豆籽粒中营养成分抑制因子是育种目标之一，生豆中存在胰蛋白酶抑制物（主要为 SBTI-A2），不利于直接用作饲料，希望选育无 Kuntiz 胰蛋白酶抑制剂的品种。此外，豆腥味不受外国人欢迎，系由脂氧化酶活动后的结果；棉子糖与水苏糖等寡聚糖不易为人体消化而产生胀气，这些都是今后特定的品质育种方向。

　　高豆腐或豆乳得率是豆腐（乳）加工专用品种的目标品质性状。豆腐制作中蛋白质絮凝时包进了其他物质，所以豆腐得率既与蛋白质含量还与蛋白质絮凝的品质有关。豆腐、豆乳的得率和品质除与蛋白质含量、质量有关外，高水溶性蛋白含量、活性物质如异黄酮等的含量也是重要目标性状。鲜食大豆相关品质性状，包括鲜荚大小形态、籽粒口感等指标，还包括可溶性糖、维生素C、钙等物质含量。我国目前设有春大豆和夏大豆二组国家鲜食大豆品种区域试验，春大豆组共有19个试点，地点跨度从海南海口直到辽宁沈阳，夏大豆组试点分布于湖北、江苏、安徽、上海、浙江、江西等地。辽宁、江苏、浙江、湖北、福建等省设有春夏播鲜食大豆品种区域试验，是鲜食大豆育种优势产区。

　　除上述品质性状外，籽粒外观品质也是重要育种目标，通常希望黄种皮，有光泽，百粒重18g以上，近球形，种脐色浅，种皮无褐斑及紫斑（紫斑由 *Cercospora kikuchii* Matsumoto & Tomoyasu 致病引起），种粒健全完整。菜用豆则要求特殊种皮色及子叶色，大粒，食用口感好；芽用豆则要求小粒，发芽势强，发芽率高；作纳豆用要求小粒，百粒重8～10g或以下。

　　大豆生产需要高产、稳产、优质、高效的大豆品种，与之相对应的育种目标包括生育期、产量、品质、抗病虫性、耐逆性、适于机械作业特性以及其他特定要求的特性（如育性）等。一个品种的生育期性状决定了它在产地复种制度中的地位和利用潜力，是重要的育种目标性状。大豆育种对生育期性状要求依其推广使用地区的地理、气候条件及其在复种制度中的季节条件而异。我国大豆育种的生育期类型丰富，目前国家大豆品种试验在北方春大豆区设有早熟组、中早熟组（A、B两组）、中熟组、中晚熟组、晚熟组6组。黄淮海夏大豆品种试验设北片、中片、南片（A、B两组）共4组。长江流域大豆品种试验设春大豆组、夏大豆早中熟组和晚熟组3组。热带亚热带地区大豆品种试验设春大豆组和夏大豆组2组。西南山区另有1组。省级区域试验也包括春、夏乃至秋播大豆类型。

　　产量作为育种目标的重要性是显然的。产量最根本、最可靠的测定是实收计产，对产量可以分解为构成因素进行考察。一种分解是单位面积一定株数下的单株荚数、每荚实粒数（或每荚理论粒数×空瘪粒率）、百粒重；另一种分解是单位面积生物量与收获指数（或经济系数）。由于大豆成熟时落叶，收获时一部分根留在土中，所以由收获的粒、茎部分算出的只是表观收获指数或表观经济系数。大豆育种对产量及产量性状的要求依育种地区及其相应复种类型的现有水平而定，通常要求增产10％以上。目前建议的产量突破水平，在东北春大豆区、黄淮海春夏大豆、南方大豆单作区、南方间套作区3.33hm$^2$ 以上面积平均公顷产量分别达到5 700kg、5 100kg、4 800kg、4 050kg和3 000kg。抗病虫性是大豆与另一种生物的关系。我国全国性的主要病害，列为育种目标的已有大豆花叶病毒病（*Soybean mosaic virus*，SMV）和大豆孢囊线虫病（*Heterodera glycines* Ichinohe），地方性的病害有东北的灰斑病（*Cercospora sojina* Hara）和南方的锈病（*Phakopsora pachyrhizi* Syd.）。近年纳入育种计划的有全国性的疫霉根腐病（*Phytophthora sojae* Kaufmann & Gerdemann）、东北的菌核病 [*Sclerotina sclerotiorum* （Lib.）de Bary] 及黄淮的炭腐病 [*Macrophomina phaseolina* （Tassi）Goidanich] 等。我国抗虫育种已有计划的虫种为东北的食心虫（*Leguminivora glycinivorella* Obraztsor）与大豆蚜虫（*Aphis glycines* Matsumura），山海关以南的豆秆黑潜蝇（*Melanagromyza sojae* Zehntner）、豆荚螟（*Etiella zinckenella* Treitschke）与一些食叶性害虫，包括豆卷叶螟（*Lamprosema indicata* Fabricius）、大造桥虫（*Ascotis selenaria* Schiffermuller et Denis）、斜纹夜蛾（*Prodenia litura* Fabricius）、银纹夜蛾（*Plusia agnata* Staudinger）、大豆毒蛾（*Cifuna locuples* Walker）、豆天蛾（*Clanis bilineata* Walker）、筛豆龟蝽（*Megacopta cribraria* Fabricius）、二条叶甲（*Paraluperodes suturalis nigro bilineatus* Motschulsky）、锯角豆芫菁（*Epicauta gorhami* Marseul）等。各国、各地区主要病虫害不同，抗性育种的病虫种类自然不同。美国的主要抗病育种对象为大豆孢囊线虫病和疫霉根腐病；抗虫育种对象为食叶性害虫，主要为大造桥虫、墨西哥豆甲、棉铃虫等。

　　耐逆性与适应性是同一性质的育种目标。国内外的主要耐逆育种性状有耐旱性（习称抗旱性）、耐渍性、耐酸性土的铝离子毒性、耐碱性土壤的缺铁黄化性、耐盐碱性及耐低温性等。适应性表现为对地区综合条件平稳反应特性。

适于机械化作业的特性主要涉及植株的倒伏性、一定的分枝与结荚高度（通常要求12cm以上）、成熟不裂荚和种子不易破碎。

育性是针对杂种优势利用的特殊育种目标性状。目前期望育成质核雄性不育并能三系配套的材料。雄性核不育、雌性育性好的材料已用于大豆群体改良。

## 二、中国大豆主要育种区的育种目标

### （一）北方春大豆区

包括东北三省、内蒙古、河北与山西北部、西北诸省北部等。大豆于4月下旬至5月中旬播种，9月中、下旬成熟。主要育种目标有：①相应于各地的生育期。②相应于自然和栽培条件的丰产性。大面积中等偏上农业条件地区品种产量潜力3 375～3 750kg/hm²；条件不足、瘠薄或干旱盐碱地区，产量潜力2 625～3 000kg/hm²；水肥条件优良、生育期较长地区，产量潜力3 750～4 500kg/hm²，希望突破4 875kg/hm²。③本区大豆出口量大，籽粒外观品质甚重要，要求保持金黄光亮、球形或近球形、脐色浅、百粒重18～22g的传统标准。本区以改进大豆油脂含量为主，一般不低于20%，高含量方向要求超过23%。近有要求提高蛋白质含量，高含量方向要求44%以上。双高育种的要求，油脂20%以上，蛋白质43%以上。④抗病性方向主要为抗大豆孢囊线虫、大豆花叶病毒，黑龙江东部要求抗灰斑病；抗虫性方面主要为抗食心虫及蚜虫。⑤适于机械作业的要求。

### （二）北方夏大豆区

本区夏大豆的复种制度有冬麦—夏豆的一年两熟制及冬麦—夏豆—春作的二年三熟制。夏大豆在6月中、下旬麦收后播种，9月下旬种麦前或10月上、中旬霜期来临前成熟收获，全生育期较短。主要育种目标有：①相应于各纬度地区各复种制度的早熟性。②丰产性。一般农业条件要求有3 000～3 750kg/hm²的产量潜力，希望突破4 500kg/hm²。③籽粒外观品质要求虽不能与东北地区大豆相比，但种皮色泽、脐色、百粒重都须改进，油脂含量应提高到20%，蛋白质含量不低于40%。高蛋白质含量育种应在45%以上，双高育种油脂与蛋白质总量应在63%以上。④抗病性以对大豆花叶病毒及大豆孢囊线虫的抗性为主；抗虫性包括抗豆秆黑潜蝇及豆荚螟等。⑤耐旱、耐盐碱是本区部分地区的重要目标性状。⑥适于机械收获的要求在增强之中。

### （三）南方大豆区

本区大豆的复种制度多样，春播大豆的复种方式有麦套种春豆—水稻、麦套种春玉米间作春大豆—其他秋作等。夏播大豆有麦—夏大豆、麦—玉米间作夏大豆等。秋播大豆有麦—早稻—秋大豆、麦—玉米—秋大豆等。此外，广东南部一年四季都可种大豆，除春、夏、秋播外，还有冬播大豆。总的来说，长江流域还是夏大豆居多，以南地区则以春、秋大豆为主。主要育种目标为：①相应于各地各复种制度的生育期。②丰产性。一般农业条件下有2 625～3 000kg/hm²的产量潜力，希望突破3 750kg/hm²。③籽粒外观品质包括种皮色泽、脐色、百粒重等均须改进；油脂含量提高到19%～20%，蛋白质含量不低于42%。高蛋白含量育种要求在46%以上。菜用品种在种皮色、子叶色、百粒重、蒸煮性、荚形大小等方面有其特殊要求。④抗病性以抗大豆花叶病毒病和大豆锈病为主；抗虫性则以抗豆秆黑潜蝇、豆荚螟、食叶性害虫为方向。⑤间作大豆地区要求有良好的耐阴性；一些地区要耐旱、耐渍；红壤酸性土地区要求耐铝离子毒性。⑥适于机械收获愈益重要。

以上所列各主要大豆产区的育种目标是总体的要求，各育种单位须在此基础上根据本地现有品种的优缺点及生物与非生物环境条件的特点制订实际的目标和计划。丰产性的成分性状组成、生育期的前、后期搭配、抗病虫的小种或生物型、耐逆性的关键时期等都可能各有其侧重。

### 三、中国大豆育种计划

中国大豆育种研究始于 1913 年。南京金陵大学王绶教授是中国第一位有文献记载的大豆育种家。他用自然变异选择育种（即系统育种，下同）方法育成的金大 332 大豆品种于 1923 年起在长江中下游一带推广。继而金陵大学合作农场在安徽用自然变异选择育种方法育成宿县 647 大豆品种在安徽淮北推广。1913 年建立的公主岭农试场和相继建立的哈尔滨、克山、佳木斯及凤城农试场等均侧重大豆育种研究。1923—1943 年，先后以东北地方品种为材料用自然变异选择育种方法育成推广了黄宝珠、小金黄 1 号、紫花 4 号等 13 个大豆品种；用杂交育种方法育成推广了满仓金、满地金和元宝金 3 个大豆品种。其中黄宝珠、满仓金、小金黄 1 号、紫花 4 号等被广为种植。

1949 年以来，特别是 1978 年以来，中国诸多省、自治区、直辖市建立了大豆研究机构，人员、设备得到充实。目前，全国各地约有 100 多个研究单位设有大豆育种计划，约 400 名研究人员从事大豆育种研究。1980 年以前，中国大豆育种基本上由地方政府支持。20 世纪 80 年代初以来大豆育种列为国家科学技术攻关计划，由国家支持。"六五"开始，国家组织大豆育种攻关研究，全国共有 14 个单位纳入高产、稳产大豆新品种选育计划，中国农业科学院作物研究所主持。"七五"和"八五"期间，由南京农业大学主持这项大豆育种研究计划，两期先后有 19 个和 25 个我国主要大豆育种单位参加。"七五"大豆新品种选育技术攻关课题从总体上分为 3 个层次：第一层次为高产稳产大豆新品种选育。旨在选育综合性状优良、增产 10% 以上的新品种，以服务于近期大豆生产。第二层次为优质大豆新品种选育和抗病虫大豆新品种选育。期望育成产量与推广品种相当或较高的优质品种和抗病虫品种及优良中间材料，一方面用于生产，另一方面作为改良的亲本材料用以育成新一轮高产优质多抗的新品种。第三层次为大豆育种的应用基础和技术研究。一方面为产量突破性育种探索高理想型的形态和生理特性；另一方面针对品质性状及抗病虫与耐逆性研究适于育种用的鉴定技术，筛选新种质，揭示遗传规律并选育新材料。分别有所侧重的育种计划，其最终目的在于为进一步将各方面优良性状综合于一体奠定基础，使未来的育成品种达到更高的水平。"八五"大豆新品种选育技术攻关课题与"七五"计划相衔接，仍有第一、二层次的 3 项内容，但第三层次则更偏向于选育特异新材料，包括适于杂种优势利用的雄性不育材料的探索、群体种质的合成、高产株型的探求、对食叶性害虫抗性的研究、品种广适应范围（光、温钝感型）的选育等方面。"九五"大豆育种科技攻关基本上继承了"八五"计划的总体思路，"大豆新品种选育"采取后补助方法为第一、二层次的内容，"大豆育种材料与方法研究"为第三层次的内容。

"九五"起，国家还启动"国家大豆改良中心和分中心研究体系建设"工作，分别侧重于系统地进行材料与方法的应用基础性研究和新品种选育与亲本创新的应用性研究。国家大豆改良中心侧重于系统地进行材料与方法的应用基础性研究，依托单位为南京农业大学；分中心侧重于新品种选育与亲本创新的应用性研究，已批准建立哈尔滨（黑龙江省农业科学院）、呼伦贝尔盟（内蒙古呼伦贝尔盟农业科学院）、吉林（吉林省农业科学院）、长春（长春市农业科学院）、铁岭（辽宁省铁岭市农业科学院）、北京（中国农业科学院）、石家庄（河北省农业科学院）、郑州（河南省农业科学院）、杭州（浙江省农业科学院）、广州（华南农业大学）等国家大豆改良中心分中心。近期还启动农业部大豆生物学与遗传育种重点实验室体系建设，包括 1 个大豆生物学与遗传育种综合重点实验室、分布在我国大豆主产区的东北、黄淮海、北京 3 个专业性重点实验室和 4 个农业科学观测试验站，形成了一个层次清晰、分工明确、布局合理的大豆生物学与遗传育种"学科群"。除以上国家育种计划外，各省份的地方性育种计划占有相当大的比重。

自然变异选择育种和杂交育种为中国大豆育种家最常用的育种方法，一些育种家也使用诱变育种和杂交与诱变相结合的育种方法选育新品种。自然变异选择育种通常采用单株选择、建立家系、品系比较试验等处理育种群体。杂交育种的后代处理方法主要是各种系谱法和混合法。近一二十年来，单籽传法（SSD）已广为应用。少数育种单位设有轮回选择计划。

育成的大豆品种在推广之前，通常需要经过至少 4 年的产量鉴定。头 2 年为品系比较试验，各育种单位将各自育成的品系与标准对照品种进行比较，试验地点较少，地域范围有限。后 2 年为省级或国家级的区域试验，材料为来自各育种单位比较试验中表现优异的品系，在大范围内多点试验，并与对照品种进行比较。区域试验中表现好的品系还要进行生产试验。根据区域试验和生产试验，表现突出的品系将可能被省或国家品种审定委员会审定、推广。

种子是农业科技进步中贡献最大的技术之一。据 ISF 统计，美国是世界种业第一大市场。目前全美涉及种子业务的企业有 700 多家，其中种子公司 500 多家，既有孟山都、杜邦先锋、先正达、陶氏等跨国公司，也有从事专业化经营的小公司或家庭企业。此外，还有种子包衣、加工机械等关联产业企业 200 多家。前几位跨国公司占美国种子市场的份额基本稳定在 75% 左右（中国种子协会赴美考察团，2012）。2010 年，孟山都销售收入 105 亿美元，其中种子及生物技术专利业务 76 亿美元；杜邦先锋销售收入 315 亿美元，其中种子业务 53 亿美元；先正达销售收入 116 亿美元，其中种子业务销售收入 28 亿美元。孟山都公司的抗草甘膦转基因大豆品种已占据大豆生产的主要阵地。

国内种子产业和市场也迅速发展。2008 年，我国种子企业已达到 8 700 多家，种子市场主体日益多元化，股份制民营企业已成为种子市场的主力军。种子市场商业价值从 2000 年的 250 亿元增加到 2008 年的 350 亿元左右，已成为仅次于美国的全球第二大种子市场。大豆是自交作物，繁殖系数较高，保纯容易，经营成本低，风险少。东北地区的种子公司中，大豆一般都是主要经营产品，形成了以经销大豆种子为主的黑农科种业、黑龙江垦丰种业等一批股份制的种业集团（刘忠堂，2011）。21 世纪初发布《中华人民共和国种子法》以后，我国种业逐步走上商业化的轨道。2011 年国务院《关于加快推进现代农作物种业发展的意见》的发布推动了全国农作物种子产业的发展，民营种业公司开始了大豆新品种选育，建立育、繁、推一体化的种业体系，山东圣丰种业科技有限公司等正逐步建立现代化、规模化的大豆育种计划。

目前我国大豆育种工作主体还是国家和省地的公共研究机构和高等学校，种业公司的大豆技术力量相当薄弱，但随着国家种业研究投入方向的转变将发生育种人力和育种材料的转移。政府应该调控好这种转移，使转移能平稳过渡，不致造成品种产出的空档和人力的浪费及育种材料的损失。

# 第三节　中国大豆种质资源

## 一、大豆种质资源的类别、保存与研究

大豆的种质资源主要包括大豆属的物种，大豆属包含两个亚属，即 *Glycine* 亚属和 *Soja* 亚属。*Glycine* 亚属的多年生野生大豆迄今已报道有 26 个种（表 1-4），其染色体数目（2n）多为 40，其中 *G. hirticaulis*、*G. tabacina* 存在 2n＝40、80 两种类型，*G. tomentella* 有 2n＝38、40、78、80 四种类型，*G. pescadrensis*、*G. dolichocarpa* 的染色体数目 2n＝80。Harlan 和 de Wet（1971）根据物种间杂交亲和性将作物种质资源分为初级（GP-1）、次级（GP-2）和三级基因库（GP-3）。Ratnaparkhe 等（2011）将大豆属中的栽培大豆和一年生野生大豆归为初级基因库（GP-1）；次级基因库（GP-2）目前还未发现；多年生种 *G. argyrea*、*G. canescens*、*G. tomentella* 与栽培大豆杂交 $F_1$ 通过胚挽救可以获得不育植株，归为三级基因库（GP-3）；其他多年生物种归为四级基因库（GP-4）。可见栽培大豆和一年生野生大豆是育种利用的最主要种质，多年生物种的育种利用潜力有待进一步发掘。

### 表 1-4 大豆属物种分类

（引自 Ratnaparkhe 等，2011）

| 亚属及种名 | 染色体数 | 基因组符号 | 代表材料名称 | 主要分布地区 |
| --- | --- | --- | --- | --- |
| *Glycine* 亚属 | | | | |
| G. *albicans* Tindale and Craven | 40 | I | G2049 | 澳大利亚 |
| G. *aphyonota* B. Pfeil | 40 | I 3 | G2589 | 澳大利亚 |
| G. *arenaria* Tin dale | 40 | H | PI505204 | 澳大利亚 |
| G. *argyrea* Tin dale | 40 | A2 | PI505151 | 澳大利亚 |
| G. *canescens* F. J. Hermann | 40 | A | PI440932 | 澳大利亚 |
| G. *clandestine* Wendl. | 40 | A1 | PI440958 | 澳大利亚 |
| G. *curvata* Tindale | 40 | C1 | PI505166 | 澳大利亚 |
| G. *cyrotoloba* Tindale | 40 | C | PI440962 | 澳大利亚 |
| G. *falcate* Benth. | 40 | F | PI505179 | 澳大利亚 |
| G. *gracei* B. E. Pfeil and Craven | 40?? | | G3124 | 澳大利亚 |
| G. *hirticaulis* Tindale and Craven | 40 | H1（??） | IL1246 | 澳大利亚 |
| | 80 | | IL943 | 澳大利亚 |
| G. *lactovirens* Tindale and Craven | 40 | I1 | IL1247 | 澳大利亚 |
| G. *latifolia*（Benth.）Newell and Hymowitz | 40 | B1 | PI378709 | 澳大利亚 |
| G. *latrobeana*（Meissn.）Benth. | 40 | A3 | PI483196 | 澳大利亚 |
| G. *microphylla*（Benth.）Tindale | 40 | B | PI440956 | 澳大利亚 |
| G. *montis-douglas* B. E. Pfeil and Craven | 40? | | | 澳大利亚 |
| G. *peratosa* B. E. Pfeil and Tindale | 40 | A5 | PIG2916 | 澳大利亚 |
| G. *pescadrensis* Hayata | 80 | AB1 | PI440996 | 澳大利亚 |
| G. *pindanica* Tindale and Craven | 40 | H2 | PI595818 | 澳大利亚 |
| G. *pullenii* B. Pfeil，Tindale and Craven | 40 | H3 | PIG2599 | 澳大利亚 |
| G. *rubiginosa* Tindale and B. E. Pfeil | 40 | A4 | PI440954 | 澳大利亚 |
| G. *stenophita* B. Pfeil and Tindale | 40 | B3 | PI378705 | 澳大利亚 |
| G. *syndetika* B. E. Pfeil and Craven | 40 | A6 | PI441000 | 澳大利亚 |
| G. *dolichocarpa* Tateishi and Ohashi | 80 | D1 | | 中国台湾 |
| G. *tabacina*（Labill.）Benth. | 40 | B2 | PI373990 | 澳大利亚 |
| | 80 | BB1、BB2、B1B2 | PI373992 | 澳大利亚、太平洋岛屿 |
| G. *tomentella* Hayata | 38 | E | PI440998 | 澳大利亚 |
| | 40 | D | PI505222 | 澳大利亚、巴布亚新几内亚 |
| | 40 | H2 | PI505294 | 澳大利亚 |
| | 40 | D2 | PI505203 | 澳大利亚 |
| | 78 | D3E | PI441001 | 澳大利亚、巴布亚新几内亚 |
| | 78 | AE | PI509501 | 澳大利亚 |
| | 78 | E H2 | PI505286 | 澳大利亚 |
| | 80 | D A6 | PI441005 | 澳大利亚、中国台湾 |
| | 80 | D D2 | PI483219 | 澳大利亚、巴布亚新几内亚、东帝汶 |
| | 80 | D H2 | PI330961 | 澳大利亚、菲律宾、中国台湾 |
| *Soja*（Moench）F. J. Hermann 亚属 | | | | |
| G. *soja* Sieb. & Zucc | 40 | G | PI51762 | 东亚地区 |
| G. *max*（L.）Merr. | 40 | G1 | 常见 | 世界分布 |

　　根据 FAO 2010 年数据，180 多个国家或地区机构保存有 229 944 份大豆品种资源，其中包括栽培大豆和野生大豆。保存资源最多的包括中国、美国、韩国、中国台湾、巴西、日本、俄罗斯等（表1-5）。中国是世界上大豆种质资源最多的国家，大豆种质的保存实行国家种质库（北京中国农业科学院，长期库）与各省专业所（中短期库）相结合的二级保持体系。目前，编目并保存于国家作物种质资源库的栽培大豆共 23 587 份，一年生野生大豆 8 500 余份。

表 1-5 世界大豆种质资源保存概况

(引自 FAO，2010)

| 保存地点 | 保存单位代号 | 资源数量 | | | 种质类型（%） | | | |
|---|---|---|---|---|---|---|---|---|
| | | 总数 | 所占（%） | 野生种 | 地方品种 | 中间材料 | 品种 | 其他 |
| 中国 | ICGR-CAAS | 32 021 | 14 | 21 | | | | 79 |
| 美国 | SOY | 21 075 | 9 | 10 | 80 | 5 | 4 | 1 |
| 韩国 | RDAGB-GRD | 17 644 | 8 | <1 | 45 | 5 | 1 | 50 |
| 中国台湾 | AVRDC | 15 314 | 7 | | <1 | | <1 | 100 |
| 巴西 | CNPSO | 11 800 | 5 | | | | | 100 |
| 日本 | NIAS | 11 473 | 5 | 5 | 33 | 21 | | 40 |
| 俄罗斯 | VIR | 6 439 | 3 | | 9 | 40 | 41 | 11 |
| 合计 | | 229 944 | 100 | 6 | 17 | 7 | 13 | 56 |

ICGR-CAAS：Institute of Crop Germplasm Resources，Chinese Academy of Agricultural Sciences；SOY：Soybean Germplasm Collection，United States Department of Agriculture，Agricultural Research Services；RDAGB—GRD：Genetic Resources Division，National Institute of Agricultural Biotechnology，Rural Development Administration（Republic of Korea）；AVRDC：World Vegetable Centre（Former Asian Vegetable Research and Development Centre）；CNPSO：Embrapa Soja（Brazil）；NIAS：National Institute of Agrobiological Sciences（Japan）；VIR：N. I. Vavilov All-Russian Scientific Research Institute of Plant Industry（Russian Federation）.

美国大豆种质库共保存有 21 075 份材料，保存在伊利诺伊州 Urbana 的 USDA 大豆种质库，主要分为五大部分（表 1-6）：①地方品种收集，其中包括古老的地方品种、现代育成品种和私人育种家育成的推广品种；②遗传收集，包括特异性收集、近等基因系收集和 Crop Science 上登记的遗传种质；③引入的栽培种质，主要来自中国、日本、韩国、原苏联及亚洲其他国家，以及欧洲、非洲、美洲、南太平洋地区；④多年生野生种质，主要来自澳大利亚的多年生野生种质；⑤引入的一年生野生种质，主要来自中国、日本、韩国、原苏联。对所保存材料的形态性状、农艺性状、种子成分性状及抗美国主要病虫害的情况进行了系统的考察与鉴定。美国 Germplasm Resources Information Network（GRIN）中有所保存大豆资源较全面的性状数据，包括 37 个形态、农艺性状，22 个品质（化学成分）性状，44 个抗病虫、抗逆性状，这些数据均可从网上获得。

表 1-6 美国大豆种质库保存资源分布情况

(摘自 Germplasm Resources Information Network)

| 来源地 | 数量 | 来源地 | 数量 | 来源地 | 数量 |
|---|---|---|---|---|---|
| 中国 | 6 239 | 印度 | 294 | 中国台湾 | 105 |
| 韩国 | 3 344 | 朝鲜 | 243 | 加拿大 | 75 |
| 日本 | 2 915 | 德国 | 191 | 匈牙利 | 73 |
| 美国 | 1 511 | 巴西 | 182 | 罗马尼亚 | 68 |
| 越南 | 848 | 摩尔多瓦 | 160 | 瑞典 | 68 |
| 俄罗斯 | 687 | 法国 | 150 | 其他 | 1 223 |
| 印度尼西亚 | 414 | 尼泊尔 | 106 | 合计 | 18 612 |

日本于 1937 年开始从国内外搜集大豆品种资源，主要保存在国立农业科学研究所种子库，日本热带农业研究所和各地大豆育种单位也根据育种需要保存着不同数目的品种资源。设在中国台湾的亚洲蔬菜研究开发中心（AVRDC）保存有 14 000 多份种质资源。野生大豆的原生境保存也日益受到重视。在澳大利亚的 Canberra，保存有 Glycine 亚属 16 个多年生野生种质 2 500 余份。1986 年美国国际大豆计划（INTSOY）和国际植物遗传资源委员会合作，调查了世界各国的大豆种质资源状况，刊印了《国际大豆种质搜集名录》，促进了国际间大豆种质资源的交流。

美国从外引种质资源中筛选出了一些特性基因或种质，研究其遗传规律并在育种中利用，有效地控制或显著降低了病虫害的危害及大幅度地提高了大豆产量。美洲国家相继对大豆疫霉根腐病、

SCN、SMV、灰斑病、褐色根腐病、叶食性害虫等抗性基因进行了资源筛选。美国相继分批对两万余份大豆种质进行抗性鉴定，选出 Peking 等 21 份抗 SCN 不同生理小种的抗源，并育成 Pickets 等130 个以上的抗病品种。日本也利用下田不知等育成铃姬、丰铃等 40 个以上的抗病品种，在生产中发挥了重要的作用。在热带亚热带的一些国家，还重视对大豆锈病、细菌性斑点病、叶食性害虫、豆秆黑潜蝇的抗源筛选及适应酸性土壤固氮菌的种质筛选。中国台湾农业研究所以 PI200490 和PI200492 为抗源，育成台农 4 号、高雄 3 号等抗锈病品种。

国际上在广适应性品种的选育方面，发现了 Santa Maria、PI159925 等具有"长青春期"（Long Juvenile）特性的种质，并通过杂交育成 Tropical、Timbira、Jupiter 等极晚熟品种，推广到巴西近赤道区域以及东南亚热带地区，使大豆种植面积迅速在南美洲大幅度扩展。

## 二、中国大豆种质资源的收集、研究和利用

中国大豆种质的保存实行国家种质库（中国农业科学院，长期库）与各省专业所（中短期库）相结合的二级保存体系，全国各地育种单位根据育种需要也分别保存了不同数目的种质资源。目前编目并保存于国家作物种质资源库的栽培大豆共 23 587 份，其中有 2 000 份品种来自国外，大部分是现代栽培品种或来自美国的遗传资源（邱丽娟等，2006；李英慧等，2010），一年生野生大豆 8 500 余份。全国各地育种单位根据育种需要也分别保存了不同数目的品种资源，保存数目较大的单位有南京农业大学国家大豆改良中心、吉林省农业科学院大豆研究所、中国农业科学院油料作物研究所等。

随着收集材料的不断增加，对资源的研究与利用难度加大，且不容易深入。有效的方法是建立有代表性的核心库作重点的研究。建立核心库的关键在于收集的材料应该代表整个种质库的遗传组成，尽可能地包含最大的遗传多样性。中国栽培大豆资源有 2.3 万多份，按 10% 左右建立核心收集，其样本数约在 2 000~2 500 份。一年生野生大豆约有 7 000 份，需根据野生大豆特点，单独建立野生大豆核心库。因此在构建核心种质库时分组及样本的代表性是关键。鉴于核心种质库的建立是基于抽样的原理，总体中可以抽取不同的代表性样本。核心库不是唯一的，可以有不同的核心库，从一个核心库的研究估计总体的状况并取得研究经验后再转向另一个核心库样本的研究。

大豆育种性状变异十分丰富。我国已对 23 000 余份大豆品种资源初步进行了形态性状、种子性状、营养品质、抗病虫性和抗逆性的表现型评价，从中初步筛选出一批优异的资源（邱丽娟等，2000）。并且从丰富的大豆资源中发掘出一些具有特异性状的材料（如长花序、短叶柄、扁茎、芽黄的材料，高产、蛋白含量在 50% 以上的材料，脂肪含量在 23% 以上的材料等），合成了高产、高蛋白轮回群体，选育出高豆腐得率、胰蛋白酶抑制剂低或无胰蛋白酶抑制剂的品系，以及无脂肪酸氧化酶、无胰蛋白酶抑制剂及脂肪酸氧化酶缺失突变体材料，筛选出泰兴黑豆、南春 403、大竹八月豆等光温反应钝感的资源，作为大豆广适性育种的中间材料加以利用（盖钧镒等，2002）。

我国大豆超早熟育种取得了重大成就，育成了东农 36，从而将大豆生产北限推移至北纬 50°以北。在高光效育种方面，育成了高光效材料诱处 4 号、郑 492、哈 91 - 7021 等，在这些种质中发现有 $C_4$ 作物所具有的一些酶的活性。

抗病虫性鉴定方面，筛选出一批抗病、虫性强的种质。从 14 047 份资源材料中筛选出 43 份对大豆花叶病毒病表现高抗材料。南京农业大学国家大豆改良中心研究发现长江中下游地区和黄淮地区 SMV 群体结构与 20 世纪 80~90 年代相比已发生根本性变化，进一步鉴定出全国 SMV 由 SC - 1~SC -22 共 22 个株系组成，其中 SC - 3、SC - 7、SC - 15、SC - 18 等是不同产区的重点防控对象。发现大豆对 SMV 的抗性除抗侵染外还存在抗扩展机制。从 6 800 余份种质资源中鉴定出全部株系的相应抗源，其中科丰 1 号、齐黄 1 号、Kwanggyo 等兼抗多个主要流行株系；中作 J5045、汾豆 56 等是农艺性状优良的抗源；徐豆 1 号既抗多个株系，又兼具抗扩展特性。还筛选出溧水中子黄豆、诱变30、凤交 66 - 12、AGS19、汾豆 72、徐豆 1 号、淮阴秋黑豆、邳县茶豆、南农 CT - 2、南农 242 等

10 份抗扩展资源。

大豆胞囊线虫病（SCN）是一种土传的毁灭性病害，我国已鉴定出 1、2、3、4、5、6、7、14 号 8 个生理小种，其中 1、3、4 号生理小种分布较广，4 号生理小种致病性最强，是我国抗 SCN 育种的主要生理小种对象。中国农业科学院品种资源研究所组织全国大豆种质抗 SCN 鉴定协作组于 1986—1990 年在 1、3、4、5 号生理小种分布地区对全国 1 万多份大豆种质进行抗源筛选，各省份也对当地生理小种开展抗源筛选工作，结果获得大量抗源，并开展抗病育种工作（戴娟和熊冬金，2007）。刘章雄等（2008）利用美国抗病品种 Hartwig 与黄种皮抗源晋 1261 杂交，育成 7 个综合农艺性状优良、产量高、对 SCN 1 号和 4 号小种免疫或高抗的材料，为黄淮海地区抗 SCN 育种提供了优异亲本来源。

对食叶性害虫抗性资源鉴定，获得安顺白角豆、文丰 5 号、吴江青豆、丰平黑豆、通山薄皮黄豆等抗虫性强的材料。在耐逆性评价方面，对 10 128 份大豆品种进行了芽期和苗期耐盐性鉴定，芽期耐盐的有 924 份，选出耐旱、耐盐性强的材料，如徐州小油豆、崇明铁梗豆、汾豆 16、文丰 7 号等，育成一些耐逆品种。刘莹等（2005）从黄淮海地区和长江中下游地区 301 份代表性材料中筛选出耐旱材料 4 份、后期耐旱材料 6 份、前后期均耐旱材料 2 份、苗期耐铝毒材料 7 份、耐低磷材料 3 份、同时具有铝毒和低磷耐性的材料 3 份。

中国从美国和日本等 22 个国家引进大豆近等基因系、特殊遗传材料、大豆育成品种等 2 156 份，经过评价已编入中国大豆品种资源目录。国外引进大豆种质资源在拓宽中国大豆品种遗传基础、优异性状/基因发掘与育种利用等方面已发挥重要作用。据邱丽娟等（2006）统计，"九五""十五"期间利用国外引进材料育成大豆新品种 74 个，累计种植面积 2 712.4 万 hm²，其中国审品种 7 个，占累计推广面积的 20.9%。1981—2001 年全国大豆累计种植面积 16 405.8 万 hm²，利用国外种质育成品种种植面积占 16.5%。

### 三、育成品种是最基本、最重要的育种资源

在我国近百年大豆育种历史中，不同时期均产生了大量优异亲本，其中育成品种占主导部分。张国栋（1983）对黑龙江省育成品种进行系谱分析，发现其亲本主要来自满仓金、荆山朴、紫花 4 号、元宝金和丰地黄等主要亲本，新一轮品种又以早期品种杂交育成。孙志强等（1990）对东北地区 168 个育成的大豆品种进行分析，发现满仓金等 10 个品种对东北大豆遗传贡献率为 57.5%，认为东北大豆育成品种的遗传基础较为狭窄。杨琪（1993）分析东北三省大豆育成品种的遗传基础及亲本系数后认为，黑龙江杂交育成品种的遗传基础最窄，辽宁次之，吉林较好。陈艳秋等（2000）分析了辽宁省自 1950 年以来审定的 46 个杂交育成品种，有 42 个原始亲本，其中 6 个原始亲本对辽宁大豆杂交育成品种的遗传贡献最大，丰地黄和熊岳小粒黄是最高的两个祖先亲本。吉林省的育成品种主要源自铁荚四粒黄、金元 1 号、十胜长叶、满仓金、丰地黄、熊岳小粒黄和紫花 4 号等祖先亲本，其 96 个杂交育成的高蛋白品种主要由吉林 20 等 14 个亲本参与的组合（崔永实等，1999；张伟等，2010）。黄淮海地区大豆育成品种主要源自齐黄 1 号、莒选 23、58-161、徐豆 1 号等 20 个亲本，安徽、山东、河南等地的育成品种主要是以这些亲本为主。江苏省的育成大豆品种亲本除 58-161 和徐豆 1 号外，南农 493-1、南农 1138-2 也是较为重要的亲本；湖南省的大豆育成品种主要亲本为上海六月白和矮脚早等祖先亲本；广西的育成品种以靖西早黄豆、北京豆和矮脚早等祖先亲本为主。

育种亲本大致可分为两类：一是"受体"亲本，具有综合性状优良（具育种性状有利基因）、且与其他亲本组配易产生优良品种（具优良遗传背景或基因网络体系）的特性，一般均为现时的重要品种（系）；二是"供体"亲本，具一个或多个重要育种性状的优异基因可供利用，可以是优良品种（系）或特异遗传材料。二者区分是相对的，前者奠定了品种改良的遗传基础，后者提供了品种突破的互补基因源泉。大豆作为典型的自花授粉作物，主要是选育家系品种。家系品种育种可利用的基因

效应主要是可固定的基因加性效应及与之相关的上位性效应。实现大豆育种突破必须有优良基因体系的基础，即以全部育种性状大量优良基因所构成的体系为基础，并不断引入互补的优良基因改进原有基因型。其育种的基本方法是用一些目标性状的优良等位基因去置换具大量优良基因遗传背景材料中相应的不良等位基因。

**表 1-7　野生大豆、地方品种、育成品种群体 60 个 SSR 位点的等位变异分析**

| 野生大豆<br>（1 067 个等位变异） | 地方品种<br>（967 个等位变异） | 育成品种（519 个等位变异） | |
| --- | --- | --- | --- |
| | | 与野生大豆比 | 与地方品种比 |
| 来自野生大豆数量 | 627（59.4%） | 235（22.3%） | 281（29.1%） |
| 丢失数量 | 428（40.6%） | 820（77.7%） | 686（70.9%） |
| 新增数 | 340（35.2%） | 284（54.7%） | 238（45.9%） |
| 特异数 | 259（26.8%） | 204（39.8%） | |

表 1-7 的结果来自野生大豆、地方品种、育成品种群体 60 个 SSR 位点的等位变异分析，依次各用 196、344、393 份材料。野生大豆 60 个 SSR 位点共有 1 067 个等位变异，地方品种共有 967 个等位变异，育成品种则只有 519 个等位变异。人工选择使群体的遗传丰富度降低了，但育成品种比地方品种新增了 238 个等位变异，占育成品种的 45.9%；比野生大豆新增了 284 个等位变异，占育成品种的 54.7%，204 个等位变异（39.8%）还是野生大豆和地方品种所没有的。育成品种的遗传组成中淘汰了大量的野生等位变异，增加了较多的适应栽培条件下高产、优质、多抗的适应性等位变异。

育成品种经过了严格的区域试验和生产试验，与对照相比增产幅度显著，达到（超过）品种审定要求的品质、抗性性状标准，因此综合性状优良。一些优良品种在适应地区大面积推广，产生巨大经济效益，表明其确为与生产环境相适应的优良基因型，是优良受体亲本的候选源。到 2005 年中国共育成 1 300 个大豆品种，这是中国大豆育种最重要、最核心的种质资源，也是未来育种骨干亲本的源泉（崔章林等，1998；张军等，2009a）。基于此，国内外均重视大豆育成品种信息整理与系谱分析。我国的大豆新品种均已编入品种志（张子金，1985；胡明祥等，1993；邱丽娟等，2007），其中有品种来源、特征特性、分布和产量等信息。由于育成品种系谱和身份信息较明确，育种家可以根据育种目标制定亲本选配方案。育种实践表明，优良新品种（系）是最基本、最重要的育种资源。

### 四、大豆育成品种的遗传基础研究

国内外大豆育种家都重视大豆育成品种及其亲本的研究，着重分析品种的系谱，获得品种间亲缘关系信息，为大豆育种理论与应用研究提供参考。美国大豆育种家系统整理了美国公共大豆品种的系谱及相互间亲本系数等方面的资料，并根据亲本系数研究品种间的血缘关系，归纳出主要亲本。发现美国大豆育成品种遗传基础相当狭窄，大部分新品种的遗传基础来自早期的育成品种，其他祖先亲本对单个育成品种或近 25 年内育成品种的贡献很少。1947—1988 年育成的 258 个大豆品种中，80 个祖先亲本占有 99% 的遗传贡献，26 个祖先亲本提供了 90% 的遗传贡献。80 个祖先亲本衍生出 6 个家族共 133 个第一代品种，其中的 91 个提供了 99% 的遗传基础。近 75% 的育成品种的血缘来自于 1960 年前育成的 17 个第一代育成品种。28 个祖先亲本的 7 个第一代育成品种提供了 95% 的遗传基础（Carter 等，1993；Gizlice 等，1996）。

Hiromoto（1986）对巴西 69 个大豆杂交育成品种系谱与遗传基础分析表明，11 个祖先品种提供了巴西大豆遗传基础的 89%，其中有 6 个是美国来源贡献较大的祖先亲本。

日本 1950—1988 年育成的 86 个大豆品种源自 74 个祖先亲本，其中 18 个祖先亲本提供了 50% 的遗传贡献，53 个祖先亲本提供了 80% 的遗传贡献；祖先亲本数中日本的占 91%，北美及中国、朝鲜的分别为 2%、5%、2%。日本北部、中部、南部三大产区的品种遗传基础差异较大，其本地区的祖先亲本都有一半以上（Zhou et al.，2000）。

Bhardwaj 等（2002）对印度 1968—2000 年 66 个大豆育成品种系谱分析表明，66 个品种可追溯到 76 个祖先亲本，10 个祖先亲本提供了 72.67％的遗传贡献，印度的大豆育成品种遗传基础较为狭窄。Bragg 为使用频率最高的直接亲本，在 66 个育成品种中作为直接亲本共用了 15 次。

中国开展科学的大豆育种工作已有近百年历史，不同时期均产生了大量优异亲本。张国栋（1983）对黑龙江省的育成品种进行了系谱分析，其亲本主要来自满仓金、荆山朴、紫花 4 号、元宝金和丰地黄等，并对其细胞质祖先亲本进行了分析。新一轮品种又以早期品种杂交育成，这些祖先亲本随着育成品种数的增加其遗传贡献也增加。孙志强等（1990）对东北地区 168 个育成的大豆品种进行了系谱分析与遗传基础研究，其祖先亲本以本地的为主，满仓金等 10 个品种对东北大豆遗传贡献率为 57.5％，认为东北大豆育成品种的遗传基础较为狭窄。杨琪（1993）对东北三省大豆育成品种的遗传基础及亲本系数分析后认为，黑龙江杂交育成品种的遗传基础最窄，辽宁次之，吉林较好。陈艳秋等（2000）分析了辽宁省自 1950 年以来审定的 46 个杂交育成品种，有 42 个原始亲本，其中 6 个原始亲本对辽宁大豆杂交育成品种的遗传贡献最大，丰地黄和熊岳小粒黄是遗传贡献最高的两个祖先亲本。吉林省的育成品种主要源自铁荚四粒黄、金元 1 号、十胜长叶、满仓金、丰地黄、熊岳小粒黄和紫花 4 号等祖先亲本，其 96 个杂交育成的高蛋白育成品种主要来自吉林 20 等 14 个亲本参与的组合（崔永实等，1999；张伟等，2010）。

黄淮海地区大豆育成品种主要源自齐黄 1 号、莒选 23、58 - 161、徐豆 1 号等 20 个亲本；安徽、山东、河南等地的育成品种主要是以这些亲本为主。江苏省育成大豆品种亲本除 58 - 161 和徐豆 1 号外，南农 493 - 1、南农 1138 - 2 是长江下游的重要亲本；湖南省的大豆育成品种主要亲本为上海六月白和矮脚早等祖先亲本；广西的育成品种以靖西早黄豆、北京豆和矮脚早等祖先亲本为主。

南京农业大学大豆研究所对中国 1923—1995 年育成的 651 个大豆育成品种进行系谱及遗传基础分析，归纳出 348 个祖先亲本，归属为 348 个细胞核家族和 214 个细胞质家族，估计出每一品种的祖先亲本细胞核和细胞质遗传贡献值，计算出每一个祖先亲本对 651 个品种的细胞核和细胞质遗传贡献。涉及祖先亲本 1～17 个，涉及 17 个祖先亲本的有 1 个育成品种；涉及 10 个或 10 个以上祖先亲本的有 35 个育成品种，占 5.38％；涉及 3 个或 3 个以上祖先亲本的有 383 个育成品种，占 58.8％。说明一半以上的育成品种已不仅仅是两个亲本的杂交后代，平均每一个育成品种涉及 3.79 个祖先亲本，中国育成品种的遗传基础有了相当的积累。按年代分析，1960 年前的每个杂交育成品种涉及约 2.8 个祖先亲本，1971—1980 年的约 3.1 个祖先亲本，1981—1990 年和 1991—1995 年的分别涉及约 4.8 和 7.0 个祖先亲本。可见，新近育成的品种比过去品种涉及更多的祖先亲本。将 651 个育成品种归属为 348 个细胞核家族和 214 个细胞质家族，并借鉴核心收集品种研究方法提出中国大豆育成品种核心祖先亲本名录，75 个核心亲本占有 68.99％核遗传份额、72.50％的质遗传份额（崔章林等，1998；Cui 等，1999，2000；盖钧镒等，2001）。

一些研究通过分子标记揭示大豆育成品种及其亲本的遗传基础和相互关系。如 Skorupska 等（1993）对美国 108 份亲本材料、育成品系和推广品种进行了 RFLP 分析，结果表明祖先亲本材料的遗传多样性高于育成的推广品种。邱丽娟等（1997）选择占现代美国育成品种遗传基础 85％的 18 个美国祖先品种和占中国育成品种 75％以上遗传基础的 57 个育成品种进行 RAPD 标记分析，结果表明中国大豆的遗传多样性高于美国，中、美品种遗传差异大。Ude 等（2003）通过 AFLP 分析中国（59 个）、日本（30 个）、北美品种（66 个）及其主要亲本（35 个）间的关系，发现可按地理来源分为中国、日本、北美三类，日本品种与其他地区品种差异大。张博等（2003）利用 SSR 技术对 12 个获奖的大豆育成品种及其 12 个祖先亲本的遗传多样性和遗传关系研究表明，与祖先亲本相比，育成品种的遗传基础有变窄的趋势。根据系谱计算的遗传贡献率与基于 SSR 数据的遗传相似系数间相关极显著。其他一些研究也得到相似结论（Prabhu 等，1997）。也有研究认为分子标记结果与系谱并无必然关系，如 Helms 等（1997）通过 6 个群体试验发现基于大豆亲本 RAPD 标记的遗传距离与亲本系数无关。可见目前对大豆骨干亲本的研究十分零散且主要是基于系谱和随机分子标记的遗传多样性比较。

# 第四节　中国大豆育种进展

## 一、中国大豆育成品种的发展

中国近百年的大豆科学育种，使得大豆品种高产、稳产、优质等育种目标性状不断得到改良提高，特别是 20 世纪 80 年代后，育成品种在抗倒伏、适应性、抗病性方面都有较大改进。到"七五"期间，育成了第一代优质及抗病虫大豆新品种，抗性育种取得突破进展；"八五"和"九五"期间，在高产、抗病虫、优质 3 个方面都取得长足的进展。近期，又有大豆杂交品种通过审定。据估计，育成品种已覆盖中国大豆播种面积的 90％以上。1923—2005 年中国共育成了 1 300 个大豆品种。其中东北地区的育成品种已经更换了 5～8 次；黄淮海地区的育成品种已经更换了 3～5 次；南方地区的育成品种已经更换了 1～4 次。一大批优良品种在大豆生产上发挥了重要作用，王彩洁等（2013）根据品种的种植面积，从东北和黄淮海大豆主产区筛选出自 20 世纪 40 年代以来种植面积较大大豆品种113 个，其中黑龙江 53 个，吉林、辽宁 26 个，黄淮海地区 34 个。

据统计，东北地区 20 世纪 40 年代主要推广品种有：紫花 4 号、克霜、满仓金、金元 2 号、黄宝珠、元宝金、丰地黄、福寿等；50～60 年代的有：黑龙江 41、荆山璞、克系 283、丰收 2 号、东农 1号、黑河 3 号、东农 4 号、丰收 10、黑河 51、集体 1 号、集体 5 号、早丰 1 号、吉林 3 号、合交 8号、吉林 6 号、合交 6 号、铁丰 3 号等；70～80 年代的有：丰收 12、黑农 16、黑河 5 号、黑农 33、丰收 17、丰收 19、合丰 25、绥农 3 号、绥农 4 号、绥农 8 号、合丰 22、黑农 26、北丰 2 号、吉林13、九农 9 号、长农 4 号、吉林 20、开育 3 号、铁丰 8 号、铁丰 18、开育 8 号、铁丰 24；90 年代的有：垦农 4 号、黑河 9 号、北丰 9 号、黑河 19、北丰 11、黑农 35、绥农 10、黑农 37、合丰 35、绥农14、黑农 43、开育 10、长农 5 号、吉林 30、铁丰 29、九农 22 等；2000 以来大面积推广品种有：丰收 24、黑河 38、北豆 5 号、黑河 43、黑农 44、合丰 45、合丰 50、黑农 48、绥农 28、吉林 47、铁丰31、吉育 57 等。

黄淮海地区 20 世纪 50～60 年代主要推广品种有：牛毛黄、平顶黄、新黄豆、齐黄 1 号、莒选23、齐黄 10、兖黄 1 号、徐豆 1 号等；70～80 年代的有：丰收黄、早丰 1 号、文丰 7 号、跃进 5 号、诱变 30、冀豆 4 号、鲁豆 2 号、鲁豆 4 号、豫豆 2 号等；90 年代的有：中豆 19、科丰 6 号、冀豆 7号、冀豆 12、豫豆 8 号、菏 84‐5、鲁豆 11 等；2000 以来大面积推广品种有：中黄 13、邯豆 5号、豫豆 22、郑 92116、豫豆 25、徐豆 9 号等。广适应、高产、优质大豆新品种中黄 13 在 7 个省份通过审定，适宜种植区域跨两个亚区、13 个纬度（29°～42°N）（王连铮等，2006）。在黄淮海地区创公顷产量 4 686kg 的大豆高产纪录，7 省份区试，平均公顷产量 2 653.5kg，比对照增产 11.9％，全部 25 个试点均增产，产量第一位。蛋白质含量高达 45.8％，籽粒大，商品品质好。2007—2009 年种植面积连续 3 年居全国首位，是 15 年来唯一一超千万亩\*的大豆品种，占黄淮海地区 29.5％。

我国南方地域广阔，大豆品种类型多样，但单个品种覆盖区域一般较小。不同时期主要推广品种有：矮脚早、南农 493‐1、南农 1138‐2、南农 88‐31、桂早 1 号、桂春 8 号、浙春 2 号、浙春 3 号、鄂豆 2 号、鄂豆 4 号、南豆 5 号、赣豆 5 号等。

大豆杂交品种选育取得突破进展。吉林省农业科学院育成杂交豆 1 号（2002 年审定）和杂交豆 2

---

\*　亩为非法定计量单位，15 亩=1 公顷。

号（2006 年审定），区试平均比对照增产 20％以上，抗病，品质好。安徽省农业科学院育成夏大豆杂交种杂优豆 1 号也于 2005 年通过审定。到 2006 年，杂交豆 1 号和杂交豆 2 号已示范 159.7 hm²，在一般生产条件下，多数点单产达到 3 500kg/hm²，有些点达到 4 000kg/hm²，展现了较大的增产潜力（孙寰等，2009）。近期又有多个杂交品种通过审定。

野生大豆一般具有高蛋白、多荚、多粒和抗逆性强等有利性状。吉林省农科院等单位提出了实用的野生大豆直接育种利用技术，包括亲本选配（如选用秆强抗倒、外观品质好的优良品种为父本）、后代选择（如 F₂ 严格淘汰具野生特性单株，早代在选直立为主基础上对籽粒性状进行选择）、多亲本回交改良等方面。利用野生大豆资源及其衍生材料，已育成吉林小粒 1～8 号、吉育 101 至吉育 103、龙小粒豆等十多个小粒大豆新品种，主要用于纳豆、芽豆等特殊用途。还育成绿皮绿子叶、大粒优质等新品种（马晓萍等，2009）。吉林小粒 1 号是我国直接利用野生大豆育成的第一个通过省品种审定的大豆新品种，曾获得国家发明奖。这些具野生大豆血缘的新品种多具有一些优质、多抗特异性状，如吉林小粒 7 号早熟、小粒、异黄酮含量为 5 856.94mg/kg；吉林小粒 6 号、吉林小粒 8 号、通农 14 的蛋白质含量均达 45％以上；吉育 101 蛋白质含量 47.94％；吉育 66 大粒、中早熟、蔗糖含量 8.04％，出口日本做豆腐；吉育 89 脂肪含量 24.61％，产量 3 300kg/hm²以上；吉林小粒 4 号种植区域跨越达 7 个纬度；耐盐、耐旱、高蛋白大豆新品种吉育 59 及高产大豆新品种吉育 66 在吉林省中西部地区推广应用（杨光宇等，2005）。这些具野生大豆血缘的新品种还可进一步作为育种的亲本资源。

## 二、中国大豆育种目标性状的改良

近百年的遗传改良，使我国大豆品种的丰产性、适应性、稳产性及优质等方面都有较大改进，主要进展简述如下。

### （一）产量及相关性状

大豆产量及其构成因素（荚数/株、粒数/荚、百粒重）是高产育种直接目标性状。崔章林等（1998）对我国 1923—1995 年育成的 651 个大豆品种的性状特点研究后指出，大豆品种产量大幅度提高，中国大豆从 20 世纪 50 年代至 80 年代每 10 年及 90 年代初的平均公顷产量分别是 819kg、802.5kg、1 039.5kg、1 288.5kg 和 1 380kg，平均每年进展在 1.5％～2％以上。按育成年代看，大豆品种的主要产量构成因素也不断改进。三大区百粒重均有上升的趋势，东北一熟春播区大豆育成品种百粒重一般较高，相对集中在 17～23g；黄淮海复种夏播区则主要在 14～22g；南方复种多播季区则分散度更大，有高达 30g 以上的新育成品种，这可能与南方育成一些菜用大豆品种有关。东北一熟春播区大豆育成品种每荚粒数较多，相对集中在 2.2～2.6；黄淮海复种夏播区则较少些，较集中在 2.2～2.5；而南方复种多播季区则最少，较集中在 1.8～2.2。东北一熟春播区近年育成的品种每荚粒数又有所增多，黄淮海复种夏播区也有增多。万超文等（2004）分析指出，"六五"至"九五"三大产区大豆品种产量逐步提高，其中，北方春大豆提高了 12.1％，黄淮海夏大豆提高了 7.9％，南方大豆提高了 6.3％。目前中国推广的育成品种表现为秆强、直立。张伟等（2010）分析 1923—2007 年吉林省大豆品种的特点，发现株高、节数变幅不大，20 世纪 90 年代后略有增加，百粒重随着年代推移一直呈增加趋势，结荚习性表现为亚有限型品种比例增加，近些年占据主导地位，尖叶品种逐渐增加。王连铮等（1998、2006）对黑龙江省和黄淮海地区不同时期有代表性的大豆品种进行比较研究，结果表明各地大豆品种遗传改进的明显趋势在于抗倒伏性显著增强，单株粒重提高，每节荚数、每荚粒数增多，粒重增大，茎秆增粗，株高降低。

"八五"国家育种攻关期间曾提出了创造大豆高产基因型的目标，其中东北地区 4 875kg/hm²，黄淮地区 4 500kg/hm²，南方地区 3 750kg/hm²，以及西北灌溉区 5 625kg/hm²。迄今在东北、黄淮、南方及西北灌溉区已有十余例实现上述目标的报道。例如中黄 35 于 2006—2010 年在新疆 8 个不同地点进行高产试验的平均产量达 5 722.5kg/hm²，2010 年获得了 6 088.4kg/hm² 的全国超高产纪录。中黄 35 的突出农艺性状表现为茎秆坚韧，叶片中等大小，结荚均匀密集（王晓光等，2011）。

### （二）生育期

中国大豆育成品种的生育期趋向提早，近 15 年来，各产区品种的全生育期一般均缩短 3～10d，但以鼓粒期为主的生殖生长期却有所延长。如黄淮海夏大豆区，由于品种生育期缩短，更适于该地区麦—豆一年两熟制种植。同时由于新品种生育期缩短，无论春大豆或夏大豆均有利于向北部产区扩展。突出的进展是选育出东农 36、东农 41、漠河 1 号、黑鉴 1 号等超早熟大豆品种，其生育期为81～90d，适于在黑龙江省高寒地区第六积温带推广种植，从而使中国大豆栽培区域又向北推移了100 多 kg。育成的生育期不足 100d 的中豆 33、中豆 34 等南方极早熟夏大豆品种，可作为夏收后茬复种作物。育成了生育期不足 90d 的南方春大豆种质，如 NF153、NF155 等，这类种质还具有抗种子老化特征。

### （三）品质性状

早期的品质育种注重外观品质的改良，如种皮色泽佳、种脐颜色淡、粒型圆、完整粒率高、褐或黑斑粒率低等（崔章林等，1998）。近 20 年来育种更注重于种子化学品质的改良，主要是蛋白质含量和油脂含量及组分，其他与营养或保健功效有关的物质含量的育种也受到重视。此外，鲜食大豆育种成为一个重要育种方向。

高脂肪含量、高蛋白质含量或双高含量大豆新品质选育取得了较大进展。1996—2005 年育成的592 个品种中，脂肪含量在 21.5％以上的有 110 个。东北地区高脂肪含量品种较多，高含量（约23％）大豆品种有：黑农 44、黑农 45、东农 46、东农 47、合丰 42、合丰 47、垦鉴豆 33、垦鉴豆 3号、垦农 18、垦农 19、辽豆 11、蒙豆 12、蒙豆 9 号、嫩丰 17、嫩丰 18、绥农 20、新大豆 2 号、赤豆 1 号、长农 14、长农 16、九农 28 等。滕卫丽等（2011）分析了黑龙江省 1986—2010 年间审定推广的 275 个大豆品种品质性状，发现有 92 个品种的脂肪含量在 21％以上，其中 9 个高于 23％；有 18个品种的蛋白质含量在 44％以上，其中 8 个高于 45％；共有 23 个品种的蛋脂总量在 63％以上。吉林省育成的 315 个大豆品种中，102 个脂肪含量在 21％以上，其中脂肪含量在 22％以上的有 45 个，吉育 89 脂肪含量达 24.41％（闫日红等，2009）。辽宁省 1974—2007 年通过省及国家审定的 93 个大豆品种中，16 个为高油品种，其中 6 个脂肪含量超过 22％，最高达到 24.10％。平均脂肪含量由 20 世纪 70 年代的 20.19％提高到 21 世纪初的 20.64％（顾春武和白胜双，2009）。黄淮海地区高油大豆育种也取得较大进展，如冀 NF58 脂肪含量 23.91％，邯豆 4 号、中黄 20、京黄 2 号等品种的脂肪含量在 23％以上；淮豆 8 号脂肪含量 22.3％，是黄淮南部地区含油量最高的品种。南方春大豆也育成一批高油新品种，如湘春豆 22、湘春豆 24、湘春豆 26、贡豆 22、苏豆 8 号等，湘春豆 22 脂肪含量达 23.36％。

黄淮海与南方地区高蛋白质含量大豆品种（＞45％）相对较多，蛋脂总量超过 63％的也较多。1996—2005 年育成品种中，黄淮地区高蛋白质含量品种有：科新 3 号、郑 92116、豫豆 22、豫 25、冀豆 12、地神 21、鲁豆 13 号等；南方地区高蛋白质含量品种有：浙春 5 号、福豆 310、中豆 33、34、南豆 3 号、南豆 5 号、川豆 7 号、贡豆 8 号、滇 86-5、安豆 3 号、柳豆 2 号、赣豆 5 号等；鲜食大豆中也有一些高蛋白品种。东北地区黑农 41、黑农 48、东农 48、黑河 34、黑生 101、吉育 72、吉育 77、吉林小粒 8 号、通农 12、通农 13、通农 14、辽豆 20 等品种蛋白质含量在 45％左右，是重要的高蛋白品种。

此外，还选育出一批特异性状优质品种，包括 3 个脂肪氧化酶 lox1、lox2、lox3 部分或全缺失、豆腥味降低的五星 1 号、五星 2 号、南春 204、绥无腥豆 1 号、荆豆 1 号等；中黄 16、中黄 31 缺失

Kunitz 胰蛋白酶抑制剂，同时还分别缺失 lox2、lox3 和 lox2。东北农业大学利用引进种质，通过杂交育种获得了具有中国大豆遗传背景的 $\alpha$-缺失、（$\alpha$＋AlaAlbA2）-缺失、A3-缺失、（$\alpha'$＋A4）-缺失和（$\alpha'$＋$\alpha$）-缺失的贮藏蛋白亚基组成新类型种质。还育成中豆 27、垦农 21、垦鉴豆 43、东农 53、吉育 94、南农 34 等一批高异黄酮新品种。

中国大部分地区，尤其是南方江、浙等省以及东南亚各国历来都有鲜食青大豆的习惯。菜用大豆一般要求茸毛为灰白色且稀少，荚皮薄且翠绿，2～3 粒荚居多，无病斑，籽粒大，脐色浅。近年来育成一批菜用大豆新品种，如江苏育成的楚秀、绿宝珠、乌皮青仁、苏鲜豆系列等；浙江育成的毛蓬青、浙鲜豆号、浙春号等；上海育成的香水毛豆、沪 95-1 等；安徽育成的特早号、六丰、滁豆 1 号等；福建育成的青大粒 1 号、青大豆 2 号等；湖南育成的湘青等；辽宁育成的辽鲜 1 号、辽鲜 2 号等；山东育成的鲁青豆 1 号、山宁 8 号；山西育成的晋品 1～3 号青大豆、晋特 1 号等。

### （四）抗病虫性

国家或省级大豆品种审定对新品种的抗病性有明确要求，主要包括花叶病毒病、胞囊线虫病、灰斑病等。大豆育成品种的抗病虫性也不断得到改进。"七五"大豆育种攻关课题开始有计划的抗病虫大豆新品种选育研究，针对全国性的两大病害（大豆花叶病毒病、孢囊线虫病）、地区性两种病害（灰斑病、锈病）和两种虫害（食心虫、豆秆蝇）育成 9 个抗病虫新品种，包括合丰 29、合丰 30、黑农 36（抗灰斑病），吉林 23（抗 1，3 号孢囊线虫），辽豆 6 号、早熟 17、淮豆 2 号（抗大豆花叶病毒），九农 17、绥农 7 号（抗食心虫）。"八五"期间又育成一批抗病虫大豆新品种，如南农 86-4、早熟 18、吉林 25（抗大豆花叶病毒），合丰 32、合丰 33、合丰 34、合丰 35、合丰 36（抗灰斑病），抗线 1 号、抗线 2 号、嫩丰 15、吉林 32、高作选 1 号（抗孢囊线虫），早春 1 号（抗锈病）。据统计，1996—2005 年育成的 592 个品种中，抗大豆花叶病毒病的有 329 个，抗灰斑病的 201 个，抗霜霉病的 56 个，抗孢囊线虫病的 51 个，抗锈病的 23 个，抗食心虫的 23 个。黑龙江省育成抗线虫 1～9 号、嫩丰 15、嫩丰 20、丰豆 1 号、丰豆 3 号、合丰 52、东农 43 等，主要对 3 号小种有良好抗性，适合重迎茬种植；山东省以高抗 SCN 的北京小黑豆和哈尔滨小黑豆为抗源育成齐茶豆 1 号、齐茶豆 2 号、齐黄 25 等抗 1 号、3 号小种的新品种，进而育成齐黄 28、齐黄 29、齐黄 33 等兼抗 SMV 和 SCN 的抗病品种；山西省利用高抗种质 1259 为亲本育成抗大豆孢囊线虫病 4 号生理小种大豆新品种晋豆 31。还育成皖豆 16、中黄 13、邯豆 10 等抗耐病新品种；高抗灰斑病 1-4，7-8 生理小种的合丰 34、合丰 39 等品种。我国育成的大豆品种中蕴含丰富的抗疫霉根腐病基因，东北地区的抗病品种有：绥农 8 号、绥农 10 号、绥农 11、抗线 1 号、抗线 2 号、嫩丰 15、垦农 4 号、合丰 34、红丰 6 号和红丰 8 号；黄淮和南方地区的抗病品种有：皖豆 15、蒙 9449、豫豆 15、豫豆 19、豫豆 24、郑 92116、郑 9525、郑 196、鲁豆 4 号、豫豆 29、周豆 12、中豆 32、南农 19-5、桂春 1 号等。目前国家大豆新品种审定中对抗病性要求进一步提高，已实行抗性一票否决制，高感大豆花叶病毒的材料不能通过审定。

### （五）耐逆性

中国黄淮地区因干旱减产幅度较大，而又缺乏抗旱品种。山东育成的鲁豆 2 号、安徽育成的皖豆 6 号、河南育成的豫豆 18 等具有较好的抗旱性。"八五"期间山西选育出高度抗旱（1 级）并具有良好丰产性能的大豆品种晋豆 14，比对照品种增产 27.1%。1996—2005 年山西育成的晋豆 23、晋豆 26、晋豆 29、晋大 70、晋大 74 等具有高的耐旱性。此外，通过鉴定发现，邯豆 5 号、中品 661、徐豆 12、中黄 24、桂春 1 号等对季节性干旱具有较好耐性。利用野生大豆种质育成的吉育 59 具有耐盐、耐旱、高产、高蛋白特点。

### 三、大豆育种方法与技术的进步

中国早在1913年就开始了大豆育种工作，吉林省公主岭农事试验场建立了第一个大豆育种基地。早期育种是从当地品种中进行选择育种，1923年采用选择育种方法分别育成黄宝珠和金大332。1927年公主岭农事试验场第一次采用人工异花授粉进行育种，于1941年育成了第一个杂交种"满仓金"。1960年前中国育成的品种70%是通过系统选择育成的，1961—1980年，70%的品种是通过杂交育成的。从1981年开始，选择育种已经很少应用，杂交育种已经成为品种世代更迭的主要手段。突变育种因为简单也曾广泛应用。北美只有极少数的品种是采用诱变育种选育的，但中国至少有8%的品种是通过诱变（辐射或化学试剂）或者杂交和诱变相结合的方式育成的。美国大豆育种开始于引种和自然变异选择，随后开始杂交育种。早期解决了抗倒伏及裂荚问题，适应了机械化作业，并通过杂交和回交育种，着重改进稳产性，育成了一批对全国性病害（如胞囊线虫、根腐病）具抗性的新品种。到20世纪80年代末90年代初，美国已育成一批适应不同成熟期组（Ⅰ～Ⅹ）抗病品种，产量水平有所提高。据市场需求，还育成了半矮秆、小粒纳豆及副食加工用大粒浅脐等品种，如半矮秆品种Elf、Hobbit。美国多数大豆育种是在高产选择的同时注意选择含油量高的大豆品种。高产是我国育种家一直以来的首要育种目标，抗病虫和优质、特用性状育种已逐步受到重视。

轮回选择是提高目标群体中有利基因频率的有效方法，已用于大豆蛋白质含量、脂肪含量、脂肪酸组成、油酸含量、籽粒大小、抗病性、抗缺铁黄化等性状的改良。美国普渡大学通过轮回选择方法育成了蛋白质含量高达55%的优质品系（杨春燕等，2009）。南京农业大学利用核雄性不育ms1基因，通过多轮互交与表型选择，建立含东北、黄淮、南方40个亲本、遗传基础广泛的高产、高蛋白轮回选择群体。赵双进等（2006）对从南京农业大学引进的ms1轮回群体进行6年的当地种质导入与轮回选择，形成了适宜当地生态类型的LD基础群体。利用高蛋白、高油亲本对LD基础群体进行品质改良，进而形成高蛋白和高油两个亚群体，并从中已选育出冀豆20和冀豆21高蛋白大豆新品种和一批优质高产新种质。目前已有更多单位开展此项工作。

分子育种技术正逐步用于大豆遗传改良。如通过分子标记辅助选择，育成 *lox* 缺失的优良大豆种质。根据低亚麻酸QTL信息选出低亚麻酸含量品系L247、L2106，其亚麻酸含量仅为2.5%，油酸含量可达25%（李文滨等，2009）。南京农业大学利用对同一中国SMV株系表现抗侵染（无症状）、系统花叶、系统坏死3种不同症状的大豆材料研究症状的遗传，发现抗侵染对系统坏死和系统花叶均为显性，而系统坏死又对系统花叶为显性，三类症状由一组复等位基因控制。利用抗SMV的科丰1号、齐黄1号、Kwanggyo等抗源定位抗性基因和QTL，发现用所鉴定的单、双标记辅助选择抗病基因，成功率达88%～100%。利用复交组合（齐黄1号×科丰1号）×（大白麻×南农1138-2），经过4代分子标记辅助选择和接种验证，实现了抗性基因聚合和互补，创造了突破现有种质抗谱、兼抗18个SMV株系（SC1～SC4，SC6～SC9，SC11～SC13，SC15～SC21）的优异种质。

美国大豆转基因育种取得巨大成功，Monsanto公司将细菌中编码5-烯醇-丙酮酸莽草酸-磷酸合成酶（EPSPS）基因转入大豆，培育出Roundup Ready转基因大豆并大面积产业化。抗草甘膦转基因大豆品种在生产上的应用促进了耕作制度的变革，带动了大豆产量的显著提高（邱丽娟等，2007）。最近，品质改良的转基因研究也取得了重大进展，如转△12脂肪酸脱氢酶基因（*FAD2-1*）大豆、油酸含量达80%以上的转基因大豆，获准推广。我国大豆转基因育种也在发展之中，通过花粉管通道、农杆菌介导、基因枪等方法将多个基因导入大豆。如通过花粉管通道法转化反义PEP基因、抗虫基因、胆碱磷酸转移酶基因等；通过农杆菌介导、基因枪法和PEG法向大豆中转入的外源基因包括抗性相关基因、品质相关基因、工程疫苗相关基因、邻氨基苯甲酸合成酶基因（*ASA2*）、花器官形成有关的非洲菊 *gaga1* 基因等（邱丽娟等，2007）。

### 四、国外大豆育种发展及对中国大豆育种的启示

大豆是国际上重要经济作物，大豆育成品种是大豆生产的根本。美国、巴西、阿根廷等大豆主产国的公共研究机构和私营公司均开展大豆新品种选育工作，迄今已释放数以千计的大豆新品种。北美大豆育种研究起步早，在许多方面处于领先地位。美国和加拿大公共研究机构近60年（1950—2000）共育成大豆品种604个，其中1990—2000年300个，年平均育成数呈递增趋势。美国大豆品种早期选育工作主要是从中国引进的大批种质中系统选育出一些优异种质材料，随后开展杂交育种，早期解决了抗倒伏及裂荚问题，适应了机械化作业。由于大豆病害的发生，通过回交育种，育成Clark 63、Harosoy 63等抗病品种。利用Peking、PI88788等抗源，育成了Pickett等抗大豆胞囊线虫病品种。20世纪70~80年代着重改进稳产性，育成了一批对全国性病害抗性的新品种。对叶食性害虫、酸性土壤铝离子毒性、碱性土壤缺铁性黄化、农药毒性等的抗性也有了改进。到80年代末90年代初，美国已育成一批适应不同成熟期组（Ⅰ~Ⅹ）、抗胞囊线虫不同生理小种的品种，产量水平有所提高。美国多数大豆育种是在高产选择的同时注意选择含油量高的大豆品种，培育了一批高产高油的新品种。美国大面积生产的大豆品种蛋白质含量多低于43%、油分含量多在21%~22%。美国曾报道已培育出含油量高达23%~24%的新品种，但由于这些高油品种产量比推广品种低，所以未见大面积应用的报道。在大豆育种程序中，一般把提高产量与高蛋白、高油分性状结合起来，培育理想的优质高产品种。美国普渡大学通过轮回选择方法育成了蛋白质含量高达55%的优质品系。

美国大豆育种家在选育大豆新品种的同时，十分注重大豆种质的创新研究。随着分子育种手段的渗透，近年来又育成了抗除草剂等转基因品种，取得巨大成就。美国Monsanto公司将细菌中编码5-烯醇-丙酮酸莽草酸-磷酸合成酶（EPSPS）基因转入大豆，培育出Roundup Ready转基因大豆并大面积产业化。2006年世界大豆主产国美国、巴西、阿根廷的抗草甘膦转基因大豆种植面积已分别达到约92%、66%、99%。抗草甘膦转基因大豆品种在生产上的应用促进了耕作制度的变革，带动了大豆产量的显著提高。最近，品质改良的转基因研究也取得了重要进展。

巴西是世界大豆总产第二大国，其大豆育种初期，主要从美国南部引种推广。随着面积的扩大和生产需求，引入品种不能完全满足生产的要求，逐渐自行培育新品种。一般以美国品种为基础，适当地引入热带亚热带国家如菲律宾的大豆品种配制组合，选育出适于巴西土壤气候条件的品种，现已育成了100多个品种。各地区按生态条件不同而选用抗当地主要病害、高产、稳产的品种，目前，已选育出抗灰斑病、疫霉病和茎腐病的品种。阿根廷的大豆生产兴起于20世纪70年代，最初的品种从美国或巴西引入。目前，阿根廷的大豆品种90%以上是私营公司选育的。1998、1999年每年有30个新品种发放，而2002、2003年每年新品种发放的数量为11个。阿根廷和巴西大豆品种油分含量相对较高而蛋白含量相对较低。阿根廷大豆品种蛋白平均含量39.1%，油分平均含量22.9%；巴西大豆的油分平均含量亦达22%。因此，阿根廷和巴西大豆育种家倾注于大豆蛋白含量的提高。

日本种植大豆的历史也是比较久的，现代大豆育种已选育了农林编号的品种100余份。育成品种有大、小粒型两种。品种外观品质均表现良好，黄粒、浅色脐、籽粒较圆。世界上大豆籽粒最大的"丹波黑"即是日本品种。其他如"鹤之子"与"鹤娘"等百粒重都在30g以上，适于作煮豆制品。日本还育成了脂氧酶全缺失的无豆腥味品种。韩国大豆育种主要由韩国农村振兴厅作物试验场、岭南作物试验场及Honam作物试验场进行。其作豆芽用的小粒豆如短叶、德裕等品种，百粒重11~15g；作饭豆用的大粒豆长叶、白云等，百粒重20g以上。另外，还有一些菜用大豆如华严、华城及夕凉等，百粒重在30g以上。

印度的大豆生产始于20世纪60年代，1980年以前，印度大豆品种主要是国外品种或从引入种质中筛选的。80年代主要以国外品种作亲本，90年代以后开始以育成品种或品系作亲本。据报道，至今已育成79个大豆品种，其中8个为直接引入，21个为系统选择，5个为诱变育成，45个为杂交

选育。绝大多数印度品种是用外来亲本育成的，在 45 个杂交育成品种中，有 39 个品种至少有一个亲本来自于国外品种。

美洲大豆生产的崛起，从 20 世纪 40 年代算起，不过 60 年的历史，目前已占世界总产的 80% 以上，把原来独占鳌头的中国大豆生产远远抛在后面，其关键是生产技术的改进，包括品种的改良、全程机械化技术的建立、稳定轮作制度的可持续性、病虫害的有效控制以及土壤营养的适度补给。其中尤其重要的是品种改良，使新品种抗倒、不裂荚、适于机械化耕作和收获，还抗主要病虫害，适应于高肥力土壤条件，以及近来新品种抗除草剂保证免除草害，再加上适于市场需求的品质改进。品种性状的改良是和技术条件及栽培管理的改进相互适应、相互推动的结果。西方的经验是值得中国大豆育种借鉴的。看起来这五个方面的改良甚似一般，实际上是以育种科学技术的提高为基础的。机械化的发展推动了大豆适于机械化特性的培育，首先是机械科技的发展。大豆病虫害的一一发现推动了抗病虫育种的发展，据估计，20 世纪美国大豆研究经费的 1/3 是用于抗病虫性研究的。秸秆还田后土壤肥力和有机质的提高，迫使大豆品种必须耐肥抗倒。农场的兼并扩大，轻简作业要求高效除草又推动了除草的化学化并反过来使抗除草剂育种势在必行。市场对于品质的要求推动了品质育种，降低亚麻酸含量育种使亚麻酸含量由自然的 5% 下降到 1% 左右，科学家从轮回选择和转基因等多种途径创造了突破性的亚麻酸含量变异。大豆改良作为应用科学所需求科学技术基础是多方面的。

### 五、未来中国大豆育种的发展方向

综观国内外大豆育种趋势，未来中国大豆育种将朝着以下几个方向发展。

（1）新品种将比以往品种具有更广的适应区域和适应播种期。适应于黑龙江北部高寒地区、适应于新疆灌区和适应于南方热带地区的品种选育将是有潜力的几个方面。

（2）由于土地资源紧张，将有不同类型的品种适应不同的轮作复种制度，包括春、夏、秋作，间作、套作及田埂利用等，以增加复种指数。

（3）随着人口的增长，耕地面积和大豆播种面积的收缩，产量的突破仍旧是未来长期的育种目标。未来产量突破的途径对于常规育种来说，高产株型及其生理基础是根本性的；跳出常规育种而设法利用杂种优势是另一途径。最有可能实现产量跳跃的途径将是大豆理想株型与杂种优势的结合。为谋求产量的持续稳步提高，育种家还需要采用群体改良的轮回选择技术来累积增效基因。

（4）随着农村劳动力向城镇转移，大豆机械化栽培势在必行，未来品种必须在相应的复种制度下立苗性好、直立、抗倒、不裂荚、籽粒不破碎。

（5）人类对品质的追求将是无穷尽的，初级的目标是高蛋白质和高油脂含量，高一级的目标是优质蛋白质和优质油脂组分，更高一层次的目标是消除或降低抗营养因子，如胰蛋白酶抑制剂、豆腥味等，并将无抗营养因子的基因结合到高蛋白质含量、高油脂含量、优良蛋白质组分、优良油脂组分的品种中去。此外，大豆异黄酮、大豆皂苷的含量与成分有可能成为未来的育种目标性状。

（6）病虫、逆境胁迫是高产、稳产的重要限制因子，要高产、稳产就必须抗病虫、耐逆境压力。首先需要通过育种手段控制的病虫包括全国性的大豆花叶病毒病、大豆胞囊线虫病、疫霉根腐病，以及北方的灰斑病、菌核病、食心虫和南方的锈病、豆秆黑潜蝇、食叶性害虫。华北地区对抗旱品种的需求是迫切的。随着高效农业的发展，沿海滩涂及南方中低产红黄壤的改良，对相应大豆品种的需求更加迫切。

## 第二章

# 中国大豆育成品种的来源、特征和特性

## 第一节　中国大豆育成品种的来源

　　1923—2005 年中国育成的 1 300 个大豆育成品种来源于 28 个省（自治区、直辖市）的科研院所、高等院校及农民育种家，先后推广种植于西藏以外的各省份。其中 1.5％是 1950 年以前育成的；18.7％是 1951—1980 年间育成的；45.5％是 1996—2005 年育成品种的；72.4％是 1986—2005 年育成的品种（表 2-1）。附录图表Ⅰ列出了 1 300 个大豆育成品种的来源与分布。

表 2-1　中国大豆育成品种分省份按育成年代统计表

| 省份 | 1923—1950 | 1951—1955 | 1956—1960 | 1961—1965 | 1966—1970 | 1971—1975 | 1976—1980 | 1981—1985 | 1986—1990 | 1991—1995 | 1996—2000 | 2001—2005 | 合计 |
|---|---|---|---|---|---|---|---|---|---|---|---|---|---|
| 安徽 | 1 | | | 1 | 3 | 5 | 3 | 6 | | 7 | 8 | 6 | 40 |
| 北京 | | | | | | | | 6 | 8 | 12 | 9 | 36 | 71 |
| 福建 | | | 1 | | 2 | | 1 | 4 | 4 | 1 | 1 | 5 | 19 |
| 甘肃 | | | | | | | | | | | | 1 | 1 |
| 广东 | | | | | 1 | | | 3 | | | | | 4 |
| 广西 | | | | | | | | | 1 | 2 | 3 | 7 | 13 |
| 贵州 | | | | | | 1 | | | 4 | 3 | 4 | | 12 |
| 河北 | | | 2 | | 3 | 4 | 3 | 4 | 5 | 2 | 7 | 15 | 45 |
| 河南 | | | | | | 5 | 5 | 5 | 11 | 10 | 9 | 18 | 63 |
| 黑龙江 | 8 | 3 | 14 | 5 | 19 | 16 | 4 | 25 | 46 | 42 | 50 | 95 | 327 |
| 湖北 | | | | | | 1 | 1 | | 6 | 3 | 3 | 8 | 22 |
| 湖南 | | | | | | 3 | 1 | 4 | 5 | 2 | 3 | 5 | 23 |
| 吉林 | 6 | | 8 | 9 | 7 | 9 | 17 | 15 | 14 | 23 | 34 | 73 | 215 |
| 江苏 | 1 | 1 | 2 | 4 | 1 | 5 | 3 | 10 | 11 | 8 | 10 | 21 | 77 |
| 江西 | | | | | | 1 | 1 | | 2 | 1 | 1 | 1 | 7 |
| 辽宁 | 3 | | 8 | 2 | 5 | 7 | 7 | 6 | 11 | 13 | 9 | 32 | 104 |
| 内蒙古 | | | | | | | 2 | 1 | 4 | 2 | 3 | 13 | 24 |
| 宁夏 | | | | | | | | 1 | 1 | 2 | 1 | 1 | 6 |
| 青海 | | | | | | | | | | | 1 | | 1 |
| 山东 | 1 | 1 | | 5 | 6 | 10 | 3 | 5 | 11 | 10 | 6 | 12 | 70 |
| 陕西 | | | | | | | 3 | 2 | 3 | | 1 | 3 | 12 |
| 山西 | | | 1 | | 2 | 5 | 3 | 2 | 13 | 5 | 6 | 14 | 51 |
| 四川 | | | | | | | | | 7 | 12 | 10 | 23 | 52 |
| 天津 | | | | | | | 1 | | 1 | 1 | | 1 | 4 |
| 新疆 | | | | | | 1 | | 2 | | | 1 | 4 | 8 |
| 云南 | | | | | | | | | 2 | | | 2 | 4 |
| 浙江 | | | | | | | | 1 | 5 | 4 | 3 | 10 | 23 |
| 重庆 | | | | | | | | | | | | 2 | 2 |
| 总和 | 20 | 5 | 36 | 25 | 46 | 72 | 60 | 96 | 184 | 165 | 183 | 408 | 1 300 |

中国北方一熟制春作大豆品种生态区（Ⅰ）大豆育种起步较早、发展迅速，共育成了 682 个大豆品种，占全国育成品种总数的 52.5%；黄淮海二熟制春夏作大豆品种生态区（Ⅱ）共育成了 395 个大豆品种，占全国育成品种总数的 30.4%；长江中下游二熟制春夏作大豆品种生态区（Ⅲ）共育成了 64 个大豆品种，占全国育成品种总数的 4.9%；中南多熟制春夏秋作大豆品种生态区（Ⅳ）共育成了 121 个大豆品种，占全国育成品种总数的 9.3%；西南高原二熟制春夏作大豆品种生态区（Ⅴ）共育成了 16 个大豆品种，占全国育成品种总数的 1.2%；华南热带多熟制四季大豆品种生态区（Ⅵ）共育成了 22 个大豆品种，占全国育成品种总数的 1.7%（表 2-2）。

表 2-2　中国各大豆生态区不同年代育成的品种数

| 生态区 | 1923—1950 | 1951—1960 | 1961—1970 | 1971—1980 | 1981—1985 | 1986—1990 | 1991—1995 | 1996—2000 | 2001—2005 | 合计 |
|---|---|---|---|---|---|---|---|---|---|---|
| Ⅰ | 17 | 33 | 47 | 63 | 49 | 75 | 82 | 98 | 217 | 682 |
| Ⅱ | 2 | 6 | 18 | 56 | 31 | 63 | 48 | 57 | 115 | 395 |
| Ⅲ | 1 | 1 | 4 | 4 | 7 | 12 | 10 | 4 | 21 | 64 |
| Ⅳ | | 1 | 1 | 6 | 8 | 22 | 20 | 18 | 45 | 121 |
| Ⅴ | | | | 1 | | 6 | 3 | 4 | 2 | 16 |
| Ⅵ | | | 1 | 2 | 1 | 6 | 2 | 2 | 8 | 22 |
| 总和 | 20 | 41 | 71 | 132 | 96 | 184 | 165 | 183 | 408 | 1 300 |

注：为简明起见，此处用Ⅰ、Ⅱ、Ⅲ、Ⅳ、Ⅴ和Ⅵ分别代表北方一熟春豆生态区、黄淮海二熟春夏豆生态区、长江中下游二熟春夏豆生态区、中南多熟春夏秋豆生态区、西南高原二熟春夏豆生态区和华南热带多熟四季大豆生态区，下同。

从表 2-2 可知，黑龙江、吉林和辽宁三省大豆育种领先于全国，分别育成了 328 个、214 个和 104 个大豆品种。育成品种数较多的省份还有江苏、北京、山东、河南、山西，分别育成了 77、71、70、63、51 个品种；河北、安徽育成品种数在 40 以上。1996—2005 年全国共育成了 592 个品种，占全部的 45.5%，Ⅰ、Ⅱ、Ⅲ、Ⅳ、Ⅴ、Ⅵ 6 个生态区分别育成了 316、172、25、63、6、10 个品种，分别占其生态区的 46.3%、43.5%、39.1%、52.1%、37.5%、45.5%。其中中南多熟制春夏秋作大豆品种生态区（Ⅳ）是 1996—2005 年育成品种增加最快的生态区，其次为东北（Ⅰ）和华南热带多熟制四季大豆品种生态区（Ⅵ）。

1996—2005 年一些大豆育种研究起步较早的省份，继续保持较快增长速度，如黑龙江、吉林、辽宁、北京、河北、河南、江苏、湖北等近十年育成的品种数占该省份育成品种数的 40% 以上。广西、四川、浙江、内蒙古、新疆、云南等一些起步较晚的省份，近年来育成品种数量增加幅度较大，增幅达 50% 以上（表 2-2，图 2-1）。

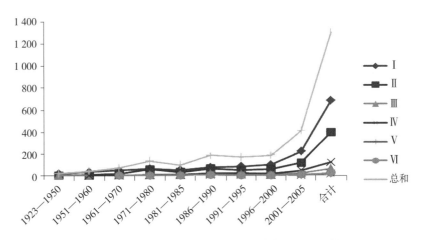

图 2-1　中国各大豆生态区不同年代育成的品种数

1923—1995 年全国共有 194 个研究单位（包括农民育种家）从事大豆品种选育工作，1923—

2005 年全国共有 353 个研究单位（包括农民育种家）从事大豆品种选育，共育成 1 300 个品种。1996—2005 年有 144 个研究单位在近 10 年内育成并推广了新品种（表 2-3）。这 144 个研究单位分布于全国各地，是当今中国大豆育种的活跃队伍。在中国南方，大多数育种单位的历史尚不足 20 年，但发展速度快，如四川、浙江、贵州、湖南等省的一些大豆育种单位近期育成了一批新品种，有效地促进了当地大豆生产。

表 2-3　中国大豆育种单位年代分布

| 省份 | 育种单位数* | 1986—1995 | 1996—2005 | 1981—1985 | 1986—1990 | 1991—1995 | 1996—2000 | 2001—2005 |
|---|---|---|---|---|---|---|---|---|
| 安徽 | 18 | 2 | 6 | 7 | 4 | 3 | 5 | 3 |
| 北京 | 11 | 1 | 4 | 10 | 3 | 3 | 3 | 10 |
| 福建 | 11 | 3 | 4 | 3 | 4 | 1 | 0 | 3 |
| 甘肃 | 1 | 0 | 0 | 1 | 0 | 0 | 1 | 1 |
| 广东 | 3 | 0 | 2 | 0 | 2 | 0 | 0 | 0 |
| 广西 | 3 | 0 | 3 | 3 | 1 | 2 | 1 | 3 |
| 贵州 | 5 | 0 | 4 | 1 | 3 | 2 | 2 | 0 |
| 河北 | 20 | 3 | 4 | 7 | 3 | 1 | 4 | 7 |
| 河南 | 20 | 3 | 11 | 10 | 8 | 5 | 2 | 10 |
| 黑龙江 | 63 | 10 | 24 | 32 | 17 | 20 | 20 | 27 |
| 湖北 | 6 | 0 | 4 | 4 | 4 | 1 | 2 | 3 |
| 湖南 | 3 | 1 | 3 | 2 | 3 | 1 | 1 | 2 |
| 吉林 | 34 | 7 | 9 | 17 | 5 | 5 | 9 | 15 |
| 江苏 | 22 | 6 | 11 | 11 | 8 | 7 | 5 | 10 |
| 江西 | 5 | 0 | 3 | 1 | 1 | 2 | 1 | 1 |
| 辽宁 | 40 | 5 | 14 | 19 | 7 | 8 | 6 | 16 |
| 内蒙古 | 9 | 1 | 5 | 3 | 4 | 1 | 2 | 3 |
| 宁夏 | 5 | 1 | 3 | 2 | 1 | 2 | 1 | 1 |
| 青海 | 1 | 0 | 0 | 1 | 0 | 0 | 1 | 0 |
| 山东 | 22 | 4 | 7 | 5 | 5 | 6 | 4 | 6 |
| 陕西 | 7 | 2 | 2 | 4 | 2 | 0 | 1 | 3 |
| 山西 | 12 | 1 | 4 | 7 | 4 | 3 | 3 | 7 |
| 四川 | 14 | 0 | 10 | 6 | 6 | 7 | 5 | 6 |
| 天津 | 3 | 0 | 2 | 1 | 1 | 1 | 1 | 1 |
| 新疆 | 3 | 2 | 0 | 1 | 0 | 0 | 1 | 1 |
| 云南 | 2 | 0 | 1 | 1 | 1 | 0 | 0 | 1 |
| 浙江 | 9 | 1 | 4 | 7 | 2 | 4 | 3 | 6 |
| 重庆 | 1 | 0 | 0 | 1 | 0 | 0 | 0 | 1 |
| 总和 | 335 | 53 | 144 | 167 | 99 | 85 | 84 | 147 |

* 指该地区各时期所有省地级育种单位总和。

表 2-4　中国在各年代用不同育种方法育成的品种数

| 育种方法 | 1923—1950 | 1951—1960 | 1961—1970 | 1971—1980 | 1981—1985 | 1986—1990 | 1991—1995 | 1996—2000 | 2001—2005 | 合计 |
|---|---|---|---|---|---|---|---|---|---|---|
| 杂交育种 | 3 | 15 | 42 | 92 | 83 | 140 | 133 | 158 | 350 | 1 016 |
| 诱变＋杂交育种 | | 2 | 1 | 2 | 9 | 12 | 1 | | 8 | 35 |
| 诱变育种 | | | 5 | 1 | 3 | 4 | 7 | 8 | 7 | 35 |
| 选择育种 | 17 | 26 | 21 | 38 | 8 | 31 | 12 | 13 | 36 | 202 |
| 轮回选择 | | | | | | | | 1 | | 1 |
| 转 DNA | | | | | | | 1 | | 6 | 7 |
| 杂交豆 | | | | | | | | | 2 | 2 |
| 总和 | 20 | 41 | 70 | 132 | 96 | 184 | 165 | 183 | 409 | 1 300 |

注：转 DNA：花粉管通道转总体 DNA，是否结合并无验证。

全国 1 300 个育成品种有 1 016 个是采用杂交育种方法育成的品种，70 个来自诱变或"杂交＋诱变"育种方法，202 个来自自然变异选择育种，分别占全部的 78.2％、5.4％和 15.5％（表 2-4）。各生态区杂交育成的品种数分别是 561、305、42、84、8 和 16，分别占各区总数的 82.3％、77.2％、65.6％、70.0％、50.0％、69.6％，其中Ⅰ、Ⅱ和Ⅳ区比例较大；各生态区诱变或"杂交＋诱变"育成的品种数分别是 39、19、2、7、0、3，分别占各区总数的 5.7％、4.8％、3.1％、5.8％、0、13.0％；各生态区自然变异选择育种育成品种数分别是 75、66、20、29、8、4，分别占各区总数的 11.0％、16.7％、31.3％、24.2％、50.0％、17.4％（表 2-5）。

大豆育种计划通常始于自然变异选择育种，早期育成并推广的品种一般为通过自然变异选择育成的品种。从全国的情况看，1960 年以前，自然变异选择育种为主要育种途径，推广品种中 70％是通过自然变异选择育种育成的，30％是通过杂交育种育成的。1961—1980 年，自然变异选择育种和杂交育种均广为应用，推广品种中 29％是通过自然变异选择育种育成的，多为杂交育种育成的，另有 5％为诱变育种育成的。20 世纪 80 年代以来杂交育种成为主要的育种途径，自然变异选择育种只有少数新近建立的育种单位应用，还有少数育种单位利用 γ 射线、X 射线、激光、中子流、化学药剂等诱导变异选育新品种，因而育成品种中 80％的品种来自杂交育种，12％来自自然变异选择育种，8％来自诱变或"诱变＋杂交"育种。1996—2005 年，由于国内外育种材料增加，因而育成品种中 85.8％的品种来自杂交育种，8.3％来自自然变异选择育种，4.1％来自诱变或"诱变＋杂交"育种。随着生物技术与育种方法进步，有 1.5％来自转 DNA、轮回选择和杂交豆育成的品种。

**表 2-5 中国各大豆生态区不同育种方法育成的品种数**

| 生态区 | 杂交育种 | 诱变＋杂交种 | 诱变育种 | 选择育种 | 轮回选择 | 转 DNA | 杂交豆 | 合计 |
|---|---|---|---|---|---|---|---|---|
| Ⅰ | 561 | 22 | 17 | 75 | | 6 | 1 | 682 |
| Ⅱ | 305 | 8 | 11 | 66 | 1 | 3 | 1 | 395 |
| Ⅲ | 42 | 1 | 1 | 20 | | | | 64 |
| Ⅳ | 84 | 3 | 4 | 29 | | | | 120 |
| Ⅴ | 8 | | | 8 | | | | 16 |
| Ⅵ | 16 | 1 | 2 | 4 | | | | 23 |
| 总和 | 1 016 | 35 | 35 | 202 | 1 | 9 | 2 | 1 300 |

**表 2-6 中国各大豆生态区不同播种季节类型育成品种数**

| 生态区 | 春 | 夏 | 秋 | 冬 | 合计 |
|---|---|---|---|---|---|
| Ⅰ | 677 | 5 | | | 682 |
| Ⅱ | 106 | 289 | | | 395 |
| Ⅲ | 25 | 39 | | | 64 |
| Ⅳ | 93 | 4 | 23 | | 120 |
| Ⅴ | 12 | 4 | | | 16 |
| Ⅵ | 20 | 2 | | 1 | 23 |
| 总和 | 933 | 343 | 23 | 1 | 1 300 |

**表 2-7 中国各大豆生态区不同时期不同播种期类型育成品种数**

| 生态区 | 播种期类型 | 1923—1950 | 1951—1960 | 1961—1970 | 1971—1980 | 1981—1985 | 1986—1990 | 1991—1995 | 1996—2000 | 2001—2005 | 合计 |
|---|---|---|---|---|---|---|---|---|---|---|---|
| Ⅰ | 春大豆 | 17 | 33 | 47 | 63 | 49 | 75 | 80 | 96 | 217 | 677 |
| | 夏大豆 | | | | | | | 2 | 2 | 1 | 5 |
| Ⅱ | 春大豆 | | 3 | 5 | 15 | 4 | 20 | 13 | 18 | 28 | 106 |
| | 夏大豆 | 2 | 3 | 12 | 41 | 26 | 43 | 35 | 39 | 87 | 288 |
| Ⅲ | 春大豆 | | | | 1 | 2 | 3 | 3 | 2 | 14 | 25 |
| | 夏大豆 | 1 | 1 | 4 | 3 | 5 | 9 | 7 | 2 | 7 | 39 |

（续）

| 生态区 | 播种期类型 | 1923—1950 | 1951—1960 | 1961—1970 | 1971—1980 | 1981—1985 | 1986—1990 | 1991—1995 | 1996—2000 | 2001—2005 | 合计 |
|---|---|---|---|---|---|---|---|---|---|---|---|
| Ⅳ | 春大豆 | | 1 | 1 | 3 | 4 | 9 | 18 | 14 | 37 | 87 |
| | 夏大豆 | | | | | | | | 1 | 3 | 4 |
| | 秋大豆 | | | | 3 | 4 | 6 | 2 | 3 | 5 | 23 |
| Ⅴ | 春大豆 | | | | 1 | | 2 | 3 | 4 | | 10 |
| | 夏大豆 | | | | | | 2 | | | 2 | 4 |
| Ⅵ | 春大豆 | | | 1 | 2 | 1 | 5 | 2 | 1 | 7 | 19 |
| | 夏大豆 | | | | | | | | 1 | 1 | 2 |
| | 冬大豆 | | | | | | 1 | | | | 1 |
| | 合计 | 20 | 41 | 70 | 132 | 96 | 184 | 165 | 183 | 409 | 1 300 |

中国大豆品种具有春、夏、秋、冬四种播种季节类型，不同生态区的播种季节类型间是有本质区别的（表2-6、表2-7）。Ⅰ区绝大多数为春大豆一种播种季节类型，682个品种只有5个夏大豆。Ⅱ区有春大豆和夏大豆两种播种季节类型，育成品种中有27%为春大豆，73%为夏大豆。Ⅲ区有春大豆和夏大豆两种播种季节类型，育成品种中有39%为春大豆，61%为夏大豆。Ⅳ区有春、夏、秋大豆三种播种季节类型，分别占育成品种的78%、3%和19%。Ⅴ区有春大豆和夏大豆两种播种季节类型，分别占育成品种的75%和25%。Ⅵ区有春、夏、冬大豆三种播种季节类型，分别占育成品种的88%、8%和4%。

# 第二节　中国大豆育成品种的特征和特性

中国地域宽广，大豆生态区丰富。一定区域内由于相近的自然条件（包括地理、土壤、气候等）、耕作栽培条件和利用要求，导致当地品种具有相对共同的形态、生理和生化特性，形成了特定的品种生态类型。反之，特定的生态类型适应于特定的生态区域或生态条件。不同生态类型间主要的性状差异与某些主要生态因子有关。大豆的主要生态性状有生育期及其对光周期和温度的反应特性、结荚习性、种粒大小、种皮色、种子化学成分等。从全国范围看，大豆品种生态因子主要是由地理纬度、海拔高度以及播种季节等所决定的日照长度与温度，其次才是降水量、土壤条件等。因而大豆品种生育期长度及其对光温反应的特性是区分品种生态类型的主要性状。

如果能将育成的1 300个品种组织一次统一的比较试验，便有可能得到他们生态、形态、农艺性状方面可相互比较的资料，但本书所获资料均来自各地各单位，因而只具有相对的可比性。然而，由于资料来自各品种最适宜的育成地区，是他们生态、农艺性状的最佳表现，从比较品种间的最佳表现来说是有意义的。至于一些受环境影响极小的形态性状，则用其表示品种的特征是有其普遍意义的。中国大豆育成品种的特征与特性见附录图表Ⅱ。

## 一、中国大豆育成品种的生育期与结荚习性

生育期是最重要的生态性状。表2-8列出中国各大豆生态区分年代及不同播季类型育成品种的全生育期。由于育种家在育种时考虑到选育早熟品种以便有更充裕的时间播种后季作物，按年代分析，各生态区各播季类型育成品种的总趋势是生育期相对有所缩短。北方一熟春播大豆区（Ⅰ区）的春大豆在当地利用整个生长季节，其生育期较长，1990年前育成的品种生育期平均都在129d以上，而1991—2005年育成品种的生育期平均在120d左右，缩短了近10d左右。黄淮海区（Ⅱ区）虽以夏豆为主，但仍有两年三熟的春豆类型，其生育期亦甚长，而夏播大豆生育期则相当短，短于南方的夏豆，与南方秋豆相仿。南方复种多播季大豆区（下文简称南方）的春豆因有秋播作物接茬，其生育期

短于前两个生态区，夏豆则占主要生长季节，在4种播季类型中生育期最长。

表 2-8　中国大豆生态区不同年代育成的各播种季节类型品种的全生育期（d）

| 生态区 | 播种期类型 | 1923—1950 | 1951—1960 | 1961—1970 | 1971—1980 | 1981—1985 | 1986—1990 | 1991—1995 | 1996—2000 | 2001—2005 | 平均 |
|---|---|---|---|---|---|---|---|---|---|---|---|
| I | 春大豆 | 134 | 133 | 133 | 132 | 132 | 129 | 121 | 118 | 120 | 122 |
|   | 夏大豆 |  |  |  |  |  |  | 116 | 115 | 105 | 113 |
| II | 春大豆 |  | 133 | 145 | 136 | 135 | 131 | 129 | 125 | 131 | 131 |
|   | 夏大豆 | 104 | 106 | 102 | 102 | 98 | 98 | 100 | 101 | 104 | 101 |
| III | 春大豆 |  |  |  | 108 | 105 | 94 | 95 | 105 | 94 | 96 |
|   | 夏大豆 | 124 | 130 | 122 | 119 | 121 | 121 | 117 | 121 | 113 | 119 |
| IV | 春大豆 |  | 120 | 123 | 102 | 102 | 106 | 106 | 100 | 105 | 104 |
|   | 夏大豆 |  |  |  |  |  |  | 120 | 102 |  | 107 |
|   | 秋大豆 |  |  |  | 106 | 95 | 99 | 99 | 102 | 100 | 100 |
| V | 春大豆 |  |  |  | 106 |  | 114 | 115 | 116 |  | 114 |
|   | 夏大豆 |  |  |  |  |  |  | 119 |  | 124 | 122 |
| VI | 春大豆 |  |  | 115 | 109 | 100 | 107 | 89 | 98 | 97 | 102 |
|   | 夏大豆 |  |  |  |  |  |  |  | 96 | 96 | 96 |
|   | 冬大豆 |  |  |  |  |  | 110 |  |  |  | 110 |
|   | 平均 | 131 | 130 | 127 | 110 | 101 | 112 | 114 | 113 | 114 | 115 |

结荚习性是另一个重要的生态性状。对全国1 285个品种数据分析：亚有限结荚占40.2%，有限结荚36.3%，无限结荚23.4%（表2-9）。东北I区的育成品种中53.0%为亚有限类型，无限类型占33.1%，有限类型占13.8%，1996—2005年育成的品种亚有限类型增加较多。黄淮海II区复种夏播区则以有限型为主，47.5%；无限与亚有限型均占相当比重。III、IV、V和VI区以有限型为绝大多数，少量亚有限型，而无限型极少。这与南部温、湿型气候有利于大豆茎顶生长有关，因而通过选育有限、亚有限型从遗传上控制株高。

表 2-9　中国大豆育成品种结荚习性的生态区分布

| 生态区 | 无限 | 亚有限 | 有限 | 合计 |
|---|---|---|---|---|
| I | 225（33.1%） | 360（53.0%） | 94（13.8%） | 679 |
| II | 75（19.4%） | 128（33.1%） | 184（47.5%） | 387 |
| III | 1（1.6%） | 6（9.8%） | 54（88.5%） | 61 |
| IV |  | 13（10.9%） | 106（89.1%） | 119 |
| V |  | 4（25.0%） | 12（75.0%） | 16 |
| VI |  | 6（26.1%） | 17（73.9%） | 23 |
| 合计 | 301（23.4%） | 517（40.2%） | 467（36.3%） | 1 285 |

## 二、中国大豆育成品种的农艺、品质性状

株高和主茎节数是两个相互有关的性状。中国大豆育成品种株高主要在41～110cm，I、II两区也集中在这一区间内，I、II、III、IV、V、VI 6个生态区大豆育成品种株高主要分布在50～120cm、50～110cm、27～80cm、27～70cm、41～60cm、41～60cm（表2-10）。I、II两生态区育成品种的株高较高，而V、VI两生态区的育成品种株高偏矮，主要在40～60cm。

各生态区不同年代育成品种的株高不尽相同，1923—1995年东北一熟春播区育成品种株高有所增高，而1996—2005年育成品种株高有所降低。II区（黄淮海）1923—1960年育成品种株高有所增高，1961—1995年育成品种株高逐渐降低，1996—2005年育成品种株高则稳定在84cm左右。III区为多播季区，1985年前品种株高多在70～77cm，近10多年来育成的品种株高略有下降（表2-11）。

表 2-10 中国大豆育成品种株高的分布

| 生态区 | 株高（cm） | | | | | | | | | | | | 总和 |
| --- | --- | --- | --- | --- | --- | --- | --- | --- | --- | --- | --- | --- | --- |
| | 27～40 | 41～50 | 51～60 | 61～70 | 71～80 | 81～90 | 91～100 | 101～110 | 111～120 | 121～130 | 131～140 | 141～150 | |
| I | 1 | 3 | 22 | 100 | 185 | 178 | 144 | 18 | 11 | 3 | 1 | 1 | 667 |
| II | 1 | 3 | 23 | 72 | 114 | 89 | 52 | 23 | 4 | 3 | 4 | | 388 |
| III | 11 | 6 | 8 | 10 | 12 | 4 | 3 | 1 | 1 | | | | 56 |
| IV | 11 | 40 | 36 | 19 | 5 | 3 | | | | | | | 114 |
| V | 2 | 9 | 5 | | | | | | | | | | 16 |
| VI | 2 | 12 | 7 | 1 | 1 | | | | | | | | 23 |
| 合计 | 28 | 73 | 101 | 202 | 317 | 274 | 199 | 42 | 16 | 6 | 5 | 1 | 1 264 |

表 2-11 中国大豆各生态区不同年代育成品种的株高（cm）

| 生态区 | 1923—1950 | 1951—1960 | 1961—1970 | 1971—1980 | 1981—1985 | 1986—1990 | 1991—1995 | 1996—2000 | 2001—2005 | 平均 |
| --- | --- | --- | --- | --- | --- | --- | --- | --- | --- | --- |
| I | 74.6 | 77.0 | 84.0 | 80.7 | 77.3 | 84.1 | 89.1 | 86.7 | 85.1 | 84.0 |
| II | 80.0 | 95.8 | 82.9 | 81.9 | 81.5 | 80.5 | 78.2 | 84.3 | 83.5 | 82.3 |
| III | 75.0 | 75.0 | 77.5 | 70.0 | 76.0 | 63.9 | 65.6 | 76.6 | 53.5 | 64.0 |
| IV | | 40.0 | 40.0 | 51.3 | 54.5 | 55.9 | 48.9 | 55.8 | 54.7 | 53.9 |
| V | | | 43.0 | 48.0 | | 53.5 | 45.8 | 50.3 | 50.0 | 50.5 |
| VI | | | | 50.0 | 53.0 | 54.7 | 50.0 | 50.1 | 52.7 | 51.6 |
| 平均 | 75.2 | 78.8 | 82.9 | 78.8 | 76.5 | 76.6 | 78.6 | 81.5 | 78.8 | 78.9 |

与株高的情况相对应，东北一熟春播区及黄淮海夏播区的主茎节数主要变化在 14～20 节，而南方多播季区则节数偏少，较集中在 11～14 节（表 2-12）。各生态区按年代的统计，东北春播及黄淮海夏播两区变化不明显，而南方多播季区则有所下降，这可能与育成的品种播季类型中春播与秋播型增加，夏播型减少有关（表 2-13，见表 2-7）。

表 2-12 中国大豆育成品种按主茎节数的生态区分布

| 生态区 | 主茎节数（节） | | | | | | | | | | | | | | | | | | | | | | 合计 |
| --- | --- | --- | --- | --- | --- | --- | --- | --- | --- | --- | --- | --- | --- | --- | --- | --- | --- | --- | --- | --- | --- | --- | --- |
| | 8 | 9 | 10 | 11 | 12 | 13 | 14 | 15 | 16 | 17 | 18 | 19 | 20 | 21 | 22 | 23 | 24 | 25 | 26 | 28 | 29 | 30 | |
| I | | | 4 | 9 | 10 | 21 | 29 | 49 | 59 | 76 | 79 | 60 | 28 | 12 | 5 | 6 | 2 | | 1 | | 1 | | 451 |
| II | | 1 | 3 | 2 | 2 | 7 | 18 | 41 | 37 | 50 | 32 | 29 | 20 | 11 | 12 | 3 | 7 | 1 | 2 | | 1 | 1 | 288 |
| III | 1 | 7 | 6 | 3 | 1 | 3 | 1 | | 3 | 4 | 4 | | 4 | 2 | 3 | | 1 | | | | | | 48 |
| IV | | 2 | 8 | 19 | 20 | 17 | 13 | 4 | 4 | 2 | 2 | | | | | | | | | | | | 91 |
| V | | | | 3 | 1 | 2 | 1 | | 1 | 1 | | 1 | | | | | | | | | | | 10 |
| VI | | | | 3 | 8 | 5 | 3 | 1 | 1 | | | | | | | | | | | | | | 21 |
| 合计 | 1 | 10 | 21 | 39 | 42 | 55 | 65 | 95 | 105 | 133 | 117 | 95 | 52 | 25 | 20 | 14 | 5 | 8 | 2 | 2 | 2 | 1 | 909 |

表 2-13 中国各生态区不同年代育成品种的主茎节数（节）

| 生态区 | 1923—1950 | 1951—1960 | 1961—1970 | 1971—1980 | 1981—1985 | 1986—1990 | 1991—1995 | 1996—2000 | 2001—2005 | 平均 |
| --- | --- | --- | --- | --- | --- | --- | --- | --- | --- | --- |
| I | 17.4 | 17.0 | 17.1 | 16.6 | 15.5 | 16.3 | 17.7 | 16.9 | 17.2 | 16.9 |
| II | 16.0 | 18.0 | 14.5 | 17.2 | 17.2 | 18.3 | 16.9 | 18.0 | 17.5 | 17.6 |
| III | | 21.0 | | 16.7 | 16.8 | 15.5 | 15.7 | 16.4 | 13.3 | 15.1 |
| IV | | 13.0 | 12.0 | 13.0 | 12.7 | 12.5 | 13.0 | 12.1 | 12.3 | 12.5 |
| V | | | | 19.0 | | 13.8 | | 11.6 | 13.0 | 13.7 |
| VI | | | 13.0 | 13.0 | 12.0 | 12.0 | 11.4 | 13.7 | 13.1 | 12.6 |
| 平均 | 17.3 | 17.2 | 17.1 | 16.6 | 15.7 | 16.1 | 16.6 | 16.7 | 16.3 | 16.5 |

表 2-14　中国大豆育成品种百粒重的分布

| 生态区 | 7 | 8 | 9 | 10 | 11 | 12 | 13 | 14 | 15 | 16 | 17 | 18 | 19 | 20 | 21 | 22 | 23 | 24 | 25 | 26 | 27 | 28 | 29 | 30 | 31 | 32 | 33 | 34 | 35 | 36 | 37 | 38 | 39 | 40 | 合计 |
|---|---|---|---|---|---|---|---|---|---|---|---|---|---|---|---|---|---|---|---|---|---|---|---|---|---|---|---|---|---|---|---|---|---|---|---|
| I | 1 | 1 | 6 | 3 | | 4 | 3 | 1 | 8 | 13 | 31 | 75 | 123 | 166 | 75 | 68 | 38 | 32 | 13 | 6 | 3 | 2 | 1 | 4 | 1 | | | | | | | | | | |
| II | | | | | | 2 | 4 | 9 | 17 | 25 | 21 | 33 | 39 | 43 | 57 | 34 | 32 | 29 | 6 | 14 | 4 | 4 | 5 | 3 | 1 | | | | 1 | | | | 1 | 1 | |
| III | | | | | | | | | 4 | 4 | 3 | 9 | 6 | 7 | 5 | 6 | 2 | | 4 | 1 | | | 2 | | | 2 | 1 | | 1 | 1 | 1 | 1 | 1 | 1 | |
| IV | | | | 1 | 2 | | 2 | | 1 | 3 | 3 | 12 | 12 | 21 | 9 | 14 | 4 | 8 | 5 | 5 | 1 | 3 | | 3 | 1 | 3 | 2 | 1 | | | | 1 | 1 | | |
| V | | | | | 1 | 1 | | 3 | 3 | | 1 | 2 | 3 | | | | 1 | 1 | | | | | | | | | | | | | | | | | |
| VI | | | | | | | | 1 | 1 | 4 | 4 | 4 | 3 | 1 | 4 | | | | | | | | | | | | | | | | | | | | |
| 合计 | 1 | 1 | 6 | 4 | 4 | 9 | 15 | 18 | 42 | 45 | 74 | 140 | 190 | 257 | 124 | 124 | 73 | 47 | 37 | 16 | 8 | 10 | 4 | 10 | 2 | 3 | 4 | 2 | 1 | 1 | 2 | 2 | 2 | 1 | 280 |

百粒重与每荚粒数是两个相关的产量因素性状。东北一熟春播区大豆育成品种百粒重一般较高，相对集中在17～23g；黄淮海复种夏播区则主要在14～22g；南方复种多播季区则分散度更大，有高达30g以上的新育成品种，这可能与南方育成一些菜用大豆品种有关（表2-14）。按年代的统计，6个生态区百粒重均有上升的趋势，如上所述，南方的上升与育成菜用品种有关（表2-15）。生态区Ⅳ育成品种百粒重相对集中在18～22g；生态区Ⅴ育成品种百粒重一般较低，相对集中在15～20g；生态区Ⅵ育成品种百粒重一般较低，相对集中在17～22g。

表 2-15　中国各大豆生态区不同年代育成品种的百粒重（g）

| 生态区 | 1923—1950 | 1951—1960 | 1961—1970 | 1971—1980 | 1981—1985 | 1986—1990 | 1991—1995 | 1996—2000 | 2001—2005 | 平均 |
|---|---|---|---|---|---|---|---|---|---|---|
| I | 19 | 20 | 19 | 20 | 20 | 20 | 20 | 20 | 20 | 20.0 |
| II | 13 | 16 | 17 | 18 | 19 | 19 | 20 | 21 | 21 | 19.5 |
| III | 16 | 16 | 18 | 18 | 20 | 23 | 20 | 19 | 26 | 22.1 |
| IV | | | | 19 | 18 | 21 | 20 | 22 | 24 | 21.9 |
| V | | | | | | 18 | 17 | 17 | 22 | 17.7 |
| VI | | | | | | 18 | 19 | 16 | 19 | 18.5 |
| 平均 | 18 | 19 | 19 | 19 | 19 | 20 | 20 | 20 | 21 | 20.1 |

东北一熟春播区大豆育成品种每荚粒数较多，相对集中在2.2～2.6粒；黄淮海复种夏播区则较少，较集中在2.2～2.5粒，而南方复种多播季区则最少，较集中在1.8～2.2粒（表2-16）。按年代的变化，东北一熟春播区近年育成的品种每荚粒数又有所增多，黄淮海复种夏播区也有增加，但南方区未见有明显变化，南方大豆品种产量构成因素中每荚粒数偏低是一明显弱点（表2-17）。

表 2-16　中国大豆育成品种每荚粒数的生态区分布

| 生态区 | 1.0 | 1.1 | 1.2 | 1.3 | 1.4 | 1.5 | 1.6 | 1.7 | 1.8 | 1.9 | 2.0 | 2.1 | 2.2 | 2.3 | 2.4 | 2.5 | 2.6 | 2.7 | 2.8 | 2.9 | 3.0 | 3.1 | 3.2 | 3.2 | 3.3 | 合计 |
|---|---|---|---|---|---|---|---|---|---|---|---|---|---|---|---|---|---|---|---|---|---|---|---|---|---|---|
| I | 1 | | | 1 | 1 | 13 | 1 | 4 | | 12 | 17 | 13 | 22 | 43 | 35 | 54 | 23 | 19 | 40 | 10 | 40 | 1 | 2 | 1 | | |
| II | | 1 | | | 1 | 1 | 2 | | 5 | 6 | 3 | 22 | 13 | 15 | 14 | 8 | 26 | 1 | 2 | 27 | 4 | 4 | | | 1 | |
| III | | | | | | | | 1 | 2 | | 4 | 6 | | 5 | 2 | 2 | | 2 | 2 | 2 | 2 | 1 | | 1 | | |
| IV | | | | | | | | 2 | 11 | 12 | 16 | 13 | 6 | | 4 | 1 | | 4 | 1 | | 4 | | 1 | | | |
| V | | | 1 | 1 | 1 | | 1 | | | | 1 | 1 | | 1 | | 2 | | | | 1 | | | | | | |
| VI | | | | | | | | | | | 2 | | 2 | 2 | | | | | 1 | | | | | | | |
| 合计 | 1 | 1 | 1 | 2 | 3 | 14 | 5 | 13 | 22 | 31 | 64 | 45 | 50 | 66 | 46 | 88 | 26 | 24 | 75 | 15 | 46 | 1 | 2 | 1 | 2 | 728 |

大豆籽粒蛋白质与油脂含量是相关的两个品质性状。表2-18至表2-21列出这两个性状的分布与按年代的变化。东北一熟春播区大豆育成品种的蛋白质含量较低，相对集中在38％～44％，油脂含量较高，相对集中在19％～23％；黄淮海复种夏播区大豆育成品种的蛋白质含量较前者高，相对集中在39％～45％，油脂含量则较集中在18％～22％；南方复种多播季大豆区大豆育成品种蛋白质

表 2-17　中国各大豆生态区不同年代育成品种的每荚粒数

| 生态区 | 1923—1950 | 1951—1960 | 1961—1970 | 1971—1980 | 1981—1985 | 1986—1990 | 1991—1995 | 1996—2000 | 2001—2005 | 平均 |
|---|---|---|---|---|---|---|---|---|---|---|
| Ⅰ | 2.1 | 2.2 | 2.3 | 2.4 | 2.3 | 2.3 | 2.7 | 2.9 | 2.8 | 2.6 |
| Ⅱ | 2.0 | 2.0 | 2.2 | 2.2 | 2.3 | 2.2 | 2.5 | 2.6 | 2.6 | 2.5 |
| Ⅲ | | | 1.7 | 2.1 | 2.2 | 2.0 | 2.2 | 2.3 | 2.5 | 2.3 |
| Ⅳ | | | 2.2 | 2.2 | 1.9 | 2.0 | 2.1 | 2.2 | 2.5 | 2.2 |
| Ⅴ | | | | | | 1.8 | 2.8 | 2.0 | 2.2 | 2.0 |
| Ⅵ | | 2.3 | 2.0 | 2.2 | | 2.2 | 2.6 | | 2.7 | 2.4 |
| 平均 | 2.1 | 2.1 | 2.3 | 2.3 | 2.3 | 2.2 | 2.5 | 2.7 | 2.7 | 2.5 |

含量相对最高，油脂含量相对最低，分别集中在41%~46%和17%~20%。Ⅲ区大豆育成品种的蛋白质含量较高，相对集中在42%~46%，油脂含量较低，相对集中在17%~21%；Ⅲ区大豆育成品种的蛋白质含量较高，相对集中在41%~46%，油脂含量较低，相对集中在17%~21%；Ⅴ区大豆育成品种的蛋白质含量较高，相对集中在42%~46%，油脂含量较低，相对集中在18%~20%。

表 2-18　中国大豆育成品种蛋白质含量的生态区分布

| 生态区 | 白质含量（%） | | | | | | | | | | | | | | | | | | | | | 合计 |
|---|---|---|---|---|---|---|---|---|---|---|---|---|---|---|---|---|---|---|---|---|---|---|
| | 31 | 32 | 33 | 34 | 35 | 36 | 37 | 38 | 39 | 40 | 41 | 42 | 43 | 44 | 45 | 46 | 47 | 48 | 49 | 50 | 51 | |
| Ⅰ | 1 | 1 | 2 | 3 | 4 | 15 | 24 | 70 | 85 | 123 | 108 | 94 | 65 | 33 | 28 | 10 | 3 | 1 | | | 1 | 671 |
| Ⅱ | | 1 | | 1 | 3 | 4 | 6 | 10 | 31 | 43 | 57 | 58 | 52 | 32 | 38 | 25 | 14 | 6 | | 1 | 2 | 384 |
| Ⅲ | | | | | | | | 1 | 2 | 3 | 5 | 10 | 8 | 10 | 5 | 6 | 3 | 3 | 1 | | | 57 |
| Ⅳ | | | | | | | 1 | 3 | 6 | 5 | 11 | 13 | 14 | 11 | 13 | 16 | 8 | 7 | 2 | | | 110 |
| Ⅴ | | | | | | | | | 1 | 2 | 2 | 1 | 1 | | 1 | 3 | 2 | 3 | | | | 16 |
| Ⅵ | | | | | | | 1 | | | 2 | 1 | 4 | 4 | 1 | 4 | 5 | 1 | | | | | 23 |
| 合计 | 1 | 2 | 2 | 4 | 7 | 19 | 32 | 84 | 125 | 178 | 184 | 180 | 144 | 87 | 89 | 65 | 31 | 20 | 3 | 2 | 3 | 1 262 |

表 2-19　中国大豆育成品种油脂含量的生态区分布

| 生态区 | 油脂含量（%） | | | | | | | | | | | | 合计 |
|---|---|---|---|---|---|---|---|---|---|---|---|---|---|
| | 10 | 13 | 15 | 16 | 17 | 18 | 19 | 20 | 21 | 22 | 23 | 24 | |
| Ⅰ | | 1 | | 3 | 15 | 23 | 105 | 182 | 182 | 103 | 53 | 3 | 670 |
| Ⅱ | 2 | | 1 | 2 | 17 | 56 | 80 | 110 | 67 | 38 | 9 | 3 | 385 |
| Ⅲ | | | | | 8 | 22 | 10 | 8 | 5 | 2 | | | 55 |
| Ⅳ | | | | 7 | 15 | 21 | 17 | 18 | 15 | 9 | 6 | | 108 |
| Ⅴ | | | | | 2 | 1 | 5 | 2 | 1 | | | | 11 |
| Ⅵ | | | | | 1 | 6 | 7 | 6 | 2 | | | | 22 |
| 合计 | 2 | 1 | 1 | 12 | 58 | 129 | 224 | 326 | 272 | 152 | 68 | 6 | 1 251 |

表 2-20　中国各大豆生态区不同年代育成品种的蛋白质含量（%）

| 生态区 | 1923—1950 | 1951—1960 | 1961—1970 | 1971—1980 | 1981—1985 | 1986—1990 | 1991—1995 | 1995—2000 | 2001—2005 | 平均 |
|---|---|---|---|---|---|---|---|---|---|---|
| Ⅰ | 41.8 | 41.0 | 40.0 | 40.0 | 40.1 | 41.5 | 41.5 | 40.6 | 40.6 | 40.6 |
| Ⅱ | 38.0 | 41.0 | 40.0 | 42.0 | 42.2 | 42.0 | 43.7 | 43.0 | 42.0 | 42.2 |
| Ⅲ | 42.0 | 43.9 | 43.2 | 42.3 | 42.5 | 44.5 | 44.0 | 43.4 | 43.4 | 43.5 |
| Ⅳ | | 42.0 | 42.9 | 43.6 | 43.0 | 44.1 | 43.1 | 43.1 | 44.1 | 43.7 |
| Ⅴ | | | | 45.5 | 40.1 | 44.4 | 42.4 | 42.9 | 48.2 | 44.2 |
| Ⅵ | | | 40.5 | 41.0 | | 43.1 | 45.2 | 46.1 | 44.0 | 43.4 |
| 平均 | 41.0 | 40.7 | 40.0 | 41.1 | 41.1 | 42.3 | 42.5 | 41.8 | 41.6 | 41.6 |

表 2-21　中国各大豆生态区不同年代育成品种的油脂含量（%）

| 生态区 | 1923—1950 | 1951—1960 | 1961—1970 | 1971—1980 | 1981—1985 | 1986—1990 | 1991—1995 | 1996—2000 | 2001—2005 | 平均 |
|---|---|---|---|---|---|---|---|---|---|---|
| Ⅰ | 20.9 | 20.3 | 21.5 | 20.7 | 20.0 | 20.0 | 19.9 | 20.4 | 20.7 | 20.5 |
| Ⅱ | 19.5 | 20.3 | 19.3 | 19.4 | 19.7 | 19.6 | 19.7 | 19.3 | 20.3 | 19.7 |
| Ⅲ | 18.0 | 17.7 | 17.6 | 18.2 | 18.5 | 17.9 | 18.7 | 20.2 | 19.5 | 18.7 |
| Ⅳ | | 18.3 | 19.5 | 16.9 | 18.4 | 19.4 | 19.3 | 20.2 | 19.4 | 19.2 |
| Ⅴ | | | | 18.6 | 18.1 | 19.0 | 18.5 | 18.3 | 20.1 | 18.8 |
| Ⅵ | | | 19.9 | 19.2 | | 9.3 | 20.7 | 18.6 | 18.9 | 19.1 |
| 平均 | 20.6 | 20.2 | 20.6 | 19.9 | 20.1 | 19.6 | 19.7 | 19.9 | 20.4 | 20.1 |

　　按年代的变化，近 10 年来，Ⅰ区的蛋白质含量有所下降，脂肪含量略有上升；Ⅱ区则蛋白质含量略有下降，油脂含量略有上升；Ⅲ区则蛋白质含量略有下降，油脂含量略有上升；Ⅳ区蛋白质和油脂含量匀略有上升；Ⅴ区蛋白质含量拉高较大，油脂含量略有上升；Ⅵ区蛋白质和油脂含量含量匀略有上升。这可能与近 10 年来国家育种计划重视品质，提出了明确的指标有关。

### 三、中国大豆育成品种的形态性状

　　表 2-22 至表 2-26 列出了中国大豆育成品种种皮色、种脐色、子叶色、粒型、叶型的生态区分布。Ⅰ区（东北）绝大多数育成品种为黄种皮、黄子叶、种脐色较浅（黄色、淡褐色较多）、种子球形者较多，外观较佳，披针形叶占有较大比重。Ⅱ区（黄淮海）大豆品种以黄种皮为主体，但还有一定数量的有色豆，脐色偏深，黄子叶占绝大多数，少量绿子叶，椭圆粒型为主，椭圆及卵形叶为主，窄叶形品种较少。Ⅲ区大豆品种以黄种皮为主，少量的有色豆，脐色淡褐，黄子叶占绝大多数，少量绿子叶，椭圆粒型为主，椭圆及卵形叶为主。Ⅳ区大豆品种以黄种皮为主，少量的绿、褐色豆，脐色褐色或淡褐色，黄子叶占绝大多数，少量绿子叶，椭圆粒型为主，椭圆及卵形叶为主。Ⅴ区大豆品种以黄种皮为主，少量的有色豆，脐色褐色或深褐色，黄子叶，椭圆粒型，椭圆及卵形叶为主。Ⅵ区大豆品种以黄种皮为主，少量黑色，脐色淡褐色、黑色或褐色，子叶黄色，少量绿子叶，椭圆粒型为主，椭圆及卵形叶。

表 2-22　中国大豆育成品种种皮色的生态区分布

| 生态区 | 黄 | 绿 | 褐 | 黑 | 双色 | 合计 |
|---|---|---|---|---|---|---|
| Ⅰ | 652 | 4 | 6 | 3 | | 665 |
| Ⅱ | 340 | 8 | 20 | 18 | | 386 |
| Ⅲ | 46 | 7 | 4 | | | 57 |
| Ⅳ | 91 | 13 | 8 | 3 | | 115 |
| Ⅴ | 17 | 1 | 3 | 1 | 1 | 23 |
| Ⅵ | 15 | | | 1 | | 16 |
| 总和 | 1 161 | 33 | 41 | 26 | 1 | 1 262 |

表 2-23　中国大豆育成品种种脐色的生态区分布

| 生态区 | 白 | 淡黄 | 黄 | 蓝 | 淡褐 | 褐 | 深褐 | 淡黑 | 黑 | 合计 |
|---|---|---|---|---|---|---|---|---|---|---|
| Ⅰ | 62 | 44 | 366 | 4 | 110 | 64 | 1 | 1 | 11 | 663 |
| Ⅱ | 5 | 5 | 68 | 3 | 103 | 135 | 22 | 25 | 41 | 407 |
| Ⅲ | | 4 | 6 | 1 | 21 | 13 | 2 | 3 | 11 | 61 |
| Ⅳ | 2 | 1 | 10 | | 22 | 55 | 9 | 9 | 11 | 119 |
| Ⅴ | | | 1 | | | 10 | 3 | 3 | 2 | 19 |
| Ⅵ | | | 1 | | 2 | 10 | 4 | 1 | 1 | 5 | 24 |
| 总和 | 69 | 55 | 453 | 8 | 266 | 281 | 38 | 42 | 81 | 1 258 |

表 2-24　中国大豆育成品种子叶色的生态区分布

| 生态区 | 黄 | 绿 | 合计 |
|---|---|---|---|
| Ⅰ | 647 | 24 | 671 |
| Ⅱ | 363 | 15 | 378 |
| Ⅲ | 53 | 7 | 60 |
| Ⅳ | 107 | 7 | 114 |
| Ⅴ | 16 | | 16 |
| Ⅵ | 22 | 1 | 23 |
| 总 和 | 1 208 | 54 | 1 262 |

表 2-25　中国大豆育成品种粒型的生态区分布

| 生态区 | 球 | 近球 | 扁球 | 椭 | 扁椭 | 长椭 | 肾形 | 合计 |
|---|---|---|---|---|---|---|---|---|
| Ⅰ | 422 | 44 | 12 | 185 | 10 | 1 | | 674 |
| Ⅱ | 123 | 26 | 3 | 205 | 16 | 9 | 2 | 384 |
| Ⅲ | 2 | 9 | | 42 | 1 | | | 54 |
| Ⅳ | 9 | 2 | 3 | 85 | 4 | 6 | 2 | 111 |
| Ⅴ | 1 | 1 | | 10 | 2 | | | 14 |
| Ⅵ | | 1 | 1 | 21 | | | | 23 |
| 总 和 | 557 | 83 | 19 | 548 | 33 | 16 | 4 | 1 260 |

表 2-26　中国大豆育成品种叶型的生态区分布

| 生态区 | 圆 | 椭圆 | 长椭圆 | 卵 | 长卵 | 披针 | 合计 |
|---|---|---|---|---|---|---|---|
| Ⅰ | 118 | 158 | 37 | 35 | 12 | 314 | 674 |
| Ⅱ | 52 | 156 | 18 | 108 | 8 | 36 | 378 |
| Ⅲ | 3 | 27 | 4 | 17 | 2 | | 53 |
| Ⅳ | 4 | 50 | 1 | 45 | | 7 | 107 |
| Ⅴ | | 9 | 1 | 6 | | 1 | 17 |
| Ⅵ | | 14 | | 7 | | 1 | 22 |
| 总 和 | 177 | 414 | 61 | 218 | 22 | 359 | 1 251 |

## 第三章

# 中国大豆育成品种系谱及其遗传基础

## 第一节　中国大豆育成品种系谱及其核质祖先亲本

### 一、中国大豆育成品种的系谱

中国自 1923 至 2005 年共育成 1 300 个品种，附录图表Ⅲ列出了所有品种的系谱，可供查考。从表 3 - 1 可知，Ⅰ、Ⅱ、Ⅲ、Ⅳ、Ⅴ、Ⅵ六大生态区育成大豆品种数量（所占百分比）依次分别为 682（52.46%）、395（30.38%）、64（4.92%）、120（9.23%）、16（1.23%）、23（1.77%）。1923—1975 年 53 年的时间育成了 203 个，1976—1995 年 20 年时间育成了 505 个，而 1996—2005 年 10 年时间育成了 592 个，近总数的一半。近 20 年来，我国实行五年规划及科技攻关项目对大豆研究投入增加，大豆育种育成品种数骤增，1986—2005 年的 20 年间全国及Ⅰ～Ⅵ生态区育成品种数分别是 941、473、283、46、105、15、18 个，增幅都在 70% 以上。特别是在近 10 年，增长更快，全国育成了 592 个大豆品种，占育成品种总数的 45.54%。我国大豆育种途径以杂交育种为主，1 019 个（78.38%）育成品种是采用杂交育种方法育成的，202 个（15.54%）、35 个（2.69%）、35 个（2.69%）、9 个（0.70%）育成品种分别是以自然变异选择育种、"杂交＋诱变"育种、诱变育种和转总 DNA 方法育成的。和 1985 年前相比，近 20 年来杂交育成品种数呈上升趋势，而自然变异选择育种则逐渐下降，诱变和"杂交＋诱变"育种在 1986—1995 年间较多，近年则有所减少。随着生物技术发展，采用转 DNA（包括花粉管通道）方法育成品种逐年增加，全国有 8 个转 DNA（总体DNA）育成品种。

表 3 - 1　1923—2005 年全国及各生态区大豆育成品种数和采用的育种途径

| 时期 | 育成品种数 | | | | | | | 育种途径 | | | | |
|---|---|---|---|---|---|---|---|---|---|---|---|---|
| | 全国 | Ⅰ | Ⅱ | Ⅲ | Ⅳ | Ⅴ | Ⅵ | H | S | M/MH | M | DNA |
| 1923—1985 | 359 | 209 | 112 | 17 | 15 | 1 | 5 | 235 | 110 | 5 | 9 | 0 |
| 1986—1995 | 349 | 157 | 111 | 22 | 42 | 9 | 8 | 273 | 43 | 21 | 11 | 1 |
| 1996—2005 | 592 | 316 | 172 | 24 | 63 | 6 | 10 | 511 | 49 | 9 | 15 | 8 |
| 1923—2005 | 1 300 | 682 | 395 | 64 | 120 | 16 | 23 | 1 019 | 202 | 35 | 35 | 9 |

注：H＝杂交育种；S＝系统选择育种；M/MH＝诱变或杂交诱变育种；M＝诱变育种；DNA＝转 DNA 育种（花粉管通道转总体 DNA，是否结合并无验证。），下同。

### 二、中国大豆育成品种的祖先亲本

1 300 个品种共有 670 个祖先亲本，比以前报道的 348 个增加了 322 个，670 个祖先亲本分为地方品种、育种品系、改良品种、野生豆和类型不详五类，其数量（百分比）分别是 346 个（51.64%）、257 个（38.36%）、47 个（7.01%）、17 个（2.54%）和 3 个（0.45%）；其地理来源分为来自国内Ⅰ、Ⅱ、Ⅲ、Ⅳ、Ⅴ、Ⅵ六大生态区及国外和来源不详八类，其数量（百分比）分别是 267 个（39.85%）、172 个（25.67%）、51 个（7.61%）、55 个（8.21%）、12 个（1.79%）、11个（1.64%）、99 个（14.78%）和 3 个（0.45%）（表 3 - 2）。670 个祖先亲本中有326 个只用作父本，另 344 个作为细胞质祖先亲本，其中 128 个（37.21%）、98 个（28.49%）、28 个（8.14%）、33 个（9.59%）、9 个（2.62%）、10 个（2.91%）来自国内六大生态区，35 个（10.17%）来自国外，另有 3 个（0.87%）来源不详，没有野生豆作为细胞质祖先亲本。附录图表Ⅳ 给出祖先亲本的来源与特征特性；图表Ⅴ则列出用作中国大豆育成品种祖先亲本的美国大豆材料的系谱与来源。

**表 3 - 2　1923—2005 年中国大豆育成品种祖先亲本类型及来源**

| 祖先亲本类型 | 总计 | Ⅰ | Ⅱ | Ⅲ | Ⅳ | Ⅴ | Ⅵ | U | F |
|---|---|---|---|---|---|---|---|---|---|
| 改良品种 | 47 | | | | | | | | 47 |
| 地方品种 | 346 | 110 | 98 | 38 | 45 | 9 | 7 | | 39 |
| 育种品系 | 257 | 143 | 72 | 13 | 9 | 3 | 4 | | 13 |
| 野生材料 | 17 | 14 | 2 | | 1 | | | | |
| 类型不详 | 3 | 1 | | | | | | 3 | |
| 总计 | 670 | 267 | 172 | 51 | 55 | 12 | 11 | 3 | 99 |

注：Ⅰ、Ⅱ、Ⅲ、Ⅳ、Ⅴ、Ⅵ＝不同生态区；U＝来源不详；F＝国外引种，下同。

### 三、中国大豆育成品种的核质遗传基础

根据 1 300 个大豆育成品种的系谱资料列出其祖先亲本，计算出每一育成品种的祖先亲本细胞核遗传贡献值。凡由祖先亲本经自然变异选择法育成的品种其祖先亲本的细胞核遗传贡献值为 1；凡由杂交育成的品种，其双亲的核遗传贡献值均为 0.5，每一亲本再按均等分割方法上推其双亲，直至终极的祖先亲本，这样每一育成品种的各祖先亲本核遗传贡献值总和应等于 1；凡通过诱变育成的品种，因突变成分相对较小，其祖先亲本核遗传贡献值的计算与自然变异选择育成品种的方法相同；凡由杂交与诱变相结合方法育成的，其祖先亲本核遗传贡献值的计算与杂交育种相同；混合授粉法育成品种因其父本不确定，因此单独作为虚拟的祖先亲本统计；DNA 导入育成品种因 DNA 是否结合进细胞核无验证，其祖先亲本核遗传贡献值的计算与自然变异选择育成品种的方法相同。细胞质遗传贡献值的计算只依据用作母本的亲本。每一育成品种只有一个细胞质祖先亲本，其质遗传贡献值为 1，没有分数或小数。（盖钧镒等，1998）。

中国大豆育成品种祖先亲本的核质遗传贡献：全国 1923—2005 年育成的 1 300 个大豆育成品种，六大生态区育成品种数的百分比分别是 52.46%、30.38%、4.92%、9.23%、1.23%和1.77%。把1 300 个育成品种看作一个群体，其祖先亲本分别来自国内Ⅰ、Ⅱ、Ⅲ、Ⅳ、Ⅴ、Ⅵ六大生态区及国外、来源不详八类，分别为 1 300 个育成品种提供了 45.44%、23.23%、7.33%、4.40%、0.87%、0.55%、17.75%、0.45%细胞核遗传贡献，和 50.00%、26.31%、9.62%、4.62%、1.15%、0.68%、7.00%、0.85%细胞质遗传贡献。上述数据说明全国育成品种的核质遗传贡献以来自Ⅰ、Ⅱ、Ⅲ区和国外的祖先亲本为主（表 3 - 3）。

各生态区育成品种祖先亲本的核质遗传贡献：Ⅰ区共育成 682 个品种，本区祖先亲本提供了78.76%的核遗传贡献，国外和Ⅱ区分别提供了 18.13%和 2.15%的核遗传贡献，其他来源的祖先亲本遗传贡献较少。Ⅱ区祖先亲本为该区的 395 个品种提供了 65.27%的核遗传贡献，Ⅰ区、Ⅲ区和国外的分别提供了 11.36%、3.61%和19.24%，其他地方的祖先亲本遗传贡献极少。Ⅲ区育成的 64 个品种，本区祖先亲本提供了 56.54%%的核遗传贡献，Ⅱ区和国外分别提供了 17.83%和17.38%，其他来源的祖先亲本遗传贡献较少。Ⅳ区育成的 120 个品种，本区祖先亲本提供了 38.13%%的核遗传贡献，Ⅰ、Ⅱ、Ⅲ区和国外的分别提供了 4.45%、11.67%、31.46%和13.88%，Ⅴ、Ⅵ区较少。

ZHONGGUO DADOU YUCHENG PINZHONG XIPU YU ZHONGZHI JICHU

Ⅴ区的祖先亲本为该区的 16 个品种提供了 60.94％核遗传贡献，Ⅰ、Ⅱ、Ⅲ、Ⅳ区和国外各有一些贡献，Ⅵ区为 0。Ⅵ区祖先亲本为该区的 23 个品种提供了 16.85％核遗传贡献，Ⅱ、Ⅲ、Ⅳ区和国外的分别提供了 12.52％、19.04％、39.70％和 9.78％，Ⅰ区较少，Ⅴ区为 0（表 3-3）。

表 3-3　1923—2005 年中国大豆育成品种祖先亲本的核质遗传贡献

| 时期 | 生态区 | CTVs | 祖先亲本来源及其对育成品种的遗传贡献 | | | | | | | |
|---|---|---|---|---|---|---|---|---|---|---|
| | | | Ⅰ | Ⅱ | Ⅲ | Ⅳ | Ⅴ | Ⅵ | F | U |
| 1923—2005 (83 年) | Ⅰ | 682 | **537.15** (614) | **14.68** (10) | **0.16** (0) | **1.02** (0) | **1.00** (1) | **0.00** (0) | **123.68** (48) | **4.39** (9) |
| | Ⅱ | 395 | **44.89** (31) | **257.82** (317) | **14.26** (17) | **0.02** (0) | **0.50** (2) | **0.00** (0) | **76.01** (26) | **1.50** (2) |
| | Ⅲ | 64 | **1.53** (0) | **11.41** (5) | **36.19** (51) | **1.00** (0) | **0.00** (0) | **2.75** (2) | **11.12** (6) | **0.00** (0) |
| | Ⅳ | 120 | **5.34** (2) | **14.00** (8) | **37.75** (49) | **45.75** (50) | **0.00** (0) | **0.50** (1) | **16.66** (10) | **0.00** (0) |
| | Ⅴ | 16 | **1.25** (0) | **1.25** (0) | **2.50** (4) | **0.25** (0) | **9.75** (12) | **0.00** (0) | **1.00** (0) | **0.00** (0) |
| | Ⅵ | 23 | **0.50** (0) | **2.88** (2) | **4.38** (4) | **9.13** (10) | **0.00** (0) | **3.88** (6) | **2.25** (1) | **0.00** (0) |
| | 全国 | 1 300 | **590.66** (647) | **302.04** (342) | **95.23** (125) | **57.16** (60) | **11.25** (15) | **7.13** (9) | **230.71** (91) | **5.89** (11) |
| 1996—2005 (10 年) | Ⅰ | 316 | **223.15** (267) | **10.09** (5) | **0.16** (0) | **0.52** (0) | **1.00** (1) | **0.00** (0) | **77.77** (36) | **3.39** (7) |
| | Ⅱ | 172 | **15.86** (14) | **103.10** (126) | **6.82** (10) | **0.02** (0) | **0.50** (2) | **0.00** (0) | **45.70** (20) | **0.00** (0) |
| | Ⅲ | 25 | **1.53** (0) | **3.85** (1) | **9.19** (16) | **1.00** (0) | **0.00** (0) | **2.75** (2) | **6.68** (6) | **0.00** (0) |
| | Ⅳ | 63 | **2.97** (0) | **7.09** (3) | **21.44** (28) | **19.31** (23) | **0.00** (0) | **0.50** (0) | **11.69** (8) | **0.00** (0) |
| | Ⅴ | 6 | **0.25** (0) | **0.50** (0) | **1.25** (2) | **0.25** (0) | **2.75** (4) | **0.00** (0) | **1.00** (0) | **0.00** (0) |
| | Ⅵ | 10 | **0.00** (0) | **1.13** (1) | **2.38** (2) | **2.88** (3) | **0.00** (0) | **2.88** (4) | **0.75** (0) | **0.00** (0) |
| | 全国 | 592 | **243.76** (281) | **125.75** (136) | **41.23** (58) | **23.98** (26) | **4.25** (7) | **6.13** (7) | **143.59** (70) | **3.39** (7) |

注：CTVs＝育成品种数；Ⅰ、Ⅱ、Ⅲ、Ⅳ、Ⅴ和Ⅵ＝不同生态区；F＝国外引种；U＝来源不详，下同。粗体数字为祖先亲本对各生态区所有品种的细胞核遗传贡献值，括号中数字为祖先亲本对各生态区所有品种的细胞质遗传贡献值。

细胞质遗传贡献方面，Ⅰ区的祖先亲本为该区的 682 个育成品种提供了 90.03％质遗传贡献，国外和Ⅱ区分别提供了 7.04％、1.61％，Ⅴ区较少，而Ⅲ、Ⅳ和Ⅵ区为 0。Ⅱ区祖先亲本为该区的 395 个品种提供了 80.25％质遗传贡献，Ⅰ、Ⅲ区和国外分别提供了 7.85％、4.30％、6.58％，Ⅴ区较少，Ⅳ、Ⅵ区为 0。Ⅲ区共育成了 64 个品种，本区祖先亲本提供了 79.69％质遗传贡献，Ⅱ区和国外分别提供了 7.81％和 9.38％，Ⅵ较少，Ⅰ、Ⅳ和Ⅴ为 0。Ⅳ区育成的 120 个品种中，本区祖先亲本提供了 41.67％质遗传贡献，Ⅱ、Ⅲ区和国外分别提供了 6.67％、40.83％和 8.33％，Ⅰ、Ⅵ区较少，Ⅴ为 0。Ⅴ区的 16 个品种，本区的祖先亲本提供了 75.00％质遗传贡献，Ⅲ区提供了 25.00％，其他来源的没有提供。Ⅵ区共育成了 23 个品种，本区祖先亲本提供了 26.09％质遗传贡献，Ⅱ、Ⅲ、Ⅳ区和国外分别提供了 8.70％、17.39％、43.48％和 4.35％，Ⅰ和Ⅴ区则没有提供质遗传贡献。

从上述数据可以看出，各生态区育成品种的核质遗传贡献以本地祖先亲本为主，Ⅰ区尤其明显，相对来说Ⅵ区较少。国外祖先亲本的核质遗传贡献在全国占相当大份额，分别为 17.75％和 7.00％，Ⅰ、Ⅱ区则更高。

不同时期各生态区育成品种祖先亲本的核质遗传贡献：全国育成的 1 300 个品种有 203 个是在 1923—1975 年（共 53 年时间）育成的，1976—1995 年 20 年时间育成了 505 个，而 1996—2005 年共 10 年时间育成了 592 个。从中可以看出，近 10 年，我国大豆育种发展较快，全国育成品种骤增，Ⅰ区和Ⅱ区增加最多，Ⅴ区和Ⅵ区增加最少。近 10 年来我国南方地区育种进程发展较快，尽管这两区的育成品种增加数量最少，但其近 10 年育成的品种数是前 53 年的 4 倍。如前所述，尽管我国各生态区不同时期育成品种的核质遗传贡献以本生态区的种质为主，但近 10 年各生态区与国外、各生态区间的种质交流有增加趋势，各生态区育成品种的国外和异生态区祖先亲本的核质遗传贡献有所增加。

## 四、各个育成品种的遗传基础和各个祖先亲本的遗传贡献

### （一）单个育成品种的遗传基础

我国大豆育成品种共有 670 个祖先亲本，并且在我国的一些大豆产区，特别是南方及西南山区仍有一定数量的地方品种种植，因此，我国大豆育成品种的遗传基础并不窄狭。我国近 10 年（1996—2005）育成的 592 个育成品种，仍有 502、181 个核质祖先亲本，分别占全部核质祖先亲本总数的 74.9%、52.6%。

从表 3-4 可知，我国育成品种使用 6～15 个祖先亲本的品种有 511 个，使用 31～35 个祖先亲本有 8 个，使用 1～2 个祖先亲本的有 344 个。全国平均每个育成品种使用祖先亲本数是 7.44，各生态区差异较大，最少为 2.7，最多为 8.2。从表 3-5 可看出近 30 年来各生态区育成的品种，其平均每个育成品种使用祖先亲本数在逐渐增加。这表明我国各生态区育成品种的遗传基础有所拓宽，其中Ⅰ区、Ⅱ区尤为明显。六大生态区 1996—2005 年育成品种的平均每个育成品种使用祖先亲本数较 1986—1995 年的增加近 1 倍，甚至更高。附录图表Ⅵ列出每个品种的祖先亲本情况供查考。

表 3-4　1923—2005 年中国大豆育成品种祖先亲本衍生品种数

| 祖先亲本数 | 1 | 2 | 3 | 4 | 5 | 6～10 | 11～15 | 16～20 | 21～25 | 26～30 | 31 | 32 | 34 | 35 | 合计 |
|---|---|---|---|---|---|---|---|---|---|---|---|---|---|---|---|
| 育成品种数 | 177 | 172 | 99 | 98 | 94 | 310 | 201 | 106 | 19 | 16 | 1 | 5 | 1 | 1 | 1 300 |
| % | 13.61 | 13.23 | 7.62 | 7.54 | 7.23 | 23.85 | 15.46 | 8.15 | 1.46 | 1.23 | 0.08 | 0.38 | 0.08 | 0.08 | 100.00 |

表 3-5 括号中数据是全国和各生态区不同时期祖先亲本总数与育成品种总数的比值，当某地祖先亲本数增加较育成品种数快时，该地育成品种的遗传基础变宽，反之则变窄，因此该比值可指示某地大豆育成品种遗传基础的宽广程度。从 83 年（1923—2005）的育种进程来看，Ⅰ、Ⅱ两区育成品种数增加较多，其祖先亲本增加并不多，因此其祖先亲本总数与育成品种总数的比值比其他 4 区低，表明其遗传基础相对要窄些。从近 20 年（1986—2005）的育种进程来看，各生态区育成品种的遗传基础都有所拓宽，其中以Ⅲ区增幅最大，Ⅰ、Ⅱ两区增幅较小。

表 3-5　全国各生态区平均每个育成品种使用祖先亲本数和祖先亲本总数与育成品种总数之比

| 时期 | 全国 | Ⅰ | Ⅱ | Ⅲ | Ⅳ | Ⅴ | Ⅵ |
|---|---|---|---|---|---|---|---|
| 1923—1955 | **1.20** (0.72) | **1.25** (0.65) | **1.00** (1.00) | **1.00** (1.00) | **0.00** (0.00) | **0.00** (0.00) | **0.00** (0.00) |
| 1956—1965 | **1.82** (0.72) | **2.00** (0.67) | **1.36** (1.18) | **1.00** (0.67) | **0.00** (0.00) | **0.00** (0.00) | **1.00** (1.00) |
| 1966—1975 | **2.49** (0.74) | **2.91** (0.63) | **2.17** (0.98) | **1.50** (1.50) | **1.40** (1.40) | **1.00** (1.00) | **1.00** (1.00) |
| 1976—1985 | **3.78** (0.97) | **3.92** (0.89) | **4.07** (1.28) | **3.13** (1.63) | **2.00** (1.70) | **0.00** (0.00) | **1.00** (1.00) |
| 1986—1995 | **6.32** (0.85) | **6.96** (0.94) | **7.39** (1.14) | **4.00** (1.82) | **3.95** (1.43) | **1.89** (1.89) | **2.63** (2.38) |
| 1996—2005 | **10.88** (0.85) | **12.29** (0.89) | **11.42** (1.17) | **6.16** (2.56) | **5.90** (1.86) | **5.00** (3.50) | **3.60** (2.30) |
| 1923—2005 | **7.44** (0.52) | **8.19** (0.53) | **7.90** (0.67) | **4.34** (1.27) | **4.77** (1.18) | **3.00** (1.88) | **2.70** (1.52) |

注：括号外数字为平均每个品种使用祖先亲本数，表示育成品种的遗传基础宽度；括号中数字为祖先亲本总数与育成品种总数的比值，表示相应生态区遗传基础。

表 3-6 列举的是 670 个核祖先亲本和 344 个质祖先亲本衍生品种数的频率分布及其遗传贡献值。一半以上的核祖先亲本只衍生了 1 个育成品种，28 个核祖先亲本（表 3-6 右边）衍生品种数超过 100，衍生品种数最高为 577 个，28 个主要祖先亲本对 1 300 个育成品种的核遗传贡献占 45%。近 2/3 的质祖先亲本衍生了 1 个育成品种，6 个质祖先亲本衍生品种数超过 30，最高的为 136 个，这 6 个使用次数较多的细胞质祖先亲本为 1 300 个育成品种提供了 32% 的细胞质遗传贡献。

表 3-6　核质祖先亲本对中国大豆育成品种衍生品种数及其核质遗传贡献

| 衍生品种数 | 祖先亲本* | | 核质遗传贡献** | | 衍生品种数 | 祖先亲本* | | 核质遗传贡献** | |
| --- | --- | --- | --- | --- | --- | --- | --- | --- | --- |
| | 数量 | 所占比例（%） | 贡献值 | 所占比例（%） | | 数量 | 所占比例（%） | 贡献值 | 所占比例（%） |
| 1 | 356 (238) | 53.13 (69.18) | 192.82 (238) | 14.83 (18.31) | 101～140 | 8 (1) | 1.19 (0.29) | 80.48 (136) | 6.19 (10.46) |
| 2～5 | 166 (69) | 24.79 (20.06) | 151.37 (185) | 11.64 (14.23) | 141～180 | 7 | 1.04 | 117.8 | 9.06 |
| 6～10 | 44 (11) | 6.57 (3.2) | 58.9 (78) | 4.53 (6.00) | 181～320 | 10 | 1.49 | 221.91 | 17.07 |
| 11～20 | 28 (12) | 4.18 (3.49) | 68.71 (176) | 5.29 (13.53) | 357 | 1 | 0.15 | 45.76 | 3.52 |
| 21～30 | 12 (8) | 1.79 (2.33) | 43.92 (203) | 3.38 (15.62) | 497 | 1 | 0.15 | 57.98 | 4.46 |
| 31～40 | 16 (1) | 2.39 (0.29) | 74.97 (38) | 5.77 (2.92) | 577 | 1 | 0.15 | 65.65 | 5.05 |
| 41～60 | 12 (3) | 1.79 (0.87) | 72.51 (163) | 5.58 (12.55) | 总计 | 670 (344) | 100 (100) | 1 300 (1 300) | 100 (100) |
| 61～100 | 8 (1) | 1.19 (0.29) | 47.22 (83) | 3.63 (6.38) | | | | | |

　　＊　括号外数字为细胞核祖先亲本数量及其在 670 个亲本中所占比例；括号中数字为细胞质祖先亲本数量及其在 344 个亲本中所占比例。

　　＊＊　括号外数字为祖先亲本细胞核遗传贡献累计值及其在 1 300 个品种中所占比例，括号中数字为细胞质亲本遗传贡献及其所占比例。

## （二）单个祖先亲本的核遗传贡献

　　表 3-7 列举的是单个祖先亲本对育成品种的核遗传贡献。祖先亲本对全国 1 300 个育成品种的核遗传贡献累加值在 0.02～66 之间，全国平均值为 1.94，六大生态区的情况是：Ⅰ区、Ⅱ区有 682、395 个品种，核遗传贡献累加值分别为 0.01～60 和 0.02～30，平均值分别是 1.9 和 1.5；其他四区比这两区低。Ⅰ区、Ⅱ区单个祖先亲本对育成品种的核遗传贡献累加值增幅较大，Ⅲ区、Ⅳ区增幅比Ⅴ区、Ⅵ区略高些。附录图表Ⅶ列出了 670 个祖先亲本衍生品种的情况。

表 3-7　不同时期全国各生态区单个祖先亲本对大豆育成品种的核遗传贡献累加值

| 时期 | 生态区 | 全国 | Ⅰ | Ⅱ | Ⅲ | Ⅳ | Ⅴ | Ⅵ |
| --- | --- | --- | --- | --- | --- | --- | --- | --- |
| 1923—1975 | 平均值 | 1.80 | 2.24 | 1.20 | 1.00 | 0.71 | 1.00 | 1.00 |
| （53 年） | 最小值 | 0.25 | 0.25 | 0.25 | 0.50 | 0.50 | 1.00 | 1.00 |
| | 最大值 | 24.50 | 23.50 | 7.50 | 2.00 | 1.00 | 1.00 | 1.00 |
| 1976—1995 | 平均值 | 1.46 | 1.38 | 1.15 | 0.75 | 0.71 | 0.53 | 0.48 |
| （20 年） | 最小值 | 0.06 | 0.06 | 0.06 | 0.03 | 0.03 | 0.06 | 0.03 |
| | 最大值 | 21.69 | 19.26 | 16.8 | 5.13 | 4.63 | 1.00 | 1.00 |
| 1996—2005 | 平均值 | 1.18 | 1.12 | 0.86 | 0.39 | 0.54 | 0.29 | 0.43 |
| （10 年） | 最小值 | 0.01 | 0.01 | 0.02 | 0.03 | 0.01 | 0.06 | 0.03 |
| | 最大值 | 25.68 | 25.18 | 11.89 | 2.06 | 7.94 | 1.00 | 1.75 |
| 1923—2005 | 平均值 | 1.94 | 1.89 | 1.51 | 0.79 | 0.85 | 0.53 | 0.66 |
| （83 年） | 最小值 | 0.02 | 0.01 | 0.02 | 0.00 | 0.01 | 0.13 | 0.03 |
| | 最大值 | 65.65 | 60.39 | 29.69 | 7.81 | 12.56 | 2.00 | 1.88 |

# 第二节　中国大豆育成品种种质的地理来源

## 一、中国大豆育成品种种质的地理来源及其核质遗传贡献

　　我国 1 300 个大豆育成品种祖先亲本源自 670 个细胞核祖先亲本和 344 个细胞质祖先亲本（表 3-8）。其地理来源按国内Ⅰ、Ⅱ、Ⅲ、Ⅳ、Ⅴ、Ⅵ生态区及国外和地理来源不详归类：细胞核（质）祖先亲本数分别为 267（128）、172（98）、51（28）、55（33）、12（9）、11（10）、99（35）和 3（3）；核（质）遗传贡献值分别为 590.66（647）、302.04（342）、95.23（125）、57.16（60）、11.25（14）、7.13（10）、230.71（91）和 5.89（11）；其相应的百分数为 45.44%（49.77%）、23.23%（26.31%）、7.33%（9.62%）、4.40%（4.62%）、0.87%（1.08%）、0.55%（0.77%）、17.75%（7.00%）和 0.45%（0.85%）。各生态区育成品种的核（质）遗传贡献以本地种质为主，Ⅰ、Ⅱ、

Ⅲ、Ⅴ区本地种质核（质）遗传贡献分别占 78.76%（90.03%）、65.27%（80.25%）、56.54%（78.69%）、60.94%（75.00%）；Ⅳ、Ⅵ 区较小，分别为 38.13%（41.67%）和 16.85%（26.09%），并且本地种质的细胞质遗传贡献比例明显高于核遗传贡献。附录图表Ⅷ列出中国大豆育成品种的细胞质来源；图表Ⅸ列出中国大豆育成品种中祖先亲本的细胞核遗传贡献值组成，供查考。

从表 3-9 可以看出中国大豆育成品种种质的地理来源较广，分布于国内 28 个省、自治区、直辖市，以及美国、日本等 9 国。各地种质对全国 1 300 个育成品种的核（质）遗传贡献并不平衡，遗传贡献大的省份主要集中在吉林、黑龙江、辽宁、江苏、山东等省，国外种质集中于美国和日本。

表 3-8　中国大豆育成品种种质地理来源及其核质遗传贡献

| 品种生态区 | | 祖先亲本来源 | | | | | | | | |
|---|---|---|---|---|---|---|---|---|---|---|
| | | Ⅰ | Ⅱ | Ⅲ | Ⅳ | Ⅴ | Ⅵ | F | U | 合计 |
| 细胞核祖先亲本 | Ⅰ | **254** (537.15) | **30** (14.68) | **2** (0.16) | **1** (1.02) | **2** (1.00) | **0** (0.00) | **70** (123.68) | **1** (4.39) | **360** (682.00) |
| | Ⅱ | **42** (44.89) | **163** (257.82) | **14** (14.26) | **1** (0.02) | **1** (0.50) | **0** (0.00) | **38** (76.01) | **2** (1.50) | **261** (395.00) |
| | Ⅲ | **12** (1.53) | **20** (11.41) | **22** (36.19) | **2** (1.00) | **0** (0.00) | **4** (2.75) | **21** (11.12) | **0** (0.00) | **81** (64.00) |
| | Ⅳ | **18** (5.34) | **17** (14.00) | **28** (37.75) | **49** (45.75) | **0** (0.00) | **1** (0.50) | **29** (16.66) | **0** (0.00) | **142** (120.00) |
| | Ⅴ | **3** (1.25) | **5** (1.25) | **5** (2.50) | **1** (0.25) | **9** (9.75) | **0** (0.00) | **7** (1.00) | **0** (0.00) | **30** (16.00) |
| | Ⅵ | **1** (0.50) | **3** (2.88) | **4** (4.38) | **9** (9.13) | **0** (0.00) | **7** (3.88) | **11** (2.25) | **0** (0.00) | **35** (23.00) |
| | 全国 | **267** (590.66) | **172** (302.04) | **51** (95.23) | **55** (57.16) | **12** (11.25) | **11** (7.13) | **99** (230.71) | **3** (5.89) | **670** (1 300.00) |
| 细胞质祖先亲本 | Ⅰ | **120** (614) | **5** (10) | **0** (0) | **0** (0) | **0** (0) | **1** (1) | **19** (48) | **1** (9) | **146** (682) |
| | Ⅱ | **16** (31) | **93** (317) | **7** (17) | **0** (0) | **1** (2) | **0** (0) | **8** (26) | **2** (2) | **127** (395) |
| | Ⅲ | **0** (0) | **4** (5) | **16** (51) | **0** (0) | **0** (0) | **2** (2) | **6** (6) | **0** (0) | **28** (64) |
| | Ⅳ | **2** (2) | **4** (8) | **13** (49) | **29** (50) | **0** (0) | **1** (1) | **7** (10) | **0** (0) | **56** (120) |
| | Ⅴ | **0** (0) | **0** (0) | **4** (4) | **0** (0) | **8** (12) | **0** (0) | **0** (0) | **0** (0) | **12** (16) |
| | Ⅵ | **0** (0) | **2** (2) | **2** (4) | **6** (10) | **0** (0) | **6** (6) | **1** (1) | **0** (0) | **17** (23) |
| | 全国 | **128** (647) | **98** (342) | **28** (125) | **33** (60) | **9** (14) | **10** (10) | **35** (91) | **3** (11) | **344** (1 300) |

注：括号外粗体为祖先亲本数；括号中为祖先亲本遗传贡献值。

表 3-9　1923—2005 年中国大豆育成品种不同地理来源种质的核质遗传贡献

| 来源地（国家或地区） | 细胞质祖先亲本 | | | 细胞核祖先亲本 | | | 来源地（国家或地区） | 细胞质祖先亲本 | | | 细胞核祖先亲本 | | |
|---|---|---|---|---|---|---|---|---|---|---|---|---|---|
| | 亲本数 | 遗传贡献 | | 亲本数 | 遗传贡献 | | | 亲本数 | 遗传贡献 | | 亲本数 | 遗传贡献 | |
| | | 绝对值 | % | | 绝对值 | % | | | 绝对值 | % | | 绝对值 | % |
| 黑龙江 | 55 | 253 | 19.46 (17.23) | 134 | 204.32 | 15.72 (14.90) | 福建 | 7 | 14 | 1.08 (1.55) | 10 | 10.13 | 0.78 (1.24) |
| 吉林 | 37 | 271 | 20.85 (24.29) | 66 | 222.70 | 17.13 (19.41) | 浙江 | 11 | 22 | 1.69 (1.55) | 19 | 21.66 | 1.67 (1.61) |
| 辽宁 | 28 | 114 | 8.77 (9.18) | 58 | 153.95 | 11.84 (13.66) | 广东 | 2 | 2 | 0.15 (0.28) | 2 | 1.25 | 0.10 (0.14) |
| 新疆 | 2 | 2 | 0.15 (0.28) | 2 | 2.00 | 0.15 (0.28) | 广西 | 6 | 7 | 0.54 (0.00) | 9 | 5.77 | 0.44 (0.00) |
| 北京 | 11 | 21 | 1.62 (0.71) | 20 | 17.24 | 1.33 (0.55) | 台湾 | 3 | 3 | 0.23 (0.28) | 3 | 2.50 | 0.19 (0.14) |
| 天津 | 1 | 1 | 0.08 (0.14) | 1 | 1.00 | 0.08 (0.14) | 四川 | 11 | 15 | 1.15 (0.56) | 20 | 13.94 | 1.07 (0.64) |
| 河北 | 16 | 26 | 2.00 (2.12) | 24 | 24.07 | 1.85 (2.07) | 贵州 | 6 | 8 | 0.62 (0.85) | 7 | 7.25 | 0.56 (0.78) |
| 山西 | 16 | 31 | 2.38 (2.97) | 32 | 31.94 | 2.46 (2.67) | 云南 | 3 | 5 | 0.38 (0.28) | 4 | 3.50 | 0.27 (0.21) |
| 陕西 | 3 | 5 | 0.38 (0.56) | 4 | 5.00 | 0.38 (0.56) | 美国 | 12 | 54 | 4.15 (1.98) | 49 | 139.83 | 10.76 (7.86) |
| 宁夏 | 3 | 3 | 0.23 (0.28) | 3 | 3.50 | 0.27 (0.35) | 日本 | 17 | 29 | 2.23 (1.55) | 37 | 74.56 | 5.74 (3.35) |
| 河南 | 9 | 24 | 1.85 (1.84) | 21 | 24.21 | 1.86 (1.61) | 俄罗斯 | 1 | 1 | 0.08 (0.00) | 2 | 7.79 | 0.60 (0.56) |
| 内蒙古 | 2 | 3 | 0.23 (0.14) | 4 | 4.25 | 0.33 (0.14) | 瑞典 | 2 | 3 | 0.23 (0.28) | 2 | 1.94 | 0.15 (0.14) |
| 西藏 | 1 | 2 | 0.15 (0.00) | 1 | 0.50 | 0.04 (0.00) | 加拿大 | | | | 3 | 1.75 | 0.13 (0.14) |
| 山东 | 19 | 134 | 10.31 (11.58) | 31 | 97.84 | 7.53 (8.89) | 英国 | 1 | 1 | 0.08 (0.14) | 1 | 1.00 | 0.08 (0.14) |
| 安徽 | 11 | 12 | 0.92 (0.99) | 22 | 20.32 | 1.56 (1.49) | 荷兰 | 1 | 1 | 0.08 (0.00) | 1 | 0.50 | 0.04 (0.00) |
| 江苏 | 22 | 114 | 8.77 (11.02) | 34 | 105.13 | 8.09 (9.53) | 意大利 | 1 | 2 | 0.15 (0.00) | 1 | 1.50 | 0.12 (0.00) |
| 上海 | 4 | 50 | 3.85 (3.53) | 8 | 29.63 | 2.28 (2.34) | 德国 | | | | 1 | 0.50 | 0.04 (0.07) |
| 江西 | 3 | 6 | 0.46 (0.71) | 4 | 6.50 | 0.50 (0.71) | 不详 | 5 | 13 | 1.00 (0.85) | 8 | 10.17 | 0.78 (0.71) |
| 湖北 | 6 | 36 | 2.77 (2.26) | 14 | 27.87 | 2.14 (1.88) | | | | | | | |
| 湖南 | 6 | 12 | 0.92 (1.27) | 9 | 12.58 | 0.97 (1.23) | 合计 | 344 | 1 300 | 100 (100) | 670 | 1 300 | 100 (100) |

注：括号外为祖先亲本对 1923—2005 年 1 300 个育成品种的遗传贡献（%）；括号中为祖先亲本对 1923—1995 年 651 个育成品种的遗传贡献（%）。

## 二、各大豆生态区育成品种种质的地理来源及其核质遗传贡献

Ⅰ区（北方一熟春豆生态区）682个品种的祖先亲本来自国内15省份及美国、日本等8国，较以前增加了安徽等5省，核（质）遗传贡献以黑龙江、吉林和辽宁为主，三省合计占该区的77.7%（89.0%）；国外种质美国、日本两国种质遗传贡献值较大，其他各地种质遗传贡献很小，其中大部分未提供细胞质遗传贡献。近10年美国、日本两国种质细胞核（质）贡献增幅较大，吉林、辽宁的降幅较大（表3-10）。

Ⅱ区（黄淮海二熟春夏豆生态区）395个品种的祖先亲本来自国内17个省份及美国、日本两国，较以前仅增加了西藏的种质。该区以本区及美国种质来源为主，Ⅰ区的辽宁和吉林两地种质有一些贡献，其他各地种质的遗传贡献都较小。山东、江苏两地种质的核（质）遗传贡献较高，其质遗传贡献比核贡献大得多，美国种质则刚好相反。近10年来，美国、日本和北京种质核遗传贡献增幅较大，山东、江苏和辽宁种质降幅较大；美国及中国北京、黑龙江、上海等地种质质遗传贡献增幅较大，江苏、山东、山西等地种质降幅较大（表3-10）。

Ⅲ区（长江中下游二熟春夏豆生态区）64个品种的祖先亲本来自国内13个省份及美国、日本、德国，新增了广东等8地种质。核（质）遗传贡献以江苏、上海、湖北种质为主，三地合计占该区的67.9%（84.30%）。近10年来种质遗传贡献的变化主要是江苏种质核（质）遗传贡献减少，相应地日本种质增加，新增的广东等8地种质均未提供细胞质遗传贡献（表3-11）。

表3-10　Ⅰ区和Ⅱ区大豆育成品种种质的地理来源及其核质遗传贡献

| 来源地（国家或地区） | 细胞质祖先亲本 亲本数 | 绝对值 | % | 细胞核祖先亲本 亲本数 | 绝对值 | % |
|---|---|---|---|---|---|---|
| **Ⅰ** | | | | | | |
| 安徽 | | | | 2 | 0.25 | 0.04 (0.00) |
| 北京 | 1 | 4 | 0.59 (0.82) | 3 | 2.27 | 0.33 (0.42) |
| 河北 | 2 | 4 | 0.59 (0.27) | 4 | 2.26 | 0.33 (0.26) |
| 河南 | | | | 2 | 3.66 | 0.54 (0.20) |
| 黑龙江 | 53 | 250 | 36.66 (32.79) | 130 | 197.37 | 28.94 (27.78) |
| 湖北 | | | | 2 | 0.16 | 0.02 (0.00) |
| 湖南 | | | | 1 | 1.02 | 0.15 (0.14) |
| 吉林 | 36 | 261 | 38.27 (45.63) | 65 | 200.90 | 29.46 (34.06) |
| 江苏 | | | | 5 | 0.66 | 0.10 (0.03) |
| 辽宁 | 25 | 96 | 14.08 (15.03) | 53 | 131.63 | 19.30 (22.79) |
| 内蒙古 | 2 | 3 | 0.44 (0.27) | 3 | 4.25 | 0.62 (0.27) |
| 山东 | 1 | 1 | 0.15 (0.27) | 10 | 4.45 | 0.65 (0.20) |
| 山西 | 1 | 1 | 0.15 (0.55) | 4 | 1.13 | 0.16 (0.14) |
| 新疆 | 2 | 2 | 0.29 (0.27) | 2 | 2.00 | 0.29 (0.55) |
| 云南 | 1 | 1 | 0.15 (0.00) | 1 | 1.00 | 0.15 (0.00) |
| 俄罗斯 | 1 | 1 | 0.15 (0.27) | | 7.79 | 1.14 (1.09) |
| 荷兰 | 1 | 1 | 0.15 (0.00) | 1 | 0.50 | 0.07 (0.00) |
| 加拿大 | | | | 3 | 1.75 | 0.26 (0.27) |
| 美国 | 8 | 27 | 3.96 (1.91) | 43 | 58.96 | 8.65 (5.75) |
| 日本 | 5 | 14 | 2.05 (0.55) | 15 | 49.86 | 7.31 (4.81) |
| 瑞典 | 2 | 2 | 0.29 (0.55) | 2 | 1.56 | 0.23 (0.27) |
| 意大利 | 1 | 2 | 0.29 (0.00) | 1 | 1.50 | 0.22 (0.00) |
| 英国 | 1 | 1 | 0.15 (0.00) | 1 | 1.00 | 0.15 (0.27) |
| 不详 | 3 | 11 | 1.61 (1.09) | 4 | 6.14 | 0.90 (0.68) |
| 合计 | 146 | 682 | 100 (100) | 360 | 682.00 | 100 (100) |
| **Ⅱ** | | | | | | |
| 安徽 | 9 | 10 | 2.53 (2.69) | 19 | 15.59 | 3.95 (3.82) |
| 北京 | 10 | 15 | 3.80 (0.90) | 18 | 12.34 | 3.13 (0.58) |
| 广西 | | | | 1 | 0.02 | 0.01 (0.00) |
| 河北 | 16 | 22 | 5.57 (6.28) | 23 | 21.81 | 5.52 (5.90) |
| 河南 | 9 | 24 | 6.08 (5.83) | 19 | 20.43 | 5.17 (4.57) |
| 黑龙江 | 2 | 2 | 0.51 (0.45) | 9 | 4.72 | 1.19 (1.17) |
| 湖北 | 3 | 4 | 1.01 (0.90) | 7 | 4.42 | 1.12 (1.10) |
| 吉林 | 3 | 9 | 2.28 (1.79) | 15 | 18.01 | 4.56 (4.59) |
| 江苏 | 12 | 88 | 22.28 (24.66) | 20 | 68.58 | 17.36 (17.69) |
| 辽宁 | 9 | 18 | 4.56 (4.48) | 16 | 19.75 | 5.00 (5.41) |
| 宁夏 | 3 | 3 | 0.76 (0.90) | 3 | 3.50 | 0.89 (1.07) |
| 山东 | 18 | 130 | 32.91 (35.87) | 30 | 83.51 | 21.14 (24.35) |
| 山西 | 16 | 30 | 7.59 (8.97) | 31 | 30.44 | 7.71 (7.89) |
| 陕西 | 3 | 5 | 1.27 (1.79) | 4 | 5.00 | 1.27 (1.72) |
| 上海 | 2 | 4 | 1.01 (0.45) | 3 | 5.95 | 1.51 (1.34) |
| 天津 | 1 | 2 | 0.51 (0.45) | 1 | 1.00 | 0.25 (0.43) |
| 西藏 | 1 | 2 | 0.51 (0.00) | 1 | 0.50 | 0.13 (0.00) |
| 美国 | 6 | 24 | 6.08 (2.69) | 27 | 65.72 | 16.64 (11.66) |
| 日本 | 2 | 2 | 0.51 (0.00) | 10 | 9.69 | 2.45 (1.35) |
| 不详 | 2 | 2 | 0.51 (0.90) | 4 | 4.02 | 1.01 (1.07) |
| 合计 | 127 | 395 | 100 (100) | 261 | 395.00 | 100 (100) |

注：括号内为1996—2005年结果。

Ⅳ区（中南多熟春夏秋豆生态区）120个品种的祖先亲本来自国内16个省份及美国、日本、瑞典。核（质）遗传贡献以Ⅳ、Ⅲ区的浙江、湖北、四川、上海、湖南、江苏、江西等地种质为主。近

10年湖南、江西、福建、浙江和江苏等地种质的核（质）遗传贡献比例下降，四川、湖北及日本种质的上升（表3-11）。

Ⅴ区（西南高原二熟春夏豆生态区）16个品种的祖先亲本来自全国11个省份及美国，新增黑龙江等4地种质。核（质）遗传贡献以该区贵州、云南的种质为主，二地合计占该区的60.9%（75.0%）。近10年来自美国和上海种质的核遗传贡献比例增加；细胞质遗传贡献比例以湖北、云南、上海种质增加，贵州、江苏及浙江种质下降（表3-11）。

Ⅵ区（华南热带多熟四季大豆生态区）23个品种的祖先亲本来自全国11个省份及美国、日本。核（质）遗传贡献以该区的福建、广西为主。近10年来，核（质）遗传贡献以广西的种质增幅较大，福建、广东、湖南和山东的种质比例减少，黑龙江、江苏、浙江及日本未提供细胞质遗传贡献（表3-11）。

表3-11　Ⅲ、Ⅳ、Ⅴ、Ⅵ区大豆育成品种种质的地理来源及其遗传贡献

| 来源地（国家或地区） | 细胞质祖先亲本 | | | 细胞核祖先亲本 | | |
|---|---|---|---|---|---|---|
| | 亲本数 | 绝对值 | % | 亲本数 | 绝对值 | % |
| **Ⅲ** | | | | | | |
| 安徽 | 1 | 1 | 1.56 (2.56) | 5 | 2.72 | 4.25 (4.17) |
| 广东 | | | | 1 | 0.25 | 0.39 (0.00) |
| 河南 | | | | 1 | 0.13 | 0.20 (0.00) |
| 黑龙江 | | | | 1 | 0.50 | 0.78 (0.00) |
| 湖北 | 4 | 13 | 20.31 (17.95) | 5 | 6.81 | 10.64 (11.86) |
| 湖南 | | | | 1 | 0.75 | 1.17 (0.00) |
| 吉林 | | | | 6 | 0.55 | 0.86 (0.00) |
| 江苏 | 10 | 19 | 29.69 (46.15) | 19 | 26.35 | 41.17 (53.21) |
| 辽宁 | | | | 5 | 0.48 | 0.75 (0.00) |
| 山东 | | | | 6 | 1.28 | 2.00 (1.76) |
| 上海 | 4 | 22 | 34.38 (33.33) | 6 | 10.31 | 16.11 (17.63) |
| 台湾 | 3 | 3 | 4.69 (0.00) | 3 | 2.50 | 3.91 (1.28) |
| 浙江 | | | | 1 | 0.25 | 0.39 (0.00) |
| 美国 | 1 | 1 | 1.56 (0.00) | 13 | 5.12 | 8.00 (8.81) |
| 日本 | 5 | 5 | 7.81 (0.00) | 7 | 5.50 | 8.59 (1.28) |
| 德国 | | | | 1 | 0.50 | 0.78 (0.00) |
| 合计 | 28 | 64 | 100 (100) | 81 | 64.00 | 100 (100) |
| **Ⅳ** | | | | | | |
| 安徽 | 1 | 1 | 0.83 (0.00) | 3 | 1.75 | 1.46 (0.00) |
| 北京 | 1 | 1 | 0.83 (0.00) | 2 | 1.13 | 0.94 (0.88) |
| 福建 | 5 | 7 | 5.83 (8.77) | 8 | 4.75 | 3.96 (7.02) |
| 广西 | 1 | 1 | 0.83 (0.00) | 1 | 0.63 | 0.52 (0.00) |
| 黑龙江 | 1 | 1 | 0.83 (1.75) | 6 | 0.73 | 0.61 (0.22) |
| 湖北 | 2 | 16 | 13.33 (10.53) | 7 | 14.34 | 11.95 (8.99) |
| 湖南 | 5 | 11 | 9.17 (14.04) | 8 | 9.56 | 7.97 (12.61) |
| 吉林 | 1 | 1 | 0.83 (1.75) | 6 | 2.74 | 2.29 (2.71) |
| 江苏 | 4 | 7 | 5.83 (8.77) | 8 | 7.91 | 6.59 (7.29) |
| 江西 | 3 | 6 | 5.00 (8.77) | 4 | 6.50 | 5.42 (8.77) |
| 辽宁 | | | | 5 | 1.84 | 1.53 (1.23) |
| 山东 | 1 | 2 | 1.67 (1.75) | 9 | 7.08 | 5.91 (6.14) |
| 山西 | | | | 2 | 0.38 | 0.31 (8.88) |
| 上海 | 2 | 20 | 16.67 (15.79) | 4 | 10.12 | 8.44 (8.88) |
| 四川 | 11 | 15 | 12.50 (7.02) | 20 | 13.94 | 11.61 (7.89) |
| 浙江 | 11 | 21 | 17.50 (17.54) | 18 | 19.91 | 16.59 (18.64) |
| 美国 | 1 | 1 | 0.83 (0.00) | 16 | 8.03 | 6.69 (6.09) |
| 日本 | 5 | 8 | 6.67 (3.51) | 12 | 8.25 | 6.88 (2.63) |
| 瑞典 | 1 | 1 | 0.83 (0.00) | 1 | 0.38 | 0.31 (0.00) |
| 不详 | | | | 1 | 0.03 | 0.03 (0.00) |
| 合计 | 56 | 120 | 100 (100) | 142 | 120.00 | 100 (100) |
| **Ⅴ** | | | | | | |
| 贵州 | 6 | 8 | 50.00 (60.00) | 7 | 7.25 | 45.31 (55.00) |
| 黑龙江 | | | | 1 | 0.50 | 3.13 (5.00) |
| 湖北 | 1 | 1 | 6.25 (0.00) | 1 | 0.25 | 1.56 (0.00) |
| 湖南 | | | | 1 | 0.25 | 1.56 (0.00) |
| 吉林 | | | | 1 | 0.50 | 3.13 (5.00) |
| 江苏 | | | | 3 | 1.25 | 7.81 (10.00) |
| 辽宁 | | | | 1 | 0.25 | 1.56 (0.00) |
| 山东 | | | | 3 | 0.50 | 3.13 (2.50) |
| 上海 | 2 | 2 | 12.50 (10.00) | 2 | 1.50 | 9.38 (5.00) |
| 云南 | 2 | 4 | 25.00 (20.00) | 2 | 2.50 | 15.63 (15.00) |
| 浙江 | 1 | 1 | 6.25 (10.00) | 1 | 0.25 | 1.56 (2.50) |
| 美国 | | | | 7 | 1.00 | 6.25 (0.00) |
| 合计 | 12 | 16 | 100 (100) | 30 | 16.00 | 100 (100) |
| **Ⅵ** | | | | | | |
| 北京 | 1 | 1 | 4.35 (0.00) | 1 | 1.50 | 6.52 (3.85) |
| 福建 | 4 | 7 | 30.43 (46.15) | 5 | 5.38 | 23.37 (36.54) |
| 广东 | 2 | 2 | 8.70 (15.38) | 2 | 1.00 | 4.35 (7.69) |
| 广西 | 5 | 6 | 26.09 (0.00) | 7 | 5.13 | 22.28 (0.00) |
| 黑龙江 | | | | 1 | 0.50 | 2.17 (3.85) |
| 湖北 | 1 | 2 | 8.70 (7.69) | 1 | 1.88 | 8.15 (7.69) |
| 湖南 | 1 | 1 | 4.35 (7.69) | 1 | 1.00 | 4.35 (7.69) |
| 江苏 | | | | 1 | 0.38 | 1.63 (1.92) |
| 山东 | 1 | 1 | 4.35 (7.69) | 1 | 1.00 | 4.35 (7.69) |
| 上海 | 1 | 2 | 8.70 (7.69) | 1 | 1.75 | 7.61 (7.69) |
| 浙江 | | | | 2 | 1.25 | 5.43 (3.85) |
| 美国 | 1 | 1 | 4.35 (7.69) | 9 | 1.00 | 4.35 (3.85) |
| 日本 | | | | 2 | 1.25 | 5.43 (7.69) |
| 合计 | 17 | 23 | 100 (100) | 35 | 23.00 | 100 (100) |

注：括号内为1996—2005年结果。

### 三、1996—2005 年中国大豆育成品种种质的地理来源及其遗传贡献

表 3-12 比较分析了近 10 年全国育成的 592 个品种与 1923—1995 年育成的 708 个品种祖先亲本地理来源组成的变化。与以前比，近 10 年来自国外、Ⅵ区和来源不详三地种质的核（质）遗传贡献百分比分别增加了 11.96％（8.85％）、0.89％（1.07％）和 0.22％（0.62％），来自Ⅰ、Ⅱ、Ⅳ和Ⅴ区种质的核（质）遗传贡献百分比分别下降了 7.83％（4.22％）、3.66％（6.13％）、0.64％（0.41％）、0.27％（0.12％），来自Ⅲ区核遗传贡献下降了 0.66％，质遗传贡献上升了 0.34％。国外种质遗传贡献增幅较大，其中日本的十胜长叶，美国的 Amsoy、Clark 63、Beeson、Williams、Mammoth Yellow、Wilkin 等品种作为直接和间接亲本使用次数比较多，而作为母本使用相应少些，因此细胞质遗传贡献比例较核贡献小。

表 3-12　各生态区 1996—2005 年大豆育成品种不同地理来源种质的核质贡献与 1923—2005 年的比较（％）

| 生态区 | 祖先亲本来源 | | | | | | | |
| --- | --- | --- | --- | --- | --- | --- | --- | --- |
| | Ⅰ | Ⅱ | Ⅲ | Ⅳ | Ⅴ | Ⅵ | F | U |
| Ⅰ | −15.17 | 1.93 | 0.05 | 0.02 | 0.32 | 0.00 | 12.07 | 0.80 |
| | (−10.32) | (0.21) | (0.00) | (0.00) | (0.00) | (0.32) | (8.11) | (1.67) |
| Ⅱ | −3.80 | −9.44 | 0.63 | 0.01 | 0.29 | 0.00 | 12.98 | −0.67 |
| | (0.52) | (−12.39) | (2.67) | (0.00) | (1.16) | (0.00) | (8.94) | (−0.90) |
| Ⅲ | 6.13 | −4.00 | −32.48 | 4.00 | 0.00 | 11.00 | 15.35 | 0.00 |
| | (0.00) | (−6.26) | (−25.74) | (0.00) | (0.00) | (8.00) | (24.00) | (0.00) |
| Ⅳ | 0.54 | −0.86 | 5.41 | −15.73 | 0.00 | 0.79 | 9.83 | 0.00 |
| | (−3.51) | (−4.01) | (7.60) | (−10.86) | (0.00) | (1.59) | (9.19) | (0.00) |
| Ⅴ | −5.83 | 0.83 | 8.33 | 4.17 | −24.17 | 0.00 | 16.67 | 0.00 |
| | (0.00) | (0.00) | (13.33) | (0.00) | (−13.33) | (0.00) | (0.00) | (0.00) |
| Ⅵ | −3.85 | −2.21 | 8.37 | −19.33 | 0.00 | 21.06 | −4.04 | 0.00 |
| | (0.00) | (2.31) | (4.62) | (−23.85) | (0.00) | (24.62) | (−7.69) | (0.00) |
| 全国 | −7.83 | −3.66 | −0.66 | −0.64 | −0.27 | 0.89 | 11.96 | 0.22 |
| | (−4.22) | (−6.13) | (0.34) | (−0.41) | (−0.12) | (1.07) | (8.85) | (0.62) |

注：表中括号外为核祖先亲本遗传贡献率，括号内为质祖先亲本遗传贡献率。

各生态区育成品种种质的地理来源组成的共同点是，除Ⅳ区外，其他几个生态区中，本区种质的核质遗传贡献比例下降，国外种质渗入有所增加，国外种质的核（质）遗传贡献比例上升，由于各生态区间的交流有差异，各生态区种质的核（质）遗传贡献比例变化不尽相同。

Ⅰ区主要是来自本区种质核（质）遗传贡献比例下降了 15.17％（10.32％）；国外种质的核（质）遗传贡献增加了 12.07％（8.11％）；和Ⅱ区交流略有增加，上升了 1.93％（0.21％）；与其他 4 个生态区及来源不详的种质的交流稀少，核（质）遗传贡献变化甚少。

Ⅱ区主要是来自本区和来源不详两地种质的核（质）遗传贡献比例分别下降了 9.44％（12.39％）和 0.80％（1.67％）；国外种质的核（质）遗传贡献比例上升了 12.98％（8.94％）；Ⅰ区种质的核遗传贡献比例下降了 3.80％，而质遗传贡献比例则上升了 0.52％；Ⅲ、Ⅳ、Ⅴ和Ⅵ区几乎没有增加。

Ⅲ区的育成品种中，本区种质的核（质）遗传贡献比例下降幅度最大，为 32.48％（25.74％）；Ⅱ区的下降了 4.00％（6.26％）；国外及Ⅰ、Ⅳ、Ⅵ区种质的核（质）遗传贡献比例分别增加了 15.35％（24.00％）、6.13％（0.00％）、4.00％（0.00％）和 11.00％（8.00％）。

Ⅳ区育成品种中，本生态区种质的核（质）遗传贡献比例下降了 15.73％（10.86％）；Ⅱ区下降了 0.86％（4.01％）；国外及Ⅲ、Ⅵ区分别上升了 9.83％（9.19％）、5.41％（7.60％）、0.79％（1.59％）；Ⅰ区种质的核遗传贡献比例上升了 0.54％，而质遗传贡献比例则下降了 3.51％。

Ⅴ区其本区种质的核（质）遗传贡献比例下降较大，为 24.17％（13.33％）；Ⅰ区核遗传贡献比例下降了 5.83％；国外及Ⅱ、Ⅲ、Ⅳ区种质的核（质）遗传贡献比例分别上升了 16.67％、0.83％、8.33％（13.33％）、4.17％。

Ⅵ区大豆育种起步较晚，育成品种较少，近年来育成品种的本生态区和Ⅲ区种质的核（质）遗传贡献比例分别上升了 21.06％（24.62％）；8.37％（4.62％），国外及Ⅰ、Ⅱ、Ⅳ区种质的核（质）遗传贡献比例分别下降了 4.04％（7.69％）、3.85％、2.21％（2.31％）、19.33％（23.85％）。

## 四、1996—2005 年中国大豆育成品种不同地理来源重要种质的遗传贡献

表 3-13 列出了 46 个对 1996—2005 年育成品种遗传贡献比较大的各地重要的种质，这 46 个祖先亲本占总祖先亲本数的 9.16％（1996—2005 年），来自国内 15 个省、自治区、直辖市和美、日两国，对 592 个育成品种的核质遗传值分别为 304.78 和 344，分别占总数的 51.82％和 51.11％。这 46 个祖先亲本对全国 1923—2005 年育成的 1 300 个品种也极其重要，占 670 个祖先亲本的 6.87％，但其核质遗传值总和分别为 673.78 和 745，占总数的 51.83％和 57.31％。表 3-13 的结果可供各地查考。

表 3-13　中国大豆育成品种重要祖先亲本 1996—2005 年与 1923—2005 年遗传贡献的比较

| 祖先亲本 | 核贡献值（数量） | | 质贡献值（数量） | 祖先亲本 | 核贡献值（数量） | | 质贡献值（数量） |
|---|---|---|---|---|---|---|---|
| | 1996—2005 | 1923—2005 | 1996—2005 | | 1923—2005 | 1996—2005 | 1996—2005 |
| **Ⅰ** | | | | 25. 泰兴黑豆（A219）（苏） | 2.00（8） | 4.75（13） | 0（2） |
| 1. 金元（A146）（辽） | 19.46（307） | 65.65（577） | 2（19） | 26. 浦东大黄豆（A183）（沪） | 1.93（21） | 4.18（29） | 1（2） |
| 2. 白眉（A019）（黑） | 17.16（208） | 45.76（357） | 34（83） | **Ⅳ** | | | |
| 3. 四粒黄（A210）（吉） | 15.47（255） | 57.98（497） | 43（136） | 27. 毛蓬青（A167）（浙） | 3.00（5） | 6.00（8） | 3（6） |
| 4. 嘟噜豆（A074）（吉） | 13.91（205） | 36.97（313） | 15（46） | 28. 四月白（A214）（湘） | 2.52（15） | 3.83（19） | 0（0） |
| 5. 铁荚四粒黄（A226）（吉） | 12.30（183） | 29.63（281） | 0（1） | 29. 拉城黄豆（A383）（桂） | 1.75（3） | 1.75（3） | 2（3） |
| 6. 克山四粒荚（A154）（黑） | 11.79（141） | 23.76（212） | 0（1） | 30. 大黄珠（A048）（赣） | 1.00（2） | 2.00（3） | 0（1） |
| 7. 铁荚子（A227）（辽） | 11.43（129） | 20.21（169） | 16（26） | 31. 北川兔儿豆（A502）（川） | 1.00（2） | 1.00（2） | 2（2） |
| 8. 熊岳小黄豆（A247）（辽） | 8.98（178） | 16.76（250） | 0（0） | 32. 自贡青皮豆（A269）（川） | 0.88（4） | 1.88（6） | 0（0） |
| 9. 小粒豆 9 号（A244）（黑） | 7.76（81） | 11.57（101） | 46（60） | 33. 曹青（A036）（浙） | 0.75（2） | 1.75（3） | 1（2） |
| 10. 一窝蜂（A256）（吉） | 7.21（86） | 10.40（104） | 19（27） | **Ⅴ** | | | |
| **Ⅱ** | | | | 34. 晋宁地方品种（A299）（滇） | 1.00（2） | 2.00（3） | 2（3） |
| 11. 滨海大白花（A034）（苏） | 14.79（109） | 37.03（180） | 22（56） | 35. 普定大黄豆（A683）（黔） | 1（1.00） | 1.00（1） | 1（1） |
| 12. 铜山天鹅蛋（A231）（苏） | 7.53（98） | 17.88（163） | 3（14） | **Ⅵ** | | | |
| 13. 即墨油豆（A133）（鲁） | 6.27（86） | 19.25（145） | 13（38） | 36. 靖西早黄豆（A386）（桂） | 0.88（3） | 0.88（3） | 1（1） |
| 14. 寿张地方品种（A295）（鲁） | 5.24（60） | 21.16（118） | 4（29） | **F** | | | |
| 15. 定陶平顶大黄豆（A063）（鲁） | 4.28（23） | 7.47（30） | 12（16） | 37. 十胜长叶（A316）（日） | 25.68（222） | 40.65（287） | 5（6） |
| 16. 邳县软条枝（A177）（苏） | 3.47（48） | 6.38（64） | 0（1） | 38. A. K.（A585）（美） | 15.51（222） | 23.37（297） | 3（5） |
| 17. 滑县大绿豆（A122）（豫） | 3.20（31） | 6.76（44） | 0（0） | 39. Lincoln（A599）（美） | 9.40（144） | 15.70（197） | 16（22） |
| 18. 山东四角齐（A196）（鲁） | 2.95（42） | 5.61（58） | 16（27） | 40. Richland（A619）（美） | 8.90（174） | 14.86（241） | 0（0） |
| 19. 大滑皮（A047）（鲁） | 2.78（26） | 4.91（36） | 0（0） | 41. Mandarin（A602）（美） | 7.61（178） | 12.17（242） | 1（1） |
| 20. 平与笨（A182）（豫） | 2.78（22） | 3.53（25） | 0（0） | 42. Dunfield（A589）（美） | 5.92（156） | 7.98（190） | 0（0） |
| **Ⅲ** | | | | 43. 日本大白眉（A314）（日） | 3.84（16） | 4.72（18） | 4（5） |
| 21. 武汉菜豆混合群体（A291）（鄂） | 10.56（26） | 19.19（40） | 16（27） | 44. Mammoth（A601）（美） | 3.79（98） | 9.18（169） | 0（0） |
| 22. 上海六月白（A201）（沪） | 5.75（24） | 9.31（34） | 15（23） | 45. Otootan（A611）（美） | 3.79（98） | 9.18（169） | 0（0） |
| 23. 奉贤穗稻黄（A084）（沪） | 4.02（25） | 12.77（45） | 7（22） | 46. Mukden（A607）（美） | 2.84（120） | 5.06（169） | 14（17） |
| 24. 51-83（A002）（苏） | 2.70（22） | 9.95（41） | 5（15） | 合计 | 306.78（3 911） | 673.78（5 956） | 344（745） |

注：核贡献栏中括号外为祖先亲本遗传贡献值，括号内为衍生品种数；质贡献栏中括号外为对 1996—2005 育成品种的质贡献值（即品种数），括号内为对 1923—2005 育成品种的质贡献值。

# 第三节 中国大豆育成品种的核心祖先亲本

自 1923 年中国按科学方法育成大豆品种以来，大量育成品种在生产上应用。系谱分析结果表明一些重要的祖先亲本早期育成了一些优异品种或种质，以这些品种或种质作为直接或间接亲本又育成了新的品种，通过多轮育种过程衍生了大量的现在育成品种，这些遗传贡献较大的祖先亲本可以称之为核心祖先亲本。东北的金元、四粒黄、白眉、嘟噜豆和铁荚四粒黄，黄淮的即墨油豆、滨海大白花、铜山天鹅蛋，长江中下游的奉贤穗稻黄、51-83、猴子毛等都是著名的核心祖先亲本。从核心祖先亲本衍生的一批品种（系）如东北的克 4430-20、凤交 66-12、56-21、合丰 25、吉林 20，黄淮的郑 77249、58-161，长江中下游的南农 493-1 和南农 1138-2 等，又育成了多轮新品种

盖钧镒等（2001）从 1923—1995 年中国育成的 651 个大豆品种的 348 个祖先亲本中归纳出了遗传贡献最大的 75 个核心祖先亲本。其中从东北、黄淮海地区、南方和国外引种 4 个子群体入选祖先亲本数分别为 25 个、21 个、19 个和 10 个。75 份祖先亲本占总数的 22%，对 651 个育成品种的核遗传贡献占 69%，质遗传贡献占 73%。本书在此基础上将 1996—2005 年育成的 592 个新品种加进去重新归纳了 1923—2005 年中国大豆育成品种核心祖先亲本。

## 一、中国大豆育成品种的核心祖先亲本的提名

Ⅰ区共有 267 个祖先亲本，每祖先亲本衍生品种数对 1 300 个大豆品种总的细胞核遗传贡献值和细胞质遗传贡献值、衍生品种数、衍生品种轮次数的平均数分别为 18、2.22、5.00 和 1.78，逐项选择高于平均数的亲本分别有 35、32、20 和 323 个，最后有 34 个亲本入选核心祖先亲本（表 3-14）。

表 3-14　中国大豆育成品种Ⅰ区（北方一熟春豆生态区）的核心祖先亲本

| 核心亲本名称（原产地） | 核遗传贡献值 | 质遗传贡献值 | 衍生品种数 | 轮数 | 入选指标数 |
|---|---|---|---|---|---|
| 金元（A146）（辽） | 65.65 | 19 | 577 | 8 | 4 |
| 四粒黄（A210）（吉） | 57.98 | 136 | 497 | 7 | 4 |
| 白眉（A019）（黑） | 45.76 | 83 | 357 | 8 | 4 |
| 嘟噜豆（A074）（吉） | 36.97 | 47 | 313 | 6 | 4 |
| 铁荚四粒黄（A226）（吉） | 29.63 | 1 | 281 | 5 | 3 |
| 克山四粒荚（A154）（黑） | 23.76 | 1 | 212 | 6 | 3 |
| 铁荚子（A227）（辽） | 20.21 | 26 | 169 | 6 | 4 |
| 熊岳小黄豆（A247）（辽） | 16.82 | 0 | 250 | 6 | 3 |
| 永丰豆（A260）（吉） | 13.99 | 7 | 91 | 5 | 4 |
| 小粒豆 9 号（A244）（黑） | 11.57 | 60 | 101 | 5 | 4 |
| 一窝蜂（A256）（吉） | 10.40 | 27 | 104 | 4 | 4 |
| 蓑衣领（A216）（黑） | 10.16 | 0 | 87 | 5 | 3 |
| 小金黄（A241）（吉） | 8.01 | 6 | 58 | 5 | 4 |
| 四粒黄（A211）（吉） | 7.71 | 4 | 110 | 6 | 3 |
| 小金黄（A242）（辽） | 8.21 | 12 | 111 | 6 | 4 |
| 四粒黄（A209）（黑） | 7.18 | 1 | 60 | 5 | 3 |
| 小粒黄（A245）（黑） | 6.64 | 4 | 90 | 6 | 3 |
| 逊克当地种（A248）（黑） | 6.09 | 1 | 43 | 5 | 3 |
| 珲春豆（A132）（吉） | 5.63 | 0 | 31 | 3 | 3 |
| 东农 33（A071）（黑） | 5.19 | 18 | 32 | 3 | 4 |
| 辉南青皮豆（A131）（吉） | 5.09 | 1 | 63 | 5 | 3 |
| 洋蜜蜂（A252）（吉） | 4.75 | 3 | 31 | 6 | 3 |
| 海伦金元（A108）（黑） | 4.00 | 8 | 47 | 5 | 4 |
| 北交 804083（A440）（黑） | 3.75 | 0 | 16 | 3 | 3 |
| 大白眉（A040）（黑） | 3.47 | 3 | 30 | 5 | 3 |

（续）

| 核心亲本名称（原产地） | 核遗传贡献值 | 质遗传贡献值 | 衍生品种数 | 轮数 | 入选指标数 |
|---|---|---|---|---|---|
| **五顶珠（A235）（黑）** | 2.97 | 12 | 18 | 4 | 4 |
| **海龙嘟噜豆（A107）（吉）** | 2.81 | 7 | 10 | 3 | 4 |
| 晚小白眉（A234）（辽） | 3.04 | 1 | 34 | 4 | 3 |
| 秃荚子（A233）（黑） | 2.47 | 4 | 14 | 3 | 3 |
| 东农3号（A067）（黑） | 2.19 | 0 | 38 | 5 | 2 |
| 黄客豆（A128）（辽） | 2.09 | 11 | 40 | 3 | 3 |
| 本溪小黑脐（A030）（辽） | 2.05 | 17 | 34 | 3 | 3 |
| 公616（A095）（吉） | 2.05 | 0 | 34 | 3 | 2 |
| 大白眉（A041）（辽） | 2.00 | 0 | 47 | 3 | 2 |

注：粗体表示1923—1995年和1923—2005年共同提名的核心祖先亲本。入选指标数：一个祖先亲本其4个指标（细胞核遗传贡献值、细胞质遗传贡献值、衍生品种数、衍生品种轮次数）中大于全体平均数的指标数。

Ⅱ区共有172个祖先亲本，各祖先亲本4项指标的平均数分别为10、1.75、3.00和1.74，高于平均数的亲本分别为49、31、15和59个，最后有27个亲本作为核心的祖先亲本（表3-15）。Ⅲ区共有51个祖先亲本，各祖先亲本4项指标的平均数分别为6、1.87、4.00和1.59，高于平均数的亲本分别为10、9、5和15个，最后有10个亲本选为核心祖先亲本（表3-16）。Ⅳ区共有55个祖先亲本，各祖先亲本4项指标的平均数分别为2.27、1.04、1.88和1.33，高于平均数的亲本分别为13、14、11和14，最后有14个亲本选为核心祖先亲本。Ⅴ区共有12个祖先亲本，各祖先亲本4项指标的平均数分别为2.27、1.04、1.88和1.33，最后有4个亲本选为核心祖先亲本。Ⅵ区共有11个祖先亲本，各祖先亲本4项指标的平均数分别为1.50、0.98、1.56和1.25，最后有3个亲本选为核心祖先亲本。国外引种共有99个祖先亲本，亲本4项指标的平均数分别为28、2.32、3和1.77，高于平均数的亲本分别为18、19、9和41个，最后有20个亲本选为核心祖先亲本（表3-17）。合计从7个子群体共提名112个祖先亲本作为中国大豆育成品种的核心祖先亲本。

**表3-15　中国大豆育成品种Ⅱ区（黄淮海二熟春夏豆生态区）的核心祖先亲本**

| 核心亲本名称（原产地） | 核遗传贡献值 | 质遗传贡献值 | 衍生品种数 | 轮数 | 入选指标数 |
|---|---|---|---|---|---|
| **滨海大白花（A034）（苏）** | 37.28 | 56 | 181 | 5 | 4 |
| **寿张地方品种（A295）（鲁）** | 21.16 | 29 | 118 | 6 | 4 |
| **即墨油豆（A133）（鲁）** | 19.25 | 38 | 145 | 7 | 4 |
| **铜山天鹅蛋（A231）（苏）** | 17.88 | 14 | 163 | 5 | 4 |
| **益都平顶黄（A254）（鲁）** | 10.02 | 4 | 132 | 7 | 3 |
| 铁角黄（A228）（鲁） | 8.26 | 0 | 129 | 6 | 3 |
| 定陶半顶大黄豆（A063）（鲁） | 7.47 | 16 | 30 | 4 | 4 |
| 滑县大绿豆（A122）（豫） | 6.76 | 0 | 44 | 4 | 3 |
| 大白麻（A039）（晋） | 6.41 | 12 | 21 | 4 | 4 |
| 邳县软条枝（A177）（苏） | 6.38 | 1 | 64 | 4 | 3 |
| 山东四角齐（A196）（鲁） | 5.61 | 27 | 58 | 5 | 4 |
| 大滑皮（A047）（鲁） | 4.91 | 0 | 36 | 3 | 3 |
| 沁阳水白豆（A190）（豫） | 4.24 | 13 | 48 | 4 | 4 |
| 广平牛毛黄（A101）（冀） | 4.00 | 8 | 17 | 3 | 4 |
| 蒙城大青豆（A169）（皖） | 3.53 | 0 | 25 | 3 | 3 |
| 平与笨（A182）（豫） | 3.37 | 8 | 29 | 4 | 4 |
| 通州小黄豆（A232）（京） | 3.28 | 0 | 17 | 3 | 3 |
| 极早黄（A136）（晋） | 3.28 | 4 | 17 | 3 | 4 |
| 山东小黄豆（A197）（鲁） | 3.27 | 7 | 19 | 4 | 4 |
| 沛县大白角（A176）（苏） | 3.09 | 4 | 12 | 3 | 4 |
| 大白脐（A042）（冀） | 2.83 | 0 | 26 | 3 | 3 |
| 济宁71021（A135）（鲁） | 2.63 | 0 | 11 | 2 | 3 |
| 太原早（A220）（晋） | 2.43 | 1 | 19 | 5 | 3 |

（续）

| 核心亲本名称（原产地） | 核遗传贡献值 | 质遗传贡献值 | 衍生品种数 | 轮数 | 入选指标数 |
|---|---|---|---|---|---|
| **小平顶（A246）（皖）** | 2.16 | 0 | 10 | 2 | 3 |
| 历城小粒青（A156）（鲁） | 2.13 | 2 | 7 | 2 | 3 |
| 北京豆（A023）（京） | 2.06 | 0 | 9 | 3 | 3 |
| 滋阳平顶黄（A272）（鲁） | 2.00 | 0 | 7 | 2 | 3 |
| 北京8201（A022）（不详） | 2.00 | 0 | 7 | 2 | 3 |

注：粗体表示1923—1995年和1923—2005年共同提名的核心祖先亲本。入选指标数：一个祖先亲本其4个指标（细胞核遗传贡献值、细胞质遗传贡献值、衍生品种数、衍生品种轮次数）中大于全体平均数的指标数。

这次入选的112个核心祖先亲本地理来源更广、更新，它们分别来自全国22个省、自治区、直辖市及美国、日本和俄罗斯。新入选的核心祖先亲本中，Ⅰ区、Ⅱ区及（Ⅲ＋Ⅳ＋Ⅴ＋Ⅵ）区分别增加了10、11和14个核心祖先亲本，南方和国外增加比例有所增加，其中北交804083（黑）、拉城黄豆（桂）、察隅1号（藏）和平果豆（桂）是近10年育成品种新增的祖先亲本。

表3-16　中国大豆育成品种Ⅲ、Ⅳ、Ⅴ和Ⅵ区的核心祖先亲本

| 生态区 | 核心亲本名称（原产地） | 核遗传贡献值 | 质遗传贡献值 | 衍生品种数 | 轮数 | 入选指标数 |
|---|---|---|---|---|---|---|
| Ⅲ | **武汉菜豆混合群体(A291)（鄂）** | 19.19 | 40 | 27 | 3 | 4 |
| | **奉贤穗稻黄（A084）（沪）** | 12.77 | 45 | 21 | 5 | 4 |
| | **51-83（A002）（苏）** | 9.95 | 41 | 15 | 5 | 4 |
| | **上海六月白（A201）（沪）** | 9.31 | 34 | 23 | 3 | 4 |
| | **泰兴黑豆（A219）（苏）** | 4.75 | 13 | 2 | 2 | 3 |
| | **浦东大黄豆（A183）（沪）** | 4.18 | 29 | 2 | 4 | 3 |
| | **猴子毛（A119）（鄂）** | 1.97 | 8 | 2 | 2 | 3 |
| | 通山薄皮黄豆（A230）（鄂） | 1.94 | 10 | 0 | 2 | 3 |
| | **五月拔（A237）（浙）** | 1.88 | 6 | 5 | 3 | 3 |
| | **暂编20（A263）（鄂）** | 1.27 | 17 | 4 | 4 | 2 |
| Ⅳ | 毛蓬青（A167）（浙） | 6.00 | 8 | 6 | 2 | 4 |
| | 四月白（A214）（湘） | 3.83 | 19 | 0 | 3 | 3 |
| | 百荚豆（A016）（赣） | 3.00 | 4 | 4 | 2 | 4 |
| | 莆田大黄豆（A186）（闽） | 2.88 | 8 | 6 | 3 | 4 |
| | 绍东六月黄（A205）（湘） | 2.63 | 7 | 5 | 3 | 4 |
| | 大黄珠（A048）（赣） | 2.00 | 3 | 1 | 2 | 3 |
| | **古田豆（A098）（闽）** | 2.00 | 3 | 3 | 1 | 3 |
| | 自贡青皮豆（A269）（川） | 1.88 | 6 | 0 | 2 | 3 |
| | 曹青（A036）（浙） | 1.75 | 3 | 2 | 3 | 4 |
| | 拉城黄豆（A383）（桂） | 1.75 | 3 | 2 | 2 | 4 |
| | 福清绿心豆（A086）（闽） | 1.50 | 2 | 1 | 1 | 3 |
| | 珙县二季早（A097）（川） | 1.25 | 4 | 4 | 2 | 4 |
| | **黄毛豆（A129）（湘）** | 1.25 | 4 | 4 | 2 | 4 |
| | **青仁豆（A193）（湘）** | 1.25 | 4 | 0 | 2 | 3 |
| Ⅴ | **猫儿灰（A166）（黔）** | 2.00 | 2 | 2 | 2 | 3 |
| | 晋宁地方品种（A299）（滇） | 2.00 | 3 | 3 | 2 | 4 |
| | 大方六月早（A045）（黔） | 1.25 | 3 | 2 | 2 | 4 |
| | 察隅1号（A507）（藏） | 0.50 | 2 | 2 | 1 | 2 |
| Ⅵ | 靖西早黄豆（A386）（桂） | 0.88 | 1 | 3 | 3 | 3 |
| | 菊黄（A150）（粤） | 0.75 | 1 | 2 | 2 | 3 |
| | 平果豆（A383）（桂） | 0.50 | 1 | 2 | 1 | 3 |

注：粗体表示1923—1995年和1923—2005年共同提名的核心祖先亲本。入选指标数：一个祖先亲本其4个指标（细胞核遗传贡献值、细胞质遗传贡献值、衍生品种数、衍生品种轮次数）中大于全体平均数的指标数。

表 3-17 中国大豆育成品种来自国外的核心祖先亲本

| 核心亲本名称（原产地） | 核遗传贡献值 | 质遗传贡献值 | 衍生品种数 | 轮数 | 入选指标数 |
|---|---|---|---|---|---|
| **十胜长叶（A316）（日）** | 40.65 | 6 | 287 | 4 | 4 |
| A.K.（A585）（美） | 23.37 | 5 | 297 | 4 | 4 |
| Lincoln（A599）（美） | 15.70 | 22 | 197 | 3 | 4 |
| Richland（A619）（美） | 14.86 | 0 | 241 | 3 | 4 |
| Mandarin（A602）（美） | 12.17 | 1 | 242 | 4 | 3 |
| Mammoth Yellow（A601）（美） | 9.18 | 0 | 169 | 5 | 3 |
| Otootan（A611）（美） | 9.18 | 0 | 169 | 5 | 3 |
| Dunfield（A589）（美） | 7.98 | 0 | 190 | 4 | 3 |
| Mukden（A607）（美） | 5.06 | 17 | 169 | 3 | 4 |
| **黑龙江 41（A319）（俄）** | 4.25 | 1 | 33 | 4 | 3 |
| 日本大白眉（A314）（日） | 3.97 | 5 | 16 | 3 | 4 |
| **野起 1 号（A318）（日）** | 3.92 | 0 | 55 | 5 | 3 |
| Peking（A613）（美） | 3.74 | 0 | 26 | 3 | 3 |
| Magnolia（A600）（美） | 3.59 | 0 | 32 | 3 | 3 |
| 尤比列（A320）（俄） | 3.54 | 0 | 32 | 4 | 3 |
| D61-5141（A588）（美） | 3.29 | 0 | 30 | 3 | 3 |
| Clemson（A587）（美） | 3.15 | 0 | 138 | 3 | 3 |
| No.171（A608）（美） | 1.98 | 0 | 48 | 2 | 2 |
| PI 54.610（A615）（美） | 1.90 | 0 | 73 | 3 | 2 |
| Tokyo（A624）（美） | 1.90 | 0 | 73 | 3 | 2 |

注：粗体表示 1923—1995 年和 1923—2005 年共同提名的核心祖先亲本。入选指标数：一个祖先亲本其 4 个指标（细胞核遗传贡献值、细胞质遗传贡献值、衍生品种数、衍生品种轮次数）中大于全体平均数的指标数。

## 二、中国大豆育成品种的核心祖先亲本样本的代表性

盖钧镒等（2001）归纳出中国 1923—1995 年育成的 651 个大豆品种的 75 个核心祖先亲本，这次入选的 112 个核心祖先亲本所具有的代表性更高，表 3-18 列出不同来源核心亲本的代表性，由 4 个指标最终入选的 112 个核心祖先亲本占总祖先亲本数的 16.87%，其对 1 300 个育成品种的核、质遗传贡献值分别占总数的 70.90% 和 74.85%；由其衍生品种累计占总数的 85.79%。与 1923—1995 年育成品种的 75 个核心祖先亲本相比，尽管占总祖先亲本数下降了 4.68%，但核、质遗传贡献值和衍生品种累计百分数反而增加了 1.91%、2.35% 和 4.43%。112 个核心祖先亲本包括以前 75 个核心祖先亲本中的 66 个，另外，Amsoy、Clark 63、Beeson、Williams、Mammoth Yellow、Wilkin 6 个美国品种其遗传基础基本上来源于 112 个核心祖先亲本（国外来源部分），因此这 112 个核心祖先亲本实际上包括了原来的 72 个核心祖先亲本（表 3-14 至表 3-17 中的粗体部分），只有Ⅱ区的一窝蜂（陕）、海白花（苏）和Ⅲ区的开山白（浙）3 个没有入选。

表 3-18 不同来源核心祖先亲本的代表性

| 来源地 | 核心亲本数 | 占总亲木数比例（%） | 核遗传献值 值 | 核遗传献值 所占比例（%） | 质遗传贡献值 值 | 质遗传贡献值 所占比例（%） | 衍生品种累计数 值 | 衍生品种累计数 所占比例（%） |
|---|---|---|---|---|---|---|---|---|
| Ⅰ | 34 | 12.73 | 440.29 | 74.39 | 520 | 80.37 | 4 030 | 72.24 |
| Ⅱ | 27 | 15.70 | 195.69 | 65.02 | 244 | 71.35 | 1 394 | 45.30 |
| Ⅲ | 10 | 19.61 | 67.21 | 70.58 | 102 | 81.60 | 243 | 87.41 |
| Ⅳ | 14 | 25.45 | 32.97 | 57.68 | 38 | 63.33 | 78 | 13.78 |
| Ⅴ | 4 | 33.33 | 5.75 | 48.94 | 9 | 64.29 | 10 | 20.83 |
| Ⅵ | 3 | 27.27 | 2.13 | 29.88 | 3 | 30.00 | 7 | 46.67 |
| 国外 | 20 | 20.20 | 173.38 | 75.40 | 57 | 62.64 | 2 517 | 91.89 |
| 合计 | 112 | 16.72 | 920.98 | 70.60 | 973 | 74.85 | 8 293 | 85.65 |

　　表 3-19 列出了 1986—2005 中国大豆育成品种主要祖先亲本在全国及各生态区的衍生品种数，将此表和表 3-13（1996—2005）、表 3-14 至表 3-17（1923—2005）作比较，可见最主要的核心祖先亲本是共同的。这次将 1923—2005 年全部品种联合提名的核心祖先亲本有所扩展，这些扩展的核心祖先亲本值得关注和应用，以便推陈出新。

**表 3-19　1986—2005 年中国大豆育成品种主要祖先亲本在全国及各生态区的衍生品种数**

| 祖先亲本 | 年代 | | | 祖先亲本 | 年代 | | |
| --- | --- | --- | --- | --- | --- | --- | --- |
| | 1923—1985 | 1986—2005 | 1923—2005 | | 1923—1985 | 1986—2005 | 1923—2005 |
| I | | | | 29. 通山薄皮黄豆（鄂） | 1 (0.13) | 9 (1.81) | 10 (1.94) |
| 1. 金元（A146）（辽） | 128 (32.69) | 449 (32.96) | 577 (65.65) | 30. 五月拔（浙） | 0 (0.00) | 6 (1.88) | 6 (1.88) |
| 2. 四粒黄（A210）（吉） | 121 (30.50) | 376 (27.48) | 497 (57.98) | IV | | | |
| 3. 白眉（A019）（黑） | 67 (19.25) | 290 (26.51) | 357 (45.76) | 31. 四月白（湘） | 2 (1.00) | 17 (2.83) | 19 (3.83) |
| 4. 嘟噜豆（A074）（吉） | 38 (13.56) | 275 (23.41) | 313 (36.97) | 32. 毛蓬青（浙） | 0 (0.00) | 8 (6.00) | 8 (6.00) |
| 5. 铁荚四粒黄（A226）（吉） | 34 (10.38) | 247 (19.26) | 281 (29.63) | 33. 莆田大黄豆（闽） | 2 (1.50) | 6 (1.38) | 8 (2.88) |
| 6. 熊岳小黄豆（A247）（辽） | 15 (2.81) | 235 (14.01) | 250 (16.82) | 34. 自贡青皮豆（川） | 0 (0.00) | 6 (1.88) | 6 (1.88) |
| 7. 克山四粒荚（A154）（黑） | 20 (5.75) | 192 (18.01) | 212 (23.76) | 35. 珙县二季早（川） | 0 (0.00) | 4 (1.25) | 4 (1.25) |
| 8. 铁荚子（A227）（辽） | 11 (4.00) | 158 (16.21) | 169 (20.21) | 36. 绍东六月黄（湘） | 3 (2.00) | 4 (0.63) | 7 (2.63) |
| 9. 四粒黄（A211）（吉） | 7 (3.00) | 103 (4.71) | 110 (7.71) | 37. 百荚豆（赣） | 1 (1.00) | 3 (2.00) | 4 (3.00) |
| 10. 小金黄（A241）（辽） | 10 (3.94) | 101 (4.27) | 111 (8.21) | 38. 曹青（浙） | 0 (0.00) | 3 (1.75) | 3 (1.75) |
| II | | | | 39. 大黄珠（赣） | 0 (0.00) | 3 (2.00) | 3 (2.00) |
| 11. 滨海大白花（A034）（苏） | 21 (9.38) | 159 (27.65) | 180 (37.03) | 40. 古田豆（闽） | 0 (0.00) | 3 (2.00) | 3 (2.00) |
| 12. 铜山天鹅蛋（A231）（苏） | 19 (4.38) | 144 (13.51) | 163 (17.88) | V | | | |
| 13. 即墨油豆（A133）（鲁） | 22 (8.31) | 123 (10.94) | 145 (19.25) | 41. A299（滇） | 0 (0.00) | 3 (2.00) | 3 (2.00) |
| 14. 铁角黄（A228）（鲁） | 18 (3.41) | 111 (4.85) | 129 (8.26) | 42. 大方六月早（黔） | 1 (0.50) | 2 (0.75) | 3 (1.25) |
| 15. 益都平顶黄（A254）（鲁） | 21 (5.16) | 111 (4.86) | 132 (10.02) | VI | | | |
| 16. A295（鲁） | 27 (11.56) | 91 (9.60) | 118 (21.16) | 43. 靖西早黄豆（桂） | 0 (0.00) | 3 (0.88) | 3 (0.88) |
| 17. 邳县软条枝（A177）（苏） | 3 (1.38) | 61 (5.00) | 64 (6.38) | 44. 菊黄（粤） | 0 (0.00) | 2 (0.75) | 2 (0.75) |
| 18. 山东四角齐（A196）（鲁） | 4 (1.38) | 54 (4.23) | 58 (5.61) | F | | | |
| 19. 沁阳水白豆（A190）（豫） | 3 (0.63) | 45 (3.62) | 48 (4.24) | 45. A. K.（美） | 7 (0.94) | 290 (22.44) | 297 (23.37) |
| 20. 滑县大绿豆（A122）（豫） | 2 (1.00) | 42 (5.76) | 44 (6.76) | 46. 十胜长叶（日） | 11 (4.00) | 276 (36.65) | 287 (40.65) |
| III | | | | 47. Mandarin（美） | 5 (0.56) | 237 (11.61) | 242 (12.17) |
| 21. 奉贤穗稻黄（沪） | 6 (4.00) | 39 (8.77) | 45 (12.77) | 48. Richland（美） | 5 (0.63) | 236 (14.24) | 241 (14.86) |
| 22. A291（鄂） | 1 (1.00) | 39 (18.19) | 40 (19.19) | 49. Lincoln（美） | 4 (0.63) | 193 (15.08) | 197 (15.70) |
| 23. 上海六月白（沪） | 1 (0.50) | 33 (8.81) | 34 (9.31) | 50. Dunfield（美） | 4 (0.38) | 186 (7.61) | 190 (7.98) |
| 24. 51-83（苏） | 10 (4.38) | 31 (5.58) | 41 (9.95) | 51. Mukden（美） | 2 (0.19) | 167 (4.87) | 169 (5.06) |
| 25. 浦东大豆豆（沪） | 1 (0.50) | 28 (3.68) | 29 (4.18) | 52. Mammoth Yellow（美） | 20 (2.25) | 149 (6.93) | 169 (9.18) |
| 26. 暂编 20（鄂） | 0 (0.00) | 17 (1.27) | 17 (1.27) | 53. Otootan（美） | 20 (2.25) | 149 (6.93) | 169 (9.18) |
| 27. 泰兴黑豆（苏） | 1 (0.50) | 12 (4.25) | 13 (4.75) | 54. Clemson（美） | 2 (0.06) | 136 (3.09) | 138 (3.15) |
| 28. 大粒黄（鄂） | 0 (0.00) | 11 (0.29) | 11 (0.29) | | | | |

注：括弧外为衍生的品种数，括弧内为核遗传贡献值。

# 第四节　中国大豆育成品种国外种质来源及其遗传贡献

　　大豆生产的发展与大豆育种进步是分不开的，美国 20 世纪 80～90 年代通过育种使大豆产量迅速提高，但育种在提高产量的同时也导致作物品种间遗传基础趋于狭窄，遗传多样性丧失。育种实践证明，引进外来种质的基因，增加作物的遗传多样性可以提高当地品种的产量与稳定性及生态适应性，克服种质遗传狭窄的局限性，对提高产量、增强抗逆性和改善品质等均具有重要意义。加拿大大豆产量的提高归功于从外来种质资源中获得了耐冷的性状。美国南方 1987 年选育的高产品种 Hutcheson 有 1/4 外来种质的血缘，是 20 世纪 90 年代选育的最成功的一个品种。

　　外来亲本尽管产量不高，但可能携带高品种产量相关的等位基因，利用外来亲本可提高本地品种的产量。通过自身表型或测交试验可以帮助选择外来亲本。国外引种是既快捷又经济的种质拓展途径，在大豆育种中直接或间接地利用优异、配合力高的引进种质作亲本不仅有利于优良大豆品种选育，而且还有利于丰富我国大豆育成品种的遗传基础。

美国大豆育种家较早就致力于利用外来种质进行高产育种工作。Fehr 等较早系统地进行了大量的大豆外来种质的引进和杂交工作，并得到一些高产品种。S1346 是 Northrup - King 公司以外引材料 PI 257435 作为亲本杂交选育出来的，目前这个品种已经被广泛用作亲本。在用聚类分析目前北方品种系谱图时发现，PI 257435 现在已经是一个重要的祖先亲本。PI 71506 是优良品种 Ripley 和 Hutcheson 的祖先。

2000 年公布的品种 N7001 有一半 PI 416937 的血缘。选择引入品种作为亲本是由于它们具有较好的耐旱性，从 N7001（MG Ⅶ 和 MG Ⅷ）选育出来的育种品系一直比对照高产，并且在最近美国农业部的统一试验中几乎比所有参试品种都高产。用 RAPD 标记显示，这些外来品系最少代表了 5 个遗传群体，它们都明显区别于北美洲主要的祖传品系。2001—2002 年美国农业部和伊利诺伊州大学公布了来源不同的外来的 7 个高产试验品系，其中最高产的品系完全来源于 4 个外来种质。通过外引材料为现有品种引入新的遗传多样性已经成为美国大豆育种工作的一部分，从农艺性状选择来看，虽然大部分这些外来亲本产量低于生产品种，但从分子标记等分析来看，外来材料在增加本地品种遗传多样性的同时还能为当地品种提供高产基因。

1966 年中国利用齐黄 1 号和日本的野起 1 号杂交育成了齐黄 10 号后，国外种质的引进逐年增加。国外种质的利用促进了中国大豆新品种产量的增长、品质的改进和抗性的提高。自 1979 年以来，获得国家发明奖、国家科技进步奖的优良品种 27 个，具有国外血缘品种 7 个，占获奖品种总数的 25.9%。我国已成功利用国外大豆品种育成的品种（系）的血缘，主要来自美国、日本、前苏联等国家（邱丽娟等，2006）。实践表明，美国品种 Hobbit 在我国黑龙江具有超高产潜力的矮源，也是高油育种的优异亲本。

盖钧镒等（1998）系统地分析了 1923—1995 年中国育成的 651 个大豆品种的国外种质组成及其遗传贡献。651 个品种中有 224 个具有国外引种血缘，其中 81 个品种的父本或母本或双亲为国外引种，国外祖先亲本分别来自美国、日本、加拿大和俄罗斯等国。近 10 年来我国大豆育种发展迅速，育成品种和祖先亲本增加较多，特别是具有国外种质血缘的育成品种增加较多。

据邱丽娟等（2006）统计，中国已从美国和日本等 22 个国家引进大豆近等基因系、特殊遗传材料、大豆育成品种等 2 156 份，经过评价已编入中国大豆品种资源目录。今后，应充分引进利用国外种质并加强对国外种质资源的深入研究，拓宽中国大豆品种遗传基础，为国外种质资源在中国大豆遗传育种学、表型组学、基因组学、蛋白组学和酶学等领域的有效利用创造条件。

## 一、中国大豆育成品种的国外种质组成

1923—2005 年中国育成的 1 300 个大豆品种中有 738 个品种具有国外种质的血缘，占总数的 56.77%，Ⅰ、Ⅱ、Ⅲ、Ⅳ、Ⅴ、Ⅵ生态区具有国外种质血缘的品种数（占总数的百分比）分别为 407（59.68%）、249（63.04%）、28（43.75%）、47（39.17%）、2（12.50%）和 5（21.74%），Ⅰ 区和Ⅱ区两区高于全国平均值，而其他四区相应低些（表 3 - 20）。我国自 1966 年开始利用国外种质后，国外种质的引进并应用于我国大豆育种的逐步加强，我国 1923—1975 年、1976—1985 年、1986—1995 年和 1996—2005 年各时期具有国外引种血缘的育成品种数（该时期总数的百分比）分别是 6（2.96%）、50（32.05%）、206（59.03%）和 476（80.41%）。从表 3 - 20 中可以看出，随着改革开放，大量国外品种引入我国并应用于大豆育种，1976—1985 年增幅最大，由 2.96% 增至 32.05%。这些早期育成的品种又作为杂交亲本育成新的品种，或与新引进的国外品种杂交，通过多轮循环，使我国近期（1996—2005）育成品种具有国外引种血缘的数量骤增，80.41% 育成品种具有

国外种质的血缘，Ⅰ区、Ⅱ区高达 88.92％和 83.72％。我国南方由于育种起步晚，育成品种数量少，具有国外血缘数量也较少，但近 10 年来南方大豆育种水平快速提高，国外种质引进应用的增加，因此Ⅴ区、Ⅵ区具有国外血缘的数量也在逐步提高。

表 3-20　不同年代中国大豆育成品种具有国外种质血缘的品种数

| 年代 | 全国 | | Ⅰ | | Ⅱ | | Ⅲ | | Ⅳ | | Ⅴ | | Ⅵ | |
|---|---|---|---|---|---|---|---|---|---|---|---|---|---|---|
| | 数量 | 比例（％） | 数量 | 比例（％） | 数量 | 比例（％） | 数量 | 比例（％） | 数量 | 比例（％） | 数量 | 比例（％） | 数量 | 比例（％） |
| 1923—1975 | 6 | 2.96 | 2 | 1.54 | 4 | 7.27 | | | | | | | | |
| 1976—1985 | 50 | 32.05 | 21 | 26.58 | 25 | 43.86 | 3 | 37.50 | 1 | 10.00 | | | | |
| 1986—1995 | 206 | 59.03 | 103 | 65.61 | 76 | 68.47 | 9 | 40.91 | 15 | 35.71 | | | 3 | 37.50 |
| 1996—2005 | 476 | 80.41 | 281 | 88.92 | 144 | 83.72 | 16 | 64.00 | 31 | 49.21 | 2 | 33.33 | 2 | 20.00 |
| 1923—2005 | 738 | 56.77 | 407 | 59.68 | 249 | 63.04 | 28 | 43.75 | 47 | 39.17 | 2 | 12.50 | 5 | 21.74 |

738 个具有国外种质血缘的育成品种可追溯到 99 个国外祖先亲本，主要来自美国（49 个）和日本（37 个），其他国家相对较少，加拿大 3 个，俄罗斯和瑞典各 2 个，英国、意大利、荷兰和土耳其各 1 个，总共 10 国家，另有一个来源不详。和 1923—1995 年相比，日本、美国增加较多，分别为 24 个和 22 个，加拿大 1 个，荷兰 1 个。

## 二、中国大豆育成品种的国外种质遗传贡献

99 个国外祖先亲本占我国大豆育成品种 670 个祖先亲本的 14.78％，但其对我国 1 300 个育成品种总的核遗传贡献值达到 229.11，提供了 17.62％的核遗传贡献。其中对Ⅰ～Ⅵ区的核遗传贡献值分别是 122.43、75.66、11.12、16.66、1.00 和 2.25，分别为各区的育成品种提供了 17.95％、19.15％、17.38％、13.88％、6.25％、9.78％和 7.08％遗传贡献，Ⅱ区比例最高。

来自美国和日本的祖先亲本对我国大豆育成品种的遗传贡献最大，两者祖先亲本的核遗传贡献值分别是 139.83 和 73.81，是国外祖先亲本核遗传贡献总值的 61.83％和 32.31％，两者总和为 94.14％。美国祖先亲本对Ⅰ～Ⅵ区的核遗传贡献值（国外祖先亲本核遗传贡献值的百分比）分别是 58.96（48.16％）、65.72（86.86％）、5.12（46.05％）、8.03（48.22％）、1.00（100％）和 1.00（44.44％）。日本祖先亲本对Ⅴ区没有贡献，对Ⅰ、Ⅱ、Ⅲ、Ⅳ和Ⅵ区的核遗传贡献值（国外祖先亲本核遗传贡献值的百分比）分别是 49.11（40.12％）、9.69（12.81％）、5.50（49.46％）、8.25（49.53％）和 1.25（55.56％）。瑞典 2 个祖先亲本对Ⅰ和Ⅳ生态区核遗传贡献值为 1.56 和 0.38；其他几个国家的祖先亲本衍生品种较少，只局限于单个生态区中，如俄罗斯、加拿大、意大利、英国、荷兰及来源不详只对Ⅰ区，德国对Ⅴ区，土耳其祖先亲本只对Ⅱ区有遗传贡献（表 3-21）。

由于大豆杂交育种时多考虑选用适合当地地理气候条件的优良品种作为母本，国外种质常作为父本，因此我国大豆育成品种的国外种质细胞质祖先亲本数量和遗传贡献都较小，99 个国外祖先亲本中有 34 个作为细胞质祖先亲本，对 1 300 个育成品种的细胞质遗传贡献值为 92，分别来自美国（11 个）、日本（18 个）、瑞典（2 个）、英国（2 个）、意大利（1 个）和荷兰（1 个）6 国（表 3-21）。

全国共有 22 个省份的大豆育成品种具有国外种质的血缘（表 3-22），各地的大豆育种水平发展不均衡，国外种质的利用差别也较大，东北三省及北京、山东、江苏等地起步早，发展快，育成品种多，具有国外种质血缘的育成品种也多，国外祖先亲本数量及其遗传贡献都较高。黑龙江、吉林、辽宁、北京、江苏、山东和河北等地具有国外种质血缘的育成品种较多，国外祖先亲本的数量和核遗传贡献值都较高，各省份的祖先亲本数分别为 40、38、27、26、20、17 和 21，分别提供了 63.10、

34.74、17.09、19.67、16.61、12.40 和 11.75 的核遗传贡献，贵州、江西、青海、甘肃和宁夏等省（自治区）大豆育成品种少，国外种质在这些地区没有遗传贡献。

表 3-21　不同地理来源国外种质对各生态区大豆育成品种的细胞核（质）遗传贡献

| 核/质 | 来源国 | 全国 | | I | | II | | III | | IV | | V | | VI | |
|---|---|---|---|---|---|---|---|---|---|---|---|---|---|---|---|
| | | 亲本数 | 贡献值 | 亲本数 | 贡献值 | 亲本数 | 贡献值 | 亲本数 | 贡献值 | 亲本数 | 贡献值 | 亲本数 | 贡献值 | 亲本数 | 贡献值 |
| 细胞核 | 美　国 | 49 | 139.83 | 43 | 58.96 | 27 | 65.72 | 13 | 5.12 | 16 | 8.03 | 7 | 1.00 | 9 | 1.00 |
| | 日　本 | 37 | 73.81 | 15 | 49.11 | 10 | 9.69 | 7 | 5.50 | 12 | 8.25 | | | 2 | 1.25 |
| | 俄罗斯 | 2 | 7.79 | 2 | 7.79 | | | | | | | | | | |
| | 瑞　典 | 2 | 1.94 | 2 | 1.56 | | | | | 1 | 0.38 | | | | |
| | 加拿大 | 3 | 1.75 | 3 | 1.75 | | | | | | | | | | |
| | 英　国 | 1 | 1.00 | 1 | 1.00 | | | | | | | | | | |
| | 意大利 | 1 | 1.50 | 1 | 1.50 | | | | | | | | | | |
| | 德　国 | 1 | 0.50 | 0 | | | | 1 | 0.50 | | | | | | |
| | 荷　兰 | 1 | 0.50 | 1 | 0.50 | | | | | | | | | | |
| | 土耳其 | 1 | 0.25 | 0 | | 1 | 0.25 | | | | | | | | |
| | 不　详 | 1 | 0.25 | 1 | 0.25 | | | | | | | | | | |
| | 小　计 | 99 | 229.11 | 69 | 122.43 | 38 | 75.66 | 21 | 11.12 | 29 | 16.66 | 7 | 1.00 | 11 | 2.25 |
| 细胞质 | 美　国 | 11 | 56 | 8 | 28 | 6 | 25 | 1 | 1 | 1 | 1 | | | 1 | 1 |
| | 日　本 | 18 | 29 | 6 | 14 | 2 | 2 | 5 | 5 | 5 | 8 | | | | |
| | 瑞　典 | 2 | 3 | 2 | 2 | | | | | 1 | 1 | | | | |
| | 意大利 | 1 | 2 | 1 | 2 | | | | | | | | | | |
| | 英　国 | 1 | 1 | 1 | 1 | | | | | | | | | | |
| | 荷　兰 | 1 | 1 | 1 | 1 | | | | | | | | | | |
| | 小　计 | 34 | 92 | 19 | 48 | 8 | 27 | 6 | 6 | 7 | 10 | | | 1 | 1 |

表 3-22　1923—2005 年各省份大豆育成品种国外种质遗传贡献

| 省份 | 亲本数 | 比例（%） | 贡献值 | 比例（%） | 省份 | 亲本数 | 比例（%） | 贡献值 | 比例（%） |
|---|---|---|---|---|---|---|---|---|---|
| 安徽 | 16 | 24.62 | 7.00 | 17.95 | 辽宁 | 27 | 22.31 | 17.09 | 16.43 |
| 北京 | 26 | 26.26 | 19.67 | 27.71 | 内蒙古 | 18 | 36.00 | 4.81 | 19.25 |
| 福建 | 12 | 38.71 | 3.13 | 17.36 | 山东 | 17 | 23.94 | 12.40 | 17.71 |
| 广东 | 5 | 45.45 | 0.50 | 12.50 | 山西 | 15 | 19.48 | 7.12 | 13.96 |
| 广西 | 9 | 32.14 | 0.47 | 3.61 | 陕西 | 9 | 40.91 | 3.88 | 32.29 |
| 河北 | 21 | 25.30 | 11.75 | 26.11 | 四川 | 18 | 26.47 | 8.81 | 16.95 |
| 河南 | 15 | 18.99 | 7.37 | 11.69 | 天津 | 2 | 18.18 | 0.50 | 12.50 |
| 黑龙江 | 40 | 20.83 | 63.10 | 19.24 | 新疆 | 10 | 30.30 | 1.44 | 17.97 |
| 湖北 | 13 | 24.53 | 2.25 | 10.21 | 云南 | 7 | 70.00 | 1.00 | 25.00 |
| 湖南 | 8 | 19.51 | 1.72 | 7.47 | 浙江 | 14 | 28.00 | 3.78 | 16.44 |
| 吉林 | 38 | 22.62 | 34.74 | 16.23 | 总计 | 99 | 14.78 | 229.11 | 17.62 |
| 江苏 | 20 | 28.99 | 16.61 | 21.57 | | | | | |

## 三、中国大豆育成品种重要的国外祖先亲本

表 3-17 列出了 20 个国外来源核心祖先亲本的提名。表 3-23 进一步列举不同年代我国大豆育成品种重要的国外核心祖先亲本，10 个重要的核心祖先亲本核遗传贡献值为 141.31，占国外祖先亲本核遗传贡献值的 61.68%。美国的有 A. K.（297）、Mandarin（242）、Richland（241）、Lincoln（197）、Dunfield（190）、Mukden（169）、Mammoth（169）和 Otootan（169）。以美国的祖先亲本 Amsoy、Beeson、Williams、Clark63、Mammoth 等作为直接亲本或间接亲本育成了黑河 5 号、辽豆 3 号、宁镇 1 号、泗豆 11、科新 7 号、冀豆 4 号、冀豆 7 号和徐豆 1 号等早期主要品种，这些早期品

种作为直接或间接亲本育成了大量的现代品种。日本的十胜长叶（287）等作为父本育成了吉林18、吉林19、绥农6号、通农5-7号、黑农28、黑龙35、九农4号等早期优异品种，以及克4430-20等优异种质，间接育成了合丰25、合丰26、合丰30、红丰5号和吉林18等早期重要品种，这些早期优异品种又作为直接或间接育成了大量的现代品种。表3-22中列举的不同年代重要祖先亲本的衍生品种数，由少数几个快速增加，而平均每个品种核遗传贡献值持续降低。如日本的十胜长叶在1976—1985年、1986—1995年和1996—2005年分别衍生了11、54和222个品种，平均每个品种核遗传贡献值为0.36、0.20和0.12。

表3-23　不同年代育成品种的主要国外祖先亲本衍生品种数和核遗传贡献值

| 亲本名称 | 衍生品种数 | 贡献值 | % | 亲本名称 | 衍生品种数 | 贡献值 | % | 亲本名称 | 衍生品种数 | 贡献值 | % | 亲本名称 | 衍生品种数 | 贡献值 | % |
|---|---|---|---|---|---|---|---|---|---|---|---|---|---|---|---|
| 1923—2005年 | | | | 1976—1985年 | | | | 1986—1995年 | | | | 1996—2005年 | | | |
| A.K.（A585） | 297 | 23.37 | 0.08 | Mammoth Yellow(A601) | 18 | 1.75 | 0.10 | A.K（A585）. | 68 | 6.93 | 0.10 | 十胜长叶(A316) | 222 | 25.68 | 0.12 |
| 十胜长叶(A316) | 287 | 40.65 | 0.14 | Otootan (A611) | 18 | 1.75 | 0.10 | Richland(A619) | 62 | 5.34 | 0.09 | A.K.（A585） | 222 | 15.51 | 0.07 |
| Mandarin(A602) | 242 | 12.17 | 0.05 | 十胜长叶(A316) | 11 | 4 | 0.36 | Mandarin(A602) | 59 | 4.00 | 0.07 | Mandarin(A602) | 178 | 7.61 | 0.04 |
| Richland(A619) | 241 | 14.86 | 0.06 | A.K.（A585） | 7 | 0.94 | 0.13 | 十胜长叶(A316) | 54 | 10.97 | 0.20 | Richland(A619) | 174 | 8.9 | 0.05 |
| Lincoln(A599) | 197 | 15.7 | 0.08 | Mandarin(A602) | 5 | 0.56 | 0.11 | Mammoth Yellow(A601) | 51 | 3.14 | 0.06 | Dunfield(A589) | 156 | 5.92 | 0.04 |
| Dunfield(A589) | 190 | 7.98 | 0.04 | Richland(A619) | 5 | 0.63 | 0.13 | Otootan (A611) | 51 | 3.14 | 0.06 | Lincoln(A599) | 144 | 9.4 | 0.07 |
| Mammoth Yellow(A601) | 169 | 9.18 | 0.05 | 野起1号（A318） | 4 | 0.56 | 0.14 | Lincoln(A599) | 49 | 5.67 | 0.12 | Mukden (A607) | 120 | 2.84 | 0.02 |
| Mukden (A607) | 169 | 5.06 | 0.03 | Dunfield(A589) | 4 | 0.38 | 0.10 | Mukden (A607) | 47 | 2.03 | 0.04 | Clemson(A587) | 100 | 1.91 | 0.02 |
| Otootan (A611) | 169 | 9.18 | 0.05 | Lincoln(A599) | 4 | 0.63 | 0.16 | Clemson(A587) | 36 | 1.18 | 0.03 | Mammoth Yellow(A601) | 98 | 3.79 | 0.04 |
| Clemson(A587) | 138 | 3.15 | 0.02 | 黑龙江41（A319） | 3 | 0.75 | 0.25 | Dunfield(A589) | 30 | 1.69 | 0.06 | Otootan (A611) | 98 | 3.79 | 0.04 |
| 小计 | 2 099 | 141.31 | 0.07 | 小计 | 79 | 11.94 | 0.15 | 小计 | 507 | 44.1 | 0.09 | 小计 | 1 290 | 59.66 | 0.05 |

## 四、国外资源作为直接亲本在中国大豆育种中的应用

我国以国外种质为直接亲本进行杂交共有141次，其中母本30次，父本111次（表3-24）。各生态区的情况是，Ⅰ区和Ⅱ区使用国外种质作为直接亲本进行杂交次数较多，分别是69次（母本14次，父本55次）和44次（母本8次，父本36次）。我国自20世纪60年代首次使用国外种质作为直接亲本育成品种以来，随着和国外种质交流增多，使用国外种质作为直接亲本迅速增加，特别是1976—1995年增加最快，1923—1975年、1976—1985年、1986—1995年和1996—2005年分别是6次、19次、58次和58次，作为母本是0、4次、10次和16次，父本6次、15次、48次和42次。1996—2005年和以前有些不同的是国外种质作为直接亲本杂交数和1986—1995年间持平，但作为母本次数增加6次，而作为父本减少6次。

表3-24　国外种质作为直接亲本育成的中国大豆品种数

| 直接亲本 | 生态区（1923—2005） | | | | | | | 时　期 | | | |
|---|---|---|---|---|---|---|---|---|---|---|---|
| | 全国 | Ⅰ | Ⅱ | Ⅲ | Ⅳ | Ⅴ | Ⅵ | 1923—1975 | 1976—1985 | 1986—1995 | 1996—2005 |
| 母本 | 30 (13) | 14 (4) | 8 (4) | 1 (4) | 6 (1) | | 1 | 0 | 4 (1) | 10 (1) | 16 (11) |
| 父本 | 111 | 55 | 36 | 7 | 9 | 2 | 2 | 6 | 15 | 48 | 42 |
| 总计 | 141 (134) | 69 | 44 | 8 | 15 | 2 | 3 | 6 | 19 (1) | 58 (1) | 58 (11) |

注：括弧内为通过选择育种育成的品种数。

不同年代直接亲本类型的构成不同，它能反映大豆的育种水平。育种家在选择杂交亲本时，常以性状优良、适应当地栽培条件、配合力高、地理上远缘、生态类型差异较大等方面的综合条件为依据。表3-25列举1923—2005年我国大豆育成品种中一些重要的、作为直接亲本的国外种质，这些直接亲本大部分是推广面积大、作为直接亲本和间接亲本衍生品种数多的品种。

表 3 - 25　主要国外祖先亲本衍生品种数和核遗传贡献值

| 亲本名称 | 衍生品种数 | 作母本频数 | 作父本频数 | 亲本名称 | 衍生品种数 | 作母本频数 | 作父本频数 |
|---|---|---|---|---|---|---|---|
| 1. Williams（A347）（美） | 57 | 5 | 6 | 12. Maple Arrow（A705）（美） | 3 | | 3 |
| 2. 十胜长叶（A316）（日） | 287 | 1 | 13 | 13. Merit（A707）（美） | 3 | | 3 |
| 3. Beeson（A325）（美） | 47 | | 9 | 14. SRF 307（A344）（美） | 7 | 1 | 2 |
| 4. Clark 63（A326）（美） | 29 | | 7 | 15. Mammoth Yellow（A601）（美） | 169 | | 2 |
| 5. Hobbit（A703）（美） | 5 | 1 | 4 | 16. Corsoy（A328）（美） | 11 | 1 | 2 |
| 6. 白千城（A307）（日） | 5 | 3 | 2 | 17. Ohio（A610）（美） | 18 | | 2 |
| 7. Century（A698）（美） | 7 | | 7 | 18. 黑龙江 41（A319）（俄罗斯） | 33 | | 2 |
| 8. Amsoy（A324）（美） | 129 | 4 | 8 | 19. Franklin（A330）（美） | 5 | | 3 |
| 9. Harosoy 63（A332）（美） | 5 | | 3 | 20. Monetta（A606）（美） | 6 | | 2 |
| 10. Wilkin（A346）（美） | 31 | 1 | 4 | 21. 野起 1 号（A318）（日） | 59 | | 2 |
| 11. Buffalo（A697）（美） | 12 | | 2 | 22. 日本晴（A315）（日） | 3 | 1 | 1 |

# 第五节　中国大豆育成品种的直接亲本

杂交育种是大豆育种主要方式，其遗传基础是利用基因重组，包括控制不同性状的有益等位基因的重组和控制同一数量性状的增效等位基因间的重组。一个优良的组合不仅决定于单个亲本，更决定于双亲基因型的相对遗传组成，因此杂交亲本的选配对育种是否成功尤为重要。各亲本基因间的连锁状态也影响一个组合的优劣。一个亲本的配合力是其育种潜势的综合性描述，大豆育种中实际利用的是亲本的特殊配合力，一般配合力只是预选亲本的参考依据。

不同阶段代表品种亲本组成是不同的。早期大豆品种选育是以农家品种为亲本；第二阶段多以育成的中间材料为亲本；最近几年育种亲本选择，一方面含有国外大豆血缘，特别是美国血缘，另一方面选择的中间材料都是集丰产、优质、抗逆为一体，育成了一批品质优良同时产量较高且抗病性较强的新品种。

美国大豆品种早期选育工作主要是从中国引进的大批种质中系选出 Mandarin（黑龙江绥化四粒黄）、A. K.（东北大豆）、Manchu（黑龙江宁安黄豆）、Richland（引自吉林长岭）、Mukedn（沈阳小金黄）、Dunfield、PI54610、NO171、PI180501、CNS 种质，以及日本的 Tokio、PI81041 和朝鲜的 Arksoy、Harberlandt 等种质。用 Lincoln×Richland 育成了 Clark、Chippewa、Ford、Shelby 四品种。其中 Lincoln 是由 Mandarin×Manchu 育成的，这 3 个原始亲本都来自中国东北种。从 2 000多份材料中筛选出抗孢囊线虫的北京小黑豆（Peking）作杂交亲本，育成了丰产抗病的品种 Custer、Dyer、Pickett，挽救了美国南部的大豆生产。美国大豆育种家系统整理了美国公共大豆品种的系谱及相互间亲本系数等方面的资料，并根据亲本系数研究品种间的血缘关系，归纳出主要亲本。

我国最初育种是以当地的优良地方品种为材料通过系统选育或杂交选育，育成了早期的优良育成品种或种质，这些品种或种质作为早期的骨干亲本相互组合，或者与其他新引入优异种质组合形成现在的骨干亲本，通过几轮育种过程衍生了大量的现今育成品种。金元、吉林四粒黄、白眉、嘟噜豆、滨海大白花、铜山天鹅蛋、即墨油豆、奉贤穗稻黄、山东寿张地方品种（A295）等这些地方品种分别育成了黄宝珠、满仓金、紫花 4 号、元宝金、丰地黄、金元 1 号、58 - 161、徐豆 1 号、齐黄 1 号、南农 1138 - 2、莒选 23 等早期的大豆品种，通过这些品种又衍生了大量现代大豆育成品种。

杂交组配方式、杂交亲本的选配历来是育种工作者所关注的问题。有研究认为，最好的品种来源于具有 75％的适应基因的遗传基础。Schoener 和 Fehr 等分析北美大豆育种者所选用的亲本发现，56％为育成品种，39％为优良选系，只有 5％为引种材料。因其杂种后代产量常较低，优系率不高，通常引种材料只作为特异性状的基因源使用。田佩占和彭玉华曾报道了我国大豆育种杂交组合的变化及演变，盖钧镒等（1998）对我国 1923—1995 年间杂交育成品种的组配方式进行了全面的分析，育成品种及育种品系作为直接亲本的比例为 55.3%。

## 一、中国大豆育成品种的直接亲本类型与地理来源

1 300 个育成品种来源于 1 391 个直接亲本，共使用了 2 356 次（表 3 - 25、表 3 - 26），平均每个直接亲本使用 1.69 次，1 035 个（74.41%）直接亲本仅使用 1 次，少数育成品种使用次数较多，其中Ⅰ区（东北）的合丰 25（32 次）、吉林 20（29 次）、满仓金（28 次），Ⅱ区（黄淮海）的徐豆 1 号、58 -161、诱变 30，Ⅲ、Ⅳ、Ⅴ、Ⅵ区的矮脚早、南农 493 - 1、湘春豆 10 号及国外品种 Williams、Beeson、十胜长叶使用次数居各区前列。各育种途径育成品种及其直接亲本数依次是杂交育种（1 019，1 196）、自然变异选择育种（202，182）、杂交诱变育种（35，58）和诱变育种（35，27），6 个转总 DNA 育成品种分别是以吉林 20、黑农 35 和豫豆 24 作为受体育成的品种，满仓金通过自然变异选育成了荆山扑等 5 个品种，由毛蓬青自然变异选育出毛蓬青 1 号、毛蓬青 2 号、毛蓬青 3 号和衢秋 1 号 4 个品种。

中国大豆育成品种直接亲本可分为育成品种、国外品种、地方品种和育种品系四种类型。1 391 个直接亲本四种类型数量和百分比分别是 348 个（25.02%）、84 个（6.04%）、242 个（17.40%）和 717 个（51.55%），以育种品系数量最多。杂交育成的 1 196 个品种的直接亲本四种类型数分别是 332 个、73 个、140 个、651 个。1 391 个直接亲本中 72.83% 只使用了 1 次，14.11% 使用了 2 次，只有少数直接亲本使用次数较多（表 3 - 26）。

**表 3 - 26　中国大豆育成品种（1923—2005）直接亲本频数分布表**

| 频数 | 1 | 2 | 3 | 4 | 5 | 6 | 7 | 8 | 9 | 10 | 11 | 12 | 13 | 14 | 15 | 17 | 27 | 28 | 30 | 合计 |
|---|---|---|---|---|---|---|---|---|---|---|---|---|---|---|---|---|---|---|---|---|
| 直接亲本数 | 1035 | 187 | 60 | 35 | 26 | 6 | 7 | 11 | 5 | 4 | 4 | 1 | 4 | 1 | 1 | 1 | 1 | 1 | 1 | 1 391 |
| 小计 | 1 035 | 374 | 180 | 140 | 130 | 36 | 49 | 88 | 45 | 40 | 44 | 12 | 52 | 14 | 15 | 17 | 27 | 28 | 30 | 2 356 |

从表 3 - 27 中可看出我国大豆杂交育种采用的直接亲本多为育成品种和育种品系，分别占 44.44%、39.23%，两者之和高达 83.68%；国外品种和地方品种使用较少，仅占 6.64% 和 9.69%。而使用育成品种作为母本的直接亲本比例更高，为 50.34%；育种品系为 38.35%；国外品种为 2.75%；地方品种为 8.55%。

**表 3 - 27　中国大豆育成品种（1923—2005）直接亲本数**

| 直接亲本类型 | 杂交育种 | 自然变异选择 | 杂交＋诱变 | 诱变 | DNA 导入 | 合计 |
|---|---|---|---|---|---|---|
| 育成品种 | 332（921） | 34（45） | 20（28） | 16（23） | 4（7） | 348（1 024） |
| 国外品种 | 73（136） | 13（13） | 6（7） | 1（1） | 0（0） | 84（157） |
| 地方品种 | 140（194） | 107（115） | 5（5） | 3（3） | 1（1） | 242（318） |
| 育种品系 | 657（789） | 28（29） | 27（30） | 7（8） | 1（1） | 717（857） |
| 合计 | 1 202（2 040） | 182（202） | 58（70） | 27（35） | 6（9） | 1 391（2 356） |

注：括号中为作为直接亲本使用次数。

各生态区不同类型直接亲本差异较大，Ⅰ、Ⅳ、Ⅴ区使用育成品种作为直接亲本的频率较高，分别为 48.57%、41.86% 和 43.45%；Ⅰ、Ⅱ区使用育种品系比例比较高，分别为 39.13% 和 46.72%；相对来说，南方的Ⅲ、Ⅳ、Ⅴ、Ⅵ区使用地方品种作为直接亲本比例比较高；Ⅴ、Ⅵ区采用国外品种作为直接亲本比例高于其他生态区。近 10 年（1996—2005）来采用育种品系和育成品种作为直接亲本的比例呈上升趋势，分别增加了 9.76% 和 3.65%；采用地方品种和国外品种有所下降，分别下降了 11.52% 和 1.88%。各生态区不同类型的直接亲本使用情况不同，在Ⅰ区，使用育种品系作为直接亲本的比例上升了 16.16%，育成品种和国外品种略有下降，降幅最大的是地方品种，下降了 10.40%；Ⅱ区使用育成品种上升了 8.76%，地方品种下降了 9.47%，使用国外品种和育种品系都略有上升。Ⅲ区、Ⅳ区情况相似，这两个生态区直接亲本使用变化较大，育成品种增加了 16.18% 和

14.00%，育种品系和国外品种都有不同程度的上升，地方品种分别降低了 21.67% 和 26.18%。

## 二、中国大豆育成品种的直接亲本组配方式

四类直接亲本的组配方式共有 16 种（表 3-28）。盖钧镒等（1994、1998）分析了 1923—1995 年中国大豆育成品种的组配方式的演变发展，趋向于以育成品种（C）和育种品系（S）相互组合（C×C、S×S、C×S、S×C）的 4 种组配为主。全国 71.78% 的杂交育成品种是以这 4 种组配方式育成，其中 C×C、S×S、C×S、S×C 分别为 20.55%、19.86%、17.90% 和 13.47%。近 10 年这 4 种组配方式比例更高，占 83.50%，分别为 25.74%、24.56%、18.86% 和 14.34%，其中 C×C、S×S 组配方式较以前有所增加。

表 3-28　中国大豆育成品种各年代不同组配方式育成品种的百分数（%）

| 育成年代 | | | | | 1923—2005 | | | | 1986—1995 | | | | 1996—2005 | | | |
|---|---|---|---|---|---|---|---|---|---|---|---|---|---|---|---|---|
| | 母本 | 育成品种 | 国外品种 | 地方品种 | 育种品系 | 育成品种 | 国外品种 | 地方品种 | 育种品系 | 育成品种 | 国外品种 | 地方品种 | 育种品系 | | | |
| 父本 | 育成品种 | 20.55 | 0.98 | 3.54 | 13.47 | 9.52 | 9.52 | 6.23 | 19.05 | 25.74 | 0.98 | 0.98 | 14.34 | | | |
| | 国外品种 | 5.7 | 0.49 | 1.38 | 2.95 | 1.83 | 0.37 | 0.37 | 0.37 | 3.93 | 0.59 | 0.59 | 3.14 | | | |
| | 地方品种 | 6.19 | 0.29 | 2.26 | 2.06 | 4.03 | 2.93 | 2.93 | 1.83 | 1.96 | 0.2 | 1.38 | 0.59 | | | |
| | 育种品系 | 17.90 | 0.98 | 1.38 | 19.86 | 17.22 | 3.30 | 3.66 | 16.85 | 18.86 | 1.38 | 0.79 | 24.56 | | | |

## 三、中国大豆育成品种的重要直接亲本

不同年代直接亲本类型的构成不同，它能反映大豆的育种水平。育种家在选择杂交亲本时，常以性状优良、适应当地栽培条件、配合力高、地理上远缘、生态类型差异较大等方面的综合条件为依据。表 3-29 列举 1986—2005 年我国大豆育成品种中一些重要的直接亲本，这些直接亲本大部分是推广面积大、作为直接亲本和间接亲本衍生品种数多的品种。

表 3-29　1986—2005 年中国大豆育成品种的重要直接亲本及其使用次数

| 序号 | 品种名称 | 作直接亲本次数 | 衍生品种数 | 序号 | 品种名称 | 作直接亲本次数 | 衍生品种数 |
|---|---|---|---|---|---|---|---|
| | Ⅰ生态区 | | | 21 | 泗豆 11（C441）（苏） | 6 | 11 |
| 1 | 合丰 25（C170）（黑） | 32 | 77 | 22 | 跃进 5 号（C579）（鲁） | 5 | 31 |
| 2 | 吉林 20（C352）（吉） | 29 | 88 | | Ⅲ生态区 | | |
| 3 | 北丰 11（D153）（黑） | 15 | 16 | 23 | 矮脚早（C449）（鄂） | 20 | 39 |
| 4 | 绥农 10 号（C277）（黑） | 13 | 14 | 24 | 南农 493-1（C131）（苏） | 8 | 43 |
| 5 | 铁丰 18（C510）（辽） | 13 | 137 | 25 | 南农 1138-2（C428）（苏） | 7 | 34 |
| 6 | 黑河 54（C195）（黑） | 12 | 85 | 26 | 苏豆 1 号（C444）（苏） | 5 | 11 |
| 7 | 群选 1 号（C392）（吉） | 12 | 79 | | Ⅳ生态区 | | |
| 8 | 绥农 4 号（C271）（黑） | 11 | 60 | 27 | 川湘早 1 号（C623）（湘） | 7 | 18 |
| 9 | 北丰 9 号（D151）（黑） | 11 | 13 | 28 | 湘春豆 10 号（C301）（湘） | 8 | 9 |
| 10 | 吉林 30（C362）（吉） | 10 | 12 | 29 | 毛蓬青（A167）（浙） | 6 | 6 |
| 11 | 丰收 10 号（C156）（黑） | 9 | 155 | 30 | 浙春 1 号（C648）（浙） | 3 | 6 |
| | Ⅱ生态区 | | | 31 | 西豆 3 号（D646）（渝） | 3 | 3 |
| 12 | 徐豆 1 号（C455）（苏） | 18 | 146 | | Ⅴ+Ⅵ生态区 | | |
| 13 | 齐黄 1 号（C555）（鲁） | 15 | 127 | 32 | 晋宁大黄豆（C641）（滇） | 2 | 2 |
| 14 | 诱变 30（C028）（京） | 15 | 43 | 33 | 莆豆 8008（C054）（闽） | 3 | 4 |
| 15 | 58-161（C417）（苏） | 14 | 180 | | F | | |
| 16 | 豫豆 8 号（C111）（豫） | 12 | 15 | 34 | 十胜长叶（A316）（日） | 14 | 287 |
| 17 | 鲁豆 4 号（C545）（鲁） | 9 | 19 | 35 | Williams（美） | 11 | 57 |
| 18 | 晋豆 4 号（C594）（晋） | 8 | 15 | 36 | Beeson（美） | 9 | 47 |
| 19 | 豫豆 10 号（C112）（豫） | 7 | 13 | 37 | 白千城（A307）（日） | 5 | 5 |
| 20 | 晋遗 20（C615）（晋） | 5 | 6 | | | | |

满仓金、齐黄 1 号、矮脚早、合丰 25、紫花 4 号、58 - 161、绥农 4 号、诱变 30、莒选 23、徐豆 1 号、南农 1138 - 2 是在 1923—1995 年间育成品种中使用次数比较多的直接亲本。合丰 25、北丰 11、吉林 20、绥农 10 号、豫豆 8 号、北丰 9 号、吉林 30、合丰 35、湘春豆 10 号、鲁豆 4 号、中品 661、矮脚早等是在 1996—2005 年间育成品种中使用次多、影响较大的直接亲本。在这些直接亲本中，合丰 25、吉林 20、矮脚早表现比较突出，这 3 个亲本在 1996—2005 年间作为直接亲本比 1923—1995 年间使用次数更多。

# 第六节　中国大豆育成品种遗传基础的再认识

## 一、我国生产上应用品种的遗传基础

上文分析并归纳出的 1923—2005 年全国各生态区 112 个核心祖先亲本和 1986—2005 年育成品种的 54 个重要祖先亲本及 37 个直接亲本，是育种实践证明的适应性好、高产、配合力好的亲本，非常值得研究它们的遗传学和基因组学特点，为今后大豆育种亲本选配提供进一步的依据。

生产上作物遗传基础包含两方面含义，一方面是指某一地区品种总和的遗传基础；另一方面是指单个品种的遗传基础。10 余年来我国大豆育成品种祖先亲本群体和直接亲本群体扩大了约 1 倍，采用育成品种或育种品系作为直接亲本的杂交增加，育成品种系谱更为宽广，全国每个育成品种涉及的祖先亲本数平均已达 10.92 个，Ⅰ区、Ⅱ区更高，分别为 12.35 个和 11.44 个，一些品种如绥农 21、中黄 21、豫豆 24、豫豆 26 等高达 34～35 个。整体上来说，近 10 年来我国大豆育成品种遗传基础有所拓宽。但仔细分析我国大豆育成品种的亲本组成，迄今每个育成品种平均占有的祖先亲本数只有 0.52（670/1 300），还略低于 1923—1995 年的 0.53（348/651）。其原因在于大量品种由少数亲本育成，遗传基础较宽的育成品种又来自相近的本地区直接亲本或间接亲本。表 3 - 19 中的 54 个重要祖先亲本仅为 670 个祖先亲本的 8.60%，对全国 1 300 个育成品种贡献高达 52.95%，并且遗传贡献有向少数优异祖先亲本集中的趋势。因此，实际上我国生产上应用的品种，尤其在Ⅰ区、Ⅱ区仍存在着遗传基础狭窄的问题，必须引起注意。

## 二、我国大豆育成品种的种质局限性

作物遗传基础的局限性必然导致遗传脆弱性，其潜在的隐患早已引起各国育种家的关注。美国大豆育种的成功经验是较好地利用了国外、异生态区的种质。我国大豆育种中不乏一些成功的例子，如由日本的十胜长叶及辽宁的熊岳小黄豆种质育成了一批推广面积大、应用时间长的品种。盖钧镒等分析了我国 1923—1995 育成品种后认为种质在异生态区虽有扩散，但交叉利用的程度相对还较低。近 10 年来，Ⅰ区祖先亲本在Ⅱ、Ⅴ、Ⅵ区比例有所下降，在Ⅲ、Ⅳ区比例略有上升；Ⅱ区祖先亲本在Ⅰ、Ⅳ区比例略有上升，Ⅲ、Ⅴ、Ⅵ区有不同程度下降；南方Ⅲ、Ⅳ、Ⅴ、Ⅵ四生态区种质交流较为普遍，其中Ⅲ区祖先亲本在Ⅳ、Ⅴ、Ⅵ区比例有所上升。目前，各生态区间种质交叉利用相对而言略有所改善，但总体上各生态区间种质交叉利用还是偏少。我国大豆育种的种质局限性仍待改进。

## 三、拓宽我国大豆品种遗传基础的途径

盖钧镒等（1998）认为选用具有较宽广遗传基础而又不含相同祖先亲本的品种杂交，将有益于优异性状基因聚合而达到预期目标。拓宽我国大豆育成品种遗传基础，充分利用我国现有优异品种是一个方面。我国各生态区都拥有一批具有本生态区祖先亲本血缘、推广面积广、应用时间长的优异大豆育成品种，如铁丰 18、黑农 26、合丰 25、吉林 20、东农 36、鲁豆 4 号、南农 493 - 1、诱变 30 和南农 1138 - 2 等（见表 3 - 27），这些材料可以继续作为今后的骨干亲本。引进的外来种质，对提高产

量、增强抗逆性和改善品质等均已发挥了重要作用，如十胜长叶、Beeson、Logbeaw、Williams、Franklin等在我国大豆育种中都起到了重要的作用，这些材料可以继续作为今后的供体亲本。另一方面，通过总结我国大豆育种经验，整理、筛选和挖掘新的特殊种质，创造新的直接亲本，也是拓宽我国大豆品种遗传基础的一个重要方面。此外，为了拓宽未来品种的遗传基础，育成具有突破意义的新品种，今后应在本文所提出的核心祖先亲本和核心直接亲本基础上进一步遴选骨干亲本和供体亲本，通过分子标记和表型分析揭示其遗传构成，从而将亲本选配的工作建立在更加科学的基础之上。

## 第四章

# 中国大豆育成品种重要家族的
# 遗传相似性与特异性

研究品种间的遗传关系，常用亲本系数（coefficient of parentage，CP）和遗传相似系数表示。

亲本系数（CP）是指品种间携带血缘等同基因的概率，它所阐明的是品种间的亲缘程度，可以反映出品种整体遗传基础的相似或相远程度。亲本系数是从系谱关系推出来的平均值（理论值），实际育成的两个品种间的亲本系数不一定和理论值相同，因为还受育种过程中抽样和选择的影响。但是，品种间的亲本系数仍然是一个非常有用且有说服力的遗传参数，具有可比性，可以反映总体的基因流。Gizlice 等（1996）、Sneller 等（1994）、Allen 等（1987）和 Carter 等（1993）分别研究了美国大豆育成品种相互间的亲缘关系（亲本系数或共祖先度）。Bhardwaj 等（2002）对印度 1968—2000 年的育成品种系谱分析表明，66 个品种亲本系数平均值为 0.050。Bonato 等（2006）分析巴西 1984—1998 年育成的 100 个品种的 CP 平均值为 0.21，比美国的育成品种略低。

遗传相似系数可以通过分子标记作估计，两个品种具有相同的位点和条带（等位变异）便表明有一定的共同遗传基础。由此估计的遗传相似性与品种间的亲本系数不是同一个概念，因为它包含的相同的等位基因不一定是血缘等同的（不一定是来自同一亲本）。两个品种间由分子标记计算到的遗传相似系数一般高于亲本系数。分子标记数据也有抽样波动，为保证分子标记方法的准确性，需要确保足够多的标记数量和所抽取标记在基因组上是均匀排列的。

熊冬金等对我国 2005 年以前育成的 1 300 个品种进行系谱分析，追溯到来自 670 个祖先亲本，并归纳出 112 个核心祖先亲本，其中 51-83（A002）、白眉（A019）、滨海大白花（A034）、奉贤穗稻黄（A084）、滑县大绿豆（A122）、即墨油豆（A133）、上海六月白（A201）、铜山天鹅蛋（A231）、武汉菜用大豆混合群体（A291）和山东寿张无名地方品种（A295）等 10 个祖先亲本衍生的品种数最多，共计 1 228 份（次）。本章将综合 SSR 标记与亲本系数研究上述 10 个家族群体 179 个品种（表 4-1）间的遗传关系。

**表 4-1  10 个主要祖先亲本家族**

| 家族代号 | 祖先亲本 | 原生态区 | 省份 | 播期类型 | 衍生品种数 | 参试品种数 | 分布生态区 |
| --- | --- | --- | --- | --- | --- | --- | --- |
| A019 | 白眉 | Ⅰ | 黑龙江 | 春 | 352 | 14 | Ⅰ |
| A295 | 山东寿张无名地方品种 | Ⅱ | 山东 | 夏 | 130 | 50 | Ⅱ、Ⅲ、Ⅳ |
| A133 | 即墨油豆 | Ⅱ | 山东 | 夏 | 153 | 65 | Ⅱ、Ⅲ、Ⅳ、Ⅴ |
| A122 | 滑县大绿豆 | Ⅱ | 河南 | 夏 | 46 | 30 | Ⅱ |
| A034 | 滨海大白花 | Ⅱ | 江苏 | 夏 | 180 | 92 | Ⅱ、Ⅲ、Ⅳ |
| A231 | 铜山天鹅蛋 | Ⅱ | 江苏 | 夏 | 208 | 82 | Ⅱ、Ⅲ |
| A002 | 51-83 | Ⅲ | 江苏 | 夏 | 40 | 27 | Ⅱ、Ⅲ |
| A084 | 奉贤穗稻黄 | Ⅲ | 上海 | 夏 | 45 | 27 | Ⅱ、Ⅲ、Ⅳ、Ⅴ |
| A201 | 上海六月白 | Ⅲ | 上海 | 春 | 35 | 24 | Ⅲ、Ⅳ、Ⅴ |
| A291 | 武汉菜用大豆混合群体 | Ⅲ | 湖北 | 春 | 39 | 14 | Ⅲ、Ⅳ、Ⅴ |

注：Ⅰ：北方一熟春豆生态区；Ⅱ：黄淮海二熟春夏豆生态区；Ⅲ：长江中下游二熟春夏豆生态区；Ⅳ：中南多熟春夏秋豆生态区；Ⅴ：西南高原二熟春夏豆生态区。华南热带多熟多播季生态区（Ⅵ）的大豆未包括在本研究中。

# 第一节 中国大豆育成品种重要家族群体的亲本系数

对我国大豆育成品种 10 个主要祖先亲本家族的 179 个品种及亲本进行亲本系数分析，名录见附录图表Ⅹ。亲本系数计算参考 Cox 等（1985）和 Cui 等（2000）方法。计算原则如下：①一个品种分别从其双亲得到一半的基因；②所有祖先种、亲本及其后代品种都是纯合的；③最早的祖先品种（系）间的亲本系数为 0；④混合授粉材料，各花粉供体享有相同的等同于雌配子的亲本系数概率；⑤一个品种与其系选所得品种间的 CP＝0.75；⑥自然突变和诱导突变材料与其祖先的亲本系数为 0.75；⑦一个品种与其自身的 CP＝1.0；⑧含有部分相同亲本的旁系品种间的亲本系数计算公式为：$R_{SD}=\sum\left[(1/2)^{n}\right]$。$R$ 代表品种 S 和品种 D 之间的亲本系数；$n$ 代表品种 S 和品种 D 的共同亲本与品种 S 和品种 D 的世代数之和。

成对品种相似系数用 Nei 和 Li 计算法（1979），计算公式为：$S_{ij}=2N_{ij}（N_{i}+N_{j}）$。其中 $N_{ij}$ 为两个品种共有的等位变异；$N_{i}$、$N_{j}$ 分别为第 $i$ 和第 $j$ 品种各自的等位变异数。

179 个育成品种成对组成的 15 931 个组合的亲本系数矩阵见附录图表Ⅺ，亲本系数平均值为 0.02，分布范围在 0～0.75（表 4-2）；其中有 7 371 个组合的亲本系数为 0，且总体有 95％以上的亲本系数分布在 0～0.13。以上说明，尽管这些品种来自 10 个祖先亲本家族，但其遗传基础仍相对较为宽广。

**表 4-2 10 个主要家族内品种间亲本系数和遗传相似系数**

| 家族 | 亲本系数 | | | 遗传相似系数 | | |
|---|---|---|---|---|---|---|
| | 最小值 | 最大值 | 平均值 | 最小值 | 最大值 | 平均值 |
| 全部品种 | 0.00 | 0.75 | 0.02 | 0.03 | 0.80 | 0.16 |
| A019 | 0.01 | 0.19 | 0.07 | 0.06 | 0.53 | 0.18 |
| A295 | 0.00 | 0.50 | 0.04 | 0.05 | 0.61 | 0.17 |
| A133 | 0.00 | 0.50 | 0.04 | 0.05 | 0.61 | 0.16 |
| A122 | 0.00 | 0.34 | 0.05 | 0.06 | 0.60 | 0.18 |
| A034 | 0.00 | 0.50 | 0.06 | 0.04 | 0.74 | 0.16 |
| A231 | 0.00 | 0.36 | 0.05 | 0.04 | 0.74 | 0.16 |
| A002 | 0.00 | 0.56 | 0.12 | 0.04 | 0.61 | 0.17 |
| A084 | 0.00 | 0.75 | 0.12 | 0.06 | 0.63 | 0.17 |
| A201 | 0.02 | 0.50 | 0.12 | 0.05 | 0.80 | 0.25 |
| A291 | 0.06 | 0.56 | 0.20 | 0.05 | 0.56 | 0.23 |

由表 4-2 和图 4-1A 可知，家族群体内：

寿张无名地方品种（A295）家族、即墨油豆（A133）家族、滑县大绿豆（A122）家族、铜山天鹅蛋（A231）家族、滨海大白花（A034）家族和白眉（A019）家族的亲本系数均值相对较小，且分布较为集中。如 A295 家族的亲本系数平均值为 0.04，分布范围在 0～0.50 间，99％以上分布在 0～0.13 间。

51-83（A002）家族、奉贤穗稻黄（A084）家族和上海六月白（A201）家族的亲本系数居中，分布相对分散。如 A002 家族品种间亲本系数平均值为 0.12，分布范围在 0.00～0.56 间，74.5％密集分布在 0.00～0.15 范围内。

武汉菜用大豆混合群体（A291）家族亲本系数均值最大，为 0.20，分布最为分散，0.06～0.28 间居多，63％分布 0.13～0.28 间。

两个家族的品种间亲本系数平均值代表了两个家族间的亲本系数。由表 4-3 可知，主要家族群体间，白眉（A019）家族与其他家族间的亲本系数均较小，说明其与其他家族间的遗传相似性低，彼此拓宽遗传基础的可能性较大，而奉贤穗稻黄（A084）家族与 51-83（A002）家族间及菜用大豆

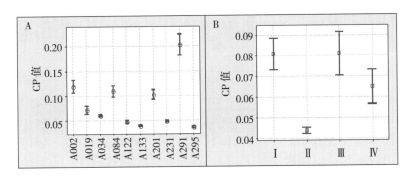

图 4-1　成对品种间亲本系数频数分布图

A. 不同家族　B. 不同生态区

混合群体（A291）家族与上海六月白（A201）家族间的亲本系数较大，说明家族间的遗传基础比较相近。

从上述亲本系数分析，A291 家族的亲本系数平均值最大，其遗传基础最为狭窄；其次为 A002、A084 和 A201；相对来说，A295 和 A133 家族的遗传基础最为宽广。东北的白眉（A019）家族与其他家族亲本系数较小，以后育种中要加强彼此间种质交流。

表 4-3　主要家族间亲本系数的比较

| 家族 | A019 | A295 | A133 | A122 | A034 | A231 | A002 | A084 | A201 |
|---|---|---|---|---|---|---|---|---|---|
| A295 | 0.00 | | | | | | | | |
| A133 | 0.00 | 0.05 | | | | | | | |
| A122 | 0.00 | 0.06 | 0.04 | | | | | | |
| A034 | 0.00 | 0.06 | 0.04 | 0.04 | | | | | |
| A231 | 0.00 | 0.04 | 0.04 | 0.04 | 0.06 | | | | |
| A002 | 0.01 | 0.03 | 0.03 | 0.03 | 0.06 | 0.05 | | | |
| A084 | 0.01 | 0.03 | 0.02 | 0.03 | 0.03 | 0.03 | 0.11 | | |
| A201 | 0.00 | 0.01 | 0.02 | 0.01 | 0.02 | 0.02 | 0.01 | 0.02 | |
| A291 | 0.00 | 0.01 | 0.01 | 0.00 | 0.02 | 0.02 | 0.01 | 0.03 | 0.09 |

179 个品种分布在Ⅰ～Ⅴ生态区。Ⅰ、Ⅱ、Ⅲ、Ⅳ 4 个生态区中，Ⅱ生态区品种家族较大，涉及祖先亲本数多，其亲本系数平均值最低，为 0.04，并较为紧凑分布在平均值附近，该区品种的遗传基础最为宽广；Ⅲ生态区的品种家族自然选择育种较多，涉及祖先亲本数少，其亲本系数平均值最高为 0.08，并且较分散，该区品种的遗传基础最为狭窄（图 4-1B）。Ⅴ生态区只有 3 个品种，未参加分析。

# 第二节　中国大豆育成品种重要家族群体的遗传结构

## 一、中国大豆育成品种 10 个重要家族群体的遗传多样性

选用均匀覆盖大豆 20 条连锁群的 161 个 SSR 标记对 10 个家族 179 份材料进行分析，结果共检测到 1 697 个等位变异，平均每个位点等位变异数为 10.5 个，变化范围为 5～24 个（表 4-4）。多态性信息量平均值为 0.819，变化范围为 0.549～0.937，其中等位变异数与多态信息量最高的是 Satt009，最低为 Satt170。以上表明 10 个重要家族群体所构成的样本具有丰富的遗传变异，品种间多样性高。

10 个重要家族群体中，平均等位变异数较多的是滨海大白花（A034）家族、铜山天鹅蛋（A231）家族、即墨油豆（A133）家族和山东寿张无名地方品种（A295）家族；较少的是武汉菜用大

表 4 - 4　161 个 SSR 标记所在连锁群及其多样性

| 连锁群 | 标记 | 图位 (cM) | 等位变异数 | 多态性信息量 |
|---|---|---|---|---|
| Chr. 1 (D1a) | Satt267 | 57.34 | 7 | 0.814 |
|  | AZ302047 | 57.75 | 13 | 0.871 |
|  | Satt507 | 64.52 | 10 | 0.811 |
|  | Satt436 | 70.69 | 13 | 0.895 |
|  | Satt147 | 108.89 | 9 | 0.857 |
| Chr. 2 (D1b) | Satt216 | 9.80 | 11 | 0.876 |
|  | BE475343 | 30.74 | 10 | 0.875 |
|  | Satt157 | 37.07 | 13 | 0.871 |
|  | Satt141 | 72.89 | 11 | 0.855 |
|  | Satt290 | 73.35 | 9 | 0.837 |
|  | Satt005 | 75.29 | 9 | 0.811 |
|  | Satt350 | 76.60 | 10 | 0.822 |
|  | Sat_289 | 131.92 | 14 | 0.867 |
|  | Satt271 | 137.06 | 12 | 0.870 |
| Chr. 3 (N) | Sct_195 | 2.44 | 9 | 0.835 |
|  | Satt152 | 22.67 | 10 | 0.859 |
|  | Satt159 | 27.13 | 10 | 0.860 |
|  | Satt009 | 28.52 | 24 | 0.937 |
|  | Satt683 | 34.52 | 12 | 0.849 |
| Chr. 4 (C1) | Satt690 | 5.36 | 11 | 0.824 |
|  | Satt194 | 26.35 | 14 | 0.897 |
|  | Sat_140 | 41.43 | 17 | 0.905 |
|  | Satt607 | 67.03 | 14 | 0.846 |
|  | Satt661 | 74.36 | 9 | 0.817 |
|  | Satt294 | 78.65 | 12 | 0.871 |
|  | Satt670 | 85.37 | 9 | 0.800 |
| Chr. 4 (C1) | AI794821 | 122.63 | 8 | 0.773 |
|  | Satt180 | 127.77 | 14 | 0.893 |
| Chr. 5 (A1) | Satt164 | 132.46 | 7 | 0.619 |
|  | Satt165 | 23.00 | 5 | 0.729 |
|  | Satt449 | 27.78 | 13 | 0.896 |
|  | Satt300 | 30.93 | 12 | 0.845 |
|  | Satt717 | 51.95 | 7 | 0.775 |
|  | Satt648 | 59.18 | 6 | 0.634 |
|  | Satt385 | 64.74 | 17 | 0.926 |
|  | Satt236 | 93.23 | 11 | 0.886 |
|  | Satt225 | 95.16 | 5 | 0.683 |
| Chr. 6 (C2) | AW734043 | 4.22 | 9 | 0.831 |
|  | Satt227 | 26.65 | 6 | 0.661 |
|  | Satt291 | 45.76 | 7 | 0.699 |
| Chr. 7 (M) | Satt170 | 70.56 | 5 | 0.549 |
|  | Satt286 | 101.75 | 11 | 0.864 |
|  | Satt277 | 107.59 | 9 | 0.741 |
|  | Satt100 | 113.96 | 11 | 0.800 |
|  | Satt202 | 126.24 | 11 | 0.830 |
|  | Satt316 | 127.67 | 16 | 0.890 |
|  | Satt357 | 151.91 | 9 | 0.778 |
|  | Sat_389 | 0.00 | 9 | 0.832 |
|  | Satt636 | 5.00 | 12 | 0.866 |
|  | Satt150 | 18.58 | 12 | 0.896 |
|  | Satt567 | 33.47 | 12 | 0.871 |
|  | Satt463 | 50.10 | 15 | 0.885 |
| Chr. 7 (M) | Satt175 | 66.99 | 13 | 0.893 |
|  | Satt655 | 76.41 | 9 | 0.805 |
|  | Satt680 | 77.19 | 10 | 0.830 |
|  | Satt306 | 80.02 | 7 | 0.791 |
|  | Satt210 | 112.08 | 10 | 0.811 |
|  | Satt346 | 112.79 | 12 | 0.880 |
| Chr. 8 (A2) | Sat_383 | 0.00 | 19 | 0.915 |
|  | Sat_406 | 25.90 | 16 | 0.889 |
|  | Satt207 | 26.50 | 10 | 0.836 |
|  | BE820148 | 35.93 | 11 | 0.842 |
|  | Satt177 | 36.77 | 8 | 0.832 |
|  | Satt315 | 45.29 | 6 | 0.660 |
|  | Satt187 | 54.92 | 8 | 0.792 |
|  | AW132402 | 67.86 | 10 | 0.866 |
|  | Satt341 | 77.70 | 7 | 0.793 |
| Chr. 9 (K) | Sat_199 | 84.09 | 15 | 0.898 |
|  | Satt133 | 125.38 | 9 | 0.795 |
|  | Satt209 | 128.44 | 7 | 0.776 |
|  | Satt409 | 145.57 | 14 | 0.906 |
|  | Sat_347 | 158.39 | 9 | 0.823 |
| Chr. 10 (O) | Satt326 | 49.53 | 5 | 0.600 |
|  | Satt001 | 50.56 | 15 | 0.903 |
|  | Satt260 | 80.12 | 7 | 0.731 |
|  | Sat_293 | 99.10 | 11 | 0.847 |
|  | Satt653 | 38.09 | 5 | 0.696 |
|  | Satt259 | 39.82 | 14 | 0.914 |

（续）

| 连锁群 | 标记 | 图位(cM) | 等位变异数 | 多态性信息量 |
|---|---|---|---|---|
| Chr.10 (O) | Satt347 | 42.29 | 6 | 0.736 |
| | Satt094 | 56.58 | 7 | 0.779 |
| | Satt345 | 59.43 | 12 | 0.840 |
| | Satt173 | 58.40 | 13 | 0.831 |
| | Satt633 | 56.93 | 9 | 0.782 |
| | Satt592 | 100.38 | 8 | 0.825 |
| | Satt243 | 119.50 | 10 | 0.876 |
| | Sat_190 | 129.80 | 20 | 0.903 |
| Chr.11 (B1) | Sat_272 | 14.32 | 12 | 0.824 |
| | Satt509 | 32.51 | 8 | 0.754 |
| | Satt638 | 37.80 | 8 | 0.741 |
| | Sat_149 | 54.01 | 12 | 0.883 |
| | Sat_348 | 71.97 | 13 | 0.893 |
| | Satt665 | 96.36 | 7 | 0.696 |
| | Sat_331 | 125.74 | 13 | 0.848 |
| | AQ851479 | 128.66 | 6 | 0.629 |
| Chr.12 (H) | Satt666 | 0.59 | 8 | 0.730 |
| | Satt353 | 8.48 | 12 | 0.813 |
| | Satt192 | 44.04 | 8 | 0.750 |
| | Satt253 | 67.17 | 8 | 0.838 |
| | Satt279 | 68.50 | 12 | 0.849 |
| | Satt302 | 81.04 | 11 | 0.829 |
| | Satt142 | 86.49 | 9 | 0.853 |
| Chr.13 (F) | Satt146 | 1.92 | 13 | 0.877 |
| | Satt325 | 2.23 | 13 | 0.895 |
| | Satt030 | 3.95 | 9 | 0.738 |
| | Satt269 | 11.37 | 12 | 0.806 |
| | BE806387 | 22.97 | 6 | 0.669 |

| 连锁群 | 标记 | 图位(cM) | 等位变异数 | 多态性信息量 |
|---|---|---|---|---|
| Chr.13 (F) | Satt659 | 26.71 | 6 | 0.621 |
| | Sat_197 | 103.51 | 15 | 0.896 |
| | Satt522 | 119.19 | 10 | 0.817 |
| | AW755935 | 124.88 | 7 | 0.640 |
| Chr.14 (B2) | Sat_342 | 20.31 | 11 | 0.833 |
| | Sat_287 | 31.88 | 14 | 0.823 |
| | Satt020 | 72.13 | 9 | 0.858 |
| | Satt534 | 87.59 | 13 | 0.874 |
| Chr.15 (E) | Satt063 | 93.49 | 14 | 0.880 |
| | Sat_424 | 100.10 | 12 | 0.872 |
| | Satt687 | 113.61 | 8 | 0.817 |
| | Satt213 | 3.72 | 11 | 0.862 |
| | Satt384 | 19.30 | 10 | 0.840 |
| | Satt606 | 39.77 | 12 | 0.826 |
| | Satt045 | 46.65 | 9 | 0.802 |
| | BE347343 | 65.66 | 11 | 0.864 |
| Chr.16 (J) | Satt249 | 11.74 | 10 | 0.835 |
| | Satt405 | 12.41 | 12 | 0.850 |
| | Sct_046 | 24.09 | 6 | 0.688 |
| | Satt285 | 25.51 | 8 | 0.793 |
| | Satt414 | 37.04 | 14 | 0.888 |
| | Satt406 | 38.19 | 14 | 0.799 |
| | Satt132 | 39.18 | 6 | 0.769 |
| Chr.17 (D2) | Satt183 | 42.51 | 8 | 0.841 |
| | Satt244 | 65.04 | 16 | 0.890 |
| | Satt458 | 24.52 | 15 | 0.915 |
| | Satt135 | 26.05 | 10 | 0.861 |
| | Satt443 | 51.41 | 6 | 0.685 |

| 连锁群 | 标记 | 图位(cM) | 等位变异数 | 多态性信息量 |
|---|---|---|---|---|
| Chr.17 (D2) | Satt389 | 79.23 | 11 | 0.843 |
| | Satt311 | 84.62 | 12 | 0.855 |
| | Satt226 | 85.15 | 12 | 0.874 |
| | Satt301 | 93.71 | 13 | 0.890 |
| | Satt386 | 125.00 | 11 | 0.789 |
| | Sct_137 | 128.95 | 6 | 0.763 |
| Chr.18 (G) | Satt163 | 0.00 | 12 | 0.801 |
| | Satt038 | 1.84 | 10 | 0.760 |
| | Satt688 | 12.54 | 5 | 0.690 |
| | Satt235 | 21.89 | 10 | 0.752 |
| | Satt130 | 23.10 | 11 | 0.872 |
| | Satt352 | 50.53 | 10 | 0.852 |
| | Satt288 | 76.77 | 13 | 0.871 |
| | AF162283 | 87.94 | 11 | 0.831 |
| | Sat_372 | 107.75 | 18 | 0.916 |
| Chr.19 (L) | Satt723 | 1.07 | 5 | 0.677 |
| | Satt182 | 14.03 | 14 | 0.909 |
| | Satt143 | 30.19 | 9 | 0.809 |
| | Satt652 | 30.88 | 10 | 0.838 |
| | Sat_191 | 32.01 | 9 | 0.817 |
| | Satt284 | 38.16 | 8 | 0.848 |
| | Satt076 | 61.35 | 8 | 0.806 |
| | Satt664 | 92.66 | 8 | 0.839 |
| Chr.20 (I) | Sat_245 | 115.07 | 15 | 0.849 |
| | Satt614 | 31.94 | 16 | 0.816 |
| | Satt671 | 72.09 | 9 | 0.799 |
| | Satt148 | 100.78 | 11 | 0.870 |
| | Mean | | 10.5 | 0.819 |

豆混合群体（A291）家族，为 5.4 个。10 个重要家族群体多态性信息量（PIC）均值变化范围在 0.670～0.810 之间，遗传多样性结果与根据等位变异数分析结果基本一致。综上所述，A034 家族遗传多样性最高，其次为 A231 家族，最低的为 A291 家族，且各家族群体间遗传差异明显，其中 A034 与 A291 家族间遗传差异最为明显（表 4-5）。

表 4-5　10 个重要家族群体的遗传多样性

| 家族 | 位点等位变异数 | | | | 多态性信息量（PIC） | | |
| --- | --- | --- | --- | --- | --- | --- | --- |
| | 个数 | 最小值 | 最大值 | 平均 | 最小值 | 最大值 | 平均 |
| A002 | 1 287 | 3 | 18 | 8.0 | 0.478 | 0.923 | 0.774 |
| A019 | 986 | 2 | 11 | 6.1 | 0.280 | 0.878 | 0.740 |
| A034 | 1 628 | 4 | 22 | 10.1 | 0.546 | 0.938 | 0.810 |
| A084 | 1 254 | 3 | 16 | 7.8 | 0.437 | 0.901 | 0.771 |
| A122 | 1 253 | 3 | 14 | 7.8 | 0.468 | 0.901 | 0.768 |
| A133 | 1 569 | 4 | 21 | 9.7 | 0.568 | 0.935 | 0.805 |
| A201 | 1 018 | 3 | 13 | 6.3 | 0.346 | 0.883 | 0.678 |
| A231 | 1 607 | 4 | 21 | 10.0 | 0.564 | 0.932 | 0.810 |
| A291 | 864 | 2 | 10 | 5.4 | 0.240 | 0.854 | 0.670 |
| A295 | 1 488 | 4 | 19 | 9.2 | 0.529 | 0.915 | 0.796 |
| 总数 | 1 697 | 5 | 24 | 10.5 | 0.549 | 0.937 | 0.819 |

## 二、10 个重要家族群体的聚类

根据 Nei（1983）遗传距离，用 Neighbor-Joining tree 方法进行品种遗传关系聚类，179 个大豆品种可分为 A、B、C、D、E、F 6 个亚群，A、B、C1、C2,、C3、D、E1、E2、F1、F2 和 F3 11 个小类，如图 4-2。

179 个品种的详细归类结果见表 4-6。A 亚群包括 12 个品种，其中以铜山天鹅蛋（A231）家族的品种为主，占 7 个，主要分布在Ⅱ生态区。B 亚群包括 21 个品种，其中以即墨油豆（A133）家族为主，有 17 个，分布的地区主要为Ⅱ区的河南和山东等地。

C 亚群包含品种较多，共 40 个，又可分为 C1 和 C2 两小类及 1 个独立品种（豫豆 29）。C1 小类包括沧豆 4 号等 27 个品种，其中以滨海大白花（A034）家族的品种居多，有 17 个，主要分布在北京、安徽和河南等黄淮地区（Ⅱ）；C2 小类包括 12 个品种，以山东寿张无名地方品种（A295）家族为主，有 10 个，主要分布在Ⅱ生态区的河南省；C3 仅包含一个独立的大豆品种豫豆 29。

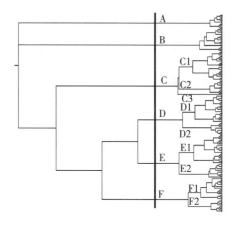

图 4-2　供试 179 个品种的 SSR 聚类图

D 亚群包括 36 个品种，又可分为 D1 和 D2 两个小类。D1 小类包括 24 个品种，其中有 23 个品种分布在江苏，多属于Ⅲ生态区，该亚群以 51-83（A002）家族的品种为主，占 12 个。D2 小类的品种以即墨油豆（A133）家族为主，12 个品种中有 7 个属于该家族，主要分布在Ⅱ和Ⅳ生态区。

E 亚群包括 39 个品种，可分为 E1 和 E2 两小类。E1 小类包括 26 个品种，以滨海大白花（A034）家族、即墨油豆（A133）家族的品种为主，分别有 14 个和 11 个品种聚在此类；东北白眉（A019）家族的品种，如绥农 14 和合丰 33 等也多聚在此类。E2 小类包括 13 个大豆品种，其中有 11 个品种属于滨海大白花（A034）家族，分布地区集中在Ⅱ和Ⅲ生态区。

F 亚群包括 31 个品种，可分为 F1 和 F2 两小类。F1 小类包括 20 个品种，以上海六月白（A201）和武汉菜用大豆混合群体（A291）家族的品种为主。F2 小类包括 11 个大豆品种，以上海六月白（A201）家族品种为主，有 7 个，该类品种主要分布在Ⅳ生态区。

以上 10 个家族共 179 个品种是国内各生态区的重要资源（亲本），所提供的遗传关系信息可供育种工作者选配组合时查考。

**表 4 - 6　供试的 179 份大豆品种聚类结果**

| 小类 | 品种（代码） | 祖先亲本 | 生态区 | 小类 | 品种（代码） | 祖先亲本 | 生态区 |
|---|---|---|---|---|---|---|---|
| A | 苏协 19 - 15(C449) | A002,A084 | Ⅲ | C1 | 郑州 126(C123) | A133 | Ⅱ |
| A | 苏协 18 - 6(C448) | A002,A084 | Ⅲ | C1 | 郑 133(C120) | A122,A133,A295 | Ⅱ |
| A | 川豆 6 号(D598) | A084,A201,A291 | Ⅳ | C1 | 南豆 5 号(D619) | A034,A201A231,A291 | Ⅳ |
| A | 中黄 15(D044) | A034,A231 | Ⅱ | C1 | 宁镇 3 号(C440) | A084 | Ⅲ |
| A | 跃进 10 号(D565) | A034,A133,A231 | Ⅱ | C1 | 中黄 7 号(C044) | A034,A231 | Ⅱ |
| A | 中豆 27(D036) | A002,A084,A231 | Ⅱ | C1 | 中黄 9(D038) | A034 | Ⅱ |
| A | 北丰 9 号(D151) | A019 | Ⅰ | C1 | 徐豆 8 号(D465) | A231,A295 | Ⅱ |
| A | 北丰 7 号(D149) | A019 | Ⅰ | C1 | 徐豆 10 号(D467) | A034,A133,A231,A295 | Ⅱ |
| A | 周豆 12(D141) | A034,A122,A133,A231,A295 | Ⅱ | C1 | 徐豆 11(D468) | A034,A133,A231,A295 | Ⅱ |
| A | 周豆 11(D140) | A034,A122,A133,A231,A295 | Ⅱ | C1 | 徐豆 12(D469) | A034,A133,A231,A295 | Ⅱ |
| A | 豫豆 26(D129) | A034,A122,A133,A231,A295 | Ⅱ | C1 | 齐黄 29(D558) | A133 | Ⅱ |
| A | 豫豆 24(D127) | A034,A122,A133,A231,A295 | Ⅱ | C1 | 齐黄 28(D557) | A133 | Ⅱ |
| B | 豫豆 1 号(C104) | A133 | Ⅱ | C1 | 贡豆 11(D609) | A034,A133,A201,A231 | Ⅳ |
| B | 豫豆 2 号(C105) | A122,A295 | Ⅱ | C1 | 宁镇 2 号(C439) | A084 | Ⅲ |
| B | 豫豆 5 号(C108) | A034,A133 | Ⅱ | C1 | 合丰 36(C181) | A019 | Ⅰ |
| B | 北丰 14(D155) | A019 | Ⅰ | C2 | 豫豆 25(D128) | A034,A122,A133,A231,A295 | Ⅱ |
| B | 北丰 13(D154) | A019 | Ⅰ | C2 | 豫豆 22(D125) | A002,A034,A084,A122,A133,A231,A295 | Ⅱ |
| B | 北丰 11(D153) | A019 | Ⅰ | C2 | 豫豆 21(D124) | A034,A122,A133,A231,A295 | Ⅱ |
| B | 北丰 10 号(D152) | A019 | Ⅰ | C2 | 豫豆 23(D126) | A034,A122,A133,A231,A295 | Ⅱ |
| B | 豫豆 17(D122) | A034,A231 | Ⅱ | C2 | 豫豆 28 (D131) | A002,A034,A084,A122,A133,A231,A295 | Ⅱ |
| B | 郑长叶 7() | | Ⅱ | | | | |
| B | 豫豆 27(D130) | A002,A034,A084,A133,A231,A295 | Ⅱ | C2 | 滑豆 20(D114) | A034,A122,A133,A231,A295 | Ⅱ |
| B | 河南早丰 1 号(C094) | A133 | Ⅱ | C2 | 地神 21(D112) | A002,A034,A084,A122,A133,A231,A295 | Ⅱ |
| B | 豫豆 15(C115) | A034,A133,A231,A295 | Ⅱ | | | | |
| B | 豫豆 11(C113) | A034,A133,A231,A295 | Ⅱ | C2 | 豫豆 12(C114) | A122,A295 | Ⅱ |
| B | 豫豆 10 号(C112) | A034,A122,A133,A231,A295 | Ⅱ | C2 | 黔豆 3 号(D087) | A084,A201,A291 | Ⅴ |
| B | 豫豆 7 号(C110) | A034,A122,A133,A231 | Ⅱ | C2 | 黔豆 5 号(D088) | A133,A201 | Ⅴ |
| B | 郑州 135(C124) | A133 | Ⅱ | C2 | 科新 3 号(C027) | A122,A295 | Ⅱ |
| B | 合丰 25(C170) | A019 | Ⅰ | C2 | 桂早 1 号(D081) | A291 | Ⅳ |
| B | 浙春 2 号(C649) | A133 | Ⅳ | C3 | 豫豆 29(D132) | A034,A122,A133,A231,A295 | Ⅱ |
| B | 浙春 1 号(C648) | A133 | Ⅳ | D1 | 南农 87C - 38(C434) | A231,A295 | Ⅲ |
| B | 浙春 3 号(C650) | A034,A133 | Ⅳ | D1 | 南农菜豆 1 号(C436) | A084 | Ⅲ |
| B | 中黄 24(D053) | A002,A019,A034,A084,A231 | Ⅱ | D1 | 南农 73 - 935(C432) | A002,A084 | Ⅲ |
| C1 | 川豆 2 号(C621) | A084 | Ⅳ | D1 | 南农 493 - 1(C431) | A002 | Ⅲ |
| C1 | 沧豆 4 号(D090) | A034,A231 | Ⅱ | D1 | 淮豆 2 号(C424) | A034 | Ⅲ |
| C1 | 中黄 3 号(C040) | A034,A231 | Ⅱ | D1 | 南农 1138 - 2(C428) | A084 | Ⅲ |
| C1 | 菏 84 - 1(C538) | A034,A231 | Ⅱ | D1 | 58 - 161(C417) | A034 | Ⅱ |
| C1 | 中黄 25(D054) | A034,A231 | Ⅱ | D1 | 灌豆 1 号(C421) | A002,A034,A231 | Ⅱ |
| C1 | 皖豆 13(C019) | A034,A231 | Ⅱ | D1 | 淮豆 1 号(C423) | A002,A034,A231 | Ⅱ |
| C1 | 皖豆 19(D011) | A034,A231 | Ⅱ | D1 | 南农 86 - 4(C433) | A084 | Ⅲ |
| C1 | 中黄 14(D043) | A034,A133 | Ⅱ | D1 | 南农 88 - 48(C435) | A002,A084 | Ⅲ |
| C1 | 中黄 2 号(C039) | A034,A231 | Ⅱ | D1 | 宁镇 1 号(C438) | A084 | Ⅲ |
| C1 | 中黄 1 号(C038) | A034,A231 | Ⅱ | D1 | 苏 7209(C443) | A002,A034 | Ⅲ |
| C1 | 郑 77249(C121) | A034,A133,A231,A295 | Ⅱ | D1 | 苏协 4 - 1(C450) | A002,A034 | Ⅲ |
| C1 | 郑 86506(C122) | A034,A122,A133,A231,A295 | Ⅱ | | | | |

（续）

| 小类 | 品种（代码） | 祖先亲本 | 生态区 | 小类 | 品种（代码） | 祖先亲本 | 生态区 |
|---|---|---|---|---|---|---|---|
| D1 | 苏豆3号（C445） | A002,A034 | Ⅲ | E1 | 八五七-1（D143） | A019 | Ⅰ |
| D1 | 泗豆11（C441） | A034 | Ⅱ | E1 | 九农20（C390） | A019 | Ⅰ |
| D1 | 徐豆7号（C458） | A231 | Ⅱ | E2 | 皖豆9号（C016） | A034,A231,A295 | Ⅱ |
| D1 | 徐豆3号（C457） | A034,A231 | Ⅱ | E2 | 皖豆16（D008） | A034 | Ⅱ |
| D1 | 南农88-31（D453） | A002,A084 | Ⅲ | E2 | 皖豆1号（C010） | A231 | Ⅱ |
| D1 | 通豆3号（D463） | A002,A034 | Ⅲ | E2 | 皖豆6号（C014） | A002,A295 | Ⅱ |
| D1 | 淮豆6号（D445） | A002,A034,A133,A231,A295 | Ⅱ | E2 | 合豆2号（D003） | A034,A122,A133,A231,A295 | Ⅲ |
| D1 | 淮豆3号（D442） | A034,A231 | Ⅱ | E2 | 皖豆21（D013） | A034 | Ⅱ |
| D1 | 南农99-10（D455） | A002,A084 | Ⅲ | E2 | 皖豆3号（C011） | A034,A231 | Ⅲ |
| D1 | 徐豆1号（C455） | A231 | Ⅱ | E2 | 诱处4号（C030） | A034,A231 | Ⅱ |
| D1 | 兖黄1号（C575） | A133 | Ⅱ | E2 | 诱变31（C029） | A034,A231 | Ⅱ |
| D2 | 齐黄22（C563） | A133,A295 | Ⅱ | E2 | 科丰35（C026） | A034,A231 | Ⅱ |
| D2 | 鲁豆1号（C542） | A133,A295 | Ⅱ | E2 | 诱变30（C028） | A034,A231 | Ⅱ |
| D2 | 菏84-4（C539） | A034,A231 | Ⅱ | E2 | 合豆3号（D004） | A034,A231 | Ⅲ |
| D2 | 莒选23（C540） | A133 | Ⅱ | E2 | 阜豆1号（C003） | A034,A231 | Ⅱ |
| D2 | 贡豆7号（C630） | A133,A201 | Ⅳ | F1 | 中豆30（D314） | A201 | Ⅲ |
| D2 | 淮豆4号（D443） | A002,A034,A231, | Ⅱ | F1 | 中豆29（D313） | A201 | Ⅲ |
| D2 | 为民1号（C567） | A133,A295 | Ⅱ | F1 | 湘春豆20（D323） | A201 | Ⅳ |
| D2 | 鲁豆12号（D550） | A034,A133,A231A295 | Ⅱ | F1 | 湘春豆19（D322） | A201 | Ⅳ |
| D2 | 贡豆2号（C626） | A034,A231 | Ⅳ | F1 | 湘春豆16（D319） | A201 | Ⅳ |
| D2 | 贡豆6号（C629） | A034,A231 | Ⅳ | F1 | 湘春豆22（D325） | A201 | Ⅳ |
| D2 | 贡豆4号（C628） | A034,A133,A201,A231,A295 | Ⅳ | F1 | 湘春豆23（D326） | A201,A291 | Ⅳ |
| E1 | 苏豆1号（C444） | A002,A034 | Ⅲ | F1 | 湘春豆15（C306） | A201 | Ⅳ |
| E1 | 科丰53（D028） | A034,A231 | Ⅱ | F1 | 湘春豆10号（C301） | A201 | Ⅳ |
| E1 | 黔豆4号（C069） | A133 | Ⅴ | F1 | 中豆32（D316） | A201 | Ⅲ |
| E1 | 豫豆3号（C106） | A034,A133 | Ⅱ | F1 | 早春1号（C292） | A291 | Ⅲ |
| E1 | 早熟18（C037） | A034,A231 | Ⅱ | F1 | 鄂豆7号（D309） | A034,A231,A291 | Ⅲ |
| E1 | 中黄4号（C041） | A034,A231 | Ⅱ | F1 | 鄂豆5号（C291） | A291 | Ⅲ |
| E1 | 早熟6号（C032） | A034,A231 | Ⅱ | F1 | 矮脚早（C288） | A291 | Ⅲ |
| E1 | 中黄6号（C043） | A034,A231 | Ⅱ | F1 | 中豆24（C297） | A291 | Ⅲ |
| E1 | 中黄8号（C045） | A133 | Ⅱ | F1 | GS郑交9525（D139） | A034,A122,A133A231,A295 | Ⅱ |
| E1 | 文丰7号（C572） | A133,A295 | Ⅱ | F1 | 郑92116（D136） | A034,A122,A133,A231,A295 | Ⅱ |
| E1 | 周7327-118（C125） | A133,A295 | Ⅱ | F1 | 郑90007（D135） | A034,A084,A133,A231,A295 | Ⅱ |
| E1 | 豫豆19（C118） | A034,A122,A133,A231 | Ⅱ | F1 | 郑长交14（D137） | A122,A295 | Ⅱ |
| E1 | 濮海10号（D117） | A034,A122,A133,A231,A295 | Ⅱ | F1 | 郑交107（D138） | A034,A122,A231,A295 | Ⅱ |
| E1 | 豫豆8号（C111） | A034,A133 | Ⅱ | F2 | 贡豆9号（D607） | A201 | Ⅳ |
| E1 | 豫豆16（C116） | A034,A122,A133 | Ⅱ | F2 | 贡豆8号（D606） | A034,A133,A201A231,A291 | Ⅳ |
| E1 | 商丘1099（D118） | A034,A122,A231,A295 | Ⅱ | F2 | 贡豆12（D610） | A034,A133,A201A231,A295 | Ⅳ |
| E1 | 地神22（D113） | A002,A034,A084,A122,A133,A231,A295 | Ⅱ | F2 | 贡豆5号（D605） | A034,A133,A201A231,A295 | Ⅳ |
| E1 | 中豆20（C296） | A002,A034,A084,A133,A231 | Ⅲ | F2 | 贡豆10号（D608） | A133,A201,A295 | Ⅳ |
| E1 | 苏协1号（C451） | A002,A084 | Ⅲ | F2 | 川豆5号（D597） | A201 | Ⅳ |
| E1 | 中豆19（C295） | A002,A084,A231 | Ⅱ | F2 | 川豆4号（D596） | A291 | Ⅳ |
| E1 | 中豆8号（C293） | A084 | Ⅲ | F2 | 成豆9号（D593） | A291 | Ⅳ |
| E1 | 绥农14（D296） | A019 | Ⅰ | F2 | 徐豆9号（D466） | A122,A295 | Ⅱ |
| E1 | 合丰33（C178） | A019 | Ⅰ | F2 | 赣豆4号（D471） | A034,A201 | Ⅳ |
| E1 | 抗线虫5号（D241） | A019 | Ⅰ | F2 | 苏豆4号（D461） | A291 | Ⅲ |

# 第三节 中国大豆育成品种重要家族的遗传相似性

## 一、SSR 标记遗传相似性

SSR 遗传相似系数及其分布情况可指示其遗传距离及其遗传背景差异程度。179 个成对品种间遗传相似系数见附录图表Ⅺ，其次数分布见表 4-7，均值为 0.16，分布范围在 0.03~0.80 间，95% 以上分布在 0.07~0.22 之间。其中齐黄 29 与合豆 3 号间的遗传相似系数最小，为 0.03，湘春豆 23 与湘春豆 22 间的遗传相似系数最大，为 0.80。品种间遗传相似性较小，群体遗传基础便较广泛。

10 个家族亚群内，滨海大白花（A034）家族、即墨油豆（A133）家族和铜山天鹅蛋（A231）家族品种间遗传相似系数平均值最小，均为 0.16，且分布较为集中。如 A034 家族，85% 分布范围在 0.00~0.20 间，以 0.10~0.20 间最为密集。

51-83（A002）家族、奉贤穗稻黄（A084）家族、寿张无名地方品种（A295）家族、白眉（A019）家族和滑县大绿豆（A122）家族的遗传相似系数均值居中，分别为 0.17、0.17、0.17、0.18 和 0.18，且分布相对分散。如 A002 家族品种间遗传相似系数分布范围为 0.04~0.61，多数分布在 0.10~0.20 区间内，79% 集中在 0.00~0.20 区间。

表 4-7 179 个成对品种间遗传相似系数次数分布表

| 类群/生态区 | (0.00~0.10] | (0.10~0.20] | (0.20~0.30] | (0.30~0.40] | (0.40~0.50] | (0.50~0.60] | (0.60~0.70] | (0.70~0.80] | 变幅 | 均值 |
|---|---|---|---|---|---|---|---|---|---|---|
| 全部品种 | 1 453 | 12 342 | 1 590 | 391 | 102 | 29 | 14 | 10 | 0.03~0.80 | 0.16 |
| A019 | 14 | 59 | 7 | 8 | 2 | 1 | 0 | 0 | 0.06~0.53 | 0.18 |
| A295 | 102 | 928 | 123 | 43 | 19 | 8 | 2 | 0 | 0.05~0.61 | 0.17 |
| A133 | 202 | 1 628 | 214 | 68 | 24 | 7 | 2 | 0 | 0.05~0.61 | 0.16 |
| A122 | 30 | 311 | 55 | 21 | 13 | 4 | 1 | 0 | 0.06~0.60 | 0.18 |
| A034 | 383 | 3 260 | 477 | 106 | 36 | 13 | 2 | 1 | 0.04~0.74 | 0.16 |
| A231 | 315 | 2 533 | 347 | 79 | 35 | 10 | 1 | 1 | 0.04~0.74 | 0.16 |
| A002 | 32 | 244 | 47 | 20 | 6 | 1 | 1 | 0 | 0.05~0.61 | 0.17 |
| A084 | 27 | 259 | 36 | 14 | 12 | 1 | 2 | 0 | 0.06~0.63 | 0.17 |
| A201 | 9 | 144 | 50 | 34 | 14 | 7 | 9 | 9 | 0.05~0.80 | 0.25 |
| A291 | 2 | 41 | 28 | 9 | 9 | 2 | 0 | 0 | 0.05~0.56 | 0.23 |
| Ⅰ | 38 | 84 | 18 | 12 | 4 | 0 | 0 | 0 | 0.04~0.74 | 0.16 |
| Ⅱ | 836 | 7 536 | 1 132 | 284 | 76 | 28 | 6 | 2 | 0.05~0.61 | 0.16 |
| Ⅲ | 24 | 816 | 190 | 98 | 48 | 10 | 4 | 0 | 0.08~0.63 | 0.20 |
| Ⅳ | 66 | 452 | 98 | 68 | 26 | 10 | 18 | 18 | 0.05~0.80 | 0.21 |

武汉菜用大豆混合群体（A291）家族和上海六月白（A201）家族品种间遗传相似系数最大，分别为 0.23 和 0.25，且分布范围相对分散。如 A201 家族遗传相似系数分布范围在 0.05~0.80 间，仅 55% 以上分布在 0.00~0.20 间。

10 个重要家族群体间，白眉（A019）家族与其他家族间的遗传相似系数均较小，说明其遗传相似性低，而菜用大豆混合群体（A291）家族与上海六月白（A201）家族间的亲本系数较大，与基于亲本系数的分析结果相同（表 4-8）。

从上述遗传相似系数分析可知，A291 和 A201 家族的遗传基础最为狭窄，A034、A133 和 A231 的遗传基础最为宽广；东北的白眉家族与其他家族遗传相似系数均较低。上述结果与亲本系数分析结果一致。

4 个生态区中，Ⅱ生态区所包含的品种及家族最多，平均遗传相似系数最高，为 0.16，并较为紧凑分布在平均值附近，所以该区品种的遗传基础最为宽广；其次为Ⅰ生态区，尽管该区仅包含 A019 家族，品种间遗传相似系数平均值也只有 0.16，但其幅度大于Ⅱ生态区。Ⅳ生态区的品种家族遗传相似系数平均值最高（0.21），且分布较松散，该区品种的遗传基础最为狭窄，这与该区的一些品种是经过自然变异选择育种方法育成相关。

**表 4 - 8　10 个家族群体间遗传相似系数比较**

| 家族 | A295 | A133 | A122 | A034 | A231 | A002 | A084 | A201 | A291 |
|---|---|---|---|---|---|---|---|---|---|
| A019 | 0.14 | 0.14 | 0.14 | 0.14 | 0.14 | 0.13 | 0.14 | 0.13 | 0.13 |
| A295 | | 0.17 | 0.18 | 0.17 | 0.17 | 0.16 | 0.16 | 0.16 | 0.17 |
| A133 | | | 0.17 | 0.16 | 0.16 | 0.15 | 0.16 | 0.16 | 0.16 |
| A122 | | | | 0.17 | 0.17 | 0.16 | 0.16 | 0.15 | 0.17 |
| A034 | | | | | 0.17 | 0.16 | 0.16 | 0.16 | 0.17 |
| A231 | | | | | | 0.16 | 0.16 | 0.16 | 0.16 |
| A002 | | | | | | | 0.18 | 0.14 | 0.15 |
| A084 | | | | | | | | 0.16 | 0.16 |
| A201 | | | | | | | | | 0.24 |

### 二、SSR 标记遗传相似性与亲本系数间的相关

亲本系数和 SSR 遗传相似系数矩阵 Mantel 检验相关系数为 0.67（$P<0.000\ 1$），达到显著相关水平，说明利用亲本系数和 SSR 评估品种间遗传关系的趋势应相对一致。

表 4 - 9 列举了各主要家族的亲本系数和 SSR 遗传相似系数情况，亲本系数平均值范围在 0.00～0.20 间，较大的是武汉菜用大豆混合群体（A291）家族，为 0.20，说明该家族成员间血缘关系最近；相对来说，即墨油豆（A133）家族和山东寿张无名地方品种（A295）家族两个家族品种间亲缘关系最远，家族亲本系数均值大小顺序为：A133＝A295＜A122＝A231＜A034＜A019＝A002＝A084＝A201＜A291。同样，家族遗传相似系数均值大小顺序为：A034＝A231＝A133＜A295＝A002＝A084＜A122＝A019＜A291＜A201。由此可见利用这两个系数评价群体遗传多样性的结果基本一致，但又不完全相同，如 A122 家族亲本系数均值（0.05）较 A034（0.06）小，然而其遗传相似系数较后者大。这与亲本系数和 SSR 遗传相似系数间相关系数仅为 0.67（$P<0.000\ 1$）有关。

**表 4 - 9　10 个主要家族内品种间亲本系数与遗传相似系数比较**

| 家族 | 亲本系数 | | | 遗传相似系数 | | |
|---|---|---|---|---|---|---|
| | 最小值 | 最大值 | 平均值 | 最小值 | 最大值 | 平均值 |
| 全部品种 | 0.00 | 0.75 | 0.02 | 0.03 | 0.80 | 0.16 |
| A019 | 0.01 | 0.19 | 0.07 | 0.06 | 0.53 | 0.18 |
| A295 | 0.00 | 0.50 | 0.04 | 0.05 | 0.61 | 0.17 |
| A133 | 0.00 | 0.50 | 0.04 | 0.05 | 0.61 | 0.16 |
| A122 | 0.00 | 0.34 | 0.05 | 0.06 | 0.60 | 0.18 |
| A034 | 0.00 | 0.50 | 0.06 | 0.04 | 0.74 | 0.16 |
| A231 | 0.00 | 0.36 | 0.05 | 0.04 | 0.74 | 0.16 |
| A002 | 0.00 | 0.56 | 0.12 | 0.04 | 0.61 | 0.17 |
| A084 | 0.00 | 0.75 | 0.12 | 0.06 | 0.63 | 0.17 |
| A201 | 0.02 | 0.50 | 0.12 | 0.05 | 0.80 | 0.25 |
| A291 | 0.06 | 0.56 | 0.20 | 0.05 | 0.56 | 0.23 |

# 第四节　中国大豆育成品种重要家族的遗传特异性

### 一、重要家族间的遗传互补性

比较两个群体的等位变异时，A 群体有而 B 群体没有的等位变异可以作为用 A 拓宽 B 遗传基

础的潜力，此处称为 A 对 B 的补充等位变异数；A 对 B 与 B 对 A 的补充等位变异数之和可以衡量 A 与 B 实际相差的等位变异数，也可以评价 A 和 B 遗传关系远近，此处称为 A 与 B 的互补等位变异数。

按重要祖先亲本家族分亚群，补充等位变异数最多的是滨海大白花（A034）家族对武汉菜用大豆混合群体（A291）家族，为 770 个，说明 A291 家族拓宽 A034 家族遗传基础的潜力最大；最少的是滑县大绿豆（A122）家族对寿张无名地方品种家族（A295），为 7 个。其他家族间的补充等位变异数见表 4-10。亚群间互补等位变异数最多的是铜山天鹅蛋（A231）家族与武汉菜用大豆混合群体（A291）家族，为 787 个等位变异。从整体来看，Ⅱ生态区的滨海大白花（A034）家族、寿张无名地方品种（A295）家族、铜山天鹅蛋（A231）家族分别对其他 9 个家族具有较多的补充等位变异总数，所以这些家族具有拓宽其他家族遗传基础的较大潜力。Ⅰ区的 A019、Ⅲ区的 A201 和 A291 分别与其他家族具有最多的互补等位变异总数，所以其他 7 个家族具有拓宽这 3 个家族遗传基础的较大潜力。

表 4-10　不同家族间互补等位变异数

| 家族 | A019 | A295 | A133 | A122 | A034 | A231 | A002 | A084 | A201 | A291 |
|---|---|---|---|---|---|---|---|---|---|---|
| A019 | | 102 | 48 | 201 | 35 | 33 | 182 | 166 | 363 | 433 |
| A295 | 604（706） | | 20 | 242 | 21 | 23 | 298 | 309 | 538 | 670 |
| A133 | 642（690） | 112（132） | | 336 | 43 | 46 | 339 | 335 | 593 | 733 |
| A122 | 468（669） | 7（249） | 9（345） | | 9 | 11 | 221 | 211 | 437 | 522 |
| A034 | 668（703） | 152（173） | 82（125） | 375（384） | | 26 | 350 | 367 | 638 | 770 |
| A231 | 656（689） | 144（167） | 75（121） | 367（378） | 16（42） | | 344 | 353 | 632 | 766 |
| A002 | 483（665） | 97（395） | 46（385） | 255（476） | 18（368） | 22（366） | | 131 | 467 | 573 |
| A084 | 467（633） | 187（496） | 42（377） | 245（456） | 35（402） | 31（384） | 131（262） | | 459 | 547 |
| A201 | 380（743） | 53（591） | 16（609） | 187（624） | 22（660） | 26（658） | 183（650） | 175（634） | | 256 |
| A291 | 331（764） | 46（716） | 17（750） | 133（655） | 15（785） | 21（787） | 150（723） | 124（671） | 117（373） | |

注：表中所列括号外数字为行家族对列家族补充的等位变异数；括号内的数字为两个家族间互补的等位变异数。

大豆育成品种分时期亚群间补充等位变异数最多的是 1996—2005 亚群对 1923—1975 亚群，最少的是 1923—1970 亚群对 1986—1995 亚群。亚群间互补等位变异数最多的（即遗传关系最远的）是 1996—2005 亚群与 1923—1970 亚群；最少的（即遗传关系最近的）是 1996—2005 亚群与 1985—1995 亚群（表 4-11）。大豆育成品种分时期亚群随着时间的推移，旧的等位变异在消失而新的等位变异不断增加，新增加的多于消失的旧等位变异；早期育成品种亚群等位变异随着时间的推移所传递的等位变异数逐渐减少（表 4-11）。

表 4-11　供试品种的分时期亚群间互补等位变异数

| 时　　期 | 1923—1975 | 1976—1985 | 1986—1995 | 1996—2005 |
|---|---|---|---|---|
| 1923—1975 | | 96 | 24 | 36 |
| 1976—1985 | 437（533） | | 49 | 63 |
| 1986—1995 | 680（704） | 349（398） | | 87 |
| 1996—2005 | 695（731） | 366（429） | 90（177） | |

注：括号外数字为行家族对列家族补充的等位变异数；括号内的数字为两个家族间互补等位变异数。

分生态区亚群间互补等位变异数最多的是Ⅱ亚群对Ⅰ亚群，最少的是Ⅰ亚群对Ⅱ亚群。亚群间互补等位变异数最多的（即遗传关系最远的）是Ⅰ亚群与Ⅱ亚群；最少的（即遗传关系最近的）是Ⅱ亚群与Ⅲ亚群（表 4-12）。

按各省份分亚群，各省份间的补充等位变异数最多的是山东亚群对湖南亚群，最少的是湖南亚群对湖北亚群及安徽亚群对湖南亚群（表 4-13）。亚群间互补等位变异数最多的（即遗传关系最远的）是湖南亚群与河南亚群；最少的（即遗传关系最近的）是江苏亚群与河南亚群。

表 4-12　供试品种分生态区亚群间互补等位变异数

| 生态区 | I | II | III | IV |
|---|---|---|---|---|
| I | | 23 | 197 | 262 |
| II | 702 (725) | | 405 | 497 |
| III | 519 (716) | 47 (452) | | 325 |
| IV | 489 (751) | 34 (531) | 230 (555) | |

注：表中所列的行家族对列家族补充的等位变异数；括号内的数字为两个家族间互补等位变异数。

表 4-13　供试品种分省份亚群间互补等位变异数

| 省份 | 黑龙江 | 北京 | 山东 | 河南 | 安徽 | 江苏 | 湖北 | 湖南 | 四川 |
|---|---|---|---|---|---|---|---|---|---|
| 黑龙江 | | 275 | 348 | 165 | 439 | 172 | 387 | 112 | 346 |
| 北京 | 397 (672) | | 371 | 191 | 499 | 182 | 455 | 133 | 359 |
| 山东 | 359 (707) | 260 (631) | | 180 | 424 | 122 | 406 | 127 | 273 |
| 河南 | 556 (721) | 460 (551) | 560 (740) | | 661 | 274 | 647 | 957 | 529 |
| 安徽 | 307 (746) | 179 (678) | 281 (705) | 138 (799) | | 126 | 333 | 82 | 284 |
| 江苏 | 563 (735) | 451 (633) | 502 (624) | 274 (548) | 649 (775) | | 617 | 199 | 457 |
| 湖北 | 277 (664) | 223 (678) | 285 (691) | 146 (739) | 355 (688) | 116 (733) | | 81 | 251 |
| 湖南 | 587 (699) | 486 (619) | 591 (718) | 84 (1041) | 689 (771) | 283 (482) | 666 (747) | | 529 |
| 四川 | 425 (771) | 316 (675) | 341 (614) | 205 (734) | 495 (779) | 145 (602) | 440 (691) | 133 (662) | |

注：表中所列的行家族对列家族补充的等位变异数；括号内的数字为两个家族间互补等位变异数。

## 二、重要家族间的特异等位变异

特有、特缺等位变异是分子水平测度群体分化的表征的指标，群体间互补的等位变异中有一部分变异是群体特殊的。特有等位变异是某群体具有而其他各群体都没有的等位变异；特缺等位变异是某群体没有而其他各群体都有的等位变异；特有、特缺等位变异表示了群体的特异性。

10 个家族群体中，东北的 A019 家族与其他 9 个家族地理距离最远，特有、特缺等位点数最多，其特有标记数（特有等位变异数）是 10（10）、103（145）。南方的 A002 与黄淮海的 A231 和 A122 家族的育成品种主要分布于江苏、河南和山东等地，家族间种质交流较多，所以无特有等位变异。南方的 A084、黄淮海的 A034 和 A231 三个祖先亲本是江苏的种质，3 个家族品种向江苏南、北交流，因此这 3 个家族和南方的 A201 家族间无特缺等位变异点（表 4-14）。

表 4-14　供试品种群体及各亚群的特有等位变异和特缺等位

| 分类 | 亚群 | 特有等位变异 | | 特缺等位变异 | |
|---|---|---|---|---|---|
| | | 标记数 | 等位变异数 | 标记数 | 等位变异数 |
| 时期 | 1923—1975 | 2 | 2 | 146 | 385 |
| | 1976—1985 | 10 | 11 | 60 | 72 |
| | 1986—1995 | 27 | 28 | 7 | 7 |
| | 1996—2005 | 37 | 45 | 16 | 19 |
| 祖先亲本家族 | A002 | 0 | 0 | 14 | 15 |
| | A019 | 10 | 10 | 103 | 145 |
| | A034 | 3 | 3 | 0 | 0 |
| | A084 | 2 | 2 | 0 | 0 |
| | A201 | 3 | 3 | 0 | 0 |
| | A231 | 0 | 0 | 0 | 0 |
| | A291 | 1 | 1 | 17 | 17 |
| | A295 | 4 | 4 | 36 | 37 |
| | A122 | 0 | 0 | 60 | 71 |
| | A133 | 3 | 3 | 0 | 0 |

（续）

| 分类 | 亚群 | 特有等位变异 | | 特缺等位变异 | |
|---|---|---|---|---|---|
| | | 标记数 | 等位变异数 | 标记数 | 等位变异数 |
| 生态区 | Ⅰ | 11 | 11 | 133 | 337 |
| | Ⅱ | 70 | 106 | 5 | 5 |
| | Ⅲ | 16 | 17 | 75 | 96 |
| | Ⅳ | 14 | 15 | 99 | 160 |
| 省份 | 黑龙江 | 11 | 11 | 40 | 49 |
| | 北京 | 9 | 9 | 0 | 0 |
| | 山东 | 4 | 4 | 15 | 15 |
| | 河南 | 31 | 34 | 0 | 0 |
| | 安徽 | 9 | 12 | 35 | 37 |
| | 江苏 | 16 | 20 | 2 | 2 |
| | 湖北 | 5 | 5 | 19 | 20 |
| | 湖南 | 2 | 2 | 59 | 67 |
| | 四川 | 11 | 12 | 11 | 12 |

　　大豆品种分时期亚群，特有等位点数最多的亚群是1996—2005亚群，其标记数（等位变异数）是37（45）；最少的是1923—1975亚群，为2（2）。特缺等位变异数最多的是1923—1975亚群，为146（385）；特缺等位变异数最少的是1986—1995亚群，为7（7）（表4-14）。

　　各生态区亚群，特有等位点数最多的亚群是Ⅱ亚群，其标记数（等位变异数）是70（106）；最少的是Ⅰ亚群，为11（11）。特缺等位变异数最多的是Ⅰ亚群，为133（337）；最少的是Ⅱ亚群，仅为5（5），具体见表4-14。

　　各省份亚群中，特有等位点数最多的亚群是河南亚群，其标记数（等位变异数）是31（34）；最少的是湖南亚群，为2（2）。特缺等位变异数最多的是湖南亚群，59（67）；北京和河南两亚群无特缺等位点（表4-14）。

## 第五章

# 中国大豆育成品种重要家族中等位变异在系谱内的传承

在育种过程中，为了达到农作物高产、优质、高抗，育种家不断进行人工选择，使得某些有利变异（或等位基因）由于选择而被保留下来（正向选择），相反的和不利性状关联的不利等位变异逐渐被淘汰（负向选择）。等位基因频率高的位点可能与家族中的优良等位变异相关联，在育种过程中不断地被正向选择；等位基因频率低的位点则可能与不利等位变异关联，育种过程中被负向选择而逐渐淘汰。所以说，家族中等位基因频率的高低反映了品种在人工选择过程中经历了正向还是负向的选择。

## 第一节　SSR 标记等位变异在亲本及其后代中的传承

根据系谱关系，依据父、母本等位变异的异同，子代与亲本之一具有相同的等位变异的状况，可以追踪亲代与子代间等位基因的传承情况。要考察等位变异在系谱中的传承，只有比对直接亲本和其所衍生品种间相同的等位变异才能断定其等位基因的传承关系，因为中间有别的亲本加入系谱，等位变异相同，但非传承相同。在前面所介绍的 10 个家族 179 个品种的数据中，发现有 37 个品种具有两个直接亲本及其所育成品种的标记数据。表 5 - 1 列举了这 37 个杂交组合父、母本传递给其子代的等位变异情况，这里所指传递给子代品种的是指双亲间有差异的位点，双亲间无差异的位点不再统计之列。37 个组合中共有 2 064 个等位变异（纯合二倍体时即 2 064 个位点）从双亲传递给其子代品种，每个品种平均值为 55.78 个（为 161 个位点的 34.65%，其他位点双亲无差异），变幅为 19～113 个（为 161 个位点的 11.80%～70.19%）。37 个杂交组合中父、母本及其子代相同（即父母本共同传给子代品种）的等位变异位点数为 317 个，平均值为 8.65，变幅为 1～77 个。母本传递给子代的等位变异总数为 1 019+317=1 336 个，平均值为 36.11 个，变幅为 8～74，最大的由湘春豆 10 号传递给中豆 32；父本传递给子代的等位变异总数为 728+317=1 045 个，平均值为 28.24 个，变幅为 4～62 个，最大的由豫豆 8 号传递给豫豆 16。

**表 5 - 1　直接亲本对后代的等位变异的传承及其对其子代品种的遗传贡献**

| 子代及其父母本（母/父） | 与母本同 | 与父本同 | 与父母相同 | 合计 | 亲本系数 | | 相似系数 | |
|---|---|---|---|---|---|---|---|---|
| | | | | | $\lambda_a$ | $\lambda_b$ | $\lambda_a$ | $\lambda_b$ |
| 苏豆 1 号（南农 493 - 1/58 - 161） | 25 | 18 | 4 | 47 | 0.5 | 0.5 | 0.186 | 0.137 |
| 苏协 4 - 1（南农 493 - 1/58 - 161） | 32 | 23 | 7 | 62 | 0.5 | 0.5 | 0.250 | 0.196 |
| 阜豆 1 号（徐豆 1 号/58 - 161） | 21 | 18 | 3 | 42 | 0.5 | 0.5 | 0.108 | 0.108 |
| 宁镇 1 号（南农 1138 - 2 /Beeson） | 40 | 18 | 6 | 64 | 0.5 | 0.5 | 0.297 | 0.152 |
| 宁镇 3 号（南农 1138 - 2 /Beeson） | 15 | 21 | 5 | 41 | 0.5 | 0.5 | 0.129 | 0.159 |
| 徐豆 7 号（徐豆 1 号/Clark63） | 42 | 13 | 4 | 59 | 0.5 | 0.5 | 0.294 | 0.108 |
| 南农 88 - 48（南农 73 - 935 /SRF400） | 58 | 12 | 9 | 79 | 0.5 | 0.5 | 0.412 | 0.136 |
| 贡豆 11（贡豆 7 号/贡豆 2 号） | 17 | 12 | 9 | 38 | 0.5 | 0.5 | 0.151 | 0.133 |

（续）

| 子代及其父母本（母/父） | 与母本同 | 与父本同 | 与父母相同 | 合计 | 亲本系数 | | 相似系数 | |
|---|---|---|---|---|---|---|---|---|
| | | | | | $\lambda_a$ | $\lambda_b$ | $\lambda_a$ | $\lambda_b$ |
| 南豆 5 号（矮脚早/贡豆 6 号） | 19 | 13 | 2 | 34 | 0.5 | 0.5 | 0.135 | 0.097 |
| 铁丰 24（铁丰 18/开育 8 号） | 38 | 23 | 13 | 74 | 0.5 | 0.5 | 0.320 | 0.229 |
| 郑交 107（豫丰 23/科丰 35） | 22 | 24 | 3 | 49 | 0.5 | 0.5 | 0.155 | 0.166 |
| 苏协 18-6（奉贤穗稻黄/南农 493-1） | 22 | 20 | 4 | 46 | 0.5 | 0.5 | 0.167 | 0.153 |
| 苏协 19-15（奉贤穗稻黄/南农 493-1） | 18 | 24 | 4 | 46 | 0.5 | 0.5 | 0.140 | 0.178 |
| 苏协 1 号（奉贤穗稻黄/南农 493-1） | 9 | 18 | 3 | 30 | 0.5 | 0.5 | 0.077 | 0.134 |
| 浙春 3 号（浙春 1 号/宁镇 1 号） | 36 | 12 | 3 | 51 | 0.5 | 0.5 | 0.249 | 0.096 |
| 豫豆 3 号（郑州 135/泗豆 2 号） | 20 | 15 | 4 | 39 | 0.5 | 0.5 | 0.153 | 0.118 |
| 豫豆 5 号（郑州 135/泗豆 2 号） | 29 | 16 | 4 | 49 | 0.5 | 0.5 | 0.207 | 0.120 |
| 豫豆 8 号（郑州 135/泗豆 2 号） | 22 | 17 | 5 | 44 | 0.5 | 0.5 | 0.165 | 0.137 |
| 中豆 32（湘春豆 10 号/铁丰 18） | 74 | 4 | 16 | 94 | 0.5 | 0.5 | 0.563 | 0.127 |
| 湘春豆 22（湘春豆 10 号/湘春豆 15） | 18 | 18 | 77 | 113 | 0.5 | 0.5 | 0.596 | 0.594 |
| 皖豆 3 号（58-161/徐豆 1 号） | 13 | 19 | 2 | 34 | 0.5 | 0.5 | 0.100 | 0.130 |
| 徐豆 3 号（58-161/徐豆 1 号） | 22 | 36 | 7 | 65 | 0.5 | 0.5 | 0.187 | 0.267 |
| 诱变 30（58-161/徐豆 1 号） | 18 | 25 | 3 | 46 | 0.5 | 0.5 | 0.137 | 0.178 |
| 诱变 31（58-161/徐豆 1 号） | 19 | 21 | 3 | 43 | 0.5 | 0.5 | 0.143 | 0.153 |
| 灌豆 1 号（苏豆 1 号/徐豆 1 号） | 22 | 17 | 10 | 49 | 0.5 | 0.5 | 0.196 | 0.165 |
| 淮豆 4 号（灌豆 1 号/诱变 30） | 22 | 18 | 4 | 44 | 0.5 | 0.5 | 0.159 | 0.141 |
| 中黄 25（中黄 4 号/诱变 30） | 8 | 17 | 13 | 38 | 0.5 | 0.5 | 0.162 | 0.132 |
| 鲁豆 12（文丰 7 号/诱变 31） | 11 | 20 | 4 | 35 | 0.5 | 0.5 | 0.100 | 0.150 |
| 周豆 11（豫豆 24/豫豆 11） | 59 | 9 | 18 | 86 | 0.5 | 0.5 | 0.492 | 0.168 |
| 周豆 12（豫豆 24/豫豆 12） | 56 | 16 | 11 | 83 | 0.5 | 0.5 | 0.424 | 0.167 |
| 地神 21（豫豆 22/豫豆 21） | 33 | 16 | 21 | 70 | 0.5 | 0.5 | 0.346 | 0.229 |
| 郑 92116（豫豆 19/豫豆 25） | 23 | 14 | 2 | 39 | 0.5 | 0.5 | 0.158 | 0.101 |
| 豫豆 11（郑 77249/豫豆 5 号） | 30 | 29 | 9 | 68 | 0.5 | 0.5 | 0.248 | 0.237 |
| 濮海 10 号（豫豆 10 号/豫豆 8 号） | 8 | 43 | 10 | 61 | 0.5 | 0.5 | 0.115 | 0.335 |
| 豫豆 16（豫豆 10 号/豫豆 8 号） | 11 | 62 | 14 | 87 | 0.5 | 0.5 | 0.158 | 0.470 |
| 皖豆 19（皖豆 16/跃进 5 号） | 17 | 16 | 1 | 34 | 0.5 | 0.5 | 0.111 | 0.110 |
| 中豆 20（中豆 19/郑长叶 7） | 61 | 15 | 5 | 81 | 0.5 | 0.5 | 0.419 | 0.134 |
| 平均值 | 27.54 | 19.68 | 8.57 | 55.78 | | | 0.227 | 0.177 |
| 最小值 | 8 | 4 | 1 | 19 | | | 0.077 | 0.096 |
| 最大值 | 74 | 62 | 77 | 113 | | | 0.596 | 0.594 |
| 合计 | 1 019 | 728 | 317 | 2 064 | | | 8.407 | 6.547 |

注：$\lambda_a$ 和 $\lambda_b$ 分别代表母本和父本的遗传贡献。

　　大豆育种是杂交、选择的过程，由于杂交的母本多选适合当地气候条件的育种材料，因此选择多倾向母本。比较分析 37 个组合，27 个组合母本传递位点数多于父本，10 个组合父本多于母本，对父、母本传递给子代等位变异数 t-检验分析，t 值为 2.12>（P<0.05），表明母本平均传递给其子代等位变异数显著大于父本或母本传递给子代的遗传物质多于父本。

　　表 5-2 列举了 2 064 个等位变异传递在 20 个连锁群的分布，20 个连锁群传递平均值为 103.20，变幅在 33～161 间，传递等位变异数较多的连锁群是 C2、A2、J、F，分别是 161、157、134 和 132 个；最少的是 I，33 个。母本 20 个连锁群传递等位变异数平均值为 50.95，等位变异数较多的是 A2、C2 和 F，分别为 75、75 和 68 个，最少的是 I，13 个；父本 20 个连锁群传递等位变异数平均值为 36.23，较多的是 C2 和 A2，分别为 64 和 59 个，最少的是 D1a，11 个。

　　计算亲本对子代的遗传贡献采用两种方法：亲本系数法（coefficient of parentage，CP 法），通过系统选择育成的品种，其亲本对后代品种的细胞核遗传贡献率为 1，而由杂交育成的品种其双亲的核遗传贡献率均为 0.5（崔章林、盖钧镒等，1998）；相似系数法（similarity coefficient，SC 法），分子标记分析常用的方法，即不考虑每个 SSR 位点在世代间的传递，只比较等位变异的相同与否。采用 $S_{ij}=2N_{ij}$（$N_i$ $+N_j$）计算，$i$ 代表亲本；$j$ 代表子品种；$N_{ij}$ 代表亲子共同的等位变异数；$N_i$ 代表亲本的等位变异数；$N_j$ 代表子品种的等位变异数。子品种等位变异与直接亲本相同，就认为该等位变异来自该直接亲本。

**表 5 - 2　直接亲本对后代传递的等位变异在 20 个连锁群的分布**

| 染色体<br>（连锁群） | 母本 | 父本 | 相同 | 合计 | % | 染色体<br>（连锁群） | 母本 | 父本 | 相同 | 合计 | % |
|---|---|---|---|---|---|---|---|---|---|---|---|
| Chr. 1 (D1a) | 27 | 11 | 12 | 50 | 2.42 | Chr. 13 (F) | 68 | 40 | 24 | 132 | 6.40 |
| Chr. 2 (D1b) | 64 | 38 | 11 | 113 | 5.47 | Chr. 14 (B2) | 32 | 21 | 10 | 63 | 3.05 |
| Chr. 3 (N) | 24 | 23 | 5 | 52 | 2.52 | Chr. 15 (E) | 36 | 16 | 12 | 64 | 3.10 |
| Chr. 4 (C1) | 61 | 39 | 18 | 118 | 5.72 | Chr. 16 (J) | 60 | 52 | 23 | 135 | 6.54 |
| Chr. 5 (A1) | 42 | 47 | 19 | 108 | 5.23 | Chr. 17 (D2) | 44 | 34 | 18 | 96 | 4.65 |
| Chr. 6 (C2) | 75 | 64 | 22 | 161 | 7.80 | Chr. 18 (G) | 64 | 40 | 16 | 120 | 5.81 |
| Chr. 7 (M) | 60 | 51 | 19 | 130 | 6.30 | Chr. 19 (L) | 63 | 46 | 18 | 127 | 6.15 |
| Chr. 8 (A2) | 75 | 59 | 23 | 157 | 7.61 | Chr. 20 (I) | 13 | 14 | 6 | 33 | 1.60 |
| Chr. 9 (K) | 38 | 17 | 4 | 59 | 2.86 | 最小值 | 13 | 11 | 4 | 33 | 1.60 |
| Chr. 10 (O) | 54 | 45 | 19 | 118 | 5.72 | 最大值 | 75 | 64 | 24 | 161 | 7.80 |
| Chr. 11 (B1) | 61 | 42 | 21 | 124 | 6.01 | 总和 | 1 019 | 728 | 317 | 2 064 | 100 |
| Chr. 12 (H) | 58 | 29 | 17 | 104 | 5.04 | 平均值 | 50.95 | 36.40 | 15.85 | 103.20 | 5.00 |

表 5 - 1 列举了 37 个杂交组合父母本对其子代遗传贡献的情况，SC 法计算 37 个杂交组合的母本遗传贡献变幅为 0.077～0.596，平均值为 0.227；父本遗传贡献变幅为 0.096～0.594，平均值为 0.177。为比较父、母本遗传贡献率的差异，利用 t-检验，SC 法计算的父母本的遗传贡献率 t 值为 2.18（P<0.05），表明母本对子代的遗传贡献率大于父本。一些地理区域较远的杂交组合表现为偏本地亲本现象，如中豆 32（湘春豆 10 号/铁丰 18）、南农 88 - 48（南农 73 - 935/SRF400）和徐豆 7 号（徐豆 1 号/Clark63），本地亲本较外地亲本高得多。上述数据也说明分子标记的相似系数法所获遗传贡献值和 CP 法差异较大，因为前者是根据标记实际计算的，后者是根据系谱推论的。

# 第二节　SSR 标记显示的各连锁群的遗传重组

分析分子标记在系谱中的传承情况，还可探究染色体片段是否发生重组。只有在父、母本之间检测出多态性的位点才有分析意义。如果某品种的两个连续的位点分别来自父本或母本，可以认为在这两个位点之间发生了重组。Lorenzen 等（1996）提出了一种简单的重组分析方法，将连锁群划分为末端区段和中间区段，即将具有多态性的标记区段，以遗传距离的 50% 为中间区段，两端的 25% 分别划分为两端区段。如果重组发生在某一区段则赋值为 1.0，重组发生在两个连续区段之间赋值为 0.5，重组发生在 3 个片段之间赋值为 0.33，用两尾 t-测验来检测两个区段的重组数是否有显著差异。他们利用 RFLP 分析 47 个直接亲本（21 个单交与 5 个回交组合）的染色体片断的重组，发现单交重组平均值为 5.2，回交重组平均值为 8.0，亲本在 F 和 G 连锁群上发生重组率最大。秦君等（2008）以绥农 14 及其系谱中的亲本品种为实验材料，用 SSR 分子标记研究品种间遗传多样性和遗传重组关系，连锁群中间区段重组率与两个末端区段重组率无显著性差异，说明连锁群上各区段均可能有遗传重组。

用 JMP7.0 分析 37 个单交所获品种的遗传重组发生的分布情况。各品种的遗传重组次数分布的 Shapiro - Witk 检验 W 值为 0.91，遗传重组呈正态分布。37 个单交品种共检测到了 215 个重组，其中 142 个为母本重组，73 个为父本重组。2 个组合没有检测到重组，中豆 32（湘春豆 10 号/铁丰 18）重组频率最高为 18，另外中豆 20（中豆 19/郑长叶 7）和周豆 11（豫豆 24/豫豆 11）等品种重组发生率也较高。母本重组发生平均值为 3.84，父本为 1.97（表 5 - 3）。对父、母本重组发生率进行 t-检验，t 值为 2.06>$t_{(36,0.05)}$=2.02，说明母本重组发生率明显高于父本。

表 5 - 3　37 个单交衍生品种的重组发生数以及它们的父母本

| 子代 | 与母本相比 | | | 与父本相比 | | | 合　计 | |
| --- | --- | --- | --- | --- | --- | --- | --- | --- |
| | 名称 | 重组数 | 图距长度（cM） | 名称 | 重组数 | 图距长度（cM） | 重组数 | 图距长度（cM） |
| 苏豆 1 号 | 南农 493 - 1 | 3 | 64.00 | 58 - 161 | 0 | 0.00 | 3 | 64.00 |
| 苏协 4 - 1 | 南农 493 - 1 | 6 | 104.27 | 58 - 161 | 0 | 0.00 | 6 | 104.27 |
| 阜豆 1 号 | 徐豆 1 号 | 3 | 138.31 | 58 - 161 | 1 | 0.67 | 4 | 138.98 |
| 宁镇 1 号 | 南农 1138 - 2 | 6 | 145.18 | Beeson | 0 | 0.00 | 6 | 145.18 |
| 宁镇 3 号 | 南农 1138 - 2 | 0 | 0.00 | Beeson | 2 | 4.76 | 2 | 4.76 |
| 徐豆 7 号 | 徐豆 1 号 | 8 | 98.89 | Clark63 | 0 | 0.00 | 8 | 98.89 |
| 南农 88 - 48 | 南农 73 - 935 | 8 | 192.71 | SRF400 | 0 | 0.00 | 8 | 192.71 |
| 贡豆 11 | 贡豆 7 号 | 1 | 1.21 | 贡豆 2 号 | 2 | 84.03 | 3 | 85.24 |
| 南豆 5 号 | 矮脚早 | 1 | 6.37 | 贡豆 6 号 | 0 | 0.00 | 1 | 6.37 |
| 铁丰 24 | 铁丰 18 | 4 | 81.52 | 开育 8 号 | 1 | 17.99 | 5 | 99.51 |
| 郑交 107 | 豫豆 23 | 2 | 11.78 | 科丰 35 | 1 | 3.74 | 3 | 15.52 |
| 苏协 18 - 6 | 奉贤穗稻黄 | 2 | 14.62 | 南农 493 - 1 | 3 | 35.61 | 5 | 50.23 |
| 苏协 19 - 15 | 奉贤穗稻黄 | 2 | 10.29 | 南农 493 - 1 | 3 | 58.17 | 5 | 68.46 |
| 苏协 1 号 | 奉贤穗稻黄 | 0 | 0.00 | 南农 493 - 1 | 0 | 0.00 | 0 | 0.00 |
| 浙春 3 号 | 浙春 1 号 | 6 | 89.74 | 宁镇 1 号 | 0 | 0.00 | 6 | 89.74 |
| 豫 3 号 | 郑州 135 | 1 | 32.78 | 泗豆 2 号 | 0 | 0.00 | 1 | 32.78 |
| 豫 5 号 | 郑州 135 | 6 | 144.42 | 泗豆 2 号 | 2 | 17.68 | 8 | 162.10 |
| 豫 8 号 | 郑州 135 | 1 | 32.31 | 泗豆 2 号 | 2 | 56.12 | 3 | 88.42 |
| 中豆 32 | 湘春豆 10 号 | 18 | 452.48 | 铁丰 18 | 0 | 0.00 | 18 | 452.48 |
| 湘春豆 22 | 湘春豆 10 号 | 2 | 42.49 | 湘春豆 15 | 2 | 12.12 | 4 | 54.61 |
| 皖豆 3 号 | 58 - 161 | 2 | 8.10 | 徐豆 1 号 | 3 | 41.26 | 5 | 49.35 |
| 徐豆 3 号 | 58 - 161 | 2 | 17.43 | 徐豆 1 号 | 4 | 58.34 | 6 | 75.77 |
| 诱变 30 | 58 - 161 | 2 | 42.70 | 徐豆 1 号 | 3 | 55.70 | 5 | 98.40 |
| 诱变 31 | 58 - 161 | 4 | 60.61 | 徐豆 1 号 | 2 | 36.05 | 6 | 96.65 |
| 灌豆 1 号 | 苏豆 1 号 | 1 | 1.13 | 徐豆 1 号 | 2 | 29.15 | 3 | 30.28 |
| 淮豆 4 号 | 灌豆 1 号 | 2 | 19.29 | 诱变 30 | 4 | 37.00 | 6 | 56.29 |
| 中黄 25 | 中黄 4 号 | 0 | 0.00 | 诱变 30 | 0 | 0.00 | 0 | 0.00 |
| 鲁豆 12 | 文丰 7 号 | 0 | 0.00 | 诱变 31 | 3 | 19.38 | 3 | 19.38 |
| 周豆 11 | 豫豆 24 | 11 | 335.54 | 豫豆 11 | 2 | 20.50 | 13 | 356.04 |
| 周豆 12 | 豫豆 24 | 12 | 144.98 | 豫豆 12 | 0 | 0.00 | 12 | 144.98 |
| 地神 21 | 豫豆 22 | 3 | 96.68 | 豫豆 21 | 1 | 27.43 | 4 | 124.11 |
| 郑 92116 | 豫豆 19 | 3 | 60.53 | 豫豆 25 | 3 | 45.16 | 6 | 105.69 |
| 豫豆 11 | 郑 77249 | 6 | 134.04 | 豫 5 号 | 5 | 54.67 | 11 | 188.71 |
| 濮海 10 号 | 豫豆 10 号 | 0 | 0.00 | 豫 8 号 | 8 | 152.39 | 8 | 152.39 |
| 豫豆 16 | 豫豆 10 号 | 0 | 0.00 | 豫 8 号 | 12 | 308.13 | 12 | 308.13 |
| 皖豆 19 | 皖豆 16 | 1 | 23.13 | 跃进 5 号 | 1 | 3.32 | 2 | 26.46 |
| 中豆 20 | 中豆 19 | 13 | 247.86 | 郑长叶 7 | 1 | 9.83 | 14 | 257.70 |
| 平均值 | | 3.84 | 77.17 | | 1.97 | 32.14 | 5.81 | 109.31 |

　　1980—1990 年、1991—2000 年、2001—2004 年三个时期育成品种重组发生平均值分别为 4.70、6.25、7.20，新育成品种重组率较以前育成品种重组发生率高。

　　应用 JMP7.0 软件分析各连锁群遗传重组情况，不同连锁群重组数不同，总的来说呈正态分布，Shapiro - Witk 检验 W 值为 0.91（其中母本为 0.96，父本为 0.94）。20 个连锁群的重组发生平均值为每连锁群 10.8 次，变化范围为 3~21 次，最大的是连锁群 C2，最小的是连锁群 I。20 个连锁群重组发生的图距总长度变化范围为 55.08~590.14cM，平均值为 205.89cM，最小的是连锁群 N，最大的是连锁群 C2。215 个重组的图距总长度为 4 044.6cM，平均每个重组长度为 18.8cM，平均每厘摩重组率为 0.058，变化范围为 0.028~0.10。

　　20 个连锁群母本的重组发生情况，变化范围为 1~13 次，平均值为 7.1 次，最大的是连锁群 M，最小的是连锁群 N。父本的重组发生情况，变化范围为 0～8 次，平均值为 3.65 次，最大的是连锁群 C2，连锁群 E 没有发生重组（表 5-4）。

表 5-4　各连锁群重组数及两端与中间区段重组数

| 染色体 (连锁群) | 与母本比 | | 与父本比 | | 小　计 | | | 重组数 | | |
|---|---|---|---|---|---|---|---|---|---|---|
| | 重组数 | 图距长度 (cM) | 重组数 | 图距长度 (cM) | 重组数 | 图距长度 (cM) | 每厘摩 重组率 | 末端 (Y1) | 中间 (Y2) | 差异 (Y1－Y2) |
| Chr. 1 (D1a) | 5 | 65.07 | 0 | 0.00 | 5 | 65.07 | 0.079 | 0.5 | 4.5 | -4 |
| Chr. 2 (D1b) | 9 | 162.99 | 2 | 61.77 | 11 | 224.76 | 0.049 | 4 | 7 | -3 |
| Chr. 3 (N) | 1 | 20.23 | 5 | 34.85 | 6 | 55.08 | 0.109 | 5.5 | 0.5 | 5 |
| Chr. 4 (C1) | 11 | 154.83 | 1 | 9.83 | 12 | 164.67 | 0.073 | 9.5 | 2.5 | 7 |
| Chr. 5 (A1) | 7 | 134.01 | 3 | 35.48 | 10 | 169.49 | 0.059 | 1.5 | 8.5 | -7 |
| Chr. 6 (C2) | 13 | 376.25 | 8 | 213.89 | 21 | 590.14 | 0.036 | 10.5 | 11.5 | -1 |
| Chr. 7 (M) | 13 | 181.41 | 5 | 45.33 | 18 | 226.74 | 0.079 | 8.5 | 9.5 | -1 |
| Chr. 8 (A2) | 8 | 99.58 | 7 | 89.05 | 15 | 188.63 | 0.080 | 9.5 | 5.5 | 4 |
| Chr. 9 (K) | 6 | 93.85 | 2 | 37.97 | 8 | 131.81 | 0.061 | 1 | 7 | -6 |
| Chr. 10 (O) | 4 | 168.59 | 2 | 2.49 | 6 | 171.08 | 0.035 | 1 | 5 | -4 |
| Chr. 11 (B1) | 9 | 203.20 | 6 | 112.80 | 15 | 315.99 | 0.047 | 10 | 5 | 5 |
| Chr. 12 (H) | 10 | 176.52 | 3 | 54.88 | 13 | 231.40 | 0.056 | 4 | 9 | -5 |
| Chr. 13 (F) | 9 | 341.76 | 6 | 113.07 | 15 | 454.83 | 0.033 | 12.2 | 2.8 | 9.4 |
| Chr. 14 (B2) | 5 | 94.01 | 1 | 13.51 | 6 | 107.52 | 0.056 | 4.5 | 1.5 | 3 |
| Chr. 15 (E) | 5 | 106.69 | 0 | 0.00 | 5 | 106.69 | 0.047 | 2.5 | 2.5 | 0 |
| Chr. 16 (J) | 7 | 65.40 | 6 | 65.48 | 13 | 130.89 | 0.099 | 2 | 11 | -9 |
| Chr. 17 (D2) | 5 | 139.67 | 3 | 32.30 | 8 | 171.97 | 0.047 | 3.5 | 4.5 | -1 |
| Chr. 18 (G) | 6 | 66.67 | 5 | 96.04 | 11 | 162.71 | 0.068 | 9.5 | 1.5 | 8 |
| Chr. 19 (L) | 8 | 164.48 | 6 | 101.60 | 14 | 266.08 | 0.053 | 6.5 | 7.5 | -1 |
| Chr. 20 (I) | 1 | 40.16 | 2 | 68.84 | 3 | 109.00 | 0.028 | 0 | 3 | -3 |
| 最小值 | 1 | 20.23 | 0 | 0 | 3 | 55.08 | 0.028 | 0 | 0.5 | -9 |
| 最大值 | 13 | 376.25 | 8 | 213.89 | 21 | 590.14 | 0.109 | 12.2 | 11.5 | 9.34 |
| 平均值 | 7.1 | 142.77 | 3.65 | 59.46 | 10.8 | 205.89 | 0.058 | 5.31 | 5.49 | -0.18 |

20 个连锁群末端和中间区域重组发生没有明显差异，t 双尾检验值为 -0.16，远低于 $2.09_{(19, 0.05)}$。末端发生重组较多的是 F、C2 和 B1 连锁群，中间区域重组发生较多的为 J 和 C2 连锁群。

Lorenzen 等认为，连锁群中 4 个或 4 个以上连续标记从亲本至子代的传递即意味着完整大片断的传递。本试验中有 6 个品种 10 次重组中发现了 4～6 个连续标记在 B1、C2、D1b、D2、F、G、L 和 M 连锁群中发生了完整大片断的传递（表 5-5）。周豆 11 从母本豫豆 24 的 F 和 B1 连锁群中得了 115.23cM 和 39.70cM 的完整片断，中豆 32 从母本湘春豆 10 号的 D2、G 和 L 连锁群中分别得到了 49.72cM、23.10cM 和 30.94cM 的完整片断，另外南农 88-48 从母本南农 79-935 的 D1b 和 J 连锁群中分别得到了 43.60cM 和 13.67cM 的完整片断。

表 5-5　连锁群中完整大片断的传递

| 子　代 | 亲　本 | 连锁群 | 连续标记数 | 片断长度（cM） |
|---|---|---|---|---|
| 中豆 32 | 湘春豆 10 号 | D2 | 6 | 49.72 |
| 周豆 11 | 豫豆 24 | F | 6 | 115.23 |
| 浙春 3 号 | 浙春 1 号 | D1b | 5 | 63.55 |
| 中豆 32 | 湘春豆 10 号 | G | 5 | 23.10 |
| 中豆 32 | 湘春豆 10 号 | L | 5 | 30.94 |
| 南农 88-48 | 南农 73-935 | D1b | 4 | 42.60 |
| 南农 88-48 | 南农 73-935 | J | 4 | 13.67 |
| 周豆 11 | 豫豆 24 | B1 | 4 | 39.70 |
| 豫豆 11 | 郑 77249 | C2 | 4 | 75.12 |
| 中豆 20 | 中豆 19 | M | 4 | 33.47 |

# 第三节 大豆育成品种重要家族中育种性状 QTL 关联定位

关联定位是利用自然群体连锁不平衡原理标记 QTL 并结合遗传图谱定位 QTL 的一种方法。文自翔等（2008）按我国各生态区选取地方品种和野生大豆组成 2 个代表性样本，在分析连锁不平衡成对位点、群体结构基础上进行性状关联分析，并进行关联位点等位变异的解析，为重要位点等位变异在系谱内的传递分析提供了方法。鉴于经人工改良后育成品种群体的基因组组成有可能与资源群体不同，张军等（2009b）报道了利用关联分析方法研究我国黄淮和南方主要大豆育成品种家族产量和品质优异等位变异在系谱中遗传的结果。本节着重介绍我国育成品种群体农艺性状 QTL 的关联分析。研究选取我国黄淮、南方生态区 190 份育成品种代表性样本，对它们的生育期、品质及产量相关性状等 11 个性状进行 2 年有重复的表型鉴定。利用 85 个 SSR 标记进行全基因组扫描，其中在非连锁群或同一连锁群遗传距离大于 50 cM 的有 38 个标记；与大豆农艺性状相关的有 56 个标记。根据标记（基因型）数据分析连锁不平衡成对位点，在检测群体结构的基础上，进行矫正后的关联分析。检测品种群体中这些农艺性状 QTL 的标记位点及其等位变异的遗传效应，进而发掘出具有优异等位变异的典型载体材料并据此讨论设计育种问题。

## 一、大豆重要家族品种群体 SSR 位点间的连锁不平衡及群体结构

20 个连锁群上 85 个 SSR 位点的 3 570 种两两位点组合中，不论共线性组合，还是非共线性组合，都有一定程度 LD 存在。得到统计概率（$p<0.01$）支持的不平衡成对位点比例较大，占总位点组合的 48.63%；但不平衡程度 $D'>0.5$ 的组合数仅占总位点组合的 1.71%（图 5-1）。对共线 SSR 位点 $D'$ 值随遗传距离（cM）增加而变化的分析得出，本研究中 SSR 位点 $D'$ 值衰减速率较快（图 5-2）。

采用基于数学模型的聚类方法通过 Structure 软件分析参试材料的遗传结构，确定参试样本亚群数目。结果表明样本的等位变异频率特征类型数 $K=7$（即服从 Hardy-Weinberg 平衡的亚群数目为

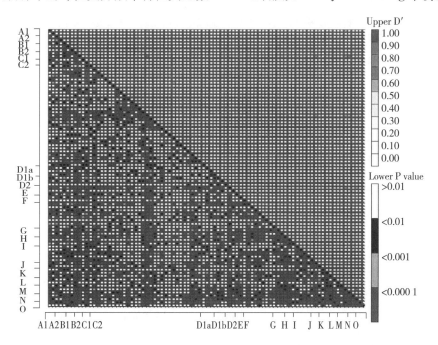

图 5-1 供试材料 20 个连锁群 85 个 SSR 位点间连锁不平衡的分布

注：SSR 位点以连锁群为单位，按顺序排列在 X、Y 轴方向（字母为大豆分子连锁群体符号），黑色对角线上方的每一像素的格子使用右侧色差代表成对位点间 $D'$ 值大小，对角线下方为成对位点间 LD 的支持概率。

7) 时其模型后验概率最大，因此判断样本亚群数目为 7。分析亚群数目的生物学意义，发现大豆品种群体亚群划分与分省份亚群相关（$X^2 = 368$，大于 $X^2_{(0.01,90)} = 124$）。

## 二、大豆重要家族品种群体与农艺性状关联的 SSR 标记

对产量、生物量、收获指数、荚粒数、百粒重、全生育期、开花期、株高、倒伏性、蛋白质含量、脂肪含量共 11 个性状 2 年数据进行方差分析，其中前 9 个性状品种间及品种与年份互作都极显著，其他 2 个性状品种间显著。由于样本群体表现由多个亚群体组成，将各个体的相应 $Q$ 值作为协

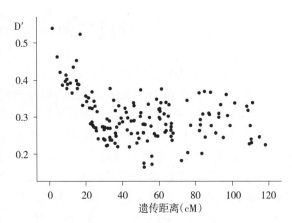

图 5-2　共线 SSR 位点 $D'$ 值在大豆基因组随遗传距离（cM）衰减散点图

变量，分别进行 11 个性状 2005 年、2006 年和 2 年平均的表型值对标记的回归分析，寻找与 QTL 关联的标记及其等位变异。本研究检测的 85 个 SSR 位点中，发现有 45 个位点与 11 个性状关联。表 5-6 列出所有关联标记及其相应 2 年 11 个性状的平均表型变异的解释率。

与大豆农艺性状相关联的 SSR 标记总体情况：与 11 个大豆农艺性状关联的位点（次）累计有 136 个。纵向分析表 5-6 发现：① 与产量及其相关性状关联的位点（次）有 78 个；与生育期性状关联的位点（次）有 23 个；与形态性状关联的位点（次）有 27 个；与品质性状关联的位点（次）有 8 个。② 2 年与性状关联的共有位点（次）为 43 个。③关联分析发现定位信息的 QTL 位点（次）有 136 个，多于家系连锁定位所得的位点（次）为 22 个；关联定位新发现而家系连锁未检测到的有 114 个位点（次）。④同一性状关联的位点在连锁群上有集中分布的趋势。如产量、株高等性状关联位点在 C2 连锁群有密集分布趋势，但这可能与本研究中采用了较多 C2 连锁群上的标记有关。

**表 5-6　与性状显著相关（p<0.01）的标记位点及其对表型变异的解释率**

| 标记位点 | 图位 (cM) | 产量性状 | | | | | 生育期 | | 形态性状 | | 品质性状 | |
| --- | --- | --- | --- | --- | --- | --- | --- | --- | --- | --- | --- | --- |
| | | Yd | Bm | Hi | Ns | Sw | Dm | Df | Ph | Ld | Pr | Fa |
| Satt436 | Chr.1 (D1a) 70.69 | 0.09 | **0.10** | | | | | | | | | |
| Be475343 | Chr.2 (D1b) 30.74 | | | | 0.07 | | **0.07** | 0.07 | | | 0.05 | |
| Sat _ 385 | Chr.5 (A1) 31.07 | 0.07 | 0.10 | | | | **0.11** | 0.09 | **0.15** | **0.08** | | |
| Satt640 | Chr.6 (C2) 30.47 | | | 0.08 | | | | | | | | |
| Sat _ 153 | Chr.6 (C2) 61.98 | | | 0.06 | | | | | **0.10** | | | |
| Satt305 | Chr.6 (C2) 69.67 | | | 0.06 | | 0.06 | | | | | | 0.07 |
| Sat _ 246 | Chr.6 (C2) 91.81 | 0.06 | 0.11 | 0.08 | | **0.07** | 0.07 | 0.08 | 0.09 | | | 0.08 |
| Satt643 | Chr.6 (C2) 94.65 | | | | | | | | | **0.08** | | |
| Satt363 | Chr.6 (C2) 98.07 | 0.07 | 0.07 | 0.12 | | 0.07 | **0.12** | | **0.10** | | | |
| Satt277 | Chr.6 (C2) 107.59 | | **0.18** | 0.24 | | 0.11 | **0.29** | **0.16** | **0.32** | **0.12** | | |
| Satt365 | Chr.6 (C2) 111.68 | **0.09** | **0.17** | **0.25** | | | **0.25** | **0.12** | **0.35** | 0.10 | | |
| Satt557 | Chr.6 (C2) 112.19 | 0.05 | | | | **0.09** | | | | | | 0.07 |
| Satt289 | Chr.6 (C2) 112.35 | | 0.10 | | | **0.08** | | | | | | |
| Satt134 | Chr.6 (C2) 112.84 | | | | | 0.09 | | | | 0.09 | | |
| Sat _ 312 | Chr.6 (C2) 112.85 | 0.09 | 0.10 | **0.19** | | 0.10 | **0.16** | | **0.13** | 0.08 | | |
| Satt489 | Chr.6 (C2) 113.39 | | | | | 0.09 | | | | | | |
| Sat _ 251 | Chr.6 (C2) 114.20 | **0.14** | **0.15** | | | | 0.11 | | 0.11 | | | |
| Satt708 | Chr.6 (C2) 115.49 | 0.05 | 0.06 | | 0.07 | | 0.06 | 0.06 | 0.07 | | | |
| Sat _ 238 | Chr.6 (C2) 117.46 | | | 0.17 | | | **0.13** | | **0.16** | | | |

（续）

| 标记位点 | 图位（cM） | 产量性状 | | | | | 生育期 | | 形态性状 | | 品质性状 | |
|---|---|---|---|---|---|---|---|---|---|---|---|---|
| | | Yd | Bm | Hi | Ns | Sw | Dm | Df | Ph | Ld | Pr | Fa |
| Satt079 | Chr. 6 (C2) 117.87 | | **0.08** | | | 0.08 | | | | | | |
| Sat＿252 | Chr. 6 (C2) 127.00 | 0.08 | 0.08 | 0.08 | | | | | 0.07 | | | |
| Satt316 | Chr. 6 (C2) 127.67 | 0.05 | | | 0.06 | | | | | 0.07 | | |
| Satt150 | Chr. 7 (M) 18.58 | | | | | | | | | 0.08 | | 0.11 |
| Satt210 | Chr. 7 (M) 112.08 | | | | | 0.06 | | | | **0.08** | | |
| Be820148 | Chr. 8 (A2) 35.93 | 0.06 | | | | **0.11** | | 0.07 | | | | |
| Aw132402 | Chr. 8 (A2) 67.86 | | | | | 0.07 | | | | | | |
| Sat＿293 | Chr. 9 (K) 99.10 | | | | | **0.13** | | 0.08 | | | | |
| Satt347 | Chr. 10 (O) 42.29 | 0.11 | **0.12** | 0.11 | | | 0.10 | | | 0.15 | | |
| Satt592 | Chr. 10 (O) 100.38 | | | 0.06 | | | | | | | | |
| Satt509 | Chr. 11 (B1) 32.51 | 0.06 | 0.07 | | | | | | | | | 0.07 |
| Satt665 | Chr. 11 (B1) 96.36 | 0.09 | 0.09 | | | 0.08 | | | 0.08 | | | |
| Satt020 | Chr. 11 (B2) 72.13 | | | 0.09 | | | | **0.09** | | | | |
| Satt442 | Chr. 12 (H) 46.95 | | | | | 0.08 | | 0.07 | | **0.11** | | |
| Satt302 | Chr. 12 (H) 81.04 | | | | | <u>**0.11**</u> | | | | | | |
| Satt659 | Chr. 13 (F) 26.71 | | | | | 0.13 | 0.08 | **0.11** | | | | |
| Satt522 | Chr. 13 (F) 119.19 | | | | | | | | | | 0.08 | |
| Satt606 | Chr. 15 (E) 39.77 | | | | | | | | | 0.08 | | |
| Satt244 | Chr. 16 (J) 65.04 | 0.08 | | | | | | | | | | |
| Satt443 | Chr. 17 (D2) 51.41 | 0.11 | 0.10 | | | | | | | | | |
| Satt311 | Chr. 17 (D2) 84.62 | **0.09** | 0.07 | | | **0.12** | | | | 0.07 | | |
| Satt186 | Chr. 17 (D2) 105.45 | 0.07 | | | | 0.11 | | | | 0.08 | | |
| Satt284 | Chr. 19 (L) 38.16 | | | | | | | | | | | **0.05** |
| Sat＿219 | Chr. 20 (I) 36.03 | | 0.08 | | 0.13 | | | | | | | |
| Satt239 | Chr. 20 (I) 36.94 | | | | 0.15 | | | | | | | |
| Sat＿299 | Chr. 20 (I) 99.83 | 0.10 | 0.09 | | | 0.09 | | | | 0.10 | | |
| 合计 | | 20 (5) | 19 | 13 | 5 (1) | 21 (5) | 12 (5) | 11 (2) | 14 (3) | 13 (1) | 2 | 6 |

注：Yd：产量；Bm：生物量；Hi：表观收获指数；Ns：荚粒数；Sw：百粒重；Dm：全生育期；Df：开花期；Ph：株高；Ld：倒伏性；Pr：蛋白质含量；Fa：脂肪含量。粗斜体为 2 年关联分析都能检测到。下划线代表该数值对应标记在家系连锁定位 QTL 区间内，括弧内为总和数。

　　横向分析表 5-6 发现：①同一位点与多个性状相关联情况较多，而这些性状多是同一类性状。如 Sat＿312 位点与 4 个产量及其相关性状（产量、生物量、表观收获指数、百粒重）有关联；有 7 个位点（Sat＿385、Sat＿246、Satt277、Satt365、Satt708、Be475343、Satt659）同时与开花期和全生育期关联。该结果表明大豆性状相关确有其内在遗传基础。②同一性状在 2 年共有关联位点较多，说明这些位点受环境影响较小，能够稳定遗传。这些关联位点，尤其同时与连锁分析 QTL 作图能够相互验证位点，可以考虑用于标记辅助选择育种。

# 第四节　大豆重要育种性状优异等位变异的发掘

## 一、大豆重要家族品种群体产量性状的优异等位变异

　　产量是大豆育种首要目标。供试品种群体 2 年田间试验获得与产量及其相关性状显著关联的 SSR 位点有 78 个（表 5-6）。限于篇幅着重解析 2 年关联分析都能检测到并的表型变异解释率高的位点。

选择产量、生物量和表观收获指数关联位点的表型变异解释率累积达到 60% 以上；荚粒数和百粒重关联位点的表型变异解释率累积达到 30% 以上。分析关联位点各等位变异的表型效应值，发现同一位点等位变异间表型效应有很大差异。根据育种目标对性状要求，列出各关联位点增效（减效）表型效应前 2～4 个的等位变异、相应的效应值和典型载体材料（表 5-7 至表 5-11）。

分析发现：①产量关联位点的等位变异中 Satt347-300［Satt347-300 中的 Satt347 为标记名称，300 为该标记等位变异大小（bp），下同］为增效表型效应最大的（+932kg/hm²）。②生物量关联位点的等位变异中 Satt365-294 为增效表型效应最大的（+3 123kg/hm²）。③表观收获指数关联位点的等位变异中 Satt365-375 和 Satt277-159 为增效表型效应最大的（都为+2.9%）。④荚粒数关联位点的等位变异中 Satt239-180 为增效表型效应最大的（+0.24 粒）。⑤百粒重关联位点的等位变异中 Satt302-204 与 Satt311-219 分别为增效（+3.00g）和减效表型效应（-3.94g）最大的。在分子设计育种中，这些片段很可能在培育优良品种中利用。除了这些极值等位变异以外，还有大量等位变异与大豆产量及其相关性状的表型效应关联。

表 5-7　与产量显著关联的位点及其等位变异对应的表型效应和典型载体材料

| 等位变异 | 表型效应(kg/hm²) | 载体材料 | | | | | | | | | | | | | | | | | | | | |
|---|---|---|---|---|---|---|---|---|---|---|---|---|---|---|---|---|---|---|---|---|---|---|
| | | 1 | 2 | 3 | 4 | 5 | 6 | 7 | 8 | 9 | 10 | 11 | 12 | 13 | 14 | 15 | 16 | 17 | 18 | 19 | 20 | 21 | 22 |
| Sat_251-273 | +306 | √ | √ | | | | | | | | | | | | | | | | | | | | |
| Sat_251-309 | +191 | | | | | | | | √ | √ | | √ | √ | √ | | | | | | | | | |
| Satt365-303 | +477 | | | | | | | | √ | | | | | | | | √ | | √ | | | | |
| Satt365-312 | +230 | | | √ | √ | | √ | √ | | | | | √ | | | | | √ | | | | | √ |
| Satt311-249 | +158 | | | | | | | | | | | | √ | | | | | √ | | | √ | | |
| Satt311-258 | +138 | | | √ | √ | | √ | | √ | | | √ | √ | | | | √ | | | √ | √ | | |
| Satt347-300 | +932 | | | | | | | | | | | | | | | | | | | | | | |
| Satt347-282 | +262 | √ | | √ | √ | √ | √ | √ | | √ | | | | | | | √ | √ | | | | √ | |
| Satt443-264 | +268 | | | | | | | | | | | | √ | √ | | | | | | √ | | | |
| Satt443-273 | +190 | √ | | | | √ | √ | | √ | | | | | | | √ | | | | | √ | | |
| Sat_299-357 | +268 | | √ | | | √ | | | | | | | | | √ | √ | | | | | | | |
| Sat_299-276 | +135 | | | | | | | | | | | | | | | | √ | | | | | | |

注：1：滨海大白花；2：福豆234；3：冀豆5号；4：南农88-48；5：南农99-6；6：沁阳水白豆；7：商丘7608；8：苏豆1号；9：皖豆19；10：湘豆3号；11：豫豆25；12：豫豆27；13：郑92116；14：中豆26；15：中豆31；16：中豆8号；17：中黄19；18：徐豆10号；19：豫豆23；20：豫豆28；21：豫豆26；22：南农99-10。

表 5-8　与生物量显著关联的位点及其等位变异对应的表型效应和典型载体材料

| 等位变异 | 表型效应(kg/hm²) | 载体材料 | | | | | | | | | | | | | | | | | | | | |
|---|---|---|---|---|---|---|---|---|---|---|---|---|---|---|---|---|---|---|---|---|---|---|
| | | 1 | 2 | 3 | 4 | 5 | 6 | 7 | 8 | 9 | 10 | 11 | 12 | 13 | 14 | 15 | 16 | 17 | 18 | 19 | 20 | 21 |
| Satt277-147 | +2091 | | | | √ | | | | √ | | | | | | | | | | √ | | | |
| Satt277-288 | +1615 | | | | | | | | | | | | | √ | √ | √ | √ | | | | | |
| Satt365-294 | +3123 | | | | √ | | | | | | | | | | | | | | √ | | | |
| Satt365-303 | +1098 | | | | | | | | | | | | √ | √ | √ | √ | √ | | | | | |
| Sat_251-273 | +554 | | √ | √ | | | | | √ | | | | | | | | | | | | | |
| Sat_251-291 | +390 | √ | | | √ | | √ | | √ | | | | √ | | | | √ | √ | | √ | √ | √ |
| Satt436-204 | +1064 | | | | | | | | | | | √ | √ | √ | | | | | | | | |
| Satt436-279 | +292 | | | | √ | | | | | | | | | | | | | | | | | √ |

注：1：鄂豆7号；2：福豆234；3：贡豆12；4：黄毛豆；5：科丰37；6：科新4号；7：鲁豆12；8：猫儿灰；9：南农1138-2；10：南农99-6；11：濮海10号；12：苏豆3号；13：苏协18-6；14：苏协1号；15：苏协4-1；16：通豆3号；17：皖豆20；18：湘秋豆1号；19：豫豆28；20：中豆26；21：中豆31。

**表 5-9 与收获指数显著关联的位点及其等位变异对应的表型效应和典型载体材料**

| 等位变异 | 表型效应 | 载体材料 |||||||||||||||||||||
|---|---|---|---|---|---|---|---|---|---|---|---|---|---|---|---|---|---|---|---|---|---|---|
| | | 1 | 2 | 3 | 4 | 5 | 6 | 7 | 8 | 9 | 10 | 11 | 12 | 13 | 14 | 15 | 16 | 17 | 18 | 19 | 20 | 21 |
| Satt365-375 | +0.029 | | | | √ | | | | | | | | | | | | | | | | | |
| Satt365-366 | +0.027 | | √ | √ | | | √ | | | | √ | | | √ | | | √ | | | √ | | |
| Sat_312-285 | +0.017 | √ | | | | | | | | | | | | | √ | √ | | | | | | |
| Sat_312-339 | +0.010 | | | √ | √ | | | √ | | | | | | √ | | √ | | | | √ | | |
| Satt277-159 | +0.029 | | | | | | | | | | | | | | | | | | √ | | | |
| Satt277-210 | +0.024 | | | | | | | | √ | | | | | | | | | | | | | |
| Satt277-255 | +0.023 | | | √ | | | √ | | | | | | | | | | | √ | | | | √ |
| Satt277-264 | +0.018 | | | | √ | | | √ | | √ | | | √ | | | | | | √ | √ | | |

注：表型效应为比值。1：川豆6号；2：地神21；3：地神22；4：东辛2号；5：福豆234；6：贡豆5号；7：合豆2号；8：淮豆3号；9：淮豆5号；10：晋豆23；11：南农128；12：宁镇1号；13：濮海10号；14：黔豆2号；15：黔豆6号；16：商丘1099；17：泗豆11；18：泰兴黑豆；19：皖豆21；20：徐豆1号；21：豫豆29。

**表 5-10 与荚粒数显著关联的位点及其等位变异对应的表型效应和典型载体材料**

| 等位变异 | 表型效应 | 载体材料 ||||||||||||||||||||
|---|---|---|---|---|---|---|---|---|---|---|---|---|---|---|---|---|---|---|---|---|---|
| | | 1 | 2 | 3 | 4 | 5 | 6 | 7 | 8 | 9 | 10 | 11 | 12 | 13 | 14 | 15 | 16 | 17 | 18 | 19 | 20 |
| Satt239-180 | +0.24 | | | √ | √ | √ | | | | | | | | | √ | √ | √ | | | | |
| Satt239-189 | +0.05 | √ | √ | | | | | | √ | | | | √ | √ | | | | √ | √ | √ | √ |
| Sat_219-342 | +0.17 | | | | | | √ | √ | √ | | √ | | | | | √ | | √ | | | |
| Sat_219-333 | +0.13 | | | | √ | | | | | √ | | √ | | | | | | √ | | | |
| Satt708-276 | +0.07 | | | | | | | √ | | √ | | | | | | √ | | | | | |
| Satt708-258 | +0.03 | √ | √ | | | | | √ | | | | | | | | √ | | | √ | | √ |

注：表型效应单位为每荚粒数。1：沧豆4号；2：川豆2号；3：阜豆1号；4：贡豆6号；5：合豆2号；6：淮豆3号；7：科丰37；8：科丰53；9：科丰6号；10：科新6号；11：鲁豆12；12：蒙庆6号；13：泗豆2号；14：皖13；15：皖豆16；16：皖豆19；17：徐豆8号；18：诱变30；19：跃进10号；20：郑交9525。

**表 5-11 与百粒重显著关联的位点及其等位变异对应的表型效应和典型载体材料**

| 等位变异 | 表型效应(g/百粒) | 载体材料 |||||||||||||||||||||||
|---|---|---|---|---|---|---|---|---|---|---|---|---|---|---|---|---|---|---|---|---|---|---|---|---|
| | | 1 | 2 | 3 | 4 | 5 | 6 | 7 | 8 | 9 | 10 | 11 | 12 | 13 | 14 | 15 | 16 | 17 | 18 | 19 | 20 | 21 | 22 | 23 |
| Sat_293-303 | +1.71 | | | √ | √ | √ | √ | √ | | | √ | | | | √ | | | | | | | | | |
| Sat_293-294 | +1.40 | √ | √ | | | | | | | | | | √ | | | | √ | √ | | √ | √ | √ | | |
| Satt311-201 | +1.36 | √ | | | | √ | √ | | | | | | | | | | | √ | | √ | √ | | | |
| Satt311-192 | +1.24 | | | √ | √ | √ | | | | | | | √ | √ | | √ | | √ | | | | | | |
| Satt302-204 | +3.00 | | | | | | | | | | | | | | | | √ | | | | | | | |
| Satt302-231 | +1.30 | | √ | √ | √ | | | | √ | | √ | √ | | | √ | | | | | √ | √ | | | |
| Sat_293-315 | -3.83 | | | | | | | | √ | | | | | | √ | | | | | | | | | |
| Sat_293-258 | -2.01 | | | | | | | | | | | √ | | | | | | | | | | √ | | |
| Satt311-219 | -3.94 | | | | | | | | | | | | | | | | | | | | | | | √ |
| Satt311-282 | -3.26 | | | | | | | | | | | | | | | | | | | | | | | |
| Satt302-294 | -2.93 | √ | | | | | | | | | | | | | | | | √ | | | | | | √ |
| Satt302-285 | -1.95 | | | | | √ | √ | | | | | | √ | | | √ | | | | | | | | |

注：1：沧豆4号；2：东辛2号；3：滑豆20；4：淮豆3号；5：淮豆5号；6：科丰36；7：科系8号；8：科新4号；9：鲁豆10号；10：南农128；11：南农86-4；12：南农88-31；13：南农99-6；14：山宁8号；15：泰兴黑豆；16：新黄豆；17：徐豆12；18：浙春1号；19：浙春3号；20：中黄13；21：中黄25；22：中黄4号；23：丰收黄。

## 二、大豆重要家族品种群体生育期性状的优异等位变异

品种群体共有23个SSR位点与全生育期、开花期性状关联（见表5-6）。根据育种目标对性状要求，表5-12、表5-13列出了主要关联位点增效（减效）表型效应排在前2位的等位变异、相应

的效应值和典型载体材料。

**表 5-12　与全生育期显著关联的位点及其等位变异对应的表型效应和典型载体材料**

| 等位变异 | 表型效应(d) | 载体材料 | | | | | | | | | | | | | | | | | | | |
|---|---|---|---|---|---|---|---|---|---|---|---|---|---|---|---|---|---|---|---|---|---|
| | | 1 | 2 | 3 | 4 | 5 | 6 | 7 | 8 | 9 | 10 | 11 | 12 | 13 | 14 | 15 | 16 | 17 | 18 | 19 | 20 |
| Satt277-147 | +34.1 | | | √ | | | | | | | | | | | √ | | | | | | |
| Satt277-288 | +11.3 | | | | | √ | | | √ | √ | | √ | | | | | | | | | √ |
| Satt365-294 | +45.9 | | | √ | | | | | | | | | | | √ | | | | | | |
| Satt365-303 | +9.1 | | | | | | | | √ | √ | √ | | √ | | √ | | | | | | √ |
| Sat_312-270 | +46.1 | | | √ | | | | | | | | | | | | | | | | | |
| Sat_312-330 | +1.8 | √ | | √ | | | | √ | | | | | √ | | √ | √ | √ | √ | √ | | |
| Satt277-159 | −21.0 | | | | | | | | | | | | √ | | | | | | | | |
| Satt277-273 | −10.0 | | | | √ | | √ | √ | | | | | | | | | | | | | |
| Satt365-402 | −9.8 | √ | | | | | | | | | | | | | | | | | | | |
| Satt365-357 | −3.3 | | √ | | | | | | | | | | | | | | √ | √ | √ | | |
| Sat_312-423 | −15.0 | | | | √ | | | | | | | | | | | | | | | | |
| Sat_312-303 | −4.9 | √ | | | | √ | √ | | | | √ | | | | | | | | | | |

注：1：沧豆4号；2：川豆2号；3：黄毛豆；4：鲁豆10号；5：南农73-935；6：宁镇2号；7：泗豆2号；8：苏7209；9：苏协18-6；10：苏协1号；11：苏协4-1；12：泰兴黑豆；13：通豆3号；14：湘秋豆1号；15：徐豆3号；16：豫豆16；17：豫豆19；18：豫豆21；19：豫豆22；20：中豆8号。

分析发现：①全生育期关联位点的等位变异中 Sat_312-270 与 Satt277-159 分别为增效（+46.1 d）和减效（−21.0 d）最大的。②开花期关联位点的等位变异中 Satt277-47 与 Satt659-267 分别为增效（+13.5 d）和减效（−17.4 d）最大的。除了这些极值等位变异，还有许多等位变异与大豆生育期性状的表型效应关联。

**表 5-13　与开花期显著关联的位点及其等位变异对应的表型效应和典型载体材料**

| 等位变异 | 表型效应(d) | 载体材料 | | | | | | | | | | | | | | | | | | | |
|---|---|---|---|---|---|---|---|---|---|---|---|---|---|---|---|---|---|---|---|---|---|
| | | 1 | 2 | 3 | 4 | 5 | 6 | 7 | 8 | 9 | 10 | 11 | 12 | 13 | 14 | 15 | 16 | 17 | 18 | 19 | 20 |
| Satt277-147 | +13.5 | | | | | | | | | | | | | | | | | √ | | | |
| Satt277-243 | +9.2 | | | | | | √ | | | | | | | | | | | | | | √ |
| Satt659-165 | +2.3 | | | | | | | | √ | | | √ | | | | | | | | | √ |
| Satt659-174 | +1.5 | √ | | √ | √ | √ | | | | | √ | | √ | | | | | | | √ | |
| Satt020-204 | +9.2 | | | | √ | | | | | | | | | | | | | | | | |
| Satt020-195 | +4.8 | √ | | √ | | √ | | | √ | | | | | | | | | | | | |
| Satt277-159 | −15.4 | | | | | | | | | | | | | √ | | | | | | | |
| Satt277-273 | −5.9 | | | | | | √ | √ | | | √ | | | | | | | | | | |
| Satt659-267 | −17.4 | | | | | | | | | | | | | √ | | | √ | | | | |
| Satt659-192 | −2.7 | | | | | | | | | | | | | | √ | √ | | | | | |
| Satt020-141 | −6.4 | | √ | | | | | | | | | | | | | | | | | | |
| Satt020-132 | −6.2 | | | | | | | | | | | | √ | | | | √ | | √ | | |

注：1：成都田坎豆；2：大方六月早；3：晋豆1号；4：晋豆23；5：晋豆4号；6：鲁豆10号；7：鲁宁1号；8：南豆5号；9：南农242；10：宁镇2号；11：濮海10号；12：黔豆3号；13：泰兴黑豆；14：皖豆20；15：皖豆24；16：文丰7号；17：湘秋豆1号；18：新黄豆；19：豫豆26；20：郑90007。

### 三、大豆重要家族品种群体形态性状的优异等位变异

品种群体2年田间试验中共有27个SSR位点与株高、倒伏性状关联。根据育种目标对性状要求，列出主要关联位点增效（减效）表型效应排在前2位的等位变异、相应的效应值和典型载体材料。分析发现：①株高关联位点的等位变异中 Satt365-294 与 Satt277-159 分别为增效（+91.4 cm）和减效（−9.1 cm）最大的。②倒伏性状关联位点的等位变异中 Satt442-309 为减效（−0.7）最大的（表5-14、表5-15）。

表 5-14 与株高显著关联的位点及其等位变异对应的表型效应和典型载体材料

| 等位变异 | 表型效应(cm) | 载体材料 | | | | | | | | | | | | | | | | | | | | | |
|---|---|---|---|---|---|---|---|---|---|---|---|---|---|---|---|---|---|---|---|---|---|---|---|
| | | 1 | 2 | 3 | 4 | 5 | 6 | 7 | 8 | 9 | 10 | 11 | 12 | 13 | 14 | 15 | 16 | 17 | 18 | 19 | 20 | 21 | 22 |
| Satt365-294 | +91.4 | | | | √ | | | | | | | | | | | | | | | √ | | | |
| Satt365-384 | +6.5 | | | | | | | | | | | | | | | | | | | | | | √ |
| Satt277-147 | +67.2 | | | | √ | | | | | | | | | | | | | | | √ | | | |
| Satt277-303 | +13.0 | | | | | | | | | | | | √ | | | | | | | | | | |
| Sat_238-372 | +76.5 | | | | √ | | | | | | | | | | | | | | | | | | |
| Sat_238-351 | +7.0 | | | | | √ | | | √ | | | | | √ | | | | | | √ | | | |
| Satt365-321 | −6.6 | | √ | √ | | √ | √ | √ | | √ | | | | √ | √ | | √ | | | √ | √ | | |
| Satt365-402 | −6.2 | √ | | | | | | | | | | | | | | | | | | | | | |
| Satt277-159 | −9.1 | | | | | | | | | | | | | | √ | | | | | | | | |
| Satt277-273 | −8.3 | | | | | | | | √ | | | | | | | | | | | | | | |
| Sat_238-279 | −6.0 | | | | | | | | √ | | √ | | | √ | √ | | | | | | | | |
| Sat_238-306 | −3.7 | √ | √ | | | √ | √ | | | √ | | | | | | | √ | √ | √ | √ | | | |

注：1：沧豆4号；2：贡豆4号；3：淮豆2号；4：黄毛豆；5：科丰36；6：科新8号；7：鲁豆12；8：鲁豆1号；9：鲁宁1号；10：蒙庆6号；11：南豆5号；12：南农493-1；13：齐黄22；14：黔豆6号；15：泰兴黑豆；16：皖豆1号；17：为民1号；18：文丰7号；19：湘秋豆1号；20：浙春3号；21：中黄15；22：中黄24。

表 5-15 与倒伏性状显著关联的位点及其等位变异对应的表型效应和典型载体材料

| 等位变异 | 表型效应 | 载体材料 | | | | | | | | | | | | | | | | | |
|---|---|---|---|---|---|---|---|---|---|---|---|---|---|---|---|---|---|---|---|
| | | 1 | 2 | 3 | 4 | 5 | 6 | 7 | 8 | 9 | 10 | 11 | 12 | 13 | 14 | 15 | 16 | 17 | 18 |
| Satt442-309 | −0.7 | | | | | | | | | | | √ | | | | | | | |
| Satt442-288 | −0.1 | √ | | √ | | √ | √ | √ | √ | √ | √ | | | | | √ | | | √ |
| Satt643-327 | −0.6 | | | | √ | | | | | | | | | | | | | | |
| Satt643-318 | −0.3 | | | √ | | √ | | | | | | | √ | | √ | √ | | | |
| Satt210-297 | −0.4 | √ | | | | √ | | | | | | | | | | | | | √ |
| Satt210-252 | −0.2 | | | | | | | | | | | | √ | | √ | √ | | | |
| Sat385-240 | −0.2 | | | √ | | | | | | | | | √ | | √ | | | | |
| Sat385-285 | −0.2 | | | | | | √ | √ | √ | √ | | | | | | | √ | | |

注：表型效应为等比。1：矮脚青；2：地神21；3：福豆234；4：晋豆23；5：科丰15；6：科丰36；7：科丰37；8：科丰6号；9：科系8号；10：鲁豆10号；11：南农242；12：濮海10号；13：徐豆3号；14：豫豆22；15.豫豆23；16：豫豆29；17：豫豆3号；18：中黄19。

## 四、大豆重要家族品种群体品质性状的优异等位变异

品种群体 2 年田间试验获得 8 个 SSR 位点与蛋白质含量、脂肪含量性状关联。根据育种目标对性状要求，列出主要关联位点增效表型效应排在前 2 位的等位变异、相应的效应值和典型载体材料（表 5-16、5-17）。分析发现：①蛋白质含量关联位点的等位变异中 Be475343-198 为增效（+0.41%）最大的。②脂肪含量关联位点的等位变异中 Satt150-273 为增效（+2.32%）最大的。除了这些极值等位变异以外，还有很多等位变异与大豆品质性状的表型效应关联。

表 5-16 与蛋白质含量显著关联的位点及其等位变异对应的表型效应和典型载体材料

| 等位变异 | 表型效应(%) | 载体材料 | | | | | | | | | | | | | | | | | | | | |
|---|---|---|---|---|---|---|---|---|---|---|---|---|---|---|---|---|---|---|---|---|---|---|
| | | 1 | 2 | 3 | 4 | 5 | 6 | 7 | 8 | 9 | 10 | 11 | 12 | 13 | 14 | 15 | 16 | 17 | 18 | 19 | 20 | 21 |
| Satt522-231 | +0.31 | | | | | | | | | | | | | | | | √ | √ | | √ | | |
| Satt522-249 | +0.17 | √ | √ | √ | √ | √ | √ | √ | √ | √ | | | √ | √ | √ | | | √ | | √ | √ | √ |
| Be475343-198 | +0.41 | √ | √ | √ | √ | √ | √ | √ | | √ | | | √ | √ | | | | √ | √ | √ | √ | √ |
| Be475343-180 | +0.14 | | | | | | | √ | √ | | | √ | √ | √ | √ | | | | | | | |

注：1：川豆2号；2：鄂豆7号；3：赣豆4号；4：贡豆12；5：合豆3号；6：淮豆4号；7：科丰53；8：蒙庆6号；9：齐黄5号；10：商丘1099；11：皖豆20；12：文丰7号；13：新黄豆；14：诱变31；15：诱处4号；16：豫豆26；17：豫豆8号；18：跃进5号；19：郑90007；20：郑交9525；21：周7327-118。

**表 5 - 17　与脂肪含量显著关联的位点及其等位变异对应的表型效应和典型载体材料**

| 等位变异 | 表型效应(%) | 1 | 2 | 3 | 4 | 5 | 6 | 7 | 8 | 9 | 10 | 11 | 12 | 13 | 14 | 15 | 16 | 17 | 18 | 19 | 20 | 21 |
|---|---|---|---|---|---|---|---|---|---|---|---|---|---|---|---|---|---|---|---|---|---|---|
| Satt284 - 288 | +0.48 | | | | | | √ | | √ | | | | | √ | | | | | | | | |
| Satt284 - 279 | +0.20 | √ | √ | √ | √ | √ | | √ | | √ | √ | √ | √ | | √ | √ | | √ | √ | √ | √ | √ |
| Satt150 - 273 | +2.32 | | | | √ | | | | | | | | | | | | | | | | | |
| Satt150 - 255 | +0.31 | | √ | | | | √ | | √ | | √ | | √ | √ | | | | √ | | | | |
| Sat _ 246 - 270 | +0.87 | | | | √ | | | | | | | | | | | | | | | | | √ |
| Sat _ 246 - 261 | +0.59 | √ | | | | | | | | | √ | | √ | | | √ | | | | | | |
| Satt557 - 225 | +0.41 | | | | | | | | √ | | | | √ | | | √ | √ | | √ | | | |
| Satt557 - 183 | +0.16 | √ | √ | | | | √ | | √ | | √ | | √ | | √ | | | √ | | √ | | |

注：1：东辛 2 号；2：丰收黄；3：福豆 234；4：晋豆 23；5：科丰 15；6：科丰 37；7：科丰 53；8：科新 4 号；9：科新 8 号；10：鲁宁 1 号；11：沛县大白角；12：皖豆 21；13：皖豆 24；14：徐豆 135；15：徐豆 2 号；16：徐豆 8 号；17：诱变 30；18：跃进 5 号；19：早熟 18；20：中豆 31；21：中黄 19。

# 第五节　大豆育成品种重要家族中高产优异等位变异的追踪与结构

植物育种实践表明，选配优良亲本组合是成功育种的关键之一。在已有大量新品种育成的今天，回顾并掌握我国大豆育成品种的现状和经验是十分必要的。以往研究育成品种间的遗传关系只能通过表型观察分析或系谱追踪进行一般性分析（Cui et al.，2000），随着 QTL 关联分析在植物中的广泛应用（Agrama et al.，2007），使研究育成品种间的遗传关系可以建立在优异位点和优异等位变异在育成品种家族中传递的基础上。

利用大豆育成品种群体的关联分析结果，对我国黄淮和南方主要大豆品种家族优异等位变异追踪分析，从产量、百粒重、蛋白质含量和脂肪含量优异等位变异来源和分布表现，为现有大豆品种进行有针对性的遗传改良、培育新品种提供帮助并探讨大豆高产优异等位变异结构问题。等位变异的后裔同样与状态同样是有区别的，限于系谱中有些亲本已断绝，本文指的遗传传递绝大多数只能是状态相同。我国黄淮和南方主要大豆育成品种家族产量和品质优异等位变异的累积，各家族既有相同，又有差异。各性状优异等位变异在各家族累积情况分述如下。

## 一、产量优异等位变异

9 个位点 18 个产量优异等位变异中 5 个系谱祖先含有 3 个或 4 个等位变异，58 - 161、徐豆 1 号、南农 1138 - 2 家族品种这 18 个等位变异都有所累积；南农 493 - 1、齐黄 1 号家族分别累积 15 个、14 个。5 个家族都以 Sat _ 312 - 330、Satt436 - 225 为优势等位变异，而南农 493 - 1 还以 Satt347 - 282 为优势等位变异，即系谱祖先含有多数优势等位变异。齐黄 1 号缺少 Sat _ 251 - 273、Satt347 - 300、Sat _ 299 - 276、Sat _ 299 - 357；南农 493 - 1 家族缺少 Satt311 - 249、Satt347 - 300、Sat _ 299 - 276（表 5 - 18）。

## 二、百粒重优异等位变异

3 个位点 6 个百粒重优异等位变异中 5 个系谱祖先含有 0～2 个百粒重等位变异，58 - 161、徐豆 1 号、齐黄 1 号家族品种这 6 个等位变异都有所累积；南农 493 - 1、南农 1138 - 2 家族都累积 5 个。5 个家族都以 Satt311 - 192、Satt302 - 231 为优势等位变异，而南农 493 - 1 还以 Sat _ 293 - 294 为优势等位变异。Satt302 - 204 在南农 1138 - 2、南农 493 - 1 家族是缺失的，在其他 3 个家族中也是最少的（表 5 - 18）。

**表 5-18　我国黄淮和南方 5 个大豆育成品种家族优异等位变异的累积**

| 性状 | 等位变异 | 解释率 | 表型效应 | 58-161 | | | 徐豆 1 号 | | | 齐黄 1 号 | | | 南农 1138-2 | | | 南农 493-1 | | |
|---|---|---|---|---|---|---|---|---|---|---|---|---|---|---|---|---|---|---|
| | | | | P | 总等位变异数 | 百分率(%) | P | 总等位变异数 | 百分率(%) | P | 总等位变异数 | 百分率(%) | P | 总等位变异数 | 百分率(%) | P | 总等位变异数 | 百分率(%) |
| 产量 (kg/hm²) | Sat_251-273 | 0.14 | +306 | | 3 | 1.6 | | 2 | 1.3 | | 0 | D | | 1 | 1.6 | | 1 | 1.4 |
| | Sat_251-309 | | +191 | | 9 | 4.8 | | 6 | 4.0 | | 2 | 2.3 | | 1 | 1.6 | | 3 | 4.1 |
| | Satt365-303 | 0.09 | +477 | | 6 | 3.2 | 1 | 3 | 2.0 | | 1 | 1.1 | | 1 | 1.6 | | 6 | 8.2 |
| | Satt365-312 | | +230 | | 10 | 5.4 | | 11 | 7.3 | | 7 | 8.0 | | 5 | 7.8 | 1 | 8 | 11.0 |
| | Satt311-249 | 0.09 | +158 | | 3 | 1.6 | | 3 | 2.0 | | 3 | 3.4 | | 2 | 3.1 | | 0 | D |
| | Satt311-258 | | +138 | | 21 | 11.3 | 1 | 14 | 9.3 | | 9 | 10.2 | | 8 | 12.5 | | 5 | 6.8 |
| | Satt347-282 | 0.11 | +262 | 1 | 13 | 7.0 | | 8 | 5.3 | | 4 | 4.5 | | 4 | 6.3 | | 12 | 16.4 |
| | Satt347-300 | | +932 | | 1 | 0.5 | | 1 | 0.7 | | 0 | D | | 1 | 1.6 | | 0 | D |
| 产量 (kg/hm²) | Satt443-264 | 0.11 | +268 | | 4 | 2.2 | | 4 | 2.7 | | 2 | 2.3 | | 2 | 3.1 | | 1 | 1.4 |
| | Satt443-273 | | +190 | | 10 | 5.4 | | 8 | 5.3 | 1 | 5 | 5.7 | | 2 | 3.1 | | 1 | 1.4 |
| | Sat_299-276 | 0.10 | +268 | | 1 | 0.5 | | 1 | 0.7 | | 0 | D | | 1 | 1.6 | | 0 | D |
| | Sat_299-357 | | +135 | | 4 | 2.2 | | 4 | 2.7 | | 0 | D | | 1 | 1.6 | | 1 | 1.4 |
| | Satt665-303 | 0.09 | +188 | | 15 | 8.1 | | 15 | 10.0 | | 10 | 11.4 | | 4 | 6.3 | | 1 | 1.4 |
| | Satt665-312 | | +165 | | 12 | 6.5 | | 11 | 7.3 | | 2 | 2.3 | | 5 | 7.8 | | 4 | 5.5 |
| | Sat_312-339 | 0.09 | +171 | | 14 | 7.5 | 1 | 13 | 8.7 | | 6 | 6.8 | | 3 | 4.7 | | 5 | 6.8 |
| | Sat_312-330 | | +159 | 1 | 27 | 14.5 | | 21 | 14.0 | | 15 | 17.0 | 1 | 9 | 14.1 | 1 | 12 | 16.4 |
| | Satt436-204 | 0.09 | +439 | | 3 | 1.6 | | 3 | 2.0 | | 1 | 1.1 | 1 | 1 | 1.6 | | 3 | 4.1 |
| | Satt436-225 | | +126 | 1 | 30 | 16.1 | | 22 | 14.7 | 1 | 21 | 23.9 | | 13 | 20.3 | 1 | 10 | 13.7 |
| 百粒重 (g) | Satt311-192 | 0.12 | +1.24 | | 31 | 31.3 | | 28 | 31.8 | | 12 | 30.8 | | 6 | 26.1 | 1 | 9 | 37.5 |
| | Satt311-201 | | +1.36 | | 11 | 11.1 | | 11 | 12.5 | | 5 | 12.8 | | 3 | 13.0 | | 2 | 8.3 |
| | Sat_293-294 | 0.13 | +1.40 | | 14 | 14.1 | | 11 | 12.5 | | 4 | 10.3 | | 4 | 17.4 | | 6 | 25.0 |
| | Sat_293-303 | | +1.71 | 1 | 16 | 16.2 | | 12 | 13.6 | | 4 | 10.3 | | 3 | 13.0 | | 1 | 4.2 |
| | Satt302-204 | 0.11 | +3.00 | | 3 | 3.0 | | 4 | 4.5 | | 2 | 5.1 | | 0 | D | | 0 | D |
| | Satt302-231 | | +1.30 | | 24 | 24.2 | | 22 | 25.0 | 1 | 12 | 30.8 | 1 | 7 | 30.4 | | 6 | 25.0 |
| 蛋白质含量 (%) | Satt522-231 | 0.08 | +0.31 | 1 | 7 | 9.9 | | 4 | 6.3 | | 3 | 8.3 | | 3 | 18.8 | | 1 | 6.7 |
| | Satt522-249 | | +0.17 | | 31 | 43.7 | | 29 | 45.3 | 1 | 20 | 55.6 | 1 | 5 | 31.3 | 1 | 9 | 60.0 |
| | Be475343-180 | 0.05 | +0.14 | | 11 | 15.5 | | 12 | 18.8 | | 7 | 19.4 | | 3 | 18.8 | | 2 | 13.3 |
| | Be475343-198 | | +0.41 | | 22 | 31.0 | | 19 | 29.7 | | 6 | 16.7 | | 5 | 31.3 | | 3 | 20.0 |
| 脂肪含量 (%) | Satt284-279 | 0.05 | +0.20 | | 23 | 27.1 | | 20 | 25.0 | | 13 | 31.7 | | 5 | 55.6 | | 5 | 50.0 |
| | Satt284-288 | | +0.48 | | 7 | 8.2 | | 8 | 10.8 | | 3 | 7.3 | | 0 | D | | 0 | D |
| | Satt150-255 | 0.11 | +0.31 | | 10 | 11.8 | | 8 | 10.8 | | 10 | 24.4 | | 0 | D | | 1 | 10.0 |
| | Satt150-273 | | +2.31 | | 0 | D | | 0 | D | | 0 | D | | 0 | D | | 0 | D |
| | Sat_246-261 | 0.08 | +0.59 | | 5 | 5.9 | | 5 | 6.8 | | 1 | 2.4 | | 0 | D | | 1 | 10.0 |
| | Sat_246-270 | | +0.87 | | 6 | 7.1 | | 4 | 5.4 | | 0 | D | | 0 | D | | 0 | D |
| | Satt557-183 | 0.07 | +0.16 | | 16 | 18.8 | | 15 | 20.3 | | 11 | 26.8 | | 3 | 33.3 | | 1 | 10.0 |
| | Satt557-225 | | +0.41 | 1 | 18 | 21.2 | | 14 | 18.9 | | 3 | 7.3 | | 1 | 11.1 | | 2 | 20.0 |

注：P 为系谱祖先；D 表示缺少。

### 三、蛋白质含量优异等位变异

2 个位点 4 个蛋白质含量优异等位变异中 5 个系谱祖先含有 0 或 1 个等位变异，5 个家族品种这 4 个等位变异都有所累积。5 个家族都以 Satt522-249 为优势等位变异，而 58-161、徐豆 1 号、南农 493-1、南农 1138-2 还以 Be475343-198 为优势等位变异。系谱祖先含有部分优势等位变异。Satt522-231 在 5 个家族中累积是最少的，南农 1138-2 家族还有 Be475343-180 的累积是最少（表 5-18）。

### 四、脂肪含量优异等位变异

4 个位点 8 个脂肪含量优异等位变异中 5 个系谱祖先含有 0 或 1 个等位变异，58-161、徐豆 1 号、齐黄 1 号、南农 1138-2、南农 493-1 家族品种分别累积 7、7、6、3、5 个。5 个家族都以 Satt284-279

为优势等位变异，而 58-161、南农 493-1 还以 Satt557-225 为优势等位变异；徐豆 1 号、齐黄 1 号、南农 1138-2 还以 Satt557-183 为优势等位变异。5 个家族都以 Satt150-273 缺失；齐黄 1 号家族还有 Sat_246-270 缺失；南农 1138-2 家族还有 Satt284-288、Satt150-255、Sat_246-261、Sat_246-270 缺少；南农 493-1 家族还有 Satt284-288、Sat_246-270 缺少（表 5-18）。

除了以上各性状优异等位变异在各家族累积主要情况外，还有不少优异等位变异在各家族累积分布表现（表 5-18）。各系谱祖先具有各自的优异等位变异，在系谱祖先基础上新品种衍生过程中逐步累积了更多的优异等位变异；5 个家族系谱祖先优异等位变异各不相同，虽在育种过程中吸纳其他亲本，整个家族趋向拥有大部分相同的优异等位变异，但各家族间优异等位变异的频率分布不同。根据优异等位变异在各家族累积表现，可有针对性地对其进行遗传改良。以上分析了产量、百粒重、蛋白质含量、脂肪含量优异等位变异在各家族累积情况，其他性状有大体相似的情况在此不一一表述。

# 附　录

## 图表 I　中国大豆育成品种来源与分布

| 编号 | 品种名称 | 来源 | 产区 | 生态区 | 选育单位 | 育成 | 播种类型 | 推广地区 |
|---|---|---|---|---|---|---|---|---|
| C001 | 亳县大豆 | 安徽 | HHH | II | 安徽亳县农民刘仰仁 | 1970 | 夏/春 | 安徽亳县 |
| C002 | 多枝176 | 安徽 | HHH | II | 安徽农科院作物所 | 1985 | 夏 | 安徽淮北 |
| C003 | 阜豆1号 | 安徽 | HHH | II | 安徽阜阳地区农科所 | 1977 | 夏 | 安徽淮北 |
| C004 | 阜豆3号 | 安徽 | HHH | II | 安徽阜阳地区农科所 | 1977 | 夏 | 安徽阜阳 |
| C005 | 灵豆1号 | 安徽 | HHH | II | 安徽灵壁县农科所 | 1977 | 夏 | 安徽阜阳 |
| C006 | 蒙84-5 | 安徽 | HHH | II | 安徽农科院大豆所 | 1988 | 夏 | 安徽淮北及江淮 |
| C007 | 蒙城1号 | 安徽 | HHH | II | 安徽蒙城县三义乡农民 | 1977 | 夏 | 安徽淮北 |
| C008 | 蒙庆6号 | 安徽 | HHH | II | 安徽蒙城县豆麦原种场 | 1974 | 夏 | 安徽淮北 |
| C009 | 宿县647 | 安徽 | HHH | II | 前金陵大学合作农场 | 1920 | 夏 | 安徽淮北 |
| C010 | 皖豆1号 | 安徽 | HHH | II | 安徽农科院作物所 | 1983 | 夏 | 安徽江淮、江苏、湖北局部 |
| C011 | 皖豆3号 | 安徽 | HHH | II | 安徽阜阳地区农科所 | 1984 | 夏 | 黄淮流域及沿淮各地 |
| C012 | 皖豆4号 | 安徽 | SC | III | 安徽农科院作物所 | 1986 | 夏 | 安徽淮南及云贵山区 |
| C013 | 皖豆5号 | 安徽 | HHH | II | 安徽农学院农学系 | 1989 | 夏 | 安徽淮北 |
| C014 | 皖豆6号 | 安徽 | HHH | II | 安徽农科院作物所 | 1988 | 夏 | 安徽淮北及沿淮 |
| C015 | 皖豆7号 | 安徽 | HHH | II | 安徽阜阳地区农科所 | 1988 | 夏 | 安徽淮北 |
| C016 | 皖豆9号 | 安徽 | HHH | II | 安徽阜阳地区农科所 | 1989 | 夏 | 安徽淮北及沿淮 |
| C017 | 皖豆10号 | 安徽 | HHH | II | 安徽农科院大豆所 | 1991 | 夏 | 安徽淮北及江淮 |
| C018 | 皖豆11 | 安徽 | HHH | II | 安徽农业大学农学系 | 1991 | 夏 | 安徽淮北 |
| C019 | 皖豆13 | 安徽 | HHH | II | 安徽农业大学农学系 | 1994 | 夏 | 安徽淮北及沿淮 |
| C020 | 五河大豆 | 安徽 | HHH | II | 安徽五河县示范繁殖农场 | 1977 | 夏 | 安徽淮北 |
| C021 | 新六青 | 安徽 | HHH | II | 安徽农科院大豆所 | 1991 | 春/夏 | 黄淮地区及沿长江地区 |
| C022 | 友谊2号 | 安徽 | HHH | II | 安徽阜南县农民吴同林 | 1971 | 夏 | 安徽阜阳 |
| C023 | 宝诱17 | 北京 | NC | I | 中国科学院遗传所 | 1993 | 春 | 黑龙江第二、三积温带 |
| C024 | 科丰6号 | 北京 | HHH | II | 中国科学院遗传所 | 1989 | 夏/春 | 黄淮海地区 |
| C025 | 科丰34 | 北京 | HHH | II | 中国科学院遗传所 | 1993 | 春/夏 | 黄淮海地区 |
| C026 | 科丰35 | 北京 | HHH | II | 中国科学院遗传所 | 1993 | 春/夏 | 黄淮海地区 |
| C027 | 科新3号 | 北京 | HHH | II | 中国科学院遗传所 | 1995 | 春/夏 | 山东 |
| C028 | 诱变30 | 北京 | HHH | II | 中国科学院遗传所 | 1983 | 夏/春 | 黄淮海地区 |
| C029 | 诱变31 | 北京 | HHH | II | 中国科学院遗传所 | 1983 | 夏 | 北京、天津、河北大部 |
| C030 | 诱处4号 | 北京 | HHH | II | 中国科学院遗传所 | 1994 | 夏 | 北京、天津、河北唐山 |

（续）

| 编号 | 品种名称 | 来源 | 产区 | 生态区 | 选育单位 | 育成 | 播种类型 | 推广地区 |
|---|---|---|---|---|---|---|---|---|
| C031 | 早熟3号 | 北京 | HHH | Ⅱ | 中国科学院遗传所 | 1983 | 夏 | 北京、天津、河北唐山 |
| C032 | 早熟6号 | 北京 | HHH | Ⅱ | 中国科学院遗传所 | 1983 | 夏 | 北京、天津、河北中南部 |
| C033 | 早熟9号 | 北京 | HHH | Ⅱ | 中国科学院遗传所 | 1983 | 夏 | 北京、天津、河北中南部 |
| C034 | 早熟14 | 北京 | HHH | Ⅱ | 中国科学院遗传所 | 1987 | 夏 | 黄淮海地区 |
| C035 | 早熟15 | 北京 | HHH | Ⅱ | 中国科学院遗传所 | 1983 | 夏 | 京津地区及河北中南部 |
| C036 | 早熟17 | 北京 | HHH | Ⅱ | 中国科学院遗传所 | 1989 | 夏/春 | 黄淮海地区 |
| C037 | 早熟18 | 北京 | HHH | Ⅱ | 中国科学院遗传所 | 1992 | 夏 | 北京、天津、河北唐山 |
| C038 | 中黄1号 | 北京 | HHH | Ⅱ | 中国农科院作物所 | 1989 | 夏/春 | 黄淮海地区 |
| C039 | 中黄2号 | 北京 | HHH | Ⅱ | 中国农科院作物所 | 1990 | 夏 | 河北南部、河南、山东北部 |
| C040 | 中黄3号 | 北京 | HHH | Ⅱ | 中国农科院作物所 | 1990 | 夏 | 京津地区 |
| C041 | 中黄4号 | 北京 | HHH | Ⅱ | 中国农科院作物所 | 1990 | 夏/春 | 黄淮海地区 |
| C042 | 中黄5号 | 北京 | HHH | Ⅱ | 中国农科院作物所 | 1992 | 夏 | 北京、天津、河北大部 |
| C043 | 中黄6号 | 北京 | HHH | Ⅱ | 中国农科院作物所 | 1994 | 夏 | 黄河、海河夏大豆区 |
| C044 | 中黄7号 | 北京 | HHH | Ⅱ | 中国农科院作物所 | 1993 | 夏 | 河北、山东、北京、天津 |
| C045 | 中黄8号 | 北京 | HHH | Ⅱ | 中国农科院作物所 | 1995 | 夏 | 北京及黄淮海中北部 |
| C046 | 7106 | 福建 | SC | Ⅵ | 福建泉州市农科所 | 1983 | 春 | 福建东南部 |
| C047 | 白花古田豆 | 福建 | SC | Ⅳ | 福建大田县良种场 | 1987 | 春 | 福建中部 |
| C048 | 白秋1号 | 福建 | SC | Ⅳ | 福建三明市农科所 | 1982 | 秋 | 福建三明 |
| C049 | 惠安花面豆 | 福建 | SC | Ⅵ | 福建惠安县农民林德枝 | 1958 | 春/秋 | 福建南部、东南部 |
| C050 | 惠豆803 | 福建 | SC | Ⅵ | 福建惠安县农科所 | 1990 | 春 | 福建惠安等地 |
| C051 | 晋江大粒黄 | 福建 | SC | Ⅵ | 福建晋江地区农科所 | 1970 | 春/秋 | 福建东南部 |
| C052 | 晋江大青仁 | 福建 | SC | Ⅵ | 福建晋江地区农科所 | 1977 | 春/秋 | 福建东南部 |
| C053 | 龙豆23 | 福建 | SC | Ⅵ | 福建漳州市农科所 | 1990 | 春 | 福建东南部 |
| C054 | 莆田8008 | 福建 | SC | Ⅵ | 福建莆田市农科所 | 1989 | 春/秋 | 福建东南部 |
| C055 | 融豆21 | 福建 | SC | Ⅳ | 福建福清县良种场 | 1967 | 春/秋 | 福建福清 |
| C056 | 汀豆1号 | 福建 | SC | Ⅳ | 福建长汀县农科所 | 1985 | 秋 | 福建东南沿海和西北山区 |
| C057 | 雁青 | 福建 | SC | Ⅳ | 福建三明市农科所 | 1985 | 秋 | 福建西北部 |
| C058 | 穗选黄豆 | 广东 | SC | Ⅵ | 广东海南县农科所 | 1975 | 春/秋 | 广东中部 |
| C059 | 通黑11 | 广东 | SC | Ⅵ | 广东遂溪县农科所 | 1986 | 冬 | 广东南部 |
| C060 | 粤大豆1号 | 广东 | SC | Ⅵ | 广东农科院旱地作物所 | 1990 | 春 | 广东中部 |
| C061 | 粤大豆2号 | 广东 | SC | Ⅵ | 广东农科院旱地作物所 | 1990 | 春 | 广东中部 |
| C062 | 8901 | 广西 | SC | Ⅵ | 广西农科院玉米所 | 1991 | 春 | 广西南宁、来宾、贵港、恭城、平南 |
| C063 | 柳豆1号 | 广西 | SC | Ⅳ | 广西柳州地区农科所 | 1990 | 春 | 广西柳州、河池、玉林、百色等地 |
| C064 | 安豆1号 | 贵州 | SC | Ⅴ | 贵州安顺地区农科所 | 1988 | 春 | 贵州中部（海拔1 000~1 400m） |
| C065 | 安豆2号 | 贵州 | SC | Ⅴ | 贵州安顺地区农科所 | 1988 | 春 | 贵州海拔1 400m以下的地区 |
| C066 | 冬2 | 贵州 | SC | Ⅴ | 贵州农学院农学系 | 1988 | 春 | 贵州海拔400~1 500m的地区 |
| C067 | 黔豆1号 | 贵州 | SC | Ⅴ | 贵州农科院油料所 | 1988 | 春 | 贵州海拔1 400m以下的地区 |
| C068 | 黔豆2号 | 贵州 | SC | Ⅴ | 贵州农科院油料所 | 1993 | 春 | 贵州 |
| C069 | 黔豆4号 | 贵州 | SC | Ⅴ | 贵州农科院油料所 | 1995 | 春 | 贵州 |

（续）

| 编号 | 品种名称 | 来源 | 产区 | 生态区 | 选育单位 | 育成 | 播种类型 | 推广地区 |
|------|---------|------|------|--------|---------|------|---------|---------|
| C070 | 生联早 | 贵州 | SC | V | 贵州长顺县农民 | 1975 | 春 | 贵州长顺 |
| C071 | 霸红 1 号 | 河北 | HHH | Ⅱ | 河北霸县农民 | 1972 | 春 | 河北霸县 |
| C072 | 霸县新黄豆 | 河北 | HHH | Ⅱ | 河北霸县 | 1975 | 春 | 河北霸县 |
| C073 | 边庄大豆 | 河北 | HHH | Ⅱ | 河北乐亭县农民 | 1968 | 春 | 河北乐亭 |
| C074 | 冀承豆 1 号 | 河北 | HHH | Ⅱ | 河北承德地区农科所 | 1986 | 春 | 河北承德 |
| C075 | 冀承豆 2 号 | 河北 | HHH | Ⅱ | 河北平泉县农科所 | 1986 | 春 | 河北承德 |
| C076 | 冀承豆 3 号 | 河北 | HHH | Ⅱ | 河北平泉县农科所 | 1989 | 春 | 河北承德 |
| C077 | 冀承豆 4 号 | 河北 | HHH | Ⅱ | 河北承德地区农科所 | 1989 | 春 | 河北承德 |
| C078 | 冀承豆 5 号 | 河北 | HHH | Ⅱ | 河北承德农业学校 | 1989 | 春 | 河北承德 |
| C079 | 冀豆 1 号 | 河北 | HHH | Ⅱ | 河北农科院作物所 | 1977 | 夏 | 河北中南部 |
| C080 | 冀豆 2 号 | 河北 | HHH | Ⅱ | 河北承德地区农科所 | 1976 | 春 | 河北中北部 |
| C081 | 冀豆 3 号 | 河北 | HHH | Ⅱ | 河北沧州地区农科所 | 1983 | 夏 | 河北沧州 |
| C082 | 冀豆 4 号 | 河北 | HHH | Ⅱ | 河北邯郸地区农科所 | 1984 | 夏 | 河北中南部 |
| C083 | 冀豆 5 号 | 河北 | HHH | Ⅱ | 河北沧州地区农科所 | 1984 | 夏 | 河北沧州 |
| C084 | 冀豆 6 号 | 河北 | HHH | Ⅱ | 河北农科院作物所 | 1985 | 夏 | 河北中南部 |
| C085 | 冀豆 7 号 | 河北 | HHH | Ⅱ | 河北农科院粮油作物所 | 1992 | 夏 | 河北中南部、北京、天津 |
| C086 | 冀豆 9 号 | 河北 | HHH | Ⅱ | 河北农科院粮油作物所 | 1994 | 夏 | 黄淮海夏大豆地区 |
| C087 | 粳选 2 号 | 河北 | HHH | Ⅱ | 河北遵化县农民 | 1968 | 春 | 河北遵化 |
| C088 | 来远黄豆 | 河北 | HHH | Ⅱ | 河北新城县农民 | 1959 | 春 | 河北中部 |
| C089 | 迁安一粒传 | 河北 | HHH | Ⅱ | 河北迁安县农民 | 1970 | 春 | 河北唐山 |
| C090 | 前进 2 号 | 河北 | HHH | Ⅱ | 河北沧县农民 | 1976 | 夏 | 河北沧州 |
| C091 | 群英豆 | 河北 | HHH | Ⅱ | 河北平泉县农民 | 1972 | 春 | 河北平泉等地 |
| C092 | 铁荚青 | 河北 | HHH | Ⅱ | 河北迁安县农民 | 1971 | 春 | 河北唐山 |
| C093 | 状元青黑豆 | 河北 | HHH | Ⅱ | 河北昌黎县农民 | 1960 | 春 | 河北唐山、承德 |
| C094 | 河南早丰 1 号 | 河南 | HHH | Ⅱ | 河南农科院经作所 | 1971 | 夏 | 河南周口、南阳等地 |
| C095 | 滑 75 - 1 | 河南 | HHH | Ⅱ | 河南滑县种子公司城关种子站 | 1990 | 夏 | 河南北部、山东、山西局部 |
| C096 | 滑育 1 号 | 河南 | HHH | Ⅱ | 河南滑县城关镇夏庄村农科站 | 1974 | 夏 | 河南北部、西部、河北南部 |
| C097 | 建国 1 号 | 河南 | HHH | Ⅱ | 河南濮阳县农业试验站 | 1977 | 夏 | 河南东北部 |
| C098 | 勤俭 6 号 | 河南 | HHH | Ⅱ | 河南濮阳县农业试验站 | 1977 | 夏 | 河南东北部 |
| C099 | 商丘 4212 | 河南 | HHH | Ⅱ | 河南商丘地区农林科研所 | 1974 | 夏 | 河南淮北 |
| C100 | 商丘 64 - 0 | 河南 | HHH | Ⅱ | 河南商丘地区农林科研所 | 1983 | 夏 | 河南驻马店以北 |
| C101 | 商丘 7608 | 河南 | HHH | Ⅱ | 河南商丘地区农林科研所 | 1980 | 夏 | 河南淮北、江苏、安徽北部 |
| C102 | 商丘 85225 | 河南 | HHH | Ⅱ | 河南商丘地区农林科研所 | 1990 | 夏 | 河南大部 |
| C103 | 息豆 1 号 | 河南 | HHH | Ⅱ | 河南息县农业试验站 | 1980 | 夏 | 河南南部 |
| C104 | 豫豆 1 号 | 河南 | HHH | Ⅱ | 河南延津县农业局 | 1985 | 夏 | 河南北部、西南部等 |
| C105 | 豫豆 2 号 | 河南 | HHH | Ⅱ | 河南农科院经作所 | 1985 | 夏 | 黄淮夏大豆产区 |
| C106 | 豫豆 3 号 | 河南 | HHH | Ⅱ | 河南农科院经作所 | 1985 | 夏 | 河南黄河以北及西部 |
| C107 | 豫豆 4 号 | 河南 | HHH | Ⅱ | 河南延津县农业局 | 1987 | 夏 | 河南北部 |
| C108 | 豫豆 5 号 | 河南 | HHH | Ⅱ | 河南郑州市农科所 | 1987 | 夏 | 黄淮平原 |

（续）

| 编号 | 品种名称 | 来源 | 产区 | 生态区 | 选育单位 | 育成 | 播种类型 | 推广地区 |
|---|---|---|---|---|---|---|---|---|
| C109 | 豫豆 6 号 | 河南 | HHH | Ⅱ | 河南周口地区农科所 | 1988 | 夏 | 河南中南部、江苏、安徽北部 |
| C110 | 豫豆 7 号 | 河南 | HHH | Ⅱ | 河南农科院经作所 | 1988 | 夏 | 河南中部、安徽淮北 |
| C111 | 豫豆 8 号 | 河南 | HHH | Ⅱ | 河南农科院经作所 | 1988 | 夏 | 黄淮地区 |
| C112 | 豫豆 10 号 | 河南 | HHH | Ⅱ | 河南农科院经作所 | 1989 | 夏 | 河南、安徽淮北 |
| C113 | 豫豆 11 | 河南 | HHH | Ⅱ | 河南周口地区农科所 | 1992 | 夏 | 河南、江苏、安徽北部 |
| C114 | 豫豆 12 | 河南 | HHH | Ⅱ | 河南农科院经作所 | 1992 | 夏 | 河南中南部 |
| C115 | 豫豆 15 | 河南 | HHH | Ⅱ | 河南周口地区农科所 | 1993 | 夏 | 河南、江苏北部、安徽北部 |
| C116 | 豫豆 16 | 河南 | HHH | Ⅱ | 河南农科院经作所 | 1994 | 夏 | 河南、江苏北部、安徽北部、鲁陕甘南部 |
| C117 | 豫豆 18 | 河南 | HHH | Ⅱ | 河南农科院经作所 | 1995 | 夏 | 河南、安徽、江苏、陕西 |
| C118 | 豫豆 19 | 河南 | HHH | Ⅱ | 河南农科院经作所 | 1995 | 夏 | 河南 |
| C119 | 正 104 | 河南 | HHH | Ⅱ | 河南正阳县大豆试验站 | 1986 | 夏 | 河南中南部 |
| C120 | 郑 133 | 河南 | HHH | Ⅱ | 河南农科院经作所 | 1990 | 夏 | 河南中南部、安徽淮北 |
| C121 | 郑 77249 | 河南 | HHH | Ⅱ | 河南农科院经作所 | 1983 | 夏 | 河南中北部 |
| C122 | 郑 86506 | 河南 | HHH | Ⅱ | 河南农科院经作所 | 1991 | 夏 | 河南中南部 |
| C123 | 郑州 126 | 河南 | HHH | Ⅱ | 河南农科院经作所 | 1975 | 夏 | 河南 |
| C124 | 郑州 135 | 河南 | HHH | Ⅱ | 河南农科院经作所 | 1975 | 夏 | 河南北部、中部及南阳地区 |
| C125 | 周 7327 - 118 | 河南 | HHH | Ⅱ | 河南周口地区农科所 | 1979 | 夏 | 河南中南部 |
| C126 | 白宝珠 | 黑龙江 | NC | Ⅰ | 黑龙江宝清县国营八五三农场 | 1974 | 春 | 黑龙江合江地区 |
| C127 | 宝丰 1 号 | 黑龙江 | NC | Ⅰ | 黑龙江宝泉岭农管局农科所 | 1988 | 春 | 黑龙江宝泉岭和建三江农管局各农场 |
| C128 | 宝丰 2 号 | 黑龙江 | NC | Ⅰ | 黑龙江宝泉岭农管局科研所 | 1989 | 春 | 黑龙江合江地区（第二积温带） |
| C129 | 宝丰 3 号 | 黑龙江 | NC | Ⅰ | 黑龙江宝泉岭农管局科研所 | 1991 | 春 | 黑龙江第三、四积温带 |
| C130 | 北丰 1 号 | 黑龙江 | NC | Ⅰ | 黑龙江北安农管局农科所 | 1983 | 春 | 黑龙江第六积温带的爱珲等地 |
| C131 | 北丰 2 号 | 黑龙江 | NC | Ⅰ | 黑龙江北安农管局农科所 | 1983 | 春 | 黑龙江第五积温带及北安农管局农场 |
| C132 | 北丰 3 号 | 黑龙江 | NC | Ⅰ | 黑龙江北安农管局农科所 | 1984 | 春 | 黑龙江第五积温带及北安农管局农场 |
| C133 | 北丰 4 号 | 黑龙江 | NC | Ⅰ | 黑龙江北安农管局农科所 | 1986 | 春 | 黑龙江北安农管局农场、内蒙古东部 |
| C134 | 北丰 5 号 | 黑龙江 | NC | Ⅰ | 黑龙江北安农管局农科所 | 1987 | 春 | 黑龙江第四积温带 |
| C135 | 北呼豆 | 黑龙江 | NC | Ⅰ | 黑龙江北安地区良种场 | 1972 | 春 | 黑龙江北部、内蒙古呼伦贝尔盟 |
| C136 | 北良 56 - 2 | 黑龙江 | NC | Ⅰ | 黑龙江北安地区良种场 | 1960 | 春 | 黑龙江北安地区 |
| C137 | 东牡小粒豆 | 黑龙江 | NC | Ⅰ | 东北农业大学等 | 1988 | 春 | 黑龙江牡丹江垦区 |
| C138 | 东农 1 号 | 黑龙江 | NC | Ⅰ | 东北农业大学 | 1956 | 春 | 黑龙江合江、牡丹江地区 |
| C139 | 东农 2 号 | 黑龙江 | NC | Ⅰ | 东北农业大学 | 1958 | 春 | 黑龙江中南部 |
| C140 | 东农 4 号 | 黑龙江 | NC | Ⅰ | 东北农业大学和黑龙江农科院 | 1959 | 春 | 黑龙江松花江、合江、牡丹江等地区 |
| C141 | 东农 34 | 黑龙江 | NC | Ⅰ | 东北农业大学 | 1982 | 春 | 黑龙江克拜地区等 |
| C142 | 东农 36 | 黑龙江 | NC | Ⅰ | 东北农业大学 | 1983 | 春 | 黑龙江第六积温带 |
| C143 | 东农 37 | 黑龙江 | NC | Ⅰ | 东北农业大学 | 1984 | 春 | 黑龙江牡丹江地区第三积温带 |
| C144 | 东农 38 | 黑龙江 | NC | Ⅰ | 东北农业大学等 | 1986 | 春 | 黑龙江牡丹江农管局第一积温带 |
| C145 | 东农 39 | 黑龙江 | NC | Ⅰ | 东北农业大学 | 1988 | 春 | 黑龙江西部第二积温带 |
| C146 | 东农 40 | 黑龙江 | NC | Ⅰ | 东北农业大学等 | 1991 | 春 | 黑龙江黑河地区第五、六积温带 |

（续）

| 编号 | 品种名称 | 来源 | 产区 | 生态区 | 选育单位 | 育成 | 播种类型 | 推广地区 |
|---|---|---|---|---|---|---|---|---|
| C147 | 东农 41 | 黑龙江 | NC | I | 东北农业大学等 | 1991 | 春 | 黑龙江黑河地区第六积温带 |
| C148 | 东农 42 | 黑龙江 | NC | I | 东北农业大学 | 1992 | 春 | 黑龙江绥化、松花江地区 |
| C149 | 东农超小粒 1 号 | 黑龙江 | NC | I | 东北农业大学农学系 | 1993 | 春 | 黑龙江西部第二、三积温带 |
| C150 | 丰收 1 号 | 黑龙江 | NC | I | 黑龙江克山农试场 | 1958 | 春 | 黑龙江拜克地区等 |
| C151 | 丰收 2 号 | 黑龙江 | NC | I | 黑龙江克山农试场 | 1958 | 春 | 黑龙江北部、内蒙古东部 |
| C152 | 丰收 3 号 | 黑龙江 | NC | I | 黑龙江克山农试场 | 1958 | 春 | 黑龙江北部、内蒙古东部 |
| C153 | 丰收 4 号 | 黑龙江 | NC | I | 黑龙江克山农试场 | 1958 | 春 | 黑龙江克拜、嫩江地区 |
| C154 | 丰收 5 号 | 黑龙江 | NC | I | 黑龙江克山农试场 | 1958 | 春 | 黑龙江克拜、嫩江地区 |
| C155 | 丰收 6 号 | 黑龙江 | NC | I | 黑龙江克山农试场 | 1958 | 春 | 黑龙江北部 |
| C156 | 丰收 10 号 | 黑龙江 | NC | I | 黑龙江克山农科所 | 1966 | 春 | 黑龙江北部、内蒙古东部 |
| C157 | 丰收 11 | 黑龙江 | NC | I | 黑龙江克山农科所 | 1969 | 春 | 黑龙江北部、内蒙古东部 |
| C158 | 丰收 12 | 黑龙江 | NC | I | 黑龙江克山农科所 | 1969 | 春 | 黑龙江北部 |
| C159 | 丰收 17 | 黑龙江 | NC | I | 黑龙江农科院克山农科所 | 1977 | 春 | 黑龙江克拜地区等 |
| C160 | 丰收 18 | 黑龙江 | NC | I | 黑龙江农科院克山农科所 | 1981 | 春 | 黑龙江第四积温带南部 |
| C161 | 丰收 19 | 黑龙江 | NC | I | 黑龙江农科院克山农科所 | 1985 | 春 | 黑龙江西部第三积温带 |
| C162 | 丰收 20 | 黑龙江 | NC | I | 黑龙江农科院克山农科所 | 1988 | 春 | 黑龙江齐齐哈尔、黑河地区 |
| C163 | 丰收 21 | 黑龙江 | NC | I | 黑龙江农科院克山农科所 | 1989 | 春 | 黑龙江克拜地区 |
| C164 | 丰收 22 | 黑龙江 | NC | I | 黑龙江农科院克山农科所 | 1992 | 春 | 黑龙江第三积温带及内蒙古东部 |
| C165 | 钢 201 | 黑龙江 | NC | I | 黑龙江原建设兵团三师农科所 | 1974 | 春 | 黑龙江合江地区 |
| C166 | 合丰 17 | 黑龙江 | NC | I | 黑龙江合江地区农科所 | 1971 | 春 | 黑龙江合江地区 |
| C167 | 合丰 22 | 黑龙江 | NC | I | 黑龙江合江地区农科所 | 1974 | 春 | 黑龙江合江、牡丹江地区 |
| C168 | 合丰 23 | 黑龙江 | NC | I | 黑龙江合江地区农科所 | 1977 | 春 | 黑龙江合江地区、吉林北部 |
| C169 | 合丰 24 | 黑龙江 | NC | I | 黑龙江农科院合江农科所 | 1983 | 春 | 黑龙江合江、牡丹江地区 |
| C170 | 合丰 25 | 黑龙江 | NC | I | 黑龙江农科院合江农科所 | 1984 | 春 | 黑龙江合江、牡丹江、松花江等地区 |
| C171 | 合丰 26 | 黑龙江 | NC | I | 黑龙江农科院合江农科所 | 1985 | 春 | 黑龙江合江地区 |
| C172 | 合丰 27 | 黑龙江 | NC | I | 黑龙江农科院合江农科所 | 1986 | 春 | 黑龙江佳木斯市第三积温带 |
| C173 | 合丰 28 | 黑龙江 | NC | I | 黑龙江农科院合江农科所 | 1986 | 春 | 黑龙江佳木斯市第二、三积温带 |
| C174 | 合丰 29 | 黑龙江 | NC | I | 黑龙江农科院合江农科所 | 1987 | 春 | 黑龙江合江地区 |
| C175 | 合丰 30 | 黑龙江 | NC | I | 黑龙江农科院合江农科所 | 1988 | 春 | 黑龙江合江地区 |
| C176 | 合丰 31 | 黑龙江 | NC | I | 黑龙江农科院合江农科所 | 1989 | 春 | 黑龙江佳木斯市第二积温带 |
| C177 | 合丰 32 | 黑龙江 | NC | I | 黑龙江农科院合江农科所 | 1992 | 春 | 黑龙江三江平原 |
| C178 | 合丰 33 | 黑龙江 | NC | I | 黑龙江农科院合江农科所 | 1992 | 春 | 黑龙江东部 |
| C179 | 合丰 34 | 黑龙江 | NC | I | 黑龙江农科院合江农科所 | 1994 | 春 | 黑龙江第二积温带 |
| C180 | 合丰 35 | 黑龙江 | NC | I | 黑龙江农科院合江农科所 | 1994 | 春 | 黑龙江第二积温带 |
| C181 | 合丰 36 | 黑龙江 | NC | I | 黑龙江农科院合江农科所 | 1995 | 春 | 黑龙江三江平原 |
| C182 | 合交 6 号 | 黑龙江 | NC | I | 黑龙江合江地区农科所 | 1963 | 春 | 黑龙江合江、松花江地区 |
| C183 | 合交 8 号 | 黑龙江 | NC | I | 黑龙江合江地区农科所 | 1962 | 春 | 黑龙江东部、东南部 |
| C184 | 合交 11 | 黑龙江 | NC | I | 黑龙江合江地区农科所 | 1965 | 春 | 黑龙江合江、松花江地区 |
| C185 | 合交 13 | 黑龙江 | NC | I | 黑龙江合江地区农科所 | 1968 | 春 | 黑龙江东部 |

（续）

| 编号 | 品种名称 | 来源 | 产区 | 生态区 | 选育单位 | 育成 | 播种类型 | 推广地区 |
|---|---|---|---|---|---|---|---|---|
| C186 | 合交 14 | 黑龙江 | NC | I | 黑龙江合江地区农科所 | 1970 | 春 | 黑龙江合江地区 |
| C187 | 黑河 3 号 | 黑龙江 | NC | I | 黑龙江黑河农科所 | 1966 | 春 | 黑龙江黑河地区 |
| C188 | 黑河 4 号 | 黑龙江 | NC | I | 黑龙江农科院黑河农科所 | 1982 | 春 | 黑龙江黑河地区 |
| C189 | 黑河 5 号 | 黑龙江 | NC | I | 黑龙江农科院黑河农科所 | 1986 | 春 | 黑龙江第四积温带北部 |
| C190 | 黑河 6 号 | 黑龙江 | NC | I | 黑龙江农科院黑河农科所 | 1986 | 春 | 黑龙江第三、四积温带 |
| C191 | 黑河 7 号 | 黑龙江 | NC | I | 黑龙江农科院黑河农科所 | 1988 | 春 | 黑龙江北部 |
| C192 | 黑河 8 号 | 黑龙江 | NC | I | 黑龙江农科院黑河农科所 | 1989 | 春 | 黑龙江黑河地区 |
| C193 | 黑河 9 号 | 黑龙江 | NC | I | 黑龙江农科院黑河农科所 | 1990 | 春 | 黑龙江北部第四积温带 |
| C194 | 黑河 51 | 黑龙江 | NC | I | 黑龙江黑河农科所 | 1967 | 春 | 黑龙江黑河地区 |
| C195 | 黑河 54 | 黑龙江 | NC | I | 黑龙江黑河农科所 | 1967 | 春 | 黑龙江黑河地区等 |
| C196 | 黑鉴 1 号 | 黑龙江 | NC | I | 黑龙江农科院黑河农科所 | 1984 | 春 | 黑龙江黑河地区 |
| C197 | 黑农 3 号 | 黑龙江 | NC | I | 东北农业大学与黑龙江农科院 | 1964 | 春 | 黑龙江西部 |
| C198 | 黑农 4 号 | 黑龙江 | NC | I | 黑龙江农科院大豆所 | 1966 | 春 | 黑龙江中北部 |
| C199 | 黑农 5 号 | 黑龙江 | NC | I | 黑龙江农科院大豆所 | 1966 | 春 | 黑龙江松花江、绥化、牡丹江地区 |
| C200 | 黑农 6 号 | 黑龙江 | NC | I | 黑龙江农科院大豆所 | 1967 | 春 | 黑龙江绥化、牡丹江地区 |
| C201 | 黑农 7 号 | 黑龙江 | NC | I | 黑龙江农科院大豆所 | 1966 | 春 | 黑龙江松花江地区 |
| C202 | 黑农 8 号 | 黑龙江 | NC | I | 黑龙江农科院大豆所 | 1967 | 春 | 黑龙江省东南部 |
| C203 | 黑农 10 号 | 黑龙江 | NC | I | 黑龙江农科院大豆所 | 1971 | 春 | 黑龙江东南部 |
| C204 | 黑农 11 | 黑龙江 | NC | I | 黑龙江农科院大豆所 | 1971 | 春 | 黑龙江中南部 |
| C205 | 黑农 16 | 黑龙江 | NC | I | 黑龙江农科院大豆所 | 1970 | 春 | 黑龙江松花江、绥化地区 |
| C206 | 黑农 17 | 黑龙江 | NC | I | 黑龙江农科院大豆所 | 1970 | 春 | 黑龙江松花江、绥化地区 |
| C207 | 黑农 18 | 黑龙江 | NC | I | 黑龙江农科院大豆所 | 1970 | 春 | 黑龙江松花江地区 |
| C208 | 黑农 19 | 黑龙江 | NC | I | 黑龙江农科院大豆所 | 1970 | 春 | 黑龙江松花江、绥化地区 |
| C209 | 黑农 23 | 黑龙江 | NC | I | 黑龙江农科院大豆所 | 1973 | 春 | 黑龙江松花江地区 |
| C210 | 黑农 24 | 黑龙江 | NC | I | 黑龙江农科院大豆所 | 1974 | 春 | 黑龙江松花江、绥化、合江地区 |
| C211 | 黑农 26 | 黑龙江 | NC | I | 黑龙江农科院大豆所 | 1975 | 春 | 黑龙江松花江、绥化、牡丹江地区 |
| C212 | 黑农 27 | 黑龙江 | NC | I | 黑龙江农科院大豆所 | 1983 | 春 | 黑龙江牡丹江地区第二、三积温带 |
| C213 | 黑农 28 | 黑龙江 | NC | I | 黑龙江农科院大豆所 | 1986 | 春 | 黑龙江松花江地区、吉林北部 |
| C214 | 黑农 29 | 黑龙江 | NC | I | 黑龙江农科院大豆所 | 1986 | 春 | 黑龙江松花江地区、吉林北部 |
| C215 | 黑农 30 | 黑龙江 | NC | I | 黑龙江农科院大豆所 | 1987 | 春 | 黑龙江绥化、合江地区 |
| C216 | 黑农 31 | 黑龙江 | NC | I | 黑龙江农科院大豆所 | 1987 | 春 | 黑龙江牡丹江地区第二积温带 |
| C217 | 黑农 32 | 黑龙江 | NC | I | 黑龙江农科院大豆所 | 1987 | 春 | 吉林白城地区、黑龙江南部 |
| C218 | 黑农 33 | 黑龙江 | NC | I | 黑龙江农科院大豆所 | 1988 | 春 | 黑龙江南部、吉林北部、内蒙古东部 |
| C219 | 黑农 34 | 黑龙江 | NC | I | 黑龙江农科院大豆所 | 1988 | 春 | 黑龙江松花江地区第二积温带 |
| C220 | 黑农 35 | 黑龙江 | NC | I | 黑龙江农科院大豆所 | 1990 | 春 | 黑龙江中部 |
| C221 | 黑农 36 | 黑龙江 | NC | I | 黑龙江农科院大豆所 | 1990 | 春 | 黑龙江第一、二积温带 |
| C222 | 黑农 37 | 黑龙江 | NC | I | 黑龙江农科院大豆所 | 1992 | 春 | 黑龙江第一、二积温带 |
| C223 | 黑农 39 | 黑龙江 | NC | I | 黑龙江农科院大豆所 | 1994 | 春 | 黑龙江第一积温带及第二积温带上限 |
| C224 | 黑农小粒豆 1 号 | 黑龙江 | NC | I | 黑龙江农科院大豆所 | 1989 | 春 | 黑龙江牡丹江、松花江地区 |

（续）

| 编号 | 品种名称 | 来源 | 产区 | 生态区 | 选育单位 | 育成 | 播种类型 | 推广地区 |
|---|---|---|---|---|---|---|---|---|
| C225 | 红丰 2 号 | 黑龙江 | NC | I | 黑龙江红兴隆农管局科研所 | 1978 | 春 | 黑龙江红兴隆农管局各农场 |
| C226 | 红丰 3 号 | 黑龙江 | NC | I | 黑龙江红兴隆农管局科研所 | 1981 | 春 | 黑龙江红兴隆及牡丹江农管局各农场 |
| C227 | 红丰 5 号 | 黑龙江 | NC | I | 黑龙江红兴隆农管局科研所 | 1988 | 春 | 黑龙江红兴隆及牡丹江农管局各农场 |
| C228 | 红丰 8 号 | 黑龙江 | NC | I | 黑龙江红兴隆农管局科研所 | 1993 | 春 | 黑龙江第三积温带 |
| C229 | 红丰 9 号 | 黑龙江 | NC | I | 黑龙江红兴隆农管局科研所 | 1995 | 春 | 黑龙江第三积温带 |
| C230 | 红丰小粒豆 1 号 | 黑龙江 | NC | I | 黑龙江红兴隆农管局农科所 | 1988 | 春 | 黑龙江红兴隆及牡丹江农管局各农场 |
| C231 | 建丰 1 号 | 黑龙江 | NC | I | 黑龙江建三江农管局科研所 | 1987 | 春 | 黑龙江建三江、牡丹江农管局各农场 |
| C232 | 金元 2 号 | 黑龙江 | NC | I | 黑龙江克山农试场 | 1941 | 春 | 黑龙江绥化、望奎等县 |
| C233 | 荆山扑 | 黑龙江 | NC | I | 黑龙江桦南县农民荆山扑 | 1958 | 春 | 黑龙江中、东部，吉林、内蒙古局部 |
| C234 | 九丰 1 号 | 黑龙江 | NC | I | 黑龙江九三农管局农科所 | 1983 | 春 | 黑龙江北部 |
| C235 | 九丰 2 号 | 黑龙江 | NC | I | 黑龙江九三农管局农科所 | 1984 | 春 | 黑龙江北部 |
| C236 | 九丰 3 号 | 黑龙江 | NC | I | 黑龙江九三农管局农科所 | 1986 | 春 | 黑龙江黑河、嫩江、绥化地区 |
| C237 | 九丰 4 号 | 黑龙江 | NC | I | 黑龙江九三农管局农科所 | 1988 | 春 | 黑龙江九三农管局农场等 |
| C238 | 九丰 5 号 | 黑龙江 | NC | I | 黑龙江九三农管局农科所 | 1990 | 春 | 黑龙江九三农管局农场等 |
| C239 | 抗线虫 1 号 | 黑龙江 | NC | I | 黑龙江农科院盐碱土利用改良所 | 1992 | 春 | 黑龙江西部和 SCN 重发区 |
| C240 | 抗线虫 2 号 | 黑龙江 | NC | I | 黑龙江农科院盐碱土利用改良所 | 1995 | 春 | 黑龙江西部线虫发生区 |
| C241 | 克北 1 号 | 黑龙江 | NC | I | 黑龙江克山农试站 | 1960 | 春 | 黑龙江北安地区 |
| C242 | 克霜 | 黑龙江 | NC | I | 黑龙江克山农试场 | 1941 | 春 | 黑龙江黑河地区 |
| C243 | 克系 283 | 黑龙江 | NC | I | 黑龙江克山农试站 | 1956 | 春 | 黑龙江北部、内蒙古东部 |
| C244 | 垦丰 1 号 | 黑龙江 | NC | I | 黑龙江农垦科学院 | 1987 | 春 | 黑龙江西部 |
| C245 | 垦秾 1 号 | 黑龙江 | NC | I | 黑龙江农垦科学院 | 1990 | 春 | 黑龙江西部 |
| C246 | 垦农 1 号 | 黑龙江 | NC | I | 黑龙江八一农垦大学等 | 1987 | 春 | 黑龙江建三江、牡丹江农管局各农场 |
| C247 | 垦农 2 号 | 黑龙江 | NC | I | 黑龙江八一农垦大学 | 1988 | 春 | 黑龙江红兴隆和建三江农管局农场 |
| C248 | 垦农 4 号 | 黑龙江 | NC | I | 黑龙江八一农垦大学 | 1992 | 春 | 黑龙江第二积温带中部和东部 |
| C249 | 李玉玲 | 黑龙江 | NC | I | 黑龙江巴彦县农民李玉玲 | 1957 | 春 | 黑龙江巴彦县 |
| C250 | 满仓金 | 黑龙江 | NC | I | 吉林公主岭农试场 | 1941 | 春 | 黑龙江中南部，吉林中北部、西部 |
| C251 | 漠河 1 号 | 黑龙江 | NC | I | 黑龙江农科院大豆所 | 1985 | 春 | 黑龙江北部高寒地区 |
| C252 | 牡丰 1 号 | 黑龙江 | NC | I | 黑龙江牡丹江地区农科所 | 1968 | 春 | 黑龙江牡丹江地区 |
| C253 | 牡丰 5 号 | 黑龙江 | NC | I | 黑龙江牡丹江地区农科所 | 1972 | 春 | 黑龙江牡丹江地区 |
| C254 | 牡丰 6 号 | 黑龙江 | NC | I | 黑龙江农科院牡丹江农科所 | 1989 | 春 | 黑龙江第一、二积温带 |
| C255 | 嫩丰 1 号 | 黑龙江 | NC | I | 黑龙江嫩江地区农科所 | 1972 | 春 | 黑龙江嫩江地区 |
| C256 | 嫩丰 2 号 | 黑龙江 | NC | I | 黑龙江嫩江地区农科所 | 1972 | 春 | 黑龙江嫩江地区 |
| C257 | 嫩丰 4 号 | 黑龙江 | NC | I | 黑龙江嫩江地区农科所 | 1975 | 春 | 黑龙江嫩江地区 |
| C258 | 嫩丰 7 号 | 黑龙江 | NC | I | 黑龙江嫩江地区农科所 | 1970 | 春 | 黑龙江中南部 |
| C259 | 嫩丰 9 号 | 黑龙江 | NC | I | 黑龙江农科院嫩江农科所 | 1980 | 春 | 黑龙江嫩江地区 |
| C260 | 嫩丰 10 号 | 黑龙江 | NC | I | 黑龙江农科院嫩江农科所 | 1981 | 春 | 黑龙江嫩江地区 |
| C261 | 嫩丰 11 | 黑龙江 | NC | I | 黑龙江农科院嫩江农科所 | 1984 | 春 | 黑龙江嫩江地区 |

（续）

| 编号 | 品种名称 | 来源 | 产区 | 生态区 | 选育单位 | 育成 | 播种类型 | 推广地区 |
|---|---|---|---|---|---|---|---|---|
| C262 | 嫩丰 12 | 黑龙江 | NC | Ⅰ | 黑龙江农科院嫩江农科所 | 1985 | 春 | 黑龙江齐齐哈尔市 |
| C263 | 嫩丰 13 | 黑龙江 | NC | Ⅰ | 黑龙江农科院嫩江农科所 | 1987 | 春 | 黑龙江齐齐哈尔市等 |
| C264 | 嫩丰 14 | 黑龙江 | NC | Ⅰ | 黑龙江农科院嫩江农科所 | 1988 | 春 | 黑龙江西部 |
| C265 | 嫩丰 15 | 黑龙江 | NC | Ⅰ | 黑龙江农科院嫩江农科所 | 1994 | 春 | 黑龙江第一、二积温带线虫发生区 |
| C266 | 嫩农 1 号 | 黑龙江 | NC | Ⅰ | 黑龙江嫩江农场科研站 | 1985 | 春 | 黑龙江九三农管局各农场 |
| C267 | 嫩农 2 号 | 黑龙江 | NC | Ⅰ | 黑龙江嫩江农场科研站 | 1988 | 春 | 黑龙江九三农管局各农场 |
| C268 | 曙光 1 号 | 黑龙江 | NC | Ⅰ | 黑龙江合江地区农科所 | 1953 | 春 | 黑龙江曙光农场 |
| C269 | 绥农 1 号 | 黑龙江 | NC | Ⅰ | 黑龙江绥化地区农科所 | 1973 | 春 | 黑龙江绥化、合江地区 |
| C270 | 绥农 3 号 | 黑龙江 | NC | Ⅰ | 黑龙江绥化地区农科所 | 1973 | 春 | 黑龙江绥化、合江地区，辽宁局部 |
| C271 | 绥农 4 号 | 黑龙江 | NC | Ⅰ | 黑龙江农科院绥化农科所 | 1981 | 春 | 黑龙江绥化地区 |
| C272 | 绥农 5 号 | 黑龙江 | NC | Ⅰ | 黑龙江农科院绥化农科所 | 1984 | 春 | 黑龙江绥化地区 |
| C273 | 绥农 6 号 | 黑龙江 | NC | Ⅰ | 黑龙江农科院绥化农科所 | 1985 | 春 | 黑龙江绥化地区 |
| C274 | 绥农 7 号 | 黑龙江 | NC | Ⅰ | 黑龙江农科院绥化农科所 | 1988 | 春 | 黑龙江松花江地区 |
| C275 | 绥农 8 号 | 黑龙江 | NC | Ⅰ | 黑龙江农科院绥化农科所 | 1989 | 春 | 黑龙江绥化、松花江、合江等地区 |
| C276 | 绥农 9 号 | 黑龙江 | NC | Ⅰ | 黑龙江农科院绥化农科所 | 1991 | 春 | 黑龙江第二积温带 |
| C277 | 绥农 10 号 | 黑龙江 | NC | Ⅰ | 黑龙江农科院绥化农科所 | 1994 | 春 | 黑龙江第二积温带中部和东部 |
| C278 | 绥农 11 | 黑龙江 | NC | Ⅰ | 黑龙江农科院绥化农科所 | 1995 | 春 | 黑龙江第二积温带 |
| C279 | 孙吴平顶黄 | 黑龙江 | NC | Ⅰ | 黑龙江克山农试站 | 1953 | 春 | 黑龙江北部 |
| C280 | 西比瓦 | 黑龙江 | NC | Ⅰ | 黑龙江哈尔滨农试场 | 1941 | 春 | 黑龙江北部 |
| C281 | 新四粒黄 | 黑龙江 | NC | Ⅰ | 黑龙江农科院 | 1962 | 春 | 黑龙江南部 |
| C282 | 逊选 1 号 | 黑龙江 | NC | Ⅰ | 黑龙江逊克县种子公司 | 1986 | 春 | 黑龙江黑河地区第五积温带 |
| C283 | 于惠珍大豆 | 黑龙江 | NC | Ⅰ | 黑龙江富锦县农民于惠珍 | 1954 | 春 | 黑龙江合江地区 |
| C284 | 元宝金 | 黑龙江 | NC | Ⅰ | 吉林公主岭农试场 | 1941 | 春 | 黑龙江东部、南部 |
| C285 | 紫花 2 号 | 黑龙江 | NC | Ⅰ | 吉林公主岭农试场 | 1941 | 春 | 黑龙江北部 |
| C286 | 紫花 3 号 | 黑龙江 | NC | Ⅰ | 吉林公主岭农试场 | 1941 | 春 | 黑龙江中部 |
| C287 | 紫花 4 号 | 黑龙江 | NC | Ⅰ | 黑龙江克山农试场 | 1941 | 春 | 黑龙江北部、内蒙古东部 |
| C288 | 矮脚早 | 湖北 | SC | Ⅲ | 中国农科院油料所 | 1977 | 春 | 湖北江汉平原，湖南、江西等局部 |
| C289 | 鄂豆 2 号 | 湖北 | SC | Ⅲ | 中国农科院油料所 | 1975 | 夏 | 湖北中北部及河南南部 |
| C290 | 鄂豆 4 号 | 湖北 | SC | Ⅲ | 湖北仙桃九合垸原种场 | 1989 | 春 | 湖北江汉平原，湖南、江西鄱阳湖地区 |
| C291 | 鄂豆 5 号 | 湖北 | SC | Ⅲ | 湖北孝感地区农科所 | 1990 | 春 | 湖北、江西、湖南等 |
| C292 | 早春 1 号 | 湖北 | SC | Ⅲ | 中国农科院油料所 | 1994 | 春 | 湖北、江西、广西 |
| C293 | 中豆 8 号 | 湖北 | SC | Ⅲ | 中国农科院油料所 | 1993 | 夏 | 长江中下游和河南南部 |
| C294 | 中豆 14 | 湖北 | HHH | Ⅱ | 中国农科院油料所 | 1987 | 夏 | 河南中南部、安徽北部等 |
| C295 | 中豆 19 | 湖北 | HHH | Ⅱ | 中国农科院油料所 | 1987 | 夏 | 山西、江苏、安徽、河南、湖北等 |
| C296 | 中豆 20 | 湖北 | SC | Ⅲ | 中国农科院油料所 | 1994 | 夏 | 黄淮地区南部 |
| C297 | 中豆 24 | 湖北 | SC | Ⅲ | 中国农科院油料所 | 1989 | 夏 | 湖北 |
| C298 | 州豆 30 | 湖北 | SC | Ⅳ | 湖北鄂西自治州天池山农科所 | 1987 | 春 | 湖北西部、四川、湖南等局部 |
| C299 | 怀春 79 - 16 | 湖南 | SC | Ⅳ | 湖南怀化地区农科所 | 1987 | 春 | 湖南西部 |
| C300 | 湘 B68 | 湖南 | SC | Ⅳ | 湖南农科院作物所 | 1984 | 春 | 湖南长沙、浏阳 |

（续）

| 编号 | 品种名称 | 来源 | 产区 | 生态区 | 选育单位 | 育成 | 播种类型 | 推广地区 |
|------|---------|------|------|--------|---------|------|---------|---------|
| C301 | 湘春豆 10 号 | 湖南 | SC | IV | 湖南农科院作物所 | 1985 | 春 | 湖南 |
| C302 | 湘春豆 11 | 湖南 | SC | IV | 湖南农科院作物所 | 1987 | 春 | 湖南南部、中部 |
| C303 | 湘春豆 12 | 湖南 | SC | IV | 湖南衡阳市农科所 | 1989 | 春 | 湖南南部、中部 |
| C304 | 湘春豆 13 | 湖南 | SC | IV | 湖南农科院作物所 | 1989 | 春 | 湖南 |
| C305 | 湘春豆 14 | 湖南 | SC | IV | 湖南农科院作物所 | 1992 | 春 | 湖南 |
| C306 | 湘春豆 15 | 湖南 | SC | IV | 湖南农科院作物所 | 1995 | 春 | 湖南 |
| C307 | 湘豆 3 号 | 湖南 | SC | IV | 湖南农科院作物所 | 1974 | 春 | 湖南大部 |
| C308 | 湘豆 4 号 | 湖南 | SC | IV | 湖南农科院作物所 | 1974 | 春 | 湖南大部 |
| C309 | 湘豆 5 号 | 湖南 | SC | IV | 湖南农科院作物所 | 1980 | 春 | 湖南平湖旱地及湖南南部、中部 |
| C310 | 湘豆 6 号 | 湖南 | SC | IV | 湖南农科院作物所 | 1981 | 春 | 湖南中部、南部 |
| C311 | 湘青 | 湖南 | SC | IV | 湖南农科院作物所 | 1988 | 秋 | 湖南南部等 |
| C312 | 湘秋豆 1 号 | 湖南 | SC | IV | 湖南农科院作物所 | 1974 | 秋 | 湖南衡阳、道县、宁远等 |
| C313 | 湘秋豆 2 号 | 湖南 | SC | IV | 湖南农科院作物所 | 1982 | 秋 | 湖南 |
| C314 | 白农 1 号 | 吉林 | NC | I | 吉林白城地区农科所 | 1981 | 春 | 吉林白城 |
| C315 | 白农 2 号 | 吉林 | NC | I | 吉林白城地区农科所 | 1986 | 春 | 吉林西部、黑龙江西部、内蒙古东部 |
| C316 | 白农 4 号 | 吉林 | NC | I | 吉林白城地区农科所 | 1988 | 春 | 吉林白城 |
| C317 | 长白 1 号 | 吉林 | NC | I | 吉林敦化市 | 1982 | 春 | 吉林敦化 |
| C318 | 长农 1 号 | 吉林 | NC | I | 吉林长春市农科所 | 1980 | 春 | 吉林中部 |
| C319 | 长农 2 号 | 吉林 | NC | I | 吉林长春市农科所 | 1980 | 春 | 吉林中部 |
| C320 | 长农 4 号 | 吉林 | NC | I | 吉林长春市农科所 | 1985 | 春 | 吉林四平、长春 |
| C321 | 长农 5 号 | 吉林 | NC | I | 吉林长春市农科所 | 1990 | 春 | 吉林长春等地 |
| C322 | 长农 7 号 | 吉林 | NC | I | 吉林长春市农科所 | 1993 | 春 | 吉林中部 |
| C323 | 德豆 1 号 | 吉林 | NC | I | 吉林德惠县夏家店乡农业站 | 1985 | 春 | 吉林长春 |
| C324 | 丰地黄 | 吉林 | NC | I | 吉林公主岭农试场 | 1943 | 春 | 吉林中南部、东部，辽宁东北部 |
| C325 | 丰交 7607 | 吉林 | NC | I | 吉林东丰县农业总站 | 1992 | 春 | 吉林中南部 |
| C326 | 丰收选 | 吉林 | NC | I | 吉林农科院大豆所 | 1978 | 春 | 吉林吉林、长春 |
| C327 | 公交 5201 - 18 | 吉林 | NC | I | 吉林农科院大豆所 | 1963 | 春 | 吉林东南部、辽宁北部 |
| C328 | 公交 5601 - 1 | 吉林 | NC | I | 吉林农科院大豆所 | 1970 | 春 | 吉林中南部 |
| C329 | 公交 5610 - 1 | 吉林 | NC | I | 吉林农科院大豆所 | 1970 | 春 | 吉林西部 |
| C330 | 公交 5610 - 2 | 吉林 | NC | I | 吉林农科院大豆所 | 1970 | 春 | 吉林西部 |
| C331 | 和平 1 号 | 吉林 | NC | I | 吉林永吉县农民 | 1950 | 春 | 吉林永吉 |
| C332 | 桦丰 1 号 | 吉林 | NC | I | 吉林桦甸县二道甸子乡农业站 | 1978 | 春 | 吉林桦甸 |
| C333 | 黄宝珠 | 吉林 | NC | I | 吉林公主岭农试场 | 1923 | 春 | 吉林中部、南部，辽宁北部 |
| C334 | 吉林 1 号 | 吉林 | NC | I | 吉林农科院大豆所 | 1963 | 春 | 吉林中部、西部 |
| C335 | 吉林 2 号 | 吉林 | NC | I | 吉林农科院大豆所 | 1963 | 春 | 吉林中南部 |
| C336 | 吉林 3 号 | 吉林 | NC | I | 吉林农科院大豆所 | 1963 | 春 | 吉林中部、东部和西部偏东地区 |
| C337 | 吉林 4 号 | 吉林 | NC | I | 吉林农科院大豆所 | 1963 | 春 | 吉林中部、东南部，辽宁东北部 |
| C338 | 吉林 5 号 | 吉林 | NC | I | 吉林农科院大豆所 | 1963 | 春 | 吉林中部、东南部，辽宁东北部 |
| C339 | 吉林 6 号 | 吉林 | NC | I | 吉林农科院大豆所 | 1963 | 春 | 吉林中部 |

（续）

| 编号 | 品种名称 | 来源 | 产区 | 生态区 | 选育单位 | 育成 | 播种类型 | 推广地区 |
|------|----------|------|------|--------|----------|------|----------|----------|
| C340 | 吉林 8 号 | 吉林 | NC | I | 吉林农科院大豆所 | 1971 | 春 | 吉林中北部及西部偏北地区 |
| C341 | 吉林 9 号 | 吉林 | NC | I | 吉林农科院大豆所 | 1971 | 春 | 吉林中部偏北地区及延边地区 |
| C342 | 吉林 10 号 | 吉林 | NC | I | 吉林农科院大豆所 | 1971 | 春 | 吉林中部 |
| C343 | 吉林 11 | 吉林 | NC | I | 吉林农科院大豆所 | 1971 | 春 | 吉林中部 |
| C344 | 吉林 12 | 吉林 | NC | I | 吉林农科院大豆所 | 1971 | 春 | 吉林西部、东部 |
| C345 | 吉林 13 | 吉林 | NC | I | 吉林农科院大豆所 | 1976 | 春 | 吉林中部、东部 |
| C346 | 吉林 14 | 吉林 | NC | I | 吉林农科院大豆所 | 1978 | 春 | 吉林东部 |
| C347 | 吉林 15 | 吉林 | NC | I | 吉林农科院大豆所 | 1978 | 春 | 吉林中部、北部、东部 |
| C348 | 吉林 16 | 吉林 | NC | I | 吉林农科院大豆所 | 1978 | 春 | 吉林中南部及东南部 |
| C349 | 吉林 17 | 吉林 | NC | I | 吉林农科院大豆所 | 1982 | 春 | 吉林中部、南部 |
| C350 | 吉林 18 | 吉林 | NC | I | 吉林农科院大豆所 | 1982 | 春 | 吉林中部、南部及西北部 |
| C351 | 吉林 19 | 吉林 | NC | I | 吉林农科院大豆所 | 1981 | 春 | 吉林东部 |
| C352 | 吉林 20 | 吉林 | NC | I | 吉林农科院大豆所 | 1985 | 春 | 吉林中部、东南部 |
| C353 | 吉林 21 | 吉林 | NC | I | 吉林农科院大豆所 | 1988 | 春 | 吉林中南部、辽宁北部 |
| C354 | 吉林 22 | 吉林 | NC | I | 吉林农科院大豆所 | 1989 | 春 | 吉林白城、黑龙江西部 |
| C355 | 吉林 23 | 吉林 | NC | I | 吉林农科院大豆所 | 1990 | 春 | 吉林白城、东部地区、黑龙江西南部 |
| C356 | 吉林 24 | 吉林 | NC | I | 吉林农科院大豆所 | 1990 | 春 | 吉林通化、吉林等地 |
| C357 | 吉林 25 | 吉林 | NC | I | 吉林农科院大豆所 | 1991 | 春 | 吉林中部、南部 |
| C358 | 吉林 26 | 吉林 | NC | I | 吉林农科院大豆所 | 1991 | 春 | 吉林延边、浑江、吉林地区 |
| C359 | 吉林 27 | 吉林 | NC | I | 吉林农科院大豆所 | 1991 | 春 | 吉林四平、辽源 |
| C360 | 吉林 28 | 吉林 | NC | I | 吉林农科院大豆所 | 1991 | 春 | 吉林东南部和中部 |
| C361 | 吉林 29 | 吉林 | NC | I | 吉林农科院大豆所 | 1993 | 春 | 吉林长春、通化、辽源 |
| C362 | 吉林 30 | 吉林 | NC | I | 吉林农科院大豆所 | 1993 | 春 | 吉林四平、辽源，辽宁北部 |
| C363 | 吉林 32 | 吉林 | NC | I | 吉林农科院大豆所 | 1993 | 春 | 吉林白城、松原等地 |
| C364 | 吉林小粒 1 号 | 吉林 | NC | I | 吉林农科院大豆所 | 1990 | 春 | 吉林东部 |
| C365 | 吉农 1 号 | 吉林 | NC | I | 吉林农业大学农学系 | 1986 | 春 | 吉林西部 |
| C366 | 吉农 4 号 | 吉林 | NC | I | 吉林农业大学农学系 | 1991 | 春 | 吉林长春 |
| C367 | 吉青 1 号 | 吉林 | NC | I | 吉林农科院大豆所 | 1991 | 春 | 吉林中南部 |
| C368 | 集体 3 号 | 吉林 | NC | I | 东北农科所 | 1956 | 春 | 吉林中南部及东南部 |
| C369 | 集体 4 号 | 吉林 | NC | I | 吉林省综合农试站 | 1956 | 春 | 吉林中部 |
| C370 | 集体 5 号 | 吉林 | NC | I | 黑龙江哈尔滨农试场等 | 1956 | 春 | 吉林中北部、西部、东部等 |
| C371 | 九农 1 号 | 吉林 | NC | I | 吉林吉林市农科所 | 1970 | 春 | 吉林吉林地区 |
| C372 | 九农 2 号 | 吉林 | NC | I | 吉林吉林市农科所 | 1970 | 春 | 吉林吉林地区 |
| C373 | 九农 3 号 | 吉林 | NC | I | 吉林吉林市农科所 | 1969 | 春 | 吉林东部 |
| C374 | 九农 4 号 | 吉林 | NC | I | 吉林吉林市农科所 | 1969 | 春 | 吉林吉林地区 |
| C375 | 九农 5 号 | 吉林 | NC | I | 吉林吉林市农科所 | 1972 | 春 | 吉林吉林地区 |
| C376 | 九农 6 号 | 吉林 | NC | I | 吉林吉林市农科所 | 1976 | 春 | 吉林中部、西部 |
| C377 | 九农 7 号 | 吉林 | NC | I | 吉林吉林市农科所 | 1972 | 春 | 吉林吉林地区 |
| C378 | 九农 8 号 | 吉林 | NC | I | 吉林吉林市农科所 | 1972 | 春 | 吉林吉林地区 |

（续）

| 编号 | 品种名称 | 来源 | 产区 | 生态区 | 选育单位 | 育成 | 播种类型 | 推广地区 |
|---|---|---|---|---|---|---|---|---|
| C379 | 九农 9 号 | 吉林 | NC | I | 吉林吉林市农科所 | 1976 | 春 | 吉林中部、辽宁北部 |
| C380 | 九农 10 号 | 吉林 | NC | I | 吉林吉林市农科所 | 1972 | 春 | 吉林中部、东部 |
| C381 | 九农 11 | 吉林 | NC | I | 吉林吉林市农科所 | 1981 | 春 | 吉林吉林、长春地区 |
| C382 | 九农 12 | 吉林 | NC | I | 吉林吉林市农科所 | 1982 | 春 | 吉林吉林地区 |
| C383 | 九农 13 | 吉林 | NC | I | 吉林吉林市农科所 | 1981 | 春 | 吉林吉林地区 |
| C384 | 九农 14 | 吉林 | NC | I | 吉林吉林市农科所 | 1985 | 春 | 吉林东部 |
| C385 | 九农 15 | 吉林 | NC | I | 吉林吉林市农科所 | 1987 | 春 | 吉林南部、辽宁北部 |
| C386 | 九农 16 | 吉林 | NC | I | 吉林吉林市农科所 | 1988 | 春 | 吉林吉林、延边地区 |
| C387 | 九农 17 | 吉林 | NC | I | 吉林吉林市农科所 | 1990 | 春 | 吉林白城、吉林、延边等地 |
| C388 | 九农 18 | 吉林 | NC | I | 吉林吉林市农科所 | 1991 | 春 | 吉林吉林、长春地区 |
| C389 | 九农 19 | 吉林 | NC | I | 吉林吉林市农科所 | 1991 | 春 | 吉林吉林、通化地区 |
| C390 | 九农 20 | 吉林 | NC | I | 吉林吉林市农科所 | 1993 | 春 | 吉林吉林、通化、长春等地 |
| C391 | 九农 21 | 吉林 | NC | I | 吉林吉林市农科所 | 1995 | 春 | 吉林中部 |
| C392 | 群选 1 号 | 吉林 | NC | I | 吉林永吉县农民 | 1964 | 春 | 吉林中南部、东部 |
| C393 | 通农 4 号 | 吉林 | NC | I | 吉林通化地区农科所 | 1978 | 春 | 吉林通化 |
| C394 | 通农 5 号 | 吉林 | NC | I | 吉林通化地区农科所 | 1978 | 春 | 吉林通化 |
| C395 | 通农 6 号 | 吉林 | NC | I | 吉林通化地区农科所 | 1978 | 春 | 吉林通化 |
| C396 | 通农 7 号 | 吉林 | NC | I | 吉林通化地区农科所 | 1978 | 春 | 吉林通化 |
| C397 | 通农 8 号 | 吉林 | NC | I | 吉林通化地区农科所 | 1982 | 春 | 吉林东部 |
| C398 | 通农 9 号 | 吉林 | NC | I | 吉林通化地区农科所 | 1987 | 春 | 吉林通化、辽宁东北部 |
| C399 | 通农 10 号 | 吉林 | NC | I | 吉林通化市农科所 | 1992 | 春 | 吉林东部、辽宁北部 |
| C400 | 通农 11 | 吉林 | NC | I | 吉林通化市农科所 | 1995 | 春 | 辽宁、吉林 |
| C401 | 小金黄 1 号 | 吉林 | NC | I | 吉林公主岭农试场 | 1941 | 春 | 吉林中部、辽宁西北部 |
| C402 | 小金黄 2 号 | 吉林 | NC | I | 吉林公主岭农试场 | 1941 | 春 | 吉林西部、黑龙江泰来等地 |
| C403 | 延农 2 号 | 吉林 | NC | I | 吉林延边自治州农科所 | 1978 | 春 | 吉林和龙、龙井、汪清、珲春等地 |
| C404 | 延农 3 号 | 吉林 | NC | I | 吉林延边自治州农科所 | 1978 | 春 | 吉林和龙、龙井、汪清、珲春等地 |
| C405 | 延农 5 号 | 吉林 | NC | I | 吉林延边自治州农科所 | 1982 | 春 | 吉林汪清、安图、和龙等地 |
| C406 | 延农 6 号 | 吉林 | NC | I | 吉林延边自治州农科所 | 1982 | 春 | 吉林东部 |
| C407 | 延农 7 号 | 吉林 | NC | I | 吉林延边自治州农科所 | 1988 | 春 | 吉林东部 |
| C408 | 延院 1 号 | 吉林 | NC | I | 吉林延边农学院 | 1993 | 春 | 吉林延边、吉林、通化 |
| C409 | 早丰 1-7 | 吉林 | NC | I | 吉林怀德县良种场 | 1978 | 春 | 吉林中南部平原地区 |
| C410 | 早丰 1 号 | 吉林 | NC | I | 吉林东北农科所 | 1959 | 春 | 吉林中南部、东部，辽宁北部 |
| C411 | 早丰 2 号 | 吉林 | NC | I | 吉林东北农科所 | 1959 | 春 | 吉林中部 |
| C412 | 早丰 3 号 | 吉林 | NC | I | 吉林东北农科所 | 1960 | 春 | 吉林中北部 |
| C413 | 早丰 5 号 | 吉林 | NC | I | 吉林省农科所 | 1961 | 春 | 吉林东部等 |
| C414 | 枝 2 号 | 吉林 | NC | I | 吉林吉林市农科所 | 1958 | 春 | 吉林东部半山区和西部地区 |
| C415 | 枝 3 号 | 吉林 | NC | I | 吉林吉林市农科所 | 1958 | 春 | 吉林东部半山区等 |
| C416 | 紫花 1 号 | 吉林 | NC | I | 吉林公主岭农试场 | 1941 | 春 | 吉林公主岭、敦化、黑龙江中北部 |
| C417 | 58-161 | 江苏 | HHH | II | 江苏农科院 | 1964 | 夏 | 江苏淮北、安徽、河南局部 |

（续）

| 编号 | 品种名称 | 来源 | 产区 | 生态区 | 选育单位 | 育成 | 播种类型 | 推广地区 |
|------|---------|------|------|-------|---------|------|---------|---------|
| C418 | 岔路口1号 | 江苏 | SC | Ⅲ | 中央农业试验所 | 1954 | 夏 | 江苏长江两岸 |
| C419 | 楚秀 | 江苏 | HHH | Ⅱ | 江苏淮阴地区农科所 | 1992 | 夏 | 江苏淮阴、沐阳、灌南、宿迁等地 |
| C420 | 东辛74-12 | 江苏 | HHH | Ⅱ | 江苏东辛农场 | 1988 | 夏 | 江苏连云港、盐城 |
| C421 | 灌豆1号 | 江苏 | HHH | Ⅱ | 江苏灌云县大豆原种场 | 1985 | 夏 | 江苏淮北地区 |
| C422 | 灌云1号 | 江苏 | HHH | Ⅱ | 江苏灌云县大豆原种场 | 1974 | 夏 | 江苏淮阴地区 |
| C423 | 淮豆1号 | 江苏 | HHH | Ⅱ | 江苏淮阴地区农科所 | 1983 | 夏 | 江苏淮北地区 |
| C424 | 淮豆2号 | 江苏 | SC | Ⅲ | 江苏淮阴地区农科所 | 1986 | 夏 | 上海、江苏淮南 |
| C425 | 金大332 | 江苏 | SC | Ⅲ | 金陵大学农学院 | 1923 | 夏 | 长江流域 |
| C426 | 六十日 | 江苏 | HHH | Ⅱ | 江苏灌云县大豆原种场 | 1973 | 春 | 江苏北部 |
| C427 | 绿宝珠 | 江苏 | SC | Ⅲ | 江苏启东县兴隆沙农场 | 1992 | 夏 | 江苏淮河以南地区 |
| C428 | 南农1138-2 | 江苏 | SC | Ⅲ | 南京农业大学大豆所 | 1973 | 夏 | 长江流域及其以南地区 |
| C429 | 南农133-3 | 江苏 | SC | Ⅲ | 南京农业大学大豆所 | 1962 | 夏 | 江淮下游 |
| C430 | 南农133-6 | 江苏 | SC | Ⅲ | 南京农业大学大豆所 | 1962 | 夏 | 江淮下游 |
| C431 | 南农493-1 | 江苏 | SC | Ⅲ | 南京农业大学大豆所 | 1962 | 夏 | 长江中下游地区 |
| C432 | 南农73-935 | 江苏 | SC | Ⅲ | 南京农业大学大豆所 | 1990 | 夏/秋 | 长江中下游地区 |
| C433 | 南农86-4 | 江苏 | SC | Ⅲ | 南京农业大学大豆所 | 1991 | 夏 | 长江中下游地区 |
| C434 | 南农87C-38 | 江苏 | SC | Ⅲ | 南京农业大学大豆所 | 1990 | 夏 | 长江中下游地区 |
| C435 | 南农88-48 | 江苏 | SC | Ⅲ | 南京农业大学大豆所 | 1994 | 夏 | 长江中下游地区 |
| C436 | 南农菜豆1号 | 江苏 | SC | Ⅲ | 南京农业大学大豆所 | 1989 | 夏 | 长江中下游地区 |
| C437 | 宁青豆1号 | 江苏 | SC | Ⅲ | 南京农业大学大豆所 | 1987 | 夏 | 长江中下游地区 |
| C438 | 宁镇1号 | 江苏 | SC | Ⅲ | 江苏农科院经作所等 | 1984 | 春 | 长江流域及其以南地区 |
| C439 | 宁镇2号 | 江苏 | SC | Ⅲ | 江苏农科院经作所等 | 1990 | 春 | 江苏沿江和沿海地区 |
| C440 | 宁镇3号 | 江苏 | SC | Ⅲ | 江苏农科院经作所等 | 1992 | 春 | 长江下游地区 |
| C441 | 泗豆11 | 江苏 | HHH | Ⅱ | 江苏泗阳棉花原种场 | 1987 | 夏 | 江苏、安徽淮北 |
| C442 | 苏6236 | 江苏 | SC | Ⅲ | 江苏农科院经作所 | 1982 | 春 | 江苏南部、湖南北部、湖北沔阳等地 |
| C443 | 苏7209 | 江苏 | SC | Ⅲ | 江苏农科院经作所 | 1982 | 夏 | 长江下游地区 |
| C444 | 苏豆1号 | 江苏 | SC | Ⅲ | 江苏农科院经作所 | 1968 | 夏 | 江苏淮南地区 |
| C445 | 苏豆3号 | 江苏 | SC | Ⅲ | 江苏农科院经作所 | 1995 | 夏 | 江苏淮河以南地区 |
| C446 | 苏垦1号 | 江苏 | HHH | Ⅱ | 江苏大有农场 | 1978 | 夏 | 江苏北部、上海市部分农场 |
| C447 | 苏内青2号 | 江苏 | SC | Ⅲ | 江苏农科院经作所 | 1990 | 夏 | 长江下游和江南地区 |
| C448 | 苏协18-6 | 江苏 | SC | Ⅲ | 南京农业大学大豆所等 | 1981 | 夏/秋 | 长江中下游地区 |
| C449 | 苏协19-15 | 江苏 | SC | Ⅲ | 南京农业大学大豆所等 | 1981 | 夏/秋 | 长江中下游地区 |
| C450 | 苏协4-1 | 江苏 | SC | Ⅲ | 南京农业大学大豆所等 | 1981 | 夏/秋 | 长江中下游地区 |
| C451 | 苏协1号 | 江苏 | SC | Ⅲ | 南京农业大学大豆所等 | 1981 | 夏 | 长江中下游地区 |
| C452 | 泰豆1号 | 江苏 | SC | Ⅲ | 江苏泰兴市农科所 | 1992 | 春 | 长江下游地区 |
| C453 | 通豆1号 | 江苏 | SC | Ⅲ | 江苏南通地区农科所 | 1986 | 夏 | 江苏沿江地区 |
| C454 | 夏豆75 | 江苏 | SC | Ⅲ | 江苏南通地区农科所 | 1975 | 夏 | 江苏长江两岸 |
| C455 | 徐豆1号 | 江苏 | HHH | Ⅱ | 江苏徐州地区农科所 | 1974 | 夏 | 江苏、安徽淮北，河南东部 |
| C456 | 徐豆2号 | 江苏 | HHH | Ⅱ | 江苏徐州地区农科所 | 1978 | 夏 | 江苏、安徽淮北，河南、山东局部 |

（续）

| 编号 | 品种名称 | 来源 | 产区 | 生态区 | 选育单位 | 育成 | 播种类型 | 推广地区 |
|---|---|---|---|---|---|---|---|---|
| C457 | 徐豆 3 号 | 江苏 | HHH | II | 江苏徐州地区农科所 | 1978 | 夏 | 江苏北部 |
| C458 | 徐豆 7 号 | 江苏 | HHH | II | 江苏徐州地区农科所等 | 1986 | 夏 | 江苏、安徽淮北 |
| C459 | 徐豆 135 | 江苏 | HHH | II | 江苏徐州地区农科所 | 1983 | 夏 | 江苏、安徽淮北 |
| C460 | 徐州 301 | 江苏 | HHH | II | 江苏徐州地区农科所 | 1957 | 夏 | 江苏徐州、淮阴 |
| C461 | 徐州 302 | 江苏 | HHH | II | 江苏徐州地区农科所 | 1958 | 夏 | 江苏、安徽淮北、河南中东部 |
| C462 | 7406 | 江西 | SC | IV | 江西赣州地区农科所 | 1977 | 秋 | 江西瑞金、信丰等地 |
| C463 | 矮脚青 | 江西 | SC | IV | 江西新余县农民 | 1974 | 秋 | 江西新余、清江、丰城等地 |
| C464 | 赣豆 1 号 | 江西 | SC | IV | 江西上饶地区农科所 | 1987 | 秋 | 江西上饶、赣州、湖南、浙江局部 |
| C465 | 赣豆 2 号 | 江西 | SC | IV | 江西新余市农科所 | 1990 | 秋 | 江西新余、进贤等地 |
| C466 | 赣豆 3 号 | 江西 | SC | IV | 江西吉安地区农科所 | 1993 | 秋 | 江西 |
| C467 | 5621 | 辽宁 | NC | I | 辽宁农科院原子能所等 | 1960 | 春 | 辽宁 |
| C468 | 丹豆 1 号 | 辽宁 | NC | I | 辽宁丹东市农科所 | 1970 | 春 | 辽宁丹东、辽南地区 |
| C469 | 丹豆 2 号 | 辽宁 | NC | I | 辽宁丹东市农科所 | 1973 | 春 | 辽宁丹东、辽南地区 |
| C470 | 丹豆 3 号 | 辽宁 | NC | I | 辽宁丹东市农科所 | 1975 | 春 | 辽宁丹东地区 |
| C471 | 丹豆 4 号 | 辽宁 | NC | I | 辽宁丹东市农科所 | 1979 | 春 | 辽宁东部、南部 |
| C472 | 丹豆 5 号 | 辽宁 | NC | I | 辽宁丹东市农科所 | 1981 | 春 | 辽宁丹东、大连、营口等地 |
| C473 | 丹豆 6 号 | 辽宁 | NC | I | 辽宁丹东市农科所 | 1989 | 春 | 辽宁丹东、大连、营口、锦州等地 |
| C474 | 丰豆 1 号 | 辽宁 | NC | I | 辽宁西丰县农科所 | 1988 | 春 | 辽宁东部、东北部 |
| C475 | 凤交 66 - 12 | 辽宁 | NC | I | 辽宁凤城农科所 | 1976 | 春 | 辽宁丹东、辽南地区 |
| C476 | 凤交 66 - 22 | 辽宁 | NC | I | 辽宁凤城农科所 | 1977 | 春 | 辽宁丹东、辽南地区 |
| C477 | 凤系 1 号 | 辽宁 | NC | I | 辽宁凤城农试站 | 1960 | 春 | 辽宁丹东、辽南地区 |
| C478 | 凤系 2 号 | 辽宁 | NC | I | 辽宁凤城农试站 | 1960 | 春 | 辽宁丹东 |
| C479 | 凤系 3 号 | 辽宁 | NC | I | 辽宁凤城农试站 | 1960 | 春 | 辽宁丹东 |
| C480 | 凤系 4 号 | 辽宁 | NC | I | 辽宁凤城农试站 | 1960 | 春 | 辽宁东部山区 |
| C481 | 凤系 6 号 | 辽宁 | NC | I | 辽宁凤城农试站 | 1965 | 春 | 辽宁丹东、辽南、锦州等地 |
| C482 | 凤系 12 | 辽宁 | NC | I | 辽宁凤城农试站 | 1965 | 春 | 辽宁丹东、辽南等地 |
| C483 | 抚 82 - 93 | 辽宁 | NC | I | 辽宁抚顺市农科所 | 1989 | 春 | 辽宁北部、东部 |
| C484 | 集体 1 号 | 辽宁 | NC | I | 东北农科所等 | 1956 | 春 | 辽宁中南部 |
| C485 | 集体 2 号 | 辽宁 | NC | I | 东北农科所等 | 1956 | 春 | 辽宁中南部 |
| C486 | 建豆 8202 | 辽宁 | NC | I | 辽宁建平县农科所 | 1991 | 春 | 辽宁辽西、辽东山区及辽北地区 |
| C487 | 锦豆 33 | 辽宁 | NC | I | 辽宁锦州地区农科所 | 1974 | 春 | 辽宁西部 |
| C488 | 锦豆 34 | 辽宁 | NC | I | 辽宁锦州市农科所 | 1972 | 春 | 辽宁锦州、辽南地区 |
| C489 | 锦豆 35 | 辽宁 | NC | I | 辽宁锦州市农科所 | 1988 | 春 | 辽宁锦州 |
| C490 | 锦豆 6422 | 辽宁 | NC | I | 辽宁锦州市农科所 | 1974 | 春 | 辽宁锦州 |
| C491 | 锦州 8 - 14 | 辽宁 | NC | I | 辽宁锦州农科所 | 1960 | 春 | 辽宁西部 |
| C492 | 金元 1 号 | 辽宁 | NC | I | 吉林公主岭农试场 | 1941 | 春 | 辽宁西北部、吉林中南部等 |
| C493 | 开育 3 号 | 辽宁 | NC | I | 辽宁开原县示范繁殖农场 | 1976 | 春 | 辽宁北部、西部、辽南地区 |
| C494 | 开育 8 号 | 辽宁 | NC | I | 辽宁开原县示范农场 | 1980 | 春 | 辽宁北部、东部、吉林南部 |
| C495 | 开育 9 号 | 辽宁 | NC | I | 辽宁开原县农科所 | 1985 | 春 | 辽宁中部 |

（续）

| 编号 | 品种名称 | 来源 | 产区 | 生态区 | 选育单位 | 育成 | 播种类型 | 推广地区 |
|---|---|---|---|---|---|---|---|---|
| C496 | 开育10号 | 辽宁 | NC | I | 辽宁开原县农科所 | 1989 | 春 | 辽宁中部、南部 |
| C497 | 辽83-5020 | 辽宁 | NC | I | 辽宁农科院原子能所 | 1990 | 春 | 辽宁西部、南部,山西沂州、陕西延安 |
| C498 | 辽豆3号 | 辽宁 | NC | I | 辽宁农科院原子能所 | 1983 | 春 | 辽宁中部、中南部及东部 |
| C499 | 辽豆4号 | 辽宁 | NC | I | 辽宁农科院原子能所 | 1989 | 春 | 辽宁西部、山西中部、陕西延安 |
| C500 | 辽豆7号 | 辽宁 | NC | I | 辽宁农科院油料所 | 1992 | 春 | 辽宁西部地区 |
| C501 | 辽豆9号 | 辽宁 | NC | I | 辽宁农科院油料所 | 1992 | 春 | 辽宁北部、东部,河北秦唐地区 |
| C502 | 辽豆10号 | 辽宁 | NC | I | 辽宁农科院原子能所 | 1992 | 春 | 辽宁大部 |
| C503 | 辽农2号 | 辽宁 | NC | I | 辽宁农科院原子能所 | 1983 | 春 | 辽宁东部、河北中部 |
| C504 | 满地金 | 辽宁 | NC | I | 吉林公主岭农试场 | 1941 | 春 | 辽宁中南部 |
| C505 | 沈农25104 | 辽宁 | NC | I | 沈阳农学院 | 1979 | 春 | 辽宁沈阳等 |
| C506 | 铁丰3号 | 辽宁 | NC | I | 辽宁农科院和铁岭市农科所等 | 1967 | 春 | 辽宁大部、河北、山西、新疆等局部 |
| C507 | 铁丰5号 | 辽宁 | NC | I | 辽宁农科院和铁岭市农科所等 | 1970 | 春 | 辽宁辽南及中部 |
| C508 | 铁丰8号 | 辽宁 | NC | I | 辽宁农科院和铁岭市农科所等 | 1970 | 春 | 辽宁中部 |
| C509 | 铁丰9号 | 辽宁 | NC | I | 辽宁农科院和铁岭市农科所等 | 1970 | 春 | 辽宁中部、北部 |
| C510 | 铁丰18 | 辽宁 | NC | I | 辽宁铁岭市农科所 | 1973 | 春 | 辽宁中部、南部 |
| C511 | 铁丰19 | 辽宁 | NC | I | 辽宁铁岭市农科所 | 1973 | 春 | 辽宁中北部、南部 |
| C512 | 铁丰20 | 辽宁 | NC | I | 辽宁铁岭市农科所 | 1979 | 春 | 辽宁南部 |
| C513 | 铁丰21 | 辽宁 | NC | I | 辽宁铁岭市农科所 | 1985 | 春/夏 | 辽宁西部、南部 |
| C514 | 铁丰22 | 辽宁 | NC | I | 辽宁铁岭市农科所 | 1986 | 春 | 辽宁西部 |
| C515 | 铁丰23 | 辽宁 | NC | I | 辽宁铁岭市农科所 | 1986 | 春 | 辽宁北部、东北部 |
| C516 | 铁丰24 | 辽宁 | NC | I | 辽宁铁岭市农科所 | 1988 | 春 | 辽宁南部、西部,河北、山西局部 |
| C517 | 铁丰25 | 辽宁 | NC | I | 辽宁铁岭市农科所 | 1989 | 春 | 辽宁北部、东部,吉林南部 |
| C518 | 铁丰26 | 辽宁 | NC | I | 辽宁铁岭大豆所 | 1993 | 春 | 辽宁大连 |
| C519 | 铁丰27 | 辽宁 | NC | I | 辽宁铁岭大豆所 | 1993 | 春 | 辽宁中部、西部 |
| C520 | 早小白眉 | 辽宁 | NC | I | 辽宁宽甸县农民 | 1950 | 春 | 辽宁宽甸 |
| C521 | 彰豆1号 | 辽宁 | NC | I | 辽宁彰武县农科所 | 1981 | 春 | 辽宁阜新地区等 |
| C522 | 吉原1号 | 内蒙古 | NC | I | 吉林农科院原子能所 | 1985 | 春 | 内蒙古东部、河套平原等地 |
| C523 | 内豆1号 | 内蒙古 | NC | I | 内蒙古呼伦贝尔盟农科所 | 1980 | 春 | 内蒙古呼伦贝尔盟、兴安盟等 |
| C524 | 内豆2号 | 内蒙古 | NC | I | 内蒙古呼伦贝尔盟农科所 | 1980 | 春 | 内蒙古呼伦贝尔盟、兴安盟等 |
| C525 | 内豆3号 | 内蒙古 | NC | I | 内蒙古呼伦贝尔盟农科所 | 1986 | 春 | 内蒙古呼伦贝尔盟、兴安盟等 |
| C526 | 图良1号 | 内蒙古 | NC | I | 内蒙古图牧吉牧场农科站 | 1989 | 春 | 内蒙古兴安盟、吉林白城 |
| C527 | 翁豆79012 | 内蒙古 | NC | I | 内蒙古翁牛特旗农科所 | 1986 | 春 | 内蒙古赤峰 |
| C528 | 乌豆1号 | 内蒙古 | NC | I | 内蒙古乌兰察布盟农科所 | 1989 | 春 | 内蒙古西部阴山丘陵旱作农业区 |
| C529 | 宁豆1号 | 宁夏 | HHH | II | 宁夏自治区种子公司 | 1989 | 春 | 宁夏引黄、扬黄灌区 |
| C530 | 宁豆81-7 | 宁夏 | HHH | II | 宁夏农科院作物所 | 1984 | 春 | 宁夏引黄灌区 |
| C531 | 7517 | 山东 | HHH | II | 山东农科院作物所 | 1986 | 夏 | 山东齐河、禹城、东平等地 |
| C532 | 7583 | 山东 | HHH | II | 山东农科院作物所 | 1988 | 夏 | 山东东部、中北部 |
| C533 | 7605 | 山东 | HHH | II | 山东农科院作物所 | 1986 | 夏 | 山东济宁、鱼台、齐河等地 |
| C534 | 备战3号 | 山东 | HHH | II | 山东临清县农民 | 1973 | 夏 | 山东聊城 |

（续）

| 编号 | 品种名称 | 来源 | 产区 | 生态区 | 选育单位 | 育成 | 播种类型 | 推广地区 |
|---|---|---|---|---|---|---|---|---|
| C535 | 大粒黄 | 山东 | HHH | Ⅱ | 山东邹县农民徐吉德 | 1949 | 夏 | 山东邹县 |
| C536 | 丰收黄 | 山东 | HHH | Ⅱ | 山东昌潍地区农科所 | 1970 | 夏 | 山东大部 |
| C537 | 高作选1号 | 山东 | HHH | Ⅱ | 山东高作县植保站等 | 1995 | 夏 | 山东大部，特别是胞囊线虫病区 |
| C538 | 菏84-1 | 山东 | HHH | Ⅱ | 山东菏泽地区农科所 | 1987 | 夏 | 山东西南、河南北部、东部 |
| C539 | 菏84-5 | 山东 | HHH | Ⅱ | 山东菏泽地区农科所 | 1989 | 夏 | 山东西南部、南部，河南、安徽局部 |
| C540 | 莒选23 | 山东 | HHH | Ⅱ | 山东莒县农试站 | 1963 | 夏 | 山东南部 |
| C541 | 临豆3号 | 山东 | HHH | Ⅱ | 山东临沂地区农科所 | 1975 | 夏 | 山东临沂 |
| C542 | 鲁豆1号 | 山东 | HHH | Ⅱ | 山东农科院作物所 | 1980 | 夏 | 山东大部，河北仓州、衡水、邯郸 |
| C543 | 鲁豆2号 | 山东 | HHH | Ⅱ | 山东济宁地区农科所 | 1981 | 夏 | 山东南部、西部，河南、安徽等局部 |
| C544 | 鲁豆3号 | 山东 | HHH | Ⅱ | 山东潍坊市农科所 | 1983 | 夏 | 山东北部、中部 |
| C545 | 鲁豆4号 | 山东 | HHH | Ⅱ | 山东农科院作物所 | 1985 | 夏 | 山东大部，河北、陕西、江苏等局部 |
| C546 | 鲁豆5号 | 山东 | HHH | Ⅱ | 山东烟台地区农科所 | 1987 | 夏 | 山东威海、烟台、青岛等地 |
| C547 | 鲁豆6号 | 山东 | HHH | Ⅱ | 山东潍坊市农科所 | 1987 | 夏 | 山东大部 |
| C548 | 鲁豆7号 | 山东 | HHH | Ⅱ | 山东农科院作物所 | 1987 | 夏 | 山东南部、中部，江苏、安徽等局部 |
| C549 | 鲁豆8号 | 山东 | HHH | Ⅱ | 山东临沂地区农科所 | 1988 | 夏 | 山东南部、中部，江苏、安徽等局部 |
| C550 | 鲁豆10号 | 山东 | HHH | Ⅱ | 山东农科院作物所 | 1993 | 夏 | 山东，江苏、安徽北部，河南南部 |
| C551 | 鲁豆11 | 山东 | HHH | Ⅱ | 山东潍坊地区农科所 | 1995 | 夏 | 山东、河北、安徽 |
| C552 | 鲁黑豆1号 | 山东 | HHH | Ⅱ | 山东临沂地区农科所 | 1992 | 夏 | 山东中部、南部 |
| C553 | 鲁黑豆2号 | 山东 | HHH | Ⅱ | 山东农科院作物所 | 1993 | 夏 | 山东，安徽、江苏北部 |
| C554 | 齐茶豆1号 | 山东 | HHH | Ⅱ | 山东农科院作物所 | 1995 | 夏 | 山东 |
| C555 | 齐黄1号 | 山东 | HHH | Ⅱ | 山东农科所 | 1962 | 夏 | 山东大部，河北沧州、石家庄等地 |
| C556 | 齐黄2号 | 山东 | HHH | Ⅱ | 山东农科所 | 1962 | 夏 | 山东东部沿海 |
| C557 | 齐黄4号 | 山东 | HHH | Ⅱ | 山东农科院作物所 | 1965 | 夏 | 山东昌潍、烟台等地 |
| C558 | 齐黄5号 | 山东 | HHH | Ⅱ | 山东农科院作物所 | 1965 | 夏 | 山东济宁、菏泽 |
| C559 | 齐黄10号 | 山东 | HHH | Ⅱ | 山东农科院作物所 | 1966 | 夏 | 山东烟台、昌潍、惠民等地 |
| C560 | 齐黄13 | 山东 | HHH | Ⅱ | 山东农科院作物所 | 1968 | 夏 | 山东菏泽、济宁、泰安等地 |
| C561 | 齐黄20 | 山东 | HHH | Ⅱ | 山东农科院作物所 | 1968 | 夏 | 山东临沂、菏泽、济宁、泰安等地 |
| C562 | 齐黄21 | 山东 | HHH | Ⅱ | 山东农科院作物所 | 1979 | 夏 | 山东中北部 |
| C563 | 齐黄22 | 山东 | HHH | Ⅱ | 山东农科院作物所 | 1980 | 夏 | 山东潍坊、泰安、临沂、济南等地 |
| C564 | 齐黄25 | 山东 | HHH | Ⅱ | 山东农科院作物所 | 1995 | 夏 | 山东东部、中部、西部、南部 |
| C565 | 山宁4号 | 山东 | HHH | Ⅱ | 山东济宁农科所 | 1983 | 夏 | 山东南部、西南部，江苏、河南局部 |
| C566 | 腾县1号 | 山东 | HHH | Ⅱ | 山东藤县农科所等 | 1972 | 夏 | 山东济宁 |
| C567 | 为民1号 | 山东 | HHH | Ⅱ | 山东鄄城县东张庄良种场 | 1970 | 夏 | 山东西南部 |
| C568 | 潍4845 | 山东 | HHH | Ⅱ | 山东潍坊市农科所 | 1986 | 夏 | 山东东部、北部 |
| C569 | 文丰4号 | 山东 | HHH | Ⅱ | 山东农科院作物所等 | 1971 | 夏 | 山东菏泽、济宁等地 |
| C570 | 文丰5号 | 山东 | HHH | Ⅱ | 山东农科院作物所等 | 1971 | 夏 | 山东大部 |
| C571 | 文丰6号 | 山东 | HHH | Ⅱ | 山东农科院作物所等 | 1971 | 夏 | 山东大部 |
| C572 | 文丰7号 | 山东 | HHH | Ⅱ | 山东农科院作物所等 | 1971 | 夏 | 山东鲁北、鲁中及胶东等地 |
| C573 | 向阳1号 | 山东 | HHH | Ⅱ | 山东诸城县管家河套大队等 | 1970 | 夏 | 山东东部、北部和西南部 |

(续)

| 编号 | 品种名称 | 来源 | 产区 | 生态区 | 选育单位 | 育成 | 播种类型 | 推广地区 |
|------|---------|------|------|--------|---------|------|---------|---------|
| C574 | 新黄豆 | 山东 | HHH | Ⅱ | 山东农科所 | 1952 | 夏 | 山东东部沿海、济南及北部 |
| C575 | 兖黄1号 | 山东 | HHH | Ⅱ | 山东兖州县五里庄大队等 | 1973 | 夏 | 山东南部、中部 |
| C576 | 烟豆4号 | 山东 | HHH | Ⅱ | 山东烟台地区农科所 | 1988 | 夏 | 山东东部、北部 |
| C577 | 烟黄3号 | 山东 | HHH | Ⅱ | 山东烟台地区农科所 | 1985 | 夏 | 山东威海、烟台、青岛、德州等地 |
| C578 | 跃进4号 | 山东 | HHH | Ⅱ | 山东菏泽地区农科所 | 1971 | 夏 | 山东西南部、河南东部、北部 |
| C579 | 跃进5号 | 山东 | HHH | Ⅱ | 山东菏泽地区农科所 | 1975 | 夏 | 山东南部、安徽、河南、江苏等局部 |
| C580 | 秦豆1号 | 陕西 | HHH | Ⅱ | 陕西农科院粮作所 | 1985 | 夏 | 陕西关中地区 |
| C581 | 秦豆3号 | 陕西 | HHH | Ⅱ | 陕西农科院粮作所 | 1986 | 夏/春 | 陕西陕北、关中和陕南 |
| C582 | 秦豆5号 | 陕西 | HHH | Ⅱ | 陕西农垦科技教育中心 | 1990 | 夏 | 陕西关中地区 |
| C583 | 陕豆701 | 陕西 | HHH | Ⅱ | 陕西农科院粮作所 | 1978 | 夏 | 陕西关中西部 |
| C584 | 陕豆702 | 陕西 | HHH | Ⅱ | 陕西农科院粮作所 | 1977 | 夏 | 陕西关中地区 |
| C585 | 陕豆7214 | 陕西 | HHH | Ⅱ | 陕西农科院粮作所 | 1980 | 夏/春 | 陕西关中和渭北地区 |
| C586 | 陕豆7826 | 陕西 | HHH | Ⅱ | 陕西农科院粮作所 | 1988 | 夏 | 陕西关中和商洛地区 |
| C587 | 太原47 | 陕西 | HHH | Ⅱ | 陕西延安地区农科所 | 1984 | 春 | 陕西延安南部 |
| C588 | 汾豆11 | 山西 | HHH | Ⅱ | 山西农科院经作所 | 1986 | 春/夏 | 山西中部、南部 |
| C589 | 汾豆31 | 山西 | HHH | Ⅱ | 山西农科院经作所 | 1990 | 春/夏 | 山西中部、南部 |
| C590 | 晋大36 | 山西 | HHH | Ⅱ | 山西农业大学农学系大豆室 | 1989 | 春/夏 | 山西大部，河北、山东、陕西等局部 |
| C591 | 晋豆1号 | 山西 | HHH | Ⅱ | 山西农科院和山西农学院 | 1973 | 春/夏 | 山西忻县、晋中、晋南 |
| C592 | 晋豆2号 | 山西 | HHH | Ⅱ | 山西农学院 | 1975 | 春/夏 | 山西忻县、晋中、吕梁等地 |
| C593 | 晋豆3号 | 山西 | HHH | Ⅱ | 山西农科院和山西农学院 | 1974 | 春/夏 | 山西忻县、晋中、运城、临汾等地 |
| C594 | 晋豆4号 | 山西 | HHH | Ⅱ | 山西农科院作物遗传所 | 1979 | 春/夏 | 山西中部、南部等 |
| C595 | 晋豆5号 | 山西 | HHH | Ⅱ | 山西农业大学农学系大豆室 | 1983 | 春/夏 | 山西中部、南部等 |
| C596 | 晋豆6号 | 山西 | HHH | Ⅱ | 山西农业大学农学系大豆室 | 1985 | 春/夏 | 山西中部、南部等 |
| C597 | 晋豆7号 | 山西 | HHH | Ⅱ | 山西农科院作物遗传所 | 1987 | 春/夏 | 山西大部，山东、河南、云南局部 |
| C598 | 晋豆8号 | 山西 | HHH | Ⅱ | 山西农业大学农学系大豆室 | 1987 | 春/夏 | 山西大部 |
| C599 | 晋豆9号 | 山西 | HHH | Ⅱ | 山西农科院经作所 | 1987 | 春/夏 | 山西中部、南部等 |
| C600 | 晋豆10号 | 山西 | HHH | Ⅱ | 山西襄垣县善福乡农科站 | 1987 | 春 | 山西长治、晋城 |
| C601 | 晋豆11 | 山西 | HHH | Ⅱ | 山西农科院作物遗传所 | 1990 | 春/夏 | 山西中部、南部等 |
| C602 | 晋豆12 | 山西 | HHH | Ⅱ | 山西农科院经作所 | 1990 | 春/夏 | 山西大部 |
| C603 | 晋豆13 | 山西 | HHH | Ⅱ | 山西农科院经作所 | 1990 | 春/夏 | 山西中部、南部等 |
| C604 | 晋豆14 | 山西 | HHH | Ⅱ | 山西农科院经作所 | 1991 | 春 | 山西西部、陕西、甘肃黄土丘陵地区 |
| C605 | 晋豆15 | 山西 | HHH | Ⅱ | 山西农科院经作所 | 1991 | 春/夏 | 山西中部、南部等 |
| C606 | 晋豆16 | 山西 | HHH | Ⅱ | 山西农业大学农学系大豆室 | 1991 | 春/夏 | 山西大部、河北、山东、陕西局部 |
| C607 | 晋豆17 | 山西 | HHH | Ⅱ | 山西农业大学农学系大豆室 | 1992 | 春/夏 | 山西中部、南部等 |
| C608 | 晋豆371 | 山西 | HHH | Ⅱ | 山西农学院 | 1968 | 春/夏 | 山西中部、南部等 |
| C609 | 晋豆482 | 山西 | HHH | Ⅱ | 山西农学院 | 1971 | 春/夏 | 山西太原以南地区 |
| C610 | 晋豆501 | 山西 | HHH | Ⅱ | 山西农学院 | 1974 | 春/夏 | 山西中部、南部等 |
| C611 | 晋豆514 | 山西 | HHH | Ⅱ | 山西农学院 | 1978 | 春/夏 | 山西大部 |
| C612 | 晋遗9号 | 山西 | HHH | Ⅱ | 山西农科院作物遗传所 | 1989 | 春/夏 | 山西中部、南部等 |

（续）

| 编号 | 品种名称 | 来源 | 产区 | 生态区 | 选育单位 | 育成 | 播种类型 | 推广地区 |
|---|---|---|---|---|---|---|---|---|
| C613 | 晋遗10号 | 山西 | HHH | Ⅱ | 山西农科院作物遗传所 | 1988 | 春/夏 | 山西中部、南部等 |
| C614 | 晋遗19 | 山西 | HHH | Ⅱ | 山西农科院作物遗传所 | 1990 | 春/夏 | 山西中部、南部等 |
| C615 | 晋遗20 | 山西 | HHH | Ⅱ | 山西农科院作物遗传所 | 1991 | 春/夏 | 山西中部、南部等 |
| C616 | 闪金豆 | 山西 | HHH | Ⅱ | 山西农科院 | 1966 | 春 | 山西中部、南部等 |
| C617 | 太谷早 | 山西 | HHH | Ⅱ | 山西农学院 | 1960 | 春/夏 | 山西中部、南部等 |
| C618 | 紫秸豆75 | 山西 | HHH | Ⅱ | 山西农科院 | 1977 | 春/夏 | 山西中部、南部等 |
| C619 | 成豆4号 | 四川 | SC | Ⅳ | 四川农科院作物所 | 1989 | 春 | 四川平坝丘陵和1600m以下高原山区 |
| C620 | 成豆5号 | 四川 | SC | Ⅳ | 四川农科院作物所 | 1993 | 春 | 四川海拔1600m以下地区 |
| C621 | 川豆2号 | 四川 | SC | Ⅳ | 四川农业大学农学系 | 1993 | 春 | 四川海拔1500m以下地区 |
| C622 | 川豆3号 | 四川 | SC | Ⅳ | 四川农业大学农学系 | 1994 | 春 | 四川海拔1500m以下地区 |
| C623 | 川湘早1号 | 四川 | SC | Ⅳ | 湖南农科院作物所等 | 1989 | 春 | 四川浅丘、平坝地区，湖南西部等 |
| C624 | 达豆2号 | 四川 | SC | Ⅳ | 四川达县地区农科所 | 1986 | 春 | 四川海拔1200m以下地区 |
| C625 | 贡豆1号 | 四川 | SC | Ⅳ | 四川自贡市农科所 | 1990 | 春 | 四川盆内及盆周丘陵 |
| C626 | 贡豆2号 | 四川 | SC | Ⅳ | 四川自贡市农科所 | 1990 | 春 | 四川盆地北部及盆周丘陵 |
| C627 | 贡豆3号 | 四川 | SC | Ⅳ | 四川自贡市农科所 | 1992 | 春 | 四川盆内平坝、丘陵地区 |
| C628 | 贡豆4号 | 四川 | SC | Ⅳ | 四川自贡市农科所 | 1992 | 春 | 四川盆内平坝、丘陵地区 |
| C629 | 贡豆6号 | 四川 | SC | Ⅳ | 四川自贡市农科所 | 1993 | 春 | 四川海拔1600m以下地区 |
| C630 | 贡豆7号 | 四川 | SC | Ⅳ | 四川自贡市农科所 | 1993 | 春 | 四川海拔1600m以下地区 |
| C631 | 凉豆2号 | 四川 | SC | Ⅳ | 四川凉山州农科所 | 1986 | 春 | 四川凉山等地 |
| C632 | 凉豆3号 | 四川 | SC | Ⅳ | 四川凉山州农科所 | 1995 | 春 | 四川凉山、阿坝、雅安等地 |
| C633 | 万县8号 | 四川 | SC | Ⅳ | 四川万县地区农科所 | 1989 | 春 | 四川万县、涪陵 |
| C634 | 西豆4号 | 四川 | SC | Ⅳ | 西南农业大学农学系 | 1995 | 春 | 四川东南、中北部及西昌 |
| C635 | 西育3号 | 四川 | SC | Ⅳ | 西南农业大学农学系 | 1992 | 春 | 四川盆内平坝、丘陵地区 |
| C636 | 宝坻大白眉 | 天津 | HHH | Ⅱ | 天津宝坻县良种场 | 1980 | 春 | 天津宝坻 |
| C637 | 津75-1 | 天津 | HHH | Ⅱ | 河北廊坊农业学校 | 1988 | 春/夏 | 天津、河北廊坊 |
| C638 | 丰收72 | 新疆 | NC | Ⅰ | 新疆乌苏县良种场 | 1972 | 春 | 新疆乌苏 |
| C639 | 垦米白脐 | 新疆 | NC | Ⅰ | 新疆农垦科学院 | 1985 | 春 | 新疆北部乌鲁木齐至伊宁公路沿线 |
| C640 | 奎选1号 | 新疆 | NC | Ⅰ | 新疆兵团农七师131团 | 1982 | 春 | 新疆博乐、塔城等地 |
| C641 | 晋宁大黄豆 | 云南 | SC | Ⅴ | 云南农科院 | 1987 | 夏 | 云南昆明、大理、曲靖、昭通等地 |
| C642 | 云82-22 | 云南 | SC | Ⅴ | 云南农科院 | 1989 | 夏/冬 | 云南昆明、曲靖、临仓、德宏等地 |
| C643 | 华春14 | 浙江 | SC | Ⅳ | 浙江农业大学农学系 | 1994 | 春 | 浙江 |
| C644 | 丽秋1号 | 浙江 | SC | Ⅳ | 浙江丽水地区农科所 | 1995 | 秋 | 浙江 |
| C645 | 毛蓬青1号 | 浙江 | SC | Ⅳ | 浙江衢州市农科所 | 1988 | 秋 | 浙江衢州、金华等地，福建三明 |
| C646 | 毛蓬青2号 | 浙江 | SC | Ⅳ | 浙江衢州市农科所 | 1988 | 秋 | 浙江衢州、金华、绍兴、宁波等地 |
| C647 | 毛蓬青3号 | 浙江 | SC | Ⅳ | 浙江衢州市农科所 | 1988 | 秋 | 浙江 |
| C648 | 浙春1号 | 浙江 | SC | Ⅳ | 浙江农科院作物所 | 1987 | 春 | 浙江、江西 |
| C649 | 浙春2号 | 浙江 | SC | Ⅳ | 浙江农科院作物所 | 1987 | 春 | 浙江、江西、福建、贵州 |
| C650 | 浙春3号 | 浙江 | SC | Ⅳ | 浙江农科院作物所 | 1994 | 春 | 浙江、江西 |
| C651 | 浙江28-22 | 浙江 | SC | Ⅳ | 浙江农科院作物所 | 1982 | 春 | 浙江、四川、广西、云南 |

(续)

| 编号 | 品种名称 | 来源 | 产区 | 生态区 | 选育单位 | 育成 | 播种类型 | 推广地区 |
|---|---|---|---|---|---|---|---|---|
| D001 | AC10 菜用大青豆 | 安徽 | SC | Ⅲ | 安徽农业大学 | 1995 | 夏 | 淮河以南、北纬29.5°~33°地区 |
| D002 | 合豆1号 | 安徽 | HHH | Ⅱ | 安徽农科院作物所 | 2000 | 夏 | 黄淮南部 |
| D003 | 合豆2号 | 安徽 | HHH | Ⅱ | 安徽农科院作物所 | 2003 | 夏 | 黄淮南部 |
| D004 | 合豆3号 | 安徽 | HHH | Ⅱ | 安徽农科院作物所 | 2003 | 夏 | 黄淮南部 |
| D005 | 皖豆12 | 安徽 | HHH | Ⅱ | 安徽亳州市云鑫麦豆研究所 | 1991 | 夏 | 沿淮淮北地区 |
| D006 | 皖豆14 | 安徽 | HHH | Ⅱ | 安徽亳州市云鑫麦豆研究所 | 1994 | 夏 | 沿淮淮北地区 |
| D007 | 皖豆15 | 安徽 | HHH | Ⅱ | 安徽省潘村湖农场 | 1996 | 夏 | 沿淮、淮北部分地区、淮南及长江中下游地区 |
| D008 | 皖豆16 | 安徽 | HHH | Ⅱ | 安徽农科院作物所 | 1996 | 夏 | 沿淮、淮北地区 |
| D009 | 皖豆17 | 安徽 | HHH | Ⅱ | 安徽宿县地区紫芦湖良种繁殖场 | 1996 | 夏 | 黄淮南部 |
| D010 | 皖豆18 | 安徽 | HHH | Ⅱ | 安徽六安地区农科所 | 1997 | 夏 | 安徽淮河以南 |
| D011 | 皖豆19 | 安徽 | HHH | Ⅱ | 安徽农科院作物所 | 1998 | 夏 | 沿淮、淮北地区 |
| D012 | 皖豆20 | 安徽 | HHH | Ⅱ | 安徽阜阳市农科所 | 2000 | 夏 | 安徽淮北地区 |
| D013 | 皖豆21 | 安徽 | HHH | Ⅱ | 安徽农科院作物所 | 2000 | 夏 | 沿淮、淮北地区 |
| D014 | 皖豆22 | 安徽 | HHH | Ⅱ | 安徽东风农场 | 2001 | 夏 | 沿淮、淮北部分地区 |
| D015 | 皖豆23 | 安徽 | HHH | Ⅱ | 安徽涡阳县农科所 | 2002 | 夏 | 沿淮、淮北地区 |
| D016 | 皖豆24 | 安徽 | HHH | Ⅱ | 安徽农科院作物所 | 2003 | 夏 | 江淮及淮北地区 |
| D017 | 皖豆25 | 安徽 | HHH | Ⅱ | 安徽农科院作物所 | 2004 | 夏 | 安徽沿淮、淮北地区 |
| D018 | 豪彩1号 | 北京 | HHH | Ⅱ | 北京豪润彩虹农业技术发展有限公司 | 2004 | 夏 | 北京 |
| D019 | 京豆1号 | 北京 | HHH | Ⅱ | 北京市农林科学院作物所 | 1990 | 夏 | 京郊平原和山区 |
| D020 | 京黄1号 | 北京 | HHH | Ⅱ | 北京草业与环境研发中心、中国农科院作物所 | 2004 | 夏 | 北京 |
| D021 | 京黄2号 | 北京 | HHH | Ⅱ | 北京市农作科技发展有限公司 | 2004 | 夏 | 天津 |
| D022 | 科丰14 | 北京 | HHH | Ⅱ | 中国科学院遗传所 | 2001 | 夏 | 北京、天津、河北、山东西北部、山西中部 |
| D023 | 科丰15 | 北京 | HHH | Ⅱ | 中国科学院遗传所 | 2002 | 夏 | 天津、北京、河北及周边地区 |
| D024 | 科丰17 | 北京 | HHH | Ⅱ | 中国科学院遗传所 | 2004 | 春 | 北京 |
| D025 | 科丰28 | 北京 | HHH | Ⅱ | 中国科学院遗传与发育生物学研究所 | 2005 | 夏 | 天津 |
| D026 | 科丰36 | 北京 | HHH | Ⅱ | 中国科学院遗传所 | 1999 | 春 | 北京、天津、河北、河南、山东、安徽及江苏等地 |
| D027 | 科丰37 | 北京 | HHH | Ⅱ | 中国科学院遗传所 | 2002 | 夏 | 天津 |
| D028 | 科丰53 | 北京 | HHH | Ⅱ | 中国科学院遗传所 | 2001 | 春 | 天津晚春播区 |
| D029 | 科新4号 | 北京 | HHH | Ⅱ | 中国科学院遗传所 | 2002 | 春 | 北京 |
| D030 | 科新5号 | 北京 | HHH | Ⅱ | 中国科学院遗传所 | 2000 | 春 | 北京 |
| D031 | 科新6号 | 北京 | HHH | Ⅱ | 中国科学院遗传所 | 2001 | 春 | 北京 |
| D032 | 科新7号 | 北京 | HHH | Ⅱ | 中国科学院遗传所 | 2003 | 春 | 北京 |
| D033 | 科新8号 | 北京 | HHH | Ⅱ | 中国科学院遗传所 | 2003 | 夏 | 北京 |

（续）

| 编号 | 品种名称 | 来源 | 产区 | 生态区 | 选育单位 | 育成 | 播种类型 | 推广地区 |
|---|---|---|---|---|---|---|---|---|
| D034 | 顺豆 92-51 | 北京 | HHH | II | 北京顺义区牛栏山镇张有义 | 2002 | 春 | 北京 |
| D035 | 鑫豆1号 | 北京 | HHH | II | 华农华林（北京）国际农业发展研究中心 | 2005 | 春 | 北京春播区 |
| D036 | 中豆27 | 北京 | HHH | II | 中国农科院作物所 | 2000 | 春/夏 | 北京、天津春夏播区，贵州、湖北、新疆等地 |
| D037 | 中豆28 | 北京 | HHH | II | 中国农科院作物所 | 1999 | 夏 | 华北地区 |
| D038 | 中黄9 | 北京 | HHH | II | 中国农科院作物所 | 1996 | 春/夏 | 北京、天津、河北中部、山东京沪线以南地区、山西及甘肃部分地区 |
| D039 | 中黄10 | 北京 | HHH | II | 中国农科院作物所 | 1996 | 夏 | 北京 |
| D040 | 中黄11 | 北京 | HHH | II | 中国农科院作物所 | 2000 | 春/夏 | 北京、天津、山东及河北中南部地区 |
| D041 | 中黄12 | 北京 | HHH | II | 中国农科院作物所 | 2000 | 春/夏 | 北京春夏播区，河北、天津、山东等地 |
| D042 | 中黄13 | 北京 | HHH | II | 中国农科院作物所 | 2001 | 春 | 安徽淮河流域、淮北地区、天津 |
| D043 | 中黄14 | 北京 | HHH | II | 中国农科院作物所 | 2001 | 夏 | 天津 |
| D044 | 中黄15 | 北京 | HHH | II | 中国农科院作物所 | 2001 | 夏 | 北京、天津、河北、山东、河南北部 |
| D045 | 中黄16 | 北京 | HHH | II | 中国农科院作物所 | 2002 | 夏 | 北京、天津、河北、山东、山西等部分地区 |
| D046 | 中黄17 | 北京 | HHH | II | 中国农科院作物所 | 2001 | 夏 | 北京、天津、河北、山东北部 |
| D047 | 中黄18 | 北京 | HHH | II | 中国农科院作物所 | 2001 | 夏 | 北京 |
| D048 | 中黄19 | 北京 | HHH | II | 中国农科院作物所 | 2003 | 夏 | 安徽、山东南部、陕西中部、河北南部、河南中北部、山西南部 |
| D049 | 中黄20 | 北京 | HHH | II | 中国农科院作物所 | 2001 | 夏 | 天津 |
| D050 | 中黄21 | 北京 | HHH | II | 中国农科院作物所 | 2003 | 夏 | 北京、天津、辽宁及河北邯郸 |
| D051 | 中黄22 | 北京 | HHH | II | 中国农科院作物所 | 2002 | 夏 | 北京、天津、辽宁、河北和山东北部 |
| D052 | 中黄23 | 北京 | HHH | II | 中国农科院作物所 | 2002 | 夏 | 北京、天津、河北等地 |
| D053 | 中黄24 | 北京 | HHH | II | 中国农科院作物所 | 2002 | 夏 | 山东中北部、河北中南部、河南南部、陕西中部、山西南部及北京、天津部分地区 |
| D054 | 中黄25 | 北京 | HHH | II | 中国农科院作物所 | 2002 | 夏 | 北京、天津、河北中部及山东北部 |
| D055 | 中黄26 | 北京 | HHH | II | 中国农科院作物所 | 2003 | 春 | 北京、天津、河北中部及山东北部 |
| D056 | 中黄27 | 北京 | HHH | II | 中国农科院作物所 | 2002 | 夏 | 北京、天津、河北中部及山东北部 |
| D057 | 中黄28 | 北京 | HHH | II | 中国农科院作物所 | 2004 | 春/夏 | 北京 |
| D058 | 中黄29 | 北京 | HHH | II | 中国农科院作物所 | 2005 | 夏 | 北京、天津及河北中部地区 |
| D059 | 中黄31 | 北京 | HHH | II | 中国农科院作物所 | 2005 | 夏 | 北京夏播区 |
| D060 | 中黄33 | 北京 | HHH | II | 中国农科院作物所 | 2005 | 夏 | 北京夏播区 |
| D061 | 中品661 | 北京 | NC | I | 中国农业科学院品资所 | 1994 | 春 | 北方春播区、在我国中部地区可夏播 |
| D062 | 中品662 | 北京 | HHH | II | 中国农业科学院品资所 | 2002 | 春 | 北京 |
| D063 | 中野1号 | 北京 | HHH | II | 中国农业科学院品资所 | 1999 | 春 | 北京以南黄河以北地区 |
| D064 | 中野2号 | 北京 | HHH | II | 中国农业科学院品资所 | 2001 | 春 | 北京 |
| D065 | 中作429 | 北京 | HHH | II | 中国农科院作物所 | 1995 | 春/夏 | 河北、山东、河南、江苏、湖北、安徽、陕西、甘肃及新疆、云南等地 |
| D066 | 福豆234 | 福建 | SC | IV | 福建农科院耕作所引进 | 2004 | 春 | 福建大豆产区 |

(续)

| 编号 | 品种名称 | 来源 | 产区 | 生态区 | 选育单位 | 育成 | 播种类型 | 推广地区 |
|---|---|---|---|---|---|---|---|---|
| D067 | 福豆310 | 福建 | SC | IV | 福建农科院耕作所引进 | 2004 | 春 | 福建大豆产区 |
| D068 | 莆豆10号 | 福建 | SC | IV | 福建莆田市农科所 | 2002 | 春 | 福建 |
| D069 | 泉豆322 | 福建 | SC | VI | 福建泉州市农科所 | 1994 | 春/秋 | 福建 |
| D070 | 泉豆6号 | 福建 | SC | VI | 福建泉州市农科所 | 2002 | 春 | 福建 |
| D071 | 泉豆7号 | 福建 | SC | VI | 福建泉州市农科所 | 2004 | 春 | 福建中南部 |
| D072 | 陇豆1号 | 甘肃 | HHH | II | 甘肃农科院经作所 | 1997 | 春 | 甘肃白银、平凉、庆阳等地 |
| D073 | 陇豆2号 | 甘肃 | HHH | II | 甘肃农科院经作所 | 2005 | 春 | 甘肃河西、中部沿黄灌区及陇东的平凉等地 |
| D074 | 桂春1号 | 广西 | SC | VI | 广西农科院玉米所 | 2000 | 春 | 广西春大豆播区 |
| D075 | 桂春2号 | 广西 | SC | VI | 广西农科院玉米所 | 2004 | 春 | 广西春大豆播区 |
| D076 | 桂春3号 | 广西 | SC | VI | 广西农科院玉米所 | 2003 | 春 | 广西春大豆播区 |
| D077 | 桂春5号 | 广西 | SC | VI | 广西农科院玉米所 | 2005 | 春 | 广西 |
| D078 | 桂春6号 | 广西 | SC | VI | 广西农科院玉米所 | 2005 | 春/秋 | 广西 |
| D079 | 桂夏1号 | 广西 | SC | VI | 广西农科院玉米所 | 2000 | 夏/秋 | 广西全区与玉米等高秆作物间套种 |
| D080 | 桂夏2号 | 广西 | SC | VI | 广西农科院玉米所 | 2004 | 夏 | 广西夏大豆播区 |
| D081 | 桂早1号 | 广西 | SC | IV | 广西农科院经作所 | 1995 | 春 | 广西 |
| D082 | 桂早2号 | 广西 | SC | VI | 广西农科院经作所 | 2004 | 春 | 广西 |
| D083 | 柳豆2号 | 广西 | SC | IV | 广西柳州地区农科所 | 2000 | 春 | 广西及广东、云南部分地区 |
| D084 | 柳豆3号 | 广西 | SC | IV | 广西柳州地区农科所 | 2003 | 春/夏/秋 | 广西 |
| D085 | 安豆3号 | 贵州 | SC | V | 贵州安顺市农科所 | 2000 | 春 | 贵州海拔500～1 500m地区 |
| D086 | 毕豆2号 | 贵州 | SC | V | 贵州毕节地区农科所 | 1995 | 春 | 贵州海拔1 200～1 600m地区 |
| D087 | 黔豆3号 | 贵州 | SC | V | 贵州农科院油料所 | 1996 | 春 | 贵州海拔1 000～1 600m地区 |
| D088 | 黔豆5号 | 贵州 | SC | V | 贵州农科院油料所 | 1996 | 春 | 贵州海拔1 000m以上地区 |
| D089 | 黔豆6号 | 贵州 | SC | V | 贵州农科院油料所 | 2000 | 春 | 贵州 |
| D090 | 沧豆4号 | 河北 | HHH | II | 河北沧州市农科院 | 2000 | 夏 | 黄淮中北部 |
| D091 | 沧豆5号 | 河北 | HHH | II | 河北沧州市农科院 | 2003 | 夏 | 黄淮中北部 |
| D092 | 承豆6号 | 河北 | HHH | II | 河北承德市农科所 | 2003 | 夏 | 辽宁南部、山西中部平川地区、甘肃中部、新疆南部、陕西中部、宁夏灌区 |
| D093 | 邯豆3号 | 河北 | HHH | II | 河北邯郸市农科院 | 1999 | 夏/春 | 黄淮中部夏播区、西北地区春播区 |
| D094 | 邯豆4号 | 河北 | HHH | II | 河北邯郸市农科院 | 2003 | 夏 | 黄淮中部 |
| D095 | 邯豆5号 | 河北 | HHH | II | 河北邯郸市农业科学院 | 2004 | 黄淮夏 | 河北中南部 |
| D096 | 化诱4120 | 河北 | HHH | II | 中国科学院石家庄农业现代化所 | 2003 | 夏 | 河北中南部及同类地区 |
| D097 | 化诱446 | 河北 | HHH | II | 中国科学院石家庄农业现代化所 | 2000 | 夏 | 河北中南部、山东西部及河南北部 |
| D098 | 化诱542 | 河北 | HHH | II | 中国科学院石家庄农业现代化所 | 1999 | 夏 | 河北中南部及同类地区 |
| D099 | 化诱5号 | 河北 | HHH | II | 中国科学院石家庄农业现代化所 | 2005 | 黄淮夏 | 河北中南部夏播区 |
| D100 | 冀NF37 | 河北 | HHH | II | 河北农林科学院作物所 | 2003 | 夏 | 天津 |

（续）

| 编号 | 品种名称 | 来源 | 产区 | 生态区 | 选育单位 | 育成 | 播种类型 | 推广地区 |
|---|---|---|---|---|---|---|---|---|
| D101 | 冀 NF58 | 河北 | HHH | Ⅱ | 河北农林科学院粮油作物所 | 2005 | 黄淮夏 | 河南中北部、山东中部、山西南部及陕西关中平原地区 |
| D102 | 冀豆 10 号 | 河北 | HHH | Ⅱ | 河北农林科学院作物所 | 1996 | 夏 | 河北中南部 |
| D103 | 冀豆 11 | 河北 | HHH | Ⅱ | 河北沧州市农科院 | 1996 | 夏 | 河北中南部 |
| D104 | 冀豆 12 | 河北 | HHH | Ⅱ | 河北农林科学院作物所 | 1996 | 夏 | 河北、山西、山东、河南、安徽、江苏、北京、天津、云南等 |
| D105 | 冀豆 16 | 河北 | HHH | Ⅱ | 河北农林科学院粮油作物所 | 2005 | 黄淮夏 | 河北中南部 |
| D106 | 冀黄 13 | 河北 | HHH | Ⅱ | 河北农林科学院作物所 | 2001 | 夏 | 河北中南部 |
| D107 | 冀黄 15 | 河北 | HHH | Ⅱ | 河北农林科学院作物所 | 2004 | 夏 | 河北中南部 |
| D108 | 科选 93 | 河北 | HHH | Ⅱ | 河北唐山市农科所 | 2002 | 春 | 河北大部分地区 |
| D109 | 五星 1 号 | 河北 | HHH | Ⅱ | 河北农林科学院作物所 | 2001 | 夏 | 山东中部和南部、河北南部、山西南部平原地区、河南北部和中部、陕西关中地区 |
| D110 | 五星 2 号 | 河北 | HHH | Ⅱ | 河北农林科学院作物所 | 2004 | 春 | 陕西北部、河北中部、甘肃东部及中部 |
| D111 | 五星 3 号 | 河北 | HHH | Ⅱ | 河北农林科学院粮油作物所 | 2005 | 黄淮夏 | 北京、天津、河北中部、山西中部及山东北部 |
| D112 | 地神 21 | 河南 | HHH | Ⅱ | 河南黄泛区农场农科所 | 2002 | 夏 | 河南和安徽沿淮、淮北地区 |
| D113 | 地神 22 | 河南 | HHH | Ⅱ | 河南黄泛区农场农科所 | 2002 | 夏 | 河南和安徽沿淮、淮北地区 |
| D114 | 滑豆 20 | 河南 | HHH | Ⅱ | 河南滑县种子公司 | 2002 | 夏 | 河南及邻近相同气候条件区 |
| D115 | 开豆 4 号 | 河南 | HHH | Ⅱ | 河南开封市农科所 | 2005 | 夏 | 河南中南部 |
| D116 | 平豆 1 号 | 河南 | HHH | Ⅱ | 河南平顶山市农科所 | 2005 | 夏 | 河南 |
| D117 | 濮海 10 号 | 河南 | HHH | Ⅱ | 河南濮阳农科所 | 2001 | 夏 | 黄淮海地区 |
| D118 | 商丘 1099 | 河南 | HHH | Ⅱ | 河南商丘市农科所 | 2002 | 夏 | 黄淮地区 |
| D119 | 许豆 3 号 | 河南 | HHH | Ⅱ | 河南许昌市农科所 | 2003 | 夏 | 河南全省及湖北、安徽、山东、河北、陕西等省与河南接壤地区 |
| D120 | 豫豆 9 号 | 河南 | HHH | Ⅱ | 河南农业厅农垦局 | 1989 | 夏 | 河北大部分地区 |
| D121 | 豫豆 13 | 河南 | HHH | Ⅱ | 河南农科院棉油所 | 1993 | 夏 | 河北大部分地区 |
| D122 | 豫豆 17 | 河南 | HHH | Ⅱ | 河南驻马店市农科所 | 1994 | 夏 | 河北大部分地区 |
| D123 | 豫豆 20 | 河南 | HHH | Ⅱ | 河南获嘉县丁村乡农技站 | 1995 | 夏 | 河北大部分地区 |
| D124 | 豫豆 21 | 河南 | HHH | Ⅱ | 河南农科院棉油所 | 1996 | 夏 | 河南 |
| D125 | 豫豆 22 | 河南 | HHH | Ⅱ | 河南农科院棉油所 | 1997 | 夏 | 河南各地及安徽、山东、河北、山西、陕西与河南接壤地区 |
| D126 | 豫豆 23 | 河南 | HHH | Ⅱ | 河南农科院棉油所 | 1997 | 夏 | 河南、安徽、江苏淮河以北 |
| D127 | 豫豆 24 | 河南 | HHH | Ⅱ | 河南周口市农科所 | 1998 | 夏 | 河南、安徽、江苏淮河以北 |
| D128 | 豫豆 25 | 河南 | HHH | Ⅱ | 河南农科院棉油所 | 1998 | 夏 | 江淮及淮北地区 |
| D129 | 豫豆 26 | 河南 | HHH | Ⅱ | 河南周口市农科所 | 1999 | 夏 | 河南 |
| D130 | 豫豆 27 | 河南 | HHH | Ⅱ | 河南农科院棉油所 | 1999 | 夏 | 河南及与其相邻各省 |
| D131 | 豫豆 28 | 河南 | HHH | Ⅱ | 河南农科院棉油所 | 2000 | 夏 | 河南 |
| D132 | 豫豆 29 | 河南 | HHH | Ⅱ | 河南农科院棉油所 | 2000 | 夏 | 河南中部和北部、河北南部、山西南部、陕西中部、山东西南部 |
| D133 | 郑 196 | 河南 | HHH | Ⅱ | 河南农科院棉油所 | 2005 | 夏 | 河南中南部 |

（续）

| 编号 | 品种名称 | 来源 | 产区 | 生态区 | 选育单位 | 育成 | 播种类型 | 推广地区 |
|---|---|---|---|---|---|---|---|---|
| D134 | 郑 59 | 河南 | HHH | Ⅱ | 河南农科院棉油所 | 2005 | 夏 | 河南中南部 |
| D135 | 郑 90007 | 河南 | HHH | Ⅱ | 河南农科院棉油所 | 2001 | 夏 | 河南 |
| D136 | 郑 92116 | 河南 | HHH | Ⅱ | 河南农科院棉油所 | 2001 | 夏 | 河南 |
| D137 | 郑长交 14 | 河南 | HHH | Ⅱ | 河南农科院棉油所 | 2001 | 夏 | 河南 |
| D138 | 郑交 107 | 河南 | HHH | Ⅱ | 河南农科院棉油所 | 2003 | 夏 | 河南 |
| D139 | GS 郑交 9525 | 河南 | HHH | Ⅱ | 河南农科院棉油所 | 2004 | 夏 | 河南中北部、河北南部、山西南部、陕西关中平原地区 |
| D140 | 周豆 11 | 河南 | HHH | Ⅱ | 河南周口市农科所 | 2003 | 夏 | 河南 |
| D141 | 周豆 12 | 河南 | HHH | Ⅱ | 河南周口市农科所 | 2004 | 夏 | 河南 |
| D142 | 驻豆 9715 | 河南 | HHH | Ⅱ | 河南驻马店市农科所 | 2005 | 夏 | 山东西南部、河南南部、江苏和安徽淮北地区 |
| D143 | 八五七-1 | 黑龙江 | NC | Ⅰ | 黑龙江八五七农场四队 | 1997 | 春 | 黑龙江第一、二积温带 |
| D144 | 宝丰 7 号 | 黑龙江 | NC | Ⅰ | 黑龙江宝泉岭农管局科研所 | 1994 | 春 | 黑龙江第三积温带 |
| D145 | 宝丰 8 号 | 黑龙江 | NC | Ⅰ | 黑龙江宝泉岭农管局科研所 | 1995 | 春 | 黑龙江第三积温带 |
| D146 | 北豆 1 号 | 黑龙江 | NC | Ⅰ | 黑龙江农垦总局北安农业科学研究所 | 2005 | 春 | 黑龙江第六积温带 |
| D147 | 北豆 2 号 | 黑龙江 | NC | Ⅰ | 黑龙江农垦总局九三科研所 | 2005 | 春 | 黑龙江北部、吉林东部山区、内蒙古呼伦贝尔市春播区 |
| D148 | 北丰 6 号 | 黑龙江 | NC | Ⅰ | 黑龙江农垦北安科研所 | 1991 | 春 | 黑龙江第四积温带 |
| D149 | 北丰 7 号 | 黑龙江 | NC | Ⅰ | 黑龙江农垦北安科研所 | 1993 | 春 | 黑龙江第五积温带 |
| D150 | 北丰 8 号 | 黑龙江 | NC | Ⅰ | 黑龙江农垦北安科研所 | 1993 | 春 | 黑龙江第四积温带 |
| D151 | 北丰 9 号 | 黑龙江 | NC | Ⅰ | 黑龙江北安农管局 | 1995 | 夏 | 黑龙江第三积温带 |
| D152 | 北丰 10 号 | 黑龙江 | NC | Ⅰ | 黑龙江北安农管局 | 1994 | 春 | 黑龙江第四、五积温带 |
| D153 | 北丰 11 | 黑龙江 | NC | Ⅰ | 黑龙江北安农管局 | 1995 | 夏 | 黑龙江第四积温带 |
| D154 | 北丰 13 | 黑龙江 | NC | Ⅰ | 黑龙江北安农管局 | 1996 | 春 | 黑龙江第五积温带 |
| D155 | 北丰 14 | 黑龙江 | NC | Ⅰ | 黑龙江北安农管局 | 1997 | 春 | 黑龙江第三积温带 |
| D156 | 北丰 15 | 黑龙江 | NC | Ⅰ | 黑龙江北安农管局 | 1998 | 春 | 黑龙江第四、五积温带 |
| D157 | 北丰 16 | 黑龙江 | NC | Ⅰ | 黑龙江北安农管局 | 2002 | 春 | 黑龙江第三积温带 |
| D158 | 北丰 17 | 黑龙江 | NC | Ⅰ | 黑龙江北安农管局 | 2004 | 春 | 黑龙江第六积温带 |
| D159 | 北疆 1 号 | 黑龙江 | NC | Ⅰ | 北安农校北疆农科院 | 1998 | 春 | 黑龙江第六积温带 |
| D160 | 北交 86-17 | 黑龙江 | NC | Ⅰ | 黑龙江北安国营农场管理局农科所 | 1997 | 春 | 内蒙古兴安盟和呼伦贝尔、莫力达瓦达斡尔族自治旗、阿荣旗、扎兰屯等地区 |
| D161 | 东大 1 号 | 黑龙江 | NC | Ⅰ | 东北农业大学 | 2003 | 春 | 黑龙江第六积温带 |
| D162 | 东大 2 号 | 黑龙江 | NC | Ⅰ | 东北农业大学农学院和大兴安岭农科所 | 2004 | 春 | 黑龙江第六积温带 |
| D163 | 东农 43 | 黑龙江 | NC | Ⅰ | 东北农业大学农学院 | 1999 | 春 | 黑龙江西部干旱轻碱土地区、大豆胞囊线虫病疫区 |
| D164 | 东农 44 | 黑龙江 | NC | Ⅰ | 东北农业大学农学院 | 2000 | 春 | 黑龙江第五积温带 |
| D165 | 东农 45 | 黑龙江 | NC | Ⅰ | 东北农业大学农学院 | 2000 | 春 | 黑龙江第六积温带 |
| D166 | 东农 46 | 黑龙江 | NC | Ⅰ | 东北农业大学农学院 | 2003 | 春 | 黑龙江第二、三积温带 |
| D167 | 东农 47 | 黑龙江 | NC | Ⅰ | 东北农业大学农学院 | 2004 | 春 | 黑龙江第二积温带 |

（续）

| 编号 | 品种名称 | 来源 | 产区 | 生态区 | 选育单位 | 育成 | 播种类型 | 推广地区 |
|------|---------|------|------|--------|---------|------|---------|---------|
| D168 | 东农 48 | 黑龙江 | NC | I | 东北农业大学大豆所 | 2005 | 春 | 黑龙江第二积温带下限、第三积温带上限 |
| D169 | 东生 1 号 | 黑龙江 | NC | I | 中国科学院东北地理与农业生态研究所 | 2003 | 春 | 黑龙江第三积温带 |
| D170 | 丰收 23 | 黑龙江 | NC | I | 黑龙江农科院克山农科所 | 1998 | 春 | 黑龙江第六积温带 |
| D171 | 丰收 24 | 黑龙江 | NC | I | 黑龙江农科院克山农科所 | 2003 | 春 | 内蒙古兴安盟和呼伦贝尔市、吉林东部、黑龙江第四积温带及新疆阿尔泰地区 |
| D172 | 合丰 37 | 黑龙江 | NC | I | 黑龙江农科院合江农科所 | 1996 | 春 | 黑龙江第五积温带 |
| D173 | 合丰 38 | 黑龙江 | NC | I | 黑龙江农科院合江农科所 | 1995 | 春 | 黑龙江第二积温带 |
| D174 | 合丰 39 | 黑龙江 | NC | I | 黑龙江农科院合江农科所 | 2000 | 春 | 黑龙江第二、三积温带 |
| D175 | 合丰 40 | 黑龙江 | NC | I | 黑龙江农科院合江农科所 | 2000 | 春 | 黑龙江第三、四积温带 |
| D176 | 合丰 41 | 黑龙江 | NC | I | 黑龙江农科院合江农科所 | 2001 | 春 | 黑龙江第三、四积温带 |
| D177 | 合丰 42 | 黑龙江 | NC | I | 黑龙江农科院合江农科所 | 2002 | 春 | 黑龙江第四积温带 |
| D178 | 合丰 43 | 黑龙江 | NC | I | 黑龙江农科院合江农科所 | 2002 | 春 | 黑龙江第二积温带 |
| D179 | 合丰 44 | 黑龙江 | NC | I | 黑龙江农科院合江农科所 | 2003 | 春 | 黑龙江第二、三积温带 |
| D180 | 合丰 45 | 黑龙江 | NC | I | 黑龙江农科院合江农科所 | 2003 | 春 | 黑龙江第二、三积温带 |
| D181 | 合丰 46 | 黑龙江 | NC | I | 黑龙江农科院合江农科所 | 2003 | 春 | 黑龙江第三、四积温带 |
| D182 | 合丰 47 | 黑龙江 | NC | I | 黑龙江农科院合江农科所 | 2004 | 春 | 黑龙江第二积温带 |
| D183 | 合丰 48 | 黑龙江 | NC | I | 黑龙江农科院合江农科所 | 2005 | 春 | 黑龙江第二积温带 |
| D184 | 合丰 49 | 黑龙江 | NC | I | 黑龙江农科院合江农科所 | 2005 | 春 | 黑龙江第二积温带 |
| D185 | 黑河 10 号 | 黑龙江 | NC | I | 黑龙江农科院黑河农科所 | 1994 | 春 | 黑龙江第四积温带 |
| D186 | 黑河 11 | 黑龙江 | NC | I | 黑龙江农科院黑河农科所 | 1994 | 春 | 黑龙江第四积温带 |
| D187 | 黑河 12 | 黑龙江 | NC | I | 黑龙江农科院黑河农科所 | 1995 | 春 | 黑龙江北部第六积温区 |
| D188 | 黑河 13 | 黑龙江 | NC | I | 黑龙江农科院黑河农科所 | 1996 | 夏 | 黑龙江第五积温带下限及第六积温带上限 |
| D189 | 黑河 14 | 黑龙江 | NC | I | 黑龙江农科院黑河农科所 | 1996 | 春 | 黑龙江第六积温带 |
| D190 | 黑河 15 | 黑龙江 | NC | I | 黑龙江农科院黑河农科所 | 1996 | 春 | 黑龙江第四积温带 |
| D191 | 黑河 16 | 黑龙江 | NC | I | 黑龙江农科院黑河农科所 | 1997 | 春 | 黑龙江第五积温带 |
| D192 | 黑河 17 | 黑龙江 | NC | I | 黑龙江农科院黑河农科所 | 1998 | 春 | 黑龙江第五积温带 |
| D193 | 黑河 18 | 黑龙江 | NC | I | 黑龙江农科院黑河农科所 | 1998 | 春 | 黑龙江第四积温带 |
| D194 | 黑河 19 | 黑龙江 | NC | I | 黑龙江农科院黑河农科所 | 1998 | 春 | 黑龙江第四积温带 |
| D195 | 黑河 20 | 黑龙江 | NC | I | 黑龙江农科院黑河农科所 | 2000 | 春 | 黑龙江第六积温带 |
| D196 | 黑河 21 | 黑龙江 | NC | I | 黑龙江农科院黑河农科所 | 2000 | 春 | 黑龙江第六积温带 |
| D197 | 黑河 22 | 黑龙江 | NC | I | 黑龙江农科院黑河农科所 | 2000 | 春 | 黑龙江第五积温带 |
| D198 | 黑河 23 | 黑龙江 | NC | I | 黑龙江农科院黑河农科所 | 2000 | 春 | 黑龙江第四积温带 |
| D199 | 黑河 24 | 黑龙江 | NC | I | 黑龙江农科院黑河农科所 | 2001 | 春 | 黑龙江第五积温带半干旱地区 |
| D200 | 黑河 25 | 黑龙江 | NC | I | 黑龙江农科院黑河农科所 | 2001 | 春 | 黑龙江第五、六积温带 |
| D201 | 黑河 26 | 黑龙江 | NC | I | 黑龙江农科院黑河农科所 | 2001 | 春 | 黑龙江第五、六积温带 |
| D202 | 黑河 27 | 黑龙江 | NC | I | 黑龙江农科院黑河农科所 | 2002 | 春 | 黑龙江第四积温带半干旱地区 |

（续）

| 编号 | 品种名称 | 来源 | 产区 | 生态区 | 选育单位 | 育成 | 播种类型 | 推广地区 |
|---|---|---|---|---|---|---|---|---|
| D203 | 黑河 28 | 黑龙江 | NC | I | 黑龙江农科院黑河农科所 | 2003 | 春 | 黑龙江第六积温带半干旱地区 |
| D204 | 黑河 29 | 黑龙江 | NC | I | 黑龙江农科院黑河农科所 | 2001 | 春 | 黑龙江第五积温带半干旱地区 |
| D205 | 黑河 30 | 黑龙江 | NC | I | 黑龙江农科院黑河农科所 | 2003 | 春 | 黑龙江第四积温带 |
| D206 | 黑河 31 | 黑龙江 | NC | I | 黑龙江农科院黑河农科所 | 2003 | 春 | 黑龙江第十生态区 |
| D207 | 黑河 32 | 黑龙江 | NC | I | 黑龙江农科院黑河农科所 | 2004 | 春 | 黑龙江第五积温带半干旱地区 |
| D208 | 黑河 33 | 黑龙江 | NC | I | 黑龙江农科院黑河农科所 | 2004 | 春 | 黑龙江第六积温带 |
| D209 | 黑河 34 | 黑龙江 | NC | I | 黑龙江农科院黑河农科所 | 2004 | 春 | 黑龙江第六积温带 |
| D210 | 黑河 35 | 黑龙江 | NC | I | 黑龙江农科院黑河农科所 | 2004 | 春 | 黑龙江第六积温带 |
| D211 | 黑河 36 | 黑龙江 | NC | I | 黑龙江农科院黑河农科所 | 2004 | 春 | 黑龙江北部、吉林东部、内蒙古呼伦贝尔及新疆阿勒泰早熟区 |
| D212 | 黑河 37 | 黑龙江 | NC | I | 黑龙江农科院黑河农科所 | 2005 | 春 | 黑龙江第六积温带 |
| D213 | 黑河 38 | 黑龙江 | NC | I | 黑龙江农科院黑河农科所 | 2005 | 春 | 黑龙江第四积温带 |
| D214 | 黑农 40 | 黑龙江 | NC | I | 黑龙江农科院大豆所 | 1996 | 春 | 黑龙江第一积温带 |
| D215 | 黑农 41 | 黑龙江 | NC | I | 黑龙江农科院大豆所 | 1999 | 春 | 黑龙江第一积温带 |
| D216 | 黑农 42 | 黑龙江 | NC | I | 黑龙江农科院大豆所 | 2002 | 春 | 黑龙江第一积温带和第二积温带上限 |
| D217 | 黑农 43 | 黑龙江 | NC | I | 黑龙江农科院大豆所 | 2002 | 春 | 黑龙江第二积温带 |
| D218 | 黑农 44 | 黑龙江 | NC | I | 黑龙江农科院大豆所 | 2002 | 春 | 黑龙江第二积温带 |
| D219 | 黑农 45 | 黑龙江 | NC | I | 黑龙江农科院大豆所 | 2003 | 春 | 黑龙江第二积温带三江平原西南温和半湿润地区 |
| D220 | 黑农 46 | 黑龙江 | NC | I | 黑龙江农科院大豆所 | 2003 | 春 | 黑龙江第一、二积温带，吉林东部、新疆新源和昌吉地区中早熟区 |
| D221 | 黑农 47 | 黑龙江 | NC | I | 黑龙江农科院大豆所 | 2004 | 春 | 黑龙江第一积温带 |
| D222 | 黑农 48 | 黑龙江 | NC | I | 黑龙江农科院大豆所 | 2004 | 春 | 黑龙江第二积温带 |
| D223 | 黑农 49 | 黑龙江 | NC | I | 黑龙江农科院大豆所 | 2005 | 春 | 黑龙江第二积温带 |
| D224 | 黑生 101 | 黑龙江 | NC | I | 黑龙江农科院小麦所 | 1997 | 春 | 黑龙江西部第三积温带 |
| D225 | 红丰 7 号 | 黑龙江 | NC | I | 黑龙江红兴隆科研所 | 1992 | 春 | 黑龙江第二、三积温带 |
| D226 | 红丰 10 号 | 黑龙江 | NC | I | 黑龙江红兴隆科研所 | 1996 | 春 | 黑龙江第二、三积温带 |
| D227 | 红丰 11 | 黑龙江 | NC | I | 黑龙江红兴隆科研所 | 1998 | 春 | 黑龙江第二、三积温带 |
| D228 | 红丰 12 | 黑龙江 | NC | I | 黑龙江红兴隆科研所 | 2003 | 春 | 黑龙江第二积温带两岭山地多种气候区 |
| D229 | 华疆 1 号 | 黑龙江 | NC | I | 黑龙江北安市华疆种业 | 2005 | 春 | 黑龙江第六积温带 |
| D230 | 建丰 2 号 | 黑龙江 | NC | I | 黑龙江农垦总局建三江农科所 | 1995 | 春 | 黑龙江三江平原低湿区及平原区、慢岗区和第三积温带 |
| D231 | 建农 1 号 | 黑龙江 | NC | I | 黑龙江农垦总局建三江农科所 | 2003 | 春 | 黑龙江第三积温带 |
| D232 | 疆莫豆 1 号 | 黑龙江 | NC | I | 黑龙江北安国营农场管理局农科所 | 2002 | 春 | 内蒙古兴安盟和呼伦贝尔、莫力达瓦达斡尔族自治旗、阿荣旗、扎兰屯等地区 |
| D233 | 疆莫豆 2 号 | 黑龙江 | NC | I | 黑龙江北安农校 | 2002 | 春 | 内蒙古兴安盟和呼伦贝尔、莫力达瓦达斡尔族自治旗、阿荣旗、扎兰屯等地区 |
| D234 | 九丰 6 号 | 黑龙江 | NC | I | 黑龙江农垦总局九三科研所 | 1995 | 春 | 黑龙江第四积温带下限 |
| D235 | 九丰 7 号 | 黑龙江 | NC | I | 黑龙江农垦总局九三科研所 | 1996 | 春 | 黑龙江第四积温带 |

（续）

| 编号 | 品种名称 | 来源 | 产区 | 生态区 | 选育单位 | 育成 | 播种类型 | 推广地区 |
|---|---|---|---|---|---|---|---|---|
| D236 | 九丰 8 号 | 黑龙江 | NC | I | 黑龙江农垦总局九三科研所 | 1998 | 春 | 黑龙江第四积温带 |
| D237 | 九丰 9 号 | 黑龙江 | NC | I | 黑龙江农垦总局九三科研所 | 2003 | 春 | 内蒙古东部、吉林东部、黑龙江第四积温带及新疆阿尔泰地区 |
| D238 | 九丰 10 号 | 黑龙江 | NC | I | 黑龙江农垦总局九三科研所 | 2004 | 春 | 黑龙江第四积温带 |
| D239 | 抗线虫 3 号 | 黑龙江 | NC | I | 黑龙江农科院盐碱地作物育种所 | 1999 | 春 | 黑龙江第一积温带 |
| D240 | 抗线虫 4 号 | 黑龙江 | NC | I | 黑龙江农科院盐碱地作物育种所 | 2003 | 春 | 黑龙江第二积温带 |
| D241 | 抗线虫 5 号 | 黑龙江 | NC | I | 黑龙江农科院盐碱地作物育种所 | 2003 | 春 | 黑龙江第一积温带 |
| D242 | 垦丰 3 号 | 黑龙江 | NC | I | 黑龙江农垦学院作物所 | 1997 | 春 | 黑龙江第四积温带 |
| D243 | 垦丰 4 号 | 黑龙江 | NC | I | 黑龙江农垦学院作物所 | 1997 | 春 | 黑龙江第三积温带 |
| D244 | 垦丰 5 号 | 黑龙江 | NC | I | 黑龙江农垦学院作物所 | 2000 | 春 | 黑龙江第三积温带 |
| D245 | 垦丰 6 号 | 黑龙江 | NC | I | 黑龙江农垦学院作物所 | 2000 | 春 | 黑龙江第四积温带 |
| D246 | 垦丰 7 号 | 黑龙江 | NC | I | 黑龙江农垦学院作物所 | 2001 | 春 | 黑龙江第三积温带 |
| D247 | 垦丰 8 号 | 黑龙江 | NC | I | 黑龙江农垦学院作物所 | 2002 | 春 | 黑龙江第二积温带 |
| D248 | 垦丰 9 号 | 黑龙江 | NC | I | 黑龙江农垦学院作物所 | 2002 | 春 | 黑龙江第二积温带 |
| D249 | 垦丰 10 号 | 黑龙江 | NC | I | 黑龙江农垦学院作物所 | 2003 | 春 | 黑龙江第二积温带 |
| D250 | 垦丰 11 | 黑龙江 | NC | I | 黑龙江农垦学院作物所 | 2003 | 春 | 黑龙江第三积温带 |
| D251 | 垦丰 12 | 黑龙江 | NC | I | 黑龙江农垦学院作物所 | 2004 | 春 | 黑龙江第二积温带 |
| D252 | 垦丰 13 | 黑龙江 | NC | I | 黑龙江农垦学院作物所 | 2005 | 春 | 黑龙江第三积温带 |
| D253 | 垦丰 14 | 黑龙江 | NC | I | 黑龙江农垦科学院作物所 | 2005 | 北方春 | 黑龙江第二积温带、吉林东部山区、内蒙古兴安盟以及新疆昌吉和石河子地区 |
| D254 | 垦鉴北豆 1 号 | 黑龙江 | NC | I | 黑龙江北安农管局 | 2005 | 春 | 黑龙江三江平原地区 |
| D255 | 垦鉴北豆 2 号 | 黑龙江 | NC | I | 黑龙江农垦总局宝泉岭分局科研所 | 2005 | 春 | 黑龙江第三积温带 |
| D256 | 垦鉴豆 1 号 | 黑龙江 | NC | I | 黑龙江北安农管局 | 1999 | 春 | 黑龙江第五积温带 |
| D257 | 垦鉴豆 2 号 | 黑龙江 | NC | I | 黑龙江农垦总局九三科研所 | 1999 | 春 | 黑龙江第五积温带 |
| D258 | 垦鉴豆 3 号 | 黑龙江 | NC | I | 黑龙江八一农垦大学 | 1999 | 春 | 黑龙江第三、四积温带部分地区 |
| D259 | 垦鉴豆 4 号 | 黑龙江 | NC | I | 黑龙江北安农管局 | 1999 | 春 | 黑龙江第三积温带 |
| D260 | 垦鉴豆 5 号 | 黑龙江 | NC | I | 黑龙江农垦科学院作物所 | 1999 | 春 | 黑龙江第三积温带部分地区 |
| D261 | 垦鉴豆 7 号 | 黑龙江 | NC | I | 黑龙江八一农垦大学 | 1999 | 春 | 黑龙江第三、四积温带部分地区 |
| D262 | 垦鉴豆 14 | 黑龙江 | NC | I | 黑龙江农垦科学院作物所 | 2000 | 春 | 黑龙江松、黑、乌三角洲 |
| D263 | 垦鉴豆 15 | 黑龙江 | NC | I | 黑龙江农垦总局九三科研所 | 2000 | 春 | 黑龙江第五积温带 |
| D264 | 垦鉴豆 16 | 黑龙江 | NC | I | 黑龙江农垦总局九三科研所 | 2000 | 春 | 黑龙江第五积温带 |
| D265 | 垦鉴豆 17 | 黑龙江 | NC | I | 黑龙江农垦总局建三江农科所 | 2002 | 春 | 黑龙江第三积温带 |
| D266 | 垦鉴豆 22 | 黑龙江 | NC | I | 黑龙江农垦总局九三科研所 | 2002 | 春 | 黑龙江松嫩平原 |
| D267 | 垦鉴豆 23 | 黑龙江 | NC | I | 黑龙江农垦科学院作物所 | 2002 | 春 | 黑龙江第二积温带 |
| D268 | 垦鉴豆 25 | 黑龙江 | NC | I | 黑龙江北安农管局 | 2003 | 春 | 黑龙江第四积温带 |
| D269 | 垦鉴豆 26 | 黑龙江 | NC | I | 黑龙江北安农管局 | 2004 | 春 | 黑龙江第三积温带 |

（续）

| 编号 | 品种名称 | 来源 | 产区 | 生态区 | 选育单位 | 育成 | 播种类型 | 推广地区 |
|---|---|---|---|---|---|---|---|---|
| D270 | 垦鉴豆 28 | 黑龙江 | NC | I | 黑龙江北安农管局 | 2003 | 春 | 黑龙江第四积温带地区 |
| D271 | 垦鉴豆 30 | 黑龙江 | NC | I | 黑龙江北安农管局 | 2003 | 春 | 黑龙江松嫩平原地区 |
| D272 | 垦鉴豆 31 | 黑龙江 | NC | I | 黑龙江农垦总局九三科研所 | 2003 | 春 | 黑龙江松嫩平原地区 |
| D273 | 垦鉴豆 32 | 黑龙江 | NC | I | 黑龙江农垦总局九三科研所 | 2003 | 春 | 黑龙江松嫩平原地区 |
| D274 | 垦鉴豆 33 | 黑龙江 | NC | I | 黑龙江农垦总局九三科研所 | 2004 | 春 | 黑龙江三江平原地区 |
| D275 | 垦鉴豆 36 | 黑龙江 | NC | I | 黑龙江农垦总局建三江农科所 | 2004 | 春 | 黑龙江第三积温带 |
| D276 | 垦鉴豆 38 | 黑龙江 | NC | I | 黑龙江八一农垦大学 | 2004 | 春 | 黑龙江第一、二及第三积温带部分地区 |
| D277 | 垦鉴豆 39 | 黑龙江 | NC | I | 黑龙江农垦科学院作物所 | 2005 | 春 | 黑龙江垦区穆兴平原区 |
| D278 | 垦鉴豆 40 | 黑龙江 | NC | I | 黑龙江农垦科学院作物所 | 2005 | 春 | 黑龙江垦区松、乌、黑三角洲 |
| D279 | 垦农 5 号 | 黑龙江 | NC | I | 黑龙江八一农垦大学 | 1992 | 春 | 黑龙江第二、三及第四积温带部分地区 |
| D280 | 垦农 7 号 | 黑龙江 | NC | I | 黑龙江八一农垦大学 | 1994 | 春 | 黑龙江东部第二积温带 |
| D281 | 垦农 8 号 | 黑龙江 | NC | I | 黑龙江八一农垦大学 | 1994 | 春 | 黑龙江第三、四积温带部分地区 |
| D282 | 垦农 16 | 黑龙江 | NC | I | 黑龙江八一农垦大学 | 1998 | 春 | 黑龙江第三积温带东部平岗区 |
| D283 | 垦农 17 | 黑龙江 | NC | I | 黑龙江八一农垦大学 | 2001 | 春 | 黑龙江第二积温带 |
| D284 | 垦农 18 | 黑龙江 | NC | I | 黑龙江八一农垦大学 | 2001 | 春 | 黑龙江第一、二、三及第四积温带部分地区 |
| D285 | 垦农 19 | 黑龙江 | NC | I | 黑龙江八一农垦大学 | 2002 | 春 | 黑龙江第一、二、三及第四积温带部分地区 |
| D286 | 垦农 20 | 黑龙江 | NC | I | 黑龙江八一农垦大学植物科技学院 | 2005 | 春 | 黑龙江第三积温带 |
| D287 | 龙生 1 号 | 黑龙江 | NC | I | 黑龙江农科院小麦所 | 1997 | 春 | 黑龙江第二、三积温带 |
| D288 | 龙菽 1 号 | 黑龙江 | NC | I | 黑龙江绥化市北林区种子公司 | 2005 | 春 | 黑龙江第二、三积温带 |
| D289 | 龙小粒豆 1 号 | 黑龙江 | NC | I | 黑龙江农科院作物育种所 | 2003 | 春 | 黑龙江第四积温带 |
| D290 | 嫩丰 16 | 黑龙江 | NC | I | 黑龙江农科院嫩江农科所 | 2001 | 春 | 黑龙江第一积温带 |
| D291 | 嫩丰 17 | 黑龙江 | NC | I | 黑龙江农科院嫩江农科所 | 2004 | 春 | 黑龙江第一积温带 |
| D292 | 嫩丰 18 | 黑龙江 | NC | I | 黑龙江农科院嫩江农科所 | 2005 | 春 | 黑龙江第一积温带 |
| D293 | 庆丰 1 号 | 黑龙江 | NC | I | 黑龙江大庆市农科所 | 1994 | 春 | 黑龙江第二、三积温带 |
| D294 | 庆鲜豆 1 号 | 黑龙江 | NC | I | 黑龙江大庆市庆农西瓜所 | 2005 | 春 | 黑龙江第一至第四积温带鲜食栽培区 |
| D295 | 绥农 12 | 黑龙江 | NC | I | 黑龙江农科院绥化农科所 | 1994 | 春 | 黑龙江第一积温带半干旱地区 |
| D296 | 绥农 14 | 黑龙江 | NC | I | 黑龙江农科院绥化农科所 | 1996 | 春 | 黑龙江第二积温带松嫩平原中部和半湿润地区 |
| D297 | 绥农 15 | 黑龙江 | NC | I | 黑龙江农科院绥化农科所 | 1998 | 春 | 黑龙江第二积温带松嫩平原中部和半湿润地区 |
| D298 | 绥农 16 | 黑龙江 | NC | I | 黑龙江农科院绥化农科所 | 2000 | 春 | 黑龙江第三积温带松嫩平原中部和半湿润地区 |
| D299 | 绥农 17 | 黑龙江 | NC | I | 黑龙江农科院绥化农科所 | 2001 | 春 | 黑龙江第三积温带松嫩平原中部和半湿润地区 |
| D300 | 绥农 18 | 黑龙江 | NC | I | 黑龙江农科院绥化农科所 | 2002 | 春 | 黑龙江第二积温带两岭山地多种地区 |
| D301 | 绥农 19 | 黑龙江 | NC | I | 黑龙江农科院绥化农科所 | 2002 | 春 | 黑龙江第二积温带三平原西南半湿润地区 |
| D302 | 绥农 20 | 黑龙江 | NC | I | 黑龙江农科院绥化农科所 | 2003 | 春 | 黑龙江第三积温带三江冲击平原温凉半湿润地区 |

（续）

| 编号 | 品种名称 | 来源 | 产区 | 生态区 | 选育单位 | 育成 | 播种类型 | 推广地区 |
|---|---|---|---|---|---|---|---|---|
| D303 | 绥农 21 | 黑龙江 | NC | Ⅰ | 黑龙江农科院绥化农科所 | 2004 | 春 | 黑龙江第二积温带两岭山地多种气候区 |
| D304 | 绥农 22 | 黑龙江 | NC | Ⅰ | 黑龙江农科院绥化农科所 | 2005 | 春 | 黑龙江第二积温带 |
| D305 | 绥无腥豆 1 号 | 黑龙江 | NC | Ⅰ | 黑龙江农科院绥化农科所 | 2002 | 春 | 黑龙江第二积温带松嫩平原中部温和半湿润地区 |
| D306 | 绥小粒豆 1 号 | 黑龙江 | NC | Ⅰ | 黑龙江农科院绥化农科所 | 2002 | 春 | 黑龙江第二积温带松嫩平原中部温和半湿润地区 |
| D307 | 伊大豆 2 号 | 黑龙江 | NC | Ⅰ | 黑龙江木兰县大豆协会引进 | 2002 | 春 | 新疆伊犁州 |
| D308 | 鄂豆 6 号 | 湖北 | SC | Ⅲ | 湖北农学院 | 1999 | 春 | 湖北 |
| D309 | 鄂豆 7 号 | 湖北 | SC | Ⅲ | 湖北仙桃市九合垸原种场 | 2001 | 春 | 江汉平原丘陵地区 |
| D310 | 鄂豆 8 号 | 湖北 | SC | Ⅲ | 湖北仙桃市九合垸原种场 | 2005 | 南方春 | 湖北江汉平原及其以东地区 |
| D311 | 鄂豆 9 号 | 湖北 | SC | Ⅲ | 湖北襄樊正大农业开发有限公司和仙桃市长青大豆研究所 | 2005 | 南方春 | 湖北江汉平原及其以东地区 |
| D312 | 中豆 26 | 湖北 | HHH | Ⅱ | 中国农科院油料所 | 1997 | 夏 | 安徽北部、河南南部等 |
| D313 | 中豆 29 | 湖北 | SC | Ⅲ | 中国农科院油料所 | 2000 | 春 | 湖北江汉平原地区 |
| D314 | 中豆 30 | 湖北 | SC | Ⅲ | 中国农科院油料所 | 2001 | 春 | 湖北江汉平原地区 |
| D315 | 中豆 31 | 湖北 | SC | Ⅲ | 中国农科院油料所 | 2001 | 夏 | 河南中部、南部，安徽北部、江苏北部麦豆二熟制地区 |
| D316 | 中豆 32 | 湖北 | SC | Ⅲ | 中国农科院油料所 | 2002 | 春 | 湖北江汉平原地区 |
| D317 | 中豆 33 | 湖北 | SC | Ⅲ | 中国农科院油料所 | 2005 | 南方夏 | 湖北 |
| D318 | 中豆 34 | 湖北 | SC | Ⅲ | 中国农科院油料所 | 2005 | 南方夏 | 湖北 |
| D319 | 湘春豆 16 | 湖南 | SC | Ⅳ | 湖南衡阳市农科所 | 1996 | 春 | 湖南及南方各地区 |
| D320 | 湘春豆 17 | 湖南 | SC | Ⅳ | 湖南农科院作物所 | 1996 | 春 | 湖南 |
| D321 | 湘春豆 18 | 湖南 | SC | Ⅳ | 湖南农科院作物所 | 1998 | 春 | 湖南 |
| D322 | 湘春豆 19 | 湖南 | SC | Ⅳ | 湖南农科院作物所 | 2001 | 春 | 湖南 |
| D323 | 湘春豆 20 | 湖南 | SC | Ⅳ | 湖南衡阳市农科所 | 2001 | 春 | 湖南及南方各地区 |
| D324 | 湘春豆 21 | 湖南 | SC | Ⅳ | 湖南农科院作物所 | 2004 | 春 | 湖南及南方类似地区 |
| D325 | 湘春豆 22 | 湖南 | SC | Ⅳ | 湖南农科院作物所 | 2004 | 春 | 湖南 |
| D326 | 湘春豆 23 | 湖南 | SC | Ⅳ | 湖南衡阳市农科所 | 2004 | 春 | 湖南及南方各地区 |
| D327 | 白农 5 号 | 吉林 | NC | Ⅰ | 吉林白城市农科院 | 1995 | 春 | 吉林白城干旱半干旱及胞囊线虫病发生地区 |
| D328 | 白农 6 号 | 吉林 | NC | Ⅰ | 吉林白城市农科院 | 1995 | 春 | 吉林白城、洮南、大通等地 |
| D329 | 白农 7 号 | 吉林 | NC | Ⅰ | 吉林白城市农科院 | 1996 | 春 | 吉林白城、洮南、大通等地 |
| D330 | 白农 8 号 | 吉林 | NC | Ⅰ | 吉林白城市农科院 | 1998 | 春 | 吉林西部 |
| D331 | 白农 9 号 | 吉林 | NC | Ⅰ | 吉林白城市农科院 | 1999 | 春 | 吉林西部 |
| D332 | 白农 10 号 | 吉林 | NC | Ⅰ | 吉林白城市农科院 | 2004 | 春 | 吉林西部 |
| D333 | 长农 8 号 | 吉林 | NC | Ⅰ | 吉林长春市农业科学院 | 1996 | 春 | 吉林中熟区 |
| D334 | 长农 9 号 | 吉林 | NC | Ⅰ | 吉林长春市农业科学院 | 1998 | 夏 | 吉林长春、四平、通化 |
| D335 | 长农 10 号 | 吉林 | NC | Ⅰ | 吉林长春市农业科学院 | 2000 | 春 | 吉林中早熟区 |
| D336 | 长农 11 | 吉林 | NC | Ⅰ | 吉林长春市农业科学院 | 2000 | 春 | 长春市中部和中晚熟区 |
| D337 | 长农 12 | 吉林 | NC | Ⅰ | 吉林长春市农业科学院 | 2000 | 春 | 吉林中早熟区、白城、松原、延边及长春 |

（续）

| 编号 | 品种名称 | 来源 | 产区 | 生态区 | 选育单位 | 育成 | 播种类型 | 推广地区 |
|---|---|---|---|---|---|---|---|---|
| D338 | 长农 13 | 吉林 | NC | I | 吉林长春市农业科学院 | 2000 | 春 | 吉林中晚熟区 |
| D339 | 长农 14 | 吉林 | NC | I | 吉林长春市农业科学院 | 2002 | 春 | 吉林延边、白山、吉林等早熟区 |
| D340 | 长农 15 | 吉林 | NC | I | 吉林长春市农业科学院 | 2002 | 春 | 吉林延边、白山、吉林等早熟区 |
| D341 | 长农 16 | 吉林 | NC | I | 吉林长春市农业科学院 | 2003 | 春 | 吉林中熟区 |
| D342 | 长农 17 | 吉林 | NC | I | 吉林长春市农业科学院 | 2003 | 春 | 吉林白城、松原、吉林、延边、长春、辽源等中早熟区 |
| D343 | 吉豆 1 号 | 吉林 | NC | I | 吉林省农作新品种引育中心 | 2000 | 春 | 吉林中熟区 |
| D344 | 吉豆 2 号 | 吉林 | NC | I | 吉林省农作新品种引育中心 | 2002 | 春 | 吉林中熟区 |
| D345 | 吉豆 3 号 | 吉林 | NC | I | 吉林省农作新品种引育中心 | 2004 | 春 | 吉林中熟区 |
| D346 | 吉丰 1 号 | 吉林 | NC | I | 吉林省吉林市蔬菜种子公司 | 1998 | 春 | 吉林东部山区、半山区的早熟和中熟区 |
| D347 | 吉丰 2 号 | 吉林 | NC | I | 吉林省吉林市种子公司 | 2000 | 春 | 吉林中早晚熟区 |
| D348 | 吉科豆 1 号 | 吉林 | NC | I | 吉林农科院生物技术实验室 | 2001 | 春 | 吉林中晚熟区 |
| D349 | 吉科豆 2 号 | 吉林 | NC | I | 吉林农科院生物技术实验室 | 2001 | 春 | 吉林中晚熟区 |
| D350 | 吉科豆 3 号 | 吉林 | NC | I | 吉林农科院生物技术实验室 | 2002 | 春 | 吉林中早熟区 |
| D351 | 吉科豆 5 号 | 吉林 | NC | I | 吉林农科院生物技术实验室 | 2003 | 春 | 吉林中早熟区 |
| D352 | 吉科豆 6 号 | 吉林 | NC | I | 吉林农科院生物技术实验室 | 2003 | 春 | 吉林白城、通榆、双辽等半干旱地区的中早、中熟区 |
| D353 | 吉科豆 7 号 | 吉林 | NC | I | 吉林农科院生物技术实验室 | 2004 | 春 | 吉林中晚熟区 |
| D354 | 吉林 33 | 吉林 | NC | I | 吉林农科院大豆所 | 1995 | 春 | 吉林中早熟区 |
| D355 | 吉林 34 | 吉林 | NC | I | 吉林农科院大豆所 | 1995 | 春 | 吉林中熟区 |
| D356 | 吉育 35 | 吉林 | NC | I | 吉林农科院大豆所 | 1995 | 春 | 吉林中熟区 |
| D357 | 吉林 36 | 吉林 | NC | I | 吉林农科院大豆所 | 1996 | 春 | 吉林中晚熟区 |
| D358 | 吉林 38 | 吉林 | NC | I | 吉林农科院大豆所 | 1998 | 春 | 吉林四平、辽源中晚熟区 |
| D359 | 吉林 39 | 吉林 | NC | I | 吉林农科院大豆所 | 1998 | 春 | 吉林中熟区 |
| D360 | 吉育 40 | 吉林 | NC | I | 吉林农科院大豆所 | 1998 | 春 | 吉林东部早熟区 |
| D361 | 吉林 41 | 吉林 | NC | I | 吉林农科院大豆所 | 1999 | 春 | 吉林中南部和辽源区 |
| D362 | 吉林 42 | 吉林 | NC | I | 吉林农科院大豆所 | 1998 | 春 | 吉林中早熟区 |
| D363 | 吉林 43 | 吉林 | NC | I | 吉林农科院大豆所 | 1998 | 春 | 吉林中早熟区 |
| D364 | 吉育 44 | 吉林 | NC | I | 吉林农科院大豆所 | 1999 | 春 | 吉林中早熟区 |
| D365 | 吉育 45 | 吉林 | NC | I | 吉林农科院大豆所 | 2000 | 春 | 吉林中早熟区 |
| D366 | 吉育 46 | 吉林 | NC | I | 吉林农科院大豆所 | 1999 | 春 | 吉林中早熟区 |
| D367 | 吉育 47 | 吉林 | NC | I | 吉林农科院大豆所 | 1999 | 春 | 吉林中早熟区 |
| D368 | 吉育 48 | 吉林 | NC | I | 吉林农科院大豆所 | 2000 | 春 | 吉林东部山区 |
| D369 | 吉育 49 | 吉林 | NC | I | 吉林农科院大豆所 | 2000 | 春 | 吉林白城、松源等中早熟区 |
| D370 | 吉育 50 | 吉林 | NC | I | 吉林农科院大豆所 | 2001 | 春 | 吉林四平、辽源、松原南部中晚熟区 |
| D371 | 吉育 52 | 吉林 | NC | I | 吉林农科院大豆所 | 2001 | 春 | 吉林中熟区 |
| D372 | 吉育 53 | 吉林 | NC | I | 吉林农科院大豆所 | 2001 | 春 | 吉林中熟区 |
| D373 | 吉育 54 | 吉林 | NC | I | 吉林农科院大豆所 | 2001 | 春 | 吉林中早熟区 |
| D374 | 吉育 55 | 吉林 | NC | I | 吉林农科院大豆所 | 2001 | 春 | 吉林中早熟区 |

（续）

| 编号 | 品种名称 | 来源 | 产区 | 生态区 | 选育单位 | 育成 | 播种类型 | 推广地区 |
|---|---|---|---|---|---|---|---|---|
| D375 | 吉育 57 | 吉林 | NC | I | 吉林农科院大豆所 | 2001 | 春 | 吉林中早熟区 |
| D376 | 吉育 58 | 吉林 | NC | I | 吉林农科院大豆所 | 2001 | 春 | 吉林中早熟区 |
| D377 | 吉林 59 | 吉林 | NC | I | 吉林农科院大豆所 | 2001 | 春 | 吉林中早熟区 |
| D378 | 吉育 60 | 吉林 | NC | I | 吉林农科院大豆所 | 2002 | 春 | 吉林中早熟区 |
| D379 | 吉育 62 | 吉林 | NC | I | 吉林农科院大豆所 | 2002 | 春 | 吉林中早熟区 |
| D380 | 吉育 63 | 吉林 | NC | I | 吉林农科院大豆所 | 2002 | 春 | 吉林中早熟区 |
| D381 | 吉育 64 | 吉林 | NC | I | 吉林农科院大豆所 | 2002 | 春 | 吉林中晚熟区 |
| D382 | 吉育 65 | 吉林 | NC | I | 吉林农科院大豆所 | 2003 | 春 | 吉林中晚熟区、辽宁东部山区、内蒙古赤峰、甘肃河西地区、新疆伊宁和石河子地区 |
| D383 | 吉林 66 | 吉林 | NC | I | 吉林农科院大豆所 | 2002 | 春 | 吉林中早熟区 |
| D384 | 吉林 67 | 吉林 | NC | I | 吉林农科院大豆所 | 2002 | 春 | 吉林中早熟区 |
| D385 | 吉育 68 | 吉林 | NC | I | 吉林农科院大豆所 | 2003 | 春 | 吉林中早熟区 |
| D386 | 吉育 69 | 吉林 | NC | I | 吉林农科院大豆所 | 2004 | 春 | 吉林 |
| D387 | 吉育 70 | 吉林 | NC | I | 吉林农科院大豆所 | 2003 | 春 | 吉林中晚熟区 |
| D388 | 吉育 71 | 吉林 | NC | I | 吉林农科院大豆所 | 2003 | 春 | 吉林中熟地区 |
| D389 | 吉育 72 | 吉林 | NC | I | 吉林农科院大豆所 | 2004 | 春 | 吉林中晚熟区 |
| D390 | 吉育 73 | 吉林 | NC | I | 吉林农科院大豆研究中心 | 2005 | 北方春 | 吉林早熟区 |
| D391 | 吉育 74 | 吉林 | NC | I | 吉林农科院大豆研究中心 | 2005 | 北方春 | 吉林中晚熟区 |
| D392 | 吉育 75 | 吉林 | NC | I | 吉林农科院大豆研究中心 | 2005 | 北方春 | 吉林中熟区 |
| D393 | 吉育 76 | 吉林 | NC | I | 吉林农科院大豆研究中心 | 2005 | 北方春 | 吉林早熟区 |
| D394 | 吉育 77 | 吉林 | NC | I | 吉林农科院大豆研究中心 | 2005 | 北方春 | 吉林白城、松源等中早熟区 |
| D395 | 吉育 79 | 吉林 | NC | I | 吉林农科院大豆研究中心 | 2005 | 北方春 | 吉林延边、白山、吉林、通化等早熟区 |
| D396 | 吉育 80 | 吉林 | NC | I | 吉林农科院大豆研究中心 | 2005 | 北方春 | 吉林西部、白城、松源等中早熟区 |
| D397 | 吉林小粒 4 号 | 吉林 | NC | I | 吉林农科院大豆所 | 2001 | 春 | 吉林极早熟区 |
| D398 | 吉林小粒 6 号 | 吉林 | NC | I | 吉林农科院大豆所 | 2002 | 春 | 吉林早熟区 |
| D399 | 吉林小粒 7 号 | 吉林 | NC | I | 吉林农科院大豆所 | 2004 | 春 | 吉林东部山区、半山区及中西部低肥力区 |
| D400 | 吉林小粒 8 号 | 吉林 | NC | I | 吉林农科院大豆研究中心 | 2005 | 北方春 | 吉林中南部中晚熟区 |
| D401 | 吉密豆 1 号 | 吉林 | NC | I | 吉林农科院大豆研究中心 | 2005 | 北方春 | 吉林中部平原等中熟区 |
| D402 | 吉引 81 | 黑龙江 | NC | I | 吉林农科院大豆研究中心 | 2005 | 北方春 | 吉林中南部、辽宁东部、内蒙古赤峰、甘肃河西走廊、新疆石河子地区 |
| D403 | 吉农 6 号 | 吉林 | NC | I | 吉林农业大学 | 1998 | 春 | 吉林四平、长春、吉林、通化 |
| D404 | 吉农 7 号 | 吉林 | NC | I | 吉林农业大学 | 1999 | 春 | 吉林四平、长春、吉林、通化 |
| D405 | 吉农 8 号 | 吉林 | NC | I | 吉林农业大学 | 2000 | 春 | 吉林四平、辽源中晚熟区 |
| D406 | 吉农 9 号 | 吉林 | NC | I | 吉林农业大学 | 2001 | 春 | 吉林四平、辽源、长春和松原等地区以及吉林市、通化部分地区 |
| D407 | 吉农 10 号 | 吉林 | NC | I | 吉林农业大学 | 2002 | 春 | 吉林四平、辽源中晚熟区 |
| D408 | 吉农 11 | 吉林 | NC | I | 吉林农业大学 | 2002 | 春 | 吉林四平、辽源中晚熟区 |
| D409 | 吉农 12 | 吉林 | NC | I | 吉林农业大学 | 2002 | 春 | 吉林长春、吉林、通化、辽源、松原、延边 |

（续）

| 编号 | 品种名称 | 来源 | 产区 | 生态区 | 选育单位 | 育成 | 播种类型 | 推广地区 |
|---|---|---|---|---|---|---|---|---|
| D410 | 吉农 13 | 吉林 | NC | I | 吉林农业大学 | 2003 | 春 | 吉林四平、辽源中晚熟区 |
| D411 | 吉农 14 | 吉林 | NC | I | 吉林农业大学 | 2003 | 春 | 吉林四平、辽源中晚熟区 |
| D412 | 吉农 15 | 吉林 | NC | I | 吉林农业大学 | 2004 | 春 | 吉林中熟区 |
| D413 | 吉农 16 | 吉林 | NC | I | 吉林农业大学农学院 | 2005 | 春 | 吉林四平、辽源及长春南部中晚熟区 |
| D414 | 吉农 17 | 吉林 | NC | I | 吉林农业大学农学院 | 2005 | 春 | 吉林中部、辽宁东部、甘肃河西走廊、新疆石河子和伊犁地区 |
| D415 | 吉原引 3 号 | 吉林 | NC | I | 吉林农科院原子能所 | 1999 | 春 | 吉林通化、延边 |
| D416 | 集 1005 | 吉林 | NC | I | 吉林集安市原种场 | 2001 | 春 | 吉林集安晚熟区 |
| D417 | 九农 22 | 吉林 | NC | I | 吉林省吉林市农科院 | 1999 | 春 | 吉林中熟区 |
| D418 | 九农 23 | 吉林 | NC | I | 吉林省吉林市农科院 | 2000 | 春 | 吉林中熟区 |
| D419 | 九农 24 | 吉林 | NC | I | 吉林省吉林市农科院 | 2001 | 春 | 吉林中熟区 |
| D420 | 九农 25 | 吉林 | NC | I | 吉林省吉林市农科院 | 2002 | 春 | 吉林中熟区 |
| D421 | 九农 26 | 吉林 | NC | I | 吉林省吉林市农科院 | 2002 | 春 | 吉林中晚熟区 |
| D422 | 九农 27 | 吉林 | NC | I | 吉林省吉林市农科院 | 2002 | 春 | 吉林中熟区 |
| D423 | 九农 28 | 吉林 | NC | I | 吉林省吉林市农科院 | 2003 | 春 | 吉林中早熟区 |
| D424 | 九农 29 | 吉林 | NC | I | 吉林省吉林市农科院 | 2003 | 春 | 吉林中早熟区 |
| D425 | 九农 30 | 吉林 | NC | I | 吉林省吉林市农科院 | 2004 | 春 | 吉林中晚熟区 |
| D426 | 九农 31 | 吉林 | NC | I | 吉林省吉林市农科院 | 2005 | 春 | 吉林中晚熟区 |
| D427 | 临选 1 号 | 吉林 | NC | I | 吉林白山临江农业局 | 2003 | 夏 | 吉林白山等早熟区 |
| D428 | 平安豆 7 号 | 吉林 | NC | I | 吉林省农作新品种引育中心 | 2004 | 春 | 吉林中早熟区 |
| D429 | 四农一号 | 吉林 | NC | I | 吉林农科院四平分院 | 1998 | 春 | 吉林大豆中晚熟区 |
| D430 | 四农二号 | 吉林 | NC | I | 吉林农科院四平分院 | 2001 | 春 | 吉林中晚熟区 |
| D431 | 通农 12 | 吉林 | NC | I | 吉林通化市农科院 | 2000 | 春 | 吉林中东部及辽宁东北部 |
| D432 | 通农 13 | 吉林 | NC | I | 吉林通化市农科院 | 2001 | 春 | 吉林中东部及辽宁东北部 |
| D433 | 通农 14 | 吉林 | NC | I | 吉林通化市农科院 | 2001 | 春 | 吉林中东部 |
| D434 | 延农 8 号 | 吉林 | NC | I | 吉林延边农科院 | 1999 | 春 | 吉林延边、长白山地区 |
| D435 | 延农 9 号 | 吉林 | NC | I | 吉林延边农科院 | 2001 | 春 | 吉林东部高寒山区和半山区 |
| D436 | 延农 10 号 | 吉林 | NC | I | 吉林延边农科院 | 2002 | 春 | 吉林东部高寒地区 |
| D437 | 延农 11 | 吉林 | NC | I | 吉林延边农科院 | 2003 | 春 | 吉林东部高寒山区和半山区 |
| D438 | 杂交豆 1 号 | 吉林 | NC | I | 吉林农科院生物技术实验室 | 2002 | 春 | 吉林四平、辽源及长春南部中晚熟区 |
| D439 | 东辛 1 号 | 江苏 | HHH | II | 江苏东辛农场农科所 | 1994 | 夏 | 江苏淮北地区 |
| D440 | 东辛 2 号 | 江苏 | HHH | II | 江苏东辛农场农科所 | 2002 | 夏 | 江苏淮北地区 |
| D441 | 沪宁 95 - 1 | 江苏 | SC | III | 南京农业大学大豆所 | 2002 | 春 | 淮河以南地区 |
| D442 | 淮豆 3 号 | 江苏 | HHH | II | 江苏淮安市农科院 | 1996 | 夏 | 江苏淮北地区 |
| D443 | 淮豆 4 号 | 江苏 | HHH | II | 江苏淮安市农科院 | 1997 | 夏 | 江苏淮北地区 |
| D444 | 淮豆 5 号 | 江苏 | HHH | II | 江苏淮安市农科院 | 1998 | 夏 | 江苏淮北地区 |
| D445 | 淮豆 6 号 | 江苏 | HHH | II | 江苏淮安市农科院 | 2001 | 夏 | 河南、安徽沿淮地区 |
| D446 | 淮豆 8 号 | 江苏 | HHH | II | 江苏徐淮地区淮阴农科所 | 2005 | 夏 | 山东西南部、河南南部、江苏和安徽淮河以北地区 |
| D447 | 淮哈豆 1 号 | 江苏 | SC | III | 江苏淮安市农科院引进 | 2002 | 春 | 江苏淮北及淮南地区 |

（续）

| 编号 | 品种名称 | 来源 | 产区 | 生态区 | 选育单位 | 育成 | 播种类型 | 推广地区 |
|---|---|---|---|---|---|---|---|---|
| D448 | 淮阴 75 | 江苏 | SC | Ⅲ | 江苏徐淮地区淮阴农科所 | 2005 | 春 | 新安江—富春江—钱塘江流域及以北地区 |
| D449 | 淮阴矮脚早 | 江苏 | SC | Ⅲ | 江苏省淮安市农科院 | 2003 | 春 | 江苏淮北及淮南地区 |
| D450 | 南农 128 | 江苏 | HHH | Ⅱ | 南京农业大学大豆所 | 1998 | 夏 | 江苏淮北地区 |
| D451 | 南农 217 | 江苏 | HHH | Ⅱ | 南京农业大学大豆所 | 1996 | 夏 | 江苏淮北地区 |
| D452 | 南农 242 | 江苏 | SC | Ⅲ | 南京农业大学大豆所 | 2002 | 夏 | 江西等 |
| D453 | 南农 88 - 31 | 江苏 | SC | Ⅲ | 南京农业大学大豆所 | 1999 | 夏 | 淮南地区 |
| D454 | 南农 99 - 6 | 江苏 | SC | Ⅲ | 南京农业大学大豆所 | 2003 | 夏 | 淮河以南地区 |
| D455 | 南农 99 - 10 | 江苏 | SC | Ⅲ | 南京农业大学大豆所 | 2002 | 夏 | 江西等 |
| D456 | 青酥 2 号 | 江苏 | SC | Ⅲ | 上海市动植物引种研究中心、南京农业大学大豆研究所 | 2002 | 春 | 上海、江苏 |
| D457 | 青酥 4 号 | 江苏 | SC | Ⅲ | 上海市动植物引种研究中心、南京农业大学大豆研究所 | 2005 | 春 | 江苏 |
| D458 | 日本晴 3 号 | 江苏 | SC | Ⅲ | 江苏农科院经作所 | 2002 | 春 | 江苏 |
| D459 | 泗豆 13 | 江苏 | HHH | Ⅱ | 江苏泗阳棉花原种场 | 2005 | 夏 | 江苏淮北中早熟区 |
| D460 | 泗豆 288 | 江苏 | HHH | Ⅱ | 江苏泗阳棉花原种场 | 1998 | 夏 | 江苏淮北夏大豆区 |
| D461 | 苏豆 4 号 | 江苏 | SC | Ⅲ | 江苏农科院经作所 | 1999 | 夏 | 江苏 |
| D462 | 苏早 1 号 | 江苏 | SC | Ⅲ | 江苏农科院经作所 | 2003 | 春 | 江苏 |
| D463 | 通豆 3 号 | 江苏 | SC | Ⅲ | 江苏沿江地区农科所 | 2002 | 夏 | 江苏淮南地区 |
| D464 | 徐春 1 号 | 江苏 | SC | Ⅲ | 江苏徐淮地区徐州农科所 | 2005 | 春 | 江苏 |
| D465 | 徐豆 8 号 | 江苏 | HHH | Ⅱ | 江苏徐州农科所 | 1996 | 夏 | 江苏淮北 |
| D466 | 徐豆 9 号 | 江苏 | HHH | Ⅱ | 江苏徐州农科所 | 1998 | 夏 | 江苏淮北及安徽淮北沿淮地区 |
| D467 | 徐豆 10 号 | 江苏 | HHH | Ⅱ | 江苏徐州农科所 | 2001 | 夏 | 黄淮地区 |
| D468 | 徐豆 11 | 江苏 | HHH | Ⅱ | 江苏徐州农科所 | 2002 | 夏 | 黄淮地区 |
| D469 | 徐豆 12 | 江苏 | HHH | Ⅱ | 江苏徐州农科所 | 2003 | 夏 | 黄淮地区 |
| D470 | 徐豆 13 | 江苏 | HHH | Ⅱ | 江苏徐淮地区徐州农科所 | 2005 | 夏 | 江苏淮北中早熟区 |
| D471 | 赣豆 4 号 | 江西 | SC | Ⅳ | 江西农科院旱作所 | 1996 | 春 | 江西 |
| D472 | 赣豆 5 号 | 江西 | SC | Ⅳ | 江西农科院旱作所 | 2004 | 夏 | 江西 |
| D473 | 丹豆 7 号 | 辽宁 | NC | Ⅰ | 辽宁丹东市农科院大豆所 | 1994 | 春 | 辽宁丹东地区南部、大连等无霜期较长地区 |
| D474 | 丹豆 8 号 | 辽宁 | NC | Ⅰ | 辽宁丹东市农科院大豆所 | 1994 | 春 | 辽宁及河北部分地区 |
| D475 | 丹豆 9 号 | 辽宁 | NC | Ⅰ | 辽宁丹东市农科院大豆所 | 1995 | 春 | 辽宁、河南及河北部分地区 |
| D476 | 丹豆 10 号 | 辽宁 | NC | Ⅰ | 辽宁丹东市农科院大豆所 | 2002 | 春 | 辽宁、河南及云南昆明 |
| D477 | 丹豆 11 | 辽宁 | NC | Ⅰ | 辽宁丹东市农科院大豆所 | 2002 | 春 | 辽宁、河南及云南昆明 |
| D478 | 丹豆 12 | 辽宁 | NC | Ⅰ | 辽宁丹东市农科院大豆所 | 2003 | 春 | 辽宁南部、河北、河南部分地区 |
| D479 | 东豆 1 号 | 辽宁 | NC | Ⅰ | 辽宁东亚富友育种所 | 2004 | 春 | 辽宁南部和西部 |
| D480 | 东豆 9 号 | 辽宁 | NC | Ⅰ | 辽宁东亚种业有限公司 | 2005 | 春 | 辽宁开原以南、锦州、丹东地区 |
| D481 | 锦豆 36 | 辽宁 | NC | Ⅰ | 辽宁锦州农科院 | 1995 | 春 | 辽宁中部、西部、南部及河北北部 |
| D482 | 锦豆 37 | 辽宁 | NC | Ⅰ | 辽宁锦州农科院 | 1995 | 春 | 辽宁及河北部分地区 |
| D483 | 开育 11 | 辽宁 | NC | Ⅰ | 辽宁开原市农科所 | 1995 | 春 | 辽宁东部山区 |

（续）

| 编号 | 品种名称 | 来源 | 产区 | 生态区 | 选育单位 | 育成 | 播种类型 | 推广地区 |
|---|---|---|---|---|---|---|---|---|
| D484 | 开育12 | 辽宁 | NC | I | 辽宁开原市农科所 | 2000 | 春 | 辽宁南部和西部 |
| D485 | 开育13 | 辽宁 | NC | I | 辽宁开原市农科所 | 2005 | 春 | 辽宁东部山区 |
| D486 | 连豆1号 | 辽宁 | NC | I | 辽宁瓦房店市农业技术推广中心 | 2001 | 春 | 辽宁南部、西部沿海地区 |
| D487 | 辽豆11 | 辽宁 | NC | I | 辽宁农科院油料所 | 1996 | 春 | 辽宁南部和西部 |
| D488 | 辽豆13 | 辽宁 | NC | I | 辽宁农科院作物所 | 2000 | 春 | 辽宁 |
| D489 | 辽豆14 | 辽宁 | NC | I | 辽宁农科院作物所 | 2002 | 春 | 西北地区，辽宁中部、南部、北部 |
| D490 | 辽豆15 | 辽宁 | NC | I | 辽宁农科院作物所 | 2002 | 春 | 西北地区，辽宁中部、南部、北部 |
| D491 | 辽豆16 | 辽宁 | NC | I | 辽宁农科院作物所 | 2002 | 春 | 辽宁 |
| D492 | 辽豆17 | 辽宁 | NC | I | 辽宁农科院作物所 | 2003 | 春 | 辽宁 |
| D493 | 辽豆19 | 辽宁 | NC | I | 辽宁农科院作物所 | 2005 | 北方春 | 辽宁大部分地区 |
| D494 | 辽豆20 | 辽宁 | NC | I | 辽宁农科院作物所 | 2005 | 北方春 | 辽宁大部分地区 |
| D495 | 辽豆21 | 辽宁 | NC | I | 辽宁农科院作物所 | 2005 | 北方春 | 山西中部、陕西关中平原、宁夏中南部及辽宁丹东、锦州、沈阳 |
| D496 | 辽首1号 | 辽宁 | NC | I | 辽宁辽阳县农技推广中心 | 2001 | 春 | 辽宁沈阳以南地区 |
| D497 | 辽首2号 | 辽宁 | NC | I | 辽宁辽阳县旱田良种研发中心 | 2005 | 北方春 | 河北北部、陕西关中平原、宁夏中南部及辽宁丹东、锦州、沈阳 |
| D498 | 辽阳1号 | 辽宁 | NC | I | 辽宁辽阳市农科所 | 1999 | 春 | 辽宁沈阳以南地区 |
| D499 | 沈豆4号 | 辽宁 | NC | I | 辽宁沈阳市农科所 | 1997 | 春 | 辽宁沈阳地区以南及河北、陕西、甘肃等地 |
| D500 | 沈豆5号 | 辽宁 | NC | I | 辽宁沈阳市农科所 | 2003 | 春 | 辽宁及河北部分地区 |
| D501 | 沈农6号 | 辽宁 | NC | I | 沈阳农业大学农学院 | 2001 | 春 | 辽宁沈阳以南及辽西等无霜期长的地区 |
| D502 | 沈农7号 | 辽宁 | NC | I | 沈阳农业大学农学院 | 2002 | 春 | 辽宁 |
| D503 | 沈农8号 | 辽宁 | NC | I | 沈阳农业大学 | 2005 | 北方春 | 辽宁沈阳以南地区、辽宁西部 |
| D504 | 沈农8510 | 辽宁 | NC | I | 沈阳农业大学农学院 | 1999 | 春 | 辽宁沈阳以南地区 |
| D505 | 铁丰28 | 辽宁 | NC | I | 辽宁铁岭大豆所 | 1996 | 春 | 辽宁 |
| D506 | 铁丰29 | 辽宁 | NC | I | 辽宁铁岭大豆所 | 1997 | 春 | 辽宁 |
| D507 | 铁丰30 | 辽宁 | NC | I | 辽宁铁岭大豆所 | 1999 | 春 | 辽宁 |
| D508 | 铁丰31 | 辽宁 | NC | I | 辽宁铁岭大豆所 | 2001 | 春 | 辽宁、北京 |
| D509 | 铁丰32 | 辽宁 | NC | I | 辽宁铁岭大豆所 | 2002 | 春 | 辽宁 |
| D510 | 铁丰33 | 辽宁 | NC | I | 辽宁铁岭大豆所 | 2003 | 春 | 辽宁 |
| D511 | 铁丰34 | 辽宁 | NC | I | 辽宁铁岭大豆所 | 2005 | 春 | 辽宁大部分地区 |
| D512 | 铁丰35 | 辽宁 | NC | I | 辽宁铁岭大豆所 | 2004 | 春 | 辽宁大部分地区 |
| D513 | 铁豆36 | 辽宁 | NC | I | 辽宁铁岭大豆所 | 2005 | 春 | 辽宁大部分地区 |
| D514 | 铁豆37 | 辽宁 | NC | I | 辽宁铁岭大豆所 | 2005 | 春 | 辽宁大部分地区 |
| D515 | 铁豆38 | 辽宁 | NC | I | 辽宁铁岭大豆所 | 2005 | 春 | 辽宁大部分地区 |
| D516 | 新豆1号 | 辽宁 | NC | I | 辽宁沈阳新城子区农业技术推广站 | 1993 | 春 | 辽宁铁岭、沈阳、抚顺、辽阳、吉林南部及新疆石河子等地 |
| D517 | 新丰1号 | 辽宁 | NC | I | 辽宁抚顺市新宾红庙乡农技站 | 2002 | 春 | 辽宁北部、东部早霜区 |
| D518 | 新育1号 | 辽宁 | NC | I | 辽宁新宾满族自治县农科所 | 2005 | 北方春 | 辽宁大部分中晚熟区 |

（续）

| 编号 | 品种名称 | 来源 | 产区 | 生态区 | 选育单位 | 育成 | 播种类型 | 推广地区 |
|------|---------|------|------|--------|----------|------|---------|---------|
| D519 | 熊豆 1 号 | 辽宁 | NC | I | 辽宁农业职业技术学院 | 2001 | 春 | 辽宁沈阳以南地区 |
| D520 | 熊豆 2 号 | 辽宁 | NC | I | 辽宁农业职业技术学院 | 2005 | 春 | 辽宁 |
| D521 | 岫豆 94 - 11 | 辽宁 | NC | I | 辽宁岫岩县朝阳乡农业技术推广站 | 2003 | 春 | 辽宁南部、河北等地 |
| D522 | 赤豆 1 号 | 内蒙古 | NC | I | 内蒙古赤峰市农业科学研究所经作室 | | 春 | 内蒙古东部 > 10℃ 有效积温在 2 700℃ 以上地区 |
| D523 | 呼北豆 1 号 | 内蒙古 | NC | I | 内蒙古呼盟种子管理站、黑龙江北安农垦分局科研所 | 2002 | 春 | 内蒙古 |
| D524 | 呼丰 6 号 | 内蒙古 | NC | I | 内蒙古呼伦贝尔市农研所 | 1995 | 春 | 内蒙古兴安盟、呼盟 2 100℃ 以上积温区 |
| D525 | 蒙豆 5 号 | 内蒙古 | NC | I | 内蒙古呼伦贝尔市农研所 | 1997 | 春 | 内蒙古东部 |
| D526 | 蒙豆 6 号 | 内蒙古 | NC | I | 内蒙古呼伦贝尔市农研所 | 2000 | 春 | 内蒙古东部 |
| D527 | 蒙豆 7 号 | 内蒙古 | NC | I | 内蒙古呼伦贝尔市农研所 | 2002 | 春 | 内蒙古东部 |
| D528 | 蒙豆 9 号 | 内蒙古 | NC | I | 内蒙古呼伦贝尔市农研所 | 2002 | 春 | 内蒙古东部 |
| D529 | 蒙豆 10 号 | 内蒙古 | NC | I | 内蒙古呼伦贝尔市农研所 | 2002 | 春 | 内蒙古东部 |
| D530 | 蒙豆 11 | 内蒙古 | NC | I | 内蒙古呼伦贝尔市农研所 | 2002 | 春 | 内蒙古东部 |
| D531 | 蒙豆 12 | 内蒙古 | NC | I | 内蒙古呼伦贝尔市农研所 | 2003 | 春 | 内蒙古东部 |
| D532 | 蒙豆 13 | 内蒙古 | NC | I | 内蒙古呼伦贝尔市农研所 | 2003 | 春 | 内蒙古东部 |
| D533 | 蒙豆 14 | 内蒙古 | NC | I | 内蒙古呼伦贝尔市农研所 | 2004 | 春 | 内蒙古东北部 |
| D534 | 蒙豆 15 | 内蒙古 | NC | I | 内蒙古呼伦贝尔市农研所 | 2003 | 春 | 内蒙古东北部 |
| D535 | 蒙豆 16 | 内蒙古 | NC | I | 内蒙古呼伦贝尔市农研所 | 2005 | 春 | 内蒙古呼仑贝尔市、兴安盟、赤峰市 2 100～2 300℃ 积温区 |
| D536 | 蒙豆 17 | 内蒙古 | NC | I | 内蒙古呼伦贝尔市农研所 | 2005 | 春 | 内蒙古呼仑贝尔市、兴安盟、赤峰市 2 100～2 300℃ 积温区 |
| D537 | 内豆 4 号 | 内蒙古 | NC | I | 内蒙古呼伦贝尔市农研所 | 1994 | 春 | 内蒙古东部、黑龙江西部、辽宁南部 |
| D538 | 兴豆 4 号 | 内蒙古 | NC | I | 内蒙古兴安盟农研所 | 1997 | 春 | 内蒙古兴安盟 |
| D539 | 兴抗线 1 号 | 内蒙古 | NC | I | 内蒙古兴安盟农研所 | 2004 | 春 | 内蒙古兴安盟 |
| D540 | 宁豆 2 号 | 宁夏 | HHH | II | 宁夏种子公司 | 1994 | 春 | 宁夏 |
| D541 | 宁豆 3 号 | 宁夏 | HHH | II | 宁夏农林科学院作物所 | 1995 | 春 | 宁夏灌区旱地 |
| D542 | 宁豆 4 号 | 宁夏 | HHH | II | 宁夏农林科学院作物所 | 1998 | 春 | 宁夏 |
| D543 | 宁豆 5 号 | 宁夏 | HHH | II | 宁夏平罗县种子公司 | 2003 | 春 | 宁夏 |
| D544 | 高原 1 号 | 青海 | NC | I | 青海大学农学院 | 2000 | 春 | 青海 |
| D545 | 滨职豆 1 号 | 山东 | HHH | II | 山东滨州职业学院 | 2003 | 夏 | 山东东营、德州、潍坊、临沂 |
| D546 | 高丰 1 号 | 山东 | HHH | II | 山东济宁市农科院和金乡大豆研究协会 | 2005 | 夏 | 山东中部、西南部 |
| D547 | 菏豆 12 | 山东 | HHH | II | 山东荷泽市农科院 | 2002 | 夏 | 山东南部、西南部，江苏北部，安徽北部，河南北部、东部 |
| D548 | 菏豆 13 | 山东 | HHH | II | 山东菏泽市农科院 | 2005 | 夏 | 山东西南部、河南南部、江苏和安徽淮河以北地区 |
| D549 | 鲁豆 9 号 | 山东 | HHH | II | 山东荷泽市农科院 | 1993 | 夏 | 山东南部、西南部，江苏北部，安徽北部，河南北部、东部 |

（续）

| 编号 | 品种名称 | 来源 | 产区 | 生态区 | 选育单位 | 育成 | 播种类型 | 推广地区 |
|---|---|---|---|---|---|---|---|---|
| D550 | 鲁豆12号 | 山东 | HHH | Ⅱ | 山东济宁市农科院 | 1996 | 春 | 山东中部、西南部 |
| D551 | 鲁豆13 | 山东 | HHH | Ⅱ | 山东滨州职业学院 | 1996 | 春/夏 | 山东东营、德州、潍坊、临沂 |
| D552 | 鲁宁1号 | 山东 | HHH | Ⅱ | 山东济宁市农科院 | 2003 | 夏 | 山东西南部、江苏北部 |
| D553 | 鲁青豆1号 | 山东 | HHH | Ⅱ | 山东烟台农科所 | 1993 | 夏 | 黄淮海地区 |
| D554 | 齐茶豆2号 | 山东 | HHH | Ⅱ | 山东农科院作物所 | 2002 | 夏 | 山东 |
| D555 | 齐黄26 | 山东 | HHH | Ⅱ | 山东农科院作物所 | 1999 | 春 | 山东中部、南部 |
| D556 | 齐黄27 | 山东 | HHH | Ⅱ | 山东农科院作物所 | 2000 | 夏 | 黄淮海中部地区 |
| D557 | 齐黄28 | 山东 | HHH | Ⅱ | 山东农科院作物所 | 2003 | 夏 | 黄淮海中部地区 |
| D558 | 齐黄29 | 山东 | HHH | Ⅱ | 山东农科院作物所 | 2003 | 夏 | 黄淮海中部地区 |
| D559 | 齐黄30 | 山东 | HHH | Ⅱ | 山东农科院作物所 | 2004 | 夏 | 河北中南部夏播区 |
| D560 | 齐黄31 | 山东 | HHH | Ⅱ | 山东农科院作物所 | 2004 | 夏 | 山东中南部、河南北部、河北南部、山西南部及陕西关中平原 |
| D561 | 山宁8号 | 山东 | HHH | Ⅱ | 山东济宁市农科院 | 1996 | 春 | 山东青豆种植区 |
| D562 | 山宁12 | 山东 | HHH | Ⅱ | 山东菏泽市农科院 | 2005 | 夏 | 山东中部、南部、西南部，江苏北部，河南北部，安徽北部 |
| D563 | 潍豆6号 | 山东 | HHH | Ⅱ | 山东潍坊市农科院 | 2005 | 夏 | 山东中部、河北南部、河南中部和北部、山西南部及陕西关中平原地区 |
| D564 | 烟黄8164 | 山东 | HHH | Ⅱ | 山东烟台农科所 | 1993 | 夏 | 天津蓟县、宝坻等北部地区 |
| D565 | 跃进10号 | 山东 | HHH | Ⅱ | 山东荷泽市农科院 | 1999 | 夏 | 山东南部、西南部，江苏北部，安徽北部，河南北部、东部 |
| D566 | 黄沙豆 | 陕西 | HHH | Ⅱ | 陕西保鸡市农科所引进 | 2001 | 夏 | 陕西关中西部及同类生态区 |
| D567 | 秦豆8号 | 陕西 | HHH | Ⅱ | 陕西农垦科研中心 | 1997 | 夏 | 陕西关中及陕南夏播区 |
| D568 | 秦豆10号 | 陕西 | HHH | Ⅱ | 陕西杂交油菜中心 | 2005 | 夏 | 黄淮海中片区 |
| D569 | 陕豆125 | 陕西 | HHH | Ⅱ | 陕西农林科技大学农学院 | 2001 | 夏 | 陕西关中、商洛、延安，山西运城及同类生态区 |
| D570 | 临豆1号 | 山西 | HHH | Ⅱ | 山西农科院小麦所 | 2001 | 夏 | 山西南部 |
| D571 | 晋大70 | 山西 | HHH | Ⅱ | 山西农业大学 | 2003 | 春/夏 | 黄淮海中部、陕西和山西 |
| D572 | 晋大73 | 山西 | HHH | Ⅱ | 山西农业大学农学院 | 2005 | 春/夏 | 山西中部旱区 |
| D573 | 晋大74 | 山西 | HHH | Ⅱ | 山西农业大学 | 2004 | 春/夏 | 山西 |
| D574 | 晋豆20 | 山西 | HHH | Ⅱ | 山西农科院作物遗传所 | 1997 | 春 | 山西中南部 |
| D575 | 晋豆21 | 山西 | HHH | Ⅱ | 山西农科院经济作物所 | 1997 | 春 | 山西黄土丘陵地区、黄土高原干旱区 |
| D576 | 晋豆22 | 山西 | HHH | Ⅱ | 山西农科院经济作物所 | 1998 | 春/夏 | 山西中部春播区、南部夏播区 |
| D577 | 晋豆23 | 山西 | HHH | Ⅱ | 山西农科院经济作物所 | 1999 | 春 | 山西中部春播区、南部夏播区 |
| D578 | 晋豆24 | 山西 | HHH | Ⅱ | 山西农业大学 | 1999 | 春 | 山西 |
| D579 | 晋豆25 | 山西 | HHH | Ⅱ | 山西农科院经济作物所 | 2000 | 夏 | 山西中部春播区、南部夏播区 |
| D580 | 晋豆26 | 山西 | HHH | Ⅱ | 山西农业大学 | 2001 | 春 | 山西 |
| D581 | 晋豆27 | 山西 | HHH | Ⅱ | 山西农业大学 | 2001 | 春/夏 | 黄淮海中部、山西中北部 |
| D582 | 晋豆29 | 山西 | HHH | Ⅱ | 山西农科院经济作物所 | 2004 | 夏 | 河北南部、河南北部和中部、山西南部及陕西关中平原 |
| D583 | 晋豆30 | 山西 | HHH | Ⅱ | 山西农业科学院高寒区作物所 | 2005 | 春 | 山西北部平川、山西中部、南部地区及类似地区 |

（续）

| 编号 | 品种名称 | 来源 | 产区 | 生态区 | 选育单位 | 育成 | 播种类型 | 推广地区 |
|------|----------|------|------|--------|----------|------|----------|----------|
| D584 | 晋豆 31 | 山西 | HHH | Ⅱ | 山西农科院经济作物所 | 2005 | 春 | 山西中部、南部大豆重、迎和胞囊线虫病发生地区 |
| D585 | 晋豆 32 | 山西 | HHH | Ⅱ | 山西农科院经济作物所 | 2005 | 春 | 山西中部、南部及黄淮海中部地区 |
| D586 | 晋豆 33 | 山西 | HHH | Ⅱ | 山西农科院玉米所 | 2005 | 春/夏 | 山西中部春播区、南部夏播区 |
| D587 | 晋遗 30 | 山西 | HHH | Ⅱ | 山西农科院作物遗传所 | 2003 | 春 | 北方春大豆晚播区 |
| D588 | 晋遗 34 | 山西 | HHH | Ⅱ | 山西农科院作物遗传所 | 2005 | 春/夏 | 山西中部春播区、南部夏播区 |
| D589 | 晋遗 38 | 山西 | HHH | Ⅱ | 山西农科院作物遗传所 | 2005 | 春/夏 | 山西中部春播区、南部夏播区 |
| D590 | 成豆 6 号 | 四川 | SC | Ⅳ | 四川农科院作物所 | 1996 | 春 | 四川海拔 1 600m 以下地区 |
| D591 | 成豆 7 号 | 四川 | SC | Ⅳ | 四川农科院作物所 | 1997 | 夏/秋 | 四川平坝、丘陵地区 |
| D592 | 成豆 8 号 | 四川 | SC | Ⅳ | 四川农科院作物所 | 1998 | 春 | 四川 |
| D593 | 成豆 9 号 | 四川 | SC | Ⅳ | 四川农科院作物所 | 2000 | 春 | 四川 |
| D594 | 成豆 10 号 | 四川 | SC | Ⅳ | 四川农科院作物所 | 2001 | 春/夏/秋 | 四川海拔 1 600m 以下地区 |
| D595 | 成豆 11 | 四川 | SC | Ⅳ | 四川农科院作物所 | 2003 | 春 | 四川丘陵和成都平原地区 |
| D596 | 川豆 4 号 | 四川 | SC | Ⅳ | 四川农业大学农学院 | 1996 | 春 | 四川海拔 1 500m 以下地区 |
| D597 | 川豆 5 号 | 四川 | SC | Ⅳ | 四川农业大学农学院 | 1998 | 春 | 四川 |
| D598 | 川豆 6 号 | 四川 | SC | Ⅳ | 四川农业大学农学院 | 2002 | 春/秋 | 四川 |
| D599 | 川豆 7 号 | 四川 | SC | Ⅳ | 四川农业大学农学院 | 2001 | 春/秋 | 四川 |
| D600 | 川豆 8 号 | 四川 | SC | Ⅳ | 四川农业大学农学院 | 2002 | 春 | 四川 |
| D601 | 川豆 9 号 | 四川 | SC | Ⅳ | 四川农业大学农学院 | 2003 | 春 | 四川 |
| D602 | 川豆 10 号 | 四川 | SC | Ⅳ | 四川农业大学农学院 | 2005 | 春/秋 | 四川盆地及盆周地区 |
| D603 | 富豆 1 号 | 四川 | SC | Ⅳ | 四川茂县富顺乡农技站 | 2004 | 夏/秋 | 四川平坝、丘陵、低山区 |
| D604 | 富豆 2 号 | 四川 | SC | Ⅳ | 四川茂县富顺乡农技站 | 2005 | 春 | 四川平坝、丘陵及山区 |
| D605 | 贡豆 5 号 | 四川 | SC | Ⅳ | 四川自贡市农科所 | 1993 | 春 | 四川 |
| D606 | 贡豆 8 号 | 四川 | SC | Ⅳ | 四川自贡市农科所 | 1997 | 春 | 四川 |
| D607 | 贡豆 9 号 | 四川 | SC | Ⅳ | 四川自贡市农科所 | 1998 | 春 | 四川 |
| D608 | 贡豆 10 号 | 四川 | SC | Ⅳ | 四川自贡市农科所 | 2002 | 春 | 四川 |
| D609 | 贡豆 11 | 四川 | SC | Ⅳ | 四川自贡市农科所 | 2001 | 春/夏/秋 | 四川 |
| D610 | 贡豆 12 | 四川 | SC | Ⅳ | 四川自贡市农科所 | 2003 | 春 | 四川盆地及盆周地区 |
| D611 | 贡豆 13 | 四川 | SC | Ⅳ | 四川自贡市农科所 | 2004 | 春 | 四川 |
| D612 | 贡豆 14 | 四川 | SC | Ⅳ | 四川自贡市农科所 | 2004 | 春/夏 | 四川 |
| D613 | 贡豆 15 | 四川 | SC | Ⅳ | 四川自贡市农科所 | 2005 | 春 | 四川盆地及盆周地区 |
| D614 | 贡选 1 号 | 四川 | SC | Ⅳ | 四川自贡市农科所 | 2002 | 春 | 四川低海拔地区 |
| D615 | 乐豆 1 号 | 四川 | SC | Ⅳ | 四川乐山市农科所 | 2003 | 春 | 南方盆地丘陵、坝区及低山区 |
| D616 | 南豆 99 | 四川 | SC | Ⅳ | 四川南允市农科所 | 1999 | 春/夏/秋 | 四川 |
| D617 | 南豆 3 号 | 四川 | SC | Ⅳ | 四川南允市农科所 | 2001 | 春/夏/秋 | 四川 |
| D618 | 南豆 4 号 | 四川 | SC | Ⅳ | 四川南允市农科所 | 2002 | 春/夏/秋 | 四川 |
| D619 | 南豆 5 号 | 四川 | SC | Ⅳ | 四川南允市农科所 | 2003 | 春/夏/秋 | 四川及长江中下游地区 |
| D620 | 南豆 6 号 | 四川 | SC | Ⅳ | 四川南充市农科所 | 2004 | 春 | 四川平坝、丘陵坡地、低山区 |
| D621 | 南豆 7 号 | 四川 | SC | Ⅳ | 四川南充市农科所 | 2005 | 春 | 四川平坝、丘陵、低山区 |

（续）

| 编号 | 品种名称 | 来源 | 产区 | 生态区 | 选育单位 | 育成 | 播种类型 | 推广地区 |
|---|---|---|---|---|---|---|---|---|
| D622 | 南豆8号 | 四川 | SC | Ⅳ | 四川南充市农科所 | 2005 | 春 | 四川平坝、丘陵、低山区 |
| D623 | 津豆18 | 天津 | HHH | Ⅱ | 天津市玉米良种场 | 2005 | 夏 | 天津 |
| D624 | 选六 | 天津 | HHH | Ⅱ | 天津宝坻县良种场 | 1994 | 春/夏 | 天津 |
| D625 | 石大豆1号 | 新疆 | NC | Ⅰ | 新疆农垦科学院 | 2001 | 春 | 新疆北纬44°地区 |
| D626 | 石大豆2号 | 新疆 | NC | Ⅰ | 新疆农垦科学院 | 2001 | 春 | 新疆北纬44°地区 |
| D627 | 新大豆1号 | 新疆 | NC | Ⅰ | 新疆农垦科学院 | 1999 | 春 | 新疆北纬44°地区 |
| D628 | 新大豆2号 | 新疆 | NC | Ⅰ | 新疆农垦科学院 | 2003 | 春 | 新疆北纬44°地区 |
| D629 | 新大豆3号 | 新疆 | NC | Ⅰ | 新疆农垦科学院 | 2005 | 春 | 新疆活动积温2 500～2 600℃地区 |
| D630 | 滇86-4 | 云南 | SC | Ⅴ | 云南省农科院粮作所 | 2003 | 夏 | 滇中1 800m地区及滇南500～900m地区 |
| D631 | 滇86-5 | 云南 | SC | Ⅴ | 云南省农科院粮作所 | 2003 | 夏 | 滇中1 800m地区及滇南500～900m地区 |
| D632 | 华春18 | 浙江 | SC | Ⅳ | 浙江大学农学院 | 2001 | 春 | 浙江 |
| D633 | 丽秋2号 | 浙江 | SC | Ⅳ | 浙江丽水市农科所 | 2004 | 秋 | 浙江 |
| D634 | 衢秋1号 | 浙江 | SC | Ⅳ | 浙江衢州市农科所 | 1999 | 秋 | 浙江金华及衢州 |
| D635 | 衢秋2号 | 浙江 | SC | Ⅳ | 浙江衢州市农科所 | 2003 | 秋 | 浙江 |
| D636 | 衢鲜1号 | 浙江 | SC | Ⅳ | 浙江衢州市农科所 | 2004 | 夏/秋 | 浙江西部 |
| D637 | 婺春1号 | 浙江 | SC | Ⅳ | 浙江金华市农科所 | 1995 | 春 | 浙江 |
| D638 | 萧农越秀 | 浙江 | SC | Ⅳ | 浙江省农业厅农作物管理局 | 2004 | 秋 | 浙江菜用秋大豆区 |
| D639 | 新选88 | 浙江 | SC | Ⅳ | 浙江宁波市种子公司 | 1998 | 秋 | 浙江 |
| D640 | 浙春5号 | 浙江 | SC | Ⅳ | 浙江农科院作物所 | 2001 | 春 | 浙江 |
| D641 | 浙秋1号 | 浙江 | SC | Ⅳ | 浙江农科院作物所 | 2001 | 秋 | 江西及周边省份 |
| D642 | 浙秋2号 | 浙江 | SC | Ⅳ | 浙江农科院作物所 | 1997 | 秋 | 浙江 |
| D643 | 浙秋豆3号 | 浙江 | SC | Ⅳ | 浙江农科院作物所 | 2003 | 秋 | 浙江肥力中等地块作秋大豆种植区 |
| D644 | 浙鲜豆1号 | 浙江 | SC | Ⅳ | 浙江农科院作物所 | 2004 | 春 | 浙江 |
| D645 | 浙鲜豆2号 | 浙江 | SC | Ⅳ | 浙江农科院作物所 | 2005 | 南方春 | 江苏南通、安徽合肥和铜陵周边相同生态区 |
| D646 | 西豆3号 | 四川 | SC | Ⅳ | 西南农业大学 | 1992 | 春/秋 | 四川平坝、丘陵及高原海拔1 500m山区 |
| D647 | 西豆5号 | 重庆 | SC | Ⅳ | 西南农业大学 | 2005 | 春/秋 | 重庆 |
| D648 | 西豆6号 | 重庆 | SC | Ⅳ | 西南农业大学 | 2005 | 春/秋 | 重庆 |
| D649 | 渝豆1号 | 四川 | SC | Ⅳ | 四川忠县科委和重庆市土肥站 | 1998 | 春/秋 | 四川平坝、丘陵地区 |

注：表中C001～C651为1921—1995年育成品种，D001～D649为1996—2005年育成品种。NC指大豆生产分区，代表北方一熟春播大豆区；HHH北方复种夏播大豆区；SC南方复种多播大豆区。生态区划分为：Ⅰ为北方一熟春豆生态区；Ⅱ为黄淮海二熟春夏豆生态区；Ⅲ为长江中下游二熟春夏豆生态区；Ⅳ为中南多熟春夏秋豆生态区；Ⅴ为西南高原二熟春夏豆生态区；Ⅵ为华南热带多熟四季大豆生态区，下同。

## 图表Ⅱ　中国大豆育成品种特征与特性

| 编号 | 品种名称 | 来源省份 | 播期类型 | 生育日数(d) | 花色 | 茸毛色 | 种皮色 | 种脐色 | 子叶色 | 粒型 | 结荚习性 | 叶型 | 百粒重(g) | 蛋白质含量(%) | 油脂含量(%) | 株高(cm) | 主茎节数 | 裂荚性 | 每荚粒数 | 抗病虫性 | 利用类型 |
|---|---|---|---|---|---|---|---|---|---|---|---|---|---|---|---|---|---|---|---|---|---|
| C001 | 毫县大豆 | 安徽 | 夏/春 | 135/165 | 白 | 棕 | 黄 | 黑 | 黄 | 椭 | 无 | 卵 | 29 | 47 | 19 | 100 |  | 1 |  |  | 菜用、一般 |
| C002 | 多枝176 | 安徽 | 夏 | 100 | 白 | 棕 | 黄 | 淡褐 | 黄 | 球 | 有 | 长椭 | 17 | 41 | 22 | 65 | 19 | 1 |  | SMV | 一般 |
| C003 | 阜豆1号 | 安徽 | 夏 | 100 | 紫 | 灰 | 黄 | 淡褐 | 黄 | 椭 | 亚 | 长卵 | 22 | 45 | 20 | 90 |  | 1 | 2.5 | 一般 | 一般 |
| C004 | 阜豆3号 | 安徽 | 夏 | 105 | 白 | 棕 | 黄 | 淡褐 | 黄 | 椭 | 有 | 卵 | 19 | 43 | 20 | 85 | 15 | 1 |  | SMV、紫斑病 | 一般 |
| C005 | 灵豆1号 | 安徽 | 夏 | 95 | 紫 | 灰 | 黄 | 淡褐 | 黄 | 椭 | 亚 | 长卵 | 22 | 46 | 20 | 80 |  | 1 |  | SMV | 一般 |
| C006 | 蒙84-5 | 安徽 | 夏 | 100 | 紫 | 灰 | 黄 | 淡褐 | 黄 | 球 | 亚 | 椭 | 20 | 45 | 19 | 80 | 18 | 1 |  |  | 一般 |
| C007 | 蒙城1号 | 安徽 | 夏 | 115 | 白 | 灰 | 黄 | 褐 | 黄 | 球 | 亚 | 卵 | 25 | 41 | 19 | 85 |  | 1 |  |  | 一般 |
| C008 | 蒙庆6号 | 安徽 | 夏 | 120 | 紫 | 灰 | 黄 | 淡褐 | 黄 | 球 | 有 | 卵 | 30 | 43 | 18 | 95 |  | 1 |  |  | 菜用、一般 |
| C009 | 宿县647 | 安徽 | 夏 | 102 | 白 | 灰 | 黄 | 褐 | 黄 | 椭 | 有 | 长椭 | 12 | 37 | 20 | 90 | 15 | 1 |  |  | 一般 |
| C010 | 皖豆1号 | 安徽 | 夏 | 97 | 紫 | 灰 | 黄 | 褐 | 黄 | 椭 | 亚 | 披针 | 16 | 43 | 21 | 70 | 22 | 1 |  |  | 一般 |
| C011 | 皖豆3号 | 安徽 | 夏 | 103 | 白 | 灰 | 黄 | 淡褐 | 黄 | 球 | 亚 | 长椭 | 19 | 44 | 21 | 90 | 19 | 1 |  |  | 一般 |
| C012 | 皖豆4号 | 安徽 | 夏 | 110 | 白 | 棕 | 黄 | 淡褐 | 黄 | 椭 | 有 | 长椭 | 17 | 46 | 18 | 80 | 20 | 1 |  |  | 一般 |
| C013 | 皖豆5号 | 安徽 | 夏 | 100 | 紫 | 灰 | 黄 | 淡褐 | 黄 | 椭 | 亚 | 长椭 | 17 | 42 | 22 | 90 | 18 | 1 |  |  | 一般 |
| C014 | 皖豆6号 | 安徽 | 夏 | 102 | 紫 | 灰 | 黄 | 淡褐 | 黄 | 椭 | 亚 | 卵 | 19 | 45 | 20 | 85 | 17 | 1 |  | 霜霉病 | 一般 |
| C015 | 皖豆7号 | 安徽 | 夏 | 100 | 紫 | 棕 | 黄 | 淡褐 | 黄 | 椭 | 亚 | 卵 | 20 | 44 | 20 | 70 | 18 | 1 |  |  | 一般 |
| C016 | 皖豆9号 | 安徽 | 夏 | 102 | 紫 | 灰 | 黄 | 淡褐 | 黄 | 扁球 | 无 | 椭 | 17 | 45 | 20 | 90 | 16 | 1 |  |  | 一般 |
| C017 | 皖豆10号 | 安徽 | 夏 | 103 | 紫 | 灰 | 黄 | 褐 | 黄 | 椭 | 有 | 长椭 | 17 | 47 | 20 | 75 | 21 | 1 |  | SMV、霜霉病 | 一般 |
| C018 | 皖豆11 | 安徽 | 夏 | 105 | 紫 | 灰 | 黄 | 淡褐 | 黄 | 扁椭 | 无 | 椭 | 17 | 43 | 19 | 90 | 19 | 1 | 2.2 | SMV | 一般 |
| C019 | 皖豆13 | 安徽 | 夏 | 105 | 紫 | 灰 | 黄 | 淡褐 | 黄 | 扁椭 | 有 | 长卵 | 18 | 41 | 20 | 60 | 15 | 1 | 2.4 | SMV、锈病、紫斑病、食心虫 | 一般 |
| C020 | 五河大豆 | 安徽 | 夏 | 103 | 白 | 灰 | 黄 | 褐 | 黄 | 椭 | 有 | 椭 | 19 | 42 | 21 | 80 | 16 | 1 |  |  | 一般 |
| C021 | 新六青 | 安徽 | 春/夏 | 130/105 | 紫 | 灰 | 绿 | 褐 | 黄 | 椭 | 有 | 卵 | 28 | 46 | 22 | 80 | 18 | 1 |  | SMV | 菜用 |
| C022 | 友谊2号 | 安徽 | 夏 | 110 | 白 | 灰 | 黄 | 褐 | 黄 | 球 | 有 | 椭 | 14 | 42 | 20 | 60 | 15 | 1 |  | SMV | 一般 |
| C023 | 宝滁17 | 北京 | 春 | 118* | 白 | 灰 | 黄 | 淡黄 | 黄 | 球 | 亚 | 披针 | 18 | 42 | 20 | 58 |  | 1 | 2.2 | 灰斑病 | 一般 |
| C024 | 科丰6号 | 北京 | 夏/春 | 98/130 | 紫 | 灰 | 黄 | 褐 | 黄 | 球 | 无 | 卵 | 20 | 41 | 20 | 80 |  | 1 | 2.5 | SMV | 一般 |
| C025 | 科丰34 | 北京 | 春/夏 | 135*/98* | 紫 | 灰 | 黄 | 淡褐 | 黄 | 球 | 无 | 长卵 | 23 | 44 | 20 | 90 |  | 1 |  | SMV、灰斑病、SCN | 一般 |

（续）

| 编号 | 品种名称 | 来源省份 | 播期类型 | 生育日数(d) | 花色 | 茸毛色 | 种皮色 | 种脐色 | 子叶色 | 粒型 | 结荚习性 | 叶型 | 百粒重(g) | 蛋白质含量(%) | 油脂含量(%) | 株高(cm) | 主茎节数 | 裂荚性 | 每荚粒数 | 抗病虫性 | 利用类型 |
|---|---|---|---|---|---|---|---|---|---|---|---|---|---|---|---|---|---|---|---|---|---|
| C026 | 科丰35 | 北京 | 春/夏 | 135*/ | 紫 | 灰 | 黄 | 褐 | 黄 | 球 | 无 | 披针 | 21 | 43 | 20 | 105 | 19 |  | 3.4 | 灰斑病、SMV | 一般 |
| C027 | 科新3号 | 北京 | 春/夏 | 124*/89* | 紫 | 灰 | 黄 | 浅褐 | 黄 | 球 | 亚 | 椭 | 21 | 51 | 19 | 80 | 15 | 2 | 2.5 | SMV | 一般 |
| C028 | 诱变30 | 北京 | 夏/春 | 100/140 | 紫 | 灰 | 黄 | 浅褐 | 黄 | 球 | 无 | 卵 | 23 | 43 | 21 | 100 |  | 1 |  | SMV | 一般 |
| C029 | 诱变31 | 北京 | 夏 | 115 | 紫 | 棕 | 黄 | 浅褐 | 黄 | 球 | 无 | 卵 | 21 | 42 | 20 | 95 |  | 1 |  | SMV | 一般 |
| C030 | 诱处4号 | 北京 | 夏 | 108 | 白 | 灰 | 黄 | 浅褐 | 黄 | 球 | 亚 | 披针 | 22 | 47 | 18 |  |  | 4 | 2.3 | SMV | 一般 |
| C031 | 早熟3号 | 北京 | 夏 | 105 | 白 | 灰 | 黄 | 浅褐 | 黄 | 球 | 无 | 披针 | 18 | 39 | 20 | 80 |  | 1 | 2.9 |  | 一般 |
| C032 | 早熟6号 | 北京 | 夏 | 95 | 白 | 灰 | 黄 | 浅褐 | 黄 | 球 | 无 | 卵 | 20 | 41 | 20 | 80 |  |  | 2.4 |  | 一般 |
| C033 | 早熟9号 | 北京 | 夏 | 98 | 白 | 灰 | 黄 | 褐 | 黄 | 椭 | 有 | 卵 | 17 | 42 | 20 | 80 |  | 1 |  | SMV | 一般 |
| C034 | 早熟14 | 北京 | 夏 | 90 | 白 | 灰 | 黄 | 浅褐 | 黄 | 球 | 无 | 披针 | 18 | 44 | 17 | 80 | 14 | 1 | 2.4 | SMV | 一般 |
| C035 | 早熟15 | 北京 | 夏 | 90 | 白 | 灰 | 黄 | 浅褐 | 黄 | 椭 | 无 | 圆 | 20 | 42 | 18 | 88 | 14 | 1 |  |  | 一般 |
| C036 | 早熟17 | 北京 | 夏/春 | 93/130 | 紫 | 灰 | 黄 | 褐 | 黄 | 球 | 亚 | 椭 | 18 | 39 | 20 | 75 |  | 1 |  | SMV | 一般 |
| C037 | 早熟18 | 北京 | 夏 | 90 | 紫 | 灰 | 黄 | 浅褐 | 黄 | 球 | 无 | 长椭 | 21 | 43 | 22 | 60 | 13 |  |  | SMV、灰斑病、紫斑病 | 一般 |
| C038 | 中黄1号 | 北京 | 夏/春 | 95/135 | 白 | 棕 | 黄 | 深褐 | 黄 | 椭 | 亚 | 圆 | 19 | 42 | 19 | 85 | 15 | 1 | 2.9 | SMV、SCN | 一般 |
| C039 | 中黄2号 | 北京 | 夏 | 96 | 紫 | 棕 | 黄 | 黑 | 黄 | 球 | 亚 | 椭 | 21 | 43 | 21 | 75 | 15 | 1 | 3.0 | SMV | 一般 |
| C040 | 中黄3号 | 北京 | 夏 | 93 | 紫 | 棕 | 黄 | 黑 | 黄 | 扁椭 | 亚 | 椭 | 20 | 43 | 21 | 80 |  | 1 | 2.5 | SMV、SCN | 一般 |
| C041 | 中黄4号 | 北京 | 夏/春 | 95/130 | 紫 | 灰 | 淡黄 | 黄 | 黄 | 球 | 亚 | 椭 | 20 | 41 | 21 | 80 | 15 |  | 2.0 | SMV | 一般 |
| C042 | 中黄5号 | 北京 | 夏 | 96 | 紫 | 棕 | 黄 | 黑 | 黄 | 椭 | 亚 | 椭 | 20 | 42 | 20 | 86 | 16 | 1 | 2.9 | SMV、SCN | 一般 |
| C043 | 中黄6号 | 北京 | 夏 | 93 | 白 | 棕 | 黄 | 褐 | 黄 | 椭 | 亚 | 圆 | 16 | 41 | 20 | 84 | 16 | 1 | 3.0 | SMV | 一般 |
| C044 | 中黄7号 | 北京 | 夏 | 102 | 紫 | 灰 | 黄 | 浅褐 | 黄 | 球 | 有 | 椭 | 21 | 46 | 17 | 67 | 15 | 1 | 2.5 | SMV、SCN | 一般 |
| C045 | 中黄8号 | 北京 | 夏 | 94 | 白 | 棕 | 黄 | 褐 | 黄 | 扁椭 | 亚 | 卵 | 17 | 45 | 20 | 84 | 15 | 1 | 2.0 | SMV、SCN | 一般 |
| C046 | 7106 | 福建 | 春 | 100 | 紫 | 棕 | 淡黄 | 黑 | 黄 | 椭 | 亚 | 椭 | 22 | 40 | 18 | 53 | 12 |  |  |  | 一般 |
| C047 | 白花古田豆 | 福建 | 春 | 115 | 白 | 棕 | 黄 | 褐 | 黄 | 椭 | 亚 | 椭 | 18 | 44 | 19 | 48 | 10 |  |  |  | 一般 |
| C048 | 白秋1号 | 福建 | 秋 | 93 | 白 | 棕 | 淡黄 | 浅褐 | 黄 | 扁球 | 有 | 椭 | 15 | 39 | 18 | 50 | 15 | 1 |  |  | 一般 |
| C049 | 惠安花面豆 | 福建 | 春/秋 | 120/75 | 紫 | 棕 | 双色 | 黑 | 黄 | 椭 | 亚 | 椭 | 21 | 42 | 18 | 40 | 13 | 3 | 2.3 | 紫斑病 | 豆豉、豆腐 |
| C050 | 惠豆803 | 福建 | 春 | 125 | 紫 | 棕 | 黄 | 褐 | 黄 | 扁球 | 有 | 椭 | 17 | 42 | 20 | 57 | 12 |  | 2.2 |  | 一般 |

（续）

| 编号 | 品种名称 | 来源省份 | 播期类型 | 生育日数(d) | 花色 | 茸毛色 | 种皮色 | 种脐色 | 子叶色 | 粒型 | 结荚习性 | 叶型 | 百粒重(g) | 蛋白质含量(%) | 油脂含量(%) | 株高(cm) | 主茎节数 | 裂荚性 | 每荚粒数 | 抗病虫性 | 利用类型 |
|---|---|---|---|---|---|---|---|---|---|---|---|---|---|---|---|---|---|---|---|---|---|
| C051 | 晋江大粒黄 | 福建 | 春/秋 | 115/77 | 紫 | 棕 | 黄 | 黑 | 黄 | 椭 | 亚 | 长椭 | 20 | 41 | 20 | 43 | 13 | 1 | 2.0 | | 豆豉、豆腐 |
| C052 | 晋江大青仁 | 福建 | 春/秋 | 123/84 | 白 | 棕 | 黑 | 黑 | 绿 | 椭 | 亚 | 卵 | 20 | 37 | 20 | 50 | 13 | 2 | 2.2 | 紫斑病 | 豆豉、药用 |
| C053 | 龙豆23 | 福建 | 春 | 105 | 紫 | 棕 | 黄 | 淡褐 | 黄 | 椭 | 有 | 椭 | 19 | 42 | 18 | 38 | 11 | 1 | | | 一般 |
| C054 | 莆豆8008 | 福建 | 春/秋 | 118/110 | 紫 | 棕 | 黄 | 褐 | 黄 | 椭 | 有 | 椭 | 22 | 42 | 19 | 80 | | 1 | | | 一般 |
| C055 | 融豆21 | 福建 | 春/秋 | 123/73 | 紫 | 棕 | 黄 | 黑 | 黄 | 椭 | 亚 | 长椭 | 22 | 43 | 20 | 40 | 12 | 3 | 2.2 | | 一般 |
| C056 | 汀豆1号 | 福建 | 秋 | 90 | 白 | 棕 | 淡绿 | 褐 | 黄 | 椭 | 有 | 椭 | 22 | 45 | 20 | 50 | | 1 | | | 一般 |
| C057 | 雁青 | 福建 | 秋 | 90 | 紫 | 灰 | 绿 | 褐 | 黄 | 椭 | 有 | 椭 | 24 | 47 | 18 | 48 | 12 | 1 | | | 一般 |
| C058 | 穗选黄豆 | 广东 | 春/秋 | 95 | 紫 | 棕 | 黄 | 黑 | 黄 | 椭 | 有 | 椭 | 20 | 45 | 18 | 50 | | 1 | | | 一般 |
| C059 | 通黑11 | 广东 | 冬 | 110 | 紫 | 棕 | 淡绿 | 淡褐 | 黄 | 椭 | 有 | 椭 | 11 | 47 | 19 | 63 | 14 | 1 | | | 一般 |
| C060 | 粤大豆1号 | 广东 | 春 | 92 | 紫 | 棕 | 黄 | 深褐 | 黄 | 椭 | 有 | 椭 | 19 | 43 | 20 | 45 | 12 | 1 | | | 一般 |
| C061 | 粤大豆2号 | 广东 | 春 | 96 | 紫 | 棕 | 淡黄 | 淡褐 | 黄 | 椭 | 有 | 椭 | 17 | 43 | 20 | 45 | 11 | 1 | | 根腐病 | 一般 |
| C062 | 8901 | 广西 | 春 | 80 | 白 | 棕 | 黄 | 褐 | 黄 | 椭 | 有 | 椭 | 19 | 45 | 20 | 50 | 12 | 1 | 2.6 | | 一般 |
| C063 | 柳豆1号 | 广西 | 春 | 95 | 紫 | 棕 | 黄 | 褐 | 黄 | 长椭 | 有 | 卵 | 16 | 43 | 18 | 70 | 13 | 1 | | 霜霉病 | 一般 |
| C064 | 安豆1号 | 贵州 | 春 | 115 | 白 | 棕 | 黄 | 褐 | 黄 | 球 | 有 | 椭 | 15 | 47 | | 50 | 11 | 1 | 1.3 | | 一般 |
| C065 | 安豆2号 | 贵州 | 春 | 120 | 紫 | 棕 | 黄 | 褐 | 黄 | 椭 | 亚 | 椭 | 12 | 46 | | 60 | 14 | 1 | 1.2 | | 一般 |
| C066 | 冬2 | 贵州 | 春 | 108 | 白 | 棕 | 黄 | 褐 | 黄 | 椭 | 有 | 椭 | 20 | 46 | | 50 | 11 | 1 | 1.6 | SMV | 一般 |
| C067 | 黔豆1号 | 贵州 | 春 | 111 | 白 | 棕 | 黄 | 褐 | 黄 | 椭 | 有 | 卵 | 15 | 45 | | 41 | | 1 | 1.4 | | 一般 |
| C068 | 黔豆2号 | 贵州 | 春 | 110 | 紫 | 灰 | 黄 | 深褐 | 黄 | | 亚 | 椭 | 16 | 41 | 20 | 40 | | 1 | | | 一般 |
| C069 | 黔豆4号 | 贵州 | 春 | 110 | 白 | 棕 | 黄 | 褐 | 黄 | | 有 | 椭 | 16 | 47 | 17 | 50 | | 1 | | | 一般、豆腐 |
| C070 | 生联早 | 贵州 | 春 | 106 | 白 | 棕 | 淡黄 | 褐 | 黄 | 扁椭 | 有 | 椭 | 13 | 46 | 19 | 48 | 19 | 1 | | | 一般 |
| C071 | 霸红1号 | 河北 | 春 | 150 | 白 | 棕 | 黑 | 黑 | 黄 | 长椭 | 亚 | 椭 | 11 | 39 | 18 | 118 | 21 | 1 | | | 一般 |
| C072 | 霸县新黄豆 | 河北 | 春 | 130 | 白 | 灰 | 黄 | 深褐 | 黄 | 椭 | 亚 | 卵 | 21 | 42 | 17 | 93 | 20 | 1 | | | 一般 |
| C073 | 边庄大豆 | 河北 | 春 | 145 | 白 | 灰 | 黄 | 深褐 | 黄 | 椭 | 无 | 卵 | 19 | 42 | 20 | 58 | 19 | 1 | | | 一般 |
| C074 | 冀承豆1号 | 河北 | 春 | 138 | 白 | 棕 | 黄 | 黑 | 黄 | 椭 | 无 | 椭 | 17 | 39 | 20 | 103 | 19 | 1 | | SMV、霜霉病 | 一般 |
| C075 | 冀承豆2号 | 河北 | 春 | 120 | 白 | 灰 | 黄 | 黄 | 黄 | 长椭 | 亚 | 披针 | 23 | 39 | 19 | 95 | | 1 | | SMV | 一般 |

（续）

| 编号 | 品种名称 | 来源省份 | 播期类型 | 生育日数(d) | 花色 | 茸毛色 | 种皮色 | 种脐色 | 子叶色 | 粒型 | 结荚习性 | 叶型 | 百粒重(g) | 蛋白质含量(%) | 油脂含量(%) | 株高(cm) | 主茎节数 | 裂荚性 | 每荚粒数 | 抗病虫性 | 利用类型 |
|---|---|---|---|---|---|---|---|---|---|---|---|---|---|---|---|---|---|---|---|---|---|
| C076 | 冀承豆3号 | 河北 | 春 | 125 | 白 | 灰 | 黄 | 褐 | 黄 | 椭 | 亚 | 椭 | 19 | 39 | 20 | 110 |  | 1 |  | SMV、霜霉病 | 一般 |
| C077 | 冀承豆4号 | 河北 | 春 | 125 | 白 | 灰 | 淡黄 | 淡褐 | 黄 | 椭 | 无 | 椭 | 17 | 43 | 19 | 115 | 17 | 1 |  | SMV、霜霉病 | 一般 |
| C078 | 冀承豆5号 | 河北 | 春 | 128 | 白 | 灰 | 黄 | 淡褐 | 黄 | 球 | 无 | 披针 | 18 | 41 | 22 | 100 | 17 | 1 |  |  | 一般 |
| C079 | 冀豆1号 | 河北 | 夏 | 100 | 白 | 灰 | 黄 | 淡褐 | 黄 | 球 | 有 | 圆 | 18 | 40 | 19 | 75 | 15 | 1 | 2.1 |  | 一般 |
| C080 | 冀豆2号 | 河北 | 春 | 135 | 白 | 灰 | 黄 | 淡褐 | 黄 | 椭 | 有 | 披针 | 16 | 38 | 22 | 103 | 15 | 1 |  | SMV | 一般 |
| C081 | 冀豆3号 | 河北 | 夏 | 92 | 白 | 灰 | 黄 | 褐 | 黄 | 椭 | 无 | 卵 | 15 | 41 | 20 | 90 | 18 | 1 |  | SMV | 一般 |
| C082 | 冀豆4号 | 河北 | 夏 | 97 | 紫 | 棕 | 黄 | 黑 | 黄 | 椭 | 亚 | 披针 | 19 | 43 | 21 | 90 | 19 |  |  | 霜霉病 | 一般 |
| C083 | 冀豆5号 | 河北 | 夏 | 91 | 紫 | 灰 | 黄 | 褐 | 黄 | 椭 | 有 | 椭 | 18 | 42 | 20 | 75 | 15 | 1 |  | SMV、霜霉病 | 一般 |
| C084 | 冀豆6号 | 河北 | 夏 | 90 | 紫 | 棕 | 黄 | 褐 | 黄 | 椭 | 亚 | 椭 | 19 | 43 | 18 | 90 | 18 | 1 |  | SMV、霜霉病 | 一般 |
| C085 | 冀豆7号 | 河北 | 夏 | 92 | 紫 | 灰 | 黄 | 黄 | 黄 | 球 | 亚 | 卵 | 19 | 43 | 20 | 80 |  | 1 |  | SMV、霜霉病 | 一般 |
| C086 | 冀豆9号 | 河北 | 夏 | 99 | 紫 | 棕 | 绿 | 褐 | 绿 | 球 | 亚 | 披针 | 22 | 42 | 20 | 80 | 20 | 1 | 2.5 | 霜霉病 | 一般、菜用 |
| C087 | 概选2号 | 河北 | 春 | 148 | 白 | 灰 | 黄 | 褐 | 黄 | 椭 | 无 | 卵 | 22 | 40 | 20 | 95 |  |  |  |  | 一般 |
| C088 | 来远黄豆 | 河北 | 春 | 140 | 白 | 棕 | 黄 | 深褐 | 黄 | 椭 | 有 | 卵 | 19 | 41 | 19 | 65 | 17 | 1 |  |  | 一般 |
| C089 | 迁安一粒传 | 河北 | 春 | 140 | 白 | 灰 | 淡黄 | 褐 | 黄 | 扁椭 | 有 | 卵 | 20 | 41 | 18 | 91 | 17 | 1 |  |  | 一般 |
| C090 | 前进2号 | 河北 | 夏 | 100 | 白 | 灰 | 黑 | 黑 | 黄 | 椭 | 亚 | 椭 | 17 | 43 | 19 | 75 | 14 | 1 |  |  | 一般 |
| C091 | 群荚青 | 河北 | 春 | 138 | 白 | 灰 | 黄 | 黄 | 黄 | 球 | 无 | 长卵 | 22 | 40 | 21 | 95 | 18 |  |  |  | 一般 |
| C092 | 铁荚青 | 河北 | 春 | 145 | 紫 | 灰 | 淡绿 | 褐 | 黄 | 椭 | 亚 | 卵 | 14 | 41 | 20 | 90 | 19 | 1 |  | 食心虫 | 一般 |
| C093 | 状元青黑豆 | 河北 | 春 | 125 | 白 | 棕 | 黑 | 黑 | 黄 | 椭 | 无 | 卵 | 25 | 37 | 23 | 140 | 22 |  |  |  | 一般、菜用 |
| C094 | 河南早丰1号 | 河南 | 夏 | 100 | 白 | 灰 | 黄 | 淡褐 | 黄 | 椭 | 有 | 椭 | 12 | 40 | 18 | 60 |  | 1 |  | SMV | 一般 |
| C095 | 淯75-1 | 河南 | 夏 | 95 | 紫 | 棕 | 黄 | 褐 | 黄 | 球 | 有 | 椭 | 27 | 41 | 22 | 70 |  | 1 |  | SMV | 一般 |
| C096 | 淯育1号 | 河南 | 夏 | 113 | 白 | 灰 | 黑 | 黑 | 黄 | 椭 | 亚 | 椭 | 15 |  |  | 75 |  |  |  |  | 一般 |
| C097 | 建国1号 | 河南 | 夏 | 95 | 白 | 灰 | 淡黄 | 黄 | 黄 | 椭 | 有 | 椭 | 18 | 47 | 19 | 70 |  | 1 |  | SMV | 一般 |
| C098 | 勤俭6号 | 河南 | 夏 | 95 | 白 | 灰 | 淡黄 | 褐 | 黄 | 长椭 | 有 | 卵 | 18 | 46 | 19 | 60 |  | 1 |  |  | 一般 |
| C099 | 商丘4212 | 河南 | 夏 | 100 | 紫 | 灰 | 黄 | 淡褐 | 黄 | 椭 | 无 | 椭 | 15 | 41 | 22 | 90 |  | 1 |  | SMV、霜霉病 | 一般 |
| C100 | 商丘64-0 | 河南 | 夏 | 100 | 紫 | 灰 | 淡绿 | 淡褐 | 黄 | 近球 | 亚 | 卵 | 27 | 46 | 19 | 75 |  | 4 |  | 霜霉病 | 一般、菜用 |

（续）

| 编号 | 品种名称 | 来源省份 | 播期类型 | 生育日数(d) | 花色 | 茸毛色 | 种皮色 | 种脐色 | 子叶色 | 粒型 | 结荚习性 | 叶型 | 百粒重(g) | 蛋白质含量(%) | 油脂含量(%) | 株高(cm) | 主茎节数 | 裂荚性 | 每荚粒数 | 抗病虫性 | 利用类型 |
|---|---|---|---|---|---|---|---|---|---|---|---|---|---|---|---|---|---|---|---|---|---|
| C101 | 商丘7608 | 河南 | 夏 | 100 | 白 | 灰 | 黄 | 淡褐 | 黄 | 球 | 有 | 椭 | 17 | 47 | 18 | 75 | | 1 | | | 一般 |
| C102 | 商丘85225 | 河南 | 夏 | 100 | 白 | 灰 | 黄 | 褐 | 黄 | 球 | 有 | 椭 | 21 | 43 | 18 | 70 | | 1 | | SMV、霜霉病、食心虫 | 一般 |
| C103 | 息豆1号 | 河南 | 夏 | 110 | 紫 | 棕 | 淡绿 | 淡褐 | 黄 | 椭 | 亚 | 卵 | 13 | 44 | 19 | 68 | | 1 | | | 一般 |
| C104 | 豫豆1号 | 河南 | 夏 | 95 | 紫 | 灰 | 淡黄 | 淡褐 | 黄 | 椭 | 有 | 椭 | 15 | 45 | 19 | 80 | 17 | 1 | | SMV、紫斑病 | 一般 |
| C105 | 豫豆2号 | 河南 | 夏 | 100 | 紫 | 灰 | 淡黄 | 褐 | 黄 | 椭 | 有 | 椭 | 28 | 47 | 18 | 75 | | 4 | | 豆秆黑潜蝇 | 一般 |
| C106 | 豫豆3号 | 河南 | 夏 | 93 | 紫 | 灰 | 淡黄 | 淡褐 | 黄 | 椭 | 有 | 椭 | 18 | 44 | 19 | 60 | | 4 | | SMV、紫斑病 | 一般 |
| C107 | 豫豆4号 | 河南 | 夏 | 102 | 紫 | 棕 | 黑 | 黑 | 绿 | 球 | 有 | 椭 | 17 | 47 | 18 | 94 | 20 | 1 | | SMV、紫斑病 | 药用、菜用 |
| C108 | 豫豆5号 | 河南 | 夏 | 100 | 白 | 灰 | 淡黄 | 淡褐 | 黄 | 扁椭 | 有 | 卵 | 20 | 43 | 20 | 75 | 16 | 4 | | | 一般 |
| C109 | 豫豆6号 | 河南 | 夏 | 104 | 白 | 灰 | 淡黄 | 褐 | 黄 | 扁椭 | 有 | 椭 | 16 | 45 | 18 | 70 | 15 | 1 | | SMV、食心虫 | 一般 |
| C110 | 豫豆7号 | 河南 | 夏 | 100 | 紫 | 灰 | 淡黄 | 褐 | 黄 | 球 | 有 | 椭 | 22 | 46 | 19 | 75 | 17 | 1 | | | 一般 |
| C111 | 豫豆8号 | 河南 | 夏 | 100 | 白 | 灰 | 黄 | 褐 | 黄 | 披针 | 有 | 披针 | 23 | 45 | 20 | 75 | 15 | 5 | | SMV、霜霉病、紫斑病 | 一般 |
| C112 | 豫豆10号 | 河南 | 夏 | 100 | 紫 | 灰 | 淡黄 | 褐 | 黄 | 椭 | 有 | 椭 | 25 | 48 | 19 | 75 | 15 | 3 | | | 一般 |
| C113 | 豫豆11 | 河南 | 夏 | 101 | 紫 | 灰 | 黄 | 黄 | 黄 | 椭 | 有 | 椭 | 19 | 41 | 22 | 60 | 14 | 1 | | | 一般 |
| C114 | 豫豆12 | 河南 | 夏 | 105 | 紫 | 灰 | 黄 | 深褐 | 黄 | 椭 | 有 | 椭 | 20 | 51 | 18 | 70 | | 4 | | | 一般 |
| C115 | 豫豆15 | 河南 | 夏 | 100 | 白 | 灰 | 淡黄 | 淡褐 | 黄 | 椭 | 有 | 椭 | 18 | 40 | 21 | 70 | 16 | 1 | 2.0 | SMV | 一般 |
| C116 | 豫豆16 | 河南 | 夏 | 104 | 紫 | 灰 | 淡黄 | 淡褐 | 黄 | 椭 | 有 | 椭 | 23 | 46 | 18 | 70 | 16 | 1 | | SMV、食心虫 | 一般 |
| C117 | 豫豆18 | 河南 | 夏 | 100 | 紫 | 棕 | 黄 | 褐 | 黄 | 近球 | 有 | 椭 | 18 | 45 | 19 | 75 | 18 | 1 | | SMV、锈病 | 一般 |
| C118 | 豫豆19 | 河南 | 夏 | 101 | 紫 | 灰 | 黄 | 褐 | 黄 | 球 | 有 | 圆 | 20 | 46 | 20 | 67 | 15 | 1 | 2.2 | SMV、灰斑病、锈病 | 一般 |
| C119 | 正豆104 | 河南 | 夏 | 90 | 紫 | 无 | 淡黄 | 褐 | 黄 | 椭 | 有 | 椭 | 15 | 46 | 19 | 65 | | 1 | | | 一般 |
| C120 | 郑133 | 河南 | 夏 | 105 | 紫 | 灰 | 黄 | 褐 | 黄 | 球 | 有 | 椭 | 19 | 45 | 20 | 75 | | 1 | | SMV、食心虫 | 一般 |
| C121 | 郑77249 | 河南 | 夏 | 99 | 紫 | 灰 | 淡黄 | 褐 | 黄 | 椭 | 有 | 椭 | 18 | 45 | 19 | 70 | | 1 | | SMV | 一般 |
| C122 | 郑86506 | 河南 | 夏 | 102 | 紫 | 棕 | 黄 | 褐 | 黄 | 椭 | 有 | 椭 | 23 | 45 | 18 | 75 | | 1 | | SMV | 一般 |
| C123 | 郑州126 | 河南 | 夏 | 93 | 紫 | 灰 | 淡黄 | 淡褐 | 黄 | 长椭 | 有 | 椭 | 15 | 43 | 19 | 65 | | 1 | | SMV、霜霉病 | 一般 |
| C124 | 郑州135 | 河南 | 夏 | 90 | 白 | 灰 | 黄 | 淡褐 | 黄 | 椭 | 有 | 椭 | 14 | 45 | 18 | 60 | | 1 | | SMV | 一般 |
| C125 | 周7327-118 | 河南 | 夏 | 104 | 紫 | 棕 | 淡黄 | 深褐 | 黄 | 肾 | 有 | 椭 | 15 | 44 | 18 | 80 | | 1 | | SCN、SMV | 一般 |

| 编号 | 品种名称 | 来源省份 | 播期类型 | 生育日数(d) | 花色 | 茸毛色 | 种皮色 | 种脐色 | 子叶色 | 粒型 | 结荚习性 | 叶型 | 百粒重(g) | 蛋白质含量(%) | 油脂含量(%) | 株高(cm) | 主茎节数 | 裂荚性 | 每荚粒数 | 抗病虫性 | 利用类型 |
|---|---|---|---|---|---|---|---|---|---|---|---|---|---|---|---|---|---|---|---|---|---|
| C126 | 白宝珠 | 黑龙江 | 春 | 120 | 白 | 灰 | 黄 | 淡褐 | 黄 | 球 | 亚 | 披针 | 25 | 42 | 17 | 70 | | 1 | | | 一般 |
| C127 | 宝丰1号 | 黑龙江 | 春 | 116* | 紫 | 灰 | 黄 | 褐 | 黄 | 球 | 无 | 披针 | 19 | 42 | 19 | 95 | | 1 | | | 一般 |
| C128 | 宝丰2号 | 黑龙江 | 春 | 120* | 紫 | 灰 | 黄 | | 黄 | 球 | 无 | 披针 | 22 | 40 | 20 | 117 | 20 | 1 | 2.4 | 灰斑病 | 一般 |
| C129 | 宝丰3号 | 黑龙江 | 春 | 115* | 白 | 灰 | 黄 | 黄 | 黄 | 球 | 无 | 椭 | 20 | 38 | 20 | 92 | 13 | 1 | | 灰斑病 | 一般 |
| C130 | 北丰1号 | 黑龙江 | 春 | 96* | 紫 | 灰 | 黄 | 淡黄 | 黄 | 球 | 无 | 披针 | 19 | 41 | 21 | 55 | 13 | 4 | 2.2 | | 一般 |
| C131 | 北丰2号 | 黑龙江 | 春 | 97* | 紫 | 灰 | 淡黄 | 黄 | 黄 | 球 | 无 | 披针 | 19 | 38 | 23 | 55 | 13 | 1 | 2.4 | | 一般 |
| C132 | 北丰3号 | 黑龙江 | 春 | 99* | 紫 | 灰 | 黄 | 黄 | 黄 | 椭 | 无 | 披针 | 18 | 39 | 22 | 70 | | 1 | 2.8 | | 一般 |
| C133 | 北丰4号 | 黑龙江 | 春 | 110* | 紫 | 灰 | 黄 | 黄 | 黄 | 椭 | 无 | 披针 | 20 | 39 | 20 | 80 | 17 | 1 | 2.5 | | 一般 |
| C134 | 北丰5号 | 黑龙江 | 春 | 110* | 紫 | 灰 | 黄 | 黄 | 黄 | 球 | 无 | 披针 | 24 | 40 | 21 | 80 | 14 | 1 | 2.6 | | 一般 |
| C135 | 北呼豆 | 黑龙江 | 春 | 105 | 紫 | 灰 | 黄 | 黄 | 黄 | 椭 | 无 | 披针 | 19 | 39 | 21 | 65 | 10 | 1 | | | 一般 |
| C136 | 北良56-2 | 黑龙江 | 春 | 135 | 白 | 灰 | 黄白 | 淡褐 | 黄 | 椭 | 无 | 卵 | 18 | 40 | 21 | 70 | | 1 | 2.4 | | 一般 |
| C137 | 东牡小粒豆 | 黑龙江 | 春 | 116* | 紫 | 灰 | 黄 | 淡褐 | 黄 | 球 | 无 | 椭 | 13 | 40 | 19 | 93 | 21 | 4 | | | 纳豆 |
| C138 | 东农1号 | 黑龙江 | 春 | 130 | 紫 | 灰 | 黄 | 褐 | 黄 | 扁椭 | 无 | 椭 | 22 | 40 | 20 | 80 | | 1 | | | 一般 |
| C139 | 东农2号 | 黑龙江 | 春 | 132 | 白 | 灰 | 黄 | 淡褐 | 黄 | 椭 | 无 | 椭 | 18 | 37 | 21 | 75 | 17 | 1 | 2.5 | | 一般 |
| C140 | 东农4号 | 黑龙江 | 春 | 128 | 白 | 灰 | 黄 | 黄 | 黄 | 椭 | 无 | 椭 | 22 | 38 | 22 | 85 | | 1 | | | 一般 |
| C141 | 东农34 | 黑龙江 | 春 | 109* | 白 | 灰 | 黄 | 黄 | 黄 | 椭 | 无 | 披针 | 20 | 42 | 20 | 90 | 18 | 1 | 2.2 | | 一般 |
| C142 | 东农36 | 黑龙江 | 春 | 84* | 紫 | 棕 | 淡黄 | 淡黄 | 黄 | 扁椭 | 无 | 卵 | 18 | 46 | 19 | 55 | 10 | 4 | 1.6 | 霜霉病 | 一般 |
| C143 | 东农37 | 黑龙江 | 春 | 110* | 紫 | 灰 | 黄 | 黄 | 黄 | 球 | 无 | 披针 | 20 | 44 | 21 | 85 | 18 | 1 | 2.3 | | 一般 |
| C144 | 东农38 | 黑龙江 | 春 | 121* | 紫 | 灰 | 黄 | 黄 | 黄 | 椭 | 无 | 椭 | 19 | 38 | 22 | 80 | | 1 | 2.2 | | 一般 |
| C145 | 东农39 | 黑龙江 | 春 | 119* | 白 | 灰 | 黄 | 淡褐 | 黄 | 球 | 无 | 披针 | 19 | 44 | 19 | 90 | 21 | 1 | 2.2 | SMV、灰斑病 | 一般 |
| C146 | 东农40 | 黑龙江 | 春 | 95* | 紫 | 棕 | 黄 | 淡褐 | 黄 | 球 | 亚 | 卵 | 23 | 41 | 20 | 65 | 15 | 1 | | SMV、灰斑病 | 一般、菜用 |
| C147 | 东农41 | 黑龙江 | 春 | 85* | 紫 | 棕 | 淡黄 | 淡褐 | 黄 | 近球 | 无 | 椭 | 20 | 41 | 19 | 60 | 13 | 1 | | SMV | 一般 |
| C148 | 东农42 | 黑龙江 | 春 | 120* | 紫 | 灰 | 黄 | 黄 | 黄 | 椭 | 无 | 披针 | 22 | 45 | 19 | 100 | 16 | 1 | | 灰斑病 | 一般 |
| C149 | 东农超小粒1号 | 黑龙江 | 春 | 125* | 白 | 灰 | 黄 | 淡褐 | 黄 | 球 | 有 | 披针 | 9 | 41 | 17 | 65 | 16 | 1 | 2.3 | | 纳豆 |
| C150 | 丰收1号 | 黑龙江 | 春 | 135 | 紫 | 灰 | 淡黄 | 黄 | 黄 | 椭 | 无 | 椭 | 20 | 39 | 20 | 75 | 17 | 1 | 2.3 | | 一般 |

（续）

（续）

| 编号 | 品种名称 | 来源省份 | 播期类型 | 生育日数(d) | 花色 | 茸毛色 | 种皮色 | 种脐色 | 子叶色 | 粒型 | 结荚习性 | 叶型 | 百粒重(g) | 蛋白质含量(%) | 油脂含量(%) | 株高(cm) | 主茎节数 | 裂荚性 | 每荚粒数 | 抗病虫性 | 利用类型 |
|---|---|---|---|---|---|---|---|---|---|---|---|---|---|---|---|---|---|---|---|---|---|
| C151 | 丰收2号 | 黑龙江 | 春 | 125 | 白 | 灰 | 黄 | 淡褐 | 黄 | 近球 | 无 | 椭 | 20 | 44 | 20 | 65 | | 1 | 2.4 | | 一般 |
| C152 | 丰收3号 | 黑龙江 | 春 | 123 | 紫 | 灰 | 黄 | 黄 | 黄 | 椭 | 无 | 椭 | 19 | 40 | 20 | 65 | | 1 | 2.0 | | 一般 |
| C153 | 丰收4号 | 黑龙江 | 春 | 130 | 白 | 灰 | 黄 | 淡褐 | 黄 | 椭 | 无 | 卵 | 19 | 42 | 20 | 80 | | 1 | 2.3 | | 一般 |
| C154 | 丰收5号 | 黑龙江 | 春 | 128 | 白 | 灰 | 黄白 | 淡褐 | 黄 | 球 | 无 | 卵 | 17 | 39 | 20 | 75 | | 1 | 2.3 | | 一般 |
| C155 | 丰收6号 | 黑龙江 | 春 | 126 | 白 | 灰 | 黄 | 黄 | 黄 | 扁椭 | 无 | 椭 | 22 | 38 | 22 | 65 | | 1 | 2.2 | | 一般 |
| C156 | 丰收10号 | 黑龙江 | 春 | 130 | 紫 | 灰 | 淡黄 | 黄 | 黄 | 近球 | 无 | 披针 | 22 | 39 | 20 | 75 | 16 | 1 | 2.7 | | 一般 |
| C157 | 丰收11 | 黑龙江 | 春 | 115 | 白 | 灰 | 黄 | 黄 | 黄 | 近球 | 无 | 披针 | 21 | 38 | 22 | 65 | 12 | 1 | 2.5 | | 一般 |
| C158 | 丰收12 | 黑龙江 | 春 | 135 | 白 | 灰 | 黄 | 淡褐 | 黄 | 球 | 无 | 卵 | 23 | 43 | 20 | 80 | 17 | 1 | 2.4 | | 一般 |
| C159 | 丰收17 | 黑龙江 | 春 | 114* | 紫 | 灰 | 黄 | 黄 | 黄 | 球 | 无 | 披针 | 19 | 42 | 20 | 75 | | 1 | | | 一般 |
| C160 | 丰收18 | 黑龙江 | 春 | 99* | 白 | 棕 | 黄 | 黄 | 黄 | 球 | 无 | 披针 | 19 | 39 | 22 | 50 | | 1 | 2.3 | | 一般 |
| C161 | 丰收19 | 黑龙江 | 春 | 113* | 紫 | 灰 | 黄 | 黄 | 黄 | 球 | 无 | 披针 | 20 | 39 | 21 | 75 | 16 | 1 | 2.6 | | 一般 |
| C162 | 丰收20 | 黑龙江 | 春 | 110* | 白 | 灰 | 黄 | 淡褐 | 黄 | 扁球 | 无 | 披针 | 19 | 41 | 21 | 90 | 15 | 1 | 2.3 | | 一般 |
| C163 | 丰收21 | 黑龙江 | 春 | 115* | 白 | 灰 | 黄 | 黄 | 黄 | 球 | 亚 | 披针 | 20 | 43 | 18 | 88 | | 1 | 2.5 | | 一般 |
| C164 | 丰收22 | 黑龙江 | 春 | 116* | 白 | 灰 | 黄 | 黄 | 黄 | 球 | 亚 | 披针 | 20 | 41 | 19 | 75 | 16 | 1 | | | 一般 |
| C165 | 钢201 | 黑龙江 | 春 | 120 | 紫 | 灰 | 黄 | 淡褐 | 黄 | 椭 | 无 | 椭 | 18 | 35 | 21 | 65 | | 1 | | | 一般 |
| C166 | 合丰17 | 黑龙江 | 春 | 130 | 紫 | 灰 | 黄 | 淡褐 | 黄 | 近球 | 无 | 披针 | 19 | 39 | 21 | 100 | 14 | 1 | | | 一般 |
| C167 | 合丰22 | 黑龙江 | 春 | 128 | 白 | 灰 | 黄 | 淡褐 | 黄 | 球 | 无 | 卵 | 24 | 39 | 20 | 85 | 14 | 1 | | | 一般 |
| C168 | 合丰23 | 黑龙江 | 春 | 128 | 紫 | 灰 | 黄 | 黄 | 黄 | 球 | 无 | 披针 | 20 | 37 | 22 | 85 | 14 | 1 | 2.7 | | 一般 |
| C169 | 合丰24 | 黑龙江 | 春 | 109* | 紫 | 灰 | 黄 | 淡褐 | 黄 | 球 | 无 | 披针 | 21 | 39 | 22 | 78 | 15 | 1 | 2.5 | | 一般 |
| C170 | 合丰25 | 黑龙江 | 春 | 120* | 白 | 灰 | 黄 | 黄 | 黄 | 球 | 亚 | 披针 | 19 | 41 | 19 | 67 | 15 | 1 | 2.1 | 霜霉病 | 一般 |
| C171 | 合丰26 | 黑龙江 | 春 | 110* | 白 | 灰 | 黄 | 淡褐 | 黄 | 球 | 亚 | 披针 | 19 | 40 | 21 | 78 | 15 | 1 | 2.3 | | 一般 |
| C172 | 合丰27 | 黑龙江 | 春 | 115* | 白 | 灰 | 黄 | 黄 | 黄 | 椭 | 无 | 卵 | 21 | 43 | 19 | 85 | 18 | 1 | | 灰斑病 | 一般 |
| C173 | 合丰28 | 黑龙江 | 春 | 115* | 紫 | 灰 | 黄 | 黄 | 黄 | 椭 | 无 | 椭 | 19 | 39 | 21 | 110 | 19 | 1 | 1.9 | 灰斑病 | 一般 |
| C174 | 合丰29 | 黑龙江 | 春 | 115* | 紫 | 灰 | 淡黄 | 黄 | 黄 | 扁椭 | 无 | 椭 | 19 | 40 | 21 | 112 | | 1 | 1.9 | 灰斑病 | 一般 |
| C175 | 合丰30 | 黑龙江 | 春 | 118* | 白 | 灰 | 黄 | 淡褐 | 黄 | 球 | 亚 | 披针 | 19 | 42 | 20 | 85 | 15 | 1 | 2.3 | 灰斑病 | 一般 |

（续）

| 编号 | 品种名称 | 来源省份 | 播期类型 | 生育日数(d) | 花色 | 茸毛色 | 种皮色 | 种脐色 | 子叶色 | 粒型 | 结荚习性 | 叶型 | 百粒重(g) | 蛋白质含量(%) | 油脂含量(%) | 株高(cm) | 主茎节数 | 裂荚性 | 每荚粒数 | 抗病虫性 | 利用类型 |
|---|---|---|---|---|---|---|---|---|---|---|---|---|---|---|---|---|---|---|---|---|---|
| C176 | 合丰31 | 黑龙江 | 春 | 123* | 白 | 灰 | 黄 | 黄 | 黄 | 椭 | 亚 | 披针 | 20 | 41 | 18 | 80 | 17 | 1 | 2.4 | | 一般 |
| C177 | 合丰32 | 黑龙江 | 春 | 120 | 白 | 灰 | 黄 | 白 | 黄 | 球 | 亚 | 椭 | 18 | 41 | 19 | 85 | 16 | 1 | 2.4 | 灰斑病 | 一般 |
| C178 | 合丰33 | 黑龙江 | 春 | 122* | 白 | 灰 | 黄 | 黄 | 黄 | 球 | 亚 | 披针 | 19 | 42 | 19 | 90 | | 1 | | SMV、灰斑病 | 一般 |
| C179 | 合丰34 | 黑龙江 | 春 | 124* | 紫 | 灰 | 黄 | 黄 | 黄 | 球 | 亚 | 披针 | 19 | 43 | 19 | 80 | 17 | 1 | 2.7 | 灰斑病 | 一般 |
| C180 | 合丰35 | 黑龙江 | 春 | 121* | 紫 | 灰 | 黄 | 白 | 黄 | 球 | 亚 | 披针 | 23 | 42 | 19 | 90 | 18 | 1 | 2.5 | | 一般 |
| C181 | 合丰36 | 黑龙江 | 春 | 125 | 紫 | 灰 | 黄 | 黄 | 黄 | 球 | 亚 | 披针 | 20 | 43 | 20 | 80 | 17 | 1 | 2.7 | | 一般 |
| C182 | 合交6号 | 黑龙江 | 春 | 130 | 白 | 灰 | 黄 | 淡褐 | 黄 | 球 | 无 | 卵 | 24 | 40 | 23 | 80 | 14 | 1 | 2.3 | | 一般 |
| C183 | 合交8号 | 黑龙江 | 春 | 128 | 白 | 灰 | 黄 | 淡褐 | 黄 | 球 | 无 | 卵 | 20 | 38 | 22 | 80 | | 1 | | | 一般 |
| C184 | 合交11 | 黑龙江 | 春 | 120 | 白 | 灰 | 黄 | 淡褐 | 黄 | 椭 | 无 | 椭 | 17 | 37 | 21 | 85 | 16 | 1 | | | 一般 |
| C185 | 合交13 | 黑龙江 | 春 | 125 | 白 | 灰 | 黄 | 淡褐 | 黄 | 椭 | 无 | 椭 | 20 | 39 | 23 | 85 | 15 | 1 | 2.2 | | 一般 |
| C186 | 合交14 | 黑龙江 | 春 | 130 | 白 | 灰 | 黄 | 淡褐 | 黄 | 球 | 无 | 披针 | 18 | 33 | 21 | 80 | 17 | 1 | | | 一般 |
| C187 | 黑河3号 | 黑龙江 | 春 | 125 | 紫 | 灰 | 黄 | 淡黄 | 黄 | 椭 | 无 | 披针 | 19 | 38 | 21 | 75 | 12 | 1 | 2.2 | 食心虫 | 一般 |
| C188 | 黑河4号 | 黑龙江 | 春 | 109* | 紫 | 灰 | 黄 | 淡黄 | 黄 | 球 | 亚 | 披针 | 20 | 39 | 21 | 70 | 13 | 1 | 1.7 | | 一般 |
| C189 | 黑河5号 | 黑龙江 | 春 | 107* | 紫 | 灰 | 黄 | 淡黄 | 黄 | 椭 | 亚 | 椭 | 20 | 38 | 20 | 75 | 12 | 1 | 1.9 | | 一般 |
| C190 | 黑河6号 | 黑龙江 | 春 | 109* | 紫 | 灰 | 黄 | 淡黄 | 黄 | 球 | 无 | 披针 | 22 | 39 | 20 | 75 | 14 | 1 | 1.9 | | 一般 |
| C191 | 黑河7号 | 黑龙江 | 春 | 110* | 紫 | 灰 | 黄 | 淡黄 | 黄 | 球 | 亚 | 披针 | 20 | 41 | 18 | 90 | 15 | 1 | 2.4 | | 一般 |
| C192 | 黑河8号 | 黑龙江 | 春 | 106* | 紫 | 灰 | 黄 | 淡黄 | 黄 | 球 | 亚 | 披针 | 20 | 40 | 21 | 70 | | 1 | | | 一般 |
| C193 | 黑河9号 | 黑龙江 | 春 | 110* | 紫 | 灰 | 黄 | 淡黄 | 黄 | 椭 | 亚 | 披针 | 19 | 38 | 21 | 80 | | 1 | | 灰斑病 | 一般 |
| C194 | 黑河51 | 黑龙江 | 春 | 125 | 紫 | 灰 | 黄 | 黄 | 黄 | 椭 | 无 | 椭 | 19 | 37 | 22 | 75 | | 1 | 2.1 | | 一般 |
| C195 | 黑河54 | 黑龙江 | 春 | 125 | 紫 | 灰 | 黄 | 黄 | 黄 | 椭 | 亚 | 椭 | 20 | 40 | 22 | 55 | | 1 | | | 一般 |
| C196 | 黑鉴1号 | 黑龙江 | 春 | 89* | 紫 | 棕 | 黄 | 黑 | 黄 | 椭 | 无 | 椭 | 18 | 38 | 21 | 60 | 10 | 1 | 1.3 | | 一般 |
| C197 | 黑农3号 | 黑龙江 | 春 | 120 | 白 | 灰 | 黄 | 淡褐 | 黄 | 椭 | 无 | 椭 | 21 | 36 | 22 | 95 | | 1 | | | 一般 |
| C198 | 黑农4号 | 黑龙江 | 春 | 120 | 白 | 灰 | 黄 | 淡褐 | 黄 | 椭 | 无 | 圆 | 20 | 37 | 23 | 90 | 16 | 1 | | | 一般 |
| C199 | 黑农5号 | 黑龙江 | 春 | 118 | 白 | 灰 | 黄 | 黄褐 | 黄 | 椭 | 无 | 圆 | 21 | 41 | 22 | 85 | 18 | 1 | | | 一般 |
| C200 | 黑农6号 | 黑龙江 | 春 | 120 | 白 | 灰 | 黄 | 淡褐 | 黄 | 椭 | 无 | 椭 | 18 | 35 | 23 | 85 | 19 | 1 | 2.3 | | 一般 |

附录

（续）

| 编号 | 品种名称 | 来源省份 | 播期类型 | 生育日数(d) | 花色 | 茸毛色 | 种皮色 | 种脐色 | 子叶色 | 粒型 | 结荚习性 | 叶型 | 百粒重(g) | 蛋白质含量(%) | 油脂含量(%) | 株高(cm) | 主茎节数 | 裂荚性 | 每荚粒数 | 抗病虫性 | 利用类型 |
|---|---|---|---|---|---|---|---|---|---|---|---|---|---|---|---|---|---|---|---|---|---|
| C201 | 黑农7号 | 黑龙江 | 春 | 137 | 白 | 灰 | 黄 | 淡褐 | 黄 | 近球 | 无 | 圆 | 18 | 39 | 22 | 95 | 17 | 1 | 2.4 | | 一般 |
| C202 | 黑农8号 | 黑龙江 | 春 | 120 | 白 | 灰 | 黄 | 淡褐 | 黄 | 球 | 无 | 椭 | 18 | 40 | 23 | 80 | 17 | 1 | 2.4 | | 一般 |
| C203 | 黑农10号 | 黑龙江 | 春 | 130 | 白 | 灰 | 黄 | 黄 | 黄 | 椭 | 无 | 披针 | 21 | 40 | 22 | 95 | 19 | 1 | 2.6 | | 一般 |
| C204 | 黑农11 | 黑龙江 | 春 | 130 | 白 | 灰 | 黄 | 黄 | 黄 | 椭 | 无 | 披针 | 18 | 39 | 22 | 75 | 16 | 1 | 2.5 | | 一般 |
| C205 | 黑农16 | 黑龙江 | 春 | 130 | 白 | 灰 | 黄 | 淡褐 | 黄 | 椭 | 无 | 披针 | 18 | 37 | 23 | 90 | 16 | 1 | | | 一般 |
| C206 | 黑农17 | 黑龙江 | 春 | 128 | 白 | 灰 | 黄 | 淡褐 | 黄 | 近球 | 无 | 披针 | 19 | 41 | 22 | 95 | 18 | 1 | | | 一般 |
| C207 | 黑农18 | 黑龙江 | 春 | 135 | 白 | 灰 | 黄 | 褐 | 黄 | 椭 | 无 | 椭 | 24 | 43 | 21 | 90 | 16 | 1 | 2.1 | | 一般 |
| C208 | 黑农19 | 黑龙江 | 春 | 135 | 白 | 灰 | 黄 | 淡褐 | 黄 | 椭 | 无 | 披针 | 18 | 41 | 22 | 100 | 18 | 1 | 2.9 | | 一般 |
| C209 | 黑农23 | 黑龙江 | 春 | 135 | 白 | 灰 | 黄 | 黄 | 黄 | 扁椭 | 无 | 椭 | 21 | 40 | 22 | 95 | 16 | 1 | 2.4 | | 一般 |
| C210 | 黑农24 | 黑龙江 | 春 | 135 | 白 | 灰 | 黄 | 黄 | 黄 | 扁椭 | 无 | 椭 | 20 | 40 | 22 | 85 | 16 | 1 | 2.5 | | 一般 |
| C211 | 黑农26 | 黑龙江 | 春 | 135 | 白 | 灰 | 黄 | 黄 | 黄 | 近球 | 无 | 披针 | 20 | 41 | 22 | 100 | 17 | 1 | 2.6 | | 一般 |
| C212 | 黑农27 | 黑龙江 | 春 | 117* | 白 | 灰 | 黄 | 黄 | 黄 | 椭 | 无 | 椭 | 24 | 42 | 22 | 80 | 17 | 1 | | | 一般 |
| C213 | 黑农28 | 黑龙江 | 春 | 112* | 紫 | 灰 | 黄 | 褐 | 黄 | 球 | 亚 | 披针 | 17 | 38 | 21 | 95 | 19 | 1 | 2.5 | | 一般 |
| C214 | 黑农29 | 黑龙江 | 春 | 125* | 白 | 灰 | 黄 | 褐 | 黄 | 椭 | 无 | 披针 | 20 | 42 | 21 | 85 | 18 | 1 | 2.5 | | 一般 |
| C215 | 黑农30 | 黑龙江 | 春 | 120* | 白 | 灰 | 黄 | 黄 | 黄 | 椭 | 亚 | 椭 | 19 | 41 | 21 | 85 | 17 | 1 | 2.1 | | 一般 |
| C216 | 黑农31 | 黑龙江 | 春 | 118* | 白 | 灰 | 黄 | 淡褐 | 黄 | 椭 | 亚 | 椭 | 18 | 41 | 23 | 80 | 15 | 1 | 2.3 | | 一般 |
| C217 | 黑农32 | 黑龙江 | 春 | 123* | 白 | 灰 | 黄 | 淡褐 | 黄 | 椭 | 亚 | 椭 | 19 | 41 | 23 | 75 | 14 | 1 | 2.3 | | 一般 |
| C218 | 黑农33 | 黑龙江 | 春 | 125* | 白 | 灰 | 黄 | 淡褐 | 黄 | 椭 | 无 | 披针 | 20 | 40 | 22 | 110 | 19 | 1 | 2.5 | 灰斑病 | 一般 |
| C219 | 黑农34 | 黑龙江 | 春 | 120* | 白 | 灰 | 淡黄 | 淡黄 | 黄 | 椭 | 亚 | 披针 | 21 | 45 | 19 | 70 | 15 | 1 | 2.4 | | 一般 |
| C220 | 黑农35 | 黑龙江 | 春 | 115* | 白 | 灰 | 淡黄 | 黄 | 黄 | 椭 | 亚 | 披针 | 21 | 45 | 19 | 83 | 15 | 1 | | | 一般 |
| C221 | 黑农36 | 黑龙江 | 春 | 120* | 白 | 灰 | 黄 | 淡褐 | 黄 | 椭 | 无 | 披针 | 20 | 42 | 21 | 95 | 19 | 1 | 2.5 | 灰斑病 | 一般 |
| C222 | 黑农37 | 黑龙江 | 春 | 124* | 白 | 灰 | 黄 | 黄 | 黄 | 球 | 亚 | 披针 | 19 | 38 | 22 | 85 | 17 | 1 | 2.4 | | 一般 |
| C223 | 黑农39 | 黑龙江 | 春 | 125* | 紫 | 灰 | 黄 | 白 | 黄 | 球 | 无 | 圆 | 18 | 42 | 20 | 100 | | | | SMV | 一般 |
| C224 | 黑农小粒豆1号 | 黑龙江 | 春 | 129* | 紫 | 灰 | 黄 | 淡褐 | 黄 | 球 | 亚 | 披针 | 12 | 43 | 18 | 95 | 20 | 4 | 2.4 | | 纳豆 |
| C225 | 红丰2号 | 黑龙江 | 春 | 107* | 白 | 灰 | 淡黄 | 淡黄 | 黄 | 球 | 无 | 披针 | 17 | 40 | 22 | 70 | 19 | 1 | 1.8 | 灰斑病 | 一般 |

（续）

| 编号 | 品种名称 | 来源省份 | 播期类型 | 生育日数(d) | 花色 | 茸毛色 | 种皮色 | 种脐色 | 子叶色 | 粒型 | 结荚习性 | 叶型 | 百粒重(g) | 蛋白质含量(%) | 油脂含量(%) | 株高(cm) | 主茎节数 | 裂荚性 | 每荚粒数 | 抗病虫性 | 利用类型 |
|---|---|---|---|---|---|---|---|---|---|---|---|---|---|---|---|---|---|---|---|---|---|
| C226 | 红丰3号 | 黑龙江 | 春 | 104* | 白 | 灰 | 黄 | 淡褐 | 黄 | 椭 | 无 | 披针 | 18 | 39 | 23 | 85 | 18 | 1 | 2.3 | | 一般 |
| C227 | 红丰5号 | 黑龙江 | 春 | 106* | 白 | 灰 | 黄 | 淡黄 | 黄 | 球 | 亚 | 披针 | 20 | 39 | 22 | 75 | | 1 | | | 一般 |
| C228 | 红丰8号 | 黑龙江 | 春 | 110* | 白 | 灰 | 黄 | 淡褐 | 黄 | 球 | 亚 | 披针 | 18 | 36 | 22 | 81 | 16 | 1 | 2.3 | 灰斑病 | 一般 |
| C229 | 红丰9号 | 黑龙江 | 春 | 110* | 白 | 灰 | 黄 | 淡黄 | 黄 | 球 | 无 | 披针 | 20 | 35 | 23 | 104 | 18 | 1 | 2.7 | | 一般 |
| C230 | 红丰小粒豆1号 | 黑龙江 | 春 | 113* | 白 | 灰 | 黄 | 淡黄 | 黄 | 椭 | 无 | 披针 | 7 | 40 | 17 | 75 | | 1 | | 灰斑病 | 纳豆 |
| C231 | 建丰1号 | 黑龙江 | 春 | 120* | 白 | 灰 | 黄 | 黄 | 黄 | 球 | 亚 | 椭 | 30 | 43 | 20 | 66 | 15 | 1 | | | 一般 |
| C232 | 金元2号 | 黑龙江 | 春 | 130 | 白 | 灰 | 淡黄 | 褐 | 黄 | 椭 | 无 | 披针 | 21 | 42 | 22 | 70 | 17 | 1 | 2.5 | | 一般 |
| C233 | 荆山扑 | 黑龙江 | 春 | 143 | 白 | 灰 | 黄 | 淡褐 | 黄 | 近球 | 无 | 披针 | 19 | 37 | 21 | 85 | | 1 | | | 一般 |
| C234 | 九丰1号 | 黑龙江 | 春 | 110* | 紫 | 灰 | 黄 | 黄 | 黄 | 椭 | 亚 | 披针 | 18 | 37 | 20 | 65 | 14 | 1 | 2.0 | | 一般 |
| C235 | 九丰2号 | 黑龙江 | 春 | 102* | 紫 | 灰 | 黄 | 黄 | 黄 | 球 | 无 | 披针 | 20 | 36 | 23 | 85 | 14 | 1 | 2.2 | | 一般 |
| C236 | 九丰3号 | 黑龙江 | 春 | 110* | 紫 | 灰 | 黄 | 黄 | 黄 | 球 | 无 | 披针 | 21 | 41 | 20 | 75 | 14 | 1 | 2.5 | | 一般 |
| C237 | 九丰4号 | 黑龙江 | 春 | 100* | 紫 | 灰 | 黄 | 褐 | 黄 | 椭 | 亚 | 披针 | 19 | 38 | 22 | 70 | 13 | 1 | 2.6 | | 一般 |
| C238 | 九丰5号 | 黑龙江 | 春 | 104* | 紫 | 灰 | 黄 | 淡褐 | 黄 | 球 | 亚 | 披针 | 18 | 40 | 21 | 70 | | 1 | | | 一般 |
| C239 | 抗线虫1号 | 黑龙江 | 春 | 120 | 紫 | 灰 | 黄 | 黄 | 黄 | 椭 | 无 | 椭 | 17 | 41 | 20 | 90 | | 1 | | SCN | 一般 |
| C240 | 抗线虫2号 | 黑龙江 | 春 | 122* | 白 | 灰 | 黄 | 褐 | 黄 | 椭 | 无 | 圆 | 18 | 38 | 21 | 95 | 20 | 1 | 3.0 | SCN | 一般 |
| C241 | 克北1号 | 黑龙江 | 春 | 128 | 白 | 灰 | 黄 | 淡黄 | 黄 | 球 | 无 | 椭 | 18 | 41 | 21 | 70 | | 1 | | | 一般 |
| C242 | 克霜 | 黑龙江 | 春 | 115 | 紫 | 灰 | 淡黄 | 淡黄 | 黄 | 椭 | 无 | 卵 | 20 | 39 | 21 | 55 | | 1 | 1.7 | | 一般 |
| C243 | 克系283 | 黑龙江 | 春 | 130 | 白 | 灰 | 淡黄 | 淡黄 | 黄 | 椭 | 无 | 椭 | 21 | 44 | 21 | 90 | | 1 | 2.1 | | 一般 |
| C244 | 垦丰1号 | 黑龙江 | 春 | 115* | 紫 | 灰 | 黄 | 褐 | 黄 | 球 | 亚 | 椭 | 23 | 44 | 20 | 50 | 11 | 1 | 1.9 | SCN | 一般 |
| C245 | 垦秣1号 | 黑龙江 | 春 | 113* | 白 | 灰 | 紫 | 紫 | 黄 | 扁球 | 无 | 椭 | 12 | 44 | 18 | 100 | | 1 | | SCN | 饲草，一般 |
| C246 | 垦农1号 | 黑龙江 | 春 | 115* | 紫 | 灰 | 黄 | 黄 | 黄 | 球 | 亚 | 披针 | 17 | 44 | 20 | 80 | 14 | 1 | 2.4 | | 一般 |
| C247 | 垦农2号 | 黑龙江 | 春 | 115* | 白 | 灰 | 黄 | 黄 | 黄 | 球 | 无 | 披针 | 20 | 42 | 20 | 70 | 16 | 1 | | | 一般 |
| C248 | 垦农4号 | 黑龙江 | 春 | 120* | 白 | 灰 | 黄 | 黄 | 黄 | 球 | 亚 | 披针 | 20 | 42 | 22 | 85 | | 1 | | 灰斑病 | 一般 |
| C249 | 李玉玲 | 黑龙江 | 春 | 138 | 白 | 灰 | 黄 | 淡褐 | 黄 | 椭 | 无 | 椭 | 24 | 41 | 21 | 80 | | 1 | 1.9 | | 一般 |
| C250 | 满仓金 | 黑龙江 | 春 | 135 | 白 | 灰 | 黄 | 黄 | 黄 | 椭 | 无 | 椭 | 19 | 40 | 22 | 95 | 19 | 1 | 2.5 | | 一般 |

（续）

| 编号 | 品种名称 | 来源省份 | 播期类型 | 生育日数(d) | 花色 | 茸毛色 | 种皮色 | 种脐色 | 子叶色 | 粒型 | 结荚习性 | 叶型 | 百粒重(g) | 蛋白质含量(%) | 油脂含量(%) | 株高(cm) | 主茎节数 | 裂荚性 | 每荚粒数 | 抗病虫性 | 利用类型 |
|---|---|---|---|---|---|---|---|---|---|---|---|---|---|---|---|---|---|---|---|---|---|
| C251 | 漠河1号 | 黑龙江 | 春 | 84* | 紫 | 棕 | 黄 | 黑 | 黄 | 椭 | 无 | 椭 | 17 | 40 | 19 | 55 | | 4 | | | | 一般 |
| C252 | 牡丰1号 | 黑龙江 | 春 | 130 | 白 | 灰 | 黄 | 褐 | 黄 | 球 | 无 | 披针 | 18 | 36 | 23 | 70 | | 1 | | | | 一般 |
| C253 | 牡丰5号 | 黑龙江 | 春 | 130 | 白 | 灰 | 黄 | 淡褐 | 黄 | 近球 | 亚 | 披针 | 18 | 37 | 19 | 70 | | 1 | | | | 一般 |
| C254 | 牡丰6号 | 黑龙江 | 春 | 125* | 紫 | 灰 | 淡黄 | 黄 | 黄 | 扁球 | 无 | 椭 | 23 | 43 | 20 | 110 | 20 | 1 | 2.4 | 灰斑病 | 一般 |
| C255 | 嫩丰1号 | 黑龙江 | 春 | 130 | 白 | 灰 | 黄 | 淡褐 | 黄 | 球 | 无 | 椭 | 20 | 39 | 23 | 70 | | 1 | | | | 一般 |
| C256 | 嫩丰2号 | 黑龙江 | 春 | 130 | 白 | 灰 | 黄 | 淡褐 | 黄 | 椭 | 无 | 椭 | 19 | 38 | 23 | 90 | | 1 | | | | 一般 |
| C257 | 嫩丰4号 | 黑龙江 | 春 | 130 | 白 | 灰 | 黄 | 淡褐 | 黄 | 球 | 无 | 圆 | 19 | 36 | 23 | 70 | 17 | 1 | 2.3 | | 一般 |
| C258 | 嫩丰7号 | 黑龙江 | 春 | 130 | 白 | 灰 | 黄 | 淡褐 | 黄 | 椭 | 无 | 椭 | 19 | 36 | 23 | 75 | | 1 | | | | 一般 |
| C259 | 嫩丰9号 | 黑龙江 | 春 | 111* | 白 | 灰 | 黄 | 淡褐 | 黄 | 椭 | 无 | 椭 | 17 | 42 | 21 | 78 | 17 | 1 | 1.9 | | 一般 |
| C260 | 嫩丰10号 | 黑龙江 | 春 | 112* | 白 | 灰 | 黄 | 褐 | 黄 | 球 | 无 | 披针 | 21 | 38 | 23 | 85 | 16 | 1 | 2.6 | | 一般 |
| C261 | 嫩丰11 | 黑龙江 | 春 | 114* | 白 | 灰 | 黄 | 淡褐 | 黄 | 近球 | 无 | 披针 | 19 | 40 | 21 | 95 | 19 | 1 | 2.9 | | 一般 |
| C262 | 嫩丰12 | 黑龙江 | 春 | 115* | 白 | 灰 | 黄 | 黄 | 黄 | 球 | 亚 | 披针 | 18 | 36 | 22 | 70 | 17 | 1 | 2.7 | | 一般 |
| C263 | 嫩丰13 | 黑龙江 | 春 | 114* | 白 | 灰 | 黄 | 淡褐 | 黄 | 球 | 无 | 披针 | 20 | 43 | 21 | 85 | 19 | 1 | 2.3 | | 一般 |
| C264 | 嫩丰14 | 黑龙江 | 春 | 115* | 紫 | 灰 | 黄 | 黄 | 黄 | 球 | 无 | 椭 | 22 | 44 | 20 | 70 | | 1 | 1.8 | SCN | 一般 |
| C265 | 嫩丰15 | 黑龙江 | 春 | 116* | 紫 | 灰 | 黄 | 淡褐 | 黄 | 球 | 无 | 圆 | 19 | 40 | 20 | 80 | | | | SCN | 一般 |
| C266 | 嫩农1号 | 黑龙江 | 春 | 108* | 白 | 灰 | 黄 | 淡褐 | 黄 | 椭 | 亚 | 披针 | 21 | 39 | 21 | 70 | 13 | 1 | 2.1 | | 一般 |
| C267 | 嫩农2号 | 黑龙江 | 春 | 110* | 紫 | 灰 | 黄 | 黄 | 黄 | 椭 | 亚 | 披针 | 21 | 42 | 19 | 75 | 13 | 1 | 2.2 | | 一般 |
| C268 | 曙光1号 | 黑龙江 | 春 | 132 | 紫 | 灰 | 黄 | 黄 | 黄 | 椭 | 无 | 椭 | 17 | 40 | 20 | 95 | 17 | | | | 一般 |
| C269 | 绥农1号 | 黑龙江 | 春 | 130 | 紫 | 灰 | 黄 | 黄 | 黄 | 球 | 无 | 披针 | 19 | 36 | 22 | 83 | | 1 | 2.3 | | 一般 |
| C270 | 绥农3号 | 黑龙江 | 春 | 130 | 白 | 灰 | 黄 | 黄 | 黄 | 球 | 无 | 披针 | 20 | 36 | 23 | 80 | | 1 | 2.6 | | 一般 |
| C271 | 绥农4号 | 黑龙江 | 春 | 114* | 紫 | 灰 | 黄 | 黄 | 黄 | 球 | 无 | 披针 | 20 | 38 | 21 | 78 | 16 | 1 | | | 一般 |
| C272 | 绥农5号 | 黑龙江 | 春 | 114* | 紫 | 灰 | 黄 | 黄 | 黄 | 球 | 无 | 披针 | 19 | 39 | 21 | 90 | 21 | 1 | 2.4 | | 一般 |
| C273 | 绥农6号 | 黑龙江 | 春 | 113* | 紫 | 灰 | 黄 | 黄 | 黄 | 球 | 无 | 披针 | 19 | 37 | 23 | 90 | 16 | 1 | 2.3 | 霜霉病 | 一般 |
| C274 | 绥农7号 | 黑龙江 | 春 | 117* | 白 | 灰 | 黄 | 黄 | 黄 | 球 | 亚 | 披针 | 22 | 43 | 20 | 93 | 21 | 1 | 2.1 | | 一般 |
| C275 | 绥农8号 | 黑龙江 | 春 | 122* | 紫 | 灰 | 淡黄 | 黄 | 黄 | 椭 | 无 | 椭 | 24 | 42 | 20 | 80 | 16 | 1 | 2.0 | 灰斑病 | 一般 |

（续）

| 编号 | 品种名称 | 来源省份 | 播期类型 | 生育日数(d) | 花色 | 茸毛色 | 种皮色 | 种脐色 | 子叶色 | 粒型 | 结荚习性 | 叶型 | 百粒重(g) | 蛋白质含量(%) | 油脂含量(%) | 株高(cm) | 主茎节数 | 裂荚性 | 每荚粒数 | 抗病虫性 | 利用类型 |
|---|---|---|---|---|---|---|---|---|---|---|---|---|---|---|---|---|---|---|---|---|---|
| C276 | 绥农9号 | 黑龙江 | 春 | 116* | 紫 | 灰 | 黄 | 黄 | 黄 | 球 | 无 | 披针 | 20 | 41 | 21 | 86 | 17 | 1 |  | 灰斑病 | 一般 |
| C277 | 绥农10号 | 黑龙江 | 春 | 120* | 白 | 灰 | 淡黄 | 白 | 黄 | 球 | 无 | 披针 | 20 | 40 | 21 | 100 | 20 | 1 |  | 灰斑病 | 一般 |
| C278 | 绥农11 | 黑龙江 | 春 | 115* | 白 | 灰 | 黄 | 白 | 黄 | 球 | 无 | 披针 | 19 | 42 | 21 | 100 | 20 | 1 |  |  | 一般 |
| C279 | 孙吴平顶黄 | 黑龙江 | 春 | 120 | 紫 | 棕 | 暗黄 | 黑 | 黄 | 扁椭 | 有 | 椭 | 18 | 42 | 20 | 60 | 12 | 1 |  |  | 一般 |
| C280 | 西比瓦 | 黑龙江 | 春 | 130 | 紫 | 灰 | 黄 | 黄 | 黄 | 椭 | 无 | 卵 | 20 | 43 | 21 | 70 |  | 1 | 2.0 |  | 一般 |
| C281 | 新四粒黄 | 黑龙江 | 春 | 139 | 白 | 灰 | 黄 | 褐 | 黄 | 椭 | 无 | 椭 | 24 | 37 | 20 | 85 |  |  |  |  | 一般 |
| C282 | 迹选1号 | 黑龙江 | 春 | 106* | 紫 | 灰 | 黄 | 淡黄 | 黄 | 球 | 亚 | 披针 | 23 | 42 | 19 | 68 |  | 1 | 2.0 |  | 一般 |
| C283 | 于惠珍大豆 | 黑龙江 | 春 | 133 | 白 | 灰 | 黄 | 淡褐 | 黄 | 椭 | 无 | 椭 | 19 | 37 | 22 | 95 |  | 1 |  |  | 一般 |
| C284 | 元宝金 | 黑龙江 | 春 | 133 | 白 | 灰 | 黄 | 淡褐 | 黄 | 椭 | 无 | 椭 | 20 | 43 | 22 | 75 | 16 | 1 | 2.4 |  | 一般 |
| C285 | 紫花2号 | 黑龙江 | 春 | 125 | 紫 | 灰 | 黄 | 黄 | 黄 | 椭 | 无 | 卵 | 18 | 42 | 21 | 60 | 11 | 1 | 1.9 |  | 一般 |
| C286 | 紫花3号 | 黑龙江 | 春 | 133 | 紫 | 灰 | 黄 | 黄 | 黄 | 扁椭 | 无 | 卵 | 21 | 44 | 21 | 73 | 16 | 1 | 2.0 |  | 一般 |
| C287 | 紫花4号 | 黑龙江 | 春 | 130 | 紫 | 灰 | 黄 | 淡黄 | 黄 | 椭 | 无 | 卵 | 19 | 43 | 21 | 65 |  | 1 | 2.0 |  | 一般 |
| C288 | 矮脚早 | 湖北 | 春 | 108 | 白 | 灰 | 黄 | 褐 | 黄 | 椭 | 有 | 卵 | 19 | 42 | 19 | 45 | 12 | 1 | 2.2 |  | 一般 |
| C289 | 鄂豆2号 | 湖北 | 夏 | 120 | 白 | 灰 | 黄 | 淡褐 | 黄 | 椭 | 有 | 卵 | 15 | 45 | 18 | 65 | 17 | 1 | 2.0 | SMV | 一般 |
| C290 | 鄂豆4号 | 湖北 | 春 | 95 | 白 | 灰 | 淡黄 | 淡褐 | 黄 | 椭 | 有 | 卵 | 20 | 47 | 17 | 35 | 10 | 1 |  |  | 一般 |
| C291 | 鄂豆5号 | 湖北 | 春 | 90 | 白 | 棕 | 黄 | 褐 | 黄 | 扁椭 | 有 | 椭 | 20 | 39 | 18 | 35 | 11 | 4 |  |  | 一般 |
| C292 | 早春1号 | 湖北 | 春 | 85 | 白 | 灰 | 黄 | 褐 | 黄 | 椭 | 有 | 椭 | 18 | 46 | 17 | 31 | 9 | 1 | 2.5 | 锈病 | 一般、菜用 |
| C293 | 中豆8号 | 湖北 | 夏 | 121 | 白 | 灰 | 黄 | 淡褐 | 黄 | 近球 | 有 | 椭 | 18 | 49 | 18 | 70 | 18 | 1 | 2.0 | SMV | 一般 |
| C294 | 中豆14 | 湖北 | 夏 | 99 | 紫 | 灰 | 黄 | 黄 | 黄 | 椭 | 有 | 卵 | 21 | 46 | 17 | 70 | 14 | 1 | 2.0 | SMV、叶食性害虫 | 一般 |
| C295 | 中豆19 | 湖北 | 夏 | 100 | 紫 | 棕 | 黄 | 褐 | 黄 | 椭 | 有 | 椭 | 19 | 41 | 19 | 60 | 15 | 1 | 2.0 | SMV、锈病 | 一般 |
| C296 | 中豆20 | 湖北 | 夏 | 97 | 白 | 灰 | 黄 | 褐 | 黄 | 椭 | 有 | 椭 | 17 | 40 | 20 | 70 | 17 | 1 | 2.3 | SMV | 一般 |
| C297 | 中豆24 | 湖北 | 夏 | 119 | 紫 | 棕 | 黄 | 褐 | 黄 | 椭 | 有 | 椭 | 15 | 46 | 17 | 60 | 14 | 1 | 2.0 | SMV、锈病 | 一般 |
| C298 | 州豆30 | 湖北 | 春 | 120 | 紫 | 棕 | 黄 | 深褐 | 黄 | 椭 | 有 | 椭 | 19 | 46 | 18 | 60 |  | 1 |  | 锈病 | 一般 |
| C299 | 怀春79-16 | 湖南 | 春 | 98 | 白 | 灰 | 黄 | 褐 | 黄 | 椭 | 有 | 椭 | 17 | 40 | 21 | 45 | 11 | 1 | 2.0 |  | 一般 |
| C300 | 湘B68 | 湖南 | 春 | 102 | 紫 | 灰 | 黑 | 深褐 | 黄 | 椭 | 亚 | 卵 | 10 | 43 | 19 | 75 | 11 | 1 | 1.7 |  | 豆豉、药用 |

（续）

| 编号 | 品种名称 | 来源省份 | 播期类型 | 生育日数(d) | 花色 | 茸毛色 | 种皮色 | 种脐色 | 子叶色 | 粒型 | 结荚习性 | 叶型 | 百粒重(g) | 蛋白质含量(%) | 油脂含量(%) | 株高(cm) | 主茎节数 | 裂荚性 | 每荚粒数 | 抗病虫性 | 利用类型 |
|---|---|---|---|---|---|---|---|---|---|---|---|---|---|---|---|---|---|---|---|---|---|
| C301 | 湘春豆10号 | 湖南 | 春 | 106 | 白 | 灰 | 黄 | 黑 | 黄 | 长椭 | 有 | 椭 | 18 | 41 | 20 | 50 | 12 | 1 | 2.3 | | 一般 |
| C302 | 湘春豆11 | 湖南 | 春 | 106 | 白 | 灰 | 黄 | 褐 | 黄 | 肾 | 有 | 椭 | 21 | 43 | 21 | 70 | 13 | 1 | 2.0 | SMV | 一般 |
| C303 | 湘春豆12 | 湖南 | 春 | 104 | 白 | 灰 | 黄 | 深褐 | 黄 | 椭 | 有 | 椭 | 18 | 40 | 23 | 60 | 12 | 1 | 2.1 | | 一般 |
| C304 | 湘春豆13 | 湖南 | 春 | 101 | 白 | 灰 | 黄 | 褐 | 黄 | 椭 | 有 | 椭 | 22 | 41 | 20 | 50 | 11 | 1 | 2.0 | | 一般、菜用 |
| C305 | 湘春豆14 | 湖南 | 春 | 98 | 白 | 灰 | 黄 | 黑 | 黄 | 椭 | 有 | 椭 | 18 | 39 | 23 | 50 | 11 | 1 | 2.1 | SMV | 一般 |
| C306 | 湘春豆15 | 湖南 | 春 | 90 | 白 | 灰 | 黄 | 褐 | 黄 | 椭 | 有 | 椭 | 20 | 43 | 22 | 55 | 11 | 1 | 2.1 | | 一般、菜用 |
| C307 | 湘豆3号 | 湖南 | 春 | 97 | 紫 | 棕 | 黄 | 褐 | 黄 | 扁椭 | 有 | 椭 | 13 | 44 | 17 | 50 | 15 | 1 | | | 一般 |
| C308 | 湘豆4号 | 湖南 | 春 | 101 | 紫 | 棕 | 黄 | 深褐 | 黄 | 扁椭 | 有 | 椭 | 13 | 45 | 16 | 55 | | | | | 一般 |
| C309 | 湘豆5号 | 湖南 | 春 | 108 | 白 | 灰 | 黄 | 褐 | 黄 | 椭 | 有 | 椭 | 22 | 44 | 17 | 45 | 12 | 1 | 2.3 | | 一般 |
| C310 | 湘豆6号 | 湖南 | 春 | 97 | 紫 | 灰 | 黄 | 褐 | 黄 | 扁椭 | 亚 | 椭 | 11 | 43 | 17 | 45 | 12 | 1 | | | 一般 |
| C311 | 湘青 | 湖南 | 秋 | 100 | 紫 | 棕 | 绿 | 褐 | 绿 | 椭 | 有 | 椭 | 25 | 47 | 17 | 45 | 11 | 1 | 2.5 | | 菜用 |
| C312 | 湘秋豆1号 | 湖南 | 秋 | 110 | 紫 | 棕 | 黄 | 褐 | 黄 | 椭 | 亚 | 椭 | 24 | 44 | 16 | 75 | 14 | 1 | | | 一般 |
| C313 | 湘秋豆2号 | 湖南 | 秋 | 105 | 紫 | 灰 | 黄 | 褐 | 黄 | 球 | 有 | 椭 | 26 | 41 | 18 | 55 | 13 | 1 | 1.8 | | 一般 |
| C314 | 白农1号 | 吉林 | 春 | 114* | 白 | 灰 | 黄 | 褐 | 黄 | 球 | 无 | 披针 | 19 | 43 | 20 | 95 | | 1 | | 食心虫 | 一般 |
| C315 | 白农2号 | 吉林 | 春 | 118* | 白 | 灰 | 黄 | 淡褐 | 黄 | 球 | 无 | 圆 | 23 | 41 | 20 | 95 | | 1 | | SCN | 一般 |
| C316 | 白农4号 | 吉林 | 春 | 115* | 白 | 灰 | 黄 | 黄 | 黄 | 球 | 无 | 披针 | 19 | 43 | 20 | 95 | | 1 | | SCN | 一般 |
| C317 | 长白1号 | 吉林 | 春 | 120* | 紫 | 灰 | 黄 | 淡黄 | 黄 | 扁球 | 亚 | 椭 | 12 | | | 80 | | 1 | | | 纳豆 |
| C318 | 长农1号 | 吉林 | 春 | 125* | 白 | 灰 | 黄 | 褐 | 黄 | 球 | 无 | 披针 | 24 | 43 | 19 | 95 | | 1 | 2.6 | | 一般 |
| C319 | 长农2号 | 吉林 | 春 | 125* | 白 | 灰 | 黄 | 淡褐 | 黄 | 球 | 亚 | 圆 | 19 | 40 | 21 | 75 | | 1 | 2.5 | | 一般 |
| C320 | 长农4号 | 吉林 | 春 | 130* | 白 | 灰 | 黄 | 淡黄 | 黄 | 球 | 亚 | 圆 | 19 | 40 | 20 | 95 | | 1 | | | 一般 |
| C321 | 长农5号 | 吉林 | 春 | 125* | 紫 | 灰 | 黄 | 淡黄 | 黄 | 球 | 亚 | 披针 | 21 | 40 | 20 | 85 | | 1 | | | 一般 |
| C322 | 长农7号 | 吉林 | 春 | 130* | 白 | 灰 | 黄 | 白 | 黄 | 球 | 亚 | 披针 | 20 | 41 | 19 | 100 | 17 | 1 | 2.4 | SMV、灰斑病 | 一般 |
| C323 | 德豆1号 | 吉林 | 春 | 128* | 白 | 灰 | 黄 | 黄 | 黄 | 球 | 有 | 披针 | 20 | 41 | 20 | 75 | | 1 | | 食心虫 | 一般 |
| C324 | 丰地黄 | 吉林 | 春 | 140 | 白 | 灰 | 黄 | 黄 | 黄 | 近球 | 有 | 圆 | 19 | 41 | 20 | 65 | 17 | 1 | 1.9 | | 一般 |
| C325 | 丰交7607 | 吉林 | 春 | 127* | 紫 | 灰 | 黄 | 黄 | 黄 | 球 | 亚 | 披针 | 20 | 43 | 20 | 93 | | 1 | | | 一般 |

（续）

| 编号 | 品种名称 | 来源省份 | 播期类型 | 生育日数(d) | 花色 | 茸毛色 | 种皮色 | 种脐色 | 子叶色 | 粒型 | 结荚习性 | 叶型 | 百粒重(g) | 蛋白质含量(%) | 油脂含量(%) | 株高(cm) | 主茎节数 | 裂荚性 | 每荚粒数 | 抗病虫性 | 利用类型 |
|---|---|---|---|---|---|---|---|---|---|---|---|---|---|---|---|---|---|---|---|---|---|
| C326 | 丰收选 | 吉林 | 春 | 115* | 白 | 灰 | 黄 | 淡黄 | 黄 | 球 | 无 | 卵 | 20 | 41 | 21 | 85 | | 1 | | | 一般 |
| C327 | 公交5201-18 | 吉林 | 春 | 148 | 白 | 灰 | 黄 | 淡褐 | 黄 | 椭 | 无 | 披针 | 18 | 40 | 21 | 105 | 19 | 1 | 2.7 | 食心虫 | 一般 |
| C328 | 公交5601-1 | 吉林 | 春 | 140 | 白 | 灰 | 黄 | 淡褐 | 黄 | 椭 | 无 | 椭 | 19 | 40 | 23 | 100 | 19 | 1 | 2.3 | | 一般 |
| C329 | 公交5610-1 | 吉林 | 春 | 136 | 白 | 灰 | 黄 | 淡褐 | 黄 | 椭 | 无 | 椭 | 20 | 39 | 23 | 95 | 19 | 1 | | | 一般 |
| C330 | 公交5610-2 | 吉林 | 春 | 127 | 白 | 灰 | 黄 | 淡褐 | 黄 | 椭 | 无 | 椭 | 17 | 39 | 23 | 90 | 18 | 1 | 2.3 | | 一般 |
| C331 | 和平1号 | 吉林 | 春 | 150 | 紫 | 灰 | 黄 | 黄 | 黄 | 椭 | 无 | 椭 | 15 | 40 | 19 | 110 | 20 | 1 | 2.1 | | 一般 |
| C332 | 桦丰1号 | 吉林 | 春 | 125* | 白 | 灰 | 淡黄 | 淡褐 | 黄 | 椭 | 无 | 披针 | 19 | 41 | 18 | 100 | | 1 | 2.4 | | 豆腐、豆酱 |
| C333 | 黄宝珠 | 吉林 | 春 | 140 | 白 | 灰 | 黄 | 淡褐 | 黄 | 球 | 无 | 卵 | 23 | 42 | 21 | 75 | 19 | 1 | 2.3 | | 一般 |
| C334 | 吉林1号 | 吉林 | 春 | 140 | 白 | 灰 | 黄 | 淡褐 | 黄 | 椭 | 无 | 椭 | 17 | 41 | 23 | 100 | 20 | 1 | 2.3 | SMV、蚜虫、食心虫 | 一般 |
| C335 | 吉林2号 | 吉林 | 春 | 130 | 白 | 灰 | 黄 | 褐 | 黄 | 椭 | 无 | 椭 | 17 | 40 | 22 | 100 | | 1 | 2.3 | | 一般 |
| C336 | 吉林3号 | 吉林 | 春 | 135 | 白 | 灰 | 黄 | 褐 | 黄 | 椭 | 无 | 披针 | 15 | 40 | 21 | 95 | 20 | 1 | 2.7 | 食心虫 | 一般 |
| C337 | 吉林4号 | 吉林 | 春 | 135 | 白 | 灰 | 黄 | 褐 | 黄 | 近球 | 无 | 披针 | 17 | 41 | 22 | 95 | 18 | 1 | 2.6 | 食心虫 | 一般 |
| C338 | 吉林5号 | 吉林 | 春 | 145 | 白 | 灰 | 黄 | 淡褐 | 黄 | 椭 | 无 | 披针 | 20 | 40 | 22 | 100 | 20 | 1 | 2.5 | 食心虫 | 一般 |
| C339 | 吉林6号 | 吉林 | 春 | 140 | 白 | 灰 | 黄 | 褐 | 黄 | 椭 | 亚 | 椭 | 16 | 41 | 23 | 70 | | 1 | 2.2 | | 一般 |
| C340 | 吉林8号 | 吉林 | 春 | 134 | 紫 | 灰 | 黄 | 褐 | 黄 | 椭 | 无 | 椭 | 18 | 40 | 22 | 80 | 18 | 1 | 2.3 | | 一般 |
| C341 | 吉林9号 | 吉林 | 春 | 135 | 白 | 灰 | 黄 | 褐 | 黄 | 椭 | 无 | 椭 | 20 | 43 | 22 | 100 | 19 | 1 | 2.3 | | 一般 |
| C342 | 吉林10号 | 吉林 | 春 | 128 | 白 | 灰 | 黄 | 褐 | 黄 | 椭 | 亚 | 椭 | 16 | 43 | 22 | 80 | 17 | 1 | 2.3 | | 一般 |
| C343 | 吉林11 | 吉林 | 春 | 135 | 白 | 灰 | 黄 | 褐 | 黄 | 椭 | 亚 | 椭 | 16 | 40 | 22 | 75 | 17 | 1 | 2.3 | | 一般 |
| C344 | 吉林12 | 吉林 | 春 | 130 | 白 | 灰 | 黄 | 褐 | 黄 | 椭 | 无 | 椭 | 18 | 41 | 23 | 100 | | 1 | 2.3 | | 一般 |
| C345 | 吉林13 | 吉林 | 春 | 135 | 白 | 灰 | 黄 | 褐 | 黄 | 球 | 亚 | 披针 | 15 | 40 | 21 | 75 | 17 | 1 | 2.1 | 食心虫 | 一般 |
| C346 | 吉林14 | 吉林 | 春 | 122 | 白 | 灰 | 黄 | 褐 | 黄 | 椭 | 亚 | 披针 | 16 | 43 | 21 | 65 | 16 | 1 | 2.6 | | 一般 |
| C347 | 吉林15 | 吉林 | 春 | 128 | 白 | 灰 | 黄 | 褐 | 黄 | 椭 | 亚 | 披针 | 16 | 42 | 20 | 70 | 16 | 1 | 2.7 | | 一般 |
| C348 | 吉林16 | 吉林 | 春 | 142 | 紫 | 灰 | 黄 | 褐 | 黄 | 椭 | 无 | 披针 | 18 | 41 | 22 | 100 | 20 | 1 | 2.6 | 食心虫 | 一般 |
| C349 | 吉林17 | 吉林 | 春 | 125* | 白 | 灰 | 黄 | 黄 | 黄 | 椭 | 亚 | 披针 | 18 | 42 | 20 | 85 | | 1 | 2.5 | SMV | 一般 |
| C350 | 吉林18 | 吉林 | 春 | 125* | 白 | 灰 | 黄 | 黄 | 黄 | 椭 | 亚 | 披针 | 18 | 43 | 20 | 86 | | 1 | 2.5 | SMV、霜霉病 | 一般 |

（续）

| 编号 | 品种名称 | 来源省份 | 播期类型 | 生育日数(d) | 花色 | 茸毛色 | 种皮色 | 种脐色 | 子叶色 | 粒型 | 结荚习性 | 叶型 | 百粒重(g) | 蛋白质含量(%) | 油脂含量(%) | 株高(cm) | 主茎节数 | 裂荚性 | 每荚粒数 | 抗病虫性 | 利用类型 |
|---|---|---|---|---|---|---|---|---|---|---|---|---|---|---|---|---|---|---|---|---|---|
| C351 | 吉林19 | 吉林 | 春 | 115* | 紫 | 灰 | 黄 | 黄 | 黄 | 椭 | 无 | 披针 | 18 | 42 | 21 | 75 | | 1 | | | | 一般 |
| C352 | 吉林20 | 吉林 | 春 | 123* | 紫 | 灰 | 黄 | 黄 | 黄 | 球 | 亚 | 披针 | 19 | 39 | 21 | 95 | 19 | 1 | 2.5 | | | 一般 |
| C353 | 吉林21 | 吉林 | 春 | 134* | 白 | 灰 | 黄 | 黄 | 黄 | 球 | 亚 | 圆 | 20 | 42 | 21 | 95 | 18 | 1 | 2.4 | SMV | | 一般 |
| C354 | 吉林22 | 吉林 | 春 | 116* | 白 | 灰 | 黄 | 黄 | 黄 | 椭 | 亚 | 圆 | 17 | 44 | 20 | 78 | | 1 | | | | 一般 |
| C355 | 吉林23 | 吉林 | 春 | 120* | 紫 | 灰 | 黄 | 黄 | 黄 | 球 | 亚 | 圆 | 18 | 40 | 21 | 100 | | 1 | | SCN | | 一般 |
| C356 | 吉林24 | 吉林 | 春 | 127* | 紫 | 灰 | 淡黄 | 褐 | 黄 | 椭 | 无 | 披针 | 22 | 43 | 21 | 100 | | 1 | | SMV | | 一般 |
| C357 | 吉林25 | 吉林 | 春 | 128* | 紫 | 灰 | 黄 | 黄 | 黄 | 球 | 亚 | 圆 | 23 | 41 | 21 | 90 | | 1 | | SMV | | 一般 |
| C358 | 吉林26 | 吉林 | 春 | 118* | 紫 | 灰 | 黄 | 黄 | 黄 | 球 | 无 | 圆 | 23 | 45 | 18 | 100 | | 1 | | SMV | 霜霉病、食心虫 | 一般 |
| C359 | 吉林27 | 吉林 | 春 | 130* | 紫 | 灰 | 黄 | 黄 | 黄 | 球 | 亚 | 圆 | 21 | 40 | 21 | 95 | | 1 | | SMV | 霜霉病 | 一般 |
| C360 | 吉林28 | 吉林 | 春 | 127* | 紫 | 灰 | 黄 | 淡黄 | 黄 | 球 | 亚 | 披针 | 25 | 47 | 17 | 85 | | 1 | | | 霜霉病 | 一般 |
| C361 | 吉林29 | 吉林 | 春 | 122* | 白 | 灰 | 黄 | 黄 | 黄 | 球 | 亚 | 披针 | 20 | 42 | 19 | 95 | 19 | 1 | 2.5 | | | 一般 |
| C362 | 吉林30 | 吉林 | 春 | 135* | 白 | 灰 | 黄 | 黄 | 黄 | 椭 | 亚 | 披针 | 19 | 42 | 19 | 114 | 22 | 1 | 2.5 | SMV | 霜霉病 | 一般 |
| C363 | 吉林32 | 吉林 | 春 | 120* | 白 | 灰 | 黄 | 黄 | 黄 | 球 | 亚 | 圆 | 20 | 42 | 20 | 90 | 20 | 1 | 2.3 | SCN、SMV | 霜霉病、灰斑病 | 一般 |
| C364 | 吉林小粒1号 | 吉林 | 春 | 118* | 白 | 灰 | 黄 | 淡黄 | 黄 | 球 | 亚 | 椭 | 10 | 45 | 16 | 83 | | 1 | | | | 纳豆 |
| C365 | 吉农1号 | 吉林 | 春 | 128* | 白 | 灰 | 黄 | 淡褐 | 黄 | 椭 | 亚 | 圆 | 16 | 40 | 21 | 85 | | 1 | | | | 一般 |
| C366 | 吉农4号 | 吉林 | 春 | 130* | 白 | 灰 | 黄 | 淡褐 | 黄 | 近球 | 亚 | 披针 | 20 | 41 | 21 | 95 | 16 | 1 | 2.5 | | | 一般 |
| C367 | 吉青1号 | 吉林 | 春 | 134* | 白 | 绿 | 绿 | 黄 | 绿 | 球 | 无 | 圆 | 23 | 44 | 19 | 125 | | 2 | | SMV | | 菜用 |
| C368 | 集体3号 | 吉林 | 春 | 143 | 白 | 灰 | 黄 | 淡褐 | 黄 | 球 | 无 | 披针 | 23 | 42 | 20 | 95 | 19 | 1 | 2.4 | 蚜虫 | | 一般 |
| C369 | 集体4号 | 吉林 | 春 | 135 | 紫 | 灰 | 黄 | 深蓝 | 黄 | 椭 | 亚 | 椭 | 16 | 42 | 21 | 75 | 18 | 1 | 2.3 | | | 一般 |
| C370 | 集体5号 | 吉林 | 春 | 133 | 白 | 灰 | 黄 | 淡褐 | 黄 | 球 | 无 | 卵 | 23 | 42 | 22 | 75 | 18 | 1 | 2.4 | | | 一般 |
| C371 | 九农1号 | 吉林 | 春 | 143 | 白 | 灰 | 黄 | 黄 | 黄 | 近球 | 有 | 椭 | 19 | 43 | 19 | 90 | 16 | 1 | 2.2 | 食心虫 | | 一般 |
| C372 | 九农2号 | 吉林 | 春 | 138 | 白 | 灰 | 黄 | 淡褐 | 黄 | 球 | 亚 | 椭 | 20 | 42 | 22 | 70 | 16 | 1 | 2.4 | | | 一般 |
| C373 | 九农3号 | 吉林 | 春 | 135 | 白 | 灰 | 黄 | 黄 | 黄 | 椭 | 亚 | 椭 | 20 | | | 75 | 16 | 1 | 2.2 | | | 一般 |
| C374 | 九农4号 | 吉林 | 春 | 140 | 白 | 灰 | 黄 | 黄 | 黄 | 椭 | 有 | 椭 | 20 | 47 | 19 | 70 | 14 | 1 | 2.1 | | | 一般 |
| C375 | 九农5号 | 吉林 | 春 | 138 | 紫 | 灰 | 黄 | 黄 | 黄 | 扁椭 | 亚 | 椭 | 20 | 37 | 19 | 80 | 17 | 1 | 2.5 | | | 一般 |

（续）

| 编号 | 品种名称 | 来源省份 | 播期类型 | 生育日数(d) | 花色 | 茸毛色 | 种皮色 | 种脐色 | 子叶色 | 粒型 | 结荚习性 | 叶型 | 百粒重(g) | 蛋白质含量(%) | 油脂含量(%) | 株高(cm) | 主茎节数 | 裂荚性 | 每荚粒数 | 抗病虫性 | 利用类型 |
|---|---|---|---|---|---|---|---|---|---|---|---|---|---|---|---|---|---|---|---|---|---|
| C376 | 九农6号 | 吉林 | 春 | 130 | 紫 | 灰 | 黄 | 蓝 | 黄 | 椭 | 亚 | 椭 | 20 | 34 | 21 | 85 | 17 | 1 | 2.2 | 蚜虫 | 一般 |
| C377 | 九农7号 | 吉林 | 春 | 138 | 白 | 灰 | 黄 | 淡褐 | 黄 | 球 | 无 | 披针 | 20 | 35 | 20 | 100 | 17 | 1 | 2.7 | | 一般 |
| C378 | 九农8号 | 吉林 | 春 | 133 | 白 | 灰 | 黄 | 褐 | 黄 | 椭 | 亚 | 椭 | 20 | 36 | 20 | 90 | 19 | 1 | 2.5 | | 一般 |
| C379 | 九农9号 | 吉林 | 春 | 140 | 白 | 灰 | 黄 | 褐 | 黄 | 椭 | 亚 | 披针 | 18 | 41 | 21 | 75 | | 1 | 2.5 | | 一般 |
| C380 | 九农10号 | 吉林 | 春 | 140 | 白 | 灰 | 黄 | 褐 | 黄 | 椭 | 亚 | 椭 | 18 | 36 | 20 | 70 | 18 | 1 | 2.5 | 食心虫 | 一般 |
| C381 | 九农11 | 吉林 | 春 | 125* | 白 | 灰 | 黄 | 黄 | 黄 | 近球 | 亚 | 披针 | 20 | 42 | 20 | 85 | | 1 | | | 一般 |
| C382 | 九农12 | 吉林 | 春 | 117* | 白 | 灰 | 黄 | 黄 | 黄 | 椭 | 亚 | 椭 | 20 | 43 | 21 | 80 | | 1 | 2.6 | | 一般 |
| C383 | 九农13 | 吉林 | 春 | 113* | 白 | 灰 | 黄 | 黄 | 黄 | 近球 | 亚 | 披针 | 17 | 40 | 22 | 80 | | 1 | 2.4 | 食心虫 | 一般 |
| C384 | 九农14 | 吉林 | 春 | 118* | 白 | 灰 | 淡黄 | 褐 | 黄 | 椭 | 无 | 椭 | 28 | 42 | 21 | 75 | | 1 | 2.6 | 霜霉病、食心虫 | 一般 |
| C385 | 九农15 | 吉林 | 春 | 133* | 白 | 灰 | 黄 | 淡褐 | 黄 | 近球 | 亚 | 披针 | 22 | 41 | 19 | 90 | 17 | 1 | | SMV、食心虫 | 一般 |
| C386 | 九农16 | 吉林 | 春 | 116* | 紫 | 灰 | 黄 | 黄 | 黄 | 椭 | 无 | 椭 | 22 | 43 | 20 | 75 | | 1 | | 食心虫 | 一般 |
| C387 | 九农17 | 吉林 | 春 | 120* | 紫 | 灰 | 黄 | 黄 | 黄 | 近球 | 亚 | 披针 | 21 | 42 | 20 | 85 | | 1 | | 灰斑病 | 一般 |
| C388 | 九农18 | 吉林 | 春 | 122* | 白 | 灰 | 黄 | 黄 | 黄 | 近球 | 亚 | 披针 | 20 | 43 | 21 | 55 | 13 | 1 | | 灰斑病、SMV | 一般 |
| C389 | 九农19 | 吉林 | 春 | 125* | 白 | 灰 | 黄 | 黄 | 黄 | 近球 | 亚 | 披针 | 19 | 41 | 21 | 80 | 15 | 1 | | 灰斑病、食心虫 | 一般 |
| C390 | 九农20 | 吉林 | 春 | 128* | 紫 | 灰 | 黄 | 黄 | 黄 | 近球 | 亚 | 披针 | 20 | 38 | 22 | 100 | 20 | 1 | 2.6 | 食心虫 | 一般 |
| C391 | 九农21 | 吉林 | 春 | 128* | 紫 | 灰 | 黄 | 白 | 黄 | 近球 | 无 | 披针 | 19 | 39 | 20 | 100 | 20 | 1 | 2.5 | SMV、灰斑病、霜霉病 | 一般 |
| C392 | 群选1号 | 吉林 | 春 | 145 | 白 | 灰 | 黄 | 白 | 黄 | 近球 | 无 | 披针 | 21 | 43 | 20 | 100 | | 1 | | | 一般 |
| C393 | 通农4号 | 吉林 | 春 | 125* | 白 | 灰 | 黄 | 褐 | 黄 | 近球 | 无 | 披针 | 19 | 43 | 20 | 88 | | 1 | | | 一般 |
| C394 | 通农5号 | 吉林 | 春 | 140 | 紫 | 灰 | 黄 | 黄 | 黄 | 球 | 有 | 披针 | 19 | 41 | 19 | 75 | 17 | 4 | 2.6 | | 一般 |
| C395 | 通农6号 | 吉林 | 春 | 130* | 白 | 灰 | 黄 | 褐 | 黄 | 球 | 有 | 披针 | 21 | 44 | 19 | 85 | | 4 | | 霜霉病 | 一般 |
| C396 | 通农7号 | 吉林 | 春 | 125* | 紫 | 灰 | 淡黄 | 黄 | 黄 | 球 | 有 | 披针 | 21 | 44 | 19 | 78 | | 4 | | 霜霉病、食心虫 | 一般 |
| C397 | 通农8号 | 吉林 | 春 | 120* | 白 | 灰 | 黄 | 黄 | 黄 | 球 | 无 | 披针 | 23 | 40 | 20 | 80 | | 1 | | 霜霉病 | 一般 |
| C398 | 通农9号 | 吉林 | 春 | 127* | 白 | 灰 | 淡黄 | 黄 | 黄 | 球 | 有 | 披针 | 21 | 45 | 18 | 80 | | 1 | 2.7 | 霜霉病 | 一般 |
| C399 | 通农10号 | 吉林 | 春 | 131* | 白 | 灰 | 黄 | 黄 | 黄 | 球 | 有 | 披针 | 18 | 46 | 18 | 90 | | 1 | | 霜霉病 | 一般 |
| C400 | 通农11 | 吉林 | 春 | 130* | 紫 | 灰 | 黄 | 白 | 黄 | 球 | 有 | 披针 | 24 | 46 | 17 | 85 | 16 | 1 | 2.7 | SMV | 一般 |

（续）

| 编号 | 品种名称 | 来源省份 | 播期类型 | 生育日数(d) | 花色 | 茸毛色 | 种皮色 | 种脐色 | 子叶色 | 粒型 | 结荚习性 | 叶型 | 百粒重(g) | 蛋白质含量(%) | 油脂含量(%) | 株高(cm) | 主茎节数 | 裂荚性 | 每荚粒数 | 抗病虫性 | 利用类型 |
|---|---|---|---|---|---|---|---|---|---|---|---|---|---|---|---|---|---|---|---|---|---|
| C401 | 小金黄1号 | 吉林 | 春 | 140 | 白 | 灰 | 黄 | 褐 | 黄 | 椭 | 亚 | 椭 | 16 | 40 | 22 | 75 | 18 | 1 | 2.4 | | 一般 |
| C402 | 小金黄2号 | 吉林 | 春 | 135 | 白 | 灰 | 黄 | 褐 | 黄 | 椭 | 亚 | 椭 | 14 | 41 | 22 | 75 | 18 | 1 | 2.3 | 蚜虫 | 一般 |
| C403 | 延农2号 | 吉林 | 春 | 125* | 白 | 灰 | 黄 | 褐 | 黄 | 球 | 无 | 披针 | 21 | 40 | 21 | 90 | 18 | 1 | | | 一般 |
| C404 | 延农3号 | 吉林 | 春 | 128* | 白 | 灰 | 黄 | 黄褐 | 黄 | 球 | 亚 | 披针 | 19 | 41 | 21 | 70 | | 1 | | 食心虫 | 一般 |
| C405 | 延农5号 | 吉林 | 春 | 115* | 白 | 灰 | 黄 | 淡褐 | 黄 | 球 | 无 | 披针 | 23 | 41 | 20 | 100 | | | | | 一般 |
| C406 | 延农6号 | 吉林 | 春 | 120* | 白 | 灰 | 黄 | 淡褐 | 黄 | 球 | 无 | 披针 | 20 | 39 | 20 | 80 | | 1 | | | 一般 |
| C407 | 延农7号 | 吉林 | 春 | 115* | 紫 | 灰 | 黄 | 褐 | 黄 | 球 | 亚 | 披针 | 18 | 40 | 20 | 80 | | 1 | | | 一般 |
| C408 | 延院1号 | 吉林 | 春 | 128* | 白 | 灰 | 黄 | 白 | 黄 | 扁球 | 无 | 圆 | 20 | 44 | 19 | 95 | 19 | 1 | | 食心虫 | 一般 |
| C409 | 早丰1-17 | 吉林 | 春 | 130* | 白 | 灰 | 黄 | 淡黄 | 黄 | 球 | 有 | 圆 | 20 | | | 70 | | | | 灰斑病、霜霉病 | 一般 |
| C410 | 早丰1号 | 吉林 | 春 | 138 | 白 | 灰 | 黄 | 黄 | 黄 | 近球 | 有 | 圆 | 20 | 41 | 21 | 70 | 18 | 1 | 2.1 | | 一般 |
| C411 | 早丰2号 | 吉林 | 春 | 135 | 白 | 灰 | 黄 | | 黄 | 近球 | 有 | 椭 | 19 | 40 | 22 | 65 | 17 | 1 | 2.3 | | 一般 |
| C412 | 早丰3号 | 吉林 | 春 | 133 | 白 | 灰 | 黄 | 黄 | 黄 | 近球 | 有 | 圆 | 19 | 42 | 21 | 65 | 17 | 1 | 2.3 | | 一般 |
| C413 | 早丰5号 | 吉林 | 春 | 140 | 白 | 灰 | 黄 | 黄 | 黄 | 近球 | 有 | 椭 | 21 | 39 | 20 | 55 | 14 | 1 | 1.8 | | 一般 |
| C414 | 枝2号 | 吉林 | 春 | 135 | 白 | 灰 | 黄 | 黄 | 黄 | 近球 | 亚 | 长椭 | 20 | 37 | 21 | 75 | | 1 | | | 一般 |
| C415 | 枝3号 | 吉林 | 春 | 140 | 白 | 灰 | 黄 | 黄 | 黄 | 球 | 亚 | 椭 | 21 | 39 | 20 | 85 | 19 | 1 | 2.6 | | 一般 |
| C416 | 紫花1号 | 吉林 | 春 | 123 | 紫 | 灰 | 黄 | 黄 | 黄 | 椭 | 无 | 卵 | 18 | 43 | 21 | 65 | 17 | 1 | 2.0 | | 一般 |
| C417 | 58-161 | 江苏 | 夏 | 116 | 紫 | 灰 | 黄 | 黄 | 黄 | 球 | 有 | 卵 | 23 | 47 | 17 | 55 | 14 | 1 | 1.6 | | 一般 |
| C418 | 盆路口1号 | 江苏 | 夏 | 130 | 紫 | 灰 | 黄 | 褐 | 黄 | 球 | 有 | 椭 | 16 | 44 | 18 | 75 | 21 | 1 | | | 菜用 |
| C419 | 楚秀 | 江苏 | 夏 | 105 | 紫 | 灰 | 绿 | 褐 | 黄 | 椭 | 有 | 卵 | 29 | 45 | | 80 | 17 | | | | 菜用 |
| C420 | 东辛74-12 | 江苏 | 夏 | 102 | 紫 | 灰 | 黄 | 黄 | 黄 | 近球 | 有 | 卵 | 23 | 39 | 18 | 50 | 11 | 1 | | | 一般 |
| C421 | 灌豆1号 | 江苏 | 夏 | 102 | 紫 | 灰 | 黄 | 褐 | 黄 | 近球 | 有 | 椭 | 22 | 43 | 19 | 70 | 14 | 1 | 1.7 | | 一般 |
| C422 | 灌云1号 | 江苏 | 夏 | 97 | 紫 | 棕 | 淡黄 | 黑 | 黄 | 椭 | 有 | 卵 | 24 | 48 | 17 | 60 | 16 | 1 | | | 一般 |
| C423 | 淮豆1号 | 江苏 | 夏 | 102 | 紫 | 灰 | 淡黄 | 黄 | 黄 | 椭 | 有 | 长椭 | 14 | 44 | 17 | 65 | 13 | 1 | 2.5 | | 一般 |
| C424 | 淮豆2号 | 江苏 | 夏 | 113 | 白 | 灰 | 黄 | 淡褐 | 黄 | 椭 | 有 | 椭 | 22 | 47 | 18 | 90 | 17 | 1 | 1.9 | | 一般 |
| C425 | 金大332 | 江苏 | 夏 | 124 | 紫 | 棕 | 黄 | 褐 | 黄 | 椭 | 有 | 长椭 | 16 | 42 | 18 | 75 | | 1 | | | 一般 |

（续）

| 编号 | 品种名称 | 来源省份 | 播期类型 | 生育日数(d) | 花色 | 茸毛色 | 种皮色 | 种脐色 | 子叶色 | 粒型 | 结荚习性 | 叶型 | 百粒重(g) | 蛋白质含量(%) | 油脂含量(%) | 株高(cm) | 主茎节数 | 裂荚性 | 每荚粒数 | 抗病虫性 | 利用类型 |
|---|---|---|---|---|---|---|---|---|---|---|---|---|---|---|---|---|---|---|---|---|---|
| C426 | 六十日 | 江苏 | 春 | 108 | 白 | 棕 | 黄 | 淡褐 | 黄 | 椭 | 有 | 椭 | 20 | 48 | 19 | 73 | 13 | 1 | 1.7 | | 一般 |
| C427 | 绿宝珠 | 江苏 | 夏 | 135 | 紫 | 棕 | 绿 | 黑 | 绿 | 椭 | 有 | 卵 | 39 | 45 | 18 | 58 | | | | | 菜用 |
| C428 | 南农1138-2 | 江苏 | 夏 | 120 | 紫 | 棕 | 黄 | 黑 | 黄 | 椭 | 有 | 卵 | 18 | 42 | 18 | 100 | 21 | 1 | | | 一般 |
| C429 | 南农133-3 | 江苏 | 夏 | 113 | 白 | 棕 | 黄 | 褐 | 黄 | | 有 | | 16 | | | | | 1 | | | 一般 |
| C430 | 南农133-6 | 江苏 | 夏 | 113 | 白 | 棕 | 黄 | 褐 | 黄 | | 有 | | 16 | | | | | | | | 一般 |
| C431 | 南农493-1 | 江苏 | 夏 | 136 | 白 | 灰 | 黄 | 淡褐 | 黄 | 椭 | 有 | 椭 | 19 | 42 | 17 | 80 | | 1 | | | 一般 |
| C432 | 南农73-935 | 江苏 | 夏/秋 | 115/95 | 紫 | 灰 | 黄 | 蓝灰 | 黄 | 椭 | 有 | 卵 | 19 | 42 | 18 | 75 | 20 | 1 | | SMV | 一般 |
| C433 | 南农86-4 | 江苏 | 夏 | 120 | 白 | 棕 | 黄 | 黑 | 黄 | 椭 | 有 | 卵 | 21 | | | 70 | 18 | 1 | | | 一般 |
| C434 | 南农87C-38 | 江苏 | 夏 | 120 | 白 | 灰 | 绿 | 褐 | 绿 | 椭 | 亚 | 卵 | 25 | 48 | 17 | 80 | 22 | 1 | | 霜霉病、SMV | 菜用 |
| C435 | 南农88-48 | 江苏 | 夏 | 113 | 白 | 棕 | 黄 | 黑 | 黄 | 椭 | 有 | 长卵 | 19 | | | 78 | 19 | 1 | 2.0 | SMV | 一般 |
| C436 | 南农菜豆1号 | 江苏 | 夏 | 130 | 紫 | 棕 | 黄 | 黑 | 黄 | | 有 | | 33 | 45 | 18 | | | 1 | | | 菜用 |
| C437 | 宁青豆1号 | 江苏 | 夏 | 115 | 紫 | 棕 | 绿 | 黑 | 绿 | | 无 | | 25 | 48 | 18 | | | 1 | | | 菜用 |
| C438 | 宁镇1号 | 江苏 | 春 | 109 | 紫 | 灰 | 黄 | 黑 | 黄 | 椭 | 有 | 椭 | 20 | 43 | 19 | 60 | 10 | 1 | 2.4 | | 一般、菜用 |
| C439 | 宁镇2号 | 江苏 | 春 | 96 | 紫 | 灰 | 黄 | 深褐 | 黄 | 椭 | 亚 | 椭 | 18 | 43 | 21 | 52 | 10 | 1 | 2.1 | | 一般 |
| C440 | 宁镇3号 | 江苏 | 春 | 102 | 紫 | 灰 | 黄 | 黑 | 黄 | 近球 | 有 | 卵 | 21 | 44 | 19 | 75 | | 1 | 2.1 | | 一般、菜用 |
| C441 | 泗豆11 | 江苏 | 夏 | 105 | 白 | 棕 | 黄 | 蓝褐 | 黄 | 球 | 有 | 椭 | 23 | 41 | 20 | 95 | 17 | 1 | 1.8 | | 一般 |
| C442 | 苏6236 | 江苏 | 春 | 100 | 紫 | 棕 | 黄 | 黄 | 黄 | 椭 | 有 | 卵 | 15 | 42 | 20 | | | 1 | 2.3 | | 一般 |
| C443 | 苏7209 | 江苏 | 夏 | 118 | 白 | 棕 | 黄 | 淡褐 | 黄 | 椭 | 有 | 椭 | 22 | 42 | 18 | 68 | 16 | 1 | 1.9 | | 一般 |
| C444 | 苏豆1号 | 江苏 | 夏 | 125 | 紫 | 棕 | 黄 | 淡褐 | 黄 | 椭 | 有 | 椭 | 19 | 44 | 18 | 75 | | 1 | 1.7 | | 一般 |
| C445 | 苏豆3号 | 江苏 | 夏 | 122 | 紫 | 灰 | 黄 | 淡褐 | 黄 | 近球 | 有 | 卵 | 21 | 44 | 18 | 75 | | 1 | | | 一般 |
| C446 | 苏垦1号 | 江苏 | 夏 | 115 | 紫 | 棕 | 黄 | 淡褐 | 黄 | 椭 | 有 | 椭 | 20 | 43 | 17 | 75 | 19 | 1 | | | 菜用 |
| C447 | 苏肉青2号 | 江苏 | 夏 | 136 | 紫 | 棕 | 绿 | 黑 | 绿 | 椭 | 有 | 椭 | 37 | 44 | 18 | | | 1 | 2.1 | | 一般 |
| C448 | 苏协18-6 | 江苏 | 夏/秋 | 123/96 | 白 | 灰 | 黄 | 深褐 | 黄 | 椭 | 有 | 卵 | 22 | 44 | 19 | 100 | 18 | 1 | | | 一般 |
| C449 | 苏协19-15 | 江苏 | 夏/秋 | 125/97 | 白 | 棕 | 黄 | 黑 | 黄 | 椭 | 有 | 卵 | 26 | 43 | 18 | 85 | 19 | 1 | | | 一般 |
| C450 | 苏协4-1 | 江苏 | 夏/秋 | 123 | 紫 | 灰 | 黄 | 灰黑 | 黄 | 椭 | 有 | 卵 | 20 | 43 | 17 | 73 | 19 | 1 | | SMV | 一般 |

（续）

| 编号 | 品种名称 | 来源省份 | 播期类型 | 生育日数(d) | 花色 | 茸毛色 | 种皮色 | 种脐色 | 子叶色 | 粒型 | 结荚习性 | 叶型 | 百粒重(g) | 蛋白质含量(%) | 油脂含量(%) | 株高(cm) | 主茎节数 | 裂荚性 | 每荚粒数 | 抗病虫性 | 利用类型 |
|---|---|---|---|---|---|---|---|---|---|---|---|---|---|---|---|---|---|---|---|---|---|
| C451 | 苏协1号 | 江苏 | 夏 | 118 | 白 | 灰 | 黄 | 淡褐 | 黄 | 椭 | 有 | 椭 | 18 | 40 | 19 | 70 | 19 | 1 | | SMV | 一般 |
| C452 | 泰春1号 | 江苏 | 春 | 97 | 紫 | 棕 | 黑 | 黑 | 黄 | 椭 | 有 | 长卵 | 18 | 43 | 18 | 58 | 11 | 1 | 2.1 | | 一般 |
| C453 | 通豆1号 | 江苏 | 夏 | 130 | 紫 | 灰 | 黄 | 淡褐 | 黄 | 椭 | 有 | 椭 | 22 | 39 | 18 | 68 | | 1 | | | 一般 |
| C454 | 夏豆75 | 江苏 | 夏 | 118 | 白 | 棕 | 黄 | 淡褐 | 黄 | 椭 | 有 | 椭 | 21 | 40 | 18 | 70 | | 1 | | | 一般、菜用 |
| C455 | 徐豆1号 | 江苏 | 夏 | 104 | 紫 | 灰 | 黄 | 褐 | 黄 | 扁球 | 无 | 披针 | 16 | 43 | 19 | 103 | 20 | 1 | 2.4 | SMV | 一般 |
| C456 | 徐豆2号 | 江苏 | 夏 | 108 | 紫 | 灰 | 黄 | 蓝 | 黄 | 椭 | 无 | 卵 | 19 | 40 | 20 | 100 | 21 | 1 | 2.2 | | 一般 |
| C457 | 徐豆3号 | 江苏 | 夏 | 99 | 紫 | 灰 | 黄 | 褐 | 黄 | 近球 | 亚 | 长卵 | 19 | 40 | 19 | 78 | 20 | 1 | 2.1 | | 一般 |
| C458 | 徐豆7号 | 江苏 | 夏 | 105 | 紫 | 灰 | 黄 | 黑褐 | 黄 | 椭 | 无 | 卵 | 20 | 40 | 19 | 90 | 20 | 1 | 2.3 | SMV | 一般 |
| C459 | 徐豆135 | 江苏 | 夏 | 105 | 白 | 灰 | 黄 | 褐 | 黄 | 椭 | 无 | 卵 | 18 | 45 | 21 | 110 | 20 | 1 | | | 一般 |
| C460 | 徐州301 | 江苏 | 夏 | 110 | 紫 | 灰 | 淡黄 | 淡褐 | 黄 | 扁椭 | 无 | 椭 | 14 | 43 | 18 | 140 | 22 | 1 | 1.8 | | 一般 |
| C461 | 徐州302 | 江苏 | 夏 | 101 | 紫 | 灰 | 淡黄 | 淡褐 | 黄 | 球 | 无 | 椭 | 14 | 44 | 20 | 100 | 19 | 1 | 2.1 | | 一般 |
| C462 | 7406 | 江西 | 夏 | 110 | 白 | 灰 | 黄 | 淡褐 | 黄 | 椭 | 有 | 椭 | 16 | 41 | 17 | 48 | 14 | 1 | | | 一般 |
| C463 | 矮脚青 | 江西 | 秋 | 98 | 紫 | 棕 | 绿 | 褐 | 黄 | 椭 | 有 | 卵 | 28 | 44 | 18 | 35 | 10 | 1 | 2.0 | | 一般、菜用 |
| C464 | 赣豆1号 | 江西 | 秋 | 107 | 紫 | 灰 | 淡黄 | 淡褐 | 黄 | 椭 | 有 | 卵 | 25 | 46 | 19 | 65 | 14 | 1 | 1.9 | | 一般 |
| C465 | 赣豆2号 | 江西 | 秋 | 98 | 紫 | 棕 | 绿 | 褐 | 黄 | 近球 | 有 | 椭 | 26 | 46 | 16 | | | 1 | 2.0 | | 一般、菜用 |
| C466 | 赣豆3号 | 江西 | 秋 | 95 | 紫 | 棕 | 黄 | 褐 | 黄 | 球 | 有 | 椭 | 25 | 42 | | | | 2 | 1.9 | | 一般 |
| C467 | 5621 | 辽宁 | 春 | 141* | 紫 | 灰 | 黄 | 褐 | 黄 | 球 | 有 | 椭 | 13 | 42 | 20 | 65 | 16 | 1 | | | 一般 |
| C468 | 丹豆1号 | 辽宁 | 春 | 155 | 白 | 灰 | 淡绿 | 褐 | 黄 | 椭 | 有 | 卵 | 20 | 43 | 19 | 100 | 20 | 1 | 2.2 | 食心虫 | 一般 |
| C469 | 丹豆2号 | 辽宁 | 春 | 145 | 白 | 灰 | 黄 | 褐 | 黄 | 椭 | 有 | 卵 | 20 | 42 | 19 | 75 | 15 | 1 | 2.4 | | 一般 |
| C470 | 丹豆3号 | 辽宁 | 春 | 140 | 紫 | 灰 | 淡黄 | 褐 | 黄 | 近球 | 有 | 椭 | 25 | 40 | 23 | 70 | 16 | 1 | 2.0 | | 一般、菜用 |
| C471 | 丹豆4号 | 辽宁 | 春 | 128 | 紫 | 灰 | 绿 | 淡褐 | 绿 | 椭 | 有 | 卵 | 19 | 42 | 20 | 65 | 17 | 1 | | | 菜用 |
| C472 | 丹豆5号 | 辽宁 | 春 | 140* | 白 | 灰 | 黄 | 淡褐 | 黄 | 球 | 有 | 卵 | 22 | 42 | 20 | 85 | 17 | 1 | | SMV、紫斑病、霜霉病、食心虫 | 一般 |
| C473 | 丹豆6号 | 辽宁 | 春 | 141* | 白 | 灰 | 绿 | 黑 | 绿 | 球 | 有 | 卵 | 31 | 44 | 18 | 70 | 16 | 1 | | | 菜用 |
| C474 | 丰豆1号 | 辽宁 | 春 | 128* | 白 | 灰 | 黄 | 黄 | 黄 | 球 | 有 | 披针 | 17 | 42 | 20 | 70 | 15 | 1 | | | 一般 |
| C475 | 凤交66-12 | 辽宁 | 春 | 142 | 白 | 灰 | 黄 | 淡褐 | 黄 | 椭 | 有 | 圆 | 19 | 44 | 18 | 95 | 19 | 1 | | | 一般 |

（续）

| 编号 | 品种名称 | 来源省份 | 播期类型 | 生育日数(d) | 花色 | 茸毛色 | 种皮色 | 种脐色 | 子叶色 | 粒型 | 结荚习性 | 叶型 | 百粒重(g) | 蛋白质含量(%) | 油脂含量(%) | 株高(cm) | 主茎节数 | 裂荚性 | 每荚粒数 | 抗病虫性 | 利用类型 |
|---|---|---|---|---|---|---|---|---|---|---|---|---|---|---|---|---|---|---|---|---|---|
| C476 | 凤交66-22 | 辽宁 | 春 | 132 | 白 | 灰 | 黄 | 褐 | 黄 | 椭 | 有 | 圆 | 21 | 45 | 19 | 85 | 19 | 1 |  | 食心虫 | 一般 |
| C477 | 凤系1号 | 辽宁 | 春 | 140 | 紫 | 棕 | 淡黄 | 黑 | 黄 | 长椭 | 有 | 卵 | 27 | 43 | 17 | 80 | 18 | 1 | 1.8 | 食心虫、蚜虫 | 一般 |
| C478 | 凤系2号 | 辽宁 | 春 | 141 | 紫 | 棕 | 淡黄 | 黑 | 黄 | 椭 | 有 | 椭 | 27 | 41 | 17 | 65 | 14 | 1 | 1.4 | 食心虫 | 一般 |
| C479 | 凤系3号 | 辽宁 | 春 | 141 | 白 | 灰 | 淡黄 | 淡褐 | 黄 | 球 | 有 | 椭 | 13 | 43 | 17 | 70 | 17 | 1 | 1.7 |  | 一般 |
| C480 | 凤系4号 | 辽宁 | 春 | 120 | 白 | 灰 | 淡黄 | 淡褐 | 黄 | 椭 | 有 | 圆 | 19 | 42 | 18 | 85 | 18 | 1 | 2.0 | 食心虫 | 一般 |
| C481 | 凤系6号 | 辽宁 | 春 | 137 | 白 | 灰 | 淡褐 | 淡褐 | 黄 | 扁椭 | 有 | 椭 | 15 | 44 | 21 | 75 | 19 | 1 | 2.2 |  | 一般 |
| C482 | 凤系12 | 辽宁 | 春 | 165 | 白 | 灰 | 淡绿 | 褐 | 黄 | 椭 | 有 | 卵 | 17 | 44 | 18 | 100 | 19 | 1 | 2.0 |  | 一般 |
| C483 | 抚82-93 | 辽宁 | 春 | 130* | 紫 | 灰 | 黄 | 黄 | 黄 | 球 | 亚 | 披针 | 18 | 43 | 19 | 86 | 17 | 1 |  |  | 一般 |
| C484 | 集体1号 | 辽宁 | 春 | 131 | 白 | 灰 | 黄 | 褐 | 黄 | 椭 | 有 | 椭 | 15 | 41 | 20 | 80 | 16 | 1 |  |  | 一般 |
| C485 | 集体2号 | 辽宁 | 春 | 132 | 白 | 灰 | 黄 | 褐 | 黄 | 椭 | 有 | 椭 | 20 | 45 | 20 | 95 | 18 | 1 | 1.9 | 蚜虫、卷叶虫 | 一般 |
| C486 | 建豆8202 | 辽宁 | 春 | 125* | 白 | 灰 | 黄 | 黄 | 黄 | 球 | 亚 | 椭 | 20 | 41 | 21 | 90 | 20 |  |  |  | 一般 |
| C487 | 锦豆33 | 辽宁 | 春 | 128 | 白 | 灰 | 黄 | 褐 | 黄 | 椭 | 有 | 椭 | 22 | 39 | 21 | 85 | 16 | 1 |  |  | 一般 |
| C488 | 锦豆34 | 辽宁 | 春 | 141* | 白 | 灰 | 黄 | 黄 | 黄 | 椭 | 有 | 卵 | 22 | 43 | 18 | 85 | 17 | 1 |  |  | 一般 |
| C489 | 锦豆35 | 辽宁 | 春 | 141* | 白 | 灰 | 黄 | 淡褐 | 黄 | 球 | 有 | 椭 | 25 | 41 | 20 | 88 | 18 | 1 |  |  | 一般 |
| C490 | 锦豆6422 | 辽宁 | 春 | 141* | 白 | 灰 | 淡黄 | 褐 | 黄 | 椭 | 有 | 卵 | 25 | 40 | 21 | 75 | 15 | 1 |  |  | 一般 |
| C491 | 锦州8-14 | 辽宁 | 春 | 140 | 白 | 灰 | 黄 | 淡褐 | 黄 | 椭 | 有 | 椭 | 16 | 38 | 20 | 85 | 17 | 1 | 1.9 |  | 一般 |
| C492 | 金元1号 | 辽宁 | 春 | 133 | 白 | 灰 | 黄 | 褐 | 黄 | 椭 | 无 | 椭 | 17 | 40 | 22 | 80 | 18 | 1 |  |  | 一般 |
| C493 | 开育3号 | 辽宁 | 春 | 130 | 白 | 灰 | 黄 | 淡褐 | 黄 | 球 | 无 | 披针 | 20 | 39 | 22 | 100 | 19 | 1 |  |  | 一般 |
| C494 | 开育8号 | 辽宁 | 春 | 130* | 白 | 灰 | 黄 | 黄 | 黄 | 球 | 有 | 椭 | 22 | 40 | 21 | 70 | 15 | 1 |  |  | 一般 |
| C495 | 开育9号 | 辽宁 | 春 | 135* | 紫 | 灰 | 黄 | 黄 | 黄 | 球 | 有 | 椭 | 22 | 38 | 22 | 80 | 15 | 1 |  |  | 一般 |
| C496 | 开育10号 | 辽宁 | 春 | 135* | 紫 | 灰 | 黄 | 黄 | 黄 | 球 | 有 | 椭 | 21 | 43 | 21 | 85 | 17 | 1 |  |  | 一般 |
| C497 | 辽83-5020 | 辽宁 | 春 | 140* | 紫 | 灰 | 黄 | 淡褐 | 黄 |  | 无 |  | 22 | 43 | 17 | 85 |  |  |  |  | 一般 |
| C498 | 辽豆3号 | 辽宁 | 春 | 128* | 紫 | 灰 | 黄 | 黄 | 黄 | 球 | 亚 | 椭 | 19 | 42 | 21 | 100 | 20 | 1 |  | SMV、霜霉病 | 一般 |
| C499 | 辽豆4号 | 辽宁 | 春 | 131* | 白 | 棕 | 黄 | 褐 | 黄 | 椭 | 有 | 披针 | 21 | 40 | 19 | 100 | 17 | 1 |  | 霜霉病 | 一般 |
| C500 | 辽豆7号 | 辽宁 | 春 | 138* | 紫 | 灰 | 黄 | 黄 | 黄 | 球 | 无 | 圆 | 19 | 44 | 19 | 119 | 20 | 1 | 2.4 | SMV、霜霉病 | 一般 |

（续）

| 编号 | 品种名称 | 来源省份 | 播期类型 | 生育日数 (d) | 花色 | 茸毛色 | 种皮色 | 种脐色 | 子叶色 | 粒型 | 结荚习性 | 叶型 | 百粒重 (g) | 蛋白质含量 (%) | 油脂含量 (%) | 株高 (cm) | 主茎节数 | 裂荚性 | 每荚粒数 | 抗病虫性 | 利用类型 |
|---|---|---|---|---|---|---|---|---|---|---|---|---|---|---|---|---|---|---|---|---|---|
| C501 | 辽豆9号 | 辽宁 | 春 | 125* | 白 | 棕 | 黄 | 黄 | 黄 | 椭 | 有 | 椭 | 24 | 45 | 19 | 80 | 15 | 1 | 2.2 | SMV、霜霉病、紫斑病 | 一般 |
| C502 | 辽豆10号 | 辽宁 | 春 | 135* | 紫 | 灰 | 黄 | 黄 | 黄 | 球 | 亚 | 椭 | 23 | 44 | 20 | 145 | 29 | 1 | | SMV | 一般 |
| C503 | 辽农2号 | 辽宁 | 春 | 125* | 白 | 灰 | 黄 | 淡褐 | 黄 | 球 | 有 | 披针 | 18 | 40 | 22 | 65 | 14 | 1 | | | 一般 |
| C504 | 满地金 | 辽宁 | 春 | 140 | 白 | 灰 | 黄 | 淡褐 | 黄 | 椭 | 无 | 椭 | 20 | 42 | 21 | 95 | 19 | 1 | | | 一般 |
| C505 | 沈农25104 | 辽宁 | 春 | 130 | 紫 | 灰 | 黄 | 褐 | 黄 | 近球 | 有 | 椭 | 20 | 43 | 21 | 75 | 18 | 1 | | SMV、蚜虫 | 一般 |
| C506 | 铁丰3号 | 辽宁 | 春 | 129 | 白 | 灰 | 黄 | 淡褐 | 黄 | 球 | 无 | 披针 | 19 | 39 | 21 | 95 | 20 | 1 | | | 一般 |
| C507 | 铁丰5号 | 辽宁 | 春 | 143 | 白 | 灰 | 黄 | 黄 | 黄 | 椭 | 有 | 椭 | 19 | 42 | 19 | 75 | 16 | 1 | | | 一般 |
| C508 | 铁丰8号 | 辽宁 | 春 | 140 | 紫 | 灰 | 黄 | 黑 | 黄 | 球 | 有 | 椭 | 22 | 38 | 20 | 90 | 17 | 1 | | | 一般 |
| C509 | 铁丰9号 | 辽宁 | 春 | 127 | 紫 | 灰 | 淡黄 | 蓝 | 黄 | 扁球 | 无 | 椭 | 17 | 40 | 21 | 75 | 18 | 1 | | | 一般 |
| C510 | 铁丰18 | 辽宁 | 春 | 140 | 紫 | 灰 | 黄 | 黄 | 黄 | 球 | 有 | 椭 | 20 | 38 | 22 | 85 | 17 | 1 | | | 一般 |
| C511 | 铁丰19 | 辽宁 | 春 | 128 | 白 | 灰 | 黄 | 淡褐 | 黄 | 球 | 无 | 披针 | 18 | 40 | 21 | 95 | 21 | 1 | | 食心虫 | 一般 |
| C512 | 铁丰20 | 辽宁 | 春 | 85* | 紫 | 灰 | 黄 | 淡褐 | 黄 | 球 | 亚 | 披针 | 17 | 40 | 19 | 53 | 13 | 1 | | | 一般 |
| C513 | 铁丰21 | 辽宁 | 春/夏 | 105*/82* | 紫 | 灰 | 黄 | 黄 | 黄 | 扁球 | 无 | 椭 | 16 | 42 | 21 | 50 | 11 | 1 | | | 一般 |
| C514 | 铁丰22 | 辽宁 | 春 | 125* | 白 | 灰 | 黄 | 黄 | 黄 | 球 | 有 | 椭 | 19 | 41 | 23 | 70 | 17 | 1 | | | 一般 |
| C515 | 铁丰23 | 辽宁 | 春 | 120* | 白 | 灰 | 黄 | 黄 | 黄 | 椭 | 无 | 卵 | 19 | 42 | 20 | 105 | 17 | 1 | | SMV、霜霉病 | 一般 |
| C516 | 铁丰24 | 辽宁 | 春 | 133* | 白 | 灰 | 黄 | 黄 | 黄 | 球 | 有 | 椭 | 22 | 41 | 21 | 85 | 18 | 1 | | | 一般 |
| C517 | 铁丰25 | 辽宁 | 春 | 128* | 紫 | 灰 | 黄 | 黄 | 黄 | 球 | 有 | 披针 | 19 | 40 | 20 | 86 | 17 | 1 | | | 一般 |
| C518 | 铁丰26 | 辽宁 | 春 | 155 | 白 | 灰 | 黄 | 黄 | 黄 | 球 | 有 | 椭 | 18 | 42 | 19 | 91 | 18 | 1 | 2.2 | SMV | 一般 |
| C519 | 铁丰27 | 辽宁 | 春 | 150 | 紫 | 灰 | 黄 | 黄 | 黄 | 球 | 有 | 椭 | 22 | 42 | 20 | 85 | 17 | 1 | 2.5 | SMV | 一般 |
| C520 | 早小白眉 | 辽宁 | 春 | 150 | 白 | 棕 | 淡黄 | 淡褐 | 黄 | 椭 | 有 | 卵 | 18 | 47 | 17 | 65 | 19 | 1 | | | 一般 |
| C521 | 彰豆1号 | 辽宁 | 春 | 136* | 紫 | 灰 | 黄 | 黄 | 黄 | 球 | 有 | 椭 | 23 | 37 | 22 | 75 | 16 | 1 | | | 一般 |
| C522 | 吉原1号 | 内蒙古 | 春 | 125* | 白 | 灰 | 黄 | 黄 | 黄 | 椭 | 有 | 卵 | 20 | 42 | 20 | 85 | 15 | 1 | | | 一般 |
| C523 | 内豆1号 | 内蒙古 | 春 | 117* | 白 | 灰 | 黄 | 黄 | 黄 | 球 | 无 | 披针 | 17 | 40 | 22 | 75 | | 1 | | | 一般 |
| C524 | 内豆2号 | 内蒙古 | 春 | 98* | 白 | 棕 | 黄 | 淡褐 | 黄 | 椭 | 亚 | 披针 | 22 | 42 | 19 | 55 | 11 | 1 | | | 一般 |
| C525 | 内豆3号 | 内蒙古 | 春 | 115* | 白 | 灰 | 黄 | 淡褐 | 黄 | 球 | 有 | 椭 | 20 | 40 | 19 | 65 | 14 | 1 | | | 一般 |

（续）

| 编号 | 品种名称 | 来源省份 | 播期类型 | 生育日数(d) | 花色 | 茸毛色 | 种皮色 | 种脐色 | 子叶色 | 粒型 | 结荚习性 | 叶型 | 百粒重(g) | 蛋白质含量(%) | 油脂含量(%) | 株高(cm) | 主茎节数 | 裂荚性 | 每荚粒数 | 抗病虫性 | 利用类型 |
|---|---|---|---|---|---|---|---|---|---|---|---|---|---|---|---|---|---|---|---|---|---|
| C526 | 图良1号 | 内蒙古 | 春 | 123* | 紫 | 灰 | 黄 | 褐 | 黄 | 球 | 有 | 椭 | 24 | 40 | 20 | 78 | 16 | | | | 一般 |
| C527 | 翁豆79012 | 内蒙古 | 春 | 120* | 白 | 灰 | 黄 | 黄 | 黄 | 球 | 无 | 披针 | 16 | 39 | 20 | 65 | 13 | 1 | | | 一般 |
| C528 | 乌豆1号 | 内蒙古 | 春 | 107* | 白 | 灰 | 黄 | 黄 | 黄 | 近球 | 无 | 披针 | 17 | 42 | 23 | 85 | 12 | 1 | | | 一般 |
| C529 | 宁豆1号 | 宁夏 | 春 | 147 | 白 | 灰 | 黄 | 淡黄 | 黄 | 扁椭 | 无 | 椭 | 19 | 45 | 15 | 90 | | | | | 一般 |
| C530 | 宁豆81-7 | 宁夏 | 春 | 125* | 白 | 棕 | 黄 | 褐 | 黄 | 球 | 无 | 披针 | 17 | 35 | 21 | 90 | | | | | 一般 |
| C531 | 7517 | 山东 | 夏 | 93 | 白 | 灰 | 黄 | 淡褐 | 黄 | 椭 | 有 | 卵 | 23 | 44 | 20 | 70 | | 1 | | | 一般 |
| C532 | 7583 | 山东 | 夏 | 88 | 白 | 棕 | 黄 | 褐 | 黄 | 椭 | 有 | 披针 | 13 | 40 | 20 | 70 | | 1 | | | 纳豆 |
| C533 | 7605 | 山东 | 夏 | 95 | 白 | 灰 | 黄 | 淡褐 | 黄 | 近球 | 亚 | 披针 | 11 | 41 | 18 | 75 | 19 | 1 | | SMV | 一般 |
| C534 | 备战3号 | 山东 | 夏 | 90 | 紫 | 灰 | 黄 | 褐 | 黄 | 球 | 有 | 卵 | 16 | 41 | 19 | 90 | 16 | 1 | | | 一般 |
| C535 | 大粒黄 | 山东 | 夏 | 105 | 白 | 灰 | 黄 | 褐 | 黄 | 椭 | 有 | 卵 | 13 | 39 | 19 | 70 | 17 | 4 | 2.0 | | 一般 |
| C536 | 丰收黄 | 山东 | 夏 | 100 | 白 | 棕 | 黄 | 深褐 | 黄 | 椭 | 亚 | 长椭 | 16 | 37 | 18 | 95 | 20 | 4 | | | 一般 |
| C537 | 高作选1号 | 山东 | 夏 | 104 | 紫 | 灰 | 黄 | 褐 | 黄 | 球 | 亚 | 圆 | 14 | | 19 | 98 | 19 | 1 | 2.0 | SCN | 一般 |
| C538 | 菏84-1 | 山东 | 夏 | 104 | 紫 | 灰 | 黄 | 淡黑 | 黄 | 近球 | 亚 | 椭 | 17 | 45 | 19 | 85 | 19 | 3 | 2.3 | | 一般 |
| C539 | 菏84-5 | 山东 | 夏 | 99 | 白 | 灰 | 黄 | 淡褐 | 黄 | 椭 | 亚 | 椭 | 18 | 41 | 21 | 85 | 18 | 1 | 2.2 | | 一般 |
| C540 | 莒选23 | 山东 | 夏 | 110 | 白 | 灰 | 黄 | 褐 | 黄 | 长椭 | 有 | 椭 | 12 | 41 | 18 | 80 | 15 | 2 | | | 一般 |
| C541 | 临豆3号 | 山东 | 夏 | 100 | 白 | 棕 | 浓黄 | 淡褐 | 黄 | 椭 | 无 | 椭 | 12 | 43 | 22 | 110 | 19 | 1 | 2.5 | | 一般 |
| C542 | 鲁豆1号 | 山东 | 夏 | 90 | 白 | 灰 | 黄 | 褐 | 黄 | 椭 | 有 | 卵 | 15 | 40 | 21 | 73 | 17 | 2 | | SMV | 一般 |
| C543 | 鲁豆2号 | 山东 | 夏 | 100 | 紫 | 棕 | 黄 | 褐 | 黄 | 近球 | 亚 | 披针 | 17 | 43 | 21 | 85 | | 1 | | 食心虫、豆荚螟 | 一般 |
| C544 | 鲁豆3号 | 山东 | 夏 | 90 | 白 | 棕 | 黄 | 褐 | 黄 | 椭 | 有 | 卵 | 18 | 39 | 18 | 80 | 13 | 1 | | SMV、霜霉病 | 一般 |
| C545 | 鲁豆4号 | 山东 | 夏 | 90 | 白 | 棕 | 黄 | 褐 | 黄 | 椭 | 有 | 卵 | 18 | 43 | 20 | 70 | | 1 | | SMV、霜霉病、豆荚螟 | 一般 |
| C546 | 鲁豆5号 | 山东 | 夏 | 84 | 紫 | 灰 | 黄 | 褐 | 黄 | 椭 | 有 | 卵 | 16 | 43 | 19 | 55 | 11 | | | 霜霉病 | 一般 |
| C547 | 鲁豆6号 | 山东 | 夏 | 90 | 紫 | 棕 | 黄 | 褐 | 黄 | 椭 | 有 | 卵 | 15 | 41 | 19 | 70 | | 1 | | SMV、霜霉病 | 一般 |
| C548 | 鲁豆7号 | 山东 | 夏 | 105 | 白 | 棕 | 黄 | 褐 | 黄 | 椭 | 有 | 卵 | 15 | 42 | 20 | 75 | | 1 | | SMV | 一般 |
| C549 | 鲁豆8号 | 山东 | 夏 | 103 | 白 | 棕 | 黄 | 褐 | 黄 | 椭 | 有 | 卵 | 16 | 42 | 19 | 80 | 15 | 1 | | SMV、霜霉病 | 一般 |
| C550 | 鲁豆10号 | 山东 | 夏 | 104 | 白 | 灰 | 黄 | 淡褐 | 黄 | 近球 | 有 | 卵 | 19 | 46 | 19 | 65 | 15 | 1 | 2.2 | SMV、霜霉病 | 一般 |

（续）

| 编号 | 品种名称 | 来源省份 | 播期类型 | 生育日数(d) | 花色 | 茸毛色 | 种皮色 | 种脐色 | 子叶色 | 粒型 | 结荚习性 | 叶型 | 百粒重(g) | 蛋白质含量(%) | 油脂含量(%) | 株高(cm) | 主茎节数 | 裂荚性 | 每荚粒数 | 抗病虫性 | 利用类型 |
|---|---|---|---|---|---|---|---|---|---|---|---|---|---|---|---|---|---|---|---|---|---|
| C551 | 鲁豆11 | 山东 | 夏 | 94 | 紫 | 棕 | 黄 | 褐 | 黄 | 椭 | 有 | 椭 | 20 | 40 | 22 | 80 | 14 | 1 | 2.5 | SMV、SCN | 一般 |
| C552 | 鲁黑豆1号 | 山东 | 夏 | 105 | 白 | 棕 | 黑 | 褐 | 黄 | 球 | 有 | 卵 | 24 | 43 | 20 | 80 | 17 | 1 | | | 食品加工 |
| C553 | 鲁黑豆2号 | 山东 | 夏 | 95 | 白 | 棕 | 黑 | 黑 | 黄 | 扁椭 | 有 | 椭 | 13 | 44 | 18 | 70 | 14 | 1 | 2.4 | SMV、SCN | 一般 |
| C554 | 齐茶豆1号 | 山东 | 夏 | 95 | 白 | 棕 | 褐 | 褐 | 黄 | 椭 | 有 | 卵 | 14 | 45 | 20 | 75 | 15 | 1 | 2.1 | SMV、SCN | 一般 |
| C555 | 齐黄1号 | 山东 | 夏 | 100 | 紫 | 灰 | 黄 | 褐 | 黄 | 近球 | 无 | 椭 | 18 | 40 | 20 | 90 | 17 | 4 | 2.3 | SMV | 一般 |
| C556 | 齐黄2号 | 山东 | 夏 | 107 | 白 | 灰 | 黄 | 褐 | 黄 | 椭 | 有 | 卵 | 16 | 41 | 20 | 70 | 14 | 2 | 1.7 | SMV | 一般 |
| C557 | 齐黄4号 | 山东 | 夏 | 93 | 白 | 灰 | 黄 | 褐 | 黄 | 球 | 有 | 卵 | 16 | 42 | 22 | 65 | 15 | 1 | 2.2 | SMV | 一般 |
| C558 | 齐黄5号 | 山东 | 夏 | 98 | 白 | 棕 | 黄 | | 黄 | 椭 | 有 | 椭 | 15 | 41 | 20 | 70 | | 1 | | | 一般 |
| C559 | 齐黄10号 | 山东 | 夏 | 90 | 紫 | 灰 | 黄 | 褐 | 黄 | 球 | 有 | 椭 | 15 | 41 | 18 | 65 | 18 | 1 | 2.3 | SMV | 一般 |
| C560 | 齐黄13 | 山东 | 夏 | 108 | 紫 | 棕 | 黄 | 深褐 | 黄 | 球 | 无 | 卵 | 17 | 38 | 19 | 100 | 19 | 4 | | | 一般 |
| C561 | 齐黄20 | 山东 | 夏 | 95 | 白 | 灰 | 黄 | 褐 | 黄 | 椭 | 有 | 卵 | 14 | 40 | 20 | 75 | 15 | 1 | | SMV | 一般 |
| C562 | 齐黄21 | 山东 | 夏 | 85 | 白 | 灰 | 黄 | 淡褐 | 黄 | 近球 | 有 | 披针 | 18 | 39 | 23 | 60 | 15 | 1 | | | 一般 |
| C563 | 齐黄22 | 山东 | 夏 | 100 | 白 | 灰 | 黄 | 淡褐 | 黄 | 椭 | 亚 | 卵 | 16 | 39 | 20 | 85 | 15 | 1 | | SMV | 一般 |
| C564 | 齐黄25 | 山东 | 夏 | 101 | 紫 | 棕 | 黄 | 深褐 | 黄 | 椭 | 有 | 卵 | 13 | 42 | 19 | 88 | 17 | 1 | 2.2 | SCN、SMV | 一般 |
| C565 | 山宁4号 | 山东 | 夏 | 105 | 白 | 棕 | 黄 | 深褐 | 黄 | 近球 | 亚 | 椭 | 19 | 42 | 21 | 100 | 20 | 1 | | | 一般 |
| C566 | 藤县1号 | 山东 | 夏 | 100 | 白 | 棕 | 黄 | 褐 | 黄 | 椭 | 有 | 卵 | 14 | 45 | 20 | 93 | 15 | 4 | | SMV | 一般 |
| C567 | 为民1号 | 山东 | 夏 | 106 | 白 | 灰 | 黄 | 褐 | 黄 | 椭 | 有 | 椭 | 15 | 38 | 19 | 90 | 19 | 1 | | SMV | 一般 |
| C568 | 潍4845 | 山东 | 夏 | 85 | 白 | 棕 | 黄 | 淡褐 | 黄 | 近球 | 有 | 椭 | 14 | 39 | 20 | 75 | 14 | 1 | 2.3 | SMV、霜霉病 | 一般 |
| C569 | 文丰4号 | 山东 | 夏 | 110 | 白 | 灰 | 黄 | 褐 | 黄 | 长椭 | 有 | 卵 | 15 | 41 | 18 | 95 | 18 | 1 | 2.3 | SMV | 一般 |
| C570 | 文丰5号 | 山东 | 夏 | 93 | 白 | 灰 | 黄 | 淡褐 | 黄 | 球 | 无 | 椭 | 18 | 41 | 21 | 105 | 17 | 1 | 2.3 | 食心虫 | 一般 |
| C571 | 文丰6号 | 山东 | 夏 | 93 | 白 | 灰 | 黄 | 淡褐 | 黄 | 椭 | 无 | 卵 | 15 | 38 | 22 | 100 | 18 | 1 | 2.0 | | 一般 |
| C572 | 文丰7号 | 山东 | 夏 | 93 | 白 | 灰 | 黄 | 褐 | 黄 | 椭 | 有 | 椭 | 15 | 40 | 19 | 95 | 17 | 1 | 2.5 | | 一般 |
| C573 | 向阳1号 | 山东 | 夏 | 95 | 紫 | 棕 | 黄 | 褐 | 黄 | 椭 | 无 | 卵 | 16 | 40 | 18 | 110 | 20 | 4 | 2.7 | SMV | 一般 |
| C574 | 新黄豆 | 山东 | 夏 | 108 | 白 | 灰 | 黄 | 褐 | 黄 | 椭 | 有 | 卵 | 13 | 41 | 20 | 65 | 13 | 4 | 1.8 | SMV | 一般 |
| C575 | 兖黄1号 | 山东 | 夏 | 100 | 白 | 棕 | 黄 | 深褐 | 黄 | 椭 | 有 | 卵 | 13 | 40 | 19 | 85 | 16 | 1 | | SMV | 一般 |

（续）

| 编号 | 品种名称 | 来源省份 | 播期类型 | 生育日数(d) | 花色 | 茸毛色 | 种皮色 | 种脐色 | 子叶色 | 粒型 | 结荚习性 | 叶型 | 百粒重(g) | 蛋白质含量(%) | 油脂含量(%) | 株高(cm) | 主茎节数 | 裂荚性 | 每荚粒数 | 抗病虫性 | 利用类型 |
|---|---|---|---|---|---|---|---|---|---|---|---|---|---|---|---|---|---|---|---|---|---|
| C576 | 烟豆4号 | 山东 | 夏 | 82 | 白 | 灰 | 黄 | 褐 | 黄 | 椭 | 有 | 长椭 | 18 | 42 | 20 | 53 | 10 | 1 | | SMV | 一般 |
| C577 | 烟黄3号 | 山东 | 夏 | 90 | 紫 | 灰 | 黄 | 褐 | 黄 | 近球 | 有 | 椭 | 21 | 46 | 18 | 55 | 10 | 1 | | | 一般 |
| C578 | 跃进4号 | 山东 | 夏 | 100 | 白 | 棕 | 黄 | 褐 | 黄 | 椭 | 有 | 椭 | 13 | 40 | 21 | 85 | 18 | 1 | 2.0 | | 一般 |
| C579 | 跃进5号 | 山东 | 夏 | 105 | 白 | 灰 | 黄 | 淡褐 | 黄 | 椭 | 有 | 椭 | 17 | 42 | 21 | 50 | 14 | 1 | | SMV | 一般 |
| C580 | 秦豆1号 | 陕西 | 夏 | 105 | 白 | 棕 | 黄 | 黑 | 黄 | 近球 | 亚 | 披针 | 17 | 35 | 22 | 90 | 17 | 1 | 2.2 | | 一般 |
| C581 | 秦豆3号 | 陕西 | 夏/春 | 100/143 | 白 | 棕 | 黄 | 黑 | 黄 | 椭 | 有 | 长椭 | 16 | 40 | 20 | 65 | 17 | 1 | 2.0 | | 一般 |
| C582 | 秦豆5号 | 陕西 | 夏 | 95 | 白 | 棕 | 黄 | 深褐 | 黄 | 近球 | 亚 | 披针 | 15 | 40 | 18 | 85 | 17 | 1 | 2.8 | | 一般 |
| C583 | 陕豆701 | 陕西 | 夏 | 105 | 白 | 灰 | 黄 | 褐 | 黄 | 椭 | 有 | 椭 | 14 | 42 | 16 | 65 | 17 | 1 | 2.0 | | 一般 |
| C584 | 陕豆702 | 陕西 | 夏 | 100 | 白 | 灰 | 黄 | 褐 | 黄 | 椭 | 有 | 长椭 | 17 | 40 | 20 | 65 | 17 | 1 | 2.2 | | 一般 |
| C585 | 陕豆7214 | 陕西 | 夏/春 | 108/140 | 白 | 棕 | 黄 | 红褐 | 黄 | 椭 | 有 | 椭 | 14 | | | 70 | 17 | 1 | 2.1 | | 一般 |
| C586 | 陕豆7826 | 陕西 | 夏 | 98 | 紫 | 棕 | 黄 | 黑 | 黄 | 椭 | 有 | 长椭 | 15 | 40 | 20 | 65 | 17 | 1 | 2.3 | | 一般 |
| C587 | 太原47 | 陕西 | 春 | 125* | 白 | 棕 | 黄 | 黑 | 黄 | 近球 | 无 | 椭 | 21 | 35 | 21 | 80 | 17 | 1 | 2.0 | | 一般 |
| C588 | 汾豆11 | 山西 | 春/夏 | 135*/? | 紫 | 灰 | 黄 | 褐 | 黄 | 圆 | 无 | 圆 | 19 | 42 | 19 | 105 | 21 | 1 | | | 一般 |
| C589 | 汾豆31 | 山西 | 春/夏 | 133*/? | 白 | 棕 | 黄 | 淡褐 | 黄 | 椭 | 无 | 椭 | 18 | 39 | 21 | 83 | 23 | 1 | | | 一般 |
| C590 | 晋大36 | 山西 | 春/夏 | 134*/? | 紫 | 灰 | 黄 | 黄 | 黄 | 球 | 无 | 卵 | 26 | 37 | 19 | 93 | 22 | 1 | | | 一般 |
| C591 | 晋豆1号 | 山西 | 春/夏 | 139/90 | 白 | 棕 | 黄 | 黑 | 黄 | 椭 | 无 | 椭 | 23 | 38 | 21 | 65 | 20 | 1 | 1.9 | | 一般 |
| C592 | 晋豆2号 | 山西 | 春/夏 | 130/90 | 紫 | 灰 | 黄 | 黄 | 黄 | 椭 | 有 | 椭 | 17 | 44 | 18 | 100 | | 1 | 2.4 | | 一般 |
| C593 | 晋豆3号 | 山西 | 春/夏 | 130/97 | 白 | 棕 | 黑 | 黑 | 黄 | 椭 | 无 | | 14 | 42 | 20 | 80 | | 1 | | | 一般 |
| C594 | 晋豆4号 | 山西 | 春/夏 | 143*/110 | 白 | 棕 | 黄 | 黑 | 黄 | 椭 | 无 | 椭 | 22 | 41 | 19 | 80 | 20 | 1 | 2.2 | SMV | 一般 |
| C595 | 晋豆5号 | 山西 | 春/夏 | 140*/? | 白 | 灰 | 黄 | 褐 | 黄 | 卵 | 无 | 卵 | 22 | 42 | 20 | 80 | | 1 | | SMV | 一般 |
| C596 | 晋豆6号 | 山西 | 春/夏 | 138*/100 | 白 | 棕 | 黄 | 淡褐 | 黄 | 椭 | 有 | 椭 | 21 | 43 | 19 | 100 | 29 | 1 | | SMV | 一般 |
| C597 | 晋豆7号 | 山西 | 春/夏 | 138*/93 | 白 | 棕 | 黑 | 黑 | 黄 | 椭 | 无 | 椭 | 25 | 42 | 20 | 95 | 25 | 1 | 2.1 | SMV, 食心虫 | 一般, 药用 |
| C598 | 晋豆8号 | 山西 | 春/夏 | 135*/? | 紫 | 棕 | 黄 | 深褐 | 黄 | 球 | 无 | 椭 | 28 | 41 | 18 | 90 | 28 | 1 | 2.3 | | 一般 |
| C599 | 晋豆9号 | 山西 | 春/夏 | 137*/? | 白 | 棕 | 黄 | 黑 | 黄 | 椭 | 无 | 圆 | 19 | 43 | 19 | 98 | | 1 | | 霜霉病 | 一般 |
| C600 | 晋豆10号 | 山西 | 春 | 125* | 紫 | 棕 | 黄 | 黑 | 黄 | 椭 | 有 | 披针 | 15 | 41 | 18 | 80 | 28 | 1 | | | 一般 |

（续）

| 编号 | 品种名称 | 来源省份 | 播期类型 | 生育日数 (d) | 花色 | 茸毛色 | 种皮色 | 种脐色 | 子叶色 | 粒型 | 结荚习性 | 叶型 | 百粒重(g) | 蛋白质含量(%) | 油脂含量(%) | 株高(cm) | 主茎节数 | 裂荚性 | 每荚粒数 | 抗病虫性 | 利用类型 |
|---|---|---|---|---|---|---|---|---|---|---|---|---|---|---|---|---|---|---|---|---|---|
| C601 | 晋豆11 | 山西 | 春/夏 | 130*/100 | 紫 | 棕 | 黄 | 深褐 | 黄 | 球 | 无 | 长椭 | 22 | 40 | 20 | 85 | 30 | 1 | 2.0 | SCN | 一般 |
| C602 | 晋豆12 | 山西 | 春/夏 | 125*/89 | 紫 | 棕 | 黄 | 黑 | 黄 | 椭 | 无 | 圆 | 19 | 40 | 21 | 88 | 18 | 1 | | | 一般 |
| C603 | 晋豆13 | 山西 | 春/夏 | 133*/94 | 白 | 棕 | 黄 | 黑 | 黄 | 椭 | 无 | 圆 | 21 | 40 | 21 | 84 | 25 | 1 | | | 一般 |
| C604 | 晋豆14 | 山西 | 春 | 138* | 紫 | 灰 | 黄 | 淡褐 | 黄 | 长椭 | 无 | 圆 | 14 | 43 | 17 | 80 | 18 | 1 | | | 一般 |
| C605 | 晋豆15 | 山西 | 春/夏 | 115*/79 | 紫 | 棕 | 黄 | 褐 | 黄 | 椭 | 无 | 卵 | 19 | 41 | 21 | 70 | 23 | 1 | | | 一般 |
| C606 | 晋豆16 | 山西 | 春/夏 | 133*/103 | 紫 | 棕 | 黄 | 褐 | 黄 | 球 | 亚 | | 21 | 41 | 21 | 100 | 21 | 1 | | SMV | 一般 |
| C607 | 晋豆17 | 山西 | 春/夏 | 134*/? | 白 | 棕 | 黄 | 淡黄 | 黄 | 椭 | 无 | 卵 | 18 | 39 | 19 | 103 | 22 | | | | 一般 |
| C608 | 晋豆371 | 山西 | 春/夏 | 148/? | 紫 | 棕 | 黄 | 蓝 | 黄 | 椭 | | 椭 | 22 | 39 | 21 | 100 | | 1 | | | 一般 |
| C609 | 晋豆482 | 山西 | 春/夏 | 147/104 | 白 | 棕 | 黄 | 黑 | 黄 | 椭 | 无 | 椭 | 20 | 40 | 19 | 90 | | | | | 一般 |
| C610 | 晋豆501 | 山西 | 春/夏 | 153/109 | 白 | 灰 | 黄 | | 黄 | 椭 | 有 | 椭 | 17 | 41 | 19 | 70 | 19 | 1 | | 食心虫 | 一般 |
| C611 | 晋豆514 | 山西 | 春/夏 | 138/? | 白 | 棕 | 黑 | 黑 | 黄 | 球 | 有 | 椭 | 20 | 37 | 20 | 70 | | 1 | | | 一般 |
| C612 | 晋遗9号 | 山西 | 春/夏 | 125*/95 | 紫 | 灰 | 黄 | 深褐 | 黄 | 椭 | 亚 | 卵 | 19 | 38 | 21 | 80 | 23 | 1 | | SMV、食心虫 | 一般 |
| C613 | 晋遗10号 | 山西 | 春/夏 | 128*/88 | 紫 | 灰 | 黄 | 黄 | 黄 | 椭 | 无 | 椭 | 20 | 39 | 22 | 90 | 22 | 1 | | SMV | 一般 |
| C614 | 晋遗19 | 山西 | 春/夏 | 133*/90 | 紫 | 灰 | 黄 | 淡黑 | 黄 | 椭 | 无 | 卵 | 20 | 41 | 21 | 100 | 23 | 1 | 2.5 | SMV、紫斑病、食心虫 | 一般 |
| C615 | 晋遗20 | 山西 | 春/夏 | 125*/83 | 白 | 灰 | 黄 | 黄 | 黄 | 球 | 亚 | 卵 | 19 | 42 | 20 | 70 | 19 | 1 | | SMV、紫斑病、食心虫 | 一般 |
| C616 | 闪金豆 | 山西 | 春 | 139* | 白 | 灰 | 黄 | 淡褐 | 黄 | 近球 | 无 | 披针 | 20 | 40 | 21 | 100 | 25 | 1 | 2.3 | | 一般 |
| C617 | 大谷早 | 山西 | 春/夏 | 133*/85 | 白 | 灰 | 黄 | 淡褐 | 黄 | 椭 | 亚 | 椭 | 13 | 40 | 23 | 65 | 15 | 1 | 2.2 | | 一般 |
| C618 | 紫秸豆75 | 山西 | 春/夏 | 140/100 | 紫 | 灰 | 黄 | 深褐 | 黄 | 椭 | 无 | 椭 | 26 | 44 | 19 | 75 | 18 | 1 | 1.9 | | 菜用 |
| C619 | 成豆4号 | 四川 | 春 | 94 | 白 | 灰 | 黄 | 黄 | 黄 | 椭 | 有 | 卵 | 18 | 45 | 18 | 43 | 11 | 1 | 2.1 | | 一般 |
| C620 | 成豆5号 | 四川 | 春 | 118 | 紫 | 灰 | 黄 | 褐 | 黄 | 椭 | 有 | 卵 | 17 | 46 | 20 | 56 | 17 | | 1.7 | | 一般 |
| C621 | 川豆2号 | 四川 | 春 | 112 | 白 | 棕 | 黄 | 深褐 | 黄 | 椭 | 有 | 卵 | 21 | 48 | 19 | 56 | 16 | | 1.8 | | 一般 |
| C622 | 川豆3号 | 四川 | 春 | 118 | 白 | 灰 | 黄 | 褐 | 黄 | 椭 | 有 | 卵 | 18 | 45 | 20 | 41 | 14 | | 1.8 | | 一般 |
| C623 | 川湘早1号 | 四川 | 春 | 105 | 白 | 灰 | 黄 | 褐 | 黄 | 椭 | 有 | 卵 | 19 | 42 | 19 | 45 | 10 | 1 | 1.9 | 霜霉病 | 一般 |
| C624 | 达豆2号 | 四川 | 春 | 105 | 白 | 灰 | 黄 | 褐 | 黄 | 球 | 有 | 卵 | 18 | 45 | 18 | 42 | 10 | 1 | 2.1 | | 一般 |
| C625 | 贡豆1号 | 四川 | 春 | 123 | 紫 | 灰 | 黄 | 褐 | 黄 | 扁椭 | 有 | 卵 | 24 | 40 | 21 | 55 | 15 | 1 | 1.8 | | 一般 |

| 编号 | 品种名称 | 来源省份 | 播期类型 | 生育日数(d) | 花色 | 茸毛色 | 种皮色 | 种脐色 | 子叶色 | 粒型 | 结荚习性 | 叶型 | 百粒重(g) | 蛋白质含量(%) | 油脂含量(%) | 株高(cm) | 主茎节数 | 裂荚性 | 每荚粒数 | 抗病虫性 | 利用类型 |
|---|---|---|---|---|---|---|---|---|---|---|---|---|---|---|---|---|---|---|---|---|---|
| C626 | 贡豆2号 | 四川 | 春 | 123 | 紫 | 灰 | 绿 | 褐 | 黄 | 椭 | 有 | 卵 | 22 | 41 | 22 | 55 | 14 | 1 | 2.0 | | 菜用 |
| C627 | 贡豆3号 | 四川 | 春 | 105 | 白 | 灰 | 黄 | 褐 | 黄 | 椭 | 有 | 卵 | 20 | 40 | 21 | 35 | 10 | | 2.1 | | 一般、菜用 |
| C628 | 贡豆4号 | 四川 | 春 | 122 | 紫 | 灰 | 黄 | 淡褐 | 黄 | 椭 | 有 | 卵 | 21 | 38 | 21 | 55 | 16 | 1 | 2.0 | | 一般 |
| C629 | 贡豆6号 | 四川 | 春 | 117 | 紫 | 棕 | 黄 | 淡褐 | 黄 | 椭 | 有 | 卵 | 19 | 39 | 22 | 52 | 14 | | 2.0 | | 一般 |
| C630 | 贡豆7号 | 四川 | 春 | 100 | 白 | 棕 | 绿 | 褐 | 黄 | 椭 | 有 | 卵 | 20 | 42 | 17 | 50 | 11 | | 1.9 | | 菜用、一般 |
| C631 | 凉豆2号 | 四川 | 春 | 115 | 白 | 棕 | 黄 | 黑 | 黄 | 球 | 亚 | 卵 | 19 | 43 | 22 | 65 | 13 | 1 | 2.1 | | 一般、菜用 |
| C632 | 凉豆3号 | 四川 | 春 | 104 | 白 | 棕 | 黄 | 黄 | 黄 | 椭 | 有 | 卵 | 22 | 41 | 17 | 46 | 11 | | 2.0 | | 一般 |
| C633 | 万县8号 | 四川 | 春 | 95 | 白 | 灰 | 黄 | 褐 | 黄 | 肾 | 有 | 卵 | 19 | 45 | 19 | 40 | 13 | 1 | 1.8 | | 一般 |
| C634 | 西豆4号 | 四川 | 春 | 111 | 白 | 灰 | 黄 | 淡褐 | 黄 | 椭 | 有 | 卵 | 22 | 41 | 17 | 51 | 12 | | 1.9 | | 一般 |
| C635 | 西育3号 | 四川 | 春 | 120 | 白 | 灰 | 黄 | 褐 | 黄 | 椭 | 有 | 卵 | 20 | 42 | 19 | 45 | 16 | | 2.1 | | 一般 |
| C636 | 宝坻大白眉 | 天津 | 春 | 123 | 白 | 灰 | 黄 | 褐 | 黄 | 球 | 亚 | 椭 | 25 | 44 | 17 | 123 | | 1 | | | 一般 |
| C637 | 津75-1 | 天津 | 春/夏 | 115*/96* | 紫 | 灰 | 黄 | 淡褐 | 黄 | 椭 | 有 | 卵 | 22 | 40 | 20 | 65 | 16 | | | 紫斑病 | 一般 |
| C638 | 丰收72 | 新疆 | 春 | 105* | 白 | 灰 | 黄 | 黄 | 黄 | 球 | 亚 | 披针 | 19 | 31 | 17 | 65 | 15 | | 2.1 | | 一般 |
| C639 | 垦米白脐 | 新疆 | 春 | 138* | 白 | 灰 | 淡黄 | 白 | 黄 | 椭 | 亚 | 圆 | 20 | 33 | 13 | 78 | 13 | | 1.8 | | 一般 |
| C640 | 奎选1号 | 新疆 | 春 | 97* | 白 | 灰 | 黄 | 淡褐 | 黄 | 球 | 无 | 披针 | 17 | 32 | 19 | 70 | 14 | | | | 一般 |
| C641 | 晋宁大黄豆 | 云南 | 夏 | 118 | 紫 | 棕 | 黄 | 深褐 | 黄 | 椭 | 有 | 卵 | 25 | 43 | 19 | 60 | 17 | 1 | 2.5 | | 一般、菜用 |
| C642 | 云82-22 | 云南 | 夏/冬 | 120*/? | 白 | 棕 | 黄 | 褐 | 黄 | 椭 | 有 | 披针 | 19 | 40 | 19 | 60 | 16 | 1 | 2.5 | | 一般 |
| C643 | 华春14 | 浙江 | 春 | 110 | 白 | 棕 | 黄 | 淡褐 | 黄 | 椭 | 亚 | 圆 | 22 | 45 | 18 | 65 | | 1 | 2.1 | SMV | 一般 |
| C644 | 丽秋1号 | 浙江 | 秋 | 103 | 紫 | 棕 | 黄 | 褐 | 黄 | 球 | 有 | 圆 | 21 | 48 | 17 | 78 | 13 | 1 | 1.8 | | 一般 |
| C645 | 毛蓬青1号 | 浙江 | 秋 | 88 | 白 | 灰 | 淡绿 | 黑 | 黄 | 球 | 有 | 卵 | 25 | 51 | 20 | 68 | 13 | | 2.2 | | 菜用、豆腐 |
| C646 | 毛蓬青2号 | 浙江 | 秋 | 98 | 紫 | 棕 | 淡绿 | 淡褐 | 黄 | 椭 | 亚 | 卵 | 33 | 47 | 21 | 78 | 17 | | 2.2 | SMV、霜霉病 | 菜用、豆腐 |
| C647 | 毛蓬青3号 | 浙江 | 秋 | 105 | 紫 | 棕 | 绿 | 褐 | 黄 | 椭 | 亚 | 圆 | 30 | | 17 | | | 3 | 2.2 | SMV、锈病 | 一般、菜用 |
| C648 | 浙春1号 | 浙江 | 春 | 90 | 白 | 灰 | 黄 | 黑 | 黄 | 长椭 | 有 | 卵 | 16 | 46 | 19 | 55 | 12 | 1 | | SMV | 菜用、豆腐 |
| C649 | 浙春2号 | 浙江 | 春 | 105 | 白 | 棕 | 黄 | 黑 | 黄 | 球 | 有 | 卵 | 17 | 45 | 17 | 55 | 14 | 1 | | SMV | 一般、豆腐 |
| C650 | 浙春3号 | 浙江 | 春 | 96 | 白 | 棕 | 黄 | 褐 | 黄 | 长椭 | 有 | 卵 | 20 | 48 | 18 | 50 | 13 | 1 | 2.2 | SMV、锈病、豆秆蝇 | 一般、菜用 |

（续）

（续）

| 编号 | 品种名称 | 来源省份 | 播期类型 | 生育日数(d) | 花色 | 茸毛色 | 种皮色 | 种脐色 | 子叶色 | 粒型 | 结荚习性 | 叶型 | 百粒重(g) | 蛋白质含量(%) | 油脂含量(%) | 株高(cm) | 主茎节数 | 裂荚性 | 每荚粒数 | 抗病虫性 | 利用类型 |
|---|---|---|---|---|---|---|---|---|---|---|---|---|---|---|---|---|---|---|---|---|---|
| C651 | 浙江28-22 | 浙江 | 春 | 101 | 白 | 棕 | 淡褐 | 白 | 黄 | 球 | 有 | 卵 | 20 | 46 | 18 | 63 | 14 | 1 | 1.9 | SMV | 一般 |
| D001 | AC10菜用大青豆 | 安徽 | 夏 | 110 | 紫 | 灰 | 绿 | | 黄 | 椭 | 亚 | 椭 | 30 | 41 | 21 | 80 | 18 | | 3 | | 菜用 |
| D002 | 合豆1号 | 安徽 | 夏 | 100 | 紫 | 灰 | 黄 | 淡褐 | 黄 | 椭 | 有 | 椭 | 17 | 43 | 20 | 80 | 17 | | | SMV、SCN | 一般 |
| D003 | 合豆2号 | 安徽 | 夏 | 105 | 紫 | 灰 | 黄 | 淡褐 | 黄 | 椭 | 有 | 椭 | 17 | 44 | 21 | 80 | 18 | | | SMV、SCN | 一般 |
| D004 | 合豆3号 | 安徽 | 夏 | 103 | 紫 | 灰 | 黄 | 淡褐 | 黄 | 球 | 有 | 卵 | 23 | 42 | 20 | 70 | 17 | | | SMV、SCN | 一般 |
| D005 | 皖豆12 | 安徽 | 夏 | 99 | 紫 | 灰 | 黄 | 淡黄 | 黄 | 球 | 有 | 长椭 | 20 | 47 | 23 | 70 | 16 | | 2 | | 一般 |
| D006 | 皖豆14 | 安徽 | 夏 | 102 | 紫 | 灰 | 黄 | 褐 | 黄 | 球 | 亚 | | 19 | 47 | 20 | 80 | 12 | | | | 一般 |
| D007 | 皖豆15 | 安徽 | 夏 | 92 | 紫 | 灰 | 黄 | 淡褐 | 黄 | 近球 | 有 | 圆 | 29 | 45 | 21 | 60 | 18 | | 3 | | 一般 |
| D008 | 皖豆16 | 安徽 | 夏 | 100 | 紫 | 灰 | 黄 | 淡褐 | 黄 | 球 | 亚 | 椭 | 20 | 44 | 21 | 80 | 15 | | 4 | SMV、SCN | 一般 |
| D009 | 皖豆17 | 安徽 | 夏 | 102 | 白 | 灰 | 黄 | 淡褐 | 黄 | 肾 | 有 | 卵 | 16 | 43 | 19 | 70 | 25 | | | SMV | 一般 |
| D010 | 皖豆18 | 安徽 | 夏 | 110 | 紫 | 棕 | 黄 | 淡褐 | 黄 | 近球 | 有 | 长椭 | 20 | 46 | 17 | 70 | 16 | | 2 | SMV | 豆腐 |
| D011 | 皖豆19 | 安徽 | 夏 | 104 | 紫 | 灰 | 黄 | 淡褐 | | 椭 | 有 | 卵 | 14 | 42 | 18 | 60 | 17 | | 3 | SMV | 一般 |
| D012 | 皖豆20 | 安徽 | 夏 | 100 | 白 | 灰 | 黄 | 淡褐 | 黄 | 球 | 有 | 椭 | 20 | 45 | 21 | 75 | 18 | | | SMV | 一般 |
| D013 | 皖豆21 | 安徽 | 夏 | 102 | 白 | 棕 | 黄 | 深褐 | | 球 | 有 | 椭 | 21 | 45 | 22 | 95 | 13 | | 3 | SMV、SCN | 一般 |
| D014 | 皖豆22 | 安徽 | 夏 | 100 | 紫 | 棕 | 黄 | 褐 | 黄 | 椭 | 有 | 披针 | 20 | 46 | 20 | 60 | | | | SMV | 一般 |
| D015 | 皖豆23 | 安徽 | 夏 | 96 | 紫 | 灰 | 黄 | 淡褐 | 黄 | 椭 | 有 | 披针 | 23 | 42 | 19 | 70 | 16 | | | | 一般 |
| D016 | 皖豆24 | 安徽 | 夏 | 103 | 白 | 灰 | 黄 | 黄 | 黄 | 椭 | 有 | 椭 | 24 | 42 | 21 | 74 | 16 | | | SMV、SCN | 一般 |
| D017 | 皖豆25 | 安徽 | 夏 | 110 | 紫 | 棕 | 黄 | 黄 | 黄 | 球 | 有 | 椭 | 20 | 44 | 19 | 58 | 16 | | | SMV | 一般 |
| D018 | 蒙彩1号 | 北京 | 夏 | 109 | 白 | 棕 | 黄 | 黄 | 黄 | 椭 | 有 | 椭 | | 46 | 20 | 80 | 1 | | | SMV | 一般 |
| D019 | 京豆1号 | 北京 | 夏 | 93 | 白 | 灰 | 褐 | 黄 | | 球 | 亚 | 椭 | 19 | 38 | | 70 | 17 | | | SMV | 一般 |
| D020 | 京黄1号 | 北京 | 夏 | 113 | 紫 | 灰 | 黄 | 褐 | 黄 | 球 | 亚 | 披针 | 21 | 38 | 18 | 80 | | | | SMV | 一般 |
| D021 | 京黄2号 | 北京 | 夏 | 109 | 白 | 灰 | 褐 | 黄 | 黄 | 圆 | 亚 | 椭 | 22 | 36 | 23 | 90 | 16 | | | | 一般 |
| D022 | 科丰14 | 北京 | 夏 | 103 | 白 | 灰 | 黄 | 白 | 黄 | 椭 | 有 | 椭 | 23 | 43 | 18 | 73 | 13 | | 3 | 食心虫 | 一般 |
| D023 | 科丰15 | 北京 | 夏 | 97 | 白 | 灰 | 黄 | 白 | 黄 | 椭 | 有 | 圆 | 25 | 44 | 21 | 70 | | | 3 | | 一般 |
| D024 | 科丰17 | 北京 | 春 | 116 | 白 | 灰 | 黄 | 淡褐 | 黄 | 椭 | 亚 | 圆 | 27 | 42 | 19 | 91 | | | | SMV | 菜用 |

（续）

| 编号 | 品种名称 | 来源省份 | 播期类型 | 生育日数(d) | 花色 | 茸毛色 | 种皮色 | 种脐色 | 子叶色 | 粒型 | 结荚习性 | 叶型 | 百粒重(g) | 蛋白质含量(%) | 油脂含量(%) | 株高(cm) | 主茎节数 | 裂荚性 | 每荚粒数 | 抗病虫性 | 利用类型 |
|---|---|---|---|---|---|---|---|---|---|---|---|---|---|---|---|---|---|---|---|---|---|
| D025 | 科丰28 | 北京 | 夏 | 107 | 白 | 灰 | 黄 | 黄 | 黄 | 椭 | 有 | 圆 | 22 | 41 | 20 | 90 |  |  | 3 | SMV | 一般 |
| D026 | 科丰36 | 北京 | 春 | 135 | 紫 | 灰 | 黄 | 淡褐 | 黄 | 球 | 无 | 椭 | 26 | 45 | 20 | 103 | 20 |  | 3 |  | 一般 |
| D027 | 科丰37 | 北京 | 夏 | 99 | 白 | 灰 | 黄 | 黄 | 黄 | 椭 | 亚 | 圆 | 18 | 44 | 19 | 75 | 15 |  |  | SMV | 一般 |
| D028 | 科丰53 | 北京 | 春 | 130 | 紫 | 灰 | 浅黄 | 褐 | 黄 | 近球 | 亚 | 披针 | 25 | 43 | 10 | 130 | 22 |  | 3 | SMV | 一般 |
| D029 | 科新4号 | 北京 | 春 | 136 | 紫 | 灰 | 黄 | 黄 | 黄 | 长椭 | 亚 | 椭 | 19 | 47 | 21 | 103 | 21 |  | 3 | SMV | 一般 |
| D030 | 科新5号 | 北京 | 春 | 140 | 白 | 灰 | 黄 | 淡褐 | 黄 | 椭 | 亚 | 椭 | 19 | 42 | 19 | 103 |  |  | 3 | SMV | 一般 |
| D031 | 科新6号 | 北京 | 春 | 137 | 白 | 灰 | 黄 | 黄 | 黄 | 椭 | 无 | 椭 | 22 | 44 | 19 | 110 | 14 |  | 3 | SMV | 一般 |
| D032 | 科新7号 | 北京 | 春 | 144 | 紫 | 灰 | 黄 | 淡褐 | 黄 | 椭 | 无 | 椭 | 18 | 45 | 20 | 135 | 24 |  | 3 | SMV | 一般 |
| D033 | 科新8号 | 北京 | 夏 | 100 | 紫 | 灰 | 黄 | 黄 | 黄 | 椭 | 亚 | 圆 | 17 | 42 | 20 | 70 | 19 |  |  | SMV | 一般 |
| D034 | 顺豆92-51 | 北京 | 春 | 135 | 白 | 灰 | 黄 | 黄 | 黄 | 球 | 亚 | 椭 | 18 | 41 | 18 | 70 | 16 |  | 4 | SMV、食心虫 | 一般 |
| D035 | 鑫豆1号 | 北京 | 春 | 140 | 白 | 棕 | 黑 | 黑 | 黄 | 圆 | 亚 | 椭 | 18 | 41 | 21 | 133 | 26 |  |  |  | 一般 |
| D036 | 中豆27 | 北京 | 春/夏 | 130 | 白 | 灰 | 黄 | 褐 | 黄 | 椭 | 亚 | 椭 | 22 | 45 | 22 | 105 | 20 | 1 | 3 | SMV | 一般 |
| D037 | 中豆28 | 北京 | 夏 | 99 | 紫 | 棕 | 黄 | 黄 | 黄 | 椭 | 亚 | 椭 | 18 | 41 | 22 | 102 | 15 | 1 | 3 | SMV | 一般 |
| D038 | 中黄9 | 北京 | 春/夏 | 97 | 紫 | 灰 | 黄 | 淡褐 | 黄 | 椭 | 亚 | 椭 |  | 42 | 19 | 97 |  |  | 3 |  | 一般 |
| D039 | 中黄10 | 北京 | 夏 | 95 | 白 | 棕 | 黄 | 黑 | 黄 | 椭 | 无 | 椭 | 16 | 43 | 19 | 75 | 15 | 1 | 3 | SMV、SCN | 一般 |
| D040 | 中黄11 | 北京 | 春/夏 | 104 | 紫 | 灰 | 黄 | 黄 | 黄 | 椭 | 亚 | 长椭 | 20 | 43 | 20 | 85 |  | 1 | 3 | SMV、SCN | 一般 |
| D041 | 中黄12 | 北京 | 春/夏 | 120 | 白 | 灰 | 黄 | 黄 | 球 | 球 | 亚 | 椭 | 0 | 41 | 21 | 100 | 18 | 1 | 3 | SMV、SCN | 一般 |
| D042 | 中黄13 | 北京 | 春 | 133 | 紫 | 灰 | 黄 | 褐 | 黄 | 椭 | 亚 | 椭 | 25 | 39 | 19 | 70 | 15 | 1 |  | SMV、SCN | 一般 |
| D043 | 中黄14 | 北京 | 夏 | 94 |  | 灰 | 黄 | 褐 | 黄 | 椭 | 有 |  | 0 | 46 | 21 | 65 | 14 |  | 3 | SMV | 一般 |
| D044 | 中黄15 | 北京 | 夏 | 100 | 白 | 灰 | 黄 | 黄 | 黄 | 球 | 有 | 圆 | 18 | 44 | 21 | 79 | 17 | 1 |  | SMV、SCN | 一般 |
| D045 | 中黄16 | 北京 | 夏 | 100 | 紫 | 灰 | 黄 | 黑 | 黄 | 椭 | 亚 | 椭 | 19 | 40 | 19 | 97 | 17 |  |  | SMV | 一般 |
| D046 | 中黄17 | 北京 | 夏 | 103 | 紫 | 棕 | 黄 | 黄 | 黄 | 球 | 有 | 椭 | 19 | 45 | 20 | 85 | 10 |  |  | SCN、根腐病 | 一般 |
| D047 | 中黄18 | 北京 | 夏 | 100 | 白 | 灰 | 黄 | 黑 | 黄 | 扁椭 | 亚 | 椭 | 23 | 32 | 20 | 48 |  | 1 |  | SMV | 一般 |
| D048 | 中黄19 | 北京 | 夏 | 108 | 紫 | 灰 | 黄 | 黄 | 黄 | 椭 | 亚 | 椭 | 25 | 41 | 18 | 73 |  |  |  | SMV | 一般 |
| D049 | 中黄20 | 北京 | 夏 | 99 | 紫 | 灰 | 黄 | 无色 | 黄 | 球 | 亚 | 椭 | 19 | 47 | 24 | 75 | 20 |  |  |  | 一般 |

（续）

| 编号 | 品种名称 | 来源省份 | 播期类型 | 生育日数(d) | 花色 | 茸毛色 | 种皮色 | 种脐色 | 子叶色 | 粒型 | 结荚习性 | 叶型 | 百粒重(g) | 蛋白质含量(%) | 油脂含量(%) | 株高(cm) | 主茎节数 | 裂荚性 | 每荚粒数 | 抗病虫性 | 利用类型 |
|---|---|---|---|---|---|---|---|---|---|---|---|---|---|---|---|---|---|---|---|---|---|
| D050 | 中黄21 | 北京 | 夏 | 136 | 白 | 灰 | 黄 | 黄 | 黄 | 球 | 亚 | 圆 | 15 | 43 | 21 | 77 | 21 | | | SMV、霜霉病 | 一般 |
| D051 | 中黄22 | 北京 | 夏 | 106 | 紫 | 灰 | 黄 | 淡褐 | 黄 | 球 | 亚 | 圆 | 23 | 39 | 17 | 86 | | | | | 一般 |
| D052 | 中黄23 | 北京 | 夏 | 90 | 白 | 灰 | 黄 | 淡黄 | 黄 | 球 | 亚 | | 20 | 43 | 20 | 65 | | | | SMV | 一般 |
| D053 | 中黄24 | 北京 | 夏 | 107 | 紫 | 棕 | 黄 | 褐 | 黄 | 椭 | 亚 | | 20 | 43 | 22 | 94 | 18 | | | SCN | 一般 |
| D054 | 中黄25 | 北京 | 夏 | 108 | 紫 | 灰 | 黄 | 褐 | 黄 | 椭 | 有 | 圆 | 22 | 45 | 20 | 90 | | | | SMV、食心虫 | 一般 |
| D055 | 中黄26 | 北京 | 春 | 137 | 紫 | 灰 | 黄 | 黄 | 黄 | 椭 | 亚 | 椭 | 22 | 43 | 19 | 102 | | | | SCN | 一般 |
| D056 | 中黄27 | 北京 | 夏 | 107 | 白 | 灰 | 黄 | 淡褐 | 黄 | 球 | 有 | 椭 | 20 | 45 | 20 | 73 | | | | SCN | 一般 |
| D057 | 中黄28 | 北京 | 春/夏 | 131 | 紫 | 灰 | 黄 | 褐 | 黄 | 球 | 亚 | 圆 | 22 | 50 | 20 | 90 | 16 | 1 | | SMV | |
| D058 | 中黄29 | 北京 | 夏 | 111 | 紫 | 棕 | 黄 | 黄 | 黄 | 圆 | 亚 | 卵 | 21 | 45 | 19 | 82 | | | 2 | | 一般 |
| D059 | 中黄31 | 北京 | 夏 | 114 | 白 | 灰 | 黄 | 黄 | 黄 | 圆 | 亚 | 披针 | 21 | 42 | 20 | 90 | 17 | | 3 | | |
| D060 | 中黄33 | 北京 | 夏 | 113 | 白 | 灰 | 黄 | 黄 | 黄 | 圆 | 有 | 圆 | 24 | 41 | 20 | 78 | 17 | | 2 | SMV | 一般 |
| D061 | 中品661 | 北京 | 春 | 140 | 白 | 灰 | 黄 | 黑 | 黄 | 椭 | 无 | 卵 | 20 | 43 | 22 | 120 | 22 | | | SMV | 一般 |
| D062 | 中品662 | 北京 | 春 | 103 | 白 | 棕 | 黄 | 褐 | 黄 | 椭 | 亚 | 椭 | 20 | 45 | 18 | 87 | 16 | | | SMV、灰斑病 | 一般 |
| D063 | 中野1号 | 北京 | 春 | 130 | 紫 | 灰 | 黄 | 褐 | 黄 | 球 | 亚 | 椭 | 21 | 41 | 20 | 111 | 24 | | | | 一般 |
| D064 | 中野2号 | 北京 | 春 | 135 | 紫 | 灰 | 黄 | 褐 | 黄 | 球 | 亚 | 披针 | 27 | 43 | 21 | 100 | 24 | | | SMV | 一般 |
| D065 | 中作429 | 北京 | 春/夏 | 120 | 紫 | 灰 | 黄 | 褐 | 黄 | 长椭 | 有 | 卵 | 42 | 42 | 21 | 80 | 17 | | | SMV、霜霉病 | 一般 |
| D066 | 福建234 | 福建 | 春 | 91 | 紫 | 棕 | 黄 | 淡褐 | 黄 | 椭 | 有 | 椭 | 23 | 41 | 16 | 56 | 11 | | 3 | 食心虫 | 一般 |
| D067 | 福豆310 | 福建 | 春 | 115 | 紫 | 棕 | 黄 | 褐 | 黄 | 椭 | 有 | 椭 | 21 | 45 | 18 | 61 | 13 | | 2 | SMV、霜霉病 | 一般 |
| D068 | 莆豆10号 | 福建 | 春 | 102 | 紫 | 棕 | 黄 | 褐 | 黄 | 扁球 | 有 | 椭 | 23 | 43 | 19 | 56 | 11 | | 2 | SMV、霜霉病 | 一般 |
| D069 | 泉豆322 | 福建 | 春/秋 | 98 | 紫 | 棕 | 黄 | 褐 | 黄 | 椭 | 有 | 椭 | 19 | 45 | 21 | 50 | 11 | | | | 一般 |
| D070 | 泉豆6号 | 福建 | 春 | 111 | 白 | 棕 | 黄 | 淡黄 | 黄 | 近球 | 亚 | 披针 | 22 | 46 | 17 | 55 | 12 | | | | 一般 |
| D071 | 泉豆7号 | 福建 | 春 | 94 | 紫 | 棕 | 褐 | 淡黄 | 黄 | 椭 | 亚 | 卵 | 22 | 43 | 21 | 60 | 13 | | | | 一般 |
| D072 | 陇豆1号 | 甘肃 | 春 | 139 | 紫 | 棕 | 黄 | 褐 | 黄 | 椭 | 亚 | 椭 | 20 | 42 | 10 | 77 | 16 | | 3 | | 一般 |
| D073 | 陇豆2号 | 甘肃 | 春 | 143 | 白 | 灰 | 黄 | 褐 | 黄 | 球 | 亚 | 卵 | 22 | 44 | 18 | 79 | | | | SMV、霜霉病 | 一般 |
| D074 | 桂春1号 | 广西 | 春 | 98 | 紫 | 棕 | 黄 | 淡褐 | 黄 | 椭 | 有 | 椭 | 15 | 46 | 19 | 48 | 12 | | | 霜霉病 | 一般 |

中国大豆育成品种系谱与种质基础

（续）

| 编号 | 品种名称 | 来源省份 | 播期类型 | 生育日数(d) | 花色 | 茸毛色 | 种皮色 | 种脐色 | 子叶色 | 粒型 | 结荚习性 | 叶型 | 百粒重(g) | 蛋白质含量(%) | 油脂含量(%) | 株高(cm) | 主茎节数 | 裂荚性 | 每荚粒数 | 抗病虫性 | 利用类型 |
|---|---|---|---|---|---|---|---|---|---|---|---|---|---|---|---|---|---|---|---|---|---|
| D075 | 桂春2号 | 广西 | 春 | 95 | 白 | 棕 | 黄 | 淡褐 | 黄 | 椭 | 有 | 卵 | 18 | 44 | 19 | 53 | 14 |  |  | 霜霉病、锈病 | 一般 |
| D076 | 桂春3号 | 广西 | 春 | 93 | 紫 | 棕 | 黄 | 淡褐 | 黄 | 椭 | 有 | 卵 | 17 | 43 | 19 | 50 | 14 |  |  | 霜霉病、锈病 | 一般 |
| D077 | 桂春5号 | 广西 | 春 | 95 | 紫 | 棕 | 浅褐 | 黄 | 黄 | 椭 | 有 | 卵 | 18 | 46 | 18 | 50 | 12 |  | 4 | 霜霉病、锈病 | 一般 |
| D078 | 桂春6号 | 广西 | 春/秋 | 95 | 紫 | 棕 | 浅褐 | 黄 | 黄 | 椭 | 有 | 卵 | 18 | 46 | 19 | 44 | 12 |  | 2 | 霜霉病、锈病 | 一般 |
| D079 | 桂夏1号 | 广西 | 夏/秋 | 96 | 紫 | 灰 | 黄 | 淡褐 | 黄 | 椭 | 有 | 椭 | 18 | 46 | 18 | 52 | 15 |  |  | 霜霉病、锈病 | 一般 |
| D080 | 桂夏2号 | 广西 | 夏 | 96 | 紫 | 棕 | 黄 | 淡褐 | 黄 | 椭 | 有 | 卵 | 17 | 45 | 19 | 60 | 16 |  |  | 霜霉病、锈病 | 一般 |
| D081 | 桂早1号 | 广西 | 春 | 90 | 白 | 棕 | 黄 | 褐 | 黄 | 椭 | 有 | 椭 | 0 | 46 | 17 | 45 | 12 |  | 3 |  | 一般 |
| D082 | 桂早2号 | 广西 | 春 | 95 | 白 | 灰 | 黄 | 淡褐 | 黄 | 椭 | 有 | 椭 | 16 | 40 | 20 | 50 | 13 |  | 2 | 食叶虫 | 一般 |
| D083 | 柳豆2号 | 广西 | 春 | 102 | 白 | 棕 | 黄 | 黄 | 黄 | 长椭 | 有 | 椭 | 19 | 47 | 18 | 60 |  |  | 4 |  | 一般 |
| D084 | 柳豆3号 | 广西 | 春/夏/秋 | 95 | 白 | 棕 | 黄 | 褐 | 黄 | 近球 | 有 |  | 18 | 46 | 18 | 40 | 11 |  | 3 |  | 一般 |
| D085 | 安豆3号 | 贵州 | 春 | 126 | 白 | 棕 | 黑 | 黄 | 黄 | 近球 | 亚 | 椭 | 18 | 48 | 18 | 60 | 12 |  |  |  | 菜用 |
| D086 | 毕豆2号 | 贵州 | 春 | 125 | 紫 | 棕 | 黄 | 褐 | 黄 | 椭 | 有 | 卵 | 20 | 39 | 18 | 48 |  |  | 3 |  | 一般 |
| D087 | 黔豆3号 | 贵州 | 春 | 109 | 白 | 棕 | 黄 | 黄 | 黄 | 椭 | 有 | 椭 | 16 | 40 | 17 | 40 | 11 |  |  | SMV | 菜用 |
| D088 | 黔豆5号 | 贵州 | 春 | 110 | 白 | 灰 | 黄 | 褐 | 黄 | 椭 | 亚 | 椭 | 20 | 42 | 19 | 50 | 18 |  |  |  | 豆腐 |
| D089 | 黔豆6号 | 贵州 | 春 | 118 | 紫 | 灰 | 黄 | 黑 | 黄 | 椭 | 有 | 椭 | 15 | 41 | 20 | 51 | 11 |  | 2 | SMV | 菜用 |
| D090 | 沧豆4号 | 河北 | 夏 | 92 | 紫 | 棕 | 黄 | 褐 | 黄 | 球 | 亚 | 椭 | 22 | 42 | 21 | 80 | 16 |  | 3 | SMV | 一般 |
| D091 | 沧豆5号 | 河北 | 夏 | 98 | 紫 | 棕 | 黄 | 深褐 | 黄 | 近球 | 亚 | 卵 | 23 | 42 | 22 | 80 | 18 |  | 2 | SMV | 一般 |
| D092 | 承豆6号 | 河北 | 夏 | 133 | 白 | 灰 | 褐 | 黄 | 黄 | 球 | 有 | 长卵 | 23 | 39 | 21 | 121 |  |  |  |  | 一般 |
| D093 | 邯豆3号 | 河北 | 夏/春 | 138 | 紫 | 棕 | 黄 | 褐 | 黄 | 近球 | 亚 | 圆 | 22 | 42 | 21 | 80 | 17 |  | 3 | SMV | 一般 |
| D094 | 邯豆4号 | 河北 | 夏 | 103 | 紫 | 棕 | 黄 | 褐 | 黄 | 近球 | 亚 | 圆 | 19 | 42 | 23 | 90 | 17 |  |  | SMV | 一般 |
| D095 | 邯豆5号 | 河北 | 黄淮夏 | 103 | 紫 | 棕 | 褐 | 黄 | 黄 | 圆 | 有 | 圆 | 21 | 43 | 20 | 91 | 16 |  |  | SMV、霜霉病 | 一般 |
| D096 | 化诱4120 | 河北 | 夏 | 103 | 紫 | 棕 | 黄 | 黑 | 黄 | 球 | 亚 | 椭 | 19 | 39 | 19 | 94 | 17 |  |  | SMV | 一般 |
| D097 | 化诱446 | 河北 | 夏 | 99 | 紫 | 棕 | 黄 | 褐 | 黄 | 球 | 亚 | 卵 | 22 | 43 | 19 | 93 | 19 |  | 4 | SMV | 一般 |
| D098 | 化诱542 | 河北 | 夏 | 97 | 紫 | 棕 | 黄 | 淡褐 | 黄 | 球 | 亚 | 卵 | 20 | 43 | 20 | 90 | 18 |  |  | SMV | 一般 |
| D099 | 化诱5号 | 河北 | 黄淮夏 | 105 | 白 | 棕 | 褐 | 黄 | 黄 | 圆 | 亚 | 椭 | 28 | 44 | 20 | 95 | 20 |  | 2 | SMV | 一般 |

（续）

| 编号 | 品种名称 | 来源省份 | 播期类型 | 生育日数(d) | 花色 | 茸毛色 | 种皮色 | 种脐色 | 子叶色 | 粒型 | 结荚习性 | 叶型 | 百粒重(g) | 蛋白质含量(%) | 油脂含量(%) | 株高(cm) | 主茎节数 | 裂荚性 | 每荚粒数 | 抗病虫性 | 利用类型 |
|---|---|---|---|---|---|---|---|---|---|---|---|---|---|---|---|---|---|---|---|---|---|
| D100 | 冀NF37 | 河北 | 夏 | 97 | 紫 | 棕 | 黄 | 淡褐 | 黄 | 球 | 亚 | 圆 | 20 | 42 | 21 | 80 | | | | | 一般 |
| D101 | 冀NF58 | 河北 | 黄淮夏 | 109 | 白 | 棕 | 褐 | 黄 | 黄 | 圆 | 亚 | 披针 | 15 | 36 | 24 | 86 | | | 3 | SMV | 一般 |
| D102 | 冀豆10号 | 河北 | 夏 | 91 | 白 | 灰 | 黄 | 黄 | 黄 | 球 | 亚 | 卵 | 22 | 43 | 20 | 80 | 16 | | | | 一般 |
| D103 | 冀豆11 | 河北 | 夏 | 90 | 紫 | 灰 | 黄 | 褐 | 黄 | 椭 | 亚 | 卵 | 19 | 46 | 20 | 70 | 14 | | 3 | SMV | 一般 |
| D104 | 冀豆12 | 河北 | 夏 | 100 | 紫 | 灰 | 黄 | 黄 | 黄 | 椭 | 有 | 圆 | 25 | 44 | 17 | 75 | | | | SMV | 一般 |
| D105 | 冀豆16 | 河北 | 黄淮夏 | 112 | 紫 | 灰 | 浅黄 | 黄 | 黄 | 圆 | 亚 | 圆 | 23 | 44 | 20 | 89 | 18 | | 2 | | 一般 |
| D106 | 冀黄13 | 河北 | 夏 | 102 | 白 | 灰 | 黄 | 黄 | 黄 | 球 | 亚 | 圆 | 18 | 42 | 21 | 90 | 17 | | | SMV | 一般 |
| D107 | 冀黄15 | 河北 | 夏 | 100 | 白 | 灰 | 黄 | 黄 | 黄 | 椭 | 有 | 圆 | 20 | 39 | 18 | 70 | 14 | | | SMV | 一般 |
| D108 | 科选93 | 河北 | 春 | 125 | 紫 | 棕 | 黄 | 褐 | 黄 | 球 | 亚 | 圆 | 20 | 43 | 22 | 100 | 21 | | | SMV | 一般 |
| D109 | 五星1号 | 河北 | 夏 | 105 | 紫 | 棕 | 黄 | 褐 | 黄 | 椭 | 亚 | 卵 | 20 | 41 | 20 | 85 | 17 | | | | 一般 |
| D110 | 五星2号 | 河北 | 春 | 137 | 紫 | 棕 | 黄 | 褐 | 黄 | 椭 | 亚 | 卵 | 19 | 40 | 22 | 94 | | | | SMV | 一般 |
| D111 | 五星3号 | 河北 | 黄淮夏 | 112 | 紫 | 棕 | 褐 | 黄 | 黄 | 椭 | 有 | 圆 | 23 | 42 | 20 | 90 | | | 1 | | 一般 |
| D112 | 地神21 | 河南 | 夏 | 97 | 紫 | 灰 | 黄 | 褐 | 黄 | 椭 | 有 | 椭 | 19 | 46 | 20 | 80 | 18 | | 2 | SMV、SCN | 一般 |
| D113 | 地神22 | 河南 | 夏 | 102 | 紫 | 灰 | 黄 | 褐 | 黄 | 椭 | 有 | 椭 | 20 | 42 | 16 | 87 | 18 | | 2 | SMV | 一般 |
| D114 | 滑豆20 | 河南 | 夏 | 96 | 紫 | 灰 | 黄 | 黄 | 黄 | 椭 | 有 | 卵 | 22 | 39 | 20 | 85 | 19 | | 3 | SMV、灰斑病 | 一般 |
| D115 | 开豆4号 | 河南 | 夏 | 110 | 白 | 灰 | 褐 | 黄 | 黄 | 椭 | 有 | 卵 | 16 | 42 | 20 | 75 | | | 7 | SMV | 一般 |
| D116 | 平豆1号 | 河南 | 夏 | 98 | 白 | 灰 | 浅黄 | 黄 | 黄 | 椭 | 有 | 卵 | 21 | 39 | 22 | 70 | 15 | | 4 | | 一般 |
| D117 | 濮海10号 | 河南 | 夏 | 107 | 紫 | 灰 | 黄 | 淡褐 | 黄 | 椭 | 有 | 椭 | 18 | 48 | 18 | 88 | 16 | | 3 | SMV、灰斑病 | 一般 |
| D118 | 商丘1099 | 河南 | 夏 | 105 | 紫 | 灰 | 黄 | 褐 | 黄 | 扁球 | 有 | 圆 | 15 | 36 | 21 | 68 | 15 | | 3 | SMV、灰斑病、SCN | 一般 |
| D119 | 许豆3号 | 河南 | 夏 | 101 | 紫 | 灰 | 黄 | 淡褐 | 黄 | 椭 | 有 | 椭 | 19 | 46 | 20 | 80 | 21 | | 3 | SMV、灰斑病 | 一般 |
| D120 | 豫豆9号 | 河南 | 夏 | 104 | 白 | 灰 | 黄 | 褐 | 黄 | 扁椭 | 有 | 椭 | 15 | 40 | 20 | 67 | 20 | | | SMV、灰斑病 | 一般 |
| D121 | 豫豆13 | 河南 | 夏 | 102 | 紫 | 灰 | 黄 | 黄 | 黄 | 椭 | 有 | 椭 | 20 | 45 | 18 | 75 | | | | SMV | 一般 |
| D122 | 豫豆17 | 河南 | 夏 | 101 | 白 | 灰 | 黄 | 深褐 | 黄 | 球 | 有 | 圆 | 21 | 39 | 19 | 88 | | | | SMV | 一般 |
| D123 | 豫豆20 | 河南 | 夏 | 100 | 白 | 棕 | 黑 | 黑 | 黄 | 椭 | 有 | 圆 | 17 | 47 | 20 | 56 | 15 | | 2 | SMV、灰斑病 | 一般 |
| D124 | 豫豆21 | 河南 | 夏 | 105 | 白 | 灰 | 黄 | 淡褐 | 黄 | 椭 | 有 | 椭 | 18 | 43 | 18 | 80 | | | 3 | SMV、炭疽病、霜霉病 | 一般 |

（续）

| 编号 | 品种名称 | 来源省份 | 播期类型 | 生育日数(d) | 花色 | 茸毛色 | 种皮色 | 种脐色 | 子叶色 | 粒型 | 结荚习性 | 叶型 | 百粒重(g) | 蛋白质含量(%) | 油脂含量(%) | 株高(cm) | 主茎节数 | 裂荚性 | 每荚粒数 | 抗病虫性 | 利用类型 |
|---|---|---|---|---|---|---|---|---|---|---|---|---|---|---|---|---|---|---|---|---|---|
| D125 | 豫豆22 | 河南 | 夏 | 100 | 紫 | 灰 | 黄 | 淡褐 | 黄 | 球 | 有 | 椭 | 20 | 46 | 18 | 100 | 22 | | | SMV、炭疽病、霜霉病 | 一般 |
| D126 | 豫豆23 | 河南 | 夏 | 100 | 紫 | 灰 | 黄 | 淡褐 | 黄 | 椭 | 有 | 椭 | 17 | 48 | 19 | 75 | | | | SMV、灰斑病 | 一般 |
| D127 | 豫豆24 | 河南 | 夏 | 104 | 紫 | 灰 | 黄 | 褐 | 黄 | 椭 | | 卵 | 14 | 40 | 18 | 75 | 16 | | 3 | SMV、灰斑病、食心虫 | 一般 |
| D128 | 豫豆25 | 河南 | 夏 | 102 | 白 | 灰 | 黄 | 褐 | 黄 | | 有 | 圆 | 18 | 46 | 17 | 73 | | | 3 | SMV | 一般 |
| D129 | 豫豆26 | 河南 | 夏 | 106 | 紫 | 灰 | 黄 | 褐 | 黄 | 椭 | 有 | 椭 | 19 | 40 | 19 | 80 | 16 | | 3 | SMV、灰斑病、食心虫 | 一般 |
| D130 | 豫豆27 | 河南 | 夏 | 100 | 紫 | 棕 | 黄 | 褐 | 黄 | 球 | 亚 | | 20 | 46 | 20 | 100 | | | 3 | SMV、症青病 | 一般 |
| D131 | 豫豆28 | 河南 | 夏 | 103 | 紫 | 灰 | 黄 | 褐 | 黄 | 球 | 有 | | 21 | 48 | 19 | 90 | 19 | | 3 | SMV、症青病 | 一般 |
| D132 | 豫豆29 | 河南 | 夏 | 101 | 紫 | 灰 | 黄 | 淡褐 | 黄 | 球 | 有 | | 22 | 46 | 20 | 100 | 22 | | 3 | SMV、症青病 | 一般 |
| D133 | 郑196 | 河南 | 夏 | 112 | 紫 | 灰 | 褐 | | 黄 | 椭 | 有 | 卵 | 21 | 36 | 20 | 86 | | | | SMV、紫斑病、褐斑病 | 一般 |
| D134 | 郑59 | 河南 | 夏 | 111 | 紫 | 棕 | 黄 | 黄 | 黄 | | 亚 | 卵 | 20 | 43 | 22 | 88 | | | | SMV | 一般 |
| D135 | 郑90007 | 河南 | 夏 | 103 | 紫 | 灰 | 黄 | 淡褐 | 黄 | 椭 | 有 | 椭 | 20 | 44 | 19 | 85 | 17 | | | SMV、炭疽病、灰斑病 | 一般 |
| D136 | 郑92116 | 河南 | 夏 | 102 | 紫 | 灰 | 黄 | 褐 | 黄 | 球 | 有 | 圆 | 20 | 45 | 17 | 72 | | | | SMV、炭疽病、灰斑病 | 一般 |
| D137 | 郑长交14 | 河南 | 夏 | 105 | 紫 | 灰 | 青 | 淡褐 | 黄 | 椭 | 有 | 椭 | 18 | 42 | 19 | 90 | 19 | | | SMV、炭疽病、灰斑病 | 一般 |
| D138 | 郑交107 | 河南 | 夏 | 104 | 紫 | 灰 | 黄 | 褐 | 黄 | 椭 | 有 | 椭 | 21 | 42 | 21 | 76 | | | | SMV、灰斑病 | 一般 |
| D139 | GS郑交9525 | 河南 | 夏 | 111 | 紫 | 灰 | 黄 | 褐 | 黄 | 球 | 有 | 卵 | 20 | 42 | 18 | 75 | | | 2 | SMV、灰斑病 | 一般 |
| D140 | 周豆11 | 河南 | 夏 | 104 | 紫 | 灰 | 黄 | 褐 | 黄 | 椭 | 有 | 椭 | 25 | 46 | 23 | 70 | 16 | | 3 | SMV、锈病、灰斑病 | 一般 |
| D141 | 周豆12 | 河南 | 夏 | 102 | 紫 | 灰 | 黄 | 淡褐 | 黄 | 近球 | 有 | 椭 | 25 | 45 | 24 | 75 | 15 | | 3 | SMV、锈病、灰斑病 | 一般 |
| D142 | 驻豆9715 | 河南 | 夏 | 110 | 紫 | 灰 | 黄 | 黄 | 黄 | | 有 | 椭 | 17 | 41 | 20 | 67 | | | 2 | SMV、SCN | 一般 |
| D143 | 857-1 | 黑龙江 | 春 | 125 | 白 | 灰 | 黄 | 黄 | 黄 | 球 | 无 | 披针 | 19 | 45 | 20 | 85 | | | 4 | | 一般 |
| D144 | 宝丰7号 | 黑龙江 | 春 | 116 | 白 | 灰 | 黄 | 淡黄 | 黄 | 球 | 亚 | 圆 | 17 | 43 | 20 | | | | 3 | | 一般 |
| D145 | 宝丰8号 | 黑龙江 | 春 | 115 | 紫 | 灰 | 青 | 淡黄 | 黄 | 球 | 无 | 披针 | 24 | 42 | 18 | | | | 3 | 灰斑病 | 一般 |
| D146 | 北豆1号 | 黑龙江 | 春 | 101 | 白 | 灰 | 黄 | 黄 | 黄 | 圆 | 亚 | 长椭 | 20 | 42 | 19 | 65 | | | | | 一般 |
| D147 | 北豆2号 | 黑龙江北方春 | | 115 | 白 | 灰 | 黄 | 黄 | 黄 | 圆 | 亚 | 长椭 | 19 | 38 | 19 | 57 | | | | 灰斑病 | 一般 |
| D148 | 北丰6号 | 黑龙江 | 春 | 113 | 紫 | 灰 | 黄 | 黄 | 黄 | 球 | 亚 | 披针 | 21 | 39 | 19 | 80 | 15 | | | SMV | 一般 |
| D149 | 北丰7号 | 黑龙江 | 春 | 106 | 白 | 灰 | 黄 | 黄 | 黄 | 球 | 亚 | 披针 | 20 | 40 | 19 | 75 | 15 | | | SMV | 一般 |

（续）

| 编号 | 品种名称 | 来源省份 | 播期类型 | 生育日数(d) | 花色 | 茸毛色 | 种皮色 | 种脐色 | 子叶色 | 粒型 | 结荚习性 | 叶型 | 百粒重(g) | 蛋白质含量(%) | 油脂含量(%) | 株高(cm) | 主茎节数 | 裂荚性 | 每荚粒数 | 抗病虫性 | 利用类型 |
|---|---|---|---|---|---|---|---|---|---|---|---|---|---|---|---|---|---|---|---|---|---|
| D150 | 北丰8号 | 黑龙江 | 春 | 115 | 紫 | 灰 | 黄 | 黄 | 黄 | 球 | 无 | 披针 | 17 | 41 | 20 | 80 | 15 | | | | 一般 |
| D151 | 北丰9号 | 黑龙江 | 夏 | 117 | 白 | 灰 | 黄 | 黄 | 黄 | 球 | 亚 | 披针 | 18 | 41 | 19 | 80 | 15 | | 4 | 灰斑病 | 一般 |
| D152 | 北丰10号 | 黑龙江 | 春 | 114 | 紫 | 灰 | 黄 | 黄 | 黄 | 球 | 亚 | 披针 | 20 | 40 | 20 | 80 | 15 | | | 灰斑病 | 一般 |
| D153 | 北丰11 | 黑龙江 | 夏 | 115 | 白 | 灰 | 黄 | 黄 | 黄 | 球 | 亚 | 披针 | 18 | 43 | 20 | 80 | 19 | | 4 | 灰斑病 | 一般 |
| D154 | 北丰13 | 黑龙江 | 春 | 108 | 白 | 灰 | 黄 | 黄 | 黄 | 球 | 亚 | 披针 | 21 | 40 | 20 | 80 | 15 | | | | 一般 |
| D155 | 北丰14 | 黑龙江 | 春 | 115 | 紫 | 灰 | 黄 | 黄 | 黄 | 球 | 亚 | 披针 | 19 | 41 | 18 | 80 | 16 | | | | 一般 |
| D156 | 北丰15 | 黑龙江 | 春 | 110 | 白 | 灰 | 黄 | 黄 | 黄 | 球 | 亚 | 披针 | 19 | 38 | 19 | 80 | 15 | | | | 一般 |
| D157 | 北丰16 | 黑龙江 | 春 | 112 | 白 | 灰 | 黄 | 黄 | 黄 | 球 | 亚 | 披针 | 20 | 43 | 20 | 78 | 15 | | 4 | 灰斑病 | 一般 |
| D158 | 北丰17 | 黑龙江 | 春 | 98 | 白 | 灰 | 黄 | 黄 | 黄 | 球 | 亚 | 披针 | 21 | 41 | 23 | 70 | 14 | | | | 一般 |
| D159 | 北疆1号 | 黑龙江 | 春 | 87 | 紫 | 灰 | 黄 | 无色 | 黄 | 近球 | 亚 | 披针 | 20 | 39 | 20 | 68 | 15 | | 4 | 灰斑病 | 一般 |
| D160 | 北交86-17 | 黑龙江 | 春 | | 白 | 灰 | 黄 | 黄 | 黄 | 球 | 亚 | 披针 | 12 | 43 | 19 | 85 | 18 | | | | 一般 |
| D161 | 东大1号 | 黑龙江 | 春 | 87 | 紫 | 灰 | 黄 | 无色 | 黄 | 球 | 亚 | 披针 | 18 | 36 | 22 | 85 | | | 2 | 灰斑病 | 一般 |
| D162 | 东大2号 | 黑龙江 | 春 | 82 | 紫 | 灰 | 黄 | 无色 | 黄 | 球 | 亚 | 长卵 | 18 | 39 | 19 | 85 | | | | 灰斑病 | 一般 |
| D163 | 东农43 | 黑龙江 | 春 | 115 | 紫 | 灰 | 黄 | 淡褐 | 黄 | 椭 | 无 | | 20 | 42 | | 85 | | | 3 | | 一般 |
| D164 | 东农44 | 黑龙江 | 春 | 95 | 白 | 灰 | 黄 | 淡褐 | 黄 | 球 | 亚 | 披针 | 20 | 37 | 21 | 90 | 19 | | 2 | 灰斑病 | 一般 |
| D165 | 东农45 | 黑龙江 | 春 | 87 | 紫 | 灰 | 黄 | 白 | 黄 | 球 | 无 | 圆 | 18 | 38 | 21 | 90 | 19 | | 2 | 灰斑病 | 一般 |
| D166 | 东农46 | 黑龙江 | 春 | 115 | 白 | 灰 | 黄 | 无色 | 黄 | 球 | 无 | 披针 | 20 | 40 | 23 | 90 | 19 | | 2 | 灰斑病 | 一般 |
| D167 | 东农47 | 黑龙江 | 春 | 115 | 白 | 灰 | 黄 | 淡褐 | 黄 | 球 | 无 | 披针 | 22 | 43 | 23 | 80 | | | | 灰斑病 | 一般 |
| D168 | 东农48 | 黑龙江 | 春 | 115 | 紫 | 灰 | 浅黄 | 黄 | 黄 | 圆 | 亚 | 披针 | 22 | 45 | 19 | 90 | | | | 灰斑病 | 一般 |
| D169 | 东生1号 | 黑龙江 | 春 | 114 | 紫 | 灰 | 黄 | 无色 | 黄 | 球 | 亚 | 披针 | 20 | 38 | 20 | 70 | | | 4 | 灰斑病 | 一般 |
| D170 | 丰收23 | 黑龙江 | 春 | 95 | 紫 | 灰 | 黄 | 黄 | 黄 | 球 | 亚 | 长椭 | 19 | 39 | 21 | 65 | 12 | | 2 | 灰斑病 | 一般 |
| D171 | 丰收24 | 黑龙江 | 春 | 112 | 紫 | 棕 | 黄 | 黄 | 黄 | 球 | 亚 | 长椭 | 19 | 40 | 20 | 74 | 14 | | 3 | 灰斑病 | 一般 |
| D172 | 合丰37 | 黑龙江 | 春 | 90 | 紫 | 灰 | 黄 | 黄 | 黄 | 扁球 | 亚 | 卵 | 18 | 43 | 21 | 70 | 15 | | 2 | | 一般 |
| D173 | 合丰38 | 黑龙江 | 春 | 122 | 紫 | 灰 | 黄 | 黄 | 黄 | 球 | 亚 | 披针 | 22 | 39 | 19 | 85 | 17 | | 3 | | 一般 |
| D174 | 合丰39 | 黑龙江 | 春 | 120 | 紫 | 灰 | 黄 | 黄 | 黄 | 球 | 亚 | 披针 | 19 | 39 | 19 | 90 | 17 | | 3 | | 一般 |

（续）

| 编号 | 品种名称 | 来源省份 | 播期类型 | 生育日数(d) | 花色 | 茸毛色 | 种皮色 | 种脐色 | 子叶色 | 粒型 | 结荚习性 | 叶型 | 百粒重(g) | 蛋白质含量(%) | 油脂含量(%) | 株高(cm) | 主茎节数 | 裂荚性 | 每荚粒数 | 抗病虫性 | 利用类型 |
|---|---|---|---|---|---|---|---|---|---|---|---|---|---|---|---|---|---|---|---|---|---|
| D175 | 合丰40 | 黑龙江 | 春 | 113 | 白 | 灰 | 黄 | 黄 | 黄 | 球 | 亚 | 披针 | 20 | 39 | 22 | 85 | 17 | | 2 | | 一般 |
| D176 | 合丰41 | 黑龙江 | 春 | 116 | 紫 | 灰 | 黄 | 黄 | 黄 | 扁球 | 无 | 披针 | 19 | 39 | 21 | 110 | 18 | | 2 | SMV | 一般 |
| D177 | 合丰42 | 黑龙江 | 春 | 110 | 白 | 灰 | 黄 | 褐 | 黄 | 扁球 | 亚 | 圆 | 20 | 40 | 23 | 65 | 15 | | 2 | | 一般 |
| D178 | 合丰43 | 黑龙江 | 春 | 123 | 白 | 灰 | 黄 | 黄 | 黄 | 球 | 亚 | 披针 | 20 | 40 | 22 | 95 | 17 | | 2 | | 一般 |
| D179 | 合丰44 | 黑龙江 | 春 | 117 | 白 | 灰 | 黄 | 褐 | 黄 | 球 | 亚 | 披针 | 19 | 40 | 21 | 90 | 18 | | 2 | SMV | 一般 |
| D180 | 合丰45 | 黑龙江 | 春 | 117 | 白 | 灰 | 黄 | 黄 | 黄 | 球 | 无 | 披针 | 23 | 38 | 22 | 90 | 18 | | 2 | SMV、灰斑病 | 一般 |
| D181 | 合丰46 | 黑龙江 | 春 | 114 | 紫 | 灰 | 黄 | 黄 | 黄 | 球 | 亚 | 披针 | 20 | 41 | 21 | 90 | 17 | | 2 | | 一般 |
| D182 | 合丰47 | 黑龙江 | 春 | 116 | 紫 | 灰 | 黄 | 淡黄 | 黄 | 球 | 亚 | 披针 | 21 | 42 | 23 | 88 | 16 | | | 灰斑病 | 一般 |
| D183 | 合丰48 | 黑龙江 | 春 | 117 | 紫 | 灰 | 浅黄 | 黄 | 黄 | 圆 | 亚 | 圆 | 24 | 39 | 23 | 83 | | | | SMV、灰斑病 | 一般 |
| D184 | 合丰49 | 黑龙江 | 春 | 119 | 紫 | 灰 | 浅黄 | 黄 | 黄 | 圆 | 亚 | 披针 | 18 | 41 | 20 | 88 | | | | SMV、灰斑病 | 一般 |
| D185 | 黑河10号 | 黑龙江 | 春 | 118 | 紫 | 灰 | 黄 | 黄 | 黄 | 椭 | 亚 | 圆 | 24 | 40 | 20 | | | | | | 一般 |
| D186 | 黑河11 | 黑龙江 | 春 | 99 | 紫 | 灰 | 黄 | 黄 | 黄 | 球 | 亚 | 长椭 | 23 | 39 | 21 | | | | | | 一般 |
| D187 | 黑河12 | 黑龙江 | 夏 | 95 | 紫 | 灰 | 黄 | 黄 | 黄 | 球 | 亚 | 圆 | 20 | 40 | 19 | 80 | | | | | 一般 |
| D188 | 黑河13 | 黑龙江 | 春 | 100 | 紫 | 灰 | 黄 | 白 | 黄 | 椭 | 亚 | 披针 | 20 | 41 | 20 | 80 | | | 3 | 灰斑病 | 一般 |
| D189 | 黑河14 | 黑龙江 | 春 | 90 | 紫 | 灰 | 黄 | 淡黄 | 黄 | 球 | 亚 | 圆 | 20 | 39 | 19 | 75 | | | | 灰斑病 | 一般 |
| D190 | 黑河15 | 黑龙江 | 春 | 110 | 紫 | 灰 | 黄 | 白 | 黄 | 球 | 亚 | 圆 | 21 | 38 | 20 | 80 | | | 3 | 灰斑病 | 一般 |
| D191 | 黑河16 | 黑龙江 | 春 | 100 | 黄 | 灰 | 黄 | 白 | 黄 | 球 | 亚 | 披针 | 19 | 40 | 20 | 80 | | | 3 | 灰斑病 | 一般 |
| D192 | 黑河17 | 黑龙江 | 春 | 107 | 紫 | 灰 | 黄 | 白 | 黄 | 球 | 亚 | 披针 | 18 | 38 | 21 | 75 | 13 | | 3 | 灰斑病 | 一般 |
| D193 | 黑河18 | 黑龙江 | 春 | 118 | 紫 | 灰 | 黄 | 白 | 黄 | 球 | 亚 | 披针 | 20 | 43 | 20 | 75 | 14 | | 3 | 灰斑病 | 一般 |
| D194 | 黑河19 | 黑龙江 | 春 | 118 | 白 | 灰 | 黄 | 白 | 黄 | 球 | 亚 | 披针 | 20 | 37 | 21 | 75 | 14 | | 3 | 灰斑病 | 一般 |
| D195 | 黑河20 | 黑龙江 | 春 | 92 | 白 | 灰 | 黄 | 白 | 黄 | 球 | 亚 | 披针 | 17 | 41 | 19 | 70 | 11 | | 4 | 灰斑病 | 一般 |
| D196 | 黑河21 | 黑龙江 | 春 | 98 | 紫 | 灰 | 黄 | 白 | 黄 | 球 | 亚 | 圆 | 21 | 41 | 21 | 70 | 12 | | 2 | 灰斑病 | 一般 |
| D197 | 黑河22 | 黑龙江 | 春 | 110 | 白 | 灰 | 黄 | 白 | 黄 | 圆 | 亚 | 圆 | 22 | 41 | 20 | 65 | 13 | | 2 | 灰斑病 | 一般 |
| D198 | 黑河23 | 黑龙江 | 春 | 115 | 白 | 灰 | 黄 | 淡黄 | 黄 | 球 | 亚 | 披针 | 20 | 40 | 20 | 80 | 14 | | 3 | 灰斑病 | 一般 |
| D199 | 黑河24 | 黑龙江 | 春 | 112 | 紫 | 灰 | 黄 | 白 | 黄 | 球 | 亚 | 披针 | 20 | 40 | 20 | 75 | 13 | | 4 | 灰斑病 | 一般 |

（续）

| 编号 | 品种名称 | 来源省份 | 播期类型 | 生育日数(d) | 花色 | 茸毛色 | 种皮色 | 种脐色 | 子叶色 | 粒型 | 结荚习性 | 叶型 | 百粒重(g) | 蛋白质含量(%) | 油脂含量(%) | 株高(cm) | 主茎节数 | 裂荚性 | 每荚粒数 | 抗病虫性 | 利用类型 |
|---|---|---|---|---|---|---|---|---|---|---|---|---|---|---|---|---|---|---|---|---|---|
| D200 | 黑河25 | 黑龙江 | 春 | 98 | 紫 | 灰 | 黄 | 淡黄 | 黄 | 球 | 亚 | 披针 | 20 | 39 | 19 | 76 | 13 | | 2 | 灰斑病 | | 一般 |
| D201 | 黑河26 | 黑龙江 | 春 | 110 | 白 | 灰 | 黄 | 淡黄 | 黄 | 球 | 亚 | 披针 | 18 | 45 | 21 | 69 | 15 | | | | 一般 |
| D202 | 黑河27 | 黑龙江 | 春 | 115 | 白 | 灰 | 黄 | 白 | 黄 | 球 | 亚 | 披针 | 20 | 39 | 21 | 75 | 14 | | 2 | 灰斑病 | | 一般 |
| D203 | 黑河28 | 黑龙江 | 春 | 85 | 白 | 棕 | 黄 | 白 | 黄 | 圆 | 亚 | 圆 | 18 | 41 | 19 | 70 | 10 | | 2 | 灰斑病 | | 一般 |
| D204 | 黑河29 | 黑龙江 | 春 | 110 | 白 | 灰 | 黄 | 白 | 黄 | 球 | 亚 | 披针 | 18 | 38 | 21 | 75 | 13 | | 3 | 灰斑病 | | 一般 |
| D205 | 黑河30 | 黑龙江 | 春 | 115 | 紫 | 灰 | 黄 | 淡黄 | 黄 | 球 | 亚 | 披针 | 19 | 41 | 20 | 75 | 15 | | 3 | 灰斑病 | | 一般 |
| D206 | 黑河31 | 黑龙江 | 春 | 108 | 白 | 灰 | 黄 | 淡黄 | 黄 | 球 | 亚 | 披针 | 21 | 40 | 21 | 75 | 14 | | 2 | 灰斑病 | | 一般 |
| D207 | 黑河32 | 黑龙江 | 春 | 110 | 白 | 灰 | 黄 | 白 | 黄 | 球 | 亚 | 披针 | 20 | 45 | 20 | 70 | 13 | | 3 | | | 一般 |
| D208 | 黑河33 | 黑龙江 | 春 | 98 | 紫 | 灰 | 黄 | 白 | 黄 | 球 | 亚 | 披针 | 20 | 39 | 21 | 70 | 11 | | 2 | 灰斑病 | | 一般 |
| D209 | 黑河34 | 黑龙江 | 春 | 95 | 白 | 灰 | 黄 | 黄 | 黄 | 球 | 亚 | 披针 | 20 | 40 | 18 | 70 | 12 | | 2 | 灰斑病 | | 一般 |
| D210 | 黑河35 | 黑龙江 | 春 | 91 | 紫 | 灰 | 黄 | 淡黄 | 黄 | 球 | 亚 | 披针 | 19 | 41 | 20 | 76 | 11 | | 3 | 灰斑病 | | 一般 |
| D211 | 黑河36 | 黑龙江 | 春 | 116 | 白 | 灰 | 黄 | 黄 | 黄 | 球 | 亚 | 披针 | 21 | 42 | 19 | 59 | | | | 灰斑病 | | 一般 |
| D212 | 黑河37 | 黑龙江 | 春 | 103 | 紫 | 灰 | 浅黄 | 黄 | 黄 | 圆 | 亚 | 长椭 | 18 | 41 | 20 | 70 | | | | | | 一般 |
| D213 | 黑河38 | 黑龙江 | 春 | 117 | 紫 | 灰 | 浅黄 | 黄 | 黄 | 圆 | 亚 | 披针 | 19 | 40 | 21 | 75 | 15 | | | | | 一般 |
| D214 | 黑农40 | 黑龙江 | 春 | 125 | 紫 | 灰 | 黄 | 黄 | 黄 | 球 | 无 | 披针 | 22 | 41 | 20 | 100 | | | | | | 一般 |
| D215 | 黑农41 | 黑龙江 | 春 | 128 | 白 | 灰 | 黄 | 黄 | 黄 | 球 | 亚 | 披针 | 19 | 46 | 20 | 98 | | | | | | 一般 |
| D216 | 黑农42 | 黑龙江 | 春 | 125 | 白 | 灰 | 黄 | 黄 | 黄 | 球 | 亚 | 披针 | 20 | 36 | 21 | 85 | | | 4 | 灰斑病、食心虫 | | 一般 |
| D217 | 黑农43 | 黑龙江 | 春 | 116 | 紫 | 棕 | 浅黄 | 淡黄 | 黄 | 球 | 无 | 披针 | 24 | 38 | 19 | 103 | | | 3 | 灰斑病 | | 一般 |
| D218 | 黑农44 | 黑龙江 | 春 | 115 | 白 | 灰 | 黄 | 黄 | | 球 | 亚 | 圆 | 21 | 39 | 23 | 85 | | | 3 | 灰斑病、食心虫 | | 一般 |
| D219 | 黑农45 | 黑龙江 | 春 | 115 | 白 | 灰 | 黄 | 黄 | 黄 | 球 | 无 | 披针 | 21 | 40 | 23 | 70 | | | 3 | 灰斑病 | | 一般 |
| D220 | 黑农46 | 黑龙江 | 春 | 125 | 白 | 灰 | 黄 | 黄 | 黄 | 椭 | 亚 | 圆 | 21 | 45 | 21 | 78 | | | 2 | | | 一般 |
| D221 | 黑农47 | 黑龙江 | 春 | 126 | 紫 | 灰 | 黄 | 黄 | 黄 | 球 | 无 | 披针 | 20 | 44 | 20 | 100 | 21 | | | SMV、灰斑病 | | 一般 |
| D222 | 黑农48 | 黑龙江 | 春 | 118 | 紫 | 灰 | 黄 | 黄 | 黄 | 球 | 亚 | 披针 | 24 | 42 | 19 | 83 | 17 | | | SMV、灰斑病 | | 一般 |
| D223 | 黑农49 | 黑龙江 | 春 | 117 | 紫 | 灰 | 浅黄 | 黄 | 黄 | 圆 | 亚 | 圆 | 23 | 40 | 21 | 88 | 16 | | | SMV、灰斑病 | | 一般 |
| D224 | 黑生101 | 黑龙江 | 春 | 120 | 白 | 灰 | 黄 | 无色 | 黄 | 球 | 亚 | 披针 | 20 | 40 | 18 | 78 | 17 | | 4 | 灰斑病 | | 一般 |

（续）

| 编号 | 品种名称 | 来源省份 | 播期类型 | 生育日数(d) | 花色 | 茸毛色 | 种皮色 | 种脐色 | 子叶色 | 粒型 | 结荚习性 | 叶型 | 百粒重(g) | 蛋白质含量(%) | 油脂含量(%) | 株高(cm) | 主茎节数 | 裂荚性 | 每荚粒数 | 抗病虫性 | 利用类型 |
|---|---|---|---|---|---|---|---|---|---|---|---|---|---|---|---|---|---|---|---|---|---|
| D225 | 红丰7号 | 黑龙江 | 春 | 116 | 紫 | 灰 | 黄 | 黄 | 黄 | 球 | 亚 | 长椭 | 18 | 43 | 19 | 85 | | | | | 一般 |
| D226 | 红丰10号 | 黑龙江 | 春 | 124 | 紫 | 灰 | 黄 | 黄 | 绿 | 球 | 无 | 长椭 | 23 | 38 | 21 | 120 | 23 | | 3 | | 一般 |
| D227 | 红丰11 | 黑龙江 | 春 | 120 | 紫 | 灰 | 黄 | 黄 | 绿 | 球 | 亚 | 披针 | 22 | 43 | 21 | 75 | 16 | | 3 | SMV | 一般 |
| D228 | 红丰12 | 黑龙江 | 春 | 120 | 白 | 灰 | 黄 | 黄 | 绿 | 球 | 亚 | 长椭 | 17 | 41 | 22 | 80 | 18 | | 3 | 灰斑病 | 一般 |
| D229 | 华疆1号 | 黑龙江 | 春 | 100 | 紫 | | | | 黄 | 圆 | 亚 | 长椭 | 22 | 40 | 21 | | | | | | 一般 |
| D230 | 建农2号 | 黑龙江 | 春 | 115 | 白 | 灰 | 黄 | 黄 | 黄 | 球 | 亚 | 披针 | 22 | 44 | 20 | 85 | | | 4 | | 一般 |
| D231 | 建农1号 | 黑龙江 | 春 | 115 | 白 | 灰 | 黄 | 黄 | 黄 | 球 | 亚 | 披针 | 20 | 37 | 20 | 75 | 16 | | 4 | 灰斑病 | 一般 |
| D232 | 疆莫豆1号 | 黑龙江 | 春 | 112 | 紫 | 灰 | 黄 | 黄 | 黄 | 球 | 无 | 披针 | 19 | 37 | 21 | 90 | 16 | | | | 一般 |
| D233 | 疆莫豆2号 | 黑龙江 | 春 | 108 | 白 | 灰 | 黄 | 黄 | 黄 | 球 | 亚 | 披针 | 21 | | 21 | 80 | 15 | | | | 一般 |
| D234 | 九丰6号 | 黑龙江 | 春 | 105 | 白 | 灰 | 黄 | 黄 | 黄 | 球 | 亚 | 披针 | 19 | 38 | 19 | 80 | 15 | | 3 | | 一般 |
| D235 | 九丰7号 | 黑龙江 | 春 | 115 | 白 | 灰 | 黄 | 黄 | 黄 | 球 | 亚 | 披针 | 20 | 41 | 21 | 80 | 13 | | 3 | | 一般 |
| D236 | 九丰8号 | 黑龙江 | 春 | 103 | 紫 | 灰 | 黄 | 黄 | 黄 | 球 | 亚 | 披针 | 20 | 37 | 21 | 70 | 13 | | 3 | 灰斑病 | 一般 |
| D237 | 九丰9号 | 黑龙江 | 春 | 113 | 紫 | 灰 | 黄 | 黄 | 黄 | 球 | 亚 | 披针 | 19 | 40 | 20 | 70 | 14 | | 2 | 灰斑病 | 一般 |
| D238 | 九丰10号 | 黑龙江 | 春 | 114 | 白 | 灰 | 黄 | 黄 | 黄 | 球 | 亚 | 披针 | 18 | 37 | 21 | 72 | 16 | | | 灰斑病 | 一般 |
| D239 | 抗线虫3号 | 黑龙江 | 春 | 122 | 白 | 灰 | 黄 | 褐 | 黄 | 球 | 无 | 圆 | 19 | 41 | 22 | 95 | 18 | | 3 | SCN | 一般 |
| D240 | 抗线虫4号 | 黑龙江 | 春 | 113 | 白 | 棕 | 黄 | 褐 | 黄 | 球 | 有 | 圆 | 20 | 40 | 21 | 70 | 15 | | 3 | SCN | 一般 |
| D241 | 抗线虫5号 | 黑龙江 | 春 | 120 | 白 | 灰 | 黄 | 褐 | 黄 | 椭 | 亚 | 长卵 | 19 | 38 | 20 | 80 | 18 | | 3 | SCN, 食心虫 | 一般 |
| D242 | 垦丰3号 | 黑龙江 | 春 | 110 | 紫 | 灰 | 黄 | 黄 | 黄 | 球 | 亚 | 长椭 | 17 | 41 | 19 | 80 | | | | 灰斑病 | 一般 |
| D243 | 垦丰4号 | 黑龙江 | 春 | 117 | 白 | 灰 | 黄 | 黄 | 黄 | 球 | 无 | 长椭 | 18 | 39 | 19 | 100 | | | | 灰斑病 | 一般 |
| D244 | 垦丰5号 | 黑龙江 | 春 | 120 | 紫 | 灰 | 黄 | 黄 | 黄 | 球 | 亚 | 长椭 | 20 | 38 | 20 | 85 | | | | 灰斑病 | 一般 |
| D245 | 垦丰6号 | 黑龙江 | 春 | 105 | 白 | 灰 | 黄 | 黄 | 黄 | 球 | 无 | 长椭 | 19 | 40 | 21 | 75 | | | | 灰斑病 | 一般 |
| D246 | 垦丰7号 | 黑龙江 | 春 | 115 | 白 | 灰 | 黄 | 黄 | 黄 | 球 | 亚 | 长椭 | 18 | 39 | 21 | 80 | | | | 灰斑病 | 一般 |
| D247 | 垦丰8号 | 黑龙江 | 春 | 116 | 紫 | 灰 | 黄 | 黄 | 黄 | 球 | 亚 | 长椭 | 22 | 41 | 21 | 90 | | | | 灰斑病 | 一般 |
| D248 | 垦丰9号 | 黑龙江 | 春 | 118 | 白 | 灰 | 黄 | 黄 | 黄 | 球 | 无 | 长椭 | 19 | 41 | 22 | 90 | | | 4 | 灰斑病 | 一般 |
| D249 | 垦丰10号 | 黑龙江 | 春 | 120 | 白 | 灰 | 黄 | 黄 | 黄 | 球 | 无 | 长椭 | 21 | 41 | 20 | 90 | | | 4 | 灰斑病 | 一般 |

（续）

| 编号 | 品种名称 | 来源省份 | 播期类型 | 生育日数(d) | 花色 | 茸毛色 | 种皮色 | 种脐色 | 子叶色 | 粒型 | 结荚习性 | 叶型 | 百粒重(g) | 蛋白质含量(%) | 油脂含量(%) | 株高(cm) | 主茎节数 | 裂荚性 | 每荚粒数 | 抗病虫性 | 利用类型 |
|---|---|---|---|---|---|---|---|---|---|---|---|---|---|---|---|---|---|---|---|---|---|
| D250 | 垦丰11 | 黑龙江 | 春 | 110 | 紫 | 灰 | 黄 | 黄 | 黄 | 球 | 亚 | 长椭 | 19 | 42 | 21 | 80 | | | | 灰斑病 | 一般 |
| D251 | 垦丰12 | 黑龙江 | 春 | 117 | 白 | 灰 | 黄 | 黄 | 黄 | 球 | 无 | 长椭 | 22 | 41 | 19 | 90 | | | | 灰斑病 | 一般 |
| D252 | 垦丰13 | 黑龙江 | 春 | 116 | 白 | 灰 | 黄 | 黄 | 黄 | 圆 | 无 | 长椭 | 18 | 38 | 22 | 79 | | | | 灰斑病 | 一般 |
| D253 | 垦丰14 | 黑龙江 | 北方春 | 122 | 白 | | 黄 | 黄 | 黄 | 圆 | 亚 | 长椭 | 21 | 38 | 20 | 96 | | | | SMV、灰斑病 | 一般 |
| D254 | 垦鉴北豆1号 | 黑龙江 | 春 | 112 | 紫 | 灰 | 黄 | 黄 | 黄 | 球 | 亚 | 长卵 | 20 | 39 | 20 | 80 | | | | | 一般 |
| D255 | 垦鉴北豆2号 | 黑龙江 | 春 | 122 | 紫 | 灰 | 黄 | 黄 | 黄 | 球 | 亚 | 披针 | 18 | 39 | 21 | 85 | | | | | 一般 |
| D256 | 垦鉴豆1号 | 黑龙江 | 春 | 108 | 白 | 灰 | 黄 | 黄 | 黄 | 球 | 亚 | 长卵 | 20 | 41 | 20 | 75 | | | | | 一般 |
| D257 | 垦鉴豆2号 | 黑龙江 | 春 | 105 | 白 | 灰 | 黄 | 黄 | 黄 | 球 | 亚 | 披针 | 22 | 42 | 20 | 80 | | | | | 一般 |
| D258 | 垦鉴豆3号 | 黑龙江 | 春 | 108 | 紫 | 灰 | 无色 | 黄 | 黄 | 球 | 亚 | 披针 | 19 | 39 | 23 | 70 | 18 | | | SMV、灰斑病 | 一般 |
| D259 | 垦鉴豆4号 | 黑龙江 | 春 | 114 | 白 | 灰 | 黄 | 黄 | 黄 | 球 | 亚 | 长卵 | 19 | 42 | 19 | 80 | | | | | 一般 |
| D260 | 垦鉴豆5号 | 黑龙江 | 春 | 110 | 紫 | 灰 | 黄 | 黄 | 黄 | 球 | 亚 | 披针 | 19 | 39 | 21 | | | | | | 一般 |
| D261 | 垦鉴豆7号 | 黑龙江 | 春 | 120 | 白 | 灰 | 无色 | 黄 | 黄 | 球 | 亚 | 披针 | 20 | 39 | 21 | 85 | | | | | 一般 |
| D262 | 垦鉴豆14 | 黑龙江 | 春 | 112 | 紫 | 灰 | 黄 | 黄 | 黄 | 圆 | 亚 | 长椭 | 20 | 42 | 18 | | | | | | 一般 |
| D263 | 垦鉴豆15 | 黑龙江 | 春 | 105 | 白 | 灰 | 黄 | 黄 | 黄 | 球 | 亚 | 披针 | 20 | 38 | 20 | 75 | | | | | 一般 |
| D264 | 垦鉴豆16 | 黑龙江 | 春 | 105 | 白 | 灰 | 黄 | 黄 | 黄 | 球 | 亚 | 披针 | 22 | 40 | 19 | 80 | | | | | 一般 |
| D265 | 垦鉴豆17 | 黑龙江 | 春 | 119 | 白 | 灰 | 黄 | 黄 | 黄 | 球 | 亚 | 披针 | 20 | 41 | 19 | 85 | | | | 灰斑病 | 一般 |
| D266 | 垦鉴豆22 | 黑龙江 | 春 | 105 | 白 | 灰 | 黄 | 黄 | 黄 | 球 | 亚 | 披针 | 21 | 41 | 20 | 65 | | | | | 一般 |
| D267 | 垦鉴豆23 | 黑龙江 | 春 | 121 | 白 | 灰 | 黄 | 黄 | 黄 | 圆 | 亚 | 披针 | 19 | 41 | 21 | 60 | | | | | 一般 |
| D268 | 垦鉴豆25 | 黑龙江 | 春 | 115 | 紫 | 灰 | 黄 | 黄 | 黄 | 球 | 无 | 长卵 | 19 | 37 | 22 | 90 | | | | | 一般 |
| D269 | 垦鉴豆26 | 黑龙江 | 春 | 116 | 紫 | 灰 | 黄 | 黄 | 黄 | 球 | 无 | 长卵 | 19 | 38 | 22 | 80 | | | | | 一般 |
| D270 | 垦鉴豆28 | 黑龙江 | 春 | 116 | 紫 | 灰 | 黄 | 黄 | 黄 | 球 | 无 | 长卵 | 20 | 39 | 21 | 90 | | | | | 一般 |
| D271 | 垦鉴豆30 | 黑龙江 | 春 | 104 | 紫 | 灰 | 黄 | 黄 | 黄 | 球 | 亚 | 长卵 | 20 | 34 | 22 | 70 | | | | | 一般 |
| D272 | 垦鉴豆31 | 黑龙江 | 春 | 106 | 白 | 灰 | 黄 | 黄 | 黄 | 球 | 亚 | 披针 | 19 | 40 | 20 | 70 | | | | | 一般 |
| D273 | 垦鉴豆32 | 黑龙江 | 春 | 105 | 白 | 灰 | 黄 | 黄 | 黄 | 球 | 亚 | 披针 | 19 | 38 | 21 | 70 | | | | | 一般 |
| D274 | 垦鉴豆33 | 黑龙江 | 春 | 118 | 紫 | 灰 | 淡褐 | 黄 | 黄 | 球 | 无 | 披针 | 21 | 38 | 23 | 75 | | | | | 一般 |

（续）

| 编号 | 品种名称 | 来源省份 | 播期类型 | 生育日数(d) | 花色 | 茸毛色 | 种皮色 | 种脐色 | 子叶色 | 粒型 | 结荚习性 | 叶型 | 百粒重(g) | 蛋白质含量(%) | 油脂含量(%) | 株高(cm) | 主茎节数 | 裂荚性 | 每荚粒数 | 抗病虫性 | 利用类型 |
|---|---|---|---|---|---|---|---|---|---|---|---|---|---|---|---|---|---|---|---|---|---|
| D275 | 垦鉴豆36 | 黑龙江 | 春 | 123 | 白 | 灰 | 黄 | 黄 | 黄 | 球 | 亚 | 披针 | 21 | 43 | 19 | 85 | | | | | 一般 |
| D276 | 垦鉴豆38 | 黑龙江 | 春 | 118 | 紫 | 灰 | 无色 | 黄 | 黄 | 球 | 亚 | 披针 | 22 | 40 | 22 | 80 | 22 | | | 灰斑病 | 一般 |
| D277 | 垦鉴豆39 | 黑龙江 | 春 | 115 | 紫 | 灰 | 黄 | 黄 | 黄 | 圆 | 亚 | 长椭 | 22 | 39 | 22 | 90 | | | | | 一般 |
| D278 | 垦鉴豆40 | 黑龙江 | 春 | 120 | 紫 | 灰 | 黄 | 黄 | 黄 | 圆 | 亚 | 披针 | 18 | 39 | 21 | 85 | | | | | 一般 |
| D279 | 垦农5号 | 黑龙江 | 春 | 120 | 紫 | 灰 | 黄 | 无色 | 黄 | 球 | 亚 | 披针 | 20 | 38 | 24 | 70 | 18 | | | SMV、灰斑病 | 一般 |
| D280 | 垦农7号 | 黑龙江 | 春 | 120 | 紫 | 灰 | 黄 | 淡黄 | 黄 | | 无 | 披针 | 20 | 42 | 20 | | | | | 灰斑病 | 一般 |
| D281 | 垦农8号 | 黑龙江 | 春 | 115 | 紫 | | 黄 | | 黄 | 球 | 无 | 圆 | 29 | 39 | 22 | | | | | | 一般 |
| D282 | 垦农16 | 黑龙江 | 春 | 117 | 白 | 灰 | 黄 | 无色 | 黄 | 球 | 亚 | 披针 | 20 | 38 | 19 | 85 | | | 4 | 灰斑病 | 一般 |
| D283 | 垦农17 | 黑龙江 | 春 | 120 | 紫 | 灰 | 黄 | 无色 | 黄 | 球 | 亚 | 圆 | 20 | 38 | 21 | 75 | | | | 灰斑病 | 一般 |
| D284 | 垦农18 | 黑龙江 | 春 | 115 | 白 | 灰 | 黄 | 无色 | 黄 | 球 | 亚 | 圆 | 19 | 0 | 23 | 85 | 20 | | | SMV、灰斑病 | 一般 |
| D285 | 垦农19 | 黑龙江 | 春 | 118 | 紫 | 灰 | 黄 | 无色 | 黄 | 球 | 亚 | 披针 | 20 | 41 | 23 | 75 | 20 | | 4 | 灰斑病、食心虫 | 一般 |
| D286 | 垦农20 | 黑龙江 | 春 | 115 | 白 | 灰 | 无 | 黄 | 黄 | 圆 | 亚 | 圆 | 18 | 38 | 23 | 70 | | | | 灰斑病 | 一般 |
| D287 | 龙生1号 | 黑龙江 | 春 | 120 | | 灰 | 黄 | 黄 | 黄 | 球 | 亚 | 披针 | 20 | 42 | 18 | 93 | 17 | | 4 | | 纳豆 |
| D288 | 龙菽1号 | 黑龙江 | 春 | 105 | 白 | 灰 | 黄 | 黄 | 黄 | 圆 | 亚 | 长椭 | 26 | 41 | 20 | 90 | 16 | | | 灰斑病 | 菜用 |
| D289 | 龙小粒豆1号 | 黑龙江 | 春 | 109 | 白 | 灰 | 黄 | 淡褐 | 黄 | 球 | 无 | 披针 | 9 | 43 | 19 | 80 | | | 4 | 灰斑病 | 一般 |
| D290 | 嫩丰16 | 黑龙江 | 春 | 120 | 白 | 灰 | 黄 | 淡褐 | 黄 | 球 | 亚 | 长卵 | 25 | 44 | 20 | 80 | 16 | | | 灰斑病 | 一般 |
| D291 | 嫩丰17 | 黑龙江 | 春 | 115 | 白 | 灰 | 黄 | 淡褐 | 黄 | 扁球 | 无 | 披针 | 16 | 48 | 23 | 80 | | | | 灰斑病 | 一般 |
| D292 | 嫩丰18 | 黑龙江 | 春 | 120 | 白 | 灰 | 淡褐 | 黄 | 黄 | 圆 | 无 | 披针 | 21 | 38 | 23 | 90 | | | | SCN | 一般 |
| D293 | 庆丰1号 | 黑龙江 | 春 | 119 | 白 | 灰 | 黄 | 黄 | 黄 | 近球 | 亚 | 圆 | 19 | 50 | 20 | 90 | 18 | | 3 | SCN、灰斑病 | 一般 |
| D294 | 庆鲜豆1号 | 黑龙江 | 春 | 80 | 紫 | 棕 | 紫 | 黄 | 绿 | 圆 | 有 | 圆 | 30 | 39 | 20 | 70 | | | 3 | 灰斑病 | 菜用 |
| D295 | 绥农12 | 黑龙江 | 春 | 122 | 紫 | 灰 | 黄 | 无色 | 黄 | 球 | 亚 | 披针 | 20 | 39 | 21 | 100 | 18 | | 3 | 灰斑病 | 一般 |
| D296 | 绥农14 | 黑龙江 | 春 | 120 | 紫 | 灰 | 黄 | 无色 | 黄 | 球 | 亚 | 披针 | 21 | 40 | 20 | 100 | 18 | | 3 | 灰斑病 | 一般 |
| D297 | 绥农15 | 黑龙江 | 春 | 115 | 紫 | 灰 | 黄 | 无色 | 黄 | 球 | 无 | 披针 | 21 | 39 | 20 | 100 | 18 | | 3 | SMV、灰斑病 | 一般 |
| D298 | 绥农16 | 黑龙江 | 春 | 120 | 紫 | 灰 | 黄 | 无色 | 黄 | 球 | 亚 | 圆 | 21 | 40 | 20 | 90 | 18 | | 3 | SMV、灰斑病 | 一般 |
| D299 | 绥农17 | 黑龙江 | 春 | 115 | 紫 | 灰 | 黄 | 无色 | 黄 | 球 | 无 | 长椭 | 21 | 40 | 21 | 100 | 18 | | 3 | SMV、灰斑病 | 一般 |

（续）

| 编号 | 品种名称 | 来源省份 | 播期类型 | 生育日数(d) | 花色 | 茸毛色 | 种皮色 | 种脐色 | 子叶色 | 粒型 | 结荚习性 | 叶型 | 百粒重(g) | 蛋白质含量(%) | 油脂含量(%) | 株高(cm) | 主茎节数 | 裂荚性 | 每荚粒数 | 抗病虫性 | 利用类型 |
|---|---|---|---|---|---|---|---|---|---|---|---|---|---|---|---|---|---|---|---|---|---|
| D300 | 绥农18 | 黑龙江 | 春 | 117 | 紫 | 灰 | 黄 | 无色 | 黄 | 球 | 亚 | 圆 | 21 | 38 | 22 | 115 | 18 | | 3 | SMV、灰斑病 | 一般 |
| D301 | 绥农19 | 黑龙江 | 春 | 115 | 白 | 灰 | 黄 | 无色 | 黄 | 球 | 无 | 长椭 | 20 | 38 | 21 | 90 | 18 | | 3 | 灰斑病 | 一般 |
| D302 | 绥农20 | 黑龙江 | 春 | 115 | 白 | 灰 | 黄 | 无色 | 黄 | 球 | 无 | 长椭 | 21 | 41 | 23 | 90 | 18 | | 3 | 灰斑病 | 一般 |
| D303 | 绥农21 | 黑龙江 | 春 | 118 | 白 | 灰 | 黄 | 无色 | 黄 | 球 | 无 | 长椭 | 19 | 46 | 21 | 100 | 20 | | 3 | SMV、灰斑病 | 一般 |
| D304 | 绥农22 | 黑龙江 | 春 | 118 | 紫 | 灰 | 浅黄 | 黄 | 黄 | 圆 | 无 | 披针 | 22 | 40 | 20 | 80 | | | 3 | | 豆腐 |
| D305 | 绥无腥豆1号 | 黑龙江 | 春 | 120 | 白 | 灰 | 黄 | 无色 | 黄 | 球 | 无 | 长椭 | 19 | 38 | 20 | 110 | 19 | | 3 | SMV、灰斑病 | 豆腐 |
| D306 | 绥小粒豆1号 | 黑龙江 | 春 | 113 | 紫 | 灰 | 黄 | 无色 | 黄 | 球 | 亚 | 长椭 | 9 | 38 | 16 | 80 | 19 | | 3 | SMV、灰斑病 | 纳豆 |
| D307 | 伊大豆2号 | 黑龙江 | 春 | 118 | 紫 | | 黄 | 白 | | 近球 | 有 | 披针 | 22 | 38 | 0 | 75 | 12 | | 3 | | 一般 |
| D308 | 鄂豆6号 | 湖北 | 夏 | 109 | 白 | 灰 | 黄 | 淡黄 | 黄 | 椭 | 有 | 长椭 | 19 | 43 | 18 | 55 | 13 | | 2 | | 一般 |
| D309 | 鄂豆7号 | 湖北 | 春 | 98 | 白 | 灰 | 黄 | 淡褐 | 黄 | 椭 | 有 | 卵 | 18 | 41 | 17 | 34 | 10 | | 2 | | 一般 |
| D310 | 鄂豆8号 | 湖北 | 南方春 | 102 | 白 | 灰 | 浅褐 | 黄 | 黄 | 椭 | 有 | 椭 | 20 | 43 | 20 | 46 | 9 | | 2 | | 一般 |
| D311 | 鄂豆9号 | 湖北 | 南方春 | 107 | 白 | 灰 | 浅褐 | 黄 | 黄 | 椭 | 有 | 椭 | 22 | 44 | 19 | 37 | 9 | | 2 | | 一般 |
| D312 | 中豆26 | 湖北 | 夏 | 99 | 白 | 灰 | 褐 | 褐 | 黄 | 椭 | 有 | 长椭 | 17 | 42 | 20 | 64 | 16 | | 2 | SMV、食心虫 | 一般 |
| D313 | 中豆29 | 湖北 | 春 | 100 | 白 | 灰 | 褐 | 褐 | 黄 | 椭 | 有 | 长椭 | 15 | 45 | 21 | 50 | 11 | | 3 | SMV | 一般 |
| D314 | 中豆30 | 湖北 | 夏 | 95 | 白 | 灰 | 黄 | 淡褐 | 黄 | 椭 | 有 | 椭 | 23 | 41 | 21 | 50 | 10 | | 2 | SMV | 一般 |
| D315 | 中豆31 | 湖北 | 夏 | 105 | 白 | 灰 | 黄 | 褐 | 黄 | 椭 | 有 | 圆 | 18 | 42 | 17 | 90 | 17 | | 3 | SMV | 一般 |
| D316 | 中豆32 | 湖北 | 春 | 112 | 白 | 灰 | 黄 | 淡褐 | 黄 | 椭 | 有 | 椭 | 20 | 43 | 22 | 60 | 13 | | 3 | SMV | 一般 |
| D317 | 中豆33 | 湖北 | 南方夏 | 103 | 白 | 灰 | 浅褐 | 黄 | 黄 | 近球 | 有 | 椭 | 18 | 46 | 19 | 65 | 16 | | 4 | | 一般 |
| D318 | 中豆34 | 湖北 | 南方夏 | 99 | 白 | 灰 | 浅褐 | 黄 | 黄 | 近球 | 有 | 椭 | 17 | 46 | 18 | 68 | 16 | | 4 | | 一般 |
| D319 | 湘春豆16 | 湖南 | 春 | 100 | 白 | 灰 | 黄 | 黄 | 黄 | 椭 | 有 | 卵 | 20 | 43 | 22 | 60 | 12 | | 3 | SMV、食心虫、霜霉病 | 一般 |
| D320 | 湘春豆17 | 湖南 | 春 | 92 | 白 | 灰 | 黄 | 褐 | 黄 | 椭 | 有 | 椭 | 20 | 40 | 22 | 55 | 11 | | 2 | SMV、霜霉病 | 一般 |
| D321 | 湘春豆18 | 湖南 | 春 | 101 | 白 | 灰 | 黄 | 褐 | 黄 | 椭 | 有 | 椭 | 20 | 39 | 23 | 65 | 13 | | 2 | SMV、锈病 | 豆腐 |
| D322 | 湘春豆19 | 湖南 | 春 | 99 | 白 | 灰 | 黄 | 淡褐 | 黄 | 椭 | 有 | 椭 | 20 | 38 | 21 | 63 | 11 | | 3 | SMV、锈病 | 一般 |
| D323 | 湘春豆20 | 湖南 | 春 | 97 | 白 | 灰 | 黄 | 褐 | 黄 | 椭 | 有 | 卵 | 20 | 44 | 20 | 63 | 13 | | 3 | SMV、食心虫、霜霉病 | 一般 |
| D324 | 湘春豆21 | 湖南 | 春 | 104 | 白 | 灰 | 黄 | 深褐 | 黄 | 椭 | 有 | 椭 | 19 | 41 | 23 | 60 | 12 | | 2 | SMV、霜霉病 | 一般 |

（续）

| 编号 | 品种名称 | 来源省份 | 播期类型 | 生育日数(d) | 花色 | 茸毛色 | 种皮色 | 种脐色 | 子叶色 | 粒型 | 结荚习性 | 叶型 | 百粒重(g) | 蛋白质含量(%) | 油脂含量(%) | 株高(cm) | 主茎节数 | 裂荚性 | 每荚粒数 | 抗病虫性 | 利用类型 |
|---|---|---|---|---|---|---|---|---|---|---|---|---|---|---|---|---|---|---|---|---|---|
| D325 | 湘春豆22 | 湖南 | 春 | 105 | 白 | 灰 | 黄 | 深褐 | 黄 | 椭 | 有 | 椭 | 19 | 42 | 23 | 60 | 12 |  | 2 | SMV、霜霉病 | 一般 |
| D326 | 湘春豆23 | 湖南 | 春 | 105 | 白 | 灰 | 黄 | 深褐 | 黄 | 椭 | 有 | 椭 | 20 | 43 | 21 | 61 | 13 |  | 3 | SMV、食心虫、霜霉病 | 一般 |
| D327 | 白农5号 | 吉林 | 春 | 114 | 白 | 灰 | 黄 | 黄 | 黄 | 球 | 亚 | 长卵 | 18 | 41 | 20 | 95 |  |  |  | SCN、食心虫 | 一般 |
| D328 | 白农6号 | 吉林 | 春 | 124 | 白 | 灰 | 黄 | 黄 | 黄 | 球 | 亚 | 椭 | 22 | 40 | 16 | 95 |  |  |  |  | 一般 |
| D329 | 白农7号 | 吉林 | 春 | 124 | 白 | 灰 | 黄 | 黄 | 黄 | 球 | 亚 | 椭 | 20 | 40 | 19 | 93 |  |  |  |  | 一般 |
| D330 | 白农8号 | 吉林 | 春 | 118 | 紫 | 灰 | 绿 | 黄 | 黄 | 球 | 亚 | 长椭 | 20 | 41 | 20 | 95 |  |  | 3 | SCN | 一般 |
| D331 | 白农9号 | 吉林 | 春 | 119 | 白 | 灰 | 黄 | 褐 | 黄 | 球 | 无 | 圆 | 20 | 43 | 22 | 100 |  |  | 3 | SCN | 一般 |
| D332 | 白农10号 | 吉林 | 春 | 123 | 白 | 灰 | 黄 | 褐 | 黄 | 球 | 无 | 圆 | 21 | 39 | 20 | 130 | 21 |  | 4 | SMV、SCN | 一般 |
| D333 | 长农8号 | 吉林 | 夏 | 127 | 紫 | 灰 | 黄 | 无色 | 黄 | 球 | 亚 | 圆 | 22 | 39 | 19 | 100 |  |  | 3 | 灰斑病、霜霉病 | 一般 |
| D334 | 长农9号 | 吉林 | 春 | 130 | 白 | 灰 | 黄 | 淡黄 | 黄 | 球 | 亚 | 圆 | 22 | 38 | 19 | 98 | 20 |  | 4 | 褐斑病 | 一般 |
| D335 | 长农10号 | 吉林 | 春 | 127 | 紫 | 灰 | 黄 | 淡褐 | 黄 | 球 | 亚 | 披针 | 20 | 38 | 21 | 95 | 21 |  | 4 | SMV、食心虫 | 一般 |
| D336 | 长农11 | 吉林 | 春 | 133 | 白 | 灰 | 黄 | 无色 | 黄 | 球 | 亚 | 披针 | 19 | 39 | 20 | 105 | 22 |  | 4 | 食心虫 | 一般 |
| D337 | 长农12 | 吉林 | 春 | 123 | 紫 | 灰 | 黄 | 无色 | 黄 | 球 | 亚 | 披针 | 20 | 41 | 22 | 90 | 21 |  | 4 |  | 一般 |
| D338 | 长农13 | 吉林 | 春 | 130 | 紫 | 灰 | 黄 | 淡褐 | 黄 | 球 | 亚 | 圆 | 23 | 44 | 22 | 100 | 19 |  |  | SMV | 一般 |
| D339 | 长农14 | 吉林 | 春 | 117 | 紫 | 灰 | 黄 | 淡黄 | 黄 | 球 | 亚 | 圆 | 22 | 39 | 23 | 100 | 19 |  | 3 | SMV、灰斑病 | 一般 |
| D340 | 长农15 | 吉林 | 春 | 127 | 紫 | 灰 | 黄 | 淡黄 | 黄 | 球 | 亚 | 披针 | 22 | 38 | 21 | 86 | 19 |  | 4 | SMV、灰斑病 | 一般 |
| D341 | 长农16 | 吉林 | 春 | 125 | 白 | 灰 | 黄 | 黄 | 黄 | 球 | 亚 | 圆 | 20 | 41 | 23 | 103 | 19 |  | 3 | SMV、灰斑病 | 一般 |
| D342 | 长农17 | 吉林 | 春 | 122 | 白 | 灰 | 黄 | 黄 | 黄 | 球 | 亚 | 圆 | 20 | 41 | 22 | 93 | 19 |  | 3 | SMV、灰斑病 | 一般 |
| D343 | 吉豆1号 | 吉林 | 春 | 120 | 紫 | 灰 | 黄 | 黄 | 黄 | 球 | 亚 | 圆 | 20 | 41 | 20 | 95 |  |  | 3 | SMV | 一般 |
| D344 | 吉豆2号 | 吉林 | 春 | 126 | 紫 | 灰 | 黄 | 黄 | 黄 | 球 | 亚 | 披针 | 19 | 37 | 21 | 80 | 16 |  | 4 | SMV、灰斑病、食心虫 | 一般 |
| D345 | 吉豆3号 | 吉林 | 春 | 131 | 紫 | 灰 | 黄 | 黄 | 黄 | 椭 | 亚 | 披针 | 18 | 39 | 19 | 100 |  |  | 3 | SMV、灰斑病、食心虫 | 一般 |
| D346 | 吉丰1号 | 吉林 | 春 | 117 | 紫 | 灰 | 黄 | 黄 | 黄 | 椭 | 亚 | 披针 | 24 | 46 | 21 | 100 |  |  | 4 | 灰斑病 | 一般 |
| D347 | 吉丰2号 | 吉林 | 春 | 132 | 紫 | 灰 | 黄 | 黄 | 黄 | 椭 | 亚 | 卵 | 23 | 45 | 19 | 100 |  |  |  | SMV、灰斑病 | 一般 |
| D348 | 吉科豆1号 | 吉林 | 春 | 120 | 紫 | 灰 | 黄 | 黄 | 黄 | 圆 | 无 | 披针 | 19 | 40 | 22 | 80 | 19 |  | 3 | SMV、灰斑病 | 一般 |
| D349 | 吉科豆2号 | 吉林 | 春 | 133 | 白 | 灰 | 黄 | 黄 | 黄 | 椭 | 亚 | 披针 | 20 | 40 | 20 | 105 | 20 |  | 4 | SMV、灰斑病、食心虫 | 一般 |

（续）

| 编号 | 品种名称 | 来源省份 | 播期类型 | 生育日数(d) | 花色 | 茸毛色 | 种皮色 | 种脐色 | 子叶色 | 粒型 | 结荚习性 | 叶型 | 百粒重(g) | 蛋白质含量(%) | 油脂含量(%) | 株高(cm) | 主茎节数 | 裂荚性 | 每荚粒数 | 抗病虫性 | 利用类型 |
|---|---|---|---|---|---|---|---|---|---|---|---|---|---|---|---|---|---|---|---|---|---|
| D350 | 吉科豆3号 | 吉林 | 春 | 120 | 白 | 灰 | 黄 | 黄 | 黄 | 圆 | 亚 | 披针 | 20 |  | 20 | 75 | 17 |  | 3 | SMV、灰斑病 | 一般 |
| D351 | 吉科豆5号 | 吉林 | 春 | 122 | 白 | 灰 | 黄 | 黄 | 黄 | 圆 | 亚 | 披针 | 19 | 41 | 21 | 75 | 17 |  | 3 | SMV、灰斑病 | 一般 |
| D352 | 吉科豆6号 | 吉林 | 春 | 124 | 白 | 灰 | 黄 | 黄 | 黄 | 圆 | 亚 | 披针 | 19 | 38 | 21 | 95 |  |  |  | SMV、灰斑病 | 一般 |
| D353 | 吉科豆7号 | 吉林 | 春 | 134 | 白 | 灰 | 黄 | 黄 | 黄 | 球 | 亚 | 披针 | 22 | 42 | 20 | 95 | 17 |  | 4 | SMV | 一般 |
| D354 | 吉林33 | 吉林 | 春 | 122 | 紫 | 灰 | 黄 | 黄 | 黄 | 球 | 无 | 圆 | 22 | 40 | 20 | 95 | 19 |  | 3 | SMV、SCN、灰斑病 | 豆腐 |
| D355 | 吉林34 | 吉林 | 春 | 124 | 白 | 灰 | 黄 | 黄 | 黄 | 球 | 有 | 披针 | 19 | 39 | 20 | 95 | 18 |  | 3 | SMV、灰斑病 | 一般 |
| D356 | 吉林35 | 吉林 | 春 | 126 | 紫 | 灰 | 黄 | 黄 | 黄 | 球 | 亚 | 圆 | 21 | 43 | 22 | 85 | 18 |  | 3 | SMV、灰斑病 | 一般 |
| D357 | 吉林36 | 吉林 | 春 | 131 | 紫 | 灰 | 黄 | 黄 | 黄 | 圆 | 亚 | 圆 | 18 | 38 | 21 | 95 | 18 |  | 3 | SMV、灰斑病、食心虫 | 一般 |
| D358 | 吉林38 | 吉林 | 春 | 134 | 白 | 灰 | 黄 | 黄 | 黄 | 椭 | 亚 | 圆 | 20 | 45 | 20 | 100 | 19 |  | 2 | SMV、灰斑病 | 一般 |
| D359 | 吉林39 | 吉林 | 春 | 128 | 紫 | 灰 | 黄 | 黄 | 黄 | 球 | 亚 | 圆 | 20 | 39 | 21 | 90 | 12 |  | 3 | SMV、灰斑病 | 一般 |
| D360 | 吉林40 | 吉林 | 春 | 115 | 紫 | 灰 | 黄 | 黄 | 绿 | 球 | 亚 | 披针 | 23 | 43 | 20 | 100 | 16 |  | 4 | SMV | 一般 |
| D361 | 吉林41 | 吉林 | 春 | 131 | 白 | 灰 | 黄 | 黄 | 黄 | 椭 | 亚 | 披针 | 17 | 40 | 20 | 85 | 19 |  | 4 | SMV、食心虫 | 一般 |
| D362 | 吉林42 | 吉林 | 春 | 122 | 白 | 灰 | 黄 | 黄 | 黄 | 球 | 亚 | 披针 | 19 | 42 | 20 | 80 | 17 |  | 3 | SMV、灰斑病 | 豆腐 |
| D363 | 吉林43 | 吉林 | 春 | 120 | 紫 | 灰 | 黄 | 黄 | 黄 | 球 | 亚 | 披针 | 20 | 41 | 21 | 70 | 15 |  | 4 | SMV、灰斑病、霜霉病 | 豆腐 |
| D364 | 吉育44 | 吉林 | 春 | 118 | 紫 | 灰 |  | 黄 | 绿 | 球 | 亚 | 圆 | 21 | 41 | 22 | 90 |  |  | 3 | 灰斑病 | 一般 |
| D365 | 吉育45 | 吉林 | 春 | 125 | 紫 | 灰 | 黄 | 黄 | 绿 | 球 | 亚 | 圆 | 24 | 39 | 21 | 100 |  |  | 3 | SMV | 豆腐 |
| D366 | 吉育46 | 吉林 | 春 | 122 | 紫 | 灰 | 黄 | 黄 | 黄 | 球 | 亚 | 披针 | 20 | 40 | 21 | 100 | 19 |  | 4 | SMV、灰斑病、霜霉病 | 豆腐 |
| D367 | 吉育47 | 吉林 | 春 | 125 | 白 | 灰 | 黄 | 黄 | 黄 | 椭 | 亚 | 圆 | 20 | 43 | 22 | 90 | 17 |  | 3 | SMV、灰斑病、霜霉病 | 豆腐 |
| D368 | 吉育48 | 吉林 | 春 | 115 | 紫 | 灰 |  | 黄 | 绿 | 球 | 亚 | 披针 | 18 | 43 | 40 | 100 |  |  | 3 | 灰斑病 | 豆腐 |
| D369 | 吉育49 | 吉林 | 春 | 119 | 白 | 灰 | 黄 | 黄 | 绿 | 球 | 亚 | 圆 | 21 | 40 | 20 | 100 |  |  | 4 | SMV | 豆腐 |
| D370 | 吉育50 | 吉林 | 春 | 133 | 白 | 灰 | 黄 | 黄 | 黄 | 椭 | 亚 | 披针 | 18 | 40 | 19 | 100 | 19 |  | 3 | SMV、食心虫 | 豆腐 |
| D371 | 吉育52 | 吉林 | 春 | 127 | 紫 | 灰 | 黄 | 黄 | 黄 | 球 | 亚 | 圆 | 25 | 41 | 21 | 90 | 19 |  | 3 | SMV、灰斑病 | 一般 |
| D372 | 吉育53 | 吉林 | 春 | 126 | 白 | 灰 | 黄 | 黄 | 黄 | 球 | 亚 | 圆 | 22 | 42 | 20 | 80 | 18 |  | 3 | SMV、灰斑病 | 一般 |
| D373 | 吉育54 | 吉林 | 春 | 120 | 白 | 灰 | 黄 | 黄 | 黄 | 球 | 亚 | 披针 | 17 | 39 | 21 | 75 | 17 |  | 3 | SMV、灰斑病 | 一般 |
| D374 | 吉育55 | 吉林 | 春 | 119 | 白 | 灰 | 黄 | 黄 | 绿 | 球 | 亚 | 圆 | 21 | 38 | 21 | 100 |  |  | 4 | SMV、灰斑病、霜霉病 | 一般 |

（续）

| 编号 | 品种名称 | 来源省份 | 播期类型 | 生育日数(d) | 花色 | 茸毛色 | 种皮色 | 种脐色 | 子叶色 | 粒型 | 结荚习性 | 叶型 | 百粒重(g) | 蛋白质含量(%) | 油脂含量(%) | 株高(cm) | 主茎节数 | 裂荚性 | 每荚粒数 | 抗病虫性 | 利用类型 |
|---|---|---|---|---|---|---|---|---|---|---|---|---|---|---|---|---|---|---|---|---|---|
| D375 | 吉育57 | 吉林 | 春 | 122 | 紫 | 灰 | 黄 | 黄 | 黄 | 椭 | 亚 | 披针 | 22 | 45 | 22 | 95 | 19 | | 4 | SMV、灰斑病 | 豆腐 |
| D376 | 吉育58 | 吉林 | 春 | 115 | 紫 | 灰 | 黄 | 黄 | 黄 | 球 | 亚 | 披针 | 19 | 40 | 22 | 85 | 19 | | 4 | SMV、灰斑病、霜霉病 | 豆腐 |
| D377 | 吉林59 | 吉林 | 春 | 120 | 白 | 灰 | 黄 | 黄 | 黄 | 球 | 亚 | 披针 | 20 | 41 | 19 | 85 | 19 | | 4 | SMV、SCN、灰斑病 | 豆腐 |
| D378 | 吉育60 | 吉林 | 春 | 132 | 紫 | 灰 | 黄 | 黄 | 黄 | 椭 | 亚 | 披针 | 23 | 45 | 22 | 100 | 20 | | 4 | SMV、灰斑病、霜霉病 | 豆腐 |
| D379 | 吉育62 | 吉林 | 春 | 129 | 白 | 灰 | 黄 | 淡褐 | 黄 | 球 | 无 | 披针 | 21 | 38 | 19 | 110 | 23 | | 3 | 食心虫、花叶病毒病 | 一般 |
| D380 | 吉育63 | 吉林 | 春 | 127 | 白 | 灰 | 黄 | 黄 | 黄 | 球 | 亚 | 圆 | 23 | 41 | 19 | 95 | 18 | | 3 | SMV、灰斑病、霜霉病 | 豆腐 |
| D381 | 吉育64 | 吉林 | 春 | 119 | 白 | 灰 | 黄 | 黄 | 黄 | 球 | 亚 | 披针 | 18 | 42 | 22 | 80 | 16 | | 2 | SMV、灰斑病、霜霉病 | 一般 |
| D382 | 吉育65 | 吉林 | 春 | 129 | 白 | 灰 | 黄 | 淡褐 | 黄 | 球 | 无 | 披针 | 21 | 39 | 19 | 110 | 23 | | 3 | SMV、灰斑病、霜霉病 | 一般 |
| D383 | 吉林66 | 吉林 | 春 | 121 | 白 | 灰 | 黄 | 黄 | 黄 | 球 | 亚 | 披针 | 20 | 42 | 19 | 84 | 19 | | 4 | SMV、灰斑病 | 豆腐 |
| D384 | 吉林67 | 吉林 | 春 | 115 | 白 | 灰 | 黄 | 黄 | 黄 | 椭 | 无 | 披针 | 21 | 44 | 24 | 80 | 16 | | 4 | SMV、灰斑病、霜霉病 | 豆腐 |
| D385 | 吉育68 | 吉林 | 春 | 132 | 白 | 灰 | 黄 | 黄 | 绿 | 球 | 亚 | 披针 | 22 | 40 | 20 | 95 | | | 4 | SMV | 豆腐 |
| D386 | 吉育69 | 吉林 | 春 | 116 | 紫 | 灰 | 黄 | 黄 | 绿 | 球 | 亚 | 披针 | 24 | 42 | 19 | 90 | 16 | | 4 | SMV、灰斑病 | 一般 |
| D387 | 吉育70 | 吉林 | 春 | 133 | 白 | 灰 | 黄 | 黄 | 黄 | 球 | 亚 | 圆 | 21 | 41 | 20 | 90 | 18 | | 2 | SMV、灰斑病 | 一般 |
| D388 | 吉育71 | 吉林 | 春 | 128 | 紫 | 灰 | 黄 | 黄 | 绿 | 球 | 亚 | 圆 | 24 | 45 | 20 | 90 | | | 3 | 灰斑病 | 一般 |
| D389 | 吉育72 | 吉林 | 春 | 135 | 紫 | 灰 | 黄 | 黄 | 黄 | 球 | 亚 | 圆 | 22 | 45 | 22 | 100 | | | 4 | SMV、灰斑病 | 一般 |
| D390 | 吉育73 | 吉林 | 北方春 | 120 | 紫 | 灰 | 黄 | 黄 | 黄 | 椭 | 亚 | 披针 | 20 | 39 | 22 | 90 | 17 | | 2 | SMV、灰斑病 | 一般 |
| D391 | 吉育74 | 吉林 | 北方春 | 133 | 白 | 灰 | 黄 | 黄 | 黄 | 圆 | 亚 | 圆 | 22 | 41 | 19 | 95 | 18 | | 2 | SMV、灰斑病 | 一般 |
| D392 | 吉育75 | 吉林 | 北方春 | 125 | 紫 | 灰 | 黄 | 黄 | 黄 | 圆 | 亚 | 披针 | 21 | 43 | 19 | 95 | 18 | | 2 | SMV、灰斑病 | 一般 |
| D393 | 吉育76 | 吉林 | 北方春 | 119 | 紫 | 灰 | 黄 | 黄 | 黄 | 椭 | 亚 | 披针 | 19 | 41 | 20 | 80 | 17 | | 2 | SMV、灰斑病 | 一般 |
| D394 | 吉育77 | 吉林 | 北方春 | 126 | 白 | 灰 | 黄 | 黄 | 黄 | 椭 | 亚 | 披针 | 22 | 44 | 19 | 95 | 17 | | 2 | SMV、灰斑病 | 一般 |
| D395 | 吉育79 | 吉林 | 北方春 | 118 | 紫 | 棕 | 黄 | 黄 | 黄 | 椭 | 亚 | 圆 | 19 | 43 | 18 | 80 | 17 | | 2 | SMV、灰斑病 | 一般 |
| D396 | 吉育80 | 吉林 | 北方春 | 126 | 紫 | 灰 | 黄 | 黄 | 黄 | 圆 | 亚 | 圆 | 18 | 40 | 21 | 85 | 17 | | | SMV、灰斑病 | 高油 |
| D397 | 吉林小粒4号 | 吉林 | 春 | 110 | 白 | 灰 | 黄 | 黄 | 黄 | 球 | 亚 | 披针 | 8 | 44 | 17 | 80 | 21 | | 4 | SMV、灰斑病、食心虫 | 纳豆 |
| D398 | 吉林小粒6号 | 吉林 | 春 | 118 | 白 | 灰 | 黄 | 黄 | 黄 | 球 | 亚 | 披针 | 9 | 39 | 17 | 90 | 22 | | 4 | SMV、灰斑病、食心虫 | 纳豆 |
| D399 | 吉林小粒7号 | 吉林 | 春 | 115 | 白 | 灰 | 黄 | 黄 | 黄 | 球 | 亚 | 披针 | 9 | 42 | 18 | 80 | | | 4 | 灰斑病 | 纳豆 |

（续）

| 编号 | 品种名称 | 来源省份 | 播期类型 | 生育日数(d) | 花色 | 茸毛色 | 种皮色 | 种脐色 | 子叶色 | 粒型 | 结荚习性 | 叶型 | 百粒重(g) | 蛋白质含量(%) | 油脂含量(%) | 株高(cm) | 主茎节数 | 裂荚性 | 每荚粒数 | 抗病虫性 | 利用类型 |
|---|---|---|---|---|---|---|---|---|---|---|---|---|---|---|---|---|---|---|---|---|---|
| D400 | 吉林小粒8号 | 吉林 | 北方春 | 132 | 白 | 灰 | 黄 | 黄 | 黄 | 圆 | 亚 | 披针 | 9 | 45 | 19 | 100 | 17 |  | 2 | SMV、灰斑病 | 一般 |
| D401 | 吉密豆1号 | 吉林 | 北方春 | 124 | 白 | 棕 | 黄 | 黄 | 黄 | 圆 | 亚 | 圆 | 15 | 36 | 21 | 69 | 15 |  | 3 | SMV、灰斑病 | 一般 |
| D402 | 吉引81 | 黑龙江 | 北方春 | 129 | 紫 | 棕 | 黑 | 黄 | 黄 | 圆 | 无 | 圆 | 15 | 40 | 22 | 99 |  |  | 2 | SMV、灰斑病 | 高油 |
| D403 | 吉农6号 | 吉林 | 春 | 128 | 白 |  | 黄 | 黄 | 黄 | 近球 | 亚 | 圆 | 20 | 41 | 20 |  |  |  | 3 | SMV | 一般 |
| D404 | 吉农7号 | 吉林 | 春 | 128 | 白 | 灰 | 黄 | 黄 | 黄 | 近球 | 亚 | 圆 | 20 | 42 | 20 | 100 |  |  | 3 | SMV | 一般 |
| D405 | 吉农8号 | 吉林 | 春 | 132 | 紫 | 灰 | 黄 | 黄 | 黄 | 球 | 亚 | 圆 | 22 | 40 | 19 | 103 |  |  | 3 | SMV | 一般 |
| D406 | 吉农9号 | 吉林 | 春 | 130 | 白 | 灰 | 黄 | 黄 | 黄 | 球 | 亚 | 圆 | 22 | 41 | 21 | 90 |  |  | 3 | SMV | 一般 |
| D407 | 吉农10号 | 吉林 | 春 | 132 | 白 |  | 黄 | 黄 | 黄 | 球 | 亚 | 圆 | 24 | 41 | 20 | 93 |  |  | 3 | SMV | 一般 |
| D408 | 吉农11 | 吉林 | 春 | 131 | 紫 | 灰 | 黄 | 黄 | 黄 | 椭 | 亚 | 披针 | 22 | 39 | 21 | 93 |  |  | 3 | SMV | 一般 |
| D409 | 吉农12 | 吉林 | 春 | 130 | 白 |  | 黄 | 黄 | 黄 | 近球 | 亚 | 圆 | 20 | 38 | 22 | 98 |  |  | 3 | SMV | 一般 |
| D410 | 吉农13 | 吉林 | 春 | 126 | 紫 | 灰 | 黄 | 黄 | 黄 | 球 | 亚 | 圆 | 20 | 39 | 21 | 90 |  |  | 3 | 霜霉病 | 一般 |
| D411 | 吉农14 | 吉林 | 春 | 129 | 紫 | 灰 | 黄 | 黄 | 黄 | 近球 | 亚 | 圆 | 22 | 43 | 21 | 88 |  |  | 3 | 霜霉病 | 一般 |
| D412 | 吉农15 | 吉林 | 春 | 131 | 紫 | 灰 | 褐 | 褐 | 黄 | 近球 | 亚 |  | 23 | 41 | 21 | 88 |  |  |  |  | 一般 |
| D413 | 吉农16 | 吉林 | 春 | 132 | 白 |  | 黑或褐 |  | 黄 | 近球 | 亚 | 圆 | 23 | 40 | 20 | 113 |  |  |  | SMV、灰斑病 | 一般 |
| D414 | 吉农17 | 吉林 | 春 | 131 | 白 | 灰 | 黑 | 黄 | 黄 | 圆 | 亚 | 圆 | 20 | 40 | 20 | 99 |  |  |  | SMV、灰斑病 | 一般 |
| D415 | 吉原引3号 | 吉林 | 春 | 125 | 紫 | 灰 | 黑 | 黄 | 黄 | 球 | 亚 | 圆 | 18 | 38 | 21 | 60 |  |  |  | SMV | 一般 |
| D416 | 集1005 | 吉林 | 春 | 135 | 紫 | 灰 | 黄 | 黄 | 黄 | 近球 | 有 | 椭 | 30 | 40 | 21 | 90 | 18 |  | 2 | 霜霉病、食心虫 | 一般 |
| D417 | 九农22 | 吉林 | 春 | 131 | 白 | 灰 | 黄 | 黄 | 黄 | 球 | 亚 | 披针 | 21 | 38 | 22 | 90 | 16 |  | 3 | SMV、灰斑病 | 一般 |
| D418 | 九农23 | 吉林 | 春 | 130 | 白 | 灰 | 黄 | 黄 | 黄 | 球 | 亚 | 披针 | 20 | 42 | 21 | 90 | 16 |  | 3 | SMV、灰斑病 | 一般 |
| D419 | 九农24 | 吉林 | 春 | 135 | 白 | 灰 | 黄 | 黄 | 黄 | 椭 | 亚 | 圆 | 23 | 38 | 21 | 100 | 18 |  | 3 | 灰斑病 | 一般 |
| D420 | 九农25 | 吉林 | 春 | 129 | 紫 | 灰 | 黄 | 黄 | 黄 | 球 | 亚 | 披针 | 21 | 41 | 20 | 85 | 18 |  | 4 | SMV | 一般 |
| D421 | 九农26 | 吉林 | 春 | 132 | 白 | 灰 | 黄 | 黄 | 黄 | 球 | 亚 | 圆 | 20 | 39 | 22 | 90 | 18 |  | 3 | SMV | 一般 |
| D422 | 九农27 | 吉林 | 春 | 128 | 白 | 灰 | 黄 | 无色 | 黄 | 球 | 亚 | 圆 | 20 | 40 | 22 | 85 | 18 |  | 3 | SMV、灰斑病、食心虫 | 一般 |
| D423 | 九农28 | 吉林 | 春 | 124 | 紫 | 灰 | 黄 | 黄 | 黄 | 椭 | 亚 | 圆 | 20 | 40 | 23 | 80 | 18 |  | 3 | 灰斑病 | 一般 |
| D424 | 九农29 | 吉林 | 春 | 118 | 白 | 灰 | 黄 | 黄 | 黄 | 椭 | 亚 | 披针 | 18 | 42 | 22 | 80 | 18 |  | 3 | SMV、灰斑病 | 一般 |

（续）

| 编号 | 品种名称 | 来源省份 | 播期类型 | 生育日数(d) | 花色 | 茸毛色 | 种皮色 | 种脐色 | 子叶色 | 粒型 | 结荚习性 | 叶型 | 百粒重(g) | 蛋白质含量(%) | 油脂含量(%) | 株高(cm) | 主茎节数 | 裂荚性 | 每荚粒数 | 抗病虫性 | 利用类型 |
|---|---|---|---|---|---|---|---|---|---|---|---|---|---|---|---|---|---|---|---|---|---|
| D425 | 九农30 | 吉林 | 春 | 130 | 白 | 灰 | 黄 | 黄 | 黄 | 椭 | 亚 | 披针 | 21 | 40 | 20 | 96 | 19 | | 4 | SMV | 一般 |
| D426 | 九农31 | 吉林 | 春 | 126 | 白 | 灰 | 黄 | 淡褐 | 黄 | 球 | 亚 | 披针 | 16 | 42 | 20 | 93 | | | | SMV、灰斑病、食心虫 | 一般 |
| D427 | 临选1号 | 吉林 | 夏 | 105 | 紫 | 灰 | 黄 | 淡褐 | 黄 | 球 | 亚 | 披针 | 19 | 45 | 20 | 60 | 11 | | 3 | SMV、灰斑病 | 一般 |
| D428 | 平安豆7号 | 吉林 | 春 | 120 | 紫 | 灰 | 黄 | 黄 | 黄 | 球 | 亚 | 披针 | 19 | 41 | 22 | 95 | | | 3 | SMV、SCN | 一般 |
| D429 | 四农1号 | 吉林 | 春 | 135 | 白 | 灰 | 黄 | 无色 | 黄 | 球 | 亚 | 圆 | 20 | 41 | 20 | 90 | | | | SMV、霜霉病 | 一般 |
| D430 | 四农2号 | 吉林 | 春 | 133 | 紫 | 灰 | 黄 | 无色 | 黄 | 球 | 亚 | 圆 | 23 | 40 | 22 | 90 | | | | SMV | 一般 |
| D431 | 通农12 | 吉林 | 春 | 130 | 紫 | 灰 | 黄 | 黄 | 黄 | 球 | 有 | 披针 | 17 | 46 | 19 | 85 | 17 | | | SMV、灰斑病 | 一般 |
| D432 | 通农13 | 吉林 | 春 | 130 | 白 | 灰 | 黄 | 黄 | 黄 | 球 | 亚 | 圆 | 30 | 44 | 19 | 100 | 18 | | | SMV、灰斑病 | 一般 |
| D433 | 通农14 | 吉林 | 春 | 123 | 白 | 灰 | 黄 | 黄 | 黄 | 球 | 有 | 披针 | 10 | 43 | 17 | 99 | 19 | | 3 | SMV、灰斑病 | 一般 |
| D434 | 延农8号 | 吉林 | 春 | 117 | 白 | 灰 | 黄 | 黄 | 黄 | 近球 | 亚 | 椭 | 21 | 41 | 20 | 80 | 18 | | 3 | SMV、灰斑病 | 一般 |
| D435 | 延农9号 | 吉林 | 春 | 118 | 白 | 灰 | 黄 | 黄 | 黄 | 球 | 亚 | 披针 | 20 | 42 | 21 | 80 | 18 | | 3 | SMV、灰斑病 | 一般 |
| D436 | 延农10号 | 吉林 | 春 | 118 | 紫 | 灰 | 黄 | 黄 | 黄 | 球 | 有 | 椭 | 22 | 38 | 20 | 90 | 18 | | 3 | SMV、霜霉病 | 一般 |
| D437 | 延农11 | 吉林 | 春 | 117 | 白 | 棕 | 黄 | 黄 | 黄 | 球 | 亚 | 披针 | 20 | 40 | 20 | 85 | 18 | | 3 | SMV、灰斑病 | 一般 |
| D438 | 杂交豆1号 | 吉林 | 春 | 134 | 紫 | 灰 | 黄 | 蓝 | 黄 | 球 | 亚 | 圆 | 20 | 41 | 21 | 88 | 18 | | 3 | SMV、食心虫 | 一般 |
| D439 | 东辛1号 | 江苏 | 夏 | 103 | 紫 | 棕 | 黄 | 淡褐 | 绿 | 椭 | 无 | 披针 | 20 | 38 | 18 | 70 | 17 | | 3 | SMV、食心虫 | 一般 |
| D440 | 东辛2号 | 江苏 | 夏 | 105 | 紫 | 灰 | 黄 | 淡褐 | 绿 | 椭 | 亚 | 卵 | 25 | 42 | 21 | 89 | 17 | | 2 | SMV、SCN | 一般 |
| D441 | 沪宁95-1 | 江苏 | 春 | 82 | 紫 | 灰 | 黄 | | 黄 | 椭 | 有 | 椭 | 68 | 44 | 0 | 45 | 10 | | | | 菜用 |
| D442 | 淮豆3号 | 江苏 | 夏 | 101 | 紫 | 灰 | 黄 | 淡褐 | 黄 | 椭 | 亚 | 椭 | 23 | 44 | 19 | 80 | 18 | | 2 | SMV、霜霉病 | 一般 |
| D443 | 淮豆4号 | 江苏 | 夏 | 105 | 紫 | 灰 | 黄 | 褐 | 黄 | 椭 | 有 | 卵 | 23 | 42 | 19 | 56 | 16 | | 3 | SMV | 一般 |
| D444 | 淮豆5号 | 江苏 | 夏 | 104 | 紫 | 棕 | 黄 | 淡褐 | 黄 | 椭 | 亚 | 卵 | 21 | 0 | 18 | 90 | 19 | | 2 | SMV | 一般 |
| D445 | 淮豆6号 | 江苏 | 夏 | 104 | 紫 | 灰 | 黄 | 淡褐 | 黄 | 椭 | 有 | 卵 | 20 | 44 | 21 | 70 | 16 | | 3 | | 一般 |
| D446 | 淮豆8号 | 江苏 | 夏 | 107 | 白 | 灰 | 黄 | 黄 | 黄 | 椭 | 亚 | 椭 | 20 | 40 | 22 | 78 | | | 2 | SMV、SCN | 一般 |
| D447 | 淮哈豆1号 | 江苏 | 春 | 96 | 紫 | 灰 | 黄 | 淡黄 | 黄 | 球 | 有 | 卵 | 25 | 46 | 20 | 53 | 13 | | 3 | SMV | 菜用 |
| D448 | 淮阴75 | 江苏 | 春 | 89 | 白 | 灰 | 浅褐 | 黄 | 黄 | 圆 | 有 | 圆 | 41 | | | 35 | 9 | | 2 | | 菜用 |
| D449 | 淮阴矮脚旱 | 江苏 | 春 | 85 | 白 | 灰 | 绿 | 淡褐 | 黄 | 近球 | 有 | 椭 | 38 | 48 | 0 | 30 | 9 | | 2 | | 菜用 |

（续）

| 编号 | 品种名称 | 来源省份 | 播期类型 | 生育日数(d) | 花色 | 茸毛色 | 种皮色 | 种脐色 | 子叶色 | 粒型 | 结荚习性 | 叶型 | 百粒重(g) | 蛋白质含量(%) | 油脂含量(%) | 株高(cm) | 主茎节数 | 裂荚性 | 每荚粒数 | 抗病虫性 | 利用类型 |
|---|---|---|---|---|---|---|---|---|---|---|---|---|---|---|---|---|---|---|---|---|---|
| D450 | 南农128 | 江苏 | 夏 | 104 | 白 | 棕 | 黄 | 淡灰 | 黄 |  | 有 |  | 24 | 42 | 19 | 90 | 20 |  | 2 | SMV | 一般 |
| D451 | 南农217 | 江苏 | 夏 | 105 | 白 | 棕 | 黄 | 褐 | 黄 | 椭 | 亚 | 卵 | 23 | 0 | 20 | 90 | 17 |  | 2 | 霜霉病、SMV | 一般 |
| D452 | 南农242 | 江苏 | 夏 | 117 | 紫 | 灰 | 黄 | 淡褐 | 黄 | 近球 | 亚 | 椭 | 25 | 42 | 19 | 45 | 22 |  | 3 | SMV | 菜用 |
| D453 | 南农88-31 | 江苏 | 夏 | 118 | 紫 | 棕 | 黄 | 褐 | 黄 | 近球 | 亚 | 椭 | 20 | 44 | 22 | 114 | 22 |  | 2 | SMV | 一般 |
| D454 | 南农99-6 | 江苏 | 夏 | 125 | 白 | 棕 | 黄 | 淡褐 | 黄 | 近球 | 亚 |  | 21 | 41 | 20 | 110 | 25 |  | 2 | SMV | 一般 |
| D455 | 南农99-10 | 江苏 | 夏 | 120 | 白 | 灰 | 黄 | 淡褐 | 绿 | 近球 | 有 | 椭 | 30 | 38 | 20 | 99 | 19 |  | 3 | SMV、灰斑病、食心虫 | 一般 |
| D456 | 青酥2号 | 江苏 | 春 | 76 | 白 | 灰 |  |  |  | 扁椭 |  |  | 33 | 42 | 21 | 38 | 9 |  |  |  | 菜用 |
| D457 | 青酥4号 | 江苏 | 春 |  |  |  |  |  |  |  |  |  |  |  |  |  |  |  |  |  | 菜用 |
| D458 | 日本晴3号 | 江苏 | 春 | 89 | 白 | 灰 |  | 淡黄 | 绿 | 椭 | 有 | 卵 | 34 | 47 | 20 | 28 | 9 |  |  |  | 菜用 |
| D459 | 泗豆13 | 江苏 | 夏 | 106 | 紫 | 棕 | 黄 | 黄 | 黄 | 扁椭 | 亚 | 卵 | 21 |  |  | 88 | 17 |  | 2 |  | 一般 |
| D460 | 泗豆288 | 江苏 | 夏 | 105 | 紫 | 棕 | 绿 | 褐 | 黄 | 球 | 亚 |  | 22 | 44 | 18 | 90 | 19 |  | 3 |  | 一般 |
| D461 | 苏豆4号 | 江苏 | 夏 | 123 | 白 | 灰 |  | 淡褐 | 黄 | 椭 | 有 |  | 23 | 41 | 20 | 87 | 20 |  | 2 | SMV | 一般 |
| D462 | 苏早1号 | 江苏 | 春 | 94 | 白 | 灰 | 黄 | 淡黄 | 绿 | 椭 | 有 | 卵 | 36 | 45 | 19 | 27 | 8 |  |  | SCN | 菜用 |
| D463 | 通豆3号 | 江苏 | 夏 | 122 | 紫 | 灰 | 黄 | 淡褐 | 黄 | 椭 | 有 | 卵 | 22 | 44 | 19 | 79 | 20 |  | 2 | SMV | 豆腐 |
| D464 | 徐春1号 | 江苏 | 春 | 92 | 紫 | 灰 | 黄 | 淡褐 | 黄 | 椭 | 有 | 圆 | 62 |  |  | 33 |  |  | 2 | SMV | 菜用 |
| D465 | 徐豆8号 | 江苏 | 夏 | 105 | 白 | 棕 | 黄 | 淡褐 | 黄 | 椭 | 亚 | 卵 | 18 | 44 | 21 | 90 | 19 |  | 2 | SMV | 一般 |
| D466 | 徐豆9号 | 江苏 | 夏 | 96 | 白 | 灰 | 黄 | 褐 | 黄 | 椭 | 有 | 卵 | 24 | 39 | 18 | 70 | 15 |  | 3 | SMV | 一般 |
| D467 | 徐豆10号 | 江苏 | 夏 | 104 | 白 | 棕 | 黄 | 淡黑 | 黄 | 近球 | 亚 | 卵 | 23 | 41 | 22 | 90 | 18 |  | 3 | SMV | 一般 |
| D468 | 徐豆11 | 江苏 | 夏 | 100 | 白 | 棕 | 黄 | 淡褐 | 黄 | 椭 | 亚 | 卵 | 22 | 41 | 23 | 90 | 19 |  | 2 | SMV | 一般 |
| D469 | 徐豆12 | 江苏 | 夏 | 102 | 白 | 棕 | 黄 | 淡褐 | 黄 | 椭 | 亚 | 卵 | 20 | 43 | 22 | 90 | 18 |  | 2 | SMV | 一般 |
| D470 | 徐豆13 | 江苏 | 夏 | 106 | 白 | 棕 | 褐 | 黄 | 黄 | 扁椭 | 亚 | 卵 | 21 | 40 | 21 | 85 | 17 |  |  |  | 一般 |
| D471 | 赣春4号 | 江西 | 春 | 95 | 白 | 棕 | 黄 | 褐 | 黄 | 椭 | 有 | 卵 | 19 | 44 | 19 | 55 |  |  | 3 |  | 一般 |
| D472 | 赣豆5号 | 江西 | 夏 | 120 | 紫 | 棕 | 绿 | 褐 | 黄 | 椭 | 亚 | 卵 | 30 | 45 | 20 | 90 |  |  |  | SMV、灰斑病、锈病 | 一般 |
| D473 | 丹豆7号 | 辽宁 | 春 | 140 | 白 | 棕 | 黄 | 黑 | 黄 | 椭 | 亚 | 椭 | 24 | 43 | 20 | 120 | 23 |  | 3 | SMV | 一般 |
| D474 | 丹豆8号 | 辽宁 | 春 | 125 | 白 | 灰 | 黄 | 黄 | 黄 | 椭 | 有 | 椭 | 24 | 43 | 21 | 90 | 17 |  | 3 | SMV、SCN | 一般 |

（续）

| 编号 | 品种名称 | 来源省份 | 播期类型 | 生育日数(d) | 花色 | 茸毛色 | 种皮色 | 种脐色 | 子叶色 | 粒型 | 结荚习性 | 叶型 | 百粒重(g) | 蛋白质含量(%) | 油脂含量(%) | 株高(cm) | 主茎节数 | 裂荚性 | 每荚粒数 | 抗病虫性 | 利用类型 |
|---|---|---|---|---|---|---|---|---|---|---|---|---|---|---|---|---|---|---|---|---|---|
| D475 | 丹豆9号 | 辽宁 | 春 | 135 | 白 | 灰 | 黄 | 淡黄 | 黄 | 球 | 有 | 椭 | 21 | 42 | 20 | 90 | 17 | | 3 | SMV、灰斑病、食心虫 | 一般 |
| D476 | 丹豆10号 | 辽宁 | 春 | 137 | 白 | 灰 | 黄 | 黄 | 黄 | 椭 | 有 | 椭 | 25 | 43 | 21 | 67 | 15 | | 3 | SMV、SCN | 一般 |
| D477 | 丹豆11 | 辽宁 | 春 | 128 | 白 | 灰 | 黄 | 黄 | 黄 | 椭 | 亚 | 椭 | 21 | 39 | 20 | 85 | 19 | | 3 | SMV、SCN | 一般 |
| D478 | 丹豆12 | 辽宁 | 春 | 136 | 紫 | 灰 | 黄 | 淡黄 | 黄 | 椭 | 无 | 椭 | 20 | 38 | 20 | 116 | 21 | | 3 | SMV、SCN | 一般 |
| D479 | 东豆1号 | 辽宁 | 春 | 130 | 紫 | 灰 | 黄 | 黄 | 黄 | 椭 | 有 | 圆 | 26 | 45 | 20 | 78 | 14 | | 2 | SMV | 一般 |
| D480 | 东豆9号 | 辽宁 | 春 | 128 | 紫 | 灰 | 黄 | 黄 | 黄 | 椭 | 有 | 椭 | 22 | 40 | 22 | 73 | 13 | | 3 | SMV | 一般 |
| D481 | 锦豆36 | 辽宁 | 春 | 130 | 紫 | 灰 | 黄 | 黄 | 黄 | 椭 | 有 | 椭 | 26 | 45 | 21 | 90 | 18 | | 3 | SMV、食心虫 | 一般 |
| D482 | 锦豆37 | 辽宁 | 春 | 125 | 紫 | 灰 | 黄 | 黄 | 黄 | 椭 | 亚 | 卵 | 23 | 42 | 20 | 90 | 19 | | 3 | SMV | 一般 |
| D483 | 开育11 | 辽宁 | 春 | 123 | 白 | 棕 | 黄 | 淡褐 | | 椭 | 有 | 圆 | 24 | 40 | 20 | 68 | 16 | | 3 | SMV | 一般 |
| D484 | 开育12 | 辽宁 | 春 | 129 | 紫 | 灰 | 黄 | | 黄 | 椭 | 有 | 圆 | 26 | 45 | 21 | 78 | 19 | | 3 | 灰斑病、霜霉病 | 一般 |
| D485 | 开育13 | 辽宁 | 春 | 125 | 紫 | 灰 | 黄 | 黄 | 黄 | 椭 | 有 | 椭 | 23 | 40 | 21 | 84 | 15 | | 4 | SMV | 一般 |
| D486 | 连豆1号 | 辽宁 | 春 | 136 | 白 | 灰 | 黄 | 黄 | 黄 | 球 | 有 | 椭 | 22 | 39 | 19 | 85 | 17 | | 3 | SMV、灰斑病 | 一般 |
| D487 | 辽豆11 | 辽宁 | 春 | 139 | 紫 | 灰 | 黄 | 黄 | 绿 | 球 | 亚 | 椭 | 23 | 37 | 23 | 100 | 23 | | 3 | SMV、灰斑病 | 一般 |
| D488 | 辽豆13 | 辽宁 | 春 | 132 | 紫 | 灰 | 黄 | 黑 | 绿 | 球 | 亚 | 圆 | 23 | 42 | 21 | 100 | 21 | | 3 | SMV、霜霉病 | 一般 |
| D489 | 辽豆14 | 辽宁 | 春 | 131 | 白 | 灰 | 黄 | 黑 | 绿 | 球 | 亚 | 圆 | 16 | 46 | 22 | 89 | 24 | | 3 | SMV、灰斑病、锈病 | 一般 |
| D490 | 辽豆15 | 辽宁 | 春 | 127 | 紫 | 灰 | 黄 | 黄 | 绿 | 球 | 有 | 圆 | 24 | 44 | 20 | 87 | 19 | | 3 | SMV、灰斑病、锈病 | 一般 |
| D491 | 辽豆16 | 辽宁 | 春 | 128 | 紫 | 灰 | 黄 | 黄 | 绿 | 球 | 亚 | 椭 | 23 | 43 | 19 | 97 | 19 | | 3 | SMV、灰斑病、锈病 | 一般 |
| D492 | 辽豆17 | 辽宁 | 春 | 125 | 紫 | 灰 | 黄 | 黄 | 黄 | 球 | 有 | 椭 | 24 | 42 | 20 | 60 | 15 | | 3 | SMV、锈病 | 一般 |
| D493 | 辽豆19 | 辽宁 | 春 | 125 | 紫 | | 黄 | 黄 | 黄 | 圆 | 亚 | | 23 | 42 | 21 | 89 | | | 2 | SMV | 一般 |
| D494 | 辽豆20 | 辽宁 | 春 | 130 | 紫 | 灰 | 黄 | 黄 | 黄 | 圆 | 亚 | 椭 | 27 | 46 | 20 | 88 | 18 | | 2 | SMV | 一般 |
| D495 | 辽豆21 | 辽宁 | 春 | 128 | 紫 | 灰 | 黄 | 黄 | 黄 | 椭 | 亚 | | 20 | 41 | 22 | 88 | | | 3 | SMV | 高油 |
| D496 | 辽首1号 | 辽宁 | 春 | 138 | 紫 | 灰 | 黄 | 淡黄 | 绿 | 椭 | 有 | 椭 | 25 | 40 | 21 | 72 | 20 | | 3 | SMV、灰斑病、锈病 | 一般 |
| D497 | 辽首2号 | 辽宁 | 春 | 138 | 紫 | 灰 | 黄 | 黄 | 黄 | 圆 | 有 | 椭 | 25 | 42 | 20 | 93 | 21 | | 2 | SMV、灰斑病 | 一般 |
| D498 | 辽阳1号 | 辽宁 | 春 | 133 | 白 | 灰 | 黄 | 黄 | 黄 | 球 | 亚 | 椭 | 23 | 44 | 20 | 100 | 23 | | 2 | SMV、霜霉病 | 一般 |
| D499 | 沈豆4号 | 辽宁 | 春 | 133 | 白 | 棕 | 黄 | 黄 | 黄 | 椭 | 亚 | 椭 | 19 | 45 | 19 | 139 | 26 | | 2 | SMV、霜霉病 | 一般 |

| 编号 | 品种名称 | 来源省份 | 播期类型 | 生育日数(d) | 花色 | 茸毛色 | 种皮色 | 种脐色 | 子叶色 | 粒型 | 结荚习性 | 叶型 | 百粒重(g) | 蛋白质含量(%) | 油脂含量(%) | 株高(cm) | 主茎节数 | 裂荚性 | 每荚粒数 | 抗病虫性 | 利用类型 |
|---|---|---|---|---|---|---|---|---|---|---|---|---|---|---|---|---|---|---|---|---|---|
| D500 | 沈豆5号 | 辽宁 | 春 | 128 | 白 | 棕 | 黄 | 黄 | 黄 | 椭 | 有 | 椭 | 22 | 39 | 20 | 69 | 16 | | | SMV | 一般 |
| D501 | 沈农6号 | 辽宁 | 春 | 137 | 白 | 灰 | 黄 | 黄 | 黄 | 球 | 有 | 椭 | 22 | 46 | 19 | 90 | 19 | | 3 | SMV | 灰斑病 | 一般 |
| D502 | 沈农7号 | 辽宁 | 春 | 131 | 紫 | 灰 | 黄 | 褐 | 黄 | 球 | 亚 | 圆 | 22 | 44 | 19 | 115 | 24 | | | SMV | 一般 |
| D503 | 沈农8号 | 辽宁 | 春 | 136 | 紫 | 灰 | 褐 | 黄 | 黄 | 圆 | 有 | 椭 | 25 | 42 | 20 | 66 | 14 | | 2 | SMV | 一般 |
| D504 | 沈农8510 | 辽宁 | 春 | 134 | 紫 | 灰 | 黄 | 黄 | 黄 | 圆 | 亚 | 椭 | 22 | 41 | 0 | 90 | 16 | | | SMV、霜霉病 | 一般 |
| D505 | 铁丰28 | 辽宁 | 春 | 133 | 紫 | 灰 | 黄 | 黄 | 黄 | 椭 | 有 | 椭 | 25 | 43 | 19 | 75 | 16 | | 2 | SMV | 一般 |
| D506 | 铁丰29 | 辽宁 | 春 | 132 | 紫 | 灰 | 黄 | 黄 | 黄 | 椭 | 有 | 椭 | 25 | 42 | 19 | 69 | 15 | | 2 | SMV、霜霉病 | 一般 |
| D507 | 铁丰30 | 辽宁 | 春 | 136 | 紫 | 棕 | 黄 | 黄 | 黄 | 椭 | 有 | 椭 | 24 | 42 | 20 | 77 | 15 | | 3 | 霜霉病 | 一般 |
| D508 | 铁丰31 | 辽宁 | 春 | 135 | 紫 | 棕 | 黄 | 黄 | 黄 | 椭 | 亚 | 椭 | 19 | 43 | 20 | 83 | 19 | | 3 | 霜霉病 | 一般 |
| D509 | 铁丰32 | 辽宁 | 春 | 133 | 紫 | 灰 | 黄 | 黄 | 黄 | 球 | 亚 | 椭 | 22 | 42 | 21 | 92 | 17 | | 3 | SMV | 一般 |
| D510 | 铁丰33 | 辽宁 | 春 | 128 | 紫 | 灰 | 黄 | 黄 | 黄 | 椭 | 亚 | 椭 | 24 | 45 | 20 | 93 | 19 | | 3 | SMV、霜霉病 | 一般 |
| D511 | 铁丰34 | 辽宁 | 春 | 133 | 紫 | 棕 | 黄 | 黄 | 黄 | 圆 | 有 | 椭 | 24 | 41 | 21 | 77 | 16 | | 4 | SMV | 一般 |
| D512 | 铁丰35 | 辽宁 | 春 | 134 | 紫 | 灰 | 黄 | 黄 | 黄 | 圆 | 有 | 椭 | 21 | 41 | 21 | 73 | 16 | | 3 | SMV | 一般 |
| D513 | 铁豆36 | 辽宁 | 春 | 130 | 紫 | 灰 | 黄 | 黄 | 黄 | 椭 | 有 | 椭 | 26 | 40 | 22 | 78 | 15 | | 4 | SMV | 一般 |
| D514 | 铁豆37 | 辽宁 | 春 | 130 | 白 | 灰 | 黄 | 黄 | 黄 | 椭 | 有 | 椭 | 28 | 41 | 21 | 73 | 16 | | 3 | SMV | 一般 |
| D515 | 铁豆38 | 辽宁 | 春 | 128 | 紫 | 灰 | 黄 | 黄 | 黄 | 椭 | 有 | 椭 | 21 | 40 | 21 | 84 | 15 | | 3 | SMV、霜霉病 | 一般 |
| D516 | 新豆1号 | 辽宁 | 春 | 133 | 紫 | 灰 | 黄 | 黄 | 黄 | 椭 | 亚 | 椭 | 22 | 42 | 19 | 99 | | | 3 | SMV | 一般 |
| D517 | 新丰1号 | 辽宁 | 春 | 121 | 白 | 灰 | 黄 | 黄 | 黄 | 椭 | 亚 | 圆 | 22 | 44 | 21 | 95 | 18 | | 4 | SMV、霜霉病 | 一般 |
| D518 | 新育1号 | 辽宁 | 春 | 124 | 白 | 灰 | 黄 | 黄 | 黄 | 圆 | 亚 | 椭 | 21 | 38 | 22 | 72 | | | 1 | SMV、霜霉病 | 一般 |
| D519 | 熊豆1号 | 辽宁 | 春 | 126 | 白 | 灰 | 黄 | 黄 | 黄 | 椭 | 亚 | 披针 | 20 | 42 | 20 | 90 | 20 | | | SMV、灰斑病 | 一般 |
| D520 | 熊豆2号 | 辽宁 | 春 | 124 | 紫 | 灰 | 黑 | 黄 | 黄 | 椭 | 亚 | 椭 | 15 | 39 | 22 | 102 | 19 | | | SMV | 一般 |
| D521 | 岫豆94-11 | 辽宁 | 春 | 133 | 白 | 灰 | 黄 | 黄 | 绿 | 球 | 有 | 椭 | 21 | 42 | 21 | 98 | 20 | | 3 | SMV、SCN、灰斑病 | 一般 |
| D522 | 赤豆1号 | 内蒙古 | 春 | 120 | 紫 | 灰 | 黄 | 黄 | 黄 | 球 | 亚 | 披针 | 21 | 39 | 23 | 125 | | | | | 一般 |
| D523 | 呼北豆1号 | 内蒙古 | 春 | 115 | 白 | 灰 | 黄 | 黄 | 黄 | | 亚 | 披针 | 19 | 40 | 20 | 70 | 17 | | 4 | 灰斑病、霜霉病 | 一般 |
| D524 | 呼丰6号 | 内蒙古 | 春 | 115 | 紫 | 灰 | 黄 | 无色 | 黄 | 近球 | 亚 | 圆 | 19 | 42 | 21 | 64 | | | | 灰斑病、霜霉病 | 一般 |

（续）

| 编号 | 品种名称 | 来源省份 | 播期类型 | 生育日数(d) | 花色 | 茸毛色 | 种皮色 | 种脐色 | 子叶色 | 粒型 | 结荚习性 | 叶型 | 百粒重(g) | 蛋白质含量(%) | 油脂含量(%) | 株高(cm) | 主茎节数 | 裂荚性 | 每荚粒数 | 抗病虫性 | 利用类型 |
|---|---|---|---|---|---|---|---|---|---|---|---|---|---|---|---|---|---|---|---|---|---|
| D525 | 蒙豆5号 | 内蒙古 | 春 | 108 | 白 | 灰 | 黄 | 黄 | 黄 | 球 | 无 | 长椭 | 20 | 40 | 21 | 90 | 18 | | 4 | 灰斑病 | 一般 |
| D526 | 蒙豆6号 | 内蒙古 | 春 | 106 | 紫 | 灰 | 黄 | 白 | 黄 | 球 | 无 | 圆 | 10 | 38 | 19 | 100 | 18 | | 3 | SMV、食心虫 | 纳豆 |
| D527 | 蒙豆7号 | 内蒙古 | 春 | 95 | 紫 | 灰 | 黄 | 淡褐 | 黄 | 扁球 | 亚 | 圆 | 26 | 45 | 21 | 60 | 15 | | 3 | SMV、灰斑病 | 一般 |
| D528 | 蒙豆9号 | 内蒙古 | 春 | 103 | 紫 | 灰 | 黄 | 白 | 黄 | 球 | 亚 | 长卵 | 20 | 37 | 23 | 70 | 16 | | 4 | SMV、灰斑病 | 一般 |
| D529 | 蒙豆10号 | 内蒙古 | 春 | 119 | 白 | 灰 | 黄 | 白 | 黄 | 椭 | 亚 | 披针 | 22 | 40 | 19 | 120 | | | 4 | 霜霉病 | 一般 |
| D530 | 蒙豆11 | 内蒙古 | 春 | 101 | 白 | 灰 | 黄 | 淡褐 | 黄 | 球 | 亚 | 披针 | 20 | 44 | 17 | 70 | 16 | | 4 | SMV、灰斑病 | 一般 |
| D531 | 蒙豆12 | 内蒙古 | 春 | 114 | 紫 | 灰 | 黄 | 白 | 黄 | 球 | 亚 | 披针 | 20 | 38 | 23 | 80 | 18 | | 4 | SMV、灰斑病 | 一般 |
| D532 | 蒙豆13 | 内蒙古 | 春 | 118 | 白 | 灰 | 黄 | 黄 | 黄 | 球 | 亚 | 披针 | 20 | 40 | 19 | 100 | 18 | | 4 | SMV、灰斑病 | 一般 |
| D533 | 蒙豆14 | 内蒙古 | 春 | 114 | 白 | 灰 | 黄 | 黄 | 黄 | 球 | 无 | 披针 | 19 | 39 | 22 | 80 | 18 | | 4 | SMV、灰斑病 | 一般 |
| D534 | 蒙豆15 | 内蒙古 | 春 | 114 | 白 | 灰 | 黄 | 白 | 黄 | 球 | 无 | 长椭 | 22 | 36 | 21 | 70 | 17 | | 4 | SMV、灰斑病 | 一般 |
| D535 | 蒙豆16 | 内蒙古 | 春 | 107 | 白 | 灰 | 无色 | 黄 | 黄 | 圆 | 亚 | 长椭 | 22 | 39 | 20 | 78 | | | | SMV、霜霉病 | 一般 |
| D536 | 蒙豆17 | 内蒙古 | 春 | 113 | 白 | 灰 | 无色 | 黄 | 黄 | 圆 | 亚 | 长椭 | 19 | 40 | 21 | 80 | | | | SMV、霜霉病 | 一般 |
| D537 | 内豆4号 | 内蒙古 | 春 | 90 | 白 | 灰 | 黄 | 淡褐 | 黄 | 球 | 亚 | 披针 | 24 | 42 | 21 | 80 | 18 | | 4 | | 一般 |
| D538 | 兴豆4号 | 内蒙古 | 春 | 115 | 白 | 灰 | 黄 | 白 | 黄 | 球 | 无 | 圆 | 19 | 38 | 19 | 85 | 17 | 1 | 3 | | 一般 |
| D539 | 兴抗线1号 | 内蒙古 | 春 | 120 | 白 | 灰 | 黄 | 褐 | 黄 | 球 | 无 | 圆 | 19 | 40 | 21 | 110 | 18 | | 3 | SCN | 一般 |
| D540 | 宁豆2号 | 宁夏 | 春 | | 白 | 灰 | 黄 | 淡褐 | 黄 | 球 | 亚 | 披针 | | | | | | | | | 一般 |
| D541 | 宁豆3号 | 宁夏 | 春 | 133 | 白 | 灰 | 黄 | 淡褐 | 黄 | 球 | 无 | 披针 | 22 | 39 | 18 | 90 | 16 | | | | 一般 |
| D542 | 宁豆4号 | 宁夏 | 春 | 133 | 紫 | 灰 | 黄 | 淡褐 | 黄 | 球 | 无 | 披针 | 21 | 42 | 18 | 90 | 15 | | 3 | SMV、霜霉病 | 一般 |
| D543 | 宁豆5号 | 宁夏 | 春 | 145 | 紫 | 棕 | 黄 | 深褐 | 黄 | 椭 | 亚 | 披针 | 23 | 42 | 17 | 110 | | | 3 | | 一般 |
| D544 | 高原1号 | 青海 | 春 | 127 | 紫 | 棕 | 黄 | 褐 | 黄 | 球 | 亚 | 椭 | 20 | 43 | 18 | 40 | 11 | | 2 | | 一般 |
| D545 | 滨职豆1号 | 山东 | 夏 | 102 | 白 | 棕 | 黑 | 黄 | 黄 | 椭 | 亚 | 披针 | 19 | 42 | 20 | 105 | 19 | | | SMV | 一般 |
| D546 | 高丰1号 | 山东 | 夏 | 106 | 紫 | 灰 | 黄 | 褐 | 黄 | 椭 | 有 | 卵 | 17 | 39 | 22 | 109 | 17 | | 1 | | 一般 |
| D547 | 菏豆12 | 山东 | 夏 | 103 | 紫 | 棕 | 黄 | 黄 | 黄 | 椭 | 亚 | 椭 | 28 | 45 | 21 | 75 | 17 | | 2 | SMV | 一般 |
| D548 | 菏豆13 | 山东 | 夏 | 105 | 紫 | 灰 | | 黄 | 黄 | 椭 | 亚 | 椭 | 22 | 42 | 19 | 53 | 17 | | 2 | SMV、SCN | 一般 |
| D549 | 鲁豆9号 | 山东 | 夏 | 98 | 紫 | 棕 | 黄 | 黑 | 黄 | 椭 | 亚 | 椭 | 20 | 41 | 22 | 88 | 16 | | 4 | SMV | 一般 |

（续）

| 编号 | 品种名称 | 来源省份 | 播期类型 | 生育日数(d) | 花色 | 茸毛色 | 种皮色 | 种脐色 | 子叶色 | 粒型 | 结荚习性 | 叶型 | 百粒重(g) | 蛋白质含量(%) | 油脂含量(%) | 株高(cm) | 主茎节数 | 裂荚性 | 每荚粒数 | 抗病虫性 | 利用类型 |
|---|---|---|---|---|---|---|---|---|---|---|---|---|---|---|---|---|---|---|---|---|---|
| D550 | 鲁豆12号 | 山东 | 春 | 100 | 白 | 灰 | 黄 | 黄 | 黄 | 球 | 有 | 圆 | 22 | 45 | 20 | 80 | 17 | | 2 | SMV、SCN | 一般 |
| D551 | 鲁豆13 | 山东 | 春/夏 | 140 | 白 | | 黄 | 褐 | 黄 | 球 | 有 | 圆 | 17 | 46 | 21 | 80 | 23 | | | 霜霉病 | 一般 |
| D552 | 鲁宁1号 | 山东 | 夏 | 95 | 白 | 灰 | 黄 | 深褐 | 黄 | 球 | 有 | 椭 | 15 | 45 | 20 | 80 | 17 | | 2 | SMV、食叶虫 | 一般 |
| D553 | 鲁青豆1号 | 山东 | 夏 | 93 | 紫 | 棕 | 绿 | 黑 | 绿 | 椭 | 有 | 椭 | 25 | 45 | 17 | 73 | 14 | | | | 菜用 |
| D554 | 齐茶豆2号 | 山东 | 夏 | 99 | 白 | 灰 | 紫 | 褐 | 黄 | 椭 | 有 | 椭 | 16 | 43 | 20 | 70 | 14 | | 2 | SMV、SCN | 菜用 |
| D555 | 齐黄26 | 山东 | 春 | 105 | 白 | 灰 | 黄 | 褐 | 黄 | 球 | 有 | 圆 | 23 | 40 | 18 | 75 | 15 | | 2 | SMV | 一般 |
| D556 | 齐黄27 | 山东 | 夏 | 100 | 白 | 灰 | 黄 | 褐 | 黄 | 椭 | 有 | 披针 | 20 | 42 | 19 | 70 | 16 | | 4 | SMV | 一般 |
| D557 | 齐黄28 | 山东 | 夏 | 100 | 白 | 灰 | 黄 | 褐 | 黄 | 椭 | 有 | 卵 | 19 | 41 | 22 | 80 | 16 | | | SMV、SCN | 一般 |
| D558 | 齐黄29 | 山东 | 夏 | 104 | 紫 | 灰 | 黄 | 褐 | 黄 | 椭 | 有 | 卵 | 17 | 39 | 21 | 80 | 15 | | | SMV、SCN | 一般 |
| D559 | 齐黄30 | 山东 | 夏 | 105 | 白 | 棕 | 黄 | 褐 | 黄 | 椭 | 有 | 卵 | 16 | 41 | 21 | 88 | 15 | | | SMV、SCN | 一般 |
| D560 | 齐黄31 | 山东 | 夏 | 108 | 白 | 棕 | 黄 | 淡褐 | 黄 | 扁椭 | 有 | 卵 | 18 | 43 | 22 | 74 | | | | | 一般 |
| D561 | 山宁8号 | 山东 | 春 | 110 | 紫 | 灰 | 绿 | 白 | 绿 | 近球 | 有 | 椭 | 35 | 39 | 17 | 85 | 17 | | 3 | SMV、霜霉病 | 菜用 |
| D562 | 山宁12 | 山东 | 夏 | 98 | 紫 | 灰 | 灰 | 黄 | 黄 | 圆 | 有 | 椭 | 17 | 42 | 21 | 80 | | | | | 一般 |
| D563 | 潍豆6号 | 山东 | 夏 | 105 | 紫 | 棕 | | 黄 | 黄 | 椭 | 有 | 卵 | 21 | 39 | 22 | 68 | 16 | | 2 | | 高油 |
| D564 | 烟黄8164 | 山东 | 夏 | 88 | 紫 | 灰 | 褐 | 黄 | 黄 | 椭 | 亚 | 卵 | 16 | | | | | | | | 一般 |
| D565 | 跃进10号 | 山东 | 夏 | 102 | 紫 | 灰 | 黄 | 褐 | 黄 | 椭 | 亚 | 椭 | 17 | 45 | 20 | 80 | 18 | | 2 | SMV | 一般 |
| D566 | 黄沙豆 | 陕西 | 夏 | 100 | 紫 | 棕 | 黄 | 黑 | 黄 | 球 | 亚 | 披针 | 21 | 37 | 22 | 80 | 16 | | | 灰斑病 | 一般 |
| D567 | 秦豆8号 | 陕西 | 夏 | 100 | 紫 | 棕 | 黄 | 褐 | 黄 | 圆 | 亚 | 圆 | 20 | 44 | 22 | 85 | 17 | | 3 | SMV | 一般 |
| D568 | 秦豆10号 | 陕西 | 夏 | 112 | 白 | 棕 | 褐 | 黄 | 黄 | 圆 | 亚 | 圆 | 19 | 39 | 21 | 105 | 18 | | 2 | | 一般 |
| D569 | 陕豆125 | 陕西 | 夏 | 95 | 白 | 灰 | 黄 | 淡褐 | 黄 | 扁椭 | 有 | 圆 | 23 | 41 | 21 | 65 | 12 | | 2 | | 一般 |
| D570 | 临豆1号 | 山西 | 夏 | 90 | 白 | 棕 | 黄 | 深褐 | 绿 | 球 | 亚 | 长卵 | 18 | 40 | 22 | 90 | 19 | | 2 | | 一般 |
| D571 | 晋大70 | 山西 | 春夏 | 130 | 白 | 棕 | 黄 | 白 | 绿 | 球 | 有 | 椭 | 16 | 34 | 22 | 80 | 20 | | | SMV | 一般 |
| D572 | 晋大73 | 山西 | 春/夏 | 128 | 白 | 棕 | 黑 | 黄 | 黄 | 圆 | 无 | 披针 | 19 | 41 | 19 | 80 | | | 4 | | 一般 |
| D573 | 晋大74 | 山西 | 春夏 | 130 | 白 | 棕 | 黄 | 黑 | 黄 | 球 | 无 | 椭 | 19 | 47 | 22 | 103 | 25 | | | SMV、SCN | 一般 |
| D574 | 晋豆20 | 山西 | 春 | 132 | 白 | 棕 | 黄 | 黑 | 黄 | 椭 | 无 | 椭 | 20 | 43 | 21 | 111 | 23 | | 3 | SMV、SCN、食心虫 | 一般 |

（续）

| 编号 | 品种名称 | 来源省份 | 播期类型 | 生育日数(d) | 花色 | 茸毛色 | 种皮色 | 种脐色 | 子叶色 | 粒型 | 结荚习性 | 叶型 | 百粒重(g) | 蛋白质含量(%) | 油脂含量(%) | 株高(cm) | 主茎节数 | 裂荚性 | 每荚粒数 | 抗病虫性 | 利用类型 |
|---|---|---|---|---|---|---|---|---|---|---|---|---|---|---|---|---|---|---|---|---|---|
| D575 | 晋豆21 | 山西 | 春 | 140 | 紫 | 灰 | 黄 | 褐 | 绿 | 扁椭 | 无 | 圆 | 15 | 40 | 18 | 100 | 23 | | | | 一般 |
| D576 | 晋豆22 | 山西 | 春/夏 | 135 | 紫 | 棕 | 黄 | 淡黄 | 绿 | 球 | 无 | 圆 | 21 | 40 | 18 | 90 | 22 | | | SMV | 一般 |
| D577 | 晋豆23 | 山西 | 春 | 138 | 白 | 棕 | 黄 | 黑 | 绿 | 椭 | 无 | 圆 | 23 | 38 | 18 | 90 | 22 | | | SMV | 一般 |
| D578 | 晋豆24 | 山西 | 春 | 120 | 紫 | 棕 | 黄 | 无色 | 绿 | 球 | 亚 | 披针 | 20 | 41 | 20 | 100 | 23 | | 3 | | 一般 |
| D579 | 晋豆25 | 山西 | 夏 | 90 | 紫 | 棕 | 黄 | 黑 | 绿 | 球 | 无 | 圆 | 20 | 40 | 20 | 75 | 14 | | | | 一般 |
| D580 | 晋豆26 | 山西 | 春 | 130 | 白 | 棕 | 黄 | 淡黑 | 黄 | 椭 | 无 | 椭 | 18 | 41 | 21 | 100 | 25 | | | SMV、食心虫 | 一般 |
| D581 | 晋豆27 | 山西 | 春夏 | 130 | 白 | 棕 | 黄 | 褐 | 黄 | 球 | 亚 | 椭 | 21 | 41 | 21 | 100 | 25 | | | SMV | 一般 |
| D582 | 晋豆29 | 山西 | 夏 | 107 | 紫 | 棕 | 黄 | 淡褐 | 黄 | 球 | 无 | 圆 | 18 | 39 | 22 | 72 | | | | | 一般 |
| D583 | 晋豆30 | 山西 | 春 | 123 | 紫 | 棕 | 黑 | 黄 | 黄 | 椭 | 亚 | 披针 | 18 | 43 | 19 | 90 | 19 | | 4 | | 一般 |
| D584 | 晋豆31 | 山西 | 春 | 126 | 白 | 灰 | 褐 | 黄 | 黄 | 椭 | 无 | 圆 | 23 | 40 | 21 | 98 | 21 | | | | 一般 |
| D585 | 晋豆32 | 山西 | 春 | 135 | 紫 | 棕 | 黑 | 黄 | 黄 | 圆 | 无 | 圆 | 23 | 41 | 20 | 93 | | | | | 菜用 |
| D586 | 晋豆33 | 山西 | 春/夏 | 115 | 白 | 灰 | 黄 | 黄 | 绿 | 圆 | 有 | 椭 | 39 | 40 | 20 | 40 | 9 | | 5 | SMV、灰斑病、SCN | 一般 |
| D587 | 晋遗30 | 山西 | 春 | 140 | 紫 | 棕 | 黄 | 黑 | 黄 | 椭 | 亚 | 椭 | 22 | 42 | 23 | 102 | 21 | | 2 | SMV、食心虫、SCN | 一般 |
| D588 | 晋遗34 | 山西 | 春/夏 | 134 | 紫 | 棕 | 黑 | 黄 | 黄 | 椭 | 亚 | 椭 | 21 | 40 | 21 | 81 | 22 | | 6 | | 一般 |
| D589 | 晋遗38 | 山西 | 春/夏 | 131 | 白 | 灰 | 黑 | 黄 | 黄 | 椭 | 亚 | 椭 | 20 | 41 | 19 | 72 | 18 | | 5 | | 一般 |
| D590 | 成豆6号 | 四川 | 春 | 103 | 白 | 灰 | 黄 | 褐 | 绿 | 椭 | 有 | 披针 | 19 | 44 | 20 | 72 | | | 3 | SMV | 一般 |
| D591 | 成豆7号 | 四川 | 夏秋 | 120 | 白 | 灰 | 黄 | 褐 | 黄 | 近球 | 有 | 椭 | 26 | 46 | 21 | 53 | | | | 锈病 | 一般 |
| D592 | 成豆8号 | 四川 | 春 | 105 | 白 | 灰 | 黄 | 褐 | 黄 | 椭 | 有 | 椭 | 18 | 42 | 20 | 40 | 10 | | 2 | SMV | 一般 |
| D593 | 成豆9号 | 四川 | 春 | 100 | 白 | 灰 | 黄 | 褐 | 黄 | 椭 | 有 | 椭 | 21 | 42 | | 50 | 12 | | | SMV | 一般 |
| D594 | 成豆10号 | 四川 | 春/夏/秋 | 103 | 白 | 棕 | 黄 | 深褐 | 黄 | 长椭 | 有 | 椭 | 24 | 42 | 18 | 56 | 12 | | 2 | SMV | 一般 |
| D595 | 成豆11 | 四川 | 春 | 107 | 白 | 灰 | 黄 | 淡褐 | 黄 | 椭 | 有 | 椭 | 23 | 42 | 22 | 55 | | | 3 | SMV | 一般 |
| D596 | 川豆4号 | 四川 | 春 | 91 | 白 | 灰 | 黄 | 褐 | 黄 | 椭 | 有 | 椭 | 22 | 46 | | 47 | | | 3 | SMC | 一般 |
| D597 | 川豆5号 | 四川 | 春 | 108 | 紫 | 灰 | 黄 | 褐 | 黄 | 椭 | 有 | 椭 | 24 | 43 | 19 | 45 | | | | SMV、SCN、灰斑病 | 一般 |
| D598 | 川豆6号 | 四川 | 春/秋 | 98 | 紫 | 灰 | 黄 | 淡褐 | 黄 | 椭 | 有 | 椭 | 22 | 46 | 17 | 47 | | | | SMV、SCN、灰斑病 | 一般 |
| D599 | 川豆7号 | 四川 | 春/秋 | 90 | 紫 | 灰 | 黄 | 褐 | 黄 | 椭 | 有 | 椭 | 22 | 49 | 20 | 50 | | | | SMV、SCN、灰斑病 | 一般 |

附 录

（续）

| 编号 | 品种名称 | 来源省份 | 播期类型 | 生育日数(d) | 花色 | 茸毛色 | 种皮色 | 种脐色 | 子叶色 | 粒型 | 结荚习性 | 叶型 | 百粒重(g) | 蛋白质含量(%) | 油脂含量(%) | 株高(cm) | 主茎节数 | 裂荚性 | 每荚粒数 | 抗病虫性 | 利用类型 |
|---|---|---|---|---|---|---|---|---|---|---|---|---|---|---|---|---|---|---|---|---|---|
| D600 | 川豆8号 | 四川 | 春 | 120 | 白 | 棕 | 黄 | 淡黄 | 黄 | 椭 | 有 | 椭 | 32 | 39 | 18 | 65 | | | | SMV | 一般 |
| D601 | 川豆9号 | 四川 | 春 | 110 | 白 | 灰 | 黄 | 褐 | 黄 | 椭 | 有 | 椭 | 20 | 47 | 20 | 50 | | | | SMV、SCN、灰斑病 | 一般 |
| D602 | 川豆10号 | 四川 | 春/秋 | 112 | 白 | 灰 | 褐 | 黄 | 黄 | 椭 | 有 | 椭 | 24 | 42 | 20 | 56 | | | 4 | | 一般 |
| D603 | 富豆1号 | 四川 | 夏/秋 | 78 | 紫 | 灰 | 黄 | 淡褐 | 黄 | 球 | 有 | 椭 | 37 | 37 | 23 | 40 | | | | SMV | 一般 |
| D604 | 富豆2号 | 四川 | 春 | 126 | 紫 | 灰 | 黑 | 黄 | 黄 | 椭 | 有 | 椭 | 26 | 46 | 18 | 71 | | | 3 | SMV | 一般 |
| D605 | 贡豆5号 | 四川 | 春 | 78 | 紫 | 灰 | 黄 | 淡褐 | 黄 | 椭 | 有 | 卵 | 20 | 44 | 19 | 35 | 9 | | 2 | | 一般 |
| D606 | 贡豆8号 | 四川 | 春 | 104 | 白 | 棕 | 黄 | 黑 | 黄 | 椭 | 有 | 卵 | 23 | 48 | 20 | 49 | 11 | | 2 | SMV | 一般 |
| D607 | 贡豆9号 | 四川 | 春 | 105 | 白 | 灰 | 黄 | 褐 | 黄 | 椭 | 有 | 卵 | 21 | 44 | 19 | 41 | 10 | | 2 | SMV | 一般 |
| D608 | 贡豆10号 | 四川 | 春 | 102 | 白 | 灰 | 黄 | 褐 | 黄 | 椭 | 有 | 卵 | 18 | 46 | 16 | 54 | 11 | | 2 | SMV | 一般 |
| D609 | 贡豆11 | 四川 | 春/夏/秋 | 100 | 紫 | 棕 | 绿 | 褐 | 黄 | 椭 | 有 | 卵 | 21 | 42 | 20 | 50 | 11 | | 2 | SMV | 一般 |
| D610 | 贡豆12 | 四川 | 春 | 103 | 白 | 灰 | 黄 | 褐 | 黄 | 椭 | 有 | 卵 | 24 | 48 | 22 | 45 | 11 | | 2 | SMV、锈病 | 一般 |
| D611 | 贡豆13 | 四川 | 春 | 111 | 紫 | 棕 | 黄 | 黑 | 黄 | 椭 | 有 | 卵 | 20 | 46 | 21 | 59 | 12 | | 2 | SMV | 一般 |
| D612 | 贡豆14 | 四川 | 春/夏 | 120 | 紫 | 棕 | 绿 | 黑 | 黄 | 椭 | 有 | 卵 | 21 | | 21 | 62 | 13 | | 2 | SMV、锈病 | 一般 |
| D613 | 贡豆15 | 四川 | 春 | 123 | 紫 | 棕 | 褐 | 黄 | 黄 | 椭 | 有 | 椭 | 26 | 43 | 21 | 62 | 12 | | 3 | SMV | 一般 |
| D614 | 贡选1号 | 四川 | 春 | | 白 | 棕 | 黄 | 黑 | 黄 | 椭 | 有 | 椭 | 19 | 45 | 17 | 82 | 18 | | | | 一般 |
| D615 | 乐豆1号 | 四川 | 春 | 122 | 紫 | 棕 | 黄 | 淡褐 | 黄 | 椭 | 有 | 椭 | 20 | 41 | 20 | 56 | 13 | | | SMV | 一般 |
| D616 | 南豆99 | 四川 | 春/夏/秋 | 120 | 紫 | 灰 | 黄 | 淡褐 | 绿 | 椭 | 有 | 披针 | 19 | 42 | 22 | 75 | 18 | | 2 | SMV、灰斑病、锈病 | 一般 |
| D617 | 南豆3号 | 四川 | 春/夏/秋 | 98 | 白 | 棕 | 黄 | 褐 | 黄 | 椭 | 有 | 椭 | 27 | 49 | 17 | 46 | 14 | | 2 | 灰斑病、锈病 | 一般 |
| D618 | 南豆4号 | 四川 | 春/夏/秋 | 80 | 白 | 灰 | 黄 | 褐 | 黄 | 椭 | 有 | 披针 | 20 | 46 | 19 | 32 | 12 | | 2 | 灰斑病、锈病 | 一般 |
| D619 | 南豆5号 | 四川 | 春/夏/秋 | 111 | 白 | 棕 | 黄 | 淡褐 | 黄 | 椭 | 有 | 披针 | 28 | 46 | 17 | 49 | 13 | | 2 | SMV | 一般 |
| D620 | 南豆6号 | 四川 | 春 | 111 | 白 | 灰 | 黄 | 褐 | 黄 | 椭 | 有 | 披针 | 22 | 44 | 21 | 44 | 14 | | 2 | | 一般 |
| D621 | 南豆7号 | 四川 | 春 | 106 | 紫 | 灰 | 褐 | 褐 | 绿 | 椭 | 亚 | 披针 | 25 | 42 | 19 | 51 | | | 4 | SMV、灰斑病 | 一般 |
| D622 | 南豆8号 | 四川 | 春 | 106 | 白 | 棕 | 浅褐 | 褐 | 绿 | 椭 | 有 | 披针 | 22 | 45 | 18 | 52 | | | 4 | SMV | 一般 |
| D623 | 津豆18 | 天津 | 夏 | 103 | 白 | 灰 | 褐 | 黄 | 黄 | 圆 | 有 | 卵 | 26 | 44 | 19 | 65 | 16 | | 4 | | 一般 |
| D624 | 选六 | 天津 | 春/夏 | 125 | 紫 | 棕 | 浅黑 | 黄 | 黄 | 圆 | | 长椭 | 19 | | | 83 | 20 | | 4 | | 一般 |

（续）

| 编号 | 品种名称 | 来源省份 | 播期类型 | 生育日数(d) | 花色 | 茸毛色 | 种皮色 | 种脐色 | 子叶色 | 粒型 | 结荚习性 | 叶型 | 百粒重(g) | 蛋白质含量(%) | 油脂含量(%) | 株高(cm) | 主茎节数 | 裂荚性 | 每荚粒数 | 抗病虫性 | 利用类型 |
|---|---|---|---|---|---|---|---|---|---|---|---|---|---|---|---|---|---|---|---|---|---|
| D625 | 石大豆1号 | 新疆 | 春 | 130 | 白 | 灰 | 黄 | 黄 | 黄 | 椭 | 亚 | 圆 | 24 | 40 | 24 | 75 | 14 | | 3 | SMV | 一般 |
| D626 | 石大豆2号 | 新疆 | 春 | 120 | 紫 | 灰 | 黄 | 黄 | 黄 | 椭 | 亚 | 披针 | 19 | 41 | 20 | 93 | 17 | | 3 | SMV | 一般 |
| D627 | 新大豆1号 | 新疆 | 春 | 128 | 白 | 灰 | 黄 | 黄 | 黄 | 球 | 亚 | 披针 | 23 | 34 | 21 | 80 | 14 | | 3 | SMV | 一般 |
| D628 | 新大豆2号 | 新疆 | 春 | 127 | 白 | 灰 | 黄 | 黄 | 黄 | 球 | 亚 | 披针 | 21 | 42 | 23 | 85 | 15 | | 3 | SMV | 一般 |
| D629 | 新大豆3号 | 新疆 | 春 | 118 | 白 | 灰 | 黄 | 黄 | 黄 | 圆 | 有 | 披针 | 22 | 38 | 22 | 95 | 18 | | 2 | SMV | 一般 |
| D630 | 滇86-4 | 云南 | 夏 | 124 | 紫 | 灰 | 黄 | 黑 | 黄 | 椭 | 有 | 卵 | 19 | 48 | 19 | 50 | 13 | | 2 | SMV、SCN | 一般 |
| D631 | 滇86-5 | 云南 | 夏 | 124 | 紫 | 棕 | 黄 | 深褐 | 黄 | 扁椭 | 有 | 卵 | 24 | 48 | 21 | 50 | 13 | | 2 | SMV、SCN | 菜用 |
| D632 | 华春18 | 浙江 | 春 | | 紫 | 灰 | 黄 | 无色 | 黄 | 椭 | 有 | 卵 | 22 | 38 | 20 | 40 | | | 2 | SMV | 菜用 |
| D633 | 丽秋2号 | 浙江 | 秋 | 110 | 紫 | 灰 | 淡褐 | 绿 | 黄 | 椭 | 有 | 椭 | 32 | 38 | 20 | 61 | 15 | | | | 菜用 |
| D634 | 衢秋1号 | 浙江 | 秋 | 108 | 紫 | 棕 | 黄 | 淡褐 | 绿 | 椭 | 亚 | 卵 | 31 | 43 | 16 | 70 | 15 | | 2 | SCN | 一般 |
| D635 | 衢秋2号 | 浙江 | 秋 | 102 | 紫 | 灰 | 黄 | 淡褐 | 绿 | 椭 | 有 | 椭 | 32 | · | 18 | 55 | 13 | | 2 | SCN、锈病 | 一般 |
| D636 | 衢鲜1号 | 浙江 | 夏/秋 | 108 | 白 | 灰 | 淡褐 | 黄 | 绿 | 椭 | 有 | 椭 | 38 | 48 | 18 | 45 | | | 2 | SCN、锈病 | 菜用 |
| D637 | 婺春1号 | 浙江 | 春 | 98 | 紫 | 棕 | 黄 | 黄 | 黄 | 椭 | 有 | 卵 | 20 | | 21 | 55 | 16 | | 2 | SMV、霜霉病 | 一般 |
| D638 | 萧农越秀 | 浙江 | 秋 | 90 | 紫 | 灰 | | 淡褐 | 黄 | 椭 | 亚 | 卵 | 34 | | | 63 | 13 | | | | 菜用 |
| D639 | 新选88 | 浙江 | 春 | 103 | 紫 | 灰 | 淡黄 | 绿 | 黄 | 椭 | 有 | 圆 | 33 | | | 50 | 10 | | | | 菜用 |
| D640 | 浙春5号 | 浙江 | 春 | 100 | 白 | 棕 | 黄 | 淡褐 | 黄 | 椭 | 亚 | 椭 | 20 | 47 | 21 | 55 | 14 | | 2 | 根腐病 | 豆腐 |
| D641 | 浙秋1号 | 浙江 | 秋 | 100 | 紫 | 灰 | 褐 | 黄 | 黄 | 椭 | 有 | 卵 | 24 | 48 | 16 | 60 | 14 | | | | 豆腐 |
| D642 | 浙秋2号 | 浙江 | 秋 | 96 | 紫 | 灰 | 黄 | 褐 | 黄 | 椭 | 有 | 卵 | 28 | 41 | | 49 | 13 | | 2 | | 一般 |
| D643 | 浙秋豆3号 | 浙江 | 秋 | 99 | 白 | 灰 | 黄 | 淡褐 | 黄 | 椭 | 有 | 卵 | 30 | 47 | 18 | 50 | 12 | | 2 | SMV、霜霉病 | 豆腐 |
| D644 | 浙鲜豆1号 | 浙江 | 春 | 100 | 白 | 灰 | 黄 | 黄 | 黄 | 椭 | 有 | 卵 | 65 | 45 | 19 | 43 | 11 | | | | 菜用 |
| D645 | 浙鲜豆2号 | 浙江 | 南方春 | 85 | 白 | 灰 | 黄 | 褐 | 黄 | 椭 | 有 | 卵 | 60 | 45 | 19 | 30 | 9 | | 2 | SMV | 菜用 |
| D646 | 西豆3号 | 四川 | 春/秋 | 113 | 白 | 灰 | 黄 | 绿 | 黄 | 椭 | 有 | 卵 | 20 | 43 | 19 | 55 | 12 | | 3 | | 一般 |
| D647 | 西豆5号 | 重庆 | 春/秋 | 112 | 白 | 灰 | 浅黑 | 黄 | 黄 | 椭 | 有 | 椭 | 20 | 45 | 19 | 53 | 12 | | 4 | SMV、霜霉病 | 一般 |
| D648 | 西豆6号 | 重庆 | 春/秋 | 108 | 白 | 灰 | 浅黄 | 褐 | 黄 | 椭 | 有 | 椭 | 18 | 47 | 18 | 65 | 14 | | 5 | SMV、霜霉病 | 一般 |
| D649 | 渝豆1号 | 四川 | 春/秋 | 100 | 紫 | 灰 | 白 | 褐 | 黄 | 扁球 | 有 | 椭 | 18 | 39 | | 85 | 12 | | | | 一般 |

注：标有"*"者为出苗次日至成熟当日的生育日数，其他为播种次日至成熟当日的生育日数。

# 图表Ⅲ　中国大豆育成品种系谱

## C001～C651

| 编号 | 品种名称 | 来源省份 | 育种方法 | 系　谱 | |
|---|---|---|---|---|---|
| C001 | 蒙县大豆 | 安徽 | 选择育种 | 不详，从商品种子中选育而成，参见 A276 | |
| C002 | 多枝 176 | 安徽 | 杂交育种 | 中油 77 - 30×徐豆 1 号 | 中油 77 - 30＝72 - 9×鄂豆 1 号 |
| | | | | 72 - 9＝南农 493 - 1×白茧壳 | 南农 493 - 1＝参见 C431 |
| | | | | 白茧壳＝江苏邳县地方品种，参见 A018 | 鄂豆 1 号＝猴子毛×蒙城大白壳 |
| | | | | 猴子毛＝湖北黄陂地方品种，参见 A119 | 蒙城大白壳＝安徽蒙城地方品种，参见 A168 |
| | | | | 徐豆 1 号＝参见 C455 | |
| C003 | 阜豆 1 号 | 安徽 | 杂交育种 | 徐豆 1 号×58 - 161 | 徐豆 1 号＝参见 C455 |
| | | | | 58 - 161＝参见 C417 | |
| C004 | 阜豆 3 号 | 安徽 | 杂交育种 | F5A | F5A＝不详，陕西农科院杂交后代，参见 A077 |
| C005 | 灵豆 1 号 | 安徽 | 选择育种 | 科系 4 号的自然变异选系 | 科系 4 号＝58 - 161×徐豆 1 号 |
| | | | | 58 - 161＝参见 C417 | 徐豆 1 号＝参见 C455 |
| C006 | 蒙 84 - 5 | 安徽 | 杂交育种 | 徐豆 1 号×海白花 | 徐豆 1 号＝参见 C455 |
| | | | | 海白花＝江苏灌云地方品种，参见 A106 | |
| C007 | 蒙城 1 号 | 安徽 | 选择育种 | 天鹅蛋的自然变异选系 | 天鹅蛋＝安徽北部地方品种，参见 A221 |
| C008 | 蒙庆 6 号 | 安徽 | 杂交育种 | 蒙城 15 号×蒙城 312 | 蒙城 15 号＝济南 1 号×徐豆 2 号 |
| | | | | 济南 1 号＝不详，参见 A134 | 蒙城 2 号＝宿县 647 的选系 |
| | | | | 宿县 647＝参见 C009 | 蒙城 312＝蒙城 15 号×海白花 |
| | | | | 海白花＝江苏灌云地方品种，参见 A106 | |
| C009 | 宿县 647 | 安徽 | 选择育种 | 小平顶的自然变异选系 | 小平顶＝安徽宿县地方品种，参见 A246 |
| C010 | 皖豆 1 号 | 安徽 | 杂交育种 | 徐豆 1 号×六合青豆 | 徐豆 1 号＝参见 C455 |
| | | | | 六合青豆＝江苏六合地方品种，参见 A162 | |
| C011 | 皖豆 3 号 | 安徽 | 杂交育种 | 58 - 161×徐豆 1 号 | 58 - 161＝参见 C417 |
| | | | | 徐豆 1 号＝参见 C455 | |
| C012 | 皖豆 4 号 | 安徽 | 选择育种 | 青阳早黄豆的自然变异选系 | 青阳早黄豆＝安徽青阳地方品种，参见 A194 |

（续）

| 编号 | 品种名称 | 来源省份 | 育种方法 | 系 | 谱 |
|---|---|---|---|---|---|
| C013 | 皖豆 5 号 | 安徽 | 杂交＋诱变育种 | （徐豆 1 号×Harosoy63）$F_5$ 的辐射诱变选系，参见 A332 | 徐豆 1 号＝参见 C455 |
| C014 | 皖豆 6 号 | 安徽 | 杂交育种 | 中油 77 - 30×徐豆 2 号<br>72 - 9＝南农 493 - 1×白茧壳 | 中油 77 - 30＝72 - 9×鄂豆 1 号<br>南农 493 - 1＝参见 C431<br>鄂豆 1 号＝猴子毛×蒙城大白壳<br>蒙城大白壳＝安徽蒙城地方品种，参见 A168 |
| C015 | 皖豆 7 号 | 安徽 | 杂交育种 | （徐豆 1 号×Harosoy）×（徐豆 2 号×文丰 7 号）<br>Harosoy＝美国品种，参见 A331<br>文丰 7 号＝参见 C572 | 徐豆 1 号＝参见 C455<br>徐豆 2 号＝参见 C456 |
| C016 | 皖豆 9 号 | 安徽 | 杂交育种 | 文丰 4 号×阜豆 1 号<br>阜豆 1 号＝参见 C003 | 文丰 4 号＝参见 C569 |
| C017 | 皖豆 10 号 | 安徽 | 杂交育种 | 跃进 5 号×阜阳 335<br>阜阳 335＝皖豆 3 号 | 跃进 5 号＝参见 C579<br>皖豆 3 号＝参见 C011 |
| C018 | 皖豆 11 | 安徽 | 杂交育种 | 徐豆 135×徐豆 4 号<br>徐豆 4 号＝徐州 302×徐豆 1 号<br>徐豆 1 号＝参见 C455 | 徐豆 135＝参见 C459<br>徐州 302＝参见 C461 |
| C019 | 皖豆 13 | 安徽 | 杂交育种 | 淮黄 1 号×科系 75 - 30<br>齐黄 5 号×诱变 30<br>诱变 30＝参见 C028 | 淮黄 1 号＝齐黄 5 号的自然变异选系<br>科系 75 - 30＝诱变 30 |
| C020 | 五河大豆 | 安徽 | 选择育种 | 五河大白壳的自然变异选系 | 五河大白壳＝安徽五河地方品种，参见 A236 |
| C021 | 新六青 | 安徽 | 杂交育种 | 蒙城 312×蒙城大青花<br>蒙城 15 号＝济南 1 号×蒙城 2 号<br>蒙城 2 号＝宿县 647 的选系<br>海白花＝江苏灌云地方品种，参见 A106 | 蒙城 312＝蒙城 15 号×海白花<br>济南 1 号＝不详，参见 A134<br>宿县 647＝参见 C009<br>蒙城大青豆＝安徽蒙城地方品种，参见 A169 |
| C022 | 友谊 2 号 | 安徽 | 选择育种 | 小白花燥的自然变异选系 | 小白花燥＝安徽阜南地方品种，参见 A238 |

（续）

| 编号 | 品种名称 | 来源省份 | 育种方法 | 系谱 |
|---|---|---|---|---|
| C023 | 宝诱17 | 北京 | 诱变育种 | 合丰25的化学诱变选系<br>合丰25=参见C170 |
| C024 | 科丰6号 | 北京 | 杂交育种 | 7611-3-3×诱变30<br>7611-3-3=7413-2-2混×Clark63<br>7413-2-2混=科黄8号×（京黄3号×吉林3号）<br>科黄8号=58-161×徐豆1号<br>58-161=参见C417<br>徐豆1号=参见C455<br>京黄3号=不详，选自河北地方品种，参见A149<br>吉林3号=参见C336<br>Clark63=美国品种，参见A326<br>诱变30=参见C028 |
| C025 | 科丰34 | 北京 | 杂交+诱变育种 | （58-161×徐豆1号）$F_2$的辐射诱变选系<br>58-161=参见C417<br>徐豆1号=参见C455 |
| C026 | 科丰35 | 北京 | 杂交育种 | 7902×诱变16<br>7902=7738×7703<br>7738=Williams×7409　Williams=美国品种，参见A347<br>7409=铁4117×科黄8号　铁4117=（丰地黄×公交5201）×（铁丰3号×5621）<br>丰地黄=C324<br>公交5201=金元1号×铁莱四粒黄<br>金元1号=参见C492　铁莱四粒黄=吉林中南部地方品种，参见A226<br>铁丰3号=参见C506　5621=参见C467<br>科黄8号=58-161×徐豆1号　58-161=参见C417<br>徐豆1号=参见C455　7703=诱变31×7415<br>诱变31=参见C029　7415=铁3059×Amsoy<br>铁3059=铁丰10号×铁丰13　铁丰10号=5621×荆山朴<br>荆山朴=参见C233　铁丰13=嘟噜豆×公交5706<br>嘟噜豆=辽宁铁岭地方品种，参见A075　公交5706=小金黄1号×大粒黄（公第832-10）<br>小金黄1号=参见C401　大粒黄（公第832-10）=吉林地方品种，参见A054<br>Amsoy=美国品种，参见A324　诱变16=诱变30<br>诱变30=参见C028 |
| C027 | 科新3号 | 北京 | 诱变育种 | 豫豆2号的化学诱变选系<br>豫豆2号=参见C105 |
| C028 | 诱变30 | 北京 | 杂交+诱变育种 | （58-161×徐豆1号）$F_3$的辐射诱变选系<br>58-161=参见C417<br>徐豆1号=参见C455 |

（续）

| 编号 | 品种名称 | 来源省份 | 育种方法 | 系谱 |
|---|---|---|---|---|
| C029 | 诱变 31 | 北京 | 杂交＋诱变育种 | (58-161×徐豆 1 号) F₃ 的辐射诱变选系<br>徐豆 1 号＝参见 C455<br>58-161＝参见 C417 |
| C030 | 诱处 4 号 | 北京 | 杂交＋诱变育种 | (早熟 3 号×蒙城大青豆) 的辐射诱变选系<br>蒙城大青豆＝安徽蒙城地方品种，参见 A169<br>早熟 3 号＝参见 C031 |
| C031 | 早熟 3 号 | 北京 | 杂交育种 | 科系 8 号×铁 4117<br>58-161＝参见 C417<br>铁 4117＝（丰地黄×公交 5201）×（铁丰 3 号×5621）<br>公交 5201＝金元 1 号×铁荚四粒黄<br>铁荚四粒黄＝吉林中南部地方品种，参见 A226<br>5621＝参见 C467<br><br>科系 8 号＝58-161×徐豆 1 号<br>徐豆 1 号＝参见 C455<br>丰地黄＝参见 C324<br>金元 1 号＝参见 C492<br>铁丰 3 号＝参见 C506 |
| C032 | 早熟 6 号 | 北京 | 杂交育种 | 科系 8 号×铁 4117<br>58-161＝参见 C417<br>铁 4117＝（丰地黄×公交 5201）×（铁丰 3 号×5621）<br>公交 5201＝金元 1 号×铁荚四粒黄<br>铁荚四粒黄＝吉林中南部地方品种，参见 A226<br>5621＝参见 C467<br><br>科系 8 号＝58-161×徐豆 1 号<br>徐豆 1 号＝参见 C455<br>丰地黄＝参见 C324<br>金元 1 号＝参见 C492<br>铁丰 3 号＝参见 C506 |
| C033 | 早熟 9 号 | 北京 | 杂交育种 | 科系 8 号×6810<br>58-161＝参见 C417<br>6810＝京黄 3 号×吉林 3 号<br>吉林 3 号＝参见 C336<br><br>科系 8 号＝58-161×徐豆 1 号<br>徐豆 1 号＝参见 C455<br>京黄 3 号＝不详，选自河北地方品种，参见 A149 |
| C034 | 早熟 14 | 北京 | 杂交育种 | 科系 8 号×铁 4117<br>58-161＝参见 C417<br>铁 4117＝（丰地黄×公交 5201）×（铁丰 3 号×5621）<br>公交 5201＝金元 1 号×铁荚四粒黄<br>铁荚四粒黄＝吉林中南部地方品种，参见 A226<br>5621＝参见 C467<br><br>科系 8 号＝58-161×徐豆 1 号<br>徐豆 1 号＝参见 C455<br>丰地黄＝参见 C324<br>金元 1 号＝参见 C492<br>铁丰 3 号＝参见 C506 |

（续）

| 编号 | 品种名称 | 来源省份 | 育种方法 | 系谱 |
|---|---|---|---|---|
| C035 | 早熟15 | 北京 | 杂交育种 | 科系8号×铁4117<br>58-161=参见C417<br>铁4117=（丰地黄×公交5201）×（铁丰3号×5621）<br>公交5201=金元1号×铁荚四粒黄<br>铁荚四粒黄=吉林中南部地方品种，参见A226<br>5621=参见C467<br>科系8号=58-161×徐豆1号<br>徐豆1号=参见C455<br>丰地黄=参见C324<br>金元1号=参见C492<br>铁丰3号=参见C506 |
| C036 | 早熟17 | 北京 | 杂交育种 | 耐阴黑豆×诱变30<br>诱变30=参见C028<br>耐阴黑豆=河北康保地方品种，参见A171 |
| C037 | 早熟18 | 北京 | 杂交育种 | 7902×7821<br>7738=Williams×7409<br>7409=铁4117×科黄8号<br>丰地黄=参见C324<br>金元1号=参见C492<br>铁丰3号=参见C506<br>科黄8号=58-161×徐豆1号<br>徐豆1号=参见C455<br>诱变31=参见C029<br>铁3059=铁丰10号×铁丰13<br>荆山朴=参见C233<br>嘟噜豆=辽宁铁岭地方品种，参见A075<br>小金黄1号=参见C401<br>Amsoy=美国品种，参见A324<br>耐阴黑豆=河北康宝地方品种，参见A171<br>7902=7738×7703<br>Williams=美国品种，参见A347<br>铁4117=（丰地黄×公交5201）×（铁丰3号×5621）<br>公交5201=金元1号×铁荚四粒黄<br>铁荚四粒黄=吉林中南部地方品种，参见A226<br>5621=参见C467<br>58-161=参见C417<br>7703=诱变31×7415<br>7415=铁3059×Amsoy<br>铁丰10号=5621×荆山朴<br>铁丰13=嘟噜豆×公交5706<br>公交5706=小金黄1号×大粒黄（公第832-10）<br>大粒黄（公第832-10）=吉林地方品种，参见A054<br>7821=耐阴黑豆×诱变31 |
| C038 | 中黄1号 | 北京 | 杂交育种 | 早熟6号×海94<br>海94=晋豆4号<br>早熟6号=参见C032<br>晋豆4号=参见C594 |

（续）

| 编号 | 品种名称 | 来源省份 | 育种方法 | 系 | 谱 |
|---|---|---|---|---|---|
| C039 | 中黄 2 号 | 北京 | 杂交育种 | 诱变 30×7614<br>7614＝7415－2－2×SRF400<br>铁 3059＝铁丰 10 号×铁丰 13<br>5621＝参见 C467<br>铁丰 13＝嘟噜豆×公交 5706<br>公交 5706（公第 832－10）＝大粒黄<br>大粒黄（公第 832－10）＝吉林地方材料，参见 A345<br>SRF400＝美国材料 | 诱变 30＝参见 C028<br>7415－2－2＝铁 3059×Amsoy<br>铁丰 10 号＝5621×荆山朴<br>荆山朴＝参见 C233<br>嘟噜豆＝辽宁铁岭地方品种，参见 A075<br>小金黄 1 号＝参见 C401<br>Amsoy＝美国品种，参见 A324 |
| C040 | 中黄 3 号 | 北京 | 杂交育种 | 诱变 30×7614<br>7614＝7415－2－2×SRF400<br>铁 3059＝铁丰 10 号×铁丰 13<br>5621＝参见 C467<br>铁丰 13＝嘟噜豆×公交 5706<br>公交 5706（公第 832－10）＝大粒黄<br>大粒黄（公第 832－10）＝吉林地方材料，参见 A345<br>SRF400＝美国材料 | 诱变 30＝参见 C028<br>7415－2－2＝铁 3059×Amsoy<br>铁丰 10 号＝5621×荆山朴<br>荆山朴＝参见 C233<br>嘟噜豆＝辽宁铁岭地方品种，参见 A075<br>小金黄 1 号＝参见 C401<br>Amsoy＝美国品种，参见 A324 |
| C041 | 中黄 4 号 | 北京 | 杂交育种 | 遗 112×上海红芒早毛豆<br>诱变 30＝参见 C028<br>上海红芒早毛豆＝上海市地方品种，参见 A200 | 遗 112＝诱变 30×Clark63<br>Clark63＝美国品种，参见 A326 |
| C042 | 中黄 5 号 | 北京 | 杂交育种 | 诱变 30×7614<br>7614＝7415－2－2×SRF400<br>铁 3059＝铁丰 10 号×铁丰 13<br>5621＝参见 C467<br>铁丰 13＝嘟噜豆×公交 5706<br>公交 5706（公第 832－10）＝大粒黄<br>大粒黄（公第 832－10）＝吉林地方材料，参见 A345<br>SRF400＝美国材料 | 诱变 30＝参见 C028<br>7415－2－2＝铁 3059×Amsoy<br>铁丰 10 号＝5621×荆山朴<br>荆山朴＝参见 C233<br>嘟噜豆＝辽宁铁岭地方品种，参见 A075<br>小金黄 1 号＝参见 C401<br>Amsoy＝美国品种，参见 A324 |

（续）

| 编号 | 品种名称 | 来源省份 | 育种方法 | 系谱 |
|---|---|---|---|---|
| C043 | 中黄6号 | 北京 | 杂交育种 | 早熟6号×晋豆4号；早熟6号=参见C032；晋豆4号=参见C594 |
| C044 | 中黄7号 | 北京 | 杂交育种 | 科丰6号×菏7308-1-2；科丰6号=参见C024；菏7308-1-2=Magnolia×单县闵寨188；Magnolia=美国品种，参见A333；单县闵寨188=山东单县地方品种，参见A199 |
| C045 | 中黄8号 | 北京 | 杂交育种 | 大金元×兖黄1号；大金元=河北霸县地方品种，参见A052；兖黄1号=参见C575 |
| C046 | 7106 | 福建 | 诱变育种 | 齐黄1号的辐射诱变选系；齐黄1号=参见C555 |
| C047 | 白花古田豆 | 福建 | 选择育种 | 古田豆的自然变异异选系；古田豆=福建古田地方品种，参见A098 |
| C048 | 白秋1号 | 福建 | 杂交育种 | 连城白花×湘秋豆1号；连城白花豆=福建连城地方品种，参见A158；湘秋豆1号=参见C312 |
| C049 | 惠安花面豆 | 福建 | 选择育种 | 莆田大黄豆的自然变异系；莆田大黄豆=福建福安地方品种，参见A186 |
| C050 | 惠豆803 | 福建 | 杂交育种 | 莆豆40×惠安花面豆；莆豆40=系谱不详，参见A185；惠安花面豆=参见C049 |
| C051 | 晋江大粒黄 | 福建 | 选择育种 | 衡阳五月黄的自然变异选系；衡阳五月黄=湖南衡阳地方品种参见A117 |
| C052 | 晋江大青仁 | 福建 | 诱变育种 | 福清绿心豆的辐射诱变选系；福清绿心豆=福建东南部和南部地方品种，参见A086 |
| C053 | 龙豆23 | 福建 | 杂交育种 | 紫花古田豆×白干城；紫花古花豆=古田豆；白干城=日本品种，参见A307 |
| C054 | 莆豆8008 | 福建 | 杂交育种 | 古田豆×73-16；古田豆=福建古田地方品种，参见A098；73-16=日本种，参见A306 |
| C055 | 融豆21 | 福建 | 杂交育种 | 融豆21×73-16；融豆21=参见C055 |
| C056 | 汀豆1号 | 福建 | 杂交育种 | 湄州大黄豆×58-161；湄州大黄豆=莆田大黄豆；莆田大黄豆=福建莆安地方品种，参见A186；58-161=参见C417；高脚白花青×绿斜；高脚白花青=福建地方品种，参见A093；绿斜=长汀绿斜；长汀绿斜=福建长汀地方品种，参见A037 |
| C057 | 雁青 | 福建 | 杂交育种 | 大青豆×雁鹅包；大青豆=将乐大青豆；将乐大青豆=福建将乐地方品种，参见A139；雁鹅包=福建顺昌地方品种，参见A250 |

（续）

| 编号 | 品种名称 | 来源省份 | 育种方法 | 系谱 |
|---|---|---|---|---|
| C058 | 穗选黄豆 | 广东 | 选择育种 | 穗稻黄的自然变异选系；穗稻黄=奉贤穗稻黄；奉贤穗稻黄=上海奉贤地方品种，参见 A084 |
| C059 | 通黑11 | 广东 | 杂交育种 | 黑鼻青×通山薄皮黄豆；黑鼻青=广东湛江地方品种，参见 A111；通山薄皮黄豆=湖北通山地方品种，参见 A230 |
| C060 | 粤大豆1号 | 广东 | 杂交育种 | 菊黄×上虞坎山白；菊黄=广东潮阳地方品种，参见 A150；上虞坎山白=浙江上虞地方品种，参见 A204 |
| C061 | 粤大豆2号 | 广东 | 杂交+诱变育种 | 将乐大青豆（Williams×将乐大青豆）F$_1$ 的辐射诱变选系；Williams=美国品种，参见 A347；将乐大青豆=福建将乐地方品种，参见 A139 |
| C062 | 8901 | 广西 | 杂交育种 | 矮脚早×北京豆；矮脚早=参见 C288；北京豆=不详，参见 A023 |
| C063 | 柳豆1号 | 广西 | 选择育种 | 80-H28的自然变异选系；80-H28=系谱不详，参见 A010 |
| C064 | 安豆1号 | 贵州 | 选择育种 | 六枝六月黄的自然变异选系；六枝六月黄=贵州六枝地方品种，参见 A164 |
| C065 | 安豆2号 | 贵州 | 选择育种 | 生联早的自然变异选系；生联早=参见 C070 |
| C066 | 冬2 | 贵州 | 选择育种 | 72-77-14 的自然变异选系；72-77-14=不详，可能是贵州地方品种，参见 A005 |
| C067 | 黔豆1号 | 贵州 | 选择育种 | 77-44 的自然变异选系；77-44=苏协1号选系 |
| C068 | 黔豆2号 | 贵州 | 杂交育种 | 大方六月早×徐豆2号；大方六月早=贵州大方地方品种，参见 A045；徐豆2号=参见 C456 |
| C069 | 黔豆4号 | 贵州 | 杂交育种 | 浙春1号×钢7345-4；钢7345-4=系谱不详，参见 A091；浙春1号=参见 C648 |
| C070 | 生联早 | 贵州 | 选择育种 | 猫儿灰的自然变异选系；猫儿灰=贵州长顺地方品种，参见 A166 |
| C071 | 霸红1号 | 河北 | 选择育种 | 不详，选自河北霸县地方品种，参见 A281 |
| C072 | 霸县新黄豆 | 河北 | 选择育种 | 平顶冠，选自河北霸县地方品种；平顶冠=河北霸县地方品种，参见 A178 |
| C073 | 边庄大豆 | 河北 | 选择育种 | 不详，选自河北乐亭地方品种（黄豆），参见 A277 |
| C074 | 冀承豆1号 | 河北 | 杂交育种 | 7013-9×Clark63；Clark63=美国品种，参见 A326；7013-9=不详，铁岭农科所育种品系，参见 A004 |

（续）

| 编号 | 品种名称 | 来源省份 | 育种方法 | 系　谱 |
|---|---|---|---|---|
| C075 | 冀承豆2号 | 河北 | 杂交育种 | 701×群英豆<br>吉林4号=参见 C337　701=吉林4号的选系<br>群英豆=参见 C091 |
| C076 | 冀承豆3号 | 河北 | 杂交育种 | 铁丰19×Williams<br>Williams=美国品种，参见 A347<br>铁丰19=参见 C511 |
| C077 | 冀承豆4号 | 河北 | 杂交育种 | 铁6826×Clark63<br>铁6826=铁6124-26-1×铁6410-4-3-3<br>铁6124-26-1=丰地黄×公交5201　丰地黄=参见 C324<br>公交5201=金元1号×铁荚四粒黄　金元1号=参见 C492<br>铁荚四粒黄=吉林中南部地方品种，参见 A226<br>铁6410-4-3-3=铁丰3号×5621<br>铁丰3号=参见 C506<br>5621=参见 C467<br>Clark63=美国品种，参见 A326 |
| C078 | 冀承豆5号 | 河北 | 选择育种 | 吉林3号的自然变异选系<br>吉林3号=参见 C336 |
| C079 | 冀豆1号 | 河北 | 选择育种 | 锦豆33的自然变异选系<br>锦豆33=参见 C487 |
| C080 | 冀豆2号 | 河北 | 杂交育种 | 铁丰5号×铁丰10号<br>铁丰5号=参见 C507<br>铁丰10号=5621×荆山朴<br>荆山朴=参见 C233　5621=参见 C467 |
| C081 | 冀豆3号 | 河北 | 杂交育种 | 徐豆1号×黄骅大粒黑<br>黄骅大粒黑=河北黄骅地方品种，参见 A126<br>徐豆1号=参见 C455 |
| C082 | 冀豆4号 | 河北 | 杂交育种 | 牛毛黄变异株×Williams<br>广平牛毛黄=河北广平地方品种，参见 A101<br>牛毛黄变异株=广平牛毛黄的选系<br>Williams=美国品种，参见 A347 |
| C083 | 冀豆5号 | 河北 | 杂交育种 | Amsoy×科黄4号<br>科黄4号=58-161×徐豆1号<br>徐豆1号=参见 C455<br>Amsoy=美国品种，参见 A324<br>58-161=参见 C417 |
| C084 | 冀豆6号 | 河北 | 杂交育种 | 牛毛黄异株系×Provar<br>广平牛毛黄=河北广平地方品种，参见 A101<br>牛毛黄变异株=广平牛毛黄的选系<br>Provar=美国品种，参见 A341 |
| C085 | 冀豆7号 | 河北 | 杂交育种 | Williams×承豆1号<br>承豆1号=冀豆2号<br>Williams=美国品种，参见 A347<br>冀豆2号=参见 C080 |

（续）

| 编号 | 品种名称 | 来源省份 | 育种方法 | 系 | 谱 |
|---|---|---|---|---|---|
| C086 | 冀豆 9 号 | 河北 | 杂交育种 | 铁 7533×冀豆 4 号 | 铁 7533＝铁 6831×大粒青 |
| | | | | 铁 6831＝铁 6308×铁 6124 | 铁 6308＝丰地黄×5621 |
| | | | | 丰地黄＝参见 C324 | 5621＝参见 C467 |
| | | | | 铁 6124＝丰地黄×公交 5201 | 公交 5201＝金元 1 号×铁荚四粒黄 |
| | | | | 金元 1 号＝参见 C492 | 铁荚四粒黄＝吉林中南部地方品种，参见 A226 |
| | | | | 大粒青＝辽宁本溪地方品种，参见 A056 | 冀豆 4 号＝参见 C082 |
| C087 | 粮选 2 号 | 河北 | 选择育种 | 燕过青的自然变异选系 | 燕过青＝河北地方品种，参见 A251 |
| C088 | 来远黄豆 | 河北 | 选择育种 | 不详，选自河北新城地方品种（蔓生型黄豆），参见 A278 | |
| C089 | 迁安一粒传 | 河北 | 选择育种 | 不详，选自河北迁安地方品种，参见 A279 | |
| C090 | 前进 2 号 | 河北 | 选择育种 | 不详，选自河北沧县地方品种（黑豆），参见 A280 | |
| C091 | 群英豆 | 河北 | 选择育种 | 大白脐的自然变异选系 | 大白脐＝河北平泉地方品种，参见 A042 |
| C092 | 铁荚青 | 河北 | 选择育种 | 不详，选自河北迁安地方品种，参见 A282 | |
| C093 | 状元青黑豆 | 河北 | 选择育种 | 不详，选自河北昌黎地方品种（黑豆），参见 A283 | |
| C094 | 河南丰丰 1 号 | 河南 | 杂交育种 | 莒选 23×5905 | 莒选 23＝参见 C540 |
| | | | | 5905＝新黄豆×铁角黄 | 新黄豆＝参见 C574 |
| | | | | 铁角黄＝山东西部地方品种，参见 A228 | |
| C095 | 滑 75－1 | 河南 | 杂交育种 | 徐州 421×滑县大青豆 | 徐州 421＝徐州 126×Mamotan |
| | | | | 徐州 126＝铜山天鹅蛋的选系 | 铜山天鹅蛋＝江苏铜山地方品种，参见 A231 |
| | | | | Mamotan＝美国品种，参见 A334 | 滑县大青豆＝滑县大绿豆 |
| | | | | 滑县大绿豆＝河南滑县地方品种，参见 A122 | |
| C096 | 滑育 1 号 | 河南 | 选择育种 | 不详，选自河南滑县地方品种，参见 A284 | |
| C097 | 建国 1 号 | 河南 | 选择育种 | 河南早丰 1 号的自然变异选系 | 河南早丰 1 号＝参见 C094 |
| C098 | 勤俭 6 号 | 河南 | 选择育种 | 河南早丰 1 号的自然变异选系 | 河南早丰 1 号＝参见 C094 |
| C099 | 商丘 4212 | 河南 | 杂交育种 | 徐州 126×Mamotan | 徐州 126＝铜山天鹅蛋的自然变异选系，参见 A231 |
| | | | | 铜山天鹅蛋＝江苏铜山地方品种 | Mamotan＝美国品种，参见 A334 |

附　录

（续）

| 编号 | 品种名称 | 来源省份 | 育种方法 | 系谱 |
| --- | --- | --- | --- | --- |
| C100 | 商丘64-0 | 河南 | 杂交育种 | 郑7104-3-1-31×滑县大绿豆<br>郑7104-3-1-31=沁阳水白豆×齐黄13<br>沁阳水白豆=河南沁阳地方品种，参见A190<br>齐黄13=参见C560<br>滑县大绿豆=河南滑县地方品种，参见A122 |
| C101 | 商丘7608 | 河南 | 杂交育种 | 商丘65×浦东大黄豆<br>商丘65=齐黄1号的选系<br>齐黄1号=参见C555<br>浦东大黄豆=上海市浦东地方品种，参见A183 |
| C102 | 商丘85225 | 河南 | 杂交育种 | N785×辽宁大白眉<br>N785=郑76064-0-1-0-0-1-1<br>郑76064-0-1-0-0-1-1=郑7104-3-1-31×滑县大绿豆<br>郑7104-3-1-31=沁阳水白豆×齐黄13<br>沁阳水白豆=河南沁阳地方品种，参见A190<br>齐黄13=参见C560<br>滑县大绿豆=河南滑县地方品种，参见A122<br>辽宁大白眉=辽宁广泛分布的地方品种，参见A159 |
| C103 | 息豆1号 | 河南 | 选择育种 | 猴子毛的自然变异选系<br>猴子毛=湖北黄陂地方品种，参见A119 |
| C104 | 豫豆1号 | 河南 | 选择育种 | 河南早丰1号的自然变异选系<br>河南早丰1号=参见C094 |
| C105 | 豫豆2号 | 河南 | 杂交育种 | 郑7104-3-1-31×滑县大绿豆<br>郑7104-3-1-31=沁阳水白豆×齐黄13<br>沁阳水白豆=河南沁阳地方品种，参见A190<br>齐黄13=参见C560<br>滑县大绿豆=河南滑县地方品种，参见A122 |
| C106 | 豫豆3号 | 河南 | 杂交育种 | 郑州135×泗豆2号<br>泗豆2号=58-161×邳县软条枝<br>邳县软条枝=江苏邳县地方品种，参见A177<br>郑州135=参见C124<br>58-161=参见C417 |
| C107 | 豫豆4号 | 河南 | 诱变育种 | 不详，选自河南延津地方品种（黑豆）辐射诱变后代，参见A285 |
| C108 | 豫豆5号 | 河南 | 杂交育种 | 郑州135×泗豆2号<br>泗豆2号=58-161×邳县软条枝<br>邳县软条枝=江苏邳县地方品种，参见A177<br>郑州135=参见C124<br>58-161=参见C417 |
| C109 | 豫豆6号 | 河南 | 杂交育种 | 商丘7608×74628<br>74628=齐黄12×浦东大黄豆<br>齐黄1号=参见C555<br>浦东大黄豆=上海浦东地方品种，参见A183<br>商丘7608=参见C101<br>齐黄12=齐黄1号×野起1号，参见A318<br>野起1号=日本品种 |

| 编号 | 品种名称 | 来源省份 | 育种方法 | 系　谱 |
|---|---|---|---|---|
| C110 | 豫豆7号 | 河南 | 杂交育种 | 郑76095-2-1×郑7511-4-5-4-1<br>郑76095-2-1=7312-2-6-6×7333<br>7312-2-6-6=河南早丰1号×Magnolia<br>Magnolia=美国品种，参见 A333<br>河南早丰1号=美国品种，参见 C094<br>泗豆2号=58-161×邳县软条枝<br>7333=泗豆2号×河南早丰1号<br>58-161=参见 C417<br>邳县软条枝=江苏邳县地方品种，参见 A177<br>郑7511-4-5-4-1=徐州421×滑绿豆<br>徐州421=铜山天鹅蛋×Mamotan<br>铜山天鹅蛋=江苏铜山地方品种，参见 A231<br>Mamotan=美国品种，参见 A334<br>滑绿豆=河南滑县地方品种，参见 A122 |
| C111 | 豫豆8号 | 河南 | 杂交育种 | 郑州135×泗豆2号<br>郑州135=参见 C124<br>泗豆2号=58-161×邳县软条枝<br>58-161=参见 C417<br>邳县软条枝=江苏邳县地方品种，参见 A177 |
| C112 | 豫豆10号 | 河南 | 杂交育种 | 郑77249×郑海交17-0<br>郑77249=参见 C121<br>郑海交17-0=郑76064×正751<br>郑76064=郑7104-3-1-31×河南沁阳地方品种，参见 A190<br>郑7104-3-1-31=沁阳水白豆×齐黄13<br>沁阳水白豆=河南沁阳地方品种，参见 A190<br>齐黄13=参见 C560<br>正751=上海大黄豆×紫大豆<br>上海大黄豆=浦东大黄豆<br>紫大豆=河南驻马店地方品种，参见 A268<br>浦东大黄豆=上海浦东地方品种，参见 A183 |
| C113 | 豫豆11 | 河南 | 杂交育种 | 郑77249×豫豆5号<br>郑77249=参见 C121<br>豫豆5号=参见 C108 |
| C114 | 豫豆12 | 河南 | 杂交育种 | 郑8212×油82-10<br>郑8212=豫豆2号×无名<br>豫豆2号=参见 C105<br>无名=不详，河南农科院育种品系（南繁时掉号丁）参见 A286<br>油82-10=[（大白壳×大粒黄）×SRF400] $F_3$×蒙庆6号<br>大白壳=蒙城大白壳<br>大粒黄=湖北英山地方品种，参见 A055<br>蒙城大白壳=安徽蒙城地方品种，参见 A168<br>蒙庆6号=参见 C008<br>SRF400=美国材料，参见 A345 |

（续）

| 编号 | 品种名称 | 来源省份 | 育种方法 | 系 | 谱 |
|---|---|---|---|---|---|
| C115 | 豫豆15 | 河南 | 杂交育种 | 郑77249×中遗7914-3-1<br>中遗7914-3-1=大青豆×早熟5号<br>早熟5号=科系8号×铁4117<br>58-161=参见C417<br>铁4117=（丰地黄×公交5201）×（铁丰3号×5621）<br>公交5201=金元1号×铁荚四粒黄<br>铁荚四粒黄=吉林中南部地方品种，参见A226<br>5621=参见C467 | 郑77249=参见C121<br>大青豆=安徽淮北地区地方品种，参见A057<br>科系8号=58-161×徐豆1号<br>徐豆1号=参见C455<br>丰地黄=参见C324<br>金元1号=参见C492<br>铁丰3号=参见C506 |
| C116 | 豫豆16 | 河南 | 杂交育种 | 豫豆10号×豫豆8号<br>豫豆8号=参见C111 | 豫豆10号=参见C112 |
| C117 | 豫豆18 | 河南 | 杂交育种 | 郑80024-10×中豆19<br>跃进5号=参见C579<br>中豆19=参见C295 | 郑80024-10=跃进5号×郑77249<br>郑77249=参见C121 |
| C118 | 豫豆19 | 河南 | 杂交育种 | 郑8218×油84-30<br>郑76064-3=郑7104-3-1-31×滑县大绿豆<br>沁阳水白豆=河南沁阳地方品种，参见A190<br>滑县大绿豆=河南滑县地方品种，参见A122<br>跃进5号=参见C579<br>郑72126=山东四角齐×河南早丰1号<br>河南早丰1号=参见C094<br>58-161=参见C417<br>油84-30=跃进5号×油77-16<br>油70-2=猴子毛×蒙城大白壳<br>蒙城大白壳=安徽蒙城地方品种，参见A168 | 郑8218=郑76064-3×郑长交10<br>郑7104-3-1-31=沁阳水白豆×齐黄13<br>齐黄13=参见C560<br>郑长交10=郑74051-1-3-1×郑72126×泗豆2号<br>郑74051-1-3-1=跃进5号×郑74051-1-3-1<br>山东四角齐=山东商河地方品种，参见A196<br>泗豆2号=58-161×邳县软条枝<br>邳县软条枝=江苏邳县地方品种，参见A177<br>油77-16=油70-2×58-161<br>猴子毛=湖北黄陂地方品种，参见A119 |
| C119 | 正104 | 河南 | 杂交育种 | 不详，选自河南农科院混合杂种后代材料，参见A287 | |

（续）

| 编号 | 品种名称 | 来源省份 | 育种方法 | 系谱 |
|---|---|---|---|---|
| C120 | 郑 133 | 河南 | 杂交育种 | 郑 76064 - 3 × 郑 79082<br>郑 76064 - 3 = 郑 7104 - 3 - 1 - 31 × 滑县大绿豆<br>郑 7104 - 3 - 1 - 31 = 沁阳水白豆 × 齐黄 13<br>沁阳水白豆 = 河南沁阳地方品种，参见 A190<br>滑县大绿豆 = 河南滑县地方品种，参见 A122<br>齐黄 13 = 参见 C560<br>郑 79082 = 74045 - 0 - 5 - 26 × 76097 - 0 - 2<br>74045 - 0 - 5 - 26 = 郑州 135 × 灌云 1 号<br>郑州 135 = 参见 C124<br>灌云 1 号 = 参见 C422<br>76097 - 0 - 2 = 7312 - 2 - 6 - 7 × 郑 7104 - 3 - 1 - 32<br>7312 - 2 - 6 - 7 = 河南早丰 1 号 × Magnolia<br>河南早丰 1 号 = 参见 C094<br>Magnolia = 美国品种，参见 A333<br>郑 7104 - 3 - 1 - 32 = 沁阳水白豆 × 齐黄 13 |
| C121 | 郑 77249 | 河南 | 杂交育种 | 郑 74046 - 0 - 4 - 9 × 郑 76066<br>郑 74046 - 0 - 4 - 9 = 郑州 135 × 泗豆 2 号<br>郑州 135 = 参见 C124<br>泗豆 2 号 = 58 - 161 × 邳县软条枝<br>58 - 161 = 参见 C417<br>邳县软条枝 = 江苏邳县地方品种，参见 A177<br>郑 76066 = 郑 7104 - 3 - 1 - 32 × 徐州 421<br>郑 7104 - 3 - 1 - 32 = 沁阳水白豆 × 齐黄 13<br>沁阳水白豆 = 河南沁阳地方品种，参见 A190<br>齐黄 13 = 参见 C560<br>徐州 421 = 江苏铜山地方品种，参见 A231<br>徐州 126 = 铜山天鹅蛋的选系<br>铜山天鹅蛋 = 江苏铜山地方品种，参见 A231<br>Mamotan = 美国品种，参见 A334 |
| C122 | 郑 86506 | 河南 | 杂交育种 | 郑 80024 - 10 × 海交 07<br>郑 80024 - 10 = 跃进 5 号 × 郑 77249<br>跃进 5 号 = 参见 C579<br>郑 77249 = 参见 C121<br>海交 07 = 郑 76064 × 79076<br>郑 76064 = 郑 7104 - 3 - 1 - 31 × 滑县大绿豆<br>郑 7104 - 3 - 1 - 31 = 沁阳水白豆 × 齐黄 13<br>沁阳水白豆 = 河南沁阳地方品种，参见 A190<br>滑县大绿豆 = 河南滑县地方品种，参见 A122<br>齐黄 13 = 参见 C560<br>79076 = 76031 - 0 - 1 × 76033 - 0 - 1 - 1<br>76031 - 0 - 1 = 跃进 5 号 × 丰收黄<br>丰收黄 = 参见 C536<br>76033 - 0 - 1 - 1 = 滑县大绿豆 × 郑 7104 - 3 - 1 - 32<br>郑 7104 - 3 - 1 - 32 = 沁阳水白豆 × 齐黄 13 |
| C123 | 郑州 126 | 河南 | 杂交育种 | 山东四角齐 × 河南早丰 1 号<br>山东四角齐 = 山东商河地方品种，参见 A196<br>河南早丰 1 号 = 参见 C094 |

（续）

| 编号 | 品种名称 | 来源省份 | 育种方法 | 系谱 |
| --- | --- | --- | --- | --- |
| C124 | 郑州135 | 河南 | 杂交育种 | 山东四角齐×河南早丰1号<br>山东四角齐＝山东商河地方品种，参见A196<br>河南早丰1号＝参见C094 |
| C125 | 周7327-118 | 河南 | 杂交育种 | 徐豆2号×跃进3号<br>徐豆2号＝参见C456<br>跃进3号＝莒选23×5905<br>莒选23＝参见C540<br>5905＝新黄豆×铁角黄<br>新黄豆＝参见C574<br>铁角黄＝山东西部地方品种，参见A228 |
| C126 | 白宝珠 | 黑龙江 | 选择育种 | 北良55-1的自然变异选系<br>北良55-1＝紫花4号的选系<br>紫花4号＝参见C287 |
| C127 | 宝丰1号 | 黑龙江 | 杂交育种 | （合交71-943×嫩69-1）$F_1$×（合交71-943×Wilkin）$F_1$<br>合丰23＝合丰23<br>合丰23＝参见C168<br>尤比列×俄罗斯品种，参见A320<br>Wilkin＝美国品种，参见A346<br>嫩69-1＝尤比列×北良57-25<br>北良57-25＝不详，黑龙江北安良种场育种品系，参见A026 |
| C128 | 宝丰2号 | 黑龙江 | 杂交育种 | 设交74-292×Corsoy<br>设交74-292＝不详，参见A206<br>Corsoy＝美国品种，参见A328 |
| C129 | 宝丰3号 | 黑龙江 | 杂交育种 | 合丰22×Wilkin<br>合丰22＝参见C167<br>Wilkin＝美国品种，参见A346 |
| C130 | 北丰1号 | 黑龙江 | 杂交育种 | 北安469×北呼豆<br>北安469＝嫩良4号×北良10号<br>嫩良4号＝克系283×北良55-1<br>克系283＝参见C243<br>北良55-1＝紫花4号的选系<br>紫花4号＝参见C287<br>北呼豆＝参见C135<br>北良10号＝不详，黑龙江北安良种场育种品系，参见A024 |
| C131 | 北丰2号 | 黑龙江 | 杂交育种 | （五顶珠×荆山朴）的高代育种品系×北呼豆<br>五顶珠＝黑龙江绥化地方品种，参见A235<br>荆山朴＝参见C233<br>北呼豆＝参见C135 |
| C132 | 北丰3号 | 黑龙江 | 杂交育种 | （合交13×黑河51）×北呼豆<br>合交13＝参见C185<br>黑河51＝参见C194<br>北呼豆＝参见C135 |
| C133 | 北丰4号 | 黑龙江 | 杂交育种 | （嫩良4号×丰收2号）×北68-1483<br>嫩良4号＝克系283×北良55-1<br>克系283＝参见C243<br>北良55-1＝紫花4号的选系<br>紫花4号＝参见C287<br>丰收2号＝参见C151<br>北68-1483＝不详，黑龙江北安良种场育种品系，参见A021 |

| 编号 | 品种名称 | 来源省份 | 育种方法 | 系 | 谱 |
|---|---|---|---|---|---|
| C134 | 北丰5号 | 黑龙江 | 杂交育种 | 黑3-早×合丰23 | 黑3-早=黑河3号的选系<br>合丰23=参见C168 |
| C135 | 北呼豆 | 黑龙江 | 杂交育种 | 黑河3号=参见C187<br>北良55-1×兑霜 | 北良55-1=紫花4号的选系<br>兑霜=参见C242<br>紫花4号=参见C287 |
| C136 | 北农56-2 | 黑龙江 | 杂交育种 | 紫花4号×元宝金<br>元宝金=参见C284 | |
| C137 | 东北小粒豆 | 黑龙江 | 杂交育种 | 嫩良68-8×Harosoy63<br>北良62-6-8=不详，黑龙江北安良种场育种品系，参见A027<br>Harosoy63=美国品种，参见A332 | 嫩良68-8=北良62-6-8×北良57-25<br>北良57-25=不详，黑龙江北安良种场育种材料，参见A026 |
| C138 | 东农1号 | 黑龙江 | 选择育种 | 小粒黄的自然变异选系 | 小粒黄=黑龙江地方品种，参见A245 |
| C139 | 东农2号 | 黑龙江 | 杂交育种 | 满仓金×紫花3号<br>紫花3号=参见C286 | 满仓金=参见C250 |
| C140 | 东农4号 | 黑龙江 | 杂交育种 | 满仓金×紫花4号<br>紫花4号=参见C287 | 满仓金=参见C250 |
| C141 | 东农34 | 黑龙江 | 杂交育种 | 东农27×沈高大豆<br>沈高大豆=不详，沈阳农业大学种质材料，参见A207 | 东农27=不详，东北农业大学育成品系，参见A070 |
| C142 | 东农36 | 黑龙江 | 杂交育种 | Logbeaw×东农47-1D<br>东农47-1D=兑霜×极早生青白<br>极早生青白=日本品种，参见A310 | Logbeaw=瑞典品种，参见A322<br>兑霜=参见C242 |
| C143 | 东农37 | 黑龙江 | 杂交育种 | 黑河3号×丰收12<br>丰收12=参见C158 | 黑河3号=参见C187 |
| C144 | 东农38 | 黑龙江 | 杂交育种 | 绥农3号×Morsoy<br>Morsoy=美国品种，参见A338 | 绥农3号=参见C270 |
| C145 | 东农39 | 黑龙江 | 杂交育种 | 东农16×九农7号<br>九农7号=参见C377 | 东农16=不详，东北农业大学育成品系，参见A068 |
| C146 | 东农40 | 黑龙江 | 杂交育种 | 早黑河×姬小金<br>姬小金=日本品种，参见A309 | 早黑河=黑龙江额尔古纳右旗地方品种，参见A264 |

（续）

| 编号 | 品种名称 | 来源省份 | 育种方法 | 系 谱 |
|---|---|---|---|---|
| C147 | 东农 41 | 黑龙江 | 杂交育种 | 早黑河×日本晴<br>日本晴＝日本品种，参见 A315<br>早黑河＝黑龙江额尔古纳右旗地方品种，参见 A264 |
| C148 | 东农 42 | 黑龙江 | 杂交育种 | 东农 79 - 5×绥农 4 号<br>76 - 287＝东洋，东北农业大学育种品系，参见 A007<br>东农 79 - 5＝76 - 287×公交 7133 - 1 - 3 - 6 - 4<br>公交 7014＝（一窝蜂×吉林 5 号）F₁<br>公交 7133 - 1 - 3 - 6 - 4＝公交 7014×公交 7015<br>吉林 5 号＝参见 C338<br>一窝蜂（公第 1488）＝吉林中部偏西地方品种，参见 A256<br>吉林 3 号＝参见 C336<br>公交 7015＝（吉林 3 号×十胜长叶）F₁<br>绥江 4 号＝参见 C271<br>十胜长叶＝日本品种，参见 A316 |
| C149 | 东农超小粒 1 号 | 黑龙江 | 杂交育种 | 丰山 1 号×药泉山半野生大豆<br>药泉山半野生大豆＝黑龙江德都县半野生大豆，参见 A253<br>丰山 1 号＝黑龙江海伦地方品种，参见 A083 |
| C150 | 丰收 1 号 | 黑龙江 | 杂交育种 | 紫花 4 号×元宝金<br>元宝金＝参见 C284<br>紫花 4 号＝参见 C287 |
| C151 | 丰收 2 号 | 黑龙江 | 杂交育种 | 紫花 4 号×元宝金<br>元宝金＝参见 C284<br>紫花 4 号＝参见 C287 |
| C152 | 丰收 3 号 | 黑龙江 | 杂交育种 | 紫花 4 号×元宝金<br>元宝金＝参见 C284<br>紫花 4 号＝参见 C287 |
| C153 | 丰收 4 号 | 黑龙江 | 杂交育种 | 紫花 4 号×元宝金<br>元宝金＝参见 C284<br>紫花 4 号＝参见 C287 |
| C154 | 丰收 5 号 | 黑龙江 | 杂交育种 | 紫花 4 号×元宝金<br>元宝金＝参见 C284<br>紫花 4 号＝参见 C287 |
| C155 | 丰收 6 号 | 黑龙江 | 杂交育种 | 紫花 4 号×元宝金<br>元宝金＝参见 C284<br>紫花 4 号＝参见 C287 |
| C156 | 丰收 10 号 | 黑龙江 | 杂交育种 | 丰收 6 号×四粒黄<br>四粒黄＝克山四粒黄<br>丰收 6 号＝参见 C155 |
| C157 | 丰收 11 | 黑龙江 | 杂交＋诱变育种 | 克山四粒黄 56 - 4258 的辐射诱变选系<br>丰收 6 号＝参见 C155<br>克山四粒黄＝克山四粒黄<br>克交 56 - 4258＝丰收 6 号×克山四粒黄<br>克山四粒黄＝黑龙江克山地方品种，参见 A154<br>克山四粒黄＝黑龙江克山地方品种，参见 A154 |

（续）

| 编号 | 品种名称 | 来源省份 | 育种方法 | 系　谱 |
|---|---|---|---|---|
| C158 | 丰收12 | 黑龙江 | 杂交育种 | （丰收4号×克交5610）F₄；克交5610=（紫花4号×元宝金）F₇×佳木斯秃荚子；元宝金=参见C284。丰收4号=参见C153；紫花4号=参见C287；佳木斯秃荚子=黑龙江佳木斯地方品种，参见A137 |
| C159 | 丰收17 | 黑龙江 | 杂交育种 | 丰收10号×克交56-4012；克交56-4012=丰收6号×克山四粒黄；克山四粒黄=克山四粒荚。丰收10号=参见C156；丰收6号=参见C155；克山四粒荚=黑龙江克山地方品种，参见A154 |
| C160 | 丰收18 | 黑龙江 | 杂交育种 | 丰收11×黑河1号；黑河1号=尤比列，俄罗斯品种，参见A320。丰收11=参见C157 |
| C161 | 丰收19 | 黑龙江 | 杂交育种 | 丰收10号×晖春豆；晖春豆=吉林晖春地方品种，参见A132。丰收10号=参见C156 |
| C162 | 丰收20 | 黑龙江 | 杂交育种 | 克交56-4106-1×黑河54；丰收6号=参见C155；黑河54=参见C195。克交56-4106-1=丰收6号×克山四粒荚；克山四粒荚=黑龙江克山地方品种，参见A154 |
| C163 | 丰收21 | 黑龙江 | 杂交育种 | 克系7048-2×克交70-5295；克交69-5236=克交56-4087-17×哈光1657；丰收6号=参见C155；哈光1657=满仓金诱变的选系；十胜长叶=日本品种，参见A316；丰收10号=参见C156。克系7048-2=克交69-5236×十胜长叶；克交56-4087-17=丰收6号×克山四粒荚；克山四粒荚=黑龙江克山地方品种，参见A154；满仓金=参见C250；克交70-5295=丰收10号×合交6号；合交6号=参见C182 |
| C164 | 丰收22 | 黑龙江 | 诱变育种 | 合丰25的辐射诱变选系。合丰25=参见C170 |
| C165 | 钢201 | 黑龙江 | 杂交育种 | 东农55-5875×克交56-4197；满仓金=参见C250；克交56-4197=丰收6号×克山四粒荚；克山四粒荚=黑龙江克山地方品种，参见A154。东农55-5875=满仓金×紫花4号；紫花4号=参见C287；丰收6号=参见C155 |
| C166 | 合丰17 | 黑龙江 | 杂交育种 | 满仓金×荆山朴；荆山朴=参见C233。满仓金=参见C250 |

（续）

| 编号 | 品种名称 | 来源省份 | 育种方法 | 系 | 谱 |
|---|---|---|---|---|---|
| C167 | 合丰22 | 黑龙江 | 杂交育种 | 合丰5号×丰收2号<br>荆山朴=参见 C233 | 合丰5号=荆山朴的自然变异选系<br>丰收2号=参见 C151 |
| C168 | 合丰23 | 黑龙江 | 杂交育种 | 小粒豆9号×丰收10号<br>丰收10号=参见 C156 | 小粒豆9号=黑龙江勃利地方品种，参见 A244 |
| C169 | 合丰24 | 黑龙江 | 杂交育种 | 黑河54×合丰23<br>合丰23=参见 C168 | 黑河54=参见 C195 |
| C170 | 合丰25 | 黑龙江 | 杂交育种 | 合丰23×克交4430-20<br>克交4430-20=克交69-5236×十胜长叶<br>克交56-4087-17=丰收6号×克山四粒荚<br>克山四粒荚=黑龙江克山地方品种，参见 A154<br>满仓金=参见 C250 | 合丰23=参见 C168<br>克交69-5236=克交56-4087-17×哈光 1657<br>丰收6号=参见 C155<br>哈光1657=满仓金经诱变的选系<br>十胜长叶=日本品种，参见 A316 |
| C171 | 合丰26 | 黑龙江 | 杂交育种 | 合交13×克交4430-20<br>克交4430-20=克交69-5236×十胜长叶<br>克交56-4087-17=丰收6号×克山四粒荚<br>克山四粒荚=黑龙江克山地方品种，参见 A154<br>满仓金=参见 C250 | 合交13=参见 C185<br>克交69-5236=克交56-4087-17×哈光 1657<br>丰收6号=参见 C155<br>哈光1657=满仓金经诱变的选系<br>十胜长叶=日本品种，参见 A316 |
| C172 | 合丰27 | 黑龙江 | 杂交育种 | （合丰22×Amsoy）×合丰22<br>Amsoy=美国品种，参见 A324 | 合丰22=参见 C167 |
| C173 | 合丰28 | 黑龙江 | 杂交育种 | 钢201×Ohio<br>Ohio=美国材料，参见 A339 | 钢201=参见 C165 |
| C174 | 合丰29 | 黑龙江 | 杂交育种 | 钢201×Ohio<br>Ohio=美国材料，参见 A339 | 钢201=参见 C165 |
| C175 | 合丰30 | 黑龙江 | 杂交育种 | （克交69-231×克交4430-20）$F_1$×克交4430-20<br>小粒豆9号=黑龙江勃利地方品种，参见 A244<br>克交4430-20=克交69-5236×十胜长叶<br>克交56-4087-17=丰收6号×克山四粒荚<br>克山四粒荚=黑龙江克山地方品种，参见 A154<br>满仓金=参见 C250 | 合交69-231=小粒豆9号×大红脐55-1<br>大红脐55-1=黑龙江克东地方品种，参见 A046<br>克交56-4087-17×哈光 1657<br>丰收6号=参见 C155<br>哈光1657=满仓金经诱变的选系<br>十胜长叶=日本品种，参见 A316 |

（续）

| 编号 | 品种名称 | 来源省份 | 育种方法 | 系谱 |
|---|---|---|---|---|
| C176 | 合丰31 | 黑龙江 | 杂交育种 | 合丰25×合丰24<br>合丰24=参见C169<br>合丰25=参见C170 |
| C177 | 合丰32 | 黑龙江 | 杂交育种 | （合丰26×Wilkin）F₁×合丰26<br>Wilkin=美国品种，参见A346<br>合丰26=参见C171 |
| C178 | 合丰33 | 黑龙江 | 杂交+诱变育种 | 杂交后代（合丰26×铁丰18）的辐射诱变选系<br>铁丰18=参见C510<br>合丰26=参见C171 |
| C179 | 合丰34 | 黑龙江 | 杂交育种 | 合丰24×洽安小粒豆<br>洽安小粒豆=黑龙江洽安地方品种，参见A267<br>合丰24=参见C169 |
| C180 | 合丰35 | 黑龙江 | 杂交育种 | 合交8009-1612=合交7431×绥农7号<br>合交7431=黑河54×Amsoy<br>Amsoy=美国品种，参见A324<br>合交8009-1612=合交7431×黑河54<br>黑河54=参见C195<br>绥农7号=参见C274 |
| C181 | 合丰36 | 黑龙江 | 杂交+诱变育种 | （合交26×公交7407）F₁的辐射诱变选系<br>公交7407=吉林20<br>合丰26=参见C171<br>吉林20=参见C352 |
| C182 | 合交6号 | 黑龙江 | 杂交育种 | 秃荚子×满仓金<br>满仓金=参见C250<br>秃荚子=黑龙江木兰地方品种，参见A233 |
| C183 | 合交8号 | 黑龙江 | 杂交育种 | 秃荚子×满仓金<br>满仓金=参见C250<br>秃荚子=黑龙江木兰地方品种，参见A233 |
| C184 | 合交11 | 黑龙江 | 杂交育种 | 秃荚子×满仓金<br>满仓金=参见C250<br>秃荚子=黑龙江木兰地方品种，参见A233 |
| C185 | 合交13 | 黑龙江 | 杂交育种 | 满仓金×黑龙江41<br>黑龙江41=俄罗斯阿穆尔州国家选种站育成，参见A319<br>满仓金=参见C250 |
| C186 | 合交14 | 黑龙江 | 杂交育种 | 荆山朴×东农55-6006<br>东农55-6006=满仓金×紫花4号<br>紫花4号=参见C287<br>荆山朴=参见C233<br>满仓金=参见C250 |
| C187 | 黑河3号 | 黑龙江 | 杂交育种 | 丰收6号×四粒黄<br>四粒黄=黑龙江中部和东部地方品种，参见A209<br>丰收6号=参见C155 |

（续）

| 编号 | 品种名称 | 来源省份 | 育种方法 | 系谱 |
|---|---|---|---|---|
| C188 | 黑河 4 号 | 黑龙江 | 杂交育种 | 黑河 54×黑河 103<br>黑河 103=黑河 3 号×尤比列<br>尤比列=俄罗斯品种，参见 A320　黑河 54=参见 C195　黑河 3 号=参见 C187 |
| C189 | 黑河 5 号 | 黑龙江 | 杂交育种 | 黑河 54×Amsoy<br>Amsoy=美国品种，参见 A324　黑河 54=参见 C195 |
| C190 | 黑河 6 号 | 黑龙江 | 杂交育种 | 花 202×黑河 4 号<br>黑河 4 号=参见 C188　花 202=不详，黑龙江花园农场地方品种的选系，参见 A120 |
| C191 | 黑河 7 号 | 黑龙江 | 杂交育种 | （黑河 54×十胜长叶）×（黑河 54×Amsoy）<br>十胜长叶=日本品种，参见 A316　黑河 54=参见 C195　Amsoy=美国品种，参见 A324 |
| C192 | 黑河 8 号 | 黑龙江 | 诱变育种 | 黑河 4 号的辐射诱变选系　黑河 4 号=参见 C188 |
| C193 | 黑河 9 号 | 黑龙江 | 杂交+诱变育种 | 黑河 4 号×〔黑河 105×十胜长叶〕F$_2$ 的辐射诱变选系<br>黑河 105=黑河 3 号×黑河 1 号　黑河 4 号=参见 C188　黑河 3 号=参见 C187　十胜长叶=日本品种，参见 A316 |
| C194 | 黑河 51 | 黑龙江 | 杂交育种 | 丰收 1 号×黑龙江 41<br>黑龙江 41=原俄罗斯阿穆尔州国家选种站育成，参见 A319　丰收 1 号=参见 C150 |
| C195 | 黑河 54 | 黑龙江 | 杂交育种 | 丰收 1 号×襄衣领<br>襄衣领=黑龙江西部龙江草原地方品种，参见 A216　丰收 1 号=参见 C150 |
| C196 | 黑鉴 1 号 | 黑龙江 | 选择育种 | Gamsoy 的自然变异选系　Gamsoy=英国品种，参见 A305 |
| C197 | 黑农 3 号 | 黑龙江 | 杂交育种 | 满仓金×东农 3 号<br>东农 3 号=不详，东北农业大学育成品系，参见 A067　满仓金=参见 C250 |
| C198 | 黑农 4 号 | 黑龙江 | 诱变育种 | 满仓金的辐射诱变选系　满仓金=参见 C250 |
| C199 | 黑农 5 号 | 黑龙江 | 诱变育种 | 东农 4 号的辐射诱变选系　东农 4 号=参见 C140 |
| C200 | 黑农 6 号 | 黑龙江 | 诱变育种 | 满仓金的辐射诱变选系　满仓金=参见 C250 |
| C201 | 黑农 7 号 | 黑龙江 | 诱变育种 | 满仓金的辐射诱变选系　满仓金=参见 C250 |
| C202 | 黑农 8 号 | 黑龙江 | 诱变育种 | 满仓金的辐射诱变选系　满仓金=参见 C250 |
| C203 | 黑农 10 号 | 黑龙江 | 杂交育种 | 东农 4 号×荆山朴<br>荆山朴=参见 C233　东农 4 号=参见 C140 |

（续）

| 编号 | 品种名称 | 来源省份 | 育种方法 | 系 | 谱 |
|---|---|---|---|---|---|
| C204 | 黑农 11 | 黑龙江 | 杂交育种 | 东农 4 号×（荆山朴＋紫花 4 号＋东农 10 号）<br>荆山朴＝参见 C233 | 东农 4 号＝参见 C140<br>紫花 4 号＝参见 C287<br>满仓金＝参见 C250 |
| C205 | 黑农 16 | 黑龙江 | 杂交＋诱变育种 | 东农 10 号＝满仓金×紫花 4 号<br>五顶珠（五顶珠×荆山朴）F₂ 的辐射诱变选系<br>荆山朴＝参见 C233 | 满仓金×紫花 4 号<br>五顶珠＝黑龙江绥化地方品种，参见 A235 |
| C206 | 黑农 17 | 黑龙江 | 杂交育种 | 东农 4 号×（荆山朴＋紫花 4 号）<br>荆山朴＝参见 C233 | 东农 4 号＝参见 C140<br>紫花 4 号＝参见 C287 |
| C207 | 黑农 18 | 黑龙江 | 杂交育种 | 丰地黄×东农 10 号<br>东农 10 号＝满仓金×紫花 4 号 | 丰地黄＝参见 C324<br>满仓金＝参见 C250 |
| C208 | 黑农 19 | 黑龙江 | 杂交育种 | 东农 4 号×（荆山朴＋紫花 4 号）<br>荆山朴＝参见 C233 | 东农 4 号＝参见 C140<br>紫花 4 号＝参见 C287 |
| C209 | 黑农 23 | 黑龙江 | 杂交育种 | 黑农 3 号×东农 4 号 | 黑农 3 号＝参见 C197<br>东农 4 号＝参见 C140 |
| C210 | 黑农 24 | 黑龙江 | 杂交育种 | 黑农 3 号×东农 4 号 | 黑农 3 号＝参见 C197<br>东农 4 号＝参见 C140 |
| C211 | 黑农 26 | 黑龙江 | 杂交育种 | 哈 63 - 2294×小金黄 1 号 | 哈 63 - 2294＝东农 4 号经诱变的选系<br>小金黄 1 号＝参见 C401 |
| C212 | 黑农 27 | 黑龙江 | 杂交育种 | 黑农 11×黑农 18＝参见 C207 | 黑农 11＝参见 C204 |
| C213 | 黑农 28 | 黑龙江 | 杂交＋诱变育种 | （黑农 16×十胜长叶）F₅ 的辐射诱变选系<br>十胜长叶＝日本品种，参见 A316 | 黑农 16＝参见 C205 |
| C214 | 黑农 29 | 黑龙江 | 杂交育种 | 黑农 11×（黑农 10 号×十胜长叶）<br>黑农 10 号＝参见 C203 | 黑农 11＝参见 C204<br>十胜长叶＝日本品种，参见 A316 |
| C215 | 黑农 30 | 黑龙江 | 杂交育种 | 合交 6 号×黑农 1 号<br>合交 6 号＝参见 C182<br>合交 69 - 219×哈 71 - 1514<br>长叶大豆＝黑龙江地方品种，参见 A038<br>哈 71 - 1514＝（黑大豆 3 号×哈 61 - 8134）×（哈光 1702×哈 49 - 2158）<br>哈 61 - 8134＝不详，黑龙江农科院育种品种系，参见 A103<br>满仓金＝参见 C250 | 合交 69 - 219＝合交 6 号×哈 61 - 8139<br>哈 61 - 8139＝长叶大豆×哈 1 号<br>东农 1 号＝参见 C138<br>黑农 3 号＝参见 C197<br>哈光 1702＝满仓金经诱变的选系<br>哈 49 - 2158＝不详，可能是黑龙江地方品种的选系，参见 A102 |

| 编号 | 品种名称 | 来源省份 | 育种方法 | 系谱 |
|---|---|---|---|---|
| C216 | 黑农31 | 黑龙江 | 杂交+诱变育种 | （哈70-5072×哈53）的辐射诱变选系<br>哈70-5072=黑农6号×吉林1号<br>黑农6号=参见C200<br>吉林1号=参见C334<br>哈53=丰地黄经诱变的选系<br>丰地黄=参见C324 |
| C217 | 黑农32 | 黑龙江 | 杂交+诱变育种 | （哈70-5072×哈53）的辐射诱变选系<br>哈70-5072=黑农6号×吉林1号<br>黑农6号=参见C200<br>吉林1号=参见C334<br>哈53=丰地黄经诱变的选系<br>丰地黄=参见C324 |
| C218 | 黑农33 | 黑龙江 | 杂交育种 | 绥农3号×Clark63<br>绥农3号=参见C270<br>Clark63=美国品种，参见A326 |
| C219 | 黑农34 | 黑龙江 | 杂交育种 | 黑农16×十胜长叶<br>黑农16=参见C205<br>十胜长叶=日本品种，参见A316 |
| C220 | 黑农35 | 黑龙江 | 杂交育种 | 黑农16×十胜长叶<br>黑农16=参见C205<br>十胜长叶=日本品种，参见A316 |
| C221 | 黑农36 | 黑龙江 | 杂交育种 | 绥农3号×Clark63<br>绥农3号=参见C270<br>Clark63=美国品种，参见A326 |
| C222 | 黑农37 | 黑龙江 | 杂交+诱变育种 | （黑农28×哈78-8391）的辐射诱变选系<br>黑农28=参见C213<br>哈78-8391=合交69-219×哈71-1514<br>合交69-219=合交6号×哈61-8139<br>合交6号=参见C182<br>哈61-8139=长叶大豆×东农1号<br>长叶大豆=黑龙江地方品种，参见A038<br>东农1号=参见C138<br>哈71-1514=（黑农3号×哈61-8134）×（哈光1702×哈49-2158）<br>黑农3号=参见C197<br>哈61-8134=不详，黑龙江农科院育种品系，参见A103<br>哈光1702=满仓金经诱变的选系<br>满仓金=参见C250<br>哈49-2158=不详，可能是黑龙江地方品种的选系，参见A102 |
| C223 | 黑农39 | 黑龙江 | 杂交育种 | 绥农4号×铁7518<br>绥农4号=参见C271<br>铁7518=铁丰19×花生<br>铁丰19=参见C511<br>花生=不详，参见A121 |
| C224 | 黑农小粒豆1号 | 黑龙江 | 杂交+诱变育种 | （7626-0-2×7634-0-17）$F_2$的辐射诱变选系<br>7626-0-2=东农72-806×熊岳小黄豆<br>东农72-806=不详，东北农业大学选自混杂的杂种群体，参见A073<br>熊岳小黄豆=辽宁熊岳地方品种，参见A247<br>7634-0-17=丰收11×Wilkin<br>丰收11=参见C157<br>Wilkin=美国品种，参见A346 |

（续）

| 编号 | 品种名称 | 来源省份 | 育种方法 | 系谱 |
|---|---|---|---|---|
| C225 | 红丰2号 | 黑龙江 | 杂交育种 | 哈光6213×黑河3号<br>哈光6213=满仓金经诱变的选系<br>满仓金=参见C250 |
| C226 | 红丰3号 | 黑龙江 | 杂交育种 | 黑农8号×黑河3号<br>黑河3号=参见C187<br>黑农8号=参见C202<br>满仓金=参见C250 |
| C227 | 红丰5号 | 黑龙江 | 杂交育种 | 红丰3号×兑交4430-20<br>红丰3号=参见C226<br>兑交4430-20=兑交56-4087-17×十胜长叶<br>兑交69-5236=参见C155<br>兑交56-4087-17=丰收6号×克山四粒荚<br>丰收6号=参见C155<br>克山四粒荚=黑龙江克山地方品种，参见A154<br>哈光1657=满仓金经诱变的选系<br>十胜长叶=日本品种，参见A316 |
| C228 | 红丰8号 | 黑龙江 | 杂交育种 | 合丰25×Dawn<br>合丰25=参见C170<br>Dawn=加拿大品种，参见A304 |
| C229 | 红丰9号 | 黑龙江 | 杂交育种 | 红丰3号×BC13-4-1<br>红丰3号=参见C226<br>BC13-4-1=加拿大大品种，参见A303 |
| C230 | 红丰小粒豆1号 | 黑龙江 | 杂交育种 | 钢6634-7-晚×红野-1<br>钢6634-7-晚=黑农8号×黑河3号<br>黑农8号=参见C202<br>黑农8号=参见C187<br>黑河3号=参见C187<br>红野-1=黑龙江野生大豆（*G. soja*），参见A118 |
| C231 | 建丰1号 | 黑龙江 | 杂交育种 | 大粒黄×丰收11<br>大粒黄=黑龙江中部和东部地方品种，参见A053<br>丰收11=参见C157 |
| C232 | 金元2号 | 黑龙江 | 选择育种 | 不详，选自黑龙江望奎地方品种，参见A288 |
| C233 | 荆山朴 | 黑龙江 | 选择育种 | 满仓金的自然变异选系<br>满仓金=参见C250 |
| C234 | 九丰1号 | 黑龙江 | 杂交育种 | 嫩73-10×嫩73-15<br>嫩73-10=哈钻64-3643×丰收10号<br>哈钻64-3643=东农4号经诱变的选系<br>东农4号=参见C140<br>丰收10号=参见C156<br>嫩73-15=黑河54×东农16<br>黑河54=参见C195<br>东农16=不详，东北农业大学育成品系，参见A068 |
| C235 | 九丰2号 | 黑龙江 | 杂交育种 | 哈钻64-3643×丰收10号<br>哈钻64-3643=东农4号经诱变的选系<br>东农4号=参见C140<br>丰收10号=参见C156 |
| C236 | 九丰3号 | 黑龙江 | 杂交育种 | （黑河54×边3014）$F_3$×边65-4<br>黑河54=参见C195<br>边3014=不详，参见A031<br>边65-4=不详，参见A032 |

（续）

| 编号 | 品种名称 | 来源省份 | 育种方法 | 系 | 谱 |
|---|---|---|---|---|---|
| C237 | 九丰4号 | 黑龙江 | 杂交育种 | 嫩良71-102×十胜长叶<br>北62-1-9=不详，黑龙江北安良种场育种品系，参见 A020<br>十胜长叶=日本品种，参见 A316 | 嫩良71-102=北62-1-9×黑河54<br>黑河54=参见 C195 |
| C238 | 九丰5号 | 黑龙江 | 杂交育种 | （嫩良69-17×Corsoy）$F_2$×嫩良73-27<br>黑河54=参见 C195<br>丰收6号=参见 C155<br>Corsoy=美国品种，参见 A328<br>北62-1-9=不详，黑龙江北安良种场育种品系，参见 A020 | 嫩良69-17=黑河54×克交56-4197<br>克交56-4197=黑河54×克山四粒荚<br>克山四粒荚=黑龙江克山地方品种，参见 A154<br>嫩良73-27=北62-1-9×东农64-9377<br>东农64-9377=不详，东北农业大学育种品系，参见 A072 |
| C239 | 抗线虫1号 | 黑龙江 | 杂交育种 | 丰收12×Franklin<br>Franklin=美国品种，参见 A330 | 丰收12号=参见 C158 |
| C240 | 抗线虫2号 | 黑龙江 | 杂交育种 | 嫩丰9号×（嫩丰10号×Franklin）<br>嫩丰10号=参见 C260 | 嫩丰9号=参见 C259<br>Franklin=美国品种，参见 A330 |
| C241 | 克北1号 | 黑龙江 | 杂交育种 | 紫花4号×元宝金<br>元宝金=参见 C284 | 紫花4号=参见 C287 |
| C242 | 克霜 | 黑龙江 | 选择育种 | 逊克当地的自然变异选系 | 逊克当地种=黑龙江逊克地方品种，参见 A248 |
| C243 | 克系283 | 黑龙江 | 选择育种 | 大白眉的自然变异选系 | 大白眉=黑龙江地方品种，参见 A040 |
| C244 | 垦丰1号 | 黑龙江 | 杂交育种 | 系选1号×黑河54 | 系选1号=林甸永安大豆的选系<br>林甸永安大豆=黑龙江林甸地方品种，参见 A160<br>黑河54=参见 C195 |
| C245 | 垦稼1号 | 黑龙江 | 选择育种 | 双河稀食豆的自然变异选系 | 双河稀食豆=黑龙江地方品种，参见 A208 |
| C246 | 垦农1号 | 黑龙江 | 杂交育种 | 克交4430-20×黑农26<br>克交56-4087-17×哈光1657<br>丰收6号=参见 C155<br>哈光1657=满仓金经诱变的选系<br>十胜长叶=日本品种，参见 A316 | 克交4430-20=克交69-5236×十胜长叶<br>克交56-4087-17=丰收6号×克山四粒荚<br>克山四粒荚=黑龙江克山地方品种，参见 A154<br>满仓金=参见 C250<br>黑农26=参见 C211 |
| C247 | 垦农2号 | 黑龙江 | 杂交育种 | 绥农4号×边76-66<br>边76-66=黑河3号×作630<br>作630=中国农科院作物所育种品系，参见 A274 | 绥农4号=参见 C271<br>黑河3号=参见 C187 |

（续）

| 编号 | 品种名称 | 来源省份 | 育种方法 | 系谱 |
|---|---|---|---|---|
| C248 | 垦农 4 号 | 黑龙江 | 杂交育种 | 九农 13×绥农 4 号　绥农 4 号=参见 C271　九农 13=参见 C383 |
| C249 | 李玉玲 | 黑龙江 | 选择育种 | 不详，选自黑龙江巴彦大豆田中，参见 A289 |
| C250 | 满仓金 | 黑龙江 | 杂交育种 | 黄宝珠×金元　黄宝珠=参见 C333 |
| C251 | 漠河 1 号 | 黑龙江 | 杂交育种 | 金元=辽宁开原地方品种，参见 A146　Fiskeby×Flambeau　Flambeau=美国品种，参见 A329　Fiskeby=瑞典品种，参见 A321 |
| C252 | 牡丰 1 号 | 黑龙江 | 选择育种 | 荆山朴的自然变异选系　荆山朴=参见 C233 |
| C253 | 牡丰 5 号 | 黑龙江 | 杂交育种 | 小金黄×满仓金　满仓金=参见 C250　小金黄=黑龙江北安地方品种，参见 A240 |
| C254 | 牡丰 6 号 | 黑龙江 | 杂交+诱变育种 | （铁岭短叶柄×Clark63）F₂ 的辐射诱变选系　Clark63=美国品种，参见 A326　铁岭短叶柄=辽宁铁岭地方品种，参见 A229 |
| C255 | 嫩丰 1 号 | 黑龙江 | 杂交育种 | 合丰 5 号×满仓金　荆山朴=参见 C233　合丰 5 号=荆山朴的自然变异选系　满仓金=参见 C250 |
| C256 | 嫩丰 2 号 | 黑龙江 | 杂交育种 | 满仓金×丰收 4 号　丰收 4 号=参见 C153　满仓金=参见 C250 |
| C257 | 嫩丰 4 号 | 黑龙江 | 杂交育种 | 合丰 5 号×黑农 3 号　荆山朴=参见 C233　合丰 5 号=荆山朴的自然变异选系，参见 A189　黑农 3 号=参见 C197 |
| C258 | 嫩丰 7 号 | 黑龙江 | 杂交育种 | 千斤黄×东农 55－6015　东农 55－6015=满仓金×紫花 4 号　紫花 4 号=参见 C287　千斤黄=黑龙江安达地方品种，参见 A189　满仓金=参见 C250 |
| C259 | 嫩丰 9 号 | 黑龙江 | 杂交育种 | 合丰 5 号×嫩 63149　荆山朴=参见 C233　紫花 4 号=参见 C287　合丰 5 号=荆山朴的自然变异选系　嫩 63149=紫花 4 号×荆山朴 |
| C260 | 嫩丰 10 号 | 黑龙江 | 杂交育种 | 荆山朴×嫩 64008　嫩 64008=千斤黄×东农 55－6015　东农 55－6015=满仓金×紫花 4 号　紫花 4 号=参见 C287　荆山朴=参见 C233　千斤黄=黑龙江安达地方品种，参见 A189　满仓金=参见 C250 |

（续）

| 编号 | 品种名称 | 来源省份 | 育种方法 | 系谱 | |
|---|---|---|---|---|---|
| C261 | 嫩丰 11 | 黑龙江 | 杂交育种 | 满仓金×群选 1 号<br>群选 1 号＝参见 C392 | 满仓金＝参见 C250 |
| C262 | 嫩丰 12 | 黑龙江 | 杂交育种 | 嫩 67155×公交 5610-3<br>荆山朴＝参见 C233<br>千斤黄＝黑龙江安达地方品种，参见 A189<br>满仓金＝参见 C250 | 嫩 67155＝荆山朴×嫩 64008<br>嫩 64008＝千斤黄×东农 55-6015<br>东农 55-6015＝满仓金×紫花 4 号<br>紫花 4 号＝参见 C287<br>大金黄＝辽宁东北部地方品种，参见 A051 |
| C263 | 嫩丰 13 | 黑龙江 | 杂交育种 | （嫩丰 1 号×兑系 283）F₁×（福寿×兑系 283）F₁<br>兑系 283＝兑山大白眉的选系<br>福寿＝辽宁开原地方品种，参见 A088 | 嫩丰 1 号＝参见 C255<br>兑山大白眉＝黑龙江兑山地方品种，参见 A153 |
| C264 | 嫩丰 14 | 黑龙江 | 选择育种 | 安 70-4176 的自然变异选系 | 安 70-4176＝不详，参见 A012 |
| C265 | 嫩丰 15 | 黑龙江 | 杂交育种 | CN210×黑河 3 号<br>黑河 3 号＝参见 C187 | CN210＝美国品种，参见 A327 |
| C266 | 嫩农 1 号 | 黑龙江 | 杂交育种 | 北良 55-1×北良 67-1-21<br>北良 67-1-21＝不详，黑龙江北安良种场育种品系，参见 A028 | 北良 55-1＝不详，黑龙江北安良种场育种品系，参见 A025 |
| C267 | 嫩农 2 号 | 黑龙江 | 杂交育种 | 黑河 54×北良 67-1-21<br>北良 67-1-21＝不详，黑龙江北安良种场育种品系，参见 A028 | 黑河 54＝参见 C195 |
| C268 | 曙光 1 号 | 黑龙江 | 选择育种 | 不详，选自黑龙江曙光农场大豆田中，参见 A290 | |
| C269 | 绥农 1 号 | 黑龙江 | 杂交育种 | 兑 5501-3×兑交 56-4258<br>满仓金＝参见 C250<br>兑交 56-4258＝丰收 6 号×兑山四粒荚<br>兑山四粒荚＝黑龙江兑山地方品种，参见 A154 | 兑 5501-3＝满仓金×东农 1 号<br>东农 1 号＝参见 C138<br>丰收 6 号＝参见 C155 |
| C270 | 绥农 3 号 | 黑龙江 | 杂交育种 | 兑 5501-3×兑交 56-4258<br>满仓金＝参见 C250<br>兑交 56-4258＝丰收 6 号×兑山四粒荚<br>兑山四粒荚＝黑龙江兑山地方品种，参见 A154 | 兑 5501-3＝满仓金×东农 1 号<br>东农 1 号＝参见 C138<br>丰收 6 号＝参见 C155 |

（续）

| 编号 | 品种名称 | 来源省份 | 育种方法 | 系谱 |
|---|---|---|---|---|
| C271 | 绥农 4 号 | 黑龙江 | 杂交育种 | 绥农 3 号×（绥 69-4258×群选 1 号）$F_1$<br>绥 69-4258=丰收 7 号×丰收 10 号<br>东农 20=不详，东北农业大学育成品系，参见 A069<br>丰收 10 号=丰收 7 号×参见 C156<br>绥农 3 号=参见 C270<br>丰收 7 号=东农 20×东农 1 号<br>东农 1 号=参见 C138<br>群选 1 号=参见 C392 |
| C272 | 绥农 5 号 | 黑龙江 | 杂交育种 | 哈 70-5048×（十胜长叶×绥农 1 号）$F_1$<br>哈 63-2294=东农 4 号经诱变的选系<br>小金黄 1 号=参见 C269<br>哈 70-5048=哈 63-2294×小金黄 1 号<br>东农 4 号=参见 C140<br>十胜长叶=日本品种，参见 A316 |
| C273 | 绥农 6 号 | 黑龙江 | 杂交育种 | 哈 70-5048×十胜长叶<br>哈 63-2294=东农 4 号经诱变的选系<br>小金黄 1 号=参见 C401<br>哈 70-5048=哈 63-2294×小金黄 1 号<br>东农 4 号=参见 C140<br>十胜长叶=日本品种，参见 A316 |
| C274 | 绥农 7 号 | 黑龙江 | 杂交育种 | 绥农 77-5047×九交 7226-2<br>克山四粒荚=黑龙江克山地方品种，参见 A154<br>绥农 70-6=黑农 4 号×克 56-10013-2<br>克 56-10013-2=克交 5610×克山四粒荚<br>紫花 4 号=参见 C287<br>佳木斯秃荚子=黑龙江佳木斯地方品种，参见 A137<br>九交 7226-2=九农 6 号×九农 7 号<br>九农 7 号=参见 C377<br>7253=绥农 70-6×Amsoy<br>黑农 4 号=参见 C198<br>克交 5610=（紫花 4 号×元宝金）$F_7$×佳木斯秃荚<br>元宝金=参见 C284<br>Amsoy=美国品种，参见 A324<br>九农 6 号=参见 C376 |
| C275 | 绥农 8 号 | 黑龙江 | 杂交育种 | 绥农 4 号×（绥 77-5047×Amsoy）$F_1$<br>绥 77-5047=克山四粒荚×7253<br>7253=绥农 70-6×Amsoy<br>黑农 4 号=参见 C198<br>克交 5610=（紫花 4 号×元宝金）$F_7$×佳木斯秃荚子<br>元宝金=参见 C284<br>Amsoy=美国品种，参见 A324<br>绥农 4 号=参见 C271<br>克山四粒荚=黑龙江克山地方品种，参见 A154<br>绥农 70-6=黑农 4 号×克 56-10013-2<br>克 56-10013-2=克交 5610×克山四粒荚<br>紫花 4 号=参见 C287<br>佳木斯秃荚子=黑龙江佳木斯地方品种，参见 A137 |

（续）

| 编号 | 品种名称 | 来源省份 | 育种方法 | 系 | 谱 |
|---|---|---|---|---|---|
| C276 | 绥农9号 | 黑龙江 | 杂交育种 | 绥农4号×（绥农5号×Amsoy）$F_1$ | 绥农4号=参见C271 |
| C277 | 绥农10号 | 黑龙江 | 杂交育种 | 绥农5号×铁7518<br>铁7518=铁丰19×花生<br>花生=不详，参见A121 | 绥农5号=参见C272<br>Amsoy=美国品种，参见A324 |
| C278 | 绥农11 | 黑龙江 | 杂交育种 | 绥农4号×铁7518<br>铁7518=铁丰19×花生<br>花生=不详，参见A121 | 绥农4号=参见C271<br>铁丰19=参见C511<br>绥农4号=参见C271<br>铁丰19=参见C511 |
| C279 | 孙吴平顶黄 | 黑龙江 | 选择育种 | 孙吴大白眉的自然变异选系 | 孙吴大白眉=黑龙江孙吴地方品种，参见A215 |
| C280 | 西比瓦 | 黑龙江 | 选择育种 | 不详，选自吉林抚余陶赖昭地方品种，参见A292 | |
| C281 | 新四粒黄 | 黑龙江 | 选择育种 | 四粒黄的自然变异选系 | 四粒黄=黑龙江中部和东部地方品种，参见A209 |
| C282 | 逊选1号 | 黑龙江 | 选择育种 | 黑河3号的自然变异选系 | 黑河3号=参见C187 |
| C283 | 千惠珍大豆 | 黑龙江 | 选择育种 | 满仓金的自然变异选系 | 满仓金=参见C250 |
| C284 | 元宝金 | 黑龙江 | 杂交育种 | 黄宝珠×金元<br>金元=辽宁开原地方品种，参见A146 | 黄宝珠=参见C333 |
| C285 | 紫花2号 | 黑龙江 | 选择育种 | 白眉的自然变异选系 | 白眉=黑龙江克山地方品种，参见A019 |
| C286 | 紫花3号 | 黑龙江 | 选择育种 | 哈尔滨大白眉的自然变异选系 | 哈尔滨大白眉=黑龙江哈尔滨地方品种，参见A104 |
| C287 | 紫花4号 | 黑龙江 | 选择育种 | 白眉的自然变异选系 | 白眉=黑龙江克山地方品种，参见A019 |
| C288 | 矮脚早 | 湖北 | 选择育种 | 不详，选自湖北武汉菜用大豆混合群体中，参见A291 | |
| C289 | 鄂豆2号 | 湖北 | 杂交育种 | 猴子毛×蒙城大白壳<br>蒙城大白壳=安徽蒙城地方品种，参见A168 | 猴子毛=湖北黄陂地方品种，参见A119 |
| C290 | 鄂豆4号 | 湖北 | 杂交育种 | 矮脚早×泰兴黑豆<br>泰兴黑豆=江苏泰兴地方品种，参见A219 | 矮脚早=参见C288 |
| C291 | 鄂豆5号 | 湖北 | 杂交育种 | 矮脚早×泰兴黑豆<br>泰兴黑豆=江苏泰兴地方品种，参见A219 | 矮脚早=参见C288 |
| C292 | 早春1号 | 湖北 | 诱变育种 | 87A801的辐射诱变选系<br>矮脚早=参见C288 | 87A801=矮脚早的自然变异选系 |

（续）

| 编号 | 品种名称 | 来源省份 | 育种方法 | 系 | 谱 |
|---|---|---|---|---|---|
| C293 | 中豆 8 号 | 湖北 | 杂交育种 | （南农 1138 - 2×Clark63）F₃×蒙庆 6 号<br>Clark63＝美国品种，参见 A326 | 南农 1138 - 3＝参见 C428<br>蒙庆 6 号＝参见 C008 |
| C294 | 中豆 14 | 湖北 | 杂交育种 | （南农 1138 - 2×Clark63）F₃×蒙庆 6 号<br>Clark63＝美国品种，参见 A326 | 南农 1138 - 2＝参见 C428<br>蒙庆 6 号＝参见 C008 |
| C295 | 中豆 19 | 湖北 | 杂交育种 | （暂编 20×南农 1138 - 2）F₅×（南农 493 - 1×徐豆 1 号）F₅<br>南农 1138 - 2＝参见 C428<br>徐豆 1 号＝参见 C455 | 暂编 20＝湖北地方品种，参见 A263<br>南农 493 - 1＝参见 C431 |
| C296 | 中豆 20 | 湖北 | 杂交育种 | 油 83 - 19×郑长叶 7<br>中豆 19＝参见 C295<br>豫豆 3 号＝参见 C106 | 油 83 - 19＝中豆 19<br>郑长叶 7＝豫豆 3 号的自然杂交后代选系 |
| C297 | 中豆 24 | 湖北 | 杂交育种 | 矮脚早×通山薄皮黄豆 A<br>通山薄皮黄豆＝湖北通山地方品种，参见 A230 | 矮脚早＝参见 C288 |
| C298 | 州豆 30 | 湖北 | 杂交育种 | 恩施六月黄×Beeson<br>Beeson＝美国品种，参见 A325 | 恩施六月黄＝湖北恩施地方品种，参见 A076 |
| C299 | 怀春 79 - 16 | 湖南 | 选择育种 | 曹青的自然变异选系 | 曹青＝浙江地方品种，参见 A036 |
| C300 | 湘 B68 | 湖南 | 选择育种 | 东安药豆的自然变异选系 | 东安药豆＝湖南东安地方品种，参见 A064 |
| C301 | 湘春豆 10 号 | 湖南 | 杂交育种 | 上海六月白×四月白<br>四月白＝湖南地方品种，参见 A214 | 上海六月白＝上海地方品种，参见 A201 |
| C302 | 湘春豆 11 | 湖南 | 杂交育种 | 上海六月白×Wilkin<br>Wilkin＝美国品种，参见 A346 | 上海六月白＝上海地方品种，参见 A201 |
| C303 | 湘春豆 12 | 湖南 | 杂交育种 | 2038×吉林 13<br>湘豆 3 号＝参见 C307<br>吉林 13＝参见 C345 | 2038＝湘豆 3 号×开山白<br>开山白＝浙江上虞地方品种，参见 A152 |
| C304 | 湘春豆 13 | 湖南 | 杂交育种 | 矮脚早×上海六月白<br>上海六月白＝上海地方品种，参见 A201 | 矮脚早＝参见 C288 |

（续）

| 编号 | 品种名称 | 来源省份 | 育种方法 | 系谱 |
|---|---|---|---|---|
| C305 | 湘春豆14 | 湖南 | 杂交育种 | 84E2001×84A4079-1<br>84E2001=钢7345-4×湘春豆11<br>钢7345-4=灰长白×九农9号<br>灰长白=黑龙江地方品种，参见A130<br>九农9号=参见C379<br>湘春豆11=参见C302<br>84A4079-1=湘豆5号×2185-2<br>湘豆5号=参见C309<br>2185-2=4-259×矮脚早<br>4-259=四月白×上海六月白<br>四月白=湖南地方品种，参见A214<br>上海六月白=上海地方品种，参见A201<br>矮脚早=参见C288 |
| C306 | 湘春豆15 | 湖南 | 杂交育种 | 湘春豆10号×湘春81-5054<br>湘春豆10号=参见C301<br>湘春81-5054=矮脚早×上海六月白<br>矮脚早=参见C288<br>上海六月白=上海地方品种，参见A201 |
| C307 | 湘豆3号 | 湖南 | 选择育种 | 绍东六月黄的自然变异选系<br>绍东六月黄=湖南绍东地方品种，参见A205 |
| C308 | 湘豆4号 | 湖南 | 选择育种 | 金株黄的自然变异选系<br>金株黄=湖南地方品种，参见A147 |
| C309 | 湘豆5号 | 湖南 | 杂交育种 | 湘豆3号×开山白<br>湘豆3号=参见C307<br>开山白=浙江上虞地方品种，参见A152 |
| C310 | 湘豆6号 | 湖南 | 杂交育种 | 湘豆3号×浙江四月白<br>湘豆3号=参见C307<br>浙江四月白=浙江缙云地方品种，参见A266 |
| C311 | 湘青 | 湖南 | 选择育种 | 浙江青仁乌的自然变异选系<br>浙江青仁乌=浙江平湖地方品种，参见A265 |
| C312 | 湘秋豆1号 | 湖南 | 杂交育种 | 黄毛豆×青仁豆<br>黄毛豆=湖南宁远地方品种，参见A129<br>青仁豆=湖南地方品种，参见A193 |
| C313 | 湘秋豆2号 | 湖南 | 杂交育种 | 湘秋豆1号×金华直立<br>湘秋豆1号=参见C312<br>金华直立=浙江金华地方品种，参见A144 |
| C314 | 白农1号 | 吉林 | 杂交育种 | 集体5号×吉林3号<br>集体5号=参见C370<br>吉林3号=参见C336 |
| C315 | 白农2号 | 吉林 | 杂交育种 | 柳树川满仓金×合交6号<br>柳树川满仓金=满仓金<br>满仓金=参见C250<br>合交6号=参见C182 |
| C316 | 白农4号 | 吉林 | 杂交育种 | （集体5号×铁荚四粒黄）$F_2$×群选1号<br>铁荚四粒黄=吉林中南部地方品种，参见A226<br>集体5号=参见C370<br>群选1号=参见C392 |

（续）

| 编号 | 品种名称 | 来源省份 | 育种方法 | 系 | 谱 |
|---|---|---|---|---|---|
| C317 | 长白 1 号 | 吉林 | 选择育种 | 压破车的自然变异选系 | 压破车＝吉林东部山区地方品种，参见 A249 |
| C318 | 长农 1 号 | 吉林 | 杂交育种 | 九农 7 号×东农 33 | 九农 7 号＝参见 C377 |
| | | | | 东农 33＝不详，东北农业大学育成品系，参见 A071 | |
| C319 | 长农 2 号 | 吉林 | 杂交育种 | 九农 2 号×吉林 3 号 | 九农 2 号＝参见 C372 |
| | | | | 吉林 3 号＝参见 C336 | |
| C320 | 长农 4 号 | 吉林 | 杂交育种 | 立新 9 号×长交 7122 | 立新 9 号＝不详，参见 A157 |
| | | | | 长交 7122＝十胜长叶×黑农 11 | 十胜长叶＝日本品种，参见 A316 |
| | | | | 黑农 11＝参见 C204 | |
| C321 | 长农 5 号 | 吉林 | 杂交育种 | 长农 4 号×吉林 20 | 长农 4 号＝参见 C320 |
| | | | | 吉林 20＝参见 C352 | 吉林 20＝参见 C352 |
| C322 | 长农 7 号 | 吉林 | 杂交育种 | 吉林 20×长交 7826－M－17－3 | 7133＝早丰 1 号×九农 2 号 |
| | | | | 长交 7826－M－17－3－7133×黑铁荚 | 九农 2 号＝参见 C372 |
| | | | | 早丰 1 号＝参见 C410 | 铁荚四粒黄＝吉林中南部地方品种，参见 A226 |
| | | | | 黑铁荚＝铁荚四粒黄 | |
| C323 | 德豆 1 号 | 吉林 | 杂交育种 | 早丰 1 号×黑河 3 号 | 早丰 1 号＝参见 C410 |
| | | | | 黑河 3 号＝参见 C187 | |
| C324 | 丰地黄 | 吉林 | 选择育种 | 嘟噜豆的自然变异选系 | 嘟噜豆＝吉林中南部地方品种，参见 A074 |
| C325 | 丰交 7607 | 吉林 | 杂交育种 | Amsoy×九农 9 号 | Amsoy＝美国品种，参见 A324 |
| | | | | 九农 9 号＝参见 C379 | |
| C326 | 丰收选 | 吉林 | 选择育种 | 丰收 11 的自然变异选系 | 丰收 11＝参见 C157 |
| C327 | 公交 5201－18 | 吉林 | 杂交育种 | 金元 1 号×铁荚四粒黄 | 金元 1 号＝参见 C492 |
| | | | | 铁荚四粒黄＝吉林中南部地方品种，参见 A226 | |
| C328 | 公交 5601－1 | 吉林 | 杂交育种 | 集体 1 号×大金黄 | 集体 1 号＝参见 C484 |
| | | | | 大金黄（公第 1100）＝吉林中北部地方品种，参见 A049 | |
| C329 | 公交 5610－1 | 吉林 | 杂交育种 | 大金黄×满仓金 | 大金黄（公第 1100）＝吉林中北部地方品种，参见 A049 |
| | | | | 满仓金＝参见 C250 | |

（续）

| 编号 | 品种名称 | 来源省份 | 育种方法 | 系　谱 | |
|---|---|---|---|---|---|
| C330 | 公交 5610-2 | 吉林 | 杂交育种 | 大金黄×满仓金<br>满仓金=参见 C250 | 大金黄（公第 1100）=吉林中北部地方品种，参见 A049 |
| C331 | 和平 1 号 | 吉林 | 选择育种 | 满仓金的自然变异选系 | 满仓金=参见 C250 |
| C332 | 桦丰 1 号 | 吉林 | 选择育种 | 早丰 1 号的自然变异选系 | 早丰 1 号=参见 C410 |
| C333 | 黄宝珠 | 吉林 | 选择育种 | 四粒黄的自然变异选系 | 四粒黄=吉林公主岭地方品种，参见 A210 |
| C334 | 吉林 1 号 | 吉林 | 杂交育种 | 金元 1 号×铁荚四粒黄<br>铁荚四粒黄=吉林中南部地方品种，参见 A226 | 金元 1 号=参见 C492 |
| C335 | 吉林 2 号 | 吉林 | 杂交育种 | 金元 1 号×铁荚四粒黄<br>铁荚四粒黄=吉林中南部地方品种，参见 A226 | 金元 1 号=参见 C492 |
| C336 | 吉林 3 号 | 吉林 | 杂交育种 | 金元 1 号×铁荚四粒黄<br>铁荚四粒黄=吉林中南部地方品种，参见 A226 | 金元 1 号=参见 C492 |
| C337 | 吉林 4 号 | 吉林 | 杂交育种 | 金元 1 号×铁荚四粒黄<br>铁荚四粒黄=吉林中南部地方品种，参见 A226 | 金元 1 号=参见 C492 |
| C338 | 吉林 5 号 | 吉林 | 杂交育种 | 集体 3 号×铁荚四粒黄<br>铁荚四粒黄=吉林中南部地方品种，参见 A226 | 集体 3 号=参见 C368 |
| C339 | 吉林 6 号 | 吉林 | 杂交育种 | 小金黄 1 号×口前豆<br>口前豆（公第 1516）=吉林中北部地方品种，参见 A155 | 小金黄 1 号=参见 C401 |
| C340 | 吉林 8 号 | 吉林 | 杂交育种 | 小金黄 1 号×紫花豆<br>紫花豆（公第 995）=吉林东南部地方品种，参见 A270 | 小金黄 1 号=参见 C401 |
| C341 | 吉林 9 号 | 吉林 | 杂交育种 | 早丰 2 号×大金黄<br>大金黄（公第 1100）=吉林中北部地方品种，参见 A049 | 早丰 2 号=参见 C411 |
| C342 | 吉林 10 号 | 吉林 | 杂交育种 | 小金黄 1 号×吉林 3 号<br>吉林 3 号=参见 C336 | 小金黄 1 号=参见 C401 |
| C343 | 吉林 11 | 吉林 | 杂交育种 | 小金黄 1 号×吉林 3 号<br>吉林 3 号=参见 C336 | 小金黄 1 号=参见 C401 |
| C344 | 吉林 12 | 吉林 | 杂交育种 | 早丰 1 号×公交 5111-1<br>公交 5111-1=满仓金×金元 1 号<br>金元 1 号=参见 C492 | 早丰 1 号=参见 C410<br>满仓金=参见 C250 |

（续）

| 编号 | 品种名称 | 来源省份 | 育种方法 | 系谱 |
|---|---|---|---|---|
| C345 | 吉林13 | 吉林 | 杂交育种 | 吉林3号×珲春豆<br>珲春豆＝吉林珲春地方品种，参见A132<br>吉林3号＝参见C336 |
| C346 | 吉林14 | 吉林 | 杂交育种 | 吉林3号×珲春豆<br>珲春豆＝吉林珲春地方品种，参见A132<br>吉林3号＝参见C336 |
| C347 | 吉林15 | 吉林 | 杂交育种 | 一窝蜂（公第1488）×吉林5号<br>一窝蜂（公第1488）＝吉林中部偏西地方品种，参见A256 |
| C348 | 吉林16 | 吉林 | 杂交育种 | 吉林5号＝参见C338<br>吉林1号＝参见C334 |
| C349 | 吉林17 | 吉林 | 杂交育种 | 吉林1号×十胜长叶<br>十胜长叶＝日本品种，参见A316<br>丰地黄＝参见C324 |
| C350 | 吉林18 | 吉林 | 杂交育种 | 丰地黄×吉林3号<br>吉林3号＝参见C336<br>（一窝蜂×吉林5号）$F_1$×（吉林3号×十胜长叶）$F_1$<br>一窝蜂（公第1488）＝吉林中部偏西地方品种，参见A256<br>吉林3号＝参见C336 |
| C351 | 吉林19 | 吉林 | 杂交育种 | 吉林5号＝参见C338<br>十胜长叶＝日本品种，参见A316<br>黑农10号×秋八<br>秋八＝日本品种，参见A312<br>黑农10号＝参见C203 |
| C352 | 吉林20 | 吉林 | 杂交育种 | 公交7014-3×公交6612-3<br>一窝蜂（公第1488）＝吉林中部偏西地方品种，参见A256<br>公交6612-3＝吉林1号×十胜长叶<br>十胜长叶＝日本品种，参见A316<br>公交7014-3＝一窝蜂×吉林5号<br>吉林5号＝参见C338<br>吉林1号＝参见C334 |
| C353 | 吉林21 | 吉林 | 杂交育种 | 公交7622-3-1-8×公交7335-4<br>铁交6915-6＝103-4×铁丰18的姊妹系<br>黄客豆＝辽宁地方品种，参见A128<br>公交7206＝公交7012-6-7-1×公交6612-5-1-8-4<br>吉林3号＝参见C336<br>公交6612-5-1-8-4＝吉林1号×十胜长叶<br>十胜长叶＝日本品种，参见A316<br>黑农23＝参见C209<br>公交7622-3-1-8＝铁交6915-6×公交7206<br>103-4＝黄客豆的选系<br>铁丰18＝参见C510<br>公交7012-6-7-1＝吉林3号×珲春豆<br>珲春豆＝吉林珲春地方品种，参见A132<br>吉林1号＝参见C334<br>公交7335-4＝黑农23×济宁71021<br>济宁71021＝不详，山东济宁农科所育种品系，参见A135 |

（续）

| 编号 | 品种名称 | 来源省份 | 育种方法 | 系谱 | |
|---|---|---|---|---|---|
| C354 | 吉林 22 | 吉林 | 杂交育种 | 吉林 15 号×Beeson<br>Beeson=美国品种，参见 A325 | 吉林 15=参见 C347 |
| C355 | 吉林 23 | 吉林 | 杂交育种 | 公交 7723-4×吉林 20 | 公交 7723-4=辐白×东农 33<br>东农 33=不详、东北农业大学育成品系，参见 A071 |
| C356 | 吉林 24 | 吉林 | 杂交育种 | 辐白=地方品种，可能原产东北，参见 A085<br>吉林 16×Marshall<br>Marshall=美国品种，参见 A335 | 吉林 20=参见 C352<br>吉林 16=参见 C348 |
| C357 | 吉林 25 | 吉林 | 杂交育种 | 吉林 20×公交 7335<br>公交 7335=黑农 23×济宁 71021<br>济宁 71021=不详、山东济宁农科所育种品系，参见 A135 | 吉林 20=参见 C352<br>黑农 23=参见 C209 |
| C358 | 吉林 26 | 吉林 | 杂交育种 | 黑河 3 号×铁丰 7621<br>铁 7621=铁丰 18×铁 7531<br>铁 7531=［（丰地黄×公交 5201）×（铁丰 3 号×5621）］×5621<br>公交 5201=金元 1 号×铁荚四粒黄<br>铁荚四粒黄=吉林中南部地方品种，参见 A226<br>5621=参见 C467 | 黑河 3 号=参见 C187<br>铁丰 18=参见 C510<br>丰地黄=参见 C324<br>金元 1 号=参见 C492<br>铁丰 3 号=参见 C506 |
| C359 | 吉林 27 | 吉林 | 杂交育种 | 公交 7832-3×吉林 20<br>Beeson=美国品种，参见 A325<br>103-4=黄客豆的选系<br>铁丰 18=参见 C510 | 公交 7832-3=Beeson×铁交 6915-5<br>铁交 6915-5=103-4×铁丰 18 的姊妹系<br>黄客豆=辽宁地方品种，参见 A128<br>吉林 20=参见 C352 |
| C360 | 吉林 28 | 吉林 | 杂交育种 | 公交 7424-1×大嘟噜豆<br>东农 33=不详、东北农业大学育成品系，参见 A071<br>大嘟噜豆=吉林伊通地方品种，参见 A044 | 公交 7424-1=东农 33×平舆笨<br>平舆笨=河南平舆地方品种，参见 A182 |
| C361 | 吉林 29 | 吉林 | 杂交育种 | （东农 33×平舆笨）×辽豆 3 号<br>平舆笨=河南平舆地方品种，参见 A182 | 东农 33=不详、东北农业大学育成品系，参见 A071<br>辽豆 3 号=参见 C498 |
| C362 | 吉林 30 | 吉林 | 杂交育种 | （东农 33×平舆笨）×辽豆 3 号<br>平舆笨=河南平舆地方品种，参见 A182 | 东农 33=不详、东北农业大学育成品系，参见 A071<br>辽豆 3 号=参见 C498 |

（续）

| 编号 | 品种名称 | 来源省份 | 育种方法 | 系谱 |
|---|---|---|---|---|
| C363 | 吉林 32 | 吉林 | 杂交育种 | 7802-8×长农 4 号<br>吉林 15=参见 A347<br>长农 4 号=参见 C320<br>7802-8=吉林 15×Beeson<br>Beeson=美国品种，参见 A325 |
| C364 | 吉林小粒 1 号 | 吉林 | 杂交育种 | 平顶四×GD50477<br>GD50477=东北地区半野生大豆（G. gracilis），参见 A094<br>平顶四（公第 1108）=吉林中部地方品种，参见 A180 |
| C365 | 吉农 1 号 | 吉林 | 杂交育种 | 大洋豆×九农 2 号<br>大洋豆=吉林榆树地方品种，参见 A059<br>九农 2 号=参见 C372 |
| C366 | 吉农 4 号 | 吉林 | 杂交育种 | 九农 9 号×吉林 20<br>吉林 20=参见 C352<br>九农 9 号=参见 C379 |
| C367 | 吉青 1 号 | 吉林 | 选择育种 | 抚松铁荚青的自然变异选系<br>抚松铁荚青=吉林抚松地方品种，参见 A089 |
| C368 | 集体 3 号 | 吉林 | 选择育种 | 四粒黄的自然变异选系<br>四粒黄=吉林东丰地方品种，参见 A211 |
| C369 | 集体 4 号 | 吉林 | 选择育种 | 洋蜜蜂的自然变异选系<br>洋蜜蜂=吉林榆树地方品种，参见 A252 |
| C370 | 集体 5 号 | 吉林 | 杂交育种 | 海伦金元×黄大 102<br>海伦金元=黑龙江海伦地方品种，参见 A108<br>黄大 102=黄宝珠×大白眉<br>黄宝珠=参见 C333<br>大白眉=辽宁广泛分布的地方品种，参见 A041 |
| C371 | 九农 1 号 | 吉林 | 选择育种 | 永丰豆的自然变异选系<br>永丰豆=选自吉林永吉地方品种，参见 A260 |
| C372 | 九农 2 号 | 吉林 | 选择育种 | 黄宝珠的自然变异选系<br>黄宝珠=参见 C333 |
| C373 | 九农 3 号 | 吉林 | 杂交育种 | 集体 4 号×丰地黄<br>集体 4 号=参见 C369<br>丰地黄=参见 C324 |
| C374 | 九农 4 号 | 吉林 | 杂交育种 | 黑铁荚×丰地黄<br>黑铁荚=铁荚四粒黄<br>铁荚四粒黄=吉林中南部地方品种，参见 A226<br>丰地黄=参见 C324 |
| C375 | 九农 5 号 | 吉林 | 杂交育种 | 集体 4 号×东农 55-6027<br>东农 55-6027=满仓金×荆山朴<br>集体 4 号=参见 C369<br>满仓金=参见 C250<br>荆山朴=参见 C233 |
| C376 | 九农 6 号 | 吉林 | 杂交育种 | 早丰 1 号×集体 4 号<br>集体 4 号=参见 C369<br>早丰 1 号=参见 C410 |

（续）

| 编号 | 品种名称 | 来源省份 | 育种方法 | 系谱 |
|---|---|---|---|---|
| C377 | 九农7号 | 吉林 | 杂交育种 | 集体5号×黑铁荚<br>集体5号=参见C370<br>黑铁荚=铁荚四粒黄<br>铁荚四粒黄=吉林中南部地方品种，参见A226 |
| C378 | 九农8号 | 吉林 | 杂交育种 | 天鹅蛋×黄宝珠2-1<br>天鹅蛋=吉林集安地方品种，参见A222<br>黄宝珠2-1=黄宝珠的选系<br>黄宝珠=参见C333 |
| C379 | 九农9号 | 吉林 | 杂交育种 | 黄宝珠2-2×荆山朴<br>黄宝珠2-2=黄宝珠的选系<br>荆山朴=参见C233 |
| C380 | 九农10号 | 吉林 | 杂交育种 | 黄宝珠2-2×金元1号<br>黄宝珠2-2=黄宝珠的选系<br>黄宝珠=参见C333<br>金元1号=参见C492 |
| C381 | 九农11 | 吉林 | 杂交育种 | 黄宝珠2-1×黑铁荚<br>黄宝珠2-1=黄宝珠的选系<br>黄宝珠=参见C333<br>黑铁荚=铁荚四粒黄<br>铁荚四粒黄=吉林中南部地方品种，参见A226 |
| C382 | 九农12 | 吉林 | 杂交育种 | 九交6113-1×九农3号<br>九交6113-1=旱丰5号×集体4号<br>旱丰5号=参见C413<br>集体4号=参见C369<br>九农3号=参见C373 |
| C383 | 九农13 | 吉林 | 杂交育种 | 九农6号×九农7号<br>九农6号=参见C376<br>九农7号=参见C377 |
| C384 | 九农14 | 吉林 | 杂交育种 | 黑农22×东农33<br>黑农22=丰地黄经诱变选育而成<br>丰地黄=参见C324<br>东农33=不详，东北农业大学育成品系，参见A071 |
| C385 | 九农15 | 吉林 | 杂交育种 | 满仓金×Corsoy<br>满仓金=参见C250<br>Corsoy=美国品种，参见A328 |
| C386 | 九农16 | 吉林 | 杂交育种 | 九农1号×北良10号<br>九农1号=参见C371<br>北良10号=不详，黑龙江北安良种育种场育种品系，参见A024 |
| C387 | 九农17 | 吉林 | 杂交育种 | 四选7313×珲春豆<br>四选7313=公交7012×M1<br>公交7012=吉林3号×珲春豆<br>吉林3号=参见C336<br>M1=美1=Harosoy<br>珲春豆=吉林珲春地方品种，参见A132<br>Harosoy=美国品种，参见A331<br>丰收10号=参见C156 |

（续）

| 编号 | 品种名称 | 来源省份 | 育种方法 | 系 | 谱 |
|---|---|---|---|---|---|
| C388 | 九农18 | 吉林 | 杂交育种 | 辐字6401×丰山1号<br>丰山1号=黑龙江海伦地方品种，参见A083 | 辐字6401=不详，参见A090 |
| C389 | 九农19 | 吉林 | 杂交育种 | 四选7313×九农13<br>公交7012=吉林辉春地方品种，参见A132<br>辉春豆=吉林辉春地方品种，参见A331<br>Harosoy=美国品种，参见A331 | 四选7313=公交7012×M1<br>吉农3号=参见C336<br>M1=美1=Harosoy<br>九农13=参见C383 |
| C390 | 九农20 | 吉林 | 杂交育种 | 九农8014-21-2×吉林20<br>九农12=参见C382<br>吉林20=参见C352 | 九农8014-21-2=九农12×绥农3号<br>绥农3号=参见C270 |
| C391 | 九农21 | 吉林 | 杂交育种 | MB152×吉林20<br>吉林20=参见C352 | MB152=美国品种，参见A336 |
| C392 | 群选1号 | 吉林 | 选择育种 | 永丰豆的自然变异选系 | 永丰豆=选自吉林永吉地方品种，参见A260 |
| C393 | 通农4号 | 吉林 | 杂交育种 | 讷河紫花四粒×白花楂子<br>白花楂子=吉林中北部，黑龙江地方品种，参见A015 | 讷河紫花四粒=黑龙江讷河地方品种，参见A172 |
| C394 | 通农5号 | 吉林 | 杂交育种 | 通农3号×十胜长叶 | 通农3号=海龙嘟噜的自然变异选系<br>十胜长叶=日本品种，参见A316 |
| C395 | 通农6号 | 吉林 | 杂交育种 | 通农3号×十胜长叶<br>海龙嘟噜豆=吉林地方品种，参见A107 | 通农3号=海龙嘟噜的自然变异选系<br>十胜长叶=日本品种，参见A316 |
| C396 | 通农7号 | 吉林 | 杂交育种 | 海龙嘟噜豆×十胜长叶<br>海龙嘟噜豆=吉林地方品种，参见A107 | 通农3号=海龙嘟噜的自然变异选系<br>十胜长叶=日本品种，参见A316 |
| C397 | 通农8号 | 吉林 | 杂交育种 | 群选1号×黑河3号<br>黑河3号=参见C187 | 群选1号=参见C392 |
| C398 | 通农9号 | 吉林 | 杂交育种 | 通农5号×通农6304-7-5<br>通农6304-7-5=丰地黄×牛尾巴黄<br>牛尾巴黄（公第1512）=吉林西部地方品种，参见A173 | 通农5号=参见C394<br>丰地黄=参见C324 |
| C399 | 通农10号 | 吉林 | 杂交育种 | 通农5号×凤交76-638<br>凤交76-638=（凤交66-12×凤交6307）×开6302-12-1-1<br>凤交6307=不详，辽宁凤成农科所育种品系，参见A082 | 通农5号=参见C394<br>凤交66-12=参见C475<br>开6302-12-1-1=不详，辽宁开原县农科所育种品系，参见A151 |

（续）

| 编号 | 品种名称 | 来源省份 | 育种方法 | 系谱 |
|---|---|---|---|---|
| C400 | 通农 11 | 吉林 | 杂交育种 | 辐射大白眉×通农 5 号<br>辐射大白眉=日本大白眉的辐射诱变选系<br>日本大白眉=日本品种，参见 A314<br>通农 5 号=参见 C394 |
| C401 | 小金黄 1 号 | 吉林 | 选择育种 | 小金黄的自然变异选系<br>小金黄=吉林九台地方品种，参见 A241 |
| C402 | 小金黄 2 号 | 吉林 | 选择育种 | 小金黄的自然变异选系<br>小金黄=吉林九台地方品种，参见 A241 |
| C403 | 延农 2 号 | 吉林 | 杂交育种 | 集体 3 号×珲春豆<br>集体 3 号=参见 C368<br>珲春豆=吉林珲春地方品种，参见 A132 |
| C404 | 延农 3 号 | 吉林 | 杂交育种 | 集体 3 号×珲春豆<br>集体 3 号=参见 C368<br>珲春豆=吉林珲春地方品种，参见 A132 |
| C405 | 延农 5 号 | 吉林 | 杂交育种 | 群选 1 号×丰收 8 号<br>群选 1 号=参见 C392<br>丰收 8 号=克山四粒荚×克 56 - 10013 - 2<br>克山四粒荚=黑龙江克山地方品种，参见 A154<br>克 56 - 10013 - 2=克交 5610×克山四粒荚<br>克交 5610=（紫花 4 号×元宝金）$F_7$×佳木斯秃荚子<br>紫花 4 号=参见 C287<br>元宝金=参见 C284<br>佳木斯秃荚子=黑龙江佳木斯地方品种，参见 A137 |
| C406 | 延农 6 号 | 吉林 | 杂交育种 | 群选 1 号×丰收 8 号<br>群选 1 号=参见 C392<br>丰收 8 号=克山四粒荚×克 56 - 10013 - 2<br>克山四粒荚=黑龙江克山地方品种，参见 A154<br>克 56 - 10013 - 2=克交 5610×克山四粒荚<br>克交 5610=（紫花 4 号×元宝金）$F_7$×佳木斯秃荚子<br>紫花 4 号=参见 C287<br>元宝金=参见 C284<br>佳木斯秃荚子=黑龙江佳木斯地方品种，参见 A137 |
| C407 | 延农 7 号 | 吉林 | 杂交育种 | 吉林 13×黑河紫花豆<br>吉林 13=参见 C345<br>黑河紫花豆=黑龙江黑河地方品种，参见 A113 |
| C408 | 延院 1 号 | 吉林 | 杂交育种 | 吉林 13×珲春豆<br>吉林 13=参见 C345<br>珲春豆=吉林珲春地方品种，参见 A132 |
| C409 | 早丰 1 - 17 | 吉林 | 选择育种 | 早丰 1 号的自然变异选系<br>早丰 1 号=参见 C410 |
| C410 | 早丰 1 号 | 吉林 | 杂交育种 | 丰地黄×辉南青皮<br>丰地黄=参见 C324<br>辉南青皮=吉林辉南地方品种，参见 A131 |
| C411 | 早丰 2 号 | 吉林 | 杂交育种 | 满仓金×丰地黄<br>满仓金=参见 C250<br>丰地黄=参见 C324 |

（续）

| 编号 | 品种名称 | 来源省份 | 育种方法 | 系 | 谱 |
|---|---|---|---|---|---|
| C412 | 早丰 3 号 | 吉林 | 杂交育种 | 满仓金×丰地黄<br>丰地黄=参见 C324 | 满仓金=参见 C250 |
| C413 | 早丰 5 号 | 吉林 | 选择育种 | 公交良种黄大粒的自然变异选系 | 公交良种黄大粒=不详，吉林农科院育成品系，参见 A096 |
| C414 | 枝 2 号 | 吉林 | 选择育种 | 满仓金的自然变异选系 | 满仓金=参见 C250 |
| C415 | 枝 3 号 | 吉林 | 选择育种 | 满仓金的自然变异选系 | 满仓金=参见 C250 |
| C416 | 紫花 1 号 | 吉林 | 选择育种 | 小白眉的自然变异选系 | 小白眉=东北地区地方品种，参见 A239 |
| C417 | 58-161 | 江苏 | 选择育种 | 滨海大白花的自然变异选系 | 滨海大白花=江苏滨海地方品种，参见 A034 |
| C418 | 岔路口 1 号 | 江苏 | 选择育种 | 不详，选自江苏南京岔路口镇地方品种，参见 A293 | |
| C419 | 楚秀 | 江苏 | 杂交育种 | 73-01-1×淮阴大四粒<br>淮阴大四粒=江苏淮阴地方品种，参见 A124 | 73-01-1=系谱不详，参见 A006 |
| C420 | 东辛 74-12 | 江苏 | 选择育种 | 58-161 的自然变异选系 | 58-161=参见 C417 |
| C421 | 灌云 1 号 | 江苏 | 杂交育种 | 苏豆 1 号×徐豆 1 号<br>徐豆 1 号=参见 C455 | 苏豆 1 号=参见 C444 |
| C422 | 灌云 1 号 | 江苏 | 选择育种 | 灌云大四粒的自然变异选系 | 灌云四粒=江苏灌云地方品种，参见 A099 |
| C423 | 淮豆 1 号 | 江苏 | 杂交育种 | (苏豆 1 号×徐豆 1 号)×62-10-4<br>徐豆 1 号=参见 C455<br>58-161=参见 C417 | 苏豆 1 号=参见 C444<br>62-10-4=58-161 的选系 |
| C424 | 淮豆 2 号 | 江苏 | 杂交育种 | (浦东大黄豆×雷公)×62-10-4<br>雷公=日本品种，参见 A311<br>58-161=参见 C417 | 浦东大黄豆=上海浦东地方品种，参见 A183<br>62-10-4=58-161 的选系 |
| C425 | 金大 332 | 江苏 | 选择育种 | 不详，选自江苏南京地方品种，参见 A294 | |
| C426 | 六十日 | 江苏 | 选择育种 | 灌云六十日的自然变异选系 | 灌云六十日=江苏灌云地方品种，参见 A100 |
| C427 | 绿宝珠 | 江苏 | 杂交育种 | 大青豆×启东风青<br>启东风青=江苏启东地方品种，参见 A188 | 大青豆=江苏地方品种，参见 A058 |
| C428 | 南农 1138-2 | 江苏 | 选择育种 | 奉贤穗稻黄的自然变异选系 | 奉贤穗稻黄=上海奉贤地方品种，参见 A084 |
| C429 | 南农 133-3 | 江苏 | 选择育种 | 东海平顶红毛的自然变异选系 | 东海平顶红毛=江苏东海地方品种，参见 A065 |
| C430 | 南农 133-6 | 江苏 | 选择育种 | 东海平顶红毛的自然变异选系 | 东海平顶红毛=江苏东海地方品种，参见 A065 |

（续）

| 编号 | 品种名称 | 来源省份 | 育种方法 | 系谱 |
|---|---|---|---|---|
| C431 | 南农493-1 | 江苏 | 选择育种 | 51-83的自然变异选系 / 51-83=不详，前中央农业实验所保存的材料，参见A002 |
| C432 | 南农73-935 | 江苏 | 杂交育种 | （奉贤穗稻黄×南农493-1）F₃×南农493-1 / 奉贤穗稻黄=上海奉贤地方品种，参见A084 / 南农493-1=参见C431 |
| C433 | 南农86-4 | 江苏 | 选择育种 | 南农1138-2的自然变异选系 / 南农1138-2=参见C428 |
| C434 | 南农87C-38 | 江苏 | 杂交育种 | 宜兴胃绿豆×7303-11-4-1 / 7303-11-4-1=徐豆1号×齐黄1号 / 齐黄1号=参见C555 / 宜兴胃绿豆=江苏宜兴地方品种，参见A258 / 徐豆1号=参见C455 |
| C435 | 南农88-48 | 江苏 | 杂交育种 | 南农73-935×SRF400 / SRF400=美国材料，参见A345 / 南农73-935=参见C432 |
| C436 | 南农菜1号 | 江苏 | 杂交育种 | 南农1138-2×黑豆 / 黑豆=江苏地方品种，参见A112 / 南农1138-2=参见C428 |
| C437 | 宁青豆1号 | 江苏 | 杂交育种 | 宜兴胃绿豆×7206-9-3-4 / 7206-9-3-4=徐豆1号×徐豆2号 / 徐豆2号=参见C456 / 宜兴胃绿豆=江苏宜兴地方品种，参见A258 / 徐豆1号=参见C455 |
| C438 | 宁镇1号 | 江苏 | 杂交育种 | 南农1138-2×Beeson / Beeson=美国品种，参见A325 / 南农1138-2=参见C428 |
| C439 | 宁镇2号 | 江苏 | 杂交育种 | 77-520-8-1×77-391-1 / 奉贤穗稻黄=上海奉贤地方品种，参见A084 / 77-391-1=泰兴黑豆×Harosoy / Harosoy=美国品种，参见A331 / 77-520-8-1=奉贤穗稻黄×SRF400 / SRF400=美国材料，参见A345 / 泰兴黑豆=江苏泰兴地方品种，参见A219 |
| C440 | 宁镇3号 | 江苏 | 杂交+诱变育种 | 南农1138-2×Beeson的辐射诱变选系 / Beeson=美国品种，参见A325 / 南农1138-2=参见C428 |
| C441 | 泗豆11 | 江苏 | 杂交育种 | 泗豆2号×Williams / 58-161=参见C417 / Williams=美国品种，参见A347 / 泗豆2号=58-161×邳县软条枝 / 邳县软条枝=江苏邳县地方品种，参见A177 |
| C442 | 苏6326 | 江苏 | 杂交育种 | 泰兴黑豆×Harosoy63 / Harosoy63=美国品种，参见A332 / 泰兴黑豆=江苏泰兴地方品种，参见A219 |

（续）

| 编号 | 品种名称 | 来源省份 | 育种方法 | 系谱 |
|---|---|---|---|---|
| C443 | 苏7209 | 江苏 | 杂交育种 | （南农493-1×58-161）F₁×（67-71×雷公）F₁<br>南农493-1=参见C431<br>58-161=参见C417<br>67-71=苏豆1号的选系 |
| C444 | 苏豆1号 | 江苏 | 杂交育种 | 苏豆1号=参见C444<br>南农493-1×58-161<br>雷公=日本品种，参见A311<br>南农493-1=参见C431 |
| C445 | 苏豆3号 | 江苏 | 杂交育种 | 58-161=参见C417<br>苏豆1号×浦东关青豆<br>苏豆1号=参见C444 |
| C446 | 苏垦1号 | 江苏 | 选择育种 | 浦东关青豆=上海浦东地方品种，参见A184<br>58-161的自然变异选系<br>58-161=参见C417 |
| C447 | 苏内青2号 | 江苏 | 选择育种 | 启东关青豆的自然变异选系<br>启东关青豆=江苏启东地方品种，参见A187 |
| C448 | 苏协18-6 | 江苏 | 杂交育种 | 奉贤穗稻黄×南农493-1<br>奉贤稻黄=上海奉贤地方品种，参见A084<br>南农493-1=参见C431 |
| C449 | 苏协19-15 | 江苏 | 杂交育种 | 奉贤穗稻黄×南农493-1<br>奉贤穗稻黄=上海奉贤地方品种，参见A084<br>南农493-1=参见C431 |
| C450 | 苏协4-1 | 江苏 | 杂交育种 | 南农493-1×58-161<br>南农493-1=参见C431<br>58-161=参见C417 |
| C451 | 苏协1号 | 江苏 | 杂交育种 | 奉贤穗稻黄×南农493-1<br>奉贤穗稻黄=上海奉贤地方品种，参见A084<br>南农493-1=参见C431 |
| C452 | 泰春1号 | 江苏 | 选择育种 | 泰兴黑豆的自然变异选系<br>泰兴黑豆=江苏泰兴地方品种，参见A219 |
| C453 | 通豆1号 | 江苏 | 杂交育种 | 苏豆1号×82-86<br>苏豆1号=参见C444<br>82-86=南农493-1×58-161<br>南农493-1=参见C431<br>58-161=参见C417 |
| C454 | 夏豆75 | 江苏 | 选择育种 | 稻熟黄的自然变异选系<br>稻熟黄=江苏地方品种，参见A061 |
| C455 | 徐豆1号 | 江苏 | 杂交育种 | 徐州126×Mamotan<br>徐州126=选自铜山天鹅蛋<br>铜山天鹅蛋=江苏铜山地方品种，参见A231<br>Mamotan=美国品种，参见A334 |
| C456 | 徐豆2号 | 江苏 | 杂交育种 | 混选大白角×（徐州302+齐黄1号）<br>混选大白角=选自沛县大白角<br>沛县大白角=江苏沛县地方品种，参见A176<br>齐黄1号=参见C555<br>徐州302=参见C461 |

（续）

| 编号 | 品种名称 | 来源省份 | 育种方法 | 系谱 |
| --- | --- | --- | --- | --- |
| C457 | 徐豆 3 号 | 江苏 | 杂交育种 | 58-161×徐豆 1 号；58-161=参见 C417 |
| C458 | 徐豆 7 号 | 江苏 | 杂交育种 | 徐豆 1 号×Clark63；徐豆 1 号=参见 C455；Clark63=美国品种，参见 A326 |
| C459 | 徐豆 135 | 江苏 | 杂交育种 | 混选大白角×（徐州 302+齐黄 1 号）；混选大白角=选自沛县大白角；沛县大白角=江苏沛县地方品种，参见 A176；徐州 302=参见 C461；齐黄 1 号=参见 C555 |
| C460 | 徐州 301 | 江苏 | 选择育种 | 邳县软条枝的自然变异选系；邳县软条枝=江苏邳县地方品种，参见 A177 |
| C461 | 徐州 302 | 江苏 | 选择育种 | 砀山豌豆沙的自然变异选系；砀山豌豆沙=安徽砀山地方品种，参见 A060 |
| C462 | 7406 | 江西 | 选择育种 | 黄金子的自然变异选系；黄金子=江西信丰地方品种，参见 A127 |
| C463 | 矮脚青 | 江西 | 选择育种 | 百荚豆的自然变异选系；百荚豆=江西新余地方品种，参见 A016 |
| C464 | 赣豆 1 号 | 江西 | 选择育种 | 大黄珠的自然变异选系；大黄珠=江西上饶地方品种，参见 A048 |
| C465 | 赣豆 2 号 | 江西 | 选择育种 | 矮脚青的自然变异选系；矮脚青=参见 C463 |
| C466 | 赣豆 3 号 | 江西 | 杂交＋诱变育种 | （矮脚青×77-12）F$_2$ 的辐射诱变选系；矮脚青=参见 C463；77-12=不详，参见 A008 |
| C467 | 5621 | 辽宁 | 杂交育种 | 丰地黄×熊岳小黄豆；丰地黄=参见 C324；熊岳小黄豆=辽宁熊岳地方品种，参见 A247 |
| C468 | 丹豆 1 号 | 辽宁 | 选择育种 | 青豆的自然变异选系；青豆=辽宁地方品种，参见 A191 |
| C469 | 丹豆 2 号 | 辽宁 | 杂交育种 | 满地金×平顶香；满地金=参见 C504；平顶香=辽宁锦州地方品种，参见 A181 |
| C470 | 丹豆 3 号 | 辽宁 | 杂交育种 | 黑脐黄大豆×丰地黄；黑脐黄大豆=辽宁地方品种，参见 A114；丰地黄=参见 C324 |
| C471 | 丹豆 4 号 | 辽宁 | 杂交育种 | 表里青×铁荚青；表里青=辽宁凤城地方品种，参见 A033；铁荚青=辽宁沈阳地方品种，参见 A225 |
| C472 | 丹豆 5 号 | 辽宁 | 杂交育种 | 凤交 66-12×开交 6302-12-1-1；凤交 66-12=参见 C475；开交 6302-12-1-1=开原 583×5621；开原 583=选自早丰 1 号；5621=参见 C467；早丰 1 号=参见 C410 |

（续）

| 编号 | 品种名称 | 来源省份 | 育种方法 | 系 谱 |
|---|---|---|---|---|
| C473 | 丹豆6号 | 辽宁 | 杂交育种 | 凤大粒×大表青<br>凤大粒=辽宁地方品种，参见A080 |
| C474 | 丰豆1号 | 辽宁 | 杂交+诱变育种 | 大表青=辽宁地方品种<br>[（群选1号×群芽豆）F$_3$×5621] F$_2$ 的辐射诱变选系<br>群选1号=参见C392<br>5621=参见C467<br>群芽豆=参见C091 |
| C475 | 凤交66-12 | 辽宁 | 杂交育种 | （本溪小黑脐×公616）F$_3$×（早小白眉×集体2号）F$_3$<br>本溪小黑脐=辽宁地方品种，参见A030<br>公616=吉林公主岭地方品种，参见A095<br>早小白眉=参见C520<br>集体2号=参见C485 |
| C476 | 凤交66-22 | 辽宁 | 杂交育种 | 凤交55-2×黄豆<br>凤交55-2=不详，辽宁凤城农科所育种品系，参见A081<br>黄豆=辽宁地方品种，参见A125 |
| C477 | 凤系1号 | 辽宁 | 选择育种 | 黑脐黄大豆的自然变异选系<br>黑脐黄大豆=辽宁地方品种，参见A114 |
| C478 | 凤系2号 | 辽宁 | 选择育种 | 黑脐鹦哥豆的自然变异选系<br>黑脐鹦哥豆=辽宁宽甸地方品种，参见A115 |
| C479 | 凤系3号 | 辽宁 | 选择育种 | 薄地翠（凤310）的自然变异选系<br>薄地翠（凤310）=辽宁地方品种，参见A035 |
| C480 | 凤系4号 | 辽宁 | 选择育种 | 本溪嘟噜豆（凤2135）的自然变异选系<br>本溪嘟噜豆（凤2135）=辽宁本溪地方品种，参见A029 |
| C481 | 凤系6号 | 辽宁 | 选择育种 | 凤城小金黄（凤1085）的自然变异选系<br>凤城小金黄（凤1085）=辽宁凤城地方品种，参见A079 |
| C482 | 凤系12 | 辽宁 | 选择育种 | 白荚霜的自然变异选系<br>白荚霜=辽宁庄河地方品种，参见A017 |
| C483 | 抚豆82-93 | 辽宁 | 杂交育种 | 78-17×铁丰18<br>78-17=十胜长叶的选系<br>铁丰18=参见C510 |
| C484 | 集体1号 | 辽宁 | 选择育种 | 十胜长叶的自然变异选系<br>十胜长叶=日本品种，参见A316 |
| C485 | 集体2号 | 辽宁 | 选择育种 | 小金黄的自然变异选系<br>小金黄=辽宁沈阳地方品种，参见A242 |
| C486 | 建豆8202 | 辽宁 | 选择育种 | 铁荚子的自然变异选系<br>铁荚子=辽宁铁岭地方品种，参见A227 |
| C487 | 锦豆33 | 辽宁 | 选择育种 | 开育8号的自然变异选系<br>开育8号=参见C494 |
| C488 | 锦豆34 | 辽宁 | 杂交育种 | 锦164-4-32×集体1号<br>锦164-4-32=金县快白豆地方品种，参见A145<br>集体1号=参见C484 |
| C489 | 锦豆35 | 辽宁 | 杂交育种 | 金县快白豆×小金元<br>金县快白豆=辽宁金县地方品种，参见A145<br>小金元=辽宁台安地方品种，参见A243<br>锦豆33×71-74<br>锦豆33=参见C487<br>71-74=S-100 的选系<br>S-100=美国品种，参见A342 |

| 编号 | 品种名称 | 来源省份 | 育种方法 | 系 | 谱 |
|---|---|---|---|---|---|
| C490 | 锦豆6422 | 辽宁 | 杂交育种 | 锦州8-14×56-0501<br>56-0501=不详，可能是辽宁地方品种的选系，参见A003 | 锦州8-14=参见C491 |
| C491 | 锦州8-14 | 辽宁 | 选择育种 | 平顶香的自然变异选系 | 平顶香=辽宁锦州地方品种，参见A181 |
| C492 | 金元1号 | 辽宁 | 选择育种 | 金元的自然变异选系 | 金元=辽宁开原地方品种，参见A146 |
| C493 | 开育3号 | 辽宁 | 杂交育种 | 公交5204-4×集体1号<br>四粒黄（公第1112）=吉林中部地方品种，参见A212<br>集体1号=参见C484 | 公交5204-4=四粒黄×铁荚四粒黄<br>铁荚四粒黄=吉林中南部地方品种，参见A226 |
| C494 | 开育8号 | 辽宁 | 杂交育种 | 开原583×开交6212-9-5<br>早丰1号=参见C410<br>公交5204-4=四粒黄×铁荚四粒黄<br>铁荚四粒黄=吉林中南部地方品种，参见A226 | 开原583=早丰1号的选系<br>开交6212-9-5=公交5204-4×小金黄<br>四粒黄（公第1112）=吉林中部地方品种，参见A212<br>小金黄=吉林九台地方品种，参见A241 |
| C495 | 开育9号 | 辽宁 | 杂交育种 | 开交6302-12-1×铁丰18<br>开原583=早丰1号中的选系<br>5621=参见C467 | 开交6302-12-1-1=开原583×5621<br>早丰1号=参见C410<br>铁丰18=参见C510 |
| C496 | 开育10号 | 辽宁 | 杂交育种 | 群英豆×铁丰18<br>铁丰18=参见C510 | 群英豆=参见C091 |
| C497 | 辽83-5020 | 辽宁 | 杂交育种 | （5621×铁7009）$F_1$×（铁丰8号×铁6826）$F_1$<br>铁7009=铁丰10号×铁丰13<br>荆山朴=参见C233<br>嘟噜豆=辽宁铁岭地方品种，参见A075<br>小公黄1号=参见C401<br>铁丰8号=参见C508<br>铁6124-26-1=丰地黄×公交5201<br>公交5201=金元1号×铁荚四粒黄<br>铁荚四粒黄=吉林中南部地方品种，参见A226<br>铁丰3号=参见C506 | 5621=参见C467<br>铁丰10号=5621×荆山朴<br>铁丰13号=公交5706<br>公交5706（公第832-10）=小金黄1号×大粒黄<br>大粒黄（公第832-10）=吉林地方品种，参见A054<br>铁6826=铁6124-26-1×铁6410-4-3-3<br>丰地黄=参见C324<br>金元1号=参见C492<br>铁6410-4-3-3=铁丰3号×5621 |

（续）

| 编号 | 品种名称 | 来源省份 | 育种方法 | 系　谱 |
|---|---|---|---|---|
| C498 | 辽豆3号 | 辽宁 | 杂交育种 | 铁丰18×Amsoy<br>Amsoy＝美国品种，参见 A324<br>铁丰18＝参见 C510 |
| C499 | 辽豆4号 | 辽宁 | 杂交育种 | 铁丰8号×铁7116-10-3<br>铁7116-10-3＝铁6308×十胜长叶<br>丰地黄＝参见 C324<br>十胜长叶＝日本品种，参见 A316<br>铁丰8号＝参见 C508<br>铁6308＝丰地黄×5621<br>5621＝参见 C467 |
| C500 | 辽豆7号 | 辽宁 | 杂交＋诱变育种 | 79-混-1 的辐射诱变选系<br>79-混-1＝杂交分离世代，亲本不详，参见 A009 |
| C501 | 辽豆9号 | 辽宁 | 杂交＋诱变育种 | （铁7555-1-12-2×鲁80-7426）F$_2$ 的辐射诱变选系<br>铁7555-1-12-2＝铁丰8号×铁7116-10-3<br>铁丰8号＝参见 C508<br>铁6308＝丰地黄×5621<br>562＝参见 C467<br>鲁80-7426＝丰收黄×Beeson<br>Beeson＝美国品种，参见 A325<br>铁7116-10-3＝参见 C324<br>十胜长叶＝日本品种，参见 A316<br>丰收黄＝参见 C536 |
| C502 | 辽豆10号 | 辽宁 | 杂交育种 | 辽豆3号×辽82-5185<br>辽82-5185＝铁丰18×铁7424<br>铁7424＝铁丰19×白扁豆<br>白扁豆＝辽宁地方品种，参见 A014<br>辽豆3号＝参见 C498<br>铁丰18＝参见 C510<br>铁丰19＝参见 C511 |
| C503 | 辽农2号 | 辽宁 | 杂交育种 | 铁丰5号×铁丰12<br>铁丰12＝6202×小金黄1号<br>小金黄1号＝参见 C401<br>大粒黄（公第832-10）＝吉林地方品种，参见 A054<br>铁丰5号＝参见 C507<br>6202＝小金黄1号×公交5706<br>公交5706＝小金黄1号×大粒黄 |
| C504 | 满地金 | 辽宁 | 杂交育种 | 黄宝珠×金元<br>金元＝辽宁开原地方品种，参见 A146<br>黄宝珠＝参见 C333 |
| C505 | 沈农25104 | 辽宁 | 杂交育种 | （5621×徐豆1号）F$_1$×铁丰15<br>徐豆1号＝参见 C455<br>丰地黄＝参见 C324<br>金元1号＝参见 C492<br>5621＝参见 C467<br>铁丰15＝丰地黄×公交5201<br>公交5201＝金元1号×铁荚四粒黄<br>铁荚四粒黄＝吉林中南部地方品种，参见 A226 |

（续）

| 编号 | 品种名称 | 来源省份 | 育种方法 | 系谱 |
| --- | --- | --- | --- | --- |
| C506 | 铁丰 3 号 | 辽宁 | 杂交育种 | 集体 1 号×铁荚四粒黄　集体 1 号=参见 C484　铁荚四粒黄=吉林中南部地方品种，参见 A226 |
| C507 | 铁丰 5 号 | 辽宁 | 杂交育种 | 丰地黄×集体 2 号　丰地黄=参见 C324　集体 2 号=参见 C485 |
| C508 | 铁丰 8 号 | 辽宁 | 杂交育种 | 通州小黄豆×荆山朴　通州小黄豆=北京通县地方品种，参见 A232　荆山朴=参见 C233 |
| C509 | 铁丰 9 号 | 辽宁 | 杂交育种 | 5621×满仓金　5621=参见 C467　满仓金=参见 C250 |
| C510 | 铁丰 18 | 辽宁 | 杂交+诱变育种 | (45-15×5621) $F_1$ 的辐射诱变选系　45-15=集体 2 号的选系　5621=参见 C467　集体 2 号=参见 C485 |
| C511 | 铁丰 19 | 辽宁 | 杂交育种 | 铁丰 3 号×5621　铁丰 3 号=参见 C506　5621=参见 C467 |
| C512 | 铁丰 20 | 辽宁 | 杂交育种 | 5621×铁荚四粒黄　5621=参见 C467　铁荚四粒黄=吉林中南部地方品种，参见 A226 |
| C513 | 铁丰 21 | 辽宁 | 杂交育种 | 铁丰 9 号×黑河 54　铁丰 9 号=参见 C509　黑河 54=参见 C195 |
| C514 | 铁丰 22 | 辽宁 | 杂交育种 | 铁丰 10 号×铁丰 13　5621=参见 C467　铁丰 10 号=5621×荆山朴　荆山朴=参见 C233　铁丰 13=嘟噜豆×公交 5706　嘟噜豆=辽宁铁岭地方品种，参见 A075　公交 5706=小金黄 1 号×大粒黄　小金黄 1 号=参见 C401　大粒黄（公第 832-10）=吉林地方品种，参见 A054 |
| C515 | 铁丰 23 | 辽宁 | 杂交育种 | 铁丰 19×秋田 2 号　铁丰 19 号=参见 C511　秋田 2 号=日本品种，参见 A313 |
| C516 | 铁丰 24 | 辽宁 | 杂交育种 | 铁丰 18×开 467-4　铁丰 18=参见 C510　开 467-4=开育 8 号　开育 8 号=参见 C494 |
| C517 | 铁丰 25 | 辽宁 | 杂交育种 | 铁 7116-10-3×铁 7555-4-2　铁 7116-10-3=6038×十胜长叶　丰地黄=参见 C324　十胜长叶=日本品种，参见 A316　6038=丰地黄×5621　铁丰 8 号=参见 C508　5621=参见 C467　铁 7555-4-2=铁丰 8 号×铁 7116-10-3 |

（续）

| 编号 | 品种名称 | 来源省份 | 育种方法 | 系　谱 |
|---|---|---|---|---|
| C518 | 铁丰26 | 辽宁 | 杂交+诱变育种 | 铁丰24×铁8039的辐射诱变当代<br>铁8039=（铁丰18×外90）的辐射诱变后代<br>外90=不详，参见A348<br>铁丰24=参见C516<br>铁丰18=参见C510 |
| C519 | 铁丰27 | 辽宁 | 杂交育种 | 78012-5-3×8036-2<br>78012-5-3=铁丰18×铁7122-2-3<br>铁丰18=参见C510<br>铁7122-2-3=铁丰18×十胜长叶<br>十胜长叶=日本品种，参见A316<br>8036-2=铁78081×开育9号<br>铁78081=铁7555×铁7116-10-3<br>铁7555=铁丰8号×铁7116-10-3<br>铁丰8号=参见C508<br>铁7116-10-3=6038×十胜长叶<br>6038=丰地黄×5621<br>丰地黄=参见C324<br>562ː=参见C467<br>开育9号=参见C495 |
| C520 | 早小白眉 | 辽宁 | 选择育种 | 晚小白眉的自然异变选系<br>晚小白眉=辽宁地方品种，参见A234 |
| C521 | 彰豆1号 | 辽宁 | 诱变育种 | 铁丰18的辐射诱变选系<br>铁丰18=参见C510 |
| C522 | 吉原1号 | 内蒙古 | 杂交+诱变育种 | 公交6514-2的辐射诱变选系<br>公交6514-2=公交6404×平顶四（GD1108）<br>公交6404=吉林1号×平顶四（GD1108）<br>平顶四（公第1108）=吉林中部地方品种，参见A180<br>吉林1号=参见C334 |
| C523 | 内豆1号 | 内蒙古 | 杂交育种 | 3999-71×合交13<br>合交13=参见C185<br>3999-71=不详，参见A001 |
| C524 | 内豆2号 | 内蒙古 | 杂交育种 | 丰收11×丰收10号<br>丰收11=参见C157 |
| C525 | 内豆3号 | 内蒙古 | 杂交育种 | 丰收10号×珲春豆<br>珲春豆=吉林珲春地方品种，参见A132<br>丰收10号=参见C156 |
| C526 | 图良1号 | 内蒙古 | 杂交育种 | 集体5号×辐兑702-175<br>辐兑702-175=丰收12的辐射诱变选系<br>集体5号=参见C370<br>丰收12=参见C158 |
| C527 | 翁豆79012 | 内蒙古 | 诱变育种 | SRF的辐射诱变选系<br>SRF=美国材料，参见A343 |
| C528 | 乌豆1号 | 内蒙古 | 选择育种 | 黑农26的自然变异选系<br>黑农26=参见C211 |
| C529 | 宁豆1号 | 宁夏 | 选择育种 | 榆林黄豆的自然变异选系<br>榆林黄豆=宁夏地方品种，参见A262 |

（续）

| 编号 | 品种名称 | 来源省份 | 育种方法 | 系谱 |
|---|---|---|---|---|
| C530 | 宁豆81-7 | 宁夏 | 选择育种 | 不详，选自宁夏银川地方品种，参见 A300 |
| C531 | 7517 | 山东 | 杂交育种 | 7308×淮阴大四粒<br>7308=文丰2号×公交6309<br>文丰2号=齐黄1号×集体5号<br>公交6309=吉林6号×（大金黄×满仓金）<br>集体5号=参见 C370<br>大金黄=吉林东南部地方品种，参见 A050<br>吉林6号=参见 C339<br>淮阴大四粒=江苏淮阴地方品种，参见 A124<br>满仓金=参见 C250 |
| C532 | 7583 | 山东 | 杂交育种 | 跃进4号×SRF307<br>跃进4号=参见 C578<br>SRF307=美国材料，参见 A344 |
| C533 | 7605 | 山东 | 杂交育种 | 7013×延边7001-23<br>7013=6510×齐黄13<br>16510=齐黄1号×吉林2号<br>齐黄1号=参见 C555<br>齐黄13=参见 C560<br>吉林2号=参见 C335<br>延边7001-23=集体3号×珲春春豆<br>集体3号=参见 C368<br>珲春春豆=吉林珲春地方品种，参见 A132 |
| C534 | 备战3号 | 山东 | 杂交育种 | 齐黄1号×吉林2号<br>齐黄1号=参见 C555<br>吉林2号=参见 C335 |
| C535 | 大粒黄 | 山东 | 选择育种 | 平顶黄的自然变异选系<br>平顶黄=山东邹县地方品种，参见 A179 |
| C536 | 丰收黄 | 山东 | 杂交育种 | 齐黄1号×小粒青<br>齐黄1号=参见 C555<br>小粒青=历城小粒青<br>历城小粒青=山东历城地方品种，参见 A156 |
| C537 | 高作选1号 | 山东 | 选择育种 | 不详，参见 A301 |
| C538 | 菏84-1 | 山东 | 杂交育种 | 科系5号×Clark63<br>科系5号=58-161×徐豆1号<br>58-161=参见 C417<br>Clark63=美国品种，参见 A326<br>徐豆1号=参见 C455 |
| C539 | 菏84-5 | 山东 | 杂交育种 | 科系5号×SRF307<br>科系5号=58-161×徐豆1号<br>58-161=参见 C417<br>SRF307=美国材料，参见 A344<br>徐豆1号=参见 C455 |
| C540 | 莒选23 | 山东 | 选择育种 | 即墨油豆的自然变异选系<br>即墨油豆=山东即墨地方品种，参见 A133 |
| C541 | 临豆3号 | 山东 | 杂交育种 | 齐黄1号×5905<br>齐黄1号=参见 C555<br>5905=新黄豆×铁角黄<br>铁角黄=山东西部地方品种，参见 A228<br>新黄豆=参见 C574 |

（续）

| 编号 | 品种名称 | 来源省份 | 育种方法 | 系谱 |
|---|---|---|---|---|
| C542 | 鲁豆1号 | 山东 | 杂交育种 | 6303×69-2<br>莒选23=参见C540<br>69-2=大滑皮的选系<br>6303=莒选23×齐黄1号<br>齐黄1号=参见C555<br>大滑皮=山东济宁地方品种，参见A047 |
| C543 | 鲁豆2号 | 山东 | 杂交育种 | 文丰2号×Monetta<br>齐黄1号=参见C555<br>Monetta=美国品种，参见A337<br>文丰2号=齐黄1号×集体5号<br>集体5号=参见C370 |
| C544 | 鲁豆3号 | 山东 | 杂交育种 | 6306×6526<br>莒选23=参见C540<br>新黄豆=参见C574<br>6526=6303-1-11×6301B混-26<br>齐黄1号=参见C555<br>集体2号=参见C485<br>6306=莒选23×5905<br>5905=新黄豆×铁角黄<br>铁角黄=山东西部地方品种，参见A228<br>6303-1-11=莒选23×齐黄1号<br>6301B混-26=齐黄1号×集体2号 |
| C545 | 鲁豆4号 | 山东 | 杂交育种 | 跃进4号×7110<br>7110=Magnolia×69-2<br>69-2=大滑皮的选系<br>跃进4号=参见C578<br>Magnolia=美国品种，参见A333<br>大滑皮=山东济宁地方品种，参见A047 |
| C546 | 鲁豆5号 | 山东 | 杂交育种 | 东解1号×Monetta<br>Monetta=美国品种，参见A337<br>东解1号=河南地方品种，参见A066 |
| C547 | 鲁豆6号 | 山东 | 杂交育种 | 卫107×铁丰18<br>莒选23=参见C540<br>新黄豆=参见C574<br>铁丰18=参见C510<br>卫107=莒选23×5905<br>5905=新黄豆×铁角黄<br>铁角黄=山东西部地方品种，参见A228 |
| C548 | 鲁豆7号 | 山东 | 杂交育种 | 跃进4号×7110<br>711C=Magnolia×69-2<br>69-2=大滑皮的选系<br>跃进4号=参见C578<br>Magnolia=美国品种，参见A333<br>大滑皮=山东济宁地方品种，参见A047 |
| C549 | 鲁豆8号 | 山东 | 杂交育种 | 跃进4号×7110<br>7110=Magnolia×69-2<br>69-2=大滑皮的选系<br>跃进4号=参见C578<br>Magnolia=美国品种，参见A333<br>大滑皮=山东济宁地方品种，参见A047 |

（续）

| 编号 | 品种名称 | 来源省份 | 育种方法 | 系谱 | 系 |
|---|---|---|---|---|---|
| C550 | 鲁豆 10 号 | 山东 | 杂交育种 | 7588×7517 | 7588＝鲁豆 4 号 |
| C551 | 鲁豆 11 | 山东 | 杂交育种 | 鲁豆 4 号＝参见 C545<br>鲁豆 6 号×北京 8201 | 7517＝参见 C531<br>鲁豆 6 号＝参见 C547 |
| C552 | 鲁豆黑 1 号 | 山东 | 杂交育种 | 北京 8201＝不详，参见 A022<br>商河黑豆×跃进 5 号<br>跃进 5 号＝参见 C579 | 商河黑豆＝山东商河地方品种，参见 A203 |
| C553 | 鲁黑豆 2 号 | 山东 | 杂交育种 | 7605×北京小黑豆 | 7605＝参见 C533 |
| C554 | 齐茶豆 1 号 | 山东 | 杂交育种 | 北京小黑豆＝Peking<br>鲁豆 4 号×北京小黑豆<br>北京小黑豆＝Peking | Peking＝美国从中国引进的地方品种，参见 A340<br>鲁豆 4 号＝参见 C545<br>Peking＝美国从中国引进的地方品种，参见 A340 |
| C555 | 齐黄 1 号 | 山东 | 选择育种 | 不详，选自山东寿张大豆田中，参见 A295 | |
| C556 | 齐黄 2 号 | 山东 | 选择育种 | 不详，选自山东寿张大豆田中，参见 A295 | |
| C557 | 齐黄 4 号 | 山东 | 杂交育种 | 新黄豆×集体 5 号<br>集体 5 号＝参见 C370 | 新黄豆＝参见 C574 |
| C558 | 齐黄 5 号 | 山东 | 杂交育种 | 新黄豆×铁角黄<br>铁角黄＝山东西部地方品种，参见 A228 | 新黄豆＝参见 C574 |
| C559 | 齐黄 10 号 | 山东 | 杂交育种 | 齐黄 1 号×野黄<br>野起 1 号＝日本品种，参见 A318 | 齐黄 1 号＝参见 C555 |
| C560 | 齐黄 13 | 山东 | 杂交育种 | 齐黄 1 号×野起 1 号<br>野起 1 号＝日本品种，参见 A318 | 齐黄 1 号＝参见 C555 |
| C561 | 齐黄 20 | 山东 | 杂交育种 | 莒选 23×5902<br>5902＝新黄豆×集体 5 号<br>集体 5 号＝参见 C370 | 莒选 23＝参见 C540<br>新黄豆＝参见 C574 |
| C562 | 齐黄 21 | 山东 | 杂交育种 | 文丰 5 号×公交 6309<br>公交 6309＝吉林 6 号×（大金黄×满仓金）<br>大金黄＝吉林东南部地方品种，参见 A050 | 文丰 5 号＝参见 C570<br>吉林 6 号＝参见 C339<br>满仓金＝参见 C250 |

（续）

| 编号 | 品种名称 | 来源省份 | 育种方法 | 系谱 |
|---|---|---|---|---|
| C563 | 齐黄22 | 山东 | 杂交育种 | 7032×7033<br>7032=6203×6520<br>6203=沂水平顶黄×齐黄1号<br>沂水平顶黄=山东沂水地方品种，参见 A255<br>齐黄1号=参见 C555<br>6520=齐黄1号×A66<br>A66=不详，1965年从中国农科院油料所引入，参见 A011<br>7033=6203×6532<br>6532=莒选23×农杂9-3<br>莒选23=参见 C540<br>农杂9-3=不详，1965年从农岭农科所引入，参见 A174 |
| C564 | 齐黄25 | 山东 | 杂交育种 | 鲁豆4号×哈尔滨小黑豆<br>鲁豆4号=参见 C545<br>哈尔滨小黑豆=黑龙江哈尔滨地方品种，参见 A105 |
| C565 | 山宁4号 | 山东 | 杂交育种 | 豆交38×Williams<br>豆交38=为民1号×卫4<br>为民1号=参见 C567<br>卫4=新4号×5905<br>新4号=日本品种，参见 A317<br>5905=新黄豆×铁角黄<br>新黄豆=参见 C574<br>铁角黄=山东西部地方品种，参见 A228<br>Williams=美国品种，参见 A347 |
| C566 | 藤县1号 | 山东 | 杂交育种 | 莒选23×5905<br>莒选23=参见 C540<br>5905=新黄豆×铁角黄<br>新黄豆=参见 C574<br>铁角黄=山东西部地方品种，参见 A228 |
| C567 | 为民1号 | 山东 | 杂交育种 | 莒选23×齐黄1号<br>莒选23=参见 C540<br>齐黄1号=参见 C555 |
| C568 | 潍4845 | 山东 | 杂交育种 | 7219×群选1号<br>7219=菏泽2084×6306<br>菏泽2084=不详，菏泽农科所育种品系，参见 A110<br>6306=莒选23×5905<br>莒选23=参见 C540<br>5905=新黄豆×铁角黄<br>新黄豆=参见 C574<br>铁角黄=山东西部地方品种，参见 A228<br>群选1号=参见 C392 |
| C569 | 文丰4号 | 山东 | 杂交育种 | 齐黄1号×滋阳平顶黄<br>齐黄1号=参见 C555<br>滋阳平顶黄=山东滋阳地方品种，参见 A272 |
| C570 | 文丰5号 | 山东 | 杂交育种 | 齐黄1号×集体5号<br>齐黄1号=参见 C555<br>集体5号=参见 C370 |

（续）

| 编号 | 品种名称 | 来源省份 | 育种方法 | 系谱 |
|---|---|---|---|---|
| C571 | 文丰6号 | 山东 | 杂交育种 | 齐黄1号×5902；5902＝新黄豆×集体5号 　齐黄1号＝参见C555；新黄豆＝参见C574；集体5号＝参见C370 |
| C572 | 文丰7号 | 山东 | 杂交育种 | 莒选23×齐黄1号 　莒选23＝参见C540；齐黄1号＝参见C555 |
| C573 | 向阳1号 | 山东 | 杂交育种 | 齐黄1号×小粒青；小粒青＝历城小粒青 　齐黄1号＝参见C555；历城小粒青＝山东历城地方品种，参见A156 |
| C574 | 新黄豆 | 山东 | 选择育种 | 益都平顶黄的自然变异选系 　益都平顶黄＝山东益都地方品种，参见A254 |
| C575 | 兖黄1号 | 山东 | 杂交育种 | 莒选23×5905；5905＝新黄豆×铁角黄 　莒选23＝参见C540；新黄豆＝参见C574；铁角黄＝山东西部地方品种，参见A228 |
| C576 | 烟豆4号 | 山东 | 杂交育种 | 7102-16412×烟黄2号；早黄1号＝六十日金黄×齐黄1号；烟黄2号＝鲁豆5号 　7102-16412＝早黄1号×邹县小六叶；六十日金黄＝山东蓬莱地方品种，参见A163；邹县小六叶＝山东邹县地方品种，参见A273；齐黄1号＝参见C555；鲁豆5号＝参见C546 |
| C577 | 烟黄3号 | 山东 | 杂交育种 | 东解1号×卫80；卫80＝齐黄1号×集体5号 　东解1号＝河南地方品种，参见A066；集体5号＝参见C370；齐黄1号＝参见C555 |
| C578 | 跃进4号 | 山东 | 杂交育种 | 莒选23×5905；5905＝新黄豆×铁角黄 　莒选23＝参见C540；新黄豆＝参见C574；铁角黄＝山东西部地方品种，参见A228 |
| C579 | 跃进5号 | 山东 | 选择育种 | 62-156的自然变异选系；定陶平顶大黄豆＝山东定陶地方品种，参见A063 　62-156＝定陶平顶大黄豆的选系 |
| C580 | 秦豆1号 | 陕西 | 杂交育种 | 牛毛黄×备战1号；F5A＝不详，陕西农科院杂交后代，参见A077；牛毛黄＝F5A×一窝蜂；备战1号＝齐黄1号×野起1号；野起1号＝日本品种，参见A318 　一窝蜂＝陕西关中西部地方品种，参见A257；齐黄1号＝参见C555 |

（续）

| 编号 | 品种名称 | 来源省份 | 育种方法 | 系 | 谱 |
|---|---|---|---|---|---|
| C581 | 秦豆 3 号 | 陕西 | 杂交育种 | （齐黄 1 号×平顶黄）×（莒选 23×5905）<br>平顶黄＝山东邹县地方品种，参见 A179<br>5905＝新黄豆×铁角黄<br>铁角黄＝山东西部地方品种，参见 A228 | 齐黄 1 号＝参见 C555<br>莒选 23＝参见 C540<br>新黄豆＝参见 C574 |
| C582 | 秦豆 5 号 | 陕西 | 选择育种 | SRF307 的自然变异选系 | SRF307＝美国材料，参见 A344 |
| C583 | 陕豆 701 | 陕西 | 选择育种 | 一窝蜂的自然变异选系 | 一窝蜂＝陕西关中西部地方品种，参见 A257 |
| C584 | 陕豆 702 | 陕西 | 杂交育种 | （齐黄 1 号×平顶黄）×（莒选 23×5905）<br>平顶黄＝山东邹县地方品种，参见 A179<br>新黄豆＝参见 C574<br>莒选 23＝参见 C540 | 齐黄 1 号＝参见 C555<br>5905＝新黄豆×铁角黄<br>铁角黄＝山东西部地方品种，参见 A228 |
| C585 | 陕豆 7214 | 陕西 | 杂交育种 | 陕豆 701×牛毛黄<br>牛毛黄＝F5A×一窝蜂<br>一窝蜂＝陕西关中西部地方品种，参见 A257 | 陕豆 701＝参见 C583<br>F5A＝不详，陕西农科院杂交后代，参见 A077 |
| C586 | 陕豆 7826 | 陕西 | 杂交育种 | 陕豆 7015-1×陕豆 701<br>秦豆 3 号＝参见 C581 | 陕豆 7015-1＝秦豆 3 号<br>陕豆 701＝参见 C583 |
| C587 | 太原 47 | 陕西 | 选择育种 | 不详，选自山西农科院育成品系，参见 A296 | |
| C588 | 汾豆 11 | 山西 | 杂交育种 | 海 94×Beeson<br>晋豆 4 号＝参见 C594 | 海 94＝晋豆 4 号<br>Beeson＝美国品种，参见 A325 |
| C589 | 汾豆 31 | 山西 | 杂交育种 | PY×（跃进 4 号×海 94）<br>Beeson＝美国品种，参见 A325<br>金 1＝紫秸豆×闪金豆<br>闪金豆＝参见 C616<br>海 94＝晋豆 4 号 | PY＝Beeson×（晋矮 5 号×金 1）<br>晋矮 5 号＝不详，杂交育成品系，参见 A141<br>紫秸豆＝辽宁金县地方品种，参见 A271<br>跃进 4 号＝参见 C578<br>晋豆 4 号＝参见 C594 |
| C590 | 晋大 36 | 山西 | 杂交育种 | 晋大 801×铁丰 18<br>铁丰 18＝参见 C510 | 晋大 801＝不详，山西地方品种的选系，参见 A143 |
| C591 | 晋豆 1 号 | 山西 | 选择育种 | 大白麻的自然变异选系 | 大白麻＝山西地方品种，参见 A039 |

| 编号 | 品种名称 | 来源省份 | 育种方法 | 系 | 谱 |
|---|---|---|---|---|---|
| C592 | 晋豆2号 | 山西 | 杂交育种 | 榆次黄×丰地黄<br>榆次小黄豆=山西榆次地方品种，参见A261 | 榆次黄=榆次小黄豆<br>丰地黄=参见C324 |
| C593 | 晋豆3号 | 山西 | 选择育种 | 繁峙小黑豆的自然变异选系 | 繁峙小黑豆=山西地方品种，参见A078 |
| C594 | 晋豆4号 | 山西 | 杂交育种 | 晋豆202×极早黄<br>山东小黄豆=山东地方品种，参见A197 | 晋豆202=选自山东小黄豆 |
| C595 | 晋豆5号 | 山西 | 杂交育种 | 晋豆1号×晋豆501<br>晋豆501=参见C610 | 晋豆1号=参见C591 |
| C596 | 晋豆6号 | 山西 | 杂交育种 | 晋大152×H65<br>H65=天鹅蛋×太谷黄<br>太谷黄=山西太谷地方品种，参见A217 | 晋大152=不详，山西农家品种的选系，参见A142<br>天鹅蛋=山西代县地方品种，参见A223 |
| C597 | 晋豆7号 | 山西 | 杂交育种 | 晋原22×晋豆4号<br>左云圆黑豆=山西左云地方品种，参见A275 | 晋原22=左云圆黑豆的选系 |
| C598 | 晋豆8号 | 山西 | 杂交育种 | 晋豆1号×Beeson<br>Beeson=美国品种，参见A325 | 晋豆4号=参见C594<br>晋豆1号=参见C591 |
| C599 | 晋豆9号 | 山西 | 选择育种 | 晋豆1号的自然变异选系 | 晋豆1号=参见C591 |
| C600 | 晋豆10号 | 山西 | 选择育种 | 黑嘴水白豆的自然变异选系 | 黑嘴水白豆=山西襄垣地方品种，参见A116 |
| C601 | 晋豆11 | 山西 | 选择育种 | 龙76-9232的自然变异选系 | 龙76-9232=不详，参见A165 |
| C602 | 晋豆12 |  | 杂交育种 | 海94×早紫1号<br>晋豆4号=参见C594<br>晋矮1号=早丰1号×紫秸豆<br>紫秸豆=辽宁金县地方品种，参见A271<br>早丰1号=晋豆1号×Beeson<br>Beeson=美国品种，参见A325 | 海94=晋豆4号<br>早紫1号=晋矮1号的选系<br>早丰1号=参见C410 |
| C603 | 晋豆13 | 山西 | 杂交育种 | 晋豆1号×Beeson<br>Beeson=美国品种，参见A325 | 晋豆1号=参见C591 |
| C604 | 晋豆14 | 山西 | 杂交育种 | 临县羊眼豆×浮山绿<br>浮山绿=山西浮山地方品种，参见A087 | 临县羊眼豆=山西临县地方品种，参见A161 |

（续）

| 编号 | 品种名称 | 来源省份 | 育种方法 | 系谱 | 系谱 |
|---|---|---|---|---|---|
| C605 | 晋豆15 | 山西 | 杂交育种 | 晋大701×合交77-207<br>晋豆501=参见C610<br>合交77-207=合交23×克交4430-20<br>克交4430-20=克交69-5236×十胜长叶<br>克交56-4087-17=丰收6号×克山四粒黄，参见A154<br>克山四粒黄=黑龙江克山地方品种，参见C250<br>满仓金=参见C250 | 晋大701=晋豆501×晋豆1号<br>晋豆1号=参见C591<br>合丰23=参见C168<br>克交69-5236=克交56-4087-17×哈光1657<br>丰收6号=参见C155<br>哈光1657=满仓金经诱变的选系<br>十胜长叶=日本品种，参见A316 |
| C606 | 晋豆16 | 山西 | 杂交育种 | 7213×（晋豆2号×7213）<br>晋豆1号=参见C591<br>晋豆2号=参见C592 | 7213=晋豆1号×日本大白眉<br>日本大白眉=日本品种，参见A314 |
| C607 | 晋豆17 | 山西 | 杂交育种 | 晋豆2号×海94<br>海94=晋豆4号 | 晋豆2号=参见C592<br>晋豆4号=参见C594 |
| C608 | 晋豆371 | 山西 | 杂交育种 | 通州小黄豆×荆山朴<br>荆山朴=参见C233 | 通州小黄豆=北京通县地方品种，参见A232 |
| C609 | 晋豆482 | 山西 | 杂交育种 | 山农1号×大谷黄豆<br>大谷黄豆=山西大谷地方品种，参见A218 | 山农1号=不详，参见A198 |
| C610 | 晋豆501 | 山西 | 杂交育种 | 京谷玉×滋阳平顶黄<br>滋阳平顶黄=山东滋阳地方品种，参见A272 | 京谷玉=山西地方品种，参见A148 |
| C611 | 晋豆514 | 山西 | 杂交育种 | 介休黑梅豆×欧力黑<br>欧力黑=不详，引自东北，参见A175 | 介休黑梅豆=山西介休地方品种，参见A140 |
| C612 | 晋遗9号 | 山西 | 杂交育种 | 紫丰4号×晋豆4号<br>晋豆4号=参见C594 | 紫丰4号=选自丰收4号<br>晋豆4号=参见C594 |
| C613 | 晋遗10号 | 山西 | 杂交育种 | 丰收黄×晋豆4号<br>晋豆4号=参见C594 | 丰收黄=参见C536 |
| C614 | 晋遗19 | 山西 | 杂交育种 | 168×铁7517<br>风交66-12=参见C475<br>铁7517=铁丰19×Amsoy<br>Amsoy=美国品种，参见A324 | 168=风交66-12×太原早<br>大原早=山西太原地方品种，参见A220<br>铁丰19=参见C511 |

（续）

| 编号 | 品种名称 | 来源省份 | 育种方法 | 系 | 谱 |
|---|---|---|---|---|---|
| C615 | 晋遗20 | 山西 | DNA导入 | 用株90作受体，ILC482的DNA作供体，参见C475<br>凤交66-12=参见C475<br>ILC482=原产土耳其的鹰嘴豆（Cicer arietinum L.），参见A323 | 株90=凤交66-12×太原早<br>太原早=山西太原地方品种，参见A220 |
| C616 | 闪金豆 | 山西 | 选择育种 | 荆山朴的自然变异选系 | 荆山朴=参见C233 |
| C617 | 太谷早 | 山西 | 选择育种 | 太谷黄豆的自然变异选系 | 太谷黄豆=山西太谷地方品种，参见A218 |
| C618 | 紫秸豆75 | 山西 | 选择育种 | 紫秸豆的自然变异选系 | 紫秸豆=辽宁金县地方品种，参见A271 |
| C619 | 成豆4号 | 四川 | 杂交育种 | 拱县二季早×铁丰19<br>铁丰19=参见C511 | 拱县二季早=四川拱县地方品种，参见A097 |
| C620 | 成豆5号 | 四川 | 杂交育种 | 白干城×安岳四季花<br>安岳四季花=四川安岳地方品种，参见A013 | 白干城=日本品种，参见A307 |
| C621 | 川豆2号 | 四川 | 杂交育种 | 田坎豆×中豆5号<br>中豆5号=海79-1=南豆1138-2×Clark63<br>Clark63=美国品种，参见A326 | 田坎豆=四川成都地方品种，参见A224<br>南农1138-2=参见C428 |
| C622 | 川豆3号 | 四川 | 杂交育种 | 荣经黄壳早×白干城<br>白干城=日本品种，参见A307 | 荣经黄壳早=四川荣经地方品种，参见A259 |
| C623 | 川湘早1号 | 四川 | 杂交育种 | 上海六月白×Wilkin<br>Wilkin=美国品种，参见A346 | 上海六月白=上海地方品种，参见A201 |
| C624 | 达豆2号 | 四川 | 选择育种 | 不详，选自从山东引进的混杂群体，参见A297 |  |
| C625 | 贡豆1号 | 四川 | 杂交育种 | 诱变30×荣县大黄豆<br>荣县大黄豆=四川荣县地方品种，参见A195 | 诱变30=参见C028 |
| C626 | 贡豆2号 | 四川 | 杂交育种 | 诱变30×82-6<br>82-6=自贡青皮豆的选系 | 诱变30=参见C028 |
| C627 | 贡豆3号 | 四川 | 杂交育种 | 川湘早1号×鲁豆1号<br>鲁豆1号=参见C542 | 自贡青皮豆=四川自贡地方品种，参见A269 |
| C628 | 贡豆4号 | 四川 | 杂交育种 | 川湘早1号×（鲁豆1号×诱变30）$F_3$<br>鲁豆1号=参见C542 | 川湘早1号=参见C623<br>诱变30=参见C028 |

（续）

| 编号 | 品种名称 | 来源省份 | 育种方法 | 系谱 |
|---|---|---|---|---|
| C629 | 贡豆6号 | 四川 | 杂交育种 | 诱变30×82-6<br>诱变30=参见C028<br>82-6=自贡青皮豆的自然变异选系<br>自贡青皮豆=四川自贡地方品种，参见A269 |
| C630 | 贡豆7号 | 四川 | 杂交育种 | 川湘早1号×浙春2号<br>川湘早1号=参见C623<br>浙春2号=参见C649 |
| C631 | 凉豆2号 | 四川 | 选择育种 | 高草白豆的自然变异选系<br>高草白豆=四川西昌地方品种，参见A092 |
| C632 | 凉豆3号 | 四川 | 杂交+诱变育种 | 铁6831的辐射诱变选系<br>铁6831=铁6308×铁6124<br>铁6308=参见C324<br>铁6124=丰地黄×公交5201<br>5621=参见C467<br>公交5201=金元1号×铁荚四粒黄<br>铁荚四粒黄=吉林中南部地方品种，参见A226<br>金元1号=参见C492 |
| C633 | 万县8号 | 四川 | 选择育种 | 上海六月黄的自然变异选系<br>上海六月黄=上海地方品种，参见A202 |
| C634 | 西豆4号 | 四川 | 诱变育种 | 矮脚早优株的辐射诱变选系<br>矮脚早=参见C288 |
| C635 | 西豆3号 | 四川 | 诱变育种 | 矮脚早自然变异株的辐射诱变选系<br>矮脚早=参见C288 |
| C636 | 宝坻大白眉 | 天津 | 选择育种 | 不详，选自天津市地方品种 |
| C637 | 津75-1 | 天津 | 选择育种 | 科黄8号的自然变异选系<br>科黄8号=58-161×徐豆1号<br>58-161=参见C417<br>徐豆1号=参见C455 |
| C638 | 丰收72 | 新疆 | 选择育种 | 混杂大豆田中自然变异选系 |
| C639 | 垦米白脐 | 新疆 | 选择育种 | 米泉黄豆的自然变异选系<br>米泉黄豆=新疆米泉地方品种，参见A170 |
| C640 | 奎选1号 | 新疆 | 选择育种 | 黑农8号的自然变异选系<br>黑农8号=参见C202 |
| C641 | 晋宁大黄豆 | 云南 | 选择育种 | 不详，选自云南晋宁地方品种 |
| C642 | 云82-22 | 云南 | 杂交育种 | 清华大豆×群选1号<br>清华大豆=云南昆明地方品种，参见A192<br>群选1号=参见C392 |
| C643 | 华春14 | 浙江 | 杂交育种 | 杭州五月白×建德白毛荚<br>杭州五月白=浙江杭州地方品种，参见A109<br>建德白毛荚=浙江建德地方品种，参见A138 |
| C644 | 丽秋1号 | 浙江 | 选择育种 | 怀要黄豆的自然变异选系<br>怀要黄豆=江苏地方品种，参见A123 |
| C645 | 毛蓬青1号 | 浙江 | 选择育种 | 毛蓬青的自然变异选系<br>毛蓬青=浙江衢县地方品种，参见A167 |

（续）

| 编号 | 品种名称 | 来源省份 | 育种方法 | 系　谱 | 系　谱 |
|------|----------|----------|----------|--------|--------|
| C646 | 毛蓬青 2 号 | 浙江 | 选择育种 | 毛蓬青的自然变异选系 | 毛蓬青=浙江衢县地方品种，参见 A167 |
| C647 | 毛蓬青 3 号 | 浙江 | 选择育种 | 毛蓬青的自然变异选系 | 毛蓬青=浙江衢县地方品种，参见 A167 |
| C648 | 浙春 1 号 | 浙江 | 杂交育种 | 五月拔×兖黄 1 号<br>兖黄 1 号=参见 C575 | 五月拔=浙江杭州地方品种，参见 A237 |
| C649 | 浙春 2 号 | 浙江 | 杂交育种 | 德清黑豆×兖黄 1 号<br>兖黄 1 号=参见 C575 | 德清黑豆=浙江德清地方品种，参见 A062 |
| C650 | 浙春 3 号 | 浙江 | 杂交育种 | 浙春 1 号×宁镇 1 号<br>宁镇 1 号=参见 C438 | 浙春 1 号=参见 C648 |
| C651 | 浙江 28 - 22 | 浙江 | 杂交育种 | 白干鸣×四月拔<br>四月拔=浙江杭州地方品种，参见 A213 | 白干鸣=日本品种，参见 A308 |

**D001～D649**

| 编号 | 品种名称 | 来源省份 | 育种方法 | 系　谱 | 系　谱 |
|------|----------|----------|----------|--------|--------|
| D001 | AC10 菜用大青豆 | 安徽 | 杂交育种 | 75 - 54×Sogleen Ogden<br>Sogleen Ogden=西德青豆，参见 A358<br>徐豆 1 号=参见 C455 | 75 - 54=75 - 23 - 5 - 15 激光辐照品系<br>75 - 23 - 5 - 15=徐豆 1 号×Clark63<br>Clark63=美国品种，参见 A326 |
| D002 | 合豆 1 号 | 安徽 | 杂交育种 | 蒙 84 - 20×油 88 - 86<br>豌豆团=安徽省地方品种，参见 A359<br>油 88 - 86=中国农科院油料所品系，参见 A535 | 蒙 84 - 20=豌豆团×安 75 - 50<br>安 75 - 50=安徽农大品系，参见 A548 |
| D003 | 合豆 2 号 | 安徽 | 杂交育种 | 皖豆 16×突变株×豫豆 10 号<br>豫豆 10 号=参见 C112 | 皖豆 16=参见 D008 |
| D004 | 合豆 3 号 | 安徽 | 杂交育种 | （蒙 84 - 20×满 84 - 5）×泗豆 11<br>满 84 - 5=参见 C539<br>豌豆团=安徽省地方品种，参见 A359 | 泗豆 11=参见 C441<br>蒙 84 - 20=豌豆团×安 75 - 50<br>安 75 - 50=安徽农大品系，参见 A548 |
| D005 | 皖豆 12 | 安徽 | 杂交育种 | 科 74 - 5×58 - 161<br>徐州 126=铜山天鹅蛋的选系<br>Mamotan=美国品种，参见 A334 | 科 74 - 5=徐州 126×Mamotan<br>铜山天鹅蛋=江苏铜山地方品种，参见 A231<br>58 - 161=参见 C417 |

（续）

| 编号 | 品种名称 | 来源省份 | 育种方法 | 系　谱 |
|---|---|---|---|---|
| D006 | 皖豆 14 | 安徽 | 杂交育种 | （徐豆 2×蒙庆 7）×皖 100-1<br>皖 100-1＝徐豆 1 号×六合青<br>蒙庆 7 号＝安徽省蒙城农科所品系，参见 A363<br>徐豆 2 号＝参见 C456<br>六合青＝江苏省六合地方品种，参见 A162<br>徐豆 1 号＝参见 C455 |
| D007 | 皖豆 15 | 安徽 | 杂交育种 | 蒙庆 13 辐射处理<br>蒙庆 13＝安徽省蒙城大豆所选育，参见 A362 |
| D008 | 皖豆 16 | 安徽 | 杂交育种 | 科系 8 号×徐豆 1 号<br>科系 8 号＝58-161×徐豆 1 号<br>58-161＝参见 C455 |
| D009 | 皖豆 17 | 安徽 | 杂交育种 | 商丘 7608×58-161<br>商丘 197＝商丘 7608<br>商丘 7608＝参见 C101<br>58-161＝参见 C417 |
| D010 | 皖豆 18 | 安徽 | 杂交育种 | 南 77-30×阜阳 244<br>南 77-30＝江苏南京农科所品系，参见 A471<br>阜阳 244＝（徐豆 1 号×58 161）×齐黄 13<br>徐豆 1 号＝参见 C455<br>58-161＝参见 C417<br>齐黄 13＝参见 C560 |
| D011 | 皖豆 19 | 安徽 | 杂交育种 | 皖豆 16×跃进 5 号<br>皖豆 16＝参见 D08<br>跃进 5 号＝参见 C579 |
| D012 | 皖豆 20 | 安徽 | 杂交育种 | 阜 75-81-1-3×蚌埠 501-5<br>阜 75-81-1-3＝美国 3 号×早熟 1 号<br>美国 3 号＝Monetta＝美国品种，参见 A606<br>早熟 1 号＝科系 8 号×铁 4117<br>科系 8 号＝58-161×徐豆 1 号<br>58-161＝参见 C417<br>徐豆 1 号＝参见 C455<br>铁 4117＝（丰地黄×公交 5201）×（铁丰 3 号×5621）<br>丰地黄＝参见 C324<br>公交 5201＝金元 1 号×铁荚四粒黄<br>金元 1 号＝参见 C492<br>铁荚四粒黄＝吉林中南部地方品种，参见 A226<br>铁丰 3 号＝参见 C506<br>5621＝参见 C467<br>蚌埠 501-5＝不详，参见 A578 |
| D013 | 皖豆 21 | 安徽 |  | 皖豆 10×中品 661<br>中品 661＝参见 D061<br>皖豆 10 号＝参见 C017 |
| D014 | 皖豆 22 | 安徽 | 选择育种 | 皖豆 7 号变异株中系统选育<br>皖豆 7 号＝参见 C015 |
| D015 | 皖豆 23 | 安徽 | 杂交育种 | 豫豆 7 号×涡 7708-2-3<br>豫豆 7 号＝参见 C110<br>涡 7708-2-3＝安徽涡阳农科所地方品系，参见 A366 |

（续）

| 编号 | 品种名称 | 来源省份 | 育种方法 | 系谱 |
| --- | --- | --- | --- | --- |
| D016 | 皖豆24 | 安徽 | 杂交育种 | （山东8502×南农217）×（蒙84-20×阜8128-1）<br>山东8502=山东省区试品系，参见A496<br>南农217=参见D451<br>蒙84-20=豌豆团×安75-50<br>豌豆团=安徽地方品种，参见A359<br>安75-50=安徽农大品系，参见A548<br>阜8128-1=安徽区试品系，参见A361 |
| D017 | 皖豆25 | 安徽 | 其他 | W931A×WR016<br>W931A=安徽农科院作物所系，参见A562<br>WR016=安徽农科院作物所品系，参见A563 |
| D018 | 蒙彩1号 | 北京 | 杂交育种 | 齐黄26×大空5号<br>齐黄26=参见D555<br>大空5号=不详，参见A554 |
| D019 | 京豆1号 | 北京 | 杂交育种 | 早熟3号×早熟6号<br>早熟3号=参见C031<br>早熟6号=参见C032 |
| D020 | 京黄一号 | 北京 | 杂交育种 | 晋遗20×遗-4<br>晋遗20=参见C615<br>遗-4=中科院遗传所品系，参见A543 |
| D021 | 京黄二号 | 北京 | 杂交育种 | 豫豆2号×早熟18<br>豫豆2号=参见C105<br>早熟18=参见C037 |
| D022 | 科丰14 | 北京 | 杂交育种 | 早熟3号×安徽大青豆<br>早熟3号=参见C031<br>安徽大青豆=蒙城大青豆<br>蒙城大青豆=安徽蒙城地方品种，参见A169 |
| D023 | 科丰15 | 北京 | 杂交育种 | 8551×吉林20<br>双青85-5=早熟3号×安徽大青豆<br>8551=双青85-5×早熟5号<br>早熟3号=参见C031<br>安徽大青豆=蒙城大青豆<br>蒙城大青豆=安徽蒙城地方品种，参见A169<br>早熟5号=科系8号×铁4117<br>科系8号=58-161×徐豆1号<br>58-161=参见C417<br>徐豆1号=参见C455<br>铁4117=（丰地黄×公交5201）×（铁丰3号×5621）<br>丰地黄=参见C324<br>公交5201=金元1号×铁荚四粒黄<br>金元1号=参见C492<br>铁荚四粒黄=吉林中南部地方品种，参见A226<br>铁丰3号=参见C506<br>5621=参见C467<br>吉林20=参见C352 |

（续）

| 编号 | 品种名称 | 来源省份 | 育种方法 | 系　谱 | |
|---|---|---|---|---|---|
| D024 | 科丰 17 | 北京 | 杂交育种 | 8511×铁杂<br>双青 85-5＝早熟 3 号×安徽大青豆<br>安徽大青豆＝科系 8 号×铁 4117<br>早熟 5 号＝科系 8 号×铁 4117<br>58-161＝参见 C417<br>铁 4117＝（丰地黄×公交 5201）×（铁丰 3 号×5621）<br>公交 5201＝金元 1 号×铁荚四粒黄<br>铁荚四粒黄＝吉林中南部地方品种，参见 A226<br>5621＝参见 C510<br>铁丰 18＝参见 C467 | 8551＝双青 85-5×早熟 5 号<br>早熟 3 号＝参见 C031<br>蒙城大青豆＝安徽蒙城地方品种，参见 A169<br>科豆 8 号＝58-161×徐豆 1 号<br>徐豆 1 号＝参见 C455<br>丰地黄＝参见 C324<br>金元 1 号＝参见 C492<br>铁丰 3 号＝参见 C506<br>铁杂＝铁丰 18×诱变 30<br>诱变 30＝参见 C028 |
| D025 | 科丰 28 | 北京 | 杂交育种 | 85-094×8101<br>810＝诱变 30×78-219（野 2）<br>78-219（野 2）＝不详，参见 A635<br>诱变 30＝参见 C028 | 85-094＝8003×丹豆 5 号<br>8003＝不详，参见 A633<br>丹豆 5 号＝参见 C472 |
| D026 | 科丰 36 | 北京 | 杂交育种 | 科青 82-2-9×8209<br>早熟 3 号＝参见 C031<br>蒙城大青豆＝安徽蒙城地方品种，参见 A169<br>早熟 18＝早熟 | 科青 82-2-9＝早熟 3 号×安徽大青豆<br>安徽大青豆＝蒙城大青豆<br>8209＝早熟 18 |
| D027 | 科丰 37 | 北京 | 杂交育种 | 8033×密荚 1 号<br>7603＝中国科学院遗传所选系，参见 A531<br>吉林 3 号＝参见 C336<br>密荚 1 号＝科黄选系<br>58-161＝参见 C417 | 8033＝7603×冀 7414-2<br>冀 7414-2＝吉林 3 号×早熟油豆<br>早熟油豆＝河北省地方品种，参见 A392<br>科黄＝58-161×徐豆 1 号<br>徐豆 1 号＝参见 C455 |
| D028 | 科丰 53 | 北京 | 杂交＋诱变育种 | 铁 4117＝（7409×诱变 30）F₁ 诱变产生<br>铁 4117＝（丰地黄×公交 5201）×（铁丰 3 号×5621）<br>公交 5201＝金元 1 号×铁荚四粒黄<br>铁荚四粒黄＝吉林中南部地方品种，参见 A226<br>58-161＝参见 C417<br>徐豆 1 号＝参见 C455 | 7409＝铁 4117×科黄 8 号<br>丰地黄＝参见 C324<br>金元 1 号＝参见 C492<br>铁丰 3 号＝参见 C506<br>科黄 8 号＝58-161×徐豆 1 号<br>诱变 30＝参见 C028 |

| 编号 | 品种名称 | 来源省份 | 育种方法 | 系谱 |
|---|---|---|---|---|
| D029 | 科新4号 | 北京 | 诱变+选择育种 | 豫豆2号种子通过化学诱变系谱选育方法育成　　豫豆2号=参见C105 |
| D030 | 科新5号 | 北京 | 诱变育种 | 鲁豆4号化学诱变　　鲁豆4号=参见C545 |
| D031 | 科新6号 | 北京 | 诱变育种 | 豫豆2号化学诱变　　豫豆2号=参见C105 |
| D032 | 科新7号 | 北京 | 诱变育种 | EMS+EI诱变处理中品661 |
| D033 | 科新8号 | 北京 | 诱变育种 | EMS诱变处理纯合品系科系9103　　科系9103=8511×铁杂 |
| | | | | 8551=双青85-5×早熟5号　　双青85-5=早熟3号×安徽大青豆 |
| | | | | 早熟3号=参见C031　　安徽大青豆=蒙城大青豆 |
| | | | | 蒙城大青豆=安徽蒙城地方品种，参见A169　　早熟5号=科系8号×铁4117 |
| | | | | 科系8号=58-161×徐豆1号　　58-161=参见C417 |
| | | | | 徐豆1号=参见C455　　铁4117=（丰地黄×公交5201）×（铁丰3号×5621） |
| | | | | 丰地黄=参见C324　　公交5201=金元1号×铁荚四粒黄 |
| | | | | 金元1号=参见C492　　铁荚四粒黄=吉林中南部地方品种，参见A226 |
| | | | | 铁丰3号=参见C506　　5621=参见C467 |
| | | | | 铁杂=铁丰18×诱变30　　铁丰18=参见C510 |
| | | | | 诱变30=参见C028 |
| D034 | 顺豆92-51 | 北京 | 杂交育种 | 墩子黄×红大豆　　墩子黄=北京市地方品种，参见A367 |
| | | | | 红大豆=北京市地方品种，参见A368 |
| D035 | 鑫豆1号 | 北京 | 杂交育种 | 巴西白优豆×鲁豆1号　　巴西白优豆=巴西品种，参见A558 |
| | | | | 鲁豆1号=参见C542 |
| D036 | 中豆27 | 北京 | 杂交育种 | 中豆19×P.I.L81-4590　　中豆19=参见C295 |
| | | | | P.I.L81-4590=Williams的近等基因系　　Williams=美国品种，参见A347 |
| D037 | 中豆28 | 北京 | 杂交育种 | 鲁豆4号×P.I.L83-4387　　鲁豆4号=参见C545 |
| | | | | P.I.L83-4387=Amsoy的近等基因系　　Amsoy=参见A324 |
| D038 | 中黄9 | 北京 | 杂交育种 | 科丰6号×菏7308-1-2　　科丰6号=参见C024 |
| | | | | 菏7308-1-2=Magnolia×单县闫寨188　　Magnolia=美国品种，参见A600 |
| | | | | 单县闫寨188=山东单县地方品种，参见A199 |

（续）

| 编号 | 品种名称 | 来源省份 | 育种方法 | 系 | 谱 |
|---|---|---|---|---|---|
| D039 | 中黄 10 | 北京 | 杂交育种 | 文丰 7 号×鲁豆 4 号<br>鲁豆 4 号=参见 C545 | 文丰 7 号=参见 C572 |
| D040 | 中黄 11 | 北京 | 杂交育种 | Crawford×郑长叶 18（豫豆 8 号）<br>豫豆 8 号=参见 C111 | Crawford=美国品种，参见 A699 |
| D041 | 中黄 12 | 北京 | 杂交育种 | 晋遗 20×遗-4 | 晋遗 20=参见 C615 |
| D042 | 中黄 13 | 北京 | 杂交育种 | 遗-4=中国科学院遗传所品系，参见 A543<br>豫豆 8 号×中作 90052-76 | 豫豆 8 号=参见 C111 |
| D043 | 中黄 14 | 北京 | 杂交育种 | 中作 90052-76=中国农科院作物所品系，参见 A541<br>Crawford×郑长叶 18（豫豆 8 号） | Crawford=美国品种，参见 A699 |
| D044 | 中黄 15 | 北京 | 杂交育种 | 豫豆 8 号=参见 C111<br>中品 661×早熟 17 | 中品 661=参见 D061 |
| D045 | 中黄 16 | 北京 | 杂交育种 | 早熟 17=参见 C036<br>ti15176×Century-2.3<br>豫豆 8 号=参见 C111<br>century-2.3=美国品种 Century 的近等基因系 | ti15176=豫豆 8 号×L81-4590<br>L81-4590=美国品种，参见 A702<br>Century=美国品种，参见 A698 |
| D046 | 中黄 17 | 北京 | 杂交育种 | 遗-2×Hobbit<br>Hobbit=美国品种，参见 A703 | 遗-2=中国科学院遗传所品系，参见 A542 |
| D047 | 中黄 18 | 北京 | 杂交育种 | 中品 661×Century-2<br>Century-2=美国品种缺失脂肪氧化酶材料，参见 A698 | 中品 661，参见 D061 |
| D048 | 中黄 19 | 北京 | 杂交育种 | 中品 661×豫豆 10 号<br>豫豆 10 号=参见 C112 | 中品 661=参见 D061 |
| D049 | 中黄 20 | 北京 | 杂交育种 | 遗-2×Hobbit<br>Hobbit=美国品种，参见 A703 | 遗-2=中国科学院遗传所品系，参见 A542 |
| D050 | 中黄 21 | 北京 | 杂交育种 | 中品 661×中-91-1<br>中 91-1=河北永清良种场选单株，参见 A538 | 中品 661=参见 D061 |

（续）

| 编号 | 品种名称 | 来源省份 | 育种方法 | 系谱 | |
|---|---|---|---|---|---|
| D051 | 中黄 22 | 北京 | 杂交育种 | 中品 661×中 91-1<br>中 91-1＝河北永清良种场选单株，参见 A538 | 中品 661＝参见 D061 |
| D052 | 中黄 23 | 北京 | 杂交＋诱变育种 | 杂抗 F₆×鲁豆 4 号<br>鲁豆 4 号＝参见 C545 | 杂抗 $F_6$＝中国农科院作物所品系，参见 A537 |
| D053 | 中黄 24 | 北京 | 杂交育种 | 吉林 21×（汾豆 31×中豆 19）<br>汾豆 31＝C589 | 吉林 21＝参见 C353<br>中豆 19＝参见 C295 |
| D054 | 中黄 25 | 北京 | 杂交育种 | 中黄 4 号×诱变 30<br>诱变 30＝参见 C028 | 中黄 4 号＝参见 C041 |
| D055 | 中黄 26 | 北京 | 杂交育种 | 单 8×PI437654<br>中黄 6 号＝参见 C043<br>晋遗 20＝参见 C615 | 单 8＝中黄 6 号×D90<br>D90＝晋遗 20<br>PI437654＝美国品种，参见 A590 |
| D056 | 中黄 27 | 北京 | 杂交育种 | 晋遗 20×90052-76<br>90052-76＝中国农科院作物品系，参见 A541 | 晋遗 20＝参见 C615 |
| D057 | 中黄 28 | 北京 | 杂交育种 | 中黄 28＝ti15176×Century-2.3<br>豫豆 8 号＝参见 C111<br>Century-2.3＝美国品种 Century 的近等基因系 | ti15176＝豫豆 8 号×L81-4590<br>L81-4590＝美国品种，参见 A702<br>Century＝美国品种，参见 A698 |
| D058 | 中黄 29 | 北京 | 杂交育种 | 鲁 861168×鲁豆 11<br>鲁豆 11＝参见 C551 | 鲁 861168＝山东农科院作物所育种品系，参见 A666 |
| D059 | 中黄 31 | 北京 | 杂交育种 | ti15176×Century-2.3<br>豫豆 8 号＝参见 C111<br>Century-2.3＝美国品种 Century 的近等基因系 | ti15176＝豫豆 8 号×L81-4590<br>L81-4590＝美国品种，参见 A702<br>Century＝美国品种，参见 A698 |
| D060 | 中黄 33 | 北京 | 杂交＋诱变育种 | （豫豆 8 号×晋遗 20）辐射处理<br>晋遗 20＝参见 C615 | 豫豆 8 号＝参见 C111 |
| D061 | 中品 661 | 北京 | 杂交育种 | Williams×Buffalo<br>Buffalo＝美国品种，参见 A697 | Williams＝美国品种，参见 A347 |

（续）

| 编号 | 品种名称 | 来源省份 | 育种方法 | 系谱 |
|---|---|---|---|---|
| D062 | 中品662 | 北京 | 杂交育种 | 早5粒×鲁豆4号<br>科系8号=58-161×徐豆1号<br>徐豆1号=参见C455<br>丰地黄=参见C324<br>金元1号=参见C492<br>铁丰3号=参见C506<br>鲁豆4号=参见C545<br>早5粒=科系8号×铁4117<br>58-161=参见C417<br>铁4117=（丰地黄×公交5201）×（铁丰3号×5621）<br>公交5201=金元1号×铁荚四粒黄<br>铁荚四粒黄=吉林中南部地方品种，参见A226<br>5621=参见C467 |
| D063 | 中野1号 | 北京 | 杂交育种 | （蔡隅1号×野大豆ZYD3578）×大湾大粒<br>野大豆ZYD3578=河南阴原阴野生豆，参见A557<br>蔡隅1号=西藏地方品种，参见A507<br>大湾大粒=吉林地方品种，参见A457 |
| D064 | 中野2号 | 北京 | 杂交育种 | （蔡隅1号×野大豆ZYD3576）×大湾大粒<br>野大豆ZYD3578=河南阴原阴野生豆，参见A557<br>蔡隅1号=西藏地方品种，参见A507<br>大湾大粒=吉林地方品种，参见A457 |
| D065 | 中作429 | 北京 | 杂交育种 | 矮顶早×庆丰83-40<br>庆丰83-40=黑龙江大庆农科所品系，参见A412<br>矮顶早=不详，参见A547 |
| D066 | 福豆234 | 福建 | 杂交育种 | 莆豆8008×Huangshadou（黄沙豆）<br>Huangshadou=美国品种，参见A628<br>莆豆8008=参见C054 |
| D067 | 福豆310 | 福建 | 杂交育种 | 莆豆8008×88B1-58-3<br>88B1-58-3=安农×将乐半野生豆23-208<br>将乐半野生豆23-208=福建将乐半野生豆，参见A551<br>莆豆8008=参见C054<br>安农=安徽农科院品系，参见A364 |
| D068 | 莆豆10号 | 福建 | 杂交育种 | 东农36×宁镇1号<br>宁镇1号=参见C438<br>东农36=参见C142 |
| D069 | 泉豆322 | 福建 | 杂交育种 | 古田豆×九龙11号<br>九龙11号=黑龙江品种，参见A411<br>古田豆=福建古田地方品种，参见A098 |
| D070 | 泉豆6号 | 福建 | 杂交育种 | 莆豆8008×宁镇1号<br>宁镇1号=参见C438<br>莆豆8008=参见C054 |
| D071 | 泉豆7号 | 福建 | 杂交育种 | 奉贤穗稻黄×福清绿心豆<br>奉贤穗稻黄=上海奉贤地方品种，参见A084<br>穗稻黄=奉贤穗稻黄<br>福清绿心豆=福建东南部和南部地方品种，参见A086 |

（续）

| 编号 | 品种名称 | 来源省份 | 育种方法 | 系 | 谱 |
|---|---|---|---|---|---|
| D072 | 陇豆1号 | 甘肃 | 选择育种 | 中作88-020系统选系 | 中作88-020=中国农科院作物所品系，参见A540 |
| D073 | 陇豆2号 | 甘肃 | 杂交育种 | 晋大7826×铁丰8号<br>H65=天鹅蛋×太谷黄<br>太谷黄=山西太谷地方品种，参见A217<br>铁丰8号=参见C508 | 晋大7826=H65×直立白毛<br>天鹅蛋=山西代县地方品种，参见A223<br>直立白毛=山西农家品种，参见A497 |
| D074 | 桂春1号 | 广西 | 杂交育种 | 靖西早黄豆×吉三选三<br>吉三选三=广西柳州农科所引进品系，参见A387 | 靖西早黄豆=广西靖西县农家品种 |
| D075 | 桂春2号 | 广西 | 杂交育种 | 拉城黄豆×3051<br>3051=靖西早黄豆×北京豆<br>北京豆=不详，参见A023 | 拉城黄豆=广西都安瑶族自治县农家品种，参见A383<br>靖西早黄豆=广西靖西县农家品种，参见A386 |
| D076 | 桂春3号 | 广西 | 杂交育种 | 北京豆×矮脚早<br>矮脚早=参见C288 | 北京豆=不详，参见A023 |
| D077 | 桂春5号 | 广西 | 杂交育种 | 桂475×宜山六月黄豆<br>矮脚早=参见C288<br>宜山六月黄豆=广西宜州地方品种，参见A675 | 桂475=矮脚早×桂春3号<br>桂春3号=参见D076 |
| D078 | 桂春6号 | 广西 | 杂交育种 | 七月黄豆×桂春2号<br>桂春2号=参见D075 | 七月黄豆=广西地方品种，参见A670 |
| D079 | 桂夏1号 | 广西 | 杂交育种 | （平果豆×青仁乌）$F_4$×（青仁乌×Amsoy）$F_5$<br>青仁乌=浙江青仁乌<br>Amsoy=美国品种，参见A324 | 平果豆=广东地方品种，参见A388<br>浙江青仁乌=浙江平湖地方品种，参见A265 |
| D080 | 桂夏2号 | 广西 | 杂交育种 | 扶绥黄豆×桂190<br>桂190=平果豆×青仁乌<br>青仁乌=浙江青仁乌 | 扶绥黄豆=广西农家品种，参见A384<br>平果豆=广东地方品种，参见A388<br>浙江青仁乌=浙江平湖地方品种，参见A265 |
| D081 | 桂早1号 | 广西 | 杂交育种 | 矮脚早×北京豆<br>北京豆=不详，参见A023 | 矮脚早=参见C288 |

（续）

| 编号 | 品种名称 | 来源省份 | 育种方法 | 系 | 谱 |
|---|---|---|---|---|---|
| D082 | 桂早2号 | 广西 | 选择育种 | 拉城黄豆系统选育 | 拉城黄豆=广西都安瑶族自治县农家品种，参见A383 |
| D083 | 柳豆2号 | 广西 | 杂交育种 | 杂交育种混选×如皋荚荚三<br>杂交育种混选=广西贵港农科所育种品系，参见A385 | 如皋荚荚三=江苏春大豆晚熟农家种，参见A468 |
| D084 | 柳豆3号 | 广西 | 杂交育种 | [（北京豆×75-375）F₁×（油79-1×卡斯纳）F₁]×[（矮脚早×大粒早）F₁×（从化豆×油79-687）F₁]<br>75-375=不详，参见A572<br>南农1138-2=参见C428<br>卡斯纳=Corsoy，美国品种，参见A328<br>大粒早=湖北武昌县地方品种，参见A446<br>油79-687=油春80-1383×浙77q2-28-22<br>浙77q2-28-22=浙江28-22 | 北京豆=不详，参见A023<br>油79-1=南农1138-2×Clark63<br>Clark63=美国品种，参见A326<br>矮脚早=参见C288<br>从化豆=湖南从化地方品种，参见A447<br>油春80-1383=中国农科院油料所品系，参见A536<br>浙江28-22=参见C651 |
| D085 | 安豆3号 | 贵州 | 选择育种 | 普定大黄豆系统选育 | 普定大黄豆=贵州普定地方品种，参见A683 |
| D086 | 毕豆2号 | 贵州 | 选择育种 | 黔西俏黄系统选育 | 黔西俏黄=贵州黔西地方品种，参见A389 |
| D087 | 黔豆3号 | 贵州 | 杂交育种 | （矮脚早×六月白）×（六月白×南农1138-2）<br>六月白=上海地方品种，参见A201<br>南农1138-2=参见C428 | 矮脚早=参见C288 |
| D088 | 黔豆5号 | 贵州 | 杂交育种 | 湘春豆10号×浙春1号<br>浙春1号=参见C648 | 湘春豆10号=参见C301 |
| D089 | 黔豆6号 | 贵州 | 杂交育种 | 黔豆2号×86-6270<br>86-6270=贵州农科院油料所杂交育种选育的定型材料，参见A390 | 黔豆2号=参见C068 |
| D090 | 沧豆4号 | 河北 | 杂交育种 | 中黄2号×7510<br>7510=1989年参加黄淮海夏大豆预备试验品种，参见A355 | 中黄2号=参见C039 |
| D091 | 沧豆5号 | 河北 | 杂交育种 | T102×晋遗D90<br>晋遗D90=晋遗20 | T102=中国农科院作物所育种品系，参见A532<br>晋遗20=参见C615 |
| D092 | 承豆6号 | 河北 | 杂交育种 | 承7907-2-3-2-1×铁丰25<br>铁丰25=参见C517 | 承7907-2-3-2-1=河北省承德市农科所育种品系，参见A684 |

（续）

| 编号 | 品种名称 | 来源省份 | 育种方法 | 系　谱 | |
|---|---|---|---|---|---|
| D093 | 邯豆 3 号 | 河北 | 杂交育种 | 邯 73×中作 87 - D6 | 邯 73＝冀豆 4 号×铁 7533 |
| | | | | 冀豆 4 号＝参见 C082 | 铁 7533＝铁 6831×大粒青 |
| | | | | 铁 6831＝铁 6308×铁 6124 | 铁 6308＝丰地黄×5621 |
| | | | | 丰地黄＝参见 C324 | 5621＝参见 C467 |
| | | | | 铁 6124＝丰地黄×公交 5201 | 公交 5201＝金元 1 号×铁荚四粒黄 |
| | | | | 金元 1 号＝参见 C492 | 铁荚四粒黄＝吉林中南部地方品种，参见 A226 |
| | | | | 大粒青＝辽宁本溪地方品种，参见 A056 | 中作 87 - D6＝中国农科院作物所育种品系，参见 A539 |
| D094 | 邯豆 4 号 | 河北 | 杂交育种 | 邯 73×邯 81 | 邯 73＝冀豆 4 号×铁 7533 |
| | | | | 冀豆 4 号＝参见 C082 | 铁 7533＝铁 6831×大粒青 |
| | | | | 铁 6831＝铁 6308×铁 6124 | 铁 6308＝丰地黄×5621 |
| | | | | 丰地黄＝参见 C324 | 5621＝参见 C467 |
| | | | | 铁 6124＝丰地黄×公交 5201 | 公交 5201＝金元 1 号×铁荚四粒黄 |
| | | | | 金元 1 号＝参见 C492 | 铁荚四粒黄＝吉林中南部地方品种，参见 A226 |
| | | | | 大粒青＝辽宁本溪地方品种，参见 A056 | 邯 81＝省 7431 - 242×冀豆 4 号 |
| | | | | | 尤生豆＝河北永年地方品种，参见 A393 |
| D095 | 邯豆 5 号 | 河北 | 杂交育种 | 徐 8133×早 5241 | 徐 8133＝泗阳 469×商丘 7608 |
| | | | | 泗阳 469＝江苏泗阳原种场品系，参见 A475 | 商丘 7608＝参见 C101 |
| | | | | 早 5241＝系 7476×7527 - 1 - 1 | 系 7476＝20 世纪 70 年代东北引进材料，参见 A357 |
| | | | | 7527 - 1 - 1＝艳丽×Williams | 艳丽＝日本品种，参见 A521 |
| | | | | Williams＝美国品种，参见 A347 | |
| D096 | 化诱 4120 | 河北 | 诱变育种 | 甲基磺酸乙酯诱发 8903 大豆品系 | 8903＝参见 A544 |
| D097 | 化诱 446 | 河北 | 诱变育种 | 冀豆 4 号化学诱变 | 冀豆 4 号＝参见 C082 |
| D098 | 化诱 542 | 河北 | 诱变育种 | 化学诱变处理大豆 85 - D50 湿种子 | 85 - D50＝中黄 2 号 |
| | | | | 中黄 2 号＝参见 C039 | |
| D099 | 化诱 5 号 | 河北 | 诱变育种 | 大粒大豆 EMS 诱变处理 | 大粒大豆＝不详，参见 A652 |

| 编号 | 品种名称 | 来源省份 | 育种方法 | 系 | 谱 |
|---|---|---|---|---|---|
| D100 | 冀 nf37 | 河北 | 杂交育种 | 8460-3×早5241 | |
| | | | | 齐黄21=参见C562 | 8460-3=齐黄21×7607-15 |
| | | | | 71069=不详，参见A573 | 7601-15=71069×SRF400 |
| | | | | 早5241=系7476×7527-1-1 | SRF400=美国品种，参见A345 |
| | | | | 7527-1-1=艳丽×Williams | 系7476=20世纪70年代东北引进材料，参见A357 |
| | | | | Williams=美国品种，参见A347 | 艳丽=日本品种，参见A521 |
| D101 | 冀 NF58 | 河北 | 杂交育种 | Hobbit×早5241 | |
| | | | | 早5241=系7476×7527-1-1 | Hobbit=美国品种，参见A703 |
| | | | | 7527-1-1=艳丽×Williams | 系7476=20世纪70年代东北引进材料，参见A357 |
| | | | | Williams=美国品种，参见A347 | 艳丽=日本品种，参见A521 |
| D102 | 冀豆10号 | 河北 | 杂交育种 | Williams×系7476 | |
| | | | | 系7476=20世纪70年代东北引进材料，参见A357 | Williams=美国品种，参见A347 |
| D103 | 冀豆11 | 河北 | 杂交育种 | 冀豆5号×齐黄21 | |
| | | | | 齐黄21=参见C562 | 冀豆5号=参见C083 |
| D104 | 冀豆12 | 河北 | 杂交育种 | 油83-14×晋大7826 | |
| | | | | 晋大7826=H65×直立白毛 | 油83-14=中豆14，参见C294 |
| | | | | 天鹅蛋=山西代县地方品种，参见A223 | H65=天鹅蛋×太谷黄 |
| | | | | 直立白毛=山西农家品种，参见A497 | 太谷黄=山西太谷地方品种，参见A217 |
| D105 | 冀豆16 | 河北 | 杂交育种 | 1196-2×1473-2 | |
| | | | | 铁7555=铁丰8号×铁7116-10-3 | 1196-2=铁7555×中品661 |
| | | | | 铁7116-10-3=6038×十胜长叶 | 铁丰8号=参见C508 |
| | | | | 丰地黄=参见C324 | 6038=丰地黄×5621 |
| | | | | 十胜长叶=日本品种，参见A316 | 5621=参见C467 |
| | | | | 1473-2=内城大粒青×豫豆5号 | 中品661=参见D061 |
| | | | | 豫豆5号=参见C108 | 内城大粒青=山西地方品种，参见A679 |

（续）

| 编号 | 品种名称 | 来源省份 | 育种方法 | 系谱 | |
|---|---|---|---|---|---|
| D106 | 冀黄 13 | 河北 | 杂交育种 | 中品 661×8032 | 中品 661＝参见 D061 |
| | | | | 8032＝7322‐111×Williams | 7322‐111＝牛毛黄×Provar |
| | | | | 牛毛黄＝广平牛毛黄 | 广平牛毛黄＝河北广平地方品种，参见 A101 |
| | | | | Provar＝美国品种，参见 A341 | Williams＝美国品种，参见 A347 |
| | | | | buffalo＝美国品种 | |
| D107 | 冀黄 15 | 河北 | 杂交育种 | HB‐2×鲁豆 4 号 | HB‐2＝（油 83‐14×晋大 7826）×鲁豆 4 号 |
| | | | | 油 83‐14＝中豆 14，参见 C294 | 晋大 7826＝H65×直立白毛 |
| | | | | H65＝天鹅蛋×太谷黄 | 天鹅蛋＝山西代县地方品种，参见 A223 |
| | | | | 太谷黄＝山西太谷地方品种，参见 A217 | 直立白毛＝山西农家品种，参见 A497 |
| | | | | 鲁豆 4 号＝参见 C545 | |
| D108 | 科选 93 | 河北 | 选择育种 | 科丰 6 号变异株系统选育 | 科丰 6 号＝参见 C024 |
| D109 | 五星 1 号 | 河北 | 杂交育种 | 冀豆 9 号×Century | 冀豆 9 号＝参见 C086 |
| | | | | Century＝美国品种，参见 A698 | |
| D110 | 五星 2 号 | 河北 | 杂交育种 | 冀豆 9 号×Century | 冀豆 9 号＝参见 C086 |
| | | | | Century＝美国品种，参见 A698 | |
| D111 | 五星 3 号 | 河北 | 杂交育种 | 冀豆 9 号×Century | 冀豆 9 号＝参见 C086 |
| | | | | Century＝美国品种，参见 A698 | |
| D112 | 地神 21 | 河南 | 杂交育种 | 郑 492‐1×郑 90103 | 郑 492‐1＝豫豆 22，参见 D125 |
| | | | | 郑 90103＝郑双交 8607 | 郑双交 8607＝豫豆 21，参见 D124 |
| D113 | 地神 22 | 河南 | 杂交育种 | 豫豆 18×郑 492 | 豫豆 18＝参见 C117 |
| | | | | 郑 492‐1＝豫豆 22，参见 D125 | |
| D114 | 滑豆 20 | 河南 | 杂交育种 | 豫豆 10 号×滑豆 16 | 豫豆 10 号＝参见 C112 |
| | | | | 滑豆 16＝河南地方品种，参见 A395 | |
| D115 | 开豆 4 号 | 河南 | 诱变育种 | Qingmeidou（美国青眉豆）辐照选系 | Qingmeidou＝美国青眉豆，参见 A629 |
| D116 | 平豆 1 号 | 河南 | 选择育种 | 本地青变异单株选系 | 本地青＝河南平顶山农家品种，参见 A651 |

（续）

| 编号 | 品种名称 | 来源省份 | 育种方法 | 系 | 谱 |
|---|---|---|---|---|---|
| D117 | 濮海10号 | 河南 | 杂交育种 | 豫豆10号×豫豆8号<br>豫豆8号=参见C111 | 豫豆10号=参见C112 |
| D118 | 商丘1099 | 河南 | 杂交育种 | 商86118×阜8329-1<br>商81-4-0-1-1=商7802×柘城平顶黑×灌云60-1<br>商7203-1-1=江苏灌云地方品种，参见C616<br>闪金豆=参见C616<br>商7909-1-1-1-0=商76064-0-1-0-0-1×辽宁大白眉，参见A159<br>商64-0=辽宁大白眉×辽宁广泛分布的地方品种，参见A100<br>徐豆3号=参见C457<br>徐州424=徐豆1号，参见C455 | 商86118=商81-4-0-1-1×商7909-1-1-1-0<br>商7802=商7203-1-1×闪金豆<br>灌云60-1=灌云六十日<br>正阳大豆=河南正阳地方品种，参见A397<br>柘城平顶黑=河南地方品种，参见A396<br>商76064-0-1-0-0-1=商64-0，参见C100<br>阜8329-1=徐豆3号×阜75-10A<br>阜75-10A=徐州424×阜72-17<br>阜72-17=安徽阜阳农科所品系，参见A360 |
| D119 | 许豆3号 | 河南 | 杂交育种 | 郑州492×阜丰3号<br>阜丰3号=参见C412 | 郑州492=豫豆22，参见D125 |
| D120 | 豫豆9号 | 河南 | 诱变育种 | 商丘7608γ射线（7.74C/kg） | 商丘7608=参见C101 |
| D121 | 豫豆13 | 河南 | 杂交育种 | 郑800024-10×海交07<br>跃进5号=参见C579<br>海交07=豫豆2号×郑79076<br>豫豆2号=参见C105 | 郑800024-10=跃进5号×郑77249<br>郑77249=参见C121<br>郑79076=豫豆2号×商7608<br>商丘7608=参见C101 |
| D122 | 豫豆17 | 河南 | 杂交育种 | 淮阴80H31×科系82-4<br>科系82-4=7902×诱变16<br>7738=Williams×7409<br>7409=铁4117×科黄8号<br>丰地黄=参见C324<br>金元1号=参见C492<br>铁丰3号=参见C506 | 淮阴80H31=江苏淮安农科所品系，参见A470<br>7902=7738×7703<br>Williams=美国品种，参见A347<br>铁4117=（丰地黄×公交5201）×（铁丰3号×5621）<br>公交5201=金元×铁荚四粒黄<br>铁荚四粒黄=吉林中南部地方品种，参见A226<br>5621=参见C467 |

| 编号 | 品种名称 | 来源省份 | 育种方法 | 系谱 |
|---|---|---|---|---|
| | | | | 科黄 8 号=58-161×徐豆 1 号<br>58-161=参见 C417<br>徐豆 1 号=参见 C455<br>7703=诱变 31×7415<br>诱变 31=参见 C029<br>7415=铁 3059×Amsoy<br>铁 3059=铁丰 10 号×铁丰 13<br>铁丰 10 号=5621×荆山朴<br>荆山朴=参见 C233<br>铁丰 13=嘟噜豆×公交 5706<br>嘟噜豆=辽宁铁岭地方品种，参见 A075<br>公交 5706=小金黄 1 号×大粒黄（公第 832-10）<br>小金黄 1 号=参见 C401<br>大粒黄（公第 832-10）=吉林地方品种，参见 A054<br>Amsoy=美国品种，参见 A324<br>诱变 16=诱变 30，参见 C028 |
| D123 | 豫豆 20 | 河南 | 杂交育种 | 延黑豆×商 7608<br>延黑豆=农家黑豆×建国 1 号<br>农家黑豆=河南地方品种，参见 A553<br>建国 1 号=参见 C097<br>商丘 7608=参见 C101 |
| D124 | 豫豆 21 | 河南 | 杂交育种 | 豫豆 10 号×豫豆 6 号<br>豫豆 10 号=参见 C112<br>豫豆 6 号=参见 C109 |
| D125 | 豫豆 22 | 河南 | 杂交育种 | 郑 87147×郑 84240<br>郑 87147=郑 80086×郑 74046<br>郑 80086=郑 76064×山东四角齐<br>郑 76064=豫豆 2 号，参见 C105<br>郑 74046=豫豆 3 号，参见 C106<br>山东四角齐=山东商河地方品种，参见 A196<br>郑 84240=豫豆 18，参见 C117 |
| D126 | 豫豆 23 | 河南 | 杂交育种 | 鹿 85-1×豫豆 13<br>鹿 85-1=汤山黄×商 7608<br>汤山黄=河南地方品种，参见 A394<br>商丘 7608=参见 C101<br>豫豆 13=参见 D121 |
| D127 | 豫豆 24 | 河南 | 轮回选择育种 | [（豫豆 15×豫豆 10 号）×（泗豆 11×周 8460）]×[（泗豆 11×周 8460）×（周 8505×周 8265）]<br>豫豆 15=参见 C115<br>豫豆 10 号=参见 C112<br>泗豆 11=参见 C441<br>周 8460=周 7327-118×周 76033<br>周 7327-118=参见 C125<br>周 76033=跃进 5 号×安徽大青豆<br>跃进 5 号=参见 C579 |

（续）

| 编号 | 品种名称 | 来源省份 | 育种方法 | 系谱 |
|---|---|---|---|---|
|  |  |  |  | 安徽大青豆＝蒙城大青豆<br>蒙城大青豆＝安徽蒙城地方品种，参见A169<br>周8505＝豫豆7号×周7919-13-1<br>豫豆7号＝参见C110<br>周7919-13-1＝暂编20×豆交38<br>暂编20＝湖北地方品种，参见A263<br>豆交38＝为民1号×卫4<br>为民1号＝参见C567<br>卫4＝新4号×5905<br>新4号＝日本品种，参见A317<br>5905＝新黄豆×铁角黄<br>新黄豆＝参见C574<br>铁角黄＝山东西部地方品种，参见A228<br>周8265＝商64-0×遗7910-3-2-1<br>商64-0＝参见C100<br>遗7910-3-2-1＝科系8号×早熟3号<br>科系8号＝58-161×徐豆1号<br>58-161＝参见C301<br>徐豆1号＝参见C455<br>早熟3号＝参见C301 |
| D128 | 豫豆25 | 河南 | 杂交育种 | 豫豆13×郑85558-0-5<br>郑85558-0-5＝豫豆12，参见C114<br>豫豆13＝参见D121 |
| D129 | 豫豆26 | 河南 | 杂交育种 | ［豫豆6号×郑053］×（周7327-118×豫豆15）］×<br>（周82-2C-1×油82-10）<br>豫豆6号＝参见C109<br>郑053＝豫豆12，参见C114<br>豫豆15＝参见C115<br>周7327-118＝参见C125<br>周82-2C-1＝美国2号×豫豆10号（郑8431）<br>美国2号＝Magnolia，美国品种，参见A600<br>豫豆10号＝参见C112<br>油82-10＝［（大白壳×大粒黄）×SRF400］F$_3$×蒙庆6号<br>大白壳＝蒙城大白壳<br>大粒黄＝湖北英山地方品种，参见A055<br>蒙城大白壳＝安徽蒙城地方品种，参见A168<br>蒙庆6号＝参见C008<br>SRF400＝美国材料，参见A345 |
| D130 | 豫豆27 | 河南 | 杂交育种 | 郑85212×郑86481<br>郑85212＝豫豆29，参见D132<br>郑86481＝郑8212×郑84240-0<br>郑8212＝豫豆2号×无名<br>豫豆2号＝参见C105<br>无名＝河南农科院品种系，参见A268<br>郑84240-0＝郑80024-10×中豆19<br>郑80024-10＝跃进5号×郑77249<br>跃进5号＝参见C579<br>郑77249＝参见C121<br>中豆19＝参见C295 |

（续）

| 编号 | 品种名称 | 来源省份 | 育种方法 | 系谱 |
|---|---|---|---|---|
| D131 | 豫豆28 | 河南 | 杂交育种 | 郑84240×郑84285<br>郑84285=郑77249×郑8212<br>郑8212=豫豆2号×无名<br>无名=不详，河南农科院育种品系，参见A286<br>郑84240=豫豆18，参见C117<br>郑77249=参见C121<br>豫豆2号=参见C105 |
| D132 | 豫豆29 | 河南 | 杂交育种 | 郑87260×郑85212<br>郑80024-10=跃进5号×郑77249<br>郑77249=参见C121<br>郑76064=豫豆2号，参见C105<br>四角齐=山东四角齐，参见C105<br>郑85212=郑武交07×郑79158<br>郑79158=郑78008×郑76064<br>郑76064=郑7104-3-1-31×滑县大绿豆<br>沁阳水白豆=河南沁阳地方品种，参见A190<br>滑县大绿豆=河南滑县地方品种，参见A122<br>郑87260=郑80024-10×郑长交01<br>跃进5号=参见C579<br>郑长交01=郑76064×郑674<br>郑674=四角齐×陈留牛毛黄<br>陈留牛毛黄=河南开封地方品种，参见A398<br>郑武交07=郑79003×（郑76064+郑8111-0）混合花粉<br>郑78008=跃进5号×（郑76078+郑76020+郑76023）混合花粉<br>郑7104-3-1-31=沁阳水白豆×齐黄13<br>齐黄13=参见C560<br>郑8111-0、郑77494、郑77235、郑76078、郑76020、郑76023<br>为河南农科院育种品种 |
| D133 | 郑196 | 河南 | 杂交育种 | 郑100×郑93048<br>郑93048=郑8910×郑8930<br>郑133=参见C120<br>郑505=泗豆2号×科系8号<br>58-161=参见C417<br>科系8号=58-161×徐豆1号<br>周7327-118=参见C125<br>郑85569=豫豆10×遂8524<br>遂8524=河北邯郸青豆，参见A672<br>郑100=豫豆25，参见D128<br>郑8910=郑133×8401<br>周8401=郑505×周7327-118<br>泗豆2号=58-161×邳县软条枝，参见A177<br>邳县软条枝=江苏邳县地方品种，参见A177<br>徐豆1号=参见C455<br>郑8930=郑85569×郑85558-0-5<br>豫豆10号=豫豆12，参见C112<br>郑85558-0-5=豫豆29，参见D132 |
| D134 | 郑59 | 河南 | 杂交育种 | 豫豆29×郑92019<br>郑92019=豫豆18×豫豆22<br>豫豆22=参见D125<br>豫豆29=参见D132<br>豫豆18=参见C117 |

(续)

| 编号 | 品种名称 | 来源省份 | 育种方法 | 系　谱 | 系　谱 |
|---|---|---|---|---|---|
| D135 | 郑 90007 | 河南 | 杂交育种 | 郑 84285×郑 84240<br>郑 77249＝参见 C121<br>豫豆 2 号＝参见 C105<br>郑 84240＝豫豆 18，参见 C117 | 郑 84285＝郑 77249×郑 8212<br>郑 8212＝豫豆 2 号×无名<br>无名＝不详，河南农科院育种品系，参见 A286 |
| D136 | 郑 92116 | 河南 | 杂交育种 | 郑 506×郑 100-0-4-5<br>豫豆 19＝郑 100-0-4-5＝豫豆 25，参见 D128 | 郑 506＝豫豆 19，参见 C118 |
| D137 | 郑长交 14 | 河南 | 杂交育种 | 跃进 5 号×郑 78165<br>郑 78165＝郑 7511×徐州 421<br>徐州 421＝徐州 126×Mamotan<br>铜山天鹅蛋＝江苏铜山地方品种，参见 A231<br>滑绿豆＝滑县大绿豆 | 跃进 5 号＝参见 C579<br>郑 7511＝徐州 421×滑绿豆<br>徐州 126＝铜山天鹅蛋的选系<br>Mamotan＝美国品种，参见 A334<br>滑县大绿豆＝河南滑县地方品种，参见 A122 |
| D138 | 郑交 107 | 河南 | 杂交育种 | 郑交 8739-47×科丰 35<br>科丰 35＝参见 C026 | 郑交 8739-47＝豫豆 23，参见 D126 |
| D139 | GS 郑交 9525 | 河南 | 杂交育种 | 郑 100×Zhumeijin（驻美金）<br>豫豆 13＝参见 D121<br>Zhumeijin＝驻美金，原名称不详，参见 A627 | 郑 100＝豫豆 13×郑 85558-0-5，参见 C114<br>郑 85558-0-5＝豫豆 12，参见 C114 |
| D140 | 周豆 11 | 河南 | 花粉管通道 | 豫豆 24（受体）＋豫豆 11（供体）<br>豫豆 11＝参见 C113 | 豫豆 24＝参见 D127 |
| D141 | 周豆 12 | 河南 | 花粉管通道 | 豫豆 24（受体）＋豫豆 12（供体）<br>豫豆 12＝参见 C114 | 豫豆 24＝参见 D127 |
| D142 | 驻豆 9715 | 河南 | 杂交育种 | 豫豆 10 号×科系 7 号<br>科系 7 号＝58-161×徐豆 1 号<br>徐豆 1 号＝参见 C455 | 豫豆 10 号＝参见 C112<br>58-161＝参见 C417 |
| D143 | 八五七-1 | 黑龙江 | 选择育种 | 合丰 25（多年系选） | 合丰 25＝参见 C170 |
| D144 | 宝丰 7 号 | 黑龙江 | 杂交育种 | 哈 78-6298×合丰 29<br>合丰 29＝参见 C174 | 哈 78-6298＝黑龙江农科院大豆所品系，参见 A429 |

（续）

| 编号 | 品种名称 | 来源省份 | 育种方法 | 系 | 谱 |
|---|---|---|---|---|---|
| D145 | 宝丰8号 | 黑龙江 | 杂交育种 | （合丰24×合丰29）×合丰24 | 合丰24=参见C169 |
| | | | | 合丰29=参见C174 | |
| D146 | 北豆1号 | 黑龙江 | 杂交育种 | 北丰11×北丰13 | 北丰11=参见D153 |
| | | | | 北丰13=参见D154 | |
| D147 | 北豆2号 | 黑龙江 | 杂交育种 | 北丰88-72×九三90-66 | 北丰88-72=合丰25×黑河3号 |
| | | | | 合丰25=参见C170 | 九三90-66=80-15×合丰25 |
| | | | | 九三80-15=（嫩良69-17×Corsoy）$F_2$×嫩良73-27 | 嫩良69-17=黑河54×克交56-4197 |
| | | | | 黑河54=参见C195 | 克交56-4197=丰收6号×克山四粒荚 |
| | | | | 丰收6号=参见C155 | 克山四粒荚=黑龙江克山地方品种，参见A154 |
| | | | | Corsoy=美国品种，参见A328 | 嫩良73-27=北62-1-9×东农64-9377 |
| | | | | 北62-1-9=黑龙江北安良种场育种品系，参见A020 | 东农64-9377=东北农业大学育种品系，参见A072 |
| | | | | 黑河3号=参见C187 | |
| D148 | 北丰6号 | 黑龙江 | 杂交育种 | 北773007×北776336 | 北773007=黑龙江北安农科所品系，参见A438 |
| | | | | 北776336=黑龙江北安农科所品系，参见A439 | |
| | | | | 黑河3号=参见C187 | |
| D149 | 北丰7号 | 黑龙江 | 杂交育种 | 合丰25×北丰4号 | 合丰25=参见C170 |
| | | | | 北丰4号=参见C133 | |
| D150 | 北丰8号 | 黑龙江 | 杂交育种 | 北丰3号×北良5号 | 北丰3号=参见C132 |
| | | | | 北良5号=紫花4号选系 | 紫花4号=参见C287 |
| D151 | 北丰9号 | 黑龙江 | 杂交育种 | 合丰25×北交804083 | 合丰25=参见C170 |
| | | | | 北交804083=黑龙江北安农科所品系，参见A440 | |
| D152 | 北丰10号 | 黑龙江 | 杂交育种 | 合丰25×北交69-1483 | 合丰25=参见C170 |
| | | | | 北交69-1483=北交58-6146×北交58-1372 | 北交58-6146=克系283×北良56-2 |
| | | | | 克系283=参见C243 | 北良56-2=参见C136 |
| | | | | 北交58-1372=北良5号×克霜 | 北良5号=紫花4号选系 |
| | | | | 紫花4号=参见C287 | 克霜=参见C242 |

（续）

| 编号 | 品种名称 | 来源省份 | 育种方法 | 系谱 |
|---|---|---|---|---|
| D153 | 北丰11 | 黑龙江 | 杂交育种 | 合丰25×北交69-1483　合丰25=参见C170<br>北交69-1483=北交58-6146×北交58-1372　北交58-6146=克系283×北良56-2<br>克系283=参见C243　北良56-2=参见C136<br>北交58-1372=北良5号×克霜　北良5号=紫花4号选系<br>紫花4号=参见C287　克霜=参见C242 |
| D154 | 北丰13 | 黑龙江 | 杂交育种 | 北丰3号×合丰25　北丰3号=参见C132<br>合丰25=参见C170 |
| D155 | 北丰14 | 黑龙江 | 杂交育种 | 合丰25×北丰3号　合丰25=参见C170<br>北丰3号=参见C132 |
| D156 | 北丰15 | 黑龙江 | 杂交育种 | 北丰87-16×北丰7号　北丰87-16=合丰25×北交804083<br>合丰25=参见C170　北交804083=黑龙江北安农科所品系，参见A440<br>北丰7号=参见D149 |
| D157 | 北丰16 | 黑龙江 | 杂交育种 | 北丰8号×合丰81-1069　北丰8号=参见D150<br>合丰81-1069=合丰7710F5×克4430-20　合交7710=合交69-231×克4430-20<br>合交69-231=小粒豆9号×大红脐55-1　小粒豆9号=黑龙江勃利地方品种，参见A244<br>大红脐55-1=黑龙江克东地方品种，参见A046　克交4430-20=克交69-5236×十胜长叶<br>克交69-5236=克交56-4087-17×哈光1657　克交56-4087-17=丰收6号×克山四粒荚<br>丰收6号=参见C155　克山四粒荚=黑龙江克山地方品种，参见A154<br>哈光1657=满仓金经诱变的选系　满仓金=参见C250<br>十胜长叶=日本品种，参见A316 |
| D158 | 北丰17 | 黑龙江 | 杂交育种 | 北丰11×北丰13　北丰11=参见D153<br>北丰13=参见D154 |
| D159 | 北疆1号 | 黑龙江 | 杂交育种 | 北呼豆×北丰3号　北呼豆=参见C135<br>北丰3号=参见C132 |
| D160 | 北交86-17 | 黑龙江 | 杂交育种 | 合丰25×北丰4号　合丰25=参见C170<br>北丰4号=参见C133 |

（续）

| 编号 | 品种名称 | 来源省份 | 育种方法 | 系谱 |
| --- | --- | --- | --- | --- |
| D161 | 东大 1 号 | 黑龙江 | 杂交育种 | 北丰 14×东农 44　北丰 14＝参见 D155 |
| D162 | 东大 2 号 | 黑龙江 | 杂交育种 | 东农 44×东农 2481　东农 44＝参见 D164　东农 41×东农 2481　东农 41＝参见 C147　东农 2481＝东北农业大学品系，参见 A376 |
| D163 | 东农 43 | 黑龙江 | 杂交育种 | 绥农 8 号×CN210　绥农 8 号＝参见 C275　CN210＝美国品种，参见 A327 |
| D164 | 东农 44 | 黑龙江 | 杂交育种 | 北丰 3 号×呼丰 5 号　北丰 3 号＝参见 C132　呼丰 5 号＝内蒙古呼伦贝尔农研所品系，参见 A489 |
| D165 | 东农 45 | 黑龙江 | 杂交育种 | 合 87‑72（合丰 37）×东农 36　合丰 37＝参见 D172　东农 36＝参见 C142 |
| D166 | 东农 46 | 黑龙江 | 杂交育种 | 东农 A111‑8×东农 A95　东农 A111‑8＝东北农业大学品系，参见 A381　东农 A95＝东北农业大学品系，参见 A382 |
| D167 | 东农 47 | 黑龙江 | 杂交育种 | 东农 80‑277×东农 6636‑69　东农 80‑277＝东北农业大学品系，参见 A380　东农 6636‑69＝东北农业大学品系，参见 A377 |
| D168 | 东农 48 | 黑龙江 | 杂交育种 | 东农 42×黑农 35　东农 42＝参见 C148　黑农 35＝参见 C220 |
| D169 | 东生 1 号 | 黑龙江 | 杂交育种 | 合丰 25×北 87‑19　合丰 25＝参见 C170　北 87‑19＝北丰 14　北丰 14＝参见 D155 |
| D170 | 丰收 23 | 黑龙江 | 杂交育种 | 克交 8619×巴西白优豆　克交 8619＝黑龙江农科院小麦所品系，参见 A409　巴西白优豆＝巴西白优豆，参见 A558 |
| D171 | 丰收 24 | 黑龙江 | 杂交育种 | 黑交 83‑889×绥 83‑708　黑交 83‑889＝（十胜长叶×黑河 54）×（黑河 105×长叶 1 号）　十胜长叶＝日本品种，参见 A316　黑河 54＝参见 C195　黑河 105＝黑河 3 号×黑河 1 号　黑河 3 号＝参见 C187　黑河 1 号＝尤比列×俄罗斯品种，参见 A320　长叶 1 号＝黑龙江地方品种，参见 A414　绥 83‑708＝绥农 5 号×绥 79‑5099　绥农 5 号＝参见 C272　绥 79‑5099＝绥 74‑5005×绥 75‑5063　绥 74‑5005＝黑河 3 号×绥 67‑31　绥 67‑31＝黑龙江农科院绥化所品种，参见 A436　绥 75‑5063＝绥农 3 号×十胜长叶　绥农 3 号＝参见 C270 |

（续）

| 编号 | 品种名称 | 来源省份 | 育种方法 | 系 谱 | |
|------|---------|---------|---------|------|---|
| D172 | 合丰 37 | 黑龙江 | 选择育种 | 不详美国品种（选种圃） | |
| D173 | 合丰 38 | 黑龙江 | 杂交育种 | 合丰 82 - 728×合丰 33 | 合丰 82 - 728＝合丰 23×合丰 7628 |
| | | | | 合丰 23＝参见 C168 | 合丰 7628＝勃利半野生豆×克 75 - 5194 - 1 |
| | | | | 勃利半野生豆＝黑龙江勃利野生豆，参见 A404 | 克 75 - 5194 - 1＝黑龙江农科院克山所品系，参见 A580 |
| | | | | 合丰 33＝参见 C178 | |
| D174 | 合丰 39 | 黑龙江 | 杂交育种 | 合丰 87 - 1004×合丰 87 - 19 | 合丰 87 - 1004＝合丰 24×哈 78 - 6289 - 10 |
| | | | | 合丰 24＝参见 C169 | 哈 78 - 6289 - 10＝黑龙江省农科院大豆所品系，参见 A427 |
| | | | | 合丰 87 - 19＝合丰 26×长农 1 号 | 合丰 26＝参见 C171 |
| | | | | 长农 1 号＝参见 C318 | |
| D175 | 合丰 40 | 黑龙江 | 杂交育种 | 北丰 9 号×合丰 34 | 北丰 9 号＝参见 D151 |
| | | | | 合丰 34＝参见 C179 | |
| D176 | 合丰 41 | 黑龙江 | 杂交育种 | 合丰 34×绥农 10 号 | 合丰 34＝参见 C179 |
| | | | | 绥农 10 号＝参见 C277 | |
| D177 | 合丰 42 | 黑龙江 | 杂交育种 | 北丰 11×Hobbit | 北丰 11＝参见 D153 |
| | | | | Hobbit＝美国品种，参见 A703 | |
| D178 | 合丰 43 | 黑龙江 | 杂交育种 | 北丰 9 号×合丰 34 | 北丰 9 号＝参见 D151 |
| | | | | 合丰 34＝参见 C179 | |
| D179 | 合丰 44 | 黑龙江 | 杂交育种 | 北 88 - 910×九三 90 - 159 | 合丰 88 - 910＝合丰 25×晋豆 7203 - 3 |
| | | | | 合丰 25＝参见 C170 | 晋豆 7203 - 3＝山西省农科院经作所品系，参见 A500 |
| | | | | 九三 90 - 159＝九三 80 - 99×合丰 25 | 九三 80 - 99＝黑龙江省农垦总局九三科研所品系，参见 A443 |
| D180 | 合丰 45 | 黑龙江 | 杂交育种 | 绥农 10 号×垦农 7 号 | 绥农 10 号＝参见 C277 |
| | | | | 垦农 7 号＝参见 D280 | |
| D181 | 合丰 46 | 黑龙江 | 杂交＋诱变育种 | 合丰 35×公 84112 - 1 - 3F$_2$（辐射诱变） | 合丰 35＝参见 C180 |
| | | | | 公交 84112 - 1 - 3＝公交 8240×海 8008 | 公交 8240＝公交 7407 - 5×辐 - 2 - 16 |
| | | | | 公交 7407 - 5＝吉林 20，参见 C352 | 辐 - 2 - 16＝不详，参见 A549 |
| | | | | 海 8008＝吉林省农科院大豆所品系，参见 A463 | |

（续）

| 编号 | 品种名称 | 来源省份 | 育种方法 | 系 | 谱 |
|---|---|---|---|---|---|
| D182 | 合丰47 | 黑龙江 | 杂交+诱变育种 | （合丰35×公84112-1-3）F₂ 辐射处理<br>公交8240=公交7407-5×编-2-16<br>海8008=吉林省农科院大豆所品系，参见A463<br>合丰35=参见C180<br>公交7407-5=吉林20，参见C352<br>编-2-16=不详，参见A549 | 合丰35=参见C180<br>公交8240=公交7407-5×编-2-16<br>编-2-16=不详，参见A549 |
| D183 | 合丰48 | 黑龙江 | 杂交+诱变育种 | 合9226（合丰35×吉林27号）F₂ 辐射处理<br>吉林27=参见C359 | 合丰35=参见C180 |
| D184 | 合丰49 | 黑龙江 | 杂交育种 | 合交93-88×绥农10号<br>绥农10号=参见C277 | 合交93-88=合丰40，参见D175 |
| D185 | 黑河10号 | 黑龙江 | 杂交育种 | 黑交78-1148×黑交80-1205<br>黑交80-1205=黑河7号，参见C191 | 黑交78-1148=黑龙江省黑河农科所品系，参见A419 |
| D186 | 黑河11 | 黑龙江 | 杂交育种 | 黑交79-2017×黑交79-1870<br>黑交79-1870=参见C195<br>黑河54=参见C233<br>荆山朴=参见C233<br>黑交79-1870=克70-5390×（合丰5号×A284） | 黑交79-2017=黑河54×（合丰5号×A284）<br>合丰5号=荆山朴的自然变异选系<br>A284=黑龙江黑河农科所品系，参见A441<br>克70-5390=黑龙江农科院克山所品系，参见A407 |
| D187 | 黑河12 | 黑龙江 | 杂交+诱变育种 中子照射黑河8035F₂ 种子 | 黑辐81-133=[黑河51×（A284×窘豆）]×黑河100<br>A284=黑龙江黑河农科所品系，参见A441<br>黑河100=黑龙江黑河农科所品系，参见A417<br>黑河54=参见C195<br>荆山朴=参见C233 | 黑河8305=黑辐81-133×黑交79-2071<br>黑河51=参见C194<br>窘豆=黑龙江地方品种，参见A555<br>黑交79-2017=黑河54×（合丰5号×A284）<br>合丰5号=荆山朴的自然变异选系 |
| D188 | 黑河13 | 黑龙江 | 杂交育种 | 黑交83-1345×黑交83-889<br>Wilkin=美国品种，参见A346<br>荆山朴=参见C233<br>黑交83-889=（十胜长叶×黑河54）×（黑河105×长叶1号）<br>黑河54=参见C195<br>黑河3号=参见C187<br>长叶1号=黑龙江地方品种，参见A414 | 黑交83-1345=Wilkin×（合丰5号×黑河104）<br>合丰5号=荆山朴的自然变异选系<br>黑河104=黑龙江黑河农科所品系，参见A418<br>十胜长叶=日本品种，参见A316<br>黑河105=黑河3号×黑河1号<br>黑河1号=尤比列=俄罗斯品种，参见A320 |

（续）

| 编号 | 品种名称 | 来源省份 | 育种方法 | 系 | 谱 |
| --- | --- | --- | --- | --- | --- |
| D189 | 黑河14 | 黑龙江 | 杂交育种 | 黑交83-1345×黑交83-889<br>Wilkin=美国品种，参见A346<br>荆山朴=参见C233<br>黑交83-889=（十胜长叶×黑河54）×（黑河105×长叶1号）<br>黑河54=参见C195<br>黑河3号=参见C187<br>长叶1号=黑龙江省地方品种，参见A414 | 黑交83-1345=Wilkin×（合丰5号×黑河104）<br>合丰5号=荆山朴的自然变异选系<br>黑河104=黑龙江省黑河农科所所选系，参见A418<br>十胜长叶=日本品种，参见A316<br>黑河105=黑河3号×黑河1号<br>黑河1号=尤比列=俄罗斯品种，参见A320 |
| D190 | 黑河15 | 黑龙江 | 杂交育种 | 黑交78-1160×（黑河54×Amsoy）风干种子快中子照射<br>黑河54=参见C195 | 黑交78-1160=黑河5号，参见C189<br>Amsoy=美国品种，参见A324 |
| D191 | 黑河16 | 黑龙江 | 杂交育种 | 黑河5号×黑辐84-347<br>黑辐84-347=（黑河54×黑河103）×（黑河105×十胜长叶）<br>黑河103=黑河3号×尤比列，参见A320<br>尤比列=俄罗斯品种，参见A414 | 黑河5号=参见C189<br>黑河54=参见C195<br>黑河3号=参见C187<br>黑河105=黑河3号×黑河1号<br>十胜长叶=日本品种，参见A316 |
| D192 | 黑河17 | 黑龙江 | 杂交育种 | 合丰23×黑交83-889<br>黑交83-889=（十胜长叶×黑河54）×（黑河105×长叶1号）<br>黑河54=参见C195<br>黑河3号=参见C187<br>长叶1号=黑龙江地方品种，参见A414 | 合丰23=参见C168<br>十胜长叶=日本品种，参见A316<br>黑河105=黑河3号×黑河1号<br>黑河1号=尤比列=俄罗斯品种，参见A320 |
| D193 | 黑河18 | 黑龙江 | 杂交育种 | 黑辐84-265×黑交85-1033<br>黑河9号=参见C193<br>黑河5号=参见C189<br>黑河103=黑河3号×尤比列<br>尤比列=俄罗斯品种，参见A320 | 黑辐84-265=黑河9号<br>黑交85-1033=黑河5号×[（黑河54×黑河103）×野3-A]<br>黑河54=参见C195<br>黑河3号=参见C187<br>野3-A=不详，参见A556 |

附 录

（续）

| 编号 | 品种名称 | 来源省份 | 育种方法 | 系 | 谱 |
|---|---|---|---|---|---|
| D194 | 黑河 19 | 黑龙江 | 杂交育种 | 黑交 85 - 1033×合丰 26<br>黑河 5 号＝参见 C189<br>黑河 103＝黑河 3 号×尤比列<br>尤比列＝俄罗斯品种，参见 A320<br>合丰 26＝参见 C171 | 黑交 85 - 1033＝黑河 5 号×［（黑河 54×黑河 103）×野 3 - A］<br>黑河 54＝参见 C195<br>黑河 3 号＝参见 C187<br>野 3 - A＝不详，参见 A556 |
| D195 | 黑河 20 | 黑龙江 | 杂交育种 | 黑交 83 - 889×Maple Arrow<br>十胜长叶＝日本品种，参见 A316<br>黑河 105＝黑河 3 号×黑河 1 号<br>黑河 1 号＝尤比列×俄罗斯品种，参见 A320<br>Maple Arrow＝加拿大品种，参见 A705 | 黑交 83 - 889＝（十胜长叶×黑河 54）×（黑河 105×长叶 1 号）<br>黑河 54＝参见 C195<br>黑河 3 号＝参见 C187<br>长叶 1 号＝黑龙江省地方品种，参见 A414 |
| D196 | 黑河 21 | 黑龙江 | 杂交育种 | 黑交 87 - 1060×黑交 8504<br>黑交 79 - 2017＝黑交 54×（合丰 5 号×A284）<br>合丰 5 号＝荆山朴的自然变异选系<br>A284＝黑龙江黑河农科所品系，参见 A441<br>克 70 - 5390＝黑龙江农科院克山所品种，参见 A407<br>黑交 83 - 889＝（十胜长叶×黑河 54）×（黑河 105×长叶 1 号）<br>黑河 105＝黑河 3 号×黑河 1 号<br>黑河 1 号＝尤比列×俄罗斯品种，参见 A320<br>黑河 5 号＝参见 C189 | 黑交 87 - 1060＝黑交 79 - 2017×黑交 79 - 1870<br>黑河 54＝参见 C195<br>荆山朴＝参见 C233<br>黑交 79 - 1870＝克 70 - 5390×（合丰 5 号×A284）<br>黑交 8504＝黑交 83 - 889×黑河 5 号<br>十胜长叶＝日本品种，参见 A316<br>黑河 3 号＝参见 C187<br>长叶 1 号＝黑龙江地方品种，参见 A414 |
| D197 | 黑河 22 | 黑龙江 | 杂交育种 | 黑交 88 - 1156×绥 87 - 5668<br>绥 87 - 5668＝绥农 10 号 | 黑交 88 - 1156＝黑交 10 号，参见 D185<br>绥农 10 号＝参见 C277 |
| D198 | 黑河 23 | 黑龙江 | 杂交育种 | 黑交 94 - 1102×Merit<br>Merit＝美国品种，参见 A707 | 黑交 94 - 1102＝黑河 22，参见 D197 |
| D199 | 黑河 24 | 黑龙江 | 杂交育种 | 黑辐 84 - 265×黑交 85 - 1033<br>黑交 85 - 1033＝黑河 5 号×［（黑河 54×黑河 103）×野 3 - A］<br>黑河 54＝参见 C195<br>黑河 3 号＝参见 C187<br>野 3 - A＝不详，参见 A556 | 黑辐 84 - 265＝黑河 9 号，参见 C193<br>黑河 5 号＝参见 C189<br>黑河 103＝连云港 3 号×尤比列<br>尤比列＝俄罗斯品种，参见 A320 |

（续）

| 编号 | 品种名称 | 来源省份 | 育种方法 | 系 谱 |
|---|---|---|---|---|
| D200 | 黑河 25 | 黑龙江 | 选择育种 | 黑交 89 - 1116 系统选育而成 黑交 89 - 1116＝黑河 14，参见 D189 |
| D201 | 黑河 26 | 黑龙江 | 杂交育种 | 黑交 80 - 1025×Merit Merit＝美国品种，参见 A707 黑交 80 - 1025＝黑河 7 号，参见 C191 |
| D202 | 黑河 27 | 黑龙江 | 杂交育种 | 黑交 88 - 1156×北 87 - 9 北 87 - 9＝北丰 11，参见 D153 黑交 88 - 1156＝黑河 10 号，参见 D185 |
| D203 | 黑河 28 | 黑龙江 | 杂交育种 | 黑交 83 - 889×Maple Arrow 十胜长叶＝日本品种，参见 A316 黑河 105＝黑河 3 号×黑河 1 号，参见 A320 Maple Arrow＝加拿大品种，参见 A705 黑交 83 - 889＝（十胜长叶×黑河 54）×（黑河 105×长叶 1 号） 黑河 54＝参见 C195 黑河 3 号＝参见 C187 长叶 1 号＝黑龙江地方品种，参见 A414 |
| D204 | 黑河 29 | 黑龙江 | 杂交育种 | 黑交 83 - 889×绥 87 - 5676 十胜长叶＝日本品种，参见 A316 黑河 105＝黑河 3 号×黑河 1 号 黑河 1 号＝尤比列×俄罗斯品种，参见 A320 绥 87 - 5676＝绥农 11）姊妹系 黑交 83 - 889＝（十胜长叶×黑河 54）×（黑河 105×长叶 1 号） 黑河 54＝参见 C195 黑河 3 号＝参见 C187 绥农 11＝参见 C278 |
| D205 | 黑河 30 | 黑龙江 | 杂交育种 | 黑交 91 - 2005×北 86 - 19 合丰 23＝参见 C168 十胜长叶＝日本品种，参见 A316 黑河 105＝黑河 3 号×黑河 1 号 黑河 1 号＝尤比列×俄罗斯品种，参见 A320 北 86 - 19＝北丰 9 号，参见 D151 黑交 91 - 2005＝合丰 23×黑交 83 - 889 黑交 83 - 889＝（十胜长叶×黑河 54）×（黑河 105×长叶 1 号） 黑河 54＝参见 C195 黑河 3 号＝参见 C187 长叶 1 号＝黑龙江地方品种，参见 A414 |
| D206 | 黑河 31 | 黑龙江 | 杂交育种 | 北丰 11×黑河 92 - 1014 黑河 92 - 1014＝合丰 26×黑交 83 - 889 黑河 54＝参见 C195 黑河 3 号＝参见 C187 长叶 1 号＝黑龙江地方品种，参见 A414 北丰 11＝参见 D153 合丰 26＝参见 C171 十胜长叶＝日本品种，参见 A316 黑河 105＝黑河 3 号×黑河 1 号 黑河 1 号＝尤比列×俄罗斯品种，参见 A320 |

| 编号 | 品种名称 | 来源省份 | 育种方法 | 系 | 谱 |
|---|---|---|---|---|---|
| D207 | 黑河 32 | 黑龙江 | 杂交＋诱变育种 | （黑河 5 号×北 8709）F₂ 代风干种子 ⁶⁰Co γ 射线辐照<br>北 8709＝北丰 11，参见 D153 | 黑河 5 号＝参见 C189 |
| D208 | 黑河 33 | 黑龙江 | 杂交育种 | 黑交 92－1544×北 92－28<br>北 92－28＝北丰 15，参见 D156 | 黑交 92－1544＝黑河 18，参见 D193 |
| D209 | 黑河 34 | 黑龙江 | 杂交育种 | 黑河 14×内豆 4 号<br>内豆 4 号＝参见 D537 | 黑河 14＝参见 D189 |
| D210 | 黑河 35 | 黑龙江 | 杂交育种 | 黑河 14×黑河 17<br>黑河 17＝参见 D192 | 黑河 14＝参见 D189 |
| D211 | 黑河 36 | 黑龙江 | 杂交育种 | 北 87－9×九三 90－66<br>九三 90－66＝九三 80－15×合丰 25<br>嫩良 69－17＝黑河 54×兑交 56－4197<br>兑交 56－4197＝丰收 6 号×兑山四粒荚<br>兑山四粒荚＝黑龙江兑山地方品种，参见 A154<br>嫩良 73－27＝北 62－1－9×东农 64－9377<br>东农 64－9377＝不详，东北农业大学育种品系，参见 A072 | 北 87－9＝北丰 11，参见 D153<br>九三 80－15＝（嫩良 69－17×Corsoy）F₂×嫩良 73－27<br>黑河 54＝参见 C195<br>丰收 6 号＝参见 C155<br>Corsoy＝美国品种，参见 A328<br>北 62－1－9＝黑龙江北安良种场育种品系，参见 A020<br>合丰 25＝参见 C170 |
| D212 | 黑河 37 | 黑龙江 | 杂交育种 | 黑交 92－1544×黑交 94－1286<br>黑交 94－1286＝黑龙江黑河农科所育种品系，参见 A661 | 黑交 92－1544＝黑河 18，参见 D193 |
| D213 | 黑河 38 | 黑龙江 | 杂交育种 | 黑交 85－1033＝（黑河 9 号×黑交 85－1033）×（合丰 26×黑 83－889）<br>黑交 85－1033＝黑河 5 号×［（黑河 54×黑河 103）×野 3－A］<br>黑河 54＝参见 C195<br>黑河 3 号＝参见 C187<br>野 3－A＝不详，参见 A556<br>黑河 105＝（十胜长叶×黑河 54）×（黑河 105×长叶 1 号）<br>长叶 1 号＝黑龙江地方品种 | 黑河 9 号＝参见 D193<br>黑河 5 号＝参见 D189<br>黑河 103＝黑河 3 号×尤比列<br>尤比列＝俄罗斯品种，参见 A320<br>合丰 26＝参见 C171<br>十胜长叶＝日本品种，参见 A316<br>黑河 1 号＝尤比列＝俄罗斯品种，参见 A320 |

（续）

| 编号 | 品种名称 | 来源省份 | 育种方法 | 系谱 | |
|---|---|---|---|---|---|
| D214 | 黑农40 | 黑龙江 | 杂交育种 | 绥81-242×铁78057 | 绥81-242=绥农4号×（绥76-686×哈76-6045） |
| | | | | 绥农4号=参见C271 | 绥76-686=绥70-6×Amsoy |
| | | | | 绥70-6=黑农4号×克56-10013-2 | 黑农4号=参见C198 |
| | | | | 克56-10013-2=克交5610×克山四粒荚 | 克交5610=（紫花4号×元宝金）$F_7$×佳木斯秃荚子 |
| | | | | 紫花4号=参见C287 | 元宝金=参见C284 |
| | | | | 佳木斯秃荚子=黑龙江佳木斯地方品种，参见A137 | Amsoy=美国品种，参见A324 |
| | | | | 哈76-6045=黑龙江农科院大豆所品系，参见A426 | 铁78057=铁丰25，参见C517 |
| D215 | 黑农41 | 黑龙江 | 诱变育种 | $^{60}$Co 2.064C/kg处理黑农33原种和风干种子选育 | 黑农33=参见C218 |
| D216 | 黑农42 | 黑龙江 | 杂交育种 | 哈90-33-2×农大87030 | 哈90-33-2=黑龙江省农科院大豆所品系，参见A431 |
| | | | | 农大87030=黑龙江八一农垦大学品系，参见A403 | |
| D217 | 黑农43 | 黑龙江 | 杂交育种 | [（哈76-3×HA138）×哈76-3] $B_1$×（北83-202×长农4号）$F_1$ | 哈76-3=黑龙江省农科院大豆所品系，参见A425 |
| | | | | HA138=黑龙江省农科院大豆所品系，参见A406 | 北83-202=北丰6号，参见D148 |
| | | | | 长农4号=参见C320 | |
| D218 | 黑农44 | 黑龙江 | 杂交育种 | 哈85-6437×吉林20 | 哈85-6437=黑农37，参见C222 |
| | | | | 吉林20=参见C352 | |
| D219 | 黑农45 | 黑龙江 | 杂交育种 | 哈1062×东农165 | 哈1062=黑龙江农科院大豆所品系，参见A422 |
| | | | | 东农165=东北农业大学品系，参见A374 | |
| D220 | 黑农46 | 黑龙江 | 杂交育种 | 哈857-1×吉8028 | 哈857-1=黑农39×（合丰25×黑农33） |
| | | | | 黑农39=参见C223 | 合丰25=参见C170 |
| | | | | 黑农33=参见C218 | 吉8028=吉林18×吉林20 |
| | | | | 吉林18=参见C350 | 吉林20=参见C352 |
| D221 | 黑农47 | 黑龙江 | 杂交育种 | 哈90-6719×哈92-2463 | 哈90-6719=黑农40，参见D214 |
| | | | | 哈92-2463=黑龙江农科院大豆所品系，参见A432 | |

| 编号 | 品种名称 | 来源省份 | 育种方法 | 系　谱 |
|---|---|---|---|---|
| D222 | 黑农48 | 黑龙江 | 杂交育种 | 哈90-6719×绥90-5888<br>哈90-6719=黑农40，参见D214<br>绥90-5888=绥86-5342×嫩78631-5<br>绥86-5342=绥78-5061×绥79-5278<br>绥78-5061=绥农3号×Anoka　绥农3号=参见C270<br>Anoka=美国品种，参见A696<br>绥79-5278=绥71-9c×绥74-5319<br>绥71-9c=绥6310E1-1-4×绥67-5093　绥6310E1-1-4=绥农1号姊妹系<br>绥农1号=参见C269<br>绥67-5093=丰收12×柳叶齐<br>丰收12=参见C158　柳叶齐=黑龙江地方品种，参见A552<br>绥74-5319=十胜长叶×丰收12　十胜长叶=日本品种，参见A316<br>嫩78631-5=黑龙江嫩江农科所品系，参见A420 |
| D223 | 黑农49 | 黑龙江 | 杂交育种 | 哈交90-614×黑农37<br>哈交90-614=Amsoy×绥农4号<br>Amsoy=美国品种，参见A324　绥农4号=参见C271<br>黑农37=参见C222 |
| D224 | 黑生101 | 黑龙江 | 导入基因 | 龙79-3433-1供体、黑农35为受体利用花粉管通道将DNA直接导入<br>龙79-3433-1=黑龙江野生大豆，参见A444<br>黑农35=参见C220 |
| D225 | 红丰7号 | 黑龙江 | | 红丰7号=合丰25×KENT<br>KENT=美国品种，参见A700<br>合丰25=参见C170 |
| D226 | 红丰10号 | 黑龙江 | 杂交+诱变育种 | G7533 60Co辐射<br>G7533=红兴隆科研所自育品系，由钢7918-7×公7533杂交获得，参见A369 |
| D227 | 红丰11 | 黑龙江 | 杂交育种 | 钢8212-8×MB152<br>钢8212-8=钢7947-15×钢7888-2-1<br>钢7947-15=钢7846-19×合77-628<br>钢7846-19=黑龙江41×黑3-18<br>黑龙江41=俄罗斯阿穆尔州国家选种站育成，参见A319<br>合77-628=合丰26<br>合丰26=参见C171<br>钢7888-2-1=北交6829-519-2×943大粒<br>北交6829-519=黑龙江省北安农科所品系，参见A574<br>943大粒=不详，参见A546<br>MB152=美国品种，参见A604 |
| D228 | 红丰12 | 黑龙江 | 杂交育种 | 钢8460-19×垦农4号<br>钢8460-19=红兴隆科研所自育品系，参见A442<br>垦农4号=参见C248 |

（续）

| 编号 | 品种名称 | 来源省份 | 育种方法 | 系 | 谱 |
|---|---|---|---|---|---|
| D229 | 华疆 1 号 | 黑龙江 | 杂交育种 | 北丰 10 号×北丰 13 | 北丰 10 号=参见 D152 |
| D230 | 建丰 2 号 | 黑龙江 | 杂交育种 | 北丰 13 号=参见 D154 | |
| | | | | 农大 251039×（红丰 3 号×合丰 29）F₁ | 农大 2510‐39＝垦丰 1 号，参见 C246 |
| D231 | 建农 1 号 | 黑龙江 | 杂交育种 | 红丰 3 号=参见 C226 | 合丰 29＝参见 C174 |
| | | | | 建 88‐249＝合交 87‐943 | 建 88‐249＝建丰 2 号，参见 D230 |
| D232 | 疆莫豆 1 号 | 黑龙江 | 杂交育种 | 合交 87‐943＝合丰 35 号，参见 C180 | |
| | | | | 北丰 11×北丰 8 号 | 北丰 11＝参见 D153 |
| D233 | 疆莫豆 2 号 | 黑龙江 | 杂交育种 | 北丰 8 号＝参见 D150 | |
| | | | | 北丰 11×北丰 7 号 | 北丰 11＝参见 D153 |
| | | | | 北丰 7 号＝合丰 25×北丰 4 号 | 合丰 25＝参见 C170 |
| | | | | 北丰 4 号＝参见 C133 | |
| D234 | 九丰 6 号 | 黑龙江 | 杂交育种 | 九三 80‐15×合丰 25 | 九三 80‐15＝（嫩良 69‐17×Corsoy）F₂×嫩良 73‐27 |
| | | | | 嫩良 69‐17＝黑河 54×克交 56‐4197 | 黑河 54＝参见 C195 |
| | | | | 克交 56‐4197＝丰收 6 号×克山四粒荚 | 丰收 6 号＝参见 C155 |
| | | | | 克山四粒荚＝黑龙江克山地方品种，参见 A154 | Corsoy＝美国品种，参见 A328 |
| | | | | 嫩良 73‐27＝北 62‐1‐9×东农 64‐9377 | 北 62‐1‐9＝不详，黑龙江北安良种育种品系，参见 A020 |
| | | | | 东农 64‐9377＝东北农业大学育种品系，参见 A072 | 合丰 25＝参见 C170 |
| D235 | 九丰 7 号 | 黑龙江 | 杂交育种 | 九丰 1 号×九丰 3 号 | 九丰 1 号＝参见 C234 |
| | | | | 九丰 3 号＝参见 C236 | |
| D236 | 九丰 8 号 | 黑龙江 | 杂交育种 | 九丰 5 号×合丰 25 | 九丰 5 号＝参见 C238 |
| | | | | 合丰 25＝参见 C170 | 合丰 25＝参见 C170 |
| D237 | 九丰 9 号 | 黑龙江 | 杂交育种 | 黑河 9 号×合丰 25 | 黑河 9 号＝参见 C193 |
| | | | | 合丰 25＝参见 C170 | 合丰 25＝参见 C170 |
| D238 | 九丰 10 号 | 黑龙江 | 杂交育种 | 绥铁 87‐258×垦农 4 号 | 绥铁 87‐258＝合丰 25 选系 |
| | | | | 合丰 25＝参见 C170 | 垦农 4 号＝参见 C248 |

（续）

| 编号 | 品种名称 | 来源省份 | 育种方法 | 谱 | 系 |
|---|---|---|---|---|---|
| D239 | 抗线虫3号 | 黑龙江 | 杂交育种 | 抗线虫2号×安8314-122<br>安8314-122=哈尔滨小黑豆×襄衣领<br>襄衣领=黑龙江西部龙江草原地方品种，参见A216 | 抗线虫2号=参见C240<br>哈尔滨小黑豆=黑龙江哈尔滨当地品种，参见A105 |
| D240 | 抗线虫4号 | 黑龙江 | 杂交育种 | 九丰1号×8108-5<br>8108-5-1=Franklin×襄衣领<br>襄衣领=黑龙江西部龙江草原地方品种，参见A216 | 九丰1号=参见C234<br>Franklin=美国品种，参见A330 |
| D241 | 抗线虫5号 | 黑龙江 | 杂交育种 | 合丰25×8804-33<br>8804-33=（嫩丰10号×Franklin）×Buffalo<br>Franklin=美国品种，参见A330 | 合丰25=参见C170<br>嫩丰10号=参见C260<br>Buffalo=美国品种，参见A697 |
| D242 | 垦丰3号 | 黑龙江 | 杂交育种 | 合丰25×Hodgson<br>Hodgson=美国品种，参见A704 | 合丰25=参见C170 |
| D243 | 垦丰4号 | 黑龙江 | 杂交育种 | 红丰3号×Maple Arrow<br>Maple Arrow=加拿大品种，参见A705 | 红丰3号=参见C226 |
| D244 | 垦丰5号 | 黑龙江 | 杂交育种 | 合丰35×黑农37<br>黑龙37=参见C222 | 合丰35=参见C180 |
| D245 | 垦丰6号 | 黑龙江 | 杂交育种 | 双丰1号×绥农11<br>合丰25=参见C170 | 双丰1号=合丰25中选系<br>绥农11=参见C278 |
| D246 | 垦丰7号 | 黑龙江 | 杂交育种 | 北丰9号×吉林20 | 北丰9号=参见D151 |
| D247 | 垦丰8号 | 黑龙江 | 杂交育种 | 绥农10号×合丰35号<br>合丰35=参见C180 | 绥农10号=参见C277 |
| D248 | 垦丰9号 | 黑龙江 | 杂交育种 | 绥农10号×合丰35<br>合丰35=参见C180 | 绥农10号=参见C277 |
| D249 | 垦丰10号 | 黑龙江 | 杂交育种 | 北丰9号×绥农10号<br>绥农10号=参见C277 | 北丰9号=参见D151 |
| D250 | 垦丰11 | 黑龙江 | 杂交育种 | 北丰9号×吉林20<br>吉林20=参见C352 | 北丰9号=参见D151 |

| 编号 | 品种名称 | 来源省份 | 育种方法 | 系谱 |
|---|---|---|---|---|
| D251 | 垦丰12 | 黑龙江 | 杂交育种 | 绥农10号×哈891<br>哈891=黑龙江农科院育成品系，参见A430<br>绥农10号=参见C277 |
| D252 | 垦丰13 | 黑龙江 | 杂交育种 | 北丰9号×绥农10号<br>北丰9号=参见D151 |
| D253 | 垦丰14 | 黑龙江 | 杂交育种 | 绥农10号×长农5号<br>长农5号=参见C321<br>绥农10号=参见C277 |
| D254 | 垦鉴北豆1号 | 黑龙江 | 杂交育种 | 北丰10号×宝丰5-7<br>宝丰5-7=黑龙江宝泉岭农科所育种品系，参见A685<br>北丰10号=参见D152 |
| D255 | 垦鉴北豆2号 | 黑龙江 | 杂交育种 | 合交87-1470×垦农5号<br>合交87-1470=黑龙江农科院合江农科所，参见A686 |
| D256 | 垦鉴豆1号 | 黑龙江 | 杂交育种 | 北丰11×北丰7号<br>北丰7号=参见D149<br>北丰11=参见D153 |
| D257 | 垦鉴豆2号 | 黑龙江 | 杂交育种 | 黑河54×合丰25<br>合丰25=参见C170<br>黑河54=参见C195 |
| D258 | 垦鉴豆3号 | 黑龙江 | 杂交育种 | 垦农5号×红丰8号<br>红丰8号=参见C228<br>垦农5号=参见279 |
| D259 | 垦鉴豆4号 | 黑龙江 | 杂交育种 | 北丰9号×北丰11<br>北丰11=参见D153<br>北丰9号=参见D151 |
| D260 | 垦鉴豆5号 | 黑龙江 | 杂交育种 | 双豆1号×绥农8号<br>合丰25=参见C170<br>双豆1号=合丰25系选<br>绥农8号=参见C275 |
| D261 | 垦鉴豆7号 | 黑龙江 | 杂交育种 | 黑农37×钢8307-2<br>钢8307-2=黑龙江农科院红星隆所品系，参见A687<br>黑农37=参见C222 |
| D262 | 垦鉴豆14 | 黑龙江 | 杂交育种 | 黑交83-889<br>黑交83-889=（十胜长叶×黑河54）×（黑河105×长叶1号）<br>黑河54=参见C195<br>黑河3号=参见C187<br>长叶1号=黑龙江地方品种，参见A414<br>黑河9号=参见C193<br>十胜长叶=日本品种，参见A316<br>黑河105=黑河3号×黑河1号<br>黑河1号=尤比列=俄罗斯品种，参见A320 |

（续）

| 编号 | 品种名称 | 来源省份 | 育种方法 | 系谱 | | 系谱 |
|---|---|---|---|---|---|---|
| D263 | 垦鉴豆 15 | 黑龙江 | 杂交育种 | 北交 84-412×合丰 25 | | 北交 84-412＝黑龙江北安农管局育种品系，参见 A694 |
| | | | | 合丰 25＝参见 C170 | | |
| D264 | 垦鉴豆 16 | 黑龙江 | 杂交育种 | 北交 86-17×九丰 5 号 | | 北交 86-17＝参见 D160 |
| | | | | 九丰 5 号＝参见 C238 | | |
| D265 | 垦鉴豆 17 | 黑龙江 | 杂交育种 | 建 88-249×北丰 87-19 | | 建 88-249＝建丰 2 号，参见 D230 |
| | | | | 北 87-19＝北丰 14，参见 D155 | | |
| D266 | 垦鉴豆 22 | 黑龙江 | 杂交育种 | 九三 80-15×合丰 25 | | 九三 80-15＝（嫩良 69-17×Corsoy）F$_2$×嫩良 73-27 |
| | | | | 嫩良 69-17＝黑河 54×兑交 56-4197 | | 黑河 54＝参见 C195 |
| | | | | 兑交 56-4197＝丰收 6 号×克山四粒荚 | | 丰收 6 号＝参见 C155 |
| | | | | 克山四粒荚＝黑龙江克山地方品种，参见 A154 | | Corsoy＝美国品种，参见 A328 |
| | | | | 嫩良 73-27＝北 62-1-9×东农 64-9377 | | 北 62-1-9＝黑龙江北安良种场育种品系，参见 A020 |
| | | | | 东农 64-9377＝不详，东北农业大学育种品系，参见 A072 | | |
| D267 | 垦鉴豆 23 | 黑龙江 | 杂交育种 | 黑农 34×垦农 5 号 | | 合丰 25＝参见 C170 |
| | | | | 垦农 5 号＝参见 279 | | 黑农 34＝参见 C219 |
| D268 | 垦鉴豆 25 | 黑龙江 | 杂交育种 | 北丰 8 号×北丰 11 | | 北丰 8 号＝参见 D150 |
| | | | | 北丰 11＝参见 D153 | | |
| D269 | 垦鉴豆 26 | 黑龙江 | 杂交育种 | 北丰 8 号×北 93-406 | | 北丰 8 号＝参见 D150 |
| | | | | 北 93-406＝北丰 9 号×北丰 11 | | 北丰 9 号＝参见 D151 |
| | | | | 北丰 11＝参见 D153 | | |
| D270 | 垦鉴豆 28 | 黑龙江 | 杂交育种 | 北丰 8 号×北丰 11 | | 北丰 8 号＝参见 D150 |
| | | | | 北丰 11＝参见 D153 | | |
| D271 | 垦鉴豆 30 | 黑龙江 | 杂交育种 | 北交 6 号×北交 85-120 | | 北丰 6 号＝参见 D148 |
| | | | | 北交 85-120＝黑龙江北安农管局育种品系，参见 A695 | | |
| D272 | 垦鉴豆 31 | 黑龙江 | 杂交育种 | 北丰 7 号×合丰 25 | | 北丰 7 号＝参见 D149 |
| | | | | 合丰 25＝参见 C170 | | |

（续）

| 编号 | 品种名称 | 来源省份 | 育种方法 | 系谱 | |
|---|---|---|---|---|---|
| D273 | 垦鉴豆 32 | 黑龙江 | 杂交育种 | 北丰 9 号×黑河 9 号<br>黑河 9 号=参见 C193 | 北丰 9 号=参见 D151 |
| D274 | 垦鉴豆 33 | 黑龙江 | 诱变育种 | 东农 38 干种子 $^{60}$Co 射线辐射 | 东农 38=参见 C144 |
| D275 | 垦鉴豆 36 | 黑龙江 | 杂交育种 | 合丰 25×建 90-49 | 合丰 25=参见 C170 |
| D276 | 垦鉴豆 38 号 | 黑龙江 | 杂交育种 | 建 90-49=黑龙江农垦总局建三江农科所育种品系，参见 A688<br>绥农 14×黑大 24875 | 绥农 14=参见 D296 |
| D277 | 垦鉴豆 39 | 黑龙江 | 杂交育种 | 农大 24875=黑龙江八一农垦大学科研品系，参见 A401<br>绥农 10 号×合丰 35 | 绥农 10 号=参见 C277 |
| D278 | 垦鉴豆 40 | 黑龙江 | 杂交育种 | 合丰 35=参见 C180<br>绥农 14×（垦 92-1895×吉林 27） | 绥农 14=参见 D296<br>吉林 27=参见 C359 |
| D279 | 垦豆 5 号 | 黑龙江 | 杂交育种 | 垦 92-1895=黑龙江农垦科学院农作物开发所育种品系，参见 A689<br>九农 13×绥农 4 号 | 九农 13=参见 C383 |
| D280 | 垦豆 7 号 | 黑龙江 | 杂交育种 | 绥农 4 号×合丰 29 | 绥农 4 号=参见 C271 |
| D281 | 垦农 8 号 | 黑龙江 | 杂交育种 | 合丰 29=参见 C174<br>合丰 28×绥农 4 号 | 合丰 28=参见 C173 |
| D282 | 垦农 16 | 黑龙江 | 杂交育种 | 绥农 4 号=参见 C271<br>（农大 1296×钢辐 83-29）×农大 1296<br>钢辐 83-29=钢 7743 $F_5$/γ15 000 辐射处理<br>钢 7240-2=哈 5179×十胜长叶，参见 A316<br>十胜长叶=日本品种，参见 A309 | 农大 1296=黑龙江八一农垦大学品系，参见 A400<br>钢 7743=钢 7240-2×姬小金<br>哈 5179=黑龙江农科院大豆所品系，参见 A423<br>姬小金=日本品种，参见 A309 |
| D283 | 垦农 17 | 黑龙江 | 杂交育种 | 钢 8073-2×黑农 37<br>黑农 10 号=参见 C203<br>黑农 37=参见 C222 | 钢 8073-2=黑农 10 号×勃利半野生豆，参见 A404<br>勃利半野生豆=黑龙江勃利勃利野生豆，参见 A404 |
| D284 | 垦农 18 | 黑龙江 | 杂交育种 | 宝丰 7 号×绥 87-5603<br>绥 87-5603=绥农 3 号×铁 7518<br>铁 7518=铁丰 19×花生<br>花生=不详，参见 A121 | 宝丰 7 号 4=参见 D144<br>绥农 3 号=参见 C270<br>铁丰 19=参见 C511 |

（续）

| 编号 | 品种名称 | 来源省份 | 育种方法 | 系谱 |
|---|---|---|---|---|
| D285 | 垦农19 | 黑龙江 | 杂交育种 | 绥农8号×农大4840<br>农大4840=黑龙江八一农垦大学品系，参见A402<br>绥农8号=参见C275 |
| D286 | 垦农20 | 黑龙江 | 杂交育种 | 垦农7号×宝丰7号<br>宝丰7号4=参见D144<br>垦农7号=参见D280 |
| D287 | 龙生1号 | 黑龙江 | 导入基因 | 黑农35（龙79-3433-1的DNA导入）<br>龙79-3433-1=参见A444<br>黑农35=参见C220 |
| D288 | 龙垦1号 | 黑龙江 | 杂交育种 | 宝交89-5164×北87-9<br>北87-9=北丰11，参见D153<br>宝交89-5164=黑龙江宝泉岭农管局农科所育种品系，参见A649 |
| D289 | 龙小粒豆1号 | 黑龙江 | 杂交育种 | 黑农26×龙79-3433-1<br>龙79-3433-1=黑龙江野生大豆，参见A444<br>黑农26=参见C211 |
| D290 | 嫩豆16 | 黑龙江 | 杂交育种 | 嫩8422×嫩79705<br>公交7407-5=吉林20，参见C352<br>嫩79705=嫩丰10号×吉林3号<br>吉林3号=参见C336<br>嫩8422=公交7407-5×九交7233<br>九交7233=九农14，参见C384<br>嫩丰10号=参见C260 |
| D291 | 嫩丰17 | 黑龙江 | 杂交育种 | 白系8713×哈红<br>嫩丰10号=参见C260<br>哈红=黑农35×合丰29<br>合丰29=参见C174<br>白系8713=嫩丰10号×嫩丰15<br>嫩丰15=参见C265<br>黑农35=参见C220 |
| D292 | 嫩丰18 | 黑龙江 | 杂交育种 | 嫩92046F$_1$×合丰25<br>合丰25=参见C170<br>嫩92046=嫩丰17，参见D291 |
| D293 | 庆丰1号 | 黑龙江 | 杂交育种 | 晋豆3号×（庆5117×庆83219）<br>庆5117=哈尔滨小黑豆、黑龙江哈尔滨地方品种，参见A105<br>北京小黑豆=Peking，参见A340<br>晋豆3号=参见C593<br>庆83219=北京小黑豆选系 |
| D294 | 庆鲜豆1号 | 黑龙江 | 杂交育种 | 早毛豆×极早生<br>极早生=云南地方品种，参见A663<br>早毛豆=云南地方品种，参见A676 |

（续）

| 编号 | 品种名称 | 来源省份 | 育种方法 | 系 | 谱 |
|---|---|---|---|---|---|
| D295 | 绥农 12 | 黑龙江 | 杂交育种 | [绥 83 - 432 ×（黑河 4 号 × 铁 7604）$F_1$] $F_1$ 种子经 $^{60}Co$ 射线处理<br>克山四粒荚 ×（绥 70 - 6 × Amsoy）$F_1$<br>绥 70 - 6 ＝黑农 4 号 × 克 56 - 10013 - 2<br>克 56 - 10013 - 2 ＝克交 5610 × 佳木斯秃荚子<br>紫花 4 号 ＝参见 C287<br>佳木斯秃荚子 ＝黑龙江佳木斯地方品种，参见 A137<br>东农 74 - 236 ＝东北农业大学系，参见 A378<br>九农 9 号 ＝参见 C379<br>103 - 4 ＝黄客豆的选系<br>铁丰 18 ＝参见 C510 | 绥 83 - 432 ＝绥 77 - 5047 × 东农 74 - 236<br>绥 77 - 5047 ＝黑龙江克山地方品种，参见 A154<br>克山四粒荚 ＝黑龙江克山地方品种，参见 C198<br>黑农 4 号 ＝参见 C198<br>克交 5610 ＝（紫花 4 号 × 元宝金）$F_7$ × 佳木斯秃荚子<br>元宝金 ＝参见 C284<br>Amsoy ＝美国品种，参见 A324<br>铁 7604 ＝九农 9 号 × 铁交 6915<br>铁交 6915 ＝103 - 4 × 铁丰 18 的姊妹系<br>黄客豆 ＝辽宁地方品种，参见 A128 |
| D296 | 绥农 14 | 黑龙江 | 杂交育种 | 合丰 25 × 绥农 8 号<br>绥农 8 号 ＝参见 C275 | 合丰 25 ＝参见 C170 |
| D297 | 绥农 15 | 黑龙江 | 杂交育种 | 黑河 7 号 ×（绥 85 - 5064 × 绥农 4 号）$F_1$<br>绥 85 - 5064 ＝（黑 85 - 5064 × Ozzie）$F_1$<br>黑 85 - 5064 ＝（Amsoy × 绥农 5 号）$F_1$<br>Amsoy ＝美国品种，参见 A324<br>Ozzie ＝美国品种，参见 A708 | 黑河 7 号 ＝参见 C191<br>绥农 4 号 ＝参见 C271<br>绥农 5 号 ＝参见 C272 |
| D298 | 绥农 16 | 黑龙江 | 杂交育种 | 黑农 35 ×（黑农 35 × 吉林 27）$F_1$<br>吉林 27 ＝参见 C359 | 黑农 35 ＝参见 C220 |
| D299 | 绥农 17 | 黑龙江 | 选择育种 | 绥农 15 系选 | 绥农 15 ＝参见 D297 |
| D300 | 绥农 18 | 黑龙江 | 杂交育种 | 绥 90 - 5088 ×（北丰 9 号 × 吉林 27）$F_1$<br>绥农 8 号 ＝参见 C275<br>绥 79 - 5097 ＝绥 70 - 18 × 绥 75 - 5065<br>紫花矬子 ＝黑龙江地方品种，参见 A415<br>绥 75 - 5065 ＝绥农 3 号 × 十胜长叶<br>十胜长叶 ＝日本品种，参见 A316<br>合丰 23 ＝参见 C168 | 绥 90 - 5088 ＝绥农 8 号 × 绥 84 - 988<br>绥 84 - 988 ＝绥 79 - 5097 × 合交 77 - 207<br>绥 70 - 18 ＝紫花矬子 × 紫花 4 号<br>紫花 4 号 ＝参见 C287<br>绥农 3 号 ＝参见 C270<br>合交 77 - 207 ＝合丰 23 × 克交 4430 - 20<br>克交 4430 - 20 ＝克交 69 - 5236 × 十胜长叶 |

（续）

| 编号 | 品种名称 | 来源省份 | 育种方法 | 系 | 谱 |
|---|---|---|---|---|---|
| | | | | 克交 69-5236＝克交 56-4087-17×哈光 1657<br>丰收 6 号＝参见 C155<br>哈光 1657＝满仓金经诱变的选系<br>北丰 9 号＝参见 D151 | 克交 56-4087-17＝丰收 6 号×克山四粒荚<br>克山四粒荚＝黑龙江克山地方品种，参见 A154<br>满仓金＝参见 C250<br>吉林 27＝参见 C359 |
| D301 | 绥农 19 | 黑龙江 | 杂交育种 | 垦农 4 号×（合丰 25×公 8324-7）F₁<br>合丰 25＝参见 C170<br>吉林 26＝参见 C358 | 垦农 4 号＝参见 C248<br>公交 8324-7＝吉林 26（姊妹系） |
| D302 | 绥农 20 | 黑龙江 | 杂交育种 | 绥农 3 号＝参见 C270 | 绥 78-5061＝绥农 3 号×Anoka<br>Anoka＝美国品种，参见 A696 |
| D303 | 绥农 21 | 黑龙江 | 杂交育种 | 绥 87-5603×绥 95-2915<br>绥农 3 号＝参见 C270<br>铁丰 19＝参见 C511<br>绥 95-2915＝｛[东农 42×（绥 91-8837×吉林 27）F₁] F₁×扁茎大豆｝F₂<br>绥 91-8837＝绥 84-932×绥 88-157<br>东农 42＝绥 66-36-34×东农 34，参见 C141<br>绥 70-18＝紫花槌子×紫花 4 号<br>紫花 4 号＝参见 C287<br>十胜长叶＝日本品种，参见 A316<br>绥农 8 号＝参见 C275<br>绥 77-5047＝克山四粒荚×（绥 70-6×Amsoy）F₁<br>绥 70-6＝黑农 4 号×克 56-10013-2<br>克 56-10013-2＝克交 5610×克山四粒荚<br>元宝金＝参见 C284<br>Amsoy＝美国品种，参见 A324<br>扁茎大豆＝民间引进，参见 A487 | 绥 87-5603＝绥农 3 号×铁 7518<br>铁 7518＝铁丰 19×花生<br>花生＝不详，参见 A121<br>东农 42＝参见 C148<br>绥 84-932＝东农 66-36-34×绥 79-5097<br>绥 79-5097＝绥 70-18×绥 75-5065<br>紫花槌子＝黑龙江地方品种，参见 A415<br>绥 75-5065＝绥农 3 号×十胜长叶<br>绥 88-157＝绥农 8 号×绥 82-6008<br>绥 82-6008＝绥 77-5047×九交 7226-7-2<br>九交 7226＝九农 13，参见 C198<br>黑农 4 号＝参见 C383<br>克交 5610＝（紫花 4 号×元宝金）F₇×佳木斯秃荚子<br>佳木斯秃荚子＝黑龙江佳木斯地方品种，参见 A137<br>吉林 27＝参见 C359 |

（续）

| 编号 | 品种名称 | 来源省份 | 育种方法 | 系 | 谱 |
|---|---|---|---|---|---|
| D304 | 绥农 22 | 黑龙江 | 杂交育种 | 绥农 15×绥农 96 - 81029 | 绥农 15＝参见 D297 |
| | | | | 绥农 96 - 81029＝绥农 91 - 8497×绥农 92 - 5108 - 1 | 绥农 91 - 8497＝绥农 4 号×东农 9674 |
| | | | | 绥农 4 号＝参见 C271 | 东农 9674＝东农 82 - 56×绥农 6 号 |
| | | | | 东农 82 - 56＝东农 4 号×绥农 1 号 | 东农 4 号＝参见 C140 |
| | | | | 绥农 1 号＝参见 C269 | 绥农 6 号＝参见 C273 |
| | | | | 绥农 92 - 5108 - 1＝农大 60795×Corsoy | 农大 60795＝合丰 25×绥农 4 号 |
| | | | | 合丰 25＝参见 C170 | Corsoy＝美国品种，参见 A328 |
| D305 | 绥无腥豆 1 号 | 黑龙江 | 杂交育种 | 中育 37×绥农 10 号 | 中育 37＝日本品种，参见 A523 |
| | | | | 绥农 10 号＝参见 C277 | |
| D306 | 绥小粒豆 1 号 | 黑龙江 | 杂交＋诱变育种 | （绥 87 - 5976×吉林小粒 1 号）F₁ 种子经 ⁶⁰Co 射线处理 | 绥 87 - 5976＝绥 82 - 325×半野生大豆 |
| | | | | 绥 32 - 325×绥农 4 号×（绥 69 - 5061×绥 76 - 5401）F₁ | 绥农 4 号＝参见 C271 |
| | | | | 绥 39 - 5061＝黑龙江农科院绥化所品系，参见 A437 | 绥 76 - 5401＝绥 69 - 4258×反修豆 |
| | | | | 绥 39 - 4258＝丰收 7 号×兑交 56 - 4085 - 2 | 丰收 7 号＝东农 20×东农 1 号 |
| | | | | 东农 20＝不详，东北农业大学育成品系，参见 A069 | 东农 1 号＝参见 C138 |
| | | | | 兑交 56 - 4085 - 2＝丰收 10 号，参见 C156 | 反修豆＝群选 1 号，参见 C392 |
| | | | | 半野生大豆＝黑龙江农科院大豆品种资源室引进，参见 A421 | 吉林小粒 1 号＝参见 C364 |
| D307 | 伊大豆 2 号 | 黑龙江 | 选择育种 | 8502（系选） | 8502＝不详，参见 A566 |
| D308 | 鄂豆 6 号 | 湖北 | 杂交育种 | （天门黄豆×郑 46 长叶）F₂×灰 33 | 天门黄豆＝湖北天门地方品种，参见 A577 |
| | | | | 郑 46 长叶＝豫豆 3 号，参见 C106 | 灰 33＝矮脚早×泰兴黑豆 |
| | | | | 矮脚早＝参见 C288 | 泰兴黑豆＝江苏泰兴地方品种，参见 A219 |
| D309 | 鄂豆 7 号 | 湖北 | 杂交育种 | 鄂豆 4 号×诱处 4 号 | 鄂豆 4 号＝参见 C290 |
| | | | | 诱处 4 号＝参见 C030 | |

（续）

| 编号 | 品种名称 | 来源省份 | 育种方法 | 系谱 |
|---|---|---|---|---|
| D310 | 鄂豆 8 号 | 湖北 | 杂交育种 | 鄂豆 4 号×湘春 78 - 219<br>鄂豆 4 号＝参见 C290 |
| D311 | 鄂豆 9 号 | 湖北 | 杂交育种 | 湘春 78 - 219＝川湘早 1 号，参见 C623<br>湘春豆 4 号×诱处 4 号<br>诱处 4 号＝参见 C030<br>鄂豆 4 号＝参见 C290 |
| D312 | 中豆 26 | 湖北 | 杂交育种 | 油 87 - 72×豫豆 8 号<br>豫豆 8 号＝参见 C111<br>油 87 - 72＝中国农科院油料所品系，参见 A534 |
| D313 | 中豆 29 | 湖北 | 杂交育种 | 湘春豆 10 号×Merit<br>Merit＝美国品种，参见 A707<br>湘春豆 10 号＝参见 C301 |
| D314 | 中豆 30 | 湖北 | 杂交育种 | 湘春豆 10 号×粤豆 86 - 37<br>粤豆 86 - 37＝粤大豆 1 号<br>湘春豆 10 号＝参见 C301<br>粤大豆 1 号＝参见 C060 |
| D315 | 中豆 31 | 湖北 | 杂交育种 | 油 88 - 5109×驻 8305<br>中豆 19＝参见 C295<br>豫豆 3 号＝参见 C106<br>油 88 - 5109＝中豆 19×郑长叶 7<br>郑长叶 7＝豫豆 3 号的自然杂交育种后代选系<br>驻 8305＝豫豆 17，参见 D122 |
| D316 | 中豆 32 | 湖北 | 杂交育种 | 湘春豆 10 号×铁丰 18<br>铁丰 18＝参见 C510<br>湘春豆 10 号＝参见 C301 |
| D317 | 中豆 33 | 湖北 | 杂交育种 | 油 92 - 570×鄂豆 4 号<br>油 82 - 14＝77 - 3210×蒙庆 6 号<br>上海黄＝上海六月黄<br>SRF400＝美国材料，参见 A345<br>油 84 - 87＝油 72 - 9×鄂豆 1 号<br>南农 493 - 1＝参见 C431<br>蒙城大白壳＝安徽蒙城地方品种，参见 A168<br>猴子毛＝湖北黄陂地方品种，参见 A119<br>油 92 - 570＝油 82 - 14 × 油 84 - 87<br>77 - 3210＝上海黄×SRF400<br>上海六月黄＝上海地方品种，参见 A202<br>蒙庆 6 号＝参见 C008<br>油 72 - 9＝南农 493 - 1×大白壳<br>大白壳＝蒙城大白壳<br>鄂豆 1 号＝猴子毛×蒙城大白壳<br>鄂豆 4 号＝参见 C290 |

（续）

| 编号 | 品种名称 | 来源省份 | 育种方法 | 系谱 |
| --- | --- | --- | --- | --- |
| D318 | 中豆34 | 湖北 | 杂交育种 | 油92-570×油88-25<br>油82-14=77-3210×蒙庆6号<br>上海黄=上海六月黄<br>SRF400=美国材料，参见A345<br>油84-87=油72-9×鄂豆1号<br>南农493-1=参见C431<br>蒙城大白壳=安徽蒙城地方品种，参见A168<br>猴子毛=湖北黄陂地方品种，参见A119<br>苏协1号=参见C451<br>上海大黄豆=浦东大黄豆<br>紫大豆=河南驻马店地方品种，参见A268<br>油92-570=油82-14×油84-87<br>77-3210=上海黄×SRF400<br>上海六月黄=上海地方品种，参见A202<br>蒙庆6号=参见C008<br>油72-9=南农493-1×大白壳<br>大白壳=蒙城大白壳<br>鄂豆1号=猴子毛×蒙城大白壳<br>油88-25=苏协1号×正751<br>正751=上海大黄豆=上海浦东地方品种，参见A183 |
| D319 | 湘春豆16 | 湖南 | 杂交育种 | 矮脚早×湘春78-219<br>湘春78-219=川湘早1号<br>矮脚早=参见C288<br>川湘早1号=参见C623 |
| D320 | 湘春豆17 | 湖南 | 杂交育种 | 衡春80128-12-2×湘春豆11<br>湘春豆12=参见C303<br>衡春80128-12=湘春豆12<br>湘春豆11=参见C302 |
| D321 | 湘春豆18 | 湖南 | 杂交育种 | 怀春79-16×浙春1号<br>浙春1号=参见C648<br>怀春79-16=参见C299 |
| D322 | 湘春豆19 | 湖南 | 杂交育种 | 湘春豆10号×88052<br>88052=湘1011×吉林46<br>吉育46=参见D366<br>湘春豆10号=参见C301<br>湘1011=湘春豆6号，参见C310 |
| D323 | 湘春豆20 | 湖南 | 诱变育种 | H631诱变<br>H631=衡春H631=湘春豆16 |
| D324 | 湘春豆21 | 湖南 | 杂交育种 | 湘春豆16=参见D319<br>零86-2×USP90-4<br>USP90-4=泰兴黑豆×东农36<br>东农36=参见C142<br>零86-2=湖南零陵地区农科所品种，参见A448<br>泰兴黑豆=江苏泰兴地方品种，参见A219 |
| D325 | 湘春豆22 | 湖南 | 杂交育种 | 湘春豆10号×湘春豆15<br>湘春豆15=C306<br>湘春豆10号=参见C301 |

（续）

附录

| 编号 | 品种名称 | 来源省份 | 育种方法 | 系谱 |
|---|---|---|---|---|
| D326 | 湘春豆 23 | 湖南 | 杂交育种 | 湘春豆 16×湘春豆 18<br>湘春豆 18＝参见 D321<br>湘春豆 16＝参见 D319 |
| D327 | 白农 5 号 | 吉林 | 杂交育种 | （集体 5 号×铁荚四粒黄）F₂×群选 1 号<br>铁荚四粒黄＝吉林中南部地方品种，参见 A226<br>集体 5 号＝参见 C370<br>群选 1 号＝参见 C392 |
| D328 | 白农 6 号 | 吉林 | 杂交育种 | 白农 2 号×吉林 20<br>吉林 20＝参见 C352<br>白农 2 号＝参见 C315 |
| D329 | 白农 7 号 | 吉林 | 杂交育种 | 白农 2 号×吉林 20<br>吉林 20＝参见 C352<br>白农 2 号＝参见 C315 |
| D330 | 白农 8 号 | 吉林 | 杂交育种 | 白农 4 号×吉林 20<br>吉林 20＝参见 C352<br>白农 4 号＝参见 C316 |
| D331 | 白农 9 号 | 吉林 | 杂交育种 | 白交 8209-8×吉林 20<br>7403-14＝吉林白城农科所品系，参见 A449<br>Peking＝美国从中国引进的地方品种，参见 A340<br>白交 8209-8＝7403-14×北京小黑豆<br>北京小黑豆＝Peking |
| D332 | 白农 10 号 | 吉林 | 杂交育种 | 白农 9 号×河北黄大豆<br>河北黄大豆＝河北地方品种，参见 A391<br>白农 9 号＝参见 D331 |
| D333 | 长农 8 号 | 吉林 | 杂交育种 | 吉林 20×长交 7826-M-17-3<br>长交 7826-M-17-3＝7133×黑铁荚<br>早丰 1 号＝参见 C410<br>黑铁荚＝铁荚四粒黄<br>吉林 20＝参见 C352<br>7133＝早丰 1 号×九农 2 号<br>九农 2 号＝参见 C372<br>铁荚四粒黄＝吉林中南部地方品种，参见 A226 |
| D334 | 长农 9 号 | 吉林 | 杂交育种 | 吉林 21×铁 7517<br>铁 7517＝铁丰 19×Amsoy<br>Amsoy＝美国品种，参见 A324<br>吉林 21＝参见 C353<br>铁丰 19＝参见 C511 |
| D335 | 长农 10 号 | 吉林 | 杂交育种 | 公交 8347-27×长农 5 号<br>公交 7424＝东农 33×平顶笨<br>平顶笨＝河南平舆地方品种，参见 A182<br>长农 5 号＝参见 C321<br>公交 8347-27＝公交 7424×辽豆 3 号<br>东农 33＝不详，东北农业大学育成品系，参见 A071<br>辽豆 3 号＝参见 C498 |

| 编号 | 品种名称 | 来源省份 | 育种方法 | 系 | 谱 |
|---|---|---|---|---|---|
| D336 | 长农11 | 吉林 | 杂交育种 | 长农7413-1×群选1号-C<br>群选1号=参见C392 | 长农7413-1×长农4号，参见C320 |
| D337 | 长农12 | 吉林 | 杂交育种 | 公交5688-1×生844-2-2<br>生844-2-2=吉林长春农科院品系，参见A453 | 公交5688-1=吉林农科院大豆所品系，参见A459 |
| D338 | 长农13 | 吉林 | 杂交育种 | 8508-8-6×8503-1-5<br>8503-1-5=吉林长春农科院品系，参见A450 | 8508-8-6=吉林长春农科院品系，参见A451 |
| D339 | 长农14 | 吉林 | 杂交育种 | 1997由多个早熟杂交育种组合后代混合群体系选，系谱不明 | |
| D340 | 长农15 | 吉林 | 杂交育种 | 公交8347-27×长农5号<br>公交7424=东农33×平舆笨<br>平舆笨=河南平舆地方品种，参见A182<br>长农5号=参见C321 | 公交8347-27=公交7424×辽豆3号<br>东农33=不祥，东北农业大学育成品系，参见A071<br>辽豆3号=参见C498 |
| D341 | 长农16 | 吉林 | 杂交育种 | 公交83145-10×生85183-3-5<br>吉林27=参见C359 | 公交83145-10=吉林27姊妹系<br>生85183-3=吉林长春农科院品系，参见A454 |
| D342 | 长农17 | 吉林 | 杂交育种 | 公交83145-10×生85183-3-6<br>吉林27=参见C359 | 公交83145-10=吉林27姊妹系<br>生85183-3=吉林长春农科院品系，参见A454 |
| D343 | 吉豆1号 | 吉林 | 杂交育种 | 公交8324-9×公交8448-46<br>公交8448-46=吉林20×铁7447<br>铁7447=铁丰23，参见C515 | 公交8324-9=吉林26，参见C358<br>吉林20=参见C352 |
| D344 | 吉豆2号 | 吉林 | 杂交育种 | 8554×88134<br>绥农4号=参见C271<br>88134=铁8050-21-5×公交8373-6<br>铁7517=铁丰19×Amsoy<br>Amsoy=美国品种，参见A324<br>铁7533=铁6831×大粒青<br>铁6308=丰地黄×5621<br>5621=参见C467 | 8554=绥农4号×辽豆3号<br>辽豆3号=参见C498<br>铁8050-21-5=铁7517×铁7533<br>铁丰19=参见C511<br>铁7533=铁6831×大粒青<br>铁6831=铁6308×铁6124<br>丰地黄=参见C324<br>铁6124=丰地黄×公交5201 |

（续）

| 编号 | 品种名称 | 来源省份 | 育种方法 | 系谱 | |
|---|---|---|---|---|---|
| | | | | 公交5201=金元1号×铁荚四粒黄 | 金元1号·参见C492 |
| | | | | | 铁荚四粒黄=吉林中南部地方品种，参见A226 |
| | | | | | 大粒青=辽宁本溪地方品种，参见A056 |
| | | | | 公交8373-6=公交7604×公交7421 | 公交7604=铁丰18×合丰23 |
| | | | | 铁丰18=参见C510 | 合丰23=参见C168 |
| | | | | 公交7421=吉林1号×公交7359 | 吉林1号=参见C334 |
| | | | | 公交7359=Harosoy63×京黄3号 | Harosoy63=美国品种，参见A323 |
| | | | | 京黄3号=不详，选自河北地方品种，参见A149 | |
| D345 | 吉豆3号 | 吉林 | 杂交育种 | 长8421×公交8875 | 长8421=不详，参见A579 |
| | | | | 公交8875=公交7832×吉林20 | 公交7832=Beeson×铁交6915 |
| | | | | Beeson=美国品种，参见A325 | 铁交6915=103-4×铁丰18姊妹系，参见C510 |
| | | | | 103-4=黄客豆的选系 | 黄客豆=辽宁地方品种，参见A128 |
| | | | | 吉林20=参见C352 | |
| D346 | 吉丰1号 | 吉林 | 选择育种 | 丰交7607天然变异株选系 | 丰交7607=参见C325 |
| D347 | 吉丰2号 | 吉林 | 杂交育种 | 铁丰18×吉林20 | 铁丰18=参见C510 |
| | | | | 吉林20=参见C352 | |
| D348 | 吉科豆1号 | 吉林 | 外源DNA导入 | 吉林20（鹰嘴豆DNA导入人） | 吉林20=参见C352 |
| D349 | 吉科豆2号 | 吉林 | 外源DNA导入 | 吉林30（导入皂角DNA） | 吉林30=参见C362 |
| D350 | 吉科豆3号 | 吉林 | 杂交育种 | 公交8861×吉林89149-13 | 公交8861=公交8324-9×83MF40，参见A583 |
| | | | | 公交8324-9=吉林26，参见C358 | 83MF40=美国品种，参见A583 |
| | | | | 公交89149-13=公交8285-8×公交8448-29 | 公交8285-8=绥农4号×铁7116-10-3 |
| | | | | 绥农4号=参见C271 | 铁7555=铁丰8号×绥农4号×铁7555 |
| | | | | 铁丰8号=参见C508 | 铁7116-10-3=6038×十胜长叶 |
| | | | | 6038=丰地黄×5621 | 丰地黄=参见C324 |
| | | | | 5621=参见C467 | 十胜长叶=日本品种，参见A316 |
| | | | | 公交8448-29=吉林20×铁7447 | 吉林20=参见C352 |
| | | | | 铁7447=铁丰23，参见C515 | |

（续）

| 编号 | 品种名称 | 来源省份 | 育种方法 | 系谱 | 系谱 |
|---|---|---|---|---|---|
| D351 | 吉科豆 5 号 | 吉林 | 杂交育种 | 公交 94‑1337×垦农 4 号<br>垦农 4 号＝参见 C248 | 公交 94‑1337＝吉林 43，参见 D363 |
| D352 | 吉科豆 6 号 | 吉林 | 其他 | 吉林 20 号入茶秣食豆 DNA | 吉林 20＝参见 C352 |
| D353 | 吉科豆 7 号 | 吉林 | 杂交育种 | 吉林 38×B94‑56<br>B94‑56＝吉林农科院大豆所品系，参见 A465 | 吉林 38＝参见 D358 |
| D354 | 吉林 33 | 吉林 | 杂交育种 | 公交 8156×九交 7421<br>公交 7830＝哈交 74‑2119×凤交 66‑12<br>凤交 66‑12＝参见 C475<br>哈交 71‑943＝黑龙江农科院大豆所品系，参见 A433<br>九交 7421＝九农 15，参见 C385 | 公交 8156＝公交 7830‑6×公交 7726<br>哈交 74‑2119＝黑龙江农科院大豆所品系，参见 A434<br>公交 7726＝哈交 71‑943×茶秣食豆<br>茶秣食豆＝吉林地方品种，参见 A455 |
| D355 | 吉林 34 | 吉林 | 杂交育种 | 铁 7514×吉林 20<br>铁丰 19＝参见 C511<br>吉林 20＝参见 C352 | 铁 7514＝铁丰 19×Amsoy<br>Amsoy＝美国品种，参见 A324 |
| D356 | 吉育 35 | 吉林 | 杂交育种 | 吉林 20×辽豆 3 号<br>辽豆 3 号＝参见 C498 | 吉林 20＝参见 C352 |
| D357 | 吉林 36 | 吉林 | 杂交育种 | 公交 8448×东农 78‑2<br>铁 7447＝铁丰 23，参见 C515<br>东农 78‑2＝东农 36，参见 C142 | 公交 8448＝铁 7447×吉林 20<br>吉林 20＝参见 C352 |
| D358 | 吉林 38 | 吉林 | 杂交育种 | 公交 85035‑7×公交 8347‑3<br>吉林 20＝参见 C352<br>公交 8347‑3＝公交 7424×辽豆 3 号<br>东农 33＝东北农业大学育成品系，参见 A071<br>辽豆 3 号＝参见 C498 | 公交 85035‑7＝吉林 20×长交 7413‑1<br>长交 7413‑1＝长农 4 号，参见 C320<br>公交 7424＝东农 33×平舆棕<br>平舆棕＝河南平舆地方品种，参见 A182 |
| D359 | 吉林 39 | 吉林 | 杂交育种 | 吉林 20×辽 77‑3072‑M4<br>辽 77‑3072‑M4＝辽豆 3 号辐射株系 | 吉林 20＝参见 C352<br>辽豆 3 号＝参见 C498 |

（续）

| 编号 | 品种名称 | 来源省份 | 育种方法 | 系 | 谱 |
|---|---|---|---|---|---|
| D360 | 吉育 40 | 吉林 | 杂交育种 | 公交 8314-1-2×辽 87-324<br>公交 7802-8=吉林 15×Beeson<br>Beeson=美国品种，参见 A325<br>公交 7413-1=一窝蜂×十胜长叶<br>十胜长叶=日本品种，参见 A316 | 公交 8314-1-2=公交 7802-8×公交 7413-1<br>吉林 15=参见 C347<br>辽 87-324=辽宁农科院作物所品系，参见 A480<br>一窝蜂（公第 1488）=吉林中部偏西地方品种，参见 A256 |
| D361 | 吉林 41 | 吉林 | 杂交育种 | 公交 8347-4×公交 8760-2<br>公交 8760-2=公交 8107-12×L83-4387<br>公交 7622-3-1-8=铁交 6915-5×103-4×铁丰 18 姊妹系<br>103-4=黄客豆的选系<br>铁丰 18=参见 C510<br>公交 7012-6-7-1=吉林 3 号×晖春豆<br>晖春豆=吉林晖春地方品种，参见 A132<br>吉林 1 号=参见 C334<br>公交 7335-4=黑农 23×济宁 71021<br>济宁 71021=山东济宁农科所育种品系，参见 A135 | 公交 8347-4=吉林 30，参见 C362<br>公交 8107-12=公交 7622-3-1-8×公交 7335-4<br>铁交 6915-5=103-4×铁丰 18 姊妹系<br>黄客豆=辽宁地方品种，参见 A128<br>公交 7012-6-7-1=公交 6612-5-1-8-4<br>吉林 3 号=参见 C336<br>公交 6612-5-1-8-4=吉林 1 号×十胜长叶<br>十胜长叶=日本品种，参见 A316<br>黑农 23=参见 C209 |
| D362 | 吉林 42 | 吉林 | 杂交育种 | 公交 7911-2×吉林 3 号×公交 8025-2<br>吉林 3 号=参见 C336<br>铁交 6915-5=103-4×铁丰 18 的姊妹系<br>黄客豆=辽宁地方品种，参见 A128<br>克交 4430-20=克交 69-5236×十胜长叶<br>克交 56-4087-17=丰收 6 号×克山四粒荚<br>克山四粒荚=黑龙江克山地方品种，参见 A154<br>满仓金=参见 C250<br>公交 8025-2=吉林 17×丹豆 3 号<br>丹豆 3 号=参见 C470 | 公交 7911-2=吉林 3 号×公交 7616-2-1<br>公交 7616-2-1=铁交 6915-5×克交 4430-20<br>103-4=黄客豆的选系<br>铁丰 18=参见 C510<br>克交 69-5236=克交 56-4087-17×哈光 1657<br>丰收 6 号=参见 C155<br>哈光 1657=满仓金经诱变的选系<br>十胜长叶=日本品种，参见 A316<br>吉林 17=参见 C349 |

（续）

| 编号 | 品种名称 | 来源省份 | 育种方法 | 系谱 |
|---|---|---|---|---|
| D363 | 吉林43 | 吉林 | 杂交育种 | 公交8427-88×公交RY88-29-1<br>公交7830混-7=哈交74-2119×凤交66-12<br>凤交66-12=参见C475<br>公交RY88-29-1=公交83141-7×公交8336-5<br>公交7802-8=吉林15×Beeson<br>Beeson=美国品种，参见A325<br>公交7413-1-1=一窝蜂×十胜长叶<br>十胜长叶=日本品种，参见A316<br>黑农26=参见C211<br>公交8427-88=公交7830混-7×吉林2<br>哈交74-2119=黑龙江农科院大豆所品系，参见A434<br>吉林20=参见C352<br>公交83141-7=公交7802-8×公交7413-1<br>吉林15=参见C347<br>公交7413-1-1=一窝蜂×十胜长叶<br>一窝蜂（公第1488）=吉林中部偏西地方品种，参见A256<br>公交8336-5=黑农26×铁丰18<br>铁丰18=参见C510 |
| D364 | 吉育44 | 吉林 | 杂交育种 | （公交83141-1-2×辽81-5017）×辽81-5017<br>公交7802-8=吉林15×Beeson<br>Beeson=美国品种，参见A325<br>公交7413-1-1=一窝蜂×十胜长叶<br>十胜长叶=日本品种，参见A316<br>铁丰18=参见C510<br>铁丰19=参见C511<br>公交83141-1-2=公交7802-8×公交7413-1<br>吉林15=参见C347<br>公交7413-1-1=一窝蜂×十胜长叶<br>一窝蜂（公第1488）=吉林中部偏西地方品种，参见A256<br>辽81-5017=铁丰18×白扁豆<br>铁7424=铁丰19×白扁豆<br>白扁豆=辽宁地方品种，参见A014 |
| D365 | 吉育45 | 吉林 | 杂交育种 | 公交8203-1×长交8210-1<br>长交8210-1=长农4号×吉林20<br>吉林20=参见C352<br>公交8203-1=吉林25，参见C357<br>长农4号=参见C320 |
| D366 | 吉育46 | 吉林 | 杂交育种 | 公交83147-2×吉林23<br>吉林20=参见C352<br>黑农23=参见C209<br>吉林23=参见C355<br>公交83147-2=吉林20×公交7335<br>公交7335=黑农23×济宁71021<br>济宁71021=山东济宁农科所育种品系，参见A135 |
| D367 | 吉育47 | 吉林 | 杂交育种 | 海交8403-74×[合丰25×（吉林2×鲁豆4号）F₁]<br>合丰25=参见C170<br>鲁豆4号=参见C545<br>海交8403-74=吉林农科院大豆所品系，参见A464<br>吉林20=参见C352 |
| D368 | 吉育48 | 吉林 | 杂交育种 | 铁7514×吉林29<br>铁丰19=参见C511<br>吉林29=参见C361<br>铁7514=铁丰19×Amsoy<br>Amsoy=美国品种，参见A324 |

（续）

| 编号 | 品种名称 | 来源省份 | 育种方法 | 系谱 |
|---|---|---|---|---|
| D369 | 吉育49 | 吉林 | 杂交育种 | 公交85017-109×公交88RD11F₁<br>公交85017-109=选杂10×吉林21<br>选杂10=吉林农科院大豆所品系，参见A462<br>吉林21=参见C353<br>公交88RD11F₁=吉林21×鲁豆4号<br>鲁豆4号=参见C545 |
| D370 | 吉育50 | 吉林 | 杂交育种 | 公交85164-92-1=公交88138-175<br>公交85164-92-1=吉林16×吉林21<br>公交88138-175=参见C348<br>吉林16=参见C353<br>吉林21=参见C353<br>公交85035=吉林2×长交7413-1<br>公交85035×海8008-3-3-9-5<br>长交7413-1=长农4号，参见C320<br>吉林20=参见C352<br>海8008-3=吉林农科院大豆所品系，参见A463 |
| D371 | 吉育52 | 吉林 | 杂交育种 | 长交8129-32=吉林长春农科院品系，参见A452<br>长交8129-32×公交8757-4<br>吉林21=参见C353<br>公交8757-4=吉林21×L81-4590<br>L81-4590=美国品种，参见A702 |
| D372 | 吉育53 | 吉林 | 杂交育种 | 公交8739-1=垦丰1号×铁5601<br>铁5601=铁丰5号，参见C507<br>公交8739-1×辽81-5017<br>铁7424=铁丰19×白扁豆<br>垦丰1号=参见C244<br>辽81-5017=铁丰18×铁7424<br>白扁豆=辽宁地方品种，参见A014<br>铁丰19=参见C511 |
| D373 | 吉育54 | 吉林 | 杂交育种 | 公交8347-3×公交8906-36<br>公交8347-3=公交7424×辽豆3号<br>东农33=不详，东北农业大学育成品系，参见A071<br>辽豆3号=参见C498<br>平舆棵=河南平舆地方品种，参见A182<br>公交8045-5=公交7622×公交7335<br>公交8906-36=公交8045-5×公87-D24<br>铁交6915-5=103-4×铁丰18姊妹系，参见C510<br>公交7622=铁交6915-5×公交7206<br>黄客豆=辽宁地方品种，参见A128<br>103-4=黄客豆的选系<br>公交7012-6-7-1=吉林3号×晖春豆<br>公交7206=公交7012-6-7-1×公交6612-5-1-8-4<br>晖春豆=吉林晖春地方品种，参见A132<br>吉林3号=参见C336<br>吉林1号=参见C334<br>公交6612-5-1-8-4=吉林1号×十胜长叶<br>公交7335=黑农23×济宁71021<br>十胜长叶=日本品种，参见A316<br>黑农23=参见C209<br>济宁71021=山东济宁农科所育种品系，参见A135<br>公87-D24=吉林农科院大豆所品系，参见A458 |

| 编号 | 品种名称 | 来源省份 | 育种方法 | 系谱 | |
|---|---|---|---|---|---|
| D374 | 吉育 55 | 吉林 | 杂交育种 | 公交 92 - 1×公交 8978 - 6 | 公交 92 - 1=吉林农科院大豆所品系，参见 A576 |
| | | | | 公交 8978 - 6=公交 8402×公交 8347 - 27 | 公交 8402=公交 7832 - 3×沈 7912 |
| | | | | 公交 8402=公交 7832 - 3=Beeson×铁丰 18 姊妹系 | Beeson=美国品种，参见 A325 |
| | | | | 铁交 6915 - 5=103 - 4×铁丰 18 姊妹系 | 103 - 4=黄客豆的选系 |
| | | | | 黄客豆=辽宁地方品种，参见 A128 | 铁丰 18=参见 C510 |
| | | | | 沈 7912=辽宁沈阳农科院系，参见 A575 | 公交 8347 - 27=公交 7424 - 8×辽豆 3 号 |
| | | | | 公交 7424 - 8=东农 33×平舆笨 | 东农 33=不详，东北农业大学育成品系，参见 A071 |
| | | | | 平舆笨=河南平舆地方品种，参见 A182 | 辽豆 3 号=参见 C498 |
| D375 | 吉育 57 | 吉林 | 杂交育种 | 公交 8427 - 88×公交 RY88 - 29 - 1 | 公交 8427 - 88=公交 7830 混 - 7×吉林 20 |
| | | | | 公交 7830 混 - 7=哈交 74 - 2119×凤交 66 - 12 | 哈交 74 - 2119=黑龙江农科院大豆所品系 |
| | | | | 凤交 66 - 12=参见 C475 | 吉林 20=参见 C352 |
| | | | | 公交 RY88 - 29 - 1=公交 83141 - 7×公交 8336 - 5 | 公交 83141 - 7=公交 7802 - 8×公交 7413 - 1 |
| | | | | 公交 7802 - 8=吉林 15×Beeson | 吉林 15=参见 C347 |
| | | | | Beeson=美国品种，参见 A325 | 公交 7413 - 1=一窝蜂×十胜长叶 |
| | | | | 公交 7413 - 1=一窝蜂×十胜长叶 | 一窝蜂（公第 1488）=吉林中部偏西地方品种，参见 A256 |
| | | | | 十胜长叶=日本品种，参见 A316 | 公交 8336 - 5=黑农 26×铁丰 18 |
| | | | | 黑农 26=参见 C211 | 铁丰 18=参见 C510 |
| D376 | 吉育 58 | 吉林 | 杂交育种 | 公交 8631 - 85×［黑河 9 号×（黑交 83 - 899×合交 87 - 1087）F₁] | 公交 8631 - 85=海交 8008×辽豆 3 号 |
| | | | | 海 8008 - 3=吉林农科院大豆所品系，参见 A463 | 辽豆 3 号=参见 C498 |
| | | | | 黑河 9 号=参见 C193 | 黑交 83 - 899=（十胜长叶×黑河 54）×（黑河 105×长叶 1 号） |
| | | | | 十胜长叶=日本品种，参见 A316 | 黑河 54=参见 C195 |
| | | | | 黑河 105=黑河 3 号×黑河 1 号 | 黑河 3 号=参见 C187 |
| | | | | 黑河 1 号=尤比利×俄罗斯品种，参见 A320 | 长叶 1 号=黑龙江省地方品种，参见 A414 |
| | | | | 合交 87 - 1087=合丰 34 | 合丰 34=参见 C179 |
| D377 | 吉育 59 | 吉林 | 杂交育种 | 公野 85104 - 11×吉林 27 | 公野 85104 - 11=吉林 27×公野 790115 - 5 |
| | | | | 吉林 27=参见 C359 | 公野 790115 - 5=平顶四×GD50477 |
| | | | | 平顶四（公第 1108）=吉林中部地方品种，参见 A180 | GD50477=东北地区半野生大豆，参见 A094 |

（续）

| 编号 | 品种名称 | 来源省份 | 育种方法 | 系谱 |
|---|---|---|---|---|
| D378 | 吉育60 | 吉林 | 杂交育种 | 公交8830-2×公交90112-7-2<br>公交8830-2=公交83147-2×公交8336-2<br>公交83147-2=吉林2×公交7335<br>吉林20=参见C352<br>公交7335=黑农23×济宁71021<br>黑农23=参见C209<br>济宁71021=山东济宁农科所育种品系，参见A135<br>公交8336-2=黑农26×铁丰18<br>黑农26=参见C211<br>铁丰18=参见C510<br>公交90112-7-2=公交83145-1×海交8403<br>公交83145-1=吉林27，参见C359<br>海交8403=吉林农科院大豆所品系，参见A464 |
| D379 | 吉育62 | 吉林 | 杂交育种 | （公交8347-27×美U87-63041）F₁×公交8347-27<br>公交8347-27=公交7424×辽豆3号<br>公交7424=东农33×平舆笨<br>东农33=不详，东北农业大学育成品系，参见A071<br>平舆笨=河南平舆地方品种，参见A182<br>辽豆3号=参见C498<br>美U87-63041=美国品种，参见A711 |
| D380 | 吉育63 | 吉林 | 杂交育种 | 吉林27×公交89164-19<br>吉林27=参见C359<br>公交89164-19=公交8324-9×公交83145-1<br>公交8324-9=吉林26，参见C358<br>公交83145-1=吉林27，参见C359 |
| D381 | 吉育64 | 吉林 | 杂交育种 | 公交8328-29×吉林35号<br>公交8328-29=吉林20×开7305<br>吉林20=参见C352<br>开7305=开交6302-12-1-1×铁丰18<br>开交6302-12-1-1=开原583×5621<br>开原583=选自早丰1号<br>早丰1号=参见C410<br>5621=参见C467<br>铁丰18=参见C510 |
| D382 | 吉育65 | 吉林 | 杂交育种 | （公交8347-27×美U87-63041）F₁×公交8347-27<br>公交8347-27=公交7424×辽豆3号<br>公交7424=东农33×平舆笨<br>东农33=不详，东北农业大学育成品系，参见A071<br>平舆笨=河南平舆地方品种，参见A182<br>辽豆3号=参见C498<br>美U87-63041=美国品种，参见A711 |
| D383 | 吉育66 | 吉林 | 杂交育种 | 吉林30×（吉林27×GD50279）<br>吉林30=参见C362<br>吉林27=参见C359<br>GD50279=东北地区半野生大豆，参见A370 |
| D384 | 吉育67 | 吉林 | 杂交育种 | 公交9159-7×东农42号<br>公交9159-7=参见D375<br>公交9159-7=吉育57姊妹系<br>吉育57=参见C148<br>东农42=参见C148 |

（续）

| 编号 | 品种名称 | 来源省份 | 育种方法 | 系谱 |
|---|---|---|---|---|
| D385 | 吉育68 | 吉林 | 杂交育种 | 吉林30×公交8969-6<br>公交8969-6=吉育49，参见D369<br>吉林30=参见C362 |
| D386 | 吉育69 | 吉林 | 杂交育种 | 公交9223-1×垦农93-682<br>吉林30=参见C362<br>铁7555=铁丰8号×铁7116-10-3<br>铁7116-10-3=6038×十胜长叶<br>丰地黄=参见C324<br>十胜长叶=日本品种，参见A316<br>公交8883-44=公交8203-1×长8210-1<br>长8210-1=长农5号姊妹系，参见C321<br>垦交93-682=（辐射大白眉×合丰24）×垦农1号<br>合丰24=参见C169<br><br>公交9223-1=（吉林30×铁交8115-3-2）$F_1$×（公交8883-44×灌水铁荚青）$F_1$<br>铁交8115-3-2=铁7555-4-6×开7305<br>铁丰8号=参见C508<br>6038=丰地黄×5621<br>5621=参见C467<br>开7305=开育9号，参见C495<br>公交8203-1=吉林25，参见C357<br>灌水铁荚青=辽宁宽甸地方品种，参见A490<br>辐射大白眉=日本大白眉的辐射诱变选系，参见A314<br>垦农1号=参见C246 |
| D387 | 吉育70 | 吉林 | 杂交育种 | 吉林27×吉林30<br>吉林30=参见C362<br>吉林27=参见C359 |
| D388 | 吉育71 | 吉林 | 杂交育种 | 公交8883-34-3×公交9049A<br>公交8203-1=吉林25，参见C357<br>公交9049A=吉林农科院大豆所品系，参见A461<br>公交8883-44=公交8203-1×长8210-1<br>长8210-1=长农5号姊妹系，参见C321 |
| D389 | 吉育72 | 吉林 | 杂交育种 | 公交9169-41×公交9397-30<br>公交8324-29=吉林26姊妹系，参见C358<br>吉林20=参见C352<br>公交9397-30=公交8736-11×公交90111-15-1<br>公交90111-15-1=公交83145-1×海8403-8<br>海交8403-8=吉林农科院大豆所品系<br><br>公交9169-41=公交8324-29×公交85035-17<br>公交85035-17=吉林20×长7413-1<br>长7413-1=长农4号，参见C320<br>公交8736-11=吉林36，参见D357<br>公交83145-1=吉林27，参见C359 |

（续）

| 编号 | 品种名称 | 来源省份 | 育种方法 | 系谱 |
|---|---|---|---|---|
| D390 | 吉育73 | 吉林 | 杂交育种 | 吉育58×公交9352-7<br>吉育58=参见D376<br>公交9352-7=公交89108×嫩丰14<br>公交89108=公交83145-8×公交83141-7<br>公交83145-8=吉林27姊妹系<br>吉林27=参见C359<br>公交83141-7=公交7802-8×公交7413-1<br>公交7802-8=吉林15×Beeson<br>吉林15=参见C347<br>Beeson=美国品种，参见A325<br>公交7413-1=一窝蜂×十胜长叶<br>一窝蜂（公第1488）=吉林地方品种，参见A256<br>十胜长叶=日本品种，参见A316<br>嫩丰14=参见C264 |
| D391 | 吉育74 | 吉林 | 杂交育种 | 九农22×吉林41<br>九农22=参见D417<br>吉林41=参见D361 |
| D392 | 吉育75 | 吉林 | 杂交育种 | 公交90RD56×绥农8号<br>公交90RD56=吉林省农业科学院品系，参见A655<br>绥农8号=参见C275 |
| D393 | 吉育76 | 吉林 | 杂交育种 | 公交9354-4-6×东农42<br>公交9354-4-6=公交89108×公交89101<br>公交89108=公交83145-8×公交83141-7<br>公交83145-8=吉林27姊妹系，吉林27=参见C359<br>公交83141-7=公交7802-8×公交7413-1<br>公交7802-8=吉林15×Beeson<br>吉林15=参见C347<br>Beeson=美国品种，参见A325<br>公交7413-1=一窝蜂×十胜长叶<br>一窝蜂（公第1488）=参见A256<br>十胜长叶=日本品种，参见A316<br>公交89101=公交8328-15×公交8324-9<br>公交8328-15=吉林20×7305<br>吉林20=参见C352<br>开7305=开交6302-12-1-1×铁丰18<br>开交6302-12-1-1=开原583×5621<br>开原582=选自早丰1号<br>甲丰1号=参见C410<br>5621=参见C467<br>铁丰18=参见C510<br>公交8324-9=吉林26<br>吉林26=参见C358 |
| D394 | 吉育77 | 吉林 | 杂交育种 | 公交9354-4-6×东农42<br>公交9354-4-6=公交89108×公交89101<br>公交89108=公交83145-8×公交83141-7<br>公交83145-8=吉林27姊妹系，吉林27=参见C359<br>公交83141-7=公交7802-8×公交7413-1<br>公交7802-8=吉林15×Beeson<br>吉林15=参见C347<br>Beeson=美国品种，参见A325<br>公交7413-1=一窝蜂×十胜长叶<br>一窝蜂（公第1488）=参见A256<br>十胜长叶=日本品种，参见A316<br>公交89101=公交8328-15×公交8324-9<br>公交8328-15=吉林20×开7305<br>吉林20=参见C352 |

（续）

| 编号 | 品种名称 | 来源省份 | 育种方法 | 系 | 谱 |
|---|---|---|---|---|---|
|  |  |  |  | 开7305=开交6302-12-1-1×铁丰18 | 开交6302-12-1-1=开原583×5621 |
|  |  |  |  | 开原583=选自早丰1号 | 早丰1号=参见C410 |
|  |  |  |  | 5621=参见C467 | 铁丰18=参见C510 |
|  |  |  |  | 公交8324-9=吉林26 | 吉林26=参见C358 |
| D395 | 吉育79 | 吉林 | 杂交育种 | 意3×合1号 | 意3=吉原引3号 |
|  |  |  |  | 吉原引3号=参见D415 |  |
| D396 | 吉育80 | 吉林 | 杂交育种 | 合丰33=参见C178 | 合91-342=合丰33号×哈交83-3333 |
|  |  |  |  | 哈93-8106×公交8427-31 | 哈交83-3333=黑龙江农科院大豆所品系，参见A659 |
|  |  |  |  | 公交8427-31=公交7830×吉林20 | 哈93-8106=黑龙江农科院大豆所品系，参见A658 |
|  |  |  |  | 哈74-2119=黑龙江农科院大豆所品系，参见A656 | 公交7830=哈74-2119×风系66-12 |
|  |  |  |  |  | 风系66-12=参见C475 |
| D397 | 吉林小粒4号 | 吉林 | 杂交育种 | 吉林18×[通农9号×GD50444-1（野生大豆）] $F_1$ | 吉林18=参见C350 |
|  |  |  |  | 通农9号=参见C398 | GD50444-1=东北地区半野生大豆（G. gracilis），参见A373 |
| D398 | 吉林小粒6号 | 吉林 | 杂交育种 | 公野9140-5×公野8648 | 公野9140-5=公野8930×黑龙江小粒豆 |
|  |  |  |  | 公野8930=公野8008-3×公交7335 | 公野8008-3=通交73-399×GD50393 |
|  |  |  |  | 通交73-399=十胜长叶×鹤之子 | 十胜长叶=日本品种，参见A316 |
|  |  |  |  | 鹤之子=日本品种，参见A526 | GD50393=东北地区半野生大豆（G. gracilis），参见A372 |
|  |  |  |  | 公交7335-4=黑农23×济宁71021 | 黑农23=参见C209 |
|  |  |  |  | 济宁71021=山东济宁农科所育种品系，参见A135 | 黑龙江小粒豆=黑龙江地方品种，参见A405 |
|  |  |  |  | 公野8648=公野8309×公交7335 | 公野8309=通交73-399×GD50392 |
|  |  |  |  | GD50392=东北地区半野生大豆，参见A371 |  |
| D399 | 吉林小粒7号 | 吉林 | 杂交育种 | 公野9140×黑龙江小粒豆 | 公野9140-5=公野8930×黑龙江小粒豆 |
|  |  |  |  | 公野8930=公野8008-3×公交7335 | 公野8008-3=通交73-399×GD50393 |
|  |  |  |  | 通交73-399=十胜长叶×鹤之子 | 十胜长叶=日本品种，参见A316 |
|  |  |  |  | 鹤之子=日本品种，参见A526 | GD50393=东北地区半野生大豆（G. gracilis），参见A372 |
|  |  |  |  | 公交7335-4=黑农23×济宁71021 | 黑农23=参见C209 |
|  |  |  |  | 济宁71021=山东济宁农科所育种品系，参见A135 | 黑龙江小粒豆=黑龙江地方品种，参见A405 |

（续）

| 编号 | 品种名称 | 来源省份 | 育种方法 | 系谱 |
|---|---|---|---|---|
| D400 | 吉林小粒8号 | 吉林 | 杂交育种 | 公野8748×北海道小粒豆　北海道小粒豆＝日本品种，参见A650　公野8748＝吉林农科院品系，参见A657 |
| D401 | 吉密豆1号 | 吉林 | 杂交育种 | （Sprite×吉育43）×Hobbit　吉育43＝参见D363　Sprite＝美国品种，参见A710　Hobbit＝美国品种，参见A703 |
| D402 | 吉引81 | 吉林 | 选择育种 | 吉引81＝美国引进的P9231　P9231＝美国品种，参见A630 |
| D403 | 吉农6号 | 吉林 | 杂交育种 | 吉农724×公交84-5181　公交84-5181＝吉林农科院大豆所品系，参见A460　吉农724＝吉林农业大学育种品系，参见A550 |
| D404 | 吉农7号 | 吉林 | 杂交育种 | （长农4号×黑农23）×吉林20　黑农23＝参见C209　长农4号＝参见C320　吉林20＝参见C352 |
| D405 | 吉农8号 | 吉林 | 杂交育种 | （吉林20×长农4号）×公交84-5181　长农4号＝参见C320　吉林20＝参见C352　公交84-5181＝吉林农科院大豆所品系，参见A460 |
| D406 | 吉农9号 | 吉林 | 转DNA | 集安地方种山城豆为受体亲本，以花生吉花引1号为供体亲本，利用花粉管通道技术，将供体的总DNA导入受体育而成　山城豆＝吉林集安地方品种，参见A456 |
| D407 | 吉农10号 | 吉林 | 杂交育种 | （长农4号×哈83-3331）×吉农8203-2　哈83-3331＝黑龙江农科院大豆所品系，参见A429　长农4号＝参见C320　吉农8203-2＝吉农4号，参见C366 |
| D408 | 吉农11 | 吉林 | 杂交育种 | （吉农8203-2×哈83-3331）×吉农8330-22　哈83-3331＝黑龙江农科院大豆所品系，参见A429　吉农8203-2＝吉农4号　吉农8330-22＝公交7407-5×钢7874-2　钢7874-2＝黑龙江农科院红星隆所品系，参见A410 |
| D409 | 吉农12 | 吉林 | 杂交育种 | 公交84112×延院7808-15　公交8240＝公交7407-5×编-2-16　编-2-16＝不详，参见A549　延院7808-15＝延院1号，参见C408　公交84112＝公交8240×海8008　公交7407-5＝吉林20，参见C352　海8008＝吉林农科院大豆所品系，参见A463 |
| D410 | 吉农13 | 吉林 | 杂交育种 | 开育9号×长农4号　长农4号＝参见C320　开育9号＝参见C495 |
| D411 | 吉农14 | 吉林 | 杂交育种 | 吉农4号×吉林27　吉农27＝参见C359　吉农4号＝参见C366 |

（续）

| 编号 | 品种名称 | 来源省份 | 育种方法 | 系谱 |
|---|---|---|---|---|
| D412 | 吉农 15 | 吉林 | 杂交育种 | 公交 8609-74×公交 8301-6<br>公交 7622-4＝铁交 6915-5×公交 7206<br>103-4＝黄客豆的选系，参见 A128<br>公交 7012-6-7-1＝吉林 3 号×珲春豆<br>珲春豆＝吉林珲春地方品种，参见 A132<br>吉林 1 号＝参见 C334<br>公交 8301-6＝吉林 20×Marshall<br>Marshall＝美国品种，参见 A335<br>公交 8609-74＝公交 7622-4×吉林 20<br>铁交 6915-5＝103-4×铁丰 18 的姊妹系，参见 C510<br>公交 7206＝公交 7012-6-7-1×公交 6612-5-1-8-4<br>吉林 3 号＝参见 C336<br>公交 6612-5-1-8-4＝吉林 1 号×十胜长叶<br>十胜长叶＝日本品种，参见 A316<br>吉林 20＝参见 C352 |
| D413 | 吉农 16 | 吉林 | 杂交育种 | 吉林 30×公交 90208<br>公交 90208＝吉林 38<br>吉林 30＝参见 C362<br>吉林 38＝参见 D358 |
| D414 | 吉农 17 | 吉林 | 杂交育种 | 荷引 10×吉农 8601-26<br>吉农 8601-26＝吉林 20×九龙 9 号<br>九龙 9 号＝黑龙江品种，参见 A664<br>荷引 10＝荷兰大豆，参见 A660<br>吉林 20＝参见 C352 |
| D415 | 吉原引 3 号 | 黑龙江 | 选择育种 | Kosalrd 系统选育<br>Kosalrd＝意大利品种，参见 A682 |
| D416 | 集 1005 | 吉林 | 杂交育种 | 通农 73-149×丹豆 5 号<br>通农 7 号＝参见 C396<br>通农 73-149＝通农 7 号<br>丹豆 5 号＝参见 C472 |
| D417 | 九农 22 | 吉林 | 杂交育种 | 吉林 21×九农 20<br>吉林 20＝参见 C390<br>吉林 21＝参见 C353 |
| D418 | 九农 23 | 吉林 | 杂交育种 | 九交 8320-6-3×公交 8448-31<br>铁 7533＝铁 6831×大粒青<br>铁 6308＝丰地黄×5621<br>5621＝参见 C467<br>公交 5201＝金元 1 号×铁荚四粒黄<br>铁荚四粒黄＝吉林中南部地方品种，参见 A226<br>九交 7915-8-2-5＝九农 13×九交 7273-2-1<br>九交 7273-2-1＝群选 1 号×东农 23<br>东农 23＝东北农业大学品系，参见 A375<br>铁 7447＝铁丰 23<br>吉林 20＝参见 C352<br>九交 8320-6-3＝铁 7533×九交 7915-8-2-5<br>铁 6831＝铁 6308×铁 6124<br>丰地黄＝参见 C324<br>铁 6124＝丰地黄×公交 5201<br>金元 1 号＝参见 C492<br>大粒青＝辽宁本溪地方品种，参见 A056<br>九农 13＝参见 C383<br>群选 1 号＝参见 C392<br>公交 8448＝铁 7447×吉林 20<br>铁丰 23＝参见 C515 |

（续）

| 编号 | 品种名称 | 来源省份 | 育种方法 | 系谱 |
|---|---|---|---|---|
| D419 | 九农24 | 吉林 | 杂交育种 | 公交8604-121×长交8210-5<br>公交7622=铁交6915-5×公交7206<br>103-4=黄客豆的选系<br>铁丰18=参见C510<br>公交7012-6-7-1=吉林3号×珲春豆<br>珲春豆=吉林珲春地方品种，参见A132<br>吉林1号=参见C334<br>吉林21=参见C353<br>长农5号=参见C321<br>公交8604-121=公交7622×吉林21<br>铁交6915-5=103-4×铁丰18的姊妹系<br>黄客豆=辽宁地方品种，参见A128<br>公交7206=公交7012-6-7-1×公交6612-5-1-8-4<br>吉林3号=参见C336<br>公交6612-5-1-8-4=吉林1号×十胜长叶<br>十胜长叶=日本品种，参见A316<br>长交8210-5=长农5号姊妹系 |
| D420 | 九农25 | 吉林 | 杂交育种 | 吉林29×长农5号<br>长农5号=参见C321<br>吉林29=参见C361 |
| D421 | 九农26 | 吉林 | 杂交育种 | 九交8704-2-1×九交8604-混-2<br>公交8045=公交7622×公交7335<br>铁交6915-5=103-4×铁丰18姊妹系<br>黄客豆=辽宁地方品种，参见A128<br>公交7206=公交7012-6-7-1×公交6612-5-1-8-4<br>吉林3号=参见C336<br>公交6612-5-1-8-4=吉林1号×十胜长叶<br>十胜长叶=日本品种，参见A316<br>黑农23=参见C209<br>九农17=参见C387<br>吉林21=参见C353<br>九交8704-2-1=公交8045×九农17<br>公交7622=铁交6915-5×公交7206<br>103-4=黄客豆的选系<br>铁丰18=参见C510<br>公交7012-6-7-1=吉林3号×珲春豆<br>珲春豆=吉林珲春地方品种，参见A132<br>吉林1号=参见C334<br>公交7335=黑农23×济宁71021<br>济宁71021=不详，山东济宁农科所育种品系，参见A135<br>九交8604-混-2=吉林21×丰交7607<br>丰交7607=参见C325 |
| D422 | 九农27 | 吉林 | 杂交育种 | 吉林21×丰交7607<br>丰交7607=参见C325<br>吉林21=参见C353 |
| D423 | 九农28 | 吉林 | 杂交育种 | 九交7714-1-12×九农8909-16-3<br>九农2号=参见C372<br>九农8909-16-3=九农20×吉林20<br>吉林20=参见C352<br>九交7714-1-12=九农2号×哈70-5179<br>哈70-5179=黑龙江农科院大豆所品系，参见A424<br>九农20=参见C390 |

(续)

| 编号 | 品种名称 | 来源省份 | 育种方法 | 系 | 谱 |
|---|---|---|---|---|---|
| D424 | 九农 29 | 吉林 | 杂交育种 | 吉林 30×绥农 14 | 吉林 30＝参见 C362 |
| | | | | 绥农 14＝参见 D296 | |
| D425 | 九农 30 | 吉林 | 杂交育种 | 吉林 30×绥农 14 | 吉林 30＝参见 C362 |
| | | | | 绥农 14＝参见 D296 | |
| D426 | 九农 31 | 吉林 | 杂交育种 | 吉林 30×绥农 14 | 吉林 30＝参见 C362 |
| | | | | 绥农 14＝参见 D296 | |
| D427 | 临选 1 号 | 吉林 | 选择育种 | 褐脐黄豆家品种选系 | 褐脐黄豆＝吉林临江市四道沟镇农家品种，参见 A413 |
| D428 | 平安豆 7 号 | 吉林 | 杂交育种 | 958861×中国扁茎 | 958861＝8328 - 9×83MF40 |
| | | | | 8323 - 9＝长 7413 - 1×晋豆 84 | 长 7413 - 1＝长农 4 号，参见 C320 |
| | | | | 晋豆 84＝晋豆 1 号，参见 C591 | 83MF40＝美国品种，参见 A583 |
| | | | | 中国扁茎＝公交 7014 - 3×公交 6612 - 3（吉林 2 号的突变株） | 公交 7041 - 3＝吉林 15 姊妹系 |
| | | | | 吉林 15＝参见 C347 | 公交 6612 - 3＝吉林 1 号×十胜长叶 |
| | | | | 吉林 1 号＝参见 C334 | 十胜长叶＝日本品种，参见 A316 |
| D429 | 四农 1 号 | 吉林 | 杂交育种 | 公交 84 - 5813×长交 8210 - 1 | 公交 84 - 5813＝吉林 21，参见 C353 |
| | | | | 长交 8210 - 1＝长农 5 号姊妹系 | 长农 5 号＝参见 C321 |
| D430 | 四农 2 号 | 吉林 | 杂交育种 | 长交 8210 - 1×中作 83 - 116 | 长交 8210 - 1＝长农 5 号姊妹系 |
| | | | | 长农 5 号＝参见 C321 | 中作 83 - 116＝早熟 6 号×晋豆 4 号 |
| | | | | 早熟 6 号＝参见 C032 | 晋豆 4 号＝参见 C594 |
| D431 | 通农 12 | 吉林 | 杂交育种 | 通交 10 号×通交 84 - 1168 | 通农 10 号＝参见 C399 |
| | | | | 通交 84 - 1168＝通交 73 - 399×野尖 | 通交 73 - 399＝十胜长叶×鹤之子 |
| | | | | 十胜长叶＝日本品种，参见 A316 | 鹤之子＝日本品种，参见 A526 |
| | | | | 野尖＝吉林通化野生大豆，参见 A467 | |
| D432 | 通农 13 | 吉林 | 杂交育种 | 通交 86 - 959×长农 4 号 | 通交 86 - 959＝辐射大白眉后代 |
| | | | | 辐射大白眉＝日本大白眉的辐射诱变选系 | 日本大白眉＝日本品种，参见 A314 |
| | | | | 长农 4 号＝参见 C320 | |

（续）

| 编号 | 品种名称 | 来源省份 | 育种方法 | 系谱 |
|---|---|---|---|---|
| D433 | 通农 14 | 吉林 | 杂交育种 | 通农 11×T₁₂<br>T₁₂＝吉林通化野生大豆，参见 A466<br>通农 11＝参见 C400 |
| D434 | 延农 8 号 | 吉林 | 杂交育种 | 长农 4 号×合丰 25<br>合丰 25＝参见 C170<br>长农 4 号＝参见 C320 |
| D435 | 延农 9 号 | 吉林 | 杂交育种 | 合丰 25×吉林 20<br>吉林 20＝参见 C352<br>合丰 25＝参见 C170 |
| D436 | 延农 10 号 | 吉林 | 杂交育种 | 合丰 25×绥农 8 号<br>绥农 8 号＝参见 C275<br>合丰 25＝参见 C170 |
| D437 | 延农 11 | 吉林 | 杂交育种 | 长农 5 号×长农 5 号<br>长农 5 号＝参见 C321<br>合丰 25＝参见 C170 |
| D438 | 杂育种豆 1 号 | 吉林 | 其他 | JLCMS9A×吉恢 1 号<br>吉恢 1 号＝吉林农科院大豆所品系，参见 A565<br>JLCMS9A＝吉林农科院大豆所雄性不育系，参见 A564 |
| D439 | 东辛 1 号 | 江苏 | 杂交育种 | 徐豆 3 号×7962<br>7962＝山东丰收黄×742-8-1<br>742-8-1＝南方大青豆×东北群选 1 号<br>大青豆＝江苏地方品种，参见 A058<br>群选 1 号＝江苏地方品种，参见 A392<br>徐豆 3 号＝参见 C457<br>丰收黄＝参见 C536<br>南方大青豆＝大青豆<br>东北群选 1 号＝群选 1 号 |
| D440 | 东辛 2 号 | 江苏 | 杂交育种 | 743-54×泗豆 11<br>大青豆＝江苏地方品种，参见 A058<br>泗豆 11＝参见 C441<br>743-54＝江苏灌云当地大青豆×58-161<br>58-161＝参见 C417 |
| D441 | 沪宁 95-1 | 江苏 | 选择育种 | 日本天开峰大豆中系统选育<br>日本天开峰＝日本品种，参见 A512 |
| D442 | 淮豆 3 号 | 江苏 | 杂交育种 | 科系 8 号×徐豆 3 号<br>58-161＝参见 C417<br>徐豆 3 号＝参见 C457<br>科系 8 号＝58-161×徐豆 1 号<br>徐豆 1 号＝参见 C455 |
| D443 | 淮豆 4 号 | 江苏 | 杂交育种 | 灌豆 1 号×诱变 30<br>诱变 30＝参见 C028<br>灌豆 1 号＝参见 C421 |

| 编号 | 品种名称 | 来源省份 | 育种方法 | 系 | 谱 |
|---|---|---|---|---|---|
| D444 | 淮豆 5 号 | 江苏 | 选择育种 | 淮 84-18 选系<br>3701＝（浦东大黄豆×徐豆 1 号）×62-10-4<br>徐豆 1 号＝参见 C455<br>58-161＝参见 C417 | 淮 84-18＝3701×Williams<br>浦东大黄豆＝上海浦东地方品种，参见 A183<br>62-10-4＝58-161 的选系<br>Williams＝美国品种，参见 A347 |
| D445 | 淮豆 6 号 | 江苏 | 杂交育种 | 淮 87-21×周 8313-1-12<br>灌豆 1 号＝参见 C421<br>周 8313-1-12＝豫豆 11，参见 C113 | 淮 87-21＝灌豆 1 号×诱变 30<br>诱变 30＝参见 C028 |
| D446 | 淮豆 8 号 | 江苏 | 杂交育种 | 淮 89-15×菏 84-5<br>科系 8 号＝58-161×徐豆 1 号<br>徐豆 1 号＝参见 C455<br>菏 84-5＝参见 C539 | 淮 89-15＝科系 8 号×徐豆 3 号<br>58-161＝参见 C417<br>徐豆 3 号＝参见 C457 |
| D447 | 淮怡豆 1 号 | 江苏 | 杂交育种 | 龙辐 81-9825×龙辐 73-8955<br>Harosoy63＝美国品种，参见 A332<br>龙辐 73-8955＝丰山 1 号风干种子 $^{60}$Co 辐照 | 龙辐 81-9825＝（Harosoy63×群选 1 号）F$_1$ 风干种子热中子辐射<br>群选 1 号＝参见 C392<br>丰山 1 号＝黑龙江海伦地方品种，参见 A083 |
| D448 | 淮阴 75 | 江苏 | 选择育种 | Hg（Jp）92-50 选系 | Hg（Jp）92-50＝江苏徐淮地区淮阴农科所品系，参见 A643 |
| D449 | 淮阴绫脚早 | 江苏 | 杂交育种 | 日本晴×日本早生白鸟<br>日本早生白鸟＝日本品种 | 日本晴＝日本品种，参见 A315 |
| D450 | 南农 128 | 江苏 | 杂交育种 | 郑长叶 18×Willimas<br>豫豆 8 号＝参见 C111 | 郑长叶 18＝豫豆 8 号<br>Willimas＝美国品种，参见 A347 |
| D451 | 南农 217 | 江苏 | 杂交育种 | 泗豆 11×7206-9-3-4<br>7206-9-3-4＝徐豆 2 号×徐豆 1 号<br>徐豆 1 号＝参见 C455 | 泗豆 11＝参见 C441<br>徐豆 2 号＝参见 C456 |
| D452 | 南农 242 | 江苏 | 选择育种 | J89-1 雄性不育系可育后代选系<br>南农 1138-2＝参见 C428<br>诱变 30＝参见 C028 | NJ89-1＝（南农 1138-2×南农 493-1）×诱变 30<br>南农 493-1＝参见 C431 |

（续）

（续）

| 编号 | 品种名称 | 来源省份 | 育种方法 | 系谱 |
| --- | --- | --- | --- | --- |
| D453 | 南农88-31 | 江苏 | 杂交育种 | 苏协1号×7303-11-4-1<br>7303-11-4-1=徐豆1号×齐黄1号<br>齐黄1号=参见C555 | 苏协1号=参见C451<br>徐豆1号=参见C455 |
| D454 | 南农99-6 | 江苏 | 杂交育种 | 苏协18-6×徐豆4号<br>徐豆4号=徐州302×徐豆1号<br>徐豆1号=参见C455 | 苏协18-6=参见C448<br>徐州302=参见C461 |
| D455 | 南农99-10 | 江苏 | 杂交育种 | 南农86-4×南农大大黄豆<br>南农大大黄豆=苏协18-6选系 | 南农86-4=参见C133<br>苏协18-6=参见C448 |
| D456 | 青酥2号 | 江苏 | 选择育种 | AVR2系统选育 | AVR2=引自亚洲蔬菜研究发展中心，参见A667 |
| D457 | 青酥4号 | 江苏 | 杂交育种 | 早生毛豆×牛踏扁<br>牛踏扁=上海地方品种，参见A668 | 早生毛豆=引自亚洲蔬菜研究发展中心，参见A677 |
| D458 | 日本晴3号 | 江苏 | 选择育种 | 鹤之友3号系统选育而成 | 鹤之友3号=日本品种，参见A525 |
| D459 | 泗豆13 | 江苏 | 杂交育种 | 泗豆288×泗84-1532<br>泗84-1532=江苏泗阳原种品种系，参见A671 | 泗豆288=参见D460 |
| D460 | 泗豆288 | 江苏 | 杂交育种 | 泗阳705×兖黄1号<br>灌豆1号=参见C421<br>兖黄1号=参见C575 | 泗阳705=灌豆1号×Beeson<br>Beeson=美国品种，参见A325 |
| D461 | 苏系4号 | 江苏 | 杂交育种 | 中豆24×苏系5号<br>苏系5号=江苏农科院品种系，参见A473 | 中豆24=参见C297 |
| D462 | 苏早1号 | 江苏 | 选择育种 | 日本枝豆系统选育 | 日本枝豆=引进品种，参见A515 |
| D463 | 通豆3号 | 江苏 | 选择育种 | 通豆1号的选系 | 通豆1号=参见C453 |
| D464 | 徐春1号 | 江苏 | 选择育种 | AGS68选系 | AGS68=引自亚洲蔬菜研究发展中心，参见A644 |
| D465 | 徐豆8号 | 江苏 | 杂交育种 | 徐豆7号×徐7512<br>徐7512=（徐豆1号×Clark63）×丰收黄<br>Clark63=美国品种，参见A326 | 徐豆7号=参见C458<br>徐豆1号=参见C455<br>丰收黄=参见C536 |
| D466 | 徐豆9号 | 江苏 | 杂交育种 | 徐豆2号×商丘64-0<br>商丘64-0=参见C100 | 徐豆2号=参见C456 |

（续）

| 编号 | 品种名称 | 来源省份 | 育种方法 | 系谱 |
|---|---|---|---|---|
| D467 | 徐豆10号 | 江苏 | 杂交育种 | 徐7512×徐8226<br>徐豆1号=参见C455<br>丰收黄=参见C536<br>徐豆3号=参见C457<br>徐7512=（徐豆1号×Clark63）×丰收黄<br>Clark63=美国品种，参见A326<br>徐8226=徐豆3号×齐黄23<br>齐黄23=鲁豆1号，参见C542 |
| D468 | 徐豆11 | 江苏 | 杂交育种 | 泗豆11×（豫豆8号×徐8212）<br>豫豆8号=参见C111<br>徐豆3号=参见C457<br>泗豆11=参见C441<br>徐8212=徐豆3号×徐豆1号<br>徐豆1号=参见C455 |
| D469 | 徐豆12 | 江苏 | 杂交育种 | 泗豆11×（豫豆15×徐8216）<br>豫豆15=参见C115<br>徐豆1号=参见C455<br>泗豆11=参见C441<br>徐8216=徐豆1号×泗阳469<br>泗阳469=江苏泗阳原种场品系，参见A475 |
| D470 | 徐豆13 | 江苏 | 杂交育种 | 徐豆9号×徐8618-4<br>徐8618-4=徐豆7号×泗豆11<br>泗豆11=参见C441<br>徐豆9号=参见D466<br>徐豆7号=参见C458 |
| D471 | 赣豆4号 | 江西 | 杂交育种 | 六月白×融豆21<br>上海六月白=上海地方品种，参见A201<br>六月白=上海六月白<br>融豆21=参见C055 |
| D472 | 赣豆8号 | 江西 | 杂交育种 | 矮脚青×赣豆1号<br>赣豆1号=参见C464<br>矮脚青=参见C463 |
| D473 | 丹豆7号 | 辽宁 | 杂交育种 | 凤81-2036×铁7555<br>铁7555=铁丰8号×铁7116<br>铁7116=铁6308×十胜长叶<br>丰地黄=参见C324<br>十胜长叶=日本品种，参见A316<br>凤81-2036=辽宁凤城农科所品系，参见A477<br>铁丰8号=参见C508<br>铁6308=丰地黄×5621<br>5621=参见C467 |
| D474 | 丹豆8号 | 辽宁 | 杂交育种 | 凤交66-12×西81-514<br>西81-514=（群选1号×群英豆）F<sub>3</sub>×5621<br>群英豆=参见C091<br>凤交66-12=参见C475<br>群选1号=参见C392<br>5621=参见C467 |

（续）

| 编号 | 品种名称 | 来源省份 | 育种方法 | 系 | 谱 |
|---|---|---|---|---|---|
| D475 | 丹豆9号 | 辽宁 | 杂交育种 | 凤交66-12×MC25<br>MC25＝美国品种，参见 A605 | 凤交66-12＝参见 C475 |
| D476 | 丹豆10号 | 辽宁 | 杂交育种 | 丹豆9号＝开交7310A<br>开交7310A＝开育10号，参见 C496 | 丹豆9号＝参见 D475 |
| D477 | 丹豆11 | 辽宁 | 杂交育种 | 丹806×辽豆10号<br>凤交66-12＝参见 C475 | 丹806＝凤交66-12×辽豆10号<br>辽豆10号＝参见 C502 |
| D478 | 丹豆12 | 辽宁 | 杂交育种 | 丹806×辽豆10号<br>凤交66-12＝参见 C475 | 丹806＝凤交66-12×辽豆10号<br>辽豆10号＝参见 C502 |
| D479 | 东豆一号 | 辽宁 | 杂交育种 | 开系7403-3-2×开交8157-3-3-1<br>日本大白眉＝日本品种，参见 A314 | 开系7403＝日本大白眉选系<br>开交8157-3-3-1＝开系7403×开交7305<br>开交7305＝开育9号，参见 C495 |
| D480 | 东豆9号 | 辽宁 | 选择育种 | 开系8157选系 | 开系8157＝开系7403×开交7305<br>开系7403＝日本大白眉选系<br>开交7305＝开育9号 |
| D481 | 锦豆36 | 辽宁 | 杂交育种 | 冀豆2号×铁丰18选系<br>铁丰18＝参见 C510 | 冀豆2号＝参见 C080 |
| D482 | 锦豆37 | 辽宁 | 杂交育种 | MC25×龙9825<br>龙9825＝黑龙江野生大豆，参见 A446 | MC25＝美国品种，参见 A605 |
| D483 | 开育11 | 辽宁 | 杂交育种 | 开交7528-36-4×干枝密<br>开467-4＝开育8号，参见 C494<br>干枝密＝辽宁地方品种，参见 A476 | 开交7528-36-4＝开467×铁丰18<br>铁丰18＝参见 C510 |
| D484 | 开育12 | 辽宁 | 杂交育种 | 开系8525-26×开交8157-3-3-1<br>开育10号＝参见 C496<br>开7827＝开6708×辽75-4152<br>辽75-4152＝辽农2号，参见 C503<br>开交8157-3-3-1＝开系7403×开交7305<br>日本大白眉＝日本品种，参见 A314 | 开系8525-26＝开育10号×开7968<br>开7968＝开7827×白干鸣<br>开6708＝辽宁开原农科所品系，参见 A478<br>白干鸣＝日本品种，参见 A308<br>开系7403＝日本大白眉选系<br>开交7305＝开系7403×开交7305，参见 C495 |

（续）

| 编号 | 品种名称 | 来源省份 | 育种方法 | 系谱 | |
|---|---|---|---|---|---|
| D485 | 开育13 | 辽宁 | 杂交育种 | 新3511×K10-93 | 新3511=新豆1号，参见D516 |
| | | | | K10-93=辽宁开原农科所育种品系，参见A645 | |
| D486 | 连豆1号 | 辽宁 | 杂交育种 | 瓦8313×凤交66-12 | 瓦8313=海94×开原12 |
| | | | | | 开原12=参见D484 |
| | | | | 海94=晋豆4号，参见C594 | |
| | | | | 凤交66-12=参见C475 | |
| D487 | 辽豆11 | 辽宁 | 杂交育种 | 辽84063 × 辽豆3号 | 辽84063=辽8105 × 辽豆3号 |
| | | | | 辽8105=铁丰18×铁7424 | 铁丰18=参见C510 |
| | | | | 铁7424=铁丰19 × 白扁豆 | 铁丰19=参见C511 |
| | | | | 白扁豆=辽宁地方品种，参见A014 | 辽豆3号=参见C498 |
| D488 | 辽豆13 | 辽宁 | 杂交育种 | 辽豆10号×Franklin | 辽豆10号=参见C502 |
| | | | | Franklin=美国品种，参见A330 | |
| D489 | 辽豆14 | 辽宁 | 杂交育种 | 辽86-5453×Mercury | 辽86-5453=辽豆3号×辽7836 |
| | | | | 辽豆3号=参见C498 | 辽7836=铁丰18号×铁7424 |
| | | | | 铁丰18=参见C510 | 铁7424=铁丰19×白扁豆 |
| | | | | 铁丰19=参见C511 | 白扁豆=辽宁地方品种，参见A014 |
| | | | | Mercury=美国品种，参见A706 | |
| D490 | 辽豆15 | 辽宁 | 杂交育种 | 辽85062×郑州长叶18 | 辽85062=郑州长叶18 |
| | | | | 辽7811-9-2-1-1-3=铁丰9号×九农9号 | 辽7811-9-2-1-1-3×辽84-5303 |
| | | | | 九农9号=参见C379 | 铁丰9号=参见C509 |
| | | | | 辽81-5052=辽豆4号 | 辽84-5303=辽81-5052×开7305-9 |
| | | | | 辽豆4号=参见C499 | |
| | | | | 开7305-9=开交6302-12-1-1×铁丰18 | 开交6302-12-1-1=开原583×5621 |
| | | | | 开原583=选自早丰1号，参见C410 | 5621=参见C467 |
| | | | | 铁丰18=参见C510 | 郑长叶18=豫豆8号，参见C111 |

（续）

| 编号 | 品种名称 | 来源省份 | 育种方法 | 系谱 | |
|---|---|---|---|---|---|
| D491 | 辽豆16 | 辽宁 | 杂交育种 | 新豆1号×辽8868-2-16<br>辽8868-2-16=辽85070-5B-3×辽86-5453<br>辽7811-9-2-1-1-3=铁丰9号×九农9号<br>九农9号=参见C379<br>辽81-5052=辽豆4号<br>开育9号=参见C495<br>辽豆10号=参见C502 | 新豆1号=参见D516<br>辽85070-5B-3=辽7811-9-2-1-1-4×辽84-5303<br>铁丰9号=参见C509<br>辽84-5303=辽81-5052×开育9号<br>辽豆4号=参见C499<br>辽86-5453=辽豆10号 |
| D492 | 辽豆17 | 辽宁 | 杂交育种 | 辽豆3号×辽92-2738M<br>辽92-2738M=铁8115-3-2×辽89-2375M<br>铁7555=铁丰8号×铁7116-10-3<br>铁7116-10-3=6038×十胜长叶<br>丰地黄=参见C324<br>十胜长叶=日本品种，参见316<br>开育9号=参见C495 | 辽豆3号=参见C498<br>铁8115-3-2=铁7555-4-6×开7305<br>铁丰8号=参见C508<br>6038=丰地黄×5621<br>5621=参见C467<br>开7305=开育9号<br>辽89-2375M=辽宁农科院作物所品系，参见A481 |
| D493 | 辽豆19 | 辽宁 | 杂交育种 | 辽87005×新豆1号<br>辽豆3号=参见C498 | 辽87005=辽豆3号×异品种<br>异品种=辽宁地方品种，参见A689 |
| D494 | 辽豆20 | 辽宁 | 杂交育种 | 新豆1号×辽91005-6-2<br>辽91005-6-2=新3511×通78-757<br>辐白=地方品种，可能原产东北，参见A085 | 新3511=新豆1号，参见D516<br>通78-757=辐白×大湾大粒<br>大湾大粒=吉林地方品种，参见A457 |
| D495 | 辽豆21 | 辽宁 | 杂交育种 | 辽8878×辽93009<br>辽85086=辽7709×辽81-5017<br>凤交66-12=参见C475<br>辽81-5017=铁丰18×铁7424<br>铁7424=铁丰19×白扁豆<br>白扁豆=辽宁地方品种，参见A014<br>新3511=新豆1号<br>辽豆3号=参见C498 | 辽8878=辽85086×辽豆3号<br>辽7709=凤交66-12×黑河54<br>黑河54=参见C195<br>铁丰18=参见C510<br>铁丰19=参见C511<br>辽93009=辽85086×新3511<br>新豆1号=参见D516 |

（续）

| 编号 | 品种名称 | 来源省份 | 育种方法 | 系谱 |
|---|---|---|---|---|
| D496 | 辽首 1 号 | 辽宁 | 杂交+诱变育种 | 杂交+诱变育种 8738×天然变异辽三 36<br>8738=铁丰 18 的选系<br>天然变异辽三 36=辽豆 3 号选系<br>铁丰 18=参见 C510<br>辽豆 3 号=参见 C498 |
| D497 | 辽首 2 号 | 辽宁 | 杂交育种 | 90A×90-3<br>90A=驯化野生大豆育种品系，参见 A641<br>90-3=辽宁驯化野生大豆育种选系 |
| D498 | 辽阴 1 号 | 辽宁 | 选择育种 | 辽豆 10 号的系统选系<br>辽豆 10 号=参见 C502 |
| D499 | 沈豆 4 号 | 辽宁 | 杂交育种 | 沈豆 86-69×沈豆 87-132<br>沈豆 86-69=辽宁沈阳农科院品系，参见 A484<br>沈豆 87-132=辽宁沈阳农科院品系，参见 A485 |
| D500 | 沈豆 5 号 | 辽宁 | 杂交育种 | 沈 91-6105×沈 91-4148<br>沈 91-6105=辽宁沈阳农科院品系，参见 A483<br>沈 91-4148=辽宁沈阳农科院品系，参见 A482 |
| D501 | 沈豆 6 号 | 辽宁 | 杂交育种 | 凤交 66-12×开育 8 号<br>凤交 66-12=参见 C475<br>开育 8 号=参见 C494 |
| D502 | 沈农 7 号 | 辽宁 | 杂交育种 | 辽豆 4 号×新豆 1 号<br>辽豆 4 号=参见 C499<br>新豆 1 号=参见 D516 |
| D503 | 沈农 8 号 | 辽宁 | 杂交育种 | 沈农 92-16×铁丰 29<br>沈农 92-16=冀豆 4 号×吉林 2<br>冀豆 4 号=参见 C082<br>吉林 20=参见 C352<br>铁丰 29=参见 D506 |
| D504 | 沈农 8510 | 辽宁 | 杂交育种 | （开育 8 号×沈农 25104）$F_4$×辽豆 3 号<br>开育 8 号=参见 C494<br>沈农 25104=参见 C505<br>辽豆 3 号=参见 C498 |
| D505 | 铁丰 28 | 辽宁 | 杂交育种 | 铁 84059-14-5×铁 8114-7-4<br>铁 78020=铁丰 18×开育 8 号<br>开育 8 号=参见 C494<br>大白壳<br>大粒黄=湖北英山地方品种，参见 A055<br>蒙庆 6 号=参见 C008<br>铁 7009=铁丰 10 号×铁丰 13<br>5621=参见 C467<br>铁 84059-14-5=铁 78020×油 82-10<br>铁丰 18=参见 C510<br>油 82-10=［（大白壳×大粒黄）×SRF400］$F_3$×蒙庆 6 号<br>蒙城大白壳=安徽蒙城地方品种，参见 A168<br>SRF400=美国材料，参见 A345<br>铁 8114-7-4=铁 7009×东山 101<br>铁丰 10 号=5621×荆山朴<br>荆山朴=参见 C233 |

（续）

| 编号 | 品种名称 | 来源省份 | 育种方法 | 系 | 谱 |
|---|---|---|---|---|---|
| D506 | 铁丰29 | 辽宁 | 杂交育种 | 铁丰13=嘟噜豆×公交5706 | 嘟噜豆=辽宁铁岭地方品种，参见A075 |
| | | | | 公交5706=小金黄1号×大粒黄（公第832-10） | 小金黄1号=参见C401 |
| | | | | 大粒黄（公第832-10）=吉林地方品种，参见A054 | 东山101=日本长野试验场育成品种，参见A509 |
| | | | | 铁84059-14-5×铁8114-7-4 | 铁84059-14-5=铁78020×中油82-10 |
| | | | | 铁78020=铁丰18×开育8号 | 铁丰18=参见C510 |
| | | | | 开育8号=参见C494 | 中油82-10=［（大白壳×大粒黄）×SRF400］$F_3$×蒙庆6号 |
| | | | | 大白壳=蒙城大白壳 | 蒙城大白壳=安徽蒙城地方品种，参见A168 |
| | | | | 大粒黄=湖北英山地方品种，参见A055 | SRF400=美国材料，参见A345 |
| | | | | 蒙庆6号=参见C008 | 铁8114-7-4=铁7009-22-1×东山101 |
| | | | | 铁7009=铁丰10号×铁丰13 | 铁丰10号=5621×荆山朴 |
| | | | | 5621=参见C467 | 荆山朴=参见C233 |
| | | | | 铁丰13=嘟噜豆×公交5706 | 嘟噜豆=辽宁铁岭地方品种，参见A075 |
| | | | | 公交5706=小金黄1号×大粒黄（公第832-10） | 小金黄1号=参见C401 |
| | | | | 大粒黄（公第832-10）=吉林地方品种，参见A054 | 东山101=日本长野试验场育成品种，参见A509 |
| D507 | 铁丰30 | 辽宁 | 杂交育种 | 铁丰25×铁丰27 | 铁丰25=参见C517 |
| | | | | 铁丰27=参见C519 | |
| D508 | 铁丰31 | 辽宁 | 杂交育种 | 新豆1号×Resnik | 新豆1号=参见D516 |
| | | | | Resnik=美国品种，参见A709 | |
| D509 | 铁丰32 | 辽宁 | 杂交育种 | 新豆88049-11-2-1=铁87033×铁84120-2 | 新豆1号=参见D516 |
| | | | | 铁7514=铁丰19×Amsoy | 铁87033=铁7514×$C_{11}$ |
| | | | | Amsoy=美国品种，参见A324 | 铁丰19=参见C511 |
| | | | | 铁84120-2=铁7533×S901 | $C_{11}$=黑龙江农科院品系，参见A435 |
| | | | | 铁6831=铁6308×铁6124 | 铁7533=铁6831×大粒青 |
| | | | | 丰地黄=参见C324 | 铁6308=丰地黄×5621 |
| | | | | 铁6124=丰地黄×公交5201 | 5621=参见C467 |
| | | | | 金元1号=参见C492 | 公交5201=金元1号×铁荚四粒黄 |
| | | | | 大粒青=辽宁本溪地方品种，参见A056 | 铁荚四粒黄=吉林中南部地方品种，参见A226 |
| | | | | | S901=河南农科所品系，参见A399 |

（续）

| 编号 | 品种名称 | 来源省份 | 育种方法 | 系 | 谱 |
|---|---|---|---|---|---|
| D510 | 铁丰33 | 辽宁 | 杂交育种 | 铁89059-8×新豆1号<br>铁8210-2=开育9号×铁7204<br>铁7204=铁丰8号×花生<br>花生=不洋，参见A121<br>新豆1号=参见D516 | 铁89059-8=铁8210-2×辽豆10号<br>开育9号=参见C495<br>铁丰8号=参见C508<br>辽豆10号=参见C502 |
| D511 | 铁丰34 | 辽宁 | 杂交育种 | 铁89012-3-4×铁90009-4<br>铁93009-4=铁丰25×豆交38<br>豆交38=为民1号×卫4<br>卫4=新4号×5905<br>5905=新黄豆×铁角黄<br>铁角黄=山东西部地方品种，参见A228 | 铁89012-3-4=铁丰30，参见D507<br>铁丰25=参见C517<br>为民1号=参见C567<br>新4号=日本品种，参见A317<br>新黄豆=参见C574 |
| D512 | 铁丰35 | 辽宁 | 杂交育种 | 铁91017-6×锦8412<br>开育10号=参见C496<br>锦8412-2=锦豆36，参见D481 | 铁91017-6=开育10号×济8047<br>济8047=鲁豆10号，参见C550 |
| D513 | 铁豆36 | 辽宁 | 杂交育种 | 铁90009-4×铁89078-10<br>铁丰25=参见C517<br>为民1号=参见C567<br>新黄豆=参见C574<br>铁89078-10=铁丰25×铁8114-6-2<br>铁8114-6-2=铁7009-22-1×东山101<br>铁3059=铁丰10号×铁丰13<br>5621=参见C467<br>铁丰13=嘟噜豆×公交5706<br>公交5706=小金黄1号×大粒黄（公第832-10）<br>大粒黄（公第832-10）=吉林地方品种，参见A054 | 铁90009-4=铁丰25×豆交38<br>豆交38=为民1号×卫4<br>卫4=新4号×5905<br>5905=新黄豆×铁角黄<br>铁角黄=山东西部地方品种，参见A228<br>铁丰25=参见C517<br>铁7009-22-1=铁丰10号×铁丰13<br>铁丰10号=5621×荆山扑<br>荆山扑=参见C233<br>嘟噜豆=辽宁铁岭地方品种，参见A075<br>小金黄1号=参见C401<br>东山101=日本长野试验场育成品种，参见A509 |

（续）

| 编号 | 品种名称 | 来源省份 | 育种方法 | 系谱 | |
|---|---|---|---|---|---|
| D514 | 铁豆 37 | 辽宁 | 杂交育种 | 铁 89034 - 10×铁 87107 - 6 | 铁 89034 - 10＝铁 85043 - 9 - 6×铁丰 25 |
| | | | | 铁 85043 - 9 - 6＝铁 79163 - 5×铁 78020 - 8 | 铁 79163 - 5＝铁 7533 - 17 - 1 - 1×铁 7555 |
| | | | | 铁 7533＝铁 6831×大粒青 | 铁 6831＝铁 6308×铁 6124 |
| | | | | 铁 6308＝丰地黄×5621 | 丰地黄＝参见 C324 |
| | | | | 5621＝参见 C467 | 铁 6124＝丰地黄×公交 5201 |
| | | | | 公交 5201＝金元 1 号×铁荚四粒黄 | 金元 1 号＝参见 C492 |
| | | | | 铁荚四粒黄＝吉林中南部地方品种，参见 A226 | 大粒青＝辽宁本溪地方品种，参见 A056 |
| | | | | 铁 7555＝铁丰 8 号×铁 7116 - 10 - 3 | 铁丰 8 号＝参见 C508 |
| | | | | 铁 7116 - 10 - 3＝铁 6308×十胜长叶 | 十胜长叶＝日本品种，参见 A316 |
| | | | | 铁 78020 - 8＝铁丰 18×开育 8 号 | 铁丰 18＝参见 C510 |
| | | | | 开育 8 号＝参见 C494 | 铁 87107 - 6＝铁丰 29，参见 D506 |
| D515 | 铁豆 38 | 辽宁 | 杂交育种 | 铁 91114 - 8×铁 91088 - 12 | 铁 91114 - 8＝铁丰 28 × 铁 88074 - 12 |
| | | | | 铁丰 28＝参见 D505 | 铁 88074 - 12＝铁 86103×开育 10 号 |
| | | | | 铁 86103＝铁丰 22×满仓金 | 铁丰 22＝参见 C514 |
| | | | | 满仓金＝参见 C250 | 开育 10 号＝参见 C496 |
| | | | | 铁 91088 - 12＝铁丰 25×铁 86142 - 18 | 铁丰 25＝参见 C517 |
| | | | | 铁 86142 - 18＝铁 78012 - 5 - 3×铁 8114 - 7 | 铁 78012 - 5 - 3＝铁丰 18×铁 7122 |
| | | | | 铁丰 18＝参见 C510 | 铁 7122＝铁丰 18×十胜长叶 |
| | | | | 十胜长叶＝日本品种，参见 A316 | 铁 8114 - 7＝铁 7009 - 22 - 1×东山 101 |
| | | | | 铁 7009 - 22 - 1＝铁丰 10 号×铁丰 13 | 铁丰 10 号＝5621×荆山朴 |
| | | | | 5621＝参见 C467 | 荆山朴＝参见 C233 |
| | | | | 铁丰 13＝嘟噜豆×公交 5706 | 嘟噜豆＝辽宁铁岭地方品种，参见 A075 |
| | | | | 公交 5706＝小金黄 1 号×大粒黄（公第 832 - 10） | 小金黄 1 号＝参见 C401 |
| | | | | 大粒黄（公第 832 - 10）＝吉林地方品种，参见 A054 | 东山 101＝日本长野试验育成品种，参见 A509 |
| D516 | 新豆 1 号 | 辽宁 | 选择育种 | 辽豆 3 号选系 | 辽豆 3 号＝参见 C498 |

（续）

| 编号 | 品种名称 | 来源省份 | 育种方法 | 系 | 谱 |
|---|---|---|---|---|---|
| D517 | 新丰 1 号 | 辽宁 | 杂交育种 | 长农 4 号×群选 1 号<br>群选 1 号=参见 C392 | 长农 4 号=参见 C320 |
| D518 | 新育 1 号 | 辽宁 | 杂交育种 | 九交 8604-混-2×吉林 2<br>吉杯 21=参见 C353 | 九交 8604-混-2=吉林 21×丰交 7607<br>丰交 7607=参见 C325 |
| D519 | 熊豆 1 号 | 辽宁 | 杂交育种 | 熊 90-99×公交 8347<br>铁丰 19=参见 C511<br>公交 8347=吉林 30，参见 C362 | 熊 90-99=铁丰 19×熊岳白花<br>熊岳白花=辽宁熊岳地方品种，参见 A486 |
| D520 | 熊豆 2 号 | 辽宁 | 杂交育种 | （选系 92-36×熊岳白花野生大豆）×丹 87-3<br>熊岳白花=辽宁熊岳地方品种，参见 A486 | 选系 92-36=铁丰 19，参见 C511<br>丹 87-3=丹豆 9 号，参见丁 D475 |
| D521 | 岫豆 94-11 | 辽宁 | 杂交育种 | 89-6×丹 806<br>丹 806=凤交 66-12×辽豆 10 号<br>辽豆 10 号=参见 C502 | 89-6=辽宁岫岩朝阳乡农技推广站自选品系，参见 A561<br>凤交 66-12=参见 C475 |
| D522 | 赤豆 1 号 | 内蒙古 | 选择育种 | 稀植 4 号 | 稀植 4 号=内蒙古赤峰地方品种，参见 A690 |
| D523 | 呼北豆 1 号 | 内蒙古 | 杂交育种 | 北丰 9 号×北丰 11<br>北丰 11=参见 D153 | 北丰 9 号=参见 D151 |
| D524 | 呼丰 6 号 | 内蒙古 | 选择育种 | 丰山 1 号基础群体选系 | 丰山 1 号=黑龙江海伦地方品种，参见 A083 |
| D525 | 蒙豆 5 号 | 内蒙古 | 诱变+选择育种 | 呼 5121 经 $^{60}$Co 辐射处理系统选系 | 呼 5121=内蒙古呼伦贝尔农研所品系，参见 A488 |
| D526 | 蒙豆 6 号 | 内蒙古 | 杂交育种 | 日本札幌小粒豆×加拿大小粒豆<br>加拿大小粒豆=加拿大大品种，参见 A508 | 日本札幌小粒豆=日本品种，参见 A513 |
| D527 | 蒙豆 7 号 | 内蒙古 | 杂交育种 | 嫩良 7 号×呼系 8613<br>黑河 54=参见 C195<br>丰收 6 号=参见 C155<br>呼系 8613=丰收 12 变异株选系 | 嫩良 7 号=黑河 54×克交 56-4197<br>克交 56-4197=丰收 6 号×克山四粒荚<br>克山四粒荚=黑龙江克山地方品种，参见 A154 |
| D528 | 蒙豆 9 号 | 内蒙古 | 选择育种 | 丰收 10 号变异株选系 | 丰收 12=参见 C158<br>丰收 10 号=参见 C156 |
| D529 | 蒙豆 10 号 | 内蒙古 | 杂交育种 | 克交 8619×黑河 5 号<br>黑河 5 号=参见 C189 | 克交 8619=黑龙江农科院小麦所品系，参见 A409 |

| 编号 | 品种名称 | 来源省份 | 育种方法 | 系谱 | |
| --- | --- | --- | --- | --- | --- |
| D530 | 蒙豆11 | 内蒙古 | 杂交育种 | 早羽×克73-福52<br>克73-福52=黑龙江克山所品种品系，参见A408 | 早羽=日本品种，参见A522 |
| D531 | 蒙豆12 | 内蒙古 | 杂交育种 | 绥农10号×蒙豆9号<br>蒙豆9号=参见D528 | 绥农10号=参见C277 |
| D532 | 蒙豆13 | 内蒙古 | 杂交育种 | 北87-7×绥农11<br>合丰25=参见C170<br>北交58-6146=克系283×北良56-2<br>北良56-2=参见C136<br>北良5号=紫花4号选系<br>克霜=参见C242 | 北87-7=合丰25×北交69-1483<br>北交69-1483=北交58-6146×北交58-1372<br>克系283=参见C243<br>北交58-1372=北良5号×克霜<br>紫花4号=参见C287<br>绥农11=参见C278 |
| D533 | 蒙豆14 | 内蒙古 | 杂交育种 | 呼交94-106×Weber<br>克交4430-20=克交69-5236×十胜长叶<br>克交56-4087-17=丰收6号×克山四粒荚<br>克山四粒荚=黑龙江克山地方品种，参见A154<br>满仓金=参见C250<br>合丰25=参见C170 | 呼交94-106=克交4430-20×合丰25<br>克交69-5236=克交56-4087-17×哈光1657<br>丰收6号=参见C155<br>哈光1657=满仓金经诱变的选系<br>十胜长叶=日本品种，参见A316<br>Weber=美国品种，参见A712 |
| D534 | 蒙豆15 | 内蒙古 | 杂交育种 | 北87-7×绥农11<br>合丰25=参见C170<br>北交58-6146=克系283×北良56-2<br>北良56-2=参见C136<br>北良5号=紫花4号选系<br>克霜=参见C242 | 北87-7=合丰25×北交69-1483<br>北交69-1483=北交58-6146×北交58-1372<br>克系283=参见C243<br>北交58-1372=北良5号×克霜<br>紫花4号=参见C287<br>绥农11=参见C278 |
| D535 | 蒙豆16 | 内蒙古 | 杂交育种 | 93-286×蒙豆7号<br>蒙豆10号=参见D529 | 93-286=蒙豆10号选系<br>蒙豆7号=参见D527 |
| D536 | 蒙豆17 | 内蒙古 | 杂交育种 | 89-9×蒙豆9号<br>蒙豆9号=参见D528 | 89-9=吉林20选系 |

（续）

| 编号 | 品种名称 | 来源省份 | 育种方法 | 系谱 |
|---|---|---|---|---|
| D537 | 内豆4号 | 内蒙古 | 诱变+选择育种 | 呼5121品系快中子辐射后选系　呼5121=内蒙古呼伦贝尔农研所品系，参见A488 |
| D538 | 兴豆4号 | 内蒙古 | 诱变育种 | 嫩丰11经$^{60}$Co辐射处理　嫩丰11=参见C261 |
| D539 | 兴抗线1号 | 内蒙古 | 杂交育种 | 抗线虫2号×华佛100　抗线虫2号=参见C240　华佛100=S-100　S-100=美国品种，参见A342 |
| D540 | 宁豆2号 | 宁夏 | 杂交育种 | 铁丰18×82-1　铁丰18=参见C510　82-1=宁豆1号　宁豆1号=参见C529 |
| D541 | 宁豆3号 | 宁夏 | 选择育种 | 辽79165-14单株系选，多年定向选育　辽79165-14=辽宁大豆高代品系，参见A479 |
| D542 | 宁豆4号 | 宁夏 | 选择育种 | 辽79165-14单株系选，多年定向选育　辽79165-14=辽宁大豆高代品系，参见A479 |
| D543 | 宁豆5号 | 宁夏 | 选择育种 | 宁夏地方品种系选，参见A691 |
| D544 | 高原1号 | 青海 | 选择育种 | 东农79-64-5经低温适应选育　东农79-64-5=东北农业大学品系，参见A379 |
| D545 | 滨职院1号 | 山东 | 杂交育种 | 日大选×滨89036　日大选=日本品种，参见A517　滨39036=山东滨州职业技术学院品系，参见A491 |
| D546 | 高丰1号 | 山东 | 杂交育种 | 7627×7512　7627=山东济宁农科院育种品系，参见A632　7512=山东济宁农科院育种品系，参见A631 |
| D547 | 菏豆12 | 山东 | 杂交育种 | 跃进5号×菏7513-1-3　跃进5号=参见C579　菏7513-1-3=科系5号×Clark63　科系5号=58-161×徐豆1号　58-161=参见C417　徐豆1号=参见C455　Clark63=美国品种，参见A326 |
| D548 | 菏豆13 | 山东 | 杂交育种 | 菏95-1×豫豆8号　菏95-1=菏豆12　豫豆8号=参见C111　菏豆12=参见D547 |
| D549 | 鲁豆9号 | 山东 | 杂交育种 | 菏7528×菏7405　菏7528=菏6828×Williams　菏6828=山东菏泽农科所品系，参见A494　菏7405=跃进4号×梁山大黄豆　Williams=美国品种，参见A347　跃进4号=参见C578　梁山大黄豆=山东地方品种，参见A492 |
| D550 | 鲁豆12 | 山东 | 杂交育种 | 文丰7号×诱变31　文丰7号=参见C572　诱变31=参见C029 |

（续）

| 编号 | 品种名称 | 来源省份 | 育种方法 | 系　谱 | |
|------|----------|----------|----------|--------|--|
| D551 | 鲁豆 13 | 山东 | 杂交育种 | 鲁豆 2 号×AGS129<br>AGS129（高雄选 10 号）=十石×SRF400，参见 A345<br>SRF400=美国品种，参见 A520 | 鲁豆 2 号=参见 C543<br>十石=日本品种，参见 A520 |
| D552 | 鲁宁 1 号 | 山东 | 杂交育种 | （早熟巨丰×中遗特大粒）×高丰大豆<br>中遗特大粒=早熟 1 号×安徽大青豆<br>科系 8 号=58-161×徐豆 1 号<br>徐豆 1 号=参见 C455<br>丰地黄=参见 C324<br>金元 1 号=参见 C492<br>铁丰 3 号=参见 C506 | 早熟巨丰=山东农民家育成品种，参见 A495<br>早熟 1 号=科系 8 号×铁 4117<br>58-161=参见 C417<br>铁 4117=（丰地黄×公交 5201）×（铁丰 3 号×5621）<br>公交 5201=金元 1 号×铁荚四粒黄<br>铁荚四粒黄=吉林中南部地方品种，参见 A226<br>5621=参见 C467 |
| D553 | 鲁青豆 1 号 | 山东 | 杂交育种 | 蓬莱大青豆×7962-12<br>7962-12=山东丰收黄×742-8-1<br>742-8-1=南方大青豆×东北群选 1 号<br>大青豆=江苏地方品种，参见 A058 | 蓬莱大青豆=山东地方品种，参见 A493<br>丰收黄=大青豆<br>南方大青豆=大青豆<br>东北群选 1 号=群选 1 号，参见 C392 |
| D554 | 齐茶豆 2 号 | 山东 | 杂交育种 | 济 3045×潍 8640<br>鲁豆 4 号=参见 C545<br>Peking=美国从中国引进的地方品种，参见 A340 | 济 3045=鲁豆 4 号×北京小黑豆<br>北京小黑豆=Peking<br>潍 8640=鲁豆 11，参见 C551 |
| D555 | 齐黄 26 | 山东 | 杂交育种 | 鲁豆 7 号×哈尔滨小黑豆<br>哈尔滨小黑豆=黑龙江黑小黑豆 | 鲁豆 7 号=参见 C548<br>哈尔滨小黑豆=黑龙江哈尔滨地方品种，参见 A105 |
| D556 | 齐黄 27 | 山东 | 杂交育种 | 鲁豆 4 号×40A<br>40A=鲁豆 4 号×哈尔滨小黑豆 | 鲁豆 4 号=参见 C545 |
| D557 | 齐黄 28 | 山东 | 杂交育种 | 济 3045×潍 8640<br>鲁豆 4 号=参见 C545<br>Peking=美国从中国引进的地方品种，参见 A340 | 济 3045=鲁豆 4 号×北京小黑豆<br>北京小黑豆=Peking<br>潍 8640=鲁豆 11，参见 C551 |
| D558 | 齐黄 29 | 山东 | 杂交育种 | 济 3045×潍 8640<br>鲁豆 4 号=参见 C545<br>Peking=美国从中国引进的地方品种，参见 A340 | 济 3045=鲁豆 4 号×北京小黑豆<br>北京小黑豆=Peking<br>潍 8640=鲁豆 11，参见 C551 |

（续）

| 编号 | 品种名称 | 来源省份 | 育种方法 | 系谱 |
|---|---|---|---|---|
| D559 | 齐黄30 | 山东 | 杂交育种 | 济3045×潍8640<br>济3045＝鲁豆4号×北京小黑豆<br>鲁豆4号＝参见C545<br>北京小黑豆＝Peking<br>Peking＝美国从中国引进的地方种，参见A340<br>潍8640＝鲁豆11，参见C551 |
| D560 | 齐黄31 | 山东 | 杂交育种 | 济3045×潍8640<br>济3045＝鲁豆4号×北京小黑豆<br>鲁豆4号＝参见C545<br>北京小黑豆＝Peking<br>Peking＝美国从中国引进的地方种，参见A340<br>潍8640＝鲁豆11，参见C551 |
| D561 | 山宁8号 | 山东 | 杂交育种 | 科青2号×淮87-5254<br>科青2号＝早熟3号×安徽大青豆<br>早熟3号＝参见C031<br>安徽大青豆＝蒙城大青豆<br>蒙城大青豆＝安徽蒙城地方品种，参见A169<br>淮87-5254＝江苏淮阴农科所，参见A469 |
| D562 | 山宁12 | 山东 | 杂交育种 | ［（早熟巨丰×中遗特大粒）F₂齐丰850］×豆交74<br>早熟巨丰×中遗特大粒] F₂×豆交74<br>早熟巨丰＝山东农民育种家育成品种，参见A495<br>中遗特大粒＝早熟1号×安徽大青豆<br>早熟1号＝科系8号×铁4117<br>科系8号＝58-161×徐豆1号<br>58-161＝参见C417<br>徐豆1号＝参见C455<br>铁4117＝（丰地黄×公交5201）×（铁丰3号×5621）<br>丰地黄＝参见C324<br>公交5201＝金元1号×铁茉四粒黄<br>金元1号＝参见C492<br>铁茉四粒黄＝吉林中南部地方品种，参见A226<br>铁丰3号＝参见C506<br>5621＝参见C467<br>齐丰850＝引自山东农科院大豆所，参见A648<br>豆交74＝山宁3号×AGS129<br>山宁3号＝山东济宁农科院育种品系，参见A639<br>AGS129（高雄选10号）＝十石×SRF400<br>十石＝日本品种，参见A520<br>SRF400＝美国品种，参见A345 |
| D563 | 潍豆6号 | 山东 | 杂交育种 | 81-1155×潍辐选<br>81-1155＝吉林省农业科学院品系，参见A637<br>潍辐选＝丰收黄经过3.096C/kg的⁶⁰Co射线处理后，通过系谱法选育<br>丰收黄＝参见C536 |
| D564 | 烟黄8164 | 山东 | 杂交育种 | 7434-111×科早7号<br>7434-111＝东解1号×Monetta<br>东解1号＝河南地方种，参见A066<br>科早7号＝58-161×徐豆1号<br>Monetta＝美国品种，参见A606<br>徐豆1号＝参见C455<br>58-161＝参见C417 |

（续）

| 编号 | 品种名称 | 来源省份 | 育种方法 | 系谱 |
|---|---|---|---|---|
| D565 | 跃进10号 | 山东 | 杂交育种 | 菏84-1×菏7837<br>菏7837=跃进4号×铁丰8号<br>铁丰8号=参见C508<br>菏84-1=参见C538<br>跃进4号=参见C578 |
| D566 | 黄沙豆 | 陕西 | 杂交育种 | 美国黄沙豆（Huangshadou）系统选育<br>Huangshadou=参见A628 |
| D567 | 秦豆8号 | 陕西 | 杂交育种 | 秦豆5号×170-3<br>秦豆5号=参见C582<br>170-3=不详，参见A545 |
| D568 | 秦豆10号 | 陕西 | 杂交育种 | 170-3=系引进的品种，采用杂交育种用摘荚混合个体法选育<br>58（22）-38-1-1×邯郸81<br>邯81=省7431-242×冀豆4号<br>尤生豆=河北永年地方品种，参见A393<br>冀豆4号=参见C082<br>58（22）-38-1-1=陕西省杂交育种油菜中心育种品系，参见A634<br>省7431-242=尤生豆×金元1号<br>金元1号=参见C492 |
| D569 | 陕豆125 | 陕西 | 杂交育种 | 陕豆125=S0-3-4×日9-11<br>S0-3-4=秦豆5号<br>日9-11=日本品种，参见A510<br>秦豆5号=参见C582 |
| D570 | 临豆1号 | 山西 | 选择育种 | 冀氏小黄豆系统选系<br>冀氏小黄豆=山西省地方品种，参见A498 |
| D571 | 晋大70 | 山西 | 杂交育种 | （复61×晋大28）×（132×7213）<br>晋大28=晋豆16<br>132=山西农大自选品种，参见A570<br>晋豆16=参见C606<br>6205=不详，参见A571<br>复61=20世纪60年代北京引进品系，参见A356<br>晋豆16=晋豆16<br>晋大28=晋豆16<br>7213=6205×晋遗14<br>晋遗14=晋豆11，参见C601 |
| D572 | 晋豆73 | 山西 | 杂交育种 | 晋野125×晋野501<br>晋野501=昔阳野生大豆×晋豆501<br>晋豆501=参见C610<br>晋旱125=参见D574<br>昔阳野生豆=山西昔阳县野生大豆，参见A673 |
| D573 | 晋大74 | 山西 | 杂交育种 | 晋豆52×晋大47<br>晋豆371=通州小黄豆×荆山扑大豆<br>荆山朴=参见C233<br>晋豆2号=参见C592<br>晋大47=7335×晋大23<br>直立白毛=山西地方品种，参见A497<br>晋大52=晋豆371×（312×海94）<br>通州小黄豆=北京通县地方品种，参见A232<br>312=晋豆2号<br>海94=晋豆4号，参见C594<br>7335=直立白毛选系<br>晋大23=晋豆8号，参见C598 |

（1923—2005）
中国大豆育成品种系谱与种质基础

（续）

| 编号 | 品种名称 | 来源省份 | 育种方法 | 系谱 |
|---|---|---|---|---|
| D574 | 晋豆20 | 山西 | 杂交育种 | 冀豆4号×263<br>263=山西地方品种，参见A569<br>冀豆4号=参见C082 |
| D575 | 晋豆21 | 山西 | 杂交育种 | 晋豆14×（临县白大豆×晋豆2号）<br>临县白大豆=山西临县地方品种，参见A499<br>晋豆14=参见C604<br>晋豆2号=参见C592 |
| D576 | 晋豆22 | 山西 | 杂交育种 | 晋豆16×冀豆4号<br>冀豆4号=参见C082<br>晋豆16=参见C606 |
| D577 | 晋豆23 | 山西 | 杂交育种 | 晋大28×诱变30<br>晋大28=晋大16<br>诱变30=参见C028 |
| D578 | 晋豆24 | 山西 | 杂交育种 | 晋豆16×冀豆4号<br>晋豆16=参见C606<br>冀豆4号=参见C082 |
| D579 | 晋豆25 | 山西 | 杂交育种 | 晋豆15×晋豆12<br>晋豆12=参见C602<br>晋豆15=参见C605 |
| D580 | 晋豆26 | 山西 | 杂交育种 | 复61×晋大28<br>晋大28=晋豆16<br>复61=20世纪60年代北京引进品系，参见A356 |
| D581 | 晋豆27 | | 杂交育种 | 晋豆371×（312×海94）<br>通州小黄豆=北京通县地方品种，参见A232<br>312=晋豆2号<br>海94=晋豆4号，参见C594<br>荆山朴=参见C233<br>晋豆2号=参见C592<br>晋豆371=通州小黄豆×荆山朴 |
| D582 | 晋豆29 | 山西 | 杂交育种 | 早熟18×晋大28<br>早熟18=参见C037<br>晋大28=晋豆16 |
| D583 | 晋豆30 | 山西 | 杂交育种 | S701×窄叶黄豆<br>晋豆16=参见C606<br>S701=晋大701<br>窄叶黄豆=山西广灵种植品种，参见A678<br>晋豆501=参见C610<br>晋大701=晋豆501×晋豆1号 |
| D584 | 晋豆31 | 山西 | 杂交育种 | 埂283×1259<br>晋豆1号=参见C591<br>1259=（58-161×徐豆1号）×兴县灰皮支黑豆<br>徐豆1号=参见C455<br>埂283=山西农科院作物所选育品系，参见A654<br>58-161=参见C417<br>兴县灰皮支黑豆=山西兴县地方品种，参见A674 |

（续）

| 编号 | 品种名称 | 来源省份 | 育种方法 | 系 | 谱 |
|---|---|---|---|---|---|
| D585 | 晋豆 32 | 山西 | 杂交育种 | 晋豆 22×汾豆 43 | 晋豆 22＝参见 D576 |
| D586 | 晋豆 33 | 山西 | 杂交育种 | 汾豆 43 号＝80－23×冀豆 4 号<br>冀豆 4 号＝参见 C082<br>NP 高代种质材料选育<br>日本枝豆＝引进品种，参见 A515 | 80－23＝山西农科院作物所选育品系，参见 A636<br>NP＝日本枝豆，参见 A646 |
| D587 | 晋遗 30 | 山西 | 杂交育种 | 晋遗 19×晋豆 11<br>晋豆 11＝参见 C601 | 晋遗 19＝参见 C614 |
| D588 | 晋遗 34 | 山西 | 杂交育种 | 汾豆 50×晋豆 19<br>晋豆 23＝参见 D577 | 汾豆 50＝晋豆 23<br>晋遗 19＝参见 C614 |
| D589 | 晋遗 38 | 山西 | 杂交育种 | 晋遗 21×汾豆 50<br>株 90＝凤交 66－12×大原早<br>大原早＝山西太原地方品种，参见 A220<br>汾豆 50＝晋豆 23 | 晋遗 21＝用株 90 作受体，ILC482 的 DNA 作供体<br>凤交 66－12＝参见 C475<br>ILC482＝原产土耳其的鹰嘴豆（Cicer arietinum L.），参见 A323<br>晋豆 23＝参见 D577 |
| D590 | 成豆 6 号 | 四川 | 杂交＋诱变育种 | 拱县二季早（拱县二季早×铁丰 19）×（矮脚早×火巴豆子）F₃ 干种子经微波辐照<br>铁丰 19＝参见 C511<br>火巴豆子＝四川地方品种，参见 A503 | 拱县二季早＝四川拱县地方品种，参见 A097<br>矮脚早＝参见 C288 |
| D591 | 成豆 7 号 | 四川 | 杂交育种 | 白干城×田坎豆<br>田坎豆＝四川成都地方品种，参见 A224 | 白干城＝日本品种，参见 A307 |
| D592 | 成豆 8 号 | 四川 | 杂交育种 | 成豆 4 号×铁丰 19<br>铁丰 19＝参见 C511 | 成豆 4 号＝参见 C619 |
| D593 | 成豆 9 号 | 四川 | 杂交育种 | 矮脚早×雷电<br>雷电＝日本引进品种，参见 A519 | 矮脚早＝参见 C288 |
| D594 | 成豆 10 号 | 四川 | 杂交育种 | 五月拔×安岳龙会早<br>安岳龙会早＝四川安岳地方品种，参见 A501 | 五月拔＝浙江杭州地方品种，参见 A237 |

（续）

| 编号 | 品种名称 | 来源省份 | 育种方法 | 系 谱 | |
|------|---------|---------|---------|------|---|
| D595 | 成豆 11 | 四川 | 选择育种 | 中作 M4397 变异株选系 | 中作 M4397＝（中品 661×中 91－1）F₄ |
| D596 | 川豆 4 号 | 四川 | 杂交育种 | 中品 661＝参见 D061 | 中 91－1＝河北永清良种场选单株，参见 A538 |
| | | | | 矮脚早×郫县早豆子 | 矮脚早＝参见 C288 |
| D597 | 川豆 5 号 | 四川 | 杂交育种 | 郫县早豆子＝四川郫县地方品种，参见 A504 | |
| | | | | 湘春豆 10 号×G272 | 湘春豆 10 号＝参见 C301 |
| D598 | 川豆 6 号 | 四川 | 杂交育种 | G272＝四川雅安白毛豆选系，参见 A533 | 湘春豆 10 号＝参见 C301 |
| | | | | （湘春豆 10 号×宁镇 1 号）×矮脚早 | 矮脚早＝参见 C288 |
| D599 | 川豆 7 号 | 四川 | 杂交育种 | 宁镇 1 号＝参见 C438 | 北川兔儿豆＝四川北川地方品种，参见 A502 |
| | | | | 北川兔儿豆×459－2 | |
| D600 | 川豆 8 号 | 四川 | 选择育种 | 459－2＝中国农科院油料所优良品系，参见 A568 | 安县大粒＝四川安县地方品种，参见 A681 |
| | | | | 安县大粒豆系统选育 | |
| D601 | 川豆 9 号 | 四川 | 杂交育种 | 北川兔儿豆×齐黄 23 | 北川兔儿豆＝四川北川地方品种，参见 A502 |
| | | | | 齐黄 23＝鲁豆 1 号 | 鲁豆 1 号＝参见 C542 |
| D602 | 川豆 10 号 | 四川 | 杂交育种 | 达豆 2 号×泸定黄壳早 | 达豆 2 号＝参见 C624 |
| | | | | 泸定黄壳早＝四川地方品种，参见 A665 | |
| D603 | 富豆 1 号 | 四川 | 选择育种 | 白干城群体中发现的特早熟特大粒天然变异优株选系而成 | 白干城＝日本品种，参见 A307 |
| D604 | 富豆 2 号 | 四川 | 杂交育种 | 灰毛子×西豆 3 号 | 灰毛子＝四川地方品种，参见 A662 |
| | | | | 西豆 3 号＝参见 D646 | |
| D605 | 贡豆 5 号 | 四川 | 杂交育种 | 川湘早 1 号×（鲁豆 1 号×诱变 30）F₃ | 川湘早 1 号＝参见 C623 |
| | | | | 鲁豆 1 号＝参见 C542 | 诱变 30＝参见 C028 |
| D606 | 贡豆 8 号 | 四川 | 杂交育种 | 贡豆 7 号×D11－1 | 贡豆 7 号＝参见 C630 |
| | | | | D11－1＝早熟 6 号×矮脚早 | 早熟 6 号＝参见 C032 |
| | | | | 矮脚早＝参见 C288 | |
| D607 | 贡豆 9 号 | 四川 | 杂交育种 | 川湘早 1 号×晋大 701 | 川湘早 1 号＝参见 C623 |
| | | | | 晋大 701＝晋豆 501×晋豆 1 号 | 晋豆 501＝参见 C610 |
| | | | | 晋豆 1 号＝参见 C591 | |

（续）

| 编号 | 品种名称 | 来源省份 | 育种方法 | 系谱 | |
|------|---------|---------|---------|------|------|
| D608 | 贡豆10号 | 四川 | 杂交育种 | 塞凯20×贡豆3号 | 塞凯20＝日本品种，参见A518 贡豆3号＝参见C627 |
| D609 | 贡豆11 | 四川 | 杂交育种 | 贡豆7号×贡豆2号 | 贡豆7号＝参见C630 贡豆2号＝参见C626 |
| D610 | 贡豆12 | 四川 | 杂交育种 | $KK_3$×贡豆5号 $KK_3$＝1994年江苏农科院品系，参见A472 | 贡豆5号＝参见D605 |
| D611 | 贡豆13 | 四川 | 杂交育种 | 浙春3号×贡豆5号 | 浙春3号＝参见C650 贡豆5号＝参见D605 |
| D612 | 贡豆14 | 四川 | 杂交育种 | 贡豆7号×（齐黄22×贡豆2号）$F_3$ 齐黄22＝参见C563 | 贡豆7号＝参见C630 贡豆2号＝参见C626 |
| D613 | 贡豆15 | 四川 | 杂交育种 | 诱处4号×贡豆6号 | 诱处4号＝参见C030 贡豆6号＝参见C629 |
| D614 | 贡选1号 | 四川 | 选择育种 | 大冬豆选育 | 大冬豆＝四川荣县地方品种，参见A505 |
| D615 | 乐豆1号 | 四川 | 杂交育种 | 筠连七转豆×日本珍黄豆 日本珍黄豆＝引进的日本品种，参见A514 | 筠连七转豆＝四川宜宾地方品种，参见A506 |
| D616 | 南豆99 | 四川 | 选择育种 | 矮脚早系统选系 | 矮脚早＝参见C288 |
| D617 | 南豆3号 | 四川 | 选择育种 | 贡豆5号系统选系 | 贡豆5号＝参见D605 |
| D618 | 南豆4号 | 四川 | 选择育种 | 贡豆5号系统选系 | 贡豆5号＝参见D605 |
| D619 | 南豆5号 | 四川 | 杂交育种 | 矮脚早×贡豆6号 | 矮脚早＝参见C288 贡豆6号＝参见C629 |
| D620 | 南豆6号 | 四川 | 杂交育种 | 矮脚早×齐黄22 齐黄22＝参见C563 | 矮脚早＝参见C288 |
| D621 | 南豆7号 | 四川 | 杂交育种 | 成豆4号×9105-5 9105-5＝南充六月黄选系 | 成豆4号＝参见C619 南充六月黄＝四川南充地方品种，参见A642 |
| D622 | 南豆8号 | 四川 | 杂交育种 | 鄂豆5号×西豆3号 西豆3号＝参见D646 | 鄂豆5号＝参见C291 |

（续）

| 编号 | 品种名称 | 来源省份 | 育种方法 | 系谱 | |
|---|---|---|---|---|---|
| D623 | 津豆 18 | 天津 | 选择育种 | 中黄 13 自然变异单株选系 | 中黄 13 = 参见 D042 |
| D624 | 选六 | 天津 | 选择育种 | 诱变 30 选系 | 诱变 30 = 参见 C028 |
| D625 | 石大豆 1 号 | 新疆 | 选择育种 | 公 8874F$_2$ 选系 | 公 8874F$_2$ = (海交 8403 - 74 × 吉林 27) |
| | | | | | 吉林 27 = C359 |
| D626 | 石大豆 2 号 | 新疆 | 选择育种 | 海交 8403 = 吉林农科院大豆所品系 | 哈 89 - 1050 = 绥农 81 - 242 × 辽豆 3 号 |
| | | | | 哈 89 - 1050 系统选系 | 绥农 4 号 = 参见 C271 |
| | | | | 绥 81 - 242 = 绥农 4 号 × (绥 76 - 686 × 哈 76 - 6045) | 绥 76 - 6 = 黑农 4 号 × 克 56 - 10013 - 2 |
| | | | | 绥 76 - 686 = 绥 70 - 6 × Amsoy | 克 56 - 10013 - 2 = 克交 5610 × 克山四粒荚 |
| | | | | 黑农 4 号 = 参见 C198 | 紫花 4 号 = 参见 C287 |
| | | | | 克交 5610 = (紫花 4 号 × 元宝金) F$_7$ × 佳木斯秃荚子 | 佳木斯秃荚子 = 黑龙江佳木斯地方品种，参见 A137 |
| | | | | 元宝金 = 参见 C284 | 哈 76 - 6045 = 黑龙江农科院大豆所品系，参见 A426 |
| | | | | Amsoy = 美国品种，参见 A324 | |
| | | | | 辽豆 3 号 = 参见 C498 | |
| D627 | 新大豆 1 号 | 新疆 | 杂交育种 | 公交 8328 - 9 × 公交 7335 系统选系 | 公交 8328 - 9 = 吉林 20 × 开 7305 |
| | | | | 吉林 20 = 参见 C352 | 开 7305 = 开育 9 号，参见 C495 |
| | | | | 公交 7335 - 4 = 黑农 23 × 济宁 71021 | 黑农 23 = 参见 C209 |
| | | | | 济宁 71021 = 山东济宁农科所育种品种系，参见 A135 | |
| D628 | 新大豆 2 号 | 新疆 | 选择育种 | 吉林 34 选系 | 吉林 34 = 参见 D355 |
| D629 | 新大豆 3 号 | 新疆 | 诱变育种 | 黑农 41 干种子 $^{60}$Coγ 射线辐照 | 黑农 41 = 参见 D215 |
| D630 | 滇 86 - 4 | 云南 | 杂交育种 | 晋宁大黄豆 × Beeson | 晋宁大黄豆 = 参见 C641 |
| | | | | Beeson = 美国品种，参见 A325 | |
| D631 | 滇 86 - 5 | 云南 | 杂交育种 | 晋宁大黄豆 × Beeson | 晋宁大黄豆 = 参见 C641 |
| | | | | Beescn = 美国品种，参见 A325 | |
| D632 | 华春 18 | 浙江 | 杂交育种 | Q11 - 1 × 黑 12 - 1 | Q11 - 1 = 兰溪大青豆 × 杭州五月白 |
| | | | | 兰溪大青豆 = 浙江兰溪地方品种，参见 A529 | 杭州五月白 = 浙江杭州地方品种，参见 A109 |
| | | | | 黑 12 - 1 = 黑河 3 号的变异株 | 黑河 3 号 = 参见 C187 |
| D633 | 丽秋 2 号 | 浙江 | 诱变育种 | 粗黄大豆 $^{60}$Co 辐射诱变 | 粗黄大豆 = 浙江地方品种，参见 A692 |

（续）

| 编号 | 品种名称 | 来源省份 | 育种方法 | 系谱 | |
|---|---|---|---|---|---|
| D634 | 衢秋1号 | 浙江 | 选择育种 | 原毛蓬青选系 | 毛蓬青=浙江衢县地方品种，参见A167 |
| D635 | 衢秋2号 | 浙江 | 杂交育种 | 毛蓬青1号×秋7-1<br>赣豆1号=参见C464 | 毛蓬青1号=毛蓬青选系<br>毛蓬青=浙江衢县地方品种，参见A167<br>秋7-1=赣豆1号 |
| D636 | 衢鲜1号 | 浙江 | 杂交育种 | 毛蓬青1号×上海香豆<br>毛蓬青=浙江衢县地方品种，参见A167<br>大白毛豆=上海地方品种，参见A581 | 毛蓬青1号=毛蓬青选系<br>上海香豆=大白毛豆系统选育 |
| D637 | 黎春1号 | 浙江 | 杂交育种 | （80-1070×如皋麻十子）$F_2$×C-17<br>如皋麻十子=江苏如皋地方品种，参见A474 | 80-1070=不详，参见A559<br>C-17=不详，参见A560 |
| D638 | 萧农越秀 | 浙江 | 选择育种 | 八月拔选系 | 八月拔=萧山农家品种，参见A567 |
| D639 | 新选88 | 浙江 | 杂交育种 | 台湾292×日本晚粳（8902）<br>高雄1号=亚洲蔬菜研究发展中心由日本大胜白毛驯化选育<br>日本晚粳=日本品种，参见A693 | 台湾292=高雄1号<br>日本大胜白毛=日本品种，参见A516 |
| D640 | 浙春5号 | 浙江 | 杂交育种 | 灰33×78C35<br>矮脚早=参见C288<br>78C35=四月拔×78-11<br>78-11=浙江农科院作物所品系，参见A530 | 灰33=矮脚早×泰兴黑豆<br>泰兴黑豆=江苏泰兴地方品种，参见A219<br>四月拔=浙江杭州地方品种，参见A213 |
| D641 | 浙秋1号 | 浙江 | 杂交育种 | 杭州九月拔×毛蓬青<br>毛蓬青=浙江衢县地方品种，参见A167 | 杭州九月拔=浙江杭州市郊地方品种，参见A528 |
| D642 | 浙秋2号 | 浙江 | 杂交育种 | 杭州九月拔×毛蓬青<br>毛蓬青=浙江衢县地方品种，参见A167 | 杭州九月拔=浙江杭州市郊地方品种，参见A528 |
| D643 | 浙秋豆3号 | 浙江 | 杂交育种 | 湘秋豆1号×中遗特大粒<br>中遗特大粒=早熟1号×安徽大青豆<br>科系8号=58-161×徐豆1号<br>徐豆1号=参见C455<br>丰地黄=参见C324 | 湘秋豆1号=参见C312<br>早熟1号=科系8号×铁4117<br>58-161=参见C417<br>铁4117=（丰地黄×公交5201）×（铁丰3号×5621）<br>公交5201=金元1号×铁荚四粒黄 |

| 编号 | 品种名称 | 来源省份 | 育种方法 | 系谱 | 系谱 |
| --- | --- | --- | --- | --- | --- |
| D644 | 浙鲜豆 1 号 | 浙江 | 杂交育种 | 金元 1 号=参见 C492<br>铁丰 3 号=参见 C506<br>安徽大青豆=蒙城大青豆<br>矮脚白毛×AGS292<br>AGS292=高雄 1 号（亚洲蔬菜研究发展中心由日本大胜白毛驯化选育） | 铁荚四粒黄=吉林中南部地方品种，参见 A226<br>5621=参见 C467<br>蒙城大青豆=安徽蒙城地方品种，参见 A169<br>矮脚白毛=日本品种，参见 A527<br>日本大胜白毛=日本品种，参见 A516 |
| D645 | 浙鲜豆 2 号 | 浙江 | 杂交育种 | 矮脚白毛×富士见白<br>富士见白=日本品种，参见 A653 | 矮脚白毛=日本品种，参见 A527 |
| D646 | 西豆 3 号 | 重庆 | 诱变+选择育种 | 矮脚早经 $^{60}Co$ γ 射线辐射，10 年系统选育 | 矮脚早=参见 C288 |
| D647 | 西豆 5 号 | 重庆 | 杂交育种 | {[（普通黑大豆×西豆 3 号）×西豆 3 号] ×西豆 3 号}×西豆 3 号<br>西豆 3 号=参见 D646 | 普通黑大豆=四川地方品种，参见 A669 |
| D648 | 西豆 6 号 | 重庆 | 杂交育种 | 87-2×R-4<br>R-4=西南农业大学组织培养创新材料，参见 A647 | 87-2=西南农业大学品系，参见 A638 |
| D649 | 渝豆 1 号 | 重庆 | 选择育种 | 千斤不倒变异单株育成 | 千斤不倒=安徽望江地方品种，参见 A365 |

注：本表采用大豆育种工作者最常用的方法描述系谱。A×B 表示单交组合，A 为母本，B 为父本。（A×B）×C 表示三交，A 为母本，B×C 为父本。（A×B）×（C×D）表示四亲本复交，A×B 为母本，C×D 为父本。[（A×B）×（C×D）] ×E 表示五亲本复交，（A×B）×（C×D）为母本，E 为父本。A×（B+C+D）表示另一种单交，A 为母本，B、C 和 D 的混合花粉为父本。A（n）×B 表示以 A 为轮回亲本（母本）的回交，回交次数为 n-1 次；A×B（n）表示以 B 为轮回亲本（父本）的回交，回交次数为 n-1 次。

## 图表Ⅳ 祖先亲本的来源与特征特性

| 编号 | 名称 | 来源国 | 省份 | 产区 | 生态区 | 来源 | 播期类型 | 生育期(d) | 花色 | 毛色 | 种皮色 | 种脐色 | 子叶色 | 百粒重(g) | 蛋白质(%) | 油脂(%) | 结荚习性 |
|---|---|---|---|---|---|---|---|---|---|---|---|---|---|---|---|---|---|
| A001 | 3999-71 | 中国 | 黑龙江 | NC | I | 不详 | | | | | | | | | | | |
| A002 | 51-83 | 中国 | 江苏 | SC | III | 前中央农业实验所保存材料，别称5-18 | | | | | | | | | | | |
| A003 | 56-0501 | 中国 | 辽宁 | NC | I | 可能是辽宁地方品种选系 | | | | | | | | | | | |
| A004 | 7013-9 | 中国 | 辽宁 | NC | I | 铁岭农科所育种材料 | | | | | | | | | | | |
| A005 | 72-77-14 | 中国 | 贵州 | SC | V | 可能是贵州地方品种 | | | | | | | | | | | |
| A006 | 73-01-1 | 中国 | 江苏 | HHH | II | 不详 | | | | | | | | | | | |
| A007 | 76-287 | 中国 | 黑龙江 | NC | I | 东北农业大学育种材料 | | | | | | | | | | | |
| A008 | 77-12 | 中国 | 江西 | SC | IV | 不详 | | | | | | | | | | | |
| A009 | 79-混-1 | 中国 | 辽宁 | NC | I | 辽宁农科院杂交分离世代，亲本不详 | | | | | | | | | | | |
| A010 | 80-H28 | 中国 | 江苏 | HHH | II | 淮阴市农科所有性杂交育成 | | | | | | | | | | | |
| A011 | A66 | 中国 | 湖北 | SC | III | 中国农科院油料所育种材料 | | | | | | | | | | | |
| A012 | 安70-4176 | 中国 | 黑龙江 | NC | I | 不详 | 春 | 97 | 紫 | 灰 | 黄 | 黄 | 黄 | 15 | 46 | 18 | 有 |
| A013 | 安岳四季花 | 中国 | 四川 | SC | IV | 安岳地方品种 | | | | | | | | | | | |
| A014 | 白扁豆 | 中国 | 辽宁 | NC | I | 辽宁地方品种 | | | | | | | | | | | |
| A015 | 白花锉子 | 中国 | 吉林 | NC | I | 吉林中北部地方品种 | 春 | 133 | 白 | 灰 | 黄 | 褐 | 黄 | 16 | 40 | 23 | 亚 |
| A016 | 百余豆 | 中国 | 江西 | SC | IV | 新余地方品种 | 秋 | 98 | 紫 | 棕 | 绿 | 褐 | 黄 | 28 | 44 | 18 | 有 |
| A017 | 白荚霜 | 中国 | 辽宁 | NC | I | 庄河地方品种 | | | | | | | | | | | |
| A018 | 白茧壳 | 中国 | 江苏 | HHH | II | 邳县地方品种 | | | | | | | | | | | |
| A019 | 白眉 | 中国 | 黑龙江 | NC | I | 克山地方品种 | 夏 | 98 | 白 | 灰 | 黄 | 黄 | 黄 | 13 | | | 有 |
| A020 | 北62-1-9 | 中国 | 黑龙江 | NC | I | 北安良种育种材料 | | | | | | | | | | | |
| A021 | 北68-1483 | 中国 | 黑龙江 | NC | I | 北安良种育种材料 | | | | | | | | | | | |
| A022 | 北京8201 | 中国 | 不详 | HHH | II | 中国农科院植保所筛选的抗SCN材料 | | | | | | | | | | | |
| A023 | 北京豆 | 中国 | 北京 | HHH | II | 不详 | | | | | | | | | | | |
| A024 | 北良10号 | 中国 | 黑龙江 | NC | I | 北安良种场育种材料 | | | | | | | | | | | |

（续）

| 编号 | 名称 | 来源国 | 省份 | 产区 | 生态区 | 来源 | 播期类型 | 生育期(d) | 花色 | 毛色 | 种皮色 | 脐色 | 子叶色 | 百粒重(g) | 蛋白质(%) | 油脂(%) | 结荚习性 |
|---|---|---|---|---|---|---|---|---|---|---|---|---|---|---|---|---|---|
| A025 | 北良55-1 | 中国 | 黑龙江 | NC | I | 北安良种场育种材料 | | | | | | | | | | | |
| A026 | 北良57-25 | 中国 | 黑龙江 | NC | I | 北安良种场育种材料 | | | | | | | | | | | |
| A027 | 北良62-6-8 | 中国 | 黑龙江 | NC | I | 北安良种场育种材料 | | | | | | | | | | | |
| A028 | 北良67-1-21 | 中国 | 黑龙江 | NC | I | 北安良种场育种材料 | | | | | | | | | | | |
| A029 | 本溪嘟噜豆 | 中国 | 辽宁 | NC | I | 本溪地方品种 | | | | | | | | | | | |
| A030 | 本溪小黑脐 | 中国 | 辽宁 | NC | I | 本溪地方品种 | 春 | 138 | 白 | 灰 | 白黄 | 黑 | 黄 | 16 | 42 | 18 | 无 |
| A031 | 边3014 | 中国 | 黑龙江 | NC | I | 不详 | | | | | | | | | | | |
| A032 | 边65-4 | 中国 | 黑龙江 | NC | I | 不详 | | | | | | | | | | | |
| A033 | 表里青 | 中国 | 辽宁 | NC | I | 凤城地方品种 | | | | | | | | | | | |
| A034 | 滨海大白花 | 中国 | 江苏 | HHH | II | 滨海地方品种 | 夏 | 110 | 紫 | 灰 | 黄 | | 黄 | 14 | | | 无 |
| A035 | 薄地翠 | 中国 | 辽宁 | NC | I | 辽宁地方品种 | | | | | | | | | | | |
| A036 | 曹青 | 中国 | 浙江 | SC | IV | 浙江地方品种 | | | | | | | | | | | |
| A037 | 长汀绿斜 | 中国 | 福建 | SC | IV | 长汀地方品种 | 秋 | 96 | 紫 | 棕 | 绿 | 褐 | 黄 | 19 | 51 | 18 | 有 |
| A038 | 长叶大豆 | 中国 | 黑龙江 | NC | I | 黑龙江地方品种 | | | | | | | | | | | |
| A039 | 大白麻 | 中国 | 山西 | HHH | II | 山西地方品种 | | | | | | | | | | | |
| A040 | 大白眉 | 中国 | 黑龙江 | NC | I | 克山地方品种 | | | | | | | | | | | |
| A041 | 大白眉 | 中国 | 辽宁 | NC | I | 辽宁广泛分布的地方品种 | 春 | 138 | 紫 | 灰 | 白黄 | 黄 | 黄 | 20 | 43 | 21 | 无 |
| A042 | 大白脐 | 中国 | 河北 | HHH | II | 平泉地方品种 | 春 | 130 | 白 | 灰 | 白黄 | 黄 | 黄 | 17 | 40 | 21 | 无 |
| A043 | 大麦青 | 中国 | 辽宁 | NC | I | 辽宁地方品种 | | | | | | | | | | | |
| A044 | 大嘟噜豆 | 中国 | 吉林 | NC | I | 伊通地方品种 | 春 | 129 | 白 | 灰 | 黄 | | 黄 | 18 | 44 | 20 | 有 |
| A045 | 大方六月早 | 中国 | 贵州 | SC | V | 大方地方品种 | 春 | 116 | 紫 | 棕 | 淡黄 | | 黄 | 12 | | | 有 |
| A046 | 大红脐55-1 | 中国 | 黑龙江 | NC | I | 兑东地方品种 | 春 | 123 | 白 | 灰 | 黄 | 褐 | 黄 | 20 | 44 | 18 | 无 |
| A047 | 大渍皮 | 中国 | 山东 | HHH | II | 济宁地方品种 | 夏 | 110 | 紫 | 无 | 黄 | | 黄 | 17 | | 18 | 亚 |
| A048 | 大黄珠 | 中国 | 江西 | SC | IV | 上饶地方品种 | | | | | | | | | | | |
| A049 | 大金黄 | 中国 | 吉林 | NC | I | 吉林中北部地方品种 | 春 | 140 | 白 | 灰 | 黄 | 褐 | 黄 | 19 | 42 | 22 | 无 |
| A050 | 大金黄 | 中国 | 吉林 | NC | I | 吉林东南部地方品种 | 春 | 140 | 白 | 灰 | 黄 | 淡褐 | 黄 | 23 | | | 无 |

（续）

| 编号 | 名称 | 来源国 | 省份 | 产区 | 生态区 | 来　源 | 播期类型 | 生育期(d) | 花色 | 毛色 | 种皮色 | 种脐色 | 子叶色 | 百粒重(g) | 蛋白质(%) | 油脂(%) | 结荚习性 |
|---|---|---|---|---|---|---|---|---|---|---|---|---|---|---|---|---|---|
| A051 | 大金黄 | 中国 | 辽宁 | NC | I | 辽宁东北部地方品种 | 春 | 139 | 白 | 灰 | 黄 | 淡褐 | 黄 | 20 | 40 | 23 | 无 |
| A052 | 大金元 | 中国 | 河北 | HHH | II | 霸县地方品种 | 春 | 148 | 白 | 棕 | 黄 | 深褐 | 黄 | 20 | 43 | 17 | 无 |
| A053 | 大粒黄 | 中国 | 黑龙江 | NC | I | 黑龙江中部和东部地方品种 | 春 | 142 | 白 | 灰 | 黄 | 褐 | 黄 | 25 | 40 | 21 | 无 |
| A054 | 大粒黄 | 中国 | 吉林 | NC | I | 吉林地方品种 | 春 | 129 | 白 | 灰 | 黄 |  | 黄 | 22 | 42 | 21 | 无 |
| A055 | 大粒黄 | 中国 | 湖北 | SC | III | 英山地方品种 | 夏 | 120 | 白 | 棕 | 黄 | 褐 | 黄 | 15 | 39 | 18 | 有 |
| A056 | 大粒青 | 中国 | 辽宁 | NC | I | 本溪地方品种 | 春 | 168 | 紫 | 棕 | 淡绿 | 黑 | 黄 | 38 | 44 | 18 | 有 |
| A057 | 大青豆 | 中国 | 安徽 | HHH | II | 淮北地方品种 | 春/夏 | 130 | 紫 | 灰 | 绿 | 褐 | 黄 | 40 | 43 | 18 | 有 |
| A058 | 大青豆 | 中国 | 江苏 | HHH | II | 江苏地方品种 |  |  |  |  |  |  |  |  |  |  |  |
| A059 | 大洋豆 | 中国 | 吉林 | NC | I | 榆树地方品种 | 春 | 119 | 白 | 棕 | 黄 |  | 黄 | 19 | 43 | 20 | 无 |
| A060 | 砀山豌豆沙 | 中国 | 安徽 | HHH | II | 砀山地方品种 |  |  |  |  |  |  |  |  |  |  |  |
| A061 | 稻熟黄 | 中国 | 江苏 | SC | III | 江苏地方品种 |  |  |  |  |  |  |  |  |  |  |  |
| A062 | 德清黑豆 | 中国 | 浙江 | SC | III | 德清地方品种 |  |  |  |  |  |  |  |  |  |  |  |
| A063 | 定陶平顶大黄豆 | 中国 | 山东 | HHH | II | 定陶地方品种 |  |  |  |  |  |  |  |  |  |  |  |
| A064 | 东安药豆 | 中国 | 湖南 | SC | IV | 东安地方品种 | 春 | 96 | 紫 | 灰 | 黑 | 黑 | 黄 | 11 | 46 | 19 | 有 |
| A065 | 东海平顶红毛 | 中国 | 江苏 | HHH | II | 东海地方品种 | 夏 | 107 | 紫 | 灰 | 黄 |  | 黄 | 16 |  |  | 有 |
| A066 | 东解1号 | 中国 | 河南 | HHH | II | 河南地方品种 | 夏 | 90 | 白 | 灰 | 黄 | 褐 | 黄 | 17 | 39 | 19 | 有 |
| A067 | 东农3号 | 中国 | 黑龙江 | NC | I | 东北农业大学育成材料 |  |  |  |  |  |  |  |  |  |  |  |
| A068 | 东农16 | 中国 | 黑龙江 | NC | I | 东北农业大学育成材料 | 春 | 125 | 紫 | 灰 | 黄 | 褐 | 黄 | 20 | 38 | 21 | 无 |
| A069 | 东农20 | 中国 | 黑龙江 | NC | I | 东北农业大学育成材料 |  |  |  |  |  |  |  |  |  |  |  |
| A070 | 东农27 | 中国 | 黑龙江 | NC | I | 东北农业大学育成材料 |  |  |  |  |  |  |  |  |  |  |  |
| A071 | 东农33 | 中国 | 黑龙江 | NC | I | 东北农业大学育成材料 |  |  |  |  |  |  |  |  |  |  |  |
| A072 | 东农64-9377 | 中国 | 黑龙江 | NC | I | 东北农业大学育成材料 |  |  |  |  |  |  |  |  |  |  |  |
| A073 | 东农72-806 | 中国 | 黑龙江 | NC | I | 东北农业大学育成材料 |  |  |  |  |  |  |  |  |  |  |  |
| A074 | 嘟噜豆 | 中国 | 吉林 | NC | I | 吉林中南部地方品种 | 春 | 150 | 白 | 灰 | 黄 | 黄 | 黄 | 19 | 42 | 20 | 有 |
| A075 | 嘟噜豆 | 中国 | 辽宁 | NC | I | 铁岭地方品种 | 春 | 144 | 白 | 灰 | 黄 | 黄 | 黄 | 22 | 40 | 22 | 有 |
| A076 | 恩施六月黄 | 中国 | 湖北 | SC | III | 恩施地方品种 | 春 | 130 | 白 | 棕 | 黄 | 褐 | 黄 | 14 | 39 | 19 | 有 |

（续）

| 编号 | 名称 | 来源国 | 省份 | 产区 | 生态区 | 来源 | 播期类型 | 生育期(d) | 花色 | 毛色 | 种皮色 | 种脐色 | 子叶色 | 百粒重(g) | 蛋白质(%) | 油脂(%) | 结荚习性 |
|---|---|---|---|---|---|---|---|---|---|---|---|---|---|---|---|---|---|
| A077 | F5A | 中国 | 陕西 | HHH | II | 陕西农科院杂种后代 | | | | | | | | | | | |
| A078 | 繁峙小黑豆 | 中国 | 山西 | HHH | II | 山西地方品种 | | | | | | | | | | | |
| A079 | 凤城小金黄 | 中国 | 辽宁 | NC | I | 凤城地方品种 | 春 | 121 | | 灰 | 黄 | 淡褐 | 黄 | 19 | 45 | 19 | 有 |
| A080 | 凤大粒 | 中国 | 辽宁 | NC | I | 辽宁地方品种 | | | | | | | | | | | |
| A081 | 凤交55-2 | 中国 | 辽宁 | NC | I | 凤城农科所育种材料 | | | | | | | | | | | |
| A082 | 凤交6307 | 中国 | 辽宁 | NC | I | 凤城农科所育种材料 | | | | | | | | | | | |
| A083 | 丰山1号 | 中国 | 黑龙江 | NC | I | 海伦地方品种 | | | | | | | | | | | |
| A084 | 奉贤穗稻黄 | 中国 | 上海 | SC | III | 奉贤地方品种 | 夏 | 125 | 紫 | 棕 | 黄 | 黑 | 黄 | 19 | 45 | 18 | 有 |
| A085 | 辐白 | 中国 | 不详 | NC | I | 地方品种，可能原产东北 | | | | | | | | | | | |
| A086 | 福建绿心豆 | 中国 | 福建 | SC | IV | 福建东南部、南部地方品种 | 春 | 112 | 白 | 棕 | 黑 | 黑 | 绿 | 15 | 38 | 20 | 亚 |
| A087 | 浮山绿 | 中国 | 山西 | HHH | II | 山西浮山地方品种 | | | | | | | | | | | |
| A088 | 福寿 | 中国 | 辽宁 | NC | I | 开原地方品种 | 春 | 132 | 紫 | 灰 | 黄 | 褐 | 黄 | 22 | 41 | 19 | 无 |
| A089 | 抚松铁荚青 | 中国 | 吉林 | NC | I | 抚松地方品种 | 春 | 109 | 紫 | 灰 | 淡绿 | 绿 | 黄 | 17 | 41 | 20 | 无 |
| A090 | 辐宇6401 | 中国 | 吉林 | NC | I | 不详 | | | | | | | | | | | |
| A091 | 钢7345-4 | 中国 | 黑龙江 | NC | I | 红兴隆科研所有性杂交育成 | 春 | 102 | 白 | 灰 | 黄 | 淡褐 | 黄 | 20 | | | 有 |
| A092 | 高草白豆 | 中国 | 四川 | SC | IV | 西昌地方品种 | | | | | | | | | | | |
| A093 | 高脚白花青 | 中国 | 福建 | SC | IV | 福建地方品种 | | | | | | | | | | | |
| A094 | GD50477 | 中国 | 吉林 | NC | I | 东北地区半野生大豆（G. gracilis） | | | | | | | | | | | |
| A095 | 公616 | 中国 | 吉林 | NC | I | 公主岭地方品种 | | | | | | | | | | | |
| A096 | 公文良种黄大粒 | 中国 | 吉林 | NC | I | 吉林农科院育种材料 | | | | | | | | | | | |
| A097 | 拱县二季早 | 中国 | 四川 | SC | IV | 拱县地方品种 | 春 | 110 | 白 | 灰 | 黄 | 褐 | 黄 | 13 | 49 | 17 | 亚 |
| A098 | 古田豆 | 中国 | 福建 | SC | IV | 古田地方品种 | 春 | 103 | 紫 | 棕 | 淡黄 | 深褐 | 黄 | 17 | 41 | 19 | 无 |
| A099 | 灌云大四粒 | 中国 | 江苏 | HHH | II | 灌云地方品种 | 夏 | 97 | 紫 | 棕 | 黄 | | 黄 | 23 | | | 有 |
| A100 | 灌云六十日 | 中国 | 江苏 | HHH | II | 灌云地方品种 | 春 | 100 | 白 | 棕 | 黄 | | 黄 | 22 | | | 无 |
| A101 | 广平牛毛黄 | 中国 | 河北 | HHH | II | 河北广平地方品种 | 夏 | 93 | 紫 | 棕 | 淡黄 | 褐 | 黄 | 12 | 41 | 19 | 有 |
| A102 | 哈49-2158 | 中国 | 黑龙江 | NC | I | 不详，可能是地方品种选系 | | | | | | | | | | | |

（续）

| 编号 | 名称 | 来源国 | 省份 | 产区 | 生态区 | 来源 | 播期类型 | 生育期(d) | 花色 | 毛色 | 种皮色 | 种脐色 | 子叶色 | 百粒重(g) | 蛋白质(%) | 油脂(%) | 结荚习性 |
|---|---|---|---|---|---|---|---|---|---|---|---|---|---|---|---|---|---|
| A103 | 哈61-8134 | 中国 | 黑龙江 | NC | I | 黑龙江农科院育种材料 | | | | | | | | | | | |
| A104 | 哈尔滨大白眉 | 中国 | 黑龙江 | NC | I | 哈尔滨地方品种 | | | | | | | | | | | |
| A105 | 哈尔滨小黑豆 | 中国 | 黑龙江 | NC | I | 哈尔滨地方品种 | | | | | | | | | | | |
| A106 | 海白花 | 中国 | 江苏 | HHH | II | 灌云地方品种 | 夏 | 122 | 白 | 灰 | 黄 | 褐 | 黄 | 19 | 42 | 19 | 无 |
| A107 | 海龙嘟噜豆 | 中国 | 吉林 | NC | I | 吉林地方品种 | | | | | | | | | | | |
| A108 | 海伦金元 | 中国 | 黑龙江 | NC | I | 海伦地方品种 | | | | | | | | | | | |
| A109 | 杭州五月白 | 中国 | 浙江 | SC | III | 杭州农科所育种材料 | 春 | 109 | 白 | 灰 | 黄 | | 黄 | 18 | | | 有 |
| A110 | 菏泽2084 | 中国 | 山东 | HHH | II | 菏泽农科所育种材料 | | | | | | | | | | | |
| A111 | 黑鼻青 | 中国 | 广东 | SC | VI | 湛江地方品种 | 冬 | 92 | 紫 | 棕 | 绿 | 黑 | 黄 | 11 | 42 | 17 | 有 |
| A112 | 黑豆 | 中国 | 江苏 | SC | III | 江苏地方品种 | | | | | | | | | | | |
| A113 | 黑河紫花豆 | 中国 | 黑龙江 | NC | I | 黑河地方品种 | | | | | | | | | | | |
| A114 | 黑脐黄大豆 | 中国 | 辽宁 | NC | I | 辽宁地方品种 | 春 | | 紫 | 棕 | 黄 | 黑 | 黄 | 25 | 43 | 17 | 有 |
| A115 | 黑脐鹦哥豆 | 中国 | 辽宁 | NC | I | 宽甸地方品种 | 春 | 131 | 紫 | 棕 | 黄 | 黑 | 黄 | 29 | | | 有 |
| A116 | 黑嘴水白豆 | 中国 | 山西 | HHH | II | 襄垣地方品种 | | | | | | | | | | | |
| A117 | 衡阳五月黄 | 中国 | 湖南 | SC | IV | 衡阳地方品种 | | | | | | | | | | | |
| A118 | 红野-1 | 中国 | 黑龙江 | NC | I | 黑龙江地方品种 | | | | | | | | | | | |
| A119 | 猴子毛 | 中国 | 湖北 | SC | III | 黄陂地方品种 | 夏 | 120 | 白 | 棕 | 淡绿 | 褐 | 黄 | 16 | 40 | 19 | 有 |
| A120 | 花202 | 中国 | 黑龙江 | NC | I | 花园农场地方种选系 | | | | | | | | | | | |
| A122 | 滑县大绿豆 | 中国 | 河南 | HHH | II | 滑县地方品种 | 夏 | 127 | 紫 | 灰 | 淡绿 | 褐 | 黄 | 27 | 47 | 18 | 亚 |
| A123 | 怀豆黄豆 | 中国 | 江苏 | SC | III | 江苏地方品种 | | | | | | | | | | | |
| A124 | 淮阴大四粒 | 中国 | 江苏 | HHH | II | 淮阴地方品种 | | | | | | | | | | | |
| A125 | 黄豆 | 中国 | 辽宁 | NC | I | 辽宁地方品种 | | | | | | | | | | | |
| A126 | 黄骅大粒黑 | 中国 | 河北 | HHH | II | 黄骅地方品种 | | | | | | | | | | | |
| A127 | 黄金子 | 中国 | 江西 | SC | IV | 信丰地方品种 | 秋 | | | | | | | | | | |
| A128 | 黄客豆 | 中国 | 辽宁 | NC | I | 辽宁地方品种 | | | | | | | | | | | |
| A129 | 黄毛豆 | 中国 | 湖南 | SC | IV | 宁远地方品种 | 秋 | 106 | 紫 | 棕 | 黄 | 深褐 | 黄 | 15 | 39 | 15 | 亚 |

（续）

| 编号 | 名称 | 来源国 | 省份 | 产区 | 生态区 | 来源 | 播期类型 | 生育期(d) | 花色 | 毛色 | 种皮色 | 种脐色 | 子叶色 | 百粒重(g) | 蛋白质(%) | 油脂(%) | 结荚习性 |
|---|---|---|---|---|---|---|---|---|---|---|---|---|---|---|---|---|---|
| A130 | 灰长白 | 中国 | 黑龙江 | NC | I | 黑龙江地方品种 | | | | | | | | | | | |
| A131 | 辉南青皮豆 | 中国 | 吉林 | NC | I | 辉南地方品种 | 春 | 129 | 白 | 灰 | 绿 | 深褐 | 绿 | 21 | 43 | 19 | 无 |
| A132 | 珲春豆 | 中国 | 吉林 | NC | I | 珲春地方品种 | 春 | | 白 | 灰 | 黄 | | 黄 | | 40 | 22 | 亚 |
| A133 | 即墨油豆 | 中国 | 山东 | HHH | II | 即墨地方品种 | | | | | | | | | | | |
| A134 | 济南1号 | 中国 | 山东 | HHH | II | 不详 | | | | | | | | | | | |
| A135 | 济宁71021 | 中国 | 山东 | HHH | II | 济宁农科所育种材料 | | | | | | | | | | | |
| A136 | 极早黄 | 中国 | 山西 | HHH | II | 山西地方品种 | | | | | | | | | | | |
| A137 | 佳木斯秃荚子 | 中国 | 黑龙江 | NC | I | 佳木斯地方品种 | 春 | 118 | 紫 | 灰 | 黄 | 黄 | 黄 | 20 | 44 | 19 | 无 |
| A138 | 建德白毛荚 | 中国 | 浙江 | SC | III | 建德地方品种 | 夏 | | | | | | | | | | |
| A139 | 将乐大青豆 | 中国 | 福建 | SC | IV | 将乐地方品种 | 秋 | 110 | 紫 | 棕 | 绿 | 褐 | 黄 | 23 | 39 | 17 | 有 |
| A140 | 介休黑眉豆 | 中国 | 山西 | HHH | II | 介休地方品种 | 春 | 110 | 紫 | 棕 | 黑 | 黑 | 黄 | 9 | 43 | 17 | 有 |
| A141 | 晋豆5号 | 中国 | 山西 | HHH | II | 杂交育成材料 | | | | | | | | | | | |
| A142 | 晋大152 | 中国 | 山西 | HHH | II | 山西地方品种选系 | | | | | | | | | | | |
| A143 | 晋大801 | 中国 | 山西 | HHH | II | 山西地方品种选系 | | | | | | | | | | | |
| A144 | 金华直立 | 中国 | 浙江 | SC | IV | 金华地方品种 | 秋 | 109 | 紫 | 棕 | 绿 | | 黄 | 25 | | | 亚 |
| A145 | 金县快白豆 | 中国 | 辽宁 | NC | I | 金县地方品种 | | | | | | | | | | | |
| A146 | 金元 | 中国 | 辽宁 | NC | I | 开原地方品种 | 春 | 132 | 白 | 灰 | 黄 | | 黄 | 20 | 40 | 22 | 有 |
| A147 | 金株黄 | 中国 | 湖南 | SC | IV | 湖南地方品种 | | | | | | | | | | | |
| A148 | 京谷玉 | 中国 | 山西 | HHH | II | 山西地方品种 | | | | | | | | | | | |
| A149 | 京黄3号 | 中国 | 北京 | HHH | II | 选自河北地方品种 | | | | | | | | | | | |
| A150 | 菊黄 | 中国 | 广东 | SC | VI | 潮阳地方品种 | 春 | 90 | 紫 | 棕 | 黄 | 深褐 | 黄 | 21 | 45 | 18 | 有 |
| A151 | 开6302-12-1-1 | 中国 | 辽宁 | NC | I | 开原农科所育种材料 | | | | | | | | | | | |
| A152 | 开山白 | 中国 | 浙江 | SC | III | 上虞地方品种 | 春 | 120 | 白 | 灰 | 黄 | | 黄 | 23 | 36 | 19 | 有 |
| A153 | 克山大白眉 | 中国 | 黑龙江 | NC | I | 克山地方品种 | | | | | | | | | | | |
| A154 | 克山四粒荚 | 中国 | 黑龙江 | NC | I | 克山地方品种 | 春 | 138 | 紫 | 灰 | 黄 | 黄 | 黄 | 22 | 39 | 20 | 无 |
| A155 | 口前豆 | 中国 | 吉林 | NC | I | 吉林中北部地方品种 | 春 | 138 | 白 | 灰 | 淡褐 | 黄 | 黄 | 18 | 43 | 21 | 有 |

（续）

| 编号 | 名称 | 来源国 | 省份 | 产区 | 生态区 | 来源 | 播期类型 | 生育期(d) | 花色 | 毛色 | 种皮色 | 种脐色 | 子叶色 | 百粒重(g) | 蛋白质(%) | 油脂(%) | 结荚习性 |
|---|---|---|---|---|---|---|---|---|---|---|---|---|---|---|---|---|---|
| A156 | 历城小粒青 | 中国 | 山东 | HHH | II | 历城地方品种 | 夏 | 95 | 白 | 棕 | 绿 | 深褐 | 黄 | 13 | 39 | 18 | 亚 |
| A157 | 立新9号 | 中国 | 不详 | U | U | 不详 | | | | | | | | | | | |
| A158 | 连城白花豆 | 中国 | 福建 | SC | IV | 连城地方品种 | 秋 | 92 | 白 | 灰 | 绿 | 黄 | | 15 | 40 | 16 | 有 |
| A159 | 辽宁大白眉 | 中国 | 辽宁 | NC | I | 辽宁广泛分布的地方品种 | 春 | 138 | 紫 | 灰 | 白 | 黄 | 黄 | 20 | 43 | 21 | 无 |
| A160 | 林甸永安大豆 | 中国 | 黑龙江 | NC | I | 林甸地方品种 | | | | | | | | | | | |
| A161 | 临县羊眼豆 | 中国 | 山西 | HHH | II | 临县地方品种 | | | | | | | | | | | |
| A162 | 六合青豆 | 中国 | 江苏 | SC | III | 六合地方品种 | 夏 | 120 | 紫 | 棕 | 绿 | 黑 | 黄 | 27 | 47 | 18 | 有 |
| A163 | 六十日金黄 | 中国 | 山东 | HHH | II | 蓬莱地方品种 | | | | | | | | | | | |
| A164 | 六枝六月黄 | 中国 | 贵州 | SC | V | 六枝地方品种 | | | | | | | | | | | |
| A165 | 龙76-9232 | 中国 | 山西 | HHH | II | 不详 | | | | | | | | | | | |
| A166 | 猫儿灰 | 中国 | 贵州 | SC | V | 长顺地方品种 | 春 | 136 | 紫 | 灰 | 黄 | | 黄 | 8 | | | 有 |
| A167 | 毛蓬青 | 中国 | 浙江 | SC | IV | 衢县地方品种 | 秋 | 102 | 紫 | 灰 | 淡绿 | 淡 | 黄 | 34 | 43 | 19 | 无 |
| A168 | 蒙城大白壳 | 中国 | 安徽 | HHH | II | 蒙城地方品种 | 春/夏 | 130 | 紫 | 灰 | 绿 | 褐 | 黄 | 40 | 43 | 18 | 有 |
| A169 | 蒙城大青豆 | 中国 | 安徽 | HHH | II | 蒙城地方品种 | 春 | 122 | 紫 | 灰 | 浓黄 | 褐 | 黄 | 12 | 47 | 17 | 无 |
| A170 | 米泉黄豆 | 中国 | 新疆 | NC | I | 米泉地方品种 | 夏 | 104 | 白 | 棕 | 黑 | 黑 | 黄 | 9 | 44 | 18 | 有 |
| A171 | 耐阴黑豆 | 中国 | 河北 | HHH | II | 康宝地方品种 | | | | | | | | | | | |
| A172 | 讷河紫花四粒 | 中国 | 黑龙江 | NC | I | 讷河地方品种 | | | | | | | | | | | |
| A173 | 牛尾巴黄 | 中国 | 吉林 | NC | I | 吉林西部地方品种 | 春 | 138 | 白 | 棕 | 黄 | 黄 | 黄 | 19 | 43 | 21 | 亚 |
| A174 | 农杂9-3 | 中国 | 辽宁 | NC | I | 铁岭农科所育种材料 | | | | | | | | | | | |
| A175 | 欧力黑 | 中国 | 不详 | NC | I | 东北地方品种 | | | | | | | | | | | |
| A176 | 沛县大白角 | 中国 | 江苏 | HHH | II | 沛县地方品种 | 夏 | 108 | 紫 | 灰 | 黄 | | 黄 | 12 | | | 无 |
| A177 | 邳县软条枝 | 中国 | 江苏 | HHH | II | 邳县地方品种 | 夏 | 108 | 白 | 灰 | 淡黄 | | 黄 | 11 | | | 无 |
| A178 | 平顶冠 | 中国 | 河北 | HHH | II | 霸县地方品种 | | | | | | | | | | | |
| A179 | 平顶黄 | 中国 | 山东 | HHH | II | 邹县地方品种 | | | | | | | | | | | |
| A180 | 平顶四 | 中国 | 吉林 | NC | I | 吉林中部地方品种 | 春 | 140 | 白 | 灰 | 黄 | 黄 | 黄 | 18 | 40 | 21 | 亚 |
| A181 | 平顶香 | 中国 | 辽宁 | NC | I | 锦州地方品种 | 春 | 137 | 紫 | 棕 | 淡褐 | 褐 | 黄 | 13 | 40 | 17 | 无 |

（续）

| 编号 | 名称 | 来源国 | 省份 | 产区 | 生态区 | 来源 | 播期类型 | 生育期(d) | 花色 | 毛色 | 种皮色 | 种脐色 | 子叶色 | 百粒重(g) | 蛋白质(%) | 油脂(%) | 结荚习性 |
|---|---|---|---|---|---|---|---|---|---|---|---|---|---|---|---|---|---|
| A182 | 平舆笨 | 中国 | 河南 | HHH | II | 平舆地方品种 | 夏 | 131 | 白 | 灰 | 黄 | 淡褐 | 黄 | 23 | 44 | 18 | 有 |
| A183 | 浦东大黄豆 | 中国 | 上海 | SC | III | 浦东地方品种 | 夏 | 138 | 白 | 棕 | 绿 |  | 黄 | 19 |  |  | 有 |
| A184 | 浦东夫青豆 | 中国 | 上海 | SC | III | 浦东地方品种 | 春 | 97 | 白 | 灰 | 淡黄 | 淡黄 | 黄 | 15 | 43 | 20 | 亚 |
| A185 | 莆豆40 | 中国 | 福建 | SC | IV | 莆田农科所所有性杂交育成 | 春 | 113 | 白 | 棕 | 淡黄 | 黑 | 黄 | 22 | 41 | 20 | 亚 |
| A186 | 莆田大黄豆 | 中国 | 福建 | SC | IV | 福安地方品种 |  |  |  |  |  |  |  |  |  |  |  |
| A187 | 启东夫青豆 | 中国 | 江苏 | SC | III | 启东地方品种 |  |  |  |  |  |  |  |  |  |  |  |
| A188 | 启东西凤青 | 中国 | 江苏 | SC | III | 启东地方品种 | 夏 | 145 | 紫 | 灰 | 绿 | 黄 | 绿 | 27 | 42 | 21 | 有 |
| A189 | 千斤黄 | 中国 | 黑龙江 | NC | I | 安达地方品种 | 春 | 125 | 白 | 灰 | 黄 | 褐 | 黄 | 20 |  |  | 无 |
| A190 | 沁阳水白豆 | 中国 | 河南 | HHH | II | 沁阳地方品种 | 夏 | 120 | 白 | 无 | 黄 | 褐 | 黄 | 13 | 42 | 17 | 有 |
| A191 | 青豆 | 中国 | 辽宁 | NC | I | 辽宁地方品种 |  |  |  |  |  |  |  |  |  |  |  |
| A192 | 清华大豆 | 中国 | 云南 | SC | V | 昆明地方品种 |  |  |  |  |  |  |  |  |  |  |  |
| A193 | 青仁豆 | 中国 | 湖南 | SC | IV | 湖南地方品种 |  |  |  |  |  |  |  |  |  |  |  |
| A194 | 青阳早黄豆 | 中国 | 安徽 | SC | III | 青阳地方品种 | 夏 | 112 | 白 | 无 | 黄 | 黄 | 黄 | 15 |  |  | 有 |
| A195 | 荣县大黄豆 | 中国 | 四川 | SC | IV | 荣县地方品种 | 春 | 111 | 紫 | 棕 | 黄 | 黑 | 黄 | 23 | 47 | 18 | 亚 |
| A196 | 山东四角齐 | 中国 | 山东 | HHH | II | 商河地方品种 | 夏 | 113 | 白 | 棕 | 黑 | 黑 | 黄 | 12 | 44 | 17 | 有 |
| A197 | 山东小黄豆 | 中国 | 山东 | HHH | II | 山东地方品种 |  |  |  |  |  |  |  |  |  |  |  |
| A198 | 山农1号 | 中国 | 不详 | U | U | 不详 |  |  |  |  |  |  |  |  |  |  |  |
| A199 | 单县闵寨188 | 中国 | 山东 | HHH | II | 单县地方品种 | 夏 | 110 | 紫 | 灰 | 黄 | 黄 | 黄 | 18.9 |  |  | 有 |
| A200 | 上海红芒旱毛豆 | 中国 | 上海 | SC | III | 上海地方品种 | 夏 | 120 | 紫 | 棕 | 黄 | 褐 | 黄 | 18 | 43 | 18 | 有 |
| A201 | 上海六月白 | 中国 | 上海 | SC | III | 上海地方品种 |  |  |  |  |  |  |  |  |  |  |  |
| A202 | 上海六月黄 | 中国 | 上海 | SC | III | 上海地方品种 |  |  |  |  |  |  |  |  |  |  |  |
| A203 | 商河黑豆 | 中国 | 山东 | HHH | II | 山东地方品种 |  |  |  |  |  |  |  |  |  |  |  |
| A204 | 上虞玖山白 | 中国 | 浙江 | SC | IV | 上虞地方品种 | 春 | 120 | 白 | 灰 | 白 | 淡褐 | 黄 | 20 | 41 | 20 | 有 |
| A205 | 绍兴六月黄 | 中国 | 湖南 | SC | IV | 绍兴地方品种 |  |  |  |  |  |  |  |  |  |  |  |
| A206 | 设交74-292 | 中国 | 黑龙江 | NC | I | 不详 |  |  |  |  |  |  |  |  |  |  |  |
| A207 | 沈阳大豆 | 中国 | 辽宁 | NC | I | 沈阳农业大学育种材料 |  |  |  |  |  |  |  |  |  |  |  |

（续）

| 编号 | 名称 | 来源国 | 省份 | 产区 | 生态区 | 来源 | 播期类型 | 生育期(d) | 花色 | 毛色 | 种皮色 | 种脐色 | 子叶色 | 百粒重(g) | 蛋白质(%) | 油脂(%) | 结荚习性 |
|---|---|---|---|---|---|---|---|---|---|---|---|---|---|---|---|---|---|
| A208 | 双河秣食豆 | 中国 | 黑龙江 | NC | I | 黑龙江地方品种 | | | | | | | | | | | 无 |
| A209 | 四粒黄 | 中国 | 黑龙江 | NC | I | 黑龙江中部和东部地方品种 | 春 | 142 | 白 | 灰 | 黄 | 褐 | 黄 | 25 | 40 | 21 | 无 |
| A210 | 四粒黄 | 中国 | 吉林 | NC | I | 公主岭地方品种 | 春 | 130 | 紫 | 灰 | 黄 | 褐 | 黄 | 15 | 40 | 18 | 无 |
| A211 | 四粒黄 | 中国 | 吉林 | NC | I | 东丰地方品种 | 春 | 128 | 白 | 灰 | 黄 | | 黄 | 20 | 44 | 19 | 无 |
| A212 | 四粒黄 | 中国 | 吉林 | NC | I | 吉林中部地方品种 | 春 | 140 | 白 | 灰 | 黄 | 黄 | 黄 | 18 | 43 | 19 | 有 |
| A213 | 四月拔 | 中国 | 浙江 | SC | III | 杭州地方品种 | 春 | 88 | 紫 | 棕 | 褐 | 褐 | 黄 | 16 | 43 | 16 | |
| A214 | 四月白 | 中国 | 湖南 | SC | IV | 湖南地方品种 | | | | | | | | | | | 有 |
| A215 | 孙吴大白眉 | 中国 | 黑龙江 | NC | I | 孙吴地方品种 | 春 | 118 | 紫 | 灰 | 黄 | 黄 | 黄 | 17 | 40 | 19 | 有 |
| A216 | 襄衣领 | 中国 | 黑龙江 | NC | I | 黑龙江西部地方品种 | 春 | 134 | 紫 | 灰 | 黄 | 褐 | 黄 | 16 | 38 | 20 | 无 |
| A217 | 太谷黄 | 中国 | 山西 | HHH | II | 太谷地方品种 | 春 | 139 | 白 | 灰 | 黄 | 褐 | 黄 | 11 | 45 | 18 | 无 |
| A218 | 太谷黄豆 | 中国 | 山西 | HHH | II | 太谷地方品种 | | | | | | | | | | | |
| A219 | 泰兴黑豆 | 中国 | 江苏 | SC | III | 泰兴地方品种 | 春 | 100 | 白 | 灰 | 黑 | 黑 | 黄 | 17 | 44 | 20 | 亚 |
| A220 | 太原早 | 中国 | 山西 | HHH | II | 太原地方品种 | | | | | | | | | | | |
| A221 | 天鹅蛋 | 中国 | 安徽 | HHH | II | 安徽北部地方品种 | 夏 | 110 | 白 | 灰 | 黄 | 褐 | 黄 | 16 | 41 | 20 | 无 |
| A222 | 天鹅蛋 | 中国 | 吉林 | NC | I | 集安地方品种 | 春 | 131 | 紫 | 棕 | 暗黄 | 深褐 | 黄 | 25 | 45 | 19 | 有 |
| A223 | 天鹅蛋 | 中国 | 山西 | HHH | II | 代县地方品种 | 春 | 153 | 白 | 灰 | 黄 | 褐 | 黄 | 20 | 42 | 21 | 无 |
| A224 | 田坎豆 | 中国 | 四川 | SC | IV | 成都地方品种 | 夏 | 115 | 紫 | 棕 | 黄 | 褐 | 黄 | 14 | 42 | 19 | 有 |
| A225 | 铁荚青 | 中国 | 辽宁 | NC | I | 沈阳地方品种 | 春 | 125 | 白 | 灰 | 黄 | 淡褐 | 黄 | 17 | 45 | 18 | 有 |
| A226 | 铁荚四粒黄 | 中国 | 吉林 | NC | I | 吉林中南部地方品种 | 春 | 140 | 白 | 灰 | 黄 | 深褐 | 黄 | 17 | 41 | 20 | 无 |
| A227 | 铁荚子 | 中国 | 辽宁 | NC | I | 铁岭地方品种 | 春 | 144 | 白 | 灰 | 黄 | | 黄 | 22 | 40 | 22 | 有 |
| A228 | 铁角黄 | 中国 | 山东 | HHH | II | 山东西部地方品种 | 夏 | 105 | 白 | 灰 | 黄 | 褐 | 黄 | 12 | 41 | 18 | 有 |
| A229 | 铁岭短叶柄 | 中国 | 辽宁 | NC | I | 铁岭地方品种 | | | | | | | | | | | |
| A230 | 通山薄皮黄豆 | 中国 | 湖北 | SC | III | 通山地方品种 | 夏 | 130 | 紫 | 棕 | 黄 | 深褐 | 黄 | 12 | 48 | 13 | 有 |
| A231 | 铜山天鹅蛋 | 中国 | 江苏 | HHH | II | 铜山地方品种 | 夏 | 104 | 紫 | 灰 | 黄 | 黄 | 黄 | 21 | | | 无 |
| A232 | 通州小黄豆 | 中国 | 北京 | HHH | II | 通县地方品种 | 春 | 138 | 白 | 灰 | 黄 | 黄 | 黄 | 15 | 41 | 19 | 有 |
| A233 | 秃荚子 | 中国 | 黑龙江 | NC | I | 木兰地方品种 | 春 | 131 | 白 | 灰 | 浓黄 | 黄 | 黄 | 22 | 36 | 21 | 无 |

（续）

| 编号 | 名称 | 来源国 | 省份 | 产区 | 生态区 | 来源 | 播期类型 | 生育期(d) | 花色 | 毛色 | 种皮色 | 种脐色 | 子叶色 | 百粒重(g) | 蛋白质(%) | 油脂(%) | 结荚习性 |
|---|---|---|---|---|---|---|---|---|---|---|---|---|---|---|---|---|---|
| A234 | 晚小白眉 | 中国 | 辽宁 | NC | I | 辽宁地方品种 | 春 | 123 | 紫 | 灰 | 淡黄 | 黄 | 黄 | 37 | 20 |  |  |
| A235 | 五顶珠 | 中国 | 黑龙江 | NC | I | 绥化地方品种 | 夏 | 110 | 白 | 灰 | 淡黄 | 褐 | 黄 | 16 | 43 | 20 | 有 |
| A236 | 五河大白壳 | 中国 | 安徽 | HHH | II | 五河地方品种 | 春 | 103 | 白 | 灰 | 黄 | 褐 | 黄 | 18 | 35 | 22 | 有 |
| A237 | 五月拔 | 中国 | 浙江 | SC | III | 杭州地方品种 |  |  |  |  |  |  |  |  |  |  |  |
| A238 | 小白花燥 | 中国 | 安徽 | HHH | II | 阜南地方品种 |  |  |  |  |  |  |  |  |  |  |  |
| A239 | 小白眉 | 中国 | 不详 | NC | I | 东北地方品种 | 春 | 132 | 紫 | 灰 | 白 | 黄 | 黄 | 20 | 40 | 17 | 无 |
| A240 | 小金黄 | 中国 | 黑龙江 | NC | I | 北安地方品种 | 春 | 140 | 白 | 灰 | 黄 | 黄 | 黄 | 18 | 37 | 20 | 无 |
| A241 | 小金黄 | 中国 | 吉林 | NC | I | 九台地方品种 | 春 | 130 | 白 | 灰 | 淡黄 | 黄 | 黄 | 19 | 41 | 21 | 亚 |
| A242 | 小金黄 | 中国 | 辽宁 | NC | I | 沈阳地方品种 | 春 | 136 | 白 | 灰 | 淡黄 | 黄 | 黄 | 19 | 38 | 19 | 无 |
| A243 | 小金元 | 中国 | 辽宁 | NC | I | 台安地方品种 | 春 | 131 | 白 | 灰 | 白 | 黄 | 黄 | 23 | 40 | 19 | 无 |
| A244 | 小粒豆9号 | 中国 | 黑龙江 | NC | I | 勃利地方品种 | 春 | 117 | 白 | 灰 | 黄 | 黄 | 黄 | 19 | 39 | 21 | 无 |
| A245 | 小粒黄 | 中国 | 黑龙江 | NC | I | 黑龙江地方品种 |  |  |  |  |  |  |  |  |  |  |  |
| A246 | 小平顶 | 中国 | 安徽 | HHH | II | 宿县地方品种 | 春 | 135 | 白 | 灰 | 黄 | 褐 | 黄 | 16 | 42 | 20 | 亚 |
| A247 | 熊岳小黄豆 | 中国 | 辽宁 | NC | I | 熊岳地方品种 | 春 | 102 | 紫 | 灰 | 淡黄 | 黄 | 黄 | 18 |  |  | 无 |
| A248 | 迅克当地种 | 中国 | 黑龙江 | NC | I | 逊克地方品种 | 春 | 135 | 紫 | 灰 | 淡黄 | 褐 | 黄 | 16 |  |  | 亚 |
| A249 | 压破车 | 中国 | 吉林 | NC | I | 吉林东部地方品种 |  |  |  |  |  |  |  |  |  |  |  |
| A250 | 雁鹅包 | 中国 | 福建 | SC | IV | 顺昌地方品种 | 秋 | 98 | 紫 | 棕 | 黄 | 黄 | 黄 | 13 |  |  | 有 |
| A251 | 燕过青 | 中国 | 河北 | HHH | II | 遵化地方品种 |  |  |  |  |  |  |  |  |  |  |  |
| A252 | 洋蜜蜂 | 中国 | 吉林 | NC | I | 榆树地方品种 |  |  |  |  |  |  |  |  |  |  |  |
| A253 | 药泉山半野生大豆 | 中国 | 黑龙江 | NC | I | 五大连池药泉山产半野生大豆 |  |  |  |  |  |  |  |  |  |  |  |
| A254 | 益都平顶黄 | 中国 | 山东 | HHH | II | 益都地方品种 | 夏 | 110 | 白 | 灰 | 黄 | 褐 | 黄 | 12 | 41 | 19 | 有 |
| A255 | 沂水平顶黄 | 中国 | 山东 | HHH | II | 沂水地方品种 | 夏 | 95 | 白 | 灰 | 黄 | 黄 | 黄 | 13 |  |  | 有 |
| A256 | 一窝蜂 | 中国 | 吉林 | NC | I | 吉林中部偏西地区地方品种 | 春 | 133 | 紫 | 灰 | 黄 | 黄 | 黄 | 15 | 42 | 22 | 亚 |
| A257 | 一窝蜂 | 中国 | 陕西 | HHH | II | 陕西关中西部地方品种 | 夏 | 110 | 白 | 灰 | 黄 | 褐 | 黄 | 10 | 36 | 19 | 有 |
| A258 | 宜兴青绿豆 | 中国 | 江苏 | SC | III | 宜兴地方品种 | 夏 | 139 | 白 | 棕 | 绿 | 黑 | 绿 | 32 |  |  | 有 |
| A259 | 浆经黄壳早 | 中国 | 四川 | SC | IV | 浆经地方品种 | 春 | 102 | 紫 | 灰 | 黄 | 褐 | 黄 | 17 | 48 | 18 | 有 |

（续）

| 编号 | 名称 | 来源国 | 省份 | 产区 | 生态区 | 来　　源 | 播期类型 | 生育期(d) | 花色 | 毛色 | 种皮色 | 种脐色 | 子叶色 | 百粒重(g) | 蛋白质(%) | 油脂(%) | 结荚习性 |
|---|---|---|---|---|---|---|---|---|---|---|---|---|---|---|---|---|---|
| A260 | 永丰豆 | 中国 | 吉林 | NC | I | 永吉地方品种 | 春 | 130 | 白 | 灰 | 黄 | 黄 | 黄 | 20 | 43 | 20 | 有 |
| A261 | 榆次小黄豆 | 中国 | 山西 | HHH | II | 榆次地方品种 | 春 | 143 | 紫 | 棕 | 黄 | 褐 | 黄 | 17 | 42 | 19 | 无 |
| A262 | 榆林黄豆 | 中国 | 宁夏 | NC | I | 宁夏地方品种 | | | | | | | | | | | |
| A263 | 暂编20 | 中国 | 湖北 | SC | III | 湖北地方品种 | | | | | | | | | | | |
| A264 | 早黑河 | 中国 | 黑龙江 | NC | I | 额尔古纳右旗地方品种 | | | | | | | | | | | |
| A265 | 浙江青仁乌 | 中国 | 浙江 | SC | III | 平湖地方品种 | 夏 | 145 | 紫 | 棕 | 黑 | 黑 | 绿 | 28 | | | 有 |
| A266 | 浙江四月白 | 中国 | 浙江 | SC | IV | 缙云地方品种 | 春 | 112 | 白 | 灰 | 黄 | | 黄 | 19 | | | 有 |
| A267 | 洽安小粒豆 | 中国 | 黑龙江 | NC | I | 洽安地方品种 | 春 | 120 | 紫 | 灰 | 黄 | 浓褐 | 黄 | 16 | 44 | 19 | 无 |
| A268 | 紫大豆 | 中国 | 河南 | HHH | II | 驻马店地方品种 | 夏 | 111 | 紫 | 棕 | 褐 | 褐 | 黄 | 23 | 35 | 21 | 亚 |
| A269 | 自贡青皮豆 | 中国 | 四川 | SC | IV | 自贡地方品种 | | | | | | | | | | | |
| A270 | 紫花豆 | 中国 | 吉林 | NC | I | 吉林东南部地方品种 | 春 | 140 | 紫 | 灰 | 黄 | 浓褐 | 黄 | 19 | 43 | 20 | 无 |
| A271 | 紫秸豆 | 中国 | 辽宁 | NC | I | 金县地方品种 | | | | | | | | | | | |
| A272 | 滋阳平顶黄 | 中国 | 山东 | HHH | II | 滋阳地方品种 | | | | | | | | | | | |
| A273 | 邹县小六叶 | 中国 | 山东 | HHH | II | 邹县地方品种 | | | | | | | | | | | |
| A274 | 作630 | 中国 | 北京 | HHH | II | 中国农科院作物所育种材料 | | | | | | | | | | | |
| A275 | 左云圆黑豆 | 中国 | 山西 | HHH | II | 左云地方品种 | 春 | 120 | 紫 | 棕 | 黑 | 黑 | 黄 | 11 | 42 | 19 | 无 |
| A276 | | 中国 | 安徽 | HHH | II | 商品大豆 | | | | | | | | | | | |
| A277 | | 中国 | 河北 | HHH | II | 乐亭地方品种 | | | | | | | | | | | |
| A278 | | 中国 | 河北 | HHH | II | 新城地方品种 | | | | | | | | | | | |
| A279 | | 中国 | 河北 | HHH | II | 迁安地方品种 | | | | | | | | | | | |
| A280 | | 中国 | 河北 | HHH | II | 沧县地方品种 | | | | | | | | | | | |
| A281 | | 中国 | 河北 | HHH | II | 霸县地方品种 | | | | | | | | | | | |
| A282 | | 中国 | 河北 | HHH | II | 迁安地方品种 | | | | | | | | | | | |
| A283 | | 中国 | 河北 | HHH | II | 昌黎地方品种 | | | | | | | | | | | |
| A284 | | 中国 | 河南 | HHH | II | 滑县地方品种 | | | | | | | | | | | |
| A285 | | 中国 | 河南 | HHH | II | 延津地方品种 | | | | | | | | | | | |

（续）

| 编号 | 名称 | 来源国 | 省份 | 产区 | 生态区 | 来　源 | 播期类型 | 生育期(d) | 花色 | 毛色 | 种皮色 | 种脐色 | 子叶色 | 百粒重(g) | 蛋白质(%) | 油脂(%) | 结荚习性 |
|---|---|---|---|---|---|---|---|---|---|---|---|---|---|---|---|---|---|
| A286 | | 中国 | 河南 | HHH | II | 河南农科院杂交种材料（南繁时棹号丁） | | | | | | | | | | | |
| A287 | | 中国 | 河南 | HHH | II | 河南农科院混合杂种材料 | | | | | | | | | | | |
| A288 | | 中国 | 黑龙江 | NC | I | 望奎地方品种 | | | | | | | | | | | |
| A289 | | 中国 | 黑龙江 | NC | I | 巴颜县曾种植的大豆品种 | | | | | | | | | | | |
| A290 | | 中国 | 黑龙江 | NC | I | 曙光农场曾种植的大豆品种 | | | | | | | | | | | |
| A291 | | 中国 | 湖北 | SC | III | 武汉菜用大豆混合群体 | | | | | | | | | | | |
| A292 | | 中国 | 吉林 | NC | I | 扶余陶赖昭地方品种 | | | | | | | | | | | |
| A293 | | 中国 | 江苏 | SC | III | 南京岔路口镇地方品种 | | | | | | | | | | | |
| A294 | | 中国 | 江苏 | SC | III | 南京地方品种 | | | | | | | | | | | |
| A295 | | 中国 | 山东 | HHH | II | 寿张地方品种 | | | | | | | | | | | |
| A296 | | 中国 | 山西 | HHH | II | 山西农科院杂种材料 | | | | | | | | | | | |
| A297 | | 中国 | 山东 | HHH | II | 山东混杂群体 | | | | | | | | | | | |
| A298 | | 中国 | 天津 | HHH | II | 天津地方品种 | | | | | | | | | | | |
| A299 | | 中国 | 云南 | SC | V | 晋宁地方品种 | | | | | | | | | | | |
| A300 | | 中国 | 宁夏 | NC | I | 银川地方品种 | | | | | | | | | | | |
| A301 | | 中国 | 不详 | U | U | 不详 | | | | | | | | | | | |
| A302 | | 中国 | 新疆 | NC | I | 混杂大豆田自然变异选系 | | | | | | | | | | | |
| A303 | BC13-4-1 | 加拿大 | | F | F | 引自加拿大农业部科学院 | 春 | 120 | 紫 | 棕 | 黄 | 褐 | 黄 | 20 | | | 无 |
| A304 | Dawn | 加拿大 | | F | F | 引自加拿大农业部科学院 | 春 | 128 | 紫 | 灰 | 黄 | 淡褐 | 黄 | 19 | | | 无 |
| A305 | Gamsoy | 英国 | | F | F | 引自英国 | | | | | | | | | | | |
| A306 | 73-16 | 日本 | | F | F | 引自日本 | | | | | | | | | | | |
| A307 | 白千城 | 日本 | | F | F | 引自日本 | 春 | 123 | 白 | 灰 | 黄 | 黄 | 黄 | 22 | 40 | | 有 |
| A308 | 白千鸣 | 日本 | | F | F | 引自日本 | 春 | 122 | 白 | 灰 | 黄 | 黄 | 黄 | 23 | | | 有 |
| A309 | 姬小金 | 日本 | | F | F | 引自日本 | | | | | | | | | | | |
| A310 | 极早生青白 | 日本 | | F | F | 引自日本 | | | | | | | | | | 20 | |
| A311 | 雷公 | 日本 | | F | F | 引自日本 | | | | | | | | | | | |

（续）

| 编号 | 名称 | 来源国 | 省份 | 产区 | 生态区 | 来源 | 播期类型 | 生育期(d) | 花色 | 毛色 | 种皮色 | 种脐色 | 子叶色 | 百粒重(g) | 蛋白质(%) | 油脂(%) | 结荚习性 |
|---|---|---|---|---|---|---|---|---|---|---|---|---|---|---|---|---|---|
| A312 | 秋八 | 日本 | | F | F | 引自日本 | | | | | | | | | | | |
| A313 | 秋田2号 | 日本 | | F | F | 引自日本 | | | | | | | | | | | |
| A314 | 日本大白眉 | 日本 | | F | F | 引自日本 | | | | | | | | | | | |
| A315 | 日本晴 | 日本 | | F | F | 引自日本 | | | | | | | | | | | |
| A316 | 十胜长叶 | 日本 | | F | F | 引自日本 | | | | | | | | | | | |
| A317 | 新4号 | 日本 | | F | F | 引自日本 | | | | | | | | | | | |
| A318 | 野起1号 | 日本 | | F | F | 引自日本 | | | | | | | | | | | |
| A319 | 黑龙江41 | 俄罗斯 | | F | F | 引自俄罗斯 | 春 | 115 | 紫 | 棕 | 黄 | 暗 | 黄 | 16 | 40 | 20 | 无 |
| A320 | 尤比列 | 俄罗斯 | | F | F | 引自俄罗斯 | 春 | 110 | 白 | 棕 | 黄 | 黄 | 黄 | 22 | | 23 | 无 |
| A321 | Fiskeby | 瑞典 | | F | F | 引自瑞典 | | | | | | | | | | | |
| A322 | Logbeaw | 瑞典 | | F | F | 引自瑞典 | | | | | | | | | | | |
| A323 | ILC482 | 土耳其 | | F | F | 原产土耳其的鹰嘴豆，引自叙利亚国际干旱中心 | | | | | | | | | | | |
| A348 | 外90 | 不详 | 不详 | F | F | 国外引入材料，来历不详 | | | | | | | | | | | |
| A349 | M1 | 中国 | 江苏 | HHH | II | （徐州302＋齐黄1号）混合花粉 | | | | | | | | | | | |
| A350 | M2 | 中国 | 吉林 | NC | I | （荆山朴＋紫花4号＋东农10号）混合花粉 | | | | | | | | | | | |
| A351 | M3 | 中国 | 吉林 | NC | I | （荆山朴＋紫花4号）混合花粉 | | | | | | | | | | | |
| A352 | M4 | 中国 | 河南 | HHH | II | （郑76064＋郑8111-0）混合花粉 | | | | | | | | | | | |
| A353 | M5 | 中国 | 河南 | HHH | II | （郑76078＋郑76020＋郑76023）混合花粉 | | | | | | | | | | | |
| A354 | M6 | 中国 | 河南 | HHH | II | （郑77494＋郑77235）混合花粉 | | | | | | | | | | | |
| A355 | 7510 | 中国 | 河北 | HHH | II | 1989年参加黄淮海夏大豆预备试验品种 | | | | | | | | | | | |
| A356 | 复61 | 中国 | 北京 | HHH | II | 20世纪60年代北京引进品系 | | | | | | | | | | | |
| A357 | 系7476 | 中国 | 河北 | HHH | II | 20世纪70年代河北农科院作物所引自东北的品系 | | | | | | | | | | | |
| A358 | Sogleen Ogden | 德国 | | F | F | 安徽农大从德国引进品种 | | | | | | | | | | | |
| A359 | 豌豆团 | 中国 | 安徽 | HHH | II | 安徽地方品种 | | | | | | | | | | | |
| A360 | 阜72-17 | 中国 | 安徽 | HHH | II | 阜阳农科所品系 | | | | | | | | | | | |
| A361 | 阜8128-1 | 中国 | 安徽 | HHH | II | 阜阳农科所品系 | | | | | | | | | | | |

（续）

| 编号 | 名称 | 来源国 | 省份 | 产区 | 生态区 | 来源 | 播期类型 | 生育期(d) | 花色 | 毛色 | 种皮色 | 种脐色 | 子叶色 | 百粒重(g) | 蛋白质(%) | 油脂(%) | 结荚习性 |
|---|---|---|---|---|---|---|---|---|---|---|---|---|---|---|---|---|---|
| A362 | 蒙庆 13 号 | 中国 | 安徽 | HHH | II | 蒙城农科所品系 | | | | | | | | | | | |
| A363 | 蒙庆 7 号 | 中国 | 安徽 | HHH | II | 蒙城农科所品系 | | | | | | | | | | | |
| A364 | 安农 | 中国 | 安徽 | SC | III | 安徽农科院品系 | | | | | | | | | | | |
| A365 | 千斤不倒 | 中国 | 安徽 | SC | III | 望江地方品种 | | | | | | | | | | | |
| A366 | 涡 7708-2-3 | 中国 | 安徽 | HHH | II | 涡阳农科所地方品系 | | | | | | | | | | | |
| A367 | 墩子黄 | 中国 | 北京 | HHH | II | 北京地方品种 | | | | | | | | | | | |
| A368 | 红大豆 | 中国 | 北京 | HHH | II | 北京地方品种 | | | | | | | | | | | |
| A369 | G7533 | 中国 | 吉林 | NC | I | 红兴隆科研所自育品系 | | | | | | | | | | | |
| A370 | GD50279 | 中国 | 吉林 | NC | I | 东北地区半野生大豆 (*G. gracilis*) | | | | | | | | | | | |
| A371 | GD50392 | 中国 | 吉林 | NC | I | 东北地区半野生大豆 (*G. gracilis*) | | | | | | | | | | | |
| A372 | GD50393 | 中国 | 吉林 | NC | I | 东北地区半野生大豆 (*G. gracilis*) | | | | | | | | | | | |
| A373 | GD50444-1 | 中国 | 吉林 | NC | I | 东北地区半野生大豆 (*G. gracilis*) | | | | | | | | | | | |
| A374 | 东农 165 | 中国 | 黑龙江 | NC | I | 东北农业大学品系 | | | | | | | | | | | |
| A375 | 东农 23 | 中国 | 黑龙江 | NC | I | 东北农业大学品系 | | | | | | | | | | | |
| A376 | 东农 2481 | 中国 | 黑龙江 | NC | I | 东北农业大学品系 | | | | | | | | | | | |
| A377 | 东农 6636-69 | 中国 | 黑龙江 | NC | I | 东北农业大学品系 | | | | | | | | | | | |
| A378 | 东农 74-236 | 中国 | 黑龙江 | NC | I | 东北农业大学品系 | | | | | | | | | | | |
| A379 | 东农 79-64-5 | 中国 | 黑龙江 | NC | I | 东北农业大学品系 | | | | | | | | | | | |
| A380 | 东农 80-277 | 中国 | 黑龙江 | NC | I | 东北农业大学品系 | | | | | | | | | | | |
| A381 | 东农 A111-8 | 中国 | 黑龙江 | NC | I | 东北农业大学品系 | | | | | | | | | | | |
| A382 | 东农 A95 | 中国 | 黑龙江 | NC | I | 东北农业大学品系 | | | | | | | | | | | |
| A383 | 拉城黄豆 | 中国 | 广西 | SC | IV | 都安瑶族自治县农家品种 | 春 | 103 | 白 | 灰 | 黄 | 淡褐 | 黄 | 16.0 | 45.2 | 17.4 | 有 |
| A384 | 扶绥黄豆 | 中国 | 广西 | SC | VI | 扶绥县农家品种 | 夏 | 111 | 紫 | 灰 | 淡黄 | 褐 | 黄 | 14.9 | 45.7 | 17.5 | 有 |
| A385 | 杂交混选 | 中国 | 广西 | SC | VI | 贵港农科所育成的配合力强的品系 | 春 | 109 | 白 | 棕 | 黄 | 褐 | 黄 | 16 | 43.5 | 17.1 | 有 |
| A386 | 靖西早黄豆 | 中国 | 广西 | SC | VI | 靖西农家品种 | 春 | 130 | 紫 | 棕 | 黄 | 淡褐 | 黄 | 16.5 | 45.8 | 18.9 | 亚 |
| A387 | 吉三选三 | 中国 | 广西 | SC | IV | 柳州地区农科所引进品系 | | | | | | | | | | | |

（续）

| 编号 | 名称 | 来源国 | 省份 | 产区 | 生态区 | 来源 | 播期类型 | 生育期(d) | 花色 | 毛色 | 种皮色 | 种脐色 | 子叶色 | 百粒重(g) | 蛋白质(%) | 油脂(%) | 结荚习性 |
|---|---|---|---|---|---|---|---|---|---|---|---|---|---|---|---|---|---|
| A388 | 平果豆 | 中国 | 广西 | SC | VI | 平果地方品种 | 夏 | 120-125 | 紫 | 灰 | 黄白 | 淡褐 | 黄 | 15-16 | 41.6 | 18.8 | 亚 |
| A389 | 黔西悄悄黄 | 中国 | 贵州 | SC | V | 贵州地方品种 | | | | | | | | | | | |
| A390 | 86-6270 | 中国 | 贵州 | SC | V | 贵州农科院油料所踮品系 | | | | | | | | | | | |
| A391 | 河北黄大豆 | 中国 | 河北 | HHH | II | 河北地方品种 | | | | | | | | | | | |
| A392 | 早熟油豆 | 中国 | 河北 | HHH | II | 河北地方品种 | | | | | | | | | | | |
| A393 | 尤生豆 | 中国 | 河北 | HHH | II | 永年地方品种 | 夏 | 102 | 白 | 棕 | 黑 | 黑 | 黄 | 19.3 | 45.8 | 17.9 | |
| A394 | 荡山黄 | 中国 | 河南 | HHH | II | 河南地方品种 | | | | | | | | | | | |
| A395 | 滑豆16 | 中国 | 河南 | HHH | II | 河南地方品种 | | | | | | | | | | | |
| A396 | 柘城平顶黑 | 中国 | 河南 | HHH | II | 河南地方品种 | | | | | | | | | | | |
| A397 | 正阳大豆 | 中国 | 河南 | HHH | II | 河南地方品种 | 夏 | 100 | 紫 | 灰 | 淡黄 | 褐 | 黄 | 18.0 | 43.9 | 19.6 | |
| A398 | 陕留牛毛黄 | 中国 | 河南 | HHH | II | 开封地方品种 | 夏 | 102 | 白 | 棕 | 浓黄 | | 黄 | 15.1 | | | 有 |
| A399 | S901 | 中国 | 河南 | HHH | II | 河南农科院作物所品系 | | | | | | | | | | | |
| A400 | 农大1296 | 中国 | 黑龙江 | NC | I | 黑龙江八一农垦大学品系 | | | | | | | | | | | |
| A401 | 农大24875 | 中国 | 黑龙江 | NC | I | 黑龙江八一农垦大学品系 | | | | | | | | | | | |
| A402 | 农大4840 | 中国 | 黑龙江 | NC | I | 黑龙江八一农垦大学品系，有美国品种血缘 | | | | | | | | | | | |
| A403 | 农大87030 | 中国 | 黑龙江 | NC | I | 黑龙江八一农垦大学品系 | | | | | | | | | | | |
| A404 | 勃利半野生豆 | 中国 | 黑龙江 | NC | I | 黑龙江勃利 | 春 | 125 | 紫 | 灰 | 黄 | 黑 | 黄 | 11.4 | 40.9 | 17.0 | 无 |
| A405 | 黑龙江小粒豆 | 中国 | 黑龙江 | NC | I | 黑龙江地方品种 | | | | | | | | | | | |
| A406 | HA138 | 中国 | 黑龙江 | NC | I | 黑龙江农科院大豆所品系 | | | | | | | | | | | |
| A407 | 克70-5390 | 中国 | 黑龙江 | NC | I | 黑龙江农科院克山所品系 | | | | | | | | | | | |
| A408 | 克73-辐52 | 中国 | 黑龙江 | NC | I | 黑龙江农科院克山所品系 | | | | | | | | | | | |
| A409 | 克交8619 | 中国 | 黑龙江 | NC | I | 黑龙江农科院克山所品系 | | | | | | | | | | | |
| A410 | 铜7874-2 | 中国 | 黑龙江 | NC | I | 黑龙江农科院红星隆所品系 | | | | | | | | | | | |
| A411 | 九龙11号 | 中国 | 黑龙江 | NC | I | 黑龙江地方品种 | | | | | | | | | | | |
| A412 | 庆丰83-40 | 中国 | 黑龙江 | NC | I | 大庆农科所品系 | | | | | | | | | | | |
| A413 | 褐脐黄豆 | 中国 | 吉林 | NC | I | 临江四道沟镇农家品种 | | | | | | | | | | | |

(1923—2005)
中国大豆育成品种系谱与种质基础

（续）

| 编号 | 名称 | 来源国 | 省份 | 产区 | 生态区 | 来源 | 播期类型 | 生育期 (d) | 花色 | 毛色 | 种皮色 | 种脐色 | 子叶色 | 百粒重 (g) | 蛋白质 (%) | 油脂 (%) | 结荚习性 |
|---|---|---|---|---|---|---|---|---|---|---|---|---|---|---|---|---|---|
| A414 | 长叶1号 | 中国 | 黑龙江 | NC | I | 黑龙江地方品种 | | | | | | | | | | | |
| A415 | 紫花矬子 | 中国 | 黑龙江 | NC | I | 黑龙江合江地方品种 | 春 | 138 | 紫 | 灰 | 黄 | 淡褐 | 黄 | 17.0 | 39.2 | 19.3 | 亚 |
| A416 | 黑3-18 | 中国 | 黑龙江 | NC | I | 黑河农科所品系 | | | | | | | | | | | |
| A417 | 黑河100 | 中国 | 黑龙江 | NC | I | 黑河农科所品系 | | | | | | | | | | | |
| A418 | 黑河104 | 中国 | 黑龙江 | NC | I | 黑河农科所品系 | | | | | | | | | | | |
| A419 | 黑交78-1148 | 中国 | 黑龙江 | NC | I | 黑河农科所品系 | | | | | | | | | | | |
| A420 | 嫩江78631-5 | 中国 | 黑龙江 | NC | I | 嫩江农科所品系 | | | | | | | | | | | |
| A421 | 半野生大豆 | 中国 | 黑龙江 | NC | I | 黑龙江农科院大豆品种资源室 | 春 | 125 | 紫 | 灰 | 黑 | | 黄 | 9.3 | 40.28 | 17.1 | 无 |
| A422 | 哈1062 | 中国 | 黑龙江 | NC | I | 黑龙江农科院大豆所品系 | | | | | | | | | | | |
| A423 | 哈5179 | 中国 | 黑龙江 | NC | I | 黑龙江农科院大豆所品系 | | | | | | | | | | | |
| A424 | 哈70-5179 | 中国 | 黑龙江 | NC | I | 黑龙江农科院大豆所品系 | | | | | | | | | | | |
| A425 | 哈76-3 | 中国 | 黑龙江 | NC | I | 黑龙江农科院大豆所品系 | | | | | | | | | | | |
| A426 | 哈76-6045 | 中国 | 黑龙江 | NC | I | 黑龙江农科院大豆所品系 | | | | | | | | | | | |
| A427 | 哈78-6289-10 | 中国 | 黑龙江 | NC | I | 黑龙江农科院大豆所品系 | | | | | | | | | | | |
| A428 | 哈78-6298 | 中国 | 黑龙江 | NC | I | 黑龙江农科院大豆所品系 | | | | | | | | | | | |
| A429 | 哈83-3331 | 中国 | 黑龙江 | NC | I | 黑龙江农科院大豆所品系 | | | | | | | | | | | |
| A430 | 哈891 | 中国 | 黑龙江 | NC | I | 黑龙江农科院大豆所品系 | | | | | | | | | | | |
| A431 | 哈90-33-2 | 中国 | 黑龙江 | NC | I | 黑龙江农科院大豆所品系 | | | | | | | | | | | |
| A432 | 哈92-2463 | 中国 | 黑龙江 | NC | I | 黑龙江农科院大豆所品系 | | | | | | | | | | | |
| A433 | 哈交71-943 | 中国 | 黑龙江 | NC | I | 黑龙江农科院大豆所品系 | | | | | | | | | | | |
| A434 | 哈交74-2119 | 中国 | 黑龙江 | NC | I | 黑龙江农科院大豆所品系 | | | | | | | | | | | |
| A435 | C11 | 中国 | 黑龙江 | NC | I | 黑龙江农科院品系 | | | | | | | | | | | |
| A436 | 绥67-31 | 中国 | 黑龙江 | NC | I | 黑龙江农科院绥化所品系 | | | | | | | | | | | |
| A437 | 绥69-5061 | 中国 | 黑龙江 | NC | I | 黑龙江农科院绥化所品系 | | | | | | | | | | | |
| A438 | 北773007 | 中国 | 黑龙江 | NC | I | 黑龙江农垦总局北安农科研所品系 | | | | | | | | | | | |
| A439 | 北776336 | 中国 | 黑龙江 | NC | I | 黑龙江农垦总局北安农科研所品系 | | | | | | | | | | | |

（续）

| 编号 | 名称 | 来源国 | 省份 | 产区 | 生态区 | 来源 | 播期类型 | 生育期(d) | 花色 | 毛色 | 种皮色 | 种脐色 | 子叶色 | 百粒重(g) | 蛋白质(%) | 油脂(%) | 结荚习性 |
|---|---|---|---|---|---|---|---|---|---|---|---|---|---|---|---|---|---|
| A440 | 北交804083 | 中国 | 黑龙江 | NC | I | 黑龙江农垦总局北安科研所品系 | | | | | | | | | | | |
| A441 | A284 | 中国 | 黑龙江 | NC | I | 黑龙江黑河农科所品系 | | | | | | | | | | | |
| A442 | 钢8460-19 | 中国 | 黑龙江 | NC | I | 黑龙江农垦总局红星科研所品系 | | | | | | | | | | | |
| A443 | 九三80-99 | 中国 | 黑龙江 | NC | I | 黑龙江农垦总局九三科研所品系 | | | | | | | | | | | |
| A444 | 龙79-3433-1 | 中国 | 黑龙江 | NC | I | 黑龙江野生大豆 | | | | | | | | | | | |
| A445 | 龙9825 | 中国 | 黑龙江 | NC | I | 黑龙江野生大豆 | | | | | | | | | | | |
| A446 | 大粒早 | 中国 | 湖北 | SC | III | 武昌地方品种 | 春 | 97 | 紫 | 灰 | 黄 | 褐 | 黄 | 12.0 | 44.7 | 17.6 | 有 |
| A447 | 丛化豆 | 中国 | 湖南 | SC | IV | 丛化地方品种 | | | | | | | | | | | |
| A448 | 零86-2 | 中国 | 湖南 | SC | IV | 零陵地区农科所品系 | | | | | | | | | | | |
| A449 | 7403-14 | 中国 | 吉林 | NC | I | 白城农科所品系 | | | | | | | | | | | |
| A450 | 8503-1-5 | 中国 | 吉林 | NC | I | 长春农科院品系 | | | | | | | | | | | |
| A451 | 8508-8-6 | 中国 | 吉林 | NC | I | 长春农科院品系 | | | | | | | | | | | |
| A452 | 长交8129-32 | 中国 | 吉林 | NC | I | 长春农科院品系 | | | | | | | | | | | |
| A453 | 生844-2-2 | 中国 | 吉林 | NC | I | 长春农科院品系 | | | | | | | | | | | |
| A454 | 生85183-3 | 中国 | 吉林 | NC | I | 长春农科院品系 | | | | | | | | | | | |
| A455 | 紫秣食豆 | 中国 | 吉林 | NC | I | 吉林地方品种 | 春 | 140 | 紫 | 灰 | 紫褐 | 褐 | | 13.0 | 40.3 | 20.4 | 无 |
| A456 | 山城豆 | 中国 | 吉林 | NC | I | 集安地方品种 | | | | | | | | | | | |
| A457 | 大湾大粒 | 中国 | 吉林 | NC | I | 梅河口地方品种 | 春 | 132 | 白 | 灰 | 黄 | 淡褐 | 黄 | 43.6 | 43.5 | 17.0 | 有 |
| A458 | 公87-D24 | 中国 | 吉林 | NC | I | 吉林农科院大豆所品系 | | | | | | | | | | | |
| A459 | 公交5688-1 | 中国 | 吉林 | NC | I | 吉林农科院大豆所品系 | | | | | | | | | | | |
| A460 | 公交84-5181 | 中国 | 吉林 | NC | I | 吉林农科院大豆所品系 | | | | | | | | | | | |
| A461 | 公交9049A | 中国 | 吉林 | NC | I | 吉林农科院大豆所品系 | | | | | | | | | | | |
| A462 | 选杂10 | 中国 | 吉林 | NC | I | 吉林农科院大豆所品系 | | | | | | | | | | | |
| A463 | 海8008-3 | 中国 | 吉林 | NC | I | 吉林农科院大豆所品系 | | | | | | | | | | | |
| A464 | 海交8403-74 | 中国 | 吉林 | NC | I | 吉林农科院大豆所品系 | | | | | | | | | | | |
| A465 | B94-56 | 中国 | 吉林 | NC | I | 吉林农科院大豆所品系 | | | | | | | | | | | |

（续）

| 编号 | 名称 | 来源国 | 省份 | 产区 | 生态区 | 来源 | 播期类型 | 生育期(d) | 花色 | 毛色 | 种皮色 | 种脐色 | 子叶色 | 百粒重(g) | 蛋白质(%) | 油脂(%) | 结荚习性 |
|---|---|---|---|---|---|---|---|---|---|---|---|---|---|---|---|---|---|
| A466 | T12 | 中国 | 吉林 | NC | I | 通化野生大豆 | | | | | | | | | | | |
| A467 | 野尖 | 中国 | 吉林 | NC | I | 通化野生大豆 | | | | | | | | | | | |
| A468 | 如皋荚荚三 | 中国 | 江苏 | SC | III | 如皋春大豆晚熟农家种 | 春 | 123 | 紫 | 棕 | 黄 | | 黄 | 21.8 | | | 有 |
| A469 | 淮87-5254 | 中国 | 江苏 | HHH | II | 淮安农科所品系 | | | | | | | | | | | |
| A470 | 淮阴80H31 | 中国 | 江苏 | HHH | II | 淮安农科所品系 | | | | | | | | | | | |
| A471 | 南77-30 | 中国 | 江苏 | SC | III | 南京农科院品系 | | | | | | | | | | | |
| A472 | KK3 | 中国 | 江苏 | SC | III | 江苏农科院品系 | | | | | | | | | | | |
| A473 | 苏系5号 | 中国 | 江苏 | SC | III | 江苏农科院品系 | | | | | | | | | | | |
| A474 | 如皋麻十子 | 中国 | 江苏 | SC | III | 如皋地方品种 | 春 | 106 | 紫 | 灰 | 黄 | | 黄 | 20.0 | | | 有 |
| A475 | 泗阳469 | 中国 | 江苏 | HHH | II | 泗阳原种场品系 | | | | | | | | | | | |
| A476 | 干枝密 | 中国 | 辽宁 | NC | I | 辽宁地方品种 | | | | | | | | | | | |
| A477 | 凤81-2036 | 中国 | 辽宁 | NC | I | 凤城农科所品系 | | | | | | | | | | | |
| A478 | 开6708 | 中国 | 辽宁 | NC | I | 开原农科所品系 | | | | | | | | | | | |
| A479 | 辽79165-14 | 中国 | 辽宁 | NC | I | 辽宁农科院作物所品系 | | | | | | | | | | | |
| A480 | 辽87-324 | 中国 | 辽宁 | NC | I | 辽宁农科院作物所品系 | | | | | | | | | | | |
| A481 | 辽89-2375M | 中国 | 辽宁 | NC | I | 辽宁农科院作物所品系 | | | | | | | | | | | |
| A482 | 沈91-4148 | 中国 | 辽宁 | NC | I | 沈阳农科院品系 | | | | | | | | | | | |
| A483 | 沈91-6105 | 中国 | 辽宁 | NC | I | 沈阳农科院品系 | | | | | | | | | | | |
| A484 | 沈豆86-69 | 中国 | 辽宁 | NC | I | 沈阳农科院品系 | | | | | | | | | | | |
| A485 | 沈豆87-132 | 中国 | 辽宁 | NC | I | 沈阳农科院品系 | | | | | | | | | | | |
| A486 | 熊岳白花 | 中国 | 辽宁 | NC | I | 熊岳地方品种 | | | | | | | | | | | |
| A487 | 扁荚大豆 | 中国 | 辽宁 | NC | I | 民间引进 | | | | | | | | | | | |
| A488 | 呼5121 | 中国 | 内蒙古 | NC | I | 呼伦贝尔农研所品系 | | | | | | | | | | | |
| A489 | 呼丰5号 | 中国 | 内蒙古 | NC | I | 呼伦贝尔农研所品系 | | | | | | | | | | | |
| A490 | 灌水铁荚青 | 中国 | 辽宁 | NC | I | 宽甸地方品种 | 春 | 129 | 白 | 棕 | 绿 | 褐 | 黄 | 17.5 | 43.4 | 18.6 | 有 |
| A491 | 滨89036 | 中国 | 山东 | HHH | II | 滨州职业技术学院品系 | | | | | | | | | | | |

（续）

| 编号 | 名称 | 来源国 | 省份 | 产区 | 生态区 | 来　源 | 播期类型 | 生育期(d) | 花色 | 毛色 | 种皮色 | 种脐色 | 子叶色 | 百粒重(g) | 蛋白质(%) | 油脂(%) | 结荚习性 |
|---|---|---|---|---|---|---|---|---|---|---|---|---|---|---|---|---|---|
| A492 | 梁山大黄豆 | 中国 | 山东 | HHH | II | 山东地方品种 | | | | | | | | | | | |
| A493 | 蓬莱大青豆 | 中国 | 山东 | HHH | II | 山东地方品种 | | | | | | | | | | | |
| A494 | 菏6828 | 中国 | 山东 | HHH | II | 菏泽农科所所品系 | | | | | | | | | | | |
| A495 | 早熟巨丰 | 中国 | 山东 | HHH | II | 山东农民育种家育成品种 | | | | | | | | | | | |
| A496 | 山东8502 | 中国 | 山东 | HHH | II | 山东区试品系 | | | | | | | | | | | |
| A497 | 直立白毛 | 中国 | 山西 | HHH | II | 山西地方品种 | | | | | | | | | | | |
| A498 | 冀氏小黄豆 | 中国 | 山西 | HHH | II | 山西地方品种 | | | | | | | | | | | |
| A499 | 临县白大豆 | 中国 | 山西 | HHH | II | 临县地方品种 | | | | | | | | | | | |
| A500 | 晋豆7203-3 | 中国 | 山西 | HHH | II | 山西农科院经济作物研究所品系 | | | | | | | | | | | |
| A501 | 安岳龙会早 | 中国 | 四川 | SC | IV | 安岳地方品种 | | | | | | | | | | | |
| A502 | 北川兔儿豆 | 中国 | 四川 | SC | IV | 北川地方品种 | 春 | 105 | 白 | 棕 | 黄 | 黑 | 黄 | | 45.5 | 18.8 | 亚 |
| A503 | 火巴豆子 | 中国 | 四川 | SC | IV | 四川地方品种 | | | | | | | | | | | |
| A504 | 郫县早豆子 | 中国 | 四川 | SC | IV | 郫县地方品种 | 春 | 105 | 紫 | 棕 | 黄 | 黑 | 黄 | | 46.2 | 19.5 | 有 |
| A505 | 大冬豆 | 中国 | 四川 | SC | IV | 荣县地方品种 | | | | | | | | | | | |
| A506 | 筠连七转豆 | 中国 | 四川 | SC | IV | 宜宾地方品种 | | | | | | | | | | | |
| A507 | 黎隅1号 | 中国 | 西藏 | SC | V | 黎隅地方品种分选 | 夏 | 120 | 紫 | 棕 | 黄 | 黑 | 黄 | 21.0 | 44 | 18.4 | 亚 |
| A508 | 加拿大小粒豆 | 加拿大 | 不详 | F | F | 引自加拿大 | | | | | | | | | | | |
| A509 | 东山101 | 日本 | | F | F | 引自日本 | | | | | | | | | | | |
| A510 | 日9-11 | 日本 | | F | F | 引自日本 | | | | | | | | | | | |
| A511 | 日本白鸟 | 日本 | | F | F | 引自日本 | | | | | | | | | | | |
| A512 | 日本天开峰 | 日本 | | F | F | 引自日本 | | | | | | | | | | | |
| A513 | 日本札幌小绿豆 | 日本 | | F | F | 引自日本 | | | | | | | | | | | |
| A514 | 日本珍黄豆 | 日本 | | F | F | 引自日本 | | | | | | | | | | | |
| A515 | 日本枝豆 | 日本 | | F | F | 引自日本 | | | | | | | | | | | |
| A516 | 日本大胜白毛 | 日本 | | F | F | 引自日本 | | | | | | | | | | | |
| A517 | 日大选 | 日本 | | F | F | 引自日本 | | | | | | | | | | | |

（续）

| 编号 | 名称 | 来源国 | 省份 | 产区 | 生态区 | 来源 | 播期类型 | 生育期(d) | 花色 | 毛色 | 种皮色 | 种脐色 | 子叶色 | 百粒重(g) | 蛋白质(%) | 油脂(%) | 结荚习性 |
|---|---|---|---|---|---|---|---|---|---|---|---|---|---|---|---|---|---|
| A518 | 塞凯20 | 日本 | | F | F | 引自日本 | 春 | 92-100 | 紫 | 灰 | 黄 | 淡褐 | 黄 | 16.0 | 47.3 | 14.6 | 有 |
| A519 | 雷电 | 日本 | | F | F | 引自日本 | 春 | 137 | 紫 | 灰 | 黄 | 淡褐 | 淡褐 | 20.0 | 41.6 | 17.3 | 亚 |
| A520 | 十石 | 日本 | | F | F | 引自日本 | | | | | | | | | | | |
| A521 | 艳丽 | 日本 | | F | F | 引自日本 | | | | | | | | | | | |
| A522 | 早羽 | 日本 | | F | F | 引自日本 | 春 | 94 | 白 | 棕 | 敏挂 | 深褐 | 黄 | 20.0 | 47.5 | 15.8 | 无 |
| A523 | 中育37 | 日本 | | F | F | 引自日本 | | | | | | | | | | | |
| A524 | 高丰大豆 | 日本 | | F | F | 引自日本 | | | | | | | | | | | |
| A525 | 鹤之友3号 | 日本 | | F | F | 引自日本 | | | | | | | | | | | |
| A526 | 鹤之子 | 日本 | | F | F | 引自日本 | | | | | | | | | | | |
| A527 | 矮脚白毛 | 日本 | | F | F | 引自日本 | | | | | | | | | | | |
| A528 | 杭州九月拔 | 中国 | 浙江 | SC | III | 杭州市郊地方品种 | | | | | | | | | | | |
| A529 | 兰溪大青豆 | 中国 | 浙江 | SC | IV | 兰溪地方品种 | 夏 | 131 | 紫 | 棕 | 青 | 黑 | | 32-37 | 46.3 | 14.8 | 有 |
| A530 | 78-11 | 中国 | 浙江 | SC | III | 浙江农科院作物所品系 | 夏 | 99-114 | 紫 | 棕 | 绿 | 黑 | | 22.3 | 42.1 | 18.9 | 亚 |
| A531 | 7603 | 中国 | 北京 | HHH | II | 中国科学院遗传所品系 | | | | | | | | | | | |
| A532 | T102 | 中国 | 北京 | HHH | II | 中国农科院作物所引进的耐盐品系 | | | | | | | | | | | |
| A533 | G272 | 中国 | 湖北 | SC | III | 中国农科院油料所品系 | | | | | | | | | | | |
| A534 | 油87-72 | 中国 | 湖北 | SC | III | 中国农科院油料所品系 | | | | | | | | | | | |
| A535 | 油88-86 | 中国 | 湖北 | SC | III | 中国农科院油料所品系 | | | | | | | | | | | |
| A536 | 油春80-1383 | 中国 | 湖北 | SC | III | 中国农科院油料所品系 | | | | | | | | | | | |
| A537 | 杂抗F6 | 中国 | 北京 | HHH | II | 中国农科院作物所品系 | | | | | | | | | | | |
| A538 | 中91-1 | 中国 | 北京 | HHH | II | 中国农科院作物所品系 | | | | | | | | | | | |
| A539 | 中作87-D06 | 中国 | 北京 | HHH | II | 中国农科院作物所品系 | | | | | | | | | | | |
| A540 | 中作88-020 | 中国 | 北京 | HHH | II | 中国农科院作物所品系 | | | | | | | | | | | |
| A541 | 中作90052-76 | 中国 | 北京 | HHH | II | 中国农科院作物所品系 | | | | | | | | | | | |
| A542 | 遗-2 | 中国 | 北京 | HHH | II | 中科院遗传所品系 | | | | | | | | | | | |
| A543 | 遗-4 | 中国 | 北京 | HHH | II | 中科院遗传所品系 | | | | | | | | | | | |

（续）

| 编号 | 名称 | 来源国 | 省份 | 产区 | 生态区 | 来源 | 播期类型 | 生育期(d) | 花色 | 毛色 | 种皮色 | 种脐色 | 子叶色 | 百粒重(g) | 蛋白质(%) | 油脂(%) | 结荚习性 |
|---|---|---|---|---|---|---|---|---|---|---|---|---|---|---|---|---|---|
| A544 | 8903 | 中国 | 河北 | HHH | II | 不详 | | | | | | | | | | | |
| A545 | 170-3 | 中国 | 陕西 | HHH | II | 不详 | | | | | | | | | | | |
| A546 | 943大粒 | 中国 | 黑龙江 | NC | I | 不详 | | | | | | | | | | | |
| A547 | 矮顶早 | 中国 | 北京 | HHH | II | 不详 | | | | | | | | | | | |
| A548 | 安75-50 | 中国 | 安徽 | HHH | II | 安徽农业大学品系 | | | | | | | | | | | |
| A549 | 辐-2-16 | 中国 | 黑龙江 | NC | I | 不详 | | | | | | | | | | | |
| A550 | 吉农724 | 中国 | 吉林 | NC | I | 吉林农大品系 | | | | | | | | | | | |
| A551 | 将乐半野生豆23-208 | 中国 | 福建 | SC | IV | 将乐半野生豆 | | | | | | | | | | | |
| A552 | 柳叶齐 | 中国 | 黑龙江 | NC | I | 黑龙江地方品种 | | | | | | | | | | | |
| A553 | 农家黑豆 | 中国 | 河南 | HHH | II | 河南地方品种 | | | | | | | | | | | |
| A554 | 太空5号 | 中国 | 北京 | HHH | II | 不详 | | | | | | | | | | | |
| A555 | 窝豆 | 中国 | 黑龙江 | NC | I | 黑龙江地方品种 | 春 | 124 | 白 | 灰 | 黄 | 褐 | 黄 | 20.4 | 38.9 | 18.3 | 亚 |
| A556 | 野3-A | 中国 | 黑龙江 | NC | I | 黑龙江野生豆 | | | | | | | | | | | |
| A557 | 野大豆ZYD3578 | 中国 | 河南 | HHH | II | 原阴野生豆 | 夏 | 109 | 紫 | 黄 | 褐 | 红 | 黄 | 3.5 | 43.02 | 15.2 | 无 |
| A558 | 巴西自优豆 | 中国 | 黑龙江 | NC | I | 不详 | | | | | | | | | | | |
| A559 | 80-1070 | 中国 | 浙江 | SC | IV | 不详 | | | | | | | | | | | |
| A560 | C-17 | 中国 | 浙江 | SC | IV | 不详 | | | | | | | | | | | |
| A561 | 89-6 | 中国 | 辽宁 | NC | I | 岫岩朝阳乡农业技术推广站自选品系 | | | | | | | | | | | |
| A562 | W931A | 中国 | 安徽 | HHH | II | 安徽农科院作物所品系 | | | | | | | | | | | |
| A563 | WR016 | 中国 | 安徽 | HHH | II | 安徽农科院作物所品系 | | | | | | | | | | | |
| A564 | JLCMS9A | 中国 | 吉林 | NC | I | 吉林农科院大豆所品系 | | | | | | | | | | | |
| A565 | 吉绒1 | 中国 | 吉林 | NC | I | 吉林农科院大豆所品系 | | | | | | | | | | | |
| A566 | 8502 | 中国 | 黑龙江 | NC | I | 不详，黑龙江育种品系 | | | | | | | | | | | |
| A567 | 八月拔 | 中国 | 浙江 | SC | IV | 浙江地方品种 | | | | | | | | | | | |
| A568 | 459-2 | 中国 | 湖北 | SC | III | 不详 | | | | | | | | | | | |
| A569 | 263 | 中国 | 山西 | HHH | II | 不详 | | | | | | | | | | | |

（续）

| 编号 | 名称 | 来源国 | 省份 | 产区 | 生态区 | 来源 | 播期类型 | 生育期(d) | 花色 | 毛色 | 种皮色 | 种脐色 | 子叶色 | 百粒重(g) | 蛋白质(%) | 油脂(%) | 结荚习性 |
|---|---|---|---|---|---|---|---|---|---|---|---|---|---|---|---|---|---|
| A570 | 132 | 中国 | 山西 | HHH | II | 不详 | | | | | | | | | | | |
| A571 | 6205 | 中国 | 山西 | HHH | II | 不详 | | | | | | | | | | | |
| A572 | 75-375 | 中国 | 广西 | SC | IV | 不详 | | | | | | | | | | | |
| A573 | 71069 | 中国 | 河北 | HHH | II | 不详 | | | | | | | | | | | |
| A574 | 北交6829-519 | 中国 | 黑龙江 | NC | I | 不详 | | | | | | | | | | | |
| A575 | 沈7912 | 中国 | 辽宁 | NC | I | 沈阳农科所品系 | | | | | | | | | | | |
| A576 | 公交92-1 | 中国 | 吉林 | NC | I | 吉林农科院大豆所品系 | | | | | | | | | | | |
| A577 | 天门黄豆 | 中国 | 湖北 | SC | III | 湖北地方品种 | | | | | | | | | | | |
| A578 | 蚌埠501-5 | 中国 | 安徽 | HHH | II | 不详 | | | | | | | | | | | |
| A579 | 长8421 | 中国 | 吉林 | NC | I | 长春农科院品系 | | | | | | | | | | | |
| A580 | 克75-5194-1 | 中国 | 黑龙江 | NC | I | 黑龙江农科院克山所品系 | | | | | | | | | | | |
| A581 | 太白毛豆 | 中国 | 上海 | SC | III | 上海地方品种 | | | | | | | | | | | |
| A582 | 840-7-3 | 美国 | | F | F | 美国早期从瑞典引进 | | | | | | | | | | | |
| A583 | 83MF40 | 美国 | | F | F | 不详 | | | | | | | | | | | |
| A584 | A55629-4 | 美国 | | F | F | 不详 | | | | | | | | | | | |
| A585 | A.K. | 美国 | 不详 | F | F | A.K.=FC30.761，1912年从中国东北引入美国 | | | | | | | | | | | |
| A586 | Arksoy | 美国 | | F | F | Arksoy=1914年从朝鲜平壤引进 | | | | | | | | | | | |
| A587 | Clemson | 美国 | 江苏 | F | F | Clemson=1927年从中国南京金陵大学引入美国 | | | | | | | | | | | |
| A588 | D61-5141 | 美国 | | F | F | 不详 | | | | | | | | | | | |
| A589 | Dunfield | 美国 | 吉林 | F | F | Dunfield=白眉，1913年从中国吉林范家屯引入美国 | | | | | | | | | | | |
| A590 | Er-hej-jian | 美国 | 不详 | F | F | PI437654，源于中国1980年从苏联引入美国 | | | | | | | | | | | |
| A591 | Flambeau | 美国 | | F | F | 1934年从苏联引入美国 | | | | | | | | | | | |
| A592 | Geduld | 美国 | | F | F | 非洲津巴布韦引入美国 | | | | | | | | | | | |
| A593 | Harper | 美国 | | F | F | 从未知杂交群体选择品种 | | | | | | | | | | | |
| A594 | Haberlandt | 美国 | | F | F | Haberlandt=1901年从朝鲜平壤引进 | | | | | | | | | | | |
| A595 | Hernon 147 | 美国 | | F | F | 非洲津巴布韦引入美国 | | | | | | | | | | | |
| A596 | Kin-du | 美国 | | F | F | PI157440，1947年从韩国GyeonggiDo，Suweon农业试验站引入美国 | | | | | | | | | | | |

（续）

| 编号 | 名称 | 来源国 | 省份 | 产区 | 生态区 | 来源 | 播期类型 | 生育期(d) | 花色 | 毛色 | 种皮色 | 种脐色 | 子叶色 | 百粒重(g) | 蛋白质(%) | 油脂(%) | 结荚习性 |
|---|---|---|---|---|---|---|---|---|---|---|---|---|---|---|---|---|---|
| A597 | Korean | 美国 | | F | F | Korean=源于中国，1923年从加拿大harrow实验站引入美国 | | | | | | | | | | | |
| A598 | Kuro Daizu | 美国 | | F | F | KuroDaizu=1927年从日本北海道札幌引进 | | | | | | | | | | | |
| A599 | Lincoln | 美国 | 不详 | F | F | Lincoln=不详 | | | | | | | | | | | |
| A600 | Magnolia | 美国 | | F | F | 1930年从韩国GyeonggiDo，Suweon农业试验站引入美国 | | | | | | | | | | | |
| A601 | Mammoth Yellow | 美国 | | F | F | MammothYellow=可能来自日本，1882年起在美国北卡罗来纳州种植 | | | | | | | | | | | |
| A602 | Mandarin | 美国 | 黑龙江 | F | F | Mandarin=1913年从中国黑龙江绥化引入美国 | | | | | | | | | | | |
| A603 | Manitoba Brown | 美国 | | F | F | ManitobaBrown=约1922年从加拿大Manitoba农学院从美国农业部获得 | | | | | | | | | | | |
| A604 | MB152 | 美国 | | F | F | 不详 | | | | | | | | | | | |
| A605 | MC25 | 美国 | | F | F | 不详 | | | | | | | | | | | |
| A606 | Monetta | 美国 | 江苏 | F | F | PI71.608，PI54873，1927年从中国南京金陵大学引入美国 | | | | | | | | | | | |
| A607 | Mukden | 美国 | 辽宁 | F | F | Mukden=小青黄豆，1920年从中国辽宁沈阳引入美国 | | | | | | | | | | | |
| A608 | No.171 | 美国 | 黑龙江 | F | F | No.171=1931年从中国黑龙江哈尔滨东郊引入美国 | | | | | | | | | | | |
| A609 | Novosadska Bela | 美国 | | F | F | PI248404引自前南斯拉夫 | | | | | | | | | | | |
| A610 | Ohio | 美国 | | F | F | 不详 | | | | | | | | | | | |
| A611 | Otootan | 美国 | 台湾 | F | F | Otootan=源自中国台湾，1911年经美国夏威夷引入美国佐治亚州 | | | | | | | | | | | |
| A612 | Patoka | 美国 | 黑龙江 | F | F | Patoka=1927从中国黑龙江引进 | | | | | | | | | | | |
| A613 | Peking | 美国 | 北京 | F | F | Peking=1906年从中国北京引入美国 | | | | | | | | | | | |
| A614 | PI151440 | 美国 | 不详 | F | F | 不详 | | | | | | | | | | | |
| A615 | PI 54.610 | 美国 | 吉林 | F | F | PI54.610=1921年从中国吉林长春引入美国 | | | | | | | | | | | |
| A616 | PI180501 | 美国 | | F | F | 美国早期从德国引进 | | | | | | | | | | | |
| A617 | PI88.788 | 美国 | 黑龙江 | F | F | 美国早期从中国东北引进 | | | | | | | | | | | |
| A618 | Plametto | 美国 | 江苏 | F | F | 1927年从中国南京金陵大学引入美国 | | | | | | | | | | | |
| A619 | Richland | 美国 | 吉林 | F | F | Richland=1926年从中国吉林长岭引入美国 | | | | | | | | | | | |

（续）

| 编号 | 名称 | 来源国 | 省份 | 产区 | 生态区 | 来源 | 播期类型 | 生育期(d) | 花色 | 毛色 | 种皮色 | 种脐色 | 子叶色 | 百粒重(g) | 蛋白质(%) | 油脂(%) | 结荚习性 |
|---|---|---|---|---|---|---|---|---|---|---|---|---|---|---|---|---|---|
| A620 | Roanoke | 美国 | 江苏 | F | F | Roanoke＝1927年从中国南京金陵大学引入美国 PI71.579 | | | | | | | | | | | |
| A621 | Seneca | 美国 | 吉林 | F | F | Seneca＝1920年从中国东北部引入美国 | | | | | | | | | | | |
| A622 | SRF | 美国 | | F | F | 不详，从美国大豆研究基金会引入中国 | | | | | | | | | | | |
| A623 | T208 | 美国 | | F | F | T208＝1951年从韩国Yutae（PI196176）分离的品系 | | | | | | | | | | | |
| A624 | Tokyo | 美国 | | F | F | Tokyo＝ItaName，1902年从日本横滨引入美国 | | | | | | | | | | | |
| A625 | Unknow | 美国 | | F | F | 黑龙江农科院刘忠堂从美国引入，具体名称不详 | | | | | | | | | | | |
| A626 | Kasina | 美国 | 不详 | F | F | 不详，从美国引入中国 | | | | | | | | | | | |
| A627 | Zhumeijin | 美国 | 不详 | F | F | 1992年由原中国农科院品资所从美国依阿华州引进，1993年原驻马店地区种子公司郭鼎新从中国农科院引入驻马店，称驻美金，原名称不详 | | | | | | | | | | | |
| A628 | Huangshadou | 美国 | | F | F | 美国引进的黄沙豆，具体来源不详 | | | | | | | | | | | |
| A629 | Qingmeidou | 美国 | | F | F | 美国青眉豆，河南开封正大公司从美国引进高代品系 | | | | | | | | | | | |
| A630 | P9231 | 美国 | | F | F | 美国品种，吉林农科院1996年从美国引进 | | | | | | | | | | | |
| A631 | 7512 | 中国 | 山东 | HHH | II | 济宁农科院育种品系 | | | | | | | | | | | |
| A632 | 7627 | 中国 | 山东 | HHH | II | 济宁农科院育种品系 | | | | | | | | | | | |
| A633 | 8003 | 中国 | 北京 | HHH | II | 不详 | | | | | | | | | | | |
| A634 | 58(22)-38-1-1 | 中国 | 陕西 | HHH | II | 陕西荣交油菜中心品系 | | | | | | | | | | | |
| A635 | 78-219（野2） | 中国 | 北京 | HHH | II | 不详 | | | | | | | | | | | |
| A636 | 80-23 | 中国 | 山西 | HHH | II | 山西农科院作物所选育品系 | | | | | | | | | | | |
| A637 | 81-1155 | 中国 | 吉林 | NC | I | 吉林农科院品系 | | | | | | | | | | | |
| A638 | 87-2 | 中国 | 四川 | SC | IV | 西南农业大学品系 | | | | | | | | | | | |
| A639 | 山宁3号 | 中国 | 山东 | HHH | II | 济宁农科院育种品系 | | | | | | | | | | | |
| A640 | 90-3 | 中国 | 辽宁 | NC | I | 辽阳旱田良种研发中心多年驯化野生大豆育种品系 | | | | | | | | | | | |
| A641 | 90A | 中国 | 辽宁 | NC | I | 辽阳旱田良种研发中心多年驯化野生大豆育种品系 | | | | | | | | | | | |
| A642 | 南充六月黄 | 中国 | 四川 | SC | IV | 四川南充地方品种 | | | | | | | | | | | |
| A643 | Hg（Jp）92 | 中国 | | F | F | 日本品种 | | | | | | | | | | | |

（续）

| 编号 | 名称 | 来源国 | 省份 | 产区 | 生态区 | 来　源 | 播期类型 | 生育期(d) | 花色 | 毛色 | 种皮色 | 种脐色 | 子叶色 | 百粒重(g) | 蛋白质(%) | 油脂(%) | 结荚习性 |
|---|---|---|---|---|---|---|---|---|---|---|---|---|---|---|---|---|---|
| A644 | AGS68 | 中国 | 台湾 | SC | VI | 引自亚洲蔬菜研究发展中心（台湾） | | | | | | | | | | | |
| A645 | K10-93 | 中国 | 辽宁 | NC | I | 开原农科所所育种品系 | | | | | | | | | | | |
| A646 | NP | 中国 | | F | F | 日本枝豆 | | | | | | | | | | | |
| A647 | R-4 | 中国 | 四川 | SC | IV | 西南农业大学组织培养创新材料（特早熟高蛋白质） | | | | | | | | | | | |
| A648 | 齐丰850 | 中国 | 山东 | HHH | II | 济宁农科院从山东农科院大豆室引进的育种品系 | | | | | | | | | | | |
| A649 | 宝交89-5164 | 中国 | 黑龙江 | NC | I | 黑龙江宝泉岭农管局农科所育种品系 | | | | | | | | | | | |
| A650 | 北海道小粒豆 | 中国 | | F | F | 日本品种 | | | | | | | | | | | |
| A651 | 本地青 | 中国 | 河南 | HHH | II | 平顶山家品种 | | | | | | | | | | | |
| A652 | 大粒大豆 | 中国 | 河北 | HHH | II | 不详 | | | | | | | | | | | |
| A653 | 富士见白 | 中国 | | F | F | 日本品种 | | | | | | | | | | | |
| A654 | 埂283 | 中国 | 山西 | HHH | II | 山西农科院作物所选育品系 | | | | | | | | | | | |
| A655 | 公交90RD56 | 中国 | 吉林 | NC | I | 吉林农科院品系 | | | | | | | | | | | |
| A656 | 哈74-2119 | 中国 | 黑龙江 | NC | I | 黑龙江农科院大豆所品系 | | | | | | | | | | | |
| A657 | 公野8748 | 中国 | 吉林 | NC | I | 吉林农业科学院品种 | | | | | | | | | | | |
| A658 | 哈93-8106 | 中国 | 黑龙江 | NC | I | 黑龙江农科院大豆所品系 | | | | | | | | | | | |
| A659 | 哈交83-3333 | 中国 | 黑龙江 | NC | I | 黑龙江农科院大豆所品系 | | | | | | | | | | | |
| A660 | 荷引10 | 中国 | | F | F | 引自荷兰大豆 | | | | | | | | | | | |
| A661 | 黑交94-1286 | 中国 | 黑龙江 | NC | I | 黑河农科所所育种品系 | | | | | | | | | | | |
| A662 | 灰毛子 | 中国 | 四川 | SC | IV | 四川地方品种 | | | | | | | | | | | |
| A663 | 极早生 | 中国 | 云南 | SC | V | 云南地方品种 | | | | | | | | | | | |
| A664 | 九龙9号 | 中国 | 黑龙江 | NC | I | 黑龙江品种 | | | | | | | | | | | |
| A665 | 泸定黄壳早 | 中国 | 四川 | SC | IV | 四川地方品种 | | | | | | | | | | | |
| A666 | 鲁861168 | 中国 | 山东 | HHH | II | 山东农科院作物所育种品系 | | | | | | | | | | | |
| A667 | AVR2 | 中国 | 台湾 | SC | VI | 亚洲蔬菜研究发展中心 | | | | | | | | | | | |
| A668 | 牛踏匾 | 中国 | 上海 | SC | III | 上海地方品种 | | | | | | | | | | | |
| A669 | 普通黑大豆 | 中国 | 四川 | SC | IV | 四川地方品种 | | | | | | | | | | | |
| A670 | 七月黄豆 | 中国 | 广西 | SC | VI | 广西地方品种 | | | | | | | | | | | |

（续）

| 编号 | 名称 | 来源国 | 省份 | 产区 | 生态区 | 来源 | 播期类型 | 生育期(d) | 花色 | 毛色 | 种皮色 | 种脐色 | 子叶色 | 百粒重(g) | 蛋白质(%) | 油脂(%) | 结荚习性 |
|---|---|---|---|---|---|---|---|---|---|---|---|---|---|---|---|---|---|
| A671 | 泗84-1532 | 中国 | 江苏 | HHH | II | 泗阳原种场品系 | | | | | | | | | | | |
| A672 | 遂8524 | 中国 | 河北 | HHH | II | 邯郸青豆 | | | | | | | | | | | |
| A673 | 昔阳野生豆 | 中国 | 山西 | HHH | II | 昔阳野生大豆 | | | | | | | | | | | |
| A674 | 兴县灰皮支黑豆 | 中国 | 山西 | HHH | II | 兴县地方品种 | | | | | | | | | | | |
| A675 | 宜山六月黄豆 | 中国 | 广西 | SC | VI | 宜山地方品种 | | | | | | | | | | | |
| A676 | 早毛豆 | 中国 | 云南 | SC | V | 云南地方品种 | | | | | | | | | | | |
| A677 | 早生毛豆 | 中国 | 台湾 | SC | VI | 引自亚洲蔬菜研究发展中心（台湾） | | | | | | | | | | | |
| A678 | 窄叶黄豆 | 中国 | 山西 | HHH | II | 广灵种植品种 | | | | | | | | | | | |
| A679 | 内城大粒青 | 中国 | 山西 | HHH | II | 山西地方品种 | | | | | | | | | | | |
| A680 | 异品种 | 中国 | 辽宁 | NC | I | 辽宁地方品种 | | | | | | | | | | | |
| A681 | 安县大粒 | 中国 | 四川 | SC | IV | 安县地方品种 | | | | | | | | | | | |
| A682 | KOSALRD | 意大利 | | F | F | 意大利品种 | | | | | | | | | | | |
| A683 | 普定大黄豆 | 中国 | 贵州 | SC | V | 普定大黄豆=贵州普定地方品种（ZDD15264） | | | | | | | | | | | |
| A684 | 承7907 | 中国 | 河北 | HHH | II | 承德农科所育种品系 | | | | | | | | | | | |
| A685 | 宝丰5-7 | 中国 | 黑龙江 | NC | I | 黑龙江宝泉岭农管局科研所育种品系 | | | | | | | | | | | |
| A686 | 合交87-1470 | 中国 | 黑龙江 | NC | I | 黑龙江农科院合江农科所 | | | | | | | | | | | |
| A687 | 钢8307-2 | 中国 | 黑龙江 | NC | I | 黑龙江农科院红星隆所品系 | | | | | | | | | | | |
| A688 | 建90-49 | 中国 | 黑龙江 | NC | I | 黑龙江农垦总局建三江农科所育种品系 | | | | | | | | | | | |
| A689 | 垦92-1895 | 中国 | 黑龙江 | NC | I | 黑龙江农垦科学院农作物开发研究所育种品系 | | | | | | | | | | | |
| A690 | 稀植四号 | 中国 | 内蒙古 | NC | I | 赤峰地方品种 | | | | | | | | | | | |
| A691 | 不详 | 中国 | 宁夏 | HHH | II | 宁夏地方品种 | | | | | | | | | | | |
| A692 | 粗黄大豆 | 中国 | 浙江 | SC | III | 浙江地方品种 | | | | | | | | | | | |
| A693 | 日本晚凉 | 日本 | | F | F | 日本品种 | | | | | | | | | | | |
| A694 | 北交84-412 | 中国 | 黑龙江 | NC | I | 黑龙江北安农管局育种品系 | | | | | | | | | | | |
| A695 | 北交85-120 | 中国 | 黑龙江 | NC | I | 黑龙江北安农管局育种品系 | | | | | | | | | | | |

祖先亲本编码说明：A001～A323 和 A348 为崔章林、盖钧镒等编著《中国大豆育成品种及其系谱分析1923—1995》的祖先亲本编号；A324～A347 为原书中作为美国来源的祖先亲本，本版编写时发现实为美国血缘育成品种，因而退出祖先亲本表，其中 A582～A630 为美国品种；A349～A695 为 1996～2005 大豆育成品种系谱分析编码编的祖先亲本，并将其系谱列于图表V。F 指国外。

## 图表 V 用作中国大豆育成品种祖先亲本的美国大豆材料的系谱与来源

| 编号 | 材料名称 | 系谱与来源 |
| --- | --- | --- |
| A324 | Amsoy | Adams × Harosoy<br>Illini=1920 年选自 A. K.<br>Dunfield=白眉, 1913 年从中国吉林范家屯引入美国<br>Adams=Illini × Dunfield<br>A. K.=FC30.761, 1912 年从中国东北引入美国<br>Harosoy=美国品种 |
| A325 | Beeson | C1253×Kent<br>Blackhawk=Mukden × Richland<br>Richland=1926 年从中国吉林长岭引入美国<br>Kent=美国品种<br>C1253=Blackhawk × Harosoy<br>Mukden=小青黄豆, 1920 年从中国辽宁沈阳引入美国<br>Harosoy=美国品种 |
| A326 | Clark 63 | [Clark (4) × S54-1714] × [Clark (6) × Blackhawk]<br>Lincoln=不详<br>S54-1714=L49-4091×Clark<br>CNS=选自 Clemson, 可能是由混杂造成, 真实来源不详<br>Blackhawk=Mukden × Richland<br>Clark=Lincoln (2) ×Richland<br>Richland=1926 年从中国吉林长岭引入美国<br>L49-4091=[Lincoln (2) × Richland] × (Lincoln × CNS)<br>Clemson=1927 年从中国南京金陵大学引入美国<br>Mukden=小青黄豆, 1920 年从中国辽宁沈阳引入美国 |
| A327 | CN210 | Beeson×L70-2283<br>L70-2283=Custer × Chippewa 64<br>Peking=1906 年从中国北京引入美国<br>D49-2525=S-100×CNS<br>CNS=选自 Clemson, 可能是由混杂造成, 真实来源不详<br>L46-5679=Lincoln×Richland<br>Lincoln=不详<br>Beeson=美国品种<br>Custer={[(Peking × Scott (4)) (3) × (i-i Rhg4 line from Peking × Scoot (2))] × [Scott (9) × Blackhawk]} × [Peking × Scott (5)]<br>Scott=D49-2525×L46-5679<br>S-100=美国品种<br>Clemson=1927 年从中国南京金陵大学引入美国<br>Chippewa 64=Lincoln (2) ×Richland<br>Richland=1926 年从中国吉林长岭引入美国 |
| A328 | Corsoy | Harosoy × Capital<br>Capital=No. 171×A. K. (Harrow)<br>A. K. (Harrow) =1928 年前选自 A. K. (外观与 Illini 相同)<br>Harosoy=美国品种<br>No. 171=1931 年从中国黑龙江哈尔滨东郊引入美国<br>A. K.=FC30.761, 1912 年从中国东北引入美国 |
| A330 | Franklin | L12×Custer<br>Clark 63 =美国品种<br>L12=Clark 63 的等基因系<br>Custer={[(Peking×Scott (4)) (3) × (i-i Rhg4 line from Peking×Scoot (2))] × [Scott (9) ×Blackhawk]} × [Peking×Scott (5)] |

（续）

| 编号 | 材料名称 | 系谱与来源 |
|---|---|---|
| | | Peking＝1906年从中国北京引入美国 |
| | | D49-2525＝S-100×CNS；Scott＝D49-2525×L46-5679 |
| | | CNS＝选自Clemson，可能是由混杂造成，真实来源不详；S-100＝美国品种 |
| | | L46-5679＝Lincoln×Richland；Clemson＝1927年从中国南京金陵大学引入美国 |
| | | Richland＝1926年从中国吉林长岭引入美国；Lincoln＝不详 |
| | | Mukden＝小青黄豆，1920年从中国辽宁沈阳引入美国；Blackhawk＝Mukden×Richland |
| A331 | Harosoy | Mandarin (Ottawa) (2) ×A.K. (Harrow)；Mandarin (Ottawa)＝1929年选自Mandarin |
| | | Mandarin＝1913年从中国黑龙江绥化引入美国；A.K. (Harrow)＝1928年前选自A.K.（外观与Illini相同） |
| | | A.K.＝FC30.761，1912年从中国东北引入美国 |
| A332 | Harosoy 63 | Harosoy (8) ×Blackhawk；Harosoy＝美国品种 |
| | | Blackhawk＝Mukden×Richland；Mukden＝小青黄豆，1920年从中国辽宁沈阳引入美国 |
| | | Richland＝1926年从中国吉林长岭引入美国 |
| A334 | Mamotan 6640 | Mammoth Yellow×Ototan (a natural cross)；Mammoth Yellow＝来源不详，可能来自日本，1882年起在美国北卡罗来纳州种植 |
| | | Ototan＝源自中国台湾，1911年经美国夏威夷引入佐治亚州 |
| A335 | Marshall | Provar× (A55629-4 × PI 248404)；Provar＝美国品种 |
| | | A55629-4＝不详；PI 248404＝Novosadska Bela引自前南斯拉夫 |
| A338 | Morsoy | Acme×L48-7289；Acme＝1946年选自Pagoda |
| | | Manitoba Brown＝约1922年加拿大Manitoba农学院从美国农业部求得 |
| | | Pagoda＝Manitoba Brown×Mandarin；L48-7289＝Seneca×Richland |
| | | Mandarin＝1913年从中国黑龙江绥化引入美国；Richland＝1926年从中国吉林长岭引入美国 |
| | | Seneca＝1920年从中国东北部引入美国 |
| A341 | Provar | Harosoy×Clark；Harosoy＝美国品种 |
| | | Mandarin (Ottawa) ＝1929年选自Mandarin；Mandarin＝1913年从中国黑龙江绥化引入美国 |
| | | Clark＝Lincoln (2) ×Richland；Lincoln＝不详 |
| | | Richland＝1926年从中国吉林长岭引入美国 |
| A342 | S-100 | 选自Illini；Illini＝1920年选自A.K. |
| A344 | SRF 307 | A.K.＝FC30.761，1912年从中国东北引入美国；Wayne＝L49-4091×Clark |
| | | Wayne (7) × D61-5141 |

（续）

| 编号 | 材料名称 | 系谱与来源 |
|---|---|---|
| A345 | SRF 400 | L49-4091=[lincoln（2）×Richland] $F_3$×（Lincoln×CNS）$F_1$<br>Lincoln=不详<br>Richland=1926 年从中国吉林长岭引入美国<br>CNS=选自 Clemson，可能是由混杂造成，真实来源不详<br>Clemson=1927 年从中国南京金陵大学引入美国<br>Clark 63（7）× D61-5141<br>Clark=Lincoln（2）×Richland<br>Clark 63 =美国品种<br>D61-5141=不详 |
| A346 | Wilkin | Merit×Harosoy<br>Merit=美国品种<br>Harosoy=美国品种 |
| A347 | Williams | Wayne×L57-0034<br>Wayne=L49-4091×Clark<br>L49-4091=[lincoln（2）×Richland] $F_3$×（Lincoln×CNS）$F_1$<br>Lincoln=不详<br>Richland=1926 年从中国吉林长岭引入美国<br>CNS=选自 Clemson，可能是由混杂造成，真实来源不详<br>Clemson=1927 年从中国南京金陵大学引入美国<br>Clark=Lincoln（2）×Richland<br>L57-0034=Clark×Adams<br>Adams=Illini×Dunfield<br>Illini=1920 年选自 A. K.<br>A. K.=FC30.761，1912 年从中国东北引入美国<br>Dunfield=白眉，1913 年从中国吉林范家屯引入美国 |
| A696 | Anoka | Anoka=II-42-37×Korean<br>II-42-37=Lincoln（2）×Richland<br>Lincoln=不详<br>Richland=1926 年从中国吉林长岭引入美国<br>Korean=源自中国（可能起源于朝鲜），1923 年从加拿大安大略 Harrow 实验站引入美国 |
| A697 | Buffalo | （Hernon 147×Geduld）$F_7$<br>Hernon 147=非洲津巴布韦引入美国<br>Geduld=非洲津巴布韦引入美国 |
| A698 | Century | Calland ×Bonus<br>Calland=C1253×Kent<br>C1253=Blackhawk×Harosoy<br>Blackhawk=Mukden×Richland<br>Mukden=小青黄豆，1920 年从中国辽宁沈阳引入美国<br>Richland=1926 年从中国吉林长岭引入美国<br>Harosoy=美国品种<br>Kent =美国品种<br>Bonus=C1266R×C1253<br>C1266R=Harosoy×C1079<br>C1079（C985）=Lincoln×Ogden<br>Lincoln=不详<br>Ogden=Tokyo×PI54.610<br>Tokyo=ItaName，1902 年从日本横滨引入美国 |

| 编号 | 材料名称 | 系谱与来源 |
| --- | --- | --- |
| A699 | Crawford | PI54.610＝1921年从中国吉林长春引入美国 |
| | | Crawford＝Williams × Columbus　　Williams ＝美国品种 |
| | | Columbus＝C1069×Clark　　C1069＝Lincoln×Ogden |
| | | Lincoln＝不详　　Ogden＝Tokyo×PI54.610 |
| | | Tokyo＝ItaName，1902年从日本横滨引入美国　　PI54.610＝1921年从中国吉林长春引入美国 |
| A700 | Kent | Lincoln×Ogden　　Lincoln＝不详 |
| | | Ogden＝Tokyo×PI54.610　　Tokyo＝ItaName，1902年从日本横滨引入美国 |
| | | PI54.610＝1921年从中国吉林长春引入美国 |
| A701 | L83-4387 | Amsoy 71×PI 151440　　Amsoy 71＝Amsoy (8) × C1253 |
| | | Amsoy ＝美国品种　　C1253＝Blackhawk×Harosoy |
| | | Blackhawk＝Mukden × Richland　　Mukden＝小青豆，1920年从中国辽宁沈阳引入美国 |
| | | Richland＝1926年从中国吉林长春岭引入美国　　Harosoy＝美国品种 |
| | | PI 151440＝不详 |
| A702 | L81-4590 | Williams 82 (6) × PI 157440　　Williams 82＝Williams (7) × Kingwa |
| | | Williams ＝美国品种　　Kingwa＝选自 Peking |
| | | Peking＝1906年从中国北京引入美国　　PI 157440＝Kin-du |
| | | Kin-du＝1947年从韩国 GyeonggiDo，Suweon 农业试验站引入美国 |
| A703 | Hobbit | Williams×Ransom　　Williams ＝美国品种 |
| | | Ransom＝（N55-5931×N55-3818） ×D56-1185　　N55-5931＝Perry×D492491 |
| | | Perry＝Patoka ×L37-1355　　Patoka＝1927 从中国黑龙江 Wujiazi 引进 |
| | | L37-1355＝a rogue in PI 81041 (Kuro Daizu)　　PI 81041＝Kuro Daizu |
| | | Kuro Daizu＝1927年从日本北海道札幌引进　　D492491＝S-100×CNS |
| | | S-100＝美国品种　　CNS＝选自 Clemson，可能是由混杂造成，真实来源不详 |
| | | Clemson＝1927年从中国南京金陵大学引入美国　　N55-3818＝[N45-2994×Ogden] × （N44-92×N48-1867） |
| | | N45-2994＝Ralsoy×Ogden　　Ralsoy＝选自 Arksoy |
| | | Arksoy＝1914年从朝鲜平壤引进　　Ogden＝Tokyo×PI54.610 |
| | | Tokyo＝ItaName，1902年从日本横滨引入美国　　PI54.610＝1921年从中国吉林长春引入美国 |

（续）

| 编号 | 材料名称 | 系谱与来源 | |
|---|---|---|---|
| | | N44-92＝Haberlandt×Ogden | Haberlandt＝1901年从朝鲜平壤引进 |
| | | N48-1867＝Roanoke×N45-745 | Roanoke＝1927年从中国南京金陵大学引入美国 PI71.579 |
| | | N45-745＝Ogden×CNS | D56-1185＝Perry×Lee |
| | | Lee＝S-100×CNS | |
| A704 | Hodgson | Corsoy×M372 | Corsoy＝Harosoy×Capital |
| | | Harosoy＝美国品种 | Capital＝No.171×A.K.（Harrow） |
| | | No.171＝1931年从中国黑龙江哈尔滨东郊引入美国 | M372＝M10×PI180501 |
| | | M10＝Lincoln（2）×Richland | Lincoln＝不详 |
| | | Richland＝1926年从中国吉林长岭引入美国 | |
| A705 | Maple arrow | Harosoy 63×Holmberg 840-7-3 | Harosoy 63＝美国品种 |
| | | Holmberg 840-7-3＝840-7-3 | 840-7-3＝美国早期从瑞典引进 |
| A706 | Mercury | T208×Hobbit | T208＝1951年从韩国 Yu tae（PI 196176）分离的品系 |
| | | Hobbit＝美国品种 | |
| A707 | Merit | Blackhawk×Capital | Blackhawk＝Mukden×Richland |
| | | Mukden＝小青黄豆，1920年从中国辽宁沈阳引入美国 | Richland＝1926年从中国吉林长岭引入美国 |
| | | Capital＝No.171×A.K.（Harrow） | No.171＝1931年从中国黑龙江哈尔滨东郊引入美国 |
| A708 | Ozzie | Wilkin×M63-217y | Wilkin＝美国品种 |
| | | M63-217y＝Hodgson (a yellow Hilum NIS) | Hodgson＝美国品种 |
| A709 | Resnik | Asgrow A3127（4）×Williams 82 (L24) | Asgrow A3127＝Williams × Essex |
| | | Williams＝美国品种 | Esse×＝Lee ×S55-7075 |
| | | Lee＝S-100×CNS | S-100＝美国品种 |
| | | CNS＝选自 Clemson，可能是由混杂造成，真实来源不详 | Clemson＝1927年从中国南京金陵大学引入美国 |
| | | S55-7075＝N48-1248×Perry | N48-1248＝Roanoke×N45-745 |
| | | Roanoke＝1927年从中国南京金陵大学引入美国 PI71.579 | N45-745＝Ogden×CNS |
| | | Ogden＝Tokyo×PI 54.610 | Tokyo＝ItaName，1902年从日本横滨引入美国 |
| | | PI54.610＝1921年从中国吉林长春引入美国 | Perry＝Patoka ×L37-1355 |
| | | Patoka＝1927从中国黑龙江 Wujiazi 引进 | L37-1355＝a rogue in PI 81041（Kuro Daizu） |

（续）

| 编号 | 材料名称 | 系谱与来源 | |
|---|---|---|---|
| A710 | Sprite | PI 81041＝Kuro Daizu | Kuro Daizu＝1927年从日本北海道札幌引进 |
| | | Williams 82＝Williams（7）×Kingwa | Kingwa＝Selected from Peking in 1921 |
| | | Peking＝1906年从中国北京引入美国 | |
| | | Williams×Ransom | Williams＝美国品种 |
| | | Ransom＝（N55-5931×N55-3818）×D56-1185 | N55-5931＝Perry×D492491 |
| | | Perry＝Patoka×L37-1355 | Patoka＝1927从中国黑龙江 Wujiazi 引进 |
| | | L37-1355＝a rogue in PI 81041 | PI 81041＝Kuro Daizu |
| | | Kuro Daizu＝1927年从日本北海道札幌引进 | D492491＝S-100×CNS |
| | | S-100＝美国品种 | CNS＝选自 Clemson，可能是由混杂造成，真实来源不详 |
| | | Clemson＝1927年从中国南京金陵大学引入美国 | N55-3818＝[N45-2994×Ogden]×（N44-92×N48-1867） |
| | | N45-2994＝Ralsoy×Ogden | Ralsoy＝选自 Arksoy |
| | | Arksoy＝1914年从朝鲜平壤引进 | Ogden＝Tokyo×PI54.610 |
| | | Tokyo＝ItaName，1902年从日本横滨引入美国 | PI54.610＝1921年从中国吉林长春引入美国 |
| | | N44-92＝Haberlandt×Ogden | Haberlandt＝1901年从朝鲜平壤引进 |
| | | N48-1867＝Roanoke×N45-745 | Roanoke＝1927年从中国南京金陵大学引入美国 PI71.579 |
| | | N45-745＝Ogden×CNS | D56-1185＝Perry×Lee |
| | | Lee＝S-100×CNS | |
| A711 | U87-63041 | Sherman×Harper | Sherman＝A72-512×Pella |
| | | A72-512＝Amsoy×Wayne | Amsoy＝美国品种 |
| | | Wayne＝L49-4091×Clark | L49-4091＝[lincoln（2）×Richland]$F_3$×(Lincoln×CNS) $F_1$ |
| | | Lincoln＝不详 | Richland＝1926年从中国吉林长岭引入美国 |
| | | CNS＝选自 Clemson，可能是由混杂造成，真实来源不详 | Clark＝Lincoln（2）×Richland |
| | | Pella＝L66L-137×Calland | L66L-137＝Wayne×L57-0034 |
| | | L57-0034＝Clark×Adams | Adams＝Illini×Dunfield |
| | | Illini＝1920年选自 A.K. | A.K.＝FC30.761，1912年从中国东北引入美国 |
| | | Dunfield＝白眉，1913年从中国吉林范家屯引入美国 | Calland＝C1253×Kent |
| | | C1253＝Blackhawk×Harosoy | Blackhawk＝Mukden×Richland |

（续）

| 编号 | 材料名称 | 系谱与来源 |
| --- | --- | --- |
| A712 | Weber | C1453×Swift<br>C1266R=Harosoy × C1079<br>C1079=C985（Lincoln×Ogden）<br>Ogden=Tokyo×PI54.610<br>PI54.610=1921年从中国吉林长春引入美国<br>Blackhawk=Mukden×Richland<br>Richland=1926年从中国吉林长岭引入美国<br>Ⅱ-54-132=Renville×Capital<br>Ⅱ-54-240=Korean×Ⅱ-42-37<br>Ⅱ-42-37=Lincoln（2）×Richland<br><br>Harosoy=美国品种<br>Harper=由双杂交群体 $F_4$ 系选，真实来源不详<br>C1453=C1266R × C1253<br>Harosoy=美国品种<br>Lincoln=不详<br>Tokyo='Ita Name'，1902年从日本横滨引入美国<br>C1253=Blackhawk×Harosoy<br>Mukden=小青黄豆，1920年从中国辽宁沈阳引入美国<br>Swift=Ⅱ-54-132×Ⅱ-54-240<br>Renville=Lincoln（2）×Richland<br>Korean=源自中国（可能起源于朝鲜），1923年从加拿大安大略 Harrow 实验站引入美国 |

（Mukden=小青黄豆，1920年从中国辽宁沈阳引入美国）
（Kent=美国品种）

说明：A324～A347 为上版崔章林、盖钧镒等编著《中国大豆育成品种及其系谱分析（1923—1995）》（1998，中国农业出版社）中美国来源的祖先亲本编号，本版编写时发现实为美国育成品种，因而退出祖先亲本表（图表Ⅳ），并将其系谱列于本表（图表Ⅴ）。

## 图表Ⅵ 中国大豆育成品种的亲本及其亲缘关系（C001～D649）

**C001～C651**

| 编号 | 品种名称 | 亲本及其亲缘关系 | 祖先亲本数 |
|---|---|---|---|
| C001 | 亳县大豆 | — A276 | 1 |
| C002 | 多枝 176 | ┌ A231 A334<br>— C431 C455 A018 A119 A168<br>└ A002 | 6 |
| C003 | 阜豆 1 号 | ┌ A231 A334<br>— C417 C455<br>└ A034 | 3 |
| C004 | 阜豆 3 号 | — A077 | 1 |
| C005 | 灵豆 1 号 | ┌ A231 A334<br>— C417 C455<br>└ A034 | 3 |
| C006 | 蒙 84 - 5 | — C455 A106<br>└ A231 A334 | 3 |
| C007 | 蒙城 1 号 | — A221 | 1 |
| C008 | 蒙庆 6 号 | — C009 A106 A134<br>└ A246 | 3 |
| C009 | 宿县 647 | — A246 | 1 |
| C010 | 皖豆 1 号 | — C455 A162<br>└ A231 A334 | 3 |
| C011 | 皖豆 3 号 | ┌ A231 A334<br>— C417 C455<br>└ A034 | 3 |
| C012 | 皖豆 4 号 | — A194 | 1 |
| C013 | 皖豆 5 号 | — C455 A332<br>└ A231 A334 | 3 |
| C014 | 皖豆 6 号 | ┌ A295<br>┌ C461 C555 A176<br>│ └ A060<br>— C431 C456 A018 A119 A168<br>└ A002 | 7 |
| C015 | 皖豆 7 号 | ┌ A295<br>┌ C461 C555 A176<br>└ A060<br>— C455 C456 C572 A331 ┌ A295<br>│ └ C540 C555<br>└ A231 A334 └ A133 | 7 |
| C016 | 皖豆 9 号 | ┌ A295<br>┌ C555 A272<br>— C003 C569 ┌ A231 A334<br>└ C417 C455<br>└ A034 | 5 |
| C017 | 皖豆 10 号 | ┌ A063<br>— C011 C579 ┌ A231 A334<br>└ C417 C455<br>└ A034 | 4 |
| C018 | 皖豆 11 | ┌ A060<br>┌ C461 C555 A176<br>— C455 C459 C461 └ A295<br>│ └ A060<br>└ A231 A334 | 6 |
| C019 | 皖豆 13 | ┌ A254<br>┌ C574 A228<br>— C028 C558 ┌ A231 A334<br>└ C417 C455<br>└ A034 | 5 |

（续）

| 编号 | 品种名称 | 亲本及其亲缘关系 | 祖先亲本数 |
|---|---|---|---|
| C020 | 五河大豆 | ― A236 | 1 |
| C021 | 新六青 | ― C009 A106 A134 A169　└ A246 | 4 |
| C022 | 友谊2号 | ― A238 | 1 |

C023　宝诱17　祖先亲本数 6

```
                                    ┌ A210
                           ┌ C333 A146
                           |    ┌ A019
                  ┌ C284 C287   └ A210
C023  宝诱17  ― C170 |      ┌ C333 A146
                  └ C155 C168 C250 A154 A316
                       └ C156 A244
                            └ C155 A154  ┌ A019
                                 └ C284 C287
                                      └ C333 A146
                                           └ A210
```

C024　科丰6号　祖先亲本数 7

```
                      ┌ A146
             ┌ C492 A226
             |      ┌ A231 A334
C024  科丰6号 ― C028 C336 C417 C455 A149 A326
             |    └ A034
             |    ┌ A231 A334
             └ C417 C455
                  └ A034
```

C025　科丰34　祖先亲本数 3

```
             ┌ A231 A334
C025  科丰34 ― C417 C455
             └ A034
```

C026　科丰35　祖先亲本数 14

```
                 ┌ A231 A334   ┌ A231 A334
          ┌ C417 C455    |       ┌ A074
          |    └ A034    |   ┌ C324 A247  ┌ A242
          |    ┌ A074    |   |        ┌ C484 A226
C026 科丰35 ― C028 C029 C233 C324 C401 C417 C455 C467 C492 C506 A075 A226 A324 A347
          |    └ C250   └ A241 A054      └ A146
          |  ┌ A034   └ C333 A146
          └ C417 C455       └ A210
               └ A231 A334
```

C027　科新3号　祖先亲本数 4

```
C027  科新3号 ― C105
             └ C560 A122 A190
                  └ C555 A318
                       └ A295
```

C028　诱变30　祖先亲本数 3

```
             ┌ A231 A334
C028  诱变30 ― C417 C455
             └ A034
```

C029　诱变31　祖先亲本数 3

```
             ┌ A231 A334
C029  诱变31 ― C417 C455
             └ A034
```

C030　诱处4号　祖先亲本数 9

```
                      ┌ A074
             ┌ C324 A247  ┌ A242
C030 诱处4号 ― C031 A169 ┌ A034 |     ┌ C484 A226
             └ C324 C417 C455 C467 C492 C506 A226
                  └ A074 |      └ A146
                       └ A231 A334
```

C031　早熟3号　祖先亲本数 8

```
                      ┌ A074
             ┌ C324 A247  ┌ A242
          ┌ A034 |      ┌ C484 A226
C031 早熟3号 ― C324 C417 C455 C467 C492 C506 A226
          └ A074 |      └ A146
               └ A231 A334
```

（续）

| 编号 | 品种名称 | 亲本及其亲缘关系 | 祖先亲本数 |
|---|---|---|---|

C032　早熟 6 号
```
                        ┌ A074
                ┌ C324 A247  ┌ A242
        ┌ A034   │      ┌ C484 A226
— C324 C417 C455 C467 C492 C506 A226
   └ A074   │      └ A146
        └ A231 A334
```
8

C033　早熟 9 号
```
        ┌ A034
— C336 C417 C455 A149
   │      └ A231 A334
   └ C492 A226
        └ A146
```
6

C034　早熟 14
```
                        ┌ A074
                ┌ C324 A247  ┌ A242
        ┌ A034   │      ┌ C484 A226
— C324 C417 C455 C467 C492 C506 A226
   └ A074   │      └ A146
        └ A231 A334
```
8

C035　早熟 15
```
                        ┌ A074
                ┌ C324 A247  ┌ A242
        ┌ A034   │      ┌ C484 A226
— C324 C417 C455 C467 C492 C506 A226
   └ A074   │      └ A146
        └ A231 A334
```
8

C036　早熟 17
```
— C028 A171  ┌ A231 A334
   └ C417 C455
        └ A034
```
4

C037　早熟 18
```
                ┌ A210
        ┌ C333 A146  ┌ A231 A334
   ┌ C250   │      │      ┌ A146
— C029 C233 C324 C401 C417 C455 C467 C492 C506 A054 A075 A171 A226 A324 A347
   │      └ A074  └ A034      │      └ C484 A226
   │      ┌ A231 A334      └ C324 A247  └ A242
   └ C417 C455      └ A074
        └ A034
```
15

C038　中黄 1 号
```
                        ┌ A074
        ┌ A136 A197  ┌ C324 A247  ┌ A242
— C032 C594  ┌ A034   │      ┌ C484 A226
   └ C324 C417 C455 C467 C492 C506 A226
        └ A074   │      └ A146
             └ A231 A334
```
10

C039　中黄 2 号
```
                ┌ A210
           ┌ C333 A146
      ┌ C250      ┌ A074
      │      ┌ C324 A247
— C028 C233 C401 C467 A054 A075 A324 A345
   │      └ A241
   │      ┌ A231 A334
   └ C417 C455
        └ A034
```
12

C040　中黄 3 号
```
           ┌ A231 A334
   ┌ C417 C455
   │   └ A034
   │      ┌ A241
— C028 C233 C401 C467 A054 A075 A324 A345
   │      └ C324 A247
   └ C250      └ A074
        └ C333 A146
             └ A210
```
12

（续）

| 编号 | 品种名称 | 亲本及其亲缘关系 | 祖先亲本数 |
|---|---|---|---|

```
C041  中黄 4 号  ── C028 A200 A326                                    5
                  │      ┌ A231 A334
                  └ C417 C455
                       └ A034

                                   ┌ A210
                           ┌ C333 A146
                   ┌ C250      ┌ A074
                   │      ┌ C324 A247
C042  中黄 5 号  ── C028 C233 C401 C467 C054 A075 A324 A345          12
                  │      └ A241
                  │      ┌ A231 A334
                  └ C417 C455
                       └ A034

                                ┌ A074
                   ┌ A136 A197  ┌ C324 A247  ┌ A242
C043  中黄 6 号  ── C032 C594 ┌ A034   │      ┌ C484 A226           10
                  └ C324 C417 C455 C467 C492 C506 A226
                       └ A074  │      └ A146
                            └ A231 A334

C044  中黄 7 号  ── C024 A199 A333  ┌ A146                           9
                  │         ┌ C492 A226
                  │         │      ┌ A231 A334
                  └ C028 C336 C417 C455 A149 A326
                       │      └ A034
                       │      ┌ A231 A334
                       └ C417 C455
                            └ A034

C045  中黄 8 号  ── C575 A052  ┌ A254                                4
                  └ C540 C574 A228
                       └ A133

C046  7106  ── C555                                                 1
            └ A295

C047  白花古田豆  ── A098                                            1
C048  白秋 1 号  ── C312 A158                                        3
                  └ A129 A193

C049  惠安花面豆  ── A186                                            1
C050  惠豆 803  ── C049 A185                                         2
                └ A186

C051  晋江大粒黄  ── A117                                            1
C052  晋江大青仁  ── A086                                            1
C053  龙豆 23  ── A098 A307                                          2
C054  莆豆 8008  ── C055 A306                                        3
                  └ C417 A186
                       └ A034

C055  融豆 21  ── C417 A186                                          2
                └ A034

C056  汀豆 1 号  ── A037 A093                                        2
C057  雁青  ── A139 A250                                             2
C058  穗选黄豆  ── A084                                              1
C059  通黑 11  ── A111 A230                                          2
C060  粤大豆 1 号  ── A150 A204                                      2
C061  粤大豆 2 号  ── A139 A347                                      2
C062  8901  ── C288 A023                                            2
            └ A291
```

（续）

| 编号 | 品种名称 | 亲本及其亲缘关系 | 祖先亲本数 |
|------|----------|------------------|------------|
| C063 | 柳豆1号 | — A010 | 1 |
| C064 | 安豆1号 | — A164 | 1 |
| C065 | 安豆2号 | — C070<br>└ A166 | 1 |
| C066 | 冬2 | — A005 | 1 |
| C067 | 黔豆1号 | — C451<br>└ C431 A084<br>　　└ A002 | 2 |
| C068 | 黔豆2号 | — C456 A045<br>│　┌ A060<br>└ C461 C555 A176<br>　　└ A295 | 4 |
| C069 | 黔豆4号 | — C648 A091<br>└ C575 A237 ┌ A254<br>　└ C540 C574 A228<br>　　　└ A133 | 5 |
| C070 | 生联早 | — A166 | 1 |
| C071 | 霸红1号 | — A281 | 1 |
| C072 | 霸县新黄豆 | — A178 | 1 |
| C073 | 边庄大豆 | — A277 | 1 |
| C074 | 冀承豆1号 | — A004 A326 | 2 |
| C075 | 冀承豆2号 | 　　　　┌ A146<br>　　┌ C492 A226<br>— C091 C337<br>　└ A042 | 3 |
| C076 | 冀承豆3号 | 　　　　　┌ A242<br>— C511 A347 ┌ C484 A226<br>　└ C467 C506<br>　　└ C324 A247<br>　　　└ A074 | 5 |
| C077 | 冀承豆4号 | 　　　　┌ A074<br>　　┌ C324 A247 ┌ A242<br>　│　　　　┌ C484 A226<br>— C324 C467 C492 C506 A226 A326<br>　└ A074 └ A146 | 6 |
| C078 | 冀承豆5号 | — C336<br>└ C492 A226<br>　└ A146 | 2 |
| C079 | 冀豆1号 | — C487<br>└ C484 A145<br>　└ A242 | 2 |
| C080 | 冀豆2号 | 　　　　┌ A074<br>　　┌ C324 A247<br>— C233 C467 C507 ┌ A227<br>　│　　└ C324 C485<br>　└ C250 └ A074<br>　　└ C333 A146<br>　　　└ A210 | 5 |
| C081 | 冀豆3号 | — C455 A126<br>└ A231 A334 | 3 |
| C082 | 冀豆4号 | — A101 A347 | 2 |
| C083 | 冀豆5号 | 　┌ A231 A334<br>— C417 C455 A324<br>└ A034 | 4 |
| C084 | 冀豆6号 | — A101 A341 | 2 |

（续）

| 编号 | 品种名称 | 亲本及其亲缘关系 | 祖先亲本数 |
|------|----------|-----------------|-----------|
| C085 | 冀豆 7 号 | — C080 A347 ┌ A074 ┌ C324 A247 └ C233 C467 C507 ┌ A227 │ ┌ C324 C485 └ C250 └ A074 └ C333 A146 └ A210 | 6 |
| C086 | 冀豆 9 号 | — C082 C324 C467 C492 A056 A226 ┌ A074 ┌ A146 └ C324 A247 │ └ A101 A347 └ A074 | 7 |
| C087 | 粳选 2 号 | — A251 | 1 |
| C088 | 来远黄豆 | — A278 | 1 |
| C089 | 迁安一粒传 | — A279 | 1 |
| C090 | 前进 2 号 | — A280 | 1 |
| C091 | 群英豆 | — A042 | 1 |
| C092 | 铁荚青 | — A282 | 1 |
| C093 | 状元青黑豆 | — A283 | 1 |
| C094 | 河南早丰 1 号 | — C540 C574 A228 ┌ A254 └ A133 | 3 |
| C095 | 滑 75 - 1 | — A122 A231 A334 | 3 |
| C096 | 滑育 1 号 | — A089 | 1 |
| C097 | 建国 1 号 | — C094 ┌ A254 C097 └ C540 C574 A228 └ A133 | 3 |
| C098 | 勤俭 6 号 | — C094 ┌ A254 └ C540 C574 A228 └ A133 | 3 |
| C099 | 商丘 4212 | — A231 A334 | 2 |
| C100 | 商丘 64 - 0 | — C560 A122 A190 └ C555 A318 └ A295 | 4 |
| C101 | 商丘 7608 | — C555 A183 └ A295 | 2 |
| C102 | 商丘 85225 | — C560 A122 A159 A190 └ C555 A318 └ A295 | 5 |
| C103 | 息豆 1 号 | — A119 | 1 |
| C104 | 豫豆 1 号 | — C094 ┌ A254 └ C540 C574 A228 └ A133 | 3 |
| C105 | 豫豆 2 号 | — C560 A122 A190 └ C555 A318 └ A295 | 4 |
| C106 | 豫豆 3 号 | — C124 C417 A177 ┌ A034 └ C094 A196 ┌ A254 └ C540 C574 A228 └ A133 | 6 |
| C107 | 豫豆 4 号 | — A285 | 1 |
| C108 | 豫豆 5 号 | — C124 C417 A177 ┌ A034 └ C094 A196 ┌ A254 └ C540 C574 A228 └ A133 | 6 |
| C109 | 豫豆 6 号 | — C101 C555 A183 A318 ┌ A295 └ C555 A183 └ A295 | 3 |

（续）

| 编号 | 品种名称 | 亲本及其亲缘关系 | 祖先亲本数 |
|---|---|---|---|

C110　豫豆7号　
```
                  ┌ A034
      ─ C094 C417 A122 A177 A231 A333 A334
        │       ┌ A254
        └ C540 C574 A228
                └ A133
```
9

C111　豫豆8号　
```
              ┌ A034
      ─ C124 C417 A177
        └ C094 A196   ┌ A254
                └ C540 C574 A228
                        └ A133
```
6

C112　豫豆10号　
```
                          ┌ A295
                  ┌ C555 A318
      ─ C121 C560 A122 A183 A190 A268
        │           ┌ A034
        └ C124 C417 C560 A177 A190 A231 A334
          │             └ C555 A318
          └ C094 A196   ┌ A295
            │       ┌ A254
            └ C540 C574 A228
                    └ A133
```
14

C113　豫豆11　
```
                                  ┌ A254
                          ┌ C540 C574 A228
                          │     └ A133
                  ┌ C094 A196   ┌ A295
                  │         ┌ C555 A318
          ┌ C124 C417 C560 A177 A190 A231 A334
      ─ C108 C121       └ A034
        │       ┌ A034
        └ C124 C417 A177
          └ C094 A196   ┌ A254
            └ C540 C574 A228
                    └ A133
```
11

C114　豫豆12　
```
                          ┌ A295
                  ┌ C555 A318
          ┌ C560 A122 A190
      ─ C008 C105 A055 A168 A286 A345
        └ C009 A106 A134
            └ A246
```
11

C115　豫豆15　
```
                              ┌ A231 A334
                      ┌ A074 │     ┌ A146
      ─ C121 C324 C417 C455 C467 C492 C506 A057 A226
        │       └ A034 │       └ C484 A226
        │               │     ┌ C324 A247 └ A242
        │       ┌ A034 └ A074
        └ C124 C417 C560 A177 A190 A231 A334
          │           └ C555 A318
          └ C094 A196 └ A295
            │       ┌ A254
            └ C540 C574 A228
                    └ A133
```
17

C116　豫豆16　
```
                                          ┌ A254
                                  ┌ C540 C574 A228
                                  │     └ A133
                          ┌ C094 A196   ┌ A295
                          │         ┌ C555 A318
                  ┌ C124 C417 C560 A177 A190 A231 A334
                  │             └ A034
          ┌ C121 C560 A122 A183 A190 A268
          │       └ C555 A318
          │             └ A295
      ─ C111 C112   ┌ A034
        └ C124 C417 A177
          └ C094 A196
            │       ┌ A254
            └ C540 C574 A228
                    └ A133
```
14

（续）

| 编号 | 品种名称 | 亲本及其亲缘关系 | 祖先亲本数 |
|------|----------|------------------|-----------|

C117　豫豆 18

```
            ┌ A084  ┌ A231 A334
        ┌ C428 C431 C455 A263
        │          └ A002
  ─ C121 C295 C579
        │          └ A063
        │          ┌ A034
        └ C124 C417 C560 A177 A190 A231 A334
            │          └ C555 A318
            └ C094 A196  └ A295
                │          ┌ A254
                └ C540 C574 A228
                    └ A133
```
15

C118　豫豆 19

```
        ┌ A034   ┌ A063
  ─ C094 C417 C560 C579 A119 A122 A168 A177 A190 A196
        │          └ C555 A318
        │          └ A295
        │          ┌ A254
        └ C540 C574 A228
            └ A133
```
13

C119　正 104　　─ A287
1

C120　郑 133

```
                    ┌ A254
            ┌ C540 C574 A228
            │          └ A133
        ┌ C094 A196   ┌ A295
        │          ┌ C555 A318
  ─ C094 C124 C422 C560 A122 A190 A333
        │          └ A099
        │          ┌ A254
        └ C540 C574 A228
            └ A133
```
10

C121　郑 77249

```
        ┌ A034
  ─ C124 C417 C560 A177 A190 A231 A334
        │          └ C555 A318
        └ C094 A196  └ A295
            │          ┌ A254
            └ C540 C574 A228
                └ A133
```
11

C122　郑 86506

```
                    ┌ A295
            ┌ C555 A156
            │          ┌ A063
  ─ C121 C536 C560 C579 A122 A190
        │          └ C555 A318
        │          └ A295
        │          ┌ A034
        └ C124 C417 C560 A177 A190 A231 A334
            │          └ C555 A318
            └ C094 A196  └ A295
                │          ┌ A254
                └ C540 C574 A228
                    └ A133
```
14

C123　郑州 126

```
  ─ C094 A196  ┌ A254
    └ C540 C574 A228
        └ A133
```
4

C124　郑州 135

```
  ─ C094 A196  ┌ A254
    └ C540 C574 A228
        └ A133
```
4

C125　周 7327 - 118

```
            ┌ A133
  ─ C456 C540 C574 A228
```
6

中国大豆育成品种系谱与种质基础

| 编号 | 品种名称 | 亲本及其亲缘关系 | 祖先亲本数 |
|---|---|---|---|

```
                    |        └ A254
                    |      ┌ A060
                    |    └ C461 C555 A176
                           └ A295
```

C126　白宝珠　　— C287
```
                └ A019
```
1

C127　宝丰 1 号　— C168 A026 A320 A346
```
                └ C156 A244
                      └ C155 A154  ┌ A019
                           └ C284 C287
                                └ C333 A146
                                     └ A210
```
8

C128　宝丰 2 号　— A206 A328
2

C129　宝丰 3 号　— C167 A346  ┌ C250
```
                                  ┌ A210
                                ┌ C333 A146
                └ C151 C233  ┌ A019
                     └ C284 C287
                          └ C333 A146
                               └ A210
```
4

C130　北丰 1 号　— C135 C243 C287 A024
```
                 ┌ A040
                 |   ┌ A019
                └ C242 C287
                     |    └ A019
                     └ A248
```
4

C131　北丰 2 号　— C135 C233 A235
```
                              ┌ A210
                            ┌ C333 A146
                          ┌ C250
                 |        ┌ A019
                └ C242 C287
                     └ A248
```
5

C132　北丰 3 号　— C135 C185 C194
```
                                  ┌ A210
                                ┌ C333 A146
                              ┌ C250 A319
                 |        └ C150 A319  ┌ A019
                 |             └ C284 C287
                 |        ┌ A019   └ C333 A146
                └ C242 C287        └ A210
                     └ A248
```
5

C133　北丰 4 号　— C151 C243 C287 A021
```
                 ┌ A040
                 |        └ A019
                 |    ┌ A019
                └ C284 C287
                     └ C333 A146
                          └ A210
```
5

C134　北丰 5 号　— C168 C187
```
                                  ┌ A210
                                ┌ C333 A146
                              ┌ C284 C287
                            ┌ C155 A209  └ A019
                └ C156 A244
                     └ C155 A154  ┌ A019
                          └ C284 C287
                               └ C333 A146
                                    └ A210
```
6

（续）

| 编号 | 品种名称 | 亲本及其亲缘关系 | 祖先亲本数 |
|---|---|---|---|
| C135 | 北呼豆 | （见下方系谱） | 2 |
| C136 | 北良 56-2 | （见下方系谱） | 3 |
| C137 | 东牡小粒豆 | — A026 A027 A332 | 3 |
| C138 | 东农 1 号 | — A245 | 1 |
| C139 | 东农 2 号 | （见下方系谱） | 3 |
| C140 | 东农 4 号 | （见下方系谱） | 3 |
| C141 | 东农 34 | — A070 A207 | 2 |
| C142 | 东农 36 | （见下方系谱） | 3 |
| C143 | 东农 37 | （见下方系谱） | 5 |
| C144 | 东农 38 | （见下方系谱） | 6 |
| C145 | 东农 39 | （见下方系谱） | 5 |
| C146 | 东农 40 | — A264 A309 | 2 |
| C147 | 东农 41 | — A264 A315 | 2 |
| C148 | 东农 42 | （见下方系谱） | 12 |

**C135　北呼豆**
```
              ┌ A019
— C242 C287
              └ A248
```

**C136　北良 56-2**
```
              ┌ A019
— C284 C287
              └ C333 A146
                    └ A210
```

**C139　东农 2 号**
```
              ┌ A104
— C250 C286
              └ C333 A146
                    └ A210
```

**C140　东农 4 号**
```
              ┌ A019
— C250 C287
              └ C333 A146
                    └ A210
```

**C142　东农 36**
```
— C242 A310 A322
              └ A248
```

**C143　东农 37**
```
                                        ┌ A210
                                ┌ C333 A146
                        ┌ C284 C287
                ┌ C155 A209    └ A019
— C158 C187              ┌ A210
        |         ┌ C333 A146
        └ C153 C284 C287 A137
                  |     └ A019
                  |     ┌ A019
                  └ C284 C287
                          └ C333 A146
                                └ A210
```

**C144　东农 38**
```
                          ┌ A210
                  ┌ C333 A146
          ┌ C284 C287
— C270 A338 |     └ A019
          └ C138 C155 C250 A154
            └ A245   └ C333 A146
                          └ A210
```

**C145　东农 39**
```
— C377 A068
        └ C370 A226
              └ C333 A041 A108
                    └ A210
```

**C148　东农 42**
```
                  ┌ A146
          ┌ C492 A226
— C271 C336 C338 A007 A256 A316
          |       └ C368 A226
          |             └ A211  ┌ A210
          |                 ┌ C333 A146
          |             ┌ C284 C287
          |       ┌ C155 A154  └ A019
          └ C138 C156 C270 C392 A069        ┌ A210
            └ A245   |     └ A260   ┌ C333 A146
                     |              ┌ C284 C287
                     |                    └ A019
```

（续）

| 编号 | 品种名称 | 亲本及其亲缘关系 | 祖先亲本数 |
|---|---|---|---|
| | | └ C138 C155 C250 A154 | |
| | | └ A245　└ C333 A146 | |
| | | └ A210 | |
| C149 | 东农超小粒1号 | — A083 A253 | 2 |
| C150 | 丰收1号 | ┌ A019<br>— C284 C287<br>└ C333 A146<br>└ A210 | 3 |
| C151 | 丰收2号 | ┌ A019<br>— C284 C287<br>└ C333 A146<br>└ A210 | 3 |
| C152 | 丰收3号 | ┌ A019<br>— C284 C287<br>└ C333 A146<br>└ A210 | 3 |
| C153 | 丰收4号 | ┌ A019<br>— C284 C287<br>└ C333 A146<br>└ A210 | 3 |
| C154 | 丰收5号 | ┌ A019<br>— C284 C287<br>└ C333 A146<br>└ A210 | 3 |
| C155 | 丰收6号 | ┌ A019<br>— C284 C287<br>└ C333 A146<br>└ A210 | 3 |
| C156 | 丰收10号 | — C155 A154　┌ A019<br>└ C284 C287<br>└ C333 A146<br>└ A210 | 4 |
| C157 | 丰收11 | — C155 A154　┌ A019<br>└ C284 C287<br>└ C333 A146<br>└ A210 | 4 |
| C158 | 丰收12 | ┌ A210<br>┌ C333 A146<br>— C153 C284 C287 A137<br>│　└ A019<br>│　┌ A019<br>└ C284 C287<br>└ C333 A146<br>└ A210 | 4 |
| C159 | 丰收17 | ┌ A210<br>┌ C333 A146<br>┌ C284 C287<br>┌ C155 A154　└ A019<br>— C155 C156 A154<br>│　┌ A019<br>└ C284 C287<br>└ C333 A146<br>└ A210 | 4 |
| C160 | 丰收18 | — C157 A320<br>└ C155 A154　┌ A019<br>└ C284 C287<br>└ C333 A146<br>└ A210 | 5 |

（续）

| 编号 | 品种名称 | 亲本及其亲缘关系 | 祖先亲本数 |
|---|---|---|---|

```
C161  丰收19  — C156 A132                                                    5
                └ C155 A154
                   |      ┌ A019
                   └ C284 C287
                        └ C333 A146
                             └ A210

                              ┌ A210
                         ┌ C333 A146
                    ┌ C284 C287
                ┌ C150 A216   └ A019
C162  丰收20  — C155 C195 A154                                               5
                |      ┌ A019
                └ C284 C287
                     └ C333 A146
                          └ A210

                              ┌ A210
                         ┌ C333 A146
                    ┌ C284 C287
                ┌ C155 A154   └ A019
                |             ┌ A210
                |        ┌ C333 A146
C163  丰收21  — C155 C156 C182 C250 A154 A316                                6
                |        └ C250 A233
                └ C284 C287 └ C333 A146
                |     └ A019 └ A210
                └ C333 A146
                     └ A210

                              ┌ A210
                         ┌ C333 A146
                         |    ┌ A019
                    ┌ C284 C287  ┌ A210
                ┌ C170 |      ┌ C333 A146
C164  丰收22  — C170 |      ┌ C333 A146                                      6
                └ C155 C168 C250 A154 A316
                     └ C156 A244
                          └ C155 A154 ┌ A019
                              └ C284 C287
                                   └ C333 A146
                                        └ A210

                         ┌ A210
                    ┌ C333 A146
C165  钢201   — C155 C250 C287 A154                                          4
                |          └ A019
                └ C284 C287
                |     └ A019
                └ C333 A146
                     └ A210

                         ┌ A210
                    ┌ C333 A146
C166  合丰17  — C233 C250                                                    2
                └ C250
                     └ C333 A146
                          └ A210

                              ┌ A210
                         ┌ C333 A146
                    ┌ C250
C167  合丰22  — C151 C233 ┌ A019                                             3
                └ C284 C287
                     └ C333 A146
                          └ A210
```

（续）

| 编号 | 品种名称 | 亲本及其亲缘关系 | 祖先亲本数 |
|---|---|---|---|

**C168　合丰 23**　5

```
— C156 A244
    └ C155 A154 ─ A019
        └ C284 C287
            └ C333 A146
                └ A210
```

**C169　合丰 24**　6

```
                    ┌ A210
                ┌ C333 A146
            ┌ C284 C287
        ┌ C150 A216  └ A019
— C168 C195
    └ C156 A244
        └ C155 A154 ┌ A019
            └ C284 C287
                └ C333 A146
                    └ A210
```

**C170　合丰 25**　6

```
                    ┌ A210
                ┌ C333 A146
                │   ┌ A019
            ┌ C284 C287 ─ A210
            │   └ C333 A146
— C155 C168 C250 A154 A316
    └ C156 A244
        └ C155 A154 ┌ A019
            └ C284 C287
                └ C333 A146
                    └ A210
```

**C171　合丰 26**　6

```
                ┌ A210
            ┌ C333 A146
        ┌ C250 A319
— C155 C185 C250 A154 A316
    │       └ C333 A146
    └ C284 C287 ─ A210
    │       └ A019
    └ C333 A146
        └ A210
```

**C172　合丰 27**　4

```
                ┌ A210
            ┌ C333 A146
— C167 A324 ┌ C250
    └ C151 C233 ─ A019
        └ C284 C287
            └ C333 A146
                └ A210
```

**C173　合丰 28**　5

```
                ┌ A210
— C165 A339 ┌ C333 A146
    └ C155 C250 C287 A154
    │       └ A019
    │       ┌ A019
    └ C284 C287
        └ C333 A146
            └ A210
```

**C174　合丰 29**　5

```
                ┌ A210
— C165 A339 ┌ C333 A146
    └ C155 C250 C287 A154
    │       └ A019
    │       ┌ A019
    └ C284 C287
        └ C333 A146
            └ A210
```

（续）

| 编号 | 品种名称 | 亲本及其亲缘关系 | 祖先亲本数 |
|---|---|---|---|

```
                         ┌ A210
                    ┌ C333 A146
C175   合丰30  ─ C155 C250 A046 A154 A244 A316            7
               │        ┌ A019
               └ C284 C287
                    └ C333 A146
                         └ A210


                                        ┌ A210
                                   ┌ C333 A146
                              ┌ C284 C287
                         ┌ C155 A154  └ A019
                    ┌ C156 A244
               ┌ C155 C168 C250 A154 A316
               │    │         └ C333 A146
               │    └ C284 C287   └ A210
               │         │    └ A019
               │         └ C333 A146
               │              └ A210
C176   合丰31  ─ C169 C170              ┌ A210            7
               │                   ┌ C333 A146
               │              ┌ C284 C287
               │         ┌ C150 A216  └ A019
               └ C168 C195
                    └ C156 A244
                         └ C155 A154  ┌ A019
                              └ C284 C287
                                   └ C333 A146
                                        └ A210


                                   ┌ A210
                              ┌ C333 A146
C177   合丰32  ─ C171 A346  ┌ C250 A319                   7
               └ C155 C185 C250 A154 A316
               │         └ C333 A146
               └ C284 C287  └ A210
                    │    └ A019
                    └ C333 A146
                         └ A210


                                   ┌ A227
                         ┌ C467 C485
                         │    └ C324 A247
                         │         └ A074
                         │              ┌ A210
C178   合丰33  ─ C171 C510  ┌ C333 A146                    9
               │         ┌ C250 A319
               └ C155 C185 C250 A154 A316
               │         └ C333 A146
               └ C284 C287  └ A210
                    │    └ A019
                    └ C333 A146
                         └ A210


                              ┌ A210
                         ┌ C333 A146
                    ┌ C284 C287
C179   合丰34  ─ C169 A267  ┌ C150 A216  └ A019            7
               └ C168 C195
                    └ C156 A244
                         └ C155 A154  ┌ A019
                              └ C284 C287
                                   └ C333 A146
                                        └ A210
```

（续）

| 编号 | 品种名称 | 亲本及其亲缘关系 | 祖先亲本数 |
|---|---|---|---|

```
                            ┌ A210
                    ┌ C333 A146  ┌ A252
                    │        ┌ C369 C410
                    │        │      └ C324 A131
                    │        │      └ A074
            ┌ C198 C284 C287 C376 C377 A137 A154 A324
            │    └ C250  └ A019  └ C370 A226
            │        └ C333 A146      └ C333 A041 A108
            │        └ A210              └ A210
C180  合丰35 ─ C195 C274 A324
            └ C150 A216  ┌ A019
              └ C284 C287
                └ C333 A146
                  └ A210
```
13

```
                        ┌ A211
                    ┌ C368 A226
            ┌ C334 C338 A256 A316
            │    └ C492 A226
            │      └ A146
            │        ┌ A210
C181  合丰36 ─ C171 C352  ┌ C333 A146
            │      ┌ C250 A319
            └ C155 C185 C250 A154 A316
            │          └ C333 A146
            └ C284 C287  └ A210
              │    └ A019
              └ C333 A146
                └ A210
```
9

```
C182  合交6号 ─ C250 A233
              └ C333 A146
                └ A210
```
3

```
C183  合交8号 ─ C250 A233
              └ C333 A146
                └ A210
```
3

```
C184  合交11 ─ C250 A233
             └ C333 A146
               └ A210
```
3

```
C185  合交13 ─ C250 A319
             └ C333 A146
               └ A210
```
3

```
                  ┌ A210
              ┌ C333 A146
C186  合交14 ─ C233 C250 C287
             └ C250  └ A019
               └ C333 A146
                 └ A210
```
3

```
C187  黑河3号 ─ C155 A209  ┌ A019
             └ C284 C287
               └ C333 A146
                 └ A210
```
4

```
                    ┌ A210
                  ┌ C333 A146
              ┌ C284 C287
          ┌ C150 A216  └ A019
C188  黑河4号 ─ C187 C195 A320
             └ C155 A209  ┌ A019
               └ C284 C287
                 └ C333 A146
                   └ A210
```
6

（续）

| 编号 | 品种名称 | 亲本及其亲缘关系 | 祖先亲本数 |
|------|----------|-----------------|-----------|

C189　黑河 5 号　—　C195 A324
　　　　　　　└ C150 A216　┌ A019
　　　　　　　　　└ C284 C287
　　　　　　　　　　└ C333 A146
　　　　　　　　　　　└ A210
5

　　　　　　　　　　　　　┌ A210
　　　　　　　　　　　┌ C333 A146
　　　　　　　　　┌ C284 C287
C190　黑河 6 号　—　C188 A120　┌ C150 A216　└ A019
　　　　　　　└ C187 C195 A320
　　　　　　　　└ C155 A209　┌ A019
　　　　　　　　　└ C284 C287
　　　　　　　　　　└ C333 A146
　　　　　　　　　　　└ A210
7

C191　黑河 7 号　—　C195 A316 A324
　　　　　　　└ C150 A216　┌ A019
　　　　　　　　　└ C284 C287
　　　　　　　　　　└ C333 A146
　　　　　　　　　　　└ A210
6

　　　　　　　　　　　　　┌ A210
　　　　　　　　　　　┌ C333 A146
　　　　　　　　　┌ C284 C287
C192　黑河 8 号　—　C188　　┌ C150 A216　└ A019
　　　　　　　└ C187 C195 A320
　　　　　　　　└ C155 A209　┌ A019
　　　　　　　　　└ C284 C287
　　　　　　　　　　└ C333 A146
　　　　　　　　　　　└ A210
6

　　　　　　　　　　　　　　┌ A210
　　　　　　　　　　　　┌ C333 A146
　　　　　　　　　　┌ C284 C287
　　　　　　　　┌ C155 A209　└ A019
　　　　　　┌ C187 C195 A320
　　　　　　│　　└ C150 A216　┌ A019
　　　　　　│　　　└ C284 C287
　　　　　　│　　　　└ C333 A146
C193　黑河 9 号　—　C187 C188 A316 A320　└ A210
　　　　　　　└ C155 A209　┌ A019
　　　　　　　　└ C284 C287
　　　　　　　　　└ C333 A146
　　　　　　　　　　└ A210
7

C194　黑河 51　—　C150 A319　┌ A019
　　　　　　　└ C284 C287
　　　　　　　　└ C333 A146
　　　　　　　　　└ A210
4

C195　黑河 54　—　C150 A216　┌ A019
　　　　　　　└ C284 C287
　　　　　　　　└ C333 A146
　　　　　　　　　└ A210
4

C196　黑鉴 1 号　—　A305
1

C197　黑农 3 号　—　C250 A067
　　　　　　　└ C333 A146
　　　　　　　　└ A210
3

C198　黑农 4 号　—　C250
　　　　　　　└ C333 A146
　　　　　　　　└ A210
2

C199　黑农 5 号　—　C140　┌ A019
　　　　　　　└ C250 C287
3

（续）

| 编号 | 品种名称 | 亲本及其亲缘关系 | 祖先亲本数 |
|---|---|---|---|
| | | └ C333 A146 | |
| | | └ A210 | |
| C200 | 黑农 6 号 | — C250 | 2 |
| | | └ C333 A146 | |
| | | └ A210 | |
| C201 | 黑农 7 号 | — C250 | 2 |
| | | └ C333 A146 | |
| | | └ A210 | |
| C202 | 黑农 8 号 | — C250 | 2 |
| | | └ C333 A146 | |
| | | └ A210 | |
| | | ┌ A210 | |
| | | ┌ C333 A146 | |
| | | ┌ C250 | |
| C203 | 黑农 10 号 | — C140 C233 | 3 |
| | | │ ┌ A019 | |
| | | └ C250 C287 | |
| | | └ C333 A146 | |
| | | └ A210 | |
| | | ┌ A210 | |
| | | ┌ C333 A146 | |
| | | ┌ C250 | |
| | | │ ┌ A019 | |
| C204 | 黑农 11 | — C140 C233 C250 C287 | 3 |
| | | │ └ C333 A146 | |
| | | │ └ A210 | |
| | | │ ┌ A019 | |
| | | └ C250 C287 | |
| | | └ C333 A146 | |
| | | └ A210 | |
| C205 | 黑农 16 | — C233 A235 | 3 |
| | | └ C250 | |
| | | └ C333 A146 | |
| | | └ A210 | |
| | | ┌ A210 | |
| | | ┌ C333 A146 | |
| | | ┌ C250 | |
| | | │ ┌ A019 | |
| C206 | 黑农 17 | — C140 C233 C287 | 3 |
| | | └ C250 C287 | |
| | | │ └ A019 | |
| | | └ C333 A146 | |
| | | └ A210 | |
| | | ┌ A019 | |
| C207 | 黑农 18 | — C250 C287 C324 | 4 |
| | | │ └ A074 | |
| | | └ C333 A146 | |
| | | └ A210 | |
| | | ┌ A210 | |
| | | ┌ C333 A146 | |
| | | ┌ C250 | |
| | | │ ┌ A019 | |
| C208 | 黑农 19 | — C140 C233 C287 | 3 |
| | | └ C250 C287 | |
| | | │ └ A019 | |
| | | └ C333 A146 | |
| | | └ A210 | |

（续）

| 编号 | 品种名称 | 亲本及其亲缘关系 | 祖先亲本数 |
|------|---------|----------------|-----------|
| C209 | 黑农 23 | ┌ A210<br>　　　　┌ C333 A146<br>　　┌ C250 A067<br>— C140 C197<br>　│　　　┌ A019<br>　└ C250 C287<br>　　└ C333 A146<br>　　　└ A210 | 4 |
| C210 | 黑农 24 | ┌ A210<br>　　　　┌ C333 A146<br>　　┌ C250 A067<br>— C140 C197<br>　│　　　┌ A019<br>　└ C250 C287<br>　　└ C333 A146<br>　　　└ A210 | 4 |
| C211 | 黑农 26 | ┌ A241<br>— C140 C401<br>　│　　　┌ A019<br>　└ C250 C287<br>　　└ C333 A146<br>　　　└ A210 | 4 |
| C212 | 黑农 27 | ┌ A210<br>　　　　┌ C333 A146<br>　　│　　　┌ A074<br>　┌ C250 C287 C324<br>　│　　　└ A019<br>— C204 C207<br>　│　　　┌ A210<br>　│　　┌ C333 A146<br>　│　┌ C250 └ A019<br>　└ C140 C233 C250 C287<br>　　│　　└ C333 A146<br>　　│　　　└ A210<br>　　│　┌ A019<br>　　└ C250 C287<br>　　　└ C333 A146<br>　　　　└ A210 | 4 |
| C213 | 黑农 28 | — C205 A316<br>　└ C233 A235<br>　　└ C250<br>　　　└ C333 A146<br>　　　　└ A210 | 4 |
| C214 | 黑农 29 | ┌ A210<br>　　　　┌ C333 A146<br>　　┌ C250 C287<br>　　│　　└ A019<br>　　│　　　┌ A210<br>　　│　　┌ C333 A146<br>　┌ C140 C233 C250 C287<br>　│　　└ C250 └ A019<br>— C203 C204 A316　　└ C333 A146<br>　│　　　　　　└ A210<br>　│　　　　┌ A210<br>　│　　　┌ C333 A146<br>　│　┌ C250<br>　└ C140 C233 ┌ A019<br>　　└ C250 C287<br>　　　└ C333 A146<br>　　　　└ A210 | 4 |

| 编号 | 品种名称 | 亲本及其亲缘关系 | 祖先亲本数 |
|---|---|---|---|

```
                              ┌ A210
                        ┌ C333 A146
                  ┌ C250 A233
                  |              ┌ A210
                  |        ┌ C333 A146
C215  黑农30  — C138 C182 C197 C250 A038 A102 A103        8
              └ A245   └ C250 A067
                        └ C333 A146
                              └ A210

                  ┌ A074
C216  黑农31  — C200 C324 C334                            4
              |        └ C492 A226
              └ C250        └ A146
                  └ C333 A146
                      └ A210

                  ┌ A074
C217  黑农32  — C200 C324 C334    ┌ A146                  4
              └ C250   └ C492 A226
                  └ C333 A146
                      └ A210

                              ┌ A210
                        ┌ C333 A146
                  ┌ C284 C287
C218  黑农33  — C270 A326   |        └ A019               6
              └ C138 C155 C250 A154
                  └ A245   └ C333 A146
                              └ A210

C219  黑农34  — C205 A316                                 4
              └ C233 A235
                  └ C250
                      └ C333 A146
                          └ A210

C220  黑农35  — C205 A316                                 4
              └ C233 A235
                  └ C250
                      └ C333 A146
                          └ A210

                              ┌ A210
                        ┌ C333 A146
                  ┌ C284 C287
C221  黑农36  — C270 A326   |        └ A019               6
              └ C138 C155 C250 A154
                  └ A245   └ C333 A146
                              └ A210

                                      ┌ A210
                        ┌ A210    ┌ C333 A146
                  ┌ C333 A146  ┌ C250
            ┌ C250 A233   ┌ C233 A235
            |        ┌ C205 A316
C222  黑农37  — C138 C182 C197 C213 C250 A038 A102 A103   10
              └ A245   |        └ C333 A146
                  └ C250 A067   └ A210
                      └ C333 A146
                          └ A210

                              ┌ A242
                        ┌ C484 A226
                  ┌ C467 C506
                  |        └ C324 A247
```

（续）

| 编号 | 品种名称 | 亲本及其亲缘关系 | 祖先亲本数 |
|---|---|---|---|

```
                        |            └ A074
C223   黑农 39    — C271 C511 A121                                                    12
                        |                    ┌ A210
                        |              ┌ C333 A146
                        |          ┌ C284 C287
                        |          |     └ A019
                        |      ┌ C155 A154
                        └ C138 C156 C270 C392 A069      ┌ A210
                            └ A245   |    └ A260  ┌ C333 A146
                                     |          ┌ C284 C287
                                     |          |     └ A019
                                     └ C138 C155 C250 A154
                                         └ A245  └ C333 A146
                                                      └ A210

C224 黑农小粒豆 1 号 — C157 A073 A247 A346                                           7
                        └ C155 A154   ┌ A019
                            └ C284 C287
                                └ C333 A146
                                     └ A210

                            ┌ A210
                        ┌ C333 A146
C225   红丰 2 号   — C187 C250                                                       4
                        └ C155 A209   ┌ A019
                            └ C284 C287
                                └ C333 A146
                                     └ A210

                            ┌ A210
                        ┌ C333 A146
                        ┌ C250
C226   红丰 3 号   — C187 C202                                                       4
                        └ C155 A209   ┌ A019
                            └ C284 C287
                                └ C333 A146
                                     └ A210

                                    ┌ A210
                              ┌ C333 A146
                          ┌ C250
                      ┌ C187 C202
                      |    └ C155 A209   ┌ A019
                      |        └ C284 C287
                      |            └ C333 A146
                      |                 └ A210
C227   红丰 5 号   — C155 C226 C250 A154 A316                                        6
                      |        └ C333 A146
                      |             └ A210
                      |      ┌ A019
                      └ C284 C287
                          └ C333 A146
                               └ A210

                            ┌ A210
                        ┌ C333 A146
C228   红丰 8 号   — C170 A304  |    ┌ A019                                          7
                      |      ┌ C284 C287  ┌ A210
                      |      |        ┌ C333 A146
                      └ C155 C168 C250 A154 A316
                          └ C156 A244
                              └ C155 A154   ┌ A019
                                  └ C284 C287
                                      └ C333 A146
                                           └ A210
```

（续）

| 编号 | 品种名称 | 亲本及其亲缘关系 | 祖先亲本数 |
|---|---|---|---|

C229　红丰 9 号　— C226 A303 ┌ C250
　　　　　　　　　　　　　　　　 └ C187 C202

┌ A210
┌ C333 A146

└ C155 A209 ┌ A019
　　　　　　 └ C284 C287
　　　　　　　　 └ C333 A146
　　　　　　　　　　 └ A210

祖先亲本数 5

C230 红丰小粒豆 1 号 — C187 C202 A118
　　　　　　　　　　　 └ C155 A209 ┌ A019
　　　　　　　　　　　　　　　　　 └ C284 C287
　　　　　　　　　　　　　　　　　　　 └ C333 A146
　　　　　　　　　　　　　　　　　　　　　 └ A210

┌ A210
┌ C333 A146
┌ C250

5

C231　建丰 1 号　— C157 A053
　　　　　　　　　 └ C155 A154 ┌ A019
　　　　　　　　　　　　　　　 └ C284 C287
　　　　　　　　　　　　　　　　　 └ C333 A146
　　　　　　　　　　　　　　　　　　　 └ A210

5

C232　金元 2 号　— A288

1

C233　荆山朴　— C250
　　　　　　　　 └ C333 A146
　　　　　　　　　　 └ A210

2

C234　九丰 1 号　— C140 C156 C195 A068
　　　　　　　　　　 │　　 └ C150 A216 ┌ A019
　　　　　　　　　　 │　　　　　　　　 └ C284 C287
　　　　　　　　　　 │　　 ┌ A019　　　　 └ C333 A146
　　　　　　　　　　 └ C250 C287　　　　　　 └ A210
　　　　　　　　　　　　 └ C333 A146
　　　　　　　　　　　　　　 └ A210

┌ A210
┌ C333 A146
┌ C284 C287
┌ C155 A154 └ A019

6

C235　九丰 2 号　— C140 C156
　　　　　　　　　　 │　　 ┌ A019
　　　　　　　　　　 └ C250 C287
　　　　　　　　　　　　 └ C333 A146
　　　　　　　　　　　　　　 └ A210

┌ A210
┌ C333 A146
┌ C284 C287
┌ C155 A154 └ A019

4

C236　九丰 3 号　— C195 A031 A032
　　　　　　　　　 └ C150 A216 ┌ A019
　　　　　　　　　　　　　　　 └ C284 C287
　　　　　　　　　　　　　　　　　 └ C333 A146
　　　　　　　　　　　　　　　　　　　 └ A210

6

C237　九丰 4 号　— C195 A020 A316
　　　　　　　　　 └ C150 A216 ┌ A019
　　　　　　　　　　　　　　　 └ C284 C287
　　　　　　　　　　　　　　　　　 └ C333 A146
　　　　　　　　　　　　　　　　　　　 └ A210

6

┌ A210
┌ C333 A146
┌ C284 C287

（续）

| 编号 | 品种名称 | 亲本及其亲缘关系 | 祖先亲本数 |
|---|---|---|---|

```
                        ┌ C150 A216  └ A019
C238  九丰5号  ─ C155 C195 A020 A072 A154 A328                           8
                  │         ┌ A019
                  └ C284 C287
                        └ C333 A146
                              └ A210

                        ┌ A210
C239  抗线虫1号  ─ C158 A330 ┌ C333 A146                                  5
                  └ C153 C284 C287 A137
                        │         └ A019
                        │   ┌ A019
                        └ C284 C287
                              └ C333 A146
                                    └ A210

                              ┌ A210
                        ┌ C333 A146
                  ┌ C233 C250 C287 A189
                  │         └ C250  └ A019
C240  抗线虫2号  ─ C259 C260 A330  └ C333 A146                            5
                  │   ┌ A019  └ A210
                  └ C233 C287
                        └ C250
                              └ C333 A146
                                    └ A210

                  ┌ A019
C241  克北1号  ─ C284 C287                                                3
                  └ C333 A146
                        └ A210

C242  克霜  ─ A248                                                        1
C243  克系283  ─ A040                                                     1
C244  垦丰1号  ─ C195 A160                                                5
                  └ C150 A216  ┌ A019
                        └ C284 C287
                              └ C333 A146
                                    └ A210

C245  垦秣1号  ─ A208                                                     1

                              ┌ A210
                        ┌ C333 A146
                  ┌ C250 C287
            ┌ C140 C401  └ A019
            │         └ A241
C246  垦农1号  ─ C155 C211 C250 A154 A316                                 6
            │         └ C333 A146
            │               └ A210
            │         ┌ A019
            └ C284 C287
                  └ C333 A146
                        └ A210

                              ┌ A210
                        ┌ C333 A146
                  ┌ C284 C287
            ┌ C155 A154  └ A019
      ┌ C138 C156 C270 C392 A069  ┌ A210
      │         └ A245  │   └ C333 A146
      │               │   └ A260  ┌ C284 C287
      │               │         │   └ A019
C247  垦农2号  ─ C187 C271 A274  └ C138 C155 C250 A154                    9
            └ C155 A209  ┌ A019  └ A245  └ C333 A146
```

（续）

| 编号 | 品种名称 | 亲本及其亲缘关系 | 祖先亲本数 |
|------|---------|-----------------|-----------|

```
                          └ C284 C287              └ A210
                            └ C333 A146
                              └ A210
                                      ┌ A210
                                    ┌ C333 A041 A108
                                  ┌ C370 A226
                      ┌ C376 C377   ┌ A074
                      │     │     ┌ C324 A131
                      │     └ C369 C410
                      │           └ A252
C248  垦农4号  — C271 C383              ┌ A210
                      │               ┌ C333 A146
                      │             ┌ C284 C287
                      │           ┌ C155 A154  └ A019
                      └ C138 C156 C270 C392 A069   ┌ A210
                        └ A245   │   └ A260  ┌ C333 A146
                                 │         ┌ C284 C287
                                 │         │     └ A019
                                 └ C138 C155 C250 A154
                                   └ A245  └ C333 A146
                                             └ A210
```
13

C249  李玉玲  — A289
1

C250  满仓金  — C333 A146
          └ A210
2

C251  漠河1号  — A321 A329
2

C252  牡丰1号  — C233
          └ C250
            └ C333 A146
              └ A210
2

C253  牡丰5号  — C250 A240
          └ C333 A146
            └ A210
3

C254  牡丰6号  — A229 A326
2

```
                  ┌ A210
                ┌ C333 A146
C255  嫩丰1号  — C233 C250
          └ C250
            └ C333 A146
              └ A210
```
2

```
                  ┌ A210
                ┌ C333 A146
C256  嫩丰2号  — C153 C250  ┌ A019
          └ C284 C287
            └ C333 A146
              └ A210
```
3

```
                      ┌ A210
                    ┌ C333 A146
                  ┌ C250
C257  嫩丰4号  — C197 C233
          └ C250 A067
            └ C333 A146
              └ A210
```
3

```
                  ┌ A019
C258  嫩丰7号  — C250 C287 A189
          └ C333 A146
            └ A210
```
4

（续）

| 编号 | 品种名称 | 亲本及其亲缘关系 | 祖先亲本数 |
|---|---|---|---|

```
C259   嫩丰 9 号            ┌ A019                                              3
                    ─ C233 C287
                            └ C250
                                  └ C333 A146
                                        └ A210

                            ┌ A210
                      ┌ C333 A146
C260   嫩丰 10 号    ─ C233 C250 C287 A189                                      4
                      └ C250  └ A019
                              └ C333 A146
                                    └ A210

                          ┌ A260
C261   嫩丰 11      ─ C250 C392                                                 3
                    └ C333 A146
                          └ A210

                              ┌ A210
                        ┌ C333 A146
C262   嫩丰 12      ─ C233 C250 C287 A051 A189                                  5
                      │       └ A019
                      └ C250
                            └ C333 A146
                                  └ A210

C263   嫩丰 13      ─ C255 A088 A153                                            4
                      │             ┌ A210
                      │       ┌ C333 A146
                      └ C233 C250
                            └ C250
                                  └ C333 A146
                                        └ A210

C264   嫩丰 14      ─ A012                                                      1
C265   嫩丰 15      ─ C187 A327                                                 5
                      └ C155 A209  ┌ A019
                            └ C284 C287
                                    └ C333 A146
                                          └ A210

C266   嫩农 1 号    ─ A025 A028                                                 2
C267   嫩农 2 号    ─ C195 A028                                                 5
                      └ C150 A216  ┌ A019
                            └ C284 C287
                                    └ C333 A146
                                          └ A210

C268   曙光 1 号    ─ A290                                                      1

                                    ┌ A210
                              ┌ C333 A146
                        ┌ C284 C287
                        │           └ A019
C269   绥农 1 号    ─ C138 C155 C250 A154                                       5
                      └ A245  └ C333 A146
                                    └ A210

                                    ┌ A210
                              ┌ C333 A146
                        ┌ C284 C287
                        │           └ A019
C270   绥农 3 号    ─ C138 C155 C250 A154                                       5
                      └ A245  └ C333 A146
                                    └ A210
```

(续)

| 编号 | 品种名称 | 亲本及其亲缘关系 | 祖先亲本数 |
|---|---|---|---|

```
                                  ┌ A210
                         ┌ C333 A146
                    ┌ C284 C287
               ┌ C155 A154  └ A019
C271  绥农 4 号 ─ C138 C156 C270 C392 A069     ┌ A210
          └ A245  │    └ A260  ┌ C333 A146
                  │         ┌ C284 C287
                  │         │      └ A019
                  └ C138 C155 C250 A154
                     └ A245  └ C333 A146
                                └ A210
```
7

```
                                  ┌ A210
                         ┌ C333 A146
                    ┌ C284 C287
                    │    └ A019
               ┌ C138 C155 C250 A154
               │    └ A245  └ C333 A146
               │    ┌ A241      └ A210
C272  绥农 5 号 ─ C140 C269 C401 A316
          │       └ A019
          └ C250 C287
             └ C333 A146
                └ A210
```
7

```
               ┌ A241
C273  绥农 6 号 ─ C140 C401 A316
          │       └ A019
          └ C250 C287
             └ C333 A146
                └ A210
```
5

```
                    ┌ A210
               ┌ C333 A146
               │         ┌ A252
               │    ┌ C369 C410
               │    │      └ C324 A131
               │    │        └ A074
C274  绥农 7 号 ─ C198 C284 C287 C376 C377 A137 A154 A324
          └ C250  └ A019  └ C370 A226
             └ C333 A146      └ C333 A041 A108
                └ A210           └ A210
```
12

```
                                  ┌ A210
                         ┌ C333 A146
                    ┌ C284 C287
               ┌ C155 A154  └ A019
          ┌ C138 C156 C270 C392 A069     ┌ A210
          │    └ A245  │    └ A260  ┌ C333 A146
          │         │         ┌ C284 C287
          │         │         │      └ A019
          │         └ C138 C155 C250 A154
          │    ┌ A210  └ A245  └ C333 A146
          │ ┌ C333 A146      └ A210
C275  绥农 8 号 ─ C198 C271 C284 C287 A137 A154 A324
          └ C250      └ A019
             └ C333 A146
                └ A210
```
9

```
                         ┌ A210
                    ┌ C333 A146
               ┌ C284 C287
               │      └ A019
          ┌ C138 C155 C250 A154
```

（续）

| 编号 | 品种名称 | 亲本及其亲缘关系 | 祖先亲本数 |
|---|---|---|---|

```
                              └ A245   └ C333 A146
                              ┌ A241         └ A210
              ┌ C140 C269 C401 A316
              │    │       ┌ A019
              │    └ C250 C287
              │         └ C333 A146
              │              └ A210
C276  绥农9号 ─ C271 C272 A324          ┌ A210
              │                      ┌ C333 A146
              │                    ┌ C284 C287
              │              ┌ C155 A154  └ A019
              └ C138 C156 C270 C392 A069      ┌ A210
                   └ A245   │    └ A260  ┌ C333 A146
                            │          ┌ C284 C287
                            │          │      └ A019
                            └ C138 C155 C250 A154
                                 └ A245   └ C333 A146
                                              └ A210
```
10

```
                                 ┌ A242
                            ┌ C484 A226
                    ┌ C467 C506
                    │    └ C324 A247
                    │       └ A074
C277  绥农10号 ─ C271 C511 A121          ┌ A210
                    │                 ┌ C333 A146
                    │               ┌ C284 C287
                    │         ┌ C155 A154  └ A019
                    └ C138 C156 C270 C392 A069      ┌ A210
                         └ A245   │    └ A260  ┌ C333 A146
                                  │          ┌ C284 C287
                                  │          │      └ A019
                                  └ C138 C155 C250 A154
                                       └ A245   └ C333 A146
                                                    └ A210
```
12

```
                                 ┌ A242
                            ┌ C484 A226
                    ┌ C467 C506
                    │    └ C324 A247
                    │       └ A074
C278  绥农11 ─ C271 C511 A121          ┌ A210
                    │                 ┌ C333 A146
                    │               ┌ C284 C287
                    │         ┌ C155 A154  └ A019
                    └ C138 C156 C270 C392 A069      ┌ A210
                         └ A245   │    └ A260  ┌ C333 A146
                                  │          ┌ C284 C287
                                  │          │      └ A019
                                  └ C138 C155 C250 A154
                                       └ A245   └ C333 A146
                                                    └ A210
```
12

C279　孙吴平顶黄　─ A215　　1

C280　西比瓦　─ A292　　1

C281　新四粒黄　─ A209　　1

```
C282  逊选1号 ─ C187                              4
              └ C155 A209 ┌ A019
                   └ C284 C287
                        └ C333 A146
                             └ A210
```

（续）

| 编号 | 品种名称 | 亲本及其亲缘关系 | 祖先亲本数 |
|---|---|---|---|

C283　于惠珍大豆　— C250
　　　　　　　　　└ C333 A146
　　　　　　　　　　　└ A210
　　　　　　　　　　　　　　　　　　　　　　　　　　　　　　2

C284　　元宝金　— C333 A146
　　　　　　　　　└ A210
　　　　　　　　　　　　　　　　　　　　　　　　　　　　　　2

C285　　紫花 2 号　— A019　　　　　　　　　　　　　　　1

C286　　紫花 3 号　— A104　　　　　　　　　　　　　　　1

C287　　紫花 4 号　— A019　　　　　　　　　　　　　　　1

C288　　矮脚早　— A291　　　　　　　　　　　　　　　　1

C289　　鄂豆 2 号　— A119 A168　　　　　　　　　　　　　2

C290　　鄂豆 4 号　— C288 A219
　　　　　　　　　└ A291
　　　　　　　　　　　　　　　　　　　　　　　　　　　　　　2

C291　　鄂豆 5 号　— C288 A219
　　　　　　　　　└ A291
　　　　　　　　　　　　　　　　　　　　　　　　　　　　　　2

C292　　早春 1 号　— C288
　　　　　　　　　└ A291
　　　　　　　　　　　　　　　　　　　　　　　　　　　　　　1

　　　　　　　　　　　　　┌ A084
C293　　中豆 8 号　— C008 C428 A326
　　　　　　　　　└ C009 A106 A134
　　　　　　　　　　　└ A246
　　　　　　　　　　　　　　　　　　　　　　　　　　　　　　5

　　　　　　　　　　　　　┌ A084
C294　　中豆 14　— C008 C428 A326
　　　　　　　　　└ C009 A106 A134
　　　　　　　　　　　└ A246
　　　　　　　　　　　　　　　　　　　　　　　　　　　　　　5

　　　　　　　　　　　　　┌ A002
C295　　中豆 19　— C428 C431 C455 A263
　　　　　　　　　└ A084　└ A231 A334
　　　　　　　　　　　　　　　　　　　　　　　　　　　　　　5

　　　　　　　　　　　　　┌ A084　┌ A231 A334
　　　　　　　　　　　┌ C428 C431 C455 A263
C296　　中豆 20　— C106 C295　└ A002
　　　　　　　　│　　　┌ A034
　　　　　　　　└ C124 C417 A177
　　　　　　　　　└ C094 A196
　　　　　　　　　│　　　┌ A254
　　　　　　　　　└ C540 C574 A228
　　　　　　　　　　└ A133
　　　　　　　　　　　　　　　　　　　　　　　　　　　　　11

C297　　中豆 24　— C288 A230
　　　　　　　　　└ A291
　　　　　　　　　　　　　　　　　　　　　　　　　　　　　　2

C298　　州豆 30　— A076 A325　　　　　　　　　　　　　2

C299　　怀春 79 - 16　— A036　　　　　　　　　　　　　1

C300　　湘 B68　— A064　　　　　　　　　　　　　　　1

C301　湘春豆 10 号　— A201 A214　　　　　　　　　　　2

C302　湘春豆 11　— A201 A346　　　　　　　　　　　　2

　　　　　　　　　　　　　┌ A146
　　　　　　　　　　　┌ C492 A226
　　　　　　　　　┌ C336 A132
C303　湘春豆 12　— C307 C345 A152
　　　　　　　　　└ A205
　　　　　　　　　　　　　　　　　　　　　　　　　　　　　　5

C304　湘春豆 13　— C288 A201
　　　　　　　　　└ A291
　　　　　　　　　　　　　　　　　　　　　　　　　　　　　　2

　　　　　　　　　　　　　　　┌ A210
　　　　　　　┌ A201 A346　　┌ C333 A146
　　　　　　　│　　　　　┌ C250
　　　　　　　│　　　┌ C233 C333

（续）

| 编号 | 品种名称 | 亲本及其亲缘关系 | 祖先亲本数 |
|---|---|---|---|
| | | `        │         │      └ A210`<br>C305　湘春豆 14　— C288 C302 C309 C379 A130 A201 A214<br>`              └ A291  └ C307 A152`<br>`                        └ A205` | 9 |
| C306 | 湘春豆 15 | `   ┌ A291`<br>— C301 C288 A201<br>`   └ A201 A214` | 3 |
| C307 | 湘豆 3 号 | — A205 | 1 |
| C308 | 湘豆 4 号 | — A147 | 1 |
| C309 | 湘豆 5 号 | — C307 A152<br>`         └ A205` | 2 |
| C310 | 湘豆 6 号 | — C307 A266<br>`         └ A205` | 2 |
| C311 | 湘青 | — A265 | 1 |
| C312 | 湘秋豆 1 号 | — A129 A193 | 2 |
| C313 | 湘秋豆 2 号 | — C312 A144<br>`         └ A129 A193` | 3 |
| C314 | 白农 1 号 | `         ┌ A210`<br>`       ┌ C333 A041 A108`<br>— C336 C370<br>`  └ C492 A226`<br>`      └ A146` | 5 |
| C315 | 白农 2 号 | `         ┌ A210`<br>`       ┌ C333 A146`<br>— C182 C250<br>`  └ C250 A233`<br>`      └ C333 A146`<br>`          └ A210` | 3 |
| C316 | 白农 4 号 | `       ┌ A260`<br>— C370 C392 A226<br>`  └ C333 A041 A108`<br>`      └ A210` | 5 |
| C317 | 长白 1 号 | — A249 | 1 |
| C318 | 长农 1 号 | — C377 A071<br>`      └ C370 A226`<br>`          └ C333 A041 A108`<br>`              └ A210` | 5 |
| C319 | 长农 2 号 | `         ┌ A210`<br>`       ┌ C333`<br>— C336 C372<br>`  └ C492 A226`<br>`      └ A146` | 3 |
| C320 | 长农 4 号 | `                       ┌ A210`<br>— C204 A157 A316　┌ C333 A146<br>`  │          ┌ C250  ┌ A019`<br>`  └ C140 C233 C250 C287`<br>`      │            └ C333 A146`<br>`      │              └ A210`<br>`      │      ┌ A019`<br>`      └ C250 C287`<br>`          └ C333 A146`<br>`              └ A210`<br>`                       ┌ A211`<br>`                     ┌ C368 A226`<br>`        ┌ C334 C338 A256 A316`<br>`        │      └ C492 A226` | 5 |

（续）

| 编号 | 品种名称 | 亲本及其亲缘关系 | 祖先亲本数 |
|------|----------|------------------|------------|

C321　长农 5 号　— C320 C352　└ A146　　　　8

```
                                  ┌ A210
         └ C204 A157 A316  ┌ C333 A146
              |        ┌ C250  └ A019
              └ C140 C233 C250 C287
              |              └ C333 A146
              |                 └ A210
              |           ┌ A019
              └ C250 C287
                   └ C333 A146
                      └ A210
```

C322　长农 7 号　— C352 C372 C410 A226　　　　8

```
                      ┌ A210
                 ┌ C333
         |           └ C324 A131
         |              └ A074
         |           ┌ A211
         |     ┌ C368 A226
         └ C334 C338 A256 A316
              └ C492 A226
                 └ A146
```

C323　德豆 1 号　— C187 C410　　　　6

```
                      ┌ A074
                 ┌ C324 A131
         └ C155 A209  ┌ A019
              └ C284 C287
                   └ C333 A146
                      └ A210
```

C324　丰地黄　— A074　　　　1

C325　丰交 7607　— C379 A324　┌ A210　　　　3

```
              └ C233 C333
                   └ C250
                      └ C333 A146
                         └ A210
```

C326　丰收选　— C157　　　　4

```
         └ C155 A154　┌ A019
              └ C284 C287
                   └ C333 A146
                      └ A210
```

C327 公交 5201 - 18　— C492 A226　　　　2

```
                   └ A146
```

C328 公交 5601 - 1　— C484 A049　　　　2

```
                   └ A242
```

C329 公交 5610 - 1　— C250 A049　　　　3

```
              └ C333 A146
                 └ A210
```

C330 公交 5610 - 2　— C250 A049　　　　3

```
              └ C333 A146
                 └ A210
```

C331　和平 1 号　— C250　　　　2

```
              └ C333 A146
                 └ A210
```

C332　桦丰 1 号　— C410　　　　2

```
              └ C324 A131
                 └ A074
```

C333　黄宝珠　— A210　　　　1

（续）

| 编号 | 品种名称 | 亲本及其亲缘关系 | 祖先亲本数 |
|---|---|---|---|
| C334 | 吉林 1 号 | — C492 A226 └ A146 | 2 |
| C335 | 吉林 2 号 | — C492 A226 └ A146 | 2 |
| C336 | 吉林 3 号 | — C492 A226 └ A146 | 2 |
| C337 | 吉林 4 号 | — C492 A226 └ A146 | 2 |
| C338 | 吉林 5 号 | — C368 A226 └ A211 | 2 |
| C339 | 吉林 6 号 | — C401 A155 └ A241 | 2 |
| C340 | 吉林 8 号 | — C401 A270 └ A241 | 2 |
| C341 | 吉林 9 号 | — C411 A049 ┌ A074 └ C250 C324 └ C333 A146 └ A210 | 4 |
| C342 | 吉林 10 号 | ┌ A241 — C336 C401 └ C492 A226 └ A146 | 3 |
| C343 | 吉林 11 | ┌ A241 — C336 C401 └ C492 A226 └ A146 | 3 |
| C344 | 吉林 12 | ┌ A074 ┌ C324 A131 — C250 C410 C492 │ └ A146 └ C333 A146 └ A210 | 4 |
| C345 | 吉林 13 | — C336 A132 └ C492 A226 └ A146 | 3 |
| C346 | 吉林 14 | — C336 A132 └ C492 A226 └ A146 | 3 |
| C347 | 吉林 15 | — C338 A256 └ C368 A226 └ A211 | 3 |
| C348 | 吉林 16 | — C334 A316 └ C492 A226 └ A146 | 3 |
| C349 | 吉林 17 | ┌ A146 ┌ C492 A226 — C324 C336 └ A074 | 3 |
| C350 | 吉林 18 | ┌ A211 ┌ C368 A226 — C336 C338 A256 A316 └ C492 A226 └ A146 | 5 |

┌ A210
┌ C333 A146

(续)

| 编号 | 品种名称 | 亲本及其亲缘关系 | 祖先亲本数 |
|---|---|---|---|

**C351　吉林 19**
```
— C203 A312 ┌ C250
  └ C140 C233 ┌ A019
     └ C250 C287
        └ C333 A146
           └ A210
```
4

**C352　吉林 20**
```
          ┌ A211
       ┌ C368 A226
— C334 C338 A256 A316
  └ C492 A226
     └ A146
```
5

**C353　吉林 21**
```
          ┌ A146
       ┌ C492 A226      ┌ A227
       |             ┌ C467 C485
       |             |   └ C324 A247
       |             |      └ A074
— C209 C334 C336 C510 A128 A132 A135 A316
  |       └ C492 A226
  |          └ A146
  |       ┌ A210
  |    ┌ C333 A146
  |    ┌ C250 A067
  └ C140 C197  ┌ A019
     └ C250 C287
        └ C333 A146
           └ A210
```
12

**C354　吉林 22**
```
— C347 A325
  └ C338 A256
     └ C368 A226
        └ A211
```
4

**C355　吉林 23**
```
— C352 A071 A085 ┌ A211
  |           ┌ C368 A226
  └ C334 C338 A256 A316
     └ C492 A226
        └ A146
```
7

**C356　吉林 24**
```
— C348 A335
  └ C334 A316
     └ C492 A226
        └ A146
```
4

**C357　吉林 25**
```
             ┌ A211
          ┌ C368 A226
       ┌ C334 C338 A256 A316
       |   └ C492 A226
       |      └ A146
— C209 C352 A135      ┌ A210
  |            ┌ C333 A146
  |         ┌ C250 A067
  └ C140 C197
     |        ┌ A019
     └ C250 C287
        └ C333 A146
           └ A210
```
9

**C358　吉林 26**
```
                      ┌ A227
                   ┌ C467 C485
       ┌ A074 ┌ A146 |   └ C324 A247
— C187 C324 C467 C492 C506 C510 A226  └ A074
  |       |          └ C484 A226
  |       └ C324 A247    └ A242
  |          └ A074
```
9

（续）

| 编号 | 品种名称 | 亲本及其亲缘关系 | 祖先亲本数 |
|---|---|---|---|

```
                    └ C155 A209  ┌ A019
                         └ C284 C287
                              └ C333 A146
                                   └ A210

                         ┌ A227
                    ┌ C467 C485
                    │    └ C324 A247
                    │         └ A074
C359  吉林 27  — C510 C352 A128 A325  ┌ A211                                    10
                    │              ┌ C368 A226
                    └ C334 C338 A256 A316
                         └ C492 A226
                              └ A146

C360  吉林 28  — A044 A071 A182                                                  3

C361  吉林 29  — C498 A071 A182                                                  6
                    └ C510 A324  ┌ A227
                         └ C467 C485
                              └ C324 A247
                                   └ A074

C362  吉林 30  — C498 A071 A182                                                  6
                    └ C510 A324  ┌ A227
                         └ C467 C485
                              └ C324 A247
                                   └ A074

                              ┌ A211
                         ┌ C368 A226
                    ┌ C338 A256
C363  吉林 32  — C320 C347 A325         ┌ A210                                   9
                    └ C204 A157 A316  ┌ C333 A146
                         │         ┌ C250  ┌ A019
                         └ C140 C233 C250 C287
                              │         └ C333 A146
                              │              └ A210
                              │         ┌ A019
                              └ C250 C287
                                   └ C333 A146
                                        └ A210

C364 吉林小粒 1 号  — A094 A180                                                   2

C365  吉农 1 号  — C372 A059                                                      2
                    └ C333
                         └ A210

                              ┌ A210
                         ┌ C233 C333
                         │    └ C250
                         │         └ C333 A146
C366  吉农 4 号  — C352 C379         └ A210                                       6
                    │         ┌ A211
                    │    ┌ C368 A226
                    └ C334 C338 A256 A316
                         └ C492 A226
                              └ A146

C367  吉青 1 号  — A089                                                           1
C368  集体 3 号  — A211                                                           1
C369  集体 4 号  — A252                                                           1
C370  集体 5 号  — C333 A041 A108                                                 3
                    └ A210
C371  九农 1 号  — A260                                                           1
```

（续）

| 编号 | 品种名称 | 亲本及其亲缘关系 | 祖先亲本数 |
|---|---|---|---|

C372　九农 2 号　　— C333
　　　　　　　　　└ A210　　　　1

　　　　　　　　　　┌ A252
C373　九农 3 号　　— C324 C369
　　　　　　　　　└ A074　　　　2

C374　九农 4 号　　— C324 A226
　　　　　　　　　└ A074　　　　2

　　　　　　　　　　　　┌ A210
　　　　　　　　　　　┌ C333 A146
C375　九农 5 号　　— C233 C250 C369
　　　　　　　　　└ C250　　└ A252
　　　　　　　　　　└ C333 A146
　　　　　　　　　　　　└ A210　　　3

　　　　　　　　　　　　┌ A074
　　　　　　　　　　　┌ C324 A131
C376　九农 6 号　　— C369 C410
　　　　　　　　　└ A252　　　3

C377　九农 7 号　　— C370 A226
　　　　　　　　　└ C333 A041 A108
　　　　　　　　　　└ A210　　　4

C378　九农 8 号　　— C333 A222
　　　　　　　　　└ A210　　　2

　　　　　　　　　　┌ A210
C379　九农 9 号　　— C233 C333
　　　　　　　　　└ C250
　　　　　　　　　　└ C333 A146
　　　　　　　　　　　└ A210　　　2

　　　　　　　　　　┌ A146
C380　九农 10 号　 — C333 C492
　　　　　　　　　└ A210　　　2

C381　九农 11　　 — C333 A226
　　　　　　　　　└ A210　　　2

　　　　　　　　　　　　　┌ A252
　　　　　　　　　　　┌ C324 C369
　　　　　　　　　　│　　└ A074
C382　九农 12　　 — C369 C373 C413
　　　　　　　　　└ A252　└ A096　　3

　　　　　　　　　　　　　┌ A210
　　　　　　　　　　　　┌ C333 A041 A108
　　　　　　　　　　　┌ C370 A226
C383　九农 13　　 — C376 C377　　┌ A074
　　　　　　　　　│　　　└ C324 A131
　　　　　　　　　└ C369 C410
　　　　　　　　　　└ A252　　　7

C384　九农 14　　 — C324 A071
　　　　　　　　　└ A074　　　2

C385　九农 15　　 — C250 A328
　　　　　　　　　└ C333 A146
　　　　　　　　　　└ A210　　　3

C386　九农 16　　 — C371 A024
　　　　　　　　　└ A260　　　2

　　　　　　　　　　　　┌ A146
　　　　　　　　　　　┌ C492 A226
C387　九农 17　　 — C156 C336 A132 A331
　　　　　　　　　└ C155 A154　┌ A019
　　　　　　　　　　└ C284 C287　　7

（续）

| 编号 | 品种名称 | 亲本及其亲缘关系 | 祖先亲本数 |
|---|---|---|---|

```
                        └ C333 A146
                            └ A210
C388   九农18   ― A083 A090                                                2

                                 ┌ A210
                          ┌ C333 A041 A108
                        ┌ C370 A226
               ┌ C376 C377    ┌ A074
               │    │     ┌ C324 A131
               │    └ C369 C410
               │        └ A252
C389   九农19   ― C336 C383 A132 A331                                       10
          └ C492 A226
             └ A146

                              ┌ A211
                        ┌ C368 A226
                  ┌ C334 C338 A256 A316
                  │    └ C492 A226
                  │       └ A146
C390   九农20   ― C270 C352 C382  ┌ A252   ┌ A096                           12
          │         └ C369 C373 C413  ┌ A252
          │                └ C324 C369
          │                   └ A074
          │              ┌ A210
          │         ┌ C333 A146
          │   ┌ C284 C287
          │   │    └ A019
          └ C138 C155 C250 A154
             └ A245  └ C333 A146
                       └ A210

                       ┌ A211
C391   九农21   ― C352 A336 ┌ C368 A226                                      6
          └ C334 C338 A256 A316
             └ C492 A226
                └ A146

C392   群选1号   ― A260                                                      1
C393   通农4号   ― A015 A172                                                 2
C394   通农5号   ― A107 A316                                                 2
C395   通农6号   ― A107 A316                                                 2
C396   通农7号   ― A107 A316                                                 2

                 ┌ A260
C397   通农8号   ― C187 C392                                                 5
          └ C155 A209 ┌ A019
             └ C284 C287
                └ C333 A146
                   └ A210

                 ┌ A107 A316
C398   通农9号   ― C324 C394 A173                                            4
          └ A074

                      ┌ A227
               ┌ C485 C520 A030 A095
               │    └ A234
C399   通农10号  ― C394 C475 A082 A151                                       8
          └ A107 A316

C400   通农11   ― C394 A314                                                 3
          └ A107 A316

C401   小金黄1号  ― A241                                                     1
```

（续）

| 编号 | 品种名称 | 亲本及其亲缘关系 | 祖先亲本数 |
|---|---|---|---|
| C402 | 小金黄 2 号 | — A241 | 1 |
| C403 | 延农 2 号 | — C368 A132<br>└ A211 | 2 |
| C404 | 延农 3 号 | — C368 A132<br>└ A211 | 2 |
| C405 | 延农 5 号 | ┌ A019<br>— C284 C287 C392 A137 A154<br>│ └ A260<br>└ C333 A146<br>└ A210 | 6 |
| C406 | 延农 6 号 | ┌ A019<br>— C284 C287 C392 A137 A154<br>│ └ A260<br>└ C333 A146<br>└ A210 | 6 |
| C407 | 延农 7 号 | — C345 A113<br>└ C336 A132<br>└ C492 A226<br>└ A146 | 4 |
| C408 | 延院 1 号 | — C345 A132<br>└ C336 A132<br>└ C492 A226<br>└ A146 | 3 |
| C409 | 旱丰 1 - 17 | — C410<br>└ C324 A131<br>└ A074 | 2 |
| C410 | 旱丰 1 号 | — C324 A131<br>└ A074 | 2 |
| C411 | 旱丰 2 号 | ┌ A074<br>— C250 C324<br>└ C333 A146<br>└ A210 | 3 |
| C412 | 旱丰 3 号 | ┌ A074<br>— C250 C324<br>└ C333 A146<br>└ A210 | 3 |
| C413 | 旱丰 5 号 | — A096 | 1 |
| C414 | 枝 2 号 | — C250<br>└ C333 A146<br>└ A210 | 2 |
| C415 | 枝 3 号 | — C250<br>└ C333 A146<br>└ A210 | 2 |
| C416 | 紫花 1 号 | — A239 | 1 |
| C417 | 58 - 161 | — A034 | 1 |
| C418 | 岔路口 1 号 | — A293 | 1 |
| C419 | 楚秀 | — A006 A124 | 2 |
| C420 | 东辛 74 - 12 | — C417<br>└ A034 | 1 |
| C421 | 灌豆 1 号 | ┌ A231 A334<br>— C444 C455 ┌ A002<br>└ C417 C431<br>└ A034 | 4 |
| C422 | 灌云 1 号 | — A099 | 1 |

（续）

| 编号 | 品种名称 | 亲本及其亲缘关系 | 祖先亲本数 |
|---|---|---|---|
| C423 | 淮豆 1 号 | ┌ A002<br>┌ C417 C431<br>│　└ A034<br>— C417 C444 C455<br>└ A034　└ A231 A334 | 4 |
| C424 | 淮豆 2 号 | — C417 A183 A311<br>└ A034 | 3 |
| C425 | 金大 332 | — A294 | 1 |
| C426 | 六十日 | — A100 | 1 |
| C427 | 绿宝珠 | — A058 A188 | 2 |
| C428 | 南农 1138-2 | — A084 | 1 |
| C429 | 南农 133-3 | — A065 | 1 |
| C430 | 南农 133-6 | — A065 | 1 |
| C431 | 南农 493-1 | — A002 | 1 |
| C432 | 南农 73-935 | — C431 A084<br>└ A002 | 2 |
| C433 | 南农 86-4 | — C428<br>└ A084 | 1 |
| C434 | 南农 87C-38 | ┌ A295<br>— C455 C555 A258<br>└ A231 A334 | 4 |
| C435 | 南农 88-48 | — C432 A345<br>└ C431 A084<br>　└ A002 | 3 |
| C436 | 南农菜豆 1 号 | — C428 A112<br>└ A084 | 2 |
| C437 | 宁青豆 1 号 | ┌ A295<br>┌ C461 C555 A176<br>│　└ A060<br>— C455 C456 A258<br>└ A231 A334 | 6 |
| C438 | 宁镇 1 号 | — C428 A325<br>└ A084 | 2 |
| C439 | 宁镇 2 号 | — A084 A219 A331 A345 | 4 |
| C440 | 宁镇 3 号 | — C428 A325<br>└ A084 | 2 |
| C441 | 泗豆 11 | — C417 A177 A347<br>└ A034 | 3 |
| C442 | 苏 6326 | — A219 A332 | 2 |
| C443 | 苏 7209 | ┌ A002<br>— C417 C431 C444 A311　┌ A002<br>└ A034　└ C417 C431<br>　　　　└ A034 | 3 |
| C444 | 苏豆 1 号 | ┌ A002<br>— C417 C431<br>└ A034 | 2 |
| C445 | 苏豆 3 号 | — C444 A184　┌ A002<br>└ C417 C431<br>　└ A034 | 3 |
| C446 | 苏垦 1 号 | — C417<br>└ A034 | 1 |
| C447 | 苏内青 2 号 | — A187 | 1 |
| C448 | 苏协 18-6 | — C431 A084<br>└ A002 | 2 |

（续）

| 编号 | 品种名称 | 亲本及其亲缘关系 | 祖先亲本数 |
|---|---|---|---|

C449　苏协 19 - 15　—　C431 A084
　　　　　　　　　└　A002
　　　　　　2

　　　　　　　　　　┌　A002
C450　苏协 4 - 1　—　C417 C431
　　　　　　　　　└　A034
　　　　　　2

C451　苏协 1 号　—　C431 A084
　　　　　　　　　└　A002
　　　　　　2

C452　泰春 1 号　—　A219
　　　　　　1

　　　　　　　　　　┌　A002
C453　通豆 1 号　—　C417 C431 C444　　┌　A002
　　　　　　　　　└　A034　└　C417 C431
　　　　　　　　　　　　　　└　A034
　　　　　　2

C454　夏豆 75　—　A061
　　　　　　1

C455　徐豆 1 号　—　A231 A334
　　　　　　2

　　　　　　　　　　┌　A060
C456　徐豆 2 号　—　C461 C555 A176
　　　　　　　　　└　A295
　　　　　　3

　　　　　　　　　　┌　A231 A334
C457　徐豆 3 号　—　C417 C455
　　　　　　　　　└　A034
　　　　　　3

C458　徐豆 7 号　—　C455 A326
　　　　　　　　　└　A231 A334
　　　　　　3

　　　　　　　　　　┌　A295
C459　徐豆 135　—　C461 C555 A176
　　　　　　　　　└　A060
　　　　　　3

C460　徐州 301　—　A177
　　　　　　1

C461　徐州 302　—　A060
　　　　　　1

C462　7406　—　A127
　　　　　　1

C463　矮脚青　—　A016
　　　　　　1

C464　赣豆 1 号　—　A048
　　　　　　1

C465　赣豆 2 号　—　C463
　　　　　　　　　└　A016
　　　　　　1

C466　赣豆 3 号　—　C463 A008
　　　　　　　　　└　A016
　　　　　　2

C467　5621　—　C324 A247
　　　　　　　　　└　A074
　　　　　　2

C468　丹豆 1 号　—　A191
　　　　　　1

C469　丹豆 2 号　—　C504 A181
　　　　　　　　└　C333 A146
　　　　　　　　　　└　A210
　　　　　　3

C470　丹豆 3 号　—　C324 A114
　　　　　　　　　└　A074
　　　　　　2

C471　丹豆 4 号　—　A033 A225
　　　　　　2

　　　　　　　　　　　　┌　A074
　　　　　　　　　　┌　C324 A247
C472　丹豆 5 号　—　C410 C467 C475　　┌　A234
　　　　　　　　　│　　└　C485 C520 A030 A095
　　　　　　　　　└　C324 A131　└　A227
　　　　　　　　　　└　A074
　　　　　　7

C473　丹豆 6 号　—　A043 A080
　　　　　　2

　　　　　　　　　　┌　A260
C474　丰豆 1 号　—　C091 C392 C467
　　　　　　　　　└　A042　└　C324 A247
　　　　　　　　　　　　　　└　A074
　　　　　　4

（续）

| 编号 | 品种名称 | 亲本及其亲缘关系 | 祖先亲本数 |
|---|---|---|---|

```
                         ┌ A234
C475  凤交 66 - 12   ─  C485 C520 A030 A095                                    4
                         └ A227
```

| C476 | 凤交 66 - 22 | ─ A081 A125 | 2 |
| C477 | 凤系 1 号 | ─ A114 | 1 |
| C478 | 凤系 2 号 | ─ A115 | 1 |
| C479 | 凤系 3 号 | ─ A035 | 1 |
| C480 | 凤系 4 号 | ─ A029 | 1 |
| C481 | 凤系 6 号 | ─ A079 | 1 |
| C482 | 凤系 12 | ─ A017 | 1 |

```
C483  抚 82 - 93   ─  C510 A316   ┌ A227                                        4
                       └ C467 C485
                            └ C324 A247
                                └ A074
```

| C484 | 集体 1 号 | ─ A242 | 1 |
| C485 | 集体 2 号 | ─ A227 | 1 |

```
C486  建豆 8202   ─  C494                                                        5
                     └ C410 A212 A226 A241
                          └ C324 A131
                               └ A074
```

```
C487  锦豆 33   ─  C484 A145                                                     2
                    └ A242
```

| C488 | 锦豆 34 | ─ A145 A243 | 2 |

```
C489  锦豆 35   ─  C487 A342                                                     3
                    └ C484 A145
                         └ A242
```

```
C490  锦豆 6422   ─  C491 A003                                                   2
                      └ A181
```

| C491 | 锦州 8 - 14 | ─ A181 | 1 |
| C492 | 金元 1 号 | ─ A146 | 1 |

```
C493  开育 3 号   ─  C484 A212 A226                                              3
                      └ A242
```

```
C494  开育 8 号   ─  C410 A212 A226 A241                                         5
                      └ C324 A131
                           └ A074
```

```
                              ┌ A074
                          ┌ C324 A247
C495  开育 9 号   ─ C410 C467 C510   ┌ A227                                       4
                   │         └ C467 C485
                   └ C324 A131   └ C324 A247
                        └ A074         └ A074
```

```
                              ┌ A227
                          ┌ C467 C485
C496  开育 10 号   ─ C091 C510   C324 A247                                        4
                    └ A042    └ A074
```

```
                                   ┌ A074
                              ┌ C324 A247  ┌ A242
                          ┌ A074  │       ┌ C484 A226
C497  辽 83 - 5020   ─ C233 C324 C401 C467 C492 C506 C508 A054 A075 A226         10
                       └ C250  └ A241  └ A146  └ C233 A232
                          └ C333 A146              └ C250
                               └ A210         └ C333 A146
                                                   └ A210
```

（续）

| 编号 | 品种名称 | 亲本及其亲缘关系 | 祖先亲本数 |
|---|---|---|---|

C498　辽豆 3 号　— C510 A324 ┌ A227
　　　　　　　　　└ C467 C485
　　　　　　　　　　　└ C324 A247
　　　　　　　　　　　　　└ A074
　　　　　　　　　　　　　　　　　　　4

C499　辽豆 4 号　　　　　　　　┌ A074
　　　　　　　　　　　　┌ C324 A247
　— C324 C467 C508 A316
　　　└ A074　└ C233 A232
　　　　　　　　　└ C250
　　　　　　　　　　　└ C333 A146
　　　　　　　　　　　　　└ A210　　　6

C500　辽豆 7 号　— A009　　　　　　　　1

C501　辽豆 9 号
　　　　　　　　　　　┌ A074
　　　　　　　　┌ C324 A247 ┌ A295
　　　　　　　　│　　　└ C555 A156
　— C324 C467 C508 C536 A316 A325
　　　└ A074　└ C233 A232
　　　　　　　└ C250
　　　　　　　　└ C333 A146
　　　　　　　　　└ A210　　　　　9

C502　辽豆 10 号
　　　　　　　　　　　┌ A227
　　　　　　　┌ C467 C485
　　　　　　　│　└ C324 A247
　　　　　　　│　　　└ A074
　— C498 C510 C511 A014　　┌ A242
　　　│　　│　　┌ C484 A226
　　　│　　└ C467 C506
　　　│　　　└ C324 A247
　　　│　　　　└ A074
　　　└ C510 A324 ┌ A227
　　　　└ C467 C485
　　　　　└ C324 A247
　　　　　　└ A074　　　　　7

C503　辽农 2 号
　　　　　　　　┌ A227
　　　　　┌ C324 C485
　　　　　│　└ A074
　— C401 C507 A054
　　　└ A241　　　　　　　4

C504　满地金　— C333 A146
　　　　　　└ A210　　　　　2

C505　沈农 25104
　　　　　　　　┌ A231 A334
　　　　　　　　│　　└ A146
　— C324 C455 C467 C492 A226
　　　└ A074　└ C324 A247
　　　　　　　└ A074　　　　6

C506　铁丰 3 号　— C484 A226
　　　　　　　└ A242　　　　2

C507　铁丰 5 号
　　　　　　　┌ A227
　— C324 C485
　　　└ A074　　　　　　　2

C508　铁丰 8 号　— C233 A232
　　　　　　　└ C250
　　　　　　　　└ C333 A146
　　　　　　　　　└ A210　　　3

C509　铁丰 9 号
　　　　　　　　┌ A074
　　　　　┌ C324 A247
　— C250 C467　　　　　　4

（续）

| 编号 | 品种名称 | 亲本及其亲缘关系 | 祖先亲本数 |
|---|---|---|---|

```
                      └ C333 A146
                          └ A210
                       ┌ A227
C510  铁丰 18  — C467 C485
                    └ C324 A247
                        └ A074
```
3

```
                        ┌ A242
                     ┌ C484 A226
C511  铁丰 19  — C467 C506
                  └ C324 A247
                      └ A074
```
4

```
C512  铁丰 20  — C467 A226
                  └ C324 A247
                      └ A074
```
3

```
                              ┌ A074
                           ┌ C324 A247
                    ┌ C250 C467
                    │    └ C333 A146
C513  铁丰 21  — C195 C509    └ A210
                  └ C150 A216 ┌ A019
                    └ C284 C287
                        └ C333 A146
                            └ A210
```
6

```
                    ┌ A241
C514  铁丰 22  — C233 C401 C467 A054 A075
                  │    └ C324 A247
                  └ C250     └ A074
                    └ C333 A146
                        └ A210
```
7

```
C515  铁丰 23  — C511 A313 ┌ A242
                  └ C467 C506 └ C484 A226
                    └ C324 A247
                        └ A074
```
5

```
                           ┌ A227
                        ┌ C467 C485
                        │   └ C324 A247
C516  铁丰 24  — C494 C510   └ A074
                  └ C410 A212 A226 A241
                    └ C324 A131
                        └ A074
```
7

```
                           ┌ A074
                        ┌ C324 A247
C517  铁丰 25  — C324 C467 C508 A316
                  └ A074   └ C233 A232
                             └ C250
                               └ C333 A146
                                 └ A210
```
6

```
                               ┌ A227
                            ┌ C467 C485
                            │   └ C324 A247
                      ┌ C494 C510    └ A074
                      │   └ C410 A212 A226 A241
                      │     └ C324 A131
C518  铁丰 26  — C510 C516 A348    └ A074
                  │      ┌ A227
                  └ C467 C485
                    └ C324 A247
                        └ A074
```
8

（续）

| 编号 | 品种名称 | 亲本及其亲缘关系 | 祖先亲本数 |
|------|---------|----------------|-----------|

C519　铁丰 27

```
                                    ┌ A074
                      ┌ A074    ┌ C324 A247
          ┌ C324 A247  │    ┌ A227        ┌ A074
          │         ┌ C467 C485    ┌ C324 A247
          │         └ C510 C410 C467
— C324 C467 C508 C510 C495 A316  └ A074 A131
    └ A074  └ C233 A232
              C250
              └ C333 A146
                └ A210
```
8

C520　早小白眉　— A234
1

C521　彰豆 1 号　— C510　┌ A227
```
              └ C467 C485
                  └ C324 A247
                      └ A074
```
3

C522　吉原 1 号　— C334 A180
```
              └ C492 A226
                  └ A146
```
3

C523　内豆 1 号　— C185 A001
```
              └ C250 A319
                  └ C333 A146
                      └ A210
```
4

C524　内豆 2 号
```
                          ┌ A210
                    ┌ C333 A146
                ┌ C284 C287
            ┌ C155 A154  └ A019
— C156 C157
    └ C155 A154  ┌ A019
        └ C284 C287
            └ C333 A146
                └ A210
```
4

C525　内豆 3 号　— C156 A132
```
              └ C155 A154  ┌ A019
                  └ C284 C287
                      └ C333 A146
                          └ A210
```
5

C526　图良 1 号
```
                    ┌ A210
              ┌ C333 A041 A108
          ┌ A210
— C158 C370
    │         ┌ C333 A146
    └ C153 C284 C287 A137
    │             └ A019
    │         ┌ A019
    └ C284 C287
        └ C333 A146
            └ A210
```
6

C527　翁豆 79012　— A343
1

C528　乌豆 1 号　— C211　┌ A241
```
              └ C140 C401  ┌ A019
                  └ C250 C287
                      └ C333 A146
                          └ A210
```
4

C529　宁豆 1 号　— A262
1

C530　宁豆 81 - 7　— C300
1

```
              ┌ A241
          ┌ C401 A155
          │     ┌ A295
```

（续）

| 编号 | 品种名称 | 亲本及其亲缘关系 | 祖先亲本数 |
|---|---|---|---|
| C531 | 7517 | ── C250 C339 C370 C555 A050 A124<br>　│　　　└ C333 A041 A108<br>　└ C333 A146　└ A210<br>　　　└ A210 | 9 |
| C532 | 7583 | ── C578 A344 ┌ A254<br>　└ C540 C574 A228<br>　　　└ A133 | 4 |
| C533 | 7605 | 　　　　　　　┌ A295<br>　　　　┌ A211 ┌ C555 A318<br>── C335 C368 C555 C560 A132<br>　│　　　└ A295<br>　└ C492 A226<br>　　　└ A146 | 6 |
| C534 | 备战 3 号 | 　　┌ A295<br>── C335 C555<br>　└ C492 A226<br>　　　└ A146 | 3 |
| C535 | 大粒黄 | ── A179 | 1 |
| C536 | 丰收黄 | ── C555 A156<br>　　└ A295 | 2 |
| C537 | 高作选 1 号 | ── A301 | 1 |
| C538 | 菏 84 - 1 | 　　┌ A231 A334<br>── C417 C455 A326<br>　└ A034 | 4 |
| C539 | 菏 84 - 5 | 　　┌ A231 A334<br>── C417 C455 A344<br>　└ A034 | 4 |
| C540 | 莒选 23 | ── A133 | 1 |
| C541 | 临豆 3 号 | 　　┌ A254<br>── C555 C574 A228<br>　　└ A295 | 3 |
| C542 | 鲁豆 1 号 | 　　┌ A295<br>── C540 C555 A047<br>　　└ A133 | 3 |
| C543 | 鲁豆 2 号 | 　　┌ A295<br>── C370 C555 A337<br>　└ C333 A041 A108<br>　　└ A210 | 5 |
| C544 | 鲁豆 3 号 | 　　　┌ A133 ┌ A254<br>── C485 C540 C555 C574 A228<br>　└ A227 └ A295 | 5 |
| C545 | 鲁豆 4 号 | ── C578 A047 A333<br>　│　　┌ A254<br>　└ C540 C574 A228<br>　　　└ A133 | 5 |
| C546 | 鲁豆 5 号 | ── A066 A337 | 2 |
| C547 | 鲁豆 6 号 | 　　┌ A133<br>── C510 C540 C574 A228<br>　│　　　└ A254<br>　│　　┌ A227<br>　└ C467 C485<br>　　　└ C324 A247<br>　　　　└ A074 | 6 |
| C548 | 鲁豆 7 号 | ── C578 A047 A333<br>　│　　┌ A254<br>　└ C540 C574 A228<br>　　　└ A133 | 5 |

（续）

| 编号 | 品种名称 | 亲本及其亲缘关系 | 祖先亲本数 |
|---|---|---|---|

C549　鲁豆 8 号　— C578 A047 A333
　　　　　　　　　｜　　　┌ A254
　　　　　　　　　└ C540 C574 A228
　　　　　　　　　　　　└ A133
　　　　　　　　　　　　　　　　　5

　　　　　　　　　　　　　　　　┌ A254
　　　　　　　　　　　　　┌ C540 C574 A228
　　　　　　　　　　　　　｜　　└ A133
　　　　　　　　　　　　┌ C578 A047 A333
C550　鲁豆 10 号　— C531 C545　　┌ A241
　　　　　　　　　｜　　　　┌ C401 A155
　　　　　　　　　｜　　　　｜　　┌ A295
　　　　　　　　　└ C250 C339 C370 C555 A050 A124
　　　　　　　　　　　　　　　└ C333 A041 A108
　　　　　　　　　　　└ C333 A146　└ A210
　　　　　　　　　　　　└ A210
　　　　　　　　　　　　　　　　　14

C551　鲁豆 11　— C547 A022　┌ A133
　　　　　　　　└ C510 C540 C574 A228
　　　　　　　　　　　　└ A254
　　　　　　　　　　｜　　┌ A227
　　　　　　　　　　└ C467 C485
　　　　　　　　　　　└ C324 A247
　　　　　　　　　　　　└ A074
　　　　　　　　　　　　　　　　　7

C552　鲁黑豆 1 号　— C579 A203
　　　　　　　　　└ A063
　　　　　　　　　　　　　　　　　2

C553　鲁黑豆 2 号　— C533 A340　┌ A211　┌ C555 A318
　　　　　　　　└ C335 C368 C555 C560 A132
　　　　　　　　　　｜　　└ A295
　　　　　　　　　　└ C492 A226
　　　　　　　　　　　└ A146
　　　　　　　　　　　　　　　　　7
　　　　　　　　　　　　　　　┌ A295

C554　齐茶豆 1 号　— C545 A340
　　　　　　　　　└ C578 A047 A333
　　　　　　　　　｜　　┌ A254
　　　　　　　　　└ C540 C574 A228
　　　　　　　　　　　└ A133
　　　　　　　　　　　　　　　　　6

C555　齐黄 1 号　— A295　　　　　　　　　　1
C556　齐黄 2 号　— A295　　　　　　　　　　1

C557　齐黄 4 号　— C370 C571　┌ A254
　　　　　　　　└ C333 A041 A108
　　　　　　　　　└ A210
　　　　　　　　　　　　　　　　　4

C558　齐黄 5 号　— C574 A228
　　　　　　　　└ A254
　　　　　　　　　　　　　　　　　2

C559　齐黄 10 号　— C555 A318
　　　　　　　　　└ A295
　　　　　　　　　　　　　　　　　2

C560　齐黄 13　— C555 A318
　　　　　　　　└ A295
　　　　　　　　　　　　　　　　　2

C561　齐黄 20　— C370 C540 C574　┌ A133
　　　　　　　　｜　　　　└ A254
　　　　　　　　└ C333 A041 A108
　　　　　　　　　└ A210
　　　　　　　　　　　　　　　　　5

C562　齐黄 21　— C250 C339 C570 A050　┌ A241
　　　　　　　　｜　　┌ C401 A155
　　　　　　　　｜　　┌ A295
　　　　　　　　└ C333 A146　┌ A295
　　　　　　　　　└ A210　┌ C370 C555
　　　　　　　　　　　└ C333 A041 A108
　　　　　　　　　　　└ A210
　　　　　　　　　　　　　　　　　8

（续）

| 编号 | 品种名称 | 亲本及其亲缘关系 | 祖先亲本数 |
|---|---|---|---|

C563　齐黄 22
```
                    ┌ A295
      — C540 C555 A011 A174 A255
                    └ A133
```
5

C564　齐黄 25
```
      — C545 A105
           └ C578 A047 A333
                │         ┌ A254
                └ C540 C574 A228
                          └ A133
```
6

C565　山宁 4 号
```
      — C567 C574 A228 A317 A347
           │    └ A254
           │         ┌ A295
           └ C540 C555
                     └ A133
```
6

C566　腾县 1 号
```
                 ┌ A254
      — C540 C574 A228
                 └ A133
```
3

C567　为民 1 号
```
                 ┌ A295
      — C540 C555
                 └ A133
```
2

C568　潍 4845
```
                         ┌ A133
      — C392 C540 C574 A110 A228
           └ A260   └ A254
```
5

C569　文丰 4 号
```
      — C555 A272
           └ A295
```
2

C570　文丰 5 号
```
                 ┌ A295
      — C370 C555
           └ C333 A041 A108
                  └ A210
```
4

C571　文丰 6 号
```
                     ┌ A295
      — C370 C555 C574
           │        └ A254
           └ C333 A041 A108
                  └ A210
```
5

C572　文丰 7 号
```
                 ┌ A295
      — C540 C555
                 └ A133
```
2

C573　向阳 1 号
```
      — C555 A156
           └ A295
```
2

C574　新黄豆
```
      — A254
```
1

C575　兖黄 1 号
```
                 ┌ A254
      — C540 C574 A228
                 └ A133
```
3

C576　烟豆 4 号
```
                     ┌ A295
      — C546 C555 A163 A273
           └ A066 A337
```
5

C577　烟黄 3 号
```
                 ┌ A295
      — C370 C555 A066
           └ C333 A041 A108
                  └ A210
```
5

C578　跃进 4 号
```
                 ┌ A254
      — C540 C574 A228
                 └ A133
```
3

C579　跃进 5 号
```
      — A063
```
1

C580　秦豆 1 号
```
      — C555 A077 A257 A318
           └ A295
```
4

(续)

| 编号 | 品种名称 | 亲本及其亲缘关系 | 祖先亲本数 |
|---|---|---|---|

C581　秦豆 3 号
```
                  ┌ A295
  ─ C540 C555 C574 A179 A228
      └ A133    └ A254
```
5

C582　秦豆 5 号　— A344　　1

C583　陕豆 701　— A257　　1

C584　陕豆 702
```
                  ┌ A254
  ─ C555 C574 C540 A179 A228
      └ A295    └ A133
```
5

C585　陕豆 7214
```
  ─ C583 A077 A257
      └ A257
```
2

C586　陕豆 7826
```
                  ┌ A257
  ─ C581 C583
     │        ┌ A295
     └ C540 C555 C574 A179 A228
         └ A133    └ A254
```
6

C587　太原 47　— A296　　1

C588　汾豆 11
```
  ─ C594 A325
      └ A136 A197
```
3

C589　汾豆 31
```
                  ┌ A136 A197
  ─ C578 C594 C616 A141 A271 A325
     │         └ C233
     │              └ C250
     │         ┌ A254    └ C333 A146
     └ C540 C574 A228         └ A210
         └ A133
```
10

C590　晋大 36
```
  ─ C510 A143
     │        ┌ A227
     └ C467 C485
         └ C324 A247
             └ A074
```
4

C591　晋豆 1 号　— A039　　1

C592　晋豆 2 号
```
  ─ C324 A261
      └ A074
```
2

C593　晋豆 3 号　— A078　　1

C594　晋豆 4 号　— A136 A197　　2

C595　晋豆 5 号
```
                  ┌ A148 A272
  C591 C610
      └ A039
```
3

C596　晋豆 6 号　— A142 A217 A223　　3

C597　晋豆 7 号
```
  ─ C594 A275
      └ A136 A197
```
3

C598　晋豆 8 号
```
  ─ C591 A325
      └ A039
```
2

C599　晋豆 9 号
```
  ─ C591
      └ A039
```
1

C600　晋豆 10 号　— A116　　1

C601　晋豆 11　— A165　　1

C602　晋豆 12
```
                  ┌ A136 A197
  ─ C410 C594 A271
      └ C324 A131
          └ A074
```
5

C603　晋豆 13
```
  ─ C591 A325
      └ A039
```
2

C604　晋豆 14　— A087 A161　　2

（续）

| 编号 | 品种名称 | 亲本及其亲缘关系 | 祖先亲本数 |
|---|---|---|---|
| C605 | 晋豆 15 | C155 C168 C250 C591 C610 A154 A316<br>　　C284 C287　┌ A210<br>　　　　　┌ C333 A146<br>　　　　└ A019<br>　　　　　　┌ A210<br>　　　　　┌ C333 A146<br>　　　　　│　┌ A148 A272<br>　　　　　└ A039<br>　　　└ C156 A244<br>　　　　　└ C155 A154　┌ A019<br>　　　　　　└ C284 C287<br>　　　　　　　└ C333 A146<br>　　　　　　　　└ A210 | 9 |
| C606 | 晋豆 16 | C591 C592 A314　┌ A074<br>　　　┌ C324 A261<br>　　└ A039 | 4 |
| C607 | 晋豆 17 | C592 C594　┌ A136 A197<br>　　└ C324 A261<br>　　　└ A074 | 4 |
| C608 | 晋豆 371 | C233 A232<br>　　└ C250<br>　　　└ C333 A146<br>　　　　└ A210 | 3 |
| C609 | 晋豆 482 | A198 A218 | 2 |
| C610 | 晋豆 501 | A148 A272 | 2 |
| C611 | 晋豆 514 | A140 A175 | 2 |
| C612 | 晋遗 9 号 | C153 C594　┌ A136 A197<br>　　└ C284 C287　┌ A019<br>　　　└ C333 A146<br>　　　　└ A210 | 5 |
| C613 | 晋遗 10 号 | C536 C594　┌ A136 A197<br>　　└ C555 A156<br>　　　└ A295 | 4 |
| C614 | 晋遗 19 | C475 C511 A220 A324<br>　　C467 C506　┌ A242<br>　　　┌ C484 A226<br>　　　│　└ C324 A247<br>　　　│　　└ A074<br>　　│　┌ A234<br>　　└ C485 C520 A030 A095<br>　　　└ A227 | 10 |
| C615 | 晋遗 20 | C475 A220 A323<br>　　│　┌ A234<br>　　└ C485 C520 A030 A095<br>　　　└ A227 | 6 |
| C616 | 闪金豆 | C233<br>　　└ C250<br>　　　└ C333 A146<br>　　　　└ A210 | 2 |
| C617 | 太谷早 | A218 | 1 |
| C618 | 紫秸豆 75 | A271 | 1 |

（续）

| 编号 | 品种名称 | 亲本及其亲缘关系 | 祖先亲本数 |
|---|---|---|---|
| C619 | 成豆 4 号 | — C511 A097 ┌ A242 ┌ C484 A226 └ C467 C506 └ C324 A247 └ A074 | 5 |
| C620 | 成豆 5 号 | — A013 A307 | 2 |
| C621 | 川豆 2 号 | — C428 A224 A326 └ A084 | 3 |
| C622 | 川豆 3 号 | — A259 A307 | 2 |
| C623 | 川湘早 1 号 | — A201 A346 | 2 |
| C624 | 达豆 2 号 | — A297 | 1 |
| C625 | 贡豆 1 号 | — C028 A195 ┌ A231 A334 └ C417 C455 └ A034 | 4 |
| C626 | 贡豆 2 号 | — C028 A269 ┌ A231 A334 └ C417 C455 └ A034 | 4 |
| C627 | 贡豆 3 号 | ┌ A201 A346 — C542 C623 ┌ A295 └ C540 C555 A047 └ A133 | 5 |
| C628 | 贡豆 4 号 | ┌ A133 ┌ C540 C555 A047 — C028 C542 C623 └ A295 \| └ A201 A346 \| └ A231 A334 └ C417 C455 └ A034 | 8 |
| C629 | 贡豆 6 号 | — C028 A269 ┌ A231 A334 └ C417 C455 └ A034 | 4 |
| C630 | 贡豆 7 号 | ┌ A254 ┌ C540 C574 A228 \| └ A133 ┌ C575 A062 — C623 C649 └ A201 A346 | 6 |
| C631 | 凉豆 2 号 | — A092 | 1 |
| C632 | 凉豆 3 号 | ┌ A074 ┌ C324 A247 — C324 C467 C492 A226 └ A074 └ A146 | 4 |
| C633 | 万县 8 号 | — A202 | 1 |
| C634 | 西豆 4 号 | — C288 └ A291 | 1 |
| C635 | 西育 3 号 | — C288 └ A291 | 1 |
| C636 | 宝坻大白眉 | — A298 | 1 |
| C637 | 津 75 - 1 | — C417 C455 ┌ A231 A334 └ A034 | 3 |
| C638 | 丰收 72 | — A302 | 1 |
| C639 | 垦米白脐 | — A170 | 1 |
| C640 | 奎选 1 号 | — C202 └ C250 └ C333 A146 └ A210 | 2 |

（续）

| 编号 | 品种名称 | 亲本及其亲缘关系 | 祖先亲本数 |
|---|---|---|---|
| C641 | 晋宁大黄豆 | — A299 | 1 |
| C642 | 云 82‑22 | — C392 A192<br>└ A260 | 2 |
| C643 | 华春 14 | — A109 A138 | 2 |
| C644 | 丽秋 1 号 | — A123 | 1 |
| C645 | 毛蓬青 1 号 | — A167 | 1 |
| C646 | 毛蓬青 2 号 | — A167 | 1 |
| C647 | 毛蓬青 3 号 | — A167 | 1 |
| C648 | 浙春 1 号 | — C575 A237 ┌ A254<br>└ C540 C574 A228<br>└ A133 | 4 |
| C649 | 浙春 2 号 | — C575 A062 ┌ A254<br>└ C540 C574 A228<br>└ A133 | 4 |
| C650 | 浙春 3 号 | ┌ A254<br>┌ C540 C574 A228<br>│ └ A133<br>┌ C575 A237<br>— C438 C648<br>└ C428 A325<br>└ A084 | 6 |
| C651 | 浙江 28‑22 | — A308 A213 | 2 |

**D001～D649**

| 编号 | 品种名称 | 亲本及其亲缘关系 | 祖先亲本数 |
|---|---|---|---|
| D001 | AC10 菜用大青豆 | ┌ A231 A234<br>— A358 C455 A326 | 4 |
| D002 | 合豆 1 号 | — A535 A359 A548 | 3 |
| D003 | 合豆 2 号 | ┌ A254<br>┌ C540 C574 A228<br>│ └ A133<br>┌ C094 A196 ┌ A295<br>│ └ C555 A318<br>┌ C124 C417 C560 A177 A190 A231 A334<br>│ └ A034<br>┌ C121 C560 A122 A183 A190 A268<br>│ └ C555 A318<br>│ └ A295<br>┌ C112<br>— D008 C112 | 15 |
| D004 | 合豆 3 号 | — A359 C539 C441 A548<br>│ └ C417 A177 A347<br>│ └ A034<br>└ C417 C455 A344<br>│ └ A231 A334<br>└ A034 | 11 |
| D005 | 皖豆 12 | ┌ A034<br>— C417 A231 A601 A611 | 4 |
| D006 | 皖豆 14 | ┌ A295<br>┌ A176 C461 C555<br>— C456 A363 C455 A162<br>└ A231 A334 | 7 |
| D007 | 皖豆 15 | — A362 | 1 |
| D008 | 皖豆 16 | ┌ A034<br>— C417 C455<br>└ A231 A334 | 4 |

（续）

| 编号 | 品种名称 | 亲本及其亲缘关系 | 祖先亲本数 |
|---|---|---|---|

D009　皖豆 17　— C101 C417

```
                  ┌ A295
            C555 A183
      C101 C417
                  └ A034
```

3

D010　皖豆 18　— A471 C455 C417 C560

```
            ┌ A231 A334
      A471 C455 C417 C560
            |       └ C555 A318
            └ A034    └ A295
```

7

D011　皖豆 19　— D008 C579

```
            ┌ A034
      ┌ C417 C455
      |       └ A231 A334
      D008 C579
      └ A063
```

5

D012　皖豆 20　— A606 C417 C455 A578

```
            ┌ A231 A334
            |                        ┌ A242
      A606 C417 C455 A578 ┌ A146 ┌ C484 A226
      └ A034 C324 C492 A226 C506 C467
            └ A074         └ C324 A247
                                └ A074
```

11

D013　皖豆 21　— C017 A347 A697

```
            ┌ A063    ┌ A034
            |    ┌ C417 C455
      ┌ C579 C011   └ A231 A334
      C017 A347 A697
```

12

D014　皖豆 22　— C015

```
                        ┌ A133
                        |    ┌ A295
            ┌ A231 A334 ┌ C540 C555
      ┌ C455 A331 C456 C572 ┌ A295
      C015           └ A176 C461 C555
                        └ A060
```

9

D015　皖豆 23　— C015 A366

```
                        ┌ A295
      C015 A366 ┌ A176 C461 C555
      └ C455 A331 C456 C572 └ A060
            └ A231 A334  └ C540 C555
                              |    └ A295
                              └ A133
```

12

D016　皖豆 24　— A496 C441 C456 C455 A359 A548 A361

```
                        ┌ A295
            ┌ A176 C461 C555
            |       └ A060
      A496 C441 C456 C455 A359 A548 A361
      |           └ A231 A334
      └ C417 A177 A347
            └ A034
```

16

D017　皖豆 25　— A562 A563

2

D018　豪彩 1 号　— D555 A554

```
                  ┌ A133
                  |    ┌ A254
            ┌ C540 C574 A228
      ┌ C578 A333 A047
      ┌ C548 A105
      D555 A554
```

7

D019　京豆 1 号　— C031 C032

```
                              ┌ A242
            ┌ A231 A334    ┌ C484 A226
            |    ┌ A074    |    ┌ A074
            |    |    ┌ A146 |    ┌ C324 A247
            ┌ C417 C455 C324 C492 A226 C506 C467
      C031 C032      ┌ A231 A334
      └ C417 C455 C324 C492 A226 C506 C467
            |       |    └ A146 |    └ C324 A247
            └ A034  └ A074      |    └ A074
                              └ C484 A226
                                   └ A242
```

9

（续）

| 编号 | 品种名称 | 亲本及其亲缘关系 | 祖先亲本数 |
|---|---|---|---|

D020　京黄1号　— C615 A543
　　　　　　　└ C475 A220 A323
　　　　　　　　　　│　　　┌ A234
　　　　　　　　　　└ C485 C520 A030 A095
　　　　　　　　　　　　└ A227

6

　　　　　　　　　　　　　┌ A295
　　　　　　　　┌ C555 A318　　　　┌ A210
　　　　┌ C560 A122 A190　┌ C333 A146　┌ A231 A334
　　　　│　　　　┌ C250　┌ A241　│　　　┌ A146
　　　　│　　┌ C029 C233 C324 C401 C417 C455 C467 C492 C506 A054 A075 A171 A226 A324 A347
D021　京黄2号　—　C105 C037　│　　　└ A074　└ A034　│　　　└ C484 A226
　　　　　　　　　│　　┌ A231 A334　　　　└ C324 A247　└ A242
　　　　　　　　　└ C417 C455　　　　　　└ A074
　　　　　　　　　　└ A034

22

　　　　　　　　　　┌ A074
　　　　　　　┌ C324 A247　┌ A242
D022　科丰14　— C031 A169　┌ A034　│　　　┌ C484 A226
　　　　　　└ C324 C417 C455 C467 C492 C506 A226
　　　　　　　└ A074　│　　　└ A146
　　　　　　　　　└ A231 A334

10

　　　　　　　　　　　　　　┌ A242
　　　　　　　　　　　┌ C484 A226
　　　　　　　　　　　│　　　┌ A074　　　┌ A211
　　　　　┌ A034　　　│　┌ C324 A247　┌ C368 A226
　　　　　│　┌ A231 A334　│　│　┌ C334 C338 A256 A316
　　　　　│　│　┌ A074　│　│　│　└ C492 A226
　　　　　│　│　│　┌ A146　│　│　│　└ A146
D023　科丰15　— C031 A169 C417 C455 C324 C492 A226 C506 C467 C352
　　　　　　　│　　　┌ A074
　　　　　　　│　┌ C324 A247　┌ A242
　　　　　　　│　┌ A034　│　　└ C484 A226
　　　　　　　└ C324 C417 C455 C467 C492 C506 A226
　　　　　　　　└ A074　│　　　└ A146
　　　　　　　　　└ A231 A334

13

　　　　　　　　　　　　　┌ A242
　　　　　　　　　　┌ C484 A226
　　　　　　　　　　│　　┌ A074
　　　　　┌ A034　　│　┌ C324 A247　┌ A227
　　　　　│　┌ A231 A334　│　│　┌ C467 C485
　　　　　│　│　┌ A074　│　│　│　└ C324 A247
　　　　　│　│　│　┌ A146　│　│　│　└ A074
D024　科丰17　— C031 A169 C417 C455 C324 C492 A226 C506 C467 C510 C028
　　　　　　　│　　┌ A074　　　　└ C417 C455
　　　　　　　│　┌ C324 A247　┌ A242　　　└ A034
　　　　　　　│　┌ A034　│　　┌ C484 A226
　　　　　　　└ C324 C417 C455 C467 C492 C506 A226
　　　　　　　　└ A074　│　　└ A146
　　　　　　　　　└ A231 A334

11

D025　科丰28　— C472 C028 A635 A633
　　　　　　　└ C417 C455
　　　　　　　　│　└ A231 A334
　　　　　　　　└ A034

　　　　　　　　　　　┌ A210
　　　　　　　　┌ C333 A146　┌ A231 A334
　　　　　　┌ C250　┌ A241　│　　　┌ A146

13

（续）

| 编号 | 品种名称 | 亲本及其亲缘关系 | 祖先亲本数 |
|---|---|---|---|

D026　科丰 36　— C031 A169 C037
```
              ┌ C029 C233 C324 C401 C417 C455 C467 C492 C506 A054 A075 A171 A226 A324 A347
              |    └ A074  └ A034   |         └ C484 A226
              |    A231 A334         └ C324 A247  └ A242
              └ C417 C455                └ A074
                 └ A034
                        ┌ A074
                 ┌ C324 A247  ┌ A242
          ┌ A034  |      ┌ C484 A226
        └ C324 C417 C455 C467 C492 C506 A226
           └ A074  |        └ A146
              └ A231 A334
```
21

D027　科丰 37　— A531 C336 A392 C417 C455
```
        ┌ A146
      ┌ C492 A226
           └ A231 A334
        └ A034
```
8

D028　科丰 53　— C324 C492 A226 C506 C417 C455 C028
```
              ┌ A242
           ┌ C484 A226
        ┌ A146 |    ┌ A231 A334
      └ A074  |    └ C417 C455
           └ A034    └ A034
```
9

D029　科新 4 号　— C105
```
     └ C560 A122 A190
        └ C555 A318
           └ A295
```
4

D030　科新 5 号　— C545
```
                 ┌ A254
              ┌ C540 C574 A228
              |    └ A133
           ┌ C578 A047 A333
```
5

D031　科新 6 号　— C105
```
     └ C560 A122 A190
        └ C555 A318
           └ A295
```
4

D032　科新 7 号　— A585 A587 A589 A592 A595 A599 A619
7

D033　科新 8 号　— C031 A169 C417 C455 C324 C492 A226 C506 C467 C510 C028
```
                              ┌ A242
                           ┌ C484 A226
                           |    ┌ A074
        ┌ A034            |  ┌ C324 A247  ┌ A227
        |   ┌ A231 A334   |  |     ┌ C467 C485
        |   |   ┌ A074    |  |     └ C324 A247
        |   |   |  ┌ A146 |  |        └ A074
                              └ C417 C455
              ┌ A074            └ A034
           ┌ C324 A247  ┌ A242
        ┌ A034  |    ┌ C484 A226
      └ C324 C417 C455 C467 C492 C506 A226
         └ A074  |       └ A146
            └ A231 A334
```
11

D034　顺豆 92 - 51　— A367 A368
2

D035　鑫豆 1 号　— A558 C542
```
        ┌ A133
      ┌ C540 C555 A047
        └ A295
```
4

D036　中豆 27　— C295 A347
```
        ┌ A084  ┌ A231 A334
      ┌ C428 C431 C455 A263
        └ A002
```
11

（续）

| 编号 | 品种名称 | 亲本及其亲缘关系 | 祖先亲本数 |
|---|---|---|---|

```
                             ┌ A254
                     ┌ C540 C574 A228
                     |      └ A133
               ┌ C578 A047 A333
D037  中豆28  — C545 A324                                                    8

                                 ┌ A146
                         ┌ C492 A226
                         |          ┌ A231 A334
               ┌ C028 C336 C417 C455 A149 A326
               |     |        └ A034
               |     |        ┌ A231 A334
               |     └ C417 C455
               |          └ A034
D038  中黄9   — C024 A600 A199                                              13

                             ┌ A254
                     ┌ C540 C574 A228
                     |      └ A133
               ┌ C578 A047 A333
D039  中黄10  — C572 C545   ┌ A295                                           6
              └ C540 C555
                   └ A133

D040  中黄11  — A347 C111  ┌ A034                                           13
                   └ C124 C417 A177
                        └ C094 A196
                             |        ┌ A254
                             └ C540 C574 A228
                                  └ A133

D041  中黄12  — C615 A543                                                    6
              └ C475 A220 A323
                   |        ┌ A234
                   └ C485 C520 A030 A095
                        └ A227

D042  中黄13  — C111 A541  ┌ A034                                            7
              └ C124 C417 A177
                   └ C094 A196
                        |        ┌ A254
                        └ C540 C574 A228
                             └ A133

D043  中黄14  — A699 C111  ┌ A034                                           13
              └ C124 C417 A177
                   └ C094 A196
                        |        ┌ A254
                        └ C540 C574 A228
                             └ A133

D044  中黄15  — A347 A697 C036                                              12
                   └ C028 A171  ┌ A231 A334
                        └ C417 C455
                             └ A034

D045  中黄16  — C111 A702 A698                                              17
              └ C124 C417 A177
                   |    └ A034
                   └ C094 A196
                        |        ┌ A254
                        └ C540 C574 A228
                             └ A133

D046  中黄17  — A542 A703                                                   13
D047  中黄18  — A347 A697 A698                                              11
```

（续）

| 编号 | 品种名称 | 亲本及其亲缘关系 | 祖先亲本数 |
|---|---|---|---|

```
                                        ┌ A254
                              ┌ C540 C574 A228
                              │    └ A133
                        ┌ C094 A196  ┌ A295
                        │         └ C555 A318
                  ┌ C124 C417 C560 A177 A190 A231 A334
                  │       └ A034
            ┌ C121 C560 A122 A183 A190 A268
            │      └ C555 A318
            │         └ A295
```

D048　中黄 19　— A347 A697 C112　　　　　　　　　　　　　　22

D049　中黄 20　— A542 A703　　　　　　　　　　　　　　　13

D050　中黄 21　— A347 A697 A538　　　　　　　　　　　　　8

D051　中黄 22　— A347 A697 A538　　　　　　　　　　　　　8

```
                        ┌ A254
                  ┌ C540 C574 A228
                  │    └ A133
            ┌ C578 A047 A333
```

D052　中黄 23　— A537 C545　　　　　　　　　　　　　　　6

```
                        ┌ A136 A197
                  ┌ C578 C594 C616 A141 A271 A325
                  │  │       └ C233
                  │  │          └ C250
                  │  │       ┌ A254   └ C333 A146
                  │  └ C540 C574 A228     └ A210
                  │     └ A133
                  │       ┌ A084  ┌ A231 A334
                  │  ┌ C428 C431 C455 A263
                  │  │       └ A002
```

D053　中黄 24　— C353 C589 C295　　　　　　　　　　　　　32

```
            │              ┌ A146
            │        ┌ C492 A226      ┌ A227
            │        │        ┌ C467 C485
            │        │        │   └ C324 A247
            │        │        │      └ A074
            └ C209 C334 C336 C510 A128 A132 A135 A316
                     └ C492 A226
                        └ A146
                              ┌ A210
                           ┌ C333 A146
                     ┌ C250 A067
            └ C140 C197 ┌ A019
               └ C250 C287
                  └ C333 A146
                     └ A210
```

```
                        ┌ A034
                  │        ┌ A231 A334
            ┌ C417 C455
      ┌ C028 A200 A326
```

D054　中黄 25　— C041 C028　　　　　　　　　　　　　　　9

```
            └ C417 C455
               └ A034
```

```
                              ┌ A074
                  ┌ A136 A197 ┌ C324 A247 ┌ A242
            ┌ C032 C594 ┌ A034 │       ┌ C484 A226
            │  └ C324 C417 C455 C467 C492 C506 A226
            │     └ A074  │       └ A146
            │             └ A231 A334
```

（续）

| 编号 | 品种名称 | 亲本及其亲缘关系 | 祖先亲本数 |
|---|---|---|---|

**D055　中黄 26**　　— C043 C615 A590　　　　　**17**
```
          └ C475 A220 A323
            |        ┌ A234
            └ C485 C520 A030 A095
              └ A227
```

**D056　中黄 27**　　— C615 A541　　　　　**6**
```
        └ C475 A220 A323
          |        ┌ A234
          └ C485 C520 A030 A095
            └ A227
```

**D057　中黄 28**　　— C111 A702 A698　　　　　**17**
```
          └ C124 C417 A177
            |      └ A034
            └ C094 A196
              |        ┌ A254
              └ C540 C574 A228
                └ A133
```

**D058　中黄 29**　　— A666 C551　　　　　**8**
```
        └ C547 A022 ┌ A133
          └ C510 C540 C574 A228
          |            └ A254
          |          ┌ A227
          └ C467 C485
            └ C324 A247
              └ A074
```

**D059　中黄 31**　　— C111 A702 A698　　　　　**17**
```
          └ C124 C417 A177
            |      └ A034
            └ C094 A196
              |        ┌ A254
              └ C540 C574 A228
                └ A133

          ┌ C475 A220 A323
          |   |        ┌ A234
          |   └ C485 C520 A030 A095
          |     └ A227
```

**D060　中黄 33**　　— C111 C615　　　　　**11**
```
        └ C124 C417 A177
          |      └ A034
          └ C094 A196
            |        ┌ A254
            └ C540 C574 A228
              └ A133
```

**D061　中品 661**　　— A347 A697　　　　　**7**
```
                           ┌ A242
                  ┌ C484 A226      ┌ A254
        ┌ A231 A334  |        ┌ C540 C574 A228
        |   ┌ A074   |        |   └ A133
        |   ┌ A146   |        ┌ C578 A047 A333
```

**D062　中品 662**　　— C417 C455 C324 C492 A226 C506 C545　　　　　**14**
```
        └ A034
```

**D063　中野 1 号**　　— A507 A557 A457　　　　　**3**

**D064　中野 2 号**　　— A507 A557 A457　　　　　**3**

**D065　中作 429**　　— A547 A412　　　　　**2**

**D066　福豆 234**　　— C054 A628　　　　　**4**
```
        └ C055 A306
          └ C417 A186
            └ A034
```

（续）

| 编号 | 品种名称 | 亲本及其亲缘关系 | 祖先亲本数 |
|---|---|---|---|
| D067 | 福豆 310 | ─ C054 A364 A551<br>　　└ C055 A306<br>　　　　└ C417 A186<br>　　　　　　└ A034 | 5 |
| D068 | 莆豆 10 号 | 　　　　　┌ A084<br>　　　　┌ C428 A325<br>─ C142 C438<br>　└ C242 C310 A322<br>　　　└ A248 | 11 |
| D069 | 泉豆 322 | ─ A098 A411 | 2 |
| D070 | 泉豆 6 号 | 　　　　　┌ A084<br>　　　　┌ C428 A325<br>─ C054 C438<br>　└ C055 A306<br>　　　└ C417 A186<br>　　　　　└ A034 | 11 |
| D071 | 泉豆 7 号 | ─ A084 A086 | 2 |
| D072 | 陇豆 1 号 | ─ A540 | 1 |
| D073 | 陇豆 2 号 | ─ A223 A217 C508<br>　　　　└ C233 A232<br>　　　　　　└ C250<br>　　　　　　　└ C333 A146<br>　　　　　　　　└ A210 | 1 |
| D074 | 桂春 1 号 | ─ A386 A387 | 2 |
| D075 | 桂春 2 号 | ─ A383 A386 A023 | 3 |
| D076 | 桂春 3 号 | ─ A023 C288<br>　　　└ A291 | 2 |
| D077 | 桂春 5 号 | 　　　　┌ A291<br>─ C288 D076 A675<br>　　└ A023 C288<br>　　　　└ A291 | 3 |
| D078 | 桂春 6 号 | ─ A670 D075<br>　　　└ A383 A386 A023 | 4 |
| D079 | 桂夏 1 号 | ─ A388 A265 A324 | 5 |
| D080 | 桂夏 2 号 | ─ A384 A388 A265 | 3 |
| D081 | 桂早 1 号 | ─ C288 A023<br>　　└ A291 | 2 |
| D082 | 桂早 2 号 | ─ A383 | 1 |
| D083 | 柳豆 2 号 | ─ A385 A468 | 2 |
| D084 | 柳豆 3 号 | 　　　　┌ A084　　　　┌ A291<br>─ A023 A572 C428 A326 A328 C288 A446 A447 A536 C651<br>　　　　　　　　　　　　　　└ A308 A213 | 14 |
| D085 | 安豆 3 号 | ─ A683 | 1 |
| D086 | 毕豆 2 号 | ─ A389 | 1 |
| D087 | 黔豆 3 号 | 　　　　┌ A084<br>─ C288 A201 C428<br>　　└ A291 | 3 |
| D088 | 黔豆 5 号 | 　　　　┌ A201 A214<br>─ C301 C648<br>　　└ C575 A237　┌ A254<br>　　　　└ C540 C574 A228<br>　　　　　　└ A133 | 6 |
| D089 | 黔豆 6 号 | ─ C068 A390<br>　└ C456 A045<br>　　　│　┌ A060<br>　　　└ C461 C555 A176<br>　　　　　└ A295 | 4 |

（续）

| 编号 | 品种名称 | 亲本及其亲缘关系 | 祖先亲本数 |
|---|---|---|---|

D090　沧豆 4 号　— C039 A355　　　　　　　　　　　　　　　　　　　　　　20
```
                    ┌ A210
            │      ┌ C333 A146
            │   ┌ C250      ┌ A074
            │   │      ┌ C324 A247
            └ C028 C233 C401 C467 A054 A075 A324 A345
                    │         └ A241
                    │      ┌ A231 A334
                    └ C417 C455
                        └ A034
```

D091　沧豆 5 号　— C615 A532　　　　　　　　　　　　　　　　　　　　　　6
```
            └ C475 A220 A323
                    │      ┌ A234
                    └ C485 C520 A030 A095
                        └ A227
```

D092　承豆 6 号　— A684 C517　┌ A074　　　　　　　　　　　　　　　　　　7
```
                        ┌ C324 A247
            └ C324 C467 C508 A316
                └ A074   └ C233 A232
                            └ C250
                                └ C333 A146
                                    └ A210
```

D093　邯豆 3 号　— C082 C324 C467 C492 A226 A056 A539　　　　　　　　　　11
```
                ┌ A074
            │      ┌ A074
            │   ┌ C324 A247
            │   │   ┌ A146
            └ A101 A347
```

D094　邯豆 4 号　— C082 C324 C467 C492 A226 A056 A393　　　　　　　　　　11
```
                ┌ A074
            │      ┌ A074
            │   ┌ C324 A247
            │   │   ┌ A146
            └ A101 A347
```

D095　邯豆 5 号　— A475 C101 A357 A521 A346　┌ A347　　　　　　　　　　10
```
                └ C555 A183
                    └ A295
```

D096　化诱 4120　— A544　　　　　　　　　　　　　　　　　　　　　　　　1

D097　化诱 446　— C082　　　　　　　　　　　　　　　　　　　　　　　　6
```
            └ A101 A347
```

D098　化诱 542　— C039　　　　　　　　　　　　　　　　　　　　　　　　19
```
                        ┌ A210
                    ┌ C333 A146
                ┌ C250      ┌ A074
            │      │      ┌ C324 A247
            └ C028 C233 C401 C467 A054 A075 A324 A345
                │         └ A241
                │      ┌ A231 A334
                └ C417 C455
                    └ A034
```

D099　化诱 5 号　— A652　　　　　　　　　　　　　　　　　　　　　　　　1

D100　冀 NF37　— C562 A573 A345 A357 A521 A347　　　　　　　　　　　　18
```
                │      ┌ A241
                │   ┌ C401 A155
            └ C250 C339 C570 A050   ┌ A295
                │         └ C370 C555
                └ C333 A146   └ C333 A041 A108
                    └ A210      └ A210
```

（续）

| 编号 | 品种名称 | 亲本及其亲缘关系 | 祖先亲本数 |
|---|---|---|---|

D101　冀NF58　— A703 A357 A521 A347　　14

D102　冀豆10号　— A347 A357　　6

D103　冀豆11　— C083 C562　　15
```
                         ┌ A231 A334
             ┌ C417 C455 A324
             |      └ A034
                              ┌ A241
             |          ┌ C401 A155
             |          |
             └ C250 C339 C570 A050 ┌ A295
             |            └ C370 C555
             └ C333 A146   └ C333 A041 A108
                └ A210       └ A210
```

D104　冀豆12　— C294 A223 A217 A497　　11
```
             |      ┌ A084
             └ C008 C428 A326
                └ C009 A106 A134
                   └ A246
```

D105　冀豆16　— C508 C324 C467 A316 D061 A679 C108　　20
```
                       ┌ A074
               ┌ C324 A247
    | └ A074       |        |        ┌ A034
    └ C233 A232    |        └ C124 C417 A177
       └ C250      └ A347 A697  └ C094 A196 ┌ A254
          └ C333 A146            └ C540 C574 A228
             └ A210                 └ A133
```

D106　冀黄13　— A347 A697 A101 A341　　9
```
                              ┌ A254
                    ┌ C540 C574 A228
                    |    └ A133
                    ┌ C578 A047 A333
```

D107　冀黄15　— C294 A223 A217 A497 C545　　15
```
             |      ┌ A084
             └ C008 C428 A326
                └ C009 A106 A134
                   └ A246
```

D108　科选93　— C024　　11
```
                        ┌ A146
                   ┌ C492 A226
             |      |        ┌ A231 A334
             └ C028 C336 C417 C455 A149 A326
             |         └ A034
             |      ┌ A231 A334
             └ C417 C455
                └ A034
```

D109　五星1号　— C086 A698　　15
```
             |    ┌ A074 ┌ A146
             └ C082 C324 C467 C492 A056 A226
             |         └ C324 A247
             └ A101 A347 └ A074
```

D110　五星2号　— C086 A698　　15
```
             |    ┌ A074 ┌ A146
             └ C082 C324 C467 C492 A056 A226
             |         └ C324 A247
             └ A101 A347 └ A074
```

（续）

| 编号 | 品种名称 | 亲本及其亲缘关系 | 祖先亲本数 |
|------|----------|------------------|-----------|

D111　五星 3 号　— C086 A698　　　　　　　　　　　　　　　　　　　　　15
　　　　　　　　　　｜　　　┌ A074　┌ A146
　　　　　　　　　　└ C082 C324 C467 C492 A056 A226
　　　　　　　　　　　｜　　　　　　└ C324 A247
　　　　　　　　　　　└ A101 A347　└ A074

　　　　　　　　　　　　　　　　　　┌ A034
　　　　　　　　　　　　　　　　┌ C124 C417 A177
　　　　　　　　　　　　　　　　｜　└ C094 A196　┌ A254
　　　　　　　　　　　　　　　　｜　　　　　└ C540 C574 A228
　　　　　　　　　　　　　　　　｜　　　　　　└ A133
　　　　　　　　　　　　　　　　｜　　　┌ A084　┌ A231 A334
　　　　　　　　　　　　　　　　｜　　┌ C428 C431 C455 A263
　　　　　　　　　　┌ C105 A196 C106 C117　｜　└ A002
　　　　　　　　　　｜　｜　　　　　　　　└ C121 C295 C579
　　　　　　　　　　｜　└ C560 A122 A190　｜　└ A063
　　　　　　　　　　｜　　　└ C555 A318　｜　┌ A034
　　　　　　　　　　｜　　　　　└ A295　└ C124 C417 C560 A177 A190 A231 A334
　　　　　　　　　　｜　　　　　　　　　　　｜　　　└ C555 A318
　　　　　　　　　　｜　　　　　　　　　　└ C094 A196　└ A295
　　　　　　　　　　｜　　　　　　　　　　　｜　　┌ A254
　　　　　　　　　　｜　　　　　　　　　　　└ C540 C574 A228
　　　　　　　　　　｜　　　　　　　　　　　　└ A133
　　　　　　　　　　｜　　　　　　　　┌ A254
　　　　　　　　　　｜　　　　　　┌ C540 C574 A228
　　　　　　　　　　｜　　　　　　｜　└ A133
　　　　　　　　　　｜　　　　　┌ C094 A196　┌ A295
　　　　　　　　　　｜　　　　　｜　　　┌ C555 A318
　　　　　　　　　　｜　　　　┌ C124 C417 C560 A177 A190 A231 A334
　　　　　　　　　　｜　　　　｜　　└ A034
　　　　　　　　　　｜　　　┌ C121 C560 A122 A183 A190 A268
　　　　　　　　　　｜　　　｜　└ C555 A318

D112　地神 21　— D125 D124　｜　　　└ A295　　　　　　　　　　　　19
　　　　　　　　　└ C112 C109
　　　　　　　　　　　　　　　　┌ A295
　　　　　　　　　　　　└ C101 C555 A183 A318
　　　　　　　　　　　　　　└ C555 A183
　　　　　　　　　　　　　　　　└ A295

　　　　　　　　　　　　　┌ A084　┌ A231 A334
　　　　　　　　　　　┌ C428 C431 C455 A263
　　　　　　　　　　　｜　└ A002
　　　　　　　　┌ C121 C295 C579
　　　　　　　　｜　｜　　└ A063
　　　　　　　　｜　｜　┌ A034
　　　　　　　　｜　└ C124 C417 C560 A177 A190 A231 A334
　　　　　　　　｜　　　└ C555 A318
　　　　　　　　└ C094 A196　└ A295
　　　　　　　　｜　　　┌ A254
　　　　　　　　└ C540 C574 A228
　　　　　　　　　　└ A133

D113　地神 22　— C117 D125　　　　　┌ A034　　　　　　　　　　　　17
　　　　　　　　　｜　　　　　┌ C124 C417 A177
　　　　　　　　　｜　　　　　｜　└ C094 A196　┌ A254
　　　　　　　　　｜　　　　　｜　　　└ C540 C574 A228
　　　　　　　　　｜　　　　　｜　　　　└ A133
　　　　　　　　　｜　　　　　｜　　┌ A084　┌ A231 A334
　　　　　　　　　｜　　　　　｜　┌ C428 C431 C455 A263
　　　　　　　　　｜　　　　　｜　｜　└ A002
　　　　　　　　　｜　　　　　｜　┌ C121 C295 C579
　　　　　　　　　└ C105 A196 C106 C117　｜　└ A063
　　　　　　　　　　└ C560 A122 A190　｜　┌ A034

(续)

| 编号 | 品种名称 | 亲本及其亲缘关系 | 祖先亲本数 |
|---|---|---|---|

```
              └ C555 A318    └ C124 C417 C560 A177 A190 A231 A334
                  └ A295              |        └ C555 A318
                              └ C094 A196   └ A295
                                  |          ┌ A254
                              └ C540 C574 A228
                                      └ A133

                      ┌ A254
                  ┌ C540 C574 A228
                  |    └ A133
              ┌ C094 A196   ┌ A295
              |          ┌ C555 A318
              ┌ C124 C417 C560 A177 A190 A231 A334
              |    └ A034
          ┌ C121 C560 A122 A183 A190 A268
          |    └ C555 A318
          |        └ A295
```

| D114 | 滑豆 20 | — C112 A395 | 16 |
| D115 | 开豆 4 号 | — A629 | 1 |
| D116 | 平豆 1 号 | — A651 | 1 |

```
                      ┌ A254
                  ┌ C540 C574 A228
                  |    └ A133
              ┌ C094 A196   ┌ A295
              |          └ C555 A318
              ┌ C124 C417 C560 A177 A190 A231 A334
              |    └ A034
          ┌ C121 C560 A122 A183 A190 A268
          |    └ C555 A318
          |        └ A295
```

| D117 | 濮海 10 号 | — C112 C111 | 15 |

```
                  └ C124 C417 A177
                      └ C094 A196
                          |          ┌ A254
                          └ C540 C574 A228
                              └ A133

                              ┌ A210
                          ┌ C333 A146   └ A231 A334
                      ┌ C250   ┌ C417 C455
                  ┌ C233   |    └ A034
```

| D118 | 商丘 1099 | — A100 A397 C616 C100 A159 C457 C455 A360 | 18 |

```
                  |        └ A231 A334
                  └ C560 A122 A190
                      └ C555 A318
                          └ A295

                              ┌ A034
                          ┌ C124 C417 A177
                          |    └ C094 A196   ┌ A254
                          |        └ C540 C574 A228
                          |            └ A133
                          |              ┌ A084   ┌ A231 A334
                          |          ┌ C428 C431 C455 A263
                          |          |        └ A002
                          |      ┌ C121 C295 C579
              ┌ C105 A196 C106 C117   |      └ A063
              |    └ C560 A122 A190   └ C124 C417 C560 A177 A190 A231 A334
              |        └ C555 A318   |        └ C555 A318
              |            └ A295   └ C094 A196   └ A295
              |                          ┌ A254
```

| D119 | 许豆 3 号 | — D125 C412 | 20 |

（续）

| 编号 | 品种名称 | 亲本及其亲缘关系 | 祖先亲本数 |
|---|---|---|---|

```
                    ┌ A074              └ C540 C574 A228
          └ C250 C324                      └ A133
                  └ C333 A146
                      └ A210

D120   豫豆 9 号   ─ C101                                                          2
                    └ C555 A183
                        └ A295

                                      ┌ A254
                              ┌ C540 C574 A228
                              │    └ A133
                      ┌ C094 A196  ┌ A295
                      │          ┌ C555 A318
                  ┌ C124 C417 C560 A177 A190 A231 A334
                  │        └ A034
D121   豫豆 13   ─ C579 C121 C105 C101                                            15
                  └ A063  │    └ C555 A183
                          │        └ A295
                          └ C560 A122 A190 A190
                              └ C555 A318 A318
                                  └ A295 A295

                                              ┌ A231 A334
                                      ┌ C417 C455
                              ┌ A074  │    └ A034
                      ┌ C324 A247  │      ┌ C333 A146
              ┌ A146  │      ┌ A034  │    ┌ C250
D122   豫豆 17   ─ A347 C324 C492 A226 C506 C467 C417 C455 C029 C233 A075 C401 A054 A324 C028     22
              └ A074      └ C484 A226  └ A231 A334      └ A241 A054  │      ┌ A231
                          └ A242                                    └ C417 C455
                                                                        └ A034

                      ┌ C094      ┌ A254
                      │    └ C540 C574 A228
                      │        └ A133
D123   豫豆 20   ─ A553 C097 C101                                                  6
                          └ C555 A183
                              └ A295

                                      ┌ A254
                              ┌ C540 C574 A228
                              │    └ A133
                      ┌ C094 A196  ┌ A295
                      │          ┌ C555 A318
                  ┌ C124 C417 C560 A177 A190 A231 A334
                  │        └ A034
              ┌ C121 C560 A122 A183 A190 A268
              │        └ C555 A318
              │            └ A295
D124   豫豆 21   ─ C112 C109                                                       15
              │          ┌ A295
              └ C101 C555 A183 A318
                  └ C555 A183
                      └ A295

                          ┌ A034
                  ┌ C124 C417 A177
                  │    └ C094 A196  ┌ A254
                  │        └ C540 C574 A228
                  │            └ A133
                  │                ┌ A084    ┌ A231 A334
                  │        ┌ C428 C431 C455 A263
                  │        │        └ A002
                  │    ┌ C121 C295 C579
```

（续）

| 编号 | 品种名称 | 亲本及其亲缘关系 | 祖先亲本数 |
|---|---|---|---|

D125　豫豆22　— C105 A196 C106 C117 ∣ 　∟ A063　　　　　　　　　　　　　17
　　　　　　∟ C560 A122 A190 ∣ 　┌ A034
　　　　　　　∟ C555 A318 ∟ C124 C417 C560 A177 A190 A231 A334
　　　　　　　　∟ A295 　∣ 　　∟ C555 A318
　　　　　　　　　　　┌ C094 A196 ∟ A295
　　　　　　　　　　　∣ 　　　┌ A254
　　　　　　　　　　　∟ C540 C574 A228
　　　　　　　　　　　　∟ A133

　　　　　　　　　　　　　　┌ A254
　　　　　　　　　　　┌ C540 C574 A228
　　　　　　　　　　　∣ 　∟ A133
　　　　　　　　┌ C094 A196 ┌ A295
　　　　　　　　∣ 　　　∣ 　∟ C555 A318
　　　　　┌ C124 C417 C560 A177 A190 A231 A334
　　　　　∣ 　　∟ A034

D126　豫豆23　— A394 C101 D121 ┌ C579 C121 C105 C101 ∣ 　┌ C555 A183　　16
　　　　　　∟ C555 A183 ∟ A063 ∣ 　∟ A295
　　　　　　　∟ A295 　∣ 　∟ C560 A122 A190
　　　　　　　　　　∟ C555 A318
　　　　　　　　　　　∟ A295

　　　　　　　　　　　┌ A254
　　　　　　　　┌ C540 C574 A228
　　　　　　　　∣ 　∟ A133
　　　　　　┌ C094 A196 ┌ A295
　　　　　　∣ 　　　∣ 　∟ C555 A318
　　　　┌ C124 C417 C560 A177 A190 A231 A334
　　　　∣ 　　∟ A034
　　┌ C121 C560 A122 A183 A190 A268
　　∣ 　　∟ C555 A318 ┌ A034
　　∣ 　　∟ A295 ∣ 　┌ A231 A334

D127　豫豆24　— C112 C441 C125 C579 A169 C100 C417 C455 C031 C110 A263 C567 A317 C574 A228 C115　　32
　　　　∣ 　∣ 　∟ A063 ∟ C560 A122 A190 ∣ 　　┌ A034
　　　　∣ 　∣ 　　┌ A133　　　 C555 A318 ∟ C094 C417 A122 A177 A231 A333 A334
　　　　∣ 　∟ C456 C540 C574 A228 ∟ A295 　∣ 　　┌ A254
　　　　∣ 　　∣ 　∟ A254 　　　∟ C540 C574 A228
　　　　∣ 　　∣ 　┌ A060 　　　　∟ A133
　　　　∣ 　　∟ C461 C555 A176
　　　　∟ C417 A177 A347 ∟ A295
　　　　　∟ A034

　　　　　　　　　　　┌ A254
　　　　　　　　┌ C540 C574 A228
　　　　　　　　∣ 　∟ A133
　　　　　　┌ C094 A196 ┌ A295
　　　　　　∣ 　　　∣ 　┌ C555 A318
　　　　┌ C124 C417 C560 A177 A190 A231 A334
　　　　∣ 　　∟ A034
　　┌ C579 C105 C101 C121
　　∣ 　∣ 　∣ 　∣ 　∣ 　　┌ A034
　　∣ 　∣ 　∣ 　∣ 　∟ C124 C417 C560 A177 A190 A231 A334
　　∣ 　∣ 　∣ 　∣ 　　∣ 　∟ C555 A318
　　∣ 　∣ 　∣ 　∣ 　　∟ C094 A196 ∟ A295
　　∣ 　∣ 　∣ 　∟ C555 A183 ∣ 　　┌ A254
　　∣ 　∣ 　∣ 　　∟ A295 ∟ C540 C574 A228
　　∣ 　∣ 　∟ C560 A122 A190 　　　∟ A133
　　∣ 　∟ A063 ∟ C555 A318
　　∣ 　　　∟ A295

D128　豫豆25　— D121 C114 　┌ A295　　　　　　　　　　　26
　　　　　　　┌ C555 A318
　　　　　　　∣ 　┌ C560 A122 A190

（续）

| 编号 | 品种名称 | 亲本及其亲缘关系 | 祖先亲本数 |
|---|---|---|---|

```
                    └ C008 C105 A055 A168 A286 A345
                        └ C009 A106 A134
                            └ A246
                                              ┌ A254
                   ┌ A295              ┌ C540 C574 A228
        ┌ C101 C555 A183 A318         │  └ A133
        │  └ C555 A183          ┌ C094 A196  ┌ A295
        │     └ A295            │        ┌ C555 A318
        │              ┌ C124 C417 C560 A177 A190 A231 A334
        │              │      └ A034
        │         ┌ C121 C560 A122 A183 A190 A268
        │         │   │    └ C555 A318
        │         │   │       └ A295
```

D129　豫豆 26　— C109 C114 C125 C112 A600 A168 A055 A345 C008　　　　　35

```
              │   │       ┌ A133            └ C009 A106 A134
              │   └ C456 C540 C574 A228        └ A246
              │   │       └ A254
              │   │    ┌ A060
              │   └ C461 C555 A176
              │        └ A295
              │          ┌ A295
              │       ┌ C555 A318
              │    ┌ C560 A122 A190
              └ C008 C105 A055 A168 A286 A345
                  └ C009 A106 A134
                      └ A246
```

```
                              ┌ A295
                         ┌ C555 A318
              ┌ A063  ┌ C560 A122 A190
        ┌ C579 C121 C105 A196 A398
        │       │         ┌ A034
        │       └ C124 C417 C560 A177 A190 A231 A334
        │       │        └ C555 A318
        │       └ C094 A196  └ A295
        │       │             ┌ A254
        │       └ C540 C574 A228
        │       │        └ A133
        │       ┌ A063
        │       │         ┌ A084  ┌ A231 A334
        │       │    ┌ C428 C431 C455 A263
        │       │    │       └ A002
```

D130　豫豆 27　— D132 C105 C579 C121 C295　　　　　13

```
        │       │      ┌ A034
        │       └ C124 C417 C560 A177 A190 A231 A334
        │       │        └ C555 A318
        │       └ C094 A196  └ A295
        │       │             ┌ A254
        └ C560 A122 A190  └ C540 C574 A228
            └ C555 A318        └ A133
                └ A295
                  ┌ A084  ┌ A231 A334
               ┌ C428 C431 C455 A263
               │       └ A002
        ┌ C121 C295 C579
        │   │    └ A063
        │   │      ┌ A034
        │   └ C124 C417 C560 A177 A190 A231 A334
        │   │        └ C555 A318
        │   └ C094 A196  └ A295
        │   │             ┌ A254
        │   └ C540 C574 A228
```

（续）

| 编号 | 品种名称 | 亲本及其亲缘关系 | 祖先亲本数 |
|---|---|---|---|

```
                              └ A133
                              ┌ A295
                          ┌ C555 A318
                          ┌ C560 A122 A190
 D131   豫豆 28  — C117 C121 C105 A286                                    18
                   │        ┌ A034
                   └ C124 C417 C560 A177 A190 A231 A334
                   │            └ C555 A318
                   └ C094 A196  └ A295
                   │            ┌ A254
                   └ C540 C574 A228
                              └ A133

                              ┌ A295
                          ┌ C555 A318
              ┌ A063   ┌ C560 A122 A190
 D132   豫豆 29  — C579 C121 C105 A196 A398                               18
                   │        ┌ A034
                   └ C124 C417 C560 A177 A190 A231 A334
                   │            └ C555 A318
                   └ C094 A196  └ A295
                   │            ┌ A254
                   └ C540 C574 A228
                              └ A133

                                       ┌ A295
                                   ┌ C555 A318
                       ┌ A063   ┌ C560 A122 A190
                   ┌ C579 C121 C105 C101
                   │        │        └ C555 A183
                   │        │            └ A295
                   │        │        ┌ A034
                   │        └ C124 C417 C560 A177 A190 A231 A334
                   │            │        └ C555 A318
                   │            └ C094 A196  └ A295
                   │            │            ┌ A254
                   │            └ C540 C574 A228
                   │                      └ A133
                   ┌ D121 C111            ┌ A295
                   │        │        ┌ C555 A318
                   │        │    ┌ C560 A122 A190
                   │        └ C008 C105 A055 A168 A286 A345
                   │            └ C009 A106 A134
                   │                └ A246
                   │                       ┌ A254
                   │                   ┌ C540 C574 A228
                   │                   │        └ A133
                   │            ┌ C094 A196  ┌ A295
                   │            │        └ C555 A318
                   │        ┌ C094 C124 C422 C560 A122 A190 A333
                   │        │        │        └ A099
                   │        │        │        ┌ A254
                   │        │        └ C540 C574 A228
                   │        │            └ A133
                   │        │                       ┌ A133
                   │        │                   ┌ C456 C540 C574 A228
                   │        │                   │        │        └ A254
                   │        │                   │        ┌ A060
                   │        │                   │    └ C461 C555 A176
 D133   郑 196  — D128 C120 C417 A177 C455 C125 C112 C114  └ A295      ┌ A295   32
                   └ A034  │        │        │                    ┌ C555 A318
                           │        │        │                ┌ C560 A122 A190
```

| 编号 | 品种名称 | 亲本及其亲缘关系 | 祖先亲本数 |
|---|---|---|---|

```
                                    ┌ C008 C105 A055 A168 A286 A345
                                    │        └ C009 A106 A134
                                    │             └ A246
                                    │           ┌ A295
                                    │         ┌ C555 A318
                                    │ ┌ C121 C560 A122 A183 A190 A268
                            └ A231 A334 │      ┌ A034
                                        └ C124 C417 C560 A177 A190 A231 A334
                                        │          └ C555 A318
                                        └ C094 A196  └ A295
                                             │       ┌ A254
                                             └ C540 C574 A228
                                                  └ A133


                            ┌ A295
                          ┌ C555 A318
                ┌ A063  ┌ C560 A122 A190
             ┌ C579 C121 C105 A196 A398
             │       │      ┌ A034
             │       └ C124 C417 C560 A177 A190 A231 A334
             │            │          └ C555 A318
             │            └ C094 A196  └ A295
             │                 │       ┌ A254
             │                 └ C540 C574 A228
             │                      └ A133
D134  郑59 ─ D132 C117 D125                                                    21
             │                    ┌ A034
             │              ┌ C124 C417 A177
             │              │   └ C094 A196  ┌ A254
             │              │        └ C540 C574 A228
             │              │             └ A133
             │              │               ┌ A084  ┌ A231 A334
             │              │             ┌ C428 C431 C455 A263
             └ C105 A196 C106 C117 │       └ A002
                  │                 └ C121 C295 C579
                  └ C560 A122 A190  │          └ A063
                       └ C555 A318  │        ┌ A034
                            └ A295  └ C124 C417 C560 A177 A190 A231 A334
                                         │          └ C555 A318
                                         └ C094 A196  └ A295
                                              │       ┌ A254
                                              └ C540 C574 A228
                                                   └ A133


                   ┌ A034
                ┌ C124 C417 C560 A177 A190 A231 A334
                │   │          └ C555 A318
                │   └ C094 A196  └ A295
                │        │       ┌ A254
                │        └ C540 C574 A228
                │             └ A133
                │                  ┌ A084  ┌ A231 A334
                │                ┌ C428 C431 C455 A263
D135  郑90007 ─ C121 C105 A286 C117 │      └ A002                               18
                │                └ C121 C295 C579
                │                │          └ A063
                │                │        ┌ A034
                │                └ C124 C417 C560 A177 A190 A231 A334
                └ C560 A122 A190  │          └ C555 A318
                     └ C555 A318  └ C094 A196  └ A295
                          └ A295       │       ┌ A254
                                       └ C540 C574 A228
                                            └ A133
```

（续）

| 编号 | 品种名称 | 亲本及其亲缘关系 | 祖先亲本数 |
|---|---|---|---|

```
                                          ┌ A254
                              ┌ C540 C574 A228
                              │        └ A133
                    ┌ C094 A196    ┌ A295
                    │         └ C555 A318
              ┌ C124 C417 C560 A177 A190 A231 A334
              │         └ A034
              │              ┌ A295
              │         ┌ C555 A183
D136  郑92116 ─ C118 C579 C121 C105 C101 C114      ┌ A295            27
         │  └ A063  │        │        ┌ C555 A318
         │         │        │    ┌ C560 A122 A190
         │         │        └ C008 C105 A055 A168 A286 A345
         │         │             └ C009 A106 A134
         │         └ C560 A122 A190  └ A246
         │              └ C555 A318
         │                   └ A295
         │         ┌ A034  ┌ A063
         └ C094 C417 C560 C579 A119 A122 A168 A177 A190 A196
              │        └ C555 A318
              │             └ A295
              │         ┌ A254
              └ C540 C574 A228
                   └ A133

D137  郑长交14 ─ C579 A231 A334 A122                              5
              └ A063

                                          ┌ A254
                              ┌ C540 C574 A228
                              │        └ A133
                    ┌ C094 A196    ┌ A295
                    │         └ C555 A318
              ┌ C124 C417 C560 A177 A190 A231 A334
              │         └ A034
D138  郑交107  ─ C026 C101 C579 C121 C105                        31
         │  │    └ A063  └ C560 A122 A190
         │  └ C555 A183        └ C555 A318
         │    └ A295               └ A295
         │              ┌ A231 A334  ┌ A231 A334
         │         ┌ C417 C455      │      ┌ A074
         │         │    └ A034      │  ┌ C324 A247    ┌ A242
         │         │         ┌ A074 │  │        ┌ C484 A226
         └ C028 C029 C233 C324 C401 C417 C455 C467 C492 C506 A075 A226 A324 A347
              │    └ C250  └ A241 A054        └ A146
              │    ┌ A034  └ C333 A146
              └ C417 C455    └ A210
                   └ A231 A334

                                          ┌ A254
                              ┌ C540 C574 A228
                              │        └ A133
                    ┌ C094 A196    ┌ A295
                    │         └ C555 A318
              ┌ C124 C417 C560 A177 A190 A231 A334
              │         └ A034
D139 GS郑交9525 ─ C579 C121 C105 C101 C114 A627      ┌ A295        27
         └ A063  │    │    │         ┌ C555 A318
                 │    │    │    ┌ C560 A122 A190
                 │    │    └ C008 C105 A055 A168 A286 A345
                 │    │         └ C009 A106 A134
                 │    └ C555 A183  └ A246
                 │         └ A295
```

（续）

| 编号 | 品种名称 | 亲本及其亲缘关系 | 祖先亲本数 |
|---|---|---|---|

```
                              └ C560 A122 A190
                                 └ C555 A318
                                    └ A295
                                                     ┌ A254
                                        ┌ C540 C574 A228
                                        │   └ A133
                              ┌ C094 A196  ┌ A295
                              │             ┌ C555 A318
                       ┌ C124 C417 C560 A177 A190 A231 A334
                ┌ C108 C121        └ A034
                │    │       ┌ A034
                │    └ C124 C417 A177
                │       └ C094 A196  ┌ A254
                │          └ C540 C574 A228
                │             └ A133      ┌ A254
                │                ┌ C540 C574 A228
                │                │    └ A133
                │                ┌ C094 A196  ┌ A295
                │                │             ┌ C555 A318
                │                ┌ C124 C417 C560 A177 A190 A231 A334
                │                │        └ A034
                │             ┌ C121 C560 A122 A183 A190 A268
                │             │    └ C555 A318                                    ┌ A242
                │             │       └ A295                         ┌ A231 A334  ┌ C484 A226
                │             │    ┌ A034                            │    ┌ A074  │    ┌ A074
                │             ┌ C417 A177 A347          ┌ A231 A334  │    │    ┌ A146  ┌ C324 A247
                │             │    └ A063               │    ┌ C417 C455 C324 C492 A226 C506 C467
D140   周豆 11 ─ C113 C115 C112 C441 C125 C579 A169 C100 C417 C455 C031 C110 A263 C567 A317 C574 A228                    32
                │    │             │    └ A034          │    │       ┌ A295
                │    │          ┌ C560 A122 A190       │    └ C540 C555
                │    │          │   └ C555 A318         │       └ A133
                │    │       ┌ A133       └ A295        │    ┌ A034
                │    └ C456 C540 C574 A228              └ C094 C417 A122 A177 A231 A333 A334
                │    │       └ A254                          │    ┌ A254
                │    │    ┌ A060                             └ C540 C574 A228
                │    └ C461 C555 A176                           └ A133
                │       └ A295
                │             ┌ A231 A334
                │    ┌ A074   │    ┌ A146
                └ C121 C324 C417 C455 C467 C492 C506 A057 A226
                     │    └ A034   │       └ C484 A226
                     │             ┌ C324 A247   └ A242
                     │    ┌ A034         └ A074
                     └ C124 C417 C560 A177 A190 A231 A334
                        │       └ C555 A318
                        └ C094 A196  └ A295
                           │    ┌ A254
                           └ C540 C574 A228
                              └ A133
                                 ┌ A254
                        ┌ C540 C574 A228
                        │   └ A133
                     ┌ C094 A196  ┌ A295
                     │             ┌ C555 A318
                  ┌ C124 C417 C560 A177 A190 A231 A334
                  │       └ A034
               ┌ C121 C560 A122 A183 A190 A268
               │    └ C555 A318
               │       └ A295
               │    ┌ A034
```

| 编号 | 品种名称 | 亲本及其亲缘关系 | 祖先亲本数 |
|---|---|---|---|

**D141　周豆 12**　32

```
                    ┌ C417 A177 A347      ┌ A034                                    ┌ A254
                    │ │            ┌ A063  │ ┌ A231 A334                  ┌ A254
 ┌ C115 C112 C441 C125 C579 A169 C100 C417 C455 C031 C110 A263 C567 A317 C574 A228 C114
 │       │        │              └ C560 A122 A190 │   │            ┌ A295
 │       │        │                   └ C555 A318 │   └ C540 C555
 │       │        │    ┌ A133           └ A295     │      └ A133
 │       │        └ C456 C540 C574 A228           │
 │       │        │         └ A254                │        ┌ A034
 │       │        │  ┌ A060                        └ C094 C417 A122 A177 A231 A333 A334
 │       │        └ C461 C555 A176                 │      ┌ A254
 │       │              └ A295                     └ C540 C574 A228
 │       │         ┌ A231 A334                        └ A133
 │       │  ┌ A074 │        ┌ A146
 │       └ C121 C324 C417 C455 C467 C492 C506 A057 A226
 │             └ A034 │         └ C484 A226
 │                    │     ┌ C324 A247 └ A242
 │             ┌ A034 │     └ A074
 │       └ C124 C417 C560 A177 A190 A231 A334
 │             │     └ C555 A318
 │       └ C094 A196 └ A295
 │             │        ┌ A254
 │             └ C540 C574 A228
 │                └ A133
 │                           ┌ A254
 │                    ┌ C540 C574 A228
 │                    │     └ A133
 │             ┌ C094 A196 ┌ A295
 │             │        └ C555 A318
 │       ┌ C124 C417 C560 A177 A190 A231 A334
 │       │     └ A034
 │ ┌ C121 C560 A122 A183 A190 A268
 │ │     └ C555 A318
 │ │        └ A295
```

**D142　驻豆 9715**　15

```
 ┌ C112 C417 C455
 │     └ A231 A334
 └ A034
```

**D143　八五七-1**　6

```
                    ┌ A210
            ┌ C333 A146
            │     └ A019
      ┌ C284 C287  ┌ A210
 ┌ C170 │    ┌ C333 A146
 └ C155 C168 C250 A154 A316
      └ C156 A244
            └ C155 A154  ┌ A019
                 └ C284 C287
                    ┌ C333 A146
                    └ A210
```

**D144　宝丰 7 号**　6

```
 ┌ A428 C174
 │              ┌ A210
 └ C165 A339  ┌ C333 A146
       └ C155 C250 C287 A154
                  └ A019
       │       ┌ A019
       └ C284 C287
            └ C333 A146
                 └ A210
                     ┌ A210
              ┌ C333 A146
       ┌ C284 C287
```

（续）

| 编号 | 品种名称 | 亲本及其亲缘关系 | 祖先亲本数 |
|------|----------|------------------|------------|

```
                          ┌ C150 A216  └ A019
              ┌ C168 C195
              │    └ C156 A244
              │         └ C155 A154  ┌ A019
              │              └ C284 C287
              │                   └ C333 A146
              │                        └ A210
D145  宝丰8号 ─ C169 C174                                                      7
              │                   ┌ A210
              │ C165 A339  ┌ C333 A146
              └ C155 C250 C287 A154
                   │         └ A019
                   │         ┌ A019
                   └ C284 C287
                        └ C333 A146
                             └ A210
```

```
                                        ┌ A210
                                  ┌ C333 A146
                                  │    ┌ A019
                              ┌ C284 C287  ┌ A210
                              │         ┌ C333 A146
                        ┌ C155 C168 C250 A154 A316
                        │         └ C156 A244
                        │              └ C155 A154  ┌ A019
                        │                   └ C284 C287
                        │                        └ C333 A146  ┌ A210
                        │                             └ A210  ┌ C333 A146
                        │                                  ┌ C250 A319
                        │         ┌ A040  ┌ A019  ┌ C135 C185 C194
                        ┌ C170 C243 C136 C287 C242    │    └ C150 A319  ┌ A019
D146  北豆1号 ─ D153 D154                             │         └ C284 C287
              └ C170 C243 C136 C287 C242 A244        ┌ A019  └ C333 A146      9
                        │         └ A248    └ C242 C287    └ A210
                        │         ┌ A019         └ A248
                        └ C284 C287
                             └ C333 A146
                                  └ A210
```

```
                              ┌ A210
                        ┌ C333 A146
                        │    ┌ A019
                    ┌ C284 C287  ┌ A210
                    │         ┌ C333 A146
              ┌ C155 C168 C250 A154 A316
              │         └ C156 A244
              │              └ C155 A154  ┌ A019
              │                   └ C284 C287
              │                        └ C333 A146
              │                             └ A210
D147  北豆2号 ─ C170 C187 C195 C155 A154 A328 A020 A072                        13
              │    │    └ C284 C287
              │    │         └ A019
              │    │    └ C333 A146
              │    └ C150 A216  └ A210
              │         └ C284 C287
              │              ┌ A019
              └ C155 A209  └ C333 A146
                   └ C284 C287  └ A210
                        │    └ A019
                        └ C333 A146
                             └ A210
```

| 编号 | 品种名称 | 亲本及其亲缘关系 | 祖先亲本数 |
|------|----------|------------------|------------|

D148　北丰 6 号　— A438 A439　　　　　2

```
                             ┌ A210
                       ┌ C333 A146
                       │   ┌ A019
                 ┌ C284 C287  ┌ A210
                 │        └ C333 A146
           ┌ C155 C168 C250 A154 A316
           │        └ C156 A244
           │             └ C155 A154  ┌ A019
           │                  └ C284 C287
           │                       └ C333 A146
           │                            └ A210
```

D149　北丰 7 号　— C170 C133　　　　　8

```
                       ┌ A040
                 ┌ C151 C243 C287 A021
                 │        └ A019
                 │     ┌ A019
                 └ C284 C287
                      └ C333 A146
                           └ A210
```

```
           ┌ A019
```

D150　北丰 8 号　— A244 C287　　　　　5

```
                             ┌ A210
                 │       ┌ C333 A146
                 │       │   ┌ C250 A319
                 └ C135 C185 C194
                 │        └ C150 A319  ┌ A019
                 │             └ C284 C287
                 │        ┌ A019  └ C333 A146
                 └ C242 C287       └ A210
                      └ A248
```

```
                             ┌ A210
                       ┌ C333 A146
                       │   ┌ A019
                 ┌ C284 C287  ┌ A210
                 │        └ C333 A146
           ┌ C155 C168 C250 A154 A316
           │        └ C156 A244
           │             └ C155 A154  ┌ A019
           │                  └ C284 C287
           │                       └ C333 A146
           │                            └ A210
```

D151　北丰 9 号　— C170 A440　　　　　7

```
                             ┌ A210
                       ┌ C333 A146
                       │   ┌ A019
                 ┌ C284 C287  ┌ A210
                 │        └ C333 A146
           ┌ C155 C168 C250 A154 A316
           │        └ C156 A244
           │             └ C155 A154  ┌ A019
           │                  └ C284 C287
           │                       └ C333 A146
           │                            └ A210
           │
           │  ┌ A040  ┌ A019
```

D152　北丰 10 号　— C170 C243 C136 C287 C242　　　　　8

```
                       └ A248
                    ┌ A019
                 └ C284 C287
```

（续）

| 编号 | 品种名称 | 亲本及其亲缘关系 | 祖先亲本数 |
|---|---|---|---|

```
                                    └ C333 A146
                                        └ A210

                              ┌ A210
                        ┌ C333 A146
                        │   ┌ A019
                  ┌ C284 C287 ┌ A210
                  │       ┌ C333 A146
            ┌ C155 C168 C250 A154 A316
            │       └ C156 A244
            │           └ C155 A154 ┌ A019
            │             └ C284 C287
            │                   └ C333 A146
            │                       └ A210
            │       ┌ A040 ┌ A019
D153  北丰11 ─ C170 C243 C136 C287 C242                        8
            │           └ A248
            │         ┌ A019
            └ C284 C287
                  └ C333 A146
                      └ A210

                              ┌ A210
                        ┌ C333 A146
                        │   ┌ A019
                  ┌ C284 C287 ┌ A210
                  │       ┌ C333 A146
            ┌ C155 C168 C250 A154 A316
            │       └ C156 A244
            │           └ C155 A154 ┌ A019
            │             └ C284 C287
            │                   └ C333 A146
            │                       └ A210
            │
D154  北丰13 ─ A244 C170                                       8
            │               ┌ A210
            │         ┌ C333 A146
            │       ┌ C250 A319
            └ C135 C185 C194
                  │     └ C150 A319 ┌ A019
                  │       └ C284 C287
                  │   ┌ A019 └ C333 A146
                  └ C242 C287       └ A210
                      └ A248

                              ┌ A210
                        ┌ C333 A146
                        │   ┌ A019
                  ┌ C284 C287 ┌ A210
                  │       ┌ C333 A146
            ┌ C155 C168 C250 A154 A316
            │       └ C156 A244
            │           └ C155 A154 ┌ A019
            │             └ C284 C287
            │                   └ C333 A146
            │                       └ A210
D155  北丰14 ─ C170 A244                                       8
            │               ┌ A210
            │         ┌ C333 A146
            │       ┌ C250 A319
            └ C135 C185 C194
                  │     └ C150 A319 ┌ A019
                  │       └ C284 C287
                  │   ┌ A019 └ C333 A146
```

| 编号 | 品种名称 | 亲本及其亲缘关系 | 祖先亲本数 |
|---|---|---|---|

```
                              └ C242 C287        ┌ A210
                                  └ A248

                                      ┌ A210
                              ┌ C333 A146
                              │     ┌ A019
                      ┌ C284 C287   ┌ A210
                      │         └ C333 A146
              ┌ C155 C168 C250 A154 A316
              │         └ C156 A244
              │             └ C155 A154   ┌ A019
              │                 └ C284 C287
              │                     └ C333 A146
              │                         └ A210
D156  北丰15  ─ C170 A440 C133                                        9
              │             ┌ A040
              └ C151 C243 C287 A021
                  │         └ A019
                  │         ┌ A019
                  └ C284 C287
                      └ C333 A146
                          └ A210

                          ┌ A210
                  ┌ C333 A146
                  │     ┌ A019
              ┌ C284 C287   ┌ A210
              │         └ C333 A146
D157  北丰16  ─ A244 A046 C155 A154 C250 A316 A244 C287               9
                  │         ┌ A019      ┌ A210
                  │     │         ┌ C333 A146
                  │     │     ┌ C250 A319
                  │     └ C135 C185 C194
                  │             └ C150 A319  ┌ A019
                  │                 └ C284 C287
                  │             ┌ A019  └ C333 A146
                  └ C242 C287         └ A210
                      └ A248

                          ┌ A210
                  ┌ C333 A146
                  │     ┌ A019
              ┌ C284 C287   ┌ A210
              │         └ C333 A146
      ┌ C155 C168 C250 A154 A316
      │         └ C156 A244
      │             └ C155 A154   ┌ A019
      │                 └ C284 C287
      │                     └ C333 A146
      ┌ A040     ┌ A248 │             └ A210
D158  北丰17  ─ C243 C136 C287 C242 A244 C170                         9
      │     └ A019 │             ┌ A210
      │         │         ┌ C333 A146
      │         │     ┌ C250 A319
      │         └ C135 C185 C194
      │     ┌ A019 │     └ C150 A319  ┌ A019
      └ C284 C287 │         └ C284 C287
          └ C333 A146 │     ┌ A019  └ C333 A146
              └ A210 └ C242 C287         └ A210
                  └ A248

      ┌ C242 C287
      │     │     └ A019
```

（续）

| 编号 | 品种名称 | 亲本及其亲缘关系 | 祖先亲本数 |
|---|---|---|---|

```
                  |   └ A248
D159   北疆1号    ─ C135 A244                                              5
                                    ┌ A210
                            ┌ C333 A146
                          ┌ C250 A319
                  └ C135 C185 C194
                          |   └ C150 A319  ┌ A019
                          |     └ C284 C287
                          |   ┌ A019      └ C333 A146
                  └ C242 C287              └ A210
                    └ A248
                              ┌ A210
                          ┌ C333 A146
                          |  ┌ A019
                  ┌ C284 C287  ┌ A210
                  |      ┌ C333 A146
          ┌ C155 C168 C250 A154 A316
          |      └ C156 A244
          |        └ C155 A154  ┌ A019
          |          └ C284 C287
          |            └ C333 A146
          |              └ A210
D160   北交86-17  ─ C170 C133                                             8
                          |   ┌ A040
                  └ C151 C243 C287 A021
                          |      └ A019
                          |    ┌ A019
                  └ C284 C287
                    └ C333 A146
                      └ A210
                              ┌ A210
                          ┌ C333 A146
                          |  ┌ A019
                  ┌ C284 C287  ┌ A210
                  |      ┌ C333 A146
          ┌ C155 C168 C250 A154 A316
          |      └ C156 A244
          |        └ C155 A154  ┌ A019
          |          └ C284 C287
          |            └ C333 A146
          |              └ A210
D161   东大1号    ─ C170 A244 D164                                        9
                          |            ┌ A210
                          |        ┌ C333 A146
                          |      ┌ C250 A319
                  └ C135 C185 C194
                          |      └ C150 A319  ┌ A019
                          |        └ C284 C287
                          |    ┌ A019  └ C333 A146
                  └ C242 C287            └ A210
                    └ A248

D162   东大2号    ─ C147 A376                                             3
                    └ A264 A315
                                          ┌ A210
                                      ┌ C333 A146
                                    ┌ C284 C287
                                  ┌ C155 A154  └ A019
                          ┌ C138 C156 C270 C392 A069      ┌ A210
D163   东农43     ─ A327 C275  |    └ A245  |    └ A260  ┌ C333 A146     18
```

（续）

| 编号 | 品种名称 | 亲本及其亲缘关系 | 祖先亲本数 |
|------|----------|------------------|-----------|

```
                    │          │              ┌ C284 C287
                    │          │              │        └ A019
                    │          │        ┌ C138 C155 C250 A154
                    │          │   ┌ A210   └ A245   └ C333 A146
                    │          │ ┌ C333 A146                └ A210
                    └ C198 C271 C284 C287 A137 A154 A324
                         └ C250        └ A019
                            └ C333 A146
                               └ A210

D164   东农 44   ─ A244 A489                                              6
                    │              ┌ A210
                    │          ┌ C333 A146
                    │       ┌ C250 A319
                    └ C135 C185 C194
                         │      └ C150 A319  ┌ A019
                         │         └ C284 C287
                         │      ┌ A019  └ C333 A146
                         └ C242 C287        └ A210
                            └ A248

D165   东农 45   ─ D172 C142                                              4
                    └ C242 A310 A322
                       └ A248

D166   东农 46   ─ A381 A382                                              2
D167   东农 47   ─ A380 A377                                              2
D168   东农 48   ─ C148 C220                                              13
                    │   └ C205 A316
                    │      └ C233 A235
                    │         └ C250
                    │            └ C333 A146
                    │               └ A210
                    │            ┌ A146
                    │         ┌ C492 A226
                    └ C271 C336 C338 A007 A256 A316
                         │      └ C368 A226
                         │         └ A211  ┌ A210
                         │            ┌ C333 A146
                         │         ┌ C284 C287
                         │      ┌ C155 A154   A019
                         └ C138 C156 C270 C392 A069        ┌ A210
                            └ A245  │     └ A260   C333 A146
                                    │        ┌ C284 C287
                                    │        │     └ A019
                                    └ C138 C155 C250 A154
                                       └ A245   └ C333 A146
                                                   └ A210

                         ┌ A210
                      ┌ C333 A146
                      │   ┌ A019
                   ┌ C284 C287   ┌ A210
                   │        ┌ C333 A146
                ┌ C155 C168 C250 A154 A316
                │      └ C156 A244
                │         └ C155 A154  ┌ A019
                │            └ C284 C287
                │               └ C333 A146
                │                  └ A210

D169   东生 1 号   ─ C170 A244                                            8
                    │                  ┌ A210
```

（续）

| 编号 | 品种名称 | 亲本及其亲缘关系 | 祖先亲本数 |
|------|---------|----------------|-----------|

```
                          ┌ C333 A146
          |        ┌ C250 A319
          └ C135 C185 C194
                 |          └ C150 A319  ┌ A019
                 |               └ C284 C287
                 |          ┌ A019  └ C333 A146
                 └ C242 C287          └ A210
                      └ A248
```

D170　丰收 23　— A409 A558　　2

```
                          ┌ A210
                   ┌ C333 A146          ┌ A210
             ┌ C284 C287          ┌ C333 A146
       ┌ C150 A216  └ A019  ┌ C284 C287
       |               └ C155 A209  └ A019
```

D171　丰收 24　— A316 C195 A320 A414 C272 C187 A436 C270 A316　　12

```
                                      ┌ A210
                                ┌ C333 A146
                          ┌ C284 C287
                          |          └ A019
                    ┌ C138 C155 C250 A154
                    |    └ A245  └ C333 A146
                    |    ┌ A241          └ A210
             └ C140 C269 C401 A316
                 |          ┌ A019
                 └ C250 C287
                      └ C333 A146
                           └ A210
```

D172　合丰 37　— 不详，美国品种（选种圃）　　1

```
                                ┌ A227
                          ┌ C467 C485
                          |    └ C324 A247
                          |         └ A074
                          |              ┌ A210
                    ┌ C171 C510  ┌ C333 A146
                    |    |         └ C250 A319
```

D173　合丰 38　— C168 A404 A580 C178　└ C155 C185 C250 A154 A316　　12

```
        |         |              └ C333 A146
        |              └ C284 C287  └ A210
        |                   |    └ A019
        └ C156 A244              └ C333 A146
             └ C155 A154  ┌ A019          └ A210
                  └ C284 C287
                       └ C333 A146
                            └ A210
```

```
                                ┌ A210
                          ┌ C333 A146
                    ┌ C250 A319
              ┌ C155 C185 C250 A154 A316
              |    |         └ C333 A146
              |    └ C284 C287  └ A210
              |         |    └ A019
              |         └ C333 A146
              |              └ A210
```

D174　合丰 39　— C169 A427 C171 C318　　13

```
                  C377 A071
                  └ C370 A226
                       └ C333 A041 A108
                            └ A210
                                 ┌ A210
                            ┌ C333 A146
```

| 编号 | 品种名称 | 亲本及其亲缘关系 | 祖先亲本数 |
|---|---|---|---|

```
                              ┌ C284 C287
                    │         ┌ C150 A216   └ A019
                    │   ┌ C168 C195
                    └ C156 A244
                        └ C155 A154   ┌ A019
                            └ C284 C287
                                └ C333 A146
                                    └ A210

                          ┌ A210
                    ┌ C333 A146
                    │         ┌ A019
                    ┌ C284 C287   ┌ A210
                    │         └ C333 A146
                ┌ C155 C168 C250 A154 A316
                │       └ C156 A244
                │           └ C155 A154   ┌ A019
                │               └ C284 C287
                │                   └ C333 A146
                │                       └ A210
                │
 D175   合丰40 ─ C170 C179 A440                                                          9
                │                     ┌ A210
                │               ┌ C333 A146
                │               │         ┌ C284 C287
                └ C169 A267   ┌ C150 A216   └ A019
                    └ C168 C195
                        └ C156 A244
                            └ C155 A154   ┌ A019
                                └ C284 C287
                                    └ C333 A146
                                        └ A210

                                    ┌ A242
                              ┌ C484 A226
                        ┌ C467 C506
                        │   └ C324 A247
                        │       └ A074
                  ┌ C271 C511 A121       ┌ A210
                  │   │             ┌ C333 A146
                  │   │         ┌ C284 C287
                  │   │     ┌ C155 A154   └ A019
                  │   └ C138 C156 C270 C392 A069       ┌ A210
                  │       └ A245   │     └ A260   ┌ C333 A146
                  │                │         ┌ C284 C287
                  │                │         │       └ A019
                  │                └ C138 C155 C250 A154
                  │                    └ A245   └ C333 A146
                  │                                 └ A210
 D176   合丰41 ─ C179 C277                                                               15
                  │                     ┌ A210
                  │               ┌ C333 A146
                  │               │         ┌ C284 C287
                  └ C169 A267   ┌ C150 A216   └ A019
                      └ C168 C195
                          └ C156 A244
                              └ C155 A154   ┌ A019
                                  └ C284 C287
                                      └ C333 A146
                                          └ A210

                          ┌ A210
                    ┌ C333 A146
                    │   ┌ A019
```

（续）

| 编号 | 品种名称 | 亲本及其亲缘关系 | 祖先亲本数 |
|---|---|---|---|

```
                    ┌ C284 C287  ┌ A210
                    │         ┌ C333 A146
            ┌ C155 C168 C250 A154 A316
            │     └ C156 A244
            │        └ C155 A154  ┌ A019
            │          └ C284 C287
            │             └ C333 A146
            │                └ A210
            │     ┌ A040  ┌ A019
D177  合丰42 ─ A703 C170 C243 C136 C287 C242                              20
            │             └ A248
            │               ┌ A019
            └ C284 C287
               └ C333 A146
                  └ A210


                  ┌ A210
              ┌ C333 A146
              │  ┌ A019
          ┌ C284 C287  ┌ A210
          │        ┌ C333 A146
      ┌ C155 C168 C250 A154 A316
      │     └ C156 A244
      │        └ C155 A154  ┌ A019
      │          └ C284 C287
      │             └ C333 A146
      │                └ A210
D178  合丰43 ─ C170 C179 A440                                             9
      │                    ┌ A210
      │                 ┌ C333 A146
      │              ┌ C284 C287
      └ C169 A267  ┌ C150 A216  ┌ A019
         └ C168 C195
            └ C156 A244
               └ C155 A154  ┌ A019
                 └ C284 C287
                    └ C333 A146
                       └ A210


D179  合丰44 ─ C170 A500 A443                                            8
      │              ┌ A210
      │           ┌ C333 A146
      │           │  ┌ A019
      │       ┌ C284 C287  ┌ A210
      │       │         ┌ C333 A146
      └ C155 C168 C250 A154 A316
            └ C156 A244
               └ C155 A154  ┌ A019
                 └ C284 C287
                    └ C333 A146
                       └ A210

                       ┌ A210
                    ┌ C333 A146
                 ┌ C284 C287
              ┌ C155 A154  └ A019
          ┌ C138 C156 C270 C392 A069   ┌ A210
          │   └ A245   │     └ A260  ┌ C333 A146
          │            │            ┌ C284 C287
          │            │               └ A019
          │            └ C138 C155 C250 A154
          │               └ A245  └ C333 A146
          │                          └ A210
          │
```

| 编号 | 品种名称 | 亲本及其亲缘关系 | 祖先亲本数 |
|---|---|---|---|

**D180　合丰 45**　— C277 C271 C174　　　　　　　　　　　13

```
D180  合丰45  ─ C277 C271 C174                                    13
                │       │              ┌ A210
                │       └ C165 A339  ┌ C333 A146
                │         └ C155 C250 C287 A154
                │              │         └ A019
                │              │       ┌ A019
                │              └ C284 C287
                │                   └ C333 A146
                │                        └ A210
                │                      ┌ A242
                │                    ┌ C484 A226
                │              ┌ C467 C506
                │              │    └ C324 A247
                │              │         └ A074
                └ C271 C511 A121              ┌ A210
                     │                      ┌ C333 A146
                     │                    ┌ C284 C287
                     │              ┌ C155 A154  └ A019
                     └ C138 C156 C270 C392 A069    ┌ A210
                        └ A245  │      └ A260   C333 A146
                             │          ┌ C284 C287
                             │          │    └ A019
                             └ C138 C155 C250 A154
                                  └ A245   C333 A146
                                        └ A210

                              ┌ A211
                            ┌ C368 A226
                          ┌ C334 C338 A256 A316
                          │    └ C492 A226
                          │         └ A146
```

**D181　合丰 46**　— C180 C352 A549 A463　　　　　　　　　　　20

```
D181  合丰46  ─ C180 C352 A549 A463                              20
                │                      ┌ A210
                │              ┌ C333 A146  ┌ A252
                │              │       │   ┌ C369 C410
                │              │       │   │    └ C324 A131
                │              │       │   │         └ A074
                │        ┌ C198 C284 C287 C376 C377 A137 A154 A324
                │        │    └ C250    └ A019  └ C370 A226
                │        │         └ C333 A146       └ C333 A041 A108
                │        │              └ A210            └ A210
                └ C195 C274 A324
                     └ C150 A216  ┌ A019
                          └ C284 C287
                               └ C333 A146
                                    └ A210

                              ┌ A211
                            ┌ C368 A226
                          ┌ C334 C338 A256 A316
                          │    └ C492 A226
                          │         └ A146
```

**D182　合丰 47**　— C180 C352 A549 A463　　　　　　　　　　　20

```
D182  合丰47  ─ C180 C352 A549 A463                              20
                │                      ┌ A210
                │              ┌ C333 A146  ┌ A252
                │              │       │   ┌ C369 C410
                │              │       │   │    └ C324 A131
                │              │       │   │         └ A074
                │        ┌ C198 C284 C287 C376 C377 A137 A154 A324
                │        │    └ C250  └ A019  └ C370 A226
                │        │         └ C333 A146     └ C333 A041 A108
                │        │              └ A210          └ A210
```

（续）

| 编号 | 品种名称 | 亲本及其亲缘关系 | 祖先亲本数 |
|---|---|---|---|

```
                    └ C195 C274 A324
                        └ C150 A216  ┌ A019
                            └ C284 C287
                                └ C333 A146
                                    └ A210

                                    ┌ A227
                        ┌ C467 C485
                        │   └ C324 A247
                        │       └ A074
                ┌ C510 C352 A128 A325  ┌ A211
                │       │         ┌ C368 A226
                │       └ C334 C338 A256 A316
                │           └ C492 A226
                │               └ A146

D183   合丰48  ─ C180 C359                                                          26
                │                   ┌ A210
                │           ┌ C333 A146  ┌ A252
                │           │       ┌ C369 C410
                │           │       │   └ C324 A131
                │           │       │       └ A074
                │   ┌ C198 C284 C287 C376 C377 A137 A154 A324
                │   │   └ C250  └ A019  └ C370 A226
                │   │       └ C333 A146     └ C333 A041 A108
                │   │           └ A210          └ A210
                └ C195 C274 A324
                    └ C150 A216  ┌ A019
                        └ C284 C287
                            └ C333 A146
                                └ A210

                        ┌ A210
                    ┌ C333 A146
                    │   ┌ A019
                ┌ C284 C287  ┌ A210
                │   └ C333 A146
            ┌ C155 C168 C250 A154 A316
            │       └ C156 A244
            │           └ C155 A154  ┌ A019
            │               └ C284 C287
            │                   └ C333 A146
            │                       └ A210  ┌ A210
            │                           ┌ C333 A146
            │                       ┌ C284 C287
            │   ┌ C169 A267  ┌ C150 A216  └ A019
            │   │   └ C168 C195
            │   │       └ C156 A244
            │   │           └ C155 A154  ┌ A019
            │   │               └ C284 C287
            │   │                   └ C333 A146
            │   │                       └ A210

D184   合丰49  ─ C170 A440 C179 C277                                                17
                │                   ┌ A242
                │               ┌ C484 A226
                │           ┌ C467 C506
                │           │   └ C324 A247
                │           │       └ A074
                └ C271 C511 A121  ┌ A210
                    │           ┌ C333 A146
                    │       ┌ C284 C287
                    │   ┌ C155 A154  └ A019
                    └ C138 C156 C270 C392 A069    ┌ A210
```

| 编号 | 品种名称 | 亲本及其亲缘关系 | 祖先亲本数 |
|---|---|---|---|

```
                          └ A245  │      └ A260  ┌ C333 A146
                                  │              ┌ C284 C287
                                  │              │      └ A019
                                  └ C138 C155 C250 A154
                                         └ A245  └ C333 A146
                                                       └ A210
```

D185　黑河 10 号　— A419 C191　　　　　　　　　　　　　　　　　9
```
                 └ C195 A316 A324
                      └ C150 A216  ┌ A019
                           └ C284 C287
                                └ C333 A146
                                     └ A210
```

```
                              ┌ A210
                         ┌ C333 A146
                    ┌ C250
```
D186　黑河 11　— C195 C233 A407 A441　　　　　　　　　　　　　5
```
                 └ C150 A216
                      └ C284 C287
                      │      └ A019
                      └ C333 A146
                           └ A210
```

```
                                        ┌ A210
                                   ┌ C333 A146
                              ┌ C250
```
D187　黑河 12　— C194 A441 A555 A417 C195 C233　　　　　　　　8
```
                 │              └ C150 A216
                 └ C150 A319  ┌ A019  └ C284 C287
                      └ C284 C287    │      └ A019
                           └ C333 A146  └ C333 A146
                                └ A210        └ A210
```

```
                                             ┌ A210
                         ┌ A210         ┌ C333 A146
                    ┌ C333 A146    ┌ C284 C287
               ┌ C250         ┌ C155 A209  └ A019
```
D188　黑河 13　— A346 C233 A418 A316 C195 C187 A320 A414　　　14
```
                      └ C150 A216  ┌ A019
                           └ C284 C287
                                └ C333 A146
                                     └ A210
```

```
                                             ┌ A210
                         ┌ A210         ┌ C333 A146
                    ┌ C333 A146    ┌ C284 C287
               ┌ C250         ┌ C155 A209  └ A019
```
D189　黑河 14　— A346 C233 A418 A316 C195 C187 A320 A414　　　14
```
                      └ C150 A216  ┌ A019
                           └ C284 C287
                                └ C333 A146
                                     └ A210
```

D190　黑河 15　— C189 C195 A324　　　　　　　　　　　　　　7
```
                 │      └ C150 A216  ┌ A019
                 │           └ C284 C287
                 │                └ C333 A146
                 └ C195 A324            └ A210
                      └ C150 A216  ┌ A019
                           └ C284 C287
                                └ C333 A146
                                     └ A210
```

```
                              ┌ A210
                         ┌ C333 A146
```

（续）

| 编号 | 品种名称 | 亲本及其亲缘关系 | 祖先亲本数 |
|---|---|---|---|

```
                              ┌ C284 C287
                        ┌ C155 A209   └ A019
D191  黑河 16  — C189 C195 C187 A320 A316                                    10
              │    └ C150 A216   ┌ A019
              │         └ C284 C287
              │              └ C333 A146
              └ C195 A324        └ A210
                   └ C150 A216   ┌ A019
                        └ C284 C287
                             └ C333 A146
                                  └ A210


                                        ┌ A210
                                   ┌ C333 A146
                              ┌ C284 C287
                        ┌ C155 A209   └ A019
D192  黑河 17  — C168 A316 C195 C187 A320 A414                               10
              │         └ C150 A216   ┌ A019
              │              └ C284 C287
              │                   └ C333 A146
              └ C156 A244        └ A210
                   └ C155 A154   ┌ A019
                        └ C284 C287
                             └ C333 A146
                                  └ A210


                                             ┌ A210
                                        ┌ C333 A146
                                   ┌ C284 C287
                             ┌ C155 A209   └ A019
                       ┌ C187 C195 A320
                       │        └ C150 A216   ┌ A019
                       │             └ C284 C287
                       │                  └ C333 A146
                 ┌ C187 C188 A316 A320        └ A210
                 │    └ C155 A209   ┌ A019
                 │         └ C284 C287
                 │              └ C333 A146
                 │                   └ A210   ┌ A210
                 │                       ┌ C333 A146
                 │                  ┌ C284 C287
                 │            ┌ C155 A209   └ A019
D193  黑河 18  — C193 C189 C195 C187 A320 A556                               11
                 │    └ C150 A216   ┌ A019
                 │         └ C284 C287
                 │              └ C333 A146
                 └ C195 A324        └ A210
                      └ C150 A216   ┌ A019
                           └ C284 C287
                                └ C333 A146
                                     └ A210


                                  ┌ A210
                             ┌ C333 A146
                        ┌ C250 A319
                  ┌ C155 C185 C250 A154 A316
                  │    │        └ C333 A146
                  │    └ C284 C287   └ A210
                  │         │    └ A019
                  │         └ C333 A146
                  │              └ A210   ┌ A210
                  │                   ┌ C333 A146
                  │                   ┌ C284 C287
```

（续）

| 编号 | 品种名称 | 亲本及其亲缘关系 | 祖先亲本数 |
|---|---|---|---|

D194　黑河 19

```
          |              ┌ C155 A209  └ A019
 — C171 C189 C195 C187 A320 A556                                        13
          |    └ C150 A216  ┌ A019
          |      └ C284 C287
          |        └ C333 A146
          └ C195 A324    └ A210
            └ C150 A216  ┌ A019
              └ C284 C287
                └ C333 A146
                  └ A210
```

D195　黑河 20

```
                              ┌ A210
                     ┌ C333 A146
                   ┌ C284 C287
          ┌ C155 A209  └ A019
 — A316 C195 C187 A320 A414 A705                                        13
          └ C150 A216  ┌ A019
            └ C284 C287
              └ C333 A146
                └ A210
```

D196　黑河 21

```
                                      ┌ A210
                            ┌ A210          ┌ C333 A146
                    ┌ C333 A146      ┌ C284 C287
            ┌ C250          ┌ C155 A209  └ A019
 — C195 C233 A441 A407 A316 C187 A320 A414 C189                          13
          └ C150 A216  ┌ A019
            └ C284 C287
              └ C333 A146
                └ A210
```

D197　黑河 22

```
                                      ┌ A242
                              ┌ C484 A226
                      ┌ C467 C506
                      |    └ C324 A247
                      |      └ A074
              ┌ C271 C511 A121            ┌ A210
              |    |              ┌ C333 A146
              |    |      ┌ C284 C287
              |    |    ┌ C155 A154  └ A019
              |    └ C138 C156 C270 C392 A069  ┌ A210
              |      └ A245    |    └ A260  ┌ C333 A146
              |              |        ┌ C284 C287
              |              |        |    └ A019
              |              └ C138 C155 C250 A154
              |                └ A245  └ C333 A146
              |                          └ A210
 —        A419 C191 C277                                               18
              └ C195 A316 A324
                └ C150 A216  ┌ A019
                  └ C284 C287
                    └ C333 A146
                      └ A210

                                      ┌ A242
                              ┌ C484 A226
                      ┌ C467 C506
                      |    └ C324 A247
                      |      └ A074
              ┌ C271 C511 A121            ┌ A210
              |    |              ┌ C333 A146
              |    |      ┌ C284 C287
              |    |    ┌ C155 A154  └ A019
```

（续）

| 编号 | 品种名称 | 亲本及其亲缘关系 | 祖先亲本数 |
|------|----------|------------------|------------|

```
                        └ C138 C156 C270 C392 A069        ┌ A210
                           └ A245   |     └ A260  ┌ C333 A146
                                    |          ┌ C284 C287
                                    |          |      └ A019
                                    └ C138 C155 C250 A154
                                        └ A245   ┌ C333 A146
                                                 └ A210
```

D198　黑河23　—　A419 C191 C277 A707　　　　　　　　　　　　　　　　21
```
                 └ C195 A316 A324
                    └ C150 A216  ┌ A019
                       └ C284 C287
                          └ C333 A146
                             └ A210

                             ┌ A210
                          ┌ C333 A146
                       ┌ C284 C287
                    ┌ C155 A209  └ A019
                 ┌ C187 C195 A320
                 |     └ C150 A216  ┌ A019
                 |        └ C284 C287
                 |           └ C333 A146
           ┌ C187 C188 A316 A320      └ A210
           |     └ C155 A209  ┌ A019
           |        └ C284 C287
           |           └ C333 A146
           |              └ A210  ┌ A210
           |                   ┌ C333 A146
           |                ┌ C284 C287
           |             ┌ C155 A209  └ A019
```
D199　黑河24　—　C193 C189 C195 C187 A320 A556　　　　　　　　　11
```
              |     └ C150 A216  ┌ A019
              |        └ C284 C287
              |           └ C333 A146
           └ C195 A324      └ A210
              └ C150 A216  ┌ A019
                 └ C284 C287
                    └ C333 A146
                       └ A210
```

```
                                      ┌ A210
              ┌ A210            ┌ C333 A146
           ┌ C333 A146       ┌ C284 C287
        ┌ C250            ┌ C155 A209  └ A019
```
D200　黑河25　—　A346 C233 A418 A316 C195 C187 A320 A414　　14
```
                 └ C150 A216  ┌ A019
                    └ C284 C287
                       └ C333 A146
                          └ A210
```

D201　黑河26　—　C191 A707　　　　　　　　　　　　　　　　11
```
           └ C195 A316 A324
              └ C150 A216  ┌ A019
                 └ C284 C287
                    └ C333 A146
                       └ A210

                          ┌ A210
                       ┌ C333 A146
                       |  ┌ A019
                    ┌ C284 C287  ┌ A210
                    |         ┌ C333 A146
                 ┌ C155 C168 C250 A154 A316
```

| 编号 | 品种名称 | 亲本及其亲缘关系 | 祖先亲本数 |
|---|---|---|---|

```
                              └ C156 A244
                                   └ C155 A154  ┌ A019
                                       └ C284 C287
                                           └ C333 A146
                                               └ A210
                              ┌ A040  ┌ A019
D202  黑河27  ─ A419 C191 C170 C243 C136 C287 C242                                    13
              │              │            └ A248
              │              │         ┌ A019
              │              └ C284 C287
              │                  └ C333 A146
              │                      └ A210
              └ C195 A316 A324
                   └ C150 A216  ┌ A019
                       └ C284 C287
                           └ C333 A146
                               └ A210

                              ┌ A210
                           ┌ C333 A146
                        ┌ C284 C287
                     ┌ C155 A209  └ A019
D203  黑河28  ─ A316 C195 C187 A320 A414 A705                                         13
              └ C150 A216  ┌ A019
                  └ C284 C287
                      └ C333 A146
                          └ A210

                              ┌ A210
                           ┌ C333 A146
                        ┌ C284 C287
                     ┌ C155 A209  └ A019
D204  黑河29  ─ A316 C195 C187 A320 A414 C278                                         17
              │              │              ┌ A242
              │              │           ┌ C484 A226
              │              │        ┌ C467 C506
              │              │        │  └ C324 A247
              │              │        │      └ A074
              │              └ C271 C511 A121          ┌ A210
              └ C150 A216  ┌ A019  │           ┌ C333 A146
                  └ C284 C287      │        ┌ C284 C287
                      └ C333 A146  │     ┌ C155 A154  └ A019
                          └ A210   └ C138 C156 C270 C392 A069  ┌ A210
                                       └ A245  │     └ A260   ┌ C333 A146
                                               │           ┌ C284 C287
                                               │           │      └ A019
                                               └ C138 C155 C250 A154
                                                   └ A245  └ C333 A146
                                                               └ A210

                              ┌ A210
                           ┌ C333 A146
                        ┌ C284 C287
                     ┌ C155 A154  └ A019
                  ┌ C156 A244           ┌ A210
                  │                   ┌ C333 A146
                  │                ┌ C284 C287
                  │             ┌ C155 A209  └ A019
D205  黑河30  ─ C168 A316 C195 C187 A320 A414 C170 A440                               11
              │              │              ┌ A210
              │              │           ┌ C333 A146
              │              │           │  ┌ A019
```

（续）

| 编号 | 品种名称 | 亲本及其亲缘关系 | 祖先亲本数 |
|---|---|---|---|

```
                                        ┌ C284 C287  ┌ A210
                                        │       │      └ C333 A146
                          │             └ C155 C168 C250 A154 A316
         └ C150 A216 ┌ A019      └ C156 A244
             └ C284 C287              └ C155 A154 ┌ A019
                 └ C333 A146              └ C284 C287
                     └ A210                   └ C333 A146
                                                  └ A210

                              ┌ A210
                          ┌ C333 A146      ┌ A210
                    ┌ C284 C287  ┌ C333 A146
              ┌ C155 A209 └ A019  │  ┌ A019
              │                   ┌ C284 C287 ┌ A210
              │                   │      ┌ C333 A146
              │             ┌ C155 C168 C250 A154 A316
              │             │     └ C156 A244
              │             │        └ C155 A154 ┌ A019
              │             │            └ C284 C287
              │             │                └ C333 A146
              │             │                    └ A210
              │             │  ┌ A040 ┌ A019
D206  黑河31 ─ C171 A316 C195 C187 A320 A414 C170 C243 C136 C287 C242          12
              │      └ C150 A216 ┌ A019    │    └ A248
              │          └ C284 C287   │   ┌ A019
              │             └ C333 A146 └ C284 C287
              │                 └ A210     └ C333 A146
              │             ┌ A210             └ A210
              │          ┌ C333 A146
              │       ┌ C250 A319
              └ C155 C185 C250 A154 A316
                  │        └ C333 A146
                └ C284 C287 └ A210
                    │   └ A019
                    └ C333 A146
                       └ A210

                          ┌ A210
                       ┌ C333 A146
                    ┌ C284 C287 ┌ A210  ┌ A019
                    │      └ C333 A146
              ┌ C155 C168 C250 A154 A316
              │     └ C156 A244
              │        └ C155 A154 ┌ A019
              │            └ C284 C287
              │                └ C333 A146
              │                    └ A210
              │  ┌ A040 ┌ A019
D207  黑河32 ─ C189 C170 C243 C136 C287 C242          12
              │      └ A248
              │         ┌ A019
              │    └ C284 C287
              │       └ C333 A146
              │           └ A210
              └ C195 A324
                  └ C150 A216 ┌ A019
                     └ C284 C287
                        └ C333 A146
                           └ A210
```

（续）

| 编号 | 品种名称 | 亲本及其亲缘关系 | 祖先亲本数 |
|---|---|---|---|

```
                                          ┌ A210                                          6
                              ┌ C333 A146        ┌ A210
                    ┌ C284 C287        ┌ C333 A146
          ┌ C155 A209 └ A019 │   ┌ A019
          │                   ┌ C284 C287 ┌ A210
          │                   │           ┌ C333 A146
          │         ┌ C155 C168 C250 A154 A316
          │         │         └ C156 A244
          │         │              └ C155 A154 ┌ A019
          │         │                   ┌ C284 C287
          │         │                        ┌ C333 A146
          │         │                             └ A210
D208  黑河33  — C193 C189 C195 C187 A320 A556 C170 C133 A440                          16
          │    │   └ C150 A216  ┌ A019  │      ┌ A040
          │    │        └ C284 C287     └ C151 C243 C287 A021
          │    │             └ C333 A146  │        └ A019
          │    └ C195 A324     └ A210     │    ┌ A019
          │    └ C150 A216  ┌ A019        └ C284 C287
          │         └ C284 C287                └ C333 A146
          │              └ C333 A146               └ A210
          │                   └ A210
          │                        ┌ A210
          │                   ┌ C333 A146
          │              ┌ C284 C287
          │         ┌ C155 A209 └ A019
          │    ┌ C187 C195 A320
          │    │    └ C150 A216  ┌ A019
          │    │        └ C284 C287
          │    │             └ C333 A146
          └ C187 C188 A316 A320     └ A210
               └ C155 A209  ┌ A019
                    └ C284 C287
                         └ C333 A146
                              └ A210

                                          ┌ A210
                                     ┌ C333 A146
                                ┌ C284 C287
                           ┌ C150 A216 └ A019
D209  黑河34  — A346 C233 A418 A316 C195 C187 A320 A414 D537                          15
          └ C250       └ C155 A209  ┌ A019
                            └ C284 C287
                                 └ C333 A146
                                      └ A210

                                     ┌ A210
                                ┌ C333 A146
                           ┌ C284 C287
                      ┌ C150 A216 └ A019
D210  黑河35  — A346 C233 A418 A316 C195 C187 A320 A414 C168                          16
          └ C250          │              └ C156 A244
                          │                   └ C155 A154 ┌ A019
                          └ C155 A209  ┌ A019 └ C284 C287
                               └ C284 C287       └ C333 A146
                                    └ C333 A146       └ A210
                                         └ A210

                                          ┌ A210
                                     ┌ C333 A146
                                     │    ┌ A019
                                ┌ C284 C287 ┌ A210
                                │           ┌ C333 A146
                           ┌ C155 C168 C250 A154 A316
                           │         └ C156 A244
```

（续）

| 编号 | 品种名称 | 亲本及其亲缘关系 | 祖先亲本数 |
|---|---|---|---|

```
                                                        └ C155 A154  ┌ A019
                            ┌ A210                    |              └ C284 C287
                   ┌ C333 A146                        |                     └ C333 A146
                   |      ┌ A019                      |                            └ A210
            ┌ C284 C287               ┌ A040  ┌ A019
D211  黑河36  ─ C195 C155 A154 A328 A020 A072 C170 C243 C136 C287 C242
            └ C150 A216  ┌ A019                      |              └ A248
                  └ C284 C287                        |         ┌ A019
                       └ C333 A146                   └ C284 C287
                              └ A210                        └ C333 A146
                                                                   └ A210
```

```
                                      ┌ A210
                             ┌ C333 A146
                     ┌ C284 C287
                     ┌ C155 A209  └ A019
D212  黑河37  ─ C193 C189 C195 C187 A320 A556 D193
            |    |    |    └ C150 A216  └ A019
            |    |    |         └ C284 C287
            |    |    |              └ C333 A146
            |    |    |                     └ A210
            |    └ C195 A324
            |         └ C150 A216  ┌ A019
            |              └ C284 C287
            |                   └ C333 A146
            |                          └ A210
            |                                ┌ A210
            |                       ┌ C333 A146
            |                ┌ C284 C287
            |                ┌ C155 A209  └ A019
            |          ┌ C187 C195 A320
            |          |         └ C150 A216  ┌ A019
            |          |              └ C284 C287
            |          |                   └ C333 A146
            |          |                          └ A210
            └ C187 C188 A316 A320
                  └ C155 A209  ┌ A019
                       └ C284 C287
                            └ C333 A146
                                   └ A210
```

```
                                      ┌ A210
                             ┌ C333 A146                      ┌ A210
                     ┌ C284 C287                     ┌ C333 A146
              ┌ C150 A216  └ A019            ┌ C250 A319
              |                     ┌ C155 C185 C250 A154 A316
              |                     |    |              └ C333 A146
              |                     |    └ C284 C287  └ A210
              |                     |         |    └ A019
              |                     |         └ C333 A146
              |                     |                └ A210
D213  黑河38  ─ C193 C189 C195 C187 A320 A556 C171 A316 A320 A414
            |    |         └ C155 A209  ┌ A019
            |    |              └ C284 C287
            |    |                   └ C333 A146
            |    |                          └ A210
            |    └ C195 A324
            |         └ C150 A216  ┌ A019
            |              └ C284 C287
            |                   └ C333 A146
            |                          └ A210
            |                                ┌ A210
            |                       ┌ C333 A146
```

14

12

14

| 编号 | 品种名称 | 亲本及其亲缘关系 | 祖先亲本数 |
|------|----------|------------------|------------|

```
                            ┌ C284 C287
                  ┌ C155 A209  └ A019
             ┌ C187 C195 A320
             │      │    ┌ C150 A216  ┌ A019
             │      │    └ C284 C287
             │      │         └ C333 A146
             └ C187 C188 A316 A320  └ A210
                └ C155 A209  ┌ A019
                   └ C284 C287
                        └ C333 A146
                             └ A210

                                 ┌ A210
                            ┌ C333 A146
                       ┌ C284 C287
                  ┌ C155 A154  └ A019
             ┌ C138 C156 C270 C392 A069      ┌ A210
             │     └ A245     │    └ A260  ┌ C333 A146
             │                │         ┌ C284 C287
             │                │         │    └ A019
             │                └ C138 C155 C250 A154
             │                     └ A245  └ C333 A146
             │                                  └ A210
             │         ┌ A019
D214  黑农 40 ─ C271 C198 C287 C284 A137 A324 C517 A426                          16
         │         └ C333 A146              │        ┌ A074
         └ C250        └ A210         │    ┌ C324 A247
             └ C333 A146              └ C324 C467 C508 A316
                  └ A210                   └ A074  └ C233 A232
                                                        └ C250
                                                            └ C333 A146
                                                                 └ A210

D215  黑农 41 ─ C218                                                              9
         │                   ┌ A210
         │              ┌ C333 A146
         │         ┌ C284 C287
         └ C270 A326 │    └ A019
             └ C138 C155 C250 A154
                 └ A245  └ C333 A146
                              └ A210

D216  黑农 42 ─ A431 A403                                                         2
D217  黑农 43 ─ A425 A406 C320 A438 A439                                          10
              │                    ┌ A210
              └ C204 A157 A316  ┌ C333 A146
                  │         ┌ C250  ┌ A019
                  └ C140 C233 C250 C287
                       │        └ C333 A146
                       │             └ A210
                       │        ┌ A019
                       └ C250 C287
                            └ C333 A146
                                 └ A210

                            ┌ A211
                       ┌ C368 A226
                  ┌ C334 C338 C256 A316
                  │    └ C492 A226
                  │         └ A146
D218  黑农 44 ─ C222 C352                                                         13
              │                           ┌ A210
              │              ┌ A210   ┌ C333 A146
              │         ┌ C333 A146  ┌ C250
```

（续）

| 编号 | 品种名称 | 亲本及其亲缘关系 | 祖先亲本数 |
|---|---|---|---|

```
                    ┌ C250 A233  ┌ C233 A235
                    │            ┌ C205 A316
            └ C138 C182 C197 C213 C250 A038 A102 A103
               └ A245   │      └ C333 A146
                   └ C250 A067  └ A210
                      └ C333 A146
                         └ A210
```

D219　黑农 45　— A422 A374　　　　　　2

```
                              ┌ A210
                      ┌ C333 A146
                      │    ┌ A019
              ┌ C284 C287  ┌ A210
              │      ┌ C333 A146
          ┌ C155 C168 C250 A154 A316
          │      └ C156 A244
          │         └ C155 A154  ┌ A019
          │            └ C284 C287
          │               └ C333 A146
          │                  └ A210
          │                     ┌ A210
          │                  ┌ C333 A146
          │              ┌ C284 C287
          │      ┌ C270 A326 │   └ A019
          │      │    └ C138 C155 C250 A154
          │      │       └ A245  └ C333 A146
          │      │          └ A210
          │      │             ┌ A211
          │      │          ┌ C368 A226
          │      │    ┌ C334 C338 A256 A316
          │      │    │    └ C492 A226
          │      │    │       └ A146
```

D220　黑农 46　— C223 C170 C218 C350 C352　　　20

```
              │    │          ┌ A211
              │    │       ┌ C368 A226
              │    └ C336 C338 A256 A316
              │       └ C492 A226
              │          └ A146
              │             ┌ A242
              │          ┌ C484 A226
              │    ┌ C467 C506
              │    │    └ C324 A247
              │    │       └ A074
              └ C271 C511 A121
                   │                ┌ A210
                   │             ┌ C333 A146
                   │          ┌ C284 C287
                   │          │    └ A019
                   │       ┌ C155 A154
                   └ C138 C156 C270 C392 A069      ┌ A210
                      └ A245   │      └ A260  ┌ C333 A146
                          │               ┌ C284 C287
                          │               │      └ A019
                          └ C138 C155 C250 A154
                             └ A245  └ C333 A146
                                └ A210

                              ┌ A210
                           ┌ C333 A146
                        ┌ C284 C287
                     ┌ C155 A154  └ A019
```

（续）

| 编号 | 品种名称 | 亲本及其亲缘关系 | 祖先亲本数 |
|---|---|---|---|

```
              ┌ C138 C156 C270 C392 A069        ┌ A210
              │  └ A245   │    └ A260   ┌ C333 A146
              │           │          ┌ C284 C287
              │           │          └ A019
              │           └ C138 C155 C250 A154
              │                └ A245   └ C333 A146
              │                           └ A210
              │              ┌ A210
              │            ┌ C333 A146
D221  黑农47 — C271 C198 C287 C284 A137 A324 C517 A426 A432
              │    └ A019         │          ┌ A074
              └ C250             │        ┌ C324 A247
               └ C333 A146      └ C324 C467 C508 A316
                  └ A210          └ A074   └ C233 A232
                                              └ C250
                                                └ C333 A146
                                                   └ A210
```

17

```
                                                      ┌ A210
                           ┌ A210                   ┌ C333 A146
                         ┌ C333 A146              ┌ C284 C287
                       ┌ C284 C287                │   └ A019
                     ┌ C155 A154  └ A019        ┌ C138 C155 C250 A154
              ┌ C138 C156 C270 C392 A069   ┌ A210  └ A245  └ C333 A146
              │  └ A245   │    └ A260   ┌ C333 A146 │        └ A210
              │           │          ┌ C284 C287   │          ┌ A210
              │           │          └ A019        │        ┌ C333 A146
              │           └ C138 C155 C250 A154    │      ┌ C284 C287
              │                └ A245  └ C333 A146  │      │   └ A019
              │                          └ A210     │    ┌ C138 C155 C250 A154
              │              ┌ A210                 │    │  └ A245  └ C333 A146
              │            ┌ C333 A146              │    │            └ A210
D222  黑农48 — C271 C198 C287 C284 A137 A324 C517 A426 A696 C270 C269 C158 A316 A552 A420
              │    └ A019         │                 │              ┌ A210
              └ C250             │                 │            ┌ C333 A146
               └ C333 A146      │             ┌ A074 └ C153 C284 C287 A137
                  └ A210        │           ┌ C324 A247  │         └ A019
                              └ C324 C467 C508 A316   │       ┌ A019
                                 └ A074   └ C233 A232 └ C284 C287
                                            └ C250      └ C333 A146
                                              └ C333 A146 └ A210
                                                 └ A210
```

21

```
                           ┌ A210
                         ┌ C333 A146
                       ┌ C284 C287
                     ┌ C155 A154  └ A019
              ┌ C138 C156 C270 C392 A069      ┌ A210
              │  └ A245   │    └ A260   ┌ C333 A146
              │           │          ┌ C284 C287
              │           │          └ A019
              │           └ C138 C155 C250 A154
              │                └ A245  └ C333 A146
              │                          └ A210
              │
D223  黑农49 — A324 C271 C222
              │
              │                                 ┌ A210
              │                    ┌ A210     ┌ C333 A146
              │                  ┌ C333 A146 ┌ C250
              │                ┌ C250 A233  ┌ C233 A235
              │                │          ┌ C205 A316
              └ C138 C182 C197 C213 C250 A038 A102 A103
                 └ A245   │             └ C333 A146
```

17

（续）

| 编号 | 品种名称 | 亲本及其亲缘关系 | 祖先亲本数 |
|---|---|---|---|

```
                          └ C250 A067  └ A210
                              └ C333 A146
                                  └ A210
```

D224　黑生 101　— C220 A444　　　　　　　　　　　　　　　　　　　　　　4
```
                └ C205 A316
                    └ C233 A235
                        └ C250
                            └ C333 A146
                                └ A210
```

D225　红丰 7 号　— C170 A700　　　　　　　　　　　　　　　　　　　　　9
```
            |                    ┌ A210
            |              ┌ C333 A146
            |              |     ┌ A019
            |        ┌ C284 C287  ┌ A210
            |        |            └ C333 A146
            └ C155 C168 C250 A154 A316
                    └ C156 A244
                        └ C155 A154  ┌ A019
                            └ C284 C287
                                └ C333 A146
                                    └ A210
```

D226　红丰 10 号　— A369　　　　　　　　　　　　　　　　　　　　　　1

D227　红丰 11　— A319 C171 A416 A574 A546 A336　　　　　　　　　　　10
```
                |                ┌ A210
                |          ┌ C333 A146
                |          |  ┌ C250 A319
                └ C155 C185 C250 A154 A316
                    |          └ C333 A146
                    └ C284 C287  ┌ A210
                        |        └ A019
                        └ C333 A146
                            └ A210
```

D228　红丰 12　— A442 C248　　　　　　　　　　　　　　　　　　　　14
```
                |                              ┌ A210
                |                        ┌ C333 A041 A108
                |                  ┌ C370 A226
                |            ┌ C376 C377      ┌ A074
                |            |     |          └ C324 A131
                |            |     └ C369 C410
                |            |         └ A252
                └ C271 C383              ┌ A210
                    |                ┌ C333 A146
                    |          ┌ C284 C287
                    |          └ C155 A154  ┌ A019
                    └ C138 C156 C270 C392 A069    ┌ A210
                        └ A245  |      └ A260  ┌ C333 A146
                                |          └ C284 C287
                                |              |      └ A019
                                └ C138 C155 C250 A154
                                    └ A245  └ C333 A146
                                                └ A210

                        ┌ A210
                  ┌ C333 A146
                  |     ┌ A019
             ┌ C284 C287  ┌ A210
             |            └ C333 A146
          ┌ C155 C168 C250 A154 A316
          |       └ C156 A244
```

| 编号 | 品种名称 | 亲本及其亲缘关系 | 祖先亲本数 |
|---|---|---|---|

```
                              └ C155 A154 ┌ A019
                              │      └ C284 C287
                              │           └ C333 A146
                              │                └ A210
                              │         ┌ A019
                              │   ┌ C284 C287
                              │   │    └ C333 A146
                              │   │         └ A210
                              │   │              └ A248
D229   华疆1号  ─ C170 C243 C136 C287 C242 A244
              └ A040 └ A019 │                        ┌ A210
                            │                   ┌ C333 A146
                            │              ┌ C250 A319
                            └ C135 C185 C194
                                      │         ┌ C150 A319 ┌ A019
                                      │         │      └ C284 C287
                                      │    ┌ A019    └ C333 A146
                                      └ C242 C287          └ A210
                                            └ A248
```

D229 华疆1号 祖先亲本数 **9**

```
                              ┌ A210
                         ┌ C333 A146
                    ┌ C250
               ┌ C187 C202
               │    └ C155 A209 ┌ A019
               │         └ C284 C287
               │              └ C333 A146
               │                   └ A210
D230   建丰2号  ─ C246 C226 C174
               │         │              ┌ A210
               │         │         ┌ C333 A146
               │    └ C165 A339 ┌ C155 C250 C287 A154
               │         └ C155 C250 C287 A154
               │              │         └ A019
               │              │         ┌ A019
               │              └ C284 C287
               │                   └ C333 A146
               │                        └ A210
               │                   ┌ A210
               │              ┌ C333 A146
               │         ┌ C250 C287
               │    ┌ C140 C401 └ A019
               │    │      └ A241
               └ C155 C211 C250 A154 A316
                         └ C333 A146
                              └ A210
                         ┌ A019
                    └ C284 C287
                         └ C333 A146
                              └ A210
```

D230 建丰2号 祖先亲本数 **8**

```
                              ┌ A210
                         ┌ C333 A146
                    ┌ C250
               ┌ C187 C202                      ┌ A210
               │    └ C155 A209 ┌ A019    ┌ C333 A146 ┌ A252
               │         └ C284 C287  │         ┌ C369 C410
               │              └ C333 A146 │         │         └ C324 A131
               │                   └ A210 │         │              └ A074
               │              ┌ C198 C284 C287 C376 C377 A137 A154 A324
               │              │    └ C250 └ A019  └ C370 A226
               │              │         └ C333 A146    └ C333 A041 A108
               │              │              └ A210         └ A210
```

（续）

| 编号 | 品种名称 | 亲本及其亲缘关系 | 祖先亲本数 |
|------|----------|------------------|-----------|

```
                    ┌ C195 C274 A324
        │           │    └ C150 A216  ┌ A019
        │           │         └ C284 C287
        │           │              └ C333 A146
        │           │                   └ A210
D231  建农1号 ─ C246 C226 C174 C180                                    19
        │           │    │          ┌ A210
        │           │    └ C165 A339  ┌ C333 A146
        │           │         └ C155 C250 C287 A154
        │           │              │         └ A019
        │           │              │         ┌ A019
        │           │              └ C284 C287
        │           │                   └ C333 A146
        │           │                        └ A210
        │           │              ┌ A210
        │           │         ┌ C333 A146
        │           │    ┌ C250 C287
        │           │ ┌ C140 C401  └ A019
        │           │ │        └ A241
        │           └ C155 C211 C250 A154 A316
        │              │    └ C333 A146
        │              │         └ A210
        │              │    ┌ A019
        │              └ C284 C287
        │                   └ C333 A146
        │                        └ A210

                              ┌ A210
                         ┌ C333 A146
                         │    ┌ A019
                    ┌ C284 C287  ┌ A210
                    │         ┌ C333 A146
               ┌ C155 C168 C250 A154 A316
               │    └ C156 A244
               │         └ C155 A154  ┌ A019
               │              └ C284 C287
               │                   └ C333 A146
               │                        └ A210
               │    ┌ A040
D232  疆莫豆1号 ─ A244 C287 C170 C243 C136 C242                         9
        │    └ A019       │    └ A248
        │                 │         ┌ A019
        │                 └ C284 C287
        │                      └ C333 A146
        │                           └ A210
        │                 ┌ A210
        │            ┌ C333 A146
        │       ┌ C250 A319
        └ C135 C185 C194
             │    └ C150 A319  ┌ A019
             │         └ C284 C287
             │    ┌ A019  └ C333 A146
             └ C242 C287       └ A210
                  └ A248

                         ┌ A210
                    ┌ C333 A146
                    │    ┌ A019
               ┌ C284 C287  ┌ A210
               │         ┌ C333 A146
          ┌ C155 C168 C250 A154 A316
          │    └ C156 A244
```

| 编号 | 品种名称 | 亲本及其亲缘关系 | 祖先亲本数 |
|---|---|---|---|

```
                                    └ C155 A154 ┌ A019
                                        └ C284 C287
                                            └ C333 A146
                                                └ A210
D233  疆莫豆2号 ─ C133 C170 C243 C136 C287 C242              9
                                    ┌ A040 ┌ A019
                                        └ A248
                                        ┌ A019
                        └ C284 C287
                            └ C333 A146
                                └ A210
                    ┌ A040          └ A210
            └ C151 C243 C287 A021
                        └ A019
                        ┌ A019
                └ C284 C287
                    └ C333 A146
                        └ A210

                        ┌ A210
                    ┌ C333 A146
                ┌ C284 C287
                │       └ A019
D234  九丰6号 ─ C195 C155 A154 A328 A020 A072              12
        └ C150 A216 ┌ A019
            └ C284 C287
                └ C333 A146
                    └ A210

                            ┌ A210
                        ┌ C333 A146
                    ┌ C284 C287
                ┌ C155 A154 ┌ A019
            ┌ C140 C156 C195 A068
            │   │       └ C150 A216 ┌ A019
            │   │           └ C284 C287
            │   │       ┌ A019  └ C333 A146
            │   └ C250 C287      └ A210
            │       └ C333 A146
            │           └ A210
D235  九丰7号 ─ C234 C236                                    8
            └ C195 A031 A032
                └ C150 A216 ┌ A019
                    └ C284 C287
                        └ C333 A146
                            └ A210

                        ┌ A210
                    ┌ C333 A146
                    │   ┌ A019
                ┌ C284 C287 ┌ A210
                │       ┌ C333 A146
            ┌ C155 C168 C250 A154 A316
            │   └ C156 A244
            │       └ C155 A154 ┌ A019
            │           └ C284 C287
            │               └ C333 A146
            │                   └ A210
D236  九丰8号 ─ C238 C170                                    12
            │           ┌ A210
            │       ┌ C333 A146
            │   ┌ C284 C287
            │   ┌ C150 A216 └ A019
            └ C155 C195 A020 A072 A154 A328
```

（续）

| 编号 | 品种名称 | 亲本及其亲缘关系 | 祖先亲本数 |
|---|---|---|---|

```
                        ┌ A019
              └ C284 C287
                    └ C333 A146
                          └ A210

                                ┌ A210
                          ┌ C333 A146
                          │     ┌ A019
                    ┌ C284 C287 ┌ A210
                    │           └ C333 A146
              ┌ C155 C168 C250 A154 A316
              │     └ C156 A244
              │           └ C155 A154 ┌ A019
              │                 └ C284 C287
              │                       └ C333 A146
              │                             └ A210
D237  九丰9号 ─ C193 C170
              │                       ┌ A210
              │                 ┌ C333 A146
              │           ┌ C284 C287
              │     ┌ C155 A209 └ A019
              │     ┌ C187 C195 A320
              │     │     └ C150 A216 ┌ A019
              │     │           └ C284 C287
              │     │                 └ C333 A146
              │     │                       └ A210
              └ C187 C188 A316 A320
                    └ C155 A209 ┌ A019
                          └ C284 C287
                                └ C333 A146
                                      └ A210

                          ┌ A210
                    ┌ C333 A146
                    │     ┌ A019
              ┌ C284 C287 ┌ A210
              │           └ C333 A146
        ┌ C155 C168 C250 A154 A316
        │     └ C156 A244
        │           └ C155 A154 ┌ A019
        │                 └ C284 C287
        │                       └ C333 A146
        │                             └ A210
D238  九丰10号 ─ C170 C248
        │                             ┌ A210
        │                       ┌ C333 A041 A108
        │                 ┌ C370 A226
        │           ┌ C376 C377 ┌ A074
        │           │     │     ┌ C324 A131
        │           │     └ C369 C410
        │           │           └ A252
        └ C271 C383                    ┌ A210
              │                  ┌ C333 A146
              │            ┌ C284 C287
              │      ┌ C155 A154 └ A019
              └ C138 C156 C270 C392 A069    ┌ A210
                    └ A245 │     └ A260  ┌ C333 A146
                          │        ┌ C284 C287
                          │        └ A019
                    └ C138 C155 C250 A154
                          └ A245 └ C333 A146
                                      └ A210
```

9

15

（续）

| 编号 | 品种名称 | 亲本及其亲缘关系 | 祖先亲本数 |
|---|---|---|---|

D239　抗线虫 3 号　—　C240 A105 A216　　　　　　　　　　　　　　　　　　　12
```
                    ┌ A210
                 ┌ C333 A146
        ┌ C233 C250 C287 A189
        │  └ C250  └ A019
      └ C259 C260 A330  └ C333 A146
           │   ┌ A019  └ A210
          └ C233 C287
             └ C250
                └ C333 A146
                   └ A210
```

D240　抗线虫 4 号　—　C234 A330 A216　　　　　　　　　　　　　　　　　　　12
```
                       ┌ A210
                    ┌ C333 A146
               ┌ C284 C287
          ┌ C155 A154  └ A019
        └ C140 C156 C195 A068
           │     └ C150 A216  ┌ A019
           │       └ C284 C287
           │    ┌ A019  └ C333 A146
          └ C250 C287       └ A210
             └ C333 A146
                └ A210

                  ┌ A210
               ┌ C333 A146
               │  ┌ A019
          ┌ C284 C287  ┌ A210
          │    └ C333 A146
        ┌ C155 C168 C250 A154 A316
        │     └ C156 A244
        │       └ C155 A154  ┌ A019
        │         └ C284 C287
        │            └ C333 A146
        │               └ A210
```

D241　抗线虫 5 号　—　C170 C260 A330 A697　　　　　　　　　　　　　　　　18
```
               ┌ A210
            ┌ C333 A146
        └ C233 C250 C287 A189
           └ C250  └ A019
              └ C333 A146
                 └ A210

                  ┌ A210
               ┌ C333 A146
               │  ┌ A019
          ┌ C284 C287  ┌ A210
          │    └ C333 A146
        ┌ C155 C168 C250 A154 A316
        │     └ C156 A244
        │       └ C155 A154  ┌ A019
        │         └ C284 C287
        │            └ C333 A146
        │               └ A210
```

D242　垦丰 3 号　—　C170 A704　　　　　　　　　　　　　　　　　　　　　　12

D243　垦丰 4 号　—　C226 A705　　　　　　　　　　　　　　　　　　　　　　10
```
                    ┌ A210
                 ┌ C333 A146
            ┌ C250
        └ C187 C202
           └ C155 A209  ┌ A019
```

（续）

| 编号 | 品种名称 | 亲本及其亲缘关系 | 祖先亲本数 |
|---|---|---|---|

```
                      └ C284 C287
                          └ C333 A146
                              └ A210

                                  ┌ A210
                          ┌ C333 A146  ┌ A252
                          |            ┌ C369 C410
                          |            |      └ C324 A131
                          |            |        └ A074
                  ┌ C198 C284 C287 C376 C377 A137 A154 A324
                  |    └ C250  └ A019  └ C370 A226
                  |      └ C333 A146      └ C333 A041 A108
                  |        └ A210          └ A210
          ┌ C195 C274 A324
          |   └ C150 A216  ┌ A019
          |     └ C284 C287
          |       └ C333 A146
          |         └ A210
D244  垦丰5号 ─ C180 C222                                      23
          |                        ┌ A210
          |            ┌ A210    ┌ C333 A146
          |        ┌ C333 A146  ┌ C250
          |      ┌ C250 A233  ┌ C233 A235
          |      |         ┌ C205 A316
          └ C138 C182 C197 C213 C250 A038 A102 A103
            └ A245  |        └ C333 A146
                  └ C250 A067  └ A210
                      └ C333 A146
                          └ A210

                  ┌ A210
              ┌ C333 A146
              |   ┌ A019
          ┌ C284 C287  ┌ A210
          |      └ C333 A146
      ┌ C155 C168 C250 A154 A316
      |    └ C156 A244
      |      └ C155 A154  ┌ A019
      |        └ C284 C287
      |          └ C333 A146
      |            └ A210
D245  垦丰6号 ─ C170 C278                                      14
      |                  ┌ A242
      |            ┌ C484 A226
      |        ┌ C467 C506
      |        |   └ C324 A247
      |        |     └ A074
      └ C271 C511 A121        ┌ A210
          |              ┌ C333 A146
          |          ┌ C284 C287
          |        ┌ C155 A154  └ A019
          └ C138 C156 C270 C392 A069    ┌ A210
            └ A245  |      └ A260  ┌ C333 A146
                  |              ┌ C284 C287
                  |              |      └ A019
                  └ C138 C155 C250 A154
                      └ A245  └ C333 A146
                                └ A210

              ┌ A210
          ┌ C333 A146
          |   ┌ A019
      ┌ C284 C287  ┌ A210
```

| 编号 | 品种名称 | 亲本及其亲缘关系 | 祖先亲本数 |
|---|---|---|---|

```
                    |         ┌ C333 A146
                    ┌ C155 C168 C250 A154 A316
                    |    └ C156 A244
                    |       └ C155 A154  ┌ A019
                    |          └ C284 C287
                    |             └ C333 A146
                    |                └ A210
D246  垦丰7号 ─ C170 C352 A440                                              10
                    |          ┌ A211
                    |       ┌ C368 A226
                    └ C334 C338 A256 A316
                       └ C492 A226
                          └ A146


                              ┌ A242
                           ┌ C484 A226
                        ┌ C467 C506
                        |    └ C324 A247
                        |       └ A074
                  ┌ C271 C511 A121          ┌ A210
                  |    |                  ┌ C333 A146
                  |    |               ┌ C284 C287
                  |    |            ┌ C155 A154  └ A019
                  |    └ C138 C156 C270 C392 A069        ┌ A210
                  |       └ A245   |     └ A260   ┌ C333 A146
                  |                |              ┌ C284 C287
                  |                |              |    └ A019
                  |                └ C138 C155 C250 A154
                  |                   └ A245   └ C333 A146
                  |                              └ A210
D247  垦丰8号 ─ C277 C180                                                   21
                  |                       ┌ A210
                  |                    ┌ C333 A146   ┌ A252
                  |                    |          ┌ C369 C410
                  |                    |          |    └ C324 A131
                  |                    |          |       └ A074
                  |                 ┌ C198 C284 C287 C376 C377 A137 A154 A324
                  |                 |    └ C250  └ A019  └ C370 A226
                  |                 |       └ C333 A146     └ C333 A041 A108
                  |                 |          └ A210          └ A210
                  └ C195 C274 A324
                     └ C150 A216  ┌ A019
                        └ C284 C287
                           └ C333 A146
                              └ A210


                              ┌ A242
                           ┌ C484 A226
                        ┌ C467 C506
                        |    └ C324 A247
                        |       └ A074
                  ┌ C271 C511 A121          ┌ A210
                  |    |                  ┌ C333 A146
                  |    |               ┌ C284 C287
                  |    |            ┌ C155 A154  └ A019
                  |    └ C138 C156 C270 C392 A069        ┌ A210
                  |       └ A245   |     └ A260   ┌ C333 A146
                  |                |              ┌ C284 C287
                  |                |              |    └ A019
                  |                └ C138 C155 C250 A154
                  |                   └ A245   └ C333 A146
                  |                              └ A210
                  |
```

（续）

| 编号 | 品种名称 | 亲本及其亲缘关系 | 祖先亲本数 |
|---|---|---|---|

D248　垦丰 9 号　— C277 C180　　　　　　　　　　　　　　　　　　　　　21

```
                                      ┌ A210
                            ┌ C333 A146   ┌ A252
                            |             ┌ C369 C410
                            |             |      └ C324 A131
                            |             |        └ A074
                   ┌ C198 C284 C287 C376 C377 A137 A154 A324
                   |      └ C250    └ A019  └ C370 A226
                   |        └ C333 A146       └ C333 A041 A108
                   |          └ A210            └ A210
            └ C195 C274 A324
              └ C150 A216  ┌ A019
                └ C284 C287
                  └ C333 A146
                    └ A210


                      ┌ A210
                ┌ C333 A146
                |   ┌ A019
          ┌ C284 C287  ┌ A210
          |      ┌ C333 A146
      ┌ C155 C168 C250 A154 A316
      |      └ C156 A244
      |        └ C155 A154  ┌ A019
      |          └ C284 C287
      |            └ C333 A146
      |              └ A210
```

D249　垦丰 10 号　— C170 C277 A440　　　　　　　　　　　　　　　　　15

```
                        ┌ A242
                    ┌ C484 A226
              ┌ C467 C506
              |   └ C324 A247
              |     └ A074
      └ C271 C511 A121          ┌ A210
              |               ┌ C333 A146
              |           ┌ C284 C287
              |       ┌ C155 A154  └ A019
              └ C138 C156 C270 C392 A069  ┌ A210
                └ A245  |    └ A260  ┌ C333 A146
                        |          ┌ C284 C287
                        |          |      └ A019
                        └ C138 C155 C250 A154
                          └ A245  └ C333 A146
                                    └ A210


                      ┌ A210
                ┌ C333 A146
                |   ┌ A019
          ┌ C284 C287  ┌ A210
          |      ┌ C333 A146
      ┌ C155 C168 C250 A154 A316
      |      └ C156 A244
      |        └ C155 A154  ┌ A019
      |          └ C284 C287
      |            └ C333 A146
      |              └ A210
```

D250　垦丰 11　— C170 C352 A440　　　　　　　　　　　　　　　　　　10

```
              |           ┌ A211
              |       ┌ C368 A226
              └ C334 C338 A256 A316
                └ C492 A226
                  └ A146
```

（续）

| 编号 | 品种名称 | 亲本及其亲缘关系 | 祖先亲本数 |
|---|---|---|---|

```
                                  ┌ A210
                          ┌ C333 A146
                          │   ┌ A019
                  ┌ C284 C287 ┌ A210
                  │       └ C333 A146
          ┌ C155 C168 C250 A154 A316
          │       └ C156 A244
          │           └ C155 A154 ┌ A019
          │               └ C284 C287
          │                   └ C333 A146
          │                       └ A210
D251  垦丰12  ─ C170 A430 A440                                                    13

                                  ┌ A210
                          ┌ C333 A146
                          │   ┌ A019
                  ┌ C284 C287 ┌ A210
                  │       └ C333 A146
          ┌ C155 C168 C250 A154 A316
          │       └ C156 A244
          │           └ C155 A154 ┌ A019
          │               └ C284 C287
          │                   └ C333 A146
          │                       └ A210
D252  垦丰13  ─ C170 C277 A440                                                    15

                                      ┌ A242
                                  ┌ C484 A226
                          ┌ C467 C506
                          │       └ C324 A247
                          │           └ A074
          └ C271 C511 A121               ┌ A210
              │                   ┌ C333 A146
              │           ┌ C284 C287
              │           │   ┌ C155 A154 ┌ A019
              └ C138 C156 C270 C392 A069      ┌ A210
                  └ A245   │   └ A260 ┌ C333 A146
                          │       ┌ C284 C287
                          │       │   └ A019
                          └ C138 C155 C250 A154
                              └ A245 └ C333 A146
                                          └ A210

                                      ┌ A211
                                  ┌ C368 A226
                          ┌ C334 C338 A256 A316
                          │       └ C492 A226
                  ┌ C320 C352     └ A146
                  │   │                   ┌ A210
                  │   └ C204 A157 A316 ┌ C333 A146
                  │       │       ┌ C250 ┌ A019
                  │       └ C140 C233 C250 C287
                  │           │       └ C333 A146
                  │           │           └ A210
                  │           │       ┌ A019
                  │           └ C250 C287
                  │               └ C333 A146
                  │                   └ A210
D253  垦丰14  ─ C277 C321                                                         17
                  │                   ┌ A242
                  │               ┌ C484 A226
                  │       ┌ C467 C506
                  │       │   └ C324 A247
```

（续）

| 编号　品种名称 | 亲本及其亲缘关系 | 祖先亲本数 |
|---|---|---|

```
            |        |        └ A074
            └ C271 C511 A121              ┌ A210
            |                         ┌ C333 A146
            |                     ┌ C284 C287
            |           ┌ C155 A154  └ A019
            └ C138 C156 C270 C392 A069        ┌ A210
                └ A245  |      └ A260  ┌ C333 A146
                        |           ┌ C284 C287
                        |           |      └ A019
                        └ C138 C155 C250 A154
                            └ A245  └ C333 A146
                                        └ A210

                             ┌ A210
                         ┌ C333 A146
                         |      └ A019
                     ┌ C284 C287  ┌ A210
                     |        ┌ C333 A146
                 ┌ C155 C168 C250 A154 A316
                 |      └ C156 A244
                 |           └ C155 A154  ┌ A019
                 |              └ C284 C287
                 |                   └ C333 A146
                 |     ┌ A040              └ A210
D254 垦鉴北豆1号 ─ A685 C170 C243 C136 C287 C242                                    9
                 |      |     └ A248
                 |      └ A019
                 |           ┌ A019
                 └ C284 C287
                     └ C333 A146
                         └ A210

                         ┌ A210
                     ┌ C333 A041 A108
                 ┌ C370 A226
             ┌ C376 C377  ┌ A074
             |     |    ┌ C324 A131
             |     └ C369 C410
             |          └ A252
D255 垦鉴北豆2号 ─ A686 C383 C271                                                14
                 |                      ┌ A210
                 |                  ┌ C333 A146
                 |              ┌ C284 C287
                 |        ┌ C155 A154  └ A019
                 └ C138 C156 C270 C392 A069        ┌ A210
                     └ A245  |     └ A260  ┌ C333 A146
                             |          ┌ C284 C287
                             |          |      └ A019
                             └ C138 C155 C250 A154
                                 └ A245  └ C333 A146
                                             └ A210

                         ┌ A210
                     ┌ C333 A146
                     |      ┌ A019
                 ┌ C284 C287  ┌ A210
                 |        ┌ C333 A146
             ┌ C155 C168 C250 A154 A316
             |      └ C156 A244
             |           └ C155 A154  ┌ A019
             |              └ C284 C287
             |                   └ C333 A146
             |     ┌ A040              └ A210
```

（续）

| 编号 | 品种名称 | 亲本及其亲缘关系 | 祖先亲本数 |
|---|---|---|---|

```
D256  垦鉴豆1号  — C170 C133 C243 C136 C287 C242                                    9
                    |              |    |   └ A248
                    |              |    └ A019
                    |              |  ┌ A019
                    |              └ C284 C287
                    |                  └ C333 A146
                    |                      └ A210
                    |        ┌ A040
                    └ C151 C243 C287 A021
                        |              └ A019
                        |            ┌ A019
                        └ C284 C287
                            └ C333 A146
                                └ A210

                                  ┌ A210
                          ┌ C333 A146
                          |      └ A019
                    ┌ C284 C287  ┌ A210
                    |            └ C333 A146
              ┌ C155 C168 C250 A154 A316
              |        └ C156 A244
              |            └ C155 A154  ┌ A019
              |                └ C284 C287
              |                    └ C333 A146
              |                        └ A210
D257  垦鉴豆2号  — C195 C170                                                        7
                    └ C150 A216  ┌ A019
                      └ C284 C287
                          └ C333 A146
                              └ A210

                                  ┌ A210
                            ┌ C333 A146
                  ┌ C170 A304  |  ┌ A019
                  |    |    ┌ C284 C287  ┌ A210
                  |    |    |      └ C333 A146
                  |    └ C155 C168 C250 A154 A316
                  |        └ C156 A244
                  |            └ C155 A154  ┌ A019
                  |                └ C284 C287
                  |                    └ C333 A146
                  |                        └ A210
                  |                  ┌ A210
                  |            ┌ C333 A041 A108
                  |        ┌ C370 A226
                  |    ┌ C376 C377      ┌ A074
                  |    |    |        └ C324 A131
                  |    |    └ C369 C410
                  |    |        └ A252
D258  垦鉴豆3号  — C228 C383 C271                                                  16
                    |                  ┌ A210
                    |              ┌ C333 A146
                    |          ┌ C284 C287
                    |      ┌ C155 A154  └ A019
                    └ C138 C156 C270 C392 A069      ┌ A210
                        └ A245  |    └ A260   ┌ C333 A146
                                |          ┌ C284 C287
                                |          |      └ A019
                                └ C138 C155 C250 A154
                                    └ A245  └ C333 A146
                                                └ A210
```

（续）

| 编号 | 品种名称 | 亲本及其亲缘关系 | 祖先亲本数 |
|------|---------|----------------|-----------|

```
                              ┌ A210
                        ┌ C333 A146
                        │     ┌ A019
                  ┌ C284 C287  ┌ A210
                  │       ┌ C333 A146
            ┌ C155 C168 C250 A154 A316
            │           └ C156 A244
            │               └ C155 A154 ┌ A019
            │                   └ C284 C287
            │                       └ C333 A146
            │                           └ A210
            │       ┌ A040
D259  垦鉴豆4号 — C170 C243 C136 C287 C242 A440                                          9
            │       │     └ A248
            │       └ A019
            │           ┌ A019
            └ C284 C287
                └ C333 A146
                    └ A210


                              ┌ A210
                        ┌ C333 A146
                        │     ┌ A019
                  ┌ C284 C287  ┌ A210
                  │       ┌ C333 A146
            ┌ C155 C168 C250 A154 A316
            │           └ C156 A244
            │               └ C155 A154 ┌ A019
            │                   └ C284 C287
            │                       └ C333 A146
            │                           └ A210
            │
D260  垦鉴豆5号 — C170 C275                                                              13
            │                           ┌ A210
            │                     ┌ C333 A146
            │                 ┌ C284 C287
            │           ┌ C155 A154 └ A019
            │       ┌ C138 C156 C270 C392 A069      ┌ A210
            │       │     └ A245 │     └ A260  ┌ C333 A146
            │       │           │         ┌ C284 C287
            │       │           │         │     └ A019
            │       │           └ C138 C155 C250 A154
            │       │     ┌ A210 └ A245 └ C333 A146
            │       │ ┌ C333 A146          └ A210
            └ C198 C271 C284 C287 A137 A154 A324
                └ C250        └ A019
                    └ C333 A146
                        └ A210


D261  垦鉴豆7号 — C222 A687                                                              11
            │                             ┌ A210
            │               ┌ A210   ┌ C333 A146
            │           ┌ C333 A146 ┌ C250
            │       ┌ C250 A233 ┌ C233 A235
            │       │       ┌ C205 A316
            └ C138 C182 C197 C213 C250 A038 A102 A103
                └ A245 │       └ C333 A146
                    └ C250 A067 └ A210
                        └ C333 A146
                            └ A210
                          ┌ A210
                    ┌ C333 A146
                ┌ C284 C287
            ┌ C150 A216 └ A019
```

| 编号 | 品种名称 | 亲本及其亲缘关系 | 祖先亲本数 |
|---|---|---|---|

D262　垦鉴豆 14　— C193 A316 C195 C187 A320 A414　　　　　　　　　　8

```
                        └ C155 A209 ┌ A019
                             └ C284 C287
                                  └ C333 A146
                                      └ A210
                                      ┌ A210
                                  ┌ C333 A146
                             ┌ C284 C287
                        ┌ C155 A209 └ A019
                   ┌ C187 C195 A320
                   │        └ C150 A216 ┌ A019
                   │             └ C284 C287
                   │                  └ C333 A146
              └ C187 C188 A316 A320        └ A210
                   └ C155 A209 ┌ A019
                        └ C284 C287
                             └ C333 A146
                             └ A210

                             ┌ A210
                        ┌ C333 A146
                        │    ┌ A019
                   ┌ C284 C287 ┌ A210
                   │       ┌ C333 A146
              ┌ C155 C168 C250 A154 A316
              │       └ C156 A244
              │            └ C155 A154 ┌ A019
              │                 └ C284 C287
              │                      └ C333 A146
              │                           └ A210
```

D263　垦鉴豆 15　— A694 C170　　　　　　　　　　　　　　　　　　　7

D264　垦鉴豆 16　— D160 C238　　　　　　　　　　　　　　　　　　　8

```
                                  ┌ A210
                             ┌ C333 A146
                        ┌ C284 C287
                   ┌ C150 A216 └ A019
              └ C155 C195 A020 A072 A154 A328
                   │       ┌ A019
              └ C284 C287
                   └ C333 A146
                        └ A210

                             ┌ A210
                        ┌ C333 A146
                   ┌ C250 C287
              ┌ C140 C401 └ A019
              │       └ A241
         ┌ C155 C211 C250 A154 A316
         │    │       └ C333 A146
         │    │            └ A210
         │    │       ┌ A019
         │    └ C284 C287        ┌ A210
         │       └ C333 A146 ┌ C333 A146
         │            └ A210  │    ┌ A019
         │                 ┌ C284 C287 ┌ A210
         │                 │       ┌ C333 A146
         │            ┌ C155 C168 C250 A154 A316
         │            │       └ C156 A244
         │            │            └ C155 A154 ┌ A019
         │            │                 └ C284 C287
         │            │                      └ C333 A146
         │            │                           └ A210
```

（续）

| 编号 | 品种名称 | 亲本及其亲缘关系 | 祖先亲本数 |
|------|---------|----------------|-----------|

D265　垦鉴豆 17　— C246 C226 C174 C170 A244　　11

```
                                          ┌ A210
                                        ┌ C333 A146
                                      ┌ C250 A319
                                    └ C135 C185 C194
                                            └ C150 A319  ┌ A019
                                                └ C284 C287
                                          A019  └ C333 A146
                                    └ C242 C287      └ A210
                                        └ A248
                                        ┌ A210
                        └ C165 A339  ┌ C333 A146
                            └ C155 C250 C287 A154
                                    └ A019
                                    ┌ A019
                            └ C284 C287
                                └ C333 A146
                                    └ A210
                            ┌ A210
                          ┌ C333 A146
                        ┌ C250
            └ C187 C202
                └ C155 A209  ┌ A019
                    └ C284 C287
                        └ C333 A146
                            └ A210
```

```
                                              ┌ A210
                                            ┌ C333 A146
                                            │  ┌ A019
                                          ┌ C284 C287  ┌ A210
                                          │         ┌ C333 A146
                                      ┌ C155 C168 C250 A154 A316
                                      │      └ C156 A244
                          ┌ A210          └ C155 A154  ┌ A019
                        ┌ C333 A146          └ C284 C287
                        │  ┌ A019            │        └ C333 A146
                      ┌ C284 C287            │            └ A210
```

D266　垦鉴豆 22　— C195 C155 A154 A328 A072 A020 C170　　12

```
        └ C150 A216  ┌ A019
            └ C284 C287
                └ C333 A146
                    └ A210
```

```
                                ┌ A210
                              ┌ C333 A041 A108
                            ┌ C370 A226
                  ┌ C376 C377  ┌ A074
                  │    │    └ C324 A131
                  │    └ C369 C410
                  │        └ A252
```

D267　垦鉴豆 23　— C219 C383 C271　　15

```
              │    │              ┌ A210
              │    │            ┌ C333 A146
              │    │          ┌ C284 C287
              │    │        ┌ C155 A154  └ A019
              │    └ C138 C156 C270 C392 A069  ┌ A210
              │        └ A245   │    └ A260  ┌ C333 A146
              └ C205 A316       │        ┌ C284 C287
                  └ C233 A235   │            └ A019
                      └ C250    └ C138 C155 C250 A154
                          └ C333 A146  └ A245  └ C333 A146
                              └ A210            └ A210
```

| 编号 | 品种名称 | 亲本及其亲缘关系 | 祖先亲本数 |
|---|---|---|---|

```
                              ┌ A210
                     ┌ C333 A146
                     │    ┌ A019
          ┌ C284 C287 ┌ A210
          │         ┌ C333 A146
     ┌ C155 C168 C250 A154 A316
     │         └ C156 A244
     │              └ C155 A154  ┌ A019
     │                   └ C284 C287
     │                        └ C333 A146
     │                             └ A210
     │    ┌ A040
```

**D268  垦鉴豆 25** — A244 C287 C170 C243 C136 C287 C242          9
```
     │    └ A019        │    │    └ A248
     │                  │    └ A019
     │                  │         ┌ A019
     │              └ C284 C287
     │                   └ C333 A146
     │                        └ A210
     │                   ┌ A210
     │              ┌ C333 A146
     │         ┌ C250 A319
     └ C135 C185 C194
          │         └ C150 A319  ┌ A019
          │              └ C284 C287
          │         ┌ A019  └ C333 A146
          └ C242 C287        └ A210
               └ A248
```

```
                              ┌ A210
                     ┌ C333 A146
                     │    ┌ A019
          ┌ C284 C287 ┌ A210
          │         ┌ C333 A146
     ┌ C155 C168 C250 A154 A316
     │         └ C156 A244
     │              └ C155 A154  ┌ A019
     │                   └ C284 C287
     │                        └ C333 A146
     │                             └ A210
     ┌ A019 │    ┌ A040
```

**D269  垦鉴豆 26** — A244 C287 A440 C170 C243 C136 C287 C242      10
```
     │                  │    │    └ A248
     │                  │    └ A019
     │                  │         ┌ A019
     │              └ C284 C287
     │                   └ C333 A146
     │                   ┌ A210  └ A210
     │              ┌ C333 A146
     │         ┌ C250 A319
     └ C135 C185 C194
          │         └ C150 A319  ┌ A019
          │              └ C284 C287
          │         ┌ A019  └ C333 A146
          └ C242 C287        └ A210
               └ A248
```

```
                     ┌ A210
                ┌ C333 A146
                │    ┌ A019
          ┌ C284 C287 ┌ A210
          │         ┌ C333 A146
```

（续）

| 编号 | 品种名称 | 亲本及其亲缘关系 | 祖先亲本数 |
|---|---|---|---|

```
                    ┌ C155 C168 C250 A154 A316
                    │   └ C156 A244
                    │      └ C155 A154  ┌ A019
                    │         └ C284 C287
                    │            └ C333 A146
                    │               └ A210
                    │
                    │  ┌ A040
D270  垦鉴豆28 ── A244 C287 C170 C243 C136 C287 C242          9
                    │  └ A019        │    │  └ A248
                    │                │    └ A019
                    │                │       ┌ A019
                    │                └ C284 C287
                    │                   └ C333 A146
                    │                      └ A210
                    │
                    │               ┌ A210
                    │            ┌ C333 A146
                    │         ┌ C250 A319
                    └ C135 C185 C194
                          │      └ C150 A319  ┌ A019
                          │         └ C284 C287
                          │  ┌ A019    └ C333 A146
                          └ C242 C287      └ A210
                             └ A248
```

```
D271  垦鉴豆30 ── A695 A438 A439          3
```

```
                       ┌ A210
                    ┌ C333 A146
                    │  ┌ A019
                 ┌ C284 C287  ┌ A210
                 │  └ C333 A146
              ┌ C155 C168 C250 A154 A316
              │   └ C156 A244
              │      └ C155 A154  ┌ A019
              │         └ C284 C287
              │            └ C333 A146
              │               └ A210
D272  垦鉴豆31 ── C170 C133          14
              │  ┌ A040
              └ C151 C243 C287 A021
                 │  └ A019
                 │     ┌ A019
                 └ C284 C287
                    └ C333 A146
                       └ A210
```

```
                          ┌ A210
                       ┌ C333 A146
                       │  ┌ A019
                    ┌ C284 C287  ┌ A210
                    │  └ C333 A146
                 ┌ C155 C168 C250 A154 A316
                 │   └ C156 A244
                 │      └ C155 A154  ┌ A019
                 │         └ C284 C287
                 │            └ C333 A146
                 │               └ A210
D273  垦鉴豆32 ── C170 C193 A440          10
                 │                    ┌ A210
                 │                 ┌ C333 A146
                 │              ┌ C284 C287
                 │           ┌ C155 A209  └ A019
                 │        ┌ C187 C195 A320
```

| 编号 | 品种名称 | 亲本及其亲缘关系 | 祖先亲本数 |
|------|----------|------------------|------------|

```
                              └ C150 A216 ┌ A019
                                └ C284 C287
                                  └ C333 A146
                                    └ A210
           └ C187 C188 A316 A320
             └ C155 A209 ┌ A019
               └ C284 C287
                 └ C333 A146
                   └ A210
```

D274　垦鉴豆 33　— C144　　　　　　　　　　　　　　　　　　9

```
        |                  ┌ A210
        |                ┌ C333 A146
        |              ┌ C284 C287
        |            ┌ A019
        └ C270 A338 |
          └ C138 C155 C250 A154
            └ A245   └ C333 A146
                       └ A210

                   ┌ A210
                 ┌ C333 A146
                 |  └ A019
             ┌ C284 C287 ┌ A210
             |            └ C333 A146
         ┌ C155 C168 C250 A154 A316
         |   └ C156 A244
         |     └ C155 A154 ┌ A019
         |       └ C284 C287
         |         └ C333 A146
         |           └ A210
         |
```

D275　垦鉴豆 36　— C170 A688　　　　　　　　　　　　　　　7
D276　垦鉴豆 38　— D296 A401　　　　　　　　　　　　　　　14

```
                      ┌ A242
                    ┌ C484 A226
                ┌ C467 C506
                |   └ C324 A247
                |     └ A074
         ┌ C271 C511 A121      ┌ A210
         |    |               ┌ C333 A146
         |    |             ┌ C284 C287
         |    |           ┌ C155 A154 └ A019
         |    └ C138 C156 C270 C392 A069    ┌ A210
         |      └ A245   |    └ A260 ┌ C333 A146
         |               |           ┌ C284 C287
         |               |             └ A019
         |               └ C138 C155 C250 A154
         |                 └ A245   └ C333 A146
         |                            └ A210
```

D277　垦鉴豆 39　— C277 C180　　　　　　　　　　　　　　　21

```
                            ┌ A210
                          ┌ C333 A146  ┌ A252
                          |          ┌ C369 C410
                          |          |   └ C324 A131
                          |          |     └ A074
                  ┌ C198 C284 C287 C376 C377 A137 A154 A324
                  |   └ C250  └ A019   └ C370 A226
                  |     └ C333 A146      └ C333 A041 A108
                  |       └ A210           └ A210
           └ C195 C274 A324
             └ C150 A216 ┌ A019
               └ C284 C287
                 └ C333 A146
                   └ A210
```

（续）

| 编号 | 品种名称 | 亲本及其亲缘关系 | 祖先亲本数 |
|---|---|---|---|

D278　垦鉴豆 40　— D296 A689 C359　　26

```
                              ┌ A227
                    ┌ C467 C485
                    │    └ C324 A247
                    │         └ A074
          └ C510 C352 A128 A325  ┌ A211
                    │      ┌ C368 A226
                    └ C334 C338 A256 A316
                         └ C492 A226
                              └ A146
```

```
                    ┌ A210
               ┌ C333 A041 A108
          ┌ C370 A226
     ┌ C376 C377     ┌ A074
     │    │     ┌ C324 A131
     │    └ C369 C410
     │         └ A252
```

D279　垦农 5 号　— C383 C271　　13

```
                              ┌ A210
          │                ┌ C333 A146
          │           ┌ C284 C287
          │      ┌ C155 A154  └ A019
          └ C138 C156 C270 C392 A069   ┌ A210
               └ A245  │    └ A260  ┌ C333 A146
                       │      ┌ C284 C287
                       │      │    └ A019
                       └ C138 C155 C250 A154
                            └ A245  └ C333 A146
                                      └ A210
```

```
                    ┌ A210
     ┌ C165 A339  ┌ C333 A146
     │    └ C155 C250 C287 A154
     │         │         └ A019
     │         │    ┌ A019
     │         └ C284 C287
     │              └ C333 A146
     │                   └ A210
```

D280　垦农 7 号　— C271 C174　　8

```
                              ┌ A210
          │                ┌ C333 A146
          │           ┌ C284 C287
          │      ┌ C155 A154  └ A019
          └ C138 C156 C270 C392 A069   ┌ A210
               └ A245  │    └ A260  ┌ C333 A146
                       │      ┌ C284 C287
                       │      │    └ A019
                       └ C138 C155 C250 A154
                            └ A245  └ C333 A146
                                      └ A210
```

```
                    ┌ A210
     ┌ C165 A339  ┌ C333 A146
     │    └ C155 C250 C287 A154
     │         │         └ A019
     │         │    ┌ A019
     │         └ C284 C287
     │              └ C333 A146
     │                   └ A210
```

D281　垦农 8 号　— C173 C271　　8

```
                              ┌ A210
          │                ┌ C333 A146
```

| 编号 | 品种名称 | 亲本及其亲缘关系 | 祖先亲本数 |
|------|---------|----------------|-----------|

```
                              ┌ C284 C287
                    ┌ C155 A154  └ A019
         └ C138 C156 C270 C392 A069      ┌ A210
              └ A245  │      └ A260  ┌ C333 A146
                      │           ┌ C284 C287
                      │           │      └ A019
                      └ C138 C155 C250 A154
                           └ A245  └ C333 A146
                                        └ A210
```

D282　垦农 16　— A423 A316 A309　　　　　　　　　　　　　　4

```
                         ┌ A210
                    ┌ C333 A146
               ┌ C250
          ┌ C140 C233
          │    │    ┌ A019
          │    └ C250 C287
          │         └ C333 A146
          │              └ A210
```

D283　垦农 17　— C203 C222 A404　　　　　　　　　　　　　　12

```
          │                              ┌ A210
          │                    ┌ A210  ┌ C333 A146
          │                ┌ C333 A146 ┌ C250
          │          ┌ C250 A233  ┌ C233 A235
          │          │         ┌ C205 A316
          └ C138 C182 C197 C213 C250 A038 A102 A103
               └ A245  │         └ C333 A146
                       └ C250 A067  └ A210
                            └ C333 A146
                                 └ A210
```

```
                    ┌ A210
     ┌ C165 A339  ┌ C333 A146
     │    └ C155 C250 C287 A154
     │         │         └ A019
     │         │    ┌ A019
     │         └ C284 C287
     │              └ C333 A146
     │                   └ A210
     │                        ┌ A242
     │              ┌ C484 A226
     │         ┌ C467 C506
     │         │    └ C324 A247
     │         │         └ A074
```

D284　垦农 18　— C174 C270 C511 A121 A428　　　　　　　　12

```
          │                   ┌ A210
          │              ┌ C333 A146
          │         ┌ C284 C287
          │         │    └ A019
          └ C138 C155 C250 A154
               └ A245  └ C333 A146
                            └ A210
```

D285　垦农 19　— C275 A402　　　　　　　　　　　　　　　　12

```
               │                        ┌ A210
               │                   ┌ C333 A146
               │              ┌ C284 C287
               │         ┌ C155 A154  └ A019
               │    ┌ C138 C156 C270 C392 A069      ┌ A210
               │    │    └ A245  │      └ A260  ┌ C333 A146
               │    │            │           ┌ C284 C287
               │    │            │           │      └ A019
```

（续）

| 编号 | 品种名称 | 亲本及其亲缘关系 | 祖先亲本数 |
|---|---|---|---|

```
        |        |          └ C138 C155 C250 A154
        |        |    ┌ A210  └ A245  └ C333 A146
        |        | ┌ C333 A146         └ A210
        └ C198 C271 C284 C287 A137 A154 A324
            └ C250      └ A019
              └ C333 A146
                └ A210

                        ┌ A210
                      ┌ C333 A146
                    ┌ C284 C287
                  ┌ C155 A154 └ A019
          ┌ C138 C156 C270 C392 A069      ┌ A210
          |   └ A245  |    └ A260   ┌ C333 A146
          |           |           ┌ C284 C287
          |           |           |     └ A019
          |           └ C138 C155 C250 A154
          |             └ A245  └ C333 A146
          |                       └ A210
D286  垦农20  — C271 C174 A428                                          9
          |             ┌ A210
          └ C165 A339 ┌ C333 A146
              └ C155 C250 C287 A154
                |      └ A019
                |     ┌ A019
                └ C284 C287
                  └ C333 A146
                    └ A210

D287  龙生1号  — C220                                                  4
          └ C205 A316
            └ C233 A235
              └ C250
                └ C333 A146
                  └ A210

                        ┌ A210
                      ┌ C333 A146
                      | ┌ A019
                  ┌ C284 C287 ┌ A210
                  |    ┌ C333 A146
          ┌ C155 C168 C250 A154 A316
          |   └ C156 A244
          |     └ C155 A154 ┌ A019
          |       └ C284 C287
          |         └ C333 A146
          |           └ A210
          |   ┌ A040
D288  龙菽1号  — A649 C170 C243 C136 C287 C242                          9
          |   |   └ A248
          |   └ A019
          |     ┌ A019
          └ C284 C287
            └ C333 A146
              └ A210

D289  龙小粒豆1号  — C211 A444                                          5
          |   ┌ A241
          └ C140 C401
            |   ┌ A019
            └ C250 C287
              └ C333 A146
                └ A210
```

| 编号 | 品种名称 | 亲本及其亲缘关系 | 祖先亲本数 |
|---|---|---|---|

```
                                    ┌ A211
                              ┌ C368 A226
                        ┌ C334 C338 A256 A316
                        │    └ C492 A226
                        │         └ A146
                        │              ┌ A146
                        │         ┌ C492 A226
D290   嫩丰16  ─ C352 C384 C260 C336
                        │    │    │              ┌ A210
                        │    │    │         ┌ C333 A146
                        │    │    └ C233 C250 C287 A189
                        │    │         └ C250    └ A019
                        │    └ C324 A071   ┌ C333 A146
                        │         └ A074    └ A210
                        │              ┌ A211
                        │         ┌ C368 A226
                        └ C334 C338 A256 A316
                             └ C492 A226
                                  └ A146
```
10

```
                                    ┌ A210
                              ┌ C333 A146
                        ┌ C284 C287
                        │    └ A019
                  ┌ C155 A209
              ┌ C187 A327
D291   嫩丰17  ─ C260 C265 C220 C174
              │    │    │              ┌ A210
              │    │    │         ┌ C333 A146
              │    │    └ C165 A339
              │    │         └ C155 C250 C287 A154
              │    │              │         └ A019
              │    │              │         ┌ A019
              │    │              └ C284 C287
              │    └ C205 A316         └ C333 A146
              │         └ C233 A235         └ A210
              │              └ C250
              │              ┌ A210  └ C333 A146
              │         ┌ C333 A146    └ A210
              └ C233 C250 C287 A189
                   └ C250    └ A019
                        └ C333 A146
                             └ A210
```
18

```
                                    ┌ A210
                              ┌ C333 A146
                              │    ┌ A019
                        ┌ C284 C287   ┌ A210
                        │         ┌ C333 A146
                  ┌ C155 C168 C250 A154 A316
                  │         └ C156 A244
                  │              └ C155 A154   ┌ A019
                  │                   └ C284 C287
                  │                        └ C333 A146
                  │                             └ A210
                  │                             ┌ A210
                  │                        ┌ C333 A146
                  │                   ┌ C284 C287
                  │                   │         └ A019
                  │              ┌ C155 A209
              ┌ C187 A327
D292   嫩丰18  ─ C170 C260 C265 C220 C174
                   │    │    │              ┌ A210
```
19

（续）

| 编号 | 品种名称 | 亲本及其亲缘关系 | 祖先亲本数 |
|---|---|---|---|

```
            |              |   └ C165 A339  ┌ C333 A146
            |              |      └ C155 C250 C287 A154
            |              |      |              └ A019
            |              |      |         ┌ A019
            |              |      |    └ C284 C287
            |              └ C205 A316    └ C333 A146
            |               └ C233 A235    └ A210
            |                 └ C250
            |           ┌ A210  └ C333 A146
            |        ┌ C333 A146   └ A210
            └ C233 C250 C287 A189
               └ C250  └ A019
                  └ C333 A146
                     └ A210
```

D293　庆丰1号　— C593 A105 A340　　　　　　　　　　　　　　　　　3
　　　　　　　　└ A078

D294　庆鲜豆1号　— A676 A663　　　　　　　　　　　　　　　　　　2

```
        ┌ A019              ┌ A210
        |      ┌ A210    ┌ C333 A146
        |   ┌ C333 A146 ┌ C250
        |   |      ┌ C233 C333
        |   |      |   └ A210
```

D295　绥农12　— A154 C198 C287 C284 A137 C379 C128 C510　　　　16
　　　　　└ C250　　　　　　　　　　　|　　┌ A227
　　　　　　└ C333 A146　　　　　└ C467 C485
　　　　　　　└ A210　　　　　　　　└ C324 A247
　　　　　　　　　　　　　　　　　　　　└ A074

```
                    ┌ A210
                 ┌ C333 A146
                 |   ┌ A019
            ┌ C284 C287 ┌ A210
            |        └ C333 A146
        ┌ C155 C168 C250 C154 A316
        |     └ C156 A244
        |        └ C155 A154  ┌ A019
        |           └ C284 C287
        |              └ C333 A146
        |                 └ A210
```

D296　绥农14　— C170 C275　　　　　　　　　　　　　　　　　　　13
```
            |                          ┌ A210
            |                       ┌ C333 A146
            |                    ┌ C284 C287
            |                 ┌ C155 A154  ┌ A019
            |              ┌ C138 C156 C270 C392 A069   ┌ A210
            |              |   └ A245   |   └ A260  ┌ C333 A146
            |              |            |      ┌ C284 C287
            |              |            |      |   └ A019
            |              |            └ C138 C155 C250 A154
            |              |     ┌ A210  └ A245  └ C333 A146
            |              |  ┌ C333 A146         └ A210
            └ C198 C271 C284 C287 A137 A154 A324
               └ C250       └ A019
                  └ C333 A146
                     └ A210
```

```
                          ┌ A210
                       ┌ C333 A146
                    ┌ C284 C287
                 ┌ C155 A154  └ A019
              ┌ C138 C156 C270 C392 A069   ┌ A210
```

| 编号 | 品种名称 | 亲本及其亲缘关系 | 祖先亲本数 |
|------|----------|------------------|-----------|

```
              ┌ A245  │   ┌ A260   ┌ C333 A146
              │       │            ┌ C284 C287
              │       │            │      └ A019
              │       └ C138 C155 C250 A154
              │          └ A245   └ C333 A146
              │                          └ A210
D297  绥农15  ─ C191 C271 A324 C272 A708                                    18
              │                    │           ┌ A210
              │                    │         ┌ C333 A146
              │                    │       ┌ C284 C287
              │                    │       │      └ A019
              │                    │    ┌ C138 C155 C250 A154
              │                    │    │  └ A245   └ C333 A146
              │                    │    │  ┌ A241        └ A210
              │                    └ C140 C269 C401 A316
              │                    │       ┌ A019
              │                    └ C250 C287
              │                          └ C333 A146
              └ C195 A316 A324            └ A210
                └ C150 A216  ┌ A019
                   └ C284 C287
                      └ C333 A146
                         └ A210
                                    ┌ A227
                          ┌ C467 C485
                          │   └ C324 A247
                          │      └ A074
                  ┌ C510 C352 A128 A325  ┌ A211
                  │      │        ┌ C368 A226
                  │      └ C334 C338 A256 A316
                  │         └ C492 A226
                  │            └ A146
D298  绥农16  ─ C220 C359                                                   19
              └ C205 A316
                └ C233 A235
                   └ C250
                      └ C333 A146
                         └ A210

                                          ┌ A210
                                        ┌ C333 A146
                                      ┌ C284 C287
                              ┌ C155 A154  └ A019
                      ┌ C138 C156 C270 C392 A069   ┌ A210
                      │   └ A245   │   ┌ A260   ┌ C333 A146
                      │           │          ┌ C284 C287
                      │           │          │      └ A019
                      │           └ C138 C155 C250 A154
                      │              └ A245   └ C333 A146
                      │                             └ A210
D299  绥农17  ─ C191 C271 A324 C272 A708                                    18
              │                    │           ┌ A210
              │                    │         ┌ C333 A146
              │                    │       ┌ C284 C287
              │                    │       │      └ A019
              │                    │    ┌ C138 C155 C250 A154
              │                    │    │  └ A245   └ C333 A146
              │                    │    │  ┌ A241        └ A210
              │                    └ C140 C269 C401 A316
              │                    │       ┌ A019
              │                    └ C250 C287
              │
```

（续）

| 编号 | 品种名称 | 亲本及其亲缘关系 | 祖先亲本数 |
|---|---|---|---|

```
                              └ C333 A146
        └ C195 A316 A324          └ A210
          └ C150 A216  ┌ A019
              └ C284 C287
                  └ C333 A146
                      └ A210

                                    ┌ A210
                                    ┌ C333 A146
                              ┌ C284 C287
                        ┌ C155 A154  └ A019
                  ┌ C138 C156 C270 C392 A069      ┌ A210
                  |   └ A245  |      └ A260  ┌ C333 A146
                  |           |              ┌ C284 C287
                  |           |              |    └ A019
                  |           └ C138 C155 C250 A154
                  |      ┌ A210  └ A245  └ C333 A146
                  |   ┌ C333 A146           └ A210
          ┌ C198 C271 C284 C287 A137 A154 A324
          |   └ C250      └ A019
          |       └ C333 A146
          |           └ A210
          |                       ┌ A210
          |                 ┌ C333 A146          ┌ A210
          |                 |   ┌ A019      ┌ C333 A146
          |           ┌ C284 C287            |   ┌ A019
          |           |           ┌ A210  ┌ C284 C287  ┌ A210
          |           |     ┌ C333 A146  |       ┌ C333 A146
          |           |     |        ┌ C155 C168 C250 A154 A316
          |           |     |        └ C156 A244
          |           |     |            └ C155 A154  ┌ A019
          |           |     |                └ C284 C287
          |           |     |                    └ C333 A146
          |     ┌ A019 |     |                        └ A210
D300  绥农18 ─ C275 C287 C270 A316 C168 C155 A154 C250 C359 C170 A440 A415                          27
          |           |           |                 ┌ A227
          |           |           |           ┌ C467 C485
          |           |           |           |   └ C324 A247
          |           |           |           |       └ A074
          |           |           └ C510 C352 A128 A325  ┌ A211
          |           └ C156 A244              |     ┌ C368 A226
          |               └ C155 A154  ┌ A019  └ C334 C338 A256 A316
          |                   └ C284 C287        └ C492 A226
          |                       └ C333 A146       └ A146
          |                 ┌ A210  └ A210
          |           ┌ C333 A146
          |     ┌ C284 C287
          |     |       └ A019
          └ C138 C155 C250 A154
              └ A245  └ C333 A146
                          └ A210
                    ┌ A210
              ┌ C333 A146
              |   ┌ A019
          ┌ C284 C287  ┌ A210
          |       ┌ C333 A146
        ┌ C155 C168 C250 A154 A316
        |   └ C156 A244
        |       └ C155 A154  ┌ A019
```

| 编号 | 品种名称 | 亲本及其亲缘关系 | 祖先亲本数 |
|---|---|---|---|

```
                                    └ C284 C287
                                       └ C333 A146
                                          └ A210
D301  绥农 19  ─ C248 C170 C358                                                    19
        |        |                                    ┌ A227
        |        |                            ┌ C467 C485
        |        |          ┌ A074  ┌ A146    |   └ C324 A247
        |        └ C187 C324 C467 C492 C506 C510 A226  └ A074
        |           |       |       └ C484 A226
        |           |       └ C324 A247  └ A242
        |           |          └ A074
        |        └ C155 A209  ┌ A019
        |           └ C284 C287
        |              └ C333 A146
        |                 └ A210
        |                    ┌ A210
        |                 ┌ C333 A041 A108
        |              ┌ C370 A226
        |        ┌ C376 C377    ┌ A074
        |        |      |    ┌ C324 A131
        |        |    └ C369 C410
        |        |       └ A252
        └ C271 C383         ┌ A210
             |           ┌ C333 A146
             |        ┌ C284 C287
             |     ┌ C155 A154  └ A019
             └ C138 C156 C270 C392 A069      ┌ A210
                └ A245   |    └ A260  ┌ C333 A146
                         |       ┌ C284 C287
                         |       |    └ A019
                      └ C138 C155 C250 A154
                         └ A245  └ C333 A146
                                    └ A210

D302  绥农 20  ─ C270 A696                                                          8
        |                    ┌ A210
        |                 ┌ C333 A146
        |              ┌ C284 C287
        |     |        |    └ A019
        └ C138 C155 C250 A154
             └ A245  └ C333 A146
                        └ A210

                                    ┌ A146
                                 ┌ C492 A226
                    ┌ C271 C336 C338 A007 A256 A316
                    |     |        └ C368 A226
                    |     |           └ A211  ┌ A210
                    |     |              ┌ C333 A146
                    |     |           ┌ C284 C287
                    |     |        ┌ C155 A154  └ A019
                    |     └ C138 C156 C270 C392 A069      ┌ A210
                    |        └ A245  |    └ A260  ┌ C333 A146
                    |                |       ┌ C284 C287
                    |                |       |    └ A019
                    |             └ C138 C155 C250 A154
                    |                └ A245  └ C333 A146
                    |                           └ A210  ┌ A210
                    |                              ┌ C333 A041 A108
                    |                           ┌ C370 A226
```

（续）

| 编号 | 品种名称 | 亲本及其亲缘关系 | 祖先亲本数 |
|---|---|---|---|

```
                                              ┌ C376 C377        ┌ A074
                                              │                ┌ C324 A131
                                              │        └ C369 C410
                                              │              └ A252
                                              │                    ┌ A210
                            ┌ A019           │              ┌ C333 A146
D303  绥农21 ─ C270 C511 A121 C148 C141 A415 C287 A316 C275 C383 C198 C284 A137 A324 A487      34
        │  │        └ A070 A207         │      └ C250
        │  │      ┌ A242                │        └ C333 A146
        │  │   ┌ C484 A226              │          └ A210
        │  └ C467 C506                  │                      ┌ A210
        │     └ C324 A247               │              ┌ C333 A146
        │       └ A074                  │          ┌ C284 C287
        │         ┌ A210                │       ┌ C155 A154  └ A019
        │      ┌ C333 A146              │   ┌ C138 C156 C270 C392 A069    ┌ A210
        │   ┌ C284 C287                 │   │    └ A245  │    └ A260  ┌ C333 A146
        │   │     └ A019                │   │            │       ┌ C284 C287
        └ C138 C155 C250 A154           │   │            │       │    └ A019
           └ A245  └ C333 A146          │   │            └ C138 C155 C250 A154
                     └ A210             │   │        ┌ A210  └ A245  └ C333 A146
                                        │   │     ┌ C333 A146          └ A210
                                        └ C198 C271 C284 C287 A137 A154 A324
                                            └ C250          └ A019
                                               └ C333 A146
                                                  └ A210


                         ┌ A210
                      ┌ C333 A146
                   ┌ C284 C287
                ┌ C155 A154  └ A019
            ┌ C138 C156 C270 C392 A069    ┌ A210
            │    └ A245  │    └ A260  ┌ C333 A146
            │            │       ┌ C284 C287
            │            │       │    └ A019
            │            └ C138 C155 C250 A154
            │        └ A245  └ C333 A146
            │           ┌ A210  └ A210        ┌ A210
            │        ┌ C333 A146          ┌ C333 A146
            │        │   ┌ A019        ┌ C284 C287
            │     ┌ C284 C287          │    └ A019
            │  ┌ C150 A216          ┌ C138 C155 C250 A154
            │ ┌ C195 A316 A324      │    └ A245  └ C333 A146
            │ │                     │             └ A210
            │ │                     │        ┌ A241
            │ │                     │     ┌ C140 C401 A316
            │ │                     │     │         ┌ A019
            │ │                     │     └ C250 C287
            │ │                     │       └ C333 A146
            │ │                     │         └ A210
D304  绥农22 ─ C271 C191 A324 C272 A708 C140 C269 C273 C170 A328          19
            │   │         │         │              ┌ A210
            │   │         │         │           ┌ C333 A146
            │   │         │         │           │  ┌ A019
            │   │         │         │        ┌ C284 C287  ┌ A210
            │   │         │         │        │       ┌ C333 A146
            │   │         │         └ C155 C168 C250 A154 A316
            │   │         │            └ C156 A244
            │   │       ┌ A019           └ C155 A154  ┌ A019
            │   │    └ C250 C287
```

（续）

| 编号 | 品种名称 | 亲本及其亲缘关系 | 祖先亲本数 |
|---|---|---|---|

```
                              ┌ C333 A146          ┌ C284 C287
                              │   └ A210            │   └ C333 A146
                              │                     │       └ A210
                              │                ┌ A210
                              │              ┌ C333 A146
                              │            ┌ C284 C287
                              │            │       └ A019
                              │        ┌ C138 C155 C250 A154
                              │        │   └ A245  └ C333 A146
                              │        │ ┌ A241        └ A210
                              └ C140 C269 C401 A316
                                   │       ┌ A019
                                   └ C250 C287
                                        └ C333 A146
                                           └ A210

D305  绥无腥豆1号 — A523 C277                                                    13
                │              ┌ A242
                │            ┌ C484 A226
                │          ┌ C467 C506
                │          │   └ C324 A247
                │          │       └ A074
                └ C271 C511 A121          ┌ A210
                     │                  ┌ C333 A146
                     │                ┌ C284 C287
                     │              ┌ C155 A154  └ A019
                     └ C138 C156 C270 C392 A069          ┌ A210
                          └ A245  │   └ A260  ┌ C333 A146
                                  │         ┌ C284 C287
                                  │         │       └ A019
                                  └ C138 C155 C250 A154
                                       └ A245  └ C333 A146
                                                  └ A210

                                   ┌ A210
                                 ┌ C333 A146
                               ┌ C284 C287
                             ┌ C155 A154  └ A019
                           ┌ C138 C156 C270 C392 A069          ┌ A210
                           │   └ A245  │   └ A260  ┌ C333 A146
                           │           │         ┌ C284 C287
                           │           │         │       └ A019
                           │           └ C138 C155 C250 A154
                           │                └ A245  └ C333 A146
                           │                           └ A210
                           │        ┌ A245  ┌ A260
D306  绥小粒豆1号 — C271 A069 C138 C156 C392 C364                                  11
                │              └ A094 A180
                └ C155 A154  ┌ A019
                     └ C284 C287
                          └ C333 A146
                             └ A210

D307   伊大豆2号 — A566                                                            1
D308   鄂豆6号 — C106 C288 A219 A577                                              9
                │   └ A291
                │       ┌ A034
                └ C124 C417 A177
                     └ C094 A196  ┌ A254
```

（续）

| 编号 | 品种名称 | 亲本及其亲缘关系 | 祖先亲本数 |
|---|---|---|---|

```
                        └ C540 C574 A228
                            └ A133
D309  鄂豆7号   ─ C288 A219 C030                                              12
                  └ A291  |                         ┌ A074
                          |                  ┌ C324 A247  ┌ A242
                          └ C031 A169 ┌ A034 |        ┌ C484 A226
                              └ C324 C417 C455 C467 C492 C506 A226
                                  └ A074  |        └ A146
                                          └ A231 A334

                  ┌ C288 A219
                  |  └ A291
D310  鄂豆8号   ─ C290 C623                                                   8
                  └ A201 A346

                  ┌ C288 A219
                  |  └ A291
D311  鄂豆9号   ─ C290 C030                                                   12
                  |                         ┌ A074
                  |                  ┌ C324 A247  ┌ A242
                  └ C031 A169 ┌ A034 |        ┌ C484 A226
                      └ C324 C417 C455 C467 C492 C506 A226
                          └ A074  |        └ A146
                                  └ A231 A334

D312  中豆26    ─ A534 C111                                                   
                  |      ┌ A034
                  └ C124 C417 A177
                      └ C094 A196 ┌ A254
                          └ C540 C574 A228
                              └ A133

                  ┌ A201 A214
D313  中豆29    ─ C301 A707                                                   6

                  ┌ A201 A214
D314  中豆30    ─ C301 C060                                                   4
                  └ A150 A204

                      ┌ A034                      ┌ A231 A334
              ┌ C124 C417 A177              ┌ C417 C455
              |  └ C094 A196 ┌ A254         |  └ A034
              |      └ C540 C574 A228       |      ┌ A210
              |          └ A133             |   ┌ C333 A146
              |              └ A146  ┌ A074 |  ┌ C250        A334
D315  中豆31  ─ C295 C106 A347 C324 C492 A226 C506 C467 C417 C455 C029 C233 A075 C401 A054 A324 C028  A231   28
              |  └ A074  |        |      |  └ A231 A334  └ A241 A054  |      |
              | ┌ A084 ┌ A231 A334 |      └ A034                   └ C417 C455
              └ C428 C431 C455 A263 |      ┌ A242                     └ A034
                  └ A002            └ C484 A226

                      ┌ A227
              ┌ C467 C485
              |  └ C324 A247
              |      └ A074
D316  中豆32  ─ C301 C510                                                     5
                  └ A201 A214

                      ┌ C009 A106 A134
                      |  └ A246
```

| 编号 | 品种名称 | 亲本及其亲缘关系 | 祖先亲本数 |
|---|---|---|---|

```
D317  中豆 33   — A202 A345 C008 C431 A168 A119 C290              14
                      └ A002        └ C288 A219
                                         └ A291

                          ┌ C009 A106 A134
                          │   └ A246
D318  中豆 34   — A202 A345 C008 C431 A168 A119 C451 A183 A268     15
                      └ A002        └ C431 A084
                                         └ A002

                  ┌ A201 A346
D319  湘春豆 16  — C288 C623                                       7
                  └ A291

                  ┌ A201 A346
D320  湘春豆 17  — C303 C302                                       11
                  │              ┌ A146
                  │        ┌ C492 A226
                  │     ┌ C336 A132
                  └ C307 C345 A152
                        └ A205

                  ┌ A036
D321  湘春豆 18  — C299 C648                                       5
                  └ C575 A237 ┌ A254
                      └ C540 C574 A228
                          └ A133

                  ┌ A201 A214
D322  湘春豆 19  — C301 C310 D366                                  15
                  └ C307 A266
                      └ A205

                  ┌ A201 A346
D323  湘春豆 20  — C288 C623                                       7
                  └ A291

D324  湘春豆 21  — A448 A219 C142                                  5
                      └ C242 A310 A322
                          └ A248

                  ┌ A201 A214
D325  湘春豆 22  — C301 C306                                       3
                  │         ┌ A291
                  └ C301 C288 A201
                      └ A201 A214

                  ┌ A201 A346
                  │ ┌ A036
D326  湘春豆 23  — C288 C623 C299 C648                             12
                  └ A291     └ C575 A237 ┌ A254
                              └ C540 C574 A228
                                  └ A133

                  ┌ C333 A041 A108
                  │   └ A210
D327  白农 5 号  — C370 A226 C392                                  5
                  └ A260

                                  ┌ A211
                            ┌ C368 A226
                  ┌ C334 C338 A256 A316
                  │   └ C492 A226
                  │       └ A146
D328  白农 6 号  — C315 C352                                       7
                  │         ┌ A210
                  │     ┌ C333 A146
                  └ C182 C250
```

（续）

| 编号 | 品种名称 | 亲本及其亲缘关系 | 祖先亲本数 |
|---|---|---|---|

```
                              └ C250 A233
                                  └ C333 A146
                                      └ A210

                                      ┌ A211
                                  ┌ C368 A226
                          ┌ C334 C338 A256 A316
                          │     └ C492 A226
                          │         └ A146
D329  白农 7 号  — C315 C352
                          │             ┌ A210
                          │         ┌ C333 A146
                          └ C182 C250
                              └ C250 A233
                                  └ C333 A146
                                      └ A210

                                      ┌ A211
                                  ┌ C368 A226
                          ┌ C334 C338 A256 A316
                          │     └ C492 A226
                          │         └ A146
D330  白农 8 号  — C316 C352
                          │         ┌ A260
                          └ C370 C392 A226
                              └ C333 A041 A108
                                  └ A210

                                      ┌ A211
                                  ┌ C368 A226
                          ┌ C334 C338 A256 A316
                          │     └ C492 A226
                          │         └ A146
D331  白农 9 号  — A449 A340 C352

                                      ┌ A211
                                  ┌ C368 A226
                          ┌ C334 C338 A256 A316
                          │     └ C492 A226
                          │         └ A146
D332  白农 10 号  — A449 A340 C352 A391

                                  ┌ A211
                              ┌ C368 A226
                      ┌ C334 C338 A256 A316
                      │     └ C492 A226
                      │         └ A146
                      │             ┌ A210
                      │         ┌ C333
D333  长农 8 号  — C352 C410 C372 A226
                          └ C324 A131
                              └ A074

                                      ┌ A242
                                  ┌ C484 A226
                          ┌ C467 C506
                          │     └ C324 A247
                          │         └ A074
D334  长农 9 号  — C353 C511 A324
                          │         ┌ A146
                          │     ┌ C492 A226      ┌ A227
                          │     │         ┌ C467 C485
                          │     │         │   └ C324 A247
                          │     │         │       └ A074
                          └ C209 C334 C336 C510 A128 A132 A135 A316
```

D329: 7　D330: 9　D331: 7　D332: 8　D333: 8　D334: 16

（续）

| 编号 | 品种名称 | 亲本及其亲缘关系 | 祖先亲本数 |
|---|---|---|---|

```
                        └ C492 A226
                            └ A146
                              ┌ A210
                            ┌ C333 A146
                        ┌ C250 A067
                    └ C140 C197  ┌ A019
                         └ C250 C287
                             └ C333 A146
                                 └ A210

                ┌ C510 A324  ┌ A227
                |   └ C467 C485
                |       └ C324 A247
                |           └ A074
```
D335　长农 10 号　— A071 A182 C498 C321　　　　　　　　　　　　　　　　　　17
```
                |                           ┌ A211
                |                         ┌ C368 A226
                |                   ┌ C334 C338 A256 A316
                |                   |   └ C492 A226
                └ C320 C352          └ A146
                    |                       ┌ A210
                    └ C204 A157 A316  ┌ C333 A146
                        |           ┌ C250   ┌ A019
                        └ C140 C233 C250 C287
                            |           └ C333 A146
                            |               └ A210
                            |       ┌ A019
                            └ C250 C287
                                └ C333 A146
                                    └ A210
```

```
                    ┌ A260
```
D336　长农 11　— C320 C392　　　　　　　　　　　　　　　　　　　　　　　7
```
                    |                   ┌ A210
                    └ C204 A157 A316  ┌ C333 A146
                        |           ┌ C250   ┌ A019
                        └ C140 C233 C250 C287
                            |           └ C333 A146
                            |               └ A210
                            |       ┌ A019
                            └ C250 C287
                                └ C333 A146
                                    └ A210
```

D337　长农 12　— A459 A453　　　　　　　　　　　　　　　　　　　　　　2

D338　长农 13　— A451 A450　　　　　　　　　　　　　　　　　　　　　　2

D339　长农 14　— 不详　　　　　　　　　　　　　　　　　　　　　　　　1

```
                ┌ C510 A324  ┌ A227
                |   └ C467 C485
                |       └ C324 A247
                |           └ A074
```
D340　长农 15　— A071 A182 C498 C321　　　　　　　　　　　　　　　　　17
```
                |                           ┌ A211
                |                         ┌ C368 A226
                |                   ┌ C334 C338 A256 A316
                |                   |   └ C492 A226
                └ C320 C352          └ A146
                    |                       ┌ A210
                    └ C204 A157 A316  ┌ C333 A146
                        |           ┌ C250   ┌ A019
                        └ C140 C233 C250 C287
                            |           └ C333 A146
```

（续）

| 编号 | 品种名称 | 亲本及其亲缘关系 | 祖先亲本数 |
|---|---|---|---|

```
    |                              ┌ A210
    |                    ┌ A019
    └ C250 C287
            └ C333 A146
                    └ A210
```

D341　长农 16　— C359 A454　17
```
    |                    ┌ A227
    |          ┌ C467 C485
    |          |      └ C324 A247
    |          |            └ A074
    └ C510 C352 A128 A325 ┌ A211
              |        ┌ C368 A226
              └ C334 C338 A256 A316
                      └ C492 A226
                            └ A146
```

D342　长农 17　— C359 A454　17
```
    |                    ┌ A227
    |          ┌ C467 C485
    |          |      └ C324 A247
    |          |            └ A074
    └ C510 C352 A128 A325 ┌ A211
              |        ┌ C368 A226
              └ C334 C338 A256 A316
                      └ C492 A226
                            └ A146
```
```
                        ┌ A211
                  ┌ C368 A226
          ┌ C334 C338 A256 A316
          |        └ C492 A226
          |              └ A146
```

D343　吉豆 1 号　— C358 C352 C515　12
```
    |                        ┌ A242
    |              └ C511 A313 ┌ C484 A226
    |                    └ C467 C506
    |                          └ C324 A247
    |                                └ A074
    |                                        ┌ A227
    |                                ┌ C467 C485
    |              ┌ A074 ┌ A146 |      └ C324 A247
    └ C187 C324 C467 C492 C506 C510 A226  └ A074
          |        |          └ C484 A226
          |        └ C324 A247  └ A242
          |              └ A074
          └ C155 A209 ┌ A019
                └ C284 C287
                      └ C333 A146
                            └ A210
```
```
                            ┌ A242
                      ┌ C484 A226
                ┌ C467 C506
                |      └ C324 A247
                |            └ A074                    ┌ A227
                |        ┌ A074 ┌ A074      ┌ C467 C485
                |        |    ┌ C324 A247    |      └ C324 A247
                |        |    |    ┌ A146    |            └ A074
```

D344　吉豆 2 号　— C271 C498 C511 A324 C324 C467 C492 A226 A056 C510 C168 C334 A332 A149　20
```
    |        └ C510 A324 ┌ A227                    |      └ C492 A226
    |              └ C467 C485                      |            └ A146
    |                    └ C324 A247                └ C156 A244
```

| 编号 | 品种名称 | 亲本及其亲缘关系 | 祖先亲本数 |
|------|----------|------------------|------------|

```
                        └ A074                        ┌ C155 A154  ┌ A019
                              ┌ A210                   └ C284 C287
                              ┌ C333 A146                    └ C333 A146
                        ┌ C284 C287                               └ A210
                        │      └ A019
                        │  ┌ C155 A154
                        └ C138 C156 C270 C392 A069     ┌ A210
                          └ A245   │     └ A260   ┌ C333 A146
                                   │        ┌ C284 C287
                                   │        │     └ A019
                                   └ C138 C155 C250 A154
                                      └ A245   └ C333 A146
                                                     └ A210

                                              ┌ A211
                                          ┌ C368 A226
                                      ┌ C334 C338 A256 A316
                                      │    └ C492 A226
                                      │         └ A146
```

D345　吉豆 3 号　— A579 A325 A128 C510 C352 　　　　　　　　　　　　　　　17
```
                                   │      ┌ A227
                                   └ C467 C485
                                      └ C324 A247
                                           └ A074
```

D346　吉丰 1 号　— C325 　　　　　　　　　　　　　　　　　　　　　　5
```
              └ C379 A324  ┌ A210
                └ C233 C333
                     └ C250
                       └ C333 A146
                             └ A210

                               ┌ A211
                           ┌ C368 A226
                       ┌ C334 C338 A256 A316
                       │    └ C492 A226
                       │         └ A146
```

D347　吉丰 2 号　— C510 C352 　　　　　　　　　　　　　　　　　　8
```
               │      ┌ A227
               └ C467 C485
                  └ C324 A247
                       └ A074

                         ┌ A211
                     ┌ C368 A226
                 ┌ C334 C338 A256 A316
                 │    └ C492 A226
                 │         └ A146
```

D348　吉科豆 1 号　— C352 　　　　　　　　　　　　　　　　　　5
D349　吉科豆 2 号　— C362 　　　　　　　　　　　　　　　　　　8
```
              └ C498 A071 A182
                  └ C510 A324  ┌ A227
                   └ C467 C485
                      └ C324 A247
                           └ A074

                                      ┌ A227
                                 ┌ C467 C485
                   ┌ A074  ┌ A146 │    └ C324 A247
               ┌ C187 C324 C467 C492 C506 C510 A226  └ A074
               │    │    │         └ C484 A226
               │    │    └ C324 A247   └ A242
               │    │         └ A074
               │    └ C155 A209  ┌ A019
```

| 编号　品种名称 | 亲本及其亲缘关系 | 祖先亲本数 |
|---|---|---|

```
                    └ C284 C287
                        └ C333 A146
                            └ A210
                                      ┌ A074              ┌ A211
                                    ┌ C324 A247         ┌ C368 A226
                                    │                 ┌ C334 C338 A256 A316
                                    │                 │   └ C492 A226
                                    │                 │       └ A146
D350  吉科豆3号 — C358 A583 C271 C508 C324 C467 A316 C352 C515                        19
            │   │      └ A074              │        ┌ A242
            │   └ C233 A232              ┌ C511 A313 ┌ C484 A226
            │       └ C250              │   └ C467 C506
            │         └ C333 A146       └ C324 A247
            │             └ A210            └ A074
            │                      ┌ A210
            │                    ┌ C333 A146
            │                  ┌ C284 C287
            │         ┌ C155 A154  └ A019
            └ C138 C156 C270 C392 A069      ┌ A210
                └ A245  │     └ A260  ┌ C333 A146
                        │             ┌ C284 C287
                        │             │   └ A019
                        └ C138 C155 C250 A154
                            └ A245  └ C333 A146
                                        └ A210
                                      ┌ A241
                                    ┌ C140 C401
                                    │   │    ┌ A019
                                    │   └ C250 C287
                                    │       └ C333 A146
                                    │           └ A210
                          ┌ A211    │        ┌ A227
                        ┌ C368 A226 │      ┌ C467 C485
                      ┌ C334 C338 A256 A316 │   └ C324 A247
                      │   └ C492 A226  │    │     └ A074
                      │       └ A146   │    │
D351  吉科豆5号 — A434 C475 C352 C347 A325 A256 A316 C211 C510 C248                      30
                      │     └ C338 A256        │                  ┌ A210
                      │       └ C368 A226      │                ┌ C333 A041 A108
                      │           └ A211       │              ┌ C370 A226
                      │   ┌ A227               │            ┌ C376 C377  ┌ A074
                      └ C485 C520 A030 A095    │            │    │     ┌ C324 A131
                          └ A234               │            │    └ C369 C410
                                               │            │        └ A252
                                               │            │     ┌ A210
                                               └ C271 C383   │   ┌ C333 A146
                                                   │         ┌ C284 C287
                                                   │       ┌ C155 A154  └ A019
                                                   └ C138 C156 C270 C392 A069      ┌ A210
                                                       └ A245  │     └ A260  ┌ C333 A146
                                                               │             ┌ C284 C287
                                                               │             │   └ A019
                                                               └ C138 C155 C250 A154
                                                                   └ A245  └ C333 A146
                                                                               └ A210

                          ┌ A211
                        ┌ C368 A226
                      ┌ C334 C338 A256 A316
                      │   └ C492 A226
                      │       └ A146
D352  吉科豆6号 — C352                                                                 5
```

（续）

| 编号 | 品种名称 | 亲本及其亲缘关系 | 祖先亲本数 |
|---|---|---|---|

```
                              ┌ A211
                          ┌ C368 A226
                      ┌ C334 C338 A256 A316
                      │   └ C492 A226
                      │       └ A146
D353  吉科豆 7 号  ─ A465 C352 C320 A071 A182 C498                              18
                      │              └ C510 A324  ┌ A227
                      │                  └ C467 C485
                      │                      └ C324 A247
                      │                          └ A074
                      │                   ┌ A210
                      └ C204 A157 A316  ┌ C333 A146
                          │           ┌ C250  ┌ A019
                          └ C140 C233 C250 C287
                              │          └ C333 A146
                              │              └ A210
                              │          ┌ A019
                              └ C250 C287
                                  └ C333 A146
                                      └ A210

                          ┌ A227
                      ┌ C485 C520 A030 A095
                      │   └ A234
D354   吉林 33  ─ A434 C475 A433 A455 C385                                     12
                          └ C250 A328
                              └ C333 A146
                                  └ A210

                              ┌ A211
                          ┌ C368 A226
                      ┌ C334 C338 A256 A316
                      │   └ C492 A226
                      │       └ A146
D355   吉林 34  ─ C511 A324 C352                                               11
                      │      ┌ A242
                      │   ┌ C484 A226
                      └ C467 C506
                          └ C324 A247
                              └ A074

                              ┌ A211
                          ┌ C368 A226
                      ┌ C334 C338 A256 A316
                      │   └ C492 A226
                      │       └ A146
D356   吉育 35  ─ C352 C498                                                    11
                      └ C510 A324  ┌ A227
                          └ C467 C485
                              └ C324 A247
                                  └ A074

                              ┌ A211
                          ┌ C368 A226
                      ┌ C334 C338 A256 A316
                      │   └ C492 A226
                      │       └ A146
D357   吉林 36  ─ C515 C352 C142                                               12
                      │   └ C242 A310 A322
                      │       └ A248
                      │             ┌ A242
                      └ C511 A313  ┌ C484 A226
                          └ C467 C506
```

（续）

| 编号 | 品种名称 | 亲本及其亲缘关系 | 祖先亲本数 |
|---|---|---|---|

```
                                    └ C324 A247
                                         └ A074

                              ┌ A211
                         ┌ C368 A226
                    ┌ C334 C338 A256 A316
                    │    └ C492 A226
                    │         └ A146
D358  吉林38  ─ C352 C320 A071 A182 C498                                                    17
                    │              └ C510 A324  ┌ A227
                    │                   └ C467 C485
                    │                        └ C324 A247
                    │                             └ A074
                    │                        ┌ A210
                    └ C204 A157 A316  ┌ C333 A146
                         │           ┌ C250  ┌ A019
                         └ C140 C233 C250 C287
                              │           └ C333 A146
                              │                └ A210
                              │      ┌ A019
                              └ C250 C287
                                   └ C333 A146
                                        └ A210

                              ┌ A211
                         ┌ C368 A226
                    ┌ C334 C338 A256 A316
                    │    └ C492 A226
                    │         └ A146
D359  吉林39  ─ C352 C498                                                                   11
                    └ C510 A324  ┌ A227
                         └ C467 C485
                              └ C324 A247
                                   └ A074

D360  吉育40  ─ C347 A325 A480 A256 A316                                                    12
                    └ C338 A256
                         └ C368 A226
                              └ A211

                              ┌ A227
                         ┌ C467 C485
                         │    └ C324 A247
                         │         └ A074
                         │    ┌ A146
                         ┌ C492 A226
D361  吉林41  ─ C362 A128 C510 C336 A132 C334 A316 C209 A135 A324 A607 A619 A614 A331      20
                    │              │        │           ┌ A210
                    │              │        │      ┌ C333 A146
                    │              │        │ ┌ C250 A067
                    │              │   ┌ C140 C197
                    │         └ C492 A226 │      ┌ A019
                    └ C498 A071 A182   └ A146  └ C250 C287
                         └ C510 A324  ┌ A227        └ C333 A146
                              └ C467 C485                └ A210
                                   └ C324 A247
                                        └ A074

                              ┌ A227
                         ┌ C467 C485
                         │    └ C324 A247
                         │         └ A074
                         │    ┌ A210          ┌ A146
                         │ ┌ C333 A146   ┌ C492 A226
```

（续）

| 编号 | 品种名称 | 亲本及其亲缘关系 | 祖先亲本数 |
|---|---|---|---|

D362　吉林 42

```
                    │            ┌ A019   ┌ C324 C336
                    │      ┌ C284 C287    │   └ A074
  ─ C336 A128 C510 C155 A154 C250 A316 C349 C470
  │     ┌ A146            └ C333 A146   ┌ C324 A114
  └ C492 A226              └ A210       └ A074
```
11

D363　吉林 43

```
                            ┌ A211
                      ┌ C368 A226              ┌ A227
                ┌ C334 C338 A256 A316   ┌ C467 C485
                │     └ C492 A226       │     └ C324 A247
                │           └ A146      │         └ A074
  ─ A434 C475 C352 C347 A325 A256 A316 C211 C510
                │     └ C338 A256       │     ┌ A241
                │           └ C368 A226 C140 C401
                │                 └ A211 │     ┌ A019
                │     ┌ A227            └ C250 C287
                └ C485 C520 A030 A095        └ C333 A146
                      └ A234                    └ A210
```
22

D364　吉育 44

```
                            ┌ A227
                      ┌ C467 C485
                      │     └ C324 A247
                      │         └ A074
  ─ C347 A325 A256 A316 C510 C511 A014
  └ C338 A256           │           ┌ A242
      └ C368 A226       │     ┌ C484 A226
            └ A211      └ C467 C506
                              └ C324 A247
                                  └ A074
```
16

D365　吉育 45

```
                            ┌ A211
                      ┌ C368 A226
                ┌ C334 C338 A256 A316
                │     └ C492 A226
                │           └ A146
    ┌ C209 C352 A135       ┌ A210
    │    │            ┌ C333 A146
    │    │      ┌ C250 A067
    │    └ C140 C197
    │    │           ┌ A019
    │    └ C250 C287
    │          └ C333 A146
    │                └ A210
    │                 ┌ A211
    │           ┌ C368 A226
    │     ┌ C334 C338 A256 A316
    │     │     └ C492 A226
    │     │           └ A146
  ─ C357 C320 C352
    │                       ┌ A210
    └ C204 A157 A316   ┌ C333 A146
         │        ┌ C250   ┌ A019
         └ C140 C233 C250 C287
                  │         └ C333 A146
                  │               └ A210
                  │           ┌ A019
                  └ C250 C287
                        └ C333 A146
                              └ A210

                            ┌ A211
                      ┌ C368 A226
                ┌ C334 C338 A256 A316
```
11

（续）

| 编号 | 品种名称 | 亲本及其亲缘关系 | 祖先亲本数 |
|---|---|---|---|

```
                    |    └ C492 A226
                    |         └ A146
D366  吉育 46  ─ C352 C209 A135 C355                                          11
                    |              └ C352 A071 A085  ┌ A211
                    |              |              ┌ C368 A226
                    |              └ C334 C338 A256 A316
                    |                        └ C492 A226
                    |                             └ A146
                    |                   ┌ A210
                    |              ┌ C333 A146
                    |         ┌ C250 A067
                    └ C140 C197
                         |         ┌ A019
                         └ C250 C287
                              └ C333 A146
                                   └ A210


                                   ┌ A211
                              ┌ C368 A226
                         ┌ C334 C338 A256 A316
                         |    └ C492 A226
                         |         └ A146
D367  吉育 47  ─ A464 C170 C352 C545                                          15
                    |         └ C578 A047 A333
                    |              |    ┌ A254
                    |              └ C540 C574 A228
                    |                   └ A133
                    |                   ┌ A210
                    |              ┌ C333 A146
                    |              |    ┌ A019
                    |         ┌ C284 C287  ┌ A210
                    |         |         ┌ C333 A146
                    └ C155 C168 C250 A154 A316
                              └ C156 A244
                                   └ C155 A154  ┌ A019
                                        └ C284 C287
                                             └ C333 A146
                                                  └ A210


                              ┌ A242
                         ┌ C484 A226
                    ┌ C467 C506
                    |    └ C324 A247
                    |         └ A074
D368  吉育 48  ─ C511 A324 C361                                               10
                    └ C498 A071 A182
                         └ C510 A324  ┌ A227
                              └ C467 C485
                                   └ C324 A247
                                        └ A074


                         ┌ A146
                    ┌ C492 A226  ┌ A227
                    |         ┌ C467 C485
                    |         |    └ C324 A247
                    |         |         └ A074
               ┌ C209 C334 C336 C510 A128 A132 A135 A316
               |    |         └ C492 A226
               |    |              └ A146
               |    |                   ┌ A210
               |    |              ┌ C333 A146
               |    |         ┌ C250 A067
               |    └ C140 C197  ┌ A019
```

（续）

| 编号 | 品种名称 | 亲本及其亲缘关系 | 祖先亲本数 |
|---|---|---|---|

```
                                    └ C250 C287
                                         └ C333 A146
                                              └ A210
D369   吉育 49  ─ A462 C353 C545                                              18
                      └ C578 A047 A333
                      |              ┌ A254
                      └ C540 C574 A228
                            └ A133

                                         ┌ A146
                              ┌ C492 A226      ┌ A227
                              |          ┌ C467 C485
                              |          |    └ C324 A247
                              |          |         └ A074
                      ┌ C209 C334 C336 C510 A128 A132 A135 A316
                      |    |         └ C492 A226
                      |    |              └ A146
                      |    |                ┌ A210
                      |    |         ┌ C333 A146
                      |    |    ┌ C250 A067
                      |    └ C140 C197   ┌ A019
                      |         └ C250 C287
                      |              └ C333 A146
                      |                   └ A210
D370   吉育 50  ─ C348 C353 C352 C320 A463                                    17
                      |         |         |         ┌ A210
                      |         |         └ C204 A157 A316  ┌ C333 A146
                      |         |              |       ┌ C250   ┌ A019
                      |         |         └ C140 C233 C250 C287
                      |         |              |       |    └ C333 A146
                      |         |              |       |         └ A210
                      |         |              |       ┌ A019
                      |         |         └ C250 C287
                      |         |              └ C333 A146
                      |         |                   └ A210
                      |         |         ┌ A211
                      |         |    ┌ C368 A226
                      |         └ C334 C338 A256 A316
                      |              └ C492 A226
                      |                   └ A146
                      └ C334 A316        └ A146
                           └ C492 A226
                                └ A146
D371   吉育 52  ─ A452 C353 A347 A613 A596                                    20
                      |              ┌ A146
                      |         ┌ C492 A226      ┌ A227
                      |         |          ┌ C467 C485
                      |         |          |    └ C324 A247
                      |         |          |         └ A074
                      └ C209 C334 C336 C510 A128 A132 A135 A316
                      |         └ C492 A226
                      |              └ A146
                      |                ┌ A210
                      |         ┌ C333 A146
                      |    ┌ C250 A067
                      └ C140 C197   ┌ A019
                           └ C250 C287
                                └ C333 A146
                                     └ A210
                                     ┌ A242
                                ┌ C484 A226
                           ┌ C467 C506
```

（续）

| 编号 | 品种名称 | 亲本及其亲缘关系 | 祖先亲本数 |
|---|---|---|---|

```
                    |    └ C324 A247
                    |        └ A074
D372   吉育 53   ─ C244 C507 C511 A014                                        11
                    |    |      ┌ A227
                    |    └ C324 C485
                    |          └ A074
                    └ C195 A160
                        └ C150 A216  ┌ A019
                          └ C284 C287
                              └ C333 A146
                                  └ A210

                                        ┌ A227
                              ┌ C467 C485
                              |     └ C324 A247
                              |         └ A074
                              |         ┌ A146
                              |     ┌ C492 A226
D373   吉育 54   ─ A071 A182 C498 A128 C510 C336 A132 C334 A316 C209 A135 A458      17
                    └ C510 A324  ┌ A227  |        |           ┌ A210
                    └ C467 C485  |       |        |      ┌ C333 A146
                        └ C324 A247  |   |        └ C250 A067
                            └ A074   |   └ C140 C197
                                 └ C492 A226  |          ┌ A019
                                   └ A146  └ C250 C287
                                               └ C333 A146
                                                   └ A210

                                    ┌ A227
                            ┌ C467 C485
                            |     └ C324 A247
                            |         └ A074
D374   吉育 55   ─ A325 A128 C510 A071 A182 C498 A575                              16
                              └ C510 A324  ┌ A227
                              └ C467 C485
                                  └ C324 A247
                                      └ A074

                            ┌ A227
                    ┌ C485 C520 A030 A095
                    |     └ A234
                    |           ┌ A211
                    |       ┌ C368 A226        ┌ A227
                    |   ┌ C334 C338 A256 A316  ┌ C467 C485
                    |   |     └ C492 A226      |     └ C324 A247
                    |   |         └ A146       |         └ A074
D375   吉育 57   ─ A434 C475 C352 C347 A325 A256 A316 C211 C510                     22
                    └ C338 A256     |       ┌ A241
                      └ C368 A226  └ C140 C401
                          └ A211    |          ┌ A019
                                   └ C250 C287
                                       └ C333 A146
                                           └ A210

                                    ┌ A210
                                  ┌ C333 A146
                              ┌ C284 C287
                          ┌ C155 A209  └ A019
                      ┌ C187 C195 A320
                      |     └ C150 A216  ┌ A019
                      |       └ C284 C287
                      |           └ C333 A146
                      ┌ C187 C188 A316 A320   └ A210
```

| 编号 | 品种名称 | 亲本及其亲缘关系 | 祖先亲本数 |
|------|----------|------------------|------------|

```
                              └ C155 A209 ┌ A019
                                  └ C284 C287
                                      └ C333 A146
                                          └ A210
                                              ┌ A210
                                          ┌ C333 A146
                                      ┌ C284 C287
                                  ┌ C150 A216 └ A019
                                  │           ┌ A210
                                  │       ┌ C333 A146
                                  │   ┌ C284 C287
                                  │ ┌ C155 A209 └ A019
D376  吉育58 — A463 C498 C193 A316 C195 C187 A320 C179 A414                    18
        └ C510 A324 ┌ A227          │                        ┌ A210
          └ C467 C485               │                    ┌ C333 A146
            └ C324 A247             │                ┌ C284 C287
              └ A074              └ C169 A267 ┌ C150 A216 └ A019
                    └ C168 C195
                      └ C156 A244
                          └ C155 A154 ┌ A019
                            └ C284 C287
                                └ C333 A146
                                    └ A210
```

```
                  ┌ A227
              ┌ C467 C485
              │   └ C324 A247
              │     └ A074
          ┌ C510 C352 A128 A325 ┌ A211
          │         │       ┌ C368 A226
          │         └ C334 C338 A256 A316
          │           └ C492 A226
          │             └ A146
D377  吉林59 — C359 A180 A094                                                   18
                  ┌ A227
              │ ┌ C467 C485
              │ │   └ C324 A247
              │ │     └ A074
              └ C510 C352 A128 A325 ┌ A211
                    │         ┌ C368 A226
                    └ C334 C338 A256 A316
                      └ C492 A226
                        └ A146
```

```
                  ┌ A211
              ┌ C368 A226
          ┌ C334 C338 A256 A316
          │   └ C492 A226
          │     └ A146
          │               ┌ A241
          │           ┌ C140 C401
          │           │   │   ┌ A019
          │           │   └ C250 C287
          │           │     └ C333 A146
          │           │       └ A210
          │           │         ┌ A227
          │           │   ┌ C467 C485
          │           │   │   └ C324 A247
          │           │   │     └ A074
D378  吉育60 — C352 C209 A135 C211 C510 C359 A464                              22
          │           │   │
          │           │   │           ┌ A227
          │           │   │       ┌ C467 C485
```

（续）

| 编号 | 品种名称 | 亲本及其亲缘关系 | 祖先亲本数 |
|---|---|---|---|

```
                                |         |   └ C324 A247
                                |         |     └ A074
                                |       └ C510 C352 A128 A325  ┌ A211
                                |     ┌ A210        |      ┌ C368 A226
                                |   ┌ C333 A146     └ C334 C338 A256 A316
                                | ┌ C250 A067          └ C492 A226
                                └ C140 C197              └ A146
                                  |     ┌ A019
                                  └ C250 C287
                                      └ C333 A146
                                        └ A210
```

D379　吉育 62　— A071 A182 C498 A711　　　　　　　　　　　　　　　　　　　　　　15
```
                        └ C510 A324  ┌ A227
                          └ C467 C485
                              └ C324 A247
                                └ A074
```

```
                          ┌ A227
                      ┌ C467 C485
                      |   └ C324 A247
                      |     └ A074
                  ┌ C510 C352 A128 A325  ┌ A211
                  |     |       ┌ C368 A226
                  |     └ C334 C338 A256 A316
                  |         └ C492 A226
                  |           └ A146
```
D380　吉育 63　— C359 C358　　　　　　　　　　　　　　　　　　　　　　　　　　20
```
          |                              ┌ A227
          |                          ┌ C467 C485
          |            ┌ A074  ┌ A146  |  └ C324 A247
          └ C187 C324 C467 C492 C506 C510 A226  └ A074
              |        |       └ C484 A226
              |      └ C324 A247  └ A242
              |        └ A074
              └ C155 A209  ┌ A019
                  └ C284 C287
                      └ C333 A146
                        └ A210
```

```
                      ┌ A211
                  ┌ C368 A226
              ┌ C334 C338 A256 A316
              |   └ C492 A226
              |     └ A146
              |       ┌ A074
              |   ┌ C324 A247  ┌ A227
              |   |   ┌ C467 C485
              |   |   |   └ C324 A247
              |   |   |     └ A074
```
D381　吉育 64　— C352 C094 C467 C510　　　　　　　　　　　　　　　　　　　　12
```
              |       ┌ A254
              └ C540 C574 A228
                  └ A133
```

D382　吉育 65　— A071 A182 C498 A711　　　　　　　　　　　　　　　　　　　　15
```
                  └ C510 A324  ┌ A227
                    └ C467 C485
                        └ C324 A247
                          └ A074

                          ┌ A227
                      ┌ C467 C485
                      |   └ C324 A247
```

（续）

| 编号 | 品种名称 | 亲本及其亲缘关系 | 祖先亲本数 |
|---|---|---|---|

```
                                     └ A074
                      ┌ C510 C352 A128 A325   ┌ A211
                      │          │       ┌ C368 A226
                      │          └ C334 C338 A256 A316
                      │                └ C492 A226
                      │                  └ A146
 D383   吉林 66  ─ C362 C359
                    └ C498 A071 A182
                      └ C510 A324   ┌ A227
                       └ C467 C485
                          └ C324 A247
                             └ A074
```
20

```
                                              ┌ A241
                                    ┌ C140 C401
                                    │      │        ┌ A019
                                    │      └ C250 C287
                                    │         └ C333 A146
                                    │            └ A210
                      ┌ A211        │
                    ┌ C368 A226     │           ┌ A227
          ┌ C334 C338 A256 A316   ┌ C467 C485
          │      └ C492 A226      │   │    └ C324 A247
          │        └ A146         │   │      └ A074
 D384  吉林 67 ─ A434 C475 C352 C347 A325 A256 A316 C211 C510 C148
          │      └ C338 A256           │         ┌ A146
          │        └ C368 A226         │       ┌ C492 A226
          │          └ A211            └ C271 C336 C338 A007 A256 A316
          │      ┌ A227                 │         └ C368 A226
          └ C485 C520 A030 A095         │           └ A211   ┌ A210
                 └ A234                 │                   ┌ C333 A146
                                        │                 ┌ C284 C287
                                        │               ┌ C155 A154  └ A019
                                        └ C138 C156 C270 C392 A069    ┌ A210
                                            └ A245  │    └ A260    ┌ C333 A146
                                                    │            ┌ C284 C287
                                                    │            │      └ A019
                                                    └ C138 C155 C250 A154
                                                       └ A245  └ C333 A146
                                                                  └ A210
```
27

```
                      ┌ A146
                    ┌ C492 A226      ┌ A227
                    │        ┌ C467 C485
                    │        │    └ C324 A247
                    │        │      └ A074
          ┌ C209 C334 C336 C510 A128 A132 A135 A316
          │    │        └ C492 A226
          │    │          └ A146
          │    │            ┌ A210
          │    │          ┌ C333 A146
          │    │        ┌ C250 A067
          │    └ C140 C197 └ A019
          │        └ C250 C287
          │          └ C333 A146
          │            └ A210
 D385  吉育 68 ─ C362 A462 C353 C545
          │         └ C578 A047 A333
          │           │      ┌ A254
          │           └ C540 C574 A228
          │              └ A133
          └ C498 A071 A182
```
23

（续）

| 编号 | 品种名称 | 亲本及其亲缘关系 | 祖先亲本数 |
|---|---|---|---|

```
                    └ C510 A324 ┌ A227
                         └ C467 C485
                              └ C324 A247
                                   └ A074
                                                      ┌ A074
                                                   ┌ C324 A247
                            ┌ C410 C467 C510        ┌ A227
                            │    │         └ C467 C485
                            │    └ C324 A131 └ C324 A247
                            │        └ A074       └ A074
                            │                          ┌ A211
                            │                       ┌ C368 A226
                            │               ┌ C334 C338 A256 A316
                            │               │    └ C492 A226
                            │               │         └ A146
                            │   ┌ C209 C352 A135 ┌ A210
                            │   │    │         ┌ C333 A146
                            │   │    │      ┌ C250 A067
                            │   │    └ C140 C197
                            │   │         │         ┌ A019
                            │   │         └ C250 C287
                            │   │              └ C333 A146
                            │   │                   └ A210       ┌ A210
                            │   │                             ┌ C333 A146
                            │   │                          ┌ C284 C287
                            │   │                       ┌ C150 A216 └ A019
                            │   │                    ┌ C168 C195
                            │   │                    │    └ C156 A244
                            │   │                    │         └ C155 A154 ┌ A019
                            │   │                    │              └ C284 C287
                            │   │                    │                   └ C333 A146
                            │   │                    │                        └ A210
                       ┌ A074 │   │
D386  吉育 69  ─ C362 C508 C324 C467 C495 C357 C321 C169 C246 A490 A314                       26
       │    │         │   ┌ A074 │              │                    ┌ A210
       │    │         │   └ C324 A247 │         │                 ┌ C333 A146
       │    │    ┌ C233 A232 │        │              ┌ C250 C287
       │    │    └ C250      │        │           ┌ C140 C401 └ A019
       │    │         ┌ C333 A146     │           │    └ A241
       │    │         └ A210  │       └ C155 C211 C250 A154 A316
       │    └ C498 A071 A182 │                 │    └ C333 A146
       │         └ C510 A324 ┌ A227  │                 └ A210
       │              └ C467 C485    │              ┌ A019
       │                   └ C324 A247 │         └ C284 C287
       │                        └ A074 │              └ C333 A146
       │                               │                   └ A210
       │                               │                   ┌ A211
       │                               │                ┌ C368 A226
       │                               │        ┌ C334 C338 A256 A316
       │                               │        │    └ C492 A226
       │                               └ C320 C352   └ A146
       │                                    │                   ┌ A210
       │                                    │                ┌ C333 A146
       │                                    └ C204 A157 A316 ┌ C333 A146
       │                                         │        ┌ C250 ┌ A019
       │                                         └ C140 C233 C250 C287
       │                                              │         └ C333 A146
       │                                              │              └ A210
       │                                              │              ┌ A019
       │                                              └ C250 C287
       │                                                   └ C333 A146
       │                                                        └ A210
```

| 编号 | 品种名称 | 亲本及其亲缘关系 | 祖先亲本数 |
|------|----------|------------------|------------|

```
                              ┌ A227
                    ┌ C467 C485
                    |     └ C324 A247
                    |           └ A074
           ┌ C510 C352 A128 A325  ┌ A211
           |         |          ┌ C368 A226
           |         └ C334 C338 A256 A316
           |               └ C492 A226
           |                     └ A146
D387  吉育70 ─ C359 C362                                          19
                └ C498 A071 A182
                     └ C510 A324  ┌ A227
                          └ C467 C485
                               └ C324 A247
                                     └ A074

                                    ┌ A211
                               ┌ C368 A226
                          ┌ C334 C338 A256 A316
                          |    └ C492 A226
                 ┌ C320 C352      └ A146
                 |     |                ┌ A210
                 |     └ C204 A157 A316  ┌ C333 A146
                 |          |        ┌ C250  ┌ A019
                 |     └ C140 C233 C250 C287
                 |          |        |    └ C333 A146
                 |          |        |          └ A210
                 |          |        └ A019
                 |          └ C250 C287
                 |               └ C333 A146
                 |                     └ A210
D388  吉育71 ─ C357 C321 A461                                     12
                 |                ┌ A211
                 |           ┌ C368 A226
                 |      ┌ C334 C338 A256 A316
                 |      |    └ C492 A226
                 |      |          └ A146
                 └ C209 C352 A135       ┌ A210
                      |            ┌ C333 A146
                      |       ┌ C250 A067
                      └ C140 C197
                           |       ┌ A019
                           └ C250 C287
                                └ C333 A146
                                      └ A210

                                  ┌ A211
                             ┌ C368 A226
                        ┌ C334 C338 A256 A316
                        |    └ C492 A226
                        |          └ A146  ┌ A227
                        |       ┌ C467 C485
                        |       |    └ C324 A247
                        |       |          └ A074
                        |    ┌ C510 C352 A128 A325  ┌ A211
                        |    |         |          ┌ C368 A226
                        |    |         └ C334 C338 A256 A316
                        |    |               └ C492 A226
                        |    |                     └ A146
D389  吉育72 ─ C358 C352 C320 C359 A464 C515 C142                27
                 |         |          |      └ C242 A310 A322
                 |         |          |           └ A248
```

（续）

| 编号 | 品种名称 | 亲本及其亲缘关系 | 祖先亲本数 |
|---|---|---|---|

```
                                          ┌ A242
              │           │           └ C511 A313 ┌ C484 A226
              │           │           └ C467 C506
              │           │                 └ C324 A247
              │           │                    └ A074
              │           │           ┌ A210
              │           └ C204 A157 A316 ┌ C333 A146
              │                 │       ┌ C250 ┌ A019
              │                 └ C140 C233 C250 C287
              │                      │          └ C333 A146
              │                      │             └ A210
              │                      │          ┌ A019
              │                      └ C250 C287
              │                           └ C333 A146
              │                              └ A210
              │                                      ┌ A227
              │                            ┌ C467 C485
              │         ┌ A074  ┌ A146    │    └ C324 A247
              └ C187 C324 C467 C492 C506 C510 A226 └ A074
                   │      │           └ C484 A226
                   │      └ C324 A247  └ A242
                   │           └ A074
                   └ C155 A209 ┌ A019
                        └ C284 C287
                             └ C333 A146
                                └ A210
                                      ┌ A210
                                    ┌ C333 A146
                                  ┌ C284 C287
                                ┌ C150 A216 └ A019
                                │           ┌ A210       ┌ A227
                                │         ┌ C333 A146 ┌ C467 C485
                                │       ┌ C284 C287  │    └ C324 A247
                                │     ┌ C155 A209 └ A019 │    └ A074
                                │     │        ┌ C510 C352 A128 A325 ┌ A211
                                │     │        │         │      ┌ C368 A226
                                │     │        └ C334 C338 A256 A316
                                │     │                │      └ C492 A226
                                │     │                │         └ A146
```

D390　吉育73　— C193 C498 A463 A316 C195 C187 A320 C179 A414 C359 C347 A325 A256 A316 C264    28

```
              │      └ C510 A324 ┌ A227   │        └ C338 A256   └ A012
              │    └ C467 C485   │        │           └ C368 A226
              │        └ C324 A247│        │              └ A211
              │           └ A074  │        │                 ┌ A210
              │                   │        │              ┌ C333 A146
              │                   │        │            ┌ C284 C287
              │                   │        └ C169 A267 ┌ C150 A216 └ A019
              │                   │           └ C168 C195
              │          ┌ A210   │                └ C156 A244
              │        ┌ C333 A146│              └ C155 A154 ┌ A019
              │      ┌ C284 C287  │                   └ C284 C287
              │    ┌ C155 A209 └ A019                      └ C333 A146
              │  ┌ C187 C195 A320                             └ A210
              │  │    └ C150 A216 ┌ A019
              │  │       └ C284 C287
              │  │            └ C333 A146
              └ C187 C188 A316 A320    └ A210
                   └ C155 A209 ┌ A019
                        └ C284 C287
                             └ C333 A146
                                └ A210
```

| 编号 | 品种名称 | 亲本及其亲缘关系 | 祖先亲本数 |
|---|---|---|---|

```
                                             ┌ A211
                                          ┌ C368 A226
                                  ┌ C334 C338 A256 A316
                                  │        └ C492 A226
                                  │           └ A146
                      ┌ C270 C352 C382  ┌ A252   ┌ A096
                      │      │        └ C369 C373 C413  ┌ A252
                      │      │           └ C324 C369
                      │      │              └ A074
                      │      │           ┌ A210
                      │      │        ┌ C333 A146
                      │      │     ┌ C284 C287
                      │      │     │     └ A019
                      │      └ C138 C155 C250 A154
                      │         └ A245  └ C333 A146
                      │                    └ A210
                      │                 ┌ A146
                      │              ┌ C492 A226
                      │              │        ┌ C492 A226
                      │              │     ┌ │  └ A146
D391  吉育 74  — C353 C390 C362 A128 C510 C336 A132 C334 A316 C209 A135 A324 A607 A619 A614      26
              │        │        │  ┌ A227          │           ┌ A210
              │        │        └ C467 C485        │        ┌ C333 A146
              │        │           └ C324 A247     │     ┌ C250 A067
              │        │              └ A074       └ C140 C197
              │        └ C498 A071 A182            │        ┌ A019
              │           └ C510 A324  ┌ A227      └ C250 C287
              │              └ C467 C485           └ C333 A146
              │                 └ C324 A247           └ A210
              │                    └ A074
              │                 ┌ A146
              │              ┌ C492 A226  ┌ A227
              │              │        ┌ C467 C485
              │              │        │  └ C324 A247
              │              │     │     └ A074
              └ C209 C334 C336 C510 A128 A132 A135 A316
                 │        └ C492 A226
                 │           └ A146
                 │              ┌ A210
                 │           ┌ C333 A146
                 │        ┌ C250 A067
                 └ C140 C197  ┌ A019
                    └ C250 C287
                       └ C333 A146
                          └ A210

D392  吉育 75  — A655 C275                                                                       12
              │                             ┌ A210
              │                          ┌ C333 A146
              │                       ┌ C284 C287
              │                    ┌ C155 A154  └ A019
              │              ┌ C138 C156 C270 C392 A069  ┌ A210
              │              │     └ A245  │     └ A260  └ C333 A146
              │              │           │        ┌ C284 C287
              │              │           │        │     └ A019
              │              │           └ C138 C155 C250 A154
              │              │        ┌ A210  └ A245  └ C333 A146
              │              │     ┌ C333 A146           └ A210
              └ C198 C271 C284 C287 A137 A154 A324
                 └ C250        └ A019
                    └ C333 A146
                       └ A210
```

（续）

| 编号 | 品种名称 | 亲本及其亲缘关系 | 祖先亲本数 |
|---|---|---|---|

```
                                                    ┌ A227
                                              ┌ C467 C485
                                  ┌ A074 ┌ A146 │   └ C324 A247
                      ┌ C187 C324 C467 C492 C506 C510 A226   └ A074
                      │    │    │         └ C484 A226
                      │    │    └ C324 A247   └ A242
                      │    │    └ A074
                      │    └ C155 A209 ┌ A019
                      │         └ C284 C287
                      │              └ C333 A146
                      │                   └ A210
D393  吉育76 ── C359 C347 A325 A256 C358 C148                                    25
        │    └ C338 A256        │        ┌ A146
        │         └ C368 A226   │   ┌ C492 A226
        │              └ A211   └ C271 C336 C338 A007 A256 A316
        │                       │    └ C368 A226
        │                       │         └ A211 ┌ A210
        │                       │              ┌ C333 A146
        │                       │         ┌ C284 C287
        │                       │    ┌ C155 A154 └ A019
        │                  ┌ A227 └ C138 C156 C270 C392 A069    ┌ A210
        │    ┌ C467 C485        └ A245    │    └ A260 ┌ C333 A146
        │    │    └ C324 A247            │         ┌ C284 C287
        │    │    └ A074                 │         │    └ A019
        └ C510 C352 A128 A325 ┌ A211   └ C138 C155 C250 A154
             │         ┌ C368 A226        └ A245 └ C333 A146
             └ C334 C338 A256 A316              └ A210
                  └ C492 A226
                       └ A146
```

```
                                              ┌ A254                              ┌ A227
                                  ┌ C540 C574 A228                        ┌ C467 C485
                                  │    └ A133           ┌ A074 ┌ A146 │   └ C324 A247
                                  │              ┌ C187 C324 C467 C492 C506 C510 A226   └ A074
                                  │              │    │    │         └ C484 A226
                                  │              │    │    └ C324 A247   └ A242
                                  │              │    │    └ A074
                                  │              │    └ C155 A209 ┌ A019
                                  │              │         └ C284 C287
                      ┌ C338 A256 │              │              └ C333 A146
                      │    └ C368 A226 │         │                   └ A210
                      │         └ A211 │         │
D394  吉育77 ── C359 C347 A325 A256 A316 C352 C094 C467 C510 C358                 28
             │              │         │         │    ┌ A227
             │              │         │         │ └ C467 C485
             │              │         │         │    └ C324 A247
             │              │         │         │         └ A074
             │              │         │    └ C324 A247
             │              │         │         └ A074
             │              │         │         ┌ A211
             │              │    ┌ C368 A226
             │              └ C334 C338 A256 A316
             │                   └ C492 A226
             │                        └ A146
             │         ┌ A227
             │    ┌ C467 C485
             │    │    └ C324 A247
             │    │         └ A074
             └ C510 C352 A128 A325 ┌ A211
                  │         ┌ C368 A226
                  └ C334 C338 A256 A316
                       └ C492 A226
                            └ A146
```

(续)

| 编号 | 品种名称 | 亲本及其亲缘关系 | 祖先亲本数 |
|---|---|---|---|

D395　吉育 79　— D415 C178 A659　　　　　　　　　　　　　　　　　　　　11
```
                              ┌ A227
                      ┌ C467 C485
        │             │       └ C324 A247
        │             │             └ A074
        │             │                   ┌ A210
        └ C171 C510         ┌ C333 A146
                    │       ┌ C250 A319
                    └ C155 C185 C250 A154 A316
                    │             └ C333 A146
                    └ C284 C287         └ A210
                          │       └ A019
                          └ C333 A146
                                └ A210
```

```
                      ┌ A227
              ┌ C485 C520 A030 A095
              │       └ A234
```
D396　吉育 80　— A658 A656 C475　　　　　　　　　　　　　　　　　　　　11

```
                      ┌ A211
              ┌ C368 A226
        ┌ C336 C338 A256 A316
        │     └ C492 A226
        │           └ A146
```
D397 吉林小粒 4 号　— C350 C398 A373　　　　　　　　　　　　　　　　　　9
```
                  ┌ A107 A316
        └ C324 C394 A173
              └ A074
```

D398 吉林小粒 6 号　— A316 A526 A372 C209 A135 A405 A371　　　　　　　10
```
        │                         ┌ A210
        │                   ┌ C333 A146
        │             ┌ C250 A067
        └ C140 C197
              │             ┌ A019
              └ C250 C287
                    └ C333 A146
                          └ A210
```

D399 吉林小粒 7 号　— A316 A526 C209 A135 A405　　　　　　　　　　　　9
```
        │                   ┌ A210
        │             ┌ C333 A146
        │       ┌ C250 A067
        └ C140 C197
              │       ┌ A019
              └ C250 C287
                    └ C333 A146
                          └ A210
```

D400 吉林小粒 8 号　— A657 A650　　　　　　　　　　　　　　　　　　　2

D401　吉密豆 1 号　— A710 D363 A703　　　　　　　　　　　　　　　　　29

D402　吉引 81　— A630　　　　　　　　　　　　　　　　　　　　　　　1

D403　吉农 6 号　— A550 A460　　　　　　　　　　　　　　　　　　　　2

```
                      ┌ A211
              ┌ C368 A226
        ┌ C334 C338 A256 A316
        │     └ C492 A226
        │           └ A146
```
D404　吉农 7 号　— C320 C209 C352　　　　　　　　　　　　　　　　　　10
```
        │   │                 ┌ A210
        │   │           ┌ C333 A146
        │   │     ┌ C250 A067
```

（续）

| 编号 | 品种名称 | 亲本及其亲缘关系 | 祖先亲本数 |
|---|---|---|---|

```
        └ C140 C197
        |          ┌ A019
        |      └ C250 C287
        |          └ C333 A146
        |              └ A210
        |                  ┌ A210
        └ C204 A157 A316  ┌ C333 A146
            |      ┌ C250 ┌ A019
            └ C140 C233 C250 C287
            |          └ C333 A146
            |              └ A210
            |          ┌ A019
            └ C250 C287
                └ C333 A146
                    └ A210
```

```
                ┌ A211
            ┌ C368 A226
        ┌ C334 C338 C256 A316
        |   └ C492 A226
        |       └ A146
```

D405 　吉农 8 号 　— C352 C320 A460　　　　　　　　　　　　　　　　　　　10
```
        |                      ┌ A210
        └ C204 A157 A316  ┌ C333 A146
            |      ┌ C250 ┌ A019
            └ C140 C233 C250 C287
            |          └ C333 A146
            |              └ A210
            |          ┌ A019
            └ C250 C287
                └ C333 A146
                    └ A210
```

D406 　吉农 9 号 　— A456　　　　　　　　　　　　　　　　　　　　　　　1
```
                        ┌ A210
                    ┌ C233 C333
                    |   └ C250
                    |       └ C333 A146
            ┌ C352 C379            └ A210
            |   |              ┌ A211
            |   |          ┌ C368 A226
            |   └ C334 C338 C256 A316
            |       └ C492 A226
            |           └ A146
```

D407 　吉农 10 号 　— C320 A429 C366　　　　　　　　　　　　　　　　10
```
        |                      ┌ A210
        └ C204 A157 A316  ┌ C333 A146
            |      ┌ C250 ┌ A019
            └ C140 C233 C250 C287
            |          └ C333 A146
            |              └ A210
            |          ┌ A019
            └ C250 C287
                └ C333 A146
                    └ A210
                        ┌ A210
                    ┌ C233 C333
                    |   └ C250
                    |       └ C333 A146
            ┌ C352 C379            └ A210
            |   |              ┌ A211
            |   |          ┌ C368 A226
```

（续）

| 编号 | 品种名称 | 亲本及其亲缘关系 | 祖先亲本数 |
|---|---|---|---|

```
                    └ C334 C338 A256 A316
                      │      └ C492 A226
                      │            └ A146
D408   吉农 11    ─ C366 A429 C352 A410
                                       ┌ A211
                      │              ┌ C368 A226
                      └ C334 C338 A256 A316
                          └ C492 A226
                                └ A146
```
8

```
                            ┌ A211
                          ┌ C368 A226
                    ┌ C334 C338 A256 A316
                    │   └ C492 A226
                    │         └ A146
D409   吉农 12    ─ C352 A549 A463 C408
                          └ C345 A132
                                └ C336 A132
                                      └ C492 A226
                                            └ A146
```
8

```
                                  ┌ A074
                                ┌ C324 A247
                      ┌ C410 C467 C510      ┌ A227
                      │    │        └ C467 C485
                      │    └ C324 A131    └ C324 A247
                      │         └ A074         └ A074
D410   吉农 13    ─ C495 C320
                                             ┌ A210
                      └ C204 A157 A316   ┌ C333 A146
                          │            ┌ C250   ┌ A019
                          └ C140 C233 C250 C287
                              │           └ C333 A146
                              │                 └ A210
                              │         ┌ A019
                              └ C250 C287
                                  └ C333 A146
                                        └ A210
```
10

```
                                  ┌ A210
                          ┌ C233 C333
                          │    └ C250
                          │         └ C333 A146
                      ┌ C352 C379        └ A210
                      │    │        ┌ A211
                      │    │      ┌ C368 A226
                      │    └ C334 C338 A256 A316
                      │         └ C492 A226
                      │               └ A146
D411   吉农 14    ─ C366 C359
                                       ┌ A227
                          │          ┌ C467 C485
                          │          │    └ C324 A247
                          │          │         └ A074
                          └ C510 C352 A128 A325   ┌ A211
                              │                  ┌ C368 A226
                              └ C334 C338 A256 A316
                                  └ C492 A226
                                        └ A146
```
17

```
                                  ┌ A227
                          ┌ C467 C485
                          │    └ C324 A247
```

（续）

| 编号 | 品种名称 | 亲本及其亲缘关系 | 祖先亲本数 |
|---|---|---|---|

```
|                    └ A074
|                  ┌ A146
|                ┌ C492 A226
D412  吉农 15   — A128 C510 C336 A132 C334 A316 C352 A335                          16
                                              ┌ A211
                                            ┌ C368 A226
                                        └ C334 C338 A256 A316
                        └ C492 A226    └ C492 A226
                          └ A146         └ A146

                        ┌ C510 A324  ┌ A227
                        |  └ C467 C485
                        |     └ C324 A247
                        |       └ A074
D413  吉农 16   — C362 C352 C320 A071 A182 C498                                     17
                        ┌ A211
                      ┌ C368 A226
                    └ C334 C338 A256 A316
                      └ C492 A226
                        └ A146

D414  吉农 17   — A660 C352 A664                                                    7
                        ┌ A211
                      ┌ C368 A226
                    └ C334 C338 A256 A316
                      └ C492 A226
                        └ A146

D415  吉原引 3 号 — A682                                                            1

              ┌ A107 A316
D416  集 1005  — C396 C472                                                          9
              |          ┌ A074
              |        ┌ C324 A247
              └ C410 C467 C475   ┌ A234
                |                └ C485 C520 A030 A095
                └ C324 A131  └ A227
                  └ A074

                    ┌ A146
                  ┌ C492 A226      ┌ A227
                  |      ┌ C467 C485
                  |      |  └ C324 A247
                  |      |    └ A074
              ┌ C209 C334 C336 C510 A128 A132 A135 A316
              |  |      └ C492 A226
              |  |        └ A146
              |  |          ┌ A210
              |  |        ┌ C333 A146
              |  |      ┌ C250 A067
              |  └ C140 C197  ┌ A019
              |     └ C250 C287
              |       └ C333 A146
              |         └ A210
D417  九农 22  — C353 C390                                                          18
              |              ┌ A211
              |            ┌ C368 A226
              |          ┌ C334 C338 A256 A316
              |          |  └ C492 A226
              |          |    └ A146
              └ C270 C352 C382  ┌ A252   ┌ A096
                |               └ C369 C373 C413  ┌ A252
                |                 └ C324 C369
```

（续）

| 编号 | 品种名称 | 亲本及其亲缘关系 | 祖先亲本数 |
|---|---|---|---|

```
                                      └ A074
                                  ┌ A210
                             ┌ C333 A146
                        ┌ C284 C287
                        │        └ A019
                      └ C138 C155 C250 A154
                         └ A245   └ C333 A146
                                     └ A210

                                         ┌ A210
                                     ┌ C333 A041 A108
                                 ┌ C370 A226
                           ┌ C376 C377    ┌ A074
                           │    │      ┌ C324 A131
                           │  └ C369 C410
                           │      └ A252
                           │                      ┌ A211
                           │                  ┌ C368 A226
                 ┌ A074    │           ┌ C334 C338 A256 A316
            ┌ C324 A247    │           │    └ C492 A226
            │    └ A146    │           │       └ A146
D418  九农23 ─ C324 C467 C492 A226 A056 C383 C392 C515 C352          17
            └ A074         │           │            ┌ A242
                           │           └ C511 A313 ┌ C484 A226
                        └ A260   └ C467 C506
                                    └ C324 A247
                                       └ A074

                     ┌ A227
                ┌ C467 C485
                │    └ C324 A247
                │       └ A074
                │    ┌ A146
                │  ┌ C492 A226
D419  九农24 ─ A128 C510 C336 A132 C334 A316 C353 C321          16
                └ C492 A226 │              ┌ A211
                   └ A146    │          ┌ C368 A226
                             │   ┌ C334 C338 A256 A316
                             │   │    └ C492 A226
                           └ C320 C352    └ A146
                                │              ┌ A210
                              └ C204 A157 A316 ┌ C333 A146
                                   │       ┌ C250  └ A019
                                 └ C140 C233 C250 C287
                                      │        └ C333 A146
                                      │           └ A210
                                      │        ┌ A019
                                    └ C250 C287
                                       └ C333 A146
                                          └ A210

                ┌ C498 A071 A182
                │    └ C510 A324 ┌ A227
                │       └ C467 C485
                │          └ C324 A247
                │             └ A074
D420  九农25 ─ C361 C321          17
                │              ┌ A211
                │          ┌ C368 A226
                │   ┌ C334 C338 A256 A316
                │   │    └ C492 A226
                └ C320 C352    └ A146
```

| 编号 | 品种名称 | 亲本及其亲缘关系 | 祖先亲本数 |
|---|---|---|---|

```
                              ┌ A210
         └ C204 A157 A316  ┌ C333 A146
              |        ┌ C250  A019
              └ C140 C233 C250 C287
              |            └ C333 A146
              |                └ A210
              |          ┌ A019
              └ C250 C287
                   └ C333 A146
                       └ A210

                                              ┌ A146
                                     ┌ C492 A226      ┌ A227
                                     |         ┌ C467 C485
                                     |         |    └ C324 A247
                                     |         |        └ A074
                             ┌ C209 C334 C336 C510 A128 A132 A135 A316
                     ┌ A227  |   |       └ C492 A226
              ┌ C467 C485    |   |         └ A146
              |    └ C324 A247|   |             ┌ A210
              |        └ A074 |   |       ┌ C333 A146
              |      ┌ A146   |   |   ┌ C250 A067
              |  ┌ C492 A226  |   └ C140 C197 ┌ A019
              |  |   ┌ C492 A226|       └ C250 C287
              |  |   |  └ A146  |           └ C333 A146
              |  |   |          |               └ A210
D421  九农26 ─ A128 C510 C336 C334 A316 C209 A135 C387 C353 C325                    16
              |   |            |   |     └ C379 A324 ┌ A210
              |   |            |   |       └ C233 C333
              |   |            |   |           └ C250
              |   |            |   |     ┌ A146 └ C333 A146
              |   |            |   |  ┌ C492 A226   └ A210
              |   |            |   └ C156 C336 A132 A331
              |   |            |      └ C155 A154 ┌ A019
              |   |            |        └ C284 C287
              |   |            |            └ C333 A146
              |   |            |      ┌ A210  └ A210
              |   |            |   ┌ C333 A146
              |   |            ┌ C250 A067
              |   └ C140 C197
              |        |     ┌ A019
              |        └ C250 C287
              |            └ C333 A146
              |                └ A210

                          ┌ A146
                   ┌ C492 A226      ┌ A227
                   |         ┌ C467 C485
                   |         |    └ C324 A247
                   |         |        └ A074
           ┌ C209 C334 C336 C510 A128 A132 A135 A316
           |   |       └ C492 A226
           |   |         └ A146
           |   |             ┌ A210
           |   |       ┌ C333 A146
           |   |   ┌ C250 A067
           |   └ C140 C197 ┌ A019
           |        └ C250 C287
           |            └ C333 A146
           |                └ A210
D422  九农27 ─ C353 C325                                                           15
              └ C379 A324 ┌ A210
```

| 编号 | 品种名称 | 亲本及其亲缘关系 | 祖先亲本数 |
|---|---|---|---|

```
                        └ C233 C333
                              └ C250
                                  └ C333 A146
                                       └ A210

              ┌ A210              ┌ A211
         ┌ C333                ┌ C368 A226
         │              ┌ C334 C338 A256 A316
         │              │     └ C492 A226
         │              │          └ A146
D423  九农28 ─ C372 C390 C352 A424                                      13
         │                         ┌ A211
         │                      ┌ C368 A226
         │              ┌ C334 C338 A256 A316
         │              │     └ C492 A226
         │              │          └ A146
         └ C270 C352 C382   ┌ A252   ┌ A096
                  └ C369 C373 C413   ┌ A252
                  │          └ C324 C369
                  │               └ A074
                  │               ┌ A210
                  │            ┌ C333 A146
                  │         ┌ C284 C287
                  │         │    └ A019
                  └ C138 C155 C250 A154
                       └ A245    ┌ C333 A146
                                 └ A210

D424  九农29 ─ C362 D296                                               18
         └ C498 A071 A182
              └ C510 A324   ┌ A227
                  └ C467 C485
                       └ C324 A247
                            └ A074

D425  九农30 ─ C362 D296                                               18
         └ C498 A071 A182
              └ C510 A324   ┌ A227
                  └ C467 C485
                       └ C324 A247
                            └ A074

D426  九农31 ─ C362 D296                                               18
         └ C498 A071 A182
              └ C510 A324   ┌ A227
                  └ C467 C485
                       └ C324 A247
                            └ A074

D427  临选1号 ─ A413                                                    1

                              ┌ A210
         ┌ C204 A157 A316   ┌ C333 A146
         │      │        ┌ C250   ┌ A019
         │      └ C140 C233 C250 C287
         │      │          │    └ C333 A146
         │      │          │         └ A210
         │      │          │    ┌ A019
         │      └ C250 C287
         │            └ C333 A146
         │                 └ A210
         │   ┌ A039
D428  平安豆7号 ─ C320 C591 A583 C347 C334 A316                        11
         │              └ C492 A226
```

| 编号 | 品种名称 | 亲本及其亲缘关系 | 祖先亲本数 |
|---|---|---|---|

```
                                   └ A146
                          └ C338 A256
                               └ C368 A226
                                    └ A211

                       ┌ A146
                  ┌ C492 A226        ┌ A227
                  │            ┌ C467 C485
                  │            │    └ C324 A247
                  │            │         └ A074
             ┌ C209 C334 C336 C510 A128 A132 A135 A316
             │    │         └ C492 A226
             │    │              └ A146
             │    │                  ┌ A210
             │    │              ┌ C333 A146
             │    │         ┌ C250 A067
             │    │    ┌ A019
             │    └ C140 C197
             │         └ C250 C287
             │              └ C333 A146
             │                   └ A210
D429  四农1号 ─ C353 C321                                                    16
             │                   ┌ A211
             │              ┌ C368 A226
             │         ┌ C334 C338 A256 A316
             │         │    └ C492 A226
             └ C320 C352        └ A146
                  │                  ┌ A210
                  └ C204 A157 A316 ┌ C333 A146
                       │         ┌ C250 ┌ A019
                       └ C140 C233 C250 C287
                            │         └ C333 A146
                            │              └ A210
                            │         ┌ A019
                            └ C250 C287
                                 └ C333 A146
                                      └ A210

                                      ┌ A074
                            ┌ C324 A247 ┌ A242
                  ┌ A034   │         ┌ C484 A226
             ┌ C324 C417 C455 C467 C492 C506 A226
             │    └ A074 │         └ A146
             │         └ A231 A334
             │    ┌ A136 A197
D430  四农2号 ─ C321 C032 C594                                               18
             │                   ┌ A211
             │              ┌ C368 A226
             │         ┌ C334 C338 A256 A316
             │         │    └ C492 A226
             └ C320 C352        └ A146
                  │                  ┌ A210
                  └ C204 A157 A316 ┌ C333 A146
                       │         ┌ C250 ┌ A019
                       └ C140 C233 C250 C287
                            │         └ C333 A146
                            │              └ A210
                            │         ┌ A019
                            └ C250 C287
                                 └ C333 A146
                                      └ A210

D431  通农12 ─ C399 A316 A526 A467                                          10
             │         ┌ A227
```

| 编号 | 品种名称 | 亲本及其亲缘关系 | 祖先亲本数 |
|---|---|---|---|

```
               ┌ C485 C520 A030 A095
        |      |              └ A234
        └ C394 C475 A082 A151
               └ A107 A316

D432  通农13  ─ A314 C320
        |                        ┌ A210
        └ C204 A157 A316  ┌ C333 A146
        |         ┌ C250  └ A019
        └ C140 C233 C250 C287
        |              └ C333 A146
        |                     └ A210
        |         ┌ A019
        └ C250 C287
               └ C333 A146
                      └ A210

D433  通农14  ─ C400 A466
        └ C394 A314
               └ A107 A316

                        ┌ A210
                 ┌ C333 A146
                 |      ┌ A019
          ┌ C284 C287  └ A210
          |         ┌ C333 A146
    ┌ C155 C168 C250 A154 A316
    |         └ C156 A244
    |              └ C155 A154  ┌ A019
    |                   └ C284 C287
    |                          └ C333 A146
    |                                 └ A210
    |

D434  延农8号  ─ C320 C170
        |                        ┌ A210
        └ C204 A157 A316  ┌ C333 A146
        |         ┌ C250  └ A019
        └ C140 C233 C250 C287
        |              └ C333 A146
        |                     └ A210
        |         ┌ A019
        └ C250 C287
               └ C333 A146
                      └ A210

                        ┌ A210
                 ┌ C333 A146
                 |      ┌ A019
          ┌ C284 C287  └ A210
          |         ┌ C333 A146
    ┌ C155 C168 C250 A154 A316
    |         └ C156 A244
    |              └ C155 A154  ┌ A019
    |                   └ C284 C287
    |                          └ C333 A146
    |                                 └ A210
    |

D435  延农9号  ─ C170 C352
        |                   ┌ A211
        |            ┌ C368 A226
        └ C334 C338 A256 A316
               └ C492 A226
                      └ A146

                     ┌ A210
              ┌ C333 A146
```

| D432 | 通农13 | | 7 |
| D433 | 通农14 | | 4 |
| D434 | 延农8号 | | 8 |
| D435 | 延农9号 | | 9 |

（续）

| 编号 | 品种名称 | 亲本及其亲缘关系 | 祖先亲本数 |
|---|---|---|---|

```
                      |      ┌ A019
              ┌ C284 C287  ┌ A210
              |           └ C333 A146
        ┌ C155 C168 C250 A154 A316
        |           └ C156 A244
        |                └ C155 A154  ┌ A019
        |                  └ C284 C287
        |                       └ C333 A146
        |                          └ A210
D436  延农 10 号  ─ C170 C275                                              13
        |                                     ┌ A210
        |                                   ┌ C333 A146
        |                           ┌ C284 C287
        |                         ┌ C155 A154  └ A019
        |             ┌ C138 C156 C270 C392 A069    ┌ A210
        |             |    └ A245  |    └ A260  ┌ C333 A146
        |             |           |         ┌ C284 C287
        |             |           |         |    └ A019
        |             |           └ C138 C155 C250 A154
        |             |       ┌ A210  └ A245  └ C333 A146
        |             |     ┌ C333 A146            └ A210
        └ C198 C271 C284 C287 A137 A154 A324
            └ C250           └ A019
                └ C333 A146
                   └ A210

                      ┌ A210
              ┌ C333 A146
              |    ┌ A019
        ┌ C284 C287  ┌ A210
        |           └ C333 A146
    ┌ C155 C168 C250 A154 A316
    |           └ C156 A244
    |                └ C155 A154  ┌ A019
    |                  └ C284 C287
    |                       └ C333 A146
    |                          └ A210
D437  延农 11  ─ C170 C321                                                11
    |                      ┌ A211
    |                    ┌ C368 A226
    |            ┌ C334 C338 A256 A316
    |            |    └ C492 A226
    └ C320 C352       └ A146
        |                      ┌ A210
        └ C204 A157 A316  ┌ C333 A146
            |          ┌ C250  ┌ A019
            └ C140 C233 C250 C287
                |         └ C333 A146
                |            └ A210
                |       ┌ A019
                └ C250 C287
                    └ C333 A146
                       └ A210

D438  杂交豆 1 号  ─ A564 A565                                             2

                      ┌ A295
              ┌ C555 A156
D439  东辛 1 号  ─ C457 C536 A058 C392                                     8
        |           └ A260
        |       ┌ A231 A334
        └ C417 C455
            └ A034
```

| 编号 | 品种名称 | 亲本及其亲缘关系 | 祖先亲本数 |
|---|---|---|---|

```
                              ┌ C417 A177 A347
                              │      └ A034
D440   东辛2号  — A058 C417 C441                                          8
                       └ A034

D441   沪宁95-1  — A512                                                   1

                                    ┌ A231 A334
                              ┌ C417 C455
                              │      └ A034
D442   淮豆3号  — C417 C455 C457                                          4
                       │      └ A231 A334
                       └ A034

                                    ┌ A231 A334
                              ┌ C444 C455  ┌ A002
                              │      └ C417 C431
                              │             └ A034
D443   淮豆4号  — C421 C028                                               5
                       │      ┌ A231 A334
                       └ C417 C455
                              └ A034

                              ┌ A231 A334
D444   淮豆5号  — A183 C455 C417 A347                                     10
                              └ A034

                                    ┌ A231 A334
                              ┌ C444 C455  ┌ A002
                              │      └ C417 C431
                              │             └ A034
                              │      ┌ A231 A334
                              │ ┌ C417 C455
                              │ │      └ A034
D445   淮豆6号  — C421 C028 C113                                          13
                                              ┌ A254
                                       ┌ C540 C574 A228
                                       │      └ A133
                                 ┌ C094 A196  ┌ A295
                                 │      │      └ C555 A318
                                 │ ┌ C124 C417 C560 A177 A190 A231 A334
                       └ C108 C121      └ A034
                              │      ┌ A034
                              └ C124 C417 A177
                                     └ C094 A196  ┌ A254
                                            └ C540 C574 A228
                                                   └ A133

                              ┌ A231 A334
                              │      ┌ A231 A334
                              │ ┌ C417 C455
                              │ │      └ A034
D446   淮豆8号  — C417 C455 C457 C539                                     8
                       └ A034      │      ┌ A231 A334
                                   └ C417 C455 A344
                                          └ A034

D447   淮哈豆1号  — A332 C392 A083                                         6
                              └ A260

D448   淮阴75  — A643                                                     1

D449   淮阴矮脚早  — A315 A511                                             2

D450   南农128  — C111 A347                                              11
                              ┌ A034
                       └ C124 C417 A177
                              └ C094 A196  ┌ A254
                                     └ C540 C574 A228
                                            └ A133
```

（续）

| 编号 | 品种名称 | 亲本及其亲缘关系 | 祖先亲本数 |
|---|---|---|---|

<pre>
                                    ┌ A295
                          ┌ C461 C555 A176
                          │     └ A060
                          │     ┌ A231 A334
D451   南农 217   — C441 C456 C455                                        12
                   └ C417 A177 A347
                        └ A034

                                      ┌ A231 A334
                            ┌ C417 C455
                            │     └ A034
D452   南农 242   — C428 C431 C028                                        6
                   │       └ A002
                   └ A084

                             ┌ A231 A334
D453   南农 88-31  — C451 C455 C555                                       6
                   │        └ A295
                   └ C431 A084
                        └ A002

                             ┌ A231 A334
D454   南农 99-6  — C448 C461 C455                                        6
                   │        └ A060
                   └ C431 A084
                        └ A002

                        ┌ C428
                        │  └ A084
D455   南农 99-10 — C433 C448                                             2
                      └ C431 A084
                           └ A002

D456   青酥 2 号   — A667                                                 1
D457   青酥 4 号   — A677 A678                                            2
D458   日本晴 3 号 — A525                                                 1
D459   泗豆 13    — D46 A671                                             16

                                ┌ A231 A334
                       ┌ C444 C455  ┌ A002
                       │      └ C417 C431
                       │            └ A034
D460   泗豆 288   — C421 A325 C575                                       15
                                 ┌ A254
                       └ C540 C574 A228
                            └ A133

D461   苏豆 4 号   — C297 A473                                           3
                      └ C288 A230
                           └ A291

D462   苏早 1 号   — A515                                                1
D463   通豆 3 号   — C453                                                2
                   │        ┌ A002
                   └ C417 C431 C444      ┌ A002
                        └ A034  └ C417 C431
                                    └ A034

D464   徐春 1 号   — A644                                                1

                         ┌ A231 A334
                         │         ┌ A295
                         │      ┌ C555 A156
D465   徐豆 8 号   — C458 C455 A326 C536                                  9
                   └ C455 A326
                        └ A231 A334
</pre>

（续）

| 编号 | 品种名称 | 亲本及其亲缘关系 | 祖先亲本数 |
|---|---|---|---|

```
                          ┌ A295
                   ┌ C461 C555 A176
                   │      └ A060
D466  徐豆 9 号  ─ C456 C100                                              6
                   └ C560 A122 A190
                        └ C555 A318
                             └ A295


                             ┌ A295
                      ┌ C555 A156    ┌ A231 A334
                      │       └ C417 C455
                      │       │      └ A034
D467  徐豆 10 号  ─ C455 A326 C536 C457 C542                             12
                      └ A231 A334    │       ┌ A295
                                     └ C540 C555 A047
                                          └ A133


                                ┌ A231 A334
                         ┌ C417 C455
                         │     └ A034
D468  徐豆 11  ─ C441 C111 C457 C455                                     16
                   │     │     └ A231 A334
                   │     │        ┌ A034
                   │     └ C124 C417 A177
                   │          └ C094 A196   ┌ A254
                   │               └ C540 C574 A228
                   └ C417 A177 A347  └ A133
                        └ A034


                                   ┌ A231 A334
                           ┌ A074  │        ┌ A146
                      ┌ C121 C324 C417 C455 C467 C492 C506 A057 A226
                      │     │      └ A034   │        └ C484 A226
                      │     │               └ C324 A247   └ A242
                      │     │      ┌ A034        └ A074
                      │     └ C124 C417 C560 A177 A190 A231 A334
                      │          │        └ C555 A318
                      │          └ C094 A196   └ A295
                      │               │        ┌ A254
                      │               └ C540 C574 A228
                      │                    └ A133
D469  徐豆 12  ─ C441 C115 C455 A475                                     24
                   │      └ A231 A334
                   └ C417 A177 A347
                        └ A034


                          ┌ A295
                   ┌ C461 C555 A176
                   │      └ A060
D470  徐豆 13  ─ C456 C100 C458 C441                                     17
                   │      │     └ C417 A177 A347
                   │      │          └ A034
                   │      └ C455 A326
                   │           └ A231 A334
                   └ C560 A122 A190
                        └ C555 A318
                             └ A295


D471  赣豆 4 号  ─ A201 C055                                              3
                        └ C417 A186
                             └ A034


                          ┌ A048
D472  赣豆 5 号  ─ C463 C464                                              2
                        └ A016
```

（续）

| 编号 | 品种名称 | 亲本及其亲缘关系 | 祖先亲本数 |
|---|---|---|---|

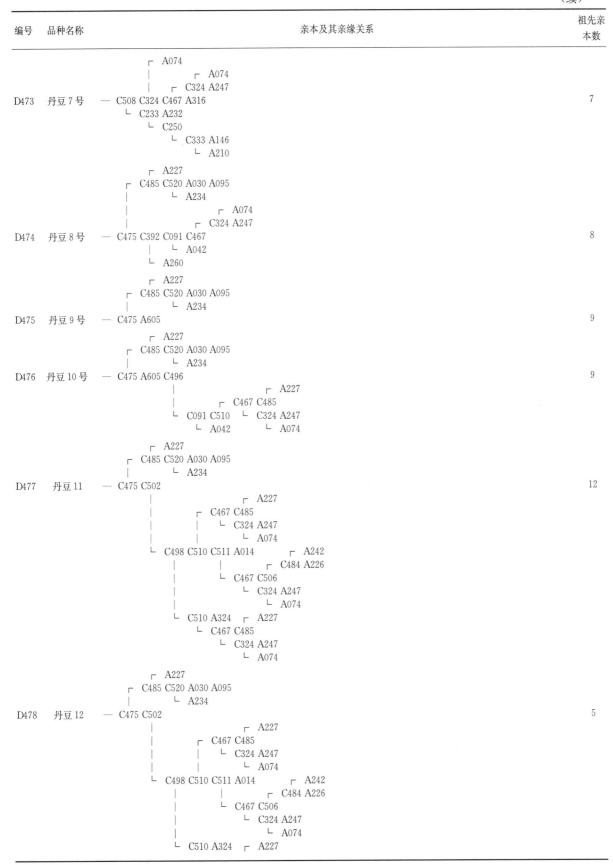

| D473 | 丹豆 7 号 | | 7 |
| D474 | 丹豆 8 号 | | 8 |
| D475 | 丹豆 9 号 | | 9 |
| D476 | 丹豆 10 号 | | 9 |
| D477 | 丹豆 11 | | 12 |
| D478 | 丹豆 12 | | 5 |

| 编号 | 品种名称 | 亲本及其亲缘关系 | 祖先亲本数 |
|---|---|---|---|

```
                        └ C467 C485
                              └ C324 A247
                                    └ A074
```

D479　东豆1号　— A314 C495　　　　　　　　　　　　　　　　　　　　　5
```
                    │                      ┌ A074
                    │            ┌ C324 A247
                    └ C410 C467 C510      ┌ A227
                    │            └ C467 C485
                    └ C324 A131  └ C324 A247
                        └ A074        └ A074
```

D480　东豆9号　— A314 C495　　　　　　　　　　　　　　　　　　　　　5
```
                    │                      ┌ A074
                    │            ┌ C324 A247
                    └ C410 C467 C510      ┌ A227
                    │            └ C467 C485
                    └ C324 A131  └ C324 A247
                        └ A074        └ A074
```

```
                                ┌ A227
                        ┌ C467 C485
                        │   └ C324 A247
                        │       └ A074
```
D481　锦豆36　— C080 C510　　　　　　　　　　　　　　　　　　　　　5
```
                │              ┌ A074
                │        ┌ C324 A247
                └ C233 C467 C507    ┌ A227
                │          └ C324 C485
                └ C250       └ A074
                    └ C333 A146
                        └ A210
```

D482　锦豆37　— A605 A445　　　　　　　　　　　　　　　　　　　　　2

```
                            ┌ A227
                    ┌ C467 C485
                    │   └ C324 A247
                    │       └ A074
```
D483　开育11　— C494 C510 A476　　　　　　　　　　　　　　　　　　8
```
                └ C410 A212 A226 A241
                    └ C324 A131
                        └ A074
```

```
                                    ┌ A227
                            ┌ C324 C485
                            │   └ A074
                    ┌ C401 C507 A054
                    │   └ A241
```
D484　开育12　— C496 C503 A308 A314 C495　　　　　　　　　　　　　10
```
                │                      ┌ A074
                │            ┌ C324 A247
                │       └ C410 C467 C510    ┌ A227
                │          │       └ C467 C485
                │          └ C324 A131  └ C324 A247
                │   ┌ A227  └ A074      └ A074
                │ ┌ C467 C485
                └ C091 C510  └ C324 A247
                    └ A042      └ A074
```

D485　开育13　— D516 A645　　　　　　　　　　　　　　　　　　　　　7

```
                            ┌ A227
                    ┌ C485 C520 A030 A095
                    │   └ A234
```
D486　连豆1号　— C594 D484 C475　　　　　　　　　　　　　　　　　15
```
                └ A136 A197
```

（续）

| 编号 | 品种名称 | 亲本及其亲缘关系 | 祖先亲本数 |
|------|---------|----------------|-----------|

```
                                        ┌ A242
                                  ┌ C484 A226
                            ┌ C467 C506
                            │    └ C324 A247
                            │         └ A074
D487  辽豆11  ─ C510 C511 A014 C498                                          9
                            │         └ C510 A324  ┌ A227
                            │    ┌ A227    └ C467 C485
                            └ C467 C485         └ C324 A247
                                 └ C324 A247         └ A074
                                      └ A074

D488  辽豆13  ─ C502 A330                                                     14
                   │              ┌ A227
                   │         ┌ C467 C485
                   │         │    └ C324 A247
                   │         │         └ A074
                   │    ┌ C498 C510 C511 A014  ┌ A242
                   │    │         │       ┌ C484 A226
                   │    │         └ C467 C506
                   │    │              └ C324 A247
                   │    │                   └ A074
                   └ C510 A324  ┌ A227
                        └ C467 C485
                             └ C324 A247
                                  └ A074

                                        ┌ A242
                                  ┌ C484 A226
                            ┌ C467 C506
                            │    └ C324 A247
                            │         └ A074
D489  辽豆14  ─ C498 C510 C511 A014 A706                                      20
                   │    │         ┌ A227
                   │    └ C467 C485
                   │         └ C324 A247
                   │              └ A074
                   └ C510 A324  ┌ A227
                        └ C467 C485
                             └ C324 A247
                                  └ A074

                                        ┌ A074
                                  ┌ C324 A247
                            ┌ C250 C467
                            │    └ C333 A146
                            │         └ A210       ┌ A074
                            │              ┌ C324 A247  ┌ A227
                            │              │    ┌ C467 C485
                            │              │    │    └ C324 A247
                            │              │    │         └ A074
D490  辽豆15  ─ C509 C379 C499 C410 C467 C510 C111                           14
                   │    │    └ C324 A131  │        ┌ A034
                   │    │         └ A074  └ C124 C417 A177
                   │    │              ┌ A074  └ C094 A196  ┌ A254
                   │    │         ┌ C324 A247       └ C540 C574 A228
                   │    └ C324 C467 C508 A316            └ A133
                   │         └ A074  └ C233 A232
                   │         ┌ A210       └ C250
                   └ C233 C333              └ C333 A146
                        └ C250                   └ A210
                             └ C333 A146
                                  └ A210
```

（续）

| 编号 | 品种名称 | 亲本及其亲缘关系 | 祖先亲本数 |
|---|---|---|---|

```
                               ┌ A074
                        ┌ C324 A247              ┌ A227
                 ┌ C250 C467          ┌ C467 C485
                 │      └ C333 A146    │      └ C324 A247
                 │           └ A210    │           └ A074
                 │                ┌ C498 C510 C511 A014   ┌ A242
                 │                │    │    │        ┌ C484 A226
                 │                │    │    └ C467 C506
                 │                │    │         └ C324 A247
                 │                │    │              └ A074
                 │                │    ┌ C510 A324  ┌ A227
                 │                │    └ C467 C485
                 │                │         └ C324 A247
                 │                │              └ A074
D491  辽豆16  ─ C509 C379 C499 C495 C502                                          14
                    │    │    │      ┌ A074
                    │    │    │   ┌ C324 A247
                    │    │    └ C410 C467 C510   ┌ A227
                    │    │         │      └ C467 C485
                    │    │         └ C324 A131   └ C324 A247
                    │    │              └ A074        └ A074
                    │    │                   ┌ A074
                    │    │             ┌ C324 A247
                    │    └ C324 C467 C508 A316
                    │         └ A074   └ C233 A232
                    │    ┌ A210        └ C250
                    └ C233 C333              └ C333 A146
                         └ C250                   └ A210
                              └ C333 A146
                                   └ A210

                 ┌ C510 A324  ┌ A227
                 │    └ C467 C485
                 │         └ C324 A247
                 │              └ A074
                 │         A074  ┌ A074
                 │            ┌ C324 A247
D492  辽豆17  ─ C498 C508 C324 C467 C495 A481                                     12
                    │              │    ┌ A074
                    │              │ ┌ C324 A247
                    │              └ C410 C467 C510   ┌ A227
                    │                   │      └ C467 C485
                    │                   └ C324 A131   └ C324 A247
                    │                        └ A074        └ A074
                    └ C233 A232
                         └ C250
                              └ C333 A146
                                   └ A210

                 ┌ C510 A324  ┌ A227
                 │    └ C467 C485
                 │         └ C324 A247
                 │              └ A074
D493  辽豆19  ─ C498 A689 D516                                                     7
D494  辽豆20  ─ D516 A085 A457                                                     8
                               ┌ A210
                          ┌ C333 A146
                     ┌ C284 C287
              ┌ C150 A216  └ A019   ┌ A242
              │                  ┌ C484 A226
              │            ┌ C467 C506
              │            │    └ C324 A247
```

（续）

| 编号 | 品种名称 | 亲本及其亲缘关系 | 祖先亲本数 |
|---|---|---|---|

```
                  |             |          └ A074
                  |             |        ┌ C510 A324  ┌ A227
                  |             |        |   └ C467 C485
                  |             |        |      └ C324 A247
                  |             |        |         └ A074
D495  辽豆21  ─ C475 C195 C510 C511 A014 D516 C498                                16
                  |             |   ┌ A227
                  |             └ C467 C485
                  |                └ C324 A247
                  |                   └ A074
                  |        ┌ A227
                  └ C485 C520 A030 A095
                           └ A234
```

```
                  |        ┌ A227
                ┌ C467 C485
                |   └ C324 A247
                |      └ A074
D496  辽首1号  ─ C510 C498                                                         6
                  └ C510 A324  ┌ A227
                     └ C467 C485
                        └ C324 A247
                           └ A074
```

| D497 | 辽首2号 | ─ A640 A641 | 2 |

```
D498  辽阳1号  ─ C502                                                              9
                  |              ┌ A227
                  |            ┌ C467 C485
                  |            |   └ C324 A247
                  |            |      └ A074
                  └ C498 C510 C511 A014        ┌ A242
                     |              |        ┌ C484 A226
                     |              └ C467 C506
                     |                 └ C324 A247
                     |                    └ A074
                     └ C510 A324  ┌ A227
                        └ C467 C485
                           └ C324 A247
                              └ A074
```

| D499 | 沈豆4号 | ─ A484 A485 | 2 |
| D500 | 沈豆5号 | ─ A483 A482 | 2 |

```
                  ┌ A227
                ┌ C485 C520 A030 A095
                |   └ A234
D501  沈农6号  ─ C475 C494
                  └ C410 A212 A226 A241
                     └ C324 A131
                        └ A074
```

```
D502  沈农7号  ─ C499 D516                                                         10
                  |           ┌ A074
                  |         ┌ C324 A247
                  └ C324 C467 C508 A316
                     └ A074  └ C233 A232
                              └ C250
                                 └ C333 A146
                                    └ A210

                            ┌ A211
                          ┌ C368 A226
                        ┌ C334 C338 A256 A316
                        |   └ C492 A226
```

| 编号 | 品种名称 | 亲本及其亲缘关系 | 祖先亲本数 |
|---|---|---|---|

```
                      └ A146
D503  沈农8号    — C082 C352 D506                                                          28
                  └ A101 A347

                      ┌ A231 A334
                      |        ┌ A146
                      ┌ C324 C455 C467 C492 A226
                      |  └ A074    └ C324 A247
                      |               └ A074
D504  沈农8510   — C494 C505 C498                                                          14
                  |    └ C510 A324 ┌ A227
                  |       └ C467 C485
                  |          └ C324 A247
                  |             └ A074
                  └ C410 A212 A226 A241
                    └ C324 A131
                      └ A074

                      ┌ A227              ┌ A074
                  ┌ C467 C485         ┌ C324 A247  ┌ A210
                  |  └ C324 A247      |       └ C333 A146
                  |     └ A074        |    ┌ C250
D505  铁丰28    — C510 A168 A055 A345 C008 C467 C233 A075 C401 A054                          22
                            └ C009 A106 A134   └ A241 A054
                            └ A246

                      ┌ A227              ┌ A074
                  ┌ C467 C485         ┌ C324 A247  ┌ A210
                  |  └ C324 A247      |       └ C333 A146
                  |     └ A074        |    ┌ C250
D506  铁丰29    — C494 C510 A055 A168 C008 A345 C467 C233 A075 A054 C401                      22
                  |         └ C009 A106 A134       └ A241 A054
                  └ C410 A212 A226 A241  └ A246
                    └ C324 A131
                      └ A074

                              ┌ A074
                          ┌ C324 A247
                      ┌ C324 C467 C508 A316
                      |  └ A074  └ C233 A232
                      |           └ C250
                      |             └ C333 A146
                      |               └ A210
D507  铁丰30    — C517 C519                                                                  8
                      |                      ┌ A074
                      |           ┌ A074  ┌ C324 A247
                      |        ┌ C324 A247 |  ┌ A227      ┌ A074
                      |        |           | ┌ C467 C485  ┌ C324 A247
                      |        |         ┌ C467 C485  └ C510 C410 C467
                      └ C324 C467 C508 C510 C495 A316   └ A074 A131
                        └ A074  └ C233 A232
                          └ C250
                            └ C333 A146
                              └ A210

D508  铁丰31    — D516 A709

                          ┌ A074  ┌ A074
                          |    ┌ C324 A247
                          |    |    ┌ A146
D509  铁丰32    — D516 C511 A324 C324 C467 C492 A226 A056                                     12
                      |          ┌ A242
                      |       ┌ C484 A226
                      └ C467 C506
                        └ C324 A247
                          └ A074
```

（续）

| 编号 | 品种名称 | 亲本及其亲缘关系 | 祖先亲本数 |
|---|---|---|---|

```
                                    ┌ A074
                             ┌ C324 A247
                   ┌ C410 C467 C510      ┌ A227
                   │      │       └ C467 C485
                   │      │          └ C324 A247
                   │      └ C324 A131     └ A074
                   │          └ A074
D510   铁丰33  ─ C495 C508 A121 C502                                    14
                   │            │        ┌ A227
                   │            │ ┌ C467 C485
                   │            │ │   └ C324 A247
                   │            │ │      └ A074
                   │            └ C498 C510 C511 A014   ┌ A242
                   │            │            │    ┌ C484 A226
                   │            │            └ C467 C506
                   │            │               └ C324 A247
                   │            │                  └ A074
                   └ C233 A232  └ C510 A324  ┌ A227
                      └ C250        └ C467 C485
                        └ C333 A146  └ C324 A247
                          └ A210        └ A074

                                 ┌ A074
                          ┌ C324 A247
                   ┌ C324 C467 C508 A316
                   │     └ A074  └ C233 A232
                   │              └ C250
                   │                └ C333 A146
                   │                  └ A210
                   │        ┌ A254
D511   铁丰34  ─ D507 C517 C567 A317 C574 A228                        13
                   │        ┌ A295
                   └ C540 C555
                      └ A133

                                 ┌ A227
                          ┌ C467 C485
                   ┌ C091 C510  └ C324 A247
                   │     └ A042    └ A074
D512   铁丰35  ─ C496 C550 D481                                       21
                   │               ┌ A254
                   │        ┌ C540 C574 A228
                   │        │     └ A133
                   │ ┌ C578 A047 A333
                   └ C531 C545   ┌ A241
                      │     ┌ C401 A155
                      │     │     ┌ A295
                      └ C250 C339 C370 C555 A050 A124
                      │           └ C333 A041 A108
                      └ C333 A146  └ A210
                         └ A210

                                    ┌ A074
                             ┌ C324 A247  ┌ A210
                             │       ┌ C333 A146
                             │ ┌ C250
                             │ ┌ A227
D513   铁豆36  ─ C517 C567 A317 C574 A228 C467 C233 A075 C401 A054     15
                   │   │      └ A254        └ A241 A054
                   │   │  ┌ A295
                   │   └ C540 C555
                   │      └ A133
                   │        ┌ A074
                   │ ┌ C324 A247
                   └ C324 C467 C508 A316
```

| 编号 | 品种名称 | 亲本及其亲缘关系 | 祖先亲本数 |
|---|---|---|---|

```
                      └ A074   └ C233 A232
                                   └ C250
                                      └ C333 A146
                                         └ A210

                                            ┌ A227
              ┌ A074          ┌ C467 C485
           ┌ C324 A247        │  └ C324 A247
           │  ┌ A146          │     └ A074
D514  铁豆37 ─ C324 C467 C492 A226 A056 C508 A316 C510 C494 D506
           └ A074         │              └ C410 A212 A226 A241
                          │        ┌ C324 A131
                          └ C233 A232   └ A074
                             └ C250
                                └ C333 A146
                                   └ A210

                                      ┌ A227
                          ┌ C467 C485
                          │  └ C324 A247
                          │     └ A074
                          │     ┌ A074        ┌ A210
                          │  ┌ C324 A247   ┌ C333 A146
D515  铁豆38 ─ C008 A168 A055 A345 C517 C510 A316 C467 C233 A075 C401 A054 C250 C496              25
           └ C009 A106 A134  │            │      └ A241 A054 │            ┌ A227
              └ A246         │            └ C250           ┌ C467 C485
                             │        ┌ A074  └ C333 A146  │  └ C324 A247
                             │     ┌ C324 A247   └ A210  └ C091 C510 │  └ A074
                             └ C324 C467 C508 A316        └ A042   └ A227
                                └ A074  └ C233 A232                └ A074
                                           └ C250
                                              └ C333 A146
                                                 └ A210

D516  新豆1号  ─ C498                                                                              6
              └ C510 A324  ┌ A227
                 └ C467 C485
                    └ C324 A247
                       └ A074

              ┌ A260
D517  新丰1号  ─ C320 C392                                                                         7
              │              ┌ A210
              └ C204 A157 A316  ┌ C333 A146
              │     ┌ C250  └ A019
              └ C140 C233 C250 C287
                 │        └ C333 A146
                 │           └ A210
                 │     ┌ A019
                 └ C250 C287
                    └ C333 A146
                       └ A210

                          ┌ A146
                       ┌ C492 A226   ┌ A227
                       │     ┌ C467 C485
                       │     │  └ C324 A247
                       │     │     └ A074
                    ┌ C209 C334 C336 C510 A128 A132 A135 A316
                    │  │     └ C492 A226
                    │  │        └ A146
                    │  │           ┌ A210
                    │  │        ┌ C333 A146
                    │  │     ┌ C250 A067
                    │  └ C140 C197   ┌ A019
```

（续）

| 编号 | 品种名称 | 亲本及其亲缘关系 | 祖先亲本数 |
|------|----------|------------------|------------|

```
                    └ C250 C287
                        └ C333 A146
                            └ A210
D518  新育 1 号  ─ C353 C325
                    └ C379 A324  ┌ A210
                        └ C233 C333
                            └ C250
                                └ C333 A146
                                    └ A210
```
17

```
                        ┌ A242
                    ┌ C484 A226
                ┌ C467 C506
                │   └ C324 A247
                │       └ A074
D519  熊豆 1 号  ─ C511 C362 A486
                    └ C498 A071 A182
                        └ C510 A324  ┌ A227
                            └ C467 C485
                                └ C324 A247
                                    └ A074
```
11

```
                    ┌ A227
                ┌ C485 C520 A030 A095
                │   └ A234
D520  熊豆 2 号  ─ C475 C502
                │                   ┌ A227
                │               ┌ C467 C485
                │               │   └ C324 A247
                │               │       └ A074
                └ C498 C510 C511 A014   ┌ A242
                    │           │   ┌ C484 A226
                    │           └ C467 C506
                    │               └ C324 A247
                    │                   └ A074
                    └ C510 A324  ┌ A227
                        └ C467 C485
                            └ C324 A247
                                └ A074
```
12

```
                    ┌ A227
                ┌ C485 C520 A030 A095
                │   └ A234
D521  岫豆 94 - 11  ─ A561 C475 C502
                │                   ┌ A227
                │               ┌ C467 C485
                │               │   └ C324 A247
                │               │       └ A074
                └ C498 C510 C511 A014   ┌ A242
                    │           │   ┌ C484 A226
                    │           └ C467 C506
                    │               └ C324 A247
                    │                   └ A074
                    └ C510 A324  ┌ A227
                        └ C467 C485
                            └ C324 A247
                                └ A074
```
13

```
D522  赤豆 1 号  ─ A690
```
1

```
                        ┌ A210
                    ┌ C333 A146
                    │   ┌ A019
                ┌ C284 C287  ┌ A210
```

（续）

| 编号 | 品种名称 | 亲本及其亲缘关系 | 祖先亲本数 |
|---|---|---|---|

```
                              ┌ C333 A146
              ┌ C155 C168 C250 A154 A316
              │        └ C156 A244
              │            └ C155 A154  ┌ A019
              │                └ C284 C287
              │                    └ C333 A146
              │                        └ A210
              │
D523  呼北豆1号 ─ C170 A440 C243 C136 C287 C242         ┌ A040  ┌ A019
              │            └ A248
              │    C284
              └ C333 A146
                  └ A210
```
（9）

D524  呼丰6号  ─ A083   （1）

D525  蒙豆5号  ─ A488   （1）

D526  蒙豆6号  ─ A513 A508   （2）

```
                      ┌ A210
                  ┌ C333 A146
              ┌ C284 C287
          ┌ C150 A216  ┌ A019
          │        ┌ A210
          │    ┌ C333 A146
          │    │    └ A019
          │  ┌ C284 C287
D527  蒙豆7号 ─ C195 C155 A154 C158
          │                    ┌ A210
          │                ┌ C333 A146
          └ C153 C284 C287 A137
                    └ A019
                        ┌ A019
              └ C284 C287
                  └ C333 A146
                      └ A210
```
（6）

```
D528  蒙豆9号  ─ C156
              └ C155 A154  ┌ A019
                  └ C284 C287
                      └ C333 A146
                          └ A210
```
（4）

```
D529  蒙豆10号 ─ A409 C189
              └ C195 A324
                  └ C150 A216  ┌ A019
                      └ C284 C287
                          └ C333 A146
                              └ A210
```
（8）

D530  蒙豆11  ─ A522 A408   （2）

```
                          ┌ A242
                      ┌ C484 A226
                  ┌ C467 C506
                  │    └ C324 A247
                  │        └ A074
              ┌ C271 C511 A121         ┌ A210
              │  │                  ┌ C333 A146
              │  │              ┌ C284 C287
              │  │          ┌ C155 A154  └ A019
              │  └ C138 C156 C270 C392 A069      ┌ A210
              │      └ A245  │      └ A260  ┌ C333 A146
              │              │                  ┌ C284 C287
```

（续）

| 编号 | 品种名称 | 亲本及其亲缘关系 | 祖先亲本数 |
|------|----------|------------------|------------|

```
                              |           |        └ A019
                              |           └ C138 C155 C250 A154
                              |              └ A245   └ C333 A146
                              |                          └ A210
D531  蒙豆12  ─ C277 C156                                              12
                └ C155 A154  ┌ A019
                 └ C284 C287
                     └ C333 A146
                        └ A210

                         ┌ A210
                       ┌ C333 A146
                       |   ┌ A019
                     ┌ C284 C287  ┌ A210
                     |            ┌ C333 A146
                   ┌ C155 C168 C250 A154 A316
                   |    └ C156 A244
                   |       └ C155 A154  ┌ A019
                   |          └ C284 C287
                   |              └ C333 A146
                   |                 └ A210
                   |          ┌ A019
                   |        ┌ C284 C287
                   |        |  └ C333 A146
                   |        |     └ A210
                   |        |  ┌ A019
                   |        |  |  ┌ A248
D532  蒙豆13  ─ C170 C243 C136 C287 C242 C278                         16
                └ A040       |                    ┌ A242
                             |                  ┌ C484 A226
                             |            ┌ C467 C506
                             |            |   └ C324 A247
                             |            |      └ A074
                             └ C271 C511 A121        ┌ A210
                                 |                  ┌ C333 A146
                                 |            ┌ C284 C287
                                 |            ┌ C155 A154  └ A019
                                 └ C138 C156 C270 C392 A069      ┌ A210
                                    └ A245  |   └ A260  ┌ C333 A146
                                            |            ┌ C284 C287
                                            |            |      └ A019
                                            └ C138 C155 C250 A154
                                               └ A245   └ C333 A146
                                                           └ A210

                             ┌ A210
                           ┌ C333 A146
                           |   ┌ A019
                         ┌ C284 C287  ┌ A210
                         |            ┌ C333 A146
                       ┌ C155 C168 C250 A154 A316
                       |    └ C156 A244
             ┌ A210    |       └ C155 A154  ┌ A019
           ┌ C333 A146 |          └ C284 C287
           |  ┌ A019   |              └ C333 A146
         ┌ C284 C287 ┌ |                 └ A210
D533  蒙豆14  ─ C155 A154 C250 A316 C170 A712                         15
             |   ┌ A210
             └ C333 A146
                 ┌ A210
               ┌ C333 A146
               |  ┌ A019
```

| 编号 | 品种名称 | 亲本及其亲缘关系 | 祖先亲本数 |
|------|----------|------------------|------------|

```
                      ┌ C284 C287  ┌ A210
                      │       ┌ C333 A146
              ┌ C155 C168 C250 A154 A316
              │       └ C156 A244
              │           └ C155 A154  ┌ A019
              │               └ C284 C287
              │                   └ C333 A146
              │                       └ A210
              │           ┌ A019
              │       ┌ C284 C287
              │       │   └ C333 A146
              │       │       └ A210
              │       │   ┌ A019
              │       │   │   ┌ A248
D534  蒙豆15 — C170 C243 C136 C287 C242 C278
              └ A040                            ┌ A242
                            │              ┌ C484 A226
                            │          ┌ C467 C506
                            │          │   └ C324 A247
                            │          │       └ A074
                            └ C271 C511 A121            ┌ A210
                                │                   ┌ C333 A146
                                │               ┌ C284 C287
                                │           ┌ C155 A154 └ A019
                                └ C138 C156 C270 C392 A069    ┌ A210
                                    └ A245    └ A260  ┌ C333 A146
                                                      │   C284 C287
                                                      │   │   └ A019
                                                  └ C138 C155 C250 A154
                                                      └ A245  └ C333 A146
                                                                  └ A210
```

D534 蒙豆15 — 15

```
                      ┌ A210
                  ┌ C333 A146
              ┌ C284 C287
          ┌ C150 A216 └ A019
          │           ┌ A210
          │       ┌ C333 A146
          │       │   └ A019
          │   ┌ C284 C287
D535  蒙豆16 — A409 C189 C195 C155 A154 C158
          │           │               ┌ A210
          │           │           ┌ C333 A146
          │           └ C153 C284 C287 A137
          │                   │       └ A019
          │                   │       ┌ A019
          │                   └ C284 C287
          │                       └ C333 A146
          └ C195 A324             └ A210
              └ C150 A216  ┌ A019
                  └ C284 C287
                      └ C333 A146
                          └ A210
```

D535 蒙豆16 — 10

```
                  ┌ A211
              ┌ C368 A226
          ┌ C334 C338 A256 A316
          │   └ C492 A226
          │       └ A146
D536  蒙豆17 — C352 C156
          └ C155 A154  ┌ A019
              └ C284 C287
                  └ C333 A146
                      └ A210
```

D536 蒙豆17 — 8

（续）

| 编号 | 品种名称 | 亲本及其亲缘关系 | 祖先亲本数 |
|------|---------|----------------|-----------|

D537　内豆4号　— A488　　　　　　　　　　　　　　　　　　1

D538　兴豆4号　— C261　　　　　　　　　　　　　　　　　　3
```
            ┌ A260
       |    └ C250 C392
       └ C250 C392
            └ C333 A146
                 └ A210
```

D539　兴抗线1号　— C240 A342　　　　　　　　　　　　　　　10
```
         |                       ┌ A210
         |                  ┌ C333 A146
         |            ┌ C233 C250 C287 A189
         |            |    └ C250   └ A019
         └ C259 C260 A330   └ C333 A146
              |        ┌ A019   └ A210
              └ C233 C287
                   └ C250
                        └ C333 A146
                             └ A210
```

D540　宁豆2号　— C510 C529　　　　　　　　　　　　　　　　4
```
              ┌ A262
       — C510 C529
         |        ┌ A227
         └ C467 C485
              └ C324 A247
                   └ A074
```

D541　宁豆3号　— A479　　　　　　　　　　　　　　　　　　1

D542　宁豆4号　— A479　　　　　　　　　　　　　　　　　　1

D543　宁豆5号　— 不详，宁夏地方品种系选　　　　　　　　　　1

D544　高原1号　— A379　　　　　　　　　　　　　　　　　　1

D545　滨职豆1号　— A517 A491　　　　　　　　　　　　　　　2

D546　高丰1号　— 7627 7512　　　　　　　　　　　　　　　　2

D547　菏豆12　　　　　　　　　　　　　　　　　　　　　　　9
```
         ┌ A063   ┌ A231 A334
    — C579 C417 C455 A326
         └ A034
```

D548　菏豆13　　　　　　　　　　　　　　　　　　　　　　　14
```
         ┌ A063   ┌ A231 A334
    — C579 C417 C455 A326 C111
         └ A034   |        ┌ A034
                  C124 C417 A177
                   └ C094 A196   ┌ A254
                        └ C540 C574 A228
                             └ A133
```

D549　鲁豆9号　— A494 A347 C578 A492　　　　　　　　　　　10
```
                      ┌ A254
              └ C540 C574 A228
                   └ A133
```

D550　鲁豆12　　　　　　　　　　　　　　　　　　　　　　　6
```
                   ┌ A295
            ┌ C540 C555
            |    └ A133
      C029 C572
         |        ┌ A231 A334
         └ C417 C455
              └ A034
```

D551　鲁豆13　— C543 A345 A520　　　　　　　　　　　　　　11
```
         |        ┌ A295
         └ C370 C555 A337
              └ C333 A041 A108
                   └ A210

              ┌ C324 A247
              |    └ A074   ┌ A242
```

（续）

| 编号 | 品种名称 | 亲本及其亲缘关系 | 祖先亲本数 |
|---|---|---|---|

D552　鲁宁 1 号　— C324 C417 C455 C467 C492 C506 A169 A524 A226 A495　　12

```
          ┌ A034  │          ┌ C484 A226
    — C324 C417 C455 C467 C492 C506 A169 A524 A226 A495
          └ A074  │          └ A146
                    └ A231 A334
```

D553　鲁青豆 1 号　— C392 C536 A058 A493　　5

```
                ┌ A295
          ┌ C555 A156
    — C392 C536 A058 A493
          └ A260
```

D554　齐茶豆 2 号　— C545 C551 A340　　10

```
          ┌ C547 A022  ┌ A133
          │      └ C510 C540 C574 A228
          │      │            └ A254
          │      │            ┌ A227
          │      └ C467 C485
          │            └ C324 A247
          │                  └ A074
    — C545 C551 A340
          └ C578 A047 A333
          │      ┌ A254
          └ C540 C574 A228
                 └ A133
```

D555　齐黄 26　— C548 A105　　6

```
    — C548 A105
          └ C578 A047 A333
          │      ┌ A254
          └ C540 C574 A228
                 └ A133
```

D556　齐黄 27　— C545 A105　　6

```
    — C545 A105
          └ C578 A047 A333
          │      ┌ A254
          └ C540 C574 A228
                 └ A133
```

D557　齐黄 28　— C545 C551 A340　　10

```
          ┌ C547 A022  ┌ A133
          │      └ C510 C540 C574 A228
          │      │            └ A254
          │      │            ┌ A227
          │      └ C467 C485
          │            └ C324 A247
          │                  └ A074
    — C545 C551 A340
          └ C578 A047 A333
          │      ┌ A254
          └ C540 C574 A228
                 └ A133
```

D558　齐黄 29　— C545 C551 A340　　10

```
          ┌ C547 A022  ┌ A133
          │      └ C510 C540 C574 A228
          │      │            └ A254
          │      │            ┌ A227
          │      └ C467 C485
          │            └ C324 A247
          │                  └ A074
    — C545 C551 A340
          └ C578 A047 A333
          │      ┌ A254
          └ C540 C574 A228
                 └ A133
```

（续）

| 编号 | 品种名称 | 亲本及其亲缘关系 | 祖先亲本数 |
|------|----------|------------------|------------|

```
                    │           └ C324 A247
                    │               └ A074
D559  齐黄 30   ─ C545 C551 A340                                          10
                    └ C578 A047 A333
                        │           ┌ A254
                        └ C540 C574 A228
                            └ A133

                    ┌ C547 A022  ┌ A133
                    │       └ C510 C540 C574 A228
                    │       │           └ A254
                    │       │       ┌ A227
                    │       └ C467 C485
                    │           └ C324 A247
                    │               └ A074
D560  齐黄 31   ─ C545 C551 A340                                          10
                    └ C578 A047 A333
                        │           ┌ A254
                        └ C540 C574 A228
                            └ A133

D561  山宁 8 号  ─ C031 A169 A469                                         11
                    │                   ┌ A074
                    │               ┌ C324 A247  ┌ A242
                    │       ┌ A034  │       ┌ C484 A226
                    └ C324 C417 C455 C467 C492 C506 A226
                        └ A074  │       └ A146
                            └ A231 A334

                            ┌ C324 A247
                            │   └ A074
                            │       ┌ C484 A226
                    ┌ A034  │       │   └ A242
D562  山宁 12   ─ C324 C417 C455 C467 C492 C506 A169 A520 A226 A345 A495   19
                    └ A074  │       └ A146
                        └ A231 A334

D563  潍豆 6 号  ─ C536 A637                                              3
                    │   ┌ A295
                    └ C555 A156

                        ┌ A231 A334
D564  烟黄 8164  ─ C417 C455 A066 A337                                    6
                    └ A034

                            ┌ A231 A334
                    ┌ C417 C455 A326
                    │   └ A034
D565  跃进 10 号 ─ C508 C538 C578                                         14
                    │       │       ┌ A254
                    │       └ C540 C574 A228
                    │           └ A133
                    └ C233 A232
                        └ C250
                            └ C333 A146
                                └ A210

D566  黄沙豆    ─ A628                                                    1
D567  秦豆 8 号  ─ C582 A545                                              5
                    └ A344

                        ┌ A146
D568  秦豆 10 号 ─ C082 C492 A634 A393                                    9
                    └ A101 A347

D569  陕豆 125  ─ C582 A510                                               5
                    └ A344
```

（续）

| 编号 | 品种名称 | 亲本及其亲缘关系 | 祖先亲本数 |
|------|----------|------------------|------------|
| D570 | 临豆1号 | ─ A498 | 1 |
| D571 | 晋大70 | ┌ A074<br>┌ C324 A261<br>┌ C591 C592 A314<br>│ └ A039<br>─ C601 C606 A356 A483 A571<br>└ A165 | 6 |
| D572 | 晋大73 | ┌ A148 A272<br>─ C082 C610 A569 A673<br>└ A101 A347 | 10 |
| D573 | 晋大74 | ┌ A074<br>┌ C324 A261<br>│ ┌ C591 A325<br>│ │ └ A039<br>─ C233 C592 C594 C598 A497 A232<br>└ C250 └ A136 A197<br>└ C333 A146<br>└ A210 | 16 |
| D574 | 晋豆20 | ─ C082 A569<br>└ A101 A347 | 7 |
| D575 | 晋豆21 | ┌ A087 A161<br>─ C592 C604 A499<br>│ ┌ A074<br>└ C324 A261 | 5 |
| D576 | 晋豆22 | ┌ A074<br>┌ C324 A261<br>┌ C591 C592 A314<br>│ └ A039<br>─ C082 C606<br>└ A101 A347 | 10 |
| D577 | 晋豆23 | ┌ A074<br>┌ C324 A261<br>┌ C591 C592 A314<br>│ └ A039<br>─ C028 C606<br>│ ┌ A231 A334<br>└ C417 C455<br>└ A034 | 8 |
| D578 | 晋豆24 | ┌ A074<br>┌ C324 A261<br>┌ C591 C592 A314<br>│ └ A039<br>─ C082 C606<br>└ A101 A347 | 10 |
|  |  | ┌ A210<br>┌ C333 A146<br>┌ C284 C287<br>│ └ A019<br>│ ┌ A210<br>│ ┌ C333 A146<br>│ │ ┌ A148 A272<br>┌ C155 C168 C250 C591 C610 A154 A316<br>│ │ └ A039<br>│ └ C156 A244<br>│ └ C155 A154 ┌ A019<br>│ └ C284 C287<br>│ └ C333 A146<br>│ └ A210 | |

（续）

| 编号 | 品种名称 | 亲本及其亲缘关系 | 祖先亲本数 |
|---|---|---|---|

D579　晋豆 25　— C602 C605
　　　　　　　　　|　　　　┌ A136 A197
　　　　　　　　　└ C410 C594 A271
　　　　　　　　　　　　└ C324 A131
　　　　　　　　　　　　　　└ A074
　　　　　　　　　　　　　　　　　　　　　　　14

D580　晋豆 26　— C606 A356
　　　　　　　　　|　　　　　　┌ A074
　　　　　　　　　|　　　　┌ C324 A261
　　　　　　　　　└ C591 C592 A314
　　　　　　　　　　　　└ A039
　　　　　　　　　　　　　　　　　　　　　　　5

D581　晋豆 27　— C233 C592 C594 A232
　　　　　　　　　　┌ C324 A261
　　　　　　　　　┌ A074
　　　　　　　　└ C250　　┌ A136 A197
　　　　　　　　　└ C333 A146
　　　　　　　　　　└ A210
　　　　　　　　　　　　　　　　　　　　　　　7

D582　晋豆 29　— C037 C606
　　　　　　　　　|　　　　　　　　┌ A074
　　　　　　　　　|　　　　　　┌ C324 A261
　　　　　　　　　|　　　┌ C591 C592 A314
　　　　　　　　　|　　　|　　└ A039
　　　　　　　　　|　　　　　　　　┌ A210
　　　　　　　　　|　　　　　┌ C333 A146　┌ A231 A334
　　　　　　　　　|　　┌ C250　┌ A241　|　　　┌ A146
　　　　　　　　　└ C029 C233 C324 C401 C417 C455 C467 C492 C506 A054 A075 A171 A226 A324 A347
　　　　　　　　　|　　　└ A074　└ A034　|　　　　└ C484 A226
　　　　　　　　　|　　　┌ A231 A334　　┌ C324 A247　└ A242
　　　　　　　　　└ C417 C455　　　　　└ A074
　　　　　　　　　　└ A034
　　　　　　　　　　　　　　　　　　　　　　　23

D583　晋豆 30　— C591 C610 A678
　　　　　　　　　┌ A148 A272
　　　　　　　　└ A039
　　　　　　　　　　　　　　　　　　　　　　　4

D584　晋豆 31　— C417 C455 A654 A674
　　　　　　　　　┌ A231 A334
　　　　　　　　└ A034
　　　　　　　　　　　　　　　　　　　　　　　6

D585　晋豆 32　— C082 C606 A636
　　　　　　　　　|　　　　　　┌ A074
　　　　　　　　　|　　　　┌ C324 A261
　　　　　　　　　┌ C591 C592 A314
　　　　　　　　　|　└ A039
　　　　　　　　└ A101 A347
　　　　　　　　　　　　　　　　　　　　　　　11

D586　晋豆 33　— A646
　　　　　　　　　　　　　　　　　　　　　　　1

D587　晋遗 30　— C601 C614
　　　　　　　　└ A165
　　　　　　　　　　　　　　　　　┌ A242
　　　　　　　　　　　　　　　┌ C484 A226
　　　　　　　　　　　　┌ C467 C506
　　　　　　　　　　　　|　└ C324 A247
　　　　　　　　　　　　|　　└ A074
　　　　　　　　　┌ C475 C511 A220 A324
　　　　　　　　　|　|　　┌ A234
　　　　　　　　　|　└ C485 C520 A030 A095
　　　　　　　　　|　　└ A227
　　　　　　　　　　　　　　　　　　　　　　　13

D588　晋遗 34　— C028 C606 C614
　　　　　　　　　|　　　　　　┌ A074
　　　　　　　　　|　　　　┌ C324 A261
　　　　　　　　　┌ C591 C592 A314
　　　　　　　　　|　└ A039
　　　　　　　　　　　　　　　　　　　　　　　19

（续）

| 编号 | 品种名称 | 亲本及其亲缘关系 | 祖先亲本数 |
|---|---|---|---|

```
                          ┌ A242
                    ┌ C484 A226
              ┌ C467 C506
              │    └ C324 A247
              │          └ A074
        └ C475 C511 A220 A324
         │          ┌ A234
         └ C485 C520 A030 A095
              └ A227
         ┌ A231 A334
   └ C417 C455
        └ A034

              ┌ A227
         ┌ C485 C520 A030 A095
         │    └ A234
C028 C475 C606 A220 A323
         │          ┌ A074
         │    ┌ C324 A261
         └ C591 C592 A314
         │    └ A039
         │ ┌ A231 A334
         └ C417 C455
              └ A034
```

D589　晋遗 38　— C028 C475 C606 A220 A323　　13

```
                    ┌ A242
              ┌ C484 A226
        ┌ C467 C506
        │    └ C324 A247
        │          └ A074
C288 C511 A097 A503
   └ A291
```

D590　成豆 6 号　— C288 C511 A097 A503　　7

D591　成豆 7 号　— A224 A307　　2

```
                    ┌ A242
        ┌ C511   ┌ C484 A226
        │    └ C467 C506
        │          └ C324 A247
        │                └ A074
C511 C619
   │          ┌ A242
   └ C511   ┌ C484 A226
        └ C467 C506
              └ C324 A247
                    └ A074
```

D592　成豆 8 号　— C511 C619　　5

```
D593   成豆 9 号   — C288 A519      2
                     └ A291
```

D594　成豆 10 号　— A237 A501　　2

D595　成豆 11　— A347 A697 A538　　8

```
D596   川豆 4 号   — C288 A504      2
                     └ A291
```

```
D597   川豆 5 号   — C301 A533      3
                     └ A201 A214
```

```
                ┌ A201 A214
D598   川豆 6 号   — C288 C301 C438          11
                └ A291   └ C428 A325
                             └ A084
```

D599　川豆 7 号　— A502 A568　　2

D600　川豆 8 号　— A681　　1

（续）

| 编号 | 品种名称 | 亲本及其亲缘关系 | 祖先亲本数 |
|------|---------|-----------------|-----------|

```
D601   川豆9号    ─ C542 A502                                                              4
                  │         ┌ A295
                  └ C540 C555 A047
                            └ A133

D602   川豆10号   ─ C624 A665                                                              2
                  └ A297

D603   富豆1号    ─ A307                                                                   1

D604   富豆2号    ─ C288 A662                                                              2
                  └ A291

                              ┌ A295
                        ┌ C540 C555 A047
                        │        └ A133
D605   贡豆5号    ─ C028 C542 C623                                                         13
                  │        └ A201 A346
                  └ C028        ┌ A231 A334
                        └ C417 C455
                             └ A034

                  ┌ A291                    ┌ A254
D606   贡豆8号    ─ C032 C288 C630      ┌ C540 C574 A228                                   20
                  │        │       │        └ A133
                  │        │       ┌ C575 A062
                  │        └ C623 C649
                  │             └ A201 A346
                  │                     ┌ A074
                  │            ┌ C324 A247  ┌ A242
                  │     ┌ A034  │     ┌ C484 A226
                  └ C324 C417 C455 C467 C492 C506 A226
                       └ A074  │     └ A146
                               └ A231 A334

                  ┌ A148 A272
D607   贡豆9号    ─ C591 C610 C623                                                         9
                  └ A039  └ A201 A346

D608   贡豆10号   ─ C626 A518                                                              11
                  └ C028 A269  ┌ A231 A334
                       └ C417 C455
                            └ A034

                                    ┌ A254
                              ┌ C540 C574 A228
                              │      └ A133
                              ┌ C575 A062
                        ┌ C623 C649
                        │     └ A201 A346
D609   贡豆11     ─ C626 C630                                                              15
                  └ C028 A269  ┌ A231 A334
                       └ C417 C455
                            └ A034

                              ┌ A295
                        ┌ C540 C555 A047
                        │      └ A133
D610   贡豆12     ─ C028 C542 C623 A472                                                    14
                  │        └ A201 A346
                  └ C028        ┌ A231 A334
                        └ C417 C455
                             └ A034

                              ┌ A295
                        ┌ C540 C555 A047
                        │      └ A133
D611   贡豆13     ─ C028 C542 C623 C650                                                    20
```

| 编号 | 品种名称 | 亲本及其亲缘关系 | 祖先亲本数 |
|---|---|---|---|

```
                                 ┌ A254
                        ┌ C540 C574 A228
                        │   └ A133
                   ┌ C575 A237
              └ C438 C648
                 └ C428 A325
                    └ A084
         ┌ A201 A346
      └ C028   ┌ A231 A334
         └ C417 C455
            └ A034
```

```
         ┌ C028 A269   ┌ A231 A334
         │   └ C417 C455
         │      └ A034
D612  贡豆14  — C563 C626 C630                                    19
         │                  ┌ A254
         │         ┌ C540 C574 A228
         │         │   └ A133
         │    ┌ C575 A062
         └ C623 C649
            └ A201 A346
         │  ┌ A295
         └ C540 C555 A011 A174 A255
            └ A133
```

```
         ┌ C028 A269   ┌ A231 A334
         │   └ C417 C455
         │      └ A034
D613  贡豆15  — C030 C629                                         11
         │                     ┌ A074
         │            ┌ C324 A247  ┌ A242
         └ C031 A169   └ A034  │   ┌ C484 A226
            └ C324 C417 C455 C467 C492 C506 A226
               └ A074  │      └ A146
                    └ A231 A334
```

| D614 | 贡选1号 | — A505 | 1 |
| D615 | 乐豆1号 | — A506 A514 | 2 |
| D616 | 南豆99 | — C288<br>└ A291 | 1 |

```
                    ┌ A295
              ┌ C540 C555 A047
              │   └ A133
D617  南豆3号  — C028 C542 C623                                   13
         │      └ A201 A346
         │         ┌ A231 A334
         └ C417 C455
            └ A034
```

```
                    ┌ A295
              ┌ C540 C555 A047
              │   └ A133
D618  南豆4号  — C028 C542 C623                                   13
         │      └ A201 A346
         │         ┌ A231 A334
         └ C417 C455
            └ A034
```

```
         ┌ C028 A269   ┌ A231 A334
         │   └ C417 C455
         │      └ A034
D619  南豆5号  — C288 C629                                         6
         └ A291
```

（续）

| 编号 | 品种名称 | 亲本及其亲缘关系 | 祖先亲本数 |
|---|---|---|---|

```
                              ┌ A295
                      ┌ C540 C555 A011 A174 A255
                      │    └ A133
D620  南豆 6 号  ─ C288 C563                                              6
                      └ A291

D621  南豆 7 号  ─ C619 A642                                             6
                      │                  ┌ A242
                      └ C511 A097  ┌ C484 A226
                              └ C467 C506
                                   └ C324 A247
                                        └ A074

                              ┌ A291
                      ┌ C288 A219
D622  南豆 8 号  ─ C288 C291                                             2
                      └ A291

D623  津豆 18  ─ C111 A541                                              7
                      │        ┌ A034
                      └ C124 C417 A177
                           └ C094 A196  ┌ A254
                                └ C540 C574 A228
                                     └ A133

D624   选六   ─ C028      ┌ A231 A334                                   4
                      └ C417 C455
                           └ A034

D625  石大豆 1 号  ─ C359 A464                                          17
                      │                  ┌ A227
                      │          ┌ C467 C485
                      │          │    └ C324 A247
                      │          │       └ A074
                      └ C510 C352 A128 A325  ┌ A211
                              │          ┌ C368 A226
                              └ C334 C338 A256 A316
                                   └ C492 A226
                                        └ A146

                                          ┌ A210
                                     ┌ C333 A146
                                ┌ C284 C287
                                │         └ A019
                           ┌ C155 A154
                      ┌ C138 C156 C270 C392 A069     ┌ A210
                      │    └ A245  │    └ A260  ┌ C333 A146
                      │           │         ┌ C284 C287
                      │           │         │    └ A019
                      │           └ C138 C155 C250 A154
                      │                └ A245   └ C333 A146
                      │                             └ A210
D626  石大豆 2 号  ─ C198 C271 C284 C287 C498 A137 A154 A324 A426        15
                      └ C250            └ C510 A324  ┌ A227
                           └ C333 A146        └ C467 C485
                                └ A210             └ C324 A247
                                                        └ A074

                                     ┌ A211
                                ┌ C368 A226
                           ┌ C334 C338 A256 A316
                           │    └ C492 A226
                           │         └ A146
D627  新大豆 1 号  ─ C209 C352 C495 A135                                13
                      │        │         ┌ A074
                      │        │    ┌ C324 A247
```

| 编号 | 品种名称 | 亲本及其亲缘关系 | 祖先亲本数 |
|---|---|---|---|

```
                    └ C410 C467 C510        ┌ A227
                    │              └ C467 C485
                    │        └ C324 A131  ┌ C324 A247
                    │              └ A074    └ A074
                    │              ┌ A210
                    │        ┌ C333 A146
                    │     ┌ C250 A067
                    └ C140 C197
                       │        ┌ A019
                       └ C250 C287
                          └ C333 A146
                             └ A210
```

```
                       ┌ A242
                    ┌ C484 A226
              ┌ C467 C506
              │    └ C324 A247
              │        └ A074
```

D628　新大豆 2 号　— C352 C511 A324　　　　　　　　　　　　11
```
              │        ┌ A211
              │     ┌ C368 A226
              └ C334 C338 A256 A316
                 └ C492 A226
                    └ A146
```

D629　新大豆 3 号　— C218　　　　　　　　　　　　　　　9
```
                          ┌ A210
                       ┌ C333 A146
                    ┌ C284 C287
              └ C270 A326  │     ┌ A019
                 └ C138 C155 C250 A154
                    └ A245    └ C333 A146
                                 └ A210
```

D630　滇 86 - 4　— C641 A325　　　　　　　　　　　　　8
　　　　　　　　　└ A299

D631　滇 86 - 5　— C641 A325　　　　　　　　　　　　　8
　　　　　　　　　└ A299

D632　华春 18　— C187 A109 A529　　　　　　　　　　　　6

D633　丽秋 2 号　— A692　　　　　　　　　　　　　　　1

D634　衢秋 1 号　— A167　　　　　　　　　　　　　　　1

D635　衢秋 2 号　— C464 A167　　　　　　　　　　　　　2
　　　　　　　　　└ A048

D636　衢鲜 1 号　A167 A581　　　　　　　　　　　　　2

D637　婺春 1 号　— A474 A559 A560　　　　　　　　　　　3

D638　萧农越秀　— A567　　　　　　　　　　　　　　　1

D639　新选 88　— A516 A693　　　　　　　　　　　　　2

D640　浙春 5 号　— C288 A213 A219 A530　　　　　　　　　4
　　　　　　　　　└ A291

D641　浙秋 1 号　— A528 A167　　　　　　　　　　　　　2

D642　浙秋 2 号　— A528 A167　　　　　　　　　　　　　2

```
                 ┌ A074   ┌ A231 A334
                 │        │     ┌ A146
```
D643　浙秋豆 3 号　— C312 C324 C417 C455 C467 C492 C506 A169 A226　　12
```
                 │        │     │     └ C484 A226
                 │        └ A034 └ C324 A247 └ A242
                 └ A129 A193        └ A074
```

D644　浙鲜豆 1 号　— A516 A527　　　　　　　　　　　　2

（续）

| 编号 | 品种名称 | 亲本及其亲缘关系 | 祖先亲本数 |
|---|---|---|---|
| D645 | 浙鲜豆 2 号 | — A527 A653 | 2 |
| D646 | 西豆 3 号 | — C288<br>└ A291 | 1 |
| D647 | 西豆 5 号 | — C288 A669<br>└ A291 | 2 |
| D648 | 西豆 6 号 | — A638 A647 | 2 |
| D649 | 渝豆 1 号 | 1  A365 | 1 |

（续）

## 图表Ⅶ 670个祖先亲本衍生的大豆品种及其亲缘关系（A001～A695）

| 编号 | 祖先亲本名 | 祖先亲本衍生的大豆品种及其亲缘关系 |
|---|---|---|
| A001 | 3999‑71 | — C523 |
| A002 | 51‑83 | —C431* — C002 C014 C255 C432 C444 C448 C449 C450 C451 C453 D452 D317 D318<br>　　　　　　┌C435 ┌C067 D453<br>　　　　　└D455 D454 ├D463<br>　　　C421 C423 C443 C445 ├D452 D453<br>　　　　　　　　　　　└D463<br>　　　D443 D445 D460 ┌D459<br>　　C117 C296 D130 D036 D315 D053<br>　　D125 D131 D135 D113 D134<br>　　└D134 D112 D113 D119 |
| A003 | 56‑0501 | — C490 |
| A004 | 7013‑9 | — C074 |
| A005 | 72‑77‑14 | — C066 |
| A006 | 73‑01‑1 | — C419 |
| A007 | 76‑287 | — C148 — D303 D384 D168 D393 |
| A008 | 77‑12 | — C466 |
| A009 | 79‑混‑1 | — C500 |
| A010 | 80‑H28 | — C063 |
| A011 | A66 | — C563 — D620 D612 |
| A012 | 安70‑4176 | — C264 — D390 D393 |
| A013 | 安岳四季花 | — C620 |
| A014 | 白匾豆 | — C502 D364 D372 D487 D489 D495<br>　　└D510 D477 D478 D488 D491 D498 D521 |
| A015 | 白花锉子 | — C393 |
| A016 | 百莱豆 | — C463* — C465 C466 D472 |
| A017 | 白荚霜 | — C482 |
| A018 | 白茧壳 | — C002 C014 |
| A019 | 白眉 | ┬ C285 ┌D208<br>　　　├D156 D233 D256 D272<br>　　　├D264<br>　　　├D254<br>　┌D149 D160 D233 ├D152 D153 D532 D534<br>　　　├D158 D177 D202 D206 D207 D211 D232 D233 D256 D259 D268 D269 D270 D288 D523 D146<br>　　　├D157 D232 D268 D269 D270<br>　　　└D158 D229 D146 |

（续）

| 编号 | 祖先亲本名 | 祖先亲本衍生的大豆品种及其亲缘关系 |
|---|---|---|

C287*

C126 C130 C133 C135 C136
C130 C131 C132 D159
D150 D154 D155 D164 D159
D161 D164 D159
D161
D161 D169 D265

C214 C351 D283
C353 D357 D361 D366 D373 D378 D398 D404 D627 D399 D421
D369 D370 D371 D334 D429 D417 D419 D421 D422 D053 D518
D385
D386 D388 D365
D391
D391
D240 D235
C276 D297 D171
D304
D299 D304

C199 C203 C204 C206 C208 C209 C210 C211
C212 C214 C320
C234 C235 C272 C273
C246 C528 D289 D363 D375 D378
D384
D351
D230 D386
D231 D265

C321 C363 D217 D336 D358 D365 D370 D389 D404 D405 D407 D410 D428 D432 D434 D517
D353 D413
D386 D388 D335 D340 D419 D420 D437 D429 D430 D253

D208
D156 D233 D256 D272
D264
D149 D160 D233
C129 C172
C133 C167

C140 C150 C151 C152 C153 C154
C158 C256 C612
D535
C143 C239 C526 D222 D527
D157 D232 D268 D269 D270
D158 D229 D146
D161 D169 D265
D161
D150 D154 D155 D164 D159
C132 D187
C194 C195

D181 D182 D231 D183 D244 D247 D248 D277
D390
D208 D212
D237 D376 D193 D199 D213 D262 D273
D236 D264

C162 C169 C180 C188 C189 C191 C234 C236 C237 C238 C244 C267 C513 D186 D188 D189 D190 D191 D193 D194 D195 D196
C190 C192 C193 D295
D200 D209 D210
D208 D212

（续）

| 编号 | 祖先亲本名 | 祖先亲本衍生的大豆品种及其亲缘关系 |
|---|---|---|

D199 D203 D204 D211 D234 D171 D376 D527 D187 D192 D205 D206
D213 D257 D262 D266 D495 D147 └ D535 └ D210
└ D390

D235
└ D240 D235 D201
└ D297 D185 └ D198
└ D197 D202
└ D299 D304
└ D208 D212
C176 C179 D145 D174 D386 D190 D193 D194 D196 D199 D207 D529 D191 D207 D213
└ D175 D176 D178 D376 └ D535
└ D184 └ D390

C143 C239 C526 D222 D527 └ D180 D286
C155 C158 C165 └ D281 └ D231 D265
└ D144 D145 D230 D280 D291 └ D292
C173 C174 └ D284 D286

D158 D177 D202 D206 D207 D211 D232 D233 D256 D259 D268 D269 D270 D288 D523 D146
└ D161 D169 D265
└ D208

D153 D154 D155 D156 D160 D225 D179 D242 D245 D143 D169 D367 D434 D435 D436 D437 D532 D533
└ D264
D534 D147 D220 D233 D257 D260 D263 D266 D272 D275 D292 D304 D156 D233 D256 D272
└ D158 D229 D146 └ D254
C023 C164 C176 C228 D211 D296 D301 D241 D234 D236 D237 D238 D149 D151 D152
└ D258 └ D269 D273 D300 D523
C160 C224 C231 └ D173 D395 └ D249 D250 D252 D259
C326 C524 └ D175 D178 D205 D246
C156 C157 C159 C162 C163 C165 C170 C171 C175 C177 C178 C181 D194 D206 D227 D181 D174 D213 └ D184
└ D284 D286 └ D292
└ D144 D145 D230 D280 D291 └ D180 D286
└ D231 D265
C173 C174 D303 D384 D168 D393
└ D281 └ D220

（续）

| 编号 | 祖先亲本名 | 祖先亲本衍生的大豆品种及其亲缘关系 |
| --- | --- | --- |

（续）

## 祖先亲本衍生的大豆品种及其亲缘关系

| 编号 | 祖先亲本名 | 祖先亲本衍生的大豆品种及其亲缘关系 |
|---|---|---|
| A020 | 北62-1-9 | C237 C238 D211 D234 D147 D266 |

D230 D386
D231 D265
D231 D220
D274 D629
D390
D237 D376 D193 D199 D213 D262 D273
C227 C229 D230 D243
C190 C192 C193 D295
D210
D632 D147 D192 D196 D199 D203 D204 D205 D206 D213 D262 D376
D147 D157 D211 D234 D266 D300 D362 D533
D535
D539
D292

C144 C218 C221 C271 C390 D300 D302 D303 D222 D171 D284
D221 D222
D417 D423
D391
D208 D212
D215 D220
D231 D243
C247 C265 C282 C323 C358 C397 D188 D189 D191 D193 D195 D171 D389 D343
D291
D292
D208 D212
D390
D206 D213 D262 D376

D626 D214 D223 D304 D350

D299 D304
D204 D245 D532 D534
D255 D258 D267
D180 D286

D200 D209 D210
D208 D212
D301 D380 D389 D343 D350 D389 D393 D394

C134 C143 C188 C193 C225 C226 C230
C186 C204 C205 C207 C208 C241 C258 C259 C260 C262 C274 C275 C405 C406
C212
C212 C214 C320
C180
C240 C241 D290 D291
D296 D300 D303 D163 D285 D436 D260 D392
C321 C363 D217 D336 D358 D365 D370 D389 D404 D405 D407 D410 D428 D432 D434 D517
D239 D539
D353 D413
D231 D181 D182 D244 D247 D248 D183 D277
D386 D388 D335 D340 D419 D420 D437 D429 D430 D253
D158 D177 D202 D206 D207 D211 D232 D233 D256 D259 D268 D269 D270 D288 D523 D146
D221 D222
D150 D532 D534 D152 D153 D214 D295 D300 D303 D534 D626
D254
D157 D232 D234 D268 D269 D270
D236 D264

（续）

| 编号 | 祖先亲本名 | 祖先亲本衍生的大豆品种及其亲缘关系 |
|---|---|---|
| A021 | 北68-1483 | — C133 — ┌ D208 ┌ D156 D160 D233 ┌ D233 └ D149 D160 D233 D256 D272 └ D264 |
| A022 | 北京8201 | — C551 — D557 D558 D554 D559 D560 D058 |
| A023 | 北京豆 | — C062 D081 D084 D075 D076 ┌ D077 └ D078 |
| A024 | 北良10 | — C130 C386 |
| A025 | 北良55-1 | — C266 |
| A026 | 北良57-25 | — C127 C137 |
| A027 | 北良62-6-8 | — C137 |
| A028 | 北良67-1-21 | — C266 C267 |
| A029 | 本溪嘟噜豆 | — C480 ┌ D431 └ D416 ┌ D041 D055 D056 D020 D091 D060 |
| A030 | 本溪小黑脐 | — C475* — C399 C472 C614 C615 D354 D363 D375 D396 D474 D475 D477 D478 D486 D495 D501 D521 D589 ┌ D384 └ D476 D520 ┌ D587 D588 └ D351 └ D587 D588 |
| A031 | 边3014 | — C236 — D235 |
| A032 | 边65-4 | — C236 — D235 |
| A033 | 表里青 | — C471 |

（A030以下分支）

┌ C044 D038 D108 ┌ D138 ┌ D044 ┌ D098 D090 ┌ D054 ┌ C626 ┌ D609 D612 └ D619 D613
C019 C024 C026 C036 C039 C040 C041 C042 C625 C628 C629 D054 D033 D024 D028
D610 D611 D617 D618
D452 D443 D445 D577 D605 D611 D122 D624 ┌ D315 └ D588 D589
┌ D309 D311 D613 ┌ D140 D141
C030 D019 D033 D022 D023 D024 D026 D127 D561
D026 D582 D021 ┌ D070 D066 D067
└ C054 D471

D138

（续）

| 编号 | 祖先亲本名 | 祖先亲本衍生的大豆品种及其亲缘关系 |
|---|---|---|
| A034 | 滨海大白花 | C417* |
| A035 | 薄地翠 | C479 |

（续）

| 编号 | 祖先亲本名 | 祖先亲本衍生的大豆品种及其亲缘关系 |
|---|---|---|
| A036 | 曹菁 | — C299 — D321 └ D326 |
| A037 | 长汀绿斜 | — C056 |
| A038 | 长叶大豆 | — C215 C222 ┌ D579 — D244 D261 D218 D223 D283 |
| A039 | 大白麻 | — C591* — C595 C598 C599 C603 C605 C606 D428 D607 D583 └ D578 D573 D583 └ D576 D577 D578 D582 D571 D580 └ D588 D589 └ D585 |
| A040 | 大白眉 | — C243* — C130 C133 D152 D153 D532 D534 ┌ D254 └ D149 D160 D233 └ D264 └ D156 D233 D256 D272 └ D208 └ D512 ┌ C550 ┌ D330 ┌ C562 ┌ D103 D100 — D158 D177 D202 D206 D207 D211 D232 D233 D256 D259 D268 D269 D270 D288 D523 D146 |
| A041 | 大白眉 | C370* D118 — C314 C316 C377 C526 C531 C543 C557 C561 C570 C571 C577 D327 ┌ D551 ┌ D174 └ C145 C274 C318 C383 └ C180 ┌ C248 C389 D303 D279 D418 └ D228 D238 D301 D351 └ D231 D181 D182 D244 D247 D248 D183 D277 ┌ D255 D258 D267 └ D476 D484 D512 D515 |
| A042 | 大白脐 | — C091* — C075 C474 C496 D474 |
| A043 | 大表菁 | — C473 |
| A044 | 大嘟噜豆 | — C360 |
| A045 | 大方六月早 | — C068 — D089 |
| A046 | 大红脐55-1 | ┌ C175 └ D157 |
| A047 | 大滑皮 | ┌ C542* — C627 C628 D467 D605 D035 D601 ┌ D608 ┌ D610 D611 D617 D618 ├ C545* — C550 C554 C564 D030 D037 D039 D052 D062 D107 D367 D369 D554 D556 D557 D558 D559 D560 ┌ D385 |

（续）

| 编号 | 祖先亲本名 | 祖先亲本衍生的大豆品种及其亲缘关系 |
|---|---|---|
| A048 | 大黄珠 | └ C548 C549 └ D512 └ D555 └ D018 |
| A049 | 大金黄 | — C464 — D472 D635 |
| A050 | 大金黄 | ┬ C531* — C550 └ D512 └ C562 — D103 D100 |
| A051 | 大金黄 | — C262 |
| A052 | 大金元 | — C045 |
| A053 | 大粒黄 | — C231 |
| A054 | 大粒黄 | ┌ D138 ┌ D098 D090 ┌ D484 ┌ D515 ┌ D315 — C026 C037 C039 C040 C042 C497 C503 C514 D129 C505 D506 D122 D513 D515 └ D026 D582 D021 ┌ D515 └ D514 D503 |
| A055 | 大粒黄 | ┌ D129 D505 D506 — C114 — D139 D141 D129 D128 D133 └ D133 D136 |
| A056 | 大粒青 | — C086 D093 D094 D418 D344 D509 D514 └ D109 D110 D111 |
| A057 | 大青豆 | — C115 ┌ D127 D469 └ D140 D141 |
| A058 | 大青豆 | — C427 D439 D440 D553 |
| A059 | 大洋豆 | — C365 |
| A060 | 砀山豌豆沙 | ┌ C018 — C461* — C018 C456 C459 D454 ┌ C089 ┌ D470 └ C014 C015 C068 C125 C437 D466 D006 D451 └ D014 D015 └ D127 D129 D133 └ D016 └ D140 D141 |
| A061 | 稻熟黄 | — C454 |
| A062 | 德清黑豆 | — C649* — C630 — D636 D609 D612 ┌ D134 D112 D113 D119 ┌ D125 D131 D135 D113 D134 ┌ D136 ┌ D134 D130 |

（续）

| 编号 | 祖先亲本名 | 祖先亲本衍生的大豆品种及其亲缘关系 |
|---|---|---|
| A063 | 定陶平顶大黄豆 | C579* — C017 C118 C122 C552 D011 D121 D127 D130 D132 D137 D547<br>D038 D108　D140 D141 — D548<br>D126 D128 D139<br>D133 D136<br>D138 |
| A064 | 东安药豆 | C300 |
| A065 | 东海平顶红毛 | C429 C430 |
| A066 | 东解 1 | C546* — C576<br>C577 D564 |
| A067 | 东农 3 | C197 — C209 C210 C215 C222 C257<br>C353 C357 D361 D366 D373 D378 D398 D404 D627 D399 D421<br>D244 D261 D218 D223 D283<br>D391<br>D386 D388 D365<br>D369 D370 D371 D334 D429 D417 D419 D421 D422 D053 D518<br>D385<br>D391 |
| A068 | 东农 16 | C145 C234<br>D240 D235<br>D228 D238 D301 D351<br>D296 D300 D303 D163 D285 D436 D260 D392<br>D198 |
| A069 | 东农 20 | D306<br>C271* — C148 C223 C247 C248 C275 C276 C277 C278 D197 D305 D176 D180 D247 D248 D249 D251 D531 D184 D252 D253 D277<br>D220<br>D279 D306 D281 D344 D626 D214 D223 D304 D350<br>D180 D286<br>D299 D304<br>D255 D258 D267<br>D221 D222<br>D303 D384 D168 D393<br>D204 D245 D532 D534 |
| A070 | 东农 27 | C141 — D303<br>D366<br>D368 D420<br>D290 |
| A071 | 东农 33 | C318 C355 C360 C361 C362 C384 C358 D373 D374 D379 D382 D335 D340<br>D174<br>D353 D413<br>D361 D383 D385 D387 D349 D424 D425 D386 D413 D426 D519<br>D391 |
| A072 | 东农 64 - 9377 | C238 D211 D234 D147 D266<br>D236 D264 |
| A073 | 东农 72 - 806 | C224 |

（续）

| 编号 | 祖先亲本名 | 祖先亲本衍生的大豆品种及其亲缘关系 |
|---|---|---|

**A074　嘟噜豆　C324\***

```
D138    D309 D311 D613
        C030 D019 D033 D022 D023 D024 D026 D127 D561
                    D026 D582 D021          D140 D141
                    D109 D110 D111      D362
C026 C031 C032 C034 C035 C037 C077 C086 C115 C207 C216 C217 C349 C358
        C038 C043 D019 D430 D606      D127 D469
                    D055              D140 D141
D290                          D301 D380 D389 D350 D343 D393 D394
        D397
                C341
                    D119
C373 C374 C384 C398 C410 C411 C412          C518
        C382                                    D515
            C390                              D514 D503
                D417 D423                  C486 C516 D483 D505 D506 D501 D504 D514
                    D391          C322 C323 C332 C344 C376 C409 C472 C494 C495 C602 D333 D490
                                              D416          D579
                                          C519 D484 D479 D510 D491 D627 D386 D410 D492 D480
                                              D507
                                          C180 C274 C383          D511
                                              C248 C389 D303 D418 D279 D255 D258 D267
                                                      D228 D238 D301 D351
                                          D231 D181 D182 D244 D247 D248 D183 D277
D012 D023 D024 D028 D033 D062 D093 D094 D105 D122 D344 D350 D386 D418 D473 D492 D509 D514 D552 D562 D643
        D490 D491 D502          D315
                                D512
                        C085 D481
                            D484
                    C080 C503 D372
                        D221 D222
                            D511
C467 C470 C497 C499 C501 C505 C507 C517 C519 C592 C632
            D362          D214 D507 D092 D511 D513 D515
                    D504      C606 C607 D575 D581 D573
                          C606 C607 D575 D581 D573
                    D507      C576 D577 D578 D571 D580
                        D511          D588 D589
                                          D585
D012 D023 D024 D033 D062 D093 D094 D105 D122 D344 D350 D381 D386 D394 D418 D473 D474 D490 D492 D505 D509 D513 D514
D515 D552 D562 D643          D315          D514 D503
                                          D509 D513 D514
                                              D515
```

（续）

祖先亲本衍生的大豆品种及其亲缘关系

编号　祖先亲本名

C026 C031 C032 C034 C035 C037 C039 C040 C042 C077 C080 C086 C115 C358 C472 C474 C495

D138　C038 C043 D019 D430 D606

C030 D019 D033 D022 D023 D024 D026 D127 D561

D309 D311 D613

D140 D141

D055

C513 D490 D491

D026 D582 D021

D098 D090

C085 D481

D512

D140 D141

D127 D469

D416

C519 D484 D479 D510 D491

D627 D386 D410 D492 D480

D507

D511

D301 D380 D389 D350 D343 D393 D394

D109 D110 D111

D198

D197 D305 D176 D180 D247 D248 D249 D251 D531 D184 D252 D253 D277

D204 D245 D532 D534

D350 D343 D357 D418

D389

D592 D621

C076 C223 C277

D220

C502 C515 C614 C619

D587 D588

D510 D477 D478 D488 D491 D498 D521

D511

D221 D222

D507 D214 D092 D511 D513 D515

D221 D222

C497 C499 C501 C505 C509 C510 C511 C512 C514 C517 C519 C632

D504

D490 D491 D502

D284 C303 D334 D344 D355 D364 D368 D372 D487 D489 D495 D509 D519 D520 D590 D592

D173 D395

D385

D369 D370 D371 D334 D429 D417 D419 D421 D422 D053 D518

D391

D511

D507

C519 D484 D479 D510 D491 D627 D386 D410 D492 D480

D368 D420

D381

D353 D413

C178 C353 C358 C359 C483 C495 C496 C498

C361 C362 C502 D335 D340 D344 D356 D358 D359 D373 D374

D510 D477 D478 D488 D491 D498 D521

D413 D426 D519

D361 D383 D385 D387 D349 D424 D425 D386

D391

D511

D628

| 编号 | 祖先亲本名 | 祖先亲本衍生的大豆品种及其亲缘关系 |
|------|------------|-----------------------------------|
| A075 | 嘟噜豆 | C026 C037 C039 C040 C042 C497 C514 D505 D122 D506 D513 D515<br>D138 ┌ D098 D090<br>└ D026 D582 D021 ┌ D515<br>（含 D298 D300 D377 D378 D380 D383 D387 D389 D341 D342 D411 D625 D183 D278 D390 D393…分支至 D376 D516 D379 D382 D487 D489 D492 D493 D495 D496 D504 D626 等） |
| A076 | 恩施六月黄 | C298 |
| A077 | F5A | C004 C580 C585 |
| A078 | 繁峙小黑豆 | C593 — D293 |
| A079 | 凤城小金黄 | C481 |
| A080 | 凤大粒 | C473 |
| A081 | 凤交55-2 | C476 |
| A082 | 凤交6307 | C399 — D431 |
| A083 | 丰山1 | C149 C388 D524 D447 |
| A084 | 奉贤穗稻黄 | C058 D071<br>D104 D107<br>┌ D455 ┌ D611<br>C293 C294 C295 C433 C436 C438 C440 C621 C452 D084 D087<br>C117 C296 D130 D036 D315 D053<br>C432* ─ C435<br>C439 C448 C449 ┌ D125 D131 D135 D113 D134<br>└ D134 D112 D113 D119<br>C428*<br>C451* ┌ C067 D453 D318<br>D455 D454 |
| A085 | 辐白 | ┌ D366 D494<br>C355 D494 |

534

（续）

| 编号 | 祖先亲本名 | 祖先亲本衍生的大豆品种及其亲缘关系 |
|------|-----------|-----------------------------------|
| A086 | 福清绿心豆 | — C052 D071 |
| A087 | 浮山绿 | — C604 — D575 |
| A088 | 福寿 | — C263 |
| A089 | 抚松铁荚青 | — C367 |
| A090 | 辐字6401 | — C388 |
| A091 | 钢7345-4 | — C069 |
| A092 | 高草白豆 | — C631 |
| A093 | 高脚白花青 | — C056 |
| A094 | GD50477 | — ┌ D306 ┘ C364 D377 |
| A095 | 公616 | — C475* — C399 C472 C614 C615 D354 D474 D475 D477 D478 D501 D486 D521 D589 D363 D375 D396 D486 D495 ┌ D431 ┌ D384 └ D351 └ D416 D587 D588 └ D476 D520 D041 D055 D056 D020 D091 D060 |
| A096 | 公交良种黄大粒 | — C413* — C382 — C390 └ D417 D423 └ D391 |
| A097 | 珙县二季早 | — ┌ D592 D621 C619 D590 |
| A098 | 古田豆 | — C047 C053 D069 |
| A099 | 灌云大四粒 | — C422* — C120 └ D133 |
| A100 | 灌云六十日 | — C426 D118 |
| A101 | 广平牛毛黄 | — ┌ C082* └ C084 D106 C086 D574 D576 D578 D097 D093 D094 D503 D568 D585 └ D109 D110 D111 ┌ D572 ┌ D585 |
| A102 | 哈49-2158 | — C215 C222 └ D244 D261 D218 D223 D283 |
| A103 | 哈61-8134 | — C215 C222 └ D244 D261 D218 D223 D283 |
| A104 | 哈尔滨大白眉 | — C286* — C139 |
| A105 | 哈尔滨小黑豆 | — C564 D239 D555 D556 D293 └ D018 |

（续）

| 编号 | 祖先亲本名 | 祖先亲本衍生的大豆品种及其亲缘关系 |
|---|---|---|
| A106 | 海白花 | C006 ┬ D139 D141 D129 D128 D133 ┬ D133 D136<br>C008* ┤ C114 C293 C254 D129 D505 D506 D317 D318<br>　　　└ D104 D107 ／ D514 D503 ／ D515<br>C021 ┘ |
| A107 | 海龙嘟噜豆 | C394* ┬ C398 C399 C400 ─ D433<br>C395 C396 ┤ D431<br>D416 └ D416 ／ D397 |
| A108 | 海伦金元 | C370* ─ C314 C316 C377 C526 C531 C543 C557 C561 C570 C571 C577 D827<br>　　　 C145 C274 C318 C383 ┬ C550 ┬ C551 ┬ C562 ┬ D103 D100<br>　　　 D330 └ D512 └ C248 C389 D279 D303 D418 ┬ D255 D258 D267<br>　　　 C180 └ D174 └ D228 D238 D301 D351<br>　　　 D231 D181 D182 D244 D247 D248 D183 D277 |
| A109 | 杭州五月白 | C643 D632 |
| A110 | 菏泽2084 | C568 |
| A111 | 黑鼻青 | C059 |
| A112 | 黑豆 | C436 |
| A113 | 黑河紫花豆 | C407 |
| A114 | 黑脐黄大豆 | C470 C477 ／ D362 |
| A115 | 黑脐鹨哥豆 | C478 |
| A116 | 黑嘴水白豆 | C600 |
| A117 | 衡阳五月黄 | C051 |
| A118 | 红野-1 | C230 |
| A119 | 猴子毛 | C002 C014 C103 C118 C289 D317 D318 ／ D136 |
| A120 | 花202 | C190 |

（续）

| 编号 | 祖先亲本名 | 祖先亲本衍生的大豆品种及其亲缘关系 |
|---|---|---|
| A122 | 滑县大绿豆 | C095 C100 C102 — D118 D127 D466 — D140 D141 — D470<br>C105 * — C027 C114 D029 D031 C114 D121 D130 D132 D135 D125 D021 D131 — D133 D136 — D134 D130 — D133 — D134 D112 D113 D119<br>C110 — D466 D015 D127 — D470 — D140 D141<br>C112 * — C116 D048 D114 D117 D124 D127 D129 D133 D142 D003 — D126 D128 D139 — D133 D136 — D138 — D140 D141 — D112<br>D137<br>C118 C120 C122 — D136 — D133 |
| A123 | 怀要黄豆 | C644 |
| A124 | 淮阴大四粒 | C419 — C550<br>C531 * — D512 |
| A125 | 黄豆 | C476 |
| A126 | 黄骅大粒黑 | C081 |
| A127 | 黄金子 | C462 — D298 D300 D377 D378 D380 D383 D387 D389 D341 D342 D411 D625 D183 D278 D390 D393 |
| A128 | 黄客豆 | C353 C359 D345 D412 D295 D361 D362 D373 D374 D419 D421 — D391<br>D369 D370 D371 D334 D429 D417 D419 D421 D422 D053 D518 — D385 — D391 |
| A129 | 黄毛豆 | C312 * — C048 C313<br>D643 |
| A130 | 灰长白 | C305 — D416 — C518 — D515 — D514 D503 — C486 C516 D483 D505 D506 D501 D504 D514 |

（续）

| 编号 | 祖先亲本名 | 祖先亲本衍生的大豆品种及其亲缘关系 |
|---|---|---|
| A131 | 辉南青皮豆 | C410* — C322 C323 C332 C344 C376 C409 C472 C494 C495 C602 D333 D490 |
| | | C274 C383 — C519 D484 D479 D510 D491 D627 D386 D410 D492 D480 |
| | | D579 |
| | | D507 |
| | | D511 |
| | | C248 C389 D303 D279 D418 |
| | | D255 D258 D267 |
| | | C180 — D228 D238 D301 D351 |
| | | D231 D181 D182 D244 D247 D248 D183 D277 |
| A132 | 珲春豆 | C161 D320 |
| | | C345* — C303 C407 C408 |
| | | D421 D409 |
| | | C346 C353 C387 C389 C403 C404 C408 |
| | | D369 D370 D371 D334 D429 D417 D419 D421 D422 D053 D518 |
| | | D385 D391 |
| | | C525 |
| | | C533* — C553 |
| | | D361 |
| | | D391 |
| | | D373 D412 D419 D421 |
| | | D140 D141 |
| | | D127 D129 D133 |
| | | C627 C628 D467 D605 D035 D601 D610 D611 D617 D618 |
| | | D608 D140 D141 |
| | | C565 D127 D511 D513 |
| | | D409 |
| | | C045 C648 C649 D460 C069 C650 D088 D321 D611 D326 |
| | | D459 D326 |
| | | C630 |
| | | C586 D606 D609 D612 |
| | | D018 |
| A133 | 即墨油豆 | C540* — C094 C125 C542 C544 C547 C561 C563 C566 C567 C568 C572 C575 C578 C581 C584 |
| | | C586 D555 |
| | | C532 C545 C548 C549 C589 C549 D565 |
| | | D053 |
| | | C551 D620 D612 D554 D556 D557 D558 D559 D560 D367 |
| | | D550 C554 C564 D030 D037 D039 D052 D062 D107 D369 |
| | | D512 D385 |
| | | D557 D558 D554 D559 D560 D058 C015 D039 D550 |
| | | D014 D015 |

（续）

| 编号 | 祖先亲本名 | 祖先亲本衍生的大豆品种及其亲缘关系 |
|---|---|---|

A134 济南1

A135 济宁71021

A136 极早黄

A137 佳木斯秃荚子

A138 建德白毛荚

A139 将乐大青豆

A140 介休黑眉豆

（续）

| 编号 | 祖先亲本名 | 祖先亲本衍生的大豆品种及其亲缘关系 |
|---|---|---|
| A141 | 晋矮 5 | — C589 — D053 |
| A142 | 晋大 152 | — C596 |
| A143 | 晋大 801 | — C590 |
| A144 | 金华直立 | — C313 |
| A145 | 金县快白豆 | C487* — C079 C489 ; C488 |
| A146 | 金元 | C250* — C139 C140 C163 C165 C166 C170 C171 C175 C182 C183 C184 … |

祖先亲本衍生的大豆品种及其亲缘关系（系谱树主要编号）：

C199 C203 C204 C206 C208 C209 C210 C211 C234 C235 C272 C273
C214 C351 D283
C212 C214 C320
C353 C357 D361 D366 D373 D378 D398 D404 D627 D399 D421
D369 D370 D371 D334 D429 D417 D419 D421 D422 D053 D518
D385 D391
D386 D388 D365
C276 D297 D171
D299 D304
D240 D235
C246 C528 D289 D363 D375 D378
D304 D384
D230 D386 D351
D231 D265
C321 C363 D217 D336 D358 D365 D370 D389 D404 D405 D407 D410 D428 D432 D434 D517
D353 D413
D386 D388 D335 D340 D419 D420 D437 D429 D430 D253
D225 D179 D242 D245 D143 D169 D367 D434 D435 D436 D437 D532 D533
D534 D147 D220 D233 D257 D260 D263 D266 D272 D275 D292 D304
C023 C164 C176 C228 D211 D296 D301 D241 D234 D236 D237 D238 D149 D151 D152 D153 D154 D155 D156 D160
D244 D261 D218 D223 D283
D258
C163 C215 C222 C315
C177 C178 C181 D194 D206 D227 D181 D174 D213
D173 D395
D284 D286 D180 D286
C328 D329
D270 D288 D523 D146
D256 D259 D268 D269
D207 D211 D232 D233
D158 D177 D202 D206
D161 D169 D265
D208 D264
D254
D252 D259 D269
D175 D178 D205 D273 D300 D523 D246 D249 D250
D184
D156 D233 D256 D272
D208
D156 D229 D158 D229 D146
D208

（续）

| 编号 | 祖先亲本名 | 祖先亲本衍生的大豆品种及其亲缘关系 |
|---|---|---|

（续）

| 编号 | 祖先亲本名 | 祖先亲本衍生的大豆品种及其亲缘关系 |
| --- | --- | --- |

（续）

## 祖先亲本衍生的大豆品种及其亲缘关系

| 编号 | 祖先亲本名 |
| --- | --- |

C284*

C550
C509 C531 C562 C605
D103 D100
D579
C513 D490 D491
D157 D300 D362 D515 D533

D199 D203 D204 D211 D234 D171 D376 D527 D187 D192 D205 D206 D213 D257 D262 D266 D495 D147
D390 D210
D231 D181 D182 D244 D247 D248 D183 D277
D535
D390
D208 D212
C190 C192 C193 D295
D237 D376 D193 D199 D207 D529 D191 D207 D213
D190 D193 D194 D196 D199 D207 D208 D212
D198
D197 D202
D535

C162 C169 C180 C188 C189 C191 C234 C236 C237 C238 C244 C267 C513 D186 D188 D189 D190 D191 D193 D194 D195 D196
D185 D201 D297
D299 D304
D372
D200 D209 D210
D235
D240 D235
D236 D264
D208 D212

C176 C179 D145 D174 D386
D175 D176 D178 D376
D184
D390

D150 D154 D155 D164 D159
D161
D161 D169 D265
D158 D229 D146
D157 D232 D268 D269 D270

C194 C195
C132 D187

C136 C150 C151 C152 C153 C154
C158 C256 C612
C133 C167 C143 C239 C526 D222 D527
C129 C172
D149 D160 D233
D264
D156 D233 D256 D272
D208
D535

D152 D153 D532 D534
D158 D177 D202 D206 D207 D211 D232 D233 D256 D259 D268 D269 D270 D288 D523 D146
D254

（续）

祖先亲本衍生的大豆品种及其亲缘关系

编号　祖先亲本名

（续）

| 编号 | 祖先亲本名 | 祖先亲本衍生的大豆品种及其亲缘关系 |
| --- | --- | --- |

D208
D161 D169 D265
D158 D177 D202 D206 D207 D211 D232 D233
D256 D259 D268 D269 D270 D288 D523 D146
D175 D178 D205 D246 D249 D250 D252 D259 D273 D300 D523
D184
D156 D233 D256 D272
D208

C127 C134 C169 C170 C605 D192 D205 D300 D173 D344
D210
D579
C176 C179 D145 D174 D386
D175 D176 D178 D376
D184 D390
D299 D304
C276 D297 D171 D303 D384 D168 D393

C272 D222 D304
C270 C605 D579

D228 D238 D301 D351
D220
C148 C223 C247 C248 C275
D626 D214 D223 D304 D350
D221 D222

D296 D300 D303 D163 D285 D436 D260 D392
C276 C277 C278 D297 D306 D279 D280 D281 D344
D180 D286
D255 D258 D267
D299 D304
D204 D245 D532 D534
D251 D531 D184 D252 D253 D277
D197 D305 D176 D180 D247 D248 D249
D198

D236 D264
C187 C227 C238 C246 C269

C144 C218 C221 C271 C390 D300 D302 D303 D222 D171 D284
D215 D220
D629
D417 D423
D391

D230 D386
D231 D265
D274

D200 D209 D210
D147 D192 D196 D199 D203 D204 D205 D206 D213 D262 D376
D231 D265
C227 C229 C230 D243
D390
D210

C134 C143 C188 C193 C225 C226 C230 D247 C265 C282 C323 C358 C397 D188 D189 D191 D193 D194 D195 D171 D389 D343 D632
D291 D292
D208 D212

（续）

| 编号 | 祖先亲本名 | 祖先亲本衍生的大豆品种及其亲缘关系 |
|---|---|---|

C492*

| 编号 | 祖先亲本名 | 祖先亲本衍生的大豆品种及其亲缘关系 |
|---|---|---|
| A147 | 金株黄 | C504* ─ C469 ─ D353 D413 ；D094 D418 D344 D568 |
| A148 | 京谷玉 | C308 ─ D579 |
| A149 | 京黄3 | C610* ─ C595 C605 D572 D583 D607 ；C024* ─ C044 D038 D108 ；C033 D344 |
| A150 | 菊黄 | C060 ─ D314 |
| A151 | 开6302-12-1-1 | C399 ─ D431 |
| A152 | 开山白 | C303 D320 ─ D320 ；C309* ─ C305 |
| A153 | 克山大白眉 | C263 |
| A154 | 克山四粒荚 | C156* C159 C161 C163 C168 C234 C235 C271 …（衍生系谱，见图）；C157* ─ C160 C224 C231 C326 C524 ；C159 C162 C163 |

（注：A153、A154 为复杂系谱树，详见原图分枝关系。主要衍生代号包括：D303 D384 D168 D393、D228 D238 D301 D351、D296 D300 D303 D163 D285 D436 D260 D392、D299 D304、C148 C223 C247 C248 C275 C276 C277 C278 D297 D306 D255 D258 D267、D204 D245 D532 D534 D180 D286、C524 C525 D421 D197 D305 D176 D180 D247 D249 D251 D531 D184 D252 D253 D277、C387 D240 D235 D198 C208 D254、D160 D225 D179 D242 D245 D367 D143 D169 D434 D435 D436 D437 D532 D156 C164 C152、D533 D534 D147 D220 D233 D257 D260 D263 D266 D272 D275 D292 D304、C023 D151 C176 C228 D211 D296 D301 D241 D234 D236 D237 D238 D149 D153 D154 D155、D258 D184 D161 D229 D146、C127 C134 C169 C605 D192 D205 D300 D173 D344 D178 D205 D246 D249 D250 D175 D158 D177 D232 D206 D207、D252 D259 D269 D273 D300 D523 D211 D232 D233 D256 D259、D146 D268 D269 D270 D288 D523、C176 C179 D145 D174 D386 D156 D233 D256 D272、D175 D176 D178 D376 D208、D184 D390、D306 D528、D531 D536。）

（续）

| 编号 | 祖先亲本名 | 祖先亲本衍生的大豆品种及其亲缘关系 |
|---|---|---|

C165*

C170* — C023 C164 C176 C228 D211 D296 D301 D241 D234 D236 D237 D238 D149 D151 D152 D153 D154 D155 D156 D160 D225 D179 D242 D245 D143
D169 D367 D434 D435 D532 D533 D534 D147
D220 D233 D257 D260 D263 D266 D272 D275 D292 D304

C171* — C177 C178 C181 D194 D206 D227 D181 D174 D213
C175
C227 C238 C246 D230 D386

C269* — C272 D222 D3C4
C276 C297 D171
D299 D304

C270* — C144 C218 C221 C271 C390 D300 D302 D303 D222 D171 D284
D417 D423
D391
C148 C223 C247 C248 C275 C276 C277 C278
D215 D220
D629

C274* — C180
C275 C405 C406 C605
D296 D300 D303 D147 D157 D211 D234 D266 D362 D527 D533
D295 D303 D383

（续）

| 编号 | 祖先亲本名 | 祖先亲本衍生的大豆品种及其亲缘关系 |
|---|---|---|
| A155 | 口前豆 | —C339*— C531 C562 ┌ D103 D100<br>　　　　　　　 C550 └ D512 |
| A156 | 历城小粒青 | ┬C536*— C122 C501 C613 D553 D465 D467 D439 D563<br>└C573　　　　　┌ D353 D413<br>　　　　　┌ D353 D413 |
| A157 | 立新9 | —C320*— C321 C363 D217 D336 D358 D365 D370 D389 D404 D405 D407 D410 D428 D432 D434 D517<br>└ D428　 D386 D388 D335 D340 D419 D420 D437 D429 D430 D253 |
| A158 | 连城白花豆 | —C048 |
| A159 | 辽宁大白眉 | —C102 D118 |
| A160 | 林甸永安大豆 | —C244 — D372 |
| A161 | 临县羊眼豆 | —C604 — D575 |
| A162 | 六合青豆 | —C010 D006 |
| A163 | 六十日金黄 | —C576 |
| A164 | 六枝六月黄 | —C064 |
| A165 | 龙76-9232 | —C601 — D587 D571 |
| A166 | 猫儿灰 | —C070* — C065 |
| A167 | 毛蓬青 | —C645 C646 C647 D634 D635 D641 D642 D636<br>└ D635 |
| A168 | 蒙城大白壳 | —C002 C014 C114 C118 C289 D317 D318 D129 D505 D506<br>┌ D139 D141 D129 D128 D133 ┌ D515<br>　D136　　　　 ┌ D133 D136<br>　　　　　　　　　　　　 └ D514 D503<br>　┌ D136<br>　D309 D311 D613 |
| A169 | 蒙城大青豆 | —C021 C030 D033 D022 D023 D024 D026 D643 D127 D561<br>┌ D140 D141 |
| A170 | 米泉黄豆 | —C639 |
| A171 | 耐阴黑豆 | —C036 C037<br>└ D044 |
| A172 | 讷河紫花四粒 | —C393 |
| A173 | 牛尾巴黄 | —C398 — D397 |
| A174 | 农杂9-3 | —C563 — D620 D612 |
| A175 | 欧力黑 | —C611 |

（续）

| 编号 | 祖先亲本名 | 祖先亲本衍生的大豆品种及其亲缘关系 |
|---|---|---|
| A176 | 沛县大白角 | C455* — C014 C015 C068 C125 C437 D006 D466 D451<br>C459* — C018 ⌐ D014 D015 / ⌐ D470 / └ D089 ⌐ D016 / ⌐ D127 D129 D133 / └ D140 D141 |
| A177 | 邳县软条枝 | C106 — C296 D125 D3C8 D315 / ⌐ D134 D112 D113 D119<br>C108* — C113 D105 / └ D140 D445<br>C110 — D015 D127 / ⌐ D140 D141 / └ D623<br>C111* — C116 D040 D042 D117 D312 D468 D490 D057 D043 D045 D059 D060 D450 D548<br>C118 — D136 ⌐ D140 D445 / ⌐ D134 D112 D113 D119 / └ D125 D131 D135 D113 D134<br>└ D136 / C121* — C112 C113 C115 C117 C122 D135 D121 D130 D131 D132 / ⌐ D134 D130 / └ D127 D469 ⌐ D126 D128 D139 / ⌐ D140 D141 / └ D138 ⌐ D133 D136 / └ C116 D048 D114 D117 D124 D127 D129 D133 D142 D003 / └ D140 D141 ⌐ D140 D141 / └ D016 / └ D112 / C441 — D127 D468 D451 D440 D004 D016 D469 D470 / └ D140 D141 / C460 D133 |
| A178 | 平顶冠 | C072 |
| A179 | 平顶黄 | C535 / C581* — C586 / C584 |
| A180 | 平顶四 | D306 / C354 C522 D377 |
| A181 | 平顶香 | C459 / C491* — C490 |
| A182 | 平舆笨 | C350 C361 C362 D361 ⌐ D391 / ⌐ D361 D383 D385 D387 D349 D424 D425 D386 D413 D426 D519 / D358 D373 D379 D382 D335 D340 D374 / └ D353 D413 / └ D368 D420 |

（续）

| 编号 | 祖先亲本名 | 祖先亲本衍生的大豆品种及其亲缘关系 |
|---|---|---|
| A183 | 浦东大黄豆 | C101* — C109 D095 D009 D120 D121 D123 D126 ┌ D138 ┌ D126 D128 D139 └ D124 D129 └ D133 D136 └ D112 └ D138 C109 — D124 D129 └ D112 C112* — C116 D048 D114 D117 D124 D127 D129 D133 D142 D003 C424 ┌ D140 D141 └ D112 D444 D318 |
| A184 | 浦东关青豆 | C445 C445 |
| A185 | 莆豆40 | C050 |
| A186 | 莆田大黄豆 | C049* ┌ C050 C055* └ C054 D471 └ D070 D066 D067 |
| A187 | 启东关青豆 | C447 |
| A188 | 启东西风青 | C427 |
| A189 | 千斤黄 | C258 ┌ D239 D539 C260* — C240 D241 D290 D291 C262 └ D292 ┌ D140 D141 ┌ D470 └ D466 |
| A190 | 沁阳水白豆 | C100 C102 ┌ D118 D127 D466 ┌ D133 D136 C105* — C027 C114 D029 D031 C114 D121 D139 D141 D129 D128 D133 ┌ D134 D130 └ D132 D135 D125 D021 D131 └ D134 D112 D113 D119 ┌ D126 D128 D139 └ D133 D136 └ D138 C112* — C116 D048 D114 D117 D124 D127 D129 D133 D142 D003 ┌ D140 D141 └ D112 C118 C120 ┌ D140 D445 ┌ D134 D112 D113 D119 └ D136 └ D125 D131 D135 D113 D134 C121* — C112 C113 C115 C117 C122 D135 D121 D130 D131 D132 ┌ D134 D130 └ D126 D128 D139 └ D133 D136 |

（续）

| 编号 | 祖先亲本名 | 祖先亲本衍生的大豆品种及其亲缘关系 |
|---|---|---|

A191
A192　青豆　— C468
A193　清华大豆　— C642
　　青仁豆　— C312* — C048 C313 └ D643
A194　青阳早黄豆　— C012
A195　荣县大黄豆　— C625
A196　山东四角齐

A197　山东小黄豆　— C594* — C038 C043 C588 C597 C602 C607 C612 C613 D430 D486 D581 D573
A198　山农1号　— C609
A199　单县闵兼188　— C044 — D038 └ D038
A200　上海红芒早毛豆　— C041 — D054
A201　上海六月白　— C301* — C306 D322 D325 D597 D088 D313 D314 D316 D598

（续）

| 编号 | 祖先亲本名 | 祖先亲本衍生的大豆品种及其亲缘关系 |
|---|---|---|
| A202 | 上海六月黄 | C305 D320　D325<br>C623* C627 C628 C630 D607 D605 D319 D310 / D610 D611 D617 D618 / D323 D326 / D606 D609 D612<br>D087 D471 |
| A203 | 商河黑豆 | C633 D317 D318 |
| A204 | 上虞坎山白 | C552 |
| A205 | 绍东六月黄 | C060 — D314<br>C307* C303 C309 C310 / D322 / C305 / D320 |
| A206 | 设文74-292 | C128 |
| A207 | 沈高大豆 | C141 — D303 |
| A208 | 双河林食豆 | C245 |
| A209 | 四粒黄 | C187* C134 C143 C188 C193 C225 C226 C230 C247 C265 C282 C323 C358 C397 ……<br>C281 D222　C190 C192 C193 D295 ……<br>D196 D199 D203 D204 D205 D206 D213 D262 D376 …… |

（续）

| 编号 | 祖先亲本名 | 祖先亲本衍生的大豆品种及其亲缘关系 |
|---|---|---|

（续）

祖先亲本衍生的大豆品种及其亲缘关系

编号　祖先亲本名

D156 D233 D256 D272
D254
D256 D259 D268 D269 D270 D288 D523 D146
D158 D177 D202 D206 D207 D211 D232 D233
D158 D229 D146
D161 D169 D265
D208
D264
C023 C164 C176 C228 D533 D149 D523 D152 D153 D154 D155 D156 D160
D225 D179 D242 D245 D143 D169 D367 D434 D435 D436 D437 D532
D534 D147 D220 D233 D257 D260 D263 D266 D272 D275 D292 D304
D151 D211 D296 D301 D241 D234 D236 D237 D238
D175 D178 D205 D246 D249 D250 D252 D259 D269 D273 D300
D184
D258
C156 C157 C159 C162 C163 C165 C170 C171 C175 D147 D157 D234 D266 D300 D362 D527 D533
C177 C178 C181 D194 D206 D227 D181 D174 D213
D535
C173 C174
D173 D395
D144 D145 D230 D280 D291
D292
D180 D286
D231 D265
D284 D286
D281
D303 D384 D168 D393
D228 D238 D301 D351
D220
D296 D300 D303 D163 D285 D436 D260 D392
C148 C223 C247 C248 C275 C276 C277 C278 D204 D245 D532 D534
D626 D214 D223 D304 D350 D297 D306 D279 D280 D281 D344
D221 D222
C525 C524 C525 D528 D306
D531 D536
C159 C161 C163 C168 C234 C235 C271 C387
D240 D235
D421
D184
D175 D178 D205 D246 D249 D250 D252 D259 D269 D273 D300 D523
D254
D158 D177 D202 D206 D207 D211 D232 D233
D180 D286
D255 D258 D267
D184 D252 D253 D277
D299 D304
D197 D305 D176 D180 D247 D248 D249 D251 D531
D198

（续）

| 编号 | 祖先亲本名 | 祖先亲本衍生的大豆品种及其亲缘关系 |
|---|---|---|

D151 D152 D153 D154 D155 D156 D160 D225 D179 D242 D245 D143 D169 D367
D256 D259 D268 D269 D270 D288 D523 D146
D158 D229 D146
D161 D169 D265
D264
D272 D275 D292 D304
D208
D435 D436 D437 D532 D533 D534 D147 D220 D233 D257 D260 D263 D266 D434
C023 C164 C176 C228 D211 D296 D301 D241 D234 D236 D237 D238 D149
D579
D210
D258
D272 D256 D233 D156
C127 C134 C169 C170 C605 D344 D192 D205 D300 D173
C176 C179 D145 D174 D386
D175 D176 D178 D376
D184 D390

D236 D264
C272 D222 D304
C276 D297 D171
D299 D304
D579
D215 D220
D629
C144 C218 C221 C271 C390 D300 D302 D303 D222 D171 D284
C148 C223 C247 C248
D417 D423
D391
C187 C227 C238 C246 C269 C270 C605

D228 D238 D301 D351
D303 D384 D168 D393
D204 D245 D532 D534
D299 D304
C275 C276 C277 C278 C297 D306 D279 D280 D281 D344 D626 D214 D223 D304
D253 D277
D255 D258 D267
D180 D286
D221 D222

D197 D305 D176 D180 D247 D248 D249 D251 D531 D184 D252
D198
D296 D300 D303 D163 D285 D436 D260 D392

D350

D274
D230 D386

D390
D208 D212
D231 D265

D237 D376 D193 D199 D213 D262 D273
D231 D265

C227 C229 C230 D247 D265 C282 C323 C358 C397 D188 D189 D191 D193 D194 D195 D171 D389 D343 D632
D226 D247
D301 D380 D389 D350 D343 D393 D394
D208 D212
D147 D206 D196 D199 D203 D204
C134 C143 C188 C193 C225 C226 C230 D243

（续）

| 编号 | 祖先亲本名 | 祖先亲本衍生的大豆品种及其亲缘关系 |
|---|---|---|
| A210 | 四粒黄 | C333* |

C250 C284 C370 C372 C378 C379 C380 C381 C504

C319 C322 C365 C378 D423
C469
C190 C192 C193 D295
D291
D292
D205 D192 D213 D262 D376
D200 D209 D210　D210
D390
D237 D376 D193 D199 D213 D262 D273
D208 D212
D390

C305 C325 C366 D295 D490 D491
D411 D407 D408
D421 D422 D346 D518

C314 C316 C377 C526 C531 C543 C557 C561 C570 C571 C577 C327
D330
C550
C562
D103 D100
D512
D551

C145 C274 C318 C383
D174
C180
C248 C389 D418 D303 D279
C228 D238 D301 D351
D255 D258 D267

C214 C351 D283
D231 D181 D182 D244 D247 D248 D183 D277
D385
D391
D369 D370 D371 D334 D429 D417 D419 D421 D422 D053 D518
D386 D388 D365

C353 C357 D361 D366 D373 D378 D398 D404 D627 D399 D421

C199 C203 C204 C206 C208 C209 C210 C211 C234 C235 C272 C273 D304
D391
D240 D235
C276 D297 D171
D299 D304
C246 C528 D289 D363 D375 D378
D304
C212 C214 C320
D384
D230 D386
D231 D265
D351

C321 C363 D217 D336 D358 D370 D389 D404 D405 D407 D410 D428 D432 D434 D517
D353 D413
D386 D388 D335 D340 D419 D420 D437 D429 D430 D253
D184
D175 D178 D205 D246 D249 D250
D252 D259 D269 D273 D300 D523

（续）

| 编号 | 祖先亲本名 | 祖先亲本衍生的大豆品种及其亲缘关系 |
|---|---|---|

（续）

祖先亲本衍生的大豆品种及其亲缘关系

编号　祖先亲本名

（续）

| 编号 | 祖先亲本名 | 祖先亲本衍生的大豆品种及其亲缘关系 |
|---|---|---|

A211　四粒黄

A212　四粒黄

A213　四月拔

A214　四月白

（续）

| 编号 | 祖先亲本名 | 祖先亲本衍生的大豆品种及其亲缘关系 |
|------|-----------|-----------------------------------|

**A215　孙吴大白眉** — C279

**A216　冀衣领**
D231 D181 D182 D244 D247 D248 D183 D277
D390
D208 D212
D237 D376 D193 D199 D213 D262 D273
C190 C192 C193 D295
D190 D193 D194 D196 D199 D207 D191 D207 D213
D208 D212
D529 D191 D207 D213
D535
D299 D304
D197 D202
D198
D240 D235
D297 D185 D201
D208 D212
D200 D209 D210
D208 D209 D210
C162 C169 C180 C188 C189 C191 C234 C236 C237 C238 C244 C267 C513
C176 C179 D145 D174 D386 D235 D236 D264
D372
D175 D176 D178 D376
D184 D390
D171 D376 D527 D234 D186 D187 D188 D189 D190 D191 D193 D194 D195 D196 D199 D203 D211 D147 D192 D204 D205 D206 D213 D257 D262 D266 D495
D390
D535
D239 D240
C195*

**A217　太谷黄** — C596 D104 D107 D073

**A218　太谷黄豆** — C609 C617　D622

**A219　泰兴黑豆** — C290 C291 C439 C442 C452 D308 D640 D324 D309
D310 D311 D317

**A220　太原早** — C614 C615 D589
D587 D588
D041 D055 D056 D020 D091 D060

**A221　天鹅蛋** — C007

**A222　天鹅蛋** — C378

**A223　天鹅蛋** — C596 D104 D107 D073

**A224　田坎豆** — C621 D591

**A225　铁荚青** — C471

**A226　铁荚四粒黄**
D138
C026 D333 D327 D024 D012 D023 D028 D033 D062 D093 D094 D122 D344 D418 D509 D514 D552 D562 D643
D315
C031* D309 D311 D613　D140 D141
C030 D019 D033 D022 D023 D024 D026 D127 D561
D055
C032* C038 C043 D019 D430 D606

（续）

| 编号 | 祖先亲本名 | 祖先亲本衍生的大豆品种及其亲缘关系 |
|---|---|---|

（续）

| 编号 | 祖先亲本名 | 祖先亲本衍生的大豆品种及其亲缘关系 |
|---|---|---|

C148 C347 C350 C352 ┬ D358 D359 D363 D365 D366 D367 D370 D375 D378 D381 D389 D394 D404 D405 D408 D409 D412 D414 D418 D423 D435 D503 D627
　　　　　　　　　└ D353 D413 └ D351
　　　　　　└ D384 ┌ D351
　　　C354 C363 D360 D375 D363 D364 D390 D393 D394 D428
D303 D384 D168 D393

C377* — C145 C274 C318 C383 ┬ D228 D238 D301 D351
　　　　　　　　　└ D174 └ C248 C389 D418 D303 D279
　　　　　└ C180 └ D255 D258 D267

C381 C493

C494* — C486 C516 D483 C505 D506 D501 D504 D514
　　　　└ C518 └ D515

C497 C505 └ D504

D024 D012 D023 D028 D033 D062 D122 D552 D62 D643
　　└ D309 D311 D613 └ D140 D141
C030 D019 D033 D022 D023 D024 D026 D127 D561
　　　D026 D582 D021
　　　　　　└ D301 D380 D389 D350 D343 D393 D394
　　　　　　　　└ D204 D245 D532 D534
　　　　　　　　└ D488 D491 D498 D521 D510 D477 D478
　　　　　　　　　　└ D389
　　　　　　　　└ D350 D343 D357 D418
　　　　　　　　　└ D587 D588
　　　　　　　　　　└ D592 D621
　　　　　　　　　　　└ D628

C506* — C026 C031 C032 C034 C035 C037 C077 C115 C358 C497 C511
　　└ D469 D127 └ C076 C223 C277 C502 C278 C515 C614 C619 D284 D303 D334 D344 D355 D364 D368
　　　　　　└ D372 D487 D489 D495 D509 D519 D520 D590 D592
　　　　　　└ D197 D305 D176 D180 D247 D248 D249 D251 D531 D184 D252 D253 D277
　　　　　　　└ D220 └ D198
C512 C532 ┬ C038 C043 D019 D430 D606 └ D140 D141
　　└ D138 └ D055
　　　　└ D041 D055 D056 D020 D091
　　　　　└ D351
　　　　　　└ D384
C475 ┌ D587 D588 └ D476 D520
　　└ C399 C472 C614 C615 D354 D363 D375 D396 D474 D475 D477 D478 D486 D495 D501 D521 D589

（续）

| 编号 | 祖先亲本名 | 祖先亲本衍生的大豆品种及其亲缘关系 |
|---|---|---|
| A227 | 铁荚子 | C485* |
| A228 | 铁角黄 | C094* |

| 编号 | 祖先亲本名 | 祖先亲本衍生的大豆品种及其亲缘关系 |
|---|---|---|
| | | |
| A229 | 铁岭短叶柄 | C254 |
| A230 | 通山薄皮黄豆 | C059 C297　D461 |
| A231 | 铜山天鹅蛋 | C095 C099 C110 D137 …… |

| 编号 | 祖先亲本名 | 祖先亲本衍生的大豆品种及其亲缘关系 |
|---|---|---|
| A232 | 通州小黄豆 | C016 — C044 D038 D108 ... C044 D038 D108 ... D610 D611 D617 D618 D610, D611 D617 D618 D624, D315 ... D588 D589 ... C019 C024 C026 C036 C039 C040 C041 C042 C625 C626 C628 C629 D054 D033 D024 D028 D452 D443 D445 D577 D605 D611 D122 ... C028 C029 C031 C032 C033 C034 C035 C037 C081 C083 C115 C295 C421 C423 ... C434 C437 C457 C458 C505 C538 C539 C637 ... AC10 D006 D008 D010 D012 D023 D024 D027 D028 D033 D062 D118 D122 D127 D133 D142 ... C497 C499 C501 C517 C519 D386 D350 D473 D565 D073 D105 D492 D510 D514 ... D573 D581, C508*, C608 |
| A233 | 秃荚子 | C182* — C163 C215 C222 C315 ... D244 D261 D218 D223 D283 ... D328 D329, C183 C184 |

| 编号 | 祖先亲本名 | 祖先亲本衍生的大豆品种及其亲缘关系 |
|------|-----------|-----------------------------------|
| A234 | 晚小白眉 | C520* — C475 ⌐C587 D588 ⌐D384 ⌐D351 C399 C472 C614 C615 D354 D363 D396 D474 D475 D476 D520 └D416 └D431 └D267 D041 D055 D056 D020 D091 D060 D477 D478 D486 D495 D501 D521 D589 |
| A235 | 五顶珠 | ⌐C131 C205* — C213 C219 C220 ⌐D292 └C222 └D287 D224 D298 D168 D291 └D244 D261 D218 D223 D283 |
| A236 | 五河大白壳 | C020 |
| A237 | 五月拔 | C648* — C069 C650 D088 D321 D594 ⌐D611 ⌐D326 |
| A238 | 小白花燥 | C022 |
| A239 | 小白眉 | C416 |
| A240 | 小金黄 | C253 |
| A241 | 小金黄 | ⌐C401* — C026 C037 C039 C040 C042 C211 C272 C273 C339 C340 C342 C343 C497 C503 C514 D505 D506 D513 D515 D122 ┤ D138 ⌐D098 D090 D026 D582 D021 C531 C562 └D314 D503 └D315 │ C402 — C246 C528 ⌐C550 D103 D100 │ └D230 D386 └D512 └C494* — C486 C516 D483 D505 D506 D501 D504 D514 ⌐D231 D265 ⌐D299 D304 └C518 └D515 └D289 D363 D375 D378 ⌐D276 D297 D171 └D514 D503 └D384 └D304 └D351 ⌐D484 ⌐D515 |
| A242 | 小金黄 | C484* — C328 C487 C493 C506 ⌐C079 C489 C026 C031 C032 C034 C035 C037 C077 C115 C358 C497 D024 C497 D301 D380 D389 D350 D343 D393 D394 └D138 └C030 D019 D033 D022 D023 D024 D026 D127 D561 D012 D023 D028 D033 D062 D122 D552 D562 D643 ⌐D309 D311 D613 ⌐D140 D141 └D469 D127 └D315 └D026 D582 D021 └D140 D141 |

（续）

| 编号 | 祖先亲本名 | 祖先亲本衍生的大豆品种及其亲缘关系 |
|---|---|---|

A243　小金元

A244　小粒豆9

（续）

祖先亲本衍生的大豆品种及其亲缘关系

| 编号 | 祖先亲本名 | |
|---|---|---|
| A245 | 小粒黄 | |
| A246 | 小平顶 | |
| A247 | 熊岳小黄豆 | |

（续）

| 编号 | 祖先亲本名 | 祖先亲本衍生的大豆品种及其亲缘关系 |
|---|---|---|

（续）

| 编号 | 祖先亲本名 | 祖先亲本衍生的大豆品种及其亲缘关系 |
|---|---|---|
| A248 | 迷克当地种 | C242* — D254 … D152 D158 D177 D202 D206 D207 D211 D232 D233 D256 D259 D268 D269 D270 D288 D523 D146 … D024 D033 D295 D316 D344 D345 D347 D361 D362 D363 D364 D373 D374 D375 D378 D381 D394 D412 D419 D421 D481 D483 … D487 D489 D490 D495 D496 D505 D506 D514 D515 D540 … D514 D503 … D515 ; D153 D532 D534 D389 ; C135 C142 — D165 D324 D357 D068 ; C130 C131 C132 D159 ; D161 D169 D265 ; D150 D154 D155 D164 D159 ; D161 ; D158 D229 D146 ; D157 D232 D268 D269 D270 |
| A249 | 压破车 | C317 |
| A250 | 雁鹅包 | C057 |
| A251 | 燕过青 | C087 |
| A252 | 洋蜜蜂 | C369* — D181 D182 D231 D183 D244 D247 D248 D277 ; C180 C274 C383 — C248 C389 D418 D303 D279 ; D228 D238 D301 D351 ; D255 D258 D267 ; D295 ; C373 C375 C376 C382 ; C382 ; C390 ; C390 ; D417 D423 D391 ; D417 D423 D391 ; D417 D423 D391 |
| A253 | 药泉山半野生大豆 | C149 |
| A254 | 益都平顶黄 | C574* — C094 C125 C541 C544 C547 C557 C558 C561 C565 C566 C568 C571 C575 C578 C581 C584 D127 D511 D513 ; C019 ; C551 ; D557 D558 D554 D559 D560 D058 ; C045 C648 C649 D460 ; C630 — D606 D609 D612 ; C586 — D140 D141 ; C069 C650 D088 D321 ; D459 ; D611 D326 ; C532 C545 C548 C549 C589 D549 D565 ; D555 D053 ; D018 ; C550 C554 C564 D030 D037 D039 D052 D062 D107 D367 |

· 571 ·

| 编号 | 祖先亲本名 | 祖先亲本衍生的大豆品种及其亲缘关系 |
|---|---|---|

| 编号 | 祖先亲本名 |
|---|---|
| A255 | 沂水平顶黄 |
| A256 | 一窝蜂 |

（续）

| 编号 | 祖先亲本名 | 祖先亲本衍生的大豆品种及其亲缘关系 |
|---|---|---|
| A257 | 一窝蜂 | ┌ C580 ├ C583* — C585 C586 └ C585 |
| A258 | 宜兴青绿豆 | — C434 C437 |
| A259 | 荥经黄壳早 | — C622 |
| A260 | 永丰豆 | ┌ C371 — C386 — D330 └ C392* — C261 C271 C316 C397 C405 C406 C474 C568 C642 C418 D439 D474 D517 D553 D306 D336 D327 D447 |
| A261 | 榆次小黄豆 | — C592* — C606 C607 D575 D581 D573 └ D576 D577 D578 D582 D571 D580 └ D588 D589 └ D585 |
| A262 | 榆林黄豆 | — C529 — D540 |
| A263 | 暂编 20 | ┌ C295* — C117 C296 D130 D036 D315 D053 └ D127 └ D125 D131 D135 D113 D134 └ D140 D141 └ D134 D112 D113 D119 |
| A264 | 早黑河 | — C146 C147 └ D162 |
| A265 | 浙江青仁乌 | — C311 D079 D080 |
| A266 | 浙江四月白 | — C310 — D322 |
| A267 | 洽安小粒豆 | — C179 — ┌ D184 ┌ D390 └ D175 D176 D178 D376 |
| A268 | 萦大豆 | ┌ C112* — C116 D048 D114 D117 D124 D127 D129 D133 D142 D003 D112 └ D318 └ D140 D141 |
| A269 | 自贡青皮豆 | ┌ D609 D612 └ C626 C629 └ D619 D613 |

（续）

| 编号 | 祖先亲本名 | 祖先亲本衍生的大豆品种及其亲缘关系 |
|---|---|---|
| A270 | 紫花豆 | — C340 |
| A271 | 紫秸豆 | — C539 C602 C618 ┌ D579 └ D053 |
| A272 | 澄阳平顶黄 | ┌ C569* — C016 └ C610* — C595 C605 D572 D583 D607 └ D579 |
| A273 | 邹县小六叶 | — C576 |
| A274 | 作630 | — C247 |
| A275 | 左云圆黑豆 | — C597 |
| A276 | 不详 | — C001 |
| A277 | 不详 | — C073 |
| A278 | 不详 | — C088 |
| A279 | 不详 | — C089 |
| A280 | 不详 | — C090 |
| A281 | 不详 | — C071 |
| A282 | 不详 | — C092 |
| A283 | 不详 | — C093 |
| A284 | 不详 | — C096 D186 D187 D196 |
| A285 | 不详 | — C107 |
| A286 | 不详 | — C114 ┌ D139 D141 D129 D128 D133 └ D130 D131 D135 └ D133 D136 |
| A287 | 不详 | — C119 |
| A288 | 不详 | — C232 |
| A289 | 不详 | — C249 |
| A290 | 不详 | — C268 |
| A291 | 不详 | — C288* ┌ C062 C290 C291 C292 C297 C304 C305 C306 C634 C635 D076 D077 D081 D084 D087 D308 D309 D319 D590 D593 ┌ D622 ┌ D323 D326 ├ D310 D311 D317 ┌ D461 └ D077 └ D596 D598 D605 D616 D619 D620 D640 D646 └ D325 └ D647 D604 D622 |
| A292 | 不详 | — C280 |
| A293 | 不详 | — C418 |
| A294 | 不详 | — C425 |

（续）

| 编号 | 祖先亲本名 | 祖先亲本衍生的大豆品种及其亲缘关系 |
|---|---|---|
| A295 | 不详 | （见谱系图） |

C555 *

C046 C101 C109 C434 C456 C459 C531 C533 C534 C536 C541 C542 C543 C544

C109 D095 D009 D120 D121 D123 D126

D124 D129
D112
D138
D126 D128 D139
D133 D136

C018 C553
C014 C015 C068 C125 C437 D466 D006 D451
C122 C501 C613 D553 D465 D467 D439 D563
C627 C628 D467 D605 D035 D601
D610 D611 D617 D618
D608
D551
D544
D470
D016
D127 D129 D133
D140 D141
D512
D089
D014 D015
D140 D141
D112
D124 D129

C559 C560 C563 C567 C569 C570 C571 C572 C573 C576 C577 C580 C581 C584 D453
C565 D127 D511 D513
C562
C586
D103 D100
C016
D620 D612
D470
C015 D039 D550
D014 D015

C100 C102 C105 C112 C118 C120 C121 C122 C112 C113 C115 C117 C122 D135 D121 D130 D131 D132
C027 C114
D118 D127 D466
D140 D141
D139 D141 D129 D128 D133
D133
D136
C553
C533 D010
D133 D136
D134 D130
D126 D128 D139
D133 D136
D138
D125 D131 D135 D113 D134
D134 D112 D113 D119
D469 D127

（续）

祖先亲本衍生的大豆品种及其亲缘关系

| 编号 | 祖先亲本名 | 祖先亲本衍生的大豆品种及其亲缘关系 |
|---|---|---|
| A296 | 不详 | C556 |
| A297 | 不详 | C587 — D602 |
| A298 | 不详 | C624 |
| A299 | 不详 | C636 |
| A299 | 不详 | C641 — D630 D631 |
| A300 | 不详 | C530 |
| A301 | 不详 | C537 |
| A302 | 不详 | C638 |
| A303 | BC13‑4‑1 | C229 |
| A304 | Dawn | C228 — D258 |
| A305 | Gamsoy | C196 |
| A306 | 73‑16 | C054 — D070 D066 D067 |
| A307 | 白干城 | C053 C620 C622 D591 D6C3 |
| A308 | 白千鸣 | C651 D484 └ D084 |
| A309 | 姬小金 | C146 D282 |
| A310 | 极早生青白 | C142 — D165 D324 D357 D068 └ D389 |
| A311 | 雷公 | C424 C443 |
| A312 | 秋八 | C351 |

关系树（D029 衍生系谱）：

```
                                                    ┌ D140 D141
                              ┌ D140 D445           └ C116 D048 D114 D117 D124 D127 D129 D133 D142 D003
                              │                     ┌ D140 D141
C116 D048 D114 D117 D124 D127 D129 D133 D142 D003   └ D112
      └ D140 D141
      └ D112                              ┌ D134 D112 D113 D119
D029 D031 C114 D121 D130 D132 D135 D125 D021 D131
                                   ┌ D134 D130
                                   └ D133 D136
                    ┌ D126 D128 D139
                    │           ┌ D133 D136
                    └ D138
             ┌ D128 D129 D141 D139
             └ D133 D136
```

（续）

| 编号 | 祖先亲本名 | 祖先亲本衍生的大豆品种及其亲缘关系 |
|------|------------|-------------------------------------|
| A313 | 秋田 2 | C515 — D350 D343 D357 D418 ┌ D389 |
| A314 | 日本大白眉 | ┌ D432 D479 D480 D484 ┌ C400 C606 — D484 D578 D580 D571 └ D576 D577 D578 D582 D571 D580 └ D588 D589 └ D585 └ D433 |
| A315 | 日本晴 | C147 D449 └ D162 |
| A316 | 十胜长叶 | C148 C163 └ D303 D384 D168 D393 … |

A316 十胜长叶 衍生谱系：

- D367 D434 D435 D436 D437 D532 D533 D534 D147 D220
- D233 D257 D260 D263 D266 D272 D275 D292 D304
- C170* ┴ C023 C164 C176 C228 D211 D296 D301 D241 D234 D236 D237 D238 D149 D151 D152 D153 D154 D155 D156 D160 D225 D179 D242 D245 D143 D169
  - D258
  - D158 D177 D202 D206 D207 D211 D232 D233
  - D256 D259 D268 D269 D270 D288 D523 D146
- C171* — C177 C178 C181 D194 D206 D227 D181 D174 D213
  - ┌ D184
  - D175 D178 D205 D246 D249 D250 D252 D259 D269 D273 D300 D523
  - D254
  - D158 D229 D146
  - D161 D169 D265
  - D208
  - D264
  - D256 D233 D256 D272
  - D156 D233 D208
- ┌ D173 D395
- D299 D304
- ┌ D198
- ┌ D197 D202
- D297 D185 D201
- ┌ D390
- D208 D212
- C175 C191 C193 — D237 D376 D193 D199 D213 D262 D273
- D244 D261 D218 D223 D283
- C213* — C222
  - ┌ D231 D265
  - D230 D386
- C214 C219 C220 C227 C237 C246 C272 C273
  - ┌ D267
  - ┌ D276 D297 D171
  - D299 D304
  - D304

（续）

| 编号 | 祖先亲本名 | 祖先亲本衍生的大豆品种及其亲缘关系 |
|---|---|---|

C320* — D287 D224 D298 D168 D291 D292
　　　　　　└ D353 D413

C348* — C321 C363 D217 D336 D358 D365 D370 D389 D404 D405 D407 D410 D428 D432 D434 D517
　　　　　　└ D386 D388 D335 D340 D419 D420 D437 D429 D430 D253

C350 — C356 D370
　　　　 D397 D220

　　　　　　　　　　　　　　　　　　　　　　　　　　　　　　　　　　　　　　　　　　　　D332
D023 D181 D162 D218 D220 D246 D250 D290 D328 D329 D330 D331 D333 D343 D345 D347 D348 D350 D352 D355 D356 D357
D358 D359 D363 D365 D366 D367 D370 D375 D378 D381 D389 D394 D404 D405 D408 D409 D412 D414 D418 D423 D435 D503 D627
　　　　　└ D353 D413　　　└ D384　　　　　　　　　　　　　　　　　　　　　D628
　　　　　　　　　　　　　　　　　　　　　　　　　　　　　　　　　　　　　D381
　　　　　　　　　　　　　　　　　　　　　　　　　　　　　　　　　　　　　D389

C352* — C181 C321 C322 C355 C357 C359 C366 C390 C391
　　　　　　　　　　　　　　　└ D417 D423
　　　　　　　　　　　　　　　　 D391
　　　　　　　　　　　　　　　└ D411 D407 D408
　　　　　　　　　　　　　└ D298 D300 D377 D378 D380 D383 D387 D389 D341 D342 D411 D625 D183 D278 D390 D393
　　　　　　　　└ D386 D388 D365
　　　　　　　　 D366
　　　　　D386 D388 D335 D340 D419 D420 D437 D429 D430 D253
　　　　　　　└ D385

C353 — D369 D370 D371 D334 D429 D417 D419 D421 D422 D053 D518
C394* — C398 C399 C400 C400
　　　　　　└ D433
　　　　　└ D431
　　　　　 D397

　　　　　 D490 D491 D502　C605
　　　　　　　　　　　└ D579
C395 C396 C483 C499 C501 C517 C519 C605
　　 └ D416　　　　└ D507
　　　　　　　　　　 D511
　　　　　　　　└ D507 D214 D092 D511 D513 D515
　　　　　　　　　└ D511
　　　　　　　　　 D221 D222
　　　　　　　　　└ D200 D209 D210
　　　　　　　　　 D210

D105 D157 D171 D188 D189 D191 D192 D195 D196 D203 D204 D205 D206 D213
　　　　　　　　　　　　　　　　　└ D391　　└ D351　　└ D384

D222 D262 D282 D300 D3C3 D350 D360 D361 D362 D363 D364 D373 D375 D376
　　　　　　　　　　　　　　　　　　　　　　└ D390

D390 D393 D394 D398 D399 D412 D419 D421 D428 D431 D473 D514 D515 D533

（续）

| 编号 | 祖先亲本名 | 祖先亲本衍生的大豆品种及其亲缘关系 |
| --- | --- | --- |
| A317 | 新4 | — C565 D511 D513 D127 ┌ D140 D141 |
| A318 | 野起1 | — C109 C559 C560*C580 … |
| A319 | 黑龙江41 | ┬ C185* … |

（续）

| 编号 | 祖先亲本名 | 祖先亲本衍生的大豆品种及其亲缘关系 |
|---|---|---|
| A320 | 尤比列 | C194* — C132 — D164 D150 D154 D155 D159 / D161 D169 D265 / D158 D229 D146 / D157 D232 D268 D269 D270 / D161 / D173 D395 ; D187 ; D227 |
| | | C127 C160 D191 D193 D194 D171 D188 D189 D192 D195 D196 D199 D203 D204 D205 D206 D213 D262 D376 / D208 D212 / D200 D209 D210 / D390 / D210 / D208 D212 |
| | | C188* — C190 C192 C193 D295 / D237 D376 D199 D213 D262 D273 / D390 ; C193 — D237 D376 D193 D199 D213 D262 D273 / D208 D212 / D390 |
| A321 | Fiskeby | C251 — D389 |
| A322 | Logbeaw | C142 — D165 D324 D357 D068 |
| A323 | ILC482 | C615 — D041 D055 D056 D020 D091 D060 ; D589 |
| A348 | 外90 | C518 |
| A349 | M1 | C014 C015 C068 C125 C437 D006 D016 D451 D466 / D014 / D127 D133 D129 / D089 / D140 D141 / D016 / D470 ; C456 D4705 C018 D130 D140 D141 D470 / C321 C363 D217 D336 D358 D365 D370 D389 D404 D405 D407 D410 D428 D432 D434 D517 / D253 D335 D340 D386 D419 D420 D429 D430 D437 / D353 D413 |
| A350 | M2 | C204 — C212 C214 C320 |
| A351 | M3 | C206 C208 |
| A352 | M4 | D132 — D134 D130 |
| A353 | M5 | D132 — D134 D130 |
| A354 | M6 | D132 — D134 D130 |
| A355 | 7510 | D090 |
| A356 | 复61 | D571 D580 |

（续）

| 编号 | 祖先亲本名 | 祖先亲本衍生的大豆品种及其亲缘关系 |
|---|---|---|
| A357 | 系 7476 | D095 D100 D101 D102 |
| A358 | Sogleen Ogden | D001 |
| A359 | 豌豆团 | D002 D004 D016 |
| A360 | 阜 72 - 17 | D118 |
| A361 | 阜 8128 - 1 | D016 |
| A362 | 蒙庆 13 | D007 |
| A363 | 蒙庆 7 | D006 |
| A364 | 安农 | D067 |
| A365 | 千斤不倒 | D649 |
| A366 | 涡 7708 - 2 - 3 | D015 |
| A367 | 墩子黄 | D034 |
| A368 | 红大豆 | D034 |
| A369 | G7533 | D226 |
| A370 | GD50279 | D383 |
| A371 | GD50392 | D398 D399 |
| A372 | GD50393 | D398 |
| A373 | GD50444 - 1 | D397 |
| A374 | 东农 165 | D219 |
| A375 | 东农 23 | D418 |
| A376 | 东农 2481 | D162 |
| A377 | 东农 6636 - 69 | D167 |
| A378 | 东农 74 - 236 | D295 |
| A379 | 东农 79 - 64 - 5 | D544 |
| A380 | 东农 80 - 277 | D167 |
| A381 | 东农 A111 - 8 | D166 |
| A382 | 东农 A95 | D166 |
| A383 | 拉城黄豆 | D075 D082 └ D078 |
| A384 | 扶绥黄豆 | D080 |
| A385 | 杂交混选 | D083 |
| A386 | 靖西早黄豆 | D074 D075 └ D078 |
| A387 | 吉三选三 | D074 |

（续）

| 编号 | 祖先亲本名 | 祖先亲本衍生的大豆品种及其亲缘关系 |
|---|---|---|
| A388 | 平果豆 | — D079 D080 |
| A389 | 黔西梢梢黄 | — D086 |
| A390 | 86-6270 | — D089 |
| A391 | 河北黄大豆 | — D332 |
| A392 | 旱熟油豆 | — D027 |
| A393 | 尤生豆 | — D094 D568 |
| A394 | 汤山黄 | — D126 — D138 |
| A395 | 滑豆16 | — D114 |
| A396 | 柘城平顶黑 | — D118 |
| A397 | 正阳大豆 | — D118 |
| A398 | 陈留牛毛黄 | — D132 — D134 D130 |
| A399 | S901 | — D509 |
| A400 | 农大1296 | — D282 |
| A401 | 农大24875 | — D276 |
| A402 | 农大4840 | — D285 |
| A403 | 农大87030 | — D216 |
| A404 | 勃利羊野生豆 | — D173 D283 |
| A405 | 黑龙江小粒豆 | — D398 D399 |
| A406 | HA138 | — D217 |
| A407 | 克70-5390 | — D186 D196 |
| A408 | 克73-辐52 | — D530 |
| A409 | 克交8619 | — D170 D529 ⌐ D535 |
| A410 | 钢7874-2 | — D408 |
| A411 | 九龙11 | — D069 |
| A412 | 庆丰83-40 | — D065 |
| A413 | 褐脐黄豆 | — D427 |
| A414 | 长叶1 | — D171 D188 D189 D192 D195 D196 D203 D204 D205 D206 D213 D262 D376 ⌐ D210 ⌐ D390 / D200 D209 D210 |
| A415 | 紫花毽子 | — D300 D303 |
| A416 | 黑3-18 | — D227 |
| A417 | 黑河100 | — D187 |

（续）

| 编号 | 祖先亲本名 | 祖先亲本衍生的大豆品种及其亲缘关系 |
|---|---|---|
| A418 | 黑河104 | D188 D189 ┌ D200 D209 D210 |
| A419 | 黑交78-1148 | D185 D198 ┌ D198 └ D197 D202 |
| A420 | 嫩78631-5 | D222 |
| A421 | 半野生大豆 | D306 |
| A422 | 哈1062 | D219 |
| A423 | 哈5179 | D282 |
| A424 | 哈70-5179 | D423 |
| A425 | 哈76-3 | D217 |
| A426 | 哈76-6045 | D214 D626 └ D221 D222 |
| A427 | 哈78-6289-10 | D174 |
| A428 | 哈78-6298 | D144 └ D284 D286 |
| A429 | 哈83-3331 | D407 D408 |
| A430 | 哈891 | D251 |
| A431 | 哈90-33-2 | D216 |
| A432 | 哈92-2463 | D221 |
| A433 | 哈交71-943 | D354 |
| A434 | 哈交74-2119 | ┌ D351 D354 D363 D375 D401 └ D384 |
| A435 | C11 | D509 |
| A436 | 绥67-31 | D171 |
| A437 | 绥69-5061 | D306 |
| A438 | 北773007 | D148 └ D217 D271 |
| A439 | 北776336 | D148 └ D217 D271 ┌ D184 |
| A440 | 北交804083 | ┌ D175 D178 D205 D246 D249 D250 D252 D259 D269 D273 D300 D523 D151 D156 D184 └ D208 |

（续）

| 编号 | 祖先亲本名 | 祖先亲本衍生的大豆品种及其亲缘关系 |
|---|---|---|
| A441 | A284 | — D186 D187 D196 |
| A442 | 钢8460-19 | — D228 |
| A443 | 九三80-99 | — D179 |
| A444 | 龙79-3434 | — D289 |
| A445 | 龙9825 | — D482 |
| A446 | 大粒早 | — D084 |
| A447 | 从化豆 | — D084 |
| A448 | 零86-2 | — D324 |
| A449 | 7403-14 | — D331 └ D332 |
| A450 | 2411702 | — D338 |
| A451 | 2413742 | — D338 |
| A452 | 长交8129-32 | — D371 |
| A453 | 生844-2-2 | — D337 |
| A454 | 生85183-3 | — D341 D342 |
| A455 | 茶秣食豆 | — D354 |
| A456 | 山城豆 | — D406 |
| A457 | 大湾大粒 | — D063 D064 D494 |
| A458 | 公87-D24 | — D373 |
| A459 | 公交5688-1 | — D337 |
| A460 | 公交84-5181 | — D403 D405 |
| A461 | 公交9049A | — D388 |
| A462 | 选杂10 | — D369 └ D385 |
| A463 | 海8008-3 | — D181 D182 D370 D376 D439 └ D390 |
| A464 | 海交8403-74 | — D367 D378 D389 D625 |
| A465 | B94-56 | — D353 |
| A466 | T12 | — D433 |
| A467 | 野尖 | — D431 |
| A468 | 如皋茶莱三 | — D083 |
| A469 | 淮87-5254 | — D561 |
| A470 | NA119 | — D122 └ D315 |

（续）

| 编号 | 祖先亲本名 | 祖先亲本衍生的大豆品种及其亲缘关系 |
|---|---|---|
| A471 | 南 77-30 — D010 | |
| A472 | KK3 — D610 | |
| A473 | 苏系 5 — D461 | |
| A474 | 如皋麻壳子 — D637 | |
| A475 | 泗阳 469 — D095 D469 | |
| A476 | 千枝密 — D483 | |
| A477 | 凤 81-2036 — D473 | |
| A478 | 开 6708 — D484 D486 | |
| A479 | 辽 79165-14 — D541 D542 | |
| A480 | 辽 87-324 — D360 | |
| A481 | 辽 89-2375M — D492 | |
| A482 | 沈 91-4148 — D500 | |
| A483 | 沈 91-6105 — D500 | |
| A484 | 沈豆 86-69 — D499 | |
| A485 | 沈豆 87-132 — D499 | |
| A486 | 熊岳白花 — D519 D520 | |
| A487 | 扁茎大豆 — D303 | |
| A488 | 呼 5121 — D209 D525 D537 ┕ D209 | |
| A489 | 呼丰 5 — D161 D164 ┕ D161 | |
| A490 | 灌水铁荚青 — D386 | |
| A491 | 滨 89036 — D545 | |
| A492 | 梁山大黄豆 — D549 | |
| A493 | 蓬莱大青豆 — D553 | |
| A494 | 菏 6828 — D549 | |
| A495 | 早熟巨丰 — D552 D562 | |
| A496 | 山东 8502 — D016 | |
| A497 | 直立白毛 — D073 D104 D573 | |
| A498 | 冀氏小黄豆 — D570 | |
| A499 | 临县白大豆 — D575 | |
| A500 | 晋豆 7203-3 — D179 | |
| A501 | 安岳龙合早 — D594 | |

（续）

| 编号 | 祖先亲本名 | 祖先亲本衍生的大豆品种及其亲缘关系 |
|---|---|---|
| A502 | 北川兔儿豆 | D599 D601 |
| A503 | 火巴豆子 | D590 |
| A504 | 郫县早豆子 | D596 |
| A505 | 大冬豆 | D614 |
| A506 | 笃连七转豆 | D615 |
| A507 | 蔡隅1 | D063 D064 |
| A508 | 加拿大小粒豆 | D526 |
| A509 | 东山101 | D503 D505 D506 D513 D514 ┌ D514 D5C3<br>└ D515 |
| A510 | 日9－11 | D569 |
| A511 | 日本白鸟 | D449 |
| A512 | 日本天开峰 | D441 |
| A513 | 日本札幌小绿豆 | D526 |
| A514 | 日本珍黄豆 | D615 |
| A515 | 日本枝豆 | D462 |
| A516 | 日本大胜白毛 | D639 D644 |
| A517 | 日大选 | D545 |
| A518 | 塞凯20 | D608 |
| A519 | 雷电 | D593 |
| A520 | 十石 | D551 D562 |
| A521 | 艳丽 | D095 D100 D101 |
| A522 | 早羽 | D530 |
| A523 | 中育37 | D305 |
| A524 | 高丰大豆 | D552 |
| A525 | 鹤之友3 | D458 |
| A526 | 鹤之子 | D398 D399 D431 |
| A527 | 矮脚白毛 | D644 D645 |
| A528 | 杭州九月拔 | D641 D642 |
| A529 | 兰溪大青豆 | D632 |
| A530 | 28795 | D640 |
| A531 | 7603 | D027 |
| A532 | T102 | D090 |

（续）

| 编号 | 祖先亲本名 | 祖先亲本衍生的大豆品种及其亲缘关系 |
|---|---|---|
| A533 | G272 | — D597 |
| A534 | 油 87 - 72 | — D312 |
| A535 | 油 88 - 86 | — D002 |
| A536 | 油春 80 - 1383 | — D084 |
| A537 | 杂抗 F6 | — D052 |
| A538 | 中 91 - 1 | — D050 D051 D595 |
| A539 | 中作 87 - D06 | — D093 |
| A540 | 中作 88 - 020 | — D072 |
| A541 | 中作 90052 - 76 | — D042 D056 └ D623 |
| A542 | 遗 - 2 | — D046 D049 |
| A543 | 遗 - 4 | — D020 D041 |
| A544 | 8903 | — D096 |
| A545 | 170 - 3 | — D567 |
| A546 | 943 大粒 | — D227 |
| A547 | 矮顶早 | — D065 |
| A548 | 安 75 - 50 | — D002 D004 D016 |
| A549 | 辐 - 2 - 16 | — D181 D182 D409 |
| A550 | 吉农 724 | — D403 |
| A551 | 将乐半野生豆 | — D067 |
| A552 | 柳叶芥 | — D222 |
| A553 | 农家黑豆 | — D123 |
| A554 | 太空 5 | — D018 |
| A555 | 窝豆 | — D187 |
| A556 | 野 3 - A | — D193 D194 D199 D213 └ D208 D212 |
| A557 | 野大豆 ZYD3578 | — D063 D064 |
| A558 | 巴西自优豆 | — D035 D170 |
| A559 | 80 - 1070 | — D637 |
| A560 | C - 17 | — D637 |
| A561 | 32660 | — D521 |
| A562 | W931A | — D017 |
| A563 | WR016 | — D017 |

（续）

| 编号 | 祖先亲本名 | 祖先亲本衍生的大豆品种及其亲缘关系 |
|---|---|---|
| A564 | JLCMS9A | — D438 |
| A565 | 吉练1 | — D438 |
| A566 | 8502 | — D307 |
| A567 | 八月拔 | — D638 |
| A568 | 459-2 | — D599 |
| A569 | 263 | — D572 D574 ⌐ ∟ D572 |
| A570 | 132 | — D571 |
| A571 | 6205 | — D571 |
| A572 | 75-375 | — D084 |
| A573 | 71069 | — D100 |
| A574 | 北交6829-519 | — D227 |
| A575 | 沈7912 | — D374 |
| A576 | 公交92-1 | — D374 |
| A577 | 天门黄豆 | — D308 |
| A578 | 蚌埠501-5 | — D012 |
| A579 | 长8421 | — D345 |
| A580 | 克75-5194-1 | — D173 |
| A581 | 大白毛豆 | — D636 |
| A582 | 840-7-3 | — D195 D203 D243 |
| A583 | 83MF40 | — D350 D428 |
| A584 | A55629-4 | — C356 D412 |
| A585 | A. K. | ⌐ D014 D015<br>D138<br>⌐ D026 D582 D021<br>⌐ D098 D090<br>C013 C015 C026 C037 C039 C040 C042 C061 C076<br>C103<br>∟ C086 D574 D576 D578 D097 D093 D094 D503 D568 D585<br>∟ D585<br>C082 C083 C084 C085<br>∟ D572<br>∟ D109 D110 D111<br>⌐ D181 D182 D231 D183 D244 D247 D248 D277<br>⌐ D208 D212 ⌐ D535 |

| 编号 | 祖先亲本名 | 祖先亲本衍生的大豆品种及其亲缘关系 |
|---|---|---|

C129 C137 C172 C177 C180 C189 C191 C224 C238 C239 ┌ D190 D193 D194 D196 D199 D207 D529 D191 D207 D213
└ D236 D264

C239 D239 ┌ D198
├ D197 D202
└ D297 D185 D201

D291 / D292 └ D299 D304

C240 C265 C274 — C180 D181 D182 D231 D183 D244 D247 D248 D277
D296 D300 D303 D163 D285 D436 D260 D392
┌ D421 D422 D346 D518

C275 C276 C298 C302 C305 C325 C354 C356
C305 D320

D298 D300 D377 D378 D380 D383 D387 D389 D341 D342 D411 D625 D183 D278 D390 D393
┌ D354 ┌ D611
C359 C363 C385 C387 C389 C438 — C650 D068 D070 D598
D421

C439 C440 C441 C442 C489
┌ D127 D468 D451 D440 D004 D016 D469 D470
└ D016
┌ D140 D141
└ D488 D491 D498 D521 D510 D477 D478 ┌ D390
┌ D381
┌ D485 D491 D493 D494 D495
┌ D502 D508 D509 D510
└ D496 D504 D516 D626

C498 — C361 C362 C502 D335 D340 D344 D356 D358 D359 D373 D374 D376 D379 D382 D487 D489 D492 D493 D495
┌ D391 └ D353 D413
└ D361 D383 D385 D387 D424 D425 D386 D413 D426 D519
└ D368 D420

C498 C501　　C565 C588 C589 C598 C603 C614
┌ D573
└ D053 └ D587 D588

C623 — C627 C628 C630 D607 D605 D319 D310 D310 ┌ D610 D611 D617 D618
┌ D608 └ D606 D609 D612 D323 D326
└ D315 ┌ D221 D222
┌ D628
D037 D079 D122 D190 D214 D223 D295 D303 D334 D344 D355 D368 D509 D626
┌ D351 ┌ D459 ┌ D200 D209 D210
└ D384 ┌ D189 D040 D043
D345 D360 D363 D364 D374 D375 D390 D393 D394 D460 D630 D631
┌ D188
D163 D488 D211 D234 D147 D266 D304 D344 D412 D106 D188 D189 D040 D043
┌ D032 D044 D047 D048 D050 D051 D106 D105 D595

| 编号 | 祖先亲本名 | 祖先亲本衍生的大豆品种及其亲缘关系 |
|---|---|---|
| A586 | Arksoy | D013 D032 D036 D044 D048 D050 D051 D061 D095 D100 D102 D106 D122 D444 D549<br>└ D391<br>D045 D047 D057 D059 D109 D110 D111 D361 D037 D401 D046 D049 D101 D177<br>D242 D243 D195 D203 D489 D198 D201 D313 D297 D508 D401 D379 D382 D533<br>└ D299 D304<br>— D046 D049 D101 D177 D401 D489<br>C044 D038 D108 ┌ C086 D574 D576 D578 D097 D093 D094 D503 D568 D585<br>└ D138 └ D585<br>┌ D026 D582 D021 └ D572<br>└ D098 D090 ┌ D109 D110 D111 |
| A587 | Clemson | C024 C026 C037 C039 C041 C042 C044 C061 C074 C076 C077 C082 C085 C086<br>└ D054<br>C114 C127 C218 C221 C239 C240 C254 C265 C293 C294 C435 C439 C441 C458 C532<br>┌ D215 D220 ┌ D291 ┌ D104 D107 │ └ D465 D470<br>│ └ D629 └ D292 └ D127 D468 D451 D440 D004 D016 D469 D470<br>└ C239 D239 └ D016<br>┌ D139 D141 D129 D128 D133 ┌ D140 D141<br>│ └ D133 D136<br>C538 C539 C565 C582 C621<br>┌ C567 D569<br>│ ┌ D004 D446<br>└ D565<br>┌ D548 ┌ D514 D503<br>AC10 D084 D465 D467 D547 D163 D488 D100 D129 D317 D318 D505 D506 D551 D562<br>└ D515<br>┌ D032 D044 D047 D048 D050 D051 D061 D095 D100 D101 D102 D106 D122 D444 D549<br>D013 D032 D036 D044 D050 D051 D061 D095 D100 D050 D051 D106 D105 D595<br>D040 D043 D371 D401 D046 D049 D101 D177 D489 D508 D401 D379 D382 └ D315<br>└ D098 D090 └ D489 D508 D401 D379 D382 |
| A588 | D61－5141 | C039 C040 C042 C114 C435 C439<br>└ D139 D141 D129 D128 D133<br>C532 C539 C582 └ D133 D136<br>┌ D567 D569<br>│ ┌ D004 D446 ┌ D514 D503<br>└ D004 D446 D506 D551 D562<br>D100 D129 D317 D318 D505 D506 D551 D562<br>└ D515 |
| A589 | Dunfield | ┌ D138 ┌ D103<br>│ └ D026 D582 D021 C083 C085 C086<br>C026 C037 C039 C040 C042 C061 C076 C082 C083 C085 C086 |

（续）

| 编号 | 祖先亲本名 | 祖先亲本衍生的大豆品种及其亲缘关系 |
|---|---|---|

D098 D090

└ C086 D574 D576 D578 D097 D093 D094 D503 D568 D585

┌ D585

│ └ D572

└ D109 D110 D111

C172 C180 C189 C191 C274 C275 C276 D181 D182 D231 D183 D244 D247 D248 D277

┌ D296 D300 D303 D163 D285 D436 D260 D392

└ C180 D181 D182 D231 D183 D244 D247 D248 D277

D297 D185 D201

┌ D198

└ D197 D202

D299 D304

D208 D212

└ D535

D190 D193 D194 D196 D199 D207 D529 D191 D207 D213

┌ D140 D141

└ D016

C325 C441 C565 C614

┌ D127 D468 D451 D440 D004 D016 D469 D470

│ ┌ D587 D588

└ D421 D422 D346 D518

C498 — C361 C362 C502 D335 D340 D344 D356 D358 D359 D373 D374 D376 D379 D382 D487 D489 D492 D493 D495 D496 D504 D516 D626

┌ D381

└ D353 D413

┌ D488 D491 D498 D521 D510 D477 D478

└ D391

D368 D420

┌ D361 D383 D385 D387 D349 D424 D425 D386 D413 D426 D519

┌ D391

┌ D221 D222

┌ D299 D304

┌ D223 D295 D297 D303 D334 D344 D355 D368 D509

┌ D390

┌ D315

D122 D037 D079 D361 D190 D214 D223 D295 D297 D303 D334 D344 D355 D368 D509

D037 D040 D043 D371 D401 D046 D049 D101 D177 D508 D489 D401 D379 D382 D626

D444 D549 D013 D032 D036 D044 D048 D050 D051 D095 D100 D101 D102 D106

D061 — D032 D044 D047 D048 D050 D051 D106 D105 D595

┌ D628

└ D485 D491 D493 D494

┌ D495 D502 D508 D509 D510

| A590 | Er - hej - jan | D055 |
| A591 | Flambeau | C251 |
| A592 | Geduld | ┌ D013 D227 |
|  |  | └ D061 — D032 D044 D047 D048 D050 D051 D106 D105 D595 |
| A593 | Harper | D379 D382 |

（续）

| 编号 | 祖先亲本名 | 祖先亲本衍生的大豆品种及其亲缘关系 |
|------|-----------|-----------------------------------|
| A594 | Haberlandt | ─ D046 D049 D101 D177 D401 D489 |
| A595 | Hernon 147 | ┬ D013<br>└ D061 ── D032 D044 D047 D048 D050 D051 D106 D105 D595 |
| A596 | Kin-du | ─ D045 D057 D059 D371 |
| A597 | Korean | ─ D222 D302 D533 |
| A598 | Kuro Daizu | ─ D046 D049 D101 D177 D401 D489 D508 |
| A599 | Lincoln | C044 D038 D108, D058 D090, D054<br>C024 C026 C037 C039 C040 C041 C042 C061, D026 D562 D021, D138<br>C074 C076 C077<br>C082 ── C086 D574 D576 D578 D097 D093 D094 D503 D568 D585, D585, D572<br>D109 D110 D111, D139 D141 D129 D128 D133, D133 D136<br>D215 D220, D629<br>C084 C085 C114 C218 C221, C239 D239, D104 D107<br>C239 C240 C254 C265 C293 C294 C298 C354 C356, D251, D292<br>C359 C363 C435, D298 D300 D377 D378 D380 D383 D387 D389 D341 D342 D411 D625 D183 D278 D390 D393, D611<br>C438 ── C650 D068 D070 D598, D465 D470 ┬ D565, D127 D468 D451 D440 D004 D016 D469 D470<br>C439 C440 C441 C458 C501 C532 C538 C539, C538 C539, D004 D446, D016<br>D140 D141, D573<br>C565 C582 C588 C589 C598 C603 C621, D053 |

（续）

| 编号 | 祖先亲本名 | 祖先亲本衍生的大豆品种及其亲缘关系 |
|---|---|---|
| A600 | Magnolia | |
| A601 | Mammoth Yellow | |

（续）

| 编号 | 祖先亲本名 | 祖先亲本衍生的大豆品种及其亲缘关系 |
|---|---|---|
| A602 | Mandarin | （系谱图） |

（续）

| 编号 | 祖先亲本名 | 祖先亲本衍生的大豆品种及其亲缘关系 |
|---|---|---|
| | | ┌ D421 D422 D346 D518 |
| | | ┌ C275 C276 C298 C302 C305 C325 C354 |
| | | │ └ C305 D320 |
| | | │ ┌ D354 |
| | | │ └ D421 |
| | | ┌ C356 C359 C363 C385 C387 C389 C391 D341 D342 D411 D625 D183 D278 D390 D393 |
| | | │ └ D298 D300 D377 D378 D380 D383 D387 D389 |
| | | │ ┌ D611 |
| | | C438* ─ C650 D068 D070 D598 |
| | | └ C439 C440 C442 |
| | | ┌ D488 D491 D498 D521 D510 D477 D478 ┌ D502 D508 D509 D510 |
| | | │ └ D390 └ D485 D491 D493 D494 D495 |
| | | ┌ D381 |
| | | C498* ─ C361 C362 C502 C335 D340 D344 D356 D358 D359 D373 D374 D376 D379 D382 D487 D489 D492 D493 D495 D496 D504 D516 D626 |
| | | │ ┌ D391 └ D353 D413 |
| | | │ └ D361 D383 D385 D387 D349 D424 D425 D386 D413 D426 D519 |
| | | │ ┌ D368 D420 |
| | | │ └ D053 |
| | | ┌ C501 C588 C589 C598 C603 C614 C650 |
| | | │ └ D573 └ D587 D588 |
| | | │ ┌ D610 D611 D617 D618 |
| | | C623* ─ C627 C628 C630 D607 D605 D319 D310 D310 |
| | | │ └ D608 │ └ D323 D326 |
| | | │ └ D315 ┌ D606 D609 D612 |
| | | │ └ D221 D222 |
| | | │ ┌ D351 └ D459 |
| | | ┌ D037 D079 D122 D190 D214 D223 D295 D303 D334 D344 |
| | | ┌ D345 D360 D363 D364 D374 D375 D390 D393 D394 D460 D630 D631 |
| | | D344 D447 D211 D234 D147 D266 D304 D412 D106 D447 D344 D163 |
| | | │ ┌ D200 D209 D210 |
| | | ┌ D045 D047 D057 D059 D109 D110 D111 D188 D189 D368 D509 D626 |
| | | │ ┌ D391 ┌ D299 D304 └ D628 |
| | | └ D361 D037 D242 D243 D195 D203 D297 D379 D382 D533 D355 |
| A603 | Manitoba Brown | C144 ─ D274 |
| A604 | MB152 | C391 D227 |
| A605 | MC25 | D475 D482 |
| | | └ D476 D520 |
| A606 | Monetta | ┌ D551 |
| | | D012 D564 C543 C546 |
| | | └ C576 |

（续）

| 编号 | 祖先亲本名 | 祖先亲本衍生的大豆品种及其亲缘关系 |
|---|---|---|
| A607 | Mukden | C013 C024 C039 C040 C041 C042 C074 C077 C114 ... C044 D038 D108 / D098 D090 / D139 D141 D129 D128 D133 / D133 D136 <br> C127 C129 C137 C177 C218 C221 C224 C239 C240 C254 C265 ... D054 / C239 D239 <br> D104 D107 / D215 D220 / D291 / D292 <br> D629 <br> C293 C294 C298 C302 C305 C354 C359 C363 / C305 D320 / D298 D300 D377 D378 D380 D383 D387 D389 D341 D342 D411 D625 D183 D278 D390 D393 <br> D611 <br> C435 C438 — C650 D068 D070 D598 <br> C439 C440 C442 C458 C501 C538 / D465 D470 <br> D565 <br> D573 <br> C588 C589 C598 C603 C621 <br> D053 <br> C623* — C627 C628 C630 D607 D605 D319 D310 D310 / D610 D611 D617 D618 <br> D606 D609 D612 / D323 D326 <br> D345 D360 AC10 D364 D374 D488 D390 D393 D394 <br> D037 D243 D195 D203 D198 D201 D313 D045 D047 D057 D059 D109 D110 D111 <br> D351 / D548 / D384 / D391 / D459 <br> D363 D084 D465 D467 D547 D163 D375 D447 D361 D344 D100 D460 D630 D631 <br> D299 D304 / D200 D209 D210 / D514 D503 / D515 <br> D297 D379 D382 D533 D320 D188 D189 D129 D317 D318 D506 D551 D562 D505 |
| A608 | No. 171 | C127 C128 C129 C177 C224 C238 C302 C305 C385 / D236 D264 / D354 <br> C305 D320 <br> C623* — C627 C628 C630 D607 D605 D319 D310 D310 / D610 D611 D617 D618 <br> D608 D209 D210 / D606 D609 D612 / D323 D326 <br> D200 D209 D210 / D299 D304 <br> D188 D189 D211 D234 D147 D266 D297 D198 D201 D313 D242 |
| A609 | Novosadska Bela | C356 D412 / D180 D286 / D265 D231 |

（续）

| 编号 | 祖先亲本名 | 祖先亲本衍生的大豆品种及其亲缘关系 |
| --- | --- | --- |
| A610 | Ohio | C173 C174 — D144 D145 D280 D230 D291 / D284 D286 — D292 |
| A611 | Otootan | C095 C099 C110 D137 ... |

C121*
C455*

D015 D127
D140 D141
D140 D45
D138
C112 C113 C115 C117 C122 D135 D121 D130 D131 D132
D469 D127
D126 D128 D139
D133 D136
D125 D131 D135 D113 D134
D134 D112 D113 D119
D134 D130
C116 D048 D114 D117 D124 D127 D129 D133 D142 D003
D140 D141
D112
D013
C017
C016
D138
C002 C003 C005 C006 C010 C011 C013 C015 C018 C024 C025 C026
C044 D038 D108
D014 D015
C044 D038 D108
D138
D044
C019 C024 C026 C036 C039 C040 C041 C042 C625 C626 C628 C629 D054 D033 D024 D028 D452 D443 D445 D577 D605 D611 D122 D624
D054
D619 D613
D610 D611 D617 D618
D309 D311 D613
D098 D090
D609 D612
D140 D141
D315
C030 D019 D033 D022 D023 D024 D026 D127 D561
D140 D141
D588 D589
D026 D582 D021
C028 C029 C031 C032 C033 C034 C035 C037 C081 C083 C115 C295 C421 C423
D469 D127
D443 D445 D460
D459
C038 C043 D019 D430 D606 D103 C117 C296 D130 D036 D315 D053
D055
D125 D131 D135 D113 D134
D134 D112 D113 D119
C026 C037 D550 D122
D315
C434 C437 C457 C458 C505 C538 C539 C637
D026 D582 D021
D004 D446
D138
D565
D504

（续）

| 编号 | 祖先亲本名 | 祖先亲本衍生的大豆品种及其亲缘关系 |
|---|---|---|
| A612 | Patoka | D489 D508 D046 D049 D101 D177 D401<br>D291 C239 D239<br>AC10 D006 D003 D010 D012 D023 D024 D027 D028 D033 D062 D118 D122 D127 D133 D142<br>D442 D444 D446 D451 D453 D454 D465 D467 D468 D469 D547 D552 D562 D564 D584 D643<br>D016<br>D011 D003<br>D118 D467 D468 D439 D442 D446<br>D465 D470<br>D315<br>D548<br>D140 D141 |
| A613 | Peking | D292<br>C265 C239 C240 C553 C554<br>D488 D163 D371 D508 D483 D508 D046 D049 D371<br>D558 D559 D560 D101 D177 D401 D557 D554 D293 D331<br>D332 |
| A614 | PI151440 | D391<br>D361<br>D292 |
| A615 | PI 54.610 | D291<br>C265 C298 C354 C359 C363<br>C438* — C650 D068 D070 D598<br>D611<br>D298 D300 D377 D378 D380 D383 D387 D389 D341 D342 D411 D625 D183 D278 D390 D393<br>D053<br>C440 C501 C588 C589 C598 C603<br>D573<br>D351<br>D345 D360 D363 D364 D374 D375 D390 D393 D394 D460 D630 D631 D508 D163 D379 D382 D533<br>D045 D047 D057 D059 D109 D110 D111 D225 D401 D046 D049 D101 D177 D489 D040 D043<br>D384<br>D459 |
| A616 | PI180501 | D242 D297<br>D299 D304 |
| A617 | PI88.788 | D241 |
| A618 | Plametto | D172 D241<br>D165 |
| A619 | Richland | C013 C024 C026 C037 C039 C040 C041 C042<br>D138 D098 D090<br>C044 D038 D108<br>C061 C074 C076 C077<br>D026 D582 D021<br>D054 |

| 编号 | 祖先亲本名 | 祖先亲本衍生的大豆品种及其亲缘关系 |
|---|---|---|
| | | C082 ── C086 D574 D576 D578 D097 D093 D094 D503 D568 D585 |
| | | └ D585 |
| | | └ D572 |
| | | D109 D110 D111 ┌ D274 |
| | | C084 C085 C114 C127 C129 C137 C144 |
| | | D139 D141 D129 D128 D133 |
| | | └ D133 D136 |
| | | C177 C218 C221 C224 C239 C240 |
| | | └ D215 D220　C239 D239 |
| | | └ D629 |
| | | ┌ D104 D107 |
| | | C254 C265 C293 C294 C298 C302 C305 C354 C356 |
| | | └ D291　└ C305 D320 |
| | | └ D292 |
| | | C359 C363 |
| | | └ D298 D300 D377 D378 D380 D383 D389 D341 D342 D411 D625 D183 D278 D390 D393 |
| | | C435 C438 ── D650 D068 D070 D598 |
| | | └ D611 ┌ D565 ┌ D567 D569 |
| | | C439 C440 C441 C442 C458 C501 C532 C538 C539 C565 C582 |
| | | └ D465 D470 ┌ D004 D446 |
| | | D127 D468 D451 D440 D004 D016 D469 D470 |
| | | └ D016 |
| | | └ D140 D141 |
| | | C588 C589 C598 C603 C621 |
| | | └ D573 |
| | | └ D053 |
| | | C623 ── ┌ D610 D611 D617 D618 |
| | | C627 C628 C630 D607 D605 D319 D310 D310 |
| | | └ D608 ┌ D606 D609 D612　D323 D326 |
| | | └ D200 D209 D210 ┌ D351 ┌ D384 |
| | | D188 D189 D100 D129 D345 D360 D363 D364 D374 D375 D390 D393 D394 |
| | | └ D459　└ D548 |
| | | D460 D630 D631 D106 D547 D163 D488 D447 D344 D412 D013 D032 D036 |
| | | ┌ D514 D503 |
| | | AC10 D084 D465 D467 D317 D318 D505 D506 D551 D562 D040 D043 |
| | | └ D050 D051 D106 D105 D595 |
| | | ┌ D032 D044 D047 D048 D050 D051 |
| | | └ D515 |
| | | D061 D095 D101 D102 D122 D444 D549 D044 D047 D048 D050 D051 |
| | | └ D315 |
| A620 | Roanoke | ── D401 D489 D508 D046 D049 D101 D177 D489 |

（续）

| 编号 | 祖先亲本名 | 祖先亲本衍生的大豆品种及其亲缘关系 |
|---|---|---|
| A621 | Seneca | — C144 — D274 |
| A622 | SRF | — C527 |
| A623 | T208 | — D489 — D292 / D291 |
| A624 | Tokyo | — C265 C298 C354 C359 C363 — D298 D300 D377 D378 D380 D383 D387 D389 D341 D342 D411 D625 D183 D278 D390 D393; C438* — C650 D068 D070 D598 — D611; C440 C501 C588 C589 C598 C603 — D573 / D053; D045 D047 D057 D059 D109 D110 D111 D163 D225 D401 D046 D049 D101 D177 D508 D489 D401 D379 D382 D533 — D351 / D384, D459, D375 D390 D393 D394 D460 D630 D631 D040 D043; D345 D360 D363 D364 D374 — D303 D241 |
| A625 | Unknow | — D165 |
| A626 | Kasina | — D084 |
| A627 | Zhumeijin | — D139 |
| A628 | Huangshadou | — D566 / D066 |
| A629 | Qingmeidou | — D115 |
| A630 | P9231 | — D402 |
| A631 | 7512 | — D546 |
| A632 | 7627 | — D546 |
| A633 | 8003 | — D025 |
| A634 | 58(22)-38-1-1 | — D568 |
| A635 | 78-219(野2) | — D025 |
| A636 | 80-23 | — D585 |
| A637 | 81-1155 | — D563 |
| A638 | 31809 | — D648 |
| A639 | 山宁3 | — D562 |
| A640 | 32933 | — D497 |
| A641 | 90A | — D497 |
| A642 | 南充六月黄 | — D621 |

（续）

| 编号 | 祖先亲本名 | 祖先亲本衍生的大豆品种及其亲缘关系 |
|---|---|---|
| A643 | Hg(Jp)92 — D448 | |
| A644 | AGS68 — D464 | |
| A645 | K10 - 93 — D485 | |
| A646 | NP — D586 | |
| A647 | R - 4 — D648 | |
| A648 | 齐丰 850 — D562 | |
| A649 | 宝交 89 - 5164 — D288 | |
| A650 | 北海道小粒豆 — D400 | |
| A651 | 本地青 — D116 | |
| A652 | 大粒大豆 — D099 | |
| A653 | 富士见白 — D645 | |
| A654 | 埂 283 — D584 | |
| A655 | 公交 90RD56 — D392 | |
| A656 | 哈 74 - 2119 — D396 | |
| A657 | 公野 8748 — D400 | |
| A658 | 哈 93 - 8106 — D396 | |
| A659 | 哈交 83 - 3333 — D395 | |
| A660 | 荷引 10 — D414 | |
| A661 | 黑交 94 - 1286 — D212 | |
| A662 | 灰毛子 — D604 | |
| A663 | 极早生 — D294 | |
| A664 | 九龙 9 — D414 | |
| A665 | 沪定黄壳早 — D602 | |
| A666 | 鲁 861168 — D058 | |
| A667 | AVR2 — D456 | |
| A668 | 牛踏扁 — D457 | |
| A669 | 普通黑大豆 — D647 | |
| A670 | 七月黄豆 — D078 | |
| A671 | 泗 84 - 1532 — D459 | |
| A672 | 遂 8524 — D133 | |
| A673 | 昔阳野生豆 — D572 | |
| A674 | 兴县灰皮支黑豆 — D584 | |
| A675 | 宜山六月黄豆 — D077 | |

（续）

| 编号 | 祖先亲本名 | 祖先亲本衍生的大豆品种及其亲缘关系 |
|---|---|---|
| A676 | 早毛豆 | — D294 |
| A677 | 早生毛豆 | — D457 |
| A678 | 窄叶黄豆 | — D583 |
| A679 | 内城大粒青 | — D105 |
| A680 | 异品种 | — D493 |
| A681 | 安县大粒 | — D600 |
| A682 | KOSALRD | — D415<br>└ D395 |
| A683 | 普定大黄豆 | — D085 |
| A684 | 承7907 | — D092 |
| A685 | 宝丰5-7 | — D254 |
| A686 | 合交87-1470 | — D255 |
| A687 | 钢8307-2 | — D261 |
| A688 | 建90-49 | — D275 |
| A689 | 垦92-1895 | — D278 |
| A690 | 稀植四 | — D522 |
| A691 | 不详 | — D543 |
| A692 | 粗黄大豆 | — D633 |
| A693 | 日本晚凉 | — D639 |
| A694 | 北交84-412 | — D263 |
| A695 | 北交85-120 | — D271 |

注:图中A—C,D表示以A作为亲本选育出C,D。如祖先亲本荟贤稻黄(A084)自然变异选择出穗选黄豆(C058),泉豆7号(D071)和南农1138-2(C428),通过杂交育种育成宁镇2号(C439)和苏协1号(C451),其中南农1138-2(C428)作为亲本杂交或系统选育又衍生出中豆8号(C293),中豆14(C294),中豆19(C295),南农86-4(C433)等11个品种,其后C294又作为亲本杂交或系统选育又衍生出D104和D107,C295衍生出C117,C296,D130,D036,D315和D053,其后以此类推。

标有*者为按细胞核基因追踪的46个育成品种的第一代品种。

由于部分亲本衍生的大豆品种及其同类系等同关系转多,在排版中存在上、下就近转行的现象,请阅读时注意。

## 图表Ⅷ 中国大豆育成品种的细胞质来源

| 品种代号 | 品种名称 | 细胞质传递 | 细胞质来源 | 育成年代/年份 | 编号 |
|---|---|---|---|---|---|
| C001 | 亳县大豆 | ← A276 | 不详 | 1970's | A276 |
| C002 | 多枝176 | ← C431 ← A002 | 51-83 | 1985 | A002 |
| C003 | 阜豆1号 | ← C455 ← A231 | 铜山天鹅蛋 | 1977 | A231 |
| C004 | 阜豆3号 | ← A077 | F5A | 1977 | A077 |
| C005 | 灵豆1号 | ← C417 ← A034 | 滨海大白花 | 1977 | A034 |
| C006 | 蒙84-5 | ← C455 ← A231 | 铜山天鹅蛋 | 1988 | A231 |
| C007 | 蒙城1号 | ← A221 | 天鹅蛋 | 1977 | A221 |
| C008 | 蒙庆6号 | ← A134 | 济南1号 | 1974 | A134 |
| C009 | 宿县647 | ← A246 | 小平顶 | 1920's | A246 |
| C010 | 皖豆1号 | ← C455 ← A231 | 铜山天鹅蛋 | 1983 | A231 |
| C011 | 皖豆3号 | ← C417 ← A034 | 滨海大白花 | 1984 | A034 |
| C012 | 皖豆4号 | ← A194 | 青阳早黄豆 | 1986 | A194 |
| C013 | 皖豆5号 | ← C455 ← A231 | 铜山天鹅蛋 | 1989 | A231 |
| C014 | 皖豆6号 | ← C431 ← A002 | 51-83 | 1988 | A002 |
| C015 | 皖豆7号 | ← C455 ← A231 | 铜山天鹅蛋 | 1988 | A231 |
| C016 | 皖豆9号 | ← C569 ← C555 ← A295 | 不详 | 1989 | A295 |
| C017 | 皖豆10号 | ← C579 ← A063 | 定陶平顶大黄豆 | 1991 | A063 |
| C018 | 皖豆11 | ← C459 ← A176 | 沛县大白角 | 1991 | A176 |
| C019 | 皖豆13 | ← C558 ← C574 ← A254 | 益都平顶黄 | 1994 | A254 |
| C020 | 五河大豆 | ← A236 | 五河大白壳 | 1977 | A236 |
| C021 | 新六青 | ← A134 | 济南1号 | 1991 | A134 |
| C022 | 友谊2号 | ← A238 | 小白花燥 | 1971 | A238 |
| C023 | 宝诱17 | ← C170 ← C168 ← A244 | 小粒豆9号 | 1993 | A244 |
| C024 | 科丰6号 | ← C417 ← A034 | 滨海大白花 | 1989 | A034 |
| C025 | 科丰34 | ← C417 ← A034 | 滨海大白花 | 1993 | A034 |
| C026 | 科丰35 | ← A347 ← A599 | Lincoln | 1993 | A599 |
| C027 | 科新3号 | ← C105 ← A190 | 沁阳水白豆 | 1995 | A190 |
| C028 | 诱变30 | ← C417 ← A034 | 滨海大白花 | 1983 | A034 |
| C029 | 诱变31 | ← C417 ← A034 | 滨海大白花 | 1983 | A034 |
| C030 | 诱处4号 | ← C031 ← C417 ← A034 | 滨海大白花 | 1994 | A034 |
| C031 | 早熟3号 | ← C417 ← A034 | 滨海大白花 | 1983 | A034 |
| C032 | 早熟6号 | ← C417 ← A034 | 滨海大白花 | 1983 | A034 |
| C033 | 早熟9号 | ← C417 ← A034 | 滨海大白花 | 1983 | A034 |
| C034 | 早熟14 | ← C417 ← A034 | 滨海大白花 | 1987 | A034 |
| C035 | 早熟15 | ← C417 ← A034 | 滨海大白花 | 1983 | A034 |
| C036 | 早熟17 | ← A171 | 耐阴黑豆 | 1989 | A171 |
| C037 | 早熟18 | ← A347 ← A599 | Lincoln | 1992 | A599 |
| C038 | 中黄1号 | ← C032 ← C417 ← A034 | 滨海大白花 | 1989 | A034 |

（续）

| 品种代号 | 品种名称 | 细胞质传递 | 细胞质来源 | 育成年代/年份 | 编号 |
|---|---|---|---|---|---|
| C039 | 中黄2号 | ← C028 ← C417 ← A034 | 滨海大白花 | 1990 | A034 |
| C040 | 中黄3号 | ← C028 ← C417 ← A034 | 滨海大白花 | 1990 | A034 |
| C041 | 中黄4号 | ← C028 ← C417 ← A034 | 滨海大白花 | 1990 | A034 |
| C042 | 中黄5号 | ← C028 ← C417 ← A034 | 滨海大白花 | 1992 | A034 |
| C043 | 中黄6号 | ← C032 ← C417 ← A034 | 滨海大白花 | 1994 | A034 |
| C044 | 中黄7号 | ← C024 ← C417 ← A034 | 滨海大白花 | 1993 | A034 |
| C045 | 中黄8号 | ← A052 | 大金元 | 1995 | A052 |
| C046 | 7106 | ← C555 ← A295 | 不详 | 1983 | A295 |
| C047 | 白花古田豆 | ← A098 | 古田豆 | 1987 | A098 |
| C048 | 白秋1号 | ← A158 | 连城白花豆 | 1982 | A158 |
| C049 | 惠安花面豆 | ← A186 | 莆田大黄豆 | 1958 | A186 |
| C050 | 惠豆803 | ← A185 | 莆豆40 | 1990 | A185 |
| C051 | 晋江大粒黄 | ← A117 | 衡阳五月黄 | 1970 | A117 |
| C052 | 晋江大青仁 | ← A086 | 福清绿心豆 | 1977 | A086 |
| C053 | 龙豆23 | ← A098 | 古田豆 | 1990 | A098 |
| C054 | 莆田8008 | ← C055 ← A186 | 莆田大黄豆 | 1989 | A186 |
| C055 | 融豆21 | ← A186 | 莆田大黄豆 | 1967 | A186 |
| C056 | 汀豆1号 | ← A093 | 高脚白花青 | 1985 | A093 |
| C057 | 雁青 | ← A139 | 将乐大青豆 | 1985 | A139 |
| C058 | 穗选黄豆 | ← A084 | 奉贤穗稻黄 | 1975 | A084 |
| C059 | 通黑11 | ← A111 | 黑鼻青 | 1986 | A111 |
| C060 | 粤大豆1号 | ← A150 | 菊黄 | 1990 | A150 |
| C061 | 粤大豆2号 | ← A347 ← A599 | Lincoln | 1990 | A599 |
| C062 | 8901 | ← C288 ← A291 | 不详 | 1991 | A291 |
| C063 | 柳豆1号 | ← A010 | 80‑H28 | 1990 | A010 |
| C064 | 安豆1号 | ← A164 | 六枝六月黄 | 1988 | A164 |
| C065 | 安豆2号 | ← C070 ← A166 | 猫儿灰 | 1988 | A166 |
| C066 | 冬2 | ← A005 | 72‑77‑14 | 1988 | A005 |
| C067 | 黔豆1号 | ← C451 ← A084 | 奉贤穗稻黄 | 1988 | A084 |
| C068 | 黔豆2号 | ← A045 | 大方六月早 | 1993 | A045 |
| C069 | 黔豆4号 | ← C648 ← A237 | 五月拔 | 1995 | A237 |
| C070 | 生联早 | ← A166 | 猫儿灰 | 1975 | A166 |
| C071 | 霸红1号 | ← A281 | 不详 | 1972 | A281 |
| C072 | 霸县新黄豆 | ← A178 | 平顶冠 | 1975 | A178 |
| C073 | 边庄大豆 | ← A277 | 不详 | 1968 | A277 |
| C074 | 冀承豆1号 | ← A004 | 7013‑9 | 1986 | A004 |
| C075 | 冀承豆2号 | ← C337 ← C492 ← A146 | 金元 | 1986 | A146 |
| C076 | 冀承豆3号 | ← C511 ← C506 ← C484 ← A242 | 小金黄 | 1989 | A242 |
| C077 | 冀承豆4号 | ← C324 ← A074 | 嘟噜豆 | 1989 | A074 |

（续）

| 品种代号 | 品种名称 | 细胞质传递 | 细胞质来源 | 育成年代/年份 | 编号 |
|---|---|---|---|---|---|
| C078 | 冀承豆 5 号 | ← C336 ← C492 ← A146 | 金元 | 1989 | A146 |
| C079 | 冀豆 1 号 | ← C487 ← A145 | 金县快白豆 | 1977 | A145 |
| C080 | 冀豆 2 号 | ← C507 ← C324 ← A074 | 嘟噜豆 | 1976 | A074 |
| C081 | 冀豆 3 号 | ← C455 ← A231 | 铜山天鹅蛋 | 1983 | A231 |
| C082 | 冀豆 4 号 | ← A101 | 广平牛毛黄 | 1984 | A101 |
| C083 | 冀豆 5 号 | ← A324 ← A585 | A. K. | 1984 | A585 |
| C084 | 冀豆 6 号 | ← A101 | 广平牛毛黄 | 1985 | A101 |
| C085 | 冀豆 7 号 | ← A347 ← A599 | Lincoln | 1992 | A599 |
| C086 | 冀豆 9 号 | ← C324 ← A074 | 嘟噜豆 | 1994 | A074 |
| C087 | 粳选 2 号 | ← A251 | 燕过青 | 1968 | A251 |
| C088 | 来远黄豆 | ← A278 | 不详 | 1959 | A278 |
| C089 | 迁安一粒传 | ← A279 | 不详 | 1970 | A279 |
| C090 | 前进 2 号 | ← A280 | 不详 | 1976 | A280 |
| C091 | 群英豆 | ← A042 | 大白脐 | 1972 | A042 |
| C092 | 铁荚青 | ← A282 | 不详 | 1971 | A282 |
| C093 | 状元青黑豆 | ← A283 | 不详 | 1960 | A283 |
| C094 | 河南早丰 1 号 | ← C540 ← A133 | 即墨油豆 | 1971 | A133 |
| C095 | 滑 75 - 1 | ← A231 | 铜山天鹅蛋 | 1990 | A231 |
| C096 | 滑育 1 号 | ← A284 | 不详 | 1974 | A284 |
| C097 | 建国 1 号 | ← C094 ← C540 ← A133 | 即墨油豆 | 1977 | A133 |
| C098 | 勤俭 6 号 | ← C094 ← C540 ← A133 | 即墨油豆 | 1977 | A133 |
| C099 | 商丘 4212 | ← A231 | 铜山天鹅蛋 | 1974 | A231 |
| C100 | 商丘 64 - 0 | ← A190 | 沁阳水白豆 | 1983 | A190 |
| C101 | 商丘 7608 | ← C555 ← A295 | 不详 | 1980 | A295 |
| C102 | 商丘 85225 | ← A190 | 沁阳水白豆 | 1990 | A190 |
| C103 | 息豆 1 号 | ← A119 | 猴子毛 | 1980 | A119 |
| C104 | 豫豆 1 号 | ← C094 ← C540 ← A133 | 即墨油豆 | 1985 | A133 |
| C105 | 豫豆 2 号 | ← A190 | 沁阳水白豆 | 1985 | A190 |
| C106 | 豫豆 3 号 | ← C124 ← A196 | 山东四角齐 | 1985 | A196 |
| C107 | 豫豆 4 号 | ← A285 | 不详 | 1987 | A285 |
| C108 | 豫豆 5 号 | ← C124 ← A196 | 山东四角齐 | 1987 | A196 |
| C109 | 豫豆 6 号 | ← C101 ← C555 ← A295 | 不详 | 1988 | A295 |
| C110 | 豫豆 7 号 | ← C094 ← C540 ← A133 | 即墨油豆 | 1988 | A133 |
| C111 | 豫豆 8 号 | ← C124 ← A196 | 山东四角齐 | 1988 | A196 |
| C112 | 豫豆 10 号 | ← C121 ← C124 ← A196 | 山东四角齐 | 1989 | A196 |
| C113 | 豫豆 11 | ← C121 ← C124 ← A196 | 山东四角齐 | 1992 | A196 |
| C114 | 豫豆 12 | ← C105 ← A190 | 沁阳水白豆 | 1992 | A190 |
| C115 | 豫豆 15 | ← C121 ← C124 ← A196 | 山东四角齐 | 1993 | A196 |
| C116 | 豫豆 16 | ← C112 ← C121 ← C124 ← A196 | 山东四角齐 | 1994 | A196 |

（续）

| 品种代号 | 品种名称 | 细胞质传递 | 细胞质来源 | 育成年代/年份 | 编号 |
|---|---|---|---|---|---|
| C117 | 豫豆 18 | ← C579 ← A063 | 定陶平顶大黄豆 | 1995 | A063 |
| C118 | 豫豆 19 | ← A190 | 沁阳水白豆 | 1995 | A190 |
| C119 | 正 104 | ← A287 | 不详 | 1986 | A287 |
| C120 | 郑 133 | ← A190 | 沁阳水白豆 | 1990 | A288 |
| C121 | 郑 77249 | ← C124 ← A196 | 山东四角齐 | 1983 | A289 |
| C122 | 郑 86506 | ← C579 ← A063 | 定陶平顶大黄豆 | 1991 | A290 |
| C123 | 郑州 126 | ← A196 | 山东四角齐 | 1975 | A292 |
| C124 | 郑州 135 | ← A196 | 山东四角齐 | 1975 | A291 |
| C125 | 周 7327 - 118 | ← C456 ← A176 | 沛县大白角 | 1979 | A176 |
| C126 | 白宝珠 | ← C287 ← A019 | 白眉 | 1974 | A019 |
| C127 | 宝丰 1 号 | ← C168 ← A244 | 小粒豆 9 号 | 1988 | A244 |
| C128 | 宝丰 2 号 | ← A206 | 设交 74 - 292 | 1989 | A206 |
| C129 | 宝丰 3 号 | ← C167 ← C233 ← C250 ← C333 ← A210 | 四粒黄 | 1991 | A210 |
| C130 | 北丰 1 号 | ← C243 ← A040 | 大白眉 | 1983 | A040 |
| C131 | 北丰 2 号 | ← A235 | 五顶珠 | 1983 | A235 |
| C132 | 北丰 3 号 | ← C185 ← C250 ← C333 ← A210 | 四粒黄 | 1984 | A210 |
| C133 | 北丰 4 号 | ← C243 ← A040 | 大白眉 | 1986 | A040 |
| C134 | 北丰 5 号 | ← C187 ← C155 ← C287 ← A019 | 白眉 | 1987 | A019 |
| C135 | 北呼豆 | ← C287 ← A019 | 白眉 | 1972 | A019 |
| C136 | 北良 56 - 2 | ← C287 ← A019 | 白眉 | 1960 | A019 |
| C137 | 东牡小粒豆 | ← A027 | 北良 62 - 6 - 8 | 1988 | A027 |
| C138 | 东农 1 号 | ← A245 | 小粒黄 | 1956 | A245 |
| C139 | 东农 2 号 | ← C250 ← C333 ← A210 | 四粒黄 | 1958 | A210 |
| C140 | 东农 4 号 | ← C250 ← C333 ← A210 | 四粒黄 | 1959 | A210 |
| C141 | 东农 34 | ← A070 | 东农 27 | 1982 | A070 |
| C142 | 东农 36 | ← A322 | Logbeaw | 1983 | A322 |
| C143 | 东农 37 | ← C187 ← C155 ← C287 ← A019 | 白眉 | 1984 | A019 |
| C144 | 东农 38 | ← C270 ← C250 ← C333 ← A210 | 四粒黄 | 1986 | A210 |
| C145 | 东农 39 | ← A068 | 东农 16 | 1988 | A068 |
| C146 | 东农 40 | ← A264 | 早黑河 | 1991 | A264 |
| C147 | 东农 41 | ← A264 | 早黑河 | 1991 | A264 |
| C148 | 东农 42 | ← A007 | 76 - 287 | 1992 | A007 |
| C149 | 东农超小粒 1 号 | ← A083 | 丰山 1 号 | 1993 | A083 |
| C150 | 丰收 1 号 | ← C287 ← A019 | 白眉 | 1958 | A019 |
| C151 | 丰收 2 号 | ← C287 ← A019 | 白眉 | 1958 | A019 |
| C152 | 丰收 3 号 | ← C287 ← A019 | 白眉 | 1958 | A019 |
| C153 | 丰收 4 号 | ← C287 ← A019 | 白眉 | 1958 | A019 |
| C154 | 丰收 5 号 | ← C287 ← A019 | 白眉 | 1958 | A019 |
| C155 | 丰收 6 号 | ← C287 ← A019 | 白眉 | 1958 | A019 |

（续）

| 品种代号 | 品种名称 | 细胞质传递 | 细胞质来源 | 育成年代/年份 | 编号 |
|---|---|---|---|---|---|
| C156 | 丰收 10 号 | ← C155 ← C287 ← A019 | 白眉 | 1966 | A019 |
| C157 | 丰收 11 | ← C155 ← C287 ← A019 | 白眉 | 1969 | A019 |
| C158 | 丰收 12 | ← C153 ← C287 ← A019 | 白眉 | 1969 | A019 |
| C159 | 丰收 17 | ← C156 ← C155 ← C287 ← A019 | 白眉 | 1977 | A019 |
| C160 | 丰收 18 | ← C157 ← C155 ← C287 ← A019 | 白眉 | 1981 | A019 |
| C161 | 丰收 19 | ← C156 ← C155 ← C287 ← A019 | 白眉 | 1985 | A019 |
| C162 | 丰收 20 | ← C155 ← C287 ← A019 | 白眉 | 1988 | A019 |
| C163 | 丰收 21 | ← C155 ← C287 ← A019 | 白眉 | 1989 | A019 |
| C164 | 丰收 22 | ← C170 ← C168 ← A244 | 小粒豆 9 号 | 1992 | A244 |
| C165 | 钢 201 | ← C250 ← C333 ← A210 | 四粒黄 | 1974 | A210 |
| C166 | 合丰 17 | ← C250 ← C333 ← A210 | 四粒黄 | 1971 | A210 |
| C167 | 合丰 22 | ← C233 ← C250 ← C333 ← A210 | 四粒黄 | 1974 | A210 |
| C168 | 合丰 23 | ← A244 | 小粒豆 9 号 | 1977 | A244 |
| C169 | 合丰 24 | ← C195 ← C150 ← C287 ← A019 | 白眉 | 1983 | A019 |
| C170 | 合丰 25 | ← C168 ← A244 | 小粒豆 9 号 | 1984 | A244 |
| C171 | 合丰 26 | ← C185 ← C250 ← C333 ← A210 | 四粒黄 | 1985 | A210 |
| C172 | 合丰 27 | ← C167 ← C233 ← C250 ← C333 ← A210 | 四粒黄 | 1986 | A210 |
| C173 | 合丰 28 | ← C165 ← C250 ← C333 ← A210 | 四粒黄 | 1986 | A210 |
| C174 | 合丰 29 | ← C165 ← C250 ← C333 ← A210 | 四粒黄 | 1987 | A210 |
| C175 | 合丰 30 | ← A244 | 小粒豆 9 号 | 1988 | A244 |
| C176 | 合丰 31 | ← C170 ← C168 ← A244 | 小粒豆 9 号 | 1989 | A244 |
| C177 | 合丰 32 | ← C171 ← C185 ← C250 ← C333 ← A210 | 四粒黄 | 1992 | A210 |
| C178 | 合丰 33 | ← C171 ← C185 ← C250 ← C333 ← A210 | 四粒黄 | 1992 | A210 |
| C179 | 合丰 34 | ← C169 ← C195 ← C150 ← C287 ← A019 | 白眉 | 1994 | A019 |
| C180 | 合丰 35 | ← C195 ← C150 ← C287 ← A019 | 白眉 | 1994 | A019 |
| C181 | 合丰 36 | ← C171 ← C185 ← C250 ← C333 ← A210 | 四粒黄 | 1995 | A210 |
| C182 | 合交 6 号 | ← A233 | 秃荚子 | 1963 | A233 |
| C183 | 合交 8 号 | ← A233 | 秃荚子 | 1962 | A233 |
| C184 | 合交 11 | ← A233 | 秃荚子 | 1965 | A233 |
| C185 | 合交 13 | ← C250 ← C333 ← A210 | 四粒黄 | 1968 | A210 |
| C186 | 合交 14 | ← C233 ← C250 ← C333 ← A210 | 四粒黄 | 1970 | A210 |
| C187 | 黑河 3 号 | ← C155 ← C287 ← A019 | 白眉 | 1966 | A019 |
| C188 | 黑河 4 号 | ← C195 ← C150 ← C287 ← A019 | 白眉 | 1982 | A019 |
| C189 | 黑河 5 号 | ← C195 ← C150 ← C287 ← A019 | 白眉 | 1986 | A019 |
| C190 | 黑河 6 号 | ← A120 | 花 202 | 1986 | A120 |
| C191 | 黑河 7 号 | ← C195 ← C150 ← C287 ← A019 | 白眉 | 1988 | A019 |
| C192 | 黑河 8 号 | ← C188 ← C195 ← C150 ← C287 ← A019 | 白眉 | 1989 | A019 |
| C193 | 黑河 9 号 | ← C188 ← C195 ← C150 ← C287 ← A019 | 白眉 | 1990 | A019 |
| C194 | 黑河 51 | ← C150 ← C287 ← A019 | 白眉 | 1967 | A019 |

（续）

| 品种代号 | 品种名称 | 细胞质传递 | 细胞质来源 | 育成年代/年份 | 编号 |
|---|---|---|---|---|---|
| C195 | 黑河 54 | ← C150 ← C287 ← A019 | 白眉 | 1967 | A019 |
| C196 | 黑鉴 1 号 | ← A305 | Gamsoy | 1984 | A305 |
| C197 | 黑农 3 号 | ← C250 ← C333 ← A210 | 四粒黄 | 1964 | A210 |
| C198 | 黑农 4 号 | ← C250 ← C333 ← A210 | 四粒黄 | 1966 | A210 |
| C199 | 黑农 5 号 | ← C140 ← C250 ← C333 ← A210 | 四粒黄 | 1966 | A210 |
| C200 | 黑农 6 号 | ← C250 ← C333 ← A210 | 四粒黄 | 1967 | A210 |
| C201 | 黑农 7 号 | ← C250 ← C333 ← A210 | 四粒黄 | 1966 | A210 |
| C202 | 黑农 8 号 | ← C250 ← C333 ← A210 | 四粒黄 | 1967 | A210 |
| C203 | 黑农 10 号 | ← C140 ← C250 ← C333 ← A210 | 四粒黄 | 1971 | A210 |
| C204 | 黑农 11 | ← C140 ← C250 ← C333 ← A210 | 四粒黄 | 1971 | A210 |
| C205 | 黑农 16 | ← A235 | 五顶珠 | 1970 | A235 |
| C206 | 黑农 17 | ← C140 ← C250 ← C333 ← A210 | 四粒黄 | 1970 | A210 |
| C207 | 黑农 18 | ← C324 ← A074 | 嘟噜豆 | 1970 | A074 |
| C208 | 黑农 19 | ← C140 ← C250 ← C333 ← A210 | 四粒黄 | 1970 | A210 |
| C209 | 黑农 23 | ← C197 ← C250 ← C333 ← A210 | 四粒黄 | 1973 | A210 |
| C210 | 黑农 24 | ← C197 ← C250 ← C333 ← A210 | 四粒黄 | 1974 | A210 |
| C211 | 黑农 26 | ← C140 ← C250 ← C333 ← A210 | 四粒黄 | 1975 | A210 |
| C212 | 黑农 27 | ← C204 ← C140 ← C250 ← C333 ← A210 | 四粒黄 | 1983 | A210 |
| C213 | 黑农 28 | ← C205 ← A235 | 五顶珠 | 1986 | A235 |
| C214 | 黑农 29 | ← C204 ← C140 ← C250 ← C333 ← A210 | 四粒黄 | 1986 | A210 |
| C215 | 黑农 30 | ← C182 ← A233 | 秃荚子 | 1987 | A233 |
| C216 | 黑农 31 | ← C200 ← C250 ← C333 ← A210 | 四粒黄 | 1987 | A210 |
| C217 | 黑农 32 | ← C200 ← C250 ← C333 ← A210 | 四粒黄 | 1987 | A210 |
| C218 | 黑农 33 | ← C270 ← C250 ← C333 ← A210 | 四粒黄 | 1988 | A210 |
| C219 | 黑农 34 | ← C205 ← A235 | 五顶珠 | 1988 | A235 |
| C220 | 黑农 35 | ← C205 ← A235 | 五顶珠 | 1990 | A235 |
| C221 | 黑农 36 | ← C270 ← C250 ← C333 ← A210 | 四粒黄 | 1990 | A210 |
| C222 | 黑农 37 | ← C213 ← C205 ← A235 | 五顶珠 | 1992 | A235 |
| C223 | 黑农 39 | ← C271 ← C270 ← C250 ← C333 ← A210 | 四粒黄 | 1994 | A210 |
| C224 | 黑农小粒豆 1 号 | ← A073 | 东农 72 - 806 | 1989 | A073 |
| C225 | 红丰 2 号 | ← C250 ← C333 ← A210 | 四粒黄 | 1978 | A210 |
| C226 | 红丰 3 号 | ← C202 ← C250 ← C333 ← A210 | 四粒黄 | 1981 | A210 |
| C227 | 红丰 5 号 | ← C226 ← C202 ← C250 ← C333 ← A210 | 四粒黄 | 1988 | A210 |
| C228 | 红丰 8 号 | ← C170 ← C168 ← A244 | 小粒豆 9 号 | 1993 | A244 |
| C229 | 红丰 9 号 | ← C226 ← C202 ← C250 ← C333 ← A210 | 四粒黄 | 1995 | A210 |
| C230 | 红丰小粒豆 1 号 | ← C202 ← C250 ← C333 ← A210 | 四粒黄 | 1988 | A210 |
| C231 | 建丰 1 号 | ← A053 | 大粒黄 | 1987 | A053 |
| C232 | 金元 2 号 | ← A288 | 不详 | 1941 | A288 |
| C233 | 荆山朴 | ← C250 ← C333 ← A210 | 四粒黄 | 1958 | A210 |

（续）

| 品种代号 | 品种名称 | 细胞质传递 | 细胞质来源 | 育成年代/年份 | 编号 |
|---|---|---|---|---|---|
| C234 | 九丰 1 号 | ← C140 ← C250 ← C333 ← A210 | 四粒黄 | 1983 | A210 |
| C235 | 九丰 2 号 | ← C140 ← C250 ← C333 ← A210 | 四粒黄 | 1984 | A210 |
| C236 | 九丰 3 号 | ← C195 ← C150 ← C287 ← A019 | 白眉 | 1986 | A019 |
| C237 | 九丰 4 号 | ← A020 | 北 62 - 1 - 9 | 1988 | A020 |
| C238 | 九丰 5 号 | ← C195 ← C150 ← C287 ← A019 | 白眉 | 1990 | A019 |
| C239 | 抗线虫 1 号 | ← C158 ← C153 ← C287 ← A019 | 白眉 | 1992 | A019 |
| C240 | 抗线虫 2 号 | ← C259 ← C233 ← C250 ← C333 ← A210 | 四粒黄 | 1995 | A210 |
| C241 | 克北 1 号 | ← C287 ← A019 | 白眉 | 1960 | A019 |
| C242 | 克霜 | ← A248 | 逊克当地种 | 1941 | A248 |
| C243 | 克系 283 | ← A040 | 大白眉 | 1956 | A040 |
| C244 | 垦丰 1 号 | ← A160 | 林甸永安大豆 | 1987 | A160 |
| C245 | 垦秣 1 号 | ← A208 | 双河秣食豆 | 1990 | A208 |
| C246 | 垦农 1 号 | ← C155 ← C287 ← A019 | 白眉 | 1987 | A019 |
| C247 | 垦农 2 号 | ← C271 ← C270 ← C250 ← C333 ← A210 | 四粒黄 | 1988 | A210 |
| C248 | 垦农 4 号 | ← C383 ← C376 ← C410 ← C324 ← A074 | 嘟噜豆 | 1992 | A074 |
| C249 | 李玉玲 | ← A289 | 不详 | 1957 | A289 |
| C250 | 满仓金 | ← C333 ← A210 | 四粒黄 | 1941 | A210 |
| C251 | 漠河 1 号 | ← A321 | Fiskeby | 1985 | A321 |
| C252 | 牡丰 1 号 | ← C233 ← C250 ← C333 ← A210 | 四粒黄 | 1968 | A210 |
| C253 | 牡丰 5 号 | ← A240 | 小金黄 | 1972 | A240 |
| C254 | 牡丰 6 号 | ← A229 | 铁岭短叶柄 | 1989 | A229 |
| C255 | 嫩丰 1 号 | ← C233 ← C250 ← C333 ← A210 | 四粒黄 | 1972 | A210 |
| C256 | 嫩丰 2 号 | ← C250 ← C333 ← A210 | 四粒黄 | 1972 | A210 |
| C257 | 嫩丰 4 号 | ← C233 ← C250 ← C333 ← A210 | 四粒黄 | 1975 | A210 |
| C258 | 嫩丰 7 号 | ← A189 | 千斤黄 | 1970 | A189 |
| C259 | 嫩丰 9 号 | ← C233 ← C250 ← C333 ← A210 | 四粒黄 | 1980 | A210 |
| C260 | 嫩丰 10 号 | ← C233 ← C250 ← C333 ← A210 | 四粒黄 | 1981 | A210 |
| C261 | 嫩丰 11 | ← C250 ← C333 ← A210 | 四粒黄 | 1984 | A210 |
| C262 | 嫩丰 12 | ← C233 ← C250 ← C333 ← A210 | 四粒黄 | 1985 | A210 |
| C263 | 嫩丰 13 | ← C255 ← C233 ← C250 ← C333 ← A210 | 四粒黄 | 1987 | A210 |
| C264 | 嫩丰 14 | ← A012 | 安 70 - 4176 | 1988 | A012 |
| C265 | 嫩丰 15 | ← A327 ← A607 | Mukden | 1994 | A607 |
| C266 | 嫩农 1 号 | ← A025 | 北良 55 - 1 | 1985 | A025 |
| C267 | 嫩农 2 号 | ← C195 ← C150 ← C287 ← A019 | 白眉 | 1988 | A019 |
| C268 | 曙光 1 号 | ← A290 | 不详 | 1953 | A290 |
| C269 | 绥农 1 号 | ← C250 ← C333 ← A210 | 四粒黄 | 1973 | A210 |
| C270 | 绥农 3 号 | ← C250 ← C333 ← A210 | 四粒黄 | 1973 | A210 |
| C271 | 绥农 4 号 | ← C270 ← C250 ← C333 ← A210 | 四粒黄 | 1981 | A210 |
| C272 | 绥农 5 号 | ← C140 ← C250 ← C333 ← A210 | 四粒黄 | 1984 | A210 |

(续)

| 品种代号 | 品种名称 | 细胞质传递 | 细胞质来源 | 育成年代/年份 | 编号 |
|---|---|---|---|---|---|
| C273 | 绥农 6 号 | ← C140 ← C250 ← C333 ← A210 | 四粒黄 | 1985 | A210 |
| C274 | 绥农 7 号 | ← A154 | 克山四粒荚 | 1988 | A154 |
| C275 | 绥农 8 号 | ← C271 ← C270 ← C250 ← C333 ← A210 | 四粒黄 | 1989 | A210 |
| C276 | 绥农 9 号 | ← C271 ← C270 ← C250 ← C333 ← A210 | 四粒黄 | 1991 | A210 |
| C277 | 绥农 10 号 | ← C271 ← C270 ← C250 ← C333 ← A210 | 四粒黄 | 1994 | A210 |
| C278 | 绥农 11 | ← C271 ← C270 ← C250 ← C333 ← A210 | 四粒黄 | 1995 | A210 |
| C279 | 孙吴平顶黄 | ← A215 | 孙吴大白眉 | 1953 | A215 |
| C280 | 西比瓦 | ← A292 | 不详 | 1941 | A292 |
| C281 | 新四粒黄 | ← A209 | 四粒黄 | 1962 | A210 |
| C282 | 逊选 1 号 | ← C187 ← C155 ← C287 ← A019 | 白眉 | 1986 | A019 |
| C283 | 于惠珍大豆 | ← C250 ← C333 ← A210 | 四粒黄 | 1954 | A210 |
| C284 | 元宝金 | ← C333 ← A210 | 四粒黄 | 1941 | A210 |
| C285 | 紫花 2 号 | ← A019 | 白眉 | 1941 | A019 |
| C286 | 紫花 3 号 | ← A104 | 哈尔滨大白眉 | 1941 | A104 |
| C287 | 紫花 4 号 | ← A019 | 白眉 | 1941 | A019 |
| C288 | 矮脚早 | ← A291 | 不详 | 1977 | A291 |
| C289 | 鄂豆 2 号 | ← A119 | 猴子毛 | 1975 | A119 |
| C290 | 鄂豆 4 号 | ← C288 ← A291 | 不详 | 1989 | A291 |
| C291 | 鄂豆 5 号 | ← C288 ← A291 | 不详 | 1990 | A291 |
| C292 | 早春 1 号 | ← C288 ← A291 | 不详 | 1994 | A291 |
| C293 | 中豆 8 号 | ← C428 ← A084 | 奉贤穗稻黄 | 1993 | A291 |
| C294 | 中豆 14 | ← C428 ← A084 | 奉贤穗稻黄 | 1987 | A291 |
| C295 | 中豆 19 | ← A263 | 暂编 20 | 1987 | A263 |
| C296 | 中豆 20 | ← C295 ← A263 | 暂编 20 | 1994 | A263 |
| C297 | 中豆 24 | ← C288 ← A291 | 不详 | 1989 | A291 |
| C298 | 州豆 30 | ← A076 | 恩施六月黄 | 1987 | A076 |
| C299 | 怀春 79 - 16 | ← A036 | 曹青 | 1987 | A036 |
| C300 | 湘 B68 | ← A064 | 东安药豆 | 1984 | A064 |
| C301 | 湘春豆 10 号 | ← A201 | 上海六月白 | 1985 | A201 |
| C302 | 湘春豆 11 | ← A201 | 上海六月白 | 1987 | A201 |
| C303 | 湘春豆 12 | ← C307 ← A205 | 绍东六月黄 | 1989 | A205 |
| C304 | 湘春豆 13 | ← C288 ← A291 | 不详 | 1989 | A291 |
| C305 | 湘春豆 14 | ← A130 | 灰长白 | 1992 | A130 |
| C306 | 湘春豆 15 | ← C301 ← A201 | 上海六月白 | 1995 | A201 |
| C307 | 湘豆 3 号 | ← A205 | 绍东六月黄 | 1974 | A205 |
| C308 | 湘豆 4 号 | ← A147 | 金株黄 | 1974 | A147 |
| C309 | 湘豆 5 号 | ← C307 ← A205 | 绍东六月黄 | 1980 | A205 |
| C310 | 湘豆 6 号 | ← C307 ← A205 | 绍东六月黄 | 1981 | A205 |
| C311 | 湘青 | ← A265 | 浙江青仁乌 | 1988 | A265 |

（续）

| 品种代号 | 品种名称 | 细胞质传递 | 细胞质来源 | 育成年代/年份 | 编号 |
|---|---|---|---|---|---|
| C312 | 湘秋豆 1 号 | ← A129 | 黄毛豆 | 1974 | A129 |
| C313 | 湘秋豆 2 号 | ← C312 ← A129 | 黄毛豆 | 1982 | A129 |
| C314 | 白农 1 号 | ← C370 ← A108 | 海伦金元 | 1981 | A108 |
| C315 | 白农 2 号 | ← C250 ← C333 ← A210 | 四粒黄 | 1986 | A210 |
| C316 | 白农 4 号 | ← C370 ← A108 | 海伦金元 | 1988 | A108 |
| C317 | 长白 1 号 | ← A249 | 压破车 | 1982 | A249 |
| C318 | 长农 1 号 | ← C377 ← C370 ← A108 | 海伦金元 | 1980 | A108 |
| C319 | 长农 2 号 | ← C372 ← C333 ← A210 | 四粒黄 | 1980 | A210 |
| C320 | 长农 4 号 | ← A157 | 立新 9 号 | 1985 | A157 |
| C321 | 长农 5 号 | ← C320 ← A157 | 立新 9 号 | 1990 | A157 |
| C322 | 长农 7 号 | ← C352 ← A256 | 一窝蜂 | 1993 | A256 |
| C323 | 德豆 1 号 | ← C410 ← C324 ← A074 | 嘟噜豆 | 1985 | A074 |
| C324 | 丰地黄 | ← A074 | 嘟噜豆 | 1943 | A074 |
| C325 | 丰交 7607 | ← A324 ← | A. K. | 1992 | A585 |
| C326 | 丰收选 | ← C157 ← C155 ← C287 ← A019 | 白眉 | 1978 | A019 |
| C327 | 公交 5201 - 18 | ← C492 ← A146 | 金元 | 1963 | A146 |
| C328 | 公交 5601 - 1 | ← C484 ← A242 | 小金黄 | 1970 | A242 |
| C329 | 公交 5610 - 1 | ← A049 | 大金黄 | 1970 | A049 |
| C330 | 公交 5610 - 2 | ← A049 | 大金黄 | 1970 | A049 |
| C331 | 和平 1 号 | ← C250 ← C333 ← A210 | 四粒黄 | 1950 | A210 |
| C332 | 桦丰 1 号 | ← C410 ← C324 ← A074 | 嘟噜豆 | 1978 | A074 |
| C333 | 黄宝珠 | ← A210 | 四粒黄 | 1923 | A210 |
| C334 | 吉林 1 号 | ← C492 ← A146 | 金元 | 1963 | A146 |
| C335 | 吉林 2 号 | ← C492 ← A146 | 金元 | 1963 | A146 |
| C336 | 吉林 3 号 | ← C492 ← A146 | 金元 | 1963 | A146 |
| C337 | 吉林 4 号 | ← C492 ← A146 | 金元 | 1963 | A146 |
| C338 | 吉林 5 号 | ← C368 ← A211 | 四粒黄 | 1963 | A210 |
| C339 | 吉林 6 号 | ← C401 ← A241 | 小金黄 | 1963 | A241 |
| C340 | 吉林 8 号 | ← C401 ← A241 | 小金黄 | 1971 | A241 |
| C341 | 吉林 9 号 | ← C411 ← C250 ← C333 ← A210 | 四粒黄 | 1971 | A241 |
| C342 | 吉林 10 号 | ← C401 ← A241 | 小金黄 | 1971 | A241 |
| C343 | 吉林 11 | ← C401 ← A241 | 小金黄 | 1971 | A241 |
| C344 | 吉林 12 | ← C410 ← C324 ← A074 | 嘟噜豆 | 1971 | A074 |
| C345 | 吉林 13 | ← C336 ← C492 ← A146 | 金元 | 1976 | A146 |
| C346 | 吉林 14 | ← C336 ← C492 ← A146 | 金元 | 1978 | A146 |
| C347 | 吉林 15 | ← A256 | 一窝蜂 | 1978 | A256 |
| C348 | 吉林 16 | ← C334 ← C492 ← A146 | 金元 | 1978 | A146 |
| C349 | 吉林 17 | ← C324 ← A074 | 嘟噜豆 | 1982 | A074 |
| C350 | 吉林 18 | ← A256 | 一窝蜂 | 1982 | A256 |

（续）

| 品种代号 | 品种名称 | 细胞质传递 | 细胞质来源 | 育成年代/年份 | 编号 |
|---|---|---|---|---|---|
| C351 | 吉林 19 | ← C203 ← C140 ← C250 ← C333 ← A210 | 四粒黄 | 1981 | A210 |
| C352 | 吉林 20 | ← A256 | 一窝蜂 | 1985 | A256 |
| C353 | 吉林 21 | ← A128 | 黄客豆 | 1988 | A128 |
| C354 | 吉林 22 | ← C347 ← A256 | 一窝蜂 | 1989 | A256 |
| C355 | 吉林 23 | ← A085 | 辐白 | 1990 | A085 |
| C356 | 吉林 24 | ← C348 ← C334 ← C492 ← A146 | 金元 | 1990 | A146 |
| C357 | 吉林 25 | ← C352 ← A256 | 一窝蜂 | 1991 | A256 |
| C358 | 吉林 26 | ← C187 ← C155 ← C287 ← A019 | 白眉 | 1991 | A019 |
| C359 | 吉林 27 | ← A325 ← A607 | Mukden | 1991 | A607 |
| C360 | 吉林 28 | ← A071 | 东农 33 | 1991 | A071 |
| C361 | 吉林 29 | ← A071 | 东农 33 | 1993 | A071 |
| C362 | 吉林 30 | ← A071 | 东农 33 | 1993 | A071 |
| C363 | 吉林 32 | ← C347 ← A256 | 一窝蜂 | 1993 | A256 |
| C364 | 吉林小粒 1 号 | ← A180 | 平顶四 | 1990 | A180 |
| C365 | 吉农 1 号 | ← A059 | 大洋豆 | 1986 | A059 |
| C366 | 吉农 4 号 | ← C379 ← C333 ← A210 | 四粒黄 | 1991 | A210 |
| C367 | 吉青 1 号 | ← A089 | 抚松铁荚青 | 1991 | A089 |
| C368 | 集体 3 号 | ← A211 | 四粒黄 | 1956 | A210 |
| C369 | 集体 4 号 | ← A252 | 洋蜜蜂 | 1956 | A252 |
| C370 | 集体 5 号 | ← A108 | 海伦金元 | 1956 | A108 |
| C371 | 九农 1 号 | ← A260 | 永丰豆 | 1970 | A260 |
| C372 | 九农 2 号 | ← C333 ← A210 | 四粒黄 | 1970 | A210 |
| C373 | 九农 3 号 | ← C369 ← A252 | 洋蜜蜂 | 1969 | A252 |
| C374 | 九农 4 号 | ← A226 | 铁荚四粒黄 | 1969 | A226 |
| C375 | 九农 5 号 | ← C369 ← A252 | 洋蜜蜂 | 1972 | A252 |
| C376 | 九农 6 号 | ← C410 ← C324 ← A074 | 嘟噜豆 | 1976 | A074 |
| C377 | 九农 7 号 | ← C370 ← A108 | 海伦金元 | 1972 | A108 |
| C378 | 九农 8 号 | ← A222 | 天鹅蛋 | 1972 | A222 |
| C379 | 九农 9 号 | ← C333 ← A210 | 四粒黄 | 1976 | A210 |
| C380 | 九农 10 号 | ← C333 ← A210 | 四粒黄 | 1972 | A210 |
| C381 | 九农 11 | ← C333 ← A210 | 四粒黄 | 1981 | A210 |
| C382 | 九农 12 | ← C413 ← A096 | 公交良种黄大粒 | 1982 | A096 |
| C383 | 九农 13 | ← C376 ← C410 ← C324 ← A074 | 嘟噜豆 | 1981 | A074 |
| C384 | 九农 14 | ← C324 ← A074 | 嘟噜豆 | 1985 | A074 |
| C385 | 九农 15 | ← C250 ← C333 ← A210 | 四粒黄 | 1987 | A210 |
| C386 | 九农 16 | ← C371 ← A260 | 永丰豆 | 1988 | A260 |
| C387 | 九农 17 | ← C336 ← C492 ← A146 | 金元 | 1990 | A146 |
| C388 | 九农 18 | ← A090 | 辐字 6401 | 1991 | A090 |
| C389 | 九农 19 | ← C336 ← C492 ← A146 | 金元 | 1991 | A146 |

（续）

| 品种代号 | 品种名称 | 细胞质传递 | 细胞质来源 | 育成年代/年份 | 编号 |
|---|---|---|---|---|---|
| C390 | 九农 20 | ← C382 ← C413 ← A096 | 公交良种黄大粒 | 1993 | A096 |
| C391 | 九农 21 | ← A604 | MB152 | 1995 | A604 |
| C392 | 群选 1 号 | ← A260 | 永丰豆 | 1964 | A260 |
| C393 | 通农 4 号 | ← A172 | 讷河紫花四粒 | 1978 | A172 |
| C394 | 通农 5 号 | ← A107 | 海龙嘟噜豆 | 1978 | A107 |
| C395 | 通农 6 号 | ← A107 | 海龙嘟噜豆 | 1978 | A107 |
| C396 | 通农 7 号 | ← A107 | 海龙嘟噜豆 | 1978 | A107 |
| C397 | 通农 8 号 | ← C392 ← A260 | 永丰豆 | 1982 | A260 |
| C398 | 通农 9 号 | ← C394 ← A107 | 海龙嘟噜豆 | 1987 | A107 |
| C399 | 通农 10 号 | ← C394 ← A107 | 海龙嘟噜豆 | 1992 | A107 |
| C400 | 通农 11 | ← A314 | 日本大白眉 | 1995 | A314 |
| C401 | 小金黄 1 号 | ← A241 | 小金黄 | 1941 | A241 |
| C402 | 小金黄 2 号 | ← A241 | 小金黄 | 1941 | A241 |
| C403 | 延农 2 号 | ← C368 ← A211 | 四粒黄 | 1978 | A210 |
| C404 | 延农 3 号 | ← C368 ← A211 | 四粒黄 | 1978 | A210 |
| C405 | 延农 5 号 | ← C392 ← A260 | 永丰豆 | 1982 | A260 |
| C406 | 延农 6 号 | ← C392 ← A260 | 永丰豆 | 1982 | A260 |
| C407 | 延农 7 号 | ← C345 ← C336 ← C492 ← A146 | 金元 | 1988 | A146 |
| C408 | 延院 1 号 | ← C345 ← C336 ← C492 ← A146 | 金元 | 1993 | A146 |
| C409 | 早丰 1-7 | ← C410 ← C324 ← A074 | 嘟噜豆 | 1978 | A074 |
| C410 | 早丰 1 号 | ← C324 ← A074 | 嘟噜豆 | 1959 | A074 |
| C411 | 早丰 2 号 | ← C250 ← C333 ← A210 | 四粒黄 | 1959 | A210 |
| C412 | 早丰 3 号 | ← C250 ← C333 ← A210 | 四粒黄 | 1960 | A210 |
| C413 | 早丰 5 号 | ← A096 | 公交良种黄大粒 | 1961 | A096 |
| C414 | 枝 2 号 | ← C250 ← C333 ← A210 | 四粒黄 | 1958 | A210 |
| C415 | 枝 3 号 | ← C250 ← C333 ← A210 | 四粒黄 | 1958 | A210 |
| C416 | 紫花 1 号 | ← A239 | 小白眉 | 1941 | A239 |
| C417 | 58-161 | ← A034 | 滨海大白花 | 1964 | A034 |
| C418 | 岔路口 1 号 | ← A293 | 不详 | 1954 | A293 |
| C419 | 楚秀 | ← A006 | 73-01-1 | 1992 | A006 |
| C420 | 东辛 74-12 | ← C417 ← A034 | 滨海大白花 | 1988 | A034 |
| C421 | 灌豆 1 号 | ← C444 ← C431 ← A002 | 51-83 | 1985 | A002 |
| C422 | 灌云 1 号 | ← A099 | 灌云大四粒 | 1974 | A099 |
| C423 | 淮豆 1 号 | ← C444 ← C431 ← A002 | 51-83 | 1983 | A002 |
| C424 | 淮豆 2 号 | ← A183 | 浦东大黄豆 | 1986 | A183 |
| C425 | 金大 332 | ← A294 | 不详 | 1923 | A294 |
| C426 | 六十日 | ← A100 | 灌云六十日 | 1973 | A100 |
| C427 | 绿宝珠 | ← A058 | 大青豆 | 1992 | A058 |
| C428 | 南农 1138-2 | ← A084 | 奉贤穗稻黄 | 1973 | A084 |

（续）

| 品种代号 | 品种名称 | 细胞质传递 | 细胞质来源 | 育成年代/年份 | 编号 |
|---|---|---|---|---|---|
| C429 | 南农 133 - 3 | ← A065 | 东海平顶红毛 | 1962 | A065 |
| C430 | 南农 133 - 6 | ← A065 | 东海平顶红毛 | 1962 | A065 |
| C431 | 南农 493 - 1 | ← A002 | 51 - 83 | 1962 | A002 |
| C432 | 南农 73 - 935 | ← A084 | 奉贤穗稻黄 | 1990 | A084 |
| C433 | 南农 86 - 4 | ← C428 ← A084 | 奉贤穗稻黄 | 1991 | A084 |
| C434 | 南农 87C - 38 | ← A258 | 宜兴骨绿豆 | 1990 | A258 |
| C435 | 南农 88 - 48 | ← C432 ← A084 | 奉贤穗稻黄 | 1994 | A084 |
| C436 | 南农菜豆 1 号 | ← C428 ← A084 | 奉贤穗稻黄 | 1989 | A084 |
| C437 | 宁青豆 1 号 | ← A258 | 宜兴骨绿豆 | 1987 | A258 |
| C438 | 宁镇 1 号 | ← C428 ← A084 | 奉贤穗稻黄 | 1984 | A084 |
| C439 | 宁镇 2 号 | ← A084 | 奉贤穗稻黄 | 1990 | A084 |
| C440 | 宁镇 3 号 | ← C428 ← A084 | 奉贤穗稻黄 | 1992 | A084 |
| C441 | 泗豆 11 | ← C417 ← A034 | 滨海大白花 | 1987 | A034 |
| C442 | 苏 6236 | ← A219 | 泰兴黑豆 | 1982 | A219 |
| C443 | 苏 7209 | ← C431 ← A002 | 51 - 83 | 1982 | A002 |
| C444 | 苏豆 1 号 | ← C431 ← A002 | 51 - 83 | 1968 | A002 |
| C445 | 苏豆 3 号 | ← C444 ← C431 ← A002 | 51 - 83 | 1995 | A002 |
| C446 | 苏垦 1 号 | ← C417 ← A034 | 滨海大白花 | 1978 | A034 |
| C447 | 苏内青 2 号 | ← A187 | 启东关青豆 | 1990 | A187 |
| C448 | 苏协 18 - 6 | ← A084 | 奉贤穗稻黄 | 1981 | A084 |
| C449 | 苏协 19 - 15 | ← A084 | 奉贤穗稻黄 | 1981 | A084 |
| C450 | 苏协 4 - 1 | ← C431 ← A002 | 51 - 83 | 1981 | A002 |
| C451 | 苏协 1 号 | ← A084 | 奉贤穗稻黄 | 1981 | A084 |
| C452 | 泰豆 1 号 | ← A219 | 泰兴黑豆 | 1992 | A219 |
| C453 | 通豆 1 号 | ← C444 ← C431 ← A002 | 51 - 83 | 1986 | A002 |
| C454 | 夏豆 75 | ← A061 | 稻熟黄 | 1975 | A061 |
| C455 | 徐豆 1 号 | ← A231 | 铜山天鹅蛋 | 1974 | A231 |
| C456 | 徐豆 2 号 | ← A176 | 沛县大白角 | 1978 | A176 |
| C457 | 徐豆 3 号 | ← C417 ← A034 | 滨海大白花 | 1978 | A034 |
| C458 | 徐豆 7 号 | ← C455 ← A231 | 铜山天鹅蛋 | 1986 | A231 |
| C459 | 徐豆 135 | ← A176 | 沛县大白角 | 1983 | A176 |
| C460 | 徐州 301 | ← A177 | 邳县软条枝 | 1957 | A177 |
| C461 | 徐州 302 | ← A060 | 砀山豌豆沙 | 1958 | A060 |
| C462 | 7406 | ← A127 | 黄金子 | 1977 | A127 |
| C463 | 矮脚青 | ← A016 | 百荚豆 | 1974 | A016 |
| C464 | 赣豆 1 号 | ← A048 | 大黄珠 | 1987 | A048 |
| C465 | 赣豆 2 号 | ← C463 ← A016 | 百荚豆 | 1990 | A016 |
| C466 | 赣豆 3 号 | ← C463 ← A016 | 百荚豆 | 1993 | A016 |
| C467 | 5621 | ← C324 ← A074 | 嘟噜豆 | 1960 | A074 |

（续）

| 品种<br>代号 | 品种名称 | 细胞质传递 | 细胞质来源 | 育成年<br>代/年份 | 编号 |
|---|---|---|---|---|---|
| C468 | 丹豆 1 号 | ← A191 | 青豆 | 1970 | A191 |
| C469 | 丹豆 2 号 | ← C504 ← C333 ← A210 | 四粒黄 | 1973 | A210 |
| C470 | 丹豆 3 号 | ← A114 | 黑脐黄大豆 | 1975 | A114 |
| C471 | 丹豆 4 号 | ← A033 | 表里青 | 1979 | A033 |
| C472 | 丹豆 5 号 | ← C475 ← A030 | 本溪小黑脐 | 1981 | A030 |
| C473 | 丹豆 6 号 | ← A080 | 凤大粒 | 1989 | A080 |
| C474 | 丰豆 1 号 | ← C392 ← A260 | 永丰豆 | 1988 | A260 |
| C475 | 凤交 66 - 12 | ← A030 | 本溪小黑脐 | 1976 | A030 |
| C476 | 凤交 66 - 22 | ← A081 | 凤交 55 - 2 | 1977 | A081 |
| C477 | 凤系 1 号 | ← A114 | 黑脐黄大豆 | 1960 | A114 |
| C478 | 凤系 2 号 | ← A115 | 黑脐鹦哥豆 | 1960 | A115 |
| C479 | 凤系 3 号 | ← A035 | 薄地翠 | 1960 | A035 |
| C480 | 凤系 4 号 | ← A029 | 本溪嘟噜豆 | 1960 | A029 |
| C481 | 凤系 6 号 | ← A079 | 凤城小金黄 | 1965 | A079 |
| C482 | 凤系 12 | ← A017 | 白荚霜 | 1965 | A017 |
| C483 | 抚 82 - 93 | ← A316 | 十胜长叶 | 1989 | A316 |
| C484 | 集体 1 号 | ← A242 | 小金黄 | 1956 | A242 |
| C485 | 集体 2 号 | ← A227 | 铁荚子 | 1956 | A227 |
| C486 | 建豆 8202 | ← C494 ← C410 ← C324 ← A074 | 嘟噜豆 | 1991 | A074 |
| C487 | 锦豆 33 | ← A145 | 金县快白豆 | 1974 | A145 |
| C488 | 锦豆 34 | ← A145 | 金县快白豆 | 1972 | A145 |
| C489 | 锦豆 35 | ← C487 ← A145 | 金县快白豆 | 1988 | A145 |
| C490 | 锦豆 6422 | ← C491 ← A181 | 平顶香 | 1974 | A181 |
| C491 | 锦州 8 - 14 | ← A181 | 平顶香 | 1960 | A181 |
| C492 | 金元 1 号 | ← A146 | 金元 | 1941 | A146 |
| C493 | 开育 3 号 | ← A212 | 四粒黄 | 1976 | A210 |
| C494 | 开育 8 号 | ← C410 ← C324 ← A074 | 嘟噜豆 | 1980 | A074 |
| C495 | 开育 9 号 | ← C410 ← C324 ← A074 | 嘟噜豆 | 1985 | A074 |
| C496 | 开育 10 号 | ← C091 ← A042 | 大白脐 | 1989 | A042 |
| C497 | 辽 83 - 5020 | ← C467 ← C324 ← A074 | 嘟噜豆 | 1990 | A074 |
| C498 | 辽豆 3 号 | ← C510 ← C485 ← A227 | 铁荚子 | 1983 | A227 |
| C499 | 辽豆 4 号 | ← C508 ← A232 | 通州小黄豆 | 1989 | A232 |
| C500 | 辽豆 7 号 | ← A009 | 79 - 混 - 1 | 1992 | A009 |
| C501 | 辽豆 9 号 | ← C508 ← A232 | 通州小黄豆 | 1992 | A232 |
| C502 | 辽豆 10 号 | ← C498 ← C510 ← C485 ← A227 | 铁荚子 | 1992 | A227 |
| C503 | 辽农 2 号 | ← C507 ← C324 ← A074 | 嘟噜豆 | 1983 | A074 |
| C504 | 满地金 | ← C333 ← A210 | 四粒黄 | 1941 | A210 |
| C505 | 沈农 25104 | ← C467 ← C324 ← A074 | 嘟噜豆 | 1979 | A074 |
| C506 | 铁丰 3 号 | ← C484 ← A242 | 小金黄 | 1967 | A242 |

（续）

| 品种代号 | 品种名称 | 细胞质传递 | 细胞质来源 | 育成年代/年份 | 编号 |
|---|---|---|---|---|---|
| C507 | 铁丰 5 号 | ← C324 ← A074 | 嘟噜豆 | 1970 | A074 |
| C508 | 铁丰 8 号 | ← A232 | 通州小黄豆 | 1970 | A232 |
| C509 | 铁丰 9 号 | ← C467 ← C324 ← A074 | 嘟噜豆 | 1970 | A074 |
| C510 | 铁丰 18 | ← C485 ← A227 | 铁荚子 | 1973 | A227 |
| C511 | 铁丰 19 | ← C506 ← C484 ← A242 | 小金黄 | 1973 | A242 |
| C512 | 铁丰 20 | ← C467 ← C324 ← A074 | 嘟噜豆 | 1979 | A074 |
| C513 | 铁丰 21 | ← C509 ← C467 ← C324 ← A074 | 嘟噜豆 | 1985 | A074 |
| C514 | 铁丰 22 | ← C467 ← C324 ← A074 | 嘟噜豆 | 1986 | A074 |
| C515 | 铁丰 23 | ← C511 ← C506 ← C484 ← A242 | 小金黄 | 1986 | A242 |
| C516 | 铁丰 24 | ← C510 ← C485 ← A227 | 铁荚子 | 1988 | A227 |
| C517 | 铁丰 25 | ← C324 ← A074 | 嘟噜豆 | 1989 | A074 |
| C518 | 铁丰 26 | ← C516 ← C510 ← C485 ← A227 | 铁荚子 | 1993 | A227 |
| C519 | 铁丰 27 | ← C510 ← C485 ← A227 | 铁荚子 | 1993 | A227 |
| C520 | 早小白眉 | ← A234 | 晚小白眉 | 1950 | A234 |
| C521 | 彰豆 1 号 | ← C510 ← C485 ← A227 | 铁荚子 | 1981 | A227 |
| C522 | 吉原 1 号 | ← C334 ← C492 ← A146 | 金元 | 1985 | A146 |
| C523 | 内豆 1 号 | ← A001 | 3999 - 71 | 1980 | A001 |
| C524 | 内豆 2 号 | ← C157 ← C155 ← C287 ← A019 | 白眉 | 1980 | A019 |
| C525 | 内豆 3 号 | ← C156 ← C155 ← C287 ← A019 | 白眉 | 1986 | A019 |
| C526 | 图良 1 号 | ← C370 ← A108 | 海伦金元 | 1989 | A108 |
| C527 | 翁豆 79012 | ← A622 | SRF | 1986 | A622 |
| C528 | 乌豆 1 号 | ← C211 ← C140 ← C250 ← C333 ← A210 | 四粒黄 | 1989 | A210 |
| C529 | 宁豆 1 号 | ← A262 | 榆林黄豆 | 1989 | A262 |
| C530 | 宁豆 81 - 7 | ← A300 | 不详 | 1984 | A300 |
| C531 | 7517 | ← C555 ← A295 | 不详 | 1986 | A295 |
| C532 | 7583 | ← C578 ← C540 ← A133 | 即墨油豆 | 1988 | A295 |
| C533 | 7605 | ← C555 ← A295 | 不详 | 1986 | A295 |
| C534 | 备战 3 号 | ← C555 ← A295 | 不详 | 1973 | A295 |
| C535 | 大粒黄 | ← A179 | 平顶黄 | 1949 | A179 |
| C536 | 丰收黄 | ← C555 ← A295 | 不详 | 1970 | A295 |
| C537 | 高作选 1 号 | ← A301 | 不详 | 1995 | A301 |
| C538 | 菏 84 - 1 | ← C417 ← A034 | 滨海大白花 | 1987 | A034 |
| C539 | 菏 84 - 5 | ← C417 ← A034 | 滨海大白花 | 1989 | A034 |
| C540 | 莒选 23 | ← A133 | 即墨油豆 | 1963 | A133 |
| C541 | 临豆 3 号 | ← C555 ← A295 | 不详 | 1975 | A295 |
| C542 | 鲁豆 1 号 | ← C540 ← A133 | 即墨油豆 | 1980 | A295 |
| C543 | 鲁豆 2 号 | ← C555 ← A295 | 不详 | 1981 | A295 |
| C544 | 鲁豆 3 号 | ← C540 ← A133 | 即墨油豆 | 1983 | A133 |

（续）

| 品种代号 | 品种名称 | 细胞质传递 | 细胞质来源 | 育成年代/年份 | 编号 |
|---|---|---|---|---|---|
| C545 | 鲁豆 4 号 | ← C578 ← C540 ← A133 | 即墨油豆 | 1985 | A133 |
| C546 | 鲁豆 5 号 | ← A066 | 东解 1 号 | 1987 | A066 |
| C547 | 鲁豆 6 号 | ← C540 ← A133 | 即墨油豆 | 1987 | A133 |
| C548 | 鲁豆 7 号 | ← C578 ← C540 ← A133 | 即墨油豆 | 1987 | A133 |
| C549 | 鲁豆 8 号 | ← C578 ← C540 ← A133 | 即墨油豆 | 1988 | A133 |
| C550 | 鲁豆 10 号 | ← C545 ← C578 ← C540 ← A133 | 即墨油豆 | 1993 | A133 |
| C551 | 鲁豆 11 | ← C547 ← C540 ← A133 | 即墨油豆 | 1995 | A133 |
| C552 | 鲁黑豆 1 号 | ← A203 | 商河黑豆 | 1992 | A203 |
| C553 | 鲁黑豆 2 号 | ← C533 ← C555 ← A295 | 不详 | 1993 | A295 |
| C554 | 齐茶豆 1 号 | ← C545 ← C578 ← C540 ← A133 | 即墨油豆 | 1995 | A133 |
| C555 | 齐黄 1 号 | ← A295 | 不详 | 1962 | A295 |
| C556 | 齐黄 2 号 | ← A295 | 不详 | 1962 | A295 |
| C557 | 齐黄 4 号 | ← C574 ← A254 | 益都平顶黄 | 1965 | A254 |
| C558 | 齐黄 5 号 | ← C574 ← A254 | 益都平顶黄 | 1965 | A254 |
| C559 | 齐黄 10 号 | ← C555 ← A295 | 不详 | 1966 | A295 |
| C560 | 齐黄 13 | ← C555 ← A295 | 不详 | 1968 | A295 |
| C561 | 齐黄 20 | ← C540 ← A133 | 即墨油豆 | 1968 | A133 |
| C562 | 齐黄 21 | ← C570 ← C555 ← A295 | 不详 | 1979 | A295 |
| C563 | 齐黄 22 | ← A255 | 沂水平顶黄 | 1980 | A133 |
| C564 | 齐黄 25 | ← C545 ← C578 ← C540 ← A133 | 即墨油豆 | 1995 | A133 |
| C565 | 山宁 4 号 | ← C567 ← C540 ← A133 | 即墨油豆 | 1983 | A133 |
| C566 | 藤县 1 号 | ← C540 ← A133 | 即墨油豆 | 1972 | A133 |
| C567 | 为民 1 号 | ← C540 ← A133 | 即墨油豆 | 1970 | A133 |
| C568 | 潍 4845 | ← A110 | 荷泽 2084 | 1986 | A110 |
| C569 | 文丰 4 号 | ← C555 ← A295 | 不详 | 1971 | A295 |
| C570 | 文丰 5 号 | ← C555 ← A295 | 不详 | 1971 | A295 |
| C571 | 文丰 6 号 | ← C555 ← A295 | 不详 | 1971 | A295 |
| C572 | 文丰 7 号 | ← C540 ← A133 | 即墨油豆 | 1971 | A133 |
| C573 | 向阳 1 号 | ← C555 ← A295 | 不详 | 1970 | A295 |
| C574 | 新黄豆 | ← A254 | 益都平顶黄 | 1952 | A254 |
| C575 | 兖黄 1 号 | ← C540 ← A133 | 即墨油豆 | 1973 | A133 |
| C576 | 烟豆 4 号 | ← A163 | 六十日金黄 | 1988 | A163 |
| C577 | 烟黄 3 号 | ← A066 | 东解 1 号 | 1985 | A066 |
| C578 | 跃进 4 号 | ← C540 ← A133 | 即墨油豆 | 1971 | A133 |
| C579 | 跃进 5 号 | ← A063 | 定陶平顶大黄豆 | 1975 | A063 |
| C580 | 秦豆 1 号 | ← A077 | F5A | 1985 | A077 |
| C581 | 秦豆 3 号 | ← C555 ← A295 | 不详 | 1986 | A295 |
| C582 | 秦豆 5 号 | ← A344 ← A599 | Lincoln | 1990 | A599 |

(续)

| 品种代号 | 品种名称 | 细胞质传递 | 细胞质来源 | 育成年代/年份 | 编号 |
|---|---|---|---|---|---|
| C583 | 陕豆 701 | ← A257 | 一窝蜂 | 1978 | A256 |
| C584 | 陕豆 702 | ← C555 ← A295 | 不详 | 1977 | A295 |
| C585 | 陕豆 7214 | ← C583 ← A257 | 一窝蜂 | 1980 | A257 |
| C586 | 陕豆 7826 | ← C581 ← C555 ← A295 | 不详 | 1988 | A295 |
| C587 | 太原 47 | ← A296 | 不详 | 1984 | A296 |
| C588 | 汾豆 11 | ← C594 ← A197 | 山东小黄豆 | 1986 | A197 |
| C589 | 汾豆 31 | ← A325 ← A607 | Mukden | 1990 | A607 |
| C590 | 晋大 36 | ← A143 | 晋大 801 | 1989 | A143 |
| C591 | 晋豆 1 号 | ← A039 | 大白麻 | 1973 | A039 |
| C592 | 晋豆 2 号 | ← A261 | 榆次小黄豆 | 1975 | A261 |
| C593 | 晋豆 3 号 | ← A078 | 繁峙小黑豆 | 1974 | A078 |
| C594 | 晋豆 4 号 | ← A197 | 山东小黄豆 | 1979 | A197 |
| C595 | 晋豆 5 号 | ← C591 ← A039 | 大白麻 | 1983 | A039 |
| C596 | 晋豆 6 号 | ← A142 | 晋大 152 | 1985 | A142 |
| C597 | 晋豆 7 号 | ← A275 | 左云圆黑豆 | 1987 | A275 |
| C598 | 晋豆 8 号 | ← C591 ← A039 | 大白麻 | 1987 | A039 |
| C599 | 晋豆 9 号 | ← C591 ← A039 | 大白麻 | 1987 | A039 |
| C600 | 晋豆 10 号 | ← A116 | 黑嘴水白豆 | 1987 | A116 |
| C601 | 晋豆 11 | ← A165 | 龙 76 - 9232 | 1990 | A165 |
| C602 | 晋豆 12 | ← C594 ← A197 | 山东小黄豆 | 1990 | A197 |
| C603 | 晋豆 13 | ← C591 ← A039 | 大白麻 | 1990 | A039 |
| C604 | 晋豆 14 | ← A161 | 临县羊眼豆 | 1991 | A161 |
| C605 | 晋豆 15 | ← C610 ← A148 | 京谷玉 | 1991 | A148 |
| C606 | 晋豆 16 | ← C591 ← A039 | 大白麻 | 1991 | A039 |
| C607 | 晋豆 17 | ← C592 ← A261 | 榆次小黄豆 | 1992 | A261 |
| C608 | 晋豆 371 | ← Λ232 | 通州小黄豆 | 1968 | Λ232 |
| C609 | 晋豆 482 | ← A198 | 山农 1 号 | 1971 | A198 |
| C610 | 晋豆 501 | ← A148 | 京谷玉 | 1974 | A148 |
| C611 | 晋豆 514 | ← A140 | 介休黑眉豆 | 1978 | A140 |
| C612 | 晋遗 9 号 | ← C153 ← C287 ← A019 | 白眉 | 1989 | A019 |
| C613 | 晋遗 10 号 | ← C536 ← C555 ← A295 | 不详 | 1988 | A295 |
| C614 | 晋遗 19 | ← C475 ← A030 | 本溪小黑脐 | 1990 | A030 |
| C615 | 晋遗 20 | ← C475 ← A030 | 本溪小黑脐 | 1991 | A030 |
| C616 | 闪金豆 | ← C233 ← C250 ← C333 ← A210 | 四粒黄 | 1966 | A210 |
| C617 | 太谷早 | ← A218 | 太谷黄豆 | 1960 | A218 |
| C618 | 紫秸豆 75 | ← A271 | 紫秸豆 | 1977 | A271 |
| C619 | 成豆 4 号 | ← A097 | 珙县二季早 | 1989 | A097 |
| C620 | 成豆 5 号 | ← A307 | 白千城 | 1993 | A307 |

（续）

| 品种代号 | 品种名称 | 细胞质传递 | 细胞质来源 | 育成年代/年份 | 编号 |
|---|---|---|---|---|---|
| C621 | 川豆 2 号 | ← A224 | 田坎豆 | 1993 | A224 |
| C622 | 川豆 3 号 | ← A259 | 荥经黄壳早 | 1994 | A259 |
| C623 | 川湘早 1 号 | ← A201 | 上海六月白 | 1989 | A201 |
| C624 | 达豆 2 号 | ← A297 | 不详 | 1986 | A297 |
| C625 | 贡豆 1 号 | ← C028 ← C417 ← A034 | 滨海大白花 | 1990 | A034 |
| C626 | 贡豆 2 号 | ← C028 ← C417 ← A034 | 滨海大白花 | 1990 | A034 |
| C627 | 贡豆 3 号 | ← C623 ← A201 | 上海六月白 | 1992 | A201 |
| C628 | 贡豆 4 号 | ← C623 ← A201 | 上海六月白 | 1992 | A201 |
| C629 | 贡豆 6 号 | ← C028 ← C417 ← A034 | 滨海大白花 | 1993 | A034 |
| C630 | 贡豆 7 号 | ← C623 ← A201 | 上海六月白 | 1993 | A201 |
| C631 | 凉豆 2 号 | ← A092 | 高草白豆 | 1986 | A092 |
| C632 | 凉豆 3 号 | ← C324 ← A074 | 嘟噜豆 | 1995 | A074 |
| C633 | 万县 8 号 | ← A202 | 上海六月黄 | 1989 | A202 |
| C634 | 西豆 4 号 | ← C288 ← A291 | 不详 | 1995 | A291 |
| C635 | 西育 3 号 | ← C288 ← A291 | 不详 | 1992 | A291 |
| C636 | 宝坻大白眉 | ← A298 | 不详 | 1980 | A298 |
| C637 | 津 75 - 1 | ← C417 ← A034 | 滨海大白花 | 1988 | A034 |
| C638 | 丰收 72 | ← A302 | 不详 | 1972 | A302 |
| C639 | 垦米白脐 | ← A170 | 米泉黄豆 | 1985 | A170 |
| C640 | 奎选 1 号 | ← C202 ← C250 ← C333 ← A210 | 四粒黄 | 1982 | A210 |
| C641 | 晋宁大黄豆 | ← A299 | 不详 | 1987 | A299 |
| C642 | 云 82 - 22 | ← A192 | 清华大豆 | 1989 | A192 |
| C643 | 华春 14 | ← A109 | 杭州五月白 | 1994 | A109 |
| C644 | 丽秋 1 号 | ← A123 | 怀要黄豆 | 1995 | A123 |
| C645 | 毛蓬青 1 号 | ← A167 | 毛蓬青 | 1988 | A167 |
| C646 | 毛蓬青 2 号 | ← A167 | 毛蓬青 | 1988 | A167 |
| C647 | 毛蓬青 3 号 | ← A167 | 毛蓬青 | 1988 | A167 |
| C648 | 浙春 1 号 | ← A237 | 五月拔 | 1987 | A237 |
| C649 | 浙春 2 号 | ← A062 | 德清黑豆 | 1987 | A062 |
| C650 | 浙春 3 号 | ← C648 ← A237 | 五月拔 | 1994 | A237 |
| C651 | 浙江 28 - 22 | ← A308 | 白千鸣 | 1982 | A308 |
| D001 | AC10 菜用大青豆 | ← C455 ← A231 | 铜山天鹅蛋 | 1995 | |
| D002 | 合豆 1 号 | ← A359 | 豌豆团 | 2000 | A359 |
| D003 | 合豆 2 号 | ← C116 ← C112 ← C121 ← C124 ← A196 | 山东四角齐 | 2003 | A196 |
| D004 | 合豆 3 号 | ← A359 | 豌豆团 | 2003 | A359 |
| D005 | 皖豆 12 | ← C417 ← A034 | 滨海大白花 | 1991 | A034 |
| D006 | 皖豆 14 | ← C456 | 沛县大白角 | 1994 | A176 |
| D007 | 皖豆 15 | ← A362 | 蒙庆 13 | 1996 | A362 |

（续）

| 品种代号 | 品种名称 | 细胞质传递 | 细胞质来源 | 育成年代/年份 | 编号 |
|---|---|---|---|---|---|
| D008 | 皖豆 16 | ← C417 ← A034 | 滨海大白花 | 1996 | A034 |
| D009 | 皖豆 17 | ← C101 ← C555 ← A295 | 不详 | 1996 | A295 |
| D010 | 皖豆 18 | ← A471 | 南 77 - 30 | 1997 | 471 |
| D011 | 皖豆 19 | ← C417 ← A034 | 滨海大白花 | 1998 | A034 |
| D012 | 皖豆 20 | ← C017 ← C579 ← A063 | 定陶平顶大黄豆 | 2000 | A063 |
| D013 | 皖豆 21 | ← A606 | Monetta | 2000 | A606 |
| D014 | 皖豆 22 | ← C015 ← C455 ← A231 | 铜山天鹅蛋 | 2001 | A231 |
| D015 | 皖豆 23 | ← C110 ← C094 ← C540 ← A133 | 即墨油豆 | 2002 | A133 |
| D016 | 皖豆 24 | ← A496 | 山东 8502 | 2003 | A496 |
| D017 | 皖豆 25 | ← A562 | W931A | 2004 | A562 |
| D018 | 豪彩 1 号 | ← D555 ← C548 ← C578 ← C540 ← A133 | 即墨油豆 | 2004 | A133 |
| D019 | 京豆 1 号 | ← C031 ← C417 ← A034 | 滨海大白花 | 1990 | A034 |
| D020 | 京黄 1 号 | ← C615 ← C475 ← A030 | 本溪小黑脐 | 2004 | A030 |
| D021 | 京黄 2 号 | ← C105 ← A190 | 沁阳水白豆 | 2004 | A190 |
| D022 | 科丰 14 号 | ← C031 ← C417 ← A034 | 滨海大白花 | 2001 | A034 |
| D023 | 科丰 15 号 | ← C031 ← C417 ← A034 | 滨海大白花 | 2002 | A034 |
| D024 | 科丰 17 号 | ← C031 ← C417 ← A034 | 滨海大白花 | 2004 | A034 |
| D025 | 科丰 28 | ← A633 | 8003 | 2005 | A633 |
| D026 | 科丰 36 号 | ← C031 ← C417 ← A034 | 滨海大白花 | 1999 | A034 |
| D027 | 科丰 37 号 | ← A531 | 7603 | 2002 | A531 |
| D028 | 科丰 53 号 | ← C324 ← A074 | 嘟噜豆 | 2001 | A074 |
| D029 | 科新 4 号 | ← C105 ← A190 | 沁阳水白豆 | 2002 | A190 |
| D030 | 科新 5 号 | ← C545 ← C578 ← C540 ← A133 | 即墨油豆 | 2000 | A133 |
| D031 | 科新 6 号 | ← C105 ← A190 | 沁阳水白豆 | 2001 | A190 |
| D032 | 科新 7 号 | ← D061 ← A347 ← A599 | Lincoln | 2003 | A599 |
| D033 | 科新 8 号 | ← C031 ← C417 ← A034 | 滨海大白化 | 2003 | A034 |
| D034 | 顺豆 92 - 51 | ← A367 | 墩子黄 | 2002 | A365 |
| D035 | 鑫豆 1 号 | ← A558 | 巴西自优豆 | 2005 | A558 |
| D036 | 中豆 27 | ← C295 ← A263 | 暂编 20 | 2000 | A263 |
| D037 | 中豆 28 | ← C545 ← C578 ← C540 ← A133 | 即墨油豆 | 1999 | A133 |
| D038 | 中黄 9 | ← C024 ← C417 ← A034 | 滨海大白花 | 1996 | A034 |
| D039 | 中黄 10 | ← C572 ← C540 ← A133 | 即墨油豆 | 1996 | A133 |
| D040 | 中黄 11 | ← A599 | Lincoln | 2000 | A599 |
| D041 | 中黄 12 | ← C615 ← C475 ← A030 | 本溪小黑脐 | 2000 | A030 |
| D042 | 中黄 13 | ← C111 ← C124 ← A196 | 山东四角齐 | 2001 | A196 |
| D043 | 中黄 14 | ← A599 | Lincoln | 2001 | A599 |
| D044 | 中黄 15 | ← A347 ← A599 | Lincoln | 2001 | A599 |
| D045 | 中黄 16 | ← C111 ← C124 ← A196 | 山东四角齐 | 2002 | A196 |

（续）

| 品种代号 | 品种名称 | 细胞质传递 | 细胞质来源 | 育成年代/年份 | 编号 |
|---|---|---|---|---|---|
| D046 | 中黄 17 | ← A542 | 遗-2 | 2001 | A542 |
| D047 | 中黄 18 | ← D061 ← A347 ← A599 | Lincoln | 2001 | A599 |
| D048 | 中黄 19 | ← D061 ← A347 ← A599 | Lincoln | 2003 | A599 |
| D049 | 中黄 20 | ← A542 | 遗-2 | 2001 | A542 |
| D050 | 中黄 21 | ← D061 ← A347 ← A599 | Lincoln | 2003 | A599 |
| D051 | 中黄 22 | ← D061 ← A347 ← A599 | Lincoln | 2002 | A599 |
| D052 | 中黄 23 | ← A537 | 杂抗 F₆ | 2002 | A537 |
| D053 | 中黄 24 | ← C353 ← A128 | 黄客豆 | 2002 | A128 |
| D054 | 中黄 25 | ← C041 ← C028 ← C417 ← A034 | 滨海大白花 | 2002 | A034 |
| D055 | 中黄 26 | ← C043 ← C032 ← C417 ← A034 | 滨海大白花 | 2003 | A034 |
| D056 | 中黄 27 | ← C615 ← C475 ← A030 | 本溪小黑脐 | 2002 | A030 |
| D057 | 中黄 28 | ← C111 ← C124 ← A196 | 山东四角齐 | 2004 | A196 |
| D058 | 中黄 29 | ← A666 | 鲁 861168 | 2005 | A666 |
| D059 | 中黄 31 | ← C111 ← C124 ← A196 | 山东四角齐 | 2005 | A196 |
| D060 | 中黄 33 | ← C111 ← C124 ← A196 | 山东四角齐 | 2005 | A196 |
| D061 | 中品 661 | ← A347 ← A599 | Lincoln | 1994 | A599 |
| D062 | 中品 662 | ← C417 | 滨海大白花 | 2002 | A034 |
| D063 | 中野 1 号 | ← A507 | 察隅 1 号 | 1999 | A507 |
| D064 | 中野 2 号 | ← A507 | 察隅 1 号 | 2001 | A507 |
| D065 | 中作 429 | ← A547 | 矮顶早 | 1995 | A547 |
| D066 | 福豆 234 | ← C054 ← C055 ← A186 | 莆田大黄豆 | 2004 | A186 |
| D067 | 福豆 310 | ← C054 ← C055 ← A186 | 莆田大黄豆 | 2004 | A186 |
| D068 | 莆豆 10 号 | ← C142 ← A322 | Logbeaw | 2002 | A322 |
| D069 | 泉豆 322 | ← A098 | 古田豆 | 1994 | A098 |
| D070 | 泉豆 6 号 | ← C054 ← C055 | 莆田大黄豆 | 2002 | A186 |
| D071 | 泉豆 7 号 | ← A084 | 奉贤穗稻黄 | 2004 | A084 |
| D072 | 陇豆 1 号 | ← A540 | 中作 88-020 | 1997 | A540 |
| D073 | 陇豆 2 号 | ← A223 | 天鹅蛋 | 2005 | A223 |
| D074 | 桂春 1 号 | ← A386 | 靖西早黄豆 | 2000 | A386 |
| D075 | 桂春 2 号 | ← A383 | 拉城黄豆 | 2004 | A383 |
| D076 | 桂春 3 号 | ← A023 | 北京豆 | 2003 | A023 |
| D077 | 桂春 5 号 | ← C288 ← A291 | 不详 | 2005 | A291 |
| D078 | 桂春 6 号 | ← A670 | 七月黄豆 | 2005 | A670 |
| D079 | 桂夏 1 号 | ← A388 | 平果豆 | 2000 | A388 |
| D080 | 桂夏 2 号 | ← A384 | 扶绥黄豆 | 2004 | A384 |
| D081 | 桂早 1 号 | ← C288 ← A291 | 不详 | 1995 | A291 |
| D082 | 桂早 2 号 | ← A383 | 拉城黄豆 | 2004 | A383 |
| D083 | 柳豆 2 号 | ← A385 | 杂交混选 | 2000 | A385 |

（续）

| 品种代号 | 品种名称 | 细胞质传递 | 细胞质来源 | 育成年代/年份 | 编号 |
|---|---|---|---|---|---|
| D084 | 柳豆 3 号 | ← A023 | 北京豆 | 2003 | A023 |
| D085 | 安豆 3 号 | ← A683 | 普定大黄豆 | 2000 | A683 |
| D086 | 毕豆 2 号 | ← A389 | 黔西悄悄黄 | 1995 | A389 |
| D087 | 黔豆 3 号 | ← C288 ← A291 | 不详 | 1996 | A291 |
| D088 | 黔豆 5 号 | ← C301 ← A201 | 上海六月白 | 1996 | A201 |
| D089 | 黔豆 6 号 | ← C068 ← A045 | 大方六月早 | 2000 | A045 |
| D090 | 沧豆 4 号 | ← C039 ← C028 ← C417 ← A034 | 滨海大白花 | 2000 | A034 |
| D091 | 沧豆 5 号 | ← A532 | T102 | 2003 | A532 |
| D092 | 承豆 6 号 | ← A684 | 承 7907 | 2003 | A684 |
| D093 | 邯豆 3 号 | ← C082 ← A101 | 广平牛毛黄 | 1999 | A101 |
| D094 | 邯豆 4 号 | ← C082 ← A101 | 广平牛毛黄 | 2003 | A101 |
| D095 | 邯豆 5 号 | ← A475 | 泗阳 469 | 2004 | A475 |
| D096 | 化诱 4120 | ← A544 | 8903 | 2003 | A544 |
| D097 | 化诱 446 | ← C082 ← A101 | 广平牛毛黄 | 2000 | A101 |
| D098 | 化诱 542 | ← C039 ← C028 ← C417 ← A034 | 滨海大白花 | 1999 | A034 |
| D099 | 化诱 5 号 | ← A652 | 大粒大豆 | 2005 | A652 |
| D100 | 冀 NF37 | ← C562 ← C570 ← C555 ← A295 | 不详 | 2003 | A295 |
| D101 | 冀 NF58 | ← A599 | Lincoln | 2005 | A599 |
| D102 | 冀豆 10 号 | ← A347 ← A599 | Lincoln | 1996 | A599 |
| D103 | 冀豆 11 | ← C083 ← A324 ← A585 | A. K. | 1996 | A585 |
| D104 | 冀豆 12 | ← C294 ← C428 ← A084 | 奉贤穗稻黄 | 1996 | A084 |
| D105 | 冀豆 16 | ← C508 ← A232 | 通州小黄豆 | 2005 | A232 |
| D106 | 冀黄 13 | ← D061 ← A347 ← A599 | Lincoln | 2001 | A599 |
| D107 | 冀黄 15 | ← C294 ← C428 ← A084 | 奉贤穗稻黄 | 2004 | A084 |
| D108 | 科选 93 | ← C024 ← C417 ← A034 | 滨海大白花 | 2002 | A034 |
| D109 | 五星 1 号 | ← C086 ← C324 ← A074 | 嘟噜豆 | 2001 | A074 |
| D110 | 五星 2 号 | ← C086 ← C324 ← A074 | 嘟噜豆 | 2004 | A074 |
| D111 | 五星 3 号 | ← C086 ← C324 ← A074 | 嘟噜豆 | 2005 | A074 |
| D112 | 地神 21 | ← D125 ← C105 ← A190 | 沁阳水白豆 | 2002 | A190 |
| D113 | 地神 22 | ← C117 ← C579 ← A063 | 定陶平顶大黄豆 | 2002 | A063 |
| D114 | 滑豆 20 | ← C112 ← C121 ← C124 ← A196 | 山东四角齐 | 2002 | A196 |
| D115 | 开豆 4 号 | ← A629 | 美国青眉豆 | 2005 | A629 |
| D116 | 平豆 1 号 | ← A651 | 本地青 | 2005 | A651 |
| D117 | 濮海 10 号 | ← C112 ← C121 ← C124 ← A196 | 山东四角齐 | 2001 | A196 |
| D118 | 商丘 1099 | ← A396 | 柘城平顶黑 | 2002 | A396 |
| D119 | 许豆 3 号 | ← D125 ← C105 ← A190 | 沁阳水白豆 | 2003 | A190 |
| D120 | 豫豆 9 号 | ← C101 ← C555 ← A295 | 不详 | 1989 | A295 |
| D121 | 豫豆 13 | ← C579 ← A063 | 定陶平顶大黄豆 | 1993 | A063 |

（续）

| 品种代号 | 品种名称 | 细胞质传递 | 细胞质来源 | 育成年代/年份 | 编号 |
|---|---|---|---|---|---|
| D122 | 豫豆 17 | ← A470 | 淮阴 80H31 | 1994 | A470 |
| D123 | 豫豆 20 | ← A553 | 农家黑豆 | 1995 | A553 |
| D124 | 豫豆 21 | ← C112 ← C121 ← C124 ← A196 | 山东四角齐 | 1996 | A196 |
| D125 | 豫豆 22 | ← C105 ← A190 | 沁阳水白豆 | 1997 | A190 |
| D126 | 豫豆 23 | ← A394 | 荡山黄 | 1997 | A394 |
| D127 | 豫豆 24 | ← C115 ← C121 ← C124 ← A196 | 山东四角齐 | 1998 | A196 |
| D128 | 豫豆 25 | ← D121 ← C579 ← A063 | 定陶平顶大黄豆 | 1998 | A063 |
| D129 | 豫豆 26 | ← C109 ← C101 ← C555 ← A295 | 不详 | 1999 | A295 |
| D130 | 豫豆 27 | ← C579 ← A063 | 定陶平顶大黄豆 | 1999 | A063 |
| D131 | 豫豆 28 | ← C117 ← C579 ← A063 | 定陶平顶大黄豆 | 2000 | A063 |
| D132 | 豫豆 29 | ← C579 ← A063 | 定陶平顶大黄豆 | 2000 | A063 |
| D133 | 郑 196 | ← D128 ← D121 ← C579 ← A063 | 定陶平顶大黄豆 | 2005 | A063 |
| D134 | 郑 59 | ← D132 ← C579 ← A063 | 定陶平顶大黄豆 | 2005 | A063 |
| D135 | 郑 90007 | ← C121 ← C124 ← A196 | 山东四角齐 | 2001 | A196 |
| D136 | 郑 92116 | ← C118 ← A190 | 沁阳水白豆 | 2001 | A190 |
| D137 | 郑长交 14 | ← C579 ← A063 | 定陶平顶大黄豆 | 2001 | A063 |
| D138 | 郑交 107 | ← D126 ← A394 | 荡山黄 | 2003 | A394 |
| D139 | GS 郑交 9525 | ← D121 ← C579 ← A063 | 定陶平顶大黄豆 | 2004 | A063 |
| D140 | 周豆 11 | ← C115 ← C121 ← C124 ← A196 | 山东四角齐 | 2003 | A196 |
| D141 | 周豆 12 | ← C115 ← C121 ← C124 ← A196 | 山东四角齐 | 2004 | A196 |
| D142 | 驻豆 9715 | ← C112 ← C121 ← C124 ← A196 | 山东四角齐 | 2005 | A196 |
| D143 | 八五七-1 | ← C170 ← C168 ← A244 | 小粒豆 9 号 | 1997 | A244 |
| D144 | 宝丰 7 号 | ← A428 | 哈 78-6298 | 1994 | A428 |
| D145 | 宝丰 8 号 | ← C169 ← C195 ← C150 ← C287 ← A019 | 白眉 | 1995 | A019 |
| D146 | 北豆 1 号 | ← D153 ← C170 ← C168 ← A244 | 小粒豆 9 号 | 2005 | A244 |
| D147 | 北豆 2 号 | ← C170 ← C168 ← A244 | 小粒豆 9 号 | 2005 | A244 |
| D148 | 北丰 6 号 | ← A438 | 北 773007 | 1991 | A438 |
| D149 | 北丰 7 号 | ← C170 ← C168 ← A244 | 小粒豆 9 号 | 1993 | A244 |
| D150 | 北丰 8 号 | ← C132 ← C185 ← C250 ← C333 ← A210 | 四粒黄 | 1993 | A210 |
| D151 | 北丰 9 号 | ← C170 ← C168 ← A244 | 小粒豆 9 号 | 1995 | A244 |
| D152 | 北丰 10 号 | ← C170 ← C168 ← A244 | 小粒豆 9 号 | 1994 | A244 |
| D153 | 北丰 11 | ← C170 ← C168 ← A244 | 小粒豆 9 号 | 1995 | A244 |
| D154 | 北丰 13 | ← C132 ← C185 ← C250 ← C333 ← A210 | 四粒黄 | 1996 | A210 |
| D155 | 北丰 14 | ← C170 ← C168 ← A244 | 小粒豆 9 号 | 1997 | A244 |
| D156 | 北丰 15 | ← C170 ← C168 ← A244 | 小粒豆 9 号 | 1998 | A244 |
| D157 | 北丰 16 | ← D150 ← C132 ← C185 ← C250 ← C333 ← A210 | 四粒黄 | 2002 | A210 |
| D158 | 北丰 17 | ← D153 ← C170 ← C168 ← A244 | 小粒豆 9 号 | 2004 | A244 |
| D159 | 北疆 1 号 | ← C135 ← C287 ← A019 | 白眉 | 1998 | A019 |

（续）

| 品种代号 | 品种名称 | 细胞质传递 | 细胞质来源 | 育成年代/年份 | 编号 |
|---|---|---|---|---|---|
| D160 | 北交 86-17 | ← C170 ← C168 ← A244 | 小粒豆 9 号 | 1997 | A244 |
| D161 | 东大 1 号 | ← D155 ← C170 ← C168 ← A244 | 小粒豆 9 号 | 2003 | A244 |
| D162 | 东大 2 号 | ← C147 ← A264 | 早黑河 | 2004 | A264 |
| D163 | 东农 43 | ← C275 ← C271 ← C270 ← C250 ← C333 ← A210 | 四粒黄 | 1999 | A210 |
| D164 | 东农 44 | ← C132 ← C185 ← C250 ← C333 ← A210 | 四粒黄 | 2000 | A210 |
| D165 | 东农 45 | ← D172 ← A625 | 不详 | 2000 | A625 |
| D166 | 东农 46 | ← A381 | 东农 A111-8 | 2003 | A381 |
| D167 | 东农 47 | ← A380 | 东农 80-277 | 2004 | A380 |
| D168 | 东农 48 | ← C148 ← A007 | 76-287 | 2005 | A007 |
| D169 | 东生 1 号 | ← C170 ← C168 ← A244 | 小粒豆 9 号 | 2003 | A244 |
| D170 | 丰收 23 | ← A409 | 克交 8619 | 1998 | A409 |
| D171 | 丰收 24 | ← A316 | 十胜长叶 | 2003 | A316 |
| D172 | 合丰 37 | ← A625 | 不详 | 1996 | A625 |
| D173 | 合丰 38 | ← C168 ← A244 | 小粒豆 9 号 | 1995 | A244 |
| D174 | 合丰 39 | ← C169 ← C195 ← C150 ← C287 ← A019 | 白眉 | 2000 | A019 |
| D175 | 合丰 40 | ← D151 ← C170 ← C168 ← A244 | 小粒豆 9 号 | 2000 | A244 |
| D176 | 合丰 41 | ← C179 ← C169 ← C195 ← C150 ← C287 ← A019 | 白眉 | 2001 | A019 |
| D177 | 合丰 42 | ← D155 ← C170 ← C168 ← A244 | 小粒豆 9 号 | 2002 | A244 |
| D178 | 合丰 43 | ← D151 ← C170 ← C168 ← A244 | 小粒豆 9 号 | 2002 | A244 |
| D179 | 合丰 44 | ← C170 ← C168 ← A244 | 小粒豆 9 号 | 2003 | A244 |
| D180 | 合丰 45 | ← C277 ← C271 ← C270 ← C250 ← C333 ← A210 | 四粒黄 | 2003 | A210 |
| D181 | 合丰 46 | ← C180 ← C195 ← C150 ← C287 ← A019 | 白眉 | 2003 | A019 |
| D182 | 合丰 47 | ← C180 ← C195 ← C150 ← C287 ← A019 | 白眉 | 2004 | A019 |
| D183 | 合丰 48 | ← C180 ← C195 ← C150 ← C287 ← A019 | 白眉 | 2005 | A019 |
| D184 | 合丰 49 | ← D175 ← D151 ← C170 ← C168 ← A244 | 小粒豆 9 号 | 2005 | A244 |
| D185 | 黑河 10 号 | ← A419 | 黑交 78-1148 | 1994 | A419 |
| D186 | 黑河 11 | ← C195 ← C150 ← C287 ← A019 | 白眉 | 1994 | A019 |
| D187 | 黑河 12 | ← C194 ← C150 ← C287 ← A019 | 白眉 | 1995 | A019 |
| D188 | 黑河 13 | ← A346 ← A607 | Mukden | 1996 | A607 |
| D189 | 黑河 14 | ← A346 ← A607 | Mukden | 1996 | A607 |
| D190 | 黑河 15 | ← C189 ← C195 ← C150 ← C287 ← A019 | 白眉 | 1996 | A019 |
| D191 | 黑河 16 | ← C189 ← C195 ← C150 ← C287 ← A019 | 白眉 | 1997 | A019 |
| D192 | 黑河 17 | ← C168 ← A244 | 小粒豆 9 号 | 1998 | A244 |
| D193 | 黑河 18 | ← C193 ← C188 ← C195 ← C150 ← C287 ← A019 | 白眉 | 1998 | A019 |
| D194 | 黑河 19 | ← C189 ← C195 ← C150 ← C287 ← A019 | 白眉 | 1998 | A019 |
| D195 | 黑河 20 | ← A316 | 十胜长叶 | 2000 | A316 |
| D196 | 黑河 21 | ← C195 ← C150 ← C287 ← A019 | 白眉 | 2000 | A019 |
| D197 | 黑河 22 | ← D185 ← A419 | 黑交 78-1148 | 2000 | A419 |

（续）

| 品种代号 | 品种名称 | 细胞质传递 | 细胞质来源 | 育成年代/年份 | 编号 |
|---|---|---|---|---|---|
| D198 | 黑河 23 | ← D197 ← D185 ← A419 | 黑交 78 - 1148 | 2000 | A419 |
| D199 | 黑河 24 | ← C193 ← C188 ← C195 ← C150 ← C287 ← A019 | 白眉 | 2001 | A019 |
| D200 | 黑河 25 | ← D189 ← A346 ← A607 | Mukden | 2001 | A607 |
| D201 | 黑河 26 | ← C191 ← C195 ← C150 ← C287 ← A019 | 白眉 | 2001 | A019 |
| D202 | 黑河 27 | ← D185 ← A419 | 黑交 78 - 1148 | 2002 | A419 |
| D203 | 黑河 28 | ← A346 ← A607 | Mukden | 2003 | A607 |
| D204 | 黑河 29 | ← A346 ← A607 | Mukden | 2001 | A607 |
| D205 | 黑河 30 | ← C168 ← A244 | 小粒豆 9 号 | 2003 | A244 |
| D206 | 黑河 31 | ← D153 ← C170 ← C168 ← A244 | 小粒豆 9 号 | 2003 | A244 |
| D207 | 黑河 32 | ← C189 ← C195 ← C150 ← C287 ← A019 | 白眉 | 2004 | A019 |
| D208 | 黑河 33 | ← D193 ← C193 ← C188 ← C195 ← C150 ← C287 ← A019 | 白眉 | 2004 | A019 |
| D209 | 黑河 34 | ← D189 ← A346 ← A607 | Mukden | 2004 | A607 |
| D210 | 黑河 35 | ← D189 ← A346 ← A607 | Mukden | 2004 | A607 |
| D211 | 黑河 36 | ← D153 ← C170 ← C168 ← A244 | 小粒豆 9 号 | 2004 | A244 |
| D212 | 黑河 37 | ← D193 ← C193 ← C188 ← C195 ← C150 ← C287 ← A019 | 白眉 | 2005 | A019 |
| D213 | 黑河 38 | ← C193 ← C188 ← C195 ← C150 ← C287 ← A019 | 白眉 | 2005 | A019 |
| D214 | 黑农 40 | ← C271 ← C270 ← C250 ← C333 ← A210 | 四粒黄 | 1996 | A210 |
| D215 | 黑农 41 | ← C218 ← C270 ← C250 ← C333 ← A210 | 四粒黄 | 1999 | A210 |
| D216 | 黑农 42 | ← A431 | 哈 90 - 33 - 2 | 2002 | A431 |
| D217 | 黑农 43 | ← A425 | 哈 76 - 3 | 2002 | A425 |
| D218 | 黑农 44 | ← C222 ← C213 ← C205 ← A235 | 五顶珠 | 2002 | A235 |
| D219 | 黑农 45 | ← A422 | 哈 1062 | 2003 | A422 |
| D220 | 黑农 46 | ← C223 ← C271 ← C270 ← C250 ← C333 ← A210 | 四粒黄 | 2003 | A210 |
| D221 | 黑农 47 | ← D214 ← C271 ← C270 ← C250 ← C333 ← A210 | 四粒黄 | 2004 | A211 |
| D222 | 黑农 48 | ← D214 ← C271 ← C270 ← C250 ← C333 ← A210 | 四粒黄 | 2004 | A212 |
| D223 | 黑农 49 | ← A324 ← A585 | A. K. | 2005 | A585 |
| D224 | 黑生 101 | ← C220 ← C205 ← A235 | 五顶珠 | 1997 | A235 |
| D225 | 红丰 7 号 | ← C170 ← C168 ← A244 | 小粒豆 9 号 | 1992 | A244 |
| D226 | 红丰 10 号 | ← A369 | G7533 | 1996 | A367 |
| D227 | 红丰 11 | ← A319 | 黑龙江 41 | 1998 | A319 |
| D228 | 红丰 12 | ← A442 | 钢 8460 - 19 | 2003 | A442 |
| D229 | 华疆 1 号 | ← D152 ← C170 ← C168 ← A244 | 小粒豆 9 号 | 2005 | A244 |
| D230 | 建丰 2 号 | ← C246 ← C155 ← C287 ← A019 | 白眉 | 1995 | A019 |
| D231 | 建农 1 号 | ← D230 ← C246 ← C155 ← C287 ← A019 | 白眉 | 2003 | A019 |
| D232 | 疆莫豆 1 号 | ← D153 ← C170 ← C168 ← A244 | 小粒豆 9 号 | 2002 | A244 |
| D233 | 疆莫豆 2 号 | ← D153 ← C170 ← C168 ← A244 | 小粒豆 9 号 | 2002 | A244 |
| D234 | 九丰 6 号 | ← C195 ← C150 ← C287 ← A019 | 白眉 | 1995 | A019 |
| D235 | 九丰 7 号 | ← C234 ← C140 ← C250 ← C333 ← A210 | 四粒黄 | 1996 | A210 |

| 品种代号 | 品种名称 | 细胞质传递 | 细胞质来源 | 育成年代/年份 | 编号 |
|---|---|---|---|---|---|
| D236 | 九丰 8 号 | ← C238 ← C195 ← C150 ← C287 ← A019 | 白眉 | 1998 | A019 |
| D237 | 九丰 9 号 | ← C193 ← C188 ← C195 ← C150 ← C287 ← A019 | 白眉 | 2003 | A019 |
| D238 | 九丰 10 号 | ← C170 ← C168 ← A244 | 小粒豆 9 号 | 2004 | A244 |
| D239 | 抗线虫 3 号 | ← C240 ← C259 ← C233 ← C250 ← C333 ← A210 | 四粒黄 | 1999 | A210 |
| D240 | 抗线虫 4 号 | ← C234 ← C140 ← C250 ← C333 ← A210 | 四粒黄 | 2003 | A210 |
| D241 | 抗线虫 5 号 | ← C170 ← C168 ← A244 | 小粒豆 9 号 | 2003 | A244 |
| D242 | 垦丰 3 号 | ← C170 ← C168 ← A244 | 小粒豆 9 号 | 1997 | A244 |
| D243 | 垦丰 4 号 | ← C226 ← C202 ← C250 ← C333 ← A210 | 四粒黄 | 1997 | A210 |
| D244 | 垦丰 5 号 | ← C180 ← C195 ← C150 ← C287 ← A019 | 白眉 | 2000 | A019 |
| D245 | 垦丰 6 号 | ← C170 ← C168 ← A244 | 小粒豆 9 号 | 2000 | A244 |
| D246 | 垦丰 7 号 | ← D151 ← C170 ← C168 ← A244 | 小粒豆 9 号 | 2001 | A244 |
| D247 | 垦丰 8 号 | ← C277 ← C271 ← C270 ← C250 ← C333 ← A210 | 四粒黄 | 2002 | A210 |
| D248 | 垦丰 9 号 | ← C277 ← C271 ← C270 ← C250 ← C333 ← A210 | 四粒黄 | 2002 | A210 |
| D249 | 垦丰 10 号 | ← D151 ← C170 ← C168 ← A244 | 小粒豆 9 号 | 2003 | A244 |
| D250 | 垦丰 11 | ← D151 ← C170 ← C168 ← A244 | 小粒豆 9 号 | 2003 | A244 |
| D251 | 垦丰 12 | ← C277 ← C271 ← C270 ← C250 ← C333 ← A210 | 四粒黄 | 2004 | A210 |
| D252 | 垦丰 13 | ← D151 ← C170 ← C168 ← A244 | 小粒豆 9 号 | 2005 | A244 |
| D253 | 垦丰 14 | ← C277 ← C271 ← C270 ← C250 ← C333 ← A210 | 四粒黄 | 2005 | A210 |
| D254 | 垦鉴北豆 1 号 | ← D152 ← C170 ← C168 ← A244 | 小粒豆 9 号 | 2005 | A244 |
| D255 | 垦鉴北豆 2 号 | ← A686 | 合交 87-1470 | 2005 | A686 |
| D256 | 垦鉴豆 1 号 | ← D153 ← C170 ← C168 ← A244 | 小粒豆 9 号 | 1999 | A244 |
| D257 | 垦鉴豆 2 号 | ← C195 ← C150 ← C287 ← A019 | 白眉 | 1999 | A019 |
| D258 | 垦鉴豆 3 号 | ← D279 ← C383 ← C376 ← C410 ← C324 ← | 嘟噜豆 | 1999 | A074 |
| D259 | 垦鉴豆 4 号 | ← C170 ← C168 ← A244 | 小粒豆 9 号 | 1999 | A244 |
| D260 | 垦鉴豆 5 号 | ← C170 ← C168 ← A244 | 小粒豆 9 号 | 1999 | A244 |
| D261 | 垦鉴豆 7 号 | ← C222 ← C213 ← C205 ← | 五顶珠 | 1999 | A235 |
| D262 | 垦鉴豆 14 | ← C193 ← C188 ← C195 ← C150 ← C287 ← A019 | 白眉 | 2000 | A019 |
| D263 | 垦鉴豆 15 | ← A694 | 北交 84-412 | 2000 | A694 |
| D264 | 垦鉴豆 16 | ← D160 ← C170 ← C168 ← A244 | 小粒豆 9 号 | 2000 | A244 |
| D265 | 垦鉴豆 17 | ← D230 ← C246 ← C155 ← C287 ← A019 | 白眉 | 2002 | A019 |
| D266 | 垦鉴豆 22 | ← C195 ← C150 ← C287 ← A019 | 白眉 | 2002 | A019 |
| D267 | 垦鉴豆 23 | ← C219 ← C205 ← A235 | 五顶珠 | 2002 | A235 |
| D268 | 垦鉴豆 25 | ← D150 ← C132 ← C185 ← C250 ← C333 ← A210 | 四粒黄 | 2003 | A210 |
| D269 | 垦鉴豆 26 | ← D150 ← C132 ← C185 ← C250 ← C333 ← A210 | 四粒黄 | 2004 | A210 |
| D270 | 垦鉴豆 28 | ← D150 ← C132 ← C185 ← C250 ← C333 ← A210 | 四粒黄 | 2003 | A210 |
| D271 | 垦鉴豆 30 | ← D148 ← A438 | 北 773007 | 2003 | A438 |
| D272 | 垦鉴豆 31 | ← D149 ← C170 ← C168 ← A244 | 小粒豆 9 号 | 2003 | A244 |
| D273 | 垦鉴豆 32 | ← D151 ← C170 ← C168 ← A244 | 小粒豆 9 号 | 2003 | A244 |

（续）

| 品种代号 | 品种名称 | 细胞质传递 | 细胞质来源 | 育成年代/年份 | 编号 |
|---|---|---|---|---|---|
| D274 | 垦鉴豆 33 | ← C144 ← C270 ← C250 ← C333 ← A210 | 四粒黄 | 2004 | A210 |
| D275 | 垦鉴豆 36 | ← C170 ← C168 ← A244 | 小粒豆 9 号 | 2004 | A244 |
| D276 | 垦鉴豆 38 | ← D297 ← C170 ← C168 ← A244 | 小粒豆 9 号 | 2004 | A244 |
| D277 | 垦鉴豆 39 | ← C277 ← C271 ← C270 ← C250 ← C333 ← A210 | 四粒黄 | 2005 | A210 |
| D278 | 垦鉴豆 40 | ← D297 ← C170 ← C168 ← A244 | 小粒豆 9 号 | 2005 | A244 |
| D279 | 垦农 5 号 | ← C383 ← C376 ← C410 ← C324 ← A074 | 嘟噜豆 | 1992 | A074 |
| D280 | 垦农 7 号 | ← C271 ← C270 ← C250 ← C333 ← A210 | 四粒黄 | 1994 | A210 |
| D281 | 垦农 8 号 | ← C173 ← C165 ← C250 ← C333 ← A210 | 四粒黄 | 1994 | A210 |
| D282 | 垦农 16 | ← A400 | 农大 1296 | 1998 | A400 |
| D283 | 垦农 17 | ← C203 ← C140 ← C250 ← C333 ← A210 | 四粒黄 | 2001 | A210 |
| D284 | 垦农 18 | ← A428 | 哈 78 - 6298 | 2001 | A428 |
| D285 | 垦农 19 | ← C275 ← C271 ← C270 ← C250 ← C333 ← A210 | 四粒黄 | 2002 | A210 |
| D286 | 垦农 20 | ← D280 ← C271 ← C270 ← C250 ← C333 ← A210 | 四粒黄 | 2005 | A210 |
| D287 | 龙生 1 号 | ← C220 ← C205 ← A235 | 五顶珠 | 1997 | A235 |
| D288 | 龙莜 1 号 | ← A649 | 宝交 89 - 5164 | 2005 | A649 |
| D289 | 龙小粒豆 1 号 | ← C211 ← C140 ← C250 ← C333 ← A210 | 四粒黄 | 2003 | A210 |
| D290 | 嫩丰 16 | ← C352 ← A256 | 一窝蜂 | 2001 | A256 |
| D291 | 嫩丰 17 | ← C260 ← C233 ← C250 ← C333 ← A210 | 四粒黄 | 2004 | A210 |
| D292 | 嫩丰 18 | ← D291 ← C260 ← C233 ← C250 ← C333 ← A210 | 四粒黄 | 2005 | A210 |
| D293 | 庆丰 1 号 | ← C593 ← A078 | 繁峙小黑豆 | 1994 | A078 |
| D294 | 庆鲜豆 1 号 | ← A676 | 早毛豆 | 2005 | A676 |
| D295 | 绥农 12 | ← A154 | 克山四粒荚 | 1994 | A154 |
| D296 | 绥农 14 | ← C170 ← C168 ← A244 | 小粒豆 9 号 | 1996 | A244 |
| D297 | 绥农 15 | ← C191 ← C195 ← C150 ← C287 ← A019 | 白眉 | 1998 | A019 |
| D298 | 绥农 16 | ← C220 ← C205 ← A235 | 五顶珠 | 2000 | A235 |
| D299 | 绥农 17 | ← C191 ← C195 ← C150 ← C287 ← A019 | 白眉 | 2001 | A019 |
| D300 | 绥农 18 | ← C275 ← C271 ← C270 ← C250 ← C333 ← A210 | 四粒黄 | 2002 | A210 |
| D301 | 绥农 19 | ← C248 ← C383 ← C376 ← C410 ← C324 ← A074 | 嘟噜豆 | 2002 | A074 |
| D302 | 绥农 20 | ← C270 ← C250 ← C333 ← A210 | 四粒黄 | 2003 | A210 |
| D303 | 绥农 21 | ← C270 ← C250 ← C333 ← A210 | 四粒黄 | 2004 | A210 |
| D304 | 绥农 22 | ← D297 ← C191 ← C195 ← C150 ← C287 ← A019 | 白眉 | 2005 | A019 |
| D305 | 绥无腥豆 1 号 | ← A523 | 中育 37 | 2002 | A523 |
| D306 | 绥小粒豆 1 号 | ← C271 ← C270 ← C250 ← C333 ← A210 | 四粒黄 | 2002 | A210 |
| D307 | 伊大豆 2 号 | ← A566 | 8502 | 2002 | A566 |
| D308 | 鄂豆 6 号 | ← A577 | 天门黄豆 | 1999 | A577 |
| D309 | 鄂豆 7 号 | ← C290 ← C288 ← A291 | 不详 | 2001 | A291 |
| D310 | 鄂豆 8 号 | ← C290 ← C288 ← A291 | 不详 | 2005 | A291 |
| D311 | 鄂豆 9 号 | ← C290 ← C288 ← A291 | 不详 | 2005 | A291 |

(续)

| 品种代号 | 品种名称 | 细胞质传递 | 细胞质来源 | 育成年代/年份 | 编号 |
|---|---|---|---|---|---|
| D312 | 中豆 26 | ← A534 | 油 87-72 | 1997 | A534 |
| D313 | 中豆 29 | ← C301 ← A201 | 上海六月白 | 2000 | A201 |
| D314 | 中豆 30 | ← C301 ← A201 | 上海六月白 | 2001 | A201 |
| D315 | 中豆 31 | ← C295 ← A263 | 暂编 20 | 2001 | A263 |
| D316 | 中豆 32 | ← C301 ← A201 | 上海六月白 | 2002 | A201 |
| D317 | 中豆 33 | ← A202 | 上海六月黄 | 2005 | A202 |
| D318 | 中豆 34 | ← A202 | 上海六月黄 | 2005 | A202 |
| D319 | 湘春豆 16 | ← C288 ← A291 | 不详 | 1996 | A291 |
| D320 | 湘春豆 17 | ← C303 ← C307 ← A205 | 绍东六月黄 | 1996 | A205 |
| D321 | 湘春豆 18 | ← C299 ← A036 | 曹青 | 1998 | A036 |
| D322 | 湘春豆 19 | ← C301 ← A201 | 上海六月白 | 2001 | A201 |
| D323 | 湘春豆 20 | ← D319 ← C288 ← A291 | 不详 | 2001 | A291 |
| D324 | 湘春豆 21 | ← A448 | 零 86-2 | 2004 | A448 |
| D325 | 湘春豆 22 | ← C301 ← A201 | 上海六月白 | 2004 | A201 |
| D326 | 湘春豆 23 | ← D319 ← C288 ← A291 | 不详 | 2004 | A291 |
| D327 | 白农 5 号 | ← C370 ← A108 | 海伦金元 | 1995 | A108 |
| D328 | 白农 6 号 | ← C315 ← C250 ← C333 ← A210 | 四粒黄 | 1995 | A210 |
| D329 | 白农 7 号 | ← C315 ← C250 ← C333 ← A210 | 四粒黄 | 1996 | A210 |
| D330 | 白农 8 号 | ← C316 ← C370 ← A108 | 海伦金元 | 1998 | A108 |
| D331 | 白农 9 号 | ← A449 | 7403-14 | 1999 | A449 |
| D332 | 白农 10 号 | ← D331 ← A449 | 7403-14 | 2004 | A449 |
| D333 | 长农 8 号 | ← C352 ← A256 | 一窝蜂 | 1996 | A256 |
| D334 | 长农 9 号 | ← C353 ← A128 | 黄客豆 | 1998 | A128 |
| D335 | 长农 10 号 | ← A071 | 东农 33 | 2000 | A071 |
| D336 | 长农 11 | ← C320 ← A157 | 立新 9 号 | 2000 | A157 |
| D337 | 长农 12 | ← A459 | 公交 5688-1 | 2000 | A459 |
| D338 | 长农 13 | ← A451 | 8508-8-6 | 2000 | A451 |
| D339 | 长农 14 | ← 不详 | 不详 | 2002 | 不详 |
| D340 | 长农 15 | ← A071 | 东农 33 | 2002 | A071 |
| D341 | 长农 16 | ← C359 ← A325 ← A607 | Mukden | 2003 | A607 |
| D342 | 长农 17 | ← C359 ← A325 ← A607 | Mukden | 2003 | A607 |
| D343 | 吉豆 1 号 | ← C187 ← C155 ← C287 ← A019 | 白眉 | 2000 | A019 |
| D344 | 吉豆 2 号 | ← C271 ← C270 ← C250 ← C333 ← A210 | 四粒黄 | 2002 | A210 |
| D345 | 吉豆 3 号 | ← A579 | 长 8421 | 2004 | A579 |
| D346 | 吉丰 1 号 | ← C325 ← A324 ← A585 | A. K. | 1998 | A585 |
| D347 | 吉丰 2 号 | ← C510 ← C485 ← A227 | 铁荚子 | 2000 | A227 |
| D348 | 吉科豆 1 号 | ← C352 ← A256 | 一窝蜂 | 2001 | A256 |
| D349 | 吉科豆 2 号 | ← C362 ← A071 | 东农 33 | 2001 | A071 |

（续）

| 品种代号 | 品种名称 | 细胞质传递 | 细胞质来源 | 育成年代/年份 | 编号 |
|---|---|---|---|---|---|
| D350 | 吉科豆 3 号 | ← C187 ← C155 ← C287 ← A019 | 白眉 | 2002 | A019 |
| D351 | 吉科豆 5 号 | ← D363 ← A434 | 哈交 74 - 2119 | 2003 | A434 |
| D352 | 吉科豆 6 号 | ← C352 ← A256 | 一窝蜂 | 2003 | A256 |
| D353 | 吉科豆 7 号 | ← C352 ← A256 | 一窝蜂 | 2004 | A256 |
| D354 | 吉林 33 | ← A434 | 哈交 74 - 2119 | 1995 | A434 |
| D355 | 吉林 34 | ← C511 ← C506 ← C484 ← A242 | 小金黄 | 1995 | A242 |
| D356 | 吉育 35 | ← C352 ← A256 | 一窝蜂 | 1995 | A256 |
| D357 | 吉林 36 | ← C511 ← C506 ← C484 ← A242 | 小金黄 | 1996 | A242 |
| D358 | 吉林 38 | ← C352 ← A256 | 一窝蜂 | 1998 | A256 |
| D359 | 吉林 39 | ← C352 ← A256 | 一窝蜂 | 1998 | A256 |
| D360 | 吉育 40 | ← C347 ← A256 | 一窝蜂 | 1998 | A256 |
| D361 | 吉林 41 | ← C362 ← A071 | 东农 33 | 1999 | A071 |
| D362 | 吉林 42 | ← C336 ← C492 ← A146 | 金元 | 1998 | A146 |
| D363 | 吉林 43 | ← A434 | 哈交 74 - 2119 | 1998 | A434 |
| D364 | 吉育 44 | ← C347 ← A256 | 一窝蜂 | 1999 | A256 |
| D365 | 吉育 45 | ← C357 ← C352 ← A256 | 一窝蜂 | 2000 | A256 |
| D366 | 吉育 46 | ← C352 ← A256 | 一窝蜂 | 1999 | A256 |
| D367 | 吉育 47 | ← A464 | 海交 8403 - 74 | 1999 | A464 |
| D368 | 吉育 48 | ← C511 ← C506 ← C484 ← A242 | 小金黄 | 2000 | A242 |
| D369 | 吉育 49 | ← A462 | 选杂 10 | 2000 | A462 |
| D370 | 吉育 50 | ← C348 ← C334 ← C492 ← A146 | 金元 | 2001 | A146 |
| D371 | 吉育 52 | ← A452 | 长交 8129 - 32 | 2001 | A452 |
| D372 | 吉育 53 | ← C244 ← A160 | 林甸永安大豆 | 2001 | A160 |
| D373 | 吉育 54 | ← A071 | 东农 33 | 2001 | A071 |
| D374 | 吉育 55 | ← A576 | 公交 92 - 1 | 2001 | A576 |
| D375 | 吉育 57 | ← A434 | 哈交 74 - 2119 | 2001 | A434 |
| D376 | 吉育 58 | ← A463 | 海 8008 | 2001 | A463 |
| D377 | 吉林 59 | ← C359 ← A325 ← A607 | Mukden | 2001 | A607 |
| D378 | 吉育 60 | ← C352 ← A256 | 一窝蜂 | 2002 | A256 |
| D379 | 吉育 62 | ← A071 | 东农 33 | 2002 | A071 |
| D380 | 吉育 63 | ← C359 ← A325 ← A607 | Mukden | 2002 | A607 |
| D381 | 吉育 64 | ← C352 ← A256 | 一窝蜂 | 2002 | A256 |
| D382 | 吉育 65 | ← A071 | 东农 33 | 2003 | A071 |
| D383 | 吉林 66 | ← C362 ← A071 | 东农 33 | 2002 | A071 |
| D384 | 吉林 67 | ← A434 | 哈交 74 - 2119 | 2002 | A434 |
| D385 | 吉育 68 | ← C362 ← A071 | 东农 33 | 2003 | A071 |
| D386 | 吉育 69 | ← C362 ← A071 | 东农 33 | 2004 | A071 |
| D387 | 吉育 70 | ← C359 ← A325 ← A607 | Mukden | 2003 | A607 |

（续）

| 品种代号 | 品种名称 | 细胞质传递 | 细胞质来源 | 育成年代/年份 | 编号 |
|---|---|---|---|---|---|
| D388 | 吉育 71 | ← C352 ← A256 | 一窝蜂 | 2003 | A256 |
| D389 | 吉育 72 | ← C187 ← C155 ← C287 ← A019 | 白眉 | 2004 | A019 |
| D390 | 吉育 73 | ← D376 ← A463 | 海 8008 | 2005 | A463 |
| D391 | 吉育 74 | ← D417 ← C353 ← A128 | 黄客豆 | 2005 | A128 |
| D392 | 吉育 75 | ← A655 | 公交 90RD56 | 2005 | A655 |
| D393 | 吉育 76 | ← C359 ← A325 ← A607 | Mukden | 2005 | A607 |
| D394 | 吉育 77 | ← C359 ← A325 ← A607 | Mukden | 2005 | A607 |
| D395 | 吉育 79 | ← A682 | KOSALRD | 2005 | A682 |
| D396 | 吉育 80 | ← A658 | 哈 93 - 8106 | 2005 | A658 |
| D397 | 吉林小粒 4 号 | ← C350 ← A256 | 一窝蜂 | 2001 | A256 |
| D398 | 吉林小粒 6 号 | ← A316 | 十胜长叶 | 2002 | A316 |
| D399 | 吉林小粒 7 号 | ← A316 | 十胜长叶 | 2004 | A316 |
| D400 | 吉林小粒 8 号 | ← A657 | 公野 8748 | 2005 | A657 |
| D401 | 吉密豆 1 号 | ← A710 ← A599 | Lincoln | 2005 | A599 |
| D402 | 吉引 81 | ← A630 | P9231 | 2005 | A630 |
| D403 | 吉农 6 号 | ← A550 | 吉农 724 | 1998 | A550 |
| D404 | 吉农 7 号 | ← C320 ← A157 | 立新 9 号 | 1999 | A157 |
| D405 | 吉农 8 号 | ← C352 ← A256 | 一窝蜂 | 2000 | A256 |
| D406 | 吉农 9 号 | ← A456 | 山城豆 | 2001 | A456 |
| D407 | 吉农 10 号 | ← C320 ← A157 | 立新 9 号 | 2002 | A157 |
| D408 | 吉农 11 | ← C366 ← C379 ← C333 ← A210 | 四粒黄 | 2002 | A210 |
| D409 | 吉农 12 | ← C352 ← A256 | 一窝蜂 | 2002 | A256 |
| D410 | 吉农 13 | ← C495 ← C410 ← C324 ← A074 | 嘟噜豆 | 2003 | A074 |
| D411 | 吉农 14 | ← C366 ← C379 ← C333 ← A210 | 四粒黄 | 2003 | A210 |
| D412 | 吉农 15 | ← A128 | 黄客豆 | 2004 | A128 |
| D413 | 吉农 16 | ← C362 ← A071 | 东农 33 | 2005 | A071 |
| D414 | 吉农 17 | ← A660 | 荷引 10 | 2005 | A660 |
| D415 | 吉原引 3 号 | ← A682 | KOSALRD | 1999 | A682 |
| D416 | 集 1005 | ← A107 | 海龙嘟噜豆 | 2001 | A107 |
| D417 | 九农 22 | ← C353 ← A128 | 黄客豆 | 1999 | A128 |
| D418 | 九农 23 | ← C324 ← A074 | 嘟噜豆 | 2000 | A074 |
| D419 | 九农 24 | ← A128 | 黄客豆 | 2001 | A128 |
| D420 | 九农 25 | ← C361 ← A071 | 东农 33 | 2002 | A071 |
| D421 | 九农 26 | ← A128 | 黄客豆 | 2002 | A128 |
| D422 | 九农 27 | ← C353 ← A128 | 黄客豆 | 2002 | A128 |
| D423 | 九农 28 | ← C372 ← C333 ← A210 | 四粒黄 | 2003 | A210 |
| D424 | 九农 29 | ← C362 ← A071 | 东农 33 | 2003 | A071 |
| D425 | 九农 30 | ← C362 ← A071 | 东农 33 | 2004 | A071 |

（续）

| 品种代号 | 品种名称 | 细胞质传递 | 细胞质来源 | 育成年代/年份 | 编号 |
|---|---|---|---|---|---|
| D426 | 九农 31 | ← C362 ← A071 | 东农 33 | 2005 | A071 |
| D427 | 临选 1 号 | ← A413 | 褐脐黄豆 | 2003 | A413 |
| D428 | 平安豆 7 号 | ← C320 ← A157 | 立新 9 号 | 2004 | A157 |
| D429 | 四农 1 号 | ← C353 ← A128 | 黄客豆 | 1998 | A128 |
| D430 | 四农 2 号 | ← C320 ← A157 | 立新 9 号 | 2001 | A157 |
| D431 | 通农 12 | ← C399 ← C394 ← A107 | 海龙嘟噜豆 | 2000 | A107 |
| D432 | 通农 13 | ← A314 | 日本大白眉 | 2001 | A314 |
| D433 | 通农 14 | ← C400 ← A314 | 日本大白眉 | 2001 | A314 |
| D434 | 延农 8 号 | ← C320 ← A157 | 立新 9 号 | 1999 | A157 |
| D435 | 延农 9 号 | ← C170 ← C168 ← A244 | 小粒豆 9 号 | 2001 | A244 |
| D436 | 延农 10 号 | ← C170 ← C168 ← A244 | 小粒豆 9 号 | 2002 | A244 |
| D437 | 延农 11 | ← C170 ← C168 ← A244 | 小粒豆 9 号 | 2003 | A244 |
| D438 | 杂交豆 1 号 | ← A564 | JLCMS9A | 2002 | A564 |
| D439 | 东辛 1 号 | ← C457 ← C417 ← A034 | 滨海大白花 | 1994 | A034 |
| D440 | 东辛 2 号 | ← A058 | 大青豆 | 2002 | A058 |
| D441 | 沪宁 95-1 | ← A512 | 日本天开峰 | 2002 | A512 |
| D442 | 淮豆 3 号 | ← C417 ← A034 | 滨海大白花 | 1996 | A034 |
| D443 | 淮豆 4 号 | ← C421 ← C444 ← C431 ← A002 | 51-83 | 1997 | A002 |
| D444 | 淮豆 5 号 | ← A183 | 浦东大黄豆 | 1998 | A183 |
| D445 | 淮豆 6 号 | ← C421 ← C444 ← C431 ← A002 | 51-83 | 2001 | A002 |
| D446 | 淮豆 8 号 | ← C417 ← A034 | 滨海大白花 | 2005 | A034 |
| D447 | 淮哈豆 1 号 | ← A332 ← A602 | Mandarin | 2002 | A602 |
| D448 | 淮阴 75 | ← A643 | Hg（Jp）92-50 | 2005 | A643 |
| D449 | 淮阴矮脚早 | ← A315 | 日本晴 | 2003 | A315 |
| D450 | 南农 128 | ← C111 ← C124 ← A196 | 山东四角齐 | 1998 | A196 |
| D451 | 南农 217 | ← C441 ← C417 ← A034 | 滨海大白花 | 1996 | A034 |
| D452 | 南农 242 | ← C428 ← A084 | 奉贤穗稻黄 | 2002 | A084 |
| D453 | 南农 88-31 | ← C451 ← A084 | 奉贤穗稻黄 | 1999 | A084 |
| D454 | 南农 99-6 | ← C448 ← A084 | 奉贤穗稻黄 | 2003 | A084 |
| D455 | 南农 99-10 | ← C433 ← C428 ← A084 | 奉贤穗稻黄 | 2002 | A084 |
| D456 | 青酥 2 号 | ← A667 | AVR2 | 2002 | A667 |
| D457 | 青酥 4 号 | ← A677 | 早生毛豆 | 2005 | A677 |
| D458 | 日本晴 3 号 | ← A525 | 鹤之友 3 号 | 2002 | A525 |
| D459 | 泗豆 13 | ← D460 ← C421 ← C444 ← C431 ← A002 | 51-83 | 2005 | A002 |
| D460 | 泗豆 288 | ← C421 ← C444 ← C431 ← A002 | 51-83 | 1998 | A002 |
| D461 | 苏豆 4 号 | ← C297 ← C288 ← A291 | 不详 | 1999 | A291 |
| D462 | 苏早 1 号 | ← A515 | 日本枝豆 | 2003 | A515 |
| D463 | 通豆 3 号 | ← C453 ← C444 ← C431 ← A002 | 51-83 | 2002 | A002 |

（续）

| 品种代号 | 品种名称 | 细胞质传递 | 细胞质来源 | 育成年代/年份 | 编号 |
|---|---|---|---|---|---|
| D464 | 徐春1号 | ← A644 | AGS68 | 2005 | A644 |
| D465 | 徐豆8号 | ← C458 ← C455 ← A231 | 铜山天鹅蛋 | 1996 | A231 |
| D466 | 徐豆9号 | ← C456 ← A176 | 沛县大白角 | 1998 | A176 |
| D467 | 徐豆10号 | ← C455 ← A231 | 铜山天鹅蛋 | 2001 | A231 |
| D468 | 徐豆11 | ← C441 ← C417 ← A034 | 滨海大白花 | 2002 | A034 |
| D469 | 徐豆12 | ← C441 ← C417 ← A034 | 滨海大白花 | 2003 | A034 |
| D470 | 徐豆13 | ← D466 ← C456 ← A176 | 沛县大白角 | 2005 | A176 |
| D471 | 赣豆4号 | ← A201 | 上海六月白 | 1996 | A201 |
| D472 | 赣豆5号 | ← C463 ← A016 | 百荚豆 | 2004 | A016 |
| D473 | 丹豆7号 | ← A477 | 凤81-2036 | 1994 | A477 |
| D474 | 丹豆8号 | ← C475 ← A030 | 本溪小黑脐 | 1994 | A030 |
| D475 | 丹豆9号 | ← C475 ← A030 | 本溪小黑脐 | 1995 | A030 |
| D476 | 丹豆10号 | ← D475 ← C475 ← A030 | 本溪小黑脐 | 2002 | A030 |
| D477 | 丹豆11 | ← C475 ← A030 | 本溪小黑脐 | 2002 | A030 |
| D478 | 丹豆12 | ← C475 ← A030 | 本溪小黑脐 | 2003 | A030 |
| D479 | 东豆1号 | ← A314 | 日本大白眉 | 2004 | A314 |
| D480 | 东豆9号 | ← A314 | 日本大白眉 | 2005 | A314 |
| D481 | 锦豆36 | ← C080 ← C507 ← C324 ← A074 | 嘟噜豆 | 1995 | A074 |
| D482 | 锦豆37 | ← A605 | MC25 | 1995 | A605 |
| D483 | 开育11 | ← C494 ← C410 ← C324 ← A074 | 嘟噜豆 | 1995 | A074 |
| D484 | 开育12 | ← C496 ← C091 ← A042 | 大白脐 | 2000 | A042 |
| D485 | 开育13 | ← D516 ← C498 ← C510 ← C485 ← A227 | 铁荚子 | 2005 | A227 |
| D486 | 连豆1号 | ← C594 ← A197 | 山东小黄豆 | 2001 | A197 |
| D487 | 辽豆11 | ← C510 ← C485 ← A227 | 铁荚子 | 1996 | A227 |
| D488 | 辽豆13 | ← C502 ← C498 ← C510 ← C485 ← A227 | 铁荚子 | 2000 | A227 |
| D489 | 辽豆14 | ← C498 ← C510 ← C485 ← A227 | 铁荚了 | 2002 | A227 |
| D490 | 辽豆15 | ← C509 ← C467 ← C324 ← A074 | 嘟噜豆 | 2002 | A074 |
| D491 | 辽豆16 | ← D516 ← C498 ← C510 ← C485 ← A227 | 铁荚子 | 2002 | A227 |
| D492 | 辽豆17 | ← C498 ← C510 ← C485 ← A227 | 铁荚子 | 2003 | A227 |
| D493 | 辽豆19 | ← C498 ← C510 ← C485 ← A227 | 铁荚子 | 2005 | A227 |
| D494 | 辽豆20 | ← D516 ← C498 ← C510 ← C485 ← A227 | 铁荚子 | 2005 | A227 |
| D495 | 辽豆21 | ← C475 ← A030 | 本溪小黑脐 | 2005 | A030 |
| D496 | 辽首1号 | ← C510 ← C485 ← A227 | 铁荚子 | 2001 | A227 |
| D497 | 辽首2号 | ← A641 | 90A | 2005 | A641 |
| D498 | 辽阳1号 | ← C502 ← C498 ← C510 ← C485 ← A227 | 铁荚子 | 1999 | A227 |
| D499 | 沈豆4号 | ← A484 | 沈豆86-69 | 1997 | A484 |
| D500 | 沈豆5号 | ← A483 | 沈91-6105 | 2003 | A483 |
| D501 | 沈农6号 | ← C475 ← A030 | 本溪小黑脐 | 2001 | A030 |

（续）

| 品种代号 | 品种名称 | 细胞质传递 | 细胞质来源 | 育成年代/年份 | 编号 |
|---|---|---|---|---|---|
| D502 | 沈农 7 号 | ← C499 ← C508 ← A232 | 通州小黄豆 | 2002 | A232 |
| D503 | 沈农 8 号 | ← C082 ← A101 | 广平牛毛黄 | 2005 | A101 |
| D504 | 沈农 8510 | ← C494 ← C410 ← C324 ← A074 | 嘟噜豆 | 1999 | A074 |
| D505 | 铁丰 28 | ← C510 ← C485 ← A227 | 铁荚子 | 1996 | A227 |
| D506 | 铁丰 29 | ← C510 ← C485 ← A227 | 铁荚子 | 1997 | A227 |
| D507 | 铁丰 30 | ← C517 ← C324 ← A074 | 嘟噜豆 | 1999 | A074 |
| D508 | 铁丰 31 | ← D516 ← C498 ← C510 ← C485 ← A227 | 铁荚子 | 2001 | A227 |
| D509 | 铁丰 32 | ← D516 ← C498 ← C510 ← C485 ← A227 | 铁荚子 | 2002 | A227 |
| D510 | 铁丰 33 | ← C495 ← C410 ← C324 ← A074 | 嘟噜豆 | 2003 | A074 |
| D511 | 铁丰 34 | ← D507 ← C517 ← C324 ← A074 | 嘟噜豆 | 2005 | A074 |
| D512 | 铁丰 35 | ← C496 ← C091 ← A042 | 大白脐 | 2004 | A042 |
| D513 | 铁豆 36 | ← C517 ← C324 ← A074 | 嘟噜豆 | 2005 | A074 |
| D514 | 铁豆 37 | ← C324 ← A074 | 嘟噜豆 | 2005 | A074 |
| D515 | 铁豆 38 | ← D505 ← C510 ← C485 ← A227 | 铁荚子 | 2005 | A227 |
| D516 | 新豆 1 号 | ← C498 ← C510 ← C485 ← A227 | 铁荚子 | 1993 | A227 |
| D517 | 新丰 1 号 | ← C320 ← A157 | 立新 9 号 | 2002 | A157 |
| D518 | 新育 1 号 | ← C353 ← A128 | 黄客豆 | 2005 | A128 |
| D519 | 熊豆 1 号 | ← C511 ← C506 ← C484 ← A242 | 小金黄 | 2001 | A242 |
| D520 | 熊豆 2 号 | ← C511 ← C506 ← C484 ← A242 | 小金黄 | 2005 | A242 |
| D521 | 岫豆 94 - 11 | ← A561 | 89 - 6 | 2003 | A561 |
| D522 | 赤豆 1 号 | ← A690 | 稀植 4 号 | 2004 | NN64 |
| D523 | 呼北豆 1 号 | ← D151 ← C170 ← C168 ← A244 | 小粒豆 9 号 | 2002 | A244 |
| D524 | 呼丰 6 号 | ← A083 | 丰山 1 号 | 1995 | A083 |
| D525 | 蒙豆 5 号 | ← A488 | 呼 5121 | 1997 | A488 |
| D526 | 蒙豆 6 号 | ← A513 | 日本扎幌小绿豆 | 2000 | A513 |
| D527 | 蒙豆 7 号 | ← C195 ← C150 ← C287 ← A019 | 白眉 | 2002 | A019 |
| D528 | 蒙豆 9 号 | ← C156 ← C155 ← C287 ← A019 | 白眉 | 2002 | A019 |
| D529 | 蒙豆 10 号 | ← A409 | 克交 8619 | 2002 | A409 |
| D530 | 蒙豆 11 | ← A522 | 旱羽 | 2002 | A522 |
| D531 | 蒙豆 12 | ← C277 ← C271 ← C270 ← C250 ← C333 ← A210 | 四粒黄 | 2003 | A210 |
| D532 | 蒙豆 13 | ← C170 ← C168 ← A244 | 小粒豆 9 号 | 2003 | A244 |
| D533 | 蒙豆 14 | ← C155 ← C287 ← A019 | 白眉 | 2004 | A019 |
| D534 | 蒙豆 15 | ← C170 ← C168 ← A244 | 小粒豆 9 号 | 2003 | A244 |
| D535 | 蒙豆 16 | ← D529 ← A409 | 克交 8619 | 2005 | A409 |
| D536 | 蒙豆 17 | ← C352 ← A256 | 一窝蜂 | 2005 | A256 |
| D537 | 内豆 4 号 | ← A488 | 呼 5121 | 1994 | A488 |
| D538 | 兴豆 4 号 | ← C240 ← C259 ← C233 ← C250 ← C333 ← A210 | 四粒黄 | 1997 | A210 |
| D539 | 兴抗线 1 号 | ← C261 ← C250 ← C333 ← A210 | 四粒黄 | 2004 | A210 |

（续）

| 品种代号 | 品种名称 | 细胞质传递 | 细胞质来源 | 育成年代/年份 | 编号 |
|---|---|---|---|---|---|
| D540 | 宁豆 2 号 | ← C510 ← C485 ← A227 | 铁荚子 | 1994 | A227 |
| D541 | 宁豆 3 号 | ← A479 | 辽 79165 - 14 | 1995 | A479 |
| D542 | 宁豆 4 号 | ← A479 | 辽 79165 - 14 | 1998 | A479 |
| D543 | 宁豆 5 号 | ← A691 | 不详 | 2003 | A691 |
| D544 | 高原 1 号 | ← A379 | 东农 79 - 64 - 5 | 2000 | A379 |
| D545 | 滨职豆 1 号 | ← A517 | 日大选 | 2003 | A517 |
| D546 | 高丰 1 号 | ← A632 | 7627 | 2005 | A632 |
| D547 | 菏豆 12 | ← C579 ← A063 | 定陶平顶大黄豆 | 2002 | A063 |
| D548 | 菏豆 13 | ← C579 ← A063 | 定陶平顶大黄豆 | 2005 | A063 |
| D549 | 鲁豆 9 号 | ← A494 | 菏 6828 | 1993 | A494 |
| D550 | 鲁豆 12 | ← C572 ← C540 ← A133 | 即墨油豆 | 1996 | A133 |
| D551 | 鲁豆 13 | ← C543 ← C555 ← A295 | 不详 | 1996 | A295 |
| D552 | 鲁宁 1 号 | ← A495 | 早熟巨丰 | 2003 | A495 |
| D553 | 鲁青豆 1 号 | ← A493 | 蓬莱大青豆 | 1993 | A493 |
| D554 | 齐茶豆 2 号 | ← C545 ← C578 ← C540 ← A133 | 即墨油豆 | 2002 | A133 |
| D555 | 齐黄 26 | ← C548 ← C578 ← C540 ← A133 | 即墨油豆 | 1999 | A133 |
| D556 | 齐黄 27 | ← C545 ← C578 ← C540 ← A133 | 即墨油豆 | 2000 | A133 |
| D557 | 齐黄 28 | ← C545 ← C578 ← C540 ← A133 | 即墨油豆 | 2003 | A133 |
| D558 | 齐黄 29 | ← C545 ← C578 ← C540 ← A133 | 即墨油豆 | 2003 | A133 |
| D559 | 齐黄 30 | ← C545 ← C578 ← C540 ← A133 | 即墨油豆 | 2004 | A133 |
| D560 | 齐黄 31 | ← C545 ← C578 ← C540 ← A133 | 即墨油豆 | 2004 | A133 |
| D561 | 山宁 8 号 | ← C031 ← C417 ← A034 | 滨海大白花 | 1996 | A034 |
| D562 | 山宁 12 | ← A495 | 早熟巨丰 | 2005 | A495 |
| D563 | 潍豆 6 号 | ← A637 | 81 - 1155 | 2005 | A637 |
| D564 | 烟黄 8164 | ← A066 | 东解 1 号 | 1993 | A066 |
| D565 | 跃进 10 号 | ← C538 ← C417 ← A034 | 滨海大白花 | 1999 | A034 |
| D566 | 黄沙豆 | ← A628 | 黄沙豆 | 2001 | A628 |
| D567 | 秦豆 8 号 | ← C582 ← A599 | Lincoln | 1997 | A599 |
| D568 | 秦豆 10 号 | ← A634 | 58（22）- 38 - 1 - 1 | 2005 | A634 |
| D569 | 陕豆 125 | ← C582 ← A599 | Lincoln | 2001 | A599 |
| D570 | 临豆 1 号 | ← A498 | 冀氏小黄豆 | 2001 | A498 |
| D571 | 晋大 70 | ← A356 | 复 61 | 2003 | A356 |
| D572 | 晋大 73 | ← D574 ← C082 ← A101 | 广平牛毛黄 | 2005 | A101 |
| D573 | 晋大 74 | ← C608 ← A232 | 通州小黄豆 | 2004 | A232 |
| D574 | 晋豆 20 | ← C082 ← A101 | 广平牛毛黄 | 1997 | A101 |
| D575 | 晋豆 21 | ← C604 ← A161 | 临县羊眼豆 | 1997 | A161 |
| D576 | 晋豆 22 | ← C606 ← C591 ← A039 | 大白麻 | 1998 | A039 |
| D577 | 晋豆 23 | ← C606 ← C591 ← A039 | 大白麻 | 1999 | A039 |

（续）

| 品种代号 | 品种名称 | 细胞质传递 | 细胞质来源 | 育成年代/年份 | 编号 |
|---|---|---|---|---|---|
| D578 | 晋豆 24 | ← C606 ← C591 ← A039 | 大白麻 | 1999 | A039 |
| D579 | 晋豆 25 | ← C605 ← C610 ← A148 | 京谷玉 | 2000 | A148 |
| D580 | 晋豆 26 | ← A356 | 复 61 | 2001 | A356 |
| D581 | 晋豆 27 | ← C608 ← A232 | 通州小黄豆 | 2001 | A232 |
| D582 | 晋豆 29 | ← C037 ← A347 ← A599 | Lincoln | 2004 | A599 |
| D583 | 晋豆 30 | ← C610 ← A148 | 京谷玉 | 2005 | A148 |
| D584 | 晋豆 31 | ← A654 | 埂 283 | 2005 | A654 |
| D585 | 晋豆 32 | ← D576 ← C606 ← C591 ← A039 | 大白麻 | 2005 | A039 |
| D586 | 晋豆 33 | ← A646 | NP | 2005 | A646 |
| D587 | 晋遗 30 | ← C614 ← C475 ← A030 | 本溪小黑脐 | 2003 | A030 |
| D588 | 晋遗 34 | ← D577 ← C606 ← C591 ← A039 | 大白麻 | 2005 | A039 |
| D589 | 晋遗 38 | ← C475 ← A030 | 本溪小黑脐 | 2005 | A030 |
| D590 | 成豆 6 号 | ← A097 | 珙县二季早 | 1996 | A097 |
| D591 | 成豆 7 号 | ← A307 | 白千城 | 1997 | A307 |
| D592 | 成豆 8 号 | ← C619 ← A097 | 珙县二季早 | 1998 | A097 |
| D593 | 成豆 9 号 | ← C288 ← A291 | 不详 | 2000 | A291 |
| D594 | 成豆 10 号 | ← A237 | 五月拔 | 2001 | A237 |
| D595 | 成豆 11 | ← D061 ← A347 ← A599 | Lincoln | 2003 | A599 |
| D596 | 川豆 4 号 | ← C288 ← A291 | 不详 | 1996 | A291 |
| D597 | 川豆 5 号 | ← C301 ← A201 | 上海六月白 | 1998 | A201 |
| D598 | 川豆 6 号 | ← C301 ← A201 | 上海六月白 | 2002 | A201 |
| D599 | 川豆 7 号 | ← A502 | 北川兔儿豆 | 2001 | A502 |
| D600 | 川豆 8 号 | ← A681 | 安县大粒 | 2002 | A681 |
| D601 | 川豆 9 号 | ← A502 | 北川兔儿豆 | 2003 | A502 |
| D602 | 川豆 10 号 | ← C624 ← A297 | 不详 | 2005 | A297 |
| D603 | 富豆 1 号 | ← A307 | 白千城 | 2004 | A307 |
| D604 | 富豆 2 号 | ← A662 | 灰毛子 | 2005 | A662 |
| D605 | 贡豆 5 号 | ← C623 ← A201 | 上海六月白 | 1993 | A201 |
| D606 | 贡豆 8 号 | ← C630 ← C623 ← A201 | 上海六月白 | 1997 | A201 |
| D607 | 贡豆 9 号 | ← C623 ← A201 | 上海六月白 | 1998 | A201 |
| D608 | 贡豆 10 号 | ← A518 | 塞凯 20 | 2002 | A518 |
| D609 | 贡豆 11 | ← C630 ← C623 ← A201 | 上海六月白 | 2001 | A201 |
| D610 | 贡豆 12 | ← A472 | KK3 | 2003 | A472 |
| D611 | 贡豆 13 | ← C650 ← C648 ← A237 | 五月拔 | 2004 | A237 |
| D612 | 贡豆 14 | ← C630 ← C623 ← A201 | 上海六月白 | 2004 | A201 |
| D613 | 贡豆 15 | ← C030 ← C031 ← C417 ← A034 | 滨海大白花 | 2005 | A034 |
| D614 | 贡选 1 号 | ← A505 | 大冬豆 | 2002 | A505 |
| D615 | 乐豆 1 号 | ← A506 | 筠连七转豆 | 2003 | A506 |

（续）

| 品种代号 | 品种名称 | 细胞质传递 | 细胞质来源 | 育成年代/年份 | 编号 |
|---|---|---|---|---|---|
| D616 | 南豆 99 | ← C288 ← A291 | 不详 | 1999 | A291 |
| D617 | 南豆 3 号 | ← D605 ← C623 ← A201 | 上海六月白 | 2001 | A201 |
| D618 | 南豆 4 号 | ← D605 ← C623 ← A201 | 上海六月白 | 2002 | A201 |
| D619 | 南豆 5 号 | ← C288 ← A291 | 不详 | 2003 | A291 |
| D620 | 南豆 6 号 | ← C288 ← A291 | 不详 | 2004 | A291 |
| D621 | 南豆 7 号 | ← C619 ← A097 | 珙县二季早 | 2005 | A097 |
| D622 | 南豆 8 号 | ← C291 ← C288 ← A291 | 不详 | 2005 | A291 |
| D623 | 津豆 18 | ← D042 ← C111 ← C124 ← A196 | 山东四角齐 | 2005 | A196 |
| D624 | 选六 | ← C028 ← C417 ← A034 | 滨海大白花 | 1994 | A034 |
| D625 | 石大豆 1 号 | ← C359 ← A325 ← A607 | Mukden | 2001 | A607 |
| D626 | 石大豆 2 号 | ← C271 ← C270 ← C250 ← C333 ← A210 | 四粒黄 | 2001 | A210 |
| D627 | 新大豆 1 号 | ← C352 ← A256 | 一窝蜂 | 1999 | A256 |
| D628 | 新大豆 2 号 | ← C511 ← C506 ← C484 ← A242 | 小金黄 | 2003 | A242 |
| D629 | 新大豆 3 号 | ← D215 ← C218 ← C270 ← C250 ← C333 ← A210 | 四粒黄 | 2005 | A210 |
| D630 | 滇 86 - 4 | ← C641 ← A299 | 不详 | 2003 | A299 |
| D631 | 滇 86 - 5 | ← C641 ← A299 | 不详 | 2003 | A299 |
| D632 | 华春 18 | ← A529 | 兰溪大青豆 | 2001 | A529 |
| D633 | 丽秋 2 号 | ← A692 | 粗黄大豆 | 2004 | A692 |
| D634 | 衢秋 1 号 | ← A167 | 毛蓬青 | 1999 | A167 |
| D635 | 衢秋 2 号 | ← A167 | 毛蓬青 | 2003 | A167 |
| D636 | 衢鲜 1 号 | ← C645 ← A167 | 毛蓬青 | 2004 | A167 |
| D637 | 婺春 1 号 | ← A559 | 80 - 1070 | 1995 | A559 |
| D638 | 萧农越秀 | ← A567 | 八月拔 | 2004 | A567 |
| D639 | 新选 88 | ← A516 | 日本大胜白毛 | 1998 | A516 |
| D640 | 浙春 5 号 | ← C288 ← A291 | 不详 | 2001 | A291 |
| D641 | 浙秋 1 号 | ← A528 | 杭州九月拔 | 2001 | A528 |
| D642 | 浙秋 2 号 | ← A528 | 杭州九月拔 | 1997 | A528 |
| D643 | 浙秋豆 3 号 | ← C312 ← A129 | 黄毛豆 | 2003 | A129 |
| D644 | 浙鲜豆 1 号 | ← A527 | 矮脚白毛 | 2004 | A527 |
| D645 | 浙鲜豆 2 号 | ← A527 | 矮脚白毛 | 2005 | A527 |
| D646 | 西豆 3 号 | ← C288 ← A291 | 不详 | 1992 | A291 |
| D647 | 西豆 5 号 | ← A669 | 普通黑大豆 | 2005 | A669 |
| D648 | 西豆 6 号 | ← A638 | 87 - 2 | 2005 | A638 |
| D649 | 渝豆 1 号 | ← A365 | 千斤不倒 | 1998 | A365 |

注：不论何种育种方法，以母本为追踪，上推至其终极的细胞质祖先亲本。

## 图表Ⅸ　中国大豆育成品种中祖先亲本的细胞核遗传贡献值

| 编号 | 育成品种 | 祖先亲本及其遗传贡献值 | 年代/年份 |
| --- | --- | --- | --- |
| C001 | 亳县大豆 | A276(1.000) | 1970's |
| C002 | 多枝176 | A002(0.125) A018(0.125) A119(0.125) A168(0.125) A231(0.250) A601(0.125) A611(0.125) | 1985 |
| C003 | 阜豆1号 | A034(0.500) A231(0.250) A601(0.125) A611(0.125) | 1977 |
| C004 | 阜豆3号 | A077(1.000) | 1977 |
| C005 | 灵豆1号 | A034(0.500) A231(0.250) A601(0.125) A611(0.125) | 1977 |
| C006 | 蒙84-5 | A106(0.500) A231(0.250) A601(0.125) A611(0.125) | 1988 |
| C007 | 蒙城1号 | A221(1.000) | 1977 |
| C008 | 蒙庆6号 | A106(0.250) A134(0.375) A246(0.375) | 1974 |
| C009 | 宿县647 | A246(1.000) | 1920's |
| C010 | 皖豆1号 | A162(0.500) A231(0.250) A601(0.125) A611(0.125) | 1983 |
| C011 | 皖豆3号 | A034(0.500) A231(0.250) A601(0.125) A611(0.125) | 1984 |
| C012 | 皖豆4号 | A194(1.000) | 1986 |
| C013 | 皖豆5号 | A231(0.250) A585(0.125) A601(0.125) A602(0.125) A607(0.125) A611(0.125) A619(0.125) | 1989 |
| C014 | 皖豆6号 | A002(0.125) A018(0.125) A119(0.125) A168(0.125) A176(0.250) A349(0.250) | 1988 |
| C015 | 皖豆7号 | A133(0.125) A176(0.125) A231(0.125) A295(0.125) A349(0.125) A585(0.125) A601(0.063) A602(0.125) A611(0.063) | 1988 |
| C016 | 皖豆9号 | A034(0.250) A231(0.250) A272(0.250) A295(0.250) A601(0.063) A611(0.063) | 1989 |
| C017 | 皖豆10号 | A034(0.250) A063(0.500) A231(0.125) A601(0.063) A611(0.063) | 1991 |
| C018 | 皖豆11 | A060(0.250) A176(0.250) A231(0.125) A349(0.250) A601(0.063) | 1991 |
| C019 | 皖豆13 | A034(0.250) A228(0.250) A231(0.125) A254(0.250) A601(0.063) | 1994 |
| C020 | 五河大豆 | A236(1.000) | 1977 |
| C021 | 新六青 | A106(0.250) A134(0.125) A169(0.500) A246(0.125) | 1991 |
| C022 | 友谊2号 | A238(1.000) | 1971 |
| C023 | 宝诱17 | A019(0.094) A146(0.109) A154(0.188) A210(0.109) A316(0.250) | 1993 |
| C024 | 科丰6号 | A034(0.312) A146(0.031) A149(0.063) A226(0.031) A231(0.156) A587(0.031) A599(0.094) A601(0.078) A607(0.031) A611(0.078) A619(0.094) | 1989 |
| C025 | 科丰34 | A034(0.500) A231(0.250) A601(0.250) A611(0.125) | 1993 |
| C026 | 科丰35 | A034(0.344) A054(0.008) A074(0.031) A075(0.016) A146(0.016) A210(0.008) A226(0.016) A231(0.172) A241(0.008) A242(0.008) | 1993 |
| C027 | 科新3号 | A122(0.500) A190(0.250) A295(0.125) A318(0.125) | 1995 |
| C028 | 诱变30 | A034(0.500) A231(0.250) A601(0.125) A611(0.125) | 1983 |

（续）

| 编号 | 育成品种 | 祖先亲本及其遗传贡献值 | 年代/年份 |
|---|---|---|---|
| C029 | 诱变31 | A034(0.500) A231(0.250) A601(0.125) A611(0.125) | 1983 |
| C030 | 诱处4号 | A034(0.125) A074(0.094) A146(0.031) A169(0.500) A226(0.063) A231(0.063) A247(0.031) A601(0.031) A611(0.031) | 1994 |
| C031 | 早熟3号 | A034(0.250) A074(0.188) A146(0.063) A226(0.125) A231(0.125) A242(0.063) A247(0.063) A601(0.063) A611(0.063) | 1983 |
| C032 | 早熟6号 | A034(0.250) A074(0.188) A146(0.063) A226(0.125) A231(0.125) A242(0.063) A247(0.063) A601(0.063) A611(0.063) | 1983 |
| C033 | 早熟9号 | A034(0.250) A146(0.125) A149(0.250) A226(0.125) A601(0.063) A611(0.063) | 1983 |
| C034 | 早熟14 | A034(0.250) A074(0.188) A146(0.063) A226(0.125) A231(0.125) A242(0.063) A247(0.063) A601(0.063) A611(0.063) | 1987 |
| C035 | 早熟15 | A034(0.250) A074(0.188) A146(0.063) A226(0.125) A231(0.125) A242(0.063) A247(0.063) A601(0.063) A611(0.063) | 1983 |
| C036 | 早熟17 | A034(0.250) A171(0.500) A231(0.125) A601(0.063) A611(0.063) | 1989 |
| C037 | 早熟18 | A034(0.219) A054(0.008) A074(0.031) A146(0.016) A171(0.250) A210(0.008) A226(0.016) A231(0.109) A241(0.008) A242(0.008) A247(0.016) A585(0.047) A587(0.008) A589(0.031) A599(0.047) A601(0.055) A602(0.016) A611(0.055) A619(0.039) | 1992 |
| C038 | 中黄1号 | A034(0.125) A074(0.094) A136(0.250) A146(0.031) A197(0.250) A226(0.063) A231(0.063) A242(0.031) A247(0.031) A601(0.031) A611(0.031) | 1989 |
| C039 | 中黄2号 | A034(0.250) A054(0.016) A075(0.031) A146(0.016) A210(0.016) A231(0.125) A241(0.016) A247(0.016) A585(0.063) A587(0.016) A588(0.125) A589(0.031) A599(0.047) A601(0.031) A602(0.031) A607(0.031) A611(0.031) A619(0.047) | 1990 |
| C040 | 中黄3号 | A034(0.250) A054(0.016) A075(0.031) A146(0.016) A210(0.016) A231(0.125) A241(0.016) A247(0.016) A585(0.063) A587(0.016) A588(0.125) A589(0.031) A599(0.047) A601(0.031) A602(0.031) A607(0.031) A611(0.031) A619(0.047) | 1990 |
| C041 | 中黄4号 | A034(0.125) A200(0.500) A231(0.125) A587(0.031) A599(0.094) A601(0.031) A607(0.031) A611(0.031) A619(0.094) | 1990 |
| C042 | 中黄5号 | A034(0.250) A054(0.016) A075(0.031) A146(0.016) A210(0.016) A231(0.125) A241(0.016) A247(0.016) A585(0.063) A587(0.016) A588(0.125) A589(0.031) A599(0.047) A601(0.031) A602(0.031) A607(0.031) A611(0.031) A619(0.047) | 1992 |
| C043 | 中黄6号 | A034(0.125) A074(0.094) A136(0.250) A146(0.031) A197(0.250) A226(0.063) A231(0.063) A242(0.031) A247(0.031) A601(0.031) A611(0.031) | 1994 |
| C044 | 中黄7号 | A034(0.156) A146(0.016) A149(0.031) A199(0.250) A226(0.016) A231(0.078) A587(0.016) A599(0.047) A600(0.250) A601(0.031) A607(0.016) A611(0.016) A619(0.039) | |
| C045 | 中黄8号 | A052(0.500) A133(0.250) A228(0.125) A254(0.125) | |
| C046 | 7106 | A295(1.000) | |
| C047 | 白花古田豆 | A098(1.000) | |
| C048 | 白秋1号 | A129(0.250) A158(0.500) A193(0.250) | |
| C049 | 惠安白面豆 | A186(1.000) | 1958 |
| C050 | 惠豆803 | A185(0.500) A186(0.500) | 1990 |
| C051 | 晋江大粒黄 | A117(1.000) | 1970 |

（续）

| 编号 | 育成品种 | 祖先亲本及其遗传贡献值 | 年代/年份 |
|---|---|---|---|
| C052 | 晋江大青仁 | A086(1.000) | 1977 |
| C053 | 龙豆23 | A098(0.500) A307(0.500) | 1990 |
| C054 | 莆豆8008 | A034(0.250) A186(0.250) A306(0.500) | 1989 |
| C055 | 融豆21 | A034(0.500) A186(0.500) | 1967 |
| C056 | 汀豆1号 | A037(0.500) A093(0.500) | 1985 |
| C057 | 雁青 | A139(0.500) A250(0.500) | 1985 |
| C058 | 穗选黄豆 | A084(1.000) | 1975 |
| C059 | 通黑11 | A111(0.500) A230(0.500) | 1986 |
| C060 | 粤大豆1号 | A150(0.500) A204(0.500) | 1990 |
| C061 | 粤大豆2号 | A139(0.500) A585(0.063) A587(0.031) A589(0.063) A619(0.156) | 1990 |
| C062 | 8901 | A023(0.500) A291(0.500) | 1991 |
| C063 | 柳豆1号 | A010(1.000) | 1990 |
| C064 | 安豆1号 | A164(1.000) | 1988 |
| C065 | 安豆2号 | A166(1.000) | |
| C066 | 冬2 | A005(1.000) | |
| C067 | 黔豆1号 | A002(0.500) A084(0.500) | |
| C068 | 黔豆2号 | A045(0.500) A176(0.250) A349(0.250) | |
| C069 | 黔豆4号 | A091(0.500) A133(0.125) A228(0.063) A237(0.250) A254(0.063) | |
| C070 | 生联早 | A166(1.000) | |
| C071 | 霸红1号 | A281(1.000) | |
| C072 | 霸县新黄豆 | A178(1.000) | |
| C073 | 边庄大豆 | A277(1.000) | |
| C074 | 冀承豆1号 | A004(0.500) A587(0.063) A599(0.188) A607(0.063) A619(0.188) | |
| C075 | 冀承豆2号 | A042(0.500) A146(0.250) A226(0.250) | |
| C076 | 冀承豆3号 | A074(0.125) A226(0.125) A242(0.125) A247(0.125) A585(0.063) A587(0.031) A589(0.063) A599(0.188) | |
| C077 | 冀承豆4号 | A074(0.188) A146(0.063) A226(0.125) A242(0.063) A247(0.063) A587(0.063) A599(0.188) A607(0.063) | |
| C078 | 冀承豆5号 | A146(0.500) A226(0.500) | |
| C079 | 冀豆1号 | A145(0.500) A242(0.500) | |
| C080 | 冀豆2号 | A074(0.375) A146(0.125) A210(0.125) A227(0.250) A247(0.125) | |
| C081 | 冀豆3号 | A126(0.500) A231(0.250) A601(0.125) A611(0.125) | |

| 编号 | 育成品种 | 祖先亲本及其遗传贡献值 | 年代/年份 |
|------|----------|------------------------|-----------|
| C082 | 冀豆4号 | A101(0.500) A585(0.063) A587(0.031) A589(0.063) | |
| C083 | 冀豆5号 | A034(0.250) A231(0.125) A585(0.25) A589(0.125) A601(0.063) A619(0.156) | |
| C084 | 冀豆6号 | A101(0.500) A585(0.125) A599(0.126) A602(0.127) A619(0.128) A611(0.063) | |
| C085 | 冀豆7号 | A074(0.188) A146(0.063) A210(0.063) A227(0.125) A247(0.063) A585(0.063) A587(0.031) A599(0.188) A619(0.156) | |
| C086 | 冀豆9号 | A056(0.250) A074(0.156) A101(0.250) A146(0.031) A226(0.031) A247(0.031) A585(0.031) A587(0.016) A589(0.031) A599(0.094) A619(0.078) | |
| C087 | 颖选2号 | A251(1.000) | |
| C088 | 来远黄豆 | A278(1.000) | |
| C089 | 迁安一粒传 | A279(1.000) | |
| C090 | 前进2号 | A280(1.000) | |
| C091 | 群英青 | A042(1.000) | |
| C092 | 铁荚青 | A282(1.000) | |
| C093 | 状元青黑豆 | A283(1.000) | |
| C094 | 河南早丰1号 | A133(0.500) A228(0.250) A254(0.250) | 1971 |
| C095 | 滑75-1 | A122(0.500) A231(0.250) A601(0.25) A611(0.25) | 1990 |
| C096 | 滑育1号 | A284(1.000) | 1974 |
| C097 | 建国1号 | A133(0.500) A228(0.250) A254(0.250) | 1977 |
| C098 | 勤俭6号 | A133(0.500) A228(0.250) A254(0.250) | 1977 |
| C099 | 商丘4212 | A231(0.500) A601(0.125) A611(0.125) | 1974 |
| C100 | 商丘64-0 | A122(0.500) A190(0.250) A295(0.125) A318(0.125) | 1983 |
| C101 | 商丘7608 | A183(0.500) A295(0.500) | 1980 |
| C102 | 商丘85225 | A122(0.250) A159(0.500) A190(0.125) A295(0.063) A318(0.063) | 1990 |
| C103 | 息豆1号 | A119(1.000) | 1980 |
| C104 | 豫豆1号 | A133(0.500) A228(0.250) A254(0.250) | 1985 |
| C105 | 豫豆2号 | A122(0.500) A190(0.250) A295(0.125) A318(0.125) | 1985 |
| C106 | 豫豆3号 | A034(0.250) A133(0.125) A177(0.250) A196(0.250) A228(0.063) A254(0.063) | 1985 |
| C107 | 豫豆4号 | A285(1.000) | 1987 |
| C108 | 豫豆5号 | A034(0.250) A133(0.125) A177(0.250) A196(0.250) A228(0.063) A254(0.063) | 1987 |
| C109 | 豫豆6号 | A183(0.500) A295(0.375) A318(0.125) | 1988 |
| C110 | 豫豆7号 | A034(0.063) A122(0.250) A133(0.125) A177(0.063) A228(0.063) A231(0.125) A254(0.063) A600(0.125) A601(0.063) A611(0.063) | 1988 |

（续）

（续）

| 编号 | 育成品种 | 祖先亲本及其遗传贡献值 | 年代/年份 |
|---|---|---|---|
| C111 | 豫豆8号 | A034(0.250) A133(0.125) A177(0.250) A196(0.250) A228(0.063) A254(0.063) | 1988 |
| C112 | 豫豆10号 | A034(0.063) A122(0.125) A133(0.031) A177(0.063) A183(0.125) A190(0.125) A231(0.063) A254(0.016) | 1989 |
| C113 | 豫豆11 | A034(0.188) A133(0.094) A177(0.188) A196(0.188) A228(0.047) A254(0.047) A231(0.063) A268(0.125) A295(0.031) A295(0.063) A318(0.031) A318(0.063) A601(0.031) A611(0.031) | 1992 |
| C114 | 豫豆12 | A055(0.063) A106(0.063) A122(0.125) A134(0.094) A168(0.063) A190(0.063) A246(0.094) A286(0.250) A295(0.031) A318(0.031) A587(0.008) A588(0.063) A599(0.023) A607(0.008) A619(0.023) | 1992 |
| C115 | 豫豆15 | A034(0.125) A057(0.250) A074(0.047) A133(0.031) A146(0.016) A177(0.063) A190(0.063) A196(0.063) A226(0.031) A228(0.016) | 1993 |
| C116 | 豫豆16 | A034(0.156) A122(0.063) A133(0.078) A177(0.156) A183(0.063) A190(0.063) A196(0.156) A228(0.039) A231(0.031) A254(0.039) A242(0.016) A247(0.016) A295(0.031) A318(0.031) A601(0.047) A611(0.047) | 1994 |
| C117 | 豫豆18 | A002(0.125) A034(0.031) A063(0.250) A084(0.125) A133(0.016) A177(0.031) A190(0.031) A196(0.031) A228(0.008) A231(0.094) A254(0.008) A263(0.125) A295(0.016) A318(0.016) A601(0.047) A611(0.047) | 1995 |
| C118 | 豫豆19 | A034(0.156) A063(0.375) A119(0.063) A122(0.125) A133(0.016) A168(0.063) A177(0.031) A190(0.063) A196(0.031) A228(0.008) A254(0.008) A295(0.031) A318(0.031) | 1995 |
| C119 | 正104 | A287(1.000) | 1986 |
| C120 | 郑133 | A099(0.125) A122(0.250) A133(0.063) A177(0.125) A190(0.188) A196(0.063) A228(0.031) A254(0.031) A295(0.094) A318(0.094) A600(0.063) | 1990 |
| C121 | 郑77249 | A034(0.125) A133(0.063) A177(0.125) A190(0.125) A196(0.125) A228(0.031) A231(0.125) A254(0.031) A295(0.063) A318(0.063) A601(0.063) A611(0.063) | 1983 |
| C122 | 郑86506 | A034(0.031) A063(0.313) A122(0.188) A133(0.016) A156(0.031) A177(0.031) A190(0.125) A196(0.031) A228(0.008) A231(0.031) A254(0.008) A295(0.094) A318(0.063) A601(0.016) A611(0.016) | 1991 |
| C123 | 郑州126 | A133(0.250) A196(0.500) A228(0.125) A254(0.125) | 1975 |
| C124 | 郑州135 | A133(0.250) A196(0.500) A228(0.125) A254(0.125) | 1975 |
| C125 | 周7327-118 | A133(0.250) A176(0.250) A228(0.250) A254(0.125) A349(0.250) | 1979 |
| C126 | 白宝珠 | A019(1.000) | 1974 |
| C127 | 宝丰1号 | A019(0.063) A026(0.125) A146(0.031) A154(0.125) A210(0.031) A244(0.250) A320(0.125) A587(0.094) A602(0.063) A607(0.031) A608(0.031) A602(0.125) A619(0.031) | 1988 |
| C128 | 宝丰2号 | A206(0.500) A602(0.25) A608(0.125) | 1989 |
| C129 | 宝丰3号 | A019(0.125) A146(0.188) A210(0.188) A585(0.188) A602(0.125) A608(0.063) A619(0.063) | 1991 |
| C130 | 北丰1号 | A019(0.375) A024(0.250) A040(0.125) A248(0.250) | 1983 |

（续）

| 编号 | 育成品种 | 祖先亲本及其遗传贡献值 | 年代/年份 |
|---|---|---|---|
| C131 | 北丰2号 | A019(0.250) A146(0.125) A210(0.125) A235(0.250) A248(0.250) | 1983 |
| C132 | 北丰3号 | A019(0.375) A146(0.094) A210(0.031) A248(0.250) A319(0.250) | 1984 |
| C133 | 北丰4号 | A019(0.250) A021(0.500) A040(0.125) A146(0.063) A210(0.063) | 1986 |
| C134 | 北丰5号 | A019(0.188) A146(0.094) A154(0.125) A209(0.250) A210(0.094) A244(0.250) | 1987 |
| C135 | 北呼豆 | A019(0.500) A248(0.500) | 1972 |
| C136 | 北良56-2 | A019(0.500) A146(0.250) A210(0.250) | 1960 |
| C137 | 东牡小粒豆 | A026(0.250) A027(0.250) A585(0.25) A602(0.125) A607(0.125) A619(0.125) | 1988 |
| C138 | 东农1号 | A245(1.000) | 1956 |
| C139 | 东农2号 | A104(0.500) A146(0.250) A210(0.250) | 1958 |
| C140 | 东农4号 | A019(0.500) A146(0.250) A210(0.250) | 1959 |
| C141 | 东农34 | A070(0.500) A207(0.500) | 1982 |
| C142 | 东农36 | A248(0.250) A310(0.250) A322(0.500) | 1983 |
| C143 | 东农37 | A019(0.313) A137(0.125) A146(0.156) A210(0.156) | 1984 |
| C144 | 东农38 | A019(0.063) A146(0.094) A154(0.125) A210(0.094) A245(0.125) A602(0.25) | 1986 |
| C145 | 东农39 | A041(0.063) A068(0.500) A108(0.125) A210(0.063) A226(0.250) | 1988 |
| C146 | 东农40 | A264(0.500) A309(0.500) | 1991 |
| C147 | 东农41 | A264(0.500) A315(0.500) | 1991 |
| C148 | 东农42 | A007(0.250) A019(0.047) A069(0.031) A154(0.094) A210(0.055) A211(0.031) A226(0.063) A245(0.094) A256(0.063) | 1992 |
| C149 | 东农超小粒1号 | A260(0.125) A316(0.063) A083(0.500) A253(0.500) | 1993 |
| C150 | 丰收1号 | A019(0.500) A146(0.250) A210(0.250) | 1958 |
| C151 | 丰收2号 | A019(0.500) A146(0.250) A210(0.250) | 1958 |
| C152 | 丰收3号 | A019(0.500) A146(0.250) A210(0.250) | 1958 |
| C153 | 丰收4号 | A019(0.500) A146(0.250) A210(0.250) | 1958 |
| C154 | 丰收5号 | A019(0.500) A146(0.250) A210(0.250) | 1958 |
| C155 | 丰收6号 | A019(0.500) A146(0.250) A210(0.250) | 1958 |
| C156 | 丰收10号 | A019(0.250) A146(0.125) A154(0.500) A210(0.125) | 1966 |
| C157 | 丰收11 | A019(0.250) A146(0.125) A154(0.500) A210(0.125) | 1969 |
| C158 | 丰收12 | A019(0.375) A137(0.250) A146(0.188) A210(0.188) | 1969 |
| C159 | 丰收17 | A019(0.250) A146(0.125) A154(0.500) A210(0.125) | 1977 |

（续）

| 编号 | 育成品种 | 祖先亲本及其遗传贡献值 | 年代/年份 |
|---|---|---|---|
| C160 | 丰收18 | A019(0.125) A146(0.063) A154(0.250) A210(0.063) A320(0.500) | 1981 |
| C161 | 丰收19 | A019(0.125) A132(0.500) A146(0.063) A154(0.250) A210(0.063) | 1985 |
| C162 | 丰收20 | A019(0.250) A146(0.125) A154(0.250) A210(0.125) A216(0.250) | 1988 |
| C163 | 丰收21 | A019(0.094) A146(0.172) A154(0.188) A210(0.172) A233(0.125) A316(0.250) | 1989 |
| C164 | 丰收22 | A019(0.094) A146(0.109) A154(0.188) A210(0.109) A244(0.250) A316(0.250) | 1992 |
| C165 | 钢201 | A019(0.375) A146(0.188) A154(0.250) A210(0.188) | 1974 |
| C166 | 合丰17 | A146(0.500) A210(0.500) | 1971 |
| C167 | 合丰22 | A019(0.250) A146(0.375) A210(0.375) | 1974 |
| C168 | 合丰23 | A019(0.125) A146(0.063) A154(0.250) A210(0.063) A244(0.500) | 1977 |
| C169 | 合丰24 | A019(0.188) A146(0.094) A154(0.125) A210(0.094) A216(0.250) A244(0.250) | 1983 |
| C170 | 合丰25 | A019(0.094) A146(0.109) A154(0.188) A210(0.109) A244(0.250) | 1984 |
| C171 | 合丰26 | A019(0.031) A146(0.203) A154(0.063) A210(0.203) A316(0.250) | 1985 |
| C172 | 合丰27 | A019(0.188) A146(0.281) A210(0.281) A585(0.063) A589(0.063) A602(0.125) | 1986 |
| C173 | 合丰28 | A019(0.188) A146(0.094) A154(0.125) A210(0.094) A210(0.500) | 1986 |
| C174 | 合丰29 | A019(0.188) A146(0.094) A154(0.125) A210(0.094) A610(0.500) | 1987 |
| C175 | 合丰30 | A019(0.047) A046(0.125) A146(0.117) A154(0.094) A210(0.117) A244(0.125) A316(0.375) | 1988 |
| C176 | 合丰31 | A019(0.141) A146(0.102) A154(0.156) A210(0.102) A216(0.125) A244(0.250) A316(0.125) | 1989 |
| C177 | 合丰32 | A019(0.023) A619(0.031) A146(0.152) A154(0.047) A210(0.152) A316(0.188) A319(0.188) A585(0.094) A602(0.063) A607(0.031) A608(0.031) | 1992 |
| C178 | 合丰33 | A019(0.016) A074(0.125) A146(0.102) A154(0.031) A210(0.102) A227(0.250) A247(0.125) A316(0.125) A319(0.125) | 1992 |
| C179 | 合丰34 | A019(0.094) A146(0.047) A154(0.063) A210(0.047) A216(0.125) A244(0.125) A267(0.500) | 1994 |
| C180 | 合丰35 | A019(0.098) A041(0.016) A074(0.031) A108(0.031) A131(0.031) A137(0.008) A146(0.064) A154(0.141) A210(0.079) A216(0.188) A226(0.063) A252(0.063) A585(0.094) A589(0.094) A602(0.047) | 1994 |
| C181 | 合丰36 | A019(0.016) A146(0.164) A154(0.031) A210(0.102) A211(0.063) A226(0.125) A256(0.125) A316(0.250) A319(0.125) | 1995 |
| C182 | 合交6号 | A146(0.250) A210(0.250) A233(0.500) | 1963 |
| C183 | 合交8号 | A146(0.250) A210(0.250) A233(0.500) | 1962 |
| C184 | 合交11 | A146(0.250) A210(0.250) A233(0.500) | 1965 |
| C185 | 合交13 | A146(0.250) A210(0.250) A319(0.500) | 1968 |
| C186 | 合交14 | A019(0.250) A146(0.375) A210(0.375) | 1970 |
| C187 | 黑河3号 | A019(0.250) A146(0.125) A209(0.500) A210(0.125) | 1966 |

（续）

| 编号 | 育成品种 | 祖先亲本及其遗传贡献值 | | | | | | | | 年代/年份 |
|------|----------|------|------|------|------|------|------|------|------|----------|
| C188 | 黑河 4 号 | A019(0.188) | A146(0.094) | A209(0.125) | A210(0.094) | A216(0.250) | A320(0.250) | | | 1982 |
| C189 | 黑河 5 号 | A019(0.125) | A146(0.063) | A210(0.063) | A216(0.063) | A585(0.25) | A589(0.125) | | | 1986 |
| C190 | 黑河 6 号 | A019(0.094) | A120(0.500) | A146(0.047) | A209(0.063) | A210(0.047) | A216(0.125) | A320(0.125) | | 1986 |
| C191 | 黑河 7 号 | A019(0.125) | A146(0.063) | A210(0.063) | A216(0.063) | A316(0.250) | A585(0.125) | A589(0.063) | A602(0.063) | 1988 |
| C192 | 黑河 8 号 | A019(0.188) | A146(0.094) | A209(0.125) | A210(0.094) | A216(0.250) | A320(0.250) | | | 1989 |
| C193 | 黑河 9 号 | A019(0.125) | A146(0.063) | A209(0.125) | A210(0.063) | A216(0.125) | A316(0.250) | A320(0.250) | | 1990 |
| C194 | 黑河 51 | A019(0.250) | A146(0.125) | A210(0.125) | A319(0.500) | | | | | 1967 |
| C195 | 黑河 54 | A019(0.250) | A146(0.125) | A210(0.125) | A216(0.500) | | | | | 1967 |
| C196 | 黑鉴 1 号 | A305(1.000) | | | | | | | | 1984 |
| C197 | 黑农 3 号 | A067(0.500) | A146(0.250) | A210(0.250) | | | | | | 1964 |
| C198 | 黑农 4 号 | A146(0.500) | A210(0.500) | | | | | | | 1966 |
| C199 | 黑农 5 号 | A019(0.500) | A146(0.250) | A210(0.250) | | | | | | 1966 |
| C200 | 黑农 6 号 | A146(0.500) | A210(0.500) | | | | | | | 1967 |
| C201 | 黑农 7 号 | A146(0.500) | A210(0.500) | | | | | | | 1966 |
| C202 | 黑农 8 号 | A146(0.500) | A210(0.500) | | | | | | | 1967 |
| C203 | 黑农 10 号 | A019(0.250) | A146(0.375) | A210(0.375) | A350(0.500) | | | | | 1971 |
| C204 | 黑农 11 | A019(0.250) | A146(0.125) | A210(0.125) | A350(0.250) | | | | | 1971 |
| C205 | 黑农 16 | A146(0.250) | A210(0.250) | A235(0.500) | | | | | | 1970 |
| C206 | 黑农 17 | A019(0.125) | A146(0.125) | A210(0.125) | A351(0.500) | | | | | 1970 |
| C207 | 黑农 18 | A074(0.500) | A146(0.125) | A210(0.125) | | | | | | 1970 |
| C208 | 黑农 19 | A146(0.125) | A210(0.125) | A351(0.500) | | | | | | 1970 |
| C209 | 黑农 23 | A019(0.250) | A067(0.250) | A146(0.250) | A210(0.250) | | | | | 1973 |
| C210 | 黑农 24 | A019(0.250) | A067(0.250) | A146(0.250) | A210(0.250) | | | | | 1974 |
| C211 | 黑农 26 | A019(0.250) | A146(0.125) | A210(0.125) | A214(0.500) | | | | | 1975 |
| C212 | 黑农 27 | A019(0.250) | A074(0.250) | A146(0.125) | A210(0.125) | A350(0.250) | | | | 1983 |
| C213 | 黑农 28 | A146(0.125) | A235(0.250) | A316(0.500) | | | | | | 1986 |
| C214 | 黑农 29 | A019(0.188) | A146(0.156) | A210(0.156) | A316(0.250) | A350(0.250) | | | | 1986 |
| C215 | 黑农 30 | A038(0.125) | A067(0.063) | A102(0.125) | A103(0.125) | A146(0.156) | A210(0.156) | A233(0.125) | A245(0.125) | 1987 |
| C216 | 黑农 31 | A074(0.500) | A146(0.250) | A210(0.125) | A226(0.125) | | | | | 1987 |
| C217 | 黑农 32 | A074(0.500) | A146(0.250) | A210(0.125) | A226(0.125) | | | | | 1987 |

（续）

| 编号 | 育成品种 | 祖先亲本及其遗传贡献值 | | | | | | | | | | 年代/年份 |
|---|---|---|---|---|---|---|---|---|---|---|---|---|
| C218 | 黑农33 | A019(0.063) | A146(0.094) | A154(0.125) | A210(0.094) | A245(0.125) | A587(0.063) | A599(0.188) | A607(0.063) | A619(0.188) | | 1988 |
| C219 | 黑农34 | A146(0.063) | A210(0.125) | A235(0.250) | A316(0.125) | | | | | | | 1988 |
| C220 | 黑农35 | A146(0.063) | A210(0.125) | A235(0.250) | A316(0.125) | | | | | | | 1990 |
| C221 | 黑农36 | A019(0.063) | A146(0.094) | A154(0.125) | A210(0.094) | A245(0.125) | A587(0.063) | A599(0.188) | A607(0.063) | A619(0.188) | | 1990 |
| C222 | 黑农37 | A038(0.063) | A067(0.031) | A102(0.063) | A103(0.063) | A146(0.141) | A210(0.063) | A233(0.063) | A235(0.125) | A245(0.063) | A316(0.250) | 1992 |
| C223 | 黑农39 | A019(0.047) | A069(0.031) | A074(0.063) | A121(0.250) | A146(0.055) | A154(0.094) | A210(0.055) | A226(0.063) | A242(0.063) | A245(0.094) | 1994 |
| C224 | 黑农小粒豆1号 | A019(0.063) A619(0.031) | A073(0.250) | A146(0.031) | A154(0.125) | A247(0.250) | A585(0.094) | A602(0.063) | A607(0.031) | A608(0.031) | | 1989 |
| C225 | 红丰2号 | A019(0.125) | A146(0.313) | A209(0.250) | A210(0.313) | | | | | | | 1978 |
| C226 | 红丰3号 | A019(0.125) | A146(0.313) | A209(0.250) | A210(0.313) | | | | | | | 1981 |
| C227 | 红丰5号 | A019(0.094) | A146(0.234) | A154(0.063) | A209(0.125) | A210(0.234) | A316(0.250) | | | | | 1988 |
| C228 | 红丰8号 | A019(0.047) | A146(0.055) | A154(0.094) | A210(0.055) | A244(0.125) | A304(0.500) | A316(0.125) | | | | 1993 |
| C229 | 红丰9号 | A019(0.063) | A146(0.156) | A209(0.125) | A210(0.156) | A303(0.500) | | | | | | 1995 |
| C230 | 红丰小粒豆1号 | A019(0.063) | A118(0.500) | A146(0.156) | A209(0.125) | A210(0.156) | | | | | | 1988 |
| C231 | 建丰1号 | A019(0.125) | A053(0.500) | A146(0.063) | A154(0.250) | A210(0.063) | | | | | | 1987 |
| C232 | 金元2号 | A288(1.000) | | | | | | | | | | 1941 |
| C233 | 荆山扑 | A146(0.500) | A210(0.500) | | | | | | | | | 1958 |
| C234 | 九丰1号 | A019(0.250) | A068(0.250) | A146(0.125) | A154(0.125) | A210(0.125) | A216(0.125) | | | | | 1983 |
| C235 | 九丰2号 | A019(0.375) | A146(0.188) | A154(0.250) | A210(0.188) | | | | | | | 1984 |
| C236 | 九丰3号 | A019(0.063) | A031(0.250) | A032(0.500) | A146(0.031) | A210(0.031) | A216(0.125) | | | | | 1986 |
| C237 | 九丰4号 | A019(0.063) | A020(0.250) | A146(0.031) | A210(0.031) | A216(0.125) | A316(0.500) | | | | | 1988 |
| C238 | 九丰5号 | A019(0.063) | A020(0.250) | A072(0.250) | A146(0.031) | A154(0.063) | A210(0.031) | A216(0.063) | A585(0.125) | A602(0.063) | A608(0.031) | 1990 |
| C239 | 抗线虫1号 | A019(0.188) | A137(0.125) | A146(0.094) | A210(0.094) | A585(0.031) | A587(0.063) | A599(0.125) | A607(0.047) | A613(0.094) | A619(0.141) | 1992 |
| C240 | 抗线虫2号 | A019(0.156) | A146(0.266) | A189(0.063) | A210(0.266) | A585(0.016) | A587(0.031) | A599(0.063) | A607(0.023) | A613(0.047) | A619(0.070) | 1995 |
| C241 | 克北1号 | A019(0.500) | A146(0.250) | A210(0.250) | | | | | | | | 1960 |
| C242 | 克霜 | A248(1.000) | | | | | | | | | | 1941 |
| C243 | 克系283 | A040(1.000) | | | | | | | | | | 1956 |
| C244 | 垦丰1号 | A019(0.125) | A146(0.063) | A210(0.063) | A216(0.250) | | | | | | | 1987 |
| C245 | 垦株1号 | A208(1.000) | | | | | | | | | | 1990 |

（续）

| 编号 | 育成品种 | 祖先亲本及其遗传贡献值 | 年代/年份 |
|---|---|---|---|
| C246 | 垦农1号 | A019(0.156) A146(0.141) A154(0.063) A210(0.141) A146(0.063) A241(0.250) A316(0.250) | 1987 |
| C247 | 垦农2号 | A019(0.109) A069(0.031) A146(0.086) A154(0.094) A209(0.125) A210(0.086) A316(0.250) | 1988 |
| C248 | 垦农4号 | A019(0.047) A041(0.031) A069(0.031) A074(0.063) A108(0.063) A131(0.063) A146(0.055) A154(0.094) A210(0.086) A226(0.125) A245(0.094) A252(0.125) A260(0.125) A274(0.250) | 1992 |
| C249 | 李玉玲 | A289(1.000) | 1957 |
| C250 | 满仓金 | A146(0.500) A210(0.500) | 1941 |
| C251 | 漠河1号 | A321(0.500) A591(0.5) | 1985 |
| C252 | 牡丰1号 | A146(0.500) A210(0.500) | 1968 |
| C253 | 牡丰5号 | A146(0.250) A210(0.250) A240(0.500) | 1972 |
| C254 | 牡丰6号 | A229(0.500) A587(0.063) A599(0.188) A607(0.063) A619(0.188) | 1989 |
| C255 | 嫩丰1号 | A146(0.500) A210(0.500) | 1972 |
| C256 | 嫩丰2号 | A019(0.250) A146(0.375) A210(0.375) | 1972 |
| C257 | 嫩丰4号 | A067(0.250) A146(0.375) A210(0.375) | 1975 |
| C258 | 嫩丰7号 | A019(0.250) A146(0.125) A189(0.500) A210(0.125) | 1970 |
| C259 | 嫩丰9号 | A019(0.250) A146(0.375) A210(0.375) | 1980 |
| C260 | 嫩丰10号 | A019(0.125) A146(0.313) A189(0.250) A210(0.313) | 1981 |
| C261 | 嫩丰11 | A146(0.250) A210(0.250) A260(0.500) | 1984 |
| C262 | 嫩丰12 | A019(0.063) A051(0.250) A146(0.281) A189(0.125) A210(0.281) | 1985 |
| C263 | 嫩丰13 | A088(0.250) A146(0.125) A153(0.500) A210(0.125) | 1987 |
| C264 | 嫩丰14 | A012(1.000) | 1988 |
| C265 | 嫩丰15 | A019(0.125) A146(0.063) A209(0.250) A210(0.063) A585(0.047) A587(0.016) A599(0.141) A602(0.039) A607(0.031) A613(0.047) A615(0.031) A619(0.177) A624(0.031) | 1994 |
| C266 | 嫩农1号 | A025(0.500) A029(0.500) | 1985 |
| C267 | 嫩农2号 | A019(0.125) A028(0.500) A146(0.063) A216(0.250) | 1988 |
| C268 | 曙光1号 | A290(1.000) | 1953 |
| C269 | 绥农1号 | A019(0.125) A146(0.188) A154(0.250) A210(0.188) A245(0.250) | 1973 |
| C270 | 绥农3号 | A019(0.125) A146(0.188) A154(0.250) A210(0.188) A245(0.250) | 1973 |
| C271 | 绥农4号 | A019(0.094) A069(0.063) A146(0.109) A210(0.109) A245(0.188) A260(0.250) | 1981 |
| C272 | 绥农5号 | A019(0.156) A146(0.109) A154(0.188) A210(0.109) A241(0.250) A245(0.063) A316(0.250) | 1984 |
| C273 | 绥农6号 | A019(0.125) A146(0.063) A210(0.063) A241(0.250) A316(0.500) | 1985 |

（续）

| 编号 | 育成品种 | 祖先亲本及其遗传贡献值 | 年代/年份 |
|---|---|---|---|
| C274 | 绥农 7 号 | A019(0.008) A041(0.031) A108(0.063) A131(0.063) A137(0.016) A146(0.035) A154(0.281) A210(0.066) A226(0.125) A252(0.125) A585(0.063) A602(0.031) A589(0.031) | 1988 |
| C275 | 绥农 8 号 | A019(0.051) A069(0.031) A137(0.008) A146(0.072) A154(0.234) A210(0.072) A245(0.094) A260(0.125) A585(0.156) A589(0.078) A589(0.031) A602(0.078) | 1989 |
| C276 | 绥农 9 号 | A019(0.086) A069(0.031) A146(0.08) A154(0.109) A210(0.08) A241(0.063) A245(0.109) A260(0.125) A316(0.063) A585(0.125) A589(0.063) A602(0.063) | 1991 |
| C277 | 绥农 10 号 | A019(0.047) A069(0.031) A074(0.063) A121(0.250) A146(0.055) A154(0.094) A210(0.055) A226(0.063) A242(0.063) A245(0.094) A247(0.063) A260(0.125) | 1994 |
| C278 | 绥农 11 | A019(0.047) A069(0.031) A074(0.063) A121(0.250) A146(0.055) A154(0.094) A210(0.055) A226(0.063) A242(0.063) A245(0.094) A247(0.063) A260(0.125) | 1995 |
| C279 | 孙吴平顶黄 | A215(1.000) | 1953 |
| C280 | 西比瓦 | A292(1.000) | 1941 |
| C281 | 新四粒黄 | A209(1.000) | 1962 |
| C282 | 逊选 1 号 | A019(0.250) A146(0.125) A209(0.500) A210(0.125) | 1986 |
| C283 | 于惠珍大豆 | A146(0.500) A210(0.500) | 1954 |
| C284 | 元宝金 | A146(0.500) A210(0.500) | 1941 |
| C285 | 紫花 2 号 | A019(1.000) | 1941 |
| C286 | 紫花 3 号 | A104(1.000) | 1941 |
| C287 | 紫花 4 号 | A019(1.000) | 1941 |
| C288 | 矮脚早 | A291(1.000) | 1977 |
| C289 | 鄂豆 2 号 | A119(0.500) A168(0.500) | 1975 |
| C290 | 鄂豆 4 号 | A219(0.500) A291(0.500) | 1989 |
| C291 | 鄂豆 5 号 | A219(0.500) A291(0.500) | 1990 |
| C292 | 早春 1 号 | A291(1.000) | 1994 |
| C293 | 中豆 8 号 | A084(0.250) A106(0.188) A134(0.188) A246(0.125) A587(0.031) A599(0.094) A607(0.031) A619(0.094) | 1993 |
| C294 | 中豆 14 | A084(0.250) A106(0.125) A134(0.188) A246(0.188) A587(0.031) A599(0.094) A607(0.031) A619(0.094) | 1987 |
| C295 | 中豆 19 | A002(0.250) A084(0.250) A231(0.125) A263(0.250) A263(0.063) A601(0.063) A611(0.063) | 1987 |
| C296 | 中豆 20 | A002(0.125) A034(0.125) A084(0.125) A133(0.063) A177(0.125) A196(0.125) A228(0.031) A231(0.063) A254(0.031) A263(0.125) A601(0.031) | 1994 |
| C297 | 中豆 24 | A230(0.500) A291(0.500) | 1989 |

（续）

| 编号 | 育成品种 | 祖先亲本及其遗传贡献值 | 年代/年份 |
|------|---------|----------------------|-----------|
| C298 | 州豆 30 | A076(0.500) A585(0.063) A599(0.125) A602(0.063) A607(0.063) A615(0.063) A619(0.063) A624(0.063) | 1987 |
| C299 | 怀春 79-16 | A036(1.000) | 1987 |
| C300 | 湘 B68 | A064(1.000) | 1984 |
| C301 | 湘春豆 10 号 | A201(0.500) A214(0.500) | 1985 |
| C302 | 湘春豆 11 | A201(0.500) A585(0.188) A602(0.125) A607(0.063) A608(0.063) A619(0.063) | 1987 |
| C303 | 湘春豆 12 | A132(0.250) A146(0.125) A152(0.250) A205(0.250) A226(0.125) | 1989 |
| C304 | 湘春豆 13 | A201(0.500) A291(0.500) | 1989 |
| C305 | 湘春豆 14 | A130(0.125) A146(0.031) A152(0.125) A201(0.188) A205(0.125) A210(0.094) A214(0.063) A291(0.125) A585(0.047) A602(0.031) | 1992 |
| C306 | 湘春豆 15 | A607(0.016) A608(0.016) A619(0.016) | 1995 |
| C307 | 湘豆 3 号 | A201(0.500) A214(0.250) A291(0.250) | 1974 |
| C308 | 湘豆 4 号 | A147(1.000) | 1974 |
| C309 | 湘豆 5 号 | A152(0.500) A205(0.500) | 1980 |
| C310 | 湘豆 6 号 | A205(0.500) A266(0.500) | 1981 |
| C311 | 湘菁 | A265(1.000) | 1988 |
| C312 | 湘秋豆 1 号 | A129(0.500) A193(0.500) | 1974 |
| C313 | 湘秋豆 2 号 | A129(0.250) A144(0.500) A193(0.250) | 1982 |
| C314 | 白农 1 号 | A041(0.125) A108(0.250) A146(0.250) A210(0.125) A226(0.250) | 1981 |
| C315 | 白农 2 号 | A146(0.375) A210(0.375) A233(0.250) | 1986 |
| C316 | 白农 4 号 | A041(0.063) A108(0.125) A210(0.063) A226(0.250) A260(0.500) | 1988 |
| C317 | 长白 1 号 | A249(1.000) | 1982 |
| C318 | 长农 1 号 | A041(0.063) A071(0.500) A108(0.125) A210(0.063) A226(0.250) | 1980 |
| C319 | 长农 2 号 | A146(0.250) A210(0.500) A226(0.250) | 1980 |
| C320 | 长农 4 号 | A019(0.063) A146(0.031) A157(0.500) A210(0.031) A316(0.250) A350(0.125) | 1985 |
| C321 | 长农 5 号 | A019(0.031) A146(0.078) A157(0.250) A210(0.016) A211(0.063) A226(0.125) A256(0.125) A316(0.250) | 1990 |
| C322 | 长农 7 号 | A074(0.063) A131(0.063) A146(0.063) A210(0.125) A211(0.063) A226(0.125) A256(0.375) A316(0.125) | 1993 |
| C323 | 德农 1 号 | A019(0.125) A074(0.250) A131(0.250) A146(0.063) A209(0.250) A210(0.063) | 1985 |
| C324 | 丰地黄 | A074(1.000) | 1943 |
| C325 | 丰交 7607 | A146(0.125) A210(0.375) A585(0.25) A589(0.125) A602(0.125) | 1992 |
| C326 | 丰收选 | A019(0.250) A146(0.125) A154(0.500) A210(0.125) | 1978 |

（续）

| 编号 | 育成品种 | 祖先亲本及其遗传贡献值 | 年代/年份 |
|---|---|---|---|
| C327 | 公交 5201 - 18 | A146(0.500) A226(0.500) | 1963 |
| C328 | 公交 5601 - 1 | A049(0.500) A242(0.500) | 1970 |
| C329 | 公交 5610 - 1 | A049(0.500) A146(0.250) A210(0.250) | 1970 |
| C330 | 公交 5610 - 2 | A049(0.500) A146(0.250) A210(0.250) | 1970 |
| C331 | 和平 1 号 | A146(0.500) A210(0.500) | 1950 |
| C332 | 桦丰 1 号 | A074(0.500) A131(0.500) | 1978 |
| C333 | 黄宝珠 | A210(1.000) | 1923 |
| C334 | 吉林 1 号 | A146(0.500) A226(0.500) | 1963 |
| C335 | 吉林 2 号 | A146(0.500) A226(0.500) | 1963 |
| C336 | 吉林 3 号 | A146(0.500) A226(0.500) | 1963 |
| C337 | 吉林 4 号 | A146(0.500) A226(0.500) | 1963 |
| C338 | 吉林 5 号 | A211(0.500) A226(0.500) | 1963 |
| C339 | 吉林 6 号 | A155(0.500) A241(0.500) | 1963 |
| C340 | 吉林 8 号 | A241(0.500) A270(0.500) | 1971 |
| C341 | 吉林 9 号 | A049(0.500) A074(0.250) A146(0.125) A210(0.125) | 1971 |
| C342 | 吉林 10 号 | A146(0.250) A226(0.250) A226(0.500) | 1971 |
| C343 | 吉林 11 | A146(0.250) A226(0.250) A241(0.500) | 1971 |
| C344 | 吉林 12 | A074(0.250) A131(0.250) A146(0.375) A210(0.125) | 1971 |
| C345 | 吉林 13 | A132(0.500) A146(0.250) A226(0.250) | 1976 |
| C346 | 吉林 14 | A132(0.500) A146(0.250) A226(0.250) | 1978 |
| C347 | 吉林 15 | A211(0.250) A226(0.250) A256(0.250) A316(0.250) | 1978 |
| C348 | 吉林 16 | A146(0.250) A226(0.250) A316(0.500) | 1978 |
| C349 | 吉林 17 | A074(0.500) A146(0.250) A226(0.250) | 1982 |
| C350 | 吉林 18 | A146(0.125) A211(0.125) A226(0.250) A256(0.250) A316(0.250) | 1982 |
| C351 | 吉林 19 | A019(0.125) A146(0.188) A210(0.188) A312(0.500) | 1981 |
| C352 | 吉林 20 | A146(0.125) A211(0.125) A226(0.250) A256(0.250) A316(0.250) | 1985 |
| C353 | 吉林 21 | A019(0.063) A067(0.063) A074(0.031) A128(0.125) A132(0.063) A135(0.250) A210(0.063) A226(0.063) A227(0.063) A247(0.031) A316(0.063) | 1988 |
| C354 | 吉林 22 | A211(0.125) A226(0.125) A256(0.125) A585(0.063) A599(0.125) A602(0.063) A607(0.063) A615(0.063) A619(0.063) A624(0.063) | 1989 |
| C355 | 吉林 23 | A071(0.250) A085(0.250) A146(0.063) A211(0.063) A226(0.125) A256(0.125) A316(0.125) | 1990 |

（续）

| 编号 | 育成品种 | 祖先亲本及其遗传贡献值 | 年代/年份 |
|------|----------|------------------------|-----------|
| C356 | 吉林24 | A146(0.125) A226(0.125) A585(0.063) A599(0.063) A602(0.063) A619(0.063) | 1990 |
| C357 | 吉林25 | A019(0.063) A067(0.063) A135(0.250) A146(0.125) A210(0.063) A211(0.063) A226(0.125) A256(0.125) A316(0.125) | 1991 |
| C358 | 吉林26 | A019(0.125) A074(0.172) A146(0.078) A209(0.250) A210(0.063) A226(0.031) A227(0.125) A242(0.016) A247(0.141) | 1991 |
| C359 | 吉林27 | A074(0.031) A128(0.125) A146(0.063) A211(0.063) A226(0.125) A227(0.063) A247(0.031) A256(0.125) A316(0.125) A585(0.031) | 1991 |
| C360 | 吉林28 | A599(0.063) A602(0.031) A607(0.031) A615(0.031) A619(0.031) A624(0.031) | 1991 |
| C361 | 吉林29 | A044(0.500) A071(0.250) A074(0.063) A182(0.250) A227(0.125) A247(0.063) A589(0.063) A602(0.063) | 1993 |
| C362 | 吉林30 | A071(0.250) A074(0.063) A182(0.250) A227(0.125) A247(0.063) A589(0.063) A602(0.063) | 1993 |
| C363 | 吉林32 | A019(0.031) A146(0.016) A157(0.250) A210(0.016) A211(0.063) A226(0.063) A256(0.125) A316(0.125) A350(0.063) A585(0.031) | 1994 |
| C364 | 吉林小粒1号 | A094(0.500) A180(0.500) | 1990 |
| C365 | 吉农1号 | A059(0.500) A210(0.500) | 1986 |
| C366 | 吉农4号 | A146(0.188) A210(0.375) A211(0.063) A226(0.125) A256(0.125) A316(0.125) | 1991 |
| C367 | 吉青1号 | A089(1.000) | 1991 |
| C368 | 集体3号 | A211(1.000) | 1956 |
| C369 | 集体4号 | A252(1.000) | 1956 |
| C370 | 集体5号 | A041(0.250) A108(0.500) A210(0.250) | 1956 |
| C371 | 九农1号 | A260(1.000) | 1970 |
| C372 | 九农2号 | A210(1.000) | 1970 |
| C373 | 九农3号 | A074(0.500) A252(0.500) | 1969 |
| C374 | 九农4号 | A074(0.500) A226(0.500) | 1969 |
| C375 | 九农5号 | A146(0.250) A210(0.250) A252(0.500) | 1972 |
| C376 | 九农6号 | A074(0.250) A131(0.250) A252(0.500) | 1976 |
| C377 | 九农7号 | A041(0.125) A108(0.250) A210(0.125) A226(0.500) | 1972 |
| C378 | 九农8号 | A210(0.500) A222(0.500) | 1972 |
| C379 | 九农9号 | A146(0.500) A210(0.500) | 1976 |
| C380 | 九农10号 | A146(0.500) A226(0.500) | 1972 |
| C381 | 九农11 | A210(0.500) A226(0.500) | 1981 |
| C382 | 九农12 | A074(0.250) A096(0.250) A252(0.500) | 1982 |
| C383 | 九农13 | A041(0.063) A074(0.125) A108(0.125) A131(0.125) A210(0.063) A226(0.250) A252(0.250) | 1981 |

（续）

| 编号 | 育成品种 | 祖先亲本及其遗传贡献值 | 年代/年份 |
|---|---|---|---|
| C384 | 九农14 | A071(0.500) A074(0.500) | 1985 |
| C385 | 九农15 | A146(0.250) A210(0.250) A602(0.125) A585(0.25) | 1987 |
| C386 | 九农16 | A024(0.500) A260(0.500) | 1988 |
| C387 | 九农17 | A019(0.125) A132(0.125) A146(0.125) A154(0.250) A226(0.063) A585(0.125) A602(0.125) | 1990 |
| C388 | 九农18 | A083(0.500) A090(0.500) | 1991 |
| C389 | 九农19 | A041(0.031) A074(0.063) A108(0.063) A131(0.063) A146(0.063) A210(0.031) A226(0.188) A252(0.125) A585(0.125) A602(0.125) | 1991 |
| C390 | 九农20 | A019(0.031) A074(0.063) A096(0.063) A146(0.109) A154(0.063) A210(0.047) A211(0.063) A226(0.125) A245(0.063) A252(0.125) A256(0.125) A316(0.125) | 1993 |
| C391 | 九农21 | A146(0.063) A211(0.063) A226(0.125) A256(0.125) A316(0.125) | 1995 |
| C392 | 群选1号 | A260(1.000) | 1964 |
| C393 | 通农4号 | A015(0.500) A172(0.500) | 1978 |
| C394 | 通农5号 | A107(0.500) A316(0.500) | 1978 |
| C395 | 通农6号 | A107(0.500) A316(0.500) | 1978 |
| C396 | 通农7号 | A107(0.500) A316(0.500) | 1978 |
| C397 | 通农8号 | A019(0.125) A146(0.063) A209(0.250) A210(0.063) A260(0.500) | 1982 |
| C398 | 通农9号 | A074(0.250) A107(0.250) A173(0.250) A316(0.250) | 1987 |
| C399 | 通农10号 | A030(0.031) A082(0.125) A095(0.031) A107(0.250) A151(0.250) A227(0.031) A234(0.031) A316(0.250) | 1992 |
| C400 | 通农11 | A107(0.250) A314(0.500) A316(0.250) | 1995 |
| C401 | 小金黄1号 | A241(1.000) | 1941 |
| C402 | 小金黄2号 | A241(1.000) | 1941 |
| C403 | 延农2号 | A132(0.500) A211(0.500) | 1978 |
| C404 | 延农3号 | A132(0.500) A211(0.500) | 1978 |
| C405 | 延农5号 | A019(0.031) A137(0.063) A146(0.016) A154(0.375) A210(0.016) A260(0.500) | 1982 |
| C406 | 延农6号 | A019(0.031) A137(0.063) A146(0.016) A154(0.375) A210(0.016) A260(0.500) | 1982 |
| C407 | 延农7号 | A113(0.500) A132(0.250) A146(0.125) A226(0.125) | 1988 |
| C408 | 延院1号 | A132(0.750) A146(0.125) A226(0.125) | 1993 |
| C409 | 早丰1-17 | A074(0.500) A131(0.500) | 1978 |
| C410 | 早丰1号 | A074(0.500) A131(0.500) | 1959 |
| C411 | 早丰2号 | A074(0.500) A146(0.250) A210(0.250) | 1959 |

| 编号 | 育成品种 | 祖先亲本及其遗传贡献值 | | | | | | | 年代/年份 |
|---|---|---|---|---|---|---|---|---|---|
| C412 | 早丰3号 | A074(0.500) | A146(0.250) | A210(0.250) | | | | | 1960 |
| C413 | 早丰5号 | A096(1.000) | | | | | | | 1961 |
| C414 | 枝2号 | A146(0.500) | A210(0.500) | | | | | | 1958 |
| C415 | 枝3号 | A146(0.500) | A210(0.500) | | | | | | 1958 |
| C416 | 紫花1号 | A239(1.000) | | | | | | | 1941 |
| C417 | 58-161 | A034(1.000) | | | | | | | 1964 |
| C418 | 岔路口1号 | A293(1.000) | | | | | | | 1954 |
| C419 | 楚秀 | A006(0.500) | A034(0.500) | | | | | | 1992 |
| C420 | 东辛74-12 | A034(1.000) | | | | | | | 1988 |
| C421 | 灌豆1号 | A002(0.250) | A034(0.250) | A231(0.250) | A601(0.125) | A611(0.125) | | | 1985 |
| C422 | 灌云1号 | A099(1.000) | | | | | | | 1974 |
| C423 | 淮豆1号 | A002(0.125) | A034(0.625) | A231(0.125) | A601(0.063) | A611(0.063) | | | 1983 |
| C424 | 淮豆2号 | A034(0.500) | A183(0.250) | A311(0.250) | | | | | 1986 |
| C425 | 金大332 | A294(1.000) | | | | | | | 1923 |
| C426 | 六十日 | A100(1.000) | | | | | | | 1973 |
| C427 | 绿宝珠 | A058(0.500) | A188(0.500) | | | | | | 1992 |
| C428 | 南农1138-2 | A084(1.000) | | | | | | | 1973 |
| C429 | 南农133-3 | A065(1.000) | | | | | | | 1962 |
| C430 | 南农133-6 | A065(1.000) | | | | | | | 1962 |
| C431 | 南农493-1 | A002(1.000) | | | | | | | 1962 |
| C432 | 南农73-935 | A002(0.75) | A084(0.250) | | | | | | 1990 |
| C433 | 南农86-4 | A084(1.000) | | | | | | | 1994 |
| C434 | 南农87C-38 | A231(0.125) | A258(0.500) | A295(0.250) | A601(0.063) | A611(0.063) | | | 1990 |
| C435 | 南农88-48 | A002(0.250) | A084(0.250) | A587(0.031) | A599(0.094) | A619(0.094) | | | 1994 |
| C436 | 南农菜豆1号 | A084(0.500) | A112(0.500) | | | | | | 1989 |
| C437 | 宁青豆1号 | A176(0.125) | A231(0.125) | A258(0.500) | A601(0.063) | A607(0.031) | | | 1987 |
| C438 | 宁镇1号 | A084(0.500) | A585(0.063) | A602(0.063) | A615(0.063) | A624(0.063) | | | 1984 |
| C439 | 宁镇2号 | A084(0.250) | A219(0.250) | A585(0.125) | A588(0.125) | A599(0.047) | A602(0.125) | A607(0.016) | 1990 |
| C440 | 宁镇3号 | A084(0.500) | A585(0.063) | A599(0.063) | A607(0.063) | A615(0.063) | A624(0.063) | | 1992 |
| C441 | 泗豆11 | A034(0.250) | A177(0.250) | A585(0.063) | A587(0.031) | A589(0.156) | A599(0.188) | A619(0.047) | 1987 |

（续）

| 编号 | 育成品种 | 祖先亲本及其遗传贡献值 | 年代/年份 |
|---|---|---|---|
| C442 | 苏 6236 | A219(0.500) A585(0.125) A602(0.125) A607(0.125) A619(0.125) | 1982 |
| C443 | 苏 7209 | A002(0.375) A034(0.375) A311(0.250) | 1982 |
| C444 | 苏豆 1 号 | A002(0.500) A034(0.500) | 1968 |
| C445 | 苏豆 3 号 | A002(0.250) A034(0.250) A184(0.500) | 1995 |
| C446 | 苏垦 1 号 | A034(1.000) | 1978 |
| C447 | 苏内青 2 号 | A187(1.000) | 1990 |
| C448 | 苏协 18－6 | A002(0.500) A084(0.500) | 1981 |
| C449 | 苏协 19－15 | A002(0.500) A084(0.500) | 1981 |
| C450 | 苏协 4－1 | A002(0.500) A034(0.500) | 1981 |
| C451 | 苏协 1 号 | A002(0.500) A084(0.500) | 1981 |
| C452 | 泰春 1 号 | A219(1.000) | 1992 |
| C453 | 通豆 1 号 | A002(0.500) A034(0.500) | 1986 |
| C454 | 夏豆 75 | A061(1.000) | 1975 |
| C455 | 徐豆 1 号 | A231(0.500) A601(0.25) A611(0.25) | 1974 |
| C456 | 徐豆 2 号 | A176(0.500) A349(0.500) | 1978 |
| C457 | 徐豆 3 号 | A034(0.500) A231(0.250) A601(0.125) A611(0.125) | 1978 |
| C458 | 徐豆 7 号 | A231(0.250) A587(0.063) A599(0.188) A601(0.125) A607(0.063) A611(0.125) A619(0.188) | 1986 |
| C459 | 徐豆 135 | A176(0.500) A349(0.500) | 1983 |
| C460 | 徐州 301 | A177(1.000) | 1957 |
| C461 | 徐州 302 | A060(1.000) | 1958 |
| C462 | 7406 | A127(1.000) | 1977 |
| C463 | 矮脚青 | A016(1.000) | 1974 |
| C464 | 赣豆 1 号 | A048(1.000) | 1987 |
| C465 | 赣豆 2 号 | A016(1.000) | 1990 |
| C466 | 赣豆 3 号 | A008(0.500) A016(0.500) | 1993 |
| C467 | 5621 | A074(0.500) A247(0.500) | 1960 |
| C468 | 丹豆 1 号 | A191(1.000) | 1970 |
| C469 | 丹豆 2 号 | A146(0.250) A181(0.500) A210(0.250) | 1973 |
| C470 | 丹豆 3 号 | A074(0.500) A114(0.500) | 1975 |
| C471 | 丹豆 4 号 | A033(0.500) A225(0.500) | 1979 |

（续）

| 编号 | 育成品种 | 祖先亲本及其遗传贡献值 | 年代/年份 |
|---|---|---|---|
| C472 | 丹豆 5 号 | A030(0.125) A030(0.125) A095(0.125) A131(0.125) A227(0.125) A234(0.125) A247(0.125) | 1981 |
| C473 | 丹豆 6 号 | A043(0.500) A080(0.500) | 1989 |
| C474 | 丰豆 1 号 | A042(0.250) A074(0.250) A247(0.250) A260(0.250) | 1988 |
| C475 | 凤交 66-12 | A030(0.250) A095(0.250) A227(0.250) A234(0.250) | 1976 |
| C476 | 凤交 66-22 | A081(0.500) A125(0.500) | 1977 |
| C477 | 凤系 1 号 | A114(1.000) | 1960 |
| C478 | 凤系 2 号 | A115(1.000) | 1960 |
| C479 | 凤系 3 号 | A035(1.000) | 1960 |
| C480 | 凤系 4 号 | A029(1.000) | 1960 |
| C481 | 凤系 6 号 | A079(1.000) | 1965 |
| C482 | 凤系 12 | A017(1.000) | 1965 |
| C483 | 抚 82-93 | A074(0.125) A227(0.250) A247(0.125) A316(0.500) | 1989 |
| C484 | 集体 1 号 | A242(1.000) | 1956 |
| C485 | 集体 2 号 | A227(1.000) | 1956 |
| C486 | 建豆 8202 | A074(0.250) A131(0.250) A212(0.125) A226(0.125) A241(0.250) | 1991 |
| C487 | 锦豆 33 | A145(0.500) A242(0.500) | 1974 |
| C488 | 锦豆 34 | A145(0.500) A243(0.500) | 1972 |
| C489 | 锦豆 35 | A145(0.250) A242(0.250) A585(0.5) | 1988 |
| C490 | 锦豆 6422 | A003(0.500) A181(0.500) | 1974 |
| C491 | 锦州 8-14 | A181(1.000) | 1960 |
| C492 | 金元 1 号 | A146(1.000) | 1941 |
| C493 | 开育 3 号 | A212(0.250) A226(0.250) A242(0.500) | 1976 |
| C494 | 开育 8 号 | A074(0.250) A131(0.250) A212(0.125) A226(0.125) A241(0.250) | 1980 |
| C495 | 开育 9 号 | A074(0.375) A227(0.250) A247(0.250) | 1985 |
| C496 | 开育 10 号 | A042(0.500) A074(0.125) A247(0.125) | 1989 |
| C497 | 辽 83-5020 | A054(0.031) A074(0.250) A075(0.063) A146(0.125) A210(0.094) A226(0.063) A232(0.125) A242(0.031) | 1990 |
| C498 | 辽豆 3 号 | A074(0.125) A227(0.250) A247(0.125) A585(0.25) A589(0.125) A602(0.125) | 1983 |
| C499 | 辽豆 4 号 | A074(0.188) A210(0.125) A232(0.250) A247(0.188) A316(0.250) | 1989 |
| C500 | 辽豆 7 号 | A009(1.000) | 1992 |
| C501 | 辽豆 9 号 | A074(0.094) A146(0.063) A156(0.125) A210(0.063) A295(0.125) A585(0.031) A599(0.063) A602(0.031) A607(0.031) A615(0.031) A619(0.031) | 1993 |

（续）

| 编号 | 育成品种 | 祖先亲本及其遗传贡献值 | 年代/年份 |
|---|---|---|---|
| C502 | 辽豆 10 号 | A014(0.125) A226(0.031) A227(0.250) A242(0.031) A247(0.156) A585(0.125) A589(0.063) A602(0.063) | 1992 |
| C503 | 辽农 2 号 | A054(0.063) A074(0.250) A227(0.250) A241(0.438) | 1983 |
| C504 | 满地金 | A146(0.500) A210(0.500) | 1941 |
| C505 | 沈农 25104 | A074(0.375) A146(0.125) A226(0.125) A231(0.125) A601(0.063) A611(0.063) | 1979 |
| C506 | 铁丰 3 号 | A226(0.500) A242(0.500) | 1967 |
| C507 | 铁丰 5 号 | A074(0.500) A227(0.500) | 1970 |
| C508 | 铁丰 8 号 | A146(0.250) A210(0.250) A232(0.500) | 1970 |
| C509 | 铁丰 9 号 | A074(0.250) A146(0.250) A210(0.250) A247(0.250) | 1970 |
| C510 | 铁丰 18 | A074(0.250) A227(0.500) A247(0.250) | 1973 |
| C511 | 铁丰 19 | A074(0.250) A226(0.250) A242(0.250) A247(0.250) | 1973 |
| C512 | 铁丰 20 | A074(0.250) A226(0.500) A247(0.250) | 1979 |
| C513 | 铁丰 21 | A019(0.125) A074(0.125) A146(0.188) A210(0.188) A216(0.250) A247(0.125) | 1985 |
| C514 | 铁丰 22 | A054(0.125) A074(0.125) A075(0.250) A146(0.125) A210(0.125) A241(0.125) A247(0.125) | 1986 |
| C515 | 铁丰 23 | A074(0.125) A226(0.125) A242(0.125) A247(0.125) A313(0.500) | 1986 |
| C516 | 铁丰 24 | A074(0.250) A131(0.125) A212(0.063) A226(0.063) A227(0.250) A241(0.125) A247(0.125) | 1988 |
| C517 | 铁丰 25 | A074(0.281) A146(0.063) A210(0.063) A232(0.125) A247(0.094) A316(0.375) | 1989 |
| C518 | 铁丰 26 | A074(0.188) A131(0.063) A212(0.031) A226(0.031) A241(0.063) A247(0.250) A348(0.250) | 1993 |
| C519 | 铁丰 27 | A074(0.241) A131(0.031) A146(0.016) A210(0.016) A227(0.313) A232(0.031) A247(0.195) A316(0.156) | 1994 |
| C520 | 早小白眉 | A234(1.000) | 1950 |
| C521 | 彰豆 1 号 | A074(0.250) A227(0.500) A247(0.250) | 1981 |
| C522 | 吉原 1 号 | A146(0.125) A180(0.75) A226(0.125) | 1985 |
| C523 | 内豆 1 号 | A001(0.500) A146(0.125) A210(0.125) A319(0.250) | 1980 |
| C524 | 内豆 2 号 | A019(0.250) A146(0.125) A154(0.500) A210(0.125) | 1980 |
| C525 | 内豆 3 号 | A019(0.125) A132(0.500) A146(0.063) A154(0.250) A210(0.063) | 1986 |
| C526 | 图良 1 号 | A019(0.188) A041(0.125) A108(0.250) A137(0.125) A146(0.094) A210(0.219) | 1989 |
| C527 | 翁豆 79012 | A622(1.000) | 1986 |
| C528 | 乌豆 1 号 | A019(0.250) A146(0.125) A210(0.125) A241(0.500) | 1989 |
| C529 | 宁豆 1 号 | A262(1.000) | 1989 |
| C530 | 宁豆 81 - 7 | A300(1.000) | 1984 |
| C531 | 7517 | A041(0.031) A050(0.063) A108(0.063) A124(0.500) A146(0.031) A155(0.063) A210(0.063) A241(0.063) A295(0.125) | 1986 |

（续）

| 编号 | 育成品种 | 祖先亲本及其遗传贡献值 | 年代/年份 |
|---|---|---|---|
| C532 | 7583 | A133(0.250) A228(0.125) A254(0.125) A587(0.031) A588(0.25) A599(0.125) A619(0.094) | 1988 |
| C533 | 7605 | A132(0.250) A146(0.063) A211(0.250) A226(0.063) A295(0.250) A318(0.125) | 1986 |
| C534 | 备战3号 | A146(0.250) A226(0.250) A295(0.500) | 1973 |
| C535 | 大粒黄 | A179(1.000) | 1949 |
| C536 | 丰收黄 | A156(0.500) A295(0.500) | 1970 |
| C537 | 高作选1号 | A301(1.000) | 1995 |
| C538 | 菏84-1 | A034(0.250) A231(0.125) A587(0.063) A599(0.188) A601(0.063) A607(0.063) A611(0.063) A619(0.188) | 1987 |
| C539 | 菏84-5 | A034(0.250) A231(0.125) A587(0.031) A588(0.25) A599(0.125) A601(0.063) A611(0.063) A619(0.094) | 1989 |
| C540 | 莒选23 | A133(1.000) | 1963 |
| C541 | 临豆3号 | A228(0.250) A254(0.250) A295(0.500) | 1975 |
| C542 | 鲁豆1号 | A047(0.500) A133(0.250) A295(0.250) | 1980 |
| C543 | 鲁豆2号 | A041(0.063) A108(0.125) A210(0.063) A295(0.250) A606(0.500) | 1981 |
| C544 | 鲁豆3号 | A133(0.375) A227(0.125) A228(0.125) A254(0.125) A295(0.250) | 1983 |
| C545 | 鲁豆4号 | A047(0.250) A133(0.250) A228(0.125) A254(0.125) A600(0.250) | 1985 |
| C546 | 鲁豆5号 | A066(0.500) A606(0.500) | 1987 |
| C547 | 鲁豆6号 | A074(0.125) A133(0.250) A227(0.250) A247(0.125) A254(0.125) | 1987 |
| C548 | 鲁豆7号 | A047(0.250) A133(0.250) A228(0.125) A254(0.125) A600(0.250) | 1987 |
| C549 | 鲁豆8号 | A047(0.250) A133(0.250) A228(0.125) A254(0.125) A600(0.250) | 1988 |
| C550 | 鲁豆10号 | A041(0.016) A047(0.125) A050(0.031) A108(0.031) A124(0.250) A133(0.125) A146(0.016) A155(0.031) A210(0.031) A228(0.063) A241(0.031) A254(0.063) A295(0.063) A600(0.125) | 1993 |
| C551 | 鲁豆11 | A022(0.500) A074(0.063) A133(0.125) A227(0.125) A228(0.063) A247(0.063) A254(0.063) | 1995 |
| C552 | 鲁黑豆1号 | A063(0.500) A203(0.500) | 1992 |
| C553 | 鲁黑豆2号 | A132(0.125) A146(0.031) A211(0.125) A226(0.031) A295(0.125) A318(0.063) A613(0.500) | 1993 |
| C554 | 齐茶豆1号 | A047(0.125) A133(0.125) A228(0.063) A254(0.063) A600(0.125) A613(0.500) | 1995 |
| C555 | 齐黄1号 | A295(1.000) | 1962 |
| C556 | 齐黄2号 | A295(1.000) | 1962 |
| C557 | 齐黄4号 | A041(0.125) A108(0.250) A210(0.125) A254(0.500) | 1965 |
| C558 | 齐黄5号 | A228(0.500) A254(0.500) | 1965 |
| C559 | 齐黄10号 | A295(0.500) A318(0.500) | 1966 |
| C560 | 齐黄13 | A295(0.500) A318(0.500) | 1968 |

（续）

| 编号 | 育成品种 | 祖先亲本及其遗传贡献值 | 年代/年份 |
|---|---|---|---|
| C561 | 齐黄 20 | A041(0.063) A108(0.125) A133(0.500) A210(0.063) A254(0.250) | 1968 |
| C562 | 齐黄 21 | A041(0.063) A050(0.125) A108(0.125) A146(0.063) A155(0.125) A210(0.125) A241(0.125) A295(0.250) | 1979 |
| C563 | 齐黄 22 | A011(0.125) A133(0.125) A174(0.125) A255(0.250) A295(0.375) | 1980 |
| C564 | 齐黄 25 | A047(0.125) A105(0.500) A133(0.125) A228(0.063) A254(0.063) A600(0.125) | 1995 |
| C565 | 山宁 4 号 | A133(0.125) A228(0.063) A254(0.063) A295(0.125) A317(0.125) A585(0.063) A587(0.031) A589(0.063) A599(0.188) A619(0.156) | 1983 |
| C566 | 腾县 1 号 | A133(0.500) A228(0.250) A254(0.250) | 1972 |
| C567 | 为民 1 号 | A133(0.500) A295(0.500) | 1970 |
| C568 | 潍 4845 | A110(0.250) A133(0.125) A228(0.063) A254(0.063) A260(0.500) | 1986 |
| C569 | 文丰 4 号 | A272(0.500) A295(0.500) | 1971 |
| C570 | 文丰 5 号 | A041(0.125) A108(0.250) A210(0.125) A295(0.500) | 1971 |
| C571 | 文丰 6 号 | A041(0.063) A108(0.125) A210(0.063) A254(0.250) A295(0.500) | 1971 |
| C572 | 文丰 7 号 | A133(0.500) A295(0.500) | 1971 |
| C573 | 向阳 1 号 | A156(0.500) A295(0.500) | 1970 |
| C574 | 新黄豆 | A254(1.000) | 1952 |
| C575 | 兖黄 1 号 | A133(0.500) A228(0.250) A254(0.250) | 1973 |
| C576 | 烟豆 4 号 | A066(0.250) A163(0.125) A273(0.250) A295(0.125) A606(0.25) | 1988 |
| C577 | 烟黄 3 号 | A041(0.063) A066(0.500) A108(0.125) A210(0.063) A295(0.250) | 1985 |
| C578 | 跃进 4 号 | A133(0.500) A228(0.250) A254(0.250) | 1971 |
| C579 | 跃进 5 号 | A063(1.000) | 1975 |
| C580 | 秦豆 1 号 | A077(0.250) A257(0.250) A295(0.250) A318(0.250) | 1985 |
| C581 | 秦豆 3 号 | A133(0.250) A179(0.250) A228(0.125) A254(0.125) A295(0.250) | 1986 |
| C582 | 秦豆 5 号 | A587(0.063) A588(0.500) A599(0.25) A619(0.188) | 1990 |
| C583 | 陕豆 701 | A257(1.000) | 1978 |
| C584 | 陕豆 702 | A133(0.250) A179(0.250) A228(0.125) A254(0.125) A295(0.250) | 1977 |
| C585 | 陕豆 7214 | A077(0.250) A257(0.75) | 1980 |
| C586 | 陕豆 7826 | A133(0.125) A179(0.125) A228(0.063) A254(0.063) A257(0.500) A295(0.125) | 1988 |
| C587 | 太原 47 | A296(1.000) | 1984 |
| C588 | 汾豆 11 | A136(0.250) A197(0.250) A585(0.063) A599(0.125) A602(0.063) A607(0.063) A615(0.063) A619(0.063) A624(0.063) | 1986 |
| C589 | 汾豆 31 | A133(0.125) A136(0.125) A141(0.125) A146(0.031) A197(0.125) A210(0.031) A228(0.063) A254(0.063) A271(0.063) A585(0.031) | 1990 |
| | | A599(0.063) A602(0.031) A607(0.031) A615(0.031) A619(0.031) A624(0.031) | |

（续）

| 编号 | 育成品种 | 祖先亲本及其遗传贡献值 | 年代/年份 |
|---|---|---|---|
| C590 | 晋大 36 | A074(0.125) A143(0.500) A227(0.250) A247(0.125) | 1989 |
| C591 | 晋豆 1 号 | A039(1.000) | 1973 |
| C592 | 晋豆 2 号 | A074(0.500) A261(0.500) | 1975 |
| C593 | 晋豆 3 号 | A078(1.000) | 1974 |
| C594 | 晋豆 4 号 | A136(0.500) A197(0.500) | 1979 |
| C595 | 晋豆 5 号 | A039(0.500) A148(0.250) A272(0.250) | 1983 |
| C596 | 晋豆 6 号 | A142(0.500) A217(0.250) A223(0.250) | 1985 |
| C597 | 晋豆 7 号 | A136(0.250) A197(0.250) A275(0.500) | 1987 |
| C598 | 晋豆 8 号 | A039(0.500) A585(0.063) A599(0.125) A602(0.063) A615(0.063) A619(0.063) A624(0.063) | 1987 |
| C599 | 晋豆 9 号 | A039(1.000) | 1987 |
| C600 | 晋豆 10 号 | A116(1.000) | 1987 |
| C601 | 晋豆 11 | A165(1.000) | 1990 |
| C602 | 晋豆 12 | A074(0.125) A131(0.125) A136(0.250) A197(0.250) A271(0.250) | 1990 |
| C603 | 晋豆 13 | A039(0.500) A585(0.063) A599(0.125) A602(0.063) A607(0.063) A615(0.063) A619(0.063) A624(0.063) | 1990 |
| C604 | 晋豆 14 | A087(0.500) A161(0.500) | 1991 |
| C605 | 晋豆 15 | A019(0.047) A039(0.250) A146(0.055) A148(0.125) A154(0.094) A210(0.055) | 1991 |
| C606 | 晋豆 16 | A039(0.375) A074(0.125) A261(0.125) A314(0.375) | 1991 |
| C607 | 晋豆 17 | A074(0.250) A136(0.250) A197(0.250) A261(0.250) | 1992 |
| C608 | 晋豆 371 | A146(0.250) A210(0.250) A232(0.500) | 1968 |
| C609 | 晋豆 482 | A198(0.500) A218(0.500) | 1971 |
| C610 | 晋豆 501 | A148(0.500) A272(0.500) | 1974 |
| C611 | 晋豆 514 | A140(0.500) A175(0.500) | 1978 |
| C612 | 晋遗 9 号 | A019(0.250) A136(0.250) A146(0.125) A197(0.250) A210(0.125) | 1989 |
| C613 | 晋遗 10 号 | A136(0.250) A156(0.250) A197(0.250) A295(0.250) | 1988 |
| C614 | 晋遗 19 | A030(0.063) A074(0.063) A095(0.063) A220(0.250) A226(0.063) A227(0.063) A234(0.063) A242(0.063) A247(0.063) A585(0.125) A589(0.063) A602(0.063) | 1990 |
| C615 | 晋遗 20 | A030(0.125) A095(0.125) A220(0.500) A227(0.125) A323(0.125) | 1991 |
| C616 | 闪金豆 | A146(0.500) A210(0.500) | 1966 |
| C617 | 大合早 | A218(1.000) | 1960 |
| C618 | 紫秸豆 75 | A271(1.000) | 1977 |

（续）

| 编号 | 育成品种 | 祖先亲本及其遗传贡献值 | | | | | | | | | | 年代/年份 |
|---|---|---|---|---|---|---|---|---|---|---|---|---|
| C619 | 成豆 4 号 | A074(0.125) | A097(0.500) | A226(0.125) | A242(0.125) | A247(0.125) | | | | | | 1989 |
| C620 | 成豆 5 号 | A013(0.500) | A307(0.500) | | | | | | | | | 1993 |
| C621 | 川豆 2 号 | A084(0.250) | A587(0.031) | A599(0.094) | A607(0.031) | A619(0.094) | | | | | | 1993 |
| C622 | 川豆 3 号 | A259(0.500) | A307(0.500) | | | | | | | | | 1994 |
| C623 | 川湘早 1 号 | A201(0.500) | A585(0.188) | A602(0.125) | A607(0.063) | A608(0.063) | A619(0.063) | | | | | 1989 |
| C624 | 达豆 2 号 | A297(1.000) | | | | | | | | | | 1986 |
| C625 | 贡豆 1 号 | A034(0.250) | A195(0.500) | A231(0.125) | A601(0.063) | A611(0.063) | | | | | | 1990 |
| C626 | 贡豆 2 号 | A034(0.250) | A231(0.125) | A269(0.500) | A601(0.063) | A611(0.063) | | | | | | 1990 |
| C627 | 贡豆 3 号 | A047(0.250) | A133(0.125) | A201(0.250) | A295(0.125) | A585(0.094) | A607(0.031) | A608(0.031) | A619(0.031) | | | 1992 |
| C628 | 贡豆 4 号 | A034(0.125) | A047(0.125) | A133(0.063) | A201(0.250) | A231(0.063) | A295(0.063) | A585(0.094) | A601(0.031) | A602(0.063) | A607(0.031) A608(0.031) A611(0.031) A619(0.031) | 1992 |
| C629 | 贡豆 6 号 | A034(0.250) | A231(0.125) | A269(0.500) | A601(0.063) | A611(0.063) | | | | | | 1993 |
| C630 | 贡豆 7 号 | A062(0.250) | A133(0.125) | A201(0.250) | A228(0.063) | A254(0.063) | A602(0.063) | A607(0.031) | A619(0.031) | | | 1993 |
| C631 | 琼豆 2 号 | A092(1.000) | | | | | | | | | | 1986 |
| C632 | 琼豆 3 号 | A074(0.625) | A146(0.125) | A226(0.125) | A247(0.125) | | | | | | | 1995 |
| C633 | 万县 8 号 | A202(1.000) | | | | | | | | | | 1989 |
| C634 | 西豆 4 号 | A291(1.000) | | | | | | | | | | 1995 |
| C635 | 西育 3 号 | A291(1.000) | | | | | | | | | | 1992 |
| C636 | 宝坻大白眉 | A298(1.000) | | | | | | | | | | 1980 |
| C637 | 津 75 - 1 | A034(0.500) | A231(0.250) | A601(0.125) | A611(0.125) | | | | | | | 1988 |
| C638 | 丰收 72 | A302(1.000) | | | | | | | | | | 1972 |
| C639 | 垦米白脐 | A170(1.000) | | | | | | | | | | 1985 |
| C640 | 奎选 1 号 | A146(0.500) | A210(0.500) | | | | | | | | | 1982 |
| C641 | 晋宁大黄豆 | A299(1.000) | | | | | | | | | | 1987 |
| C642 | 云 82 - 22 | A192(0.500) | A260(0.500) | | | | | | | | | 1989 |
| C643 | 华春 14 | A109(0.500) | A138(0.500) | | | | | | | | | 1994 |
| C644 | 丽秋 1 号 | A123(1.000) | | | | | | | | | | 1995 |
| C645 | 毛蓬青 1 号 | A167(1.000) | | | | | | | | | | 1988 |
| C646 | 毛蓬青 2 号 | A167(1.000) | | | | | | | | | | 1988 |
| C647 | 毛蓬青 3 号 | A167(1.000) | | | | | | | | | | 1988 |

（续）

| 编号 | 育成品种 | 祖先亲本及其遗传贡献值 | 年代/年份 |
|------|----------|------------------------|-----------|
| C648 | 浙春1号 | A133(0.250) A228(0.125) A237(0.500) A254(0.125) | 1987 |
| C649 | 浙春2号 | A062(0.500) A133(0.250) A228(0.250) A254(0.125) | 1987 |
| C650 | 浙春3号 | A084(0.250) A133(0.125) A228(0.063) A237(0.250) A585(0.031) A254(0.063) A602(0.031) A607(0.031) A615(0.031) A619(0.031) A624(0.031) | 1994 |
| C651 | 浙江28-22 | A213(0.500) A308(0.500) | 1982 |
| D001 | AC10菜用大青豆 | A231(0.125) A358(0.500) A587(0.031) A599(0.094) A601(0.063) A607(0.031) A619(0.094) | 1995 |
| D002 | 合豆1号 | A359(0.250) A548(0.250) A535(0.500) | 2000 |
| D003 | 合豆2号 | A034(0.156) A122(0.063) A133(0.016) A177(0.031) A190(0.063) A196(0.031) A228(0.008) A231(0.219) A254(0.008) A268(0.063) A295(0.031) A318(0.063) A601(0.109) A611(0.109) | 2003 |
| D004 | 合豆3号 | A034(0.250) A177(0.125) A231(0.063) A359(0.125) A548(0.125) A587(0.016) A588(0.125) A599(0.063) A601(0.031) A611(0.031) A619(0.047) | 2003 |
| D005 | 皖豆12 | A034(0.750) A231(0.125) A601(0.063) A611(0.063) | 1991 |
| D006 | 皖豆14 | A162(0.250) A176(0.125) A231(0.125) A349(0.125) | 1994 |
| D007 | 皖豆15 | A362(1.000) | 1996 |
| D008 | 皖豆16 | A034(0.250) A231(0.375) A601(0.188) A611(0.188) | 1996 |
| D009 | 皖豆17 | A034(0.500) A183(0.250) A295(0.250) | 1996 |
| D010 | 皖豆18 | A034(0.125) A231(0.063) A295(0.125) A318(0.125) | 1997 |
| D011 | 皖豆19 | A034(0.125) A063(0.500) A231(0.188) A601(0.094) A611(0.094) | 1998 |
| D012 | 皖豆21 | A034(0.125) A063(0.250) A231(0.063) A585(0.031) A587(0.016) A589(0.031) A611(0.031) | 2000 |
| D013 | 皖豆20 | A034(0.063) A074(0.047) A146(0.016) A226(0.031) A231(0.031) A242(0.016) A247(0.016) A592(0.125) A599(0.094) A601(0.031) A611(0.016) | 2000 |
| D014 | 皖豆22 | A133(0.125) A176(0.125) A231(0.125) A295(0.125) A585(0.125) A601(0.063) A611(0.063) | 2001 |
| D015 | 皖豆23 | A034(0.031) A122(0.125) A133(0.063) A177(0.063) A228(0.031) A231(0.063) A254(0.031) A366(0.500) A585(0.125) A601(0.063) A602(0.125) A611(0.063) | 2002 |
| D016 | 皖豆24 | A034(0.031) A176(0.031) A231(0.063) A349(0.031) A496(0.250) A548(0.125) A361(0.250) A585(0.008) A587(0.004) A589(0.008) A599(0.023) A611(0.016) A619(0.020) | 2003 |
| D017 | 皖豆25 | A562(0.500) A563(0.500) | 2004 |
| D018 | 豪彩1号 | A047(0.063) A105(0.250) A133(0.063) A228(0.031) A254(0.031) A554(0.500) A600(0.063) | 2004 |
| D019 | 京豆1号 | A034(0.250) A074(0.188) A146(0.063) A226(0.125) A231(0.125) A242(0.063) A247(0.063) A601(0.063) A611(0.063) | 1990 |

（续）

| 编号 | 育成品种 | 祖先亲本及其遗传贡献值 | 年代/年份 |
|---|---|---|---|
| D020 | 京黄1号 | A030(0.063) A095(0.063) A220(0.250) A227(0.063) A234(0.063) A543(0.500) | 2004 |
| D021 | 京黄2号 | A034(0.109) A054(0.004) A074(0.016) A075(0.008) A122(0.250) A146(0.008) A210(0.004) A226(0.008) A231(0.055) A241(0.004) A242(0.004) A247(0.008) A295(0.063) A318(0.063) A585(0.051) A587(0.004) A589(0.029) A599(0.023) A602(0.021) A619(0.020) | 2004 |
| D022 | 科丰14 | A034(0.125) A074(0.094) A146(0.031) A169(0.500) A226(0.063) A231(0.063) A242(0.031) A247(0.031) A601(0.031) A611(0.031) | 2001 |
| D023 | 科丰15 | A034(0.094) A074(0.071) A146(0.086) A169(0.125) A211(0.063) A226(0.172) A231(0.047) A242(0.024) A247(0.024) A256(0.125) A316(0.125) A601(0.023) A611(0.023) | |
| D024 | 科丰17 | A034(0.219) A074(0.118) A146(0.039) A169(0.125) A226(0.078) A227(0.125) A231(0.078) A242(0.039) A247(0.102) A601(0.039) A611(0.039) | 2004 |
| D025 | 科丰28 | A030(0.031) A034(0.125) A074(0.063) A095(0.031) A131(0.031) A227(0.031) A231(0.063) A234(0.031) A247(0.031) A633(0.500) A635(0.500) A601(0.031) A611(0.031) | 2005 |
| D026 | 科丰36 | A034(0.172) A054(0.004) A074(0.063) A075(0.008) A146(0.024) A169(0.250) A226(0.039) A231(0.086) A241(0.004) A242(0.020) A247(0.024) A585(0.023) A587(0.004) A599(0.023) A601(0.043) A602(0.008) A611(0.043) A619(0.02) | 1999 |
| D027 | 科丰37 | A034(0.250) A146(0.063) A226(0.063) A231(0.125) A392(0.125) A531(0.250) A601(0.063) A611(0.063) | 2002 |
| D028 | 科丰53 | A034(0.375) A074(0.094) A146(0.031) A226(0.063) A231(0.188) A242(0.031) A247(0.031) A601(0.094) | 2001 |
| D029 | 科新4号 | A122(0.500) A190(0.250) A295(0.125) A318(0.125) | 2002 |
| D030 | 科新5号 | A047(0.250) A133(0.250) A228(0.125) A254(0.125) A600(0.25) | 2000 |
| D031 | 科新6号 | A122(0.500) A190(0.250) A295(0.125) A318(0.125) | 2001 |
| D032 | 科新7号 | A585(0.063) A587(0.031) A589(0.063) A592(0.250) A595(0.250) A599(0.188) A619(0.156) | 2003 |
| D033 | 科新8号 | A034(0.219) A074(0.118) A146(0.039) A169(0.125) A226(0.078) A227(0.125) A231(0.078) A242(0.039) A247(0.102) A601(0.039) A611(0.039) | 2003 |
| D034 | 顺豆92-51 | A367(0.500) A368(0.500) | 2002 |
| D035 | 鑫豆1号 | A047(0.250) A133(0.125) A295(0.125) A558(0.500) | 2005 |
| D036 | 中豆27 | A002(0.125) A084(0.125) A231(0.063) A263(0.125) A585(0.063) A587(0.031) A589(0.188) A599(0.063) A601(0.031) A611(0.031) | 2000 |
| D037 | 中豆28 | A047(0.125) A133(0.125) A228(0.063) A254(0.063) A585(0.25) A589(0.125) A600(0.125) A602(0.125) | 1999 |
| D038 | 中黄9 | A034(0.156) A146(0.016) A149(0.032) A199(0.250) A226(0.016) A231(0.078) A587(0.016) A599(0.047) A600(0.25) A607(0.016) A611(0.039) A619(0.047) | 1996 |
| D039 | 中黄10 | A133(0.375) A295(0.250) A047(0.125) A228(0.063) A254(0.063) A600(0.125) | 1996 |

（续）

| 编号 | 育成品种 | 祖先亲本及其遗传贡献值 | 年代/年份 |
|---|---|---|---|
| D040 | 中黄11 | A034(0.125) A133(0.063) A196(0.125) A585(0.031) A587(0.016) A589(0.031) A599(0.219) A615(0.031) A619(0.141) A624(0.031) A228(0.032) A254(0.031) | 2000 |
| D041 | 中黄12 | A030(0.063) A095(0.063) A220(0.250) A227(0.063) A234(0.063) A543(0.500) | 2000 |
| D042 | 中黄13 | A034(0.125) A133(0.063) A177(0.125) A254(0.031) A541(0.500) | 2001 |
| D043 | 中黄14 | A034(0.125) A133(0.063) A177(0.125) A196(0.125) A228(0.032) A254(0.032) A585(0.031) A587(0.016) A589(0.031) A599(0.219) A615(0.031) A619(0.141) A624(0.031) | 2001 |
| D044 | 中黄15 | A034(0.125) A171(0.250) A231(0.063) A585(0.031) A587(0.016) A589(0.094) A599(0.031) A601(0.031) A611(0.031) A619(0.078) | 2001 |
| D045 | 中黄16 | A034(0.063) A133(0.031) A177(0.063) A196(0.063) A228(0.156) A254(0.156) A585(0.102) A587(0.004) A589(0.008) A596(0.125) A599(0.117) A602(0.094) A607(0.063) A611(0.031) A613(0.063) A615(0.047) A619(0.082) | 2002 |
| D046 | 中黄17 | A542(0.500) A585(0.078) A586(0.008) A587(0.047) A589(0.031) A594(0.008) A598(0.047) A599(0.094) A612(0.047) A615(0.018) A619(0.078) A620(0.008) A624(0.018) | 2001 |
| D047 | 中黄18 | A585(0.125) A587(0.016) A589(0.031) A592(0.125) A595(0.125) A602(0.094) A607(0.063) A615(0.047) A619(0.141) A624(0.047) | 2001 |
| D048 | 中黄19 | A034(0.031) A122(0.063) A133(0.016) A177(0.031) A183(0.063) A190(0.063) A196(0.031) A228(0.008) A231(0.031) A254(0.008) A268(0.063) A295(0.031) A585(0.031) A587(0.016) A589(0.031) A592(0.125) A599(0.094) A601(0.016) A611(0.016) A619(0.078) A624(0.008) | 2003 |
| D049 | 中黄20 | A542(0.500) A585(0.078) A586(0.008) A587(0.066) A589(0.031) A594(0.008) A598(0.047) A599(0.094) A612(0.047) A615(0.018) A619(0.078) A620(0.008) A624(0.018) | 2001 |
| D050 | 中黄21 | A538(0.500) A585(0.031) A587(0.016) A589(0.031) A592(0.125) A595(0.125) A599(0.094) A619(0.078) | 2003 |
| D051 | 中黄22 | A538(0.500) A585(0.031) A587(0.016) A589(0.031) A592(0.125) A595(0.125) A599(0.094) A619(0.078) | 2002 |
| D052 | 中黄23 | A537(0.500) A047(0.125) A133(0.125) A228(0.063) A254(0.063) A600(0.125) | 2002 |
| D053 | 中黄24 | A002(0.063) A019(0.031) A067(0.031) A074(0.016) A084(0.063) A128(0.063) A132(0.031) A133(0.031) A135(0.125) A136(0.031) A141(0.031) A146(0.070) A197(0.031) A210(0.039) A226(0.031) A227(0.031) A228(0.016) A231(0.031) A247(0.016) A254(0.016) A271(0.016) A263(0.063) A316(0.031) A585(0.008) A599(0.016) A601(0.016) A602(0.008) A607(0.008) A611(0.016) A615(0.008) A619(0.008) A624(0.008) | 2002 |
| D054 | 中黄25 | A034(0.313) A200(0.250) A231(0.157) A587(0.016) A599(0.047) A601(0.078) A607(0.016) A611(0.078) A619(0.047) | 2002 |
| D055 | 中黄26 | A030(0.031) A034(0.031) A074(0.024) A095(0.031) A136(0.063) A146(0.008) A197(0.024) A220(0.125) A226(0.016) A227(0.031) | 2003 |
| D056 | 中黄27 | A030(0.063) A095(0.063) A220(0.250) A227(0.063) A231(0.031) A234(0.063) A242(0.008) A247(0.008) A541(0.500) A590(0.500) A611(0.008) | 2002 |

（续）

| 编号 | 育成品种 | 祖先亲本及其遗传贡献值 | 年代/年份 |
|---|---|---|---|
| D057 | 中黄28 | A034(0.063) A133(0.031) A177(0.063) A196(0.063) A228(0.156) A254(0.156) A585(0.102) A587(0.004) A589(0.008) A596(0.125) A599(0.117) A602(0.094) A607(0.063) A613(0.063) A615(0.063) A619(0.082) A624(0.047) | 2004 |
| D058 | 中黄29 | A022(0.250) A074(0.031) A133(0.063) A227(0.063) A228(0.031) A247(0.031) A254(0.031) A666(0.500) | 2005 |
| D059 | 中黄31 | A034(0.063) A133(0.031) A177(0.063) A196(0.063) A228(0.156) A254(0.156) A585(0.102) A587(0.004) A589(0.008) A596(0.125) A599(0.117) A602(0.094) A607(0.063) A613(0.063) A615(0.063) A619(0.082) A624(0.047) | 2005 |
| D060 | 中黄33 | A030(0.063) A034(0.125) A095(0.063) A133(0.063) A177(0.125) A196(0.125) A220(0.250) A227(0.063) A228(0.031) A254(0.031) A323(0.063) | 2005 |
| D061 | 中品661 | A585(0.063) A587(0.031) A589(0.063) A592(0.250) A595(0.250) A599(0.188) A619(0.156) | 1994 |
| D062 | 中品662 | A034(0.125) A047(0.125) A074(0.094) A133(0.125) A146(0.031) A226(0.063) A228(0.063) A231(0.063) A242(0.031) A247(0.031) A254(0.063) A600(0.125) A601(0.031) A611(0.031) | 2002 |
| D063 | 中野1号 | A507(0.250) A557(0.250) A457(0.500) | 1999 |
| D064 | 中野2号 | A507(0.250) A557(0.250) A457(0.500) | 2001 |
| D065 | 中作429 | A547(0.500) A412(0.500) | 1995 |
| D066 | 福豆234 | A034(0.125) A186(0.125) A306(0.250) A628(0.500) | 2004 |
| D067 | 福豆310 | A034(0.125) A186(0.125) A306(0.250) A364(0.250) A551(0.250) | 2004 |
| D068 | 莆豆10号 | A084(0.250) A248(0.125) A310(0.125) A322(0.250) A585(0.031) A599(0.063) A602(0.031) A607(0.031) A615(0.031) A619(0.031) A624(0.031) | 2002 |
| D069 | 泉豆322 | A098(0.500) A411(0.500) | 1994 |
| D070 | 泉豆6号 | A034(0.125) A084(0.250) A186(0.125) A306(0.250) A585(0.031) A599(0.063) A602(0.031) A607(0.031) A615(0.031) A619(0.031) A624(0.031) | 2002 |
| D071 | 泉豆7号 | A084(0.500) A086(0.500) | 2004 |
| D072 | 陇豆1号 | A540(1.000) | 1997 |
| D073 | 陇豆2号 | A146(0.125) A210(0.125) A217(0.125) A223(0.125) A232(0.250) A497(0.250) | 2005 |
| D074 | 桂春1号 | A386(0.500) A387(0.500) | 2000 |
| D075 | 桂春2号 | A383(0.500) A386(0.250) A023(0.250) | 2004 |
| D076 | 桂春3号 | A023(0.500) A291(0.500) | 2003 |
| D077 | 桂春5号 | A023(0.125) A291(0.375) A675(0.500) | 2005 |
| D078 | 桂春6号 | A023(0.125) A383(0.250) A386(0.125) A670(0.500) | 2005 |
| D079 | 桂夏1号 | A265(0.500) A388(0.250) A585(0.125) A589(0.063) A602(0.063) | 2000 |
| D080 | 桂夏2号 | A384(0.500) A388(0.250) A265(0.250) | 2004 |

（续）

| 编号 | 育成品种 | 祖先亲本及其遗传贡献值 | 年代/年份 |
|---|---|---|---|
| D081 | 桂早1号 | A023(0.500) A291(0.500) | 1995 |
| D082 | 桂早2号 | A383(1.000) | 2004 |
| D083 | 柳豆2号 | A385(0.500) A468(0.500) | 2000 |
| D084 | 柳豆3号 | A023(0.125) A084(0.063) A213(0.031) A291(0.125) A308(0.032) A446(0.125) A536(0.063) A587(0.008) A599(0.023) A607(0.008) A619(0.023) A626(0.125) | 2003 |
| D085 | 安豆3号 | A683(1.000) | 2000 |
| D086 | 毕豆2号 | A389(1.000) | 1995 |
| D087 | 黔豆3号 | A084(0.250) A201(0.500) A291(0.250) | 1996 |
| D088 | 黔豆5号 | A133(0.125) A201(0.250) A214(0.250) A228(0.063) A237(0.250) | 1996 |
| D089 | 黔豆6号 | A045(0.250) A176(0.125) A349(0.125) A390(0.500) | 2000 |
| D090 | 沧豆4号 | A034(0.125) A054(0.008) A074(0.008) A075(0.016) A146(0.008) A210(0.008) A231(0.063) A247(0.008) A355(0.500) A585(0.031) A587(0.008) A588(0.063) A589(0.016) A599(0.023) A601(0.031) A602(0.016) A607(0.008) A611(0.031) A619(0.023) | 2000 |
| D091 | 沧豆5号 | A030(0.063) A095(0.063) A220(0.250) A227(0.063) A532(0.500) | 2003 |
| D092 | 承豆6号 | A074(0.141) A146(0.031) A210(0.031) A232(0.063) A247(0.047) A316(0.188) A684(0.500) | 2003 |
| D093 | 邯豆3号 | A056(0.125) A074(0.063) A101(0.1250) A146(0.032) A226(0.032) A539(0.500) A585(0.016) A587(0.008) A589(0.016) A599(0.047) A619(0.039) | 1999 |
| D094 | 邯豆4号 | A056(0.125) A074(0.063) A101(0.250) A146(0.156) A226(0.031) A393(0.125) A585(0.031) A587(0.016) A589(0.031) A599(0.094) A619(0.078) | 2003 |
| D095 | 邯豆5号 | A183(0.125) A295(0.125) A521(0.125) A475(0.250) A357(0.250) A585(0.008) A587(0.016) A619(0.039) | 2004 |
| D096 | 化诱4120 | A544(1.000) | 2003 |
| D097 | 化诱446 | A101(0.500) A585(0.063) A587(0.031) A589(0.063) A599(0.188) A619(0.156) | 2000 |
| D098 | 化诱542 | A034(0.250) A054(0.016) A074(0.016) A075(0.031) A146(0.016) A210(0.016) A231(0.125) A247(0.016) A585(0.063) A587(0.016) A588(0.125) A589(0.031) A599(0.047) A601(0.063) A602(0.031) A607(0.016) A611(0.063) A619(0.047) | 1999 |
| D099 | 化诱5号 | A652(1.000) | 2005 |
| D100 | 冀 NF37 | A041(0.016) A050(0.031) A108(0.031) A146(0.016) A155(0.031) A210(0.031) A241(0.031) A295(0.063) A357(0.250) A521(0.125) A573(0.125) A585(0.016) A587(0.016) A588(0.063) A589(0.016) A599(0.070) A607(0.008) A619(0.063) | 2003 |
| D101 | 冀 NF58 | A357(0.250) A521(0.125) A585(0.094) A586(0.008) A587(0.074) A589(0.047) A594(0.008) A598(0.047) A599(0.141) A612(0.047) A615(0.018) A619(0.117) A620(0.008) A624(0.018) | 2005 |
| D102 | 冀豆10号 | A357(0.500) A585(0.063) A587(0.031) A589(0.063) A599(0.188) A619(0.156) | 1996 |
| D103 | 冀豆11 | A034(0.125) A041(0.031) A050(0.063) A108(0.063) A146(0.031) A155(0.063) A210(0.063) A231(0.063) A241(0.063) A295(0.125) A231(0.063) | 1996 |

（续）

| 编号 | 育成品种 | 祖先亲本及其遗传贡献值 | 年代/年份 |
|---|---|---|---|
| D104 | 冀豆12 | A585(0.125) A589(0.063) A601(0.031) A602(0.063) A611(0.031) A587(0.016) A497(0.250) A599(0.047) A607(0.016) | 1996 |
| D105 | 冀豆16 | A084(0.125) A106(0.063) A134(0.094) A217(0.125) A223(0.125) A246(0.094) A210(0.031) A228(0.016) A232(0.063) A247(0.016) A619(0.047) A619(0.039) | 2005 |
| D106 | 冀黄13 | A034(0.063) A074(0.047) A133(0.031) A146(0.031) A177(0.063) A196(0.063) A210(0.031) A228(0.016) A587(0.008) A595(0.063) A599(0.047) | 2001 |
| D107 | 冀黄15 | A254(0.016) A316(0.063) A679(0.250) A585(0.008) A587(0.031) A589(0.016) A592(0.063) A595(0.125) A599(0.047) A602(0.031) A217(0.063) A223(0.063) A227(0.094) A228(0.094) A246(0.024) A254(0.094) A619(0.188) | 2004 |
| D108 | 科选93 | A101(0.125) A084(0.031) A106(0.016) A133(0.156) A149(0.063) A146(0.031) A226(0.031) A231(0.156) A587(0.031) A599(0.094) A601(0.078) A607(0.031) A611(0.078) | 2002 |
| D109 | 五星1号 | A295(0.188) A034(0.312) A619(0.094) A056(0.125) A602(0.094) A074(0.078) A607(0.063) A101(0.125) A615(0.047) A146(0.016) A619(0.047) A226(0.016) A624(0.047) A247(0.016) A585(0.109) A587(0.008) A589(0.016) A599(0.141) | 2001 |
| D110 | 五星2号 | A056(0.125) A602(0.094) A074(0.078) A607(0.063) A101(0.125) A615(0.047) A146(0.016) A619(0.102) A226(0.016) A624(0.047) A247(0.016) A585(0.109) A587(0.008) A589(0.016) A599(0.141) | 2004 |
| D111 | 五星3号 | A056(0.125) A602(0.094) A074(0.078) A607(0.063) A101(0.125) A615(0.047) A146(0.016) A619(0.102) A226(0.016) A624(0.047) A247(0.016) A585(0.109) A587(0.008) A589(0.016) A599(0.141) | 2005 |
| D112 | 地神21 | A002(0.031) A228(0.010) A034(0.055) A231(0.039) A063(0.063) A254(0.014) A084(0.031) A268(0.031) A122(0.063) A263(0.031) A133(0.028) A177(0.055) A183(0.157) A190(0.055) A196(0.117) | 2002 |
| D113 | 地神22 | A056(0.125) A602(0.094) A607(0.063) A615(0.047) A619(0.102) A624(0.047) A034(0.055) A231(0.014) A254(0.014) A295(0.125) A318(0.059) A601(0.020) A611(0.020) | 2002 |
| D114 | 滑豆20 | A002(0.094) A231(0.071) A034(0.031) A268(0.063) A034(0.055) A063(0.188) A263(0.094) A084(0.094) A295(0.020) A122(0.031) A318(0.028) A133(0.028) A177(0.055) A190(0.039) A196(0.117) A228(0.014) | 2002 |
| D114 | 滑豆20 | A231(0.071) A122(0.063) A133(0.016) A177(0.031) A183(0.063) A190(0.063) A196(0.031) A228(0.008) A231(0.031) A254(0.008) | 2002 |
| D115 | 开豆4号 | A629(1.000) | 2005 |
| D116 | 平豆1号 | A651(1.000) | 2005 |
| D117 | 濮海10号 | A034(0.157) A268(0.063) A122(0.063) A295(0.031) A133(0.078) A318(0.031) A601(0.031) A611(0.016) A177(0.157) A183(0.063) A196(0.157) A190(0.063) A228(0.040) A231(0.031) A254(0.040) | 2001 |
| D118 | 商丘1099 | A100(0.031) A396(0.031) A122(0.063) A397(0.125) A146(0.031) A159(0.125) A190(0.031) A210(0.031) A231(0.125) A295(0.016) A318(0.016) A360(0.125) | 2002 |
| D118 | 商丘1099 | A034(0.039) A587(0.016) A599(0.047) A601(0.016) A607(0.016) A611(0.063) A619(0.047) | 2002 |
| D119 | 许豆3号 | A002(0.031) A196(0.102) A034(0.039) A210(0.125) A063(0.063) A074(0.250) A084(0.031) A122(0.031) A133(0.020) A146(0.125) A177(0.039) A190(0.024) A611(0.012) | 2003 |
| D119 | 许豆3号 | A228(0.006) A210(0.125) A231(0.024) A254(0.010) A263(0.031) A295(0.016) A318(0.012) A601(0.012) A611(0.012) | 2003 |

（续）

| 编号 | 育成品种 | 祖先亲本及其遗传贡献值 | 年代/年份 |
|---|---|---|---|
| D120 | 豫豆9号 | A183(0.500) A295(0.500) | 1989 |
| D121 | 豫豆13 | A034(0.031) A063(0.250) A295(0.125) A133(0.016) A122(0.188) A177(0.031) A196(0.031) A183(0.063) A228(0.008) A231(0.031) A254(0.008) A318(0.063) A601(0.016) A611(0.016) | 1993 |
| D122 | 豫豆17 | A034(0.172) A254(0.008) A034(0.004) A075(0.008) A054(0.004) A074(0.016) A146(0.008) A226(0.008) A210(0.004) A231(0.086) A241(0.004) A242(0.004) A470(0.500) A585(0.023) A589(0.016) A587(0.004) A601(0.043) A602(0.008) A611(0.043) A619(0.020) | 1994 |
| D123 | 豫豆20 | A133(0.125) A183(0.250) A295(0.188) A122(0.063) A254(0.063) A295(0.250) A553(0.250) A599(0.023) | 1995 |
| D124 | 豫豆21 | A034(0.031) A122(0.063) A268(0.063) A295(0.219) A318(0.094) A133(0.016) A177(0.031) A183(0.313) A190(0.063) A254(0.008) A601(0.016) | 1996 |
| D125 | 豫豆22 | A002(0.063) A231(0.047) A034(0.078) A254(0.020) A063(0.125) A263(0.063) A295(0.020) A084(0.063) A318(0.024) A601(0.023) A190(0.047) A196(0.203) A228(0.020) | 1997 |
| D126 | 豫豆23 | A034(0.016) A254(0.004) A063(0.125) A295(0.188) A122(0.094) A133(0.008) A318(0.031) A177(0.016) A183(0.156) A190(0.063) A196(0.016) A231(0.031) A601(0.008) A611(0.008) | 1997 |
| D127 | 豫豆24 | A034(0.113) A057(0.094) A190(0.039) A196(0.016) A295(0.027) A317(0.008) A318(0.020) A611(0.020) A619(0.039) A074(0.012) A063(0.063) A226(0.008) A228(0.027) A231(0.039) A242(0.004) A133(0.055) A146(0.004) A176(0.031) A177(0.082) A183(0.016) A247(0.004) A254(0.027) A263(0.031) A268(0.016) A349(0.031) A585(0.016) A587(0.008) A589(0.047) A599(0.047) A600(0.008) A601(0.020) | 1998 |
| D128 | 豫豆25 | A034(0.016) A055(0.031) A063(0.125) A106(0.031) A122(0.156) A133(0.008) A168(0.031) A177(0.016) A183(0.031) A190(0.094) A196(0.016) A599(0.012) A601(0.008) A228(0.004) A231(0.016) A246(0.047) A254(0.004) A286(0.125) A295(0.078) A587(0.004) A588(0.031) A607(0.004) A611(0.008) A619(0.012) | 1998 |
| D129 | 豫豆26 | A034(0.016) A041(0.004) A050(0.008) A055(0.039) A068(0.031) A106(0.039) A108(0.008) A122(0.047) A133(0.008) A134(0.059) A146(0.004) A155(0.008) A168(0.008) A177(0.016) A183(0.156) A190(0.039) A196(0.016) A210(0.008) A228(0.004) A231(0.016) A241(0.008) A246(0.059) A254(0.004) A268(0.031) A286(0.031) A295(0.082) A318(0.031) A588(0.039) A587(0.005) A599(0.015) A600(0.125) A601(0.008) A607(0.005) A611(0.008) A619(0.015) | 1999 |
| D130 | 豫豆27 | A002(0.031) A063(0.250) A084(0.031) A122(0.125) A190(0.063) A231(0.016) A263(0.031) A286(0.125) A295(0.031) A318(0.031) A349(0.250) A601(0.008) A611(0.008) | 1999 |
| D131 | 豫豆28 | A002(0.063) A034(0.047) A063(0.125) A084(0.063) A122(0.063) A133(0.024) A177(0.047) A190(0.078) A196(0.047) A228(0.012) A231(0.079) A254(0.012) A263(0.063) A286(0.125) A295(0.040) A318(0.040) A601(0.040) A611(0.040) | 2000 |
| D132 | 豫豆29 | A034(0.016) A063(0.250) A122(0.125) A133(0.008) A177(0.016) A190(0.078) A196(0.078) A228(0.004) A231(0.016) A254(0.004) A295(0.039) A318(0.039) A352(0.125) A353(0.063) A354(0.063) A398(0.063) A601(0.008) A611(0.008) | 2000 |
| D133 | 郑196 | A034(0.043) A055(0.023) A063(0.063) A099(0.016) A106(0.023) A122(0.133) A133(0.029) A134(0.035) A168(0.016) A176(0.016) | 2005 |

（续）

| 编号 | 育成品种 | 祖先亲本及其遗传贡献值 | 年代/年份 |
|---|---|---|---|
| D134 | 郑59 | A177(0.027) A183(0.023) A190(0.086) A196(0.020) A228(0.015) A231(0.020) A246(0.035) A254(0.015) A268(0.008) A286(0.094) A295(0.059) A318(0.043) A349(0.016) A672(0.063) A587(0.003) A588(0.023) A599(0.009) A600(0.008) A601(0.010) A607(0.003) A611(0.010) A619(0.009) | 2005 |
| D135 | 郑90007 | A002(0.047) A034(0.035) A063(0.219) A084(0.047) A122(0.078) A133(0.018) A177(0.035) A190(0.059) A196(0.098) A228(0.009) A231(0.043) A254(0.009) A263(0.047) A295(0.029) A318(0.029) A352(0.031) A353(0.031) A354(0.031) A398(0.031) A601(0.021) A611(0.021) | 2001 |
| D136 | 郑92116 | A034(0.094) A055(0.016) A063(0.250) A084(0.063) A122(0.125) A106(0.016) A119(0.031) A133(0.016) A134(0.024) A168(0.047) A177(0.031) A183(0.016) A190(0.072) A190(0.031) A196(0.016) A231(0.008) A246(0.024) A254(0.008) A286(0.063) A295(0.047) A318(0.036) | 2001 |
| D137 | 郑长交14 | A063(0.500) A122(0.250) A231(0.125) A601(0.063) A611(0.063) | 2001 |
| D138 | 郑交107 | A034(0.180) A054(0.004) A063(0.063) A074(0.016) A075(0.008) A122(0.047) A133(0.004) A146(0.008) A177(0.008) A183(0.078) A190(0.031) A196(0.004) A210(0.004) A226(0.008) A228(0.002) A231(0.094) A241(0.004) A242(0.004) A247(0.008) A254(0.002) A295(0.094) A318(0.016) A394(0.125) A585(0.023) A587(0.004) A589(0.016) A599(0.023) A601(0.047) A602(0.008) A611(0.047) A619(0.020) | 2003 |
| D139 | GS郑交9525 | A034(0.008) A055(0.016) A063(0.063) A106(0.016) A122(0.078) A133(0.004) A134(0.024) A168(0.016) A177(0.008) A183(0.016) A190(0.047) A196(0.008) A228(0.002) A231(0.008) A246(0.024) A254(0.002) A286(0.063) A295(0.039) A318(0.023) A587(0.002) A588(0.016) A599(0.006) A601(0.004) A607(0.002) A611(0.004) A619(0.006) A627(0.500) | 2004 |
| D140 | 周豆11 | A034(0.113) A057(0.094) A063(0.063) A074(0.012) A122(0.063) A133(0.055) A146(0.004) A176(0.031) A177(0.082) A183(0.016) A190(0.039) A196(0.016) A226(0.008) A228(0.008) A231(0.039) A242(0.004) A247(0.004) A254(0.027) A263(0.031) A268(0.016) A295(0.027) A317(0.008) A318(0.020) A349(0.031) A585(0.008) A587(0.008) A589(0.016) A599(0.047) A600(0.008) A601(0.020) A611(0.020) A619(0.039) | 2003 |
| D141 | 周豆12 | A034(0.113) A057(0.094) A063(0.063) A074(0.012) A122(0.063) A133(0.055) A146(0.004) A176(0.031) A177(0.082) A183(0.016) A190(0.039) A196(0.016) A226(0.008) A228(0.008) A231(0.039) A242(0.004) A247(0.004) A254(0.027) A263(0.031) A268(0.016) A295(0.027) A317(0.008) A318(0.020) A349(0.031) A585(0.008) A587(0.008) A589(0.016) A599(0.047) A600(0.008) A601(0.020) A611(0.020) A619(0.039) | 2004 |
| D142 | 驻豆9715 | A034(0.281) A122(0.063) A133(0.016) A177(0.031) A183(0.063) A190(0.063) A196(0.031) A228(0.008) A231(0.156) A254(0.008) A268(0.063) A295(0.031) A318(0.031) A601(0.031) A611(0.078) | 2005 |
| D143 | 八五七-1 | A019(0.094) A146(0.109) A154(0.188) A210(0.109) A244(0.250) A316(0.250) | 1997 |

（续）

| 编号 | 育成品种 | 祖先亲本及其遗传贡献值 | 年代/年份 |
| --- | --- | --- | --- |
| D144 | 宝丰7号 | A019(0.094) A146(0.047) A154(0.063) A210(0.047) A428(0.500) A610(0.250) | 1994 |
| D145 | 宝丰8号 | A019(0.188) A146(0.094) A154(0.125) A210(0.094) A216(0.188) A244(0.188) A610(0.125) | 1995 |
| D146 | 北豆1号 | A019(0.234) A040(0.063) A146(0.094) A154(0.094) A210(0.078) A244(0.125) A248(0.125) A319(0.063) | 2005 |
| D147 | 北豆2号 | A019(0.117) A020(0.125) A072(0.125) A146(0.074) A154(0.078) A209(0.125) A210(0.074) A216(0.031) A244(0.063) A316(0.063) A585(0.063) A602(0.031) A608(0.031) | 2005 |
| D148 | 北丰6号 | A438(0.500) A439(0.500) | 1991 |
| D149 | 北丰7号 | A019(0.172) A021(0.250) A146(0.086) A154(0.094) A210(0.086) A244(0.125) A316(0.125) | 1993 |
| D150 | 北丰8号 | A019(0.688) A146(0.047) A210(0.016) A248(0.125) A316(0.125) | 1993 |
| D151 | 北丰9号 | A019(0.047) A146(0.055) A154(0.094) A319(0.125) A440(0.500) | 1995 |
| D152 | 北丰10号 | A019(0.234) A040(0.125) A146(0.086) A154(0.094) A210(0.086) A244(0.125) A316(0.125) | 1994 |
| D153 | 北丰11 | A019(0.234) A040(0.125) A146(0.086) A154(0.094) A210(0.086) A244(0.125) A316(0.125) | 1995 |
| D154 | 北丰13 | A019(0.234) A146(0.102) A154(0.094) A210(0.070) A244(0.125) A316(0.125) | 1996 |
| D155 | 北丰14 | A019(0.234) A146(0.102) A154(0.094) A210(0.070) A248(0.125) A319(0.125) | 1997 |
| D156 | 北丰15 | A019(0.141) A146(0.078) A154(0.094) A210(0.063) A248(0.125) A316(0.125) A319(0.063) A440(0.250) | 1998 |
| D157 | 北丰16 | A019(0.368) A046(0.063) A146(0.082) A154(0.047) A210(0.067) A244(0.063) A248(0.063) A316(0.188) A319(0.063) | 2002 |
| D158 | 北丰17 | A019(0.234) A040(0.063) A146(0.063) A154(0.094) A210(0.078) A244(0.125) A248(0.125) A319(0.063) | 2004 |
| D159 | 北疆1号 | A019(0.438) A146(0.047) A210(0.016) A248(0.375) A319(0.125) | 1998 |
| D160 | 北交86-17 | A019(0.172) A021(0.250) A040(0.063) A146(0.086) A154(0.094) A210(0.086) A244(0.125) A316(0.125) | 1997 |
| D161 | 东大1号 | A019(0.211) A146(0.074) A154(0.047) A210(0.043) A244(0.063) A316(0.125) A319(0.125) | 2003 |
| D162 | 东大2号 | A264(0.250) A315(0.250) A376(0.500) A489(0.250) | 2004 |
| D163 | 东农43 | A019(0.025) A069(0.016) A137(0.004) A146(0.036) A154(0.117) A210(0.036) A245(0.047) A260(0.063) A585(0.125) A587(0.016) A589(0.039) A599(0.141) A602(0.078) A607(0.031) A613(0.047) A615(0.031) A619(0.117) A624(0.031) | 1999 |
| D164 | 东农44 | A019(0.188) A146(0.047) A210(0.156) A248(0.125) A319(0.125) A489(0.500) | 2000 |
| D165 | 东农45 | A248(0.125) A310(0.125) A322(0.250) A625(0.500) | 2000 |
| D166 | 东农46 | A381(0.500) A382(0.500) | 2003 |
| D167 | 东农47 | A380(0.500) A377(0.500) | 2004 |
| D168 | 东农48 | A007(0.125) A019(0.023) A069(0.016) A146(0.105) A154(0.047) A210(0.090) A211(0.016) A226(0.031) A235(0.125) A245(0.047) A256(0.031) A260(0.063) A316(0.281) | 2005 |
| D169 | 东生1号 | A019(0.164) A146(0.106) A154(0.141) A210(0.090) A244(0.188) A248(0.063) A316(0.188) A319(0.063) | 2003 |
| D170 | 丰收23 | A409(0.500) A558(0.500) | 1998 |

（续）

| 编号 | 育成品种 | 祖先亲本及其遗传贡献值 | 年代/年份 |
|---|---|---|---|
| D171 | 丰收 24 | A019(0.109) A146(0.070) A154(0.031) A209(0.063) A210(0.070) A216(0.063) A241(0.063) A245(0.031) A316(0.250) A320(0.063) A414(0.125) A436(0.063) | 2003 |
| D172 | 合丰 37 | A618(0.500) | 1996 |
| D173 | 合丰 38 | A019(0.039) A074(0.063) A146(0.067) A210(0.067) A227(0.125) A244(0.125) A247(0.063) A316(0.063) A319(0.063) A404(0.125) A580(0.125) | 1995 |
| D174 | 合丰 39 | A019(0.055) A041(0.016) A071(0.125) A108(0.031) A146(0.074) A210(0.090) A216(0.063) A226(0.063) A244(0.125) A245(0.063) A316(0.063) A319(0.063) A427(0.250) | 2000 |
| D175 | 合丰 40 | A019(0.071) A146(0.051) A154(0.078) A210(0.051) A216(0.063) A267(0.250) A316(0.063) A440(0.250) | 2000 |
| D176 | 合丰 41 | A019(0.071) A069(0.016) A074(0.031) A121(0.125) A146(0.051) A154(0.079) A216(0.063) A226(0.031) A242(0.031) A244(0.063) A245(0.047) A247(0.031) A267(0.250) | 2001 |
| D177 | 合丰 42 | A019(0.117) A040(0.063) A154(0.047) A210(0.043) A248(0.063) A316(0.063) A585(0.078) A586(0.008) A587(0.066) A589(0.031) A594(0.008) A598(0.047) A599(0.094) A619(0.078) A620(0.008) | 2002 |
| D178 | 合丰 43 | A019(0.071) A146(0.051) A154(0.078) A210(0.051) A216(0.063) A244(0.125) A267(0.250) A316(0.063) A440(0.250) | 2002 |
| D179 | 合丰 44 | A019(0.047) A146(0.055) A146(0.094) A154(0.055) A210(0.125) A443(0.250) A500(0.250) | 2003 |
| D180 | 合丰 45 | A019(0.094) A069(0.031) A074(0.031) A121(0.125) A146(0.078) A154(0.078) A210(0.078) A242(0.031) A245(0.094) A247(0.031) A260(0.125) A610(0.125) | 2003 |
| D181 | 合丰 46 | A019(0.049) A041(0.008) A074(0.016) A131(0.016) A137(0.004) A146(0.048) A154(0.071) A210(0.040) A211(0.016) A216(0.094) A226(0.063) A252(0.031) A256(0.031) A316(0.031) A463(0.250) A549(0.125) A585(0.250) A589(0.023) A602(0.023) | 2003 |
| D182 | 合丰 47 | A019(0.049) A041(0.008) A074(0.016) A108(0.016) A131(0.016) A137(0.004) A146(0.048) A154(0.071) A210(0.040) A211(0.016) A226(0.063) A252(0.031) A256(0.031) A316(0.031) A463(0.250) A549(0.125) A585(0.250) A589(0.023) A602(0.023) | 2004 |
| D183 | 合丰 48 | A019(0.049) A041(0.008) A074(0.031) A108(0.016) A128(0.063) A131(0.016) A137(0.004) A146(0.063) A154(0.070) A210(0.040) A211(0.031) A216(0.031) A226(0.094) A227(0.031) A247(0.016) A252(0.031) A256(0.063) A316(0.063) A585(0.063) A589(0.023) A599(0.031) A602(0.039) A607(0.016) A615(0.016) A619(0.016) A624(0.016) | 2005 |
| D184 | 合丰 49 | A019(0.059) A069(0.016) A074(0.031) A121(0.125) A146(0.053) A154(0.086) A210(0.053) A216(0.031) A226(0.031) A242(0.031) A244(0.063) A245(0.047) A247(0.031) A260(0.063) A267(0.125) A316(0.031) A440(0.125) | 2005 |
| D185 | 黑河 10 号 | A019(0.063) A146(0.032) A210(0.032) A216(0.125) A316(0.125) A419(0.500) A585(0.031) A589(0.031) A602(0.031) | 1994 |
| D186 | 黑河 11 | A019(0.063) A146(0.156) A210(0.156) A216(0.125) A407(0.250) A441(0.250) | 1994 |
| D187 | 黑河 12 | A019(0.094) A146(0.109) A210(0.109) A216(0.125) A319(0.063) A417(0.250) A441(0.188) A555(0.063) | 1995 |
| D188 | 黑河 13 | A019(0.047) A146(0.087) A210(0.032) A210(0.087) A216(0.063) A316(0.125) A320(0.063) A414(0.125) A418(0.125) A585(0.094) A602(0.063) A607(0.031) A619(0.031) | 1996 |

（续）

| 编号 | 育成品种 | 祖先亲本及其遗传贡献值 | 年代/年份 |
| --- | --- | --- | --- |
| D189 | 黑河14 | A019(0.047) A602(0.063) A146(0.087) A209(0.032) A210(0.087) A216(0.125) A316(0.125) A320(0.125) A414(0.125) A418(0.125) A585(0.094) | 1996 |
| D190 | 黑河15 | A019(0.125) A146(0.063) A209(0.031) A210(0.063) A602(0.063) A607(0.031) A608(0.031) A619(0.031) A316(0.125) A320(0.125) A589(0.125) A602(0.125) | 1996 |
| D191 | 黑河16 | A019(0.125) A146(0.063) A210(0.063) A216(0.250) A585(0.063) A589(0.125) A316(0.125) A320(0.125) A602(0.063) | 1997 |
| D192 | 黑河17 | A019(0.110) A146(0.055) A209(0.032) A210(0.188) A216(0.063) A316(0.125) A320(0.125) A414(0.125) A602(0.125) | 1998 |
| D193 | 黑河18 | A019(0.117) A146(0.059) A209(0.078) A210(0.055) A216(0.063) A244(0.250) A316(0.156) A320(0.156) A414(0.125) | 1998 |
| D194 | 黑河19 | A019(0.071) A146(0.129) A154(0.031) A209(0.016) A585(0.063) A589(0.031) A602(0.031) A210(0.129) A216(0.094) A316(0.125) A320(0.125) A556(0.125) | 1998 |
| D195 | 黑河20 | A019(0.047) A146(0.024) A209(0.031) A210(0.024) A602(0.063) A607(0.063) A619(0.063) A216(0.063) A316(0.125) A320(0.063) A414(0.125) A582(0.25) A585(0.063) | 2000 |
| D196 | 黑河21 | A019(0.086) A146(0.106) A209(0.016) A210(0.106) A585(0.063) A602(0.031) A216(0.156) A316(0.063) A320(0.032) A407(0.125) A414(0.063) A441(0.125) | 2000 |
| D197 | 黑河22 | A019(0.055) A069(0.016) A074(0.031) A146(0.016) A245(0.047) A247(0.031) A121(0.125) A154(0.047) A210(0.043) A260(0.063) A316(0.031) A419(0.250) A226(0.031) A242(0.031) A585(0.031) A589(0.016) A602(0.016) | 2000 |
| D198 | 黑河23 | A019(0.027) A069(0.008) A074(0.016) A245(0.027) A247(0.016) A619(0.125) A121(0.125) A154(0.023) A210(0.023) A260(0.031) A316(0.125) A419(0.125) A226(0.016) A242(0.008) A589(0.125) A602(0.008) A585(0.141) A607(0.125) A608(0.125) | 2000 |
| D199 | 黑河24 | A019(0.117) A146(0.059) A209(0.079) A602(0.031) A210(0.059) A216(0.156) A316(0.156) A320(0.156) A556(0.125) A585(0.125) A589(0.031) | 2001 |
| D200 | 黑河25 | A019(0.047) A146(0.087) A209(0.032) A210(0.087) A602(0.063) A607(0.031) A608(0.031) A619(0.031) A216(0.063) A316(0.125) A320(0.125) A414(0.125) A418(0.125) A585(0.094) | 2001 |
| D201 | 黑河26 | A019(0.063) A146(0.031) A210(0.031) A619(0.125) A216(0.125) A316(0.125) A585(0.188) A589(0.031) A602(0.125) A607(0.125) A608(0.125) | 2001 |
| D202 | 黑河27 | A019(0.149) A040(0.063) A146(0.059) A589(0.016) A602(0.016) A154(0.047) A210(0.059) A216(0.063) A244(0.063) A248(0.063) A316(0.125) A419(0.250) | 2002 |
| D203 | 黑河28 | A019(0.047) A146(0.024) A209(0.031) A210(0.024) A585(0.031) A602(0.063) A607(0.063) A619(0.063) A216(0.063) A316(0.125) A320(0.063) A414(0.125) A582(0.25) A585(0.063) | 2003 |
| D204 | 黑河29 | A019(0.071) A069(0.016) A074(0.031) A121(0.125) A146(0.051) A209(0.031) A210(0.051) A242(0.031) A245(0.047) A247(0.031) A216(0.063) A226(0.031) A260(0.063) A316(0.125) A320(0.063) A414(0.125) | 2003 |

（续）

| 编号 | 育成品种 | 祖先亲本及其遗传贡献值 | 年代/年份 |
|---|---|---|---|
| D205 | 黑河30 | A019(0.078) A440(0.250) A146(0.055) A154(0.109) A209(0.016) A210(0.055) A216(0.031) A244(0.188) A316(0.125) A320(0.031) A414(0.063) | 2003 |
| D206 | 黑河31 | A019(0.172) A320(0.031) A040(0.063) A146(0.068) A154(0.068) A209(0.109) A210(0.016) A216(0.072) A244(0.188) A248(0.063) A316(0.125) A414(0.063) | 2003 |
| D207 | 黑河32 | A019(0.180) A320(0.031) A414(0.063) A040(0.063) A602(0.063) A146(0.074) A154(0.047) A210(0.074) A216(0.125) A244(0.063) A248(0.063) A316(0.063) A585(0.125) | 2004 |
| D208 | 黑河33 | A019(0.129) A320(0.078) A146(0.068) A440(0.125) A154(0.047) A209(0.039) A210(0.061) A216(0.078) A244(0.063) A248(0.031) A316(0.125) A319(0.031) A556(0.063) A585(0.031) A602(0.031) | 2004 |
| D209 | 黑河34 | A019(0.024) A585(0.047) A602(0.016) A146(0.044) A209(0.044) A210(0.044) A216(0.031) A316(0.063) A320(0.031) A414(0.063) A418(0.063) A488(0.500) A607(0.016) A602(0.016) | 2004 |
| D210 | 黑河35 | A019(0.078) A418(0.063) A585(0.047) A146(0.070) A209(0.031) A210(0.070) A216(0.063) A316(0.125) A320(0.063) A414(0.125) A608(0.016) A619(0.016) A607(0.016) | 2004 |
| D211 | 黑河36 | A019(0.156) A316(0.125) A020(0.063) A040(0.063) A072(0.063) A146(0.078) A154(0.109) A210(0.078) A216(0.016) A244(0.125) A248(0.063) A607(0.016) A608(0.016) A619(0.016) | 2004 |
| D212 | 黑河37 | A019(0.059) A316(0.125) A585(0.031) A146(0.029) A602(0.016) A209(0.029) A210(0.029) A216(0.078) A316(0.063) A320(0.078) A556(0.063) A585(0.031) A608(0.016) A602(0.016) | 2005 |
| D213 | 黑河38 | A019(0.090) A556(0.063) A585(0.031) A146(0.092) A602(0.016) A209(0.055) A210(0.092) A216(0.109) A316(0.063) A319(0.063) A320(0.109) A585(0.031) A589(0.016) | 2005 |
| D214 | 黑农40 | A019(0.027) A556(0.063) A069(0.016) A074(0.141) A137(0.008) A146(0.076) A154(0.016) A210(0.076) A232(0.063) A245(0.047) A247(0.047) A589(0.016) A602(0.016) | 1996 |
| D215 | 黑农41 | A019(0.063) A260(0.063) A316(0.188) A426(0.125) A585(0.031) A146(0.076) A589(0.016) A587(0.063) A599(0.188) A607(0.063) A619(0.188) | 1999 |
| D216 | 黑农42 | A432(0.500) A403(0.500) A146(0.063) A154(0.125) A210(0.094) A316(0.063) | 2002 |
| D217 | 黑农43 | A019(0.016) A146(0.008) A157(0.125) A210(0.008) A316(0.063) A350(0.031) A425(0.375) A406(0.125) A438(0.125) A439(0.125) | 2002 |
| D218 | 黑农44 | A038(0.031) A245(0.031) A067(0.016) A102(0.031) A103(0.031) A146(0.133) A210(0.071) A211(0.063) A226(0.125) A233(0.031) A235(0.063) | 2002 |
| D219 | 黑农45 | A422(0.500) A374(0.500) A256(0.125) A316(0.250) | 2003 |
| D220 | 黑农46 | A019(0.031) A244(0.031) A069(0.008) A245(0.039) A074(0.016) A247(0.016) A121(0.063) A256(0.125) A146(0.102) A260(0.031) A316(0.156) A154(0.063) A210(0.039) A211(0.063) A226(0.141) A242(0.016) A587(0.008) A599(0.023) A607(0.008) A619(0.023) | 2003 |
| D221 | 黑农47 | A019(0.014) A260(0.031) A069(0.008) A426(0.063) A074(0.070) A316(0.031) A137(0.004) A146(0.038) A154(0.031) A210(0.038) A232(0.031) A245(0.023) A247(0.023) A585(0.016) A589(0.008) A602(0.008) | 2004 |

（续）

| 编号 | 育成品种 | 祖先亲本及其遗传贡献值 | 年代/年份 |
|---|---|---|---|
| D222 | 黑农 48 | A432(0.500) A019(0.041) A069(0.008) A074(0.070) A137(0.016) A146(0.065) A210(0.065) A154(0.055) A232(0.031) A245(0.047) A247(0.023) | 2004 |
| D223 | 黑农 49 | A019(0.023) A038(0.031) A067(0.016) A069(0.016) A102(0.031) A146(0.098) A154(0.047) A210(0.098) A233(0.031) A585(0.016) A597(0.031) A599(0.016) A602(0.008) | 2005 |
| D224 | 黑生 101 | A235(0.063) A245(0.078) A146(0.125) A210(0.098) A316(0.125) A585(0.063) A589(0.063) A602(0.063) A103(0.031) A154(0.047) | 1997 |
| D225 | 红丰 7 号 | A019(0.047) A146(0.055) A154(0.094) A210(0.094) A244(0.125) A316(0.125) A615(0.125) A624(0.125) | 1996 |
| D226 | 红丰 10 号 | A369(1.000) | |
| D227 | 红丰 11 | A019(0.004) A146(0.025) A154(0.008) A210(0.055) A316(0.063) A416(0.063) A574(0.063) A592(0.500) A599(0.055) | 1998 |
| D228 | 红丰 12 | A546(0.063) A019(0.028) A041(0.016) A069(0.016) A074(0.031) A108(0.031) A131(0.031) A146(0.028) A154(0.047) A210(0.043) A226(0.063) A245(0.047) A252(0.063) A260(0.063) A280(0.063) A442(0.500) | 2003 |
| D229 | 华疆 1 号 | A019(0.234) A040(0.063) A146(0.094) A154(0.094) A210(0.078) A244(0.125) A248(0.125) A316(0.125) A319(0.063) | 2005 |
| D230 | 建丰 2 号 | A019(0.156) A146(0.171) A154(0.063) A209(0.063) A210(0.171) A241(0.125) A316(0.125) A607(0.0125) | 1995 |
| D231 | 建农 1 号 | A019(0.127) A041(0.008) A074(0.016) A108(0.016) A131(0.004) A137(0.004) A146(0.117) A154(0.102) A210(0.125) A209(0.031) A610(0.063) A602(0.023) | 2003 |
| D232 | 疆莫豆 1 号 | A216(0.094) A226(0.031) A241(0.063) A252(0.031) A316(0.063) A585(0.047) A589(0.023) A602(0.023) A610(0.063) A019(0.461) | 2002 |
| D233 | 疆莫豆 2 号 | A019(0.203) A021(0.125) A040(0.094) A146(0.086) A154(0.094) A210(0.086) A244(0.094) A248(0.063) A316(0.063) A319(0.063) | 2002 |
| D234 | 九丰 6 号 | A019(0.079) A020(0.125) A072(0.125) A146(0.070) A154(0.125) A210(0.070) A216(0.031) A244(0.125) A316(0.125) A585(0.063) A602(0.031) | 1995 |
| D235 | 九丰 7 号 | A019(0.157) A031(0.125) A068(0.125) A146(0.078) A154(0.078) A210(0.063) A216(0.125) A585(0.063) | 1996 |
| D236 | 九丰 8 号 | A019(0.079) A020(0.125) A072(0.125) A146(0.070) A154(0.125) A210(0.070) A216(0.031) A244(0.125) A316(0.125) A585(0.063) A602(0.031) | 1998 |
| D237 | 九丰 9 号 | A019(0.109) A146(0.086) A154(0.094) A209(0.063) A210(0.086) A216(0.063) A244(0.125) A316(0.063) A320(0.125) | 2003 |
| D238 | 九丰 10 号 | A019(0.071) A041(0.016) A069(0.016) A074(0.031) A108(0.031) A131(0.031) A146(0.082) A154(0.141) A210(0.098) A226(0.063) | 2004 |
| D239 | 抗线虫 3 号 | A019(0.078) A105(0.250) A146(0.133) A189(0.031) A210(0.133) A216(0.250) A585(0.008) A587(0.016) A599(0.031) A607(0.012) A613(0.023) A619(0.035) | 1999 |
| D240 | 抗线虫 4 号 | A019(0.125) A068(0.125) A146(0.063) A154(0.063) A210(0.063) A216(0.313) A585(0.016) A587(0.031) A599(0.063) A607(0.023) | 2003 |

（续）

| 编号 | 育成品种 | 祖先亲本及其遗传贡献值 | 年代/年份 |
|------|----------|------------------------|-----------|
| D241 | 抗线虫 5 号 | A613(0.047) A619(0.070) A619(0.031) A613(0.047) A189(0.031) A615(0.012) A210(0.094) A617(0.063) A244(0.094) A618(0.023) A316(0.125) A619(0.035) A585(0.055) A624(0.012) A587(0.063) A589(0.012) | 2003 |
| D242 | 垦丰 3 号 | A599(0.031) A019(0.047) A607(0.031) A146(0.055) A146(0.094) A154(0.094) A210(0.055) A244(0.125) A316(0.125) A585(0.125) A599(0.063) A602(0.063) A608(0.063) | 1997 |
| D243 | 垦丰 4 号 | A616(0.125) A019(0.063) A619(0.063) A038(0.031) A146(0.157) A146(0.157) A209(0.125) A210(0.157) A582(0.25) A585(0.063) A602(0.063) A607(0.063) A619(0.063) A619(0.063) | 1997 |
| D244 | 垦丰 5 号 | A019(0.049) A038(0.031) A067(0.016) A074(0.016) A102(0.031) A103(0.031) A108(0.016) A131(0.016) A137(0.004) A146(0.103) A154(0.071) A210(0.110) A216(0.094) A226(0.031) A233(0.031) A235(0.063) A245(0.031) A252(0.031) A316(0.125) | 2000 |
| D245 | 垦丰 6 号 | A585(0.047) A019(0.071) A589(0.023) A069(0.016) A121(0.125) A146(0.082) A154(0.141) A210(0.082) A226(0.031) A242(0.031) A244(0.125) A245(0.047) A247(0.031) A260(0.063) A316(0.125) | 2000 |
| D246 | 垦丰 7 号 | A019(0.024) A146(0.090) A154(0.047) A210(0.028) A211(0.063) A226(0.125) A244(0.063) A256(0.125) A316(0.188) A440(0.250) | 2001 |
| D247 | 垦丰 8 号 | A019(0.072) A041(0.008) A074(0.047) A108(0.016) A121(0.125) A131(0.016) A137(0.004) A146(0.060) A154(0.117) A216(0.094) A210(0.067) A226(0.063) A602(0.023) | 2002 |
| D248 | 垦丰 9 号 | A019(0.072) A041(0.008) A074(0.047) A108(0.016) A121(0.125) A131(0.016) A137(0.004) A146(0.031) A154(0.141) A210(0.067) A216(0.094) A226(0.063) A242(0.031) A245(0.047) A247(0.031) A252(0.031) A260(0.063) A585(0.047) A589(0.023) A602(0.023) | 2002 |
| D249 | 垦丰 10 号 | A019(0.047) A069(0.016) A074(0.031) A121(0.125) A146(0.055) A154(0.094) A210(0.055) A226(0.031) A242(0.031) A244(0.063) A245(0.047) A247(0.031) A260(0.063) A316(0.063) A440(0.250) | 2003 |
| D250 | 垦丰 11 | A019(0.024) A146(0.090) A154(0.047) A210(0.028) A211(0.063) A226(0.125) A244(0.063) A256(0.125) A316(0.188) A440(0.250) | 2003 |
| D251 | 垦丰 12 | A019(0.028) A069(0.016) A074(0.031) A121(0.031) A146(0.028) A154(0.047) A210(0.028) A226(0.031) A242(0.031) A245(0.047) A247(0.031) A260(0.063) A431(0.500) | 2004 |
| D252 | 垦丰 13 | A247(0.031) A019(0.047) A069(0.016) A074(0.031) A121(0.125) A146(0.055) A154(0.094) A210(0.055) A226(0.031) A242(0.031) A244(0.063) A245(0.047) A260(0.063) A316(0.063) A440(0.250) | 2005 |
| D253 | 垦丰 14 | A019(0.039) A069(0.016) A074(0.031) A121(0.125) A146(0.066) A154(0.047) A157(0.125) A210(0.035) A211(0.031) A226(0.094) A242(0.031) A245(0.047) A247(0.031) A256(0.063) A260(0.063) A316(0.125) A350(0.031) | 2005 |
| D254 | 垦鉴北豆 1 号 | A019(0.117) A040(0.063) A146(0.043) A154(0.047) A210(0.043) A244(0.063) A248(0.063) A316(0.063) A685(0.500) | 2005 |
| D255 | 垦鉴北豆 2 号 | A019(0.023) A041(0.156) A069(0.031) A074(0.031) A108(0.031) A131(0.031) A146(0.027) A154(0.047) A210(0.043) A226(0.063) A245(0.047) A252(0.063) A260(0.063) A686(0.500) | 2005 |

（续）

| 编号 | 育成品种 | 祖先亲本及其遗传贡献值 | 年代/年份 |
|---|---|---|---|
| D256 | 垦鉴豆 1 号 | A019(0.203) A021(0.125) A040(0.086) A146(0.086) A154(0.094) A210(0.086) A244(0.125) A248(0.063) A316(0.125) | 1999 |
| D257 | 垦鉴豆 2 号 | A019(0.172) A146(0.117) A154(0.094) A210(0.117) A216(0.250) A244(0.125) A316(0.125) | 1999 |
| D258 | 垦鉴豆 3 号 | A019(0.047) A041(0.016) A069(0.016) A074(0.031) A108(0.031) A131(0.031) A146(0.055) A210(0.071) A226(0.063) A244(0.063) A245(0.047) A252(0.063) A260(0.063) A304(0.250) A316(0.063) | 1999 |
| D259 | 垦鉴豆 4 号 | A019(0.141) A040(0.063) A146(0.070) A154(0.094) A210(0.070) A244(0.125) A316(0.125) A440(0.250) | 1999 |
| D260 | 垦鉴豆 5 号 | A019(0.072) A069(0.016) A137(0.004) A146(0.091) A154(0.211) A210(0.091) A244(0.125) A245(0.047) A260(0.063) A585(0.078) A589(0.039) A602(0.039) | 1999 |
| D261 | 垦鉴豆 7 号 | A038(0.031) A067(0.016) A102(0.031) A103(0.031) A210(0.070) A233(0.031) A235(0.063) A245(0.031) A316(0.125) A585(0.078) A687(0.500) A316(0.125) | 1999 |
| D262 | 垦鉴豆 14 | A019(0.109) A146(0.055) A209(0.094) A210(0.055) A216(0.125) A316(0.250) A320(0.188) | 2000 |
| D263 | 垦鉴豆 15 | A019(0.047) A146(0.055) A154(0.094) A210(0.055) A244(0.125) A316(0.125) A694(0.500) | 2000 |
| D264 | 垦鉴豆 16 | A019(0.133) A021(0.125) A040(0.031) A146(0.098) A210(0.098) A244(0.188) A316(0.188) | 2000 |
| D265 | 垦鉴豆 17 | A019(0.195) A146(0.137) A154(0.078) A209(0.031) A210(0.121) A241(0.063) A244(0.063) A248(0.063) A319(0.063) A610(0.063) | 2002 |
| D266 | 垦鉴豆 22 | A019(0.079) A020(0.125) A072(0.125) A146(0.070) A154(0.125) A210(0.070) A216(0.031) A244(0.125) A316(0.125) A585(0.063) A602(0.031) A608(0.031) | 2002 |
| D267 | 垦鉴豆 23 | A019(0.023) A041(0.016) A069(0.016) A074(0.031) A131(0.031) A146(0.090) A210(0.105) A226(0.063) A235(0.125) A245(0.047) A252(0.063) A260(0.063) A316(0.250) A154(0.047) | 2002 |
| D268 | 垦鉴豆 25 | A019(0.461) A040(0.063) A146(0.066) A154(0.051) A210(0.051) A244(0.063) A248(0.125) A316(0.063) A585(0.063) | 2003 |
| D269 | 垦鉴豆 26 | A019(0.414) A040(0.031) A146(0.059) A154(0.043) A210(0.063) A244(0.063) A248(0.094) A316(0.063) A440(0.125) | 2004 |
| D270 | 垦鉴豆 28 | A019(0.461) A040(0.063) A146(0.066) A154(0.051) A210(0.051) A244(0.063) A248(0.125) A316(0.063) A319(0.063) | 2003 |
| D271 | 垦鉴豆 30 | A438(0.250) A439(0.250) A695(0.500) A319(0.063) | 2003 |
| D272 | 垦鉴豆 31 | A019(0.117) A020(0.125) A021(0.125) A040(0.031) A072(0.125) A146(0.059) A210(0.059) A216(0.063) A244(0.063) A316(0.063) A585(0.063) A602(0.031) A608(0.031) A216(0.031) | 2003 |
| D273 | 垦鉴豆 32 | A019(0.086) A146(0.059) A154(0.047) A209(0.063) A210(0.059) A216(0.063) A316(0.188) A320(0.125) A440(0.250) | 2003 |
| D274 | 垦鉴豆 33 | A019(0.063) A146(0.094) A154(0.125) A210(0.094) A245(0.125) A602(0.125) A603(0.125) A619(0.125) A621(0.125) | 2004 |
| D275 | 垦鉴豆 36 | A019(0.047) A146(0.055) A154(0.094) A210(0.055) A316(0.125) A688(0.500) | 2004 |
| D276 | 垦鉴豆 38 | A019(0.037) A069(0.008) A137(0.002) A146(0.046) A154(0.106) A210(0.046) A244(0.063) A245(0.024) A260(0.031) A316(0.063) A401(0.500) A585(0.039) A589(0.019) A602(0.019) | 2004 |
| D277 | 垦鉴豆 39 | A019(0.072) A041(0.008) A069(0.016) A074(0.047) A108(0.016) A121(0.125) A131(0.016) A137(0.004) A146(0.060) A154(0.117) | 2005 |

（续）

| 编号 | 育成品种 | 祖先亲本及其遗传贡献值 | 年代/年份 |
|---|---|---|---|
| D278 | 垦鉴豆40 | A210(0.067) A602(0.023) A216(0.094) A226(0.063) A242(0.031) A245(0.047) A247(0.031) A252(0.031) A260(0.063) A585(0.047) A589(0.023) | 2005 |
| D279 | 垦农5号 | A019(0.047) A245(0.094) A041(0.031) A252(0.125) A069(0.031) A260(0.125) A074(0.063) A108(0.063) A131(0.063) A146(0.055) A154(0.094) A210(0.086) A226(0.125) | 1992 |
| D280 | 垦农7号 | A019(0.141) A069(0.031) A146(0.102) A154(0.157) A210(0.102) A245(0.094) A260(0.094) A610(0.250) | 1994 |
| D281 | 垦农8号 | A019(0.141) A069(0.031) A146(0.102) A154(0.157) A210(0.102) A245(0.094) A260(0.125) A610(0.250) | 1994 |
| D282 | 垦农16 | A309(0.125) A316(0.063) A423(0.063) A400(0.750) | 1998 |
| D283 | 垦农17 | A019(0.063) A038(0.031) A067(0.016) A102(0.031) A103(0.031) A146(0.164) A210(0.164) A233(0.031) A235(0.063) A245(0.031) | 2001 |
| D284 | 垦农18 | A316(0.125) A610(0.125) A019(0.078) A428(0.250) A074(0.031) A121(0.125) A146(0.071) A210(0.071) A226(0.031) A242(0.031) A245(0.063) A247(0.031) | 2001 |
| D285 | 垦农19 | A019(0.025) A069(0.016) A137(0.004) A146(0.036) A210(0.036) A245(0.047) A260(0.063) A402(0.500) A585(0.078) | 2002 |
| D286 | 垦农20 | A589(0.039) A602(0.039) A019(0.016) A146(0.074) A154(0.109) A210(0.074) A260(0.063) A610(0.250) A428(0.250) | 2005 |
| D287 | 龙生1号 | A146(0.125) A210(0.125) A235(0.250) A316(0.500) | 1997 |
| D288 | 龙垦1号 | A019(0.117) A040(0.063) A146(0.043) A154(0.047) A210(0.043) A244(0.063) A248(0.063) A316(0.063) A649(0.500) | 2005 |
| D289 | 龙小粒豆1号 | A019(0.125) A146(0.063) A210(0.063) A214(0.250) A444(0.500) | 2003 |
| D290 | 嫩丰16 | A019(0.031) A071(0.125) A074(0.125) A146(0.234) A189(0.063) A210(0.078) A211(0.031) A226(0.188) A256(0.063) A316(0.063) | 2001 |
| D291 | 嫩丰17 | A019(0.109) A146(0.148) A154(0.031) A189(0.063) A209(0.063) A210(0.148) A235(0.063) A316(0.125) A585(0.012) A587(0.004) | 2004 |
| D292 | 嫩丰18 | A599(0.035) A602(0.010) A607(0.008) A610(0.125) A613(0.012) A615(0.008) A619(0.029) A624(0.008) A019(0.102) A146(0.129) A154(0.109) A189(0.031) A209(0.031) A210(0.129) A235(0.031) A244(0.125) A316(0.188) A587(0.002) A599(0.018) A602(0.005) A607(0.004) A613(0.006) A615(0.004) A619(0.015) A624(0.004) A585(0.006) | 2005 |
| D293 | 庆丰1号 | A078(0.500) A105(0.250) A613(0.250) | 1994 |
| D294 | 庆鲜豆1号 | A676(0.500) A663(0.500) | 2005 |
| D295 | 绥农12 | A019(0.051) A247(0.016) A074(0.016) A320(0.063) A128(0.063) A378(0.250) A137(0.008) A585(0.031) A146(0.104) A589(0.016) A154(0.141) A602(0.016) A209(0.031) A210(0.104) A216(0.063) A227(0.031) | 1994 |
| D296 | 绥农14 | A019(0.073) A069(0.016) A137(0.004) A146(0.091) A154(0.211) A210(0.091) A244(0.125) A245(0.047) A260(0.063) A316(0.125) | 1996 |

| 编号 | 育成品种 | 祖先亲本及其遗传贡献值 | 年代/年份 |
|---|---|---|---|
| D297 | 绥农15 | A585(0.078) A589(0.039) A602(0.039) A210(0.052) A216(0.125) A245(0.027) A241(0.016) A260(0.031) A316(0.141) | 1998 |
| D298 | 绥农16 | A019(0.084) A069(0.008) A146(0.052) A210(0.016) A607(0.016) A608(0.031) A616(0.031) A619(0.031) A585(0.172) A589(0.047) A599(0.016) A602(0.016) A227(0.016) A235(0.188) A247(0.008) A256(0.031) A602(0.094) A624(0.008) | 2000 |
| D299 | 绥农17 | A074(0.008) A128(0.031) A146(0.038) A210(0.052) A211(0.008) A216(0.125) A241(0.016) A245(0.027) A260(0.031) A316(0.406) A585(0.008) A589(0.008) A599(0.016) A602(0.008) A607(0.008) A615(0.008) A619(0.031) A316(0.141) | 2001 |
| D300 | 绥农18 | A019(0.072) A069(0.008) A074(0.008) A137(0.002) A146(0.059) A154(0.129) A210(0.044) A211(0.016) A226(0.031) A227(0.016) A244(0.063) A245(0.031) A247(0.008) A256(0.031) A260(0.031) A316(0.125) A415(0.031) A440(0.125) A585(0.047) A589(0.020) A599(0.016) A602(0.027) A615(0.008) A619(0.008) A624(0.008) | 2002 |
| D301 | 绥农19 | A019(0.078) A041(0.016) A069(0.016) A074(0.074) A108(0.031) A131(0.031) A146(0.074) A154(0.094) A209(0.063) A210(0.086) A316(0.063) A589(0.020) A602(0.016) | 2002 |
| D302 | 绥农20 | A226(0.070) A227(0.031) A242(0.004) A244(0.063) A245(0.047) A247(0.035) A252(0.063) A260(0.063) A316(0.316) | 2003 |
| D303 | 绥农21 | A019(0.063) A146(0.094) A154(0.125) A210(0.094) A245(0.125) A260(0.016) A316(0.316) A599(0.125) A619(0.125) A007(0.031) A019(0.042) A041(0.001) A069(0.004) A070(0.008) A074(0.034) A108(0.001) A121(0.125) A128(0.008) A131(0.001) A146(0.064) A154(0.083) A207(0.008) A210(0.057) A211(0.008) A226(0.049) A227(0.004) A242(0.031) A245(0.077) A247(0.033) A252(0.002) A256(0.016) A260(0.018) A316(0.020) A415(0.004) A487(0.250) A585(0.002) A589(0.004) A599(0.002) A602(0.004) A607(0.002) A615(0.002) A619(0.002) A624(0.002) | 2004 |
| D304 | 绥农22 | A019(0.093) A069(0.016) A146(0.016) A154(0.068) A210(0.071) A216(0.063) A241(0.023) A244(0.016) A245(0.057) A260(0.063) A316(0.117) A585(0.148) A585(0.023) A599(0.008) A602(0.078) A607(0.008) A608(0.047) A616(0.016) A619(0.016) | 2005 |
| D305 | 绥无腥豆1号 | A019(0.028) A069(0.016) A074(0.016) A121(0.125) A146(0.028) A154(0.047) A210(0.028) A226(0.031) A242(0.031) A245(0.047) A523(0.500) A599(0.008) A602(0.078) A616(0.016) A619(0.016) | 2002 |
| D306 | 绥小粒豆1号 | A247(0.031) A260(0.063) A019(0.016) A094(0.250) A146(0.016) A154(0.031) A180(0.250) A210(0.016) A210(0.016) A245(0.031) A260(0.063) A437(0.063) | 2002 |
| D307 | 伊大豆2号 | A019(0.016) A069(0.016) A421(0.250) | 2002 |
| D308 | 鄂豆6号 | A566(1.000) | 1999 |
| D309 | 鄂豆7号 | A034(0.063) A133(0.031) A177(0.063) A196(0.063) A219(0.250) A228(0.016) A254(0.016) A291(0.250) A577(0.250) | 2001 |
| D310 | 鄂豆8号 | A034(0.063) A074(0.047) A146(0.016) A169(0.250) A219(0.250) A226(0.031) A231(0.031) A242(0.016) A247(0.016) A291(0.250) | 2005 |
| D311 | 鄂豆9号 | A601(0.016) A611(0.016) A201(0.250) A219(0.250) A602(0.063) A607(0.031) A608(0.031) A619(0.031) A585(0.094) A602(0.004) A599(0.004) | 2005 |

（续）

| 编号 | 育成品种 | 祖先亲本及其遗传贡献值 | 年代/年份 |
|---|---|---|---|
| D312 | 中豆26 | A034(0.125) A133(0.063) A177(0.125) A196(0.125) A228(0.031) A254(0.031) A534(0.500) | 1997 |
| D313 | 中豆29 | A201(0.250) A214(0.250) A585(0.125) A607(0.125) A608(0.125) A619(0.125) | 2000 |
| D314 | 中豆30 | A150(0.250) A201(0.250) A204(0.250) A214(0.250) | 2001 |
| D315 | 中豆31 | A002(0.063) A034(0.149) A054(0.002) A074(0.008) A075(0.004) A084(0.063) A133(0.031) A146(0.004) A177(0.063) A196(0.063) A210(0.002) A226(0.004) A228(0.016) A231(0.074) A241(0.002) A242(0.002) A247(0.004) A254(0.016) A263(0.063) A470(0.250) A585(0.012) A587(0.002) A589(0.008) A599(0.012) A601(0.037) A602(0.004) A611(0.037) A619(0.010) | 2001 |
| D316 | 中豆32 | A074(0.125) A201(0.250) A214(0.250) A227(0.250) A247(0.125) | 2002 |
| D317 | 中豆33 | A002(0.063) A106(0.031) A119(0.063) A134(0.047) A168(0.125) A202(0.063) A219(0.250) A246(0.047) A291(0.250) A587(0.004) A588(0.031) A599(0.012) A607(0.004) A619(0.012) | 2005 |
| D318 | 中豆34 | A002(0.188) A084(0.125) A106(0.031) A119(0.063) A134(0.047) A168(0.125) A183(0.125) A202(0.063) A246(0.063) A268(0.125) A587(0.004) A588(0.031) A599(0.012) A607(0.004) A619(0.012) | 2005 |
| D319 | 湘春豆16 | A201(0.250) A291(0.500) A585(0.094) A602(0.063) A607(0.031) A608(0.031) A619(0.031) | 1996 |
| D320 | 湘春豆17 | A132(0.125) A146(0.063) A152(0.125) A201(0.250) A205(0.125) A226(0.063) A585(0.094) A602(0.063) A608(0.031) A619(0.031) | 1996 |
| D321 | 湘春豆18 | A036(0.500) A133(0.125) A228(0.063) A237(0.250) A254(0.063) | 1998 |
| D322 | 湘春豆19 | A019(0.008) A067(0.008) A071(0.031) A085(0.031) A135(0.031) A146(0.024) A205(0.125) A210(0.008) A211(0.016) A214(0.250) A226(0.250) A256(0.031) A266(0.125) A316(0.125) | 2001 |
| D323 | 湘春豆20 | A201(0.250) A291(0.500) A585(0.094) A602(0.063) A608(0.031) A619(0.031) | 2001 |
| D324 | 湘春豆21 | A219(0.250) A248(0.063) A310(0.063) A322(0.125) A448(0.500) | 2004 |
| D325 | 湘春豆22 | A201(0.500) A214(0.375) A291(0.125) | 2004 |
| D326 | 湘春豆23 | A036(0.250) A133(0.063) A201(0.125) A228(0.031) A237(0.125) A254(0.031) A291(0.250) A585(0.047) A607(0.016) A608(0.016) A619(0.016) | 2004 |
| D327 | 白农5号 | A041(0.063) A108(0.125) A210(0.063) A226(0.250) A260(0.500) | 1995 |
| D328 | 白农6号 | A146(0.250) A210(0.188) A211(0.063) A226(0.125) A233(0.125) A256(0.125) A316(0.125) | 1995 |
| D329 | 白农7号 | A146(0.250) A210(0.188) A211(0.063) A226(0.125) A233(0.125) A256(0.125) A316(0.125) | 1996 |
| D330 | 白农8号 | A041(0.031) A108(0.063) A146(0.063) A210(0.031) A211(0.063) A226(0.125) A256(0.125) A260(0.250) A316(0.125) A613(0.125) | 1998 |
| D331 | 白农9号 | A146(0.063) A211(0.031) A226(0.063) A256(0.125) A316(0.125) A449(0.250) A613(0.250) | 1999 |
| D332 | 白农10号 | A146(0.031) A211(0.031) A226(0.063) A256(0.063) A316(0.063) A391(0.500) A449(0.125) A613(0.125) | 2004 |
| D333 | 长农8号 | A074(0.063) A131(0.063) A146(0.063) A210(0.125) A211(0.063) A226(0.375) A256(0.125) A316(0.125) | 1996 |
| D334 | 长农9号 | A019(0.031) A067(0.031) A074(0.078) A128(0.063) A132(0.031) A135(0.125) A146(0.063) A210(0.031) A226(0.094) A227(0.031) | 1998 |

（续）

| 编号 | 育成品种 | 祖先亲本及其遗传贡献值 | 年代/年份 |
|---|---|---|---|
| D335 | 长农10号 | A242(0.063) A247(0.078) A316(0.031) A585(0.125) A589(0.063) A602(0.063) A210(0.008) A226(0.063) A227(0.063) | 2000 |
| D336 | 长农11 | A019(0.016) A071(0.125) A074(0.031) A146(0.039) A157(0.125) A182(0.125) A210(0.031) A247(0.031) A256(0.063) A316(0.125) A350(0.031) A589(0.031) A602(0.031) | 2000 |
| D337 | 长农12 | A019(0.031) A146(0.016) A157(0.250) A210(0.016) A316(0.125) | 2000 |
| D338 | 长农13 | A459(0.500) A453(0.500) A260(0.500) A451(0.500) A450(0.500) | 2000 |
| D339 | 长农14 | 不详 | 2002 |
| D340 | 长农15 | A019(0.016) A071(0.125) A074(0.031) A146(0.039) A157(0.125) A182(0.125) A210(0.008) A226(0.063) A227(0.063) A247(0.031) A256(0.063) A316(0.125) A350(0.031) A585(0.063) A589(0.031) A602(0.031) | 2002 |
| D341 | 长农16 | A074(0.016) A128(0.063) A146(0.031) A211(0.031) A226(0.063) A227(0.031) A247(0.016) A256(0.063) A316(0.063) A585(0.016) A599(0.031) A602(0.016) A607(0.016) A615(0.016) A619(0.016) A624(0.016) A316(0.063) A454(0.500) | 2003 |
| D342 | 长农17 | A074(0.016) A128(0.063) A146(0.031) A211(0.031) A226(0.063) A227(0.031) A247(0.016) A256(0.063) A316(0.063) A585(0.031) A599(0.031) A602(0.016) A607(0.016) A615(0.016) A619(0.016) A624(0.016) A316(0.063) A454(0.500) | 2003 |
| D343 | 吉豆1号 | A019(0.063) A074(0.156) A074(0.063) A146(0.063) A209(0.125) A210(0.031) A211(0.031) A242(0.031) A247(0.156) A256(0.063) A313(0.125) A316(0.063) A316(0.125) A226(0.094) | 2000 |
| D344 | 吉豆2号 | A019(0.031) A056(0.063) A069(0.016) A146(0.070) A149(0.031) A154(0.031) A210(0.031) A226(0.055) A227(0.094) A242(0.016) A244(0.031) A245(0.047) A247(0.070) A260(0.063) A585(0.047) A589(0.047) A602(0.055) A607(0.008) A619(0.008) | 2002 |
| D345 | 吉豆3号 | A074(0.016) A128(0.063) A146(0.031) A211(0.031) A226(0.063) A227(0.031) A247(0.016) A256(0.063) A316(0.063) A585(0.016) A599(0.031) A602(0.016) A607(0.016) A615(0.016) A619(0.016) A624(0.016) A316(0.063) A579(0.500) | 2004 |
| D346 | 吉丰1号 | A146(0.125) A074(0.125) A585(0.250) A182(0.250) A210(0.375) A589(0.125) A602(0.125) A316(0.125) | 1998 |
| D347 | 吉丰2号 | A074(0.125) A146(0.063) A211(0.125) A226(0.250) A247(0.125) A256(0.250) A316(0.125) A316(0.125) | 2000 |
| D348 | 吉科豆1号 | A146(0.125) A211(0.125) A226(0.250) A256(0.250) A316(0.250) A602(0.063) | 2001 |
| D349 | 吉科豆2号 | A071(0.250) A074(0.063) A019(0.063) A146(0.082) A154(0.024) A209(0.063) A585(0.125) A589(0.063) A602(0.063) | 2001 |
| D350 | 吉科豆3号 | A019(0.043) A069(0.008) A209(0.045) A256(0.031) A210(0.045) A226(0.055) A227(0.031) A232(0.031) A242(0.020) A245(0.024) A154(0.024) A260(0.031) A313(0.063) A316(0.063) A583(0.25) A211(0.016) A316(0.063) | 2002 |
| D351 | 吉科豆5号 | A019(0.039) A030(0.016) A041(0.016) A069(0.016) A074(0.047) A095(0.016) A108(0.031) A131(0.031) A146(0.051) A154(0.047) A210(0.051) A211(0.031) A214(0.024) A226(0.031) A227(0.047) A234(0.016) A245(0.047) A247(0.016) A252(0.063) A256(0.078) A260(0.063) A316(0.063) A607(0.004) A615(0.004) A619(0.004) A624(0.004) | 2003 |
| D352 | 吉科豆6号 | A146(0.125) A211(0.125) A226(0.250) A256(0.250) A316(0.250) A585(0.004) A599(0.008) A602(0.004) | 2003 |
| D353 | 吉科豆7号 | A019(0.008) A071(0.008) A074(0.016) A146(0.020) A157(0.063) A182(0.063) A210(0.004) A211(0.016) A226(0.031) A227(0.031) | 2004 |

（续）

| 编号 | 育成品种 | 祖先亲本及其遗传贡献值 | 年代/年份 |
|------|----------|------------------------|-----------|
| D354 | 吉林33 | A585(0.125) A455(0.125) A589(0.016) A602(0.016) A465(0.500) A585(0.031) A350(0.016) A316(0.063) A256(0.031) A247(0.016) | 1995 |
| D355 | 吉林34 | A589(0.063) A585(0.125) A256(0.125) A433(0.125) A234(0.031) A227(0.031) A210(0.125) A146(0.125) A095(0.031) A030(0.031) A602(0.063) A608(0.063) | 1995 |
| D356 | 吉育35 | A589(0.063) A585(0.125) A256(0.125) A256(0.063) A247(0.063) A242(0.063) A226(0.188) A211(0.063) A146(0.063) A074(0.063) A602(0.063) | 1995 |
| D357 | 吉林36 | A313(0.125) A310(0.125) A256(0.063) A248(0.125) A242(0.031) A226(0.094) A211(0.031) A146(0.031) A074(0.031) A316(0.063) A322(0.250) A316(0.063) A146(0.063) | 1996 |
| D358 | 吉林38 | A227(0.063) A226(0.063) A211(0.031) A210(0.008) A182(0.125) A157(0.125) A146(0.039) A074(0.031) A071(0.125) A019(0.016) A589(0.031) A585(0.063) A602(0.031) A350(0.031) A316(0.125) A256(0.063) A247(0.031) A146(0.063) | 1998 |
| D359 | 吉育39 | A589(0.063) A585(0.125) A316(0.125) A256(0.125) A247(0.063) A227(0.125) A226(0.125) A146(0.063) A074(0.063) A211(0.063) A602(0.063) | 1998 |
| D360 | 吉育40 | A615(0.016) A607(0.016) A602(0.016) A599(0.031) A585(0.016) A480(0.500) A316(0.125) A256(0.188) A226(0.031) A211(0.031) A619(0.016) | 1998 |
| D361 | 吉林41 | A210(0.016) A619(0.016) A182(0.125) A614(0.125) A146(0.031) A607(0.016) A135(0.063) A602(0.063) A132(0.016) A589(0.047) A128(0.031) A585(0.109) A074(0.039) A316(0.016) A071(0.125) A247(0.039) A624(0.016) A227(0.078) A019(0.016) A226(0.016) | 1999 |
| D362 | 吉林42 | A247(0.016) A227(0.031) A226(0.188) A210(0.020) A154(0.016) A146(0.207) A128(0.063) A114(0.125) A074(0.266) A019(0.008) A316(0.063) A316(0.063) | 1998 |
| D363 | 吉林43 | A227(0.094) A615(0.008) A226(0.078) A607(0.008) A214(0.063) A602(0.008) A211(0.047) A599(0.016) A210(0.016) A585(0.008) A146(0.047) A434(0.125) A095(0.031) A316(0.125) A074(0.031) A256(0.156) A030(0.031) A247(0.031) A019(0.031) A234(0.031) A619(0.008) A624(0.008) | 1998 |
| D364 | 吉育44 | A585(0.008) A316(0.063) A256(0.094) A247(0.141) A242(0.047) A227(0.188) A226(0.063) A211(0.016) A074(0.141) A014(0.188) A599(0.016) | 1999 |
| D365 | 吉育45 | A316(0.188) A256(0.125) A226(0.125) A211(0.063) A624(0.008) A619(0.008) A615(0.008) A607(0.008) A602(0.008) A599(0.016) A157(0.125) A146(0.101) A135(0.125) A067(0.031) A019(0.047) A350(0.031) | 2000 |
| D366 | 吉育46 | A256(0.125) A226(0.125) A211(0.063) A210(0.031) A146(0.094) A157(0.125) A085(0.125) A135(0.125) A071(0.125) A067(0.031) A019(0.031) A316(0.125) | 1999 |
| D367 | 吉育47 | A244(0.063) A228(0.016) A226(0.031) A211(0.016) A210(0.027) A600(0.031) A146(0.043) A464(0.500) A133(0.031) A316(0.094) A047(0.031) A256(0.031) A019(0.024) A254(0.016) | 1999 |

（续）

| 编号 | 育成品种 | 祖先亲本及其遗传贡献值 | 年代/年份 |
|---|---|---|---|
| D368 | 吉育48 | A071(0.125) A182(0.125) A226(0.063) A227(0.063) A247(0.156) A585(0.188) A589(0.094) A602(0.094) | 2000 |
| D369 | 吉育49 | A019(0.031) A047(0.063) A067(0.031) A074(0.016) A128(0.063) A132(0.016) A133(0.063) A135(0.125) A146(0.063) A210(0.016) A226(0.016) A228(0.031) A247(0.031) A254(0.031) A316(0.031) A462(0.250) A600(0.063) A602(0.059) A607(0.004) | 2000 |
| D370 | 吉育50 | A019(0.024) A074(0.016) A226(0.016) A227(0.031) A228(0.031) A247(0.016) A254(0.031) A316(0.031) A462(0.250) A600(0.063) A210(0.031) | 2001 |
| D371 | 吉育52 | A226(0.109) A067(0.016) A074(0.008) A128(0.031) A132(0.016) A135(0.063) A146(0.113) A157(0.063) A210(0.113) A211(0.016) A247(0.008) A256(0.031) A316(0.203) A350(0.250) A463(0.250) | 2001 |
| D372 | 吉育53 | A019(0.016) A067(0.031) A074(0.008) A128(0.031) A132(0.016) A135(0.063) A146(0.031) A210(0.016) A226(0.016) A227(0.016) A247(0.008) A316(0.016) A452(0.500) A585(0.008) A587(0.004) A589(0.008) A596(0.125) A599(0.023) A613(0.063) A619(0.020) | 2001 |
| D373 | 吉育53 | A014(0.125) A019(0.031) A074(0.125) A146(0.016) A160(0.125) A210(0.016) A216(0.063) A226(0.031) A227(0.031) A242(0.031) A247(0.219) A247(0.094) | 2001 |
| D374 | 吉育54 | A019(0.016) A067(0.016) A071(0.125) A074(0.039) A128(0.031) A132(0.016) A135(0.063) A146(0.031) A182(0.125) A210(0.016) A226(0.016) A247(0.078) A316(0.039) A458(0.250) A585(0.063) A589(0.031) A602(0.031) A602(0.031) | 2001 |
| D375 | 吉育55 | A071(0.063) A074(0.023) A128(0.031) A182(0.063) A211(0.047) A227(0.024) A247(0.047) A575(0.125) A576(0.500) A585(0.039) A589(0.016) A615(0.008) A619(0.008) | 2001 |
| D376 | 吉育57 | A019(0.031) A030(0.031) A074(0.016) A095(0.031) A210(0.016) A211(0.047) A214(0.063) A226(0.078) A227(0.094) A234(0.031) A247(0.031) A256(0.156) A316(0.125) A434(0.125) A585(0.008) A590(0.008) A599(0.016) A602(0.008) A607(0.125) A615(0.008) A619(0.008) A624(0.008) | 2001 |
| D377 | 吉育58 | A019(0.055) A074(0.031) A146(0.028) A146(0.008) A154(0.008) A209(0.039) A210(0.028) A216(0.063) A227(0.063) A244(0.016) A247(0.031) A320(0.078) A414(0.031) A463(0.250) A585(0.063) A589(0.031) A602(0.031) | 2001 |
| D377 | 吉林59 | A074(0.023) A094(0.125) A128(0.094) A146(0.047) A146(0.066) A180(0.125) A211(0.047) A226(0.094) A227(0.047) A247(0.023) A256(0.094) A458(0.250) A575(0.500) A576(0.125) A585(0.039) A624(0.023) | 2001 |
| D378 | 吉育60 | A316(0.094) A585(0.094) A599(0.047) A602(0.023) A607(0.023) A615(0.023) A619(0.023) A624(0.023) A210(0.094) A211(0.031) A214(0.063) A226(0.063) A226(0.078) A227(0.094) | 2002 |
| D379 | 吉育62 | A019(0.047) A067(0.016) A074(0.016) A128(0.031) A135(0.063) A146(0.063) A210(0.031) A227(0.094) A256(0.063) A316(0.063) A434(0.250) A464(0.250) A585(0.008) A599(0.016) A602(0.008) A607(0.008) A615(0.008) | 2002 |
| D379 | 吉育62 | A071(0.188) A074(0.047) A182(0.188) A227(0.094) A247(0.047) A585(0.117) A587(0.006) A589(0.059) A593(0.125) A599(0.035) | 2002 |
| D380 | 吉育63 | A019(0.031) A074(0.066) A128(0.094) A146(0.066) A209(0.63) A210(0.016) A211(0.047) A226(0.016) A226(0.102) A227(0.078) A242(0.004) A619(0.023) A624(0.023) | 2002 |
| D380 | 吉育63 | A227(0.078) A602(0.031) A607(0.047) A615(0.025) A619(0.004) A256(0.047) A316(0.094) A585(0.023) A599(0.047) A602(0.023) A607(0.023) A615(0.023) A619(0.023) A624(0.023) | 2002 |
| D381 | 吉育64 | A074(0.125) A131(0.031) A146(0.063) A211(0.031) A226(0.125) A227(0.125) A247(0.094) A256(0.125) A316(0.125) A585(0.063) A615(0.063) A624(0.023) | 2002 |
| D381 | 吉育64 | A589(0.031) A602(0.031) | 2002 |
| D382 | 吉育65 | A071(0.188) A074(0.047) A182(0.188) A227(0.094) A247(0.047) A585(0.117) A587(0.006) A589(0.059) A593(0.125) A599(0.035) | 2003 |

附　录

（续）

| 编号 | 育成品种 | 祖先亲本及其遗传贡献值 | 年代/年份 |
|---|---|---|---|
| D383 | 吉林66 | A602(0.059) A607(0.004) A615(0.004) A619(0.025) A624(0.004) A071(0.125) A074(0.039) A128(0.031) A146(0.016) A182(0.031) A211(0.016) A226(0.031) A227(0.078) A247(0.039) A256(0.031) A316(0.031) A370(0.250) A585(0.070) A589(0.031) A599(0.016) | 2002 |
| D384 | 吉林67 | A007(0.125) A019(0.039) A030(0.016) A069(0.016) A074(0.016) A095(0.016) A146(0.067) A154(0.047) A210(0.035) A211(0.039) A214(0.031) A226(0.071) A227(0.047) A234(0.016) A245(0.047) A256(0.109) A260(0.063) A316(0.094) A434(0.063) A585(0.004) A599(0.008) A602(0.004) A607(0.004) A615(0.004) A619(0.004) A624(0.008) | 2002 |
| D385 | 吉育68 | A019(0.016) A047(0.031) A067(0.016) A071(0.016) A074(0.039) A128(0.031) A132(0.016) A133(0.031) A135(0.063) A146(0.031) A182(0.125) A210(0.016) A226(0.016) A227(0.078) A228(0.016) A247(0.039) A254(0.016) A316(0.016) A462(0.125) A585(0.063) A589(0.031) A600(0.031) A602(0.031) A619(0.004) A624(0.004) | 2003 |
| D386 | 吉育69 | A019(0.068) A067(0.004) A071(0.031) A074(0.031) A135(0.016) A146(0.075) A154(0.031) A157(0.016) A182(0.031) A210(0.067) A211(0.008) A216(0.031) A226(0.016) A227(0.031) A232(0.016) A241(0.063) A244(0.031) A247(0.016) A256(0.016) A314(0.125) A316(0.117) A350(0.004) A490(0.125) A585(0.016) A589(0.008) A602(0.008) | 2004 |
| D387 | 吉育70 | A071(0.125) A074(0.047) A128(0.063) A146(0.031) A182(0.125) A211(0.031) A226(0.063) A227(0.094) A247(0.047) A256(0.063) A316(0.063) A585(0.078) A589(0.031) A599(0.031) A602(0.047) A607(0.016) A619(0.016) A624(0.016) | 2003 |
| D388 | 吉育71 | A019(0.024) A067(0.016) A135(0.063) A146(0.051) A157(0.063) A210(0.020) A211(0.031) A226(0.063) A256(0.063) A316(0.094) A350(0.016) A461(0.500) A607(0.016) A615(0.008) A619(0.008) | 2003 |
| D389 | 吉育72 | A019(0.039) A074(0.055) A128(0.016) A146(0.055) A157(0.063) A209(0.063) A210(0.020) A211(0.031) A226(0.078) A227(0.039) A242(0.012) A247(0.047) A248(0.031) A256(0.063) A310(0.031) A313(0.031) A316(0.031) A322(0.063) A350(0.016) A464(0.125) A585(0.004) A599(0.008) A602(0.004) A607(0.004) A615(0.004) A619(0.004) | 2004 |
| D390 | 吉育73 | A012(0.250) A019(0.027) A074(0.020) A128(0.016) A146(0.021) A154(0.004) A209(0.020) A210(0.016) A211(0.016) A216(0.031) A226(0.023) A227(0.039) A244(0.008) A247(0.020) A256(0.063) A267(0.031) A316(0.031) A320(0.039) A414(0.016) A463(0.125) A585(0.039) A589(0.016) A599(0.016) A602(0.023) A607(0.004) A615(0.008) A619(0.008) A624(0.008) | 2005 |
| D391 | 吉育74 | A019(0.031) A067(0.023) A071(0.016) A074(0.043) A096(0.016) A128(0.047) A132(0.023) A135(0.094) A146(0.074) A154(0.016) A182(0.063) A210(0.035) A211(0.016) A226(0.055) A227(0.055) A245(0.047) A247(0.027) A252(0.031) A256(0.031) A316(0.055) A585(0.055) A589(0.023) A602(0.031) A607(0.008) A614(0.063) A619(0.008) A624(0.008) | 2005 |
| D392 | 吉育75 | A019(0.025) A069(0.016) A074(0.047) A137(0.004) A146(0.036) A154(0.117) A210(0.036) A245(0.047) A260(0.063) A585(0.078) A589(0.039) A602(0.039) A607(0.008) A655(0.500) | 2005 |
| D393 | 吉育76 | A007(0.125) A019(0.055) A069(0.016) A074(0.047) A128(0.016) A146(0.070) A154(0.047) A209(0.063) A210(0.043) A211(0.031) A226(0.063) A227(0.039) A242(0.004) A245(0.047) A247(0.039) A256(0.094) A260(0.063) A316(0.078) A585(0.008) A599(0.016) A602(0.008) A607(0.008) A615(0.008) A619(0.008) A624(0.008) | 2005 |

（续）

| 编号 | 育成品种 | 祖先亲本及其遗传贡献值 | 年代/年份 |
|------|----------|------------------------|-----------|
| D394 | 吉育77 | A007(0.125) A019(0.039) A074(0.041) A069(0.016) A128(0.016) A133(0.008) A146(0.068) A154(0.047) A209(0.031) A210(0.035) A211(0.039) A226(0.074) A227(0.039) A242(0.002) A245(0.047) A247(0.037) A254(0.004) A256(0.109) A260(0.063) A316(0.094) A585(0.008) A228(0.004) A602(0.008) A607(0.008) A615(0.008) A619(0.008) A624(0.008) A019(0.004) A599(0.016) A659(0.250) | 2005 |
| D395 | 吉育79 | A019(0.004) A074(0.031) A154(0.008) A210(0.025) A227(0.063) A247(0.031) A316(0.031) A319(0.031) A602(0.008) A585(0.008) A599(0.016) A146(0.025) A682(0.500) | 2005 |
| D396 | 吉育80 | A030(0.031) A095(0.031) A146(0.031) A211(0.031) A226(0.063) A227(0.031) A234(0.031) A256(0.063) A316(0.063) A656(0.125) | 2005 |
| D397 | 吉林小粒4号 | A074(0.063) A107(0.063) A146(0.063) A173(0.063) A211(0.063) A226(0.125) A256(0.125) A316(0.188) A373(0.250) | 2001 |
| D398 | 吉林小粒6号 | A019(0.047) A585(0.031) A067(0.047) A135(0.188) A146(0.047) A210(0.047) A316(0.094) A371(0.063) A372(0.125) A526(0.094) A405(0.250) | 2002 |
| D399 | 吉林小粒7号 | A019(0.016) A256(0.031) A067(0.016) A135(0.063) A146(0.016) A210(0.016) A316(0.031) A371(0.063) A526(0.031) A405(0.750) | 2004 |
| D400 | 吉林小粒8号 | A650(0.500) A657(0.500) | 2005 |
| D401 | 吉密豆1号 | A019(0.008) A030(0.008) A074(0.008) A095(0.008) A146(0.012) A210(0.004) A211(0.012) A214(0.016) A226(0.020) A227(0.023) A247(0.008) A256(0.039) A316(0.031) A434(0.008) A585(0.119) A586(0.012) A587(0.100) A589(0.047) A594(0.012) A599(0.145) A602(0.002) A607(0.002) A612(0.070) A615(0.028) A619(0.119) A620(0.012) A624(0.028) | 2005 |
| D402 | 吉引81 | A630(1.000) | 2005 |
| D403 | 吉农6号 | A550(0.500) A460(0.500) | 1998 |
| D404 | 吉农7号 | A019(0.078) A067(0.063) A146(0.133) A157(0.125) A210(0.063) A226(0.125) A256(0.188) A316(0.188) A350(0.031) | 1999 |
| D405 | 吉农8号 | A019(0.016) A146(0.039) A157(0.125) A210(0.008) A211(0.031) A226(0.063) A256(0.125) A316(0.125) A350(0.031) A460(0.500) | 2000 |
| D406 | 吉农9号 | A456(1.000) | 2001 |
| D407 | 吉农10号 | A019(0.016) A146(0.016) A157(0.125) A210(0.195) A211(0.031) A226(0.063) A256(0.063) A316(0.125) A350(0.031) A429(0.250) | 2002 |
| D408 | 吉农11 | A146(0.078) A210(0.094) A211(0.047) A226(0.094) A316(0.094) A410(0.250) A429(0.250) | 2002 |
| D409 | 吉农12 | A132(0.375) A146(0.016) A211(0.016) A226(0.094) A256(0.031) A316(0.031) A463(0.250) A549(0.125) | 2002 |
| D410 | 吉农13 | A019(0.031) A074(0.031) A131(0.063) A146(0.063) A157(0.250) A210(0.016) A227(0.125) A247(0.125) A316(0.125) A350(0.063) | 2003 |
| D411 | 吉农14 | A074(0.016) A128(0.063) A146(0.125) A210(0.188) A211(0.063) A226(0.125) A227(0.031) A247(0.016) A256(0.125) A316(0.125) | 2003 |
| D412 | 吉农15 | A585(0.016) A599(0.031) A602(0.016) A607(0.016) A128(0.031) A132(0.031) A146(0.094) A211(0.063) A226(0.156) A227(0.031) A247(0.016) A256(0.125) A316(0.156) A609(0.063) A619(0.031) A615(0.016) A624(0.016) | 2004 |
| D413 | 吉农16 | A019(0.008) A247(0.047) A071(0.188) A146(0.020) A350(0.016) A157(0.063) A182(0.063) A585(0.094) A210(0.004) A211(0.016) A226(0.031) A227(0.094) A316(0.156) A589(0.188) A602(0.047) | 2005 |
| D414 | 吉农17 | A146(0.031) A211(0.031) A256(0.063) A226(0.063) A316(0.063) A660(0.500) A664(0.250) | 2005 |

（续）

| 编号 | 育成品种 | 祖先亲本及其遗传贡献值 | 年代/年份 |
|---|---|---|---|
| D415 | 吉原引3号 | A682(1.000) | 1999 |
| D416 | 集1005 | A030(0.063) A074(0.125) A095(0.063) A107(0.250) A227(0.063) A247(0.063) A316(0.250) | 2001 |
| D417 | 九农22 | A019(0.047) A067(0.031) A074(0.047) A096(0.031) A128(0.063) A132(0.031) A146(0.117) A154(0.031) A210(0.055) A211(0.031) A226(0.094) A227(0.031) A245(0.031) A247(0.016) A256(0.063) A316(0.094) | 1999 |
| D418 | 九农23 | A041(0.008) A056(0.125) A074(0.125) A108(0.016) A131(0.016) A146(0.047) A210(0.008) A211(0.031) A226(0.109) A247(0.047) A252(0.063) A256(0.063) A260(0.063) A313(0.125) A316(0.063) A375(0.063) | 2000 |
| D419 | 九农24 | A019(0.031) A067(0.016) A074(0.024) A128(0.094) A132(0.047) A135(0.063) A146(0.102) A157(0.125) A210(0.024) A211(0.031) A226(0.110) A227(0.024) A247(0.024) A256(0.047) A316(0.172) A350(0.031) | 2001 |
| D420 | 九农25 | A019(0.016) A071(0.016) A074(0.031) A128(0.063) A146(0.039) A157(0.125) A182(0.125) A210(0.039) A211(0.031) A226(0.063) A227(0.063) A247(0.031) A256(0.125) A316(0.125) A350(0.031) A585(0.031) A589(0.031) A602(0.031) | 2002 |
| D421 | 九农26 | A019(0.063) A067(0.031) A074(0.016) A128(0.016) A132(0.063) A135(0.125) A146(0.125) A154(0.063) A210(0.141) A226(0.047) A227(0.031) A247(0.016) A316(0.031) A585(0.031) A589(0.094) A602(0.031) | 2002 |
| D422 | 九农27 | A019(0.031) A067(0.031) A074(0.016) A128(0.063) A132(0.031) A135(0.125) A146(0.125) A210(0.219) A226(0.031) A227(0.031) A247(0.016) A316(0.063) A589(0.063) A602(0.063) | 2002 |
| D423 | 九农28 | A019(0.008) A074(0.016) A096(0.016) A146(0.059) A154(0.016) A210(0.262) A211(0.047) A226(0.094) A245(0.016) A252(0.031) A256(0.094) A316(0.031) A424(0.250) A585(0.125) A589(0.016) A602(0.063) | 2003 |
| D424 | 九农29 | A019(0.036) A069(0.008) A071(0.125) A074(0.031) A137(0.002) A146(0.045) A154(0.105) A182(0.125) A210(0.031) A227(0.063) A244(0.063) A245(0.063) A260(0.031) A316(0.094) A585(0.102) A589(0.051) A602(0.051) | 2003 |
| D425 | 九农30 | A019(0.036) A069(0.008) A071(0.125) A074(0.031) A137(0.002) A146(0.045) A154(0.105) A182(0.125) A210(0.045) A227(0.063) A244(0.063) A245(0.023) A260(0.031) A316(0.105) A585(0.102) A589(0.051) A602(0.051) | 2004 |
| D426 | 九农31 | A019(0.036) A069(0.008) A071(0.125) A074(0.031) A137(0.002) A146(0.045) A154(0.105) A182(0.125) A210(0.045) A227(0.063) A244(0.063) A245(0.023) A260(0.031) A316(0.105) A585(0.102) A589(0.051) A602(0.051) | 2005 |
| D427 | 临选1号 | A413(1.000) | 2003 |
| D428 | 平安豆7号 | A019(0.008) A039(0.125) A146(0.066) A157(0.063) A210(0.004) A211(0.063) A226(0.125) A256(0.125) A316(0.156) A350(0.016) A583(0.25) | 2004 |
| D429 | 四农1号 | A019(0.047) A067(0.031) A074(0.031) A128(0.063) A132(0.031) A135(0.125) A146(0.102) A157(0.125) A210(0.039) A211(0.031) A226(0.094) A227(0.031) A247(0.016) A256(0.063) A316(0.156) A350(0.031) | 1998 |
| D430 | 四农2号 | A034(0.063) A136(0.063) A146(0.055) A157(0.125) A197(0.125) A210(0.008) A211(0.031) A226(0.094) A231(0.031) A242(0.016) A247(0.016) A256(0.031) A316(0.125) A350(0.031) A601(0.016) A611(0.016) | 2001 |
| D431 | 通农12 | A030(0.016) A082(0.063) A095(0.016) A107(0.125) A151(0.125) A227(0.016) A234(0.016) A316(0.250) A467(0.250) A526(0.125) | 2000 |

（续）

| 编号 | 育成品种 | 祖先亲本及其遗传贡献值 | 年代/年份 |
|---|---|---|---|
| D432 | 通农13 | A019(0.031) A040(0.500) A146(0.016) A157(0.250) A210(0.016) A316(0.125) A350(0.063) | 2001 |
| D433 | 通农14 | A085(0.250) A107(0.125) A316(0.125) A466(0.500) | 2001 |
| D434 | 延农8号 | A019(0.079) A146(0.070) A154(0.094) A157(0.250) A210(0.070) A316(0.250) A350(0.063) | 1999 |
| D435 | 延农9号 | A019(0.047) A146(0.117) A154(0.094) A210(0.055) A211(0.063) A244(0.125) A316(0.250) | 2001 |
| D436 | 延农10号 | A019(0.072) A069(0.016) A137(0.004) A146(0.016) A154(0.211) A210(0.092) A226(0.125) A244(0.125) A245(0.047) A256(0.125) A260(0.063) A316(0.125) A585(0.078) A589(0.039) A602(0.039) | 2002 |
| D437 | 延农11 | A019(0.063) A146(0.094) A154(0.094) A157(0.125) A210(0.063) A211(0.031) A226(0.063) A244(0.125) A256(0.063) A316(0.250) A350(0.031) | 2003 |
| D438 | 杂交豆1号 | A564(0.500) A565(0.500) | 2003 |
| D439 | 东辛1号 | A034(0.250) A058(0.125) A156(0.125) A231(0.125) A260(0.125) A295(0.125) A601(0.063) | 1994 |
| D440 | 东辛2号 | A034(0.375) A058(0.250) A177(0.125) A585(0.031) A587(0.016) A589(0.031) A599(0.094) A619(0.078) | 2002 |
| D441 | 沪宁95-1 | A512(1.000) | 2002 |
| D442 | 淮豆3号 | A034(0.250) A231(0.375) A601(0.188) A611(0.188) | 1996 |
| D443 | 淮豆4号 | A002(0.125) A034(0.375) A231(0.250) A601(0.250) A611(0.125) | 1997 |
| D444 | 淮豆5号 | A034(0.250) A183(0.125) A231(0.063) A585(0.063) A587(0.031) A589(0.063) A599(0.188) A601(0.031) A611(0.031) A619(0.156) | 1998 |
| D445 | 淮豆6号 | A002(0.063) A034(0.282) A133(0.047) A177(0.094) A190(0.031) A196(0.094) A228(0.024) A231(0.157) A254(0.024) A295(0.016) A318(0.016) A601(0.078) A611(0.078) | 2001 |
| D446 | 淮豆8号 | A034(0.375) A231(0.188) A587(0.016) A588(0.125) A599(0.063) A601(0.094) A611(0.094) A619(0.047) | 2005 |
| D447 | 淮杂豆1号 | A83(0.500) A260(0.250) A585(0.063) A602(0.063) A607(0.063) A619(0.063) | 2002 |
| D448 | 淮阴75 | A643(1.000) | 2005 |
| D449 | 淮阴矮脚早 | A315(0.500) A511(0.500) | 2003 |
| D450 | 南农128 | A034(0.125) A133(0.063) A177(0.125) A196(0.125) A228(0.031) A254(0.031) A585(0.063) A587(0.031) A589(0.063) A599(0.188) A619(0.156) | 1998 |
| D451 | 南农217 | A034(0.125) A176(0.125) A177(0.125) A231(0.125) A349(0.125) A585(0.031) A587(0.016) A589(0.031) A599(0.094) A601(0.063) A611(0.063) A619(0.078) | 1996 |
| D452 | 南农242 | A002(0.250) A034(0.250) A084(0.250) A231(0.125) A601(0.063) A611(0.063) | 2002 |
| D453 | 南农88-31 | A002(0.250) A084(0.250) A231(0.125) A295(0.250) A601(0.063) A611(0.063) | 1999 |
| D454 | 南农99-6 | A002(0.250) A060(0.250) A084(0.250) A231(0.125) A601(0.063) A611(0.063) | 2003 |
| D455 | 南农99-10 | A002(0.250) A084(0.750) | 2002 |
| D456 | 青酥2号 | A667(1.000) | 2002 |

（续）

| 编号 | 育成品种 | 祖先亲本及其遗传贡献值 | 年代/年份 |
|---|---|---|---|
| D457 | 青酥4号 | A677(0.500) A668(0.500) | 2005 |
| D458 | 日本晴3号 | A525(1.000) | 2002 |
| D459 | 润豆13 | A002(0.031) A034(0.031) A133(0.125) A228(0.063) A231(0.031) A254(0.063) A671(0.500) A585(0.016) A599(0.031) A601(0.016) A602(0.016) A607(0.016) A611(0.016) A615(0.016) A619(0.016) A624(0.016) | 2005 |
| D460 | 润豆288 | A002(0.063) A034(0.063) A133(0.250) A228(0.125) A231(0.063) A254(0.125) A585(0.031) A599(0.063) A601(0.031) A607(0.031) A611(0.031) A615(0.031) A619(0.031) A624(0.031) | 1998 |
| D461 | 苏豆4号 | A230(0.250) A291(0.250) A472(0.500) | 1999 |
| D462 | 苏早1号 | A515(1.000) | 2003 |
| D463 | 通豆3号 | A002(0.500) A034(0.500) | 2002 |
| D464 | 徐春1号 | A644(1.000) | 2005 |
| D465 | 徐豆8号 | A156(0.125) A231(0.188) A295(0.125) A587(0.047) A599(0.141) A601(0.094) A611(0.094) A619(0.141) | 1996 |
| D466 | 徐豆9号 | A122(0.250) A176(0.250) A190(0.125) A295(0.063) A318(0.063) A349(0.250) | 1998 |
| D467 | 徐豆10号 | A034(0.125) A047(0.125) A133(0.063) A156(0.125) A231(0.125) A295(0.188) A599(0.047) A601(0.063) A607(0.016) A611(0.063) A619(0.047) | 2001 |
| D468 | 徐豆11 | A034(0.250) A047(0.063) A133(0.063) A177(0.188) A196(0.063) A228(0.016) A254(0.016) A585(0.031) A587(0.016) A589(0.031) A599(0.094) A601(0.016) A611(0.016) A619(0.078) | 2002 |
| D469 | 徐豆12 | A034(0.156) A057(0.063) A074(0.012) A133(0.008) A146(0.004) A177(0.141) A190(0.016) A196(0.016) A231(0.086) A242(0.004) A247(0.004) A254(0.004) A295(0.004) A318(0.008) A475(0.125) A585(0.031) A587(0.016) A589(0.031) A599(0.094) A601(0.043) A611(0.043) A619(0.078) | 2003 |
| D470 | 徐豆13 | A034(0.063) A122(0.125) A176(0.125) A177(0.063) A190(0.063) A231(0.063) A295(0.031) A318(0.031) A349(0.125) A587(0.023) A589(0.016) A599(0.094) A601(0.031) A607(0.016) A611(0.016) A619(0.086) | 2005 |
| D471 | 赣豆4号 | A034(0.250) A186(0.250) A201(0.500) | 1996 |
| D472 | 赣豆8号 | A016(0.500) A048(0.500) | 2004 |
| D473 | 丹豆7号 | A074(0.094) A146(0.063) A210(0.063) A232(0.125) A247(0.031) A316(0.125) A477(0.500) | 1994 |
| D474 | 丹豆8号 | A030(0.125) A042(0.125) A074(0.125) A095(0.125) A227(0.125) A234(0.125) A247(0.125) A260(0.125) | 1994 |
| D475 | 丹豆9号 | A030(0.063) A042(0.063) A074(0.063) A095(0.063) A227(0.063) A234(0.063) A247(0.063) A260(0.063) A605(0.500) | 1995 |
| D476 | 丹豆10号 | A030(0.031) A042(0.281) A074(0.094) A095(0.031) A227(0.157) A234(0.031) A247(0.094) A260(0.250) A605(0.250) | 2002 |
| D477 | 丹豆11 | A014(0.094) A030(0.063) A074(0.117) A095(0.063) A226(0.024) A227(0.250) A234(0.063) A242(0.024) A247(0.117) A585(0.094) A589(0.047) A602(0.063) | 2002 |
| D478 | 丹豆12 | A014(0.094) A030(0.063) A074(0.117) A095(0.063) A226(0.024) A227(0.250) A234(0.063) A242(0.024) A247(0.117) A585(0.094) | 2003 |

（续）

| 编号 | 育成品种 | 祖先亲本及其遗传贡献值 | 年代/年份 |
|---|---|---|---|
| D479 | 东豆1号 | A589(0.047) A602(0.063) A314(0.750) A247(0.063) | 2004 |
| D480 | 东豆9号 | A074(0.094) A131(0.031) A227(0.063) A247(0.125) A314(0.500) | 2005 |
| D481 | 锦豆36 | A074(0.188) A131(0.063) A227(0.125) A247(0.125) | 1995 |
| D482 | 锦豆37 | A074(0.313) A146(0.063) A210(0.063) A227(0.375) A247(0.188) | 1995 |
| D483 | 开育11 | A605(0.500) A445(0.500) | 1995 |
| D484 | 开育12 | A074(0.125) A131(0.063) A212(0.031) A226(0.031) A227(0.125) A241(0.063) A476(0.500) | 2000 |
| D485 | 开育13 | A042(0.125) A054(0.004) A074(0.141) A131(0.031) A227(0.031) A241(0.094) A247(0.027) A308(0.125) A478(0.063) | 2005 |
| D486 | 连豆1号 | A030(0.125) A042(0.031) A054(0.001) A074(0.035) A095(0.125) A131(0.008) A136(0.125) A197(0.125) A234(0.125) | 2001 |
| D487 | 辽豆11 | A241(0.007) A247(0.023) A308(0.031) A314(0.063) A478(0.016) A014(0.063) A074(0.141) A226(0.016) A242(0.016) A247(0.250) A585(0.188) A589(0.094) | 1996 |
| D488 | 辽豆13 | A014(0.063) A074(0.078) A226(0.016) A242(0.016) A247(0.125) A585(0.094) A587(0.063) A589(0.031) A599(0.125) | 2000 |
| D489 | 辽豆14 | A014(0.078) A602(0.031) A607(0.047) A613(0.094) A619(0.141) A227(0.125) A242(0.016) A247(0.078) A585(0.102) A586(0.004) A589(0.047) A624(0.009) | 2002 |
| D490 | 辽豆15 | A594(0.004) A598(0.023) A599(0.047) A602(0.031) A612(0.023) A615(0.009) A619(0.039) A620(0.004) A623(0.250) A624(0.009) | 2002 |
| D491 | 辽豆16 | A034(0.125) A074(0.102) A131(0.016) A133(0.063) A146(0.109) A177(0.125) A196(0.125) A210(0.109) A228(0.031) | 2002 |
| D492 | 辽豆17 | A232(0.031) A247(0.070) A254(0.031) A316(0.031) A226(0.008) A227(0.203) A232(0.016) A242(0.008) A247(0.137) | 2003 |
| D493 | 辽豆19 | A014(0.152) A074(0.063) A146(0.016) A316(0.031) A146(0.055) A210(0.055) A680(0.250) A585(0.188) A589(0.094) A602(0.094) | 2005 |
| D494 | 辽豆20 | A074(0.094) A085(0.125) A227(0.188) A247(0.094) A457(0.125) A585(0.188) A589(0.094) A602(0.094) | 2005 |
| D495 | 辽豆21 | A014(0.063) A019(0.031) A030(0.031) A074(0.109) A095(0.031) A146(0.016) A210(0.016) A216(0.063) A226(0.016) A227(0.219) | 2005 |
| D496 | 辽首1号 | A074(0.188) A227(0.375) A247(0.188) A234(0.031) A585(0.125) A589(0.063) A602(0.063) | 2001 |
| D497 | 辽首2号 | A641(0.500) A640(0.500) A585(0.125) A589(0.063) A602(0.063) | 2005 |
| D498 | 辽阳1号 | A014(0.125) A074(0.156) A227(0.250) A242(0.031) A247(0.156) A585(0.125) A589(0.063) A602(0.063) | 1999 |
| D499 | 沈豆4号 | A484(0.500) A485(0.500) | 1997 |
| D500 | 沈豆5号 | A483(0.500) A482(0.500) | 2003 |

（续）

| 编号 | 育成品种 | 祖先亲本及其遗传贡献值 | 年代/年份 |
|---|---|---|---|
| D501 | 沈农6号 | A030(0.125), A074(0.125), A095(0.125), A131(0.125), A212(0.063), A226(0.063), A227(0.125), A234(0.125), A241(0.125) | 2001 |
| D502 | 沈农7号 | A074(0.157), A146(0.063), A210(0.063), A227(0.125), A232(0.125), A247(0.094), A585(0.125), A589(0.063), A602(0.063) | 2002 |
| D503 | 沈农8号 | A054(0.016), A055(0.031), A074(0.047), A075(0.031), A101(0.125), A106(0.016), A131(0.016), A134(0.023), A146(0.047), A168(0.016), A210(0.016), A211(0.031), A212(0.008), A226(0.070), A226(0.023), A227(0.031), A246(0.023), A247(0.031), A256(0.063), A316(0.063), A509(0.125), A585(0.016), A587(0.010), A588(0.016), A589(0.053), A607(0.002), A619(0.045) | 2005 |
| D504 | 沈农8510 | A074(0.219), A131(0.063), A146(0.031), A212(0.031), A226(0.063), A227(0.125), A231(0.031), A241(0.063), A247(0.094), A585(0.125), A589(0.063), A601(0.016), A602(0.063), A611(0.016) | 1999 |
| D505 | 铁丰28 | A054(0.031), A055(0.031), A074(0.094), A075(0.063), A106(0.031), A131(0.031), A134(0.047), A146(0.031), A168(0.031), A210(0.031), A212(0.016), A226(0.016), A227(0.063), A241(0.063), A246(0.047), A509(0.250), A587(0.004), A588(0.031), A599(0.012), A607(0.004), A619(0.012) | 1996 |
| D506 | 铁丰29 | A054(0.031), A055(0.031), A074(0.094), A075(0.063), A106(0.031), A131(0.031), A134(0.047), A146(0.031), A168(0.031), A210(0.031), A212(0.016), A226(0.016), A227(0.063), A241(0.063), A246(0.047), A509(0.250), A587(0.004), A588(0.031), A599(0.012), A607(0.004), A619(0.012) | 1997 |
| D507 | 铁丰30 | A074(0.262), A131(0.016), A146(0.039), A210(0.039), A227(0.156), A232(0.078), A247(0.145), A316(0.266) | 1999 |
| D508 | 铁丰31 | A074(0.063), A227(0.125), A247(0.063), A585(0.188), A587(0.055), A589(0.016), A598(0.016), A599(0.094), A602(0.063), A612(0.016), A613(0.125), A615(0.004), A619(0.078), A620(0.016), A624(0.004) | 2001 |
| D509 | 铁丰32 | A056(0.063), A074(0.117), A074(0.008), A146(0.008), A226(0.023), A226(0.016), A227(0.125), A242(0.016), A247(0.086), A399(0.125), A435(0.125), A585(0.156), A589(0.078), A602(0.078) | 2002 |
| D510 | 铁丰33 | A014(0.031), A074(0.148), A121(0.063), A131(0.016), A146(0.016), A210(0.016), A226(0.008), A227(0.219), A232(0.031), A242(0.008), A247(0.133), A585(0.156), A589(0.078), A602(0.078) | 2003 |
| D511 | 铁丰34 | A074(0.201), A133(0.063), A133(0.008), A146(0.035), A210(0.035), A227(0.078), A228(0.031), A232(0.070), A247(0.096), A254(0.031), A295(0.063), A316(0.125), A317(0.063) | 2005 |
| D512 | 铁丰35 | A041(0.004), A042(0.125), A047(0.031), A050(0.008), A074(0.188), A108(0.008), A124(0.063), A133(0.031), A146(0.035), A155(0.008), A210(0.039), A227(0.250), A228(0.016), A241(0.008), A247(0.125), A254(0.016), A295(0.016), A585(0.016), A602(0.008), A607(0.008), A619(0.008) | 2005 |
| D513 | 铁豆36 | A054(0.016), A074(0.156), A075(0.031), A131(0.063), A133(0.063), A146(0.047), A210(0.047), A228(0.031), A232(0.063), A241(0.016), A247(0.063), A254(0.031), A295(0.063), A316(0.188), A509(0.125) | 2005 |
| D514 | 铁豆37 | A054(0.016), A055(0.016), A056(0.031), A074(0.180), A075(0.031), A106(0.016), A131(0.031), A134(0.023), A146(0.043), A168(0.016), A210(0.039), A212(0.016), A226(0.020), A226(0.023), A227(0.063), A232(0.047), A241(0.047), A246(0.023), A247(0.078), A316(0.109), A509(0.125), A587(0.002), A588(0.016), A599(0.006), A607(0.002), A619(0.006) | 2005 |

（续）

| 编号 | 育成品种 | 祖先亲本及其遗传贡献值 | 年代/年份 |
|---|---|---|---|
| D515 | 铁豆38 | A042(0.063) A054(0.023) A055(0.008) A074(0.156) A106(0.008) A131(0.008) A075(0.047) A146(0.070) A168(0.008) A210(0.070) A212(0.004) A226(0.004) A227(0.094) A232(0.031) A241(0.031) A246(0.012) A247(0.031) A316(0.125) A509(0.125) A587(0.001) A588(0.008) A599(0.003) A607(0.001) A619(0.003) A602(0.031) | 2005 |
| D516 | 新豆1号 | A074(0.125) A227(0.250) A585(0.250) A589(0.125) A602(0.125) | 1993 |
| D517 | 新丰1号 | A019(0.031) A146(0.016) A157(0.250) A210(0.016) A260(0.500) A316(0.125) A350(0.063) | 2002 |
| D518 | 新育1号 | A019(0.016) A067(0.016) A074(0.008) A128(0.031) A132(0.016) A135(0.063) A146(0.125) A210(0.109) A211(0.063) A226(0.141) A589(0.031) A602(0.031) | 2005 |
| D519 | 熊豆1号 | A071(0.125) A074(0.094) A182(0.125) A226(0.063) A227(0.016) A242(0.063) A247(0.094) A256(0.125) A316(0.141) A486(0.250) A585(0.031) A589(0.031) A602(0.031) | 2001 |
| D520 | 熊豆2号 | A030(0.031) A042(0.031) A074(0.094) A095(0.031) A226(0.063) A227(0.031) A234(0.031) A242(0.063) A247(0.094) A260(0.031) A486(0.250) A605(0.250) | 2005 |
| D521 | 岫豆94-11 | A014(0.031) A030(0.063) A074(0.039) A095(0.063) A226(0.008) A227(0.125) A234(0.063) A242(0.008) A247(0.039) A561(0.500) A585(0.031) A589(0.031) A602(0.016) | 2003 |
| D522 | 赤豆1号 | A690(1.000) | 2004 |
| D523 | 呼北豆1号 | A019(0.141) A040(0.063) A146(0.071) A154(0.094) A210(0.071) A244(0.125) A248(0.063) A316(0.125) A440(0.250) | 2002 |
| D524 | 呼丰6号 | A083(1.000) | 1995 |
| D525 | 蒙豆5号 | A488(1.000) | 1997 |
| D526 | 蒙豆6号 | A513(0.500) A508(0.500) | 2000 |
| D527 | 蒙豆7号 | A019(0.313) A137(0.125) A146(0.156) A154(0.125) A210(0.156) A216(0.125) | 2002 |
| D528 | 蒙豆9号 | A019(0.250) A146(0.125) A154(0.500) A210(0.125) | 2002 |
| D529 | 蒙豆10号 | A019(0.063) A146(0.031) A210(0.031) A216(0.125) A409(0.500) A589(0.063) A602(0.063) | 2002 |
| D530 | 蒙豆11 | A408(0.500) A522(0.500) | 2002 |
| D531 | 蒙豆12 | A019(0.149) A069(0.016) A074(0.031) A121(0.125) A146(0.090) A154(0.297) A210(0.090) A226(0.031) A242(0.031) A245(0.047) A247(0.031) A260(0.063) | 2003 |
| D532 | 蒙豆13 | A019(0.141) A040(0.063) A069(0.016) A074(0.031) A121(0.125) A146(0.071) A154(0.094) A210(0.071) A226(0.031) A242(0.031) A247(0.031) A260(0.063) A316(0.063) | 2003 |
| D533 | 蒙豆14 | A019(0.039) A146(0.066) A154(0.078) A210(0.066) A244(0.063) A316(0.188) A585(0.094) A597(0.063) A599(0.094) A602(0.063) A608(0.031) A615(0.016) A619(0.094) A624(0.016) | 2004 |
| D534 | 蒙豆15 | A019(0.201) A040(0.063) A069(0.016) A074(0.031) A121(0.125) A146(0.071) A154(0.094) A210(0.071) A226(0.031) A242(0.031) A244(0.063) A245(0.047) A247(0.031) A260(0.063) A316(0.063) | 2003 |

（续）

| 编号 | 育成品种 | 祖先亲本及其遗传贡献值 | 年代/年份 |
|---|---|---|---|
| D535 | 蒙豆16 | A019(0.188) A137(0.063) A146(0.094) A154(0.063) A210(0.094) A216(0.125) A409(0.250) A585(0.063) A589(0.031) A602(0.031) | 2005 |
| D536 | 蒙豆17 | A019(0.125) A146(0.125) A154(0.250) A210(0.063) A211(0.063) A226(0.125) A256(0.125) A316(0.125) | 2005 |
| D537 | 内豆4号 | A488(1.000) | 1994 |
| D538 | 兴抗线1号 | A019(0.078) A146(0.133) A189(0.031) A210(0.133) A585(0.508) A587(0.016) A599(0.031) A607(0.012) A613(0.023) A619(0.035) | 2004 |
| D539 | 兴豆四号 | A146(0.250) A210(0.250) A260(0.500) | 1997 |
| D540 | 宁豆2号 | A074(0.125) A227(0.250) A247(0.125) A262(0.500) | 1994 |
| D541 | 宁豆3号 | A479(1.000) | 1995 |
| D542 | 宁豆4号 | A479(1.000) | 1998 |
| D543 | 宁豆5号 | A691(1.000) | 2003 |
| D544 | 高原1号 | A379(1.000) | 2000 |
| D545 | 滨职豆1号 | A517(0.500) A491(0.500) | 2003 |
| D546 | 高丰1号 | A632(0.500) A631(0.500) | 2005 |
| D547 | 菏豆12 | A034(0.125) A063(0.500) A231(0.063) A587(0.031) A599(0.094) A601(0.031) A607(0.031) A611(0.031) A619(0.094) | 2002 |
| D548 | 菏豆13 | A034(0.188) A063(0.250) A133(0.063) A177(0.125) A196(0.125) A228(0.031) A231(0.031) A254(0.031) A587(0.016) A599(0.047) A601(0.016) A607(0.016) A611(0.016) A619(0.047) | 2005 |
| D549 | 鲁豆9号 | A133(0.125) A228(0.063) A254(0.063) A492(0.250) A494(0.250) A585(0.031) A587(0.016) A589(0.031) A599(0.094) A619(0.078) | 1993 |
| D550 | 鲁豆12 | A034(0.250) A133(0.250) A295(0.250) A231(0.125) A601(0.063) A611(0.063) | 1996 |
| D551 | 鲁豆13 | A041(0.031) A108(0.063) A210(0.031) A295(0.125) A520(0.250) A587(0.016) A588(0.125) A599(0.047) A606(0.025) A607(0.016) A619(0.047) | 1996 |
| D552 | 鲁宁1号 | A034(0.031) A074(0.023) A146(0.008) A169(0.125) A226(0.016) A231(0.016) A242(0.008) A247(0.008) A495(0.250) A524(0.500) A601(0.008) A611(0.008) | 2003 |
| D553 | 鲁青豆1号 | A058(0.125) A156(0.125) A260(0.125) A295(0.125) A493(0.500) | 1993 |
| D554 | 齐茶豆2号 | A022(0.250) A047(0.063) A074(0.031) A133(0.125) A227(0.063) A228(0.063) A254(0.063) A600(0.063) A613(0.025) | 2002 |
| D555 | 齐黄26 | A047(0.125) A105(0.500) A133(0.125) A228(0.063) A254(0.063) | 1999 |
| D556 | 齐黄27 | A047(0.188) A105(0.250) A133(0.188) A228(0.094) A254(0.094) A600(0.188) | 2000 |
| D557 | 齐黄28 | A022(0.250) A047(0.063) A074(0.031) A133(0.125) A227(0.063) A228(0.063) A254(0.063) A600(0.063) A613(0.025) | 2003 |
| D558 | 齐黄29 | A022(0.250) A047(0.063) A074(0.031) A133(0.125) A227(0.063) A228(0.063) A254(0.063) A600(0.063) A613(0.025) | 2003 |
| D559 | 齐黄30 | A022(0.250) A047(0.063) A074(0.031) A133(0.125) A227(0.063) A228(0.063) A254(0.063) A600(0.063) A613(0.025) | 2004 |
| D560 | 齐黄31 | A022(0.250) A047(0.063) A074(0.031) A133(0.125) A227(0.063) A228(0.063) A254(0.063) A600(0.063) A613(0.025) | 2004 |
| D561 | 山宁8号 | A034(0.063) A074(0.047) A146(0.016) A169(0.250) A226(0.031) A231(0.031) A242(0.016) A247(0.016) A469(0.500) A601(0.016) | 1996 |

（续）

| 编号 | 育成品种 | 祖先亲本及其遗传贡献值 | 年代/年份 |
|---|---|---|---|
| D562 | 山宁12 | A611(0.016) A034(0.016) A074(0.012) A146(0.004) A169(0.063) A231(0.008) A226(0.008) A242(0.004) A247(0.004) A495(0.125) A520(0.125) | 2005 |
| D563 | 潍豆6号 | A639(0.250) A648(0.250) A587(0.008) A588(0.063) A599(0.023) A601(0.039) A607(0.008) A611(0.004) A619(0.023) | 2005 |
| D564 | 烟黄8164 | A156(0.250) A295(0.250) A637(0.500) | 1993 |
| D565 | 跃进10号 | A034(0.250) A066(0.250) A231(0.125) A606(0.250) A611(0.063) A034(0.125) A133(0.125) A146(0.063) A210(0.063) A228(0.063) A231(0.063) A232(0.125) A254(0.063) A587(0.031) A599(0.094) | 1999 |
| D566 | 黄抄豆 | A628(1.000) A601(0.031) A607(0.031) A611(0.031) A619(0.094) | 2001 |
| D567 | 秦豆8号 | A545(0.500) A587(0.031) A588(0.25) A599(0.125) A619(0.094) | 1997 |
| D568 | 秦豆10号 | A101(0.125) A146(0.125) A393(0.125) A585(0.016) A634(0.500) A587(0.008) A589(0.016) A599(0.047) A619(0.039) | 2005 |
| D569 | 陕豆125 | A510(0.500) A587(0.031) A588(0.250) A599(0.125) A619(0.094) | 2001 |
| D570 | 临豆1号 | A498(1.000) | 2001 |
| D571 | 晋大70 | A039(0.125) A165(0.125) A314(0.125) A570(0.250) A571(0.125) A356(0.250) | 2003 |
| D572 | 晋大73 | A101(0.125) A148(0.125) A272(0.125) A569(0.250) A673(0.250) A585(0.016) A587(0.008) A599(0.047) A619(0.039) | 2005 |
| D573 | 晋大74 | A039(0.125) A074(0.063) A136(0.063) A146(0.063) A197(0.063) A210(0.063) A232(0.125) A261(0.063) A497(0.250) | 2004 |
| D574 | 晋豆20 | A585(0.016) A599(0.031) A602(0.016) A607(0.016) A615(0.016) A619(0.016) A624(0.016) | 1997 |
| D575 | 晋豆21 | A101(0.250) A569(0.500) A585(0.031) A587(0.016) A589(0.016) A599(0.094) A619(0.078) | 1997 |
| D576 | 晋豆22 | A039(0.188) A074(0.063) A087(0.250) A101(0.250) A161(0.125) A261(0.063) A314(0.188) A585(0.031) A587(0.016) A589(0.031) A599(0.094) | 1998 |
| D577 | 晋豆23 | A034(0.250) A039(0.188) A074(0.063) A261(0.063) A314(0.188) A601(0.063) A611(0.063) | 1999 |
| D578 | 晋豆24 | A039(0.188) A074(0.063) A101(0.250) A261(0.063) A314(0.188) A585(0.031) A587(0.016) A589(0.031) A599(0.094) | 1999 |
| D579 | 晋豆25 | A019(0.024) A039(0.125) A074(0.063) A131(0.063) A136(0.125) A146(0.028) A148(0.063) A154(0.047) A197(0.125) A210(0.028) A244(0.063) A271(0.125) A272(0.063) A316(0.063) | 2000 |
| D580 | 晋豆26 | A039(0.94) A074(0.063) A146(0.125) A197(0.125) A261(0.063) A314(0.188) A356(0.500) | 2001 |
| D581 | 晋豆27 | A074(0.125) A136(0.125) A146(0.125) A197(0.125) A210(0.125) A232(0.250) A261(0.125) A171(0.125) A146(0.008) A226(0.008) | 2001 |
| D582 | 晋豆29 | A034(0.110) A039(0.188) A054(0.004) A074(0.078) A075(0.008) A146(0.008) A242(0.004) A247(0.008) A210(0.004) A231(0.055) | 2004 |
| D583 | 晋豆30 | A602(0.008) A611(0.027) A619(0.020) A039(0.25) A148(0.125) A272(0.125) A678(0.500) A585(0.023) A599(0.016) A601(0.027) | 2005 |
| D584 | 晋豆31 | A034(0.125) A231(0.0625) A654(0.500) A674(0.250) A601(0.031) A611(0.031) | 2005 |

（续）

| 编号 | 育成品种 | 祖先亲本及其遗传贡献值 | 年代/年份 |
|---|---|---|---|
| D585 | 晋豆 32 | A039(0.094) A074(0.031) A101(0.250) A261(0.031) A314(0.094) A636(0.250) A585(0.031) A587(0.016) A589(0.031) A599(0.094) A619(0.078) | 2005 |
| D586 | 晋豆 33 | A646(1.000) | 2005 |
| D587 | 晋遗 30 | A030(0.031) A074(0.031) A095(0.031) A165(0.500) A220(0.125) A226(0.031) A227(0.031) A234(0.031) A242(0.031) A247(0.031) A585(0.063) A589(0.031) A602(0.031) | 2003 |
| D588 | 晋遗 34 | A030(0.031) A034(0.125) A039(0.094) A074(0.063) A095(0.031) A220(0.125) A226(0.031) A227(0.031) A231(0.063) A234(0.031) A242(0.031) A247(0.031) A261(0.031) A314(0.094) A585(0.063) A589(0.031) A601(0.031) A602(0.031) A611(0.031) | 2005 |
| D589 | 晋遗 38 | A030(0.063) A034(0.125) A039(0.094) A074(0.031) A095(0.063) A220(0.250) A227(0.063) A231(0.063) A261(0.031) A314(0.094) A323(0.063) A601(0.031) A611(0.031) | 2005 |
| D590 | 成豆 6 号 | A074(0.063) A097(0.250) A226(0.063) A242(0.063) A247(0.063) A291(0.250) A503(0.250) | 1996 |
| D591 | 成豆 7 号 | A224(0.500) A307(0.500) | 1997 |
| D592 | 成豆 8 号 | A074(0.188) A097(0.250) A226(0.188) A242(0.188) A247(0.188) | 1998 |
| D593 | 成豆 9 号 | A291(0.500) A519(0.500) | 2002 |
| D594 | 成豆 10 号 | A237(0.500) A501(0.500) | 2001 |
| D595 | 成豆 11 | A538(0.500) A585(0.031) A587(0.016) A589(0.031) A592(0.125) A595(0.125) A599(0.094) A619(0.078) | 2003 |
| D596 | 川豆 4 号 | A291(0.500) A504(0.500) | 1996 |
| D597 | 川豆 5 号 | A201(0.250) A214(0.250) A533(0.500) | 1998 |
| D598 | 川豆 6 号 | A084(0.125) A201(0.125) A214(0.125) A291(0.500) A585(0.016) A599(0.031) A602(0.016) A607(0.016) A615(0.016) A619(0.016) A624(0.016) | 2002 |
| D599 | 川豆 7 号 | A502(0.500) A568(0.500) | 2001 |
| D600 | 川豆 8 号 | A681(1.000) | 2002 |
| D601 | 川豆 9 号 | A047(0.250) A133(0.125) A295(0.125) A502(0.500) | 2003 |
| D602 | 川豆 10 号 | A297(0.500) A665(0.500) | 2005 |
| D603 | 富豆 1 号 | A307(1.000) | 2004 |
| D604 | 富豆 2 号 | A291(0.500) A662(0.500) | 2005 |
| D605 | 贡豆 5 号 | A034(0.125) A047(0.125) A133(0.063) A201(0.250) A231(0.063) A295(0.063) A585(0.047) A601(0.016) A602(0.031) A607(0.016) A608(0.016) A611(0.016) A619(0.016) | 1993 |
| D606 | 贡豆 8 号 | A034(0.063) A062(0.125) A074(0.047) A133(0.063) A146(0.016) A201(0.125) A226(0.031) A228(0.031) A231(0.031) A242(0.016) A247(0.016) A254(0.031) A585(0.047) A601(0.016) A607(0.016) A608(0.016) A611(0.016) A619(0.016) | 1997 |
| D607 | 贡豆 9 号 | A039(0.250) A148(0.125) A201(0.250) A272(0.125) A585(0.094) A602(0.063) A607(0.031) A608(0.031) A619(0.031) | 1998 |

（续）

| 编号 | 育成品种 | 祖先亲本及其遗传贡献值 | 年代/年份 |
|------|----------|------------------------|-----------|
| D608 | 贡豆10号 | A047(0.125) A619(0.016), A133(0.063), A201(0.125), A295(0.063), A201(0.125), A602(0.031), A585(0.047), A607(0.016), A608(0.016), A611(0.016) | 2002 |
| D609 | 贡豆11 | A034(0.125) A602(0.031), A062(0.125) A607(0.016), A133(0.063), A201(0.125), A228(0.031), A231(0.063), A254(0.031), A269(0.250), A585(0.047), A601(0.031) | 2001 |
| D610 | 贡豆12 | A034(0.063) A607(0.016) A608(0.016), A133(0.031) A611(0.016) A619(0.016), A611(0.016), A133(0.031), A619(0.016), A047(0.063), A471(0.500), A585(0.047), A585(0.047), A601(0.016), A602(0.031) | 2003 |
| D611 | 贡豆13 | A034(0.063) A585(0.063), A047(0.063) A608(0.016), A084(0.125) A601(0.016), A133(0.094), A201(0.125), A231(0.031), A237(0.125), A254(0.031), A295(0.031), A295(0.031) | 2004 |
| D612 | 贡豆14 | A011(0.031) A269(0.125), A585(0.031) A599(0.031), A034(0.063) A062(0.125), A133(0.094), A174(0.031), A201(0.125), A228(0.031), A254(0.031), A602(0.047), A607(0.031), A615(0.016), A619(0.016), A619(0.016), A254(0.031), A624(0.016) | 2004 |
| D613 | 贡豆15 | A034(0.188) A611(0.047), A295(0.094) A585(0.047), A269(0.125) A146(0.016), A601(0.016), A226(0.031), A242(0.016), A231(0.094), A247(0.016), A269(0.250), A601(0.047) | 2005 |
| D614 | 贡选1号 | A505(1.000), A611(0.047) | 2002 |
| D615 | 乐豆1号 | A506(0.500), A514(0.500) | 2003 |
| D616 | 南豆99 | A291(1.000) | 1999 |
| D617 | 南豆3号 | A034(0.125) A608(0.031), A047(0.125) A611(0.031), A133(0.063) A619(0.031), A201(0.250), A231(0.063), A585(0.094), A295(0.063), A601(0.031), A602(0.063), A607(0.031) | 2001 |
| D618 | 南豆4号 | A034(0.125) A608(0.031), A047(0.125) A611(0.031), A133(0.063) A619(0.031), A201(0.250), A231(0.063), A585(0.094), A295(0.063), A601(0.031), A602(0.063), A607(0.031) | 2002 |
| D619 | 南豆5号 | A034(0.125), A231(0.063), A269(0.250), A291(0.500), A601(0.031), A611(0.031) | 2003 |
| D620 | 南豆6号 | A011(0.063), A133(0.063), A174(0.063), A255(0.125), A291(0.500), A295(0.188), A295(0.500), A619(0.031) | 2004 |
| D621 | 南豆7号 | A074(0.063), A097(0.250), A226(0.063), A242(0.063), A247(0.063), A642(0.500) | 2005 |
| D622 | 南豆8号 | A219(0.500), A291(0.500), A247(0.063) | 2005 |
| D623 | 津豆18 | A034(0.125), A133(0.063), A177(0.125) A601(0.125), A196(0.125), A228(0.031), A254(0.031), A541(0.500) | 2005 |
| D624 | 选六 | A034(0.500), A231(0.250), A611(0.125), A611(0.125) | 1194 |
| D625 | 石大豆1号 | A074(0.016) A585(0.016), A128(0.063) A599(0.031), A146(0.031) A602(0.016), A211(0.031), A226(0.063), A247(0.031), A227(0.031), A256(0.063), A316(0.063), A464(0.500), A615(0.016), A619(0.016), A624(0.016) | 2001 |
| D626 | 石大豆2号 | A019(0.026) A260(0.063), A069(0.016) A422(0.125), A074(0.063) A585(0.156), A137(0.016), A154(0.063), A210(0.044), A589(0.078), A602(0.078), A227(0.125), A245(0.047), A247(0.063) | 2001 |
| D627 | 新大豆1号 | A019(0.063) A067(0.063), A074(0.094), A131(0.031), A146(0.094), A210(0.063), A211(0.031), A226(0.063), A227(0.063), A135(0.250) | 1999 |

（续）

| 编号 | 育成品种 | 祖先亲本及其遗传贡献值 | 年代/年份 |
|---|---|---|---|
| D628 | 新大豆 2 号 | A247(0.063) A256(0.063) A316(0.063) A074(0.063) A146(0.063) A211(0.063) A226(0.188) A247(0.063) A256(0.125) A316(0.125) A585(0.125) A589(0.063) A602(0.063) | 2003 |
| D629 | 新大豆 3 号 | A019(0.063) A146(0.094) A154(0.125) A210(0.094) A245(0.125) A587(0.063) A599(0.188) A607(0.063) A619(0.188) | 2005 |
| D630 | 滇 86 - 4 | A299(0.500) A585(0.063) A599(0.125) A602(0.063) A607(0.063) A615(0.063) A619(0.063) A624(0.063) | 2003 |
| D631 | 滇 86 - 5 | A299(0.500) A585(0.063) A599(0.125) A602(0.063) A615(0.063) A619(0.063) A624(0.063) | 2003 |
| D632 | 华春 18 | A019(0.125) A109(0.250) A146(0.063) A210(0.063) A209(0.250) A529(0.250) | 2001 |
| D633 | 丽秋 2 号 | A692(1.000) | 2004 |
| D634 | 衢秋 1 号 | A167(1.000) | 1999 |
| D635 | 衢秋 2 号 | A048(0.500) A167(0.500) | 2003 |
| D636 | 衢鲜 1 号 | A167(0.500) A581(0.500) | 2004 |
| D637 | 藜春 1 号 | A559(0.250) A560(0.500) A474(0.250) | 1995 |
| D638 | 萧农越秀 | A567(1.000) | 2004 |
| D639 | 新选 88 | A516(0.500) A693(0.500) | 1998 |
| D640 | 浙春 5 号 | A213(0.250) A219(0.250) A291(0.250) A530(0.250) | 2001 |
| D641 | 浙春 1 号 | A167(0.500) A528(0.500) | 2001 |
| D642 | 浙秋 2 号 | A167(0.500) A528(0.500) | 2003 |
| D643 | 浙秋豆 3 号 | A034(0.063) A601(0.016) A074(0.047) A611(0.016) A129(0.250) A146(0.016) A169(0.250) A193(0.250) A226(0.031) A231(0.031) A242(0.016) A247(0.016) | 2003 |
| D644 | 浙鲜豆 1 号 | A527(0.500) A516(0.500) | 2004 |
| D645 | 浙鲜豆 2 号 | A527(0.500) A653(0.500) | 2005 |
| D646 | 西豆 3 号 | A291(1.000) | 1992 |
| D647 | 西豆 5 号 | A291(0.938) A669(0.063) | 2005 |
| D648 | 西豆 6 号 | A638(0.500) A647(0.500) | 2005 |
| D649 | 渝豆 1 号 | A365(1.000) | 1998 |

## 图表X 用于亲本系数与SSR相似系数分析的10个重要家族共179个大豆品种名录

| 生态区 | 品种代号 | 品种名称 | 年份 | 省份 | 所属祖先亲本家族 | 生态区 | 品种代号 | 品种名称 | 年份 | 省份 | 所属祖先亲本家族 |
|---|---|---|---|---|---|---|---|---|---|---|---|
| I | C170 | 合丰25 | 1984 | 黑龙江 | A019 | II | C016 | 皖豆9号 | 1989 | 安徽 | A034,A231,A295 |
| I | C178 | 合丰33 | 1992 | 黑龙江 | A019 | II | C112 | 豫豆10号 | 1989 | 河南 | A034,A122,A133,A231,A295 |
| I | D149 | 北丰7号 | 1993 | 黑龙江 | A019 | II | C038 | 中黄1号 | 1989 | 北京 | A034,A231 |
| I | C390 | 九农20 | 1993 | 吉林 | A019 | II | C120 | 郑133 | 1990 | 河南 | A122,A133,A295 |
| I | D152 | 北丰10号 | 1994 | 黑龙江 | A019 | II | C039 | 中黄2号 | 1990 | 北京 | A034,A231 |
| I | D153 | 北丰11 | 1995 | 黑龙江 | A019 | II | C040 | 中黄3号 | 1990 | 北京 | A034,A231 |
| I | D151 | 北丰9号 | 1995 | 黑龙江 | A019 | II | C041 | 中黄4号 | 1990 | 北京 | A034,A231 |
| I | C181 | 合丰36 | 1995 | 黑龙江 | A019 | II | C122 | 郑86506 | 1991 | 河南 | A034,A122,A133,A231,A295 |
| I | D154 | 北丰13 | 1996 | 黑龙江 | A019 | II | C113 | 豫豆11 | 1992 | 河南 | A034,A133,A231,A295 |
| I | D296 | 绥农14 | 1996 | 黑龙江 | A019 | II | C114 | 豫豆12 | 1992 | 河南 | A122,A295 |
| I | D143 | 八五七-1 | 1997 | 黑龙江 | A019 | II | C037 | 早熟18 | 1992 | 北京 | A034,A231 |
| I | D155 | 北丰14 | 1997 | 黑龙江 | A019 | II | C026 | 科丰35 | 1993 | 北京 | A034,A231 |
| I | D241 | 抗线虫5号 | 2003 | 黑龙江 | A019 | II | C115 | 豫豆15 | 1993 | 河南 | A034,A133,A231,A295 |
| II | C540 | 莒选23 | 1963 | 山东 | A133 | II | C044 | 中黄7号 | 1993 | 北京 | A034,A231 |
| II | C417 | 58-161 | 1964 | 江苏 | A034 | II | C019 | 皖豆13 | 1994 | 安徽 | A034,A231 |
| II | C567 | 为民1号 | 1970 | 山东 | A133,A295 | II | C030 | 诱处4号 | 1994 | 北京 | A034,A231 |
| II | C094 | 河南早丰1号 | 1971 | 河南 | A133 | II | C116 | 豫豆16 | 1994 | 河南 | A034,A122,A133,A231,A295 |
| II | C572 | 文丰7号 | 1971 | 山东 | A133,A295 | II | D122 | 豫豆17 | 1994 | 河南 | A034,A231 |
| II | C575 | 兖黄1号 | 1973 | 山东 | A133 | II | C043 | 中黄6号 | 1994 | 北京 | A034,A231 |
| II | C455 | 徐豆1号 | 1974 | 江苏 | A231 | II | C027 | 科新3号 | 1995 | 北京 | A122,A295 |
| II | C123 | 郑州126 | 1975 | 河南 | A133 | II | C118 | 豫豆19 | 1995 | 河南 | A034,A122,A133,A295 |
| II | C124 | 郑州135 | 1975 | 河南 | A133 | II | C045 | 中黄8号 | 1995 | 北京 | A133 |
| II | C003 | 阜豆1号 | 1977 | 安徽 | A034,A231 | II | D442 | 淮豆3号 | 1996 | 江苏 | A034,A231 |
| II | C457 | 徐豆3号 | 1978 | 江苏 | A034,A231 | II | D550 | 鲁豆12 | 1996 | 山东 | A034,A133,A231,A295 |
| II | C125 | 周7327-118 | 1979 | 河南 | A133,A231 | II | D008 | 皖豆16 | 1996 | 安徽 | A034 |
| II | C542 | 鲁豆1号 | 1980 | 山东 | A133,A231 | II | D465 | 徐豆8号 | 1996 | 江苏 | A231,A295 |

（续）

| 生态区 | 品种代号 | 品种名称 | 年份 | 省份 | 所属祖先亲本家族 |
|---|---|---|---|---|---|
| II | C563 | 齐黄22 | 1980 | 山东 | A133,A231 |
| II | C423 | 淮豆1号 | 1983 | 江苏 | A002,A034,A231 |
| II | C010 | 皖豆1号 | 1983 | 安徽 | A231 |
| II | C028 | 诱变30 | 1983 | 北京 | A034,A231 |
| II | C029 | 诱变31 | 1983 | 北京 | A034,A231 |
| II | C032 | 早熟6号 | 1983 | 北京 | A034,A231 |
| II | C121 | 郑77249 | 1983 | 河南 | A034,A133,A231 |
| II | C421 | 灌豆1号 | 1985 | 江苏 | A002,A034,A231 |
| II | C104 | 豫豆1号 | 1985 | 河南 | A133 |
| II | C105 | 豫豆2号 | 1985 | 河南 | A122,A295 |
| II | C106 | 豫豆3号 | 1985 | 河南 | A034,A133 |
| II | C458 | 徐豆7号 | 1986 | 江苏 | A231 |
| II | C538 | 菏84-1 | 1987 | 山东 | A034,A231 |
| II | C441 | 泗豆11 | 1987 | 江苏 | A034 |
| II | C108 | 豫豆5号 | 1987 | 河南 | A034,A133 |
| II | C295 | 中豆19 | 1987 | 湖北 | A002,A084,A231 |
| II | C014 | 皖豆6号 | 1988 | 安徽 | A002,A295 |
| II | C110 | 豫豆7号 | 1988 | 河南 | A034,A122,A133,A231 |
| II | C111 | 豫豆8号 | 1988 | 河南 | A034,A133 |
| II | C539 | 菏84-5 | 1989 | 山东 | A034,A231 |
| III | D467 | 徐豆10号 | 2001 | 江苏 | A034,A133,A231,A295 |
| III | D135 | 郑90007 | 2001 | 河南 | A034,A084,A133,A231,A295 |
| III | D136 | 郑92116 | 2001 | 河南 | A034,A122,A133,A231,A295 |
| III | D137 | 郑长交14 | 2001 | 河南 | A122,A231 |
| III | D043 | 中黄14 | 2001 | 北京 | A034,A133 |
| III | D044 | 中黄15 | 2001 | 北京 | A034,A231 |
| II | D124 | 豫豆21 | 1996 | 河南 | A034,A122,A133,A231,A295 |
| II | D038 | 中黄9 | 1996 | 北京 | A034,A231 |
| II | D443 | 淮豆4号 | 1997 | 江苏 | A002,A034,A231 |
| II | D125 | 豫豆22 | 1997 | 河南 | A002,A034,A122,A133,A231,A295 |
| II | D126 | 豫豆23 | 1997 | 河南 | A034,A122,A133,A231,A295 |
| II | D011 | 皖豆19 | 1998 | 安徽 | A034,A231 |
| II | D466 | 徐豆9号 | 1998 | 江苏 | A122,A295 |
| II | D127 | 豫豆24 | 1998 | 河南 | A034,A122,A133,A231,A295 |
| II | D128 | 豫豆25 | 1998 | 河南 | A034,A122,A133,A231,A295 |
| II | D129 | 豫豆26 | 1999 | 河南 | A034,A122,A084,A133,A231,A295 |
| II | D130 | 豫豆27 | 1999 | 河南 | A034,A133,A231 |
| II | D565 | 跃进10号 | 1999 | 山东 | A034,A231 |
| II | D090 | 沧豆4号 | 2000 | 山东 | A034 |
| II | D013 | 皖豆21 | 2000 | 安徽 | A002,A034,A084,A122,A133,A231,A295 |
| II | D131 | 豫豆28 | 2000 | 河南 | A034,A122,A133,A231,A295 |
| II | D132 | 豫豆29 | 2000 | 河南 | A02,A084,A231 |
| II | D036 | 中豆27 | 2000 | 湖北 | A002,A034,A133,A231,A295 |
| II | D445 | 淮豆6号 | 2001 | 江苏 | A034,A231 |
| II | D028 | 科丰53 | 2001 | 北京 | A034,A122,A133,A231,A295 |
| II | D117 | 濮海10号 | 2001 | 河南 | A002,A034,A084,A133,A231 |
| III | C296 | 中豆20 | 1994 | 湖北 | A002,A034 |
| III | C445 | 苏豆3号 | 1995 | 江苏 | A002,A084,A295 |
| III | D453 | 南农88-31 | 1999 | 江苏 | A291 |
| III | D461 | 苏豆4号 | 1999 | 江苏 | A201 |
| III | D313 | 中黄29 | 2000 | 湖北 | A034,A133 |
| III | D309 | 鄂豆7号 | 2001 | 湖北 | A034,A231,A291 |

（续）

| 生态区 | 品种代号 | 品种名称 | 年份 | 省份 | 所属祖先亲本家族 |
|---|---|---|---|---|---|
| II | D112 | 地神21 | 2002 | 河南 | A002,A034,A084,A122,A133,A231,A295 |
| II | D113 | 地神22 | 2002 | 河南 | A002,A034,A084,A122,A133,A231,A295 |
| II | D114 | 滑豆20 | 2002 | 河南 | A034,A122,A133,A231,A295 |
| II | D118 | 商丘1099 | 2002 | 河南 | A034,A122,A231,A295 |
| II | D468 | 徐豆11 | 2002 | 江苏 | A034,A133,A231,A295 |
| II | D053 | 中黄24 | 2002 | 北京 | A002,A019,A084,A133,A231 |
| II | D054 | 中黄25 | 2002 | 北京 | A034,A231 |
| II | D557 | 齐黄28 | 2003 | 山东 | A133 |
| II | D558 | 齐黄29 | 2003 | 山东 | A133 |
| II | D469 | 徐豆12 | 2003 | 江苏 | A034,A133,A231,A295 |
| II | D138 | 郑交107 | 2003 | 河南 | A034,A122,A133,A231,A295 |
| II | D140 | 周豆11 | 2003 | 河南 | A034,A122,A133,A231,A295 |
| II | D141 | 周豆12 | 2004 | 河南 | A034,A122,A133,A231,A295 |
| II | D139 | GS郑交9525 | 2005 | 河南 | A034,A122,A133,A231,A295 |
| II | — | 郑长叶7 | — | 河南 | A034,A133 |
| III | C431 | 南农493-1 | 1962 | 江苏 | A002 |
| III | C444 | 苏豆1号 | 1968 | 江苏 | A002,A034 |
| III | C428 | 南农1138-2 | 1973 | 江苏 | A084 |
| III | C288 | 矮脚早 | 1977 | 湖北 | A291 |
| III | C448 | 苏协18-6 | 1981 | 江苏 | A002,A084 |
| III | C449 | 苏协19-15 | 1981 | 江苏 | A002,A084 |
| III | C451 | 苏协1号 | 1981 | 江苏 | A002,A084 |
| III | C450 | 苏协4-1 | 1981 | 江苏 | A002,A034 |
| III | C443 | 苏7209 | 1982 | 江苏 | A002,A034 |
| III | C438 | 宁镇1号 | 1984 | 江苏 | A084 |
| III | C011 | 皖豆3号 | 1984 | 安徽 | A034,A231 |
| III | D314 | 中豆30 | 2001 | 湖北 | A201 |
| III | D455 | 南农99-10 | 2002 | 江苏 | A002,A084 |
| III | D463 | 通豆3号 | 2002 | 江苏 | A002,A034 |
| III | D316 | 中豆32 | 2002 | 湖北 | A201 |
| III | D003 | 合豆2号 | 2003 | 安徽 | A034,A122,A133,A231,A295 |
| III | D004 | 合豆3号 | 2003 | 安徽 | A034,A231 |
| III | C424 | 淮豆2号 | 1986 | 江苏 | A034 |
| III | C436 | 南农菜豆1号 | 1989 | 江苏 | A084 |
| III | C297 | 中豆24 | 1989 | 湖北 | A291 |
| III | C291 | 鄂豆5号 | 1990 | 湖北 | A291 |
| III | C432 | 南农73-935 | 1990 | 江苏 | A002,A084 |
| III | C434 | 南农87C-38 | 1990 | 江苏 | A231,A295 |
| III | C439 | 宁镇2号 | 1990 | 江苏 | A084 |
| III | C440 | 宁镇3号 | 1992 | 江苏 | A084 |
| III | C293 | 中豆8号 | 1993 | 湖北 | A084 |
| III | C433 | 南农86-4 | 1994 | 江苏 | A084 |
| III | C435 | 南农88-48 | 1994 | 江苏 | A002,A084 |
| III | C292 | 早春1号 | 1994 | 湖北 | A291 |
| IV | C301 | 湘春豆10号 | 1985 | 湖南 | A201 |
| IV | C648 | 浙春1号 | 1987 | 浙江 | A133 |
| IV | C649 | 浙春2号 | 1987 | 浙江 | A133 |
| IV | C626 | 贡豆2号 | 1990 | 四川 | A034,A231 |
| IV | C628 | 贡豆4号 | 1992 | 四川 | A034,A133,A201,A231,A295 |
| IV | C621 | 川豆2号 | 1993 | 四川 | A084 |
| IV | D605 | 贡豆5号 | 1993 | 四川 | A034,A133,A201,A231,A295 |
| IV | C629 | 贡豆6号 | 1993 | 四川 | A034,A231 |

（续）

| 生态区 | 品种代号 | 品种名称 | 年份 | 省份 | 所属组先亲本家族 | 生态区 | 品种代号 | 品种名称 | 年份 | 省份 | 所属组先亲本家族 |
|---|---|---|---|---|---|---|---|---|---|---|---|
| IV | C630 | 贡豆7号 | 1993 | 四川 | A133、A201 | IV | D323 | 湘春豆20 | 2001 | 湖南 | A201 |
| IV | C650 | 浙春3号 | 1994 | 浙江 | A084、A133 | IV | D593 | 成豆9号 | 2002 | 四川 | A291 |
| IV | D081 | 桂早1号 | 1995 | 湖南 | A291 | IV | D598 | 川豆6号 | 2002 | 四川 | A084、A201、A291 |
| IV | C306 | 湘春豆15 | 1995 | 湖南 | A201 | IV | D608 | 贡豆10号 | 2002 | 四川 | A133、A201、A295 |
| IV | D596 | 川豆4号 | 1996 | 四川 | A291 | IV | D610 | 贡豆12 | 2003 | 四川 | A034、A133、A201、A231、A295 |
| IV | D471 | 赣豆4号 | 1996 | 江西 | A034、A201 | IV | D619 | 南豆5号 | 2003 | 四川 | A034、A231、A291 |
| IV | D319 | 湘春豆16 | 1996 | 湖南 | A201 | IV | D325 | 湘春豆22 | 2004 | 湖南 | A201 |
| IV | D607 | 贡豆8号 | 1997 | 四川 | A034、A133、A201、A231、A291 | IV | D326 | 湘春豆23 | 2004 | 湖南 | A201 |
| IV | D597 | 川豆5号 | 1998 | 四川 | A291 | V | C069 | 黔豆4号 | 1995 | 贵州 | A133 |
| IV | D608 | 贡豆9号 | 1998 | 四川 | A201 | V | D087 | 黔豆3号 | 1996 | 贵州 | A084、A201、A291 |
| IV | D609 | 贡豆11 | 2001 | 四川 | A034、A133、A201、A231 | V | D088 | 黔豆5号 | 1996 | 贵州 | A133、A201 |
| IV | D322 | 湘春豆19 | 2001 | 湖南 | A201 | | | | | | |

注：A002：51-83（苏），前中央农业实验所保存材料，别称5-18；A019：白眉（黑），黑龙江克山地方品种；A034：滨海大白花（苏），江苏地方品种；A084：奉贤穗稻黄（沪），上海奉贤地方品种；A122：滑县大绿豆（豫），河南滑县地方品种；A133：即墨油豆（鲁），山东地方品种；A201：上海六月白（沪），上海地方品种；A231：铜山天鹅蛋（苏），江苏地方品种；A291：（鄂），武汉菜用大豆混合群体；A295：山东泰寿县地方品种（鲁）。

## 图表 XI　10个重要家族共 179 个大豆育成品种

（对角线上方为遗传相似系数；

| 品种代号及名称 | | C170 合丰 25 | C178 合丰 33 | D149 北丰 7 号 | D152 北丰 10 号 | D151 北丰 9 号 | D153 北丰 11 | C181 合丰 36 | D154 北丰 13 | D296 绥农 14 | D143 八五七-1 | D155 北丰 14 | D241 抗线虫 5 号 | C390 九农 20 |
|---|---|---|---|---|---|---|---|---|---|---|---|---|---|---|
| C170 | 合丰 25 | | 0.077 | 0.136 | 0.153 | 0.137 | 0.197 | 0.237 | 0.171 | 0.123 | 0.106 | 0.170 | 0.078 | 0.103 |
| C178 | 合丰 33 | 0.061 | | 0.105 | 0.122 | 0.132 | 0.077 | 0.143 | 0.160 | 0.432 | 0.313 | 0.093 | 0.359 | 0.182 |
| D149 | 北丰 7 号 | 0.115 | 0.039 | | 0.160 | 0.338 | 0.154 | 0.234 | 0.127 | 0.110 | 0.127 | 0.118 | 0.102 | 0.104 |
| D152 | 北丰 10 号 | 0.121 | 0.040 | 0.103 | | 0.168 | 0.396 | 0.140 | 0.235 | 0.108 | 0.144 | 0.195 | 0.147 | 0.127 |
| D151 | 北丰 9 号 | 0.096 | 0.030 | 0.057 | 0.060 | | 0.155 | 0.143 | 0.128 | 0.092 | 0.087 | 0.099 | 0.087 | 0.163 |
| D153 | 北丰 11 | 0.121 | 0.040 | 0.103 | 0.141 | 0.060 | | 0.172 | 0.392 | 0.134 | 0.098 | 0.279 | 0.085 | 0.064 |
| C181 | 合丰 36 | 0.099 | 0.075 | 0.060 | 0.061 | 0.049 | 0.061 | | 0.132 | 0.116 | 0.126 | 0.158 | 0.134 | 0.103 |
| D154 | 北丰 13 | 0.121 | 0.055 | 0.095 | 0.125 | 0.060 | 0.125 | 0.077 | | 0.125 | 0.122 | 0.389 | 0.183 | 0.086 |
| D296 | 绥农 14 | 0.129 | 0.042 | 0.079 | 0.084 | 0.064 | 0.084 | 0.063 | 0.084 | | 0.384 | 0.112 | 0.442 | 0.245 |
| D143 | 八五七-1 | 0.193 | 0.061 | 0.115 | 0.121 | 0.096 | 0.121 | 0.099 | 0.121 | 0.129 | | 0.095 | 0.532 | 0.245 |
| D155 | 北丰 14 | 0.121 | 0.055 | 0.095 | 0.125 | 0.060 | 0.125 | 0.077 | 0.141 | 0.084 | 0.121 | | 0.137 | 0.112 |
| D241 | 抗线虫 5 号 | 0.106 | 0.039 | 0.067 | 0.071 | 0.053 | 0.071 | 0.060 | 0.071 | 0.077 | 0.106 | 0.071 | | 0.302 |
| C390 | 九农 20 | 0.063 | 0.042 | 0.040 | 0.042 | 0.031 | 0.042 | 0.092 | 0.043 | 0.048 | 0.063 | 0.112 | 0.038 | |
| D053 | 中黄 24 | 0.023 | 0.019 | 0.019 | 0.021 | 0.011 | 0.021 | 0.028 | 0.021 | 0.017 | 0.023 | 0.224 | 0.119 | 0.019 |
| D125 | 豫豆 22 | 0.000 | 0.000 | 0.000 | 0.000 | 0.000 | 0.000 | 0.000 | 0.000 | 0.000 | 0.173 | 0.117 | 0.097 |
| D131 | 豫豆 28 | 0.000 | 0.000 | 0.000 | 0.000 | 0.000 | 0.000 | 0.000 | 0.000 | 0.000 | 0.112 | 0.071 | 0.116 |
| D112 | 地神 21 | 0.000 | 0.000 | 0.000 | 0.000 | 0.000 | 0.000 | 0.000 | 0.000 | 0.000 | 0.152 | 0.104 | 0.092 |
| D113 | 地神 22 | 0.000 | 0.000 | 0.000 | 0.000 | 0.000 | 0.000 | 0.000 | 0.000 | 0.000 | 0.145 | 0.258 | 0.150 |
| D130 | 豫豆 27 | 0.000 | 0.000 | 0.000 | 0.000 | 0.000 | 0.000 | 0.000 | 0.000 | 0.000 | 0.157 | 0.101 | 0.115 |
| D445 | 淮豆 6 号 | 0.000 | 0.000 | 0.000 | 0.000 | 0.000 | 0.000 | 0.000 | 0.000 | 0.000 | 0.123 | 0.172 | 0.102 |
| C423 | 淮豆 1 号 | 0.000 | 0.000 | 0.000 | 0.000 | 0.000 | 0.000 | 0.000 | 0.000 | 0.000 | 0.092 | 0.078 | 0.097 |
| C421 | 灌豆 1 号 | 0.000 | 0.000 | 0.000 | 0.000 | 0.000 | 0.000 | 0.000 | 0.000 | 0.000 | 0.124 | 0.132 | 0.115 |
| D443 | 淮豆 4 号 | 0.000 | 0.000 | 0.000 | 0.000 | 0.000 | 0.000 | 0.000 | 0.000 | 0.000 | 0.094 | 0.111 | 0.104 |
| C295 | 中豆 19 | 0.000 | 0.000 | 0.000 | 0.000 | 0.000 | 0.000 | 0.000 | 0.000 | 0.000 | 0.101 | 0.234 | 0.191 |
| D036 | 中豆 27 | 0.000 | 0.000 | 0.000 | 0.000 | 0.000 | 0.000 | 0.000 | 0.000 | 0.007 | 0.143 | 0.101 | 0.096 |
| C014 | 皖豆 6 号 | 0.000 | 0.000 | 0.000 | 0.000 | 0.000 | 0.000 | 0.000 | 0.000 | 0.000 | 0.149 | 0.137 | 0.145 |
| D008 | 皖豆 16 | 0.000 | 0.000 | 0.000 | 0.000 | 0.000 | 0.000 | 0.000 | 0.000 | 0.000 | 0.131 | 0.144 | 0.122 |
| D013 | 皖豆 21 | 0.000 | 0.000 | 0.000 | 0.000 | 0.000 | 0.000 | 0.000 | 0.004 | 0.000 | 0.160 | 0.134 | 0.136 |
| D038 | 中黄 9 | 0.002 | 0.002 | 0.001 | 0.001 | 0.001 | 0.001 | 0.005 | 0.002 | 0.001 | 0.002 | 0.113 | 0.150 | 0.078 |
| C417 | 58 - 161 | 0.000 | 0.000 | 0.000 | 0.000 | 0.000 | 0.000 | 0.000 | 0.000 | 0.000 | 0.126 | 0.160 | 0.122 |
| C441 | 泗豆 11 | 0.000 | 0.000 | 0.000 | 0.000 | 0.000 | 0.000 | 0.000 | 0.007 | 0.000 | 0.139 | 0.063 | 0.118 |
| D135 | 郑 90007 | 0.000 | 0.000 | 0.000 | 0.000 | 0.000 | 0.000 | 0.000 | 0.000 | 0.000 | 0.131 | 0.110 | 0.123 |
| D118 | 商丘 1099 | 0.007 | 0.006 | 0.005 | 0.005 | 0.003 | 0.005 | 0.008 | 0.005 | 0.006 | 0.007 | 0.106 | 0.165 | 0.110 |
| D138 | 郑交 107 | 0.001 | 0.004 | 0.001 | 0.001 | 0.001 | 0.001 | 0.003 | 0.001 | 0.004 | 0.001 | 0.120 | 0.143 | 0.112 |
| C116 | 豫豆 16 | 0.000 | 0.000 | 0.000 | 0.000 | 0.000 | 0.000 | 0.000 | 0.000 | 0.000 | 0.118 | 0.219 | 0.154 |
| D136 | 郑 92116 | 0.000 | 0.000 | 0.000 | 0.000 | 0.000 | 0.000 | 0.000 | 0.000 | 0.000 | 0.131 | 0.117 | 0.103 |
| D117 | 濮海 10 号 | 0.000 | 0.000 | 0.000 | 0.000 | 0.000 | 0.000 | 0.000 | 0.000 | 0.000 | 0.102 | 0.159 | 0.118 |

## 间的亲本系数和 SSR 遗传相似系数矩阵

对角线下方为亲本系数）

| D053 中黄24 | D125 豫豆22 | D131 豫豆28 | D112 地神21 | D113 地神22 | D130 豫豆27 | D445 淮豆6号 | C423 淮豆1号 | C421 灌豆1号 | D443 淮豆4号 | C295 中豆19 | D036 中豆27 | C014 皖豆6号 | D008 皖豆16 | D013 皖豆21 | D038 中黄9 | C417 58-161 |
|---|---|---|---|---|---|---|---|---|---|---|---|---|---|---|---|---|
| 0.153 | 0.131 | 0.129 | 0.137 | 0.101 | 0.186 | 0.095 | 0.135 | 0.135 | 0.092 | 0.119 | 0.160 | 0.099 | 0.135 | 0.072 | 0.203 | 0.144 |
| 0.140 | 0.138 | 0.091 | 0.105 | 0.327 | 0.110 | 0.164 | 0.143 | 0.174 | 0.119 | 0.287 | 0.084 | 0.147 | 0.163 | 0.164 | 0.145 | 0.152 |
| 0.107 | 0.138 | 0.091 | 0.163 | 0.082 | 0.168 | 0.150 | 0.135 | 0.090 | 0.099 | 0.060 | 0.359 | 0.127 | 0.122 | 0.099 | 0.170 | 0.061 |
| 0.118 | 0.103 | 0.121 | 0.135 | 0.067 | 0.190 | 0.148 | 0.115 | 0.127 | 0.123 | 0.085 | 0.165 | 0.105 | 0.093 | 0.103 | 0.142 | 0.142 |
| 0.122 | 0.113 | 0.091 | 0.106 | 0.124 | 0.116 | 0.137 | 0.131 | 0.149 | 0.080 | 0.087 | 0.219 | 0.101 | 0.103 | 0.086 | 0.118 | 0.153 |
| 0.138 | 0.110 | 0.121 | 0.135 | 0.121 | 0.190 | 0.148 | 0.159 | 0.127 | 0.123 | 0.085 | 0.120 | 0.157 | 0.153 | 0.155 | 0.161 | 0.101 |
| 0.120 | 0.105 | 0.090 | 0.170 | 0.095 | 0.115 | 0.129 | 0.129 | 0.083 | 0.066 | 0.138 | 0.173 | 0.113 | 0.169 | 0.118 | 0.216 | 0.103 |
| 0.162 | 0.188 | 0.119 | 0.148 | 0.194 | 0.158 | 0.110 | 0.119 | 0.099 | 0.088 | 0.122 | 0.150 | 0.150 | 0.131 | 0.174 | 0.134 | 0.099 |
| 0.120 | 0.124 | 0.071 | 0.092 | 0.257 | 0.115 | 0.149 | 0.110 | 0.167 | 0.079 | 0.219 | 0.083 | 0.139 | 0.107 | 0.137 | 0.144 | 0.096 |
| 0.110 | 0.113 | 0.106 | 0.114 | 0.196 | 0.105 | 0.140 | 0.079 | 0.099 | 0.155 | 0.320 | 0.112 | 0.204 | 0.179 | 0.154 | 0.114 | 0.092 |
| 0.224 | 0.173 | 0.112 | 0.152 | 0.145 | 0.157 | 0.123 | 0.092 | 0.124 | 0.094 | 0.101 | 0.143 | 0.149 | 0.131 | 0.160 | 0.113 | 0.126 |
| 0.119 | 0.117 | 0.071 | 0.104 | 0.258 | 0.101 | 0.172 | 0.078 | 0.132 | 0.111 | 0.234 | 0.101 | 0.137 | 0.144 | 0.134 | 0.150 | 0.160 |
| 0.093 | 0.097 | 0.116 | 0.092 | 0.150 | 0.115 | 0.102 | 0.097 | 0.115 | 0.104 | 0.191 | 0.096 | 0.145 | 0.122 | 0.136 | 0.078 | 0.122 |
|  | 0.161 | 0.107 | 0.162 | 0.098 | 0.179 | 0.113 | 0.127 | 0.132 | 0.136 | 0.130 | 0.158 | 0.158 | 0.151 | 0.161 | 0.133 | 0.099 |
| 0.016 |  | 0.216 | 0.358 | 0.103 | 0.149 | 0.083 | 0.078 | 0.078 | 0.080 | 0.161 | 0.117 | 0.174 | 0.123 | 0.126 | 0.073 | 0.131 |
| 0.107 | 0.060 |  | 0.201 | 0.116 | 0.173 | 0.129 | 0.129 | 0.122 | 0.039 | 0.132 | 0.115 | 0.093 | 0.081 | 0.111 | 0.092 | 0.116 |
| 0.162 | 0.358 | 0.045 |  | 0.144 | 0.156 | 0.144 | 0.110 | 0.104 | 0.073 | 0.195 | 0.123 | 0.128 | 0.103 | 0.132 | 0.119 | 0.131 |
| 0.098 | 0.103 | 0.116 | 0.053 |  | 0.135 | 0.179 | 0.136 | 0.101 | 0.110 | 0.228 | 0.114 | 0.133 | 0.148 | 0.103 | 0.145 | 0.072 |
| 0.179 | 0.149 | 0.173 | 0.156 | 0.065 |  | 0.182 | 0.096 | 0.115 | 0.105 | 0.112 | 0.178 | 0.099 | 0.154 | 0.182 | 0.169 | 0.088 |
| 0.113 | 0.083 | 0.129 | 0.144 | 0.179 | 0.009 |  | 0.209 | 0.169 | 0.204 | 0.146 | 0.115 | 0.146 | 0.143 | 0.172 | 0.144 | 0.181 |
| 0.127 | 0.078 | 0.129 | 0.110 | 0.136 | 0.007 | 0.213 |  | 0.293 | 0.145 | 0.132 | 0.135 | 0.145 | 0.162 | 0.196 | 0.118 | 0.264 |
| 0.132 | 0.078 | 0.122 | 0.104 | 0.101 | 0.014 | 0.145 | 0.234 |  | 0.162 | 0.105 | 0.108 | 0.111 | 0.128 | 0.162 | 0.123 | 0.284 |
| 0.136 | 0.080 | 0.039 | 0.073 | 0.110 | 0.010 | 0.172 | 0.297 | 0.219 |  | 0.133 | 0.131 | 0.134 | 0.193 | 0.113 | 0.126 | 0.139 |
| 0.130 | 0.161 | 0.132 | 0.195 | 0.228 | 0.026 | 0.045 | 0.055 | 0.109 | 0.078 |  | 0.099 | 0.216 | 0.172 | 0.187 | 0.134 | 0.098 |
| 0.158 | 0.117 | 0.115 | 0.123 | 0.114 | 0.013 | 0.022 | 0.027 | 0.055 | 0.039 | 0.105 |  | 0.105 | 0.153 | 0.149 | 0.155 | 0.075 |
| 0.158 | 0.174 | 0.093 | 0.128 | 0.133 | 0.066 | 0.008 | 0.016 | 0.031 | 0.016 | 0.031 | 0.016 |  | 0.349 | 0.295 | 0.040 | 0.085 |
| 0.151 | 0.123 | 0.081 | 0.103 | 0.148 | 0.009 | 0.158 | 0.227 | 0.203 | 0.234 | 0.070 | 0.035 | 0.000 |  | 0.385 | 0.150 | 0.093 |
| 0.161 | 0.126 | 0.111 | 0.132 | 0.103 | 0.064 | 0.050 | 0.090 | 0.055 | 0.070 | 0.012 | 0.040 | 0.000 | 0.066 |  | 0.112 | 0.116 |
| 0.133 | 0.073 | 0.092 | 0.119 | 0.145 | 0.002 | 0.062 | 0.112 | 0.068 | 0.088 | 0.015 | 0.024 | 0.000 | 0.083 | 0.035 |  | 0.153 |
| 0.099 | 0.131 | 0.116 | 0.131 | 0.072 | 0.000 | 0.211 | 0.469 | 0.188 | 0.281 | 0.000 | 0.000 | 0.000 | 0.188 | 0.094 | 0.117 |  |
| 0.122 | 0.113 | 0.131 | 0.191 | 0.143 | 0.000 | 0.094 | 0.156 | 0.063 | 0.094 | 0.000 | 0.068 | 0.000 | 0.063 | 0.065 | 0.056 | 0.188 |
| 0.195 | 0.145 | 0.136 | 0.184 | 0.219 | 0.070 | 0.050 | 0.052 | 0.057 | 0.055 | 0.062 | 0.031 | 0.000 | 0.056 | 0.044 | 0.016 | 0.035 |
| 0.094 | 0.099 | 0.059 | 0.152 | 0.329 | 0.014 | 0.031 | 0.023 | 0.047 | 0.047 | 0.023 | 0.028 | 0.000 | 0.070 | 0.020 | 0.020 | 0.000 |
| 0.174 | 0.107 | 0.138 | 0.119 | 0.166 | 0.028 | 0.062 | 0.118 | 0.057 | 0.079 | 0.006 | 0.013 | 0.000 | 0.063 | 0.046 | 0.034 | 0.135 |
| 0.107 | 0.117 | 0.123 | 0.098 | 0.265 | 0.014 | 0.089 | 0.104 | 0.051 | 0.070 | 0.006 | 0.003 | 0.000 | 0.057 | 0.022 | 0.028 | 0.117 |
| 0.192 | 0.123 | 0.147 | 0.169 | 0.154 | 0.093 | 0.039 | 0.060 | 0.026 | 0.038 | 0.001 | 0.003 | 0.010 | 0.028 | 0.076 | 0.016 | 0.070 |
| 0.117 | 0.101 | 0.107 | 0.149 | 0.326 | 0.014 | 0.089 | 0.104 | 0.051 | 0.070 | 0.006 | 0.003 | 0.000 | 0.057 | 0.022 | 0.028 | 0.117 |

| 品种代号及名称 | | C170 合丰25 | C178 合丰33 | D149 北丰7号 | D152 北丰10号 | D151 北丰9号 | D153 北丰11 | C181 合丰36 | D154 北丰13 | D296 绥农14 | D143 八五七-1 | D155 北丰14 | D241 抗线虫5号 | C390 九农20 |
|---|---|---|---|---|---|---|---|---|---|---|---|---|---|---|
| C118 | 豫豆19 | 0.000 | 0.000 | 0.000 | 0.000 | 0.000 | 0.000 | 0.000 | 0.000 | 0.000 | 0.000 | 0.113 | 0.205 | 0.143 |
| C110 | 豫豆7号 | 0.000 | 0.000 | 0.000 | 0.000 | 0.000 | 0.000 | 0.000 | 0.000 | 0.000 | 0.000 | 0.285 | 0.120 | 0.092 |
| C112 | 豫豆10号 | 0.000 | 0.000 | 0.000 | 0.000 | 0.000 | 0.000 | 0.000 | 0.000 | 0.000 | 0.000 | 0.216 | 0.133 | 0.109 |
| C122 | 郑86506 | 0.000 | 0.000 | 0.000 | 0.000 | 0.000 | 0.000 | 0.000 | 0.000 | 0.000 | 0.000 | 0.093 | 0.152 | 0.118 |
| D124 | 豫豆21 | 0.000 | 0.000 | 0.000 | 0.000 | 0.000 | 0.000 | 0.000 | 0.000 | 0.000 | 0.000 | 0.191 | 0.094 | 0.097 |
| D126 | 豫豆23 | 0.000 | 0.000 | 0.000 | 0.000 | 0.000 | 0.000 | 0.000 | 0.000 | 0.000 | 0.000 | 0.161 | 0.150 | 0.118 |
| D127 | 豫豆24 | 0.000 | 0.002 | 0.000 | 0.000 | 0.000 | 0.000 | 0.002 | 0.000 | 0.002 | 0.000 | 0.156 | 0.142 | 0.116 |
| D128 | 豫豆25 | 0.000 | 0.000 | 0.000 | 0.000 | 0.000 | 0.000 | 0.000 | 0.000 | 0.000 | 0.000 | 0.170 | 0.109 | 0.096 |
| D129 | 豫豆26 | 0.001 | 0.001 | 0.001 | 0.001 | 0.001 | 0.001 | 0.001 | 0.001 | 0.001 | 0.001 | 0.160 | 0.151 | 0.066 |
| D132 | 豫豆29 | 0.000 | 0.000 | 0.000 | 0.000 | 0.000 | 0.000 | 0.000 | 0.000 | 0.000 | 0.000 | 0.106 | 0.103 | 0.104 |
| D114 | 滑豆20 | 0.000 | 0.000 | 0.000 | 0.000 | 0.000 | 0.000 | 0.000 | 0.000 | 0.000 | 0.000 | 0.151 | 0.063 | 0.090 |
| D140 | 周豆11 | 0.000 | 0.002 | 0.000 | 0.000 | 0.000 | 0.000 | 0.002 | 0.000 | 0.002 | 0.000 | 0.127 | 0.144 | 0.112 |
| D141 | 周豆12 | 0.000 | 0.002 | 0.000 | 0.000 | 0.000 | 0.000 | 0.002 | 0.000 | 0.002 | 0.000 | 0.151 | 0.117 | 0.097 |
| D139 | GS郑交9525 | 0.000 | 0.000 | 0.000 | 0.000 | 0.000 | 0.000 | 0.000 | 0.000 | 0.000 | 0.000 | 0.137 | 0.093 | 0.116 |
| D043 | 中黄14 | 0.000 | 0.000 | 0.000 | 0.000 | 0.000 | 0.000 | 0.000 | 0.000 | 0.004 | 0.000 | 0.107 | 0.128 | 0.098 |
| C106 | 豫豆3号 | 0.000 | 0.000 | 0.000 | 0.000 | 0.000 | 0.000 | 0.000 | 0.000 | 0.000 | 0.000 | 0.094 | 0.135 | 0.131 |
| C108 | 豫豆5号 | 0.000 | 0.000 | 0.000 | 0.000 | 0.000 | 0.000 | 0.000 | 0.000 | 0.000 | 0.000 | 0.331 | 0.080 | 0.109 |
| C111 | 豫豆8号 | 0.000 | 0.000 | 0.000 | 0.000 | 0.000 | 0.000 | 0.000 | 0.000 | 0.000 | 0.000 | 0.086 | 0.172 | 0.161 |
| C106 | 郑长叶7 | 0.000 | 0.000 | 0.000 | 0.000 | 0.000 | 0.000 | 0.000 | 0.000 | 0.000 | 0.000 | 0.173 | 0.118 | 0.105 |
| D565 | 跃进10号 | 0.014 | 0.013 | 0.011 | 0.011 | 0.007 | 0.011 | 0.017 | 0.011 | 0.011 | 0.014 | 0.114 | 0.112 | 0.099 |
| D467 | 徐豆10号 | 0.000 | 0.000 | 0.000 | 0.000 | 0.000 | 0.000 | 0.000 | 0.000 | 0.000 | 0.000 | 0.132 | 0.135 | 0.084 |
| D468 | 徐豆11 | 0.000 | 0.000 | 0.000 | 0.000 | 0.000 | 0.000 | 0.000 | 0.000 | 0.004 | 0.000 | 0.113 | 0.118 | 0.072 |
| D469 | 徐豆12 | 0.000 | 0.002 | 0.000 | 0.000 | 0.000 | 0.000 | 0.002 | 0.000 | 0.004 | 0.000 | 0.128 | 0.176 | 0.106 |
| C121 | 郑77249 | 0.000 | 0.000 | 0.000 | 0.000 | 0.000 | 0.000 | 0.000 | 0.000 | 0.000 | 0.000 | 0.110 | 0.132 | 0.096 |
| C113 | 豫豆11 | 0.000 | 0.000 | 0.000 | 0.000 | 0.000 | 0.000 | 0.000 | 0.000 | 0.000 | 0.000 | 0.176 | 0.112 | 0.132 |
| C115 | 豫豆15 | 0.002 | 0.009 | 0.001 | 0.001 | 0.001 | 0.001 | 0.006 | 0.002 | 0.001 | 0.002 | 0.227 | 0.108 | 0.083 |
| D550 | 鲁豆12号 | 0.000 | 0.000 | 0.000 | 0.000 | 0.000 | 0.000 | 0.000 | 0.000 | 0.000 | 0.000 | 0.139 | 0.093 | 0.151 |
| C457 | 徐豆3号 | 0.000 | 0.000 | 0.000 | 0.000 | 0.000 | 0.000 | 0.000 | 0.000 | 0.000 | 0.000 | 0.137 | 0.089 | 0.047 |
| D442 | 淮豆3号 | 0.000 | 0.000 | 0.000 | 0.000 | 0.000 | 0.000 | 0.000 | 0.000 | 0.000 | 0.000 | 0.086 | 0.079 | 0.091 |
| C003 | 阜豆1号 | 0.000 | 0.000 | 0.000 | 0.000 | 0.000 | 0.000 | 0.000 | 0.000 | 0.000 | 0.000 | 0.097 | 0.073 | 0.128 |
| C019 | 皖豆13 | 0.000 | 0.000 | 0.000 | 0.000 | 0.000 | 0.000 | 0.000 | 0.000 | 0.000 | 0.000 | 0.134 | 0.169 | 0.113 |
| D011 | 皖豆19 | 0.000 | 0.000 | 0.000 | 0.000 | 0.000 | 0.000 | 0.000 | 0.000 | 0.000 | 0.000 | 0.140 | 0.072 | 0.079 |
| C028 | 诱变30 | 0.000 | 0.000 | 0.000 | 0.000 | 0.000 | 0.000 | 0.000 | 0.000 | 0.000 | 0.000 | 0.137 | 0.172 | 0.135 |
| C029 | 诱变31 | 0.000 | 0.000 | 0.000 | 0.000 | 0.000 | 0.000 | 0.000 | 0.000 | 0.000 | 0.000 | 0.105 | 0.124 | 0.161 |
| C032 | 早熟6号 | 0.007 | 0.038 | 0.005 | 0.005 | 0.003 | 0.005 | 0.026 | 0.006 | 0.006 | 0.007 | 0.122 | 0.185 | 0.132 |
| C038 | 中黄1号 | 0.003 | 0.019 | 0.003 | 0.003 | 0.002 | 0.003 | 0.013 | 0.003 | 0.003 | 0.003 | 0.092 | 0.172 | 0.103 |
| C039 | 中黄2号 | 0.003 | 0.007 | 0.003 | 0.003 | 0.002 | 0.003 | 0.004 | 0.003 | 0.009 | 0.003 | 0.072 | 0.141 | 0.084 |
| C040 | 中黄3号 | 0.003 | 0.007 | 0.003 | 0.003 | 0.002 | 0.003 | 0.004 | 0.003 | 0.010 | 0.003 | 0.131 | 0.124 | 0.109 |

（续）

| D053 | D125 | D131 | D112 | D113 | D130 | D445 | C423 | C421 | D443 | C295 | D036 | C014 | D008 | D013 | D038 | C417 |
| 中黄24 | 豫豆22 | 豫豆28 | 地神21 | 地神22 | 豫豆27 | 淮豆6号 | 淮豆1号 | 灌豆1号 | 淮豆4号 | 中豆19 | 中豆27 | 皖豆6号 | 皖豆16 | 皖豆21 | 中黄9 | 58-161 |
|---|---|---|---|---|---|---|---|---|---|---|---|---|---|---|---|---|
| 0.127 | 0.105 | 0.110 | 0.145 | 0.293 | 0.115 | 0.054 | 0.098 | 0.039 | 0.059 | 0.000 | 0.000 | 0.016 | 0.039 | 0.113 | 0.024 | 0.117 |
| 0.188 | 0.225 | 0.144 | 0.217 | 0.152 | 0.034 | 0.062 | 0.063 | 0.063 | 0.070 | 0.023 | 0.012 | 0.000 | 0.086 | 0.020 | 0.056 | 0.047 |
| 0.132 | 0.195 | 0.204 | 0.194 | 0.135 | 0.029 | 0.052 | 0.051 | 0.039 | 0.047 | 0.012 | 0.006 | 0.000 | 0.051 | 0.014 | 0.017 | 0.047 |
| 0.108 | 0.140 | 0.125 | 0.171 | 0.145 | 0.115 | 0.029 | 0.025 | 0.020 | 0.023 | 0.006 | 0.003 | 0.000 | 0.025 | 0.085 | 0.009 | 0.023 |
| 0.187 | 0.353 | 0.252 | 0.234 | 0.102 | 0.022 | 0.030 | 0.025 | 0.020 | 0.023 | 0.006 | 0.003 | 0.000 | 0.025 | 0.007 | 0.009 | 0.023 |
| 0.170 | 0.368 | 0.368 | 0.258 | 0.096 | 0.054 | 0.017 | 0.013 | 0.010 | 0.012 | 0.003 | 0.001 | 0.000 | 0.013 | 0.035 | 0.004 | 0.012 |
| 0.167 | 0.131 | 0.181 | 0.144 | 0.136 | 0.037 | 0.056 | 0.078 | 0.043 | 0.057 | 0.015 | 0.025 | 0.016 | 0.050 | 0.042 | 0.029 | 0.085 |
| 0.132 | 0.455 | 0.314 | 0.247 | 0.115 | 0.077 | 0.016 | 0.013 | 0.010 | 0.012 | 0.003 | 0.006 | 0.004 | 0.013 | 0.037 | 0.005 | 0.012 |
| 0.168 | 0.140 | 0.132 | 0.120 | 0.124 | 0.016 | 0.015 | 0.013 | 0.010 | 0.012 | 0.003 | 0.007 | 0.001 | 0.013 | 0.006 | 0.037 | 0.012 |
| 0.134 | 0.171 | 0.348 | 0.157 | 0.075 | 0.086 | 0.021 | 0.013 | 0.010 | 0.010 | 0.003 | 0.001 | 0.000 | 0.013 | 0.066 | 0.004 | 0.012 |
| 0.119 | 0.292 | 0.213 | 0.484 | 0.102 | 0.014 | 0.026 | 0.025 | 0.020 | 0.023 | 0.006 | 0.003 | 0.000 | 0.025 | 0.007 | 0.009 | 0.023 |
| 0.162 | 0.140 | 0.151 | 0.120 | 0.117 | 0.037 | 0.056 | 0.078 | 0.043 | 0.057 | 0.015 | 0.025 | 0.016 | 0.050 | 0.042 | 0.029 | 0.085 |
| 0.179 | 0.118 | 0.103 | 0.150 | 0.095 | 0.037 | 0.056 | 0.078 | 0.043 | 0.057 | 0.015 | 0.025 | 0.016 | 0.050 | 0.042 | 0.029 | 0.085 |
| 0.187 | 0.111 | 0.161 | 0.196 | 0.143 | 0.038 | 0.008 | 0.006 | 0.005 | 0.006 | 0.001 | 0.003 | 0.002 | 0.006 | 0.018 | 0.003 | 0.006 |
| 0.141 | 0.145 | 0.118 | 0.146 | 0.124 | 0.000 | 0.063 | 0.078 | 0.031 | 0.047 | 0.000 | 0.067 | 0.000 | 0.031 | 0.049 | 0.037 | 0.094 |
| 0.101 | 0.173 | 0.099 | 0.140 | 0.174 | 0.000 | 0.126 | 0.156 | 0.063 | 0.094 | 0.000 | 0.000 | 0.000 | 0.063 | 0.031 | 0.039 | 0.188 |
| 0.207 | 0.240 | 0.170 | 0.158 | 0.120 | 0.000 | 0.126 | 0.156 | 0.063 | 0.094 | 0.000 | 0.000 | 0.000 | 0.063 | 0.031 | 0.039 | 0.188 |
| 0.114 | 0.118 | 0.104 | 0.059 | 0.252 | 0.000 | 0.126 | 0.156 | 0.063 | 0.094 | 0.000 | 0.000 | 0.000 | 0.063 | 0.031 | 0.039 | 0.188 |
| 0.121 | 0.178 | 0.170 | 0.158 | 0.110 | 0.000 | 0.125 | 0.156 | 0.063 | 0.094 | 0.000 | 0.000 | 0.000 | 0.063 | 0.031 | 0.039 | 0.188 |
| 0.158 | 0.141 | 0.146 | 0.181 | 0.091 | 0.001 | 0.059 | 0.090 | 0.055 | 0.070 | 0.012 | 0.039 | 0.000 | 0.066 | 0.038 | 0.038 | 0.094 |
| 0.134 | 0.119 | 0.118 | 0.159 | 0.172 | 0.009 | 0.070 | 0.102 | 0.078 | 0.094 | 0.023 | 0.028 | 0.000 | 0.102 | 0.036 | 0.039 | 0.094 |
| 0.148 | 0.099 | 0.111 | 0.152 | 0.145 | 0.002 | 0.105 | 0.162 | 0.074 | 0.105 | 0.006 | 0.037 | 0.000 | 0.080 | 0.051 | 0.051 | 0.188 |
| 0.128 | 0.133 | 0.132 | 0.153 | 0.179 | 0.003 | 0.080 | 0.114 | 0.071 | 0.091 | 0.016 | 0.042 | 0.000 | 0.087 | 0.045 | 0.043 | 0.117 |
| 0.086 | 0.194 | 0.134 | 0.219 | 0.161 | 0.013 | 0.079 | 0.086 | 0.047 | 0.063 | 0.008 | 0.004 | 0.000 | 0.055 | 0.020 | 0.024 | 0.094 |
| 0.184 | 0.154 | 0.219 | 0.187 | 0.161 | 0.006 | 0.102 | 0.121 | 0.055 | 0.078 | 0.004 | 0.002 | 0.000 | 0.059 | 0.025 | 0.032 | 0.141 |
| 0.171 | 0.213 | 0.166 | 0.148 | 0.101 | 0.008 | 0.074 | 0.096 | 0.066 | 0.082 | 0.018 | 0.009 | 0.000 | 0.084 | 0.024 | 0.031 | 0.094 |
| 0.136 | 0.090 | 0.110 | 0.119 | 0.116 | 0.011 | 0.115 | 0.180 | 0.109 | 0.141 | 0.023 | 0.012 | 0.000 | 0.133 | 0.043 | 0.054 | 0.188 |
| 0.090 | 0.116 | 0.088 | 0.192 | 0.156 | 0.006 | 0.199 | 0.359 | 0.219 | 0.281 | 0.047 | 0.023 | 0.000 | 0.266 | 0.086 | 0.107 | 0.375 |
| 0.074 | 0.118 | 0.084 | 0.066 | 0.151 | 0.009 | 0.158 | 0.227 | 0.203 | 0.234 | 0.070 | 0.035 | 0.000 | 0.273 | 0.066 | 0.083 | 0.188 |
| 0.105 | 0.083 | 0.115 | 0.096 | 0.150 | 0.006 | 0.199 | 0.359 | 0.219 | 0.281 | 0.047 | 0.023 | 0.000 | 0.266 | 0.086 | 0.107 | 0.375 |
| 0.143 | 0.193 | 0.166 | 0.213 | 0.132 | 0.003 | 0.111 | 0.180 | 0.109 | 0.141 | 0.023 | 0.012 | 0.000 | 0.133 | 0.043 | 0.054 | 0.188 |
| 0.180 | 0.160 | 0.171 | 0.260 | 0.111 | 0.129 | 0.079 | 0.113 | 0.102 | 0.117 | 0.035 | 0.018 | 0.000 | 0.137 | 0.158 | 0.041 | 0.094 |
| 0.133 | 0.170 | 0.097 | 0.111 | 0.182 | 0.006 | 0.199 | 0.359 | 0.219 | 0.281 | 0.047 | 0.023 | 0.000 | 0.266 | 0.086 | 0.107 | 0.375 |
| 0.132 | 0.176 | 0.142 | 0.118 | 0.162 | 0.006 | 0.199 | 0.359 | 0.219 | 0.281 | 0.047 | 0.023 | 0.000 | 0.266 | 0.086 | 0.107 | 0.375 |
| 0.110 | 0.134 | 0.140 | 0.141 | 0.176 | 0.003 | 0.100 | 0.180 | 0.109 | 0.141 | 0.023 | 0.012 | 0.000 | 0.133 | 0.043 | 0.057 | 0.188 |
| 0.164 | 0.131 | 0.116 | 0.137 | 0.116 | 0.000 | 0.040 | 0.082 | 0.039 | 0.055 | 0.004 | 0.002 | 0.000 | 0.043 | 0.018 | 0.023 | 0.094 |
| 0.146 | 0.111 | 0.084 | 0.157 | 0.122 | 0.001 | 0.080 | 0.164 | 0.078 | 0.109 | 0.008 | 0.026 | 0.000 | 0.086 | 0.046 | 0.049 | 0.188 |
| 0.099 | 0.136 | 0.090 | 0.149 | 0.149 | 0.001 | 0.080 | 0.164 | 0.078 | 0.109 | 0.008 | 0.026 | 0.000 | 0.086 | 0.046 | 0.049 | 0.188 |

| 品种代号及名称 | | C170 合丰25 | C178 合丰33 | D149 北丰7号 | D152 北丰10号 | D151 北丰9号 | D153 北丰11 | C181 合丰36 | D154 北丰13 | D296 绥农14 | D143 八五七-1 | D155 北丰14 | D241 抗线虫5号 | C390 九农20 |
|---|---|---|---|---|---|---|---|---|---|---|---|---|---|---|
| C041 | 中黄4号 | 0.000 | 0.000 | 0.000 | 0.000 | 0.000 | 0.000 | 0.000 | 0.000 | 0.000 | 0.000 | 0.103 | 0.202 | 0.149 |
| C037 | 早熟18 | 0.003 | 0.008 | 0.002 | 0.002 | 0.001 | 0.002 | 0.005 | 0.002 | 0.008 | 0.003 | 0.172 | 0.135 | 0.143 |
| C026 | 科丰35 | 0.003 | 0.008 | 0.002 | 0.002 | 0.001 | 0.002 | 0.005 | 0.002 | 0.008 | 0.003 | 0.132 | 0.141 | 0.135 |
| C044 | 中黄7号 | 0.002 | 0.002 | 0.001 | 0.001 | 0.001 | 0.001 | 0.005 | 0.002 | 0.001 | 0.002 | 0.097 | 0.147 | 0.102 |
| C030 | 诱处4号 | 0.003 | 0.019 | 0.003 | 0.003 | 0.002 | 0.003 | 0.013 | 0.003 | 0.003 | 0.003 | 0.119 | 0.189 | 0.149 |
| C043 | 中黄6号 | 0.003 | 0.019 | 0.003 | 0.003 | 0.002 | 0.003 | 0.013 | 0.003 | 0.003 | 0.003 | 0.114 | 0.218 | 0.147 |
| D028 | 科丰53 | 0.003 | 0.019 | 0.003 | 0.003 | 0.002 | 0.003 | 0.013 | 0.003 | 0.003 | 0.003 | 0.066 | 0.178 | 0.135 |
| D044 | 中黄15 | 0.000 | 0.000 | 0.000 | 0.000 | 0.000 | 0.000 | 0.000 | 0.000 | 0.004 | 0.000 | 0.126 | 0.111 | 0.098 |
| D054 | 中黄25 | 0.000 | 0.000 | 0.000 | 0.000 | 0.000 | 0.000 | 0.000 | 0.000 | 0.000 | 0.000 | 0.162 | 0.109 | 0.077 |
| D122 | 豫豆17 | 0.001 | 0.004 | 0.001 | 0.001 | 0.001 | 0.001 | 0.003 | 0.001 | 0.004 | 0.001 | 0.191 | 0.102 | 0.129 |
| C538 | 菏84-1 | 0.000 | 0.000 | 0.000 | 0.000 | 0.000 | 0.000 | 0.000 | 0.000 | 0.000 | 0.000 | 0.087 | 0.103 | 0.086 |
| C539 | 菏84-5 | 0.000 | 0.000 | 0.000 | 0.000 | 0.000 | 0.000 | 0.000 | 0.000 | 0.000 | 0.000 | 0.140 | 0.144 | 0.124 |
| D090 | 沧豆4号 | 0.002 | 0.004 | 0.001 | 0.001 | 0.001 | 0.001 | 0.002 | 0.001 | 0.005 | 0.002 | 0.126 | 0.094 | 0.091 |
| C016 | 皖豆9号 | 0.000 | 0.000 | 0.000 | 0.000 | 0.000 | 0.000 | 0.000 | 0.000 | 0.000 | 0.000 | 0.114 | 0.155 | 0.147 |
| D137 | 郑长交14 | 0.000 | 0.000 | 0.000 | 0.000 | 0.000 | 0.000 | 0.000 | 0.000 | 0.000 | 0.000 | 0.113 | 0.118 | 0.084 |
| D466 | 徐豆9号 | 0.000 | 0.000 | 0.000 | 0.000 | 0.000 | 0.000 | 0.000 | 0.000 | 0.000 | 0.000 | 0.105 | 0.109 | 0.109 |
| C027 | 科新3号 | 0.000 | 0.000 | 0.000 | 0.000 | 0.000 | 0.000 | 0.000 | 0.000 | 0.000 | 0.000 | 0.146 | 0.094 | 0.085 |
| C105 | 豫豆2号 | 0.000 | 0.000 | 0.000 | 0.000 | 0.000 | 0.000 | 0.000 | 0.000 | 0.000 | 0.000 | 0.301 | 0.094 | 0.090 |
| C114 | 豫豆12 | 0.000 | 0.000 | 0.000 | 0.000 | 0.000 | 0.000 | 0.000 | 0.000 | 0.000 | 0.000 | 0.161 | 0.063 | 0.092 |
| C120 | 郑133 | 0.000 | 0.000 | 0.000 | 0.000 | 0.000 | 0.000 | 0.000 | 0.000 | 0.000 | 0.000 | 0.127 | 0.112 | 0.105 |
| C045 | 中黄8号 | 0.000 | 0.000 | 0.000 | 0.000 | 0.000 | 0.000 | 0.000 | 0.000 | 0.000 | 0.000 | 0.097 | 0.163 | 0.135 |
| C094 | 河南早丰1号 | 0.000 | 0.000 | 0.000 | 0.000 | 0.000 | 0.000 | 0.000 | 0.000 | 0.000 | 0.000 | 0.164 | 0.087 | 0.078 |
| C123 | 郑州126 | 0.000 | 0.000 | 0.000 | 0.000 | 0.000 | 0.000 | 0.000 | 0.000 | 0.000 | 0.000 | 0.126 | 0.063 | 0.071 |
| C124 | 郑州135 | 0.000 | 0.000 | 0.000 | 0.000 | 0.000 | 0.000 | 0.000 | 0.000 | 0.000 | 0.000 | 0.183 | 0.109 | 0.109 |
| C104 | 豫豆1号 | 0.000 | 0.000 | 0.000 | 0.000 | 0.000 | 0.000 | 0.000 | 0.000 | 0.000 | 0.000 | 0.305 | 0.128 | 0.086 |
| C540 | 莒选23 | 0.000 | 0.000 | 0.000 | 0.000 | 0.000 | 0.000 | 0.000 | 0.000 | 0.000 | 0.000 | 0.116 | 0.099 | 0.109 |
| C575 | 兖黄1号 | 0.000 | 0.000 | 0.000 | 0.000 | 0.000 | 0.000 | 0.000 | 0.000 | 0.000 | 0.000 | 0.113 | 0.159 | 0.144 |
| D557 | 齐黄28 | 0.000 | 0.023 | 0.000 | 0.000 | 0.000 | 0.000 | 0.000 | 0.000 | 0.000 | 0.000 | 0.133 | 0.168 | 0.111 |
| D558 | 齐黄29 | 0.000 | 0.023 | 0.000 | 0.000 | 0.000 | 0.000 | 0.000 | 0.000 | 0.000 | 0.000 | 0.132 | 0.126 | 0.052 |
| C567 | 为民1号 | 0.000 | 0.000 | 0.000 | 0.000 | 0.000 | 0.000 | 0.000 | 0.000 | 0.000 | 0.000 | 0.120 | 0.072 | 0.098 |
| C125 | 周7327-118 | 0.000 | 0.000 | 0.000 | 0.000 | 0.000 | 0.000 | 0.000 | 0.000 | 0.000 | 0.000 | 0.099 | 0.142 | 0.136 |
| C572 | 文丰7号 | 0.000 | 0.000 | 0.000 | 0.000 | 0.000 | 0.000 | 0.000 | 0.000 | 0.000 | 0.000 | 0.095 | 0.176 | 0.120 |
| C542 | 鲁豆1号 | 0.000 | 0.000 | 0.000 | 0.000 | 0.000 | 0.000 | 0.000 | 0.000 | 0.000 | 0.000 | 0.110 | 0.120 | 0.113 |
| C563 | 齐黄22 | 0.000 | 0.000 | 0.000 | 0.000 | 0.000 | 0.000 | 0.000 | 0.000 | 0.000 | 0.000 | 0.134 | 0.144 | 0.109 |
| D465 | 徐豆8号 | 0.000 | 0.000 | 0.000 | 0.000 | 0.000 | 0.000 | 0.000 | 0.000 | 0.000 | 0.000 | 0.133 | 0.126 | 0.065 |
| C010 | 皖豆1号 | 0.000 | 0.000 | 0.000 | 0.000 | 0.000 | 0.000 | 0.000 | 0.000 | 0.000 | 0.000 | 0.133 | 0.195 | 0.123 |
| C455 | 徐豆1号 | 0.000 | 0.000 | 0.000 | 0.000 | 0.000 | 0.000 | 0.000 | 0.000 | 0.000 | 0.000 | 0.133 | 0.151 | 0.117 |
| C458 | 徐豆7号 | 0.000 | 0.000 | 0.000 | 0.000 | 0.000 | 0.000 | 0.000 | 0.000 | 0.000 | 0.000 | 0.152 | 0.124 | 0.110 |

（续）

| D053 中黄24 | D125 豫豆22 | D131 豫豆28 | D112 地神21 | D113 地神22 | D130 豫豆27 | D445 淮豆6号 | C423 淮豆1号 | C421 灌豆1号 | D443 淮豆4号 | C295 中豆19 | D036 中豆27 | C014 皖豆6号 | D008 皖豆16 | D013 皖豆21 | D038 中黄9 | C417 58-161 |
|---|---|---|---|---|---|---|---|---|---|---|---|---|---|---|---|---|
| 0.111 | 0.090 | 0.102 | 0.138 | 0.190 | 0.001 | 0.050 | 0.090 | 0.055 | 0.070 | 0.012 | 0.039 | 0.000 | 0.066 | 0.038 | 0.037 | 0.094 |
| 0.121 | 0.132 | 0.117 | 0.125 | 0.190 | 0.003 | 0.087 | 0.157 | 0.096 | 0.123 | 0.021 | 0.030 | 0.000 | 0.116 | 0.048 | 0.052 | 0.164 |
| 0.179 | 0.150 | 0.110 | 0.098 | 0.128 | 0.004 | 0.137 | 0.247 | 0.150 | 0.193 | 0.032 | 0.036 | 0.000 | 0.183 | 0.069 | 0.078 | 0.258 |
| 0.118 | 0.090 | 0.070 | 0.135 | 0.134 | 0.002 | 0.062 | 0.112 | 0.068 | 0.088 | 0.015 | 0.024 | 0.000 | 0.083 | 0.035 | 0.165 | 0.117 |
| 0.134 | 0.145 | 0.130 | 0.118 | 0.156 | 0.001 | 0.050 | 0.090 | 0.055 | 0.070 | 0.012 | 0.006 | 0.000 | 0.066 | 0.021 | 0.028 | 0.094 |
| 0.116 | 0.099 | 0.133 | 0.099 | 0.197 | 0.001 | 0.050 | 0.090 | 0.055 | 0.070 | 0.012 | 0.006 | 0.000 | 0.066 | 0.021 | 0.028 | 0.094 |
| 0.120 | 0.105 | 0.135 | 0.111 | 0.211 | 0.004 | 0.149 | 0.270 | 0.164 | 0.211 | 0.035 | 0.018 | 0.000 | 0.199 | 0.064 | 0.082 | 0.281 |
| 0.128 | 0.152 | 0.111 | 0.146 | 0.097 | 0.001 | 0.050 | 0.090 | 0.055 | 0.070 | 0.012 | 0.040 | 0.000 | 0.066 | 0.070 | 0.035 | 0.094 |
| 0.172 | 0.175 | 0.141 | 0.167 | 0.168 | 0.004 | 0.125 | 0.225 | 0.137 | 0.176 | 0.029 | 0.031 | 0.000 | 0.166 | 0.062 | 0.072 | 0.234 |
| 0.173 | 0.157 | 0.148 | 0.183 | 0.136 | 0.002 | 0.068 | 0.124 | 0.075 | 0.097 | 0.016 | 0.018 | 0.000 | 0.091 | 0.035 | 0.039 | 0.129 |
| 0.128 | 0.167 | 0.144 | 0.232 | 0.131 | 0.003 | 0.100 | 0.180 | 0.109 | 0.141 | 0.023 | 0.078 | 0.000 | 0.133 | 0.076 | 0.073 | 0.188 |
| 0.109 | 0.040 | 0.112 | 0.107 | 0.117 | 0.003 | 0.100 | 0.180 | 0.109 | 0.141 | 0.023 | 0.051 | 0.000 | 0.133 | 0.063 | 0.064 | 0.188 |
| 0.113 | 0.138 | 0.143 | 0.118 | 0.142 | 0.001 | 0.050 | 0.090 | 0.055 | 0.070 | 0.012 | 0.017 | 0.000 | 0.066 | 0.027 | 0.029 | 0.094 |
| 0.175 | 0.150 | 0.091 | 0.135 | 0.169 | 0.003 | 0.100 | 0.180 | 0.109 | 0.141 | 0.023 | 0.012 | 0.000 | 0.133 | 0.043 | 0.054 | 0.188 |
| 0.147 | 0.112 | 0.162 | 0.138 | 0.129 | 0.159 | 0.029 | 0.023 | 0.047 | 0.047 | 0.023 | 0.012 | 0.000 | 0.070 | 0.137 | 0.015 | 0.000 |
| 0.126 | 0.110 | 0.102 | 0.142 | 0.142 | 0.074 | 0.006 | 0.000 | 0.000 | 0.000 | 0.000 | 0.000 | 0.125 | 0.000 | 0.000 | 0.000 | 0.000 |
| 0.208 | 0.150 | 0.157 | 0.305 | 0.152 | 0.086 | 0.012 | 0.000 | 0.000 | 0.000 | 0.000 | 0.000 | 0.000 | 0.000 | 0.000 | 0.000 | 0.000 |
| 0.185 | 0.196 | 0.194 | 0.196 | 0.169 | 0.086 | 0.012 | 0.000 | 0.000 | 0.000 | 0.000 | 0.000 | 0.000 | 0.000 | 0.000 | 0.000 | 0.000 |
| 0.142 | 0.325 | 0.237 | 0.387 | 0.125 | 0.053 | 0.003 | 0.000 | 0.000 | 0.000 | 0.000 | 0.008 | 0.008 | 0.000 | 0.004 | 0.002 | 0.000 |
| 0.150 | 0.179 | 0.151 | 0.146 | 0.125 | 0.049 | 0.019 | 0.000 | 0.000 | 0.000 | 0.000 | 0.000 | 0.000 | 0.000 | 0.000 | 0.016 | 0.000 |
| 0.154 | 0.054 | 0.128 | 0.089 | 0.220 | 0.000 | 0.018 | 0.000 | 0.000 | 0.000 | 0.000 | 0.000 | 0.000 | 0.000 | 0.000 | 0.000 | 0.000 |
| 0.148 | 0.137 | 0.123 | 0.237 | 0.103 | 0.029 | 0.000 | 0.000 | 0.000 | 0.000 | 0.000 | 0.000 | 0.000 | 0.000 | 0.000 | 0.000 | 0.000 |
| 0.080 | 0.118 | 0.162 | 0.183 | 0.136 | 0.000 | 0.064 | 0.000 | 0.000 | 0.000 | 0.000 | 0.000 | 0.000 | 0.000 | 0.000 | 0.000 | 0.000 |
| 0.179 | 0.174 | 0.154 | 0.201 | 0.108 | 0.000 | 0.064 | 0.000 | 0.000 | 0.000 | 0.000 | 0.000 | 0.000 | 0.000 | 0.000 | 0.000 | 0.000 |
| 0.129 | 0.219 | 0.125 | 0.152 | 0.118 | 0.000 | 0.035 | 0.000 | 0.000 | 0.000 | 0.000 | 0.000 | 0.000 | 0.000 | 0.000 | 0.000 | 0.000 |
| 0.141 | 0.103 | 0.156 | 0.158 | 0.156 | 0.000 | 0.035 | 0.000 | 0.000 | 0.000 | 0.000 | 0.000 | 0.000 | 0.000 | 0.000 | 0.000 | 0.000 |
| 0.142 | 0.106 | 0.111 | 0.152 | 0.145 | 0.000 | 0.035 | 0.000 | 0.000 | 0.000 | 0.000 | 0.000 | 0.000 | 0.000 | 0.000 | 0.000 | 0.000 |
| 0.135 | 0.106 | 0.097 | 0.171 | 0.145 | 0.000 | 0.009 | 0.000 | 0.000 | 0.000 | 0.000 | 0.000 | 0.000 | 0.000 | 0.000 | 0.016 | 0.000 |
| 0.099 | 0.092 | 0.091 | 0.132 | 0.136 | 0.000 | 0.009 | 0.000 | 0.000 | 0.000 | 0.000 | 0.000 | 0.000 | 0.000 | 0.000 | 0.016 | 0.000 |
| 0.136 | 0.132 | 0.145 | 0.179 | 0.124 | 0.016 | 0.031 | 0.000 | 0.000 | 0.000 | 0.000 | 0.000 | 0.000 | 0.000 | 0.000 | 0.000 | 0.000 |
| 0.121 | 0.092 | 0.110 | 0.145 | 0.253 | 0.063 | 0.018 | 0.000 | 0.000 | 0.000 | 0.000 | 0.000 | 0.125 | 0.000 | 0.000 | 0.000 | 0.000 |
| 0.131 | 0.088 | 0.127 | 0.081 | 0.280 | 0.016 | 0.031 | 0.000 | 0.000 | 0.000 | 0.000 | 0.000 | 0.000 | 0.000 | 0.000 | 0.000 | 0.000 |
| 0.090 | 0.109 | 0.107 | 0.143 | 0.149 | 0.008 | 0.016 | 0.000 | 0.000 | 0.000 | 0.000 | 0.000 | 0.000 | 0.000 | 0.000 | 0.000 | 0.000 |
| 0.136 | 0.112 | 0.090 | 0.182 | 0.137 | 0.012 | 0.012 | 0.000 | 0.000 | 0.000 | 0.000 | 0.000 | 0.000 | 0.000 | 0.000 | 0.000 | 0.000 |
| 0.160 | 0.113 | 0.111 | 0.152 | 0.137 | 0.008 | 0.046 | 0.035 | 0.070 | 0.070 | 0.035 | 0.067 | 0.000 | 0.105 | 0.042 | 0.036 | 0.000 |
| 0.134 | 0.125 | 0.059 | 0.132 | 0.151 | 0.006 | 0.059 | 0.047 | 0.094 | 0.094 | 0.047 | 0.023 | 0.000 | 0.141 | 0.023 | 0.029 | 0.000 |
| 0.135 | 0.099 | 0.111 | 0.166 | 0.178 | 0.012 | 0.117 | 0.094 | 0.188 | 0.188 | 0.094 | 0.047 | 0.000 | 0.281 | 0.047 | 0.058 | 0.000 |
| 0.113 | 0.125 | 0.116 | 0.176 | 0.199 | 0.006 | 0.059 | 0.047 | 0.094 | 0.094 | 0.047 | 0.090 | 0.000 | 0.141 | 0.057 | 0.049 | 0.000 |

| 品种代号及名称 | | C170 合丰25 | C178 合丰33 | D149 北丰7号 | D152 北丰10号 | D151 北丰9号 | D153 北丰11 | C181 合丰36 | D154 北丰13 | D296 绥农14 | D143 八五七-1 | D155 北丰14 | D241 抗线虫5号 | C390 九农20 |
|---|---|---|---|---|---|---|---|---|---|---|---|---|---|---|
| C431 | 南农493-1 | 0.000 | 0.000 | 0.000 | 0.000 | 0.000 | 0.000 | 0.000 | 0.000 | 0.000 | 0.000 | 0.181 | 0.096 | 0.099 |
| C444 | 苏豆1号 | 0.000 | 0.000 | 0.000 | 0.000 | 0.000 | 0.000 | 0.000 | 0.000 | 0.000 | 0.000 | 0.139 | 0.173 | 0.129 |
| C450 | 苏协4-1 | 0.000 | 0.000 | 0.000 | 0.000 | 0.000 | 0.000 | 0.000 | 0.000 | 0.000 | 0.000 | 0.113 | 0.126 | 0.077 |
| C443 | 苏7209 | 0.000 | 0.000 | 0.000 | 0.000 | 0.000 | 0.000 | 0.000 | 0.000 | 0.000 | 0.000 | 0.111 | 0.094 | 0.135 |
| C445 | 苏豆3号 | 0.000 | 0.000 | 0.000 | 0.000 | 0.000 | 0.000 | 0.000 | 0.000 | 0.000 | 0.000 | 0.110 | 0.081 | 0.107 |
| D463 | 通豆3号 | 0.000 | 0.000 | 0.000 | 0.000 | 0.000 | 0.000 | 0.000 | 0.000 | 0.000 | 0.000 | 0.122 | 0.169 | 0.099 |
| C448 | 苏协18-6 | 0.000 | 0.000 | 0.000 | 0.000 | 0.000 | 0.000 | 0.000 | 0.000 | 0.000 | 0.000 | 0.118 | 0.085 | 0.103 |
| C449 | 苏协19-15 | 0.000 | 0.000 | 0.000 | 0.000 | 0.000 | 0.000 | 0.000 | 0.000 | 0.000 | 0.000 | 0.136 | 0.101 | 0.070 |
| C451 | 苏协1号 | 0.000 | 0.000 | 0.000 | 0.000 | 0.000 | 0.000 | 0.000 | 0.000 | 0.000 | 0.000 | 0.085 | 0.246 | 0.218 |
| C432 | 南农73-935 | 0.000 | 0.000 | 0.000 | 0.000 | 0.000 | 0.000 | 0.000 | 0.000 | 0.000 | 0.000 | 0.160 | 0.135 | 0.092 |
| C435 | 南农88-48 | 0.000 | 0.000 | 0.000 | 0.000 | 0.000 | 0.000 | 0.000 | 0.000 | 0.000 | 0.000 | 0.107 | 0.103 | 0.066 |
| D453 | 南农88-31 | 0.000 | 0.000 | 0.000 | 0.000 | 0.000 | 0.000 | 0.000 | 0.000 | 0.000 | 0.000 | 0.092 | 0.157 | 0.077 |
| D455 | 南农99-10 | 0.000 | 0.000 | 0.000 | 0.000 | 0.000 | 0.000 | 0.000 | 0.000 | 0.000 | 0.000 | 0.093 | 0.125 | 0.078 |
| C296 | 中豆20 | 0.000 | 0.000 | 0.000 | 0.000 | 0.000 | 0.000 | 0.000 | 0.000 | 0.000 | 0.000 | 0.087 | 0.297 | 0.235 |
| C293 | 中豆8号 | 0.000 | 0.000 | 0.000 | 0.000 | 0.000 | 0.000 | 0.000 | 0.000 | 0.000 | 0.000 | 0.107 | 0.297 | 0.204 |
| C428 | 南农1138-2 | 0.000 | 0.000 | 0.000 | 0.000 | 0.000 | 0.000 | 0.000 | 0.000 | 0.000 | 0.000 | 0.150 | 0.097 | 0.127 |
| C438 | 宁镇1号 | 0.000 | 0.000 | 0.000 | 0.000 | 0.000 | 0.000 | 0.000 | 0.000 | 0.007 | 0.000 | 0.105 | 0.110 | 0.078 |
| C436 | 南农菜豆1号 | 0.000 | 0.000 | 0.000 | 0.000 | 0.000 | 0.000 | 0.000 | 0.000 | 0.000 | 0.000 | 0.167 | 0.127 | 0.078 |
| C439 | 宁镇2号 | 0.000 | 0.000 | 0.000 | 0.000 | 0.000 | 0.000 | 0.000 | 0.000 | 0.015 | 0.000 | 0.095 | 0.151 | 0.092 |
| C440 | 宁镇3号 | 0.000 | 0.000 | 0.000 | 0.000 | 0.000 | 0.000 | 0.000 | 0.000 | 0.007 | 0.000 | 0.079 | 0.126 | 0.084 |
| C433 | 南农86-4 | 0.000 | 0.000 | 0.000 | 0.000 | 0.000 | 0.000 | 0.000 | 0.000 | 0.000 | 0.000 | 0.127 | 0.094 | 0.105 |
| C424 | 淮豆2号 | 0.000 | 0.000 | 0.000 | 0.000 | 0.000 | 0.000 | 0.000 | 0.000 | 0.000 | 0.000 | 0.167 | 0.124 | 0.105 |
| D003 | 合豆2号 | 0.000 | 0.000 | 0.000 | 0.000 | 0.000 | 0.000 | 0.000 | 0.000 | 0.000 | 0.000 | 0.135 | 0.103 | 0.132 |
| C011 | 皖豆3号 | 0.000 | 0.000 | 0.000 | 0.000 | 0.000 | 0.000 | 0.000 | 0.000 | 0.000 | 0.000 | 0.117 | 0.120 | 0.161 |
| D004 | 合豆3号 | 0.000 | 0.000 | 0.000 | 0.000 | 0.000 | 0.000 | 0.000 | 0.000 | 0.000 | 0.000 | 0.110 | 0.122 | 0.161 |
| D309 | 鄂豆7号 | 0.002 | 0.009 | 0.001 | 0.001 | 0.001 | 0.001 | 0.006 | 0.002 | 0.001 | 0.002 | 0.149 | 0.117 | 0.103 |
| D313 | 中豆29 | 0.000 | 0.000 | 0.000 | 0.000 | 0.000 | 0.000 | 0.000 | 0.000 | 0.010 | 0.000 | 0.157 | 0.117 | 0.096 |
| D314 | 中豆30 | 0.000 | 0.000 | 0.000 | 0.000 | 0.000 | 0.000 | 0.000 | 0.000 | 0.000 | 0.000 | 0.140 | 0.126 | 0.131 |
| D316 | 中豆32 | 0.000 | 0.094 | 0.000 | 0.000 | 0.000 | 0.000 | 0.000 | 0.000 | 0.000 | 0.000 | 0.130 | 0.132 | 0.115 |
| C434 | 南农87C-38 | 0.000 | 0.000 | 0.000 | 0.000 | 0.000 | 0.000 | 0.000 | 0.000 | 0.000 | 0.000 | 0.166 | 0.079 | 0.117 |
| C288 | 矮脚早 | 0.000 | 0.000 | 0.000 | 0.000 | 0.000 | 0.000 | 0.000 | 0.000 | 0.000 | 0.000 | 0.142 | 0.113 | 0.126 |
| C297 | 中豆24 | 0.000 | 0.000 | 0.000 | 0.000 | 0.000 | 0.000 | 0.000 | 0.000 | 0.000 | 0.000 | 0.130 | 0.109 | 0.115 |
| C291 | 鄂豆5号 | 0.000 | 0.000 | 0.000 | 0.000 | 0.000 | 0.000 | 0.000 | 0.000 | 0.000 | 0.000 | 0.144 | 0.094 | 0.135 |
| C292 | 早春1号 | 0.000 | 0.000 | 0.000 | 0.000 | 0.000 | 0.000 | 0.000 | 0.000 | 0.000 | 0.000 | 0.079 | 0.070 | 0.110 |
| D461 | 苏豆4号 | 0.000 | 0.000 | 0.000 | 0.000 | 0.000 | 0.000 | 0.000 | 0.000 | 0.000 | 0.000 | 0.092 | 0.133 | 0.103 |
| D081 | 桂早1号 | 0.000 | 0.000 | 0.000 | 0.000 | 0.000 | 0.000 | 0.000 | 0.000 | 0.000 | 0.000 | 0.077 | 0.069 | 0.076 |
| D596 | 川豆4号 | 0.000 | 0.000 | 0.000 | 0.000 | 0.000 | 0.000 | 0.000 | 0.000 | 0.000 | 0.000 | 0.105 | 0.109 | 0.109 |
| D593 | 成豆9号 | 0.000 | 0.000 | 0.000 | 0.000 | 0.000 | 0.000 | 0.000 | 0.000 | 0.000 | 0.000 | 0.129 | 0.140 | 0.089 |

（续）

| D053 | D125 | D131 | D112 | D113 | D130 | D445 | C423 | C421 | D443 | C295 | D036 | C014 | D008 | D013 | D038 | C417 |
|---|---|---|---|---|---|---|---|---|---|---|---|---|---|---|---|---|
| 中黄24 | 豫豆22 | 豫豆28 | 地神21 | 地神22 | 豫豆27 | 淮豆6号 | 淮豆1号 | 灌豆1号 | 淮豆4号 | 中豆19 | 中豆27 | 皖豆6号 | 皖豆16 | 皖豆21 | 中黄9 | 58-161 |
| 0.116 | 0.126 | 0.078 | 0.152 | 0.144 | 0.023 | 0.047 | 0.094 | 0.188 | 0.094 | 0.188 | 0.094 | 0.094 | 0.000 | 0.000 | 0.000 | 0.000 |
| 0.113 | 0.105 | 0.169 | 0.132 | 0.233 | 0.016 | 0.172 | 0.375 | 0.250 | 0.250 | 0.125 | 0.063 | 0.063 | 0.125 | 0.063 | 0.078 | 0.375 |
| 0.114 | 0.079 | 0.143 | 0.211 | 0.158 | 0.016 | 0.172 | 0.375 | 0.250 | 0.250 | 0.125 | 0.063 | 0.063 | 0.125 | 0.063 | 0.078 | 0.375 |
| 0.113 | 0.098 | 0.084 | 0.203 | 0.150 | 0.012 | 0.129 | 0.281 | 0.188 | 0.188 | 0.094 | 0.047 | 0.047 | 0.094 | 0.047 | 0.059 | 0.281 |
| 0.104 | 0.143 | 0.114 | 0.162 | 0.163 | 0.008 | 0.086 | 0.188 | 0.125 | 0.125 | 0.063 | 0.031 | 0.031 | 0.063 | 0.031 | 0.039 | 0.188 |
| 0.103 | 0.107 | 0.099 | 0.168 | 0.160 | 0.016 | 0.172 | 0.375 | 0.250 | 0.250 | 0.125 | 0.063 | 0.063 | 0.125 | 0.063 | 0.078 | 0.375 |
| 0.160 | 0.111 | 0.129 | 0.137 | 0.108 | 0.031 | 0.031 | 0.063 | 0.125 | 0.063 | 0.250 | 0.125 | 0.063 | 0.000 | 0.000 | 0.000 | 0.000 |
| 0.151 | 0.155 | 0.134 | 0.187 | 0.141 | 0.031 | 0.031 | 0.063 | 0.125 | 0.063 | 0.250 | 0.125 | 0.063 | 0.000 | 0.000 | 0.000 | 0.000 |
| 0.093 | 0.136 | 0.160 | 0.136 | 0.236 | 0.031 | 0.031 | 0.063 | 0.125 | 0.063 | 0.250 | 0.125 | 0.063 | 0.000 | 0.000 | 0.000 | 0.000 |
| 0.122 | 0.126 | 0.092 | 0.179 | 0.172 | 0.031 | 0.047 | 0.094 | 0.188 | 0.094 | 0.250 | 0.125 | 0.094 | 0.000 | 0.000 | 0.000 | 0.000 |
| 0.143 | 0.080 | 0.059 | 0.153 | 0.125 | 0.016 | 0.016 | 0.031 | 0.063 | 0.031 | 0.125 | 0.096 | 0.031 | 0.000 | 0.017 | 0.010 | 0.000 |
| 0.093 | 0.092 | 0.065 | 0.118 | 0.142 | 0.026 | 0.049 | 0.055 | 0.109 | 0.078 | 0.148 | 0.074 | 0.031 | 0.070 | 0.012 | 0.015 | 0.000 |
| 0.087 | 0.059 | 0.104 | 0.132 | 0.136 | 0.031 | 0.016 | 0.031 | 0.063 | 0.031 | 0.250 | 0.125 | 0.031 | 0.000 | 0.000 | 0.000 | 0.000 |
| 0.095 | 0.132 | 0.131 | 0.146 | 0.255 | 0.013 | 0.085 | 0.105 | 0.086 | 0.086 | 0.105 | 0.053 | 0.016 | 0.066 | 0.021 | 0.027 | 0.094 |
| 0.141 | 0.147 | 0.112 | 0.120 | 0.257 | 0.008 | 0.000 | 0.000 | 0.000 | 0.000 | 0.063 | 0.064 | 0.000 | 0.000 | 0.017 | 0.010 | 0.000 |
| 0.185 | 0.128 | 0.093 | 0.135 | 0.141 | 0.023 | 0.000 | 0.000 | 0.000 | 0.000 | 0.188 | 0.094 | 0.000 | 0.000 | 0.000 | 0.000 | 0.000 |
| 0.107 | 0.072 | 0.078 | 0.132 | 0.137 | 0.016 | 0.000 | 0.000 | 0.000 | 0.000 | 0.125 | 0.100 | 0.000 | 0.000 | 0.019 | 0.010 | 0.000 |
| 0.108 | 0.106 | 0.065 | 0.172 | 0.144 | 0.016 | 0.000 | 0.000 | 0.000 | 0.000 | 0.125 | 0.063 | 0.000 | 0.000 | 0.000 | 0.000 | 0.000 |
| 0.136 | 0.094 | 0.107 | 0.149 | 0.155 | 0.008 | 0.000 | 0.000 | 0.000 | 0.000 | 0.063 | 0.056 | 0.000 | 0.000 | 0.012 | 0.005 | 0.000 |
| 0.120 | 0.112 | 0.097 | 0.171 | 0.116 | 0.016 | 0.000 | 0.000 | 0.000 | 0.000 | 0.125 | 0.100 | 0.000 | 0.000 | 0.019 | 0.010 | 0.000 |
| 0.114 | 0.079 | 0.065 | 0.146 | 0.145 | 0.133 | 0.000 | 0.000 | 0.000 | 0.000 | 0.161 | 0.114 | 0.097 | 0.150 | 0.199 | 0.109 | 0.000 |
| 0.162 | 0.132 | 0.111 | 0.152 | 0.149 | 0.000 | 0.141 | 0.313 | 0.125 | 0.188 | 0.000 | 0.000 |  | 0.125 | 0.063 | 0.078 | 0.375 |
| 0.197 | 0.168 | 0.073 | 0.101 | 0.160 | 0.019 | 0.105 | 0.139 | 0.121 | 0.141 | 0.041 | 0.021 | 0.000 | 0.162 | 0.040 | 0.050 | 0.117 |
| 0.111 | 0.116 | 0.095 | 0.116 | 0.121 | 0.006 | 0.199 | 0.359 | 0.219 | 0.281 | 0.047 | 0.023 | 0.000 | 0.266 | 0.086 | 0.107 | 0.375 |
| 0.164 | 0.177 | 0.128 | 0.109 | 0.142 | 0.001 | 0.097 | 0.168 | 0.086 | 0.117 | 0.012 | 0.025 | 0.000 | 0.098 | 0.047 | 0.052 | 0.188 |
| 0.132 | 0.143 | 0.109 | 0.208 | 0.128 | 0.001 | 0.025 | 0.045 | 0.027 | 0.035 | 0.006 | 0.003 | 0.000 | 0.033 | 0.011 | 0.014 | 0.047 |
| 0.192 | 0.123 | 0.090 | 0.130 | 0.108 | 0.000 | 0.000 | 0.000 | 0.000 | 0.000 | 0.000 | 0.027 | 0.000 | 0.000 | 0.014 | 0.008 | 0.000 |
| 0.141 | 0.146 | 0.111 | 0.132 | 0.131 | 0.000 | 0.000 | 0.000 | 0.000 | 0.000 | 0.000 | 0.000 | 0.000 | 0.000 | 0.000 | 0.000 | 0.000 |
| 0.158 | 0.084 | 0.108 | 0.110 | 0.087 | 0.000 | 0.000 | 0.000 | 0.000 | 0.000 | 0.000 | 0.000 | 0.000 | 0.000 | 0.000 | 0.000 | 0.000 |
| 0.128 | 0.145 | 0.110 | 0.184 | 0.130 | 0.011 | 0.033 | 0.023 | 0.047 | 0.047 | 0.023 | 0.012 | 0.000 | 0.070 | 0.012 | 0.015 | 0.000 |
| 0.123 | 0.114 | 0.113 | 0.141 | 0.111 | 0.000 | 0.000 | 0.000 | 0.000 | 0.000 | 0.000 | 0.000 | 0.000 | 0.000 | 0.000 | 0.000 | 0.000 |
| 0.171 | 0.116 | 0.121 | 0.161 | 0.181 | 0.000 | 0.000 | 0.000 | 0.000 | 0.000 | 0.000 | 0.000 | 0.000 | 0.000 | 0.000 | 0.000 | 0.000 |
| 0.106 | 0.117 | 0.115 | 0.149 | 0.142 | 0.000 | 0.000 | 0.000 | 0.000 | 0.000 | 0.000 | 0.000 | 0.000 | 0.000 | 0.000 | 0.000 | 0.000 |
| 0.107 | 0.131 | 0.090 | 0.182 | 0.122 | 0.000 | 0.000 | 0.000 | 0.000 | 0.000 | 0.000 | 0.000 | 0.000 | 0.000 | 0.000 | 0.000 | 0.000 |
| 0.132 | 0.097 | 0.077 | 0.104 | 0.115 | 0.000 | 0.000 | 0.000 | 0.000 | 0.000 | 0.000 | 0.000 | 0.000 | 0.000 | 0.000 | 0.000 | 0.000 |
| 0.157 | 0.224 | 0.196 | 0.333 | 0.120 | 0.000 | 0.000 | 0.000 | 0.000 | 0.000 | 0.000 | 0.000 | 0.000 | 0.000 | 0.000 | 0.000 | 0.000 |
| 0.132 | 0.116 | 0.103 | 0.084 | 0.128 | 0.000 | 0.000 | 0.000 | 0.000 | 0.000 | 0.000 | 0.000 | 0.000 | 0.000 | 0.000 | 0.000 | 0.000 |
| 0.086 | 0.135 | 0.064 | 0.103 | 0.134 | 0.000 | 0.000 | 0.000 | 0.000 | 0.000 | 0.000 | 0.000 | 0.000 | 0.000 | 0.000 | 0.000 | 0.000 |

| 品种代号及名称 | | C170 合丰25 | C178 合丰33 | D149 北丰7号 | D152 北丰10号 | D151 北丰9号 | D153 北丰11 | C181 合丰36 | D154 北丰13 | D296 绥农14 | D143 八五七-1 | D155 北丰14 | D241 抗线虫5号 | C390 九农20 |
|---|---|---|---|---|---|---|---|---|---|---|---|---|---|---|
| D598 | 川豆6号 | 0.000 | 0.000 | 0.000 | 0.000 | 0.000 | 0.000 | 0.000 | 0.000 | 0.002 | 0.000 | 0.153 | 0.102 | 0.085 |
| C621 | 川豆2号 | 0.000 | 0.000 | 0.000 | 0.000 | 0.000 | 0.000 | 0.000 | 0.000 | 0.000 | 0.000 | 0.125 | 0.164 | 0.116 |
| C650 | 浙春3号 | 0.000 | 0.000 | 0.000 | 0.000 | 0.000 | 0.000 | 0.000 | 0.000 | 0.004 | 0.000 | 0.167 | 0.135 | 0.105 |
| D619 | 南春5号 | 0.000 | 0.000 | 0.000 | 0.000 | 0.000 | 0.000 | 0.000 | 0.000 | 0.000 | 0.000 | 0.099 | 0.126 | 0.058 |
| C629 | 贡豆6号 | 0.000 | 0.000 | 0.000 | 0.000 | 0.000 | 0.000 | 0.000 | 0.000 | 0.000 | 0.000 | 0.102 | 0.087 | 0.100 |
| D609 | 贡豆11 | 0.000 | 0.000 | 0.000 | 0.000 | 0.000 | 0.000 | 0.000 | 0.000 | 0.005 | 0.000 | 0.107 | 0.145 | 0.059 |
| C628 | 贡豆4号 | 0.000 | 0.000 | 0.000 | 0.000 | 0.000 | 0.000 | 0.000 | 0.000 | 0.010 | 0.000 | 0.167 | 0.128 | 0.122 |
| D605 | 贡豆5号 | 0.002 | 0.009 | 0.001 | 0.001 | 0.001 | 0.001 | 0.006 | 0.002 | 0.006 | 0.002 | 0.127 | 0.143 | 0.131 |
| D610 | 贡豆12 | 0.000 | 0.000 | 0.000 | 0.000 | 0.000 | 0.000 | 0.000 | 0.000 | 0.005 | 0.000 | 0.137 | 0.117 | 0.122 |
| D606 | 贡豆8号 | 0.002 | 0.009 | 0.001 | 0.001 | 0.001 | 0.001 | 0.006 | 0.002 | 0.006 | 0.002 | 0.119 | 0.135 | 0.130 |
| C626 | 贡豆2号 | 0.000 | 0.000 | 0.000 | 0.000 | 0.000 | 0.000 | 0.000 | 0.000 | 0.000 | 0.000 | 0.135 | 0.107 | 0.104 |
| D471 | 赣豆4号 | 0.000 | 0.000 | 0.000 | 0.000 | 0.000 | 0.000 | 0.000 | 0.000 | 0.000 | 0.000 | 0.090 | 0.123 | 0.108 |
| D326 | 湘春豆23 | 0.000 | 0.031 | 0.000 | 0.000 | 0.000 | 0.000 | 0.000 | 0.000 | 0.005 | 0.000 | 0.105 | 0.086 | 0.090 |
| C301 | 湘春豆10号 | 0.000 | 0.000 | 0.000 | 0.000 | 0.000 | 0.000 | 0.000 | 0.000 | 0.000 | 0.000 | 0.156 | 0.069 | 0.102 |
| C306 | 湘春豆15 | 0.000 | 0.000 | 0.000 | 0.000 | 0.000 | 0.000 | 0.000 | 0.000 | 0.000 | 0.000 | 0.097 | 0.100 | 0.089 |
| D319 | 湘春豆16 | 0.000 | 0.000 | 0.000 | 0.000 | 0.000 | 0.000 | 0.000 | 0.000 | 0.010 | 0.000 | 0.116 | 0.085 | 0.120 |
| D322 | 湘春豆19 | 0.012 | 0.007 | 0.008 | 0.008 | 0.006 | 0.008 | 0.021 | 0.009 | 0.007 | 0.012 | 0.097 | 0.085 | 0.101 |
| D323 | 湘春豆20 | 0.000 | 0.000 | 0.000 | 0.000 | 0.000 | 0.000 | 0.000 | 0.000 | 0.010 | 0.000 | 0.103 | 0.093 | 0.121 |
| D325 | 湘春豆22 | 0.000 | 0.000 | 0.000 | 0.000 | 0.000 | 0.000 | 0.000 | 0.000 | 0.000 | 0.000 | 0.098 | 0.062 | 0.090 |
| D597 | 川豆5号 | 0.000 | 0.000 | 0.000 | 0.000 | 0.000 | 0.000 | 0.000 | 0.000 | 0.000 | 0.000 | 0.123 | 0.124 | 0.102 |
| D607 | 贡豆9号 | 0.000 | 0.000 | 0.000 | 0.000 | 0.000 | 0.000 | 0.000 | 0.000 | 0.010 | 0.000 | 0.109 | 0.112 | 0.127 |
| D608 | 贡豆10号 | 0.000 | 0.000 | 0.000 | 0.000 | 0.000 | 0.000 | 0.000 | 0.000 | 0.005 | 0.000 | 0.106 | 0.126 | 0.124 |
| C630 | 贡豆7号 | 0.000 | 0.000 | 0.000 | 0.000 | 0.000 | 0.000 | 0.000 | 0.000 | 0.010 | 0.000 | 0.117 | 0.083 | 0.108 |
| C648 | 浙春1号 | 0.000 | 0.000 | 0.000 | 0.000 | 0.000 | 0.000 | 0.000 | 0.000 | 0.000 | 0.000 | 0.099 | 0.110 | 0.136 |
| C649 | 浙春2号 | 0.000 | 0.000 | 0.000 | 0.000 | 0.000 | 0.000 | 0.000 | 0.000 | 0.000 | 0.000 | 0.160 | 0.135 | 0.072 |
| C069 | 黔豆4号 | 0.000 | 0.000 | 0.000 | 0.000 | 0.000 | 0.000 | 0.000 | 0.000 | 0.000 | 0.000 | 0.086 | 0.125 | 0.110 |
| D088 | 黔豆5号 | 0.000 | 0.063 | 0.000 | 0.000 | 0.000 | 0.000 | 0.000 | 0.000 | 0.000 | 0.000 | 0.151 | 0.047 | 0.104 |
| D087 | 黔豆3号 | 0.000 | 0.000 | 0.000 | 0.000 | 0.000 | 0.000 | 0.000 | 0.000 | 0.000 | 0.000 | 0.130 | 0.093 | 0.076 |

| 品种代号及名称 | | C441 泗豆11 | D135 郑90007 | D118 商丘1099 | D138 郑交107 | C116 豫豆16 | D136 郑92116 | D117 濮海10号 | C118 豫豆19 | C110 豫豆7号 | C112 豫豆10号 | C122 郑86506 | D124 豫豆21 | D126 豫豆23 |
|---|---|---|---|---|---|---|---|---|---|---|---|---|---|---|
| C170 | 合丰25 | 0.162 | 0.136 | 0.170 | 0.138 | 0.155 | 0.218 | 0.140 | 0.148 | 0.176 | 0.192 | 0.151 | 0.155 | 0.132 |
| C178 | 合丰33 | 0.111 | 0.162 | 0.224 | 0.126 | 0.195 | 0.123 | 0.228 | 0.240 | 0.125 | 0.103 | 0.146 | 0.117 | 0.106 |
| D149 | 北丰7号 | 0.125 | 0.175 | 0.111 | 0.145 | 0.149 | 0.161 | 0.121 | 0.150 | 0.156 | 0.128 | 0.112 | 0.090 | 0.092 |
| D152 | 北丰10号 | 0.103 | 0.135 | 0.110 | 0.104 | 0.127 | 0.101 | 0.092 | 0.090 | 0.129 | 0.177 | 0.221 | 0.121 | 0.156 |
| D151 | 北丰9号 | 0.113 | 0.105 | 0.138 | 0.126 | 0.118 | 0.110 | 0.088 | 0.092 | 0.105 | 0.129 | 0.107 | 0.118 | 0.106 |
| D153 | 北丰11 | 0.103 | 0.135 | 0.123 | 0.130 | 0.140 | 0.146 | 0.112 | 0.141 | 0.168 | 0.184 | 0.162 | 0.140 | 0.123 |
| C181 | 合丰36 | 0.150 | 0.136 | 0.118 | 0.178 | 0.174 | 0.160 | 0.133 | 0.169 | 0.105 | 0.115 | 0.125 | 0.168 | 0.163 |
| D154 | 北丰13 | 0.107 | 0.127 | 0.094 | 0.148 | 0.046 | 0.151 | 0.075 | 0.099 | 0.242 | 0.270 | 0.174 | 0.185 | 0.176 |

（续）

| D053 | D125 | D131 | D112 | D113 | D130 | D445 | C423 | C421 | D443 | C295 | D036 | C014 | D008 | D013 | D038 | C417 |
|---|---|---|---|---|---|---|---|---|---|---|---|---|---|---|---|---|
| 中黄24 | 豫豆22 | 豫豆28 | 地神21 | 地神22 | 豫豆27 | 淮豆6号 | 淮豆1号 | 灌豆1号 | 淮豆4号 | 中豆19 | 中豆27 | 皖豆6号 | 皖豆16 | 皖豆21 | 中黄9 | 58-161 |
| 0.153 | 0.172 | 0.150 | 0.159 | 0.110 | 0.004 | 0.000 | 0.000 | 0.000 | 0.000 | 0.031 | 0.025 | 0.000 | 0.000 | 0.005 | 0.002 | 0.000 |
| 0.126 | 0.150 | 0.199 | 0.123 | 0.142 | 0.008 | 0.000 | 0.000 | 0.000 | 0.000 | 0.063 | 0.064 | 0.000 | 0.000 | 0.017 | 0.010 | 0.000 |
| 0.268 | 0.132 | 0.130 | 0.151 | 0.103 | 0.008 | 0.009 | 0.000 | 0.000 | 0.000 | 0.063 | 0.050 | 0.000 | 0.000 | 0.009 | 0.005 | 0.000 |
| 0.133 | 0.098 | 0.142 | 0.157 | 0.143 | 0.001 | 0.050 | 0.090 | 0.055 | 0.070 | 0.012 | 0.006 | 0.000 | 0.066 | 0.021 | 0.027 | 0.094 |
| 0.118 | 0.082 | 0.060 | 0.128 | 0.111 | 0.003 | 0.100 | 0.180 | 0.109 | 0.141 | 0.023 | 0.012 | 0.000 | 0.133 | 0.043 | 0.054 | 0.188 |
| 0.075 | 0.128 | 0.119 | 0.140 | 0.138 | 0.001 | 0.054 | 0.090 | 0.055 | 0.070 | 0.012 | 0.011 | 0.000 | 0.066 | 0.024 | 0.028 | 0.094 |
| 0.113 | 0.049 | 0.116 | 0.139 | 0.086 | 0.003 | 0.054 | 0.090 | 0.055 | 0.070 | 0.012 | 0.017 | 0.000 | 0.066 | 0.027 | 0.029 | 0.094 |
| 0.107 | 0.139 | 0.085 | 0.099 | 0.137 | 0.001 | 0.029 | 0.045 | 0.027 | 0.035 | 0.006 | 0.008 | 0.000 | 0.033 | 0.013 | 0.015 | 0.047 |
| 0.139 | 0.110 | 0.096 | 0.123 | 0.095 | 0.002 | 0.027 | 0.045 | 0.027 | 0.035 | 0.006 | 0.008 | 0.000 | 0.033 | 0.013 | 0.014 | 0.047 |
| 0.154 | 0.099 | 0.091 | 0.125 | 0.130 | 0.001 | 0.029 | 0.045 | 0.027 | 0.035 | 0.006 | 0.008 | 0.000 | 0.033 | 0.013 | 0.015 | 0.047 |
| 0.145 | 0.077 | 0.098 | 0.099 | 0.095 | 0.003 | 0.100 | 0.180 | 0.109 | 0.141 | 0.023 | 0.012 | 0.000 | 0.133 | 0.043 | 0.054 | 0.188 |
| 0.137 | 0.090 | 0.114 | 0.122 | 0.107 | 0.000 | 0.070 | 0.156 | 0.063 | 0.094 | 0.000 | 0.000 | 0.000 | 0.063 | 0.031 | 0.039 | 0.188 |
| 0.139 | 0.097 | 0.109 | 0.084 | 0.122 | 0.000 | 0.004 | 0.000 | 0.000 | 0.000 | 0.000 | 0.005 | 0.000 | 0.000 | 0.003 | 0.001 | 0.000 |
| 0.138 | 0.103 | 0.076 | 0.103 | 0.128 | 0.000 | 0.000 | 0.000 | 0.000 | 0.000 | 0.000 | 0.000 | 0.000 | 0.000 | 0.000 | 0.000 | 0.000 |
| 0.118 | 0.115 | 0.089 | 0.109 | 0.107 | 0.000 | 0.000 | 0.000 | 0.000 | 0.000 | 0.000 | 0.000 | 0.000 | 0.000 | 0.000 | 0.000 | 0.000 |
| 0.137 | 0.096 | 0.089 | 0.122 | 0.120 | 0.000 | 0.000 | 0.000 | 0.000 | 0.000 | 0.000 | 0.011 | 0.000 | 0.000 | 0.005 | 0.002 | 0.000 |
| 0.144 | 0.096 | 0.070 | 0.071 | 0.093 | 0.000 | 0.000 | 0.000 | 0.000 | 0.000 | 0.000 | 0.000 | 0.000 | 0.000 | 0.000 | 0.001 | 0.000 |
| 0.132 | 0.084 | 0.089 | 0.097 | 0.094 | 0.000 | 0.000 | 0.000 | 0.000 | 0.000 | 0.000 | 0.011 | 0.000 | 0.000 | 0.005 | 0.002 | 0.000 |
| 0.152 | 0.123 | 0.128 | 0.104 | 0.128 | 0.000 | 0.000 | 0.000 | 0.000 | 0.000 | 0.000 | 0.000 | 0.000 | 0.000 | 0.000 | 0.000 | 0.000 |
| 0.151 | 0.123 | 0.121 | 0.103 | 0.107 | 0.000 | 0.000 | 0.000 | 0.000 | 0.000 | 0.000 | 0.000 | 0.000 | 0.000 | 0.000 | 0.000 | 0.000 |
| 0.123 | 0.122 | 0.087 | 0.095 | 0.118 | 0.000 | 0.000 | 0.000 | 0.000 | 0.000 | 0.000 | 0.011 | 0.000 | 0.000 | 0.005 | 0.002 | 0.000 |
| 0.127 | 0.112 | 0.085 | 0.132 | 0.164 | 0.002 | 0.004 | 0.000 | 0.000 | 0.000 | 0.000 | 0.005 | 0.000 | 0.000 | 0.003 | 0.001 | 0.000 |
| 0.134 | 0.082 | 0.143 | 0.116 | 0.163 | 0.000 | 0.009 | 0.000 | 0.000 | 0.000 | 0.000 | 0.011 | 0.000 | 0.000 | 0.005 | 0.002 | 0.000 |
| 0.113 | 0.112 | 0.227 | 0.151 | 0.110 | 0.000 | 0.018 | 0.000 | 0.000 | 0.000 | 0.000 | 0.000 | 0.000 | 0.000 | 0.000 | 0.000 | 0.000 |
| 0.236 | 0.167 | 0.191 | 0.107 | 0.131 | 0.000 | 0.018 | 0.000 | 0.000 | 0.000 | 0.000 | 0.000 | 0.000 | 0.000 | 0.000 | 0.000 | 0.000 |
| 0.126 | 0.118 | 0.097 | 0.098 | 0.204 | 0.000 | 0.009 | 0.000 | 0.000 | 0.000 | 0.000 | 0.000 | 0.000 | 0.000 | 0.000 | 0.000 | 0.000 |
| 0.147 | 0.184 | 0.227 | 0.366 | 0.163 | 0.000 | 0.009 | 0.000 | 0.000 | 0.000 | 0.000 | 0.000 | 0.000 | 0.000 | 0.000 | 0.000 | 0.000 |
| 0.178 | 0.245 | 0.159 | 0.308 | 0.121 | 0.008 | 0.000 | 0.000 | 0.000 | 0.000 | 0.063 | 0.031 | 0.000 | 0.000 | 0.000 | 0.000 | 0.000 |

| D127 | D128 | D129 | D132 | D114 | D140 | D141 | D139 | D043 | C106 | C108 | C111 | C106 | D565 | D467 | D468 | D469 |
|---|---|---|---|---|---|---|---|---|---|---|---|---|---|---|---|---|
| 豫豆24 | 豫豆25 | 豫豆26 | 豫豆29 | 滑豆20 | 周豆11 | 周豆12GS | 郑交9525 | 中黄14 | 豫豆3号 | 豫豆5号 | 豫豆8号 | 郑长叶7 | 跃进10号 | 徐豆10号 | 徐豆11 | 徐豆12 |
| 0.224 | 0.141 | 0.196 | 0.136 | 0.181 | 0.211 | 0.174 | 0.174 | 0.183 | 0.151 | 0.211 | 0.136 | 0.163 | 0.164 | 0.281 | 0.301 | 0.278 |
| 0.156 | 0.129 | 0.106 | 0.118 | 0.091 | 0.126 | 0.130 | 0.104 | 0.137 | 0.146 | 0.103 | 0.235 | 0.145 | 0.100 | 0.171 | 0.164 | 0.147 |
| 0.219 | 0.129 | 0.245 | 0.111 | 0.110 | 0.199 | 0.247 | 0.168 | 0.184 | 0.159 | 0.150 | 0.111 | 0.131 | 0.342 | 0.178 | 0.191 | 0.127 |
| 0.070 | 0.133 | 0.136 | 0.122 | 0.153 | 0.117 | 0.153 | 0.096 | 0.123 | 0.110 | 0.161 | 0.071 | 0.155 | 0.150 | 0.179 | 0.148 | 0.163 |
| 0.149 | 0.130 | 0.160 | 0.118 | 0.111 | 0.180 | 0.150 | 0.156 | 0.106 | 0.127 | 0.088 | 0.164 | 0.166 | 0.225 | 0.192 | 0.132 | 0.127 |
| 0.140 | 0.095 | 0.162 | 0.128 | 0.121 | 0.123 | 0.146 | 0.146 | 0.123 | 0.104 | 0.215 | 0.109 | 0.174 | 0.163 | 0.155 | 0.142 | 0.157 |
| 0.200 | 0.103 | 0.217 | 0.117 | 0.135 | 0.171 | 0.155 | 0.181 | 0.222 | 0.158 | 0.135 | 0.156 | 0.118 | 0.132 | 0.229 | 0.261 | 0.250 |
| 0.158 | 0.145 | 0.160 | 0.113 | 0.132 | 0.140 | 0.157 | 0.132 | 0.101 | 0.101 | 0.297 | 0.107 | 0.173 | 0.143 | 0.134 | 0.107 | 0.149 |

| 品种代号及名称 | | C441 泗豆11 | D135 郑90007 | D118 商丘1099 | D138 郑交107 | C116 豫豆16 | D136 郑92116 | D117 濮海10号 | C118 豫豆19 | C110 豫豆7号 | C112 豫豆10号 | C122 郑86506 | D124 豫豆21 | D126 豫豆23 |
|---|---|---|---|---|---|---|---|---|---|---|---|---|---|---|
| D296 | 绥农14 | 0.118 | 0.142 | 0.261 | 0.145 | 0.200 | 0.154 | 0.212 | 0.213 | 0.092 | 0.115 | 0.132 | 0.090 | 0.098 |
| D143 | 八五七-1 | 0.107 | 0.080 | 0.213 | 0.101 | 0.163 | 0.118 | 0.158 | 0.187 | 0.114 | 0.145 | 0.122 | 0.086 | 0.114 |
| D155 | 北丰14 | 0.139 | 0.131 | 0.106 | 0.120 | 0.118 | 0.131 | 0.102 | 0.113 | 0.285 | 0.216 | 0.093 | 0.191 | 0.161 |
| D241 | 抗线虫5号 | 0.063 | 0.110 | 0.165 | 0.143 | 0.219 | 0.117 | 0.159 | 0.205 | 0.120 | 0.133 | 0.152 | 0.094 | 0.150 |
| C390 | 九农20 | 0.118 | 0.123 | 0.110 | 0.112 | 0.154 | 0.103 | 0.118 | 0.143 | 0.092 | 0.109 | 0.118 | 0.097 | 0.118 |
| D053 | 中黄24 | 0.122 | 0.195 | 0.094 | 0.174 | 0.107 | 0.192 | 0.117 | 0.127 | 0.188 | 0.132 | 0.108 | 0.187 | 0.170 |
| D125 | 豫豆22 | 0.113 | 0.145 | 0.099 | 0.107 | 0.117 | 0.123 | 0.101 | 0.105 | 0.225 | 0.195 | 0.140 | 0.353 | 0.368 |
| D131 | 豫豆28 | 0.131 | 0.136 | 0.059 | 0.138 | 0.123 | 0.147 | 0.107 | 0.110 | 0.144 | 0.204 | 0.125 | 0.252 | 0.368 |
| D112 | 地神21 | 0.191 | 0.184 | 0.152 | 0.119 | 0.098 | 0.169 | 0.149 | 0.145 | 0.217 | 0.194 | 0.171 | 0.234 | 0.258 |
| D113 | 地神22 | 0.143 | 0.219 | 0.329 | 0.166 | 0.265 | 0.154 | 0.326 | 0.293 | 0.152 | 0.135 | 0.145 | 0.102 | 0.096 |
| D130 | 豫豆27 | 0.168 | 0.194 | 0.156 | 0.170 | 0.160 | 0.229 | 0.192 | 0.142 | 0.292 | 0.363 | 0.320 | 0.160 | 0.196 |
| D445 | 淮豆6号 | 0.233 | 0.178 | 0.172 | 0.160 | 0.238 | 0.149 | 0.194 | 0.224 | 0.144 | 0.196 | 0.151 | 0.095 | 0.104 |
| C423 | 淮豆1号 | 0.176 | 0.143 | 0.098 | 0.138 | 0.161 | 0.154 | 0.140 | 0.188 | 0.117 | 0.134 | 0.085 | 0.083 | 0.105 |
| C421 | 灌豆1号 | 0.208 | 0.103 | 0.174 | 0.144 | 0.153 | 0.172 | 0.125 | 0.142 | 0.097 | 0.089 | 0.098 | 0.090 | 0.098 |
| D443 | 淮豆4号 | 0.133 | 0.126 | 0.139 | 0.141 | 0.098 | 0.124 | 0.132 | 0.113 | 0.099 | 0.124 | 0.100 | 0.105 | 0.101 |
| C295 | 中豆19 | 0.174 | 0.133 | 0.200 | 0.101 | 0.145 | 0.151 | 0.176 | 0.140 | 0.174 | 0.138 | 0.155 | 0.199 | 0.161 |
| D036 | 中豆27 | 0.123 | 0.173 | 0.135 | 0.181 | 0.115 | 0.185 | 0.132 | 0.123 | 0.187 | 0.159 | 0.124 | 0.109 | 0.124 |
| C014 | 皖豆6号 | 0.107 | 0.113 | 0.127 | 0.162 | 0.138 | 0.164 | 0.143 | 0.093 | 0.128 | 0.138 | 0.074 | 0.079 | 0.108 |
| D008 | 皖豆16 | 0.103 | 0.129 | 0.245 | 0.190 | 0.155 | 0.154 | 0.175 | 0.156 | 0.129 | 0.141 | 0.131 | 0.134 | 0.082 |
| D013 | 皖豆21 | 0.225 | 0.118 | 0.125 | 0.093 | 0.137 | 0.143 | 0.121 | 0.099 | 0.146 | 0.175 | 0.120 | 0.150 | 0.120 |
| D038 | 中黄9 | 0.126 | 0.131 | 0.176 | 0.132 | 0.144 | 0.123 | 0.161 | 0.151 | 0.137 | 0.117 | 0.212 | 0.150 | 0.120 |
| C417 | 58-161 | 0.214 | 0.110 | 0.118 | 0.111 | 0.123 | 0.102 | 0.132 | 0.158 | 0.131 | 0.122 | 0.153 | 0.116 | 0.131 |
| C441 | 泗豆11 | | 0.164 | 0.152 | 0.147 | 0.144 | 0.149 | 0.108 | 0.196 | 0.159 | 0.156 | 0.152 | 0.124 | 0.147 |
| D135 | 郑90007 | 0.023 | | 0.203 | 0.414 | 0.208 | 0.477 | 0.181 | 0.196 | 0.157 | 0.148 | 0.185 | 0.143 | 0.099 |
| D118 | 商丘1099 | 0.017 | 0.022 | | 0.172 | 0.273 | 0.214 | 0.369 | 0.329 | 0.105 | 0.110 | 0.140 | 0.092 | 0.087 |
| D138 | 郑交107 | 0.057 | 0.030 | 0.014 | | 0.197 | 0.444 | 0.136 | 0.164 | 0.113 | 0.118 | 0.154 | 0.086 | 0.160 |
| C116 | 豫豆16 | 0.078 | 0.040 | 0.013 | 0.046 | | 0.199 | 0.411 | 0.474 | 0.131 | 0.160 | 0.118 | 0.135 | 0.131 |
| D136 | 郑92116 | 0.033 | 0.065 | 0.013 | 0.048 | 0.043 | | 0.192 | 0.161 | 0.169 | 0.178 | 0.170 | 0.108 | 0.111 |
| D117 | 濮海10号 | 0.078 | 0.040 | 0.013 | 0.046 | 0.101 | 0.043 | | 0.440 | 0.114 | 0.119 | 0.163 | 0.120 | 0.088 |
| C118 | 豫豆19 | 0.047 | 0.073 | 0.011 | 0.063 | 0.050 | 0.138 | 0.050 | | 0.151 | 0.181 | 0.179 | 0.143 | 0.086 |
| C110 | 豫豆7号 | 0.031 | 0.041 | 0.039 | 0.030 | 0.056 | 0.043 | 0.056 | 0.046 | | 0.413 | 0.172 | 0.169 | 0.172 |
| C112 | 豫豆10号 | 0.031 | 0.040 | 0.025 | 0.042 | 0.071 | 0.043 | 0.071 | 0.042 | 0.057 | | 0.260 | 0.217 | 0.182 |
| C122 | 郑86506 | 0.016 | 0.075 | 0.024 | 0.050 | 0.042 | 0.123 | 0.042 | 0.161 | 0.060 | 0.058 | | 0.203 | 0.227 |
| D124 | 豫豆21 | 0.016 | 0.030 | 0.017 | 0.059 | 0.059 | 0.037 | 0.059 | 0.029 | 0.028 | 0.092 | 0.051 | | 0.359 |
| D126 | 豫豆23 | 0.008 | 0.039 | 0.014 | 0.080 | 0.035 | 0.063 | 0.035 | 0.073 | 0.030 | 0.057 | 0.086 | 0.105 | |
| D127 | 豫豆24 | 0.066 | 0.035 | 0.017 | 0.038 | 0.051 | 0.044 | 0.051 | 0.057 | 0.046 | 0.039 | 0.050 | 0.030 | 0.029 |
| D128 | 豫豆25 | 0.012 | 0.058 | 0.019 | 0.033 | 0.030 | 0.078 | 0.030 | 0.082 | 0.045 | 0.048 | 0.093 | 0.049 | 0.058 |
| D129 | 豫豆26 | 0.013 | 0.019 | 0.011 | 0.028 | 0.030 | 0.025 | 0.030 | 0.016 | 0.034 | 0.046 | 0.026 | 0.080 | 0.049 |

（续）

| D127 豫豆24 | D128 豫豆25 | D129 豫豆26 | D132 豫豆29 | D114 滑豆20 | D140 周豆11 | D141 周豆12 | D139 GS郑交9525 | D043 中黄14 | C106 豫豆3号 | C108 豫豆5号 | C111 豫豆8号 | C106 郑长叶7 | D565 跃进10号 | D467 徐豆10号 | D468 徐豆11 | D469 徐豆12 |
|---|---|---|---|---|---|---|---|---|---|---|---|---|---|---|---|---|
| 0.123 | 0.115 | 0.112 | 0.104 | 0.084 | 0.145 | 0.129 | 0.135 | 0.118 | 0.191 | 0.129 | 0.181 | 0.118 | 0.086 | 0.144 | 0.144 | 0.132 |
| 0.106 | 0.137 | 0.108 | 0.147 | 0.086 | 0.095 | 0.113 | 0.119 | 0.114 | 0.196 | 0.069 | 0.212 | 0.114 | 0.102 | 0.101 | 0.134 | 0.136 |
| 0.156 | 0.170 | 0.160 | 0.106 | 0.151 | 0.127 | 0.151 | 0.137 | 0.107 | 0.094 | 0.331 | 0.086 | 0.173 | 0.114 | 0.132 | 0.113 | 0.128 |
| 0.142 | 0.109 | 0.151 | 0.103 | 0.063 | 0.144 | 0.117 | 0.093 | 0.128 | 0.135 | 0.080 | 0.172 | 0.118 | 0.112 | 0.135 | 0.118 | 0.176 |
| 0.116 | 0.096 | 0.066 | 0.104 | 0.090 | 0.112 | 0.097 | 0.116 | 0.098 | 0.131 | 0.109 | 0.161 | 0.105 | 0.099 | 0.084 | 0.072 | 0.106 |
| 0.167 | 0.132 | 0.168 | 0.134 | 0.119 | 0.162 | 0.179 | 0.187 | 0.141 | 0.101 | 0.207 | 0.114 | 0.121 | 0.158 | 0.134 | 0.148 | 0.128 |
| 0.131 | 0.455 | 0.140 | 0.171 | 0.292 | 0.140 | 0.118 | 0.111 | 0.145 | 0.173 | 0.240 | 0.118 | 0.178 | 0.141 | 0.119 | 0.099 | 0.133 |
| 0.181 | 0.314 | 0.132 | 0.348 | 0.213 | 0.151 | 0.103 | 0.161 | 0.118 | 0.099 | 0.170 | 0.104 | 0.170 | 0.146 | 0.118 | 0.111 | 0.132 |
| 0.144 | 0.247 | 0.120 | 0.157 | 0.484 | 0.120 | 0.150 | 0.196 | 0.146 | 0.140 | 0.158 | 0.059 | 0.158 | 0.181 | 0.159 | 0.152 | 0.153 |
| 0.136 | 0.115 | 0.124 | 0.075 | 0.102 | 0.117 | 0.095 | 0.143 | 0.124 | 0.174 | 0.120 | 0.252 | 0.110 | 0.091 | 0.172 | 0.145 | 0.179 |
| 0.141 | 0.159 | 0.163 | 0.181 | 0.186 | 0.137 | 0.179 | 0.218 | 0.247 | 0.144 | 0.262 | 0.142 | 0.383 | 0.164 | 0.188 | 0.201 | 0.211 |
| 0.148 | 0.135 | 0.117 | 0.110 | 0.150 | 0.146 | 0.170 | 0.218 | 0.186 | 0.214 | 0.100 | 0.192 | 0.172 | 0.118 | 0.207 | 0.200 | 0.243 |
| 0.148 | 0.128 | 0.099 | 0.097 | 0.065 | 0.105 | 0.097 | 0.135 | 0.144 | 0.112 | 0.101 | 0.188 | 0.123 | 0.106 | 0.098 | 0.118 | 0.099 |
| 0.122 | 0.115 | 0.105 | 0.110 | 0.096 | 0.124 | 0.109 | 0.135 | 0.182 | 0.117 | 0.128 | 0.103 | 0.110 | 0.118 | 0.077 | 0.097 | 0.125 |
| 0.144 | 0.131 | 0.154 | 0.113 | 0.125 | 0.121 | 0.151 | 0.112 | 0.153 | 0.127 | 0.097 | 0.132 | 0.087 | 0.088 | 0.152 | 0.120 | 0.149 |
| 0.126 | 0.138 | 0.128 | 0.120 | 0.146 | 0.108 | 0.113 | 0.166 | 0.107 | 0.192 | 0.117 | 0.185 | 0.087 | 0.095 | 0.100 | 0.141 | 0.149 |
| 0.204 | 0.121 | 0.292 | 0.129 | 0.109 | 0.240 | 0.268 | 0.197 | 0.149 | 0.111 | 0.134 | 0.116 | 0.123 | 0.431 | 0.208 | 0.182 | 0.144 |
| 0.106 | 0.099 | 0.122 | 0.067 | 0.139 | 0.142 | 0.179 | 0.172 | 0.114 | 0.200 | 0.168 | 0.126 | 0.134 | 0.150 | 0.140 | 0.161 | 0.109 |
| 0.162 | 0.113 | 0.137 | 0.088 | 0.141 | 0.123 | 0.148 | 0.154 | 0.144 | 0.144 | 0.156 | 0.162 | 0.150 | 0.097 | 0.082 | 0.128 | 0.124 |
| 0.105 | 0.104 | 0.133 | 0.086 | 0.118 | 0.107 | 0.111 | 0.157 | 0.166 | 0.126 | 0.145 | 0.105 | 0.185 | 0.133 | 0.125 | 0.138 | 0.128 |
| 0.232 | 0.104 | 0.192 | 0.125 | 0.118 | 0.180 | 0.150 | 0.175 | 0.245 | 0.132 | 0.144 | 0.151 | 0.179 | 0.113 | 0.224 | 0.263 | 0.247 |
| 0.089 | 0.136 | 0.084 | 0.069 | 0.116 | 0.091 | 0.130 | 0.096 | 0.146 | 0.133 | 0.100 | 0.069 | 0.145 | 0.106 | 0.132 | 0.110 | 0.141 |
| 0.124 | 0.149 | 0.100 | 0.151 | 0.118 | 0.113 | 0.105 | 0.190 | 0.126 | 0.253 | 0.164 | 0.145 | 0.119 | 0.094 | 0.152 | 0.185 | 0.180 |
| 0.174 | 0.148 | 0.146 | 0.085 | 0.162 | 0.178 | 0.143 | 0.439 | 0.164 | 0.139 | 0.171 | 0.196 | 0.151 | 0.179 | 0.184 | 0.138 | 0.147 |
| 0.143 | 0.084 | 0.100 | 0.099 | 0.131 | 0.107 | 0.118 | 0.162 | 0.172 | 0.230 | 0.083 | 0.222 | 0.139 | 0.080 | 0.144 | 0.171 | 0.161 |
| 0.176 | 0.098 | 0.167 | 0.093 | 0.125 | 0.147 | 0.170 | 0.435 | 0.173 | 0.188 | 0.159 | 0.146 | 0.159 | 0.134 | 0.160 | 0.119 | 0.134 |
| 0.123 | 0.122 | 0.092 | 0.123 | 0.129 | 0.145 | 0.148 | 0.232 | 0.183 | 0.307 | 0.155 | 0.474 | 0.131 | 0.132 | 0.162 | 0.137 | 0.152 |
| 0.141 | 0.102 | 0.157 | 0.103 | 0.122 | 0.163 | 0.159 | 0.603 | 0.175 | 0.137 | 0.142 | 0.155 | 0.169 | 0.132 | 0.194 | 0.169 | 0.178 |
| 0.152 | 0.079 | 0.109 | 0.121 | 0.160 | 0.122 | 0.160 | 0.220 | 0.182 | 0.250 | 0.126 | 0.347 | 0.142 | 0.116 | 0.168 | 0.162 | 0.178 |
| 0.188 | 0.116 | 0.093 | 0.150 | 0.149 | 0.151 | 0.143 | 0.162 | 0.151 | 0.265 | 0.137 | 0.320 | 0.145 | 0.093 | 0.171 | 0.158 | 0.152 |
| 0.129 | 0.266 | 0.160 | 0.191 | 0.221 | 0.087 | 0.137 | 0.169 | 0.219 | 0.160 | 0.352 | 0.118 | 0.217 | 0.193 | 0.166 | 0.172 | 0.174 |
| 0.173 | 0.242 | 0.144 | 0.168 | 0.224 | 0.137 | 0.154 | 0.167 | 0.221 | 0.144 | 0.277 | 0.142 | 0.200 | 0.184 | 0.136 | 0.182 | 0.138 |
| 0.151 | 0.150 | 0.160 | 0.079 | 0.211 | 0.146 | 0.209 | 0.178 | 0.220 | 0.161 | 0.185 | 0.179 | 0.338 | 0.135 | 0.166 | 0.173 | 0.200 |
| 0.097 | 0.293 | 0.118 | 0.188 | 0.265 | 0.118 | 0.115 | 0.129 | 0.150 | 0.118 | 0.197 | 0.097 | 0.123 | 0.119 | 0.117 | 0.105 | 0.099 |
| 0.125 | 0.353 | 0.154 | 0.199 | 0.276 | 0.141 | 0.138 | 0.171 | 0.127 | 0.121 | 0.130 | 0.072 | 0.139 | 0.135 | 0.140 | 0.127 | 0.134 |
|  | 0.147 | 0.412 | 0.188 | 0.142 | 0.507 | 0.432 | 0.109 | 0.176 | 0.092 | 0.170 | 0.188 | 0.170 | 0.151 | 0.183 | 0.196 | 0.179 |
| 0.031 |  | 0.137 | 0.187 | 0.321 | 0.170 | 0.186 | 0.167 | 0.123 | 0.157 | 0.176 | 0.123 | 0.123 | 0.132 | 0.143 | 0.104 | 0.171 |
| 0.017 | 0.039 |  | 0.172 | 0.171 | 0.513 | 0.471 | 0.158 | 0.207 | 0.134 | 0.130 | 0.119 | 0.185 | 0.277 | 0.173 | 0.207 | 0.193 |

| 品种代号及名称 | | C441<br>泗豆 11 | D135<br>郑 90007 | D118<br>商丘 1099 | D138<br>郑交 107 | C116<br>豫豆 16 | D136<br>郑 92116 | D117<br>濮海 10 号 | C118<br>豫豆 19 | C110<br>豫豆 7 号 | C112<br>豫豆 10 号 | C122<br>郑 86506 | D124<br>豫豆 21 | D126<br>豫豆 23 |
|---|---|---|---|---|---|---|---|---|---|---|---|---|---|---|
| D132 | 豫豆 29 | 0.008 | 0.055 | 0.014 | 0.033 | 0.034 | 0.092 | 0.034 | 0.122 | 0.038 | 0.039 | 0.122 | 0.029 | 0.059 |
| D114 | 滑豆 20 | 0.016 | 0.020 | 0.013 | 0.021 | 0.036 | 0.022 | 0.036 | 0.021 | 0.028 | 0.045 | 0.029 | 0.046 | 0.029 |
| D140 | 周豆 11 | 0.066 | 0.035 | 0.017 | 0.038 | 0.051 | 0.044 | 0.051 | 0.057 | 0.046 | 0.039 | 0.050 | 0.030 | 0.029 |
| D141 | 周豆 12 | 0.066 | 0.035 | 0.017 | 0.038 | 0.051 | 0.044 | 0.051 | 0.057 | 0.046 | 0.039 | 0.050 | 0.030 | 0.029 |
| D139 | GS 郑交 9525 | 0.006 | 0.029 | 0.009 | 0.016 | 0.015 | 0.039 | 0.015 | 0.041 | 0.023 | 0.024 | 0.046 | 0.025 | 0.029 |
| D043 | 中黄 14 | 0.130 | 0.020 | 0.017 | 0.034 | 0.066 | 0.023 | 0.066 | 0.029 | 0.027 | 0.026 | 0.013 | 0.013 | 0.007 |
| C106 | 豫豆 3 号 | 0.125 | 0.040 | 0.000 | 0.050 | 0.132 | 0.042 | 0.132 | 0.058 | 0.055 | 0.053 | 0.026 | 0.026 | 0.013 |
| C108 | 豫豆 5 号 | 0.125 | 0.040 | 0.000 | 0.050 | 0.132 | 0.042 | 0.132 | 0.058 | 0.055 | 0.053 | 0.026 | 0.026 | 0.013 |
| C111 | 豫豆 8 号 | 0.125 | 0.040 | 0.000 | 0.050 | 0.132 | 0.042 | 0.132 | 0.058 | 0.055 | 0.053 | 0.026 | 0.026 | 0.013 |
| C106 | 郑长叶 7 | 0.125 | 0.039 | 0.000 | 0.049 | 0.129 | 0.042 | 0.129 | 0.057 | 0.051 | 0.052 | 0.026 | 0.026 | 0.013 |
| D565 | 跃进 10 号 | 0.064 | 0.018 | 0.025 | 0.031 | 0.037 | 0.017 | 0.037 | 0.022 | 0.043 | 0.020 | 0.010 | 0.010 | 0.005 |
| D467 | 徐豆 10 号 | 0.048 | 0.029 | 0.031 | 0.048 | 0.036 | 0.024 | 0.036 | 0.026 | 0.039 | 0.033 | 0.032 | 0.052 | 0.041 |
| D468 | 徐豆 11 | 0.144 | 0.030 | 0.015 | 0.057 | 0.087 | 0.035 | 0.087 | 0.049 | 0.043 | 0.039 | 0.021 | 0.025 | 0.015 |
| D469 | 徐豆 12 | 0.108 | 0.027 | 0.025 | 0.040 | 0.055 | 0.024 | 0.055 | 0.031 | 0.036 | 0.031 | 0.017 | 0.017 | 0.010 |
| C121 | 郑 77249 | 0.063 | 0.039 | 0.014 | 0.041 | 0.080 | 0.036 | 0.080 | 0.041 | 0.035 | 0.054 | 0.041 | 0.042 | 0.029 |
| C113 | 豫豆 11 | 0.094 | 0.039 | 0.007 | 0.045 | 0.106 | 0.039 | 0.106 | 0.049 | 0.045 | 0.053 | 0.033 | 0.034 | 0.021 |
| C115 | 豫豆 15 | 0.047 | 0.031 | 0.021 | 0.035 | 0.053 | 0.025 | 0.053 | 0.030 | 0.035 | 0.038 | 0.026 | 0.027 | 0.017 |
| D550 | 鲁豆 12 号 | 0.063 | 0.042 | 0.027 | 0.075 | 0.072 | 0.041 | 0.072 | 0.051 | 0.070 | 0.051 | 0.041 | 0.072 | 0.056 |
| C457 | 徐豆 3 号 | 0.125 | 0.053 | 0.047 | 0.102 | 0.090 | 0.050 | 0.090 | 0.078 | 0.078 | 0.055 | 0.027 | 0.027 | 0.014 |
| D442 | 淮豆 3 号 | 0.063 | 0.056 | 0.070 | 0.063 | 0.057 | 0.028 | 0.057 | 0.039 | 0.086 | 0.051 | 0.025 | 0.025 | 0.013 |
| C003 | 阜豆 1 号 | 0.125 | 0.053 | 0.047 | 0.102 | 0.090 | 0.050 | 0.090 | 0.078 | 0.078 | 0.055 | 0.027 | 0.027 | 0.014 |
| C019 | 皖豆 13 | 0.063 | 0.032 | 0.023 | 0.052 | 0.064 | 0.029 | 0.064 | 0.043 | 0.070 | 0.035 | 0.018 | 0.018 | 0.009 |
| D011 | 皖豆 19 | 0.031 | 0.090 | 0.035 | 0.063 | 0.028 | 0.139 | 0.028 | 0.207 | 0.043 | 0.025 | 0.169 | 0.013 | 0.069 |
| C028 | 诱变 30 | 0.125 | 0.053 | 0.047 | 0.102 | 0.090 | 0.050 | 0.090 | 0.078 | 0.078 | 0.055 | 0.027 | 0.027 | 0.014 |
| C029 | 诱变 31 | 0.125 | 0.053 | 0.047 | 0.102 | 0.090 | 0.050 | 0.090 | 0.078 | 0.078 | 0.055 | 0.027 | 0.027 | 0.014 |
| C032 | 早熟 6 号 | 0.063 | 0.026 | 0.025 | 0.056 | 0.045 | 0.025 | 0.045 | 0.039 | 0.039 | 0.027 | 0.014 | 0.014 | 0.007 |
| C038 | 中黄 1 号 | 0.031 | 0.008 | 0.005 | 0.028 | 0.021 | 0.012 | 0.021 | 0.020 | 0.012 | 0.010 | 0.005 | 0.005 | 0.002 |
| C039 | 中黄 2 号 | 0.085 | 0.017 | 0.014 | 0.056 | 0.041 | 0.026 | 0.041 | 0.039 | 0.023 | 0.020 | 0.010 | 0.010 | 0.005 |
| C040 | 中黄 3 号 | 0.085 | 0.017 | 0.014 | 0.056 | 0.041 | 0.026 | 0.041 | 0.039 | 0.023 | 0.020 | 0.010 | 0.010 | 0.005 |
| C041 | 中黄 4 号 | 0.064 | 0.013 | 0.021 | 0.030 | 0.022 | 0.014 | 0.022 | 0.020 | 0.020 | 0.014 | 0.007 | 0.007 | 0.003 |
| C037 | 早熟 18 | 0.075 | 0.023 | 0.025 | 0.049 | 0.039 | 0.022 | 0.039 | 0.034 | 0.034 | 0.024 | 0.012 | 0.012 | 0.006 |
| C026 | 科丰 35 | 0.106 | 0.036 | 0.037 | 0.075 | 0.062 | 0.035 | 0.062 | 0.054 | 0.054 | 0.038 | 0.019 | 0.019 | 0.009 |
| C044 | 中黄 7 号 | 0.056 | 0.016 | 0.020 | 0.034 | 0.028 | 0.016 | 0.028 | 0.024 | 0.056 | 0.017 | 0.009 | 0.009 | 0.004 |
| C030 | 诱处 4 号 | 0.031 | 0.013 | 0.013 | 0.028 | 0.022 | 0.012 | 0.022 | 0.020 | 0.020 | 0.014 | 0.007 | 0.007 | 0.003 |
| C043 | 中黄 6 号 | 0.031 | 0.013 | 0.013 | 0.028 | 0.022 | 0.012 | 0.022 | 0.020 | 0.020 | 0.014 | 0.007 | 0.007 | 0.003 |
| D028 | 科丰 53 | 0.094 | 0.040 | 0.036 | 0.079 | 0.067 | 0.037 | 0.067 | 0.059 | 0.059 | 0.041 | 0.021 | 0.021 | 0.010 |
| D044 | 中黄 15 | 0.065 | 0.013 | 0.020 | 0.030 | 0.022 | 0.013 | 0.022 | 0.020 | 0.020 | 0.014 | 0.007 | 0.007 | 0.003 |
| D054 | 中黄 25 | 0.095 | 0.033 | 0.034 | 0.066 | 0.056 | 0.032 | 0.056 | 0.049 | 0.049 | 0.034 | 0.017 | 0.017 | 0.009 |

（续）

| D127 | D128 | D129 | D132 | D114 | D140 | D141 | D139 | D043 | C106 | C108 | C111 | C106 | D565 | D467 | D468 | D469 |
|---|---|---|---|---|---|---|---|---|---|---|---|---|---|---|---|---|
| 豫豆24 | 豫豆25 | 豫豆26 | 豫豆29 | 滑豆20 | 周豆11 | 周豆12 | GS郑交9525 | 中黄14 | 豫豆3号 | 豫豆5号 | 豫豆8号 | 郑长叶7 | 跃进10号 | 徐豆10号 | 徐豆11 | 徐豆12 |
| 0.034 | 0.065 | 0.016 |  | 0.097 | 0.159 | 0.104 | 0.097 | 0.191 | 0.146 | 0.164 | 0.144 | 0.138 | 0.113 | 0.138 | 0.138 | 0.127 |
| 0.019 | 0.024 | 0.023 | 0.019 |  | 0.204 | 0.200 | 0.206 | 0.148 | 0.138 | 0.224 | 0.097 | 0.175 | 0.199 | 0.190 | 0.157 | 0.191 |
| 0.054 | 0.031 | 0.017 | 0.034 | 0.019 |  | 0.571 | 0.138 | 0.173 | 0.128 | 0.200 | 0.139 | 0.146 | 0.209 | 0.258 | 0.180 | 0.160 |
| 0.054 | 0.031 | 0.017 | 0.034 | 0.019 | 0.054 |  | 0.148 | 0.203 | 0.171 | 0.182 | 0.156 | 0.136 | 0.272 | 0.234 | 0.203 | 0.184 |
| 0.015 | 0.042 | 0.019 | 0.033 | 0.012 | 0.015 | 0.015 |  | 0.163 | 0.204 | 0.156 | 0.156 | 0.209 | 0.184 | 0.222 | 0.156 | 0.179 |
| 0.048 | 0.011 | 0.012 | 0.014 | 0.013 | 0.048 | 0.048 | 0.005 |  | 0.167 | 0.159 | 0.184 | 0.243 | 0.128 | 0.185 | 0.225 | 0.160 |
| 0.063 | 0.013 | 0.013 | 0.029 | 0.026 | 0.063 | 0.063 | 0.007 | 0.105 |  | 0.118 | 0.303 | 0.147 | 0.108 | 0.158 | 0.179 | 0.209 |
| 0.063 | 0.013 | 0.013 | 0.029 | 0.026 | 0.063 | 0.063 | 0.007 | 0.105 | 0.211 |  | 0.136 | 0.171 | 0.182 | 0.179 | 0.166 | 0.156 |
| 0.063 | 0.013 | 0.013 | 0.029 | 0.026 | 0.063 | 0.063 | 0.007 | 0.105 | 0.211 | 0.211 |  | 0.171 | 0.073 | 0.150 | 0.138 | 0.140 |
| 0.061 | 0.013 | 0.013 | 0.029 | 0.026 | 0.061 | 0.061 | 0.007 | 0.104 | 0.207 | 0.207 | 0.207 |  | 0.141 | 0.152 | 0.139 | 0.172 |
| 0.037 | 0.007 | 0.009 | 0.005 | 0.010 | 0.037 | 0.037 | 0.004 | 0.062 | 0.055 | 0.055 | 0.055 | 0.055 |  | 0.215 | 0.141 | 0.190 |
| 0.034 | 0.021 | 0.022 | 0.013 | 0.017 | 0.034 | 0.034 | 0.011 | 0.037 | 0.039 | 0.039 | 0.039 | 0.039 | 0.045 |  | 0.526 | 0.423 |
| 0.060 | 0.014 | 0.014 | 0.014 | 0.019 | 0.060 | 0.060 | 0.007 | 0.101 | 0.135 | 0.135 | 0.135 | 0.135 | 0.061 | 0.063 |  | 0.423 |
| 0.051 | 0.012 | 0.011 | 0.010 | 0.015 | 0.051 | 0.051 | 0.006 | 0.073 | 0.080 | 0.080 | 0.080 | 0.080 | 0.046 | 0.046 | 0.088 |  |
| 0.042 | 0.027 | 0.020 | 0.030 | 0.027 | 0.042 | 0.042 | 0.014 | 0.053 | 0.105 | 0.105 | 0.105 | 0.105 | 0.031 | 0.039 | 0.071 | 0.048 |
| 0.052 | 0.020 | 0.016 | 0.029 | 0.027 | 0.052 | 0.052 | 0.010 | 0.079 | 0.158 | 0.158 | 0.158 | 0.158 | 0.043 | 0.039 | 0.103 | 0.064 |
| 0.057 | 0.016 | 0.013 | 0.018 | 0.019 | 0.057 | 0.057 | 0.008 | 0.034 | 0.068 | 0.068 | 0.068 | 0.068 | 0.031 | 0.041 | 0.055 | 0.060 |
| 0.056 | 0.028 | 0.029 | 0.019 | 0.025 | 0.056 | 0.056 | 0.014 | 0.047 | 0.094 | 0.094 | 0.094 | 0.094 | 0.074 | 0.117 | 0.092 | 0.059 |
| 0.071 | 0.014 | 0.014 | 0.014 | 0.027 | 0.071 | 0.071 | 0.007 | 0.063 | 0.125 | 0.125 | 0.125 | 0.125 | 0.086 | 0.109 | 0.137 | 0.110 |
| 0.050 | 0.013 | 0.013 | 0.013 | 0.025 | 0.050 | 0.050 | 0.006 | 0.031 | 0.063 | 0.063 | 0.063 | 0.063 | 0.066 | 0.102 | 0.080 | 0.087 |
| 0.071 | 0.014 | 0.014 | 0.014 | 0.027 | 0.071 | 0.071 | 0.007 | 0.063 | 0.125 | 0.125 | 0.125 | 0.125 | 0.086 | 0.109 | 0.137 | 0.110 |
| 0.049 | 0.009 | 0.009 | 0.009 | 0.018 | 0.049 | 0.049 | 0.004 | 0.047 | 0.094 | 0.094 | 0.094 | 0.094 | 0.074 | 0.055 | 0.076 | 0.057 |
| 0.056 | 0.069 | 0.006 | 0.131 | 0.013 | 0.056 | 0.056 | 0.034 | 0.016 | 0.031 | 0.031 | 0.031 | 0.031 | 0.033 | 0.051 | 0.040 | 0.044 |
| 0.071 | 0.014 | 0.014 | 0.014 | 0.027 | 0.071 | 0.071 | 0.007 | 0.063 | 0.125 | 0.125 | 0.125 | 0.125 | 0.086 | 0.109 | 0.137 | 0.110 |
| 0.071 | 0.014 | 0.014 | 0.014 | 0.027 | 0.071 | 0.071 | 0.007 | 0.063 | 0.125 | 0.125 | 0.125 | 0.125 | 0.086 | 0.109 | 0.137 | 0.110 |
| 0.040 | 0.007 | 0.007 | 0.007 | 0.014 | 0.040 | 0.040 | 0.003 | 0.031 | 0.063 | 0.063 | 0.063 | 0.063 | 0.047 | 0.055 | 0.068 | 0.059 |
| 0.017 | 0.002 | 0.003 | 0.002 | 0.005 | 0.017 | 0.017 | 0.001 | 0.016 | 0.031 | 0.031 | 0.031 | 0.031 | 0.020 | 0.020 | 0.032 | 0.024 |
| 0.037 | 0.010 | 0.012 | 0.005 | 0.010 | 0.037 | 0.037 | 0.005 | 0.051 | 0.063 | 0.063 | 0.063 | 0.063 | 0.047 | 0.044 | 0.076 | 0.056 |
| 0.037 | 0.010 | 0.012 | 0.005 | 0.010 | 0.037 | 0.037 | 0.005 | 0.051 | 0.063 | 0.063 | 0.063 | 0.063 | 0.047 | 0.044 | 0.076 | 0.056 |
| 0.026 | 0.006 | 0.006 | 0.003 | 0.007 | 0.026 | 0.026 | 0.003 | 0.050 | 0.031 | 0.031 | 0.031 | 0.031 | 0.041 | 0.037 | 0.051 | 0.044 |
| 0.037 | 0.007 | 0.007 | 0.006 | 0.012 | 0.037 | 0.037 | 0.004 | 0.046 | 0.055 | 0.055 | 0.055 | 0.055 | 0.047 | 0.052 | 0.070 | 0.059 |
| 0.055 | 0.010 | 0.011 | 0.009 | 0.019 | 0.055 | 0.055 | 0.005 | 0.061 | 0.086 | 0.086 | 0.086 | 0.086 | 0.069 | 0.079 | 0.104 | 0.087 |
| 0.029 | 0.005 | 0.037 | 0.004 | 0.009 | 0.029 | 0.029 | 0.003 | 0.037 | 0.039 | 0.039 | 0.039 | 0.039 | 0.038 | 0.039 | 0.051 | 0.043 |
| 0.020 | 0.003 | 0.004 | 0.003 | 0.007 | 0.020 | 0.020 | 0.002 | 0.016 | 0.031 | 0.031 | 0.031 | 0.031 | 0.023 | 0.027 | 0.034 | 0.030 |
| 0.020 | 0.003 | 0.004 | 0.003 | 0.007 | 0.020 | 0.020 | 0.002 | 0.016 | 0.031 | 0.031 | 0.031 | 0.031 | 0.023 | 0.027 | 0.034 | 0.030 |
| 0.055 | 0.010 | 0.010 | 0.010 | 0.021 | 0.055 | 0.055 | 0.005 | 0.047 | 0.094 | 0.094 | 0.094 | 0.094 | 0.066 | 0.082 | 0.103 | 0.085 |
| 0.026 | 0.005 | 0.006 | 0.003 | 0.007 | 0.026 | 0.026 | 0.003 | 0.049 | 0.031 | 0.031 | 0.031 | 0.031 | 0.038 | 0.036 | 0.051 | 0.045 |
| 0.049 | 0.010 | 0.010 | 0.009 | 0.017 | 0.049 | 0.049 | 0.005 | 0.056 | 0.078 | 0.078 | 0.078 | 0.078 | 0.063 | 0.073 | 0.094 | 0.077 |

| 品种代号及名称 | | C441<br>泗豆 11 | D135<br>郑 90007 | D118<br>商丘 1099 | D138<br>郑交 107 | C116<br>豫豆 16 | D136<br>郑 92116 | D117<br>濮海 10 号 | C118<br>豫豆 19 | C110<br>豫豆 7 号 | C112<br>豫豆 10 号 | C122<br>郑 86506 | D124<br>豫豆 21 | D126<br>豫豆 23 |
|---|---|---|---|---|---|---|---|---|---|---|---|---|---|---|
| D122 | 豫豆 17 | 0.053 | 0.018 | 0.019 | 0.037 | 0.031 | 0.017 | 0.031 | 0.027 | 0.027 | 0.019 | 0.009 | 0.009 | 0.005 |
| C538 | 菏 84 - 1 | 0.129 | 0.026 | 0.043 | 0.059 | 0.045 | 0.027 | 0.045 | 0.039 | 0.039 | 0.027 | 0.014 | 0.014 | 0.007 |
| C539 | 菏 84 - 5 | 0.102 | 0.026 | 0.034 | 0.056 | 0.045 | 0.030 | 0.045 | 0.039 | 0.039 | 0.027 | 0.014 | 0.014 | 0.007 |
| D090 | 沧豆 4 号 | 0.042 | 0.013 | 0.015 | 0.028 | 0.022 | 0.014 | 0.022 | 0.020 | 0.020 | 0.014 | 0.007 | 0.007 | 0.003 |
| C016 | 皖豆 9 号 | 0.063 | 0.026 | 0.023 | 0.051 | 0.045 | 0.025 | 0.045 | 0.039 | 0.039 | 0.027 | 0.014 | 0.014 | 0.007 |
| D137 | 郑长交 14 | 0.000 | 0.093 | 0.039 | 0.049 | 0.021 | 0.158 | 0.021 | 0.219 | 0.086 | 0.043 | 0.209 | 0.021 | 0.089 |
| D466 | 徐豆 9 号 | 0.000 | 0.015 | 0.006 | 0.011 | 0.012 | 0.014 | 0.012 | 0.012 | 0.000 | 0.023 | 0.025 | 0.027 | 0.021 |
| C027 | 科新 3 号 | 0.000 | 0.061 | 0.043 | 0.045 | 0.055 | 0.091 | 0.055 | 0.086 | 0.125 | 0.109 | 0.145 | 0.086 | 0.090 |
| C105 | 豫豆 2 号 | 0.000 | 0.061 | 0.043 | 0.045 | 0.055 | 0.091 | 0.055 | 0.086 | 0.125 | 0.109 | 0.145 | 0.086 | 0.090 |
| C114 | 豫豆 12 | 0.008 | 0.046 | 0.013 | 0.012 | 0.014 | 0.047 | 0.014 | 0.025 | 0.031 | 0.027 | 0.036 | 0.021 | 0.022 |
| C120 | 郑 133 | 0.000 | 0.043 | 0.024 | 0.029 | 0.050 | 0.056 | 0.050 | 0.052 | 0.082 | 0.073 | 0.088 | 0.060 | 0.057 |
| C045 | 中黄 8 号 | 0.000 | 0.009 | 0.000 | 0.001 | 0.029 | 0.006 | 0.029 | 0.006 | 0.047 | 0.012 | 0.006 | 0.006 | 0.003 |
| C094 | 河南早丰 1 号 | 0.000 | 0.015 | 0.000 | 0.002 | 0.049 | 0.010 | 0.049 | 0.010 | 0.078 | 0.020 | 0.010 | 0.010 | 0.005 |
| C123 | 郑州 126 | 0.000 | 0.032 | 0.000 | 0.005 | 0.107 | 0.021 | 0.107 | 0.021 | 0.047 | 0.043 | 0.021 | 0.021 | 0.011 |
| C124 | 郑州 135 | 0.000 | 0.032 | 0.000 | 0.005 | 0.107 | 0.021 | 0.107 | 0.021 | 0.047 | 0.043 | 0.021 | 0.021 | 0.011 |
| C104 | 豫豆 1 号 | 0.000 | 0.018 | 0.000 | 0.003 | 0.059 | 0.012 | 0.059 | 0.012 | 0.094 | 0.023 | 0.012 | 0.012 | 0.006 |
| C540 | 莒选 23 | 0.000 | 0.018 | 0.000 | 0.003 | 0.059 | 0.012 | 0.059 | 0.012 | 0.094 | 0.023 | 0.012 | 0.012 | 0.006 |
| C575 | 兖黄 1 号 | 0.000 | 0.018 | 0.000 | 0.003 | 0.059 | 0.012 | 0.059 | 0.012 | 0.094 | 0.023 | 0.012 | 0.012 | 0.006 |
| D557 | 齐黄 28 | 0.000 | 0.004 | 0.000 | 0.001 | 0.015 | 0.003 | 0.015 | 0.003 | 0.031 | 0.006 | 0.003 | 0.003 | 0.001 |
| D558 | 齐黄 29 | 0.000 | 0.004 | 0.000 | 0.001 | 0.015 | 0.003 | 0.015 | 0.003 | 0.031 | 0.006 | 0.003 | 0.003 | 0.001 |
| C567 | 为民 1 号 | 0.000 | 0.031 | 0.008 | 0.049 | 0.055 | 0.031 | 0.055 | 0.023 | 0.063 | 0.047 | 0.055 | 0.117 | 0.098 |
| C125 | 周 7327 - 118 | 0.000 | 0.009 | 0.000 | 0.001 | 0.029 | 0.006 | 0.029 | 0.006 | 0.047 | 0.012 | 0.006 | 0.006 | 0.003 |
| C572 | 文丰 7 号 | 0.000 | 0.031 | 0.008 | 0.049 | 0.055 | 0.031 | 0.055 | 0.023 | 0.063 | 0.047 | 0.055 | 0.117 | 0.098 |
| C542 | 鲁豆 1 号 | 0.000 | 0.016 | 0.004 | 0.024 | 0.027 | 0.016 | 0.027 | 0.012 | 0.031 | 0.023 | 0.027 | 0.059 | 0.049 |
| C563 | 齐黄 22 | 0.000 | 0.018 | 0.006 | 0.036 | 0.021 | 0.020 | 0.021 | 0.014 | 0.016 | 0.027 | 0.037 | 0.084 | 0.071 |
| D465 | 徐豆 8 号 | 0.050 | 0.027 | 0.052 | 0.027 | 0.013 | 0.010 | 0.013 | 0.004 | 0.035 | 0.025 | 0.024 | 0.036 | 0.028 |
| C010 | 皖豆 1 号 | 0.000 | 0.029 | 0.047 | 0.012 | 0.012 | 0.003 | 0.012 | 0.000 | 0.047 | 0.023 | 0.012 | 0.012 | 0.006 |
| C455 | 徐豆 1 号 | 0.000 | 0.059 | 0.094 | 0.023 | 0.023 | 0.006 | 0.023 | 0.000 | 0.094 | 0.047 | 0.023 | 0.023 | 0.012 |
| C458 | 徐豆 7 号 | 0.066 | 0.029 | 0.066 | 0.020 | 0.012 | 0.005 | 0.012 | 0.000 | 0.047 | 0.023 | 0.012 | 0.012 | 0.006 |
| C431 | 南农 493 - 1 | 0.000 | 0.047 | 0.000 | 0.000 | 0.000 | 0.000 | 0.000 | 0.000 | 0.000 | 0.000 | 0.000 | 0.000 | 0.000 |
| C444 | 苏豆 1 号 | 0.125 | 0.055 | 0.000 | 0.090 | 0.078 | 0.047 | 0.078 | 0.078 | 0.031 | 0.031 | 0.016 | 0.016 | 0.008 |
| C450 | 苏协 4 - 1 | 0.125 | 0.055 | 0.000 | 0.090 | 0.078 | 0.047 | 0.078 | 0.078 | 0.031 | 0.031 | 0.016 | 0.016 | 0.008 |
| C443 | 苏 7209 | 0.094 | 0.041 | 0.000 | 0.067 | 0.059 | 0.035 | 0.059 | 0.059 | 0.023 | 0.023 | 0.012 | 0.012 | 0.006 |
| C445 | 苏豆 3 号 | 0.063 | 0.027 | 0.000 | 0.045 | 0.039 | 0.023 | 0.039 | 0.039 | 0.016 | 0.016 | 0.008 | 0.008 | 0.004 |
| D463 | 通豆 3 号 | 0.125 | 0.055 | 0.000 | 0.090 | 0.078 | 0.047 | 0.078 | 0.078 | 0.031 | 0.031 | 0.016 | 0.016 | 0.008 |
| C448 | 苏协 18 - 6 | 0.000 | 0.063 | 0.000 | 0.000 | 0.000 | 0.000 | 0.000 | 0.000 | 0.000 | 0.000 | 0.000 | 0.000 | 0.000 |
| C449 | 苏协 19 - 15 | 0.000 | 0.063 | 0.000 | 0.000 | 0.000 | 0.000 | 0.000 | 0.000 | 0.000 | 0.000 | 0.000 | 0.000 | 0.000 |
| C451 | 苏协 1 号 | 0.000 | 0.063 | 0.000 | 0.000 | 0.000 | 0.000 | 0.000 | 0.000 | 0.000 | 0.000 | 0.000 | 0.000 | 0.000 |

（续）

| D127 | D128 | D129 | D132 | D114 | D140 | D141 | D139 | D043 | C106 | C108 | C111 | C106 | D565 | D467 | D468 | D469 |
|---|---|---|---|---|---|---|---|---|---|---|---|---|---|---|---|---|
| 豫豆24 | 豫豆25 | 豫豆26 | 豫豆29 | 滑豆20 | 周豆11 | 周豆12 | GS郑交9525 | 中黄14 | 豫豆3号 | 豫豆5号 | 豫豆8号 | 郑长叶7 | 跃进10号 | 徐豆10号 | 徐豆11 | 徐豆12 |
| 0.027 | 0.005 | 0.005 | 0.005 | 0.009 | 0.027 | 0.027 | 0.003 | 0.031 | 0.043 | 0.043 | 0.043 | 0.043 | 0.034 | 0.040 | 0.052 | 0.043 |
| 0.052 | 0.012 | 0.013 | 0.007 | 0.014 | 0.052 | 0.052 | 0.006 | 0.100 | 0.063 | 0.063 | 0.063 | 0.063 | 0.082 | 0.074 | 0.102 | 0.088 |
| 0.045 | 0.017 | 0.020 | 0.007 | 0.014 | 0.045 | 0.045 | 0.009 | 0.072 | 0.063 | 0.063 | 0.063 | 0.063 | 0.064 | 0.065 | 0.088 | 0.075 |
| 0.021 | 0.006 | 0.007 | 0.003 | 0.007 | 0.021 | 0.021 | 0.003 | 0.026 | 0.031 | 0.031 | 0.031 | 0.031 | 0.027 | 0.030 | 0.040 | 0.033 |
| 0.036 | 0.007 | 0.007 | 0.007 | 0.014 | 0.036 | 0.036 | 0.003 | 0.031 | 0.063 | 0.063 | 0.063 | 0.063 | 0.043 | 0.055 | 0.068 | 0.055 |
| 0.054 | 0.104 | 0.015 | 0.159 | 0.021 | 0.054 | 0.054 | 0.052 | 0.000 | 0.000 | 0.000 | 0.000 | 0.000 | 0.012 | 0.023 | 0.006 | 0.016 |
| 0.023 | 0.020 | 0.012 | 0.015 | 0.012 | 0.023 | 0.023 | 0.010 | 0.000 | 0.000 | 0.000 | 0.000 | 0.000 | 0.000 | 0.012 | 0.002 | 0.003 |
| 0.047 | 0.117 | 0.048 | 0.092 | 0.055 | 0.047 | 0.047 | 0.059 | 0.000 | 0.000 | 0.000 | 0.000 | 0.000 | 0.000 | 0.023 | 0.004 | 0.006 |
| 0.047 | 0.117 | 0.048 | 0.092 | 0.055 | 0.047 | 0.047 | 0.059 | 0.000 | 0.000 | 0.000 | 0.000 | 0.000 | 0.000 | 0.023 | 0.004 | 0.006 |
| 0.014 | 0.078 | 0.039 | 0.023 | 0.014 | 0.014 | 0.014 | 0.039 | 0.009 | 0.000 | 0.000 | 0.000 | 0.000 | 0.005 | 0.008 | 0.005 | 0.006 |
| 0.034 | 0.070 | 0.040 | 0.059 | 0.037 | 0.034 | 0.034 | 0.035 | 0.014 | 0.027 | 0.027 | 0.027 | 0.027 | 0.012 | 0.021 | 0.012 | 0.006 |
| 0.021 | 0.003 | 0.003 | 0.003 | 0.006 | 0.021 | 0.021 | 0.001 | 0.023 | 0.047 | 0.047 | 0.047 | 0.047 | 0.016 | 0.020 | 0.003 |  |
| 0.034 | 0.005 | 0.005 | 0.005 | 0.010 | 0.034 | 0.034 | 0.002 | 0.039 | 0.078 | 0.078 | 0.078 | 0.078 | 0.031 | 0.035 | 0.005 |  |
| 0.028 | 0.011 | 0.011 | 0.042 | 0.021 | 0.028 | 0.028 | 0.005 | 0.086 | 0.172 | 0.172 | 0.172 | 0.172 | 0.047 | 0.016 | 0.051 | 0.011 |
| 0.028 | 0.011 | 0.011 | 0.042 | 0.021 | 0.028 | 0.028 | 0.005 | 0.086 | 0.172 | 0.172 | 0.172 | 0.172 | 0.047 | 0.016 | 0.051 | 0.011 |
| 0.041 | 0.006 | 0.006 | 0.006 | 0.012 | 0.041 | 0.041 | 0.003 | 0.047 | 0.094 | 0.094 | 0.094 | 0.094 | 0.031 | 0.039 | 0.006 |  |
| 0.041 | 0.006 | 0.006 | 0.006 | 0.012 | 0.041 | 0.041 | 0.003 | 0.047 | 0.094 | 0.094 | 0.094 | 0.094 | 0.047 | 0.047 | 0.006 |  |
| 0.041 | 0.006 | 0.006 | 0.006 | 0.012 | 0.041 | 0.041 | 0.003 | 0.047 | 0.094 | 0.094 | 0.094 | 0.094 | 0.031 | 0.039 | 0.006 |  |
| 0.011 | 0.001 | 0.009 | 0.001 | 0.003 | 0.011 | 0.011 | 0.001 | 0.012 | 0.023 | 0.023 | 0.023 | 0.023 | 0.016 | 0.014 | 0.002 |  |
| 0.011 | 0.001 | 0.009 | 0.001 | 0.003 | 0.011 | 0.011 | 0.001 | 0.012 | 0.023 | 0.023 | 0.023 | 0.023 | 0.016 | 0.014 | 0.002 |  |
| 0.041 | 0.043 | 0.045 | 0.023 | 0.023 | 0.041 | 0.041 | 0.021 | 0.031 | 0.063 | 0.063 | 0.063 | 0.063 | 0.063 | 0.125 | 0.047 | 0.008 |
| 0.036 | 0.003 | 0.003 | 0.003 | 0.006 | 0.036 | 0.036 | 0.001 | 0.023 | 0.047 | 0.047 | 0.047 | 0.047 | 0.016 | 0.020 | 0.003 |  |
| 0.041 | 0.043 | 0.045 | 0.023 | 0.023 | 0.041 | 0.041 | 0.021 | 0.031 | 0.063 | 0.063 | 0.063 | 0.063 | 0.063 | 0.125 | 0.047 | 0.008 |
| 0.021 | 0.021 | 0.022 | 0.012 | 0.012 | 0.021 | 0.021 | 0.011 | 0.016 | 0.031 | 0.031 | 0.031 | 0.031 | 0.031 | 0.125 | 0.055 | 0.004 |
| 0.017 | 0.030 | 0.032 | 0.016 | 0.014 | 0.017 | 0.017 | 0.015 | 0.008 | 0.016 | 0.016 | 0.016 | 0.016 | 0.016 | 0.078 | 0.020 | 0.004 |
| 0.027 | 0.018 | 0.019 | 0.009 | 0.013 | 0.027 | 0.027 | 0.009 | 0.051 | 0.000 | 0.000 | 0.000 | 0.000 | 0.047 | 0.089 | 0.038 | 0.050 |
| 0.015 | 0.006 | 0.006 | 0.006 | 0.012 | 0.015 | 0.015 | 0.003 | 0.000 | 0.000 | 0.000 | 0.000 | 0.000 | 0.023 | 0.047 | 0.012 | 0.032 |
| 0.029 | 0.012 | 0.012 | 0.012 | 0.023 | 0.029 | 0.029 | 0.006 | 0.000 | 0.000 | 0.000 | 0.000 | 0.000 | 0.047 | 0.094 | 0.023 | 0.064 |
| 0.031 | 0.011 | 0.012 | 0.006 | 0.012 | 0.031 | 0.031 | 0.005 | 0.068 | 0.000 | 0.000 | 0.000 | 0.000 | 0.063 | 0.066 | 0.045 | 0.065 |
| 0.000 | 0.000 | 0.000 | 0.000 | 0.000 | 0.000 | 0.000 | 0.000 | 0.000 | 0.000 | 0.000 | 0.000 | 0.000 | 0.000 | 0.000 | 0.000 | 0.000 |
| 0.057 | 0.008 | 0.008 | 0.008 | 0.016 | 0.057 | 0.057 | 0.004 | 0.063 | 0.125 | 0.125 | 0.125 | 0.125 | 0.063 | 0.063 | 0.125 | 0.078 |
| 0.057 | 0.008 | 0.008 | 0.008 | 0.016 | 0.057 | 0.057 | 0.004 | 0.063 | 0.125 | 0.125 | 0.125 | 0.125 | 0.063 | 0.063 | 0.125 | 0.078 |
| 0.042 | 0.006 | 0.006 | 0.006 | 0.012 | 0.042 | 0.042 | 0.003 | 0.047 | 0.094 | 0.094 | 0.094 | 0.094 | 0.047 | 0.047 | 0.094 | 0.059 |
| 0.028 | 0.004 | 0.004 | 0.004 | 0.008 | 0.028 | 0.028 | 0.002 | 0.031 | 0.063 | 0.063 | 0.063 | 0.063 | 0.031 | 0.031 | 0.063 | 0.039 |
| 0.057 | 0.008 | 0.008 | 0.008 | 0.016 | 0.057 | 0.057 | 0.004 | 0.063 | 0.125 | 0.125 | 0.125 | 0.125 | 0.063 | 0.063 | 0.125 | 0.078 |
| 0.000 | 0.000 | 0.000 | 0.000 | 0.000 | 0.000 | 0.000 | 0.000 | 0.000 | 0.000 | 0.000 | 0.000 | 0.000 | 0.000 | 0.000 | 0.000 | 0.000 |
| 0.000 | 0.000 | 0.000 | 0.000 | 0.000 | 0.000 | 0.000 | 0.000 | 0.000 | 0.000 | 0.000 | 0.000 | 0.000 | 0.000 | 0.000 | 0.000 | 0.000 |
| 0.000 | 0.000 | 0.000 | 0.000 | 0.000 | 0.000 | 0.000 | 0.000 | 0.000 | 0.000 | 0.000 | 0.000 | 0.000 | 0.000 | 0.000 | 0.000 | 0.000 |

| 品种代号及名称 | | C441 泗豆11 | D135 郑90007 | D118 商丘1099 | D138 郑交107 | C116 豫豆16 | D136 郑92116 | D117 濮海10号 | C118 豫豆19 | C110 豫豆7号 | C112 豫豆10号 | C122 郑86506 | D124 豫豆21 | D126 豫豆23 |
|---|---|---|---|---|---|---|---|---|---|---|---|---|---|---|
| C432 | 南农73-935 | 0.000 | 0.063 | 0.000 | 0.000 | 0.000 | 0.000 | 0.000 | 0.000 | 0.000 | 0.000 | 0.000 | 0.000 | 0.000 |
| C435 | 南农88-48 | 0.033 | 0.031 | 0.010 | 0.004 | 0.000 | 0.005 | 0.000 | 0.000 | 0.000 | 0.000 | 0.000 | 0.000 | 0.000 |
| D453 | 南农88-31 | 0.000 | 0.056 | 0.027 | 0.029 | 0.014 | 0.013 | 0.014 | 0.008 | 0.023 | 0.027 | 0.029 | 0.061 | 0.050 |
| D455 | 南农99-10 | 0.000 | 0.063 | 0.000 | 0.000 | 0.000 | 0.000 | 0.000 | 0.000 | 0.000 | 0.000 | 0.000 | 0.000 | 0.000 |
| C296 | 中豆20 | 0.063 | 0.051 | 0.012 | 0.028 | 0.069 | 0.022 | 0.069 | 0.029 | 0.039 | 0.032 | 0.016 | 0.016 | 0.008 |
| C293 | 中豆8号 | 0.033 | 0.016 | 0.010 | 0.004 | 0.000 | 0.009 | 0.000 | 0.000 | 0.000 | 0.000 | 0.000 | 0.000 | 0.000 |
| C428 | 南农1138-2 | 0.000 | 0.047 | 0.000 | 0.000 | 0.000 | 0.000 | 0.000 | 0.000 | 0.000 | 0.000 | 0.000 | 0.000 | 0.000 |
| C438 | 宁镇1号 | 0.037 | 0.031 | 0.010 | 0.006 | 0.000 | 0.001 | 0.000 | 0.000 | 0.000 | 0.000 | 0.000 | 0.000 | 0.000 |
| C436 | 南农菜豆1号 | 0.000 | 0.031 | 0.000 | 0.000 | 0.000 | 0.000 | 0.000 | 0.000 | 0.000 | 0.000 | 0.000 | 0.000 | 0.000 |
| C439 | 宁镇2号 | 0.024 | 0.016 | 0.005 | 0.006 | 0.000 | 0.003 | 0.000 | 0.000 | 0.000 | 0.000 | 0.000 | 0.000 | 0.000 |
| C440 | 宁镇3号 | 0.037 | 0.031 | 0.010 | 0.006 | 0.000 | 0.001 | 0.000 | 0.000 | 0.000 | 0.000 | 0.000 | 0.000 | 0.000 |
| C433 | 南农86-4 | 0.308 | 0.173 | 0.160 | 0.135 | 0.159 | 0.178 | 0.136 | 0.185 | 0.122 | 0.127 | 0.103 | 0.140 | 0.097 |
| C424 | 淮豆2号 | 0.125 | 0.023 | 0.000 | 0.109 | 0.094 | 0.051 | 0.094 | 0.078 | 0.031 | 0.063 | 0.016 | 0.094 | 0.047 |
| D003 | 合豆2号 | 0.047 | 0.048 | 0.048 | 0.052 | 0.064 | 0.035 | 0.064 | 0.040 | 0.071 | 0.070 | 0.042 | 0.058 | 0.035 |
| C011 | 皖豆3号 | 0.125 | 0.053 | 0.047 | 0.102 | 0.090 | 0.050 | 0.090 | 0.078 | 0.078 | 0.055 | 0.027 | 0.027 | 0.014 |
| D004 | 合豆3号 | 0.113 | 0.025 | 0.017 | 0.051 | 0.062 | 0.031 | 0.062 | 0.043 | 0.035 | 0.029 | 0.015 | 0.015 | 0.007 |
| D309 | 鄂豆7号 | 0.016 | 0.007 | 0.006 | 0.014 | 0.011 | 0.006 | 0.011 | 0.010 | 0.010 | 0.007 | 0.003 | 0.003 | 0.002 |
| D313 | 中豆29 | 0.027 | 0.000 | 0.008 | 0.005 | 0.000 | 0.001 | 0.000 | 0.000 | 0.000 | 0.000 | 0.000 | 0.000 | 0.000 |
| D314 | 中豆30 | 0.000 | 0.000 | 0.000 | 0.000 | 0.000 | 0.000 | 0.000 | 0.000 | 0.000 | 0.000 | 0.000 | 0.000 | 0.000 |
| D316 | 中豆32 | 0.000 | 0.000 | 0.000 | 0.003 | 0.000 | 0.000 | 0.000 | 0.000 | 0.000 | 0.000 | 0.000 | 0.000 | 0.000 |
| C434 | 南农87C-38 | 0.000 | 0.024 | 0.027 | 0.029 | 0.014 | 0.013 | 0.014 | 0.008 | 0.023 | 0.027 | 0.029 | 0.061 | 0.050 |
| C288 | 矮脚早 | 0.000 | 0.000 | 0.000 | 0.000 | 0.000 | 0.000 | 0.000 | 0.000 | 0.000 | 0.000 | 0.000 | 0.000 | 0.000 |
| C297 | 中豆24 | 0.000 | 0.000 | 0.000 | 0.000 | 0.000 | 0.000 | 0.000 | 0.000 | 0.000 | 0.000 | 0.000 | 0.000 | 0.000 |
| C291 | 鄂豆5号 | 0.000 | 0.000 | 0.000 | 0.000 | 0.000 | 0.000 | 0.000 | 0.000 | 0.000 | 0.000 | 0.000 | 0.000 | 0.000 |
| C292 | 早春1号 | 0.000 | 0.000 | 0.000 | 0.000 | 0.000 | 0.000 | 0.000 | 0.000 | 0.000 | 0.000 | 0.000 | 0.000 | 0.000 |
| D461 | 苏豆4号 | 0.000 | 0.000 | 0.000 | 0.000 | 0.000 | 0.000 | 0.000 | 0.000 | 0.000 | 0.000 | 0.000 | 0.000 | 0.000 |
| D081 | 桂早1号 | 0.000 | 0.000 | 0.000 | 0.000 | 0.000 | 0.000 | 0.000 | 0.000 | 0.000 | 0.000 | 0.000 | 0.000 | 0.000 |
| D596 | 川豆4号 | 0.000 | 0.000 | 0.000 | 0.000 | 0.000 | 0.000 | 0.000 | 0.000 | 0.000 | 0.000 | 0.000 | 0.000 | 0.000 |
| D593 | 成豆9号 | 0.000 | 0.000 | 0.000 | 0.000 | 0.000 | 0.000 | 0.000 | 0.000 | 0.000 | 0.000 | 0.000 | 0.000 | 0.000 |
| D598 | 川豆6号 | 0.009 | 0.008 | 0.002 | 0.002 | 0.000 | 0.000 | 0.000 | 0.000 | 0.000 | 0.000 | 0.000 | 0.000 | 0.000 |
| C621 | 川豆2号 | 0.033 | 0.016 | 0.010 | 0.004 | 0.000 | 0.001 | 0.000 | 0.000 | 0.000 | 0.000 | 0.000 | 0.000 | 0.000 |
| C650 | 浙春3号 | 0.019 | 0.020 | 0.005 | 0.004 | 0.015 | 0.004 | 0.015 | 0.003 | 0.023 | 0.006 | 0.003 | 0.003 | 0.001 |
| D619 | 南豆5号 | 0.031 | 0.013 | 0.012 | 0.025 | 0.022 | 0.012 | 0.022 | 0.020 | 0.020 | 0.014 | 0.007 | 0.007 | 0.003 |
| C629 | 贡豆6号 | 0.063 | 0.026 | 0.023 | 0.051 | 0.045 | 0.025 | 0.045 | 0.039 | 0.039 | 0.027 | 0.014 | 0.014 | 0.007 |
| D609 | 贡豆11 | 0.037 | 0.015 | 0.013 | 0.027 | 0.030 | 0.014 | 0.030 | 0.021 | 0.031 | 0.017 | 0.008 | 0.008 | 0.004 |
| C628 | 贡豆4号 | 0.042 | 0.017 | 0.015 | 0.035 | 0.029 | 0.017 | 0.029 | 0.022 | 0.027 | 0.020 | 0.014 | 0.021 | 0.016 |
| D605 | 贡豆5号 | 0.021 | 0.009 | 0.007 | 0.016 | 0.019 | 0.008 | 0.019 | 0.011 | 0.021 | 0.010 | 0.005 | 0.005 | 0.002 |
| D610 | 贡豆12 | 0.021 | 0.009 | 0.007 | 0.017 | 0.015 | 0.008 | 0.015 | 0.011 | 0.014 | 0.010 | 0.007 | 0.011 | 0.008 |

（续）

| D127 | D128 | D129 | D132 | D114 | D140 | D141 | D139 | D043 | C106 | C108 | C111 | C106 | D565 | D467 | D468 | D469 |
|---|---|---|---|---|---|---|---|---|---|---|---|---|---|---|---|---|
| 豫豆24 | 豫豆25 | 豫豆26 | 豫豆29 | 滑豆20 | 周豆11 | 周豆12GS | 郑交9525 | 中黄14 | 豫豆3号 | 豫豆5号 | 豫豆8号 | 郑长叶7 | 跃进10号 | 徐豆10号 | 徐豆11 | 徐豆12 |
| 0.000 | 0.000 | 0.000 | 0.000 | 0.000 | 0.000 | 0.000 | 0.000 | 0.000 | 0.000 | 0.000 | 0.000 | 0.000 | 0.000 | 0.000 | 0.000 | 0.000 |
| 0.008 | 0.010 | 0.013 | 0.000 | 0.000 | 0.008 | 0.008 | 0.005 | 0.034 | 0.000 | 0.000 | 0.000 | 0.000 | 0.020 | 0.010 | 0.017 | 0.017 |
| 0.014 | 0.022 | 0.023 | 0.013 | 0.014 | 0.014 | 0.014 | 0.011 | 0.000 | 0.000 | 0.000 | 0.000 | 0.000 | 0.012 | 0.070 | 0.014 | 0.018 |
| 0.000 | 0.000 | 0.000 | 0.000 | 0.000 | 0.000 | 0.000 | 0.000 | 0.000 | 0.000 | 0.000 | 0.000 | 0.000 | 0.000 | 0.000 | 0.000 | 0.000 |
| 0.039 | 0.008 | 0.008 | 0.016 | 0.016 | 0.039 | 0.039 | 0.004 | 0.053 | 0.105 | 0.105 | 0.105 | 0.105 | 0.033 | 0.031 | 0.070 | 0.048 |
| 0.008 | 0.023 | 0.029 | 0.000 | 0.000 | 0.008 | 0.008 | 0.011 | 0.034 | 0.000 | 0.000 | 0.000 | 0.000 | 0.020 | 0.010 | 0.017 | 0.017 |
| 0.000 | 0.000 | 0.000 | 0.000 | 0.000 | 0.000 | 0.000 | 0.000 | 0.000 | 0.000 | 0.000 | 0.000 | 0.000 | 0.000 | 0.000 | 0.000 | 0.000 |
| 0.009 | 0.002 | 0.003 | 0.000 | 0.000 | 0.009 | 0.009 | 0.001 | 0.042 | 0.000 | 0.000 | 0.000 | 0.000 | 0.020 | 0.010 | 0.019 | 0.019 |
| 0.000 | 0.000 | 0.000 | 0.000 | 0.000 | 0.000 | 0.000 | 0.000 | 0.000 | 0.000 | 0.000 | 0.000 | 0.000 | 0.000 | 0.000 | 0.000 | 0.000 |
| 0.006 | 0.005 | 0.006 | 0.000 | 0.000 | 0.006 | 0.006 | 0.003 | 0.021 | 0.000 | 0.000 | 0.000 | 0.000 | 0.010 | 0.005 | 0.012 | 0.012 |
| 0.009 | 0.002 | 0.003 | 0.000 | 0.000 | 0.009 | 0.009 | 0.001 | 0.042 | 0.000 | 0.000 | 0.000 | 0.000 | 0.020 | 0.010 | 0.019 | 0.019 |
| 0.127 | 0.114 | 0.154 | 0.109 | 0.000 | 0.142 | 0.178 | 0.000 | 0.147 | 0.174 | 0.163 | 0.160 | 0.115 | 0.116 | 0.141 | 0.192 | 0.136 |
| 0.061 | 0.016 | 0.047 | 0.008 | 0.031 | 0.061 | 0.061 | 0.008 | 0.063 | 0.125 | 0.125 | 0.125 | 0.125 | 0.063 | 0.063 | 0.125 | 0.078 |
| 0.045 | 0.030 | 0.029 | 0.026 | 0.035 | 0.045 | 0.045 | 0.015 | 0.029 | 0.058 | 0.058 | 0.058 | 0.058 | 0.043 | 0.067 | 0.059 | 0.059 |
| 0.071 | 0.014 | 0.014 | 0.014 | 0.027 | 0.071 | 0.071 | 0.007 | 0.063 | 0.125 | 0.125 | 0.125 | 0.125 | 0.086 | 0.109 | 0.137 | 0.110 |
| 0.047 | 0.013 | 0.014 | 0.007 | 0.015 | 0.047 | 0.047 | 0.006 | 0.067 | 0.094 | 0.094 | 0.094 | 0.094 | 0.048 | 0.048 | 0.099 | 0.074 |
| 0.010 | 0.002 | 0.002 | 0.002 | 0.003 | 0.010 | 0.010 | 0.001 | 0.008 | 0.016 | 0.016 | 0.016 | 0.016 | 0.012 | 0.014 | 0.017 | 0.015 |
| 0.007 | 0.002 | 0.002 | 0.000 | 0.000 | 0.007 | 0.007 | 0.001 | 0.021 | 0.000 | 0.000 | 0.000 | 0.000 | 0.016 | 0.008 | 0.014 | 0.014 |
| 0.000 | 0.000 | 0.000 | 0.000 | 0.000 | 0.000 | 0.000 | 0.000 | 0.000 | 0.000 | 0.000 | 0.000 | 0.000 | 0.000 | 0.000 | 0.000 | 0.000 |
| 0.002 | 0.000 | 0.000 | 0.000 | 0.000 | 0.002 | 0.002 | 0.000 | 0.000 | 0.000 | 0.000 | 0.000 | 0.000 | 0.000 | 0.000 | 0.000 | 0.002 |
| 0.014 | 0.022 | 0.023 | 0.013 | 0.014 | 0.014 | 0.014 | 0.011 | 0.000 | 0.000 | 0.000 | 0.000 | 0.000 | 0.012 | 0.070 | 0.014 | 0.018 |
| 0.000 | 0.000 | 0.000 | 0.000 | 0.000 | 0.000 | 0.000 | 0.000 | 0.000 | 0.000 | 0.000 | 0.000 | 0.000 | 0.000 | 0.000 | 0.000 | 0.000 |
| 0.000 | 0.000 | 0.000 | 0.000 | 0.000 | 0.000 | 0.000 | 0.000 | 0.000 | 0.000 | 0.000 | 0.000 | 0.000 | 0.000 | 0.000 | 0.000 | 0.000 |
| 0.000 | 0.000 | 0.000 | 0.000 | 0.000 | 0.000 | 0.000 | 0.000 | 0.000 | 0.000 | 0.000 | 0.000 | 0.000 | 0.000 | 0.000 | 0.000 | 0.000 |
| 0.000 | 0.000 | 0.000 | 0.000 | 0.000 | 0.000 | 0.000 | 0.000 | 0.000 | 0.000 | 0.000 | 0.000 | 0.000 | 0.000 | 0.000 | 0.000 | 0.000 |
| 0.000 | 0.000 | 0.000 | 0.000 | 0.000 | 0.000 | 0.000 | 0.000 | 0.000 | 0.000 | 0.000 | 0.000 | 0.000 | 0.000 | 0.000 | 0.000 | 0.000 |
| 0.000 | 0.000 | 0.000 | 0.000 | 0.000 | 0.000 | 0.000 | 0.000 | 0.000 | 0.000 | 0.000 | 0.000 | 0.000 | 0.000 | 0.000 | 0.000 | 0.000 |
| 0.002 | 0.001 | 0.001 | 0.000 | 0.000 | 0.002 | 0.002 | 0.000 | 0.010 | 0.000 | 0.000 | 0.000 | 0.000 | 0.005 | 0.002 | 0.005 | 0.005 |
| 0.008 | 0.002 | 0.003 | 0.000 | 0.000 | 0.008 | 0.008 | 0.001 | 0.034 | 0.000 | 0.000 | 0.000 | 0.000 | 0.020 | 0.010 | 0.017 | 0.017 |
| 0.015 | 0.003 | 0.003 | 0.001 | 0.003 | 0.015 | 0.015 | 0.001 | 0.032 | 0.023 | 0.023 | 0.023 | 0.023 | 0.033 | 0.013 | 0.019 | 0.011 |
| 0.018 | 0.003 | 0.003 | 0.003 | 0.007 | 0.018 | 0.018 | 0.002 | 0.016 | 0.031 | 0.031 | 0.031 | 0.031 | 0.021 | 0.027 | 0.034 | 0.028 |
| 0.036 | 0.007 | 0.007 | 0.007 | 0.014 | 0.036 | 0.036 | 0.003 | 0.031 | 0.063 | 0.063 | 0.063 | 0.063 | 0.043 | 0.055 | 0.068 | 0.055 |
| 0.024 | 0.004 | 0.004 | 0.004 | 0.008 | 0.024 | 0.024 | 0.002 | 0.025 | 0.043 | 0.043 | 0.043 | 0.043 | 0.035 | 0.032 | 0.042 | 0.031 |
| 0.026 | 0.009 | 0.010 | 0.006 | 0.010 | 0.026 | 0.026 | 0.005 | 0.027 | 0.039 | 0.039 | 0.039 | 0.039 | 0.033 | 0.061 | 0.053 | 0.034 |
| 0.016 | 0.003 | 0.003 | 0.002 | 0.005 | 0.016 | 0.016 | 0.001 | 0.017 | 0.027 | 0.027 | 0.027 | 0.027 | 0.025 | 0.034 | 0.032 | 0.018 |
| 0.013 | 0.005 | 0.005 | 0.003 | 0.005 | 0.013 | 0.013 | 0.002 | 0.013 | 0.020 | 0.020 | 0.020 | 0.020 | 0.017 | 0.030 | 0.027 | 0.017 |

| 品种代号及名称 | C441 泗豆11 | D135 郑90007 | D118 商丘1099 | D138 郑交107 | C116 豫豆16 | D136 郑92116 | D117 濮海10号 | C118 豫豆19 | C110 豫豆7号 | C112 豫豆10号 | C122 郑86506 | D124 豫豆21 | D126 豫豆23 |
|---|---|---|---|---|---|---|---|---|---|---|---|---|---|
| D606 贡豆8号 | 0.021 | 0.009 | 0.007 | 0.016 | 0.019 | 0.008 | 0.019 | 0.011 | 0.021 | 0.010 | 0.005 | 0.005 | 0.002 |
| C626 贡豆2号 | 0.063 | 0.026 | 0.023 | 0.051 | 0.045 | 0.025 | 0.045 | 0.039 | 0.039 | 0.027 | 0.014 | 0.014 | 0.007 |
| D471 赣豆4号 | 0.063 | 0.012 | 0.000 | 0.045 | 0.039 | 0.023 | 0.039 | 0.039 | 0.016 | 0.016 | 0.008 | 0.008 | 0.004 |
| D326 湘春豆23 | 0.005 | 0.002 | 0.001 | 0.002 | 0.007 | 0.002 | 0.007 | 0.001 | 0.012 | 0.003 | 0.001 | 0.001 | 0.001 |
| C301 湘春豆10号 | 0.000 | 0.000 | 0.000 | 0.000 | 0.000 | 0.000 | 0.000 | 0.000 | 0.000 | 0.000 | 0.000 | 0.000 | 0.000 |
| C306 湘春豆15 | 0.000 | 0.000 | 0.000 | 0.000 | 0.000 | 0.000 | 0.000 | 0.000 | 0.000 | 0.000 | 0.000 | 0.000 | 0.000 |
| D319 湘春豆16 | 0.011 | 0.000 | 0.002 | 0.003 | 0.000 | 0.000 | 0.000 | 0.000 | 0.000 | 0.000 | 0.000 | 0.000 | 0.000 |
| D322 湘春豆19 | 0.000 | 0.000 | 0.001 | 0.000 | 0.000 | 0.000 | 0.000 | 0.000 | 0.000 | 0.000 | 0.000 | 0.000 | 0.000 |
| D323 湘春豆20 | 0.011 | 0.000 | 0.002 | 0.003 | 0.000 | 0.000 | 0.000 | 0.000 | 0.000 | 0.000 | 0.000 | 0.000 | 0.000 |
| D325 湘春豆22 | 0.000 | 0.000 | 0.000 | 0.000 | 0.000 | 0.000 | 0.000 | 0.000 | 0.000 | 0.000 | 0.000 | 0.000 | 0.000 |
| D597 川豆5号 | 0.000 | 0.000 | 0.000 | 0.000 | 0.000 | 0.000 | 0.000 | 0.000 | 0.000 | 0.000 | 0.000 | 0.000 | 0.000 |
| D607 贡豆9号 | 0.011 | 0.000 | 0.002 | 0.003 | 0.000 | 0.000 | 0.000 | 0.000 | 0.000 | 0.000 | 0.000 | 0.000 | 0.000 |
| D608 贡豆10号 | 0.005 | 0.004 | 0.002 | 0.008 | 0.007 | 0.004 | 0.007 | 0.003 | 0.008 | 0.006 | 0.007 | 0.015 | 0.012 |
| C630 贡豆7号 | 0.011 | 0.004 | 0.002 | 0.004 | 0.015 | 0.003 | 0.015 | 0.003 | 0.023 | 0.006 | 0.003 | 0.003 | 0.001 |
| C648 浙春1号 | 0.000 | 0.009 | 0.000 | 0.001 | 0.029 | 0.006 | 0.029 | 0.006 | 0.047 | 0.012 | 0.006 | 0.006 | 0.003 |
| C649 浙春2号 | 0.000 | 0.009 | 0.000 | 0.001 | 0.029 | 0.006 | 0.029 | 0.006 | 0.047 | 0.012 | 0.006 | 0.006 | 0.003 |
| C069 黔豆4号 | 0.000 | 0.004 | 0.000 | 0.001 | 0.015 | 0.003 | 0.015 | 0.003 | 0.023 | 0.006 | 0.003 | 0.003 | 0.001 |
| D088 黔豆5号 | 0.000 | 0.004 | 0.000 | 0.001 | 0.015 | 0.003 | 0.015 | 0.003 | 0.023 | 0.006 | 0.003 | 0.003 | 0.001 |
| D087 黔豆3号 | 0.000 | 0.016 | 0.000 | 0.000 | 0.000 | 0.000 | 0.000 | 0.000 | 0.000 | 0.000 | 0.000 | 0.000 | 0.000 |

| 品种代号及名称 | C121 郑77249 | C113 豫豆11 | C115 豫豆15 | D550 鲁豆12号 | C457 徐豆3号 | D442 淮豆3号 | C003 阜豆1号 | C019 皖豆13 | D011 皖豆19 | C028 诱变30 | C029 诱变31 | C032 早熟6号 | C038 中黄1号 |
|---|---|---|---|---|---|---|---|---|---|---|---|---|---|
| C170 合丰25 | 0.185 | 0.199 | 0.191 | 0.137 | 0.135 | 0.143 | 0.109 | 0.185 | 0.204 | 0.110 | 0.174 | 0.087 | 0.206 |
| C178 合丰33 | 0.160 | 0.100 | 0.103 | 0.069 | 0.156 | 0.175 | 0.158 | 0.133 | 0.132 | 0.221 | 0.149 | 0.154 | 0.162 |
| D149 北丰7号 | 0.135 | 0.132 | 0.147 | 0.118 | 0.095 | 0.163 | 0.129 | 0.159 | 0.119 | 0.136 | 0.123 | 0.107 | 0.143 |
| D152 北丰10号 | 0.157 | 0.170 | 0.189 | 0.082 | 0.133 | 0.109 | 0.114 | 0.092 | 0.130 | 0.083 | 0.102 | 0.112 | 0.096 |
| D151 北丰9号 | 0.103 | 0.154 | 0.116 | 0.097 | 0.130 | 0.118 | 0.083 | 0.081 | 0.047 | 0.085 | 0.072 | 0.088 | 0.131 |
| D153 北丰11 | 0.189 | 0.242 | 0.208 | 0.102 | 0.100 | 0.103 | 0.114 | 0.150 | 0.169 | 0.127 | 0.140 | 0.118 | 0.153 |
| C181 合丰36 | 0.178 | 0.106 | 0.102 | 0.116 | 0.169 | 0.162 | 0.109 | 0.219 | 0.211 | 0.161 | 0.129 | 0.120 | 0.206 |
| D154 北丰13 | 0.190 | 0.264 | 0.216 | 0.120 | 0.131 | 0.093 | 0.098 | 0.128 | 0.114 | 0.079 | 0.126 | 0.103 | 0.166 |
| D296 绥农14 | 0.134 | 0.119 | 0.083 | 0.069 | 0.167 | 0.136 | 0.122 | 0.152 | 0.118 | 0.174 | 0.142 | 0.200 | 0.174 |
| D143 八五七-1 | 0.111 | 0.116 | 0.105 | 0.119 | 0.125 | 0.133 | 0.132 | 0.136 | 0.081 | 0.178 | 0.184 | 0.231 | 0.159 |
| D155 北丰14 | 0.110 | 0.176 | 0.227 | 0.139 | 0.137 | 0.086 | 0.097 | 0.134 | 0.140 | 0.137 | 0.105 | 0.122 | 0.092 |
| D241 抗线虫5号 | 0.132 | 0.112 | 0.108 | 0.093 | 0.089 | 0.079 | 0.073 | 0.169 | 0.072 | 0.172 | 0.124 | 0.185 | 0.172 |
| C390 九农20 | 0.096 | 0.132 | 0.083 | 0.151 | 0.047 | 0.091 | 0.128 | 0.113 | 0.079 | 0.135 | 0.161 | 0.132 | 0.103 |
| D053 中黄24 | 0.086 | 0.184 | 0.171 | 0.136 | 0.090 | 0.074 | 0.105 | 0.143 | 0.180 | 0.133 | 0.132 | 0.110 | 0.164 |
| D125 豫豆22 | 0.194 | 0.154 | 0.213 | 0.090 | 0.116 | 0.118 | 0.083 | 0.193 | 0.160 | 0.170 | 0.176 | 0.134 | 0.131 |
| D131 豫豆28 | 0.134 | 0.219 | 0.166 | 0.110 | 0.088 | 0.084 | 0.115 | 0.166 | 0.171 | 0.097 | 0.142 | 0.140 | 0.116 |
| D112 地神21 | 0.219 | 0.187 | 0.148 | 0.119 | 0.192 | 0.066 | 0.096 | 0.213 | 0.260 | 0.111 | 0.118 | 0.141 | 0.137 |

（续）

| D127 | D128 | D129 | D132 | D114 | D140 | D141 | D139 | D043 | C106 | C108 | C111 | C106 | D565 | D467 | D468 | D469 |
|---|---|---|---|---|---|---|---|---|---|---|---|---|---|---|---|---|
| 豫豆24 | 豫豆25 | 豫豆26 | 豫豆29 | 滑豆20 | 周豆11 | 周豆12GS | 郑交9525 | 中黄14 | 豫豆3号 | 豫豆5号 | 豫豆8号 | 郑长叶7 | 跃进10号 | 徐豆10号 | 徐豆11 | 徐豆12 |
| 0.016 | 0.003 | 0.003 | 0.002 | 0.005 | 0.016 | 0.016 | 0.001 | 0.017 | 0.027 | 0.027 | 0.027 | 0.027 | 0.025 | 0.019 | 0.025 | 0.018 |
| 0.036 | 0.007 | 0.007 | 0.007 | 0.014 | 0.036 | 0.036 | 0.003 | 0.031 | 0.063 | 0.063 | 0.063 | 0.063 | 0.043 | 0.055 | 0.068 | 0.055 |
| 0.028 | 0.004 | 0.004 | 0.004 | 0.008 | 0.028 | 0.028 | 0.002 | 0.031 | 0.063 | 0.063 | 0.063 | 0.063 | 0.031 | 0.031 | 0.063 | 0.039 |
| 0.006 | 0.001 | 0.001 | 0.001 | 0.001 | 0.006 | 0.006 | 0.000 | 0.010 | 0.012 | 0.012 | 0.012 | 0.012 | 0.014 | 0.005 | 0.008 | 0.003 |
| 0.000 | 0.000 | 0.000 | 0.000 | 0.000 | 0.000 | 0.000 | 0.000 | 0.000 | 0.000 | 0.000 | 0.000 | 0.000 | 0.000 | 0.000 | 0.000 | 0.000 |
| 0.000 | 0.000 | 0.000 | 0.000 | 0.000 | 0.000 | 0.000 | 0.000 | 0.000 | 0.000 | 0.000 | 0.000 | 0.000 | 0.000 | 0.000 | 0.000 | 0.000 |
| 0.003 | 0.000 | 0.001 | 0.000 | 0.000 | 0.003 | 0.003 | 0.000 | 0.007 | 0.000 | 0.000 | 0.000 | 0.000 | 0.004 | 0.002 | 0.005 | 0.005 |
| 0.000 | 0.000 | 0.000 | 0.000 | 0.000 | 0.000 | 0.000 | 0.000 | 0.000 | 0.000 | 0.000 | 0.000 | 0.000 | 0.002 | 0.000 | 0.000 | 0.000 |
| 0.003 | 0.000 | 0.001 | 0.000 | 0.000 | 0.003 | 0.003 | 0.000 | 0.007 | 0.000 | 0.000 | 0.000 | 0.000 | 0.004 | 0.002 | 0.005 | 0.005 |
| 0.000 | 0.000 | 0.000 | 0.000 | 0.000 | 0.000 | 0.000 | 0.000 | 0.000 | 0.000 | 0.000 | 0.000 | 0.000 | 0.000 | 0.000 | 0.000 | 0.000 |
| 0.000 | 0.000 | 0.000 | 0.000 | 0.000 | 0.000 | 0.000 | 0.000 | 0.000 | 0.000 | 0.000 | 0.000 | 0.000 | 0.000 | 0.000 | 0.000 | 0.000 |
| 0.003 | 0.000 | 0.001 | 0.000 | 0.000 | 0.003 | 0.003 | 0.000 | 0.007 | 0.000 | 0.000 | 0.000 | 0.000 | 0.004 | 0.002 | 0.005 | 0.005 |
| 0.006 | 0.006 | 0.006 | 0.003 | 0.003 | 0.006 | 0.006 | 0.003 | 0.008 | 0.008 | 0.008 | 0.008 | 0.008 | 0.010 | 0.032 | 0.016 | 0.004 |
| 0.013 | 0.002 | 0.002 | 0.001 | 0.003 | 0.013 | 0.013 | 0.001 | 0.019 | 0.023 | 0.023 | 0.023 | 0.023 | 0.027 | 0.010 | 0.015 | 0.007 |
| 0.021 | 0.003 | 0.003 | 0.003 | 0.006 | 0.021 | 0.021 | 0.001 | 0.023 | 0.047 | 0.047 | 0.047 | 0.047 | 0.047 | 0.016 | 0.020 | 0.003 |
| 0.021 | 0.003 | 0.003 | 0.003 | 0.006 | 0.021 | 0.021 | 0.001 | 0.023 | 0.047 | 0.047 | 0.047 | 0.047 | 0.047 | 0.016 | 0.020 | 0.003 |
| 0.010 | 0.001 | 0.001 | 0.001 | 0.003 | 0.010 | 0.010 | 0.001 | 0.012 | 0.023 | 0.023 | 0.023 | 0.023 | 0.023 | 0.008 | 0.010 | 0.001 |
| 0.010 | 0.001 | 0.001 | 0.001 | 0.003 | 0.010 | 0.010 | 0.001 | 0.012 | 0.023 | 0.023 | 0.023 | 0.023 | 0.023 | 0.008 | 0.010 | 0.001 |
| 0.000 | 0.000 | 0.000 | 0.000 | 0.000 | 0.000 | 0.000 | 0.000 | 0.000 | 0.000 | 0.000 | 0.000 | 0.000 | 0.000 | 0.000 | 0.000 | 0.000 |

| C039 | C040 | C041 | C037 | C026 | C044 | C030 | C043 | D028 | D044 | D054 | D122 | C538 | C539 | D090 | C016 | D137 |
|---|---|---|---|---|---|---|---|---|---|---|---|---|---|---|---|---|
| 中黄2号 | 中黄3号 | 中黄4号 | 早熟18 | 科丰35 | 中黄7号 | 诱处4号 | 中黄6号 | 科丰53 | 中黄15 | 中黄25 | 豫豆17 | 菏84-1 | 菏84-5 | 沧豆4号 | 皖豆9号 | 郑长交14 |
| 0.232 | 0.186 | 0.150 | 0.182 | 0.129 | 0.159 | 0.156 | 0.146 | 0.123 | 0.157 | 0.224 | 0.213 | 0.204 | 0.138 | 0.214 | 0.126 | 0.168 |
| 0.175 | 0.142 | 0.185 | 0.170 | 0.234 | 0.173 | 0.183 | 0.181 | 0.221 | 0.066 | 0.148 | 0.084 | 0.106 | 0.106 | 0.092 | 0.142 | 0.105 |
| 0.136 | 0.110 | 0.103 | 0.131 | 0.123 | 0.141 | 0.118 | 0.134 | 0.097 | 0.338 | 0.147 | 0.162 | 0.151 | 0.106 | 0.110 | 0.121 | 0.118 |
| 0.102 | 0.101 | 0.181 | 0.115 | 0.083 | 0.151 | 0.083 | 0.090 | 0.134 | 0.135 | 0.120 | 0.229 | 0.136 | 0.130 | 0.141 | 0.118 | 0.135 |
| 0.150 | 0.116 | 0.075 | 0.066 | 0.118 | 0.090 | 0.118 | 0.099 | 0.111 | 0.209 | 0.097 | 0.131 | 0.159 | 0.100 | 0.112 | 0.143 | 0.118 |
| 0.146 | 0.152 | 0.134 | 0.128 | 0.115 | 0.132 | 0.109 | 0.124 | 0.121 | 0.123 | 0.158 | 0.217 | 0.117 | 0.149 | 0.173 | 0.125 | 0.135 |
| 0.200 | 0.236 | 0.128 | 0.117 | 0.116 | 0.261 | 0.149 | 0.154 | 0.135 | 0.131 | 0.237 | 0.155 | 0.217 | 0.105 | 0.162 | 0.113 | 0.168 |
| 0.146 | 0.132 | 0.138 | 0.147 | 0.118 | 0.137 | 0.100 | 0.121 | 0.119 | 0.121 | 0.132 | 0.192 | 0.120 | 0.155 | 0.166 | 0.129 | 0.113 |
| 0.161 | 0.109 | 0.238 | 0.201 | 0.181 | 0.127 | 0.208 | 0.210 | 0.232 | 0.111 | 0.128 | 0.110 | 0.078 | 0.111 | 0.103 | 0.098 | 0.130 |
| 0.152 | 0.079 | 0.250 | 0.173 | 0.159 | 0.105 | 0.192 | 0.239 | 0.212 | 0.114 | 0.105 | 0.106 | 0.095 | 0.155 | 0.073 | 0.188 | 0.093 |
| 0.072 | 0.131 | 0.103 | 0.172 | 0.132 | 0.097 | 0.119 | 0.114 | 0.066 | 0.126 | 0.162 | 0.191 | 0.087 | 0.140 | 0.126 | 0.114 | 0.113 |
| 0.141 | 0.124 | 0.202 | 0.135 | 0.141 | 0.147 | 0.189 | 0.218 | 0.178 | 0.111 | 0.109 | 0.102 | 0.103 | 0.144 | 0.094 | 0.155 | 0.118 |
| 0.084 | 0.109 | 0.149 | 0.143 | 0.135 | 0.102 | 0.149 | 0.147 | 0.135 | 0.098 | 0.077 | 0.129 | 0.086 | 0.124 | 0.091 | 0.147 | 0.084 |
| 0.146 | 0.099 | 0.111 | 0.121 | 0.179 | 0.118 | 0.134 | 0.116 | 0.120 | 0.128 | 0.172 | 0.173 | 0.128 | 0.109 | 0.113 | 0.175 | 0.147 |
| 0.111 | 0.136 | 0.090 | 0.132 | 0.150 | 0.090 | 0.145 | 0.099 | 0.105 | 0.152 | 0.175 | 0.157 | 0.167 | 0.040 | 0.138 | 0.150 | 0.112 |
| 0.084 | 0.090 | 0.102 | 0.117 | 0.110 | 0.070 | 0.130 | 0.133 | 0.135 | 0.111 | 0.141 | 0.148 | 0.144 | 0.112 | 0.143 | 0.091 | 0.162 |
| 0.157 | 0.149 | 0.138 | 0.125 | 0.098 | 0.135 | 0.118 | 0.099 | 0.111 | 0.146 | 0.167 | 0.183 | 0.232 | 0.107 | 0.118 | 0.135 | 0.138 |

| 品种代号及名称 | | C121 郑77249 | C113 豫豆11 | C115 豫豆15 | D550 鲁豆12号 | C457 徐豆3号 | D442 淮豆3号 | C003 阜豆1号 | C019 皖豆13 | D011 皖豆19 | C028 诱变30 | C029 诱变31 | C032 早熟6号 | C038 中黄1号 |
|---|---|---|---|---|---|---|---|---|---|---|---|---|---|---|
| D113 | 地神22 | 0.161 | 0.161 | 0.101 | 0.116 | 0.156 | 0.151 | 0.150 | 0.132 | 0.111 | 0.182 | 0.162 | 0.176 | 0.116 |
| D130 | 豫豆27 | 0.278 | 0.342 | 0.367 | 0.130 | 0.161 | 0.194 | 0.142 | 0.151 | 0.183 | 0.186 | 0.173 | 0.172 | 0.186 |
| D445 | 淮豆6号 | 0.168 | 0.201 | 0.114 | 0.193 | 0.310 | 0.347 | 0.165 | 0.188 | 0.166 | 0.163 | 0.150 | 0.188 | 0.170 |
| C423 | 淮豆1号 | 0.045 | 0.145 | 0.102 | 0.159 | 0.189 | 0.175 | 0.101 | 0.158 | 0.158 | 0.148 | 0.155 | 0.120 | 0.161 |
| C421 | 灌豆1号 | 0.070 | 0.099 | 0.089 | 0.143 | 0.201 | 0.161 | 0.181 | 0.158 | 0.124 | 0.179 | 0.147 | 0.125 | 0.141 |
| D443 | 淮豆4号 | 0.110 | 0.115 | 0.123 | 0.269 | 0.164 | 0.172 | 0.097 | 0.141 | 0.094 | 0.145 | 0.105 | 0.121 | 0.171 |
| C295 | 中豆19 | 0.157 | 0.155 | 0.111 | 0.091 | 0.188 | 0.133 | 0.138 | 0.129 | 0.115 | 0.192 | 0.159 | 0.176 | 0.152 |
| D036 | 中豆27 | 0.120 | 0.158 | 0.152 | 0.123 | 0.154 | 0.142 | 0.115 | 0.137 | 0.131 | 0.135 | 0.128 | 0.099 | 0.103 |
| C014 | 皖豆6号 | 0.092 | 0.116 | 0.131 | 0.099 | 0.103 | 0.146 | 0.200 | 0.136 | 0.128 | 0.185 | 0.185 | 0.204 | 0.119 |
| D008 | 皖豆16 | 0.120 | 0.153 | 0.133 | 0.181 | 0.208 | 0.170 | 0.232 | 0.166 | 0.116 | 0.365 | 0.248 | 0.188 | 0.181 |
| D013 | 皖豆21 | 0.135 | 0.168 | 0.168 | 0.126 | 0.156 | 0.125 | 0.238 | 0.161 | 0.100 | 0.242 | 0.188 | 0.215 | 0.118 |
| D038 | 中黄9 | 0.181 | 0.147 | 0.090 | 0.097 | 0.177 | 0.150 | 0.123 | 0.247 | 0.199 | 0.124 | 0.104 | 0.153 | 0.279 |
| C417 | 58-161 | 0.095 | 0.097 | 0.107 | 0.088 | 0.200 | 0.166 | 0.128 | 0.153 | 0.139 | 0.144 | 0.151 | 0.142 | 0.130 |
| C441 | 泗豆11 | 0.155 | 0.128 | 0.148 | 0.182 | 0.286 | 0.237 | 0.186 | 0.128 | 0.147 | 0.144 | 0.176 | 0.162 | 0.183 |
| D135 | 郑90007 | 0.135 | 0.127 | 0.160 | 0.153 | 0.122 | 0.170 | 0.096 | 0.147 | 0.172 | 0.136 | 0.175 | 0.128 | 0.208 |
| D118 | 商丘1099 | 0.155 | 0.121 | 0.090 | 0.090 | 0.204 | 0.178 | 0.156 | 0.134 | 0.167 | 0.229 | 0.221 | 0.167 | 0.170 |
| D138 | 郑交107 | 0.117 | 0.115 | 0.149 | 0.127 | 0.214 | 0.179 | 0.132 | 0.174 | 0.167 | 0.184 | 0.158 | 0.135 | 0.191 |
| C116 | 豫豆16 | 0.140 | 0.152 | 0.172 | 0.102 | 0.149 | 0.240 | 0.142 | 0.166 | 0.151 | 0.226 | 0.187 | 0.211 | 0.148 |
| D136 | 郑92116 | 0.184 | 0.138 | 0.171 | 0.151 | 0.181 | 0.174 | 0.142 | 0.164 | 0.150 | 0.167 | 0.167 | 0.166 | 0.160 |
| D117 | 濮海10号 | 0.164 | 0.164 | 0.171 | 0.113 | 0.160 | 0.235 | 0.181 | 0.163 | 0.155 | 0.253 | 0.220 | 0.218 | 0.120 |
| C118 | 豫豆19 | 0.147 | 0.180 | 0.103 | 0.090 | 0.155 | 0.242 | 0.116 | 0.167 | 0.170 | 0.234 | 0.208 | 0.242 | 0.162 |
| C110 | 豫豆7号 | 0.155 | 0.367 | 0.316 | 0.090 | 0.151 | 0.145 | 0.096 | 0.159 | 0.185 | 0.144 | 0.118 | 0.141 | 0.136 |
| C112 | 豫豆10号 | 0.222 | 0.458 | 0.335 | 0.123 | 0.161 | 0.135 | 0.081 | 0.170 | 0.157 | 0.128 | 0.147 | 0.159 | 0.192 |
| C122 | 郑86506 | 0.513 | 0.272 | 0.273 | 0.091 | 0.116 | 0.139 | 0.110 | 0.207 | 0.213 | 0.163 | 0.138 | 0.122 | 0.203 |
| D124 | 豫豆21 | 0.191 | 0.178 | 0.159 | 0.131 | 0.122 | 0.097 | 0.081 | 0.164 | 0.197 | 0.129 | 0.090 | 0.100 | 0.135 |
| D126 | 豫豆23 | 0.227 | 0.215 | 0.169 | 0.125 | 0.089 | 0.132 | 0.110 | 0.121 | 0.168 | 0.125 | 0.112 | 0.108 | 0.125 |
| D127 | 豫豆24 | 0.153 | 0.192 | 0.146 | 0.109 | 0.182 | 0.162 | 0.088 | 0.204 | 0.184 | 0.168 | 0.174 | 0.106 | 0.219 |
| D128 | 豫豆25 | 0.203 | 0.164 | 0.190 | 0.130 | 0.134 | 0.123 | 0.054 | 0.178 | 0.183 | 0.122 | 0.128 | 0.113 | 0.147 |
| D129 | 豫豆26 | 0.149 | 0.160 | 0.221 | 0.140 | 0.164 | 0.166 | 0.083 | 0.215 | 0.213 | 0.151 | 0.138 | 0.136 | 0.150 |
| D132 | 豫豆29 | 0.122 | 0.180 | 0.173 | 0.104 | 0.143 | 0.124 | 0.109 | 0.173 | 0.205 | 0.110 | 0.104 | 0.094 | 0.182 |
| D114 | 滑豆20 | 0.229 | 0.185 | 0.191 | 0.131 | 0.182 | 0.130 | 0.061 | 0.184 | 0.196 | 0.142 | 0.116 | 0.107 | 0.167 |
| D140 | 周豆11 | 0.169 | 0.174 | 0.208 | 0.119 | 0.151 | 0.146 | 0.097 | 0.160 | 0.148 | 0.118 | 0.118 | 0.109 | 0.158 |
| D141 | 周豆12 | 0.178 | 0.171 | 0.185 | 0.145 | 0.128 | 0.136 | 0.088 | 0.197 | 0.164 | 0.142 | 0.148 | 0.120 | 0.168 |
| D139 | GS郑交9525 | 0.197 | 0.152 | 0.172 | 0.152 | 0.169 | 0.169 | 0.136 | 0.172 | 0.171 | 0.123 | 0.148 | 0.153 | 0.161 |
| D043 | 中黄14 | 0.200 | 0.208 | 0.161 | 0.063 | 0.171 | 0.211 | 0.110 | 0.507 | 0.393 | 0.137 | 0.105 | 0.115 | 0.366 |
| C106 | 豫豆3号 | 0.162 | 0.168 | 0.162 | 0.147 | 0.212 | 0.199 | 0.095 | 0.108 | 0.128 | 0.158 | 0.222 | 0.253 | 0.112 |
| C108 | 豫豆5号 | 0.134 | 0.248 | 0.309 | 0.122 | 0.143 | 0.144 | 0.114 | 0.153 | 0.097 | 0.136 | 0.156 | 0.126 | 0.182 |
| C111 | 豫豆8号 | 0.154 | 0.153 | 0.147 | 0.137 | 0.128 | 0.190 | 0.129 | 0.173 | 0.159 | 0.188 | 0.214 | 0.212 | 0.136 |

（续）

| C039 | C040 | C041 | C037 | C026 | C044 | C030 | C043 | D028 | D044 | D054 | D122 | C538 | C539 | D090 | C016 | D137 |
|---|---|---|---|---|---|---|---|---|---|---|---|---|---|---|---|---|
| 中黄2号 | 中黄3号 | 中黄4号 | 早熟18 | 科丰35 | 中黄7号 | 诱处4号 | 中黄6号 | 科丰53 | 中黄15 | 中黄25 | 豫豆17 | 菏84-1 | 菏84-5 | 沧豆4号 | 皖豆9号 | 郑长交14 |
| 0.122 | 0.149 | 0.190 | 0.190 | 0.128 | 0.134 | 0.156 | 0.197 | 0.211 | 0.097 | 0.168 | 0.136 | 0.131 | 0.117 | 0.142 | 0.169 | 0.129 |
| 0.186 | 0.223 | 0.128 | 0.135 | 0.173 | 0.165 | 0.181 | 0.139 | 0.147 | 0.175 | 0.210 | 0.391 | 0.170 | 0.176 | 0.206 | 0.154 | 0.194 |
| 0.177 | 0.209 | 0.143 | 0.170 | 0.170 | 0.134 | 0.158 | 0.176 | 0.182 | 0.109 | 0.168 | 0.162 | 0.138 | 0.265 | 0.150 | 0.132 | 0.110 |
| 0.161 | 0.103 | 0.149 | 0.156 | 0.187 | 0.115 | 0.149 | 0.196 | 0.135 | 0.124 | 0.134 | 0.123 | 0.111 | 0.184 | 0.110 | 0.176 | 0.130 |
| 0.147 | 0.108 | 0.114 | 0.148 | 0.172 | 0.120 | 0.116 | 0.139 | 0.154 | 0.123 | 0.115 | 0.115 | 0.085 | 0.136 | 0.123 | 0.139 | 0.142 |
| 0.164 | 0.118 | 0.103 | 0.118 | 0.131 | 0.097 | 0.093 | 0.121 | 0.124 | 0.132 | 0.131 | 0.092 | 0.128 | 0.243 | 0.125 | 0.157 | 0.146 |
| 0.159 | 0.157 | 0.158 | 0.166 | 0.178 | 0.157 | 0.173 | 0.179 | 0.179 | 0.107 | 0.132 | 0.106 | 0.162 | 0.167 | 0.140 | 0.220 | 0.140 |
| 0.103 | 0.140 | 0.101 | 0.148 | 0.127 | 0.196 | 0.135 | 0.139 | 0.141 | 0.477 | 0.178 | 0.160 | 0.143 | 0.176 | 0.173 | 0.140 | 0.147 |
| 0.119 | 0.112 | 0.200 | 0.167 | 0.224 | 0.052 | 0.187 | 0.121 | 0.146 | 0.121 | 0.112 | 0.132 | 0.135 | 0.148 | 0.127 | 0.359 | 0.140 |
| 0.128 | 0.154 | 0.197 | 0.211 | 0.349 | 0.127 | 0.231 | 0.191 | 0.188 | 0.164 | 0.174 | 0.149 | 0.137 | 0.164 | 0.148 | 0.391 | 0.230 |
| 0.092 | 0.201 | 0.192 | 0.184 | 0.288 | 0.110 | 0.230 | 0.170 | 0.170 | 0.126 | 0.136 | 0.150 | 0.127 | 0.180 | 0.151 | 0.279 | 0.125 |
| 0.260 | 0.188 | 0.116 | 0.144 | 0.105 | 0.697 | 0.118 | 0.184 | 0.188 | 0.138 | 0.240 | 0.176 | 0.280 | 0.179 | 0.275 | 0.121 | 0.151 |
| 0.116 | 0.109 | 0.152 | 0.145 | 0.178 | 0.169 | 0.172 | 0.112 | 0.136 | 0.125 | 0.155 | 0.095 | 0.172 | 0.133 | 0.130 | 0.083 | 0.117 |
| 0.144 | 0.201 | 0.138 | 0.171 | 0.163 | 0.148 | 0.138 | 0.183 | 0.203 | 0.093 | 0.142 | 0.124 | 0.180 | 0.200 | 0.184 | 0.093 | 0.138 |
| 0.156 | 0.103 | 0.103 | 0.118 | 0.123 | 0.141 | 0.111 | 0.154 | 0.143 | 0.261 | 0.148 | 0.175 | 0.132 | 0.205 | 0.170 | 0.106 | 0.320 |
| 0.203 | 0.175 | 0.211 | 0.191 | 0.201 | 0.168 | 0.190 | 0.169 | 0.196 | 0.178 | 0.149 | 0.098 | 0.153 | 0.146 | 0.178 | 0.099 | 0.191 |
| 0.171 | 0.144 | 0.124 | 0.119 | 0.170 | 0.149 | 0.132 | 0.150 | 0.190 | 0.199 | 0.150 | 0.158 | 0.147 | 0.128 | 0.164 | 0.108 | 0.559 |
| 0.155 | 0.173 | 0.215 | 0.208 | 0.212 | 0.140 | 0.208 | 0.234 | 0.323 | 0.150 | 0.179 | 0.161 | 0.125 | 0.137 | 0.169 | 0.133 | 0.149 |
| 0.167 | 0.134 | 0.142 | 0.135 | 0.173 | 0.120 | 0.155 | 0.139 | 0.141 | 0.201 | 0.115 | 0.167 | 0.137 | 0.196 | 0.142 | 0.147 | 0.400 |
| 0.160 | 0.166 | 0.222 | 0.180 | 0.199 | 0.197 | 0.228 | 0.196 | 0.204 | 0.149 | 0.146 | 0.132 | 0.181 | 0.141 | 0.160 | 0.115 | 0.168 |
| 0.195 | 0.206 | 0.199 | 0.229 | 0.195 | 0.173 | 0.242 | 0.168 | 0.247 | 0.105 | 0.181 | 0.117 | 0.178 | 0.126 | 0.163 | 0.092 | 0.111 |
| 0.157 | 0.123 | 0.124 | 0.144 | 0.137 | 0.129 | 0.138 | 0.106 | 0.110 | 0.204 | 0.168 | 0.288 | 0.192 | 0.172 | 0.130 | 0.164 | 0.158 |
| 0.212 | 0.166 | 0.176 | 0.129 | 0.141 | 0.146 | 0.135 | 0.104 | 0.135 | 0.221 | 0.203 | 0.327 | 0.168 | 0.163 | 0.179 | 0.189 | 0.148 |
| 0.229 | 0.235 | 0.117 | 0.106 | 0.197 | 0.232 | 0.159 | 0.128 | 0.164 | 0.152 | 0.232 | 0.257 | 0.253 | 0.133 | 0.243 | 0.137 | 0.192 |
| 0.135 | 0.173 | 0.122 | 0.117 | 0.110 | 0.153 | 0.110 | 0.133 | 0.077 | 0.131 | 0.204 | 0.168 | 0.170 | 0.145 | 0.161 | 0.141 | 0.123 |
| 0.105 | 0.188 | 0.103 | 0.113 | 0.118 | 0.130 | 0.119 | 0.099 | 0.112 | 0.100 | 0.143 | 0.145 | 0.127 | 0.100 | 0.157 | 0.107 | 0.126 |
| 0.245 | 0.135 | 0.109 | 0.155 | 0.142 | 0.223 | 0.136 | 0.105 | 0.192 | 0.136 | 0.186 | 0.161 | 0.164 | 0.144 | 0.174 | 0.140 | 0.136 |
| 0.128 | 0.134 | 0.074 | 0.148 | 0.122 | 0.108 | 0.090 | 0.117 | 0.096 | 0.123 | 0.146 | 0.147 | 0.157 | 0.150 | 0.181 | 0.182 | 0.090 |
| 0.157 | 0.111 | 0.124 | 0.126 | 0.144 | 0.162 | 0.126 | 0.099 | 0.145 | 0.267 | 0.183 | 0.211 | 0.233 | 0.148 | 0.164 | 0.171 | 0.158 |
| 0.194 | 0.187 | 0.158 | 0.137 | 0.110 | 0.154 | 0.124 | 0.106 | 0.156 | 0.092 | 0.161 | 0.201 | 0.212 | 0.179 | 0.157 | 0.099 | 0.111 |
| 0.161 | 0.154 | 0.122 | 0.110 | 0.142 | 0.121 | 0.104 | 0.077 | 0.077 | 0.131 | 0.173 | 0.200 | 0.211 | 0.125 | 0.143 | 0.141 | 0.169 |
| 0.145 | 0.098 | 0.103 | 0.099 | 0.118 | 0.148 | 0.132 | 0.127 | 0.164 | 0.207 | 0.144 | 0.132 | 0.127 | 0.147 | 0.125 | 0.164 | 0.099 |
| 0.155 | 0.077 | 0.108 | 0.104 | 0.160 | 0.159 | 0.130 | 0.111 | 0.148 | 0.242 | 0.173 | 0.135 | 0.157 | 0.125 | 0.155 | 0.183 | 0.148 |
| 0.148 | 0.147 | 0.136 | 0.130 | 0.155 | 0.146 | 0.130 | 0.133 | 0.173 | 0.182 | 0.147 | 0.213 | 0.164 | 0.204 | 0.175 | 0.134 | 0.338 |
| 0.366 | 0.318 | 0.145 | 0.132 | 0.137 | 0.213 | 0.158 | 0.113 | 0.170 | 0.158 | 0.513 | 0.203 | 0.291 | 0.167 | 0.191 | 0.157 | 0.176 |
| 0.125 | 0.163 | 0.199 | 0.237 | 0.196 | 0.130 | 0.245 | 0.248 | 0.329 | 0.093 | 0.144 | 0.151 | 0.188 | 0.146 | 0.172 | 0.162 | 0.139 |
| 0.176 | 0.107 | 0.099 | 0.096 | 0.155 | 0.141 | 0.137 | 0.096 | 0.102 | 0.172 | 0.161 | 0.250 | 0.145 | 0.118 | 0.136 | 0.148 | 0.129 |
| 0.162 | 0.187 | 0.177 | 0.170 | 0.194 | 0.167 | 0.242 | 0.175 | 0.286 | 0.118 | 0.155 | 0.169 | 0.179 | 0.176 | 0.136 | 0.119 | 0.157 |

| 品种代号及名称 | | C121 郑77249 | C113 豫豆11 | C115 豫豆15 | D550 鲁豆12号 | C457 徐豆3号 | D442 淮豆3号 | C003 阜豆1号 | C019 皖豆13 | D011 皖豆19 | C028 诱变30 | C029 诱变31 | C032 早熟6号 | C038 中黄1号 |
|---|---|---|---|---|---|---|---|---|---|---|---|---|---|---|
| C106 | 郑长叶7 | 0.316 | 0.300 | 0.284 | 0.112 | 0.130 | 0.118 | 0.095 | 0.204 | 0.167 | 0.163 | 0.190 | 0.162 | 0.209 |
| D565 | 跃进10号 | 0.111 | 0.163 | 0.163 | 0.106 | 0.118 | 0.147 | 0.112 | 0.129 | 0.088 | 0.086 | 0.139 | 0.082 | 0.139 |
| D467 | 徐豆10号 | 0.155 | 0.121 | 0.161 | 0.152 | 0.176 | 0.178 | 0.116 | 0.213 | 0.193 | 0.091 | 0.123 | 0.133 | 0.144 |
| D468 | 徐豆11 | 0.161 | 0.174 | 0.155 | 0.104 | 0.184 | 0.224 | 0.123 | 0.213 | 0.213 | 0.098 | 0.097 | 0.087 | 0.176 |
| D469 | 徐豆12 | 0.196 | 0.176 | 0.203 | 0.127 | 0.188 | 0.193 | 0.119 | 0.201 | 0.228 | 0.139 | 0.152 | 0.062 | 0.204 |
| C121 | 郑77249 | | 0.255 | 0.277 | 0.088 | 0.147 | 0.115 | 0.101 | 0.222 | 0.214 | 0.172 | 0.115 | 0.125 | 0.178 |
| C113 | 豫豆11 | 0.103 | | 0.359 | 0.121 | 0.125 | 0.113 | 0.103 | 0.155 | 0.181 | 0.179 | 0.179 | 0.209 | 0.178 |
| C115 | 豫豆15 | 0.052 | 0.060 | | 0.156 | 0.127 | 0.141 | 0.121 | 0.131 | 0.175 | 0.210 | 0.153 | 0.151 | 0.146 |
| D550 | 鲁豆12号 | 0.070 | 0.082 | 0.064 | | 0.187 | 0.160 | 0.086 | 0.133 | 0.099 | 0.170 | 0.158 | 0.160 | 0.055 |
| C457 | 徐豆3号 | 0.078 | 0.102 | 0.098 | 0.172 | | 0.331 | 0.163 | 0.172 | 0.130 | 0.168 | 0.121 | 0.201 | 0.209 |
| D442 | 淮豆3号 | 0.055 | 0.059 | 0.084 | 0.133 | 0.266 | | 0.192 | 0.167 | 0.185 | 0.221 | 0.136 | 0.168 | 0.156 |
| C003 | 阜豆1号 | 0.078 | 0.102 | 0.098 | 0.172 | 0.344 | 0.266 | | 0.090 | 0.125 | 0.221 | 0.200 | 0.174 | 0.116 |
| C019 | 皖豆13 | 0.055 | 0.074 | 0.057 | 0.086 | 0.172 | 0.133 | 0.172 | | 0.520 | 0.191 | 0.159 | 0.095 | 0.325 |
| D011 | 皖豆19 | 0.027 | 0.029 | 0.042 | 0.066 | 0.133 | 0.137 | 0.133 | 0.066 | | 0.151 | 0.158 | 0.109 | 0.214 |
| C028 | 诱变30 | 0.078 | 0.102 | 0.098 | 0.172 | 0.344 | 0.266 | 0.344 | 0.172 | 0.133 | | 0.382 | 0.313 | 0.103 |
| C029 | 诱变31 | 0.078 | 0.102 | 0.098 | 0.172 | 0.344 | 0.266 | 0.344 | 0.172 | 0.133 | 0.344 | | 0.219 | 0.110 |
| C032 | 早熟6号 | 0.039 | 0.051 | 0.064 | 0.086 | 0.172 | 0.133 | 0.172 | 0.086 | 0.066 | 0.172 | 0.172 | | 0.127 |
| C038 | 中黄1号 | 0.027 | 0.029 | 0.026 | 0.035 | 0.070 | 0.043 | 0.070 | 0.035 | 0.021 | 0.070 | 0.070 | 0.066 | |
| C039 | 中黄2号 | 0.055 | 0.059 | 0.038 | 0.070 | 0.141 | 0.086 | 0.141 | 0.070 | 0.043 | 0.141 | 0.141 | 0.075 | 0.045 |
| C040 | 中黄3号 | 0.055 | 0.059 | 0.038 | 0.070 | 0.141 | 0.086 | 0.141 | 0.070 | 0.043 | 0.141 | 0.141 | 0.075 | 0.045 |
| C041 | 中黄4号 | 0.020 | 0.025 | 0.024 | 0.043 | 0.086 | 0.066 | 0.086 | 0.043 | 0.033 | 0.086 | 0.086 | 0.043 | 0.018 |
| C037 | 早熟18 | 0.034 | 0.044 | 0.045 | 0.075 | 0.150 | 0.116 | 0.150 | 0.075 | 0.058 | 0.150 | 0.150 | 0.085 | 0.036 |
| C026 | 科丰35 | 0.054 | 0.070 | 0.070 | 0.118 | 0.236 | 0.183 | 0.236 | 0.118 | 0.091 | 0.236 | 0.236 | 0.128 | 0.053 |
| C044 | 中黄7号 | 0.024 | 0.032 | 0.031 | 0.054 | 0.107 | 0.083 | 0.107 | 0.054 | 0.042 | 0.107 | 0.107 | 0.057 | 0.023 |
| C030 | 诱处4号 | 0.020 | 0.025 | 0.032 | 0.043 | 0.086 | 0.066 | 0.086 | 0.043 | 0.033 | 0.086 | 0.086 | 0.074 | 0.033 |
| C043 | 中黄6号 | 0.020 | 0.025 | 0.032 | 0.043 | 0.086 | 0.066 | 0.086 | 0.043 | 0.033 | 0.086 | 0.086 | 0.074 | 0.158 |
| D028 | 科丰53 | 0.059 | 0.076 | 0.081 | 0.129 | 0.258 | 0.199 | 0.258 | 0.129 | 0.100 | 0.258 | 0.258 | 0.160 | 0.068 |
| D044 | 中黄15 | 0.020 | 0.025 | 0.024 | 0.043 | 0.086 | 0.066 | 0.086 | 0.043 | 0.033 | 0.086 | 0.086 | 0.043 | 0.018 |
| D054 | 中黄25 | 0.049 | 0.063 | 0.061 | 0.107 | 0.215 | 0.166 | 0.215 | 0.107 | 0.083 | 0.215 | 0.215 | 0.107 | 0.044 |
| D122 | 豫豆17 | 0.027 | 0.035 | 0.035 | 0.059 | 0.118 | 0.091 | 0.118 | 0.059 | 0.046 | 0.118 | 0.118 | 0.064 | 0.027 |
| C538 | 菏84-1 | 0.039 | 0.051 | 0.049 | 0.086 | 0.172 | 0.133 | 0.172 | 0.086 | 0.066 | 0.172 | 0.172 | 0.086 | 0.035 |
| C539 | 菏84-5 | 0.039 | 0.051 | 0.049 | 0.086 | 0.172 | 0.133 | 0.172 | 0.086 | 0.066 | 0.172 | 0.172 | 0.086 | 0.035 |
| D090 | 沧豆4号 | 0.020 | 0.025 | 0.025 | 0.043 | 0.086 | 0.066 | 0.086 | 0.043 | 0.033 | 0.086 | 0.086 | 0.045 | 0.019 |
| C016 | 皖豆9号 | 0.039 | 0.051 | 0.049 | 0.086 | 0.172 | 0.133 | 0.172 | 0.086 | 0.066 | 0.172 | 0.172 | 0.086 | 0.035 |
| D137 | 郑长交14 | 0.008 | 0.004 | 0.018 | 0.023 | 0.047 | 0.070 | 0.047 | 0.023 | 0.285 | 0.047 | 0.047 | 0.023 | 0.004 |
| D466 | 徐豆9号 | 0.023 | 0.012 | 0.012 | 0.016 | 0.000 | 0.000 | 0.000 | 0.000 | 0.000 | 0.000 | 0.000 | 0.000 | 0.000 |
| C027 | 科新3号 | 0.047 | 0.023 | 0.023 | 0.031 | 0.000 | 0.000 | 0.000 | 0.000 | 0.000 | 0.000 | 0.000 | 0.000 | 0.000 |
| C105 | 豫豆2号 | 0.047 | 0.023 | 0.023 | 0.031 | 0.000 | 0.000 | 0.000 | 0.000 | 0.000 | 0.000 | 0.000 | 0.000 | 0.000 |

（续）

| C039 中黄2号 | C040 中黄3号 | C041 中黄4号 | C037 早熟18 | C026 科丰35 | C044 中黄7号 | C030 诱处4号 | C043 中黄6号 | D028 科丰53 | D044 中黄15 | D054 中黄25 | D122 豫豆17 | C538 菏84-1 | C539 菏84-5 | D090 沧豆4号 | C016 皖豆9号 | D137 郑长交14 |
|---|---|---|---|---|---|---|---|---|---|---|---|---|---|---|---|---|
| 0.242 | 0.201 | 0.144 | 0.118 | 0.182 | 0.142 | 0.171 | 0.113 | 0.176 | 0.152 | 0.213 | 0.503 | 0.171 | 0.160 | 0.201 | 0.157 | 0.157 |
| 0.132 | 0.099 | 0.119 | 0.127 | 0.132 | 0.137 | 0.113 | 0.165 | 0.093 | 0.500 | 0.138 | 0.179 | 0.203 | 0.142 | 0.080 | 0.101 | 0.146 |
| 0.170 | 0.195 | 0.149 | 0.125 | 0.110 | 0.256 | 0.151 | 0.135 | 0.150 | 0.172 | 0.188 | 0.137 | 0.173 | 0.151 | 0.217 | 0.135 | 0.145 |
| 0.203 | 0.240 | 0.137 | 0.099 | 0.085 | 0.323 | 0.086 | 0.113 | 0.149 | 0.166 | 0.188 | 0.170 | 0.267 | 0.147 | 0.224 | 0.114 | 0.125 |
| 0.191 | 0.170 | 0.076 | 0.127 | 0.132 | 0.248 | 0.100 | 0.144 | 0.139 | 0.181 | 0.150 | 0.199 | 0.255 | 0.135 | 0.205 | 0.123 | 0.146 |
| 0.191 | 0.259 | 0.148 | 0.135 | 0.166 | 0.176 | 0.128 | 0.166 | 0.185 | 0.129 | 0.228 | 0.299 | 0.214 | 0.143 | 0.301 | 0.132 | 0.160 |
| 0.191 | 0.164 | 0.154 | 0.152 | 0.185 | 0.144 | 0.173 | 0.156 | 0.179 | 0.195 | 0.196 | 0.325 | 0.168 | 0.174 | 0.159 | 0.173 | 0.120 |
| 0.159 | 0.114 | 0.128 | 0.122 | 0.197 | 0.082 | 0.147 | 0.138 | 0.146 | 0.194 | 0.133 | 0.363 | 0.175 | 0.117 | 0.147 | 0.174 | 0.128 |
| 0.041 | 0.102 | 0.121 | 0.164 | 0.178 | 0.081 | 0.172 | 0.119 | 0.123 | 0.090 | 0.096 | 0.152 | 0.127 | 0.274 | 0.159 | 0.207 | 0.131 |
| 0.176 | 0.174 | 0.183 | 0.150 | 0.122 | 0.152 | 0.143 | 0.197 | 0.203 | 0.150 | 0.201 | 0.155 | 0.192 | 0.224 | 0.230 | 0.174 | 0.170 |
| 0.195 | 0.213 | 0.158 | 0.196 | 0.195 | 0.186 | 0.157 | 0.175 | 0.240 | 0.184 | 0.174 | 0.148 | 0.185 | 0.212 | 0.216 | 0.127 | 0.183 |
| 0.122 | 0.095 | 0.148 | 0.150 | 0.196 | 0.134 | 0.211 | 0.184 | 0.218 | 0.103 | 0.094 | 0.102 | 0.110 | 0.110 | 0.136 | 0.168 | 0.075 |
| 0.285 | 0.289 | 0.124 | 0.152 | 0.171 | 0.214 | 0.127 | 0.107 | 0.145 | 0.121 | 0.588 | 0.172 | 0.287 | 0.133 | 0.261 | 0.188 | 0.179 |
| 0.229 | 0.235 | 0.132 | 0.172 | 0.164 | 0.234 | 0.119 | 0.100 | 0.158 | 0.087 | 0.484 | 0.191 | 0.253 | 0.141 | 0.199 | 0.151 | 0.172 |
| 0.097 | 0.167 | 0.221 | 0.335 | 0.555 | 0.133 | 0.284 | 0.222 | 0.303 | 0.150 | 0.135 | 0.168 | 0.178 | 0.118 | 0.123 | 0.287 | 0.182 |
| 0.116 | 0.135 | 0.235 | 0.277 | 0.297 | 0.127 | 0.361 | 0.243 | 0.245 | 0.137 | 0.147 | 0.174 | 0.125 | 0.138 | 0.130 | 0.217 | 0.123 |
| 0.140 | 0.139 | 0.389 | 0.470 | 0.305 | 0.132 | 0.423 | 0.414 | 0.358 | 0.128 | 0.106 | 0.167 | 0.143 | 0.160 | 0.120 | 0.201 | 0.128 |
| 0.739 | 0.308 | 0.163 | 0.136 | 0.142 | 0.236 | 0.104 | 0.252 | 0.206 | 0.144 | 0.333 | 0.194 | 0.322 | 0.118 | 0.292 | 0.134 | 0.214 |
|  | 0.372 | 0.156 | 0.104 | 0.110 | 0.236 | 0.104 | 0.175 | 0.200 | 0.131 | 0.333 | 0.194 | 0.289 | 0.151 | 0.240 | 0.120 | 0.169 |
| 0.115 |  | 0.161 | 0.123 | 0.141 | 0.241 | 0.155 | 0.083 | 0.167 | 0.091 | 0.401 | 0.122 | 0.301 | 0.170 | 0.381 | 0.119 | 0.148 |
| 0.045 | 0.045 |  | 0.469 | 0.248 | 0.140 | 0.333 | 0.358 | 0.313 | 0.117 | 0.169 | 0.129 | 0.145 | 0.158 | 0.143 | 0.153 | 0.143 |
| 0.072 | 0.072 | 0.046 |  | 0.305 | 0.135 | 0.370 | 0.399 | 0.387 | 0.112 | 0.142 | 0.143 | 0.152 | 0.204 | 0.117 | 0.189 | 0.144 |
| 0.107 | 0.107 | 0.067 | 0.113 |  | 0.127 | 0.357 | 0.252 | 0.310 | 0.144 | 0.128 | 0.161 | 0.144 | 0.098 | 0.148 | 0.301 | 0.161 |
| 0.049 | 0.049 | 0.037 | 0.052 | 0.078 |  | 0.128 | 0.207 | 0.166 | 0.168 | 0.247 | 0.159 | 0.273 | 0.200 | 0.301 | 0.139 | 0.154 |
| 0.038 | 0.038 | 0.021 | 0.043 | 0.064 | 0.028 |  | 0.236 | 0.331 | 0.132 | 0.116 | 0.169 | 0.079 | 0.093 | 0.118 | 0.204 | 0.163 |
| 0.038 | 0.038 | 0.021 | 0.043 | 0.064 | 0.028 | 0.037 |  | 0.343 | 0.135 | 0.146 | 0.147 | 0.164 | 0.135 | 0.183 | 0.121 | 0.148 |
| 0.108 | 0.108 | 0.064 | 0.118 | 0.182 | 0.082 | 0.080 | 0.080 |  | 0.137 | 0.167 | 0.167 | 0.183 | 0.176 | 0.194 | 0.197 | 0.156 |
| 0.046 | 0.046 | 0.038 | 0.110 | 0.069 | 0.035 | 0.021 | 0.021 | 0.064 |  | 0.104 | 0.209 | 0.140 | 0.153 | 0.118 | 0.129 | 0.229 |
| 0.093 | 0.093 | 0.188 | 0.098 | 0.152 | 0.072 | 0.054 | 0.054 | 0.161 | 0.062 |  | 0.147 | 0.273 | 0.137 | 0.282 | 0.168 | 0.123 |
| 0.054 | 0.054 | 0.034 | 0.056 | 0.086 | 0.039 | 0.032 | 0.032 | 0.091 | 0.035 | 0.076 |  | 0.163 | 0.158 | 0.182 | 0.161 | 0.162 |
| 0.090 | 0.090 | 0.082 | 0.092 | 0.135 | 0.073 | 0.043 | 0.043 | 0.129 | 0.076 | 0.127 | 0.067 |  | 0.195 | 0.307 | 0.158 | 0.184 |
| 0.112 | 0.112 | 0.064 | 0.085 | 0.128 | 0.064 | 0.043 | 0.043 | 0.129 | 0.063 | 0.118 | 0.064 | 0.129 |  | 0.183 | 0.141 | 0.152 |
| 0.050 | 0.050 | 0.026 | 0.043 | 0.064 | 0.029 | 0.023 | 0.023 | 0.066 | 0.027 | 0.056 | 0.032 | 0.053 | 0.064 |  | 0.190 | 0.188 |
| 0.070 | 0.070 | 0.043 | 0.075 | 0.118 | 0.054 | 0.043 | 0.043 | 0.129 | 0.043 | 0.107 | 0.059 | 0.086 | 0.086 | 0.043 |  | 0.121 |
| 0.008 | 0.008 | 0.012 | 0.021 | 0.032 | 0.015 | 0.012 | 0.012 | 0.035 | 0.012 | 0.029 | 0.016 | 0.023 | 0.023 | 0.012 | 0.023 |  |
| 0.000 | 0.000 | 0.000 | 0.000 | 0.000 | 0.000 | 0.000 | 0.000 | 0.000 | 0.000 | 0.000 | 0.000 | 0.000 | 0.000 | 0.000 | 0.016 | 0.000 |
| 0.000 | 0.000 | 0.000 | 0.000 | 0.000 | 0.000 | 0.000 | 0.000 | 0.000 | 0.000 | 0.000 | 0.000 | 0.000 | 0.000 | 0.000 | 0.031 | 0.125 |
| 0.000 | 0.000 | 0.000 | 0.000 | 0.000 | 0.000 | 0.000 | 0.000 | 0.000 | 0.000 | 0.000 | 0.000 | 0.000 | 0.000 | 0.000 | 0.031 | 0.125 |

| 品种代号及名称 | | C121<br>郑 77249 | C113<br>豫豆 11 | C115<br>豫豆 15 | D550<br>鲁豆 12 号 | C457<br>徐豆 3 号 | D442<br>淮豆 3 号 | C003<br>阜豆 1 号 | C019<br>皖豆 13 | D011<br>皖豆 19 | C028<br>诱变 30 | C029<br>诱变 31 | C032<br>早熟 6 号 | C038<br>中黄 1 号 |
|---|---|---|---|---|---|---|---|---|---|---|---|---|---|---|
| C114 | 豫豆 12 | 0.012 | 0.006 | 0.006 | 0.008 | 0.000 | 0.000 | 0.000 | 0.000 | 0.000 | 0.000 | 0.000 | 0.000 | 0.000 |
| C120 | 郑 133 | 0.049 | 0.038 | 0.024 | 0.039 | 0.000 | 0.000 | 0.000 | 0.016 | 0.000 | 0.000 | 0.000 | 0.000 | 0.000 |
| C045 | 中黄 8 号 | 0.023 | 0.035 | 0.012 | 0.063 | 0.000 | 0.000 | 0.000 | 0.063 | 0.000 | 0.000 | 0.000 | 0.000 | 0.000 |
| C094 | 河南早丰 1 号 | 0.039 | 0.059 | 0.020 | 0.125 | 0.000 | 0.000 | 0.000 | 0.063 | 0.000 | 0.000 | 0.000 | 0.000 | 0.000 |
| C123 | 郑州 126 | 0.086 | 0.129 | 0.043 | 0.063 | 0.000 | 0.000 | 0.000 | 0.063 | 0.000 | 0.000 | 0.000 | 0.000 | 0.000 |
| C124 | 郑州 135 | 0.086 | 0.129 | 0.043 | 0.063 | 0.000 | 0.000 | 0.000 | 0.063 | 0.000 | 0.000 | 0.000 | 0.000 | 0.000 |
| C104 | 豫豆 1 号 | 0.047 | 0.070 | 0.023 | 0.125 | 0.000 | 0.000 | 0.000 | 0.125 | 0.000 | 0.000 | 0.000 | 0.000 | 0.000 |
| C540 | 莒选 23 | 0.047 | 0.070 | 0.023 | 0.188 | 0.000 | 0.000 | 0.000 | 0.000 | 0.000 | 0.000 | 0.000 | 0.000 | 0.000 |
| C575 | 兖黄 1 号 | 0.047 | 0.070 | 0.023 | 0.125 | 0.000 | 0.000 | 0.000 | 0.125 | 0.000 | 0.000 | 0.000 | 0.000 | 0.000 |
| D557 | 齐黄 28 | 0.012 | 0.018 | 0.008 | 0.031 | 0.000 | 0.000 | 0.000 | 0.031 | 0.000 | 0.000 | 0.000 | 0.008 | 0.004 |
| D558 | 齐黄 29 | 0.012 | 0.018 | 0.008 | 0.031 | 0.000 | 0.000 | 0.000 | 0.031 | 0.000 | 0.000 | 0.000 | 0.008 | 0.004 |
| C567 | 为民 1 号 | 0.063 | 0.063 | 0.031 | 0.250 | 0.000 | 0.000 | 0.000 | 0.000 | 0.000 | 0.000 | 0.000 | 0.000 | 0.000 |
| C125 | 周 7327 - 118 | 0.023 | 0.035 | 0.012 | 0.063 | 0.000 | 0.000 | 0.000 | 0.063 | 0.000 | 0.000 | 0.000 | 0.000 | 0.000 |
| C572 | 文丰 7 号 | 0.063 | 0.063 | 0.031 | 0.250 | 0.000 | 0.000 | 0.000 | 0.000 | 0.000 | 0.000 | 0.000 | 0.000 | 0.000 |
| C542 | 鲁豆 1 号 | 0.031 | 0.031 | 0.016 | 0.125 | 0.000 | 0.000 | 0.000 | 0.000 | 0.000 | 0.000 | 0.000 | 0.000 | 0.000 |
| C563 | 齐黄 22 | 0.031 | 0.023 | 0.016 | 0.125 | 0.000 | 0.000 | 0.000 | 0.000 | 0.000 | 0.000 | 0.000 | 0.000 | 0.000 |
| D465 | 徐豆 8 号 | 0.020 | 0.010 | 0.030 | 0.066 | 0.070 | 0.105 | 0.070 | 0.035 | 0.053 | 0.070 | 0.070 | 0.035 | 0.006 |
| C010 | 皖豆 1 号 | 0.016 | 0.008 | 0.035 | 0.047 | 0.094 | 0.141 | 0.094 | 0.047 | 0.070 | 0.094 | 0.094 | 0.047 | 0.008 |
| C455 | 徐豆 1 号 | 0.031 | 0.016 | 0.070 | 0.094 | 0.188 | 0.281 | 0.188 | 0.094 | 0.141 | 0.188 | 0.188 | 0.094 | 0.016 |
| C458 | 徐豆 7 号 | 0.016 | 0.008 | 0.035 | 0.047 | 0.094 | 0.141 | 0.094 | 0.047 | 0.070 | 0.094 | 0.094 | 0.047 | 0.008 |
| C431 | 南农 493 - 1 | 0.000 | 0.000 | 0.000 | 0.000 | 0.000 | 0.000 | 0.000 | 0.000 | 0.000 | 0.000 | 0.000 | 0.000 | 0.000 |
| C444 | 苏豆 1 号 | 0.063 | 0.094 | 0.063 | 0.125 | 0.250 | 0.125 | 0.250 | 0.125 | 0.063 | 0.250 | 0.250 | 0.125 | 0.063 |
| C450 | 苏协 4 - 1 | 0.063 | 0.094 | 0.063 | 0.125 | 0.250 | 0.125 | 0.250 | 0.125 | 0.063 | 0.250 | 0.250 | 0.125 | 0.063 |
| C443 | 苏 7209 | 0.047 | 0.070 | 0.047 | 0.094 | 0.188 | 0.094 | 0.188 | 0.094 | 0.047 | 0.188 | 0.188 | 0.094 | 0.047 |
| C445 | 苏豆 3 号 | 0.031 | 0.047 | 0.031 | 0.063 | 0.125 | 0.063 | 0.125 | 0.063 | 0.031 | 0.125 | 0.125 | 0.063 | 0.031 |
| D463 | 通豆 3 号 | 0.063 | 0.094 | 0.063 | 0.125 | 0.250 | 0.125 | 0.250 | 0.125 | 0.063 | 0.250 | 0.250 | 0.125 | 0.063 |
| C448 | 苏协 18 - 6 | 0.000 | 0.000 | 0.000 | 0.000 | 0.000 | 0.000 | 0.000 | 0.000 | 0.000 | 0.000 | 0.000 | 0.000 | 0.000 |
| C449 | 苏协 19 - 15 | 0.000 | 0.000 | 0.000 | 0.000 | 0.000 | 0.000 | 0.000 | 0.000 | 0.000 | 0.000 | 0.000 | 0.000 | 0.000 |
| C451 | 苏协 1 号 | 0.000 | 0.000 | 0.000 | 0.000 | 0.000 | 0.000 | 0.000 | 0.000 | 0.000 | 0.000 | 0.000 | 0.000 | 0.000 |
| C432 | 南农 73 - 935 | 0.000 | 0.000 | 0.000 | 0.000 | 0.000 | 0.000 | 0.000 | 0.000 | 0.000 | 0.000 | 0.000 | 0.000 | 0.000 |
| C435 | 南农 88 - 48 | 0.000 | 0.000 | 0.000 | 0.000 | 0.000 | 0.000 | 0.000 | 0.000 | 0.000 | 0.000 | 0.000 | 0.000 | 0.000 |
| D453 | 南农 88 - 31 | 0.023 | 0.012 | 0.025 | 0.086 | 0.047 | 0.070 | 0.047 | 0.023 | 0.035 | 0.047 | 0.047 | 0.023 | 0.004 |
| D455 | 南农 99 - 10 | 0.000 | 0.000 | 0.000 | 0.000 | 0.000 | 0.000 | 0.000 | 0.000 | 0.000 | 0.000 | 0.000 | 0.000 | 0.000 |
| C296 | 中豆 20 | 0.057 | 0.081 | 0.043 | 0.059 | 0.086 | 0.066 | 0.086 | 0.059 | 0.033 | 0.086 | 0.086 | 0.043 | 0.018 |
| C293 | 中豆 8 号 | 0.000 | 0.000 | 0.000 | 0.000 | 0.000 | 0.000 | 0.000 | 0.000 | 0.000 | 0.000 | 0.000 | 0.000 | 0.000 |
| C428 | 南农 1138 - 2 | 0.000 | 0.000 | 0.000 | 0.000 | 0.000 | 0.000 | 0.000 | 0.000 | 0.000 | 0.000 | 0.000 | 0.000 | 0.000 |
| C438 | 宁镇 1 号 | 0.000 | 0.000 | 0.000 | 0.000 | 0.000 | 0.000 | 0.000 | 0.000 | 0.000 | 0.000 | 0.000 | 0.000 | 0.000 |
| C436 | 南农菜豆 1 号 | 0.000 | 0.000 | 0.000 | 0.000 | 0.000 | 0.000 | 0.000 | 0.000 | 0.000 | 0.000 | 0.000 | 0.000 | 0.000 |

| C039 | C040 | C041 | C037 | C026 | C044 | C030 | C043 | D028 | D044 | D054 | D122 | C538 | C539 | D090 | C016 | D137 |
|---|---|---|---|---|---|---|---|---|---|---|---|---|---|---|---|---|
| 中黄2号 | 中黄3号 | 中黄4号 | 早熟18 | 科丰35 | 中黄7号 | 诱处4号 | 中黄6号 | 科丰53 | 中黄15 | 中黄25 | 豫豆17 | 菏84-1 | 菏84-5 | 沧豆4号 | 皖豆9号 | 郑长交14 |
| 0.010 | 0.010 | 0.005 | 0.002 | 0.002 | 0.002 | 0.000 | 0.000 | 0.000 | 0.004 | 0.002 | 0.001 | 0.010 | 0.021 | 0.005 | 0.008 | 0.031 |
| 0.000 | 0.000 | 0.000 | 0.000 | 0.000 | 0.016 | 0.000 | 0.000 | 0.000 | 0.000 | 0.000 | 0.000 | 0.000 | 0.000 | 0.000 | 0.023 | 0.063 |
| 0.000 | 0.000 | 0.000 | 0.000 | 0.000 | 0.000 | 0.000 | 0.000 | 0.000 | 0.000 | 0.000 | 0.000 | 0.000 | 0.000 | 0.000 | 0.000 | 0.000 |
| 0.000 | 0.000 | 0.000 | 0.000 | 0.000 | 0.000 | 0.000 | 0.000 | 0.000 | 0.000 | 0.000 | 0.000 | 0.000 | 0.000 | 0.000 | 0.000 | 0.000 |
| 0.000 | 0.000 | 0.000 | 0.000 | 0.000 | 0.000 | 0.000 | 0.000 | 0.000 | 0.000 | 0.000 | 0.000 | 0.000 | 0.000 | 0.000 | 0.000 | 0.000 |
| 0.000 | 0.000 | 0.000 | 0.000 | 0.000 | 0.000 | 0.000 | 0.000 | 0.000 | 0.000 | 0.000 | 0.000 | 0.000 | 0.000 | 0.000 | 0.000 | 0.000 |
| 0.000 | 0.000 | 0.000 | 0.000 | 0.000 | 0.000 | 0.000 | 0.000 | 0.000 | 0.000 | 0.000 | 0.000 | 0.000 | 0.000 | 0.000 | 0.000 | 0.000 |
| 0.001 | 0.001 | 0.000 | 0.001 | 0.001 | 0.016 | 0.004 | 0.004 | 0.004 | 0.004 | 0.000 | 0.000 | 0.001 | 0.000 | 0.000 | 0.000 | 0.000 |
| 0.001 | 0.001 | 0.000 | 0.001 | 0.001 | 0.016 | 0.004 | 0.004 | 0.004 | 0.000 | 0.000 | 0.000 | 0.001 | 0.000 | 0.000 | 0.000 | 0.000 |
| 0.000 | 0.000 | 0.000 | 0.000 | 0.000 | 0.000 | 0.000 | 0.000 | 0.000 | 0.000 | 0.000 | 0.000 | 0.000 | 0.000 | 0.000 | 0.125 | 0.000 |
| 0.000 | 0.000 | 0.000 | 0.000 | 0.000 | 0.000 | 0.000 | 0.000 | 0.000 | 0.000 | 0.000 | 0.000 | 0.000 | 0.000 | 0.000 | 0.125 | 0.000 |
| 0.000 | 0.000 | 0.000 | 0.000 | 0.000 | 0.000 | 0.000 | 0.000 | 0.000 | 0.000 | 0.000 | 0.000 | 0.000 | 0.000 | 0.000 | 0.063 | 0.000 |
| 0.000 | 0.000 | 0.000 | 0.000 | 0.000 | 0.000 | 0.000 | 0.000 | 0.000 | 0.000 | 0.000 | 0.000 | 0.000 | 0.000 | 0.000 | 0.094 | 0.000 |
| 0.026 | 0.026 | 0.047 | 0.043 | 0.061 | 0.037 | 0.018 | 0.018 | 0.053 | 0.042 | 0.059 | 0.030 | 0.094 | 0.067 | 0.025 | 0.066 | 0.035 |
| 0.016 | 0.016 | 0.023 | 0.041 | 0.064 | 0.029 | 0.023 | 0.023 | 0.070 | 0.023 | 0.059 | 0.032 | 0.047 | 0.047 | 0.023 | 0.047 | 0.047 |
| 0.031 | 0.031 | 0.047 | 0.082 | 0.129 | 0.059 | 0.047 | 0.047 | 0.141 | 0.047 | 0.117 | 0.064 | 0.094 | 0.094 | 0.047 | 0.094 | 0.094 |
| 0.035 | 0.035 | 0.063 | 0.058 | 0.081 | 0.049 | 0.023 | 0.023 | 0.070 | 0.057 | 0.078 | 0.041 | 0.125 | 0.090 | 0.033 | 0.047 | 0.047 |
| 0.000 | 0.000 | 0.000 | 0.000 | 0.000 | 0.000 | 0.000 | 0.000 | 0.000 | 0.000 | 0.000 | 0.000 | 0.000 | 0.000 | 0.000 | 0.000 | 0.000 |
| 0.125 | 0.125 | 0.063 | 0.109 | 0.172 | 0.078 | 0.063 | 0.063 | 0.188 | 0.063 | 0.156 | 0.086 | 0.125 | 0.125 | 0.063 | 0.125 | 0.000 |
| 0.125 | 0.125 | 0.063 | 0.109 | 0.172 | 0.078 | 0.063 | 0.063 | 0.188 | 0.063 | 0.156 | 0.086 | 0.125 | 0.125 | 0.063 | 0.125 | 0.000 |
| 0.094 | 0.094 | 0.047 | 0.082 | 0.129 | 0.059 | 0.047 | 0.047 | 0.141 | 0.047 | 0.117 | 0.064 | 0.094 | 0.094 | 0.047 | 0.094 | 0.000 |
| 0.063 | 0.063 | 0.031 | 0.055 | 0.086 | 0.039 | 0.031 | 0.031 | 0.094 | 0.031 | 0.078 | 0.043 | 0.063 | 0.063 | 0.031 | 0.063 | 0.000 |
| 0.125 | 0.125 | 0.063 | 0.109 | 0.172 | 0.078 | 0.063 | 0.063 | 0.188 | 0.063 | 0.156 | 0.086 | 0.125 | 0.125 | 0.063 | 0.125 | 0.000 |
| 0.000 | 0.000 | 0.000 | 0.000 | 0.000 | 0.000 | 0.000 | 0.000 | 0.000 | 0.000 | 0.000 | 0.000 | 0.000 | 0.000 | 0.000 | 0.000 | 0.000 |
| 0.000 | 0.000 | 0.000 | 0.000 | 0.000 | 0.000 | 0.000 | 0.000 | 0.000 | 0.000 | 0.000 | 0.000 | 0.000 | 0.000 | 0.000 | 0.000 | 0.000 |
| 0.000 | 0.000 | 0.000 | 0.000 | 0.000 | 0.000 | 0.000 | 0.000 | 0.000 | 0.000 | 0.000 | 0.000 | 0.000 | 0.000 | 0.000 | 0.000 | 0.000 |
| 0.041 | 0.041 | 0.020 | 0.008 | 0.008 | 0.010 | 0.000 | 0.000 | 0.000 | 0.017 | 0.010 | 0.004 | 0.039 | 0.084 | 0.021 | 0.000 | 0.000 |
| 0.008 | 0.008 | 0.012 | 0.021 | 0.032 | 0.015 | 0.012 | 0.012 | 0.035 | 0.012 | 0.029 | 0.016 | 0.023 | 0.023 | 0.012 | 0.086 | 0.023 |
| 0.000 | 0.000 | 0.000 | 0.000 | 0.000 | 0.000 | 0.000 | 0.000 | 0.000 | 0.000 | 0.000 | 0.000 | 0.000 | 0.000 | 0.000 | 0.000 | 0.000 |
| 0.035 | 0.035 | 0.021 | 0.038 | 0.059 | 0.027 | 0.021 | 0.021 | 0.064 | 0.021 | 0.054 | 0.030 | 0.043 | 0.043 | 0.021 | 0.043 | 0.012 |
| 0.010 | 0.010 | 0.020 | 0.008 | 0.008 | 0.010 | 0.000 | 0.000 | 0.000 | 0.017 | 0.010 | 0.004 | 0.039 | 0.021 | 0.005 | 0.000 | 0.000 |
| 0.000 | 0.000 | 0.000 | 0.000 | 0.000 | 0.000 | 0.000 | 0.000 | 0.000 | 0.000 | 0.000 | 0.000 | 0.000 | 0.000 | 0.000 | 0.000 | 0.000 |
| 0.016 | 0.016 | 0.020 | 0.012 | 0.012 | 0.010 | 0.000 | 0.000 | 0.000 | 0.019 | 0.010 | 0.006 | 0.039 | 0.021 | 0.008 | 0.000 | 0.000 |
| 0.000 | 0.000 | 0.000 | 0.000 | 0.000 | 0.000 | 0.000 | 0.000 | 0.000 | 0.000 | 0.000 | 0.000 | 0.000 | 0.000 | 0.000 | 0.000 | 0.000 |

| 品种代号及名称 | | C121 郑77249 | C113 豫豆11 | C115 豫豆15 | D550 鲁豆12号 | C457 徐豆3号 | D442 淮豆3号 | C003 阜豆1号 | C019 皖豆13 | D011 皖豆19 | C028 诱变30 | C029 诱变31 | C032 早熟6号 | C038 中黄1号 |
|---|---|---|---|---|---|---|---|---|---|---|---|---|---|---|
| C439 | 宁镇2号 | 0.000 | 0.000 | 0.000 | 0.000 | 0.000 | 0.000 | 0.000 | 0.000 | 0.000 | 0.000 | 0.000 | 0.000 | 0.000 |
| C440 | 宁镇3号 | 0.000 | 0.000 | 0.000 | 0.000 | 0.000 | 0.000 | 0.000 | 0.000 | 0.000 | 0.000 | 0.000 | 0.000 | 0.000 |
| C433 | 南农86-4 | 0.139 | 0.116 | 0.139 | 0.000 | 0.228 | 0.000 | 0.000 | 0.129 | 0.129 | 0.172 | 0.140 | 0.136 | 0.134 |
| C424 | 淮豆2号 | 0.063 | 0.094 | 0.063 | 0.125 | 0.250 | 0.125 | 0.250 | 0.125 | 0.063 | 0.250 | 0.250 | 0.125 | 0.063 |
| D003 | 合豆2号 | 0.054 | 0.056 | 0.061 | 0.092 | 0.160 | 0.162 | 0.160 | 0.084 | 0.081 | 0.160 | 0.160 | 0.080 | 0.026 |
| C011 | 皖豆3号 | 0.078 | 0.102 | 0.098 | 0.172 | 0.344 | 0.266 | 0.344 | 0.172 | 0.133 | 0.344 | 0.344 | 0.172 | 0.070 |
| D004 | 合豆3号 | 0.051 | 0.072 | 0.048 | 0.074 | 0.148 | 0.098 | 0.148 | 0.074 | 0.049 | 0.148 | 0.148 | 0.074 | 0.033 |
| D309 | 鄂豆7号 | 0.010 | 0.013 | 0.016 | 0.021 | 0.043 | 0.033 | 0.043 | 0.021 | 0.017 | 0.043 | 0.043 | 0.037 | 0.017 |
| D313 | 中豆29 | 0.000 | 0.000 | 0.000 | 0.000 | 0.000 | 0.000 | 0.000 | 0.000 | 0.000 | 0.000 | 0.000 | 0.000 | 0.000 |
| D314 | 中豆30 | 0.000 | 0.000 | 0.000 | 0.000 | 0.000 | 0.000 | 0.000 | 0.000 | 0.000 | 0.000 | 0.000 | 0.000 | 0.000 |
| D316 | 中豆32 | 0.000 | 0.000 | 0.008 | 0.000 | 0.000 | 0.000 | 0.000 | 0.000 | 0.000 | 0.000 | 0.000 | 0.031 | 0.016 |
| C434 | 南农87C-38 | 0.023 | 0.012 | 0.025 | 0.086 | 0.047 | 0.070 | 0.047 | 0.023 | 0.035 | 0.047 | 0.047 | 0.023 | 0.004 |
| C288 | 矮脚早 | 0.000 | 0.000 | 0.000 | 0.000 | 0.000 | 0.000 | 0.000 | 0.000 | 0.000 | 0.000 | 0.000 | 0.000 | 0.000 |
| C297 | 中豆24 | 0.063 | 0.031 | 0.000 | 0.000 | 0.000 | 0.000 | 0.000 | 0.000 | 0.000 | 0.000 | 0.000 | 0.000 | 0.031 |
| C291 | 鄂豆5号 | 0.000 | 0.000 | 0.000 | 0.000 | 0.000 | 0.000 | 0.000 | 0.000 | 0.000 | 0.000 | 0.000 | 0.000 | 0.000 |
| C292 | 早春1号 | 0.000 | 0.000 | 0.000 | 0.000 | 0.000 | 0.000 | 0.000 | 0.000 | 0.000 | 0.000 | 0.000 | 0.000 | 0.000 |
| D461 | 苏豆4号 | 0.031 | 0.016 | 0.000 | 0.000 | 0.000 | 0.000 | 0.000 | 0.000 | 0.000 | 0.000 | 0.000 | 0.000 | 0.016 |
| D081 | 桂早1号 | 0.000 | 0.000 | 0.000 | 0.000 | 0.000 | 0.000 | 0.000 | 0.000 | 0.000 | 0.000 | 0.000 | 0.000 | 0.000 |
| D596 | 川豆4号 | 0.000 | 0.000 | 0.000 | 0.000 | 0.000 | 0.000 | 0.000 | 0.000 | 0.000 | 0.000 | 0.000 | 0.000 | 0.000 |
| D593 | 成豆9号 | 0.000 | 0.000 | 0.000 | 0.000 | 0.000 | 0.000 | 0.000 | 0.000 | 0.000 | 0.000 | 0.000 | 0.000 | 0.000 |
| D598 | 川豆6号 | 0.000 | 0.000 | 0.000 | 0.000 | 0.000 | 0.000 | 0.000 | 0.000 | 0.000 | 0.000 | 0.000 | 0.000 | 0.000 |
| C621 | 川豆2号 | 0.000 | 0.000 | 0.000 | 0.000 | 0.000 | 0.000 | 0.000 | 0.000 | 0.000 | 0.000 | 0.000 | 0.000 | 0.000 |
| C650 | 浙春3号 | 0.012 | 0.018 | 0.006 | 0.031 | 0.000 | 0.000 | 0.000 | 0.031 | 0.000 | 0.000 | 0.000 | 0.000 | 0.000 |
| D619 | 南豆5号 | 0.020 | 0.025 | 0.024 | 0.043 | 0.086 | 0.066 | 0.086 | 0.043 | 0.033 | 0.086 | 0.086 | 0.043 | 0.018 |
| C629 | 贡豆6号 | 0.039 | 0.051 | 0.049 | 0.086 | 0.172 | 0.133 | 0.172 | 0.086 | 0.066 | 0.172 | 0.172 | 0.086 | 0.035 |
| D609 | 贡豆11 | 0.025 | 0.034 | 0.027 | 0.059 | 0.086 | 0.066 | 0.086 | 0.059 | 0.033 | 0.086 | 0.086 | 0.043 | 0.018 |
| C628 | 贡豆4号 | 0.027 | 0.033 | 0.028 | 0.074 | 0.086 | 0.066 | 0.086 | 0.043 | 0.033 | 0.086 | 0.086 | 0.043 | 0.018 |
| D605 | 贡豆5号 | 0.016 | 0.021 | 0.019 | 0.037 | 0.043 | 0.033 | 0.043 | 0.037 | 0.017 | 0.043 | 0.043 | 0.037 | 0.017 |
| D610 | 贡豆12 | 0.014 | 0.017 | 0.014 | 0.037 | 0.043 | 0.033 | 0.043 | 0.021 | 0.017 | 0.043 | 0.043 | 0.021 | 0.009 |
| D606 | 贡豆8号 | 0.016 | 0.021 | 0.019 | 0.037 | 0.043 | 0.033 | 0.043 | 0.037 | 0.017 | 0.043 | 0.043 | 0.037 | 0.017 |
| C626 | 贡豆2号 | 0.039 | 0.051 | 0.049 | 0.086 | 0.172 | 0.133 | 0.172 | 0.086 | 0.066 | 0.172 | 0.172 | 0.086 | 0.035 |
| D471 | 赣豆4号 | 0.031 | 0.047 | 0.031 | 0.063 | 0.125 | 0.063 | 0.125 | 0.063 | 0.031 | 0.125 | 0.125 | 0.063 | 0.031 |
| D326 | 湘春豆23 | 0.006 | 0.009 | 0.003 | 0.016 | 0.000 | 0.000 | 0.000 | 0.016 | 0.000 | 0.000 | 0.000 | 0.000 | 0.000 |
| C301 | 湘春豆10号 | 0.000 | 0.000 | 0.000 | 0.000 | 0.000 | 0.000 | 0.000 | 0.000 | 0.000 | 0.000 | 0.000 | 0.000 | 0.000 |
| C306 | 湘春豆15 | 0.000 | 0.000 | 0.000 | 0.000 | 0.000 | 0.000 | 0.000 | 0.000 | 0.000 | 0.000 | 0.000 | 0.000 | 0.000 |
| D319 | 湘春豆16 | 0.000 | 0.000 | 0.000 | 0.000 | 0.000 | 0.000 | 0.000 | 0.000 | 0.000 | 0.000 | 0.000 | 0.000 | 0.000 |
| D322 | 湘春豆19 | 0.000 | 0.000 | 0.001 | 0.000 | 0.000 | 0.000 | 0.000 | 0.000 | 0.000 | 0.000 | 0.000 | 0.005 | 0.003 |
| D323 | 湘春豆20 | 0.000 | 0.000 | 0.000 | 0.000 | 0.000 | 0.000 | 0.000 | 0.000 | 0.000 | 0.000 | 0.000 | 0.000 | 0.000 |

（续）

| C039 | C040 | C041 | C037 | C026 | C044 | C030 | C043 | D028 | D044 | D054 | D122 | C538 | C539 | D090 | C016 | D137 |
|---|---|---|---|---|---|---|---|---|---|---|---|---|---|---|---|---|
| 中黄2号 | 中黄3号 | 中黄4号 | 早熟18 | 科丰35 | 中黄7号 | 诱处4号 | 中黄6号 | 科丰53 | 中黄15 | 中黄25 | 豫豆17 | 菏84-1 | 菏84-5 | 沧豆4号 | 皖豆9号 | 郑长交14 |
| 0.032 | 0.032 | 0.010 | 0.012 | 0.012 | 0.005 | 0.000 | 0.000 | 0.000 | 0.012 | 0.005 | 0.006 | 0.020 | 0.042 | 0.016 | 0.000 | 0.000 |
| 0.016 | 0.016 | 0.020 | 0.012 | 0.012 | 0.010 | 0.000 | 0.000 | 0.000 | 0.019 | 0.010 | 0.006 | 0.039 | 0.021 | 0.008 | 0.000 | 0.000 |
| 0.147 | 0.121 | 0.131 | 0.166 | 0.000 | 0.120 | 0.160 | 0.126 | 0.000 | 0.147 | 0.108 | 0.134 | 0.000 | 0.000 | 0.000 | 0.120 | 0.179 |
| 0.125 | 0.125 | 0.063 | 0.109 | 0.172 | 0.078 | 0.063 | 0.063 | 0.188 | 0.063 | 0.156 | 0.086 | 0.125 | 0.125 | 0.063 | 0.125 | 0.000 |
| 0.053 | 0.053 | 0.040 | 0.070 | 0.110 | 0.050 | 0.040 | 0.040 | 0.120 | 0.040 | 0.100 | 0.055 | 0.080 | 0.080 | 0.040 | 0.088 | 0.057 |
| 0.141 | 0.141 | 0.086 | 0.150 | 0.236 | 0.107 | 0.086 | 0.086 | 0.258 | 0.086 | 0.215 | 0.118 | 0.172 | 0.172 | 0.086 | 0.172 | 0.047 |
| 0.087 | 0.087 | 0.048 | 0.070 | 0.107 | 0.052 | 0.037 | 0.037 | 0.111 | 0.047 | 0.098 | 0.053 | 0.096 | 0.118 | 0.048 | 0.074 | 0.012 |
| 0.019 | 0.019 | 0.011 | 0.021 | 0.032 | 0.014 | 0.144 | 0.019 | 0.040 | 0.011 | 0.027 | 0.016 | 0.021 | 0.021 | 0.011 | 0.021 | 0.006 |
| 0.016 | 0.016 | 0.016 | 0.011 | 0.011 | 0.008 | 0.000 | 0.000 | 0.000 | 0.014 | 0.008 | 0.005 | 0.031 | 0.012 | 0.008 | 0.000 | 0.000 |
| 0.000 | 0.000 | 0.000 | 0.000 | 0.000 | 0.000 | 0.000 | 0.000 | 0.000 | 0.000 | 0.000 | 0.000 | 0.000 | 0.000 | 0.000 | 0.000 | 0.000 |
| 0.004 | 0.004 | 0.000 | 0.006 | 0.006 | 0.000 | 0.016 | 0.016 | 0.016 | 0.000 | 0.000 | 0.003 | 0.000 | 0.000 | 0.002 | 0.000 | 0.000 |
| 0.008 | 0.008 | 0.012 | 0.021 | 0.032 | 0.015 | 0.012 | 0.012 | 0.035 | 0.012 | 0.029 | 0.016 | 0.023 | 0.023 | 0.012 | 0.086 | 0.023 |
| 0.000 | 0.000 | 0.000 | 0.000 | 0.000 | 0.000 | 0.000 | 0.000 | 0.000 | 0.000 | 0.000 | 0.000 | 0.000 | 0.000 | 0.000 | 0.000 | 0.000 |
| 0.063 | 0.063 | 0.000 | 0.000 | 0.000 | 0.000 | 0.000 | 0.000 | 0.000 | 0.000 | 0.000 | 0.000 | 0.000 | 0.000 | 0.000 | 0.000 | 0.000 |
| 0.000 | 0.000 | 0.000 | 0.000 | 0.000 | 0.000 | 0.000 | 0.000 | 0.000 | 0.000 | 0.000 | 0.000 | 0.000 | 0.000 | 0.000 | 0.000 | 0.000 |
| 0.031 | 0.031 | 0.000 | 0.000 | 0.000 | 0.000 | 0.000 | 0.000 | 0.000 | 0.000 | 0.000 | 0.000 | 0.000 | 0.000 | 0.000 | 0.000 | 0.000 |
| 0.000 | 0.000 | 0.000 | 0.000 | 0.000 | 0.000 | 0.000 | 0.000 | 0.000 | 0.000 | 0.000 | 0.000 | 0.000 | 0.000 | 0.000 | 0.000 | 0.000 |
| 0.000 | 0.000 | 0.000 | 0.000 | 0.000 | 0.000 | 0.000 | 0.000 | 0.000 | 0.000 | 0.000 | 0.000 | 0.000 | 0.000 | 0.000 | 0.000 | 0.000 |
| 0.004 | 0.004 | 0.005 | 0.003 | 0.003 | 0.002 | 0.000 | 0.000 | 0.000 | 0.005 | 0.002 | 0.002 | 0.010 | 0.005 | 0.002 | 0.000 | 0.000 |
| 0.010 | 0.010 | 0.020 | 0.008 | 0.008 | 0.010 | 0.000 | 0.000 | 0.000 | 0.017 | 0.010 | 0.004 | 0.039 | 0.021 | 0.005 | 0.000 | 0.000 |
| 0.008 | 0.008 | 0.010 | 0.006 | 0.006 | 0.005 | 0.000 | 0.000 | 0.000 | 0.009 | 0.005 | 0.003 | 0.020 | 0.011 | 0.004 | 0.000 | 0.000 |
| 0.035 | 0.035 | 0.021 | 0.038 | 0.059 | 0.027 | 0.021 | 0.021 | 0.064 | 0.021 | 0.054 | 0.030 | 0.043 | 0.043 | 0.021 | 0.043 | 0.012 |
| 0.070 | 0.070 | 0.043 | 0.075 | 0.118 | 0.054 | 0.043 | 0.043 | 0.129 | 0.043 | 0.107 | 0.059 | 0.086 | 0.086 | 0.043 | 0.086 | 0.023 |
| 0.040 | 0.040 | 0.023 | 0.041 | 0.062 | 0.028 | 0.021 | 0.021 | 0.064 | 0.024 | 0.055 | 0.031 | 0.047 | 0.044 | 0.024 | 0.043 | 0.012 |
| 0.045 | 0.045 | 0.025 | 0.044 | 0.066 | 0.029 | 0.021 | 0.021 | 0.064 | 0.027 | 0.056 | 0.033 | 0.051 | 0.046 | 0.026 | 0.059 | 0.012 |
| 0.024 | 0.024 | 0.013 | 0.025 | 0.035 | 0.015 | 0.019 | 0.019 | 0.040 | 0.013 | 0.028 | 0.018 | 0.025 | 0.023 | 0.014 | 0.021 | 0.006 |
| 0.022 | 0.022 | 0.013 | 0.022 | 0.033 | 0.014 | 0.011 | 0.011 | 0.032 | 0.013 | 0.028 | 0.016 | 0.025 | 0.023 | 0.013 | 0.029 | 0.006 |
| 0.024 | 0.024 | 0.013 | 0.025 | 0.035 | 0.015 | 0.019 | 0.019 | 0.040 | 0.013 | 0.028 | 0.018 | 0.025 | 0.023 | 0.014 | 0.021 | 0.006 |
| 0.070 | 0.070 | 0.043 | 0.075 | 0.118 | 0.054 | 0.043 | 0.043 | 0.129 | 0.043 | 0.107 | 0.059 | 0.086 | 0.086 | 0.043 | 0.086 | 0.023 |
| 0.063 | 0.063 | 0.031 | 0.055 | 0.086 | 0.039 | 0.031 | 0.031 | 0.094 | 0.031 | 0.078 | 0.043 | 0.063 | 0.063 | 0.031 | 0.063 | 0.000 |
| 0.005 | 0.005 | 0.002 | 0.003 | 0.003 | 0.001 | 0.000 | 0.000 | 0.000 | 0.003 | 0.001 | 0.002 | 0.004 | 0.001 | 0.002 | 0.000 | 0.000 |
| 0.000 | 0.000 | 0.000 | 0.000 | 0.000 | 0.000 | 0.000 | 0.000 | 0.000 | 0.000 | 0.000 | 0.000 | 0.000 | 0.000 | 0.000 | 0.000 | 0.000 |
| 0.000 | 0.000 | 0.000 | 0.000 | 0.000 | 0.000 | 0.000 | 0.000 | 0.000 | 0.000 | 0.000 | 0.000 | 0.000 | 0.000 | 0.000 | 0.000 | 0.000 |
| 0.010 | 0.010 | 0.004 | 0.007 | 0.007 | 0.002 | 0.000 | 0.000 | 0.000 | 0.005 | 0.002 | 0.003 | 0.008 | 0.003 | 0.005 | 0.000 | 0.000 |
| 0.000 | 0.000 | 0.000 | 0.001 | 0.001 | 0.001 | 0.003 | 0.003 | 0.003 | 0.000 | 0.000 | 0.000 | 0.000 | 0.000 | 0.000 | 0.000 | 0.000 |
| 0.010 | 0.010 | 0.004 | 0.007 | 0.007 | 0.002 | 0.000 | 0.000 | 0.000 | 0.005 | 0.002 | 0.003 | 0.008 | 0.003 | 0.005 | 0.000 | 0.000 |

| 品种代号及名称 | | C121 郑77249 | C113 豫豆11 | C115 豫豆15 | D550 鲁豆12号 | C457 徐豆3号 | D442 淮豆3号 | C003 阜豆1号 | C019 皖豆13 | D011 皖豆19 | C028 诱变30 | C029 诱变31 | C032 早熟6号 | C038 中黄1号 |
|---|---|---|---|---|---|---|---|---|---|---|---|---|---|---|
| D325 | 湘春豆22 | 0.000 | 0.000 | 0.000 | 0.000 | 0.000 | 0.000 | 0.000 | 0.000 | 0.000 | 0.000 | 0.000 | 0.000 | 0.000 |
| D597 | 川豆5号 | 0.000 | 0.000 | 0.000 | 0.000 | 0.000 | 0.000 | 0.000 | 0.000 | 0.000 | 0.000 | 0.000 | 0.000 | 0.000 |
| D607 | 贡豆9号 | 0.000 | 0.000 | 0.000 | 0.000 | 0.000 | 0.000 | 0.000 | 0.000 | 0.000 | 0.000 | 0.000 | 0.000 | 0.000 |
| D608 | 贡豆10号 | 0.008 | 0.008 | 0.004 | 0.031 | 0.000 | 0.000 | 0.000 | 0.000 | 0.000 | 0.000 | 0.000 | 0.000 | 0.000 |
| C630 | 贡豆7号 | 0.012 | 0.018 | 0.006 | 0.031 | 0.000 | 0.000 | 0.000 | 0.031 | 0.000 | 0.000 | 0.000 | 0.000 | 0.000 |
| C648 | 浙春1号 | 0.023 | 0.035 | 0.012 | 0.063 | 0.000 | 0.000 | 0.000 | 0.063 | 0.000 | 0.000 | 0.000 | 0.000 | 0.000 |
| C649 | 浙春2号 | 0.023 | 0.035 | 0.012 | 0.063 | 0.000 | 0.000 | 0.000 | 0.063 | 0.000 | 0.000 | 0.000 | 0.000 | 0.000 |
| C069 | 黔豆4号 | 0.012 | 0.018 | 0.006 | 0.031 | 0.000 | 0.000 | 0.000 | 0.031 | 0.000 | 0.000 | 0.000 | 0.000 | 0.000 |
| D088 | 黔豆5号 | 0.012 | 0.018 | 0.006 | 0.031 | 0.000 | 0.000 | 0.000 | 0.031 | 0.000 | 0.000 | 0.000 | 0.000 | 0.000 |
| D087 | 黔豆3号 | 0.000 | 0.000 | 0.000 | 0.000 | 0.000 | 0.000 | 0.000 | 0.000 | 0.000 | 0.000 | 0.000 | 0.000 | 0.000 |

| 品种代号及名称 | | D466 徐豆9号 | C027 科新3号 | C105 豫豆2号 | C114 豫豆12 | C120 郑133 | C045 中黄8号 | C094 河南早丰1号 | C123 郑州126 | C124 郑州135 | C104 豫豆1号 | C540 莒选23 | C575 兖黄1号 | D557 齐黄28 |
|---|---|---|---|---|---|---|---|---|---|---|---|---|---|---|
| C170 | 合丰25 | 0.135 | 0.137 | 0.187 | 0.112 | 0.158 | 0.135 | 0.175 | 0.142 | 0.353 | 0.145 | 0.170 | 0.196 | 0.216 |
| C178 | 合丰33 | 0.116 | 0.118 | 0.130 | 0.093 | 0.166 | 0.189 | 0.085 | 0.124 | 0.116 | 0.099 | 0.103 | 0.171 | 0.132 |
| D149 | 北丰7号 | 0.110 | 0.158 | 0.142 | 0.139 | 0.145 | 0.143 | 0.170 | 0.130 | 0.142 | 0.150 | 0.116 | 0.125 | 0.158 |
| D152 | 北丰10号 | 0.133 | 0.110 | 0.210 | 0.143 | 0.136 | 0.119 | 0.122 | 0.173 | 0.152 | 0.182 | 0.121 | 0.110 | 0.161 |
| D151 | 北丰9号 | 0.149 | 0.146 | 0.065 | 0.087 | 0.146 | 0.144 | 0.112 | 0.132 | 0.130 | 0.126 | 0.097 | 0.132 | 0.159 |
| D153 | 北丰11 | 0.146 | 0.206 | 0.274 | 0.143 | 0.149 | 0.167 | 0.250 | 0.179 | 0.133 | 0.234 | 0.121 | 0.103 | 0.161 |
| C181 | 合丰36 | 0.109 | 0.157 | 0.141 | 0.118 | 0.132 | 0.142 | 0.136 | 0.142 | 0.141 | 0.125 | 0.095 | 0.183 | 0.314 |
| D154 | 北丰13 | 0.132 | 0.128 | 0.230 | 0.155 | 0.128 | 0.159 | 0.213 | 0.179 | 0.144 | 0.277 | 0.124 | 0.107 | 0.121 |
| D296 | 绥农14 | 0.135 | 0.111 | 0.116 | 0.079 | 0.132 | 0.189 | 0.117 | 0.104 | 0.115 | 0.099 | 0.109 | 0.176 | 0.124 |
| D143 | 八五七-1 | 0.145 | 0.107 | 0.079 | 0.060 | 0.107 | 0.186 | 0.100 | 0.079 | 0.144 | 0.095 | 0.104 | 0.141 | 0.141 |
| D155 | 北丰14 | 0.105 | 0.146 | 0.301 | 0.161 | 0.127 | 0.097 | 0.164 | 0.126 | 0.183 | 0.305 | 0.116 | 0.113 | 0.133 |
| D241 | 抗线虫5号 | 0.109 | 0.094 | 0.094 | 0.063 | 0.112 | 0.163 | 0.087 | 0.063 | 0.109 | 0.128 | 0.099 | 0.159 | 0.168 |
| C390 | 九农20 | 0.109 | 0.085 | 0.090 | 0.092 | 0.105 | 0.135 | 0.078 | 0.071 | 0.109 | 0.086 | 0.109 | 0.144 | 0.111 |
| D053 | 中黄24 | 0.126 | 0.208 | 0.185 | 0.142 | 0.150 | 0.154 | 0.148 | 0.080 | 0.179 | 0.129 | 0.141 | 0.142 | 0.135 |
| D125 | 豫豆22 | 0.110 | 0.150 | 0.196 | 0.325 | 0.179 | 0.054 | 0.137 | 0.118 | 0.174 | 0.219 | 0.103 | 0.106 | 0.106 |
| D131 | 豫豆28 | 0.102 | 0.157 | 0.194 | 0.237 | 0.151 | 0.128 | 0.123 | 0.162 | 0.154 | 0.125 | 0.156 | 0.111 | 0.097 |
| D112 | 地神21 | 0.142 | 0.305 | 0.196 | 0.387 | 0.146 | 0.089 | 0.237 | 0.183 | 0.201 | 0.152 | 0.158 | 0.152 | 0.171 |
| D113 | 地神22 | 0.142 | 0.152 | 0.169 | 0.125 | 0.125 | 0.220 | 0.103 | 0.136 | 0.108 | 0.118 | 0.156 | 0.145 | 0.145 |
| D130 | 豫豆27 | 0.134 | 0.149 | 0.231 | 0.216 | 0.275 | 0.107 | 0.368 | 0.219 | 0.197 | 0.196 | 0.176 | 0.123 | 0.169 |
| D445 | 淮豆6号 | 0.201 | 0.145 | 0.150 | 0.146 | 0.194 | 0.183 | 0.144 | 0.178 | 0.101 | 0.118 | 0.196 | 0.304 | 0.179 |
| C423 | 淮豆1号 | 0.135 | 0.170 | 0.135 | 0.118 | 0.105 | 0.174 | 0.078 | 0.110 | 0.090 | 0.111 | 0.245 | 0.131 | 0.124 |
| C421 | 灌豆1号 | 0.121 | 0.097 | 0.122 | 0.118 | 0.105 | 0.161 | 0.071 | 0.110 | 0.115 | 0.092 | 0.108 | 0.182 | 0.097 |
| D443 | 淮豆4号 | 0.162 | 0.113 | 0.079 | 0.121 | 0.087 | 0.131 | 0.126 | 0.086 | 0.098 | 0.094 | 0.171 | 0.159 | 0.100 |
| C295 | 中豆19 | 0.138 | 0.134 | 0.151 | 0.142 | 0.128 | 0.172 | 0.107 | 0.133 | 0.138 | 0.101 | 0.140 | 0.195 | 0.141 |
| D036 | 中豆27 | 0.140 | 0.136 | 0.152 | 0.157 | 0.188 | 0.134 | 0.116 | 0.147 | 0.127 | 0.162 | 0.122 | 0.117 | 0.136 |
| C014 | 皖豆6号 | 0.105 | 0.154 | 0.152 | 0.114 | 0.155 | 0.185 | 0.127 | 0.113 | 0.099 | 0.196 | 0.147 | 0.161 | 0.107 |

（续）

| C039 | C040 | C041 | C037 | C026 | C044 | C030 | C043 | D028 | D044 | D054 | D122 | C538 | C539 | D090 | C016 | D137 |
|---|---|---|---|---|---|---|---|---|---|---|---|---|---|---|---|---|
| 中黄2号 | 中黄3号 | 中黄4号 | 早熟18 | 科丰35 | 中黄7号 | 诱处4号 | 中黄6号 | 科丰53 | 中黄15 | 中黄25 | 豫豆17 | 菏84-1 | 菏84-5 | 沧豆4号 | 皖豆9号 | 郑长交14 |
| 0.000 | 0.000 | 0.000 | 0.000 | 0.000 | 0.000 | 0.000 | 0.000 | 0.000 | 0.000 | 0.000 | 0.000 | 0.000 | 0.000 | 0.000 | 0.000 | 0.000 |
| 0.000 | 0.000 | 0.000 | 0.000 | 0.000 | 0.000 | 0.000 | 0.000 | 0.000 | 0.000 | 0.000 | 0.000 | 0.000 | 0.000 | 0.000 | 0.000 | 0.000 |
| 0.010 | 0.010 | 0.004 | 0.007 | 0.007 | 0.002 | 0.000 | 0.000 | 0.000 | 0.005 | 0.002 | 0.003 | 0.008 | 0.003 | 0.005 | 0.031 | 0.000 |
| 0.005 | 0.005 | 0.002 | 0.003 | 0.003 | 0.001 | 0.000 | 0.000 | 0.000 | 0.003 | 0.001 | 0.002 | 0.004 | 0.001 | 0.002 | 0.016 | 0.000 |
| 0.010 | 0.010 | 0.004 | 0.007 | 0.007 | 0.002 | 0.000 | 0.000 | 0.000 | 0.005 | 0.002 | 0.003 | 0.008 | 0.003 | 0.005 | 0.016 | 0.000 |
| 0.000 | 0.000 | 0.000 | 0.000 | 0.000 | 0.000 | 0.000 | 0.000 | 0.000 | 0.000 | 0.000 | 0.000 | 0.000 | 0.000 | 0.000 | 0.000 | 0.000 |
| 0.000 | 0.000 | 0.000 | 0.000 | 0.000 | 0.000 | 0.000 | 0.000 | 0.000 | 0.000 | 0.000 | 0.000 | 0.000 | 0.000 | 0.000 | 0.000 | 0.000 |
| 0.000 | 0.000 | 0.000 | 0.000 | 0.000 | 0.000 | 0.000 | 0.000 | 0.000 | 0.000 | 0.000 | 0.000 | 0.000 | 0.000 | 0.000 | 0.000 | 0.000 |
| 0.000 | 0.000 | 0.000 | 0.000 | 0.000 | 0.000 | 0.000 | 0.000 | 0.000 | 0.000 | 0.000 | 0.000 | 0.000 | 0.000 | 0.000 | 0.000 | 0.000 |
| 0.000 | 0.000 | 0.000 | 0.000 | 0.000 | 0.000 | 0.000 | 0.000 | 0.000 | 0.000 | 0.000 | 0.000 | 0.000 | 0.000 | 0.000 | 0.000 | 0.000 |

| D558 | C567 | C125 | C572 | C542 | C563 | D465 | C010 | C455 | C458 | C431 | C444 | C450 | C443 | C445 | D463 | C448 |
|---|---|---|---|---|---|---|---|---|---|---|---|---|---|---|---|---|
| 齐黄29 | 为民1号 | 周7327-118 | 文丰7号 | 鲁豆1号 | 齐黄22 | 徐豆8号 | 皖豆1号 | 徐豆1号 | 徐豆7号 | 南农493-1 | 苏豆1号 | 苏协4-1 | 苏7209 | 苏豆3号 | 通豆3号 | 苏协18-6 |
| 0.260 | 0.158 | 0.195 | 0.147 | 0.121 | 0.097 | 0.353 | 0.092 | 0.124 | 0.123 | 0.158 | 0.117 | 0.123 | 0.161 | 0.148 | 0.159 | 0.161 |
| 0.097 | 0.146 | 0.176 | 0.282 | 0.135 | 0.167 | 0.145 | 0.138 | 0.184 | 0.209 | 0.151 | 0.196 | 0.144 | 0.084 | 0.128 | 0.153 | 0.091 |
| 0.170 | 0.132 | 0.118 | 0.081 | 0.142 | 0.125 | 0.191 | 0.105 | 0.151 | 0.137 | 0.119 | 0.098 | 0.137 | 0.136 | 0.121 | 0.127 | 0.258 |
| 0.115 | 0.071 | 0.122 | 0.099 | 0.106 | 0.122 | 0.174 | 0.071 | 0.135 | 0.090 | 0.084 | 0.103 | 0.128 | 0.115 | 0.146 | 0.078 | 0.134 |
| 0.132 | 0.113 | 0.118 | 0.108 | 0.143 | 0.133 | 0.113 | 0.099 | 0.119 | 0.191 | 0.113 | 0.118 | 0.105 | 0.111 | 0.074 | 0.087 | 0.188 |
| 0.179 | 0.117 | 0.115 | 0.112 | 0.132 | 0.136 | 0.181 | 0.148 | 0.168 | 0.115 | 0.149 | 0.115 | 0.128 | 0.121 | 0.132 | 0.137 | 0.121 |
| 0.318 | 0.164 | 0.143 | 0.127 | 0.093 | 0.090 | 0.190 | 0.111 | 0.137 | 0.149 | 0.125 | 0.149 | 0.148 | 0.142 | 0.160 | 0.172 | 0.161 |
| 0.152 | 0.162 | 0.087 | 0.122 | 0.151 | 0.190 | 0.147 | 0.120 | 0.114 | 0.133 | 0.182 | 0.120 | 0.086 | 0.126 | 0.096 | 0.122 | 0.152 |
| 0.104 | 0.086 | 0.182 | 0.184 | 0.120 | 0.116 | 0.144 | 0.176 | 0.149 | 0.175 | 0.145 | 0.208 | 0.135 | 0.116 | 0.113 | 0.159 | 0.090 |
| 0.127 | 0.128 | 0.171 | 0.176 | 0.159 | 0.184 | 0.101 | 0.187 | 0.168 | 0.140 | 0.108 | 0.193 | 0.140 | 0.119 | 0.144 | 0.102 | 0.073 |
| 0.132 | 0.120 | 0.099 | 0.095 | 0.110 | 0.134 | 0.133 | 0.133 | 0.133 | 0.152 | 0.181 | 0.139 | 0.113 | 0.111 | 0.110 | 0.122 | 0.118 |
| 0.126 | 0.072 | 0.142 | 0.176 | 0.120 | 0.144 | 0.126 | 0.195 | 0.151 | 0.124 | 0.096 | 0.173 | 0.126 | 0.094 | 0.081 | 0.169 | 0.085 |
| 0.052 | 0.098 | 0.136 | 0.120 | 0.113 | 0.109 | 0.065 | 0.123 | 0.117 | 0.110 | 0.099 | 0.129 | 0.077 | 0.135 | 0.107 | 0.099 | 0.103 |
| 0.099 | 0.136 | 0.121 | 0.131 | 0.090 | 0.136 | 0.160 | 0.134 | 0.135 | 0.113 | 0.116 | 0.113 | 0.114 | 0.113 | 0.104 | 0.103 | 0.160 |
| 0.092 | 0.132 | 0.092 | 0.088 | 0.109 | 0.112 | 0.113 | 0.125 | 0.099 | 0.125 | 0.126 | 0.105 | 0.079 | 0.098 | 0.143 | 0.107 | 0.111 |
| 0.091 | 0.145 | 0.110 | 0.127 | 0.107 | 0.090 | 0.111 | 0.059 | 0.111 | 0.116 | 0.078 | 0.169 | 0.143 | 0.084 | 0.114 | 0.099 | 0.129 |
| 0.132 | 0.179 | 0.145 | 0.081 | 0.143 | 0.182 | 0.152 | 0.132 | 0.166 | 0.176 | 0.152 | 0.132 | 0.211 | 0.203 | 0.162 | 0.168 | 0.137 |
| 0.136 | 0.124 | 0.253 | 0.280 | 0.149 | 0.137 | 0.137 | 0.151 | 0.178 | 0.199 | 0.144 | 0.233 | 0.158 | 0.150 | 0.163 | 0.160 | 0.108 |
| 0.168 | 0.144 | 0.090 | 0.099 | 0.113 | 0.116 | 0.188 | 0.097 | 0.123 | 0.161 | 0.131 | 0.135 | 0.142 | 0.122 | 0.153 | 0.158 | 0.160 |
| 0.178 | 0.234 | 0.163 | 0.203 | 0.215 | 0.221 | 0.200 | 0.097 | 0.315 | 0.356 | 0.188 | 0.219 | 0.293 | 0.224 | 0.294 | 0.422 | 0.169 |
| 0.097 | 0.211 | 0.110 | 0.153 | 0.147 | 0.130 | 0.131 | 0.163 | 0.157 | 0.182 | 0.309 | 0.156 | 0.214 | 0.187 | 0.228 | 0.166 | 0.110 |
| 0.097 | 0.117 | 0.129 | 0.146 | 0.139 | 0.129 | 0.078 | 0.129 | 0.168 | 0.232 | 0.320 | 0.199 | 0.160 | 0.141 | 0.159 | 0.204 | 0.103 |
| 0.106 | 0.298 | 0.132 | 0.082 | 0.295 | 0.262 | 0.120 | 0.152 | 0.224 | 0.199 | 0.134 | 0.151 | 0.158 | 0.125 | 0.170 | 0.167 | 0.132 |
| 0.107 | 0.094 | 0.167 | 0.226 | 0.144 | 0.141 | 0.094 | 0.200 | 0.160 | 0.193 | 0.176 | 0.185 | 0.184 | 0.166 | 0.177 | 0.170 | 0.113 |
| 0.147 | 0.144 | 0.116 | 0.139 | 0.120 | 0.130 | 0.206 | 0.123 | 0.143 | 0.168 | 0.144 | 0.116 | 0.174 | 0.115 | 0.133 | 0.138 | 0.353 |
| 0.093 | 0.128 | 0.200 | 0.130 | 0.116 | 0.133 | 0.134 | 0.387 | 0.127 | 0.100 | 0.168 | 0.146 | 0.132 | 0.146 | 0.096 | 0.116 | 0.106 |

| 品种代号及名称 | | D466 徐豆9号 | C027 科新3号 | C105 豫豆2号 | C114 豫豆12 | C120 郑133 | C045 中黄8号 | C094 河南早丰1号 | C123 郑州126 | C124 郑州135 | C104 豫豆1号 | C540 莒选23 | C575 兖黄1号 | D557 齐黄28 |
|---|---|---|---|---|---|---|---|---|---|---|---|---|---|---|
| D008 | 皖豆16 | 0.141 | 0.158 | 0.195 | 0.123 | 0.110 | 0.183 | 0.129 | 0.128 | 0.094 | 0.130 | 0.121 | 0.158 | 0.137 |
| D013 | 皖豆21 | 0.143 | 0.172 | 0.124 | 0.179 | 0.200 | 0.123 | 0.158 | 0.145 | 0.091 | 0.093 | 0.159 | 0.126 | 0.119 |
| D038 | 中黄9 | 0.129 | 0.276 | 0.149 | 0.093 | 0.159 | 0.130 | 0.164 | 0.158 | 0.136 | 0.126 | 0.103 | 0.099 | 0.219 |
| C417 | 58-161 | 0.129 | 0.153 | 0.096 | 0.112 | 0.091 | 0.072 | 0.083 | 0.082 | 0.129 | 0.083 | 0.123 | 0.174 | 0.132 |
| C441 | 泗豆11 | 0.143 | 0.132 | 0.157 | 0.173 | 0.207 | 0.164 | 0.151 | 0.171 | 0.136 | 0.133 | 0.171 | 0.152 | 0.132 |
| D135 | 郑90007 | 0.206 | 0.164 | 0.129 | 0.159 | 0.184 | 0.129 | 0.149 | 0.137 | 0.174 | 0.171 | 0.164 | 0.132 | 0.158 |
| D118 | 商丘1099 | 0.110 | 0.132 | 0.130 | 0.113 | 0.139 | 0.226 | 0.079 | 0.105 | 0.117 | 0.106 | 0.166 | 0.212 | 0.139 |
| D138 | 郑交107 | 0.255 | 0.187 | 0.117 | 0.141 | 0.160 | 0.192 | 0.126 | 0.105 | 0.118 | 0.126 | 0.139 | 0.160 | 0.127 |
| C116 | 豫豆16 | 0.205 | 0.143 | 0.116 | 0.092 | 0.131 | 0.208 | 0.117 | 0.103 | 0.140 | 0.072 | 0.170 | 0.235 | 0.196 |
| D136 | 郑92116 | 0.261 | 0.149 | 0.173 | 0.137 | 0.235 | 0.161 | 0.161 | 0.161 | 0.140 | 0.137 | 0.168 | 0.201 | 0.136 |
| D117 | 濮海10号 | 0.151 | 0.196 | 0.140 | 0.143 | 0.156 | 0.175 | 0.148 | 0.148 | 0.126 | 0.102 | 0.169 | 0.189 | 0.142 |
| C118 | 豫豆19 | 0.142 | 0.158 | 0.162 | 0.113 | 0.126 | 0.211 | 0.131 | 0.098 | 0.174 | 0.093 | 0.185 | 0.151 | 0.170 |
| C110 | 豫豆7号 | 0.116 | 0.146 | 0.344 | 0.213 | 0.152 | 0.096 | 0.276 | 0.144 | 0.169 | 0.257 | 0.159 | 0.132 | 0.172 |
| C112 | 豫豆10号 | 0.146 | 0.136 | 0.410 | 0.209 | 0.209 | 0.141 | 0.271 | 0.179 | 0.204 | 0.299 | 0.135 | 0.130 | 0.169 |
| C122 | 郑86506 | 0.137 | 0.172 | 0.151 | 0.215 | 0.322 | 0.130 | 0.305 | 0.395 | 0.136 | 0.193 | 0.135 | 0.119 | 0.173 |
| D124 | 豫豆21 | 0.103 | 0.144 | 0.239 | 0.355 | 0.138 | 0.088 | 0.162 | 0.219 | 0.141 | 0.196 | 0.148 | 0.163 | 0.137 |
| D126 | 豫豆23 | 0.111 | 0.159 | 0.190 | 0.293 | 0.140 | 0.075 | 0.146 | 0.190 | 0.143 | 0.187 | 0.111 | 0.127 | 0.147 |
| D127 | 豫豆24 | 0.159 | 0.150 | 0.205 | 0.138 | 0.203 | 0.115 | 0.188 | 0.136 | 0.167 | 0.144 | 0.122 | 0.131 | 0.176 |
| D128 | 豫豆25 | 0.083 | 0.149 | 0.212 | 0.281 | 0.209 | 0.074 | 0.148 | 0.123 | 0.172 | 0.170 | 0.107 | 0.104 | 0.110 |
| D129 | 豫豆26 | 0.144 | 0.172 | 0.176 | 0.174 | 0.134 | 0.145 | 0.172 | 0.112 | 0.157 | 0.141 | 0.167 | 0.160 | 0.187 |
| D132 | 豫豆29 | 0.116 | 0.197 | 0.123 | 0.125 | 0.158 | 0.116 | 0.163 | 0.124 | 0.135 | 0.152 | 0.137 | 0.112 | 0.104 |
| D114 | 滑豆20 | 0.109 | 0.261 | 0.206 | 0.474 | 0.151 | 0.095 | 0.181 | 0.195 | 0.186 | 0.144 | 0.143 | 0.144 | 0.190 |
| D140 | 周豆11 | 0.124 | 0.160 | 0.170 | 0.161 | 0.141 | 0.130 | 0.185 | 0.132 | 0.182 | 0.128 | 0.158 | 0.152 | 0.132 |
| D141 | 周豆12 | 0.090 | 0.157 | 0.179 | 0.178 | 0.132 | 0.087 | 0.175 | 0.129 | 0.191 | 0.132 | 0.161 | 0.136 | 0.157 |
| D139 | GS郑交9525 | 0.282 | 0.183 | 0.135 | 0.158 | 0.196 | 0.141 | 0.182 | 0.188 | 0.154 | 0.149 | 0.163 | 0.196 | 0.150 |
| D043 | 中黄14 | 0.182 | 0.276 | 0.183 | 0.160 | 0.213 | 0.110 | 0.170 | 0.197 | 0.130 | 0.126 | 0.144 | 0.199 | 0.159 |
| C106 | 豫豆3号 | 0.183 | 0.113 | 0.105 | 0.099 | 0.181 | 0.211 | 0.166 | 0.132 | 0.157 | 0.101 | 0.174 | 0.153 | 0.153 |
| C108 | 豫豆5号 | 0.115 | 0.136 | 0.376 | 0.247 | 0.159 | 0.078 | 0.212 | 0.135 | 0.215 | 0.347 | 0.143 | 0.131 | 0.138 |
| C111 | 豫豆8号 | 0.174 | 0.137 | 0.110 | 0.079 | 0.178 | 0.230 | 0.131 | 0.156 | 0.167 | 0.086 | 0.219 | 0.211 | 0.164 |
| C106 | 郑长叶7 | 0.175 | 0.199 | 0.221 | 0.179 | 0.240 | 0.144 | 0.353 | 0.318 | 0.195 | 0.191 | 0.103 | 0.119 | 0.159 |
| D565 | 跃进10号 | 0.151 | 0.174 | 0.125 | 0.209 | 0.087 | 0.104 | 0.140 | 0.093 | 0.158 | 0.154 | 0.126 | 0.121 | 0.128 |
| D467 | 徐豆10号 | 0.175 | 0.212 | 0.098 | 0.146 | 0.207 | 0.122 | 0.145 | 0.171 | 0.273 | 0.113 | 0.116 | 0.132 | 0.278 |
| D468 | 徐豆11 | 0.169 | 0.152 | 0.157 | 0.126 | 0.167 | 0.129 | 0.204 | 0.191 | 0.195 | 0.119 | 0.138 | 0.172 | 0.377 |
| D469 | 徐豆12 | 0.158 | 0.193 | 0.111 | 0.115 | 0.149 | 0.104 | 0.179 | 0.185 | 0.204 | 0.134 | 0.167 | 0.148 | 0.364 |
| C121 | 郑77249 | 0.146 | 0.155 | 0.140 | 0.195 | 0.344 | 0.180 | 0.288 | 0.449 | 0.139 | 0.175 | 0.161 | 0.129 | 0.181 |
| C113 | 豫豆11 | 0.151 | 0.173 | 0.325 | 0.189 | 0.189 | 0.130 | 0.293 | 0.199 | 0.190 | 0.253 | 0.208 | 0.140 | 0.154 |
| C115 | 豫豆15 | 0.146 | 0.123 | 0.255 | 0.201 | 0.240 | 0.127 | 0.487 | 0.244 | 0.203 | 0.253 | 0.168 | 0.174 | 0.174 |
| D550 | 鲁豆12号 | 0.102 | 0.110 | 0.096 | 0.140 | 0.090 | 0.107 | 0.111 | 0.069 | 0.150 | 0.106 | 0.314 | 0.208 | 0.133 |

（续）

| D558 | C567 | C125 | C572 | C542 | C563 | D465 | C010 | C455 | C458 | C431 | C444 | C450 | C443 | C445 | D463 | C448 |
|---|---|---|---|---|---|---|---|---|---|---|---|---|---|---|---|---|
| 齐黄29 | 为民1号 | 周7327-118 | 文丰7号 | 鲁豆1号 | 齐黄22 | 徐豆8号 | 皖豆1号 | 徐豆1号 | 徐豆7号 | 南农493-1 | 苏豆1号 | 苏协4-1 | 苏7209 | 苏豆3号 | 通豆3号 | 苏协18-6 |
| 0.155 | 0.152 | 0.143 | 0.153 | 0.140 | 0.164 | 0.102 | 0.349 | 0.156 | 0.128 | 0.186 | 0.128 | 0.129 | 0.155 | 0.169 | 0.118 | 0.107 |
| 0.118 | 0.167 | 0.086 | 0.128 | 0.149 | 0.146 | 0.132 | 0.298 | 0.152 | 0.111 | 0.207 | 0.150 | 0.191 | 0.176 | 0.197 | 0.201 | 0.150 |
| 0.276 | 0.093 | 0.118 | 0.162 | 0.163 | 0.140 | 0.197 | 0.099 | 0.166 | 0.131 | 0.127 | 0.183 | 0.092 | 0.085 | 0.163 | 0.120 | 0.170 |
| 0.083 | 0.118 | 0.131 | 0.142 | 0.120 | 0.094 | 0.110 | 0.097 | 0.125 | 0.158 | 0.201 | 0.144 | 0.207 | 0.238 | 0.214 | 0.176 | 0.103 |
| 0.158 | 0.167 | 0.151 | 0.128 | 0.163 | 0.145 | 0.146 | 0.139 | 0.265 | 0.288 | 0.260 | 0.158 | 0.316 | 0.425 | 0.395 | 0.282 | 0.098 |
| 0.124 | 0.179 | 0.170 | 0.107 | 0.203 | 0.188 | 0.132 | 0.145 | 0.211 | 0.196 | 0.172 | 0.144 | 0.170 | 0.162 | 0.149 | 0.167 | 0.240 |
| 0.125 | 0.166 | 0.322 | 0.282 | 0.128 | 0.160 | 0.106 | 0.158 | 0.171 | 0.268 | 0.173 | 0.240 | 0.176 | 0.183 | 0.128 | 0.168 | 0.163 |
| 0.132 | 0.127 | 0.139 | 0.102 | 0.144 | 0.113 | 0.119 | 0.207 | 0.180 | 0.192 | 0.181 | 0.159 | 0.179 | 0.138 | 0.150 | 0.155 | 0.224 |
| 0.162 | 0.150 | 0.340 | 0.338 | 0.127 | 0.123 | 0.150 | 0.175 | 0.227 | 0.208 | 0.171 | 0.297 | 0.168 | 0.110 | 0.187 | 0.212 | 0.129 |
| 0.142 | 0.170 | 0.167 | 0.119 | 0.180 | 0.144 | 0.155 | 0.182 | 0.195 | 0.206 | 0.170 | 0.135 | 0.213 | 0.147 | 0.167 | 0.171 | 0.224 |
| 0.174 | 0.188 | 0.369 | 0.384 | 0.163 | 0.134 | 0.122 | 0.174 | 0.188 | 0.201 | 0.182 | 0.233 | 0.172 | 0.140 | 0.164 | 0.170 | 0.100 |
| 0.163 | 0.139 | 0.327 | 0.360 | 0.121 | 0.118 | 0.151 | 0.138 | 0.204 | 0.183 | 0.166 | 0.281 | 0.221 | 0.214 | 0.188 | 0.220 | 0.117 |
| 0.164 | 0.133 | 0.158 | 0.134 | 0.136 | 0.154 | 0.205 | 0.132 | 0.185 | 0.158 | 0.153 | 0.112 | 0.191 | 0.150 | 0.197 | 0.160 | 0.137 |
| 0.135 | 0.176 | 0.142 | 0.152 | 0.127 | 0.158 | 0.162 | 0.143 | 0.143 | 0.116 | 0.176 | 0.129 | 0.148 | 0.173 | 0.140 | 0.112 | 0.160 |
| 0.179 | 0.120 | 0.099 | 0.177 | 0.144 | 0.161 | 0.146 | 0.093 | 0.159 | 0.132 | 0.128 | 0.113 | 0.126 | 0.163 | 0.144 | 0.135 | 0.132 |
| 0.110 | 0.138 | 0.129 | 0.133 | 0.107 | 0.097 | 0.110 | 0.131 | 0.078 | 0.136 | 0.145 | 0.110 | 0.110 | 0.135 | 0.087 | 0.106 | 0.135 |
| 0.132 | 0.153 | 0.099 | 0.095 | 0.096 | 0.091 | 0.120 | 0.100 | 0.073 | 0.132 | 0.127 | 0.106 | 0.125 | 0.112 | 0.116 | 0.128 | 0.190 |
| 0.201 | 0.171 | 0.110 | 0.127 | 0.121 | 0.145 | 0.170 | 0.098 | 0.170 | 0.195 | 0.145 | 0.123 | 0.136 | 0.116 | 0.148 | 0.138 | 0.258 |
| 0.123 | 0.124 | 0.090 | 0.086 | 0.153 | 0.116 | 0.201 | 0.123 | 0.052 | 0.084 | 0.131 | 0.097 | 0.090 | 0.089 | 0.113 | 0.099 | 0.122 |
| 0.176 | 0.174 | 0.106 | 0.143 | 0.130 | 0.134 | 0.184 | 0.100 | 0.133 | 0.185 | 0.134 | 0.146 | 0.152 | 0.132 | 0.164 | 0.135 | 0.329 |
| 0.144 | 0.113 | 0.131 | 0.134 | 0.095 | 0.118 | 0.118 | 0.053 | 0.151 | 0.137 | 0.066 | 0.131 | 0.163 | 0.104 | 0.108 | 0.113 | 0.104 |
| 0.143 | 0.158 | 0.136 | 0.093 | 0.128 | 0.138 | 0.209 | 0.124 | 0.131 | 0.156 | 0.131 | 0.117 | 0.182 | 0.142 | 0.161 | 0.152 | 0.174 |
| 0.158 | 0.173 | 0.079 | 0.136 | 0.158 | 0.147 | 0.179 | 0.120 | 0.133 | 0.146 | 0.107 | 0.132 | 0.099 | 0.150 | 0.110 | 0.108 | 0.309 |
| 0.168 | 0.204 | 0.103 | 0.080 | 0.134 | 0.164 | 0.187 | 0.131 | 0.137 | 0.123 | 0.132 | 0.104 | 0.117 | 0.116 | 0.121 | 0.119 | 0.400 |
| 0.169 | 0.132 | 0.182 | 0.133 | 0.195 | 0.193 | 0.229 | 0.170 | 0.209 | 0.195 | 0.197 | 0.169 | 0.175 | 0.103 | 0.181 | 0.185 | 0.194 |
| 0.229 | 0.153 | 0.138 | 0.122 | 0.129 | 0.112 | 0.139 | 0.119 | 0.152 | 0.151 | 0.139 | 0.132 | 0.132 | 0.124 | 0.163 | 0.188 | 0.196 |
| 0.132 | 0.133 | 0.285 | 0.238 | 0.204 | 0.140 | 0.127 | 0.179 | 0.219 | 0.224 | 0.181 | 0.346 | 0.204 | 0.178 | 0.190 | 0.196 | 0.138 |
| 0.156 | 0.118 | 0.122 | 0.077 | 0.099 | 0.109 | 0.170 | 0.138 | 0.138 | 0.123 | 0.174 | 0.110 | 0.163 | 0.177 | 0.134 | 0.133 | 0.129 |
| 0.163 | 0.197 | 0.273 | 0.293 | 0.168 | 0.164 | 0.118 | 0.170 | 0.214 | 0.196 | 0.146 | 0.305 | 0.136 | 0.175 | 0.148 | 0.167 | 0.116 |
| 0.183 | 0.140 | 0.118 | 0.128 | 0.163 | 0.196 | 0.138 | 0.093 | 0.139 | 0.158 | 0.167 | 0.118 | 0.118 | 0.144 | 0.109 | 0.141 | 0.150 |
| 0.133 | 0.155 | 0.093 | 0.110 | 0.123 | 0.148 | 0.215 | 0.114 | 0.148 | 0.140 | 0.122 | 0.080 | 0.120 | 0.099 | 0.137 | 0.129 | 0.289 |
| 0.289 | 0.178 | 0.157 | 0.149 | 0.108 | 0.097 | 0.559 | 0.125 | 0.151 | 0.170 | 0.167 | 0.136 | 0.150 | 0.143 | 0.196 | 0.201 | 0.209 |
| 0.342 | 0.180 | 0.211 | 0.142 | 0.061 | 0.112 | 0.483 | 0.113 | 0.171 | 0.163 | 0.193 | 0.111 | 0.158 | 0.157 | 0.203 | 0.213 | 0.182 |
| 0.325 | 0.149 | 0.147 | 0.178 | 0.159 | 0.142 | 0.364 | 0.128 | 0.161 | 0.160 | 0.142 | 0.167 | 0.152 | 0.146 | 0.151 | 0.218 | 0.199 |
| 0.192 | 0.156 | 0.128 | 0.164 | 0.166 | 0.177 | 0.181 | 0.090 | 0.168 | 0.141 | 0.104 | 0.147 | 0.167 | 0.159 | 0.126 | 0.190 | 0.159 |
| 0.160 | 0.223 | 0.133 | 0.185 | 0.158 | 0.183 | 0.153 | 0.101 | 0.174 | 0.127 | 0.128 | 0.193 | 0.147 | 0.159 | 0.145 | 0.136 | 0.185 |
| 0.192 | 0.149 | 0.135 | 0.132 | 0.152 | 0.142 | 0.174 | 0.103 | 0.148 | 0.146 | 0.117 | 0.109 | 0.122 | 0.127 | 0.119 | 0.111 | 0.166 |
| 0.132 | 0.462 | 0.131 | 0.107 | 0.376 | 0.326 | 0.112 | 0.145 | 0.215 | 0.194 | 0.155 | 0.124 | 0.151 | 0.199 | 0.142 | 0.154 | 0.152 |

| 品种代号及名称 | | D466 徐豆9号 | C027 科新3号 | C105 豫豆2号 | C114 豫豆12 | C120 郑133 | C045 中黄8号 | C094 河南早丰1号 | C123 郑州126 | C124 郑州135 | C104 豫豆1号 | C540 莒选23 | C575 兖黄1号 | D557 齐黄28 |
|---|---|---|---|---|---|---|---|---|---|---|---|---|---|---|
| C457 | 徐豆3号 | 0.154 | 0.219 | 0.135 | 0.199 | 0.172 | 0.163 | 0.129 | 0.156 | 0.107 | 0.090 | 0.169 | 0.212 | 0.137 |
| D442 | 淮豆3号 | 0.123 | 0.164 | 0.130 | 0.119 | 0.159 | 0.149 | 0.137 | 0.150 | 0.129 | 0.079 | 0.144 | 0.255 | 0.138 |
| C003 | 阜豆1号 | 0.149 | 0.117 | 0.095 | 0.075 | 0.111 | 0.155 | 0.103 | 0.095 | 0.149 | 0.083 | 0.101 | 0.117 | 0.116 |
| C019 | 皖豆13 | 0.124 | 0.396 | 0.158 | 0.162 | 0.182 | 0.104 | 0.172 | 0.224 | 0.125 | 0.127 | 0.125 | 0.141 | 0.181 |
| D011 | 皖豆19 | 0.118 | 0.395 | 0.158 | 0.188 | 0.221 | 0.110 | 0.192 | 0.252 | 0.124 | 0.120 | 0.160 | 0.120 | 0.193 |
| C028 | 诱变30 | 0.096 | 0.131 | 0.187 | 0.158 | 0.138 | 0.181 | 0.175 | 0.149 | 0.103 | 0.132 | 0.088 | 0.144 | 0.124 |
| C029 | 诱变31 | 0.147 | 0.150 | 0.168 | 0.150 | 0.086 | 0.221 | 0.162 | 0.123 | 0.160 | 0.105 | 0.143 | 0.190 | 0.098 |
| C032 | 早熟6号 | 0.145 | 0.154 | 0.173 | 0.101 | 0.176 | 0.248 | 0.148 | 0.127 | 0.112 | 0.095 | 0.148 | 0.149 | 0.088 |
| C038 | 中黄1号 | 0.167 | 0.247 | 0.174 | 0.138 | 0.250 | 0.149 | 0.162 | 0.188 | 0.135 | 0.178 | 0.122 | 0.149 | 0.176 |
| C039 | 中黄2号 | 0.186 | 0.240 | 0.174 | 0.132 | 0.257 | 0.176 | 0.182 | 0.221 | 0.154 | 0.184 | 0.143 | 0.149 | 0.183 |
| C040 | 中黄3号 | 0.121 | 0.338 | 0.115 | 0.163 | 0.255 | 0.161 | 0.155 | 0.297 | 0.159 | 0.150 | 0.115 | 0.130 | 0.175 |
| C041 | 中黄4号 | 0.135 | 0.152 | 0.154 | 0.117 | 0.174 | 0.324 | 0.144 | 0.122 | 0.128 | 0.104 | 0.100 | 0.159 | 0.117 |
| C037 | 早熟18 | 0.160 | 0.138 | 0.143 | 0.099 | 0.119 | 0.284 | 0.124 | 0.105 | 0.103 | 0.132 | 0.082 | 0.164 | 0.086 |
| C026 | 科丰35 | 0.135 | 0.157 | 0.135 | 0.138 | 0.158 | 0.257 | 0.149 | 0.148 | 0.115 | 0.125 | 0.122 | 0.124 | 0.085 |
| C044 | 中黄7号 | 0.146 | 0.239 | 0.121 | 0.097 | 0.188 | 0.133 | 0.154 | 0.167 | 0.133 | 0.136 | 0.100 | 0.097 | 0.219 |
| C030 | 诱处4号 | 0.142 | 0.125 | 0.136 | 0.099 | 0.159 | 0.236 | 0.157 | 0.144 | 0.129 | 0.119 | 0.137 | 0.138 | 0.086 |
| C043 | 中黄6号 | 0.146 | 0.113 | 0.119 | 0.106 | 0.149 | 0.369 | 0.148 | 0.147 | 0.110 | 0.100 | 0.110 | 0.148 | 0.078 |
| D028 | 科丰53 | 0.229 | 0.176 | 0.129 | 0.105 | 0.184 | 0.329 | 0.188 | 0.149 | 0.154 | 0.092 | 0.150 | 0.124 | 0.124 |
| D044 | 中黄15 | 0.156 | 0.105 | 0.156 | 0.147 | 0.106 | 0.103 | 0.158 | 0.105 | 0.143 | 0.192 | 0.122 | 0.152 | 0.106 |
| D054 | 中黄25 | 0.134 | 0.416 | 0.218 | 0.170 | 0.183 | 0.148 | 0.194 | 0.250 | 0.115 | 0.156 | 0.094 | 0.130 | 0.182 |
| D122 | 豫豆17 | 0.173 | 0.190 | 0.258 | 0.196 | 0.211 | 0.149 | 0.390 | 0.234 | 0.205 | 0.191 | 0.136 | 0.149 | 0.203 |
| C538 | 菏84-1 | 0.176 | 0.307 | 0.150 | 0.201 | 0.221 | 0.159 | 0.179 | 0.170 | 0.144 | 0.133 | 0.125 | 0.107 | 0.247 |
| C539 | 菏84-5 | 0.195 | 0.133 | 0.145 | 0.134 | 0.161 | 0.171 | 0.159 | 0.139 | 0.111 | 0.148 | 0.288 | 0.232 | 0.133 |
| D090 | 沧豆4号 | 0.135 | 0.296 | 0.142 | 0.179 | 0.364 | 0.184 | 0.176 | 0.252 | 0.194 | 0.178 | 0.103 | 0.092 | 0.184 |
| C016 | 皖豆9号 | 0.076 | 0.214 | 0.162 | 0.136 | 0.129 | 0.188 | 0.176 | 0.128 | 0.105 | 0.137 | 0.172 | 0.129 | 0.121 |
| D137 | 郑长交14 | 0.187 | 0.183 | 0.123 | 0.159 | 0.146 | 0.129 | 0.124 | 0.168 | 0.142 | 0.166 | 0.143 | 0.171 | 0.105 |
| D466 | 徐豆9号 | | 0.110 | 0.115 | 0.118 | 0.150 | 0.168 | 0.142 | 0.142 | 0.140 | 0.105 | 0.176 | 0.195 | 0.156 |
| C027 | 科新3号 | 0.047 | | 0.124 | 0.192 | 0.179 | 0.177 | 0.164 | 0.183 | 0.129 | 0.146 | 0.123 | 0.079 | 0.172 |
| C105 | 豫豆2号 | 0.047 | 0.344 | | 0.257 | 0.183 | 0.149 | 0.208 | 0.181 | 0.160 | 0.444 | 0.150 | 0.111 | 0.105 |
| C114 | 豫豆12 | 0.012 | 0.086 | 0.086 | | 0.193 | 0.143 | 0.238 | 0.204 | 0.175 | 0.161 | 0.188 | 0.107 | 0.133 |
| C120 | 郑133 | 0.035 | 0.195 | 0.195 | 0.049 | | 0.144 | 0.265 | 0.408 | 0.136 | 0.200 | 0.097 | 0.153 | 0.152 |
| C045 | 中黄8号 | 0.000 | 0.000 | 0.000 | 0.000 | 0.023 | | 0.122 | 0.209 | 0.119 | 0.103 | 0.156 | 0.143 | 0.116 |
| C094 | 河南早丰1号 | 0.000 | 0.000 | 0.000 | 0.000 | 0.039 | 0.156 | | 0.307 | 0.174 | 0.211 | 0.096 | 0.171 | 0.217 |
| C123 | 郑州126 | 0.000 | 0.000 | 0.000 | 0.000 | 0.055 | 0.094 | 0.156 | | 0.122 | 0.217 | 0.116 | 0.158 | 0.184 |
| C124 | 郑州135 | 0.000 | 0.000 | 0.000 | 0.000 | 0.055 | 0.094 | 0.156 | 0.344 | | 0.118 | 0.161 | 0.155 | 0.169 |
| C104 | 豫豆1号 | 0.000 | 0.000 | 0.000 | 0.000 | 0.047 | 0.188 | 0.313 | 0.188 | 0.188 | | 0.132 | 0.120 | 0.120 |
| C540 | 莒选23 | 0.000 | 0.000 | 0.000 | 0.000 | 0.047 | 0.188 | 0.375 | 0.188 | 0.188 | 0.375 | | 0.270 | 0.145 |
| C575 | 兖黄1号 | 0.000 | 0.000 | 0.000 | 0.000 | 0.047 | 0.188 | 0.313 | 0.188 | 0.188 | 0.375 | 0.375 | | 0.152 |

（续）

| D558 齐黄29 | C567 为民1号 | C125 周7327-118 | C572 文丰7号 | C542 鲁豆1号 | C563 齐黄22 | D465 徐豆8号 | C010 皖豆1号 | C455 徐豆1号 | C458 徐豆7号 | C431 南农493-1 | C444 苏豆1号 | C450 苏协4-1 | C443 苏7209 | C445 苏豆3号 | D463 通豆3号 | C448 苏协18-6 |
|---|---|---|---|---|---|---|---|---|---|---|---|---|---|---|---|---|
| 0.155 | 0.178 | 0.142 | 0.186 | 0.175 | 0.193 | 0.170 | 0.171 | 0.277 | 0.470 | 0.193 | 0.215 | 0.291 | 0.220 | 0.357 | 0.292 | 0.168 |
| 0.216 | 0.199 | 0.176 | 0.242 | 0.169 | 0.194 | 0.184 | 0.138 | 0.263 | 0.307 | 0.184 | 0.176 | 0.275 | 0.169 | 0.304 | 0.358 | 0.169 |
| 0.130 | 0.097 | 0.171 | 0.120 | 0.098 | 0.101 | 0.138 | 0.230 | 0.158 | 0.170 | 0.090 | 0.176 | 0.143 | 0.109 | 0.155 | 0.168 | 0.143 |
| 0.205 | 0.141 | 0.120 | 0.158 | 0.117 | 0.156 | 0.207 | 0.107 | 0.154 | 0.167 | 0.162 | 0.153 | 0.127 | 0.132 | 0.152 | 0.169 | 0.199 |
| 0.252 | 0.101 | 0.132 | 0.135 | 0.143 | 0.169 | 0.179 | 0.093 | 0.127 | 0.152 | 0.148 | 0.185 | 0.171 | 0.151 | 0.122 | 0.149 | 0.184 |
| 0.097 | 0.157 | 0.162 | 0.220 | 0.114 | 0.151 | 0.105 | 0.213 | 0.183 | 0.188 | 0.197 | 0.208 | 0.162 | 0.160 | 0.161 | 0.192 | 0.129 |
| 0.071 | 0.145 | 0.195 | 0.180 | 0.148 | 0.144 | 0.111 | 0.155 | 0.157 | 0.148 | 0.164 | 0.239 | 0.143 | 0.142 | 0.134 | 0.152 | 0.155 |
| 0.081 | 0.161 | 0.167 | 0.214 | 0.138 | 0.128 | 0.142 | 0.248 | 0.154 | 0.213 | 0.129 | 0.325 | 0.193 | 0.167 | 0.233 | 0.197 | 0.107 |
| 0.201 | 0.092 | 0.110 | 0.127 | 0.107 | 0.124 | 0.149 | 0.150 | 0.163 | 0.195 | 0.145 | 0.142 | 0.136 | 0.116 | 0.161 | 0.159 | 0.206 |
| 0.214 | 0.144 | 0.123 | 0.153 | 0.114 | 0.145 | 0.169 | 0.150 | 0.170 | 0.188 | 0.138 | 0.142 | 0.143 | 0.123 | 0.154 | 0.172 | 0.161 |
| 0.206 | 0.150 | 0.148 | 0.139 | 0.120 | 0.116 | 0.195 | 0.104 | 0.162 | 0.174 | 0.157 | 0.168 | 0.141 | 0.141 | 0.146 | 0.237 | 0.179 |
| 0.088 | 0.130 | 0.156 | 0.222 | 0.084 | 0.114 | 0.199 | 0.170 | 0.123 | 0.150 | 0.146 | 0.216 | 0.128 | 0.162 | 0.147 | 0.175 | 0.122 |
| 0.092 | 0.146 | 0.196 | 0.221 | 0.149 | 0.152 | 0.151 | 0.203 | 0.158 | 0.190 | 0.146 | 0.268 | 0.183 | 0.188 | 0.196 | 0.185 | 0.110 |
| 0.090 | 0.144 | 0.149 | 0.233 | 0.113 | 0.116 | 0.117 | 0.156 | 0.162 | 0.182 | 0.151 | 0.213 | 0.194 | 0.155 | 0.200 | 0.172 | 0.097 |
| 0.282 | 0.110 | 0.160 | 0.204 | 0.126 | 0.095 | 0.239 | 0.097 | 0.135 | 0.122 | 0.149 | 0.179 | 0.147 | 0.133 | 0.166 | 0.124 | 0.185 |
| 0.092 | 0.139 | 0.196 | 0.213 | 0.128 | 0.124 | 0.164 | 0.170 | 0.184 | 0.170 | 0.139 | 0.261 | 0.196 | 0.188 | 0.168 | 0.172 | 0.097 |
| 0.091 | 0.136 | 0.160 | 0.250 | 0.131 | 0.096 | 0.121 | 0.183 | 0.177 | 0.211 | 0.127 | 0.275 | 0.148 | 0.146 | 0.181 | 0.151 | 0.091 |
| 0.091 | 0.145 | 0.208 | 0.233 | 0.161 | 0.172 | 0.111 | 0.203 | 0.176 | 0.201 | 0.145 | 0.396 | 0.208 | 0.148 | 0.208 | 0.171 | 0.155 |
| 0.092 | 0.147 | 0.098 | 0.108 | 0.143 | 0.112 | 0.199 | 0.126 | 0.145 | 0.191 | 0.140 | 0.112 | 0.158 | 0.131 | 0.142 | 0.134 | 0.409 |
| 0.213 | 0.118 | 0.161 | 0.126 | 0.113 | 0.130 | 0.234 | 0.091 | 0.143 | 0.174 | 0.190 | 0.148 | 0.142 | 0.109 | 0.153 | 0.178 | 0.205 |
| 0.208 | 0.151 | 0.162 | 0.127 | 0.188 | 0.166 | 0.163 | 0.078 | 0.124 | 0.201 | 0.125 | 0.123 | 0.136 | 0.148 | 0.134 | 0.138 | 0.161 |
| 0.237 | 0.134 | 0.166 | 0.196 | 0.163 | 0.127 | 0.159 | 0.120 | 0.160 | 0.166 | 0.141 | 0.179 | 0.178 | 0.171 | 0.177 | 0.155 | 0.151 |
| 0.172 | 0.329 | 0.146 | 0.176 | 0.331 | 0.379 | 0.107 | 0.139 | 0.217 | 0.225 | 0.168 | 0.151 | 0.191 | 0.176 | 0.211 | 0.187 | 0.183 |
| 0.286 | 0.119 | 0.183 | 0.193 | 0.162 | 0.117 | 0.203 | 0.145 | 0.118 | 0.190 | 0.185 | 0.150 | 0.203 | 0.175 | 0.203 | 0.192 | 0.161 |
| 0.099 | 0.171 | 0.106 | 0.144 | 0.197 | 0.215 | 0.129 | 0.338 | 0.134 | 0.141 | 0.121 | 0.134 | 0.148 | 0.148 | 0.146 | 0.123 | 0.112 |
| 0.130 | 0.086 | 0.150 | 0.134 | 0.176 | 0.145 | 0.131 | 0.197 | 0.151 | 0.163 | 0.152 | 0.157 | 0.176 | 0.162 | 0.189 | 0.093 | 0.208 |
| 0.135 | 0.124 | 0.206 | 0.159 | 0.140 | 0.103 | 0.130 | 0.162 | 0.143 | 0.154 | 0.208 | 0.174 | 0.174 | 0.103 | 0.213 | 0.157 | 0.135 |
| 0.211 | 0.100 | 0.157 | 0.122 | 0.224 | 0.182 | 0.224 | 0.159 | 0.146 | 0.171 | 0.147 | 0.164 | 0.158 | 0.137 | 0.156 | 0.154 | 0.196 |
| 0.123 | 0.118 | 0.117 | 0.107 | 0.107 | 0.166 | 0.149 | 0.105 | 0.131 | 0.130 | 0.184 | 0.175 | 0.174 | 0.155 | 0.120 | 0.113 | 0.116 |
| 0.093 | 0.181 | 0.086 | 0.088 | 0.123 | 0.127 | 0.153 | 0.107 | 0.120 | 0.164 | 0.201 | 0.125 | 0.159 | 0.164 | 0.192 | 0.176 | 0.171 |
| 0.179 | 0.114 | 0.125 | 0.184 | 0.123 | 0.106 | 0.187 | 0.127 | 0.180 | 0.212 | 0.148 | 0.159 | 0.172 | 0.171 | 0.192 | 0.196 | 0.118 |
| 0.116 | 0.131 | 0.189 | 0.280 | 0.140 | 0.135 | 0.151 | 0.177 | 0.226 | 0.156 | 0.164 | 0.293 | 0.170 | 0.155 | 0.197 | 0.194 | 0.088 |
| 0.255 | 0.159 | 0.170 | 0.087 | 0.128 | 0.146 | 0.151 | 0.132 | 0.164 | 0.144 | 0.139 | 0.085 | 0.131 | 0.110 | 0.128 | 0.113 | 0.156 |
| 0.201 | 0.126 | 0.104 | 0.134 | 0.155 | 0.174 | 0.196 | 0.092 | 0.171 | 0.150 | 0.146 | 0.131 | 0.144 | 0.110 | 0.155 | 0.180 | 0.117 |
| 0.181 | 0.163 | 0.173 | 0.139 | 0.160 | 0.109 | 0.253 | 0.065 | 0.130 | 0.123 | 0.105 | 0.135 | 0.123 | 0.128 | 0.167 | 0.151 | 0.186 |
| 0.132 | 0.148 | 0.093 | 0.082 | 0.103 | 0.134 | 0.120 | 0.140 | 0.107 | 0.126 | 0.121 | 0.106 | 0.099 | 0.118 | 0.048 | 0.081 | 0.164 |
| 0.144 | 0.404 | 0.176 | 0.176 | 0.303 | 0.300 | 0.096 | 0.130 | 0.164 | 0.192 | 0.152 | 0.199 | 0.224 | 0.223 | 0.170 | 0.151 | 0.150 |
| 0.145 | 0.211 | 0.237 | 0.169 | 0.203 | 0.219 | 0.113 | 0.119 | 0.325 | 0.276 | 0.160 | 0.163 | 0.250 | 0.209 | 0.218 | 0.329 | 0.163 |

| 品种代号及名称 | | D466 徐豆9号 | C027 科新3号 | C105 豫豆2号 | C114 豫豆12 | C120 郑133 | C045 中黄8号 | C094 河南早丰1号 | C123 郑州126 | C124 郑州135 | C104 豫豆1号 | C540 莒选23 | C575 兖黄1号 | D557 齐黄28 |
|---|---|---|---|---|---|---|---|---|---|---|---|---|---|---|
| D557 | 齐黄28 | 0.000 | 0.000 | 0.000 | 0.000 | 0.016 | 0.047 | 0.078 | 0.047 | 0.047 | 0.094 | 0.094 | 0.094 | |
| D558 | 齐黄29 | 0.000 | 0.000 | 0.000 | 0.000 | 0.016 | 0.047 | 0.078 | 0.047 | 0.047 | 0.094 | 0.094 | 0.094 | 0.162 |
| C567 | 为民1号 | 0.031 | 0.063 | 0.063 | 0.016 | 0.078 | 0.125 | 0.250 | 0.125 | 0.125 | 0.250 | 0.375 | 0.250 | 0.063 |
| C125 | 周7327 - 118 | 0.125 | 0.000 | 0.000 | 0.000 | 0.023 | 0.094 | 0.156 | 0.094 | 0.094 | 0.188 | 0.188 | 0.188 | 0.047 |
| C572 | 文丰7号 | 0.031 | 0.063 | 0.063 | 0.016 | 0.078 | 0.125 | 0.250 | 0.125 | 0.125 | 0.250 | 0.375 | 0.250 | 0.063 |
| C542 | 鲁豆1号 | 0.016 | 0.031 | 0.031 | 0.008 | 0.039 | 0.063 | 0.125 | 0.063 | 0.063 | 0.125 | 0.188 | 0.125 | 0.063 |
| C563 | 齐黄22 | 0.023 | 0.047 | 0.047 | 0.012 | 0.043 | 0.031 | 0.063 | 0.031 | 0.031 | 0.063 | 0.094 | 0.063 | 0.016 |
| D465 | 徐豆8号 | 0.008 | 0.016 | 0.016 | 0.011 | 0.012 | 0.000 | 0.000 | 0.000 | 0.000 | 0.000 | 0.000 | 0.000 | 0.000 |
| C010 | 皖豆1号 | 0.000 | 0.000 | 0.000 | 0.000 | 0.000 | 0.000 | 0.000 | 0.000 | 0.000 | 0.000 | 0.000 | 0.000 | 0.000 |
| C455 | 徐豆1号 | 0.000 | 0.000 | 0.000 | 0.000 | 0.000 | 0.000 | 0.000 | 0.000 | 0.000 | 0.000 | 0.000 | 0.000 | 0.000 |
| C458 | 徐豆7号 | 0.000 | 0.000 | 0.000 | 0.010 | 0.000 | 0.000 | 0.000 | 0.000 | 0.000 | 0.000 | 0.000 | 0.000 | 0.000 |
| C431 | 南农493 - 1 | 0.000 | 0.000 | 0.000 | 0.000 | 0.000 | 0.000 | 0.000 | 0.000 | 0.000 | 0.000 | 0.000 | 0.000 | 0.000 |
| C444 | 苏豆1号 | 0.000 | 0.000 | 0.000 | 0.000 | 0.000 | 0.000 | 0.000 | 0.000 | 0.000 | 0.000 | 0.000 | 0.000 | 0.000 |
| C450 | 苏协4 - 1 | 0.000 | 0.000 | 0.000 | 0.000 | 0.000 | 0.000 | 0.000 | 0.000 | 0.000 | 0.000 | 0.000 | 0.000 | 0.000 |
| C443 | 苏7209 | 0.000 | 0.000 | 0.000 | 0.000 | 0.000 | 0.000 | 0.000 | 0.000 | 0.000 | 0.000 | 0.000 | 0.000 | 0.000 |
| C445 | 苏豆3号 | 0.000 | 0.000 | 0.000 | 0.000 | 0.000 | 0.000 | 0.000 | 0.000 | 0.000 | 0.000 | 0.000 | 0.000 | 0.000 |
| D463 | 通豆3号 | 0.000 | 0.000 | 0.000 | 0.000 | 0.000 | 0.000 | 0.000 | 0.000 | 0.000 | 0.000 | 0.000 | 0.000 | 0.000 |
| C448 | 苏协18 - 6 | 0.000 | 0.000 | 0.000 | 0.000 | 0.000 | 0.000 | 0.000 | 0.000 | 0.000 | 0.000 | 0.000 | 0.000 | 0.000 |
| C449 | 苏协19 - 15 | 0.000 | 0.000 | 0.000 | 0.000 | 0.000 | 0.000 | 0.000 | 0.000 | 0.000 | 0.000 | 0.000 | 0.000 | 0.000 |
| C451 | 苏协1号 | 0.000 | 0.000 | 0.000 | 0.000 | 0.000 | 0.000 | 0.000 | 0.000 | 0.000 | 0.000 | 0.000 | 0.000 | 0.000 |
| C432 | 南农73 - 935 | 0.000 | 0.000 | 0.000 | 0.000 | 0.000 | 0.000 | 0.000 | 0.000 | 0.000 | 0.000 | 0.000 | 0.000 | 0.000 |
| C435 | 南农88 - 48 | 0.000 | 0.000 | 0.000 | 0.021 | 0.000 | 0.000 | 0.000 | 0.000 | 0.000 | 0.000 | 0.000 | 0.000 | 0.000 |
| D453 | 南农88 - 31 | 0.016 | 0.031 | 0.031 | 0.008 | 0.023 | 0.000 | 0.000 | 0.000 | 0.000 | 0.000 | 0.000 | 0.000 | 0.000 |
| D455 | 南农99 - 10 | 0.000 | 0.000 | 0.000 | 0.000 | 0.000 | 0.000 | 0.000 | 0.000 | 0.000 | 0.000 | 0.000 | 0.000 | 0.000 |
| C296 | 中豆20 | 0.000 | 0.000 | 0.000 | 0.000 | 0.014 | 0.023 | 0.039 | 0.086 | 0.086 | 0.047 | 0.047 | 0.047 | 0.012 |
| C293 | 中豆8号 | 0.000 | 0.000 | 0.000 | 0.046 | 0.000 | 0.000 | 0.000 | 0.000 | 0.000 | 0.000 | 0.000 | 0.000 | 0.000 |
| C428 | 南农1138 - 2 | 0.000 | 0.000 | 0.000 | 0.000 | 0.000 | 0.000 | 0.000 | 0.000 | 0.000 | 0.000 | 0.000 | 0.000 | 0.000 |
| C438 | 宁镇1号 | 0.000 | 0.000 | 0.000 | 0.005 | 0.000 | 0.000 | 0.000 | 0.000 | 0.000 | 0.000 | 0.000 | 0.000 | 0.000 |
| C436 | 南农菜豆1号 | 0.125 | 0.000 | 0.000 | 0.000 | 0.000 | 0.000 | 0.000 | 0.000 | 0.000 | 0.000 | 0.000 | 0.000 | 0.000 |
| C439 | 宁镇2号 | 0.000 | 0.000 | 0.000 | 0.010 | 0.000 | 0.000 | 0.000 | 0.000 | 0.000 | 0.000 | 0.000 | 0.000 | 0.000 |
| C440 | 宁镇3号 | 0.000 | 0.000 | 0.000 | 0.005 | 0.000 | 0.000 | 0.000 | 0.000 | 0.000 | 0.000 | 0.000 | 0.000 | 0.000 |
| C433 | 南农86 - 4 | 0.140 | 0.000 | 0.140 | 0.135 | 0.142 | 0.124 | 0.000 | 0.134 | 0.140 | 0.090 | 0.000 | 0.173 | 0.147 |
| C424 | 淮豆2号 | 0.000 | 0.000 | 0.000 | 0.000 | 0.000 | 0.000 | 0.000 | 0.000 | 0.000 | 0.000 | 0.000 | 0.000 | 0.000 |
| D003 | 合豆2号 | 0.012 | 0.055 | 0.055 | 0.014 | 0.037 | 0.006 | 0.010 | 0.021 | 0.021 | 0.012 | 0.012 | 0.012 | 0.003 |
| C011 | 皖豆3号 | 0.000 | 0.000 | 0.000 | 0.000 | 0.000 | 0.000 | 0.000 | 0.000 | 0.000 | 0.000 | 0.000 | 0.000 | 0.000 |
| D004 | 合豆3号 | 0.000 | 0.000 | 0.000 | 0.010 | 0.000 | 0.000 | 0.000 | 0.000 | 0.000 | 0.000 | 0.000 | 0.000 | 0.000 |
| D309 | 鄂豆7号 | 0.000 | 0.000 | 0.000 | 0.000 | 0.000 | 0.000 | 0.000 | 0.000 | 0.000 | 0.000 | 0.000 | 0.000 | 0.002 |
| D313 | 中豆29 | 0.000 | 0.000 | 0.000 | 0.004 | 0.000 | 0.000 | 0.000 | 0.000 | 0.000 | 0.000 | 0.000 | 0.000 | 0.000 |

（续）

| D558 齐黄29 | C567 为民1号 | C125 周7327-118 | C572 文丰7号 | C542 鲁豆1号 | C563 齐黄22 | D465 徐豆8号 | C010 皖豆1号 | C455 徐豆1号 | C458 徐豆7号 | C431 南农493-1 | C444 苏豆1号 | C450 苏协4-1 | C443 苏7209 | C445 苏豆3号 | D463 通豆3号 | C448 苏协18-6 |
|---|---|---|---|---|---|---|---|---|---|---|---|---|---|---|---|---|
| 0.513 | 0.173 | 0.151 | 0.128 | 0.122 | 0.168 | 0.232 | 0.093 | 0.166 | 0.138 | 0.140 | 0.125 | 0.145 | 0.137 | 0.170 | 0.174 | 0.190 |
|  | 0.159 | 0.144 | 0.121 | 0.108 | 0.139 | 0.294 | 0.138 | 0.164 | 0.137 | 0.079 | 0.118 | 0.183 | 0.162 | 0.149 | 0.193 | 0.162 |
| 0.063 |  | 0.159 | 0.122 | 0.311 | 0.389 | 0.127 | 0.146 | 0.192 | 0.265 | 0.167 | 0.118 | 0.151 | 0.190 | 0.169 | 0.188 | 0.132 |
| 0.047 | 0.125 |  | 0.367 | 0.155 | 0.146 | 0.150 | 0.132 | 0.176 | 0.222 | 0.132 | 0.216 | 0.216 | 0.162 | 0.142 | 0.160 | 0.149 |
| 0.063 | 0.500 | 0.125 |  | 0.159 | 0.149 | 0.128 | 0.128 | 0.201 | 0.215 | 0.156 | 0.282 | 0.180 | 0.167 | 0.192 | 0.219 | 0.086 |
| 0.063 | 0.250 | 0.063 | 0.250 |  | 0.611 | 0.116 | 0.115 | 0.169 | 0.216 | 0.192 | 0.168 | 0.200 | 0.201 | 0.186 | 0.178 | 0.161 |
| 0.016 | 0.250 | 0.031 | 0.250 | 0.125 |  | 0.105 | 0.124 | 0.207 | 0.247 | 0.134 | 0.159 | 0.172 | 0.193 | 0.136 | 0.147 | 0.164 |
| 0.000 | 0.063 | 0.000 | 0.063 | 0.031 | 0.047 |  | 0.099 | 0.166 | 0.164 | 0.167 | 0.105 | 0.145 | 0.136 | 0.177 | 0.208 | 0.235 |
| 0.000 | 0.000 | 0.000 | 0.000 | 0.000 | 0.000 | 0.070 |  | 0.151 | 0.178 | 0.173 | 0.144 | 0.123 | 0.118 | 0.088 | 0.101 | 0.098 |
| 0.000 | 0.000 | 0.000 | 0.000 | 0.000 | 0.000 | 0.141 | 0.188 |  | 0.303 | 0.187 | 0.209 | 0.327 | 0.203 | 0.309 | 0.267 | 0.161 |
| 0.000 | 0.000 | 0.000 | 0.000 | 0.000 | 0.000 | 0.129 | 0.094 | 0.188 |  | 0.178 | 0.227 | 0.386 | 0.214 | 0.318 | 0.313 | 0.169 |
| 0.000 | 0.000 | 0.000 | 0.000 | 0.000 | 0.000 | 0.000 | 0.000 | 0.000 | 0.000 |  | 0.192 | 0.258 | 0.316 | 0.219 | 0.268 | 0.158 |
| 0.000 | 0.000 | 0.000 | 0.000 | 0.000 | 0.000 | 0.000 | 0.000 | 0.000 | 0.000 | 0.375 |  | 0.247 | 0.200 | 0.181 | 0.287 | 0.136 |
| 0.000 | 0.000 | 0.000 | 0.000 | 0.000 | 0.000 | 0.000 | 0.000 | 0.000 | 0.000 | 0.375 | 0.500 |  | 0.513 | 0.411 | 0.347 | 0.143 |
| 0.000 | 0.000 | 0.000 | 0.000 | 0.000 | 0.000 | 0.000 | 0.000 | 0.000 | 0.000 | 0.281 | 0.375 | 0.375 |  | 0.349 | 0.265 | 0.135 |
| 0.000 | 0.000 | 0.000 | 0.000 | 0.000 | 0.000 | 0.000 | 0.000 | 0.000 | 0.000 | 0.188 | 0.250 | 0.250 | 0.188 |  | 0.349 | 0.159 |
| 0.000 | 0.000 | 0.000 | 0.000 | 0.000 | 0.000 | 0.000 | 0.000 | 0.000 | 0.000 | 0.375 | 0.500 | 0.500 | 0.375 | 0.250 |  | 0.138 |
| 0.000 | 0.000 | 0.000 | 0.000 | 0.000 | 0.000 | 0.000 | 0.000 | 0.000 | 0.000 | 0.375 | 0.250 | 0.250 | 0.188 | 0.125 | 0.250 |  |
| 0.000 | 0.000 | 0.000 | 0.000 | 0.000 | 0.000 | 0.000 | 0.000 | 0.000 | 0.000 | 0.375 | 0.250 | 0.250 | 0.188 | 0.125 | 0.250 | 0.500 |
| 0.000 | 0.000 | 0.000 | 0.000 | 0.000 | 0.000 | 0.000 | 0.000 | 0.000 | 0.000 | 0.375 | 0.250 | 0.250 | 0.188 | 0.125 | 0.250 | 0.500 |
| 0.000 | 0.000 | 0.000 | 0.000 | 0.000 | 0.000 | 0.000 | 0.000 | 0.000 | 0.000 | 0.563 | 0.375 | 0.375 | 0.281 | 0.188 | 0.375 | 0.500 |
| 0.000 | 0.000 | 0.000 | 0.000 | 0.000 | 0.000 | 0.029 | 0.000 | 0.000 | 0.039 | 0.188 | 0.125 | 0.125 | 0.094 | 0.063 | 0.125 | 0.250 |
| 0.000 | 0.125 | 0.000 | 0.125 | 0.063 | 0.094 | 0.066 | 0.047 | 0.094 | 0.047 | 0.188 | 0.125 | 0.125 | 0.094 | 0.063 | 0.125 | 0.250 |
| 0.000 | 0.000 | 0.000 | 0.000 | 0.000 | 0.000 | 0.000 | 0.000 | 0.000 | 0.000 | 0.188 | 0.125 | 0.125 | 0.094 | 0.063 | 0.125 | 0.500 |
| 0.012 | 0.031 | 0.023 | 0.031 | 0.016 | 0.008 | 0.018 | 0.023 | 0.047 | 0.023 | 0.094 | 0.125 | 0.125 | 0.094 | 0.063 | 0.125 | 0.125 |
| 0.000 | 0.000 | 0.000 | 0.000 | 0.000 | 0.000 | 0.029 | 0.000 | 0.000 | 0.039 | 0.000 | 0.000 | 0.000 | 0.000 | 0.000 | 0.000 | 0.375 |
| 0.000 | 0.000 | 0.000 | 0.000 | 0.000 | 0.000 | 0.000 | 0.000 | 0.000 | 0.000 | 0.000 | 0.000 | 0.000 | 0.000 | 0.000 | 0.000 | 0.250 |
| 0.000 | 0.000 | 0.000 | 0.000 | 0.000 | 0.000 | 0.029 | 0.000 | 0.000 | 0.039 | 0.000 | 0.000 | 0.000 | 0.000 | 0.000 | 0.000 | 0.250 |
| 0.000 | 0.000 | 0.000 | 0.000 | 0.000 | 0.000 | 0.000 | 0.000 | 0.000 | 0.000 | 0.000 | 0.000 | 0.000 | 0.000 | 0.000 | 0.000 | 0.125 |
| 0.000 | 0.000 | 0.000 | 0.000 | 0.000 | 0.000 | 0.015 | 0.000 | 0.000 | 0.020 | 0.000 | 0.000 | 0.000 | 0.000 | 0.000 | 0.000 | 0.250 |
| 0.000 | 0.000 | 0.000 | 0.000 | 0.000 | 0.000 | 0.029 | 0.000 | 0.000 | 0.039 | 0.000 | 0.000 | 0.000 | 0.000 | 0.000 | 0.000 | 0.125 |
| 0.141 | 0.161 | 0.166 | 0.142 | 0.000 | 0.165 | 0.115 | 0.096 | 0.180 | 0.192 | 0.000 | 0.141 | 0.345 | 0.433 | 0.266 | 0.219 | 0.159 |
| 0.000 | 0.000 | 0.000 | 0.000 | 0.000 | 0.000 | 0.000 | 0.000 | 0.000 | 0.000 | 0.000 | 0.250 | 0.250 | 0.250 | 0.125 | 0.250 | 0.000 |
| 0.003 | 0.023 | 0.006 | 0.023 | 0.012 | 0.014 | 0.065 | 0.082 | 0.164 | 0.082 | 0.000 | 0.078 | 0.078 | 0.059 | 0.039 | 0.078 | 0.000 |
| 0.000 | 0.000 | 0.000 | 0.000 | 0.000 | 0.000 | 0.070 | 0.094 | 0.188 | 0.094 | 0.000 | 0.250 | 0.250 | 0.188 | 0.125 | 0.250 | 0.000 |
| 0.000 | 0.000 | 0.000 | 0.000 | 0.000 | 0.000 | 0.034 | 0.023 | 0.047 | 0.045 | 0.000 | 0.125 | 0.125 | 0.094 | 0.063 | 0.125 | 0.000 |
| 0.002 | 0.000 | 0.000 | 0.000 | 0.000 | 0.000 | 0.009 | 0.012 | 0.023 | 0.012 | 0.000 | 0.031 | 0.031 | 0.023 | 0.016 | 0.031 | 0.000 |
| 0.000 | 0.000 | 0.000 | 0.000 | 0.000 | 0.000 | 0.023 | 0.000 | 0.000 | 0.031 | 0.000 | 0.000 | 0.000 | 0.000 | 0.000 | 0.000 | 0.000 |

| 品种代号及名称 | | D466 徐豆9号 | C027 科新3号 | C105 豫豆2号 | C114 豫豆12 | C120 郑133 | C045 中黄8号 | C094 河南早丰1号 | C123 郑州126 | C124 郑州135 | C104 豫豆1号 | C540 莒选23 | C575 兖黄1号 | D557 齐黄28 |
|---|---|---|---|---|---|---|---|---|---|---|---|---|---|---|
| D314 | 中豆30 | 0.000 | 0.000 | 0.000 | 0.000 | 0.000 | 0.000 | 0.000 | 0.000 | 0.000 | 0.000 | 0.000 | 0.000 | 0.000 |
| D316 | 中豆32 | 0.000 | 0.000 | 0.000 | 0.000 | 0.000 | 0.000 | 0.000 | 0.000 | 0.000 | 0.000 | 0.000 | 0.000 | 0.023 |
| C434 | 南农87C-38 | 0.016 | 0.031 | 0.031 | 0.008 | 0.023 | 0.000 | 0.000 | 0.000 | 0.000 | 0.000 | 0.000 | 0.000 | 0.000 |
| C288 | 矮脚早 | 0.000 | 0.000 | 0.000 | 0.000 | 0.000 | 0.000 | 0.000 | 0.000 | 0.000 | 0.000 | 0.000 | 0.000 | 0.000 |
| C297 | 中豆24 | 0.000 | 0.000 | 0.000 | 0.000 | 0.000 | 0.000 | 0.000 | 0.000 | 0.000 | 0.000 | 0.000 | 0.000 | 0.000 |
| C291 | 鄂豆5号 | 0.000 | 0.000 | 0.000 | 0.000 | 0.000 | 0.000 | 0.000 | 0.000 | 0.000 | 0.000 | 0.000 | 0.000 | 0.000 |
| C292 | 早春1号 | 0.000 | 0.000 | 0.000 | 0.000 | 0.000 | 0.000 | 0.000 | 0.000 | 0.000 | 0.000 | 0.000 | 0.000 | 0.000 |
| D461 | 苏豆4号 | 0.000 | 0.000 | 0.000 | 0.000 | 0.000 | 0.000 | 0.000 | 0.000 | 0.000 | 0.000 | 0.000 | 0.000 | 0.000 |
| D081 | 桂早1号 | 0.000 | 0.000 | 0.000 | 0.000 | 0.000 | 0.000 | 0.000 | 0.000 | 0.000 | 0.000 | 0.000 | 0.000 | 0.000 |
| D596 | 川豆4号 | 0.000 | 0.000 | 0.000 | 0.000 | 0.000 | 0.000 | 0.000 | 0.000 | 0.000 | 0.000 | 0.000 | 0.000 | 0.000 |
| D593 | 成豆9号 | 0.000 | 0.000 | 0.000 | 0.000 | 0.000 | 0.000 | 0.000 | 0.000 | 0.000 | 0.000 | 0.000 | 0.000 | 0.000 |
| D598 | 川豆6号 | 0.000 | 0.000 | 0.000 | 0.001 | 0.000 | 0.000 | 0.000 | 0.000 | 0.000 | 0.000 | 0.000 | 0.000 | 0.000 |
| C621 | 川豆2号 | 0.000 | 0.000 | 0.000 | 0.005 | 0.000 | 0.000 | 0.000 | 0.000 | 0.000 | 0.000 | 0.000 | 0.000 | 0.000 |
| C650 | 浙春3号 | 0.000 | 0.000 | 0.000 | 0.002 | 0.012 | 0.047 | 0.078 | 0.047 | 0.047 | 0.094 | 0.094 | 0.094 | 0.023 |
| D619 | 南豆5号 | 0.000 | 0.000 | 0.000 | 0.000 | 0.000 | 0.000 | 0.000 | 0.000 | 0.000 | 0.000 | 0.000 | 0.000 | 0.000 |
| C629 | 贡豆6号 | 0.000 | 0.000 | 0.000 | 0.000 | 0.000 | 0.000 | 0.000 | 0.000 | 0.000 | 0.000 | 0.000 | 0.000 | 0.000 |
| D609 | 贡豆11 | 0.000 | 0.000 | 0.000 | 0.000 | 0.006 | 0.023 | 0.039 | 0.023 | 0.023 | 0.047 | 0.047 | 0.047 | 0.012 |
| C628 | 贡豆4号 | 0.004 | 0.008 | 0.008 | 0.003 | 0.010 | 0.016 | 0.031 | 0.016 | 0.016 | 0.031 | 0.047 | 0.031 | 0.016 |
| D605 | 贡豆5号 | 0.000 | 0.000 | 0.000 | 0.000 | 0.006 | 0.023 | 0.039 | 0.023 | 0.023 | 0.047 | 0.047 | 0.047 | 0.021 |
| D610 | 贡豆12 | 0.002 | 0.004 | 0.004 | 0.001 | 0.005 | 0.008 | 0.016 | 0.008 | 0.008 | 0.016 | 0.023 | 0.016 | 0.008 |
| D606 | 贡豆8号 | 0.000 | 0.000 | 0.000 | 0.000 | 0.006 | 0.023 | 0.039 | 0.023 | 0.023 | 0.047 | 0.047 | 0.047 | 0.014 |
| C626 | 贡豆2号 | 0.000 | 0.000 | 0.000 | 0.000 | 0.000 | 0.000 | 0.000 | 0.000 | 0.000 | 0.000 | 0.000 | 0.000 | 0.000 |
| D471 | 赣豆4号 | 0.000 | 0.000 | 0.000 | 0.000 | 0.000 | 0.000 | 0.000 | 0.000 | 0.000 | 0.000 | 0.000 | 0.000 | 0.000 |
| D326 | 湘春豆23 | 0.000 | 0.000 | 0.000 | 0.000 | 0.006 | 0.023 | 0.039 | 0.023 | 0.023 | 0.047 | 0.047 | 0.047 | 0.020 |
| C301 | 湘春豆10号 | 0.000 | 0.000 | 0.000 | 0.000 | 0.000 | 0.000 | 0.000 | 0.000 | 0.000 | 0.000 | 0.000 | 0.000 | 0.000 |
| C306 | 湘春豆15 | 0.000 | 0.000 | 0.000 | 0.000 | 0.000 | 0.000 | 0.000 | 0.000 | 0.000 | 0.000 | 0.000 | 0.000 | 0.000 |
| D319 | 湘春豆16 | 0.000 | 0.000 | 0.000 | 0.001 | 0.000 | 0.000 | 0.000 | 0.000 | 0.000 | 0.000 | 0.000 | 0.000 | 0.000 |
| D322 | 湘春豆19 | 0.000 | 0.000 | 0.000 | 0.000 | 0.000 | 0.000 | 0.000 | 0.000 | 0.000 | 0.000 | 0.000 | 0.000 | 0.000 |
| D323 | 湘春豆20 | 0.000 | 0.000 | 0.000 | 0.001 | 0.000 | 0.000 | 0.000 | 0.000 | 0.000 | 0.000 | 0.000 | 0.000 | 0.000 |
| D325 | 湘春豆22 | 0.000 | 0.000 | 0.000 | 0.000 | 0.000 | 0.000 | 0.000 | 0.000 | 0.000 | 0.000 | 0.000 | 0.000 | 0.000 |
| D597 | 川豆5号 | 0.000 | 0.000 | 0.000 | 0.000 | 0.000 | 0.000 | 0.000 | 0.000 | 0.000 | 0.000 | 0.000 | 0.000 | 0.000 |
| D607 | 贡豆9号 | 0.000 | 0.000 | 0.000 | 0.001 | 0.000 | 0.000 | 0.000 | 0.000 | 0.000 | 0.000 | 0.000 | 0.000 | 0.000 |
| D608 | 贡豆10号 | 0.004 | 0.008 | 0.008 | 0.002 | 0.010 | 0.016 | 0.031 | 0.016 | 0.016 | 0.031 | 0.047 | 0.031 | 0.016 |
| C630 | 贡豆7号 | 0.000 | 0.000 | 0.000 | 0.001 | 0.012 | 0.047 | 0.078 | 0.047 | 0.047 | 0.094 | 0.094 | 0.094 | 0.023 |
| C648 | 浙春1号 | 0.000 | 0.000 | 0.000 | 0.000 | 0.023 | 0.094 | 0.156 | 0.094 | 0.094 | 0.188 | 0.188 | 0.188 | 0.047 |
| C649 | 浙春2号 | 0.000 | 0.000 | 0.000 | 0.000 | 0.023 | 0.094 | 0.156 | 0.094 | 0.094 | 0.188 | 0.188 | 0.188 | 0.047 |
| C069 | 黔豆4号 | 0.000 | 0.000 | 0.000 | 0.000 | 0.012 | 0.047 | 0.078 | 0.047 | 0.047 | 0.094 | 0.094 | 0.094 | 0.023 |
| D088 | 黔豆5号 | 0.000 | 0.000 | 0.000 | 0.000 | 0.012 | 0.047 | 0.078 | 0.047 | 0.047 | 0.094 | 0.094 | 0.094 | 0.039 |
| D087 | 黔豆3号 | 0.000 | 0.000 | 0.000 | 0.000 | 0.000 | 0.000 | 0.000 | 0.000 | 0.000 | 0.000 | 0.000 | 0.000 | 0.000 |

（续）

| D558 | C567 | C125 | C572 | C542 | C563 | D465 | C010 | C455 | C458 | C431 | C444 | C450 | C443 | C445 | D463 | C448 |
|---|---|---|---|---|---|---|---|---|---|---|---|---|---|---|---|---|
| 齐黄29 | 为民1号 | 周 7327-118 | 文丰7号 | 鲁豆1号 | 齐黄22 | 徐豆8号 | 皖豆1号 | 徐豆1号 | 徐豆7号 | 南农 493-1 | 苏豆1号 | 苏协4-1 | 苏7209 | 苏豆3号 | 通豆3号 | 苏协 18-6 |
| 0.000 | 0.000 | 0.000 | 0.000 | 0.000 | 0.000 | 0.000 | 0.000 | 0.000 | 0.000 | 0.000 | 0.000 | 0.000 | 0.000 | 0.000 | 0.000 | 0.000 |
| 0.023 | 0.000 | 0.000 | 0.000 | 0.000 | 0.000 | 0.000 | 0.000 | 0.000 | 0.000 | 0.000 | 0.000 | 0.000 | 0.000 | 0.000 | 0.000 | 0.000 |
| 0.000 | 0.125 | 0.000 | 0.125 | 0.063 | 0.094 | 0.066 | 0.047 | 0.094 | 0.047 | 0.000 | 0.000 | 0.000 | 0.000 | 0.000 | 0.000 | 0.000 |
| 0.000 | 0.000 | 0.000 | 0.000 | 0.000 | 0.000 | 0.000 | 0.000 | 0.000 | 0.000 | 0.000 | 0.000 | 0.000 | 0.000 | 0.000 | 0.000 | 0.000 |
| 0.000 | 0.000 | 0.000 | 0.000 | 0.000 | 0.000 | 0.000 | 0.000 | 0.000 | 0.000 | 0.000 | 0.000 | 0.000 | 0.000 | 0.000 | 0.000 | 0.000 |
| 0.000 | 0.000 | 0.000 | 0.000 | 0.000 | 0.000 | 0.000 | 0.000 | 0.000 | 0.000 | 0.000 | 0.000 | 0.000 | 0.000 | 0.000 | 0.000 | 0.000 |
| 0.000 | 0.000 | 0.000 | 0.000 | 0.000 | 0.000 | 0.000 | 0.000 | 0.000 | 0.000 | 0.000 | 0.000 | 0.000 | 0.000 | 0.000 | 0.000 | 0.000 |
| 0.000 | 0.000 | 0.000 | 0.000 | 0.000 | 0.000 | 0.000 | 0.000 | 0.000 | 0.000 | 0.000 | 0.000 | 0.000 | 0.000 | 0.000 | 0.000 | 0.000 |
| 0.000 | 0.000 | 0.000 | 0.000 | 0.000 | 0.000 | 0.000 | 0.000 | 0.000 | 0.000 | 0.000 | 0.000 | 0.000 | 0.000 | 0.000 | 0.000 | 0.000 |
| 0.000 | 0.000 | 0.000 | 0.000 | 0.000 | 0.000 | 0.000 | 0.000 | 0.000 | 0.000 | 0.000 | 0.000 | 0.000 | 0.000 | 0.000 | 0.000 | 0.000 |
| 0.000 | 0.000 | 0.000 | 0.000 | 0.000 | 0.000 | 0.007 | 0.000 | 0.000 | 0.010 | 0.000 | 0.000 | 0.000 | 0.000 | 0.000 | 0.000 | 0.063 |
| 0.000 | 0.000 | 0.000 | 0.000 | 0.000 | 0.000 | 0.029 | 0.000 | 0.000 | 0.039 | 0.000 | 0.000 | 0.000 | 0.000 | 0.000 | 0.000 | 0.125 |
| 0.023 | 0.063 | 0.047 | 0.063 | 0.031 | 0.016 | 0.015 | 0.000 | 0.000 | 0.020 | 0.000 | 0.000 | 0.000 | 0.000 | 0.000 | 0.000 | 0.125 |
| 0.000 | 0.000 | 0.000 | 0.000 | 0.000 | 0.000 | 0.018 | 0.023 | 0.047 | 0.023 | 0.000 | 0.063 | 0.063 | 0.047 | 0.031 | 0.063 | 0.000 |
| 0.000 | 0.000 | 0.000 | 0.000 | 0.000 | 0.000 | 0.035 | 0.047 | 0.094 | 0.047 | 0.000 | 0.125 | 0.125 | 0.094 | 0.063 | 0.125 | 0.000 |
| 0.012 | 0.031 | 0.023 | 0.031 | 0.016 | 0.008 | 0.021 | 0.023 | 0.047 | 0.027 | 0.000 | 0.063 | 0.063 | 0.047 | 0.031 | 0.063 | 0.000 |
| 0.016 | 0.063 | 0.016 | 0.063 | 0.094 | 0.031 | 0.031 | 0.023 | 0.047 | 0.031 | 0.000 | 0.063 | 0.063 | 0.047 | 0.031 | 0.063 | 0.000 |
| 0.021 | 0.031 | 0.023 | 0.031 | 0.078 | 0.008 | 0.012 | 0.012 | 0.023 | 0.016 | 0.000 | 0.031 | 0.031 | 0.023 | 0.016 | 0.031 | 0.000 |
| 0.008 | 0.031 | 0.008 | 0.031 | 0.047 | 0.016 | 0.016 | 0.012 | 0.023 | 0.016 | 0.000 | 0.031 | 0.031 | 0.023 | 0.016 | 0.031 | 0.000 |
| 0.014 | 0.031 | 0.023 | 0.031 | 0.016 | 0.008 | 0.012 | 0.012 | 0.023 | 0.016 | 0.000 | 0.031 | 0.031 | 0.023 | 0.016 | 0.031 | 0.000 |
| 0.000 | 0.000 | 0.000 | 0.000 | 0.000 | 0.000 | 0.035 | 0.047 | 0.094 | 0.047 | 0.000 | 0.125 | 0.125 | 0.094 | 0.063 | 0.125 | 0.000 |
| 0.000 | 0.000 | 0.000 | 0.000 | 0.000 | 0.000 | 0.000 | 0.000 | 0.000 | 0.000 | 0.000 | 0.125 | 0.125 | 0.094 | 0.063 | 0.125 | 0.000 |
| 0.020 | 0.031 | 0.023 | 0.031 | 0.016 | 0.008 | 0.003 | 0.000 | 0.000 | 0.004 | 0.000 | 0.000 | 0.000 | 0.000 | 0.000 | 0.000 | 0.000 |
| 0.000 | 0.000 | 0.000 | 0.000 | 0.000 | 0.000 | 0.000 | 0.000 | 0.000 | 0.000 | 0.000 | 0.000 | 0.000 | 0.000 | 0.000 | 0.000 | 0.000 |
| 0.000 | 0.000 | 0.000 | 0.000 | 0.000 | 0.000 | 0.006 | 0.000 | 0.000 | 0.008 | 0.000 | 0.000 | 0.000 | 0.000 | 0.000 | 0.000 | 0.000 |
| 0.000 | 0.000 | 0.000 | 0.000 | 0.000 | 0.000 | 0.000 | 0.000 | 0.000 | 0.000 | 0.000 | 0.000 | 0.000 | 0.000 | 0.000 | 0.000 | 0.000 |
| 0.000 | 0.000 | 0.000 | 0.000 | 0.000 | 0.000 | 0.006 | 0.000 | 0.000 | 0.008 | 0.000 | 0.000 | 0.000 | 0.000 | 0.000 | 0.000 | 0.000 |
| 0.000 | 0.000 | 0.000 | 0.000 | 0.000 | 0.000 | 0.000 | 0.000 | 0.000 | 0.000 | 0.000 | 0.000 | 0.000 | 0.000 | 0.000 | 0.000 | 0.000 |
| 0.000 | 0.000 | 0.000 | 0.000 | 0.000 | 0.000 | 0.000 | 0.000 | 0.000 | 0.000 | 0.000 | 0.000 | 0.000 | 0.000 | 0.000 | 0.000 | 0.000 |
| 0.000 | 0.000 | 0.000 | 0.000 | 0.000 | 0.000 | 0.006 | 0.000 | 0.000 | 0.008 | 0.000 | 0.000 | 0.000 | 0.000 | 0.000 | 0.000 | 0.000 |
| 0.016 | 0.063 | 0.016 | 0.063 | 0.094 | 0.031 | 0.011 | 0.000 | 0.000 | 0.004 | 0.000 | 0.000 | 0.000 | 0.000 | 0.000 | 0.000 | 0.000 |
| 0.023 | 0.063 | 0.047 | 0.063 | 0.031 | 0.016 | 0.006 | 0.000 | 0.000 | 0.008 | 0.000 | 0.000 | 0.000 | 0.000 | 0.000 | 0.000 | 0.000 |
| 0.047 | 0.125 | 0.094 | 0.125 | 0.063 | 0.031 | 0.000 | 0.000 | 0.000 | 0.000 | 0.000 | 0.000 | 0.000 | 0.000 | 0.000 | 0.000 | 0.000 |
| 0.047 | 0.125 | 0.094 | 0.125 | 0.063 | 0.031 | 0.000 | 0.000 | 0.000 | 0.000 | 0.000 | 0.000 | 0.000 | 0.000 | 0.000 | 0.000 | 0.000 |
| 0.023 | 0.063 | 0.047 | 0.063 | 0.031 | 0.016 | 0.000 | 0.000 | 0.000 | 0.000 | 0.000 | 0.000 | 0.000 | 0.000 | 0.000 | 0.000 | 0.000 |
| 0.039 | 0.063 | 0.047 | 0.063 | 0.031 | 0.016 | 0.000 | 0.000 | 0.000 | 0.000 | 0.000 | 0.000 | 0.000 | 0.000 | 0.000 | 0.000 | 0.000 |
| 0.000 | 0.000 | 0.000 | 0.000 | 0.000 | 0.000 | 0.000 | 0.000 | 0.000 | 0.000 | 0.000 | 0.000 | 0.000 | 0.000 | 0.000 | 0.000 | 0.125 |

| 品种代号及名称 | | C449 苏协 19-15 | C451 苏协 1 号 | C432 南农 73-935 | C435 南农 88-48 | D453 南农 88-31 | D455 南农 99-10 | C296 中豆 20 | C293 中豆 8 号 | C428 南农 1138-2 | C438 宁镇 1 号 | C436 南农菜豆 1 号 | C439 宁镇 2 号 | C440 宁镇 3 号 |
|---|---|---|---|---|---|---|---|---|---|---|---|---|---|---|
| C170 | 合丰 25 | 0.185 | 0.077 | 0.157 | 0.151 | 0.135 | 0.110 | 0.124 | 0.132 | 0.120 | 0.135 | 0.163 | 0.199 | 0.219 |
| C178 | 合丰 33 | 0.096 | 0.194 | 0.118 | 0.179 | 0.208 | 0.131 | 0.270 | 0.311 | 0.204 | 0.176 | 0.171 | 0.173 | 0.105 |
| D149 | 北丰 7 号 | 0.237 | 0.110 | 0.138 | 0.093 | 0.149 | 0.124 | 0.092 | 0.105 | 0.087 | 0.111 | 0.125 | 0.195 | 0.163 |
| D152 | 北丰 10 号 | 0.113 | 0.127 | 0.052 | 0.130 | 0.108 | 0.128 | 0.065 | 0.110 | 0.105 | 0.109 | 0.148 | 0.112 | 0.109 |
| D151 | 北丰 9 号 | 0.206 | 0.110 | 0.113 | 0.073 | 0.124 | 0.098 | 0.113 | 0.132 | 0.074 | 0.092 | 0.099 | 0.154 | 0.151 |
| D153 | 北丰 11 | 0.145 | 0.133 | 0.129 | 0.091 | 0.146 | 0.103 | 0.071 | 0.110 | 0.132 | 0.128 | 0.116 | 0.151 | 0.128 |
| C181 | 合丰 36 | 0.191 | 0.077 | 0.118 | 0.105 | 0.226 | 0.142 | 0.105 | 0.099 | 0.113 | 0.130 | 0.183 | 0.382 | 0.265 |
| D154 | 北丰 13 | 0.144 | 0.112 | 0.168 | 0.101 | 0.119 | 0.067 | 0.107 | 0.107 | 0.158 | 0.113 | 0.148 | 0.164 | 0.160 |
| D296 | 绥农 14 | 0.108 | 0.192 | 0.118 | 0.145 | 0.168 | 0.135 | 0.248 | 0.316 | 0.126 | 0.130 | 0.118 | 0.166 | 0.078 |
| D143 | 八五七-1 | 0.078 | 0.301 | 0.121 | 0.122 | 0.159 | 0.107 | 0.295 | 0.336 | 0.110 | 0.087 | 0.147 | 0.130 | 0.100 |
| D155 | 北丰 14 | 0.136 | 0.085 | 0.160 | 0.107 | 0.092 | 0.093 | 0.087 | 0.107 | 0.150 | 0.105 | 0.167 | 0.095 | 0.079 |
| D241 | 抗线虫 5 号 | 0.101 | 0.246 | 0.135 | 0.103 | 0.157 | 0.125 | 0.297 | 0.297 | 0.097 | 0.110 | 0.127 | 0.151 | 0.126 |
| C390 | 九农 20 | 0.070 | 0.218 | 0.092 | 0.066 | 0.077 | 0.078 | 0.235 | 0.204 | 0.127 | 0.078 | 0.078 | 0.092 | 0.084 |
| D053 | 中黄 24 | 0.151 | 0.093 | 0.122 | 0.143 | 0.093 | 0.087 | 0.095 | 0.141 | 0.185 | 0.107 | 0.108 | 0.136 | 0.120 |
| D125 | 豫豆 22 | 0.155 | 0.136 | 0.126 | 0.080 | 0.092 | 0.059 | 0.132 | 0.147 | 0.128 | 0.072 | 0.106 | 0.094 | 0.112 |
| D131 | 豫豆 28 | 0.134 | 0.160 | 0.092 | 0.059 | 0.065 | 0.104 | 0.131 | 0.112 | 0.093 | 0.078 | 0.065 | 0.107 | 0.097 |
| D112 | 地神 21 | 0.187 | 0.136 | 0.179 | 0.153 | 0.118 | 0.132 | 0.146 | 0.120 | 0.135 | 0.132 | 0.172 | 0.149 | 0.171 |
| D113 | 地神 22 | 0.141 | 0.236 | 0.172 | 0.125 | 0.142 | 0.136 | 0.255 | 0.257 | 0.141 | 0.137 | 0.144 | 0.155 | 0.116 |
| D130 | 豫豆 27 | 0.209 | 0.140 | 0.123 | 0.137 | 0.147 | 0.142 | 0.130 | 0.124 | 0.126 | 0.084 | 0.130 | 0.159 | 0.161 |
| D445 | 淮豆 6 号 | 0.148 | 0.154 | 0.144 | 0.194 | 0.327 | 0.320 | 0.143 | 0.166 | 0.197 | 0.176 | 0.241 | 0.162 | 0.144 |
| C423 | 淮豆 1 号 | 0.127 | 0.128 | 0.229 | 0.237 | 0.161 | 0.156 | 0.110 | 0.092 | 0.280 | 0.208 | 0.190 | 0.100 | 0.130 |
| C421 | 灌豆 1 号 | 0.063 | 0.108 | 0.299 | 0.229 | 0.173 | 0.194 | 0.130 | 0.169 | 0.238 | 0.200 | 0.214 | 0.125 | 0.084 |
| D443 | 淮豆 4 号 | 0.110 | 0.144 | 0.099 | 0.154 | 0.118 | 0.146 | 0.147 | 0.141 | 0.116 | 0.118 | 0.147 | 0.115 | 0.099 |
| C295 | 中豆 19 | 0.118 | 0.368 | 0.141 | 0.209 | 0.232 | 0.132 | 0.433 | 0.405 | 0.185 | 0.213 | 0.201 | 0.115 | 0.160 |
| D036 | 中豆 27 | 0.348 | 0.102 | 0.136 | 0.131 | 0.141 | 0.129 | 0.123 | 0.131 | 0.119 | 0.110 | 0.104 | 0.166 | 0.213 |
| C014 | 皖豆 6 号 | 0.118 | 0.164 | 0.160 | 0.114 | 0.152 | 0.067 | 0.167 | 0.155 | 0.190 | 0.140 | 0.188 | 0.102 | 0.127 |
| D008 | 皖豆 16 | 0.100 | 0.188 | 0.190 | 0.123 | 0.149 | 0.135 | 0.190 | 0.185 | 0.172 | 0.170 | 0.171 | 0.175 | 0.163 |
| D013 | 皖豆 21 | 0.135 | 0.162 | 0.225 | 0.220 | 0.176 | 0.145 | 0.132 | 0.146 | 0.203 | 0.178 | 0.146 | 0.101 | 0.125 |
| D038 | 中黄 9 | 0.155 | 0.117 | 0.132 | 0.107 | 0.144 | 0.145 | 0.159 | 0.132 | 0.095 | 0.150 | 0.113 | 0.302 | 0.301 |
| C417 | 58-161 | 0.095 | 0.150 | 0.208 | 0.224 | 0.171 | 0.138 | 0.159 | 0.138 | 0.162 | 0.214 | 0.167 | 0.099 | 0.131 |
| C441 | 泗豆 11 | 0.116 | 0.123 | 0.257 | 0.278 | 0.222 | 0.235 | 0.106 | 0.127 | 0.257 | 0.329 | 0.278 | 0.169 | 0.132 |
| D135 | 郑 90007 | 0.218 | 0.174 | 0.197 | 0.192 | 0.195 | 0.190 | 0.118 | 0.179 | 0.220 | 0.150 | 0.164 | 0.167 | 0.124 |
| D118 | 商丘 1099 | 0.174 | 0.187 | 0.166 | 0.167 | 0.201 | 0.178 | 0.199 | 0.212 | 0.155 | 0.118 | 0.171 | 0.168 | 0.132 |
| D138 | 郑交 107 | 0.221 | 0.124 | 0.140 | 0.148 | 0.204 | 0.146 | 0.107 | 0.127 | 0.170 | 0.126 | 0.153 | 0.184 | 0.126 |
| C116 | 豫豆 16 | 0.134 | 0.160 | 0.118 | 0.118 | 0.194 | 0.214 | 0.176 | 0.150 | 0.113 | 0.123 | 0.163 | 0.179 | 0.149 |
| D136 | 郑 92116 | 0.241 | 0.121 | 0.253 | 0.170 | 0.160 | 0.174 | 0.117 | 0.163 | 0.179 | 0.142 | 0.149 | 0.159 | 0.135 |
| D117 | 濮海 10 号 | 0.118 | 0.152 | 0.134 | 0.129 | 0.247 | 0.181 | 0.257 | 0.204 | 0.131 | 0.100 | 0.196 | 0.185 | 0.174 |
| C118 | 豫豆 19 | 0.115 | 0.181 | 0.158 | 0.159 | 0.208 | 0.216 | 0.164 | 0.197 | 0.148 | 0.157 | 0.164 | 0.181 | 0.144 |

（续）

| C433 南农86-4 | C424 淮豆2号 | D003 合豆2号 | C011 皖豆3号 | D004 合豆3号 | D309 鄂豆7号 | D313 中豆29 | D314 中豆30 | D316 中豆32 | C434 南农87C-38 | C288 矮脚早 | C297 中豆24 | C291 鄂豆5号 | C292 早春1号 | D461 苏豆4号 | D081 桂早1号 | D596 川豆4号 |
|---|---|---|---|---|---|---|---|---|---|---|---|---|---|---|---|---|
| 0.209 | 0.123 | 0.113 | 0.108 | 0.134 | 0.147 | 0.179 | 0.157 | 0.166 | 0.175 | 0.172 | 0.140 | 0.154 | 0.168 | 0.141 | 0.133 | 0.141 |
| 0.144 | 0.170 | 0.173 | 0.156 | 0.149 | 0.148 | 0.161 | 0.111 | 0.109 | 0.157 | 0.140 | 0.122 | 0.142 | 0.162 | 0.142 | 0.140 | 0.129 |
| 0.125 | 0.131 | 0.167 | 0.156 | 0.095 | 0.135 | 0.135 | 0.170 | 0.154 | 0.065 | 0.127 | 0.124 | 0.110 | 0.110 | 0.155 | 0.134 | 0.103 |
| 0.123 | 0.123 | 0.105 | 0.127 | 0.086 | 0.076 | 0.095 | 0.110 | 0.145 | 0.090 | 0.137 | 0.075 | 0.095 | 0.108 | 0.094 | 0.150 | 0.114 |
| 0.105 | 0.099 | 0.114 | 0.123 | 0.102 | 0.148 | 0.130 | 0.178 | 0.123 | 0.105 | 0.113 | 0.103 | 0.136 | 0.163 | 0.155 | 0.103 | 0.162 |
| 0.161 | 0.187 | 0.137 | 0.147 | 0.073 | 0.120 | 0.108 | 0.090 | 0.132 | 0.115 | 0.144 | 0.119 | 0.158 | 0.140 | 0.108 | 0.156 | 0.133 |
| 0.143 | 0.084 | 0.093 | 0.155 | 0.087 | 0.212 | 0.167 | 0.208 | 0.159 | 0.117 | 0.204 | 0.185 | 0.186 | 0.135 | 0.166 | 0.152 | 0.173 |
| 0.107 | 0.188 | 0.122 | 0.131 | 0.097 | 0.151 | 0.132 | 0.128 | 0.137 | 0.120 | 0.128 | 0.118 | 0.151 | 0.132 | 0.132 | 0.117 | 0.145 |
| 0.144 | 0.169 | 0.172 | 0.122 | 0.121 | 0.147 | 0.160 | 0.163 | 0.159 | 0.097 | 0.146 | 0.146 | 0.115 | 0.129 | 0.103 | 0.139 | 0.083 |
| 0.128 | 0.094 | 0.189 | 0.130 | 0.110 | 0.112 | 0.112 | 0.154 | 0.118 | 0.093 | 0.128 | 0.137 | 0.125 | 0.126 | 0.112 | 0.117 | 0.086 |
| 0.127 | 0.167 | 0.135 | 0.117 | 0.110 | 0.149 | 0.157 | 0.140 | 0.130 | 0.166 | 0.142 | 0.130 | 0.144 | 0.079 | 0.092 | 0.077 | 0.105 |
| 0.094 | 0.124 | 0.103 | 0.120 | 0.122 | 0.117 | 0.117 | 0.126 | 0.132 | 0.079 | 0.113 | 0.109 | 0.094 | 0.070 | 0.133 | 0.069 | 0.109 |
| 0.105 | 0.105 | 0.132 | 0.161 | 0.161 | 0.103 | 0.096 | 0.131 | 0.115 | 0.117 | 0.126 | 0.115 | 0.135 | 0.110 | 0.103 | 0.076 | 0.109 |
| 0.114 | 0.162 | 0.197 | 0.111 | 0.164 | 0.132 | 0.192 | 0.141 | 0.158 | 0.128 | 0.123 | 0.171 | 0.106 | 0.107 | 0.132 | 0.157 | 0.132 |
| 0.079 | 0.132 | 0.168 | 0.116 | 0.177 | 0.143 | 0.123 | 0.146 | 0.084 | 0.145 | 0.114 | 0.116 | 0.117 | 0.131 | 0.097 | 0.224 | 0.116 |
| 0.065 | 0.111 | 0.073 | 0.095 | 0.128 | 0.109 | 0.090 | 0.111 | 0.108 | 0.110 | 0.113 | 0.121 | 0.115 | 0.090 | 0.077 | 0.196 | 0.103 |
| 0.146 | 0.152 | 0.101 | 0.116 | 0.109 | 0.208 | 0.130 | 0.132 | 0.110 | 0.184 | 0.141 | 0.161 | 0.149 | 0.182 | 0.104 | 0.333 | 0.084 |
| 0.145 | 0.149 | 0.160 | 0.121 | 0.142 | 0.128 | 0.108 | 0.131 | 0.087 | 0.130 | 0.111 | 0.181 | 0.142 | 0.122 | 0.115 | 0.120 | 0.128 |
| 0.136 | 0.156 | 0.164 | 0.128 | 0.140 | 0.204 | 0.153 | 0.188 | 0.158 | 0.116 | 0.144 | 0.171 | 0.159 | 0.167 | 0.178 | 0.195 | 0.140 |
| 0.193 | 0.228 | 0.189 | 0.129 | 0.113 | 0.203 | 0.203 | 0.214 | 0.208 | 0.177 | 0.194 | 0.121 | 0.230 | 0.218 | 0.162 | 0.187 | 0.122 |
| 0.235 | 0.357 | 0.159 | 0.169 | 0.161 | 0.141 | 0.147 | 0.149 | 0.146 | 0.253 | 0.106 | 0.146 | 0.147 | 0.135 | 0.128 | 0.146 | 0.141 |
| 0.240 | 0.316 | 0.124 | 0.107 | 0.207 | 0.121 | 0.127 | 0.135 | 0.136 | 0.284 | 0.112 | 0.139 | 0.153 | 0.141 | 0.121 | 0.126 | 0.153 |
| 0.160 | 0.139 | 0.148 | 0.062 | 0.096 | 0.118 | 0.098 | 0.080 | 0.136 | 0.132 | 0.128 | 0.065 | 0.137 | 0.099 | 0.085 | 0.116 | 0.111 |
| 0.167 | 0.159 | 0.215 | 0.152 | 0.186 | 0.191 | 0.105 | 0.147 | 0.118 | 0.160 | 0.155 | 0.144 | 0.145 | 0.126 | 0.144 | 0.130 | 0.151 |
| 0.117 | 0.097 | 0.150 | 0.107 | 0.093 | 0.089 | 0.127 | 0.143 | 0.146 | 0.090 | 0.125 | 0.120 | 0.096 | 0.103 | 0.146 | 0.132 | 0.146 |
| 0.101 | 0.148 | 0.315 | 0.260 | 0.279 | 0.197 | 0.125 | 0.174 | 0.150 | 0.167 | 0.238 | 0.183 | 0.197 | 0.172 | 0.151 | 0.143 | 0.151 |
| 0.158 | 0.197 | 0.381 | 0.232 | 0.297 | 0.208 | 0.168 | 0.178 | 0.147 | 0.184 | 0.200 | 0.213 | 0.168 | 0.162 | 0.148 | 0.146 | 0.188 |
| 0.205 | 0.199 | 0.393 | 0.259 | 0.277 | 0.156 | 0.110 | 0.159 | 0.110 | 0.164 | 0.201 | 0.168 | 0.136 | 0.137 | 0.123 | 0.186 | 0.136 |
| 0.113 | 0.139 | 0.074 | 0.095 | 0.088 | 0.148 | 0.175 | 0.205 | 0.148 | 0.111 | 0.107 | 0.155 | 0.130 | 0.137 | 0.182 | 0.173 | 0.221 |
| 0.222 | 0.269 | 0.133 | 0.108 | 0.129 | 0.102 | 0.095 | 0.116 | 0.088 | 0.179 | 0.070 | 0.101 | 0.082 | 0.082 | 0.109 | 0.141 | 0.143 |
| 0.316 | 0.250 | 0.168 | 0.144 | 0.129 | 0.162 | 0.162 | 0.172 | 0.148 | 0.270 | 0.128 | 0.168 | 0.136 | 0.157 | 0.104 | 0.160 | 0.169 |
| 0.178 | 0.263 | 0.273 | 0.143 | 0.182 | 0.282 | 0.239 | 0.191 | 0.192 | 0.203 | 0.340 | 0.244 | 0.297 | 0.247 | 0.200 | 0.185 | 0.194 |
| 0.166 | 0.172 | 0.192 | 0.148 | 0.216 | 0.148 | 0.143 | 0.159 | 0.116 | 0.125 | 0.181 | 0.161 | 0.136 | 0.157 | 0.136 | 0.128 | 0.143 |
| 0.140 | 0.220 | 0.153 | 0.151 | 0.171 | 0.265 | 0.240 | 0.213 | 0.260 | 0.146 | 0.365 | 0.279 | 0.320 | 0.263 | 0.176 | 0.110 | 0.242 |
| 0.163 | 0.144 | 0.178 | 0.133 | 0.168 | 0.154 | 0.147 | 0.170 | 0.166 | 0.110 | 0.179 | 0.217 | 0.199 | 0.168 | 0.147 | 0.165 | 0.237 |
| 0.182 | 0.208 | 0.237 | 0.134 | 0.147 | 0.287 | 0.229 | 0.201 | 0.196 | 0.213 | 0.261 | 0.222 | 0.318 | 0.250 | 0.229 | 0.119 | 0.197 |
| 0.142 | 0.174 | 0.218 | 0.146 | 0.201 | 0.132 | 0.159 | 0.174 | 0.164 | 0.147 | 0.190 | 0.151 | 0.146 | 0.120 | 0.139 | 0.222 | 0.152 |
| 0.191 | 0.157 | 0.167 | 0.156 | 0.155 | 0.155 | 0.181 | 0.183 | 0.154 | 0.118 | 0.126 | 0.128 | 0.142 | 0.156 | 0.135 | 0.178 | 0.187 |

| 品种代号及名称 | | C449 苏协 19-15 | C451 苏协1号 | C432 南农 73-935 | C435 南农 88-48 | D453 南农 88-31 | D455 南农 99-10 | C296 中豆20 | C293 中豆8号 | C428 南农 1138-2 | C438 宁镇1号 | C436 南农菜 豆1号 | C439 宁镇2号 | C440 宁镇3号 |
|---|---|---|---|---|---|---|---|---|---|---|---|---|---|---|
| C110 | 豫豆7号 | 0.148 | 0.117 | 0.145 | 0.146 | 0.105 | 0.112 | 0.139 | 0.153 | 0.101 | 0.118 | 0.146 | 0.122 | 0.164 |
| C112 | 豫豆10号 | 0.171 | 0.089 | 0.162 | 0.131 | 0.115 | 0.129 | 0.117 | 0.137 | 0.159 | 0.148 | 0.130 | 0.146 | 0.187 |
| C122 | 郑86506 | 0.104 | 0.137 | 0.127 | 0.141 | 0.144 | 0.146 | 0.173 | 0.161 | 0.136 | 0.152 | 0.127 | 0.196 | 0.191 |
| D124 | 豫豆21 | 0.127 | 0.128 | 0.111 | 0.138 | 0.123 | 0.110 | 0.131 | 0.086 | 0.120 | 0.149 | 0.111 | 0.087 | 0.117 |
| D126 | 豫豆23 | 0.143 | 0.150 | 0.100 | 0.087 | 0.112 | 0.105 | 0.133 | 0.114 | 0.122 | 0.079 | 0.080 | 0.115 | 0.119 |
| D127 | 豫豆24 | 0.274 | 0.090 | 0.130 | 0.118 | 0.161 | 0.149 | 0.131 | 0.145 | 0.100 | 0.103 | 0.131 | 0.213 | 0.247 |
| D128 | 豫豆25 | 0.158 | 0.102 | 0.123 | 0.098 | 0.135 | 0.065 | 0.130 | 0.144 | 0.106 | 0.096 | 0.110 | 0.113 | 0.168 |
| D129 | 豫豆26 | 0.292 | 0.124 | 0.173 | 0.215 | 0.145 | 0.146 | 0.107 | 0.094 | 0.197 | 0.145 | 0.167 | 0.182 | 0.243 |
| D132 | 豫豆29 | 0.147 | 0.090 | 0.066 | 0.093 | 0.097 | 0.105 | 0.066 | 0.113 | 0.094 | 0.105 | 0.079 | 0.134 | 0.144 |
| D114 | 滑豆20 | 0.153 | 0.096 | 0.124 | 0.132 | 0.097 | 0.143 | 0.157 | 0.132 | 0.140 | 0.149 | 0.170 | 0.180 | 0.214 |
| D140 | 周豆11 | 0.266 | 0.085 | 0.133 | 0.141 | 0.137 | 0.152 | 0.147 | 0.134 | 0.136 | 0.146 | 0.113 | 0.190 | 0.212 |
| D141 | 周豆12 | 0.344 | 0.083 | 0.144 | 0.138 | 0.142 | 0.110 | 0.137 | 0.151 | 0.160 | 0.143 | 0.183 | 0.233 | 0.208 |
| D139 | GS郑交9525 | 0.210 | 0.122 | 0.196 | 0.145 | 0.200 | 0.169 | 0.110 | 0.145 | 0.147 | 0.117 | 0.163 | 0.167 | 0.149 |
| D043 | 中黄14 | 0.174 | 0.104 | 0.139 | 0.140 | 0.176 | 0.178 | 0.146 | 0.147 | 0.148 | 0.138 | 0.159 | 0.236 | 0.191 |
| C106 | 豫豆3号 | 0.156 | 0.183 | 0.127 | 0.181 | 0.171 | 0.159 | 0.200 | 0.213 | 0.190 | 0.139 | 0.160 | 0.155 | 0.152 |
| C108 | 豫豆5号 | 0.134 | 0.101 | 0.097 | 0.146 | 0.095 | 0.136 | 0.138 | 0.138 | 0.141 | 0.164 | 0.152 | 0.146 | 0.177 |
| C111 | 豫豆8号 | 0.141 | 0.161 | 0.138 | 0.139 | 0.208 | 0.175 | 0.230 | 0.212 | 0.195 | 0.170 | 0.204 | 0.160 | 0.203 |
| C106 | 郑长叶7 | 0.181 | 0.117 | 0.159 | 0.133 | 0.137 | 0.112 | 0.132 | 0.140 | 0.128 | 0.118 | 0.152 | 0.122 | 0.118 |
| D565 | 跃进10号 | 0.340 | 0.086 | 0.107 | 0.176 | 0.132 | 0.147 | 0.074 | 0.094 | 0.102 | 0.127 | 0.134 | 0.129 | 0.199 |
| D467 | 徐豆10号 | 0.232 | 0.084 | 0.113 | 0.120 | 0.175 | 0.132 | 0.086 | 0.159 | 0.115 | 0.118 | 0.126 | 0.289 | 0.230 |
| D468 | 徐豆11 | 0.213 | 0.097 | 0.145 | 0.152 | 0.137 | 0.151 | 0.099 | 0.139 | 0.149 | 0.145 | 0.152 | 0.318 | 0.257 |
| D469 | 徐豆12 | 0.203 | 0.132 | 0.134 | 0.155 | 0.139 | 0.146 | 0.161 | 0.155 | 0.130 | 0.147 | 0.195 | 0.297 | 0.232 |
| C121 | 郑77249 | 0.126 | 0.101 | 0.161 | 0.123 | 0.146 | 0.128 | 0.129 | 0.169 | 0.132 | 0.141 | 0.123 | 0.171 | 0.186 |
| C113 | 豫豆11 | 0.190 | 0.138 | 0.128 | 0.115 | 0.152 | 0.107 | 0.140 | 0.101 | 0.123 | 0.100 | 0.148 | 0.150 | 0.192 |
| C115 | 豫豆15 | 0.170 | 0.133 | 0.129 | 0.130 | 0.127 | 0.122 | 0.103 | 0.156 | 0.132 | 0.115 | 0.181 | 0.124 | 0.160 |
| D550 | 鲁豆12号 | 0.156 | 0.075 | 0.160 | 0.148 | 0.116 | 0.179 | 0.140 | 0.092 | 0.114 | 0.185 | 0.168 | 0.113 | 0.111 |
| C457 | 徐豆3号 | 0.140 | 0.114 | 0.162 | 0.252 | 0.295 | 0.349 | 0.164 | 0.171 | 0.188 | 0.231 | 0.219 | 0.224 | 0.197 |
| D442 | 淮豆3号 | 0.141 | 0.123 | 0.145 | 0.238 | 0.312 | 0.331 | 0.158 | 0.132 | 0.207 | 0.216 | 0.217 | 0.195 | 0.170 |
| C003 | 阜豆1号 | 0.101 | 0.169 | 0.110 | 0.118 | 0.163 | 0.130 | 0.158 | 0.138 | 0.148 | 0.123 | 0.159 | 0.105 | 0.096 |
| C019 | 皖豆13 | 0.163 | 0.086 | 0.160 | 0.108 | 0.171 | 0.113 | 0.107 | 0.142 | 0.130 | 0.106 | 0.161 | 0.308 | 0.173 |
| D011 | 皖豆19 | 0.149 | 0.078 | 0.113 | 0.134 | 0.158 | 0.106 | 0.120 | 0.080 | 0.163 | 0.106 | 0.153 | 0.209 | 0.158 |
| C028 | 诱变30 | 0.134 | 0.224 | 0.144 | 0.158 | 0.192 | 0.110 | 0.183 | 0.217 | 0.187 | 0.130 | 0.190 | 0.193 | 0.130 |
| C029 | 诱变31 | 0.178 | 0.141 | 0.137 | 0.125 | 0.148 | 0.123 | 0.131 | 0.190 | 0.167 | 0.104 | 0.183 | 0.133 | 0.104 |
| C032 | 早熟6号 | 0.125 | 0.205 | 0.141 | 0.170 | 0.207 | 0.168 | 0.161 | 0.162 | 0.103 | 0.147 | 0.176 | 0.130 | 0.107 |
| C038 | 中黄1号 | 0.171 | 0.128 | 0.124 | 0.118 | 0.168 | 0.156 | 0.137 | 0.191 | 0.133 | 0.136 | 0.144 | 0.344 | 0.199 |
| C039 | 中黄2号 | 0.146 | 0.109 | 0.131 | 0.118 | 0.148 | 0.169 | 0.137 | 0.197 | 0.120 | 0.162 | 0.144 | 0.291 | 0.224 |
| C040 | 中黄3号 | 0.165 | 0.115 | 0.136 | 0.098 | 0.167 | 0.160 | 0.136 | 0.111 | 0.119 | 0.161 | 0.123 | 0.243 | 0.226 |
| C041 | 中黄4号 | 0.154 | 0.149 | 0.166 | 0.097 | 0.182 | 0.163 | 0.110 | 0.158 | 0.092 | 0.185 | 0.152 | 0.111 | 0.144 |

（续）

| C433 南农86-4 | C424 淮豆2号 | D003 合豆2号 | C011 皖豆3号 | D004 合豆3号 | D309 鄂豆7号 | D313 中豆29 | D314 中豆30 | D316 中豆32 | C434 南农87C-38 | C288 矮脚早 | C297 中豆24 | C291 鄂豆5号 | C292 早春1号 | D461 苏豆4号 | D081 桂早1号 | D596 川豆4号 |
|---|---|---|---|---|---|---|---|---|---|---|---|---|---|---|---|---|
| 0.126 | 0.126 | 0.140 | 0.110 | 0.161 | 0.142 | 0.117 | 0.132 | 0.123 | 0.183 | 0.107 | 0.135 | 0.110 | 0.117 | 0.143 | 0.173 | 0.104 |
| 0.130 | 0.169 | 0.204 | 0.101 | 0.140 | 0.159 | 0.146 | 0.169 | 0.165 | 0.187 | 0.164 | 0.152 | 0.178 | 0.140 | 0.127 | 0.151 | 0.146 |
| 0.107 | 0.153 | 0.162 | 0.097 | 0.103 | 0.111 | 0.124 | 0.193 | 0.156 | 0.159 | 0.176 | 0.143 | 0.157 | 0.131 | 0.137 | 0.219 | 0.131 |
| 0.144 | 0.105 | 0.106 | 0.142 | 0.141 | 0.160 | 0.141 | 0.190 | 0.140 | 0.110 | 0.125 | 0.140 | 0.115 | 0.122 | 0.115 | 0.222 | 0.173 |
| 0.099 | 0.099 | 0.108 | 0.158 | 0.171 | 0.130 | 0.104 | 0.139 | 0.104 | 0.086 | 0.107 | 0.117 | 0.144 | 0.131 | 0.052 | 0.213 | 0.078 |
| 0.131 | 0.157 | 0.172 | 0.101 | 0.128 | 0.140 | 0.160 | 0.124 | 0.146 | 0.116 | 0.132 | 0.134 | 0.122 | 0.142 | 0.173 | 0.152 | 0.128 |
| 0.117 | 0.130 | 0.145 | 0.047 | 0.119 | 0.140 | 0.102 | 0.175 | 0.108 | 0.110 | 0.124 | 0.114 | 0.127 | 0.128 | 0.121 | 0.214 | 0.121 |
| 0.160 | 0.187 | 0.128 | 0.145 | 0.110 | 0.157 | 0.162 | 0.140 | 0.175 | 0.119 | 0.189 | 0.175 | 0.170 | 0.118 | 0.170 | 0.155 | 0.203 |
| 0.112 | 0.066 | 0.107 | 0.075 | 0.095 | 0.116 | 0.161 | 0.132 | 0.115 | 0.085 | 0.087 | 0.109 | 0.065 | 0.123 | 0.097 | 0.108 | 0.141 |
| 0.117 | 0.144 | 0.139 | 0.088 | 0.173 | 0.173 | 0.147 | 0.196 | 0.146 | 0.162 | 0.245 | 0.204 | 0.192 | 0.174 | 0.122 | 0.316 | 0.140 |
| 0.147 | 0.147 | 0.148 | 0.069 | 0.158 | 0.170 | 0.176 | 0.159 | 0.195 | 0.113 | 0.168 | 0.156 | 0.170 | 0.125 | 0.216 | 0.155 | 0.209 |
| 0.183 | 0.170 | 0.171 | 0.101 | 0.121 | 0.141 | 0.186 | 0.131 | 0.210 | 0.156 | 0.152 | 0.127 | 0.128 | 0.116 | 0.135 | 0.171 | 0.160 |
| 0.118 | 0.176 | 0.191 | 0.142 | 0.154 | 0.376 | 0.256 | 0.275 | 0.223 | 0.162 | 0.358 | 0.306 | 0.417 | 0.342 | 0.212 | 0.171 | 0.231 |
| 0.150 | 0.146 | 0.181 | 0.136 | 0.095 | 0.182 | 0.162 | 0.191 | 0.181 | 0.138 | 0.141 | 0.174 | 0.182 | 0.124 | 0.175 | 0.263 | 0.174 |
| 0.180 | 0.207 | 0.181 | 0.128 | 0.204 | 0.190 | 0.170 | 0.200 | 0.188 | 0.093 | 0.203 | 0.201 | 0.183 | 0.178 | 0.170 | 0.135 | 0.157 |
| 0.171 | 0.142 | 0.167 | 0.113 | 0.177 | 0.128 | 0.162 | 0.143 | 0.215 | 0.185 | 0.159 | 0.161 | 0.108 | 0.136 | 0.094 | 0.160 | 0.142 |
| 0.164 | 0.150 | 0.205 | 0.121 | 0.149 | 0.174 | 0.174 | 0.191 | 0.167 | 0.170 | 0.133 | 0.179 | 0.155 | 0.162 | 0.194 | 0.172 | 0.206 |
| 0.118 | 0.146 | 0.180 | 0.151 | 0.143 | 0.156 | 0.143 | 0.192 | 0.148 | 0.138 | 0.181 | 0.135 | 0.182 | 0.169 | 0.175 | 0.231 | 0.194 |
| 0.121 | 0.107 | 0.184 | 0.160 | 0.131 | 0.124 | 0.125 | 0.141 | 0.163 | 0.147 | 0.156 | 0.170 | 0.145 | 0.152 | 0.151 | 0.208 | 0.138 |
| 0.146 | 0.093 | 0.127 | 0.061 | 0.108 | 0.110 | 0.149 | 0.179 | 0.155 | 0.118 | 0.168 | 0.084 | 0.136 | 0.183 | 0.123 | 0.154 | 0.162 |
| 0.199 | 0.119 | 0.100 | 0.116 | 0.101 | 0.149 | 0.143 | 0.146 | 0.148 | 0.178 | 0.148 | 0.103 | 0.143 | 0.157 | 0.123 | 0.147 | 0.149 |
| 0.139 | 0.160 | 0.101 | 0.125 | 0.048 | 0.171 | 0.118 | 0.205 | 0.170 | 0.140 | 0.134 | 0.131 | 0.184 | 0.185 | 0.170 | 0.169 | 0.157 |
| 0.142 | 0.123 | 0.157 | 0.100 | 0.106 | 0.146 | 0.158 | 0.174 | 0.113 | 0.141 | 0.137 | 0.164 | 0.165 | 0.159 | 0.165 | 0.194 | 0.139 |
| 0.121 | 0.208 | 0.163 | 0.146 | 0.159 | 0.171 | 0.151 | 0.141 | 0.131 | 0.127 | 0.190 | 0.190 | 0.204 | 0.151 | 0.138 | 0.227 | 0.151 |
| 0.142 | 0.142 | 0.144 | 0.127 | 0.172 | 0.127 | 0.146 | 0.161 | 0.138 | 0.109 | 0.137 | 0.138 | 0.158 | 0.146 | 0.120 | 0.169 | 0.101 |
| 0.160 | 0.167 | 0.155 | 0.171 | 0.186 | 0.130 | 0.116 | 0.153 | 0.116 | 0.172 | 0.154 | 0.102 | 0.164 | 0.117 | 0.122 | 0.122 | 0.096 |
| 0.238 | 0.218 | 0.145 | 0.098 | 0.139 | 0.148 | 0.168 | 0.158 | 0.187 | 0.184 | 0.181 | 0.113 | 0.161 | 0.149 | 0.134 | 0.232 | 0.154 |
| 0.230 | 0.125 | 0.146 | 0.149 | 0.107 | 0.174 | 0.155 | 0.164 | 0.141 | 0.150 | 0.193 | 0.135 | 0.200 | 0.214 | 0.148 | 0.197 | 0.123 |
| 0.138 | 0.131 | 0.179 | 0.176 | 0.210 | 0.095 | 0.047 | 0.083 | 0.121 | 0.164 | 0.105 | 0.134 | 0.101 | 0.115 | 0.176 | 0.147 | 0.149 |
| 0.133 | 0.134 | 0.162 | 0.160 | 0.103 | 0.132 | 0.151 | 0.154 | 0.137 | 0.179 | 0.122 | 0.118 | 0.171 | 0.118 | 0.158 | 0.292 | 0.209 |
| 0.133 | 0.140 | 0.108 | 0.145 | 0.102 | 0.163 | 0.131 | 0.153 | 0.130 | 0.166 | 0.128 | 0.149 | 0.176 | 0.158 | 0.150 | 0.310 | 0.157 |
| 0.176 | 0.209 | 0.325 | 0.196 | 0.320 | 0.154 | 0.154 | 0.183 | 0.166 | 0.169 | 0.139 | 0.140 | 0.154 | 0.155 | 0.179 | 0.139 | 0.231 |
| 0.144 | 0.150 | 0.311 | 0.174 | 0.285 | 0.192 | 0.167 | 0.183 | 0.153 | 0.136 | 0.132 | 0.178 | 0.160 | 0.200 | 0.186 | 0.152 | 0.167 |
| 0.142 | 0.149 | 0.252 | 0.143 | 0.283 | 0.185 | 0.132 | 0.209 | 0.178 | 0.140 | 0.163 | 0.151 | 0.192 | 0.120 | 0.146 | 0.183 | 0.172 |
| 0.137 | 0.157 | 0.166 | 0.162 | 0.087 | 0.147 | 0.179 | 0.157 | 0.236 | 0.130 | 0.126 | 0.139 | 0.147 | 0.110 | 0.154 | 0.266 | 0.212 |
| 0.150 | 0.144 | 0.159 | 0.142 | 0.060 | 0.141 | 0.167 | 0.163 | 0.185 | 0.143 | 0.132 | 0.146 | 0.135 | 0.110 | 0.179 | 0.228 | 0.186 |
| 0.123 | 0.097 | 0.112 | 0.121 | 0.107 | 0.153 | 0.166 | 0.174 | 0.127 | 0.123 | 0.105 | 0.114 | 0.127 | 0.147 | 0.114 | 0.189 | 0.153 |
| 0.137 | 0.122 | 0.193 | 0.099 | 0.176 | 0.176 | 0.142 | 0.171 | 0.101 | 0.109 | 0.132 | 0.154 | 0.162 | 0.163 | 0.148 | 0.133 | 0.149 |

| 品种代号及名称 | | C449 苏协 19-15 | C451 苏协1号 | C432 南农 73-935 | C435 南农 88-48 | D453 南农 88-31 | D455 南农 99-10 | C296 中豆20 | C293 中豆8号 | C428 南农 1138-2 | C438 宁镇1号 | C436 南农菜 豆1号 | C439 宁镇2号 | C440 宁镇3号 |
|---|---|---|---|---|---|---|---|---|---|---|---|---|---|---|
| C037 | 早熟18 | 0.135 | 0.168 | 0.170 | 0.172 | 0.182 | 0.157 | 0.176 | 0.152 | 0.141 | 0.162 | 0.158 | 0.121 | 0.092 |
| C026 | 科丰35 | 0.096 | 0.186 | 0.150 | 0.164 | 0.174 | 0.123 | 0.196 | 0.237 | 0.200 | 0.123 | 0.176 | 0.159 | 0.123 |
| C044 | 中黄7号 | 0.189 | 0.108 | 0.116 | 0.149 | 0.171 | 0.179 | 0.200 | 0.123 | 0.132 | 0.154 | 0.116 | 0.336 | 0.314 |
| C030 | 诱处4号 | 0.160 | 0.128 | 0.125 | 0.166 | 0.169 | 0.163 | 0.164 | 0.172 | 0.134 | 0.170 | 0.209 | 0.148 | 0.124 |
| C043 | 中黄6号 | 0.117 | 0.166 | 0.121 | 0.143 | 0.196 | 0.218 | 0.170 | 0.163 | 0.144 | 0.091 | 0.105 | 0.138 | 0.120 |
| D028 | 科丰53 | 0.140 | 0.135 | 0.182 | 0.211 | 0.232 | 0.188 | 0.196 | 0.204 | 0.160 | 0.174 | 0.190 | 0.173 | 0.123 |
| D044 | 中黄15 | 0.361 | 0.130 | 0.146 | 0.153 | 0.150 | 0.145 | 0.146 | 0.119 | 0.122 | 0.118 | 0.159 | 0.149 | 0.178 |
| D054 | 中黄25 | 0.203 | 0.089 | 0.143 | 0.105 | 0.147 | 0.116 | 0.143 | 0.150 | 0.119 | 0.123 | 0.149 | 0.265 | 0.174 |
| D122 | 豫豆17 | 0.197 | 0.128 | 0.150 | 0.164 | 0.155 | 0.187 | 0.176 | 0.145 | 0.147 | 0.104 | 0.170 | 0.167 | 0.169 |
| C538 | 菏84-1 | 0.156 | 0.105 | 0.160 | 0.208 | 0.171 | 0.146 | 0.087 | 0.134 | 0.177 | 0.212 | 0.167 | 0.231 | 0.298 |
| C539 | 菏84-5 | 0.156 | 0.144 | 0.185 | 0.188 | 0.248 | 0.158 | 0.127 | 0.148 | 0.136 | 0.230 | 0.213 | 0.135 | 0.172 |
| D090 | 沧豆4号 | 0.173 | 0.065 | 0.157 | 0.159 | 0.169 | 0.169 | 0.145 | 0.126 | 0.154 | 0.143 | 0.092 | 0.268 | 0.222 |
| C016 | 皖豆9号 | 0.111 | 0.175 | 0.163 | 0.164 | 0.127 | 0.127 | 0.200 | 0.201 | 0.123 | 0.155 | 0.171 | 0.181 | 0.163 |
| D137 | 郑长交14 | 0.160 | 0.129 | 0.151 | 0.166 | 0.169 | 0.163 | 0.138 | 0.172 | 0.141 | 0.176 | 0.145 | 0.173 | 0.169 |
| D466 | 徐豆9号 | 0.165 | 0.121 | 0.181 | 0.170 | 0.160 | 0.135 | 0.097 | 0.131 | 0.152 | 0.103 | 0.175 | 0.073 | 0.142 |
| C027 | 科新3号 | 0.148 | 0.091 | 0.132 | 0.127 | 0.163 | 0.112 | 0.139 | 0.127 | 0.081 | 0.112 | 0.146 | 0.242 | 0.196 |
| C105 | 豫豆2号 | 0.146 | 0.128 | 0.196 | 0.118 | 0.135 | 0.116 | 0.137 | 0.145 | 0.207 | 0.130 | 0.176 | 0.179 | 0.149 |
| C114 | 豫豆12 | 0.175 | 0.105 | 0.187 | 0.168 | 0.118 | 0.179 | 0.087 | 0.120 | 0.156 | 0.113 | 0.153 | 0.163 | 0.179 |
| C120 | 郑133 | 0.156 | 0.111 | 0.200 | 0.141 | 0.171 | 0.192 | 0.120 | 0.148 | 0.143 | 0.152 | 0.147 | 0.150 | 0.185 |
| C045 | 中黄8号 | 0.127 | 0.161 | 0.151 | 0.166 | 0.203 | 0.163 | 0.156 | 0.193 | 0.167 | 0.170 | 0.151 | 0.140 | 0.136 |
| C094 | 河南早丰1号 | 0.199 | 0.123 | 0.145 | 0.152 | 0.097 | 0.131 | 0.092 | 0.099 | 0.128 | 0.150 | 0.131 | 0.174 | 0.157 |
| C123 | 郑州126 | 0.096 | 0.116 | 0.138 | 0.139 | 0.136 | 0.144 | 0.125 | 0.099 | 0.134 | 0.170 | 0.125 | 0.167 | 0.169 |
| C124 | 郑州135 | 0.171 | 0.115 | 0.097 | 0.150 | 0.103 | 0.123 | 0.149 | 0.131 | 0.079 | 0.129 | 0.156 | 0.119 | 0.155 |
| C104 | 豫豆1号 | 0.156 | 0.092 | 0.153 | 0.081 | 0.092 | 0.066 | 0.099 | 0.107 | 0.122 | 0.126 | 0.147 | 0.156 | 0.219 |
| C540 | 莒选23 | 0.121 | 0.107 | 0.152 | 0.166 | 0.155 | 0.178 | 0.137 | 0.117 | 0.162 | 0.171 | 0.205 | 0.113 | 0.137 |
| C575 | 兖黄1号 | 0.160 | 0.123 | 0.185 | 0.173 | 0.235 | 0.268 | 0.118 | 0.167 | 0.176 | 0.191 | 0.199 | 0.135 | 0.144 |
| D557 | 齐黄28 | 0.168 | 0.149 | 0.159 | 0.180 | 0.163 | 0.171 | 0.126 | 0.180 | 0.122 | 0.105 | 0.139 | 0.311 | 0.270 |
| D558 | 齐黄29 | 0.154 | 0.129 | 0.105 | 0.106 | 0.149 | 0.176 | 0.125 | 0.146 | 0.107 | 0.124 | 0.125 | 0.362 | 0.301 |
| C567 | 为民1号 | 0.155 | 0.124 | 0.167 | 0.195 | 0.170 | 0.146 | 0.127 | 0.114 | 0.170 | 0.159 | 0.180 | 0.169 | 0.145 |
| C125 | 周7327-118 | 0.122 | 0.161 | 0.125 | 0.132 | 0.195 | 0.183 | 0.158 | 0.151 | 0.128 | 0.157 | 0.178 | 0.121 | 0.144 |
| C572 | 文丰7号 | 0.112 | 0.164 | 0.142 | 0.236 | 0.220 | 0.167 | 0.203 | 0.155 | 0.179 | 0.154 | 0.148 | 0.138 | 0.188 |
| C542 | 鲁豆1号 | 0.139 | 0.113 | 0.211 | 0.178 | 0.201 | 0.189 | 0.135 | 0.158 | 0.172 | 0.149 | 0.224 | 0.110 | 0.149 |
| C563 | 齐黄22 | 0.129 | 0.088 | 0.160 | 0.196 | 0.193 | 0.164 | 0.103 | 0.176 | 0.163 | 0.153 | 0.252 | 0.141 | 0.153 |
| D465 | 徐豆8号 | 0.245 | 0.104 | 0.119 | 0.133 | 0.124 | 0.118 | 0.073 | 0.167 | 0.114 | 0.112 | 0.139 | 0.242 | 0.255 |
| C010 | 皖豆1号 | 0.116 | 0.188 | 0.159 | 0.126 | 0.144 | 0.105 | 0.172 | 0.199 | 0.115 | 0.138 | 0.132 | 0.087 | 0.112 |
| C455 | 徐豆1号 | 0.123 | 0.149 | 0.157 | 0.199 | 0.261 | 0.261 | 0.139 | 0.147 | 0.155 | 0.217 | 0.245 | 0.168 | 0.144 |
| C458 | 徐豆7号 | 0.147 | 0.161 | 0.163 | 0.191 | 0.364 | 0.292 | 0.184 | 0.164 | 0.148 | 0.222 | 0.197 | 0.180 | 0.118 |
| C431 | 南农493-1 | 0.182 | 0.137 | 0.493 | 0.356 | 0.164 | 0.185 | 0.120 | 0.128 | 0.412 | 0.238 | 0.298 | 0.150 | 0.166 |

（续）

| C433 南农86-4 | C424 淮豆2号 | D003 合豆2号 | C011 皖豆3号 | D004 合豆3号 | D309 鄂豆7号 | D313 中豆29 | D314 中豆30 | D316 中豆32 | C434 南农87C-38 | C288 矮脚早 | C297 中豆24 | C291 鄂豆5号 | C292 早春1号 | D461 苏豆4号 | D081 桂早1号 | D596 川豆4号 |
|---|---|---|---|---|---|---|---|---|---|---|---|---|---|---|---|---|
| 0.171 | 0.132 | 0.173 | 0.116 | 0.182 | 0.194 | 0.148 | 0.197 | 0.160 | 0.097 | 0.146 | 0.173 | 0.181 | 0.162 | 0.174 | 0.153 | 0.135 |
| 0.176 | 0.183 | 0.373 | 0.208 | 0.409 | 0.109 | 0.115 | 0.176 | 0.197 | 0.169 | 0.172 | 0.166 | 0.179 | 0.168 | 0.141 | 0.177 | 0.224 |
| 0.123 | 0.129 | 0.072 | 0.093 | 0.073 | 0.120 | 0.165 | 0.168 | 0.157 | 0.128 | 0.150 | 0.145 | 0.152 | 0.166 | 0.171 | 0.181 | 0.215 |
| 0.164 | 0.158 | 0.272 | 0.108 | 0.291 | 0.181 | 0.129 | 0.171 | 0.154 | 0.136 | 0.173 | 0.154 | 0.161 | 0.149 | 0.174 | 0.146 | 0.148 |
| 0.135 | 0.155 | 0.243 | 0.087 | 0.167 | 0.167 | 0.111 | 0.177 | 0.172 | 0.105 | 0.151 | 0.172 | 0.181 | 0.140 | 0.174 | 0.123 | 0.153 |
| 0.222 | 0.157 | 0.243 | 0.149 | 0.148 | 0.218 | 0.147 | 0.188 | 0.185 | 0.129 | 0.204 | 0.185 | 0.205 | 0.194 | 0.141 | 0.139 | 0.231 |
| 0.152 | 0.146 | 0.188 | 0.130 | 0.095 | 0.135 | 0.117 | 0.179 | 0.168 | 0.151 | 0.148 | 0.135 | 0.123 | 0.092 | 0.130 | 0.186 | 0.188 |
| 0.110 | 0.097 | 0.132 | 0.114 | 0.067 | 0.146 | 0.191 | 0.169 | 0.133 | 0.161 | 0.112 | 0.177 | 0.140 | 0.127 | 0.134 | 0.252 | 0.191 |
| 0.137 | 0.176 | 0.172 | 0.122 | 0.121 | 0.160 | 0.115 | 0.175 | 0.159 | 0.162 | 0.166 | 0.159 | 0.192 | 0.174 | 0.173 | 0.203 | 0.141 |
| 0.167 | 0.140 | 0.134 | 0.123 | 0.103 | 0.196 | 0.157 | 0.219 | 0.195 | 0.152 | 0.169 | 0.136 | 0.196 | 0.163 | 0.183 | 0.239 | 0.222 |
| 0.167 | 0.166 | 0.148 | 0.130 | 0.130 | 0.190 | 0.190 | 0.227 | 0.169 | 0.178 | 0.161 | 0.188 | 0.203 | 0.164 | 0.163 | 0.110 | 0.137 |
| 0.178 | 0.124 | 0.126 | 0.102 | 0.149 | 0.123 | 0.168 | 0.171 | 0.212 | 0.130 | 0.185 | 0.115 | 0.142 | 0.129 | 0.187 | 0.197 | 0.226 |
| 0.129 | 0.135 | 0.314 | 0.232 | 0.304 | 0.175 | 0.119 | 0.171 | 0.132 | 0.121 | 0.196 | 0.118 | 0.168 | 0.162 | 0.133 | 0.138 | 0.189 |
| 0.184 | 0.178 | 0.159 | 0.109 | 0.134 | 0.277 | 0.245 | 0.270 | 0.255 | 0.157 | 0.360 | 0.288 | 0.282 | 0.260 | 0.181 | 0.127 | 0.187 |
| 0.143 | 0.169 | 0.197 | 0.134 | 0.087 | 0.236 | 0.223 | 0.214 | 0.253 | 0.160 | 0.235 | 0.234 | 0.242 | 0.244 | 0.344 | 0.145 | 0.350 |
| 0.106 | 0.126 | 0.148 | 0.156 | 0.101 | 0.136 | 0.175 | 0.179 | 0.206 | 0.145 | 0.168 | 0.161 | 0.182 | 0.170 | 0.136 | 0.385 | 0.188 |
| 0.143 | 0.221 | 0.151 | 0.135 | 0.121 | 0.153 | 0.160 | 0.136 | 0.134 | 0.188 | 0.145 | 0.140 | 0.147 | 0.129 | 0.115 | 0.139 | 0.135 |
| 0.140 | 0.153 | 0.149 | 0.122 | 0.170 | 0.157 | 0.131 | 0.153 | 0.104 | 0.139 | 0.162 | 0.162 | 0.170 | 0.138 | 0.098 | 0.316 | 0.124 |
| 0.147 | 0.127 | 0.162 | 0.116 | 0.171 | 0.136 | 0.150 | 0.193 | 0.136 | 0.179 | 0.149 | 0.104 | 0.144 | 0.145 | 0.190 | 0.161 | 0.182 |
| 0.130 | 0.151 | 0.186 | 0.105 | 0.176 | 0.154 | 0.121 | 0.164 | 0.160 | 0.136 | 0.181 | 0.187 | 0.134 | 0.122 | 0.173 | 0.099 | 0.201 |
| 0.157 | 0.132 | 0.167 | 0.109 | 0.115 | 0.148 | 0.110 | 0.125 | 0.122 | 0.078 | 0.140 | 0.103 | 0.142 | 0.162 | 0.142 | 0.166 | 0.096 |
| 0.138 | 0.125 | 0.126 | 0.135 | 0.135 | 0.168 | 0.174 | 0.178 | 0.160 | 0.113 | 0.109 | 0.161 | 0.174 | 0.116 | 0.178 | 0.155 |
| 0.143 | 0.136 | 0.118 | 0.107 | 0.120 | 0.146 | 0.134 | 0.143 | 0.184 | 0.129 | 0.197 | 0.127 | 0.153 | 0.186 | 0.146 | 0.119 | 0.121 |
| 0.093 | 0.147 | 0.114 | 0.145 | 0.144 | 0.136 | 0.124 | 0.147 | 0.149 | 0.132 | 0.128 | 0.136 | 0.163 | 0.157 | 0.085 | 0.129 | 0.143 |
| 0.164 | 0.186 | 0.154 | 0.234 | 0.127 | 0.135 | 0.115 | 0.131 | 0.141 | 0.185 | 0.117 | 0.161 | 0.176 | 0.115 | 0.149 | 0.147 | 0.162 |
| 0.179 | 0.152 | 0.174 | 0.103 | 0.163 | 0.221 | 0.175 | 0.199 | 0.142 | 0.151 | 0.154 | 0.141 | 0.156 | 0.144 | 0.175 | 0.122 | 0.149 |
| 0.152 | 0.126 | 0.114 | 0.129 | 0.068 | 0.162 | 0.136 | 0.158 | 0.135 | 0.138 | 0.120 | 0.103 | 0.123 | 0.137 | 0.188 | 0.122 | 0.155 |
| 0.144 | 0.105 | 0.099 | 0.109 | 0.027 | 0.168 | 0.161 | 0.176 | 0.160 | 0.111 | 0.167 | 0.147 | 0.181 | 0.182 | 0.181 | 0.134 | 0.155 |
| 0.167 | 0.247 | 0.215 | 0.129 | 0.164 | 0.183 | 0.170 | 0.167 | 0.117 | 0.245 | 0.176 | 0.148 | 0.190 | 0.191 | 0.150 | 0.142 | 0.150 |
| 0.171 | 0.118 | 0.200 | 0.169 | 0.203 | 0.129 | 0.135 | 0.138 | 0.160 | 0.104 | 0.167 | 0.147 | 0.155 | 0.149 | 0.116 | 0.166 | 0.161 |
| 0.149 | 0.154 | 0.128 | 0.097 | 0.179 | 0.152 | 0.132 | 0.176 | 0.178 | 0.093 | 0.192 | 0.171 | 0.205 | 0.147 | 0.205 | 0.131 | 0.159 |
| 0.190 | 0.197 | 0.123 | 0.105 | 0.133 | 0.140 | 0.147 | 0.177 | 0.185 | 0.209 | 0.186 | 0.146 | 0.160 | 0.161 | 0.147 | 0.164 | 0.140 |
| 0.174 | 0.167 | 0.120 | 0.144 | 0.122 | 0.137 | 0.158 | 0.147 | 0.149 | 0.201 | 0.149 | 0.122 | 0.184 | 0.159 | 0.116 | 0.122 | 0.123 |
| 0.119 | 0.146 | 0.093 | 0.075 | 0.075 | 0.143 | 0.123 | 0.139 | 0.129 | 0.164 | 0.161 | 0.129 | 0.156 | 0.163 | 0.117 | 0.154 | 0.149 |
| 0.099 | 0.172 | 0.367 | 0.291 | 0.216 | 0.175 | 0.104 | 0.166 | 0.129 | 0.118 | 0.147 | 0.135 | 0.130 | 0.143 | 0.123 | 0.154 | 0.117 |
| 0.185 | 0.178 | 0.200 | 0.136 | 0.122 | 0.162 | 0.214 | 0.179 | 0.135 | 0.184 | 0.141 | 0.174 | 0.169 | 0.150 | 0.130 | 0.179 | 0.143 |
| 0.196 | 0.184 | 0.153 | 0.135 | 0.154 | 0.181 | 0.174 | 0.184 | 0.167 | 0.209 | 0.173 | 0.147 | 0.168 | 0.214 | 0.187 | 0.191 | 0.181 |
| 0.373 | 0.427 | 0.162 | 0.138 | 0.164 | 0.157 | 0.190 | 0.200 | 0.156 | 0.351 | 0.209 | 0.169 | 0.216 | 0.171 | 0.163 | 0.206 | 0.176 |

| 品种代号及名称 | | C449 苏协 19-15 | C451 苏协1号 | C432 南农 73-935 | C435 南农 88-48 | D453 南农 88-31 | D455 南农 99-10 | C296 中豆20 | C293 中豆8号 | C428 南农 1138-2 | C438 宁镇1号 | C436 南农菜豆1号 | C439 宁镇2号 | C440 宁镇3号 |
|---|---|---|---|---|---|---|---|---|---|---|---|---|---|---|
| C444 | 苏豆1号 | 0.146 | 0.213 | 0.164 | 0.159 | 0.136 | 0.196 | 0.204 | 0.184 | 0.120 | 0.137 | 0.151 | 0.160 | 0.182 |
| C450 | 苏协4-1 | 0.135 | 0.258 | 0.283 | 0.322 | 0.234 | 0.351 | 0.191 | 0.204 | 0.215 | 0.320 | 0.204 | 0.139 | 0.170 |
| C443 | 苏7209 | 0.134 | 0.218 | 0.366 | 0.382 | 0.199 | 0.299 | 0.176 | 0.204 | 0.298 | 0.426 | 0.260 | 0.127 | 0.169 |
| C445 | 苏豆3号 | 0.152 | 0.185 | 0.209 | 0.299 | 0.242 | 0.315 | 0.122 | 0.136 | 0.214 | 0.304 | 0.270 | 0.192 | 0.189 |
| D463 | 通豆3号 | 0.157 | 0.118 | 0.265 | 0.255 | 0.291 | 0.338 | 0.127 | 0.135 | 0.205 | 0.192 | 0.213 | 0.151 | 0.127 |
| C448 | 苏协18-6 | 0.605 | 0.147 | 0.169 | 0.137 | 0.142 | 0.142 | 0.118 | 0.124 | 0.147 | 0.110 | 0.176 | 0.213 | 0.221 |
| C449 | 苏协19-15 | | 0.082 | 0.142 | 0.123 | 0.134 | 0.128 | 0.110 | 0.084 | 0.151 | 0.122 | 0.155 | 0.230 | 0.223 |
| C451 | 苏协1号 | 0.500 | | 0.169 | 0.163 | 0.128 | 0.181 | 0.419 | 0.418 | 0.139 | 0.174 | 0.155 | 0.106 | 0.103 |
| C432 | 南农73-935 | 0.500 | 0.500 | | 0.418 | 0.131 | 0.248 | 0.086 | 0.187 | 0.439 | 0.314 | 0.238 | 0.128 | 0.118 |
| C435 | 南农88-48 | 0.250 | 0.250 | 0.250 | | 0.158 | 0.296 | 0.173 | 0.173 | 0.510 | 0.490 | 0.327 | 0.150 | 0.126 |
| D453 | 南农88-31 | 0.250 | 0.250 | 0.250 | 0.125 | | 0.305 | 0.163 | 0.178 | 0.147 | 0.169 | 0.242 | 0.160 | 0.156 |
| D455 | 南农99-10 | 0.500 | 0.500 | 0.375 | 0.250 | 0.250 | | 0.158 | 0.179 | 0.201 | 0.314 | 0.191 | 0.173 | 0.157 |
| C296 | 中豆20 | 0.125 | 0.125 | 0.125 | 0.063 | 0.074 | 0.125 | | 0.333 | 0.162 | 0.138 | 0.119 | 0.142 | 0.164 |
| C293 | 中豆8号 | 0.125 | 0.125 | 0.063 | 0.082 | 0.063 | 0.188 | 0.031 | | 0.211 | 0.172 | 0.167 | 0.224 | 0.146 |
| C428 | 南农1138-2 | 0.375 | 0.375 | 0.188 | 0.188 | 0.188 | 0.563 | 0.094 | 0.188 | | 0.309 | 0.230 | 0.151 | 0.134 |
| C438 | 宁镇1号 | 0.250 | 0.250 | 0.125 | 0.145 | 0.125 | 0.375 | 0.063 | 0.145 | 0.375 | | 0.346 | 0.188 | 0.137 |
| C436 | 南农菜豆1号 | 0.250 | 0.250 | 0.125 | 0.125 | 0.125 | 0.375 | 0.063 | 0.125 | 0.375 | 0.250 | | 0.182 | 0.164 |
| C439 | 宁镇2号 | 0.125 | 0.125 | 0.063 | 0.104 | 0.063 | 0.188 | 0.031 | 0.072 | 0.188 | 0.150 | 0.125 | | 0.298 |
| C440 | 宁镇3号 | 0.250 | 0.250 | 0.125 | 0.145 | 0.125 | 0.375 | 0.063 | 0.145 | 0.375 | 0.289 | 0.250 | 0.150 | |
| C433 | 南农86-4 | 0.139 | 0.171 | 0.188 | 0.617 | 0.159 | 0.281 | 0.141 | 0.180 | 0.750 | 0.403 | 0.327 | 0.175 | 0.121 |
| C424 | 淮豆2号 | 0.000 | 0.000 | 0.000 | 0.000 | 0.000 | 0.000 | 0.063 | 0.000 | 0.000 | 0.000 | 0.000 | 0.000 | 0.000 |
| D003 | 合豆2号 | 0.000 | 0.000 | 0.000 | 0.000 | 0.049 | 0.000 | 0.049 | 0.000 | 0.000 | 0.000 | 0.000 | 0.000 | 0.000 |
| C011 | 皖豆3号 | 0.000 | 0.000 | 0.000 | 0.000 | 0.047 | 0.000 | 0.086 | 0.000 | 0.000 | 0.000 | 0.000 | 0.000 | 0.000 |
| D004 | 合豆3号 | 0.000 | 0.000 | 0.000 | 0.042 | 0.012 | 0.000 | 0.053 | 0.011 | 0.000 | 0.011 | 0.000 | 0.021 | 0.011 |
| D309 | 鄂豆7号 | 0.000 | 0.000 | 0.000 | 0.000 | 0.006 | 0.000 | 0.011 | 0.000 | 0.000 | 0.000 | 0.000 | 0.063 | 0.000 |
| D313 | 中豆29 | 0.000 | 0.000 | 0.000 | 0.016 | 0.000 | 0.000 | 0.000 | 0.016 | 0.000 | 0.023 | 0.000 | 0.023 | 0.023 |
| D314 | 中豆30 | 0.000 | 0.000 | 0.000 | 0.000 | 0.000 | 0.000 | 0.000 | 0.000 | 0.000 | 0.000 | 0.000 | 0.000 | 0.000 |
| D316 | 中豆32 | 0.000 | 0.000 | 0.000 | 0.000 | 0.000 | 0.000 | 0.000 | 0.000 | 0.000 | 0.000 | 0.000 | 0.000 | 0.000 |
| C434 | 南农87C-38 | 0.000 | 0.000 | 0.000 | 0.000 | 0.086 | 0.000 | 0.012 | 0.000 | 0.000 | 0.000 | 0.000 | 0.000 | 0.000 |
| C288 | 矮脚早 | 0.000 | 0.000 | 0.000 | 0.000 | 0.000 | 0.000 | 0.000 | 0.000 | 0.000 | 0.000 | 0.000 | 0.000 | 0.000 |
| C297 | 中豆24 | 0.000 | 0.000 | 0.000 | 0.000 | 0.000 | 0.000 | 0.000 | 0.000 | 0.000 | 0.000 | 0.000 | 0.000 | 0.000 |
| C291 | 鄂豆5号 | 0.000 | 0.000 | 0.000 | 0.000 | 0.000 | 0.000 | 0.000 | 0.000 | 0.000 | 0.000 | 0.000 | 0.125 | 0.000 |
| C292 | 早春1号 | 0.000 | 0.000 | 0.000 | 0.000 | 0.000 | 0.000 | 0.000 | 0.000 | 0.000 | 0.000 | 0.000 | 0.000 | 0.000 |
| D461 | 苏豆4号 | 0.000 | 0.000 | 0.000 | 0.000 | 0.000 | 0.000 | 0.000 | 0.000 | 0.000 | 0.000 | 0.000 | 0.000 | 0.000 |
| D081 | 桂早1号 | 0.000 | 0.000 | 0.000 | 0.000 | 0.000 | 0.000 | 0.000 | 0.000 | 0.000 | 0.000 | 0.000 | 0.000 | 0.000 |
| D596 | 川豆4号 | 0.000 | 0.000 | 0.000 | 0.000 | 0.000 | 0.000 | 0.000 | 0.000 | 0.000 | 0.000 | 0.000 | 0.000 | 0.000 |
| D593 | 成豆9号 | 0.000 | 0.000 | 0.000 | 0.000 | 0.000 | 0.000 | 0.000 | 0.000 | 0.000 | 0.000 | 0.000 | 0.000 | 0.000 |
| D598 | 川豆6号 | 0.063 | 0.063 | 0.031 | 0.036 | 0.031 | 0.094 | 0.016 | 0.036 | 0.094 | 0.072 | 0.063 | 0.038 | 0.072 |

（续）

| C433<br>南农<br>86-4 | C424<br>淮豆2号 | D003<br>合豆2号 | C011<br>皖豆3号 | D004<br>合豆3号 | D309<br>鄂豆7号 | D313<br>中豆29 | D314<br>中豆30 | D316<br>中豆32 | C434<br>南农<br>87C-38 | C288<br>矮脚早 | C297<br>中豆24 | C291<br>鄂豆5号 | C292<br>早春1号 | D461<br>苏豆4号 | D081<br>桂早1号 | D596<br>川豆4号 |
|---|---|---|---|---|---|---|---|---|---|---|---|---|---|---|---|---|
| 0.145 | 0.197 | 0.132 | 0.168 | 0.154 | 0.200 | 0.155 | 0.211 | 0.141 | 0.111 | 0.173 | 0.197 | 0.194 | 0.149 | 0.174 | 0.121 | 0.213 |
| 0.351 | 0.209 | 0.185 | 0.121 | 0.142 | 0.168 | 0.181 | 0.196 | 0.173 | 0.183 | 0.230 | 0.167 | 0.168 | 0.168 | 0.135 | 0.146 | 0.200 |
| 0.444 | 0.314 | 0.146 | 0.122 | 0.160 | 0.147 | 0.141 | 0.170 | 0.166 | 0.253 | 0.238 | 0.140 | 0.173 | 0.142 | 0.199 | 0.158 | 0.167 |
| 0.277 | 0.182 | 0.163 | 0.124 | 0.126 | 0.140 | 0.153 | 0.189 | 0.179 | 0.257 | 0.192 | 0.172 | 0.133 | 0.174 | 0.159 | 0.184 | 0.187 |
| 0.228 | 0.208 | 0.136 | 0.090 | 0.124 | 0.178 | 0.178 | 0.201 | 0.150 | 0.219 | 0.203 | 0.150 | 0.191 | 0.185 | 0.151 | 0.162 | 0.164 |
| 0.163 | 0.162 | 0.132 | 0.142 | 0.101 | 0.147 | 0.173 | 0.150 | 0.159 | 0.117 | 0.185 | 0.153 | 0.147 | 0.161 | 0.128 | 0.196 | 0.147 |
| 0.142 | 0.161 | 0.131 | 0.113 | 0.119 | 0.165 | 0.133 | 0.161 | 0.151 | 0.147 | 0.183 | 0.163 | 0.158 | 0.159 | 0.177 | 0.163 | 0.133 |
| 0.175 | 0.182 | 0.163 | 0.173 | 0.160 | 0.127 | 0.115 | 0.156 | 0.114 | 0.097 | 0.112 | 0.127 | 0.115 | 0.122 | 0.102 | 0.101 | 0.134 |
| 0.487 | 0.391 | 0.188 | 0.151 | 0.163 | 0.169 | 0.162 | 0.172 | 0.110 | 0.366 | 0.140 | 0.181 | 0.195 | 0.157 | 0.182 | 0.154 | 0.162 |
| 0.632 | 0.380 | 0.168 | 0.158 | 0.170 | 0.176 | 0.157 | 0.200 | 0.182 | 0.325 | 0.215 | 0.201 | 0.196 | 0.170 | 0.196 | 0.181 | 0.137 |
| 0.163 | 0.183 | 0.179 | 0.088 | 0.148 | 0.154 | 0.173 | 0.190 | 0.178 | 0.195 | 0.225 | 0.127 | 0.173 | 0.200 | 0.173 | 0.165 | 0.199 |
| 0.286 | 0.201 | 0.140 | 0.088 | 0.142 | 0.187 | 0.194 | 0.176 | 0.167 | 0.163 | 0.205 | 0.160 | 0.181 | 0.182 | 0.135 | 0.153 | 0.116 |
| 0.146 | 0.146 | 0.147 | 0.144 | 0.143 | 0.136 | 0.097 | 0.139 | 0.129 | 0.092 | 0.161 | 0.110 | 0.130 | 0.118 | 0.110 | 0.128 | 0.130 |
| 0.185 | 0.179 | 0.270 | 0.102 | 0.190 | 0.144 | 0.137 | 0.166 | 0.169 | 0.138 | 0.101 | 0.156 | 0.150 | 0.118 | 0.157 | 0.110 | 0.137 |
| 0.477 | 0.514 | 0.205 | 0.147 | 0.185 | 0.199 | 0.179 | 0.148 | 0.178 | 0.376 | 0.212 | 0.211 | 0.212 | 0.200 | 0.166 | 0.183 | 0.132 |
| 0.414 | 0.289 | 0.113 | 0.109 | 0.121 | 0.148 | 0.148 | 0.184 | 0.141 | 0.219 | 0.179 | 0.173 | 0.168 | 0.143 | 0.142 | 0.121 | 0.129 |
| 0.338 | 0.265 | 0.147 | 0.156 | 0.149 | 0.182 | 0.162 | 0.212 | 0.161 | 0.368 | 0.195 | 0.200 | 0.201 | 0.163 | 0.143 | 0.173 | 0.175 |
| 0.181 | 0.154 | 0.129 | 0.090 | 0.132 | 0.152 | 0.179 | 0.195 | 0.171 | 0.134 | 0.156 | 0.151 | 0.159 | 0.127 | 0.138 | 0.183 | 0.199 |
| 0.125 | 0.151 | 0.107 | 0.109 | 0.155 | 0.116 | 0.135 | 0.184 | 0.122 | 0.111 | 0.167 | 0.146 | 0.187 | 0.123 | 0.148 | 0.166 | 0.200 |
|  | 0.375 | 0.201 | 0.156 | 0.170 | 0.169 | 0.149 | 0.157 | 0.161 | 0.362 | 0.205 | 0.161 | 0.169 | 0.136 | 0.155 | 0.173 | 0.129 |
| 0.000 |  | 0.221 | 0.185 | 0.197 | 0.201 | 0.143 | 0.216 | 0.181 | 0.309 | 0.240 | 0.252 | 0.227 | 0.176 | 0.161 | 0.199 | 0.136 |
| 0.000 | 0.094 |  | 0.218 | 0.354 | 0.184 | 0.178 | 0.221 | 0.196 | 0.173 | 0.190 | 0.203 | 0.191 | 0.166 | 0.191 | 0.169 | 0.151 |
| 0.150 | 0.250 | 0.160 |  | 0.243 | 0.114 | 0.128 | 0.185 | 0.140 | 0.122 | 0.090 | 0.120 | 0.134 | 0.128 | 0.094 | 0.139 | 0.128 |
| 0.000 | 0.125 | 0.063 | 0.148 |  | 0.180 | 0.167 | 0.150 | 0.166 | 0.169 | 0.186 | 0.185 | 0.147 | 0.168 | 0.140 | 0.132 | 0.147 |
| 0.000 | 0.031 | 0.020 | 0.043 | 0.019 |  | 0.323 | 0.461 | 0.310 | 0.168 | 0.368 | 0.456 | 0.497 | 0.564 | 0.318 | 0.138 | 0.274 |
| 0.146 | 0.000 | 0.000 | 0.000 | 0.006 | 0.000 |  | 0.422 | 0.424 | 0.129 | 0.230 | 0.392 | 0.261 | 0.372 | 0.191 | 0.164 | 0.217 |
| 0.154 | 0.000 | 0.000 | 0.000 | 0.000 | 0.000 | 0.125 |  | 0.406 | 0.132 | 0.311 | 0.381 | 0.351 | 0.431 | 0.323 | 0.154 | 0.286 |
| 0.158 | 0.000 | 0.000 | 0.000 | 0.000 | 0.008 | 0.125 | 0.125 |  | 0.135 | 0.288 | 0.296 | 0.220 | 0.325 | 0.297 | 0.169 | 0.253 |
| 0.351 | 0.000 | 0.049 | 0.047 | 0.012 | 0.006 | 0.000 | 0.000 | 0.000 |  | 0.199 | 0.186 | 0.200 | 0.182 | 0.155 | 0.166 | 0.200 |
| 0.000 | 0.000 | 0.000 | 0.000 | 0.000 | 0.188 | 0.000 | 0.000 | 0.000 | 0.000 |  | 0.379 | 0.480 | 0.434 | 0.268 | 0.175 | 0.211 |
| 0.158 | 0.000 | 0.000 | 0.000 | 0.000 | 0.125 | 0.000 | 0.000 | 0.000 | 0.000 | 0.375 |  | 0.392 | 0.420 | 0.291 | 0.163 | 0.241 |
| 0.000 | 0.000 | 0.000 | 0.000 | 0.000 | 0.250 | 0.000 | 0.000 | 0.000 | 0.000 | 0.375 | 0.250 |  | 0.551 | 0.268 | 0.170 | 0.229 |
| 0.134 | 0.000 | 0.000 | 0.000 | 0.000 | 0.188 | 0.000 | 0.000 | 0.000 | 0.000 | 0.563 | 0.375 | 0.375 |  | 0.327 | 0.171 | 0.186 |
| 0.152 | 0.000 | 0.000 | 0.000 | 0.000 | 0.063 | 0.000 | 0.000 | 0.000 | 0.000 | 0.188 | 0.250 | 0.125 | 0.188 |  | 0.164 | 0.363 |
| 0.000 | 0.000 | 0.000 | 0.000 | 0.000 | 0.125 | 0.000 | 0.000 | 0.000 | 0.000 | 0.375 | 0.250 | 0.250 | 0.375 | 0.125 |  | 0.151 |
| 0.000 | 0.000 | 0.000 | 0.000 | 0.000 | 0.125 | 0.000 | 0.000 | 0.000 | 0.000 | 0.375 | 0.250 | 0.250 | 0.375 | 0.125 | 0.250 |  |
| 0.094 | 0.000 | 0.000 | 0.000 | 0.003 | 0.125 | 0.068 | 0.063 | 0.063 | 0.000 | 0.375 | 0.250 | 0.250 | 0.375 | 0.125 | 0.250 | 0.250 |

| 品种代号及名称 | | C449 苏协19-15 | C451 苏协1号 | C432 南农73-935 | C435 南农88-48 | D453 南农88-31 | D455 南农99-10 | C296 中豆20 | C293 中豆8号 | C428 南农1138-2 | C438 宁镇1号 | C436 南农菜豆1号 | C439 宁镇2号 | C440 宁镇3号 |
|---|---|---|---|---|---|---|---|---|---|---|---|---|---|---|
| C621 | 川豆2号 | 0.125 | 0.125 | 0.063 | 0.082 | 0.063 | 0.188 | 0.031 | 0.082 | 0.188 | 0.145 | 0.125 | 0.072 | 0.145 |
| C650 | 浙春3号 | 0.125 | 0.125 | 0.063 | 0.072 | 0.063 | 0.188 | 0.043 | 0.072 | 0.188 | 0.143 | 0.125 | 0.075 | 0.143 |
| D619 | 南豆5号 | 0.000 | 0.000 | 0.000 | 0.000 | 0.012 | 0.000 | 0.021 | 0.000 | 0.000 | 0.000 | 0.000 | 0.000 | 0.000 |
| C629 | 贡豆6号 | 0.000 | 0.000 | 0.000 | 0.000 | 0.023 | 0.000 | 0.043 | 0.000 | 0.000 | 0.000 | 0.000 | 0.000 | 0.000 |
| D609 | 贡豆11 | 0.000 | 0.000 | 0.000 | 0.002 | 0.012 | 0.000 | 0.027 | 0.002 | 0.000 | 0.007 | 0.000 | 0.011 | 0.007 |
| C628 | 贡豆4号 | 0.000 | 0.000 | 0.000 | 0.004 | 0.027 | 0.000 | 0.025 | 0.004 | 0.000 | 0.014 | 0.000 | 0.021 | 0.014 |
| D605 | 贡豆5号 | 0.000 | 0.000 | 0.000 | 0.002 | 0.006 | 0.000 | 0.017 | 0.002 | 0.000 | 0.007 | 0.000 | 0.011 | 0.007 |
| D610 | 贡豆12 | 0.000 | 0.000 | 0.000 | 0.002 | 0.014 | 0.000 | 0.013 | 0.002 | 0.000 | 0.007 | 0.000 | 0.011 | 0.007 |
| D606 | 贡豆8号 | 0.000 | 0.000 | 0.000 | 0.002 | 0.006 | 0.000 | 0.017 | 0.002 | 0.000 | 0.007 | 0.000 | 0.011 | 0.007 |
| C626 | 贡豆2号 | 0.000 | 0.000 | 0.000 | 0.000 | 0.023 | 0.000 | 0.043 | 0.000 | 0.000 | 0.000 | 0.000 | 0.000 | 0.000 |
| D471 | 赣豆4号 | 0.000 | 0.000 | 0.000 | 0.000 | 0.000 | 0.000 | 0.031 | 0.000 | 0.000 | 0.000 | 0.000 | 0.000 | 0.000 |
| D326 | 湘春豆23 | 0.000 | 0.000 | 0.000 | 0.002 | 0.000 | 0.000 | 0.006 | 0.002 | 0.000 | 0.007 | 0.000 | 0.011 | 0.007 |
| C301 | 湘春豆10号 | 0.000 | 0.000 | 0.000 | 0.000 | 0.000 | 0.000 | 0.000 | 0.000 | 0.000 | 0.000 | 0.000 | 0.000 | 0.000 |
| C306 | 湘春豆15 | 0.000 | 0.000 | 0.000 | 0.000 | 0.000 | 0.000 | 0.000 | 0.000 | 0.000 | 0.000 | 0.000 | 0.000 | 0.000 |
| D319 | 湘春豆16 | 0.000 | 0.000 | 0.000 | 0.004 | 0.000 | 0.000 | 0.000 | 0.004 | 0.000 | 0.014 | 0.000 | 0.021 | 0.014 |
| D322 | 湘春豆19 | 0.000 | 0.000 | 0.000 | 0.000 | 0.000 | 0.000 | 0.000 | 0.000 | 0.000 | 0.000 | 0.000 | 0.000 | 0.000 |
| D323 | 湘春豆20 | 0.000 | 0.000 | 0.000 | 0.004 | 0.000 | 0.000 | 0.000 | 0.004 | 0.000 | 0.014 | 0.000 | 0.021 | 0.014 |
| D325 | 湘春豆22 | 0.000 | 0.000 | 0.000 | 0.000 | 0.000 | 0.000 | 0.000 | 0.000 | 0.000 | 0.000 | 0.000 | 0.000 | 0.000 |
| D597 | 川豆5号 | 0.000 | 0.000 | 0.000 | 0.000 | 0.000 | 0.000 | 0.000 | 0.000 | 0.000 | 0.000 | 0.000 | 0.000 | 0.000 |
| D607 | 贡豆9号 | 0.000 | 0.000 | 0.000 | 0.004 | 0.000 | 0.000 | 0.000 | 0.004 | 0.000 | 0.014 | 0.000 | 0.021 | 0.014 |
| D608 | 贡豆10号 | 0.000 | 0.000 | 0.000 | 0.002 | 0.016 | 0.000 | 0.004 | 0.002 | 0.000 | 0.007 | 0.000 | 0.011 | 0.007 |
| C630 | 贡豆7号 | 0.000 | 0.000 | 0.000 | 0.000 | 0.000 | 0.000 | 0.012 | 0.004 | 0.000 | 0.014 | 0.000 | 0.021 | 0.014 |
| C648 | 浙春1号 | 0.000 | 0.000 | 0.000 | 0.000 | 0.000 | 0.000 | 0.023 | 0.000 | 0.000 | 0.000 | 0.000 | 0.000 | 0.000 |
| C649 | 浙春2号 | 0.000 | 0.000 | 0.000 | 0.000 | 0.000 | 0.000 | 0.023 | 0.000 | 0.000 | 0.000 | 0.000 | 0.000 | 0.000 |
| C069 | 黔豆4号 | 0.000 | 0.000 | 0.000 | 0.000 | 0.000 | 0.000 | 0.012 | 0.000 | 0.000 | 0.000 | 0.000 | 0.000 | 0.000 |
| D088 | 黔豆5号 | 0.000 | 0.000 | 0.000 | 0.000 | 0.000 | 0.000 | 0.012 | 0.000 | 0.000 | 0.000 | 0.000 | 0.000 | 0.000 |
| D087 | 黔豆3号 | 0.125 | 0.125 | 0.063 | 0.063 | 0.063 | 0.188 | 0.031 | 0.063 | 0.188 | 0.125 | 0.125 | 0.063 | 0.125 |

| 品种代号及名称 | | D593 成豆9号 | D598 川豆6号 | C621 川豆2号 | C650 浙春3号 | D619 南豆5号 | C629 贡豆6号 | D609 贡豆11 | C628 贡豆4号 | D605 贡豆5号 | D610 贡豆12 | D606 贡豆8号 | C626 贡豆2号 | D471 赣豆4号 |
|---|---|---|---|---|---|---|---|---|---|---|---|---|---|---|
| C170 | 合丰25 | 0.140 | 0.150 | 0.194 | 0.183 | 0.187 | 0.094 | 0.224 | 0.130 | 0.144 | 0.147 | 0.078 | 0.133 | 0.165 |
| C178 | 合丰33 | 0.141 | 0.138 | 0.162 | 0.132 | 0.149 | 0.101 | 0.167 | 0.090 | 0.145 | 0.148 | 0.124 | 0.127 | 0.134 |
| D149 | 北丰7号 | 0.121 | 0.303 | 0.136 | 0.178 | 0.110 | 0.128 | 0.127 | 0.151 | 0.132 | 0.129 | 0.098 | 0.085 | 0.121 |
| D152 | 北丰10号 | 0.075 | 0.123 | 0.102 | 0.103 | 0.121 | 0.066 | 0.085 | 0.101 | 0.103 | 0.076 | 0.077 | 0.090 | 0.063 |
| D151 | 北丰9号 | 0.179 | 0.199 | 0.118 | 0.119 | 0.144 | 0.088 | 0.160 | 0.116 | 0.126 | 0.143 | 0.118 | 0.099 | 0.141 |
| D153 | 北丰11 | 0.145 | 0.160 | 0.140 | 0.161 | 0.140 | 0.079 | 0.118 | 0.108 | 0.148 | 0.127 | 0.115 | 0.062 | 0.094 |
| C181 | 合丰36 | 0.127 | 0.163 | 0.161 | 0.175 | 0.252 | 0.161 | 0.373 | 0.143 | 0.163 | 0.154 | 0.149 | 0.175 | 0.165 |
| D154 | 北丰13 | 0.118 | 0.160 | 0.118 | 0.153 | 0.132 | 0.103 | 0.122 | 0.127 | 0.107 | 0.125 | 0.133 | 0.100 | 0.110 |

（续）

| C433 南农86-4 | C424 淮豆2号 | D003 合豆2号 | C011 皖豆3号 | D004 合豆3号 | D309 鄂豆7号 | D313 中豆29 | D314 中豆30 | D316 中豆32 | C434 南农87C-38 | C288 矮脚早 | C297 中豆24 | C291 鄂豆5号 | C292 早春1号 | D461 苏豆4号 | D081 桂早1号 | D596 川豆4号 |
|---|---|---|---|---|---|---|---|---|---|---|---|---|---|---|---|---|
| 0.188 | 0.000 | 0.000 | 0.000 | 0.011 | 0.000 | 0.016 | 0.000 | 0.000 | 0.000 | 0.000 | 0.000 | 0.000 | 0.000 | 0.000 | 0.000 | 0.000 |
| 0.109 | 0.000 | 0.003 | 0.000 | 0.005 | 0.000 | 0.012 | 0.000 | 0.000 | 0.000 | 0.000 | 0.000 | 0.000 | 0.000 | 0.000 | 0.000 | 0.000 |
| 0.000 | 0.063 | 0.040 | 0.086 | 0.037 | 0.136 | 0.000 | 0.000 | 0.000 | 0.012 | 0.375 | 0.250 | 0.250 | 0.375 | 0.125 | 0.250 | 0.250 |
| 0.000 | 0.125 | 0.080 | 0.172 | 0.074 | 0.021 | 0.000 | 0.000 | 0.000 | 0.023 | 0.000 | 0.000 | 0.000 | 0.000 | 0.000 | 0.000 | 0.000 |
| 0.000 | 0.063 | 0.042 | 0.086 | 0.038 | 0.011 | 0.043 | 0.031 | 0.031 | 0.012 | 0.000 | 0.000 | 0.000 | 0.000 | 0.000 | 0.000 | 0.000 |
| 0.000 | 0.063 | 0.043 | 0.086 | 0.039 | 0.011 | 0.086 | 0.063 | 0.063 | 0.027 | 0.000 | 0.000 | 0.000 | 0.000 | 0.000 | 0.000 | 0.000 |
| 0.000 | 0.031 | 0.021 | 0.043 | 0.019 | 0.072 | 0.043 | 0.031 | 0.039 | 0.006 | 0.188 | 0.125 | 0.125 | 0.188 | 0.063 | 0.125 | 0.125 |
| 0.000 | 0.031 | 0.021 | 0.043 | 0.019 | 0.005 | 0.043 | 0.031 | 0.031 | 0.014 | 0.000 | 0.000 | 0.000 | 0.000 | 0.000 | 0.000 | 0.000 |
| 0.000 | 0.031 | 0.021 | 0.043 | 0.019 | 0.072 | 0.043 | 0.031 | 0.039 | 0.006 | 0.188 | 0.125 | 0.125 | 0.188 | 0.063 | 0.125 | 0.125 |
| 0.000 | 0.125 | 0.080 | 0.172 | 0.074 | 0.021 | 0.000 | 0.000 | 0.000 | 0.023 | 0.000 | 0.000 | 0.000 | 0.000 | 0.000 | 0.000 | 0.000 |
| 0.000 | 0.125 | 0.039 | 0.125 | 0.063 | 0.016 | 0.125 | 0.125 | 0.125 | 0.000 | 0.000 | 0.000 | 0.000 | 0.000 | 0.000 | 0.000 | 0.000 |
| 0.140 | 0.000 | 0.001 | 0.000 | 0.001 | 0.063 | 0.043 | 0.031 | 0.063 | 0.000 | 0.188 | 0.125 | 0.125 | 0.188 | 0.063 | 0.125 | 0.125 |
| 0.146 | 0.000 | 0.000 | 0.000 | 0.000 | 0.000 | 0.250 | 0.250 | 0.250 | 0.000 | 0.000 | 0.000 | 0.000 | 0.000 | 0.000 | 0.000 | 0.000 |
| 0.170 | 0.000 | 0.000 | 0.000 | 0.000 | 0.063 | 0.188 | 0.188 | 0.188 | 0.000 | 0.188 | 0.125 | 0.125 | 0.188 | 0.063 | 0.125 | 0.125 |
| 0.196 | 0.000 | 0.000 | 0.000 | 0.001 | 0.125 | 0.086 | 0.063 | 0.063 | 0.000 | 0.375 | 0.250 | 0.250 | 0.375 | 0.125 | 0.250 | 0.250 |
| 0.164 | 0.000 | 0.000 | 0.000 | 0.001 | 0.125 | 0.125 | 0.125 | 0.125 | 0.000 | 0.000 | 0.000 | 0.000 | 0.000 | 0.000 | 0.000 | 0.000 |
| 0.158 | 0.000 | 0.000 | 0.000 | 0.001 | 0.125 | 0.086 | 0.063 | 0.063 | 0.000 | 0.375 | 0.250 | 0.250 | 0.375 | 0.125 | 0.250 | 0.250 |
| 0.140 | 0.000 | 0.000 | 0.000 | 0.000 | 0.031 | 0.219 | 0.219 | 0.219 | 0.000 | 0.094 | 0.063 | 0.063 | 0.094 | 0.031 | 0.063 | 0.063 |
| 0.000 | 0.000 | 0.000 | 0.000 | 0.000 | 0.000 | 0.125 | 0.125 | 0.125 | 0.000 | 0.000 | 0.000 | 0.000 | 0.000 | 0.000 | 0.000 | 0.000 |
| 0.000 | 0.000 | 0.000 | 0.000 | 0.001 | 0.000 | 0.086 | 0.063 | 0.063 | 0.000 | 0.000 | 0.000 | 0.000 | 0.000 | 0.000 | 0.000 | 0.000 |
| 0.000 | 0.000 | 0.003 | 0.000 | 0.001 | 0.000 | 0.043 | 0.031 | 0.031 | 0.016 | 0.000 | 0.000 | 0.000 | 0.000 | 0.000 | 0.000 | 0.000 |
| 0.000 | 0.000 | 0.003 | 0.000 | 0.001 | 0.000 | 0.086 | 0.063 | 0.063 | 0.000 | 0.000 | 0.000 | 0.000 | 0.000 | 0.000 | 0.000 | 0.000 |
| 0.090 | 0.000 | 0.006 | 0.000 | 0.000 | 0.000 | 0.000 | 0.000 | 0.000 | 0.000 | 0.000 | 0.000 | 0.000 | 0.000 | 0.000 | 0.000 | 0.000 |
| 0.122 | 0.000 | 0.006 | 0.000 | 0.000 | 0.000 | 0.000 | 0.000 | 0.000 | 0.000 | 0.000 | 0.000 | 0.000 | 0.000 | 0.000 | 0.000 | 0.000 |
| 0.172 | 0.000 | 0.003 | 0.000 | 0.000 | 0.000 | 0.000 | 0.000 | 0.000 | 0.000 | 0.000 | 0.000 | 0.000 | 0.000 | 0.000 | 0.000 | 0.000 |
| 0.121 | 0.000 | 0.003 | 0.000 | 0.000 | | 0.125 | 0.125 | 0.188 | 0.000 | 0.000 | 0.000 | 0.000 | 0.000 | 0.000 | 0.000 | 0.000 |
| 0.158 | 0.000 | 0.000 | 0.000 | 0.000 | 0.063 | 0.125 | 0.125 | 0.125 | 0.000 | 0.188 | 0.125 | 0.125 | 0.188 | 0.063 | 0.125 | 0.125 |

| D326 湘春豆23 | C301 湘春豆10号 | C306 湘春豆15 | D319 湘春豆16 | D322 湘春豆19 | D323 湘春豆20 | D325 湘春豆22 | D597 川豆5号 | D607 贡豆9号 | D608 贡豆10号 | C630 贡豆7号 | C648 浙春1号 | C649 浙春2号 | C069 黔豆4号 | D088 黔豆5号 | D087 黔豆3号 |
|---|---|---|---|---|---|---|---|---|---|---|---|---|---|---|---|
| 0.160 | 0.153 | 0.146 | 0.146 | 0.139 | 0.134 | 0.147 | 0.140 | 0.133 | 0.118 | 0.122 | 0.201 | 0.112 | 0.142 | 0.182 | 0.185 |
| 0.148 | 0.141 | 0.134 | 0.115 | 0.121 | 0.147 | 0.135 | 0.167 | 0.134 | 0.145 | 0.164 | 0.124 | 0.126 | 0.227 | 0.092 | 0.096 |
| 0.135 | 0.115 | 0.115 | 0.146 | 0.127 | 0.153 | 0.123 | 0.128 | 0.054 | 0.131 | 0.075 | 0.105 | 0.152 | 0.084 | 0.123 | 0.122 |
| 0.120 | 0.113 | 0.150 | 0.156 | 0.150 | 0.138 | 0.120 | 0.119 | 0.099 | 0.103 | 0.067 | 0.128 | 0.110 | 0.096 | 0.103 | 0.113 |
| 0.136 | 0.135 | 0.147 | 0.192 | 0.154 | 0.167 | 0.143 | 0.142 | 0.134 | 0.125 | 0.096 | 0.145 | 0.100 | 0.118 | 0.158 | 0.142 |
| 0.120 | 0.113 | 0.113 | 0.106 | 0.144 | 0.119 | 0.114 | 0.151 | 0.132 | 0.155 | 0.081 | 0.128 | 0.097 | 0.096 | 0.160 | 0.151 |
| 0.160 | 0.159 | 0.158 | 0.158 | 0.152 | 0.140 | 0.173 | 0.166 | 0.106 | 0.131 | 0.155 | 0.136 | 0.145 | 0.174 | 0.162 | 0.172 |
| 0.145 | 0.144 | 0.123 | 0.123 | 0.143 | 0.137 | 0.131 | 0.137 | 0.137 | 0.107 | 0.112 | 0.147 | 0.128 | 0.132 | 0.167 | 0.118 |

| 品种代号及名称 | | D593 成豆9号 | D598 川豆6号 | C621 川豆2号 | C650 浙春3号 | D619 南豆5号 | C629 贡豆6号 | D609 贡豆11 | C628 贡豆4号 | D605 贡豆5号 | D610 贡豆12 | D606 贡豆8号 | C626 贡豆2号 | D471 赣豆4号 |
|---|---|---|---|---|---|---|---|---|---|---|---|---|---|---|
| D296 | 绥农14 | 0.134 | 0.111 | 0.129 | 0.137 | 0.123 | 0.093 | 0.125 | 0.095 | 0.144 | 0.128 | 0.117 | 0.098 | 0.127 |
| D143 | 八五七-1 | 0.131 | 0.067 | 0.125 | 0.100 | 0.113 | 0.123 | 0.156 | 0.148 | 0.148 | 0.132 | 0.119 | 0.079 | 0.097 |
| D155 | 北丰14 | 0.129 | 0.153 | 0.125 | 0.167 | 0.099 | 0.102 | 0.107 | 0.167 | 0.127 | 0.137 | 0.119 | 0.135 | 0.090 |
| D241 | 抗线虫5号 | 0.140 | 0.102 | 0.164 | 0.135 | 0.126 | 0.087 | 0.145 | 0.128 | 0.143 | 0.117 | 0.135 | 0.107 | 0.123 |
| C390 | 九农20 | 0.089 | 0.085 | 0.116 | 0.105 | 0.058 | 0.100 | 0.059 | 0.122 | 0.131 | 0.122 | 0.130 | 0.104 | 0.108 |
| D053 | 中黄24 | 0.086 | 0.153 | 0.126 | 0.268 | 0.133 | 0.118 | 0.075 | 0.113 | 0.107 | 0.139 | 0.154 | 0.145 | 0.137 |
| D125 | 豫豆22 | 0.135 | 0.172 | 0.150 | 0.132 | 0.098 | 0.082 | 0.128 | 0.049 | 0.139 | 0.110 | 0.099 | 0.077 | 0.090 |
| D131 | 豫豆28 | 0.064 | 0.150 | 0.199 | 0.130 | 0.142 | 0.060 | 0.119 | 0.116 | 0.085 | 0.096 | 0.091 | 0.098 | 0.114 |
| D112 | 地神21 | 0.103 | 0.159 | 0.123 | 0.151 | 0.157 | 0.128 | 0.140 | 0.139 | 0.099 | 0.123 | 0.125 | 0.099 | 0.122 |
| D113 | 地神22 | 0.134 | 0.110 | 0.142 | 0.103 | 0.143 | 0.111 | 0.138 | 0.086 | 0.137 | 0.095 | 0.130 | 0.095 | 0.107 |
| D130 | 豫豆27 | 0.152 | 0.162 | 0.154 | 0.130 | 0.154 | 0.113 | 0.164 | 0.082 | 0.136 | 0.127 | 0.148 | 0.069 | 0.164 |
| D445 | 淮豆6号 | 0.195 | 0.152 | 0.163 | 0.069 | 0.170 | 0.133 | 0.174 | 0.199 | 0.130 | 0.203 | 0.196 | 0.201 | 0.173 |
| C423 | 淮豆1号 | 0.146 | 0.124 | 0.090 | 0.098 | 0.116 | 0.141 | 0.113 | 0.190 | 0.118 | 0.135 | 0.091 | 0.194 | 0.152 |
| C421 | 灌豆1号 | 0.158 | 0.078 | 0.147 | 0.117 | 0.103 | 0.152 | 0.059 | 0.182 | 0.123 | 0.121 | 0.135 | 0.159 | 0.126 |
| D443 | 淮豆4号 | 0.143 | 0.120 | 0.112 | 0.107 | 0.118 | 0.336 | 0.128 | 0.288 | 0.093 | 0.118 | 0.138 | 0.278 | 0.116 |
| C295 | 中豆19 | 0.150 | 0.094 | 0.212 | 0.114 | 0.113 | 0.102 | 0.148 | 0.097 | 0.174 | 0.138 | 0.173 | 0.099 | 0.130 |
| D036 | 中豆27 | 0.126 | 0.381 | 0.102 | 0.174 | 0.128 | 0.147 | 0.125 | 0.163 | 0.148 | 0.121 | 0.097 | 0.132 | 0.138 |
| C014 | 皖豆6号 | 0.157 | 0.114 | 0.099 | 0.128 | 0.119 | 0.110 | 0.088 | 0.104 | 0.154 | 0.164 | 0.173 | 0.092 | 0.117 |
| D008 | 皖豆16 | 0.147 | 0.102 | 0.120 | 0.102 | 0.135 | 0.161 | 0.117 | 0.149 | 0.218 | 0.235 | 0.196 | 0.152 | 0.132 |
| D013 | 皖豆21 | 0.155 | 0.185 | 0.144 | 0.159 | 0.137 | 0.143 | 0.114 | 0.104 | 0.159 | 0.149 | 0.138 | 0.120 | 0.096 |
| D038 | 中黄9 | 0.173 | 0.191 | 0.209 | 0.113 | 0.281 | 0.109 | 0.289 | 0.118 | 0.145 | 0.143 | 0.171 | 0.092 | 0.205 |
| C417 | 58-161 | 0.149 | 0.111 | 0.151 | 0.104 | 0.177 | 0.155 | 0.176 | 0.131 | 0.076 | 0.122 | 0.103 | 0.161 | 0.107 |
| C441 | 泗豆11 | 0.174 | 0.152 | 0.183 | 0.086 | 0.137 | 0.188 | 0.173 | 0.166 | 0.146 | 0.162 | 0.125 | 0.163 | 0.167 |
| D135 | 郑90007 | 0.210 | 0.217 | 0.156 | 0.138 | 0.156 | 0.162 | 0.167 | 0.138 | 0.151 | 0.181 | 0.170 | 0.176 | 0.223 |
| D118 | 商丘1099 | 0.167 | 0.126 | 0.150 | 0.139 | 0.150 | 0.141 | 0.167 | 0.138 | 0.126 | 0.097 | 0.125 | 0.127 | 0.173 |
| D138 | 郑交107 | 0.239 | 0.179 | 0.190 | 0.119 | 0.151 | 0.089 | 0.149 | 0.126 | 0.164 | 0.176 | 0.159 | 0.157 | 0.258 |
| C116 | 豫豆16 | 0.217 | 0.137 | 0.168 | 0.097 | 0.239 | 0.073 | 0.158 | 0.143 | 0.137 | 0.167 | 0.136 | 0.104 | 0.184 |
| D136 | 郑92116 | 0.209 | 0.174 | 0.147 | 0.123 | 0.154 | 0.113 | 0.178 | 0.156 | 0.169 | 0.152 | 0.206 | 0.139 | 0.189 |
| D117 | 濮海10号 | 0.118 | 0.122 | 0.113 | 0.074 | 0.193 | 0.171 | 0.177 | 0.112 | 0.161 | 0.113 | 0.141 | 0.113 | 0.163 |
| C118 | 豫豆19 | 0.199 | 0.138 | 0.162 | 0.125 | 0.234 | 0.122 | 0.160 | 0.117 | 0.132 | 0.155 | 0.150 | 0.085 | 0.159 |
| C110 | 豫豆7号 | 0.096 | 0.152 | 0.163 | 0.185 | 0.157 | 0.088 | 0.121 | 0.097 | 0.132 | 0.162 | 0.118 | 0.064 | 0.115 |
| C112 | 豫豆10号 | 0.133 | 0.162 | 0.173 | 0.201 | 0.192 | 0.080 | 0.099 | 0.088 | 0.182 | 0.166 | 0.142 | 0.063 | 0.119 |
| C122 | 郑86506 | 0.149 | 0.159 | 0.184 | 0.127 | 0.237 | 0.082 | 0.188 | 0.056 | 0.140 | 0.170 | 0.126 | 0.099 | 0.155 |
| D124 | 豫豆21 | 0.166 | 0.091 | 0.192 | 0.196 | 0.135 | 0.141 | 0.113 | 0.130 | 0.124 | 0.121 | 0.103 | 0.119 | 0.139 |
| D126 | 豫豆23 | 0.065 | 0.153 | 0.191 | 0.173 | 0.211 | 0.102 | 0.113 | 0.145 | 0.119 | 0.072 | 0.099 | 0.121 | 0.103 |

（续）

| D326 湘春豆23 | C301 湘春豆10号 | C306 湘春豆15 | D319 湘春豆16 | D322 湘春豆19 | D323 湘春豆20 | D325 湘春豆22 | D597 川豆5号 | D607 贡豆9号 | D608 贡豆10号 | C630 贡豆7号 | C648 浙春1号 | C649 浙春2号 | C069 黔豆4号 | D088 黔豆5号 | D087 黔豆3号 |
|---|---|---|---|---|---|---|---|---|---|---|---|---|---|---|---|
| 0.096 | 0.115 | 0.114 | 0.133 | 0.127 | 0.127 | 0.115 | 0.121 | 0.120 | 0.170 | 0.102 | 0.084 | 0.072 | 0.194 | 0.104 | 0.115 |
| 0.099 | 0.098 | 0.123 | 0.117 | 0.110 | 0.131 | 0.105 | 0.111 | 0.096 | 0.154 | 0.126 | 0.113 | 0.155 | 0.164 | 0.080 | 0.098 |
| 0.105 | 0.156 | 0.097 | 0.116 | 0.097 | 0.103 | 0.098 | 0.123 | 0.109 | 0.106 | 0.117 | 0.099 | 0.160 | 0.086 | 0.151 | 0.130 |
| 0.086 | 0.069 | 0.100 | 0.085 | 0.085 | 0.093 | 0.062 | 0.124 | 0.112 | 0.126 | 0.083 | 0.110 | 0.135 | 0.125 | 0.047 | 0.093 |
| 0.090 | 0.102 | 0.089 | 0.120 | 0.101 | 0.121 | 0.090 | 0.102 | 0.127 | 0.124 | 0.108 | 0.136 | 0.072 | 0.110 | 0.104 | 0.076 |
| 0.139 | 0.138 | 0.118 | 0.137 | 0.144 | 0.132 | 0.152 | 0.151 | 0.123 | 0.127 | 0.134 | 0.113 | 0.236 | 0.126 | 0.147 | 0.178 |
| 0.097 | 0.103 | 0.115 | 0.096 | 0.096 | 0.084 | 0.123 | 0.123 | 0.122 | 0.112 | 0.082 | 0.112 | 0.167 | 0.118 | 0.184 | 0.245 |
| 0.109 | 0.076 | 0.089 | 0.089 | 0.070 | 0.089 | 0.128 | 0.121 | 0.087 | 0.085 | 0.143 | 0.227 | 0.191 | 0.097 | 0.227 | 0.159 |
| 0.084 | 0.103 | 0.109 | 0.122 | 0.071 | 0.097 | 0.104 | 0.103 | 0.095 | 0.132 | 0.116 | 0.151 | 0.107 | 0.098 | 0.366 | 0.308 |
| 0.122 | 0.128 | 0.107 | 0.120 | 0.093 | 0.094 | 0.128 | 0.107 | 0.118 | 0.164 | 0.163 | 0.110 | 0.131 | 0.204 | 0.163 | 0.121 |
| 0.159 | 0.120 | 0.132 | 0.157 | 0.157 | 0.171 | 0.140 | 0.158 | 0.132 | 0.156 | 0.081 | 0.135 | 0.183 | 0.128 | 0.187 | 0.139 |
| 0.155 | 0.168 | 0.213 | 0.180 | 0.160 | 0.195 | 0.155 | 0.154 | 0.154 | 0.159 | 0.169 | 0.103 | 0.118 | 0.184 | 0.082 | 0.134 |
| 0.141 | 0.115 | 0.139 | 0.127 | 0.120 | 0.108 | 0.141 | 0.146 | 0.087 | 0.124 | 0.190 | 0.097 | 0.118 | 0.155 | 0.077 | 0.102 |
| 0.140 | 0.133 | 0.132 | 0.138 | 0.138 | 0.177 | 0.134 | 0.152 | 0.113 | 0.123 | 0.154 | 0.090 | 0.150 | 0.186 | 0.090 | 0.076 |
| 0.124 | 0.149 | 0.135 | 0.142 | 0.155 | 0.136 | 0.124 | 0.143 | 0.121 | 0.100 | 0.327 | 0.119 | 0.107 | 0.079 | 0.132 | 0.162 |
| 0.099 | 0.124 | 0.136 | 0.110 | 0.104 | 0.105 | 0.112 | 0.131 | 0.122 | 0.128 | 0.123 | 0.067 | 0.074 | 0.212 | 0.126 | 0.150 |
| 0.146 | 0.101 | 0.119 | 0.126 | 0.119 | 0.113 | 0.127 | 0.127 | 0.093 | 0.103 | 0.115 | 0.084 | 0.162 | 0.090 | 0.161 | 0.171 |
| 0.125 | 0.157 | 0.123 | 0.123 | 0.136 | 0.124 | 0.132 | 0.157 | 0.137 | 0.134 | 0.097 | 0.127 | 0.122 | 0.152 | 0.107 | 0.131 |
| 0.174 | 0.153 | 0.159 | 0.132 | 0.192 | 0.167 | 0.181 | 0.207 | 0.160 | 0.204 | 0.142 | 0.061 | 0.123 | 0.181 | 0.108 | 0.120 |
| 0.130 | 0.097 | 0.128 | 0.109 | 0.090 | 0.110 | 0.117 | 0.129 | 0.107 | 0.139 | 0.110 | 0.072 | 0.147 | 0.188 | 0.118 | 0.116 |
| 0.182 | 0.174 | 0.199 | 0.154 | 0.186 | 0.192 | 0.201 | 0.194 | 0.161 | 0.137 | 0.055 | 0.131 | 0.153 | 0.149 | 0.145 | 0.148 |
| 0.143 | 0.122 | 0.148 | 0.134 | 0.128 | 0.122 | 0.116 | 0.149 | 0.113 | 0.118 | 0.156 | 0.131 | 0.118 | 0.158 | 0.075 | 0.142 |
| 0.123 | 0.161 | 0.154 | 0.160 | 0.103 | 0.129 | 0.130 | 0.123 | 0.122 | 0.139 | 0.178 | 0.138 | 0.120 | 0.144 | 0.151 | 0.116 |
| 0.174 | 0.192 | 0.140 | 0.140 | 0.127 | 0.146 | 0.174 | 0.179 | 0.174 | 0.209 | 0.144 | 0.098 | 0.146 | 0.123 | 0.176 | 0.179 |
| 0.091 | 0.116 | 0.090 | 0.115 | 0.141 | 0.128 | 0.117 | 0.110 | 0.127 | 0.145 | 0.144 | 0.138 | 0.153 | 0.214 | 0.151 | 0.168 |
| 0.216 | 0.188 | 0.168 | 0.219 | 0.206 | 0.213 | 0.234 | 0.234 | 0.143 | 0.158 | 0.083 | 0.119 | 0.147 | 0.151 | 0.119 | 0.136 |
| 0.147 | 0.153 | 0.190 | 0.133 | 0.165 | 0.166 | 0.147 | 0.191 | 0.120 | 0.183 | 0.074 | 0.110 | 0.145 | 0.314 | 0.091 | 0.089 |
| 0.185 | 0.146 | 0.145 | 0.170 | 0.176 | 0.177 | 0.178 | 0.190 | 0.172 | 0.221 | 0.142 | 0.110 | 0.149 | 0.167 | 0.148 | 0.184 |
| 0.139 | 0.125 | 0.144 | 0.098 | 0.150 | 0.145 | 0.152 | 0.145 | 0.158 | 0.149 | 0.103 | 0.087 | 0.088 | 0.267 | 0.127 | 0.145 |
| 0.129 | 0.128 | 0.146 | 0.134 | 0.159 | 0.173 | 0.142 | 0.199 | 0.094 | 0.211 | 0.075 | 0.098 | 0.132 | 0.234 | 0.098 | 0.096 |
| 0.110 | 0.110 | 0.109 | 0.103 | 0.096 | 0.109 | 0.097 | 0.103 | 0.122 | 0.118 | 0.116 | 0.099 | 0.193 | 0.118 | 0.182 | 0.161 |
| 0.159 | 0.120 | 0.138 | 0.151 | 0.126 | 0.133 | 0.140 | 0.171 | 0.146 | 0.162 | 0.128 | 0.155 | 0.144 | 0.128 | 0.186 | 0.165 |
| 0.163 | 0.136 | 0.148 | 0.168 | 0.148 | 0.149 | 0.170 | 0.208 | 0.163 | 0.179 | 0.090 | 0.163 | 0.120 | 0.118 | 0.191 | 0.188 |
| 0.109 | 0.134 | 0.089 | 0.127 | 0.108 | 0.089 | 0.135 | 0.153 | 0.100 | 0.124 | 0.082 | 0.097 | 0.124 | 0.097 | 0.245 | 0.223 |
| 0.072 | 0.078 | 0.123 | 0.123 | 0.090 | 0.078 | 0.104 | 0.104 | 0.128 | 0.100 | 0.130 | 0.166 | 0.101 | 0.066 | 0.184 | 0.208 |

| 品种代号及名称 | | D593 成豆9号 | D598 川豆6号 | C621 川豆2号 | C650 浙春3号 | D619 南豆5号 | C629 贡豆6号 | D609 贡豆11 | C628 贡豆4号 | D605 贡豆5号 | D610 贡豆12 | D606 贡豆8号 | C626 贡豆2号 | D471 赣豆4号 |
|---|---|---|---|---|---|---|---|---|---|---|---|---|---|---|
| D127 | 豫豆24 | 0.127 | 0.261 | 0.213 | 0.176 | 0.245 | 0.101 | 0.225 | 0.144 | 0.117 | 0.167 | 0.182 | 0.182 | 0.190 |
| D128 | 豫豆25 | 0.146 | 0.149 | 0.153 | 0.143 | 0.179 | 0.120 | 0.118 | 0.102 | 0.123 | 0.134 | 0.096 | 0.118 | 0.101 |
| D129 | 豫豆26 | 0.162 | 0.289 | 0.196 | 0.159 | 0.211 | 0.151 | 0.201 | 0.196 | 0.166 | 0.144 | 0.166 | 0.121 | 0.187 |
| D132 | 豫豆29 | 0.128 | 0.125 | 0.221 | 0.132 | 0.123 | 0.088 | 0.153 | 0.083 | 0.125 | 0.122 | 0.144 | 0.099 | 0.146 |
| D114 | 滑豆20 | 0.146 | 0.157 | 0.174 | 0.196 | 0.213 | 0.121 | 0.146 | 0.123 | 0.137 | 0.160 | 0.149 | 0.168 | 0.146 |
| D140 | 周豆11 | 0.195 | 0.331 | 0.150 | 0.179 | 0.197 | 0.123 | 0.196 | 0.152 | 0.172 | 0.124 | 0.172 | 0.128 | 0.200 |
| D141 | 周豆12 | 0.115 | 0.342 | 0.122 | 0.175 | 0.194 | 0.134 | 0.179 | 0.130 | 0.130 | 0.166 | 0.136 | 0.182 | 0.108 |
| D139 | GS郑交9525 | 0.203 | 0.157 | 0.123 | 0.170 | 0.187 | 0.107 | 0.179 | 0.143 | 0.163 | 0.192 | 0.240 | 0.133 | 0.228 |
| D043 | 中黄14 | 0.168 | 0.219 | 0.275 | 0.119 | 0.261 | 0.136 | 0.188 | 0.146 | 0.079 | 0.117 | 0.151 | 0.156 | 0.179 |
| C106 | 豫豆3号 | 0.182 | 0.140 | 0.125 | 0.100 | 0.125 | 0.150 | 0.174 | 0.125 | 0.187 | 0.183 | 0.159 | 0.099 | 0.206 |
| C108 | 豫豆5号 | 0.141 | 0.163 | 0.142 | 0.192 | 0.177 | 0.091 | 0.159 | 0.114 | 0.144 | 0.155 | 0.164 | 0.103 | 0.173 |
| C111 | 豫豆8号 | 0.186 | 0.164 | 0.136 | 0.092 | 0.195 | 0.079 | 0.224 | 0.156 | 0.105 | 0.129 | 0.157 | 0.133 | 0.191 |
| C106 | 郑长叶7 | 0.213 | 0.191 | 0.201 | 0.092 | 0.137 | 0.129 | 0.174 | 0.097 | 0.145 | 0.175 | 0.158 | 0.128 | 0.167 |
| D565 | 跃进10号 | 0.143 | 0.347 | 0.126 | 0.168 | 0.139 | 0.166 | 0.122 | 0.125 | 0.128 | 0.112 | 0.133 | 0.093 | 0.143 |
| D467 | 徐豆10号 | 0.161 | 0.204 | 0.150 | 0.146 | 0.242 | 0.122 | 0.280 | 0.116 | 0.099 | 0.097 | 0.138 | 0.140 | 0.167 |
| D468 | 徐豆11 | 0.168 | 0.205 | 0.176 | 0.152 | 0.242 | 0.109 | 0.329 | 0.104 | 0.126 | 0.149 | 0.118 | 0.134 | 0.167 |
| D469 | 徐豆12 | 0.203 | 0.185 | 0.178 | 0.113 | 0.272 | 0.123 | 0.376 | 0.105 | 0.133 | 0.145 | 0.147 | 0.115 | 0.149 |
| C121 | 郑77249 | 0.164 | 0.168 | 0.255 | 0.168 | 0.191 | 0.093 | 0.216 | 0.081 | 0.161 | 0.152 | 0.135 | 0.103 | 0.188 |
| C113 | 豫豆11 | 0.150 | 0.207 | 0.146 | 0.174 | 0.172 | 0.124 | 0.128 | 0.113 | 0.148 | 0.158 | 0.173 | 0.137 | 0.143 |
| C115 | 豫豆15 | 0.082 | 0.174 | 0.153 | 0.142 | 0.159 | 0.132 | 0.144 | 0.122 | 0.110 | 0.133 | 0.103 | 0.124 | 0.113 |
| D550 | 鲁豆12号 | 0.095 | 0.147 | 0.103 | 0.112 | 0.103 | 0.426 | 0.098 | 0.407 | 0.139 | 0.103 | 0.145 | 0.431 | 0.088 |
| C457 | 徐豆3号 | 0.220 | 0.178 | 0.189 | 0.130 | 0.201 | 0.182 | 0.234 | 0.204 | 0.123 | 0.107 | 0.170 | 0.158 | 0.179 |
| D442 | 淮豆3号 | 0.122 | 0.171 | 0.208 | 0.099 | 0.234 | 0.182 | 0.200 | 0.159 | 0.125 | 0.103 | 0.149 | 0.176 | 0.159 |
| C003 | 阜豆1号 | 0.141 | 0.090 | 0.068 | 0.097 | 0.116 | 0.120 | 0.153 | 0.129 | 0.097 | 0.088 | 0.130 | 0.109 | 0.167 |
| C019 | 皖豆13 | 0.170 | 0.160 | 0.270 | 0.127 | 0.179 | 0.124 | 0.204 | 0.140 | 0.172 | 0.164 | 0.147 | 0.143 | 0.117 |
| D011 | 皖豆19 | 0.136 | 0.132 | 0.237 | 0.120 | 0.204 | 0.062 | 0.176 | 0.147 | 0.160 | 0.111 | 0.139 | 0.093 | 0.135 |
| C028 | 诱变30 | 0.166 | 0.150 | 0.123 | 0.105 | 0.142 | 0.121 | 0.106 | 0.190 | 0.235 | 0.179 | 0.169 | 0.188 | 0.139 |
| C029 | 诱变31 | 0.134 | 0.157 | 0.103 | 0.098 | 0.116 | 0.128 | 0.106 | 0.130 | 0.176 | 0.154 | 0.143 | 0.098 | 0.165 |
| C032 | 早熟6号 | 0.191 | 0.162 | 0.093 | 0.081 | 0.167 | 0.131 | 0.109 | 0.148 | 0.161 | 0.179 | 0.161 | 0.137 | 0.131 |
| C038 | 中黄1号 | 0.210 | 0.195 | 0.335 | 0.150 | 0.245 | 0.081 | 0.258 | 0.089 | 0.137 | 0.179 | 0.169 | 0.070 | 0.196 |
| C039 | 中黄2号 | 0.185 | 0.143 | 0.277 | 0.124 | 0.245 | 0.087 | 0.232 | 0.089 | 0.124 | 0.178 | 0.175 | 0.084 | 0.222 |
| C040 | 中黄3号 | 0.158 | 0.136 | 0.301 | 0.117 | 0.218 | 0.087 | 0.176 | 0.101 | 0.110 | 0.134 | 0.123 | 0.097 | 0.126 |
| C041 | 中黄4号 | 0.148 | 0.130 | 0.101 | 0.088 | 0.170 | 0.105 | 0.103 | 0.140 | 0.144 | 0.115 | 0.137 | 0.085 | 0.113 |
| C037 | 早熟18 | 0.160 | 0.178 | 0.097 | 0.118 | 0.110 | 0.169 | 0.107 | 0.186 | 0.144 | 0.110 | 0.137 | 0.183 | 0.146 |
| C026 | 科丰35 | 0.134 | 0.149 | 0.109 | 0.130 | 0.135 | 0.087 | 0.105 | 0.184 | 0.208 | 0.205 | 0.156 | 0.181 | 0.165 |

（续）

| D326 湘春豆23 | C301 湘春豆10号 | C306 湘春豆15 | D319 湘春豆16 | D322 湘春豆19 | D323 湘春豆20 | D325 湘春豆22 | D597 川豆5号 | D607 贡豆9号 | D608 贡豆10号 | C630 贡豆7号 | C648 浙春1号 | C649 浙春2号 | C069 黔豆4号 | D088 黔豆5号 | D087 黔豆3号 |
|---|---|---|---|---|---|---|---|---|---|---|---|---|---|---|---|
| 0.135 | 0.146 | 0.146 | 0.108 | 0.120 | 0.146 | 0.147 | 0.172 | 0.140 | 0.084 | 0.122 | 0.104 | 0.151 | 0.161 | 0.149 | 0.159 |
| 0.121 | 0.120 | 0.138 | 0.132 | 0.132 | 0.120 | 0.134 | 0.127 | 0.139 | 0.117 | 0.108 | 0.090 | 0.118 | 0.103 | 0.181 | 0.209 |
| 0.163 | 0.156 | 0.142 | 0.123 | 0.135 | 0.156 | 0.157 | 0.175 | 0.150 | 0.105 | 0.153 | 0.118 | 0.193 | 0.132 | 0.152 | 0.188 |
| 0.071 | 0.103 | 0.127 | 0.089 | 0.115 | 0.122 | 0.110 | 0.154 | 0.160 | 0.132 | 0.089 | 0.150 | 0.164 | 0.110 | 0.137 | 0.096 |
| 0.115 | 0.108 | 0.108 | 0.133 | 0.120 | 0.127 | 0.122 | 0.166 | 0.140 | 0.157 | 0.136 | 0.078 | 0.145 | 0.116 | 0.355 | 0.306 |
| 0.163 | 0.162 | 0.168 | 0.123 | 0.161 | 0.175 | 0.150 | 0.208 | 0.184 | 0.146 | 0.132 | 0.138 | 0.132 | 0.145 | 0.179 | 0.156 |
| 0.173 | 0.191 | 0.184 | 0.171 | 0.177 | 0.178 | 0.160 | 0.178 | 0.127 | 0.143 | 0.116 | 0.117 | 0.110 | 0.110 | 0.188 | 0.204 |
| 0.179 | 0.204 | 0.215 | 0.203 | 0.184 | 0.158 | 0.199 | 0.242 | 0.166 | 0.234 | 0.143 | 0.110 | 0.145 | 0.142 | 0.156 | 0.210 |
| 0.169 | 0.123 | 0.154 | 0.103 | 0.115 | 0.161 | 0.143 | 0.174 | 0.115 | 0.139 | 0.090 | 0.145 | 0.160 | 0.144 | 0.151 | 0.258 |
| 0.209 | 0.213 | 0.187 | 0.226 | 0.219 | 0.227 | 0.216 | 0.162 | 0.162 | 0.233 | 0.145 | 0.113 | 0.134 | 0.340 | 0.126 | 0.123 |
| 0.135 | 0.168 | 0.127 | 0.133 | 0.127 | 0.128 | 0.149 | 0.168 | 0.160 | 0.136 | 0.092 | 0.102 | 0.138 | 0.061 | 0.156 | 0.128 |
| 0.213 | 0.212 | 0.204 | 0.166 | 0.210 | 0.205 | 0.194 | 0.199 | 0.121 | 0.145 | 0.109 | 0.111 | 0.146 | 0.292 | 0.078 | 0.103 |
| 0.182 | 0.142 | 0.147 | 0.135 | 0.103 | 0.142 | 0.149 | 0.161 | 0.114 | 0.163 | 0.097 | 0.132 | 0.139 | 0.150 | 0.131 | 0.168 |
| 0.151 | 0.111 | 0.097 | 0.123 | 0.130 | 0.123 | 0.178 | 0.150 | 0.103 | 0.120 | 0.105 | 0.113 | 0.195 | 0.073 | 0.173 | 0.170 |
| 0.156 | 0.148 | 0.173 | 0.167 | 0.128 | 0.148 | 0.149 | 0.168 | 0.128 | 0.152 | 0.089 | 0.196 | 0.151 | 0.175 | 0.197 | 0.187 |
| 0.175 | 0.142 | 0.154 | 0.179 | 0.141 | 0.181 | 0.143 | 0.155 | 0.101 | 0.159 | 0.110 | 0.151 | 0.133 | 0.143 | 0.145 | 0.219 |
| 0.184 | 0.163 | 0.195 | 0.201 | 0.175 | 0.170 | 0.191 | 0.150 | 0.129 | 0.166 | 0.152 | 0.119 | 0.128 | 0.146 | 0.180 | 0.157 |
| 0.196 | 0.113 | 0.156 | 0.156 | 0.156 | 0.164 | 0.158 | 0.208 | 0.125 | 0.161 | 0.121 | 0.173 | 0.097 | 0.089 | 0.218 | 0.195 |
| 0.197 | 0.124 | 0.156 | 0.169 | 0.162 | 0.170 | 0.204 | 0.176 | 0.144 | 0.207 | 0.063 | 0.152 | 0.149 | 0.146 | 0.166 | 0.137 |
| 0.146 | 0.094 | 0.131 | 0.113 | 0.113 | 0.113 | 0.146 | 0.113 | 0.105 | 0.116 | 0.094 | 0.141 | 0.175 | 0.153 | 0.179 | 0.176 |
| 0.137 | 0.116 | 0.108 | 0.142 | 0.115 | 0.102 | 0.123 | 0.122 | 0.106 | 0.084 | 0.261 | 0.145 | 0.126 | 0.131 | 0.139 | 0.116 |
| 0.154 | 0.153 | 0.185 | 0.185 | 0.166 | 0.187 | 0.168 | 0.160 | 0.097 | 0.110 | 0.177 | 0.074 | 0.089 | 0.228 | 0.170 | 0.187 |
| 0.116 | 0.128 | 0.166 | 0.146 | 0.153 | 0.160 | 0.155 | 0.141 | 0.114 | 0.112 | 0.151 | 0.137 | 0.152 | 0.214 | 0.105 | 0.128 |
| 0.128 | 0.114 | 0.120 | 0.107 | 0.113 | 0.128 | 0.155 | 0.121 | 0.126 | 0.103 | 0.113 | 0.130 | 0.069 | 0.162 | 0.143 | 0.087 |
| 0.184 | 0.124 | 0.123 | 0.104 | 0.084 | 0.111 | 0.138 | 0.196 | 0.089 | 0.153 | 0.111 | 0.138 | 0.133 | 0.139 | 0.199 | 0.268 |
| 0.150 | 0.123 | 0.135 | 0.097 | 0.097 | 0.130 | 0.144 | 0.136 | 0.109 | 0.106 | 0.097 | 0.178 | 0.201 | 0.112 | 0.235 | 0.312 |
| 0.199 | 0.172 | 0.158 | 0.177 | 0.165 | 0.178 | 0.186 | 0.178 | 0.180 | 0.176 | 0.109 | 0.071 | 0.118 | 0.239 | 0.104 | 0.108 |
| 0.167 | 0.166 | 0.133 | 0.165 | 0.158 | 0.159 | 0.167 | 0.146 | 0.146 | 0.124 | 0.129 | 0.162 | 0.151 | 0.276 | 0.097 | 0.127 |
| 0.172 | 0.151 | 0.170 | 0.157 | 0.137 | 0.164 | 0.159 | 0.164 | 0.158 | 0.149 | 0.118 | 0.154 | 0.177 | 0.265 | 0.121 | 0.145 |
| 0.160 | 0.197 | 0.215 | 0.171 | 0.177 | 0.191 | 0.192 | 0.217 | 0.140 | 0.149 | 0.061 | 0.097 | 0.112 | 0.142 | 0.194 | 0.229 |
| 0.147 | 0.191 | 0.209 | 0.158 | 0.190 | 0.197 | 0.186 | 0.178 | 0.146 | 0.149 | 0.082 | 0.103 | 0.118 | 0.135 | 0.162 | 0.197 |
| 0.115 | 0.120 | 0.189 | 0.145 | 0.119 | 0.120 | 0.115 | 0.133 | 0.099 | 0.123 | 0.087 | 0.129 | 0.124 | 0.083 | 0.148 | 0.196 |
| 0.134 | 0.074 | 0.127 | 0.127 | 0.113 | 0.114 | 0.121 | 0.121 | 0.172 | 0.116 | 0.121 | 0.170 | 0.103 | 0.248 | 0.116 | 0.141 |
| 0.200 | 0.167 | 0.159 | 0.172 | 0.140 | 0.160 | 0.181 | 0.109 | 0.141 | 0.151 | 0.116 | 0.111 | 0.139 | 0.253 | 0.124 | 0.154 |
| 0.224 | 0.191 | 0.184 | 0.209 | 0.177 | 0.210 | 0.218 | 0.185 | 0.160 | 0.143 | 0.115 | 0.143 | 0.157 | 0.206 | 0.136 | 0.134 |

| 品种代号及名称 | | D593 成豆9号 | D598 川豆6号 | C621 川豆2号 | C650 浙春3号 | D619 南豆5号 | C629 贡豆6号 | D609 贡豆11 | C628 贡豆4号 | D605 贡豆5号 | D610 贡豆12 | D606 贡豆8号 | C626 贡豆2号 | D471 赣豆4号 |
|---|---|---|---|---|---|---|---|---|---|---|---|---|---|---|
| C044 | 中黄7号 | 0.170 | 0.200 | 0.191 | 0.123 | 0.280 | 0.099 | 0.294 | 0.114 | 0.194 | 0.139 | 0.173 | 0.096 | 0.175 |
| C030 | 诱处4号 | 0.160 | 0.138 | 0.110 | 0.132 | 0.136 | 0.168 | 0.120 | 0.179 | 0.151 | 0.142 | 0.118 | 0.147 | 0.153 |
| C043 | 中黄6号 | 0.193 | 0.149 | 0.119 | 0.092 | 0.098 | 0.123 | 0.173 | 0.112 | 0.184 | 0.160 | 0.169 | 0.122 | 0.185 |
| D028 | 科丰53 | 0.204 | 0.144 | 0.142 | 0.111 | 0.148 | 0.081 | 0.199 | 0.144 | 0.149 | 0.160 | 0.143 | 0.126 | 0.222 |
| D044 | 中黄15 | 0.179 | 0.349 | 0.124 | 0.172 | 0.118 | 0.102 | 0.134 | 0.124 | 0.159 | 0.143 | 0.099 | 0.099 | 0.154 |
| D054 | 中黄25 | 0.184 | 0.195 | 0.218 | 0.136 | 0.199 | 0.099 | 0.196 | 0.116 | 0.156 | 0.172 | 0.148 | 0.111 | 0.151 |
| D122 | 豫豆17 | 0.140 | 0.163 | 0.161 | 0.157 | 0.129 | 0.148 | 0.146 | 0.123 | 0.170 | 0.147 | 0.174 | 0.154 | 0.165 |
| C538 | 菏84-1 | 0.208 | 0.179 | 0.301 | 0.113 | 0.224 | 0.130 | 0.216 | 0.119 | 0.119 | 0.190 | 0.159 | 0.129 | 0.155 |
| C539 | 菏84-5 | 0.169 | 0.140 | 0.112 | 0.100 | 0.099 | 0.188 | 0.153 | 0.279 | 0.132 | 0.183 | 0.171 | 0.252 | 0.181 |
| D090 | 沧豆4号 | 0.186 | 0.183 | 0.387 | 0.111 | 0.221 | 0.154 | 0.232 | 0.151 | 0.169 | 0.200 | 0.209 | 0.127 | 0.210 |
| C016 | 皖豆9号 | 0.125 | 0.136 | 0.147 | 0.092 | 0.182 | 0.123 | 0.114 | 0.132 | 0.163 | 0.147 | 0.142 | 0.152 | 0.124 |
| D137 | 郑长交14 | 0.147 | 0.163 | 0.174 | 0.131 | 0.136 | 0.095 | 0.152 | 0.097 | 0.183 | 0.187 | 0.203 | 0.113 | 0.242 |
| D466 | 徐豆9号 | 0.411 | 0.162 | 0.121 | 0.077 | 0.147 | 0.113 | 0.118 | 0.170 | 0.200 | 0.261 | 0.239 | 0.118 | 0.377 |
| C027 | 科新3号 | 0.142 | 0.178 | 0.203 | 0.099 | 0.229 | 0.136 | 0.221 | 0.132 | 0.126 | 0.136 | 0.138 | 0.128 | 0.147 |
| C105 | 豫豆2号 | 0.120 | 0.143 | 0.160 | 0.195 | 0.168 | 0.114 | 0.125 | 0.150 | 0.130 | 0.122 | 0.110 | 0.091 | 0.101 |
| C114 | 豫豆12 | 0.123 | 0.167 | 0.191 | 0.127 | 0.158 | 0.096 | 0.162 | 0.119 | 0.180 | 0.150 | 0.132 | 0.079 | 0.116 |
| C120 | 郑133 | 0.181 | 0.167 | 0.270 | 0.093 | 0.197 | 0.103 | 0.169 | 0.098 | 0.140 | 0.150 | 0.139 | 0.086 | 0.181 |
| C045 | 中黄8号 | 0.187 | 0.110 | 0.135 | 0.102 | 0.114 | 0.099 | 0.111 | 0.121 | 0.185 | 0.128 | 0.177 | 0.124 | 0.159 |
| C094 | 河南早丰1号 | 0.128 | 0.230 | 0.175 | 0.132 | 0.136 | 0.088 | 0.153 | 0.076 | 0.098 | 0.168 | 0.092 | 0.113 | 0.121 |
| C123 | 郑州126 | 0.154 | 0.150 | 0.219 | 0.131 | 0.136 | 0.095 | 0.192 | 0.110 | 0.183 | 0.161 | 0.131 | 0.085 | 0.140 |
| C124 | 郑州135 | 0.133 | 0.143 | 0.154 | 0.130 | 0.128 | 0.140 | 0.158 | 0.129 | 0.104 | 0.076 | 0.103 | 0.139 | 0.176 |
| C104 | 豫豆1号 | 0.135 | 0.167 | 0.171 | 0.180 | 0.125 | 0.110 | 0.142 | 0.112 | 0.100 | 0.124 | 0.073 | 0.100 | 0.103 |
| C540 | 莒选23 | 0.161 | 0.116 | 0.128 | 0.090 | 0.116 | 0.196 | 0.153 | 0.207 | 0.110 | 0.134 | 0.169 | 0.194 | 0.160 |
| C575 | 兖黄1号 | 0.161 | 0.126 | 0.137 | 0.119 | 0.183 | 0.108 | 0.141 | 0.179 | 0.139 | 0.130 | 0.136 | 0.168 | 0.173 |
| D557 | 齐黄28 | 0.168 | 0.146 | 0.170 | 0.151 | 0.318 | 0.143 | 0.282 | 0.097 | 0.172 | 0.188 | 0.164 | 0.113 | 0.141 |
| D558 | 齐黄29 | 0.154 | 0.163 | 0.206 | 0.163 | 0.292 | 0.176 | 0.373 | 0.124 | 0.124 | 0.142 | 0.157 | 0.113 | 0.178 |
| C567 | 为民1号 | 0.149 | 0.167 | 0.112 | 0.067 | 0.099 | 0.345 | 0.174 | 0.349 | 0.093 | 0.137 | 0.132 | 0.347 | 0.142 |
| C125 | 周7327-118 | 0.167 | 0.105 | 0.143 | 0.131 | 0.162 | 0.095 | 0.140 | 0.145 | 0.145 | 0.147 | 0.150 | 0.112 | 0.166 |
| C572 | 文丰7号 | 0.191 | 0.115 | 0.147 | 0.067 | 0.140 | 0.110 | 0.129 | 0.141 | 0.149 | 0.119 | 0.161 | 0.094 | 0.235 |
| C542 | 鲁豆1号 | 0.159 | 0.150 | 0.114 | 0.068 | 0.114 | 0.262 | 0.110 | 0.201 | 0.102 | 0.167 | 0.195 | 0.255 | 0.164 |
| C563 | 齐黄22 | 0.136 | 0.154 | 0.131 | 0.077 | 0.117 | 0.229 | 0.133 | 0.218 | 0.084 | 0.158 | 0.172 | 0.261 | 0.115 |
| D465 | 徐豆8号 | 0.148 | 0.195 | 0.169 | 0.132 | 0.240 | 0.109 | 0.275 | 0.104 | 0.112 | 0.123 | 0.112 | 0.113 | 0.135 |
| C010 | 皖豆1号 | 0.148 | 0.099 | 0.150 | 0.132 | 0.137 | 0.115 | 0.107 | 0.145 | 0.166 | 0.123 | 0.125 | 0.134 | 0.122 |
| C455 | 徐豆1号 | 0.194 | 0.119 | 0.137 | 0.113 | 0.157 | 0.107 | 0.119 | 0.144 | 0.159 | 0.156 | 0.150 | 0.161 | 0.109 |
| C458 | 徐豆7号 | 0.256 | 0.158 | 0.232 | 0.085 | 0.123 | 0.134 | 0.187 | 0.199 | 0.099 | 0.116 | 0.163 | 0.190 | 0.236 |

（续）

| D326 湘春豆23 | C301 湘春豆10号 | C306 湘春豆15 | D319 湘春豆16 | D322 湘春豆19 | D323 湘春豆20 | D325 湘春豆22 | D597 川豆5号 | D607 贡豆9号 | D608 贡豆10号 | C630 贡豆7号 | C648 浙春1号 | C649 浙春2号 | C069 黔豆4号 | D088 黔豆5号 | D087 黔豆3号 |
|---|---|---|---|---|---|---|---|---|---|---|---|---|---|---|---|
| 0.158 | 0.170 | 0.188 | 0.138 | 0.169 | 0.164 | 0.158 | 0.176 | 0.164 | 0.135 | 0.047 | 0.134 | 0.135 | 0.159 | 0.154 | 0.170 |
| 0.168 | 0.147 | 0.159 | 0.172 | 0.172 | 0.147 | 0.174 | 0.141 | 0.168 | 0.132 | 0.116 | 0.137 | 0.159 | 0.247 | 0.105 | 0.160 |
| 0.194 | 0.166 | 0.164 | 0.185 | 0.130 | 0.179 | 0.181 | 0.131 | 0.145 | 0.156 | 0.104 | 0.154 | 0.150 | 0.326 | 0.092 | 0.145 |
| 0.173 | 0.166 | 0.215 | 0.177 | 0.177 | 0.197 | 0.205 | 0.178 | 0.133 | 0.183 | 0.115 | 0.136 | 0.144 | 0.329 | 0.110 | 0.121 |
| 0.175 | 0.142 | 0.122 | 0.115 | 0.122 | 0.141 | 0.182 | 0.187 | 0.095 | 0.138 | 0.103 | 0.105 | 0.159 | 0.111 | 0.145 | 0.129 |
| 0.166 | 0.120 | 0.113 | 0.113 | 0.101 | 0.133 | 0.134 | 0.184 | 0.079 | 0.162 | 0.067 | 0.161 | 0.163 | 0.109 | 0.212 | 0.241 |
| 0.192 | 0.127 | 0.139 | 0.158 | 0.133 | 0.140 | 0.192 | 0.159 | 0.127 | 0.150 | 0.095 | 0.169 | 0.131 | 0.129 | 0.234 | 0.191 |
| 0.209 | 0.208 | 0.200 | 0.226 | 0.194 | 0.240 | 0.235 | 0.234 | 0.122 | 0.159 | 0.090 | 0.126 | 0.119 | 0.145 | 0.217 | 0.214 |
| 0.157 | 0.143 | 0.129 | 0.155 | 0.135 | 0.136 | 0.144 | 0.156 | 0.115 | 0.187 | 0.170 | 0.118 | 0.120 | 0.151 | 0.139 | 0.149 |
| 0.232 | 0.212 | 0.229 | 0.223 | 0.197 | 0.179 | 0.219 | 0.218 | 0.107 | 0.150 | 0.122 | 0.118 | 0.079 | 0.201 | 0.195 | 0.224 |
| 0.154 | 0.132 | 0.138 | 0.124 | 0.131 | 0.153 | 0.146 | 0.181 | 0.109 | 0.157 | 0.111 | 0.085 | 0.144 | 0.176 | 0.121 | 0.125 |
| 0.206 | 0.186 | 0.185 | 0.204 | 0.197 | 0.199 | 0.219 | 0.263 | 0.174 | 0.176 | 0.123 | 0.118 | 0.138 | 0.169 | 0.163 | 0.237 |
| 0.338 | 0.272 | 0.289 | 0.308 | 0.283 | 0.329 | 0.357 | 0.335 | 0.199 | 0.318 | 0.121 | 0.090 | 0.111 | 0.179 | 0.103 | 0.127 |
| 0.117 | 0.148 | 0.186 | 0.122 | 0.115 | 0.142 | 0.143 | 0.187 | 0.101 | 0.111 | 0.090 | 0.118 | 0.160 | 0.137 | 0.399 | 0.432 |
| 0.122 | 0.102 | 0.114 | 0.114 | 0.108 | 0.114 | 0.128 | 0.121 | 0.126 | 0.142 | 0.081 | 0.104 | 0.105 | 0.110 | 0.188 | 0.172 |
| 0.078 | 0.078 | 0.071 | 0.110 | 0.090 | 0.091 | 0.098 | 0.136 | 0.128 | 0.139 | 0.111 | 0.132 | 0.121 | 0.111 | 0.325 | 0.305 |
| 0.170 | 0.175 | 0.161 | 0.181 | 0.142 | 0.174 | 0.183 | 0.123 | 0.109 | 0.152 | 0.097 | 0.113 | 0.114 | 0.171 | 0.166 | 0.187 |
| 0.161 | 0.113 | 0.119 | 0.159 | 0.126 | 0.180 | 0.181 | 0.167 | 0.175 | 0.158 | 0.157 | 0.143 | 0.172 | 0.277 | 0.150 | 0.147 |
| 0.103 | 0.115 | 0.115 | 0.127 | 0.146 | 0.141 | 0.123 | 0.128 | 0.101 | 0.145 | 0.096 | 0.201 | 0.159 | 0.117 | 0.157 | 0.179 |
| 0.187 | 0.147 | 0.178 | 0.191 | 0.178 | 0.199 | 0.187 | 0.109 | 0.134 | 0.124 | 0.103 | 0.131 | 0.118 | 0.117 | 0.182 | 0.218 |
| 0.153 | 0.152 | 0.176 | 0.195 | 0.151 | 0.133 | 0.146 | 0.101 | 0.132 | 0.123 | 0.149 | 0.181 | 0.150 | 0.109 | 0.155 | 0.114 |
| 0.118 | 0.130 | 0.123 | 0.116 | 0.084 | 0.103 | 0.118 | 0.117 | 0.129 | 0.152 | 0.090 | 0.126 | 0.141 | 0.072 | 0.131 | 0.117 |
| 0.155 | 0.101 | 0.147 | 0.147 | 0.153 | 0.154 | 0.176 | 0.174 | 0.126 | 0.138 | 0.213 | 0.122 | 0.144 | 0.163 | 0.164 | 0.107 |
| 0.130 | 0.129 | 0.147 | 0.154 | 0.147 | 0.116 | 0.117 | 0.135 | 0.121 | 0.139 | 0.096 | 0.132 | 0.120 | 0.229 | 0.112 | 0.135 |
| 0.149 | 0.142 | 0.122 | 0.135 | 0.115 | 0.116 | 0.123 | 0.142 | 0.101 | 0.159 | 0.117 | 0.132 | 0.113 | 0.098 | 0.151 | 0.167 |
| 0.161 | 0.167 | 0.210 | 0.178 | 0.166 | 0.160 | 0.148 | 0.160 | 0.121 | 0.144 | 0.082 | 0.144 | 0.138 | 0.117 | 0.163 | 0.167 |
| 0.183 | 0.110 | 0.129 | 0.168 | 0.142 | 0.136 | 0.183 | 0.149 | 0.135 | 0.160 | 0.252 | 0.138 | 0.067 | 0.118 | 0.139 | 0.084 |
| 0.110 | 0.141 | 0.153 | 0.159 | 0.140 | 0.141 | 0.116 | 0.135 | 0.114 | 0.158 | 0.116 | 0.131 | 0.118 | 0.206 | 0.118 | 0.141 |
| 0.166 | 0.132 | 0.170 | 0.124 | 0.131 | 0.151 | 0.151 | 0.158 | 0.152 | 0.155 | 0.127 | 0.121 | 0.143 | 0.305 | 0.094 | 0.118 |
| 0.173 | 0.166 | 0.171 | 0.151 | 0.125 | 0.139 | 0.153 | 0.152 | 0.159 | 0.150 | 0.189 | 0.061 | 0.075 | 0.154 | 0.189 | 0.179 |
| 0.144 | 0.143 | 0.135 | 0.135 | 0.135 | 0.122 | 0.123 | 0.122 | 0.092 | 0.154 | 0.180 | 0.097 | 0.106 | 0.117 | 0.139 | 0.150 |
| 0.162 | 0.123 | 0.160 | 0.141 | 0.096 | 0.123 | 0.149 | 0.135 | 0.149 | 0.157 | 0.096 | 0.190 | 0.138 | 0.144 | 0.197 | 0.245 |
| 0.117 | 0.142 | 0.141 | 0.115 | 0.115 | 0.103 | 0.117 | 0.110 | 0.108 | 0.152 | 0.110 | 0.086 | 0.133 | 0.183 | 0.099 | 0.135 |
| 0.156 | 0.200 | 0.186 | 0.160 | 0.135 | 0.142 | 0.169 | 0.110 | 0.128 | 0.192 | 0.151 | 0.105 | 0.153 | 0.196 | 0.145 | 0.161 |
| 0.161 | 0.199 | 0.185 | 0.178 | 0.153 | 0.205 | 0.181 | 0.135 | 0.120 | 0.145 | 0.185 | 0.150 | 0.139 | 0.226 | 0.157 | 0.160 |

| 品种代号及名称 | | D593 成豆9号 | D598 川豆6号 | C621 川豆2号 | C650 浙春3号 | D619 南豆5号 | C629 贡豆6号 | D609 贡豆11 | C628 贡豆4号 | D605 贡豆5号 | D610 贡豆12 | D606 贡豆8号 | C626 贡豆2号 | D471 赣豆4号 |
|---|---|---|---|---|---|---|---|---|---|---|---|---|---|---|
| C431 | 南农493-1 | 0.188 | 0.147 | 0.150 | 0.139 | 0.171 | 0.164 | 0.115 | 0.154 | 0.173 | 0.176 | 0.126 | 0.163 | 0.148 |
| C444 | 苏豆1号 | 0.244 | 0.092 | 0.188 | 0.099 | 0.181 | 0.107 | 0.152 | 0.171 | 0.145 | 0.142 | 0.170 | 0.111 | 0.217 |
| C450 | 苏协4-1 | 0.205 | 0.158 | 0.188 | 0.151 | 0.156 | 0.107 | 0.158 | 0.150 | 0.118 | 0.142 | 0.144 | 0.154 | 0.242 |
| C443 | 苏7209 | 0.191 | 0.131 | 0.187 | 0.105 | 0.147 | 0.161 | 0.166 | 0.190 | 0.124 | 0.147 | 0.117 | 0.159 | 0.228 |
| C445 | 苏豆3号 | 0.192 | 0.190 | 0.168 | 0.075 | 0.161 | 0.166 | 0.197 | 0.147 | 0.143 | 0.147 | 0.154 | 0.145 | 0.230 |
| D463 | 通豆3号 | 0.248 | 0.161 | 0.172 | 0.081 | 0.192 | 0.123 | 0.150 | 0.147 | 0.120 | 0.145 | 0.124 | 0.163 | 0.182 |
| C448 | 苏协18-6 | 0.204 | 0.405 | 0.135 | 0.176 | 0.213 | 0.160 | 0.197 | 0.182 | 0.150 | 0.135 | 0.148 | 0.133 | 0.146 |
| C449 | 苏协19-15 | 0.182 | 0.477 | 0.134 | 0.181 | 0.185 | 0.152 | 0.203 | 0.162 | 0.116 | 0.120 | 0.109 | 0.138 | 0.138 |
| C451 | 苏协1号 | 0.133 | 0.097 | 0.128 | 0.078 | 0.096 | 0.079 | 0.138 | 0.136 | 0.117 | 0.140 | 0.116 | 0.097 | 0.157 |
| C432 | 南农73-935 | 0.174 | 0.139 | 0.118 | 0.132 | 0.183 | 0.163 | 0.128 | 0.172 | 0.145 | 0.162 | 0.124 | 0.163 | 0.135 |
| C435 | 南农88-48 | 0.188 | 0.120 | 0.132 | 0.080 | 0.112 | 0.130 | 0.149 | 0.132 | 0.127 | 0.163 | 0.099 | 0.143 | 0.239 |
| D453 | 南农88-31 | 0.204 | 0.130 | 0.181 | 0.085 | 0.213 | 0.148 | 0.199 | 0.116 | 0.163 | 0.167 | 0.162 | 0.146 | 0.171 |
| D455 | 南农99-10 | 0.147 | 0.164 | 0.169 | 0.099 | 0.182 | 0.174 | 0.178 | 0.162 | 0.105 | 0.116 | 0.169 | 0.183 | 0.185 |
| C296 | 中豆20 | 0.135 | 0.113 | 0.137 | 0.073 | 0.098 | 0.150 | 0.161 | 0.130 | 0.146 | 0.123 | 0.158 | 0.118 | 0.128 |
| C293 | 中豆8号 | 0.104 | 0.113 | 0.145 | 0.139 | 0.118 | 0.082 | 0.149 | 0.104 | 0.200 | 0.196 | 0.146 | 0.079 | 0.187 |
| C428 | 南农1138-2 | 0.164 | 0.142 | 0.133 | 0.149 | 0.106 | 0.132 | 0.110 | 0.176 | 0.155 | 0.166 | 0.141 | 0.136 | 0.150 |
| C438 | 宁镇1号 | 0.141 | 0.125 | 0.143 | 0.099 | 0.130 | 0.115 | 0.153 | 0.117 | 0.111 | 0.142 | 0.092 | 0.134 | 0.185 |
| C436 | 南农菜豆1号 | 0.135 | 0.126 | 0.163 | 0.119 | 0.157 | 0.155 | 0.168 | 0.188 | 0.132 | 0.195 | 0.079 | 0.220 | 0.192 |
| C439 | 宁镇2号 | 0.145 | 0.168 | 0.193 | 0.135 | 0.320 | 0.144 | 0.389 | 0.119 | 0.155 | 0.192 | 0.168 | 0.122 | 0.163 |
| C440 | 宁镇3号 | 0.173 | 0.203 | 0.234 | 0.164 | 0.364 | 0.115 | 0.305 | 0.110 | 0.132 | 0.142 | 0.163 | 0.113 | 0.134 |
| C433 | 南农86-4 | 0.155 | 0.152 | 0.150 | 0.113 | 0.144 | 0.116 | 0.167 | 0.192 | 0.126 | 0.162 | 0.092 | 0.156 | 0.212 |
| C424 | 淮豆2号 | 0.187 | 0.139 | 0.163 | 0.132 | 0.131 | 0.181 | 0.132 | 0.177 | 0.166 | 0.175 | 0.105 | 0.162 | 0.173 |
| D003 | 合豆2号 | 0.183 | 0.167 | 0.145 | 0.153 | 0.132 | 0.122 | 0.081 | 0.119 | 0.240 | 0.211 | 0.193 | 0.106 | 0.162 |
| C011 | 皖豆3号 | 0.093 | 0.116 | 0.169 | 0.129 | 0.107 | 0.111 | 0.131 | 0.157 | 0.130 | 0.121 | 0.088 | 0.131 | 0.073 |
| D004 | 合豆3号 | 0.113 | 0.095 | 0.114 | 0.129 | 0.128 | 0.098 | 0.048 | 0.157 | 0.136 | 0.120 | 0.135 | 0.088 | 0.151 |
| D309 | 鄂豆7号 | 0.214 | 0.110 | 0.109 | 0.136 | 0.147 | 0.147 | 0.171 | 0.163 | 0.187 | 0.229 | 0.239 | 0.132 | 0.233 |
| D313 | 中豆29 | 0.184 | 0.156 | 0.147 | 0.123 | 0.147 | 0.093 | 0.151 | 0.184 | 0.168 | 0.210 | 0.239 | 0.097 | 0.220 |
| D314 | 中豆30 | 0.265 | 0.146 | 0.144 | 0.152 | 0.183 | 0.136 | 0.160 | 0.159 | 0.272 | 0.279 | 0.250 | 0.128 | 0.250 |
| D316 | 中豆32 | 0.189 | 0.181 | 0.159 | 0.135 | 0.115 | 0.093 | 0.150 | 0.128 | 0.239 | 0.247 | 0.224 | 0.097 | 0.269 |
| C434 | 南农87C-38 | 0.154 | 0.158 | 0.136 | 0.111 | 0.110 | 0.122 | 0.113 | 0.186 | 0.124 | 0.161 | 0.118 | 0.189 | 0.166 |
| C288 | 矮脚早 | 0.235 | 0.154 | 0.158 | 0.128 | 0.139 | 0.186 | 0.142 | 0.161 | 0.200 | 0.230 | 0.232 | 0.187 | 0.344 |
| C297 | 中豆24 | 0.195 | 0.142 | 0.134 | 0.129 | 0.140 | 0.113 | 0.124 | 0.135 | 0.194 | 0.209 | 0.199 | 0.103 | 0.306 |
| C291 | 鄂豆5号 | 0.234 | 0.143 | 0.167 | 0.110 | 0.122 | 0.160 | 0.178 | 0.170 | 0.188 | 0.223 | 0.219 | 0.153 | 0.258 |
| C292 | 早春1号 | 0.255 | 0.118 | 0.148 | 0.078 | 0.090 | 0.161 | 0.132 | 0.178 | 0.163 | 0.192 | 0.221 | 0.112 | 0.291 |
| D461 | 苏豆4号 | 0.329 | 0.156 | 0.141 | 0.097 | 0.160 | 0.140 | 0.144 | 0.189 | 0.221 | 0.274 | 0.310 | 0.139 | 0.528 |

（续）

| D326 湘春豆23 | C301 湘春豆10号 | C306 湘春豆15 | D319 湘春豆16 | D322 湘春豆19 | D323 湘春豆20 | D325 湘春豆22 | D597 川豆5号 | D607 贡豆9号 | D608 贡豆10号 | C630 贡豆7号 | C648 浙春1号 | C649 浙春2号 | C069 黔豆4号 | D088 黔豆5号 | D087 黔豆3号 |
|---|---|---|---|---|---|---|---|---|---|---|---|---|---|---|---|
| 0.137 | 0.130 | 0.123 | 0.135 | 0.097 | 0.110 | 0.137 | 0.188 | 0.116 | 0.187 | 0.152 | 0.053 | 0.114 | 0.184 | 0.126 | 0.143 |
| 0.135 | 0.141 | 0.178 | 0.140 | 0.134 | 0.167 | 0.168 | 0.179 | 0.120 | 0.191 | 0.101 | 0.150 | 0.139 | 0.368 | 0.131 | 0.115 |
| 0.148 | 0.147 | 0.185 | 0.178 | 0.146 | 0.147 | 0.161 | 0.186 | 0.107 | 0.125 | 0.142 | 0.092 | 0.166 | 0.188 | 0.157 | 0.173 |
| 0.147 | 0.178 | 0.190 | 0.196 | 0.146 | 0.127 | 0.141 | 0.185 | 0.080 | 0.131 | 0.155 | 0.110 | 0.137 | 0.181 | 0.175 | 0.159 |
| 0.160 | 0.205 | 0.211 | 0.204 | 0.178 | 0.185 | 0.187 | 0.172 | 0.159 | 0.163 | 0.139 | 0.101 | 0.171 | 0.200 | 0.176 | 0.192 |
| 0.158 | 0.150 | 0.182 | 0.169 | 0.136 | 0.163 | 0.145 | 0.137 | 0.116 | 0.101 | 0.145 | 0.120 | 0.122 | 0.172 | 0.120 | 0.144 |
| 0.128 | 0.102 | 0.095 | 0.108 | 0.076 | 0.102 | 0.096 | 0.166 | 0.113 | 0.144 | 0.129 | 0.117 | 0.145 | 0.129 | 0.208 | 0.217 |
| 0.139 | 0.082 | 0.075 | 0.094 | 0.075 | 0.101 | 0.127 | 0.151 | 0.132 | 0.181 | 0.134 | 0.122 | 0.169 | 0.127 | 0.205 | 0.195 |
| 0.108 | 0.120 | 0.113 | 0.119 | 0.113 | 0.127 | 0.140 | 0.114 | 0.093 | 0.143 | 0.088 | 0.039 | 0.098 | 0.167 | 0.116 | 0.101 |
| 0.123 | 0.116 | 0.122 | 0.115 | 0.083 | 0.090 | 0.110 | 0.161 | 0.115 | 0.185 | 0.130 | 0.072 | 0.120 | 0.170 | 0.112 | 0.142 |
| 0.150 | 0.156 | 0.174 | 0.206 | 0.142 | 0.149 | 0.150 | 0.149 | 0.116 | 0.153 | 0.146 | 0.079 | 0.161 | 0.224 | 0.139 | 0.169 |
| 0.179 | 0.178 | 0.190 | 0.146 | 0.171 | 0.153 | 0.192 | 0.178 | 0.119 | 0.137 | 0.184 | 0.090 | 0.111 | 0.194 | 0.104 | 0.191 |
| 0.148 | 0.154 | 0.210 | 0.217 | 0.166 | 0.160 | 0.142 | 0.147 | 0.107 | 0.112 | 0.129 | 0.098 | 0.159 | 0.169 | 0.092 | 0.135 |
| 0.091 | 0.110 | 0.128 | 0.109 | 0.096 | 0.103 | 0.123 | 0.123 | 0.094 | 0.106 | 0.158 | 0.086 | 0.093 | 0.183 | 0.118 | 0.097 |
| 0.163 | 0.175 | 0.194 | 0.194 | 0.155 | 0.182 | 0.157 | 0.169 | 0.142 | 0.160 | 0.118 | 0.106 | 0.101 | 0.240 | 0.159 | 0.156 |
| 0.199 | 0.178 | 0.150 | 0.183 | 0.157 | 0.171 | 0.152 | 0.132 | 0.138 | 0.155 | 0.168 | 0.081 | 0.095 | 0.179 | 0.141 | 0.171 |
| 0.110 | 0.141 | 0.153 | 0.166 | 0.127 | 0.122 | 0.103 | 0.173 | 0.101 | 0.132 | 0.102 | 0.092 | 0.172 | 0.143 | 0.118 | 0.122 |
| 0.169 | 0.206 | 0.192 | 0.186 | 0.199 | 0.168 | 0.182 | 0.161 | 0.095 | 0.139 | 0.138 | 0.105 | 0.080 | 0.203 | 0.151 | 0.155 |
| 0.146 | 0.171 | 0.190 | 0.190 | 0.170 | 0.197 | 0.166 | 0.204 | 0.137 | 0.181 | 0.097 | 0.120 | 0.143 | 0.167 | 0.181 | 0.178 |
| 0.129 | 0.128 | 0.159 | 0.134 | 0.140 | 0.147 | 0.148 | 0.167 | 0.174 | 0.150 | 0.103 | 0.156 | 0.119 | 0.123 | 0.203 | 0.192 |
| 0.143 | 0.148 | 0.173 | 0.199 | 0.167 | 0.161 | 0.143 | 0.148 | 0.121 | 0.132 | 0.158 | 0.092 | 0.127 | 0.176 | 0.125 | 0.161 |
| 0.188 | 0.142 | 0.199 | 0.192 | 0.160 | 0.168 | 0.175 | 0.181 | 0.140 | 0.225 | 0.164 | 0.053 | 0.080 | 0.216 | 0.163 | 0.161 |
| 0.197 | 0.196 | 0.221 | 0.208 | 0.182 | 0.203 | 0.197 | 0.163 | 0.158 | 0.180 | 0.117 | 0.060 | 0.148 | 0.172 | 0.113 | 0.157 |
| 0.087 | 0.106 | 0.113 | 0.106 | 0.106 | 0.113 | 0.101 | 0.107 | 0.104 | 0.164 | 0.099 | 0.082 | 0.117 | 0.128 | 0.088 | 0.107 |
| 0.140 | 0.166 | 0.125 | 0.151 | 0.132 | 0.152 | 0.147 | 0.126 | 0.166 | 0.129 | 0.106 | 0.108 | 0.151 | 0.180 | 0.134 | 0.126 |
| 0.242 | 0.291 | 0.302 | 0.296 | 0.289 | 0.252 | 0.234 | 0.253 | 0.212 | 0.219 | 0.135 | 0.123 | 0.163 | 0.244 | 0.135 | 0.165 |
| 0.318 | 0.418 | 0.403 | 0.371 | 0.365 | 0.342 | 0.335 | 0.241 | 0.225 | 0.162 | 0.088 | 0.123 | 0.170 | 0.154 | 0.090 | 0.120 |
| 0.331 | 0.387 | 0.378 | 0.397 | 0.333 | 0.348 | 0.331 | 0.297 | 0.181 | 0.258 | 0.075 | 0.105 | 0.185 | 0.229 | 0.151 | 0.200 |
| 0.443 | 0.566 | 0.544 | 0.469 | 0.475 | 0.472 | 0.411 | 0.314 | 0.171 | 0.194 | 0.107 | 0.122 | 0.143 | 0.166 | 0.179 | 0.201 |
| 0.174 | 0.167 | 0.134 | 0.159 | 0.172 | 0.154 | 0.168 | 0.173 | 0.154 | 0.145 | 0.163 | 0.078 | 0.099 | 0.135 | 0.190 | 0.173 |
| 0.191 | 0.235 | 0.208 | 0.227 | 0.208 | 0.203 | 0.224 | 0.216 | 0.238 | 0.188 | 0.152 | 0.093 | 0.135 | 0.172 | 0.160 | 0.209 |
| 0.266 | 0.277 | 0.256 | 0.250 | 0.263 | 0.258 | 0.241 | 0.220 | 0.250 | 0.194 | 0.087 | 0.090 | 0.149 | 0.236 | 0.154 | 0.157 |
| 0.229 | 0.215 | 0.239 | 0.233 | 0.189 | 0.215 | 0.236 | 0.253 | 0.205 | 0.227 | 0.142 | 0.110 | 0.137 | 0.244 | 0.181 | 0.203 |
| 0.250 | 0.261 | 0.291 | 0.285 | 0.234 | 0.255 | 0.263 | 0.197 | 0.207 | 0.209 | 0.129 | 0.130 | 0.132 | 0.232 | 0.142 | 0.153 |
| 0.459 | 0.335 | 0.321 | 0.358 | 0.365 | 0.399 | 0.427 | 0.348 | 0.197 | 0.279 | 0.154 | 0.123 | 0.163 | 0.269 | 0.148 | 0.158 |

| 品种代号及名称 | | D593 成豆9号 | D598 川豆6号 | C621 川豆2号 | C650 浙春3号 | D619 南豆5号 | C629 贡豆6号 | D609 贡豆11 | C628 贡豆4号 | D605 贡豆5号 | D610 贡豆12 | D606 贡豆8号 | C626 贡豆2号 | D471 赣豆4号 |
|---|---|---|---|---|---|---|---|---|---|---|---|---|---|---|
| D081 | 桂早1号 | 0.144 | 0.154 | 0.184 | 0.147 | 0.203 | 0.132 | 0.162 | 0.134 | 0.141 | 0.113 | 0.121 | 0.164 | 0.149 |
| D596 | 川豆4号 | 0.494 | 0.208 | 0.179 | 0.136 | 0.192 | 0.080 | 0.158 | 0.116 | 0.273 | 0.369 | 0.258 | 0.090 | 0.403 |
| D593 | 成豆9号 | | 0.161 | 0.172 | 0.090 | 0.172 | 0.119 | 0.196 | 0.122 | 0.271 | 0.348 | 0.244 | 0.131 | 0.431 |
| D598 | 川豆6号 | 0.250 | | 0.195 | 0.197 | 0.216 | 0.136 | 0.168 | 0.181 | 0.086 | 0.103 | 0.053 | 0.106 | 0.135 |
| C621 | 川豆2号 | 0.000 | 0.036 | | 0.174 | 0.232 | 0.101 | 0.199 | 0.096 | 0.136 | 0.135 | 0.129 | 0.070 | 0.171 |
| C650 | 浙春3号 | 0.000 | 0.036 | 0.072 | | 0.169 | 0.129 | 0.087 | 0.111 | 0.151 | 0.130 | 0.118 | 0.149 | 0.083 |
| D619 | 南豆5号 | 0.250 | 0.250 | 0.000 | 0.000 | | 0.101 | 0.238 | 0.137 | 0.163 | 0.167 | 0.143 | 0.111 | 0.158 |
| C629 | 贡豆6号 | 0.000 | 0.000 | 0.000 | 0.000 | 0.168 | | 0.182 | 0.451 | 0.088 | 0.100 | 0.141 | 0.471 | 0.118 |
| D609 | 贡豆11 | 0.000 | 0.017 | 0.002 | 0.015 | 0.084 | 0.168 | | 0.131 | 0.128 | 0.151 | 0.140 | 0.143 | 0.195 |
| C628 | 贡豆4号 | 0.000 | 0.035 | 0.004 | 0.015 | 0.021 | 0.043 | 0.064 | | 0.174 | 0.136 | 0.137 | 0.450 | 0.174 |
| D605 | 贡豆5号 | 0.125 | 0.142 | 0.002 | 0.015 | 0.136 | 0.021 | 0.036 | 0.069 | | 0.539 | 0.474 | 0.113 | 0.199 |
| D610 | 贡豆12 | 0.000 | 0.017 | 0.002 | 0.007 | 0.011 | 0.021 | 0.032 | 0.062 | 0.035 | | 0.400 | 0.111 | 0.327 |
| D606 | 贡豆8号 | 0.125 | 0.142 | 0.002 | 0.015 | 0.136 | 0.021 | 0.052 | 0.054 | 0.097 | 0.027 | | 0.140 | 0.255 |
| C626 | 贡豆2号 | 0.000 | 0.000 | 0.000 | 0.000 | 0.168 | 0.336 | 0.168 | 0.043 | 0.021 | 0.021 | 0.021 | | 0.110 |
| D471 | 赣豆4号 | 0.000 | 0.063 | 0.000 | 0.031 | 0.063 | 0.094 | 0.156 | 0.078 | 0.078 | 0.078 | 0.063 | | |
| D326 | 湘春豆23 | 0.125 | 0.142 | 0.002 | 0.015 | 0.125 | 0.000 | 0.025 | 0.043 | 0.088 | 0.021 | 0.088 | 0.000 | 0.063 |
| C301 | 湘春豆10号 | 0.000 | 0.125 | 0.000 | 0.000 | 0.000 | 0.000 | 0.063 | 0.125 | 0.063 | 0.063 | 0.063 | 0.000 | 0.250 |
| C306 | 湘春豆15 | 0.125 | 0.219 | 0.000 | 0.000 | 0.125 | 0.000 | 0.063 | 0.125 | 0.125 | 0.063 | 0.125 | 0.000 | 0.250 |
| D319 | 湘春豆16 | 0.250 | 0.285 | 0.004 | 0.007 | 0.250 | 0.000 | 0.039 | 0.078 | 0.164 | 0.039 | 0.164 | 0.000 | 0.125 |
| D322 | 湘春豆19 | 0.000 | 0.063 | 0.000 | 0.000 | 0.000 | 0.000 | 0.031 | 0.063 | 0.033 | 0.031 | 0.033 | 0.000 | 0.125 |
| D323 | 湘春豆20 | 0.250 | 0.285 | 0.004 | 0.007 | 0.250 | 0.000 | 0.039 | 0.078 | 0.164 | 0.039 | 0.164 | 0.000 | 0.125 |
| D325 | 湘春豆22 | 0.063 | 0.172 | 0.000 | 0.000 | 0.063 | 0.000 | 0.063 | 0.125 | 0.094 | 0.063 | 0.094 | 0.000 | 0.250 |
| D597 | 川豆5号 | 0.000 | 0.063 | 0.000 | 0.000 | 0.000 | 0.000 | 0.031 | 0.063 | 0.031 | 0.031 | 0.031 | 0.000 | 0.125 |
| D607 | 贡豆9号 | 0.000 | 0.035 | 0.004 | 0.007 | 0.000 | 0.000 | 0.039 | 0.078 | 0.039 | 0.039 | 0.039 | 0.000 | 0.125 |
| D608 | 贡豆10号 | 0.000 | 0.017 | 0.002 | 0.011 | 0.000 | 0.000 | 0.023 | 0.063 | 0.039 | 0.031 | 0.023 | 0.000 | 0.063 |
| C630 | 贡豆7号 | 0.000 | 0.035 | 0.004 | 0.030 | 0.000 | 0.000 | 0.082 | 0.086 | 0.051 | 0.043 | 0.082 | 0.000 | 0.125 |
| C648 | 浙春1号 | 0.000 | 0.000 | 0.000 | 0.172 | 0.000 | 0.000 | 0.023 | 0.016 | 0.023 | 0.008 | 0.023 | 0.000 | 0.000 |
| C649 | 浙春2号 | 0.000 | 0.000 | 0.000 | 0.047 | 0.000 | 0.000 | 0.086 | 0.016 | 0.023 | 0.008 | 0.086 | 0.000 | 0.000 |
| C069 | 黔豆4号 | 0.000 | 0.000 | 0.000 | 0.086 | 0.000 | 0.000 | 0.012 | 0.008 | 0.012 | 0.004 | 0.012 | 0.000 | 0.000 |
| D088 | 黔豆5号 | 0.000 | 0.063 | 0.000 | 0.023 | 0.000 | 0.000 | 0.043 | 0.070 | 0.043 | 0.035 | 0.043 | 0.000 | 0.125 |
| D087 | 黔豆3号 | 0.125 | 0.219 | 0.063 | 0.063 | 0.125 | 0.000 | 0.063 | 0.125 | 0.125 | 0.063 | 0.125 | 0.000 | 0.250 |

（续）

| D326 湘春豆23 | C301 湘春豆10号 | C306 湘春豆15 | D319 湘春豆16 | D322 湘春豆19 | D323 湘春豆20 | D325 湘春豆22 | D597 川豆5号 | D607 贡豆9号 | D608 贡豆10号 | C630 贡豆7号 | C648 浙春1号 | C649 浙春2号 | C069 黔豆4号 | D088 黔豆5号 | D087 黔豆3号 |
|---|---|---|---|---|---|---|---|---|---|---|---|---|---|---|---|
| 0.151 | 0.175 | 0.180 | 0.137 | 0.130 | 0.144 | 0.170 | 0.156 | 0.111 | 0.154 | 0.113 | 0.076 | 0.129 | 0.196 | 0.401 | 0.406 |
| 0.401 | 0.323 | 0.302 | 0.308 | 0.346 | 0.354 | 0.408 | 0.589 | 0.192 | 0.279 | 0.101 | 0.116 | 0.157 | 0.231 | 0.116 | 0.113 |
| 0.316 | 0.214 | 0.231 | 0.250 | 0.225 | 0.263 | 0.297 | 0.396 | 0.158 | 0.333 | 0.107 | 0.058 | 0.110 | 0.223 | 0.077 | 0.113 |
| 0.201 | 0.161 | 0.141 | 0.128 | 0.154 | 0.174 | 0.162 | 0.194 | 0.101 | 0.105 | 0.097 | 0.144 | 0.222 | 0.111 | 0.164 | 0.148 |
| 0.147 | 0.178 | 0.190 | 0.152 | 0.139 | 0.178 | 0.160 | 0.185 | 0.133 | 0.123 | 0.116 | 0.156 | 0.098 | 0.174 | 0.136 | 0.159 |
| 0.117 | 0.123 | 0.096 | 0.115 | 0.128 | 0.103 | 0.110 | 0.168 | 0.081 | 0.079 | 0.103 | 0.257 | 0.364 | 0.058 | 0.145 | 0.129 |
| 0.128 | 0.159 | 0.158 | 0.127 | 0.114 | 0.134 | 0.147 | 0.210 | 0.147 | 0.124 | 0.135 | 0.117 | 0.164 | 0.161 | 0.156 | 0.191 |
| 0.107 | 0.060 | 0.079 | 0.099 | 0.079 | 0.079 | 0.107 | 0.106 | 0.123 | 0.122 | 0.375 | 0.115 | 0.110 | 0.134 | 0.181 | 0.113 |
| 0.132 | 0.124 | 0.143 | 0.136 | 0.143 | 0.124 | 0.151 | 0.170 | 0.143 | 0.114 | 0.158 | 0.140 | 0.128 | 0.192 | 0.220 | 0.190 |
| 0.177 | 0.128 | 0.148 | 0.181 | 0.154 | 0.135 | 0.156 | 0.128 | 0.124 | 0.111 | 0.376 | 0.123 | 0.104 | 0.164 | 0.130 | 0.122 |
| 0.214 | 0.161 | 0.186 | 0.160 | 0.199 | 0.200 | 0.187 | 0.232 | 0.372 | 0.329 | 0.144 | 0.086 | 0.099 | 0.163 | 0.164 | 0.187 |
| 0.280 | 0.241 | 0.239 | 0.270 | 0.277 | 0.259 | 0.299 | 0.386 | 0.316 | 0.409 | 0.142 | 0.058 | 0.116 | 0.192 | 0.103 | 0.120 |
| 0.239 | 0.250 | 0.261 | 0.255 | 0.242 | 0.244 | 0.265 | 0.269 | 0.467 | 0.336 | 0.163 | 0.092 | 0.119 | 0.169 | 0.118 | 0.160 |
| 0.145 | 0.117 | 0.130 | 0.144 | 0.130 | 0.124 | 0.152 | 0.110 | 0.121 | 0.121 | 0.312 | 0.119 | 0.085 | 0.154 | 0.161 | 0.117 |
| 0.358 | 0.288 | 0.286 | 0.335 | 0.329 | 0.350 | 0.377 | 0.413 | 0.209 | 0.269 | 0.133 | 0.121 | 0.168 | 0.272 | 0.134 | 0.144 |
|  | 0.563 | 0.591 | 0.686 | 0.654 | 0.722 | 0.796 | 0.390 | 0.159 | 0.227 | 0.115 | 0.110 | 0.150 | 0.205 | 0.103 | 0.133 |
| 0.063 |  | 0.713 | 0.681 | 0.613 | 0.604 | 0.601 | 0.321 | 0.178 | 0.155 | 0.128 | 0.128 | 0.136 | 0.191 | 0.186 | 0.170 |
| 0.125 | 0.375 |  | 0.689 | 0.671 | 0.619 | 0.597 | 0.356 | 0.157 | 0.186 | 0.120 | 0.115 | 0.129 | 0.228 | 0.153 | 0.188 |
| 0.164 | 0.125 | 0.250 |  | 0.745 | 0.713 | 0.723 | 0.350 | 0.144 | 0.186 | 0.107 | 0.127 | 0.129 | 0.190 | 0.159 | 0.138 |
| 0.031 | 0.250 | 0.188 | 0.063 |  | 0.775 | 0.704 | 0.400 | 0.196 | 0.205 | 0.080 | 0.115 | 0.129 | 0.184 | 0.115 | 0.131 |
| 0.164 | 0.125 | 0.250 | 0.328 | 0.063 |  | 0.741 | 0.377 | 0.197 | 0.205 | 0.081 | 0.147 | 0.156 | 0.229 | 0.135 | 0.119 |
| 0.094 | 0.438 | 0.375 | 0.188 | 0.219 | 0.188 |  | 0.380 | 0.205 | 0.201 | 0.128 | 0.129 | 0.131 | 0.212 | 0.148 | 0.114 |
| 0.031 | 0.250 | 0.188 | 0.063 | 0.125 | 0.063 | 0.219 |  | 0.230 | 0.394 | 0.094 | 0.128 | 0.162 | 0.204 | 0.141 | 0.132 |
| 0.039 | 0.125 | 0.125 | 0.078 | 0.063 | 0.078 | 0.125 | 0.063 |  | 0.295 | 0.160 | 0.148 | 0.115 | 0.113 | 0.147 | 0.112 |
| 0.023 | 0.063 | 0.063 | 0.039 | 0.031 | 0.039 | 0.063 | 0.031 | 0.039 |  | 0.145 | 0.092 | 0.126 | 0.163 | 0.118 | 0.129 |
| 0.051 | 0.125 | 0.125 | 0.078 | 0.063 | 0.078 | 0.125 | 0.063 | 0.078 | 0.047 |  | 0.110 | 0.076 | 0.163 | 0.185 | 0.161 |
| 0.023 | 0.000 | 0.000 | 0.000 | 0.000 | 0.000 | 0.000 | 0.000 | 0.000 | 0.016 | 0.047 |  | 0.421 | 0.104 | 0.118 | 0.090 |
| 0.023 | 0.000 | 0.000 | 0.000 | 0.000 | 0.000 | 0.000 | 0.000 | 0.000 | 0.016 | 0.172 | 0.094 |  | 0.138 | 0.079 | 0.130 |
| 0.012 | 0.000 | 0.000 | 0.000 | 0.000 | 0.000 | 0.000 | 0.000 | 0.000 | 0.008 | 0.023 | 0.172 | 0.047 |  | 0.123 | 0.146 |
| 0.074 | 0.250 | 0.188 | 0.063 | 0.125 | 0.063 | 0.219 | 0.125 | 0.063 | 0.039 | 0.086 | 0.047 | 0.047 | 0.023 |  | 0.538 |
| 0.125 | 0.250 | 0.313 | 0.250 | 0.125 | 0.250 | 0.281 | 0.125 | 0.125 | 0.063 | 0.125 | 0.000 | 0.000 | 0.000 | 0.125 |  |

## 图表Ⅻ　10个重要家族共179个大豆育成品种SSR标记条带组成

| 品种代号 | 品种名称 | Chr. 1 (D1a) | | | | | | | | Chr. 2 (D1b) | | | | | | | | Chr. 3 (N) | | | | Chr. 4 (C1) | | |
|---|---|---|---|---|---|---|---|---|---|---|---|---|---|---|---|---|---|---|---|---|---|---|---|---|
| | | Satt267 | AZ302047 | Satt507 | Satt436 | Satt147 | Satt216 | BE475343 | Satt157 | Satt141 | Satt290 | Satt005 | Satt350 | Sat_289 | Satt271 | Sct_195 | Satt152 | Satt159 | Satt009 | Satt683 | Satt690 | Satt194 | Sat_140 | Satt607 |
| C003 | 阜豆1号 | 0 | 288 | 250 | 0 | 235 | 0 | 213 | 244 | 185 | 272 | 165 | 0 | 318 | 125 | 167 | 262 | 292 | 166 | 236 | 247 | 294 | 238 | 307 |
| C010 | 皖豆1号 | 0 | 280 | 243 | 229 | 206 | 177 | 192 | 235 | 191 | 260 | 189 | 0 | 314 | 131 | 163 | 260 | 310 | 169 | 224 | 238 | 270 | 222 | 256 |
| C011 | 皖豆3号 | 276 | 260 | 237 | 225 | 191 | 147 | 186 | 229 | 170 | 272 | 171 | 276 | 310 | 128 | 149 | 258 | 283 | 169 | 221 | 244 | 354 | 238 | 252 |
| C014 | 皖豆6号 | 276 | 284 | 243 | 269 | 206 | 231 | 192 | 290 | 191 | 0 | 165 | 279 | 310 | 131 | 149 | 260 | 283 | 163 | 224 | 235 | 282 | 246 | 256 |
| C016 | 皖豆9号 | 0 | 0 | 243 | 0 | 214 | 177 | 192 | 275 | 179 | 0 | 165 | 279 | 302 | 131 | 161 | 260 | 283 | 132 | 224 | 235 | 328 | 234 | 246 |
| C019 | 皖豆13 | 264 | 280 | 237 | 225 | 206 | 177 | 192 | 263 | 170 | 236 | 159 | 263 | 288 | 128 | 161 | 262 | 292 | 193 | 221 | 235 | 0 | 226 | 301 |
| C026 | 科丰35 | 283 | 276 | 237 | 222 | 214 | 237 | 213 | 223 | 185 | 260 | 171 | 279 | 302 | 137 | 149 | 258 | 286 | 163 | 227 | 235 | 328 | 230 | 295 |
| C027 | 科新3号 | 270 | 280 | 243 | 269 | 206 | 177 | 192 | 257 | 191 | 260 | 177 | 279 | 298 | 128 | 163 | 255 | 289 | 166 | 272 | 235 | 252 | 230 | 252 |
| C028 | 诱变30 | 0 | 272 | 237 | 225 | 214 | 183 | 213 | 223 | 185 | 260 | 171 | 0 | 306 | 131 | 163 | 258 | 286 | 166 | 221 | 229 | 342 | 218 | 295 |
| C029 | 诱变31 | 0 | 280 | 237 | 269 | 206 | 183 | 186 | 275 | 185 | 260 | 153 | 0 | 302 | 128 | 167 | 260 | 286 | 166 | 221 | 229 | 342 | 196 | 252 |
| C030 | 诱处4号 | 0 | 276 | 237 | 222 | 206 | 237 | 189 | 223 | 155 | 242 | 159 | 282 | 302 | 128 | 167 | 255 | 289 | 232 | 224 | 238 | 282 | 230 | 252 |
| C032 | 早熟6号 | 283 | 276 | 237 | 222 | 235 | 237 | 213 | 223 | 197 | 242 | 177 | 285 | 358 | 131 | 163 | 258 | 289 | 232 | 224 | 238 | 282 | 214 | 246 |
| C037 | 早熟18 | 0 | 268 | 237 | 222 | 235 | 147 | 213 | 223 | 191 | 260 | 177 | 282 | 302 | 131 | 163 | 260 | 289 | 169 | 227 | 235 | 246 | 226 | 252 |
| C038 | 中黄1号 | 264 | 260 | 237 | 229 | 196 | 207 | 219 | 229 | 155 | 248 | 183 | 282 | 314 | 122 | 161 | 260 | 292 | 178 | 221 | 235 | 264 | 230 | 256 |
| C039 | 中黄2号 | 264 | 260 | 243 | 229 | 196 | 207 | 219 | 229 | 0 | 248 | 183 | 279 | 314 | 122 | 163 | 260 | 292 | 172 | 221 | 238 | 258 | 230 | 256 |
| C040 | 中黄3号 | 283 | 272 | 237 | 269 | 196 | 183 | 189 | 257 | 170 | 236 | 147 | 263 | 302 | 125 | 163 | 255 | 298 | 172 | 221 | 238 | 258 | 250 | 301 |
| C041 | 中黄4号 | 0 | 0 | 243 | 222 | 206 | 147 | 198 | 244 | 155 | 242 | 177 | 282 | 298 | 131 | 167 | 260 | 289 | 244 | 224 | 238 | 354 | 238 | 246 |
| C043 | 中黄6号 | 0 | 256 | 237 | 263 | 235 | 147 | 213 | 223 | 155 | 242 | 177 | 282 | 314 | 137 | 155 | 260 | 292 | 0 | 227 | 223 | 0 | 214 | 246 |
| C044 | 中黄7号 | 246 | 272 | 250 | 275 | 235 | 183 | 219 | 229 | 155 | 248 | 183 | 276 | 306 | 128 | 161 | 260 | 292 | 178 | 227 | 238 | 258 | 234 | 268 |
| C045 | 中黄8号 | 0 | 276 | 243 | 222 | 214 | 147 | 201 | 275 | 155 | 248 | 177 | 279 | 268 | 137 | 167 | 277 | 289 | 0 | 227 | 223 | 294 | 222 | 246 |
| C069 | 黔豆4号 | 270 | 280 | 237 | 196 | 214 | 246 | 198 | 284 | 155 | 242 | 177 | 279 | 310 | 122 | 155 | 262 | 292 | 232 | 227 | 238 | 288 | 234 | 246 |
| C094 | 河南早丰1号 | 252 | 288 | 237 | 269 | 235 | 237 | 207 | 275 | 153 | 236 | 153 | 257 | 306 | 113 | 149 | 260 | 286 | 196 | 224 | 238 | 252 | 218 | 256 |
| C104 | 豫豆1号 | 276 | 284 | 243 | 222 | 191 | 231 | 189 | 269 | 205 | 242 | 141 | 276 | 302 | 113 | 149 | 249 | 283 | 178 | 230 | 238 | 282 | 246 | 256 |
| C105 | 豫豆2号 | 270 | 272 | 243 | 263 | 191 | 231 | 189 | 269 | 211 | 242 | 141 | 276 | 288 | 119 | 161 | 252 | 283 | 175 | 221 | 244 | 270 | 218 | 252 |
| C106 | 豫豆3号 | 276 | 280 | 243 | 269 | 203 | 237 | 189 | 257 | 170 | 236 | 147 | 257 | 306 | 131 | 163 | 267 | 295 | 172 | 224 | 244 | 276 | 214 | 301 |
| C107 | 郑长叶7 | 252 | 284 | 237 | 263 | 196 | 237 | 207 | 284 | 197 | 248 | 171 | 276 | 288 | 119 | 149 | 258 | 286 | 181 | 227 | 244 | 252 | 234 | 252 |

（续）

| 品种代号 | 品种名称 | Chr. 1 (D1a) | | | | | | | Chr. 2 (D1b) | | | | | | | Chr. 3 (N) | | | | | Chr. 4 (C1) | | | |
|---|---|---|---|---|---|---|---|---|---|---|---|---|---|---|---|---|---|---|---|---|---|---|---|---|
| | | Satt267 | AZ302047 | Satt507 | Satt436 | Satt147 | Satt216 | BE475343 | Satt157 | Satt141 | Satt290 | Satt005 | Satt350 | Sat_289 | Satt271 | Sct_195 | Satt152 | Satt159 | Satt009 | Satt683 | Satt690 | Satt194 | Sat_140 | Satt607 |
| C108 | 豫豆5号 | 264 | 272 | 250 | 263 | 206 | 231 | 189 | 263 | 197 | 260 | 165 | 272 | 288 | 113 | 149 | 249 | 286 | 178 | 224 | 238 | 276 | 222 | 256 |
| C110 | 豫豆7号 | 252 | 280 | 243 | 263 | 235 | 231 | 201 | 223 | 200 | 242 | 171 | 272 | 306 | 125 | 161 | 267 | 283 | 178 | 224 | 238 | 270 | 226 | 252 |
| C111 | 豫豆8号 | 276 | 272 | 237 | 275 | 206 | 237 | 198 | 223 | 205 | 248 | 171 | 263 | 294 | 125 | 163 | 262 | 295 | 169 | 221 | 238 | 264 | 226 | 301 |
| C112 | 豫豆10号 | 252 | 272 | 243 | 222 | 203 | 183 | 192 | 275 | 200 | 266 | 177 | 294 | 326 | 113 | 161 | 283 | 280 | 178 | 221 | 247 | 282 | 222 | 301 |
| C113 | 豫豆11 | 252 | 284 | 237 | 263 | 203 | 183 | 207 | 223 | 185 | 266 | 165 | 276 | 330 | 113 | 161 | 277 | 283 | 0 | 227 | 251 | 270 | 262 | 307 |
| C114 | 豫豆12 | 264 | 276 | 243 | 263 | 229 | 224 | 189 | 269 | 155 | 260 | 177 | 257 | 298 | 113 | 149 | 249 | 286 | 154 | 221 | 241 | 246 | 262 | 246 |
| C115 | 豫豆15 | 264 | 288 | 250 | 263 | 214 | 231 | 207 | 269 | 185 | 266 | 159 | 276 | 306 | 119 | 149 | 258 | 286 | 196 | 224 | 241 | 252 | 214 | 262 |
| C116 | 豫豆16 | 276 | 264 | 237 | 225 | 206 | 231 | 198 | 229 | 205 | 254 | 171 | 263 | 294 | 119 | 163 | 277 | 292 | 172 | 224 | 247 | 288 | 218 | 301 |
| C118 | 豫豆19 | 276 | 272 | 237 | 225 | 203 | 237 | 219 | 223 | 191 | 266 | 177 | 279 | 326 | 122 | 163 | 277 | 292 | 223 | 221 | 238 | 294 | 218 | 301 |
| C120 | 郑133 | 258 | 276 | 243 | 269 | 235 | 246 | 0 | 257 | 155 | 242 | 141 | 263 | 288 | 122 | 149 | 260 | 289 | 208 | 227 | 241 | 246 | 238 | 256 |
| C121 | 郑77249 | 264 | 284 | 237 | 222 | 196 | 188 | 195 | 257 | 170 | 254 | 141 | 263 | 322 | 119 | 161 | 258 | 310 | 181 | 227 | 238 | 240 | 250 | 301 |
| C122 | 郑86506 | 276 | 284 | 237 | 222 | 220 | 237 | 219 | 223 | 170 | 272 | 171 | 276 | 326 | 113 | 159 | 258 | 310 | 0 | 227 | 238 | 258 | 250 | 268 |
| C123 | 郑州126 | 283 | 288 | 237 | 222 | 196 | 237 | 192 | 247 | 170 | 242 | 141 | 263 | 298 | 119 | 149 | 255 | 310 | 181 | 227 | 241 | 270 | 246 | 316 |
| C124 | 郑州135 | 264 | 288 | 237 | 263 | 206 | 224 | 207 | 284 | 197 | 266 | 177 | 276 | 302 | 113 | 149 | 252 | 283 | 0 | 218 | 229 | 240 | 210 | 307 |
| C125 | 周7327-118 | 270 | 272 | 243 | 269 | 241 | 237 | 201 | 284 | 191 | 272 | 183 | 285 | 310 | 131 | 161 | 262 | 292 | 172 | 218 | 238 | 264 | 210 | 252 |
| C170 | 合丰25 | 252 | 280 | 243 | 222 | 241 | 177 | 207 | 290 | 191 | 272 | 183 | 282 | 288 | 119 | 149 | 255 | 283 | 160 | 218 | 235 | 258 | 218 | 252 |
| C178 | 合丰33 | 270 | 260 | 237 | 202 | 235 | 207 | 186 | 223 | 200 | 254 | 171 | 279 | 310 | 131 | 161 | 267 | 289 | 196 | 221 | 235 | 258 | 218 | 246 |
| C181 | 合丰36 | 258 | 280 | 237 | 225 | 220 | 218 | 201 | 284 | 170 | 242 | 147 | 263 | 310 | 128 | 149 | 277 | 298 | 199 | 218 | 238 | 234 | 275 | 268 |
| C288 | 矮脚早 | 258 | 284 | 231 | 269 | 214 | 218 | 189 | 284 | 197 | 254 | 177 | 276 | 314 | 236 | 149 | 260 | 292 | 232 | 215 | 241 | 276 | 226 | 246 |
| C291 | 鄂豆5号 | 258 | 284 | 231 | 269 | 220 | 224 | 192 | 290 | 170 | 242 | 177 | 279 | 314 | 236 | 149 | 262 | 0 | 232 | 218 | 244 | 282 | 230 | 246 |
| C292 | 早春1号 | 246 | 296 | 231 | 275 | 214 | 231 | 198 | 284 | 170 | 242 | 177 | 282 | 314 | 241 | 155 | 262 | 295 | 232 | 218 | 247 | 276 | 230 | 252 |
| C293 | 中豆8号 | 264 | 260 | 243 | 229 | 214 | 237 | 186 | 257 | 191 | 266 | 153 | 272 | 314 | 122 | 159 | 255 | 286 | 223 | 212 | 235 | 354 | 230 | 240 |
| C295 | 中豆19 | 283 | 264 | 237 | 202 | 229 | 0 | 207 | 223 | 155 | 242 | 153 | 272 | 0 | 131 | 145 | 252 | 283 | 193 | 215 | 238 | 294 | 242 | 240 |
| C296 | 中豆20 | 270 | 264 | 237 | 275 | 235 | 0 | 189 | 223 | 185 | 272 | 177 | 282 | 294 | 131 | 145 | 258 | 283 | 169 | 215 | 0 | 288 | 246 | 240 |
| C297 | 中豆24 | 246 | 268 | 231 | 202 | 220 | 231 | 198 | 290 | 170 | 254 | 171 | 282 | 314 | 236 | 145 | 262 | 295 | 202 | 212 | 247 | 276 | 230 | 262 |
| C301 | 湘春豆10号 | 258 | 300 | 231 | 275 | 206 | 231 | 198 | 229 | 191 | 260 | 171 | 285 | 314 | 241 | 155 | 260 | 295 | 238 | 212 | 235 | 282 | 226 | 256 |

（续）

| 品种代号 | 品种名称 | Chr. 1 (D1a) | | | | | Chr. 2 (D1b) | | | | | | | | | Chr. 3 (N) | | | | | | Chr. 4 (C1) | | |
|---|---|---|---|---|---|---|---|---|---|---|---|---|---|---|---|---|---|---|---|---|---|---|---|---|
| | | Satt267 | AZ302047 | Satt507 | Satt436 | Satt147 | Satt216 | BE475343 | Satt157 | Satt141 | Satt290 | Satt005 | Satt350 | Sat_289 | Satt271 | Sct_195 | Satt152 | Satt159 | Satt009 | Satt683 | Satt690 | Satt194 | Sat_140 | Satt607 |
| C306 | 湘春豆 15 | 258 | 296 | 237 | 281 | 206 | 231 | 198 | 229 | 191 | 266 | 171 | 285 | 314 | 241 | 159 | 260 | 298 | 238 | 212 | 238 | 282 | 230 | 252 |
| C390 | 九农 20 | 276 | 268 | 231 | 241 | 191 | 147 | 192 | 244 | 185 | 266 | 159 | 276 | 330 | 122 | 155 | 283 | 286 | 169 | 236 | 235 | 270 | 254 | 240 |
| C417 | 58 - 161 | 252 | 280 | 439 | 275 | 241 | 0 | 186 | 269 | 197 | 272 | 171 | 279 | 338 | 122 | 167 | 245 | 268 | 202 | 239 | 251 | 288 | 0 | 0 |
| C421 | 灌豆 1 号 | 246 | 276 | 439 | 229 | 214 | 177 | 192 | 217 | 197 | 248 | 171 | 279 | 310 | 113 | 163 | 245 | 268 | 175 | 236 | 241 | 294 | 222 | 246 |
| C423 | 淮豆 1 号 | 258 | 256 | 436 | 229 | 241 | 177 | 186 | 223 | 155 | 248 | 171 | 279 | 326 | 122 | 163 | 267 | 268 | 196 | 272 | 235 | 282 | 234 | 252 |
| C424 | 淮豆 2 号 | 246 | 272 | 439 | 225 | 241 | 237 | 180 | 275 | 197 | 266 | 171 | 276 | 314 | 113 | 161 | 245 | 268 | 196 | 230 | 244 | 270 | 230 | 246 |
| C428 | 南农 1138 - 2 | 258 | 272 | 439 | 196 | 220 | 237 | 180 | 269 | 200 | 260 | 165 | 276 | 330 | 119 | 161 | 245 | 280 | 232 | 221 | 235 | 282 | 258 | 246 |
| C431 | 南农 493 - 1 | 252 | 272 | 439 | 196 | 241 | 177 | 180 | 247 | 170 | 260 | 183 | 257 | 358 | 119 | 161 | 245 | 280 | 232 | 224 | 241 | 276 | 250 | 0 |
| C432 | 南农 73 - 935 | 246 | 276 | 439 | 222 | 241 | 177 | 180 | 0 | 200 | 0 | 141 | 279 | 322 | 122 | 163 | 249 | 280 | 244 | 218 | 244 | 264 | 254 | 246 |
| C433 | 南农 86 - 4 | 246 | 272 | 439 | 222 | 241 | 237 | 180 | 0 | 205 | 260 | 171 | 279 | 322 | 113 | 163 | 245 | 283 | 232 | 218 | 241 | 276 | 242 | 246 |
| C434 | 南农 87C - 38 | 258 | 272 | 436 | 222 | 214 | 237 | 180 | 269 | 197 | 260 | 171 | 279 | 318 | 125 | 161 | 0 | 280 | 232 | 218 | 235 | 276 | 214 | 289 |
| C435 | 南农 88 - 48 | 246 | 276 | 439 | 202 | 220 | 246 | 180 | 0 | 200 | 0 | 177 | 279 | 322 | 125 | 163 | 245 | 280 | 232 | 215 | 235 | 282 | 234 | 246 |
| C436 | 南农菜豆 1 号 | 246 | 280 | 439 | 269 | 214 | 183 | 207 | 223 | 205 | 260 | 159 | 279 | 306 | 128 | 167 | 245 | 283 | 232 | 218 | 238 | 282 | 226 | 246 |
| C438 | 宁镇 1 号 | 246 | 276 | 442 | 202 | 196 | 246 | 180 | 275 | 217 | 248 | 153 | 288 | 326 | 131 | 167 | 0 | 283 | 238 | 218 | 238 | 282 | 222 | 246 |
| C439 | 宁镇 2 号 | 264 | 268 | 243 | 275 | 214 | 237 | 219 | 229 | 211 | 254 | 153 | 257 | 302 | 128 | 161 | 258 | 298 | 232 | 221 | 235 | 234 | 226 | 262 |
| C440 | 宁镇 3 号 | 283 | 272 | 243 | 202 | 235 | 153 | 189 | 290 | 200 | 272 | 177 | 276 | 302 | 128 | 159 | 255 | 295 | 199 | 224 | 238 | 258 | 226 | 256 |
| C441 | 泗豆 11 | 276 | 264 | 439 | 275 | 196 | 246 | 180 | 0 | 179 | 230 | 189 | 263 | 306 | 134 | 167 | 249 | 310 | 178 | 218 | 251 | 294 | 0 | 289 |
| C443 | 苏 7209 | 258 | 272 | 439 | 229 | 241 | 246 | 180 | 284 | 205 | 260 | 177 | 276 | 306 | 125 | 167 | 249 | 286 | 238 | 215 | 244 | 276 | 246 | 246 |
| C444 | 苏豆 1 号 | 283 | 276 | 237 | 225 | 229 | 183 | 189 | 269 | 170 | 248 | 141 | 263 | 310 | 134 | 167 | 262 | 292 | 238 | 224 | 247 | 328 | 254 | 246 |
| C445 | 苏豆 3 号 | 246 | 276 | 442 | 229 | 235 | 246 | 186 | 229 | 179 | 230 | 177 | 257 | 268 | 125 | 169 | 252 | 286 | 277 | 218 | 241 | 288 | 226 | 252 |
| C448 | 苏协 18 - 6 | 264 | 260 | 250 | 196 | 203 | 183 | 195 | 284 | 205 | 272 | 177 | 285 | 322 | 113 | 155 | 255 | 280 | 232 | 221 | 247 | 252 | 250 | 256 |
| C449 | 苏协 19 - 15 | 264 | 260 | 243 | 196 | 203 | 183 | 207 | 223 | 205 | 248 | 147 | 288 | 310 | 113 | 155 | 252 | 280 | 232 | 221 | 247 | 252 | 238 | 256 |
| C450 | 苏协 4 - 1 | 270 | 276 | 442 | 229 | 241 | 246 | 186 | 284 | 211 | 254 | 183 | 279 | 306 | 131 | 167 | 249 | 289 | 244 | 215 | 247 | 276 | 250 | 252 |
| C451 | 苏协 1 号 | 276 | 260 | 237 | 229 | 235 | 147 | 180 | 275 | 185 | 272 | 183 | 272 | 310 | 131 | 145 | 252 | 286 | 223 | 212 | 244 | 288 | 250 | 240 |
| C455 | 徐豆 1 号 | 252 | 280 | 442 | 275 | 241 | 246 | 198 | 290 | 211 | 260 | 183 | 285 | 306 | 125 | 169 | 255 | 289 | 178 | 224 | 238 | 270 | 254 | 289 |
| C457 | 徐豆 3 号 | 252 | 276 | 442 | 229 | 235 | 188 | 189 | 0 | 205 | 0 | 177 | 279 | 306 | 131 | 169 | 255 | 289 | 181 | 224 | 241 | 288 | 222 | 246 |

（续）

| 品种代号 | 品种名称 | Chr. 1 (D1a) | | | | | | | | Chr. 2 (D1b) | | | | | | Chr. 3 (N) | | | | | | Chr. 4 (C1) | | |
|---|---|---|---|---|---|---|---|---|---|---|---|---|---|---|---|---|---|---|---|---|---|---|---|---|
| | | Satt267 | AZ302047 | Satt507 | Satt436 | Satt147 | Satt216 | BE475343 | Satt157 | Satt141 | Satt290 | Satt005 | Satt350 | Sat_289 | Satt271 | Sct_195 | Satt152 | Satt159 | Satt009 | Satt683 | Satt690 | Satt194 | Sat_140 | Satt607 |
| C458 | 徐豆7号 | 264 | 276 | 442 | 275 | 214 | 246 | 189 | 0 | 217 | 242 | 189 | 279 | 310 | 131 | 173 | 258 | 289 | 181 | 224 | 241 | 252 | 214 | 256 |
| C538 | 菏84-1 | 264 | 272 | 243 | 202 | 220 | 183 | 201 | 290 | 191 | 248 | 183 | 276 | 306 | 125 | 159 | 252 | 292 | 250 | 221 | 238 | 258 | 226 | 256 |
| C539 | 菏84-5 | 258 | 276 | 436 | 281 | 196 | 183 | 186 | 275 | 211 | 260 | 177 | 276 | 306 | 131 | 169 | 262 | 283 | 250 | 239 | 238 | 276 | 226 | 240 |
| C540 | 菖选23 | 276 | 260 | 436 | 235 | 191 | 153 | 189 | 269 | 211 | 266 | 183 | 279 | 302 | 122 | 159 | 262 | 283 | 0 | 221 | 238 | 282 | 210 | 246 |
| C542 | 鲁豆1号 | 258 | 284 | 436 | 281 | 203 | 153 | 213 | 217 | 200 | 260 | 171 | 276 | 268 | 119 | 155 | 283 | 274 | 232 | 239 | 235 | 276 | 210 | 278 |
| C563 | 齐黄22 | 0 | 256 | 436 | 281 | 196 | 147 | 207 | 0 | 200 | 260 | 171 | 276 | 268 | 113 | 167 | 283 | 0 | 0 | 239 | 235 | 270 | 0 | 278 |
| C567 | 为民1号 | 264 | 276 | 436 | 235 | 203 | 237 | 180 | 217 | 211 | 260 | 183 | 279 | 268 | 113 | 169 | 267 | 274 | 172 | 224 | 229 | 282 | 210 | 0 |
| C572 | 文丰7号 | 276 | 0 | 237 | 202 | 220 | 231 | 201 | 223 | 197 | 278 | 177 | 279 | 306 | 122 | 161 | 283 | 292 | 193 | 215 | 238 | 288 | 238 | 246 |
| C575 | 兖黄1号 | 252 | 280 | 442 | 281 | 241 | 246 | 198 | 284 | 211 | 260 | 183 | 282 | 310 | 125 | 159 | 262 | 295 | 0 | 221 | 238 | 288 | 214 | 246 |
| C621 | 川豆2号 | 264 | 280 | 231 | 225 | 196 | 183 | 189 | 229 | 155 | 254 | 189 | 309 | 302 | 119 | 159 | 267 | 292 | 181 | 224 | 241 | 270 | 242 | 256 |
| C626 | 贡豆2号 | 252 | 0 | 436 | 235 | 214 | 0 | 207 | 223 | 205 | 260 | 171 | 276 | 330 | 110 | 169 | 262 | 268 | 223 | 227 | 229 | 252 | 218 | 0 |
| C628 | 贡豆4号 | 264 | 276 | 439 | 241 | 191 | 147 | 192 | 0 | 205 | 260 | 177 | 276 | 298 | 110 | 169 | 262 | 268 | 238 | 224 | 0 | 276 | 218 | 278 |
| C629 | 贡豆6号 | 264 | 276 | 439 | 241 | 203 | 207 | 207 | 247 | 211 | 242 | 177 | 276 | 298 | 110 | 169 | 267 | 268 | 220 | 230 | 229 | 240 | 0 | 234 |
| C630 | 贡豆7号 | 252 | 280 | 439 | 222 | 196 | 0 | 192 | 263 | 200 | 260 | 177 | 279 | 314 | 0 | 173 | 267 | 268 | 220 | 233 | 217 | 276 | 254 | 0 |
| C648 | 浙春1号 | 283 | 292 | 217 | 269 | 220 | 224 | 207 | 235 | 205 | 254 | 153 | 294 | 310 | 113 | 159 | 262 | 268 | 220 | 224 | 235 | 0 | 254 | 246 |
| C649 | 浙春2号 | 276 | 296 | 217 | 216 | 214 | 224 | 201 | 235 | 0 | 248 | 147 | 288 | 302 | 113 | 163 | 260 | 268 | 199 | 221 | 235 | 264 | 246 | 246 |
| C650 | 浙春3号 | 252 | 292 | 217 | 263 | 203 | 224 | 207 | 235 | 205 | 254 | 147 | 285 | 306 | 119 | 161 | 255 | 268 | 223 | 221 | 223 | 270 | 242 | 246 |
| D003 | 合豆2号 | 270 | 276 | 243 | 222 | 206 | 0 | 213 | 223 | 191 | 266 | 171 | 285 | 314 | 131 | 163 | 255 | 286 | 193 | 230 | 229 | 328 | 230 | 256 |
| D004 | 合豆3号 | 283 | 276 | 243 | 269 | 241 | 231 | 195 | 284 | 197 | 242 | 147 | 285 | 302 | 131 | 149 | 267 | 286 | 163 | 224 | 235 | 276 | 222 | 246 |
| D008 | 皖豆16 | 270 | 272 | 243 | 222 | 206 | 0 | 207 | 223 | 185 | 0 | 171 | 0 | 302 | 128 | 161 | 255 | 283 | 163 | 224 | 235 | 328 | 214 | 246 |
| D011 | 皖豆19 | 258 | 280 | 243 | 225 | 206 | 147 | 192 | 257 | 191 | 236 | 165 | 276 | 298 | 119 | 0 | 262 | 292 | 166 | 221 | 235 | 258 | 234 | 252 |
| D013 | 皖豆21 | 276 | 264 | 237 | 263 | 196 | 0 | 186 | 257 | 155 | 230 | 141 | 263 | 306 | 128 | 163 | 255 | 310 | 163 | 294 | 241 | 294 | 242 | 246 |
| D028 | 科丰53 | 283 | 276 | 237 | 222 | 196 | 183 | 213 | 223 | 200 | 266 | 165 | 285 | 302 | 134 | 167 | 260 | 292 | 169 | 227 | 241 | 252 | 222 | 252 |
| D036 | 中豆27 | 264 | 256 | 243 | 196 | 229 | 183 | 189 | 223 | 185 | 236 | 141 | 285 | 302 | 122 | 155 | 255 | 274 | 199 | 227 | 241 | 234 | 238 | 252 |
| D038 | 中黄9 | 246 | 272 | 250 | 275 | 235 | 183 | 219 | 229 | 155 | 248 | 183 | 276 | 306 | 128 | 161 | 260 | 292 | 178 | 227 | 244 | 258 | 230 | 268 |
| D043 | 中黄14 | 264 | 280 | 243 | 229 | 206 | 237 | 189 | 257 | 170 | 236 | 171 | 263 | 288 | 125 | 159 | 267 | 292 | 172 | 221 | 241 | 240 | 230 | 307 |

（续）

| 品种代号 | 品种名称 | Chr. 1 (D1a) | | | | | | Chr. 2 (D1b) | | | | | | | | | Chr. 3 (N) | | | | Chr. 4 (C1) | | | |
|---|---|---|---|---|---|---|---|---|---|---|---|---|---|---|---|---|---|---|---|---|---|---|---|---|
| | | Satt267 | AZ302047 | Satt507 | Satt436 | Satt147 | Satt216 | BE475343 | Satt157 | Satt141 | Satt290 | Satt005 | Satt350 | Sat_289 | Satt271 | Sct_195 | Satt195 | Satt152 | Satt159 | Satt009 | Satt690 | Satt194 | Sat_140 | Satt607 |
| D044 | 中黄15 | 264 | 256 | 250 | 196 | 206 | 183 | 192 | 223 | 200 | 266 | 171 | 285 | 294 | 113 | 155 | 258 | 274 | 175 | 227 | 247 | 252 | 226 | 256 |
| D053 | 中黄24 | 258 | 272 | 231 | 263 | 206 | 207 | 201 | 290 | 191 | 260 | 165 | 279 | 298 | 122 | 161 | 267 | 268 | 220 | 227 | 229 | 270 | 258 | 246 |
| D054 | 中黄25 | 264 | 280 | 243 | 225 | 196 | 177 | 189 | 257 | 170 | 236 | 165 | 263 | 298 | 128 | 161 | 255 | 292 | 172 | 221 | 235 | 258 | 218 | 301 |
| D081 | 桂旱1号 | 270 | 288 | 250 | 196 | 206 | 237 | 198 | 223 | 191 | 266 | 189 | 285 | 322 | 119 | 161 | 252 | 292 | 163 | 221 | 235 | 252 | 246 | 256 |
| D087 | 黔豆3号 | 270 | 288 | 243 | 269 | 203 | 231 | 192 | 247 | 191 | 260 | 177 | 282 | 314 | 119 | 159 | 255 | 292 | 166 | 221 | 235 | 246 | 230 | 252 |
| D088 | 黔豆5号 | 270 | 318 | 243 | 269 | 203 | 231 | 192 | 247 | 170 | 260 | 177 | 282 | 294 | 119 | 159 | 255 | 289 | 163 | 218 | 235 | 252 | 230 | 246 |
| D090 | 沧豆4号 | 264 | 276 | 243 | 196 | 206 | 188 | 201 | 244 | 155 | 254 | 177 | 276 | 298 | 119 | 161 | 260 | 292 | 181 | 227 | 241 | 270 | 246 | 301 |
| D112 | 地神21 | 270 | 280 | 243 | 222 | 220 | 224 | 192 | 269 | 197 | 230 | 147 | 257 | 306 | 113 | 161 | 252 | 289 | 154 | 218 | 238 | 240 | 246 | 289 |
| D113 | 地神22 | 0 | 264 | 243 | 225 | 203 | 231 | 198 | 275 | 200 | 254 | 177 | 282 | 0 | 125 | 161 | 262 | 289 | 172 | 218 | 244 | 328 | 226 | 0 |
| D114 | 渭豆20 | 270 | 280 | 243 | 222 | 214 | 224 | 192 | 269 | 197 | 260 | 177 | 282 | 314 | 119 | 149 | 252 | 286 | 154 | 221 | 238 | 252 | 218 | 301 |
| D117 | 濮海10号 | 270 | 272 | 243 | 0 | 206 | 237 | 189 | 223 | 191 | 278 | 183 | 285 | 294 | 125 | 149 | 258 | 292 | 193 | 221 | 238 | 354 | 218 | 0 |
| D118 | 商丘1099 | 270 | 268 | 243 | 222 | 229 | 183 | 198 | 217 | 185 | 254 | 183 | 282 | 306 | 125 | 163 | 260 | 292 | 172 | 221 | 241 | 252 | 222 | 246 |
| D122 | 豫豆17 | 252 | 284 | 250 | 263 | 203 | 237 | 207 | 223 | 205 | 266 | 177 | 282 | 294 | 119 | 149 | 262 | 286 | 181 | 224 | 244 | 252 | 230 | 252 |
| D124 | 豫豆21 | 276 | 272 | 237 | 225 | 203 | 218 | 189 | 269 | 170 | 242 | 153 | 288 | 298 | 119 | 155 | 249 | 310 | 132 | 215 | 238 | 270 | 218 | 246 |
| D125 | 豫豆22 | 264 | 280 | 237 | 225 | 235 | 224 | 189 | 269 | 185 | 230 | 147 | 257 | 288 | 113 | 163 | 252 | 286 | 132 | 221 | 235 | 258 | 246 | 0 |
| D126 | 豫豆23 | 276 | 280 | 237 | 229 | 191 | 224 | 219 | 217 | 170 | 254 | 0 | 294 | 322 | 119 | 149 | 267 | 283 | 166 | 224 | 229 | 258 | 246 | 0 |
| D127 | 豫豆24 | 252 | 268 | 243 | 225 | 196 | 188 | 213 | 223 | 155 | 248 | 183 | 279 | 318 | 113 | 159 | 255 | 286 | 277 | 224 | 241 | 258 | 250 | 289 |
| D128 | 豫豆25 | 264 | 318 | 243 | 229 | 235 | 177 | 192 | 269 | 200 | 230 | 147 | 263 | 326 | 119 | 163 | 252 | 283 | 166 | 227 | 235 | 264 | 218 | 301 |
| D129 | 豫豆26 | 264 | 260 | 250 | 225 | 220 | 153 | 198 | 275 | 200 | 260 | 177 | 279 | 298 | 125 | 159 | 258 | 283 | 193 | 224 | 244 | 258 | 226 | 316 |
| D130 | 豫豆27 | 276 | 272 | 237 | 263 | 203 | 183 | 207 | 223 | 170 | 248 | 141 | 282 | 302 | 113 | 149 | 258 | 286 | 208 | 227 | 241 | 258 | 246 | 256 |
| D131 | 豫豆28 | 252 | 318 | 237 | 235 | 191 | 224 | 201 | 275 | 197 | 266 | 189 | 309 | 338 | 119 | 167 | 262 | 286 | 200 | 233 | 235 | 264 | 254 | 289 |
| D132 | 豫豆29 | 252 | 296 | 223 | 241 | 196 | 147 | 207 | 217 | 0 | 266 | 189 | 288 | 306 | 131 | 159 | 262 | 289 | 172 | 236 | 238 | 276 | 262 | 312 |
| D135 | 郑90007 | 258 | 276 | 231 | 225 | 206 | 207 | 219 | 235 | 197 | 266 | 171 | 276 | 314 | 236 | 145 | 260 | 286 | 199 | 218 | 235 | 264 | 226 | 289 |
| D136 | 郑92116 | 258 | 276 | 231 | 222 | 229 | 218 | 201 | 290 | 191 | 230 | 141 | 279 | 314 | 236 | 149 | 262 | 289 | 232 | 218 | 241 | 264 | 238 | 295 |
| D137 | 郑长交14 | 246 | 280 | 231 | 222 | 206 | 218 | 201 | 284 | 191 | 254 | 171 | 282 | 314 | 241 | 149 | 262 | 0 | 232 | 230 | 238 | 258 | 242 | 289 |
| D138 | 郑交107 | 258 | 280 | 231 | 225 | 206 | 218 | 213 | 235 | 197 | 254 | 0 | 279 | 314 | 236 | 149 | 262 | 289 | 244 | 224 | 241 | 258 | 238 | 289 |

（续）

| 品种代号 | 品种名称 | Chr. 1 (D1a) | | | | | | | | Chr. 2 (D1b) | | | | | | Chr. 3 (N) | | | | | Chr. 4 (C1) | | | |
|---|---|---|---|---|---|---|---|---|---|---|---|---|---|---|---|---|---|---|---|---|---|---|---|---|
| | | Satt267 | AZ302047 | Satt507 | Satt436 | Satt147 | Satt216 | BE475343 | Satt157 | Satt141 | Satt290 | Satt005 | Satt350 | Sat_289 | Satt271 | Sct_195 | Satt152 | Satt159 | Satt009 | Satt683 | Satt690 | Satt194 | Sat_140 | Satt607 |
| D139 | GS郑交9525 | 258 | 284 | 231 | 269 | 206 | 218 | 198 | 290 | 191 | 230 | 147 | 282 | 314 | 236 | 149 | 262 | 292 | 250 | 218 | 0 | 270 | 254 | 301 |
| D140 | 周豆11 | 258 | 264 | 250 | 222 | 220 | 246 | 189 | 290 | 155 | 266 | 153 | 279 | 314 | 113 | 159 | 255 | 283 | 0 | 224 | 241 | 252 | 222 | 316 |
| D141 | 周豆12 | 264 | 260 | 243 | 222 | 206 | 237 | 195 | 223 | 191 | 260 | 171 | 279 | 322 | 113 | 159 | 252 | 283 | 0 | 224 | 241 | 258 | 218 | 316 |
| D143 | 八五七-1 | 283 | 268 | 237 | 229 | 191 | 147 | 192 | 223 | 200 | 254 | 159 | 0 | 306 | 131 | 159 | 283 | 283 | 196 | 218 | 229 | 294 | 210 | 240 |
| D149 | 北丰7号 | 264 | 268 | 243 | 225 | 235 | 153 | 192 | 223 | 185 | 236 | 147 | 285 | 294 | 113 | 145 | 258 | 274 | 208 | 233 | 247 | 264 | 238 | 256 |
| D151 | 北丰9号 | 264 | 260 | 243 | 281 | 214 | 153 | 192 | 223 | 185 | 272 | 183 | 294 | 330 | 113 | 159 | 258 | 274 | 220 | 236 | 251 | 270 | 242 | 256 |
| D152 | 北丰10号 | 270 | 280 | 250 | 281 | 214 | 147 | 201 | 269 | 191 | 266 | 171 | 276 | 358 | 119 | 167 | 252 | 283 | 208 | 239 | 251 | 282 | 238 | 252 |
| D153 | 北丰11 | 258 | 284 | 250 | 225 | 241 | 231 | 195 | 275 | 191 | 260 | 171 | 272 | 310 | 119 | 161 | 252 | 283 | 208 | 236 | 241 | 246 | 230 | 268 |
| D154 | 北丰13 | 252 | 0 | 250 | 196 | 203 | 147 | 201 | 275 | 200 | 260 | 177 | 294 | 310 | 113 | 161 | 249 | 283 | 0 | 236 | 241 | 240 | 226 | 246 |
| D155 | 北丰14 | 252 | 272 | 223 | 263 | 203 | 147 | 189 | 269 | 191 | 260 | 159 | 263 | 358 | 119 | 149 | 245 | 283 | 202 | 272 | 241 | 270 | 242 | 246 |
| D241 | 抗线虫5号 | 264 | 0 | 237 | 225 | 191 | 153 | 186 | 0 | 200 | 254 | 159 | 0 | 306 | 125 | 159 | 0 | 283 | 244 | 218 | 0 | 342 | 0 | 0 |
| D296 | 绥农14 | 264 | 272 | 237 | 229 | 206 | 153 | 195 | 229 | 200 | 254 | 159 | 282 | 314 | 134 | 159 | 277 | 289 | 196 | 218 | 217 | 294 | 222 | 240 |
| D309 | 鄂豆7号 | 252 | 292 | 231 | 275 | 220 | 207 | 198 | 235 | 170 | 242 | 0 | 282 | 314 | 241 | 149 | 260 | 295 | 250 | 218 | 247 | 276 | 226 | 246 |
| D313 | 中豆29 | 270 | 296 | 231 | 202 | 206 | 224 | 198 | 290 | 191 | 260 | 0 | 285 | 314 | 241 | 155 | 260 | 298 | 238 | 212 | 247 | 276 | 250 | 252 |
| D314 | 中豆30 | 246 | 296 | 217 | 229 | 214 | 147 | 198 | 244 | 170 | 266 | 177 | 282 | 314 | 241 | 155 | 258 | 295 | 250 | 215 | 238 | 282 | 226 | 256 |
| D316 | 中豆32 | 246 | 296 | 223 | 229 | 206 | 231 | 201 | 229 | 191 | 260 | 171 | 282 | 314 | 241 | 155 | 283 | 0 | 238 | 215 | 235 | 282 | 230 | 252 |
| D319 | 湘春豆16 | 258 | 300 | 231 | 281 | 214 | 237 | 201 | 229 | 191 | 266 | 177 | 282 | 314 | 241 | 159 | 260 | 295 | 232 | 212 | 229 | 282 | 226 | 256 |
| D322 | 湘春豆19 | 258 | 276 | 231 | 281 | 206 | 237 | 201 | 229 | 191 | 266 | 171 | 282 | 314 | 241 | 159 | 260 | 298 | 238 | 212 | 241 | 282 | 226 | 262 |
| D323 | 湘春豆20 | 258 | 296 | 231 | 288 | 214 | 237 | 201 | 223 | 191 | 266 | 171 | 279 | 314 | 241 | 159 | 260 | 298 | 232 | 212 | 241 | 288 | 226 | 256 |
| D325 | 湘春豆22 | 258 | 0 | 231 | 288 | 206 | 237 | 201 | 223 | 191 | 266 | 0 | 282 | 314 | 241 | 159 | 260 | 298 | 232 | 212 | 244 | 288 | 226 | 256 |
| D326 | 湘春豆23 | 258 | 300 | 231 | 288 | 206 | 237 | 201 | 223 | 191 | 266 | 171 | 282 | 314 | 241 | 161 | 260 | 295 | 232 | 212 | 251 | 282 | 226 | 278 |
| D442 | 淮豆3号 | 264 | 276 | 442 | 281 | 235 | 183 | 213 | 223 | 211 | 260 | 177 | 279 | 310 | 119 | 169 | 283 | 292 | 181 | 224 | 238 | 252 | 210 | 295 |
| D443 | 淮豆4号 | 264 | 284 | 439 | 222 | 203 | 183 | 192 | 217 | 211 | 260 | 183 | 279 | 326 | 110 | 173 | 267 | 268 | 193 | 239 | 235 | 240 | 218 | 278 |
| D445 | 淮豆6号 | 258 | 276 | 442 | 235 | 235 | 188 | 186 | 257 | 205 | 260 | 189 | 282 | 326 | 122 | 169 | 262 | 298 | 208 | 221 | 244 | 282 | 218 | 289 |
| D453 | 南农88-31 | 258 | 276 | 439 | 275 | 241 | 231 | 213 | 223 | 191 | 230 | 189 | 263 | 314 | 125 | 169 | 277 | 292 | 178 | 227 | 241 | 294 | 214 | 252 |
| D455 | 南农99-10 | 246 | 276 | 442 | 235 | 235 | 246 | 189 | 0 | 211 | 266 | 183 | 282 | 318 | 122 | 169 | 260 | 295 | 223 | 224 | 241 | 276 | 210 | 246 |

（续）

| 品种代号 | 品种名称 | Chr. 1 (D1a) | | | | | Chr. 2 (D1b) | | | | | | | | | Chr. 3 (N) | | | | Chr. 4 (C1) | | | | |
|---|---|---|---|---|---|---|---|---|---|---|---|---|---|---|---|---|---|---|---|---|---|---|---|---|
| | | Satt267 | AZ302047 | Satt507 | Satt436 | Satt147 | Satt216 | BE475343 | Satt157 | Satt141 | Satt290 | Satt005 | Satt350 | Sat_289 | Satt271 | Sct_195 | Satt152 | Satt159 | Satt009 | Satt683 | Satt690 | Satt194 | Sat_140 | Satt607 |
| D461 | 苏豆4号 | 258 | 292 | 231 | 288 | 214 | 246 | 201 | 223 | 170 | 248 | 177 | 282 | 314 | 236 | 159 | 262 | 295 | 244 | 215 | 272 | 276 | 230 | 268 |
| D463 | 通豆3号 | 264 | 276 | 439 | 235 | 241 | 188 | 189 | 257 | 197 | 260 | 177 | 279 | 338 | 125 | 169 | 262 | 295 | 208 | 218 | 241 | 288 | 250 | 246 |
| D465 | 徐豆8号 | 264 | 272 | 243 | 269 | 235 | 177 | 198 | 229 | 191 | 242 | 147 | 282 | 310 | 119 | 161 | 255 | 289 | 166 | 218 | 235 | 252 | 258 | 256 |
| D466 | 徐豆9号 | 258 | 288 | 231 | 241 | 229 | 188 | 195 | 229 | 197 | 272 | 183 | 285 | 314 | 236 | 159 | 262 | 310 | 193 | 212 | 284 | 288 | 226 | 256 |
| D467 | 徐豆10号 | 264 | 280 | 243 | 269 | 206 | 177 | 219 | 235 | 191 | 278 | 183 | 282 | 268 | 113 | 161 | 262 | 289 | 166 | 218 | 241 | 252 | 258 | 256 |
| D468 | 徐豆11 | 252 | 272 | 243 | 269 | 241 | 237 | 207 | 229 | 191 | 272 | 183 | 279 | 310 | 113 | 161 | 262 | 295 | 166 | 218 | 241 | 252 | 258 | 256 |
| D469 | 徐豆12 | 264 | 280 | 237 | 225 | 0 | 237 | 192 | 229 | 191 | 278 | 183 | 282 | 306 | 125 | 161 | 277 | 295 | 169 | 218 | 244 | 252 | 262 | 256 |
| D471 | 赣豆4号 | 258 | 292 | 231 | 216 | 214 | 246 | 189 | 284 | 197 | 248 | 177 | 279 | 314 | 236 | 159 | 262 | 292 | 244 | 215 | 284 | 276 | 230 | 262 |
| D550 | 鲁豆12 | 0 | 276 | 436 | 241 | 191 | 177 | 207 | 208 | 211 | 260 | 177 | 276 | 268 | 119 | 169 | 262 | 274 | 169 | 224 | 229 | 246 | 210 | 301 |
| D557 | 齐黄28 | 252 | 260 | 243 | 225 | 0 | 231 | 207 | 229 | 200 | 254 | 177 | 263 | 268 | 125 | 163 | 255 | 295 | 187 | 215 | 235 | 234 | 210 | 268 |
| D558 | 齐黄29 | 264 | 260 | 243 | 225 | 235 | 237 | 207 | 290 | 155 | 254 | 177 | 276 | 306 | 119 | 149 | 255 | 295 | 187 | 218 | 238 | 264 | 210 | 262 |
| D565 | 跃进10号 | 264 | 260 | 243 | 202 | 203 | 183 | 186 | 247 | 191 | 260 | 171 | 282 | 302 | 113 | 155 | 252 | 268 | 175 | 230 | 247 | 258 | 226 | 256 |
| D593 | 成豆9号 | 258 | 284 | 223 | 241 | 229 | 246 | 189 | 284 | 197 | 272 | 177 | 279 | 314 | 236 | 161 | 255 | 292 | 232 | 212 | 284 | 288 | 242 | 256 |
| D596 | 川豆4号 | 258 | 292 | 223 | 216 | 214 | 246 | 198 | 235 | 200 | 272 | 171 | 279 | 314 | 236 | 161 | 260 | 292 | 199 | 215 | 284 | 288 | 226 | 268 |
| D597 | 川豆5号 | 246 | 296 | 223 | 216 | 203 | 246 | 189 | 235 | 205 | 272 | 171 | 279 | 314 | 236 | 161 | 262 | 292 | 196 | 212 | 284 | 282 | 218 | 268 |
| D598 | 川豆6号 | 264 | 256 | 237 | 222 | 235 | 237 | 186 | 229 | 191 | 260 | 171 | 279 | 294 | 113 | 155 | 260 | 274 | 199 | 221 | 241 | 264 | 226 | 256 |
| D605 | 贡豆5号 | 246 | 276 | 208 | 241 | 203 | 153 | 192 | 257 | 170 | 266 | 0 | 272 | 314 | 230 | 161 | 255 | 292 | 250 | 215 | 272 | 246 | 230 | 268 |
| D606 | 贡豆8号 | 258 | 276 | 208 | 241 | 203 | 153 | 201 | 244 | 170 | 248 | 177 | 272 | 314 | 230 | 159 | 262 | 292 | 223 | 215 | 272 | 276 | 242 | 256 |
| D607 | 贡豆9号 | 246 | 288 | 208 | 241 | 203 | 153 | 189 | 290 | 0 | 242 | 171 | 272 | 314 | 230 | 159 | 258 | 289 | 244 | 212 | 0 | 276 | 222 | 256 |
| D608 | 贡豆10号 | 246 | 296 | 223 | 288 | 203 | 153 | 195 | 290 | 223 | 266 | 177 | 276 | 314 | 236 | 161 | 277 | 292 | 250 | 230 | 284 | 276 | 214 | 256 |
| D609 | 贡豆11 | 264 | 234 | 237 | 216 | 235 | 237 | 219 | 229 | 205 | 272 | 171 | 282 | 310 | 128 | 149 | 255 | 298 | 220 | 218 | 244 | 264 | 266 | 316 |
| D610 | 贡豆12 | 252 | 230 | 208 | 241 | 214 | 153 | 195 | 257 | 0 | 272 | 171 | 272 | 314 | 230 | 161 | 255 | 292 | 232 | 215 | 272 | 276 | 218 | 262 |
| D619 | 南豆5号 | 270 | 272 | 243 | 229 | 241 | 237 | 189 | 229 | 200 | 254 | 183 | 279 | 326 | 119 | 161 | 277 | 295 | 199 | 224 | 238 | 246 | 250 | 301 |

（续）

| 品种代号 | 品种名称 | Chr. 4 (C1) | | | | | | Chr. 5 (A1) | | | | | | | | | | | | Chr. 6 (C2) | | | | |
| --- | --- | --- | --- | --- | --- | --- | --- | --- | --- | --- | --- | --- | --- | --- | --- | --- | --- | --- | --- | --- | --- | --- | --- | --- |
| | | Satt661 | Satt294 | Satt670 | AI794821 | Satt180 | Satt164 | Satt165 | Satt449 | Satt300 | Satt717 | Satt648 | Satt385 | Satt236 | Satt225 | AW734043 | Satt227 | Satt291 | Satt170 | Satt286 | Satt277 | Satt100 | Satt202 | Satt316 |
| C003 | 阜豆1号 | 236 | 343 | 241 | 179 | 292 | 269 | 307 | 259 | 282 | 307 | 277 | 240 | 266 | 105 | 124 | 166 | 241 | 138 | 235 | 169 | 150 | 340 | 213 |
| C010 | 皖豆1号 | 236 | 337 | 235 | 159 | 260 | 261 | 307 | 247 | 270 | 301 | 234 | 310 | 254 | 105 | 106 | 154 | 235 | 123 | 229 | 169 | 150 | 328 | 168 |
| C011 | 皖豆3号 | 248 | 331 | 0 | 176 | 277 | 255 | 307 | 301 | 270 | 307 | 228 | 228 | 260 | 105 | 120 | 154 | 229 | 123 | 211 | 169 | 150 | 334 | 168 |
| C014 | 皖豆6号 | 242 | 0 | 241 | 173 | 224 | 255 | 307 | 283 | 276 | 307 | 228 | 228 | 254 | 99 | 120 | 154 | 235 | 129 | 229 | 187 | 150 | 334 | 162 |
| C016 | 皖豆9号 | 242 | 0 | 241 | 176 | 286 | 255 | 307 | 247 | 270 | 301 | 234 | 240 | 260 | 93 | 112 | 154 | 235 | 123 | 247 | 187 | 150 | 328 | 168 |
| C019 | 皖豆13 | 256 | 307 | 251 | 170 | 303 | 255 | 301 | 301 | 263 | 0 | 234 | 350 | 278 | 99 | 116 | 154 | 0 | 129 | 247 | 263 | 168 | 328 | 213 |
| C026 | 科丰35 | 248 | 313 | 241 | 176 | 286 | 255 | 307 | 271 | 263 | 313 | 228 | 228 | 242 | 99 | 112 | 160 | 241 | 129 | 247 | 187 | 150 | 340 | 174 |
| C027 | 科新3号 | 256 | 343 | 251 | 170 | 303 | 255 | 295 | 247 | 298 | 301 | 240 | 333 | 260 | 99 | 116 | 154 | 241 | 129 | 229 | 175 | 168 | 358 | 213 |
| C028 | 诱变30 | 248 | 313 | 244 | 176 | 286 | 255 | 307 | 301 | 263 | 301 | 234 | 240 | 242 | 99 | 112 | 160 | 241 | 129 | 253 | 187 | 150 | 340 | 174 |
| C029 | 诱变31 | 254 | 355 | 244 | 176 | 227 | 249 | 307 | 295 | 263 | 307 | 228 | 310 | 230 | 93 | 116 | 160 | 241 | 129 | 229 | 193 | 144 | 340 | 168 |
| C030 | 诱处4号 | 254 | 307 | 244 | 182 | 227 | 269 | 307 | 271 | 263 | 289 | 228 | 240 | 266 | 93 | 106 | 160 | 247 | 129 | 229 | 187 | 156 | 340 | 219 |
| C032 | 早熟6号 | 256 | 343 | 0 | 179 | 286 | 261 | 307 | 247 | 0 | 307 | 234 | 264 | 242 | 93 | 106 | 154 | 247 | 129 | 229 | 187 | 156 | 346 | 219 |
| C037 | 早熟18 | 256 | 301 | 247 | 182 | 283 | 261 | 307 | 247 | 263 | 313 | 234 | 264 | 242 | 99 | 116 | 160 | 247 | 129 | 253 | 187 | 156 | 340 | 213 |
| C038 | 中黄1号 | 256 | 337 | 251 | 173 | 297 | 255 | 301 | 289 | 270 | 289 | 234 | 366 | 278 | 111 | 106 | 154 | 247 | 129 | 265 | 187 | 162 | 334 | 174 |
| C039 | 中黄2号 | 256 | 355 | 254 | 173 | 297 | 249 | 301 | 259 | 270 | 289 | 234 | 344 | 278 | 111 | 106 | 154 | 247 | 129 | 268 | 187 | 162 | 334 | 174 |
| C040 | 中黄3号 | 259 | 307 | 254 | 173 | 303 | 255 | 301 | 265 | 270 | 301 | 240 | 286 | 260 | 99 | 120 | 154 | 247 | 135 | 241 | 263 | 156 | 364 | 213 |
| C041 | 中黄4号 | 256 | 295 | 247 | 179 | 286 | 255 | 307 | 271 | 263 | 313 | 234 | 264 | 242 | 99 | 116 | 160 | 247 | 129 | 229 | 187 | 156 | 352 | 219 |
| C043 | 中黄6号 | 259 | 337 | 235 | 179 | 289 | 261 | 307 | 313 | 286 | 295 | 228 | 264 | 254 | 99 | 106 | 160 | 241 | 129 | 0 | 193 | 141 | 340 | 174 |
| C044 | 中黄7号 | 256 | 343 | 251 | 176 | 292 | 255 | 301 | 241 | 282 | 301 | 240 | 338 | 266 | 99 | 108 | 160 | 253 | 138 | 241 | 193 | 141 | 364 | 219 |
| C045 | 中黄8号 | 259 | 343 | 235 | 159 | 280 | 261 | 307 | 247 | 270 | 301 | 228 | 228 | 254 | 99 | 116 | 166 | 247 | 129 | 235 | 187 | 150 | 346 | 192 |
| C069 | 黔豆4号 | 262 | 301 | 251 | 185 | 283 | 261 | 307 | 301 | 282 | 295 | 234 | 240 | 254 | 105 | 116 | 166 | 253 | 129 | 259 | 187 | 144 | 340 | 180 |
| C094 | 河南早丰1号 | 259 | 319 | 241 | 176 | 227 | 255 | 295 | 301 | 263 | 301 | 234 | 344 | 266 | 105 | 112 | 148 | 0 | 129 | 241 | 193 | 156 | 316 | 219 |
| C104 | 豫豆1号 | 242 | 319 | 260 | 176 | 224 | 243 | 301 | 241 | 257 | 283 | 228 | 333 | 260 | 111 | 106 | 142 | 0 | 129 | 235 | 255 | 181 | 334 | 174 |
| C105 | 豫豆2号 | 256 | 319 | 257 | 176 | 286 | 243 | 301 | 277 | 257 | 283 | 240 | 326 | 272 | 105 | 106 | 148 | 241 | 129 | 247 | 187 | 144 | 334 | 219 |
| C106 | 豫豆3号 | 259 | 301 | 257 | 185 | 286 | 261 | 307 | 271 | 292 | 295 | 228 | 237 | 254 | 111 | 128 | 160 | 253 | 129 | 259 | 187 | 150 | 340 | 219 |
| C107 | 郑长叶7 | 242 | 325 | 254 | 176 | 292 | 249 | 301 | 265 | 263 | 295 | 234 | 344 | 272 | 105 | 112 | 154 | 0 | 129 | 229 | 193 | 156 | 316 | 192 |

（续）

| 品种代号 | 品种名称 | Chr. 4 (C1) | | | | | | | Chr. 5 (A1) | | | | | | | | | Chr. 6 (C2) | | | | | | |
|---|---|---|---|---|---|---|---|---|---|---|---|---|---|---|---|---|---|---|---|---|---|---|---|---|
| | | Satt61 | Satt294 | Satt670 | AI794821 | Satt180 | Satt164 | Satt165 | Satt449 | Satt300 | Satt717 | Satt648 | Satt385 | Satt236 | Satt225 | AW734043 | Satt227 | Satt291 | Satt170 | Satt286 | Satt277 | Satt100 | Satt202 | Satt316 |
| C108 | 豫豆5号 | 256 | 283 | 247 | 176 | 283 | 249 | 295 | 295 | 257 | 289 | 234 | 0 | 260 | 111 | 106 | 142 | 241 | 135 | 265 | 0 | 150 | 334 | 219 |
| C110 | 豫豆7号 | 256 | 283 | 257 | 173 | 286 | 249 | 295 | 301 | 286 | 295 | 234 | 326 | 272 | 105 | 120 | 148 | 241 | 129 | 241 | 187 | 150 | 328 | 213 |
| C111 | 豫豆8号 | 262 | 307 | 254 | 182 | 303 | 261 | 295 | 271 | 257 | 301 | 228 | 310 | 266 | 0 | 116 | 160 | 253 | 129 | 235 | 187 | 150 | 340 | 219 |
| C112 | 豫豆10号 | 256 | 319 | 254 | 179 | 286 | 249 | 295 | 271 | 263 | 283 | 240 | 338 | 272 | 111 | 108 | 148 | 235 | 129 | 235 | 255 | 126 | 328 | 186 |
| C113 | 豫豆11 | 256 | 325 | 257 | 176 | 286 | 261 | 295 | 265 | 263 | 289 | 240 | 326 | 260 | 111 | 108 | 148 | 235 | 129 | 241 | 193 | 144 | 322 | 174 |
| C114 | 豫豆12 | 259 | 331 | 251 | 176 | 312 | 255 | 301 | 283 | 252 | 283 | 240 | 326 | 272 | 105 | 116 | 148 | 241 | 123 | 247 | 181 | 150 | 328 | 207 |
| C115 | 豫豆15 | 259 | 319 | 241 | 176 | 224 | 249 | 295 | 301 | 282 | 295 | 234 | 338 | 266 | 111 | 0 | 148 | 241 | 129 | 265 | 187 | 150 | 322 | 174 |
| C116 | 豫豆16 | 262 | 337 | 254 | 182 | 303 | 261 | 301 | 277 | 257 | 301 | 234 | 310 | 260 | 99 | 116 | 160 | 247 | 138 | 235 | 187 | 150 | 340 | 180 |
| C118 | 豫豆19 | 262 | 343 | 254 | 185 | 286 | 249 | 301 | 277 | 257 | 301 | 240 | 237 | 272 | 111 | 116 | 160 | 247 | 138 | 223 | 187 | 156 | 334 | 219 |
| C120 | 郑133 | 262 | 331 | 254 | 179 | 297 | 255 | 301 | 295 | 263 | 295 | 240 | 338 | 266 | 105 | 128 | 154 | 241 | 129 | 235 | 187 | 194 | 0 | 219 |
| C121 | 郑77249 | 259 | 331 | 254 | 179 | 297 | 255 | 301 | 271 | 282 | 289 | 240 | 344 | 266 | 111 | 112 | 148 | 235 | 129 | 241 | 263 | 194 | 340 | 174 |
| C122 | 郑86506 | 256 | 331 | 254 | 179 | 292 | 249 | 301 | 295 | 263 | 301 | 240 | 338 | 266 | 111 | 112 | 148 | 235 | 135 | 241 | 0 | 194 | 370 | 174 |
| C123 | 郑州126 | 259 | 331 | 244 | 173 | 227 | 255 | 301 | 301 | 263 | 289 | 228 | 338 | 266 | 111 | 112 | 148 | 235 | 135 | 235 | 263 | 194 | 334 | 219 |
| C124 | 郑州135 | 262 | 331 | 241 | 179 | 227 | 249 | 295 | 295 | 252 | 283 | 225 | 350 | 272 | 105 | 116 | 142 | 241 | 138 | 211 | 169 | 150 | 334 | 207 |
| C125 | 周7327-118 | 262 | 343 | 241 | 182 | 0 | 278 | 295 | 259 | 257 | 307 | 240 | 228 | 248 | 99 | 116 | 160 | 247 | 138 | 223 | 187 | 150 | 340 | 180 |
| C170 | 合丰25 | 259 | 331 | 247 | 176 | 286 | 255 | 295 | 247 | 282 | 295 | 240 | 292 | 260 | 111 | 96 | 142 | 247 | 129 | 217 | 169 | 144 | 340 | 174 |
| C178 | 合丰33 | 262 | 337 | 254 | 179 | 274 | 278 | 301 | 241 | 263 | 313 | 234 | 261 | 248 | 99 | 128 | 160 | 253 | 129 | 241 | 187 | 181 | 334 | 219 |
| C181 | 合丰36 | 259 | 337 | 254 | 179 | 286 | 255 | 307 | 271 | 270 | 301 | 234 | 344 | 266 | 99 | 108 | 154 | 253 | 135 | 253 | 187 | 144 | 340 | 213 |
| C288 | 矮脚早 | 236 | 337 | 251 | 170 | 277 | 255 | 307 | 283 | 252 | 283 | 228 | 292 | 242 | 99 | 108 | 160 | 235 | 129 | 253 | 187 | 144 | 334 | 180 |
| C291 | 鄂豆5号 | 0 | 337 | 251 | 170 | 289 | 255 | 301 | 289 | 257 | 289 | 228 | 292 | 242 | 99 | 112 | 160 | 235 | 129 | 223 | 169 | 150 | 340 | 180 |
| C292 | 早春1号 | 242 | 337 | 241 | 173 | 286 | 255 | 0 | 295 | 282 | 289 | 228 | 292 | 242 | 99 | 112 | 160 | 241 | 129 | 223 | 169 | 144 | 334 | 180 |
| C293 | 中豆8号 | 242 | 331 | 254 | 179 | 274 | 261 | 301 | 289 | 252 | 295 | 234 | 237 | 248 | 105 | 106 | 160 | 253 | 129 | 241 | 187 | 150 | 322 | 213 |
| C295 | 中豆19 | 259 | 331 | 254 | 173 | 274 | 255 | 295 | 259 | 252 | 301 | 240 | 286 | 254 | 105 | 112 | 154 | 253 | 129 | 241 | 187 | 141 | 322 | 174 |
| C296 | 中豆20 | 242 | 331 | 251 | 173 | 283 | 261 | 301 | 259 | 257 | 301 | 240 | 223 | 248 | 93 | 112 | 160 | 260 | 123 | 241 | 187 | 150 | 322 | 207 |
| C297 | 中豆24 | 242 | 343 | 254 | 173 | 280 | 261 | 307 | 283 | 282 | 289 | 228 | 292 | 242 | 105 | 112 | 160 | 241 | 129 | 253 | 187 | 141 | 340 | 180 |
| C301 | 湘春豆10号 | 254 | 319 | 254 | 176 | 289 | 261 | 307 | 289 | 286 | 289 | 234 | 292 | 236 | 111 | 112 | 160 | 241 | 147 | 253 | 175 | 144 | 340 | 225 |

| 品种代号 | 品种名称 | Chr. 4 (C1) | | | | | | Chr. 5 (A1) | | | | | | | | | | | Chr. 6 (C2) | | | | | |
|---|---|---|---|---|---|---|---|---|---|---|---|---|---|---|---|---|---|---|---|---|---|---|---|---|
| | | Satt661 | Satt294 | Satt670 | AI794821 | Satt180 | Satt164 | Satt165 | Satt449 | Satt300 | Satt717 | Satt648 | Satt385 | Satt236 | Satt225 | AW734043 | Satt227 | Satt291 | Satt170 | Satt286 | Satt277 | Satt100 | Satt202 | Satt316 |
| C306 | 湘春豆15 | 248 | 319 | 251 | 176 | 289 | 261 | 307 | 289 | 282 | 289 | 234 | 292 | 236 | 111 | 112 | 160 | 241 | 147 | 259 | 181 | 144 | 340 | 225 |
| C390 | 九农20 | 262 | 325 | 260 | 170 | 286 | 261 | 319 | 289 | 270 | 313 | 240 | 261 | 242 | 99 | 106 | 154 | 266 | 129 | 241 | 187 | 156 | 316 | 207 |
| C417 | 58-161 | 272 | 301 | 244 | 176 | 292 | 249 | 319 | 277 | 263 | 0 | 240 | 252 | 248 | 111 | 0 | 160 | 247 | 129 | 259 | 181 | 135 | 328 | 253 |
| C421 | 灌豆1号 | 272 | 295 | 241 | 173 | 292 | 261 | 301 | 271 | 257 | 313 | 234 | 240 | 236 | 99 | 96 | 160 | 241 | 129 | 217 | 169 | 135 | 316 | 253 |
| C423 | 淮豆1号 | 242 | 295 | 241 | 170 | 289 | 261 | 289 | 277 | 270 | 307 | 228 | 252 | 254 | 99 | 96 | 160 | 241 | 123 | 235 | 169 | 126 | 316 | 244 |
| C424 | 淮豆2号 | 265 | 337 | 241 | 170 | 292 | 261 | 301 | 265 | 246 | 289 | 228 | 240 | 254 | 105 | 96 | 160 | 241 | 129 | 259 | 181 | 126 | 322 | 244 |
| C428 | 南农1138-2 | 242 | 0 | 241 | 150 | 280 | 255 | 301 | 271 | 246 | 283 | 228 | 237 | 248 | 105 | 96 | 160 | 241 | 129 | 253 | 181 | 126 | 316 | 244 |
| C431 | 南农493-1 | 262 | 289 | 244 | 170 | 280 | 255 | 301 | 265 | 252 | 295 | 234 | 304 | 272 | 99 | 96 | 154 | 241 | 129 | 229 | 181 | 135 | 316 | 253 |
| C432 | 南农73-935 | 242 | 337 | 241 | 150 | 280 | 255 | 301 | 265 | 246 | 295 | 234 | 237 | 248 | 105 | 96 | 154 | 241 | 129 | 253 | 263 | 141 | 322 | 253 |
| C433 | 南农86-4 | 242 | 283 | 247 | 170 | 280 | 255 | 295 | 265 | 252 | 295 | 234 | 237 | 248 | 105 | 96 | 160 | 0 | 135 | 259 | 181 | 135 | 316 | 201 |
| C434 | 南农87C-38 | 256 | 283 | 244 | 170 | 289 | 255 | 301 | 295 | 246 | 283 | 228 | 286 | 266 | 99 | 96 | 154 | 241 | 129 | 229 | 169 | 141 | 322 | 192 |
| C435 | 南农88-48 | 242 | 331 | 244 | 150 | 280 | 255 | 295 | 295 | 252 | 289 | 234 | 237 | 248 | 105 | 96 | 160 | 241 | 135 | 259 | 181 | 135 | 322 | 244 |
| C436 | 南农菜豆1号 | 259 | 331 | 247 | 176 | 286 | 255 | 295 | 301 | 252 | 283 | 234 | 304 | 266 | 99 | 102 | 154 | 235 | 129 | 229 | 181 | 162 | 340 | 201 |
| C438 | 宁镇1号 | 242 | 331 | 247 | 173 | 274 | 255 | 295 | 307 | 252 | 289 | 234 | 237 | 260 | 111 | 102 | 160 | 235 | 135 | 259 | 181 | 181 | 358 | 219 |
| C439 | 宁镇2号 | 256 | 337 | 251 | 179 | 286 | 255 | 301 | 265 | 257 | 301 | 234 | 366 | 278 | 99 | 0 | 148 | 253 | 135 | 259 | 255 | 181 | 370 | 174 |
| C440 | 宁镇3号 | 256 | 331 | 251 | 176 | 289 | 255 | 295 | 265 | 257 | 283 | 240 | 286 | 278 | 111 | 108 | 160 | 253 | 138 | 235 | 187 | 150 | 364 | 174 |
| C441 | 泗豆11 | 259 | 295 | 251 | 170 | 286 | 255 | 295 | 271 | 252 | 295 | 240 | 264 | 254 | 105 | 102 | 154 | 241 | 129 | 235 | 0 | 187 | 322 | 253 |
| C443 | 苏7209 | 242 | 283 | 251 | 170 | 280 | 255 | 289 | 271 | 252 | 295 | 240 | 237 | 254 | 111 | 116 | 160 | 235 | 129 | 229 | 227 | 144 | 322 | 253 |
| C444 | 苏豆1号 | 262 | 307 | 251 | 185 | 277 | 261 | 307 | 277 | 257 | 307 | 240 | 310 | 254 | 111 | 116 | 160 | 253 | 129 | 259 | 187 | 150 | 340 | 225 |
| C445 | 苏豆3号 | 256 | 301 | 0 | 173 | 286 | 255 | 295 | 277 | 252 | 283 | 234 | 304 | 266 | 93 | 116 | 154 | 241 | 135 | 253 | 181 | 144 | 328 | 253 |
| C448 | 苏协18-6 | 236 | 325 | 241 | 173 | 292 | 255 | 289 | 259 | 246 | 283 | 234 | 333 | 303 | 111 | 108 | 148 | 241 | 129 | 241 | 255 | 150 | 334 | 180 |
| C449 | 苏协19-15 | 236 | 337 | 235 | 176 | 292 | 255 | 289 | 265 | 246 | 283 | 228 | 333 | 303 | 117 | 108 | 148 | 241 | 129 | 229 | 169 | 141 | 328 | 180 |
| C450 | 苏协4-1 | 242 | 283 | 251 | 173 | 280 | 255 | 295 | 277 | 252 | 295 | 240 | 237 | 248 | 105 | 106 | 160 | 241 | 129 | 235 | 263 | 150 | 328 | 207 |
| C451 | 苏协1号 | 242 | 283 | 257 | 173 | 277 | 261 | 295 | 259 | 252 | 301 | 240 | 237 | 248 | 105 | 112 | 160 | 260 | 123 | 241 | 263 | 150 | 322 | 213 |
| C455 | 徐豆1号 | 259 | 337 | 254 | 173 | 227 | 261 | 301 | 313 | 263 | 301 | 234 | 223 | 230 | 111 | 106 | 154 | 241 | 138 | 235 | 255 | 150 | 334 | 207 |
| C457 | 徐豆3号 | 256 | 301 | 251 | 179 | 289 | 255 | 301 | 253 | 257 | 295 | 234 | 240 | 254 | 111 | 108 | 154 | 241 | 135 | 259 | 181 | 144 | 328 | 207 |

（续）

| 品种代号 | 品种名称 | Chr. 4 (C1) | | | | | | | | | | Chr. 5 (A1) | | | | | | | | Chr. 6 (C2) | | | | |
|---|---|---|---|---|---|---|---|---|---|---|---|---|---|---|---|---|---|---|---|---|---|---|---|---|
| | | Satt661 | Satt294 | Satt670 | AI794821 | Satt180 | Satt164 | Satt165 | Satt449 | Satt300 | Satt717 | Satt648 | Satt385 | Satt236 | Satt225 | AW734043 | Satt227 | Satt291 | Satt170 | Satt286 | Satt277 | Satt100 | Satt202 | Satt316 |
| C458 | 徐豆7号 | 262 | 337 | 254 | 173 | 286 | 261 | 301 | 253 | 257 | 295 | 234 | 223 | 248 | 105 | 0 | 160 | 241 | 129 | 235 | 169 | 150 | 328 | 207 |
| C538 | 菏84-1 | 256 | 355 | 251 | 176 | 292 | 255 | 295 | 247 | 292 | 295 | 240 | 344 | 278 | 111 | 116 | 154 | 241 | 129 | 259 | 187 | 194 | 358 | 213 |
| C539 | 菏84-5 | 256 | 301 | 254 | 173 | 260 | 261 | 289 | 253 | 263 | 289 | 234 | 261 | 260 | 105 | 120 | 148 | 235 | 129 | 229 | 193 | 150 | 364 | 260 |
| C540 | 莒选23 | 256 | 331 | 251 | 170 | 0 | 261 | 289 | 253 | 282 | 295 | 228 | 223 | 260 | 105 | 120 | 148 | 229 | 123 | 223 | 0 | 150 | 340 | 287 |
| C542 | 鲁豆1号 | 254 | 337 | 251 | 150 | 260 | 261 | 289 | 253 | 252 | 295 | 225 | 223 | 266 | 93 | 116 | 154 | 229 | 129 | 223 | 187 | 150 | 346 | 287 |
| C563 | 齐黄22 | 256 | 337 | 254 | 150 | 260 | 269 | 289 | 253 | 246 | 283 | 234 | 223 | 260 | 93 | 0 | 148 | 235 | 129 | 223 | 187 | 150 | 346 | 287 |
| C567 | 为民1号 | 256 | 331 | 0 | 170 | 286 | 261 | 289 | 253 | 246 | 289 | 228 | 223 | 260 | 99 | 102 | 148 | 229 | 123 | 235 | 193 | 156 | 352 | 213 |
| C572 | 文丰7号 | 262 | 343 | 254 | 182 | 286 | 261 | 301 | 265 | 252 | 313 | 240 | 240 | 254 | 111 | 116 | 160 | 253 | 138 | 265 | 187 | 150 | 340 | 174 |
| C575 | 兖黄1号 | 262 | 337 | 241 | 173 | 227 | 261 | 301 | 277 | 263 | 301 | 234 | 223 | 260 | 93 | 112 | 154 | 235 | 129 | 235 | 227 | 144 | 334 | 253 |
| C621 | 川豆2号 | 259 | 337 | 251 | 176 | 292 | 255 | 295 | 265 | 276 | 301 | 240 | 286 | 260 | 105 | 116 | 154 | 241 | 129 | 241 | 193 | 135 | 328 | 225 |
| C626 | 贡豆2号 | 256 | 301 | 251 | 170 | 283 | 269 | 289 | 271 | 246 | 295 | 234 | 252 | 248 | 99 | 102 | 154 | 229 | 123 | 253 | 199 | 150 | 340 | 0 |
| C628 | 贡豆4号 | 256 | 295 | 251 | 170 | 283 | 261 | 289 | 277 | 231 | 289 | 228 | 252 | 242 | 105 | 102 | 154 | 229 | 123 | 229 | 199 | 150 | 340 | 253 |
| C629 | 贡豆6号 | 256 | 301 | 251 | 170 | 283 | 269 | 289 | 277 | 240 | 295 | 228 | 252 | 254 | 0 | 0 | 154 | 229 | 123 | 229 | 0 | 156 | 340 | 287 |
| C630 | 贡豆7号 | 259 | 301 | 251 | 170 | 283 | 278 | 289 | 313 | 231 | 283 | 225 | 223 | 248 | 105 | 102 | 148 | 229 | 123 | 211 | 0 | 150 | 346 | 0 |
| C648 | 浙春1号 | 265 | 319 | 247 | 179 | 286 | 261 | 289 | 283 | 263 | 307 | 240 | 310 | 266 | 117 | 106 | 148 | 247 | 129 | 235 | 193 | 187 | 340 | 162 |
| C649 | 浙春2号 | 272 | 319 | 244 | 173 | 0 | 261 | 295 | 295 | 257 | 301 | 234 | 366 | 254 | 117 | 106 | 136 | 241 | 129 | 229 | 187 | 0 | 328 | 168 |
| C650 | 浙春3号 | 265 | 319 | 244 | 173 | 277 | 255 | 289 | 295 | 246 | 283 | 228 | 304 | 248 | 111 | 106 | 136 | 235 | 129 | 211 | 187 | 181 | 328 | 162 |
| D003 | 合豆2号 | 248 | 343 | 244 | 176 | 277 | 249 | 307 | 295 | 263 | 301 | 228 | 310 | 278 | 105 | 112 | 154 | 241 | 129 | 229 | 255 | 150 | 328 | 168 |
| D004 | 合豆3号 | 248 | 0 | 241 | 176 | 286 | 261 | 307 | 265 | 298 | 307 | 228 | 228 | 272 | 93 | 124 | 160 | 241 | 123 | 211 | 187 | 141 | 334 | 174 |
| D008 | 皖豆16 | 248 | 0 | 241 | 173 | 289 | 255 | 307 | 265 | 270 | 301 | 234 | 240 | 260 | 105 | 112 | 154 | 235 | 123 | 253 | 187 | 144 | 334 | 168 |
| D011 | 皖豆19 | 242 | 343 | 251 | 170 | 303 | 255 | 295 | 271 | 263 | 301 | 240 | 333 | 266 | 99 | 116 | 148 | 241 | 129 | 247 | 187 | 168 | 358 | 207 |
| D013 | 皖豆21 | 248 | 313 | 241 | 173 | 297 | 255 | 307 | 265 | 263 | 295 | 234 | 240 | 260 | 105 | 120 | 154 | 241 | 123 | 229 | 255 | 181 | 328 | 213 |
| D028 | 科丰53 | 259 | 307 | 251 | 182 | 286 | 255 | 307 | 271 | 263 | 313 | 234 | 240 | 242 | 105 | 116 | 160 | 247 | 129 | 241 | 187 | 150 | 340 | 180 |
| D036 | 中豆27 | 256 | 325 | 235 | 179 | 277 | 255 | 289 | 247 | 240 | 274 | 234 | 333 | 303 | 117 | 108 | 148 | 241 | 129 | 241 | 255 | 150 | 328 | 219 |
| D038 | 中黄9 | 256 | 343 | 247 | 176 | 289 | 261 | 301 | 241 | 282 | 301 | 234 | 344 | 272 | 105 | 108 | 154 | 253 | 138 | 241 | 193 | 141 | 364 | 219 |
| D043 | 中黄14 | 256 | 307 | 251 | 173 | 318 | 261 | 301 | 271 | 263 | 289 | 234 | 350 | 272 | 99 | 120 | 154 | 0 | 129 | 241 | 263 | 194 | 328 | 207 |

（续）

| 品种代号 | 品种名称 | Chr. 4 (C1) | | | | | | | | | | Chr. 5 (A1) | | | | | | | Chr. 6 (C2) | | | | | |
|---|---|---|---|---|---|---|---|---|---|---|---|---|---|---|---|---|---|---|---|---|---|---|---|---|
| | | Satt661 | Satt294 | Satt670 | AI794821 | Satt180 | Satt164 | Satt165 | Satt449 | Satt300 | Satt717 | Satt648 | Satt385 | Satt236 | Satt225 | AW734043 | Satt227 | Satt291 | Satt170 | Satt286 | Satt277 | Satt100 | Satt202 | Satt316 |
| D044 | 中黄 15 | 254 | 325 | 235 | 176 | 292 | 255 | 289 | 289 | 240 | 283 | 234 | 338 | 303 | 111 | 108 | 148 | 241 | 129 | 235 | 255 | 0 | 328 | 174 |
| D053 | 中黄 24 | 262 | 319 | 241 | 173 | 280 | 249 | 289 | 295 | 246 | 301 | 234 | 0 | 266 | 105 | 102 | 136 | 241 | 129 | 223 | 187 | 150 | 358 | 168 |
| D054 | 中黄 25 | 256 | 307 | 254 | 173 | 303 | 255 | 301 | 247 | 263 | 301 | 240 | 333 | 266 | 99 | 116 | 154 | 247 | 129 | 241 | 0 | 168 | 358 | 207 |
| D081 | 桂早 1 号 | 256 | 343 | 251 | 170 | 312 | 255 | 301 | 301 | 263 | 289 | 234 | 310 | 272 | 99 | 116 | 154 | 241 | 123 | 229 | 175 | 162 | 328 | 174 |
| D087 | 黔豆 3 号 | 259 | 343 | 251 | 150 | 297 | 255 | 295 | 289 | 298 | 283 | 234 | 286 | 266 | 105 | 116 | 148 | 235 | 129 | 229 | 175 | 156 | 0 | 207 |
| D088 | 黔豆 5 号 | 256 | 343 | 251 | 170 | 303 | 255 | 289 | 289 | 298 | 283 | 240 | 286 | 254 | 105 | 116 | 148 | 241 | 138 | 229 | 175 | 162 | 322 | 207 |
| D090 | 沧豆 4 号 | 259 | 301 | 251 | 176 | 297 | 255 | 301 | 265 | 270 | 307 | 240 | 286 | 260 | 105 | 116 | 154 | 241 | 138 | 259 | 199 | 156 | 370 | 186 |
| D112 | 地神 21 | 256 | 337 | 0 | 170 | 297 | 255 | 289 | 289 | 257 | 283 | 240 | 333 | 287 | 105 | 128 | 148 | 241 | 129 | 247 | 0 | 162 | 0 | 213 |
| D113 | 地神 22 | 262 | 343 | 257 | 182 | 274 | 261 | 301 | 241 | 252 | 301 | 240 | 223 | 248 | 105 | 102 | 160 | 253 | 135 | 241 | 0 | 150 | 340 | 174 |
| D114 | 滑豆 20 | 256 | 331 | 251 | 173 | 303 | 255 | 295 | 265 | 257 | 283 | 240 | 326 | 272 | 111 | 128 | 148 | 0 | 123 | 268 | 187 | 162 | 328 | 207 |
| D117 | 濮海 10 号 | 262 | 343 | 257 | 185 | 283 | 261 | 301 | 241 | 252 | 307 | 240 | 237 | 266 | 99 | 116 | 160 | 253 | 135 | 229 | 187 | 150 | 340 | 174 |
| D118 | 商丘 1099 | 248 | 343 | 254 | 185 | 297 | 261 | 301 | 295 | 257 | 307 | 240 | 228 | 242 | 105 | 106 | 160 | 247 | 138 | 229 | 187 | 144 | 346 | 174 |
| D122 | 豫豆 17 | 242 | 325 | 254 | 176 | 289 | 255 | 301 | 271 | 298 | 301 | 234 | 344 | 278 | 105 | 112 | 148 | 241 | 129 | 229 | 175 | 162 | 322 | 180 |
| D124 | 豫豆 21 | 262 | 331 | 254 | 176 | 0 | 255 | 295 | 259 | 270 | 301 | 240 | 326 | 287 | 111 | 112 | 142 | 235 | 123 | 247 | 193 | 162 | 358 | 168 |
| D125 | 豫豆 22 | 262 | 325 | 257 | 176 | 297 | 249 | 295 | 289 | 246 | 283 | 228 | 333 | 287 | 111 | 124 | 142 | 0 | 129 | 247 | 187 | 156 | 328 | 162 |
| D126 | 豫豆 23 | 265 | 319 | 257 | 176 | 312 | 255 | 289 | 265 | 246 | 301 | 240 | 333 | 272 | 93 | 112 | 148 | 266 | 123 | 241 | 169 | 150 | 358 | 162 |
| D127 | 豫豆 24 | 254 | 295 | 244 | 176 | 303 | 249 | 295 | 265 | 257 | 289 | 234 | 333 | 303 | 105 | 108 | 154 | 241 | 129 | 265 | 187 | 144 | 334 | 180 |
| D128 | 豫豆 25 | 265 | 283 | 260 | 170 | 318 | 249 | 295 | 289 | 246 | 295 | 240 | 326 | 287 | 111 | 128 | 148 | 235 | 123 | 247 | 187 | 156 | 328 | 168 |
| D129 | 豫豆 26 | 254 | 331 | 241 | 176 | 303 | 255 | 295 | 247 | 276 | 283 | 234 | 333 | 303 | 105 | 120 | 154 | 241 | 129 | 268 | 187 | 141 | 328 | 225 |
| D130 | 豫豆 27 | 259 | 319 | 254 | 179 | 283 | 261 | 301 | 301 | 263 | 295 | 240 | 350 | 266 | 105 | 112 | 148 | 241 | 135 | 229 | 175 | 126 | 316 | 192 |
| D131 | 豫豆 28 | 272 | 313 | 260 | 173 | 318 | 261 | 295 | 265 | 246 | 307 | 240 | 338 | 278 | 117 | 116 | 148 | 241 | 123 | 235 | 193 | 187 | 334 | 207 |
| D132 | 豫豆 29 | 272 | 307 | 260 | 176 | 318 | 269 | 295 | 271 | 246 | 313 | 247 | 333 | 278 | 117 | 116 | 148 | 241 | 129 | 253 | 187 | 168 | 0 | 162 |
| D135 | 郑 90007 | 236 | 337 | 254 | 170 | 277 | 249 | 301 | 289 | 252 | 289 | 228 | 338 | 248 | 105 | 106 | 154 | 241 | 129 | 235 | 255 | 150 | 334 | 180 |
| D136 | 郑 92116 | 236 | 337 | 254 | 173 | 0 | 255 | 301 | 295 | 263 | 295 | 228 | 338 | 248 | 105 | 106 | 154 | 241 | 129 | 217 | 169 | 150 | 364 | 180 |
| D137 | 郑长农 14 | 236 | 337 | 251 | 173 | 283 | 255 | 301 | 283 | 252 | 283 | 225 | 350 | 236 | 105 | 106 | 160 | 235 | 129 | 253 | 187 | 144 | 334 | 174 |
| D138 | 郑农 107 | 236 | 337 | 0 | 170 | 286 | 249 | 301 | 283 | 292 | 301 | 228 | 350 | 236 | 99 | 108 | 160 | 229 | 129 | 253 | 169 | 144 | 334 | 180 |

（续）

| 品种代号 | 品种名称 | Chr. 4 (C1) | | | | | | | | | Chr. 5 (A1) | | | | | | | | | Chr. 6 (C2) | | | | |
|---|---|---|---|---|---|---|---|---|---|---|---|---|---|---|---|---|---|---|---|---|---|---|---|---|
| | | Satt661 | Satt294 | Satt670 | AI794821 | Satt180 | Satt164 | Satt165 | Satt449 | Satt300 | Satt717 | Satt648 | Satt385 | Satt236 | Satt225 | AW734043 | Satt227 | Satt291 | Satt170 | Satt286 | Satt277 | Satt100 | Satt202 | Satt316 |
| D139 | GS郑交9525 | 236 | 337 | 254 | 173 | 286 | 255 | 301 | 289 | 257 | 295 | 228 | 338 | 248 | 105 | 112 | 154 | 235 | 129 | 211 | 169 | 150 | 364 | 180 |
| D140 | 周豆11 | 254 | 295 | 241 | 176 | 303 | 261 | 289 | 265 | 252 | 289 | 234 | 333 | 303 | 111 | 120 | 148 | 235 | 129 | 265 | 187 | 141 | 334 | 231 |
| D141 | 周豆12 | 254 | 295 | 241 | 176 | 0 | 258 | 289 | 283 | 276 | 283 | 234 | 326 | 303 | 111 | 120 | 148 | 235 | 129 | 265 | 181 | 141 | 334 | 225 |
| D143 | 八五七-1 | 259 | 337 | 254 | 179 | 274 | 278 | 295 | 241 | 263 | 295 | 234 | 252 | 248 | 93 | 106 | 160 | 260 | 129 | 229 | 187 | 156 | 376 | 168 |
| D149 | 北丰7号 | 259 | 325 | 235 | 179 | 312 | 261 | 289 | 301 | 240 | 295 | 228 | 333 | 287 | 111 | 120 | 154 | 241 | 129 | 241 | 169 | 150 | 334 | 219 |
| D151 | 北丰9号 | 262 | 325 | 241 | 182 | 318 | 261 | 289 | 307 | 246 | 295 | 228 | 344 | 303 | 111 | 112 | 154 | 247 | 129 | 235 | 169 | 144 | 322 | 219 |
| D152 | 北丰10号 | 262 | 319 | 276 | 179 | 292 | 255 | 301 | 247 | 276 | 313 | 234 | 344 | 260 | 111 | 120 | 148 | 247 | 135 | 241 | 199 | 144 | 376 | 180 |
| D153 | 北丰11 | 259 | 319 | 276 | 176 | 303 | 255 | 301 | 247 | 270 | 301 | 228 | 333 | 260 | 105 | 106 | 148 | 247 | 135 | 235 | 193 | 144 | 376 | 213 |
| D154 | 北丰13 | 259 | 319 | 276 | 176 | 260 | 249 | 301 | 247 | 263 | 289 | 228 | 0 | 254 | 111 | 96 | 142 | 247 | 129 | 241 | 193 | 150 | 376 | 180 |
| D155 | 北丰14 | 262 | 319 | 260 | 176 | 277 | 249 | 301 | 313 | 257 | 301 | 234 | 333 | 254 | 105 | 120 | 142 | 241 | 129 | 253 | 0 | 150 | 340 | 168 |
| D241 | 抗线虫5号 | 259 | 337 | 254 | 179 | 280 | 261 | 301 | 241 | 257 | 301 | 234 | 261 | 248 | 93 | 0 | 160 | 260 | 129 | 241 | 187 | 181 | 376 | 168 |
| D296 | 绥农14 | 242 | 343 | 254 | 179 | 286 | 269 | 301 | 241 | 263 | 295 | 234 | 237 | 242 | 99 | 106 | 160 | 253 | 129 | 241 | 187 | 156 | 334 | 219 |
| D309 | 鄂豆7号 | 242 | 319 | 251 | 173 | 286 | 261 | 307 | 283 | 257 | 289 | 228 | 292 | 236 | 105 | 112 | 154 | 235 | 129 | 253 | 187 | 141 | 334 | 180 |
| D313 | 中豆29 | 248 | 337 | 254 | 173 | 286 | 261 | 301 | 289 | 282 | 289 | 234 | 292 | 236 | 111 | 112 | 160 | 241 | 129 | 253 | 181 | 141 | 334 | 219 |
| D314 | 中豆30 | 248 | 319 | 254 | 173 | 280 | 261 | 307 | 295 | 257 | 295 | 228 | 292 | 236 | 111 | 112 | 154 | 235 | 129 | 229 | 187 | 150 | 340 | 219 |
| D316 | 中豆32 | 248 | 319 | 251 | 179 | 292 | 261 | 307 | 295 | 282 | 289 | 234 | 292 | 236 | 111 | 112 | 160 | 241 | 129 | 217 | 169 | 150 | 334 | 225 |
| D319 | 湘春豆16 | 256 | 325 | 257 | 179 | 289 | 261 | 319 | 295 | 286 | 289 | 228 | 292 | 236 | 111 | 112 | 160 | 241 | 135 | 259 | 181 | 144 | 340 | 219 |
| D322 | 湘春豆19 | 256 | 319 | 257 | 176 | 289 | 261 | 319 | 295 | 282 | 295 | 228 | 304 | 236 | 111 | 112 | 160 | 235 | 147 | 259 | 187 | 144 | 340 | 219 |
| D323 | 湘春豆20 | 256 | 319 | 257 | 179 | 292 | 261 | 307 | 289 | 282 | 289 | 228 | 304 | 236 | 111 | 112 | 160 | 241 | 147 | 259 | 187 | 144 | 340 | 219 |
| D325 | 湘春豆22 | 256 | 325 | 257 | 176 | 289 | 261 | 319 | 295 | 282 | 289 | 228 | 304 | 236 | 111 | 108 | 160 | 241 | 135 | 259 | 187 | 144 | 340 | 213 |
| D326 | 湘春豆23 | 259 | 325 | 254 | 179 | 289 | 261 | 319 | 295 | 282 | 289 | 228 | 304 | 236 | 111 | 108 | 160 | 241 | 129 | 259 | 181 | 144 | 340 | 213 |
| D442 | 淮豆3号 | 242 | 301 | 257 | 173 | 292 | 255 | 295 | 277 | 263 | 295 | 234 | 237 | 242 | 99 | 112 | 154 | 241 | 135 | 235 | 187 | 150 | 334 | 231 |
| D443 | 淮豆4号 | 262 | 307 | 251 | 173 | 289 | 278 | 289 | 253 | 231 | 289 | 234 | 223 | 248 | 93 | 106 | 154 | 235 | 123 | 253 | 199 | 150 | 346 | 260 |
| D445 | 淮豆6号 | 259 | 301 | 254 | 173 | 292 | 261 | 301 | 253 | 257 | 289 | 234 | 223 | 272 | 99 | 112 | 148 | 229 | 129 | 235 | 0 | 150 | 334 | 260 |
| D453 | 南农88-31 | 259 | 337 | 254 | 176 | 283 | 255 | 301 | 253 | 263 | 295 | 234 | 286 | 254 | 99 | 108 | 160 | 235 | 129 | 229 | 187 | 144 | 334 | 231 |
| D455 | 南农99-10 | 242 | 337 | 251 | 173 | 289 | 255 | 301 | 253 | 257 | 289 | 234 | 237 | 266 | 117 | 112 | 160 | 241 | 135 | 259 | 181 | 141 | 328 | 231 |

（续）

| 品种代号 | 品种名称 | Chr. 4 (C1) | | | | | | | Chr. 5 (A1) | | | | | | | | | | | Chr. 6 (C2) | | | | |
|---|---|---|---|---|---|---|---|---|---|---|---|---|---|---|---|---|---|---|---|---|---|---|---|---|
| | | Satt661 | Satt294 | Satt670 | AI794821 | Satt180 | Satt164 | Satt165 | Satt449 | Satt300 | Satt717 | Satt648 | Satt385 | Satt236 | Satt225 | AW734043 | Satt227 | Satt291 | Satt170 | Satt286 | Satt277 | Satt100 | Satt202 | Satt316 |
| D461 | 苏豆4号 | 256 | 319 | 254 | 179 | 280 | 261 | 307 | 295 | 282 | 289 | 225 | 304 | 248 | 105 | 108 | 154 | 241 | 129 | 259 | 187 | 141 | 340 | 180 |
| D463 | 通豆3号 | 259 | 307 | 254 | 173 | 280 | 255 | 301 | 277 | 257 | 289 | 234 | 292 | 266 | 99 | 112 | 154 | 241 | 129 | 235 | 263 | 156 | 328 | 213 |
| D465 | 徐豆8号 | 259 | 301 | 251 | 179 | 0 | 255 | 295 | 247 | 286 | 295 | 234 | 338 | 266 | 111 | 96 | 148 | 247 | 138 | 229 | 255 | 156 | 370 | 213 |
| D466 | 徐豆9号 | 262 | 301 | 254 | 182 | 274 | 269 | 319 | 277 | 263 | 289 | 228 | 304 | 248 | 105 | 108 | 154 | 241 | 129 | 223 | 169 | 144 | 376 | 180 |
| D467 | 徐豆10号 | 262 | 301 | 254 | 179 | 0 | 255 | 289 | 295 | 252 | 295 | 234 | 338 | 272 | 111 | 120 | 142 | 253 | 135 | 229 | 193 | 156 | 334 | 213 |
| D468 | 徐豆11 | 259 | 301 | 257 | 179 | 297 | 255 | 295 | 265 | 292 | 0 | 234 | 338 | 278 | 111 | 120 | 148 | 253 | 135 | 217 | 169 | 156 | 334 | 0 |
| D469 | 徐豆12 | 259 | 301 | 257 | 176 | 297 | 255 | 295 | 295 | 257 | 295 | 234 | 338 | 278 | 111 | 108 | 148 | 0 | 135 | 235 | 0 | 150 | 340 | 174 |
| D471 | 赣豆4号 | 262 | 325 | 254 | 182 | 277 | 261 | 319 | 289 | 252 | 289 | 225 | 304 | 242 | 105 | 108 | 160 | 241 | 129 | 265 | 169 | 144 | 340 | 219 |
| D550 | 鲁豆12 | 254 | 295 | 251 | 170 | 283 | 261 | 289 | 253 | 0 | 295 | 228 | 223 | 0 | 93 | 102 | 154 | 235 | 123 | 259 | 199 | 150 | 340 | 0 |
| D557 | 齐黄28 | 242 | 319 | 254 | 179 | 286 | 255 | 295 | 265 | 257 | 301 | 234 | 344 | 278 | 105 | 108 | 148 | 247 | 135 | 223 | 169 | 156 | 0 | 213 |
| D558 | 齐黄29 | 242 | 319 | 251 | 179 | 289 | 0 | 295 | 265 | 257 | 301 | 234 | 344 | 278 | 105 | 112 | 148 | 253 | 135 | 217 | 169 | 156 | 358 | 213 |
| D565 | 跃进10号 | 256 | 325 | 235 | 176 | 303 | 255 | 289 | 295 | 276 | 274 | 228 | 338 | 303 | 111 | 108 | 148 | 241 | 129 | 229 | 169 | 0 | 328 | 213 |
| D593 | 成豆9号 | 262 | 343 | 254 | 182 | 227 | 255 | 319 | 259 | 257 | 295 | 228 | 350 | 248 | 111 | 108 | 160 | 241 | 129 | 235 | 169 | 156 | 346 | 225 |
| D596 | 川豆4号 | 262 | 331 | 251 | 182 | 280 | 255 | 319 | 259 | 257 | 307 | 228 | 304 | 236 | 111 | 108 | 154 | 0 | 129 | 235 | 187 | 141 | 0 | 225 |
| D597 | 川豆5号 | 262 | 319 | 251 | 179 | 280 | 255 | 319 | 265 | 257 | 289 | 228 | 304 | 236 | 111 | 112 | 154 | 235 | 129 | 265 | 187 | 144 | 346 | 231 |
| D598 | 川豆6号 | 248 | 289 | 235 | 176 | 0 | 255 | 289 | 265 | 246 | 289 | 228 | 333 | 287 | 117 | 108 | 154 | 241 | 129 | 241 | 181 | 0 | 328 | 219 |
| D605 | 贡豆5号 | 259 | 343 | 244 | 176 | 292 | 255 | 307 | 0 | 252 | 301 | 225 | 366 | 230 | 105 | 108 | 148 | 235 | 129 | 229 | 187 | 150 | 340 | 219 |
| D606 | 贡豆8号 | 256 | 301 | 251 | 173 | 289 | 249 | 307 | 259 | 257 | 301 | 225 | 366 | 230 | 105 | 108 | 148 | 235 | 123 | 223 | 187 | 141 | 346 | 180 |
| D607 | 贡豆9号 | 256 | 319 | 247 | 176 | 280 | 249 | 307 | 283 | 252 | 289 | 225 | 366 | 230 | 99 | 106 | 148 | 229 | 123 | 217 | 187 | 141 | 346 | 180 |
| D608 | 贡豆10号 | 262 | 301 | 254 | 179 | 286 | 269 | 319 | 265 | 263 | 301 | 225 | 304 | 230 | 105 | 106 | 148 | 235 | 123 | 223 | 169 | 150 | 376 | 174 |
| D609 | 贡豆11 | 259 | 307 | 251 | 176 | 297 | 249 | 295 | 277 | 257 | 295 | 234 | 338 | 266 | 105 | 124 | 148 | 253 | 135 | 253 | 0 | 181 | 340 | 174 |
| D610 | 贡豆12 | 259 | 337 | 247 | 176 | 0 | 249 | 319 | 259 | 257 | 289 | 225 | 304 | 230 | 105 | 108 | 154 | 235 | 129 | 265 | 187 | 156 | 346 | 225 |
| D619 | 南豆5号 | 256 | 337 | 247 | 176 | 224 | 255 | 295 | 265 | 257 | 301 | 234 | 338 | 278 | 111 | 108 | 154 | 247 | 138 | 265 | 187 | 144 | 370 | 180 |

（续）

| 品种代号 | 品种名称 | Chr. 6 (C2) | | | | | Chr. 7 (M) | | | | | | | | | | Chr. 8 (A2) | | | | | | | |
| --- | --- | --- | --- | --- | --- | --- | --- | --- | --- | --- | --- | --- | --- | --- | --- | --- | --- | --- | --- | --- | --- | --- | --- | --- |
| | | Satt357 | Sat_389 | Satt636 | Satt150 | Satt567 | Satt463 | Satt175 | Satt655 | Satt680 | Satt306 | Satt210 | Satt346 | Sat_383 | Sat_406 | Satt207 | BE820148 | Satt177 | Satt315 | Satt187 | AW132402 | Satt341 | Sat_199 | Satt133 |
| C003 | 阜豆1号 | 359 | 219 | 149 | 210 | 116 | 156 | 178 | 293 | 380 | 248 | 319 | 196 | 256 | 209 | 241 | 208 | 133 | 242 | 274 | 168 | 242 | 330 | 0 |
| C010 | 皖豆1号 | 353 | 0 | 156 | 210 | 113 | 156 | 160 | 305 | 334 | 239 | 309 | 196 | 208 | 209 | 241 | 194 | 127 | 242 | 268 | 168 | 242 | 324 | 190 |
| C011 | 皖豆3号 | 0 | 227 | 184 | 249 | 119 | 144 | 160 | 305 | 374 | 245 | 303 | 199 | 214 | 209 | 241 | 168 | 133 | 236 | 268 | 144 | 230 | 324 | 193 |
| C014 | 皖豆6号 | 236 | 239 | 153 | 210 | 116 | 156 | 160 | 293 | 368 | 239 | 297 | 193 | 208 | 221 | 235 | 200 | 124 | 242 | 268 | 164 | 239 | 340 | 190 |
| C016 | 皖豆9号 | 0 | 235 | 153 | 249 | 113 | 144 | 178 | 299 | 374 | 239 | 309 | 196 | 232 | 0 | 235 | 194 | 124 | 242 | 262 | 160 | 236 | 306 | 193 |
| C019 | 皖豆13 | 359 | 235 | 153 | 225 | 183 | 147 | 191 | 308 | 386 | 0 | 278 | 230 | 0 | 157 | 235 | 200 | 124 | 260 | 262 | 152 | 239 | 282 | 193 |
| C026 | 科丰35 | 353 | 223 | 143 | 216 | 113 | 156 | 181 | 299 | 374 | 245 | 303 | 196 | 0 | 221 | 250 | 208 | 127 | 254 | 0 | 172 | 239 | 312 | 196 |
| C027 | 科新3号 | 353 | 231 | 184 | 261 | 183 | 235 | 188 | 314 | 386 | 251 | 284 | 217 | 196 | 157 | 274 | 200 | 118 | 260 | 317 | 144 | 245 | 288 | 193 |
| C028 | 诱变30 | 353 | 223 | 143 | 216 | 113 | 156 | 181 | 305 | 374 | 0 | 303 | 196 | 248 | 228 | 241 | 208 | 127 | 254 | 262 | 172 | 239 | 282 | 196 |
| C029 | 诱变31 | 242 | 231 | 190 | 249 | 119 | 147 | 160 | 299 | 374 | 242 | 297 | 196 | 208 | 237 | 241 | 176 | 121 | 254 | 262 | 148 | 236 | 300 | 199 |
| C030 | 诱处4号 | 359 | 223 | 146 | 204 | 119 | 147 | 163 | 314 | 341 | 239 | 297 | 196 | 202 | 221 | 262 | 212 | 127 | 254 | 262 | 156 | 236 | 0 | 205 |
| C032 | 早熟6号 | 242 | 223 | 146 | 216 | 122 | 156 | 185 | 279 | 374 | 239 | 297 | 199 | 214 | 209 | 262 | 212 | 127 | 254 | 262 | 176 | 239 | 300 | 205 |
| C037 | 早熟18 | 242 | 223 | 143 | 216 | 119 | 156 | 175 | 276 | 380 | 242 | 290 | 199 | 248 | 213 | 235 | 212 | 127 | 254 | 262 | 156 | 236 | 300 | 205 |
| C038 | 中黄1号 | 236 | 219 | 143 | 225 | 190 | 0 | 197 | 305 | 380 | 248 | 260 | 237 | 242 | 157 | 286 | 212 | 121 | 260 | 268 | 168 | 245 | 282 | 193 |
| C039 | 中黄2号 | 236 | 215 | 143 | 225 | 190 | 0 | 197 | 305 | 386 | 248 | 260 | 237 | 226 | 166 | 286 | 212 | 121 | 260 | 268 | 168 | 245 | 312 | 193 |
| C040 | 中黄3号 | 236 | 215 | 143 | 222 | 196 | 235 | 197 | 314 | 391 | 248 | 278 | 233 | 256 | 172 | 274 | 200 | 121 | 254 | 317 | 152 | 242 | 312 | 193 |
| C041 | 中黄4号 | 242 | 223 | 143 | 219 | 119 | 156 | 175 | 276 | 380 | 0 | 290 | 202 | 0 | 237 | 256 | 220 | 127 | 254 | 262 | 152 | 245 | 282 | 205 |
| C043 | 中黄6号 | 242 | 223 | 143 | 216 | 122 | 156 | 163 | 276 | 380 | 239 | 284 | 202 | 242 | 228 | 262 | 212 | 127 | 260 | 262 | 176 | 245 | 282 | 205 |
| C044 | 中黄7号 | 353 | 231 | 190 | 222 | 183 | 229 | 188 | 314 | 391 | 0 | 284 | 217 | 202 | 163 | 280 | 212 | 124 | 260 | 335 | 168 | 242 | 288 | 193 |
| C045 | 中黄8号 | 0 | 223 | 153 | 255 | 116 | 156 | 163 | 276 | 380 | 242 | 278 | 0 | 226 | 228 | 262 | 176 | 133 | 260 | 268 | 152 | 242 | 312 | 205 |
| C069 | 黔豆4号 | 370 | 219 | 190 | 243 | 122 | 144 | 160 | 0 | 341 | 242 | 272 | 202 | 154 | 216 | 250 | 212 | 127 | 266 | 268 | 172 | 245 | 336 | 205 |
| C094 | 河南早丰1号 | 236 | 235 | 146 | 225 | 168 | 139 | 178 | 264 | 380 | 234 | 260 | 217 | 220 | 166 | 262 | 204 | 118 | 266 | 256 | 148 | 230 | 318 | 184 |
| C104 | 豫豆1号 | 353 | 215 | 126 | 222 | 183 | 139 | 178 | 264 | 368 | 221 | 278 | 226 | 256 | 163 | 268 | 194 | 121 | 254 | 256 | 164 | 224 | 268 | 178 |
| C105 | 豫豆2号 | 236 | 227 | 137 | 222 | 177 | 139 | 178 | 305 | 368 | 221 | 278 | 226 | 0 | 163 | 262 | 200 | 127 | 254 | 256 | 164 | 224 | 312 | 178 |
| C106 | 豫豆3号 | 359 | 239 | 156 | 219 | 119 | 147 | 166 | 279 | 380 | 245 | 260 | 199 | 220 | 172 | 250 | 212 | 127 | 266 | 268 | 164 | 239 | 300 | 205 |
| C107 | 郑长叶7 | 359 | 258 | 137 | 219 | 168 | 139 | 178 | 308 | 334 | 234 | 260 | 208 | 0 | 166 | 268 | 204 | 121 | 260 | 256 | 156 | 236 | 288 | 0 |

（续）

| 品种代号 | 品种名称 | Chr. 6 (C2) | | | | | | Chr. 7 (M) | | | | | | | | | | | Chr. 8 (A2) | | | | | |
|---|---|---|---|---|---|---|---|---|---|---|---|---|---|---|---|---|---|---|---|---|---|---|---|---|
| | | Satt357 | Sat_389 | Satt636 | Satt150 | Satt567 | Satt463 | Satt175 | Satt655 | Satt680 | Satt306 | Satt210 | Satt346 | Sat_383 | Sat_406 | Satt207 | BE820148 | Satt177 | Satt315 | Satt187 | AW132402 | Satt341 | Sat_199 | Satt133 |
| C108 | 豫豆5号 | 236 | 239 | 126 | 204 | 190 | 175 | 188 | 299 | 374 | 221 | 272 | 214 | 0 | 163 | 262 | 200 | 124 | 254 | 256 | 156 | 224 | 312 | 184 |
| C110 | 豫豆7号 | 353 | 235 | 137 | 261 | 168 | 139 | 191 | 305 | 368 | 221 | 272 | 230 | 220 | 163 | 268 | 204 | 121 | 254 | 256 | 148 | 224 | 294 | 184 |
| C111 | 豫豆8号 | 359 | 258 | 146 | 204 | 122 | 147 | 169 | 314 | 356 | 242 | 272 | 202 | 172 | 216 | 256 | 216 | 127 | 260 | 268 | 164 | 239 | 312 | 211 |
| C112 | 豫豆10号 | 236 | 235 | 143 | 222 | 177 | 139 | 169 | 305 | 374 | 221 | 272 | 230 | 266 | 163 | 268 | 204 | 121 | 254 | 256 | 148 | 224 | 282 | 184 |
| C113 | 豫豆11 | 359 | 231 | 143 | 255 | 196 | 139 | 191 | 305 | 374 | 221 | 272 | 230 | 256 | 163 | 262 | 204 | 112 | 254 | 256 | 144 | 224 | 294 | 184 |
| C114 | 豫豆12 | 335 | 231 | 140 | 204 | 177 | 139 | 197 | 276 | 374 | 248 | 272 | 214 | 214 | 166 | 274 | 204 | 115 | 254 | 256 | 148 | 239 | 306 | 193 |
| C115 | 豫豆15 | 236 | 235 | 143 | 243 | 168 | 139 | 175 | 264 | 380 | 221 | 260 | 214 | 220 | 166 | 262 | 204 | 121 | 254 | 262 | 148 | 230 | 312 | 184 |
| C116 | 豫豆16 | 370 | 231 | 153 | 204 | 122 | 147 | 169 | 314 | 380 | 245 | 272 | 202 | 172 | 234 | 256 | 176 | 127 | 266 | 268 | 160 | 245 | 312 | 211 |
| C118 | 豫豆19 | 370 | 231 | 159 | 0 | 119 | 144 | 169 | 314 | 386 | 245 | 272 | 199 | 248 | 228 | 241 | 212 | 127 | 266 | 268 | 156 | 245 | 300 | 211 |
| C120 | 郑133 | 236 | 235 | 149 | 219 | 190 | 133 | 191 | 308 | 356 | 239 | 278 | 233 | 214 | 172 | 262 | 208 | 127 | 260 | 262 | 172 | 239 | 324 | 190 |
| C121 | 郑77249 | 359 | 231 | 149 | 222 | 196 | 133 | 181 | 308 | 380 | 234 | 272 | 233 | 266 | 172 | 268 | 204 | 124 | 260 | 262 | 152 | 239 | 274 | 187 |
| C122 | 郑86506 | 359 | 231 | 149 | 222 | 177 | 139 | 197 | 299 | 380 | 0 | 272 | 217 | 148 | 166 | 268 | 208 | 124 | 254 | 262 | 156 | 230 | 288 | 187 |
| C123 | 郑州126 | 353 | 231 | 0 | 222 | 196 | 139 | 191 | 276 | 380 | 239 | 278 | 233 | 0 | 166 | 268 | 208 | 124 | 260 | 262 | 152 | 230 | 306 | 190 |
| C124 | 郑州135 | 359 | 227 | 190 | 228 | 196 | 139 | 166 | 314 | 386 | 245 | 260 | 199 | 266 | 163 | 274 | 216 | 121 | 254 | 262 | 156 | 239 | 306 | 187 |
| C125 | 周7327-118 | 359 | 235 | 159 | 222 | 122 | 147 | 166 | 264 | 380 | 245 | 284 | 196 | 214 | 228 | 256 | 176 | 133 | 266 | 268 | 172 | 242 | 318 | 211 |
| C170 | 合丰25 | 236 | 223 | 0 | 228 | 196 | 147 | 163 | 308 | 368 | 245 | 272 | 199 | 172 | 163 | 274 | 216 | 121 | 254 | 268 | 152 | 236 | 312 | 190 |
| C178 | 合丰33 | 359 | 239 | 184 | 222 | 116 | 229 | 166 | 299 | 0 | 242 | 278 | 196 | 202 | 228 | 250 | 204 | 121 | 260 | 268 | 176 | 245 | 324 | 205 |
| C181 | 合丰36 | 236 | 215 | 0 | 225 | 203 | 147 | 172 | 314 | 368 | 251 | 266 | 217 | 202 | 151 | 280 | 212 | 121 | 266 | 280 | 0 | 242 | 324 | 193 |
| C288 | 矮脚早 | 359 | 239 | 153 | 210 | 116 | 191 | 188 | 314 | 362 | 245 | 266 | 217 | 160 | 163 | 274 | 216 | 112 | 248 | 262 | 160 | 236 | 294 | 190 |
| C291 | 鄂豆5号 | 359 | 231 | 143 | 249 | 119 | 210 | 160 | 314 | 334 | 242 | 266 | 214 | 154 | 163 | 274 | 212 | 112 | 248 | 262 | 160 | 239 | 294 | 190 |
| C292 | 早春1号 | 359 | 231 | 190 | 249 | 119 | 197 | 160 | 314 | 334 | 242 | 266 | 214 | 232 | 163 | 280 | 216 | 115 | 248 | 256 | 160 | 239 | 306 | 190 |
| C293 | 中豆8号 | 370 | 239 | 190 | 228 | 113 | 144 | 163 | 279 | 362 | 242 | 260 | 196 | 208 | 234 | 250 | 212 | 127 | 254 | 268 | 172 | 239 | 318 | 205 |
| C295 | 中豆19 | 359 | 239 | 153 | 222 | 116 | 162 | 163 | 279 | 380 | 242 | 284 | 196 | 208 | 234 | 250 | 220 | 127 | 254 | 268 | 160 | 239 | 306 | 199 |
| C296 | 中豆20 | 370 | 239 | 153 | 222 | 116 | 139 | 163 | 299 | 386 | 239 | 284 | 214 | 172 | 213 | 241 | 212 | 127 | 254 | 268 | 156 | 236 | 330 | 199 |
| C297 | 中豆24 | 382 | 215 | 190 | 225 | 119 | 0 | 169 | 314 | 341 | 242 | 272 | 226 | 208 | 163 | 280 | 200 | 112 | 248 | 262 | 148 | 242 | 294 | 193 |
| C301 | 湘春豆10号 | 382 | 219 | 146 | 216 | 116 | 175 | 160 | 314 | 368 | 245 | 260 | 217 | 160 | 166 | 280 | 228 | 109 | 260 | 268 | 164 | 251 | 324 | 196 |

（续）

| 品种代号 | 品种名称 | Chr. 6 (C2) | | | | | Chr. 7 (M) | | | | | | | | | | | | Chr. 8 (A2) | | | | | |
|---|---|---|---|---|---|---|---|---|---|---|---|---|---|---|---|---|---|---|---|---|---|---|---|---|
| | | Satt357 | Sat_389 | Satt636 | Satt150 | Satt567 | Satt463 | Satt175 | Satt655 | Satt680 | Satt306 | Satt210 | Satt346 | Sat_383 | Sat_406 | Satt207 | BE820148 | Satt177 | Satt315 | Satt187 | AW132402 | Satt341 | Sat_199 | Satt133 |
| C306 | 湘春豆15 | 382 | 219 | 143 | 216 | 116 | 197 | 188 | 314 | 368 | 245 | 278 | 217 | 160 | 166 | 280 | 228 | 109 | 260 | 268 | 168 | 245 | 318 | 193 |
| C390 | 九农20 | 242 | 0 | 153 | 225 | 119 | 147 | 160 | 299 | 362 | 239 | 266 | 199 | 202 | 225 | 256 | 176 | 133 | 254 | 274 | 152 | 245 | 288 | 199 |
| C417 | 58-161 | 370 | 231 | 190 | 190 | 126 | 147 | 188 | 299 | 380 | 251 | 284 | 226 | 280 | 240 | 292 | 212 | 121 | 254 | 274 | 148 | 236 | 340 | 196 |
| C421 | 灌豆1号 | 242 | 239 | 156 | 243 | 126 | 144 | 172 | 308 | 368 | 248 | 297 | 202 | 256 | 237 | 286 | 208 | 112 | 248 | 268 | 152 | 236 | 306 | 196 |
| C423 | 淮豆1号 | 242 | 235 | 184 | 210 | 119 | 127 | 169 | 308 | 341 | 251 | 284 | 202 | 220 | 221 | 286 | 208 | 109 | 254 | 268 | 152 | 230 | 336 | 193 |
| C424 | 淮豆2号 | 359 | 239 | 143 | 210 | 122 | 133 | 188 | 305 | 362 | 245 | 278 | 202 | 160 | 237 | 286 | 208 | 115 | 254 | 268 | 144 | 230 | 300 | 193 |
| C428 | 南农1138-2 | 359 | 239 | 143 | 190 | 119 | 133 | 188 | 0 | 0 | 242 | 266 | 202 | 208 | 213 | 286 | 208 | 118 | 248 | 268 | 152 | 230 | 312 | 190 |
| C431 | 南农493-1 | 236 | 231 | 143 | 210 | 122 | 162 | 169 | 305 | 356 | 245 | 284 | 202 | 220 | 228 | 268 | 208 | 118 | 254 | 268 | 152 | 0 | 288 | 190 |
| C432 | 南农73-935 | 236 | 231 | 143 | 190 | 119 | 162 | 172 | 308 | 362 | 245 | 272 | 208 | 214 | 240 | 274 | 228 | 118 | 248 | 274 | 152 | 236 | 288 | 190 |
| C433 | 南农86-4 | 236 | 235 | 143 | 190 | 119 | 133 | 188 | 308 | 362 | 245 | 290 | 199 | 220 | 237 | 274 | 212 | 118 | 254 | 274 | 152 | 230 | 352 | 190 |
| C434 | 南农87C-38 | 353 | 223 | 146 | 210 | 116 | 127 | 169 | 308 | 356 | 248 | 272 | 199 | 208 | 237 | 268 | 208 | 112 | 248 | 274 | 152 | 239 | 0 | 190 |
| C435 | 南农88-48 | 359 | 239 | 190 | 190 | 0 | 133 | 188 | 308 | 368 | 245 | 278 | 199 | 214 | 228 | 268 | 212 | 118 | 254 | 274 | 156 | 230 | 340 | 190 |
| C436 | 南农菜豆1号 | 359 | 219 | 146 | 216 | 116 | 133 | 169 | 314 | 356 | 248 | 260 | 196 | 214 | 234 | 0 | 208 | 112 | 254 | 268 | 156 | 0 | 300 | 193 |
| C438 | 宁镇1号 | 359 | 235 | 190 | 190 | 119 | 133 | 175 | 314 | 380 | 248 | 278 | 196 | 226 | 256 | 0 | 212 | 118 | 254 | 274 | 156 | 230 | 346 | 190 |
| C439 | 宁镇2号 | 236 | 0 | 0 | 225 | 196 | 144 | 178 | 314 | 0 | 248 | 278 | 217 | 226 | 163 | 280 | 212 | 124 | 260 | 335 | 176 | 245 | 318 | 193 |
| C440 | 宁镇3号 | 236 | 215 | 0 | 222 | 183 | 0 | 169 | 314 | 386 | 251 | 266 | 214 | 154 | 163 | 274 | 224 | 121 | 260 | 268 | 176 | 239 | 306 | 193 |
| C441 | 泗豆11 | 236 | 235 | 184 | 216 | 119 | 229 | 181 | 320 | 380 | 248 | 278 | 199 | 220 | 237 | 280 | 212 | 118 | 254 | 274 | 148 | 236 | 306 | 193 |
| C443 | 苏7209 | 236 | 235 | 143 | 216 | 122 | 133 | 188 | 314 | 362 | 0 | 284 | 199 | 220 | 240 | 0 | 212 | 118 | 254 | 274 | 156 | 236 | 346 | 193 |
| C444 | 苏豆1号 | 242 | 227 | 190 | 261 | 122 | 0 | 169 | 314 | 362 | 242 | 278 | 199 | 202 | 213 | 262 | 216 | 127 | 260 | 268 | 160 | 239 | 288 | 205 |
| C445 | 苏豆3号 | 353 | 219 | 146 | 0 | 119 | 133 | 169 | 0 | 380 | 245 | 272 | 199 | 220 | 256 | 280 | 176 | 115 | 260 | 274 | 152 | 239 | 340 | 193 |
| C448 | 苏协18-6 | 359 | 231 | 172 | 219 | 177 | 133 | 169 | 305 | 362 | 239 | 260 | 230 | 214 | 157 | 274 | 224 | 121 | 260 | 274 | 144 | 242 | 300 | 193 |
| C449 | 苏协19-15 | 236 | 235 | 172 | 249 | 168 | 0 | 166 | 305 | 356 | 239 | 278 | 214 | 226 | 157 | 274 | 224 | 115 | 260 | 280 | 148 | 251 | 312 | 193 |
| C450 | 苏协4-1 | 236 | 231 | 146 | 0 | 126 | 133 | 188 | 320 | 368 | 245 | 290 | 196 | 220 | 234 | 286 | 212 | 118 | 260 | 280 | 156 | 242 | 336 | 193 |
| C451 | 苏协1号 | 242 | 227 | 153 | 228 | 122 | 139 | 181 | 293 | 362 | 239 | 260 | 196 | 214 | 209 | 256 | 212 | 127 | 254 | 268 | 168 | 239 | 300 | 196 |
| C455 | 徐豆1号 | 242 | 227 | 149 | 255 | 119 | 133 | 169 | 314 | 380 | 248 | 278 | 196 | 220 | 228 | 280 | 212 | 112 | 260 | 283 | 140 | 239 | 312 | 193 |
| C457 | 徐豆3号 | 370 | 219 | 146 | 0 | 116 | 133 | 172 | 320 | 380 | 0 | 278 | 193 | 220 | 237 | 286 | 216 | 118 | 260 | 280 | 148 | 239 | 306 | 193 |

（续）

| 品种代号 | 品种名称 | Chr. 6 (C2) | Chr. 7 (M) | | | | | | | | | | | | | | Chr. 8 (A2) | | | | | | | |
| --- | --- | --- | --- | --- | --- | --- | --- | --- | --- | --- | --- | --- | --- | --- | --- | --- | --- | --- | --- | --- | --- | --- | --- | --- |
| | | Satt357 | Sat_389 | Satt636 | Satt150 | Satt567 | Satt463 | Satt175 | Satt655 | Satt680 | Satt306 | Satt210 | Satt346 | Sat_383 | Sat_406 | Satt207 | BE820148 | Satt177 | Satt315 | Satt187 | AW132402 | Satt341 | Sat_199 | Satt133 |
| C458 | 徐豆7号 | 359 | 219 | 146 | 216 | 122 | 133 | 172 | 320 | 380 | 248 | 284 | 196 | 220 | 256 | 280 | 216 | 118 | 260 | 280 | 156 | 242 | 324 | 193 |
| C538 | 菏84-1 | 359 | 223 | 190 | 0 | 183 | 235 | 197 | 314 | 380 | 245 | 272 | 237 | 0 | 166 | 274 | 212 | 121 | 260 | 262 | 160 | 239 | 324 | 190 |
| C539 | 菏84-5 | 242 | 235 | 190 | 219 | 119 | 144 | 169 | 308 | 356 | 0 | 272 | 196 | 214 | 216 | 274 | 212 | 115 | 248 | 274 | 164 | 242 | 346 | 193 |
| C540 | 莒选23 | 359 | 231 | 146 | 255 | 126 | 133 | 169 | 314 | 374 | 0 | 272 | 196 | 214 | 221 | 268 | 176 | 124 | 248 | 274 | 144 | 0 | 312 | 193 |
| C542 | 鲁豆1号 | 359 | 231 | 159 | 0 | 119 | 235 | 169 | 276 | 316 | 248 | 260 | 196 | 196 | 221 | 274 | 204 | 109 | 242 | 274 | 0 | 239 | 288 | 193 |
| C563 | 齐黄22 | 359 | 231 | 156 | 255 | 119 | 144 | 169 | 276 | 316 | 248 | 260 | 196 | 196 | 228 | 268 | 204 | 109 | 248 | 274 | 156 | 239 | 336 | 193 |
| C567 | 为民1号 | 359 | 215 | 143 | 225 | 122 | 0 | 169 | 308 | 374 | 0 | 278 | 196 | 202 | 228 | 268 | 204 | 115 | 248 | 274 | 156 | 236 | 294 | 193 |
| C572 | 文丰7号 | 359 | 223 | 190 | 0 | 122 | 229 | 191 | 308 | 386 | 245 | 266 | 196 | 232 | 228 | 256 | 176 | 127 | 260 | 262 | 172 | 245 | 312 | 211 |
| C575 | 兖黄1号 | 242 | 239 | 159 | 225 | 126 | 0 | 169 | 276 | 380 | 251 | 266 | 196 | 256 | 216 | 286 | 176 | 112 | 254 | 280 | 148 | 242 | 312 | 190 |
| C621 | 川豆2号 | 359 | 209 | 153 | 222 | 183 | 139 | 188 | 314 | 316 | 242 | 278 | 233 | 0 | 172 | 256 | 212 | 121 | 260 | 268 | 156 | 239 | 282 | 193 |
| C626 | 贡豆2号 | 359 | 231 | 184 | 225 | 122 | 127 | 185 | 299 | 341 | 0 | 266 | 196 | 266 | 225 | 274 | 168 | 112 | 236 | 280 | 160 | 242 | 0 | 190 |
| C628 | 贡豆4号 | 353 | 227 | 143 | 225 | 122 | 133 | 157 | 308 | 368 | 0 | 284 | 196 | 148 | 0 | 274 | 208 | 112 | 236 | 280 | 164 | 242 | 306 | 193 |
| C629 | 贡豆6号 | 359 | 231 | 184 | 225 | 119 | 133 | 185 | 308 | 341 | 239 | 266 | 193 | 242 | 228 | 280 | 168 | 115 | 236 | 274 | 160 | 236 | 294 | 193 |
| C630 | 贡豆7号 | 359 | 235 | 140 | 228 | 122 | 133 | 157 | 308 | 368 | 242 | 284 | 193 | 148 | 237 | 280 | 168 | 121 | 236 | 280 | 164 | 230 | 306 | 205 |
| C648 | 浙春1号 | 335 | 209 | 190 | 261 | 183 | 139 | 197 | 299 | 374 | 0 | 272 | 220 | 160 | 163 | 280 | 216 | 118 | 260 | 274 | 152 | 245 | 330 | 187 |
| C649 | 浙春2号 | 335 | 215 | 190 | 261 | 168 | 133 | 175 | 293 | 374 | 0 | 272 | 220 | 0 | 163 | 274 | 212 | 118 | 254 | 274 | 152 | 242 | 324 | 184 |
| C650 | 浙春3号 | 0 | 209 | 184 | 222 | 190 | 133 | 172 | 293 | 368 | 245 | 272 | 217 | 0 | 163 | 268 | 208 | 118 | 248 | 268 | 0 | 242 | 288 | 184 |
| D003 | 合豆2号 | 359 | 235 | 143 | 210 | 113 | 168 | 160 | 308 | 380 | 239 | 309 | 196 | 0 | 221 | 250 | 168 | 127 | 242 | 262 | 144 | 236 | 282 | 193 |
| D004 | 合豆3号 | 353 | 239 | 140 | 216 | 116 | 144 | 160 | 308 | 356 | 242 | 297 | 196 | 214 | 209 | 0 | 208 | 127 | 242 | 262 | 152 | 236 | 306 | 196 |
| D008 | 皖豆16 | 353 | 219 | 140 | 210 | 119 | 156 | 178 | 299 | 374 | 242 | 303 | 196 | 0 | 228 | 241 | 200 | 127 | 242 | 262 | 168 | 239 | 282 | 193 |
| D011 | 皖豆19 | 353 | 231 | 172 | 0 | 196 | 147 | 191 | 314 | 386 | 251 | 278 | 230 | 208 | 157 | 274 | 208 | 121 | 260 | 262 | 156 | 242 | 300 | 193 |
| D013 | 皖豆21 | 236 | 235 | 184 | 210 | 116 | 235 | 169 | 308 | 374 | 239 | 303 | 196 | 214 | 221 | 250 | 204 | 0 | 248 | 262 | 152 | 230 | 282 | 193 |
| D028 | 科丰53 | 359 | 223 | 143 | 219 | 119 | 168 | 169 | 308 | 380 | 245 | 266 | 199 | 196 | 234 | 262 | 212 | 127 | 260 | 268 | 160 | 245 | 318 | 205 |
| D036 | 中豆27 | 236 | 235 | 184 | 249 | 190 | 162 | 191 | 299 | 368 | 239 | 290 | 208 | 0 | 145 | 268 | 224 | 115 | 260 | 335 | 148 | 242 | 306 | 190 |
| D038 | 中黄9 | 353 | 231 | 190 | 225 | 183 | 229 | 175 | 314 | 380 | 245 | 0 | 217 | 196 | 163 | 280 | 212 | 124 | 260 | 335 | 168 | 245 | 288 | 193 |
| D043 | 中黄14 | 359 | 215 | 143 | 225 | 183 | 147 | 191 | 305 | 386 | 251 | 272 | 230 | 256 | 157 | 235 | 262 | 121 | 260 | 262 | 160 | 242 | 282 | 193 |

（续）

| 品种代号 | 品种名称 | Chr. 6 (C2) | | | | | Chr. 7 (M) | | | | | | | | | | | | Chr. 8 (A2) | | | | | |
|---|---|---|---|---|---|---|---|---|---|---|---|---|---|---|---|---|---|---|---|---|---|---|---|---|
| | | Satt357 | Sat_389 | Satt636 | Satt567 | Satt150 | Satt463 | Satt175 | Satt655 | Satt680 | Satt306 | Satt210 | Satt346 | Sat_383 | Sat_406 | Satt207 | BE320148 | Satt177 | Satt315 | Satt187 | AW132402 | Satt341 | Sat_199 | Satt133 |
| D044 | 中黄 15 | 353 | 215 | 190 | 219 | 168 | 139 | 172 | 308 | 374 | 239 | 260 | 226 | 214 | 145 | 268 | 212 | 118 | 254 | 283 | 144 | 242 | 330 | 190 |
| D053 | 中黄 24 | 353 | 0 | 184 | 255 | 196 | 229 | 163 | 320 | 386 | 245 | 278 | 202 | 0 | 163 | 280 | 200 | 121 | 248 | 268 | 144 | 236 | 312 | 184 |
| D054 | 中黄 25 | 236 | 215 | 143 | 222 | 183 | 147 | 191 | 305 | 386 | 251 | 278 | 230 | 242 | 157 | 268 | 200 | 124 | 260 | 262 | 152 | 242 | 288 | 193 |
| D081 | 桂早 1 号 | 353 | 219 | 184 | 255 | 177 | 133 | 188 | 314 | 374 | 251 | 272 | 217 | 214 | 172 | 274 | 208 | 118 | 254 | 256 | 144 | 239 | 300 | 193 |
| D087 | 黔豆 3 号 | 335 | 223 | 140 | 255 | 162 | 133 | 188 | 314 | 368 | 251 | 266 | 214 | 220 | 157 | 274 | 200 | 115 | 260 | 262 | 144 | 242 | 352 | 196 |
| D088 | 黔豆 5 号 | 224 | 219 | 140 | 255 | 177 | 133 | 185 | 314 | 368 | 248 | 260 | 214 | 154 | 157 | 274 | 208 | 115 | 260 | 256 | 144 | 245 | 324 | 196 |
| D090 | 沧豆 4 号 | 236 | 219 | 140 | 222 | 196 | 235 | 197 | 308 | 391 | 239 | 284 | 217 | 0 | 172 | 274 | 200 | 124 | 260 | 317 | 172 | 242 | 318 | 190 |
| D112 | 地神 21 | 224 | 231 | 153 | 225 | 196 | 168 | 197 | 314 | 386 | 245 | 284 | 233 | 208 | 166 | 241 | 204 | 118 | 254 | 256 | 156 | 239 | 306 | 193 |
| D113 | 地神 22 | 242 | 235 | 159 | 222 | 119 | 168 | 166 | 305 | 391 | 242 | 272 | 193 | 0 | 228 | 256 | 216 | 127 | 260 | 268 | 152 | 0 | 324 | 211 |
| D114 | 滑豆 20 | 224 | 231 | 140 | 228 | 162 | 133 | 188 | 314 | 380 | 245 | 272 | 233 | 248 | 166 | 241 | 204 | 118 | 254 | 262 | 156 | 239 | 294 | 190 |
| D117 | 濮海 10 号 | 370 | 231 | 153 | 0 | 116 | 144 | 169 | 308 | 386 | 245 | 284 | 202 | 214 | 216 | 241 | 176 | 127 | 266 | 262 | 156 | 245 | 336 | 211 |
| D118 | 商丘 1099 | 359 | 231 | 184 | 249 | 122 | 156 | 163 | 293 | 386 | 242 | 260 | 196 | 214 | 228 | 241 | 216 | 127 | 266 | 268 | 156 | 236 | 312 | 211 |
| D122 | 豫豆 17 | 359 | 258 | 137 | 225 | 168 | 139 | 172 | 308 | 374 | 234 | 260 | 214 | 172 | 163 | 268 | 204 | 121 | 254 | 256 | 148 | 230 | 288 | 184 |
| D124 | 豫豆 21 | 335 | 223 | 172 | 225 | 177 | 139 | 185 | 299 | 380 | 239 | 272 | 217 | 256 | 172 | 274 | 204 | 115 | 254 | 256 | 164 | 242 | 300 | 196 |
| D125 | 豫豆 22 | 224 | 0 | 149 | 228 | 196 | 168 | 188 | 299 | 380 | 239 | 297 | 214 | 208 | 172 | 268 | 204 | 121 | 254 | 256 | 144 | 239 | 312 | 199 |
| D126 | 豫豆 23 | 335 | 231 | 153 | 228 | 177 | 139 | 188 | 279 | 380 | 234 | 266 | 233 | 148 | 172 | 280 | 204 | 112 | 254 | 256 | 168 | 242 | 306 | 199 |
| D127 | 豫豆 24 | 359 | 227 | 153 | 222 | 190 | 133 | 175 | 299 | 386 | 242 | 272 | 237 | 266 | 163 | 280 | 224 | 127 | 260 | 280 | 172 | 245 | 306 | 193 |
| D128 | 豫豆 25 | 335 | 235 | 149 | 228 | 190 | 139 | 188 | 305 | 386 | 234 | 278 | 217 | 147 | 172 | 278 | 204 | 121 | 254 | 256 | 148 | 239 | 306 | 199 |
| D129 | 豫豆 26 | 359 | 227 | 153 | 243 | 168 | 133 | 157 | 308 | 374 | 242 | 266 | 217 | 0 | 157 | 0 | 224 | 121 | 260 | 280 | 160 | 242 | 300 | 196 |
| D130 | 豫豆 27 | 236 | 239 | 146 | 261 | 168 | 133 | 178 | 305 | 374 | 234 | 272 | 230 | 214 | 166 | 268 | 204 | 121 | 254 | 256 | 168 | 236 | 288 | 184 |
| D131 | 豫豆 28 | 335 | 235 | 153 | 228 | 183 | 139 | 191 | 279 | 374 | 234 | 272 | 237 | 148 | 172 | 274 | 212 | 112 | 260 | 256 | 156 | 245 | 306 | 205 |
| D132 | 豫豆 29 | 335 | 235 | 153 | 228 | 183 | 139 | 191 | 320 | 374 | 234 | 290 | 237 | 248 | 172 | 274 | 212 | 121 | 260 | 256 | 160 | 245 | 312 | 205 |
| D135 | 郑 90007 | 359 | 231 | 143 | 219 | 113 | 168 | 166 | 314 | 0 | 242 | 278 | 230 | 214 | 157 | 280 | 176 | 109 | 248 | 268 | 144 | 230 | 300 | 190 |
| D136 | 郑 92116 | 353 | 231 | 153 | 225 | 113 | 156 | 166 | 308 | 368 | 242 | 266 | 214 | 148 | 157 | 286 | 176 | 109 | 248 | 274 | 144 | 236 | 312 | 190 |
| D137 | 郑长交 14 | 353 | 219 | 0 | 261 | 113 | 191 | 169 | 314 | 334 | 242 | 272 | 214 | 0 | 157 | 292 | 212 | 112 | 248 | 262 | 168 | 230 | 282 | 190 |
| D138 | 郑交 107 | 353 | 219 | 137 | 219 | 113 | 175 | 188 | 305 | 334 | 242 | 278 | 214 | 0 | 157 | 286 | 212 | 112 | 242 | 268 | 168 | 242 | 282 | 190 |

（续）

| 品种代号 | 品种名称 | Chr. 6 (C2) | | | | | | | | | Chr. 7 (M) | | | | | | | | Chr. 8 (A2) | | | | | |
|---|---|---|---|---|---|---|---|---|---|---|---|---|---|---|---|---|---|---|---|---|---|---|---|---|
| | | Satt357 | Sat_389 | Satt636 | Satt150 | Satt567 | Satt463 | Satt175 | Satt655 | Satt680 | Satt306 | Satt210 | Satt346 | Sat_383 | Sat_406 | Satt207 | BE820148 | Satt177 | Satt315 | Satt187 | AW132402 | Satt341 | Sat_199 | Satt133 |
| D139 | GS郑交9525 | 353 | 231 | 156 | 225 | 116 | 156 | 166 | 308 | 368 | 245 | 266 | 217 | 148 | 163 | 280 | 176 | 109 | 248 | 262 | 148 | 239 | 306 | 190 |
| D140 | 周豆11 | 359 | 227 | 153 | 204 | 190 | 133 | 157 | 293 | 380 | 0 | 266 | 214 | 0 | 0 | 274 | 224 | 118 | 260 | 274 | 160 | 245 | 300 | 196 |
| D141 | 周豆12 | 359 | 227 | 153 | 204 | 190 | 133 | 185 | 299 | 386 | 239 | 260 | 208 | 0 | 157 | 268 | 224 | 124 | 266 | 274 | 160 | 251 | 300 | 196 |
| D143 | 八五七-1 | 242 | 258 | 153 | 261 | 122 | 156 | 163 | 293 | 374 | 239 | 260 | 199 | 196 | 228 | 256 | 212 | 124 | 0 | 268 | 164 | 239 | 282 | 205 |
| D149 | 北丰7号 | 242 | 227 | 184 | 219 | 183 | 139 | 175 | 314 | 374 | 245 | 260 | 208 | 202 | 157 | 268 | 224 | 118 | 266 | 335 | 148 | 251 | 324 | 193 |
| D151 | 北丰9号 | 370 | 235 | 184 | 255 | 162 | 144 | 178 | 320 | 368 | 248 | 266 | 214 | 202 | 145 | 274 | 216 | 118 | 260 | 335 | 148 | 251 | 324 | 196 |
| D152 | 北丰10号 | 242 | 239 | 126 | 228 | 177 | 168 | 172 | 293 | 362 | 221 | 278 | 0 | 214 | 166 | 268 | 208 | 124 | 266 | 256 | 160 | 230 | 306 | 178 |
| D153 | 北丰11 | 242 | 235 | 126 | 255 | 168 | 162 | 172 | 293 | 362 | 221 | 284 | 208 | 208 | 163 | 274 | 194 | 127 | 260 | 256 | 164 | 230 | 274 | 178 |
| D154 | 北丰13 | 236 | 219 | 137 | 0 | 196 | 162 | 169 | 299 | 362 | 221 | 266 | 208 | 0 | 163 | 268 | 204 | 124 | 260 | 256 | 140 | 230 | 268 | 178 |
| D155 | 北丰14 | 353 | 235 | 126 | 222 | 168 | 156 | 175 | 293 | 368 | 0 | 260 | 208 | 220 | 157 | 268 | 194 | 112 | 254 | 317 | 156 | 224 | 294 | 178 |
| D241 | 抗线虫5号 | 242 | 0 | 153 | 261 | 122 | 147 | 166 | 299 | 0 | 239 | 266 | 196 | 0 | 225 | 256 | 212 | 124 | 254 | 268 | 176 | 245 | 282 | 0 |
| D296 | 绥农14 | 242 | 239 | 153 | 0 | 122 | 225 | 166 | 293 | 0 | 239 | 278 | 199 | 196 | 225 | 250 | 176 | 124 | 254 | 268 | 172 | 245 | 312 | 205 |
| D309 | 鄂豆7号 | 359 | 231 | 146 | 225 | 116 | 191 | 166 | 314 | 334 | 242 | 266 | 214 | 208 | 157 | 280 | 212 | 115 | 254 | 262 | 160 | 242 | 306 | 190 |
| D313 | 中豆29 | 389 | 227 | 184 | 261 | 119 | 197 | 169 | 320 | 368 | 242 | 272 | 230 | 226 | 163 | 286 | 200 | 121 | 254 | 262 | 152 | 236 | 294 | 193 |
| D314 | 中豆30 | 335 | 227 | 190 | 249 | 119 | 191 | 160 | 314 | 368 | 245 | 278 | 214 | 160 | 166 | 274 | 212 | 115 | 254 | 262 | 172 | 242 | 288 | 193 |
| D316 | 中豆32 | 382 | 219 | 146 | 216 | 116 | 197 | 172 | 314 | 374 | 245 | 266 | 217 | 160 | 166 | 286 | 212 | 115 | 254 | 268 | 172 | 245 | 282 | 196 |
| D319 | 湘春豆16 | 389 | 219 | 143 | 216 | 116 | 175 | 160 | 314 | 368 | 245 | 278 | 217 | 160 | 166 | 280 | 228 | 112 | 254 | 268 | 168 | 251 | 324 | 196 |
| D322 | 湘春豆19 | 389 | 219 | 146 | 216 | 116 | 175 | 188 | 314 | 374 | 245 | 266 | 217 | 166 | 166 | 286 | 224 | 112 | 266 | 268 | 168 | 245 | 324 | 196 |
| D323 | 湘春豆20 | 389 | 219 | 146 | 216 | 119 | 175 | 160 | 314 | 374 | 245 | 278 | 220 | 166 | 166 | 286 | 224 | 112 | 260 | 268 | 168 | 245 | 324 | 196 |
| D325 | 湘春豆22 | 382 | 219 | 143 | 216 | 119 | 175 | 160 | 308 | 374 | 245 | 278 | 217 | 166 | 166 | 280 | 228 | 112 | 260 | 268 | 168 | 251 | 330 | 196 |
| D326 | 湘春豆23 | 382 | 219 | 143 | 216 | 119 | 175 | 160 | 308 | 374 | 245 | 278 | 220 | 166 | 166 | 280 | 228 | 112 | 260 | 262 | 168 | 242 | 324 | 196 |
| D442 | 淮豆3号 | 359 | 219 | 146 | 219 | 119 | 144 | 188 | 305 | 386 | 251 | 0 | 193 | 248 | 234 | 280 | 216 | 118 | 254 | 283 | 168 | 230 | 336 | 190 |
| D443 | 淮豆4号 | 242 | 235 | 140 | 228 | 126 | 133 | 188 | 305 | 380 | 248 | 284 | 193 | 242 | 234 | 280 | 204 | 115 | 242 | 283 | 164 | 239 | 282 | 196 |
| D445 | 淮豆6号 | 359 | 235 | 159 | 0 | 122 | 133 | 188 | 305 | 380 | 251 | 278 | 208 | 256 | 221 | 286 | 216 | 115 | 254 | 280 | 152 | 239 | 300 | 193 |
| D453 | 南农88-31 | 359 | 223 | 146 | 219 | 116 | 144 | 169 | 305 | 386 | 0 | 290 | 196 | 214 | 221 | 280 | 216 | 115 | 254 | 280 | 152 | 242 | 294 | 193 |
| D455 | 南农99-10 | 370 | 231 | 143 | 204 | 126 | 127 | 172 | 314 | 380 | 242 | 278 | 193 | 214 | 209 | 274 | 216 | 109 | 254 | 280 | 160 | 245 | 318 | 193 |

（续）

| 品种代号 | 品种名称 | Chr. 6 (C2) | | | | | | Chr. 7 (M) | | | | | | | | | Chr. 8 (A2) | | | | | | | |
|---|---|---|---|---|---|---|---|---|---|---|---|---|---|---|---|---|---|---|---|---|---|---|---|---|
| | | Satt357 | Sat_389 | Satt636 | Satt150 | Satt567 | Satt463 | Satt175 | Satt655 | Satt680 | Satt306 | Satt210 | Satt346 | Sat_383 | Sat_406 | Satt207 | BE820148 | Satt177 | Satt315 | Satt187 | AW132402 | Satt341 | Sat_199 | Satt133 |
| D461 | 苏豆4号 | 359 | 219 | 190 | 249 | 122 | 191 | 160 | 308 | 341 | 245 | 266 | 0 | 166 | 166 | 274 | 216 | 118 | 260 | 262 | 168 | 251 | 346 | 199 |
| D463 | 通豆3号 | 242 | 223 | 190 | 204 | 126 | 162 | 188 | 305 | 380 | 251 | 278 | 196 | 248 | 237 | 286 | 216 | 115 | 254 | 280 | 152 | 0 | 288 | 190 |
| D465 | 徐豆8号 | 359 | 215 | 172 | 228 | 183 | 147 | 166 | 305 | 391 | 245 | 278 | 202 | 0 | 163 | 280 | 216 | 124 | 254 | 335 | 148 | 239 | 318 | 190 |
| D466 | 徐豆9号 | 359 | 258 | 143 | 210 | 119 | 168 | 166 | 308 | 380 | 245 | 272 | 220 | 188 | 166 | 286 | 194 | 121 | 260 | 268 | 168 | 242 | 312 | 199 |
| D467 | 徐豆10号 | 359 | 235 | 172 | 228 | 203 | 147 | 166 | 314 | 391 | 0 | 278 | 0 | 220 | 163 | 274 | 216 | 124 | 260 | 335 | 152 | 245 | 340 | 190 |
| D468 | 徐豆11 | 236 | 227 | 184 | 255 | 183 | 235 | 166 | 314 | 391 | 245 | 278 | 233 | 220 | 151 | 280 | 216 | 124 | 254 | 335 | 152 | 242 | 318 | 190 |
| D469 | 徐豆12 | 359 | 231 | 190 | 228 | 203 | 235 | 166 | 314 | 391 | 248 | 278 | 208 | 0 | 166 | 286 | 208 | 121 | 254 | 280 | 168 | 245 | 346 | 190 |
| D471 | 赣豆4号 | 359 | 219 | 190 | 249 | 122 | 191 | 172 | 308 | 341 | 245 | 272 | 217 | 166 | 172 | 280 | 212 | 124 | 260 | 268 | 168 | 245 | 346 | 199 |
| D550 | 鲁豆12 | 242 | 235 | 143 | 225 | 119 | 127 | 157 | 299 | 374 | 0 | 278 | 196 | 242 | 228 | 274 | 204 | 115 | 242 | 274 | 144 | 236 | 288 | 193 |
| D557 | 齐黄28 | 0 | 231 | 172 | 210 | 203 | 147 | 169 | 293 | 380 | 245 | 260 | 208 | 202 | 166 | 286 | 220 | 124 | 254 | 335 | 160 | 242 | 294 | 193 |
| D558 | 齐黄29 | 236 | 215 | 172 | 225 | 196 | 147 | 188 | 314 | 391 | 251 | 260 | 208 | 0 | 163 | 280 | 208 | 124 | 260 | 335 | 168 | 242 | 294 | 193 |
| D565 | 跃进10号 | 359 | 215 | 0 | 255 | 168 | 139 | 172 | 308 | 374 | 245 | 266 | 208 | 214 | 145 | 268 | 212 | 0 | 260 | 283 | 148 | 251 | 340 | 190 |
| D593 | 成豆9号 | 359 | 223 | 190 | 204 | 122 | 168 | 185 | 305 | 380 | 248 | 278 | 217 | 242 | 172 | 286 | 212 | 124 | 260 | 268 | 160 | 242 | 340 | 199 |
| D596 | 川豆4号 | 353 | 223 | 190 | 190 | 116 | 175 | 169 | 308 | 374 | 245 | 266 | 220 | 166 | 172 | 280 | 212 | 124 | 260 | 268 | 160 | 242 | 318 | 199 |
| D597 | 川豆5号 | 359 | 231 | 190 | 243 | 116 | 197 | 169 | 308 | 374 | 245 | 272 | 217 | 226 | 172 | 274 | 212 | 124 | 260 | 268 | 168 | 245 | 330 | 199 |
| D598 | 川豆6号 | 236 | 215 | 190 | 222 | 183 | 133 | 166 | 293 | 380 | 239 | 260 | 214 | 0 | 145 | 268 | 224 | 118 | 260 | 280 | 148 | 245 | 336 | 193 |
| D605 | 贡豆5号 | 359 | 235 | 184 | 210 | 119 | 197 | 157 | 308 | 374 | 242 | 266 | 220 | 0 | 166 | 274 | 208 | 124 | 254 | 268 | 172 | 242 | 282 | 199 |
| D606 | 贡豆8号 | 359 | 231 | 143 | 210 | 116 | 197 | 157 | 308 | 374 | 242 | 266 | 220 | 166 | 166 | 280 | 176 | 127 | 260 | 262 | 168 | 239 | 312 | 196 |
| D607 | 贡豆9号 | 359 | 231 | 143 | 210 | 119 | 191 | 157 | 305 | 374 | 242 | 266 | 220 | 166 | 163 | 280 | 194 | 121 | 260 | 262 | 172 | 239 | 312 | 196 |
| D608 | 贡豆10号 | 359 | 227 | 172 | 249 | 119 | 191 | 166 | 308 | 380 | 245 | 278 | 237 | 0 | 172 | 262 | 212 | 124 | 260 | 268 | 168 | 239 | 312 | 196 |
| D609 | 贡豆11 | 359 | 231 | 0 | 225 | 196 | 147 | 181 | 314 | 356 | 248 | 284 | 214 | 154 | 151 | 286 | 212 | 124 | 260 | 280 | 176 | 245 | 300 | 193 |
| D610 | 贡豆12 | 335 | 235 | 184 | 216 | 119 | 197 | 185 | 308 | 368 | 245 | 272 | 237 | 166 | 166 | 274 | 212 | 124 | 254 | 268 | 172 | 239 | 318 | 199 |
| D619 | 南豆5号 | 0 | 231 | 153 | 228 | 177 | 133 | 169 | 305 | 386 | 251 | 272 | 217 | 148 | 163 | 280 | 220 | 121 | 260 | 280 | 168 | 242 | 306 | 193 |

（续）

| 品种代号 | 品种名称 | Chr. 8（A2） | | | | | Chr. 9（K） | | | | | Chr. 10（O） | | | | | | Chr. 11（B1） | | | | | | |
|---|---|---|---|---|---|---|---|---|---|---|---|---|---|---|---|---|---|---|---|---|---|---|---|---|
| | | Satt209 | Satt409 | Sat_347 | Satt326 | Satt001 | Satt260 | Sat_293 | Satt653 | Satt259 | Satt347 | Satt094 | Satt345 | Satt173 | Satt633 | Satt592 | Satt243 | Sat_190 | Sat_272 | Satt509 | Satt638 | Sat_149 | Sat_348 | Satt665 |
| C003 | 阜豆1号 | 184 | 270 | 0 | 246 | 114 | 237 | 260 | 256 | 222 | 289 | 155 | 268 | 227 | 128 | 258 | 235 | 131 | 240 | 203 | 173 | 235 | 259 | 309 |
| C010 | 皖豆1号 | 160 | 264 | 262 | 246 | 111 | 283 | 254 | 256 | 237 | 289 | 178 | 280 | 227 | 128 | 279 | 220 | 225 | 236 | 203 | 173 | 226 | 263 | 294 |
| C011 | 皖豆3号 | 160 | 270 | 238 | 246 | 0 | 251 | 254 | 256 | 237 | 283 | 155 | 222 | 242 | 128 | 258 | 245 | 131 | 236 | 197 | 173 | 241 | 250 | 294 |
| C014 | 皖豆6号 | 160 | 264 | 248 | 246 | 0 | 251 | 248 | 256 | 225 | 289 | 155 | 216 | 227 | 134 | 273 | 260 | 127 | 232 | 197 | 173 | 226 | 256 | 294 |
| C016 | 皖豆9号 | 166 | 270 | 242 | 255 | 0 | 234 | 254 | 256 | 219 | 277 | 0 | 0 | 227 | 140 | 273 | 232 | 211 | 232 | 210 | 179 | 220 | 0 | 294 |
| C019 | 皖豆13 | 178 | 186 | 248 | 240 | 254 | 234 | 184 | 268 | 234 | 300 | 172 | 235 | 233 | 149 | 249 | 260 | 247 | 236 | 244 | 191 | 226 | 290 | 303 |
| C026 | 科丰35 | 184 | 270 | 254 | 240 | 117 | 234 | 278 | 256 | 225 | 283 | 172 | 222 | 261 | 157 | 267 | 232 | 231 | 236 | 197 | 179 | 187 | 263 | 303 |
| C027 | 科新3号 | 196 | 174 | 259 | 246 | 247 | 234 | 184 | 256 | 234 | 289 | 155 | 210 | 233 | 140 | 267 | 226 | 135 | 252 | 326 | 191 | 220 | 290 | 294 |
| C028 | 诱变30 | 178 | 270 | 254 | 249 | 117 | 234 | 294 | 262 | 216 | 277 | 155 | 274 | 227 | 134 | 258 | 232 | 215 | 270 | 197 | 179 | 187 | 263 | 303 |
| C029 | 诱变31 | 166 | 276 | 248 | 249 | 120 | 234 | 254 | 262 | 222 | 277 | 172 | 274 | 227 | 134 | 285 | 254 | 131 | 240 | 197 | 179 | 229 | 263 | 303 |
| C030 | 诱处4号 | 184 | 276 | 259 | 240 | 120 | 234 | 294 | 256 | 222 | 283 | 155 | 222 | 227 | 157 | 267 | 232 | 211 | 246 | 197 | 179 | 235 | 263 | 0 |
| C032 | 早熟6号 | 190 | 276 | 242 | 249 | 132 | 234 | 294 | 256 | 222 | 283 | 155 | 222 | 227 | 157 | 267 | 220 | 165 | 270 | 197 | 182 | 229 | 266 | 294 |
| C037 | 早熟18 | 184 | 276 | 248 | 249 | 132 | 243 | 303 | 262 | 219 | 283 | 0 | 222 | 227 | 161 | 258 | 232 | 131 | 270 | 197 | 182 | 229 | 266 | 294 |
| C038 | 中黄1号 | 172 | 168 | 248 | 246 | 260 | 234 | 184 | 268 | 237 | 300 | 172 | 274 | 273 | 140 | 258 | 254 | 135 | 264 | 244 | 191 | 229 | 284 | 303 |
| C039 | 中黄2号 | 172 | 174 | 248 | 246 | 260 | 237 | 184 | 268 | 231 | 300 | 172 | 274 | 273 | 140 | 258 | 254 | 165 | 270 | 244 | 191 | 229 | 284 | 303 |
| C040 | 中黄3号 | 190 | 174 | 254 | 246 | 260 | 237 | 184 | 268 | 216 | 300 | 155 | 222 | 233 | 143 | 267 | 226 | 135 | 270 | 326 | 191 | 229 | 290 | 303 |
| C041 | 中黄4号 | 0 | 276 | 248 | 0 | 123 | 251 | 260 | 262 | 219 | 289 | 155 | 222 | 264 | 157 | 285 | 220 | 163 | 270 | 203 | 185 | 229 | 263 | 294 |
| C043 | 中黄6号 | 0 | 276 | 248 | 249 | 132 | 234 | 303 | 268 | 219 | 283 | 172 | 274 | 274 | 140 | 273 | 220 | 131 | 264 | 197 | 185 | 229 | 259 | 294 |
| C044 | 中黄7号 | 190 | 192 | 254 | 246 | 260 | 237 | 260 | 262 | 219 | 295 | 172 | 274 | 212 | 140 | 267 | 254 | 231 | 270 | 256 | 188 | 229 | 272 | 309 |
| C045 | 中黄8号 | 184 | 276 | 242 | 255 | 126 | 243 | 260 | 256 | 210 | 283 | 172 | 274 | 248 | 140 | 285 | 232 | 133 | 240 | 197 | 188 | 229 | 259 | 303 |
| C069 | 黔豆4号 | 0 | 276 | 254 | 246 | 117 | 234 | 260 | 262 | 228 | 277 | 178 | 254 | 227 | 140 | 267 | 220 | 211 | 242 | 197 | 191 | 229 | 238 | 294 |
| C094 | 河南早丰1号 | 166 | 180 | 232 | 234 | 260 | 234 | 184 | 271 | 210 | 289 | 172 | 235 | 215 | 143 | 258 | 220 | 215 | 236 | 244 | 188 | 0 | 263 | 294 |
| C104 | 豫豆1号 | 184 | 174 | 248 | 240 | 254 | 229 | 172 | 268 | 225 | 277 | 160 | 254 | 224 | 128 | 258 | 206 | 215 | 270 | 197 | 185 | 232 | 263 | 294 |
| C105 | 豫豆2号 | 166 | 168 | 242 | 240 | 254 | 229 | 178 | 268 | 222 | 277 | 160 | 274 | 227 | 134 | 258 | 206 | 165 | 240 | 256 | 185 | 193 | 259 | 303 |
| C106 | 豫豆3号 | 190 | 264 | 238 | 246 | 120 | 234 | 303 | 271 | 213 | 283 | 0 | 222 | 227 | 164 | 295 | 232 | 215 | 236 | 197 | 191 | 220 | 278 | 294 |
| C107 | 郑长叶7 | 184 | 174 | 242 | 234 | 260 | 234 | 184 | 277 | 213 | 289 | 155 | 222 | 227 | 134 | 258 | 220 | 135 | 242 | 244 | 188 | 193 | 263 | 303 |

（续）

| 品种代号 | 品种名称 | Chr. 8 (A2) | | | | Chr. 9 (K) | | | | | | | | | Chr. 10(O) | | | | | | Chr. 11 (B1) | | | |
|---|---|---|---|---|---|---|---|---|---|---|---|---|---|---|---|---|---|---|---|---|---|---|---|---|
| | | Satt209 | Satt409 | Sat_347 | Satt326 | Satt001 | Satt260 | Sat_293 | Satt653 | Satt259 | Satt347 | Satt094 | Satt345 | Satt173 | Satt633 | Satt592 | Satt243 | Sat_190 | Sat_272 | Satt509 | Satt638 | Sat_149 | Sat_348 | Satt665 |
| C108 | 豫豆5号 | 184 | 168 | 0 | 240 | 254 | 234 | 178 | 271 | 204 | 0 | 160 | 274 | 227 | 149 | 258 | 206 | 131 | 232 | 244 | 185 | 232 | 278 | 303 |
| C110 | 豫豆7号 | 166 | 168 | 232 | 240 | 260 | 229 | 178 | 271 | 204 | 283 | 169 | 274 | 227 | 149 | 273 | 226 | 129 | 236 | 244 | 185 | 193 | 272 | 288 |
| C111 | 豫豆8号 | 166 | 264 | 265 | 246 | 108 | 234 | 260 | 277 | 225 | 277 | 178 | 0 | 242 | 140 | 279 | 212 | 271 | 240 | 197 | 191 | 187 | 250 | 303 |
| C112 | 豫豆10号 | 166 | 168 | 254 | 240 | 260 | 229 | 178 | 268 | 222 | 283 | 169 | 254 | 227 | 134 | 279 | 212 | 131 | 236 | 244 | 185 | 193 | 256 | 294 |
| C113 | 豫豆11 | 166 | 174 | 0 | 246 | 260 | 234 | 172 | 268 | 198 | 283 | 155 | 222 | 227 | 149 | 258 | 212 | 271 | 236 | 244 | 185 | 193 | 256 | 294 |
| C114 | 豫豆12 | 196 | 0 | 242 | 240 | 254 | 229 | 184 | 262 | 204 | 289 | 155 | 216 | 227 | 164 | 255 | 235 | 215 | 240 | 244 | 188 | 187 | 278 | 294 |
| C115 | 豫豆15 | 166 | 174 | 226 | 240 | 260 | 234 | 178 | 271 | 225 | 289 | 152 | 216 | 215 | 143 | 258 | 212 | 133 | 236 | 244 | 185 | 235 | 259 | 294 |
| C116 | 豫豆16 | 0 | 270 | 265 | 249 | 117 | 234 | 260 | 271 | 228 | 283 | 155 | 216 | 227 | 149 | 279 | 212 | 169 | 236 | 197 | 194 | 187 | 250 | 294 |
| C118 | 豫豆19 | 166 | 270 | 265 | 249 | 120 | 237 | 303 | 271 | 228 | 283 | 160 | 222 | 224 | 164 | 279 | 212 | 135 | 236 | 197 | 194 | 187 | 263 | 303 |
| C120 | 郑133 | 166 | 174 | 262 | 240 | 260 | 237 | 184 | 277 | 0 | 289 | 155 | 222 | 261 | 140 | 258 | 220 | 169 | 0 | 244 | 191 | 226 | 278 | 321 |
| C121 | 郑77249 | 172 | 174 | 248 | 240 | 260 | 237 | 184 | 271 | 216 | 295 | 172 | 280 | 233 | 164 | 258 | 220 | 169 | 236 | 244 | 188 | 232 | 266 | 309 |
| C122 | 郑86506 | 166 | 174 | 254 | 240 | 260 | 234 | 184 | 271 | 213 | 300 | 172 | 280 | 233 | 164 | 255 | 220 | 211 | 240 | 244 | 191 | 235 | 272 | 309 |
| C123 | 郑州126 | 166 | 180 | 242 | 240 | 260 | 237 | 184 | 277 | 213 | 300 | 155 | 228 | 248 | 140 | 258 | 220 | 215 | 240 | 244 | 191 | 229 | 278 | 303 |
| C124 | 郑州135 | 190 | 186 | 232 | 234 | 231 | 237 | 260 | 262 | 222 | 289 | 169 | 274 | 233 | 140 | 285 | 254 | 133 | 264 | 191 | 185 | 187 | 256 | 303 |
| C125 | 周7327-118 | 0 | 264 | 248 | 246 | 108 | 234 | 266 | 271 | 228 | 283 | 155 | 216 | 227 | 143 | 295 | 212 | 131 | 236 | 197 | 200 | 229 | 256 | 303 |
| C170 | 合丰25 | 172 | 186 | 248 | 234 | 231 | 237 | 254 | 268 | 207 | 300 | 172 | 235 | 215 | 140 | 279 | 254 | 131 | 264 | 197 | 185 | 235 | 266 | 303 |
| C178 | 合丰33 | 178 | 270 | 254 | 246 | 123 | 237 | 248 | 277 | 198 | 277 | 178 | 274 | 224 | 140 | 273 | 206 | 0 | 258 | 203 | 191 | 187 | 259 | 309 |
| C181 | 合丰36 | 184 | 192 | 248 | 246 | 254 | 237 | 254 | 268 | 216 | 295 | 172 | 274 | 215 | 157 | 267 | 260 | 133 | 264 | 191 | 188 | 247 | 259 | 303 |
| C288 | 矮脚早 | 184 | 210 | 254 | 246 | 120 | 234 | 260 | 271 | 213 | 0 | 160 | 268 | 215 | 134 | 255 | 0 | 183 | 226 | 191 | 188 | 193 | 238 | 294 |
| C291 | 鄂豆5号 | 184 | 174 | 254 | 246 | 117 | 234 | 260 | 271 | 228 | 277 | 169 | 251 | 224 | 134 | 255 | 235 | 133 | 236 | 191 | 188 | 193 | 241 | 294 |
| C292 | 早春1号 | 184 | 174 | 254 | 246 | 120 | 237 | 260 | 262 | 228 | 277 | 169 | 254 | 224 | 134 | 255 | 226 | 131 | 236 | 203 | 188 | 194 | 238 | 294 |
| C293 | 中豆8号 | 0 | 276 | 248 | 240 | 123 | 234 | 248 | 277 | 201 | 277 | 172 | 280 | 224 | 140 | 279 | 200 | 137 | 222 | 203 | 194 | 226 | 259 | 303 |
| C295 | 中豆19 | 160 | 270 | 254 | 246 | 114 | 229 | 248 | 277 | 204 | 277 | 0 | 274 | 227 | 140 | 273 | 200 | 211 | 222 | 203 | 191 | 226 | 256 | 285 |
| C296 | 中豆20 | 178 | 264 | 254 | 246 | 114 | 229 | 278 | 277 | 216 | 271 | 172 | 274 | 212 | 140 | 273 | 200 | 241 | 222 | 203 | 191 | 220 | 247 | 288 |
| C297 | 中豆24 | 184 | 174 | 248 | 246 | 117 | 234 | 260 | 262 | 207 | 283 | 152 | 216 | 227 | 157 | 273 | 226 | 139 | 232 | 191 | 188 | 194 | 238 | 294 |
| C301 | 湘春豆10号 | 190 | 162 | 238 | 246 | 120 | 237 | 254 | 262 | 231 | 277 | 169 | 259 | 261 | 140 | 249 | 232 | 131 | 232 | 197 | 191 | 193 | 238 | 303 |

（续）

| 品种代号 | 品种名称 | Chr. 8 (A2) | | | | Chr. 9 (K) | | | | | | | Chr. 10(O) | | | | | | | Chr. 11 (B1) | | | | |
|---|---|---|---|---|---|---|---|---|---|---|---|---|---|---|---|---|---|---|---|---|---|---|---|---|
| | | Satt209 | Satt409 | Sat_347 | Satt326 | Satt001 | Satt260 | Sat_293 | Satt653 | Satt259 | Satt347 | Satt094 | Satt345 | Satt173 | Satt633 | Satt592 | Satt243 | Sat_190 | Sat_272 | Satt509 | Satt638 | Sat_149 | Sat_348 | Satt665 |
| C306 | 湘春豆15 | 190 | 162 | 238 | 246 | 117 | 237 | 254 | 262 | 231 | 277 | 169 | 259 | 264 | 140 | 249 | 226 | 135 | 232 | 197 | 191 | 194 | 238 | 303 |
| C390 | 九农20 | 178 | 264 | 254 | 249 | 132 | 251 | 248 | 277 | 228 | 271 | 155 | 251 | 274 | 149 | 295 | 235 | 131 | 246 | 210 | 188 | 187 | 272 | 285 |
| C417 | 58-161 | 190 | 252 | 0 | 240 | 117 | 251 | 266 | 268 | 213 | 289 | 169 | 222 | 233 | 143 | 267 | 220 | 137 | 236 | 203 | 191 | 187 | 272 | 312 |
| C421 | 灌豆1号 | 172 | 252 | 265 | 240 | 114 | 243 | 266 | 268 | 228 | 283 | 160 | 216 | 227 | 140 | 258 | 245 | 133 | 240 | 210 | 200 | 184 | 266 | 309 |
| C423 | 淮豆1号 | 184 | 252 | 265 | 246 | 111 | 243 | 266 | 268 | 225 | 277 | 178 | 274 | 227 | 134 | 279 | 212 | 271 | 264 | 197 | 185 | 194 | 250 | 312 |
| C424 | 淮豆2号 | 166 | 252 | 262 | 246 | 117 | 243 | 303 | 268 | 207 | 277 | 160 | 0 | 227 | 134 | 258 | 206 | 284 | 236 | 191 | 188 | 220 | 266 | 294 |
| C428 | 南农1138-2 | 190 | 252 | 254 | 246 | 108 | 237 | 303 | 268 | 210 | 277 | 178 | 274 | 215 | 134 | 258 | 206 | 0 | 236 | 197 | 188 | 226 | 238 | 288 |
| C431 | 南农493-1 | 166 | 252 | 254 | 246 | 114 | 243 | 260 | 271 | 210 | 277 | 160 | 222 | 227 | 134 | 255 | 245 | 133 | 264 | 191 | 188 | 220 | 0 | 312 |
| C432 | 南农73-935 | 166 | 252 | 248 | 240 | 114 | 0 | 260 | 268 | 210 | 277 | 160 | 222 | 227 | 164 | 258 | 245 | 133 | 264 | 197 | 188 | 226 | 238 | 294 |
| C433 | 南农86-4 | 190 | 258 | 248 | 246 | 114 | 237 | 298 | 271 | 210 | 283 | 160 | 274 | 215 | 140 | 258 | 206 | 0 | 236 | 197 | 194 | 187 | 238 | 303 |
| C434 | 南农87C-38 | 0 | 252 | 254 | 240 | 114 | 237 | 260 | 268 | 204 | 277 | 178 | 274 | 261 | 134 | 273 | 235 | 241 | 236 | 210 | 194 | 184 | 256 | 312 |
| C435 | 南农88-48 | 190 | 258 | 254 | 246 | 114 | 237 | 298 | 271 | 210 | 283 | 178 | 274 | 215 | 140 | 258 | 206 | 211 | 236 | 197 | 188 | 229 | 241 | 294 |
| C436 | 南农菜豆1号 | 184 | 264 | 248 | 246 | 111 | 283 | 260 | 271 | 207 | 277 | 160 | 216 | 261 | 143 | 273 | 206 | 211 | 240 | 210 | 194 | 187 | 259 | 312 |
| C438 | 宁镇1号 | 184 | 264 | 254 | 246 | 114 | 251 | 303 | 271 | 213 | 283 | 178 | 216 | 215 | 140 | 258 | 206 | 169 | 270 | 256 | 188 | 226 | 266 | 303 |
| C439 | 宁镇2号 | 190 | 192 | 248 | 246 | 247 | 234 | 254 | 268 | 234 | 300 | 172 | 259 | 206 | 140 | 267 | 260 | 215 | 240 | 250 | 188 | 226 | 259 | 303 |
| C440 | 宁镇3号 | 166 | 192 | 262 | 246 | 260 | 0 | 266 | 271 | 210 | 289 | 155 | 222 | 197 | 140 | 279 | 254 | 237 | 240 | 191 | 188 | 232 | 263 | 312 |
| C441 | 泗豆11 | 190 | 264 | 262 | 246 | 111 | 237 | 303 | 271 | 213 | 283 | 160 | 222 | 227 | 164 | 258 | 206 | 131 | 236 | 256 | 188 | 184 | 263 | 303 |
| C443 | 苏7209 | 166 | 264 | 254 | 249 | 114 | 237 | 298 | 271 | 213 | 283 | 160 | 222 | 227 | 164 | 249 | 206 | 131 | 236 | 197 | 188 | 226 | 241 | 303 |
| C444 | 苏豆1号 | 160 | 270 | 259 | 246 | 123 | 243 | 298 | 268 | 216 | 283 | 160 | 222 | 227 | 164 | 267 | 254 | 133 | 270 | 197 | 191 | 232 | 259 | 312 |
| C445 | 苏豆3号 | 190 | 270 | 254 | 246 | 111 | 237 | 266 | 271 | 213 | 283 | 160 | 222 | 227 | 140 | 249 | 206 | 169 | 242 | 197 | 188 | 226 | 238 | 312 |
| C448 | 苏协18-6 | 160 | 183 | 248 | 255 | 277 | 234 | 260 | 271 | 237 | 289 | 160 | 0 | 215 | 157 | 249 | 245 | 129 | 226 | 191 | 185 | 232 | 238 | 312 |
| C449 | 苏协19-15 | 184 | 183 | 242 | 255 | 277 | 234 | 260 | 271 | 216 | 289 | 155 | 222 | 215 | 157 | 249 | 254 | 129 | 226 | 191 | 188 | 232 | 256 | 312 |
| C450 | 苏协4-1 | 166 | 270 | 254 | 246 | 114 | 243 | 298 | 271 | 213 | 283 | 160 | 222 | 227 | 164 | 255 | 206 | 284 | 236 | 197 | 188 | 226 | 241 | 303 |
| C451 | 苏协1号 | 160 | 270 | 248 | 249 | 123 | 234 | 278 | 277 | 201 | 277 | 155 | 222 | 224 | 170 | 267 | 200 | 133 | 222 | 203 | 191 | 226 | 238 | 285 |
| C455 | 徐豆1号 | 166 | 270 | 238 | 246 | 98 | 0 | 260 | 271 | 216 | 283 | 160 | 0 | 227 | 170 | 258 | 206 | 165 | 236 | 197 | 191 | 226 | 250 | 303 |
| C457 | 徐豆3号 | 190 | 276 | 259 | 246 | 0 | 283 | 303 | 271 | 207 | 277 | 178 | 0 | 227 | 140 | 249 | 206 | 284 | 264 | 203 | 191 | 229 | 259 | 294 |

（续）

| 品种代号 | 品种名称 | Chr. 8 (A2) | | | | Chr. 9 (K) | | | | | | | Chr. 10(O) | | | | | | | | | Chr. 11 (B1) | | |
|---|---|---|---|---|---|---|---|---|---|---|---|---|---|---|---|---|---|---|---|---|---|---|---|---|
| | | Satt209 | Satt409 | Sat_347 | Satt326 | Satt001 | Satt260 | Sat_293 | Satt653 | Satt259 | Satt347 | Satt094 | Satt345 | Satt173 | Satt633 | Satt592 | Satt243 | Sat_190 | Sat_272 | Satt509 | Satt638 | Sat_149 | Sat_348 | Satt665 |
| C458 | 徐豆7号 | 172 | 270 | 254 | 246 | 114 | 237 | 266 | 277 | 207 | 277 | 160 | 222 | 227 | 140 | 255 | 226 | 131 | 242 | 210 | 200 | 229 | 0 | 294 |
| C538 | 菏84-1 | 190 | 162 | 259 | 246 | 260 | 251 | 184 | 271 | 222 | 300 | 172 | 274 | 233 | 164 | 255 | 226 | 131 | 236 | 326 | 188 | 229 | 290 | 294 |
| C539 | 菏84-5 | 190 | 270 | 265 | 246 | 114 | 251 | 260 | 271 | 225 | 277 | 172 | 0 | 212 | 140 | 0 | 212 | 169 | 279 | 256 | 188 | 184 | 272 | 294 |
| C540 | 莒选23 | 166 | 264 | 242 | 246 | 111 | 251 | 303 | 271 | 225 | 277 | 152 | 216 | 242 | 164 | 0 | 0 | 135 | 236 | 210 | 185 | 184 | 256 | 288 |
| C542 | 鲁豆1号 | 166 | 258 | 0 | 246 | 98 | 271 | 303 | 271 | 207 | 277 | 152 | 210 | 227 | 140 | 0 | 254 | 169 | 236 | 210 | 191 | 220 | 266 | 294 |
| C563 | 齐黄22 | 166 | 258 | 259 | 246 | 108 | 271 | 248 | 271 | 210 | 277 | 152 | 0 | 227 | 140 | 0 | 254 | 247 | 236 | 210 | 191 | 184 | 259 | 294 |
| C567 | 为民1号 | 166 | 258 | 248 | 246 | 108 | 237 | 260 | 268 | 198 | 277 | 152 | 216 | 224 | 134 | 0 | 235 | 241 | 236 | 210 | 188 | 226 | 256 | 294 |
| C572 | 文丰7号 | 0 | 270 | 254 | 246 | 126 | 283 | 266 | 271 | 228 | 283 | 178 | 0 | 233 | 140 | 285 | 212 | 271 | 240 | 197 | 200 | 229 | 238 | 294 |
| C575 | 兖黄1号 | 172 | 276 | 248 | 249 | 114 | 237 | 248 | 271 | 210 | 277 | 155 | 216 | 215 | 149 | 0 | 254 | 129 | 232 | 197 | 188 | 226 | 256 | 294 |
| C621 | 川豆2号 | 172 | 174 | 254 | 249 | 260 | 237 | 184 | 271 | 237 | 300 | 140 | 254 | 261 | 140 | 249 | 0 | 133 | 242 | 250 | 191 | 232 | 0 | 303 |
| C626 | 贡豆2号 | 178 | 252 | 265 | 0 | 98 | 237 | 294 | 268 | 198 | 271 | 160 | 210 | 242 | 143 | 0 | 232 | 133 | 279 | 197 | 182 | 184 | 241 | 294 |
| C628 | 贡豆4号 | 184 | 252 | 259 | 240 | 108 | 237 | 260 | 268 | 198 | 277 | 160 | 0 | 264 | 134 | 0 | 232 | 131 | 226 | 197 | 182 | 184 | 238 | 309 |
| C629 | 贡豆6号 | 184 | 252 | 262 | 240 | 108 | 237 | 303 | 271 | 198 | 271 | 160 | 0 | 224 | 134 | 0 | 226 | 133 | 226 | 203 | 182 | 220 | 241 | 294 |
| C630 | 贡豆7号 | 184 | 252 | 254 | 240 | 108 | 243 | 266 | 256 | 222 | 277 | 160 | 251 | 261 | 134 | 0 | 220 | 129 | 258 | 203 | 182 | 220 | 241 | 312 |
| C648 | 浙春1号 | 190 | 186 | 232 | 240 | 209 | 237 | 266 | 271 | 228 | 289 | 172 | 235 | 248 | 157 | 285 | 235 | 131 | 258 | 197 | 185 | 241 | 263 | 309 |
| C649 | 浙春2号 | 190 | 186 | 232 | 240 | 209 | 234 | 254 | 271 | 225 | 283 | 169 | 228 | 248 | 157 | 267 | 232 | 237 | 252 | 197 | 182 | 193 | 247 | 309 |
| C650 | 浙春3号 | 0 | 183 | 226 | 240 | 209 | 243 | 254 | 268 | 225 | 289 | 140 | 228 | 242 | 149 | 279 | 232 | 133 | 252 | 191 | 182 | 232 | 0 | 303 |
| D003 | 合豆2号 | 166 | 276 | 248 | 246 | 0 | 234 | 254 | 256 | 237 | 277 | 155 | 280 | 224 | 134 | 279 | 220 | 139 | 236 | 197 | 179 | 226 | 272 | 303 |
| D004 | 合豆3号 | 166 | 276 | 254 | 255 | 0 | 234 | 294 | 256 | 225 | 283 | 155 | 222 | 227 | 157 | 279 | 232 | 131 | 240 | 197 | 179 | 187 | 266 | 294 |
| D008 | 皖豆16 | 184 | 276 | 248 | 246 | 117 | 234 | 278 | 256 | 219 | 277 | 172 | 0 | 227 | 134 | 273 | 0 | 135 | 264 | 197 | 173 | 220 | 259 | 303 |
| D011 | 皖豆19 | 190 | 186 | 259 | 246 | 254 | 243 | 184 | 268 | 234 | 300 | 172 | 235 | 261 | 164 | 273 | 260 | 129 | 236 | 244 | 191 | 241 | 272 | 309 |
| D013 | 皖豆21 | 184 | 276 | 254 | 246 | 117 | 237 | 298 | 256 | 225 | 289 | 155 | 222 | 227 | 134 | 267 | 220 | 133 | 236 | 0 | 173 | 226 | 272 | 294 |
| D028 | 科丰53 | 190 | 276 | 259 | 249 | 117 | 234 | 260 | 256 | 216 | 283 | 172 | 274 | 233 | 140 | 258 | 232 | 169 | 270 | 197 | 188 | 226 | 263 | 294 |
| D036 | 中豆27 | 184 | 183 | 238 | 246 | 277 | 243 | 260 | 277 | 231 | 283 | 160 | 216 | 212 | 128 | 255 | 245 | 137 | 252 | 191 | 185 | 235 | 241 | 303 |
| D038 | 中黄9 | 190 | 186 | 259 | 246 | 260 | 237 | 266 | 262 | 216 | 300 | 172 | 274 | 212 | 140 | 267 | 254 | 241 | 264 | 256 | 191 | 232 | 266 | 309 |
| D043 | 中黄14 | 172 | 183 | 265 | 246 | 254 | 234 | 184 | 271 | 234 | 300 | 155 | 235 | 248 | 143 | 258 | 260 | 0 | 242 | 244 | 191 | 226 | 284 | 309 |

（续）

| 品种代号 | 品种名称 | Chr. 8 (A2) | | | | Chr. 9 (K) | | | | | | Chr. 10(O) | | | | | | | | | Chr. 11 (B1) | | | |
|---|---|---|---|---|---|---|---|---|---|---|---|---|---|---|---|---|---|---|---|---|---|---|---|---|
| | | Satt209 | Satt409 | Sat_347 | Satt326 | Satt001 | Satt260 | Sat_293 | Satt653 | Satt259 | Satt347 | Satt094 | Satt345 | Satt173 | Satt633 | Satt592 | Satt243 | Sat_190 | Sat_272 | Satt509 | Satt638 | Sat149 | Sat_348 | Satt665 |
| D044 | 中黄 15 | 184 | 183 | 248 | 255 | 277 | 234 | 254 | 271 | 234 | 277 | 160 | 216 | 212 | 128 | 255 | 245 | 165 | 226 | 191 | 185 | 232 | 247 | 288 |
| D053 | 中黄 24 | 184 | 183 | 238 | 234 | 209 | 234 | 248 | 256 | 222 | 283 | 152 | 210 | 206 | 134 | 267 | 232 | 0 | 252 | 244 | 179 | 226 | 284 | 294 |
| D054 | 中黄 25 | 190 | 180 | 248 | 240 | 254 | 234 | 184 | 268 | 234 | 300 | 172 | 235 | 233 | 143 | 255 | 226 | 129 | 264 | 244 | 191 | 229 | 284 | 303 |
| D081 | 桂早 1 号 | 196 | 174 | 248 | 246 | 254 | 229 | 184 | 256 | 228 | 295 | 155 | 216 | 227 | 140 | 255 | 220 | 133 | 236 | 244 | 191 | 235 | 266 | 294 |
| D087 | 黔豆 3 号 | 196 | 192 | 254 | 240 | 254 | 234 | 178 | 256 | 231 | 289 | 155 | 210 | 264 | 140 | 273 | 220 | 183 | 236 | 244 | 191 | 226 | 290 | 312 |
| D088 | 黔豆 5 号 | 196 | 180 | 242 | 240 | 260 | 229 | 178 | 256 | 231 | 295 | 155 | 210 | 261 | 140 | 255 | 226 | 129 | 236 | 244 | 188 | 232 | 266 | 294 |
| D090 | 沧豆 4 号 | 190 | 174 | 254 | 240 | 260 | 237 | 184 | 271 | 213 | 300 | 172 | 0 | 233 | 140 | 249 | 220 | 211 | 264 | 326 | 188 | 232 | 290 | 303 |
| D112 | 地神 21 | 178 | 186 | 242 | 240 | 254 | 229 | 184 | 262 | 210 | 289 | 155 | 216 | 227 | 164 | 273 | 226 | 131 | 236 | 244 | 188 | 226 | 0 | 294 |
| D113 | 地神 22 | 166 | 264 | 242 | 255 | 111 | 234 | 294 | 277 | 228 | 277 | 160 | 0 | 248 | 170 | 273 | 206 | 139 | 258 | 203 | 194 | 229 | 259 | 294 |
| D114 | 滑豆 20 | 178 | 186 | 242 | 240 | 254 | 229 | 184 | 262 | 207 | 289 | 155 | 216 | 261 | 164 | 273 | 260 | 237 | 232 | 244 | 188 | 184 | 290 | 294 |
| D117 | 濉海 10 号 | 166 | 270 | 262 | 246 | 120 | 234 | 260 | 271 | 207 | 271 | 155 | 216 | 227 | 143 | 279 | 212 | 215 | 236 | 203 | 200 | 187 | 247 | 294 |
| D118 | 商丘 1099 | 190 | 264 | 254 | 246 | 123 | 234 | 294 | 277 | 201 | 277 | 160 | 222 | 248 | 164 | 285 | 245 | 129 | 236 | 203 | 200 | 232 | 256 | 309 |
| D122 | 豫豆 17 | 184 | 168 | 242 | 234 | 260 | 234 | 184 | 277 | 228 | 289 | 172 | 274 | 227 | 134 | 258 | 212 | 131 | 242 | 244 | 188 | 193 | 266 | 294 |
| D124 | 豫豆 21 | 196 | 183 | 254 | 240 | 254 | 237 | 178 | 262 | 219 | 283 | 152 | 210 | 227 | 140 | 255 | 0 | 133 | 226 | 244 | 185 | 184 | 272 | 294 |
| D125 | 豫豆 22 | 178 | 192 | 238 | 240 | 254 | 229 | 178 | 262 | 201 | 277 | 169 | 210 | 227 | 157 | 255 | 226 | 169 | 258 | 244 | 185 | 226 | 290 | 294 |
| D126 | 豫豆 23 | 196 | 192 | 254 | 240 | 254 | 229 | 172 | 268 | 201 | 283 | 155 | 0 | 242 | 157 | 255 | 226 | 131 | 226 | 244 | 185 | 226 | 290 | 312 |
| D127 | 豫豆 24 | 166 | 216 | 265 | 246 | 277 | 237 | 248 | 268 | 237 | 295 | 172 | 254 | 242 | 140 | 279 | 254 | 131 | 232 | 191 | 188 | 187 | 247 | 303 |
| D128 | 豫豆 25 | 178 | 192 | 262 | 240 | 254 | 229 | 178 | 262 | 204 | 277 | 172 | 268 | 224 | 140 | 273 | 0 | 169 | 232 | 250 | 185 | 187 | 272 | 294 |
| D129 | 豫豆 26 | 184 | 183 | 259 | 246 | 277 | 251 | 254 | 271 | 234 | 300 | 172 | 268 | 215 | 157 | 258 | 245 | 133 | 232 | 191 | 188 | 241 | 238 | 303 |
| D130 | 豫豆 27 | 190 | 168 | 238 | 234 | 260 | 234 | 184 | 271 | 228 | 0 | 155 | 222 | 227 | 128 | 258 | 212 | 129 | 236 | 244 | 188 | 232 | 272 | 309 |
| D131 | 豫豆 28 | 196 | 216 | 262 | 240 | 254 | 229 | 172 | 268 | 204 | 283 | 155 | 216 | 227 | 157 | 255 | 260 | 133 | 226 | 250 | 185 | 232 | 272 | 312 |
| D132 | 豫豆 29 | 196 | 0 | 265 | 246 | 260 | 237 | 184 | 271 | 225 | 283 | 178 | 235 | 227 | 157 | 258 | 254 | 135 | 232 | 256 | 185 | 247 | 0 | 303 |
| D135 | 郑 90007 | 166 | 210 | 254 | 249 | 98 | 234 | 260 | 271 | 234 | 277 | 160 | 274 | 224 | 128 | 279 | 220 | 133 | 226 | 197 | 194 | 0 | 290 | 288 |
| D136 | 郑 92116 | 166 | 192 | 262 | 249 | 98 | 234 | 260 | 271 | 231 | 277 | 152 | 210 | 227 | 128 | 258 | 220 | 169 | 236 | 197 | 194 | 193 | 272 | 309 |
| D137 | 郑长交 14 | 184 | 162 | 262 | 246 | 126 | 234 | 266 | 271 | 213 | 271 | 152 | 210 | 242 | 149 | 255 | 220 | 215 | 258 | 197 | 191 | 193 | 259 | 303 |
| D138 | 郑交 107 | 184 | 162 | 259 | 246 | 98 | 234 | 260 | 271 | 207 | 271 | 152 | 222 | 242 | 149 | 255 | 232 | 127 | 252 | 197 | 188 | 193 | 259 | 303 |

（续）

| 品种代号 | 品种名称 | Chr. 8 (A2) | | | Chr. 9 (K) | | | | | | Chr. 10(O) | | | | | | | Chr. 11 (B1) | | | | | |
|---|---|---|---|---|---|---|---|---|---|---|---|---|---|---|---|---|---|---|---|---|---|---|---|
| | | Satt209 | Sat_347 | Satt326 | Satt001 | Satt260 | Sat_293 | Satt653 | Satt259 | Satt347 | Satt094 | Satt345 | Satt173 | Satt633 | Satt592 | Satt243 | Sat_190 | Sat_272 | Satt509 | Satt638 | Sat_149 | Sat_348 | Satt665 |
| D139 | GS郑交9525 | 184 | 259 | 246 | 98 | 234 | 260 | 271 | 231 | 277 | 152 | 222 | 227 | 149 | 258 | 220 | 133 | 236 | 191 | 188 | 194 | 250 | 312 |
| D140 | 周豆11 | 166 | 259 | 249 | 277 | 237 | 254 | 268 | 234 | 295 | 178 | 251 | 212 | 140 | 279 | 245 | 135 | 232 | 191 | 188 | 187 | 235 | 303 |
| D141 | 周豆12 | 166 | 238 | 246 | 277 | 234 | 254 | 268 | 234 | 289 | 172 | 259 | 215 | 140 | 273 | 235 | 284 | 236 | 191 | 188 | 187 | 235 | 303 |
| D143 | 八五七-1 | 0 | 248 | 246 | 123 | 229 | 248 | 277 | 0 | 277 | 172 | 251 | 264 | 157 | 285 | 0 | 137 | 252 | 203 | 191 | 226 | 256 | 294 |
| D149 | 北丰7号 | 184 | 248 | 249 | 277 | 271 | 254 | 271 | 234 | 289 | 160 | 228 | 224 | 149 | 258 | 232 | 284 | 226 | 191 | 188 | 194 | 250 | 303 |
| D151 | 北丰9号 | 184 | 254 | 255 | 277 | 283 | 254 | 277 | 237 | 0 | 169 | 222 | 242 | 140 | 267 | 245 | 139 | 232 | 197 | 188 | 194 | 250 | 312 |
| D152 | 北丰10号 | 190 | 238 | 249 | 254 | 283 | 184 | 271 | 213 | 289 | 155 | 228 | 242 | 134 | 285 | 206 | 131 | 240 | 256 | 185 | 235 | 272 | 309 |
| D153 | 北丰11 | 172 | 238 | 246 | 254 | 283 | 184 | 271 | 210 | 289 | 152 | 222 | 233 | 134 | 258 | 220 | 215 | 236 | 250 | 185 | 235 | 266 | 303 |
| D154 | 北丰13 | 184 | 232 | 246 | 254 | 271 | 178 | 268 | 207 | 277 | 152 | 222 | 264 | 140 | 267 | 206 | 135 | 258 | 244 | 182 | 193 | 259 | 294 |
| D155 | 北丰14 | 184 | 232 | 240 | 247 | 271 | 178 | 268 | 207 | 277 | 160 | 268 | 233 | 134 | 267 | 235 | 131 | 264 | 244 | 182 | 0 | 272 | 294 |
| D241 | 抗线虫5号 | 178 | 0 | 240 | 123 | 271 | 248 | 268 | 201 | 271 | 140 | 0 | 264 | 157 | 279 | 245 | 135 | 222 | 203 | 194 | 187 | 259 | 294 |
| D296 | 绥农14 | 178 | 259 | 246 | 123 | 229 | 254 | 277 | 201 | 277 | 140 | 0 | 273 | 140 | 295 | 220 | 163 | 258 | 203 | 194 | 187 | 266 | 294 |
| D309 | 鄂豆7号 | 184 | 248 | 246 | 117 | 237 | 254 | 262 | 228 | 277 | 169 | 274 | 227 | 134 | 273 | 226 | 129 | 236 | 197 | 188 | 194 | 238 | 294 |
| D313 | 中豆29 | 166 | 238 | 246 | 120 | 237 | 260 | 262 | 213 | 277 | 152 | 216 | 273 | 157 | 267 | 226 | 133 | 232 | 197 | 188 | 194 | 247 | 303 |
| D314 | 中豆30 | 184 | 248 | 246 | 120 | 237 | 254 | 262 | 231 | 277 | 169 | 280 | 227 | 134 | 267 | 226 | 0 | 232 | 191 | 188 | 193 | 256 | 294 |
| D316 | 中豆32 | 190 | 242 | 246 | 120 | 234 | 254 | 271 | 234 | 271 | 152 | 254 | 273 | 140 | 249 | 226 | 131 | 232 | 197 | 188 | 193 | 238 | 303 |
| D319 | 湘春豆16 | 190 | 238 | 246 | 117 | 237 | 254 | 262 | 231 | 277 | 172 | 259 | 264 | 140 | 249 | 232 | 131 | 236 | 197 | 188 | 194 | 238 | 303 |
| D322 | 湘春豆19 | 190 | 238 | 246 | 117 | 237 | 254 | 262 | 231 | 277 | 172 | 259 | 264 | 140 | 249 | 232 | 165 | 232 | 197 | 191 | 194 | 238 | 309 |
| D323 | 湘春豆20 | 190 | 242 | 246 | 117 | 237 | 254 | 262 | 234 | 277 | 172 | 259 | 264 | 140 | 258 | 232 | 131 | 232 | 197 | 191 | 193 | 238 | 309 |
| D325 | 湘春豆22 | 184 | 242 | 246 | 117 | 237 | 260 | 262 | 234 | 277 | 172 | 259 | 261 | 140 | 255 | 232 | 133 | 232 | 197 | 191 | 193 | 241 | 309 |
| D326 | 湘春豆23 | 184 | 242 | 0 | 117 | 237 | 260 | 262 | 234 | 277 | 172 | 259 | 264 | 140 | 249 | 232 | 139 | 232 | 197 | 191 | 193 | 238 | 309 |
| D442 | 淮豆3号 | 190 | 254 | 246 | 0 | 237 | 303 | 271 | 228 | 283 | 178 | 268 | 274 | 0 | 255 | 212 | 225 | 258 | 197 | 191 | 232 | 266 | 309 |
| D443 | 淮豆4号 | 190 | 265 | 246 | 108 | 243 | 278 | 271 | 198 | 271 | 160 | 268 | 224 | 143 | 0 | 232 | 241 | 236 | 210 | 191 | 220 | 263 | 303 |
| D445 | 淮豆6号 | 190 | 254 | 246 | 114 | 237 | 298 | 271 | 204 | 277 | 160 | 222 | 233 | 134 | 0 | 212 | 131 | 236 | 197 | 188 | 187 | 250 | 294 |
| D453 | 南农88-31 | 172 | 254 | 246 | 98 | 283 | 260 | 271 | 213 | 277 | 178 | 222 | 224 | 143 | 267 | 212 | 284 | 240 | 203 | 200 | 220 | 256 | 303 |
| D455 | 南农99-10 | 172 | 262 | 255 | 98 | 237 | 303 | 271 | 213 | 283 | 160 | 0 | 227 | 170 | 258 | 212 | 131 | 242 | 197 | 188 | 235 | 290 | 312 |

（续）

| 品种代号 | 品种名称 | Chr. 8 (A2) | | Chr. 9 (K) | | | | | | | Chr. 10(O) | | | | | | | | | Chr. 11 (B1) | | | | |
| --- | --- | --- | --- | --- | --- | --- | --- | --- | --- | --- | --- | --- | --- | --- | --- | --- | --- | --- | --- | --- | --- | --- | --- | --- |
| | | Satt209 | Satt409 | Sat_347 | Satt326 | Satt001 | Satt260 | Sat_293 | Satt653 | Satt259 | Satt347 | Satt094 | Satt345 | Satt173 | Satt633 | Satt592 | Satt243 | Sat_190 | Sat_272 | Satt509 | Satt638 | Sat_149 | Sat_348 | Satt665 |
| D461 | 苏豆4号 | 184 | 162 | 238 | 249 | 111 | 237 | 260 | 262 | 234 | 277 | 178 | 259 | 224 | 140 | 249 | 232 | 127 | 240 | 197 | 188 | 193 | 238 | 309 |
| D463 | 通豆3号 | 172 | 270 | 254 | 246 | 114 | 237 | 298 | 271 | 210 | 283 | 160 | 222 | 227 | 164 | 0 | 254 | 163 | 264 | 197 | 188 | 226 | 259 | 0 |
| D465 | 徐豆8号 | 184 | 192 | 259 | 240 | 231 | 237 | 260 | 271 | 228 | 289 | 155 | 222 | 197 | 140 | 273 | 235 | 129 | 279 | 191 | 185 | 229 | 284 | 303 |
| D466 | 徐豆9号 | 184 | 162 | 242 | 246 | 117 | 283 | 260 | 271 | 219 | 277 | 155 | 216 | 273 | 143 | 255 | 232 | 131 | 236 | 197 | 188 | 193 | 0 | 312 |
| D467 | 徐豆10号 | 190 | 192 | 254 | 240 | 231 | 283 | 260 | 271 | 231 | 295 | 155 | 222 | 212 | 140 | 267 | 260 | 241 | 236 | 191 | 188 | 235 | 259 | 303 |
| D468 | 徐豆11 | 190 | 192 | 254 | 246 | 231 | 237 | 260 | 271 | 228 | 300 | 172 | 274 | 212 | 164 | 273 | 260 | 247 | 236 | 250 | 188 | 226 | 256 | 309 |
| D469 | 徐豆12 | 190 | 192 | 248 | 246 | 247 | 283 | 248 | 271 | 231 | 295 | 172 | 259 | 206 | 164 | 273 | 260 | 135 | 236 | 250 | 188 | 241 | 259 | 309 |
| D471 | 赣豆4号 | 184 | 210 | 248 | 246 | 111 | 237 | 260 | 271 | 216 | 283 | 172 | 280 | 224 | 140 | 255 | 232 | 211 | 232 | 197 | 188 | 187 | 238 | 309 |
| D550 | 鲁豆12 | 184 | 252 | 254 | 240 | 114 | 251 | 294 | 271 | 0 | 271 | 152 | 210 | 242 | 157 | 0 | 232 | 131 | 236 | 210 | 182 | 241 | 266 | 294 |
| D557 | 齐黄28 | 166 | 192 | 238 | 240 | 231 | 237 | 248 | 271 | 234 | 300 | 172 | 274 | 242 | 164 | 267 | 260 | 133 | 236 | 197 | 188 | 241 | 238 | 312 |
| D558 | 齐黄29 | 172 | 192 | 265 | 246 | 247 | 237 | 254 | 271 | 213 | 300 | 172 | 236 | 197 | 164 | 267 | 260 | 0 | 236 | 203 | 188 | 241 | 238 | 303 |
| D565 | 跃进10号 | 184 | 183 | 248 | 249 | 277 | 229 | 248 | 271 | 237 | 283 | 155 | 216 | 215 | 128 | 255 | 245 | 133 | 226 | 191 | 185 | 235 | 247 | 294 |
| D593 | 成豆9号 | 178 | 162 | 248 | 246 | 117 | 237 | 260 | 271 | 219 | 277 | 160 | 222 | 227 | 164 | 249 | 245 | 135 | 232 | 197 | 188 | 184 | 256 | 321 |
| D596 | 川豆4号 | 184 | 174 | 242 | 249 | 117 | 234 | 260 | 262 | 219 | 277 | 155 | 222 | 227 | 140 | 255 | 235 | 135 | 232 | 197 | 188 | 184 | 263 | 303 |
| D597 | 川豆5号 | 184 | 162 | 238 | 249 | 117 | 234 | 254 | 271 | 219 | 277 | 172 | 268 | 264 | 0 | 255 | 235 | 271 | 232 | 197 | 188 | 178 | 266 | 303 |
| D598 | 川豆6号 | 184 | 183 | 242 | 249 | 277 | 234 | 260 | 271 | 237 | 289 | 155 | 222 | 224 | 157 | 249 | 232 | 271 | 226 | 191 | 185 | 193 | 235 | 309 |
| D605 | 贡豆5号 | 178 | 180 | 248 | 249 | 132 | 229 | 254 | 268 | 234 | 271 | 172 | 254 | 227 | 134 | 249 | 232 | 129 | 232 | 197 | 185 | 184 | 238 | 303 |
| D606 | 贡豆8号 | 178 | 162 | 238 | 246 | 120 | 251 | 248 | 268 | 213 | 271 | 152 | 210 | 227 | 140 | 0 | 0 | 135 | 232 | 210 | 188 | 184 | 238 | 303 |
| D607 | 贡豆9号 | 178 | 180 | 238 | 255 | 120 | 229 | 260 | 268 | 213 | 271 | 155 | 210 | 233 | 140 | 0 | 235 | 163 | 232 | 197 | 188 | 178 | 235 | 309 |
| D608 | 贡豆10号 | 178 | 168 | 238 | 249 | 117 | 234 | 254 | 268 | 210 | 277 | 160 | 222 | 248 | 164 | 258 | 235 | 215 | 270 | 197 | 188 | 178 | 256 | 294 |
| D609 | 贡豆11 | 190 | 192 | 262 | 246 | 247 | 237 | 260 | 271 | 213 | 295 | 172 | 0 | 0 | 140 | 267 | 260 | 127 | 264 | 203 | 188 | 232 | 256 | 312 |
| D610 | 贡豆12 | 178 | 180 | 248 | 246 | 117 | 234 | 254 | 268 | 234 | 277 | 172 | 254 | 224 | 134 | 267 | 235 | 211 | 226 | 197 | 188 | 184 | 238 | 303 |
| D619 | 南豆5号 | 166 | 192 | 265 | 240 | 260 | 283 | 254 | 271 | 234 | 289 | 155 | 222 | 206 | 164 | 267 | 260 | 231 | 232 | 197 | 191 | 232 | 284 | 312 |

中国大豆育成品种系谱与种质基础

（续）

| 品种代号 | 品种名称 | Chr. 11 (B1) | | | | Chr. 12 (H) | | | | | | | | | Chr. 13 (F) | | | | | | Chr. 14 (B2) | | | |
|---|---|---|---|---|---|---|---|---|---|---|---|---|---|---|---|---|---|---|---|---|---|---|---|---|
| | | Sat_331 | AQ851479 | Satt666 | Satt353 | Satt192 | Satt253 | Satt279 | Satt302 | Satt142 | Satt146 | Satt325 | Satt030 | Satt269 | BE806387 | Satt659 | Sat_197 | Satt522 | AW756935 | Sat_342 | Sat_287 | Satt020 | Satt534 | Satt063 |
| C003 | 阜豆1号 | 286 | 195 | 241 | 178 | 246 | 154 | 198 | 223 | 130 | 372 | 268 | 176 | 281 | 202 | 184 | 269 | 252 | 259 | 0 | 252 | 114 | 188 | 160 |
| C010 | 皖豆1号 | 280 | 186 | 241 | 184 | 264 | 160 | 206 | 220 | 130 | 354 | 262 | 176 | 281 | 196 | 184 | 263 | 249 | 247 | 198 | 248 | 111 | 194 | 160 |
| C011 | 皖豆3号 | 256 | 186 | 0 | 146 | 206 | 160 | 186 | 217 | 124 | 342 | 0 | 182 | 275 | 202 | 238 | 230 | 255 | 268 | 0 | 286 | 111 | 170 | 112 |
| C014 | 皖豆6号 | 298 | 186 | 241 | 178 | 264 | 149 | 198 | 220 | 124 | 315 | 301 | 170 | 275 | 202 | 232 | 236 | 246 | 247 | 200 | 294 | 127 | 170 | 112 |
| C016 | 皖豆9号 | 262 | 189 | 241 | 184 | 252 | 149 | 183 | 0 | 130 | 354 | 274 | 176 | 213 | 202 | 244 | 224 | 246 | 247 | 275 | 244 | 114 | 185 | 154 |
| C019 | 皖豆13 | 256 | 192 | 253 | 184 | 270 | 154 | 206 | 276 | 155 | 372 | 289 | 176 | 275 | 211 | 178 | 224 | 252 | 247 | 275 | 294 | 105 | 155 | 133 |
| C026 | 科丰35 | 271 | 189 | 259 | 190 | 270 | 149 | 198 | 276 | 139 | 372 | 262 | 176 | 275 | 196 | 184 | 212 | 246 | 253 | 194 | 244 | 114 | 182 | 154 |
| C027 | 科新3号 | 262 | 192 | 253 | 0 | 270 | 160 | 218 | 217 | 158 | 372 | 295 | 176 | 293 | 211 | 172 | 224 | 249 | 247 | 275 | 256 | 105 | 121 | 0 |
| C028 | 诱变30 | 256 | 189 | 241 | 149 | 270 | 149 | 198 | 223 | 145 | 372 | 268 | 176 | 281 | 196 | 184 | 263 | 246 | 247 | 282 | 244 | 117 | 177 | 154 |
| C029 | 诱变31 | 256 | 189 | 241 | 190 | 270 | 149 | 198 | 276 | 130 | 342 | 268 | 182 | 287 | 208 | 184 | 224 | 246 | 253 | 0 | 248 | 117 | 182 | 115 |
| C030 | 诱处4号 | 256 | 189 | 247 | 149 | 270 | 163 | 206 | 276 | 130 | 372 | 268 | 182 | 281 | 208 | 184 | 230 | 246 | 253 | 196 | 248 | 114 | 185 | 160 |
| C032 | 早熟6号 | 292 | 189 | 247 | 190 | 276 | 146 | 198 | 220 | 145 | 372 | 268 | 176 | 281 | 208 | 184 | 263 | 249 | 274 | 0 | 244 | 111 | 185 | 160 |
| C037 | 早熟18 | 298 | 189 | 253 | 172 | 252 | 154 | 206 | 220 | 145 | 372 | 268 | 176 | 281 | 208 | 178 | 212 | 249 | 253 | 198 | 248 | 114 | 182 | 160 |
| C038 | 中黄1号 | 298 | 192 | 253 | 184 | 276 | 160 | 218 | 276 | 158 | 384 | 280 | 0 | 293 | 202 | 184 | 224 | 255 | 274 | 198 | 252 | 108 | 121 | 151 |
| C039 | 中黄2号 | 262 | 192 | 259 | 184 | 276 | 160 | 218 | 276 | 152 | 384 | 280 | 170 | 293 | 202 | 184 | 224 | 255 | 268 | 196 | 252 | 105 | 121 | 151 |
| C040 | 中黄3号 | 262 | 192 | 259 | 184 | 270 | 146 | 218 | 220 | 152 | 330 | 274 | 182 | 293 | 208 | 184 | 224 | 255 | 247 | 196 | 252 | 117 | 121 | 151 |
| C041 | 中黄4号 | 265 | 192 | 253 | 190 | 276 | 149 | 186 | 220 | 139 | 348 | 268 | 170 | 0 | 208 | 184 | 172 | 283 | 259 | 0 | 252 | 114 | 182 | 154 |
| C043 | 中黄6号 | 298 | 192 | 247 | 190 | 276 | 0 | 198 | 270 | 130 | 372 | 274 | 176 | 281 | 208 | 184 | 242 | 261 | 253 | 194 | 248 | 111 | 188 | 160 |
| C044 | 中黄7号 | 265 | 192 | 259 | 215 | 276 | 154 | 212 | 270 | 155 | 354 | 325 | 176 | 275 | 211 | 178 | 224 | 261 | 247 | 275 | 248 | 111 | 115 | 157 |
| C045 | 中黄8号 | 262 | 192 | 253 | 190 | 276 | 0 | 198 | 276 | 139 | 348 | 274 | 170 | 0 | 208 | 184 | 242 | 249 | 253 | 196 | 248 | 121 | 188 | 157 |
| C069 | 黔豆4号 | 256 | 189 | 271 | 190 | 264 | 149 | 198 | 220 | 130 | 342 | 319 | 176 | 287 | 208 | 184 | 242 | 249 | 253 | 0 | 248 | 132 | 185 | 154 |
| C094 | 河南早丰1号 | 262 | 186 | 271 | 149 | 270 | 146 | 206 | 217 | 152 | 354 | 280 | 158 | 281 | 208 | 0 | 269 | 246 | 247 | 194 | 300 | 127 | 118 | 133 |
| C104 | 豫豆1号 | 265 | 186 | 253 | 149 | 264 | 160 | 183 | 254 | 158 | 324 | 268 | 164 | 281 | 202 | 178 | 257 | 249 | 247 | 194 | 248 | 0 | 118 | 151 |
| C105 | 豫豆2号 | 268 | 186 | 253 | 184 | 264 | 154 | 198 | 254 | 145 | 348 | 307 | 170 | 281 | 202 | 178 | 248 | 249 | 247 | 238 | 252 | 0 | 118 | 154 |
| C106 | 豫豆3号 | 265 | 189 | 0 | 155 | 280 | 163 | 212 | 220 | 130 | 348 | 325 | 182 | 287 | 208 | 244 | 242 | 249 | 253 | 0 | 248 | 132 | 185 | 157 |
| C107 | 郑长叶7 | 262 | 189 | 265 | 161 | 0 | 160 | 218 | 276 | 152 | 324 | 274 | 170 | 287 | 202 | 238 | 269 | 246 | 247 | 194 | 248 | 108 | 118 | 115 |

（续）

| 品种代号 | 品种名称 | Chr. 11 (B1) | | | | Chr. 12 (H) | | | | | | | | | | | | | | | Chr. 13 (F) | | Chr. 14 (B2) | |
|---|---|---|---|---|---|---|---|---|---|---|---|---|---|---|---|---|---|---|---|---|---|---|---|---|
| | | Sat_331 | AQ851479 | Satt666 | Satt353 | Satt192 | Satt253 | Satt279 | Satt302 | Satt142 | Satt146 | Satt325 | Satt030 | Satt269 | BE806387 | Satt659 | Sat_197 | Satt522 | AW756935 | Sat_342 | Sat_287 | Satt020 | Satt534 | Satt063 |
| C108 | 豫豆5号 | 0 | 186 | 265 | 184 | 264 | 146 | 212 | 214 | 145 | 354 | 313 | 176 | 275 | 202 | 178 | 257 | 246 | 241 | 194 | 252 | 121 | 118 | 145 |
| C110 | 豫豆7号 | 268 | 186 | 265 | 149 | 264 | 140 | 183 | 254 | 152 | 360 | 313 | 0 | 384 | 208 | 244 | 218 | 249 | 268 | 238 | 252 | 0 | 118 | 145 |
| C111 | 豫豆8号 | 262 | 189 | 265 | 172 | 276 | 146 | 198 | 220 | 139 | 354 | 313 | 176 | 287 | 208 | 238 | 242 | 252 | 247 | 196 | 338 | 111 | 194 | 133 |
| C112 | 豫豆10号 | 262 | 186 | 253 | 184 | 264 | 160 | 212 | 263 | 152 | 348 | 319 | 170 | 275 | 208 | 184 | 242 | 249 | 247 | 238 | 252 | 105 | 118 | 145 |
| C113 | 豫豆11 | 265 | 189 | 253 | 149 | 270 | 146 | 183 | 270 | 152 | 348 | 313 | 170 | 384 | 208 | 184 | 206 | 246 | 247 | 238 | 300 | 105 | 118 | 151 |
| C114 | 豫豆12 | 250 | 186 | 253 | 184 | 0 | 140 | 198 | 220 | 152 | 354 | 274 | 182 | 384 | 211 | 232 | 248 | 246 | 253 | 0 | 256 | 105 | 124 | 145 |
| C115 | 豫豆15 | 262 | 189 | 265 | 149 | 270 | 146 | 206 | 214 | 145 | 342 | 319 | 158 | 287 | 208 | 238 | 263 | 246 | 247 | 198 | 300 | 105 | 118 | 154 |
| C116 | 豫豆16 | 262 | 192 | 259 | 190 | 270 | 163 | 212 | 220 | 145 | 360 | 295 | 176 | 287 | 208 | 184 | 242 | 252 | 253 | 198 | 252 | 111 | 182 | 154 |
| C118 | 豫豆19 | 256 | 192 | 253 | 190 | 270 | 146 | 198 | 270 | 145 | 360 | 295 | 176 | 293 | 208 | 184 | 218 | 252 | 253 | 196 | 252 | 111 | 200 | 157 |
| C120 | 郑133 | 265 | 189 | 259 | 149 | 276 | 146 | 212 | 220 | 158 | 384 | 280 | 164 | 293 | 208 | 184 | 257 | 246 | 247 | 196 | 266 | 0 | 118 | 151 |
| C121 | 郑77249 | 265 | 189 | 253 | 149 | 276 | 146 | 186 | 217 | 118 | 336 | 274 | 170 | 287 | 211 | 184 | 218 | 246 | 247 | 194 | 248 | 121 | 118 | 154 |
| C122 | 郑86506 | 265 | 189 | 253 | 149 | 276 | 146 | 206 | 220 | 152 | 378 | 280 | 170 | 287 | 211 | 184 | 242 | 246 | 247 | 196 | 248 | 108 | 118 | 154 |
| C123 | 郑州126 | 268 | 189 | 271 | 149 | 270 | 146 | 186 | 217 | 152 | 330 | 274 | 170 | 287 | 211 | 238 | 269 | 240 | 247 | 194 | 248 | 127 | 121 | 157 |
| C124 | 郑州135 | 262 | 189 | 259 | 199 | 276 | 160 | 212 | 223 | 158 | 348 | 313 | 152 | 269 | 208 | 232 | 269 | 255 | 241 | 192 | 252 | 121 | 121 | 133 |
| C125 | 周7327-118 | 220 | 198 | 271 | 155 | 258 | 160 | 206 | 217 | 145 | 348 | 313 | 164 | 293 | 208 | 238 | 236 | 252 | 253 | 194 | 252 | 127 | 177 | 160 |
| C170 | 合丰25 | 271 | 189 | 259 | 215 | 258 | 154 | 206 | 0 | 155 | 348 | 313 | 152 | 269 | 208 | 178 | 257 | 255 | 241 | 222 | 252 | 127 | 121 | 115 |
| C178 | 合丰33 | 286 | 195 | 259 | 172 | 252 | 0 | 186 | 263 | 139 | 324 | 319 | 176 | 410 | 202 | 184 | 206 | 277 | 253 | 196 | 256 | 127 | 194 | 154 |
| C181 | 合丰36 | 256 | 192 | 253 | 208 | 280 | 163 | 186 | 226 | 168 | 366 | 325 | 176 | 269 | 211 | 178 | 212 | 292 | 241 | 258 | 286 | 111 | 121 | 112 |
| C288 | 矮脚早 | 262 | 189 | 259 | 184 | 258 | 146 | 296 | 220 | 155 | 348 | 295 | 170 | 269 | 196 | 184 | 263 | 246 | 253 | 192 | 240 | 121 | 188 | 160 |
| C291 | 鄂豆5号 | 298 | 189 | 259 | 184 | 252 | 146 | 296 | 220 | 155 | 342 | 319 | 188 | 269 | 202 | 184 | 296 | 249 | 253 | 192 | 244 | 127 | 185 | 160 |
| C292 | 早春1号 | 265 | 189 | 259 | 184 | 252 | 146 | 312 | 220 | 155 | 372 | 295 | 194 | 269 | 202 | 184 | 263 | 246 | 253 | 192 | 240 | 127 | 194 | 157 |
| C293 | 中豆8号 | 0 | 195 | 247 | 190 | 264 | 143 | 198 | 207 | 139 | 354 | 319 | 170 | 275 | 202 | 184 | 224 | 249 | 247 | 0 | 0 | 108 | 177 | 154 |
| C295 | 中豆19 | 256 | 198 | 247 | 184 | 264 | 143 | 186 | 207 | 139 | 342 | 235 | 188 | 410 | 196 | 184 | 224 | 249 | 268 | 198 | 248 | 105 | 200 | 160 |
| C296 | 中豆20 | 262 | 195 | 259 | 161 | 276 | 143 | 186 | 207 | 118 | 348 | 313 | 176 | 0 | 202 | 184 | 230 | 249 | 247 | 198 | 248 | 108 | 177 | 133 |
| C297 | 中豆24 | 262 | 189 | 253 | 178 | 264 | 146 | 296 | 220 | 155 | 348 | 325 | 182 | 269 | 196 | 184 | 263 | 249 | 253 | 192 | 306 | 121 | 188 | 115 |
| C301 | 湘春豆10号 | 265 | 189 | 0 | 184 | 264 | 146 | 322 | 223 | 124 | 384 | 289 | 176 | 275 | 208 | 184 | 269 | 249 | 253 | 194 | 256 | 108 | 185 | 160 |

（续）

| 品种代号 | 品种名称 | Chr. 11 (B1) | | | | Chr. 12 (H) | | | | | | | | Chr. 13 (F) | | | | | | | Chr. 14 (B2) | | | |
|---|---|---|---|---|---|---|---|---|---|---|---|---|---|---|---|---|---|---|---|---|---|---|---|---|
| | | Sat_331 | AQ851479 | Satt666 | Satt353 | Satt192 | Satt253 | Satt279 | Satt302 | Satt142 | Satt146 | Satt325 | Satt030 | BE806387 | Satt269 | Satt659 | Sat_197 | Satt522 | AW756935 | Sat_342 | Sat_287 | Satt020 | Satt534 | Satt063 |
| C306 | 湘春豆 15 | 265 | 189 | 259 | 184 | 146 | 264 | 322 | 223 | 124 | 384 | 295 | 176 | 275 | 208 | 184 | 269 | 249 | 253 | 194 | 248 | 108 | 185 | 160 |
| C390 | 九农 20 | 256 | 198 | 241 | 172 | 163 | 276 | 212 | 254 | 130 | 354 | 313 | 182 | 299 | 186 | 184 | 230 | 255 | 247 | 200 | 312 | 108 | 200 | 169 |
| C417 | 58 - 161 | 0 | 198 | 241 | 199 | 143 | 264 | 192 | 223 | 145 | 366 | 319 | 176 | 275 | 196 | 244 | 0 | 261 | 259 | 275 | 294 | 108 | 185 | 190 |
| C421 | 灌豆 1 号 | 0 | 195 | 241 | 190 | 143 | 264 | 206 | 223 | 145 | 378 | 280 | 176 | 275 | 196 | 184 | 206 | 255 | 253 | 282 | 252 | 117 | 177 | 190 |
| C423 | 淮豆 1 号 | 0 | 189 | 253 | 184 | 143 | 270 | 198 | 276 | 139 | 378 | 274 | 176 | 0 | 186 | 244 | 172 | 261 | 268 | 275 | 312 | 121 | 155 | 190 |
| C424 | 淮豆 2 号 | 0 | 189 | 241 | 190 | 140 | 264 | 198 | 220 | 139 | 360 | 307 | 158 | 269 | 196 | 184 | 230 | 249 | 247 | 275 | 248 | 121 | 185 | 190 |
| C428 | 南农 1138 - 2 | 250 | 189 | 241 | 190 | 0 | 264 | 198 | 220 | 139 | 360 | 307 | 158 | 275 | 186 | 244 | 248 | 252 | 247 | 196 | 248 | 127 | 188 | 190 |
| C431 | 南农 493 - 1 | 250 | 185 | 241 | 184 | 0 | 264 | 198 | 220 | 139 | 0 | 280 | 152 | 275 | 196 | 178 | 230 | 249 | 253 | 196 | 248 | 121 | 182 | 190 |
| C432 | 南农 73 - 935 | 250 | 186 | 241 | 184 | 140 | 264 | 198 | 220 | 139 | 360 | 307 | 158 | 275 | 186 | 244 | 236 | 249 | 247 | 196 | 248 | 111 | 182 | 190 |
| C433 | 南农 86 - 4 | 256 | 189 | 241 | 184 | 143 | 258 | 198 | 217 | 139 | 354 | 307 | 158 | 275 | 202 | 184 | 248 | 252 | 253 | 198 | 248 | 111 | 188 | 190 |
| C434 | 南农 87C - 38 | 250 | 189 | 241 | 184 | 140 | 264 | 183 | 217 | 145 | 360 | 307 | 170 | 275 | 202 | 238 | 236 | 249 | 247 | 196 | 252 | 111 | 188 | 190 |
| C435 | 南农 88 - 48 | 262 | 189 | 241 | 184 | 143 | 258 | 198 | 217 | 139 | 354 | 307 | 158 | 275 | 196 | 244 | 248 | 249 | 253 | 198 | 248 | 132 | 188 | 190 |
| C436 | 南农菜豆 1 号 | 256 | 189 | 259 | 146 | 143 | 264 | 198 | 217 | 145 | 384 | 268 | 170 | 275 | 202 | 0 | 236 | 249 | 253 | 198 | 252 | 114 | 188 | 199 |
| C438 | 宁镇 1 号 | 262 | 192 | 241 | 184 | 143 | 264 | 198 | 0 | 139 | 342 | 262 | 164 | 275 | 196 | 244 | 248 | 249 | 247 | 196 | 252 | 114 | 200 | 190 |
| C439 | 宁镇 2 号 | 256 | 192 | 253 | 221 | 163 | 270 | 198 | 276 | 158 | 384 | 280 | 176 | 269 | 0 | 178 | 224 | 306 | 247 | 258 | 252 | 114 | 121 | 157 |
| C440 | 宁镇 3 号 | 265 | 192 | 271 | 215 | 163 | 276 | 183 | 226 | 168 | 360 | 325 | 170 | 275 | 211 | 178 | 257 | 261 | 247 | 258 | 248 | 114 | 118 | 151 |
| C441 | 泗豆 11 | 286 | 189 | 247 | 178 | 143 | 264 | 198 | 220 | 139 | 330 | 268 | 176 | 275 | 208 | 184 | 242 | 252 | 253 | 196 | 252 | 117 | 188 | 190 |
| C443 | 苏 7209 | 265 | 189 | 247 | 178 | 143 | 264 | 198 | 220 | 139 | 354 | 313 | 164 | 275 | 202 | 184 | 230 | 252 | 247 | 196 | 286 | 114 | 185 | 199 |
| C444 | 苏豆 1 号 | 277 | 189 | 253 | 190 | 146 | 276 | 198 | 217 | 145 | 348 | 313 | 182 | 281 | 208 | 184 | 230 | 249 | 253 | 196 | 248 | 114 | 185 | 157 |
| C445 | 苏豆 3 号 | 286 | 189 | 247 | 178 | 143 | 270 | 198 | 220 | 145 | 360 | 331 | 176 | 275 | 208 | 184 | 242 | 255 | 253 | 196 | 0 | 114 | 188 | 176 |
| C448 | 苏协 18 - 6 | 256 | 189 | 253 | 215 | 140 | 270 | 192 | 223 | 124 | 342 | 274 | 152 | 269 | 211 | 172 | 224 | 247 | 247 | 198 | 0 | 114 | 115 | 151 |
| C449 | 苏协 19 - 15 | 256 | 189 | 253 | 215 | 140 | 270 | 192 | 220 | 168 | 366 | 301 | 152 | 269 | 208 | 178 | 224 | 255 | 247 | 198 | 248 | 114 | 118 | 151 |
| C450 | 苏协 4 - 1 | 265 | 189 | 253 | 184 | 143 | 270 | 198 | 217 | 145 | 360 | 313 | 164 | 275 | 208 | 184 | 230 | 252 | 253 | 194 | 338 | 111 | 185 | 151 |
| C451 | 苏协 1 号 | 312 | 198 | 247 | 184 | 143 | 270 | 198 | 207 | 130 | 348 | 319 | 170 | 299 | 202 | 218 | 218 | 249 | 247 | 198 | 338 | 108 | 177 | 203 |
| C455 | 徐豆 1 号 | 256 | 189 | 265 | 172 | 143 | 270 | 206 | 217 | 139 | 360 | 274 | 170 | 384 | 208 | 184 | 242 | 249 | 253 | 196 | 294 | 121 | 194 | 199 |
| C457 | 徐豆 3 号 | 250 | 189 | 253 | 184 | 143 | 246 | 198 | 217 | 152 | 366 | 274 | 182 | 275 | 196 | 184 | 263 | 252 | 274 | 0 | 252 | 114 | 212 | 190 |

（续）

| 品种代号 | 品种名称 | Chr. 11 (B1) | | | | Chr. 12 (H) | | | | | | | | Chr. 13 (F) | | | | | | Chr. 14 (B2) | | | | |
|---|---|---|---|---|---|---|---|---|---|---|---|---|---|---|---|---|---|---|---|---|---|---|---|---|
| | | Sat_331 | AQ851479 | Satt666 | Satt353 | Satt192 | Satt253 | Satt302 | Satt279 | Satt142 | Satt146 | Satt325 | Satt030 | Satt269 | BE806387 | Satt659 | Sat_197 | Satt522 | AW756935 | Sat_342 | Sat_287 | Satt020 | Satt534 | Satt063 |
| C458 | 徐豆7号 | 256 | 189 | 253 | 184 | 270 | 143 | 183 | 217 | 152 | 372 | 295 | 182 | 281 | 208 | 184 | 248 | 252 | 253 | 0 | 260 | 108 | 185 | 203 |
| C538 | 菏84-1 | 298 | 192 | 253 | 184 | 252 | 146 | 223 | 282 | 155 | 366 | 0 | 176 | 293 | 211 | 244 | 0 | 292 | 247 | 200 | 252 | 127 | 118 | 157 |
| C539 | 菏84-5 | 298 | 189 | 253 | 184 | 258 | 154 | 218 | 220 | 152 | 330 | 268 | 170 | 275 | 208 | 178 | 257 | 249 | 268 | 194 | 306 | 127 | 212 | 203 |
| C540 | 莒选23 | 271 | 189 | 271 | 146 | 206 | 149 | 186 | 276 | 139 | 354 | 313 | 164 | 269 | 208 | 232 | 230 | 255 | 268 | 222 | 294 | 111 | 185 | 0 |
| C542 | 鲁豆1号 | 262 | 189 | 277 | 146 | 258 | 140 | 183 | 217 | 152 | 348 | 295 | 176 | 0 | 208 | 244 | 224 | 246 | 247 | 194 | 248 | 132 | 188 | 203 |
| C563 | 齐黄22 | 280 | 189 | 277 | 146 | 258 | 133 | 186 | 217 | 152 | 372 | 289 | 170 | 0 | 202 | 178 | 224 | 246 | 247 | 194 | 244 | 117 | 185 | 199 |
| C567 | 为民1号 | 250 | 189 | 259 | 146 | 258 | 133 | 186 | 220 | 152 | 354 | 289 | 176 | 269 | 208 | 178 | 218 | 246 | 247 | 194 | 240 | 121 | 185 | 203 |
| C572 | 文丰7号 | 271 | 0 | 259 | 190 | 270 | 146 | 186 | 270 | 139 | 348 | 319 | 164 | 293 | 208 | 244 | 212 | 252 | 253 | 196 | 248 | 127 | 155 | 115 |
| C575 | 兖黄1号 | 256 | 189 | 271 | 146 | 264 | 154 | 206 | 217 | 139 | 324 | 313 | 164 | 275 | 208 | 232 | 242 | 255 | 259 | 198 | 300 | 132 | 185 | 190 |
| C621 | 川豆2号 | 268 | 192 | 253 | 184 | 264 | 146 | 223 | 282 | 158 | 354 | 280 | 164 | 293 | 202 | 184 | 230 | 255 | 268 | 194 | 256 | 127 | 121 | 154 |
| C626 | 贡豆2号 | 256 | 189 | 259 | 178 | 258 | 133 | 206 | 217 | 139 | 384 | 262 | 176 | 0 | 196 | 178 | 257 | 246 | 241 | 194 | 240 | 114 | 188 | 203 |
| C628 | 贡豆4号 | 256 | 189 | 259 | 146 | 258 | 133 | 198 | 214 | 145 | 372 | 262 | 182 | 0 | 196 | 244 | 212 | 277 | 241 | 198 | 0 | 127 | 212 | 216 |
| C629 | 贡豆6号 | 268 | 192 | 277 | 146 | 252 | 133 | 206 | 214 | 145 | 366 | 268 | 182 | 269 | 196 | 178 | 206 | 246 | 247 | 196 | 240 | 117 | 188 | 216 |
| C630 | 贡豆7号 | 286 | 192 | 259 | 178 | 258 | 163 | 186 | 276 | 118 | 366 | 274 | 176 | 269 | 208 | 184 | 172 | 252 | 268 | 200 | 286 | 117 | 212 | 190 |
| C648 | 浙春1号 | 265 | 195 | 277 | 208 | 258 | 160 | 186 | 276 | 168 | 315 | 331 | 170 | 260 | 217 | 0 | 248 | 261 | 241 | 200 | 300 | 99 | 124 | 160 |
| C649 | 浙春2号 | 262 | 195 | 277 | 199 | 270 | 154 | 186 | 270 | 168 | 309 | 331 | 164 | 260 | 208 | 178 | 0 | 261 | 253 | 196 | 294 | 99 | 124 | 160 |
| C650 | 浙春3号 | 312 | 195 | 253 | 208 | 264 | 149 | 206 | 217 | 168 | 330 | 325 | 164 | 260 | 211 | 178 | 218 | 255 | 235 | 194 | 252 | 111 | 118 | 160 |
| D003 | 合豆2号 | 256 | 186 | 241 | 184 | 264 | 154 | 198 | 220 | 139 | 354 | 274 | 176 | 275 | 208 | 184 | 242 | 246 | 253 | 194 | 244 | 121 | 177 | 160 |
| D004 | 合豆3号 | 256 | 189 | 241 | 149 | 264 | 149 | 183 | 276 | 130 | 336 | 313 | 0 | 275 | 208 | 184 | 224 | 246 | 274 | 0 | 244 | 132 | 177 | 0 |
| D008 | 皖豆16 | 298 | 186 | 241 | 184 | 270 | 154 | 192 | 220 | 130 | 366 | 262 | 0 | 275 | 196 | 184 | 257 | 246 | 247 | 0 | 252 | 117 | 177 | 157 |
| D011 | 皖豆19 | 268 | 189 | 265 | 149 | 270 | 154 | 186 | 270 | 152 | 372 | 280 | 0 | 269 | 211 | 178 | 248 | 252 | 268 | 198 | 300 | 105 | 124 | 133 |
| D013 | 皖豆21 | 262 | 186 | 241 | 178 | 206 | 149 | 192 | 220 | 124 | 309 | 262 | 176 | 275 | 196 | 184 | 248 | 246 | 247 | 0 | 248 | 121 | 188 | 160 |
| D028 | 科丰53 | 262 | 189 | 253 | 199 | 276 | 163 | 198 | 220 | 145 | 372 | 274 | 176 | 281 | 202 | 184 | 0 | 249 | 253 | 198 | 252 | 111 | 185 | 160 |
| D036 | 中豆27 | 262 | 189 | 253 | 215 | 270 | 154 | 183 | 270 | 168 | 360 | 295 | 182 | 260 | 208 | 178 | 257 | 292 | 247 | 198 | 248 | 0 | 115 | 151 |
| D038 | 中黄9 | 271 | 192 | 253 | 215 | 276 | 154 | 212 | 276 | 155 | 360 | 325 | 176 | 281 | 211 | 178 | 224 | 261 | 247 | 0 | 260 | 0 | 118 | 157 |
| D043 | 中黄14 | 262 | 192 | 259 | 184 | 276 | 154 | 206 | 276 | 152 | 0 | 0 | 176 | 275 | 217 | 244 | 257 | 255 | 247 | 198 | 252 | 117 | 118 | 0 |

（续）

| 品种代号 | 品种名称 | Chr. 11 (B1) | | | | Chr. 12 (H) | | | | | | | | Chr. 13 (F) | | | | | | | Chr. 14 (B2) | | | |
|---|---|---|---|---|---|---|---|---|---|---|---|---|---|---|---|---|---|---|---|---|---|---|---|---|
| | | Sat_331 | AQ851479 | Satt666 | Satt353 | Satt192 | Satt253 | Satt279 | Satt302 | Satt142 | Satt146 | Satt325 | Satt030 | Satt269 | BE806387 | Satt659 | Sat_197 | Satt522 | AW756935 | Sat_342 | Sat_287 | Satt020 | Satt534 | Satt063 |
| D044 | 中黄 15 | 262 | 186 | 253 | 215 | 246 | 140 | 183 | 217 | 124 | 360 | 301 | 182 | 260 | 208 | 184 | 296 | 255 | 247 | 198 | 0 | 0 | 115 | 0 |
| D053 | 中黄 24 | 277 | 189 | 253 | 208 | 264 | 143 | 206 | 270 | 158 | 354 | 289 | 0 | 251 | 208 | 232 | 248 | 283 | 235 | 0 | 266 | 99 | 121 | 151 |
| D054 | 中黄 25 | 262 | 192 | 253 | 184 | 270 | 154 | 206 | 270 | 152 | 366 | 289 | 176 | 275 | 202 | 178 | 224 | 292 | 259 | 198 | 260 | 105 | 118 | 133 |
| D081 | 桂早 1 号 | 250 | 189 | 265 | 178 | 258 | 160 | 206 | 270 | 152 | 366 | 295 | 176 | 287 | 211 | 172 | 218 | 252 | 253 | 196 | 248 | 105 | 124 | 151 |
| D087 | 黔豆 3 号 | 250 | 189 | 247 | 184 | 252 | 160 | 206 | 217 | 155 | 366 | 295 | 182 | 287 | 211 | 172 | 242 | 249 | 274 | 194 | 248 | 105 | 121 | 151 |
| D088 | 黔豆 5 号 | 265 | 189 | 253 | 178 | 258 | 154 | 206 | 217 | 155 | 366 | 295 | 0 | 287 | 211 | 172 | 218 | 249 | 247 | 196 | 256 | 105 | 121 | 145 |
| D090 | 沧豆 4 号 | 265 | 189 | 253 | 184 | 276 | 149 | 218 | 223 | 158 | 384 | 280 | 176 | 293 | 208 | 184 | 224 | 252 | 247 | 194 | 248 | 111 | 118 | 115 |
| D112 | 地神 21 | 265 | 189 | 247 | 146 | 264 | 143 | 186 | 217 | 152 | 366 | 295 | 182 | 260 | 211 | 172 | 236 | 249 | 253 | 243 | 256 | 105 | 121 | 145 |
| D113 | 地神 22 | 262 | 195 | 253 | 155 | 270 | 146 | 186 | 214 | 0 | 360 | 301 | 176 | 293 | 202 | 184 | 236 | 252 | 247 | 196 | 248 | 108 | 200 | 145 |
| D114 | 滑豆 20 | 250 | 189 | 253 | 184 | 264 | 140 | 212 | 217 | 152 | 0 | 295 | 0 | 260 | 211 | 238 | 224 | 246 | 253 | 238 | 256 | 121 | 121 | 145 |
| D117 | 濮海 10 号 | 268 | 195 | 259 | 190 | 270 | 146 | 206 | 214 | 145 | 360 | 295 | 176 | 293 | 208 | 184 | 0 | 252 | 247 | 196 | 248 | 111 | 182 | 157 |
| D118 | 商丘 1099 | 256 | 195 | 253 | 190 | 270 | 154 | 186 | 217 | 0 | 360 | 301 | 182 | 293 | 196 | 184 | 242 | 255 | 253 | 0 | 252 | 0 | 177 | 157 |
| D122 | 豫豆 17 | 262 | 189 | 265 | 161 | 276 | 163 | 212 | 217 | 145 | 348 | 313 | 170 | 281 | 208 | 238 | 0 | 246 | 247 | 194 | 248 | 108 | 118 | 112 |
| D124 | 豫豆 21 | 268 | 186 | 253 | 184 | 264 | 154 | 212 | 217 | 155 | 366 | 289 | 164 | 281 | 211 | 232 | 248 | 252 | 268 | 198 | 256 | 99 | 124 | 145 |
| D125 | 豫豆 22 | 250 | 186 | 247 | 0 | 264 | 140 | 183 | 220 | 118 | 336 | 268 | 176 | 287 | 202 | 172 | 236 | 246 | 253 | 243 | 248 | 99 | 118 | 145 |
| D126 | 豫豆 23 | 265 | 189 | 253 | 149 | 264 | 140 | 186 | 220 | 152 | 336 | 268 | 176 | 287 | 211 | 172 | 248 | 255 | 253 | 200 | 300 | 108 | 121 | 151 |
| D127 | 豫豆 24 | 256 | 189 | 253 | 215 | 270 | 154 | 206 | 0 | 158 | 378 | 280 | 176 | 397 | 202 | 178 | 269 | 261 | 247 | 243 | 244 | 0 | 115 | 151 |
| D128 | 豫豆 25 | 250 | 189 | 253 | 184 | 264 | 140 | 212 | 220 | 118 | 336 | 268 | 176 | 269 | 208 | 172 | 263 | 261 | 253 | 243 | 248 | 99 | 118 | 145 |
| D129 | 豫豆 26 | 262 | 189 | 253 | 215 | 270 | 140 | 206 | 0 | 168 | 348 | 331 | 182 | 397 | 211 | 178 | 248 | 261 | 247 | 243 | 248 | 132 | 115 | 151 |
| D130 | 豫豆 27 | 262 | 189 | 253 | 184 | 270 | 154 | 218 | 214 | 152 | 324 | 268 | 158 | 269 | 208 | 184 | 257 | 246 | 247 | 192 | 252 | 108 | 118 | 154 |
| D131 | 豫豆 28 | 250 | 189 | 253 | 155 | 270 | 154 | 186 | 276 | 155 | 348 | 319 | 176 | 299 | 217 | 172 | 248 | 261 | 259 | 200 | 256 | 99 | 121 | 160 |
| D132 | 豫豆 29 | 265 | 192 | 265 | 190 | 270 | 154 | 218 | 282 | 158 | 330 | 268 | 182 | 410 | 208 | 178 | 257 | 261 | 268 | 258 | 256 | 99 | 121 | 157 |
| D135 | 郑 90007 | 262 | 189 | 253 | 184 | 258 | 146 | 296 | 217 | 158 | 360 | 301 | 188 | 269 | 208 | 184 | 257 | 252 | 247 | 192 | 240 | 0 | 177 | 169 |
| D136 | 郑 92116 | 256 | 183 | 253 | 184 | 264 | 146 | 312 | 276 | 152 | 360 | 301 | 188 | 269 | 208 | 184 | 257 | 249 | 247 | 192 | 252 | 114 | 177 | 160 |
| D137 | 郑长交 14 | 262 | 189 | 253 | 184 | 264 | 160 | 280 | 276 | 155 | 348 | 301 | 182 | 269 | 196 | 184 | 263 | 255 | 247 | 192 | 256 | 99 | 177 | 0 |
| D138 | 郑交 107 | 262 | 189 | 253 | 184 | 264 | 146 | 280 | 276 | 158 | 360 | 301 | 182 | 269 | 196 | 184 | 263 | 255 | 247 | 192 | 240 | 0 | 177 | 160 |

（续）

| 品种代号 | 品种名称 | Chr. 11 (B1) | | | | Chr. 12 (H) | | | | | Chr. 13 (F) | | | | | | | | | | | Chr. 14 (B2) | | |
|---|---|---|---|---|---|---|---|---|---|---|---|---|---|---|---|---|---|---|---|---|---|---|---|---|
| | | Sat_331 | AQ851479 | Satt666 | Satt353 | Satt192 | Satt253 | Satt279 | Satt302 | Satt142 | Satt146 | Satt325 | Satt030 | Satt269 | BE806387 | Satt659 | Sat_197 | Satt522 | AW756935 | Sat_342 | Sat_287 | Satt020 | Satt534 | Satt063 |
| D139 | GS郑交9525 | 262 | 189 | 253 | 184 | 264 | 146 | 312 | 276 | 152 | 360 | 295 | 188 | 269 | 208 | 184 | 257 | 249 | 253 | 192 | 240 | 0 | 182 | 160 |
| D140 | 周豆11 | 262 | 189 | 253 | 215 | 270 | 140 | 206 | 223 | 158 | 348 | 331 | 176 | 269 | 202 | 178 | 269 | 261 | 247 | 243 | 248 | 132 | 115 | 154 |
| D141 | 周豆12 | 265 | 189 | 253 | 199 | 270 | 140 | 206 | 223 | 124 | 384 | 295 | 176 | 269 | 211 | 178 | 242 | 255 | 247 | 243 | 248 | 114 | 115 | 154 |
| D143 | 八五七-1 | 256 | 192 | 247 | 190 | 276 | 154 | 212 | 263 | 130 | 348 | 331 | 188 | 299 | 202 | 184 | 236 | 283 | 253 | 196 | 306 | 108 | 194 | 160 |
| D149 | 北丰7号 | 0 | 192 | 297 | 221 | 280 | 154 | 198 | 276 | 158 | 360 | 295 | 176 | 260 | 211 | 178 | 224 | 292 | 253 | 258 | 0 | 0 | 115 | 145 |
| D151 | 北丰9号 | 262 | 198 | 297 | 208 | 280 | 163 | 183 | 282 | 158 | 366 | 301 | 170 | 260 | 217 | 184 | 230 | 306 | 259 | 275 | 0 | 0 | 121 | 145 |
| D152 | 北丰10号 | 265 | 189 | 253 | 172 | 270 | 160 | 212 | 226 | 145 | 348 | 313 | 170 | 287 | 217 | 184 | 248 | 292 | 253 | 275 | 338 | 121 | 124 | 112 |
| D153 | 北丰11 | 271 | 186 | 253 | 190 | 270 | 154 | 198 | 254 | 145 | 372 | 280 | 170 | 287 | 211 | 184 | 218 | 255 | 247 | 243 | 300 | 121 | 121 | 112 |
| D154 | 北丰13 | 265 | 186 | 253 | 172 | 264 | 146 | 186 | 0 | 139 | 342 | 280 | 170 | 287 | 211 | 178 | 236 | 306 | 247 | 243 | 326 | 121 | 121 | 151 |
| D155 | 北丰14 | 271 | 186 | 253 | 172 | 264 | 146 | 212 | 0 | 145 | 360 | 235 | 158 | 275 | 208 | 178 | 236 | 277 | 241 | 243 | 266 | 0 | 121 | 145 |
| D241 | 抗线虫5号 | 0 | 192 | 0 | 172 | 276 | 160 | 212 | 263 | 130 | 336 | 331 | 188 | 0 | 196 | 184 | 0 | 283 | 247 | 0 | 0 | 108 | 200 | 151 |
| D296 | 绥农14 | 298 | 195 | 253 | 172 | 276 | 154 | 206 | 263 | 139 | 324 | 280 | 182 | 213 | 196 | 184 | 242 | 277 | 253 | 194 | 326 | 108 | 177 | 133 |
| D309 | 鄂豆7号 | 312 | 189 | 253 | 184 | 252 | 146 | 312 | 220 | 155 | 342 | 319 | 188 | 269 | 208 | 184 | 296 | 249 | 253 | 192 | 240 | 0 | 185 | 160 |
| D313 | 中豆29 | 265 | 189 | 253 | 184 | 258 | 146 | 296 | 223 | 158 | 384 | 289 | 182 | 275 | 208 | 178 | 263 | 277 | 253 | 192 | 294 | 127 | 177 | 157 |
| D314 | 中豆30 | 0 | 189 | 253 | 184 | 276 | 146 | 296 | 220 | 155 | 360 | 280 | 176 | 275 | 208 | 184 | 0 | 255 | 253 | 194 | 256 | 108 | 200 | 157 |
| D316 | 中豆32 | 268 | 189 | 253 | 184 | 264 | 146 | 280 | 223 | 124 | 372 | 295 | 188 | 275 | 208 | 178 | 269 | 255 | 274 | 192 | 248 | 121 | 182 | 160 |
| D319 | 湘春豆16 | 265 | 189 | 253 | 184 | 264 | 149 | 322 | 223 | 124 | 384 | 289 | 182 | 275 | 208 | 184 | 269 | 246 | 253 | 194 | 256 | 108 | 185 | 160 |
| D322 | 湘春豆19 | 268 | 189 | 253 | 184 | 264 | 149 | 322 | 223 | 124 | 384 | 289 | 182 | 275 | 208 | 184 | 269 | 246 | 253 | 194 | 252 | 111 | 185 | 157 |
| D323 | 湘春豆20 | 268 | 192 | 253 | 184 | 264 | 149 | 322 | 223 | 124 | 384 | 295 | 182 | 275 | 208 | 184 | 269 | 246 | 253 | 194 | 260 | 0 | 185 | 157 |
| D325 | 湘春豆22 | 265 | 189 | 253 | 184 | 264 | 149 | 322 | 223 | 124 | 384 | 289 | 176 | 281 | 208 | 184 | 269 | 246 | 253 | 194 | 260 | 111 | 185 | 157 |
| D326 | 湘春豆23 | 268 | 189 | 253 | 184 | 264 | 149 | 322 | 223 | 124 | 384 | 289 | 176 | 275 | 208 | 178 | 269 | 246 | 247 | 194 | 248 | 111 | 185 | 154 |
| D442 | 淮豆3号 | 262 | 192 | 259 | 184 | 270 | 0 | 198 | 220 | 152 | 378 | 331 | 176 | 275 | 202 | 178 | 263 | 252 | 253 | 196 | 252 | 127 | 188 | 199 |
| D443 | 淮豆4号 | 277 | 195 | 265 | 184 | 258 | 133 | 206 | 217 | 145 | 384 | 262 | 182 | 269 | 208 | 184 | 242 | 246 | 247 | 198 | 244 | 114 | 188 | 216 |
| D445 | 淮豆6号 | 268 | 192 | 259 | 146 | 270 | 143 | 198 | 0 | 152 | 360 | 295 | 170 | 0 | 208 | 184 | 242 | 252 | 253 | 275 | 0 | 114 | 185 | 203 |
| D453 | 南农88-31 | 262 | 192 | 247 | 184 | 276 | 143 | 186 | 220 | 0 | 372 | 295 | 176 | 281 | 211 | 184 | 236 | 252 | 274 | 200 | 256 | 111 | 212 | 203 |
| D455 | 南农99-10 | 262 | 192 | 259 | 184 | 276 | 143 | 198 | 217 | 152 | 354 | 319 | 164 | 275 | 211 | 184 | 242 | 252 | 253 | 196 | 252 | 111 | 194 | 190 |

（续）

| 品种代号 | 品种名称 | Chr. 11 (B1) | | | | Chr. 12 (H) | | | | | | | | Chr. 13 (F) | | | | | | Chr. 14 (B2) | | | | |
|---|---|---|---|---|---|---|---|---|---|---|---|---|---|---|---|---|---|---|---|---|---|---|---|---|
| | | Sat_331 | AQ851479 | Satt666 | Satt353 | Satt192 | Satt253 | Satt279 | Satt302 | Satt1142 | Satt146 | Satt325 | Satt030 | Satt269 | BE806387 | Satt659 | Sat_197 | Satt522 | AW756935 | Sat_342 | Sat_287 | Satt020 | Satt534 | Satt063 |
| D461 | 苏豆4号 | 268 | 186 | 271 | 178 | 264 | 149 | 322 | 223 | 155 | 354 | 295 | 188 | 281 | 208 | 184 | 269 | 246 | 247 | 196 | 248 | 132 | 185 | 151 |
| D463 | 通豆3号 | 265 | 189 | 259 | 178 | 270 | 143 | 198 | 220 | 152 | 360 | 295 | 146 | 213 | 208 | 244 | 230 | 252 | 253 | 282 | 252 | 132 | 188 | 190 |
| D465 | 徐豆8号 | 265 | 189 | 259 | 215 | 270 | 140 | 198 | 282 | 155 | 360 | 295 | 170 | 269 | 208 | 178 | 224 | 261 | 241 | 275 | 260 | 121 | 115 | 154 |
| D466 | 徐豆9号 | 271 | 186 | 271 | 172 | 276 | 146 | 312 | 220 | 158 | 348 | 295 | 182 | 275 | 208 | 184 | 269 | 249 | 253 | 198 | 248 | 111 | 182 | 151 |
| D467 | 徐豆10号 | 265 | 189 | 259 | 215 | 270 | 140 | 198 | 226 | 158 | 360 | 295 | 176 | 269 | 208 | 178 | 224 | 261 | 241 | 0 | 256 | 108 | 118 | 154 |
| D468 | 徐豆11 | 286 | 192 | 259 | 215 | 270 | 154 | 206 | 282 | 155 | 354 | 274 | 170 | 275 | 208 | 178 | 224 | 261 | 247 | 0 | 252 | 108 | 118 | 112 |
| D469 | 徐豆12 | 277 | 189 | 259 | 215 | 270 | 143 | 186 | 282 | 155 | 366 | 295 | 176 | 269 | 208 | 238 | 224 | 261 | 247 | 192 | 248 | 108 | 118 | 157 |
| D471 | 赣豆4号 | 268 | 189 | 259 | 184 | 264 | 149 | 322 | 223 | 158 | 354 | 319 | 182 | 281 | 208 | 184 | 269 | 246 | 247 | 198 | 256 | 132 | 188 | 151 |
| D550 | 鲁豆12 | 256 | 189 | 277 | 146 | 258 | 133 | 198 | 0 | 139 | 354 | 307 | 164 | 269 | 208 | 178 | 224 | 246 | 241 | 194 | 240 | 117 | 185 | 0 |
| D557 | 齐黄28 | 277 | 192 | 271 | 208 | 270 | 143 | 212 | 226 | 158 | 354 | 319 | 170 | 269 | 211 | 238 | 257 | 292 | 247 | 194 | 266 | 108 | 118 | 157 |
| D558 | 齐黄29 | 280 | 192 | 259 | 208 | 270 | 146 | 206 | 223 | 158 | 360 | 295 | 170 | 251 | 211 | 178 | 257 | 292 | 247 | 194 | 306 | 111 | 118 | 157 |
| D565 | 跃进10号 | 262 | 192 | 259 | 221 | 246 | 160 | 183 | 223 | 168 | 360 | 295 | 182 | 260 | 211 | 178 | 224 | 261 | 253 | 200 | 0 | 0 | 115 | 145 |
| D593 | 成豆9号 | 271 | 186 | 253 | 184 | 276 | 149 | 322 | 220 | 158 | 360 | 274 | 176 | 281 | 208 | 184 | 269 | 246 | 247 | 198 | 248 | 0 | 194 | 157 |
| D596 | 川豆4号 | 277 | 186 | 253 | 184 | 270 | 149 | 322 | 223 | 158 | 348 | 289 | 176 | 281 | 208 | 184 | 275 | 240 | 247 | 194 | 252 | 111 | 185 | 154 |
| D597 | 川豆5号 | 298 | 183 | 253 | 184 | 264 | 149 | 322 | 223 | 158 | 378 | 289 | 176 | 275 | 208 | 184 | 296 | 246 | 247 | 196 | 256 | 111 | 185 | 154 |
| D598 | 川豆6号 | 262 | 189 | 253 | 215 | 270 | 140 | 192 | 270 | 158 | 342 | 331 | 176 | 260 | 211 | 178 | 263 | 255 | 247 | 238 | 248 | 127 | 118 | 154 |
| D605 | 贡豆5号 | 292 | 183 | 247 | 161 | 280 | 149 | 280 | 220 | 118 | 348 | 274 | 170 | 275 | 196 | 184 | 296 | 240 | 247 | 194 | 248 | 111 | 194 | 157 |
| D606 | 贡豆8号 | 292 | 183 | 247 | 178 | 276 | 149 | 312 | 223 | 152 | 360 | 289 | 176 | 275 | 208 | 184 | 296 | 246 | 241 | 194 | 260 | 108 | 194 | 112 |
| D607 | 贡豆9号 | 286 | 183 | 241 | 178 | 0 | 163 | 312 | 220 | 0 | 348 | 268 | 170 | 269 | 208 | 184 | 277 | 261 | 241 | 0 | 300 | 127 | 188 | 157 |
| D608 | 贡豆10号 | 298 | 183 | 247 | 0 | 0 | 149 | 312 | 220 | 152 | 366 | 289 | 176 | 275 | 208 | 184 | 296 | 249 | 241 | 196 | 248 | 0 | 200 | 157 |
| D609 | 贡豆11 | 280 | 192 | 253 | 215 | 280 | 154 | 186 | 282 | 168 | 330 | 274 | 176 | 269 | 202 | 178 | 257 | 261 | 247 | 275 | 294 | 111 | 118 | 154 |
| D610 | 贡豆12 | 298 | 183 | 247 | 161 | 280 | 149 | 322 | 220 | 152 | 378 | 289 | 170 | 275 | 208 | 184 | 296 | 240 | 247 | 194 | 256 | 111 | 185 | 157 |
| D619 | 南豆5号 | 262 | 192 | 259 | 199 | 276 | 149 | 198 | 226 | 158 | 336 | 280 | 176 | 281 | 211 | 184 | 257 | 261 | 0 | 196 | 256 | 114 | 118 | 154 |

（续）

| 品种代号 | 品种名称 | Chr. 14 (B2) | | Chr. 15 (E) | | | | | Chr. 16 (J) | | | | | | | | | Chr. 17 (D2) | | | | | | |
|---|---|---|---|---|---|---|---|---|---|---|---|---|---|---|---|---|---|---|---|---|---|---|---|---|
| | | Sat_424 | Satt687 | Satt213 | Satt384 | Satt606 | Satt045 | BE347343 | Satt249 | Satt405 | Sct_046 | Satt285 | Satt414 | Satt406 | Satt132 | Satt183 | Satt244 | Satt458 | Satt135 | Satt443 | Satt389 | Satt311 | Satt226 | Satt301 |
| C003 | 阜豆 1 号 | 0 | 178 | 229 | 161 | 305 | 155 | 258 | 282 | 356 | 161 | 224 | 346 | 393 | 250 | 273 | 0 | 165 | 191 | 270 | 212 | 264 | 347 | 0 |
| C010 | 皖豆 1 号 | 197 | 175 | 226 | 158 | 317 | 140 | 226 | 282 | 350 | 161 | 221 | 286 | 296 | 241 | 286 | 0 | 202 | 191 | 259 | 206 | 195 | 366 | 262 |
| C011 | 皖豆 3 号 | 197 | 175 | 226 | 158 | 305 | 140 | 254 | 276 | 356 | 157 | 224 | 355 | 282 | 0 | 295 | 0 | 144 | 165 | 259 | 199 | 255 | 347 | 213 |
| C014 | 皖豆 6 号 | 0 | 175 | 226 | 161 | 293 | 146 | 226 | 270 | 350 | 161 | 221 | 334 | 351 | 250 | 286 | 0 | 153 | 191 | 259 | 206 | 195 | 341 | 213 |
| C016 | 皖豆 9 号 | 197 | 172 | 226 | 164 | 305 | 146 | 254 | 276 | 340 | 161 | 221 | 340 | 0 | 250 | 273 | 0 | 177 | 191 | 259 | 199 | 195 | 360 | 213 |
| C019 | 皖豆 13 | 205 | 175 | 161 | 158 | 305 | 155 | 266 | 276 | 340 | 165 | 224 | 349 | 250 | 262 | 286 | 161 | 144 | 177 | 247 | 232 | 258 | 397 | 213 |
| C026 | 科丰 35 | 201 | 175 | 229 | 164 | 293 | 149 | 254 | 276 | 340 | 180 | 218 | 334 | 351 | 250 | 273 | 0 | 165 | 165 | 259 | 212 | 192 | 366 | 213 |
| C027 | 科新 3 号 | 205 | 172 | 161 | 158 | 299 | 155 | 234 | 276 | 340 | 0 | 224 | 349 | 263 | 0 | 273 | 210 | 132 | 180 | 259 | 224 | 264 | 397 | 213 |
| C028 | 诱变 30 | 205 | 175 | 229 | 164 | 293 | 149 | 254 | 276 | 350 | 165 | 218 | 340 | 372 | 250 | 273 | 198 | 171 | 171 | 247 | 216 | 195 | 372 | 213 |
| C029 | 诱变 31 | 205 | 178 | 229 | 170 | 299 | 137 | 258 | 288 | 350 | 165 | 212 | 340 | 378 | 250 | 255 | 204 | 171 | 171 | 259 | 212 | 258 | 372 | 213 |
| C030 | 诱处 4 号 | 223 | 184 | 229 | 170 | 293 | 152 | 258 | 239 | 369 | 165 | 218 | 346 | 388 | 250 | 255 | 144 | 171 | 206 | 259 | 212 | 264 | 353 | 201 |
| C032 | 早熟 6 号 | 205 | 175 | 234 | 164 | 293 | 152 | 226 | 282 | 340 | 169 | 212 | 286 | 388 | 0 | 280 | 0 | 181 | 200 | 259 | 221 | 264 | 347 | 262 |
| C037 | 早熟 18 | 229 | 175 | 234 | 164 | 293 | 152 | 258 | 282 | 350 | 169 | 218 | 340 | 388 | 256 | 255 | 204 | 177 | 171 | 253 | 221 | 195 | 366 | 213 |
| C038 | 中黄 1 号 | 201 | 175 | 161 | 158 | 305 | 155 | 238 | 282 | 340 | 0 | 224 | 306 | 263 | 265 | 286 | 213 | 234 | 180 | 259 | 232 | 192 | 378 | 281 |
| C039 | 中黄 2 号 | 201 | 178 | 166 | 158 | 305 | 155 | 238 | 282 | 350 | 0 | 224 | 306 | 263 | 262 | 286 | 213 | 234 | 180 | 259 | 232 | 264 | 378 | 281 |
| C040 | 中黄 3 号 | 229 | 175 | 169 | 158 | 342 | 155 | 238 | 239 | 350 | 165 | 227 | 349 | 250 | 265 | 273 | 198 | 234 | 180 | 0 | 263 | 192 | 378 | 268 |
| C041 | 中黄 4 号 | 201 | 175 | 234 | 170 | 317 | 152 | 258 | 239 | 359 | 165 | 212 | 334 | 351 | 256 | 267 | 0 | 191 | 200 | 259 | 221 | 195 | 360 | 201 |
| C043 | 中黄 6 号 | 201 | 178 | 0 | 164 | 260 | 152 | 0 | 282 | 356 | 169 | 212 | 286 | 372 | 0 | 286 | 192 | 184 | 200 | 0 | 224 | 0 | 347 | 207 |
| C044 | 中黄 7 号 | 209 | 184 | 166 | 158 | 293 | 161 | 234 | 276 | 356 | 180 | 224 | 364 | 266 | 265 | 273 | 162 | 181 | 206 | 253 | 221 | 258 | 353 | 287 |
| C045 | 中黄 8 号 | 0 | 175 | 234 | 170 | 0 | 149 | 262 | 239 | 366 | 169 | 212 | 340 | 378 | 0 | 286 | 210 | 202 | 171 | 259 | 216 | 195 | 353 | 149 |
| C069 | 黔豆 4 号 | 223 | 178 | 234 | 164 | 299 | 149 | 258 | 300 | 356 | 165 | 212 | 346 | 378 | 262 | 255 | 155 | 202 | 206 | 259 | 232 | 195 | 347 | 213 |
| C094 | 河南早丰 1 号 | 189 | 169 | 166 | 155 | 305 | 146 | 234 | 233 | 337 | 169 | 212 | 370 | 0 | 250 | 286 | 204 | 234 | 165 | 264 | 227 | 195 | 384 | 207 |
| C104 | 豫豆 1 号 | 189 | 166 | 161 | 147 | 0 | 155 | 254 | 276 | 337 | 169 | 206 | 370 | 263 | 241 | 286 | 226 | 234 | 191 | 253 | 251 | 195 | 378 | 250 |
| C105 | 豫豆 2 号 | 205 | 169 | 161 | 147 | 317 | 143 | 254 | 233 | 366 | 169 | 206 | 355 | 263 | 250 | 255 | 180 | 159 | 165 | 259 | 251 | 192 | 372 | 250 |
| C106 | 豫豆 3 号 | 0 | 178 | 234 | 164 | 299 | 134 | 258 | 288 | 329 | 169 | 212 | 334 | 378 | 262 | 273 | 0 | 202 | 177 | 259 | 227 | 271 | 341 | 281 |
| C107 | 郑长叶 7 | 215 | 175 | 169 | 153 | 299 | 146 | 234 | 294 | 340 | 165 | 212 | 355 | 263 | 250 | 261 | 210 | 144 | 200 | 259 | 227 | 264 | 353 | 281 |

（续）

| 品种代号 | 品种名称 | Chr. 14 (B2) | | | | Chr. 15 (E) | | | | Chr. 16 (J) | | | | | Chr. 17 (D2) | | | | | | | | | |
| --- | --- | --- | --- | --- | --- | --- | --- | --- | --- | --- | --- | --- | --- | --- | --- | --- | --- | --- | --- | --- | --- | --- | --- | --- |
| | | Sat_424 | Satt687 | Satt213 | Satt384 | Satt045 | Satt606 | BE347343 | Satt249 | Satt414 | Satt406 | Satt405 | Sct_046 | Satt285 | Satt132 | Satt183 | Satt244 | Satt458 | Satt135 | Satt443 | Satt389 | Satt311 | Satt226 | Satt301 |
| C108 | 豫豆5号 | 205 | 181 | 166 | 155 | 317 | 143 | 230 | 233 | 376 | 263 | 337 | 0 | 206 | 0 | 273 | 180 | 126 | 191 | 259 | 224 | 249 | 378 | 201 |
| C110 | 豫豆7号 | 209 | 181 | 161 | 116 | 299 | 146 | 230 | 239 | 346 | 263 | 337 | 169 | 206 | 250 | 273 | 204 | 126 | 191 | 253 | 212 | 195 | 390 | 236 |
| C111 | 豫豆8号 | 223 | 187 | 234 | 170 | 299 | 134 | 230 | 294 | 364 | 378 | 340 | 165 | 212 | 0 | 295 | 0 | 177 | 212 | 259 | 232 | 201 | 366 | 281 |
| C112 | 豫豆10号 | 209 | 172 | 166 | 147 | 305 | 146 | 230 | 233 | 334 | 263 | 340 | 169 | 206 | 250 | 255 | 213 | 202 | 183 | 259 | 0 | 195 | 378 | 262 |
| C113 | 豫豆11 | 193 | 172 | 166 | 147 | 299 | 146 | 258 | 233 | 297 | 263 | 340 | 0 | 212 | 241 | 0 | 210 | 202 | 165 | 259 | 216 | 264 | 347 | 236 |
| C114 | 豫豆12 | 0 | 166 | 169 | 153 | 329 | 140 | 262 | 233 | 318 | 263 | 337 | 165 | 221 | 0 | 255 | 192 | 171 | 177 | 247 | 216 | 192 | 372 | 207 |
| C115 | 豫豆15 | 193 | 166 | 166 | 147 | 305 | 149 | 230 | 239 | 370 | 263 | 337 | 169 | 212 | 241 | 295 | 144 | 126 | 200 | 259 | 227 | 195 | 390 | 207 |
| C116 | 豫豆16 | 223 | 178 | 178 | 178 | 299 | 143 | 230 | 294 | 364 | 372 | 340 | 169 | 218 | 0 | 295 | 0 | 191 | 177 | 259 | 232 | 264 | 341 | 262 |
| C118 | 豫豆19 | 209 | 175 | 234 | 170 | 299 | 143 | 0 | 300 | 346 | 388 | 337 | 165 | 218 | 265 | 255 | 172 | 191 | 177 | 259 | 232 | 264 | 0 | 250 |
| C120 | 郑133 | 209 | 184 | 169 | 158 | 329 | 146 | 238 | 233 | 376 | 263 | 383 | 169 | 224 | 0 | 295 | 198 | 234 | 171 | 264 | 257 | 195 | 378 | 268 |
| C121 | 郑77249 | 197 | 175 | 169 | 155 | 305 | 149 | 234 | 294 | 297 | 263 | 350 | 169 | 218 | 241 | 280 | 192 | 144 | 171 | 264 | 227 | 271 | 384 | 207 |
| C122 | 郑86506 | 215 | 184 | 166 | 155 | 329 | 149 | 262 | 276 | 349 | 263 | 340 | 0 | 224 | 250 | 286 | 192 | 0 | 171 | 264 | 227 | 271 | 378 | 281 |
| C123 | 郑州126 | 189 | 169 | 169 | 158 | 305 | 149 | 262 | 294 | 376 | 263 | 350 | 169 | 221 | 0 | 295 | 198 | 234 | 171 | 264 | 257 | 264 | 378 | 262 |
| C124 | 郑州135 | 193 | 169 | 166 | 155 | 299 | 143 | 230 | 282 | 386 | 263 | 329 | 165 | 218 | 0 | 286 | 162 | 126 | 218 | 247 | 227 | 258 | 347 | 221 |
| C125 | 周7327－118 | 209 | 172 | 229 | 170 | 299 | 140 | 258 | 288 | 364 | 388 | 337 | 169 | 218 | 0 | 295 | 192 | 0 | 206 | 264 | 227 | 277 | 341 | 213 |
| C170 | 合丰25 | 215 | 178 | 166 | 155 | 317 | 143 | 0 | 288 | 306 | 263 | 325 | 165 | 224 | 265 | 255 | 213 | 126 | 218 | 253 | 232 | 195 | 353 | 207 |
| C178 | 合丰33 | 229 | 175 | 229 | 178 | 293 | 140 | 0 | 245 | 346 | 393 | 337 | 165 | 218 | 271 | 261 | 172 | 191 | 206 | 259 | 227 | 213 | 321 | 268 |
| C181 | 合丰36 | 197 | 181 | 155 | 161 | 323 | 149 | 262 | 233 | 355 | 263 | 356 | 165 | 221 | 262 | 255 | 198 | 132 | 183 | 247 | 232 | 213 | 378 | 207 |
| C288 | 矮脚早 | 215 | 172 | 191 | 161 | 293 | 146 | 226 | 288 | 346 | 263 | 340 | 169 | 221 | 262 | 286 | 210 | 184 | 212 | 259 | 227 | 249 | 0 | 213 |
| C291 | 鄂豆5号 | 189 | 169 | 191 | 116 | 299 | 146 | 226 | 276 | 364 | 263 | 340 | 169 | 224 | 262 | 267 | 204 | 211 | 200 | 259 | 227 | 258 | 372 | 207 |
| C292 | 早春1号 | 189 | 169 | 191 | 158 | 299 | 146 | 226 | 288 | 370 | 372 | 350 | 169 | 227 | 256 | 261 | 204 | 191 | 212 | 259 | 232 | 258 | 390 | 213 |
| C293 | 中豆8号 | 277 | 172 | 229 | 178 | 299 | 149 | 266 | 300 | 340 | 368 | 329 | 161 | 218 | 262 | 273 | 155 | 181 | 212 | 253 | 227 | 255 | 372 | 281 |
| C295 | 中豆19 | 197 | 172 | 226 | 178 | 293 | 143 | 262 | 300 | 340 | 351 | 329 | 157 | 218 | 262 | 273 | 0 | 165 | 212 | 259 | 221 | 195 | 372 | 213 |
| C296 | 中豆20 | 215 | 169 | 229 | 178 | 293 | 134 | 234 | 300 | 334 | 378 | 383 | 161 | 212 | 262 | 273 | 180 | 165 | 212 | 259 | 221 | 255 | 366 | 213 |
| C297 | 中豆24 | 189 | 172 | 191 | 161 | 299 | 149 | 226 | 294 | 364 | 263 | 350 | 180 | 224 | 256 | 267 | 192 | 202 | 177 | 259 | 232 | 239 | 347 | 262 |
| C301 | 湘春豆10号 | 189 | 172 | 191 | 161 | 293 | 149 | 222 | 288 | 364 | 263 | 340 | 173 | 224 | 265 | 280 | 204 | 171 | 212 | 264 | 224 | 239 | 378 | 281 |

（续）

| 品种代号 | 品种名称 | Chr. 14 (B2) | | Chr. 15 (E) | | | | | | Chr. 16 (J) | | | | | | | | Chr. 17 (D2) | | | | | | |
|---|---|---|---|---|---|---|---|---|---|---|---|---|---|---|---|---|---|---|---|---|---|---|---|---|
| | | Sat_424 | Satt687 | Satt213 | Satt384 | Satt606 | Satt045 | BE347343 | Satt249 | Satt405 | Sct_046 | Satt285 | Satt414 | Satt406 | Satt132 | Satt183 | Satt244 | Satt458 | Satt135 | Satt443 | Satt389 | Satt311 | Satt226 | Satt301 |
| C306 | 湘春豆15 | 193 | 172 | 191 | 158 | 299 | 149 | 222 | 294 | 340 | 169 | 227 | 364 | 263 | 271 | 280 | 198 | 191 | 212 | 264 | 221 | 239 | 378 | 281 |
| C390 | 九农20 | 197 | 172 | 234 | 178 | 342 | 146 | 270 | 294 | 337 | 161 | 264 | 364 | 378 | 262 | 255 | 0 | 184 | 218 | 264 | 251 | 271 | 360 | 281 |
| C417 | 58-161 | 201 | 175 | 229 | 158 | 311 | 152 | 270 | 282 | 356 | 165 | 224 | 355 | 254 | 256 | 261 | 172 | 165 | 206 | 264 | 221 | 264 | 353 | 221 |
| C421 | 灌豆1号 | 205 | 169 | 226 | 164 | 299 | 161 | 266 | 276 | 356 | 161 | 227 | 349 | 254 | 256 | 261 | 0 | 211 | 206 | 270 | 212 | 258 | 353 | 177 |
| C423 | 淮豆1号 | 201 | 166 | 226 | 158 | 317 | 143 | 270 | 276 | 359 | 165 | 221 | 376 | 254 | 256 | 255 | 162 | 165 | 171 | 259 | 216 | 264 | 378 | 177 |
| C424 | 淮豆2号 | 201 | 169 | 226 | 158 | 293 | 149 | 0 | 276 | 359 | 165 | 224 | 346 | 250 | 256 | 255 | 172 | 165 | 206 | 259 | 216 | 255 | 372 | 221 |
| C428 | 南农1138-2 | 229 | 0 | 226 | 164 | 293 | 149 | 262 | 288 | 375 | 161 | 224 | 346 | 250 | 250 | 255 | 180 | 165 | 212 | 259 | 216 | 255 | 372 | 219 |
| C431 | 南农493-1 | 205 | 178 | 226 | 158 | 293 | 134 | 288 | 276 | 369 | 165 | 221 | 346 | 250 | 256 | 261 | 180 | 171 | 177 | 259 | 216 | 195 | 378 | 221 |
| C432 | 南农73-935 | 277 | 169 | 226 | 158 | 284 | 149 | 258 | 276 | 369 | 165 | 224 | 346 | 254 | 256 | 261 | 186 | 171 | 0 | 264 | 212 | 195 | 366 | 221 |
| C433 | 南农86-4 | 223 | 178 | 226 | 164 | 293 | 149 | 258 | 294 | 375 | 165 | 224 | 346 | 254 | 256 | 267 | 186 | 171 | 212 | 264 | 212 | 213 | 372 | 219 |
| C434 | 南农87C-38 | 205 | 172 | 226 | 161 | 278 | 149 | 230 | 294 | 369 | 165 | 224 | 346 | 263 | 256 | 252 | 186 | 159 | 212 | 264 | 212 | 213 | 378 | 177 |
| C435 | 南农88-48 | 229 | 172 | 226 | 164 | 293 | 149 | 262 | 294 | 369 | 165 | 224 | 346 | 254 | 256 | 267 | 186 | 177 | 0 | 259 | 212 | 258 | 372 | 219 |
| C436 | 南农菜豆1号 | 205 | 169 | 226 | 161 | 278 | 149 | 230 | 294 | 369 | 165 | 224 | 0 | 254 | 256 | 255 | 161 | 171 | 177 | 259 | 212 | 213 | 390 | 221 |
| C438 | 宁镇1号 | 229 | 169 | 226 | 170 | 293 | 149 | 230 | 294 | 375 | 165 | 224 | 346 | 254 | 256 | 267 | 186 | 181 | 206 | 264 | 216 | 201 | 378 | 177 |
| C439 | 宁镇2号 | 223 | 184 | 166 | 158 | 293 | 149 | 258 | 294 | 337 | 0 | 224 | 349 | 263 | 262 | 273 | 0 | 234 | 183 | 247 | 232 | 249 | 372 | 268 |
| C440 | 宁镇3号 | 219 | 181 | 166 | 158 | 305 | 149 | 266 | 276 | 359 | 0 | 221 | 364 | 250 | 271 | 273 | 226 | 234 | 180 | 247 | 232 | 195 | 372 | 281 |
| C441 | 泗豆11 | 229 | 169 | 226 | 158 | 278 | 149 | 0 | 282 | 366 | 169 | 224 | 355 | 263 | 265 | 252 | 186 | 171 | 177 | 264 | 251 | 201 | 378 | 219 |
| C443 | 苏7209 | 277 | 181 | 226 | 170 | 284 | 149 | 262 | 300 | 366 | 165 | 224 | 346 | 263 | 256 | 267 | 186 | 177 | 212 | 264 | 216 | 201 | 378 | 221 |
| C444 | 苏豆1号 | 205 | 178 | 234 | 164 | 299 | 146 | 258 | 282 | 340 | 169 | 212 | 334 | 368 | 256 | 273 | 0 | 159 | 206 | 259 | 232 | 264 | 347 | 213 |
| C445 | 苏豆3号 | 201 | 172 | 229 | 0 | 278 | 149 | 262 | 239 | 359 | 169 | 224 | 386 | 263 | 262 | 273 | 0 | 181 | 0 | 264 | 216 | 258 | 378 | 219 |
| C448 | 苏协18-6 | 229 | 187 | 161 | 158 | 278 | 137 | 258 | 276 | 337 | 161 | 212 | 349 | 266 | 262 | 267 | 198 | 165 | 0 | 253 | 221 | 192 | 341 | 149 |
| C449 | 苏协19-15 | 229 | 187 | 161 | 155 | 278 | 137 | 258 | 288 | 329 | 165 | 212 | 346 | 266 | 262 | 267 | 179 | 126 | 171 | 253 | 221 | 245 | 384 | 262 |
| C450 | 苏协4-1 | 277 | 181 | 229 | 164 | 278 | 149 | 270 | 300 | 350 | 169 | 221 | 346 | 263 | 262 | 273 | 0 | 181 | 212 | 270 | 221 | 201 | 378 | 221 |
| C451 | 苏协1号 | 277 | 169 | 229 | 178 | 293 | 149 | 262 | 300 | 337 | 157 | 212 | 340 | 372 | 256 | 273 | 180 | 181 | 212 | 259 | 221 | 195 | 366 | 149 |
| C455 | 徐豆1号 | 209 | 172 | 229 | 164 | 278 | 146 | 234 | 288 | 340 | 173 | 224 | 349 | 266 | 262 | 286 | 0 | 0 | 0 | 270 | 212 | 271 | 347 | 177 |
| C457 | 徐豆3号 | 209 | 172 | 226 | 158 | 272 | 152 | 234 | 288 | 356 | 169 | 218 | 349 | 263 | 262 | 273 | 210 | 0 | 180 | 259 | 224 | 0 | 372 | 219 |

（续）

| 品种代号 | 品种名称 | Chr.14 (B2) | | Chr.15 (E) | | | | | | | | Chr.16 (J) | | | | | | | | Chr.17 (D2) | | | | |
|---|---|---|---|---|---|---|---|---|---|---|---|---|---|---|---|---|---|---|---|---|---|---|---|---|
| | | Sat_424 | Satt687 | Satt213 | Satt384 | Satt606 | Satt045 | BE347343 | Satt249 | Satt405 | Sct_046 | Satt285 | Satt414 | Satt406 | Satt132 | Satt183 | Satt244 | Satt458 | Satt135 | Satt443 | Satt389 | Satt311 | Satt226 | Satt301 |
| C458 | 徐豆7号 | 201 | 175 | 226 | 158 | 272 | 155 | 230 | 288 | 337 | 169 | 218 | 349 | 263 | 262 | 280 | 161 | 181 | 212 | 264 | 227 | 201 | 366 | 177 |
| C538 | 淮豆84-1 | 197 | 175 | 169 | 164 | 311 | 149 | 238 | 276 | 340 | 165 | 224 | 349 | 254 | 265 | 273 | 198 | 132 | 212 | 247 | 0 | 195 | 372 | 281 |
| C539 | 淮豆84-5 | 229 | 169 | 226 | 153 | 272 | 146 | 226 | 282 | 366 | 169 | 264 | 349 | 266 | 256 | 295 | 0 | 165 | 180 | 253 | 251 | 195 | 372 | 221 |
| C540 | 菖选23 | 205 | 166 | 226 | 153 | 284 | 143 | 258 | 282 | 366 | 169 | 212 | 376 | 263 | 256 | 280 | 210 | 0 | 177 | 259 | 216 | 258 | 378 | 177 |
| C542 | 鲁黄1号 | 205 | 169 | 226 | 155 | 272 | 149 | 258 | 300 | 0 | 169 | 264 | 349 | 321 | 256 | 261 | 0 | 211 | 212 | 253 | 224 | 213 | 378 | 221 |
| C563 | 齐黄22 | 205 | 169 | 226 | 153 | 272 | 146 | 254 | 294 | 383 | 169 | 264 | 349 | 321 | 256 | 280 | 0 | 177 | 212 | 253 | 232 | 201 | 372 | 219 |
| C567 | 为民1号 | 201 | 169 | 226 | 147 | 272 | 140 | 226 | 282 | 359 | 165 | 212 | 355 | 263 | 256 | 295 | 0 | 177 | 212 | 247 | 227 | 195 | 372 | 177 |
| C572 | 文丰7号 | 209 | 175 | 229 | 170 | 293 | 146 | 262 | 300 | 340 | 169 | 218 | 364 | 388 | 271 | 261 | 192 | 202 | 171 | 259 | 232 | 195 | 341 | 219 |
| C575 | 菀黄1号 | 201 | 166 | 229 | 155 | 272 | 143 | 230 | 0 | 337 | 169 | 218 | 376 | 266 | 262 | 295 | 210 | 211 | 212 | 264 | 232 | 201 | 372 | 221 |
| C621 | 川豆2号 | 197 | 175 | 169 | 158 | 305 | 155 | 266 | 239 | 340 | 169 | 218 | 355 | 263 | 265 | 255 | 213 | 144 | 206 | 264 | 232 | 195 | 390 | 262 |
| C626 | 贡豆2号 | 197 | 169 | 226 | 141 | 272 | 149 | 254 | 282 | 369 | 165 | 212 | 355 | 321 | 262 | 280 | 0 | 0 | 180 | 247 | 221 | 195 | 366 | 177 |
| C628 | 贡豆4号 | 223 | 169 | 226 | 141 | 299 | 152 | 258 | 239 | 366 | 161 | 212 | 355 | 303 | 265 | 295 | 0 | 191 | 212 | 247 | 221 | 195 | 366 | 236 |
| C629 | 贡豆6号 | 193 | 169 | 226 | 141 | 293 | 149 | 258 | 282 | 383 | 161 | 212 | 355 | 303 | 262 | 261 | 0 | 211 | 183 | 247 | 224 | 195 | 366 | 236 |
| C630 | 贡豆7号 | 197 | 172 | 226 | 0 | 278 | 149 | 258 | 288 | 383 | 165 | 212 | 376 | 303 | 262 | 280 | 0 | 191 | 218 | 247 | 227 | 195 | 378 | 213 |
| C648 | 浙春1号 | 189 | 175 | 166 | 153 | 305 | 155 | 266 | 282 | 316 | 0 | 212 | 355 | 266 | 265 | 255 | 161 | 144 | 218 | 264 | 263 | 201 | 390 | 177 |
| C649 | 浙春2号 | 193 | 178 | 161 | 153 | 299 | 152 | 262 | 276 | 316 | 157 | 212 | 376 | 266 | 271 | 280 | 162 | 144 | 218 | 235 | 263 | 201 | 390 | 236 |
| C650 | 浙春3号 | 189 | 175 | 166 | 116 | 317 | 152 | 258 | 233 | 316 | 157 | 218 | 306 | 266 | 271 | 255 | 204 | 144 | 180 | 247 | 224 | 271 | 384 | 236 |
| D003 | 合豆2号 | 201 | 172 | 229 | 164 | 0 | 140 | 226 | 294 | 350 | 161 | 218 | 334 | 351 | 250 | 286 | 0 | 159 | 165 | 259 | 206 | 255 | 372 | 207 |
| D004 | 合豆3号 | 223 | 0 | 229 | 170 | 293 | 140 | 226 | 294 | 340 | 161 | 218 | 334 | 351 | 256 | 273 | 172 | 165 | 165 | 247 | 212 | 195 | 372 | 207 |
| D008 | 皖豆16 | 201 | 172 | 226 | 161 | 0 | 149 | 226 | 276 | 350 | 161 | 221 | 334 | 388 | 250 | 267 | 192 | 159 | 165 | 259 | 206 | 195 | 366 | 201 |
| D011 | 皖豆19 | 205 | 175 | 155 | 158 | 305 | 152 | 238 | 276 | 340 | 0 | 224 | 370 | 250 | 256 | 280 | 161 | 144 | 177 | 253 | 232 | 258 | 397 | 213 |
| D013 | 皖豆21 | 229 | 172 | 229 | 164 | 317 | 146 | 258 | 276 | 340 | 161 | 221 | 346 | 372 | 256 | 255 | 186 | 177 | 165 | 259 | 206 | 192 | 372 | 201 |
| D028 | 科丰53 | 205 | 178 | 234 | 164 | 0 | 152 | 258 | 245 | 369 | 169 | 212 | 340 | 378 | 256 | 286 | 204 | 184 | 171 | 259 | 227 | 264 | 347 | 281 |
| D036 | 中豆27 | 229 | 181 | 146 | 153 | 260 | 149 | 262 | 276 | 350 | 161 | 206 | 349 | 266 | 250 | 267 | 198 | 132 | 165 | 253 | 221 | 201 | 341 | 149 |
| D038 | 中黄9 | 205 | 184 | 161 | 158 | 293 | 161 | 234 | 276 | 340 | 0 | 224 | 364 | 254 | 265 | 273 | 155 | 181 | 206 | 253 | 221 | 264 | 353 | 287 |
| D043 | 中黄14 | 209 | 184 | 161 | 164 | 311 | 149 | 266 | 239 | 340 | 165 | 224 | 355 | 266 | 265 | 255 | 161 | 132 | 218 | 259 | 232 | 192 | 397 | 213 |

（续）

| 品种代号 | 品种名称 | Chr. 14 (B2) | | | | Chr. 15 (E) | | | | | | Chr. 16 (J) | | | | | | | | Chr. 17 (D2) | | | | | |
|---|---|---|---|---|---|---|---|---|---|---|---|---|---|---|---|---|---|---|---|---|---|---|---|---|---|
| | | Sat_424 | Satt687 | Satt213 | Satt384 | Satt606 | Satt045 | BE347343 | Satt249 | Satt405 | Sct_046 | Satt285 | Satt414 | Satt406 | Satt132 | Satt183 | Satt244 | Satt458 | Satt135 | Satt443 | Satt389 | Satt311 | Satt226 | Satt301 |
| D044 | 中黄15 | 201 | 181 | 146 | 155 | 278 | 149 | 230 | 288 | 325 | 157 | 206 | 346 | 266 | 250 | 267 | 198 | 0 | 165 | 259 | 221 | 245 | 341 | 149 |
| D053 | 中黄24 | 219 | 172 | 161 | 153 | 293 | 143 | 254 | 270 | 325 | 0 | 212 | 306 | 250 | 271 | 273 | 162 | 126 | 206 | 247 | 221 | 192 | 384 | 201 |
| D054 | 中黄25 | 205 | 172 | 161 | 158 | 299 | 155 | 266 | 288 | 356 | 165 | 224 | 349 | 263 | 265 | 273 | 161 | 144 | 177 | 259 | 232 | 192 | 384 | 213 |
| D081 | 桂早1号 | 223 | 175 | 169 | 158 | 299 | 152 | 234 | 288 | 340 | 165 | 224 | 346 | 250 | 262 | 273 | 210 | 132 | 212 | 259 | 224 | 192 | 360 | 281 |
| D087 | 黔豆3号 | 201 | 184 | 161 | 158 | 293 | 149 | 262 | 288 | 340 | 165 | 224 | 349 | 250 | 262 | 255 | 210 | 132 | 180 | 253 | 221 | 192 | 405 | 207 |
| D088 | 黔豆5号 | 205 | 172 | 155 | 155 | 305 | 149 | 258 | 282 | 337 | 165 | 224 | 340 | 263 | 262 | 273 | 180 | 132 | 183 | 253 | 216 | 192 | 405 | 207 |
| D090 | 沧豆4号 | 229 | 178 | 169 | 158 | 293 | 155 | 266 | 239 | 340 | 169 | 224 | 349 | 263 | 265 | 273 | 216 | 202 | 206 | 253 | 232 | 195 | 378 | 213 |
| D112 | 地神21 | 209 | 169 | 166 | 155 | 305 | 143 | 234 | 288 | 337 | 165 | 221 | 346 | 250 | 256 | 273 | 210 | 132 | 212 | 247 | 221 | 264 | 397 | 207 |
| D113 | 地神22 | 205 | 178 | 234 | 178 | 293 | 143 | 0 | 300 | 337 | 165 | 218 | 334 | 393 | 262 | 280 | 210 | 171 | 171 | 253 | 224 | 264 | 347 | 287 |
| D114 | 滑豆20 | 223 | 169 | 166 | 153 | 299 | 140 | 234 | 288 | 337 | 161 | 221 | 334 | 263 | 262 | 273 | 192 | 165 | 180 | 247 | 216 | 192 | 397 | 207 |
| D117 | 濮海10号 | 201 | 178 | 229 | 170 | 293 | 140 | 234 | 294 | 316 | 165 | 218 | 364 | 388 | 262 | 295 | 0 | 184 | 177 | 259 | 227 | 264 | 360 | 250 |
| D118 | 商丘1099 | 201 | 178 | 226 | 170 | 293 | 149 | 266 | 288 | 316 | 165 | 218 | 346 | 393 | 262 | 261 | 0 | 177 | 177 | 253 | 232 | 195 | 366 | 287 |
| D122 | 豫豆17 | 209 | 175 | 166 | 153 | 305 | 149 | 234 | 0 | 337 | 169 | 212 | 349 | 263 | 250 | 255 | 161 | 126 | 165 | 264 | 224 | 258 | 353 | 268 |
| D124 | 豫豆21 | 209 | 166 | 169 | 147 | 293 | 140 | 262 | 288 | 329 | 165 | 218 | 355 | 263 | 256 | 295 | 236 | 234 | 177 | 247 | 199 | 192 | 405 | 201 |
| D125 | 豫豆22 | 209 | 166 | 169 | 141 | 293 | 140 | 234 | 288 | 329 | 165 | 218 | 340 | 263 | 0 | 273 | 192 | 144 | 177 | 247 | 206 | 201 | 390 | 201 |
| D126 | 豫豆23 | 229 | 178 | 169 | 141 | 323 | 140 | 262 | 270 | 329 | 169 | 218 | 355 | 263 | 0 | 295 | 192 | 165 | 206 | 247 | 199 | 264 | 405 | 201 |
| D127 | 豫豆24 | 209 | 184 | 161 | 158 | 284 | 137 | 234 | 233 | 369 | 165 | 212 | 334 | 250 | 262 | 255 | 204 | 234 | 171 | 253 | 227 | 192 | 366 | 281 |
| D128 | 豫豆25 | 209 | 169 | 169 | 141 | 299 | 134 | 238 | 233 | 329 | 169 | 218 | 318 | 250 | 250 | 261 | 192 | 140 | 180 | 253 | 199 | 192 | 390 | 207 |
| D129 | 豫豆26 | 205 | 184 | 161 | 164 | 284 | 152 | 262 | 276 | 337 | 0 | 212 | 334 | 263 | 265 | 0 | 144 | 126 | 200 | 247 | 227 | 227 | 372 | 236 |
| D130 | 豫豆27 | 201 | 184 | 166 | 153 | 329 | 146 | 230 | 239 | 350 | 169 | 212 | 370 | 263 | 250 | 273 | 172 | 184 | 200 | 259 | 257 | 258 | 353 | 262 |
| D131 | 豫豆28 | 193 | 169 | 169 | 147 | 329 | 143 | 266 | 233 | 325 | 169 | 212 | 340 | 263 | 250 | 295 | 172 | 144 | 212 | 259 | 0 | 264 | 405 | 0 |
| D132 | 豫豆29 | 205 | 172 | 180 | 147 | 311 | 155 | 270 | 233 | 337 | 173 | 218 | 318 | 263 | 256 | 273 | 162 | 153 | 212 | 270 | 199 | 258 | 405 | 0 |
| D135 | 郑90007 | 189 | 169 | 0 | 153 | 293 | 140 | 226 | 288 | 337 | 165 | 224 | 346 | 266 | 256 | 295 | 213 | 165 | 177 | 253 | 224 | 249 | 366 | 207 |
| D136 | 郑92116 | 201 | 169 | 191 | 155 | 317 | 140 | 226 | 276 | 337 | 165 | 227 | 346 | 266 | 262 | 295 | 213 | 153 | 177 | 259 | 221 | 258 | 341 | 149 |
| D137 | 郑长交14 | 201 | 181 | 191 | 158 | 293 | 149 | 226 | 276 | 369 | 169 | 221 | 349 | 368 | 256 | 267 | 192 | 184 | 191 | 253 | 257 | 258 | 341 | 149 |
| D138 | 郑交107 | 209 | 178 | 191 | 153 | 0 | 149 | 226 | 276 | 337 | 169 | 224 | 349 | 321 | 262 | 286 | 213 | 171 | 177 | 259 | 221 | 258 | 341 | 149 |

（续）

| 品种代号 | 品种名称 | Chr. 14 (B2) | | Chr. 15 (E) | | | | | | Chr. 16 (J) | | | | | | | | | Chr. 17 (D2) | | | | | |
|---|---|---|---|---|---|---|---|---|---|---|---|---|---|---|---|---|---|---|---|---|---|---|---|---|
| | | Sat_424 | Satt687 | Satt213 | Satt384 | Satt606 | Satt045 | BE347343 | Satt249 | Satt405 | Sct_046 | Satt285 | Satt414 | Satt406 | Satt132 | Satt183 | Satt244 | Satt458 | Satt135 | Satt443 | Satt389 | Satt311 | Satt226 | Satt301 |
| D139 | GS郑交9525 | 205 | 169 | 191 | 153 | 0 | 140 | 222 | 276 | 337 | 169 | 224 | 349 | 266 | 262 | 295 | 213 | 153 | 177 | 259 | 221 | 264 | 341 | 149 |
| D140 | 周豆11 | 205 | 184 | 0 | 155 | 284 | 140 | 234 | 233 | 366 | 161 | 212 | 334 | 266 | 262 | 252 | 144 | 126 | 200 | 247 | 232 | 192 | 0 | 207 |
| D141 | 周豆12 | 205 | 184 | 161 | 158 | 278 | 137 | 230 | 233 | 369 | 161 | 212 | 334 | 266 | 262 | 252 | 186 | 126 | 200 | 247 | 221 | 192 | 372 | 281 |
| D143 | 八五七-1 | 257 | 172 | 229 | 178 | 299 | 134 | 262 | 294 | 329 | 161 | 264 | 286 | 378 | 0 | 286 | 162 | 191 | 212 | 259 | 221 | 195 | 360 | 213 |
| D149 | 北丰7号 | 201 | 184 | 155 | 155 | 284 | 134 | 262 | 239 | 350 | 161 | 206 | 346 | 254 | 250 | 255 | 198 | 132 | 165 | 264 | 227 | 201 | 341 | 149 |
| D151 | 北丰9号 | 257 | 187 | 146 | 158 | 299 | 134 | 270 | 294 | 337 | 165 | 206 | 349 | 254 | 241 | 261 | 192 | 132 | 200 | 270 | 0 | 213 | 341 | 281 |
| D152 | 北丰10号 | 257 | 172 | 166 | 153 | 311 | 146 | 262 | 245 | 359 | 180 | 246 | 306 | 254 | 241 | 286 | 161 | 126 | 200 | 270 | 221 | 213 | 360 | 207 |
| D153 | 北丰11 | 189 | 169 | 166 | 116 | 299 | 146 | 258 | 233 | 359 | 173 | 246 | 306 | 254 | 241 | 286 | 213 | 126 | 183 | 259 | 216 | 213 | 384 | 201 |
| D154 | 北丰13 | 201 | 169 | 166 | 155 | 323 | 134 | 258 | 233 | 337 | 173 | 246 | 297 | 263 | 250 | 280 | 204 | 126 | 191 | 253 | 216 | 195 | 366 | 201 |
| D155 | 北丰14 | 229 | 169 | 161 | 116 | 323 | 146 | 254 | 233 | 359 | 173 | 246 | 355 | 263 | 241 | 280 | 210 | 126 | 191 | 253 | 212 | 213 | 397 | 201 |
| D241 | 抗线虫5号 | 257 | 175 | 229 | 178 | 0 | 134 | 0 | 245 | 329 | 0 | 264 | 286 | 388 | 0 | 286 | 210 | 184 | 206 | 0 | 221 | 195 | 353 | 281 |
| D296 | 绥农14 | 219 | 175 | 229 | 178 | 342 | 140 | 258 | 288 | 329 | 180 | 218 | 346 | 393 | 262 | 286 | 172 | 184 | 206 | 259 | 224 | 213 | 384 | 268 |
| D309 | 鄂豆7号 | 209 | 169 | 191 | 155 | 299 | 146 | 226 | 288 | 350 | 165 | 227 | 370 | 368 | 256 | 267 | 198 | 184 | 212 | 259 | 232 | 264 | 372 | 201 |
| D313 | 中豆29 | 189 | 172 | 191 | 158 | 293 | 140 | 222 | 312 | 366 | 173 | 264 | 355 | 263 | 265 | 280 | 213 | 191 | 212 | 259 | 224 | 239 | 384 | 281 |
| D314 | 中豆30 | 189 | 181 | 191 | 158 | 293 | 149 | 226 | 294 | 340 | 169 | 224 | 355 | 372 | 256 | 261 | 198 | 184 | 212 | 259 | 257 | 239 | 0 | 213 |
| D316 | 中豆32 | 189 | 172 | 191 | 161 | 293 | 149 | 222 | 288 | 340 | 169 | 227 | 364 | 263 | 265 | 286 | 198 | 191 | 212 | 259 | 224 | 239 | 378 | 281 |
| D319 | 湘春豆16 | 189 | 172 | 191 | 164 | 299 | 149 | 222 | 294 | 340 | 169 | 227 | 355 | 263 | 271 | 280 | 198 | 171 | 212 | 264 | 221 | 239 | 378 | 281 |
| D322 | 湘春豆19 | 189 | 172 | 191 | 161 | 299 | 149 | 222 | 294 | 340 | 169 | 227 | 364 | 263 | 271 | 280 | 198 | 171 | 212 | 264 | 221 | 239 | 384 | 281 |
| D323 | 湘春豆20 | 189 | 172 | 191 | 164 | 299 | 149 | 222 | 294 | 340 | 173 | 227 | 364 | 263 | 271 | 280 | 198 | 177 | 212 | 264 | 221 | 239 | 384 | 281 |
| D325 | 湘春豆22 | 189 | 172 | 191 | 161 | 305 | 149 | 222 | 288 | 340 | 169 | 227 | 355 | 263 | 271 | 280 | 198 | 171 | 212 | 259 | 221 | 239 | 378 | 281 |
| D326 | 湘春豆23 | 189 | 175 | 191 | 164 | 299 | 149 | 222 | 288 | 340 | 169 | 227 | 364 | 263 | 271 | 280 | 198 | 177 | 212 | 259 | 221 | 239 | 378 | 281 |
| D442 | 淮豆3号 | 201 | 184 | 229 | 158 | 278 | 152 | 258 | 0 | 350 | 169 | 224 | 355 | 266 | 262 | 280 | 210 | 153 | 177 | 270 | 232 | 201 | 372 | 219 |
| D443 | 淮豆4号 | 201 | 172 | 226 | 141 | 284 | 155 | 262 | 282 | 383 | 173 | 212 | 370 | 303 | 271 | 286 | 0 | 0 | 218 | 253 | 221 | 195 | 372 | 177 |
| D445 | 淮豆6号 | 205 | 172 | 229 | 158 | 272 | 146 | 258 | 0 | 340 | 169 | 221 | 297 | 266 | 250 | 286 | 210 | 0 | 212 | 270 | 221 | 264 | 378 | 219 |
| D453 | 南农88-31 | 205 | 175 | 229 | 161 | 299 | 149 | 262 | 288 | 337 | 169 | 218 | 349 | 266 | 262 | 280 | 198 | 165 | 206 | 270 | 227 | 201 | 372 | 177 |
| D455 | 南农99-10 | 201 | 184 | 229 | 170 | 299 | 149 | 262 | 0 | 383 | 169 | 212 | 349 | 266 | 262 | 280 | 186 | 181 | 212 | 270 | 224 | 201 | 366 | 219 |

（续）

| 品种代号 | 品种名称 | Chr. 14 (B2) | | | | Chr. 15 (E) | | | | | | | Chr. 16 (J) | | | | | | | Chr. 17 (D2) | | | | |
|---|---|---|---|---|---|---|---|---|---|---|---|---|---|---|---|---|---|---|---|---|---|---|---|---|
| | | Sat_424 | Satt687 | Satt213 | Satt384 | Satt606 | Satt045 | BE347343 | Satt249 | Satt405 | Sct_046 | Satt285 | Satt414 | Satt406 | Satt132 | Satt183 | Satt244 | Satt458 | Satt135 | Satt443 | Satt389 | Satt311 | Satt226 | Satt301 |
| D461 | 苏豆4号 | 201 | 175 | 191 | 161 | 299 | 146 | 222 | 288 | 350 | 165 | 224 | 376 | 372 | 256 | 261 | 204 | 184 | 212 | 259 | 232 | 239 | 390 | 213 |
| D463 | 通豆3号 | 205 | 175 | 229 | 158 | 278 | 137 | 258 | 0 | 340 | 169 | 218 | 346 | 263 | 262 | 280 | 198 | 177 | 0 | 264 | 232 | 264 | 378 | 221 |
| D465 | 徐豆8号 | 223 | 181 | 166 | 158 | 317 | 155 | 262 | 270 | 325 | 0 | 221 | 376 | 263 | 271 | 255 | 213 | 126 | 183 | 253 | 221 | 192 | 347 | 149 |
| D466 | 徐豆9号 | 205 | 172 | 191 | 161 | 299 | 149 | 222 | 270 | 369 | 169 | 221 | 286 | 266 | 256 | 295 | 213 | 171 | 218 | 259 | 221 | 258 | 353 | 250 |
| D467 | 徐豆10号 | 223 | 181 | 166 | 158 | 323 | 152 | 262 | 282 | 337 | 161 | 221 | 370 | 266 | 271 | 255 | 0 | 126 | 183 | 247 | 221 | 249 | 347 | 213 |
| D468 | 徐豆11 | 223 | 181 | 155 | 158 | 0 | 152 | 262 | 270 | 325 | 165 | 221 | 370 | 263 | 271 | 255 | 226 | 132 | 0 | 247 | 221 | 195 | 347 | 268 |
| D469 | 徐豆12 | 205 | 181 | 166 | 158 | 323 | 146 | 258 | 276 | 329 | 0 | 224 | 370 | 263 | 271 | 255 | 204 | 126 | 218 | 253 | 224 | 195 | 0 | 213 |
| D471 | 赣豆4号 | 201 | 178 | 185 | 161 | 299 | 149 | 222 | 288 | 350 | 169 | 221 | 376 | 263 | 256 | 273 | 204 | 184 | 212 | 259 | 232 | 249 | 378 | 219 |
| D550 | 鲁黄12 | 193 | 169 | 226 | 147 | 278 | 140 | 254 | 276 | 369 | 173 | 212 | 349 | 303 | 0 | 267 | 0 | 211 | 212 | 247 | 224 | 195 | 360 | 177 |
| D557 | 齐黄28 | 205 | 181 | 166 | 158 | 323 | 146 | 234 | 288 | 337 | 165 | 224 | 370 | 254 | 271 | 295 | 226 | 132 | 218 | 247 | 257 | 195 | 0 | 0 |
| D558 | 齐黄29 | 193 | 181 | 166 | 158 | 317 | 146 | 234 | 233 | 366 | 169 | 224 | 380 | 263 | 265 | 295 | 204 | 211 | 183 | 253 | 232 | 0 | 390 | 213 |
| D565 | 跃进10号 | 201 | 181 | 146 | 153 | 278 | 0 | 230 | 294 | 329 | 161 | 206 | 349 | 266 | 250 | 267 | 186 | 126 | 165 | 259 | 224 | 245 | 384 | 207 |
| D593 | 成豆9号 | 215 | 175 | 185 | 164 | 299 | 146 | 226 | 288 | 366 | 173 | 264 | 376 | 372 | 256 | 261 | 198 | 171 | 180 | 259 | 232 | 258 | 353 | 262 |
| D596 | 川豆4号 | 205 | 175 | 185 | 161 | 299 | 149 | 222 | 276 | 340 | 173 | 224 | 380 | 263 | 256 | 273 | 198 | 171 | 177 | 259 | 232 | 258 | 353 | 287 |
| D597 | 川豆5号 | 205 | 175 | 180 | 161 | 299 | 149 | 222 | 276 | 340 | 173 | 221 | 380 | 263 | 256 | 273 | 198 | 202 | 206 | 259 | 221 | 239 | 384 | 281 |
| D598 | 川豆6号 | 229 | 181 | 146 | 155 | 278 | 146 | 258 | 233 | 340 | 0 | 212 | 349 | 266 | 265 | 252 | 186 | 132 | 171 | 253 | 221 | 201 | 384 | 207 |
| D605 | 贡豆5号 | 215 | 172 | 185 | 158 | 293 | 140 | 226 | 276 | 337 | 173 | 218 | 380 | 0 | 262 | 252 | 198 | 191 | 177 | 259 | 216 | 258 | 353 | 262 |
| D606 | 贡豆8号 | 193 | 172 | 185 | 158 | 293 | 143 | 226 | 0 | 337 | 173 | 221 | 318 | 266 | 250 | 280 | 210 | 191 | 0 | 259 | 224 | 239 | 366 | 213 |
| D607 | 贡豆9号 | 189 | 172 | 180 | 155 | 293 | 143 | 226 | 276 | 337 | 173 | 218 | 380 | 368 | 250 | 252 | 210 | 191 | 206 | 253 | 212 | 239 | 378 | 281 |
| D608 | 贡豆10号 | 215 | 172 | 180 | 161 | 299 | 140 | 226 | 276 | 337 | 0 | 221 | 376 | 368 | 256 | 255 | 198 | 191 | 177 | 259 | 251 | 245 | 390 | 213 |
| D609 | 贡豆11 | 197 | 181 | 155 | 158 | 299 | 155 | 262 | 288 | 337 | 165 | 224 | 355 | 263 | 262 | 0 | 0 | 234 | 183 | 259 | 232 | 195 | 372 | 281 |
| D610 | 贡豆12 | 219 | 172 | 185 | 161 | 293 | 146 | 226 | 276 | 337 | 169 | 221 | 376 | 254 | 250 | 267 | 198 | 191 | 177 | 259 | 212 | 258 | 378 | 262 |
| D619 | 南豆5号 | 223 | 187 | 166 | 158 | 323 | 152 | 258 | 276 | 340 | 165 | 224 | 355 | 254 | 265 | 295 | 198 | 184 | 180 | 253 | 232 | 264 | 372 | 262 |

（续）

| 品种代号 | 品种名称 | Chr. 17 (D2) | | | Chr. 18 (G) | | | | | | Chr. 19 (L) | | | | | | | | | | | Chr. 20(I) | | |
|---|---|---|---|---|---|---|---|---|---|---|---|---|---|---|---|---|---|---|---|---|---|---|---|---|
| | | Satt386 | Sct_137 | Satt163 | Satt038 | Satt688 | Satt235 | Satt352 | Satt130 | Satt288 | AF162283 | Sat_372 | Satt723 | Satt182 | Satt143 | Satt652 | Sat_191 | Satt284 | Satt076 | Satt664 | Sat_245 | Satt614 | Satt671 | Satt148 |
| C003 | 阜豆1号 | 0 | 146 | 276 | 206 | 163 | 144 | 257 | 282 | 236 | 344 | 239 | 302 | 305 | 222 | 255 | 279 | 181 | 276 | 200 | 196 | 342 | 217 | 330 |
| C010 | 皖豆1号 | 205 | 146 | 270 | 206 | 163 | 144 | 0 | 276 | 224 | 271 | 236 | 269 | 296 | 217 | 249 | 276 | 178 | 251 | 184 | 196 | 362 | 217 | 313 |
| C011 | 皖豆3号 | 205 | 146 | 0 | 182 | 163 | 126 | 0 | 267 | 224 | 271 | 236 | 269 | 299 | 217 | 245 | 262 | 175 | 251 | 192 | 192 | 318 | 211 | 313 |
| C014 | 皖豆6号 | 211 | 146 | 237 | 188 | 163 | 144 | 251 | 276 | 228 | 344 | 236 | 269 | 296 | 217 | 235 | 279 | 178 | 251 | 206 | 196 | 274 | 214 | 313 |
| C016 | 皖豆9号 | 211 | 0 | 276 | 194 | 175 | 155 | 237 | 276 | 224 | 309 | 236 | 0 | 296 | 217 | 235 | 276 | 178 | 254 | 192 | 188 | 274 | 214 | 313 |
| C019 | 皖豆13 | 0 | 154 | 276 | 0 | 181 | 194 | 214 | 270 | 232 | 265 | 245 | 215 | 305 | 233 | 245 | 262 | 175 | 264 | 188 | 192 | 234 | 211 | 342 |
| C026 | 科丰35 | 211 | 150 | 276 | 206 | 169 | 144 | 263 | 276 | 232 | 271 | 239 | 307 | 296 | 222 | 245 | 273 | 184 | 251 | 196 | 196 | 336 | 211 | 333 |
| C027 | 科新3号 | 251 | 154 | 276 | 206 | 169 | 194 | 214 | 267 | 228 | 265 | 248 | 215 | 305 | 230 | 245 | 0 | 175 | 267 | 192 | 188 | 234 | 214 | 339 |
| C028 | 诱变30 | 217 | 150 | 305 | 200 | 163 | 144 | 263 | 276 | 232 | 271 | 245 | 269 | 299 | 222 | 245 | 276 | 181 | 257 | 196 | 196 | 336 | 217 | 336 |
| C029 | 诱变31 | 217 | 150 | 237 | 188 | 169 | 144 | 257 | 267 | 228 | 309 | 239 | 302 | 266 | 233 | 245 | 273 | 181 | 251 | 218 | 196 | 283 | 217 | 324 |
| C030 | 诱处4号 | 211 | 150 | 0 | 194 | 175 | 144 | 263 | 276 | 236 | 297 | 245 | 307 | 296 | 242 | 249 | 279 | 178 | 251 | 196 | 196 | 371 | 214 | 330 |
| C032 | 早熟6号 | 217 | 150 | 288 | 0 | 169 | 144 | 263 | 262 | 224 | 293 | 245 | 0 | 0 | 222 | 235 | 268 | 178 | 251 | 200 | 196 | 327 | 214 | 333 |
| C037 | 早熟18 | 217 | 150 | 294 | 0 | 169 | 144 | 269 | 270 | 224 | 330 | 245 | 307 | 0 | 227 | 249 | 279 | 178 | 257 | 196 | 196 | 356 | 214 | 333 |
| C038 | 中黄1号 | 266 | 158 | 276 | 224 | 175 | 194 | 217 | 270 | 244 | 334 | 239 | 215 | 305 | 242 | 231 | 262 | 184 | 267 | 166 | 188 | 228 | 211 | 351 |
| C039 | 中黄2号 | 266 | 154 | 276 | 224 | 175 | 194 | 214 | 262 | 240 | 334 | 245 | 215 | 305 | 242 | 227 | 262 | 184 | 264 | 166 | 188 | 228 | 211 | 354 |
| C040 | 中黄3号 | 266 | 154 | 276 | 188 | 175 | 194 | 214 | 0 | 236 | 271 | 248 | 218 | 277 | 233 | 245 | 273 | 178 | 267 | 188 | 188 | 234 | 214 | 345 |
| C041 | 中黄4号 | 217 | 154 | 294 | 206 | 169 | 144 | 269 | 0 | 236 | 334 | 245 | 307 | 266 | 236 | 259 | 279 | 178 | 257 | 0 | 196 | 371 | 214 | 333 |
| C043 | 中黄6号 | 217 | 158 | 0 | 212 | 169 | 144 | 269 | 215 | 224 | 334 | 239 | 0 | 266 | 239 | 239 | 273 | 184 | 257 | 176 | 192 | 362 | 214 | 348 |
| C044 | 中黄7号 | 217 | 154 | 276 | 188 | 175 | 194 | 263 | 215 | 244 | 293 | 245 | 233 | 266 | 233 | 249 | 282 | 184 | 267 | 192 | 196 | 228 | 223 | 348 |
| C045 | 中黄8号 | 211 | 154 | 305 | 206 | 169 | 126 | 269 | 276 | 228 | 297 | 248 | 0 | 251 | 239 | 239 | 273 | 181 | 257 | 196 | 196 | 345 | 214 | 313 |
| C069 | 黔豆4号 | 217 | 158 | 305 | 194 | 169 | 144 | 269 | 246 | 232 | 297 | 248 | 269 | 299 | 239 | 255 | 282 | 184 | 264 | 206 | 196 | 295 | 217 | 342 |
| C094 | 河南早丰1号 | 251 | 150 | 276 | 218 | 169 | 167 | 214 | 246 | 240 | 334 | 245 | 233 | 277 | 233 | 231 | 276 | 181 | 261 | 192 | 192 | 234 | 211 | 339 |
| C104 | 豫豆1号 | 0 | 150 | 282 | 188 | 163 | 194 | 192 | 228 | 228 | 336 | 248 | 208 | 0 | 227 | 245 | 245 | 187 | 254 | 192 | 196 | 228 | 211 | 324 |
| C105 | 豫豆2号 | 251 | 150 | 282 | 194 | 169 | 199 | 192 | 0 | 228 | 334 | 245 | 233 | 266 | 227 | 235 | 288 | 178 | 257 | 192 | 196 | 228 | 211 | 324 |
| C106 | 豫豆3号 | 217 | 158 | 276 | 188 | 175 | 144 | 269 | 215 | 228 | 275 | 251 | 0 | 296 | 233 | 239 | 276 | 184 | 261 | 188 | 192 | 274 | 217 | 345 |
| C107 | 郑长叶7 | 0 | 154 | 276 | 188 | 181 | 194 | 214 | 267 | 232 | 336 | 245 | 218 | 277 | 236 | 231 | 268 | 184 | 257 | 206 | 196 | 234 | 211 | 342 |

| 品种代号 | 品种名称 | Chr.17 (D2) | | | Chr.18 (G) | | | | | | | | | Chr.19 (L) | | | | | | | | Chr.20(I) | | |
|---|---|---|---|---|---|---|---|---|---|---|---|---|---|---|---|---|---|---|---|---|---|---|---|---|
| | | Satt386 | Sct_137 | Satt163 | Satt038 | Satt688 | Satt235 | Satt130 | Satt352 | Satt288 | AF162283 | Sat_372 | Satt723 | Satt182 | Satt143 | Satt652 | Sat_191 | Satt284 | Satt076 | Satt664 | Sat_245 | Satt614 | Satt671 | Satt148 |
| C108 | 豫豆5号 | 251 | 0 | 282 | 188 | 163 | 188 | 192 | 217 | 0 | 228 | 265 | 239 | 208 | 266 | 230 | 239 | 285 | 175 | 251 | 0 | 228 | 211 | 330 |
| C110 | 豫豆7号 | 0 | 154 | 276 | 0 | 175 | 188 | 206 | 211 | 187 | 224 | 265 | 245 | 215 | 272 | 230 | 245 | 268 | 0 | 251 | 196 | 228 | 211 | 333 |
| C111 | 豫豆8号 | 217 | 154 | 282 | 182 | 175 | 144 | 263 | 202 | 215 | 236 | 340 | 248 | 302 | 296 | 242 | 249 | 273 | 181 | 261 | 200 | 318 | 217 | 354 |
| C112 | 豫豆10号 | 0 | 150 | 276 | 194 | 175 | 199 | 206 | 222 | 246 | 236 | 334 | 245 | 233 | 251 | 227 | 235 | 282 | 190 | 251 | 192 | 234 | 211 | 324 |
| C113 | 豫豆11 | 0 | 150 | 276 | 194 | 169 | 194 | 206 | 202 | 255 | 224 | 334 | 245 | 0 | 0 | 227 | 235 | 285 | 181 | 251 | 210 | 228 | 211 | 342 |
| C114 | 豫豆12 | 266 | 0 | 270 | 218 | 169 | 188 | 214 | 205 | 262 | 240 | 265 | 239 | 233 | 299 | 230 | 231 | 262 | 172 | 267 | 196 | 228 | 208 | 339 |
| C115 | 豫豆15 | 251 | 150 | 276 | 194 | 163 | 164 | 206 | 211 | 246 | 232 | 336 | 239 | 233 | 277 | 227 | 235 | 276 | 181 | 251 | 192 | 234 | 211 | 339 |
| C116 | 豫豆16 | 217 | 158 | 282 | 188 | 175 | 144 | 269 | 199 | 215 | 232 | 271 | 245 | 272 | 296 | 242 | 255 | 273 | 181 | 261 | 206 | 345 | 217 | 351 |
| C118 | 豫豆19 | 211 | 154 | 288 | 188 | 181 | 0 | 251 | 199 | 270 | 224 | 271 | 245 | 302 | 296 | 236 | 245 | 276 | 181 | 261 | 214 | 345 | 217 | 348 |
| C120 | 郑133 | 260 | 158 | 276 | 182 | 181 | 199 | 217 | 205 | 239 | 232 | 336 | 248 | 233 | 296 | 233 | 235 | 282 | 184 | 261 | 192 | 240 | 211 | 339 |
| C121 | 郑77249 | 260 | 154 | 276 | 182 | 175 | 199 | 214 | 205 | 267 | 0 | 271 | 239 | 218 | 251 | 230 | 231 | 276 | 181 | 257 | 196 | 234 | 214 | 339 |
| C122 | 郑86506 | 0 | 154 | 276 | 182 | 181 | 199 | 214 | 208 | 239 | 228 | 336 | 239 | 218 | 277 | 230 | 239 | 276 | 184 | 254 | 210 | 234 | 211 | 339 |
| C123 | 郑州126 | 0 | 154 | 276 | 182 | 169 | 194 | 214 | 205 | 239 | 232 | 275 | 248 | 249 | 251 | 233 | 239 | 268 | 184 | 257 | 192 | 234 | 211 | 330 |
| C124 | 郑州135 | 211 | 150 | 276 | 194 | 175 | 188 | 257 | 195 | 219 | 248 | 313 | 251 | 241 | 296 | 236 | 245 | 282 | 178 | 261 | 188 | 234 | 214 | 345 |
| C125 | 周7327-118 | 217 | 154 | 288 | 188 | 175 | 126 | 243 | 205 | 215 | 228 | 297 | 245 | 269 | 296 | 236 | 239 | 285 | 178 | 261 | 206 | 283 | 217 | 348 |
| C170 | 合丰25 | 217 | 158 | 276 | 194 | 175 | 188 | 257 | 195 | 219 | 240 | 336 | 245 | 218 | 296 | 230 | 239 | 285 | 181 | 264 | 166 | 234 | 217 | 342 |
| C178 | 合丰33 | 211 | 154 | 288 | 182 | 169 | 144 | 257 | 199 | 276 | 232 | 313 | 239 | 288 | 299 | 257 | 239 | 288 | 175 | 251 | 196 | 318 | 217 | 354 |
| C181 | 合丰36 | 217 | 158 | 282 | 188 | 175 | 194 | 263 | 208 | 0 | 244 | 361 | 245 | 224 | 305 | 236 | 235 | 285 | 181 | 267 | 192 | 228 | 217 | 345 |
| C288 | 矮脚早 | 211 | 162 | 270 | 0 | 175 | 199 | 0 | 208 | 0 | 228 | 293 | 245 | 208 | 296 | 230 | 227 | 268 | 172 | 0 | 192 | 228 | 239 | 345 |
| C291 | 鄂豆5号 | 178 | 162 | 270 | 188 | 169 | 194 | 269 | 208 | 255 | 236 | 297 | 245 | 208 | 299 | 227 | 235 | 279 | 172 | 257 | 192 | 234 | 239 | 342 |
| C292 | 早春1号 | 0 | 166 | 270 | 188 | 169 | 194 | 0 | 208 | 246 | 236 | 265 | 248 | 208 | 296 | 230 | 231 | 276 | 175 | 257 | 192 | 234 | 239 | 342 |
| C293 | 中豆8号 | 205 | 154 | 276 | 182 | 175 | 0 | 0 | 192 | 276 | 236 | 265 | 239 | 302 | 299 | 227 | 239 | 276 | 178 | 251 | 196 | 345 | 217 | 354 |
| C295 | 中豆19 | 217 | 154 | 282 | 182 | 175 | 135 | 257 | 202 | 0 | 224 | 313 | 239 | 0 | 305 | 227 | 239 | 279 | 178 | 251 | 0 | 274 | 223 | 348 |
| C296 | 中豆20 | 211 | 158 | 276 | 182 | 175 | 135 | 263 | 199 | 282 | 224 | 334 | 0 | 297 | 0 | 227 | 239 | 279 | 175 | 251 | 188 | 336 | 217 | 348 |
| C297 | 中豆24 | 211 | 166 | 270 | 188 | 169 | 199 | 243 | 214 | 255 | 228 | 334 | 239 | 208 | 299 | 230 | 239 | 262 | 175 | 261 | 192 | 228 | 256 | 342 |
| C301 | 湘春豆10号 | 223 | 166 | 276 | 188 | 181 | 194 | 275 | 202 | 215 | 232 | 275 | 248 | 241 | 296 | 222 | 239 | 282 | 178 | 264 | 196 | 228 | 256 | 345 |

（续）

Chromosome groups: Chr. 17 (D2) — Satt386, Sct_137, Satt163; Chr. 18 (G) — Satt038, Satt688, Satt235, Satt288, AF162283, Sat_372, Satt723, Satt182, Satt130, Satt352; Chr. 19 (L) — Satt143, Satt652, Sat_191, Satt284, Satt182, Satt076, Satt664, Sat_245, Satt614, Satt671; Chr. 20(I) — Satt148

| 品种代号 | 品种名称 | Satt386 | Sct_137 | Satt163 | Satt038 | Satt688 | Satt235 | Satt288 | AF162283 | Sat_372 | Satt723 | Satt182 | Satt130 | Satt352 | Satt143 | Satt652 | Sat_191 | Satt284 | Satt182 | Satt076 | Satt664 | Sat_245 | Satt614 | Satt671 | Satt148 |
| --- | --- | --- | --- | --- | --- | --- | --- | --- | --- | --- | --- | --- | --- | --- | --- | --- | --- | --- | --- | --- | --- | --- | --- | --- | --- |
| C306 | 湘春豆15 | 223 | 166 | 276 | 194 | 185 | 194 | 275 | 236 | 215 | 202 | 296 | 241 | 248 | 275 | 236 | 222 | 235 | 279 | 178 | 264 | 196 | 234 | 247 | 345 |
| C390 | 九农20 | 211 | 162 | 282 | 182 | 163 | 126 | 257 | 236 | 282 | 192 | 320 | 297 | 239 | 282 | 236 | 222 | 239 | 273 | 175 | 251 | 196 | 0 | 223 | 348 |
| C417 | 58-161 | 0 | 158 | 228 | 194 | 0 | 0 | 263 | 228 | 270 | 199 | 305 | 272 | 251 | 282 | 228 | 230 | 245 | 262 | 172 | 270 | 196 | 0 | 214 | 333 |
| C421 | 灌豆1号 | 199 | 158 | 228 | 200 | 169 | 194 | 257 | 213 | 270 | 199 | 299 | 302 | 251 | 324 | 213 | 233 | 239 | 262 | 172 | 264 | 196 | 283 | 211 | 345 |
| C423 | 淮豆1号 | 0 | 158 | 228 | 194 | 169 | 194 | 251 | 224 | 255 | 199 | 305 | 288 | 245 | 340 | 224 | 239 | 245 | 262 | 172 | 261 | 170 | 362 | 211 | 333 |
| C424 | 淮豆2号 | 199 | 158 | 228 | 194 | 163 | 199 | 243 | 228 | 0 | 202 | 299 | 288 | 245 | 275 | 228 | 230 | 239 | 262 | 172 | 261 | 0 | 336 | 211 | 330 |
| C428 | 南农1138-2 | 199 | 158 | 208 | 188 | 0 | 199 | 243 | 220 | 215 | 202 | 299 | 315 | 239 | 0 | 220 | 227 | 239 | 262 | 175 | 261 | 196 | 342 | 211 | 330 |
| C431 | 南农493-1 | 199 | 158 | 208 | 188 | 169 | 194 | 251 | 213 | 215 | 0 | 299 | 302 | 245 | 324 | 213 | 227 | 239 | 262 | 172 | 261 | 196 | 283 | 211 | 330 |
| C432 | 南农73-935 | 205 | 154 | 208 | 0 | 169 | 199 | 237 | 220 | 215 | 205 | 299 | 302 | 245 | 324 | 220 | 227 | 235 | 262 | 178 | 261 | 200 | 336 | 211 | 324 |
| C433 | 南农86-4 | 199 | 158 | 208 | 194 | 175 | 199 | 0 | 220 | 0 | 205 | 305 | 272 | 245 | 361 | 220 | 227 | 235 | 262 | 175 | 261 | 200 | 336 | 211 | 330 |
| C434 | 南农87C-38 | 199 | 158 | 228 | 0 | 169 | 188 | 257 | 228 | 239 | 202 | 299 | 272 | 245 | 297 | 228 | 233 | 249 | 262 | 175 | 264 | 204 | 267 | 211 | 330 |
| C435 | 南农88-48 | 205 | 158 | 208 | 194 | 181 | 205 | 0 | 224 | 215 | 211 | 299 | 315 | 245 | 361 | 224 | 230 | 231 | 262 | 175 | 261 | 200 | 336 | 211 | 330 |
| C436 | 南农菜豆1号 | 205 | 158 | 0 | 194 | 181 | 194 | 243 | 228 | 215 | 202 | 305 | 288 | 248 | 336 | 228 | 236 | 235 | 268 | 0 | 261 | 204 | 318 | 211 | 342 |
| C438 | 宁镇1号 | 205 | 158 | 228 | 0 | 169 | 199 | 237 | 232 | 215 | 208 | 299 | 288 | 245 | 361 | 232 | 230 | 227 | 268 | 178 | 261 | 200 | 318 | 214 | 324 |
| C439 | 宁镇2号 | 217 | 158 | 276 | 188 | 175 | 194 | 263 | 244 | 0 | 199 | 299 | 224 | 245 | 388 | 244 | 230 | 235 | 276 | 178 | 267 | 196 | 228 | 217 | 351 |
| C440 | 宁镇3号 | 217 | 158 | 270 | 194 | 175 | 194 | 263 | 252 | 255 | 208 | 272 | 249 | 239 | 313 | 252 | 230 | 235 | 273 | 190 | 264 | 218 | 228 | 214 | 342 |
| C441 | 泗豆11 | 205 | 158 | 228 | 188 | 169 | 188 | 257 | 228 | 239 | 202 | 272 | 330 | 245 | 330 | 228 | 242 | 245 | 276 | 181 | 267 | 188 | 283 | 0 | 330 |
| C443 | 苏7209 | 205 | 158 | 208 | 194 | 0 | 199 | 237 | 224 | 0 | 205 | 305 | 272 | 245 | 361 | 224 | 230 | 227 | 268 | 184 | 264 | 196 | 336 | 214 | 324 |
| C444 | 苏豆1号 | 217 | 154 | 305 | 164 | 0 | 144 | 269 | 224 | 276 | 199 | 299 | 302 | 245 | 324 | 224 | 233 | 239 | 273 | 184 | 267 | 200 | 295 | 217 | 339 |
| C445 | 苏豆3号 | 211 | 158 | 0 | 194 | 169 | 188 | 263 | 224 | 0 | 202 | 305 | 288 | 245 | 265 | 224 | 239 | 231 | 268 | 184 | 270 | 176 | 267 | 214 | 333 |
| C448 | 苏协18-6 | 217 | 150 | 264 | 188 | 175 | 194 | 257 | 244 | 267 | 205 | 289 | 233 | 245 | 330 | 244 | 230 | 231 | 273 | 175 | 261 | 188 | 228 | 217 | 342 |
| C449 | 苏协19-15 | 217 | 150 | 264 | 188 | 175 | 194 | 251 | 244 | 267 | 199 | 289 | 233 | 245 | 334 | 244 | 230 | 231 | 279 | 175 | 261 | 188 | 228 | 217 | 348 |
| C450 | 苏协4-1 | 211 | 158 | 208 | 194 | 169 | 199 | 0 | 224 | 0 | 208 | 305 | 307 | 245 | 361 | 224 | 233 | 227 | 268 | 178 | 270 | 200 | 267 | 214 | 336 |
| C451 | 苏协1号 | 211 | 158 | 0 | 182 | 163 | 144 | 243 | 224 | 282 | 195 | 305 | 288 | 245 | 361 | 224 | 222 | 239 | 276 | 172 | 254 | 204 | 345 | 223 | 348 |
| C455 | 徐豆1号 | 211 | 158 | 228 | 194 | 169 | 188 | 269 | 232 | 215 | 208 | 299 | 269 | 248 | 336 | 232 | 236 | 231 | 279 | 181 | 276 | 196 | 274 | 223 | 336 |
| C457 | 徐豆3号 | 217 | 158 | 228 | 200 | 0 | 188 | 263 | 236 | 270 | 205 | 305 | 315 | 245 | 271 | 236 | 236 | 245 | 276 | 184 | 276 | 184 | 371 | 217 | 342 |

（续）

| 品种代号 | 品种名称 | Chr. 17 (D2) | | | | | | Chr. 18 (G) | | | | | | | Chr. 19 (L) | | | | | | | | Chr. 20(I) | |
|---|---|---|---|---|---|---|---|---|---|---|---|---|---|---|---|---|---|---|---|---|---|---|---|---|
| | | Satt386 | Sct_137 | Satt163 | Satt038 | Satt688 | Satt235 | Satt130 | Satt352 | Satt288 | AF162283 | Sat_372 | Satt723 | Satt182 | Satt143 | Satt652 | Sat_191 | Satt284 | Satt076 | Satt664 | Sat_245 | Satt614 | Satt671 | Satt148 |
| C458 | 徐豆7号 | 217 | 158 | 228 | 200 | 169 | 188 | 269 | 202 | 270 | 228 | 271 | 245 | 315 | 305 | 233 | 245 | 273 | 184 | 276 | 184 | 371 | 217 | 354 |
| C538 | 菏84-1 | 0 | 158 | 276 | 218 | 185 | 194 | 217 | 202 | 215 | 232 | 334 | 248 | 249 | 305 | 239 | 245 | 273 | 178 | 267 | 180 | 228 | 211 | 339 |
| C539 | 菏84-5 | 223 | 154 | 228 | 0 | 181 | 194 | 263 | 205 | 255 | 228 | 336 | 245 | 0 | 320 | 239 | 239 | 273 | 181 | 276 | 176 | 356 | 223 | 348 |
| C540 | 营选23 | 223 | 154 | 208 | 194 | 175 | 164 | 0 | 214 | 255 | 224 | 271 | 0 | 272 | 305 | 239 | 239 | 262 | 181 | 270 | 184 | 327 | 217 | 339 |
| C542 | 鲁豆1号 | 223 | 154 | 208 | 194 | 185 | 194 | 263 | 205 | 267 | 228 | 0 | 251 | 302 | 320 | 257 | 239 | 268 | 178 | 270 | 192 | 0 | 223 | 354 |
| C563 | 齐黄22 | 223 | 154 | 208 | 194 | 181 | 194 | 269 | 205 | 267 | 228 | 0 | 0 | 307 | 320 | 257 | 245 | 268 | 178 | 276 | 192 | 0 | 217 | 354 |
| C567 | 为民1号 | 223 | 150 | 228 | 194 | 175 | 188 | 263 | 208 | 262 | 224 | 271 | 248 | 272 | 320 | 239 | 245 | 273 | 181 | 276 | 184 | 327 | 217 | 354 |
| C572 | 文丰7号 | 217 | 154 | 0 | 194 | 181 | 144 | 263 | 199 | 215 | 228 | 324 | 245 | 272 | 299 | 233 | 0 | 279 | 0 | 257 | 188 | 362 | 217 | 348 |
| C575 | 兖黄1号 | 217 | 154 | 237 | 194 | 175 | 164 | 257 | 208 | 270 | 232 | 336 | 0 | 307 | 299 | 236 | 235 | 273 | 184 | 270 | 200 | 274 | 217 | 345 |
| C621 | 川豆2号 | 266 | 158 | 270 | 182 | 175 | 199 | 217 | 202 | 270 | 240 | 313 | 251 | 218 | 299 | 233 | 245 | 262 | 178 | 264 | 235 | 240 | 211 | 342 |
| C626 | 贡豆2号 | 223 | 150 | 228 | 194 | 0 | 194 | 251 | 208 | 203 | 228 | 0 | 0 | 297 | 320 | 239 | 249 | 268 | 172 | 276 | 0 | 342 | 214 | 345 |
| C628 | 贡豆4号 | 223 | 150 | 228 | 194 | 175 | 194 | 263 | 205 | 0 | 232 | 0 | 245 | 307 | 320 | 257 | 245 | 276 | 175 | 276 | 0 | 295 | 217 | 348 |
| C629 | 贡豆6号 | 223 | 150 | 0 | 194 | 175 | 194 | 263 | 211 | 203 | 228 | 330 | 251 | 302 | 320 | 236 | 255 | 268 | 169 | 276 | 0 | 342 | 217 | 345 |
| C630 | 贡豆7号 | 223 | 150 | 208 | 0 | 0 | 167 | 263 | 211 | 0 | 228 | 340 | 251 | 297 | 320 | 242 | 239 | 279 | 169 | 276 | 196 | 327 | 217 | 345 |
| C648 | 浙春1号 | 217 | 150 | 276 | 188 | 169 | 164 | 237 | 208 | 276 | 240 | 297 | 248 | 218 | 296 | 236 | 259 | 273 | 187 | 251 | 188 | 234 | 214 | 339 |
| C649 | 浙春2号 | 211 | 146 | 270 | 188 | 169 | 164 | 237 | 208 | 276 | 232 | 361 | 245 | 218 | 289 | 230 | 255 | 268 | 187 | 251 | 192 | 234 | 211 | 339 |
| C650 | 浙春3号 | 211 | 146 | 270 | 188 | 175 | 199 | 237 | 192 | 276 | 236 | 282 | 239 | 215 | 289 | 227 | 255 | 285 | 169 | 251 | 180 | 228 | 211 | 336 |
| D003 | 合豆2号 | 211 | 146 | 0 | 188 | 175 | 144 | 257 | 202 | 276 | 220 | 334 | 239 | 272 | 296 | 222 | 235 | 268 | 0 | 251 | 184 | 336 | 211 | 313 |
| D004 | 合豆3号 | 205 | 146 | 270 | 188 | 163 | 126 | 243 | 192 | 219 | 232 | 271 | 239 | 272 | 296 | 222 | 245 | 262 | 0 | 251 | 192 | 342 | 211 | 330 |
| D008 | 皖豆16 | 211 | 146 | 270 | 176 | 163 | 144 | 263 | 192 | 270 | 232 | 0 | 236 | 272 | 296 | 217 | 249 | 268 | 181 | 257 | 196 | 336 | 217 | 324 |
| D011 | 皖豆19 | 266 | 154 | 276 | 188 | 169 | 188 | 214 | 217 | 270 | 232 | 361 | 245 | 215 | 305 | 233 | 235 | 0 | 175 | 264 | 192 | 234 | 211 | 339 |
| D013 | 皖豆21 | 211 | 146 | 270 | 164 | 163 | 144 | 257 | 192 | 246 | 224 | 330 | 239 | 307 | 266 | 222 | 249 | 268 | 178 | 251 | 188 | 234 | 211 | 313 |
| D028 | 科丰53 | 217 | 154 | 270 | 0 | 169 | 144 | 275 | 199 | 276 | 236 | 271 | 248 | 272 | 296 | 233 | 255 | 276 | 184 | 261 | 200 | 336 | 217 | 354 |
| D036 | 中豆27 | 223 | 146 | 305 | 194 | 175 | 188 | 263 | 199 | 215 | 252 | 344 | 239 | 233 | 289 | 236 | 245 | 282 | 172 | 261 | 184 | 228 | 217 | 348 |
| D038 | 中黄9 | 217 | 154 | 255 | 0 | 175 | 194 | 263 | 205 | 215 | 252 | 293 | 251 | 233 | 266 | 230 | 249 | 285 | 184 | 264 | 192 | 234 | 223 | 342 |
| D043 | 中黄14 | 266 | 154 | 276 | 188 | 175 | 194 | 214 | 214 | 270 | 244 | 334 | 245 | 215 | 305 | 239 | 235 | 262 | 175 | 264 | 192 | 234 | 211 | 342 |

（续）

| 品种代号 | 品种名称 | Chr. 17 (D2) | | | | | Chr. 18 (G) | | | | | | | | | Chr. 19 (L) | | | | | Chr. 20(I) | | | |
|---|---|---|---|---|---|---|---|---|---|---|---|---|---|---|---|---|---|---|---|---|---|---|---|---|
| | | Satt386 | Sct_137 | Satt163 | Satt038 | Satt688 | Satt235 | Satt130 | Satt352 | Satt288 | AF162283 | Sat_372 | Satt723 | Satt182 | Satt143 | Satt652 | Sat_191 | Satt284 | Satt076 | Satt664 | Sat_245 | Satt614 | Satt671 | Satt148 |
| D044 | 中黄 15 | 217 | 146 | 255 | 194 | 175 | 188 | 263 | 199 | 270 | 248 | 344 | 245 | 272 | 289 | 227 | 231 | 273 | 172 | 264 | 170 | 228 | 223 | 348 |
| D053 | 中黄 24 | 205 | 146 | 282 | 206 | 181 | 0 | 257 | 192 | 270 | 240 | 334 | 239 | 215 | 289 | 230 | 235 | 285 | 175 | 254 | 176 | 228 | 211 | 339 |
| D054 | 中黄 25 | 0 | 154 | 276 | 188 | 169 | 194 | 214 | 214 | 239 | 232 | 334 | 245 | 215 | 305 | 239 | 259 | 268 | 175 | 261 | 188 | 234 | 214 | 342 |
| D081 | 桂早 1 号 | 266 | 150 | 276 | 212 | 169 | 194 | 214 | 211 | 270 | 228 | 313 | 239 | 215 | 305 | 230 | 231 | 262 | 172 | 267 | 200 | 228 | 208 | 342 |
| D087 | 黔豆 3 号 | 266 | 154 | 276 | 212 | 169 | 188 | 214 | 205 | 267 | 228 | 265 | 245 | 241 | 305 | 230 | 235 | 262 | 172 | 267 | 192 | 228 | 208 | 339 |
| D088 | 黔豆 5 号 | 0 | 150 | 276 | 206 | 175 | 188 | 214 | 208 | 267 | 228 | 265 | 239 | 241 | 305 | 222 | 239 | 0 | 172 | 267 | 0 | 228 | 208 | 339 |
| D090 | 沧豆 4 号 | 0 | 158 | 276 | 0 | 175 | 194 | 217 | 205 | 215 | 236 | 271 | 251 | 208 | 296 | 233 | 245 | 282 | 181 | 261 | 192 | 240 | 214 | 345 |
| D112 | 地神 21 | 0 | 150 | 270 | 212 | 169 | 188 | 214 | 205 | 267 | 224 | 334 | 236 | 215 | 305 | 236 | 231 | 276 | 169 | 267 | 200 | 228 | 208 | 339 |
| D113 | 地神 22 | 211 | 154 | 288 | 182 | 169 | 144 | 237 | 195 | 276 | 224 | 334 | 239 | 272 | 299 | 239 | 245 | 279 | 178 | 0 | 0 | 283 | 217 | 351 |
| D114 | 滑豆 20 | 266 | 150 | 270 | 206 | 175 | 199 | 206 | 208 | 262 | 228 | 265 | 239 | 208 | 299 | 230 | 231 | 268 | 172 | 267 | 180 | 228 | 208 | 342 |
| D117 | 濮海 10 号 | 217 | 154 | 305 | 0 | 175 | 144 | 263 | 202 | 270 | 228 | 334 | 248 | 302 | 299 | 236 | 245 | 282 | 181 | 257 | 0 | 0 | 217 | 351 |
| D118 | 商丘 1099 | 217 | 154 | 0 | 188 | 175 | 126 | 243 | 205 | 270 | 228 | 336 | 245 | 272 | 296 | 236 | 245 | 273 | 184 | 257 | 210 | 336 | 217 | 351 |
| D122 | 豫豆 17 | 260 | 0 | 276 | 194 | 175 | 194 | 206 | 217 | 203 | 228 | 334 | 245 | 215 | 251 | 233 | 235 | 268 | 181 | 254 | 206 | 234 | 211 | 339 |
| D124 | 豫豆 21 | 0 | 146 | 270 | 212 | 175 | 194 | 214 | 205 | 262 | 232 | 334 | 239 | 215 | 266 | 227 | 239 | 262 | 169 | 270 | 180 | 234 | 208 | 330 |
| D125 | 豫豆 22 | 266 | 146 | 264 | 212 | 163 | 188 | 217 | 214 | 262 | 232 | 265 | 236 | 215 | 296 | 233 | 235 | 262 | 172 | 267 | 192 | 234 | 208 | 339 |
| D126 | 豫豆 23 | 0 | 150 | 264 | 212 | 163 | 205 | 217 | 205 | 0 | 236 | 330 | 239 | 215 | 266 | 227 | 235 | 262 | 172 | 267 | 180 | 234 | 208 | 354 |
| D127 | 豫豆 24 | 223 | 150 | 264 | 0 | 181 | 199 | 251 | 195 | 262 | 256 | 352 | 245 | 233 | 289 | 233 | 235 | 285 | 181 | 264 | 184 | 228 | 223 | 354 |
| D128 | 豫豆 25 | 278 | 150 | 264 | 218 | 175 | 194 | 217 | 217 | 255 | 232 | 330 | 239 | 215 | 296 | 230 | 235 | 262 | 172 | 270 | 180 | 240 | 208 | 345 |
| D129 | 豫豆 26 | 223 | 150 | 264 | 194 | 181 | 199 | 243 | 202 | 215 | 252 | 352 | 245 | 233 | 289 | 0 | 235 | 288 | 172 | 264 | 184 | 228 | 217 | 342 |
| D130 | 豫豆 27 | 251 | 150 | 276 | 212 | 175 | 188 | 206 | 214 | 246 | 236 | 334 | 239 | 215 | 272 | 230 | 235 | 282 | 181 | 254 | 192 | 234 | 211 | 342 |
| D131 | 豫豆 28 | 278 | 150 | 264 | 212 | 163 | 199 | 217 | 217 | 267 | 236 | 265 | 239 | 218 | 289 | 233 | 239 | 279 | 169 | 270 | 180 | 240 | 208 | 339 |
| D132 | 豫豆 29 | 209 | 154 | 260 | 212 | 175 | 205 | 217 | 217 | 246 | 236 | 334 | 248 | 215 | 289 | 233 | 255 | 276 | 175 | 276 | 184 | 240 | 211 | 351 |
| D135 | 郑 90007 | 217 | 158 | 264 | 188 | 175 | 188 | 269 | 222 | 267 | 228 | 334 | 239 | 215 | 289 | 230 | 231 | 268 | 172 | 254 | 192 | 228 | 239 | 339 |
| D136 | 郑 92116 | 217 | 158 | 276 | 200 | 175 | 199 | 251 | 222 | 267 | 240 | 340 | 245 | 218 | 289 | 230 | 235 | 273 | 169 | 0 | 192 | 234 | 256 | 336 |
| D137 | 郑长交 14 | 217 | 158 | 276 | 200 | 175 | 188 | 275 | 205 | 267 | 236 | 265 | 245 | 218 | 289 | 227 | 231 | 273 | 172 | 254 | 192 | 258 | 256 | 339 |
| D138 | 郑交 107 | 217 | 158 | 264 | 188 | 163 | 0 | 275 | 205 | 267 | 240 | 271 | 239 | 218 | 289 | 230 | 231 | 273 | 172 | 261 | 192 | 258 | 239 | 339 |

（续）

| 品种代号 | 品种名称 | Chr.17 (D2) | | | | | | Chr.18 (G) | | | | | | | Chr.19 (L) | | | | | | Chr.20(I) | | |
|---|---|---|---|---|---|---|---|---|---|---|---|---|---|---|---|---|---|---|---|---|---|---|---|
| | | Satt386 | Sct_137 | Satt163 | Satt038 | Satt688 | Satt235 | Satt352 | Satt288 | AF162283 | Sat_372 | Satt723 | Satt182 | Satt143 | Satt652 | Sat_191 | Satt284 | Satt076 | Satt664 | Sat_245 | Satt614 | Satt671 | Satt148 |
| D139 | GS郑交9525 | 217 | 162 | 276 | 188 | 175 | 205 | 217 | 267 | 236 | 336 | 239 | 208 | 289 | 230 | 231 | 268 | 172 | 257 | 192 | 234 | 239 | 339 |
| D140 | 周豆11 | 223 | 150 | 264 | 188 | 181 | 199 | 211 | 262 | 248 | 352 | 239 | 233 | 296 | 230 | 235 | 285 | 175 | 264 | 184 | 228 | 217 | 342 |
| D141 | 周豆12 | 223 | 150 | 264 | 188 | 175 | 199 | 208 | 215 | 256 | 344 | 239 | 233 | 289 | 230 | 235 | 282 | 175 | 261 | 184 | 228 | 217 | 342 |
| D143 | 八五七-1 | 211 | 154 | 0 | 176 | 175 | 135 | 195 | 282 | 224 | 344 | 239 | 302 | 299 | 257 | 259 | 276 | 187 | 251 | 214 | 336 | 217 | 354 |
| D149 | 北丰7号 | 0 | 146 | 255 | 194 | 175 | 194 | 205 | 219 | 256 | 368 | 245 | 269 | 289 | 257 | 235 | 285 | 181 | 254 | 192 | 228 | 226 | 351 |
| D151 | 北丰9号 | 178 | 150 | 255 | 200 | 175 | 194 | 205 | 0 | 252 | 368 | 248 | 272 | 296 | 257 | 239 | 285 | 184 | 254 | 180 | 234 | 239 | 354 |
| D152 | 北丰10号 | 260 | 146 | 294 | 194 | 175 | 194 | 222 | 228 | 236 | 368 | 251 | 233 | 266 | 257 | 259 | 288 | 184 | 254 | 192 | 240 | 223 | 333 |
| D153 | 北丰11 | 251 | 146 | 288 | 194 | 169 | 194 | 222 | 187 | 228 | 275 | 245 | 208 | 266 | 257 | 249 | 285 | 181 | 254 | 192 | 234 | 214 | 0 |
| D154 | 北丰13 | 251 | 146 | 288 | 224 | 163 | 194 | 222 | 187 | 224 | 297 | 239 | 208 | 266 | 248 | 245 | 282 | 178 | 251 | 188 | 234 | 211 | 330 |
| D155 | 北丰14 | 251 | 150 | 282 | 188 | 163 | 188 | 214 | 228 | 232 | 352 | 245 | 208 | 251 | 248 | 239 | 0 | 178 | 251 | 188 | 228 | 214 | 330 |
| D241 | 抗线虫5号 | 211 | 154 | 0 | 176 | 181 | 135 | 199 | 276 | 224 | 0 | 0 | 307 | 299 | 257 | 255 | 288 | 175 | 251 | 0 | 0 | 223 | 348 |
| D296 | 绥农14 | 205 | 154 | 305 | 182 | 169 | 144 | 199 | 282 | 224 | 352 | 245 | 307 | 299 | 257 | 239 | 285 | 175 | 251 | 214 | 336 | 217 | 351 |
| D309 | 鄂豆7号 | 178 | 166 | 270 | 188 | 169 | 194 | 214 | 255 | 236 | 297 | 248 | 208 | 299 | 230 | 235 | 276 | 175 | 257 | 192 | 234 | 239 | 345 |
| D313 | 中豆29 | 217 | 166 | 270 | 188 | 181 | 194 | 205 | 215 | 232 | 340 | 248 | 224 | 299 | 0 | 235 | 276 | 175 | 261 | 192 | 234 | 256 | 342 |
| D314 | 中豆30 | 217 | 166 | 270 | 188 | 181 | 194 | 208 | 0 | 232 | 265 | 248 | 241 | 299 | 230 | 235 | 276 | 172 | 261 | 192 | 234 | 256 | 342 |
| D316 | 中豆32 | 223 | 166 | 276 | 188 | 181 | 194 | 205 | 262 | 228 | 340 | 248 | 241 | 296 | 222 | 239 | 282 | 175 | 261 | 192 | 228 | 247 | 345 |
| D319 | 湘春豆16 | 223 | 166 | 276 | 194 | 185 | 194 | 205 | 215 | 232 | 275 | 248 | 241 | 296 | 222 | 239 | 279 | 178 | 261 | 196 | 234 | 256 | 345 |
| D322 | 湘春豆19 | 223 | 166 | 276 | 194 | 185 | 194 | 202 | 215 | 240 | 275 | 248 | 241 | 296 | 222 | 249 | 279 | 181 | 261 | 196 | 234 | 256 | 345 |
| D323 | 湘春豆20 | 223 | 166 | 276 | 188 | 185 | 194 | 202 | 215 | 240 | 275 | 248 | 241 | 296 | 222 | 239 | 282 | 181 | 264 | 196 | 234 | 256 | 342 |
| D325 | 湘春豆22 | 223 | 166 | 276 | 194 | 185 | 194 | 202 | 215 | 232 | 275 | 248 | 241 | 296 | 222 | 239 | 279 | 181 | 264 | 196 | 234 | 256 | 339 |
| D326 | 湘春豆23 | 223 | 166 | 276 | 194 | 185 | 194 | 202 | 215 | 232 | 275 | 251 | 241 | 296 | 222 | 239 | 279 | 181 | 264 | 196 | 234 | 247 | 342 |
| D442 | 淮豆3号 | 217 | 158 | 237 | 194 | 175 | 188 | 199 | 270 | 236 | 271 | 248 | 297 | 299 | 233 | 245 | 273 | 181 | 257 | 192 | 371 | 217 | 345 |
| D443 | 淮豆4号 | 223 | 154 | 237 | 0 | 185 | 194 | 211 | 262 | 240 | 275 | 251 | 302 | 320 | 239 | 259 | 273 | 172 | 276 | 0 | 0 | 223 | 354 |
| D445 | 淮豆6号 | 211 | 158 | 228 | 0 | 181 | 194 | 202 | 270 | 236 | 309 | 0 | 0 | 299 | 233 | 235 | 268 | 184 | 257 | 204 | 274 | 217 | 342 |
| D453 | 南农88-31 | 217 | 158 | 228 | 194 | 181 | 167 | 202 | 270 | 228 | 309 | 248 | 315 | 305 | 236 | 235 | 279 | 181 | 270 | 235 | 274 | 223 | 0 |
| D455 | 南农99-10 | 217 | 158 | 208 | 194 | 181 | 199 | 205 | 0 | 224 | 361 | 245 | 307 | 299 | 236 | 227 | 268 | 178 | 261 | 170 | 342 | 223 | 345 |

（续）

| 品种代号 | 品种名称 | Chr. 17 (D2) | | | | | | Chr. 18 (G) | | | | | | | | Chr. 19 (L) | | | | | | Chr. 20(I) | | |
|---|---|---|---|---|---|---|---|---|---|---|---|---|---|---|---|---|---|---|---|---|---|---|---|---|
| | | Satt386 | Sct_137 | Satt163 | Satt038 | Satt688 | Satt235 | Satt130 | Satt352 | Satt288 | AF162283 | Sat_372 | Satt723 | Satt182 | Satt143 | Satt652 | Sat_191 | Satt284 | Satt076 | Satt664 | Sat_245 | Satt614 | Satt671 | Satt148 |
| D461 | 苏豆4号 | 223 | 166 | 276 | 188 | 175 | 194 | 269 | 211 | 0 | 232 | 293 | 245 | 233 | 305 | 230 | 235 | 279 | 181 | 264 | 196 | 240 | 247 | 345 |
| D463 | 通豆3号 | 217 | 154 | 237 | 0 | 185 | 188 | 269 | 202 | 276 | 224 | 275 | 0 | 297 | 299 | 236 | 221 | 268 | 181 | 267 | 188 | 295 | 223 | 345 |
| D465 | 徐豆8号 | 211 | 154 | 276 | 206 | 0 | 188 | 257 | 199 | 267 | 248 | 352 | 245 | 249 | 299 | 230 | 0 | 288 | 181 | 264 | 188 | 234 | 214 | 342 |
| D466 | 徐豆9号 | 223 | 166 | 276 | 0 | 185 | 194 | 275 | 211 | 262 | 220 | 265 | 245 | 208 | 266 | 239 | 259 | 276 | 184 | 264 | 200 | 234 | 247 | 345 |
| D467 | 徐豆10号 | 217 | 154 | 276 | 188 | 175 | 188 | 257 | 199 | 262 | 240 | 352 | 248 | 249 | 296 | 239 | 255 | 288 | 184 | 264 | 180 | 234 | 214 | 342 |
| D468 | 徐豆11 | 217 | 154 | 276 | 188 | 175 | 188 | 257 | 202 | 215 | 244 | 352 | 245 | 249 | 266 | 239 | 255 | 288 | 184 | 264 | 192 | 228 | 217 | 342 |
| D469 | 徐豆12 | 211 | 158 | 282 | 206 | 175 | 194 | 257 | 214 | 0 | 248 | 313 | 251 | 218 | 299 | 230 | 239 | 288 | 184 | 264 | 188 | 234 | 217 | 348 |
| D471 | 赣豆4号 | 217 | 166 | 276 | 188 | 185 | 205 | 243 | 205 | 219 | 228 | 361 | 245 | 208 | 305 | 230 | 227 | 268 | 184 | 264 | 200 | 234 | 256 | 342 |
| D550 | 鲁豆12 | 223 | 150 | 228 | 0 | 175 | 188 | 263 | 208 | 0 | 232 | 271 | 251 | 315 | 320 | 236 | 249 | 268 | 178 | 276 | 204 | 327 | 217 | 345 |
| D557 | 齐黄28 | 217 | 158 | 276 | 182 | 175 | 194 | 257 | 202 | 219 | 244 | 313 | 251 | 249 | 299 | 248 | 255 | 279 | 181 | 267 | 176 | 228 | 217 | 354 |
| D558 | 齐黄29 | 217 | 158 | 276 | 176 | 175 | 194 | 257 | 211 | 276 | 244 | 361 | 248 | 249 | 305 | 248 | 249 | 279 | 181 | 264 | 210 | 234 | 217 | 345 |
| D565 | 跃进10号 | 223 | 146 | 255 | 194 | 169 | 188 | 269 | 211 | 219 | 252 | 0 | 239 | 269 | 289 | 230 | 231 | 279 | 175 | 267 | 170 | 228 | 223 | 348 |
| D593 | 成豆9号 | 223 | 166 | 282 | 200 | 185 | 194 | 269 | 202 | 219 | 232 | 271 | 245 | 208 | 305 | 230 | 231 | 268 | 184 | 264 | 200 | 234 | 247 | 342 |
| D596 | 川豆4号 | 223 | 166 | 282 | 188 | 175 | 194 | 275 | 202 | 219 | 232 | 275 | 248 | 233 | 305 | 222 | 227 | 273 | 184 | 264 | 196 | 234 | 256 | 342 |
| D597 | 川豆5号 | 223 | 166 | 288 | 188 | 175 | 194 | 275 | 202 | 219 | 236 | 265 | 245 | 241 | 305 | 230 | 231 | 273 | 190 | 264 | 196 | 234 | 256 | 339 |
| D598 | 川豆6号 | 223 | 150 | 264 | 188 | 175 | 188 | 257 | 202 | 270 | 252 | 275 | 245 | 233 | 289 | 227 | 231 | 268 | 175 | 261 | 166 | 228 | 217 | 0 |
| D605 | 贡豆5号 | 217 | 162 | 276 | 0 | 185 | 188 | 269 | 208 | 215 | 232 | 265 | 239 | 208 | 299 | 257 | 235 | 282 | 184 | 257 | 196 | 228 | 247 | 336 |
| D606 | 贡豆8号 | 217 | 162 | 276 | 188 | 185 | 194 | 269 | 205 | 215 | 236 | 330 | 251 | 208 | 299 | 233 | 235 | 285 | 187 | 257 | 196 | 228 | 256 | 336 |
| D607 | 贡豆9号 | 217 | 162 | 270 | 206 | 175 | 205 | 263 | 202 | 0 | 228 | 361 | 239 | 208 | 299 | 233 | 249 | 262 | 184 | 257 | 0 | 234 | 256 | 333 |
| D608 | 贡豆10号 | 178 | 166 | 276 | 212 | 175 | 194 | 269 | 208 | 267 | 228 | 324 | 245 | 208 | 299 | 230 | 231 | 285 | 187 | 261 | 196 | 267 | 247 | 342 |
| D609 | 贡豆11 | 217 | 158 | 276 | 206 | 175 | 167 | 263 | 205 | 0 | 248 | 361 | 248 | 224 | 305 | 230 | 249 | 288 | 184 | 267 | 200 | 228 | 217 | 354 |
| D610 | 贡豆12 | 223 | 166 | 276 | 206 | 185 | 194 | 269 | 202 | 215 | 232 | 271 | 239 | 208 | 299 | 230 | 227 | 268 | 184 | 261 | 196 | 228 | 256 | 339 |
| D619 | 南豆5号 | 217 | 154 | 276 | 188 | 0 | 199 | 257 | 211 | 270 | 252 | 293 | 239 | 224 | 299 | 230 | 235 | 282 | 178 | 267 | 204 | 228 | 217 | 345 |

# 主要参考文献

卜慕华，潘铁夫.1987.我国大豆栽培区域［M］//吉林农业科学院.中国大豆育种与栽培.北京：农业出版社.

常汝镇，孙建英.1991.中国大豆品种资源目录：续编一［M］.北京：中国农业出版社.

陈艳秋，孙贵荒.2000.辽宁省大豆杂交育成品种的亲本分析［J］.辽宁农业科学（3）：16-18.

崔永实，李光发，张健，等.1999.高蛋白大豆品种系谱分析［J］.中国农学通报，15（3）：43-45.

崔章林，盖钧镒，Carter T E Jr，等.1998.中国大豆育成品种及其系谱分析（1923—1995）［M］.北京：中国农业出版社.

戴娟，熊冬金.2007.我国大豆抗孢囊线虫病研究与品种选育［J］.安徽农业科学，35（11）：3183-3185.

盖钧镒，邱家驯，赵团结.1997.大豆品种南农493-1和南农1138-2与其衍生新品种的亲缘关系及其育种价值分析［J］.南京农业大学学报，20（1）：1-8.

盖钧镒，汪越胜，张孟臣，等.中国大豆品种熟期组划分的研究［J］.2001.作物学报，27（3）：286-292.

盖钧镒，汪越胜.2001.中国大豆品种生态区域划分的研究［J］.中国农业科学，34（2）：139-145.

盖钧镒，赵团结，崔章林，等.1998.中国大豆育成品种中不同地理来源种质的遗传贡献［J］.中国农业科学，31（5）：35-43.

盖钧镒，赵团结，崔章林，等.1998.中国1923—1995年育成的651个大豆品种的遗传基础［J］.中国油料作物学报，20：17-23.

盖钧镒，赵团结.2002.中国大豆遗传育种研究进展［M］//刘后利.作物育种学论丛.北京：中国农业大学出版社.

盖钧镒，赵团结.2001.中国大豆育种核心祖先亲本分析［J］.南京农业大学学报，24（2）：1-4.

盖钧镒.2006.作物育种学各论［M］.北京：中国农业出版社.

顾春武，白胜双.2009.辽宁省高油大豆育种浅析［J］.辽宁农业科学（1）：45-46.

郝耕，陈杏娟，卜慕华.1992.中国大豆品种生育期组的划分［J］.作物学报，18（4）：275-281.

胡明祥，田佩占.1993.中国大豆品种志（1978—1992）［M］.北京：中国农业出版社.

李文滨，韩英鹏.2009.大豆分子标记及辅助选择育种技术的发展［J］.大豆科学，28（5）：917-925.

李英慧，常汝镇，邱丽娟.2010.保存大豆种质遗传完整性的策略——基于SSR分子标记选择纯系［J］.中国农业科学，43（19）：3930-3936.

刘爱民，于格，于萧萌.2005.大豆主产区主要竞争农作物生产成本与收益分析［J］.中国农业资源与区划，26（2）：35-39.

刘莹，盖钧镒，吕慧能.2005.大豆根区逆境耐性的种质鉴定及其与根系性状的关系［J］.作物学报，31（9）：1132-1137.

刘章雄，卢为国，常汝镇，等.2008.大豆抗胞囊线虫4号生理小种的种质创新［J］.大豆科学，27（6）：911-914.

刘忠堂.2001.从种子产业的形势看大豆种业的发展［J］.大豆科技（2）：32-34.

马晓萍，杨光宇，杨振宇，等.2009.野生大豆在大豆育种中的应用［J］.作物研究，23（1）：11-12.

秦君，李英慧，刘章雄，等.2008.用SSR分子标记解析大豆品种绥农14与系谱亲本间的遗传关系［J］.中国农业科学，41：3999-4007.

邱家驯，赵团结，盖钧镒.1997.大豆育成品种中苏沪地区种质的遗传贡献［J］.南京农业大学学报，20（4）：1-8.

邱丽娟，Nelson R L，Vodkin L O.1997.利用RAPD标记鉴定大豆种质［J］.作物学报，23（4）：408-507.

邱丽娟，常汝镇，孙建英，等.2000.中国大豆品种资源的评价与利用前景［J］.中国农业科技导报，2（5）：58-61.

邱丽娟，常汝镇，袁翠平，等.2006.国外大豆种质资源的基因挖掘利用现状与展望［J］.植物遗传资源学报，7（1）：1-6.

邱丽娟，王曙明.2007.中国大豆品种志（1993—2004）［M］.北京：中国农业出版社.

孙寰，张井勇，王玉民，等.2009.木豆、苜蓿和大豆3种豆科作物杂种优势利用概述［J］.中国农业科学，42（5）：1528-1539.

孙志强，田佩占，王继安.1990.东北地区大豆品种血缘组成分析［J］.大豆科学，9：112-120.

滕卫丽，卢双勇，高阳，等.2011b.黑龙江省1986—2010年大豆审定品种的品质性状分析［J］.作物杂志（2）：105-108.

万超文，邵桂花，吴存祥，等.2004.中国大豆育成品质性状的演变［J］.大豆科学，23（4）：289-295.

王国勋，罗学华，李友华.1982.论我国南北大豆生育期生态类型及在引种工作中的应用［J］.大豆科学（1）：11-13.

王国勋.1982.中国大豆品种资源目录［M］.北京：中国农业出版社.

王金陵.1991.大豆生态类型［M］.北京：农业出版社.

王连铮，王岚，赵荣娟，等.2006.优质、高产大豆育种的研究［J］.大豆科学，25（3）：205-211.

王连铮，叶兴国，刘国强，等.1998.黑龙江省及黄淮海地区大豆品种的遗传改进［J］.中国油料作物学报，20（4）：20-25.

王晓光，赵念力，魏建军，等.2011.中黄35大豆超高产实例分析［J］.大豆科学，30（6）：1051-1053.

文自翔，赵团结，郑永战，等.2008.中国栽培和野生大豆农艺品质性状与SSR标记的关联分析 I.群体结构及关联标记［J］.作物学报，34（7）：1169-1178.

闫日红，王曙明，杨振宇，等.2009.发挥区域资源优势，开展大豆高油育种［J］.农业科技通讯（3）：67-69.

杨光宇，王洋，马晓萍，等.2005.野生大豆种质资源评价与利用研究进展［J］.吉林农业科学，30（2）：61-63.

杨琪.1993.大豆遗传基础拓宽问题［J］.大豆科学，12：75-80.

张博，邱丽娟，常汝镇.2003.中国大豆部分获奖品种与其祖先亲本间SSR标记的多态性比较和遗传关系分析［J］.农业生物技术学报，11（4）：351-358.

张国栋.1983.黑龙江省大豆品种系谱分析［J］.大豆科学（2）：184-193.

张军，赵团结，盖钧镒.2009.中国大豆育成品种群体遗传结构分化和亚群特异性分析［J］.中国农业科学，42（6）：1901-1910.

张军，赵团结，盖钧镒.2009.我国黄淮和南方主要大豆育成品种家族产量和品质优异等位变异在系谱中遗传的研究［J］.作物学报，35（2）：191-202.

张伟，王曙明，邱强，等.2010.从品种志分析吉林省大豆八十五年来育成品种的亲本来源［J］.大豆科学，29（2）：199-206.

张子金.1985.中国大豆品种志［M］.北京：农业出版社.

赵双进，张孟臣，蒋春志，等.2006.大豆ms1轮回群体品质改良效应与分离特性研究［J］.中国农业科学，39（12）：2422-2427.

中国种子协会赴美考察团.2012.关于美国农作物种业的考察报告［J］.中国种业（2）：3-8.

周新安，年海，杨文钰，等.2010.南方间套作大豆生产发展的现状与对策［J］.大豆科技（3）：1-2.

Agrama H A，Eizenga G C，Yan W. 2007. Association mapping of yield and its components in rice cultivars［J］. Molecular Breeding，19：341-356.

Allen F L，Bhardwaj H L. 1987. Genetic relationships and selected pedigree diagrams of North American soybean cultivars［R］. Knoxville：University of Tennessee，Agricultural Experiment Station（USA）.

Bernard R L. 1988. Origins and pedigrees of public soybean varieties in the United States and Canada. U. S. ［B］. Department of Agriculture，Technical Bulletin No. 1746.

Bhardwaj C，Satyavathi C，Tiwari A，et al. 2002. Genetic base of soybean（*Glycine max*）varieties released in India as revealed by coefficient of parentage［J］. Indian Journal of Agricultural Science，72：467-469.

Bonato A L V，Calvo E S，Geraldi I O，et al. 2006. Genetic similarity among soybean［*Glycine max*（L. ）Merrill］cultivars released in Brazil using AFLP markers [J] . Genetics and Molecular Biology, 29: 692 - 704.

Carter T E, Gizlice Z, Burton J W. 1993. Coefficient-of-parentage and genetic similarity estimates for 258 north America soybean cultivars by public agencies during 1945 - 1988 [R] . U. S. Department of Agriculture, Technical Bulletin No. 1814.

Cober E R, Cianzio S R, Pantalone V R, et al. 2009. Soybean [M] //Vollmann J, Rajcan I. Oil Crops, Handbook of Plant Breeding 4. New York: Springer Science+Business Media, LLC.

Cox T S, Kiang Y T, Gorman M B, et al. 1985. Relationship between coefficient of parentage and genetic similarity indices in the soybean [J] . Crop Science, 25: 529 - 532.

Cui Z, Carter T E , Gai J, et al. 1999. Origin, Description, and Pedigree of Chinese Soybean Cultivars Released from 1923 to 1995 [R] . USDA ARS Technical Bulletin 1871. Washington D C.

Cui Z , Carter T E, Burton J W. 2000. Genetic base of 651 Chinese soybean cultivars released during 1923 to 1995 [J] . Crop Science, 40: 1470 - 1481.

Food and Agriculture Organization of the United Nations. 2010. The second report on the state of the world′s plant genetic resources for Food and Agriculture [R] . Rome.

Gizlice Z, Carter T E , Gerig T M, et al. 1996. Genetic diversity patterns in north American public soybean cultivars based on coefficient of parentage [J] . Crop Science, 36: 753 - 765.

Helms T, Orf J, Vallad G, et al. 1997. Genetic variance, coefficient of parentage, and genetic distance of six soybean populations [J] . Theoretical and Applied Genetics, 94 (1): 20 - 26.

Hiromoto D M, Vello N A. 1986. The genetic base of Brazilian soybean [Glycine max (L. ) Merrill] cultivars [J] . Brazil J Genet, 9: 295 - 306.

Hymowitz T, Harlan J R. 1983. Introduction of soybean to North America by Samuel Bowen in 1765 [J] . Economic Botany, 37 (4): 371 - 379.

Hymowitz T, Newell C A. 1981. Taxonomy of the genus Glycine, domestication and uses of soybeans [J] . Economic Botany, 35 (3): 272 - 288.

Lorenzen L L, Lin S F, Shoemaker R C. 1996. Soybean pedigree analysis using map-based molecular markers: recombination during cultivar development [J] . Theoretical and Applied Genetics, 93: 1251 - 1260.

Prabhu R R, Webb D, Jessen H, et al. 1997. Genetic relatedness among soybean genotype using DNA Amplification Fingprinting, RFLP, and pedigree [J] . Crop Science, 37 (5): 1590 - 1595.

Ratnaparkhe M B, Singh R J, Doyle J J. 2011. Chapter 5 Glycine [M] //Kole C. Wild Crop Relatives: Genomic and Breeding Resources, Legume Crops and Forages. Berlin Heidelberg: Springer-Verlag.

Skorupska H T, Shoemaker R C, Warner A, et al. 1993. Restriction fragment length polymorphism in soybean germplasm of the southern USA [J] . Crop Science, 33 (6): 1169 - 1176.

Thorne J C, Fehr W R. 1970. Exotic germplasm for yield improvement in 2 - way and 3 - way soybean crosses [J] . Crop Science, 10: 677 - 678.

Ude G N, Kenworthy W J, Costa J M, et al. 2003. Genetic diversity of soybean cultivars from China, Japan, north America, and north American ancestral lines determined by amplified fragment length polymorphism [J] . Crop Science, 43 (5): 1858 - 1867.

Zhou X, Carter T E Jr, Cui Z, et al. 2000. Genetic Base of Japanese Soybean Cultivars Released during 1950 to 1988 [J] . Crop Sci, 40: 1794 - 1802.

# 索 引

## 索引 I　中国大豆育成品种按育成年份索引

| 育成年份 | 编号 | 中文名称 | 拼音名称 | 来源 | 育成年份 | 编号 | 中文名称 | 拼音名称 | 来源 |
|---|---|---|---|---|---|---|---|---|---|
| 1923 | C333 | 黄宝珠 | Huangbaozhu | 吉林 | 1958 | C049 | 惠安花面豆 | Huian Huamiandou | 福建 |
| 1923 | C425 | 金大 332 | Jinda 332 | 江苏 | 1958 | C139 | 东农 2 号 | Dongnong 2 Hao | 黑龙江 |
| 1920's | C009 | 宿县 647 | Suxian 647 | 安徽 | 1958 | C150 | 丰收 1 号 | Fengshou 1 Hao | 黑龙江 |
| 1941 | C232 | 金元 2 号 | Jinyuan 2 Hao | 黑龙江 | 1958 | C151 | 丰收 2 号 | Fengshou 2 Hao | 黑龙江 |
| 1941 | C242 | 克霜 | Keshuang | 黑龙江 | 1958 | C152 | 丰收 3 号 | Fengshou 3 Hao | 黑龙江 |
| 1941 | C250 | 满仓金 | Mancangjin | 黑龙江 | 1958 | C153 | 丰收 4 号 | Fengshou 4 Hao | 黑龙江 |
| 1941 | C280 | 西比瓦 | Xibiwa | 黑龙江 | 1958 | C154 | 丰收 5 号 | Fengshou 5 Hao | 黑龙江 |
| 1941 | C284 | 元宝金 | Yuanbaojin | 黑龙江 | 1958 | C155 | 丰收 6 号 | Fengshou 6 Hao | 黑龙江 |
| 1941 | C285 | 紫花 2 号 | Zihua 2 Hao | 黑龙江 | 1958 | C233 | 荆山朴 | Jingshanpu | 黑龙江 |
| 1941 | C286 | 紫花 3 号 | Zihua 3 Hao | 黑龙江 | 1958 | C414 | 枝 2 号 | Zhi 2 Hao | 吉林 |
| 1941 | C287 | 紫花 4 号 | Zihua 4 Hao | 黑龙江 | 1958 | C415 | 枝 3 号 | Zhi 3 Hao | 吉林 |
| 1941 | C401 | 小金黄 1 号 | Xiaojinhuang 1 Hao | 吉林 | 1958 | C461 | 徐州 302 | Xuzhou 302 | 江苏 |
| 1941 | C402 | 小金黄 2 号 | Xiaojinhuang 2 Hao | 吉林 | 1959 | C088 | 来远黄豆 | Laiyuan Huangdou | 河北 |
| 1941 | C416 | 紫花 1 号 | Zihua 1 Hao | 吉林 | 1959 | C140 | 东农 4 号 | Dongnong 4 Hao | 黑龙江 |
| 1941 | C492 | 金元 1 号 | Jinyuan 1 Hao | 辽宁 | 1959 | C410 | 早丰 1 号 | Zaofeng 1 Hao | 吉林 |
| 1941 | C504 | 满地金 | Mandijin | 辽宁 | 1959 | C411 | 早丰 2 号 | Zaofeng 2 Hao | 吉林 |
| 1943 | C324 | 丰地黄 | Fengdihuang | 吉林 | 1960 | C093 | 状元青黑豆 | Zhuangyuanqing Heidou | 河北 |
| 1949 | C535 | 大粒黄 | Dalihuang | 山东 | 1960 | C136 | 北良 56 - 2 | Beiliang 56 - 2 | 黑龙江 |
| 1950 | C331 | 和平 1 号 | Heping 1 Hao | 吉林 | 1960 | C241 | 克北 1 号 | Kebei 1 Hao | 黑龙江 |
| 1950 | C520 | 早小白眉 | Zaoxiaobaimei | 辽宁 | 1960 | C412 | 早丰 3 号 | Zaofeng 3 Hao | 吉林 |
| 1952 | C574 | 新黄豆 | Xinhuangdou | 山东 | 1960 | C467 | 5621 | 5621 | 辽宁 |
| 1953 | C268 | 曙光 1 号 | Shuguang 1 Hao | 黑龙江 | 1960 | C477 | 凤系 1 号 | Fengxi 1 Hao | 辽宁 |
| 1953 | C279 | 孙吴平顶黄 | Sunwu Pingdinghuang | 黑龙江 | 1960 | C478 | 凤系 2 号 | Fengxi 2 Hao | 辽宁 |
| 1954 | C283 | 于惠珍大豆 | Yuhuizhen Dadou | 黑龙江 | 1960 | C479 | 凤系 3 号 | Fengxi 3 Hao | 辽宁 |
| 1954 | C418 | 岔路口 1 号 | Chalukou 1 Hao | 江苏 | 1960 | C480 | 凤系 4 号 | Fengxi 4 Hao | 辽宁 |
| 1956 | C138 | 东农 1 号 | Dongnong 1 Hao | 黑龙江 | 1960 | C491 | 锦州 8 - 14 | Jinzhou 8 - 14 | 辽宁 |
| 1956 | C243 | 克系 283 | Kexi 283 | 黑龙江 | 1960 | C617 | 太谷早 | Taiguzao | 山西 |
| 1956 | C368 | 集体 3 号 | Jiti 3 Hao | 吉林 | 1961 | C413 | 早丰 5 号 | Zaofeng 5 Hao | 吉林 |
| 1956 | C369 | 集体 4 号 | Jiti 4 Hao | 吉林 | 1962 | C183 | 合交 8 号 | Hejiao 8 Hao | 黑龙江 |
| 1956 | C370 | 集体 5 号 | Jiti 5 Hao | 吉林 | 1962 | C281 | 新四粒黄 | Xinsilihuang | 黑龙江 |
| 1956 | C484 | 集体 1 号 | Jiti 1 Hao | 辽宁 | 1962 | C429 | 南农 133 - 3 | Nannong 133 - 3 | 江苏 |
| 1956 | C485 | 集体 2 号 | Jiti 2 Hao | 辽宁 | 1962 | C430 | 南农 133 - 6 | Nannong 133 - 6 | 江苏 |
| 1957 | C249 | 李玉玲 | Liyuling | 黑龙江 | 1962 | C431 | 南农 493 - 1 | Nannong 493 - 1 | 江苏 |
| 1957 | C460 | 徐州 301 | Xuzhou 301 | 江苏 | 1962 | C555 | 齐黄 1 号 | Qihuang 1 Hao | 山东 |

（续）

| 育成年份 | 编号 | 中文名称 | 拼音名称 | 来源 | 育成年份 | 编号 | 中文名称 | 拼音名称 | 来源 |
|---|---|---|---|---|---|---|---|---|---|
| 1962 | C556 | 齐黄 2 号 | Qihuang 2 Hao | 山东 | 1969 | C157 | 丰收 11 | Fengshou 11 | 黑龙江 |
| 1963 | C182 | 合交 6 号 | Hejiao 6 Hao | 黑龙江 | 1969 | C158 | 丰收 12 | Fengshou 12 | 黑龙江 |
| 1963 | C327 | 公交 5201 - 18 | Gongjiao 5201 - 18 | 吉林 | 1969 | C373 | 九农 3 号 | Jiunong 3 Hao | 吉林 |
| 1963 | C334 | 吉林 1 号 | Jilin 1 Hao | 吉林 | 1969 | C374 | 九农 4 号 | Jiunong 4 Hao | 吉林 |
| 1963 | C335 | 吉林 2 号 | Jilin 2 Hao | 吉林 | 1970 | C051 | 晋江大粒黄 | Jinjiang Dalihuang | 福建 |
| 1963 | C336 | 吉林 3 号 | Jilin 3 Hao | 吉林 | 1970 | C089 | 迁安一粒传 | Qian'an Yilichuan | 河北 |
| 1963 | C337 | 吉林 4 号 | Jilin 4 Hao | 吉林 | 1970 | C186 | 合交 14 | Hejiao 14 | 黑龙江 |
| 1963 | C338 | 吉林 5 号 | Jilin 5 Hao | 吉林 | 1970 | C205 | 黑农 16 | Heinong 16 | 黑龙江 |
| 1963 | C339 | 吉林 6 号 | Jilin 6 Hao | 吉林 | 1970 | C206 | 黑农 17 | Heinong 17 | 黑龙江 |
| 1963 | C540 | 莒选 23 | Juxuan 23 | 山东 | 1970 | C207 | 黑农 18 | Heinong 18 | 黑龙江 |
| 1964 | C197 | 黑农 3 号 | Heinong 3 Hao | 黑龙江 | 1970 | C208 | 黑农 19 | Heinong 19 | 黑龙江 |
| 1964 | C392 | 群选 1 号 | Qunxuan 1 Hao | 吉林 | 1970 | C258 | 嫩丰 7 号 | Nenfeng 7 Hao | 黑龙江 |
| 1964 | C417 | 58 - 161 | 58 - 161 | 江苏 | 1970 | C328 | 公交 5601 - 1 | Gongjiao 5601 - 1 | 吉林 |
| 1965 | C184 | 合交 11 | Hejiao 11 | 黑龙江 | 1970 | C329 | 公交 5610 - 1 | Gongjiao 5610 - 1 | 吉林 |
| 1965 | C481 | 凤系 6 号 | Fengxi 6 Hao | 辽宁 | 1970 | C330 | 公交 5610 - 2 | Gongjiao 5610 - 2 | 吉林 |
| 1965 | C482 | 凤系 12 | Fengxi 12 | 辽宁 | 1970 | C371 | 九农 1 号 | Jiunong 1 Hao | 吉林 |
| 1965 | C557 | 齐黄 4 号 | Qihuang 4 Hao | 山东 | 1970 | C372 | 九农 2 号 | Jiunong 2 Hao | 吉林 |
| 1965 | C558 | 齐黄 5 号 | Qihuang 5 Hao | 山东 | 1970 | C468 | 丹豆 1 号 | Dandou 1 Hao | 辽宁 |
| 1966 | C156 | 丰收 10 号 | Fengshou 10 Hao | 黑龙江 | 1970 | C507 | 铁丰 5 号 | Tiefeng 5 Hao | 辽宁 |
| 1966 | C187 | 黑河 3 号 | Heihe 3 Hao | 黑龙江 | 1970 | C508 | 铁丰 8 号 | Tiefeng 8 Hao | 辽宁 |
| 1966 | C198 | 黑农 4 号 | Heinong 4 Hao | 黑龙江 | 1970 | C509 | 铁丰 9 号 | Tiefeng 9 Hao | 辽宁 |
| 1966 | C199 | 黑农 5 号 | Heinong 5 Hao | 黑龙江 | 1970 | C536 | 丰收黄 | Fengshouhuang | 山东 |
| 1966 | C201 | 黑农 7 号 | Heinong 7 Hao | 黑龙江 | 1970 | C567 | 为民 1 号 | Weimin 1 Hao | 山东 |
| 1966 | C559 | 齐黄 10 号 | Qihuang 10 Hao | 山东 | 1970 | C573 | 向阳 1 号 | Xiangyang 1 Hao | 山东 |
| 1966 | C616 | 闪金豆 | Shanjin Dou | 山西 | 1970's | C001 | 亳县大豆 | Boxian Dadou | 安徽 |
| 1967 | C055 | 融豆 21 | Rongdou 21 | 福建 | 1971 | C022 | 友谊 2 号 | Youyi 2 Hao | 安徽 |
| 1967 | C194 | 黑河 51 | Heihe 51 | 黑龙江 | 1971 | C092 | 铁荚青 | Tiejiaqing | 河北 |
| 1967 | C195 | 黑河 54 | Heihe 54 | 黑龙江 | 1971 | C094 | 河南早丰 1 号 | Henan Zaofeng 1 Hao | 河南 |
| 1967 | C200 | 黑农 6 号 | Heinong 6 Hao | 黑龙江 | 1971 | C166 | 合丰 17 | Hefeng 17 | 黑龙江 |
| 1967 | C202 | 黑农 8 号 | Heinong 8 Hao | 黑龙江 | 1971 | C203 | 黑农 10 号 | Heinong 10 Hao | 黑龙江 |
| 1967 | C506 | 铁丰 3 号 | Tiefeng 3 Hao | 辽宁 | 1971 | C204 | 黑农 11 | Heinong 11 | 黑龙江 |
| 1968 | C073 | 边庄大豆 | Bianzhuang Dadou | 河北 | 1971 | C340 | 吉林 8 号 | Jilin 8 Hao | 吉林 |
| 1968 | C087 | 粳选 2 号 | Jingxuan 2 Hao | 河北 | 1971 | C341 | 吉林 9 号 | Jilin 9 Hao | 吉林 |
| 1968 | C185 | 合交 13 | Hejiao 13 | 黑龙江 | 1971 | C342 | 吉林 10 号 | Jilin 10 Hao | 吉林 |
| 1968 | C252 | 牡丰 1 号 | Mufeng 1 Hao | 黑龙江 | 1971 | C343 | 吉林 11 | Jilin 11 | 吉林 |
| 1968 | C444 | 苏豆 1 号 | Sudou 1 Hao | 江苏 | 1971 | C344 | 吉林 12 | Jilin 12 | 吉林 |
| 1968 | C560 | 齐黄 13 | Qihuang 13 | 山东 | 1971 | C569 | 文丰 4 号 | Wenfeng 4 Hao | 山东 |
| 1968 | C561 | 齐黄 20 | Qihuang 20 | 山东 | 1971 | C570 | 文丰 5 号 | Wenfeng 5 Hao | 山东 |
| 1968 | C608 | 晋豆 371 | Jindou 371 | 山西 | 1971 | C571 | 文丰 6 号 | Wenfeng 6 Hao | 山东 |

| 育成年份 | 编号 | 中文名称 | 拼音名称 | 来源 | 育成年份 | 编号 | 中文名称 | 拼音名称 | 来源 |
|---|---|---|---|---|---|---|---|---|---|
| 1971 | C572 | 文丰 7 号 | Wenfeng 7 Hao | 山东 | 1974 | C463 | 矮脚青 | Aijiaoqing | 江西 |
| 1971 | C578 | 跃进 4 号 | Yuejin 4 Hao | 山东 | 1974 | C487 | 锦豆 33 | Jindou 33 | 辽宁 |
| 1971 | C609 | 晋豆 482 | Jindou 482 | 山西 | 1974 | C490 | 锦豆 6422 | Jindou 6422 | 辽宁 |
| 1972 | C071 | 霸红 1 号 | Bahong 1 Hao | 河北 | 1974 | C593 | 晋豆 3 号 | Jindou 3 Hao | 山西 |
| 1972 | C091 | 群英豆 | Qunyingdou | 河北 | 1974 | C610 | 晋豆 501 | Jindou 501 | 山西 |
| 1972 | C135 | 北呼豆 | Beihudou | 黑龙江 | 1975 | C058 | 穗选黄豆 | Suixuan Huangdou | 广东 |
| 1972 | C253 | 牡丰 5 号 | Mufeng 5 Hao | 黑龙江 | 1975 | C070 | 生联早 | Shenglianzao | 贵州 |
| 1972 | C255 | 嫩丰 1 号 | Nenfeng 1 Hao | 黑龙江 | 1975 | C072 | 霸县新黄豆 | Baxian Xinhuangdou | 河北 |
| 1972 | C256 | 嫩丰 2 号 | Nenfeng 2 Hao | 黑龙江 | 1975 | C123 | 郑州 126 | Zhengzhou 126 | 河南 |
| 1972 | C375 | 九农 5 号 | Jiunong 5 Hao | 吉林 | 1975 | C124 | 郑州 135 | Zhengzhou 135 | 河南 |
| 1972 | C377 | 九农 7 号 | Jiunong 7 Hao | 吉林 | 1975 | C211 | 黑农 26 | Heinong 26 | 黑龙江 |
| 1972 | C378 | 九农 8 号 | Jiunong 8 Hao | 吉林 | 1975 | C257 | 嫩丰 4 号 | Nenfeng 4 Hao | 黑龙江 |
| 1972 | C380 | 九农 10 号 | Jiunong 10 Hao | 吉林 | 1975 | C289 | 鄂豆 2 号 | Edou 2 Hao | 湖北 |
| 1972 | C488 | 锦豆 34 | Jindou 34 | 辽宁 | 1975 | C454 | 夏豆 75 | Xiadou 75 | 江苏 |
| 1972 | C566 | 腾县 1 号 | Tengxian 1 Hao | 山东 | 1975 | C470 | 丹豆 3 号 | Dandou 3 Hao | 辽宁 |
| 1972 | C638 | 丰收 72 | Fengshou 72 | 新疆 | 1975 | C541 | 临豆 3 号 | Lindou 3 Hao | 山东 |
| 1973 | C209 | 黑农 23 | Heinong 23 | 黑龙江 | 1975 | C579 | 跃进 5 号 | Yuejin 5 Hao | 山东 |
| 1973 | C269 | 绥农 1 号 | Suinong 1 Hao | 黑龙江 | 1975 | C592 | 晋豆 2 号 | Jindou 2 Hao | 山西 |
| 1973 | C270 | 绥农 3 号 | Suinong 3 Hao | 黑龙江 | 1976 | C080 | 冀豆 2 号 | Jidou 2 Hao | 河北 |
| 1973 | C426 | 六十日 | Liushiri | 江苏 | 1976 | C090 | 前进 2 号 | Qianjin 2 Hao | 河北 |
| 1973 | C428 | 南农 1138 - 2 | Nannong 1138 - 2 | 江苏 | 1976 | C345 | 吉林 13 | Jilin 13 | 吉林 |
| 1973 | C469 | 丹豆 2 号 | Dandou 2 Hao | 辽宁 | 1976 | C376 | 九农 6 号 | Jiunong 6 Hao | 吉林 |
| 1973 | C510 | 铁丰 18 | Tiefeng 18 | 辽宁 | 1976 | C379 | 九农 9 号 | Jiunong 9 Hao | 吉林 |
| 1973 | C511 | 铁丰 19 | Tiefeng 19 | 辽宁 | 1976 | C475 | 凤交 66 - 12 | Fengjiao 66 - 12 | 辽宁 |
| 1973 | C534 | 备战 3 号 | Beizhan 3 Hao | 山东 | 1976 | C493 | 开育 3 号 | Kaiyu 3 Hao | 辽宁 |
| 1973 | C575 | 兖黄 1 号 | Yanhuang 1 Hao | 山东 | 1977 | C003 | 阜豆 1 号 | Fudou 1 Hao | 安徽 |
| 1973 | C591 | 晋豆 1 号 | Jindou 1 Hao | 山西 | 1977 | C004 | 阜豆 3 号 | Fudou 3 Hao | 安徽 |
| 1974 | C008 | 蒙庆 6 号 | Mengqing 6 Hao | 安徽 | 1977 | C005 | 灵豆 1 号 | Lingdou 1 Hao | 安徽 |
| 1974 | C096 | 滑育 1 号 | Huayu 1 Hao | 河南 | 1977 | C007 | 蒙城 1 号 | Mengcheng 1 Hao | 安徽 |
| 1974 | C099 | 商丘 4212 | Shangqiu 4212 | 河南 | 1977 | C020 | 五河大豆 | Wuhe Dadou | 安徽 |
| 1974 | C126 | 白宝珠 | Baibaozhu | 黑龙江 | 1977 | C052 | 晋江大青仁 | Jinjiang Daqingren | 福建 |
| 1974 | C165 | 钢 201 | Gang 201 | 黑龙江 | 1977 | C079 | 冀豆 1 号 | Jidou 1 Hao | 河北 |
| 1974 | C167 | 合丰 22 | Hefeng 22 | 黑龙江 | 1977 | C097 | 建国 1 号 | Jianguo 1 Hao | 河南 |
| 1974 | C210 | 黑农 24 | Heinong 24 | 黑龙江 | 1977 | C098 | 勤俭 6 号 | Qinjian 6 Hao | 河南 |
| 1974 | C307 | 湘豆 3 号 | Xiangdou 3 Hao | 湖南 | 1977 | C159 | 丰收 17 | Fengshou 17 | 黑龙江 |
| 1974 | C308 | 湘豆 4 号 | Xiangdou 4 Hao | 湖南 | 1977 | C168 | 合丰 23 | Hefeng 23 | 黑龙江 |
| 1974 | C312 | 湘秋豆 1 号 | Xiangqiudou 1 Hao | 湖南 | 1977 | C288 | 矮脚早 | Aijiaozao | 湖北 |
| 1974 | C422 | 灌云 1 号 | Guanyun 1 Hao | 江苏 | 1977 | C462 | 7406 | 7406 | 江西 |
| 1974 | C455 | 徐豆 1 号 | Xudou 1 Hao | 江苏 | 1977 | C476 | 凤交 66 - 22 | Fengjiao 66 - 22 | 辽宁 |

（续）

| 育成年份 | 编号 | 中文名称 | 拼音名称 | 来源 | 育成年份 | 编号 | 中文名称 | 拼音名称 | 来源 |
|---|---|---|---|---|---|---|---|---|---|
| 1977 | C584 | 陕豆 702 | Shandou 702 | 陕西 | 1981 | C160 | 丰收 18 | Fengshou 18 | 黑龙江 |
| 1977 | C618 | 紫秸豆 75 | Zijiedou 75 | 山西 | 1981 | C226 | 红丰 3 号 | Hongfeng 3 Hao | 黑龙江 |
| 1978 | C225 | 红丰 2 号 | Hongfeng 2 Hao | 黑龙江 | 1981 | C260 | 嫩丰 10 号 | Nenfeng 10 Hao | 黑龙江 |
| 1978 | C326 | 丰收选 | Fengshouxuan | 吉林 | 1981 | C271 | 绥农 4 号 | Suinong 4 Hao | 黑龙江 |
| 1978 | C332 | 桦丰 1 号 | Huafeng 1 Hao | 吉林 | 1981 | C310 | 湘豆 6 号 | Xiangdou 6 Hao | 湖南 |
| 1978 | C346 | 吉林 14 | Jilin 14 | 吉林 | 1981 | C314 | 白农 1 号 | Bainong 1 Hao | 吉林 |
| 1978 | C347 | 吉林 15 | Jilin 15 | 吉林 | 1981 | C351 | 吉林 19 | Jilin 19 | 吉林 |
| 1978 | C348 | 吉林 16 | Jilin 16 | 吉林 | 1981 | C381 | 九农 11 | Jiunong 11 | 吉林 |
| 1978 | C393 | 通农 4 号 | Tongnong 4 Hao | 吉林 | 1981 | C383 | 九农 13 | Jiunong 13 | 吉林 |
| 1978 | C394 | 通农 5 号 | Tongnong 5 Hao | 吉林 | 1981 | C448 | 苏协 18 - 6 | Suxie 18 - 6 | 江苏 |
| 1978 | C395 | 通农 6 号 | Tongnong 6 Hao | 吉林 | 1981 | C449 | 苏协 19 - 15 | Suxie 19 - 15 | 江苏 |
| 1978 | C396 | 通农 7 号 | Tongnong 7 Hao | 吉林 | 1981 | C450 | 苏协 4 - 1 | Suxie 4 - 1 | 江苏 |
| 1978 | C403 | 延农 2 号 | Yannong 2 Hao | 吉林 | 1981 | C451 | 苏协 1 号 | Suxie 1 Hao | 江苏 |
| 1978 | C404 | 延农 3 号 | Yannong 3 Hao | 吉林 | 1981 | C472 | 丹豆 5 号 | Dandou 5 Hao | 辽宁 |
| 1978 | C409 | 早丰 1 - 7 | Zaofeng 1 - 17 | 吉林 | 1981 | C521 | 彰豆 1 号 | Zhangdou 1 Hao | 辽宁 |
| 1978 | C446 | 苏垦 1 号 | Suken 1 Hao | 江苏 | 1981 | C543 | 鲁豆 2 号 | Ludou 2 Hao | 山东 |
| 1978 | C456 | 徐豆 2 号 | Xudou 2 Hao | 江苏 | 1982 | C048 | 白秋 1 号 | Baiqiu 1 Hao | 福建 |
| 1978 | C457 | 徐豆 3 号 | Xudou 3 Hao | 江苏 | 1982 | C141 | 东农 34 | Dongnong 34 | 黑龙江 |
| 1978 | C583 | 陕豆 701 | Shandou 701 | 陕西 | 1982 | C188 | 黑河 4 号 | Heihe 4 Hao | 黑龙江 |
| 1978 | C611 | 晋豆 514 | Jindou 514 | 山西 | 1982 | C313 | 湘秋豆 2 号 | Xiangqiudou 2 Hao | 湖南 |
| 1979 | C125 | 周 7327 - 118 | Zhou 7327 - 118 | 河南 | 1982 | C317 | 长白 1 号 | Changbai 1 Hao | 吉林 |
| 1979 | C471 | 丹豆 4 号 | Dandou 4 Hao | 辽宁 | 1982 | C349 | 吉林 17 | Jilin 17 | 吉林 |
| 1979 | C505 | 沈农 25104 | Shennong 25104 | 辽宁 | 1982 | C350 | 吉林 18 | Jilin 18 | 吉林 |
| 1979 | C512 | 铁丰 20 | Tiefeng 20 | 辽宁 | 1982 | C382 | 九农 12 | Jiunong 12 | 吉林 |
| 1979 | C562 | 齐黄 21 | Qihuang 21 | 山东 | 1982 | C397 | 通农 8 号 | Tongnong 8 Hao | 吉林 |
| 1979 | C594 | 晋豆 4 号 | Jindou 4 Hao | 山西 | 1982 | C405 | 延农 5 号 | Yannong 5 Hao | 吉林 |
| 1980 | C101 | 商丘 7608 | Shangqiu 7608 | 河南 | 1982 | C406 | 延农 6 号 | Yannong 6 Hao | 吉林 |
| 1980 | C103 | 息豆 1 号 | Xidou 1 Hao | 河南 | 1982 | C442 | 苏 6236 | Su 6236 | 江苏 |
| 1980 | C259 | 嫩丰 9 号 | Nenfeng 9 Hao | 黑龙江 | 1982 | C443 | 苏 7209 | Su 7209 | 江苏 |
| 1980 | C309 | 湘豆 5 号 | Xiangdou 5 Hao | 湖南 | 1982 | C640 | 奎选 1 号 | Kuixuan 1 Hao | 新疆 |
| 1980 | C318 | 长农 1 号 | Changnong 1 Hao | 吉林 | 1982 | C651 | 浙江 28 - 22 | Zhejiang 28 - 22 | 浙江 |
| 1980 | C319 | 长农 2 号 | Changnong 2 Hao | 吉林 | 1983 | C010 | 皖豆 1 号 | Wandou 1 Hao | 安徽 |
| 1980 | C494 | 开育 8 号 | Kaiyu 8 Hao | 辽宁 | 1983 | C028 | 诱变 30 | Youbian 30 | 北京 |
| 1980 | C523 | 内豆 1 号 | Neidou 1 Hao | 内蒙古 | 1983 | C029 | 诱变 31 | Youbian 31 | 北京 |
| 1980 | C524 | 内豆 2 号 | Neidou 2 Hao | 内蒙古 | 1983 | C031 | 早熟 3 号 | Zaoshu 3 Hao | 北京 |
| 1980 | C542 | 鲁豆 1 号 | Ludou 1 Hao | 山东 | 1983 | C032 | 早熟 6 号 | Zaoshu 6 Hao | 北京 |
| 1980 | C563 | 齐黄 22 | Qihuang 22 | 山东 | 1983 | C033 | 早熟 9 号 | Zaoshu 9 Hao | 北京 |
| 1980 | C585 | 陕豆 7214 | Shandou 7214 | 陕西 | 1983 | C035 | 早熟 15 | Zaoshu 15 | 北京 |
| 1980 | C636 | 宝坻大白眉 | Baodi Dabaimei | 天津 | 1983 | C046 | 7106 | 7106 | 福建 |

（续）

| 育成年份 | 编号 | 中文名称 | 拼音名称 | 来源 | 育成年份 | 编号 | 中文名称 | 拼音名称 | 来源 |
|---|---|---|---|---|---|---|---|---|---|
| 1983 | C081 | 冀豆3号 | Jidou 3 Hao | 河北 | 1985 | C251 | 漠河1号 | Mohe 1 Hao | 黑龙江 |
| 1983 | C100 | 商丘64-0 | Shangqiu 64-0 | 河南 | 1985 | C262 | 嫩丰12 | Nenfeng 12 | 黑龙江 |
| 1983 | C121 | 郑77249 | Zheng 77249 | 河南 | 1985 | C266 | 嫩农1号 | Nennong 1 Hao | 黑龙江 |
| 1983 | C130 | 北丰1号 | Beifeng 1 Hao | 黑龙江 | 1985 | C273 | 绥农6号 | Suinong 6 Hao | 黑龙江 |
| 1983 | C131 | 北丰2号 | Beifeng 2 Hao | 黑龙江 | 1985 | C301 | 湘春豆10号 | Xiangchundou 10 Hao | 湖南 |
| 1983 | C142 | 东农36 | Dongnong 36 | 黑龙江 | 1985 | C320 | 长农4号 | Changnong 4 Hao | 吉林 |
| 1983 | C169 | 合丰24 | Hefeng 24 | 黑龙江 | 1985 | C323 | 德豆1号 | Dedou 1 Hao | 吉林 |
| 1983 | C212 | 黑农27 | Heinong 27 | 黑龙江 | 1985 | C352 | 吉林20 | Jilin 20 | 吉林 |
| 1983 | C234 | 九丰1号 | Jiufeng 1 Hao | 黑龙江 | 1985 | C384 | 九农14 | Jiunong 14 | 吉林 |
| 1983 | C423 | 淮豆1号 | Huaidou 1 Hao | 江苏 | 1985 | C421 | 灌豆1号 | Guandou 1 Hao | 江苏 |
| 1983 | C459 | 徐豆135 | Xudou 135 | 江苏 | 1985 | C495 | 开育9号 | Kaiyu 9 Hao | 辽宁 |
| 1983 | C498 | 辽豆3号 | Liaodou 3 Hao | 辽宁 | 1985 | C513 | 铁丰21 | Tiefeng 21 | 辽宁 |
| 1983 | C503 | 辽农2号 | Liaonong 2 Hao | 辽宁 | 1985 | C522 | 吉原1号 | Jiyuan 1 Hao | 内蒙古 |
| 1983 | C544 | 鲁豆3号 | Ludou 3 Hao | 山东 | 1985 | C545 | 鲁豆4号 | Lufou 4 Hao | 山东 |
| 1983 | C565 | 山宁4号 | Shanning 4 Hao | 山东 | 1985 | C577 | 烟黄3号 | Yanhuang 3 Hao | 山东 |
| 1983 | C595 | 晋豆5号 | Jindou 5 Hao | 山西 | 1985 | C580 | 秦豆1号 | Qindou 1 Hao | 陕西 |
| 1984 | C011 | 皖豆3号 | Wandou 3 Hao | 安徽 | 1985 | C596 | 晋豆6号 | Jindou 6 Hao | 山西 |
| 1984 | C082 | 冀豆4号 | Jidou 4 Hao | 河北 | 1985 | C639 | 垦米白脐 | Kenmibaiqi | 新疆 |
| 1984 | C083 | 冀豆5号 | Jidou 5 Hao | 河北 | 1986 | C012 | 皖豆4号 | Wandou 4 Hao | 安徽 |
| 1984 | C132 | 北丰3号 | Beifeng 3 Hao | 黑龙江 | 1986 | C059 | 通黑11 | Tonghei 11 | 广东 |
| 1984 | C143 | 东农37 | Dongnong 37 | 黑龙江 | 1986 | C074 | 冀承豆1号 | Jichengdou 1 Hao | 河北 |
| 1984 | C170 | 合丰25 | Hefeng 25 | 黑龙江 | 1986 | C075 | 冀承豆2号 | Jichengdou 2 Hao | 河北 |
| 1984 | C196 | 黑鉴1号 | Heijian 1 Hao | 黑龙江 | 1986 | C119 | 正104 | Zheng 104 | 河南 |
| 1984 | C235 | 九丰2号 | Jiufeng 2 Hao | 黑龙江 | 1986 | C133 | 北丰4号 | Beifeng 4 Hao | 黑龙江 |
| 1984 | C261 | 嫩丰11 | Nenfeng 11 | 黑龙江 | 1986 | C144 | 东农38 | Dongnong 38 | 黑龙江 |
| 1984 | C272 | 绥农5号 | Suinong 5 Hao | 黑龙江 | 1986 | C172 | 合丰27 | Hefeng 27 | 黑龙江 |
| 1984 | C300 | 湘B68 | Xiang B68 | 湖南 | 1986 | C173 | 合丰28 | Hefeng 28 | 黑龙江 |
| 1984 | C438 | 宁镇1号 | Ningzhen 1 Hao | 江苏 | 1986 | C189 | 黑河5号 | Heihe 5 Hao | 黑龙江 |
| 1984 | C530 | 宁豆81-7 | Ningdou 81-7 | 宁夏 | 1986 | C190 | 黑河6号 | Heihe 6 Hao | 黑龙江 |
| 1984 | C587 | 太原47 | Taiyuan 47 | 陕西 | 1986 | C213 | 黑农28 | Heinong 28 | 黑龙江 |
| 1985 | C002 | 多枝176 | Duozhi 176 | 安徽 | 1986 | C214 | 黑农29 | Heinong 29 | 黑龙江 |
| 1985 | C056 | 汀豆1号 | Tingdou 1 Hao | 福建 | 1986 | C236 | 九丰3号 | Jiufeng 3 Hao | 黑龙江 |
| 1985 | C057 | 雁青 | Yanqing | 福建 | 1986 | C282 | 逊选1号 | Xunxuan 1 Hao | 黑龙江 |
| 1985 | C084 | 冀豆6号 | Jidou 6 Hao | 河北 | 1986 | C315 | 白农2号 | Bainong 2 Hao | 吉林 |
| 1985 | C104 | 豫豆1号 | Yudou 1 Hao | 河南 | 1986 | C365 | 吉农1号 | Jinong 1 Hao | 吉林 |
| 1985 | C105 | 豫豆2号 | Yudou 2 Hao | 河南 | 1986 | C424 | 淮豆2号 | Huaidou 2 Hao | 江苏 |
| 1985 | C106 | 豫豆3号 | Yudou 3 Hao | 河南 | 1986 | C453 | 通豆1号 | Tongdou 1 Hao | 江苏 |
| 1985 | C161 | 丰收19 | Fengshou 19 | 黑龙江 | 1986 | C458 | 徐豆7号 | Xudou 7 Hao | 江苏 |
| 1985 | C171 | 合丰26 | Hefeng 26 | 黑龙江 | 1986 | C514 | 铁丰22 | Tiefeng 22 | 辽宁 |

（续）

| 育成年份 | 编号 | 中文名称 | 拼音名称 | 来源 | 育成年份 | 编号 | 中文名称 | 拼音名称 | 来源 |
|---|---|---|---|---|---|---|---|---|---|
| 1986 | C515 | 铁丰 23 | Tiefeng 23 | 辽宁 | 1987 | C599 | 晋豆 9 号 | Jindou 9 Hao | 山西 |
| 1986 | C525 | 内豆 3 号 | Neidou 3 Hao | 内蒙古 | 1987 | C600 | 晋豆 10 号 | Jindou 10 Hao | 山西 |
| 1986 | C527 | 翁豆 79012 | Wengdou 79012 | 内蒙古 | 1987 | C641 | 晋宁大黄豆 | Jinning Dahuangdou | 云南 |
| 1986 | C531 | 7517 | 7517 | 山东 | 1987 | C648 | 浙春 1 号 | Zhechun 1 Hao | 浙江 |
| 1986 | C533 | 7605 | 7605 | 山东 | 1987 | C649 | 浙春 2 号 | Zhechun 2 Hao | 浙江 |
| 1986 | C568 | 潍 4845 | Wei 4845 | 山东 | 1988 | C006 | 蒙 84 - 5 | Meng 84 - 5 | 安徽 |
| 1986 | C581 | 秦豆 3 号 | Qindou 3 Hao | 陕西 | 1988 | C014 | 皖豆 6 号 | Wandou 6 Hao | 安徽 |
| 1986 | C588 | 汾豆 11 | Fendou 11 | 山西 | 1988 | C015 | 皖豆 7 号 | Wandou 7 Hao | 安徽 |
| 1986 | C624 | 达豆 2 号 | Dadou 2 Hao | 四川 | 1988 | C064 | 安豆 1 号 | Andou 1 Hao | 贵州 |
| 1986 | C631 | 凉豆 2 号 | Liangdou 2 Hao | 四川 | 1988 | C065 | 安豆 2 号 | Andou 2 Hao | 贵州 |
| 1987 | C034 | 早熟 14 | Zaoshu 14 | 北京 | 1988 | C066 | 冬 2 | Dong 2 | 贵州 |
| 1987 | C047 | 白花古田豆 | Baihuagutiandou | 福建 | 1988 | C067 | 黔豆 1 号 | Qiandou 1 Hao | 贵州 |
| 1987 | C107 | 豫豆 4 号 | Yudou 4 Hao | 河南 | 1988 | C109 | 豫豆 6 号 | Yudou 6 Hao | 河南 |
| 1987 | C108 | 豫豆 5 号 | Yudou 5 Hao | 河南 | 1988 | C110 | 豫豆 7 号 | Yudou 7 Dou | 河南 |
| 1987 | C134 | 北丰 5 号 | Beifeng 5 Hao | 黑龙江 | 1988 | C111 | 豫豆 8 号 | Yudou 8 Hao | 河南 |
| 1987 | C174 | 合丰 29 | Hefeng 29 | 黑龙江 | 1988 | C127 | 宝丰 1 号 | Baofeng 1 Hao | 黑龙江 |
| 1987 | C215 | 黑农 30 | Heinong 30 | 黑龙江 | 1988 | C137 | 东牡小粒豆 | Dongmuxiaolidou | 黑龙江 |
| 1987 | C216 | 黑农 31 | Heinong 31 | 黑龙江 | 1988 | C145 | 东农 39 | Dongnong 39 | 黑龙江 |
| 1987 | C217 | 黑农 32 | Heinong 32 | 黑龙江 | 1988 | C162 | 丰收 20 | Fengshou 20 | 黑龙江 |
| 1987 | C231 | 建丰 1 号 | Jianfeng 1 Hao | 黑龙江 | 1988 | C175 | 合丰 30 | Hefeng 30 | 黑龙江 |
| 1987 | C244 | 垦丰 1 号 | Kenfeng 1 Hao | 黑龙江 | 1988 | C191 | 黑河 7 号 | Heihe 7 Hao | 黑龙江 |
| 1987 | C246 | 垦农 1 号 | Kennong 1 Hao | 黑龙江 | 1988 | C218 | 黑农 33 | Heinong 33 | 黑龙江 |
| 1987 | C263 | 嫩丰 13 | Nenfeng 13 | 黑龙江 | 1988 | C219 | 黑农 34 | Heinong 34 | 黑龙江 |
| 1987 | C294 | 中豆 14 | Zhongdou 14 | 湖北 | 1988 | C227 | 红丰 5 号 | Hongfeng 5 Hao | 黑龙江 |
| 1987 | C295 | 中豆 19 | Zhongdou 19 | 湖北 | 1988 | C230 | 红丰小粒豆 1 号 | Hongfengxiaolidou 1 Hao | 黑龙江 |
| 1987 | C298 | 州豆 30 | Zhoudou 30 | 湖北 | 1988 | C237 | 九丰 4 号 | Jiufeng 4 Hao | 黑龙江 |
| 1987 | C299 | 怀春 79 - 16 | Huaichun 79 - 16 | 湖南 | 1988 | C247 | 垦农 2 号 | Kennong 2 Hao | 黑龙江 |
| 1987 | C302 | 湘春豆 11 | Xiangchundou 11 | 湖南 | 1988 | C264 | 嫩丰 14 | Nenfeng 14 | 黑龙江 |
| 1987 | C385 | 九农 15 | Jiunong 15 | 吉林 | 1988 | C267 | 嫩农 2 号 | Nennong 2 Hao | 黑龙江 |
| 1987 | C398 | 通农 9 号 | Tongnong 9 Hao | 吉林 | 1988 | C274 | 绥农 7 号 | Suinong 7 Hao | 黑龙江 |
| 1987 | C437 | 宁青豆 1 号 | Ningqingdou 1 Hao | 江苏 | 1988 | C311 | 湘青 | Xiangqing | 湖南 |
| 1987 | C441 | 泗豆 11 | Sidou 11 | 江苏 | 1988 | C316 | 白农 4 号 | Bainong 4 Hao | 吉林 |
| 1987 | C464 | 赣豆 1 号 | Gandou 1 Hao | 江西 | 1988 | C353 | 吉林 21 | Jilin 21 | 吉林 |
| 1987 | C538 | 菏 84 - 1 | He 84 - 1 | 山东 | 1988 | C386 | 九农 16 | Jiunong 16 | 吉林 |
| 1987 | C546 | 鲁豆 5 号 | Ludou 5 Hao | 山东 | 1988 | C407 | 延农 7 号 | Yannong 7 Hao | 吉林 |
| 1987 | C547 | 鲁豆 6 号 | Ludou 6 Hao | 山东 | 1988 | C420 | 东辛 74 - 12 | Dongxin 74 - 12 | 江苏 |
| 1987 | C548 | 鲁豆 7 号 | Ludou 7 Hao | 山东 | 1988 | C474 | 丰豆 1 号 | Fengdou 1 Hao | 辽宁 |
| 1987 | C597 | 晋豆 7 号 | Jindou 7 Hao | 山西 | 1988 | C489 | 锦豆 35 | Jindou 35 | 辽宁 |
| 1987 | C598 | 晋豆 8 号 | Jindou 8 Hao | 山西 | 1988 | C516 | 铁丰 24 | Tiefeng 24 | 辽宁 |

(续)

| 育成年份 | 编号 | 中文名称 | 拼音名称 | 来源 | 育成年份 | 编号 | 中文名称 | 拼音名称 | 来源 |
|---|---|---|---|---|---|---|---|---|---|
| 1988 | C532 | 7583 | 7583 | 山东 | 1989 | C529 | 宁豆1号 | Ningdou 1 Hao | 宁夏 |
| 1988 | C549 | 鲁豆8号 | Ludou 8 Hao | 山东 | 1989 | C539 | 菏84-5 | He 84-5 | 山东 |
| 1988 | C576 | 烟豆4号 | Yandou 4 Hao | 山东 | 1989 | C590 | 晋大36 | Jinda 36 | 山西 |
| 1988 | C586 | 陕豆7826 | Shandou 7826 | 陕西 | 1989 | C612 | 晋遗9号 | Jinyi 9 Hao | 山西 |
| 1988 | C613 | 晋遗10号 | Jinyi 10 Hao | 山西 | 1989 | C619 | 成豆4号 | Chengdou 4 Hao | 四川 |
| 1988 | C637 | 津75-1 | Jin 75-1 | 天津 | 1989 | C623 | 川湘早1号 | Chuanxiangzao 1 Hao | 四川 |
| 1988 | C645 | 毛蓬青1号 | Maopengqing 1 Hao | 浙江 | 1989 | C633 | 万县8号 | Wanxian 8 Hao | 四川 |
| 1988 | C646 | 毛蓬青2号 | Maopengqing 2 Hao | 浙江 | 1989 | C642 | 云82-22 | Yun 82-22 | 云南 |
| 1988 | C647 | 毛蓬青3号 | Maopengqing 3 Hao | 浙江 | 1989 | D120 | 豫豆9号 | Yudou 9 Hao | 河南 |
| 1989 | C013 | 皖豆5号 | Wandou 5 Hao | 安徽 | 1990 | C039 | 中黄2号 | Zhonghuang 2 Hao | 北京 |
| 1989 | C016 | 皖豆9号 | Wandou 9 Hao | 安徽 | 1990 | C040 | 中黄3号 | Zhonghuang 3 Hao | 北京 |
| 1989 | C024 | 科丰6号 | Kefeng 6 Hao | 北京 | 1990 | C041 | 中黄4号 | Zhonghuang 4 Hao | 北京 |
| 1989 | C036 | 早熟17 | Zaoshu 17 | 北京 | 1990 | C050 | 惠豆803 | Huidou 803 | 福建 |
| 1989 | C038 | 中黄1号 | Zhonghuang 1 Hao | 北京 | 1990 | C053 | 龙豆23 | Longdou 23 | 福建 |
| 1989 | C054 | 莆田8008 | Pudou 8008 | 福建 | 1990 | C060 | 粤大豆1号 | Yuedadou 1 Hao | 广东 |
| 1989 | C076 | 冀承豆3号 | Jichengdou 3 Hao | 河北 | 1990 | C061 | 粤大豆2号 | Yuedadou 2 Hao | 广东 |
| 1989 | C077 | 冀承豆4号 | Jichengdou 4 Hao | 河北 | 1990 | C063 | 柳豆1号 | Liudou 1 Hao | 广西 |
| 1989 | C078 | 冀承豆5号 | Jichengdou 5 Hao | 河北 | 1990 | C095 | 滑75-1 | Hua 75-1 | 河南 |
| 1989 | C112 | 豫豆10号 | Yudou 10 Hao | 河南 | 1990 | C102 | 商丘85225 | Shangqiu 85225 | 河南 |
| 1989 | C128 | 宝丰2号 | Baofeng 2 Hao | 黑龙江 | 1990 | C120 | 郑133 | Zheng 133 | 河南 |
| 1989 | C163 | 丰收21 | Fengshou 21 | 黑龙江 | 1990 | C193 | 黑河9号 | Heihe 9 Hao | 黑龙江 |
| 1989 | C176 | 合丰31 | Hefeng 31 | 黑龙江 | 1990 | C220 | 黑农35 | Heinong 35 | 黑龙江 |
| 1989 | C192 | 黑河8号 | Heihe 8 Hao | 黑龙江 | 1990 | C221 | 黑农36 | Heinong 36 | 黑龙江 |
| 1989 | C224 | 黑农小粒豆1号 | Heinongxiaolidou 1 Hao | 黑龙江 | 1990 | C238 | 九丰5号 | Jiufeng 5 Hao | 黑龙江 |
| 1989 | C254 | 牡丰6号 | Mufeng 6 Hao | 黑龙江 | 1990 | C245 | 垦秣1号 | Kenmo 1 Hao | 黑龙江 |
| 1989 | C275 | 绥农8号 | Suinong 8 Hao | 黑龙江 | 1990 | C291 | 鄂豆5号 | Edou 5 Hao | 湖北 |
| 1989 | C290 | 鄂豆4号 | Edou 4 Hao | 湖北 | 1990 | C321 | 长农5号 | Changnong 5 Hao | 吉林 |
| 1989 | C297 | 中豆24 | Zhongdou 24 | 湖北 | 1990 | C355 | 吉林23 | Jilin 23 | 吉林 |
| 1989 | C303 | 湘春豆12 | Xiangchundou 12 | 湖南 | 1990 | C356 | 吉林24 | Jilin 24 | 吉林 |
| 1989 | C304 | 湘春豆13 | Xiangchundou 13 | 湖南 | 1990 | C364 | 吉林小粒1号 | Jilin Xiaoli 1 Hao | 吉林 |
| 1989 | C354 | 吉林22 | Jilin 22 | 吉林 | 1990 | C387 | 九农17 | Jiunong 17 | 吉林 |
| 1989 | C436 | 南农菜豆1号 | Nannongcaidou 1 Hao | 江苏 | 1990 | C432 | 南农73-935 | Nannong 73-935 | 江苏 |
| 1989 | C473 | 丹豆6号 | Dandou 6 Hao | 辽宁 | 1990 | C434 | 南农87C-38 | Nannong 87C-38 | 江苏 |
| 1989 | C483 | 抚82-93 | Fu 82-93 | 辽宁 | 1990 | C439 | 宁镇2号 | Ningzhen 2 Hao | 江苏 |
| 1989 | C496 | 开育10号 | Kaiyu 10 Hao | 辽宁 | 1990 | C447 | 苏内青2号 | Suneiqing 2 Hao | 江苏 |
| 1989 | C499 | 辽豆4号 | Liaodou 4 Hao | 辽宁 | 1990 | C465 | 赣豆2号 | Gandou 2 Hao | 江西 |
| 1989 | C517 | 铁丰25 | Tiefeng 25 | 辽宁 | 1990 | C497 | 辽83-5020 | Liao 83-5020 | 辽宁 |
| 1989 | C526 | 图良1号 | Tuliang 1 Hao | 内蒙古 | 1990 | C582 | 秦豆5号 | Qindou 5 Hao | 陕西 |
| 1989 | C528 | 乌豆1号 | Wudou 1 Hao | 内蒙古 | 1990 | C589 | 汾豆31 | Fendou 31 | 山西 |

（续）

| 育成年份 | 编号 | 中文名称 | 拼音名称 | 来源 | 育成年份 | 编号 | 中文名称 | 拼音名称 | 来源 |
|---|---|---|---|---|---|---|---|---|---|
| 1990 | C601 | 晋豆 11 | Jindou 11 | 山西 | 1992 | C177 | 合丰 32 | Hefeng 32 | 黑龙江 |
| 1990 | C602 | 晋豆 12 | Jindou 12 | 山西 | 1992 | C178 | 合丰 33 | Hefeng 33 | 黑龙江 |
| 1990 | C603 | 晋豆 13 | Jindou 13 | 山西 | 1992 | C222 | 黑农 37 | Heinong 37 | 黑龙江 |
| 1990 | C614 | 晋遗 19 | Jinyi 19 | 山西 | 1992 | D225 | 红丰 7 号 | Hongfeng 7 Hao | 黑龙江 |
| 1990 | C625 | 贡豆 1 号 | Gongdou 1 Hao | 四川 | 1992 | C239 | 抗线虫 1 号 | Kangxianchong 1 Hao | 黑龙江 |
| 1990 | C626 | 贡豆 2 号 | Gongdou 2 Hao | 四川 | 1992 | C248 | 垦农 4 号 | Kennong 4 Hao | 黑龙江 |
| 1990 | D019 | 京豆 1 号 | Jingdou 1 Hao | 北京 | 1992 | C305 | 湘春豆 14 | Xiangchundou 14 | 湖南 |
| 1991 | C017 | 皖豆 10 号 | Wandou 10 Hao | 安徽 | 1992 | C325 | 丰交 7607 | Fengjiao 7607 | 吉林 |
| 1991 | C018 | 皖豆 11 | Wandou 11 | 安徽 | 1992 | C399 | 通农 10 号 | Tongnong 10 Hao | 吉林 |
| 1991 | C021 | 新六青 | Xinliuqing | 安徽 | 1992 | C419 | 楚秀 | Chuxiu | 江苏 |
| 1991 | C062 | 8901 | 8901 | 广西 | 1992 | C427 | 绿宝珠 | Lübaozhu | 江苏 |
| 1991 | C122 | 郑 86506 | Zheng 86506 | 河南 | 1992 | C440 | 宁镇 3 号 | Ningzhen 3 Hao | 江苏 |
| 1991 | C129 | 宝丰 3 号 | Baofeng 3 Hao | 黑龙江 | 1992 | C452 | 泰豆 1 号 | Taidou 1 Hao | 江苏 |
| 1991 | C146 | 东农 40 | Dongnong 40 | 黑龙江 | 1992 | C500 | 辽豆 7 号 | Liaodou 7 Hao | 辽宁 |
| 1991 | C147 | 东农 41 | Dongnong 41 | 黑龙江 | 1992 | C501 | 辽豆 9 号 | Liaodou 9 Hao | 辽宁 |
| 1991 | C276 | 绥农 9 号 | Suinong 9 Hao | 黑龙江 | 1992 | C502 | 辽豆 10 号 | Liaodou 10 Hao | 辽宁 |
| 1991 | C357 | 吉林 25 | Jilin 25 | 吉林 | 1992 | C552 | 鲁黑豆 1 号 | Luheidou 1 Hao | 山东 |
| 1991 | C358 | 吉林 26 | Jilin 26 | 吉林 | 1992 | C607 | 晋豆 17 | Jindou 17 | 山西 |
| 1991 | C359 | 吉林 27 | Jilin 27 | 吉林 | 1992 | C627 | 贡豆 3 号 | Gongdou 3 Hao | 四川 |
| 1991 | C360 | 吉林 28 | Jilin 28 | 吉林 | 1992 | C628 | 贡豆 4 号 | Gongdou 4 Hao | 四川 |
| 1991 | C366 | 吉农 4 号 | Jinong 4 Hao | 吉林 | 1992 | C635 | 西育 3 号 | Xiyu 3 Hao | 四川 |
| 1991 | C367 | 吉青 1 号 | Jiqing 1 Hao | 吉林 | 1992 | D279 | 垦农 5 号 | Kennong 5 Hao | 黑龙江 |
| 1991 | C388 | 九农 18 | Jiunong 18 | 吉林 | 1992 | D646 | 西豆 3 号 | Xidou 3 Hao | 四川 |
| 1991 | C389 | 九农 19 | Jiunong 19 | 吉林 | 1993 | C023 | 宝诱 17 | Baoyou 17 | 北京 |
| 1991 | C433 | 南农 86－4 | Nannong 86－4 | 江苏 | 1993 | C025 | 科丰 34 | Kefeng 34 | 北京 |
| 1991 | C486 | 建豆 8202 | Jiandou 8202 | 辽宁 | 1993 | C026 | 科丰 35 | Kefeng 35 | 北京 |
| 1991 | C604 | 晋豆 14 | Jindou 14 | 山西 | 1993 | C044 | 中黄 7 号 | Zhonghuang 7 Hao | 北京 |
| 1991 | C605 | 晋豆 15 | Jindou 15 | 山西 | 1993 | C068 | 黔豆 2 号 | Qiandou 2 Hao | 贵州 |
| 1991 | C606 | 晋豆 16 | Jindou 16 | 山西 | 1993 | C115 | 豫豆 15 | Yudou 15 | 河南 |
| 1991 | C615 | 晋遗 20 | Jinyi 20 | 山西 | 1993 | C149 | 东农超小粒 1 号 | Dongnongchaoxiaoli 1 Hao | 黑龙江 |
| 1991 | D005 | 皖豆 12 | Wandou 12 | 安徽 | 1993 | C228 | 红丰 8 号 | Hongfeng 8 Hao | 黑龙江 |
| 1991 | D148 | 北丰 6 号 | Beifeng 6 Hao | 黑龙江 | 1993 | C293 | 中豆 8 号 | Zhongdou 8 Hao | 湖北 |
| 1992 | C037 | 早熟 18 | Zaoshu 18 | 北京 | 1993 | C322 | 长农 7 号 | Changnong 7 Hao | 吉林 |
| 1992 | C042 | 中黄 5 号 | Zhonghuang 5 Hao | 北京 | 1993 | C361 | 吉林 29 | Jilin 29 | 吉林 |
| 1992 | C085 | 冀豆 7 号 | Jidou 7 Hao | 河北 | 1993 | C362 | 吉林 30 | Jilin 30 | 吉林 |
| 1992 | C113 | 豫豆 11 | Yudou 11 Hao | 河南 | 1993 | C363 | 吉林 32 | Jilin 32 | 吉林 |
| 1992 | C114 | 豫豆 12 | Yudou 12 Hao | 河南 | 1993 | C390 | 九农 20 | Jiunong 20 | 吉林 |
| 1992 | C148 | 东农 42 | Dongnong 42 | 黑龙江 | 1993 | C408 | 延院 1 号 | Yanyuan 1 Hao | 吉林 |
| 1992 | C164 | 丰收 22 | Fengshou 22 | 黑龙江 | 1993 | C466 | 赣豆 3 号 | Gandou 3 Hao | 江西 |

（续）

| 育成年份 | 编号 | 中文名称 | 拼音名称 | 来源 | 育成年份 | 编号 | 中文名称 | 拼音名称 | 来源 |
|---|---|---|---|---|---|---|---|---|---|
| 1993 | C518 | 铁丰 26 | Tiefeng 26 | 辽宁 | 1994 | D186 | 黑河 11 | Heihe 11 | 黑龙江 |
| 1993 | C519 | 铁丰 27 | Tiefeng 27 | 辽宁 | 1994 | D280 | 垦农 7 号 | Kennong 7 Hao | 黑龙江 |
| 1993 | C550 | 鲁豆 10 号 | Ludou 10 Hao | 山东 | 1994 | D281 | 垦农 8 号 | Kennong 8 Hao | 黑龙江 |
| 1993 | C553 | 鲁黑豆 2 号 | Luheidou 2 Hao | 山东 | 1994 | D293 | 庆丰 1 号 | Qingfeng 1 Hao | 黑龙江 |
| 1993 | C620 | 成豆 5 号 | Chengdou 5 Hao | 四川 | 1994 | D295 | 绥农 12 | Suinong 12 | 黑龙江 |
| 1993 | C621 | 川豆 2 号 | Chuandou 2 Hao | 四川 | 1994 | D439 | 东辛 1 号 | Dongxin 1 Hao | 江苏 |
| 1993 | C629 | 贡豆 6 号 | Gongdou 6 Hao | 四川 | 1994 | D473 | 丹豆 7 号 | Dandou 7 Hao | 辽宁 |
| 1993 | C630 | 贡豆 7 号 | Gongdou 7 Hao | 四川 | 1994 | D474 | 丹豆 8 号 | Dandou 8 Hao | 辽宁 |
| 1993 | D121 | 豫豆 13 | Yudou 13 | 河南 | 1994 | D537 | 内豆 4 号 | Neidou 4 Hao | 内蒙古 |
| 1993 | D149 | 北丰 7 号 | Beifeng 7 Hao | 黑龙江 | 1994 | D540 | 宁豆 2 号 | Ningdou 2 Hao | 宁夏 |
| 1993 | D150 | 北丰 8 号 | Beifeng 8 Hao | 黑龙江 | 1994 | D624 | 选六 | Xuanliu | 天津 |
| 1993 | D516 | 新豆 1 号 | Xindou 1 Hao | 辽宁 | 1995 | C027 | 科新 3 号 | Kexin 3 Hao | 北京 |
| 1993 | D549 | 鲁豆 9 号 | Ludou 9 Hao | 山东 | 1995 | C045 | 中黄 8 号 | Zhonghuang 8 Hao | 北京 |
| 1993 | D553 | 鲁青豆 1 号 | Luqingdou 1 Hao | 山东 | 1995 | C069 | 黔豆 4 号 | Qiandou 4 Hao | 贵州 |
| 1993 | D564 | 烟黄 8164 | Yanhuang 8164 | 山东 | 1995 | C117 | 豫豆 18 | Yudou 18 Hao | 河南 |
| 1993 | D605 | 贡豆 5 号 | Gongdou 5 Hao | 四川 | 1995 | C118 | 豫豆 19 | Yudou 19 Hao | 河南 |
| 1994 | C019 | 皖豆 13 | Wandou 13 | 安徽 | 1995 | C181 | 合丰 36 | Hefeng 36 | 黑龙江 |
| 1994 | C030 | 诱处 4 号 | Youchu 4 Hao | 北京 | 1995 | C229 | 红丰 9 号 | Hongfeng 9 Hao | 黑龙江 |
| 1994 | C043 | 中黄 6 号 | Zhonghuang 6 Hao | 北京 | 1995 | C240 | 抗线虫 2 号 | Kangxianchong 2 Hao | 黑龙江 |
| 1994 | C086 | 冀豆 9 号 | Jidou 9 Hao | 河北 | 1995 | C278 | 绥农 11 | Suinong 11 | 黑龙江 |
| 1994 | C116 | 豫豆 16 | Yudou 16 Hao | 河南 | 1995 | C306 | 湘春豆 15 | Xiangchundou 15 | 湖南 |
| 1994 | C179 | 合丰 34 | Hefeng 34 | 黑龙江 | 1995 | C391 | 九农 21 | Jiunong 21 | 吉林 |
| 1994 | C180 | 合丰 35 | Hefeng 35 | 黑龙江 | 1995 | C400 | 通农 11 | Tongnong 11 | 吉林 |
| 1994 | C223 | 黑农 39 | Heinong 39 | 黑龙江 | 1995 | C445 | 苏豆 3 号 | Sudou 3 Hao | 江苏 |
| 1994 | C265 | 嫩丰 15 | Nenfeng 15 | 黑龙江 | 1995 | C537 | 高作选 1 号 | Gaozuoxuan 1 Hao | 山东 |
| 1994 | C277 | 绥农 10 号 | Suinong 10 Hao | 黑龙江 | 1995 | C551 | 鲁豆 11 | Ludou 11 | 山东 |
| 1994 | C292 | 早春 1 号 | Zaochun 1 Hao | 湖北 | 1995 | C554 | 齐茶豆 1 号 | Qichadou 1 Hao | 山东 |
| 1994 | C296 | 中豆 20 | Zhongdou 20 | 湖北 | 1995 | C564 | 齐黄 25 | Qihuang 25 | 山东 |
| 1994 | C435 | 南农 88 - 48 | Nannong 88 - 48 | 江苏 | 1995 | C632 | 凉豆 3 号 | Liangdou 3 Hao | 四川 |
| 1994 | C622 | 川豆 3 号 | Chuandou 3 Hao | 四川 | 1995 | C634 | 西豆 4 号 | Xidou 4 Hao | 四川 |
| 1994 | C643 | 华春 14 | Huachun 14 | 浙江 | 1995 | C644 | 丽秋 1 号 | Liqiu 1 Hao | 浙江 |
| 1994 | C650 | 浙春 3 号 | Zhechun 3 Hao | 浙江 | 1995 | D001 | AC10 菜用大青豆 | AC10 Caiyongdaqingdou | 安徽 |
| 1994 | D006 | 皖豆 14 | Wandou 14 | 安徽 | 1995 | D065 | 中作 429 | Zhongzuo 429 | 北京 |
| 1994 | D061 | 中品 661 | Zhongpin 661 | 北京 | 1995 | D081 | 桂早 1 号 | Guizao 1 Hao | 广西 |
| 1994 | D069 | 泉豆 322 | Quandou 322 | 福建 | 1995 | D086 | 毕豆 2 号 | Bidou 2 Hao | 贵州 |
| 1994 | D122 | 豫豆 17 | Yudou 17 | 河南 | 1995 | D123 | 豫豆 20 | Yudou 20 | 河南 |
| 1994 | D144 | 宝丰 7 号 | Baofeng 7 Hao | 黑龙江 | 1995 | D145 | 宝丰 8 号 | Baofeng 8 Hao | 黑龙江 |
| 1994 | D152 | 北丰 10 号 | Beifeng 10 Hao | 黑龙江 | 1995 | D151 | 北丰 9 号 | Beifeng 9 Hao | 黑龙江 |
| 1994 | D185 | 黑河 10 号 | Heihe 10 Hao | 黑龙江 | 1995 | D153 | 北丰 11 | Beifeng 11 | 黑龙江 |

（续）

| 育成年份 | 编号 | 中文名称 | 拼音名称 | 来源 | 育成年份 | 编号 | 中文名称 | 拼音名称 | 来源 |
|---|---|---|---|---|---|---|---|---|---|
| 1995 | D173 | 合丰 38 | Hefeng 38 | 黑龙江 | 1996 | D333 | 长农 8 号 | Changnong 8 Hao | 吉林 |
| 1995 | D187 | 黑河 12 | Heihe 12 | 黑龙江 | 1996 | D357 | 吉林 36 | Jilin 36 | 吉林 |
| 1995 | D230 | 建丰 2 号 | Jianfeng 2 Hao | 黑龙江 | 1996 | D442 | 淮豆 3 号 | Huaidou 3 Hao | 江苏 |
| 1995 | D234 | 九丰 6 号 | Jiufeng 6 Hao | 黑龙江 | 1996 | D451 | 南农 217 | Nannong 217 | 江苏 |
| 1995 | D327 | 白农 5 号 | Bainong 5 Hao | 吉林 | 1996 | D465 | 徐豆 8 号 | Xudou 8 Hao | 江苏 |
| 1995 | D328 | 白农 6 号 | Bainong 6 Hao | 吉林 | 1996 | D471 | 赣豆 4 号 | Gandou 4 Hao | 江西 |
| 1995 | D354 | 吉林 33 | Jilin 33 | 吉林 | 1996 | D487 | 辽豆 11 | Liaodou 11 | 辽宁 |
| 1995 | D355 | 吉林 34 | Jilin 34 | 吉林 | 1996 | D505 | 铁丰 28 | Tiefeng 28 | 辽宁 |
| 1995 | D356 | 吉育 35 | Jiyu 35 | 吉林 | 1996 | D550 | 鲁豆 12 号 | Ludou 12 Hao | 山东 |
| 1995 | D475 | 丹豆 9 号 | Dandou 9 Hao | 辽宁 | 1996 | D551 | 鲁豆 13 | Ludou 13 | 山东 |
| 1995 | D481 | 锦豆 36 | Jindou 36 | 辽宁 | 1996 | D561 | 山宁 8 号 | Shanning 8 Hao | 山东 |
| 1995 | D482 | 锦豆 37 | Jindou 37 | 辽宁 | 1996 | D590 | 成豆 6 号 | Chengdou 6 Hao | 四川 |
| 1995 | D483 | 开育 11 | Kaiyu 11 | 辽宁 | 1996 | D596 | 川豆 4 号 | Chuandou 4 Hao | 四川 |
| 1995 | D524 | 呼丰 6 号 | Hufeng 6 Hao | 内蒙古 | 1997 | D010 | 皖豆 18 | Wandou 18 | 安徽 |
| 1995 | D541 | 宁豆 3 号 | Ningdou 3 Hao | 宁夏 | 1997 | D072 | 陇豆 1 号 | Longdou 1 Hao | 甘肃 |
| 1995 | D637 | 婺春 1 号 | Wuchun 1 Hao | 浙江 | 1997 | D125 | 豫豆 22 | Yudou 22 | 河南 |
| 1996 | D007 | 皖豆 15 | Wandou 15 | 安徽 | 1997 | D126 | 豫豆 23 | Yudou 23 | 河南 |
| 1996 | D008 | 皖豆 16 | Wandou 16 | 安徽 | 1997 | D143 | 八五七 - 1 | Bawuqi - 1 | 黑龙江 |
| 1996 | D009 | 皖豆 17 | Wandou 17 | 安徽 | 1997 | D155 | 北丰 14 | Beifeng 14 | 黑龙江 |
| 1996 | D038 | 中黄 9 | Zhonghuang 9 | 北京 | 1997 | D160 | 北交 86 - 17 | Beijiao 86 - 17 | 黑龙江 |
| 1996 | D039 | 中黄 10 | Zhonghuang 10 | 北京 | 1997 | D191 | 黑河 16 | Heihe 16 | 黑龙江 |
| 1996 | D087 | 黔豆 3 号 | Qiandou 3 Hao | 贵州 | 1997 | D224 | 黑生 101 | Heisheng 101 | 黑龙江 |
| 1996 | D088 | 黔豆 5 号 | Qiandou 5 Hao | 贵州 | 1997 | D242 | 垦丰 3 号 | Kenfeng 3 Hao | 黑龙江 |
| 1996 | D102 | 冀豆 10 号 | Jidou 10 Hao | 河北 | 1997 | D243 | 垦丰 4 号 | Kenfeng 4 Hao | 黑龙江 |
| 1996 | D103 | 冀豆 11 | Jidou 11 | 河北 | 1997 | D287 | 龙生 1 号 | Longsheng 1 Hao | 黑龙江 |
| 1996 | D104 | 冀豆 12 | Jidou 12 | 河北 | 1997 | D312 | 中豆 26 | Zhongdou 26 | 湖北 |
| 1996 | D124 | 豫豆 21 | Yudou 21 | 河南 | 1997 | D443 | 淮豆 4 号 | Huaidou 4 Hao | 江苏 |
| 1996 | D154 | 北丰 13 | Beifeng 13 | 黑龙江 | 1997 | D499 | 沈豆 4 号 | Shendou 4 Hao | 辽宁 |
| 1996 | D172 | 合丰 37 | Hefeng 37 | 黑龙江 | 1997 | D506 | 铁丰 29 | Tiefeng 29 | 辽宁 |
| 1996 | D188 | 黑河 13 | Heihe 13 | 黑龙江 | 1997 | D525 | 蒙豆 5 号 | Mengdou 5 Hao | 内蒙古 |
| 1996 | D189 | 黑河 14 | Heihe 14 | 黑龙江 | 1997 | D538 | 兴豆 4 号 | Xingdou 4 Hao | 内蒙古 |
| 1996 | D190 | 黑河 15 | Heihe 15 | 黑龙江 | 1997 | D567 | 秦豆 8 号 | Qindou 8 Hao | 陕西 |
| 1996 | D214 | 黑农 40 | Heinong 40 | 黑龙江 | 1997 | D574 | 晋豆 20 | Jindou 20 | 山西 |
| 1996 | D226 | 红丰 10 号 | Hongfeng 10 Hao | 黑龙江 | 1997 | D575 | 晋豆 21 | Jindou 21 | 山西 |
| 1996 | D235 | 九丰 7 号 | Jiufeng 7 Hao | 黑龙江 | 1997 | D591 | 成豆 7 号 | Chengdou 7 Hao | 四川 |
| 1996 | D296 | 缓农 14 | Huannong 14 | 黑龙江 | 1997 | D606 | 贡豆 8 号 | Gongdou 8 Hao | 四川 |
| 1996 | D319 | 湘春豆 16 | Xiangchundou 16 | 湖南 | 1997 | D642 | 浙秋 2 号 | Zheqiu 2 Hao | 浙江 |
| 1996 | D320 | 湘春豆 17 | Xiangchundou 17 | 湖南 | 1998 | D011 | 皖豆 19 | Wandou 19 | 安徽 |
| 1996 | D329 | 白农 7 号 | Bainong 7 Hao | 吉林 | 1998 | D127 | 豫豆 24 | Yudou 24 | 河南 |

| 育成年份 | 编号 | 中文名称 | 拼音名称 | 来源 | 育成年份 | 编号 | 中文名称 | 拼音名称 | 来源 |
|---|---|---|---|---|---|---|---|---|---|
| 1998 | D128 | 豫豆 25 | Yudou 25 | 河南 | 1999 | D130 | 豫豆 27 | Yudou 27 | 河南 |
| 1998 | D156 | 北丰 15 | Beifeng 15 | 黑龙江 | 1999 | D163 | 东农 43 | Dongnong 43 | 黑龙江 |
| 1998 | D159 | 北疆 1 号 | Beijiang 1 Hao | 黑龙江 | 1999 | D215 | 黑农 41 | Heinong 41 | 黑龙江 |
| 1998 | D170 | 丰收 23 | Fengshou 23 | 黑龙江 | 1999 | D239 | 抗线虫 3 号 | Kangxianchong 3 Hao | 黑龙江 |
| 1998 | D192 | 黑河 17 | Heihe 17 | 黑龙江 | 1999 | D256 | 垦鉴豆 1 号 | Kenjiandou 1 Hao | 黑龙江 |
| 1998 | D193 | 黑河 18 | Heihe 18 | 黑龙江 | 1999 | D257 | 垦鉴豆 2 号 | Kenjiandou 2 Hao | 黑龙江 |
| 1998 | D194 | 黑河 19 | Heihe 19 | 黑龙江 | 1999 | D258 | 垦鉴豆 3 号 | Kenjiandou 3 Hao | 黑龙江 |
| 1998 | D227 | 红丰 11 | Hongfeng 11 | 黑龙江 | 1999 | D259 | 垦鉴豆 4 号 | Kenjiandou 4 Hao | 黑龙江 |
| 1998 | D236 | 九丰 8 号 | Jiufeng 8 Hao | 黑龙江 | 1999 | D260 | 垦鉴豆 5 号 | Kenjiandou 5 Hao | 黑龙江 |
| 1998 | D282 | 垦农 16 | Kennong 16 | 黑龙江 | 1999 | D261 | 垦鉴豆 7 号 | Kenjiandou 7 Hao | 黑龙江 |
| 1998 | D297 | 绥农 15 | Suinong 15 | 黑龙江 | 1999 | D308 | 鄂豆 6 号 | Edou 6 Hao | 湖北 |
| 1998 | D321 | 湘春豆 18 | Xiangchundou 18 | 湖南 | 1999 | D331 | 白农 9 号 | Bainong 9 Hao | 吉林 |
| 1998 | D330 | 白农 8 号 | Bainong 8 Hao | 吉林 | 1999 | D361 | 吉林 41 | Jilin 41 | 吉林 |
| 1998 | D334 | 长农 9 号 | Changnong 9 Hao | 吉林 | 1999 | D364 | 吉育 44 | Jiyu 44 | 吉林 |
| 1998 | D346 | 吉丰 1 号 | Jifeng 1 Hao | 吉林 | 1999 | D366 | 吉育 46 | Jiyu 46 | 吉林 |
| 1998 | D358 | 吉林 38 | Jilin 38 | 吉林 | 1999 | D367 | 吉育 47 | Jiyu 47 | 吉林 |
| 1998 | D359 | 吉林 39 | Jilin 39 | 吉林 | 1999 | D404 | 吉农 7 号 | Jinong 7 Hao | 吉林 |
| 1998 | D360 | 吉育 40 | Jiyu 40 | 吉林 | 1999 | D415 | 吉原引 3 号 | Jiyuanyin 3 Hao | 吉林 |
| 1998 | D362 | 吉林 42 | Jilin 42 | 吉林 | 1999 | D417 | 九农 22 | Jiunong 22 | 吉林 |
| 1998 | D363 | 吉林 43 | Jilin 43 | 吉林 | 1999 | D434 | 延农 8 号 | Yannong 8 Hao | 吉林 |
| 1998 | D403 | 吉农 6 号 | Jinong 6 Hao | 吉林 | 1999 | D453 | 南农 88 - 31 | Nannong 88 - 31 | 江苏 |
| 1998 | D429 | 四农 1 号 | Sinong 1 Hao | 吉林 | 1999 | D461 | 苏豆 4 号 | Sudou 4 Hao | 江苏 |
| 1998 | D444 | 淮豆 5 号 | Huaidou 5 Hao | 江苏 | 1999 | D498 | 辽阳 1 号 | Liaoyang 1 Hao | 辽宁 |
| 1998 | D450 | 南农 128 | Nannong 128 | 江苏 | 1999 | D504 | 沈农 8510 | Shennong 8510 | 辽宁 |
| 1998 | D460 | 泗豆 288 | Sidou 288 | 江苏 | 1999 | D507 | 铁丰 30 | Tiefeng 30 | 辽宁 |
| 1998 | D466 | 徐豆 9 号 | Xudou 9 Hao | 江苏 | 1999 | D555 | 齐黄 26 | Qihuang 26 | 山东 |
| 1998 | D542 | 宁豆 4 号 | Ningdou 4 Hao | 宁夏 | 1999 | D565 | 跃进 10 号 | Yuejin 10 Hao | 山东 |
| 1998 | D576 | 晋豆 22 | Jindou 22 | 山西 | 1999 | D577 | 晋豆 23 | Jindou 23 | 山西 |
| 1998 | D592 | 成豆 8 号 | Chengdou 8 Hao | 四川 | 1999 | D578 | 晋豆 24 | Jindou 24 | 山西 |
| 1998 | D597 | 川豆 5 号 | Chuandou 5 Hao | 四川 | 1999 | D616 | 南豆 99 | Nandou 99 | 四川 |
| 1998 | D607 | 贡豆 9 号 | Gongdou 9 Hao | 四川 | 1999 | D627 | 新大豆 1 号 | Xindadou 1 Hao | 新疆 |
| 1998 | D639 | 新选 88 | Xinxuan 88 | 浙江 | 1999 | D634 | 衢秋 1 号 | Ququ 1 Hao | 浙江 |
| 1998 | D649 | 渝豆 1 号 | Yudou 1 Hao | 四川 | 2000 | D002 | 合豆 1 号 | Hedou 1 Hao | 安徽 |
| 1999 | D026 | 科丰 36 | Kefeng 36 | 北京 | 2000 | D012 | 皖豆 20 | Wandou 20 | 安徽 |
| 1999 | D037 | 中豆 28 | Zhongdou 28 | 北京 | 2000 | D013 | 皖豆 21 | Wandou 21 | 安徽 |
| 1999 | D063 | 中野 1 号 | Zhongye 1 Hao | 北京 | 2000 | D030 | 科新 5 号 | Kexin 5 Hao | 北京 |
| 1999 | D093 | 邯豆 3 号 | Handou 3 Hao | 河北 | 2000 | D036 | 中豆 27 | Zhongdou 27 | 北京 |
| 1999 | D098 | 化诱 542 | Huayou 542 | 河北 | 2000 | D040 | 中黄 11 | Zhonghuang 11 | 北京 |
| 1999 | D129 | 豫豆 26 | Yudou 26 | 河南 | 2000 | D041 | 中黄 12 | Zhonghuang 12 | 北京 |

（续）

| 育成年份 | 编号 | 中文名称 | 拼音名称 | 来源 | 育成年份 | 编号 | 中文名称 | 拼音名称 | 来源 |
|---|---|---|---|---|---|---|---|---|---|
| 2000 | D074 | 桂春1号 | Guichun 1 Hao | 广西 | 2000 | D544 | 高原1号 | Gaoyuan 1 Hao | 青海 |
| 2000 | D079 | 桂夏1号 | Guixia 1 Hao | 广西 | 2000 | D556 | 齐黄27 | Qihuang 27 | 山东 |
| 2000 | D083 | 柳豆2号 | Liudou 2 Hao | 广西 | 2000 | D579 | 晋豆25 | Jindou 25 | 山西 |
| 2000 | D085 | 安豆3号 | Andou 3 Hao | 贵州 | 2000 | D593 | 成豆9号 | Chengdou 9 Hao | 四川 |
| 2000 | D089 | 黔豆6号 | Qiandou 6 Hao | 贵州 | 2001 | D014 | 皖豆22 | Wandou 22 | 安徽 |
| 2000 | D090 | 沧豆4号 | Cangdou 4 Hao | 河北 | 2001 | D022 | 科丰14 | Kefeng 14 | 北京 |
| 2000 | D097 | 化诱446 | Huayou 446 | 河北 | 2001 | D028 | 科丰53 | Kefeng 53 | 北京 |
| 2000 | D131 | 豫豆28 | Yudou 28 | 河南 | 2001 | D031 | 科新6号 | Kexin 6 Hao | 北京 |
| 2000 | D132 | 豫豆29 | Yudou 29 | 河南 | 2001 | D042 | 中黄13 | Zhonghuang 13 | 北京 |
| 2000 | D164 | 东农44 | Dongnong 44 | 黑龙江 | 2001 | D043 | 中黄14 | Zhonghuang 14 | 北京 |
| 2000 | D165 | 东农45 | Dongnong 45 | 黑龙江 | 2001 | D044 | 中黄15 | Zhonghuang 15 | 北京 |
| 2000 | D174 | 合丰39 | Hefeng 39 | 黑龙江 | 2001 | D046 | 中黄17 | Zhonghuang 17 | 北京 |
| 2000 | D175 | 合丰40 | Hefeng 40 | 黑龙江 | 2001 | D047 | 中黄18 | Zhonghuang 18 | 北京 |
| 2000 | D195 | 黑河20 | Heihe 20 | 黑龙江 | 2001 | D049 | 中黄20 | Zhonghuang 20 | 北京 |
| 2000 | D196 | 黑河21 | Heihe 21 | 黑龙江 | 2001 | D064 | 中野2号 | Zhongye 2 Hao | 北京 |
| 2000 | D197 | 黑河22 | Heihe 22 | 黑龙江 | 2001 | D106 | 冀黄13 | Jihuang 13 | 河北 |
| 2000 | D198 | 黑河23 | Heihe 23 | 黑龙江 | 2001 | D109 | 五星1号 | Wuxing 1 Hao | 河北 |
| 2000 | D244 | 垦丰5号 | Kenfeng 5 Hao | 黑龙江 | 2001 | D117 | 濮海10号 | Puhai 10 Hao | 河南 |
| 2000 | D245 | 垦丰6号 | Kenfeng 6 Hao | 黑龙江 | 2001 | D135 | 郑90007 | Zheng 90007 | 河南 |
| 2000 | D262 | 垦鉴豆14 | Kenjian Dou 14 | 黑龙江 | 2001 | D136 | 郑92116 | Zheng 92116 | 河南 |
| 2000 | D263 | 垦鉴豆15 | Kenjian Dou 15 | 黑龙江 | 2001 | D137 | 郑长交14 | Zhengchangjiao 14 | 河南 |
| 2000 | D264 | 垦鉴豆16 | Kenjian Dou 16 | 黑龙江 | 2001 | D176 | 合丰41 | Hefeng 41 | 黑龙江 |
| 2000 | D298 | 绥农16 | Suinong 16 | 黑龙江 | 2001 | D199 | 黑河24 | Heihe 24 | 黑龙江 |
| 2000 | D313 | 中豆29 | Zhongdou 29 | 湖北 | 2001 | D200 | 黑河25 | Heihe 25 | 黑龙江 |
| 2000 | D335 | 长农10号 | Changnong 10 Hao | 吉林 | 2001 | D201 | 黑河26 | Heihe 26 | 黑龙江 |
| 2000 | D336 | 长农11 | Changnong 11 | 吉林 | 2001 | D204 | 黑河29 | Heihe 29 | 黑龙江 |
| 2000 | D337 | 长农12 | Changnong 12 | 吉林 | 2001 | D246 | 垦丰7号 | Kenfeng 7 Hao | 黑龙江 |
| 2000 | D338 | 长农13 | Changnong 13 | 吉林 | 2001 | D283 | 垦农17 | Kennong 17 | 黑龙江 |
| 2000 | D343 | 吉豆1号 | Jidou 1 Hao | 吉林 | 2001 | D284 | 垦农18 | Kennong 18 | 黑龙江 |
| 2000 | D347 | 吉丰2号 | Jifeng 2 Hao | 吉林 | 2001 | D290 | 嫩丰16 | Nenfeng 16 | 黑龙江 |
| 2000 | D365 | 吉育45 | Jiyu 45 | 吉林 | 2001 | D299 | 绥农17 | Suinong 17 | 黑龙江 |
| 2000 | D368 | 吉育48 | Jiyu 48 | 吉林 | 2001 | D309 | 鄂豆7号 | Edou 7 Hao | 湖北 |
| 2000 | D369 | 吉育49 | Jiyu 49 | 吉林 | 2001 | D314 | 中豆30 | Zhongdou 30 | 湖北 |
| 2000 | D405 | 吉农8号 | Jinong 8 Hao | 吉林 | 2001 | D315 | 中豆31 | Zhongdou 31 | 湖北 |
| 2000 | D418 | 九农23 | Jiunong 23 | 吉林 | 2001 | D322 | 湘春豆19 | Xiangchundou 19 | 湖南 |
| 2000 | D431 | 通农12 | Tongnong 12 | 吉林 | 2001 | D323 | 湘春豆20 | Xiangchundou 20 | 湖南 |
| 2000 | D484 | 开育12 | Kaiyu 12 | 辽宁 | 2001 | D348 | 吉科豆1号 | Jikedou 1 Hao | 吉林 |
| 2000 | D488 | 辽豆13 | Liaodou 13 | 辽宁 | 2001 | D349 | 吉科豆2号 | Jikedou 2 Hao | 吉林 |
| 2000 | D526 | 蒙豆6号 | Mengdou 6 Hao | 内蒙古 | 2001 | D370 | 吉育50 | Jiyu 50 | 吉林 |

（续）

| 育成年份 | 编号 | 中文名称 | 拼音名称 | 来源 | 育成年份 | 编号 | 中文名称 | 拼音名称 | 来源 |
|---|---|---|---|---|---|---|---|---|---|
| 2001 | D371 | 吉育 52 | Jiyu 52 | 吉林 | 2002 | D029 | 科新 4 号 | Kexin 4 Hao | 北京 |
| 2001 | D372 | 吉育 53 | Jiyu 53 | 吉林 | 2002 | D034 | 顺豆 92-51 | Shundou 92-51 | 北京 |
| 2001 | D373 | 吉育 54 | Jiyu 54 | 吉林 | 2002 | D045 | 中黄 16 | Zhonghuang 16 | 北京 |
| 2001 | D374 | 吉育 55 | Jiyu 55 | 吉林 | 2002 | D051 | 中黄 22 | Zhonghuang 22 | 北京 |
| 2001 | D375 | 吉育 57 | Jiyu 57 | 吉林 | 2002 | D052 | 中黄 23 | Zhonghuang 23 | 北京 |
| 2001 | D376 | 吉育 58 | Jiyu 58 | 吉林 | 2002 | D053 | 中黄 24 | Zhonghuang 24 | 北京 |
| 2001 | D377 | 吉林 59 | Jilin 59 | 吉林 | 2002 | D054 | 中黄 25 | Zhonghuang 25 | 北京 |
| 2001 | D397 | 吉林小粒 4 号 | Jilin Xiaoli 4 Hao | 吉林 | 2002 | D056 | 中黄 27 | Zhonghuang 27 | 北京 |
| 2001 | D406 | 吉农 9 号 | Jinong 9 Hao | 吉林 | 2002 | D062 | 中品 662 | Zhongpin 662 | 北京 |
| 2001 | D416 | 集 1005 | Ji 1005 | 吉林 | 2002 | D068 | 莆豆 10 号 | Pudou 10 Hao | 福建 |
| 2001 | D419 | 九农 24 | Jiunong 24 | 吉林 | 2002 | D070 | 泉豆 6 号 | Quandou 6 Hao | 福建 |
| 2001 | D430 | 四农 2 号 | Sinong 2 Hao | 吉林 | 2002 | D108 | 科选 93 | Kexuan 93 | 河北 |
| 2001 | D432 | 通农 13 | Tongnong 13 | 吉林 | 2002 | D112 | 地神 21 | Dishen 21 | 河南 |
| 2001 | D433 | 通农 14 | Tongnong 14 | 吉林 | 2002 | D113 | 地神 22 | Dishen 22 | 河南 |
| 2001 | D435 | 延农 9 号 | Yannong 9 Hao | 吉林 | 2002 | D114 | 滑豆 20 | Huadou 20 | 河南 |
| 2001 | D445 | 淮豆 6 号 | Huaidou 6 Hao | 江苏 | 2002 | D118 | 商丘 1099 | Shangqiu 1099 | 河南 |
| 2001 | D467 | 徐豆 10 号 | Xudou 10 Hao | 江苏 | 2002 | D157 | 北丰 16 | Beifeng 16 | 黑龙江 |
| 2001 | D486 | 连豆 1 号 | Liandou 1 Hao | 辽宁 | 2002 | D177 | 合丰 42 | Hefeng 42 | 黑龙江 |
| 2001 | D496 | 辽首 1 号 | Liaoshou 1 Hao | 辽宁 | 2002 | D178 | 合丰 43 | Hefeng 43 | 黑龙江 |
| 2001 | D501 | 沈农 6 号 | Shennong 6 Hao | 辽宁 | 2002 | D202 | 黑河 27 | Heihe 27 | 黑龙江 |
| 2001 | D508 | 铁丰 31 | Tiefeng 31 | 辽宁 | 2002 | D216 | 黑农 42 | Heinong 42 | 黑龙江 |
| 2001 | D519 | 熊豆 1 号 | Xiongdou 1 Hao | 辽宁 | 2002 | D217 | 黑农 43 | Heinong 43 | 黑龙江 |
| 2001 | D566 | 黄沙豆 | Huangsha Dou | 陕西 | 2002 | D218 | 黑农 44 | Heinong 44 | 黑龙江 |
| 2001 | D569 | 陕豆 125 | Shandou 125 | 陕西 | 2002 | D232 | 疆莫豆 1 号 | Jiangmodou 1 Hao | 黑龙江 |
| 2001 | D570 | 临豆 1 号 | Lindou 1 Hao | 山西 | 2002 | D233 | 疆莫豆 2 号 | Jiangmodou 2 Hao | 黑龙江 |
| 2001 | D580 | 晋豆 26 | Jindou 26 | 山西 | 2002 | D247 | 垦丰 8 号 | Kenfeng 8 Hao | 黑龙江 |
| 2001 | D581 | 晋豆 27 | Jindou 27 | 山西 | 2002 | D248 | 垦丰 9 号 | Kenfeng 9 Hao | 黑龙江 |
| 2001 | D594 | 成豆 10 号 | Chengdou 10 Hao | 四川 | 2002 | D265 | 垦鉴豆 17 | Kenjiandou 17 | 黑龙江 |
| 2001 | D599 | 川豆 7 号 | Chuandou 7 Hao | 四川 | 2002 | D266 | 垦鉴豆 22 | Kenjiandou 22 | 黑龙江 |
| 2001 | D609 | 贡豆 11 | Gongdou 11 | 四川 | 2002 | D267 | 垦鉴豆 23 | Kenjiandou 23 | 黑龙江 |
| 2001 | D617 | 南豆 3 号 | Nandou 3 Hao | 四川 | 2002 | D285 | 垦农 19 | Kennong 19 | 黑龙江 |
| 2001 | D625 | 石大豆 1 号 | Shidadou 1 Hao | 新疆 | 2002 | D300 | 绥农 18 | Suinong 18 | 黑龙江 |
| 2001 | D626 | 石大豆 2 号 | Shidadou 2 Hao | 新疆 | 2002 | D301 | 绥农 19 | Suinong 19 | 黑龙江 |
| 2001 | D632 | 华春 18 | Huachun 18 | 浙江 | 2002 | D305 | 绥无腥豆 1 号 | Suiwuxingdou 1 Hao | 黑龙江 |
| 2001 | D640 | 浙春 5 号 | Zhechun 5 Hao | 浙江 | 2002 | D306 | 绥小粒豆 1 号 | Suixiaolidou 1 Hao | 黑龙江 |
| 2001 | D641 | 浙秋 1 号 | Zheqiu 1 Hao | 浙江 | 2002 | D307 | 伊大豆 2 号 | Yidadou 2 Hao | 黑龙江 |
| 2002 | D015 | 皖豆 23 | Wandou 23 | 安徽 | 2002 | D316 | 中豆 32 | Zhongdou 32 | 湖北 |
| 2002 | D023 | 科丰 15 | Kefeng 15 | 北京 | 2002 | D339 | 长农 14 | Changnong 14 | 吉林 |
| 2002 | D027 | 科丰 37 | Kefeng 37 | 北京 | 2002 | D340 | 长农 15 | Changnong 15 | 吉林 |

（续）

| 育成年份 | 编号 | 中文名称 | 拼音名称 | 来源 | 育成年份 | 编号 | 中文名称 | 拼音名称 | 来源 |
|---|---|---|---|---|---|---|---|---|---|
| 2002 | D344 | 吉豆2号 | Jidou 2 Hao | 吉林 | 2002 | D547 | 菏豆12 | Hedou 12 | 山东 |
| 2002 | D350 | 吉科豆3号 | Jikedou 3 Hao | 吉林 | 2002 | D554 | 齐茶豆2号 | Qichadou 2 Hao | 山东 |
| 2002 | D378 | 吉育60 | Jiyu 60 | 吉林 | 2002 | D598 | 川豆6号 | Chuandou 6 Hao | 四川 |
| 2002 | D379 | 吉育62 | Jiyu 62 | 吉林 | 2002 | D600 | 川豆8号 | Chuandou 8 Hao | 四川 |
| 2002 | D380 | 吉育63 | Jiyu 63 | 吉林 | 2002 | D608 | 贡豆10号 | Gongdou 10 Hao | 四川 |
| 2002 | D381 | 吉育64 | Jiyu 64 | 吉林 | 2002 | D614 | 贡选1号 | Gongxuan 1 Hao | 四川 |
| 2002 | D383 | 吉林66 | Jilin 66 | 吉林 | 2002 | D618 | 南豆4号 | Nandou 4 Hao | 四川 |
| 2002 | D384 | 吉林67 | Jilin 67 | 吉林 | 2003 | D003 | 合豆2号 | Hedou 2 Hao | 安徽 |
| 2002 | D398 | 吉林小粒6号 | Jilin Xiaoli 6 Hao | 吉林 | 2003 | D004 | 合豆3号 | Hedou 3 Hao | 安徽 |
| 2002 | D407 | 吉农10号 | Jinong 10 Hao | 吉林 | 2003 | D016 | 皖豆24 | Wandou 24 | 安徽 |
| 2002 | D408 | 吉农11 | Jinong 11 | 吉林 | 2003 | D032 | 科新7号 | Kexin 7 Hao | 北京 |
| 2002 | D409 | 吉农12 | Jinong 12 | 吉林 | 2003 | D033 | 科新8号 | Kexin 8 Hao | 北京 |
| 2002 | D420 | 九农25 | Jiunong 25 | 吉林 | 2003 | D048 | 中黄19 | Zhonghuang 19 | 北京 |
| 2002 | D421 | 九农26 | Jiunong 26 | 吉林 | 2003 | D050 | 中黄21 | Zhonghuang 21 | 北京 |
| 2002 | D422 | 九农27 | Jiunong 27 | 吉林 | 2003 | D055 | 中黄26 | Zhonghuang 26 | 北京 |
| 2002 | D436 | 延农10号 | Yannong 10 Hao | 吉林 | 2003 | D076 | 桂春3号 | Guichun 3 Hao | 广西 |
| 2002 | D438 | 杂交豆1号 | Zajiaodou 1 Hao | 吉林 | 2003 | D084 | 柳豆3号 | Liudou 3 Hao | 广西 |
| 2002 | D440 | 东辛2号 | Dongxin 2 Hao | 江苏 | 2003 | D091 | 沧豆5号 | Cangdou 5 Hao | 河北 |
| 2002 | D441 | 沪宁95-1 | Huning 95-1 | 江苏 | 2003 | D092 | 承豆6号 | Chengdou 6 Hao | 河北 |
| 2002 | D447 | 淮哈豆1号 | Huaihadou 1 Hao | 江苏 | 2003 | D094 | 邯豆4号 | Handou 4 Hao | 河北 |
| 2002 | D452 | 南农242 | Nannong 242 | 江苏 | 2003 | D096 | 化诱4120 | Huayou 4120 | 河北 |
| 2002 | D455 | 南农99-10 | Nannong 99-10 | 江苏 | 2003 | D100 | 冀NF37 | Ji NF37 | 河北 |
| 2002 | D456 | 青酥2号 | Qingsu 2 Hao | 江苏 | 2003 | D119 | 许豆3号 | Xudou 3 Hao | 河南 |
| 2002 | D458 | 日本晴3号 | Ribenqing 3 Hao | 江苏 | 2003 | D138 | 郑交107 | Zhengjiao 107 | 河南 |
| 2002 | D463 | 通豆3号 | Tongdou 3 Hao | 江苏 | 2003 | D140 | 周豆11 | Zhoudou 11 | 河南 |
| 2002 | D468 | 徐豆11 | Xudou 11 | 江苏 | 2003 | D161 | 东大1号 | Dongda 1 Hao | 黑龙江 |
| 2002 | D476 | 丹豆10号 | Dandou 10 Hao | 辽宁 | 2003 | D166 | 东农46 | Dongnong 46 | 黑龙江 |
| 2002 | D477 | 丹豆11 | Dandou 11 | 辽宁 | 2003 | D169 | 东生1号 | Dongsheng 1 Hao | 黑龙江 |
| 2002 | D489 | 辽豆14 | Liaodou 14 | 辽宁 | 2003 | D171 | 丰收24 | Fengshou 24 | 黑龙江 |
| 2002 | D490 | 辽豆15 | Liaodou 15 | 辽宁 | 2003 | D179 | 合丰44 | Hefeng 44 | 黑龙江 |
| 2002 | D491 | 辽豆16 | Liaodou 16 | 辽宁 | 2003 | D180 | 合丰45 | Hefeng 45 | 黑龙江 |
| 2002 | D502 | 沈农7号 | Shennong 7 Hao | 辽宁 | 2003 | D181 | 合丰46 | Hefeng 46 | 黑龙江 |
| 2002 | D509 | 铁丰32 | Tiefeng 32 | 辽宁 | 2003 | D203 | 黑河28 | Heihe 28 | 黑龙江 |
| 2002 | D517 | 新丰1号 | Xinfeng 1 Hao | 辽宁 | 2003 | D205 | 黑河30 | Heihe 30 | 黑龙江 |
| 2002 | D523 | 呼北豆1号 | Hubeidou 1 Hao | 内蒙古 | 2003 | D206 | 黑河31 | Heihe 31 | 黑龙江 |
| 2002 | D527 | 蒙豆7号 | Mengdou 7 Hao | 内蒙古 | 2003 | D219 | 黑农45 | Heinong 45 | 黑龙江 |
| 2002 | D528 | 蒙豆9号 | Mengdou 9 Hao | 内蒙古 | 2003 | D220 | 黑农46 | Heinong 46 | 黑龙江 |
| 2002 | D529 | 蒙豆10号 | Mengdou 10 Hao | 内蒙古 | 2003 | D228 | 红丰12 | Hongfeng 12 | 黑龙江 |
| 2002 | D530 | 蒙豆11 | Mengdou 11 | 内蒙古 | 2003 | D231 | 建农1号 | Jiannong 1 Hao | 黑龙江 |

（续）

| 育成年份 | 编号 | 中文名称 | 拼音名称 | 来源 | 育成年份 | 编号 | 中文名称 | 拼音名称 | 来源 |
|---|---|---|---|---|---|---|---|---|---|
| 2003 | D237 | 九丰 9 号 | Jiufeng 9 Hao | 黑龙江 | 2003 | D545 | 滨职豆 1 号 | Binzhidou 1 Hao | 山东 |
| 2003 | D240 | 抗线虫 4 号 | Kangxianchong 4 Hao | 黑龙江 | 2003 | D552 | 鲁宁 1 号 | Luning 1 Hao | 山东 |
| 2003 | D241 | 抗线虫 5 号 | Kangxianchong 5 Hao | 黑龙江 | 2003 | D557 | 齐黄 28 | Qihuang 28 | 山东 |
| 2003 | D249 | 垦丰 10 号 | Kenfeng 10 Hao | 黑龙江 | 2003 | D558 | 齐黄 29 | Qihuang 29 | 山东 |
| 2003 | D250 | 垦丰 11 | Kenfeng 11 | 黑龙江 | 2003 | D571 | 晋大 70 | Jinda 70 | 山西 |
| 2003 | D268 | 垦鉴豆 25 | Kenjiandou 25 | 黑龙江 | 2003 | D587 | 晋遗 30 | Jinyi 30 | 山西 |
| 2003 | D270 | 垦鉴豆 28 | Kenjiandou 28 | 黑龙江 | 2003 | D595 | 成豆 11 | Chengdou 11 | 四川 |
| 2003 | D271 | 垦鉴豆 30 | Kenjiandou 30 | 黑龙江 | 2003 | D601 | 川豆 9 号 | Chuandou 9 Hao | 四川 |
| 2003 | D272 | 垦鉴豆 31 | Kenjiandou 31 | 黑龙江 | 2003 | D610 | 贡豆 12 | Gongdou 12 | 四川 |
| 2003 | D273 | 垦鉴豆 32 | Kenjiandou 32 | 黑龙江 | 2003 | D615 | 乐豆 1 号 | Ledou 1 Hao | 四川 |
| 2003 | D289 | 龙小粒豆 1 号 | Longxiaolidou 1 Hao | 黑龙江 | 2003 | D619 | 南豆 5 号 | Nandou 5 Hao | 四川 |
| 2003 | D302 | 绥农 20 | Suinong 20 | 黑龙江 | 2003 | D628 | 新大豆 2 号 | Xindadou 2 Hao | 新疆 |
| 2003 | D341 | 长农 16 | Changnong 16 | 吉林 | 2003 | D630 | 滇 86 - 4 | Dian 86 - 4 | 云南 |
| 2003 | D342 | 长农 17 | Changnong 17 | 吉林 | 2003 | D631 | 滇 86 - 5 | Dian 86 - 5 | 云南 |
| 2003 | D351 | 吉科豆 5 号 | Jikedou 5 Hao | 吉林 | 2003 | D635 | 衢秋 2 号 | Ququu 2 Hao | 浙江 |
| 2003 | D352 | 吉科豆 6 号 | Jikedou 6 Hao | 吉林 | 2003 | D643 | 浙秋豆 3 号 | Zheqiudou 3 Hao | 浙江 |
| 2003 | D382 | 吉育 65 | Jiyu 65 | 吉林 | 2004 | D017 | 皖豆 25 | Wandou 25 | 安徽 |
| 2003 | D385 | 吉育 68 | Jiyu 68 | 吉林 | 2004 | D018 | 豪彩 1 号 | Haocai 1 Hao | 北京 |
| 2003 | D387 | 吉育 70 | Jiyu 70 | 吉林 | 2004 | D020 | 京黄 1 号 | Jinghuang 1 Hao | 北京 |
| 2003 | D388 | 吉育 71 | Jiyu 71 | 吉林 | 2004 | D021 | 京黄 2 号 | Jinghuang 2 Hao | 北京 |
| 2003 | D410 | 吉农 13 | Jinong 13 | 吉林 | 2004 | D024 | 科丰 17 | Kefeng 17 | 北京 |
| 2003 | D411 | 吉农 14 | Jinong 14 | 吉林 | 2004 | D057 | 中黄 28 | Zhonghuang 28 | 北京 |
| 2003 | D423 | 九农 28 | Jiunong 28 | 吉林 | 2004 | D066 | 福豆 234 | Fudou 234 | 福建 |
| 2003 | D424 | 九农 29 | Jiunong 29 | 吉林 | 2004 | D067 | 福豆 310 | Fudou 310 | 福建 |
| 2003 | D427 | 临选 1 号 | Linxuan 1 Hao | 吉林 | 2004 | D071 | 泉豆 7 号 | Quandou 7 Hao | 福建 |
| 2003 | D437 | 延农 11 | Yannong 11 | 吉林 | 2004 | D075 | 桂春 2 号 | Guichun 2 Hao | 广西 |
| 2003 | D449 | 淮阴矮脚早 | Huaiyin Aijiaozao | 江苏 | 2004 | D080 | 桂夏 2 号 | Guixia 2 Hao | 广西 |
| 2003 | D454 | 南农 99 - 6 | Nannong 99 - 6 | 江苏 | 2004 | D082 | 桂早 2 号 | Guizao 2 Hao | 广西 |
| 2003 | D462 | 苏早 1 号 | Suzao 1 Hao | 江苏 | 2004 | D095 | 邯豆 5 号 | Handou 5 Hao | 河北 |
| 2003 | D469 | 徐豆 12 | Xudou 12 | 江苏 | 2004 | D107 | 冀黄 15 | Jihuang 15 | 河北 |
| 2003 | D478 | 丹豆 12 | Dandou 12 | 辽宁 | 2004 | D110 | 五星 2 号 | Wuxing 2 Hao | 河北 |
| 2003 | D492 | 辽豆 17 | Liaodou 17 | 辽宁 | 2004 | D139 | GS 郑交 9525 | GS Zhengjiao 9525 | 河南 |
| 2003 | D500 | 沈豆 5 号 | Shendou 5 Hao | 辽宁 | 2004 | D141 | 周豆 12 | Zhoudou 12 | 河南 |
| 2003 | D510 | 铁丰 33 | Tiefeng 33 | 辽宁 | 2004 | D158 | 北丰 17 | Beifeng 17 | 黑龙江 |
| 2003 | D521 | 岫豆 94 - 11 | Xiudou 94 - 11 | 辽宁 | 2004 | D162 | 东大 2 号 | Dongda 2 Hao | 黑龙江 |
| 2003 | D531 | 蒙豆 12 | Mengdou 12 | 内蒙古 | 2004 | D167 | 东农 47 | Dongnong 47 | 黑龙江 |
| 2003 | D532 | 蒙豆 13 | Mengdou 13 | 内蒙古 | 2004 | D182 | 合丰 47 | Hefeng 47 | 黑龙江 |
| 2003 | D534 | 蒙豆 15 | Mengdou 15 | 内蒙古 | 2004 | D207 | 黑河 32 | Heihe 32 | 黑龙江 |
| 2003 | D543 | 宁豆 5 号 | Ningdou 5 Hao | 宁夏 | 2004 | D208 | 黑河 33 | Heihe 33 | 黑龙江 |

（续）

| 育成年份 | 编号 | 中文名称 | 拼音名称 | 来源 | 育成年份 | 编号 | 中文名称 | 拼音名称 | 来源 |
|---|---|---|---|---|---|---|---|---|---|
| 2004 | D209 | 黑河 34 | Heihe 34 | 黑龙江 | 2004 | D633 | 丽秋 2 号 | Liqiu 2 Hao | 浙江 |
| 2004 | D210 | 黑河 35 | Heihe 35 | 黑龙江 | 2004 | D636 | 衢鲜 1 号 | Quxian 1 Hao | 浙江 |
| 2004 | D211 | 黑河 36 | Heihe 36 | 黑龙江 | 2004 | D638 | 萧农越秀 | Xiaonongyuexiu | 浙江 |
| 2004 | D221 | 黑农 47 | Heinong 47 | 黑龙江 | 2004 | D644 | 浙鲜豆 1 号 | Zhexiandou 1 Hao | 浙江 |
| 2004 | D222 | 黑农 48 | Heinong 48 | 黑龙江 | 2005 | D025 | 科丰 28 | Kefeng 28 | 北京 |
| 2004 | D238 | 九丰 10 号 | Jiufeng 10 Hao | 黑龙江 | 2005 | D035 | 鑫豆 1 号 | Xindou 1 Hao | 北京 |
| 2004 | D251 | 垦丰 12 | Kenfeng 12 | 黑龙江 | 2005 | D058 | 中黄 29 | Zhonghuang 29 | 北京 |
| 2004 | D269 | 垦鉴豆 26 | Kenjiandou 26 | 黑龙江 | 2005 | D059 | 中黄 31 | Zhonghuang 31 | 北京 |
| 2004 | D274 | 垦鉴豆 33 | Kenjiandou 33 | 黑龙江 | 2005 | D060 | 中黄 33 | Zhonghuang 33 | 北京 |
| 2004 | D275 | 垦鉴豆 36 | Kenjiandou 36 | 黑龙江 | 2005 | D073 | 陇豆 2 号 | Longdou 2 Hao | 甘肃 |
| 2004 | D276 | 垦鉴豆 38 | Kenjiandou 38 | 黑龙江 | 2005 | D077 | 桂春 5 号 | Guichun 5 Hao | 广西 |
| 2004 | D291 | 嫩丰 17 | Nenfeng 17 | 黑龙江 | 2005 | D078 | 桂春 6 号 | Guichun 6 Hao | 广西 |
| 2004 | D303 | 绥农 21 | Suinong 21 | 黑龙江 | 2005 | D099 | 化诱 5 号 | Huayou 5 Hao | 河北 |
| 2004 | D324 | 湘春豆 21 | Xiangchundou 21 | 湖南 | 2005 | D101 | 冀 NF58 | Ji NF58 | 河北 |
| 2004 | D325 | 湘春豆 22 | Xiangchundou 22 | 湖南 | 2005 | D105 | 冀豆 16 | Jidou 16 | 河北 |
| 2004 | D326 | 湘春豆 23 | Xiangchundou 23 | 湖南 | 2005 | D111 | 五星 3 号 | Wuxing 3 Hao | 河北 |
| 2004 | D332 | 白农 10 号 | Bainong 10 Hao | 吉林 | 2005 | D115 | 开豆 4 号 | Kaidou 4 Hao | 河南 |
| 2004 | D345 | 吉豆 3 号 | Jidou 3 Hao | 吉林 | 2005 | D116 | 平豆 1 号 | Pingdou 1 Hao | 河南 |
| 2004 | D353 | 吉科豆 7 号 | Jikedou 7 Hao | 吉林 | 2005 | D133 | 郑 196 | Zheng 196 | 河南 |
| 2004 | D386 | 吉育 69 | Jiyu 69 | 吉林 | 2005 | D134 | 郑 59 | Zheng 59 | 河南 |
| 2004 | D389 | 吉育 72 | Jiyu 72 | 吉林 | 2005 | D142 | 驻豆 9715 | Zhudou 9715 | 河南 |
| 2004 | D399 | 吉林小粒 7 号 | Jilin Xiaoli 7 Hao | 吉林 | 2005 | D146 | 北豆 1 号 | Beidou 1 Hao | 黑龙江 |
| 2004 | D412 | 吉农 15 | Jinong 15 | 吉林 | 2005 | D147 | 北豆 2 号 | Beidou 2 Hao | 黑龙江 |
| 2004 | D425 | 九农 30 | Jiunong 30 | 吉林 | 2005 | D168 | 东农 48 | Dongnong 48 | 黑龙江 |
| 2004 | D428 | 平安豆 7 号 | Pingandou 7 Hao | 吉林 | 2005 | D183 | 合丰 48 | Hefeng 48 | 黑龙江 |
| 2004 | D472 | 赣豆 5 号 | Gandou 5 Hao | 江西 | 2005 | D184 | 合丰 49 | Hefeng 49 | 黑龙江 |
| 2004 | D479 | 东豆 1 号 | Dongdou 1 Hao | 辽宁 | 2005 | D212 | 黑河 37 | Heihe 37 | 黑龙江 |
| 2004 | D512 | 铁丰 35 | Tiefeng 35 | 辽宁 | 2005 | D213 | 黑河 38 | Heihe 38 | 黑龙江 |
| 2004 | D522 | 赤豆 1 号 | Chidou 1 Hao | 内蒙古 | 2005 | D223 | 黑农 49 | Heinong 49 | 黑龙江 |
| 2004 | D533 | 蒙豆 14 | Mengdou 14 | 内蒙古 | 2005 | D229 | 华疆 1 号 | Huajiang 1 Hao | 黑龙江 |
| 2004 | D539 | 兴抗线 1 号 | Xingkangxian 1 Hao | 内蒙古 | 2005 | D252 | 垦丰 13 | Kenfeng 13 | 黑龙江 |
| 2004 | D559 | 齐黄 30 | Qihuang 30 | 山东 | 2005 | D253 | 垦丰 14 | Kenfeng 14 | 黑龙江 |
| 2004 | D560 | 齐黄 31 | Qihuang 31 | 山东 | 2005 | D254 | 垦鉴北豆 1 号 | Kenjianbeidou 1 Hao | 黑龙江 |
| 2004 | D573 | 晋大 74 | Jinda 74 | 山西 | 2005 | D255 | 垦鉴北豆 2 号 | Kenjianbedou 2 Hao | 黑龙江 |
| 2004 | D582 | 晋豆 29 | Jindou 29 | 山西 | 2005 | D277 | 垦鉴豆 39 | Kenjiandou 39 | 黑龙江 |
| 2004 | D603 | 富豆 1 号 | Fudou 1 Hao | 四川 | 2005 | D278 | 垦鉴豆 40 | Kenjiandou 40 | 黑龙江 |
| 2004 | D611 | 贡豆 13 | Gongdou 13 | 四川 | 2005 | D286 | 垦农 20 | Kennong 20 | 黑龙江 |
| 2004 | D612 | 贡豆 14 | Gongdou 14 | 四川 | 2005 | D288 | 龙菽 1 号 | Longshu 1 Hao | 黑龙江 |
| 2004 | D620 | 南豆 6 号 | Nandou 6 Hao | 四川 | 2005 | D292 | 嫩丰 18 | Nenfeng 18 | 黑龙江 |

（续）

| 育成年份 | 编号 | 中文名称 | 拼音名称 | 来源 | 育成年份 | 编号 | 中文名称 | 拼音名称 | 来源 |
|---|---|---|---|---|---|---|---|---|---|
| 2005 | D294 | 庆鲜豆 1 号 | Qingxiandou 1 Hao | 黑龙江 | 2005 | D503 | 沈农 8 号 | Shennong 8 Hao | 辽宁 |
| 2005 | D304 | 绥农 22 | Suinong 22 | 黑龙江 | 2005 | D511 | 铁丰 34 | Tiefeng 34 | 辽宁 |
| 2005 | D310 | 鄂豆 8 号 | Edou 8 Hao | 湖北 | 2005 | D513 | 铁豆 36 | Tiedou 36 | 辽宁 |
| 2005 | D311 | 鄂豆 9 号 | Edou 9 Hao | 湖北 | 2005 | D514 | 铁豆 37 | Tiedou 37 | 辽宁 |
| 2005 | D317 | 中豆 33 | Zhongdou 33 | 湖北 | 2005 | D515 | 铁豆 38 | Tiedou 38 | 辽宁 |
| 2005 | D318 | 中豆 34 | Zhongdou 34 | 湖北 | 2005 | D518 | 新育 1 号 | Xinyu 1 Hao | 辽宁 |
| 2005 | D390 | 吉育 73 | Jiyu 73 | 吉林 | 2005 | D520 | 熊豆 2 号 | Xiongdou 2 Hao | 辽宁 |
| 2005 | D391 | 吉育 74 | Jiyu 74 | 吉林 | 2005 | D535 | 蒙豆 16 | Mengdou 16 | 内蒙古 |
| 2005 | D392 | 吉育 75 | Jiyu 75 | 吉林 | 2005 | D536 | 蒙豆 17 | Mengdou 17 | 内蒙古 |
| 2005 | D393 | 吉育 76 | Jiyu 76 | 吉林 | 2005 | D546 | 高丰 1 号 | Gaofeng 1 Hao | 山东 |
| 2005 | D394 | 吉育 77 | Jiyu 77 | 吉林 | 2005 | D548 | 菏豆 13 | Hefou 13 | 山东 |
| 2005 | D395 | 吉育 79 | Jiyu 79 | 吉林 | 2005 | D562 | 山宁 12 | Shanning 12 | 山东 |
| 2005 | D396 | 吉育 80 | Jiyu 80 | 吉林 | 2005 | D563 | 潍豆 6 号 | Weidou 6 Hao | 山东 |
| 2005 | D400 | 吉林小粒 8 号 | Jilin Xiaoli 8 Hao | 吉林 | 2005 | D568 | 秦豆 10 号 | Qindou 10 Hao | 陕西 |
| 2005 | D401 | 吉密豆 1 号 | Jimidou 1 Hao | 吉林 | 2005 | D572 | 晋大 73 | Jinda 73 | 山西 |
| 2005 | D402 | 吉引 81 | Jiyin 81 | 黑龙江 | 2005 | D583 | 晋豆 30 | Jindou 30 | 山西 |
| 2005 | D413 | 吉农 16 | Jinong 16 | 吉林 | 2005 | D584 | 晋豆 31 | Jindou 31 | 山西 |
| 2005 | D414 | 吉农 17 | Jinong 17 | 吉林 | 2005 | D585 | 晋豆 32 | Jindou 32 | 山西 |
| 2005 | D426 | 九农 31 | Jiunong 31 | 吉林 | 2005 | D586 | 晋豆 33 | Jindou 33 | 山西 |
| 2005 | D446 | 淮豆 8 号 | Huaidou 8 Hao | 江苏 | 2005 | D588 | 晋遗 34 | Jinyi 34 | 山西 |
| 2005 | D448 | 淮阴 75 | Huaiyin 75 | 江苏 | 2005 | D589 | 晋遗 38 | Jinyi 38 | 山西 |
| 2005 | D457 | 青酥 4 号 | Qingsu 4 Hao | 江苏 | 2005 | D602 | 川豆 10 号 | Chuandou 10 Hao | 四川 |
| 2005 | D459 | 泗豆 13 | Sidou 13 | 江苏 | 2005 | D604 | 富豆 2 号 | Fudou 2 Hao | 四川 |
| 2005 | D464 | 徐春 1 号 | Xuchun 1 Hao | 江苏 | 2005 | D613 | 贡豆 15 | Gongdou 15 | 四川 |
| 2005 | D470 | 徐豆 13 | Xudou 13 | 江苏 | 2005 | D621 | 南豆 7 号 | Nandou 7 Hao | 四川 |
| 2005 | D480 | 东豆 9 号 | Dongdou 9 Hao | 辽宁 | 2005 | D622 | 南豆 8 号 | Nandou 8 Hao | 四川 |
| 2005 | D485 | 开育 13 | Kaiyu 13 | 辽宁 | 2005 | D623 | 津豆 18 | Jindou 18 | 天津 |
| 2005 | D493 | 辽豆 19 | Liaodou 19 | 辽宁 | 2005 | D629 | 新大豆 3 号 | Xindadou 3 Hao | 新疆 |
| 2005 | D494 | 辽豆 20 | Liaodou 20 | 辽宁 | 2005 | D645 | 浙鲜豆 2 号 | Zhexiandou 2 Hao | 浙江 |
| 2005 | D495 | 辽豆 21 | Liaodou 21 | 辽宁 | 2005 | D647 | 西豆 5 号 | Xidou 5 Hao | 重庆 |
| 2005 | D497 | 辽首 2 号 | Liaoshou 2 Hao | 辽宁 | 2005 | D648 | 西豆 6 号 | Xidou 6 Hao | 重庆 |

## 索引Ⅱ 中国大豆育成品种按汉语拼音索引

| 拼音名称 | 编号 | 中文名称 | 年份 | 来源 | 拼音名称 | 编号 | 中文名称 | 年份 | 来源 |
|---|---|---|---|---|---|---|---|---|---|
| 5621 | C467 | 5621 | 1960 | 辽宁 | Baofeng 8 Hao | D145 | 宝丰 8 号 | 1995 | 黑龙江 |
| 7106 | C046 | 7106 | 1983 | 福建 | Baoyou 17 | C023 | 宝诱 17 | 1993 | 北京 |
| 7406 | C462 | 7406 | 1977 | 江西 | Beidou 1 Hao | D146 | 北豆 1 号 | 2005 | 黑龙江 |
| 7517 | C531 | 7517 | 1986 | 山东 | Beidou 2 Hao | D147 | 北豆 2 号 | 2005 | 黑龙江 |
| 7583 | C532 | 7583 | 1988 | 山东 | Beifeng 1 Hao | C130 | 北丰 1 号 | 1983 | 黑龙江 |
| 7605 | C533 | 7605 | 1986 | 山东 | Beifeng 10 Hao | D152 | 北丰 10 号 | 1994 | 黑龙江 |
| 8901 | C062 | 8901 | 1991 | 广西 | Beifeng 11 | D153 | 北丰 11 | 1995 | 黑龙江 |
| 58 - 161 | C417 | 58 - 161 | 1964 | 江苏 | Beifeng 13 | D154 | 北丰 13 | 1996 | 黑龙江 |
| AC10 Caiyongdaqingdou | D001 | AC10 菜用大青豆 | 1995 | 安徽 | Beifeng 14 | D155 | 北丰 14 | 1997 | 黑龙江 |
| Aijiaoqing | C463 | 矮脚青 | 1974 | 江西 | Beifeng 15 | D156 | 北丰 15 | 1998 | 黑龙江 |
| Aijiaozao | C288 | 矮脚早 | 1977 | 湖北 | Beifeng 16 | D157 | 北丰 16 | 2002 | 黑龙江 |
| Andou 1 Hao | C064 | 安豆 1 号 | 1988 | 贵州 | Beifeng 17 | D158 | 北丰 17 | 2004 | 黑龙江 |
| Andou 2 Hao | C065 | 安豆 2 号 | 1988 | 贵州 | Beifeng 2 Hao | C131 | 北丰 2 号 | 1983 | 黑龙江 |
| Andou 3 Hao | D085 | 安豆 3 号 | 2000 | 贵州 | Beifeng 3 Hao | C132 | 北丰 3 号 | 1984 | 黑龙江 |
| Bahong 1 Hao | C071 | 霸红 1 号 | 1972 | 河北 | Beifeng 4 Hao | C133 | 北丰 4 号 | 1986 | 黑龙江 |
| Bawuqi - 1 | D143 | 八五七 - 1 | 1997 | 黑龙江 | Beifeng 5 Hao | C134 | 北丰 5 号 | 1987 | 黑龙江 |
| Baxian Xinhuangdou | C072 | 霸县新黄豆 | 1975 | 河北 | Beifeng 6 Hao | D148 | 北丰 6 号 | 1991 | 黑龙江 |
| Baibaozhu | C126 | 白宝珠 | 1974 | 黑龙江 | Beifeng 7 Hao | D149 | 北丰 7 号 | 1993 | 黑龙江 |
| Baihuagutiandou | C047 | 白花古田豆 | 1987 | 福建 | Beifeng 8 Hao | D150 | 北丰 8 号 | 1993 | 黑龙江 |
| Bainong 1 Hao | C314 | 白农 1 号 | 1981 | 吉林 | Beifeng 9 Hao | D151 | 北丰 9 号 | 1995 | 黑龙江 |
| Bainong 10 Hao | D332 | 白农 10 号 | 2004 | 吉林 | Beihudou | C135 | 北呼豆 | 1972 | 黑龙江 |
| Bainong 2 Hao | C315 | 白农 2 号 | 1986 | 吉林 | Beijiang 1 Hao | D159 | 北疆 1 号 | 1998 | 黑龙江 |
| Bainong 4 Hao | C316 | 白农 4 号 | 1988 | 吉林 | Beijiao 86 - 17 | D160 | 北交 86 - 17 | 1997 | 黑龙江 |
| Bainong 5 Hao | D327 | 白农 5 号 | 1995 | 吉林 | Beiliang 56 - 2 | C136 | 北良 56 - 2 | 1960 | 黑龙江 |
| Bainong 6 Hao | D328 | 白农 6 号 | 1995 | 吉林 | Beizhan 3 Hao | C534 | 备战 3 号 | 1973 | 山东 |
| Bainong 7 Hao | D329 | 白农 7 号 | 1996 | 吉林 | Bidou 2 Hao | D086 | 毕豆 2 号 | 1995 | 贵州 |
| Bainong 8 Hao | D330 | 白农 8 号 | 1998 | 吉林 | Bianzhuang Dadou | C073 | 边庄大豆 | 1968 | 河北 |
| Bainong 9 Hao | D331 | 白农 9 号 | 1999 | 吉林 | Binzhidou 1 Hao | D545 | 滨职豆 1 号 | 2003 | 山东 |
| Baiqiu 1 Hao | C048 | 白秋 1 号 | 1982 | 福建 | Boxian Dadou | C001 | 亳县大豆 | 1970's | 安徽 |
| Baodi Dabaimei | C636 | 宝坻大白眉 | 1980 | 天津 | Cangdou 4 Hao | D090 | 沧豆 4 号 | 2000 | 河北 |
| Baofeng 1 Hao | C127 | 宝丰 1 号 | 1988 | 黑龙江 | Cangdou 5 Hao | D091 | 沧豆 5 号 | 2003 | 河北 |
| Baofeng 2 Hao | C128 | 宝丰 2 号 | 1989 | 黑龙江 | Chalukou 1 Hao | C418 | 岔路口 1 号 | 1954 | 江苏 |
| Baofeng 3 Hao | C129 | 宝丰 3 号 | 1991 | 黑龙江 | Changbai 1 Hao | C317 | 长白 1 号 | 1982 | 吉林 |
| Baofeng 7 Hao | D144 | 宝丰 7 号 | 1994 | 黑龙江 | Changnong 1 Hao | C318 | 长农 1 号 | 1980 | 吉林 |

（续）

| 拼音名称 | 编号 | 中文名称 | 年份 | 来源 | 拼音名称 | 编号 | 中文名称 | 年份 | 来源 |
|---|---|---|---|---|---|---|---|---|---|
| Changnong 10 Hao | D335 | 长农 10 号 | 2000 | 吉林 | Dandou 11 | D477 | 丹豆 11 | 2002 | 辽宁 |
| Changnong 11 | D336 | 长农 11 | 2000 | 吉林 | Dandou 12 | D478 | 丹豆 12 | 2003 | 辽宁 |
| Changnong 12 | D337 | 长农 12 | 2000 | 吉林 | Dandou 2 Hao | C469 | 丹豆 2 号 | 1973 | 辽宁 |
| Changnong 13 | D338 | 长农 13 | 2000 | 吉林 | Dandou 3 Hao | C470 | 丹豆 3 号 | 1975 | 辽宁 |
| Changnong 14 | D339 | 长农 14 | 2002 | 吉林 | Dandou 4 Hao | C471 | 丹豆 4 号 | 1979 | 辽宁 |
| Changnong 15 | D340 | 长农 15 | 2002 | 吉林 | Dandou 5 Hao | C472 | 丹豆 5 号 | 1981 | 辽宁 |
| Changnong 16 | D341 | 长农 16 | 2003 | 吉林 | Dandou 6 Hao | C473 | 丹豆 6 号 | 1989 | 辽宁 |
| Changnong 17 | D342 | 长农 17 | 2003 | 吉林 | Dandou 7 Hao | D473 | 丹豆 7 号 | 1994 | 辽宁 |
| Changnong 2 Hao | C319 | 长农 2 号 | 1980 | 吉林 | Dandou 8 Hao | D474 | 丹豆 8 号 | 1994 | 辽宁 |
| Changnong 4 Hao | C320 | 长农 4 号 | 1985 | 吉林 | Dandou 9 Hao | D475 | 丹豆 9 号 | 1995 | 辽宁 |
| Changnong 5 Hao | C321 | 长农 5 号 | 1990 | 吉林 | Dedou 1 Hao | C323 | 德豆 1 号 | 1985 | 吉林 |
| Changnong 7 Hao | C322 | 长农 7 号 | 1993 | 吉林 | Dishen 21 | D112 | 地神 21 | 2002 | 河南 |
| Changnong 8 Hao | D333 | 长农 8 号 | 1996 | 吉林 | Dishen 22 | D113 | 地神 22 | 2002 | 河南 |
| Changnong 9 Hao | D334 | 长农 9 号 | 1998 | 吉林 | Dian 86 - 4 | D630 | 滇 86 - 4 | 2003 | 云南 |
| Chengdou 10 Hao | D594 | 成豆 10 号 | 2001 | 四川 | Dian 86 - 5 | D631 | 滇 86 - 5 | 2003 | 云南 |
| Chengdou 11 | D595 | 成豆 11 | 2003 | 四川 | Dong 2 | C066 | 冬 2 | 1988 | 贵州 |
| Chengdou 4 Hao | C619 | 成豆 4 号 | 1989 | 四川 | Dongda 1 Hao | D161 | 东大 1 号 | 2003 | 黑龙江 |
| Chengdou 5 Hao | C620 | 成豆 5 号 | 1993 | 四川 | Dongda 2 Hao | D162 | 东大 2 号 | 2004 | 黑龙江 |
| Chengdou 6 Hao | D092 | 承豆 6 号 | 2003 | 河北 | Dongdou 1 Hao | D479 | 东豆 1 号 | 2004 | 辽宁 |
| Chengdou 6 Hao | D590 | 成豆 6 号 | 1996 | 四川 | Dongdou 9 Hao | D480 | 东豆 9 号 | 2005 | 辽宁 |
| Chengdou 7 Hao | D591 | 成豆 7 号 | 1997 | 四川 | Dongmuxiaolidou | C137 | 东牡小粒豆 | 1988 | 黑龙江 |
| Chengdou 8 Hao | D592 | 成豆 8 号 | 1998 | 四川 | Dongnong 1 Hao | C138 | 东农 1 号 | 1956 | 黑龙江 |
| Chengdou 9 Hao | D593 | 成豆 9 号 | 2000 | 四川 | Dongnong 2 Hao | C139 | 东农 2 号 | 1958 | 黑龙江 |
| Chidou 1 Hao | D522 | 赤豆 1 号 | 2004 | 内蒙古 | Dongnong 34 | C141 | 东农 34 | 1982 | 黑龙江 |
| Chuxiu | C419 | 楚秀 | 1992 | 江苏 | Dongnong 36 | C142 | 东农 36 | 1983 | 黑龙江 |
| Chuandou 10 Hao | D602 | 川豆 10 号 | 2005 | 四川 | Dongnong 37 | C143 | 东农 37 | 1984 | 黑龙江 |
| Chuandou 2 Hao | C621 | 川豆 2 号 | 1993 | 四川 | Dongnong 38 | C144 | 东农 38 | 1986 | 黑龙江 |
| Chuandou 3 Hao | C622 | 川豆 3 号 | 1994 | 四川 | Dongnong 39 | C145 | 东农 39 | 1988 | 黑龙江 |
| Chuandou 4 Hao | D596 | 川豆 4 号 | 1996 | 四川 | Dongnong 4 Hao | C140 | 东农 4 号 | 1959 | 黑龙江 |
| Chuandou 5 Hao | D597 | 川豆 5 号 | 1998 | 四川 | Dongnong 40 | C146 | 东农 40 | 1991 | 黑龙江 |
| Chuandou 6 Hao | D598 | 川豆 6 号 | 2002 | 四川 | Dongnong 41 | C147 | 东农 41 | 1991 | 黑龙江 |
| Chuandou 7 Hao | D599 | 川豆 7 号 | 2001 | 四川 | Dongnong 42 | C148 | 东农 42 | 1992 | 黑龙江 |
| Chuandou 8 Hao | D600 | 川豆 8 号 | 2002 | 四川 | Dongnong 43 | D163 | 东农 43 | 1999 | 黑龙江 |
| Chuandou 9 Hao | D601 | 川豆 9 号 | 2003 | 四川 | Dongnong 44 | D164 | 东农 44 | 2000 | 黑龙江 |
| Chuanxiangzao 1 Hao | C623 | 川湘早 1 号 | 1989 | 四川 | Dongnong 45 | D165 | 东农 45 | 2000 | 黑龙江 |
| Dadou 2 Hao | C624 | 达豆 2 号 | 1986 | 四川 | Dongnong 46 | D166 | 东农 46 | 2003 | 黑龙江 |
| Dalihuang | C535 | 大粒黄 | 1949 | 山东 | Dongnong 47 | D167 | 东农 47 | 2004 | 黑龙江 |
| Dandou 1 Hao | C468 | 丹豆 1 号 | 1970 | 辽宁 | Dongnong 48 | D168 | 东农 48 | 2005 | 黑龙江 |
| Dandou 10 Hao | D476 | 丹豆 10 号 | 2002 | 辽宁 | Dongnongchaoxiaoli 1 Hao | C149 | 东农超小粒 1 号 | 1993 | 黑龙江 |

（续）

| 拼音名称 | 编号 | 中文名称 | 年份 | 来源 | 拼音名称 | 编号 | 中文名称 | 年份 | 来源 |
|---|---|---|---|---|---|---|---|---|---|
| Dongsheng 1 Hao | D169 | 东生1号 | 2003 | 黑龙江 | Fengxi 1 Hao | C477 | 凤系1号 | 1960 | 辽宁 |
| Dongxin 1 Hao | D439 | 东辛1号 | 1994 | 江苏 | Fengxi 12 | C482 | 凤系12 | 1965 | 辽宁 |
| Dongxin 2 Hao | D440 | 东辛2号 | 2002 | 江苏 | Fengxi 2 Hao | C478 | 凤系2号 | 1960 | 辽宁 |
| Dongxin 74 - 12 | C420 | 东辛74 - 12 | 1988 | 江苏 | Fengxi 3 Hao | C479 | 凤系3号 | 1960 | 辽宁 |
| Duozhi 176 | C002 | 多枝176 | 1985 | 安徽 | Fengxi 4 Hao | C480 | 凤系4号 | 1960 | 辽宁 |
| Edou 2 Hao | C289 | 鄂豆2号 | 1975 | 湖北 | Fengxi 6 Hao | C481 | 凤系6号 | 1965 | 辽宁 |
| Edou 4 Hao | C290 | 鄂豆4号 | 1989 | 湖北 | Fu 82 - 93 | C483 | 抚82 - 93 | 1989 | 辽宁 |
| Edou 5 Hao | C291 | 鄂豆5号 | 1990 | 湖北 | Fudou 1 Hao | C003 | 阜豆1号 | 1977 | 安徽 |
| Edou 6 Hao | D308 | 鄂豆6号 | 1999 | 湖北 | Fudou 1 Hao | D603 | 富豆1号 | 2004 | 四川 |
| Edou 7 Hao | D309 | 鄂豆7号 | 2001 | 湖北 | Fudou 2 Hao | D604 | 富豆2号 | 2005 | 四川 |
| Edou 8 Hao | D310 | 鄂豆8号 | 2005 | 湖北 | Fudou 234 | D066 | 福豆234 | 2004 | 福建 |
| Edou 9 Hao | D311 | 鄂豆9号 | 2005 | 湖北 | Fudou 3 Hao | C004 | 阜豆3号 | 1977 | 安徽 |
| Fendou 11 | C588 | 汾豆11 | 1986 | 山西 | Fudou 310 | D067 | 福豆310 | 2004 | 福建 |
| Fendou 31 | C589 | 汾豆31 | 1990 | 山西 | Gandou 1 Hao | C464 | 赣豆1号 | 1987 | 江西 |
| Fengdihuang | C324 | 丰地黄 | 1943 | 吉林 | Gandou 2 Hao | C465 | 赣豆2号 | 1990 | 江西 |
| Fengdou 1 Hao | C474 | 丰豆1号 | 1988 | 辽宁 | Gandou 3 Hao | C466 | 赣豆3号 | 1993 | 江西 |
| Fengjiao 66 - 12 | C475 | 凤交66 - 12 | 1976 | 辽宁 | Gandou 4 Hao | D471 | 赣豆4号 | 1996 | 江西 |
| Fengjiao 66 - 22 | C476 | 凤交66 - 22 | 1977 | 辽宁 | Gandou 5 Hao | D472 | 赣豆5号 | 2004 | 江西 |
| Fengjiao 7607 | C325 | 丰交7607 | 1992 | 吉林 | Gang 201 | C165 | 钢201 | 1974 | 黑龙江 |
| Fengshou 1 Hao | C150 | 丰收1号 | 1958 | 黑龙江 | Gaofeng 1 Hao | D546 | 高丰1号 | 2005 | 山东 |
| Fengshou 10 Hao | C156 | 丰收10号 | 1966 | 黑龙江 | Gaoyuan 1 Hao | D544 | 高原1号 | 2000 | 青海 |
| Fengshou 11 | C157 | 丰收11 | 1969 | 黑龙江 | Gaozuoxuan 1 Hao | C537 | 高作选1号 | 1995 | 山东 |
| Fengshou 12 | C158 | 丰收12 | 1969 | 黑龙江 | Gongdou 1 Hao | C625 | 贡豆1号 | 1990 | 四川 |
| Fengshou 17 | C159 | 丰收17 | 1977 | 黑龙江 | Gongdou 10 Hao | D608 | 贡豆10号 | 2002 | 四川 |
| Fengshou 18 | C160 | 丰收18 | 1981 | 黑龙江 | Gongdou 11 | D609 | 贡豆11 | 2001 | 四川 |
| Fengshou 19 | C161 | 丰收19 | 1985 | 黑龙江 | Gongdou 12 | D610 | 贡豆12 | 2003 | 四川 |
| Fengshou 2 Hao | C151 | 丰收2号 | 1958 | 黑龙江 | Gongdou 13 | D611 | 贡豆13 | 2004 | 四川 |
| Fengshou 20 | C162 | 丰收20 | 1988 | 黑龙江 | Gongdou 14 | D612 | 贡豆14 | 2004 | 四川 |
| Fengshou 21 | C163 | 丰收21 | 1989 | 黑龙江 | Gongdou 15 | D613 | 贡豆15 | 2005 | 四川 |
| Fengshou 22 | C164 | 丰收22 | 1992 | 黑龙江 | Gongdou 2 Hao | C626 | 贡豆2号 | 1990 | 四川 |
| Fengshou 23 | D170 | 丰收23 | 1998 | 黑龙江 | Gongdou 3 Hao | C627 | 贡豆3号 | 1992 | 四川 |
| Fengshou 24 | D171 | 丰收24 | 2003 | 黑龙江 | Gongdou 4 Hao | C628 | 贡豆4号 | 1992 | 四川 |
| Fengshou 3 Hao | C152 | 丰收3号 | 1958 | 黑龙江 | Gongdou 5 Hao | D605 | 贡豆5号 | 1993 | 四川 |
| Fengshou 4 Hao | C153 | 丰收4号 | 1958 | 黑龙江 | Gongdou 6 Hao | C629 | 贡豆6号 | 1993 | 四川 |
| Fengshou 5 Hao | C154 | 丰收5号 | 1958 | 黑龙江 | Gongdou 7 Hao | C630 | 贡豆7号 | 1993 | 四川 |
| Fengshou 6 Hao | C155 | 丰收6号 | 1958 | 黑龙江 | Gongdou 8 Hao | D606 | 贡豆8号 | 1997 | 四川 |
| Fengshou 72 | C638 | 丰收72 | 1972 | 新疆 | Gongdou 9 Hao | D607 | 贡豆9号 | 1998 | 四川 |
| Fengshouhuang | C536 | 丰收黄 | 1970 | 山东 | Gongjiao 5201 - 18 | C327 | 公交5201 - 18 | 1963 | 吉林 |
| Fengshouxuan | C326 | 丰收选 | 1978 | 吉林 | Gongjiao 5601 - 1 | C328 | 公交5601 - 1 | 1970 | 吉林 |

(续)

| 拼音名称 | 编号 | 中文名称 | 年份 | 来源 | 拼音名称 | 编号 | 中文名称 | 年份 | 来源 |
|---|---|---|---|---|---|---|---|---|---|
| Gongjiao 5610 - 1 | C329 | 公交 5610 - 1 | 1970 | 吉林 | Hefeng 35 | C180 | 合丰 35 | 1994 | 黑龙江 |
| Gongjiao 5610 - 2 | C330 | 公交 5610 - 2 | 1970 | 吉林 | Hefeng 36 | C181 | 合丰 36 | 1995 | 黑龙江 |
| Gongxuan 1 Hao | D614 | 贡选 1 号 | 2002 | 四川 | Hefeng 37 | D172 | 合丰 37 | 1996 | 黑龙江 |
| Guandou 1 Hao | C421 | 灌豆 1 号 | 1985 | 江苏 | Hefeng 38 | D173 | 合丰 38 | 1995 | 黑龙江 |
| Guanyun 1 Hao | C422 | 灌云 1 号 | 1974 | 江苏 | Hefeng 39 | D174 | 合丰 39 | 2000 | 黑龙江 |
| Guichun 1 Hao | D074 | 桂春 1 号 | 2000 | 广西 | Hefeng 40 | D175 | 合丰 40 | 2000 | 黑龙江 |
| Guichun 2 Hao | D075 | 桂春 2 号 | 2004 | 广西 | Hefeng 41 | D176 | 合丰 41 | 2001 | 黑龙江 |
| Guichun 3 Hao | D076 | 桂春 3 号 | 2003 | 广西 | Hefeng 42 | D177 | 合丰 42 | 2002 | 黑龙江 |
| Guichun 5 Hao | D077 | 桂春 5 号 | 2005 | 广西 | Hefeng 43 | D178 | 合丰 43 | 2002 | 黑龙江 |
| Guichun 6 Hao | D078 | 桂春 6 号 | 2005 | 广西 | Hefeng 44 | D179 | 合丰 44 | 2003 | 黑龙江 |
| Guixia 1 Hao | D079 | 桂夏 1 号 | 2000 | 广西 | Hefeng 45 | D180 | 合丰 45 | 2003 | 黑龙江 |
| Guixia 2 Hao | D080 | 桂夏 2 号 | 2004 | 广西 | Hefeng 46 | D181 | 合丰 46 | 2003 | 黑龙江 |
| Guizao 1 Hao | D081 | 桂早 1 号 | 1995 | 广西 | Hefeng 47 | D182 | 合丰 47 | 2004 | 黑龙江 |
| Guizao 2 Hao | D082 | 桂早 2 号 | 2004 | 广西 | Hefeng 48 | D183 | 合丰 48 | 2005 | 黑龙江 |
| Handou 3 Hao | D093 | 邯豆 3 号 | 1999 | 河北 | Hefeng 49 | D184 | 合丰 49 | 2005 | 黑龙江 |
| Handou 4 Hao | D094 | 邯豆 4 号 | 2003 | 河北 | Hejiao 11 | C184 | 合交 11 | 1965 | 黑龙江 |
| Handou 5 Hao | D095 | 邯豆 5 号 | 2004 | 河北 | Hejiao 13 | C185 | 合交 13 | 1968 | 黑龙江 |
| Haocai 1 Hao | D018 | 豪彩 1 号 | 2004 | 北京 | Hejiao 14 | C186 | 合交 14 | 1970 | 黑龙江 |
| He 84 - 1 | C538 | 菏 84 - 1 | 1987 | 山东 | Hejiao 6 Hao | C182 | 合交 6 号 | 1963 | 黑龙江 |
| He 84 - 5 | C539 | 菏 84 - 5 | 1989 | 山东 | Hejiao 8 Hao | C183 | 合交 8 号 | 1962 | 黑龙江 |
| Hedou 1 Hao | D002 | 合豆 1 号 | 2000 | 安徽 | Henan Zaofeng 1 Hao | C094 | 河南早丰 1 号 | 1971 | 河南 |
| Hedou 12 | D547 | 菏豆 12 | 2002 | 山东 | Heping 1 Hao | C331 | 和平 1 号 | 1950 | 吉林 |
| Hedou 13 | D548 | 菏豆 13 | 2005 | 山东 | Heihe 14 | D189 | 黑河 14 | 1996 | 黑龙江 |
| Hedou 2 Hao | D003 | 合豆 2 号 | 2003 | 安徽 | Heihe 10 Hao | D185 | 黑河 10 号 | 1994 | 黑龙江 |
| Hedou 3 Hao | D004 | 合豆 3 号 | 2003 | 安徽 | Heihe 11 | D186 | 黑河 11 | 1994 | 黑龙江 |
| Hefeng 17 | C166 | 合丰 17 | 1971 | 黑龙江 | Heihe 12 | D187 | 黑河 12 | 1995 | 黑龙江 |
| Hefeng 22 | C167 | 合丰 22 | 1974 | 黑龙江 | Heihe 13 | D188 | 黑河 13 | 1996 | 黑龙江 |
| Hefeng 23 | C168 | 合丰 23 | 1977 | 黑龙江 | Heihe 15 | D190 | 黑河 15 | 1996 | 黑龙江 |
| Hefeng 24 | C169 | 合丰 24 | 1983 | 黑龙江 | Heihe 16 | D191 | 黑河 16 | 1997 | 黑龙江 |
| Hefeng 25 | C170 | 合丰 25 | 1984 | 黑龙江 | Heihe 17 | D192 | 黑河 17 | 1998 | 黑龙江 |
| Hefeng 26 | C171 | 合丰 26 | 1985 | 黑龙江 | Heihe 18 | D193 | 黑河 18 | 1998 | 黑龙江 |
| Hefeng 27 | C172 | 合丰 27 | 1986 | 黑龙江 | Heihe 19 | D194 | 黑河 19 | 1998 | 黑龙江 |
| Hefeng 28 | C173 | 合丰 28 | 1986 | 黑龙江 | Heihe 20 | D195 | 黑河 20 | 2000 | 黑龙江 |
| Hefeng 29 | C174 | 合丰 29 | 1987 | 黑龙江 | Heihe 21 | D196 | 黑河 21 | 2000 | 黑龙江 |
| Hefeng 30 | C175 | 合丰 30 | 1988 | 黑龙江 | Heihe 22 | D197 | 黑河 22 | 2000 | 黑龙江 |
| Hefeng 31 | C176 | 合丰 31 | 1989 | 黑龙江 | Heihe 23 | D198 | 黑河 23 | 2000 | 黑龙江 |
| Hefeng 32 | C177 | 合丰 32 | 1992 | 黑龙江 | Heihe 24 | D199 | 黑河 24 | 2001 | 黑龙江 |
| Hefeng 33 | C178 | 合丰 33 | 1992 | 黑龙江 | Heihe 25 | D200 | 黑河 25 | 2001 | 黑龙江 |
| Hefeng 34 | C179 | 合丰 34 | 1994 | 黑龙江 | Heihe 26 | D201 | 黑河 26 | 2001 | 黑龙江 |

（续）

| 拼音名称 | 编号 | 中文名称 | 年份 | 来源 | 拼音名称 | 编号 | 中文名称 | 年份 | 来源 |
|---|---|---|---|---|---|---|---|---|---|
| Heihe 27 | D202 | 黑河 27 | 2002 | 黑龙江 | Heinong 34 | C219 | 黑农 34 | 1988 | 黑龙江 |
| Heihe 28 | D203 | 黑河 28 | 2003 | 黑龙江 | Heinong 35 | C220 | 黑农 35 | 1990 | 黑龙江 |
| Heihe 29 | D204 | 黑河 29 | 2001 | 黑龙江 | Heinong 36 | C221 | 黑农 36 | 1990 | 黑龙江 |
| Heihe 3 Hao | C187 | 黑河 3 号 | 1966 | 黑龙江 | Heinong 37 | C222 | 黑农 37 | 1992 | 黑龙江 |
| Heihe 30 | D205 | 黑河 30 | 2003 | 黑龙江 | Heinong 39 | C223 | 黑农 39 | 1994 | 黑龙江 |
| Heihe 31 | D206 | 黑河 31 | 2003 | 黑龙江 | Heinong 4 Hao | C198 | 黑农 4 号 | 1966 | 黑龙江 |
| Heihe 32 | D207 | 黑河 32 | 2004 | 黑龙江 | Heinong 40 | D214 | 黑农 40 | 1996 | 黑龙江 |
| Heihe 33 | D208 | 黑河 33 | 2004 | 黑龙江 | Heinong 41 | D215 | 黑农 41 | 1999 | 黑龙江 |
| Heihe 34 | D209 | 黑河 34 | 2004 | 黑龙江 | Heinong 42 | D216 | 黑农 42 | 2002 | 黑龙江 |
| Heihe 35 | D210 | 黑河 35 | 2004 | 黑龙江 | Heinong 43 | D217 | 黑农 43 | 2002 | 黑龙江 |
| Heihe 36 | D211 | 黑河 36 | 2004 | 黑龙江 | Heinong 44 | D218 | 黑农 44 | 2002 | 黑龙江 |
| Heihe 37 | D212 | 黑河 37 | 2005 | 黑龙江 | Heinong 45 | D219 | 黑农 45 | 2003 | 黑龙江 |
| Heihe 38 | D213 | 黑河 38 | 2005 | 黑龙江 | Heinong 46 | D220 | 黑农 46 | 2003 | 黑龙江 |
| Heihe 4 Hao | C188 | 黑河 4 号 | 1982 | 黑龙江 | Heinong 47 | D221 | 黑农 47 | 2004 | 黑龙江 |
| Heihe 5 Hao | C189 | 黑河 5 号 | 1986 | 黑龙江 | Heinong 48 | D222 | 黑农 48 | 2004 | 黑龙江 |
| Heihe 51 | C194 | 黑河 51 | 1967 | 黑龙江 | Heinong 49 | D223 | 黑农 49 | 2005 | 黑龙江 |
| Heihe 54 | C195 | 黑河 54 | 1967 | 黑龙江 | Heinong 5 Hao | C199 | 黑农 5 号 | 1966 | 黑龙江 |
| Heihe 6 Hao | C190 | 黑河 6 号 | 1986 | 黑龙江 | Heinong 6 Hao | C200 | 黑农 6 号 | 1967 | 黑龙江 |
| Heihe 7 Hao | C191 | 黑河 7 号 | 1988 | 黑龙江 | Heinong 7 Hao | C201 | 黑农 7 号 | 1966 | 黑龙江 |
| Heihe 8 Hao | C192 | 黑河 8 号 | 1989 | 黑龙江 | Heinong 8 Hao | C202 | 黑农 8 号 | 1967 | 黑龙江 |
| Heihe 9 Hao | C193 | 黑河 9 号 | 1990 | 黑龙江 | Heinongxiaolidou 1 Hao | C224 | 黑农小粒豆 1 号 | 1989 | 黑龙江 |
| Heijian 1 Hao | C196 | 黑鉴 1 号 | 1984 | 黑龙江 | Heisheng 101 | D224 | 黑生 101 | 1997 | 黑龙江 |
| Heinong 10 Hao | C203 | 黑农 10 号 | 1971 | 黑龙江 | Hongfeng 10 Hao | D226 | 红丰 10 号 | 1996 | 黑龙江 |
| Heinong 11 | C204 | 黑农 11 | 1971 | 黑龙江 | Hongfeng 11 | D227 | 红丰 11 | 1998 | 黑龙江 |
| Heinong 16 | C205 | 黑农 16 | 1970 | 黑龙江 | Hongfeng 12 | D228 | 红丰 12 | 2003 | 黑龙江 |
| Heinong 17 | C206 | 黑农 17 | 1970 | 黑龙江 | Hongfeng 2 Hao | C225 | 红丰 2 号 | 1978 | 黑龙江 |
| Heinong 18 | C207 | 黑农 18 | 1970 | 黑龙江 | Hongfeng 3 Hao | C226 | 红丰 3 号 | 1981 | 黑龙江 |
| Heinong 19 | C208 | 黑农 19 | 1970 | 黑龙江 | Hongfeng 5 Hao | C227 | 红丰 5 号 | 1988 | 黑龙江 |
| Heinong 23 | C209 | 黑农 23 | 1973 | 黑龙江 | Hongfeng 7 Hao | D225 | 红丰 7 号 | 1992 | 黑龙江 |
| Heinong 24 | C210 | 黑农 24 | 1974 | 黑龙江 | Hongfeng 8 Hao | C228 | 红丰 8 号 | 1993 | 黑龙江 |
| Heinong 26 | C211 | 黑农 26 | 1975 | 黑龙江 | Hongfeng 9 Hao | C229 | 红丰 9 号 | 1995 | 黑龙江 |
| Heinong 27 | C212 | 黑农 27 | 1983 | 黑龙江 | Hongfengxiaolidou 1 Hao | C230 | 红丰小粒豆 1 号 | 1988 | 黑龙江 |
| Heinong 28 | C213 | 黑农 28 | 1986 | 黑龙江 | Hubeidou 1 Hao | D523 | 呼北豆 1 号 | 2002 | 内蒙古 |
| Heinong 29 | C214 | 黑农 29 | 1986 | 黑龙江 | Hufeng 6 Hao | D524 | 呼丰 6 号 | 1995 | 内蒙古 |
| Heinong 3 Hao | C197 | 黑农 3 号 | 1964 | 黑龙江 | Huning 95 - 1 | D441 | 沪宁 95 - 1 | 2002 | 江苏 |
| Heinong 30 | C215 | 黑农 30 | 1987 | 黑龙江 | Hua 75 - 1 | C095 | 滑 75 - 1 | 1990 | 河南 |
| Heinong 31 | C216 | 黑农 31 | 1987 | 黑龙江 | Huachun 14 | C643 | 华春 14 | 1994 | 浙江 |
| Heinong 32 | C217 | 黑农 32 | 1987 | 黑龙江 | Huachun 18 | D632 | 华春 18 | 2001 | 浙江 |
| Heinong 33 | C218 | 黑农 33 | 1988 | 黑龙江 | Huadou 20 | D114 | 滑豆 20 | 2002 | 河南 |

（续）

| 拼音名称 | 编号 | 中文名称 | 年份 | 来源 | 拼音名称 | 编号 | 中文名称 | 年份 | 来源 |
|---|---|---|---|---|---|---|---|---|---|
| Huafeng 1 Hao | C332 | 桦丰1号 | 1978 | 吉林 | Jidou 4 Hao | C082 | 冀豆4号 | 1984 | 河北 |
| Huajiang 1 Hao | D229 | 华疆1号 | 2005 | 黑龙江 | Jidou 5 Hao | C083 | 冀豆5号 | 1984 | 河北 |
| Huayou 4120 | D096 | 化诱4120 | 2003 | 河北 | Jidou 6 Hao | C084 | 冀豆6号 | 1985 | 河北 |
| Huayou 446 | D097 | 化诱446 | 2000 | 河北 | Jidou 7 Hao | C085 | 冀豆7号 | 1992 | 河北 |
| Huayou 5 Hao | D099 | 化诱5号 | 2005 | 河北 | Jidou 9 Hao | C086 | 冀豆9号 | 1994 | 河北 |
| Huayou 542 | D098 | 化诱542 | 1999 | 河北 | Jifeng 1 Hao | D346 | 吉丰1号 | 1998 | 吉林 |
| Hua yu 1 Hao | C096 | 滑育1号 | 1974 | 河南 | Jifeng 2 Hao | D347 | 吉丰2号 | 2000 | 吉林 |
| Huaichun 79 - 16 | C299 | 怀春79-16 | 1987 | 湖南 | Jihuang 13 | D106 | 冀黄13 | 2001 | 河北 |
| Huaidou 1 Hao | C423 | 淮豆1号 | 1983 | 江苏 | Jihuang 15 | D107 | 冀黄15 | 2004 | 河北 |
| Huaidou 2 Hao | C424 | 淮豆2号 | 1986 | 江苏 | Jikedou 1 Hao | D348 | 吉科豆1号 | 2001 | 吉林 |
| Huaidou 3 Hao | D442 | 淮豆3号 | 1996 | 江苏 | Jikedou 2 Hao | D349 | 吉科豆2号 | 2001 | 吉林 |
| Huaidou 4 Hao | D443 | 淮豆4号 | 1997 | 江苏 | Jikedou 3 Hao | D350 | 吉科豆3号 | 2002 | 吉林 |
| Huaidou 5 Hao | D444 | 淮豆5号 | 1998 | 江苏 | Ji ke dou 5 Hao | D351 | 吉科豆5号 | 2003 | 吉林 |
| Huaidou 6 Hao | D445 | 淮豆6号 | 2001 | 江苏 | Ji ke dou 6 Hao | D352 | 吉科豆6号 | 2003 | 吉林 |
| Huaidou 8 Hao | D446 | 淮豆8号 | 2005 | 江苏 | Ji ke dou 7 Hao | D353 | 吉科豆7号 | 2004 | 吉林 |
| Huaihadou 1 Hao | D447 | 淮哈豆1号 | 2002 | 江苏 | Jilin 1 Hao | C334 | 吉林1号 | 1963 | 吉林 |
| Huaiyin 75 | D448 | 淮阴75 | 2005 | 江苏 | Jilin 10 Hao | C342 | 吉林10号 | 1971 | 吉林 |
| Huaiyin Aijiaozao | D449 | 淮阴矮脚早 | 2003 | 江苏 | Jilin 11 | C343 | 吉林11 | 1971 | 吉林 |
| Huannong 14 | D296 | 缓农14 | 1996 | 黑龙江 | Jilin 12 | C344 | 吉林12 | 1971 | 吉林 |
| Huangbaozhu | C333 | 黄宝珠 | 1923 | 吉林 | Jilin 13 | C345 | 吉林13 | 1976 | 吉林 |
| Huangshadou | D566 | 黄沙豆 | 2001 | 陕西 | Jilin 14 | C346 | 吉林14 | 1978 | 吉林 |
| Huidou 803 | C050 | 惠豆803 | 1990 | 福建 | Jilin 15 | C347 | 吉林15 | 1978 | 吉林 |
| Huian Huamiandou | C049 | 惠安花面豆 | 1958 | 福建 | Jilin 16 | C348 | 吉林16 | 1978 | 吉林 |
| Ji 1005 | D416 | 集1005 | 2001 | 吉林 | Jilin 17 | C349 | 吉林17 | 1982 | 吉林 |
| Jichengdou 1 Hao | C074 | 冀承豆1号 | 1986 | 河北 | Jilin 18 | C350 | 吉林18 | 1982 | 吉林 |
| Jichengdou 2 Hao | C075 | 冀承豆2号 | 1986 | 河北 | Jilin 19 | C351 | 吉林19 | 1981 | 吉林 |
| Jichengdou 3 Hao | C076 | 冀承豆3号 | 1989 | 河北 | Jilin 2 Hao | C335 | 吉林2号 | 1963 | 吉林 |
| Jichengdou 4 Hao | C077 | 冀承豆4号 | 1989 | 河北 | Jilin 20 | C352 | 吉林20 | 1985 | 吉林 |
| Jichengdou 5 Hao | C078 | 冀承豆5号 | 1989 | 河北 | Jilin 21 | C353 | 吉林21 | 1988 | 吉林 |
| Jidou 1 Hao | C079 | 冀豆1号 | 1977 | 河北 | Jilin 22 | C354 | 吉林22 | 1989 | 吉林 |
| Jidou 1 Hao | D343 | 吉豆1号 | 2000 | 吉林 | Jilin 23 | C355 | 吉林23 | 1990 | 吉林 |
| Jidou 10 Hao | D102 | 冀豆10号 | 1996 | 河北 | Jilin 24 | C356 | 吉林24 | 1990 | 吉林 |
| Jidou 11 | D103 | 冀豆11 | 1996 | 河北 | Jilin 25 | C357 | 吉林25 | 1991 | 吉林 |
| Jidou 12 | D104 | 冀豆12 | 1996 | 河北 | Jilin 26 | C358 | 吉林26 | 1991 | 吉林 |
| Jidou 16 | D105 | 冀豆16 | 2005 | 河北 | Jilin 27 | C359 | 吉林27 | 1991 | 吉林 |
| Jidou 2 Hao | C080 | 冀豆2号 | 1976 | 河北 | Jilin 28 | C360 | 吉林28 | 1991 | 吉林 |
| Jidou 2 Hao | D344 | 吉豆2号 | 2002 | 吉林 | Jilin 29 | C361 | 吉林29 | 1993 | 吉林 |
| Jidou 3 Hao | C081 | 冀豆3号 | 1983 | 河北 | Jilin 3 Hao | C336 | 吉林3号 | 1963 | 吉林 |
| Jidou 3 Hao | D345 | 吉豆3号 | 2004 | 吉林 | Jilin 30 | C362 | 吉林30 | 1993 | 吉林 |

（续）

| 拼音名称 | 编号 | 中文名称 | 年份 | 来源 | 拼音名称 | 编号 | 中文名称 | 年份 | 来源 |
|---|---|---|---|---|---|---|---|---|---|
| Jilin 32 | C363 | 吉林 32 | 1993 | 吉林 | Jiqing 1 Hao | C367 | 吉青 1 号 | 1991 | 吉林 |
| Jilin 33 | D354 | 吉林 33 | 1995 | 吉林 | Jiti 1 Hao | C484 | 集体 1 号 | 1956 | 辽宁 |
| Jilin 34 | D355 | 吉林 34 | 1995 | 吉林 | Jiti 2 Hao | C485 | 集体 2 号 | 1956 | 辽宁 |
| Jilin 36 | D357 | 吉林 36 | 1996 | 吉林 | Jiti 3 Hao | C368 | 集体 3 号 | 1956 | 吉林 |
| Jilin 38 | D358 | 吉林 38 | 1998 | 吉林 | Jiti 4 Hao | C369 | 集体 4 号 | 1956 | 吉林 |
| Jilin 39 | D359 | 吉林 39 | 1998 | 吉林 | Jiti 5 Hao | C370 | 集体 5 号 | 1956 | 吉林 |
| Jilin 4 Hao | C337 | 吉林 4 号 | 1963 | 吉林 | Jiyin 81 | D402 | 吉引 81 | 2005 | 黑龙江 |
| Jilin 41 | D361 | 吉林 41 | 1999 | 吉林 | Jiyu 35 | D356 | 吉育 35 | 1995 | 吉林 |
| Jilin 42 | D362 | 吉林 42 | 1998 | 吉林 | Jiyu 40 | D360 | 吉育 40 | 1998 | 吉林 |
| Jilin 43 | D363 | 吉林 43 | 1998 | 吉林 | Jiyu 44 | D364 | 吉育 44 | 1999 | 吉林 |
| Jilin 5 Hao | C338 | 吉林 5 号 | 1963 | 吉林 | Jiyu 45 | D365 | 吉育 45 | 2000 | 吉林 |
| Jilin 59 | D377 | 吉林 59 | 2001 | 吉林 | Jiyu 46 | D366 | 吉育 46 | 1999 | 吉林 |
| Jilin 6 Hao | C339 | 吉林 6 号 | 1963 | 吉林 | Jiyu 47 | D367 | 吉育 47 | 1999 | 吉林 |
| Jilin 66 | D383 | 吉林 66 | 2002 | 吉林 | Jiyu 48 | D368 | 吉育 48 | 2000 | 吉林 |
| Jilin 67 | D384 | 吉林 67 | 2002 | 吉林 | Jiyu 49 | D369 | 吉育 49 | 2000 | 吉林 |
| Jilin 8 Hao | C340 | 吉林 8 号 | 1971 | 吉林 | Jiyu 50 | D370 | 吉育 50 | 2001 | 吉林 |
| Jilin 9 Hao | C341 | 吉林 9 号 | 1971 | 吉林 | Jiyu 52 | D371 | 吉育 52 | 2001 | 吉林 |
| Jilin Xiaoli 1 Hao | C364 | 吉林小粒 1 号 | 1990 | 吉林 | Jiyu 53 | D372 | 吉育 53 | 2001 | 吉林 |
| Jilin Xiaoli 4 Hao | D397 | 吉林小粒 4 号 | 2001 | 吉林 | Jiyu 54 | D373 | 吉育 54 | 2001 | 吉林 |
| Jilin Xiaoli 6 Hao | D398 | 吉林小粒 6 号 | 2002 | 吉林 | Jiyu 55 | D374 | 吉育 55 | 2001 | 吉林 |
| Jilin Xiaoli 7 Hao | D399 | 吉林小粒 7 号 | 2004 | 吉林 | Jiyu 57 | D375 | 吉育 57 | 2001 | 吉林 |
| Jilin Xiaoli 8 Hao | D400 | 吉林小粒 8 号 | 2005 | 吉林 | Jiyu 58 | D376 | 吉育 58 | 2001 | 吉林 |
| Jimidou 1 Hao | D401 | 吉密豆 1 号 | 2005 | 吉林 | Jiyu 60 | D378 | 吉育 60 | 2002 | 吉林 |
| Ji NF37 | D100 | 冀 NF37 | 2003 | 河北 | Jiyu 62 | D379 | 吉育 62 | 2002 | 吉林 |
| Ji NF58 | D101 | 冀 NF58 | 2005 | 河北 | Jiyu 63 | D380 | 吉育 63 | 2002 | 吉林 |
| Jinong 1 Hao | C365 | 吉农 1 号 | 1986 | 吉林 | Jiyu 64 | D381 | 吉育 64 | 2002 | 吉林 |
| Jinong 10 Hao | D407 | 吉农 10 号 | 2002 | 吉林 | Jiyu 65 | D382 | 吉育 65 | 2003 | 吉林 |
| Jinong 11 | D408 | 吉农 11 | 2002 | 吉林 | Jiyu 68 | D385 | 吉育 68 | 2003 | 吉林 |
| Jinong 12 | D409 | 吉农 12 | 2002 | 吉林 | Jiyu 69 | D386 | 吉育 69 | 2004 | 吉林 |
| Jinong 13 | D410 | 吉农 13 | 2003 | 吉林 | Jiyu 70 | D387 | 吉育 70 | 2003 | 吉林 |
| Jinong 14 | D411 | 吉农 14 | 2003 | 吉林 | Jiyu 71 | D388 | 吉育 71 | 2003 | 吉林 |
| Jinong 15 | D412 | 吉农 15 | 2004 | 吉林 | Jiyu 72 | D389 | 吉育 72 | 2004 | 吉林 |
| Jinong 16 | D413 | 吉农 16 | 2005 | 吉林 | Jiyu 73 | D390 | 吉育 73 | 2005 | 吉林 |
| Jinong 17 | D414 | 吉农 17 | 2005 | 吉林 | Jiyu 74 | D391 | 吉育 74 | 2005 | 吉林 |
| Jinong 4 Hao | C366 | 吉农 4 号 | 1991 | 吉林 | Jiyu 75 | D392 | 吉育 75 | 2005 | 吉林 |
| Jinong 6 Hao | D403 | 吉农 6 号 | 1998 | 吉林 | Jiyu 76 | D393 | 吉育 76 | 2005 | 吉林 |
| Jinong 7 Hao | D404 | 吉农 7 号 | 1999 | 吉林 | Jiyu 77 | D394 | 吉育 77 | 2005 | 吉林 |
| Jinong 8 Hao | D405 | 吉农 8 号 | 2000 | 吉林 | Jiyu 79 | D395 | 吉育 79 | 2005 | 吉林 |
| Jinong 9 Hao | D406 | 吉农 9 号 | 2001 | 吉林 | Jiyu 80 | D396 | 吉育 80 | 2005 | 吉林 |

（续）

| 拼音名称 | 编号 | 中文名称 | 年份 | 来源 | 拼音名称 | 编号 | 中文名称 | 年份 | 来源 |
|---|---|---|---|---|---|---|---|---|---|
| Jiyuan 1 Hao | C522 | 吉原 1 号 | 1985 | 内蒙古 | Jindou 33 | C487 | 锦豆 33 | 1974 | 辽宁 |
| Jiyuanyin 3 Hao | D415 | 吉原引 3 号 | 1999 | 吉林 | Jindou 33 | D586 | 晋豆 33 | 2005 | 山西 |
| Jiandou 8202 | C486 | 建豆 8202 | 1991 | 辽宁 | Jindou 34 | C488 | 锦豆 34 | 1972 | 辽宁 |
| Jianfeng 1 Hao | C231 | 建丰 1 号 | 1987 | 黑龙江 | Jindou 35 | C489 | 锦豆 35 | 1988 | 辽宁 |
| Jianfeng 2 Hao | D230 | 建丰 2 号 | 1995 | 黑龙江 | Jindou 36 | D481 | 锦豆 36 | 1995 | 辽宁 |
| Jianguo 1 Hao | C097 | 建国 1 号 | 1977 | 河南 | Jindou 37 | D482 | 锦豆 37 | 1995 | 辽宁 |
| Jiannong 1 Hao | D231 | 建农 1 号 | 2003 | 黑龙江 | Jindou 371 | C608 | 晋豆 371 | 1968 | 山西 |
| Jiangmodou 1 Hao | D232 | 疆莫豆 1 号 | 2002 | 黑龙江 | Jindou 4 Hao | C594 | 晋豆 4 号 | 1979 | 山西 |
| Jiangmodou 2 Hao | D233 | 疆莫豆 2 号 | 2002 | 黑龙江 | Jindou 482 | C609 | 晋豆 482 | 1971 | 山西 |
| Jin 75 - 1 | C637 | 津 75 - 1 | 1988 | 天津 | Jindou 5 Hao | C595 | 晋豆 5 号 | 1983 | 山西 |
| Jinda 332 | C425 | 金大 332 | 1923 | 江苏 | Jindou 501 | C610 | 晋豆 501 | 1974 | 山西 |
| Jinda 36 | C590 | 晋大 36 | 1989 | 山西 | Jindou 514 | C611 | 晋豆 514 | 1978 | 山西 |
| Jinda 70 | D571 | 晋大 70 | 2003 | 山西 | Jindou 6 Hao | C596 | 晋豆 6 号 | 1985 | 山西 |
| Jinda 73 | D572 | 晋大 73 | 2005 | 山西 | Jindou 6422 | C490 | 锦豆 6422 | 1974 | 辽宁 |
| Jinda 74 | D573 | 晋大 74 | 2004 | 山西 | Jindou 7 Hao | C597 | 晋豆 7 号 | 1987 | 山西 |
| Jindou 1 Hao | C591 | 晋豆 1 号 | 1973 | 山西 | Jindou 8 Hao | C598 | 晋豆 8 号 | 1987 | 山西 |
| Jindou 10 Hao | C600 | 晋豆 10 号 | 1987 | 山西 | Jindou 9 Hao | C599 | 晋豆 9 号 | 1987 | 山西 |
| Jindou 11 | C601 | 晋豆 11 | 1990 | 山西 | Jinjiang Dalihuang | C051 | 晋江大粒黄 | 1970 | 福建 |
| Jindou 12 | C602 | 晋豆 12 | 1990 | 山西 | Jinjiang Daqingren | C052 | 晋江大青仁 | 1977 | 福建 |
| Jindou 13 | C603 | 晋豆 13 | 1990 | 山西 | Jinning Dahuangdou | C641 | 晋宁大黄豆 | 1987 | 云南 |
| Jindou 14 | C604 | 晋豆 14 | 1991 | 山西 | Jinyi 10 Hao | C613 | 晋遗 10 号 | 1988 | 山西 |
| Jindou 15 | C605 | 晋豆 15 | 1991 | 山西 | Jinyi 19 | C614 | 晋遗 19 | 1990 | 山西 |
| Jindou 16 | C606 | 晋豆 16 | 1991 | 山西 | Jinyi 20 | C615 | 晋遗 20 | 1991 | 山西 |
| Jindou 17 | C607 | 晋豆 17 | 1992 | 山西 | Jinyi 30 | D587 | 晋遗 30 | 2003 | 山西 |
| Jindou 18 | D623 | 津 18 | 2005 | 天津 | Jinyi 34 | D588 | 晋遗 34 | 2005 | 山西 |
| Jindou 2 Hao | C592 | 晋豆 2 号 | 1975 | 山西 | Jinyi 38 | D589 | 晋遗 38 | 2005 | 山西 |
| Jindou 20 | D574 | 晋豆 20 | 1997 | 山西 | Jinyi 9 Hao | C612 | 晋遗 9 号 | 1989 | 山西 |
| Jindou 21 | D575 | 晋豆 21 | 1997 | 山西 | Jinyuan 1 Hao | C492 | 金元 1 号 | 1941 | 辽宁 |
| Jindou 22 | D576 | 晋豆 22 | 1998 | 山西 | Jinyuan 2 Hao | C232 | 金元 2 号 | 1941 | 黑龙江 |
| Jindou 23 | D577 | 晋豆 23 | 1999 | 山西 | Jinzhou 8 - 14 | C491 | 锦州 8 - 14 | 1960 | 辽宁 |
| Jindou 24 | D578 | 晋豆 24 | 1999 | 山西 | Jingdou 1 Hao | D019 | 京豆 1 号 | 1990 | 北京 |
| Jindou 25 | D579 | 晋豆 25 | 2000 | 山西 | Jinghuang 2 Hao | D021 | 京黄 2 号 | 2004 | 北京 |
| Jindou 26 | D580 | 晋豆 26 | 2001 | 山西 | Jinghuang 1 Hao | D020 | 京黄 1 号 | 2004 | 北京 |
| Jindou 27 | D581 | 晋豆 27 | 2001 | 山西 | Jingshanpu | C233 | 荆山朴 | 1958 | 黑龙江 |
| Jindou 29 | D582 | 晋豆 29 | 2004 | 山西 | Jingxuan 2 Hao | C087 | 粳选 2 号 | 1968 | 河北 |
| Jindou 3 Hao | C593 | 晋豆 3 号 | 1974 | 山西 | Jiufeng 1 Hao | C234 | 九丰 1 号 | 1983 | 黑龙江 |
| Jindou 30 | D583 | 晋豆 30 | 2005 | 山西 | Jiufeng 10 Hao | D238 | 九丰 10 号 | 2004 | 黑龙江 |
| Jindou 31 | D584 | 晋豆 31 | 2005 | 山西 | Jiufeng 2 Hao | C235 | 九丰 2 号 | 1984 | 黑龙江 |
| Jindou 32 | D585 | 晋豆 32 | 2005 | 山西 | Jiufeng 3 Hao | C236 | 九丰 3 号 | 1986 | 黑龙江 |

（续）

| 拼音名称 | 编号 | 中文名称 | 年份 | 来源 | 拼音名称 | 编号 | 中文名称 | 年份 | 来源 |
|---|---|---|---|---|---|---|---|---|---|
| Jiufeng 4 Hao | C237 | 九丰 4 号 | 1988 | 黑龙江 | Kaiyu 10 Hao | C496 | 开育 10 号 | 1989 | 辽宁 |
| Jiufeng 5 Hao | C238 | 九丰 5 号 | 1990 | 黑龙江 | Kaiyu 11 | D483 | 开育 11 | 1995 | 辽宁 |
| Jiufeng 6 Hao | D234 | 九丰 6 号 | 1995 | 黑龙江 | Kaiyu 12 | D484 | 开育 12 | 2000 | 辽宁 |
| Jiufeng 7 Hao | D235 | 九丰 7 号 | 1996 | 黑龙江 | Kaiyu 13 | D485 | 开育 13 | 2005 | 辽宁 |
| Jiufeng 8 Hao | D236 | 九丰 8 号 | 1998 | 黑龙江 | Kaiyu 3 Hao | C493 | 开育 3 号 | 1976 | 辽宁 |
| Jiufeng 9 Hao | D237 | 九丰 9 号 | 2003 | 黑龙江 | Kaiyu 8 Hao | C494 | 开育 8 号 | 1980 | 辽宁 |
| Jiunong 1 Hao | C371 | 九农 1 号 | 1970 | 吉林 | Kaiyu 9 Hao | C495 | 开育 9 号 | 1985 | 辽宁 |
| Jiunong 10 Hao | C380 | 九农 10 号 | 1972 | 吉林 | Kangxianchong 1 Hao | C239 | 抗线虫 1 号 | 1992 | 黑龙江 |
| Jiunong 11 | C381 | 九农 11 | 1981 | 吉林 | Kangxianchong 2 Hao | C240 | 抗线虫 2 号 | 1995 | 黑龙江 |
| Jiunong 12 | C382 | 九农 12 | 1982 | 吉林 | Kangxianchong 3 Hao | D239 | 抗线虫 3 号 | 1999 | 黑龙江 |
| Jiunong 13 | C383 | 九农 13 | 1981 | 吉林 | Kangxianchong 4 Hao | D240 | 抗线虫 4 号 | 2003 | 黑龙江 |
| Jiunong 14 | C384 | 九农 14 | 1985 | 吉林 | Kangxianchong 5 Hao | D241 | 抗线虫 5 号 | 2003 | 黑龙江 |
| Jiunong 15 | C385 | 九农 15 | 1987 | 吉林 | Kebei 1 Hao | C241 | 克北 1 号 | 1960 | 黑龙江 |
| Jiunong 16 | C386 | 九农 16 | 1988 | 吉林 | Kefeng 14 | D022 | 科丰 14 | 2001 | 北京 |
| Jiunong 17 | C387 | 九农 17 | 1990 | 吉林 | Kefeng 15 | D023 | 科丰 15 | 2002 | 北京 |
| Jiunong 18 | C388 | 九农 18 | 1991 | 吉林 | Kefeng 17 | D024 | 科丰 17 | 2004 | 北京 |
| Jiunong 19 | C389 | 九农 19 | 1991 | 吉林 | Kefeng 28 | D025 | 科丰 28 | 2005 | 北京 |
| Jiunong 2 Hao | C372 | 九农 2 号 | 1970 | 吉林 | Kefeng 34 | C025 | 科丰 34 | 1993 | 北京 |
| Jiunong 20 | C390 | 九农 20 | 1993 | 吉林 | Kefeng 35 | C026 | 科丰 35 | 1993 | 北京 |
| Jiunong 21 | C391 | 九农 21 | 1995 | 吉林 | Kefeng 36 | D026 | 科丰 36 | 1999 | 北京 |
| Jiunong 22 | D417 | 九农 22 | 1999 | 吉林 | Kefeng 37 | D027 | 科丰 37 | 2002 | 北京 |
| Jiunong 23 | D418 | 九农 23 | 2000 | 吉林 | Kefeng 53 | D028 | 科丰 53 | 2001 | 北京 |
| Jiunong 24 | D419 | 九农 24 | 2001 | 吉林 | Kefeng 6 Hao | C024 | 科丰 6 号 | 1989 | 北京 |
| Jiunong 25 | D420 | 九农 25 | 2002 | 吉林 | Keshuang | C242 | 克霜 | 1941 | 黑龙江 |
| Jiunong 26 | D421 | 九农 26 | 2002 | 吉林 | Kexi 283 | C243 | 克系 283 | 1956 | 黑龙江 |
| Jiunong 27 | D422 | 九农 27 | 2002 | 吉林 | Kexin 3 Hao | C027 | 科新 3 号 | 1995 | 北京 |
| Jiunong 28 | D423 | 九农 28 | 2003 | 吉林 | Kexin 4 Hao | D029 | 科新 4 号 | 2002 | 北京 |
| Jiunong 29 | D424 | 九农 29 | 2003 | 吉林 | Kexin 5 Hao | D030 | 科新 5 号 | 2000 | 北京 |
| Jiunong 3 Hao | C373 | 九农 3 号 | 1969 | 吉林 | Kexin 6 Hao | D031 | 科新 6 号 | 2001 | 北京 |
| Jiunong 30 | D425 | 九农 30 | 2004 | 吉林 | Kexin 7 Hao | D032 | 科新 7 号 | 2003 | 北京 |
| Jiunong 31 | D426 | 九农 31 | 2005 | 吉林 | Kexin 8 Hao | D033 | 科新 8 号 | 2003 | 北京 |
| Jiunong 4 Hao | C374 | 九农 4 号 | 1969 | 吉林 | Kexuan 93 | D108 | 科选 93 | 2002 | 河北 |
| Jiunong 5 Hao | C375 | 九农 5 号 | 1972 | 吉林 | Kenfeng 1 Hao | C244 | 垦丰 1 号 | 1987 | 黑龙江 |
| Jiunong 6 Hao | C376 | 九农 6 号 | 1976 | 吉林 | Kenfeng 10 Hao | D249 | 垦丰 10 号 | 2003 | 黑龙江 |
| Jiunong 7 Hao | C377 | 九农 7 号 | 1972 | 吉林 | Kenfeng 11 | D250 | 垦丰 11 | 2003 | 黑龙江 |
| Jiunong 8 Hao | C378 | 九农 8 号 | 1972 | 吉林 | Kenfeng 12 | D251 | 垦丰 12 | 2004 | 黑龙江 |
| Jiunong 9 Hao | C379 | 九农 9 号 | 1976 | 吉林 | Kenfeng 13 | D252 | 垦丰 13 | 2005 | 黑龙江 |
| Juxuan 23 | C540 | 莒选 23 | 1963 | 山东 | Kenfeng 14 | D253 | 垦丰 14 | 2005 | 黑龙江 |
| Kaidou 4 Hao | D115 | 开豆 4 号 | 2005 | 河南 | Kenfeng 3 Hao | D242 | 垦丰 3 号 | 1997 | 黑龙江 |

| 拼音名称 | 编号 | 中文名称 | 年份 | 来源 | 拼音名称 | 编号 | 中文名称 | 年份 | 来源 |
|---|---|---|---|---|---|---|---|---|---|
| Kenfeng 4 Hao | D243 | 垦丰4号 | 1997 | 黑龙江 | Kennong 20 | D286 | 垦农20 | 2005 | 黑龙江 |
| Kenfeng 5 Hao | D244 | 垦丰5号 | 2000 | 黑龙江 | Kennong 4 Hao | C248 | 垦农4号 | 1992 | 黑龙江 |
| Kenfeng 6 Hao | D245 | 垦丰6号 | 2000 | 黑龙江 | Kennong 5 Hao | D279 | 垦农5号 | 1992 | 黑龙江 |
| Kenfeng 7 Hao | D246 | 垦丰7号 | 2001 | 黑龙江 | Kennong 7 Hao | D280 | 垦农7号 | 1994 | 黑龙江 |
| Kenfeng 8 Hao | D247 | 垦丰8号 | 2002 | 黑龙江 | Kennong 8 Hao | D281 | 垦农8号 | 1994 | 黑龙江 |
| Kenfeng 9 Hao | D248 | 垦丰9号 | 2002 | 黑龙江 | Kuixuan 1 Hao | C640 | 奎选1号 | 1982 | 新疆 |
| Kenjianbeidou 1 Hao | D254 | 垦鉴北豆1号 | 2005 | 黑龙江 | Laiyuan Huangdou | C088 | 来远黄豆 | 1959 | 河北 |
| Kenjianbeidou 2 Hao | D255 | 垦鉴北豆2号 | 2005 | 黑龙江 | Ledou 1 Hao | D615 | 乐豆1号 | 2003 | 四川 |
| Kenjiandou 1 Hao | D256 | 垦鉴豆1号 | 1999 | 黑龙江 | Liqiu 1 Hao | C644 | 丽秋1号 | 1995 | 浙江 |
| Kenjiandou 14 | D262 | 垦鉴豆14 | 2000 | 黑龙江 | Liqiu 2 Hao | D633 | 丽秋2号 | 2004 | 浙江 |
| Kenjiandou 15 | D263 | 垦鉴豆15 | 2000 | 黑龙江 | Liyuling | C249 | 李玉玲 | 1957 | 黑龙江 |
| Kenjiandou 16 | D264 | 垦鉴豆16 | 2000 | 黑龙江 | Liandou 1 Hao | D486 | 连豆1号 | 2001 | 辽宁 |
| Kenjiandou 17 | D265 | 垦鉴豆17 | 2002 | 黑龙江 | Liangdou 2 Hao | C631 | 凉豆2号 | 1986 | 四川 |
| Kenjiandou 2 Hao | D257 | 垦鉴豆2号 | 1999 | 黑龙江 | Liangdou 3 Hao | C632 | 凉豆3号 | 1995 | 四川 |
| Kenjiandou 22 | D266 | 垦鉴豆22 | 2002 | 黑龙江 | Liao 83 - 5020 | C497 | 辽83-5020 | 1990 | 辽宁 |
| Kenjiandou 23 | D267 | 垦鉴豆23 | 2002 | 黑龙江 | Liaodou 10 Hao | C502 | 辽豆10号 | 1992 | 辽宁 |
| Kenjiandou 25 | D268 | 垦鉴豆25 | 2003 | 黑龙江 | Liaodou 11 | D487 | 辽豆11 | 1996 | 辽宁 |
| Kenjiandou 26 | D269 | 垦鉴豆26 | 2004 | 黑龙江 | Liaodou 13 | D488 | 辽豆13 | 2000 | 辽宁 |
| Kenjiandou 28 | D270 | 垦鉴豆28 | 2003 | 黑龙江 | Liaodou 14 | D489 | 辽豆14 | 2002 | 辽宁 |
| Kenjiandou 3 Hao | D258 | 垦鉴豆3号 | 1999 | 黑龙江 | Liaodou 15 | D490 | 辽豆15 | 2002 | 辽宁 |
| Kenjiandou 30 | D271 | 垦鉴豆30 | 2003 | 黑龙江 | Liaodou 16 | D491 | 辽豆16 | 2002 | 辽宁 |
| Kenjiandou 31 | D272 | 垦鉴豆31 | 2003 | 黑龙江 | Liaodou 17 | D492 | 辽豆17 | 2003 | 辽宁 |
| Kenjiandou 32 | D273 | 垦鉴豆32 | 2003 | 黑龙江 | Liaodou 19 | D493 | 辽豆19 | 2005 | 辽宁 |
| Kenjiandou 33 | D274 | 垦鉴豆33 | 2004 | 黑龙江 | Liaodou 20 | D494 | 辽豆20 | 2005 | 辽宁 |
| Kenjiandou 36 | D275 | 垦鉴豆36 | 2004 | 黑龙江 | Liaodou 21 | D495 | 辽豆21 | 2005 | 辽宁 |
| Kenjiandou 38 | D276 | 垦鉴豆38 | 2004 | 黑龙江 | Liaodou 3 Hao | C498 | 辽豆3号 | 1983 | 辽宁 |
| Kenjiandou 39 | D277 | 垦鉴豆39 | 2005 | 黑龙江 | Liaodou 4 Hao | C499 | 辽豆4号 | 1989 | 辽宁 |
| Kenjiandou 4 Hao | D259 | 垦鉴豆4号 | 1999 | 黑龙江 | Liaodou 7 Hao | C500 | 辽豆7号 | 1992 | 辽宁 |
| Kenjiandou 40 | D278 | 垦鉴豆40 | 2005 | 黑龙江 | Liaodou 9 Hao | C501 | 辽豆9号 | 1992 | 辽宁 |
| Kenjiandou 5 Hao | D260 | 垦鉴豆5号 | 1999 | 黑龙江 | Liaonong 2 Hao | C503 | 辽农2号 | 1983 | 辽宁 |
| Kenjiandou 7 Hao | D261 | 垦鉴豆7号 | 1999 | 黑龙江 | Liaoshou 1 Hao | D496 | 辽首1号 | 2001 | 辽宁 |
| Kenmibaiqi | C639 | 垦米白脐 | 1985 | 新疆 | Liaoshou 2 Hao | D497 | 辽首2号 | 2005 | 辽宁 |
| Kenmo 1 Hao | C245 | 垦秣1号 | 1990 | 黑龙江 | Liaoyang 1 Hao | D498 | 辽阳1号 | 1999 | 辽宁 |
| Kennong 1 Hao | C246 | 垦农1号 | 1987 | 黑龙江 | Lindou 1 Hao | D570 | 临豆1号 | 2001 | 山西 |
| Kennong 16 | D282 | 垦农16 | 1998 | 黑龙江 | Lindou 3 Hao | C541 | 临豆3号 | 1975 | 山东 |
| Kennong 17 | D283 | 垦农17 | 2001 | 黑龙江 | Linxuan 1 Hao | D427 | 临选1号 | 2003 | 吉林 |
| Kennong 18 | D284 | 垦农18 | 2001 | 黑龙江 | Lingdou 1 Hao | C005 | 灵豆1号 | 1977 | 安徽 |
| Kennong 19 | D285 | 垦农19 | 2002 | 黑龙江 | Liudou 1 Hao | C063 | 柳豆1号 | 1990 | 广西 |
| Kennong 2 Hao | C247 | 垦农2号 | 1988 | 黑龙江 | Liudou 2 Hao | D083 | 柳豆2号 | 2000 | 广西 |

（续）

| 拼音名称 | 编号 | 中文名称 | 年份 | 来源 | 拼音名称 | 编号 | 中文名称 | 年份 | 来源 |
|---|---|---|---|---|---|---|---|---|---|
| Liudou 3 Hao | D084 | 柳豆3号 | 2003 | 广西 | Mengdou 16 | D535 | 蒙豆16 | 2005 | 内蒙古 |
| Liushiri | C426 | 六十日 | 1973 | 江苏 | Mengdou 17 | D536 | 蒙豆17 | 2005 | 内蒙古 |
| Longdou 1 Hao | D072 | 陇豆1号 | 1997 | 甘肃 | Mengdou 5 Hao | D525 | 蒙豆5号 | 1997 | 内蒙古 |
| Longdou 2 Hao | D073 | 陇豆2号 | 2005 | 甘肃 | Mengdou 6 Hao | D526 | 蒙豆6号 | 2000 | 内蒙古 |
| Longdou 23 | C053 | 龙豆23 | 1990 | 福建 | Mengdou 7 Hao | D527 | 蒙豆7号 | 2002 | 内蒙古 |
| Longsheng 1 Hao | D287 | 龙生1号 | 1997 | 黑龙江 | Mengdou 9 Hao | D528 | 蒙豆9号 | 2002 | 内蒙古 |
| Longshu 1 Hao | D288 | 龙菽1号 | 2005 | 黑龙江 | Mengqing 6 Hao | C008 | 蒙庆6号 | 1974 | 安徽 |
| Longxiaolidou 1 Hao | D289 | 龙小粒豆1号 | 2003 | 黑龙江 | Mohe 1 Hao | C251 | 漠河1号 | 1985 | 黑龙江 |
| Lübaozhu | C427 | 绿宝珠 | 1992 | 江苏 | Mufeng 1 Hao | C252 | 牡丰1号 | 1968 | 黑龙江 |
| Ludou 1 Hao | C542 | 鲁豆1号 | 1980 | 山东 | Mufeng 5 Hao | C253 | 牡丰5号 | 1972 | 黑龙江 |
| Ludou 10 Hao | C550 | 鲁豆10号 | 1993 | 山东 | Mufeng 6 Hao | C254 | 牡丰6号 | 1989 | 黑龙江 |
| Ludou 11 | C551 | 鲁豆11 | 1995 | 山东 | Nandou 3 Hao | D617 | 南豆3号 | 2001 | 四川 |
| Ludou 12 Hao | D550 | 鲁豆12号 | 1996 | 山东 | Nandou 4 Hao | D618 | 南豆4号 | 2002 | 四川 |
| Ludou 13 | D551 | 鲁豆13 | 1996 | 山东 | Nandou 5 Hao | D619 | 南豆5号 | 2003 | 四川 |
| Ludou 2 Hao | C543 | 鲁豆2号 | 1981 | 山东 | Nandou 6 Hao | D620 | 南豆6号 | 2004 | 四川 |
| Ludou 3 Hao | C544 | 鲁豆3号 | 1983 | 山东 | Nandou 7 Hao | D621 | 南豆7号 | 2005 | 四川 |
| Ludou 4 Hao | C545 | 鲁豆4号 | 1985 | 山东 | Nandou 8 Hao | D622 | 南豆8号 | 2005 | 四川 |
| Ludou 5 Hao | C546 | 鲁豆5号 | 1987 | 山东 | Nandou 99 | D616 | 南豆99 | 1999 | 四川 |
| Ludou 6 Hao | C547 | 鲁豆6号 | 1987 | 山东 | Nannong 1138 - 2 | C428 | 南农1138 - 2 | 1973 | 江苏 |
| Ludou 7 Hao | C548 | 鲁豆7号 | 1987 | 山东 | Nannong 128 | D450 | 南农128 | 1998 | 江苏 |
| Ludou 8 Hao | C549 | 鲁豆8号 | 1988 | 山东 | Nannong 133 - 3 | C429 | 南农133 - 3 | 1962 | 江苏 |
| Ludou 9 Hao | D549 | 鲁豆9号 | 1993 | 山东 | Nannong 133 - 6 | C430 | 南农133 - 6 | 1962 | 江苏 |
| Luning 1 Hao | D552 | 鲁宁1号 | 2003 | 山东 | Nannong 217 | D451 | 南农217 | 1996 | 江苏 |
| Luqingdou 1 Hao | D553 | 鲁青豆1号 | 1993 | 山东 | Nannong 242 | D452 | 南农242 | 2002 | 江苏 |
| Luheidou 1 Hao | C552 | 鲁黑豆1号 | 1992 | 山东 | Nannong 493 - 1 | C431 | 南农493 - 1 | 1962 | 江苏 |
| Luheidou 2 Hao | C553 | 鲁黑豆2号 | 1993 | 山东 | Nannong 73 - 935 | C432 | 南农73 - 935 | 1990 | 江苏 |
| Mancangjin | C250 | 满仓金 | 1941 | 黑龙江 | Nannong 86 - 4 | C433 | 南农86 - 4 | 1991 | 江苏 |
| Mandijin | C504 | 满地金 | 1941 | 辽宁 | Nannong 87c - 38 | C434 | 南农87C - 38 | 1990 | 江苏 |
| Maopengqing 1 Hao | C645 | 毛蓬青1号 | 1988 | 浙江 | Nannong 88 - 31 | D453 | 南农88 - 31 | 1999 | 江苏 |
| Maopengqing 2 Hao | C646 | 毛蓬青2号 | 1988 | 浙江 | Nannong 88 - 48 | C435 | 南农88 - 48 | 1994 | 江苏 |
| Maopengqing 3 Hao | C647 | 毛蓬青3号 | 1988 | 浙江 | Nannong 99 - 10 | D455 | 南农99 - 10 | 2002 | 江苏 |
| Meng 84 - 5 | C006 | 蒙84 - 5 | 1988 | 安徽 | Nannong 99 - 6 | D454 | 南农99 - 6 | 2003 | 江苏 |
| Mengcheng 1 Hao | C007 | 蒙城1号 | 1977 | 安徽 | Nannongcaidou 1 Hao | C436 | 南农菜豆1号 | 1989 | 江苏 |
| Mengdou 10 Hao | D529 | 蒙豆10号 | 2002 | 内蒙古 | Neidou 1 Hao | C523 | 内豆1号 | 1980 | 内蒙古 |
| Mengdou 11 | D530 | 蒙豆11 | 2002 | 内蒙古 | Neidou 2 Hao | C524 | 内豆2号 | 1980 | 内蒙古 |
| Mengdou 12 | D531 | 蒙豆12 | 2003 | 内蒙古 | Neidou 3 Hao | C525 | 内豆3号 | 1986 | 内蒙古 |
| Mengdou 13 | D532 | 蒙豆13 | 2003 | 内蒙古 | Neidou 4 Hao | D537 | 内豆4号 | 1994 | 内蒙古 |
| Mengdou 14 | D533 | 蒙豆14 | 2004 | 内蒙古 | Nenfeng 1 Hao | C255 | 嫩丰1号 | 1972 | 黑龙江 |
| Mengdou 15 | D534 | 蒙豆15 | 2003 | 内蒙古 | Nenfeng 10 Hao | C260 | 嫩丰10号 | 1981 | 黑龙江 |

（续）

| 拼音名称 | 编号 | 中文名称 | 年份 | 来源 | 拼音名称 | 编号 | 中文名称 | 年份 | 来源 |
|---|---|---|---|---|---|---|---|---|---|
| Nenfeng 11 | C261 | 嫩丰 11 | 1984 | 黑龙江 | Qihuang 26 | D555 | 齐黄 26 | 1999 | 山东 |
| Nenfeng 12 | C262 | 嫩丰 12 | 1985 | 黑龙江 | Qihuang 27 | D556 | 齐黄 27 | 2000 | 山东 |
| Nenfeng 13 | C263 | 嫩丰 13 | 1987 | 黑龙江 | Qihuang 28 | D557 | 齐黄 28 | 2003 | 山东 |
| Nenfeng 14 | C264 | 嫩丰 14 | 1988 | 黑龙江 | Qihuang 29 | D558 | 齐黄 29 | 2003 | 山东 |
| Nenfeng 15 | C265 | 嫩丰 15 | 1994 | 黑龙江 | Qihuang 30 | D559 | 齐黄 30 | 2004 | 山东 |
| Nenfeng 16 | D290 | 嫩丰 16 | 2001 | 黑龙江 | Qihuang 31 | D560 | 齐黄 31 | 2004 | 山东 |
| Nenfeng 17 | D291 | 嫩丰 17 | 2004 | 黑龙江 | Qihuang 4 Hao | C557 | 齐黄 4 号 | 1965 | 山东 |
| Nenfeng 18 | D292 | 嫩丰 18 | 2005 | 黑龙江 | Qihuang 5 Hao | C558 | 齐黄 5 号 | 1965 | 山东 |
| Nenfeng 2 Hao | C256 | 嫩丰 2 号 | 1972 | 黑龙江 | Qian'an Yilichuan | C089 | 迁安一粒传 | 1970 | 河北 |
| Nenfeng 4 Hao | C257 | 嫩丰 4 号 | 1975 | 黑龙江 | Qiandou 1 Hao | C067 | 黔豆 1 号 | 1988 | 贵州 |
| Nenfeng 7 Hao | C258 | 嫩丰 7 号 | 1970 | 黑龙江 | Qiandou 2 Hao | C068 | 黔豆 2 号 | 1993 | 贵州 |
| Nenfeng 9 Hao | C259 | 嫩丰 9 号 | 1980 | 黑龙江 | Qiandou 3 Hao | D087 | 黔豆 3 号 | 1996 | 贵州 |
| Nennong 1 Hao | C266 | 嫩农 1 号 | 1985 | 黑龙江 | Qiandou 4 Hao | C069 | 黔豆 4 号 | 1995 | 贵州 |
| Nennong 2 Hao | C267 | 嫩农 2 号 | 1988 | 黑龙江 | Qiandou 5 Hao | D088 | 黔豆 5 号 | 1996 | 贵州 |
| Ningdou 1 Hao | C529 | 宁豆 1 号 | 1989 | 宁夏 | Qiandou 6 Hao | D089 | 黔豆 6 号 | 2000 | 贵州 |
| Ningdou 2 Hao | D540 | 宁豆 2 号 | 1994 | 宁夏 | Qianjin 2 Hao | C090 | 前进 2 号 | 1976 | 河北 |
| Ningdou 3 Hao | D541 | 宁豆 3 号 | 1995 | 宁夏 | Qindou 1 Hao | C580 | 秦豆 1 号 | 1985 | 陕西 |
| Ningdou 4 Hao | D542 | 宁豆 4 号 | 1998 | 宁夏 | Qindou 10 Hao | D568 | 秦豆 10 号 | 2005 | 陕西 |
| Ningdou 5 Hao | D543 | 宁豆 5 号 | 2003 | 宁夏 | Qindou 3 Hao | C581 | 秦豆 3 号 | 1986 | 陕西 |
| Ningdou 81 - 7 | C530 | 宁豆 81 - 7 | 1984 | 宁夏 | Qindou 5 Hao | C582 | 秦豆 5 号 | 1990 | 陕西 |
| Ningqingdou 1 Hao | C437 | 宁青豆 1 号 | 1987 | 江苏 | Qindou 8 Hao | D567 | 秦豆 8 号 | 1997 | 陕西 |
| Ningzhen 1 Hao | C438 | 宁镇 1 号 | 1984 | 江苏 | Qinjian 6 Hao | C098 | 勤俭 6 号 | 1977 | 河南 |
| Ningzhen 2 Hao | C439 | 宁镇 2 号 | 1990 | 江苏 | Qingfeng 1 Hao | D293 | 庆丰 1 号 | 1994 | 黑龙江 |
| Ningzhen 3 Hao | C440 | 宁镇 3 号 | 1992 | 江苏 | Qingsu 2 Hao | D456 | 青酥 2 号 | 2002 | 江苏 |
| Pingandou 7 Hao | D428 | 平安豆 7 号 | 2004 | 吉林 | Qingsu 4 Hao | D457 | 青酥 4 号 | 2005 | 江苏 |
| Pingdou 1 Hao | D116 | 平豆 1 号 | 2005 | 河南 | Qingxiandou 1 Hao | D294 | 庆鲜豆 1 号 | 2005 | 黑龙江 |
| Pudou 10 Hao | D068 | 莆豆 10 号 | 2002 | 福建 | Ququ 1 Hao | D634 | 衢秋 1 号 | 1999 | 浙江 |
| Pudou 8008 | C054 | 莆田 8008 | 1989 | 福建 | Ququ 2 Hao | D635 | 衢秋 2 号 | 2003 | 浙江 |
| Puhai 10 Hao | D117 | 濮海 10 号 | 2001 | 河南 | Quxian 1 Hao | D636 | 衢鲜 1 号 | 2004 | 浙江 |
| Qichadou 1 Hao | C554 | 齐茶豆 1 号 | 1995 | 山东 | Quandou 322 | D069 | 泉豆 322 | 1994 | 福建 |
| Qichadou 2 Hao | D554 | 齐茶豆 2 号 | 2002 | 山东 | Quandou 6 Hao | D070 | 泉豆 6 号 | 2002 | 福建 |
| Qihuang 1 Hao | C555 | 齐黄 1 号 | 1962 | 山东 | Quandou 7 Hao | D071 | 泉豆 7 号 | 2004 | 福建 |
| Qihuang 10 Hao | C559 | 齐黄 10 号 | 1966 | 山东 | Qunxuan 1 Hao | C392 | 群选 1 号 | 1964 | 吉林 |
| Qihuang 13 | C560 | 齐黄 13 | 1968 | 山东 | Qunyingdou | C091 | 群英豆 | 1972 | 河北 |
| Qihuang 2 Hao | C556 | 齐黄 2 号 | 1962 | 山东 | Ribenqing 3 Hao | D458 | 日本晴 3 号 | 2002 | 江苏 |
| Qihuang 20 | C561 | 齐黄 20 | 1968 | 山东 | Rongdou 21 | C055 | 融豆 21 | 1967 | 福建 |
| Qihuang 21 | C562 | 齐黄 21 | 1979 | 山东 | GSzhengjiao 9525 | D139 | GS 郑交 9525 | 2004 | 河南 |
| Qihuang 22 | C563 | 齐黄 22 | 1980 | 山东 | Shandou 7214 | C585 | 陕豆 7214 | 1980 | 陕西 |
| Qihuang 25 | C564 | 齐黄 25 | 1995 | 山东 | Shandou 125 | D569 | 陕豆 125 | 2001 | 陕西 |

（续）

| 拼音名称 | 编号 | 中文名称 | 年份 | 来源 | 拼音名称 | 编号 | 中文名称 | 年份 | 来源 |
|---|---|---|---|---|---|---|---|---|---|
| Shandou 701 | C583 | 陕豆 701 | 1978 | 陕西 | Suxie 19 - 15 | C449 | 苏协 19 - 15 | 1981 | 江苏 |
| Shandou 702 | C584 | 陕豆 702 | 1977 | 陕西 | Suxie 4 - 1 | C450 | 苏协 4 - 1 | 1981 | 江苏 |
| Shandou 7826 | C586 | 陕豆 7826 | 1988 | 陕西 | Suzao 1 Hao | D462 | 苏早 1 号 | 2003 | 江苏 |
| Shanjindou | C616 | 闪金豆 | 1966 | 山西 | Suinong 1 Hao | C269 | 绥农 1 号 | 1973 | 黑龙江 |
| Shanning 12 | D562 | 山宁 12 | 2005 | 山东 | Suinong 10 Hao | C277 | 绥农 10 号 | 1994 | 黑龙江 |
| Shanning 4 Hao | C565 | 山宁 4 号 | 1983 | 山东 | Suinong 11 | C278 | 绥农 11 | 1995 | 黑龙江 |
| Shanning 8 Hao | D561 | 山宁 8 号 | 1996 | 山东 | Suinong 12 | D295 | 绥农 12 | 1994 | 黑龙江 |
| Shangqiu 1099 | D118 | 商丘 1099 | 2002 | 河南 | Suinong 15 | D297 | 绥农 15 | 1998 | 黑龙江 |
| Shangqiu 4212 | C099 | 商丘 4212 | 1974 | 河南 | Suinong 16 | D298 | 绥农 16 | 2000 | 黑龙江 |
| Shangqiu 64 - 0 | C100 | 商丘 64 - 0 | 1983 | 河南 | Suinong 17 | D299 | 绥农 17 | 2001 | 黑龙江 |
| Shangqiu 7608 | C101 | 商丘 7608 | 1980 | 河南 | Suinong 18 | D300 | 绥农 18 | 2002 | 黑龙江 |
| Shangqiu 85225 | C102 | 商丘 85225 | 1990 | 河南 | Suinong 19 | D301 | 绥农 19 | 2002 | 黑龙江 |
| Shendou 4 Hao | D499 | 沈豆 4 号 | 1997 | 辽宁 | Suinong 20 | D302 | 绥农 20 | 2003 | 黑龙江 |
| Shendou 5 Hao | D500 | 沈豆 5 号 | 2003 | 辽宁 | Suinong 21 | D303 | 绥农 21 | 2004 | 黑龙江 |
| Shennong 25104 | C505 | 沈农 25104 | 1979 | 辽宁 | Suinong 22 | D304 | 绥农 22 | 2005 | 黑龙江 |
| Shennong 6 Hao | D501 | 沈农 6 号 | 2001 | 辽宁 | Suinong 3 Hao | C270 | 绥农 3 号 | 1973 | 黑龙江 |
| Shennong 7 Hao | D502 | 沈农 7 号 | 2002 | 辽宁 | Suinong 4 Hao | C271 | 绥农 4 号 | 1981 | 黑龙江 |
| Shennong 8 Hao | D503 | 沈农 8 号 | 2005 | 辽宁 | Suinong 5 Hao | C272 | 绥农 5 号 | 1984 | 黑龙江 |
| Shennong 8510 | D504 | 沈农 8510 | 1999 | 辽宁 | Suinong 6 Hao | C273 | 绥农 6 号 | 1985 | 黑龙江 |
| Shenglian zao | C070 | 生联早 | 1975 | 贵州 | Suinong 7 Hao | C274 | 绥农 7 号 | 1988 | 黑龙江 |
| Shidadou 1 Hao | D625 | 石大豆 1 号 | 2001 | 新疆 | Suinong 8 Hao | C275 | 绥农 8 号 | 1989 | 黑龙江 |
| Shidadou 2 Hao | D626 | 石大豆 2 号 | 2001 | 新疆 | Suinong 9 Hao | C276 | 绥农 9 号 | 1991 | 黑龙江 |
| Shuguang 1 Hao | C268 | 曙光 1 号 | 1953 | 黑龙江 | Suiwuxingdou 1 Hao | D305 | 绥无腥豆 1 号 | 2002 | 黑龙江 |
| Shundou 92 - 51 | D034 | 顺豆 92 - 51 | 2002 | 北京 | Suixiaolidou 1 Hao | D306 | 绥小粒豆 1 号 | 2002 | 黑龙江 |
| Sidou 11 | C441 | 泗豆 11 | 1987 | 江苏 | Suixuanhuangdou | C058 | 穗选黄豆 | 1975 | 广东 |
| Sidou 13 | D459 | 泗豆 13 | 2005 | 江苏 | Sunwu Pingdinghuang | C279 | 孙吴平顶黄 | 1953 | 黑龙江 |
| Sidou 288 | D460 | 泗豆 288 | 1998 | 江苏 | Taichun 1 Hao | C452 | 泰豆 1 号 | 1992 | 江苏 |
| Sinong 2 Hao | D430 | 四农 2 号 | 2001 | 吉林 | Taiguzao | C617 | 太谷早 | 1960 | 山西 |
| Sinong 1 Hao | D429 | 四农 1 号 | 1998 | 吉林 | Taiyuan 47 | C587 | 太原 47 | 1984 | 陕西 |
| Su 6236 | C442 | 苏 6236 | 1982 | 江苏 | Tengxian 1 Hao | C566 | 腾县 1 号 | 1972 | 山东 |
| Su 7209 | C443 | 苏 7209 | 1982 | 江苏 | Tiedou 36 | D513 | 铁豆 36 | 2005 | 辽宁 |
| Sudou 1 Hao | C444 | 苏豆 1 号 | 1968 | 江苏 | Tiedou 37 | D514 | 铁豆 37 | 2005 | 辽宁 |
| Sudou 3 Hao | C445 | 苏豆 3 号 | 1995 | 江苏 | Tiedou 38 | D515 | 铁豆 38 | 2005 | 辽宁 |
| Sudou 4 Hao | D461 | 苏豆 4 号 | 1999 | 江苏 | Tiefeng 18 | C510 | 铁丰 18 | 1973 | 辽宁 |
| Suken 1 Hao | C446 | 苏垦 1 号 | 1978 | 江苏 | Tiefeng 19 | C511 | 铁丰 19 | 1973 | 辽宁 |
| Suneiqing 2 Hao | C447 | 苏内青 2 号 | 1990 | 江苏 | Tiefeng 20 | C512 | 铁丰 20 | 1979 | 辽宁 |
| Suxian 647 | C009 | 宿县 647 | 1920's | 安徽 | Tiefeng 21 | C513 | 铁丰 21 | 1985 | 辽宁 |
| Suxie 1 Hao | C451 | 苏协 1 号 | 1981 | 江苏 | Tiefeng 22 | C514 | 铁丰 22 | 1986 | 辽宁 |
| Suxie 18 - 6 | C448 | 苏协 18 - 6 | 1981 | 江苏 | Tiefeng 23 | C515 | 铁丰 23 | 1986 | 辽宁 |

| 拼音名称 | 编号 | 中文名称 | 年份 | 来源 | 拼音名称 | 编号 | 中文名称 | 年份 | 来源 |
|---|---|---|---|---|---|---|---|---|---|
| Tiefeng 24 | C516 | 铁丰 24 | 1988 | 辽宁 | Wandou 15 | D007 | 皖豆 15 | 1996 | 安徽 |
| Tiefeng 25 | C517 | 铁丰 25 | 1989 | 辽宁 | Wandou 16 | D008 | 皖豆 16 | 1996 | 安徽 |
| Tiefeng 26 | C518 | 铁丰 26 | 1993 | 辽宁 | Wandou 17 | D009 | 皖豆 17 | 1996 | 安徽 |
| Tiefeng 27 | C519 | 铁丰 27 | 1993 | 辽宁 | Wandou 18 | D010 | 皖豆 18 | 1997 | 安徽 |
| Tiefeng 28 | D505 | 铁丰 28 | 1996 | 辽宁 | Wandou 19 | D011 | 皖豆 19 | 1998 | 安徽 |
| Tiefeng 29 | D506 | 铁丰 29 | 1997 | 辽宁 | Wandou 20 | D012 | 皖豆 20 | 2000 | 安徽 |
| Tiefeng 3 Hao | C506 | 铁丰 3 号 | 1967 | 辽宁 | Wandou 21 | D013 | 皖豆 21 | 2000 | 安徽 |
| Tiefeng 30 | D507 | 铁丰 30 | 1999 | 辽宁 | Wandou 22 | D014 | 皖豆 22 | 2001 | 安徽 |
| Tiefeng 31 | D508 | 铁丰 31 | 2001 | 辽宁 | Wandou 23 | D015 | 皖豆 23 | 2002 | 安徽 |
| Tiefeng 32 | D509 | 铁丰 32 | 2002 | 辽宁 | Wandou 24 | D016 | 皖豆 24 | 2003 | 安徽 |
| Tiefeng 33 | D510 | 铁丰 33 | 2003 | 辽宁 | Wandou 25 | D017 | 皖豆 25 | 2004 | 安徽 |
| Tiefeng 34 | D511 | 铁丰 34 | 2005 | 辽宁 | Wandou 3 Hao | C011 | 皖豆 3 号 | 1984 | 安徽 |
| Tiefeng 35 | D512 | 铁丰 35 | 2004 | 辽宁 | Wandou 4 Hao | C012 | 皖豆 4 号 | 1986 | 安徽 |
| Tiefeng 5 Hao | C507 | 铁丰 5 号 | 1970 | 辽宁 | Wandou 5 Hao | C013 | 皖豆 5 号 | 1989 | 安徽 |
| Tiefeng 8 Hao | C508 | 铁丰 8 号 | 1970 | 辽宁 | Wandou 6 Hao | C014 | 皖豆 6 号 | 1988 | 安徽 |
| Tiefeng 9 Hao | C509 | 铁丰 9 号 | 1970 | 辽宁 | Wandou 7 Hao | C015 | 皖豆 7 号 | 1988 | 安徽 |
| Tiejiaqing | C092 | 铁荚青 | 1971 | 河北 | Wandou 9 Hao | C016 | 皖豆 9 号 | 1989 | 安徽 |
| Tingdou 1 Hao | C056 | 汀豆 1 号 | 1985 | 福建 | Wan xian 8 Hao | C633 | 万县 8 号 | 1989 | 四川 |
| Tongdou 1 Hao | C453 | 通豆 1 号 | 1986 | 江苏 | Wei 4845 | C568 | 潍 4845 | 1986 | 山东 |
| Tongdou 3 Hao | D463 | 通豆 3 号 | 2002 | 江苏 | Weidou 6 Hao | D563 | 潍豆 6 号 | 2005 | 山东 |
| Tonghei 11 | C059 | 通黑 11 | 1986 | 广东 | Weimin 1 Hao | C567 | 为民 1 号 | 1970 | 山东 |
| Tongnong 10 Hao | C399 | 通农 10 号 | 1992 | 吉林 | Wenfeng 4 Hao | C569 | 文丰 4 号 | 1971 | 山东 |
| Tongnong 11 | C400 | 通农 11 | 1995 | 吉林 | Wenfeng 5 Hao | C570 | 文丰 5 号 | 1971 | 山东 |
| Tongnong 12 | D431 | 通农 12 | 2000 | 吉林 | Wenfeng 6 Hao | C571 | 文丰 6 号 | 1971 | 山东 |
| Tongnong 13 | D432 | 通农 13 | 2001 | 吉林 | Wenfeng 7 Hao | C572 | 文丰 7 号 | 1971 | 山东 |
| Tongnong 14 | D433 | 通农 14 | 2001 | 吉林 | Wengdou 79012 | C527 | 翁豆 79012 | 1986 | 内蒙古 |
| Tongnong 4 Hao | C393 | 通农 4 号 | 1978 | 吉林 | Wuchun 1 Hao | D637 | 婺春 1 号 | 1995 | 浙江 |
| Tongnong 5 Hao | C394 | 通农 5 号 | 1978 | 吉林 | Wudou 1 Hao | C528 | 乌豆 1 号 | 1989 | 内蒙古 |
| Tongnong 6 Hao | C395 | 通农 6 号 | 1978 | 吉林 | Wuhe Dadou | C020 | 五河大豆 | 1977 | 安徽 |
| Tongnong 7 Hao | C396 | 通农 7 号 | 1978 | 吉林 | Wuxing 1 Hao | D109 | 五星 1 号 | 2001 | 河北 |
| Tongnong 8 Hao | C397 | 通农 8 号 | 1982 | 吉林 | Wuxing 2 Hao | D110 | 五星 2 号 | 2004 | 河北 |
| Tongnong 9 Hao | C398 | 通农 9 号 | 1987 | 吉林 | Wuxing 3 Hao | D111 | 五星 3 号 | 2005 | 河北 |
| Tuliang 1 Hao | C526 | 图良 1 号 | 1989 | 内蒙古 | Xibiwa | C280 | 西比瓦 | 1941 | 黑龙江 |
| Wandou 1 Hao | C010 | 皖豆 1 号 | 1983 | 安徽 | Xidou 1 Hao | C103 | 息豆 1 号 | 1980 | 河南 |
| Wandou 10 Hao | C017 | 皖豆 10 号 | 1991 | 安徽 | Xidou 3 Hao | D646 | 西豆 3 号 | 1992 | 四川 |
| Wandou 11 | C018 | 皖豆 11 | 1991 | 安徽 | Xidou 4 Hao | C634 | 西豆 4 号 | 1995 | 四川 |
| Wandou 12 | D005 | 皖豆 12 | 1991 | 安徽 | Xidou 5 Hao | D647 | 西豆 5 号 | 2005 | 重庆 |
| Wandou 13 | C019 | 皖豆 13 | 1994 | 安徽 | Xidou 6 Hao | D648 | 西豆 6 号 | 2005 | 重庆 |
| Wandou 14 | D006 | 皖豆 14 | 1994 | 安徽 | Xiyu 3 Hao | C635 | 西育 3 号 | 1992 | 四川 |

（续）

| 拼音名称 | 编号 | 中文名称 | 年份 | 来源 | 拼音名称 | 编号 | 中文名称 | 年份 | 来源 |
|---|---|---|---|---|---|---|---|---|---|
| Xiadou 75 | C454 | 夏豆 75 | 1975 | 江苏 | Xingkangxian 1 Hao | D539 | 兴抗线 1 号 | 2004 | 内蒙古 |
| Xiang B68 | C300 | 湘 B68 | 1984 | 湖南 | Xiongdou 1 Hao | D519 | 熊豆 1 号 | 2001 | 辽宁 |
| Xiangchundou 10 Hao | C301 | 湘春豆 10 号 | 1985 | 湖南 | Xiongdou 2 Hao | D520 | 熊豆 2 号 | 2005 | 辽宁 |
| Xiangchundou 11 | C302 | 湘春豆 11 | 1987 | 湖南 | Xiudou 94 - 11 | D521 | 岫豆 94 - 11 | 2003 | 辽宁 |
| Xiangchundou 12 | C303 | 湘春豆 12 | 1989 | 湖南 | Xuchun 1 Hao | D464 | 徐春 1 号 | 2005 | 江苏 |
| Xiangchundou 13 | C304 | 湘春豆 13 | 1989 | 湖南 | Xudou 1 Hao | C455 | 徐豆 1 号 | 1974 | 江苏 |
| Xiangchundou 14 | C305 | 湘春豆 14 | 1992 | 湖南 | Xudou 10 Hao | D467 | 徐豆 10 号 | 2001 | 江苏 |
| Xiangchundou 15 | C306 | 湘春豆 15 | 1995 | 湖南 | Xudou 11 | D468 | 徐豆 11 | 2002 | 江苏 |
| Xiangchundou 16 | D319 | 湘春豆 16 | 1996 | 湖南 | Xudou 12 | D469 | 徐豆 12 | 2003 | 江苏 |
| Xiangchundou 17 | D320 | 湘春豆 17 | 1996 | 湖南 | Xudou 13 | D470 | 徐豆 13 | 2005 | 江苏 |
| Xiangchundou 18 | D321 | 湘春豆 18 | 1998 | 湖南 | Xudou 135 | C459 | 徐豆 135 | 1983 | 江苏 |
| Xiangchundou 19 | D322 | 湘春豆 19 | 2001 | 湖南 | Xudou 2 Hao | C456 | 徐豆 2 号 | 1978 | 江苏 |
| Xiangchundou 20 | D323 | 湘春豆 20 | 2001 | 湖南 | Xudou 3 Hao | C457 | 徐豆 3 号 | 1978 | 江苏 |
| Xiangchundou 21 | D324 | 湘春豆 21 | 2004 | 湖南 | Xudou 3 Hao | D119 | 许豆 3 号 | 2003 | 河南 |
| Xiangchundou 22 | D325 | 湘春豆 22 | 2004 | 湖南 | Xudou 7 Hao | C458 | 徐豆 7 号 | 1986 | 江苏 |
| Xiangchundou 23 | D326 | 湘春豆 23 | 2004 | 湖南 | Xudou 8 Hao | D465 | 徐豆 8 号 | 1996 | 江苏 |
| Xiangdou 3 Hao | C307 | 湘豆 3 号 | 1974 | 湖南 | Xudou 9 Hao | D466 | 徐豆 9 号 | 1998 | 江苏 |
| Xiangdou 4 Hao | C308 | 湘豆 4 号 | 1974 | 湖南 | Xuzhou 301 | C460 | 徐州 301 | 1957 | 江苏 |
| Xiangdou 5 Hao | C309 | 湘豆 5 号 | 1980 | 湖南 | Xuzhou 302 | C461 | 徐州 302 | 1958 | 江苏 |
| Xiangdou 6 Hao | C310 | 湘豆 6 号 | 1981 | 湖南 | Xuanliu | D624 | 选六 | 1994 | 天津 |
| Xiangqing | C311 | 湘青 | 1988 | 湖南 | Xunxuan 1 Hao | C282 | 逊选 1 号 | 1986 | 黑龙江 |
| Xiangqiudou 1 Hao | C312 | 湘秋豆 1 号 | 1974 | 湖南 | Yandou 4 Hao | C576 | 烟豆 4 号 | 1988 | 山东 |
| Xiangqiudou 2 Hao | C313 | 湘秋豆 2 号 | 1982 | 湖南 | Yanhuang 1 Hao | C575 | 兖黄 1 号 | 1973 | 山东 |
| Xiang yang 1 Hao | C573 | 向阳 1 号 | 1970 | 山东 | Yanhuang 3 Hao | C577 | 烟黄 3 号 | 1985 | 山东 |
| Xiaojinhuang 1 Hao | C401 | 小金黄 1 号 | 1941 | 吉林 | Yanhuang 8164 | D564 | 烟黄 8164 | 1993 | 山东 |
| Xiaojinhuang 2 Hao | C402 | 小金黄 2 号 | 1941 | 吉林 | Yannong 10 Hao | D436 | 延农 10 号 | 2002 | 吉林 |
| Xiaonongyuexiu | D638 | 萧农越秀 | 2004 | 浙江 | Yannong 11 Hao | D437 | 延农 11 号 | 2003 | 吉林 |
| Xindadou 1 Hao | D627 | 新大豆 1 号 | 1999 | 新疆 | Yannong 2 Hao | C403 | 延农 2 号 | 1978 | 吉林 |
| Xindadou 2 Hao | D628 | 新大豆 2 号 | 2003 | 新疆 | Yannong 3 Hao | C404 | 延农 3 号 | 1978 | 吉林 |
| Xindadou 3 Hao | D629 | 新大豆 3 号 | 2005 | 新疆 | Yannong 5 Hao | C405 | 延农 5 号 | 1982 | 吉林 |
| Xindou 1 Hao | D516 | 新豆 1 号 | 1993 | 辽宁 | Yannong 6 Hao | C406 | 延农 6 号 | 1982 | 吉林 |
| Xindouyihao | D035 | 鑫豆 1 号 | 2005 | 北京 | Yannong 7 Hao | C407 | 延农 7 号 | 1988 | 吉林 |
| Xinfeng 1 Hao | D517 | 新丰 1 号 | 2002 | 辽宁 | Yannong 8 Hao | D434 | 延农 8 号 | 1999 | 吉林 |
| Xinhuangdou | C574 | 新黄豆 | 1952 | 山东 | Yannong 9 Hao | D435 | 延农 9 号 | 2001 | 吉林 |
| Xinjiuqing | C021 | 新六青 | 1991 | 安徽 | Yanqing | C057 | 雁青 | 1985 | 福建 |
| Xinsikihuang | C281 | 新四粒黄 | 1962 | 黑龙江 | Yanyuan 1 Hao | C408 | 延院 1 号 | 1993 | 吉林 |
| Xinxuan 88 | D639 | 新选 88 | 1998 | 浙江 | Yidadou 2 Hao | D307 | 伊大豆 2 号 | 2002 | 黑龙江 |
| Xinyu 1 Hao | D518 | 新育 1 号 | 2005 | 辽宁 | Youbian 30 | C028 | 诱变 30 | 1983 | 北京 |
| Xingdou 4 Hao | D538 | 兴豆四号 | 1997 | 内蒙古 | Youbian 31 | C029 | 诱变 31 | 1983 | 北京 |

（续）

| 拼音名称 | 编号 | 中文名称 | 年份 | 来源 | 拼音名称 | 编号 | 中文名称 | 年份 | 来源 |
|---|---|---|---|---|---|---|---|---|---|
| Youchu 4 Hao | C030 | 诱处 4 号 | 1994 | 北京 | Zajiaodou 1 Hao | D438 | 杂交豆 1 号 | 2002 | 吉林 |
| Youyi 2 Hao | C022 | 友谊 2 号 | 1971 | 安徽 | Zaochun 1 Hao | C292 | 早春 1 号 | 1994 | 湖北 |
| Yudou 1 Hao | C104 | 豫豆 1 号 | 1985 | 河南 | Zaofeng 1 Hao | C410 | 早丰 1 号 | 1959 | 吉林 |
| Yudou 10 Hao | C112 | 豫豆 10 号 | 1989 | 河南 | Zaofeng 1 - 17 | C409 | 早丰 1 - 7 | 1978 | 吉林 |
| Yudou 11 Hao | C113 | 豫豆 11 | 1992 | 河南 | Zaofeng 2 Hao | C411 | 早丰 2 号 | 1959 | 吉林 |
| Yudou 12 Hao | C114 | 豫豆 12 | 1992 | 河南 | Zaofeng 3 Hao | C412 | 早丰 3 号 | 1960 | 吉林 |
| Yudou 13 | D121 | 豫豆 13 | 1993 | 河南 | Zaofeng 5 Hao | C413 | 早丰 5 号 | 1961 | 吉林 |
| Yudou 15 Hao | C115 | 豫豆 15 | 1993 | 河南 | Zaoshu 14 | C034 | 早熟 14 | 1987 | 北京 |
| Yudou 16 Hao | C116 | 豫豆 16 | 1994 | 河南 | Zaoshu 15 | C035 | 早熟 15 | 1983 | 北京 |
| Yudou 17 | D122 | 豫豆 17 | 1994 | 河南 | Zaoshu 17 | C036 | 早熟 17 | 1989 | 北京 |
| Yudou 18 Hao | C117 | 豫豆 18 | 1995 | 河南 | Zaoshu 18 | C037 | 早熟 18 | 1992 | 北京 |
| Yudou 19 Hao | C118 | 豫豆 19 | 1995 | 河南 | Zaoshu 3 Hao | C031 | 早熟 3 号 | 1983 | 北京 |
| Yudou 2 Hao | C105 | 豫豆 2 号 | 1985 | 河南 | Zaoshu 6 Hao | C032 | 早熟 6 号 | 1983 | 北京 |
| Yudou 20 | D123 | 豫豆 20 | 1995 | 河南 | Zaoshu 9 Hao | C033 | 早熟 9 号 | 1983 | 北京 |
| Yudou 21 | D124 | 豫豆 21 | 1996 | 河南 | Zaoxiaobaimei | C520 | 早小白眉 | 1950 | 辽宁 |
| Yudou 22 | D125 | 豫豆 22 | 1997 | 河南 | Zhangdou 1 Hao | C521 | 彰豆 1 号 | 1981 | 辽宁 |
| Yudou 23 | D126 | 豫豆 23 | 1997 | 河南 | Zhechun 1 Hao | C648 | 浙春 1 号 | 1987 | 浙江 |
| Yudou 24 | D127 | 豫豆 24 | 1998 | 河南 | Zhechun 2 Hao | C649 | 浙春 2 号 | 1987 | 浙江 |
| Yudou 25 | D128 | 豫豆 25 | 1998 | 河南 | Zhechun 3 Hao | C650 | 浙春 3 号 | 1994 | 浙江 |
| Yudou 26 | D129 | 豫豆 26 | 1999 | 河南 | Zhechun 5 Hao | D640 | 浙春 5 号 | 2001 | 浙江 |
| Yudou 27 | D130 | 豫豆 27 | 1999 | 河南 | Zhejiang 28 - 22 | C651 | 浙江 28 - 22 | 1982 | 浙江 |
| Yudou 28 | D131 | 豫豆 28 | 2000 | 河南 | Zheqiu 1 Hao | D641 | 浙秋 1 号 | 2001 | 浙江 |
| Yudou 29 | D132 | 豫豆 29 | 2000 | 河南 | Zheqiu 2 Hao | D642 | 浙秋 2 号 | 1997 | 浙江 |
| Yudou 3 Hao | C106 | 豫豆 3 号 | 1985 | 河南 | Zheqiu dou 3 Hao | D643 | 浙秋豆 3 号 | 2003 | 浙江 |
| Yudou 4 Hao | C107 | 豫豆 4 号 | 1987 | 河南 | Zhexiandou 1 Hao | D644 | 浙鲜豆 1 号 | 2004 | 浙江 |
| Yudou 5 Hao | C108 | 豫豆 5 号 | 1987 | 河南 | Zhexiandou 2 Hao | D645 | 浙鲜豆 2 号 | 2005 | 浙江 |
| Yudou 6 Hao | C109 | 豫豆 6 号 | 1988 | 河南 | Zheng 104 | C119 | 正 104 | 1986 | 河南 |
| Yudou 7 dou | C110 | 豫豆 7 号 | 1988 | 河南 | Zheng 133 | C120 | 郑 133 | 1990 | 河南 |
| Yudou 8 Hao | C111 | 豫豆 8 号 | 1988 | 河南 | Zheng 196 | D133 | 郑 196 | 2005 | 河南 |
| Yudou 9 Hao | D120 | 豫豆 9 号 | 1989 | 河南 | Zheng 59 | D134 | 郑 59 | 2005 | 河南 |
| Yudou 1 Hao | D649 | 渝豆 1 号 | 1998 | 四川 | Zheng 77249 | C121 | 郑 77249 | 1983 | 河南 |
| Yuhuizhen Dadou | C283 | 于惠珍大豆 | 1954 | 黑龙江 | Zheng 86506 | C122 | 郑 86506 | 1991 | 河南 |
| Yuanbaojin | C284 | 元宝金 | 1941 | 黑龙江 | Zheng 90007 | D135 | 郑 90007 | 2001 | 河南 |
| Yuedadou 1 Hao | C060 | 粤大豆 1 号 | 1990 | 广东 | Zheng 92116 | D136 | 郑 92116 | 2001 | 河南 |
| Yuedadou 2 Hao | C061 | 粤大豆 2 号 | 1990 | 广东 | Zhengchangjiao 14 | D137 | 郑长交 14 | 2001 | 河南 |
| Yuejin 4 Hao | C578 | 跃进 4 号 | 1971 | 山东 | Zhengjiao 107 | D138 | 郑交 107 | 2003 | 河南 |
| Yuejin 5 Hao | C579 | 跃进 5 号 | 1975 | 山东 | Zhengzhou 126 | C123 | 郑州 126 | 1975 | 河南 |
| Yuejin shi Hao | D565 | 跃进 10 号 | 1999 | 山东 | Zhengzhou 135 | C124 | 郑州 135 | 1975 | 河南 |
| Yun 82 - 22 | C642 | 云 82 - 22 | 1989 | 云南 | Zhi 2 Hao | C414 | 枝 2 号 | 1958 | 吉林 |

（续）

**图书在版编目（CIP）数据**

中国大豆育成品种系谱与种质基础：1923～2005/
盖钧镒，熊冬金，赵团结编著．—北京：中国农业出版
社，2015.3
　（中国大豆产业技术丛书）
　ISBN　978-7-109-20173-6

　Ⅰ.①中…　Ⅱ.①盖…②熊…③赵…　Ⅲ.①大豆—
品种—中国　Ⅳ.①S565.12

　中国版本图书馆 CIP 数据核字（2015）第 031269 号

中国农业出版社出版
（北京市朝阳区麦子店街 18 号楼）
（邮政编码 100125）
责任编辑　孟令洋

北京通州皇家印刷厂印刷　　新华书店北京发行所发行
2015 年 8 月第 1 版　　2015 年 8 月北京第 1 次印刷

开本：889mm×1194mm 1/16　印张：53.75
字数：1 300 千字
定价：200.00 元
（凡本版图书出现印刷、装订错误，请向出版社发行部调换）